W0268068

Enzyklopädie der textilchemischen Technologie

Bearbeitet in Gemeinschaft mit

Chefchemiker A. Bodmer, Wattwil; Chefchemiker K. Braungard, Charlottenburg; Dr. W. Christ, Leverkusen; Dir. Ing. G. Durst, Konstanz a. B.; Prof. Dr. R. Haller, Basel; Prof. Dr. Alois Herzog, Dresden; Dr.-Ing. R. Hofmann, Dresden; Dir. Dr. W. Keiper, Krefeld; Dr. W. Kind, Sorau, N./L.; Prof. Dr. A. Klughardt, Dresden; Dir. Prof. Dr. P. Krais, Dresden; Dr. H. Ley, Elberfeld; Chemiker Jul. Marx, Ulm a. d. Donau; Manfred Richter, Dresden; Dr. R. Rüsch, Ludwigshafen a. Rh.; Dir. Dipl.-Ing. Alfred Schmidt, Ebersbach i. Sa.; Dr.-Ing. W. Schramek, Dresden; Dir. Prof. Dr. Ernst Schultze, Leipzig; Dir. Dr. K. Stirm, Aachen; Studienrat K. Volz, München-Gladbach; Dr. R. Weil, Hannover; Dr. W. Weltzien, Krefeld; Dr. E. Wulff, Hamburg-Billbrook

und herausgegeben von

Dr. P. Heermann

Professor, früher Abteilungsvorsteher der Textilabteilung am Staatlichen Materialprüfungsamt Berlin-Dahlem

Mit 372 Textabbildungen

Springer-Verlag
Berlin Heidelberg GmbH
1930

ISBN 978-3-642-93836-8 ISBN 978-3-642-94236-5 (eBook)
DOI 10.1007/978-3-642-94236-5

Ursprünglich erschienen bei Julius Springer in Berlin 1930
Softcover reprint of the hardcover 1st edition 1930

Vorwort des Herausgebers.

Mit der Anhäufung technischer Sondererfahrung wird die Übersicht über ein weitschichtiges Arbeitsgebiet immer schwieriger, gleichzeitig auch immer notwendiger. Der Hauptzweck des vorliegenden Werkes, ein möglichst klares und zutreffendes Bild über die gegenwärtigen Arbeitsweisen der chemischen Textilveredlung oder der textilchemischen Technologie zu geben, kann deswegen am besten erreicht werden, wenn die Einzelgebiete dieses großen und weitverzweigten Gesamtgebietes von verschiedenen erfahrenen Sonderfachleuten behandelt werden. Von diesen Erwägungen geleitet, hatte ich bereits vor einer Reihe von Jahren den Plan ins Auge gefaßt, ein Sammelwerk über das in Frage stehende Gebiet unter Mitarbeit namhafter Sonderfachleute herauszugeben. Die Anregung zu einer lexikalischen Anordnung des Materials ist erst später von Herrn Dr. A. KERTESS, seinerzeit Direktor bei der I. G. Farbenindustrie A.-G., gegeben worden. Der Zufall wollte es, daß Herr KERTESS sich selbst mit dem Gedanken getragen hatte, ein derartiges lexikalisches Nachschlagewerk herauszubringen. Von dem daraufhin gefaßten Plan, das Werk gemeinsam mit mir herauszugeben, trat er später leider zurück. Auch konnte Herr KERTESS sich bedauerlicherweise nicht dazu entschließen, an dem Buche mitzuarbeiten. So blieb mir nur übrig, die Herausgeberarbeit allein zu besorgen. Für seine Anregungen und die in manchen Fragen erteilten Ratschläge spreche ich Herrn KERTESS auch an dieser Stelle meinen besonderen Dank aus.

Wenn im Grundsatz die lexikalische oder alphabetische Anordnung des Stoffes im Werk gewählt worden ist, so war doch noch im einzelnen die schwerwiegende Frage zu entscheiden, welche Themen zweckmäßig zusammenhängend unter einem Stichwort zu behandeln und welche Gebiete in Einzelaufsätze aufzulösen und unter besonderen, selbständigen Stichwörtern zu bringen seien. Bekanntlich wird diese Frage außerordentlich verschieden gehandhabt. Maßgebend sollte meines Erachtens hierbei vor allem der Leserkreis sein, an den sich ein Werk richtet. Daher ist im vorliegenden Werk dem Bedürfnis des Technikers (im Gegensatz zu demjenigen des Laien, der das „Konversationslexikon" benutzt) Rechnung getragen worden, der eine Frage in ihrem technologischen Zusammenhange erörtert sehen will, und so sind alle selbständigen Themen, wo die Zusammenhänge dies erforderten oder zweckmäßig erscheinen ließen, zusammenhängend unter einem gemeinsamen Stichwort abgehandelt. Weiterhin ist aber der Stoff dieser Abschnitte, wo es anging, der schnelleren Auffindung wegen wieder in alphabetischer Anordnung zusammengestellt, so z. B. bei den Abschnitten „Appretur", „Chemische Hilfsstoffe", „Naturfarbstoffe" u. a. m. Die zwei Sach- oder Schlagwörterverzeichnisse (ein allgemeines und ein besonderes für die Teerfarbstoffe) am Schluß des Buches setzen den Benutzer des Werkes ausreichend instand, jede Sonderfrage schnellstens aufzufinden.

Eigenschaften und Verhalten der Gespinstfasern, der Farbstoffe, der chemischen Hilfsstoffe, des Gebrauchswassers usw. sind durch ihre

Besonderheiten von allergrößtem Einfluß auf die technische Bearbeitung der Textilerzeugnisse, so daß mit wachsender Kenntnis aller dieser Eigenschaften auch die Beherrschung der Arbeitsvorgänge und die Sicherstellung der angestrebten Arbeitseffekte sowie der Qualität der Enderzeugnisse gesteigert werden. Es schien deshalb notwendig, die eigentlichen technischen Arbeitsmethoden im Zusammenhange mit den erwähnten Grenzgebieten, deren Kenntnis für den heutigen Technologen ein unerläßliches Rüstzeug bildet, zur Darstellung zu bringen.

So kommt es, daß neben den technischen Hauptthemen auch noch warenkundliche, theoretische und wirtschaftliche Teile einherlaufen. Bei dem ungeheuren Material dieser Teile war eine Beschränkung dringend geboten, so daß hier meist nur eine kürzere Übersicht gegeben werden durfte und alles in Wegfall kommen mußte, was den Textiltechnologen weniger angeht. Vor allem durfte auch in einer „Technologie" der analytische und prüfungstechnische Teil nicht zu breit angelegt sein. Hier konnte im allgemeinen nur eine kurze Übersicht über die wichtigsten mikroskopischen, chemischen und mechanisch-technischen Arbeitsweisen gegeben werden. An Hand der angeführten Sonderliteratur wird sich der Benutzer des Buches aber leicht weiterfinden können. Ferner konnte auch die mechanische Technologie, so der maschinentechnische Teil und die mechanischen Prozesse der Appretur usw. nur kurz in den Grundzügen umrissen werden. Ich habe mich darauf beschränken müssen, die wichtigsten maschinellen Hilfsmittel und einfacheren Arbeitsmaschinen, vielfach auch im Schnitt, zu bringen und deren Zweck und Wirkungsweise kurz zu umreißen. Auf die heutigen zahlreichen Maschinentypen und Spezialmaschinen sowie auf die nähere Konstruktion der Maschinen konnte nicht eingegangen werden. Wenn bei dem gebrachten Abbildungsmaterial bestimmte Firmen bevorzugt erscheinen, so sei betont, daß diese Frage zum großen Teil eine reine Klischeefrage ist, und daß es meist nicht darauf ankam, bestimmte Typen zur Darstellung zu bringen, vielmehr die Apparatur in ihren generellen Punkten zu erläutern.

Ohnehin hat die Behandlung des großen Gebietes in einem Bande bei der erwähnten Breite des Werkes nicht gestattet, allzu tief in Einzelfragen einzudringen. Spezialwerke werden deshalb für denjenigen unentbehrlich bleiben, der sich über ein Sondergebiet näher unterrichten will. Durch ausreichenden Literaturnachweis ist hierzu die Möglichkeit gegeben, wobei im allgemeinen nur die wichtigsten, selbständigen, deutschen Schriften berücksichtigt werden konnten.

Über Fragen von gewisser Aktualität sind einige selbständige Kapitel eingereiht worden, so z. B. über die Küpen- und Indanthrenfärberei und die Naphthol AS-Färberei. Sondergebiete, wie die Anilinschwarz- und Türkischrotfärberei sind von Sonderfachleuten besprochen und als besondere Abschnitte aus den allgemeinen Kapiteln über Färberei herausgehoben. Besondere Kapitel sind ferner verschiedenen Spezialtechniken, wie dem Batik, der Buchbinderleinwand, der Gummierung, der Hochveredlung der Baumwolle, der Imprägnierung, dem Kunstleder, dem Leder- oder Wachstuch u. a. m. gewidmet. Weiterhin haben theoretische Fragen eine Sonderbehandlung erfahren, so die Echtheit und Echtheitsprüfung der Färbungen, die Farbenlehre und Farbmeßtechnik, der Glanz und die Glanzbestimmung, die Theorie der Färbungen. Schließlich sind wirtschaftliche Fragen in den Kapiteln Rationalisierung, Textilfachschulwesen, Textilforschungswesen, Textil-Normung und -Typung, Textilwirtschaft und Verbandswesen in meist kleineren selbständigen Abschnitten zur Besprechung gekommen.

Im allgemeinen lag das Bestreben zugrunde, den Umfang der einzelnen Abschnitte der technologischen Wichtigkeit der Themen anzupassen.

Dieser Grundsatz ließ sich aber nicht überall rücksichtslos durchführen, wenn auf der anderen Seite dem Benutzer des Buches eine systematische und halbwegs abgerundete Übersicht über ein Gebiet gegeben werden sollte, mit der er wirklich etwas anfangen konnte. Dadurch ist es zu erklären, daß manche Kapitel etwas über dasjenige Maß hinausgeraten scheinen, das ihnen eigentlich in bezug auf praktische Bedeutung zukommt. Man wird aber aus erwähnten Gründen derartige Unebenheiten um so williger in Kauf nehmen können, als solche in Frage stehende Themen in der textiltechnischen Literatur bisher noch kaum in der Vollständigkeit behandelt worden sind.

Es konnte auch nicht immer vermieden werden, daß manche Fragen von verschiedenen Verfassern und von verschiedenen Gesichtspunkten aus betrachtet wurden, einerseits z. B. vom allgemeinen warenkundlichen, andererseits von demjenigen einer Spezialdisziplin aus. Derartige kleine Überschneidungen dürften aber nicht stören und bei den vorhandenen Verweisungen die Übersichtlichkeit nicht beeinträchtigen.

Meinen Herren Mitarbeitern spreche ich auch bei dieser Gelegenheit für ihre Mitarbeit besten Dank aus und hoffe, daß sie durch gute Aufnahme des Werkes das Bewußtsein gewinnen werden, einer guten Sache gedient zu haben. Gleichzeitig sei verschiedenen Fachkollegen und Firmen für ihre Ratschläge, Auskünfte und Anregungen sowie für Überlassung von Druckstöcken usw. bester Dank gesagt, nicht zuletzt der Verlagsbuchhandlung von Julius Springer für das verständnisvolle Eingehen auf alle berechtigten Wünsche und für die mustergültige Ausstattung des Werkes.

Berlin-Lichterfelde-W., im Februar 1930.

PAUL HEERMANN.

Systematische Inhaltsübersicht.

Spezialtechniken.

Allgemeines, Theoretisches und Wirtschaftliches.

Druckfehlerberichtigungen.

S. 9, Z. 31 v. o.: statt „(s. Abb. S. 164)“ ist zu lesen: „(s. Abb. 164)“.
S. 309, Z. 13 v. o.: „z. B.“ ist zu streichen.
S. 385, Z. 16 v. o.: statt „nach“ ist zu lesen „noch“.
S. 503, Z. 25 v. o.: „pat.“ ist zu streichen.
S. 503, Z. 26 v. o.: hinter „Oxamingrün G“ ist einzuschalten *„[I. G.]“*.
S. 570, Fußnote 1: statt „Kertesz“ ist zu lesen „Kertess“.
S. 673, Z. 3 v. o.: statt „Vulkanisationsfähigkeit“ ist zu lesen „Vulkanisationsbeständigkeit“.

Abkürzungen von Zeitschriften.

(zugleich Liste der wichtigsten Zeitschriften für Veröffentlichungen auf dem Gebiete der textilchemischen Technologie und ihrer Grenzgebiete. Die hier nicht wiedergegebenen Zeitschriften sind im Text allgemein verständlich abgekürzt).

Aven. Text.	= L'Avenir Textile.
Berl. Ber.	= Berichte der Deutschen Chemischen Gesellschaft.
Bull. Mulh.	= Bulletin de la Société Industrielle de Mulhouse.
Cellulosechemie	= Cellulosechemie (Beilage des Papierfabrikanten).
Chem. Zbl.	= Chemisches Zentralblatt.
Chem. Ztg.	= Chemiker-Zeitung.
Col. Trad. Journ.	= Color Trade Journal.
Compt. rend.	= Comptes rendus hebdomadaires de Séances de l'Académie des Sciences.
Dtsch. Färb. Ztg.	= Deutsche Färber-Zeitung.
Dtsch. Faserst. Spinnpfl.	= Deutsche Faserstoffe und Spinnpflanzen.
Dtsch. Lein. Ind.	= Der Deutsche Leinen-Industrielle.
Dtsch. Woll. Gew.	= Das Deutsche Wollengewerbe.
Dyer Cal. Pr.	= The Dyer and Calico Printer.
Els. Text.	= Elsässisches Textilblatt.
ETZ	= Elektrotechnische Zeitschrift.
Farbe	= Die Farbe.
Färb. Ztg.	= Färber-Zeitung (alte LEHNEsche).
Faserforsch.	= Faserforschung.
Ind. Text.	= L'Industrie Textile.
J. Ind. Eng. Chem.	= Journal of Industrial and Engineering Chemistry.
J. Opt. Soc. Amer.	= Journal of the Optical Society of America and Review of Scientific Instruments.
J. Soc. Ch. Ind.	= Journal of the Society of Chemical Industrie.
J. Soc. Dy & Col.	= Journal of the Society of Dyers and Colourists.
J. Text. Ind.	= The Journal of the Textile Industrie.
J. Text. Inst.	= The Journal of the Textile Institute.
Koll. Ztschr.	= Kolloid-Zeitschrift.
Kunstseide	= Die Kunstseide.
Leipz. Mon. Text.	= Leipziger Monatschrift für Textilindustrie.
Mell. Text.	= Melliand Textilberichte.
Mitt. Forsch. Krefeld	= Mitteilungen der Textilforschungsanstalt Krefeld.
Mitt. Mat.prüf.	= Mitteilungen aus dem Materialprüfungsamt, Berlin-Dahlem.
Mitt. Text. Ind.	= Mitteilungen über Textilindustrie (Schweiz).
Philos. Mag.	= The London, Edinburgh and Dublin Philosophical Magazine and Journal of Science, London.
Proc. Opt. Convention	= Proceedings of the Optical Convention, London.
Prog. Ind. Tint. Tess.	= I Progressi nelle Industrie Tintorie e Tessili.
Rev. gén. mat. col.	= Revue générale des Matières Colorantes.
Rev. Text. Chim. Col.	= Revue Textile et des Chimistes Coloristes.
Schweiz. Text. Ind.	= Schweizerische Textilindustrie.
Seide	= Seide (Naturseide, Kunstseide).
Spinn. u. Web.	= Der Spinner und Weber.
Textielind.	= De Textielindustrie (Niederländ.).
Textilchem.	= Der Textilchemiker und Colorist (Beilage der Deutschen Färber-Zeitung).
Text. Col.	= Textile Colorist.
Text. Forsch.	= Textile Forschung (Zeitschrift des Deutschen Forschungsinstituts für Textilindustrie in Dresden).
Text. Man.	= The Textile Manufacturer.
Text. Merc.	= The Textile Mercury.

Text. Rec.	= The Textile Recorder.
Text. u. Färb. Ztg.	= Textil- und Färberei-Zeitung.
Text. World Rec.	= Textile World Recorder.
Text. Ztg.	= Textil-Zeitung.
Trans. Opt. Soc.	= Transactions of the Optical Society, London.
Tropenpflanzer	= Der Tropenpflanzer.
Wien. Ber.	= Sitzungsberichte der Wiener Akademie der Wissenschaften.
Woll. u. Lein. Ind.	= Wollen- und Leinen-Industrie.
Ztschr. ang. Ch.	= Zeitschrift für angewandte Chemie.
Ztschr. Farb. Ind.	= Zeitschrift für Farben-Industrie.
Ztschr. Farb. u. Text. Ch.	= Zeitschrift für Farben- und Textil-Chemie.
Ztschr. Farb. u. Text. Ind.	= Zeitschrift für Farben- und Textilindustrie.
Ztschr. ges. Text.	= Zeitschrift für die gesamte Textilindustrie.

Abkürzungen und Hinweise.

Agfa	= A. G. für Anilinfabrikation (I. G. Farbenindustrie A.-G.).
at oder Atm.	= Atmosphäre(n).
atü	= Atmosphäre(n)-Überdruck.
BASF	= Badische Anilin- und Sodafabrik (I. G. Farbenindustrie A.-G.).
CSR.	= Tschechoslowakische Republik.
d.	= penny bzw. pence (englische Münze).
dest.	= destilliertes (-e, -er).
Erst. P.	= Erstarrungspunkt.
Gew.	= Gewicht.
h	= Stunde(n).
konz.	= konzentrierte (-er, -es).
kryst.	= krystallisierte (-er, -es).
lbs.	= englisches Pfund.
Lsg.	= Lösung(en).
lsl.	= lösliche (-er, -es).
Mill.	= Millionen.
Milld.	= Milliarden.
Min. oder min	= Minute(n).
Mol.	= Molekül(e).
Mol. Gew.	= Molekular-Gewicht.
proz.	= prozentig (-er, -es).
Schm. P.	= Schmelzpunkt.
Sek.	= Sekunden.
Soda	= calcinierte Soda.
S. P.	= Siedepunkt.
Sp. G. oder Spez. Gew.	= Spezifisches Gewicht.
Std.	= Stunde(n).
std.	= stündig.
t^0	= Temperatur in Graden Celsius.
T.	= Teile (immer Gewichtsteile).
techn.	= technisch (-er, -es, -e).
to	= Tonne(n).
USA.	= Vereinigte Staaten von Nordamerika.
USSR.	= Union der Sozialistischen Sowjetrepubliken.
= (hinter chemischer Formel)	= Molekulargewicht.
^{0} (bei Temperaturangaben)	= Grade Celsius.
%	= Gewichtsprozente.

Weitere Abkürzungen betreffend:

Farbenfabriken . . . . S. 469ff.
Färbeverfahren . . . . S. 474.
Gespinstfasern . . . . S. 474.
Maße und Gewichte . . . . S. 758.

Verfasser und Beiträge.

Bodmer, A., Chefchemiker: Hochveredlung der Baumwolle (Transparent, Opal, Philana u. dgl.).
Braungard, K., Chefchemiker: Wasser.
Christ, W., Dr.: Naphthol AS-Färberei.
Durst, G., Dir. Ing.: Batik, Imprägnierung, Buchbinderleinwand, Kunstleder, Ledertuch (Wachstuch).
Haller, R., Prof. Dr.: Theorie der Färbung, Zeugdruck.
Heermann, P., Prof. Dr.: Chemische Hilfsstoffe, Chemische Faseranalyse, Farbstoffanalyse, Geschichte der Färberei, Prüfungswesen.
Herzog, Alois, Prof. Dr.: Gespinstfasern.
Hofmann, R., Dr.-Ing.: Naturfarbstoffe, Teerfarbstoffe.
Keiper, W., Dir. Dr.: Färberei und Veredlung der Kunstseide, Textilfachschulwesen.
Kind, W., Dr.: Bleicherei des Leinens.
Klughardt, A., Prof. Dr.: Farbenlehre und Farbmeßtechnik (zusammen mit M. Richter), Glanz und Glanzmessung.
Krais, P., Dir. Prof. Dr.: Echtheit und Echtheitsprüfung von Färbungen.
Marx, Jul., Chemiker: Türkischrotfärberei.
Ley, H., Dr.: Färberei und Veredlung der Seide, Seide.
Richter, Manfred, cand. phys.: Farbenlehre und Farbmeßtechnik (zusammen mit A. Klughardt).
Rüsch, R., Dr.: Küpen- und Indanthrenfärberei.
Schmidt, Alfr., Dir. Dipl.-Ing.: Bleicherei der Baumwolle, Rationalisierung, Textilnormung und -typung, Verbandswesen.
Schramek, W., Dr.-Ing.: Anilinschwarz, Appretur der Baumwoll- und Halbwollwaren, Mercerisation.
Schultze, Ernst, Dir. Prof. Dr.: Textilwirtschaft der Welt.
Stirm, K., Dir. Dr.: Appretur der Wolle und Wollwaren, Bleicherei der Wolle, Färberei der Wolle.
Volz, K., Studienrat: Färberei der Baumwolle und Pflanzenfasern.
Weil, R., Dr.: Gummieren von Textilstoffen.
Weltzien, W., Dr.: Kunstseidenherstellung, Textilforschungswesen.
Wulff, E., Dr.: Reinigerei.

Anilinschwarz.

Von W. Schramek.

Literatur: s. u. Färberei und Zeugdruck.

Das Anilinschwarz gehört zu den sog. Entwicklungsfarben (s. u. Baumwollfärberei), und zwar gehört es der Klasse der Oxydationsfarbstoffe an, unter denen es die wichtigste Rolle spielt.

Geschichtliches. Als Entdecker des Anilinschwarzes ist wohl Runge zu betrachten, der im Jahre 1834 beobachtete, daß mineralsaure Salze des Anilins (damals „Kyanol" genannt) bei Temperaturen von ungefähr 100° durch Einwirkung von Kupferchlorid oder von Bichromaten eine dunkelgrüne bis schwarze Färbung ergeben. Auch durch Aufdrucken von salzsaurem Kyanol auf einen mit Bichromat getränkten Stoff erhielt er nach ungefähr 12 Std. grüne, waschechte Färbungen. Praktische Bedeutung hat aber diese Entdeckung Runges erst erlangt, nachdem A. W. v. Hofmann nachgewiesen hatte, daß das Kyanol mit dem durch Reduktion von Nitrobenzol erhaltenen Anilin identisch ist. Die englischen Chemiker Calvert, Clift und Lowe versuchten als erste die Erzeugung von Dunkelgrün, bzw. von Dunkelblau aus Anilin auf der Faser industriell zu verwerten. Sie bedruckten einen mit chlorsaurem Kali imprägnierten Baumwollstoff mit salzsaurem Anilin und erhielten so nach wenigen Stunden tiefgrüne Färbungen, welche durch Behandeln mit Bichromaten in ein tiefes Blau übergingen.

Lightfoot beobachtete, daß derartige Drucke sich bei Verwendung von Kupferwalzen sehr viel besser entwickelten, als bei Verwendung von Holzformen, die man genommen hatte, weil die saure Anilindruckmasse die Kupferwalzen stark angriff. Die Beobachtung brachte ihn auf den Gedanken, der Druckfarbe selbst Kupfersalze zuzusetzen. Dieser Zusatz war von bahnbrechender Bedeutung für die Ausführung des technischen Prozesses und bildete die Grundlage für eine große Anzahl späterer Verfahren. Da die löslichen Kupfersalze die Stahlrakel angriffen, hat Lauth im Jahre 1864 diese durch das unlösliche Schwefelkupfer ersetzt, welches noch heute im Kattundruck als Zusatz zu Anilinschwarz-Druckfarben Verwendung findet.

An Stelle der Kupfersalze als Sauerstoffüberträger führten Guyard und Witz im Jahre 1876 Vanadinsalze mit Erfolg ein. Schmidlin (1879) empfiehlt unlösliches Bleichromat. An Stelle des Chlorats sind noch andere Oxydationsmittel, wie z. B. Manganbister und Bichromat, verwendet worden.

Von besonderer Bedeutung war der Vorschlag von Cordillot im Jahre 1863, Anilinschwarz mit chlorsaurem Kali in Verbindung mit Ferro- und Ferricyansalzen zu erzeugen. Dieses Verfahren hat sich bis heute, vornehmlich im Kattundruck erhalten. Es hat vor allen Dingen den Vorzug, durch Dämpfen unvergrünlich zu werden.

Konstitution der Oxydationsprodukte aus Anilinsalz.

Die durch die verschiedenen technischen Oxydationsmethoden aus Anilinsalz erhaltenen Körper haben nicht alle die gleichen Eigenschaften und lassen deshalb verschiedene Zusammensetzung vermuten.

Eine große Reihe von Forschern, wie Goppelsroeder, Nietzki, Kayser, Liechti und Suida, haben sich mit dieser Frage eingehend beschäftigt, ohne sie jedoch restlos zu klären. Erst Willstätter und dem englischen Forscher Green gelang es, die Konstitution des Anilinschwarz aufzuklären.

Die Bildung des Anilinschwarz aus Anilin ist ein Oxydationsvorgang, durch welchen unter Wasserstoffentziehung mehrere Anilinkerne indaminartig verknüpft werden. Nach dem heutigen Stand der Forschung treten mindestens acht Kerne zu einem Molekül zusammen, in welchem, je nach dem Grade der Oxydation, verschiedene Chinonstufen denkbar sind. Da weder der technische Oxydationsprozeß auf der Faser, noch die Herstellung der verschiedenen Oxydationsstufen in Substanz eindeutig vor sich geht, ist es bisher nicht gelungen, das Anilinschwarz und seine Vorstufen einwandfrei zu isolieren. Die verschiedenen chinoiden Stufen stellen daher eine willkürliche Annahme dar[1]. Entsprechend der stufenweisen Oxydation des Anilins im technischen Prozeß nimmt man mit Recht an, daß der chinoide Charakter mit fortschreitender Oxydation zunimmt, und zwar schreibt man der ersten Oxydationsstufe, dem Emeraldin, die Formel $C_{48}H_{38}N_8$ zu:

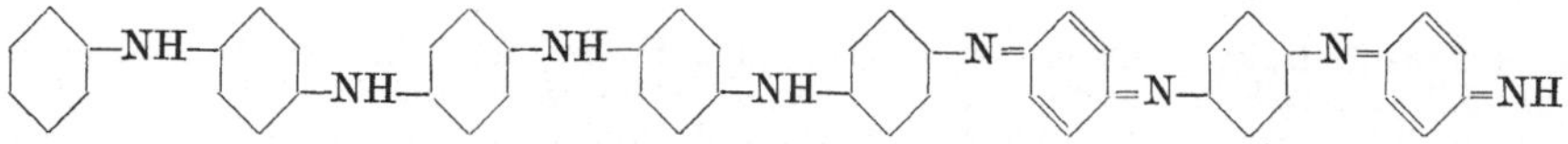

Aus dem Emeraldin entsteht durch weitere Oxydation, und zwar bei dem Anilinhängeschwarz, hauptsächlich durch die Chromierung und bei dem Prudhommeschwarz teilweise schon während des Dämpfens Nigranilin: $C_{48}H_{36}N_8$

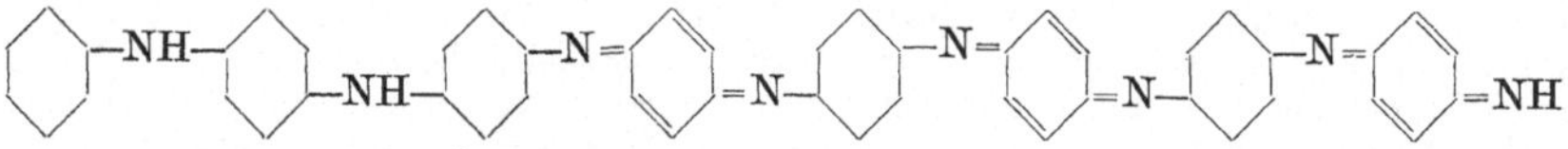

und weiter das Pernigranilin: $C_{48}H_{34}N_8$.

Diese beiden letzern Oxydationsstufen können aber durch Reduktionsmittel, wie z. B. durch Bisulfit, wieder in das Emeraldin zurückgeführt werden.

Die Salze des Emeraldin sind leuchtend grün, die Base ist blau und stellt das Azurin aus der ersten Zeit der Anilinschwarzerzeugung dar. Das Emeraldin ist wegen dieser leichten Veränderlichkeit durch Säuren als Schwarz nicht zu gebrauchen, dagegen sind die weitern Oxydationsstufen wegen der wesentlich tiefern Farbe ihrer Salze bereits verwendbar. So sind die Salze des Pernigranilin tief dunkelgrün, während die freie Base tief violett gefärbt ist.

Das heute in den meisten Fällen von den Färbereien geforderte unvergrünliche Anilinschwarz stellt ein weiteres Oxydationsprodukt dar, in welchem unter Einführung von weitern Anilinkernen in das achtkernige Pernigranilinmolekül die Bildung eines hochmolekularen Azins eintritt.

Nach den Arbeiten von WILLSTÄTTER soll das unvergrünliche Schwarz eine chinoide Stufe des Indaminschwarz sein, in welcher sich ein endständiges Sauerstoffatom befindet. Da dieses Produkt aber durch Reduktionsmittel noch angreifbar erscheint, ist es wohl als keine genügend weitgehende Oxydationsstufe anzusehen, welche die Unvergrünlichkeit erklären könnte. Daher bietet die GREENsche Formel heute wohl noch die beste Erklärung für die Unvergrünlichkeit der bisher bekannten höchsten Oxydationsstufe des Anilinschwarz.

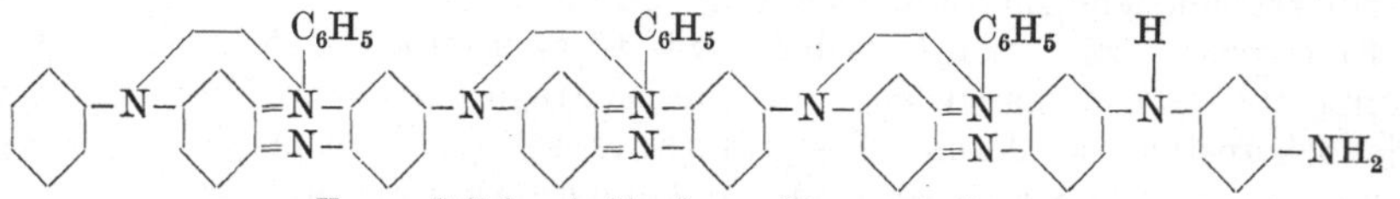

Unvergrünliches Anilinschwarz (Base nach GREEN.)

Theorie der Anilinschwarzbildung.

Die Oxydation des Anilinöls zu den hochmolekularen Anilinschwarzkörpern findet nur in Gegenwart von Säure statt. In der technischen Durchführung bewirken fast nur Mineralsäuren eine genügend schnelle Oxydation, während von den organischen Säuren (deren Anwendung zum Schutze des Fasermaterials versucht wurde) lediglich die Weinsäure brauchbare Resultate ergeben hat.

---

[1] WILLSTÄTTER: Berl. Ber. **42**, 2147, 4188; **43**, 2588, 2976; **44**, 2162.

Von andern Zusätzen zu den Bädern, welche zur Erzeugung von Anilinschwarz verwendet werden, spielen einige die Rolle von Oxydationsmitteln bzw. von Sauerstoffüberträgern, andere haben den Zweck, die Ausbeute oder die Echtheit der erzeugten Färbung zu erhöhen.

Da nur die freie Anilinbase an der Oxydation teilnimmt, ist Voraussetzung für die Bildung des Anilinschwarz ein hoher Dissoziationsgrad des verwendeten Anilinsalzes während der Reaktion. Aus den Arbeiten von TSCHILIKIN sowie von SCHRAMEK geht hervor, daß durch entsprechende Herabsetzung des Dissoziationsgrades des Anilinsalzes die Vergrünung, d. h. also die Oxydation verzögert, ja sogar verhindert werden kann.

Bei der Erzeugung von Kupferschwarz sowohl, wie von Ferrocyanschwarz treten schon während des Trockenprozesses infolge hydrolytischer Spaltung des Anilinsalzes erhebliche Verluste der mit Wasserdampf flüchtigen Anilinbase ein, während eine Anreicherung von Säure auf der Faser stattfindet, bis sich schließlich ein Gleichgewichtszustand infolge des Überschusses an Säure herausstellt, der weitere Verluste an Anilinöl verhindert. Je höher die Temperaturen bei der Trocknung der mit Anilinsalzlösung getränkten Faser sind, desto später stellt sich dieser Gleichgewichtszustand ein, und desto größer sind die Verluste an Anilinöl. Die Zunahme des sauren Zustandes der mit Anilinsalz imprägnierten Faser findet also nicht erst während des Oxydationsprozesses, sondern bereits während der Trocknung statt. Die Wege, die zur Vermeidung der während der Trocknung eintretenden Verluste an Anilinöl einzuschlagen sind, bestehen also in der Hauptsache aus einer Herabsetzung des Dissoziationsgrades, wodurch die hydrolytische Spaltung des Anilinsalzes während des Trocknungsprozesses zurückgehalten wird. Bei allen denjenigen technischen Prozessen, bei welchen das Fasermaterial mit der Reaktionslösung des unveränderten Anilinsalzes durch Imprägnierung beladen wird, findet die Oxydation erst nach Beendigung des Trocknens statt. Während bei dem Ferrocyanschwarz, dessen Oxydation erst im Dampf, also bei ungefähr 100° stattfindet, sich die bei wesentlich geringeren Temperaturen durchgeführte Trocknung schon während des technischen Prozesses scharf von der chemischen Reaktion trennen läßt, ist dies bei dem Kupferschwarz nicht möglich, da bei Erreichung einer bestimmten Trockenheit des imprägnierten Fasermaterials die Oxydation sofort, auch schon bei Zimmertemperatur, einsetzt. Die Zersetzung der Oxydationsmittel, als welches fast ausschließlich chlorsaures Kalium oder chlorsaures Natrium verwendet wird, findet unter erheblicher Wärmetönung statt.

Während der Oxydation durch Verhängen oder in der Heißluftkammer bei Kupferschwarz und auch durch das Dämpfen bei Ferrocyanschwarz findet zunächst in der Hauptsache die Bildung von Emeraldin statt, nebenher aber schreitet je nach den Arbeitsbedingungen und der Zusammensetzung des Reaktionsgemisches die Oxydation teilweise schon bis zum Nigranilin, wahrscheinlich sogar bis zum Pernigranilin vor. Dies läßt sich sehr leicht an der mehr oder weniger dunklen Farbe der vergrünten Ware feststellen. Besonders beim Ferrocyandampfschwarz entstehen neben dem Emeraldin bereits größere Mengen der höheren Oxydationsstufen.

Technik der Anilinschwarzfärberei[1].

Färbeschwarz (Einbad-, Direktanilinschwarz).

Dieses Verfahren beruht darauf, daß Anilinschwarz in der Färbeflotte, durch welche die Imprägnierung der Faser erfolgt, erzeugt und zu gleicher Zeit auf das Fasermaterial niedergeschlagen wird.

[1] Über Anilinschwarzdruck s. u. Zeugdruck.

Nach dem ersten Verfahren, das auf die Angaben von BOBOEUF zurückzuführen ist und hauptsächlich in Nordfrankreich in der Gegend von Tourcoing verwendet wurde, werden zwei getrennte Lösungen hergestellt, von denen die Lösung 1 auf 200 l Wasser 6 kg Anilinöl, 9 kg Salzsäure und 12 kg Schwefelsäure enthält, während die Lösung 2 aus 12 kg Natriumbichromat in 200 l Wasser besteht.

Je 2 l der Lösung 1 und 2 werden gemischt und hierin 1 kg Baumwollgarn sofort eingeweicht und gut umgezogen. Die Entwicklung des Schwarz erfolgt in ungefähr 2 Min. Man färbt in dieser Weise die ganze Partie weiter, um zum Schluß die Stränge abzuwinden, wodurch die überschüssige Flotte entfernt wird. Das so erzeugte Schwarz hat ein stark bronzefarbiges Aussehen und wird erst durch ein 20 Min. langes Dämpfen bei $^1/_4$ at in ein tiefes Kohlschwarz übergeführt. Dieses Schwarz ist praktisch unvergrünlich, es hat aber den Nachteil, nicht sehr reibecht zu sein. Teils um die letzten Säurereste aus der Faser zu entfernen, teils um das auf der Oberfläche der Faser befindliche, nicht reibechte Anilinschwarz nach Möglichkeit zu beseitigen, werden die Stränge nach gutem Spülen geseift. Um das Schwarz reibechter zu gestalten, hat man die Entwicklungsdauer des Anilinschwarz im Färbeverfahren sowohl durch Verringerung der Konzentration der Färbeflotte, als auch durch Anwendung geringerer Mengen Chromat verlängert. Auch hat man das Verfahren dahin abgeändert, daß man die Garne zunächst in einem Bade, in welchem nur das Anilinsalz gelöst ist, umzog und erst nach einiger Zeit, in welcher das Salz Gelegenheit hatte, in die Faser einzudringen, die Chromatlösung hinzufügte.

Man arbeitet in diesem Fall mit Flotten, die 5—6 T. Anilinsalz in 1000 T. Wasser enthalten. Genaue Vorschriften lassen sich hier nicht geben, da die in der Praxis verwendeten Arbeitsvorschriften außerordentlich verschieden sind.

Theoretisch sollen auf 4 T. salzsaures Anilin etwa 3 T. Chromkali und $2^1/_2$ T. Schwefelsäure erforderlich sein[1].

Dieses auf kaltem Wege erzeugte Anilinfärbeschwarz genügt allerdings nicht allen Ansprüchen, die an seine Unvergrünlichkeit gestellt werden. Man ist deshalb dazu übergegangen, die Erzeugung des Anilinschwarz in der Wärme vorzunehmen und ebenfalls stark verdünnte Flotten der Reibechtheit wegen anzuwenden. Für diese Verfahren rechnet man ungefähr 10% Anilinsalz auf das Gewicht der Ware. Da auch hier verschiedene Vorschriften bestehen, die wohl lediglich den örtlichen Verhältnissen angepaßt sind, sei hier nur ein Rezept erwähnt, das im Ratgeber M. L. B. 114 angeführt ist und eine gute Grundlage für die Zusammensetzung der Färbeflotte bildet:

Man beschickt das Bad mit

10% Anilinsalz,
14% Salzsäure 22° Bé,
3,5% Schwefelsäure 66° Bé und fügt nach dem Erkalten eine Lösung von
13% Natriumbichromat zu.

Man geht kalt mit dem Garn ein, zieht $^1/_2$ Std. in der Kälte um, steigt dann innerhalb einer weiteren $^1/_2$ Std. zum Kochen und läßt $^1/_4$—$^1/_2$ Std. nachziehen. Es wird hierauf gut gespült, kochend geseift, wobei man zur Erzielung eines schönen blauen Tons 1% Blauholzextrakt zusetzen kann (alle Prozentangaben beziehen sich auf das angewandte Garngewicht).

Um die Echtheit dieses Schwarz zu erhöhen, kann man, ähnlich wie bei dem Verfahren von BOBOEUF, die schwarz gefärbten Garne vor dem Seifen dämpfen. Vielfach findet dieses Verfahren auch in der Weise Verwendung, daß man das zu färbende Material mit Schwefelschwarz oder Direktschwarz vorgrundiert und dann mit wesentlich verdünnteren Flotten überfärbt. Besondre

[1] HEERMANN: Technologie der Textilveredlung, 2. Aufl. 1926, S. 397.

Vorteile soll dieses Grundierverfahren beim Färben von losem Material bieten, das eine beßre Spinnfähigkeit besitzen soll als nach dem Färben mit reinem Einbadschwarz. Das Umziehen in den Färbebädern geschieht im allgemeinen von Hand auf der Färbekufe, bei größern Partien kann die Garnfärbemaschine der Zittauer Maschinenfabrik, wie sie u. a. auch in der Türkischrotfärberei gebraucht wird, Anwendung finden.

Wie schon erwähnt, hat dieses Schwarz den großen Nachteil, nicht reibecht und auch nicht genügend wetterbeständig zu sein, da eine vollkommne Unvergrünlichkeit nicht erzielt wird.

Oxydationsanilinschwarz (Hänge- oder Kupferschwarz).

Das Oxydationsanilinschwarz wird erzeugt, indem man die Baumwollfaser (Garn oder Stückware) mit einer Lösung imprägniert, die vor allen Dingen Anilinsalz, Oxydationsmittel und Sauerstoffüberträger enthält. Die Oxydation des Anilinschwarz erfolgt hierbei nicht, wie beim Einbadverfahren, in der Imprägnierungsflotte selbst, sondern erst nach dem Trocknen des imprägnierten Fasermaterials, wobei zunächst in der Hauptsache Emeraldin gebildet wird. Dieses wird durch Behandeln mit Chromaten in das eigentliche Anilinschwarz übergeführt. Die Zusammensetzung der Imprägnierungsflotte in den verschiedenen Fabriken, die sich mit der Erzeugung von Anilinschwarz befassen, schwankt außerordentlich, so daß eine scharf umrißne Vorschrift hier nicht gegeben werden kann. Das Bestreben bei der Zusammensetzung der Imprägnierungsflüssigkeit soll dahin gehen, mit möglichst wenig Anilinsalz und dem geringsten Zusatz an Oxydationsmittel und Sauerstoffüberträger ein schönes tiefes Schwarz zu erzeugen, welches den bei diesem Verfahren unvermeidlichen Angriff der Faser auf das geringste Maß beschränkt.

Verschiedene Zusätze, die weiter unten besprochen werden sollen, dienen einmal dazu, eine möglichst hohe Ausnutzung des recht kostspieligen Anilinsalzes herbeizuführen, andrerseits aber die Faserschwächung zu verringern. Da in den meisten Betrieben größre Vorratslösungen für den Ansatz der Imprägnierungsflotte hergestellt werden und sowohl beim Ansatz, als auch beim längern Stehen die Oxydationsmittel schon in der Lösung auf das Anilinsalz einwirken, stellt man zwei Stammlösungen her, von denen die eine das Anilinsalz und die andre die Oxydationsmittel enthält. Die Gebrauchslösung wird dann durch Zusammenmischen von gleichen Teilen der beiden Ansatzlösungen und so viel Wasser hergestellt, daß auf 1000 T. Imprägnierungsflotte 70—150 T. Anilinsalz, 30—40 T. Natriumchlorat und 7—15 T. Kupfersulfat kommen. Je nach den örtlichen Verhältnissen müssen diese drei Chemikalien aufeinander abgestimmt werden. Meist werden geringe Mengen Verdickungsmittel zugesetzt, welche der Flüchtigkeit des Anilinsalzes während der Trocknung und Oxydation entgegenwirken und zur Erhöhung der Reibechtheit des erzeugten Schwarz beitragen sollen. Man nimmt auf 1000 T. Imprägnierungsflotte 3—4 T. Weizenstärke oder 0,3—0,5 T. reinen Schuppentragant.

Das an Stelle von Kupfersulfat viel verwendete Kupfersulfid dürfte heute kaum noch in Gebrauch sein.

Um die Schädigung der Faser so niedrig wie möglich zu halten, können Zusätze von essigsaurer oder ameisensaurer Tonerde verwendet werden, und als wasseranziehendes Mittel wird vielfach Ammoniumchlorid zugesetzt.

In den letzten Jahren wurde von der I. G. Farbenindustrie A.-G. ein Produkt herausgebracht, welches erhebliche Ersparnisse an Anilinsalz möglich macht. Es ist dies das Eumol (s. d.), durch dessen Zusatz zur Imprägnierungsflüssigkeit Ersparnisse bis zu 20% an Anilinsalz möglich sind. Um ein möglichst unvergrünliches Schwarz zu erzielen, soll schon bei der Oxydation der imprägnierten Faser darauf hingewirkt werden, daß sich ein möglichst hoher Prozentsatz von Azinschwarz bildet. Hierzu kann man sich die Untersuchungsergebnisse von GRANDMOUGIN zunutze machen, nach welchen starke Säuren, vor allen Dingen Mineralsäuren, in der Hauptsache Parakondensation bewirken, also zum Indaminschwarz führen, während schwache, vor allen Dingen organische Säuren Orthokondensation, d. h. die Bildung von Azinschwarz, welches unvergrünlich ist, begünstigen.

Oxydationsschwarz auf Garn.

Die Vorbereitung des zu färbenden Garns besteht entweder in sorgfältigem Auskochen oder umfaßt noch außerdem das Mercerisieren. Die gut gespülten Garne werden getrocknet und mit einer Anilinsalzlösung geklotzt, welche nach den obenerwähnten Grundsätzen zusammengesetzt ist. Das Garn muß von der Imprägnierungslösung gut genetzt sein und nach sorgfältiger Durchtränkung ausgewunden und gut ausgeschleudert werden.

Dies ist notwendig, um jeden Überschuß der Flüssigkeit zu entfernen, da sonst das Schwarz nicht die genügende Reibechtheit erhält. Die so vorbereiteten Garne werden in sog. Oxydationskammern getrocknet, durch welche vermittels Ventilatoren ein gleichmäßiger Luftstrom von 30—40° C hindurch bewegt wird. Dieser soll einmal die Trocknung und Oxydation bewirken, andrerseits aber schädliche Abgase entfernen.

Das Garn wird in diesen Oxydationskammern möglichst offen auf Stöcke aufgehängt oder über Haspel gespannt. Das Garn, welches zunächst fast farblos ist, färbt sich während des Trockenvorgangs allmählich hellgrün, um nach Beendigung der Trocknung immer dunkler zu werden, bis in mehreren Stunden eine schwarzgrüne Färbung erzielt ist. An den Wänden der Oxydationskammern sind Glasfenster angebracht, welche es gestatten, den Verlauf der Oxydation zu verfolgen. Vielfach befinden sich am Boden der Oxydationskammern Behälter mit Wasser, welche die Feuchtigkeit der Luft erhöhen sollen, da die Reaktion bei hoher Luftfeuchtigkeit gleichmäßiger und rascher erfolgt. In andern Betrieben wird die eingeblasene Warmluft durch Dampf, der aus Spritzdüsen zugesetzt wird, aus dem gleichen Grunde angefeuchtet.

Zur Überführung in das eigentliche Anilinschwarz werden die Garnstränge mit einer Lösung von Natriumbichromat oder Kaliumbichromat und Schwefelsäure in Wasser behandelt, der außerdem zur Steigerung der Unvergrünlichkeit etwas Anilinsalz zugesetzt ist. Man nimmt 4—6 % Bichromat, etwa 2 % Schwefelsäure und 0,5 % Anilinsalz, berechnet auf das Gewicht der Garne. Nachdem diese in dem Chromierungsbade bei einer Temperatur von ungefähr 50° umgezogen worden sind, wird gut gespült und schließlich heiß bis kochend geseift. Dieses Schwarz ist am bekanntesten unter dem Namen Diamantschwarz und wird in unübertroffener Schönheit und sehr geringer Faserschwächung seit vielen Jahren von der Firma Louis Hermsdorf, Chemnitz i. Sa., hergestellt.

Das Verfahren läßt sich ebenso auf lose Baumwolle und in geeigneten Apparaten auch zum Färben von gewickelten Garnen, z. B. auf Kreuzspulen oder Copsen verwenden. Ein derartiger Apparat ist von L'HUILLIER konstruiert worden.

Oxydationsschwarz auf Stückware.

Bei weitem die größte Bedeutung hat die Erzeugung des Oxydationsschwarz auf Stückware erlangt. Das zu färbende Material muß, um ein tiefes und gleichmäßiges Schwarz zu erzielen, ähnlich wie bei Garn, sorgfältig vorbereitet werden.

Diese Vorbereitung besteht zum mindesten in einer guten Entschlichtung der Ware, doch wird man im allgemeinen dort, wo ein neutrales unvergrünliches Schwarz gefordert wird, soweit es der Charakter der Ware zuläßt, dieselbe gut mercerisieren, wobei darauf geachtet werden muß, daß in dem der Mercerisation folgenden Entlaugungsprozeß auch tatsächlich die letzten Reste von Ätzalkali beseitigt werden, wozu man wohl am zweckmäßigsten vermittels Säure neutralisiert. Nach erfolgtem gutem Auswaschen der Ware wird getrocknet oder durch Abquetschen auf einem Wasserkalander so weitgehend wie möglich entwässert. Darauf wird auf einer Klotzmaschine mit einer ähnlich wie bei Oxydationsschwarz auf Garn zusammengesetzten Anilinsalzlösung imprägniert. In den meisten Fällen ist ein mehrfaches Passieren durch die Imprägnierungslösung und Abquetschen notwendig, um eine gleichmäßige Durchtränkung der Ware zu erzielen, wobei darauf geachtet werden muß, daß alle dem Gewebe oberflächlich anhaftende Flüssigkeit durch kräftiges Abquetschen beseitigt wird. Die Verwendung von Imprägnierfoulards, in welchen eine Hartgummiwalze gegen eine Weichgummiwalze preßt, hat sich zur Erzielung einer gleichmäßigen Imprägnierung am besten bewährt.

Um das mehrfache Imprägnieren und Auspressen der Ware in einem Arbeitsgang ausführen zu können, was besonders bei der Herstellung von Oxydationsschwarz im Continueverfahren wichtig ist, hat man Spezialimprägniermaschinen konstruiert, welche aus drei hintereinander geschalteten Quetschwerken mit je drei Auspreßwalzen bestehen, von denen die obere und untere Walze mit Hartgummi und die mittlere mit Weichgummi bezogen ist. Für die Belastung der Walzen ist die Anwendung von Hebeldruck vollkommen ausreichend. Durch eine derartige Maschine ist es möglich, sechsmal hintereinander in einem Arbeitsgang zu imprägnieren und abzupressen.

Abb. 1. Hochleistungs-Trocken- und -Oxydationsmaschine mit vertikalem Warengang und vorgebauter dreiwalziger Imprägniermaschine (Zittauer Maschinenfabrik A.-G., Zittau).

Die so imprägnierte Ware wurde früher in leicht erwärmten Räumen aufgehängt und mehrere Stunden sich selbst überlassen, wobei allmähliche Trocknung und Oxydation stattfand. Man erzielt mit dieser Methode ein sehr tiefes Schwarz bei einer geringen Schädigung der Faser und hoher Ausnutzung des angewandten Anilinsalzes.

Die rasch zunehmende Produktion dieses allen andern Schwarzfärbungen an Echtheit und Schönheit überlegenen Schwarz stellt aber infolge der langen Dauer des Prozesses und des damit verbundenen großen Raumbedarfs für die Oxydationshängen die Wirtschaftlichkeit des Verfahrens in Frage, weswegen diese Methode der Oxydation in den sog. Continueheißlufttrockenmaschinen (s. Abb. 1) weichen mußte, in welchen die imprägnierte Ware in langsamem, kontinuierlichem Lauf bei Temperaturen von 45—50° C im Verlauf von 1—2 Std. getrocknet und oxydiert wird. Zwar nimmt gegenüber der Oxydationshänge, bei welcher Temperaturen von 25—30° C zur Anwendung kamen, die Schädigung der Faser nicht unerheblich zu, doch wird dieser Nachteil bei weitem durch die Möglichkeit aufgewogen, in der Continuetrockenmaschine den größten Anforderungen an die Produktion ohne allzu großen Raumbedarf gerecht zu werden.

Die Oxydations-Hotflue.

Die bekannteste dieser Maschinen ist der Preibisch-Apparat, in welchem die Warenführung vertikal (s. Abb. 2) angeordnet war. Infolge der geringen Übersichtlichkeit des Warenlaufs in dieser Maschine ging man später zur horizontalen (s. Abb. 3 u. 4) Warenführung über. Derartige Maschinen, wie sie z. B. von der Zittauer Maschinenfabrik oder der Firma C. A. Gruschwitz gebaut werden, sind besonders noch in der Zittauer Gegend im Gebrauch. In neuerer Zeit haben vor allen Dingen wärmetechnische Gründe dazu geführt, auf Oxydationsmaschinen mit vertikaler Warenführung zurückzukommen. Alle diese Maschinen haben den großen Nachteil, daß man ganz verschiedene Vorgänge, nämlich das Trocknen und den darauffolgenden Oxydationsprozeß, die ganz verschiedene Bedingungen verlangen, in ein und demselben Raume, also unter gleichen Bedingungen, vor sich gehen läßt. Denn während zum Trocknen der imprägnierten, nassen Ware ein sehr warmer und trockner Luftstrom erforderlich ist, werden die günstigsten Bedingungen für die Oxydation durch eine nur mäßig warme, dabei aber möglichst feuchte Atmosphäre geschaffen. Ein Ausweg, welcher dieser Erkenntnis Rechnung trägt, stellt die Verwendung von Trockentrommeln dar, welche im untern Teil der Oxydations-Hotflue eingebaut werden, und auf welchen die Trocknung bewirkt wird.

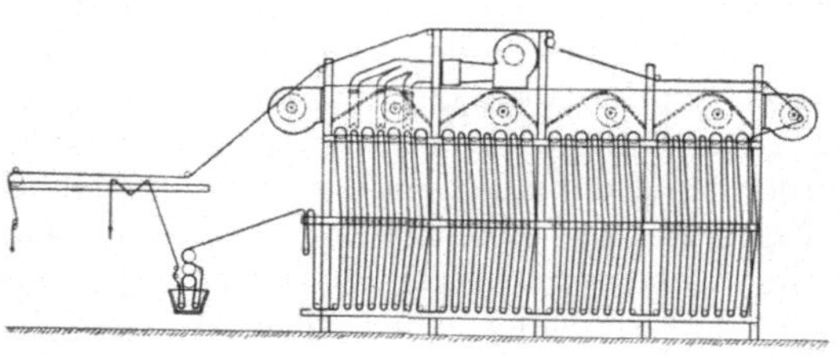

Abb. 2. Schema zur Hochleistungs-Trocken- und -Oxydationsmaschine mit vertikalem Warengang und vorgebauter dreiwalziger Imprägniermaschine.

Obgleich diese Anordnung keinesfalls eine restlose Lösung des Problems der Oxydations-Hotflue darstellt, ist man vielfach zu dieser Konstruktion der Oxydationsmaschine zurückgekehrt, wohl hauptsächlich unter dem Einfluß der Tatsache, daß seit Jahrzehnten in Unternehmungen, die in allergrößtem Maßstab Anilinschwarz erzeugen (z. B. in England), derartige Maschinen mit großem Erfolg im Betrieb sind.

Abb. 3. Horizontale Hotflue- und Oxydationsmaschine (Zittauer Maschinenfabrik A.-G., Zittau).

Zweifellos ist die Schaffung verschiedener Bedingungen einerseits für den Trockenprozeß und andrerseits für den Oxydationsprozeß in frei geführten Warengängen eine beßre Lösung des Problems. Besonders die wärmetechnischen Arbeiten über Heißluftkammern mit kontinuierlicher Warenführung für Stückware haben gezeigt, daß geeignete Luftführung und scharfe Trennung von Trocknungs- und Oxydationsbedingungen ein ebenso rationelles Arbeiten möglich machen wie in den Maschinen, in welchen Trocknung auf Trommeln mit Oxydation auf frei geführter Ware kombiniert wird. So stellt die neuste Konstruktion der Zittauer Maschinenfabrik eine bedeutende Verbeßrung der bisherigen vertikalen Oxydationsmaschinen dar, die zwar eine Trennung des Oxydationsraums von der eigentlichen Trockenkammer gestattet, jedoch der rationellsten Trocknung, nämlich im Gegenstromprinzip, nicht Rechnung trägt.

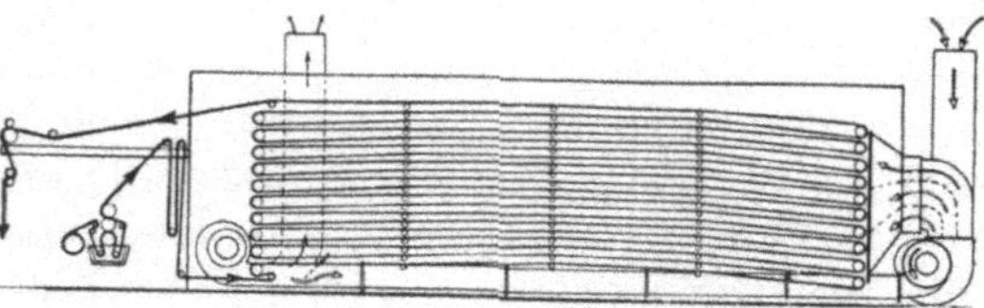

Abb. 4. Schema zur horizontalen Hotflue- u. Oxydationsmaschine.

Die atmosphärischen Bedingungen, die in der Oxydations-Hotflue eingehalten werden müssen, hängen ganz von dem Fassungsvermögen und von der Geschwindigkeit ab, mit welcher die Ware oxydiert werden soll.

Bei einer Hotflue, in welcher die Ware frei, in sog. Luftgängen, geführt wird, soll die Oxydation bei Temperaturen von 45—55° C verlaufen. Als höchst zulässige Grenze kann man die Temperatur von 60° bezeichnen; oberhalb dieser Grenze nimmt die Faserschwächung außerordentlich rasch zu.

Bei Maschinen, in welchen die Trocknung auf Trommeln vorgenommen wird, muß mit der Temperatur wesentlich vorsichtiger vorgegangen werden, da ein Überhitzen der Trommeln sehr leicht zu erheblichen Schädigungen der Faser führen kann. Die Trocknung der imprägnierten Ware, in deren Verlauf eine Oxydation noch nicht stattfindet, kann bei erheblich höheren Temperaturen vorgenommen werden, ohne daß eine Schädigung des Textilguts eintritt, doch ist es auch hier wünschenswert, die Temperaturen so niedrig wie möglich zu halten, da sonst durch die Flüchtigkeit des Anilinsalzes erhebliche Verluste eintreten. Die aus der Trokkenzone kommende Luft kann, ohne daß ein nennenswerter Einfluß auf die Festigkeit des Materials stattfindet, im Oxydationsraum weiter verwendet werden, was besonders wegen ihres hohen Feuchtigkeitsgehalts zu empfehlen ist[1].

Die Oxydation ist in der verhältnismäßig kurzen Zeit, welche sich die Ware in der Hotflue befindet, nicht restlos beendet und setzt sich unter Wärmeentwicklung nach dem Verlassen der Hotflue fort. Es ist deshalb eine gute Belüftung des die Oxydationskammer umgebenden Raums notwendig, um die Selbsterhitzung der die Oxydationskammer verlassenden Ware nach Möglichkeit zu verhüten. Auch soll die Ware nach dem Austritt aus der Kammer vor dem Abtafeln gut gekühlt sein.

Die Ware wird nach dem Verlassen der Hotflue auf den üblichen Färbeapparaten chromiert, wobei ungefähr 2—3% Natrium- oder Kaliumbichromat, meist unter Zusatz von ungefähr 0,5% Schwefelsäure auf das Gewicht der Ware zur Anwendung gelangen.

Die älteste und in der heutigen Zeit meist noch verwendete Färbemaschine für die Chromierung ist der Jigger (s. Abb. S. 164). Die Ware wird zunächst durch die kalte Chromierungsflotte, welche nur die Hälfte der zu verwendenden Chemikalien enthält, einmal durchlaufen gelassen, worauf vor dem zweiten Gang die zweite Hälfte des Bichromats und der Schwefelsäure zugesetzt wird. Nach viermaligem Durchlaufen der Ware durch die Flotte ist der größte Teil des Chromats in Reaktion getreten. Die Ware wird, was zur Erzielung eines möglichst unvergrünlichen Schwarz notwendig ist, noch mindestens zweimal durch die auf 40—50° C erwärmte Reaktionslösung hindurchgenommen, dann gut gespült und schließlich geseift oder zur Beseitigung der letzten in der Faser befindlichen Säurereste schwach neutralisiert, wozu man am besten Ammoniak oder essigsaures Ammoniak verwendet.

Bei dem Chromierungsprozeß treten erhebliche Anteile des nicht umgesetzten Anilinsalzes in Reaktion, weswegen die Ware zwischen der Oxydation in der Hotflue und der Chromierung keinesfalls gespült werden darf[2].

Eine Abart des Oxydationsschwarz stellt das sog. Aktivinschwarzverfahren dar, welches R. Haller und J. Hackl ausgearbeitet haben.

Die Erfinder geben eine Vorschrift, nach welcher die Ware mit einer Lösung Aktivin unter Zugabe eines Netzmittels imprägniert und in der Hotflue getrocknet wird. Alsdann wird durch eine Anilinsalzlösung, der zur Erzielung einer möglichst guten Unvergrünlichkeit p-Phenylendiamin und als Oxydationsüberträger Kupfer-

[1] Linke, A., u. W. Schramek: Die atmosphärischen Verhältnisse in Oxydationskammern mit horizontaler Warenführung und ihr Einfluß auf baumwollene Stückware bei der Erzeugung von Oxydationsschwarz. Mell. Text. **1927**, 442.

[2] Linke, A., u. W. Schramek: Untersuchung der Vorgänge bei der Oxydation von Anilin zur Erzeugung von Anilinhängeschwarz. Mell. Text. **1928**, 328.

chlorid hinzugefügt ist, hindurchgenommen und die so in olivgrünem Zustand erhaltene Ware mit einer heißen Lösung von Seife und Soda behandelt.

Dieses Verfahren hat den Vorteil, daß die Ware ihre ursprüngliche Festigkeit voll beibehält, doch ist das so erhaltene Schwarz sehr leicht vergrünlich[1].

Dampfanilinschwarz.

Das Dampfanilinschwarz, auch Ferrocyandampfschwarz, Prussiatschwarz oder Prud'hommeschwarz genannt, findet ausschließlich Verwendung im Kattundruck zur Herstellung weiß und bunt reservierter Schwarzfärbungen. Die Zusammensetzung der Imprägnierungsflüssigkeit gleicht im großen und ganzen derjenigen des Anilinhängeschwarz, nur verwendet man an Stelle der Kupfersalze als Sauerstoffüberträger gelbes Blutlaugensalz. Näheres s. im Kapitel „Zeugdruck".

Diphenylschwarz.

Man hat verschiedentlich versucht, andre Basen des Anilins zur Erzeugung des Schwarz zu verwenden, einmal um den bei allen Oxydationsverfahren nicht zu vermeidenden Faserangriff soweit wie möglich herabzusetzen, andrerseits um eine möglichst hohe Unvergrünlichkeit zu erzielen. Im Jahre 1891 brachten die Höchster Farbwerke die Diphenylschwarzbase I und das Diphenylschwarzöl in den Handel zur Erzeugung eines unvergrünlichen Schwarz, des Diphenylschwarz (Näheres s. u. Baumwollfärberei).

Paraminbraun, Fuscaminbraun, Ortaminbraun.

Zu denjenigen Färbungen, die durch einen Oxydationsvorgang auf der Faser erzeugt werden, gehören auch die braunen Farbtöne aus Paramin, Fuscamin und Ortamin. Diese Färbungen finden fast ausschließlich im Kattundruck für die Herstellung weiß und bunt reservierter brauner Artikel Verwendung (s. u. Baumwollfärberei und Zeugdruck).

Appretur.

Literatur: Bergmann-Marschik: Handbuch der Appretur. — Brenger: Die Ausrüstung der Stoffe aus Pflanzenfasern. — Depierre: Die Appretur der Baumwollgewebe. — Ganswindt: Technologie der Appretur. — Gardner: Mercerisation der Baumwolle und die Appretur mercerisierter Gewebe. — Grothe: Die Appretur der Gewebe. — Haller-Glafey: Chemische Technologie der Baumwolle. — Jansen, W.: Die verschiedenen Appreturverfahren der Woll- und Halbwollwaren. — Kleinewefers: Die Gaufrage. — Kozlik: Technologie der Gewebeappretur. — Mundorf: Die Appretur der Woll- und Halbwollwaren. — Reiser: Die Appretur der wollnen und halbwollnen Waren. — Reiser: Spinnerei, Weberei und Appretur. — Rohn: Die Ausrüstung der textilen Waren. — Rüf: Die Schlichterei. — Schams: Handbuch der Schlichterei. — Ferner allgemeine Schriften über Textilveredlung und Färberei (s. u. Färberei).

Appretur der Baumwoll- und Halbwollwaren.

Von W. Schramek.

Begriffsbestimmung und Zweck der Appretur.

Der technische Ausdruck „Appretur" findet bei den verschiedenen Autoren voneinander erheblich abweichende Auslegungen, die im übrigen auch mit den Gebräuchen der Praxis nicht immer übereinstimmen, denn

[1] Haller-Glafey: Chem. Technol. d. Baumwolle **1928**, 171.

gerade in der Textilveredlungsindustrie ist man gewohnt, als Appretur schlechthin diejenigen Arbeitsvorgänge zu bezeichnen, „welche sich auf das Fertigstellen bzw. Zurichten der bereits gebleichten, bedruckten oder gefärbten Gewebe beziehen[1]".

An andern Stellen wieder rechnet man zu Arbeitsprozessen der Appretur sämtliche Ausrüstungsarbeiten mit Ausnahme des Bleichens und Färbens.

Streng genommen jedoch umfaßt der Begriff „Appretur", der von dem lateinischen „adparare" hergeleitet wird, sämtliche Arbeitsvorgänge, welche der Zurichtung des gesponnenen, gewebten, gewirkten oder gestrickten Textilmaterials dienen, ohne daß der chemische oder strukturelle Charakter der Faser verändert wird. Hieraus ergibt sich, daß die Arbeitsvorgänge der Mercerisation, des Transparentierens, des Opalisierens, des Philanierens, des Bleichens, des Färbens, des Druckens usw. nicht als zur Appretur gehörig zu betrachten sind.

Unter den einzelnen Arbeiten, welche bei der Veredlung mit dem Textilmaterial vorgenommen werden, bringen die Prozesse des Färbens, des Druckens und des Bleichens eine so grundlegende und augenfällige Veränderung des Textilmaterials hervor, daß sich hieraus der Gebrauch erklärt, die Arbeitsvorgänge in zwei Gruppen zu teilen, und zwar in diejenigen, welche vor der Färberei, Druckerei bzw. Bleicherei liegen, und in die Verrichtungen, welche nach der Färberei, Druckerei oder Bleicherei mit dem Textilmaterial vorgenommen werden. In der Praxis bezeichnet man, hauptsächlich soweit es die Wolle betrifft, die vor dem Färben, Drucken und Bleichen liegenden Arbeitsverrichtungen als Vorappretur und alle nach der Färberei, Druckerei und Bleicherei liegenden Arbeiten als Nachappretur.

Die Einzelvorgänge der Appretur kann man aber nie generell einer von diesen beiden Gruppen zuteilen, da viele Einzelarbeiten, die bei einigen Artikeln vor der Färberei durchgeführt werden müssen, bei andern Artikeln aus bestimmten Gründen erst nach der Färberei zur Ausführung gelangen. Erst nach Festlegung des jeweiligen Arbeitsganges für die Veredlung einer bestimmten Warengattung sollte man die Gesamtheit der für diesen Artikel vor der Färberei, Druckerei oder Bleicherei liegenden Arbeitsverrichtungen als Vorappretur und die nach der Färberei usw. liegenden Appreturarbeiten als Nachappretur bezeichnen.

Nach dem Zweck, welchen die einzelnen Appreturverrichtungen verfolgen, können sie mehreren Gruppen zugeteilt werden:

1. Arbeiten zur Reinigung der Ware:

Entschlichten (Abkochen, s. u. Baumwollbleiche). Krabben[2], Putzen (Bürsten, Noppen, Klopfen, Schmirgeln u. ä.), Scheren, Sengen u. a. m.

2. Arbeiten, welche zur Veränderung des Gefüges der Ware vorgenommen werden:

Brechen, Dämpfen (Einbrennen, Krabben), Kalandern, Imprägnieren (Wasserdicht-, Flammensicher-, Fäulniswidrigmachen s. u. Imprägnieren), Pressen, Stärken und Füllen (Beschweren, Gummieren, Leimen, Schlichten u. a. m.).

---

[1] Ullmann: Enzyklopädie der technischen Chemie **1**, 534/535 (1914).

[2] Das Krabben und Einbrennen baumwollner und halbwollner Waren kann zu den Reinigungsprozessen nur insofern gerechnet werden, als es zur Entfernung von Schlichtemassen und andern Verunreinigungen dient. Da diese Arbeiten aber viel wichtiger für die Fixierung dieser Gewebe sind, müssen sie wohl mit der gleichen Berechtigung denjenigen Appreturverrichtungen zugezählt werden, welche der Veränderung des Gefüges der Waren (s. d.) dienen.

3. Arbeiten, welche eine Veränderung der Oberfläche bezwecken:

Dekatieren, Einsprengen, Kalandern (Beetlen u. ä.), Mangeln, Moirieren (Gaufrieren u. ä.), Ratinieren, Rauhen, Scheren, Seidenfinish, Walken u. a. m.

4. Hilfs- und Vorbereitungsarbeiten:

Rohbodenarbeit (Zusammennähen, Stempeln usw.), Trocknen, Wickeln (Auf-, Abwickeln) u. a. m.

5. Arbeiten, welche der Aufmachung fertigappretierter Waren dienen, um sie in handelsübliche Form zu bringen:

Legen (Doublieren, Falten, Messen, Wickeln u. dgl.), Verpacken (Etikettieren usw.).

Arbeitsgänge in der Ausrüstung baumwollner Waren.

Es sollen hier nur die grundlegenden Arbeitsgänge aufgeführt werden, da es zu weit führen würde, für jeden einzelnen Artikel den speziellen Arbeitsgang mit allen Einzelheiten zu beschreiben. Bei den im folgenden erwähnten 3 Hauptgruppen: „Bleichware", „Farbware" und „Druckware" ist daher auch auf die Erwähnung der von dem grundlegenden Arbeitsgang abweichenden, hinzuzufügenden oder zu wiederholenden Operationen (soweit sie Spezialarbeiten sind, die nur einzelnen bestimmten Artikeln eigentümlich sind) verzichtet worden.

a) Bleichware:

Rohbodenarbeit.
|
Sengen und sonstige Reinigungsarbeiten.
|
Auskochen (Beuchen, heiße Wasserstoffsuperoxydbleiche).
|
(Mercerisation.)
|
Chlorbleiche (oder auch leichte Wasserstoffsuperoxydbleiche).
|
Imprägnierungsarbeiten sowie Stärken und Füllen.
|
Trocknen, Spannen.
|
Finishappreturen.
|
Aufmachungsarbeiten.

b) Farbware:

Rohbodenarbeit.
|
Sengen und sonstige Reinigungsarbeiten.
|
Bleichen (nur für helle oder lebhafte Farben oder bei besonders schalenhaltigem
| Material für alle Farben außer Anilinschwarz).
(Mercerisieren.)
|
Färben.
|
Imprägnierungsarbeiten sowie Stärken und Füllen.
|
Trocknen, Spannen.
|
Finishappreturen.
|
Aufmachungsarbeiten.

c) Druckware und Farbware im Klotzverfahren:

Rohbodenarbeit.
|
Sengen und sonstige Reinigungsarbeiten.
|
Auskochen (Beuchen, heiße alkalische Wasserstoffsuperoxydbleiche).
|
(Mercerisieren.)
|
(Schwache Chlorbleiche oder auch schwache Wasserstoffsuperoxydbleiche.)
|
(Färben für Ätzdruck oder helle Fonds.)
|
Trocknen. → Färben von Farbware nach dem Klotzverfahren.
|
Klopfen, Bürsten.
|
Drucken, Fixieren, Waschen.
|
(Trocknen.) ← Färben von Farbware nach dem Klotzverfahren.
|
Imprägnierungsarbeiten sowie Stärken und Füllen.
|
Trocknen, Spannen.
|
Finishappreturen.
|
Aufmachungsarbeiten.

Warengang bei der Ausrüstung von Halbwolle.

Rohbodenarbeit.
|
Gasieren.
|
Krabben.
|
Dämpfen.
|
(Plattensenge.)
|
Färben oder Bleichen.
|
Trocknen.
|
Noppen, Scheren, Rauhen.
|
Imprägnierungsarbeiten.
|
Trocknen, Spannen.
|
Finishappreturen.
|
Aufmachungsarbeiten.

Zu diesen Arbeiten ist u. a. das Transparentieren, das Opalisieren, das Philanieren, das Ratinieren zu rechnen. Auch die Reinigungsverfahren, soweit sie bei gewissen Artikeln erst nach der Färberei oder Bleicherei wiederholt werden müssen, sind hier nicht erwähnt. Die einzelnen Arbeitsgruppen in den Warengängen umfassen neben der Hauptarbeit die zu ihr gehörigen Neben- und Hilfsarbeiten.

Das Wort Finishappretur soll alle diejenigen Manipulationen umfassen, welche dazu dienen, die gefärbte bzw. gebleichte oder bedruckte, mit Füll- und sonstigen Imprägnierungsmitteln versehene und getrocknete Ware in bezug auf Griff und Charakter der Warenoberfläche (Gesicht der Ware) für den Verkauf fertigzumachen.

Hierher gehören neben sämtlichen Kalanderappreturen z. B. das Bürsten bei Strichware, der Wachsfinish bei Samtware, das Bügelechtmachen und das Pressen. Die wichtigsten Arbeitsvorgänge sind nachfolgend in alphabetischer Reihenfolge kurz besprochen.

Brechen.

Das Brechen ist ein Arbeitsvorgang der Appretur, welcher den mitunter beim Appretieren der Gewebe entstehenden unerwünschten harten oder papierartigen Griff mildern und die für den Verkauf notwendige Geschmeidigkeit der Ware erzeugen soll.

Abb. 5. Appretbrechmaschine mit Spiralwalzen (C. H. Weisbach, Chemnitz).

Wenn auch in den meisten Fällen die Arbeitsweise der verschiedenen Appreturvorgänge so eingerichtet werden kann, daß z. B. durch Füllen der Ware oder durch das Kalandern ohne weiteres der erwünschte Griff erzielt wird, so ist es doch nicht immer vermeidbar, daß durch kleine unvorhergesehene Unregelmäßigkeiten der Griff der Ware zu hart ausfüllt. Außerdem läßt sich besonders bei stark gefüllter Ware, auf der durch starkes Kalandern ein hoher Glanz erzeugt werden soll, nicht ohne weiteres der starke Glanzeffekt zu gleicher Zeit mit dem gewünschten Griff erzielen. Es muß dann durch das Brechen auf geeigneten Maschinen die entstandene Härte der Ware beseitigt werden, ohne daß der Glanz wesentlich beeinträchtigt wird.

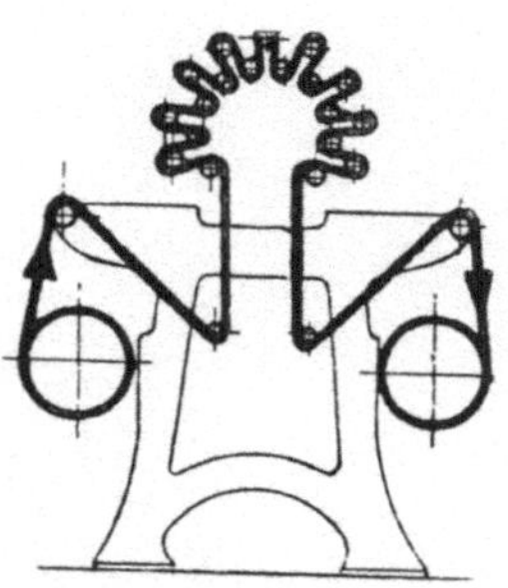

Abb. 6. Schema zur Appretbrechmaschine mit Spiralwalzen (C. H. Weisbach, Chemnitz).

Die Brechmaschine, oder auch Appreturbrechmaschine genannt, besteht entweder aus a) einer Reihe schnell rotierender, mit knopfartigen Erhöhungen versehener Walzen, über welche die Ware hinwegbewegt wird, wobei durch die erzeugte Erschütterung der harte Griff der Ware beseitigt wird (Knopfbrechmaschine), oder aber sie enthält b) eine Reihe von Stahlwalzen mit spiralförmig gewundener Oberfläche, zwischen welchen die Ware hindurchgeführt wird (Spiralbrechmaschine). Die Ware wird hierbei gewissermaßen durchgeknetet und so die notwendige Weichheit erzielt (s. Abb. 5 u. 6).

Dämpfen.

Das Dämpfen ist ein Arbeitsvorgang, durch welchen unter Zuhilfenahme verschiedenartiger Maschinen die mannigfaltigsten Effekte auf baumwollnen, halbwollnen oder wollnen Geweben erzeugt werden können.

Bei baumwollnen Geweben verfolgt das Dämpfen a) einmal den Zweck, den nach dem Bleich- oder Färbeprozeß getrockneten Waren für eine der nachfolgenden Ausrüstungsoperationen die notwendige Feuchtigkeit wieder zuzuführen, zu welchem Zweck man die Ware im breiten Zustand entweder über Dämpfkissen oder über eine, in einem Dämpfkasten befindliche Rollenbahn leitet, b) andrerseits aber wird vielfach durch das Dämpfen fertig ausgerüsteter Baumwollware ein durch Friktionieren oder eine ähnliche Kalandereinwirkung erzeugter Glanz herabgemindert, wie es z. B. bei den sog. bügelechten Seidenfinishappreturen notwendig ist.

In diesem letzteren Falle genügt ein Durchführen der Ware durch einen Dämpfraum in breitem Zustand häufig nicht, vielmehr muß das Gewebe zur Erzielung eines möglichst gründlichen Dämpfeffekts (ähnlich wie bei der *Dekatur* der Wolle) auf den üblichen Dämpfzylindern einige Minuten der Dämpfeinwirkung ausgesetzt werden.

Abb. 7. Düseneinsprengmaschine (C. H. Weisbach, Chemnitz).

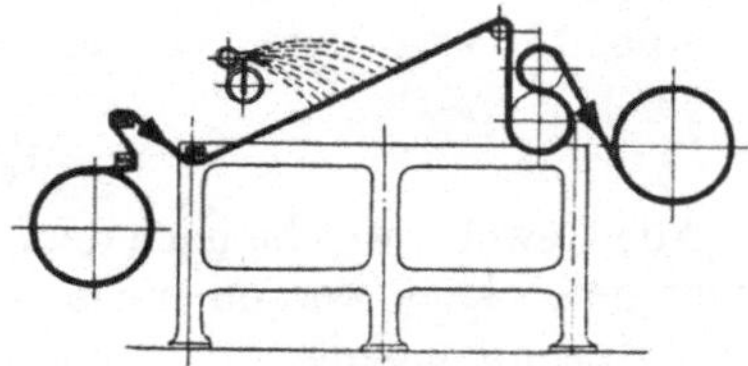

Abb. 8. Schema zur Düseneinsprengmaschine (C. H. Weisbach, Chemnitz).

Halbwollne Gewebe werden einmal gedämpft, a) um ein Eingehen während der Ausrüstungsarbeiten zu verhindern, zu welchem Zwecke sie auf Dämpfzylinder aufgewickelt und einige Minuten gedämpft werden, b) oder aber man kann durch den Dämpfprozeß (im Gegensatz zu baumwollnen Geweben) Glanz erzeugen, indem man die Ware auf der Diamantpresse der Einwirkung des Dampfes aussetzt.

Abb. 9. Einsprengmaschine, Bürstenwalzensystem (C. H. Weisbach, Chemnitz).

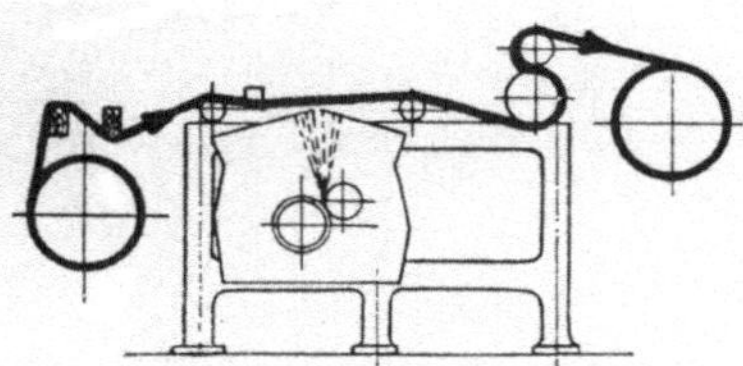

Abb. 10. Schema zur Einsprengmaschine, Bürstenwalzensystem (C. H. Weisbach, Chemnitz).

Einsprengen.

Um den Geweben die für die Erzielung eines bestimmten *Appretureffekts*, besonders für die Behandlung auf den verschiedenen Kalandern notwendige Feuchtigkeit zu geben, werden sie auf sog. *Einsprengmaschinen* behandelt.

Man unterscheidet hierbei zwei grundlegende Arten des Einsprengens. Nach der einen wird die Ware an einer aus einer Reihe von *Düsen* bestehenden *Wasserzerstäubungsvorrichtung* vorbeigeführt (s. Abb. 7 u. 8), nach der andern wird durch eine in Wasser schnell rotierende *Bürstenwalze* durch Abschleudern des von den Bürsten mitgenommenen Wassers in Form eines fein

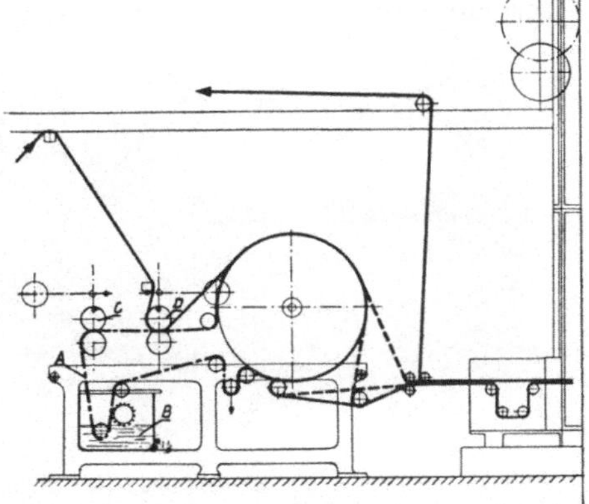

Abb. 11. Gewebeanfeuchtmaschine zum Schnelldämpfer (Zittauer Maschinenfabrik A.-G., Zittau).

verteilten Nebels die Feuchtigkeit auf die vorbeigeführte Ware übertragen (s. Abb. 9 u. 10). Bei der letzteren Art des Einsprengens kann auch die Bürstwalze vermittels einer im Wasser laufenden Auftragwalze angefeuchtet werden.

Zweckmäßig läßt man nach dem Einsprengen die Gewebe einige Zeit liegen, damit sich die Feuchtigkeit in der Ware gleichmäßig verteilen kann.

Es läßt sich mit diesen Einsprengmethoden der Ware jede beliebige Menge Feuchtigkeit vermitteln.

Abb. 11. zeigt noch ein andres Schema einer Anfeuchtmaschine.

Entwässern.

Alle Gewebe, welche nach dem Bleichen, Mercerisieren, Färben oder Drucken wieder getrocknet werden müssen, werden zweckmäßig vor dem Trocknen so weitgehend wie möglich entwässert, einmal um den sehr kostspieligen Trocken-

Abb. 12. Elektropendelzentrifuge (Ernst Geßner A.-G., Aue i. Erzg.).

prozeß abzukürzen, andrerseits aber um Fehlern vorzubeugen, welche beim Trocknen sehr nasser Ware entstehen können, wie z. B. die Abwanderung von Farbstoff bei gefärbter Ware von noch nassen Stellen auf bereits getrocknete Teile der Ware.

Das Entwässern geschieht entweder durch Ausschleudern der Ware oder durch Abquetschen der Flüssigkeit auf sog. Wasserkalandern oder in neuerer Zeit durch Absaugen. Da sich keine dieser drei Methoden für sämtliche Warengattungen eignet, muß für jeden Artikel sorgfältig geprüft werden, welche der drei Entwässerungsarten angewendet werden soll. Hierauf wird bei Beschreibung der einzelnen Entwässerungsvorrichtungen hingewiesen werden.

Abb. 13. Breitschleuder (Ernst Geßner A.-G., Aue i. Erzg.).

Ausschleudern (Zentrifugieren). Das Ausschleudern der Ware zum Zwecke des Entwässerns geschieht auf stehenden oder hängenden Horizontalschleudern (s. Abb. 12). Diese Methode findet hauptsächlich Anwendung zum Entwässern von Garn und wollnen Geweben, welche nicht auf Abquetschmaschinen behandelt werden dürfen. Baumwollne Gewebe, deren Fadenbindung nicht fest genug ist, werden leicht verschoben; ebensowenig eignen sich zum Ausschleudern sehr schwere Baumwollwaren, da sie infolge des durch die hohe Rotationsgeschwindigkeit erzeugten Drucks Knitter bekommen, die nur sehr schwer wieder zu beseitigen sind. Es hat deshalb der Entwässerungsprozeß durch Ausschleudern für baumwollne Gewebe eine sehr beschränkte Anwendungsmöglichkeit. Stückware kann u.U. auch auf der Breitschleuder (siehe Abb. 13) ausgeschleudert werden. Kettbäume werden auf besonderen Kettbaumschleudern zentrifugiert (siehe Abb. 14/15).

Abquetschen. Das Abquetschen der Flüssigkeit aus Geweben geschieht entweder in der Vorappretur mit der Strangquetschmaschine (s. Abb. 16/17) oder vermittels sog. Paddings oder Foulards (s. u. Baumwollfärberei), deren besonders schwere Form als „Wasserkalander“ (s. Abb. 18/19) bezeichnet wird. Der Druck dieser Entwässerungsmaschine muß, wenn die Wirkung der aufgewandten Arbeit entsprechen soll (es wird ein Abquetschen bis auf mindestens 60% Wassergehalt gefordert), sehr hoch sein, wird aber nicht von allen Geweben vertragen. Auf Wollgeweben kann durch diesen hohen Druck ein unerwünschter Glanz erzeugt werden; bei Geweben, die ganz oder teilweise aus Kunstseide bestehen, ist die Gefahr des Zerquetschens des Kunstseidenfadens außerordentlich groß. Daher findet das Entwässern auf Wasserkalandern fast ausschließlich Anwendung für baumwollne Gewebe, und nur dann für halbwollne Gewebe, wenn sie mit Glanzeffekt ausgerüstet werden sollen.

Abb. 14. Kettbaumschleuder, liegende Anordnung (Zittauer Maschinenfabrik A.-G., Zittau).

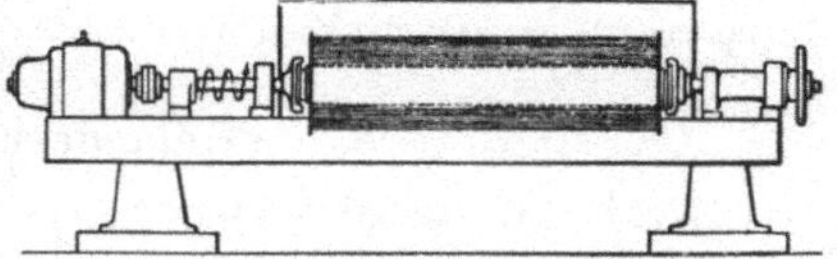

Abb. 15. Schema zur Kettbaumschleuder, liegende Anordnung.

Abb. 16. Strangausquetschmaschine (Zittauer Maschinenfabrik A.-G., Zittau).

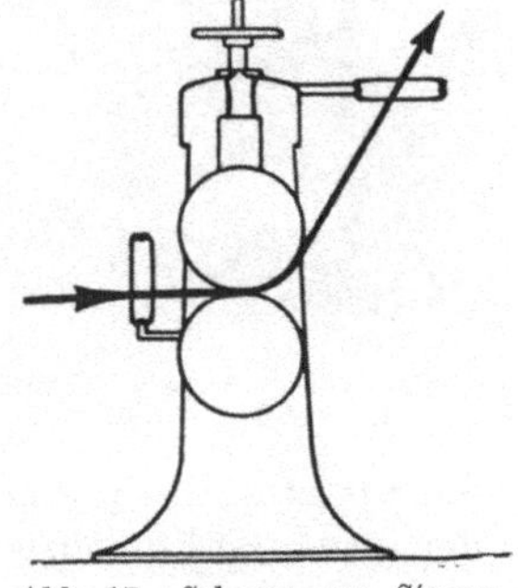

Abb. 17. Schema zur Strangausquetschmaschine.

Absaugen. Das Absaugen ist die unwirtschaftlichste der drei bekannten Entwässerungsmethoden, da auf den bisher bekannten Absaugmaschinen (s. Abb. 20) kein so hoher Grad der Entwässerung erreicht wird, wie auf dem Wasserkalander oder der Schleuder.

Die Ware wird zum Zwecke des Entwässerns auf den Absaugmaschinen über einen unter hohem Vakuum stehenden Saugschlitz hinweggeführt, der um so besser wirkt, je dichter das zu entwässernde Gewebe ist. Man bevorzugt daher diese Maschine für die Entwässerung von schweren und dichten Geweben, oder aber von solchen Waren, welche sich weder auf einer Schleuder noch auf einem Wasserkalander entwässern lassen (z. B. kunstseidne Gewebe).

Abb. 18.
Dreiwalziger Wasserkalander (C. H. Weisbach, Chemnitz).

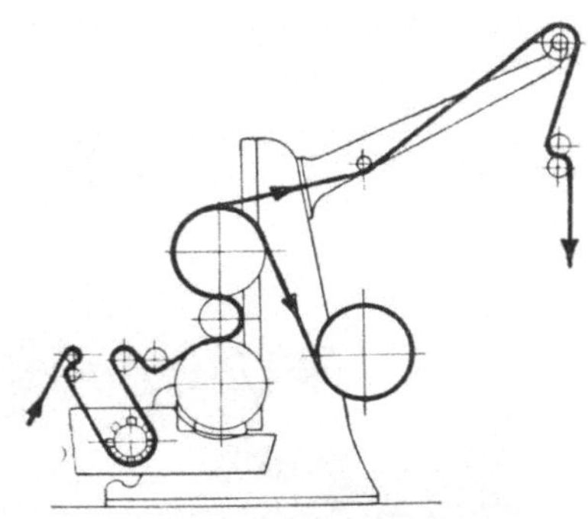

Abb. 19.
Schema zum Wasserkalander.

Kalandern, Mangeln u. dgl.

(Einfache Kalanderappreturen, Chasingappreturen, Mangelappreturen, Moirieren, Seidenfinishappreturen, Gaufrieren.)

Durch die Arbeitsmethoden des Kalanderns bzw. des Mangelns will man auf der Ware Glätte und Glanz sowie bei stark gefüllten Waren auch Geschmeidigkeit der vorher harten Ware erzielen. Gleichzeitig wird hierdurch das Gespinst breit gedrückt und der zwischen den einzelnen Fäden liegende Zwischenraum verkleinert, wodurch die Gewebe ein geschlosseneres Aussehen erhalten.

Abb. 20.
Gewebeabsaugmaschine (Ernst Geßner A.-G., Aue i. Erzg.).

Einfache Kalander- und Chasingappreturen.

Die Grundform der hierfür verwendeten Maschinen ist der aus zwei Walzen bestehende Glattkalander, von welchem entweder beide Walzen aus Baumwolle oder wenigstens eine Walze aus Baumwolle hergestellt ist, während die andere Walze einen heizbaren Stahlzylinder darstellt. Sehr bald haben die erhöhten Anforderungen, die an den Glanz und die Glätte der Ware gestellt wurden, dazu geführt, die einfachen Kalander durch Hinzufügung weiterer Walzen zu vergrößern und durch Ausstattung dieser Kalander mit verschiedenartigen Walzen (Baumwollwalzen, Papierwalzen, heizbare und nicht heizbare Stahlwalzen) die Möglichkeit zu geben, diese nunmehr sehr groß gewordenen Maschinen möglichst vielseitig zu verwenden. So sind die Universalkalander (s. Abb. 21—23) entstanden, die man heute bis zu zehn und noch mehr Walzen baut. Eine Vorrichtung, welche es gestattet, die Ware nach einmaligem Durchlaufen sämtlicher Kalanderwalzen ebenfalls dem Kalander wieder zuzuführen, die sog. Chasingvorrichtung, hat den Kalandereffekt nicht nur zu steigern vermocht, sondern auch einen viel edleren und seidenähnlichen Glanz zu erzeugen gestattet.

Dadurch, daß die Ware nicht zwischen Walzen hindurchgeht, sondern mehrfach zwischen ihren eigenen Lagen hindurchgeführt wird, bleibt, ähnlich wie bei dem Arbeitsvorgang des Mangelns, der Faden rund, erhält hierbei aber trotzdem Glanz und Glätte. Der Effekt, welcher auf diesen Universalkalandern erzielt wird, hängt nicht nur von der Art der Warenführung durch den Kalander, sondern auch von der Temperatur der Walzen und der von der Ware durch Lagern, Andämpfen oder Einsprengen mitgebrachten Feuchtigkeit ab.

Abb. 21. Fünfwalziger Universalkalander mit Chasingvorrichtung (C. H. Weisbach, Chemnitz).

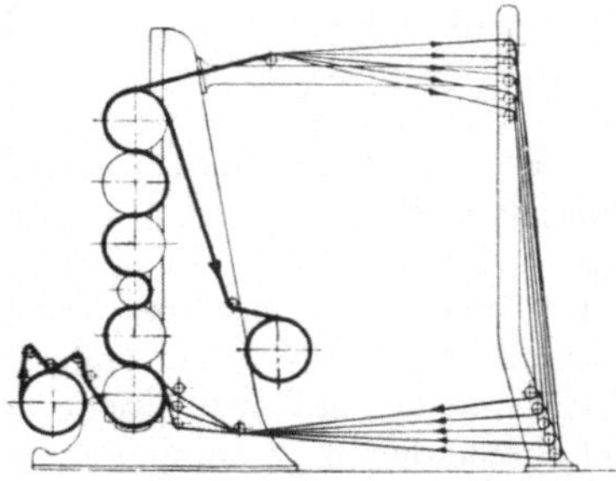

Abb. 22. Schema zum sechswalzigen Universalkalander mit Chasingvorrichtung.

Mangeln.

Ähnliche Effekte bezüglich Glanz und Glätte wie beim Kalandern werden durch das Mangeln hervorgerufen. Einen Vorteil hat das Mangeln der Gewebe vor den üblichen Kalanderappreturen dadurch, daß die Gewebe einen sehr weichen und dabei vollen Griff erhalten.

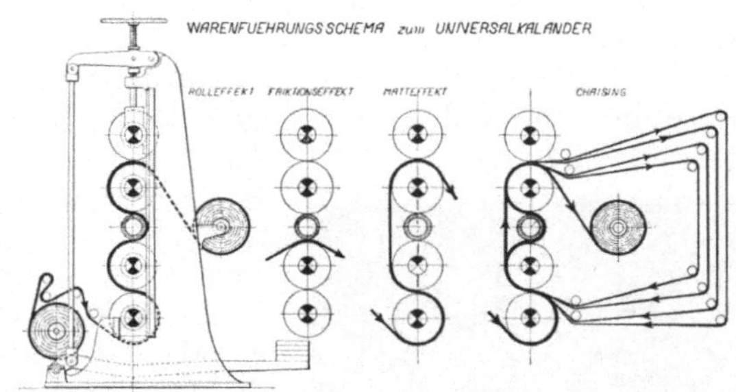

Abb. 23. Warenführungsschema beim Universalkalander.

Die älteste Vorrichtung, nach welcher Gewebe gemangelt werden, ist die sogenannte Kastenmangel, in welcher die Gewebe, auf massive Holzwalzen aufgewickelt, längere Zeit dem Druck des schweren hin und her laufenden Mangelkastens ausgesetzt werden. Diese Art des Mangelns ist allerdings so unrationell, daß moderne Fabriken sich kaum noch derartige Maschinen anschaffen dürften, und man ist wegen der geringen Produktionsmöglichkeit auf einer Kastenmangel sehr bald dazu übergegangen, diesen rollenden

Abb. 24. Hydraulische Revolvermangel (C. H. Weisbach, Chemnitz).

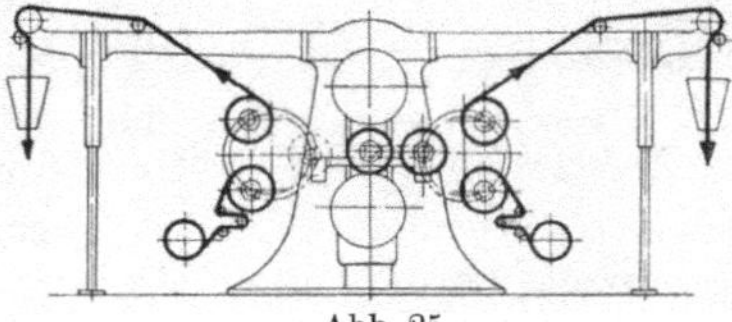

Abb. 25. Schema zur hydraulischen Revolvermangel.

Druck des Kastens durch eine Druckwalze zu ersetzen, welche die auf einem Stahlzylinder aufgewickelte Ware genau so wie die Kastenmangel bearbeitet. Nur einige wenige Spezialartikel soll es geben, welche auf einer hydraulischen Mangel (s. Abb. 24/25) nicht annähernd so schön ausfallen wie auf der Kastenmangel.

Zwecks Steigerung der Produktion mit den hydraulischen Mangeln hat man sie mit Revolvervorrichtung versehen, welche es gestattet, zu gleicher Zeit Ware aufzuwickeln, zu mangeln und auch wieder von den Mangelzylindern abzuwickeln. Zur Erzielung eines guten Mangeleffekts ist es vor allen Dingen wichtig, daß die Ware genügend Feuchtigkeit mitbringt (s. u. Einsprengen).

Moirieren.

Die Arbeit des Moirierens, welche die Erzeugung von Moiré oder moiréähnlichen Effekten auf der Ware zur Aufgabe hat, kann teils auf einfachen, teils auf Gaufrierkalandern ausgeführt werden. Die Erzeugung von Moiré vermittels in gewünschten Mustern gravierter Walzen ist unter Gaufrieren beschrieben (s. d.). Auf dem gewöhnlichen Glattkalander wird Moiré in der Weise erzeugt, daß zwei möglichst starkrippige Gewebe, unter ständigem Wechsel der Lage der Kanten zueinander, übereinandergelegt und durch die Walzen laufen gelassen werden, wobei durch die Verquetschung der Rippe nach verschiedenen Richtungen der Moiréeffekt erzielt wird (s. a. u. Seidenfärberei).

Seidenfinishappreturen.

Zur Erzeugung eines besonders hohen und edlen Seidenglanzes auf baumwollner Stückware wendet man das von SCHREINER im Jahre 1894 erfundene Seidenfinishverfahren an.

Nach diesem Verfahren werden die Gewebe zwischen einer glatten Papierwalze und einer auf ihr mit hohem Druck liegenden heizbaren, auf ihrer Oberfläche mit feinen scharfen Rillen versehenen Stahlwalze hindurchgenommen. Durch den hohen Druck unter Anwendung von Temperaturen, welche in den meisten Fällen über 100° C liegen, werden die Rillen der Stahlwalze dem Baumwollgewebe dauerhaft eingeprägt (s. Abb. 26). Durch die Lichtbrechung an den parallelen glatten Flächen der Rillen entsteht auf dem Gewebe ein hoher Glanz, der je nach der Art und Dichte der Rillen dem Gewebe ein mehr oder weniger seidenähnliches Aussehen verleiht. Die Auswahl der Tiefe der Gravur, des Profils und der Anzahl der Rillen und ihres Winkels zu der Achse der Stahlwalze richtet sich ganz nach der Art des Gewebes sowie nach der Stärke und der Drehung der die Gewebeoberfläche bildenden Fäden. Im allgemeinen sollen die Rillen so verlaufen, daß sie ungefähr parallel mit den Baumwollfasern im Faden laufen. Die Anzahl der Rillen schwankt von 8—20 und mehr pro Millimeter, vereinzelt werden auch Walzen verwendet, welche 4—5 Rillen pro Millimeter enthalten, doch wird mit derartigen Gravuren kein besonders schöner Seidenglanz erzielt. Die gebräuchlichste Rillenzahl liegt bei 9—12 pro Millimeter.

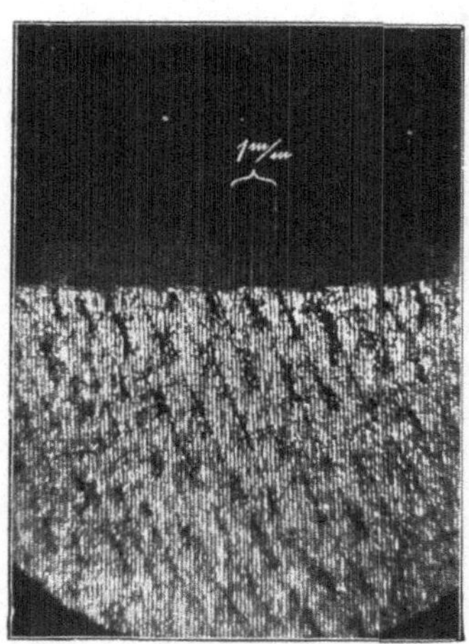

Abb. 26. Baumwollstoff mit eingepreßtem Seidenfinish (nach H. LANGE).

Der Druck, mit welchem die Stahlwalze zur Einwirkung auf die Gewebe gelangt, kann bis auf 500 kg für den Zentimeter Warenbreite gesteigert werden. Die zur Anwendung gelangenden Temperaturen schwanken zwischen 80°

und 200° C. Die zur Behandlung kommende Ware muß vor Anwendung hoher Temperaturen durch Einsprengen oder Andämpfen gut angefeuchtet sein. Ein gewisser Grad von Feuchtigkeit ist notwendig, um die Eindrücke der Rillen dauerhaft zu gestalten, und um die Ware vor dem Verbrennen durch die heißen Stahlwalzen zu schützen.

Die Maschinen (s. Abb. 27/28), welche der Erzeugung des Seidenfinish, auch Silkfinish, Riffelglanz, Schreinerglanz genannt, dienen, sind die sog. Seidenfinishkalander, die zuerst von der Firma J. P. Bemberg, später von der Firma Joh. Kleinewefers Söhne, Krefeld, und weiterhin von allen andern Kalander bauenden Firmen hergestellt werden. Diese Kalander, welche mit Rücksicht auf den hohen Druck besonders stark gebaut sein müssen, bestehen aus a) einer zu unterst liegenden Papierwalze von 50—60 cm Durchmesser, b) der auf ihr lagernden, meist mit Gas geheizten Stahlwalze und c) zwei an den Enden der Stahlwalze wirkenden, durch eine starke Welle verbundenen Druckrollen, welche den Druck der gegen die Stahlwalze hydraulisch angepreßten Papierwalze aufnehmen, um die Lager der infolge der starken Heizung schwer zu ölenden Stahlwalze zu entlasten. Die Papierwalze wird im allgemeinen etwas

Abb. 27. Seidenfinishkalander mit hydraulischer Belastung (C. H. Weisbach, Chemnitz).

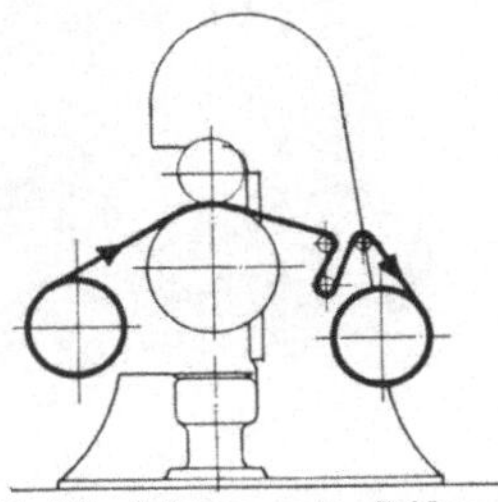

Abb. 28. Schema zum Seidenfinishkalander mit hydraulischer Belastung.

schräg zur Stahlwalze gestellt, wodurch der erzeugte Seidenglanz ein eleganteres, prickelndes Aussehen erhält.

Wenn auch der auf diese Weise erzeugte Glanz gegenüber den späteren Manipulationen der Verarbeitung eine hohe Widerstandskraft zeigt, so wird er doch nicht unerheblich, besonders durch feuchtes Bügeln in der Schneiderwerkstatt, gemindert. Um diese unerwünschte Eigenschaft etwas auszugleichen, werden Gewebe, besonders solche, die in der Herrenkonfektion verarbeitet werden, durch nachträgliches Abdämpfen „bügelecht" gemacht, d. h. der Glanz wird so weit herabgemildert, daß er durch das Bügeln in den Schneiderwerkstätten keine nennenswerte Einbuße mehr erleiden kann.

Besonders hohe Glanzeffekte stellt der sog. Radiumfinish dar, der auch Adlerfinish oder Permanentfinish genannt wird. Er ist dadurch charakterisiert, daß das Gewebe vor der Behandlung im Seidenfinishkalander in nassem Zustande unter Anwendung von Temperaturen von mehr als 200° C so oft durch die Walzen eines Friktionskalanders hindurchgenommen wird, bis sich die Oberfläche in einem hohen Spiegelglanze zeigt. Dieser Glanz wird durch Netzen und Spannen der Ware gebrochen und durch Einwirkung der Rillen des Seidenfinishkalanders in einen hohen und dauerhaften Seidenglanz übergeführt.

Appreturen von ähnlichem Glanz, aber von wesentlich geringerer Haltbarkeit als der Radiumfinish können erzeugt werden, indem man die Ware bei geringeren Temperaturen und in nur leicht eingesprengtem Zustande vor der Behandlung auf dem Seidenfinishkalander friktioniert und sie, ohne den so erzeugten Unterglanz in irgendeiner Weise zu brechen, auf dem Seidenfinishkalander überarbeitet.

Der Friktionskalander.

Dieser zur Erzeugung des Vor- oder Unterglanzes bei Seidenfinishware benutzte Kalander (s. Abb. 29/30) ist ähnlich gebaut wie der oben beschriebene Seidenfinishkalander, nur hat die Stahlwalze an Stelle der gravierten eine glattpolierte Oberfläche.

Für die Erzeugung von sog. Glacéappreturen verwendet man Friktionskalander, auf welchen die glättende Reibung auf der Ware nicht durch Schrägstellung der Walzen zueinander, sondern durch Voreilung der den Glanz erzeugenden Stahlwalze gegenüber der Papier- oder Baumwollwalze erreicht wird. Derartige Kalander sind zweckmäßig so eingerichtet, daß unterhalb der Papierwalze, die hier auch durch eine Baumwollwalze ersetzt werden kann, ein heizbarer Stahlzylinder von großem Durchmesser angeordnet ist, welcher während des Laufes der Maschine die gleiche Geschwindigkeit wie die Papier- oder Baumwollwalze hat und dadurch die Geschwindigkeit der zwischen ihr festgehaltenen Ware bestimmt und die Friktionswirkung der voreilenden oberen Stahlwalze auf der Ware möglich macht.

Abb. 29. Dreiwalziger Roll- und Friktionskalander (C. H. Weisbach, Chemnitz).

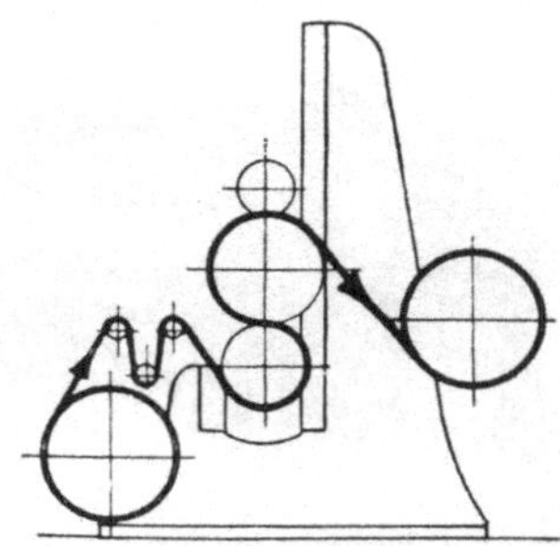

Abb. 30. Schema zum dreiwalzigen Roll- und Friktionskalander.

Da in einem Betriebe, in welchem viele Warenqualitäten verarbeitet werden, eine abwechselnde Verwendung von glatten Friktionswalzen und von Seidenfinishwalzen verschiedener Gravuren notwendig ist, hat man zum Zwecke der Raumersparnis und um den Walzenwechsel rasch vor sich gehen zu lassen, sog. Revolverkalander gebaut, welche vier verschiedene Walzen in drehbaren Scheiben gelagert enthalten und so gestatten, in rascher Folge von einer Gravur zur andern oder auch zu einer glatten Walze überzugehen.

Gaufrieren.

Das Gaufrieren bezweckt die Erzeugung von Mustern auf glattgewebten Waren durch Einpressen vermittels entsprechend gravierter Stahlwalzen. Der Effekt wird dadurch erzielt, daß die Ware zwischen einer gravierten Stahlwalze und einer mit einem elastischen Bezug versehenen Walze hindurchgeführt wird, wobei das als Positiv auf der Stahlwalze befindliche Muster, welches als Negativ in die elastische Walze eingearbeitet ist, sich in die Ware hineinpreßt. Der Umfang der elastischen Walze muß hierbei in einem bestimmten, durch ganze Zahlen teilbaren Verhältnis zu dem Umfang der gravierten Walze stehen. Die Walzen befinden sich also in einem bestimmten Rapport, wobei das Verschieben des Dessinbildes durch sog. Rapporträder, welche beide Walzen zwangsläufig miteinander verbinden, verhindert wird. Um den Effekt dauerhaft zu gestalten, wird die Stahlwalze ebenso wie bei den Seidenfinishkalandern auf hohe Temperaturen geheizt.

Für die Erzeugung von Gaufrageeffekten auf Samten, Plüschen oder Velvets ist ein Rapportieren der Walze nicht notwendig, da hierbei ein Einarbeiten des Positivs der gravierten Stahlwalze in die elastische Walze nicht eintritt.

Krabben (halbwollne Gewebe).

Die halbwollnen Gewebe müssen ebenso wie reine Baumwollgewebe zu Beginn der Veredlungsprozesse, insbesondere vor dem Färben, gereinigt und auch möglichst weitgehend von Schlichte befreit werden. Dies ist durch einen einfachen Waschprozeß, wie er z. B. bei reinen Baumwollgeweben angewendet wird, nicht möglich, da die Wolle beim Naßwerden zum Kräuseln neigt und ein Kreppigwerden des Gewebes zur Folge hätte. Die halbwollnen Gewebe müssen deswegen ähnlich wie die reinen Wollgewebe „fixiert“ werden, d. h. sie müssen unter gleichzeitiger Längs- und Breitspannung zwischen Druckwalzen in kochendem Wasser aufgebäumt werden, wodurch die Wolle beim Naßwerden am Kräuseln verhindert und ihr gleichzeitig durch die längere Einwirkung des kochenden Wassers die Fähigkeit genommen wird, zu kräuseln und bei dem später folgenden Wasch- oder Färbeprozeß zu verfilzen. Man setzt den Waschflotten ammoniakalische Seifenlösungen zu, um zugleich mit dem Fixierungsprozeß eine Waschwirkung herbeizuführen.

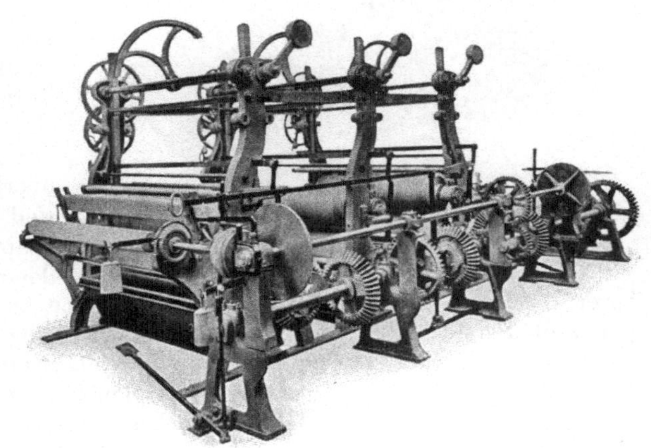

Abb. 31.
Dreifache Krabbmaschine (C. A. Gruschwitz A.-G., Olbersdorf i. Sa.).

Im allgemeinen dürfte es genügen, diesen Prozeß einmal bei jedem Stück Ware vorzunehmen, doch liegt hierbei die Gefahr vor, daß das zuerst auf die Walze gewickelte Gewebeende in der Färberei ein anderes Anfärbevermögen aufweist als das zuletzt aufgewickelte Ende des Stückes. Um diese Fehlerquelle auszuschalten, wird im allgemeinen beim Krabben der Halbwolle der Fixierungs- und Waschprozeß zweimal durchgeführt; anschließend daran wird einmal kalt gespült und aufgewickelt.

Um diese drei Arbeitsgänge möglichst ununterbrochen ausführen zu können, bestehen die Krabbmaschinen für Halbwolle in der Regel aus drei hintereinander angeordneten Einbrennmaschinen, bei denen sowohl die zum Aufwickeln bestimmten Walzen als auch die Quetschwalzen aus Eisen hergestellt sind. Die für das Aufwickeln bestimmte Walze läuft in dem mit der kochenden Waschlösung gefüllten Troge.

Es ist darauf zu achten, daß die Quetschwalzen besonders dort, wo Gewebe verarbeitet werden, die zur Moirébildung (Panama) neigen, nicht zu schwer ausgebildet sind.

Aus der Abbildung 31 ist die Anordnung einer dreifachen Krabbmaschine zu ersehen: Die aufgebäumte Ware wird unter guter Spannung über einen Breithalter, der ein schwielenfreies Laufen der Ware herbeiführt, auf die untere Quetschwalze im ersten Waschtrog, der mit der kochenden Waschflotte gefüllt ist, aufgewickelt, 10—20 Min., je nach der Schwere der Ware, bei sehr schweren Qualitäten evtl. noch länger, darin laufen gelassen und dann aus dem ersten Kasten in den zweiten Waschkasten in derselben Weise übergeführt und der Einwirkung der dort befindlichen Waschflotte dieselbe Zeit überlassen. Alsdann wird in dem dritten Kasten kalt aufgewickelt und schließlich aus der Maschine heraus aufgebäumt. Da die Halbwollgewebe unmittelbar nach diesem Einbrennprozeß dekatiert, d. h. gedämpft werden, wickelt man sie aus der Krabbmaschine heraus auf Dämpfzylinder oder aber gleich auf eine Dämpfvorrichtung, die mit der Krabbmaschine unmittelbar kombiniert ist und ein sofortiges Dämpfen im Anschluß an den letzten Arbeitsgang des Krabbprozesses gestattet.

Pressen.

Die bereits fertig appretierten Gewebe werden zur Erzeugung eines gleichmäßigen Gesamtbildes oder eines glatteren Griffes häufig der Einwirkung eines mehr oder weniger hohen, längere Zeit anhaltenden Druckes ausgesetzt. Die Glätte sowohl wie der Glanz, welcher durch Pressen der Gewebe erzeugt werden soll, wird ihnen durch die sog. Preßspäne vermittelt, d. s. dicke feste Pappen mit einer hochglänzenden, polierten, glatten Oberfläche.

Abb. 32. Einfache Dämpf- und Bürstmaschine (Ernst Geßner A.-G., Aue i. Erzg.).

Diese Späne werden zwischen die Lagen des in Falten gelegten Gewebes hineingeschoben und das so entstandene Preßpaket wird zwischen den heizbaren Eisenplatten einer Presse einem bestimmten Drucke ausgesetzt. Die Späne übertragen hierbei ihre Glätte und auch den Glanz auf die Warenoberfläche. Um die Enden des Gewebes vor unmittelbarer Berührung mit den geheizten Preßplatten zu schützen, wird das Preßpaket oben und unten mit besonders starken sog. Brandpappen bedeckt.

Baumwollgewebe werden im allgemeinen nur einem geringen Druck ausgesetzt, da es hierbei fast ausschließlich auf die leicht zu erreichende Erzeugung einer etwas geglätteten Oberfläche ankommt. Nur einzelne Artikel, wie z. B. Zanellagewebe für Steppdekken, erhalten einen hohen Druck.

Abb 33. Gewebeklopfmaschine (Ernst Geßner A.-G., Aue i. Erzg.).

Von besonderem Wert ist die Arbeit des Pressens für die Fertigstellung halbwollner Futterstoffe, deren Glätte und Glanz fast ausschließlich hierdurch erzeugt wird. Bei diesen Geweben kommen sehr lange Preßzeiten sowie hohe Drucke bei gutem Anheizen der Preßplatten zur Anwendung.

Auf die rein mechanischen Aufmachungsarbeiten, wie Messen, Wickeln, Legen (Doublieren, Falten), Verpacken und Etikettieren, kann hier nicht eingegangen werden, da sie zu der chemischen Veredlung des Textilmaterials in keiner Beziehung stehen.

Putzen der Gewebe.

Bürsten. Um von den Geweben lose anhaftende Fasern, Fadenenden, Staub oder sonstige Verunreinigungen, wie sie zum Teil aus der Weberei, teils von den Ausrüstungsvorgängen (z. B. Sengstaub) herrühren können, zu reinigen, werden sie über schnell rotierende walzenartige Bürsten geführt (s. Abb. 32).

Klopfen. Da durch die Manipulationen des Bürstens nicht aller Staub von den Geweben entfernt wird, klopft man sie auf sog. *Klopfmaschinen* (s. Abb. 33) aus, wobei durch die Erschütterung der Gewebeoberfläche der Staub abzufallen vermag. Dies findet besonders bei Druckware kurz vor dem Drucken statt, um möglichst allen, dem Anhaften der Druckfarbe schädlichen Staub zu entfernen.

Abb. 34. Gewebeschmirgelmaschine mit 6 Walzen (A. Monforts, M.-Gladbach).

Schmirgeln. Um Gewebe, deren Oberfläche mit sog. Schalen oder kleinen Baumwollknötchen, die entweder aus der Rohbaumwolle, der Spinnerei oder der Weberei stammen können, zu befreien, schaltet man vor Rauhmaschinen eine abwechselnde Anordnung von Schmirgel- und gezahnten Schaberwalzen, welche die Unreinigkeiten der Oberfläche aus dem Verband des Fadens herausziehen und schließlich abreißen (s. Abb. 34/35). Der bei dieser Manipulation entstehende leichte Flaum kann auf den nachfolgenden Schneidzeugen der Schermaschine (s. Scheren) abgeschoren oder später abgesengt (s. Sengen) werden.

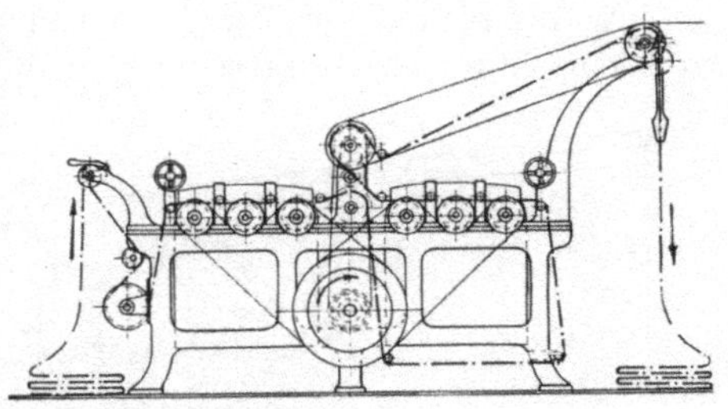

Abb. 35. Schema zur Schmirgelmaschine.

Noppen. Vielfach finden sich in den Geweben Unreinigkeiten, die mit dem Faden so fest versponnen oder durch den Webprozeß so fest eingebunden sind, daß sie sich weder durch Bürsten noch durch Scheren oder Schmirgeln aus dem Gewebe loslösen lassen. Sie müssen einzeln von Hand herausgezogen werden; diese Arbeit nennt man das *Noppen*. Hierbei handelt es sich in der Regel nur um grobe Unreinigkeiten, wie Holz, Stroh oder ähnliche Bestandteile, oder um größere Zusammenballungen von mehr oder weniger schmutzigen Faserresten aus der Weberei (sog. Stopfen oder Putzen), oder aber auch um einzelne fremde Textilfasern in Mischgeweben, deren Zusammensetzung eine Entfernung auf chemischem Wege nicht gestattet. Das Noppen wird entweder im Verlaufe des Ausrüstungsprozesses, vielfach aber auch erst an der bereits fertiggestellten Ware ausgeführt.

Rauhen.

Durch das *Rauhen* der Gewebe wird eine oberflächliche Öffnung der Fäden bewirkt, um aus den auf diese Weise aus dem Verbande des Fadens losgelösten Faserenden auf der Ware eine *rauhe Decke* oder sogar einen starken filzartigen *Pelz* zu erzeugen.

Zum Zwecke des Rauhens werden die Gewebe über sog. Kratzen oder Kratzwalzen geführt, die sich in rascher Umdrehung um ihre Längsachse befinden. In frühester Zeit bediente man sich der walzenförmigen Samenkapsel einer Distel, welche mit hakenförmigen sehr harten und elastischen Stacheln bewehrt ist. Die sog. Naturkarde oder Naturkratze wurde nach Beseitigung des halbkugelförmigen Kopfes und Durchbohrung ihrer Längsachse auf einem Metallstab aufgesteckt und mit diesem in schnelle Umdrehung versetzt, so daß die hakenförmigen Stacheln das über sie weggeführte Gewebe durch ihre kratzende Wirkung aufrauhten. Da diese Karden nur eine beschränkte Haltbarkeit haben, hat man sie durch Walzen ersetzt, auf welchen feine, leicht gekrümmte Stahldrähte dicht angeordnet sind, die mit ihren Spitzen ebenso wie bei der Naturkarde die Faserenden des Gewebes erfassen und aus dem Verbande des Fadens herauslösen. Je nach dem Druck, mit welchem die Karden oder Metallkratzen auf das Gewebe einwirken, wird ein mehr oder weniger starker Rauheffekt erzielt.

Abb. 36. Kratzenwalzenrauhmaschine (A. Monforts, M.-Gladbach).

Die Rauhmaschinen (s. Abb. 36/37) bestehen in der Hauptsache aus einer großen rotierenden Trommel, auf deren gesamter zylinderförmiger Oberfläche eine große Anzahl dieser Karden oder der Metalldrahtkratzen so angeordnet ist, daß sie das durch eine geeignete Führungsvorrichtung geleitete Gewebe gleichmäßig aufrauhen können.

Während man für Wolle in vielen Fällen noch heute an der Naturkardenrauhmaschine wegen ihrer milden Wirkungsart festhält, verwendet man für baumwollne und halbwollne Gewebe fast ausschließlich Stahldrahtkratzen.

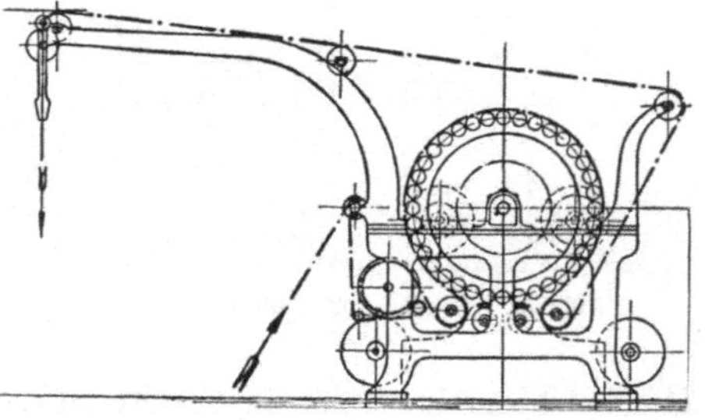
Abb. 37. Schema zur Kratzenwalzenrauhmaschine.

Viele Baumwollartikel werden nur schwach gerauht, um durch geringes Herausziehen der Faserenden einen volleren Griff des Gewebes zu erzielen. Bei andern Geweben, wie z. B. bei Flanell, Barchent, Strichware usw., wird durch mehrfaches Rauhen eine starke Filzdecke auf dem Gewebe erzeugt. Bei dem sog. Gladbacher Artikel wird der Rauheffekt so weit gesteigert, daß die auf der rechten Seite des Gewebes herausragenden Faserenden durch die auf der linken Seite einwirkenden Kratzen durch das Gewebe hindurchgezogen werden und so ein rechtsseitig aufgedrucktes Muster auf der linken Seite in einer eigenartig verwischten Form sichtbar wird. Dieser letztere Artikel, ebenso wie die Baumwollvelours, werden auf der gerauhten Seite stark gebürstet oder mit Metalldrahtwalzen gekämmt, wodurch der gebildete Filz eine gleichmäßige Lage seiner Fasern erhält. Zweckmäßig wird hierbei das Gewebe gut angedämpft, um die Faser des Filzes weicher und so für den Gleichrichtungsprozeß nachgiebiger zu machen. Diese Art des Rauheffektes wird als Strichappretur bezeichnet. Einzelne Gewebe werden auch auf beiden Seiten gerauht.

Rohboden, Rohlager.

Diejenige Stelle eines Ausrüstungsbetriebs, in welcher die von der Weberei angelieferten Rohwaren vor der Zuführung zur Fabrikation angesammelt werden, wird als Rohboden oder Rohlager bezeichnet.

Der Ort für die hierfür notwendigen Räumlichkeiten wird am besten so gewählt, daß die Ware vom Rohlager unmittelbar derjenigen Ausrüstungsmaschine zugeführt werden kann, mit welcher der Arbeitsgang der Ausrüstung beginnt: das ist in den meisten Fällen die Senge. Die Arbeit, welche im Rohlager geleistet werden muß, besteht zunächst aus dem Sortieren der Stücke nach Qualitäten und Breiten, aus welchen dann die Partien für den Betrieb zusammengestellt werden. Je nachdem, ob es sich um Stapelartikel handelt, wie z. B. bei Weißware, die in kontinuierlichem Arbeitsgange durch die Fabrikation geführt werden können, oder um Artikel, die ganz oder teilweise diskontinuierlich die Fabrikation durchlaufen müssen, was bei den meisten Farbwaren der Fall ist, werden größere zusammenhängende Partien von mehreren 1000 m oder kleinere Partien von einigen 100 m gebildet. Jedes einzelne Stück, das dem Betrieb zugeführt wird, wird in einem Lagerbuch nach Stücknummer, Maß und Gewicht unter Angabe der vorgeschriebenen Ausrüstungsart sorgfältig registriert und erhält zweckmäßig an jedem der beiden Enden eine entsprechende Bezeichnung, die entweder eingenäht oder mit einer alle Arbeitsprozesse überdauernden Farbe auf die Ware geschrieben oder gestempelt wird. Solche Farben sind entweder Ölfarben oder aus Anilinschwarz bestehende Stempelfarben oder aber auch mit Körperfarben versetzte Lacklösungen (wie z. B. die Elzitfarbe der Firma Ernst Loewe, Zittau).

Die registrierten und in der geschilderten Weise gekennzeichneten Stücke einer Partie werden zu einem endlosen Bande zusammengenäht und so aufgestapelt, daß sie von der ersten Arbeitsmaschine ohne Unterbrechung und in ordentlichem Zustande unmittelbar von dem Orte ihrer Lagerung entnommen werden können.

Es empfiehlt sich aus Gründen der Betriebssicherheit (Feuersgefahr), das Rohlager von dem ersten Betriebsraum durch eine gemauerte Wand zu trennen und die Ware durch einen Schlitz in dieser Mauer auf die erste Maschine zu führen.

In einem gut organisierten Betriebe sollte es unter allen Umständen durchgeführt werden, daß auch die kleineren Partien, die unmittelbar nach dem Rohlager auf der Senge behandelt werden, im kontinuierlichen Arbeitsgange den Sengprozeß durchmachen und erst dann in kleinere Partien aufgelöst werden, wenn sie nicht mehr zusammenhängend bearbeitet werden können.

Scheren.

Das Scheren von Geweben wird durchgeführt: 1. um die Gewebeoberfläche von Fadenenden oder von Fasern, die aus dem Verbande des Fadens herausragen, zu befreien; 2. um der Rauhware eine gleichmäßige Rauhdecke und den Florgeweben eine gleichmäßige Höhe des Flors zu geben. Während die erstere Manipulation fast ausschließlich bei Wolle stattfindet, da, wie unter „Sengen“ erwähnt, die Baumwolle sich durch das Scheren nur sehr schlecht reinigen läßt, wird die Herstellung einer gleichmäßig hohen Rauh- oder Flordecke bei allen vorkommenden Fasern mittels Schermaschine durchgeführt.

Bei den Samten können durch geeignete Vorrichtungen an den Schermaschinen oder durch Abdecken der Floroberfläche mit Schablonen Muster durch das Scheren erzeugt werden. Die Schermaschinen, welche diese Arbeit ausführen, bestehen in der Hauptsache aus den sog. Schneidzeugen sowie einer Reihe von Führungswalzen und Bürstvorrichtungen, um zwischen den einzelnen Schneidzeugen die von den Messern nicht erfaßten, auf die

Ware niedergedrückten Fasern wieder aufzurichten. Man unterscheidet Lang- und Querschermaschinen (s. Abb. 38—40).

Abb. 38. Gewebeschermaschine mit 4 Schneidzeugen zum zweiseitigen Scheren für Baumwollgewebe (A. Monforts, M.-Gladbach).

Das Schneidzeug besteht aus einem sehr rasch rotierenden Stahlzylinder, um welchen die Messer spiralförmig angeordnet sind und die durch ihre rasche Umdrehung die Fadenenden oder Fasern, die in ihr Bereich kommen, gegen die scharfe hohl geschliffene Kante eines sehr genau unter dem rotierenden Messer angeordneten Stahlblattes pressen und sie auf diese Weise abquetschen. Das Gewebe kann hierbei kurz vor diesem Stahlblatt, welches man das Gegenmesser nennt, über die feste Kante des sog. Schertisches gezogen werden, oder aber das Gewebe liegt unter dem Messer hohl und wird scharf gespannt an dem schnell rotierenden Scherzylinder vorbeigeführt, wobei das Gewebe etwas gegen das rotierende Messer gedrückt werden kann, ohne daß ein Anschneiden der Fäden zu befürchten wäre, wie dies beim Schneiden über festem Tisch unvermeidlich ist.

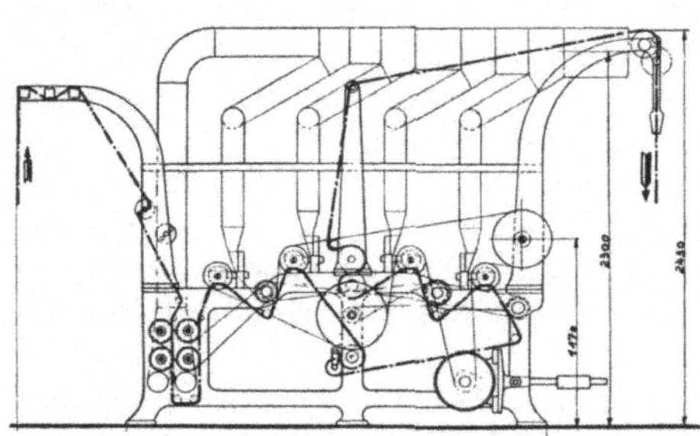

Abb. 39. Schema zur Gewebeschermaschine mit vier Schneidzeugen zum zweiseitigen Scheren für Baumwollgewebe.

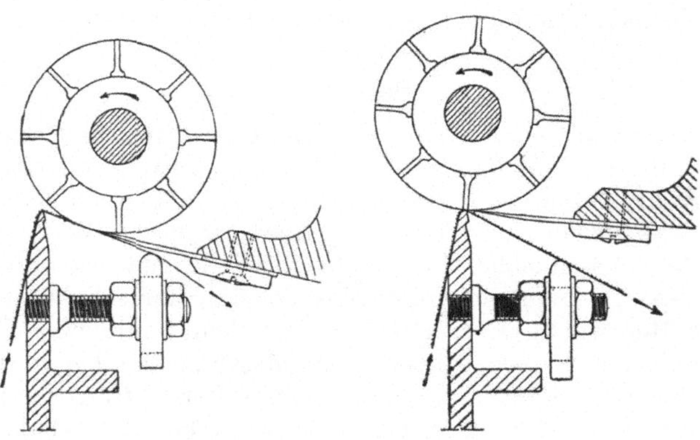

Schneidzeug mit Hohltisch Schneidzeug mit festem Tisch

Abb. 40. Schneidzeuge zur Schermaschine.

Sengen.

Unter Sengen von Textilien versteht man das Abbrennen der Oberfläche von Garnen oder von Geweben, um sie von den aus den Gespinsten herausragenden Faserteilchen oder von den zufälligen Zusammenballungen von Fasern, die aus der Spinnerei oder Weberei herrühren können, von Knötchen und Schlingen zu befreien.

Das Sengen der Baumwolle in Garnen oder Geweben wird bewirkt a) einmal durch Abbrennen der Oberfläche mittels Gasflammen, ein Verfahren, das für das Sengen der Garne die allein mögliche Methode darstellt, oder b) dadurch, daß die Ware mit der zu sengenden Oberfläche über glühende Platten, Zylinder oder Stäbe gezogen wird. Die große Feinheit und Weichheit der Baumwollfaser gestattet es nicht, diesen Reinigungsprozeß der Oberfläche (ähnlich wie bei Wolle) durch das Scheren zu bewirken, da die Einzelfasern, ja sogar Fadenteilchen vor dem Schermesser ausweichen.

Die Frage, welches von den beiden Sengverfahren wirksamer und zugleich rationeller ist, gilt noch nicht als geklärt, doch kann man heute schon sagen, daß diese Frage nicht für alle Gewebearten gleichmäßig entschieden werden kann, da für viele Gewebe die Gassenge unbedingt vorgezogen werden muß, während andere Gewebe nur auf der Plattensenge genügend wirksam behandelt werden können. Die Plattensenge hat vor der Gassenge entschieden den Vorteil, daß neben der eigentlichen Sengwirkung durch die starke Reibung, die das Gewebe bei der raschen Bewegung über die glühenden Metallplatten erleidet, viele mechanisch anhaftende Verunreinigungen der Gewebeoberfläche abgerissen werden, also eine Schmirgelwirkung auf das Gewebe ausgeübt wird, was bei der Gassenge nicht möglich ist. Es ist dies von besonderer Wichtigkeit für Waren, die gefärbt und mit einem hochglänzenden Finish (Mangelglanz, Friktionsglanz, Seidenfinish) versehen werden sollen, besonders da die in Europa im größeren Umfange verarbeiteten minderwertigen Baumwollsorten nach der Gassenge selten eine reine Oberfläche der Gewebe ergeben.

Da aber die Plattensenge nicht nur Schlingen, sondern auch offen abgebundene Fäden aufreißt, werden gemusterte Gewebe, besonders solche mit sog. flottierender Bindung zweckmäßiger durch Abbrennen mittels Flammen gesengt; ebenso zieht man die Gassenge dort vor, wo der Faden nicht nur an der Gewebeoberfläche, sondern in seiner ganzen Rundung von den herausragenden Faserspitzen befreit werden soll, z. B. bei Mousseline oder Voile. Bei derartigen Geweben dürfte auch ihre Feinheit die Behandlung auf der Plattensenge nicht empfehlenswert erscheinen lassen.

Die meisten Gewebe werden nur auf einer Seite, der sog. rechten Seite gesengt, und nur einzelne Artikel, wie z. B. Tischzeuge, feinere Hemdentuche oder gewisse Kleiderstoffe, werden beiderseitig dem Sengprozeß unterworfen.

Das Sengen der Baumwollwaren muß in trocknem Zustande durchgeführt werden; und schon aus diesem Grunde ist das Trocknen die erste Operation, der die Garne und Gewebe bei ihrer Ausrüstung unterworfen werden. Bleichwaren müssen unter allen Umständen vor der Bleiche gesengt werden, da besonders bei der Plattensenge das Sengen ein Gelbwerden der Oberfläche zur Folge hat, das nur durch den Bleichprozeß beseitigt werden kann.

Vielfach müssen aber auch Gewebe nach erfolgter Naßbehandlung noch einmal gesengt werden, da bei stark geschlichteten Ketten viele Faserenden sich erst nach dem Entfernen der Schlichte aus dem Verbande des Fadens loslösen und eine Rauheit der Gewebeoberfläche bewirken können. Dies wird wegen des Gelbwerdens fast nur bei Farbware möglich sein, aber auch dann ist noch ein Nachspülen der Gewebe notwendig, damit der anhaftende Sengstaub entfernt wird.

Das Sengen der Kunstseide geschieht ausschließlich auf der Gassengmaschine und darf keinesfalls so weit geführt werden, daß die an der Gewebeoberfläche im Gewebe verbleibenden Fasern geschädigt werden, da sie sonst ihren Glanz verlieren und ein milchiges Aussehen erhalten.

Halbwollne Gewebe, besonders solche, bei denen eine hohe Glätte der Oberfläche verlangt wird, werden in nassem Zustande auf der Plattensenge gesengt, was besonders für halbwollne Futterstoffe von großer Wichtigkeit ist. Indessen wird bei halbwollnen Kleiderstoffen, besonders dort, wo eine Glanzerzeugung vermieden werden muß, nur mittels Gasflammen gesengt.

Garnsengmaschine. Das Sengen der Garne spielt besonders eine Rolle bei der Herstellung von Nähgarnen und Zwirnen. Die Fäden werden zu diesem Zwecke einzeln der Länge nach mit großer Geschwindigkeit durch Gasflammen hindurchgezogen. Die Garnsengmaschinen, wie sie z. B. von der Firma Carl Hamel A.G., Schönau bei Chemnitz, hergestellt werden, bestehen aus einer großen Anzahl nebeneinander angeordneter Sengvorrichtungen, in denen je ein Faden gesengt wird.

Gewebesengmaschine. 1. Plattensenge. Der wesentliche Bestandteil der Plattensenge ist ein metallner Balken, der durch eine Heizvorrichtung zur Hellrotglut erhitzt wird. Über diesen Balken werden die Gewebe mit einer Geschwindigkeit von 100—200 m ein oder mehrmals mit möglichst gleichförmiger Geschwindigkeit in straffem, gut breit gehaltenem Zustande gezogen. Da die rohen Gewebe einen hohen Prozentsatz von Feuchtigkeit (8 bis 10 %) enthalten, müssen sie zur Erhöhung der Wirksamkeit des Sengvorganges gut vorgetrocknet werden, was auf einer der Senge unmittelbar vorgeschalteten, mehrere Zylinder umfassenden Trommeltrockenmaschine geschieht. Nach dem Verlassen der Sengplatte passiert die Ware je nach der beabsichtigten Weiterbehandlung 1 oder 2 trockne oder feuchte Quetschwerke, die alle aus der Senge mitgerissenen Funken löschen sollen, um zu verhindern, daß beim Lagern der Ware nach der Senge Brandschaden entsteht. Vielfach werden hinter der Senge zum Löschen der Funken Dämpfer verwendet und außerdem sog. Kühlvorrichtungen eingebaut, um zu verhindern, daß die frisch gesengte Ware in einem zur Selbstentzündung neigenden heißen Zustande aufgestapelt wird.

Da besonders die schweren Gewebe häufig mehr als einmal über die Sengplatte gezogen werden müssen, hat man, um die Plattensenge möglichst universell zu gestalten, zwei Sengbalken unmittelbar hintereinander angeordnet, doch müssen nach dem Verlassen des ersten Sengbalkens die noch nicht abgesengten, aber durch die Platte an die Ware angelegten Fasern vermittels einer Bürstvorrichtung wieder aufgerichtet werden, um die Wirksamkeit der zweiten Platte zu erhöhen.

Eine besondere Abart der Plattensenge ist die sog. Zylindersenge (s. Abb. 41 u. 42). Hier wird die feststehende Mittelplatte durch einen in der Flamme rotierenden oder auch von innen geheizten Zylinder ersetzt. Die Heizung der Sengplatte oder des Sengzylinders geschieht im allgemeinen mit Kohle, doch hat man auch mit großem Erfolg dies durch eine Ölheizung bewirkt.

In neuerer Zeit hat man Versuche gemacht, den Sengbalken durch Stäbe zu ersetzen, die mit Elektrizität geheizt werden, doch hat dieses Verfahren wegen seiner hohen Betriebskosten sich nicht einzubürgern vermocht.

Da in der Platten- oder Zylindersenge die Heizgase nicht voll ausgenutzt sind (sie verlassen den Heizraum mit Temperaturen von annähernd 600°), hat man zu ihrer Ausnutzung verschiedene Vorrichtungen an die Plattensenge angefügt, so baut die Firma Friedrich Treibel & Söhne, Berlin W, eine sog. Hochleistungsplattensenge, bei welcher eine besonders gute Verbrennung des Heizmaterials durch Unterwind bewirkt wird. Dieser Unterwind wird durch die die Sengplatte verlassenden Heizgase in einem Vorwärmer, dem sog. Rekuperator, auf Temperaturen von 3—400° vorgewärmt, so daß eine wesentliche Ersparnis an Brennmaterial eintritt. Die weitere Verwendung der Abgase zur Erzeugung von warmem Wasser oder zur Heizung von Trockenmaschinen kann beliebig bewirkt werden.

Durch einen über der Platte angeordneten großen Abzugstrichter werden die Rauchgase abgeführt, um eine Belästigung der Arbeiter nach Möglichkeit zu vermeiden. Doch genügt diese Art der Belüftung nicht immer vollständig, da bei der hohen Geschwindigkeit der Ware, besonders bei stark feuchten Geweben trotzdem große Mengen Senggas unter dem Abzugstrichter in den Arbeitsraum hineingeschleudert werden. Um dies zu verhindern, bringt man an der Unterseite der Ware eine gut wirkende Absaugvorrichtung an, an welche das gesengte Gewebe die anhaftenden Rauchgase abgibt. Hierbei wird auch ein großer Teil des in der Ware hängenden Sengstaubes beseitigt.

Abb. 41. Zylindersengmaschine (Zittauer Maschinenfabrik A.-G., Zittau i. Sa.).

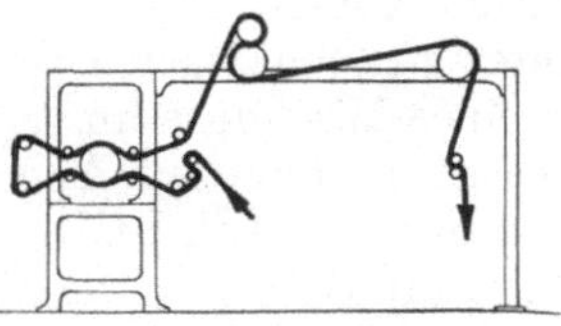

Abb. 42. Schema zur Zylindersengmaschine.

2. Gassengmaschine für Stückware. Die Gassengmaschine (s. Abb. 43/44) besteht aus einem gußeisernen Gestell, auf welchem ein oder mehrere Brenner sowie eine Reihe von Leitwalzen für die Warenführung derart angeordnet sind, daß die Ware unter größtmöglicher Ausnutzung der Flammen an diesen mit der zu sengenden Seite vorbeigeführt wird. Beim Einlaß der Ware in die Maschine befinden sich (ebenso wie bei der Plattensenge) in der Regel mehrere Trockentrommeln, welche durch Beseitigung der in dem Gewebe enthaltenen Feuchtigkeit die Wirksamkeit der Brennerflammen erhöhen sollen. Unmittelbar nach dem Passieren des letzten Brenners wird die Ware durch ein Quetschwerk geleitet, um in ihr hängenbleibende Funken auszulöschen, worauf die Ware entweder abgelegt oder unmittelbar von der Sengmaschine zum nächsten Arbeitsgang weitergeleitet wird. Die Brenner sind sog. Schlitzbrenner, deren Schlitz durch eine Reihe von Schrauben verstellbar sein kann; sie sind so um ihre Längsachse

Abb. 43. Gassengmaschine mit 4 Brennern (Zittauer Maschinenfabrik A.-G., Zittau i. Sa.).

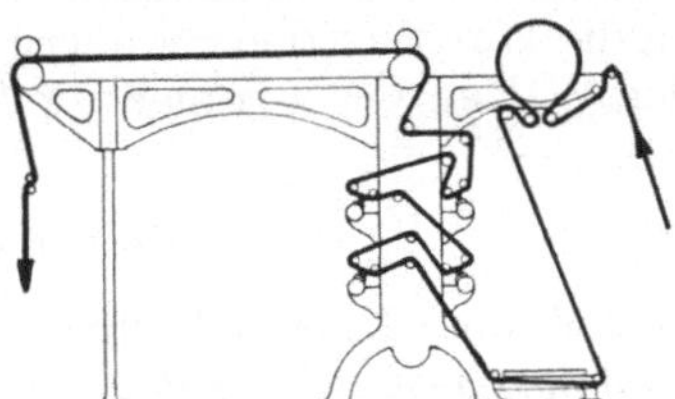

Abb. 44. Schema zur Gassengmaschine mit 4 Brennern.

drehbar angeordnet, daß die Betätigung eines leicht zu handhabenden Hebels genügt, sie im Notfall sämtlich rasch von der Ware entfernen zu können.

Als Brennstoff wurde früher vielfach Alkohol verwendet, doch ist er heute durch die Einführung des Leuchtgases vollständig verdrängt. Nur an Orten, an welchen kein Leuchtgas zu beschaffen ist, hat man dieses durch Generatorgas, welches man in kleineren Generatoröfen selbst erzeugen kann, oder durch Gasolin ersetzt.

Die Flamme der Gassenge muß eine sog. nichtleuchtende Flamme, d. h. also vollständig rußfrei sein. Um dies zu erreichen, mischte man früher den brennbaren Gasen im Hohlkörper des Brenners die erforderliche Menge Luft zu, welche so bemessen sein soll, daß eine möglichst hohe Ausnutzung des Brennmaterials erreicht wird. In neuerer Zeit mischt man das Gas mit der zu seiner Verbrennung notwendigen Luftmenge in Mischorganen, welche den Brennern vorgeschaltet sind, so daß ein fertiges Gas-Luft-Gemisch in gleichmäßiger Durchmischung zur Verbrennung gelangt. Nur auf diese Weise ist es möglich, die höchste Ausnutzung des Gases, sowie auch die höchste Temperatur zu erzielen. Derartige Anlagen werden gebaut von der Pharosgesellschaft, welche das durch einen Druckregler unter gleichmäßigen Druck gebrachte Leuchtgas vermittels Druckluftinjektoren in einer Mischdüse ansaugt, wobei es noch möglich ist, in einer dem Bunsenbrenner ähnlichen Anordnung weitere Luft zuzuführen.

In wesentlich andrer Weise erreicht die Selasgesellschaft ein gleichmäßiges Gas-Luft-Gemisch. Diese Firma sorgt für eine gleichmäßige Brennerflamme hauptsächlich dadurch, daß sie das Gas ansaugt und so unter stetigen Druck bringt, um es dann in Mischorganen mit atmosphärischer Luft zu mischen. Es entsteht so eine Flamme, ähnlich wie bei dem Bunsenbrenner, über welche die Ware so geleitet werden muß, daß sie durch den heißesten Teil der Flamme hindurchgeht, welcher sich 2—3 mm über der Spitze der blauen Flamme befindet.

Bei den älteren Anordnungen wurde die Ware über eine Leitwalze, die dem Brenner genau gegenüberstand, durch die Flamme geführt; da diese Leitwalze dauernd der Flamme ausgesetzt war, mußte sie, um Überhitzungen zu vermeiden, mit Wasser gekühlt werden.

Ebenso ist bei dem von der Firma C. G. Haubold A. G., Chemnitz, gebauten Führungssystem und bei einer Konstruktion der Wumag, Görlitz, für mehrfache Ausnutzung einer Flamme eine Kühlung der Führungskörper notwendig. Der Nachteil, welcher in dieser Anordnung liegt, nämlich die Abkühlung der Sengflamme durch die wassergekühlten Walzen, ist später dadurch vermieden worden, daß man die Ware vor den Brennern über ein Leitwalzenpaar führt, bei welchem keine der Walzen der Flamme direkt ausgesetzt ist.

Stärken und Füllen.

Zweck des Stärkens und Füllens. Das Stärken, Füllen und Gummieren soll bei fertiggebleichten, gefärbten oder bedruckten Geweben durch das Auftragen von irgendwelchen Präparaten den Griff oder das Gewicht des Gewebes, in vielen Fällen aber auch beides zugleich, den Anforderungen des Handels entsprechend verändern.

Die zum Stärken und Füllen verwendeten Chemikalien. Je nachdem, ob das Gewebe im Griff kräftiger oder geschmeidiger oder auch im Gewicht schwerer werden soll, wird es mit Verdickungsmitteln, fetthaltigen oder wasseranziehenden Körpern, mit mineralischen Bestandteilen oder mit Mischungen von Präparaten aus diesen drei Gruppen beladen (s. u. Chemische Hilfsstoffe).

Das Stärken und Füllen der Gewebe gehört ausnahmslos den Manipulationen der Nachappretur an. Aus der Gruppe der Verdickungsmittel finden alle diejenigen Präparate in der Appretur Verwendung, welche im Kattundruck

(s. d.) zur Herstellung von Druckfarben benutzt werden. Während aber beim Kattundruck die Konsistenz des in Wasser aufgequollenen oder suspendierten Verdickungsmittels eine sehr wichtige Rolle spielt, wird mit Ausnahme einzelner Fälle der Charakter der Appretur (Griff u. dgl.) lediglich durch die Art der Verdickungsmittel bestimmt. Aus diesem Grunde ist eine Vereinfachung in der Auswahl der Verdickungsmittel für die Appretur gegenüber vielen bisherigen Gebräuchen und im Interesse der Rentabilität jedes Unternehmens anzustreben und durchaus möglich.

Von den im Kattundruck verwendeten Verdickungsmitteln spielt die Stärke die ausschlaggebende Rolle, und unter den bekannten Stärkesorten dürfte schon des Preises wegen meist der Kartoffelstärke der Vorzug gegeben werden. Unter Berücksichtigung der verschiedenen Quellungs- und Umsetzungsmöglichkeiten der Stärke durch Kochen mit Wasser oder durch Einwirkung von Chemikalien usw. lassen sich fast alle Appreturen und jeder nur denkbare Charakter sowie Griff der Gewebe durch Kartoffelstärke erzielen.

Die meisten Quellungs- und Umsetzungsstadien der Stärke werden in den Veredlungsanstalten selbst hergestellt, und zwar gleich bei der Bereitung der Appreturmasse oder -lösung. Nur die bis zur Dextrose abgebaute Stärke wird in der Regel in besondern Fabriken gewonnen und von diesen in den Handel gebracht.

Obgleich die sog. Dextrinautomaten jedem Textilunternehmen die Selbstherstellung von Dextrin gestatten, hat im allgemeinen die Selbstbereitung von Dextrin auch in größeren Unternehmungen keinen Anklang gefunden, da eine sehr sorgfältige Überwachung des Prozesses notwendig ist, um stets ein gleichmäßiges Präparat zu erhalten, und da außerdem die Selbstherstellung von Dextrin teurer ist als die fabrikationsmäßige Herstellung im großen Betriebe.

Die Verwendung von Dextrin spielt besonders dort eine Rolle, wo eine möglichst geringe Verschleierung gefärbter Oberflächen (Buntgewebe, Druckware) bei Verwendung von starken Füllmassen vermieden werden soll. Andre Verdickungsmittel, die schon wegen ihres Preises ausschalten müssen, wie z. B. die Gelatine, werden nur in gewissen speziellen Fällen verwendet, in welchen, wie z. B. bei Seide oder Kunstseide, der Glanz der Faser in möglichst geringem Maße beeinflußt werden darf.

Um den Griff der Gewebe geschmeidiger und weicher zu machen, verwendet man in erster Linie die sog. Appreturöle. Es sind allein in Deutschland mehr als 20 Appreturöle aus den verschiedensten chemischen Fabriken im Handel, denen allen mehr oder weniger die gleiche Eigenschaft zukommt, und es ist — mit Ausnahme bei der Auswahl von Appreturölen für weiße Ware — in der Hauptsache eine Preisfrage, welches Öl für die Appretur verwendet werden soll. Einzelne Appreturöle geben den Geweben einen scharfen unangenehmen Geruch, weswegen sie für Waren, die in der Bekleidungsindustrie verwendet werden, vermieden werden müssen. Für weiße Ware kommen nur diejenigen Öle in Frage, die weder beim Trocknen an der Luft noch bei Erhitzung des Gewebes auf hohe Temperaturen die Reinheit des Weißeffektes vermindern.

Einzelne Appreturöle beeinflussen die Konsistenz der Appreturmasse in mitunter unangenehmer Weise (Hervorrufen von Synhärese). Jedenfalls sollte jedes Unternehmen bei der Auswahl seines Appreturöls sich neben der Preisfrage auch besonders mit der Eignung des Öls für den speziellen Gebrauch eingehend befassen.

Ferner werden zum Geschmeidigmachen der Gewebe Seifen verwendet. Für weiße Ware, bei welcher ein tadelloses Weiß verlangt wird (Hemdentuche, Bett- und Tischzeuge), sollten Seifenzusätze unter allen Umständen vermieden werden, da sämtliche Seifen während des Trockenprozesses der Gewebe stark nachgilben. Sie finden aber bei bunten Geweben gern dort Anwendung, wo ein geschmeidiger und zugleich starker (voller) Griff erzielt werden soll.

Fette, wie Schweinefett und Talg, haben die gleiche Wirkung wie Appreturöle, doch beschränkt sich ihre Verwendung auf Appreturen von salbenartiger Konsistenz, da die Gefahr der Bildung von Fettflecken auf der Ware in dünnflüssigen Appreturmassen sehr groß ist.

Vielfach verwendet man wasseranziehende Mittel, um Gewebe weich zu machen, wie z. B. Glycerin, Melasse, Traubenzucker oder stark hygroskopische Mineralsalze. Diese Art der Imprägnierung findet man fast ausschließlich in der Woll- und Halbwollappretur, da durch einen hohen Feuchtigkeitsgehalt das an sich spröde Wollhaar weicher wird. Mineralsalze werden dort verwendet, wo neben der Beeinflussung des Griffs auch auf eine Erhöhung des Gewichts der Ware Wert gelegt wird.

Zum Beschweren der Ware werden neben den erwähnten Chemikalien vielfach unlösliche Mineralien gebraucht, doch dürfte ihr Verwendungsgebiet sich auf weiße Ware beschränken, da gefärbte oder mit bunten Effekten versehene Gewebe einen weißen Schleier erhalten würden. Als Beschwerungsmittel kommen hauptsächlich Kreide, Blanc fixe und gereinigter, farbloser Ton (Kaolin, China-Clay) zur Anwendung. Nur bei denjenigen Appreturverfahren, bei welchen die Appreturmasse auf die linke Seite des Gewebes allein aufgetragen wird, können auch Beschwerungsmittel dieser Art bei bunten Geweben angewendet werden.

Die Ausführung des Imprägnierens der Gewebe mit Appreturmassen und das Auftragen von Appreturkleister auf Gewebe.

Man unterscheidet zwei Imprägnierungsarten; bei der einen a) wird das Gewebe mit der Appreturmasse vollkommen durchtränkt, während bei der andern b) die Appreturmasse nur auf die eine Seite des Gewebes aufgetragen wird.

Die Durchtränkung oder Gummierung der Gewebe mit Appreturmasse geschieht in der Weise, daß die Ware in endlosem Band durch einen Trog mit Appreturmasse gezogen und dann durch ein oder mehrere Quetschwerke von dem Überschuß an Appretur so weitgehend wie möglich befreit wird (s. Abb. 45/46).

Abb. 45. Gummier- und Appretiermaschine (Ernst Geßner A.-G., Aue i. Erzg.).

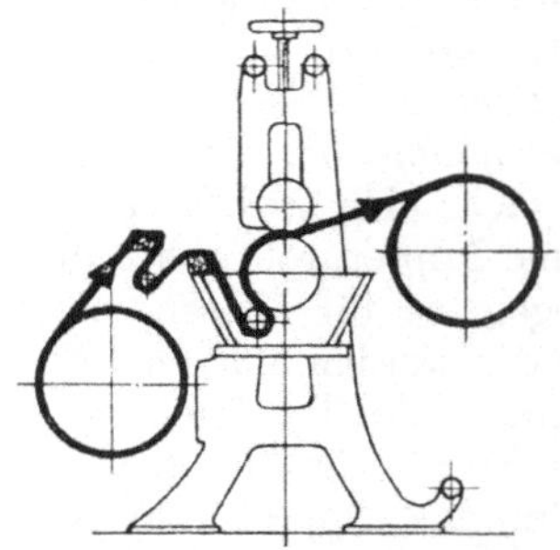
Abb. 46. Schema zur Stärk- und Appretiermaschine (C. H. Weisbach, Chemnitz).

Nach einem andern Verfahren läuft die untre Walze eines Quetschwerks in dem Bottich mit Appreturmasse, während die Ware nur zwischen den beiden Quetschwalzen hindurchgezogen und auf diese Weise mit der von der untern Walze mitgenommenen Appreturmasse durchtränkt wird.

Die hierfür verwendeten Stärkmaschinen sind die üblichen auch in der Färberei verwendeten zweiwalzigen Foulards (s. Abb. 172/173, S. 350), deren

Stärketrog meist aus Holz besteht und vielfach zweckmäßig mit Kupferblech ausgeschlagen sein kann. Die Quetschwalzen werden zur Erzielung eines gleichmäßigen und zugleich auch genügenden Abquetscheffekts aus Eisen gewählt und mit einer starken Bewicklung oder Bombage von Jute oder Kattun versehen (bombagiert).

Die letztere Art des Imprägnierens mit Appreturmasse läßt sich nur bei Anwendung dünnflüssiger Kleisterlösungen ausführen. Sollen Gewebe mit Stärkemasse von besonders dicker Konsistenz imprägniert werden, so verwendet man die sog. Friktionsstärkemaschine, in welcher die beiden Quetschwalzen mit verschiedener Umfangsgeschwindigkeit laufen und durch die so entstehende Friktion die Appreturmasse energisch in das Gewebe hineinreiben.

Zur Ausführung besonders schwerer Appreturen und auch dort, wo bei Verwendung dicker Appreturmassen die rechte Seite des Gewebes vor Verschleierung bewahrt werden soll, werden die Appreturmassen so aufgetragen, daß sie nur mit der linken Seite der Gewebe in Berührung kommen. In einzelnen Fällen, in welchen besonders fadenscheinige Waren eine gleichmäßige und geschlossene Decke erhalten sollen, trägt man auch starke Appreturmassen auf der rechten Seite auf (verschiedene Weißwaren und auch hellfarbige Farbwaren).

Für die Ausführung dieser einseitigen Appreturen gibt es eine Reihe von Methoden, von denen die meisten ein Durchschlagen der Flüssigkeit, die immer etwas gelöste Appreturmasse enthält, nicht vermeiden lassen.

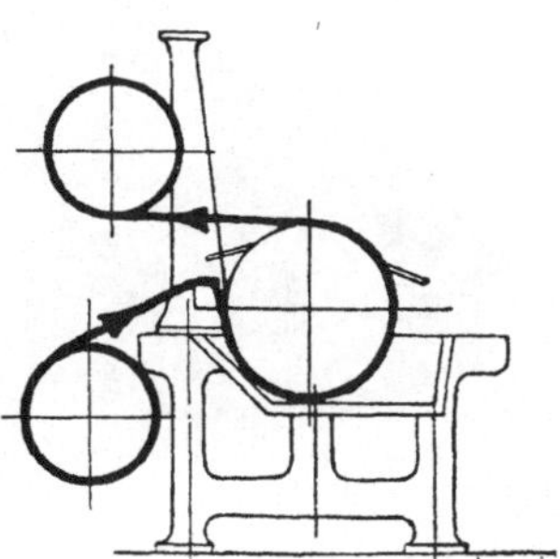
Abb. 47. Schema zur Rakelstärkmaschine (C. H. Weisbach, Chemnitz).

Man kann hierbei zwei grundlegende Ausführungsarten unterscheiden. Nach der einen (s. Abb. 47) wird die Ware auf eine Walze straff aufgelegt und dann mit dieser Walze durch die Appreturmasse gezogen, wobei der Überschuß an Appreturmasse, der sich auf der der Führungswalze abgewendeten Seite befindet, durch eine Rakel abgestrichen wird. Anschließend hieran kann das Gewebe aber auch noch durch ein Quetschwerk geleitet werden.

Die andre Möglichkeit ist die, daß die Ware nur über eine in der Appreturmasse befindliche Walze geführt wird und von dieser die Appreturmasse mitnimmt, die dann ebenfalls durch ein Rakelmesser abgestrichen wird. Zur Erzielung eines intensiven und gleichmäßigen Aufstrichs kann man hierbei eine zweite Walze an die in der Stärkemasse laufende Anstrichwalze anlegen, welche den unnötigen Überschuß an Appreturmasse abstreicht und sich gleichzeitig ebenfalls mit Stärke überzieht.

Läßt man nun die Ware auch noch bei ihrem Durchgang durch die Maschine diese Abstreichwalze, welche die entgegengesetzte Drehung hat, berühren, so findet durch die auftretende Friktion gegen die Richtung des Warenlaufs ein sehr energisches Einreiben der Appretur statt.

In einzelnen Fällen, besonders aber bei der Appretur seidner und halbseidner Gewebe, muß ein Durchschlagen der in der Appreturmasse enthaltenen Flüssigkeit auf die rechte Seite unter allen Umständen vermieden werden. Einmal müssen zu diesem Zwecke die Appreturmassen besonders dick gewählt werden und außerdem kommen nur Verfahren in Frage, bei welchen die Appreturmasse ohne Quetschwerke aufgetragen wird. Hierher gehört das Rakeln der Ware auf fester Unterlage oder das Auftragen mit einer Spezialstärkemaschine, in welcher die Ware auf eine mit einer dünnen und gleichmäßigen Appreturhaut versehenen Walze unter Spannung in der Kettrichtung aufgelegt, von dieser Walze mitgenommen und direkt der Trockenvorrichtung zugeführt wird. Die Ware nimmt von der mit der Appreturhaut versehenen Walze so viel

Masse mit, als auf ihr kleben zu bleiben vermag, was einerseits von der Art der Appretur, andrerseits von der Spannung, mit welcher die Ware auf die Walze gelegt wird, abhängig ist. Nach dem Verlassen der Auftragswalze kann die Appreturmasse auf der Ware noch durch ein Rakelmesser gleichmäßig verteilt werden.

Die andre Methode, einseitig ohne Durchschlagen der Appreturmasse auf die andre Seite zu füllen, ist das Rakeln mit der stehenden Rakel, wobei sehr zähe, dicke Appreturmassen verwendet werden müssen. Sämtliche gestärkten Gewebe werden vor der Weiterbehandlung auf den üblichen Maschinen getrocknet.

Trocknen.

Für das Trocknen von nassen Geweben sind zwei grundlegende Methoden bekannt, entweder durch einen warmen Luftstrom oder durch Führen der Ware über heiße Trommeln.

Das Trocknen im heißen Luftstrom wird ausgeführt entweder in der Hotflue oder in der Trockenhänge oder wenn die Ware während des Trocknens auf eine bestimmte Breite gebracht werden soll, in der sog. Spannmaschine.

Abb. 48. Heißlufthängetrockenmaschine (Ernst Geßner A.-G., Aue i. Erzg.).

Trockenhänge. Die älteste Methode, nach welcher Gewebe getrocknet wurden, ist die Trockenhänge, auch Trockenturm oder Lattenboden genannt. Die Gewebe wurden in diesen Trockenräumen, welche gewöhnlich einen großen Umfang hatten und, wie schon der Name Trockenturm sagt, an den höchsten Stellen der Gebäude turmartig errichtet waren, in den an der Decke angebrachten Lattenrost eingezogen, wo sie bis zur Beendigung des Trockenprozesses hängen blieben. Die Räume waren gut ventiliert und wurden besonders in der kühleren Jahreszeit erwärmt. Diese Art der Hänge, die vor allem für Weißware und besonders stark appretierte Waren angewendet wurde und auch aus der Erzeugung des Anilinschwarzes bekannt ist, wurde zur Erhöhung ihrer Leistungsfähigkeit in der Weise mechanisiert, daß der Lattenrost als eine Art Wanderrost ausgebildet wurde, in welchem die Ware maschinell eingehängt und nach Durchlaufen des Trockenraumes in trocknem Zustande wieder herausgezogen wird. Derartige mechanische Trockenhängen und Kanaltrockenapparate (s. Abb. 48—52) bauen u. a. die Firmen Zittauer Maschinenfabrik, Geßner, Benno Schilde und Friedr. Haas in verschiedenen Systemen. Letztere Firma hat die mechanische Trockenhänge noch in besonderer Weise wärmetechnisch ausgestattet, indem sie an ihr das sog. Stufentrockenverfahren anwendet[1].

Abb. 49. Kanaltrockenapparat, Wagensystem (Zittauer Maschinenfabrik A.-G., Zittau).

[1] Mell. Text. **1924**, 496.

Hotflue oder Continue-Heißlufttrockenmaschine. Eine andre Form der Durchführung der kontinuierlichen Arbeitsweise beim Trocknen in Heißluftkammern ist die Hotflue. In ihr werden die Gewebe im endlosen Band entweder im vertikalen Lauf oder in horizontaler Führung durch eine Reihe von Rollen in der Heißluftkammer bewegt (s. Abb. 2—4). Diese Art des Trocknens hat gegenüber der mechanischen Trockenhänge den Vorzug, daß die Gewebe über die Rollen wandern, so daß während des Trocknens die Berührungsflächen der Gewebe mit den Rollen stetig wechseln.

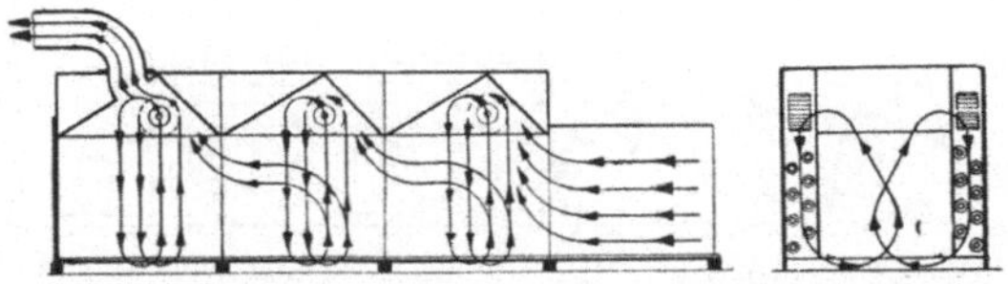

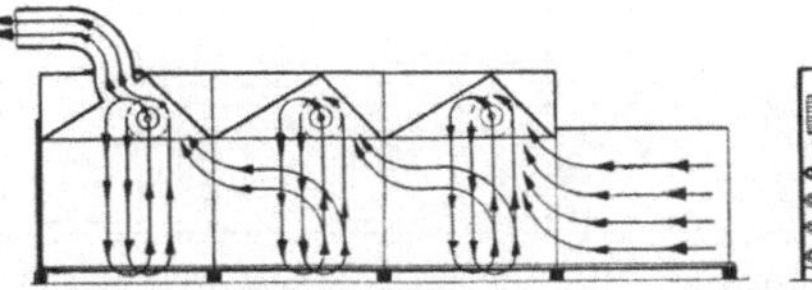

Abb. 50. Schema zum Kanaltrockenapparat, Wagensystem.

Es werden derartige Maschinen bis zu 800 m Fassungsvermögen gebaut, um möglichst hohe Warengeschwindigkeiten zu erzielen. Für die Waren- und Luftführung gilt das im Kapitel „Anilinschwarz“ Gesagte. Sie finden heute fast ausschließlich nur noch für die Trokkenprozesse Anwendung, bei welchen ein längeres Liegen der Gewebe auf den heißen Transportwalzen vermieden werden muß, wie z. B. in der Anilinschwarzfärberei, der Naphtholfärberei und andern Imprägnierungsprozessen (Carbonisation).

Abb. 51. Kanaltrockner für Garne, Kettensystem (Zittauer Maschinenfabrik A.-G., Zittau).

Abb. 52. Schema zum Kanaltrockner für Garne, Kettensystem.

Spannrahmentrockenmaschine. Gewebe, welche während des Trocknens auf eine bestimmte Breite gebracht werden müssen, werden auf der Spannrahmentrockenmaschine (s. Abb. 53) gespannt. In diesen Maschinen wird die Ware von zwei endlosen parallel zueinander laufenden Greiferketten (Kluppenketten) oder Nadelketten, die den der gewünschten Breite der Ware entsprechenden Abstand haben, durch den Heißluftraum geführt. Der Abstand der beiden Ketten ist beim Einlaß der Ware in die Maschine größer als die Breite der zu spannenden Ware. Die Kettenglieder nähern sich aber allmählich, erfassen schließlich die Salleiste der Ware, um dann wieder unter Ausreckung des Gewebes auf den gewünschten Abstand auseinanderzugehen.

Abb. 53. Spannrahmentrockenmaschine, 2 Etagen, 2 Felder mit vorgebauter Stärkmaschine (C. H. Weisbach, Chemnitz).

Den Teil der Maschine, welcher dazu dient, die Ware zu erfassen und auf die verlangte Breite zu spannen, nennt man das Einlaßfeld. An dieses schließen sich ein oder mehrere *Trockenfelder* an, welche entweder die Ware in geradem Lauf über eine Reihe von Heißluftgebläsen führen oder aber ähnlich wie bei der Hotflue in mehreren übereinander liegenden Gängen das Gewebe durch die Warmluftkammer leiten. In diesen Spannmaschinen nennt man eine Abteilung des Trockenraumes von ungefähr 2,5 m Länge ein *Spannfeld*. Zum Erfassen der Ware werden Ketten mit sog. Kluppengliedern oder Nadelgliedern verwendet. Die Nadelkette ist zweifellos die am längsten bekannte Form der Spannkette, während die Kluppenkette erst sehr viel später zu einer so hohen Vollendung kam, daß ihre Verwendung in Spannrahmentrockenmaschinen möglich wurde.

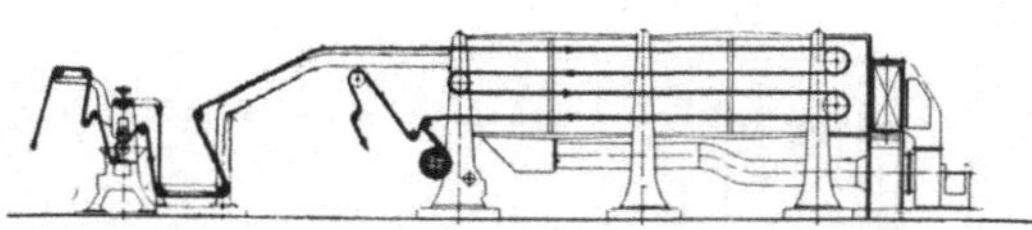

Abb. 54. Schema zur Spannrahmentrockenmaschine mit vorgebauter Stärkmaschine.

Keine der beiden Arbeitsweisen mit Kluppen- oder Nadelketten eignet sich für alle Gewebe gleichmäßig. Die Nadelkette findet im allgemeinen in der Ausrüstung *wollner* und *halbwollner* Gewebe Verwendung und bei Baumwolle hauptsächlich dort, wo direkte Färbungen verwendet werden, da diese zu einem Zusammenlaufen (Abwanderung) der Farbe an den Berührungsstellen mit den heißen Kluppengliedern neigen; auch stark appretierte Gewebe eignen sich nicht bei allen Farben zum Spannen auf der Kluppenkette. Andrerseits aber läßt sich die Nadelkette in denjenigen Fällen nicht verwenden, in welchen das Vorhandensein der *Nadellöcher* in den Leisten nicht erwünscht ist, wenn z. B., wie es bei Bettzeugen oder Tischzeugen üblich ist, das Gewebe bis zum äußersten Rande in der Verarbeitung sichtbar bleiben kann.

Abb. 55. Zylindertrockenmaschine für zweiseitige Warenanlage, stehende Anordnung (C. H. Weisbach, Chemnitz).

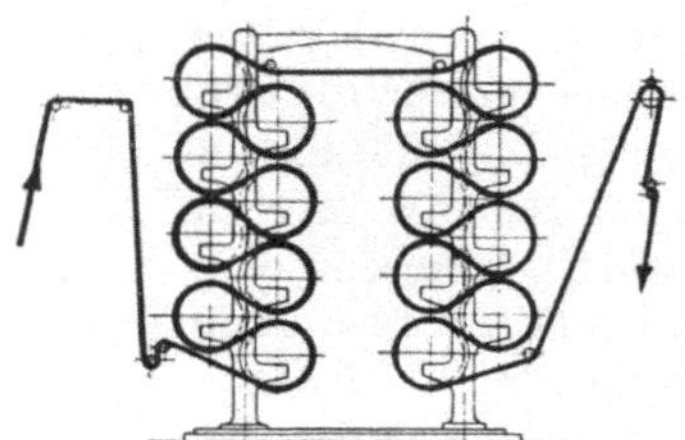

Abb. 56. Schema zur Zylindertrockenmaschine für zweiseitige Warenanlage, stehende Anordnung.

Abb. 57. Zylindertrockenmaschine für einseitige Warenanlage, stehende Anordnung mit Stärkmaschine (C. H. Weisbach, Chemnitz).

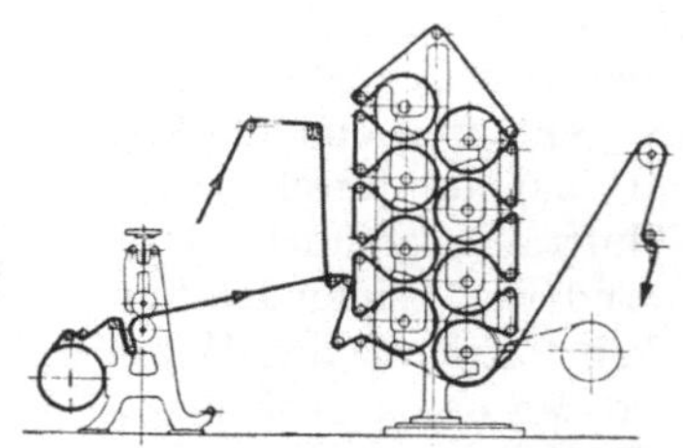

Abb. 58. Schema zur Zylindertrockenmaschine für einseitige Warenanlage, stehende Anordnung mit Stärkmaschine.

Auch bei vielen dicht eingeschlagenen hochwertigen Artikeln ist die Verwendung von Nadelketten unerwünscht, da beim Erfassen der Ware durch die Nadeln sehr häufig Fäden zerstört und aus dem Gewebe herausgerissen werden können. Es ist, wie aus obigen Gesichtspunkten deutlich hervorgeht, bei Auswahl von Spannrahmentrockenmaschinen sehr sorgfältig zu prüfen, welche Art von Kette zur Verwendung kommen soll.

Besondere Ausführungsformen dieser Spannrahmentrockenmaschinen sind die Hochleistungsspannrahmenmaschinen von H. Krantz Söhne, Aachen, und die Querluftspannrahmentrockenmaschine von M. Rud. Jahr, Gera, Reuß.

Zylindertrockenmaschine. Das Trocknen der Gewebe durch Führen über geheizte Trommeln ist von allen bisher bekannten Trockenverfahren sowohl wärmewirtschaftlich als auch vom Standpunkt der Leistungsfähigkeit das rationellste Verfahren. Die für diese Trocknungsmethode verwendeten Maschinen sind die sog. Trommeltrockenmaschinen oder Zylindertrockenmaschinen (s. Abb. 55—59).

Es sind zwei Ausführungsarten bekannt, entweder die in Mitteleuropa fast allgemein gebräuchlichen Maschinen aus vielen Trommeln von einem Durchmesser nicht über 70—80 cm oder die vor allen Dingen in England in Gebrauch stehenden Trommeltrockenmaschinen mit größeren Trommeln von mehr als 2 m Durchmesser. Wärmewirtschaftlich dürfte die letztere Art der Trommeltrockenmaschinen rationeller sein, da die für den Trocknungsprozeß unbenutzbaren Abkühlungsflächen im Verhältnis zur Trockenfläche wesentlich geringer sind.

Abb. 59. Zylindertrockenmaschine für zweiseitige Warenanlage, liegende Anordnung mit Stärkmaschine (C. H. Weisbach, Chemnitz).

Die Trockenzylinder werden im allgemeinen mit Dampf geheizt und durch eine im Innern der Trommeln angebrachte Schöpfvorrichtung oder auch durch ein Syphonrohr entwässert. Die Trommeltrockenmaschinen mit kleinerem Walzendurchmesser enthalten bis zu 32 Trockentrommeln, die entweder sämtlich durch entsprechend angeordnete Zahnkränze angetrieben werden, oder aber sie werden vermittels der durch eine Zugvorrichtung bewegten Ware mitgenommen und in Bewegung gehalten. Diese letztere Ausführung läßt sich allerdings nur bei Trommeltrockenmaschinen mit wenigen Trommeln verwenden, auch müssen die Trockentrommeln in Rollen oder Kugellagern sehr leicht laufen, um eine unnötige Streckung der Ware zu vermeiden. Die Ware wird entweder so über die Trommeln geführt, daß sie abwechselnd mit der rechten und linken Seite die Heizfläche berührt, oder aber sie wird nach dem Verlassen jeder Trommel von einer oder von zwei Umführungswalzen aufgenommen, so daß sie wieder mit derselben Seite die nächste Trommel berührt (s. Abb. 56/58). Die letztere Anordnung wird vor allen Dingen in den Fällen angewandt, in welchen die rechte Warenseite überhaupt keinen Glanz erhalten darf, oder dann, wenn durch Auftragen einer starken Schicht von Appreturmasse auf der einen Seite der Ware ein Ankleben an den Trommeln und dadurch ein Zerstören der glatten Appreturschicht erfolgen würde. Vielfach nimmt man im letzteren Falle an Stelle der Überführungswalzen Kühlzylinder, welche zwar wärmetechnisch unbedingt zu verwerfen, aber zur Erzielung einer gleichmäßigen Appreturhaut notwendig sind, da durch zu schnelles Trocknen der Appreturmasse dieselbe zerreißen, nicht genügend fest im Gewebe anhaften und dadurch bei späteren Appreturprozessen, wie Kalandern oder Mangeln, abblättern würde.

Auf diesen Trommeltrockenmaschinen läßt sich ein Breitstrecken der Ware auf eine gleichmäßige oder sogar auf eine vorgeschriebene Breite nicht ausführen. In den Fällen, in welchen es wichtig ist, eine Ware mit ganz gerade verlaufender Salleiste zu erhalten, wie es z. B. im Kattundruck, besonders bei Streifenmustern in der Kettrichtung unbedingt notwendig ist, schaltet man

Abb. 60. Filzkalander mit Palmer (A. Monforts, M.-Gladbach).

vor die Trommeltrockenmaschine eine Egalisiervorrichtung. In den aus vielen Trommeln bestehenden Maschinen werden je nach dem zur Verfügung stehenden Platz die Trockenzylinder entweder vertikal oder horizontal in ein bis zwei untereinander versetzten Reihen gebaut.

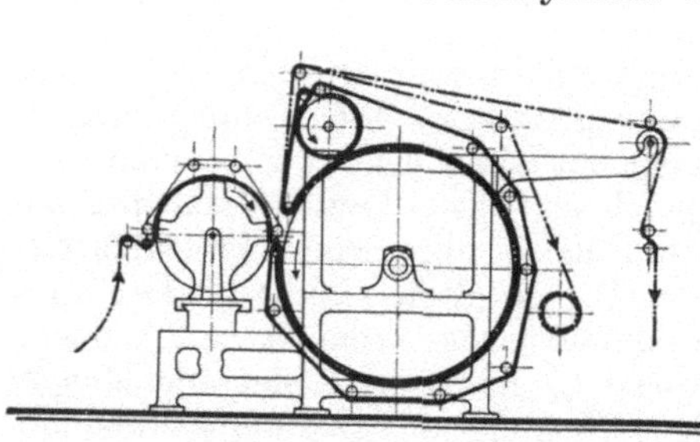

Abb. 61. Schema zum Filzkalander mit Palmer.

Die Trommeltrockenmaschinen mit Trommeln größeren Durchmessers bestehen meist nur aus einer Trommel, und man findet kaum mehr als zwei bis drei dieser Trommeln miteinander kombiniert.

Filzkalander. Eine besondere Ausführungsform der Trommeltrockenmaschine ist der Filzkalander (s. Abb. 60/61), bei welchem die Ware mit oder ohne Vortrocknung auf einigen der bekannten Trockentrommeln meist nach Egalisieren und Breitstrecken der Ware auf eine bestimmte Breite mittels des sog. Palmers auf größere geheizte Trommeln von ungefähr 2 m Durchmesser aufgelegt wird, wo sie sofort von einer starken, meist aus Wollfilz bestehenden Decke bis zum Verlassen der Trommeln festgelegt wird.

Das Bedecken der Ware vermittels des Filzes, der straff gespannt sein muß, hat den Zweck, die Ware, welche beim Trocknen zum Schrumpfen in der Schußrichtung neigt, festzuhalten; auch können durch das feste Aufpressen auf die geheizte Trommel gewisse Glanz- oder Glättungseffekte erzielt werden. Der Filzkalander findet vor allen Dingen für wollne, halbwollne und für kunstseidne Stückware Verwendung.

Beispiele aus der Praxis der Appretur baumwollner, halbwollner usw. Gewebe.

Weißware.

Appretur für gebleichte, glatte, leinwandbindige Gewebe (wie Hemdentuch, Linons, Schirting). Je nach der Qualität des Gewebes, d. h. nach ihrer Einstellung und Garnnummer, werden diese Gewebe mit leichten bis zu hochbeschwerten Appreturen gefüllt.

Als Beispiele für die Zubereitung verschiedener Appreturmassen sind im folgenden 1. eine mittlere und 2. eine starkbeschwerte Appretur beschrieben:

1. 10 kg Kartoffelstärke und
5 kg Weizenstärke werden in warmem Wasser aufgeschlämmt, allmählich auf Siedetemperatur erhitzt und 10 Min. gut durchgekocht. Nach Hinzufügen von
200 g Talg,
300 g Marseiller-Seife wird unter gutem Umrühren durch langsames Hinzufügen von heißem Wasser die Masse auf 100 l eingestellt.

2. 7 kg Kartoffelstärke und
6 kg Weizenstärke werden in Wasser gut aufgeschlämmt, allmählich zum Sieden erhitzt und nach Hinzufügen von
5 kg Kaolin,
5 kg Barytweiß,
1 kg Talg noch einige Min. gekocht, alsdann wird kalt gerührt und eine Emulsion von
300 g Talg,
300 g Kokosöl,
150 g Stearin,
200 g Marseiller-Seife und
150 g Soda calc. in
50 l Wasser hinzugefügt. Dann wird auf 150 l Appreturmasse eingestellt.

Während die Ware mit den leichten und mittleren Appreturen auf einer Appreturklotzmaschine imprägniert wird, werden die ganz schweren Appreturen auf der Rakelmaschine entweder auf einer Seite oder auf beiden Seiten des Gewebes aufgestrichen. Die Ware wird nach dem Appretieren getrocknet, wobei für die schwereren Appreturen zweckmäßig Trockenhängen verwendet werden. Nach dem Trocknen wird eingesprengt und auf einem leicht geheizten Universalkalander behandelt. Man benutzt bei leicht appretierten Geweben, besonders dann, wenn ein hoher Glanz von der Ware verlangt wird, die Chasingvorrichtung.

Appretur von Bettdamasten. Die gebleichte und gut gebläute Ware wird in den meisten Fällen nur mit sehr leichten Appreturen gefüllt. Man verwendet am zweckmäßigsten Füllmassen von 2—4 kg Kartoffelstärke auf 100 l, die durch längeres Kochen gut aufgequellt wird.

Man fügt, um die Gewebe geschmeidig zu machen, der Appretur 400—800 g eines beim Trocknen nicht nachgilbenden Appreturöls hinzu. Das Füllen geschieht doppelseitig auf der Appreturklotzmaschine, worauf unmittelbar auf der mit ihr verbundenen Trockenmaschine getrocknet wird. Die Ware wird dann eingesprengt und nach einigem Liegen auf einem Mehrwalzen-Chasingkalander unter Benutzung aller Gänge weiterbehandelt. Um den Glanz zu erhöhen, wird in den meisten Fällen bei diesem Artikel die Manipulation auf dem Chasingkalander wiederholt.

Appretur von Tischzeugen. Die Arbeitsweise der Ausrüstung von Tischzeugen ist fast in allen Punkten die gleiche wie bei den Bettzeugen, nur müssen die Tischzeuge einen wesentlich kräftigeren Griff aufweisen als Bettzeuge, weswegen man stärkere Appreturen verwendet, in denen sich ein hoher Prozentsatz aufgeschlossener Stärke befindet.

Ein Beispiel für die Zubereitung der Appreturmasse sei das folgende:

15 kg Kartoffelstärke werden mit
300 g Borax,
100 g Natriumacetat einige Min. lang gekocht und schließlich auf 400 l eingestellt.

Nach dem Imprägnieren auf der Appreturklotzmaschine und dem Trocknen der Ware wird gut eingesprengt und mehrfach auf dem Chasingkalander behandelt.

Appretur von Schlauchkattun für Isolierzwecke. Die besonders gut gesengte und gebleichte Ware wird auf einen Schlauchöffner aufgezogen und von diesem fadengerade breit gelegt. Dann wird getrocknet und auf der Appreturklotzmaschine mit einer Appreturmasse, die 12—15 kg aufgeschlossene Stärke auf 100 l Flotte enthält, gefüllt und getrocknet. Hiernach wird der Schlauch spiralförmig aufgeschnitten, wobei die Schnittlinie unter einem Winkel von 30—45° zur Fadenrichtung verläuft. Darauf dämpft man vorsichtig an und friktioniert auf einem Kalander mit schräggestellter Friktionswalze mehrfach auf beiden Seiten so, daß ein hoher Glanz und ein vollständig glattes Gewebe erzielt wird. Das durch die zur Fadenrichtung schräg verlaufende Schnittlinie elastisch gewordene Gewebe wird dann mit einer Isoliermasse getränkt und in Streifen geschnitten.

Appretur stückfarbiger Ware.

Taschenfutterausrüstung. a) Pocketings von der Einstellung 12/12 aus 24/10 u. ä. in Leinenbindung. Die gebeuchte und gebleichte Ware wird getrocknet und auf dem Farbfoulard entsprechend der verlangten Farbe geklotzt. Zweckmäßig fügt man der Farbflotte vor dem Zusatz des Farbstoffs auf 100 l 1—2 kg Stärke hinzu, die (z. B. mit Aktivin) aufgeschlossen werden kann. Nach dem Färben wird in der üblichen Weise getrocknet, eingesprengt und auf dem Chasingkalander unter Anwendung von 2—5 Gängen behandelt. Wird eine nicht so glanzreiche Ausrüstung verlangt, so wird die Ware nur einmal durch sämtliche Kalanderwalzen genommen. Diese letztere Art des Kalanderns findet auch Anwendung für die Ausrüstung der besseren Qualitäten in Taschenfuttersatins.

b) Pocketings in der Einstellung 24/16 aus 24/20 und ähnliche leichte Einstellungen. Die gebleichte und auf der Klotzmaschine gefärbte Ware wird vor der Trockenmaschine mit der stehenden Rakel einseitig, meist auf der rechten Seite, mit folgender Appretur gefüllt:

15 kg Kartoffelstärke,
300 g Aktivin werden mit
100 l Wasser eine Std. gekocht, darauf wird
1 kg Seife,
3 l Appreturöl in möglichst wenig Wasser aufgelöst und der noch heißen Flotte hinzugefügt.

Die getrocknete Ware wird gut eingesprengt und auf dem Chasingkalander fertigappretiert.

Die gleiche Ausrüstung findet Verwendung für die billigeren Qualitäten der Taschenfuttersatins, die allerdings gewöhnlich nur einmal durch die Walzen genommen werden.

Croisé und Milanaise (Glacéappretur). Die wie üblich vorbereitete und gefärbte Ware wird auf der Appreturklotzmaschine beidseitig mit folgender, noch warmen Appreturmasse gefüllt:

5 kg Weizenstärke,
5 kg Kartoffelstärke werden in
50 l Wasser aufgeschlämmt und mehrere Min. gut gekocht. Dann wird eine Emulsion von
2 kg Palmkernöl,
2 kg Marseiller-Seife, in Wasser gelöst, und
1 kg Paraffin hinzugefügt und noch einige Min. gerührt.

Da diese Artikel in den meisten Fällen in dunklen Farben verlangt werden, wird die Appreturmasse mit einigen Kilogramm Blauholzextrakt oder mit einem der Farbe des Gewebes entsprechenden Farbstoffgemisch abgedunkelt. Nach dem Füllen auf der Appreturklotzmaschine wird wie üblich getrocknet, gut eingesprengt und je nach der Höhe des geforderten Glanzes die rechte Seite der Ware 1—2mal friktioniert.

Da durch diese Manipulation die feine Rippe dieser Gewebe flachgedrückt wird, kann auf einer Knopfbrechmaschine die Ware weich gemacht werden, wobei die Rippe des Gewebes wieder klar hervortritt. Andre Manipulationen, die zur Hebung der Rippe angewendet werden, wie z. B. das Dämpfen, sind hier nicht zweckmäßig, da der durch die Friktion erzeugte hohe Glanz auf der Ware erhalten bleiben muß.

Gewöhnliche Futterstoffappreturen (Serge und Zanella). Die Futterstoffe werden auf der Plattensenge ein- oder mehrmals gut gesengt, wobei besondrer Wert auf eine gleichmäßig glatte Oberfläche gelegt werden muß. In den meisten Fällen gelangen sie dann unmittelbar zur Mercerisation. Ein Entschlichten der Futterstoffe vor der Mercerisation ist unzweckmäßig, da in der mit Schlichte beladenen Rohware nach dem Auswaschen der Mercerisierlauge ein leichter Apparatinegehalt zurückbleibt, welcher für die Erzielung des endgültigen Warenbildes von großem Vorteil ist.

Das Bleichen der Futterstoffe wird entweder mit einer einfachen Chlorbleiche oder mittels Wasserstoffsuperoxyd durchgeführt. Im übrigen wird wie üblich gefärbt und getrocknet.

Die meisten Futterstoffe erhalten einen hochglänzenden Seidenfinish. Zur Erzielung dieses Effekts werden sie auf einer Anfeuchtmaschine eingesprengt und nach einigem Lagern auf einem Seidenfinishkalander unter Anwendung von Temperaturen, die zwischen 120° C und 180° C gewählt werden können, in der üblichen Weise behandelt.

Die Futterstoffe der Damenkonfektion, von denen ein besonders hoher Glanz verlangt wird, werden in der Regel vor der Behandlung auf dem Seidenfinishkalander auf einem einfachen oder doppelten Friktionskalander vorfriktioniert. Die für die Vorfriktion zu wählende Temperatur hängt ganz davon ab, welche Dauerhaftigkeit von dem endgültigen Glanz erwartet wird. Im allgemeinen kommen für diese Vorfriktion Temperaturen unter 100° C zur Anwendung, und nur in besondren Fällen, in welchen ein dem Radiumfinish ähnlicher Effekt erzielt werden soll, werden Temperaturen von 150° C und mehr bei entsprechend stärkerer Anfeuchtung der Ware gewählt.

Die Futterstoffe der Herrenkonfektion verlangen einen wesentlich edleren, matteren Glanz. Sie werden zur Erzielung dieses Effekts nach der Behandlung auf dem Seidenfinishkalander besondren Manipulationen unterworfen, und zwar auf einen Dampfzylinder gewickelt und kurze Zeit gedämpft, oder nach Andämpfen vermittels eines Dämpfkissens (sog. Dämpfmops) auf einer Trommeltrockenmaschine behandelt, wobei zur Hebung der Rippe bei Sergen dem Gewebe eine leichte Längsspannung gegeben werden kann. Diese Futterstoffappreturen werden als sog. bügelechte Appreturen bezeichnet.

Für besondere Zwecke werden auf Futterstoffen Radiumfinishappreturen hergestellt, wofür die unter „Seidenfinishappreturen" geschilderte Arbeitsweise zur Anwendung gelangt.

Gestärkt werden Futterstoffe im allgemeinen nicht. Nur die ganz leichten Einstellungen erhalten zur Erzielung eines handelsfähigen Griffs leichte Stärkefüllungen, die $^1/_2$—2 kg Stärke ohne oder mit Zusatz von Seife in 100 l Flotte enthalten können. Für die Füllung kommen z. B. Gewebe folgender Einstellungen in Frage: 18/16 bis 18/28 aus 33/36 oder aus 33/24 oder 20/22 bis 20/28 aus 33/33 oder 33/36.

Schürzenappreturen (Zanella und Satin). Für die Schürzenappreturen kommen fast ausschließlich schwarz gefärbte Gewebe in Zanella- und Satinbindung sowie Erzeugnisse des Kattundrucks zur Verwendung. Für glatt gefärbte Gewebe ist die übliche Breite 140 cm, im Kattundruck werden auch 130 cm breite Gewebe für Schürzen verarbeitet. Die Arbeiten der Vorappretur sind die gleichen wie bei den gewöhnlichen Futterstoffen. Da an den Griff der Schürzengewebe hohe Anforderungen besonders in bezug auf „Stand", d. h. also Zähigkeit des Gewebes, gestellt werden, liegt der Hauptunterschied der Nachappretur gegenüber den Futterstoffappreturen in der bedeutend stärkeren Füllung der Ware. Die Stärkefüllungen enthalten je nach der Einstellung des Gewebes 2—4 kg Stärke auf 100 l Appreturmasse, wobei zweckmäßig Seife oder ein Appreturöl zugesetzt wird, um neben der Erzeugung des kräftigen Griffs dem Gewebe die Geschmeidigkeit zu erhalten. Der den für Schürzen bestimmten Geweben zu erteilende Glanz ist ein sog. Taftglanz. Er wird erzeugt auf den üblichen Seidenfinishkalandern, wobei die Gravur der Stahlwalze gewöhnlich 9 bis höchstens 12 meistens sehr scharfe Rillen auf den Millimeter enthalten soll. Die Ware darf vor der Behandlung auf dem Seidenfinishkalander nicht zu stark eingesprengt werden, da sonst ein Verkleben der Gravur mit Stärke eintreten kann. Ein nachträgliches Abdämpfen der Ware kommt für die Erzeugung des Schürzenartikels ebensowenig in Frage wie eine Vorfriktion. Nach dem Dublieren erhalten diese Gewebe meist noch einen ziemlich starken Preßglanz.

Steppdeckenappreturen. Die Appretur der Steppdecken verläuft im allgemeinen ähnlich wie die Appretur der gewöhnlichen Futterstoffe. Sie werden also meist auf einer Plattensenge gut gesengt und roh mercerisiert. Da für Steppdecken ausschließlich reine Farbtöne in Frage kommen, werden sie ausnahmslos vor dem Färben gebleicht, wobei noch besondrer Wert darauf zu legen ist, daß die in der Baumwolle vorhandenen Schalenreste vollständig beseitigt werden. Hierzu wird entweder eine starke Chlorbleiche oder eine stark alkalische, heiße Wasserstoffsuperoxydbleiche angewendet. Diejenigen Betriebe, welche es vorziehen, die Beseitigung der Schalen vermittels eines Beuchprozesses vorzunehmen, müssen diesen Veredlungsvorgang vor der Mercerisation ausführen, da die beim Beuchen entstehenden Knitter bei allen Seidenfinishappreturen, die auch für Steppdecken gefordert werden, sich als dunkle Schwielen bemerkbar machen, und nur eine hohe Mercerisation imstande ist, die Struktur der Faser so vollkommen zu verändern, daß auch die Schwielen (Brüche, Knitter) des Beuchprozesses verschwinden. Der auf Steppdecken erzeugte Finish ist ein reiner, hochglänzender Taftglanz, der auf dieselbe Weise erreicht wird wie bei den Schürzenappreturen, nur werden Steppdecken gewöhnlich nicht gefüllt. Die dublierten Gewebe werden noch stärker gepreßt als die für Schürzen ausgerüsteten Gewebe, da bei der Verarbeitung, d. h. bei dem Steppen der Steppdecken, das Gewebe ziemlich stark in Anspruch genommen wird und dadurch etwas von seinem Glanze verliert.

Kleider- und Mantelstoffappreturen. Die Baumwollgewebe, welche als Kleider- oder Mantelstoffe Verwendung finden, werden je nach den Forderungen, die an den Glanz und den Charakter des Gewebes gestellt werden, in mercerisiertem oder unmercerisiertem Zustande verarbeitet. Diejenigen Gewebe, welche stückfarbig verarbeitet werden, müssen mit besondrer Sorgfalt vor der Erzeugung von Glanz auf der rechten Seite geschützt werden. Aus diesem Grunde müssen derartige Gewebe beim Lauf durch die Veredlungsmaschinen so geführt werden, daß Streichleisten und Breithalterriegel nur mit der linken Seite in Berührung kommen. In vielen Fällen werden diese Gewebe gefüllt. Hier finden auch noch Spezialfüllungen, z. B. zur Erzeugung eines wollähnlichen Griffs oder zur Erzielung von Wasserundurchlässigkeit, Verwendung. Seidenfinish kommt auf Geweben für Kleider und Mäntel nicht zur Anwendung, ebensowenig darf durch die Presse Glanz erzeugt werden, weswegen für diese Gewebe nur die Spindelpresse (d. h. also eine Presse ohne hydraulischen Druck) verwendet wird. Im folgenden seien einige Appreturvorschriften für bestimmte Artikel dieser Gruppe angeführt:

a) Knabenköper und Knabensatin für Matrosenkragen und blaue Knabenanzüge. Die nach der obigen Schilderung vorbereiteten Gewebe werden gefüllt mit einer Appreturmasse, die auf 100 l Wasser enthält:

8 kg Stärke, aufgeschlossen mit Aktivin,
$^1/_2$—1 l Appreturöl (Türkischrotöl) und
500 g Flockenleim.

Die Füllung wird mittels der Klotzmaschine warm aufgebracht und die Gewebe entweder unmittelbar von der Füllmaschine auf eine Trommeltrockenmaschine gebracht oder, wenn dies nicht möglich ist, nach dem Füllen aufgedockt, um dann unmittelbar von der Docke auf die Trockenmaschine gebracht zu werden. Beim Trocknen derartig kräftig gefüllter Gewebe ist darauf zu achten, daß die ersten Trommeln nicht zu heiß gehalten werden, da sonst durch die plötzliche Verdampfung, die naturgemäß nicht an allen Stellen der Gewebeoberfläche gleichmäßig eintreten kann, wolkige Appreturflecke entstehen. Die weitere Behandlung geschieht wie oben geschildert.

b) Covercoat (mittelschwere Gewebe).

Diese meist bunt gewebte Ware wird auf der Gassenge gut ausgesengt, auf der Haspelkufe ausgewaschen und nach dem Trocknen mit einer Lösung von 5 kg Flockenleim in 100 l Wasser gefüllt. Nach abermaligem Trocknen kann wasserdicht imprägniert werden, um zum Schluß auf der Spindelpresse zu pressen.

c) Gestreifte Knabensatins (sog. Kadetten).

Die gut gesengte, ausgewaschene und getrocknete Ware wird gefüllt mit einer Appreturmasse, die auf 100 l Wasser enthält:

4 kg Stärke, aufgeschlossen mit Aktivin,
1—2 l Appreturöl und
250 g Flockenleim.

Nach dem Trocknen wird leicht angedämpft oder ganz vorsichtig eingesprengt und auf einem Universalkalander zwischen zwei Baumwollwalzen leicht kalandert. Gepreßt wird diese Ware nicht.

d) Erzielung eines wollähnlichen, spröden Griffs (sog. Wollappreturen auf baumwollnen Geweben).

Der Begriff „Wollappretur", wie er z. B. auf mittelschweren und schweren Satins oder Sergen verlangt wird, wird außerordentlich verschieden aufgefaßt und läßt sich deswegen nicht scharf umreißen. Es soll hier daher nur auf denjenigen Veredlungsvorgang eingegangen werden, der dem baumwollnen Gewebe einen wollähnlichen, d. h. spröden Griff verleiht. Hierfür hat sich eine kräftige Füllung mit Ramasit als besonders geeignet erwiesen. Man verwendet Lösungen, die 10—20 l Ramasit auf 100 l Appreturmasse enthalten. Soll gleichzeitig der Griff der Ware verstärkt werden, so kann das Ramasit einer noch lauwarmen Stärkelösung von 1—4 kg Stärke auf 100 l Wasser hinzugefügt werden.

Appretur halbwollner Gewebe.

Appretur halbwollner Futterstoffe. Die halbwollnen Gewebe, welche als Futterstoffe Verwendung finden, können in drei Gruppen eingeteilt werden:

1. Gewebe mit meist vorgefärbter Baumwollkette (mit Schwefelfarbstoffen auf dem Kettbaum in Schwarz) und rohem Wollschuß.
2. Kettsatins mit roher Wollkette und rohem Baumwollschuß (Satinella).
3. Panamagewebe mit schwefelschwarz vorgefärbter Baumwollkette und rohem Wollschuß.

Für die Erzielung eines guten Warenbildes ist bei den halbwollnen Futterstoffen die Vorappretur von besondrer Wichtigkeit. Die Gewebe erhalten hier bereits ihre Glätte, einen Teil des Glanzes und die Grundlage für eine gleichmäßige Oberfläche. Die Reihenfolge der Appreturvorgänge ist im allgemeinen die bei den Arbeitsgängen geschilderte. Das Gasieren vor dem Krabben ist für diese Gewebe nicht unbedingt nötig, da es in der Hauptsache den Zweck verfolgt, die an der Salleiste herausragenden Wollhaare, den sog. Bart, abzubrennen. Der hauptsächlichste und für den Gesamtausfall des Gewebes wichtigste Sengprozeß wird auf der Plattensenge nach dem Krabben und Dämpfen in nassem Zustande der Ware durchgeführt. Bei dem Sengen halbwollner Gewebe auf der Plattensenge ist besondres Augenmerk darauf zu richten, daß der Sengbalken nicht heißer als bis zur dunklen Rotglut angeheizt wird, und daß bei Durchführung des Sengprozesses die Wolle nicht angebräunt wird, da sie sonst erheblich an Festigkeit einbüßt. Es ist deshalb ein Lagern dieses Artikels nach dem Krabben und Dämpfen unbedingt zu vermeiden, da angetrocknete Stellen naturgemäß stärker der Hitze der Plattensenge ausgesetzt sind und stets mürbe werden.

1. Die Gewebe der 1. Gruppe mit vorgefärbter Baumwollkette, die in einer Breite von 140 cm Fertigmaß verarbeitet werden, werden zunächst 1—2 mal auf der Krabbmaschine unter guter Längsspannung mit Seife und Ammoniak kochend ausgewaschen

(s. a. unter Krabben), gut gespült und gedämpft und nach dem Dämpfen in der oben geschilderten Weise 1—2mal auf der Plattensenge gesengt. Wird besondrer Wert darauf gelegt, daß der Wollbart an der Salleiste gründlich beseitigt wird, so kann vor dem Krabben die Ware über die Gassenge genommen werden; man kann aber auch diese Behandlung durch Kombination einer Gassenge mit der Plattensenge während des Hauptsengprozesses ausführen. Die so behandelten Gewebe werden gefärbt, nach dem Färben und gutem Spülen getrocknet. Das Färben unter Zusatz von Schwefelsäure und sauren schwefelsauren Salzen (Weinsteinpräparat) sollte bei halbwollnen Geweben vollständig vermieden werden, da die Schwefelsäure, welche durch einen selbst sorgfältig durchgeführten Waschprozeß nicht restlos aus dem Gewebe zu entfernen ist, leicht zu einer Schädigung der Baumwollfasern führen kann. Die getrockneten Gewebe werden genoppt, nochmals kurz gespült und auf dem Filzkalander gespannt und getrocknet. Man läßt hier vielfach zur Erzeugung eines möglichst hohen Glanzes die rechte Seite der Gewebe gegen die geheizte Kupfertrommel laufen. Diejenigen halbwollnen Futterstoffe, deren Wollschuß im Stück schwarz gefärbt wurde, werden meist nach dem Noppen noch einmal gekrabbt und gedämpft, teils um einen besonders hohen Glanz zu erreichen, teils aber auch um die während des Färbens durch besonders starkes Kochen möglicherweise entstandenen Schwielen zu beseitigen, die auf schwarzem Gewebe besonders leicht sichtbar sind. Die getrockneten Gewebe werden auf einer Schermaschine 1—2mal auf der rechten Seite geschoren und links leicht gerauht. Die Gewebe erhalten schließlich durch mehrfaches Pressen unter hohem Druck eine glatte und glänzende Oberfläche. Um die Wirkung der Presse möglichst günstig zu gestalten, werden die halbwollnen Futterstoffe hauptsächlich vor dem letzten Preßvorgange in einem feuchten, kühlen Raum längere Zeit (1—3 Tage) abgelagert, wobei die hygroskopische Wolle viel Feuchtigkeit annimmt und dadurch weicher und geschmeidiger wird. Den höchsten Preßdruck erhalten halbwollne Serge und Schußsatins, während die Futterstoffe, die mit der sog. englischen Rippe gewebt sind, nur einen geringen Druck erhalten dürfen, um ein Verquetschen der feinen Rippe zu vermeiden. Da diese Bindung fast ausschließlich in der Herrenkonfektion Verwendung findet, werden diese zwischen dem ersten und zweiten Pressen auf einer Dekatiermaschine sorgfältig gedämpft. Die Fertigstellung ist die gleiche wie bei den baumwollnen Futterstoffen.

2. Bei den halbwollnen Kettsatins der 2. Gruppe ist während des ganzen Ausrüstungsprozesses besondre Sorgfalt zu üben, da die glatte und ziemlich offen abgebundne Oberfläche dieser Gewebe gegen Kratzer aller Art und gegen Schwielenbildung außerordentlich empfindlich ist. Sie werden in der Vorappretur besonders sorgfältig mehrmals gekrabbt, sehr gut, dabei aber außerordentlich vorsichtig, auf der Platte gesengt und nach dem Färben nochmals gut gekrabbt und gesengt. Der Baumwollschuß dieses Artikels wird im Stück meist mit Anilinschwarz gefärbt. Es ist besondre Vorsicht hierbei geboten, da bei einer unvorsichtigen Durchführung dieses Färbeverfahrens die Wolle erheblich geschädigt werden kann. Man chromiert vielfach erst nach dem Überfärben der Wolle mit sauren Chromierfarbstoffen.

Die Gewebe werden nach dem endgültigen Trocknen nur auf der rechten Seite gut geschoren und nicht gerauht. Sie werden zum Schluß in der üblichen Weise mehrmals sorgfältig gepreßt. Zwischen dem letzten und vorletzten Pressen werden die Satinellagewebe auf einer Muldenpresse behandelt.

3. Die Panamagewebe der 3. Gruppe werden ebenfalls nach dem Arbeitsgang der Halbwollfutterstoffe der Gruppe 1 behandelt. Sie erhalten am Schluß nur eine leichte Presse und müssen während des Krabbprozesses mit Rücksicht auf die leichte Bildung von Moiré vorsichtig behandelt werden. Wichtig ist es, daß hier für den Krabbprozeß nicht zu schwere Maschinen angewendet werden, bei welchen die Bildung von Moiré besonders leicht möglich ist.

Appretur halbwollner Kleiderstoffe. Der grundlegende Unterschied in der Appretur halbwollner Futterstoffe und halbwollner Kleiderstoffe liegt darin, daß letztere einen möglichst geringen Oberflächenglanz erhalten sollen, was in der Ausrüstung die Vermeidung jeder glättenden und reibenden Berührung mit Walzen und andern Teilen der Veredlungsmaschinen erfordert. So entfällt das Sengen mit der Plattensenge, und nach dem Färben wird bei dem Spannen auf dem Filzkalander grundsätzlich vermieden, die rechte Seite gegen die Trommel laufen zu lassen. Sie erhalten nur einen ganz leichten Preßdruck. Schon der Druck der hydraulischen Presse ist für diese Veredlung zu hoch. Sie werden daher nur in der Spindelpresse unter leichtem Erwärmen kurze Zeit zwischen Spänen gepreßt. Je nach der Qualität können diese Kleiderstoffe auch eine Füllung erhalten; mitunter werden sie, sofern sie in der Mantelkonfektion verarbeitet werden, wasserdicht imprägniert. Die Veredlung erstreckt sich auf das Sengen auf der Gassenge, Auswaschen auf der Krabbmaschine mit möglichst geringem Druck oder auf einem Wolleinbrennbock, Dämpfen, Färben und Trocknen. Nach dem Trocknen werden die Gewebe genoppt, gepreßt und fertiggestellt. Dubliert werden diese Gewebe, wie die meisten Kleiderstoffe, mit der rechten Seite nach innen, entgegen dem Gebrauch bei Futterstoffen.

Appretur kunstseidner Gewebe und kunstseidner Mischgewebe mit Baumwolle.

Die Ausrüstung kunstseidner Gewebe gestaltet sich im allgemeinen einfacher als die Veredlung baumwollner Gewebe, da es hier im wesentlichen darauf ankommt, den bereits vorhandenen Glanz der Kunstseide im Verlaufe der Veredlungsverfahren zu erhalten bzw. soweit er durch die Präparation des Kunstseidengarnes gemindert ist, durch Herauswaschen der Präparation den Glanz wiederherzustellen.

Rein kunstseidne Gewebe werden in der Vorappretur entweder gar nicht oder nur sehr schwach gesengt. Da kunstseidne Mischgewebe, welche Baumwolle enthalten, besser ausgesengt werden müssen, um den Baumwollflaum zu beseitigen, werden diese Gewebe stärker evtl. mehrmals, und zwar nur auf der Gassenge, gesengt. Die Geschwindigkeit und die Anzahl der Sengoperationen richtet sich ganz nach der Temperatur und der Größe der Sengflamme; jedenfalls muß der Prozeß so geleitet werden, daß die kunstseidnen Fasern nicht zu heiß werden, weil sie, wie schon in dem Kapitel Senge erwähnt, durch zu große Erhitzung ein milchiges Aussehen erhalten und ihren Glanz vollständig verlieren können. Sofern es sich um Ware handelt, welche stückfarbig ausgerüstet wird, muß, was besonders bei rein kunstseidnen Geweben mit besondrer Sorgfalt zu geschehen hat, in den meisten Fällen die Präparation vollständig entfernt werden. Der hierfür notwendige Waschprozeß richtet sich ganz nach der Art der angewendeten Präparation. In der Zurichtung des kunstseidnen Fadens für die Weberei gibt es fast ebensoviel Rezepte für die Präparation wie Kunstseidenfabriken, so daß jedes Gewebe vor der Wäsche auf die Art seiner Schlichte bzw. Präparation geprüft werden muß. Es gibt reine Stärkeschlichten, Gelatinepräparationen, Leinölpräparationen (Sheddy), ja sogar Paraffin- und Wachspräparationen werden angewendet. Hieraus geht hervor, daß die Entfernung der Schlichte oder Präparation durch ein normales Entschlichten, durch Waschprozesse mit Seife und Alkali, in den letzteren Fällen besonders aber durch recht kostspielige Waschprozesse unter Zusatz großer Mengen organischer Lösungsmittel durchgeführt werden muß. In der Färberei ist auf die Auswahl der Farbstoffe besondre Sorfgalt zu verwenden, da es darauf ankommt, gut egalisierende und bei den Mischgeweben von Baumwolle und Kunstseide solche Farbstoffe zu verwenden, welche die Kunstseide und Baumwolle möglichst gleichmäßig anfärben.

Für den Trockenprozeß werden je nachdem, ob es sich a) um offenbindige sowie damassierte oder b) um leinenbindige Gewebe handelt, wie sie z. B. für Hemdentuche oder Mantelstoffe gebraucht werden, ganz verschiedenartige Maschinen bevorzugt. Für a) die ersteren Gewebegruppen, bei welchen es darauf ankommt, daß die Kunstseidefäden möglichst glatt und möglichst parallel zueinander in der Gewebeoberfläche liegen, wird der Filzkalander bevorzugt, da hier das Gewebe durch den Filz während des Trocknens unter Spannung gehalten wird und so die Fäden ihre Glätte und parallele Lage behalten. Bei b) den Geweben der zweiten Art ist das Trocknen unter Spannung vielfach nur bis zu einem gewissen Grade möglich, da hierbei sehr leicht sog. Blinkfäden entstehen, die in einer glatten, gleichmäßigen Oberfläche das Warenbild empfindlich beeinträchtigen können. Solche Gewebe werden dann meist auf Trommeltrockenmaschinen getrocknet. Es ist natürlich wichtig, daß hierbei die Weberei in der Einstellung ihrer Webstühle bereits auf den Breitenverlust während der Veredlung Rücksicht nehmen muß.

Der Finish, der den fertiggefärbten kunstseidnen Geweben gegeben wird, richtet sich ganz nach dem Verwendungszweck. Hemdenstoffe und auch Kleiderstoffe müssen ganz besonders weich, geschmeidig und seidenartig sein. Bei Kleiderstoffen, besonders solchen aus reiner Kunstseide, muß vielfach durch geeignete Präparation der Glanz der Kunstseide gemindert werden. Präparate hierfür stellt z. B. die I. G. Farbenindustrie A.-G. her. Die Glätte der Oberfläche und die Geschmeidigkeit des Ausfalls wird häufig durch Kalandrieren auf leichten Kalandern erzeugt, wobei man entweder die Ware zwischen Baumwoll- oder Papierwalzen hindurchgehen oder aber bei Verwendung einer Stahlwalze diese nur gegen die Rückseite der Ware wirken läßt.

Gefüllt werden im allgemeinen nur kunstseidne Mischgewebe mit Baumwolle, welche als Futterstoffe Verwendung finden. Da durch Stärke und alle Stärkepräparate, in geringem Maße auch durch Gelatine, der Glanz der Kunstseide gemindert wird, werden die kunstseidnen Gewebe nur auf der linken Seite mittels geeigneter Maschinen (s. Stärken und Füllen) bestrichen[1]. Diese Gewebe werden zum Schluß meist unter Anwendung von Friktion scharf kalandriert, wobei die friktionierende Stahlwalze nur gegen die linke Gewebeseite angewendet werden darf. Mitunter vertragen kunstseidne Gewebe diese Friktion nicht; man verwendet dann zum Glätten und gleichzeitigen

[1] Eine hierfür geeignete Appreturmasse wird wie folgt bereitet: 15—20 kg Kartoffelstärke werden mit 185—180 l Wasser vermengt, unter Rühren zum Sieden erhitzt und ungefähr $1/_2$ Std. bei Siedetemperatur erhalten. Dann fügt man 3—4 l eines neutralen Appreturöles hinzu und rührt kalt. Diese Appreturmasse dringt beim linksseitigen Füllen nicht auf die rechte Seite der Gewebe durch.

Geschmeidigmachen derartiger Gewebe die Muldenpresse. Das Pressen in der hydraulischen Presse und auch in der Spindelpresse kommt nur dort in Frage, wo die Knicke und Brüche (Lagenbruch und Dublierbruch) in der Verarbeitung nicht stören, da die durch die Presse hervorgerufenen Knickungen des kunstseidnen Fadens durch das einfache Bügeln während der Verarbeitung nicht beseitigt werden können. Die Fertigstellung und Aufmachung erfolgt in der für Baumwolle bekannten Weise.

Appretur und Schlichterei der Garne.

Die meisten Gespinste (Garne) werden als Rohgespinste in der Weberei verwendet. Sie erhalten daher keinerlei Appretur oder andre besondre Zurichtungen. Soweit die Webgarne einer besondren Unterstützung ihres Haltes für den Webprozeß bedürfen, sorgen die meisten Webereien selbst durch das sog. Schlichten der Kettgarne für die Herstellung der notwendigen Haltbarkeit. Nur die sog. Näh- und Stickgarne und gewisse Spezialgarne, wie sie z. B. durch das Eisengarn repräsentiert werden, erhalten eine besondre Appretur. Näh- und Stickgarne werden meist gesengt, gut mercerisiert, gebleicht oder gefärbt und, soweit nicht ihre Haltbarkeit durch eine Füllung unterstützt werden soll (Nähgarne), lediglich zur Erhöhung des Glanzes einer Appreturarbeit unterworfen. Die Glanzerhöhung wird auf sog. Lüstriermaschinen oder auch auf Chevelliermaschinen (s. u. Färberei der Seide) bewirkt; vielfach werden auch Garne auf sog. Garnmangeln, wie sie z. B. die Firma C. G. Haubold in Chemnitz baut, zur Erzeugung von Glanz behandelt, wobei sie einen ganz besonders geschmeidigen Griff erhalten (s. a. u. Färberei und Veredlung der Seide und Kunstseide).

Eisengarn. Ein Spezialgarn, welches auf diesem Weg einen sehr hohen Glanz erhält, ist das Eisengarn. Es wird in den meisten Fällen vor der endgültigen Glanzerzeugung mit einer Seife oder Öl enthaltenden Stärkeappreturmasse getränkt und entweder durch intensives Bürsten oder auf einer Walzenlüstriermaschine geglättet. Die Eisengarnappretur oder -glänzerei erfordert für gute Fabrikate vor allem auch gute Grundgarne, gut geschulte Arbeiter und eine ständige Aufsicht.

Die Färbung der Eisengarne geschieht wie üblich; nur vermeidet man bei basischen Farbstoffen Alaun, da dieses den Garnen einen rauhen Griff verleiht und derartige Garne später beim Glänzen leicht an den Bürsten hängenbleiben und zerreißen. Ferner eignet sich im allgemeinen für das Färben der Eisengarne das Einbad- und Oxydations-Anilinschwarz weniger als andre Schwarzfärbungen. Im übrigen ist bei dem Färben auf völlige Gleichmäßigkeit der Färbung zu achten, da die fertigen Garne auch zu Geweben, Litzen und Bändern verarbeitet werden, bei denen die geringste Unegalität leicht in die Augen fällt.

Die Appreturmassen werden verschieden dick hergestellt. Um ein Zusammenkleben und Verpappen der Fäden zu vermeiden und eine Verschleierung der Farben zu verhindern, empfiehlt es sich, Kartoffelstärke mit Diastafor oder dergleichen aufzuschließen. Die aufgeschlossenen Stärken glätten den Faden sehr gut und geben ihm nach dem Recken einen schönen Glanz, der durch Zugabe von Wachs, Borax, Stearin, Paraffin usw. noch verbessert werden kann. Appreturen, die für weiße Garne bestimmt sind, werden zweckmäßig angebläut, z. B. mit Ultramarin (das mit 5 Teilen Glycerin angeteigt ist), mit Methylviolett (in Alkohol gelöst und durch ein feines Haarsieb filtriert) u. ä. Appreturen für gefärbte, vor allem schwarze Eisengarne, färbt man entsprechend an.

Stranggarne werden meist pfundweise durch die Appreturflotte gezogen, indem man sie entweder 2—3 mal mit der Hand oder auf einem Haspel in der Masse behandelt, wobei das Garn möglichst breit liegen soll, damit die Fäden die Appretur gleichmäßig aufnehmen. In dem Trog soll nicht mehr Appreturmasse vorhanden sein, als zur leichten Handhabung der Garne erforderlich ist.

Das so behandelte Garn ist zum Glänzendmachen fertig. Hierfür kommen verschiedene Arbeitsweisen in Betracht.

1. Die Strangglänzerei. Die Garne müssen zweigebündig geshaspelt sein (2-leas-Aufmachung); die Endfäden werden zusammengeknüpft und die Gebinde mit einem zwischen den Gebinden sich kreuzenden, genügend haltbaren Faden unterbunden. Die Glänztrommel ist mit Bürsten und eventuell mit enggezahnten Glättstäben ausgerüstet. Hier werden alle Fäserchen glattgelegt, und es wird diese Behandlung so lange fortgesetzt, bis das Garn nahezu trocken ist. Dann wird es abgenommen und in einem lufttrocknen Raum getrocknet.

2. Die Spulenglänzerei. Die Fäden der auf einem Spulengestell aufgesteckten Spulen werden durch einen Kettenrechen und von diesem durch einen mit der Appreturflotte gefüllten Trog gezogen. Hierauf gehen sie durch Quetschwalzen, um von der überschüssigen Masse befreit zu werden, gelangen auf die Glänztrommel und werden nach dem Glänzen wieder auf Spulen geführt.

3. Die Kettenglänzerei. Diese eignet sich besonders für Massenlieferung. Man wendet sie hauptsächlich für weiße und schwarze Glanzzwirne in der Nähfadenherstellung an. Die von den Zwirnmaschinen kommenden Rohzwirne werden auf 3—400 g fassende Rollen gespult und mit Hilfe einer Kettenschermaschine auf Kettbäume, ungefähr 360 Fäden nebeneinander, aufgewickelt. Nach dem etwaigen Bleichen bzw. Färben gelangt die Ware auf die Glänzmaschine, welche, ähnlich der Sizing-Schlichtmaschine gebaut, mit einem Trog zur Aufnahme der Appreturmasse und mit einer oder mehreren Bürstentrommeln versehen ist. Die fertiggeglänzten Fäden leitet man auf 6 Rollen, so daß jede Rolle 60 Fäden aufnimmt. Die 60fädigen Rollen werden einer 60spindligen Spulmaschine vorgelegt, welche jeden der 60 Einzelfäden auf eine besondre Spule wickelt, von wo der Glanzzwirn zur Weiterverarbeitung gelangt.

Schlichterei[1]. Die in der Weberei für die Kette der Gewebe zur Verwendung kommenden Baumwollgarne werden in den meisten Fällen zur Erhöhung ihrer Festigkeit und ihrer Glätte mit einer Appreturmasse, der sog. Schlichte, versehen. Das Schlichten geschieht wohl ausschließlich, nachdem die Garne auf den Kettbaum geschert sind. Mehrere solcher Kettbäume werden hintereinander auf Drehgestellen angeordnet und aus ihnen gemeinsam die sog. Webkette gebildet. Diese Webkette wird durch ein oder mehrere Imprägnierfoulards mit Gummiwalzen oder mit stoffbewickelten Eisenwalzen hindurchgezogen und anschließend daran in Spezialtrockenmaschinen, wie sie z. B. von der Firma Gebrüder Sucker, Grünberg i. Schles., gebaut werden, getrocknet.

Das gute Laufen der Ketten hängt zu einem großen Teil von einer guten und sorgsamen Schlichtung ab. Mit dem Verschwinden des Handwebstuhls hat sich auch die Schlichterei zu einem fabrikatorischen Betriebe entwickelt.

Zur Schlichtebereitung dienen etwa die gleichen Vorrichtungen und Materialien wie zur Appreturbereitung (s. d.). Als Grundsubstanz dient auch hier — wie in der Appretur — die Stärke, vor allem die billige Kartoffelstärke, sowie zahlreiche Stärkepräparate, lösliche Stärkesorten (s. u. Diastafor) u. ä. Als Zusatzmittel dienen Seifen, Fette, Öle, Sulfoleate; ferner Glycerin und Glucose zur Erhaltung einer gewissen Feuchtigkeit in der Faser. Beschwerungsmittel, wie Chinaclay, Schwerspat u. a., Konservierungsmittel, wie Phenol, Formalin usw. passen sich den Werkstoffen der Appretur an. Unverseifbare Fette sollen nach Möglichkeit vermieden werden, weil sie sich schlecht auswaschen lassen.

Die Schlichtemasse soll dünnflüssig sein, damit sie gut in die Garne eindringt; sie muß aber auch genügend Klebkraft besitzen, damit die Einzelfasern der Garne gut verkittet werden. Die Ware darf nach dem Schlichten nicht zu sehr gedörrt werden, weil sie sonst spröde und unelastisch wird; andrerseits muß sie auch ganz trocken sein, damit die Fäden nicht zusammenpappen oder kleben. Es gehört eine gewisse Praxis dazu, hier die richtige Mitte zu wählen. Im übrigen wird die Zusammensetzung und Konzentration der Schlichte von der Dichte des Gewebes und der Art des Garnes (weich, hart, gedreht, locker, feinere und gröbere Nummern usw.) in weitem Spielraum abhängen. Rohketten werden heiß, 90—92° C, geschlichtet; bei gefärbten, aber nicht kochechten

[1] Siehe auch P. Krais u. H. Gensel: Die Schlichterei der Baumwolle. Forschungsheft 7 d. dtsch. Forschungsinst. f. Textilind. in Dresden 1927.

Garnen geht man oft auf 50—55° C, bei stark blutenden Farben sogar auf 35—40° C herunter. Die Konzentration beträgt etwa 5—6 kg Stärke (bei aufgeschlossener Stärke 10—15 kg) auf 100 l Wasser sowie 1 kg Seife und sonstige Fettstoffe, je nach Charakter der Ware (Schmierseife, Sulfoleate u. ä.). Bei feinen Garnen wird auch ein Talgzusatz od. ä. gemacht, weil feine Garne leichter zusammenpappen als gröbere. Schwere Waren erhalten stärkere, leichte Waren dünnere Massen. Die Verwendung von Chlormagnesium ist nicht ohne Bedenken, da es sich bei höherer Temperatur (z. B. beim Sengen) zersetzt, freie Salzsäure abspaltet und so die Ware stark schädigen kann. Mit dem Schlichten kann zugleich auch das Färben der Ketten vereinigt werden, indem der Schlichte geeignete, direkt färbende Farbstoffe zugesetzt werden.

Gegenüber diesen grundsätzlichen Punkten ist es nicht so wichtig, ob die Garne von Hand, mittels Passiermaschine, Lufttrocken- oder Zylinderschlichtmaschine geschlichtet werden. Es muß nach dem Schlichten nur immer sofort auf einer Bürstmaschine so lange gebürstet werden, bis die Garne halb getrocknet sind. Dann wird rasch in der Lufttrockenkammer oder auf dem Zylinder zu Ende getrocknet. So ist ein Zusammenpappen zweier oder mehrerer Fäden (der Hauptarbeitsfehler in der Schlichterei) nicht zu befürchten. Bei Auseinanderreißen von zusammengepappten Fäden entstehen an den Reißstellen Aufrauhungen, die zu Fadenbrüchen in der Spulerei und Weberei führen.

In kleinen Betrieben geschieht das Imprägnieren der Garne mit der Schlichtemasse mit Hilfe von Garnimprägniermaschinen (s. Abb. 158). Große Betriebe verwenden Kettenschlichtmaschinen, auf denen die Garne in Form von Ketten mit der Schlichte imprägniert, getrocknet und im webefertigen Zustande auf Kettbäume gebracht werden. Man unterscheidet hierbei zweierlei Trocknungsarten: 1. das Trocknen auf dem Zylinder (Tambour, Trommel), 2. das Trocknen in der Lufttrockenkammer. 1. Bei der Zylindertrocknung laufen die Ketten von den Scherbäumen durch den Imprägniertrog und zwei Quetschwalzenpaare (von denen die eine mit einem stets sauber zu haltenden Schlichttuch umwickelt ist) ab, werden (zur Verhütung der Verklebung der Fäden) mit rotierenden Bürsten gebürstet, auf zwei Trockenzylindern beiderseitig zu Ende getrocknet und vermittels der Teilungsstäbe und eines Rietkammes auseinandergebreitet, so daß die Fäden nebeneinander zu liegen kommen. Zuletzt werden sie auf den Kettbaum aufgebäumt. Während der Imprägnierung wird die Schlichtemasse durch direkte oder indirekte Anwärmung aus einer jeweils erforderlichen Temperatur konstant erhalten. Die Trocknung darf nicht bis zum Ausdörren des Garnes gehen, der Dampfdruck soll nicht höher als 1—1$^1/_2$ at betragen. 2. Bei der Lufttrockenschlichtmaschine (besonders für bunte Ketten geeignet) kommt das Garn aus dem Schlichttrog in den mit Exhaustor versehenen Trockenraum, wo die Ware bei 48—60° C auf in Kugellagern gelagerten Skelettrommeln getrocknet wird. Das trockne, aber nicht ausgedörrte Garn verläßt den Trockenraum und läuft, wie bei der Trommelmaschine, zur Teilung der Kette über das Verteilungsfeld. Bei allen Maschinensystemen ist noch auf gleichmäßige Spannung der Kette zu achten; denn ungleichmäßige Spannungen verursachen weichgebäumte Kettbäume, wodurch großer Schaden entstehen kann.

Es seien hier als Beispiel zwei Schlichterezepte erwähnt, wie sie in einer großen deutschen Weberei Verwendung finden:

1. Schlichte für gute Ketten:

12 kg Kartoffelstärke werden in
50 l Wasser aufgeschlämmt und nach Hinzufügung von
120 g Aktivin unter einstündigem Kochen gut aufgeschlossen, darauf werden
300 g Rindertalg hinzugesetzt, auf
100 l gestellt und kalt gerührt.

2. Schlichte für minderwertige Garne:

15 kg Kartoffelstärke werden in
50 l Wasser aufgeschlämmt und nach Hinzufügen von
150 g Aktivin unter einstündigem Kochen aufgeschlossen, schließlich wird
1 kg Dextrinlösung 1 : 1 und
100 g Rindertalg hinzugefügt, auf
100 l gestellt und kalt gerührt.

Diese Schlichten haben eine gute Haltbarkeit und brauchen nicht gleich verarbeitet zu werden. Sie kommen meist in handwarmem Zustande zur Verwendung.

Appretur der Wolle und Wollwaren.

Von K. STIRM.

Allgemeines.

Unter Appretur oder Ausrüstung im engeren Sinne versteht man die Umwandlung der rohen und schmutzigen Gewebe, wie sie vom Stuhle kommen, in reine und veredelte Waren von einem ganz bestimmten Aussehen und Charakter. Im weiteren Sinne kann man zur Appretur auch die Hilfsoperationen, wie das Trocknen, das Waschen der losen Wolle usw. rechnen.

Die hierzu notwendigen Arbeitsprozesse sind zum Teil chemischer, in der Hauptsache jedoch mechanischer Natur, so daß ein näheres Eingehen auf die meisten derselben aus dem Rahmen dieses Werkes hinausfällt. Wer sich eingehender über das ganze Gebiet unterrichten will, den verweise ich auf das ausführliche Werk von E. MUNDORF[1], an das ich mich bei der folgenden Besprechung in vielem anlehne.

Die verschiedenen Appreturarbeiten pflegt man einzuteilen in drei Gruppen, und zwar in solche, deren Zweck ist:

1. die Reinigung der Ware,
2. ihre Veredlung,
3. die Erzeugung eines bestimmten Äußeren, Griffs und Gefühls, kurz eines bestimmten Warencharakters.

1. Die Reinigung der Ware hat den Zweck, alle in dem Rohmaterial enthaltenen, ebenso wie bei der Fabrikation in sie hineingebrachten Verunreinigungen aus ihr zu entfernen. Hierzu gehören Staub, Schmutz, pflanzliche Verunreinigungen, Fette, Öle (bei Verwendung von Abfällen und Kunstwollen), evtl. Farbschmutz, ferner die vor dem Krempeln zugesetzten Schmälzöle, aus der Spinnerei Knoten, Wollflocken, von der Vorbereitung der Ketten her Leim oder Schlichte, allerlei Webereifehler, Knoten u. dgl., sowie Öl- und Schmutzflecke.

2. Die Veredlung der Ware bezweckt, die der Wollfaser eigentümlichen und wertvollen Eigenschaften, ihre Dehnbarkeit und Formbarkeit, ihre Schmiegsamkeit und Elastizität, ihr weiches Gefühl, ihr Wärmeschutzvermögen u. a. m., die in dem rohen Gewebe verlorengegangen zu sein scheinen, wieder in Erscheinung treten zu lassen und sie zu einem Maximum auszubilden.

Vor allem muß auch die Spannung der Fäden und der Fasern in ihnen, die durch die Spinnerei und besonders die Weberei hervorgerufen wurde, aufgehoben werden, was durch das Waschen und Walken geschieht, wobei gleichzeitig eine Veredlung des äußeren Aussehens erfolgt: Das vorher harte, rauhe, fadenscheinige Rohgewebe wird in sich geschlossen, wollig und dicht. Oberfläche und Griff der Ware werden dann gleichmäßiger und feiner gemacht durch die Prozeduren des Rauhens, Scherens, Pressens und Dekatierens. Zu den Veredlungsarbeiten rechnen auch die bei geringerwertigen Stoffen angewandten Leim- und Gummierverfahren, die der Ware einen volleren, schwereren Griff geben, eine bessere Qualität vortäuschen sollen, und letzten Endes auch das Bleichen und Färben.

3. Die Hervorbringung eines bestimmten Warencharakters wird bedingt durch die Natur der verwendeten Wolle, durch ihre Behandlung in der Spinnerei, durch die Art des Verwebens und dann durch eine Reihe verschiedener, der Natur der Rohgewebe sinngemäß angepaßter Appreturverfahren, so daß man heute eine sehr große Zahl verschiedener Appreturcharakterarten unterscheidet, von denen nur die wichtigsten genannt seien[2]:

---

[1] MUNDORF, E.: Die Appretur der Woll- und Halbwollwaren. Verlag Jänecke 1928.
[2] S. a. E. MUNDORF, a. a. O. S. 17ff.

a) Bei den gewöhnlichen Kleider-, Hosen-, Anzug-, Mantelstoffen:

Kahl- oder Kammgarn-, Melton-, Foulé-, Tuch- oder Strich- und Flauschappretur.

b) Bei den weichen Paletotstoffen, auch Veloursstoffe genannt:

Strichvelours-, Strichwelliné-, Längsfrisé-, Diagonalfrisé-, Stehvelours-, Querwelliné-, Ratiné-, Perlé-, Montagnac- und Floconnéappretur.

c) bei den Wolldecken:

Gewöhnliche, Strichvelours-, Strichwelliné-, Stehvelours- und Meltonappretur.

Es seien nunmehr einige der wichtigsten Appreturarbeiten, ihrer Bedeutung entsprechend, kurz geschildert.

Abb. 62. Naßdekatiermaschine (Ernst Geßner A.-G., Aue i. Erzg.).

Dekatieren.

Dieses bezweckt, den durch die Appretur geschaffenen Zustand (Strich, Preßglanz u. ä.) zu fixieren, zu starkes Eingehen und Verfilzen beim Färben zu verhindern und die Ware griffig, krumpfrei, „nadelfertig" zu machen.

Beim Dekatieren wird durch die getafelte, unter Druck stehende oder durch die aufgewickelte Ware Dampf oder heißes Wasser hindurchgedrückt.

Abb. 63. Finishdekatiermaschine (Ernst Geßner A.-G., Aue i. Erzg.).

Man unterscheidet Plattendekatur, Topf- oder Offendekatur, Kesseldekatur, Naßdekatiermaschinen (s. Abb. 62) und die vor allem in den letzten Jahren mehr und mehr zum Dekatieren der Ware unmittelbar vor der Fertigstellung (um sie krumpfrei, bügelecht und nadelfertig zu machen) verwendete Finishdekatiermaschine (s. Abb. 63), die sich u. a. besonders durch den großen Durchmesser des Dekatierzylinders (600—900 mm gegen 150—160 mm bei der Topf- und Kesseldekatur) unterscheidet.

Abb. 64. Strangwaschmaschine mit Kump (Zittauer Maschinenfabrik A.-G., Zittau).

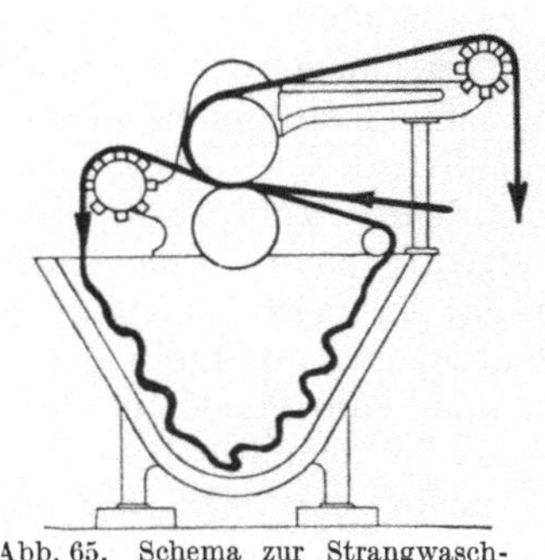

Abb. 65. Schema zur Strangwaschmaschine mit Kump.

Entgerbern oder Waschen der Stückwaren.

Dieses soll die Schmälze der Spinnerei, die Schlichte der Weberei, Staub, Schmutz, Öl, die bei der Herstellung der Gewebe in sie gelangten, aus ihnen entfernen. Man behandelt sie zu diesem Zwecke auf sog. Waschmaschinen mit alkali- (Soda, Pottasche, Salmiak) haltigen Seifenlösungen. Je besser verseif- und auswaschbar die beim Schmälzen verwendeten Fette und Öle sind, um so leichter und einwandfreier vollzieht sich der Waschprozeß.

Abb. 66. Breitwaschmaschine mit Kump (Zittauer Maschinenfabrik A.-G., Zittau).

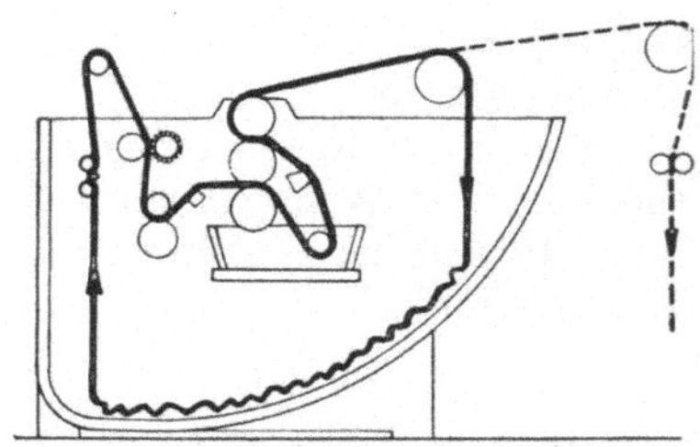

Abb. 67. Schema zur Breitwaschmaschine mit Kump.

Man arbeitet seltener auf Breit-, allgemein auf den sog. Strangwaschmaschinen (s. Abb. 64—67).

Das Carbonisieren von Wollstückware wird weiter unten besonders geschildert.

Zwischen Carbonisieren und Entsäuern erfolgt häufig das sog. Rumpeln, bei dem die Stücke in Strangform rasch zwischen zwei Druckzylindern hindurchlaufen und die durch die Säurewirkung zermürbten Vegetabilien herausfallen.

Carbonisation.

Die Carbonisation bezweckt die Zerstörung der pflanzlichen Beimengungen und beruht auf der Umwandlung der gewachsenen, festen Zusammenhang besitzenden Cellulose in die mürbe, brüchige und leicht zerreibliche Hydrocellulose durch die Einwirkung von konzentrierten Säuren bei höherer Temperatur.

Je nach der herzustellenden Stoffart — eine Frage, auf deren Einzelheiten im Rahmen dieses Werkes nicht näher eingegangen werden kann — carbonisiert man die Wolle in losem Zustande, d. h. in der Flocke, oder im Stück in den verschiedensten Stadien des Fabrikationsprozesses, so, um nur die wichtigsten zu nennen, vor oder nach dem Waschen, dem Walken und dem Färben der Stücke.

Beim Carbonisieren der losen Wolle legt man die Wolle so lange in Schwefelsäure von 3—5° Bé ein, bis sie von derselben vollständig durchtränkt ist, wirft sie dann auf Lattenroste aus, läßt abtropfen, entfernt jeden Säureüberschuß durch gründliches, gleichmäßiges Ausschleudern und bringt sie dann zum Trocknen oder „Brennen" in den Carbonisierofen (s. Abb. 68), einen der erwähnten (s. u. Trocknen, S. 36) Trockenapparate, wobei es zur Vermeidung der Wollschädigung wesentlich ist, daß bei etwa 50—60° vorgetrocknet und dann erst bei annähernd 100° „gebrannt" und die völlige Zerstörung der Pflanzensubstanz herbeigeführt wird.

Direkt aus dem Ofen kommt dann die noch warme Wolle in den Carbonisierwolf, in dem sie zur Zertrümmerung der mürben Pflanzenteile unter

Druck zwischen geriffelten Walzen hindurch und den Zähnen eines rasch rotierenden Tambours zugeführt wird, wobei der Hydrocellulosestaub herausfällt.

Nunmehr folgt das Entsäuern. Die noch in der Wolle befindliche Säure wird zunächst zum größten Teil durch Spülen in reinem Wasser und dann in einem Sodabade durch Neutralisation völlig entfernt. Zum Schluß wird wieder gründlich und so lange gespült, bis auch die letzten Sodareste ausgewaschen sind, die sich sonst beim Trocknen konzentrieren und eine Schädigung der Wolle herbeiführen würden. In größeren Betrieben verwendet man für diese Prozeduren eigene Leviathane (s. w. u.).

Der Arbeitsgang bei der Stückcarbonisation ist grundsätzlich derselbe wie bei loser Wolle. Nur ist hier vor allem beim Carbonisieren vor dem Färben (einem der schwierigsten Prozesse der Tuchfabrikation) größte Sorgfalt zu verwenden auf eine durchaus gleichmäßige Verteilung der Carbonisiersäure im ganzen Stück (ganz gleichmäßiges Durchtränken mit der Säure, ebensolches Ausschleudern, Vermeidung der Einwirkung von Sonnenlicht oder von Wärme auf einzelne Stellen der gesäuerten Ware) und auf eine gleichmäßige und vollständige Entfernung auch der letzten Säure- und (nach dem Neutralisieren) Sodareste aus den Stücken. Andernfalls findet leicht a) eine Schädigung der Wolle selbst statt und wird b), ehe es zu einer solchen kommt, das Aufnahmevermögen der Wolle für Farbstoffe so sehr beeinflußt, daß bunte Stücke die unausbleibliche Folge sind. Stärkere Einwirkung von Säure auf einzelne Stellen der Stücke führt zu helleren, von Soda zu dunkleren Flecken in denselben. Dem Praktiker sind diese „Säureflecke" eine bekannte, mit dem Carbonisieren vor der Farbe leider sehr häufig verbundene Erscheinung.

Abb. 68. Gewebecarbonisiermaschine (Ernst Geßner A.-G., Aue i. Erzg.).

Abb. 69. Breitsäureanlage zur Gewebecarbonisiermaschine (Ernst Geßner A.-G., Aue i. Erzg.).

Leonil (s. d.) ist ein neueres Hilfsmittel beim Carbonisieren, das vermöge seiner guten Netz- und Durchdringungsfähigkeit eine gleichmäßigere Verteilung der Carbonisiersäure in der Ware gestattet und damit eine wesentliche Schonung der Wollfaser und die Vermeidung von Carbonisierflecken bewirkt.

Die so oft zu bunten Stücken Veranlassung gebenden Fehlerquellen des Säuerns und Schleuderns der Stücke im Strang suchen die neueren Breit-, Säure- und Carbonisiermaschinen mit Erfolg zu vermeiden (Abb. 69). In neuerer Zeit ist von der Firma H. Krantz, Aachen, eine vervollkommnete Tuch-Carbonisiermaschine mit Breiteinsäure- und Absaugmaschine herausgebracht worden.

Außer der Schwefelsäure sind noch verschiedene andere Carbonisiermittel zu nennen.

Was zunächst das Natriumbisulfat (s. d.) oder „Weinsteinpräparat" betrifft, so möchte man zunächst annehmen, daß mit Lösungen entsprechend höherer Konzentration derselbe Carbonisiereffekt zu erreichen wäre. Entgegen manchen Literaturangaben haben Versuche, vor allem während des Krieges (als im Interesse der Munitionsherstellung eine Rationalisierung der Schwefelsäure für andere Industriezwecke notwendig war) gezeigt, daß dies nicht der Fall ist, daß man Schwefelsäure vielmehr nicht völlig, sondern immer nur zu einem gewissen Teile durch ihr saures Natriumsalz ersetzen kann und mit diesem letzteren allein eine völlige Carbonisationswirkung nicht erzielt. Die Erklärung dafür liegt in dem Umstande, daß bei den höheren Temperaturen des Carbonisierofens, bei denen erst die völlige Umwandlung und Zerstörung der Vegetabilien erfolgt, infolge der Verdunstung seines Lösungswassers das Bisulfat sich in der Ware ausscheidet und nicht mehr auf die Cellulose einwirken kann. Die Carbonisiersäure muß daher neben Bisulfat immer noch so viel freie Schwefelsäure enthalten, daß sie bei 100° flüssig bleibt.

Die bei der Carbonisation halbwollener Lumpen in der Kunstwollfabrikation so vorzüglich brauchbare gasförmige Salzsäure findet zum Carbonisieren von loser Wolle und Wollstückware keine Verwendung.

Abb. 70.
Einmuldenpresse (Ernst Geßner A.-G., Aue i. Erzg.).

Dagegen gebraucht man in manchen Fällen, wenn man nach dem Färben carbonisiert und die betreffenden Färbungen eine Schwefelsäurecarbonisur nicht aushalten, Lösungen von Chlormagnesium oder Chloraluminium, die ja bei höherer Temperatur Salzsäure abspalten, welche dann die Zerstörung der Pflanzenteile herbeiführt.

Man arbeitet mit etwas stärkeren Lösungen dieser Salze (bei Chloraluminium 6—8° Bé, bei Chlormagnesium bis zu 10° Bé) und steigert die Temperatur im Ofen zum Schluß bis auf etwa 110°; auch ist auf das schwierigere Reinspülen der Stücke nach dem Entsäuern besondere Sorgfalt zu verwenden.

Aus einer Abhandlung, die E. MUNDORF auf Grund langjähriger Versuche im Großbetrieb veröffentlicht hat[1], seien hier die Schlußfolgerungen angeführt:

Das Carbonisieren in der Flocke ist nachteilig, besonders bei kürzerem, schwächerem Material, und sollte in allen den Fällen vermieden werden, wo man im Stück carbonisieren kann, weil dieses die Ware sozusagen nicht angreift. Durch das Carbonisieren nach dem Walken wird die Ware kerniger, fester, aber auch härter, ihre Reiß- und Abreibefestigkeit nehmen zu; man wird also dort, wo es hauptsächlich auf die Festigkeit ankommt, nach dem Walken, dort, wo besonderer Wert auf feinen und weichen Griff gelegt wird, vor dem Walken carbonisieren.

Pressen.

Das Pressen bezweckt, der Ware eine dichtere, geschlossene Oberfläche, einen feineren, geschmeidigeren Griff und Glanz zu geben.

Man kennt zwei Systeme von Preßmaschinen:

Bei den Spanpressen wird die Ware in ganzer oder halber Breite in getafeltem Zustande gepreßt, indem zwischen jede Warenlage eine polierte Pappe,

[1] MUNDORF, E.: Els. Text. 1911/12, 608, 632, 679.

d. i. ein Preßspan, eingelegt wird. Zwischen je zwei Stücken liegt eine Heizplatte, die entweder außerhalb der Presse in einem besonderen Ofen mit direkter Feuerung oder Dampf oder auch innerhalb der Presse selbst mit Dampf oder durch elektrischen Strom geheizt wird.

Bei den neueren elektrischen Pressen legt man alle 3—5 cm Preßspäne mit Widerständen ein, die an den Stromkreis angeschlossen sind und eine gleichmäßigere Erwärmung durch den ganzen Materialblock bewirken.

Abb. 71. Naturkarde der Kardendistel (Dipsacus fullonum) nach WITT-LEHMANN.

Bei den Muldenpressen (s. Abb. 70) wird die Ware kontinuierlich in breitem Zustande zwischen einem rotierenden Zylinder und einer oder zwei Mulden unter Druck hindurchgeführt. Zylinder und Mulden sind hohl und werden mit Dampf geheizt.

Rauhen.

Das Rauhen erfolgt in verschiedenen Appreturstadien und kann verschiedenen Zwecken dienen.

Abb. 72. Einfache Rollkardenrauhmaschine (Ernst Geßner A.-G., Aue i. Erzg.).

Bei billigen, besonders halbwollenen, nichtgewalkten Waren gibt man durch Herausziehen der Fasern an die Oberfläche dieser eine mehr oder weniger dichte Decke, gibt ihr ein wolliges Aussehen und verschleiert das Warenbild.

Durch Rechtsrauhen vor dem Walken erzeugt man eine vollständig dichte Haardecke der fertigen Ware, wie sie durch Walken allein nicht zu erhalten ist.

Beim Rauhen nach dem Walken wird der Walkfilz aufgerauht, evtl. werden auch Fäden an- oder durchgerauht, um besonders bei gewissen Mantelstoffen eine dichte und weiche Haardecke zu erzielen.

Abb. 73. Langschermaschine mit 1 Schneidzeug für Tuche (Ernst Geßner A.-G., Aue i. Erzg.).

Von Rauhmaschinen seien genannt die Doppelstabkardenrauhmaschine, die ebenso wie die Rollkardenrauhmaschine mit Naturkarden (Disteln) (s. Abb. 71) arbeitet, während die Roll- und die Strichkratzenrauhmaschine an Stelle der Naturkarden Metallkratzen verwenden, die in Form von schmalen Bändern auf dünne Walzen aufgezogen sind (s. Abb. 36/37).

Ähnliche Maschinen werden dann zum Verstreichen einer strichgerauhten Haardecke gebraucht.

Scheren.

Das Scheren hat den Zweck, die auf der Oberfläche der Ware herausstehenden Härchen entweder in der Länge zu egalisieren oder sie mehr oder weniger stark zu kürzen.

Man verwendet Längs- oder Querschermaschinen (s. Abb. 73). Bei den ersteren läuft das Stück breit als endloses Band zwischen dem rasch rotierenden, feststehenden Schneidezeug und dem daruntergelagerten Schertisch hindurch, wobei es in der Längsrichtung geschoren wird; bei den letzteren wird die festliegende gespannte Ware tischweise in der Querrichtung geschoren, indem der ganze Scherapparat von Leiste zu Leiste quer über sie läuft.

Trocknen.

Nach einem Vortrocknen oder Entwässern, das a) in einer gewöhnlichen Zentrifuge (s. Abb. 12) oder in einer Breitschleuder (s. Abb. 13) (auf welche die Ware in ganzer Breite aufgewickelt wird), b) durch Auspressen (s. Abb. 16) zwischen Walzen oder c) durch Absaugen (s. Abb. 20) vermittels eines an eine Luftpumpe angeschlossenen Saugschlitzes (über den die Ware in ganzer Breite geführt wird) sich vollzieht und den Wassergehalt der Ware auf etwa 40—50% ihres Gewichtes herabdrückt, erfolgt die vollständige Beseitigung des in ihr enthaltenen Wassers, indem man sie in gespanntem Zustand durch die Trocken- oder Rahmmaschine[1] hindurchführt (s. Abb. 53) oder bei Garnen im Kanaltrockner o. dgl. (s. Abb. 49—52).

Walken.

Das Walken hat den Zweck, die im rohen Gewebe lose nebeneinander liegenden einzelnen Fäden miteinander zu verfilzen. Je nach der Art des Walkprozesses und seiner Dauer richtet sich auch der Grad dieses Verfilzens. Bei leichter Walke sind Bindung der Gewebe noch deutlich zu erkennen und die einzelnen Fäden voneinander zu trennen, während sie bei schwerer und schwerster Walke (Lieferungstuche) nicht oder kaum mehr voneinander getrennt werden können, sondern ein zusammenhängendes Ganzes, einen Filz bilden.

Bei dem Walken werden also die Gewebe dichter, sie erhalten einen feineren, weicheren, geschmeidigeren Griff, dabei gehen sie ein, und zwar je nach der Ausführung des Walkprozesses in der Breite oder in der Länge. Im letzteren Falle wird das Metergewicht der Ware größer.

Das Walken geschieht, indem man die Gewebe in angefeuchtetem Zustande einem andauernden Drücken und Stoßen unterwirft; beim Walken von der Länge in der Längsrichtung der Kettfäden, wobei sich die Schußfäden einander nähern und miteinander verfilzen, beim Walken von der Breite in der Längsrichtung der Schußfäden, wobei ein Zusammendrängen und Verfilzen der Kettfäden erfolgt.

Als Walkflüssigkeiten kommen in Anwendung:

a) Wasser, nur bei ganz leichten Stoffen (Flanellen u. ä.) und für ganz leichte Walke;

b) Seifenlösungen, evtl. unter Zusatz von Soda oder Pottasche, für mittlere bis schwerste Walke aller Arten von Tuchen;

c) Säuren, in erster Linie Schwefelsäure von 1—2° Bé, in der Hut- und Filzdeckenfabrikation.

Zur Erklärung des Walkprozesses gibt es zwei Theorien.

---

[1] Der Name „Rahm"maschine kommt her von dem früher üblichen Trocknen der auf hölzerne Rahmen aufgehefteten Wolltuche im Freien.

Nach der einen, älteren, schon bei N. Reiser erwähnten, ist das Walken ein rein mechanischer Prozeß, der allein auf der äußeren Form der Wollhaare beruht, ihrer Kräuselung und in erster Linie auf der Beschaffenheit ihrer Oberhaut, ihrer Schuppen. Von der Zahl, der Form und der Anordnung dieser Oberhautschuppen soll die größere oder geringere Filzfähigkeit einer Wolle unmittelbar abhängen. Wenn man ein einzelnes Wollhaar zwischen den Fingern reibt, so wird es sich stets in der Richtung des Wurzelendes fortbewegen. Dasselbe ist der Fall, wenn auf die einzelnen Haare eines wollenen Gewebes durch Druck und Stoß ein bewegender Einfluß ausgeübt wird. Da nun aber in einem Wollgewebe nicht alle Haare gleichgerichtet liegen, so bewegen sich zwei nebeneinander liegende Haare nur so lange, bis die abstehenden Ränder der Schuppen sich ineinandergeschoben haben und die Haare so miteinander verfilzt sind, daß sie ohne Verletzung der Schuppen nicht mehr voneinander getrennt werden können.

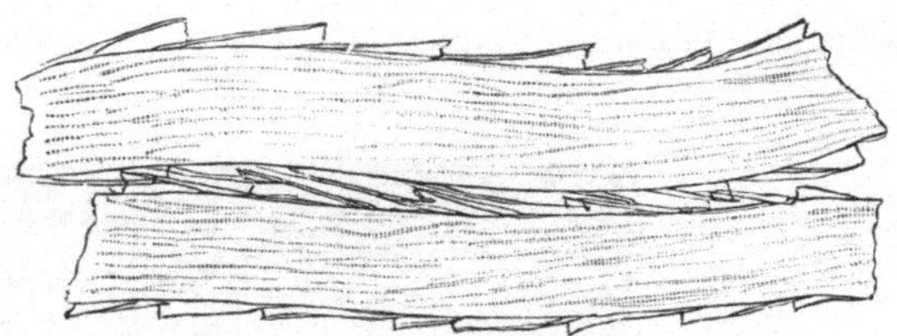
Abb. 74. Vorstellung über die Filzbildung (nach O. N. Witt).

Abb. 74 gibt ein klares, anschauliches Bild dieser Erklärung des Filzprozesses.

Abb. 75. Einwalken von Wollstoff mit normalem Schußgarn und solchem aus gleichgerichteten Wollhaaren (nach Mundorf).

Nach neueren Anschauungen ist diese Erklärung des Filzprozesses nicht richtig. Justin Mueller meint z. B., daß dann ja trockene Wollstoffe viel mehr filzen müßten als nasse, da die trockenen, harten Schuppen sich viel leichter ineinander festhaken würden als die durch Feuchtigkeit erweichten. Dieser Einwurf ist aus dem Grunde nicht zutreffend, weil im trockenen Haare die Schuppen viel fester am Haarzylinder anliegen als im nassen, wo sie sich unter der Einwirkung der Feuchtigkeit auf- und vom Haare abrichten.

Dieser neueren Theorie zufolge geht die Wolle unter dem Einfluß der warmen Feuchtigkeit und der chemischen Wirkung der Zusätze in einen dem Gel mehr oder weniger sich nähernden Zustand über, wobei denn die einzelnen Fasern sich fest miteinander verkleben.

Wenn auch ohne Frage unter der Einwirkung der Walkflüssigkeit ein Aufquellen, Plastischwerden der Wollfaser festzustellen ist (was in besonderem Maße durch warme alkalische Flüssigkeiten geschieht, wodurch sich die Überlegenheit der Seifen- vor der Säurewalke erklärt), so ist doch ohne jeden Zweifel die Erklärung, daß das Walken und Filzen in erster Linie, wenn nicht allein, eine

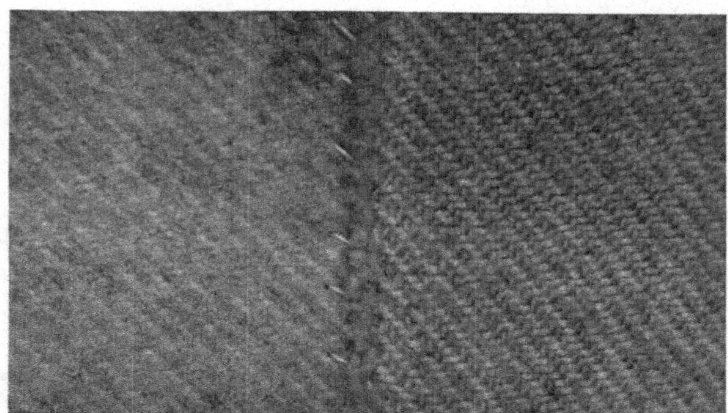

Abb. 76. Links: Normales Schußgarn, hat gewalkt. Rechts: Schußgarn aus lauter gleichgerichteten Wollhaaren, hat nicht gewalkt (nach MUNDORF).

Funktion der Schuppen des Wollhaares ist, die richtige. Einmal wird durch alle die Mittel, welche die Schuppen des Wollhaares angreifen oder zerstören, auch seine Walkfähigkeit gemindert oder aufgehoben (gechlorte oder Seidenwollen, unshrinkable wool, viele Gerberwollen); dann läßt sich auch ein direkter experimenteller Beweis für die Richtigkeit dieser Theorie erbringen, wenn man sich der Mühe unterzieht, Garne aus lauter gleichgerichteten Wollhaaren zu spinnen, sie neben normalen Garnen auf eine gemeinsame Kette einzuschießen und dann den Stoff zu walken. MUNDORF hat einen derartigen Stoff hergestellt. Abb. 75/76 zeigen deutlich, daß er dort, wo der Schuß aus normalen Garnen bestand, einwalkte, wo Garne aus gleichgerichteten Wollhaaren Verwendung fanden, dagegen nicht.

Abb. 77. Kurbel- oder Hammerwalke (Ernst Geßner A.-G., Aue i. Erzg.).

Als Walkmaschinen kommen zwei verschiedene Systeme in Betracht:

1. die Hammerwalken,
2. die Zylinderwalken.

Die Hammer- oder Kurbelwalken, von denen Abb. 77 eine Ausführung mit Kurbelantrieb zeigt, sind heute von den Zylinderwalken fast vollständig verdrängt worden, da sich bei letzteren das Eingehen in Länge und Breite viel leichter regulieren und kontrollieren läßt und sie viel leistungsfähiger sind.

Hammerwalken werden hauptsächlich für solche Artikel benutzt, die wenig Zusammenhang besitzen und auf der Zylinderwalke zu sehr verzogen würden, wie Trikotagen, Flanelle, Filze, Hutstumpen, Decken u. ä.

Eine Zylinderwalke wird durch Abb. 78 veranschaulicht.

Nach dem Walken müssen die Stücke auf der Strang- oder Breitwaschmaschine gründlich gewaschen werden.

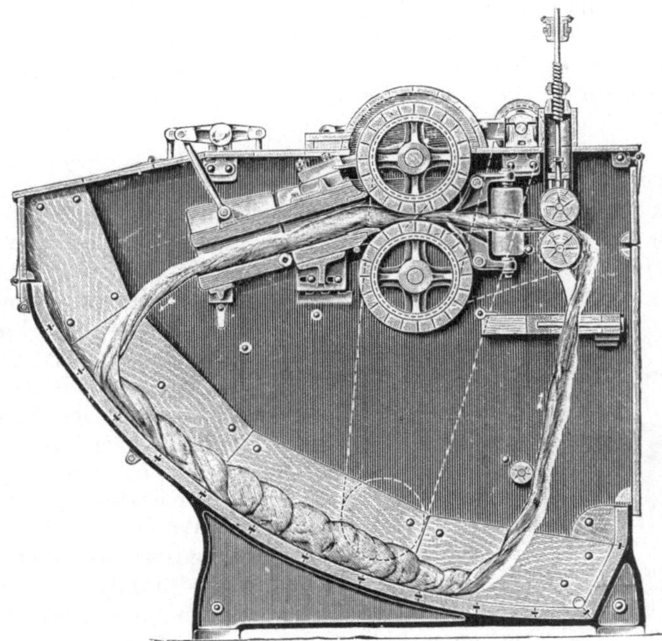

Abb. 78. Zylinderwalke (Normalwalke) im Schnitt (von L. Ph. Hemmer, Aachen).

Waschen der Wolle.

Ehe die vom Schafe geschorenen Vliese der weiteren Verarbeitung und Veredlung zugeführt werden können, müssen die in ihnen enthaltenen Verunreinigungen, und zwar sowohl die von außen in sie hineingekommenen mechanischen (Sand, Staub, Schmutz, Kot, allerlei Stroh- und Pflanzenteile) als auch die aus dem Körper des Tieres selbst stammenden, der Wollschweiß im engeren Sinne, die Wollschweißsalze und das Wollfett oder Wollwachs aus ihnen entfernt werden.

Bei den „rückengewaschenen" (Wollen von Schafen, die vor der Schur gewaschen wurden) und bei den sog. „scoured" Wollen (Kolonialwollen, bei denen die zusammenhängenden Vliese zur Verbilligung des Transportes mit warmem Wasser ausgelaugt wurden), ist ein großer Teil der mechanischen Verunreinigungen und der Wollschweißsalze schon entfernt worden.

In den Schweiß- oder Schmutzwollen sind aber noch sämtliche Verunreinigungen enthalten und durch die Wollwäsche oder Fabrikwäsche zu beseitigen.

Nach vorhergehendem Sortieren, d. i. dem Ausscheiden der stark verunreinigten und der gröbsten Stücke (Brandspitzen, Futterstücke, Locken) und Einteilen der Wolle von den einzelnen Körperteilen nach ihrer Feinheit in verschiedene Qualitäten und nach dem Öffnen, d. i. dem Durchgang durch einen sog. Wollöffner, in dem die fest gepackten Wollen gelockert und zum Teil schon die gröbsten mechanischen Verunreinigungen entfernt werden, unterwirft man in der Regel die Schweißwolle einer Vorwäsche, bei welcher durch gründliches Einweichen und Auslaugen in lauwarmem Wasser von 40—50° der größte Teil der Wollschweißsalze herausgelöst und gleichzeitig auch schon viel Schmutz und Sand entfernt wird.

Man arbeitet dabei stets nach dem Gegenstromprinzip, um möglichst konzentrierte Schweißlaugen zu gewinnen, entweder a) mit einer Batterie offener Behälter, deren erster die schmutzigste Waschlauge, deren letzter reines Wasser enthält, in welche die Wolle der Reihe nach eingelegt, nach längerem Einweichen ausgepreßt und in den nächstreineren gebracht wird, oder b) zur Vermeidung der vielen hierbei nötigen Handarbeit heute mehr und mehr in Großbetrieben in automatischen Entschweißmaschinen, von denen es heute eine Reihe patentierter Vorrichtungen gibt.

Bei dem Apparat von F. Bernhardt[1] z. B. wird die Wolle durch einen Selbstaufleger in einen oben offenen, mit Siebboden versehenen Kanal gebracht, in dem sie durch wandernde Rechen fortbewegt und beim Austritt zwischen Quetschwalzen ausgepreßt wird. Unter diesem Kanal befindet sich ein langer, durch stufenweise niedriger werdende Trennungswände in einzelne Abteilungen eingeteilter Behälter. In diesen Behälter fließt die von oben durch Spritzrohre auf die Wolle aufgespritzte Waschflüssigkeit und wird nun aus jeder Abteilung angehoben und den Spritzrohren wieder zugeführt. Gleichzeitig fließt die Waschlauge nach dem Gegenstromprinzip aus der letzten Abteilung (über welcher die Wolle mit reinem Wasser überspritzt und dann den Quetschwalzen zugeführt wird) infolge der immer niedriger werdenden Zwischenwände allmählich in die erste, in welcher ein tarierter Schwimmer je nach der Laugenstärke (ihrem spezifischen Gewicht) den Frischwasserzufluß in die erste Abteilung reguliert und damit die Laugenkonzentration stets gleich erhält.

Abb. 79. Wasch- und Spülmaschine für loses Material (Zittauer Maschinenfabrik A.-G., Zittau).

Aus den nach einem dieser Verfahren gewonnenen Vorwaschlaugen wird dann die Wollschweißpottasche gewonnen.

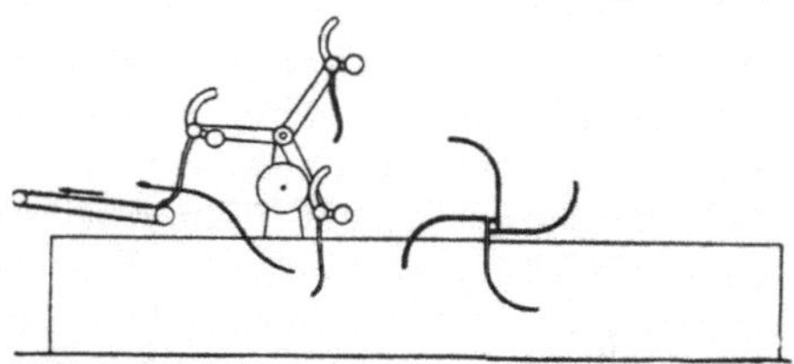
Abb. 80. Schema zur Wasch- und Spülmaschine für loses Material.

Die Waschlaugen werden in großen Abdampfschalen etwa bis zu Sirupdicke eingedampft, dann in Flammöfen getrocknet und calciniert.

Die dabei erhaltene Rohpottasche besteht zu etwa 80% aus Pottasche (K_2CO_3), der Rest aus Chlorkalium (KCl), schwefelsaurem Kali (K_2SO_4), Glaubersalz (Na_2SO_4), organischen und unlöslichen Bestandteilen. Die Menge der Pottasche schwankt beträchtlich entsprechend dem so sehr wechselnden Schweißgehalt der verschiedenen Rohwollen. Es finden sich Zahlenangaben zwischen 3 und 8%.

Die so vorgewaschenen und noch mehr die rückengewaschenen und die scoured Wollen enthalten noch die gesamten, in Wasser unlöslichen Verunreinigungen, in erster Linie also das Wollfett oder Wollwachs.

Zu ihrer Entfernung arbeitet man heute nach verschiedenen Verfahren.

1. Fabrikwäsche. Am meisten Anwendung findet das Waschen der Wolle in lauwarmen, alkalischen Seifenbädern (sog. Fabrikwäsche).

Während man in kleineren Betrieben vielfach noch die Wolle in Einweichbottichen in verdünnte, 40—50° warme Soda- oder Pottaschelösung einlegt, wodurch die verseifbaren Teile des Wollfettes verseift werden, gut ausquetscht und dann in meist ovalen Wollspülmaschinen reinspült (Abb. 79/80),

[1] D. R. P. 175421, 177520 und 179401; Fr. P. 345718.

benutzt man in allen größeren Betrieben den sogenannten Leviathan (siehe Abb. 81).

Derselbe besteht aus 4—5 länglichen, hintereinander montierten Behältern mit abgerundeten Ecken, um Schmutzansammlungen zu vermeiden, deren Einrichtung und Arbeitsweise aus Abb. 81 zu ersehen ist.

Wo eine der beschriebenen automatischen Vorwaschmaschinen Verwendung findet, stellt man sie so auf, daß die Wolle aus ihr auf einen Speisetisch fällt, der sie der Eintauchwalze des ersten Bottichs zuführt. Durch dieselbe wird die Wolle in der Einweichflüssigkeit untergetaucht, mit ihr durchtränkt, und wenn sie wieder nach oben gekommen ist, von den Zähnen des ersten Rechens, die in die Waschlauge eintauchen, erfaßt und langsam ein Stückchen vorwärts geschoben, bis sie in den Bereich des zweiten Rechens kommt usw. Die Rechen werden dann aus der Flüssigkeit herausgehoben, gehen wieder in ihre Anfangsstellung zurück, tauchen wieder ein, befördern neue Wolle usf. Der letzte Rechen eines jeden Bottichs führt die Wolle einem Ausheber zu, der sie aus der Flotte heraushebt und auf einen Lattentisch legt, der sie zwei schweren, mit Kammzug umwickelten Quetschwalzen zuführt, welche mit einem Druck von 3000—4000 kg arbeiten. Die ausgepreßte Schmutzlauge fließt in den ersten Bottich zurück, die Wolle fällt auf einen endlosen Lattentisch, der sie der Eintauchwalze des zweiten Bottichs zubringt, in dem sich der Arbeitsvorgang des ersten wiederholt und ebenso im dritten, vierten und evtl. fünften. Die Quetschwalzen des letzten Bottichs stehen zur möglichst vollständigen Entfernung des Wassers unter einem Druck von 12000—15000 kg.

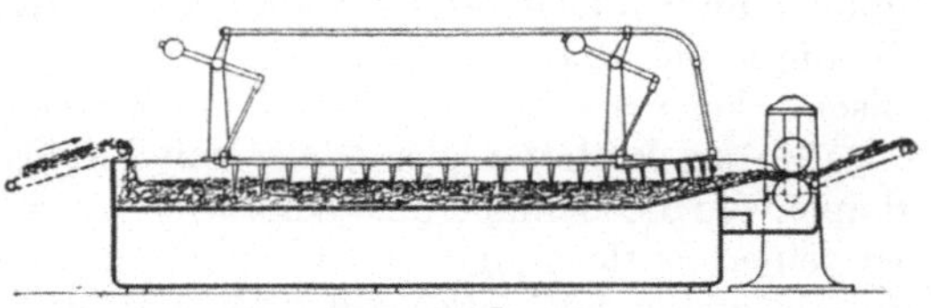
Abb. 81. Schema zum Leviathan (Zittau).

Sämtliche Bottiche enthalten etwa 15—20 cm über den eigentlichen noch herausnehmbare Siebböden; der Boden selbst ist nach einer Ecke hin geneigt, und an seiner tiefsten Stelle befindet sich ein Schlammsammler, aus dem man während des Betriebs Schmutz und Sand ablassen kann.

Von großer Bedeutung für den guten Ausfall der Wollwäsche ist das wiederholte starke Auspressen des Materials zwischen den einzelnen Bottichen, einmal, weil dadurch die Wolle möglichst frei von der Schmutzlauge des vorhergehenden in den folgenden Bottich gelangt, vor allem aber auch, weil durch den starken Druck die fest zusammenhängenden, verklebten, schwer auswaschbaren Schweißspitzen, Schmutzknoten usw. zerdrückt, gelockert und der Waschlauge des nächsten Bottichs leichter zugänglich gemacht werden. Die Bottiche dürfen auch nicht zu stark beschickt werden, die Wollen dürfen nicht aufeinanderliegen, sondern müssen frei in ihnen umherschwimmen, weil sonst Schmutz und Sand darin hängenbleiben und sich nicht genügend absetzen.

Zumeist werden die drei ersten Bottiche mit Seifen-Alkali-Lösung beschickt und als Waschbottiche benutzt, und zwar der erste als sog. Einweich- und die beiden nächsten als Entfettungsbottiche. Der vierte und evtl. der fünfte Bottich dienen zum Reinspülen.

Als Alkali dient meist Soda, aber auch Pottasche, vor allem in den Großbetrieben, die ihre Vorwaschwässer aufarbeiten; als Seifen kommen Natron-, vorwiegend aber Kaliseifen in Betracht; auch die Verwendung von während des Waschprozesses selbst gebildeter Ammoniakseife ist vorgeschlagen worden.

Über die Konzentration der Waschlaugen, d. h. über ihren Gehalt an Alkali, lassen sich allgemeingültige Angaben nicht machen, da ja bekanntlich der Gehalt der verschiedenen Schweißwollen an Wollfett in weiten Grenzen schwankt, und außerdem die Verunreinigungen, die wir als Wollfett zusammenfassen, sich bei den verschiedenen Rohwollen aus oft recht verschiedenartigen Bestandteilen zusammensetzen, verschiedenartig vor allem auch in bezug auf ihre mehr oder weniger leichte Verseifbarkeit und damit Auswaschbarkeit. Der praktische Wollwäscher spricht von „bösartigem", d. h. schwer, und „gutartigem", d. h. leicht auszuwaschendem Wollschweiß.

Bei der bekannten schädigenden Einwirkung, die auch Alkalicarbonatlösungen vor allem auf Festigkeit und Elastizität der Wolle ausüben, geht man mit der Verdünnung der Waschlösung bis zu der untersten Grenze, bei der man eben noch die notwendige Waschwirkung erzielt.

Am stärksten nimmt man die Seifen-Alkali-Lösung im ersten Bottich und geht im zweiten und weiter im dritten Bottich mit der Konzentration herunter.

Ebenso ist es mit der Temperatur. Man hält die Flotte des ersten Bottichs auf 40—50°, die des zweiten auf etwa 30° und die des dritten auf etwa 25° C.

In den Spülbottichen arbeitet man mit möglichst kaltem Wasser, durch welches noch vorhandene Fettstoffe hart und spröde und durch die mechanische Bewegung beim Spülprozeß leichter entfernt werden, während sie durch zu warmes Spülwasser klebrig bleiben und an der Wolle festhaften würden.

Aus den gebrauchten Waschlaugen der Einweich- und Entfettungsbottiche wird, zwar nicht von Tuchfabriken und kleineren Wäschereibetrieben, wohl aber in den großen Wollwäschereien und Kammgarnspinnereien, durch Zersetzen mit Schwefelsäure das rohe und aus ihm durch eine Reihe umständlicher Reinigungs- und Bleichverfahren das reine Wollfett, Lanolin, gewonnen. Dieses Wollfett und Präparate aus ihm finden eine vielseitige Verwendung für medizinische, kosmetische und technische Zwecke.

2. Das Entfetten der Wolle mit Fettlösungsmitteln. Der naheliegende Gedanke, die Löslichkeit des Wollfetts in den verschiedensten Fettlösungsmitteln zu seiner Entfernung bzw. Gewinnung aus der Rohwolle zu benutzen, führte zu den ersten Versuchen auf diesem Wege. Dabei zeigte es sich, daß die Wolle bei diesem Verfahren viel offener, durchaus unverfilzt bleibt, in der Spinnerei ein besseres Rendement gibt und sich zu feineren Nummern ausspinnen läßt als leviathangewaschene Wolle; ferner wird das Wollfett viel rationeller, nahezu hundertprozentig in bezug auf Ausbeute und Reinheit gewonnen. Immer mehr brach sich auch die Erkenntnis Bahn von der großen Bedeutung, welche der Vermeidung jeglicher Alkalischädigung bei der Wäsche zukommt, sowohl für die weitere Verarbeitung und Veredlung solcher Wollen, als auch für die Qualität und die Tragfähigkeit der aus ihnen hergestellten Waren. Es ist deshalb leicht verständlich, daß seit etwa drei Jahrzehnten bis heute auf diesem Gebiete eine große Zahl von Versuchen, Patentanmeldungen und -erteilungen zu verzeichnen ist.

Die großen zunächst auftauchenden Schwierigkeiten, die vor allem in der großen Feuergefährlichkeit und Explosivität der benutzten Lösungsmittel und der Gemische ihrer Gase mit Luft, in den hohen Anlagekosten derartiger Betriebe und anderm lagen, sind überwunden in dem Verfahren, nach dem die größte und, soweit bekannt, einzige derartige Entfettungsanstalt auf dem Kontinente, der Solvent Belge in Verviers, arbeitet, eine Gesellschaft, die allerdings wohl zum größten Teile durch ihre eigenen Aktionäre (große Spinner und Tuchfabrikanten) beschäftigt sein dürfte.

Der Arbeitsvorgang ist der folgende:

In zwei großen, miteinander kommunizierenden, durch Vakuum und Kohlensäuregas von Luft befreiten Kesseln, deren jeder 1500 kg Wolle faßt, wird diese zunächst durch zirkulierende Naphtha entfettet, hierauf die Naphtha durch heiße Kohlensäure unter 1 at Druck vollständig verdrängt und in Kühlzylindern wieder verflüssigt. Zum Schluß wird die Kohlensäure wieder durch kalte Luft verdrängt, die Kessel werden geöffnet, entleert, wieder neu beschickt usw.

Die Naphtha-Fett-Lösung läßt man zuerst sich absetzen (Schmutz u. dgl.) und destilliert dann die Naphtha ab, wobei sich ein Verlust von $^3/_4$—1% ergibt, indem ein Teil der Naphtha in Gasform, ein anderer Teil im Fette zurückbleibt. Dieses wird zur Entfernung basischer Schweißsalze gewaschen und in rohem Zustande verkauft (meist nach Amerika, Wert 1910 etwa 25 Fr. pro 100 kg).

Die Größe der Anlage ergibt sich aus folgenden Zahlen: Tägliche Leistung bei zehnstündiger Arbeitszeit etwa 40000 kg, Jahresleistung 10—12 Mill. kg, Preis für das Entfetten (berechnet auf 100 kg Schweißwolle) von 3 Fr. für fettreiche bis zu 5 Fr. für fettarme Wollen; die Anlage- und Patentkosten sollen 2 Mill., der Verlust an Naphtha allein 60000—80000 Fr. im Jahre betragen.

Zumeist wird die Schweißwolle erst entfettet und dann durch Spülen in lauwarmem Wasser von den Wollschweißsalzen befreit. Es gibt aber auch Verfahren, die eine umgekehrte Reihenfolge gestatten.

Das Verfahren des Solvent Belge und die nach ihm entfetteten Wollen finden eine geteilte Beurteilung in Fachkreisen. Während die einen den offenen, unverfilzten Zustand der erhaltenen Wollen rühmen, finden andere diese Wollen zu hart und geringerwertig in der Verarbeitung und schieben die Schuld einer zu weit gehenden Entfettung bei diesem Extraktionsverfahren zu.

Wenn auch bekannt und durch genaue Untersuchungen zahlenmäßig festgelegt ist, daß durch eine vollständige Entfernung auch der letzten Fettreste Festigkeit und Elastizität der Wolle um etwa 10% zurückgehen, so trifft diese Erklärung im vorliegenden Falle doch nicht zu, denn einmal hat man es ganz in der Hand, die Wollen nur bis zu einem gewünschten Grade zu entfetten, und dann gibt es nach Mitteilungen, die Generaldirektor Ostersetzer unlängst gemacht hat[1], heute Extraktionsverfahren, welche die Wolle ebenso weit und noch mehr entfetten als das des Solvent Belge, ohne daß sie dabei nur im geringsten hart, spröde und brüchig würden.

Der Grund, warum bei den bisherigen Entfettungsverfahren mit flüchtigen Fettlösungsmitteln die Wolle hart und brüchig geworden sei, liegt nach Ostersetzer darin, daß bisher zur Austreibung der Lösungsmittel die Wolle Temperaturen ausgesetzt werden mußte, die für die Wolle ungesund sind und daher die beklagten Schädigungen zur Folge hatten.

Nach Ostersetzer fällt das Verdienst, diesen Übelstand beseitigt und zum ersten Male das Problem der Wollwäsche mit flüchtigen Lösungsmitteln einwandfrei gelöst zu haben, der Firma A. Rechberg in Hersfeld zu, die in beinahe zehnjähriger Arbeit zu ihrem heutigen, nach der chemischen wie nach der nicht weniger schwierigen mechanischen Seite vollkommen durchgebildeten Verfahren gekommen ist, das jetzt in großindustriellem Umfange betrieben wird und täglich mehrere tausend Kilogramm Wolle liefern soll.

Der Fortschritt des Rechbergschen Verfahrens liegt in der Änderung der Rückgewinnung des Lösungsmittels, bei welcher eine erhebliche Erhitzung und damit Schädigung der Wolle vermieden wird.

Die Apparatur scheint derjenigen der automatischen Vorwaschmaschinen in gewisser Hinsicht ähnlich zu sein.

Die Wolle geht durch den luftdicht abgeschlossenen Extraktionsraum auf einem Transportband hindurch und wird durch über demselben angebrachte Spritzrohre mit dem Fettlösungsmittel überspritzt, welches das Wollfett in wenigen Augenblicken in Lösung bringt, die z. T. direkt in besondere Auffangbehälter tropft, z. T. durch Quetschwalzen aus der entfetteten Wolle entfernt und im Gegenstromprinzip zur Extraktion neueingeführter Rohwolle verwendet wird, bis sie mit Wollfett möglichst weit angereichert ist. Aus dieser Lösung

---

[1] In einem Vortrage, den er am 31. 10. 1927 in der Mitgliederversammlung des Vereins Deutscher Tuch- und Wollwarenfabrikanten in Dresden hielt und dem ich die folgenden Angaben entnehme.

wird dann nach Absetzenlassen der mitgerissenen Schmutzteile durch Abdestillation des Lösungsmittels das Wollfett nahezu quantitativ und rein gewonnen.

Die entfettete Wolle gelangt anschließend auf einem Transportband in einen zweiten luftdicht abgeschlossenen Raum, wo sie durch einen zirkulierenden warmen Luftstrom von dem noch anhaftenden Lösungsmittel befreit wird. Das Gemisch aus Lösungsmitteldämpfen und Luft wird durch einen mit aktiver Kohle gefüllten Reaktionsturm geleitet, in dem selbst aus stark verdünntem Gemisch mit Luft die letzten Reste des Lösungsmittels zurückgewonnen werden.

Neben diesem Rechbergschen Verfahren erwähnt OSTERSETZER dann noch ein zweites, das vom Kaiser-Wilhelm-Institut für Faserstoffchemie in Dahlem und der von OSTERSETZER geleiteten Deutschen Wollenwaren-Manufaktur in Grünberg (Schlesien) ausgebaut worden ist und auf einem etwas andern Wege dasselbe Ziel zu erreichen scheint. Im Unterschied zu allen bisherigen und zu dem Rechbergschen Entfettungsverfahren arbeitet dieses, als erstes seiner Art, mit wasserlöslichen Fettlösungsmitteln (Aceton, Methylalkohol, Methylacetat u. a.), die ganz einfach mit Wasser im Gegenstromprinzip aus der Wolle herausgewaschen und aus der wäßrigen Lösung durch Destillation wiedergewonnen werden. Die hierbei verwendeten Lösungsmittel sind wohl teurer als die des Rechbergschen Verfahrens, die Verluste aber noch geringer und die gereinigte Wolle der Rechbergschen durchaus ebenbürtig.

In mechanischer Beziehung ist allerdings dieses Verfahren noch nicht so entwickelt und bis zur Anwendung im Großbetriebe ausgearbeitet wie das Rechbergsche.

Dagegen bietet sich ihm ein weiteres fruchtbares und außerordentlich wichtiges Arbeitsfeld in der Stückwäscherei (s. w. u.).

Bei dieser handelt es sich ja bekanntlich in erster Linie darum, das vor dem Krempelprozeß zur Schonung der Wolle in sie hineingebrachte Schmälzöl wieder aus ihr zu entfernen, was bisher in der Weise geschieht, daß man diese wasserunlöslichen Öle durch Alkali (Soda, Salmiak) in wasserlösliche Seife überführt, die dann aus der Ware herausgespült werden kann. Auch hierbei ist also die Wolle der Einwirkung von Alkali unter gleichzeitiger mechanischer Beanspruchung und damit Schädigungen ausgesetzt.

Der Ersatz des alten Verfahrens mit seinen Nachteilen durch das neue gelingt viel leichter als bei der Wollwäsche mit ihren konstruktiven Schwierigkeiten, bei welcher man die Wolle erst künstlich in die Form eines kontinuierlichen Bandes, Vlieses, bringen muß, um sie durch das Extraktionsgefäß hindurchzuführen.

Man braucht die Stücke nur zu einem endlosen Band zusammenzunähen und sie so durch den geschlossenen, mit dem Lösungsmittel gefüllten Extraktionskasten hindurchzuführen; der Reinigungsprozeß erfordert nur wenige Minuten, das Lösungsmittel wird im Gegenstromprinzip mit Wasser ausgewaschen und das verwandte Schmälzöl durch Destillation zurückgewonnen.

Nach OSTERSETZERs Mitteilungen arbeitet bei seiner Gesellschaft ein Apparat, der in 8 Std. 150 Stück Ware auswäscht. Die gegenüber der Soda höheren Kosten für das Lösungsmittel werden durch die viel geringeren Löhne aufgewogen, außerdem kann man sicher mit einer Wiedergewinnung von 99% des angewendeten Oleins rechnen.

Diese verschiedenen Wollentfettungsverfahren mit Fettlösungsmitteln schließen also heute schon, abgesehen von der Vermeidung jeglicher Alkalischädigung der Wolle und ihrer nicht hoch genug einzuschätzenden Bedeutung für den Ausfall und die Lebensdauer der Fertigware, außerordentliche wirtschaftliche Vorteile in sich durch die sozusagen restlose Rückgewinnung der Schmälzöle bei der Stück- und des Wollfetts bei der Wäsche der Rohwolle. Bei einem Verbrauch von 100000 to gewaschener Wolle und systematischer Wiedergewinnung des Wollfetts ergäbe das rund 30000 to, was selbst bei dem heutigen niedrigen Preis von 30 M. für 100 kg eine beachtenswerte Verbilligung des Rohstoffes für unsre Wollindustrie bedeuten würde.

OSTERSETZER glaubt aber einer zukünftigen höheren Bewertung des Wollfetts eine sehr günstige Prognose stellen zu dürfen unter Hinweis auf die Arbeiten der I. G. Farbenindustrie auf diesem Gebiete und auf den Zusammenhang des Cholesterins im Wollfett mit den durch WINDAUS Vitaminarbeiten bekanntgewordenen Vitesterinen.

Weiterhin dürfte die Anwendung der Entfettungsstückwäsche in kurzer Zeit zu einem Ersatz der bei dem bisherigen Waschverfahren unentbehrlichen, möglichst hoch verseifbaren, teuren Schmälzöle durch Mineralöle, die etwa ein Drittel der ersteren kosten, führen, womit wieder ein außerordentlicher wirtschaftlicher Vorteil verbunden wäre.

Neben diesen heute schon bedeutungsvollen und vor allem zukunftsreichen neueren Verfahren seien der Vollständigkeit wegen einige ältere Verfahren kurz erwähnt, die, soweit sie überhaupt im Großbetriebe eine Rolle gespielt haben, heute wieder daraus verschwunden sind:

3. Das Reinigen und Entfetten von Rohwolle durch Einstäuben derselben mit Infusorienerde (A. BORNsche Patente);

4. Die Verwendung von Schaumbädern, die sich ja in der Färberei teilweise gut bewährt haben, zum Waschen von Wolle (Patent Gebr. SCHMIDT).

5. Das Entschweißen von Rohwolle im alkalischen Bade mit Hilfe des elektrischen Stromes nach den Patenten von I. M. BAUDOT, ein Verfahren, das vor allem in der Stückwäscherei sich gut eingeführt hatte und während längerer Zeit eine ziemliche Bedeutung besaß.

Nach dem Waschen wird die Wolle, je nach der Ware, die aus ihr hergestellt werden soll, entweder direkt getrocknet und der Spinnerei zugeführt oder vorher noch carbonisiert oder gebleicht oder gefärbt bzw. mehreren dieser Prozesse unterworfen und dann erst getrocknet.

Beim Trocknen der losen Wolle, ebenso wie wollner Garne und Gewebe, muß man sich stets der Tatsache bewußt bleiben, daß die wertvollen Eigenschaften der Wollfaser um so weniger leiden, je niedriger die Temperatur ist, bei der sie getrocknet wird.

Am schonendsten erfolgt daher das Trocknen der gewaschenen Wollen, indem man sie in mäßig geheizten Trockenräumen in dünner Schicht auf Horden ausbreitet. Da es jedoch im modernen Fabrikbetriebe zumeist an Raum und Zeit für einen derartigen langsamen Trockenprozeß fehlt, so wurde eine Reihe von mechanischen Trockenapparaten konstruiert, in denen Luft erst über Heizkörper und dann durch die Wolle hindurchgeführt wird, und zwar meist nach dem Gegenstromprinzip, so daß die trockne Wolle die am wenigsten und die feuchteste Wolle die am meisten vorgewärmte Luft erhält.

Derartige Maschinen, die auch beim Carbonisieren zum „Brennen" der gesäuerten Wolle dienen, werden von einer Reihe von Firmen gebaut (Zittauer Maschinenfabrik, H. Krantz Söhne, Aachen; Fr. Haas, Lennep; Benno Schilde, Hersfeld; Rudolph Jahr, Moritz Jahr, Gera; u. a. m.) (s. Abb. 49ff.).

Durch diese verschiedenen Wasch- und Reinigungsprozesse sind alle Verunreinigungen der Schweißwolle, soweit es technisch möglich ist, aus ihr entfernt mit Ausnahme der pflanzlichen Fremdkörper (Kletten, Disteln, Dornen, Stroh und andere Pflanzenteile), die beim Weiden und Lagern der Schafe in ihr Vlies gelangen, und an denen besonders die Kolonialwollen infolge der bei der übergroßen Zahl der Tiere nicht so sorgfältigen Hut reich zu sein pflegen.

Mechanische Reinigung. Bei klettenarmen Wollen und für gewisse Waren genügt eine Beseitigung der Kletten auf mechanischem Wege im sog. Klettenwolf, der jedoch nie eine vollkommen klettenfreie Wolle liefert, so daß die aus ihr hergestellten Stücke später einem sorgfältigen „Plüstern" (Entfernen der sichtbaren pflanzlichen Verunreinigungen mit dem „Plüstereisen", einer Pinzette), „Tinktieren" (Überfärben derselben Verunreinigungen von Hand mit Nopptinktur) oder „Noppenfärben" (Überfärben der „Noppen" mit einem die Wolle nicht färbenden Farbstoffe im Färbebottich) unterzogen werden müssen.

Meist jedoch werden die pflanzlichen Beimengungen chemisch zerstört durch die sog. Carbonisation (s. d.).

Batik.

Von G. Durst.

Literatur: Loeber jun., J. A.: Das Batiken, eine Blüte indonesischen Kunstlebens. — Rouffaer, G. P., en H. H. Juynboll: De Batik-Kunst in Nederlandsch Indië. Holländisch-deutsche Ausgabe. Utrecht, Oosthoek 1914. — Vesper, C.: Batik.

Unter „Batik" (malaiisches Wort, bedeutet: „bemalen", „tätowieren", „schreiben") versteht man ein in Indien (besonders Niederländisch-Indien) und auf Java heimisches Reserve-Färbe- und Druckverfahren. Die älteste Urkunde über den Batik auf Java datiert aus dem Jahre 1518 unsrer Zeitrechnung. Das Verfahren diente dort zur reichen, künstlerischen Verzierung des einheimischen Hauptkleidungsstücks, des „Sarong". Als Grundgewebe wird ein dichter, feiner, glatter Baumwollstoff verwendet, der zunächst durch Auskochen aufnahmefähig für Wachs und Farbstoffe gemacht wird. Der trockne Stoff wird dann mit einem kleinen Kupferkännchen mit feinem Ausfluß, dem sog. „Tjanting" (s. Abb. 82), mit einem geschmolzenen Gemisch von Wachs und Dammarharz „bemalt" oder „gebatikt". Außer diesem meist gebrauchten Tjanting benutzen die Javaner für häufiger vorkommende Figuren und Muster auch kupferne Handstempel oder Kupfermodel, die sog. „Tjap", ferner ganz aus Holz (besonders festem Holz aus Masulipatam) gefertigte Druckblöcke, ferner hölzerne Druckplatten mit Messingmustern und solche mit eingeschmolzenem Blei (s. Abb. 83). Größere Flächen werden auch mit dem Pinsel aufgetragen. Das so aufgetragene Wachs wird von der Faser aufgesaugt und dient als Reserve.

Abb. 82. Javanisches Tjanting (nach O. N. Witt).

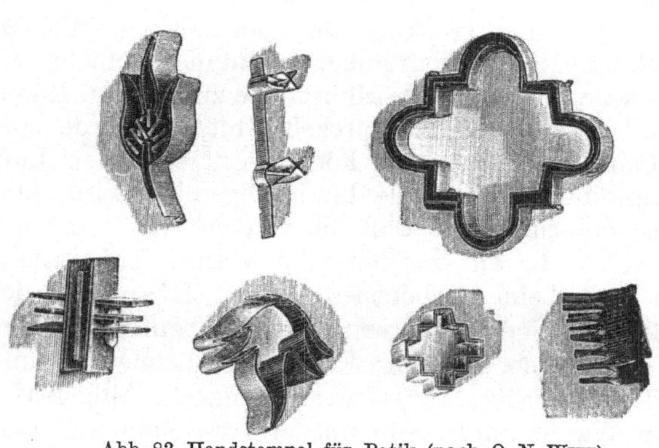

Abb. 83. Handstempel für Batik (nach O. N. Witt).

Ist die Reserve fertig aufgetragen, so wird das Gewebe in kaltes Wasser getaucht und nun das spröde Wachs gebrochen. Es entstehen hierdurch in der Wachsschicht feine Risse, die zu einer nicht vorherzubestimmenden aderartigen Musterung nach dem Färben führen. Das Färben erfolgt in Indien in gelben, roten, blauen und braunen Tönen, wozu vor allem Küpenfarben, wie Indigo und Holzfarben (besonders Catechu) Verwendung finden. Gewöhnlich ist indischer Batik zweifarbig. Die Entfernung des Wachses erfolgt durch Auskochen in Wasser. Batikware zeigt einen eigentümlichen Geruch und ist an der Äderung leicht zu erkennen.

Der große Bedarf in Indien hat zu einer industriellen Großerzeugung in Europa geführt. Die Höchster Farbwerke geben folgendes Verfahren für Handdruck mit Messingmodeln an.

Die Reserve, bestehend aus:

800 g Kolophonium
100 g Ceresin
100 g Japanwachs,

wird geschmolzen, auf ein warmgehaltenes Filzkissen aufgetragen und mit vorgewärmten Modeln gedruckt. Der Drucktisch wird, um ein Durchschlagen zu verhüten, mit Kaolin oder Sand bestreut. Man verhängt, taucht in kaltes Wasser, bricht den Stoff und färbt am besten mit Küpenfarben bei 20—25° C aus. Das Entfernen des Wachses erfolgt durch wiederholtes Auskochen mit Wasser unter Zusatz von etwas Soda.

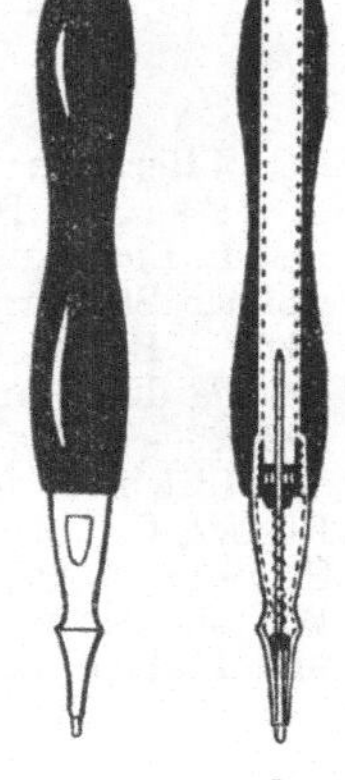

Abb. 84. Batikstift (nach O. N. WITT).

Die künstlerischen Möglichkeiten des Batiks führten dazu, die Technik auch im Kunstgewerbe zu nutzen zur Herstellung von Decken, Vorhängen, Schals, Kleidern, Gürteln, Krawatten, Bucheinbänden usw. Als Gewebe zieht man Seide oder Samt, auf dem besonders schöne Effekte erzielt werden, vor. Als Reserve dient Bienenwachs, Ceresin, Paraffin, Stearin, Karnaubawachs, Harz usw. Am besten soll ein Wachs- (oder Paraffin-) Harz-Gemisch sein, das 20—80% Harz enthält.

Der Wachsauftrag erfolgt mit Glastjantings oder Batikstiften (s. Abb. 84; Reimannschule, Berlin) auf das in einen Rahmen gespannte Gewebe. Das Färben erfolgt vielfach noch in unechter Weise mit basischen oder sauren, leuchtenden Farbstoffen, das Entwachsen darf dann nur durch Ausbügeln zwischen saugfähigem Papier oder Auswaschen mit Benzin oder Benzol erfolgen. Hochwertige Stücke sollten nur mit den echten Küpenfarbstoffen gefärbt werden.

Um mehrfarbige Muster zu erzielen, kann man auch helle Farben teils mit Wachs abdecken und in dunklern Tönen überfärben. — So kann man auf weißem Grund ein helles Blau färben, dann teils abdecken, mit Rotaufsatz violett färben, wieder einen Teil reservieren und zuletzt dunkelbraun oder schwarz färben. Andre Farben lassen sich durch Bemalen oder Färben von wachsumgrenzten Figuren von Hand hineinbringen. Der Weg, die ganze Reserve nach Fertigstellung von 1—2 Farben zu entfernen und neu mit andern Farben zu batiken, wird selten beschritten, da er mühselig und teuer ist. Die vollkommen handgezeichnete Musterung in Verbindung mit der künstlerisch-edlen Äderung, die nie zwei ganz gleiche Stücke entstehen läßt, haben der Batiktechnik zu einer hervorragenden Stellung im modernen Kunstgewerbe verholfen.

Phantasiebatik. Diese Technik hat mit dem Batik nur den Namen und die nicht genau vorherbestimmte Art der Musterung gemein. Die einfachste Technik ist die Abbindetechnik. Packt man ein Taschentuch in der Mitte, so daß ein Zipfel entsteht, und umwickelt das mehrfach zusammengerollte Tuch mit einem Bindfaden an einer Stelle kreisförmig mehrmals, so preßt der Bindfaden das Tuch zusammen, verdeckt es teilweise und wirkt so als Reserve bei einem folgenden Ausfärben oder Bedrucken. Nach dem Öffnen des Tuchs gibt die Reserve einen viereckigen bis kreisförmigen, in verwaschenen Adern verlaufenden Rahmen. Diese Technik wurde an Meterware verwendet, indem, unregelmäßig rahmenartige Augen als Muster erscheinen, die durch unregelmäßige Adern und Flecke verbunden sind.

Besonders aber wurden Phantasietaschentücher in dieser Art gemustert. Bindet man mehrfach ab, so kann man mehrfarbige Muster erzeugen, dabei durch Spritzen (wie im Spritzdruck) zarte Übergänge oder scharfe Adern und Flecke. Statt mit einer Schnur abzubinden, kann man auch den Stoff beliebig falten und kleine Flächen symmetrisch durch Klammern verschiedener Form reservieren. Die Fertigware kann durch Bespritzen und Bemalen mit Pinseln usw. so phantastisch verziert werden, daß man kaum die Herstellungsart erkennen kann. Für diese Technik kamen meist substantive oder basische Farbstoffe zur Verwendung, da leuchtende Farben die beste Wirkung ergaben. Die Erzeugung ist eine Industrie, die Massenware liefert, seltner eigentliches Kunstgewerbe (s. a. u. Seide: Batik, Bandhanafärbung u. u. Zeugdruck: Batikdruck).

Bleicherei.

Literatur: ENGELHARDT: Hypochlorite und elektrische Bleiche. — EBERT, W. und J. NUSSBAUM: Hypochlorite und elektrische Bleiche, 1910. — GEORGIEVICS, G., R. HALLER und L. LICHTENSTEIN: Handbuch des Zeugdrucks (GAUMNITZ, O.: Die Vorappretur baumwollner Stückwaren, 1928). — HERZFELD, J.: Die moderne Baumwoll-Stückbleicherei, 1895. — HERZFELD, J.: Bleicherei, Wäscherei und Carbonisation. — HERZOG, R. O.: Technologie der Textilfasern (4, 3. T. von R. HALLER: Chemische Technologie der Baumwolle, 1928). — KIND, W.: Das Bleichen der Pflanzenfasern, 1922. — RISTENPART: Die Praxis der Bleicherei (zugleich neue Auflage von HERZFELD und von THEIS, s. d.), 1928. — ROMEN, C.: Bleicherei, Färberei und Appretur der Baumwoll- und Leinenwaren, 1885. — SCHOOP: Elektrische Bleiche. — THEIS: Strangbleiche baumwollner Gewebe. — THEIS: Breitbleiche baumwollner Gewebe. — Ferner allgemeine Schriften über Textilveredlung und Färberei (s. u. Färberei).

Bleicherei der Baumwolle.

Von ALFRED SCHMIDT.

Einleitung.

Im Laufe der Jahre ist bereits eine ganze Anzahl von Büchern und Abhandlungen erschienen, die sich mit der Bleicherei von Baumwolle befassen. Die meisten beschränken sich darauf, die Bleichverfahren einfach zu beschreiben. Im Gegensatz dazu sollen die folgenden Ausführungen die Verfahren technologisch, betriebswissenschaftlich und wirtschaftlich beleuchten. Zur chemisch-physikalischen Beurteilung fehlen uns leider noch nach vielen Richtungen hin die Grundlagen, da sich die Wissenschaft mit der Bleicherei bisher nur recht wenig beschäftigt und viele Fragen noch gar nicht bearbeitet hat, die für den Fachmann von besonderer Wichtigkeit sind.

Schon über die Zusammensetzung der Baumwolle wissen wir noch recht wenig. Ihre Grundsubstanz ist die Cellulose, deren Zusammensetzung bis heute noch nicht völlig aufgeklärt ist. Noch viel weniger aber wissen wir von den Stoffen, die die Cellulose begleiten und mit ihr teilweise verwandt sein dürften. Dahin gehören die Verbindungen, denen man Namen wie Pektin, Holzgummi, Hemicellulosen usw. gegeben hat. Sie lassen sich nicht unverändert in Lösung bringen, und die Bemühungen, ihre Zusammensetzung und Eigenschaften durch die Untersuchung der gelösten und wieder ausgefällten Verbindungen zu erforschen, haben noch keine Erfolge gehabt. Weiter zählt dazu der Stoff, aus dem die Haut besteht, mit der die Baumwollfaser überzogen ist, die sog. Cuticula, und den man Cutin und Suberin nennt. Weniger Schwierigkeiten bereitet die Untersuchung von wachs- und fettartigen Bestandteilen, die man mit geeigneten Lösungsmitteln in unverändertem Zustande abziehen kann. Man hat auch eine Anzahl davon abgeschieden und näher untersucht. Ob es sich dabei um einheitliche Verbindungen oder um Gemische handelt, ist noch fraglich. Dagegen scheint es sicher zu sein, daß diese wachsartigen Substanzen nicht oder nur schwer verseifbar sind. Das muß deshalb betont werden, weil man bis vor kurzem die Beuche vielfach als einen Verseifungsvorgang angesehen hat. Schließlich sind in der Rohfaser auch noch Verbindungen, die Stickstoff enthalten und vor allem aus dem Protoplasma herrühren, das sich im Innern der Faser, im sog. Lumen, befindet (s. a. u. Baumwolle).

Die Angaben über die Mengenverhältnisse, in denen die einzelnen Bestandteile der Baumwollfaser auftreten, weichen bei den verschiedenen Forschern voneinander ab. Das ist nicht zu verwundern, denn einmal sind die Untersuchungsmethoden verschieden, auf der andern Seite wechselt auch wieder die Zusammensetzung der Rohfaser nicht unerheblich. Nicht nur die verschiedenen Baumwollarten weisen mehr oder weniger bedeutende Abweichungen auf, sondern auch bei ein und derselben Sorte können Verschiedenheiten auftreten. Die Eigenschaften der Faser sind abhängig von den Bedingungen, unter denen das Wachstum der Baumwollpflanzen vor sich geht (Bodenbeschaffenheit, Klima, Witterung usw.), und unter denen das Ernten, Lagern und Versenden der Rohbaumwolle erfolgt. Schließlich hat man auch noch mit zufälligen Verunreinigungen zu rechnen, die bei den verschiedenen Bearbeitungsstufen in die Baumwolle gelangen. Ich verzichte darauf, nähere zahlenmäßige Angaben zu machen, die doch nur für ganz bestimmte Fälle gelten würden.

Das Wort „Bleichen" deckt sich in seiner engeren Bedeutung mit dem damit verfolgten Zweck nur unvollkommen. Wohl beabsichtigt man gewöhnlich durch das Bleichen die Farbe der Baumwolle möglichst weit aufzuhellen und in den meisten Fällen sogar bis zum vollen Weiß zu bringen. Außerdem aber, und das ist in der Regel nicht weniger wichtig, sollen dabei auch noch verschiedene Körper von der Baumwolle entfernt werden, die bei der Verwendung der baumwollnen Waren stören. Welche von den in der Rohbaumwolle enthaltenen Verbindungen aber zur Erzielung einer einwandfreien Bleichware unbedingt entfernt werden müssen, und welche besser erhalten bleiben könnten oder sollten, können wir heutzutage noch nicht mit Bestimmtheit sagen. Bis vor noch nicht allzu langer Zeit herrschte die Ansicht vor, daß es richtig wäre, alle andern Substanzen außer der Cellulose zu entfernen, also eine möglichst reine Cellulose zu erstreben. Durch die Erfahrungen aber, die man mit den neueren Bleichverfahren gemacht hat, ist diese Anschauung stark erschüttert worden.

Um die Lösung solcher Fragen hat sich freilich die Praxis nie gekümmert. Sie hat vielmehr ihre Bleichverfahren auf Grund einer jahrhundertelangen Erfahrung und Beobachtung bei der Leinenbleiche rein handwerksmäßig durchgebildet und chemisch-wissenschaftliche Methoden nur in allerbescheidenstem Umfange mitverwandt. Es ist darum auch nicht zu verwundern, daß man nur vereinzelte Betriebe antrifft, die in der Lage sind, regelmäßig und mit Sicherheit eine einwandfreie Bleichware herzustellen, und daß der allergrößte Teil der Bleichereien nach mangelhaften Methoden bleicht, die Bleiche nicht genügend in der Hand hat und viel Bleichware liefert, die als fehlerhaft bezeichnet werden muß. Ein erheblicher Teil der Ware wird durch die unzweckmäßige Behandlung in der Bleiche geschädigt und verschleißt dadurch viel zu früh, so daß nicht nur die Privat-, sondern auch die Volkswirtschaft unnötigerweise schwere Verluste erleidet. Das ist Grund genug, um die Bleichverfahren einmal kritisch zu behandeln.

Bei den folgenden Besprechungen soll in erster Linie die *baumwollne Stückware* berücksichtigt werden. Die andern Arten der baumwollnen Waren werden nebenbei behandelt. Es wird nicht nur der *allergrößte Teil der baumwollnen Waren im Stück gebleicht*, sondern die Stückwarenbleiche ist auch mit den meisten Umständen verbunden, weil Stückware den längsten Bearbeitungsweg durchzumachen hat und dabei überall Gelegenheit hat, Verunreinigungen aufzunehmen.

Grundsätzliches.

Bei allen Bleichverfahren strebt man danach, die Verunreinigungen (wie in den folgenden Ausführungen der Einfachheit halber die Begleitsubstanzen und Verunreinigungen der Cellulose zusammen kurz genannt werden sollen) in lösliche Form überzuführen oder zu emulgieren, so daß sie von der Faser heruntergewaschen werden können. Es spielt also bei der Bleicherei neben den Lösungsvorgängen auch das *Waschen* eine große Rolle. Sonderbarerweise schenkt man ihm aber auch nicht annähernd die Beachtung, die es wegen seiner Wichtigkeit beanspruchen kann[1].

So laufen die Warenstränge bei der Maschine (s. Abb. 85/86) immer in verunreinigtem Wasser. Die Quetschwalzen sind zu weit gelagert und haben nur einfachen Hebeldruck, so daß die Abquetschung nur mangelhaft ausfällt. Aus diesen Gründen ist die Wirkung der Maschine ungenügend. Der Wasserverbrauch ist sehr hoch. Besser

Abb. 85. Strangwaschmaschine (Zittauer Maschinenfabrik A.-G., Zittau).

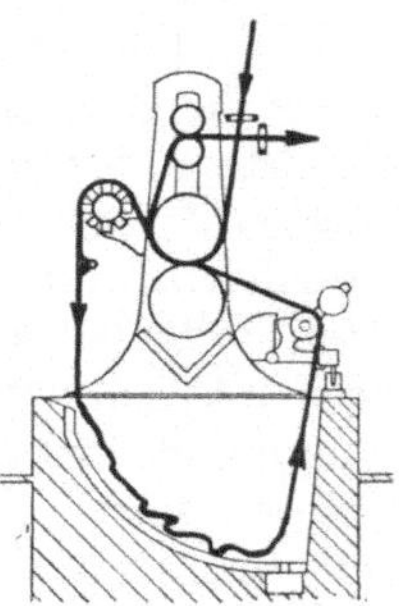

Abb. 86. Schema zur Strangwaschmaschine.

wirkt die Gegenstrom-Strangwaschmaschine Patent *Schmidt* (s. Abb. 87). Das Waschwasser fließt hier im Gegenstrom zur Ware, die hinter jedem Kasten durch kräftige Quetschwalzen mit Doppelhebeldruck gründlich ausgequetscht wird. Vorzügliche Waschwirkung bei niedrigem Wasserverbrauch.

Neben dem Waschen verdient aber auch noch das *Entwässern und Abquetschen* der Ware Aufmerksamkeit. Ist sie schlecht abgequetscht, so werden nicht nur die Bleichlösungen unnötigerweise verdünnt, sondern es wird auch ein vollständiges Durchdringen der Fasern mit den Lösungen verhindert, so daß ihre Wirkung geschwächt wird. Schließlich arbeitet man dadurch auch noch sehr unwirtschaftlich.

Will man Körper irgendwelcher Art in Lösung bringen, so muß man sie, gleichgültig, nach welchem Verfahren man arbeitet, mit den Lösungsmitteln in möglichst *innige Berührung* bringen. Das ist ja eigentlich selbstverständlich;

[1] Vgl. A. Schmidt: Das Waschen. Mell. Text. **1924**, 461.

und doch wird in der Bleichereipraxis dagegen vielfach gesündigt. Es soll deshalb an den verschiedenen Stellen auf diesen Punkt mit besonderem Nachdruck hingewiesen werden.

Grundsätzlich kann man die Bleichverfahren in *zwei Klassen* einteilen. Die 1. Klasse benutzt *kochende alkalische Laugen*, um die Verunreinigungen zu lösen und zu emulgieren (*Beuchen*), und zerstört die noch übrig-

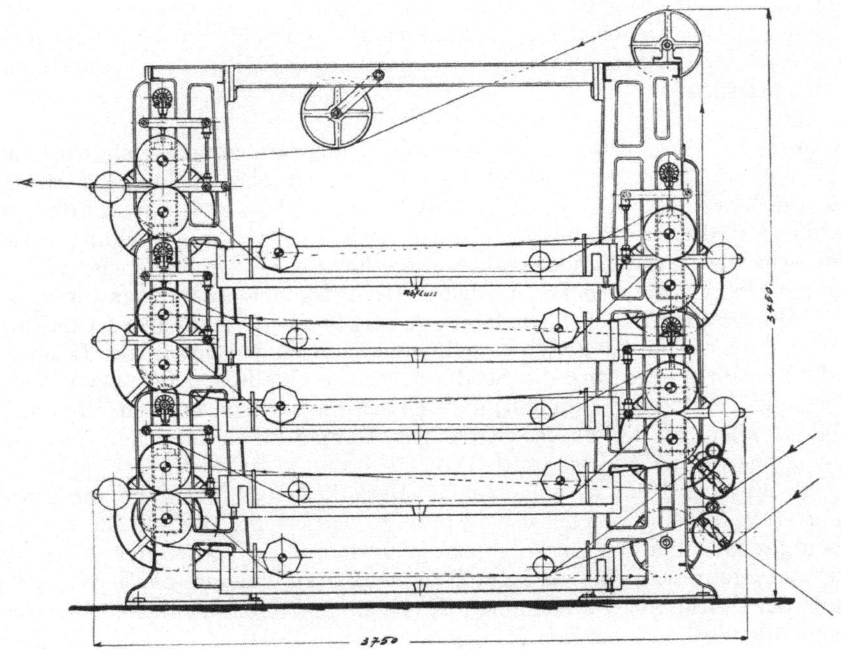

Abb. 87. Gegenstrom-Strangwaschmaschine, Patent Schmidt (Moltrecht & Reiher, Oelsnitz i. Vogtl.).

bleibenden geringen Mengen davon, die der Faser eine gelbliche Färbung erteilen, durch *Oxydationsmittel*, vor allem durch *Hypochlorite*. Bei den Verfahren der 2. Klasse verwendet man sowohl zum Auflösen der Verunreinigungen wie zur Erzielung des Weiß *Oxydationsmittel allein*, die entweder *kalt* (*Kaltbleiche*) oder heiß (*Heißbleiche*) angewandt werden. Man ist in der Lage, nach den verschiedenen Bleichmethoden eine einwandfreie Ware zu erzielen, wenn ihre Eigenschaften auch in gewissem Grade voneinander abweichen. Voraussetzung ist dabei aber, daß man die Verfahren auch durchaus sachgemäß ausführt.

Vorbereitung der Bleichware.

Lose Baumwolle, *Kardenband* und die *Gespinste* in den verschiedenen Aufmachungen werden ohne weiteres den eigentlichen Bleichoperationen unterworfen. *Stückware* dagegen wird meist erst noch einer besonderen Vorbereitung unterworfen. Da sie für den Ausfall der Bleiche von größter Wichtigkeit ist, so muß sie zunächst eingehender behandelt werden.

Sengen.

Der größte Teil der Stückwaren wird zuerst *gesengt* (s. a. u. Sengen). Der größte Teil der Sengwaren ist nur mangelhaft gesengt. Dadurch wird aber das Aussehen der fertigen Ware beeinträchtigt, und schlecht gesengte Ware *schmutzt* sehr leicht. Selbst mit den Maschinen, die mit den größten Versprechungen angeboten werden, kommt man meist nicht zum Ziele, weil die verschiedenen Bedingungen für eine gründliche Sengwirkung, wie scharfe Flamme, Beseitigung der Feuchtigkeit usw., nicht erfüllt sind, und weil vielfach mit viel zu großer Geschwindigkeit gearbeitet wird. Ob die Erhitzung der Ware, die beim Sengen eintritt, die Bleiche nachteilig beeinflußt, ist m. W. bisher noch nicht näher untersucht worden. Es wäre z. B. möglich, daß die Löslichkeit gewisser Verunreinigungen der Faser dadurch vermindert würde. Einen Nachteil hat aber das Sengen vor der Bleiche auf alle Fälle: Schmier- und Ölflecke vergrößern sich unter dem Einfluß der Hitze. Vielleicht werden die Flecke dadurch auch noch mehr auf der Faser befestigt, so daß es schwieriger oder ganz unmöglich wird, sie nachträglich noch zu entfernen.

Entschlichtung.

Man nennt die Vorbereitung, der alle Stückware unterworfen wird, allgemein Entschlichtung. Diese Bezeichnung ist aber nicht ganz richtig. Gewiß will man dadurch die Bestandteile der Schlichte entfernen, vor allem die Stärke. Es soll aber auch noch eine weitere Wirkung erzielt werden, wie weiter unten noch näher ausgeführt wird. Daß man gerade die Stärke entfernen will, erscheint auf den ersten Blick sonderbar, denn die meiste Ware wird nach dem Bleichen wiederum gestärkt. Der Grund dafür ist darin zu suchen, daß die Stärke die Fäden einhüllt und dadurch den Zutritt der Lösungen hemmt. Vor allem aber wird die Stärke durch die alkalischen Lösungen in eine zähe, schmierige Masse verwandelt, die sich schwer auflösen und entfernen läßt, und die vor allem bei der Beuche, wo höhere Temperaturen herrschen (vielleicht durch Polymerisation und Oxydation) dunkelbraun gefärbte Körper bildet, die häufig zu Flecken Veranlassung geben. Deshalb haben auch die erfahrenen Bleicher stets für eine möglichst vollständige Entfernung der Stärke vor dem Beuchen gesorgt. Bei den Oxydationsbleichverfahren, bei denen der Abbau der Stärke weitergetrieben wird als beim Beuchverfahren, kommt diese nachteilige Wirkung der Stärke nicht besonders in Erscheinung. Trotzdem spielt aber auch hier eine gute Vorbereitung der Faser eine wichtige Rolle.

Die Entschlichtung führt man durch entweder mit Hilfe von Gärungserregern oder Enzymen, oder mit Hilfe von Chemikalien, die die Stärke und teilweise auch die Verunreinigungen der Baumwolle zum Quellen bringen und mehr oder weniger weit abbauen. Für den Grad der Vorreinigung ist aber nicht nur das Entschlichtungsmittel, sondern auch das Verfahren, nach dem man es anwendet, von ausschlaggebender Bedeutung. Man unterscheidet im wesentlichen folgende Entschlichtungsverfahren:

a) Entschlichtung auf Haufen. Sehr weit verbreitet ist die Methode, die Ware mit der Lösung eines Entschlichtungsmittels zu imprägnieren und dann längere Zeit auf Haufen liegenzulassen. Dieses Verfahren ist aber nach verschiedener Richtung hin mangelhaft. Da mit dieser Behandlung die Bearbeitung der Ware beginnt, so muß man dafür sorgen, daß die Faser zunächst einmal vollständig von Flüssigkeit durchzogen wird, damit die Lösung auch mit allen Teilchen, die gelöst werden sollen, in innigste Berührung kommt. Die rohe Faser netzt sich aber ganz besonders schwer, denn die fett- und wachsartigen Bestandteile, die die Faser von Natur enthält, oder die im Laufe der Bearbeitung hinzugekommen sind, stoßen das Wasser ab. Vor allem aber hindert auch die Luft, die im Lumen der Faser eingeschlossen ist, den Zutritt wäßriger Flüssigkeiten sehr stark. Bei der Imprägnierung gelingt es nun, selbst wenn man heiße Flüssigkeiten anwendet, fast nie, die Ware vollkommen zu netzen, und die aus der Maschine mitgenommene Menge Flüssigkeit genügt für eine nachträgliche völlige Netzung der Ware nicht. Beim Liegen auf Haufen stellen sich dann in dessen verschiedenen Teilen auch verschiedene Zustände ein. Außen und innen, oben, in der Mitte und unten ist die Ware verschieden naß und verschieden warm, und das hat selbstverständlich recht große Unterschiede in der Wirkung zur Folge. Weiter sind die äußeren Lagen der Haufen dem Austrocknen ausgesetzt. Damit hört die lösende Wirkung des Mittels auf, und die gelösten Substanzen häufen sich in den trocknenden Stellen an. Bei Verwendung von Säuren können überdies Faserschädigungen eintreten. Die eingetrockneten Substanzen widersetzen sich später hartnäckig der Lösung und geben zu Fleckenbildung Anlaß, was besonders bei Farbware sehr unangenehm werden kann. Aus allen diesen Gründen ist diese Methode des Entschlichtens auf Haufen zu verwerfen, weil sie eine sichere und wirksame Führung des Bleichprozesses verhindert.

Seit einer Reihe von Jahren hat man mit besonderem Nachdruck empfohlen, bei der Entschlichtung Netzmittel mit zu verwenden. Sie verteuern aber das Verfahren, wenn sie in einer, für eine zuverlässige Wirkung nötigen Menge angewendet werden, sie beeinträchtigen unter Umständen die Wirkung der Enzyme, und schließlich können sie dem Mangel an Flüssigkeit, der bei der aufgestapelten Ware nun einmal herrscht, nicht abhelfen.

b) Entschlichtung in Behältern. Eine andre Methode der Entschlichtung besteht darin, die gewaschenen Waren in Behälter einzulegen und mit der Entschlichtungsflüssigkeit zu bedecken, die dann erwärmt und umgepumpt wird. Bei dieser Arbeitsweise ist es ganz dem Zufall überlassen, wieweit sich die Entschlichtungslösung mit dem in der Faser vorhandenem Wasser austauscht. Man wird dann innerhalb der Warenmenge Stellen finden, in denen in der Faser nur eine sehr schwache Lösung vorhanden ist, und dort wird auch nur eine ungenügende Wirkung der Mittel vor sich gehen. Deshalb ist es viel zweckmäßiger, die gewaschene und gut entwässerte oder auch die trockne Ware zuerst gründlich mit der Entschlichtungsflotte durchzuarbeiten und nach dem Einschlichten in dem Behälter mit der gleichen Flüssigkeit zu bedecken. Dann hat man die Gewißheit, daß die Lösung an allen Stellen der Warenpost dieselbe Stärke besitzt, und daß eine gleichmäßige Wirkung eintritt. In den meisten Fällen verfährt man so, daß man die Flüssigkeit am Boden des Bottichs absaugt und oben wieder aufgibt. Dreht man die Richtung um, und drückt man die Lösung unten ein und läßt sie oben wieder nach der Pumpe fließen, so unterstützt man damit den Auftrieb der in der Ware enthaltenen Luft und befördert dadurch das Netzen der Faser, ohne daß man es nötig hätte, weitere Kosten für Netzmittel aufzuwenden. Dieses Verfahren ist unter allen Umständen das vorteilhafteste.

c) Entschlichtung im fortlaufenden Betriebe. Das Entschlichten auf Haufen oder das in Bottichen erfordert längere Zeit und ist immer nur mit Unterbrechungen durchzuführen. Man kann aber auch fortlaufend arbeiten. Es ist dabei notwendig, die Wirkung der Entschlichtungsmittel durch Wärme zu unterstützen. Bei Enzymen muß man bei dieser Arbeitsweise aber vorsichtig vorgehen, damit die Wirkung dieser gegen Hitze empfindlichen Stoffe nicht gestört wird[1].

Die wichtigsten Entschlichtungsmittel sind folgende:

a) Entschlichtung mit Wasser allein. Zuerst führte man die Entschlichtung so durch, daß man die Ware einfach mit Wasser netzte, meist in einer Waschmaschine, und dann entweder auf Haufen liegen ließ, oder besser in Bottiche einlegte und mit Wasser bedeckte, das erwärmt wurde. Nach einiger Zeit trat eine saure Gärung ein, bei der die Stärke und andre organische Verunreinigungen der Ware durch die dabei entstehenden Säuren zersetzt und löslich gemacht wurden. Besonders das Einweichen der Ware in warmem Wasser wirkte recht günstig, nicht nur, weil die Lösung der Verunreinigungen gut vor sich ging, sondern auch dadurch, daß bei dem langen Liegen der Ware (24—48 Std.) in warmem Wasser eine vollständige Netzung der Fasern eintrat. Das Verfahren

[1] Tagliani, G., und W. Krostewitz: Einige Bemerkungen über die Vorbereitungsoperationen beim Beuchen baumwollner Gewebe. Färb. Ztg. **1912**, 41 u. 62.

hatte aber die Nachteile, daß man die Vorgänge, die von der Gegenwart gewisser Gärungserreger abhängig sind, nie völlig beherrschte, daß es viel Zeit erforderte, und daß die Faser angegriffen wurde, wenn bei zu langer Dauer die saure Gärung in die faulige überging.

b) Entschlichtung mit Enzymen. Schneller und sicherer gelangt man zum Ziele, wenn man gewisse Enzyme anwendet, die ebenfalls die Stärke und verschiedene andre Verunreinigungen der Ware löslich machen. Sie stammen in der Hauptsache aus dem Malz und der Bauchspeicheldrüse (s. Diastasepräparate). Man arbeitet entweder auf Haufen oder in Bottichen oder aber fortlaufend. Diese Stoffe bieten ohne Zweifel mancherlei Vorteile: sie sind in gleichmäßiger Beschaffenheit und in handlicher Form zu haben, und sie wirken bei sachgemäßer Anwendung auch zuverlässig. Sie haben aber auch einige Nachteile. Sie sind, wie bereits erwähnt, hitzeempfindlich und verlieren ihre Wirksamkeit schnell, wenn sie zu hoch erwärmt werden. Man muß also für eine genaue Überwachung der Arbeitstemperatur sorgen. Dann ist ihre Wirkung auch abhängig von der Wasserstoffionenkonzentration des Lösungswassers und der Waren, die man entweder gar nicht in der Hand hat oder nur mit Umständen einstellen kann. Schon eine geringe alkalische Reaktion des Wassers setzt ihre Wirksamkeit merklich herab. Schließlich netzen die Lösungen nicht immer in dem nötigen Maße, weshalb für eine sorgfältige Imprägnierung Sorge zu tragen ist, gleichgültig, nach welchem der oben angeführten Verfahren man entschlichtet.

c) Entschlichtung mit Alkalien und Säuren. Nun gelingt es aber selbst bei guter Entschlichtung mit Enzymen nur unter günstigen Bedingungen nach dem gebräuchlichen Natronlaugen-Beuchbleich-Verfahren ein klares und allen Ansprüchen genügendes Weiß zu erzielen. Vielfach findet man auch heute noch die Ansicht vertreten, daß das auch nur nach dem alten Kalk-Soda-Verfahren möglich wäre. Nach meinen langjährigen Erfahrungen ist man aber auch mit dem Ätznatronverfahren dazu imstande, wenn man so wie beim Kalkverfahren arbeitet, nämlich die Ware vor der (letzten) Kochung auch säuert. Jedenfalls wirkt die Säure auf bestimmte Bestandteile der Baumwolle so ein, daß sie sich bei der alkalischen Kochung leichter und vollkommener lösen. Bleiben diese Substanzen dagegen in der Faser zurück, so beeinträchtigen sie die Klarheit des Weiß.

Kommt es also auf ein ganz besonders gutes Weiß an, so muß man die Ware nicht nur mit Enzymen entschlichten, sondern auch noch gut säuern. Man könnte nun die Säure gleich von Anfang an zum Entschlichten und gründlichen Aufschließen der Baumwolle verwenden. Sie netzt aber die Rohware, selbst wenn sie kochend angewandt wird, recht schwer, und damit wird ihre Wirkung in den meisten Fällen unzureichend. Es ist daher besser mit einer alkalischen Behandlung zu beginnen, und dazu eignet sich gebrauchte Koch- oder Mercerisierwaschlauge recht gut. Sie sind billig, die Reaktion des Wassers und der Ware spielt keine Rolle wie bei den Enzymen, die Natronlauge netzt die Faser in der Wärme leichter, und die Faser nebst Verunreinigungen quellen in der Lauge stark auf, wodurch die Lösungsvorgänge wesentlich erleichtert werden. Möglicherweise spielen auch chemische Wirkungen des Ätznatrons auf die Verunreinigungen noch mit. Wendet man nach dieser alkalischen Behandlung der Ware nun eine solche mit Säure an, so wird nicht nur die Stärke leicht und vollkommen abgebaut, sondern es erfolgt auch die oben beschriebene weitere Aufschließung der Faser. Im praktischen Betriebe kann man die Ware hinter der Sengmaschine mit Lauge tränken, in einen eisernen Behälter einschlichten, mit Lauge bedecken, diese dann erhitzen und umpumpen, und nach dem Ablassen die Ware waschen und säuern. Man kann aber auch fortlaufend arbeiten, und zwar entweder im Strang oder in breitem Zustande, und dabei das Netzen und Einwirken der Lauge und der Säure durch Erwärmen oder durch Dämpfen unterstützen. Diese Art der Vorbereitung ist nicht nur besonders wirksam, sondern auch billig. Sie darf aber nicht bei Buntwaren angewandt werden, da viele Färbungen, vor allem die mit Küpenfarbstoffen, in der heißen alkalischen, organische reduzierende Substanzen enthaltenden Lauge leicht bluten und auf die ungefärbten Stellen abflecken.

d) Entschlichtung mit Oxydationsmitteln. In neuerer Zeit wird immer mehr empfohlen, die Entschlichtung statt mit den vorgenannten Hilfsstoffen mit Oxydationsmitteln durchzuführen. Als solche kommen in Frage vor allem Natrium- und Wasserstoffsuperoxyd, Natriumperborat und Aktivin in alkalischer Lösung. Sie bauen in der Wärme die Stärke weit ab und führen sie in lösliche Form über; gleichzeitig üben sie eine bleichende Wirkung aus.

Da die Bleichwirkung dieser Mittel durch die Schlichte nicht beeinträchtigt wird, so liegt eigentlich kein Grund mehr vor, eine besondere Behandlung zur Entschlichtung beizubehalten. Man wird vielmehr aus wirtschaftlichen Gründen besser ohne weiteres auf die Bleiche hinarbeiten.

Auch die Hypochloritlösungen wirken entschlichtend und bleichend zugleich. Sie haben gegenüber den erwähnten Oxydationsmitteln den Vorzug, daß sie schon bei gewöhnlicher Temperatur angewandt werden können.

Auf diese Punkte wird weiter unten noch ausführlicher bei den Oxydationsbleichverfahren eingegangen werden.

Die Beuchbleichverfahren.

Allgemeines.

a) Geschichtliche Entwicklung. Diese Verfahren haben sich auf Grund einer jahrhundertelangen Erfahrung beim Bleichen der Leinwand entwickelt, wobei die bleichende Wirkung des Lichtes auf die auf dem Rasen ausgebreitete Ware durch wiederholte Kochungen mit alkalischen Flüssigkeiten unterstützt wurde. Bei der Übertragung auf die Baumwolle konnte man die Zahl der Operationen wesentlich abkürzen, da sie sich viel leichter bleichen läßt als der Flachs. Besonders als man die Rasenbleiche durch die Chlorbleiche ersetzen konnte, trat eine weitere bedeutende Erleichterung ein. Als Alkali verwandte man ursprünglich Pottasche, die man durch Auslaugen von Holzasche gewann. Dann trat an ihre Stelle die billigere Leblanc-Soda, die entweder allein oder in Verbindung mit Ätzkalk, der zum Vorkochen diente, benützt wurde, und schließlich bürgerte sich immer mehr das wirksamere Ätznatron ein.

b) Wirkung der Alkalien. Die Wirkung der Alkalicarbonate und der Hydroxyde der alkalischen Erden und Alkalien auf die Rohbaumwolle ist wissenschaftlich so gut wie noch gar nicht erforscht. Wir wissen nur, daß der größte Teil der Verunreinigungen in den Lösungen dieser Stoffe sich entweder auflöst oder so verändert wird, daß die Ablösung leichter vorgenommen werden kann. Bei sachgemäßer Arbeit gelingt es, eine fast reine Cellulose bloßzulegen, die nur noch schwach gelblich gefärbt ist. Ob bei der alkalischen Kochung auch ein Teil von der Cellulose selbst gelöst wird, oder ob eine solche Lösung nur unter gewissen Bedingungen vor sich geht, steht heute noch nicht fest. Bei richtig geleiteter Bleiche scheint sich entweder nichts oder nur eine sehr geringe Menge von der Cellulose zu lösen. Bei fehlerhafter Bleiche aber wird der Faden mager, und das dürfte darauf hindeuten, daß tatsächlich die Cellulose selbst angegriffen worden ist.

Lange Zeit bezeichnete man die Beuche schlechthin als einen Verseifungsvorgang, weil man annahm, daß es dabei in erster Linie darauf ankam, die auf der Faser oder dem Gewebe befindlichen Fette und Wachse zu verseifen und dadurch abzulösen. Diese Anschauung trifft aber nicht ganz zu. Nur ein Teil der Fette und Wachse ist, wie bereits oben erwähnt, verseifbar. Die Hauptmenge muß durch Emulgierung entfernt werden. Man vertrat weiter die Ansicht, daß eine gute, nicht vergilbende Weißware nur erhalten werden könnte, wenn die Fette und Wachse möglichst vollständig entfernt werden. Durch die Erfahrungen mit kalt und heiß gebleichter Ware ist aber, wie ebenfalls schon gesagt, diese Ansicht erschüttert worden. Es scheint, als ob unter gewissen Voraussetzungen die Haltbarkeit des Weiß gar nicht besonders beeinträchtigt wird, wenn noch etwas von den Fetten und Wachsen auf der Faser zurückbleibt. Wahrscheinlich ist sogar ein solcher Gehalt der Faser von Nutzen. Völlig entfettete Baumwolle besitzt eine gewisse Rauhigkeit und Sprödigkeit und läßt sich daher nur schwer verspinnen oder rauhen; vielleicht ist sie auch für den Gebrauch der baumwollnen Waren weniger gut geeignet als solche, die noch etwas Fettstoff enthält.

Die als Pektine, Hemicellulosen oder Holzgummi bezeichneten Verunreinigungen werden durch das Beuchen mehr oder weniger vollständig gelöst. Über den Chemismus dieses Vorgangs läßt sich nichts Genaues sagen. Es ist möglich, daß sich dabei Verbindungen der Alkalien oder alkalischen Erden bilden, die eine hellgelbe Farbe besitzen, durch die Hitze und wohl auch durch den Sauerstoff der Luft dunkler werden und dann an Löslichkeit einbüßen. Vermutlich hängt mit diesen Vorgängen die Entstehung eines Teils der gefürchteten Kochflecke zusammen. Wird die Ware, wie geschildert, mit Säure vorbereitet, so wird die Lösung der störenden Verbindungen wesentlich erleichtert und die Bildung von Kochflecken entweder ganz vermieden oder erheblich vermindert. Eine eingehende wissenschaftliche Untersuchung dieser Verhältnisse wäre für die richtige Führung des Beuchprozesses von großem Wert.

Auch die Samenschalenteilchen und holzartige Verunreinigungen der Faser werden durch das Beuchen zur Lösung gebracht, entweder unmittelbar, wie bei der Ätznatronkochung oder mittelbar, wie bei der Kalkbeuche; der Ätzkalk verändert diese Stoffe so, daß sie durch die Behandlung mit Säure und die folgende Sodakochung völlig beseitigt werden.

Schließlich werden durch die Beuche auch die stickstoffhaltigen Verunreinigungen der Faser zerstört. Wenn man bei der Untersuchung von vollgebleichter Beuchware noch Stickstoff nachgewiesen oder Chloramine gefunden hat, so dürfte das ein Beweis dafür sein, daß bei der Behandlung der Ware irgendwelche Fehler begangen worden sind. Entweder ist die Ware bei der Vorbereitung nicht völlig genetzt worden, oder man hat nicht dafür Sorge getragen, daß die Lauge auch in genügender Stärke bis ins Innere der Faser gedrungen ist, so daß die dort eingeschlossenen Protoplasmareste nicht kräftig genug angegriffen worden sind.

Auch die Verunreinigungen, die während der Verarbeitung der Baumwolle in die Faser gelangen, werden beim Beuchen zum allergrößten Teile wieder entfernt. Bei Fetten und Wachsen ist der Vorgang der gleiche wie bei den von Natur aus vorhandenen verwandten Verbindungen. Schwierigkeiten aber können entstehen, wenn z. B. Körper wie Paraffin hinzugefügt worden sind, wie es beim Schlichten öfters der Fall ist. Paraffin ist unverseifbar und schwer zu emulgieren, und es sollte daher nie angewandt und durch besser geeignete Substanzen ersetzt werden; sonst können Schwierigkeiten beim Färben und Drucken eintreten.

c) Flecke und Warenschäden. Es ist bereits darauf hingewiesen worden, daß beim Beuchen sog. Kochflecke entstehen können, wenn aus der Ware die Stärke nicht weit genug entfernt wurde, oder wenn die Vorbereitung der Ware mangelhaft war. Genau aufgeklärt sind jedoch die Vorgänge hierbei nicht. In vielen Fällen spielen die Erdalkalien dabei eine Rolle, weshalb es besser ist, sie soweit wie möglich auszuschließen. Man verwendet daher zweckmäßigerweise zum Ansetzen der Kochlauge weiches Wasser, und man sorgt dafür, daß der Niederschlag, der sich in der Kochlauge beim Ansetzen bildet, oder der sich in der Stammlauge oder dem festen Ätznatron befindet, nicht auf die Ware gelangt. Ferner sollte man auch zum Abwässern der Ware nach dem Beuchen weiches

Wasser benutzen, damit sich auch nachträglich keine Niederschläge bilden, die sich auf der Ware festsetzen. Und schließlich empfiehlt es sich, die Ware wenigstens unmittelbar nach dem Beuchen im Kessel zuerst mit heißem Wasser zu behandeln. Bei Verwendung von kaltem Wasser besteht die Gefahr, daß sich die emulgierten und suspendierten Verunreinigungen in schmieriger, zäher Form auf der Faser niederschlagen und schwer entfernbare Flecke erzeugen, die unangenehme Störungen verursachen. Den hier angeführten Punkten sollte weit mehr Beachtung geschenkt werden, als es gemeinhin der Fall ist; es ließen sich dadurch recht viele Schwierigkeiten und unnötige Kosten vermeiden.

Noch viel schlimmer als die Flecke sind Beschädigungen der Ware, die im Kochprozeß ihre Ursache haben. Mürbe Stellen und Löcher treten auf, wenn während des Beuchens atmosphärischer Sauerstoff zur Baumwolle hinzutreten kann. Man schreibt diese Erscheinung der Bildung von Oxycellulose zu. Ob diese Erklärung zutrifft, läßt sich zur Zeit nicht entscheiden, zumal unsre Kenntnis der Oxycellulose noch ganz unzulänglich ist. Es läßt sich jedenfalls die Tatsache dagegen ins Feld führen, daß man Baumwolle, ohne daß sie geschädigt wird, mit Lauge kochen kann, die Oxydationsmittel wie Superoxyde und Aktivin (s. d.) enthält. Da sich aber die verhängnisvolle Wirkung des Luftsauerstoffes nicht aus der Welt schaffen läßt, so muß man beim Beuchen unter allen Umständen für eine möglichst gute Entlüftung der Kochkessel sorgen.

Eine andre Quelle von Beschädigungen liegt vor, wenn in der Schlichte von Rohwaren, die gesengt werden, stärkere Säuren oder Substanzen, die beim Erhitzen Säure abspalten, enthalten sind, wie z. B. Chlormagnesium, Chlorzink, Aluminiumsulfat, Alaun usw. Dann bilden die Säuren bei der Erhitzung der Ware in der Sengmaschine Hydrocellulose: diese wird durch die heiße Lauge beim Beuchen gelöst, und dadurch tritt eine Schwächung oder völlige Zerstörung der Faser ein. Mit Rücksicht darauf muß mit allem Nachdruck verlangt werden, daß die genannten Substanzen beim Schlichten nicht verwandt werden. Obgleich diese Forderung schon Jahrzehnte alt ist, wird noch immer oft dagegen verstoßen, und mancher Posten Ware wird so vernichtet.

d) Die Beuchmittel. Von den Beuchmitteln hat sich im Laufe der Zeit für die Vollbleiche wie für die Halbbleiche für Farb- und Druckware das Ätznatron durchgesetzt, und es wird heute in größtem Umfange angewandt. Über die geschichtliche Entwicklung findet man nähere Angaben in den oben aufgezählten Schriften. Nur sei folgendes kurz erwähnt: Die Kalkbeuche, bei der die Ware mit Ätzkalkaufschlämmung vorgekocht, gesäuert, gewaschen und mit einer Lösung nachgekocht wird, die Natriumcarbonat und Harzseife enthält, gibt, richtig durchgeführt, eine sehr gute Bleichware. Das Verfahren ist aber unsauber, weil dabei viel Schlamm anfällt, und umständlich, weil man unter allen Umständen zweimal beuchen muß. Das Ätznatronverfahren ist sauberer und, was wirtschaftlich nicht zu vernachlässigen ist, man kann damit die Ware meist mit einer einzigen Kochung fertigstellen. Näheres darüber folgt noch. Daß man auch mit Ätznatron ein allen Ansprüchen genügendes Weiß, das dem mit Kalk erhaltenen gleichwertig ist, herstellen kann, ist bereits früher erwähnt worden.

Vielfach verwendet man bei der Ätznatronbeuche als Zusatz zum Natronhydrat noch Natriumcarbonat. Einerseits will man dadurch das Verfahren verbilligen, andrerseits soll das Carbonat die Wirkung der Lauge auf die Faser mildern und den Gewichtsverlust vermindern. Genauer besehen, erzielt man aber die gewünschte Wirkung nicht. Sollen die Verunreinigungen und vor allem die Samenschalen völlig entfernt werden, so reicht das Carbonat nicht aus, und man muß zum Hydrat greifen, oder man müßte vom Carbonat so große Mengen anwenden, daß eine Ersparnis dabei nicht stattfindet. Nach meinen Erfahrungen kann man mit Ätznatron allein recht vorteilhaft arbeiten, wenn man die Stärke der Lauge den gewünschten Wirkungen entsprechend einstellt. Manche glauben auch durch den Zusatz von Carbonat die Entstehung von Kochflecken vermeiden zu können: es soll dadurch günstig wirken, daß es die Erdalkalien ausfällt. Ein noch besseres Mittel zu diesem Zwecke ist nach mancher Ansicht das Wasserglas, weil es einen sandigen Niederschlag ergibt. In Wirklichkeit aber gibt keines dieser Mittel einen sicheren Erfolg. Viel besser ist es, wie bereits dargelegt, geklärte Laugen zum Beuchen zu verwenden, weil dann die Niederschläge nicht mehr schaden können.

Bisweilen setzt man der Beuchlauge auch noch Seife zu, entweder solche der Fettsäuren oder Harzseife. Seifen können, vor allem wegen ihrer emulgierenden Wirkung, günstig wirken, vorausgesetzt, daß man davon genügend anwendet. In den meisten Fällen kann man sich aber die damit verbundenen Mehrkosten ersparen, denn man erhält nur eine einwandfreie Weißware, wenn man die Ware gut vorbereitet und mit der Lauge imprägniert. Beim Bleichen von Verbandwatte und Verbandstoffen soll die Seife dazu beitragen, die Saugfähigkeit zu erhöhen. Man kommt aber gewöhnlich, wenn nicht ein besonders ungünstiges Rohmaterial vorliegt, auch ohne Seife zu gleich gutem Ergebnis.

Mit großem Nachdruck werden seit mehreren Jahren als besonders günstige Zusätze zur Beuchlauge Netzmittel (s. d.) und Fettlösungsmittel (s. d.) empfohlen. Für Stückware sind Netzmittel vollständig überflüssig, wenn sie vor dem Beuchen gut vorbereitet worden ist, denn wenn die Faser einmal von Flüssigkeit völlig durchzogen ist, können auch Netzmittel keine besondere Wirkung mehr ausüben. Dort, wo die Beuchlauge mit trocknem Bleichgut in Berührung kommt, z. B. mit losem Material oder mit Garn in verschiedener Aufmachung, können dagegen Netzmittel u. U. einen Vorteil bringen. Man muß das durch sorgfältige Versuche feststellen. Die Hersteller solcher Mittel arbeiten oft mit recht gewagten und unzutreffenden Behauptungen. Die Fettlösungsmittel sollen die Wirkung der Lauge dadurch unterstützen, daß sie eine leichtere Lösung der Fette und Wachse bewirken. Bei richtig durchgeführter Beuche kommt man in den meisten Fällen auch ohne solche Fettlöser vollständig aus, so daß man diese Verteuerung umgehen kann. In gewissen Fällen können aber Fettlöser von Nutzen sein, z. B. wenn man mit Fettstoffen stärker verunreinigte Baumwollsorten, Abfälle u. dgl. zu behandeln hat. Nur wird man dann wohl meist erheblich größere Mengen dieser Körper anwenden müssen, als die Hersteller angeben, um sie leichter einzuführen. Arbeitet man mit den vielfach empfohlenen homöopathischen Mengen, so dürfte die beabsichtigte Wirkung meist wohl ausbleiben.

e) Schmierflecke. Mit aller Entschiedenheit muß aber der, leider ziemlich weitverbreiteten Ansicht entgegengetreten werden, daß es möglich ist, durch Zusätze von solchen Mitteln Schmierflecke durch die Beuche zu entfernen. Seit Jahrzehnten hat die Industrielle Gesellschaft in Mülhausen i. E. einen Preis für ein Mittel oder Verfahren ausgesetzt, die diese Wirkung haben; er ist aber bis heute noch nicht verteilt worden, ein Beweis dafür, daß eine Lösung noch nicht gefunden ist. Es gibt vereinzelte Fälle, in denen Schmierflecke bei der Beuche verschwinden können. Das sind Flecke, die keine besonderen Unreinigkeiten, vor allem keine Metallteilchen enthalten, und die noch ganz frisch sind. Sind die Flecke älter und enthalten sie vor allem Metallstaub, der in erster Linie aus den Lagern herrührt, dann haften sie hartnäckig auf der Faser und trotzen allen Lösungsversuchen. Vielfach gelingt es noch, sie durch eine sachgemäß ausgeführte Handwäsche so weit zu entfernen, daß sie nicht mehr auffallen. Man wendet dabei zweckmäßig Lösungen von Seife an, denen man Fettlöser zusetzt. Notwendig ist es, sorgfältig zu arbeiten und gründlich zu spülen, weil sonst die Flecke breit geschmiert werden und Höfe entstehen. Sind viele Flecke vorhanden, so läßt man die Ware, endlos zusammengenäht, einige Zeit in einer Strangwaschmaschine umlaufen, deren Kasten mit einer heißen Seifen- oder Natronlauge mit Fettlösern beschickt ist. Die immer wiederkehrende walkende Bearbeitung der Ware unterstützt die Lauge. Auf diese Weise werden auch Tülle und englische Gardinen von Flecken aus Graphit gereinigt, der zum Schmieren der Webstühle verwandt wird.

f) Zusätze zur Beuchflotte. Man hat ferner die Behauptung aufgestellt, daß man durch den Zusatz von Fettlösern an Ätznatron sparen und dadurch die Beuche verbilligen könnte, und man hat das durch Versuche zu beweisen versucht. Diese Versuche sind aber nicht einwandfrei und sachverständig durchgeführt worden und ändern nichts an der Tatsache, daß man in den meisten Fällen ohne diese Mittel, mit Ätznatron allein, genau so vollkommen, aber billiger beuchen kann. Es kommt ja, wie bereits erwähnt, gar nicht in erster Linie darauf an, die Fette und Wachse völlig zu beseitigen, sondern es spielen die andern Verunreinigungen der Baumwolle eine sehr wichtige Rolle. Auch die weitere Behauptung, daß diese Mittel eine größere Schonung der Faser bedingen, ist unwahrscheinlich.

Schließlich hat man auch noch Oxydationsmittel, wie Natriumsuperoxyd, Perborat und Aktivin, als Zusätze zur Beuchflotte empfohlen. Man erzielt damit gleichzeitig die Entschlichtung (s. oben) und die Beuche der Ware. Die Stärke wird durch die Oxydationsmittel so weit abgebaut, daß sie unter der Einwirkung des Ätznatrons nicht mehr schaden kann. Gleichzeitig tritt aber auch noch eine Vorbleiche der Ware ein, die die weitere Behandlung u. U. vereinfacht und verbilligt. Das ist natürlich ein Vorteil. Bei geeigneter Arbeitsweise läßt sich mit diesen Hilfsmitteln eine rasche und befriedigende Halbbleiche für Farb- und Druckwaren erreichen. Für Weiß bestimmte Ware müßte allerdings noch weiter gebleicht werden.

Die Befürchtung, daß die Oxydationsmittel eine Schädigung der Beuchware hervorrufen könnten, hat sich als unbegründet erwiesen; eine Erklärung dafür läßt sich, wie schon erwähnt, noch nicht geben.

Unerläßlich ist bei diesem Verfahren eine ganz gründliche und vollkommene Durchtränkung der Faser mit der Beuchlauge, andernfalls erhält man keine einwandfreie Bleiche.

Nun erhebt sich aber hier die Frage, ob man bei Anwendung von Oxydationsmitteln die Beuche unter Druck überhaupt beibehalten soll, oder ob man dann nicht besser tut, ohne weiteres auf die sog. Oxydationsbleichverfahren überzugehen, die der Beuchbleiche gegenüber gewisse Vorzüge aufweisen und mit einfacheren und billigeren Einrichtungen durchgeführt werden können (s. w. u.).

g) Verwendung gebrauchter Lauge. Es ist auch der Vorschlag gemacht worden, der frischen Kochlauge einen Teil gebrauchter Lauge zuzusetzen, in der Absicht, dadurch den Gewichtsverlust der Baumwolle zu vermindern. Man nimmt an, daß die frische Lauge etwas von der Cellulose auflöst, während die gebrauchte Lauge dagegen eine schützende Wirkung ausübt. Ferner wird behauptet, daß mit Zusatz von alter Lauge gebeuchte Ware sich auch leichter rauhen lasse. Ob diese Anschauungen wirklich zutreffen, ist aber noch nicht bewiesen. Vermutlich würde die Anwendung einer schwächeren frischen Lauge zum gleichen Ziele führen. Eine gebrauchte Lauge enthält doch größere Mengen von Verunreinigungen, die bei höherer Temperatur leicht zu Fleckenbildung Veranlassung geben können. Viel besser geeignet ist die alte Lauge, wie bereits früher gesagt, für die Vorbereitung der Stückware. Dagegen ist gegen die Verwendung von Abfall- (Wasch-) Lauge von der Mercerisierung nichts einzuwenden, wenn sie nicht bereits zu stark verunreinigt ist. Die Reinigung von gebrauchter Kochlauge oder stark verunreinigter Mercerisierlauge zur Weiterverwendung als Beuchlauge ist meist nicht mehr wirtschaftlich. Besonders ist dies der Fall, wenn die Beuchlauge von Anfang an schon schwach ist.

Die Praxis der Beuche.

a) Bedingungen für eine wirksame und zuverlässige Beuche. Will man die Beuche möglichst sicher und wirksam durchführen, so muß man dafür Sorge tragen, daß in allen Teilen der Bleichpost die Lauge in der erforderlichen Stärke sämtliche Fasern *vollkommen* und *gleichmäßig* bis ins Innerste *durchdrungen* hat. Obgleich diese Forderung eigentlich ganz selbstverständlich ist, wird sie doch fast ganz allgemein nicht befolgt. So schlichten die Bleicher die mehr oder weniger gut gewaschene und mehr oder weniger schlecht abgequetschte Stückware in den Kochkessel ein, pumpen die Lauge darauf und überlassen es dem Zufall, wie weit sie das in der Faser vorhandene Wasser verdrängt. Je länger man die Ware kocht, mit andern Worten, je besser man die Lauge umwälzt, um so gründlicher wird sie ins Innere der Faser eindringen und um so gleichmäßiger wird die Wirkung sein. Da es aber wegen der *verschieden dichten Lagerung* der Ware unmöglich ist, durch die ganze Warenmasse hindurch einen gleichmäßigen Umlauf der Lauge zu erzeugen, so wird es immer Stellen in der Warenpost geben, wo eine starke, und andre, wo eine wesentlich geringere Konzentration der Lauge im Innern der Faser vorhanden ist. Dementsprechend wird auch die Wirkung der Lauge auf die Baumwolle ungleichmäßig ausfallen. Da man nun die Lauge so stark wählen muß, daß sie auch dort noch, wo sie am meisten verdünnt ist, genügende Wirksamkeit entfaltet, so wird sie an andern Stellen unnötig stark sein. Das ist zum wenigsten unwirtschaftlich. Etwas besser werden die Verhältnisse, wenn man die gewaschne Stückware recht gut abquetscht, weil eine trockne Ware die Lauge besser einsaugt als eine triefend nasse Ware. Die kräftig abgequetschte Ware hat den Nachteil, daß sie sich lockrer in den Kessel einlegen läßt, so daß man weniger davon hineinbringt als von nasser Ware. Legt man die Ware mit dem sog. *Rüsselapparat* (s. Abb. 88/89) oder einer ähnlichen Vorrichtung ein, bei der man die Ware durch einen Laugenstrahl in den Kessel spült, so wird die Durchtränkung der Ware mit Lauge begünstigt.

Abb. 88. Rüsseleinlegeapparat (Zittauer Maschinenfabrik A.-G., Zittau).

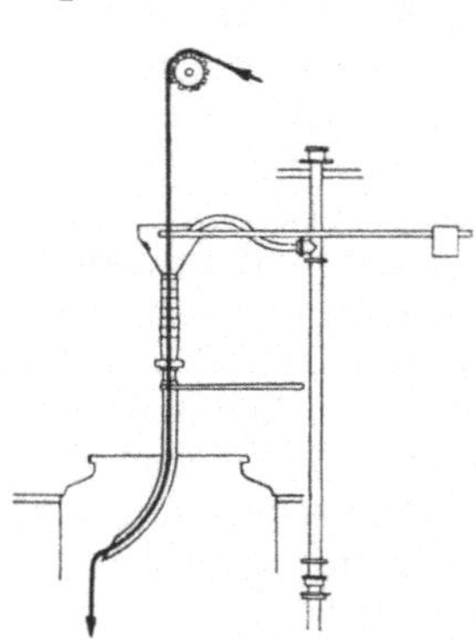

Abb. 89. Schema zum Rüsseleinlegeapparat.

b) Imprägnierung mit Lauge. Am besten und sichersten aber ist es, wenn man die Ware in einer besondren *Strangimprägniermaschine* (s. Abb. 90) gründlich mit der Beuchlauge von entsprechender Konzentration durcharbeitet. Dann ist man wirklich sicher, daß die Lauge in der gleichen Stärke in der ganzen Warenpost überall gleichmäßig vorhanden ist. Damit ist auch eine gleichmäßige Wirkung der Lauge auf die gesamte Warenmenge verbürgt. Schließlich ist dieses Verfahren das wirtschaftlichste, weil man dabei die Lauge nicht stärker als unbedingt nötig zu halten hat, oder mit andern Worten, weil man dabei mit der schwächsten Lauge auskommen kann.

Man verwendet zu diesem Zwecke eine Maschine, die wie eine Strangwaschmaschine gebaut ist. Da die Lauge Holz rasch zerstört, so müssen alle Teile, die von ihr berührt werden, in Eisen ausgeführt werden. Solche Maschinen verwendet man schon seit Jahrzehnten in der Tüll- und Gardinenbleiche zum sog. Läutern, d. h. zum Auswaschen des Schmutzes und vor allem des Graphits. Die beiden eisernen Walzen der Maschine sind mit Zahnrädern auszurüsten, damit sie bei der Schlüpfrigkeit der laugenhaltigen Ware nicht gleiten können; ferner werden sie mit Entlastungshebeln versehen, um das große Gewicht auszugleichen. Der Trog muß ebenfalls aus Eisen hergestellt werden. Notwendig ist eine gute Quetschvorrichtung, bestehend aus einer eisernen Unter- und einer mit ganz besonders weichem Gummi überzogenen Oberwalze, die durch Doppelhebel gegeneinander gepreßt werden. Wird die laugenhaltige Ware nicht gut abgequetscht, so besteht die Gefahr, daß der die Ware einschlichtende Arbeiter mit Lauge bespritzt und verletzt wird. Man kann im losen oder im festen Strange arbeiten. Bei der letzteren Arbeitsweise ist es vorteilhaft, nicht eine, sondern zwei Leitwalzen im Troge anzubringen und die eine als Vieleckwalze auszuführen, damit sich der Strang beim Durchgang durch die Lauge öffnet und sie besser eindringen läßt.

Die günstige Wirkung einer sorgfältigen Imprägnierung der Ware mit der Lauge zeigt sich ganz besonders bei schweren und breiten Waren. Bei der

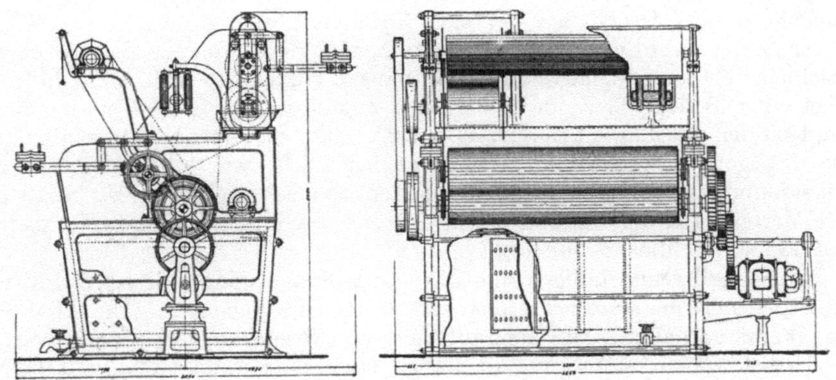

Abb. 90. Strangimprägniermaschine für Laugen, Chlor, Säure (Moltrecht & Reiher, Oelsnitz i. Vogtl.). Großer hoher Trog, deshalb geringe Verluste an Imgrägnierflüssigkeit durch Verspritzen. Schräg zueinander liegende Walzen erhöhen die Imprägnierwirkung. Kräftige, kurz gelagerte Quetschwalzen mit Doppelhebeldruck ergeben eine kräftige Abquetschung. Sparsam arbeitende Imprägniermaschine.

üblichen Arbeitsweise ohne Imprägnierung erfordern sie eine viel umständlichere und kostspieligere Behandlung als leichte und schmale Waren, obgleich das Warengewicht einer Bleichpost in beiden Fällen immer das gleiche ist. Schwere und breite Waren sind schwieriger zu waschen und nehmen aus der Waschmaschine immer sehr viel Wasser mit, das bei der üblichen Behandlung die Lauge stark verdünnt und vor allem nicht gut in die Faser eindringen läßt. Das beeinträchtigt natürlich die Wirkung der Lauge sehr stark, und deshalb muß man mehrmals beuchen. Das kostet Geld und vermindert die Leistung der Kochkesselanlage. Imprägniert man dagegen die Ware mit der Lauge, so kann man jede Art Ware mit der nötigen Laugenstärke tränken, und dann gelingt es auch, schwere und breite Ware meist mit einer einzigen Kochung fertigzubeuchen. Maßgebend für die anzuwendende Stärke der Lauge und für etwa nötige Zusätze ist dann nur die Art und Menge der Verunreinigungen und die Bleichfähigkeit der Baumwolle.

c) Stärke der Lauge. Im allgemeinen verwendet man bei der gebräuchlichen Arbeitsweise 2—4% Ätznatron, auf das Gewicht der Ware bezogen, und setzt meist noch $^1/_2$—2% Natriumcarbonat hinzu. Imprägniert man die Ware, so kommt man mit wesentlich weniger Ätznatron aus. Das Carbonat kann, wie bereits dargelegt, gespart werden. Die nötige Stärke der Lauge ermittelt man durch Vorversuche.

Die Kochlauge sollte stets in der Stärke und Menge, wie sie zum Beuchen nötig ist, angesetzt und auch zum Imprägnieren verwendet werden. Man findet oft die Gewohnheit, zuerst eine starke Lauge auf die Ware zu geben und dann so viel Wasser zuzusetzen, daß der Kocher gefüllt ist. Bei diesem Verfahren treten häufig Unregelmäßigkeiten auf, die auch Verluste mit sich bringen können. So ist es nicht selten, daß die viel zu starke Lauge eine örtliche Schrumpfung der Ware hervorruft, die nicht wieder beseitigt werden kann und beim Färben einen unregelmäßigen Ausfall der Färbung ergibt. Meist kann man auch den dabei auftretenden außergewöhnlichen Breitenverlust der Ware nicht wieder aufheben. Selbstverständlich tritt auch oft eine ungleichmäßige Beuchwirkung auf.

d) Temperatur der Lauge. Das Beuchen nahm man ursprünglich ganz allgemein in offnen Gefäßen, also bei einer Temperatur von etwa 100° C vor. Hierbei wirken aber die Laugen, selbst wenn man ziemlich starke Ätznatronlösungen anwendet, nur verhältnismäßig schwach und langsam auf die Verunreinigungen der Baumwolle ein, besonders auf die Samenschalenteilchen, und deshalb ist man gezwungen, die Beuche mehrmals vorzunehmen, um eine befriedigende Wirkung zu erzielen. Auch heute noch wird das Beuchen unter atmosphärischem Druck bei gewissen Bleichverfahren durchgeführt, so z. B. bei der Breitbleiche schwerer Waren, und dort, wo man das Beuchen in denselben Gefäßen wie das Chloren und Säuern vornehmen will. Meist läßt man es bei einer Beuche bewenden, hilft sich mit stärkeren Laugen und läßt den Hauptteil der Bleicharbeit durch das Chlor verrichten. Darauf wird später nochmals eingegangen werden. Das Beuchen bei 100° C war kostspielig und zeitraubend und verminderte die Leistung der Bleiche erheblich. Es besaß aber einen Vorteil, und der bestand darin, daß sich bei dieser niedrigen Temperatur meist keine Kochflecke bildeten.

Um schneller und billiger zum Ziele zu kommen, ging man nach und nach zu höheren Temperaturen über, indem man die Beuche in geschlossenen Behältern vornahm. Der Mehraufwand von Brennmaterial hierfür war nur unbedeutend, aber die Wirkung der Lauge nahm ganz erheblich zu, und die Verunreinigungen und Samenschalen wurden leicht und vollkommen gelöst. Meist wurde bei 120—130° C gebeucht, also bei Drucken von 3—4 at abs. In vereinzelten Fällen ging man sogar bis zu einem Druck von 6 at, also bis auf etwa 150° C; eine wesentliche Verbeßrung der Wirkung gegenüber Temperaturen von 120 bis 130° C wurde damit aber nicht erreicht, auch nicht eine merkliche Abkürzung des Prozesses. Dagegen ist damit die Gefahr verbunden, daß die Cellulose stärker angegriffen wird. Daneben tritt eine Verteurung der Kochkessel ein, die stärker ausgeführt werden müssen.

e) Beuchgefäße. Die Gefäße, in denen offen gebeucht wird, bestehen aus Holz oder Eisen. Eisen ist gegen die alkalischen Laugen völlig widerstandsfähig. Es ist aber nicht zu verwenden, wenn in den Gefäßen auch gechlort und gesäuert werden soll. Unter diesen Bedingungen zieht man Holz vor, obgleich es durch die kochenden Alkalilösungen und durch das Chlor verhältnismäßig schnell zerstört wird. Für das Beuchen unter Druck kommen natürlich nur eiserne Gefäße in Frage von zylindrischer Form, die zum Ein- und Ausführen der Ware eine gut verschließbare Öffnung haben. Sie müssen nach behördlichen Vorschriften ausgeführt und regelmäßig geprüft werden. Das Eisen hält auch den Laugen von höherer Temperatur vollkommen stand; andre Metalle kommen für diesen Zweck nicht in Betracht, um so weniger, als sie viel teurer sind. Die Ware ruht auf einem falschen Boden, der ebenfalls aus Eisen besteht, und wird zweckmäßig mit durchlochten, am besten gut verzinnten Blechen bedeckt, die es verhindern, daß Warenschleifen über die Laugenoberfläche herausragen.

f) Heizung der Lauge. Die unmittelbare Heizung der Lauge durch Feuergase ist wohl früher durchgeführt worden, heute aber schon lange verlassen. Man wendet allgemein Dampf an. Entweder arbeitet man mit direktem Dampf, d. h. mit solchem, der unmittelbar in die Lauge geleitet wird, oder mit indirektem, mittelbarem Dampf, der mit der Lauge nicht in Berührung kommt. Meist werden beide gemeinsam angewandt. Es ist aber unzweckmäßig, direkten Dampf zum Heizen zu wählen: er verdünnt die Lauge fortwährend, und da man nie weiß, wieviel Kondensat er bildet und wieviel er mit sich führt, so ist man über die Konzentration der Lauge völlig im ungewissen. Nicht selten kommt es auch noch vor, daß der Kessel durch das Kondensat vollständig gefüllt wird und sich dann durch die Übertragung des Drucks aus dem Dampfkessel statischer Druck einstellt, der der Temperatur der Lauge gar nicht entspricht. Sie ist oft ganz wesentlich niedriger, und dann fällt die Kochung natürlich mangelhaft aus. Das einzig richtige Verfahren zu heizen ist das mit indirektem Dampf ganz allein, wenn dadurch auch die Anlage verteuert wird.

g) Laugenerhitzer. Zur mittelbaren Heizung der Lauge dienten früher und jetzt auch noch an manchen Stellen Dampfschlangen, die auf dem Boden des Kochkessels angebracht sind. Sie sind aber sehr unzweckmäßig, denn sie haben eine schlechte Wärmeübertragung, müssen daher sehr umfangreich ausgeführt werden, wenn sie eine einigermaßen befriedigende Wirkung ausüben sollen, und werden leicht undicht. Besser und recht weit verbreitet sind die Röhrenerhitzer (s. Abb. 91 a), in denen die Lauge von Dampf durchströmte Rohre umspült. Sie haben den Nachteil, daß sich die von der Lauge berührte Rohrfläche leicht und schnell verkrustet. Deshalb müssen sie öfters gereinigt werden, was umständlich und schwierig ist. Im allgemeinen wird bei diesen Apparaten die Heizfläche viel zu knapp bemessen, so daß man viel Zeit braucht, bis man den nötigen Druck erreicht hat. Das ist auch der Grund, weshalb man fast allgemein neben der indirekten Heizung auch noch die mit direktem Dampf gleichzeitig anwendet, durch dessen Hilfe man rascher auf Druck kommt. Auf alle Fälle empfiehlt es sich, bei Bestellung von Kochkesseln auf eine reichlich bemeßne Heizfläche des Laugenerhitzers zu achten.

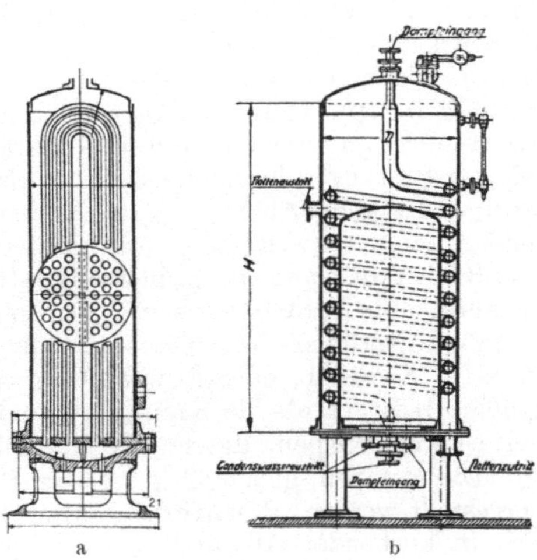

Abb. 91. Vorwärmer für Hochdruckkochkessel.

Es gibt aber auch noch einige andre Arten von Laugenerhitzern, die sich aber nur wenig haben einführen können, obgleich sie gegenüber den Röhrenerhitzern nicht unwesentliche Vorzüge besitzen. Dazu gehören z. B. die Apparate mit Witkowicz-heizkörpern der Firma Främbs & Freudenberg, Schweidnitz i. Schl. In einem eisernen Zylinder befindet sich hier ein mit Dampf gefülltes quadratisches Prisma von 400 mm Seitenlänge des Quadrates. In die Seitenflächen des Prismas sind zwei Systeme von Rohren eingewalzt, die sich kreuzen und von der Lauge durchflossen werden, die sich in dem Zylinder befindet. Der Apparat hat eine sehr günstige Wärmeübertragung, und die kurzen Rohre von 400 mm Länge sind sehr leicht zu reinigen. Als vorteilhafter Laugenerhitzer wäre auch der von Werner, Oberlangenbielau, zu nennen (s. Abb. 91 b), der eine schraubenförmig gewundne Rohrschlange anwendet, die sich in einem zylindrischen ringförmigen Raum befindet, der durch die Lauge durchströmt wird. Auch dieser Apparat zeichnet sich durch eine gute Wärmeübertragung aus. Bei richtig bemeßner Heizfläche, die natürlich der Größe des Kochkessels angepaßt werden muß, geht mit den genannten Erhitzern die Heizung der Lauge wesentlich rascher vor sich als mit der alten Röhrenerhitzern.

h) Umwälzung der Lauge. Um die Erwärmung der Flotte zu beschleunigen, die Einwirkung der Lauge auf die ganze Bleichpost gleichmäßiger zu verteilen und die Lösung der Verunreinigungen zu fördern, wird die Lauge im Kochkessel umgewälzt. Ursprünglich bediente man sich dazu der Injektoren, die durch den in die Lauge strömenden Dampf wirkten, der gleichzeitig die Erhitzung besorgte. Diese Vorrichtungen haben nicht nur alle die Nachteile im Gefolge, die die Verwendung von direktem Dampf mit sich bringt, sondern sie sind auch sehr unzuverlässig: wird die Flotte heißer oder übersteigt der Dampfdruck eine gewisse Grenze, was ja oft in Bleichereien unvermeidlich ist, so versagen sie sehr leicht, der Flottenkreislauf wird unterbrochen und damit der richtige Ausfall der Kochung in Frage gestellt.

Viel zuverlässiger sind Pumpen. Man muß aber bei ihrer Anwendung beachten, daß es sich um die Förderung von heißen Flüssigkeiten handelt: versucht man solche anzusaugen, so geraten sie unter dem verminderten Druck ins Sieden, und der sich dabei entwickelnde Dampf verhindert den Lauf der Lauge. Daher muß man dafür sorgen, daß die Lauge der Pumpe stets ungehindert zufließen kann. Aus diesem Grund spricht man auch besser von einem Umwälzen als von einem Umpumpen der Lauge.

Kolbenpumpen sind in vereinzelten Fällen eingebaut worden. Sie sind aber weniger gut geeignet, weil sie eine kräftige Saugwirkung besitzen und dadurch leichter Störungen hervorrufen, wenn einmal der Zufluß der Lauge ungenügend wird, und weil die Abdichtung der Kolben und das Dichthalten der Ventile in der heißen Lauge schwierig ist. Am meisten im Gebrauch sind die Kreiskolben- und Räderpumpen, nach einigen Herstellern auch Enke- oder Näherpumpen genannt. Sie besitzen eine verhältnismäßig geringe Leistung und geben auch öfters zu Störungen Veranlassung. Für viel vorteilhafter sehe ich die Zentrifugal-, Kreisel- oder Schleuderpumpen an. Sie haben eine wesentlich größere Leistung als die Kreiskolbenpumpen gleicher Weite, und sie regeln sich bei Druckstörungen, die im Kochkessel gelegentlich auftreten, von selbst.

Die Pumpen, gleichgültig welcher Bauart, müssen durchgehend aus Eisen hergestellt werden. Kupfer und seine Legierungen sind zu vermeiden, weil sie sich in kochender Alkalilauge lösen und dadurch zur Bildung von Flecken und zu Schädigungen der Ware infolge von Katalyse Veranlassung geben können. Um einen starken Flottenumlauf zu erzielen, sollte man die Pumpen reichlich bemessen und die entsprechenden Rohrquerschnitte der Kessel genügend weit halten. Das wird leider sehr häufig versäumt, weil man zu sehr auf einen billigen Preis der Einrichtung sieht.

i) Kreislauf der Lauge. In den weitaus meisten Fällen arbeitet man so, daß man die Lauge, die unter allen Umständen die Ware völlig bedecken muß, am Boden des Kessels abzieht und oben wieder aufpumpt (s. Abb. 92 u. 93). Nun ist es aber ganz unmöglich, die Ware, welcher Art sie auch sei, so gleichmäßig dicht einzuschichten, daß sie an allen Stellen der Lauge den gleichen Widerstand bietet. Es wird immer Stellen geben, die die Lauge leichter durchlassen, und andre, die sie am Durchfluß mehr oder weniger hindern. Bedenkt man weiter, daß es Waren gibt, die sich locker einschichten, wie z. B. Stranggarne und Gewebe aus grobem Garn, und andre wieder, die sich sehr dicht aufeinanderlegen, wie z. B. feine Batiste, Brokate usw., und berücksichtigt man noch, daß die Ware durch ihr eigenes Gewicht nach unten gepreßt wird, so ist es verständlich, wenn bei der eben genannten Arbeitsweise der Durchfluß der Lauge durch die Ware oft recht unregelmäßig und schwierig erfolgt. Das hat natürlich eine unregelmäßige Wirkung der Lauge auf die einzelnen Stellen des Warenballens zur Folge, die man nur durch eine längere Dauer der Behandlung einigermaßen ausgleichen kann. Vermindert sich der Durchlauf der Lauge durch die Ware oder stockt er zeitweilig fast völlig, so können die Pumpen die Lauge nicht mehr umwälzen, und die Folge ist, genau wie bei den Injektoren, ein mangelhafter Ausfall der Ware. Bei den Kreiskolbenpumpen zeigt sich die Stockung der Lauge an einem unangenehmen, knatternden Geräusch. Man hat durch alle möglichen Methoden, die Ware einzuschichten, versucht, die Durchlässigkeit des Warenballens zu sichern. Gewiß ist die Art des Einschichtens von Einfluß auf die Durchlässigkeit des Kocherinhalts, aber völlig gleichmäßig gestalten läßt sie sich dadurch doch nicht.

Auch auf andre Mittel hat man noch gesonnen, um den Flottenlauf zu verbessern. So hat man in der Mitte des Kessels ein Rohr aus gelochtem Blech angebracht, das durch die Ware hindurchging und den Flottenlauf abkürzen und erleichtern sollte. Man hat weiter den Kesselinhalt durch Einsätze in waagrechte Schichten unterteilt u. dgl. m. Aber alle diese Abänderungen haben die gewünschte Wirkung nicht gehabt und sind wieder verschwunden, weil sie die Arbeit nur erschwerten. Eine Einrichtung, die sich bis heute gehalten hat, da sie noch immer den besten Erfolg hatte, war der sog. Doppelmantel mit Sektionseinteilung der Firma Fr. Gebauer (s. Abb. 94). Innerhalb des Kessels war in einigem Abstand vom Mantel ein zweiter aus durchlochtem Blech angebracht, der die Ware umfaßte, so daß sie nicht nur oben und unten, sondern auch auf dem größten Teil ihres Umfangs von Lauge umgeben war. In der Mitte des Kessels befand sich ein durchlöchertes Rohr, das niedriger als der Doppelmantel und mit dem Rohre im Boden des Kessels verbunden war. Durch diese Einrichtung sollte die Lauge nicht, wie sonst, von oben durch den ganzen Warenballen geleitet werden, sondern in waagrechter Richtung von der Seite nach dem Mittelrohr. Wenn auch dieser kürzeste Lauf in Wirklichkeit nicht erreicht wurde, so wird der Laugenweg doch abgekürzt dadurch, daß er von außen schräg nach der Mitte und unten ging. Die patentierte Eigentümlichkeit dieser Erfindung waren die sog. Sektionsringe, d. h. Flacheisenstücke, die zwischen den beiden Mänteln angeordnet waren und eine gleichmäßige Verteilung der Lauge herbeiführen sollten. In Wirklichkeit waren sie ohne irgendwelchen Einfluß, und der stärkere Umlauf der Lauge wurde nur durch den Doppelmantel und das Standrohr hervorgerufen.

Abb. 92. Hochdruckkessel mit erhöhtem Vorwärmer und Zirkulationspumpe (Zittauer Maschinenfabrik A.-G., Zittau).

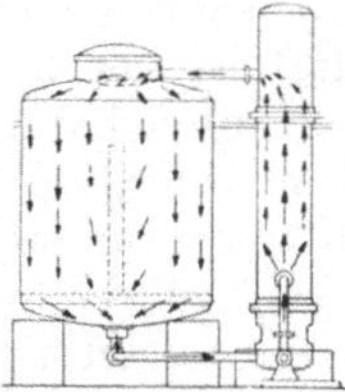

Abb. 93. Schema zum Hochdruckkochkessel mit erhöhtem Vorwärmer und Zirkulationspumpe.

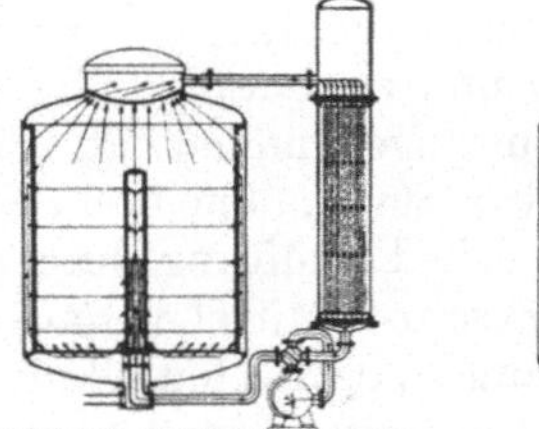
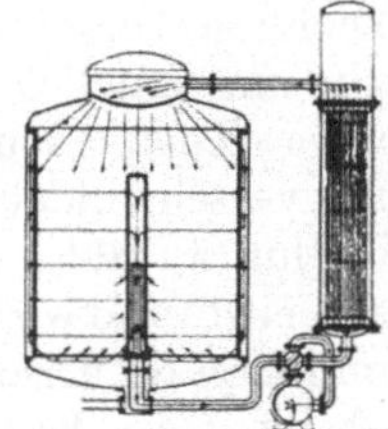

Abb. 94. Hochdruckkochkessel mit Doppelinnenmantel.

Heinrich Thies suchte in den nach ihm benannten Kochkesseln dadurch eine Beschleunigung des Laugenumlaufs zu erreichen, daß er in einem unter dem Siebboden des Kessels angeordneten zylindrischen Untersatz ein Rohr anbrachte, durch das er Kühlwasser leitete. Dadurch sollte unter dem Warenballen eine Kondensation des Dampfs und eine Luftverdünnung hervorgerufen werden, so daß der auf der Laugenoberfläche lastende Druck die Lauge leichter durch die Ware treiben könnte. Dieses Verfahren ist genau so unwirksam wie der Versuch, die heiße Lauge durch die Ware hindurchzusaugen, denn bei einer auch nur geringen Verminderung des Drucks gerät die Lauge sofort ins Sieden und bildet Dampf, der den Lauf der Lauge hemmt.

Bei der hier geschilderten Anordnung ist der ungleichmäßige und mangelhafte Durchgang der Lauge durch die Ware nicht zu vermeiden; man kann seine unzulängliche Wirkung nur durch hinreichend langes Kochen mehr oder weniger gut ausgleichen. Besser werden die Verhältnisse, wenn man den Flottenkreislauf umkehrt und von unten nach oben vor sich gehen läßt. Man drückt also die Lauge von unten in den Kessel und läßt sie von oben wieder nach der Pumpe zurückfließen. Bei dieser Arbeitsweise wird die Ware nicht nach unten gesogen, sondern sie schwimmt in der Lauge und bietet ihr dadurch einen wesentlich geringeren Widerstand, so daß sie leichter und gleichmäßiger hindurchtreten kann als bei dem entgegengesetzten Gang. Man hat dann gar keine besonderen Einrichtungen nötig und kann auch das Mittelrohr im Kessel weglassen. Man muß nur durch eine geeignete Absteifung der Ware nach oben dafür sorgen, daß sie sich nicht überschlagen kann.

k) Entlüftung der Beuchkessel. Diese Arbeitsweise mit dem Laugenlauf von unten nach oben hat aber noch einen weiteren wichtigen Vorteil im Gefolge. Die nach oben dringende Lauge unterstützt die in der Ware befindliche Luft in ihrem Auftriebe und trägt damit zu einer guten Entlüftung der Ware und des Kessels bei, während die im Kessel von oben nach unten fließende Lauge die Luft am Aufsteigen und Entweichen verhindert. Man soll diese an sich unbedeutende Tatsache nicht unterschätzen, denn viele Kochschäden sind dadurch zu erklären, daß die Luft nicht entweichen konnte und die Bildung von Oxycellulose im Gefolge hatte. Diese Arbeitsweise ist schon vor Jahrzehnten von Heinrich Thies angewandt worden. Er verfuhr dabei so, daß er die Lauge von unten einpumpte und von oben in einen zylindrischen geschlossenen Kessel, den sog. Vakuumkessel, fließen ließ, worin sich die Luft von der Lauge schied. Aus diesem Kessel floß die Lauge wieder der Pumpe zu. Thies u. a. glaubten die Entlüftung dadurch wesentlich erleichtern zu können, daß sie den mit Ware gefüllten Kochkessel erst einmal luftleer pumpten. Die Wirkung der Luftleere ist aber sehr unzulänglich und wird dann völlig aufgehoben, wenn die Flüssigkeit bereits höhere Temperatur angenommen hat. Sie ruft dann sofort Dampfbildung hervor und verschwindet dadurch, ohne daß sie auf die Luft in der Ware irgendwelchen Einfluß ausübt. Die Entlüftung durch die nach oben steigende Lauge ist das einfachste und wirksamste Mittel, vor allem, wenn man sie dabei erhitzt. Natürlich muß man dafür sorgen, daß sich die Luft von der Lauge rasch trennen kann. Das geschieht am besten hinter dem Laugenerhitzer, worin die Trennung durch die Erhitzung unterstützt wird. Röhrenvorwärmer werden zu diesem Zwecke mit einer zylindrischen Verlängerung versehen, in die die Heizrohre nicht hineinreichen, während bei den andern Bauarten meist ein besondres Luftgefäß vorgesehen wird. Diese Luftbehälter dienen gleichzeitig als Ausgleichsgefäß für die sich ausdehnende Lauge. Deshalb ist es zweckmäßig, sie mit einem Wasserstandsglas auszurüsten. Die Luft wird daraus durch ein Entlüftungsventil abgeleitet.

l) Abblasen der Lauge. Führt man die Lauge von unten nach oben im Kessel, so erhält man in kürzerer Zeit eine besser und gleichmäßiger gekochte Ware als beim Lauf der Lauge von oben nach unten. Vor allem ist man dabei sicher, daß keine mürbe Ware entstehen kann, weil die Entlüftung gut vor sich geht. Da alle Luft aus dem Kessel und der Ware ausgetrieben ist, so kann man auch ohne Gefahr der Warenschädigung die Lauge nach Beendigung der Beuche unter Druck abblasen, wie das ebenfalls von Thies bereits vor Jahrzehnten eingeführt wurde. Durch den Druck wird die Lauge besonders gründlich aus der Ware entfernt, und das folgende Auswaschen der Ware wird dadurch verbessert. Dort, wo man die Lauge unten am Kessel abzieht und oben wieder einpumpt, ist das Abblasen der Lauge unter Druck nicht immer ungefährlich, weil man mürbe Ware erhält, wenn noch Luft im Kessel vorhanden ist. Man tut dann besser, die Lauge erst abzukühlen, den Kessel zu öffnen, wenn der Druck verschwunden ist, und während des Ablaufens der Lauge frisches Wasser zuzuspeisen. Das Abkühlen der Kessel geschieht meist durch Überrieseln mit kaltem Wasser. Besser ist es, statt des Dampfes durch den Laugenerhitzer kaltes Wasser zu leiten, das dabei erwärmt wird und für das folgende Abwässern besser geeignet ist als kaltes.

m) Spülen der Ware. Nach dem Abblasen unter Druck muß der Kessel unverzüglich mit Wasser gefüllt werden, und man bedient sich dazu einer Pumpe, die ohne weiteres den noch im Kessel herrschenden Druck überwinden kann. Das Wasser sollte möglichst heiß und, wie bereits oben ausgeführt, auch weich sein. Nach dem Füllen des Kessels wird das Wasser einige Zeit umgepumpt. Verfährt man in dieser Weise, so werden die Verunreinigungen der Lauge nicht ausgefällt und auf der Ware als Kochflecke niedergeschlagen, sondern in Lösung oder in Emulsion gehalten und leichter entfernt. Bei Verwendung von kaltem Wasser hingegen besteht die Gefahr, daß die Verunreinigungen koagulieren und sich auf der Ware festsetzen. Erst wenn mit heißem oder noch besser mit kochendem Wasser die erste Spülung der gebeuchten Ware beendet ist, kann kaltes Wasser ohne Schaden angewandt werden. Ein gründliches Waschen ist im Kessel nicht möglich, es sei denn unter Aufwand von ganz beträchtlichen Wassermengen und von recht langer Zeit. Deshalb sollte dort, wo es irgend angängig ist, eine besondre Waschmaschine angewandt werden. Stückware quetscht man am besten beim Verlassen des Kessels und vor dem Eintritt in die Waschmaschine gut ab.

Abb. 95. Hochleistungsbleiche (Zittauer Maschinenfabrik, A.-G., Zittau).

n) Größe der Beuchkessel. Die Größe der Beuchkessel ist sehr verschieden. Sie ist abhängig von der Warenart, die behandelt werden soll, von dem Bleichsystem, nach dem man arbeiten will, und von der Leistung, die zu erzielen ist. Es gibt kleine Kessel mit einem Inhalt von wenigen 100 kg Ware, man hat aber auch solche gebaut, die eine Fassung von 12000—15000 kg Baumwolle besitzen (s. Abb. 95). In den deutschen Stückbleichereien findet man hauptsächlich Kessel für 1500—3000 kg. Sie sind für die hier herrschenden Verhältnisse zweckmäßig, weil sie leicht zu bedienen und zu führen und verhältnismäßig schnell zu füllen und zu leeren sind. Die ganz großen Kessel passen nur für Betriebe mit einer entsprechenden Tagesleistung, die in Deutschland selten ist, und erfordern auch eine eigens dafür passende Einrichtung für die Bewältigung dieser großen Warenmengen. Bei der Wahl größerer Kessel muß man auch für eine passende Größe der Heizfläche der Laugenerhitzer sorgen. Das wird oft vernachlässigt; spart man an Heizfläche, so wird die Arbeit zu sehr in die Länge gezogen.

o) Behandlung der Beuchkessel. Um Rostbildung an den Kesselwänden und -böden zu vermeiden, müssen neue Kessel zuerst mit dicker Kalkmilch gut gestrichen werden, nachdem man sie zuvor mit Alkalilauge ausgekocht hat. Der Kalkanstrich muß jedesmal vor Benutzung der Kessel gut eintrocknen und ist zu erneuern, bevor Rostbildung auf der Ware auftritt. Nach und nach bildet sich auf dem Eisen eine Schutzschicht, aber trotzdem sollte man den Kalkanstrich immer wieder von Zeit zu Zeit aufbringen.

p) Einschichten der Ware. Das Beuchgut wird möglichst gleichmäßig in den Kessel eingelegt und dabei meistens noch festgetreten, um die Durchlässigkeit der Warenschichten so gleichmäßig wie möglich zu gestalten. Stückware läßt man aus der Wasch- oder Imprägniermaschine über einen Holzhaspel laufen, der oberhalb der Füllöffnung angebracht ist. Arbeiter, die sich im Kessel befinden, legen sie nach gewissen Regeln ein und treten sie dabei mit Holzschuhen fest. Allgemeingültige Regeln lassen sich für diese Arbeit nicht geben, und man muß durch Versuche feststellen, welche Methode für jeden Fall am vorteilhaftesten ist und die gleichmäßigste Laugenzirkulation ergibt. Im großen und ganzen lassen sich zwei Methoden des Einlegens anwenden: nach der einen werden die Gewebeschlaufen flach abgelegt und im Kreise eine neben der andern angeordnet, nach der andern werden die Schlaufen mehr oder weniger steil gestellt und aneinander festgetreten. Wie schon gesagt, ist aber keine Methode vollkommen.

Es sind auch mechanische Vorrichtungen erfunden worden, die von außerhalb des Kessels bedient werden und die Arbeit mehr oder weniger erleichtern und auch gut durchführen. Der erste Apparat war der sog. Rüssel von Mathesius (s. Abb. 88 u. 89): die Ware wird durch einen Haspel in einen Kupfertrichter geleitet, der sich in ein Teleskoprohr fortsetzt. In den Trichter drückt man gleichzeitig und ununterbrochen einen Strahl Lauge ein, der die Ware durch das Rohr in den Kessel schlämmt, wo sie sich wie ein Darm in kurzen Schleifen einlegt. Durch eine Pumpe wird die Lauge dauernd abgesaugt, und durch diese Saugwirkung wird die Lagerung der Gewebe fester. Das Rohr wird durch einen auf dem Kessel stehenden Mann so geführt, daß sich gleichmäßige ebene Schichten bilden. Je höher die Ware im Kessel aufgeschichtet wird, desto mehr wird das zusammenschiebbare Rohr verkürzt. Durch den Laugenstrahl wird das Gewebe nicht nur befördert, sondern auch gleichzeitig durchtränkt, freilich nicht so vollkommen wie bei Anwendung einer besondern Imprägniermaschine. Die Ergebnisse mit dem Rüssel sind günstig, weil die Schichtung der Ware so erfolgt, daß die Lauge gut durchdringen kann. Inzwischen sind auch noch andre Apparate zu dem gleichen Zwecke auf den Markt gelangt.

Nachdem die Ware in den Kessel eingepackt ist, muß sie abgedeckt werden. Vielfach verwendet man dazu Holzbretter. Das ist aber unzweckmäßig, weil Holz durch die heißen Alkalilaugen stark angegriffen wird und rasch verschleißt. Außerdem lösen sich leicht Späne los, die in die Pumpe gelangen und sie verstopfen können. Viel zweckmäßiger ist es, gut verzinnte (nicht verzinkte) Bleche zu verwenden, die gelocht sind und den gleichen Durchmesser wie der

Kessel im Lichten haben. Um sie leicht handhaben zu können, werden sie in Kreisausschnitte geteilt. Die Bleche werden entweder mit Schienen beschwert oder besser durch geeignete Vorrichtungen gegen die Kesseldecke abgesteift, so daß sich die Ware nicht überschlagen kann.

q) Anzahl der Beuchoperationen. Lose Baumwolle und Garne werden im allgemeinen nur einmal gebeucht. Bei Stückware dagegen findet man zum großen Teile eine doppelte Beuche, auch beim Ätznatronverfahren. Auch das Thies-Herzig-Freiberger-Mathesiussche Verfahren arbeitet in Wirklichkeit mit zwei Druckkochungen, nur wird im Gegensatz zu den meisten andern Verfahren die Ware zwischen den beiden Kochungen im Kessel gelassen und nicht abgekühlt. Die erste Kochung wird mit alter, bereits einmal gebrauchter Lauge vorgenommen, die frische Lauge wird nach dem Abblasen der alten Lauge unter Druck unmittelbar auf die noch heiße Ware gepumpt. Bei leichteren Waren und bei solchen, an deren Bleiche keine höheren Ansprüche gestellt werden, genügt eine einzige Kochung. Wie oben bereits dargelegt, gelingt es aber, eine gute Bleiche auch mit einer Kochung zu erzielen, selbst bei schweren und breiten Waren, wenn man die Ware sorgfältig vorbereitet und mit der Kochlauge gut imprägniert. Unter diesen Bedingungen kommt man sogar mit einer verhältnismäßig schwachen Lauge zum Ziele.

r) Eigenschaften gebeuchter Ware. Richtig gebeuchte Ware darf nur noch schwach gelblich gefärbt sein, vorausgesetzt, daß die dazu verwandte Baumwolle nicht besonders stark verunreinigt ist, und soll vollkommen gleichmäßig und fleckenlos sein. Derartige Ware ist auch ohne weiteres für die Färberei geeignet, nur für ganz wenige, besonders klare und reine Töne ist dann noch eine weitere Chlorbleiche nötig. Der fleckenlose Ausfall der Färbungen ist der beste Beweis für eine gut geleitete Beuche. In der Weißware kommen manche Fehler gar nicht zum Vorschein, die in der Farbware eine ungleichmäßige Färbung hervorrufen.

Richtig gebeuchte Ware zeichnet sich auch durch eine starke und gleichmäßige Saugfähigkeit oder Hydrophilie aus. Das ist sowohl für Farb- und Druckware als auch für Verbandstoffe von Wichtigkeit. Durch die große Saugfähigkeit unterscheiden sich die gebeuchten Waren von solchen, die nach den Kalt- und Heißbleichverfahren gebleicht werden, und deshalb dürfte die Beuchbleiche für manche Artikel auch weiterhin noch immer notwendig sein, solange es nicht gelingt, die genannten Verfahren auch nach dieser Richtung hin zu verbessern.

Das Chloren der Beuchwaren.

a) Chlorkalklösung. Die gebeuchte Ware, die für Weißware oder für bestimmte klare und reine Farbtöne aufgegeben ist, muß noch weitergebleicht werden. Das geschieht mit Hilfe von Hypochloriten, und zwar von Calcium- oder Natriumhypochlorit. Andre Salze der unterchlorigen Säure und andre Bleichmittel kommen so gut wie nicht in Betracht. Die Calciumhypochloritlösung wird aus Chlorkalk (s. d.) bereitet. Man verrührt ihn in besondern Apparaten, sog. Chlorkalkmühlen, mit Wasser, läßt die Lösung klären, zieht sie dann ab, verrührt den Schlamm darauf noch mehrmals mit Wasser und mischt die Waschwässer entweder mit der ersten Lösung oder verwendet sie zum Auflösen von frischem Chlorkalk. Das Arbeiten mit dem Chlorkalk ist unangenehm, da er stark stäubt, und der Staub schädlich ist; es ist auch unsauber, da viel Schlamm abfällt, dessen Beseitigung gewisse Schwierigkeiten bereitet und Geld kostet. Für größeren Bedarf hat man besondre Einrichtungen gebaut, die das Auflösen erleichtern und die Arbeiter vor Belästigung schützen. Die meisten Baumwollbleichereien aber können wegen ihres verhältnismäßig geringen Bedarfs davon keinen Gebrauch machen. Beim Auflösen des Chlorkalks kann es vorkommen, daß sich feine Teilchen nicht lösen, sondern in der Lösung umherschwimmen. Setzen sie sich dann auf der Ware fest, so können örtliche Zerstörungen auftreten. Der Chlorkalk verliert bei längerem Lagern leicht einen Teil seines wirksamen Chlors, was vielfach nicht genügend beachtet wird. Auf einen weiteren Nachteil des Chlorkalks, der von Bedeutung ist, wird weiter unten hingewiesen werden.

b) Chlorsodalösung. Weit angenehmer und sauberer ist die Arbeit mit Natriumhypochloritlösungen. Soweit sie allerdings durch Umsetzung von Chlorkalklösung mit Natriumcarbonat oder Natriumsulfat hergestellt werden, sind die Unannehmlichkeiten eher noch größer, weil dabei noch weit mehr Schlamm anfällt. Aber dieses Verfahren dürfte heute wohl fast ganz verlassen sein. Natriumhypochloritlösungen werden seit Jahren von verschiedenen Firmen in den Handel gebracht, z. B. mit einem Gehalt von 150—160 g wirksamem Chlor im Liter (s. u. Natriumhypochlorit). Vielfach stellt man sie aber auch im Betriebe selbst her. Die Darstellung durch Elektrolyse von Kochsalzlösung, die Anfang der neunziger Jahre aufkam, ist nur von einer verhältnismäßig kleinen Zahl von Bleichereien ausgeführt worden, obwohl sie elegant, sauber und nicht schwierig war, und die Arbeit mit derartigen Lösungen manche Annehmlichkeiten und Vorteile bot. Allerdings hat man sich bei der Anpreisung der Elektrolyser verschiedener Übertreibungen schuldig gemacht und das Bleichen mit Chlorkalk in ein zu ungünstiges Licht gestellt. Hatte doch eine jahrzehntelange Anwendung von Chlorkalklösungen den Beweis erbracht, daß man auch damit eine einwandfreie Bleiche erzielen kann. Die sog. elektrische Bleiche hat sich in der Baumwollindustrie nur an wenigen Stellen behauptet, und sie ist schließlich auch dort am Platz, wo man billigen Gleichstrom zur Verfügung hat.

Weit mehr in Aufnahme gekommen ist die Methode der Herstellung von Natronbleichlauge, bei der man verdichtetes, in Stahlflaschen beziehbares, elementares Chlor in Natronlauge oder Sodalösung einleitet. Zu diesem Zweck werden von verschiedenen Firmen geeignete Apparate in den Handel gebracht. Das Verfahren ist sehr einfach, leicht zu überwachen, sauber, erfordert wenig Raum und gibt eine recht gute Ausbeute. Man kann damit wesentlich stärkere Lösungen als mit der Elektrolyse herstellen, so daß man für die Aufbewahrung der Lauge nur kleine Gefäße nötig hat. Verwendet man Natronlauge bei der Herstellung, so erhält man Natriumhypochloritlösungen, die freies Natronhydrat enthalten und daher recht gut haltbar sind. Beim Gebrauch von Sodalösung nach dem Patente der Solvaywerke bildet sich neben Natriumhypochlorit freie unterchlorige Säure. Diese Lösungen zersetzen sich aber rascher als die Ätznatron enthaltenden. Auf den Unterschied in bleichtechnischer Beziehung wird weiter unten noch eingegangen werden.

Berücksichtigt man alle Annehmlichkeiten und Vorteile, die die Natriumhypochloritlösung der Chlorkalklösung gegenüber besitzt, so dürfte sich die Anwendung von Natriumhypochlorit durchaus empfehlen, selbst wenn dabei das Kilogramm wirksames Chlor etwas teurer zu stehen kommt als in der Chlorkalklösung. Ob man die Lauge selbst herstellt oder fertig bezieht, ist eine wirtschaftliche Frage.

c) Kontrolle der Bleichlaugen. Auch die chemischen Vorgänge beim Chloren sind noch wenig erforscht. Wir kennen die Reaktionen nicht, die sich dabei abspielen. Trotzdem sind wir in der Lage, die Chlorbleiche so zu leiten, daß eine tadellose Ware erhalten wird, sobald wir nur bestimmte Regeln befolgen. Arbeitet man ohne die nötige Umsicht, so können allerdings auch wieder sehr schwere Schäden auftreten. Zunächst sollte die Wirksamkeit der Chlorlösung nicht durch Spindeln mit dem Baumé-Aräometer festgestellt werden, weil dieses Verfahren ganz und gar unzuverlässig ist. Die Menge des wirksamen Chlors in den Bleichlösungen ist vielmehr titrimetrisch zu bestimmen. Die dazu erforderliche Einrichtung ist einfach und billig, und die Arbeit kann auch ein angelernter Mann schnell begreifen und zuverlässig ausführen. Die Methode von Penot (s. u. Chlorkalk) hat sich in der Praxis vollkommen bewährt. Vergiftungen mit der arsenigen Säure sind, soweit mir bekannt, in Jahrzehnten nicht vorgekommen, und deshalb war es ganz überflüssig, neue Methoden auszuarbeiten und neue Apparate zu erfinden, die nach keiner Richtung hin irgendwelche Vorteile bieten.

Neben dem Gehalt der Bleichlösung an wirksamem Chlor spielt ihre Reaktion eine ganz besonders wichtige Rolle. Es ist durchaus nicht belanglos, ob eine Lösung neutral, alkalisch oder sauer ist; es ist sogar nicht gleichgültig für die Wirkung der Hypochloritlösung auf die Cellulose, ob die alkalische Reaktion durch das Alkalihydroxyd oder das Carbonat hervorgerufen wird. Zur Klärung der verschiedenen hierhergehörigen Fragen sind von mehreren Fachleuten Versuche angestellt worden. Da man dabei aber unter verschiedenen Bedingungen gearbeitet hat, so ist man noch zu keiner abschließenden Beurteilung gelangt. So viel darf aber als feststehend angenommen werden, daß unter den meisten in der Praxis herrschenden Bedingungen eine neutrale oder saure Reaktion der Chlorlösung gefährlich ist, weil sich dabei Oxycellulose bildet. Da man sich nun um diese Verhältnisse in der Praxis noch recht wenig kümmert, so ist es nicht zu verwundern, daß man in außerordentlich vielen Bleichwaren Oxycellulose in mehr oder weniger großen Mengen findet. Besonders unzuverlässig sind Chlorkalklösungen, da sie ihre Alkalität unter den verschiedenen Lösungsbedingungen ändern[1]. Günstiger verhalten sich die Natriumhypochloritlösungen, die entweder schon genügend freies Ätznatron enthalten oder durch Zusatz von Natronlauge schnell ätzalkalisch eingestellt werden können. Auf alle Fälle sollte jeder Bleicher, der genau und sicher arbeiten will, neben dem wirksamen Chlor auch noch das freie Alkalihydrat bestimmen. Das geschieht durch Titrieren mit Normalsäure, nachdem das Hypochlorit durch Wasserstoffsuperoxyd zersetzt worden ist. Wie hoch der Hydroxydgehalt in der Bleichlauge sein muß, um die Bildung von Oxycellulose zu vermeiden, läßt sich nur durch systematische Versuche bestimmen, denn von ausschlaggebendem Einfluß auf die Wirkung der Lauge sind die Arbeitsbedingungen, die in einem Betriebe herrschen.

d) Wichtige Faktoren beim Chloren. Außer dem Gehalt an wirksamem Chlor und der Reaktion der Chlorlösung ist weiterhin der Temperatur, der Dauer der Chlorbehandlung und der Chlormenge, die man auf eine bestimmte Warenmenge einwirken läßt, besondere Aufmerksamkeit zu schenken. Diese genannten drei Faktoren erhöhen die Wirkung des Hypochlorits. Auch in dieser Hinsicht wird noch viel zu gedankenlos gearbeitet. Nur wenn man alle die angeführten Punkte sorgfältig im Auge behält und die Arbeitsbedingungen genau festlegt, gelingt es, sicher zu arbeiten und eine gute Ware zu erzeugen.

e) Chloren im offenen Bottich. In der Praxis sind mehrere Chlorverfahren im Gebrauch. Am meisten verbreitet, sowohl für Stückware als auch für loses Material und für Stranggarne, ist das Chloren im Bottich. Die Ware wird, nachdem sie gebeucht und gewaschen worden ist, in einen Bottich eingelegt, der aus Holz, verbleitem Holz oder aus Zement besteht, und mit der Chlorlösung bedeckt, die meistens noch durch Pumpen umgewälzt wird. Dieses Verfahren hat verschiedene Mängel. Zunächst ist es auch hier, genau wie beim Entschlichten und Beuchen beschrieben, ganz dem Zufall überlassen, wieweit sich das in der Faser befindliche Wasser mit der Chlorlösung vermischt, und welche Chlorkonzentration sich in der Faser einstellt. Dort, wo der Flottenumlauf nur schwach ist, wird nur eine verdünnte, dort, wo er reichlich ist, eine

[1] Vgl. Kind: Das Bleichen der Pflanzenfasern, 2. Aufl., S. 68/69. 1922.

wesentlich stärkere Chlorlösung vorhanden sein. Infolgedessen ist auch eine verschiedene Wirkung des Chlors innerhalb der Bleichpost ganz unausbleiblich. Da man nun die Chlorlösung so stark wählen muß, daß auch dort, wo der Austausch am geringsten ist, die Bleichwirkung genügt, so besteht die Gefahr, daß die Ware an den Stellen des flotten Laugenumlaufs angegriffen wird. Das geschieht auch tatsächlich recht häufig, nur merkt man es meistens nicht, weil die Schädigung an Weißware nur bei genauerer Prüfung gefunden werden kann. Die Faser wird weiterhin auch leicht angegriffen, wenn die Ware der Chlorlösung zu lange ausgesetzt ist. Selbst dann, wenn die Dauer des Chlorens nicht zu lang war, wirkt das Chlor doch besonders lange auf die zu unterst liegende Ware, zumal es nicht möglich ist, das Chlor durch das Wässern im Bottich genügend zu entfernen.

f) Chloren im Vakuumkessel. Das Chloren im Bottich hat man dadurch zu verbessern gesucht, daß man ihn luftdicht verschließbar ausführte und durch eine Luftpumpe luftleer machte. Man wollte auf diese Weise eine gleichmäßigere Durchdringung der Ware mit der Chlorlösung herbeiführen. Das gelingt aber selbst dann nicht, wenn man die Luft mehrmals herauspumpt und die Flotte immer wieder von neuem eintreten läßt, denn die ungleichmäßig dichte Lagerung der Waren läßt sich durch kein Vakuum ausgleichen. Deshalb sind auch derartige Apparate wieder vielfach verlassen worden, da sie kostspielig sind, zumal sie verbleit werden müssen, und gegenüber den offenen Chlorgefäßen mit Pumpe keine Vorteile bieten, im Gegenteil umständlicher in der Bedienung sind.

Für gewisse Waren, wie Stranggarne, lose Baumwolle, Kardenband, für sehr zarte Erzeugnisse, wie Spitzen und Stickereien usw., ist das Chloren im Bottich unvermeidlich. Man muß daher dafür sorgen, daß die Nachteile soweit wie möglich vermindert werden. Eine besondre Gefahr bei dieser Arbeitsweise liegt noch darin, daß man die doch nur mangelhaft gespülten und noch Chlorreste enthaltenden Waren auch noch unmittelbar hinterher säuert. Dabei entsteht unvermeidlich freie unterchlorige Säure, und dadurch kann leicht Oxycellulose gebildet werden. Es empfiehlt sich daher hier, der Säure Bisulfit zuzusetzen, damit das Hypochlorit möglichst rasch unschädlich gemacht wird.

g) Bleichosmotor. Seit einigen Jahren hat man das Chloren im Bottich durch Anwendung des sog. Bleichosmotors der Firma Arthur Stahl, Aue i. Sa., etwas abgeändert und teilweise auch verbessert. Die Ware wird wie gewöhnlich in einen runden Holzbottich eingelegt und darin hintereinander gechlort, gewaschen, gesäuert, gewaschen und nötigenfalls auch noch gebläut. Über dem Bottich befindet sich ein T-förmiges, durchlöchertes, drehbares Rohr, das mit einer Pumpe in Verbindung steht. Die Pumpe saugt die Lösungen aus Behältern, die unter dem Bleichbottich angeordnet sind, und drückt sie in das drehbare Rohr, den sog. Osmotor, der durch die Kraft der austretenden Flüssigkeiten in Umdrehung versetzt wird und die Oberfläche der Ware gleichmäßig berieselt. Die Flüssigkeit sammelt sich nun nicht in dem Bleichbottich an, sondern sickert durch die Ware hindurch und fließt wieder nach einem der unten angebrachten Vorratsbehälter oder in das Abflußrohr. In Wirklichkeit ist an der ganzen Anordnung und dem Verfahren nichts Neues. Der Apparat ist ein Segnersches Rad, das auch in der Bleiche schon lange zum Verteilen von Flüssigkeiten verwandt worden ist. Auch das Berieseln der Ware und das Durchfließen der Flüssigkeiten durch die Ware ist längst bekannt[1]. Es ist deshalb verwunderlich, daß darauf ein Patent erteilt worden ist. Zur Erklärung der günstigen Wirkung dieser Anordnung hat man geheimnisvolle Vorgänge heranziehen wollen. Im Grunde ist sie darauf zurückzuführen, daß die Flüssig-

[1] Vgl. Hummel-Knecht: Die Färberei und Bleicherei der Gespinstfasern, S. 53. Berlin 1891.

keit, in Tropfen zerteilt, die Ware von oben nach unten durchdringt und dabei besser, als wenn der Bottich mit der Flüssigkeit gefüllt wäre, ein stetiger Austausch mit der in der Faser befindlichen Lösung herbeigeführt wird. Durch diese rasche Erneuerung der mit der Faser in Berührung befindlichen Lösung wird natürlich die Wirkung der Flüssigkeiten beschleunigt. Um zu verhüten, daß die Hypochloritlösung die oberen Schichten, die immer mit der frischesten Lauge in Berührung kommen, zu stark angreift, muß man die Chlorlauge reichlich stark ätzalkalisch halten. Für verschiedene Waren, besonders für solche, die sowieso im Bottich gebleicht werden müssen, dürfte diese Einrichtung ganz zweckmäßig sein. Sie soll auch eine besonders günstige Waschwirkung haben und dabei an Wasser sparen. Leider sind zuverlässige Versuchsergebnisse nicht veröffentlicht worden, so daß ein endgültiges Urteil nicht abgegeben werden kann. Natürlich darf man in diesem Falle nicht aus dem Auge lassen, daß die gebräuchlichen Waschmethoden noch recht viel zu wünschen übriglassen.

Abb. 96. Chlor- und Säuremaschine (Zittauer Maschinenfabrik A.-G., Zittau).

h) Chlormaschine, Chloren auf Haufen. Neben dem Chloren im Bottich wendet man für Stückware auch das Chloren in der Chlormaschine an (s. Abb. 96/97). Diese Maschine ist ähnlich wie eine Strangwaschmaschine gebaut. Die Ware wird darin mehrmals mit der Chlorlösung durchgearbeitet, dann abgequetscht und auf Haufen abgelegt. Die im Bottich der Maschine befindliche Chlorlösung wird durch Zufluß von stärkerer Lösung immer auf gleicher Stärke gehalten. Gegenüber dem Chloren im Bottich hat das Chloren in der Maschine den großen Vorzug, daß die Chlorlösung gut bis ins Innerste der Faser hineingearbeitet wird. Man kann sie ferner durch die ganze Bleichpost hindurch ziemlich gleichmäßig stark halten und damit also eine gleichmäßigere Wirkung des Chlors auf alle Stellen hervorrufen. Man braucht dabei die Chlorlösung nur so stark zu wählen, daß die gewünschte Wirkung gerade erreicht wird, denn den Austausch zwischen dem Wasser in der Faser und der Chlorlösung bewirkt das wiederholte Ausquetschen in der Maschine. Sorgt man nun auch dafür, daß der Überschuß von Chlorlauge beim Verlassen der Maschine sehr gut abgepreßt wird, so zeichnet sich dieses Verfahren auch noch durch Sparsamkeit aus.

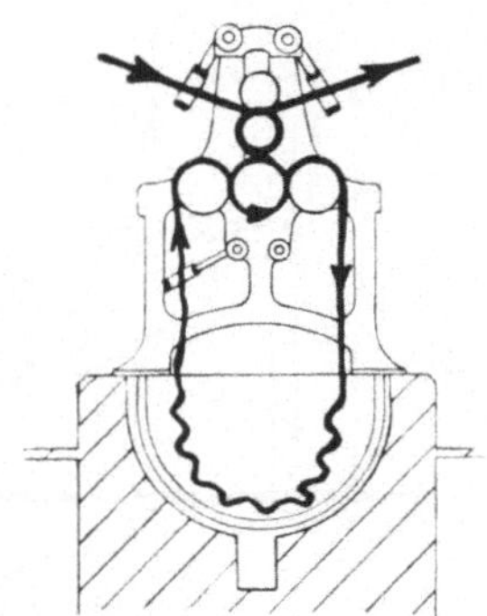

Abb. 97. Schema zur Chlor- und Säuremaschine. Kleiner, tief gelegener Trog, daher großer Verlust an Imprägnierflüssigkeit durch Verspritzen. Unzweckmäßige Lagerung der Quetschwalzen und einfacher Hebeldruck: schlechte Abquetschung der Ware, weiterer Verlust an Flotte und Gefährdung der untenliegenden Warenpartien bei Chloren auf Haufen.

Allerdings weist es auch verschiedene Nachteile auf. Bereits bei der Beschreibung des Entschlichtens wurde darauf hingewiesen, daß es ungünstig ist, die mit einer Lösung getränkte Ware auf Haufen liegenzulassen. Die äußeren Schichten sind dem Austrocknen ausgesetzt. Dabei besteht die Gefahr, daß die Chlorkonzentration dort zu hoch und die Ware dadurch angegriffen wird. Auch kommt es gelegentlich vor, daß auf die Haufen Sonnenstrahlen fallen, wodurch ebenfalls Faserschädigungen hervorgerufen werden können. Dagegen ist die Gefahr, daß die Kohlensäure der Luft an den äußeren Stellen des Haufens aus dem Hypochlorit unterchlorige Säure frei macht, die dann ebenfalls die Ware angreift, meist überschätzt worden. Bei dem geringen Gehalte der Luft an Kohlensäure kämen doch nur äußerst kleine Mengen davon zur Wirkung und würden zunächst durch das freie Alkali der Hypochloritlösung gebunden werden. Viel bedenklicher ist der Umstand, daß die Ware dem Hypochlorit verschieden lange ausgesetzt bleibt, und daß die unteren Schichten der Haufen überchlort werden. Die Gefahr wird noch vergrößert, wenn die Chlormaschine schlecht abquetscht und die Chlorlösung aus den oberen Schichten nach den unteren sickert und dort die einwirkende Chlormenge stark erhöht. Solche Schäden treten nicht selten auf, sie bleiben aber meist unentdeckt, oder ihre Ursachen werden nicht richtig erkannt. Man kann sich von dieser Tatsache leicht überzeugen, wenn man aus den verschiedenen Teilen eines Haufens Proben entnimmt und mit Nesslerschem Reagens auf Oxycellulose prüft. Besonders wenn die Chlorlauge nicht genügend freies Alkalihydroxyd enthielt, findet man angegriffene Ware oft schon in der Mitte des Haufens, mit Sicherheit aber meist in den unteren Teilen.

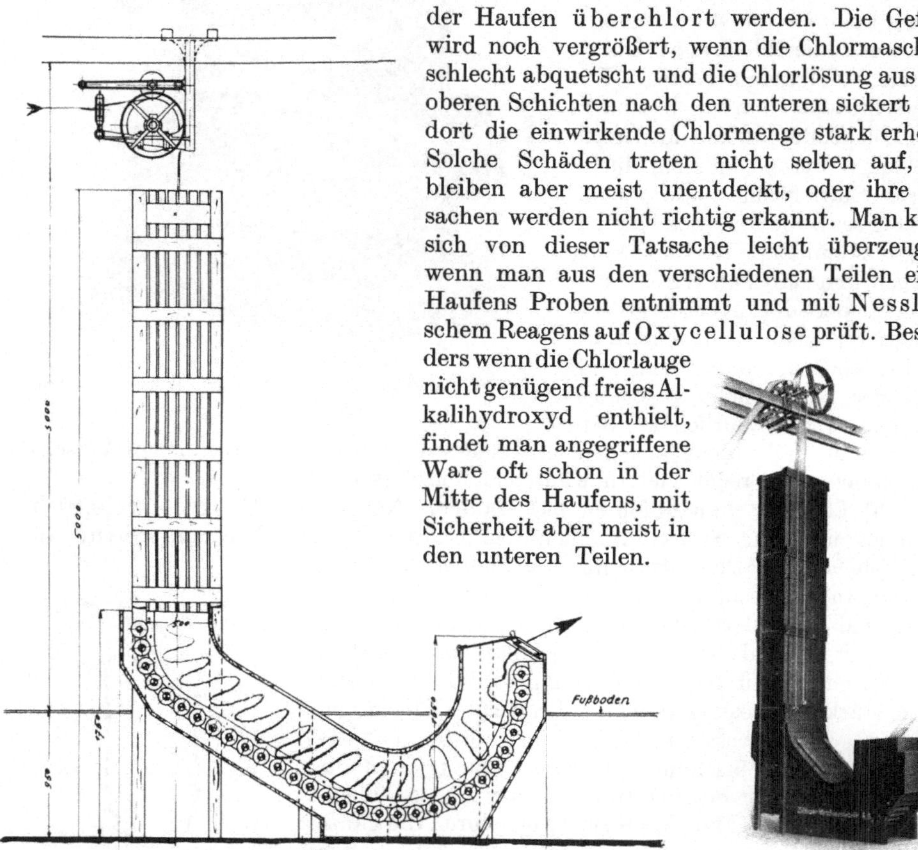

Abb. 98. Warenspeicher zur Fließarbeit (Moltrecht & Reiher, Oelsnitz i. Vogtl.).

Abb. 99. Continuewarenspeicher (Zittauer Maschinenfabrik A.-G., Zittau).

i) Fortlaufendes Chloren mit Hilfe von Speichern. Die Nachteile des Lagerns auf Haufen lassen sich vermeiden und die Vorteile des Imprägnierens in der Chlormaschine ausnützen, wenn man die Arbeit ununterbrochen (im Continueverfahren oder in Fließarbeit) ausführt. Man legt dann die Ware nicht mehr auf Haufen ab, sondern leitet sie von der Quetschvorrichtung der Chlormaschine mit einem Haspel in einen sog. Speicher (s. Abb. 98/99). Das ist ein hoher Schacht von quadratischem Querschnitt und einer Seitenlänge von 40—60 cm, dessen Boden kreisförmig nach unten gewölbt ist, tangential an die Hinterwand des Schachtes anschließt und meist mit leicht drehbaren Wälzchen ausgelegt ist. Dadurch wird die Bewegung der gespeicherten Ware nach vorwärts sehr erleichtert. Die Ware schichtet sich auf dem Boden und in dem Schachte in die Höhe und kann ohne Schwierigkeiten weitergezogen werden. Je nach der Beschaffenheit der Chlorlösung und den Bedingungen, unter denen man arbeitet, muß man die Ware länger oder kürzer der Einwirkung der Chlorlauge aussetzen. Genügt bei einer bestimmten Warengeschwindigkeit der Fassungsraum eines Speichers nicht, so wendet man einen zweiten an, in den die Ware aus dem ersten eintritt. Von dem Speicher gelangt die Ware ohne Unterbrechung nach der Waschmaschine.

Dieses Verfahren, die Ware zuerst in einer Chlormaschine gründlich mit der Hypochloritlösung durchzuarbeiten, gut abzuquetschen und dann eine bestimmte Zeit im Speicher der Wirkung des Chlors auszusetzen, dürfte für Stückwaren die vorteilhafteste Arbeitsweise sein. Man kann dabei die Eigenschaften der Chlorlösung gut überwachen und ist in der Lage, die Chlormenge auf das gerade notwendige Maß zu beschränken, was für die Wirtschaftlichkeit des Verfahrens von Bedeutung ist; die Lauge wird bis ins Innerste der Faser hineingearbeitet, so daß die Faser gleichmäßig durchgebleicht wird, die Temperatur und die Zeitdauer der Chlorlösung lassen sich recht genau innehalten und sind innerhalb der ganzen Bleichpost praktisch gleich, so daß Verschiedenheiten vermieden werden, die durch verschieden lange Chlordauer hervorgerufen werden.

k) Fortlaufendes Chloren in Steinzeuggefäßen. Mathesius-Freiberger haben ein Chlorverfahren empfohlen und an einigen Stellen eingeführt, das auch ohne Unterbrechung arbeitet, dem eben beschriebenen gegenüber aber mehrere Nachteile besitzt. Sie unterlassen es, die Ware in einer Imprägniermaschine durchzuarbeiten, sondern legen sie hinter der Waschmaschine, die zudem mangelhaft entwässert, mit Hilfe eines Rüssels in einen Steinzeugspeicher ein, der mit der Chlorlösung gefüllt ist, die immer umgepumpt wird. Nach dem Verlassen des Apparates läuft die Ware in die Waschmaschine. Zunächst gelingt es mit dem Rüssel nicht, die Ware so vollkommen mit der Chlorlösung zu durchtränken, wie bei der Verwendung einer Chlormaschine. Dann ist das Verfahren nicht sparsam, weil die Ware die noch vollwirksame Chlorlösung aus dem Speicher mit in die Waschmaschine nimmt, wo sie fortgewaschen wird, ohne ausgenützt worden zu sein. Bei dem vorher geschilderten Verfahren nimmt die gut abgequetschte Ware nur das zum Bleichen erforderliche Chlor mit, das während des Liegens im Speicher zum größten Teile verbraucht wird. Schließlich ist die Einrichtung ziemlich kostspielig.

l) Arbeitsbedingungen beim Chloren. Je nach der Methode, nach der man die Ware chlort, wird man die Stärke, den Alkalihydroxydgehalt und die Temperatur der Chlorlösung wählen müssen, um eine einwandfreie Bleiche zu erhalten. Je kürzer die Zeit ist, während der das Chlor auf die Faser wirkt, und je geringer die Chlormenge im Verhältnis zur Warenmenge ist, um so höher kann die Chlorkonzentration und um so niedriger der Hydroxydgehalt der Chlorlösung gehalten werden, ohne daß man Gefahr der Oxycellulosebildung läuft. Mit Rücksicht auf die Wirtschaftlichkeit wird man natürlich die Chlorkonzentration möglichst niedrig wählen. Je besser die Beuche war, um so weniger Chlor wird zum Fertigbleichen nötig sein. Die Stärke der Lösungen, die bei den verschiedenen Materialien und bei den einzelnen Methoden angewandt werden, schwankt je nach der Güte der Beuche, der Beschaffenheit der Ware und den Ansprüchen, die an das fertige Bleichgut gestellt werden, zwischen 0,5—3 und mehr Gramm Chlor im Liter. In gewissen Fällen reicht eine einmalige Chlorung nicht aus, um das verlangte Weiß zu erzielen. Dann muß man zweimal chloren und dazwischen säuern. Unterläßt man diese Behandlung, so kommt die zweite Chlorlösung nicht zur vollen Wirkung.

Nach dem Chloren sollte die Ware sehr gut gewaschen werden. Es müssen ja die Bestandteile von der Faser entfernt werden, die durch das Chlor löslich gemacht worden sind, und dann soll auch das übriggebliebene Hypochlorit beseitigt werden, damit es nicht weiterwirkt und besonders beim folgenden

Säuern keinen Schaden verursachen kann. Waren, die man in besondern Waschmaschinen waschen kann, also vor allem Stückware, kann man leichter vom Chlor und den löslich gemachten Verunreinigungen befreien als solche Waren, die den verschiedenen Behandlungen ohne Umpacken unterworfen werden. Bei diesen ist daher besondre Aufmerksamkeit am Platze.

Das Säuern und Entchloren.

a) Wirkung der Säure. Auf das Chloren und Waschen folgt eine Behandlung mit verdünnter Säure. Sie ist zur Erzielung eines klaren Weiß unbedingt erforderlich. Es wurde früher, besonders um die Vorteile der Verwendung von elektrolytisch hergestellter Natronbleichlauge ins rechte Licht zu rücken, behauptet, daß die damit gebleichte Ware keiner nachfolgenden Behandlung mit Säure mehr bedürfe, während das bei Verwendung von Chlorkalk unvermeidlich wäre. Man hat dabei aber nicht berücksichtigt, daß die Säure nicht nur die Hypochlorite zersetzt, sondern auch eine klärende Wirkung ausübt. Vermutlich hilft auch in diesem Stadium der Bleiche die Säure wieder, gewisse, noch unbekannte Stoffe zu lösen, die durch Waschen allein nicht zu entfernen sind, die aber das Weiß trüben. Aus diesem Grunde empfiehlt es sich auch bei Verwendung von Natriumhypochlorit, eine Behandlung mit Säure folgen zu lassen.

b) Entchloren. Um das Hypochlorit mit Sicherheit völlig zu zersetzen, nimmt man vielfach auch noch eine Behandlung der Ware mit sog. Antichlor vor. Man bedient sich dazu entweder des Natriumthiosulfats, das schlechthin Antichlor genannt wird, oder des Natriumbisulfits oder des Ammoniaks. Diese Nachbehandlung mit Antichlor ist überall dort am Platz, wo nach dem Chloren nicht gründlich genug gewaschen werden kann, also beim Arbeiten im Packsystem und bei der Bleiche von aufgewickelter Ware, z. B. bei Kettbäumen, Kreuzspulen, Kopsen usw. Am vorteilhaftesten ist das Natriumbisulfit, man kann es ohne weiteres dem Säurebade zusetzen, so daß keine besondre Behandlung erforderlich ist. Thiosulfat wird selbst durch sehr geringe Mengen von Säure zersetzt, und der dabei freiwerdende Schwefel trübt das Weiß. Man muß es also auf neutrale Ware wirken lassen, und das ist umständlich und teuer. Das Ammoniak kann man gleichzeitig zum Neutralisieren der Säure und zum Entchloren verwenden, also muß man es nach dem Säuern und Waschen anwenden. Es schützt dann aber die Baumwolle nicht vor der durch die Säure in Freiheit gesetzte unterchlorige Säure. Die Ammoniakbehandlung kann bei gewissen Waren zweckmäßig sein, die schwer säurefrei zu waschen sind und daher eine besondre Neutralisierung brauchen. Ammoniak bildet allerdings mit Hypochlorit Chloramin: $NH_3 + NaOCl = NH_2Cl + NaOH$, das beim Zersetzen Salzsäure abspaltet: $3\,NH_2Cl = NH_4Cl + N_2 + 2\,HCl$. Bei dem angegebenen Verfahren dürfte aber kaum noch eine Gefahr mit der Anwendung von Ammoniak verbunden sein, da durch die beiden Waschbehandlungen das Hypochlorit bis auf sehr geringe Spuren entfernt sein wird, die nur noch äußerst geringe Mengen Salzsäure erzeugen könnten.

Bei ordnungsmäßig gebleichter Stückware ist nach meinen Erfahrungen neben dem Säuern eine besondre Entchlorung höchstens nur in Ausnahmefällen nötig, denn im allgemeinen läßt sich nach dem Fertigwaschen kein wirksames Chlor mehr nachweisen. Man hat gelegentlich in gebleichten Waren Chloramine gefunden. Sie können nur dann entstehen, wenn die stickstoffhaltigen Bestandteile der Baumwolle durch die Beuche und das ätzalkalische Hypochlorit nicht völlig zerstört und herausgewaschen worden sind. Da die Chloramine durch Säuern und Waschen nicht beseitigt werden, und da sie beim Zerfallen, wie oben ausgeführt, freie Salzsäure abspalten, die die Faser schädigen kann, so müssen sie sicher zerstört werden, und dazu ist, wie gesagt, die Anwendung von Bisulfit beim Säuern am Platz. Natürlich ist es immer besser, das Arbeitsverfahren überall dort, wo es möglich ist, so einzurichten, daß sich keine Chloramine bilden können.

c) Fortlaufende Behandlung mit Säure. Bei Stückware wird auch das Säuern zweckmäßig in ununterbrochner Folge durchgeführt; die in einer Säuermaschine mit der Säure gut durchgearbeitete Ware wird nach gutem Abquetschen in einen Speicher, ähnlich wie beim fortlaufenden Chloren, übergeführt, aus dem sie nach kurzem Aufenthalt nach der Fertigmaschine läuft. Die Wirkung der Säure geht rasch vor sich, und deshalb braucht der Speicher nicht so viel Ware zu fassen wie beim Chloren. Auch die Stärke der Säure kann niedrig gehalten werden, da bei einem wirksamen Waschen nach dem Chloren in der Faser nur geringe Mengen von Basen zum Neutralisieren zurückbleiben. Es genügt, wenn die Ware nach dem Verlassen der Säuermaschine nur schwach sauer reagiert.

Das Fertigwaschen.

a) Bedeutung der Schlußwäsche. Will man ein klares und haltbares Weiß erzielen, so muß man dafür sorgen, daß alle durch die verschiedenen Behandlungen in lösliche Form übergeführten Verunreinigungen der Ware auch gründlich entfernt werden. Man muß daher zum Schluß besonders sorgfältig waschen. Auch diese Forderung ist ganz selbstverständlich, wird aber ebenso wie viele, die vorher erwähnt wurden, meist nicht genügend beachtet. Im allgemeinen begnügt man sich damit, die Ware so zu waschen, daß sie nicht mehr sauer reagiert. Bei Verwendung von hartem Waschwasser ist diese Reaktion bald erreicht, aber damit ist noch keine Gewähr dafür gegeben, daß auch die verunreinigenden Bestandteile wirklich entfernt sind. Man darf nicht vergessen, daß zum Vergilben beim Trocknen, Lagern oder Bügeln nicht nur Oxycellulose,

Abb. 100. Strangöffner (Zittauer Maschinenfabrik A.-G., Zittau).

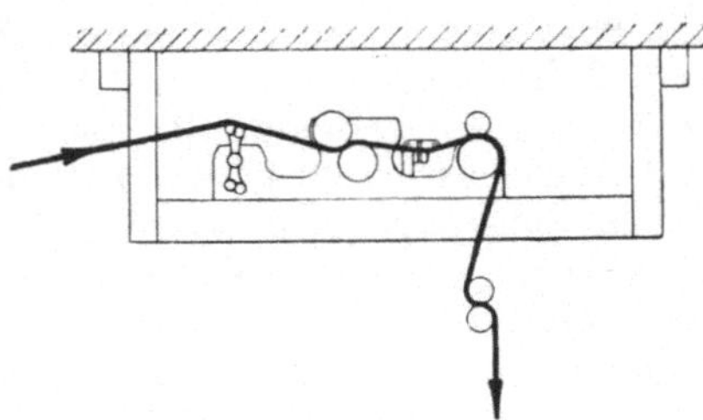

Abb. 101. Schema zum Strangöffner.

sondern auch andre Verunreinigungen der Ware beitragen können. Eine richtig gebleichte Ware, die zum Schluß sorgfältig ausgewaschen worden ist, vergilbt nicht, wenn sie auch heiß, z. B. auf einer Zylindertrockenmaschine, getrocknet worden ist. Und eine Ware, die nur deshalb nicht vergilbt ist, weil sie bei sehr niedriger Temperatur getrocknet wurde, liefert noch nicht den Beweis für eine einwandfreie Bleiche; oft wird sie sofort gelb, wenn sie in feuchtem Zustande heiß gebügelt wird, und darum ist sie für Wäschezwecke nicht geeignet.

b) Abquetschen. Nach dem Auswaschen soll die fertige Ware noch sehr gut ausgequetscht werden. Das vervollständigt nicht nur die Wirkung der Waschmaschine, sondern erleichtert auch das Ausbreiten der Strangware, denn der Warenstrang klebt fest zusammen, wenn er noch reichlich Wasser enthält. Der Schläger des Strangöffners (s. Abb. 100 u. 101), der sich rasch gegen den Warenlauf dreht, ist dann nicht imstande, die Lagen des Warenstranges so weit zu entfalten, daß die dahinter angeordneten Ausbreitwalzen mit links- und rechtsgängigen Schraubengewinden das Gewebe noch völlig ausbreiten können.

Der Strangöffner legt, wie aus der Abbildung ersichtlich, die geöffneten Waren in Falten ab, oder er führt sie meistens einem Naßkalander zu, auf dem die Schlußwäsche durch nochmaliges Spülen in fließendem Wasser und kräftiges Abquetschen vervollständigt wird.

c) Neutralisieren. In gewissen Fällen ist es nicht zu umgehen, die Ware besonders zu neutralisieren, damit man die Gewißheit hat, daß keine Schädigungen durch Säure auftreten können. Hier kommen in Frage dicht eingestellte Gewebe, solche mit besonders hart gedrehtem oder gezwirntem Garn und alle die Bleichwaren, die zum Schlusse nicht so sorgfältig ausgewaschen werden können, wie z. B. Stückwaren auf zuverlässig arbeitenden Waschmaschinen. Ist das Waschwasser hart, und rührt die Härte vor allem von Bicarbonaten her, so geht in vielen Fällen schon durch diese Bestandteile die Neutralisation vor sich; bei weichem Wasser muß man Alkalien oder Ammoniak anwenden, die entweder ohne weiteres dem Wasser in den Waschmaschinen zugesetzt werden oder, was vorzuziehen ist, in besondern Imprägniermaschinen zur Verwendung kommen. Nach dieser Behandlung muß aber unter allen Umständen noch eine gute Wäsche vorgenommen werden, denn man darf nicht vergessen, daß das Alkali dazu neigt, das Weiß zu verschlechtern.

Nachbehandlung der gebleichten Waren.

a) Alkalische Nachbehandlung. Wenn alle die einzelnen Bearbeitungsstufen richtig ausgeführt worden sind, dann ist der allergrößte Teil der Waren, vor allem der Stückwaren, fertig und kann getrocknet und appretiert werden. In recht vielen Fällen trifft aber diese Voraussetzung nicht zu, und deshalb werden die Waren noch einer Nachbehandlung unterworfen. Schon seit alters her war eine solche mit Alkali, meist Soda, und vielfach einem Zusatz von Seife im Gebrauch. Damit kann ohne Zweifel eine gewisse Verbeßrung der Bleiche erzielt werden, weil eine solche Lösung mancherlei Verunreinigungen noch entfernen kann. Bei einer derartigen Behandlung kann auch Oxycellulose abgezogen werden, so daß damit die Gefahr einer Vergilbung beseitigt wird. Bei Anwendung von Seife erhält die Baumwolle auch einen weicheren Griff, der in manchen Fällen sehr erwünscht ist und z. B. bei loser Baumwolle die Verspinnbarkeit hebt.

b) Superoxydnachbehandlung. Seit mehreren Jahren ist man mancherorts dazu übergegangen, die gebeuchte, gechlorte und gesäuerte Ware noch einer Behandlung mit einem Superoxyd oder Natriumperborat zu unterwerfen. Das bedeutet eine Verlängerung und Verteuerung der Bleiche und sollte in den meisten Fällen unnötig sein. Sind bei den vorhergehenden Behandlungen Fehler vorgekommen, so werden ihre Folgen in der Regel auch durch diese Nachbehandlung nicht völlig beseitigt, und es wäre viel richtiger, den Hebel anderswo anzusetzen, das eigentliche Bleichverfahren zu verbessern und die Nachbehandlung zu ersparen. Freilich gibt es Baumwollsorten, die nie ein tadelloses Weiß ergeben, auch wenn alle Arbeiten einwandfrei ausgeführt worden sind. Die daraus hergestellte Ware behält einen grauen, schmutzigen Stich, selbst wenn man die Behandlung wiederholt. Es wäre möglich, daß bei solchen Baumwollsorten eine nachträgliche Oxydationsbehandlung eine Beßrung hervorbringen könnte. Das müßte ausprobiert werden. Immerhin sollte es sich da doch nur um Ausnahmen handeln.

Bei der Nachbehandlung mit alkalischen Superoxydbädern wird auch etwa vorhandene Oxycellulose von der Faser abgelöst, und deshalb kann in solchen Fällen die Behandlung von Erfolg sein.

Abänderungen der Beuchbleiche.

Das bisher beschriebene vollkommne Beuchbleichverfahren ist vor allen Dingen für Stückware bestimmt. Sind aber sehr schwere oder besonders empfindliche Stückwaren, bunt gewebte Stückwaren, Kettbäume, Kopse und Kreuzspulen, Strümpfe und andre Wirk- und Strickwaren usw. zu bleichen, so muß man Abänderungen vornehmen, wie es ja auch schon bei Erwähnung von losem Material, Kardenband, Stranggarn usw. angedeutet wurde. Auf alle Einzelheiten einzugehen, würde den verfügbaren Raum überschreiten. Es sollen daher nur einige Punkte herausgehoben werden, die bisher nur flüchtig behandelt oder gar nicht erwähnt wurden.

a) Läutern. Eine *Entschlichtung* kommt bei losem oder vorgesponnenem Material, bei Gespinsten, Spitzen, Gardinen, Tüllen usw. nicht in Frage. Immerhin ist es zweckmäßig dort, wo es angeht, eine Vorbereitung durchzuführen. Die Wirkung, die dadurch erreicht wird, ist aus den früheren Ausführungen leicht zu entnehmen. Tülle, englische Gardinen und gewebte Spitzen werden, wie früher bereits erwähnt, gewöhnlich zuerst *geläutert*: man behandelt sie auf einer Art Strangwaschmaschine einige Zeit mit heißer *Natronlauge*, der man *Seife*, *Fettlöser* usw. zusetzen kann, um *Unreinigkeiten* und vor allem *Graphitflecke* zu entfernen. Bei dieser Gelegenheit wird natürlich die Faser vollkommen durchgenetzt und für die weitere Bearbeitung günstig vorbereitet. Stickereien, gestickte Spitzen u. dgl. werden meist in sog. *Pritschen*, d. h. drehbaren Bottichen, in denen sich Holzstempel auf und nieder bewegen, mit gebrauchter Lauge oder Seifenlösung durchgewalkt, wodurch die gleiche geschildert, erreicht wird.

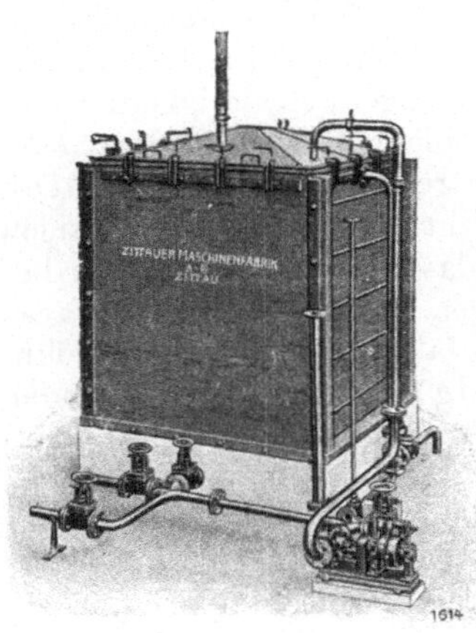

Abb. 102. Koch- und Bleichapparat (Zittauer Maschinenfabrik A.-G., Zittau).

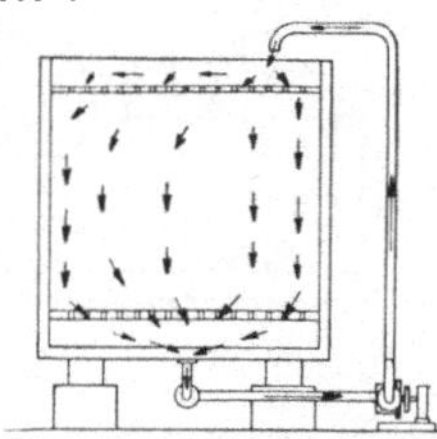

Abb. 103. Schema zum Koch- und Bleichapparat.

Abb. 103. Schema zum Koch- und Bleichapparat.

b) Direktes Beuchen. *Loses und vorgesponnenes Material und Garn* in seinen verschiedenen Formen werden ohne weitere Vorbehandlung gebeucht. Nach den vorstehenden Erklärungen muß man auch hier darauf achten, daß die Fasern völlig mit Kochlauge durchnetzt sind. Gelingt dies nicht überall, so können Fehler auftreten, die nicht wieder gutzumachen sind, und der Ausfall der Ware wird mangelhaft. Hier kann die Verwendung von richtigen *Netzmitteln* und vielleicht auch von *Fettlösungsmitteln* zweckmäßig sein. Das muß man durch systematische Versuche feststellen, ohne daß man sich durch die Verkäufer derartiger Mittel beeinflussen läßt. Die geringen Mengen, die oft empfohlen werden, sind aber unwirksam oder wenigstens ungenügend, und man darf daher nicht vergessen, daß derartige Zusätze stets verteuernd wirken.

c) Bleichen ohne Umpacken. Wo es irgend geht, wird man das Beuchen in *eisernen* und, wenn irgend möglich, in *geschlossenen Kesseln* vornehmen. Will oder kann man das Bleichgut nicht *umpacken*, sondern hintereinander beuchen, chloren und säuern, so sind eiserne Gefäße nicht zu verwenden, und man muß hölzerne anwenden und auf das Beuchen unter Druck verzichten (s. Abb. 102, 103). Das gleiche gilt dort, wo man aus irgendwelchen Gründen Gefäße verwenden muß, die einem höhern Druck nicht standhalten können. Da in diesen Fällen die Alkalilauge höchstens 100° C heiß ist, so greift sie die Verunreinigungen wesentlich schwächer an, und dann muß die Chlorlösung eine viel größere Rolle spielen als beim normalen Beuchprozeß. Dann liegt aber, wie bereits erwähnt, gewöhnlich die Möglichkeit vor, daß sich aus den zurückbleibenden stickstoffhaltigen Verunreinigungen *Chloramine* in größerer Menge bilden, die dann am besten mit Bisulfit zerstört werden.

Bei Waren, die ohne Umpacken in demselben Gefäß den verschiedenen Behandlungen unterworfen werden, kann das Waschen zwischen den einzelnen Bädern nie so vollkommen sein wie bei Stückware, die durch eine gute Waschmaschine durchgenommen wird. Es bleibt also immer ein Teil der Bleichmittel und der durch sie in Lösung übergeführten Verunreinigungen in der Ware, und das beeinträchtigt natürlich die Wirkung des folgenden Bades. Andrerseits wirken aber auch die verschiedenen Bleichlösungen wieder aufeinander ein. So können Säuren die in alkalischen Flotten gelösten Verunreinigungen wieder ausfällen und auf der Faser niederschlagen, wodurch die Bleichwirkung wieder vermindert wird. Vor allem aber besteht die Gefahr, daß die auf das Chloren folgende Säure aus dem noch in der Ware gebliebenen Hypochlorit unterchlorige Säure frei macht, die dann leicht Oxycellulosebildung hervorruft. Zur Vermeidung dieser Gefahr ist es nötig, der Säure Bisulfit zuzusetzen, so daß das Hypochlorit unverzüglich unschädlich gemacht und gleichzeitig die Chloramine zerstört werden.

d) Breitbleiche und Apparate. Schwere Stückwaren, d. h. solche, von denen der Quadratmeter je nach dem Rohstoff und den sonstigen Eigenschaften etwa 250—300 g und mehr wiegt, sind im Strang entweder nur mit mehr oder weniger Schwierigkeiten oder überhaupt nicht befriedigend zu bleichen. Es treten dann leicht Falten auf, die nicht mehr völlig zu beseitigen sind und das Aussehen der Ware beeinträchtigen. Werden solche Waren gefärbt, so fällt die Färbung gewöhnlich streifig aus. Aus diesen Gründen behandelt man sie besser im breiten Zustande.

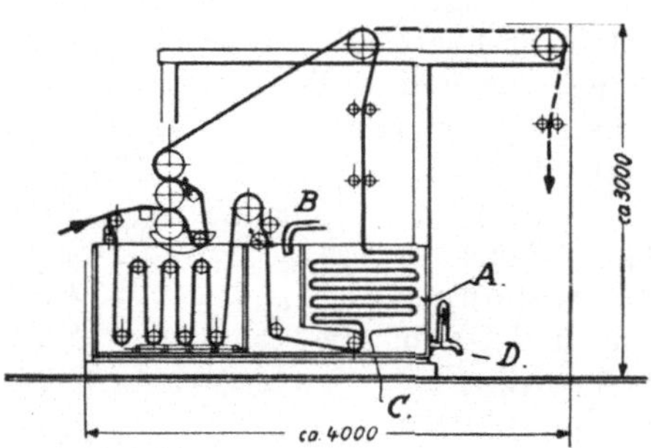

Abb. 104. Breitbleichmaschine (Zittauer Maschinenfabrik A.-G., Zittau).

Man hat in einzelnen Fällen versucht, die Waren in Bündeln oder auf Rohren aufgewickelt in einen Beuchkessel zu stellen und unter Druck zu beuchen. Es ist nicht schwer einzusehen, daß bei einer solchen Arbeitsweise der Flottendurchgang durch die Ware recht ungleichmäßig ist und daß die Beuchwirkung deshalb viel zu wünschen übrigläßt.

Viel mehr in Gebrauch ist die Verwendung von Jiggern oder Rollenkufen (s. Abb. 104), in denen man das Beuchen bei atmosphärischem Druck und das Chloren und Säuern hintereinander vornimmt. Diese Arbeitsweise hat den Vorteil, daß die Lösungen auf die Ware in einfacher Lage und ganz gleichmäßig einwirken. Andrerseits ist die Beuchwirkung bei 100° C mangelhaft, selbst wenn man stärkere Laugen anwendet, und der Bleichgrad läßt zu wünschen übrig. Vor allem aber ist die Leistung sehr gering, und die Gestehungskosten werden hoch. Wenn trotzdem auch heute noch recht viel Ware auf diese Weise gebleicht wird, so ist das durch den gleichmäßigen Ausfall der Ware und vor allem dadurch begründet, daß es wesentlich beßre Methoden noch nicht gibt. Die englische Firma Jackson hat eine Verbeßrung dadurch einzuführen versucht, daß sie eine jiggerartige Vorrichtung in ein verschließbares Gefäß einbaut, das die Beuche unter einem gelinden Überdruck durchzuführen gestattet. Die Ware wird selbsttätig umgesteuert. Der dabei erreichte Fortschritt ist nicht wesentlich, weil die Temperatur der Lauge nur mäßig erhöht werden kann und dies gerade bei den schweren Waren keine merkbare Beßrung hervorbringt. Auch die Leistung ist niedrig und rechtfertigt den höheren Anschaffungspreis des Apparats nicht.

Auch die Rollenkufen hat man für die Breitbleiche zu verbessern versucht. So wurde nach den Angaben des Engländers Bentz von der Maschinenfabrik von Edmeston & Son in Salford ein geschlossener Eisenkasten gebaut, durch den die Ware ununterbrochen, und zwar abwechselnd durch kochende Natronlauge und Dampf, geführt wurde. Am Ein- und Ausgang waren Schächte angebracht, die einen dampfdichten Flüssigkeitsverschluß bildeten und gestatteten, daß im Innern des Kastens ein allerdings recht geringer Überdruck gehalten werden konnte. Die dadurch erzielte Temperaturerhöhung der Lauge hatte auch hierbei keinen wesentlich beßren Erfolg. Ähnliche Apparate wurden später auch noch von andern Seiten vorgeschlagen, aber sie bedeuteten keinen besondern Fortschritt und erlangten keine Verbreitung, wenn auch einzelne Apparate für gewisse Zwecke benützt wurden.

Einen andern Weg für die Breitbleiche schlug Endler ein. Er ersetzte das Beuchen in Lauge durch eine Behandlung der mit Lauge getränkten Ware im Dampf. Dazu ließ er von der Firma Welter, Mülhausen i. E., einen besonders großen Dämpfkasten bauen, durch den die Ware mit Hilfe von Tragketten fortlaufend hindurchgeführt wurde. Die Natronlauge erhielt einen Zusatz von Türkischrotöl und von Bisulfit, das eine schädliche Wirkung des Luftsauerstoffs auf die heiße laugenhaltige Baumwolle verhindern sollte. Auch dies Verfahren fand keine allgemeine Aufnahme, weil der Erfolg nicht genügte, und es wurden nur einige wenige Einrichtungen eingeführt.

Die hier kurz aufgeführten Breitbleichverfahren kranken alle daran, daß die Beuche auch bei Anwendung stärkerer Laugen doch nur eine unzureichende Wirkung ausübt. Die Hauptarbeit muß dabei das Hypochlorit verrichten. Die Beuche wird damit mehr zu einer nur vorbereitenden Behandlung, und man gelangt also schon auf das Gebiet der Kaltbleiche, von der später noch die Rede sein wird.

e) **Buntbleiche.** Bei der Bleiche von bunt gewebten Waren kommt es darauf an, die Färbungen so vollkommen wie nur möglich zu erhalten. Die Zahl der Farbstoffe, die für die Beuchbleiche in Frage kommen, ist gering. Es sind vor allem das Türkischrot (s. d., allerdings gibt es auch da Vertreter, die keine genügende Bleichechtheit besitzen), das Alizarinviolett, Alizarinblau, Anilinschwarz und das durch Chloren einer Primulinfärbung erhaltene Gelb. Das Indigoblau hatte schon eine wesentlich geringere Bleichechtheit und erforderte eine besondre, schonende Behandlung. Die später eingeführten Küpenfarbstoffe, auch die Indanthrene, besaßen wohl zum größten Teile eine sehr gute Chlorechtheit, aber sie waren ungenügend beuchecht. Durch Aufnahme von Verunreinigungen der Baumwolle erlangt die Beuchlauge reduzierende Eigenschaften, so daß sie die Farbstoffe wieder von der Faser abzulösen vermag. Die dabei entstehende Küpe färbt dann auch die weißen Stellen der Gewebe und macht sie unbrauchbar. Um diese Küpenbildung zu verhindern, hat man den Zusatz von oxydierenden Substanzen empfohlen. Vollkommen sicher wird aber dadurch die Beuche nicht, denn es ist unmöglich, den reduzierenden Zustand der Lauge immer im voraus richtig zu bestimmen. Am besten ist es daher, die Buntwarenbleiche überhaupt ohne Beuche durchzuführen. Selbstverständlich darf man auch zum Vorbereiten der Buntware keine Lauge verwenden, und bei Mercerisierware tut man gut, sie nach der Behandlung sofort vollständig zu entlaugen, auszuwaschen und unter Umständen sogar auch noch gleich abzusäuern. Buntwaren bleicht man am besten nach dem Kalt- oder nach dem Oxydationsbleichverfahren, über die weiter unten die Rede ist.

Es ist selbstverständlich, daß man bei allen Bleichverfahren, bei denen nur eine sehr milde Beuche angewandt wird, die Ansprüche an die Güte des Weiß nicht so hoch bemessen darf wie bei einer in sämtlichen Stufen mit aller Sorgfalt vorgenommenen Stückbleiche. Unter allen Umständen muß man aber, trotz der Anwendung wesentlich stärkerer Chlorlösungen, dafür sorgen, daß keine Oxycellulose gebildet wird, und daß Chloramine entweder gar nicht erst entstehen oder wieder völlig zersetzt werden. Über die Prüfung der gebleichten Waren wird weiter unten berichtet werden.

Die Oxydationsbleichverfahren.

Während, wie bisher beschrieben, beim Beuchbleichverfahren die Verunreinigungen der Baumwolle zum allergrößten Teil durch kochende Alkalilaugen entfernt werden, und das Oxydationsmittel, das Hypochlorit, nur noch nachzuhelfen und in der Hauptsache die schwache, gelbliche Färbung der Faser zu beseitigen hat, müssen bei den nun zu behandelnden Oxydationsbleichverfahren die Oxydationsmittel die gesamte Bleicharbeit allein verrichten. Infolgedessen ist natürlich der Verbrauch an diesen Bleichmitteln wesentlich höher als beim Beuchverfahren.

Die Hypochloritkaltbleiche.

a) Entwicklung. Das älteste Oxydationsbleichverfahren ist das mit Hypochlorit. Lange Zeit wurde es nur in recht geringem Umfang angewandt, da die damit erhaltne Bleichware im allgemeinen den Wettbewerb mit der gebeuchten nicht aufnehmen konnte. Wenn es sich trotzdem weiterbehauptet und sogar an Verbreitung gewonnen hat, so liegt das daran, daß es dem Beuchverfahren gegenüber auch wiederum Vorteile besitzt. Es ist bereits oben davon die Rede gewesen, daß man gewisse Waren in einem Gefäß bleicht, ohne sie nach den einzelnen Operationen umzupacken. Man behandelt sie nacheinander mit kochender Lauge, Hypochloritlösung und Säure. Das Beuchen im offnen Bottich verursacht starke Dampfentwicklung, und die kochende Lauge zerstört die Holzgefäße sehr rasch. Das Verfahren ist zudem ziemlich umständlich und zeitraubend. Man war daher bestrebt, die Nachteile zu vermeiden oder zu mildern und das Verfahren zu vereinfachen. So verfiel man darauf, das Beuchen überhaupt wegzulassen und die Bleiche lediglich mit Hypochlorit und Säure durchzuführen. Das hatte den Vorteil, daß man bei gewöhnlicher Temperatur arbeiten konnte und keinen Dampf brauchte. Aber auch die auf diese Weise gebleichte Ware hat vor der gebeuchten gewisse Vorzüge: sie verliert weniger an Gewicht und bleibt voller im Griff, und sie behält eine wesentlich größere Weichheit und Geschmeidigkeit, was bei losem Material für das Verspinnen und bei Rauhware für das Rauhen sehr wesentlich ist.

b) Anwendungsgebiet. Die Hypochloritkaltbleiche hat sich ziemlich gut eingeführt für lose Baumwolle und Zwischengespinste, für Stranggarn, Kopse, Kreuzspulen, Kettbäume, für Strümpfe, Wirk- und Strickwaren usw. Von Stückware werden vor allem schwere Gewebe, die eine Behandlung in breitem Zustande erfordern, nach diesem Verfahren gebleicht, und dann ist sie in den letzten Jahren für bunt gewebte Waren aufgenommen worden, da dabei vor allem die Küpenfarben gut erhalten bleiben.

Für rein weiße Stückwaren dagegen hat die Kaltbleiche nur wenig Anwendung gefunden, obgleich vor einigen Jahren Anstrengungen gemacht wurden, ein von Monti ausgearbeitetes Verfahren (das sog. Zweifelsche Verfahren) einzuführen.

c) Arbeitsbedingungen. Wie aus den früheren Ausführungen hervorgeht. ist es auch bei der Kaltbleiche von der größten Wichtigkeit, daß die Hypochloritlösung bis ins Innerste der Faser eindringt. Geschieht das nicht, so geht die Bleichwirkung nicht tief genug, und das erzielte Weiß vergilbt beim Lagern oder Bügeln. Vor allem werden auch die Protoplasmareste im Lumen der Faser nicht genügend entfernt und bilden die Quelle für die tückischen Chloramine. Um hier Abhilfe zu schaffen, wird das Bleichgut vielfach zuerst genetzt. Entweder kocht man es mit Wasser allein oder unter Zusatz von Soda, Natronlauge, Seife, Türkischrot oder einem Netzmittel. Stückware entschlichtet man vielfach vorher (s. u. Entschlichtung). Das ist aber nicht nötig, da wie oben bereits ausgeführt, Hypochlorite gleichzeitig eine bleichende und entschlichtende Wirkung haben.

d) Imprägnierung. Nun hat aber das Vornetzen in allen den Fällen, wo man die überschüssige Flüssigkeit vor der Anwendung der Chlorlösung nicht gut entfernen kann, den großen Nachteil, daß die Chlorlösung in ganz unkontrollierbarer Weise verdünnt und ihre Wirkung dadurch mehr oder weniger stark beeinträchtigt wird. Aus diesem Grunde verzichten wieder Betriebe auf das Vornetzen und geben die Chlorlösung auf das trockne Material. Da sich nun rohe Baumwolle nur äußerst schwer netzt und die Chlorlösung noch außerdem sehr träge in die Faser eindringt, so hat man verschiedene Mittel angewandt, um die Chlorlauge durchdringen zu lassen. Bei Waren, die im Bottich gebleicht werden, hat man die bereits oben beschriebenen Vakuumapparate zu Hilfe genommen, ohne damit immer gänzlich zum Ziele zu gelangen. Stückwaren werden vielfach entweder im Strang oder in breitem Zustande durch Imprägniermaschinen genommen. So zweckmäßig diese Behandlung für vorgenetzte Ware ist, so ist sie doch nicht wirksam genug bei trockner Rohware, die, wie hier, mit kalten Flüssigkeiten behandelt wird. Nur dann gelingt es, die kalte Chlorflotte auch bis ins Innerste der Faser zu schaffen, wenn man die Ware längere Zeit in der Imprägniermaschine umlaufen läßt.

e) Netzmittel. Anfang dieses Jahrhunderts hatten Erban und Pick ein Patent auf ein Verfahren genommen, nach dem man das Eindringen der Natriumhypochloritlösung dadurch beschleunigen sollte, daß man ihr Seife, Türkischrotöl oder Monopolseife zusetzte. Später hat man dafür auch noch andre Netzmittel (s. d.) in Vorschlag gebracht. Die Frage der Netzmittel ist bis jetzt noch nicht geklärt, und deshalb muß man durch Versuche feststellen, welche Mittel unter den gegebenen Bedingungen wirksam sind. Nicht alle, von denen das behauptet wird, sind tauglich. Es gibt aber einige, die für die Kaltbleiche vorteilhaft sind, und mit deren Hilfe es gelingt, trockene Rohware mit der Hypochloritlösung vollkommen zu tränken.

f) Wirkung der Bleichlösungen. Wissenschaftlich ist die Kaltbleiche auch noch nicht bearbeitet worden, und viele Fragen bleiben noch zu klären, da wir von den chemischen Vorgängen, die sich dabei abspielen, nur sehr wenig wissen. Ob es sich hierbei um reine Oxydationsvorgänge handelt, oder ob auch Chlorierungen eintreten, ist noch unentschieden. Wir wissen ferner nicht, welche Verunreinigungen und Begleitstoffe der Cellulose entfernt und welche erhalten bleiben. Auch das Verhalten der Fette und Wachse müßte noch näher untersucht werden. Jedenfalls ist der Reinigungsvorgang bei der Kaltbleiche recht verschieden von dem bei der Beuchbleiche, und die Waren, die nach den beiden Verfahren gebleicht werden, weichen in verschiedener Hinsicht voneinander ab.

Die Anwendung von Chlorkalk empfiehlt sich nicht, sondern die von Natriumhypochlorit. Vermutlich ist es dem Calciumsalz deshalb vorzuziehen, weil es mit den Zersetzungsprodukten leichter lösliche Verbindungen eingeht. Es ist selbstverständlich, daß die Chlorflotten wesentlich stärker gehalten werden müssen als bei gebeuchter Ware. Man kann auf 6—8 oder sogar 10 g Chlor im Liter gehen, ohne Gefahr zu laufen, daß die Faser dabei leidet. Die Verunreinigungen der rohen Baumwolle zersetzen das Hypochlorit gierig, und deshalb muß man die Lösung in der Imprägniermaschine häufig titrieren und dauernd auf genügender Stärke halten, wenn man eine gute und gleichmäßige Bleiche erzielen will. Ferner ist es vorteilhaft, die Chlorlauge stark ätzalkalisch zu halten. 8—10 g NaOH im Liter und selbst noch mehr ist zweckmäßig. Zunächst erleichtert das Ätznatron die Ablösung der Verunreinigungen dadurch, daß die Faser damit stark aufquillt.

Es befördert ferner die Lösung der sich durch die Hypochloritwirkung bildenden Abbauprodukte der Faser, und vor allem verhindert es einen Angriff der Cellulose. Die bei der Oxydation der Verunreinigungen schnell und in großer Menge entstehenden Säuren, wie Oxalsäure und Kohlensäure, würden die gefährliche unterchlorige Säure frei machen, wenn sie nicht sofort durch das Ätznatron gebunden würden.

g) Chloramine. Beim Beuchen werden die stickstoffhaltigen Verunreinigungen, vor allem die Protoplasmareste, durch die heiße Lauge zerstört. Bei der Kaltbleiche wirkt auf sie das Hypochlorit ein und bildet unter Bedingungen, die uns noch unbekannt sind, Chloramine. Leider ist unser Wissen von der Entstehung und den Eigenschaften der Chloramine, die sich bei der Chlorbleiche der Pflanzenfasern bilden, noch sehr unzulänglich. Bekannt ist aber, daß sie sich, auch wieder unter Bedingungen, die noch nicht erforscht sind, zersetzen und dabei Salzsäure abspalten, die die Faser zerstört. Oft kann man mit Jodkaliumstärkelösung Chloramine in Waren nachweisen, die gar nicht gelitten haben. Oft aber treten auch wieder umfangreiche Zerstörungen ein, die entweder schon nach längerem Lagern der Ware zu bemerken sind oder aber sich erst nach der ersten Wäsche zeigen. In den letzten Jahren hatte die Kaltbleiche besonders bei bunt gewebten Waren, die durch die Mode sehr begünstigt wurden, in großem Umfange Anwendung gefunden, und bei manchen Posten traten dann plötzlich große Schäden auf. Es ist daher privat- wie volkswirtschaftlich dringend notwendig, den Chloraminen ganz besondre Aufmerksamkeit zu widmen. Ob man ihre Bildung bei der Einwirkung der Hypochlorite auf die rohe Faser überhaupt vermeiden kann, ist noch nicht erforscht worden. Selbst ein Gehalt der Hypochloritlösung von 20 g NaOH im Liter verhindert ihre Entstehung noch nicht. Auf alle Fälle muß man sie wieder zerstören, was sicher mit Bisulfit gelingt, das man dem auf das Chloren folgenden Säurebad zusetzt.

h) Arbeitsverfahren. Es empfiehlt sich nicht, die Rohware in Bottiche einzuschlichten und mit Chlorlösung zu bedecken. Selbst wenn man diese umpumpt, kann man nie auf eine gleichmäßige Wirkung auf alle Teile der Warenpost rechnen. Es ist, wie bereits dargelegt, notwendig, die Ware unter den angegebenen Vorsichtsmaßregeln gut zu imprägnieren. Gewöhnlich wird sie dann viele Stunden lang in Bottichen oder auf Haufen liegengelassen. Das ist aber nicht nötig. Selbst bei Anwendung starker Chlorlösungen ist das wirksame Chlor bereits nach $^3/_4$—2 Std. völlig aufgebraucht und das Ätzalkali zu einem guten Teile neutralisiert, so daß keine wesentliche Einwirkung auf die Ware mehr stattfinden kann. Man kann sogar, besonders wenn man fortlaufend arbeiten will, die Bleichdauer noch wesentlich abkürzen, indem man die gleichmäßig durchtränkte Ware, am besten in ausgebreitetem Zustande, durch einen Dämpfkasten leitet: dann kommt man bereits in etwa 1 Min. zum Ziel, ohne daß die Faser Schaden erleidet. Die Verunreinigungen werden vor der Cellulose angegriffen; außerdem hat man es ja in der Hand, die Menge des Chlors im Verhältnis zur Ware genau zu regeln, indem man die Stärke der Chlorflotte einstellt und die Abpressung der Ware nach Bedarf regelt.

Ist die Chlorbehandlung abgeschlossen, so muß eine sehr gründliche Wäsche folgen, damit die vom Chlor in lösliche Form übergeführten Verunreinigungen möglichst vollkommen entfernt werden. Auf die Wäsche folgt ein Säurebad, dem, wie erwähnt, Bisulfit zugesetzt werden muß. Die Säure scheint auch hier die Lösung der Verunreinigungen zu begünstigen. Ob dazu Salz- oder Schwefelsäure vorzuziehen ist, müßte noch durch besondre Versuche entschieden werden. Wie erwähnt, ist der Säure Bisulfit zuzusetzen, das sowohl die Chloramine zersetzen als auch die unterchlorige Säure unschädlich machen soll. Das gilt besonders für die Waren, die durch das Spülen nicht völlig chlorfrei gemacht werden können, also für schwere Waren und solche mit hart gedrehtem oder gezwirntem Garn, für Material, das nicht umgepackt wird, für Kettbäume, Kreuzspulen, Kopse usw.

Gewöhnlich wird man mit einer einzigen Chlor- und Säurebehandlung kein genügend hohes Weiß erzielen, weshalb man die Arbeiten wiederholen muß. Es ist zweckmäßig, die Ware nach den einzelnen Behandlungen recht sorgfältig zu waschen. Besondres Augenmerk ist auf das Waschen nach dem Säuern und vor der zweiten Chlorbehandlung zu lenken, weil in diesem Stadium wiederum freie unterchlorige Säure auftreten und sich Oxycellulose bilden kann. Es empfiehlt sich daher, bei der zweiten Chlorbehandlung die Flotte lieber noch stärker alkalisch anzusetzen, damit die in der Faser noch zurückgebliebene Säure die Ätzalkalität der Lauge nicht zu sehr vermindert. Schließlich wird wieder unter Zusatz von Bisulfit gesäuert und darauf ganz gründlich gewaschen. Ob das Waschen mit kaltem Wasser allein in allen Stadien der Kaltbleiche genügt, oder ob man zweckmäßiger stets oder nach gewissen Behandlungen heißes Wasser gebraucht, oder ob man auch noch Alkalien zusetzt, um das Auslaugen der Verunreinigungen zu verbessern, wäre auch durch besondre Versuche festzustellen. Dabei ist das Augenmerk auf die Schönheit, Klarheit und Haltbarkeit des Weiß und auf die Festigkeit der Faser zu richten.

i) Eigenschaften kalt gebleichter Ware. Wie schon dargelegt, verlieren die kalt gebleichten Waren weniger an Gewicht als die gebeuchten. Der Griff bleibt weicher und voller, und die Faser oder der Faden verlieren weniger an Körper, während sie bei der Beuchbleiche häufig mager ausfallen. Lose Baumwolle zeigt wegen der Weichheit nach der Kaltbleiche eine beßre Spinnfähigkeit als gebeuchte, und Stückware läßt sich wesentlich besser rauhen. Da bei der Kaltbleiche viele Färbungen, vor allem Küpenfärbungen, tadellos erhalten bleiben, so hat sie sich gerade für Buntwaren schon gut eingeführt. Über die Wirtschaftlichkeit des Kaltbleichverfahrens lassen sich leider noch keine Angaben machen, zumal ein in jeder Richtung gut durchgearbeitetes Verfahren kaum vorhanden ist. Es wäre sehr wertvoll, einmal zu untersuchen, wie sich die Kosten der Kaltbleiche zu denen der Beuchbleiche verhalten. Die Kaltbleiche hat den Vorteil, daß die dafür nötige Einrichtung wesentlich billiger ist als die für die Beuchbleiche. Ob man wirklich durchgehends kalt arbeiten soll oder doch bei gewissen Behandlungen zweckmäßigerweise Dampf mitverwendet, müßte, wie oben ausgeführt, doch noch genauer untersucht werden.

Von großer Wichtigkeit wäre es einmal, kalt gebleichte Ware mit gebeuchter Ware nach verschiedenen Richtungen hin zu vergleichen. Wie bereits früher bemerkt, kann man noch darüber im Zweifel sein, ob es für viele Verwendungszwecke notwendig und richtig ist, die Reinigung der Baumwolle so weit zu treiben wie bei der Beuchbleiche. Andrerseits wäre es auch gut zu wissen, welche Gewichtsverluste die nach den beiden Methoden gebleichten Waren bei mehrmaliger Wäsche erleiden. Es wäre ja immerhin möglich, daß die Substanzen, die durch die Kaltbleiche nicht entfernt werden, für die Güte der fertigen Ware keine wesentliche Bedeutung besäßen, weil sie vielleicht durch die alkalische Waschlauge rasch herausgelöst werden. Die Unterlagen für derartige Urteile fehlen uns noch vollständig.

Die Superoxydbleichverfahren.

Entwicklung. An Versuchen, die Hypochlorite durch andre Oxydationsmittel zu ersetzen, hat es nicht gefehlt; das Mißtrauen gegen das Chlor ist so alt wie seine Anwendung. Aber die wesentlich höheren Kosten verhinderten es, daß sich andre Verfahren durchsetzten, und sie blieben nur auf wenige Ausnahmen beschränkt. Erst als es gelungen war, das Natriumsuperoxyd zu einem Preise herzustellen, der auch eine Verwendung im größeren Maßstabe zuließ, wurde es langsam in Großbetriebe eingeführt. Bahnbrechend dürfte hier wohl der Franzose GAGEDOIS gewesen sein, der ein Natriumsuperoxydbleichverfahren zunächst für Leinen ausarbeitete, um die Rasenbleiche damit zu ersetzen, und der es dann auch auf Baumwolle übertrug. Sein D.R.P. 130437 vom 20. Dezember 1900 hüllt die Eigentümlichkeiten des Verfahrens absichtlich in Dunkel und läßt sie nicht richtig erkennen. Man erhielt damit, wie ich aus mehrjähriger Anwendung selbst weiß, ein recht gutes und haltbares Weiß, und es bot besonders für Buntgewebe große Vorteile, weil die Farben viel besser erhalten blieben und das Weiß schöner war als bei der üblichen Bleichmethode. Weitere Verbreitung gewann es nur langsam, aber es bildet die Grundlage für die meisten der heute angewandten Natriumsuperoxydverfahren.

Wesen der Superoxydbleiche. Das Wasserstoffsuperoxyd, mit dem man noch früher als mit dem Natriumsuperoxyd Bleichversuche anstellte, ist mit Erfolg erst seit ganz kurzem in den Großbetrieb eingeführt worden, weil seine Herstellung in hoher Konzentration zu niedrigem Preise erst neueren Datums ist. Andre Sauerstoffsalze, wie Perborat, Percarbonat und Persulfat, sind teurer als die genannten beiden Peroxyde und werden daher nur in besondern Fällen angewandt. Das gleiche gilt auch vom Permanganat. Es soll daher hier nur auf die Bleichverfahren mit den beiden Peroxyden eingegangen werden.

Beiden gemeinsam ist die Anwendung bei höherer Temperatur. Man kann hier daher nicht von Kaltbleichverfahren sprechen, wie es von manchen Seiten geschieht. Man könnte höchstens von einer Heißbleiche sprechen. Da sich die Superoxydlösungen allein zu rasch zersetzen würden und die Bleiche infolgedessen nicht gut genug geleitet werden könnte, so gibt man den Bleichbädern Stoffe zu, die die Zersetzung, d. h. die Abgabe des Sauerstoffs, verlangsamen (Stabilisatoren, Antikatalysatoren). Bei der Anwendung auf rohe Baumwolle soll nach RUSSINA ein Zusatz von Stabilisatoren überflüssig sein, weil gewisse, noch unbekannte Bestandteile der Rohfaser in gleichem Sinne wirksam sein sollen.

Neuerdings wurde die sonderbare Ansicht aufgestellt, daß die Peroxyde lediglich die Aufgabe hätten, die alkalische Bleichlösung zu entfärben, und daß die Bleichwirkung allein durch das Ätzalkali hervorgebracht würde. Wäre das der Fall, so könnten die verhältnismäßig schwach alkalischen Wasserstoffsuperoxydlösungen, die man vielfach anwendet, gar nicht so gut bleichen, wie es tatsächlich der Fall ist, und man müßte doch auch dasselbe Weiß, wie mit Peroxyd, selbst dann erhalten, wenn man mit Natronlauge allein kochte und sie häufig erneuerte. Es ist bekannt, daß man so nicht zum Ziele kommt; das Peroxyd wirkt wohl auch auf die in der Lauge gelösten und sie färbenden Verbindungen ein, in der Hauptsache aber zerstört es die auf der Faser befindlichen Verunreinigungen, und dadurch kommt die Bleichwirkung zustande.

Kontrolle der Bleichlösungen. Die Prüfung der Lösungen auf ihre Bleichstärke, d. h. auf ihren Gehalt an wirksamem Sauerstoff, wird mit Hilfe von Permanganatlösung vorgenommen. Das ist einwandfrei aber nur bei völlig unbenutzten Bädern möglich. Bei Lösungen, die schon gebraucht worden sind, versagt diese Bestimmung, da das Permanganat dann nicht nur vom wirksamen Sauerstoff, sondern auch von aufgenommenen organischen Substanzen verbraucht wird. Für diese Fälle wird folgende Methode empfohlen: 10 cm^3 der Bleichlösung werden mit verdünnter Schwefelsäure stark angesäuert und nach Zusatz von 1 g Jodkalium öfters umgeschwenkt und in einer verschlossenen Flasche etwa 30 Min. stehengelassen. Das durch das Peroxyd ausgeschiedene Jod wird mit $^1/_{10}$-n-Thiosulfatlösung und Stärkelösung als Indicator bis zum

Verschwinden der Blaufärbung titriert. Es ist jedoch fraglich, ob dieses Verfahren wirklich genau ist, und es wäre angebracht, wenn das einmal sorgfältig nachgeprüft würde.

Die Natriumsuperoxydbleiche.

Arbeitsgang. Die meisten dieser Verfahren arbeiten nicht mit Natriumperoxyd allein, sondern nehmen zur Verbilligung Hypochlorite zu Hilfe, die man zunächst gründlich vorarbeiten läßt. Am meisten wird Stückware in dieser Weise gebleicht. Im allgemeinen verfährt man dabei so, daß man die gut entschlichtete Ware zuerst mit einer verhältnismäßig starken Hypochloritlösung behandelt, genau in der gleichen Weise wie bei der Kaltbleiche. Damit erhält man bereits eine weitgehende Vorbleiche. Je besser das Hypochlorit gewirkt hat, um so leichtere Arbeit bleibt natürlich dem Superoxyd. Für diese Vorbleiche gelten die gleichen Richtlinien wie für die Kaltbleiche (s. d.). Man muß also dafür sorgen, daß die Ware vollkommen durchgenetzt wird. Wesentlich ist es auch hier, die Flotte im Bottich der Imprägniermaschine immer auf gleicher Stärke zu halten, damit auch eine gleichmäßige Wirkung erzielt wird. Der Chlor- ebenso wie der Ätznatrongehalt ist häufiger titrimetrisch nachzuprüfen. Bei Verwendung von geeigneten Chlorspeichern kann man diese Behandlung fortlaufend (in Continue-, Fließarbeit) durchführen. Nicht zu empfehlen ist die Verwendung von Chlorbottichen, in die man die Waren einschlichtet, und worin man sie mit der Chlorlösung behandelt. Die Gründe, die dagegen sprechen, sind bereits früher auseinandergesetzt worden. Selbst wenn man die Chlorlösung beim Einlegen der Ware gleichzeitig zufließen läßt, hat man noch nicht die Sicherheit einer gleichmäßigen Wirkung auf die gesamte Bleichpost. Das Umpumpen der Chlorlösung ist ebenfalls kein hinreichend wirksames Hilfsmittel für eine gleichmäßige Wirkung. Bei der Mohrbleiche, die auch hierher gehört, wendet man zum Vorchloren verschließbare, verbleite Behälter an, in die man die Chlorlösung unter Druck einpumpt. Aber auch dieses, nicht gerade billige Hilfsmittel ist zwecklos, denn selbst die unter Druck stehende Chlorflotte wird den Einfluß der verschieden dicht liegenden Warenschichten nicht ausgleichen, da ja der hydraulische Druck in dem geschlossenen Kessel von allen Seiten gleich stark wirkt. Ob für diese Chlorbehandlung der Bleichosmotor angebracht wäre, müßte noch durch eingehende Versuche festgestellt werden. Vor allem aber wäre dabei zu prüfen, ob nicht die oben liegenden Schichten durch die starken Chlorlösungen überbleicht werden.

Bei dieser Behandlung der rohen Baumwolle mit Hypochlorit entstehen natürlich Chloramine; sie werden aber durch die folgende Behandlung mit Natriumsuperoxyd nicht zerstört, sondern müssen durch Zusatz von Bisulfit beim Säuern der Ware zersetzt werden.

Nach dem Säuern und Waschen folgt die Behandlung des Bleichguts mit der Natriumsuperoxydlösung, die die Wirkung des Chlors vervollständigt. Über die chemischen Vorgänge hierbei läßt sich ebenfalls noch nichts Bestimmtes sagen. Neben der Bleichwirkung macht sich vor allem bei dieser Behandlung die Zerstörung der Samenschalen vorteilhaft bemerkbar, die durch die Tätigkeit des Hypochlorits noch nicht entfernt werden.

Die Menge des Superoxyds, die man anwendet, hängt natürlich von verschiedenen Umständen ab, wie der Reinheit des Bleichguts, der Vorbleiche durch das Chlor, von der Beschaffenheit, die die fertige Ware aufweisen soll usw. Im allgemeinen arbeitet man mit Lösungen, die etwa 2—3 g Natriumsuperoxyd im Liter enthalten. Um die Zersetzung des Peroxyds zu verlangsamen und die Bleichwirkung zu regeln, verwendet man einen Zusatz von Wasserglas, von dem man bis etwa zu der zehnfachen Menge des Peroxyds zugibt. Vermutlich genügt aber schon die zwei- bis dreifache Menge. Das Auflösen des Superoxyds muß mit Vorsicht vorgenommen werden; am besten ist es, wenn man es langsam in eine reichlich große Menge kalten Wassers einstreut, das zweckmäßig mechanisch gerührt wird. Man hat auch besondre Apparate zu diesem Zwecke gebaut, die außer dem Rührwerk noch eine Art Mühle besitzen, durch die das Superoxyd, zu Staub zerteilt, in das Lösegefäß eingetragen wird.

Apparate. Die Gefäße, in denen man die Peroxydbleiche vornimmt, werden am einfachsten aus Holz hergestellt. Das ist am billigsten, und trotzdem halten sie lange. Für die Rohrleitungen und Armaturen kann man unbedenklich Eisen verwenden, wenn man nur durch eine Vorbehandlung mit ziemlich starker Wasserglaslösung dafür sorgt, daß sich auf der Oberfläche rasch eine Silicatschicht bildet. Die Deutsche Gold- und Silberscheideanstalt hat sich die Verwendung von Nickel für die Superoxydbleiche schützen lassen, von andrer Seite ist wieder Zinn empfohlen worden. Diese Metalle verteuern natürlich die Anlage etwas. Zum Umwälzen der Flotte benützt man ohne Nachteil einen Ejektor, der ebenfalls aus Eisen oder aus Steinzeug (Porzellan) sein kann. Er vermittelt gleichzeitig die Erhitzung der Lösung. Zieht man Pumpen vor, so wählt man am besten Kreiselpumpen aus Hartblei, Eisen oder Siliciumguß. Auch Steinzeugpumpen können verwendet werden, nur muß man eine Bauart wählen, die das Erhitzen aushält.

Abb. 105. Sauerstoffkaltbleiche (Mohrbleiche) (Zittauer Maschinenfabrik A.-G., Zittau).

Schema einer Bleichkesselanlage, Type „UD"

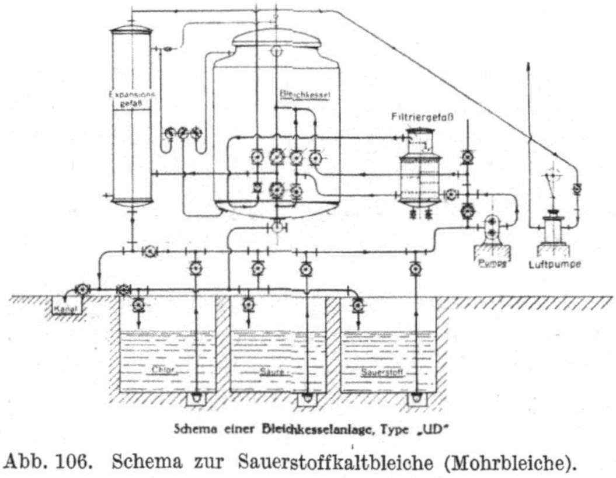

Abb. 106. Schema zur Sauerstoffkaltbleiche (Mohrbleiche).

Vielfach arbeitet man so, daß man die Ware in den Bottich einschlichtet und die Superoxydlösung gleichzeitig zufließen läßt. Noch besser ist es, die Ware mit der Lösung gut zu imprägnieren. Ist die Ware eingeschlichtet, so wird sie mit einem Holzroste bedeckt und nach oben abgesteift, und schließlich wird noch so viel Lauge zugepumpt, bis die Ware völlig bedeckt ist. Dann beginnt man mit dem Umwälzen der Lösung, wobei sie nach und nach auf 80—90° C erwärmt wird. Nach einigen Stunden ist die Bleichwirkung vollendet. Es hängt nun ganz von den Umständen ab, ob man nach dieser Behandlung nur noch wäscht oder weiter eine Behandlung mit Säure vornimmt, oder ob man auch noch chlort und säuert. Allgemeingültige Vorschriften lassen sich nicht aufstellen.

Mohrbleiche. Bei dem Mohrbleichverfahren (s. Abb. 105 u. 106) wird die Ware nach dem Entschlichten in den verbleiten, dicht verschließbaren Kessel eingeschichtet und ohne weiteres Umpacken hintereinander gechlort, gewaschen, gesäuert, gewaschen, oxydiert und gewaschen. Die Einrichtung ist, wie bereits gesagt, kompliziert und teuer. Sie erfordert aber verhältnismäßig wenig Platz und bringt eine gewisse Ersparnis an Löhnen mit sich. Das Verfahren hat seine großen Nachteile. Es leidet an den gleichen Mängeln wie alle die Verfahren, bei denen die Ware nicht umgepackt wird. Es ist zunächst ganz unvermeidlich, daß die Ware verschieden dicht gepackt und daher von den Flüssigkeiten ungleichmäßig durchflossen wird. Ist das schon dann ein Nachteil, wenn man nur eine Flüssigkeit allein einwirken läßt, so verstärkt er sich noch viel mehr, wenn man mehrere Behandlungen hintereinander vornimmt, ohne die Lage der Ware zu verändern. Die Wirkung der Flüssigkeiten auf die einzelnen Teile der Warenpost ist daher sehr verschieden. Das ist bereits oben dargelegt worden. Daran ändert sich auch nicht viel, wenn man die Flüssigkeiten unter Druck anwendet. Es ist ferner selbst bei Aufwand von großen Mengen Waschwasser nicht möglich, die Ware genügend auszuwaschen. Vor allem ist es unmöglich, auf diese Weise die schwebenden Verunreinigungen sorgfältig zu entfernen, so wie es bei guten Waschmaschinen geschieht, bei denen man mit viel weniger Wasser zum Ziele kommt. Es ist daher sehr wahrscheinlich, daß man mit der einfacheren Einrichtung mit Holzgefäßen und Waschmaschinen vorteilhafter, sicherer und schließlich auch billiger arbeitet als mit der Mohrbleiche.

Die Wasserstoffsuperoxydbleiche.

Arbeitsverfahren. Bei den soeben beschriebenen Bleichverfahren kann man das Natriumsuperoxyd natürlich auch ohne weiteres durch Wasserstoffsuperoxyd ersetzen, wobei man die Alkalität des Bads durch Zusatz von Natronlauge erzeugt. Es ist eine reine Rechnungsfrage, auf welche Weise man besser fährt. Seit einigen Jahren hat man aber für das Wasserstoffsuperoxyd besondre Bleichverfahren durchgebildet, die möglicherweise eine Umwälzung in der Bleicherei hervorrufen könnten. Es ist nämlich möglich, eine vollständige Weißwarenbleiche mit Wasserstoffsuperoxyd allein zu erzielen, und zwar in durchaus wirtschaftlicher Weise. Man wendet dieses Mittel in schwach ätzalkalischem Bad an, dem ebenfalls Wasserglas zugesetzt wird. Dabei kann man so vorgehen, daß man die Ware zuerst mit bereits gebrauchter Lösung vorbleicht, dann wäscht, säuert, wäscht und darauf mit frischer Superoxydlösung fertigbleicht. Nach Bedarf wird nochmals gesäuert und gewaschen. Bei stärker verunreinigter Ware kann man in den Arbeitsgang auch noch eine Abkochung mit Alkali einschalten. Natürlich läßt sich kein einheitliches Verfahren, das für alle Zwecke ohne weiteres geeignet ist, angeben. Wie anderwärts, muß man auch hier für eine völlige Durchnetzung der Fasern sorgen. Ob dabei Netzmittel Vorteile bieten, müßte ebenfalls durch Versuche festgestellt werden. Für Stückware hat auch dieses Verfahren den Vorzug, daß man die Entschlichtung und Vorbleiche in einer Operation durchführen kann. Dadurch wird es verhältnismäßig einfach, und die Bleichdauer wird abgekürzt. Natürlich läßt sich auch hier das Wasserstoffperoxyd durch Natriumperoxyd ersetzen.

Apparatur. Als Gefäße kann man bei diesem Verfahren ebenfalls solche aus Holz anwenden, die in der gleichen Weise eingerichtet sind, wie es beim Natriumsuperoxydverfahren beschrieben ist. Man kann aber auch die Ware in offnem Zustande fortlaufend bleichen, und die Superoxydbleiche ist möglicherweise dazu berufen, die alte, bisher nur mangelhaft gelöste Frage der Breitbleiche in technisch sowohl wie wirtschaftlich vorteilhafter Weise zu lösen. Sie bietet aber auch für alle übrigen Formen der Baumwolle Vorteile, die in der einfachen und billigen Anlage und der einfachen Arbeitsweise liegen. Schließlich darf nicht vergessen werden, daß dabei auch die Gefahr der Oxycellulosebildung wesentlich verringert ist, die, wie ausgeführt, bei der Chlorbleiche sehr leicht auftritt.

Charakteristik der Superoxydbleichverfahren.

Bei diesen Verfahren verliert, ebenso wie bei der Kaltbleiche, die Baumwolle viel weniger an Gewicht als beim Beuchbleichverfahren, und der Griff bleibt voller und weicher. Dabei vermag man ein Weiß zu erzielen, das in bezug auf Schönheit, Klarheit und Haltbarkeit alle berechtigten Ansprüche erfüllt. Es ist auch darauf hingewiesen worden, daß diese Verfahren für die Buntwarenbleiche besonders geeignet sind, weil ein großer Teil von Färbungen dabei sehr gut erhalten bleibt. Da eine Behandlung unter höherem als atmosphärischem Druck nicht notwendig ist und also die dafür nötigen Einrichtungen wegfallen, so sind die Oxydations- ebenso wie die Kaltbleichverfahren auch für die Breitbleiche besonders gut geeignet. Damit ist auch die Möglichkeit der fortlaufenden Bleiche gegeben, die bereits seit mehreren Jahren durch Zschweigert in Hof a. d. Saale durchgeführt worden ist. Auch auf diesem Gebiet sind noch viele Aufgaben für den Praktiker sowohl wie für den Wissenschaftler zu lösen.

Beurteilung und technische Prüfung der Bleichware.

Klare und einwandfreie Vorschriften zur Prüfung von Bleichwaren gibt es bis heute noch nicht. Um solche aufzustellen, müßte man zunächst festlegen, welchen Ansprüchen die Waren in jedem einzelnen Falle zu genügen hätten. Das ist recht schwierig, und darum ist bis heute darüber noch keine Klarheit geschafft.

a) Bleichrückstände. Von einer einwandfreien Ware sollte man unter allen Umständen erwarten, daß sie, gleichgültig für welche Zwecke sie bestimmt ist, keine Chemikalien und Rückstände mehr enthält, die von der Bleiche herrühren. Aber schon diese selbstverständliche Forderung wird häufig gar nicht erfüllt. Man verwendet nicht die genügende Sorgfalt auf die letzte Wäsche, sei es nun, daß man ihre Wichtigkeit nicht richtig erkannt hat, daß man in ungeeigneter Weise wäscht, oder daß man falsche Sparsamkeit walten läßt oder schließlich unter Mangel an Wasser oder an Waschmaschinen leidet. In allen diesen Fällen wird die Ware nicht hinreichend sauber, und der Ausfall selbst einer sonst guten Bleiche kann dadurch stark beeinträchtigt werden. Sehr weit verbreitet ist die Anschauung, daß man Weißware nicht zu heiß trocknen dürfe, da dadurch das Weiß beeinträchtigt würde. Verliert das Weiß beim heißen Trocknen an Schönheit, so ist vielfach eine ungenügende Schlußwäsche daran schuld, denn der in der Ware noch zurückgebliebene Schmutz ist es, der, neben Oxycellulose, das Weiß verdirbt.

Am seltensten wird man in der Ware noch Hypochlorit finden, da es, besonders nach dem Säuern, rasch zersetzt wird; ist Bisulfit in hinreichender Menge angewandt worden, so kann Hypochlorit überhaupt nicht mehr bestehen. Häufiger schon läßt die Blaufärbung von Jodkalium-Stärke auf Chloramine schließen, über die das Nötige bereits oben gesagt wurde. Diese Verbindungen dürfen aber in keiner einwandfreien Bleichware mehr vorhanden sein, wenn man nicht Gefahr laufen will, daß die Ware zerstört wird.

Alkalien werden in Bleichwaren höchstens nur noch in ganz geringen Mengen vorhanden sein, die die Ware nicht schädigen können. Dagegen findet man schon eher Säure, wenn die Schlußwäsche nicht wirksam genug war. Das kommt leicht vor bei Waren, die gepackt oder aufgewickelt gebleicht werden, also bei losem oder halbversponnenem Material und bei Garn in seinen verschiedenen Aufmachungen. Auch bei Stückwaren, die aus hart gedrehtem, dickem oder gezwirntem Garn hergestellt oder die dicht geschlagen sind, oder bei schweren Waren macht das völlige Auswaschen der Säure Schwierigkeiten. Man tut dann gut, noch ein besondres Neutralisationsbad einzuschalten, auf das nochmals eine sorgfältige Wäsche folgen sollte. Auf alle Fälle ist dafür zu sorgen, daß keine Säurespuren in der Faser mehr zurückbleiben, da sonst die Gefahr besteht, daß die Ware bei längerem Lagern oder beim Bügeln usw. mürbe wird. Bei solchen Waren, die mit Ultramarin gebläut werden, wird die blaue Farbe durch die Säure zerstört und in ein häßliches Gelbgrau verwandelt. Um diesem Farbumschlag aus dem Wege zu gehen, haben viele Bleicher das Ultramarin durch säurebeständige Farbstoffe ersetzt. Das ist aber ein Irrweg, denn mit dem Wechsel des Farbstoffs wird ja noch nicht die Säure beseitigt. Ultramarin wirkt als ein guter Indicator, der den Fehler rechtzeitig anzeigt, so daß man ihn beseitigen kann, ehe noch Schaden angerichtet ist.

b) Festigkeit. Von besondrer Bedeutung für die Bleichware ist ihre Festigkeit. Sie sollte durch die Bleiche nicht gelitten haben. Daß das bei ordnungsmäßig geleitetem Verfahren möglich ist, hat bereits HARTIG[1] festgestellt. Verschiedentlich hat man bei Untersuchungen von Geweben und Garnen sogar eine Erhöhung der Festigkeit nach dem Bleichen gefunden. Es wäre nicht ausgeschlossen, daß die Ursache dafür in einer Änderung des Garngefüges zu suchen ist. Sichrer wäre jedenfalls ein Urteil über die Wirkung der Bleiche auf die Festigkeit der Waren zu gewinnen, wenn man nicht die Garne oder Gewebe prüfte, sondern die losen Fasern, wenn natürlich für den Gebrauch auch die Festigkeit der Ware in Frage kommt.

Ebenso wichtig wie die Festigkeit ist auch die praktische Dauerhaftigkeit der gebleichten Ware: sie soll bei den Behandlungen, denen sie im Gebrauch ausgesetzt ist, nicht unverhältnismäßig rasch verschleißen. Das ist aber der Fall, wenn die Faser angegriffen und mehr oder weniger in Oxy- und Hydrocellulose verwandelt worden ist. Diese Verbindungen werden durch heiße Alkalilösungen, z. B. beim Waschen, gelöst, wobei die Faser an Halt und Körper einbüßt. Daher ist es eine der vornehmsten Aufgaben des Bleichers, die Bildung von Oxy- und Hydrocellulose zu vermeiden.

c) Oxy- und Hydrocellulose. Methoden, um Oxy- und Hydrocellulose in allen Fällen vollkommen zweifelsfrei nachzuweisen, besitzen wir leider nicht. Noch viel weniger gibt es solche, mit deren Hilfe wir die mengenmäßige Bestimmung ausführen könnten. Das ist ja nicht weiter verwunderlich, da wir noch nicht einmal wissen, was eigentlich die genannten Verbindungen sind. Unter gewissen Bedingungen gelingt es, ihre Gegenwart durch ihre reduzierende Wirkung nachzuweisen. Selbst eine zahlenmäßige Bestimmung läßt sich manchmal mit Hilfe von Fehlingscher Lösung durchführen (s. u. Faseranalyse). Man hat weiter zu diesem Zweck auch alkalische Silberlösungen vorgeschlagen. KAUFFMANN hat die Bestimmung der sog. Abkochzahl eingeführt: eine Probe von gebleichter Ware wird ein- oder mehrmals mit Natronlauge abgekocht und die dabei in Lösung gegangene organische Substanz durch Titrieren mit Normalpermanganatlösung zahlenmäßig bestimmt. Man muß aber bei allen diesen Methoden bedenken, daß auf der gebleichten Faser außer Hydro- und Oxycellulose auch noch andre organische Substanzen vorhanden sein können, die entweder reduzierend wirken oder beim Abkochen mit Natronlauge in Lösung gehen. Besonders bei Waren, die kalt oder nach den Oxydationsmethoden gebleicht werden, bleiben in der Faser noch Substanzen unbekannter Zusammensetzung zurück, die bei den angegebenen Prüfungsmethoden genau

[1] HARTIG: Die Festigkeitseigenschaften baumwollner Gewebe unter der Einwirkung des Bleichprozesses. Zivilingenieur **30**, 7. Heft.

so wie Oxycellulose reagieren, ohne daß dadurch der Beweis einer fehlerhaften Bleiche und einer geschädigten Ware erbracht wäre. Man muß deshalb bei diesen Prüfungsverfahren sehr vorsichtig mit der Beurteilung sein, wenn man nicht Fehlschlüsse erhalten will. Noch viel unzuverlässiger oder eigentlich völlig unbrauchbar ist die Methylenblauprobe, bei der man aus der mehr oder weniger tiefen Anfärbung der gebleichten Probe durch kalte Methylenblaulösung auf den Grad der Oxycellulosebildung schließen will. Da eine solche Anfärbung auch durch andre Substanzen hervorgerufen werden kann, so besagt sie für die Prüfung auf Oxycellulose nichts Sichres.

d) Vergilbungsprobe. Für die Praxis am zuverlässigsten sind die beiden folgenden Prüfverfahren, die bei nach den verschiedensten Bleichverfahren gebleichten Waren angewandt werden können. Man tränkt eine Probe mit einer Lösung von 5 g Türkischrotöl und 5 g Natriumcarbonat im Liter (die Lösung soll gegen Phenolphthalein alkalisch reagieren, wenn sie das nicht tut, so ist mehr Soda zuzufügen) und erhitzt sie 15—30 Min. auf 105° C. Vergilbt dabei die Probe oder verliert sie sogar merklich an Festigkeit, so ist die Ware in der Bleiche angegriffen worden. Tränkt man die Probe mit 10 g Soda calc. im Liter allein und erhitzt sie dann auf 105° C, so tritt bei geschädigter Ware meist eine deutliche Festigkeitsverringerung ein. Bei säurehaltiger Ware und solcher, die Chloramine enthält, führt vielfach schon das Erhitzen auf 110° C allein zu einer Faserschwächung. Diese Methoden sollten einmal sorgfältig nachgeprüft und dann mit genauen Vorschriften als Normen festgelegt werden. Weitere Proben zur Untersuchung von Weißware auf Oxycellulose werden später aufgeführt werden.

e) Gewichtsverluste. Große Schwierigkeiten können dem Bleicher durch die Frage des Gewichtsverlustes erwachsen. Es lassen sich dafür keine festen Regeln aufstellen, da die Verhältnisse sehr verschieden liegen. Schon das Rohmaterial weist sehr große Verschiedenheiten auf, und diese werden durch die weitere Behandlung in der Spinnerei und vor allem in der Schlichterei noch weiter vermehrt. Auch der veränderliche Feuchtigkeitsgehalt der Baumwolle und ihr unterschiedliches Verhalten in rohem und gebleichtem Zustande erschweren die Bestimmung des Gewichtsverlustes ziemlich beträchtlich. Es ist bereits mehrfach darauf aufmerksam gemacht worden, daß die Baumwolle bei den verschiedenen Bleichverfahren auch verschieden viel an Gewicht verliert. Das kommt außer im Griff auch oft im Aussehen der Ware zum Ausdruck; Ware, die beim Bleichen stark angegriffen wurde, kann durch das magere Aussehen unangenehm auffallen und an Verkaufswert einbüßen. Wie bei der Besprechung der Kalt- und Oxydationsbleiche erwähnt wurde, wissen wir noch so gut wie nichts von den Substanzen, die beim Bleichen entfernt werden müssen und die dabei erhalten bleiben können, und es wäre schon in wirtschaftlicher Hinsicht von großem Wert, diese Frage einmal zu klären, und auch die Verhältnisse des Gewichtsverlustes klarzustellen.

f) Maßverluste. Außer mit einem Gewichtsverlust ist die Bleiche auch mit einem Maßverlust der Ware verbunden. Durch die Behandlung der Baumwolle mit wäßrigen Flüssigkeiten tritt eine Schrumpfung ein. Stückware verliert bei der Strangbleiche, nach der ja heutzutage noch die größte Menge Stückware behandelt wird, etwa 10% an Breite. Das ist eine Jahrzehnte alte Erfahrung der Bleicher. Es gibt nur wenige Waren, bei denen sich dieses Verhältnis nach der einen oder andern Seite hin verschiebt. Werden Gewebe, die einmal in der Bleiche geschrumpft sind, nicht wieder in die Breite gespannt, so verlieren sie bei weiteren Wäschen nichts mehr an Breite, und die daraus hergestellten Gebrauchsgegenstände behalten ihre Maße bei. Unterzieht man dagegen gebleichte Gewebe einer stärkeren Breitenspannung, so schrumpfen sie bei einer weiteren nassen Behandlung wieder ein, und daraus hergestellte Wäschestücke büßen beim Waschen an Maß ein und passen dann nicht mehr. Es wäre daher zweckmäßig, bei Bleichwaren stets mit der Schrumpfung zu rechnen. Leider aber wollen viele Bleichkunden an dem Warenmaße ebenfalls verdienen und wählen daher die Rohbreite zu knapp; das Untermaß muß dann der Bleicher durch Breitspannen der Ware wieder künstlich herausholen, natürlich zum Schaden der Käufer dieser Waren. Vielfach werden dabei stark übertriebene Ansprüche gestellt, und die Ware verliert dann beim Spannen an Halt. Es wäre daher notwendig, daß Normen für das Verhältnis von Roh- und Fertigbreite festgelegt würden, wie es kürzlich der Normenausschuß für Krankenhausbedarf für die Wäschestücke der Krankenhäuser getan hat. Auf diese Weise würden die sachunkundigen Verbraucher geschützt werden.

g) Längengewinn. Während die Stückware beim Bleichen an Breite einbüßt, gewinnt sie im allgemeinen bei der Strangbleiche an Länge. Diese Zunahme ist aber sehr unregelmäßig, und dafür lassen sich keine Normen aufstellen, weil dabei verschiedene Umstände mitwirken, auf die der Bleicher keinen Einfluß hat. Wohl kann man in gewissen Grenzen den auf die Ware ausgeübten Längszug verändern, besonders wenn man im festen Strang arbeitet; man darf dabei aber nicht vergessen, daß durch einen zu starken Längszug die Breite eine weitere Verminderung erfährt. Man kann eben nicht gleichzeitig einen größeren Längengewinn erzielen und dabei auch noch an Breite gewinnen. Die Faktoren, die die Längenzunahme beeinflussen, sind die Beschaffenheit der Rohbaumwolle, die Art der Verarbeitung beim Spinnen und beim Weben, und diese sind dem Einfluß des Bleichers entzogen.

h) Netz- und Saugfähigkeit. Bei gewissen Bleichwaren spielt die Netzfähigkeit und Saugfähigkeit eine besondre Rolle, so vor allem bei Verbandwatte und Verbandstoffen: sie sollen hydrophil sein, d. h. die Flüssigkeiten augenblicklich einsaugen, und deshalb müssen sie, auf reines Wasser gelegt, sofort untersinken. Diese Eigenschaft wird bei einer richtig durchgeführten Beuchbleiche ohne weiteres erreicht. Nun werden aber auch große Mengen von Verbandwatte kalt gebleicht. Dabei dürfte der Gehalt der Chlorlauge an Ätznatron von großer Bedeutung sein, weil es das Lösen der Verunreinigungen begünstigt. Vielfach verwendet man zu diesem Zweck auch Netz- und Fettlösungsmittel. In manchen Fällen dürfte auch noch eine Behandlung des Bleichguts mit heißen Lösungen von Alkali und Seife von Nutzen sein. Es scheint, als wenn die Netzbarkeit und Saugfähigkeit der Baumwolle durch Oxy- und Hydrocellulose beeinträchtigt würde; genaue Untersuchungen sind aber m. W. darüber noch nicht vorgenommen worden.

i) Weißprüfung. Alle die hier angeführten Prüfungen der Bleichware werden bedauerlicherweise nicht regelmäßig ausgeführt, und damit entfällt auch die Möglichkeit, die Bleichverfahren genau auf ihre Güte und Zuverlässigkeit hin zu beurteilen. Am häufigsten findet man noch bei Weißware die Prüfung auf die Güte des Weiß. Dabei vergleicht man die Probe der zu untersuchenden Ware mit einer bekannten Probe. Diese Methode ist natürlich recht ungenau, denn das Urteil ist abhängig von der Empfindlichkeit und Übung des Auges, von der Beschaffenheit des Lichts, von den Beleuchtungsverhältnissen usw. Vielfach spielt sogar die Stimmung des Beobachters eine Rolle mit. Infolgedessen kann man kein unter allen Umständen sachliches, einwandfreies und immer gleichbleibendes Urteil erwarten. Leider gibt es aber auch noch keine wissenschaftliche Methode zur Prüfung des Weiß, die durchaus befriedigte. Wohl kann man das Weiß messen, z. B. mit dem Halbschattenphotometer von Ostwald, und noch besser mit dem Stufenphotometer von Pulfrich-Zeiss. Man bestimmt mit diesen Instrumenten den Schwarzgehalt des Weiß, seinen Farbton und den Anteil an Vollfarbe. Das Meßverfahren hat aber seine Schwierigkeiten, weil die Farbe des zur Beleuchtung verwendeten Lichts, der Glanz und das Gefüge der Ware und die Eigentümlichkeiten des zu messenden Materials eine gewisse Rolle spielen. KLUGHARDT hat für das Stufenphotometer eine Tageslichtlampe geschaffen, die es ermöglicht, stets bei dem gleichen, dem Tageslicht sehr ähnlichen Licht zu arbeiten und dadurch eine wesentliche Fehlerquelle auszuschalten. Trotzdem gehört zu diesen Messungen eine gewisse Übung, wenn man einigermaßen befriedigende und immer wieder übereinstimmende Ergebnisse erhalten will.

Man ist also in der Hauptsache noch auf die Prüfung mit bloßem Auge angewiesen, das befähigt sein muß, auch feine Unterschiede zu erkennen. Man vergleicht dann seine Proben mit maßgebenden Weißmustern. Außer auf die Reinheit des Weißes muß man sein Augenmerk aber noch auf die Klarheit richten. Das ist besonders bei Stückware notwendig. Man verfährt dabei so, daß man das Stück vor sich ans Fenster legt und das Licht von vorn oben durch eine und durch mehrere in die Höhe gehobene Lagen durchscheinen läßt; ist das Weiß nicht klar, so zeigt sich dabei eine grauliche oder gelbliche Farbe, oder es zeigen sich gelbliche oder bräunliche Flecke, die beim Prüfen in der Aufsicht nicht zu sehen waren. Es ist oben beschrieben worden, wie man auf ein klares Weiß hinarbeiten muß.

k) Haltbarkeit des Weiß. Das Weiß soll aber nicht nur unmittelbar nach der Bleiche schön aussehen, sondern es soll auch bei längerem Lagern und bei der weiteren Behandlung, vor allem beim Bügeln, seine Schönheit nicht verlieren. Das kann aber unter verschiedenen Umständen eintreten. Zunächst dann, wenn, wie bereits oben erwähnt, die Ware zum Schluß nicht genügend gut gewaschen worden ist. Dann aber auch, wenn das Waschwasser eisenhaltig ist oder organische Verunreinigungen, vor allem kolloidaler Natur, wie Huminsäuren usw., enthält. Diese Verunreinigungen werden von der Faser angezogen und trüben das Weiß. Vor allem aber ist ein Gehalt der Weißware an Oxy- und Hydrocellulose schädlich, denn sie verursachen eine Vergilbung bei längerem Lagern und rasch beim Bügeln. Bügelt man eine angefeuchtete Probe und vergleicht sie dann mit einer ungebügelten der gleichen Ware, so kann man den Vergilbungsgrad feststellen. Es ist bereits vorher bei der Prüfung auf Festigkeit davon gesprochen worden, daß die Methoden zum Nachweis von Oxycellulose nicht stets zuverlässig sind; sie sind auch umständlich. Bei gebeuchter Ware hat man im Nesslerschen Reagens ein sehr empfindliches und schnell wirkendes Mittel zum Nachweis von Oxycellulose. Ein Tropfen färbt sich bei Spuren davon leicht gelblich, bei größerem Gehalt wird er dunkler gelb und dann orange, und wenn viel Oxycellulose vorhanden ist, so tritt mehr oder weniger rasch ein Umschlag in Grau ein. Wenn eine auch nur geringe Verfärbung des Tropfens nach Gelb hin auftritt, so ist die Ware schon nicht mehr ganz einwandfrei, und sie neigt zum Vergilben. Leider ist diese Probe nicht anwendbar auf Waren, die kalt oder nach dem Oxydationsbleichverfahren gebleicht worden sind. Sie enthalten noch gewisse unbekannte Stoffe, die nicht Oxycellulose sind und trotzdem eine Verfärbung des Reagens herbeiführen, wenn sie nicht durch eine Kochung mit verdünnter Natronlauge entfernt wurden.

l) Fettstoffe, Asche. Verschiedentlich wird auch die Ansicht vertreten, daß ein Vergilben der Ware auch noch durch Reste von Fettstoffen verursacht wird. Dieser Meinung widersprechen Erfahrungen mit kalt oder nach den Oxydationsverfahren gebleichter Ware, denn sie enthält noch Fettspuren und vergilbt häufig nicht. Eine sehr scharfe Prüfmethode für Bleichware auf Fett- und Wachsgehalt hat AMBÜHL, St. Gallen, veröffentlicht[1]. Danach wird eine

---

[1] AMBÜHL: Chem. Ztg. **1903**, 792.

Probe zuerst mit Äther ausgezogen und das gelöste Fett gewogen. Bei allen seinen Untersuchungen hat AMBÜHL keine Proben gefunden, die völlig fettfrei gewesen wären. Als gut gebleicht betrachtet er Waren, bei denen der Fettgehalt nicht mehr als 0,025 % des Stoffgewichts beträgt. Ungenügend gebleicht sind nach seiner Ansicht Waren mit mehr als 0,04 %. Er betont aber selbst, daß es schwer ist, von den Geweben eine richtige Durchschnittsprobe zu entnehmen und berichtet, daß Proben von ein und derselben Bleichpartie als verschieden gut gebleicht befunden wurden. Weiter untersucht AMBÜHL die Waren auf an Kalk gebundene Fettsäuren, indem er den entfetteten Abschnitt mit 5 proz. Salzsäure behandelt, wäscht, trocknet und wieder mit Äther auszieht. Wurden dabei mehr als 0,08 % Fettsäure gefunden, so wurden die Waren beanstandet. Schließlich wird auch noch die Asche einer Probe bestimmt, von der nicht mehr als 0,03—0,05 % vorhanden sein sollen. Diese Prüfmethode ist sehr umständlich und, wie erwähnt, nur für Beuchware allein anwendbar. Es würde sich empfehlen, einmal derartige Untersuchungen auch an kalt und heiß gebleichter Ware vorzunehmen. Darüber hinaus sollten aber einmal umfangreiche Untersuchungen an Bleichwaren der verschiedensten Art angestellt werden, die Auskunft über alle Einzelheiten geben. Vielleicht gelangte man dann dazu, einigermaßen zuverlässige Prüfmethoden für Bleichwaren aufzustellen, die auch in Fabriklaboratorien ausgeführt werden und die Unterlagen für die Überwachung und Durchbildung der Bleichverfahren liefern könnten. Das, was zur Zeit vorhanden ist, reicht noch lange nicht dazu aus.

m) Einfluß der Baumwollsorte auf das Weiß. Nun ist es keineswegs möglich, bei allen Arten von Baumwolle ein hohes und beständiges Weiß zu erzielen. Es gibt Sorten, die auch bei der sorgfältigsten und gründlichsten Bleiche einen grauen oder gelblichen Schein behalten, der mit keinen Mitteln zu entfernen ist. Auch Makobaumwolle ergibt im allgemeinen ein Weiß mit einem Stich ins Gelbliche. Bemühungen, in solchen Fällen ein noch beßres Weiß zu erhalten, sind vergeblich und gehen gewöhnlich auf Kosten der Haltbarkeit der Ware. Deshalb wäre es das Richtigste, wenn man für Weißwaren Baumwollsorten nicht verwendete, die ein Weiß mit schmutzigem Stich ergeben; derartige Waren sind immer noch ohne weiteres für Farbware zu gebrauchen.

n) Berechtigte Ansprüche an das Weiß der Bleichware. Vernünftigerweise sollte man nicht die Forderung stellen, daß Weißware unter allen Umständen den höchstmöglichen Weißgehalt aufweise. Für den Gebrauch genügt es durchaus, wenn das Weiß rein und klar ist und die oben aufgeführten Eigenschaften besitzt. Kleine Unterschiede im Ton lassen sich ja auch nur durch ein geübtes Auge beim Vergleiche mit einer maßgebenden Vorlage erkennen. Der Käufer einer baumwollnen Ware wird dazu nur in ganz seltenen Fällen in der Lage sein. Der Bleicher hat kaum einmal Einfluß auf die Auswahl der Baumwolle für die Bleichware, und er ist gezwungen, zu einer Bleichpost immer eine ganze Anzahl von Waren aus verschiedenen Sorten zusammenzufassen. Er hat seine Pflicht völlig erfüllt, wenn er die Waren sachgemäß behandelt. Er kann es dabei aber nicht vermeiden, daß die verschiedenen Waren auch mit kleinen Unterschieden im Ton des Weiß aus der Bleiche kommen. Wollte er auf möglichst gleichen Ausfall des Weiß hinarbeiten, so müßte er jede Warenart noch weiter für sich allein behandeln. Die dadurch entstehenden Kosten würden aber völlig unnötig und unverantwortlich sein. Unter Umständen würde sogar die Ware durch die zusätzliche Behandlung gefährdet werden, was grundsätzlich vermieden werden müßte. Viel wichtiger als der Ton des Weiß ist es, daß die Ware in der Bleiche nicht angegriffen wird und eine lange Lebensdauer besitzt: das ist eine Forderung, die sowohl privat- wie volkswirtschaftlich von größter Bedeutung ist. Sie immer zu erfüllen, sollte das vornehmste Bestreben jedes Bleichers sein.

Bleicherei des Leinens.

Von W. KIND.

Literatur: HERZOG, R. O.: Technologie der Textilfasern, Band 5, in drei Teilen: Flachs, Hanf, Jute. — RUSCHMANN, G.: Grundlagen der Röste. — TOBLER, FR.: Der Flachs als Faser- und Ölpflanze. (Hier auch ausführlicher Literaturnachweis.) — Ferner die unter Färberei, Bleicherei usw. angegebenen allgemeinen Schriften.

Allgemeines.

Loses Material, Kotonisation. Flachs wird vorwiegend in Form von Strähngarn gebleicht, weiterhin als Gewebe. Die Veredlung von losem Material, insbesondre in Form von Spinnereiabfällen, hat bislang nicht die in den Kriegs- und Nachkriegszeiten erwartete Bedeutung erlangt. Mit der Kotonisierung, d. h. Verbaumwollung, von Flachs und Hanf sowie von andern Bastfasern haben sich weite Kreise beschäftigt, wie eine überaus große Anzahl von Patentanmeldungen und Veröffentlichungen dartut[1]. Die Vorschläge, aus den Rohstoffen ein Spinngut zu gewinnen, welches im Gemisch mit Baumwolle in der Baumwoll- oder Streichgarnspinnerei verarbeitbar wäre, liefen einerseits auf eine mechanische Aufbereitung wie ein Kardieren hinaus, andrerseits auf ein chemisches Aufschließen, ein Entfernen der Pektinstoffe und Holzsubstanzen durch Behandeln mit alkalischen Laugen und Bleichflotten, um die Elementarzellen oder die Faserbündel in der Länge des Baumwollstapels zu isolieren. Unbefriedigende Ausbeuten bei hohen Unkosten ließen nach Aufhören der Not an Spinnstoffen das Bearbeiten von Abfällen zumeist wieder aufgeben, zumal die Spinnfähigkeit der kotonisierten Fasern als solcher — ohne Zugabe von Baumwolle — nicht gut ist. GMINDER, Reutlingen, erkannte, daß kotonisierte Fasern nicht lediglich als Baumwollersatz anzusehen sind, sondern daß der Charakter der Leinen- bzw. Hanffaser auch bei Verspinnung mit Baumwolle erhalten bleibt, er schuf das „Gminderlinnen“, das als Kleiderleinen Verbreitung fand. Das Rohmaterial wird zunächst auf Entholzungsmaschinen (Verfahren GMINDER und LAU, Maschinenfabrik Krantz, Aachen) vorbehandelt, um die Holzteile möglichst zu entfernen, damit der Bedarf an Chemikalien geringer wird. Beim Aufschließen kann ein saures Chlorieren vorteilhaft sein. Das Kotonisieren von Bastfasern schließt also meist ein Vorbleichen ein, so daß ein Hinweis auf diese Verfahren hier am Platz ist. Wegen Einzelheiten wäre die Spezialliteratur einzusehen. Das Bleichen von Garnen in Spulenform ist auch noch nicht über das Versuchsstadium hinausgekommen. Die Garne verkleben zu leicht und werden dadurch wollig. Selbst bei stärkeren Garnen, die als Kreuzspulen lose gewickelt sind, befriedigt der Ausfall nicht recht.

Begleitstoffe der Flachsfaser. Die Prozentmenge der im Flachs enthaltenen Cellulose beträgt im Mittel 85,4%, wobei die stickstofffreien Extraktivstoffe, als Pektin-, Farb- und Gerbstoffe, mit etwa 7,2% Anteil an der Zusammensetzung der Flachstrockensubstanz haben[2]. Der Gehalt an diesen Stoffen schwankt stark je nach der Röstmethode. Die im Flachs vorkommenden Farbstoffe sind z. T. den gelb bis braun gefärbten Zersetzungsprodukten des Chlorophylls, insbesondre dem Xanthophyll, und nicht zuletzt dem im Flachsstengel enthaltenen Gerbstoff zuzuschreiben. Verholzte Faser, Lignin, findet sich

[1] KRÄNZLIN, G.: Prinzipien der Kotonisierung. Faserforschung **1921**, 121. — WAENTIG, P.: Neuere Untersuchungen auf dem Gebiete der Aufbereitung von Flachs und Hanf. Ztschr. ang. Ch. **1926**, 1237. — Vgl. auch P. BUDNIKOFF und SOLTAREFF bzw. M. TSCHILIKIN: Flachskotonisieren in Rußland. Ztschr. ang. Ch. **1924**, 256.

[2] HERZOG, A.: Die Flachsfaser in mikroskopischer und chemischer Beziehung. Trautenau 1896.

in gut gehecheltem Flachs nur in unbedeutenden Mengen. Der Aschengehalt von ungebleichtem, schäbenfreiem Flachs macht etwa 1% aus[1].

a) Pektine. „Pektinstoffe" sind für den Praktiker meist ein Sammelbegriff für die durch Abkochen mit alkalischen Lösungen entfernbaren Faserverunreinigungen, während es sich nur um die den Pflanzenschleimen nahestehenden Kohlenhydrate, welche zur Bildung von Gallerten befähigt sind, handeln soll. Die Pektine als Hemicellulose scheinen die Elementarzellen zu verkleben. Nach W. HONEYMAN[2] weisen die Handelsflächse einen ungleichen Gehalt an Pektinen auf: irische Röste 7,02%, Courtrairöste 4,46%, russische Tauröste 6,45%, Peufaillitröste 5,78%; doch wird der Gehalt bei den einzelnen Arten, d. h. in den Einzellieferungen, schwanken. Wurde Flachs wiederholt mit Wasser gekocht, so ergab sich ein Gewichtsverlust von 7,5%, davon waren jedoch nur 1,46% als Pektin anzusprechen. Wenn bei den folgenden Kochungen mit Natronlauge der Gesamtverlust auf 26,2% stieg, so waren hierbei die Pektine nur mit 3,3% beteiligt, die Faser behielt also noch einen restlichen Wert von 1,26% Pektin.

Die Bestimmung beruht auf einem vierstündigen Kochen der zerteilten Fasern mit 12proz. Salzsäure, wobei der Pektinkomplex unter Bildung von Zwischenprodukten (wie Arabinose und Galakturonsäure) Furfurol und freie Kohlensäure liefert, welche in Barytwasser aufgefangen wird. Der CO_2-Gehalt mit 5,66 multipliziert, gibt die Pektinmenge an.

Der größere Teil der Pektinsubstanz im Rohflachs ist zwar verhältnismäßig leicht entfernbar, ein Teil jedoch widersteht hartnäckiger dem Auslaugen, da es sich vermutlich um Pektin handelt, das sich in der Mittellamelle zwischen den Elementarzellen befindet. Restliches Pektin kann sich mit Alkali verfärben, auch das Vergilben von Bleichware mag z. T. hiermit zusammenhängen (?). Besonders reich an Pektin ist das Oberhautgewebe des Flachses sowie der beim Hecheln entstehende Flachsstaub, der bei Untersuchungen über 17% lieferte.

b) Stickstoffhaltige Bestandteile. Eiweiß- oder Proteinstoffe lassen sich durch Kochen gleichfalls schwer quantitativ entfernen. W. FRENZEL[3] fand bei Stickstoffbestimmungen nach KJELDAHL unter Berechnung des Proteingehalts durch Multiplikation der Stickstoffzahl mit 6,25 folgende Werte: Unbehandeltes Flachsgarn 2,7%, nach zweistündigem Kochen mit 2,5proz. Sodalauge 1,4%, nach 4 Std. 1,1%, nach 10 Std. 0,6%. Ein zweistündiges Kochen mit 1proz. Natronlauge ließ den Wert auf 0,6% fallen. Nach W. PORTER[4] enthalten gröbere Garne mehr Proteine als feinere. Courtraiflachsgarn gab folgende Stickstoffwerte: Rohgarn 0,264%, gekochtes Garn (Gew.-Verl. 6%) 0,111%, $^1/_4$ gebleicht (7,6%) 0,073%, $^1/_2$ gebleicht (9,57%) 0,031%, $^4/_4$ gebleicht (10,55%) 0,021%. Der Gehalt an Eiweiß hat insofern technische Bedeutung, als sich beim Bleichen mit Chlorlaugen auf den Fasern Chloreiweißverbindungen, die „Chloramine", bilden, welche durch Auswässern aus dem Bleichgut unvollkommen ausspülbar sind. Bei Prüfung der gechlorten Fasern mit Jodkalistärke scheidet sich auch nach langem Wässern Jod ab, das mit $^1/_{10}$-n-Arsenitlösung zurücktitriert und auf „aktives Chlor" verrechnet werden kann.

CROSS, BEVAN und BRIGGS fanden in Leinengarn bis zu 0,1% nicht auswaschbares Chlor. Damaststoff, der im rohen Zustand 0,5% Stickstoff, nach dem Kochen mit Kalk, folgendem Säuern und Waschen 0,2% und nach einer

---

[1] BUDNIKOFF, P.: Ztschr. ang. Ch. **1923**, 138, suchte eine quantitative Bestimmung der inkrustierenden Bestandteile der Flachsfaser durch Verzuckern der Cellulose durch Hydrolyse mit Schwefelsäure unter Druck durchzuführen, um die Ausbeute beim Kotonisieren zu bewerten.

[2] Vgl. W. KIND: Der Gehalt der Flachsfaser an Pektinstoffen. Spinn. u. Web. **1926**, Heft 17.

[3] FRENZEL, W.: Die Entfernung von Extraktivstoffen aus Bastfasern. Leipz. Mon. Text. **1927**, 261.

[4] PORTER: J. Soc. Ch. Ind. **1926**, 45.

weiteren Kochung mit kaustischer Soda noch 0,2 % Stickstoff aufwies, zeigte nach dem Bleichen mit Chlorlauge trotz guten Auswaschens Chlorreste von 0,069, 0,029 und 0,007 % Chlor. Bei Einwirkung von Chlorgas waren die Werte erheblich höher. In den Bleichflotten können sich die Chloraminverbindungen anreichern, andrerseits aber auch auf frisch eingebrachte Fasern wie Beizen und Farbstoffe etwas niederschlagen und aufziehen.

Die Bestimmung eines Gehalts an Chloramin neben aktivem Chlor in gebrauchten Bleichflotten gründet sich auf das ungleiche Verhalten gegenüber Wasserstoffsuperoxyd: Chloramin ist beständig; unterchlorigsaures Salz wird durch Wasserstoffsuperoxyd zersetzt. Man gibt zu der zu untersuchenden Flüssigkeit einen geringen Überschuß von Wasserstoffsuperoxyd, säuert an und fügt zur Entfernung des Überschusses bis zur schwachen Rosafärbung vorsichtig Kaliumpermanganat zu. Wird hernach mit Jodkali versetzt, so tritt etwa vorhandenes Chloramin in Reaktion, und das ausgeschiedene Jod kann mit Thiosulfat zurücktitriert werden. Die durch Gegenwart andrer Oxydationsmittel bedingten Fehlerquellen sind zu berücksichtigen.

Eine Oxycellulosierungsgefahr durch restliches Chloramin ist nicht anzunehmen, hingegen gaben Cross, Bevan und Briggs der Befürchtung Ausdruck, daß sich aus Chloreiweiß bei längerer Lagerzeit oder bei heißem Trocknen freie Salzsäure abspaltet. Die Bildung von freier Mineralsäure auf der Faser würde zu Faserschwächungen führen können, es wäre jedoch allenfalls nur bei einem $^1/_4$ gebleichten Garn mit solcher Möglichkeit zu rechnen, denn die höher gebleichten Leinengespinste enthalten nur minimale Chlorreste. Die Bedeutung der restlichen Chloraminverbindungen auf dem Bleichgut ist jedoch überschätzt worden, wie aus Versuchen von H. Bauch[1], Sorau, hervorgeht. Festigkeitsschädigungen ließen sich nach längerer Lagerzeit ebensowenig nachweisen wie ein ungünstiger Einfluß auf das Weiß der Waren. Aber um den unerwünschten Chlorgeruch zu beseitigen, ist auf das Nachbehandeln des Bleichguts mit Antichlor in der Leinenbleiche ebenso wie bei der Fertigstellung von Hanf und Jute Wert zu legen. Als Antichlor dient meist eine angesäuerte Bisulfitlösung, um gleichzeitig Rost- und Kalkabscheidungen zu entfernen. Früher war mehr Natriumthiosulfat in Verwendung. Etwaige Klagen über ein Mürbewerden von Bleichwaren, welche noch schwache Chlorreaktion zeigen, werden sich dadurch erklären, daß die zum Nachbehandeln gechlorter Stoffe verwendete Mineralsäure nicht restlos ausgewaschen wurde und eben diese Säure bei längerem Lagern die Fasern angreift.

c) Wachsgehalt. Dieser steht ebenfalls in Beziehung zu der Reinheit und Feinheit der Fasern. Klimatische Wachstumsbedingungen und Röstmethoden beeinflussen die Zusammensetzung des Wachses wenig. Flachswachs, das durch einen mit dem Wachs extrahierbaren Aldehyd einen eigentümlichen, stechenden Geruch besitzt, gleicht dem Bienenwachs, unterscheidet sich von diesem aber durch eine etwas niedrigere Verseifungszahl, eine höhere Jodzahl sowie den erhöhten Schmelzpunkt von 67—70° C. Je nach dem anwesenden Chlorophyllgehalt ist Flachswachs dunkelgrau oder braun, die Farbe des Flachses wird von der Röste beeinflußt. Beim Kochen und Bleichen geht der Gehalt der Fasern an Wachs zurück, eine volle Beseitigung ist nicht erforderlich. So fanden sich als Mittelwerte für ein 30er Flachsgarn mit der Anfangszahl von 1,35 % ätherlöslichem Wachs nach dem Kochen noch 1,09 %, nach $^1/_2$ Bleiche 0,96 % und nach Vollbleiche 0,79 %. Anderweitige Versuche mit einem Rohleinen hatten beim Ausziehen mit Benzin an Wachs ergeben: Rohleinen 1,47 %, nach Wasserkochung 1,42 %, nach Kalkkochung mit Absäuern 1,59 %, nach der ersten Laugenkochung 0,25 %, nach der zweiten Laugenkochung 0,11 %, nach völligem Bleichen 0,03 %. (Ein eingeschaltetes Säuern erhöht die Menge des ausziehbaren Wachses.)

---

[1] Bauch, H.: Die Bedeutung der Chloraminbildung beim Bleichen. Leipz. Mon. Text. **1928**, 484.

Daß durch Zugabe von Beuchölen die Wirkung der Kochflotten bezüglich Entfernung von Wachs und von öligen Verunreinigungen wesentlich verbessert wird, ist zufolge den Untersuchungen von M. MÜNCH[1] nicht anzunehmen. Wurde z. B. eine Partie aus 40er Flachsgarn mit 3,6% Ätznatron im offnen Kessel gekocht, andrerseits eine gleiche Partie unter weiterer Zugabe von 1% Beuchöl, so fanden sich in dem in üblicher Weise vollgebleichten Garn 1,14 bzw. 1,04% Wachs. Ähnliche Versuche in der Leinenstückbleiche ließen ebenfalls nur fragliche Verbeßrungen finden, beim Abmustern der Waren ergaben sich keine charakteristischen Unterschiede. Eine völlige Entfettung des Bleichguts erscheint zudem nicht notwendig, denn durch Extraktion nachträglich wachsfrei gemachte Leinengespinste wiesen kein beßres Weiß oder keinen beßren Glanz auf. Englischen Angaben zufolge[2] soll jedoch ein Extrahieren der Leinwand mit Benzin od. dgl. im Druckkessel das Bleichen erleichtern, das Kochen abkürzen lassen und eine besonders schöne Ware liefern. Gebleichtes Leinen besitzt selbst bei einem Wachsgehalt von 1% ein gutes Netzvermögen. Daß die Festigkeit durch den Wachsgehalt beeinflußt wird, erscheint sehr fraglich. Somit erübrigt sich die Mitverwendung von Beuchölen in kleinen Zusätzen.

Das Bleichen von Leinengarn.

Allgemeines.

Von der Aufbereitung des Flachses in der Röste und Spinnerei hängt die Beschaffenheit des Bleichguts ab; von gewissem Einfluß sind hierbei Anbauart und Reife des Strohs bei der Ernte[3]. Gröbere Garnnummern, etwa aus strohigem Werg, benötigen somit mehr Chemikalien; der Gewichtsverlust durch das Bleichen wird entsprechend größer. Flächse verschiedener Herkunft bleichen sich nicht gleichmäßig; rotstichige Garne gelten als schwer bleichbar. Unterschiede fallen vor allem in den ersten Bleichstufen auf. Abweichungen machen sich bei höheren Bleichgraden weniger geltend, doch mögen kleine Verschiedenheiten im Ton bestehen bleiben, vor allem, wenn Gespinste verschiedener Feinheit zum Vergleich kommen, denn für die Beurteilung haben auch der Glanz der Faser und der Drall Bedeutung. Ein glatter Faden sieht heller aus, ein gemangeltes Leinen kann weißer erscheinen, ein stark gezwirntes Garn ist stumpfer. Man unterscheidet verschiedene Bleichgrade und spricht von cremiertem Garn, $^1/_4$, $^1/_2$, $^3/_4$ und $^4/_4$ Weiß, weiter von $^5/_8$ und $^7/_8$. „Aschweiß“ bedeutet einen grauen Ton, den man durch alkalisches Auslaugen unter Zugabe von Sulfit mit folgendem Säuern erhalten kann. Die Bleichstufen werden nach Handelsbrauch eingeschätzt, für das Weiß lassen sich kaum Normen aufstellen. So findet ein Bleichgut nicht überall die gleiche Bewertung, die Einschätzung in den verschiedenen Landesteilen schwankt mitunter, zumal sich durch das übliche Anblauen bei Fertigstellen des Bleichguts dem Weiß eine verschiedene Tönung geben läßt[4]. Bei vollgebleichter Faser wird der Gewichtsverlust in erster Linie von der Menge der Faserverunreinigungen bedingt. Es ist zwar möglich, ohne völliges Beseitigen der Begleitstoffe ein Weiß zu erzielen, andrerseits kommt es aber bei der üblichen Bleiche, je nach den Arbeitsbedingungen, zu einem ungleich weitgehenden Auflösen von Zellstoff. Bei einem nicht gut durchgebleichten Gespinst mit geringem Gewichtsverlust ist es fraglich, ob das Weiß beim Lagern „steht“, nicht wieder vergilbt.

---

[1] MÜNCH, M.: Flachswachs in Bleichgarnen. Dtsch. Lein. Ind. **1927**, 347.

[2] Vgl. Text. Rec. **1925**, 293.

[3] KIND, W.: Die Bedeutung des Röstgrades von Flachs beim Bleichen. Mell. Text. **1923**, 22.

[4] ZIEGER, E.: Weißmessungen. Mell. Text. **1928**, 916.

Die Technik der Leinenbleiche hat eine langsame Entwicklung aufzuweisen. Die älteren Bleichverfahren ließen die Garne und Gewebe mit schwachen Lösungen von Holzasche, gegebenenfalls unter Zugabe von Kalk, wiederholt brühen und durch zwischengeschaltetes Auslegen auf dem Rasen bleichen. Solche Arbeitsweise beanspruchte viel Zeit und erforderte große Bleichpläne. Nachdem gegen Ende des 18. Jahrhunderts Soda und Chlor zur Verfügung standen, versuchten die Bleicher die Arbeitsverfahren abzukürzen. Mangels genügender chemischer Kenntnisse gab es nur zu häufig Mißerfolge, die empfindliche Flachsfaser wurde zu leicht überbleicht. Die Bleichtechnik entwickelte sich dahin, die ersten Bleichstufen durch wiederholtes Beuchen mit Soda oder auch mit kaustifizierter Soda und durch Bleichen mit Chlorkalk zu erzielen, für die höheren Bleichgrade mußte man die Rasenbleiche einschalten. Da das Auslegen auf die Wiese oder das Aufhängen auf Stangen mit mancherlei Unzuträglichkeiten verbunden ist, Zeit beansprucht und von der Witterung abhängig bleibt, wurde immer wieder versucht, die Rasenbleiche entbehrlich zu machen, denn die Entwicklung der Technik hat dahinzugehen, die viele mit der Bleiche auf dem Plan verbundene Handarbeit einzuschränken. Das Endziel muß sein, den ganzen Bleichprozeß ohne Umpacken des Guts durchzuführen, um alles Anfassen der Garne und damit ihr Rauhwerden zu vermeiden.

Rasenbleiche.

Um in der Leinengarnbleiche ein $^1/_4$ Weiß zu erhalten, ist ein „Rundgang“ erforderlich, d. h. ein Beuchen, ein Chloren, ein Säuern mit den nötigen zwischengeschalteten Spülbädern; cremiertes Garn wird nur mit Wasser gebrüht und dann gechlort. Zwei Rundgänge liefern ein $^1/_2$ Weiß, beim dritten und vierten Rundgang kommen die Rasenbleichen hinzu, nur pflegt man heute Garne und Gewebe weniger auf dem Plan auszubreiten als auf Pfählen aufzuhängen. Beim Ausbreiten der Garne müssen Stöcke in die Garne eingelegt werden, Gewebe sind mit Schlaufen zu befestigen, um ein Verzerren durch Wind und Sturm zu verhüten[1]. Ein Begießen der ausgebreiteten Waren beschleunigt zwar das Ausbleichen, wegen der Mehrkosten ist jedoch solches Sprengen nicht üblich. Als wesentlichen Faktor bei der Rasenbleiche sah man Wasserstoffsuperoxyd und Ozon an. Die Bildungsmöglichkeit von Wasserstoffsuperoxyd aus Wasser und Luftsauerstoff unter dem Einfluß von Licht wird daraus gefolgert, daß beim Verdunsten von Wasser in porösen Stoffen Wasserstoffsuperoxyd entstehen kann. Nach KAUFFMANN handelt es sich bei der Rasenbleiche um eine photochemische Zersetzung der natürlichen Farbstoffe in den Fasern. Mit dem Ausbleichen der Farbstoffe soll ein gleichzeitiger Angriff der Faser zu erwarten sein, da den sichtbaren Strahlen im Freien stets ultraviolette Strahlen (s. u. atmosphärische Einflüsse) beigemengt sind, welche die Cellulose in eine der Oxycellulose weitgehend ähnelnde Abart überführen, die KAUFFMANN „Photocellulose“ genannt hat[2]. Daß bei der Rasenbleiche Ozon eine Rolle spielt, ist schon wegen des in der Luft nur in minimalen Mengen vorkommenden Ozongases unwahrscheinlich. Versuche, die Rasenbleiche von Leinengarn durch Aufhängen der mit Chlor vorgebleichten Garne in Kammern zu ersetzen, in welche ozonisierte Luft eingeleitet wurde, schlugen fehl (D.R.P. 77117, 77839). Daß beim Belichten von Cellulose in Gegenwart von Sauerstoff sich ein Oxydationsprozeß abspielt, ist mit SCHARWIN und PAKSCHWER[3] anzunehmen, da die Bildung von Kohlensäure nachzuweisen war. Für eine Wirkung von Wasserstoffsuperoxyd spricht die Beobachtung, daß ein Anfeuchten oder Besprengen der Ware auf dem Plan das Bleichen befördert, und daß eine alkalisch gehaltene Ware schneller ausbleicht, weshalb man gern die Fasern nach dem Beuchen nicht völlig alkalifrei auswäscht bzw. alkalisch auf den Plan bringt. Eine längere Rasenbleiche bleibt im übrigen nicht ohne Einwirkung auf die Faserfestigkeit,

---

[1] Das Aufhängen auf Pfähle sichert mehr vor einem Verfilzen der Fäden durch Platzregen oder vor einem plötzlichen Einschneien im Winter.

[2] KAUFFMANN: Mell. Text. **1925**, **1926**, **1928**.

[3] SCHARWIN und PAKSCHWER: Ztschr. ang. Ch. **1927**, 1008. — KIND, W., und E. SCHÄFER: Die Beeinflussung der Festigkeit von Flachsgarnen durch die Rasenbleiche. Dtsch. Lein. Ind. **1927**, 328.

zumal bei einer alkalisch gehaltenen Ware. Die irische Bleiche soll die ihr zugeschriebene Wirksamkeit dem feuchteren Klima verdanken. Auch die in den Frühjahrsmonaten im Gegensatz zur Winterbleiche erreichbare beßre Weißtönung könnte man mit der Luftfeuchtigkeit in Beziehung bringen. Die Lage des Bleichplans mag nicht ganz ohne Bedeutung sein, vorwiegend aber hängt der Ruf einzelner Bleichen mit der beßren Beschaffenheit des Wassers zusammen. Die Rasenbleiche ist mit gewissem Erfolg durch die Peroxydbleiche ersetzbar gewesen, erneute Bestrebungen gehen dahin, mit Kaliumpermanganat zu arbeiten. (Bei einer analytischen Prüfung der Zunahme des Reduktionsvermögens von mit ultraviolettem Licht bestrahlten Fasern scheint der Reduktionswert nicht der Festigkeitsabnahme parallel zu verlaufen, was bei der Beurteilung von auf dem Plan gebleichten Fasern zu beachten wäre.)

Nicht unwesentlich bei dem Ausbringen der Garne ins Freie ist ihre mechanische Bearbeitung. Die Strähne werden zuvor am Pfahl stark ausgeschlagen, „gestoßen", um die Einzelfäden parallel zu legen. Durch dieses Anmachen fallen viele Holzschäben aus dem Garn, die viele Handarbeit verteuert jedoch das Verfahren, und ebendeshalb geht die Technik zur „chemischen" Bleiche über.

Technik des Bleichens.

Unter einer Bleichpartie hat man 1200 englische Pfund (= 544 kg) Garne zu verstehen. 1 Gebind enthält 300 Yards, 10 Gebinde liefern 1 Strähn, 20 Strähne geben 1 Bündel. Beispielsweise hat eine Partie 30er Garn 36000 Gebinde oder 180 Bündel.

Da die Bleichbarkeit der verschiedenen Garne und Gewebe ungleich ist, ein Zwirn sich gleich einem festgewebten Stoff schlechter durchbleichen läßt, so sucht der Bleicher die Partien aus gleichartigem Garn zusammenzustellen, um die Chemikalienmenge dem jeweiligen Erfordernis anzupassen. Die übliche Bleichweise besteht in einem abwechselnden Behandeln des Guts mit alkalischen Lösungen und Bleichlaugen, bis der gewünschte Bleichgrad, nötigenfalls unter Einschalten einer Rasenbleiche, erreicht ist. Als Bleichmittel dient zumeist noch Chlorkalk, da sich der Bezug von Chlornatron bzw. die Selbstherstellung von unterchlorigsauren Natronlösungen durch Elektrolyse von Kochsalzlösungen oder durch Einleiten von Chlorgas in Lauge (abgesehen von etwaigen technischen Schwierigkeiten) teurer stellt, so daß man die Mängel des Arbeitens mit Bleichkalk in Kauf zu nehmen müssen glaubt. Der Bedarf an Bleichchlor ist in der Flachsbleiche verhältnismäßig groß, man benötigt deshalb für das Lösen von Chlorkalk besondre Einrichtungen und große Klärbassins. Die Beseitigung des anfallenden Kalkschlamms macht Schwierigkeiten, ein Einleiten des Schlamms in den Vorfluter ist nach den geltenden Wassergesetzen nicht statthaft, ebenso wie das Einleiten konzentrierter Ablaugen nicht erlaubt ist. Zu den in der Bleiche verwendeten und mit dem Abwasser abfließenden Chemikalien treten zudem noch die erheblichen Mengen an gelösten organischen Stoffen. Bei Abwässerschwierigkeiten handelt es sich zumeist um das Unschädlichmachen der ersten stark verunreinigten Ablaugen, der sog. „schwarzen Kochlaugen", und der verbrauchten ersten Bleichbäder. Es sind nicht zu kleine Klärteiche zum Mischen der Abwässer und zum Absetzen des Schlamms erforderlich. Die verdünnten Lösungen und Spülbäder dürften als solche in den Vorfluter einleitbar sein. Ein etwaiges Eindampfen der Schwarzlaugen zwecks Rückgewinnung der verwendeten Alkalien erscheint unrationell, zumal Eisen, Kalk und andre Salze die anfallende, zu calcinierende Soda sehr verunreinigen.

Durch eine alkalische Vorbehandlung ist die Hauptmenge der Faserfremdstoffe auslaugbar. Ohne solche Vorbehandlung wird der Verbrauch an Oxydationsmitteln viel größer, der Bleicher befürchtet zudem ein „Einbrennen" der Verunreinigungen. Andrerseits verbessert das zwischengeschaltete

Chloren das Entfernen von Pektin- und Proteinstoffen bei dem nachfolgenden weiteren Auslaugen. Die wiederholten Beuchen bedingen einen größeren Dampfverbrauch, so daß es naheliegt, die Garne mit stärkeren Ätznatronlaugen kalt auszuziehen[1]. Das Arbeiten mit konzentrierteren Laugen, wie solche als Ersatz für die erste Kochung für erforderlich gehalten wurden, bringt jedoch, außer den höheren Chemikalienkosten, gewisse Schwierigkeiten mit sich, so sind bei den vorhandenen Einrichtungen die verbleiten Rohrleitungen gefährdet. Eher wird es möglich sein, das zweite und folgende heiße Beuchen durch ein Behandeln mit kalten Alkalilaugen zu ersetzen.

Kochen.

Die unterbundenen Garne werden in Form von Schleifen und Ringen gleichmäßig in den Kessel eingelegt. In den älteren Beuchkesseln kochte man durch Einleiten von direktem Dampf unter Verwendung eines Injektors. Die Kessel mit lose auflegbarem Deckel stehen dabei vertieft im Erdboden, was das Beschicken und Entleeren erleichtert. Zweckmäßig sind Hebevorrichtungen vorgesehen, um das auf herausnehmbaren Einsatz gelagerte Beuchgut nach dem etwaigen ersten heißen Spülen in ein Bassin zum Wässern bringen zu können. Die neuen Kessel mit indirekter Erhitzung unter Pumpenzirkulation besitzen verschließbare Deckel; ein Kochen mit schwachem Überdruck von 0,1—0,2 at läßt die Kochdauer auf $3^1/_2$—5 Std. herabsetzen. Die Kessel sind nur für eine Partie eingerichtet, denn es ergaben sich Schwierigkeiten, größere Mengen gleichmäßig durchzukochen. Damit sich die in der heißen Lauge gelösten Pektinstoffe nicht bei kaltem Spülen wieder auf der Faser niederschlagen, sind die Garne zunächst warm zu wässern und weiterhin kalt zu spülen.

Abb. 107.
Leinengarnquetsche (Zittauer Maschinenfabrik A.-G., Zittau).

Die Flachsfaser ist gegen scharf alkalische Kochlaugen empfindlicher als Baumwolle, scharfe Laugen verursachen große Gewichtsverluste, was beim Arbeiten mit Ätznatron zu beachten bleibt. Wenn der Bleicher früher die Sodalaugen teilweise mit Ätzkalk „kaustifizierte", traten bei unsachgemäßer Abrichtung zu große Gewichtsverluste ein. Es ist deshalb üblich, mit Soda zu beuchen, die Sodamengen den Garnnummern anpassend; für die gröberen Garne nimmt man gern 10% Ätznatron vom Sodagewicht hinzu, um die strohigen Verunreinigungen besser zu erweichen. Konzentration der Flotte, Kochdauer, Temperatur und Zirkulation beeinflussen die Wirkung. Eine Mitverwendung von Seife kommt eher bei den letzten Beuchlaugen in Frage, um das Beseitigen der Öl- und Schmutzflecke zu erleichtern. Mancherlei Zusätze sahen die Patente vor, welche das Aufschließen und Kotonisieren von Bastfasern betreffen, unter denen auch Flachs sich aufgezählt findet. Praktische Erfolge waren diesen Vorschlägen kaum beschieden.

Die gut ausgewässerten Garne werden auf ein Wagengestell gleichmäßig aufgeschichtet, unter die hydraulische Presse gefahren oder mit der ehedem mehr verbreiteten Garnquetsche (s. Abb. 107) entwässert. Zentrifugen eignen sich weniger, weil das Hantieren mit den großen nassen Strähnen mühsam ist und ein Rauhwerden zu befürchten ist.

---

[1] Kränzlin, G., und G. Boehm: Zum Kapitel Kaltbleiche. Faserforschung **1922**, 259.

Bleichen.

Die stark verunreinigte Flachsfaser hat einen hohen Chlorbedarf. Chlorkonzentration, Flottenlänge, Reaktionsgeschwindigkeit und Art des Garns sind für das Ansetzen der Bäder von Belang. Der Bleicher regelt die Einwirkungszeit auf Grund seiner praktischen Erfahrungen. Ein Einlegen der vorgekochten Garne in eine ruhende Chlorflotte ist beim ersten Chloren nicht zu empfehlen, die Garne fallen sonst mangels Flottenzirkulation fleckig aus. Ein gleichmäßiges Anbleichen suchte man in der Weise zu erreichen, daß die auf einem Rahmengestell aufgehängten Garne zeitweise wiederholt in die Flotten untergetaucht wurden. Besser eignet sich hierfür der Rollenkasten, das Reel. Die auf kantige Tragstangen gehängten Garne tauchen hier nur zu ein Viertel bis ein Drittel ihrer Länge in die Bleichflotte ein und werden durch Umdrehen der Stangen in der Lösung umgehaspelt. Durch die zunehmende Oxydierung der Faserverunreinigungen oder der Cellulose selbst wird die Chlorflotte schnell sauer. Ein frisches alkalisches Bad muß sich zunächst einarbeiten. Beim Reelen entwickelt sich zufolge Bildung von Chloramin ein penetranter Bleichgeruch, der die Arbeiter, welche ein Verwickeln der Garne zu verhüten haben, sehr belästigt. Der Reelraum muß deshalb luftig sein, Exhaustoren sollen die Gase ins Freie schaffen.

Von der Reinheit des Bleichguts hängt der Chlorverbrauch ab, nach einer Zerstörung der leichter oxydablen Faserbegleitstoffe nimmt die Chlorkonzentration nur noch langsam ab. Nach Erreichen eines gewissen Weißgrades ist das Chloren zu beenden, um nicht durch längere Einwirkung die Faserfestigkeit zu gefährden. Bei Untersuchungen der Chlorkonzentration während des Reelens bleibt zu beachten, daß die unteren Schichten der Flotte nicht so ausgenutzt werden wie die oberen, aus denen die umlaufenden Garne das Chlor schneller verbrauchen.

Eine Titration der Flotte mit volumetrischen Lösungen bleibt immer empfehlenswert, die in der Praxis vielfach übliche Ermittlung des spezifischen Gewichts mit Aräometern ist bei alten Laugen unzuverlässig und versagt. Da die Bäder nicht ausziehen, werden sie weiterbenutzt. Das beim Reelen sauer gewordene Bad besitzt jedoch eine schlechte Haltbarkeit; beim Aufheben der alten Flotte hat man deshalb mit einem starken Chlorrückgang zu rechnen. So ging ein nach dem Reelen in den Sammelbehälter zurückgepumptes Bad von 3000 l während der Weihnachtstage von 3,6 g auf 1,52 g Cl/l zurück, was einen Verlust von 6,24 kg Aktivchlor bedeutete. Zwecks Vermeidung von Verlusten sollte man erst kurz vor der Weiterverwendung die alten Flotten mit frischer Stammlauge auf die gewünschte Stärke bringen. Die Bleichmeister pflegen die Bleichflotten oft in der Weise herzurichten, daß sie von der konzentrierten Chlorkalklauge so viel zu der gebrauchten Lösung in das Reel oder das Bassin laufen lassen, bis eine gewisse Niveauzunahme erfolgt, um aus dieser Zunahme erfahrungsgemäß die Menge des zugesetzten Chlors zu folgern. Da nach und nach sich der aus kohlensaurem und oxalsaurem Kalk bestehende Schlamm zu sehr anreichert, müssen jedoch die Bäder nach gewissen Zeiten ablaufen.

An Stelle der Reele haben sich in den letzten Jahrzehnten die Zirkulationsapparate eingeführt, in welche die Garne eingelegt werden, um nun die Flotte mit Pumpe durch das Gut in starkem Umlauf zu halten. Ein solcher für 2 Partien eingerichteter Apparat (gebaut von C. A. Gruschwitz A.-G., Olbersdorf, und von der Zittauer Maschinenfabrik A.-G.) besteht aus widerstandsfähigem Holz mit oberem geteilten Lattenrost, der das Bleichgut unter der Flüssigkeit hält (s. Abb. 108).

Der Kasten hat durch Rohrleitungen Verbindung mit den höher liegenden Chlorbassins und Säurebehältern bzw. Kufen, in welchen die Bäder angesetzt werden. Damit bei einem etwaigen Undichtwerden der Ventile kein Zulauf zur

Bleichkufe erfolgt, sind Sicherheitsvorrichtungen vorgesehen. Eine kräftige Rotationspumpe aus säure- und chlorbeständigem Material bewirkt die Zirkulation. Es wird die Flüssigkeit unter dem Siebboden bei Vermeidung eines Vakuums in der Apparatur abgesaugt und durch die Leitungen aus Blei unter Verwendung eines Verteilungsrohrs unterhalb des Flottenspiegels wieder zugeführt, da andernfalls die Flotte zufolge gelöster Eiweißstoffe stark schäumt. Zur Vermeidung von Katalyseschäden sollte das Verteilungsrohr nicht aus Kupfer, sondern aus Nickelin oder einem andern, nicht angreifbaren Material

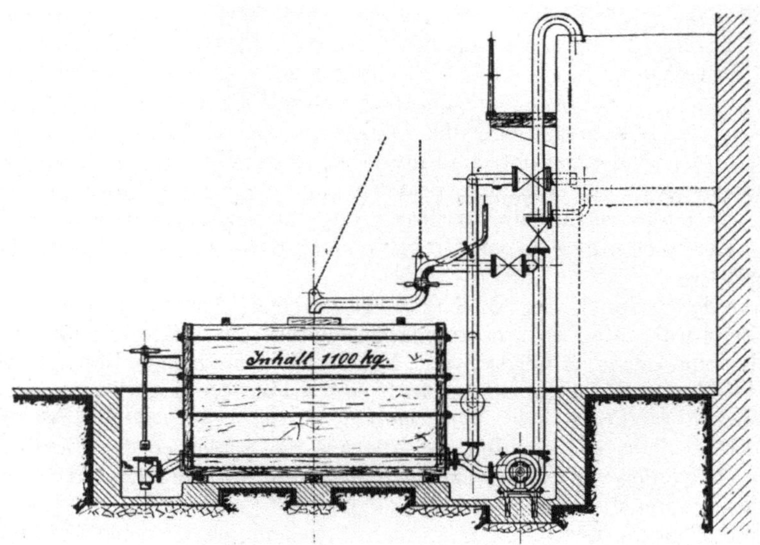

Abb. 108. Bleichapparat von C. A. Gruschwitz A.-G., Olbersdorf i. Sa.

bestehen. Man läßt die Flotte zunächst von unten zutreten, um das Gut zum Schwimmen zu bringen, und schaltet nun die Pumpe ein. Nach ungleichmäßigem Einpacken der Garne und bei zu schneller Erschöpfung der Bleichlauge bleiben leicht fleckige Stellen zurück, da der Flotte durch die äußeren Garnschichten schnell Chlor entzogen wird, so daß in das Innere nur eine schwächere Flotte eindringt; ist etwa an den Kopfstellen der zusammengedrehten Strähne das Alkali schlechter ausgelaugt gewesen, so bedeutet dies auch ein Verzögern der Bleichgeschwindigkeit. Nicht zuletzt bleibt darauf zu sehen, daß die Garne nicht ungleich zusammengedrückt werden, denn die Flotte dringt in diese Teile schlechter ein. Fleckige, im Weiß zurückgebliebene Stellen verlieren sich meist im folgenden Rundgang. Nötigenfalls muß jedoch die Partie umgepackt werden, um einen Ausgleich der zu fest liegenden Strähne zu sichern.

Säuern und Entchloren.

Nach dem Chloren auf dem Reel überführt man das ganze Rahmengestell mittels Transportlaufkatze in ein zweites und drittes, zum Spülen und Säuern bestimmtes Bassin, oder man wirft die gespülten Garne in das vorbereitete Säurebad und wässert in dieser Kufe nach einigen Stunden wiederholt gut aus. Im Bleichapparat kann das Spülen unmittelbar an das Chloren angeschlossen werden. Ohne umpacken zu müssen, ist hier weiterzusäuern, gegebenenfalls mit Antichlor nachzubehandeln, um nach zwischengeschaltetem Wässern dann gleich die zweite alkalische Behandlung folgen zu lassen. Beim Reelen sind die Garne nach dem Säuern und Spülen von den Stangen zu nehmen und umzupacken. Die Apparatbleiche bedingt weniger Handarbeit und verdrängte daher die alten, auch mehr Platz beanspruchenden Einrichtungen, zumal durch vieles Hantieren die Garne leicht rauh werden. Beim Chloren im Apparat ist des weiteren die Geruchsbelästigung weniger stark. Kleine Reele verdienen vielleicht den Vorzug, wenn kleine Garnposten als solche zu bleichen sind, und wenn sich keine passende Doppelpartie für den Apparat zusammenstellen läßt. Über die Zweckmäßigkeit eines Antichlorierens zur Zerstörung von Chloraminen vor Fertigstellung der Garne s. S. 118. Ein Antichlorbad zwischen den Rundgängen einzuschalten ist nicht üblich, durch das nächste Beuchen verschwindet die Chlorreaktion ohne weiteres.

Kochen, Chloren, Säuern mit den nötigen Spülbädern liefern ein $^1/_4$ Weiß, für ein $^1/_2$ Weiß ist der Rundgang unter Abschwächung der Bäder zu wiederholen, für $^3/_4$ Weiß schaltete man meist eine Planbleiche ein, $^4/_4$ Weiß suchte der Bleicher mit 4 Rundgängen und 2 Planbleichen zu erhalten. Für die letzten Chlor- und Säurebäder genügt ein Einlegen der Garne in Bassins, Steeps, da eine Zirkulation nicht erforderlich ist. Werden die Garne umgepackt oder auf den Plan gebracht, so entwässert man sie unter Verwendung von Garnquetschen oder hydraulischen Pressen, ebenso vor der endgültigen Fertigstellung, dem Trocknen. Mit der hydraulischen Presse läßt sich eine auf den Wagen gepackte Partie in 10 Min. entwässern.

Fertigmachen, Bläuen.

Die Bleichgarne werden in üblicher Weise zum Schluß angeblaut, vielleicht dabei schwach angestärkt, um nach dem Abpressen ausgeschlagen, gestoßen zu werden. Das Trocknen im Trockenschuppen ist wegen der Witterungsverhältnisse nur bedingt möglich; die Trockenstuben sind in der Ausnutzung der Wärme unrationeller als Trockenkammern, in denen aber ein Ausdörren zu vermeiden ist. Durch zu langes und überheißes Trocknen geht das Weiß zurück, der Griff der übertrockneten Garne ist zu hart, bessert sich aber wieder beim Liegen an der Luft. Eine Schädigung der Festigkeit durch heißes Trocknen konnte nicht beobachtet werden, die Garne sind jedoch nicht unmittelbar nach dem Trocknen auf Festigkeit zu prüfen, sie müssen erst eine gewisse Zeit an der Luft gelegen haben. Die heute gebräuchlichen Kanaltrockenapparate können mit Spannvorrichtungen ausgestattet werden, um das Einlaufen der Garne zu verhindern. Im Trockenraum sucht der Arbeiter die ausgeschlagenen Strähne durch Zupfen zu lockern, damit die Fäden nicht verkleben und später wollig werden. Die getrockneten und gebürsteten Garne kommen zu Bündeln gepreßt wieder zur Ablieferung.

Neuere Verfahren.

Um den durch das Ausbringen des Bleichguts auf den Plan zu langwierigen und viele Arbeitskräfte erfordernden Bleichprozeß abzukürzen, sind mancherlei Vorschläge gemacht worden. Geringe Erfolge wären von der Zugabe von irgendwelchen Seifenzusätzen usw. zur Beuchlauge zu erwarten. Eher ist das Bleichen durch Abändern der Flottenreaktion zu beeinflussen. Durch saures Chlorieren lassen sich Strohteile besser ausbleichen, ein abwechselndes alkalisches und saures Chloren mit folgenden alkalischen Auslaugungen kann ein beßres Weiß liefern, doch setzt ein saures Chloren eine gleichmäßige Einwirkung voraus. Die Technik befürchtet hier eine Oxycellulosierung. (Ebendeshalb ist das Arbeiten mit Chlorgas zu gefährlich.) Da sich durch ausschließliche Verwendung von Chlorlaugen ein reines Hochweiß schlecht erreichen läßt, war die Rasenbleiche nicht entbehrlich. Um letztere zu ersetzen, hat man Kaliumpermanganat- und Peroxydlösungen anzuwenden gesucht. Bei der Permanganatbleiche ist gleich wie bei der Sauerstoffbleiche die jeweilige Flottenreaktion von Bedeutung, sie beeinflußt die Zersetzlichkeit, die Bleichenergie. Die sehr wirksame Permanganatbleiche mit etwa 2 g $KMnO_4$ im Liter unter Zugabe von Schwefelsäure gibt ein frisches Weiß, dasselbe neigt jedoch bei weniger sorgsamer Anwendung leicht zum Vergilben, sei es wegen eines ungenügenden Auslaugens der Oxydationsprodukte oder wegen unvollkommner Entfernung von Mangansalzresten. Gleichwie in der Baumwollbleiche fand daher für das Nachbleichen die Sauerstoffbleiche mehr Aufnahme. Wenn die Praxis noch nicht allgemein von der Planbleiche abgegangen ist, so erklärt sich dies dadurch, daß sie die Kosten der Sauerstoffbleiche höher einschätzte und die Erfolge von den jeweiligen Arbeitsbedingungen, z. B. von der Reaktion, der Temperatur, mitabhängen. Weiterhin machte die Apparaturfrage wegen katalytischer Beeinflussung der Flotten durch Metalle, wie Kupfer und Eisen, Schwierigkeiten. Die Sauerstoffbleiche hat jedoch neuerdings für das Bleichen von Leinengarn und Leinenstück größere Bedeutung erlangt, denn die Abkürzung des Verfahrens, die Unabhängigkeit von der Witterung, vor allem die Ersparnis an Arbeitskräften sind zu wesentliche Vorteile, zumal sich der Preis der Peroxyde ermäßigt hat. Das häufige Umpacken und das Ausbringen auf den Plan bedingt viele Arbeitskräfte, weil die Garne wiederholt auszuschlagen sind, um die Fäden parallel zu legen.

Die Grundlage der Sauerstoffbleiche bildete das D. R. P. 130437 von Gagedois, das eine Reihe von Zusätzen für die Natriumsuperoxydflotte aufzählte: Seife, Soda, Wasserglas oder Magnesium- und Tonerdesalze, wobei die Salze ganz oder teilweise durch alkalilösliche Stärke, Gummi oder Harze ersetzbar sein sollten. Die praktische Ausführung beruhte auf einem Stabilisieren mit Wasserglas. Es wurden auf eine Partie 1—3% Na_2O_2 mit der 5—10fachen Menge Wasserglas berechnet. Die beim Erwärmen auf 80° C im offnen Holzbottich nicht ausnutzbaren Flotten waren weiter verwendbar.

Das Verfahren konnte sich nur wenig einführen. Der Deutschen Gold- und Silber-Scheide-Anstalt, Frankfurt, gelang es, beßre Arbeitsbedingungen zu finden, weiterhin kam auch die Verwendung von Wasserstoffsuperoxyd in Betracht, nachdem die Lieferung von 30proz. Lösung möglich wurde, denn bei der 3proz. Handelsware sind die Frachtkosten untragbar. Aus Rücksicht auf die Preisfrage läßt sich aber die Sauerstoffbleiche als solche nur in beschränktem Maße verwenden. Da die beim Lösen von Natriumperoxyd erhaltene Flotte sich als zu alkalisch erwiesen hat, d. h. bei zu leichter Zersetzlichkeit ein schlechteres Weiß gibt, und die Festigkeit sowie das Gewicht des Bleichguts ungünstig beeinflußt, muß die Lösung bis zu einem gewissen Grade abgestumpft werden. Die Einstellung der Alkalität richtet sich nach der Art des Garns und der Vorbleiche. Gröbere, weniger vorgebleichte Gespinste verlangen mehr freies Alkali. Der Zersetzlichkeit wird vorgebeugt a) durch Zugabe von Wasserglas und andern Stabilisatoren, b) durch Vermeiden von Metallapparaturen, welche katalytisch die Sauerstoffflotte beeinflussen, also durch Verwendung von Blei, Nickel (Patent der Scheideanstalt) Kruppmetall u. ä. Stabilisierend wirken namentlich kleine Mengen von Magnesiumsilicat[1].

Der Verbrauch an Natriumperoxyd beträgt zur Erzielung eines $^3/_4$ Weiß auf vorgebleichtem $^1/_2$ Weiß etwa 1,8% vom Garngewicht. Da die Bäder nicht ausziehen, ist die alte Flotte nach ausreichender Stabilisierung und Auffrischung weiter verwendbar. Das Bleichbad ist daraufhin zu überwachen, daß eine gewisse Alkalität erhalten bleibt, denn die entstehenden sauren Oxydationsprodukte stumpfen das vorhandene Alkali ab. Im Gegensatz zur gewohnten Chlorbleiche macht sich eine verstärkte chemische Betriebskontrolle nötig, so können die alten Bäder nur durch Titrieren mit volumetrischer Permanganatlösung usw.

---

[1] D. R. P. 284761.

auf restlichen Gehalt an Sauerstoff geprüft werden. Als Anhalt für die Arbeitsweise seien die Durchschnittszahlen für das Bleichen eines mittleren, $^1/_2$ vorgebleichten Garns bei Apparatbehandlung genannt. Auf eine Doppelpartie (rund 1100 kg Rohgarn) sind bei 5 m³ Bleichflotte zu rechnen: 20 kg Peroxyd, 21 kg Schwefelsäure, 30 kg Wasserglas, nötigenfalls Alkali zum weiteren Regeln der Reaktion. Die Flotte zieht nicht aus und ist zum Vorbleichen oder anderweitig mit Stabilisierungszusatz verwendbar. Man erwärmt bei 6—8 std. Bleichdauer unter Zirkulation nach und nach auf etwa 80° C.

Neuerdings empfiehlt die Chemische Fabrik von Heyden A.-G., Radebeul-Dresden, mit Chlor vorgebleichte Leinengarne mit Aktivin oder Chloramin bei höherer Temperatur nachzubehandeln (D. R. P. 324464). Es erscheint fraglich, ob die Verwendung von Aktivin Vorteile bietet (s. u. Aktivin). Noch weniger aussichtsreich wäre ein Bleichen mit Chlordioxyd in wäßriger Lösung oder in Gasform, schon wegen der Belästigung durch das Gas (D. R. P. 413338).

Auch Reduktionsmittel sind zum Bleichen in Vorschlag gekommen. Schon A. Schott wollte nach dem D. R. P. 124677 die gebeuchten Garne durch Behandeln mit schwefliger Säure besser bleichen können. C. Bochter sah ein Behandeln von Rohleinen mit Bisulfitlaugen vor, dem auch flüchtige Basen, wie Ammoniak usw., zugesetzt werden sollen (D. R. P. 274626, 378803, 405245). Praktische Bedeutung haben solche Verfahren nicht gewonnen. Bei Reduktionsmitteln ist es fraglich, ob nicht das Weiß wieder vergilbt, zudem wäre die Kostenfrage zu berücksichtigen. Hydrosulfit (Blankit I) hat aus diesem Grunde nicht die angestrebte Verwendung als Ersatz der Rasenbleiche finden können (s. u. Hydrosulfit).

Chemikalienverbrauch.

Alkalibedarf und Chlorverbrauch sind von der Beschaffenheit des Bleichguts und von seiner Vorbehandlung abhängig. Die Art des Flachses ist nicht ohne Bedeutung, da die Extraktivstoffe beim Rösten ungleich ausgelaugt werden. So hatten Garne aus Courtraiflachs und aus Wasserröste gegenüber einem taugerösteten Flachs geringere Gewichtsverluste aufzuweisen, doch bleibt dabei ein gutes Auswässern des Strohs Voraussetzung. Je besser die Fasern vorgekocht sind, um so geringer ist der Chlorverbrauch, insbesondre haben die strohigen Anteile einen großen Chlorbedarf.

3 Std. offen vorgekochte Proben von 12er Werggarn und 25er Flachsgarn gaben folgende Gewichtsverluste und Chlorverbrauchszahlen[1]:

	12er Werggarn			25er Flachsgarn		
	Gewichtsverlust		Chlorverbrauch	Gewichtsverlust		Chlorverbrauch
	gekocht %	gechlort %	%	gekocht %	gechlort %	%
Nicht vorgekocht . . .	—	13,7	7,89	—	9,8	5,76
Mit Wasser gekocht . .	6,6	13,6	6,56	4,7	10,6	5,33
Mit 2 % Soda	7,1	17,7	6,43	6,4	11,6	5,03
„ 4 % „	9,0	18,9	6,22	7,0	12,1	4,68
„ 6 % „	10,3	18,5	5,80	9,1	14,1	4,27
„ 8 % „	11,1	20,0	5,67	9,7	14,4	4,18
„ 10 % „	11,8	21,0	5,54	9,8	14,6	4,05
„ 12 % „	11,8	21,1	5,37	10,1	14,8	3,96
„ 3 % „ + 1 % Ätznatron	—	—	—	10,8	17,5	3,23
„ 3 % Soda + 3 % Ätznatron	13,1	21,1	4,85	11,7	17,5	2,91
„ 3 % Ätznatron . .	14,3	22,2	4,56	12,1	18,8	?
„ 10 % „ . .	21,8	28,2	2,90	20,6	23,6	2,17

[1] Kind, W., und W. Barz: Die Bedeutung des Bleichguts. Dtsch. Lein. Ind. **1925**, 867.

Die Dauer des Kochens beeinflußt den Verlust. Der Gesamtextraktivstoffgehalt wird nach FRENZEL[1] (Lieferungsvorschriften der niederländischen Marine) ermittelt durch 6std. Kochen am Rückflußkühler mit der 20fachen Menge — vom Fasergewicht — einer verdünnten Natronlauge, welche im Liter 3,5 g Ätznatron enthält.

Die Feststellung der alkalilöslichen Extraktivstoffe ist vorgesehen, um den Maximalgehalt auf 4 % zu begrenzen, da vorwiegend die Faserbegleitstoffe den Mikroorganismen (Schimmelpilzen) als Nährboden dienen. Eine restlose Entfernung der alkalilöslichen Substanzen durch ein schärferes Abkochen und ein Chloren erscheint wieder nicht angebracht, weil man die völlige Isolierung der Einzelzellen befürchtet, denn die Inkrustierungen verkitten die Elementarzellen mit. Die deutsche Marine schreibt aus gleichem Grunde vor, das Material für Segeltuche aus Flachs und Hanf mit 8 % Soda und ein zweites Mal mit 7 % Soda vorzukochen.

Der durch Kochen mit 3,5 g Ätznatron im Liter gefundene Gehalt an alkalilöslichen Stoffen kann nur bedingte Geltung besitzen. Er ist nur unter den gewählten Bedingungen zutreffend. Schärfere Laugen, verlängerte Kochzeit und nicht zuletzt das Flottenverhältnis beeinflussen die Ausbeute, denn Fasersubstanz als solche, Oberhautgewebe und vor allem Parenchymzellen werden mehr und mehr abgelöst. Aus den Untersuchungszahlen von FRENZEL geht hervor, daß die Extraktivstoffe nur langsam entfernt werden. Beim Kochen mit Soda waren 10 Std. erforderlich, um den geforderten Restwert von 4% zu erreichen. Hingegen genügte bei gleichen Einwirkungsverhältnissen schon ein 2std. Kochen mit 1proz. Natronlauge.

	Kochbehandlung mit 1 proz. Sodalösung nach Stunden					
	0	2	4	6	8	10
Extraktivstoffgehalt in Prozenten vom Trockengewicht	18,2	12,5	8,4	6,2	5,0	4,4
		2 proz. Sodalösung				
		10,8	7,5	5,9	4,7	4,2
	neue Abkochung mit 2% Soda und mit Salzsäure nachbehandelt					
		11,5	7,1	5,7	5,2	4,0

Wesentlich beim Kochen und ebenso beim Bleichen, namentlich bei Kleinversuchen, kann die Flottenlänge sein. Nach 1std. Brühen von Flachsgarn mit 10 Gew.-% Ätznatron ergaben sich folgende Abweichungen:

Flottenlänge		Gewichtsverlust	Festigkeitsverlust
1 : 10	= 18,3 %	Gewichtsverlust, 16,3 %	Festigkeitsverlust
1 : 50	= 12,6 %	„ 8,5 %	„
1 : 100	= 10,6 %	„ 4,4 %	„
1 : 200	= 8,8 %	„ 6,6 %	„

Das Flottenverhältnis bleibt nicht zuletzt beim Arbeiten mit Sauerstoffbädern wichtig, wenn Alkali- und Oxydationswirkung gleichzeitig in Betracht kommen[2]. Bei Überprüfung älterer Vorschläge von HIGGINS, KEUKELAERE u. a. Beobachtern, Flachs mit Schwefelnatrium und nicht mit Ätznatron zu beuchen, arbeitete VICTOROFF[3] mit zu großen Flottenlängen (1 : 200), so daß die für Schwefelnatrium günstigen Folgerungen für die Technik nur bedingten Wert haben.

Konzentration der Bleichbäder und Bleichdauer.

Über die Konzentration der Bäder und die Bleichdauer, wie solche nach SCHNEIDER[4] den üblichen Bleichgang in der Bleiche der Spinnerei Ravensberg kennzeichneten, gibt die folgende Zusammenstellung Aufschluß:

[1] FRENZEL, W.: Die Entfernung von Extraktivstoffen aus Bastfasern. Leipz. Mon. Text. **1927**, 261.

[2] KIND, W.: Die Sauerstoffbleiche. Dtsch. Lein. Ind. **1928**, 334.

[3] VICTOROFF, P. P.: Über den Einfluß von Natriumsulfidlösungen auf die Leinenfaser. Mell. Text. **1926**, 61.

[4] SCHNEIDER, H.: Über die technologische Veränderung der Leinengarne durch den Bleichprozeß. Leipz. Mon. Text. **1909**, 246.

Rundgang	30er Flachs und 30er Hedegarn			60er Flachs	
	Behandlung	Art des Bades	Std.	Art des Bades	Std.
I	Sodakochung . . .	7,2 %	3	6,8 %	3
	Chlorung auf Haspel	3,2 % akt. Cl.	3	3 % akt. Cl.	3
	Absäuern „ „	Schwefelsäure 1 : 300	$^1/_4$	Schwefelsäure 1 : 400	$^1/_4$
II	Sodakochung . . .	5 %	$2^3/_4$	2,3 %	$2^1/_4$
	Chlorung ruhend .	1,2 % akt. Cl.	14	1,1 % akt. Cl.	7
	Absäuern „ .	Schwefelsäure 1 : 400	2	Schwefelsäure 1 : 400	2
III	Sodakochung . . .	3,5 %	$2^1/_2$	2,5 %	1
	Rasenbleiche . . .	2 × 2 Tage	96	2 × 2 Tage	96
	Chlorung ruhend .	0,8 % akt. Cl.	9	0,8 % akt. Cl.	9
	Absäuern „	Schwefelsäure 1 : 400	2	Schwefelsäure 1 : 400	$1^1/_2$
IV	Sodakochung . . .	2,5 %	1	2,5 %	1
	Rasenbleiche . . .	2 × 2 Tage	96	2 × 2 Tage	96
	Chlorung ruhend .	0,46 % akt. Cl.	14	0,46 % akt. Cl.	14
	Absäuern „ .	Schwefelsäure 1 : 400	2	1 : 400	2

Hedegarn Nr. 5 und 20, Flachsgarn Nr. 16.

<table>
<tr><th rowspan="2">Rundgang</th><th rowspan="2">Behandlung</th><th colspan="2">Art des Bades</th><th rowspan="2">Std.</th></tr>
<tr><th>5er Hede</th><th>20er Hede u. 16er Flachs</th></tr>
<tr><td>I</td><td>Sodakochung . . . .</td><td colspan="2">10,7 %</td><td>3</td></tr>
<tr><td></td><td>Chlorung auf Haspel</td><td colspan="2">4,0 %</td><td>$2^1/_2$</td></tr>
<tr><td></td><td>Absäuern „ „</td><td colspan="2">Schwefelsäure 1 : 300</td><td>$^1/_4$</td></tr>
<tr><td>II</td><td>Sodakochung . . . .</td><td colspan="2">6 %</td><td>3</td></tr>
<tr><td></td><td>Chlorung auf Haspel</td><td colspan="2">2,6 %</td><td>3</td></tr>
<tr><td></td><td>Absäuern ruhend . .</td><td colspan="2">Schwefelsäure 1 : 400</td><td>2</td></tr>
<tr><td>III</td><td>Sodakochung . . . .</td><td colspan="2">4 %</td><td>2</td></tr>
<tr><td></td><td>Chlorung ruhend . .</td><td colspan="2">1 %</td><td>11</td></tr>
<tr><td></td><td>Absäuern „ . .</td><td colspan="2">Schwefelsäure 1 : 400</td><td>2</td></tr>
<tr><td>IV</td><td>Sodakochung . . . .</td><td>5,8 %</td><td>3,8 %</td><td>$1^1/_2 + {}^3/_4$</td></tr>
<tr><td></td><td>Chlorung ruhend . .</td><td colspan="2">$1^1/_4$</td><td>$1^1/_2$</td></tr>
<tr><td></td><td>Absäuern „ . .</td><td colspan="2">Schwefelsäure 1 : 400</td><td>2</td></tr>
<tr><td>V</td><td>Sodakochung . . . .</td><td colspan="2">3,4 %</td><td>2</td></tr>
<tr><td></td><td>Rasenbleiche . . . .</td><td colspan="2">2 × 2 Tage</td><td>96</td></tr>
<tr><td></td><td>Chlorung ruhend . .</td><td>0,96 %</td><td>0,46 %</td><td>10</td></tr>
<tr><td></td><td>Absäuern „ . .</td><td colspan="2">Schwefelsäure 1 : 400</td><td>1</td></tr>
<tr><td>VI</td><td>Sodakochung . . . .</td><td>2 %</td><td>1 %</td><td>1</td></tr>
<tr><td></td><td>Rasenbleiche . . . .</td><td colspan="2">2 × 2 Tage</td><td>96</td></tr>
<tr><td></td><td>Chlorung ruhend . .</td><td colspan="2">0,54 % akt. Cl.</td><td>14</td></tr>
<tr><td></td><td>Absäuern „ . .</td><td colspan="2">Schwefelsäure 1 : 400</td><td>2</td></tr>
</table>

Diese Zahlen gestatten die ungefähre Aufstellung des „Rezepts" für das Bleichen. Der Praktiker pflegt auf Grund seiner Erfahrungen die Einzelheiten dem jeweiligen Bleichgut anzupassen, denn die Bleichfähigkeit der Gespinste bleibt zu berücksichtigen. Ein stärker strohiges Garn verlangt vielleicht ein schärferes Kochen, eine zweite Partie mag in kürzerer Zeit den üblichen Bleichgrad erreichen. Die Kurvenzeichnung (s. Abb. 109) über den Chlorrückgang beim Bleichen im Apparat gibt Aufschluß über die Konzentration der ersten Bäder.

Beurteilung der Bleichgarne.

Festigkeit und Gewichtsverlust.

Festigkeitsbeeinflussung und Gewichtsverlust entscheiden vorwiegend den Wert des Bleichverfahrens. Die chemische Untersuchung auf Oxycellulose durch Ermitteln des Reduktionsvermögens oder der Anfärbbarkeit liefern bei Leinen leicht unsichere Werte, da einerseits die Faserbegleitstoffe selbst, wie Pektin, stark reduzierend wirken und da andrerseits durch das abwechselnde Beuchen und Chloren die bei den ersten Arbeitsgängen etwa entstandene Oxycellulose durch die folgenden Bäder wieder teilweise in Lösung gehen kann. Die rohen Flachsgarne geben somit als solche schon hohe Kupfer- und Permanganatzahlen, und diese bleiben auch bei vorsichtiger Bleiche relativ hoch, so daß ein Vergleich mit den Konstanten für Baumwolle nicht angeht. Des weiteren tritt bei der Prüfung selbst ein Faserabbau ein, wenn man die Probe mit einer scharf alkalischen Lösung kocht, da die Leinenfaser alkaliempfindlich ist.

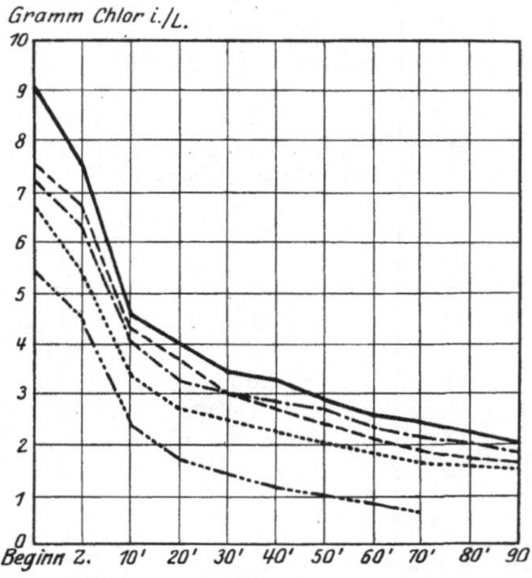

Abb. 109. Chlorrückgang beim Bleichen im Apparat (nach KIND).
——— 8er Werg
— — — — 12er „
—·—·— 16er „
········ 20er „
—··—·· 30er Flachs
Flotte etwa 6800 l. Bleichgut 1100 kg.

Zur einwandfreien Ermittlung der Festigkeit (s. u. Festigkeit) ist eine größere Zahl von Einzelversuchen erforderlich; sogar feinere Leinengarne weisen oft erhebliche Schwankungen auf, da die Produkte der einzelnen Spindeln ungleich sind. Das Prüfen einer begrenzten Zahl von Fäden aus einem einzelnen Gebind kann Zufallswerte liefern, auch wenn sich das Mittel auf 50 Einzelversuche stützt. Es sind nach Möglichkeit von mehreren Strähnen einige Gebinde für die Prüfungen zu nehmen. Wie groß die Abweichungen sein können, zeigen die Kontrollzahlen eines Garns, von welchem 24 verschiedene Strähne mit je 50 Einzelversuchen bei 80 cm Einspannlänge gerissen wurden. (Von der Einspannlänge, der Feuchtigkeit, der Art des Dynamometers ist die jeweilige Reißfestigkeit beeinflußt; als Einspannlänge wird meist 50 cm gewählt.) Der aus 1200 Reißprüfungen sich ergebende Mittelwert von 1489 ist in der Abb. 110 mit 100 % eingesetzt. Einmal sind die Mittel der Strähne in der Reihenfolge 1—24 und dann andrerseits in der umgekehrten Folge addiert bzw. prozentual verrechnet. Wenn man die jeweiligen Mittelwerte aus nur 10 aufeinanderfolgenden Reißversuchen — mit Strähn 1 und 2 durchgeführt — addiert, so sind die Schwankungen noch größer. Jedenfalls empfiehlt es sich für Festigkeitsprüfungen möglichst mehrere Gebinde oder Strähne zu verwenden, um einigermaßen sichere Zahlen zu erhalten.

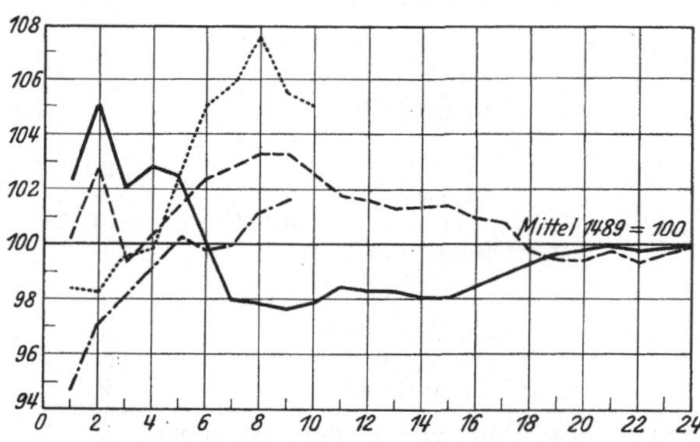

Abb. 110. Reißfestigkeit von 25er Garn (nach KIND). Mittel aus ansteigender Gliederzahl.
——— 1—24 (je 50 Fäden)
— — — — 24—1 „ „ „
········ 1—2 (Mittel aus 10 × 10 Fäden)
—·—·— 24—23 „ „ „ „

Nach dem ersten Kochen ist meist eine Verbeßrung der Anfangsfestigkeit, namentlich bei Trockengespinsten, zu beobachten, da das Aufweichen der Pektinstoffe ein beßres Verkleben der Einzelfasern ermöglicht. Die Verklebung tritt bei Naßgarnen schon im Spinnprozeß ein; die Fasern liegen anfänglich nur durch den Drall gehalten nebeneinander, durch das Kochen usw. kommt es zu einem beßren Verfilzen der Fasern.

Normen für die zulässigen Festigkeitsverluste gibt es nicht, so daß es mitunter strittig ist, ob ein Bleichgarn zu sehr gelitten hat. Die Bleichgarnfestigkeit hängt naturgemäß von der Anfangsfestigkeit des Rohgespinstes ab.

Allgemein anerkannte Grundzahlen für die Garnqualitäten haben wir auch hier nicht. MARTINI[1] forderte folgende Reißlängen (R). (Der Umrechnungsfaktor für die Verwandlung der englischen Garnnummer in die metrische ist 0,605, z. B. Garn Nr. 30 engl. = Nr. 18 metrisch oder Nr. 18 m):

	Flachsgarn		Flachs-Werggarn	
	für Nr. 22 m und darüber R km	unter Nr. 22 m R km	für Nr. 12 und darüber R km	unter Nr. 12 R km
Extra Ia mech. Kette (schwere Kette)	24	22	16,5	15,5
Ia mech. Kette	21,5	19,5	14,5	13,5
Mech. Kette	19,5	17,7	13,5	12,5
Ia Schuß	18,5	16,7	12,5	11,5
IIa Schuß	—	—	11,9	10,9

Als absolute Festigkeit (in Gramm bei 50 cm Einspannlänge) kommen in Betracht:

Nr.	Linegarne				Towgarne			
	extra Ia Kette	Ia mech. Kette	mech. Kette	Ia Schuß	extra Ia Kette	Ia mech. Kette	Ia Schuß	IIa Schuß
12	—	—	—	—	2270	2000	1720	1510
16	2270	2010	1820	1740	1700	1500	1290	1130
20	1820	1710	1460	1390	1360	1200	1030	910
30	1330	1180	1070	1020	—	—	—	—
40	1000	890	800	765	—	—	—	—
60	665	590	535	510	—	—	—	—

Der Bleichereipraktiker sucht sich durch eine Handprobe von der Festigkeit zu überzeugen; er achtet auf den beim Reißen des Fadens hörbaren hellen Ton. Werden einige wenige Reißversuche mit dem Dynamometer gemacht, so sind zwar größere Festigkeitsverschiebungen erkennbar, kleinere Abweichungen können aber als Zufallswerte anzusprechen sein. Systematische Versuche hat zuerst SCHNEIDER (a. a. O.) angestellt. Nach diesem Beobachter sollte bei sachgemäßen Bleichen die Festigkeit nur etwa so weit abnehmen, als dem Feinerwerden der Garnnummer entspricht, d. h. die Reißlänge darf nicht kleiner werden, sie kann bei günstig gewählter Behandlung sogar etwas ansteigen. Nur wenig stärkere Bäder sollen die Festigkeit mindern können, ohne gleichzeitig den Gewichtsverlust entsprechend zu erhöhen, so daß dann die Reißlänge schnell fällt (?). Gleiche Behandlung derselben Nummern von Flachs- und Werggarn gab für ersteres etwas schlechtere Werte. Ein Abfall der Festigkeit erklärt sich im übrigen aus der beim Bleichen fortschreitenden Auflösung der technischen Faserbündel in die Einzelfasern zusammen mit dem Verschwinden des die Fasern verklebenden Pektins. War bei einem Rohgarn die mittlere Faserlänge mit 63 mm gemessen worden, so betrug dieselbe nach dem Bleichen nur noch 34 bis 36 mm.

Änderungen bei $^3/_4$ Bleiche von naßgesponnenen Garnen.

Die Zahlen sind auf Rohgarnzustand = 100 bezogen ohne Berücksichtigung der Längenänderung, welche zudem nur gering ist.

	5er Hede	16er Flachs	20er Hede	30er Flachs	30er Hede	60er Flachs
1. in der Nummer	132,4	129,8	135,2	117,2	118,4	121,9
2. in der Festigkeit (P)	76,0	61,5	61,7	81,8	87,2	83,3
3. in der Reißlänge (R)	100,9	80,5	83,1	96,3	103,0	101,2
4. also Festigkeitsverlust in Prozenten	24,0	38,5	38,3	18,2	12,8	16,7

[1] MARTINI, K.: Reißkraft und Reißlänge für mittlere Leinengarne. Leipz. Mon. Text. **1926**, 405.

In welchem Umfange sich die Festigkeit in den verschiedenen Stadien des Bleichprozesses ändert, sei an den Zahlen gezeigt, welche SCHNEIDER für 30er Flachs und für Trockengespinst Nr. 18 als Mittelwerte berechnete (Festigkeit P in Kilogrammen, Reißlänge = R in Kilometern).

Flachs Nr. 30.

	P (kg)	%	R (km)	%
Rohgarn	1,080	100	19,63	100
1. Kochung	1,072	99,3	20,65	105,2
1. Chlor- und Säurebad	1,051	97,3	21,32	108,6
2. Kochung	1,030	95,4	21,34	108,7
2. Chloren und Schwefelsäure	0,985	91,2	20,70	105,5
3. Kochung	0,950	88,0	20,27	103,3
1. Auslegen	0,922	85,4	19,68	100,3
3. Chloren und Schwefelsäure	0,859	79,5	18,50	94,2
4. Kochung	0,831	76,9	18,20	92,7
2. Auslegen	0,825	76,4	17,90	91,2
4. Chloren und Schwefelsäure	0,804	74,4	17,60	89,7

Trockengespinst Nr. 18.

	P (kg)	%	R (km)	%
Rohgarn	1,190	100,0	13,20	100,0
1. Kochung	1,430	120,2	17,09	129,5
1. Chloren und Säurebad	1,508	126,7	19,29	136,1
2. Kochung	1,485	124,8	19,43	147,6
2. Chloren und Schwefelsäure	1,483	120,4	18,89	143,1
3. Kochung	1,373	115,4	18,48	140,0
3. Chloren und Schwefelsäure	1,269	106,6	17,31	131,1
4. Kochung	1,220	102,5	16,95	126,9
1. Auslegen	1,178	99,0	16,20	122,7
4. Chloren und Schwefelsäure	1,105	92,9	15,39	116,2

Die vorstehenden Zahlen sind als recht günstig anzusprechen. Eigene Versuche zeigten, daß die einzelnen Betriebe sehr ungleich arbeiten, die Festigkeitsverluste können erheblich schwanken[1]. Die Reißlängen der Bleichgarne stehen bei höheren Bleichstufen meist erheblich hinter den anfänglichen Werten zurück.

Prüfung eines Werggarns Nr. 25 bei 30 cm Einspannlänge.

		Festigkeit		Reißlänge		Gewichtsverlust
		P (g)	%	R (km)	%	%
Rohgarn		1161	100,0	17,2	100,0	—
Gekocht	Bleiche A	1420	122,3	22,7	132,1	7,8
	Bleiche B	1162	100,0	18,9	110,1	9,5
	Bleiche C	1363	117,4	22,1	128,4	8,9
	Bleiche D	1280	110,3	21,0	122,0	10,1
$^4/_4$ Weiß	Bleiche A	911	78,5	15,4	89,5	13,0
	Bleiche B	838	72,2	14,8	85,8	16,1
	Bleiche C	738	63,6	13,1	76,4	17,1
	Bleiche D	906	78,0	16,0	93,3	16,8

Die Kurvenwerte (s. Abb. 111) für die mittleren Bruchbelastungen — in Prozent der Rohgarne — mögen als Anhalt dienen. Sehr wesentlich ist, daß eine etwaige beim Bleichen eingetretene Faserschädigung sich erst voll und ganz nach einem weiteren alkalischen Abkochen herausstellen kann; deshalb sind gegebenenfalls Versuchsgarne vor dem Reißen abzukochen, zumal wenn sie im geschlichteten Zustande vorliegen.

[1] KIND, W.: Die Prüfung des Bleichguts. Dtsch. Lein. Ind. **1926**, 990.

Für die technische Verwendbarkeit eines Gespinstes ist die mittlere Reißfestigkeit weniger ausschlaggebend, sie hängt mehr von der Ungleichmäßigkeit ab, denn das Garn wird beim Spulen und Verweben vor allem an den „spitzen", den dünnsten Stellen reißen. Spitze Stellen im Bleichgarn werden im wesentlichen schon beim Rohgarn vorhanden gewesen sein. Was die Dehnbarkeit anbelangt, so nimmt wohl die Bruchdehnung durch das Beuchen und Bleichen zu, da das Gespinst gewissermaßen zufolge eines Herauslösens der Begleitstoffe schwammiger wird. Die Arbeitsweise ist hierbei von Belang.

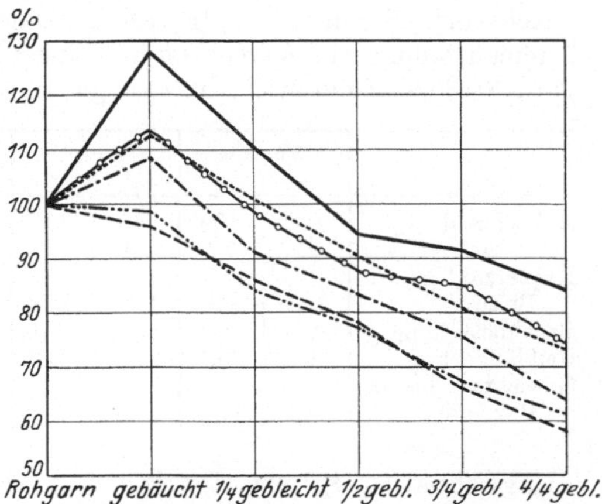

Abb. 111. Mittlere Festigkeit verschiedener Leinengarne während des Bleichprozesses in Proz. der Rohgarnfestigkeit (nach KIND).

——— Trockengarn 9 (abs. Reißfestigkeit: 1661)
—·—·— Werggarn 12 („ „ 1804)
– – – – Zwirnkette 20 („ „ 2143)
········ Werggarn 25 („ „ 1161)
—···— Flachsgarn 30 „G" (abs. Reißfestigkeit: 1258)
—○—○— „ 30 „S" („ „ 1041)

Gewichtsverlust. Anerkannte Normen gibt es nicht. Der Gewichtsrückgang tritt vorwiegend beim ersten Kochen und Chloren ein, wobei ein schärfer alkalisches Kochen von großem Einfluß ist. Ein Beuchen mit Natronlauge führt leicht zu größeren Verlusten, es geht Cellulosesubstanz in Lösung.

Mittlere Gewichtsverluste in Prozenten.

	Gekocht	1/4 Weiß	1/2 Weiß	3/4 Weiß	4/4 Weiß
Trockengarn 9 . . .	16,0	21,1	23,5	26,4	27,2
Werggarn 12 . . .	14,0	18,9	22,8	24,2	25,0
Zwirnkette 20 . .	10,8	13,0	15,2	16,4	17,1
Werggarn 25 . . .	9,1	11,6	13,8	15,1	15,7
Flachsgarn 30 . . .	11,4	13,2	16,2	17,4	17,8
Flachsgarn 30 *S* . .	9,6	12,5	14,0	15,0	15,9

Bei Kontrollen in der Praxis ist darauf zu achten, daß die Garne stets mit gleicher Feuchtigkeit (s. a. Konditionierung) gewogen werden und nicht etwa ein im Trockenapparat ausgedörrtes Bleichgut mit einem feuchten Rohgarn zum Vergleich kommt. Andrerseits darf der Gewichtsverlust nicht durch eine Appreturbeschwerung verschleiert sein. Bei genaueren Bewertungen wäre zu bedenken, daß die Hygroskopizität von Bleichgarn um 1—2% geringer ist. Mit dem Gewichtsrückgang geht ein Feinerwerden in der Garnnummer einher. Will man etwa aus der veränderten Nummer den Bleichverlust folgern, so darf wegen der großen Ungleichmäßigkeit der Gespinste keine zu kleine Meterzahl zugrunde gelegt werden. Dabei wäre auch an Längenänderungen zu denken, wennschon dieselben sich in geringen Grenzen zu bewegen pflegen. Wenn das Abkochen ein gewisses Einlaufen bewirkt, so ist von dem Ausschlagen beim Ausbringen des Garns auf den Plan und vom Stoßen und Zupfen während des Trocknens ein Ausgleich zu erwarten. Bei Leinwand kann hingegen durch das Strecken des unter Spannung laufenden Strangs eine Längung um einige Prozente unter Einlaufen in der Breite eintreten, die Arbeitsweise ist wesentlich.

Analytische Untersuchung.

Der Weg, die fortschreitende Verbeßrung des Bleichgrads und die etwaige Oxycellulosierung in ähnlicher Weise wie bei Baumwolle durch Ermittlung der

Kupferzahlen oder der Abkochzahlen (s. Gespinstfasern, Analyse) zu überwachen, führt bei Flachs zu unbefriedigenden Ergebnissen, denn die gegen Alkalilaugen empfindliche Faser wird beim Abkochen mit den Reagensflüssigkeiten angegriffen. Es bilden sich keine charakteristischen Unterschiede heraus, welche die „Reinheit" der Fasern erkennen lassen. In der nachstehenden Zusammenstellung von Versuchen mit einem in zwei Betrieben gebleichten Flachsgarn Nr. 30 sind nur zwei Abkochungen für die Permanganatzahl gemacht worden.

	Gekocht		1/4 gebleicht		1/2 gebleicht		3/4 gebleicht		4/4 gebleicht	
	A	*B*	*A*	*B*	*A*	*B*	*A*	*B*	*A*	*B*
Abkochzahl I. .	122	109	116	111	110	96	108	94	86	86
„ II. .	21	22	26	27	31	31	23,5	23,5	15,5	22
Kupferzahl nach BRAIDY . . .	1,57	1,27	1,40	1,26	1,38	1,13	1,23	1,17	1,28	1,28
Bruchbelastung g	1295	1234	1148	1116	1034	1037	958	877	918	810
Reißlänge km . .	26,5	25,5	24,2	23,7	22,0	23,1	20,7	19,7	19,8	18,2
Gewichtsverlust in Prozenten . .	10,1	11,2	12,6	13,3	13,2	17,5	14,7	18,1	14,7	18,3

Lagerbeständigkeit des Weiß und chemische Untersuchung der Bleichgarne.

Um das Bleichgut auf Vergilben zu prüfen, wird eine Probe etwa eine halbe Stunde auf 100—110° erhitzt, Gewebe kann man heiß plätten. Die Prüfungen sind dadurch verschärfbar, daß man die Fasern zuvor mit einer alkalischen Lösung von 5 g Soda + 5 g Seife oder von Soda + 10 g Türkischrotöl im Liter behandelt. Es ist heiß abzumustern, denn die Vergilbung geht beim Erkalten meist wieder zurück. Schlecht durchgebleichte oder überbleichte Fasern neigen zum Vergilben. Die Ursache des Vergilbens kann aber auch an der Verwendung ungeeigneter Appreturmittel oder an der Zersetzung der Bläue liegen, z. B. wird Ultramarin (s. u. Blaumittel) durch Säure leicht mißfarbig. Reste von Schäben und Stroh werden mit Anilin oder Phloroglucin-Salzsäure sichtbarer, sofern noch ligninhaltig. Mit einer gewissen Oxycellulosereaktion ist bei gebleichten Leinen stets zu rechnen, wobei es jedoch sehr fraglich ist, ob nicht Faserbegleitstoffe solche Reaktionen vortäuschen, z. B. Pektine die Reduktion von Fehlingscher Lösung usw. bewirken. Ebenso deutet eine schwach saure Reaktion der gebleichten Fasern gegenüber Lackmus nicht ohne weiteres auf Schwefelsäure oder Salzsäure, da Oxycellulose und Pektine ihrerseits schwach saure Reaktion besitzen. Etwaige schädliche Reste von Mineralsäure aus dem letzten Säurebad wären unter anderm durch Erhitzen der Probe auf 110° C zu erkennen, wobei eine Faserschwächung eintreten würde (s. auch Gespinstfasern, Analyse).

Das Bleichen von Leinengeweben.

Allgemeines. Wie das Bleichen von Leinengarn besteht das Bleichen von Leinengeweben in einem abwechselnden Beuchen und Bleichen mit Chlorlaugen oder andern Oxydationsmitteln unter Einschalten der nötigen Spül- und Säurebäder. Die Planbleiche wird noch für erforderlich gehalten, um ein schönes Weiß zu erzielen, doch gehen, wie bei der Garnbleiche, die Bestrebungen dahin, die vielen Wiederholungen und vor allem die lange dauernde Rasenbleiche einzuschränken oder entbehrlich zu machen. Man unterscheidet verschiedene Bleichgrade oder sog. „Klären".

Die Arbeitsvorschriften haben sich nach der Art der Ware zu richten, da ein schweres Rohleinen oder ein Damastgewebe eine andre Behandlung als ein aus vorgebleichten Garnen hergestelltes, nur nachzubleichendes Gewebe verlangt.

Die sortierten Leinen stellt der Bleicher je nach Arbeitsmöglichkeit des Betriebs zu Partien von 300—900 kg zusammen. Für die Strangbleiche werden die gezeichneten Stücke aneinandergenäht; andernfalls wird jedes Stück zu einem Bündel aufgezogen. Feinere Gewebe, insbesondre auch Halbleinen, gehen vor dem Kochen durch die Senge (s. u. Sengen), damit sie eine schöne glatte, nicht faserige Oberfläche erhalten. Um ein beßres Netzen der Ware zu sichern, empfiehlt sich ein Entschlichten mit diastatischen Produkten (s. u. Diastasepräparate) oder ein Einweichen in alter Kochlauge.

Kalkkochen. Eine Besonderheit der Leinenstückbleiche stellt das Kochen mit Kalk zwecks Erreichung eines hohen und reinen Weiß dar. Das Kochen mit Kalk wirkt gewissermaßen nur aufschließend auf die Verunreinigungen; aus den Fetten können sich Kalkseifen bilden, die wegen ihrer Unlöslichkeit noch einer weiteren Behandlung mit Säure und einer Sodakochung bedürfen. Das Endergebnis ist jedenfalls eine gut durchgebleichte Ware. Das Kochgut läuft als Band durch die „Kalkanstalt“ (eine Imprägnierkufe mit Leit- und Quetschwalzen), in der sich eine durchgesiebte warme Kalkmilch befindet. Damit die letzten Stücke während des Durchlaufens nicht zu wenig Kalk erhalten, ist für eine Auffrischung der Milch in der Kufe zu sorgen. Der Warenstrang, durch Quetschwalzen ausgepreßt, muß sorgfältig in Schleifenfalten in den Kessel eingeschichtet oder eingelegt werden, um Kanalbildung zu vermeiden. Das Kochgut muß mit einem Tuch abgedeckt sein und die Kalkmilch über dem Gut stehen, sollen die oberen Lagen nicht durch Oxycellulosierung leiden.

Säuern. Nach dem Kalkkochen wird auf der Strangwaschmaschine gut ausgewaschen und dann auf der Maschine oder durch Einlegen in ein Salzsäurebad von $1^1/_2$—2^0 Bé gut gesäuert.

Beuchen. Nach gründlichem Auswässern folgt ein Kochen mit Soda oder einer ätznatronhaltigen Sodalauge, welche sich die Betriebe mitunter selbst durch teilweises Kaustifizieren der Soda mit Ätzkalk bereiten. Der Grad der Kaustifizierung ist sehr wesentlich; schärfer eingestellte Laugen bewirken größere Gewichtsverluste des Bleichguts und gefährden dementsprechend die Festigkeit des Stoffs. Wird die Kalkkochung durch eine Beuche mit Natronlauge ersetzt, so ist doppelte Vorsicht geboten. Für die weiterfolgenden Beuchen kommen schwächere Sodalösungen in Betracht.

Bleichen. Je besser die Ware vorgekocht ist, um so weniger Oxydationsmittel benötigt man beim Chloren und um so gleichmäßiger erfolgt das Anbleichen. Da beim Einlegen der Gewebe in eine ruhende Chlorflotte ein fleckiges Anbleichen erfolgt, so nimmt der Bleicher insbesondre schwere Gewebe zuerst auf einen Reelhaspel. Auf der Mittelwand zweier Betonbassins von großem Fassungsvermögen steht je ein seitlich angetriebener Haspel. Die Ware wird in einer der Kufen eingelegt, nötigenfalls mit Stangen niedergedrückt und nach $^1/_2$—1 Std. mit Hilfe des Haspels in die zweite Kufe übergeführt. Durch wiederholtes Umhaspeln erreicht man eine gleichmäßige Einwirkung der Bleichflotte, deren Konzentration und Einwirkungszeit dem Bleichgut anzupassen ist. In ähnlicher Weise ist der Chlor- und Säurespeicher verwendbar, welcher schon in den Baumwollstückbleichen in Aufnahme kam. Feine und gemusterte Gewebe legt man besser in Bassins ohne Umschichten ein. Die nötige Flottenzirkulation läßt sich durch Ablassen der Flüssigkeit in ein unteres Bassin und Wiederaufpumpen erreichen. Nach genügendem Auswässern der Partie erfolgt später das Säurebad, zweckmäßig mit etwas Bisulfit als Antichlor.

Wiederholtes Brühen mit abgeschwächten Sodalösungen und erneutes schwaches Chloren gibt die höheren Bleichgrade, wobei das Ausbringen auf den Plan nach vorangegangener alkalischer Behandlung das Weiß verbessern hilft. Die während der mehrtägigen Planbleiche gewendeten Stücke erhalten hinterher ein schwaches Chlorbad und machen erforderlichenfalls noch einen weiteren Rundgang durch.

Eine Eigentümlichkeit der älteren Stückbleichen war der Seifhobel. In der Hobelanstalt, einem Balkengerüst, wurde die Ware in ähnlicher Weise mechanisch bearbeitet wie die Wäsche beim Reiben auf dem Waschbrett. Der gut mit Seifenlauge durchtränkte Strang läuft wiederholt zwischen einer festliegenden Unterlage und einem hin und her bewegten Brett durch, um Holzschäben und schmutzige, ölige Verunreinigungen zu lockern, damit die nach dem Hobeln mit der Seife gebeuchte Ware fleckenrein ausfällt, denn das Brühen mit schwach alkalischen Flotten in offnen Kesseln wollte oft nicht ausreichen. Die Mitverwendung von Seifen in nicht zu geringen Mengen kann beim Kochen immer von Vorteil sein, die Ware erhält auch einen weichen Griff, doch wird die Wirksamkeit von Beuchölen überschätzt, wenn diese in geringen Prozentmengen zur Beuchflotte zwecks Lösens von Ölflecken und zur Erzielung eines reineren Weißes zugegeben werden (vgl. S. 119). Restliche Schmutzflecke in der Bleichware sind nötigenfalls vor dem Fertigstellen durch örtliches Putzen mit Seifen-Fettlösungsmitteln, die sich hier in konzentrierterer Form anwenden lassen, auszuwaschen, oder man nimmt die aussortierten fleckigen Stücke auf der Haspelkufe oder auf dem Jigger durch eine Seifenlauge, verwendet auch zum Seifen Einweichbottiche mit Stampfen.

Weiterhin findet sich in Leinenstückbleichen noch der Waschhammer oder die Walke. Das zu einem Pack gebündelte Gut wird in einem muldenförmigen Troge unter Zusatz von Frischwasser längere Zeit gestampft. Der fallende Hammer preßt das Schmutzwasser aus der Ware, diese gleichzeitig etwas wendend. Durch das Kneten und Pressen soll das Gewebe Fadenschluß erhalten, so daß einzelne Betriebe die Walke für bestimmte Stoffe vorziehen, doch verdrängt die Strangwaschmaschine wegen ihrer größeren Leistung die Walke. Ist beim Arbeiten auf der Strangwaschmaschine ein Verzerren feiner Batiste zu befürchten, so kommen Haspelkufen zum Auswaschen in Frage.

Nachbleiche. Um die Rasenbleiche zu ersetzen, sind (gleich wie für das Bleichen von Leinengarn) mancherlei Verfahren in Vorschlag gekommen, am besten bewährte sich ein Nachbleichen mit Superoxyd unter Verwendung von Wasserglas als Stabilisator.

Bläuen, Trocknen. Ware, welche nicht angestärkt bzw. appretiert werden soll, ist zum Schluß zu bläuen oder zu blauen, andernfall erfolgt das Bläuen zusammen mit dem Appretieren. Das Trocknen — der mit Wasserkalander abgepreßten Stücke? — geschieht gern in der Hänge, um das Gewebe ohne Spannung fertigzustellen. Zum Ausrüsten des Leinens findet vorwiegend die Mangel Verwendung.

Ausführungsbeispiele für Leinendamast und für Halbleinen.

Damaste aus vorgekochtem Garn, die zunächst gesengt wurden.

1. Kalkkochung 6^0 Bé 5 Std., schwacher Überdruck, waschen, säuern auf Maschine, abquetschen.
2. Sodakochung mit 6% Soda, Soda zu $^1/_3$ kaustifiziert, 5 Std., 2 at, waschen.
3. Sodakochung mit 2,5% Soda, Soda zu $^1/_3$ kaustifiziert, waschen.
4. Chloren auf dem Haspel mit 3 g Chlor im Liter anfangend 3 Std., waschen, säuern mit Zugabe von Bisulfit, waschen.
5. Seifen auf Maschinen mit Schmierseifenlauge oder Natronlauge und Seife.
6. Beuchen mit 3% Soda 6 Std., waschen.
7. Planbleiche.
8. Chloren im Bassin mit 0,5 g Chlor im Liter, waschen, säuern, waschen.
9. Seifen auf Maschine.
10. Beuchen mit 2,5% Soda + Seife.
11. Planbleiche.
12. Chloren im Bassin mit 0,4 g Chlor im Liter, waschen, säuern, waschen.
13. Seifen.
14. Bläuen.

Vorgebleichtes Halbleinen.

1. Zweiseitiges Sengen.
2. Kalkkochung mit 8% 5 Std., waschen, säuern, waschen.
3. Kochung mit 5% Soda und 2% Ätznatron 5 Std., waschen.
4. Kochung mit 5% Soda 5 Std., waschen.
5. Chloren auf dem Reel, $1^1/_2$ g Chlor im Liter, waschen, säuern mit Zugabe von Bisulfit, waschen.
6. Kochung mit 4% Soda 4 Std., waschen.
7. Auslage auf dem Plan.
8. Chloren mit $^1/_2$ g Chlor im Liter 6 Std., waschen, säuern mit Bisulfitzugabe, waschen.
9. Kochung mit 5% Soda 4 Std., waschen.
10. Seifen auf dem Seifenhobel.
11. Kochung mit 2% Soda und 1% Seife 3 Std., waschen.
12. Chloren mit $^1/_2$ g im Liter, waschen, säuern mit Bisulfitzugabe, waschen.
13. Beuchen mit 2% Soda und 1% Seife 3 Std., waschen.
14. Chloren mit $^1/_4$ g Chlor im Liter, waschen, säuern mit Bisulfitzugabe, waschen.
15. Beuchen mit $1^1/_2$% Soda und 1% Seife 3 Std., waschen.
16. Chloren mit $^1/_8$ g Chlor im Liter, waschen, säuern, Antichlorbad, neutralisieren, waschen.

Prüfung der Bleichware. Eine von SOMMER[1] ausgeführte umfassende Untersuchung gibt Aufschluß über Festigkeits- und Gewichtsänderungen, Änderungen der Elastizität, der Durchlässigkeit, über Aschengehalt usw. eines Versuchsstoffs aus 30er Flachsgarn. Nachdem die technologischen Veränderungen von Bleichgarnen ausführlicher besprochen worden sind, muß wegen der Einzelheiten auf die Originalarbeit verwiesen werden.

Örtliche Schäden in Form von kleinen Löchern, bei denen nur Stücke von Kett- und Schußgarn fehlen, oder schadhafte Stellen in Form von Schnitten und langen Einrissen, können auf einer durch Metallverunreinigungen, wie Kupfer und Eisen, verursachten katalytischen Zersetzung beruhen[2]. Gegebenenfalls ist durch Einlegen der schadhaften Gewebeteile in angesäuerte Ferrocyankalilösung auf eine eintretende Verfärbung zu fahnden. Es ist aber nicht ausgeschlossen, daß der in der Spinnerei oder in der Weberei ins Garn

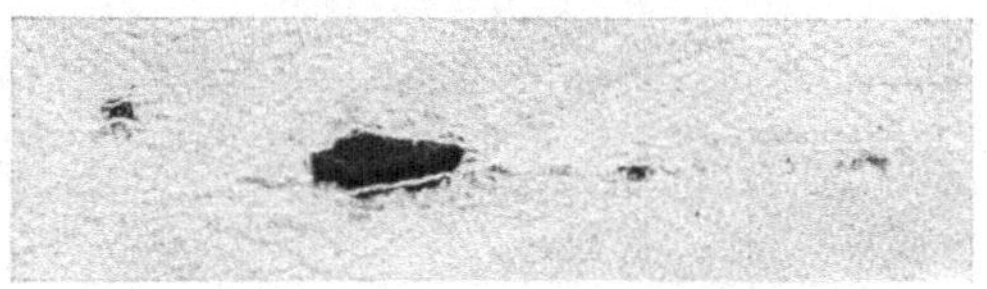

Abb. 112. Katalyseschaden in Leinen (nach KIND).

geratene metallhaltige Schmutz durch den Bleichprozeß schon in Lösung gegangen ist. Katalyseschäden dürfen nicht mit andern, z. B. durch unvorsichtiges Putzen von Garnknoten, bedingten Webefehlern verwechselt werden, weil diese sich ebenfalls beim Bleichen zu Lochschäden vergrößern können. Ähnliche Schäden sind auch durch Einpressen von Sand od. dgl. erklärbar. Für Katalysefehler ist eigentümlich, daß sie von einzelnen Fäden ausgehen. Da vorwiegend alte, metallhaltig gewordene Schmieröle aus Bronzelagern Anlaß zu den Schäden geben, zeigen die Lochränder bei der Prüfung unter der Ultralampe häufig noch ein bläuliches, für Mineralöl charakteristisches Luminescieren. Nicht völlig ausgeschlossen ist auch die Bildung von kleinen Fehlstellen dadurch, daß sich ein knotiger Faden mangels genügenden Dralls lockerte und Fasersubstanz verloren ging.

Abb. 112 zeigt Bleichschäden in einem Leinengewebe; ein morsch gewordener Kettfaden verschuldete die Löcher und Einrisse ($^1/_2$ Naturgröße).

---

[1] SOMMER, H.: Der Einfluß des Bleichprozesses auf die technologischen Eigenschaften eines Leinengewebes. Spinn. u. Web. **1926**, Heft 37/49.

[2] KIND, W.: Bleichschäden in Leinen durch Metallverunreinigungen. Mell. Text. **1922**, 133.

Das Bleichen von Hanf[1].

Allgemeines. Das Bleichen der stärker verholzten Hanffasern wird in ähnlicher Weise wie das Bleichen von Flachs ausgeführt. Eine Vollbleiche für Webgarne oder von weißen Bindfäden kommt seltner in Betracht, zumeist genügt ein gewisses Aufhellen. Man brüht mit nicht zu alkalischen Flotten und chlort schwach, um das cremefarbige Garn durch Wiederholung des Rundgangs auf einen höheren Weißgrad zu bringen. Zwei Rundgänge genügen meist für volle Bleiche, gegebenenfalls folgt zum Schluß ein Sauerstoffbad. Zum Beuchen wurde früher Wasserglas empfohlen. Ein Arbeiten mit Soda ohne Überdruck ist aber üblicher. Da vornehmlich auf ein Erhalten der Festigkeit zu achten ist, sind die dem Material anzupassenden Beuch- und Bleichbäder nicht zu stark zu wählen. Zufolge einer eintretenden beßren Verflechtung und Verklebung der Fasern darf man (wie beim Flachsgarn) bei einem Trockengespinst von Hanf nach dem Beuchen zunächst ein Ansteigen der Reißfestigkeit erwarten. Der Gewichtsverlust geht bei Vollbleiche von Werghanf bis zu 20% und darüber.

Hanfgarne und Gewebe sind mitunter nur auszukochen, um die mit Laugen ausziehbaren Substanzen zu entfernen (vgl. S. 128). Um zu überprüfen, welche Vorbehandlung bei Hanfgarnen nötig ist, den Extraktivstoffgehalt unter Aufrechterhaltung der Garnfestigkeit auf 4% zu bringen, kochte FRENZEL (a. a. O.) Garne am Rückflußkühler mit 1proz. Sodalösung, wobei er die Flotte nach je 2 Std. erneuerte und das Garn zwischendurch spülte. Hierbei lieferte Hanfkettgarn der metrischen Nummer 5 mit einem Gesamtgehalt an 21,1% alkalilöslichen Stoffen (Ätznatron 3,5 g im Liter) folgende Versuchswerte:

	Unbehandelt	Behandlung mit 1proz. Sodalösung (nach Stunden)				
		2	4	6	8	10
Garnnummer metrisch	5,0	5,3	5,8	5,9	6,0	6,4
Gewichtsverlust in % vom Lufttrockengewicht	—	7,5	15,0	17,5	19,6	20,5
Extraktivstoffgehalt in % vom Trockengewicht	21,1	14,8	8,4	5,6	3,4	2,2
Festigkeit in g	4050	5200	4980	4780	4870	3870
Reißlänge in km	20,1	27,5	28,6	28,1	29,1	23,5

Es waren vier Behandlungen zu je 2 Std. erforderlich, um den vorgeschriebenen Wert von 4% zu erreichen. Ein Kochen mit 2proz. Sodalösung ergab nach 6 Std. die gewünschte Grenzzahl, jedoch fielen nun die Festigkeitsprüfungen etwas ungünstiger aus. Ein Nachbehandeln mit kalter, verdünnter Salzsäure bewirkte sowohl bezüglich Farbe als auch Griff der Fasern eine ansehnliche Verbeßrung, auch wurden weitere Extraktivstoffe und Calciumsalze gelöst.

Aufhellen und Anblauen. Für das Aufhellen von Hanf (ebenso von Jute und andern Bastfasern) hat das Blankit-I-Verfahren der I. G. Farbenindustrie A.-G. Bedeutung. Auf 1000 l Wasser sind 2 kg calc. Soda und 1 kg Blankit I zu nehmen. Man behandelt 1 Std. bei Kochtemperatur, spült, säuert mit Schwefelsäure leicht ab und spült gut aus, um (wie nach dem Bleichen mit Chlorlaugen) nachzublauen. Säureviolett 4 B wird für neutrale Weißtöne, Säureviolett 4 RN für rötere Töne empfohlen. Es ist so eine Halbbleiche erzielbar, doch kommt es auf die Herkunft der Fasern mit an; grüne Hanfsorten lassen sich z. B. weniger leicht bleichen. Für Vollbleiche soll zunächst vorgechlort werden, um mit Blankit-Soda heiß nachzubehandeln, wobei Blankit gleichzeitig als Antichlor wirkt. Zwecks Aufhellens der Oberfläche können

[1] S. a. C. G. SCHWALBE und E. BECKER: Die chemische Zusammensetzung der Flachs- und Hanfschäben. Ztschr. ang. Ch. **1919**, 127. — RASSOW, B., und A. ZSCHENDELN: Über die Natur des Holzes des Hanfs. Ebenda **1921**, 204.

Bindfäden im Continuebetrieb ein heißes, stärkeres Blankitbad, das der Poliermaschine vorgeschaltet ist, durchlaufen.

Kotonisierung. Wie bereits S. 116 ausgeführt, haben sich die an eine Verbaumwollung von Bastfaserabfällen geknüpften Erwartungen nicht erfüllt. Ob die Kotonisierung von Hanfabfällen oder die Aufbereitung von frischem Hanf allgemeinere Bedeutung erlangen wird, ist zur Zeit noch eine strittige Frage.

Das Bleichen von Jute.

Die stark ligninhaltige Jute ist nur vorsichtig mit alkalischen Laugen und Bleichmitteln zu behandeln, da sonst durch ein Auflösen der technischen Faserbündel in die nur 2 mm langen Einzelfasern eine große Faserschwächung eintreten kann. Die Jute wird nur selten vollweiß gebleicht, zumeist handelt es sich um ein Aufhellen, was für das Färben von lichten, klaren Tönen genügt. Halbgebleichte Jute hat immer noch ein strohgelbes Aussehen, vollgebleichte Faser weist einen blaßgelben Ton aus. Man brüht die Jute mit Soda oder Wasserglas ab, verwendet zum Netzen auch Nekal (s. d.) und bleicht mit alkalischen Chlorlaugen, um eine bei Verwendung von sauren Chlorflotten leichter eintretende Chlorierung der Faserbegleitstoffe zu vermeiden. Nach dem Wässern wird unter Zugabe von Bisulfit abgesäuert und ausgewaschen. Der Gewichtsverlust beträgt bei Jutegarnen und Geweben 8—15%. Bei Haderstoffen kann er noch erheblich darüber hinausgehen. Ein von BUSCH empfohlenes älteres Bleichverfahren ist folgendes:

1. Einweichen in warmem Wasser über Nacht.
2. Abkochen mit 5 g Soda im Liter während $^1/_2$ Std.
3. 10std. Einlegen in Chlorkalklösung von $^1/_2{}^0$ Bé und auswringen.
4. 1std. Einlegen in Salzsäure von $^1/_2{}^0$ Bé und gutes Waschen.
5. 1std. Einlegen in angesäuertes Kaliumpermanganat, $2^1/_2$ g im Liter, spülen.
6. $^1/_2$std. Einlegen in eine Lösung von Bisulfit, die 80 cm³ 39° Bé starkes Bisulfit im Liter enthält.
7. Waschen, blauen, seifen.

Die billige Jutefaser verträgt im allgemeinen keine hohen Bleichkosten. Man begnügt sich deshalb mit einem Vorreinigen und einem Bleichen mit Chlorlaugen. Eine Vorschrift für das Bleichen von Jutegarn und loser Jute mit Griesheimer Chlorlauge lautet:

1. Netzen mit 0,5% Nekal BX bei etwa 40° und spülen.
2. Chloren mit 6 g Chlor im Liter, Flotte 1 : 20 bis 1 : 30, unter Zusatz von 4—6 g Soda im Liter. Anfangstemperatur 30—35° C. Dauer 4—6 Std., spülen.
3. Chloren mit der Hälfte der genannten Chemikalienmengen über Nacht, spülen, nötigenfalls mit Antichlor nachbehandeln.

Reißjute kann man in ähnlicher Weise behandeln und zum beßren Vorreinigen noch einige Prozent Schmierseife mitverwenden. Zum Chloren eignet sich Chlornatronlauge besser als Chlorkalklauge, da erstere Lignin und seine Abbauprodukte besser löst.

Das Bleichen von Ramie.

Die aufgeschlossene Ramie wird man zunächst mit 3% Soda mehrere Stunden brühen und dann warm, hernach kalt spülen. Zum Bleichen dient eine Chlorlauge mit etwa 2 g Chlor im Liter bei 2std. Einwirkungszeit. Nach dem Spülen wird 1 Std. mit Salzsäure $^1/_4{}^0$ Bé abgesäuert und gut ausgespült. Ein zweiter Rundgang mit der Hälfte der Chemikalienmenge wird ein genügendes Weiß liefern; von Einfluß ist die Aufbereitungsart der Ramie. Für Hochweiß kommt ein Nachbleichen mit Peroxyd in Betracht.

Bleicherei der Wolle.

Von K. Stirm.

Allgemeines.

Die Wollbleicherei ist im allgemeinen von viel geringerer Bedeutung als die der Baumwolle; in weitaus den meisten Fällen genügt eine sorgfältige Wäsche und nur für rein weiße oder in ganz zarten, hellen Farben zu färbende Wollwaren ist eine vorherige Beseitigung des Naturfarbstoffs durch Bleichen erforderlich.

Die dafür angewendeten Bleichmittel sind die folgenden:

1. Schweflige Säure (als Gas, in wäßriger Lösung oder in Form von Bisulfiten);
2. Hydrosulfit und Formaldehyd-Sulfoxylate (z. B. Blankit der I. G. Farbenindustrie Aktiengesellschaft);
3. Permanganat und andere Per-Verbindungen (Perborat, Persil u. a.);
4. Wasserstoff- und Natriumsuperoxyd.

Chlor- und Unterchlorigsäureverbindungen, welchen in der Bleicherei der Pflanzenfasern die Hauptrolle zukommt, wirken auf Wolle nicht bleichend, sondern in ganz andrer weiter unten beschriebener Weise ein.

Wirkung der verschiedenen Bleichmittel.

Bei der Anwendung der Sauerstoffbleichmittel erfolgt die Zerstörung des Wollfarbstoffs durch Oxydation und ist eine dauernde. Bei der Anwendung der Hydrosulfitverbindungen wird der Farbstoff durch Reduktion ebenfalls dauernd entfernt. Wenn auch die chemischen Vorgänge, die sich zwischen Wollfarbstoff und schwefliger Säure abspielen, noch nicht völlig klargestellt sind, so ist doch sicher, daß die Anschauung, als ob auch hier eine Reduktion des Wollfarbstoffs erfolge, nicht mehr aufrechtzuerhalten ist, da sich weder in der Wolle noch in den Waschwassern Schwefelsäure nachweisen läßt. Es entstehen vermutlich, wie in andern ähnlichen Fällen der Entfärbung von Farbstoffen durch schweflige Säure, ungefärbte Doppelverbindungen, die zum Teil durch Wasser, verdünnte Alkali- und Seifenlösungen aus der Wolle wieder entfernt werden, z. T. aber auch in ihr verbleiben und dann in der Folge unter verschiedenartigen atmosphärischen und chemischen Einwirkungen zu einer Rückbildung des Naturfarbstoffs und dem „Vergilben" der gebleichten Wolle führen.

Die Wolle wird in folgenden Verarbeitungsstadien gebleicht: am seltensten als lose Wolle (höchstens dann und wann für die Herstellung von Spinnmelangen), häufiger als Kammzug, die Hauptbedeutung kommt der Bleiche von Wollgarn und Wollstückware zu.

Chloren der Wolle.

Im Gegensatz zu den Pflanzenfasern wird Wolle von Chlor und Hypochloritverbindungen nicht gebleicht. Wegen der spezifischen Wirkung des Chlors auf Wolle wurde das Chloren der Wolle aber eine Zeitlang für bestimmte andere Effekte ausgeführt. So heben Hypochlorite beispielsweise den Glanz und den Griff der Wolle, und die gechlorte Wolle nannte man deshalb auch „Seidenwolle". Des weiteren verhindert das Chloren der Wolle das Einlaufen und Schrumpfen sowie die Filzfähigkeit der Wollwaren, und deshalb wurden zeitweise Strumpf- und Wirkwaren gechlort, z. T. auch nach dem Färben, wobei natürlich nur chlorechte Farbstoffe zu verwenden waren. Charakteristisch ist auch die Erhöhung der Affinität der gechlorten Wollen zu Farbstoffen, wodurch bestimmte Farbeffekte erzeugt wurden. Auch die Netzfähigkeit der gechlorten Wolle ist, gegenüber der ungechlorten, eine höhere.

Das Chloren der Wolle ist aber kein harmloser Prozeß (s. a. ALLWÖRDENsche Reaktion), vielmehr greifen Chlor und Hypochlorite die Schuppen des Wollhaares an und setzen die Güteeigenschaften der Wolle (Festigkeit, Elastizität) herab. Heute kommt dem Chloren der Wolle nur noch im Zeugdruck (s. d.) praktisches Interesse zu, während es zur Herstellung von Seidenwolle, zu Farbeneffekten usw. kaum oder gar nicht mehr ausgeführt wird.

Arbeitsbeispiele: 1. Verwendung von Chlorkalk. Man zieht die gut gereinigte Wolle 20 Min. in einem Bade von 25—30° um, das in 100 l 2 l Salzsäure 20° Bé enthält, entwässert und behandelt 20 Min. unter gutem Hantieren in einer kalten bis 25—30° warmen Chlorkalklösung von 1—1,5 kg Chlorkalk in 100 l Wasser. Zuletzt wird gut gespült, entchlort und bei 25—30° leicht geseift (0,5 kg Seife in 100 l Wasser) und, ohne zu spülen, bei 25—30° mit Schwefelsäure (0,5 l Schwefelsäure 66° in 100 l) abgesäuert. 2. Verwendung von Chlorsoda. Man behandelt die Wolle $^1/_2$ Std. auf kaltem Bade, das in 100 l Wasser etwa 3 l Natriumhypochloritlösung 7° Bé und 300 cm³ Schwefelsäure 66° enthält, und behandelt wie bei 1 nach. 3. Verwendung von Aktivin. Man behandelt die Wolle $^1/_2$ Std. in lauwarmer, saurer Aktivinlösung (100 g Aktivin und $^1/_2$ l Salzsäure 20° in 100 l), spült, entchlort mit Bisulfitlösung und spült wieder. 4. Verwendung von elementarem Chlor. Nach BECKE wirkt Chlorgas bzw. Chlorwasser gleichmäßiger als Natriumhypochloritlösungen. Man läßt Bombenchlor auf genetzte und entwässerte Wolle in gasdicht abgeschlossenen Behältern wirken und dosiert die Chlorzugabe durch Gewichtskontrolle der Chlorbombe. Nach TROTMANN wird die Wolle durch elementares Chlor stärker angegriffen als durch Hypochlorite bzw. unterchlorige Säure. Man darf nach ihm die Chlorkonzentration nicht über 0,6 g akt. Chlor im Liter hinausgehen lassen.

Das Bleichen mit schwefliger Säure („Schwefelbleiche", „Schwefeln der Wolle").

a) Das Bleichen mit gasförmiger schwefliger Säure. Dieser Bleichprozeß erfolgt in der sog. Schwefelkammer, einem aus Holz oder aus Mauerwerk ausgeführten und dann mit Holz ausgekleideten, möglichst luftdicht abzuschließenden, aber mit entsprechenden Lüftungsvorrichtungen versehenen Raum, in welchem die vorher in einem 40—50° warmen Seifenbad behandelten, gut rein gewaschenen Wollwaren in feuchtem Zustand der Einwirkung von gasförmiger schwefliger Säure ausgesetzt werden. Das Schwefligsäuregas wird durch Verbrennen von Schwefel erzeugt. Dieses erfolgt vermittels eines glühenden Eisenbolzens entweder in einer Schale, die sich in einer Vertiefung in einer der Ecken der Schwefelkammer befindet, oder in einem gesonderten Ofen, der durch Tonröhren in Verbindung mit dem Boden und dem obern Teil der Kammer steht, wodurch nach Entzündung des Schwefels eine gute Zirkulation der Luft stattfindet.

Für eine Luftzirkulation muß in erster Linie gesorgt werden, damit nicht ein Überhitzen und Sublimieren des Schwefels stattfinden kann, dessen Dämpfe sich dann auf dem Bleichgut niederschlagen und zu Fleckenbildungen führen würden. Es muß also unter allen Umständen durch entsprechendes Regulieren der Schieberöffnungen im unteren Teil der Kammertür bzw. der am vorteilhaftesten mit einem Schornstein zu verbindenden Abzugsanlage dafür gesorgt werden, daß stets eine für die vollständige Verbrennung des Schwefels zu Schwefeldioxyd erforderliche Sauerstoffmenge sich in der Kammer befindet.

Lose Wolle kommt wohl kaum für die Schwefelbleiche in Frage. Gegebenenfalls würde sie auf Hürden gleichmäßig ausgelegt in die Kammer verbracht; Kammzug und Wollgarne werden auf Stöcke gehängt, die am besten von außen drehbar sind, um ein Wechseln der Auflagestelle während des Bleichprozesses zu ermöglichen; Stückware wird entweder über Rollen oder Stöcke in ganzer Breite in der Kammer aufgehängt oder im Zickzack an Glasstiften, die in zwei Holzleisten an den Wänden der Kammer eingelassen sind. Im Innern der Kammer darf wegen der großen Gefahr der Fleckenbildung keinerlei Eisen zutage treten.

Zum Bleichen von 100 kg Wolle benötigt man etwa 6—8 kg Schwefel.

Je nach der mehr oder weniger dunklen Naturfarbe einer Wolle, der mehr oder weniger festen Drehung der Garne, der mehr oder weniger dichten Einstellung der Gewebe, sowie dem gewünschten Bleichgrad dauert der Aufenthalt in der Bleichkammer verschieden lange ($^1/_4$—1 Tag, meist über Nacht).

Ist der erforderliche Bleicheffekt erreicht, was durch ein Fenster von außen festgestellt werden kann, so wird aus der Schwefelkammer das Schwefligsäuregas vermittels der Abzugsvorrichtung entfernt, die Kammer dann geöffnet und die geschwefelte Ware sorgfältig gespült. Auf ein gutes, vor allem nicht zu hartes und eisenfreies Wasser zu diesem Zweck ist in erster Linie Wert zu legen. Man setzt demselben etwas Alkali (Soda, Ammoniak bzw. Seife) hinzu, wodurch die in der Ware befindliche Säure neutralisiert wird, Griff und Glanz verbessert und die löslichen Umwandlungsprodukte des Naturfarbstoffs der Wolle entfernt werden.

Wie schon erwähnt, gelingt deren Fntfernung jedoch nur teilweise, und die in dem Bleichgut verbleibenden Anteile führen mit der Zeit wieder eine gelbliche Färbung herbei, der durch das unten beschriebene Bläuen begegnet werden muß. Die vorstehenden Bemerkungen gelten auch für die mit wäßriger schwefliger Säure und mit Bisulfit gebleichten Wollwaren.

Da es durch bloßes Auswaschen bzw. Seifen nicht gelingt, alle schweflige Säure aus der Wolle zu entfernen, und da schweflige Säure die meisten Farbstoffe in ihrer Nuance verändert bzw. zerstört, so können sich derart gebleichte Garne bei ihrer Verwendung in der Buntweberei dadurch unangenehm bemerkbar machen, daß sie angrenzende farbige Fäden im Laufe der Zeit entfärben. Für diese Zwecke kann die schweflige Säure durch eine Nachbehandlung mit verdünnter Wasserstoffsuperoxydlösung unschädlich gemacht werden.

b) Das Bleichen mit wäßriger schwefliger Säure. Eine Lösung derselben kann hergestellt werden entweder durch Verdünnen der käuflichen wäßrigen schwefligen Säure oder durch Einleiten von komprimiertem Schwefeldioxyd in Wasser. Gleichfalls mit einer Lösung von wäßriger schwefliger Säure arbeitet man auch beim

c) Bleichen mit Bisulfit, indem man auf 1000 l Flotte etwa 8—10 l Bisulfit 35° Bé und 600 cm³ konz. Schwefelsäure gibt und nach Beendigung des Bleichprozesses nochmals mit 500 cm³ konz. Schwefelsäure auf 1000 l Wasser absäuert.

Man arbeitet in Gefäßen aus Holz oder Steingut. Lose Wolle wird einige Zeit in der Bleichflotte bewegt und dann liegengelassen. Garne werden auf Stöcken zunächst umgezogen und dann untergesteckt. Für Gewebe wird über der Kufe eine Haspelvorrichtung angebracht, vermittels welcher sie entweder dauernd bis zur Beendigung des Bleichprozesses oder nur einige Zeit umgezogen und dann eingelegt werden. Die Bleichdauer wird durch die vorher beim Bleichen mit gasförmigem Schwefeldioxyd besprochenen Faktoren bedingt.

Das Bleichen mit schwefliger Säure in seinen verschiedenen Ausführungsformen kann auch in Kombination mit der Sauerstoffbleiche ausgeführt werden, indem beispielsweise mit Wasserstoff- oder Natriumsuperoxyd vorgebleicht und hinterher geschwefelt wird, wodurch ein ganz besonders reines Weiß erzielt wird.

Das Bleichen mit Hydrosulfit und Formaldehydsulfoxylaten.

Eine Reihe der Hydrosulfitverbindungen (s. d.) kann vermöge ihrer starken reduzierenden Wirkung eine dauernde Zerstörung des Wollfarbstoffs bewirken, kommt aber im allgemeinen wegen ihres hohen Preises nur für besonders feine und teure Waren in Frage.

Die I. G. Farbenindustrie Aktiengesellschaft bringt zu diesem Zweck u. a. ihr Blankit I auf den Markt und bemerkt dazu, daß es, für sich allein angewandt, eine gute Halbbleiche, in Verbindung mit der Wasserstoffsuperoxydbleiche jedoch ein Weiß liefert, das schöner, reiner und klarer, auch besser lager- und lichtecht ist, als es durch ein andres Bleichverfahren, auch Wasserstoffsuperoxyd mit nachfolgendem Schwefeln erreicht werden kann.

Man arbeitet ebenfalls in Holz- oder Steinzeugbottichen ohne Metallteile. Durch eine abnehmbare Heizschlange wird das Bad auf etwa 40—45° angewärmt und mit 3—5 kg Blankit auf 1000 l Flotte beschickt; das Bleichgut wird zunächst in der Bleichlösung etwas bewegt, dann untergesteckt und 4—24 Std. darin belassen. Dann wird sofort gründlich gespült mit 2 l Schwefelsäure 66° Bé auf 1000 l Wasser, abgesäuert, wieder gespült und evtl. gebläut.

Das Bleichen mit Kaliumpermanganat und anderen Per-Verbindungen.

Die Permanganatbleiche liefert ein sehr gutes Ergebnis bei Wolle, Kamel- und andern schwer bleichbaren Tierhaaren. Der chemische Vorgang bei dieser Bleiche ist der, daß das Kaliumpermanganat in neutraler Lösung Sauerstoff abgibt, der den Naturfarbstoff der Wolle zerstört, welche selbst jedoch zunächst durch das sich bildende und in ihr ablagernde Mangansuperoxyd braun gefärbt erscheint. Man arbeitet mit etwa 500 g Kalium-Permanganat auf 1000 l Flotte, zieht $^1/_2$ Std. lang gut um, läßt abtropfen und geht in ein zweites Bad, das auf 1000 l Flotte 8—12 l Bisulfit 35° Bé und 60—100 cm³ konz. Schwefelsäure enthält. In diesem kalten Bade bewegt man das Bleichgut so lange, bis der braune Ton vollständig verschwunden bzw. in ein reines Weiß übergegangen ist, das man erforderlichenfalls durch Bläuen noch heben kann.

Perborat und andre Per-Verbindungen wirken ebenfalls durch Sauerstoffabgabe bleichend; Perborat ist bekanntlich auch als Zusatz in dem Waschmittel Persil enthalten. Alle diese Mittel kommen aber ihres hohen Preises wegen nur für den Hausgebrauch im kleinen, nicht für industrielle Bleiche im großen in Frage.

Das Bleichen mit Wasserstoff- und Natriumsuperoxyd.

Das Bleichen mit diesen Mitteln beruht ebenfalls auf einer Abspaltung von Sauerstoff und einer dauernden Zerstörung des Naturfarbstoffs der Wolle durch diesen auf Grund folgender Gleichungen:

$$H_2O_2 = H_2O + \underline{O}\,.$$
$$Na_2O_2 + H_2SO_4 = Na_2SO_4 + H_2O_2$$
$$H_2O_2 = H_2O + \underline{O}\,.$$

Die Superoxydbleiche mit diesen beiden Mitteln, die früher ihres hohen Preises wegen nur für feine und teure Wollwaren in Frage kam, führt sich heute ihrer großen Vorzüge wegen immer allgemeiner ein, vor allem seit durch die Deutsche Gold- und Silberscheideanstalt in Frankfurt a. M. große Fortschritte in der Herstellung derselben in bezug auf Reinheit, Haltbarkeit und Preis erzielt worden sind.

Die Bleichbäder werden angesetzt, indem man auf 100 l Flotte etwa 10—20 l des käuflichen 3proz. Wasserstoffsuperoxyds benutzt. Von den neueren, 15%, 21% und 30% Wasserstoffsuperoxyd enthaltenden Handelsmarken benötigt man entsprechend weniger. Die so erhaltene Wasserstoffsuperoxydlösung wird auf 40—50° C erwärmt, durch Zugabe von Ammoniak oder Trinatriumphosphat schwach alkalisch gemacht und das ganz besonders sorgfältig gereinigte Bleichgut eingebracht.

Der Ansatz der Bleichbäder mit Natriumsuperoxyd erfolgt in der Weise, daß man zunächst auf 100 l kaltes Wasser 1,35—1,8 kg konz. Schwefelsäure 66° Bé gibt und dann in diese Säureflotte ganz langsam und unter gutem Umrühren, fein verteilt, 1000—1300 g Natriumsuperoxyd in kleinen Mengen so vorsichtig einträgt, daß es nirgend zu einer merklichen örtlichen Erwärmung und zum sichtbaren Entweichen von gasförmigem Sauerstoff kommt, sondern daß das gesamte gebildete Wasserstoffsuperoxyd in der Bleichflotte gelöst bleibt. Während dieses ganzen Lösungsvorganges muß das Bad deutlich sauer reagieren, was dauernd zu kontrollieren ist. Nun wird ebenfalls vorsichtig auf etwa 40 bis 50° C angewärmt und hierauf wie oben schwach alkalisch gemacht.

In diesen Bleichflotten wird das gut und gleichmäßig gesetzte Bleichgut nach anfänglichem Bewegen eingelegt, so daß es sich ganz unter dem Flüssigkeitsspiegel befindet und je nach Bedarf 12—24 Std. darin belassen. Man kann auch nach der Hälfte der zum völligen Bleichen nötigen Zeit das Bleichgut herausnehmen, die Bleichflotte verstärken, wieder anwärmen, schwach alkalisch machen und mit der Ware von neuem eingehen.

Als Bleichbottiche kommen in Betracht solche aus Holz, Steingut, Emaille, Zinn oder gut verzinnten Metallen. Eisen und Kupfer, wie die meisten andern Metalle sind auch für die Heizschlangen ganz auszuschließen.

Man arbeitet für loses Material, Kammzug und Garn im allgemeinen noch in gewöhnlichen Kufen, die für die Stückbleiche mit einer Haspelvorrichtung versehen werden. Da aber das Bleichen von loser Wolle, Kammzug und Wollgarnen infolge des notwendigen Umziehens während des Bleichprozesses leicht zu einem Verfilzen führt, auch eine im Verhältnis zum Gewicht des Bleichgutes sehr große Flottenmenge benötigt wird, so hat die Deutsche Gold- und Silberscheideanstalt nach eingehenden Versuchen einen Apparat gebaut und ein Verfahren ausgearbeitet, das sie Interessenten kostenlos zur Verfügung stellt, und das es ermöglicht, mit einer gegenüber der bisherigen Arbeitsweise auf die Hälfte bis den dritten Teil verkürzten Flottenmenge auszukommen, was große ökonomische Vorteile mit sich bringt. Die Apparatur besteht aus einem Bottich, der zum Ansetzen des Bades dient und mit Rührwerk versehen ist, ferner aus einem bzw. zwei zur Aufnahme des Bleichgutes dienenden Ahorn- oder Pitchpineholzbottichen. Eine kleine Pumpe bewirkt ein ausreichendes Zirkulieren der Bleichflotte. Alle Teile der Apparatur, die in direkte Berührung mit der Bleichflotte kommen, sind aus Materialien gefertigt, die nicht zu einer Sauerstoffabspaltung Veranlassung geben. Man läßt die Flotte 4—5 Std. zirkulieren, hierauf verbleibt die Ware noch bis zur Erreichung der Vollbleichwirkung ohne Zirkulation in dem Bottich.

Wie bereits erwähnt, kann die Wirkung der Sauerstoffbleiche durch eine Nachbehandlung mit schwefliger Säure bzw. Blankit noch wesentlich erhöht werden.

Die für die Bleiche mit Natriumsuperoxyd bzw. Wasserstoffsuperoxyd bestimmten Materialien müssen ganz besonders sorgfältig gewaschen und gereinigt werden. Vor allem ist das der Fall bei Stückware. Fett- und Kalkseifenrückstände haben ein ungenügendes Eindringen der Bleichlösungen und damit schlecht gebleichte Stellen zur Folge (was auch für alle andern Bleich- und Färbeprozesse gilt). Rückstände, wie Kletten, kleine Eisen-, Rost- und andre Metallteilchen (z. B. aus den Kratzen der Krempeln) und sonstige Fremdkörper, die als Katalysatoren auf das Wasserstoffsuperoxyd wirken, rufen ferner an den betreffenden Stellen der Garne und vor allem der Gewebe eine so heftige örtliche Sauerstoffentwicklung hervor, daß dort nicht nur der Wollfarbstoff, sondern die Wolle selbst oxydiert, d. h. angegriffen und zerstört wird (s. a. u. Leinenbleicherei Abb. 112). Dadurch ergeben sich Garnbrüche und dünne Stellen bzw. Löcher nach dem Abstreichen der Stücke.

Wo jedoch auf tadellose Reinheit der zu bleichenden Ware und Fehlen der Fremdkörper geachtet wird, kann man die Bleichbäder unter Ersatz des jeweils verbrauchten Wasserstoffsuperoxyds oder Natriumsuperoxyds längere Zeit, selbst bei täglicher Neubeschickung, oft monatelang benutzen.

Bläuen oder Weißfärben, Pastellfärben.

Da es durch bloßes Bleichen allein meist nicht gelingt (wie dies ja auch bei den pflanzlichen Spinnstoffen der Fall ist), ein ganz reines Weiß auf Wolle zu erhalten, so sucht man ein solches zu erreichen, indem man den gebleichten Wollwaren einen Komplementärfarbstoff einverleibt. Dies kann geschehen durch Zusatz eines blauen oder violetten Farbstoffs zu dem letzten Seifenbade vor dem Bleichen oder zu der Bleichflotte selbst. Die betreffenden Farbstoffe müssen dann selbstverständlich gegen die spezifische, reduzierende oder oxydierende, Wirkung des Bleichmittels beständig sein. Als Farbstoffe von bester Lichtechtheit empfiehlt die I. G. (Cassella) für Milchweiß, Viktoriablau B und Alizarincyanol B, für Elfenbeinweiß Methylviolett 2B — 6B, Krystallviolett 10B, Alizarincyanolviolett R. Auch blaue und violette Küpenfarbstoffe lassen sich in stark verdünnter Küpe für diesen Zweck verwenden bzw. dem Hydrosulfitbleichbade direkt zusetzen. Statt löslicher Farbstoffe kann man auch mittelst unlöslicher blauer Pigmentfarbstoffe, meistens Ultramarin in feinster Aufschlämmung dem Spülbade zugesetzt, das Bläuen ausführen.

Eine besondere Sorgfalt erfordert die Herstellung der sog. Pastellfarben auf Wollgeweben.

Die Stücke werden, wie oben geschildert, peinlichst rein gewaschen, mit Superoxyd gebleicht und dann auf der Waschmaschine auf kaltem Wege mit geringen Mengen basischer, direkter oder saurer Farbstoffe etwa $^1/_2$—1 Std. lang gefärbt, wobei der Farbflotte ein weißes Pigment, wie Kreide oder Zinkweiß, zugesetzt wird. Eine bessere Fixation des Pigments wird bewirkt, wenn es in der Wolle selbst gebildet wird, indem man die Stücke z. B. erst in einem mit Schwefelsäure oder in einem mit Sulfat beschickten Bade laufen läßt und dann in einem zweiten, mit Chlorbarium beschickten Bade die Bildung des weißen schwefelsauren Bariumpigments in feinster Verteilung in der Wolle vor sich gehen läßt. Nach kurzem Spülen wird getrocknet und dann der nicht genügend fixierte Überschuß des Pigments in einer Klopfmaschine entfernt.

Halbwollbleicherei.

Halbwolle wird gebleicht, wenn es sich um die Herstellung rein weißer oder in ganz hellen, klaren Tönen zu färbender Waren handelt.

Die Halbwollbleicherei kann nach einem der verschiedenen bei der Wollbleicherei beschriebenen Verfahren ausgeführt werden.

Wenn mit schwefliger Säure in irgendeiner ihrer Formen gebleicht wurde, so muß möglichst gründlich und gut gespült werden.

Da aber trotz bestem Spülens ein Teil der Säure leicht von der Ware zurückgehalten wird und dann beim Trocknen und späteren Lagern infolge von Hydrocellulosebildung schwächend und zerstörend auf die Baumwolle einwirken kann, so empfiehlt sich unter allen Umständen nach dem Spülen eine Nachbehandlung in einem kalten Bade, das im Liter 3—5 g essig- oder ameisensaures Natrium enthält. Hierauf wird ohne nochmaliges Spülen getrocknet.

Buchbinderleinwand.

Von G. Durst.

Der Buchbinder verlangt von der Ware, daß sie geschlossen ist und keine Poren besitzt, damit der Kleister nicht durchschlagen kann; die Ware soll ferner genügend steif sein, um sich leicht verarbeiten zu lassen; vor allem soll auch das Äußere geeignet sein, die künstlerischen Absichten des Buchbinders zu fördern.

Das edelste Material des Buchbinders war immer Leder. Deshalb imitieren viele Buchbinderleinen das Äußere von Leder; es ist jedoch vollkommen wasserempfindlich, so daß ein Tropfen Wasser genügt, um den Glanz, die Narbe, kurz die Schönheit der Oberfläche zu zerstören.

Buchbinderleinen muß sehr billig geliefert werden; die Aufgabe des Ausrüsters besteht deshalb darin, ein sehr undichtes Baumwollgewebe (etwa $^{17}/_{14}$ à $^{36}/_{42}$ oder $^{13}/_{11}$ à $^{36}/_{30}$) vollständig zu schließen und die Gewebestruktur zu verdecken, um durch nachfolgendes Pressen eine gleichmäßige lederähnliche Oberfläche zu erzielen. Die Lösung dieser Aufgabe ist auf zweierlei Weise möglich.

1. Man färbt das Gewebe und stärkt es beidseitig in der gleichen Farbe, bis ein vollkommner Schluß erzielt wird; diese Ausrüstung heißt „common colour".

2. Oder man deckt das Gewebe einseitig durch eine undurchsichtige Druckfarbe, wodurch die Gewebestruktur besser verschwindet; diese Ausrüstung heißt „extra colour".

Fabrikation von „common colour".

Das Gewebe wird gesengt und für helle Farben im Strang vorgebleicht, dann am Jigger gefärbt. Da meist keine Echtheitsansprüche gestellt werden, verwendet man hauptsächlich substantive Farbstoffe, für feurige Töne mit basischem Aufsatz oder auch basische Farbstoffe allein. Die Farbe darf beim Passieren durch die heiße Stärkemasse nicht ausbluten. Nach dem Färben wird ausgepreßt und am Zylinder getrocknet.

Die Stärkemasse kann wie folgt zusammengesetzt sein: Auf 1 Gallone (= 4,54 l) kommen:

500 g Weizenmehl Nr 7,
400 g Reismehl,
16 g Softening } oder 40 g Palmöl,
16 g Knochenfett }
40 g Erdfarbe.

Bei sehr lebhaften Farben ist es schwierig, mit Mineralfarben den Farbton des Gewebes zu erzielen, man verwendet daher Anilinfarben (substantive, basische oder auch saure Farben, letztere z. B. für den roten Stoff zu photographischen Dunkelkammern) in Mengen von 1,5—8 g pro Gallone, gegebenenfalls unter Zusatz von Füllmitteln, wie Kaolin, Talkum usw.

Das Kochen der Appretur, die sehr dick sein soll, geschieht in Holzbottichen von 500 und 1000 l Fassungsraum mit offnem Dampf, mancherorts auch unter Verwendung von Bronzerührern. Die Stärke wird erst mit kaltem Wasser angerührt und durch ein Sieb in den Bottich gegeben, das Fett wird getrennt mit Wasser verkocht und die Mineralfarbe, auf Walzenmühlen mit Wasser angerieben, gleichfalls durch das Sieb zugesetzt. Das Ganze wird bei geschlossenem Deckel 10 Min. gekocht.

Bei Verwendung von Anilinfarben ist darauf zu achten, daß nur kochechte Produkte verwendet werden. Für Weiß verwendet man Lithopone.

Durch Vorversuche wird festgestellt, ob dieses Appret den gleichen Farbton wie das Gewebe zeigt; bei erheblichem Unterschiede zeigt die fertige Ware eine gewisse Unruhe im Aussehen.

Das Stärken geschieht auf einer Friktionsstärkmaschine üblicher Konstruktion, indem die Ware durch die Stärkemasse durchgenommen wird. Gewöhnlich genügt ein 4—5maliges Stärken, wobei zwischen dem Stärken immer am Zylinder getrocknet wird. Neuerdings arbeitet man auch mit Spannrahmen, wodurch man in der Warenbreite freieren Spielraum hat und auch beßres Schließen erzielt, ebenso mit Rakelstreichmaschinen, da auch diese noch besser füllen als die Friktionsstärkmaschine, die nur durch die Unterschiede der Umfangsgeschwindigkeiten der Bronze- und Ahornwalze das Appret einpreßt.

Gut gestärkte Ware ist nahezu geschlossen. Die Ware wird nun eingesprengt (am besten sind die Düseneinsprengmaschinen), in manchen Betrieben auch durch eine 10proz. Türkischrotöllösung durchgenommen und über Nacht liegen gelassen. Das Kalandern erfolgt auf sehr schweren Friktionskalandern. Die Stahlwalze wird mit hochgespanntem Dampf oder mit Gasolin geheizt; die Friktion beträgt bis 400%. Die Ware wird trocken kalandriert, was in längstens 4 Passagen erreicht wird, und zeigt Hochglanz. Ist dieser nicht erwünscht, so kann man durch Dämpfen leicht die Ware ganz matt machen.

Die fertige Ware wird nun auf Gaufrierkalandern genarbt. Es genügt ein verhältnismäßig leichter Druck, weshalb leichtere Konstruktionen mit Hebeldruck und einer großen Papier- und einer kleinen Stahlwalze Verwendung finden. Die Stahlwalze enthält die gewünschte Narbe als Negativ eingraviert; die Papierwalze erweicht im nassen Zustand. Läßt man nun beide Walzen unter Druck zusammenlaufen, so prägt sich das Muster der Stahlwalze genau ab. Zwischen diesem Negativ und Positiv erfolgt dann die Formung des Gewebes zum gewünschten Dessin. Für sehr feine Dessins ist es zulässig, die gleiche Papierwalze für mehrere Dessins zu verwenden. Vorzuziehen ist es immer, für jedes Dessin ein Walzenpaar zu besitzen, und es genügt ein Kalandergestell für 3—6 Dessins. Sehr gangbare Dessins oder große Betriebe haben eine große Anzahl von Kalandern, in denen ein beträchtliches Kapital investiert ist. Das Pressen ist ein interessanter Vorgang; die Stärkemasse wird durch Dämpfen geschmeidig gemacht und durch den heißen Stahlzylinder des Kalanders wieder getrocknet, wodurch eine außerordentlich ausdrucksvolle Narbe erzielt wird. Die fertige Ware wird in Stücke von 33,5 m Länge gerollt.

Fabrikation von „extra colour“.

Hier wird nur eine Seite durch Bedrucken mit einer deckenden Schicht versehen. Da man auch Artikel erzeugt, die mit richtigen Druckmustern bedruckt werden, arbeiten kleine Betriebe mit einer (gewöhnlich einfarbigen) Rouleauxdruckmaschine. Der Arbeitsgang ist der in der Kattundruckerei übliche. Die Rohware wird also zunächst gut gesengt, um die kleinen Härchen zu entfernen, die beim Druck stören würden, dann wird gebleicht und am Spannrahmen getrocknet.

Die Druckwalze ist mit Hachuren, d. i. einem diagonal gestellten Liniensystem von verschiedener Feinheit, graviert. Es können auch Pikots, d. s. rhombische Gravuren, verwendet werden, doch nützen diese sich schneller ab.

Die Druckmasse hat beispielsweise folgende Zusammensetzung: Auf 1 l Wasser kommen:

87,5 g Maisstärke,
12,5 g Dextrin,
100 g Mineralfarbe,
5 g Kokosöl,
5 g Palmöl,
2 g Borax,
10 g Essigsäure 50proz.

Die Mineralfarbe wird auch hier auf der Walzenmühle mit Wasser fein gerieben, die Stärkemasse mit kaltem Wasser angeteigt und durchgesiebt. Das Fett wird zugesetzt und verkocht; Borax und Essigsäure werden, einzeln in wenig Wasser gelöst, zugesetzt. Gekocht wird in Duplikatoren (d. s. doppelwandige Kupferkessel) mit indirektem Dampf, da offner Dampf ungleichmäßige Mengen Kondenswasser in die Masse bringt, während die Druckfarbe genau die gewünschte Dicke besitzen muß. Die fertiggekochte Masse wird kalt gerührt und durch eine Trichtermühle gemahlen.

An Stelle von Mineralfarben können auch Anilinfarben mit Füllmitteln verwendet werden. Lithopone darf man auf Druckmaschinen nicht verwenden, da es Kupfer aus den Walzen aufnimmt und braun wird. Die richtige Druckfarbe wird auch hier durch Ausmusterung, die die Fabrikation im kleinen nachahmt, ermittelt.

Gedruckt wird in üblicher Weise unter Verwendung eines Mitläufers, zuerst mit einer gröbern Walze, die etwa 20 Linien auf 1 cm zeigt, 4mal; dann mit einer feinern Walze, mit 30 Linien auf 1 cm, auch 4mal; jetzt soll die rechte Seite gleichmäßig gedeckt sein.

In größeren Betrieben verwendet man Unterdruckmaschinen, ähnlich den Rakelappreturmaschinen für weiße Hemdentuche, und erspart so die Mitläufer, kommt auch mit einer kleineren Anzahl Passagen aus. Nach jedem Drucken wird auf einem großen Zylinder, der mit der Druckmaschine zusammengebaut ist, getrocknet.

Die gleichmäßig gedeckte Ware wird auf der linken Seite mit einer farblosen Stärkemasse appretiert. Das geschieht mit einer gewöhnlichen zweiwalzigen Stärkmaschine, deren untere Walze in die Stärkemasse taucht. Die Ware wird nicht durch die Stärke, sondern mit der linken Seite nach unten zwischen den Walzen durchgeführt. Es kann auch auf einer Rakelstärkmaschine gearbeitet werden.

Die Stärkemasse hat z. B. folgende Zusammensetzung. Auf 1 l kommen:

150 g Kartoffelstärke,
75 g Weizenstärke,
15 g Palmöl,
15 g Kokosöl,
2 g Borax.

Die Stärkemasse ist entsprechend der Zusammensetzung sehr dick, so daß mit 2maligem Stärken eine genügende Dichte erzielt wird. Die Ware wird nun wie „common colours“ eingesprengt und auf der linken Seite trocken kalandriert und gepreßt.

Oxford-Ware. Ähnelt in der Herstellung den common colours, nur wird die Ware (Einstellung etwa $^{17}/_{15}$ à $^{36}/_{30}$) gebleicht und die Stärkemasse kräftig mit Mineralfarben angefärbt. Die Gewebestruktur erscheint leuchtend weiß auf farbigem Grund. Diese Ware wird nicht gepreßt.

Druckartikel. Die Vorbereitung der Ware ist die gleiche wie bei jedem Druckartikel: Die Ware wird gesengt, gebleicht und getrocknet.

Die Druckfarbe enthält in 1 l:

125 g Dextrin,
50 g Maisstärke,
400 g Mineralfarbe.

Als Druckmuster verwendet man einfache, meist ein- oder zweifarbige Dessins aus sich kreuzenden Linien u. ä. Will man mit Anilinfarben drucken, so müssen dieselben richtig auf der Faser fixiert werden, um ein Ausbluten beim folgenden Stärken zu verhindern. Gestärkt wird die linke Seite dreimal, wie bei extra colours beschrieben, dann wird durch Kalandern zum Schließen gebracht; das Pressen unterbleibt.

Wasserfeste Buchbinderleinen. Durch Überziehen mit farblosen Nitrocelluloselacken gelingt es, eine gewisse Wasserfestigkeit zu erzielen. Die Fabrikation ähnelt durchaus derjenigen der leichten Kunstleder.

Naturelle Ausrüstung. Neuerdings sucht man jeden Werkstoff in seiner Eigenart wirken zu lassen, also z. B. nicht mehr Leder durch Stoff zu imitieren. Bei Buchbinderleinen ist dabei Voraussetzung, daß das Gewebe als Leinen, Rips od. ä. in solcher Qualität erscheint, daß es als edler Werkstoff wirkt. Solche Gewebe werden oft in echter Weise vorgefärbt, wobei alle Farbstoffklassen, auch Indanthrenfarbstoffe, Naphthol AS usw. Verwendung finden. Dann wird die linke Seite auf einer Rakelstreichmaschine mit einer Appretur bestrichen, um das Gewebe für Kleister undurchdringlich zu machen. Die rechte Seite der Ware wird nicht appretiert, um ein reines Gewebebild zu bieten.

Chemische Hilfsstoffe der Textilveredlung.

Von P. HEERMANN.

Allgemeine Literatur (s. a. Spezialliteratur unter den Kapiteln „Fette und Öle", „Gerbstoffe" usw.): ANDÉS: Wasch-, Bleich-, Blau-, Stärke- und Glanzmittel. — BOTTLER: Bleich- und Detachiermittel der Neuzeit. — Neuerungen in Bleich-, Reinigungs- und Detachiermitteln. — DAMMER: Handbuch der anorganischen Chemie. — GMELIN-KRAUT: Handbuch der anorganischen Chemie. — HEERMANN: Färberei- und textilchemische Untersuchungen. — HERZOG, R. O.: Chemische Technologie der organischen Verbindungen. — KRAIS: Werkstoffe. — LANDOLT-BÖRNSTEIN: Physikalisch-chemische Tabellen. — MÜLLER, A.: Anleitung zur Ausführung textilchemischer Untersuchungen. — OST: Chemische Technologie. — POLLEYN: Die Appreturmittel und ihre Verwendung. — PÖSCHL: Warenkunde. — RISTENPART: Die chemischen Hilfsmittel zur Veredlung der Gespinstfasern. — RUGGLI: Praktikum der Färberei und Farbstoffanalyse. — ULLMANN: Enzyklopädie der technischen Chemie. — WALLAND: Wasch-, Bleich- und Appreturmittel. — WIESNER: Die Rohstoffe des Pflanzenreiches. — WOLFF, H.: Die Beizen, ihre Darstellung, Prüfung und Anwendung. — WOLFF, H., u. BOTTLER: Die Beizen.

Allgemeines und Anordnung des Stoffes.

Die Textilveredlungsindustrie verbraucht außer Farbstoffen große Mengen der verschiedensten chemischen Hilfs- und Werkstoffe (Drogen, Beizen, Bleichmittel usw.). Sie dienen 1. unmittelbar zur Farbgebung, 2. zu sonstiger Einverleibung in die Fasern, 3. zu sonstiger Veredlung und zur Unterstützung der Hauptarbeitsprozesse, 4. indirekt für die Durchführung von Hilfsoperationen. Mit der Entwicklung der chemischen Industrie hat sich in den letzten Jahrzehnten auch der Ausbau von Spezialpräparaten stark entwickelt.

Die wichtigsten chemischen Hilfsmaterialien sind nachfolgend meist gruppenweise kurz zur Besprechung gekommen. Die Anordnung dieses Abschnitts ist eine alphabetische. Die Metallverbindungen bzw. Salze sind unter der betreffenden Metallbase zusammenfassend abgehandelt (z. B. Natrium-, Zinnverbindungen usw.). Unter besondern Stichwörtern sind Einzelwerkstoffe besprochen (z. B. Anilin, Dextrin, Eulan, Glycerin, Leim, Schwefelsäure und die übrigen Säuren jede für sich). Daneben finden sich auch kleine Übersichtskapitel, die einen bestimmten Kreis kurz skizzieren (z. B. Säuren, Beizen, Blaumittel, Bleichmittel usw.) und auf die Unterteile verweisen.

Aktivin, Chloramin, Mianin, p-Toluolsulfonchloramidnatrium.
$CH_3C_6H_4 \cdot SO_2 \cdot N \cdot Cl \cdot Na$. Nach neueren Untersuchungen von SCHIEMANN-NOVÁK[1] ist es das Natriumsalz des Chlorylimids der p-Toluolsulfonsäure, mit 3 Mol. Wasser krystallisierend. Weißes, ziemlich luftbeständiges, nicht hydroskopisches Pulver, nicht ätzend, von desinfizierender Wirkung. 100 T. Wasser lösen bei $10^0 = 12{,}5$, bei $100^0 = 300$ T. *A.* ohne Zersetzung. Die 10proz. Lösung ist auch bei längerem Kochen recht beständig. Neutral, kalkbeständig. Ist ein mildes, organisches Oxydationsmittel, das in Gegenwart von Acceptoren sein gesamtes Chlor bzw. seinen Sauerstoff abgibt und in p-Toluolsulfonamid übergeht. Im Gegensatz zu Hypochloriten, Superoxyden usw. spaltet *A.* seinen Sauerstoff auch in der Hitze nur langsam ab, so daß es quantitativ nutzbar gemacht werden kann[2]. In wäßriger Lösung spaltet es Sauerstoff ab, in alkalischer zunächst Natriumhypochlorit und in saurer freie unterchlorige Säure. *Handelsformen.* Es kommt als *A.* (Chem. Fabrik Pyrgos, Dresden-Radebeul)

---

[1] SCHIEMANN u. NOVÁK: Ztschr. ang. Ch. **1927**, 1032.

[2] S. a. KRAIS: Leipz. Mon. Text. **1923**, 224. — Text. Forsch. **1923**, 17; **1925**, 9. — HEERMANN: Mell. Text. **1924**, 181.

und als Chloramin T, bzw. Mianin (Fahlberg, List & Co.) in den Handel. *Gehaltsprüfung.* Entweder titrimetrisch oder in einfacher Weise nach KRAIS[1] mit Hilfe eines graduierten Meßzylinders[2] und Indigolösung. *Verwendung.* Mildes Bleich-, Wasch- und Oxydationsmittel (Anilinschwarz, Küpenfarbstoffe u. ä.); als Beuchzusatz; an Stelle von Trocken- oder Dampfchlor in der Druckerei (HALLER); als Stärkeaufschließungsmittel (für dickflüssige Stärkelösungen genügen 0,5 % *A.*) in der Appretur, Schlichterei u. a.; zum Chloren der Wolle; für die Kleiderfärberei; als Konservierungs- und Desinfektionsmittel.

Alkohol. Äthylalkohol, Sprit, Spiritus, Weingeist (alcohol). C_2H_5OH = 46,1. Farblose, leicht bewegliche, hydroskopische Flüssigkeit vom spez. Gew. 0,789 (20°) und vom S.P. 78,3° (760 mm). Erst. P. = —112°. Mit Wasser in jedem Verhältnis mischbar, leicht brennbar. Die 100proz. Ware heißt „absoluter Alkohol"; gewöhnlicher Weingeist oder Spiritus ist 96proz., wobei man Gewichts- und Volumenprozente unterscheidet. Der vergällte oder denaturierte Spiritus ist durch bestimmte Zusätze ungenießbar gemacht. In Deutschland verwendet man zum vollständigen Vergällen u. a. auf 100 l Alkohol = 2,5 l einer 20proz. Lösung von Pyridin in Methylalkohol (Holzgeist). Zur Bestimmung des *A.* benutzt die Steuerbehörde in Deutschland amtlich nur die Gewichtsalkoholometer (Thermoalkoholometer). Diese zeigen an, wieviel Kilogramm reinen *A.* in 100 kg des Sprits enthalten sind. In andern Ländern wird z. T. mehr das Volumenalkoholometer nach TRALLES gebraucht, in Frankreich nach GAY-LUSSAC.

Gehalt und spezifisches Gewicht der wäßrigen Lösungen von Alkohol bei 15° (FOWNES).

Gew.-% *A.* . . .	5	10	20	30	40	50	60	70	80	90	100
Spez. Gewicht .	0,991	0,984	0,972	0,958	0,940	0,918	0,896	0,872	0,848	0,823	0,794

Verwendung. Fast ausschließlich als denaturierter Spiritus zum Lösen von spritlöslichen Farbstoffen (Spritblau, Spritnigrosin u. a.); für andre Lösungszwecke.

Aluminiumverbindungen, Tonerdeverbindungen.

Die Bestimmung des Aluminiums geschieht gewöhnlich gravimetrisch als Aluminiumoxyd. Man versetzt die Lösung (die keine Phosphorsäure und außer Tonerde keine durch Ammoniak fällbare Metalle enthalten darf) mit viel Salmiak oder Ammonnitrat, erhitzt zum Sieden, setzt Ammoniak in geringem Überschuß zu, läßt absitzen, dekantiert dreimal mit heißem Wasser (dem etwas Ammoniak und Ammonnitrat zugesetzt sind), filtriert, wäscht mit der gleichen heißen Waschflüssigkeit, saugt gut ab, verbrennt naß im Platintiegel und glüht zuletzt 10 Min. vor dem Gebläse. Das so erhaltene Al_2O_3 wird gewogen.

Aluminiumacetat, essigsaure Tonerde (aluminium aceticum). $Al(C_2H_3O_2)_3$ = 204,2. Das normale Salz ist trocken kaum existenzfähig; beim Eindampfen im Vakuum entsteht das basische Salz: $Al(C_2H_3O_2)_2 \cdot OH \cdot 3H_2O$. Auch die Lösungen in der Praxis sind meist basische Salzlösungen, die, besonders in der Wärme, um so zersetzlicher sind, je basischer sie sind. Reaktion sauer. Herstellung vom Verbraucher selbst durch Lösen von Tonerdehydrat (s. d.) in Essigsäure; auch durch Umsetzung von Aluminiumsulfat mit Bleiacetat. Der annähernde Tonerdegehalt (Al_2O_3) im Liter der reinen Lösungen beträgt:

---

[1] KRAIS: Text.Forsch. **1925,** 59. — Chem.Ztg. **1925,** 656. — Ztschr.ang.Ch. **1925,** 1045.
[2] Zu beziehen von der Chemischen Fabrik Pyrgos, Radebeul-Dresden. S. a. Aktivinbroschüre dieser Firma.

Gramm Al_2O_3 im Liter . .	5	10	15	20	25	30	35	40
Spez. Gew. . .	1,012	1,025	1,038	1,05	1,062	1,074	1,086	1,098
° Bé	1,6	3,4	5,0	6,7	8,3	9,9	11,3	12,8

Verwendung. Meist als Sulfacetat (s. d.) in der Türkischrotfärberei und -druckerei; zur Fixierung von Gerbstoffen; zum Wasserdichtmachen. Die Formiate sind meist von gleicher Wirkung. Die Lösungen sollen für die Türkischroterzeugung absolut eisenfrei sein.

Aluminiumchlorat, chlorsaures Aluminium (aluminium chloricum). $Al(ClO_3)_3 = 277{,}5$. Weißes, zerfließliches Salz. Im Handel meist als Lösung von 25° Bé. Wird durch Umsetzung von Aluminiumsulfat mit Bariumchlorat erzeugt. *Verwendung.* Beschränkt an Stelle des Natriumsalzes zum Ätzen; statt des Kaliumsalzes bei Anilinschwarz.

Aluminiumchlorid, Chloraluminium (aluminium chloratum). $AlCl_3 = 133{,}45$. Weiße, leicht zerfließliche und sublimierbare Krystalle. In Wasser in allen Verhältnissen unter Zischen und starker Wärmeentwicklung. Im Gebrauch meist die Handelslösung von 30° Bé.

Gehalt und spezifisches Gewicht der wäßrigen Lösungen bei 15° (Gerlach).

% *A*.	5	10	15	20	25	30	35	40
Spez. Gew. . .	1,036	1,073	1,112	1,154	1,197	1,242	1,290	1,341

Verwendung. Beschränkt zum Carbonisieren; im Anilinschwarzdruck; für Spezialeffekte in Mischgeweben.

Aluminiumformiat, ameisensaure Tonerde (aluminium formicicum). $Al(HCO_2)_3 = 162$. Weißes, in der doppelten Menge Wasser lösliches Salz von saurer Reaktion. Hydrolisiert leicht, besonders in der Wärme. Meist als Lösung von 15° Bé in verschiedenen Reinheitsgraden im Handel. *Verwendung.* Wie das Acetat als Tonbeize; zur Nachbehandlung substantiver Baumwollfärbungen und -drucke. Kommt auch zu Desinfektionszwecken als basisches Salz $Al(HCO_2)_2 \cdot OH$ in einer Lösung vom spez. Gew. 1,108 mit 15—16% Trockensubstanz unter dem Namen Alformin in den Handel.

Aluminiumhydroxyd, Tonerdehydrat, Tonerdepaste, Tonerdegelee, Tonerde en pâte (alumina hydrata). $Al(OH)_3 = 78$. In feuchtem Zustande gallertartige Masse; trocken: weißes Pulver. In Wasser unlöslich, in Säuren zu Tonsalzen leicht löslich, in fixen Alkalien zu Aluminaten löslich. *Verwendung.* Zur Herstellung von Tonbeizen (Acetat, Formiat, Sulfacetat, Aluminat u. a.). Auch das Alkalialuminiumcarbonat kann für die gleichen Zwecke Verwendung finden. Leitet man in eine Lösung von Alkalicarbonat Kohlensäure ein und fügt gleichzeitig Alkalialuminatlösung zu, so fällt weißes Alkalialuminiumcarbonat aus: $Al_2O_3 \cdot K_2O \cdot 2CO_2 \cdot 5H_2O$. Diese Verbindung ist besonders leicht in verdünnten Säuren löslich und dient auch als Ausgangsmaterial für Tonbeizen.

Aluminiumhypochlorit, unterchlorigsaure Tonerde, Wilsons Bleichflüssigkeit. $Al(OCl)_3$. Wurde früher zum Bleichen zarter Stoffe verwendet und durch Doppelumsetzung von Chlorkalk und Tonerdesulfat gewonnen.

Aluminiumnitracetat, salpeteressigsaure Tonerde, Nitratbeize. Von wechselnder Zusammensetzung. Wird gewonnen durch Umsetzung von (wechselnden Mengen) Tonsulfat (2100 T.), Calciumacetat (555 T.) und -nitrat (1350 T.). Lösung dissoziiert beim Dämpfen nur langsam, während das reine Nitrat $Al(NO_3)_3$ sich schnell spaltet und für viele Zwecke ungeeignet ist. *Verwendung.* Vereinzelt im Alizarinrotdampfdruck und in der Alizarinfärberei. Soll vollständig eisenfrei sein (Eisen wird mit Ferrocyankalium ausgefällt).

Aluminiumsulfacetat, essigschwefelsaure Tonerde, Rotbeize, Rotmordant. Mit wechselnden Verhältnissen von Essig- und Schwefelsäure. Kann als ein Gemisch von Sulfat und Acetat aufgefaßt werden. Nur in Lösung im Handel; vom Verbraucher vielfach selbst durch Umsetzung von Tonsulfat mit Bleiacetat oder durch Lösen von Tonerdehydrat bzw. Alkalialuminiumcarbonat in Schwefel-Essigsäure gewonnen. Auch die Basizitätsgrade können sehr verschieden sein. Eine der wichtigsten Formen dieser Verbindungen ist das normale Sulfacetat, das gewöhnliche Rotmordant von der Zusammensetzung $Al_4(C_2H_3O_2)_{10} \cdot SO_4$, das durch Lösen des basischen Sulfats $Al_4(OH)_{10}SO_4$ in Essigsäure erhalten wird. *Verwendung.* In der Türkischrotfärberei und -druckerei, an Stelle des weniger gut wirkenden, reinen Acetats; als Wasserdichtmachungsmittel u. dgl.

Aluminiumsulfat, Tonerdesulfat, schwefelsaure Tonerde, „konzentrierter Alaun" (aluminium sulfuricum). Wasserhaltig: $Al_2(SO_4)_3 \cdot 18H_2O = 666{,}7$; Al_2O_3 : 15,33 %, H_2O : 48,64 %. Wasserfrei: $Al_2(SO_4)_3 = 342{,}4$; Al_2O_3 : 29,85 %. Außerdem ist im Handel zuweilen das Salz mit 12 Mol. Krystallwasser zu finden, das 18,3 % Al_2O_3 enthält. Die technische Ware bildet formlose, weiße Brocken oder Körner. Die wäßrige Lösung reagiert stark sauer und greift Metalle (Eisen, Zink u. ä.) unter Bildung basischer Salze an. Mit Sulfaten der Alkalien bildet es die sog. Alaune (s. Kalium-Aluminiumsulfat), die mit 24 Mol. Wasser krystallisieren (Kali-, Natron-, Ammoniak-Alaun). 100 T. Wasser lösen:

Bei t^0	10	20	40	60	80	100
Teile wasserfreies *A*. . .	33,5	36,2	45,7	59,1	73,1	89,1
Teile krystallisiertes *A*. .	95,8	107,4	167,6	262,6	467,3	1132,0

Gehalt und spezifisches Gewicht der wäßrigen Lösungen an wasserfreiem Salz bei 15⁰.

⁰ Bé	% $Al_2(SO_4)_3$	⁰ Bé	% $Al_2(SO_4)_3$	⁰ Bé	% $Al_2(SO_4)_3$	⁰ Bé	% $Al_2(SO_4)_3$
2,3	1	10,3	7	17,3	13	23,7	19
3,7	2	11,5	8	18,5	14	24,7	20
5	3	12,7	9	19,6	15	25,7	21
6,3	4	13,8	10	20,7	16	26,6	22
7,6	5	15	11	21,7	17	27,6	23
9	6	16,2	12	22,7	18	28,5	24
						29,4	25

Verunreinigungen. Freie Schwefelsäure, Eisen (darf nicht über 0,001 % enthalten). *Verwendung.* Als Ausgangsmaterial für die Herstellung von basischen Sulfat-, Sulfatacetatbeizen usw. für die Türkischrotfärberei; in der Wollfärberei als Beize für Alizarin- und andre Beizenfarbstoffe; in der Seidenerschwerung; zum Wasserdichtmachen; zum Weichmachen von Schappe und Souple; in der Luftspitzenfabrikation; als Flammenschutzmittel usw.

Aluminiumsulfocyanid, Aluminiumrhodanür, Rhodantonerde. $Al(SCN)_3 = 201$. Nur als wäßrige, meist basische Lösung von etwa 15—20⁰ Bé im Handel. Man stellt sie sich auch selbst durch Umsetzung von Tonsulfat bzw. abgestumpftem Tonsulfat mit Rhodanbarium her. Die Lösung muß absolut eisenfrei und farblos sein (Spuren Eisen färben rötlich). Vereinzelt zum Druck von Alizarin und zum Reservieren von Anilinschwarz empfohlen.

Ton, Pfeifenton, Kaolin, Chinaclay, Porzellanerde, weißer Bolus (Bolus, Bol, Lemnische Erde, Striegener Erde, armenische Erde, Siegelerde, Rheingauer Erde, plastischer Ton). Weißes, amorphes, indifferentes Pulver ohne feste Zusammensetzung; hauptsächlich aus Kieselsäure und Tonerde (neben geringen Mengen von Kalk, Magnesia, Sulfaten u. a.) bestehend. Im Gegensatz zum weißen Bolus unterscheidet man den roten Bolus (stark eisenhaltig). Der Ton kommt in der Natur reichlich vor und muß nur fein zerrieben und von Sandbeimengungen u. ä. durch Abschlämmen befreit werden. *Verwendung.* Als Füllmaterial in der Ausrüstung (für geschmeidige Füllapprets); für Pappreserven unter Indigo (besonders fein geschlämmt und sandfrei); im Kattundruck als Zusatz zu Druckfarben, um das Ausfließen zu verhindern. Besonders fein verteiltes Chinaclay kommt auch als Walkerde in den Handel.

Ameisensäure (acidum formicicum). $H \cdot COOH = 46{,}0$. In jedem Verhältnis mit Wasser mischbar. Wasserklare, schwach rauchende, stechend riechende, flüchtige Flüssigkeit vom spez. Gew. 1,226, vom S.P. 99° und vom Schm.P. 8,6°. In konz. Zustande reizt sie die Haut empfindlich und verursacht Entzündungen. Die Salze der *A.* heißen Formiate. Ist stärkste organische Säure, die Essigsäure u. a. aus ihren Salzen verdrängt. Zeichnet sich besonders durch ihre antiseptische Wirkung und reduzierenden Eigenschaften aus. Unter Aufnahme von Sauerstoff geht sie in Kohlensäure über. Beim Erwärmen mit Silbernitrat wird das Silbersalz zu metallischem Silber reduziert; ebenso wird aus Mercurisalzen das Mercurosalz bzw. metallisches Quecksilber abgeschieden. *Handelsmarken.* Meist als 85—90proz. Säure von großer Reinheit im Handel. *Verunreinigungen.* Früher kamen häufiger Verunreinigungen und selbst Verfälschungen mit Schwefel-, Salz- und Essigsäure vor. Heute ist die *A.* recht rein und nur durch wenig Alkalisalze, seltener Eisen-, Kupfer- und Bleisalze (Abdampfrückstand soll nur Spuren enthalten) verunreinigt. *Gehaltsprüfung.* a) Aräometrisch (s. Tabelle). b) Titrimetrisch (Gesamtsäure). 20 g Säure werden zu 500 cm³ gelöst und 50 cm³ der Lösung mit n Lauge (Phenolphthalein) titriert. Zur Kontrolle wird außerdem gespindelt. 1 cm³ n-Lauge = 0,046 g Ameisensäure. c) Formiate. In Formiaten wird die *A.* entweder nach der Destillationsmethode (s. u. Essigsäure) oder nach der Liebenschen oxydimetrischen (Chamäleon) oder bei reinen Salzen nach der Heermannschen Verdrängungsmethode kontrolliert. *Verwendung.* In der Färberei und im Zeugdruck als mittelstarke Säure, welche die pflanzlichen Fasern nicht schädigt (z. B. Halbwolle). Zum Lösen von Farbstoffen. Zum Avivieren und Griffigmachen von Seide, Kunstseide und Baumwolle. Zur Herstellung von Formiaten. Als Reduktionsmittel beim Beizen der Wolle mit Bichromat. Zur Herstellung von Diformin (Ameisensäureglycerinester, Ersatz für Acetin). Zum Neutralisieren von alkalischen Appreturmassen; als Antisepticum usw.

Spezifische Gewichte von Ameisensäure bei 15°.

Spez. Gew.	Gew.-% Säure	Spez. Gew.	Gew.-% Säure	Spez. Gew.	Gew.-% Säure
1,0025	1	1,0390	15	1,1570	65
1,0050	2	1,0530	20	1,1700	70
1,0075	3	1,0665	25	1,1820	75
1,0100	4	1,0800	30	1,1900	80
1,0125	5	1,0925	35	1,2020	85
1,0150	6	1,1050	40	1,2130	90
1,0175	7	1,1150	45	1,2170	92
1,0200	8	1,1240	50	1,2190	94
1,0225	9	1,1380	55	1,2230	97
1,0250	10	1,1470	60	1,2270	100

Ammoniak, Ammoniumhydroxyd, Salmiakgeist (liquor ammonii caustici). NH_3 = 17,03. N: 82,26%, H: 17,74%. Bei gewöhnlicher Temperatur und normalem Druck farbloses, stechend riechendes Gas. 1 l wiegt bei 0° und 760 mm Druck = 0,7752 g. Kritische Temperatur = 130°; kritischer Druck = 113 at. Bei 10° unter einem Druck von 6,5 at oder bei —40° unter normalem Druck verdichtet sich das Gas zu einer farblosen, beweglichen Flüssigkeit vom spez. Gew. 0,6234 bei 0°. S.P. bei 760 mm = —33,7°; Erst.P. = —85°; Schm.P. = —75°. In Wasser unter Wärmeentwicklung sehr leicht löslich. 1 Vol. Wasser von 0° absorbiert 1146 Vol., bei 20° = 739 Vol. Ammoniakgas. Ist ein starkes Alkali und bildet mit Säuren die Ammoniumsalze. In konz. Zustande greift es die Schleimhäute stark an, wirkt stark ätzend. Greift auch Kupfer an und bildet dann auf Textilien leicht Kupferflecke, die katalytisch stark wirken (als Sauerstoffüberträger). *Handelsformen.* Kommt als flüssiges (verdichtetes) *A.* in Stahlbomben und als wäßriges *A.* (Ammoniakwasser, Ätzammoniak) in den Handel. Die Färbereien verwenden meist das wäßrige *A.* vom spez. Gew.

0,91, entsprechend rd. 25 % NH_3. Das *A.* ist flüchtig, und die wäßrigen Lösungen nehmen beim Lagern in ihrer Konzentration ab. *Verunreinigungen.* Als solche kommen vor: Ammoniumcarbonat, teerige Stoffe, Alkohol, Aceton; seltener: Sulfid, Sulfat, Chlorid, Kupfer. *Gehaltsprüfung.* a) Aräometrisch (s. Tabelle). b) Titrimetrisch (Gesamtalkali) mit n-Lauge und Methylorange. 1 cm^3 n-Lauge = 0,017 g NH_3. c) In Salzen wird das *A.* durch Destillation mit Natronlauge bestimmt. Das *A.* wird in eine mit überschüssiger, gemessener n-Säure beschickte Vorlage destilliert und der Überschuß zurücktitriert. 1 cm^3 n-Säure = 0,017 g NH_3. d) Spuren *A.* werden colorimetrisch mit NESSLERschem Reagens bestimmt. *Verwendung.* Als flüchtiges Alkali, das die Tierfaser wenig angreift, zum Waschen und Reinigen von Wolle und Seide, zum Entfernen von Flecken; zum Neutralisieren und Abstumpfen; zum Fixieren von Metalloxyden auf der Faser; als Egalisierungszusatz zu Farbbädern; zur Herstellung von Ammonsalzen; in der Hydrosulfitküpe usw.

Spezifische Gewichte von wäßrigen Ammoniaklösungen bei 15°
(LUNGE und WIERNIK).

Spez. Gew.	% NH_3	Spez. Gew.	% NH_3	Spez. Gew.	% NH_3
1,000	0,00	0,956	11,03	0,912	24,33
0,996	0,91	0,952	12,17	0,908	25,65
0,992	1,84	0,948	13,31	0,904	26,98
0,988	2,80	0,944	14,46	0,900	28,33
0,984	3,80	0,940	15,63	0,896	29,69
0,980	4,80	0,936	16,82	0,892	31,05
0,976	5,80	0,932	18,03	0,888	32,50
0,972	6,80	0,928	19,25	0,886	33,25
0,968	7,82	0,924	20,49	0,884	34,10
0,964	8,84	0,920	21,75	0,882	34,95
0,960	9,91	0,916	23,03		

Ammoniumsalze.

Die meisten Ammonsalze (wie Sulfat, Chlorid, Carbonat usw.) sind beim Glühen flüchtig; ausgenommen sind: Ammoniumferrocyanat, A.vanadat u. ä. Das Ammoniak wird meist nach dem Destillationsverfahren (s. Ammoniak, Prüfung c) bestimmt. Als häufigste Verunreinigungen kommen vor: Wasserunlösliches, organische Substanz, Kalk, fremde Säuren. Die in der Textilindustrie am häufigsten gebrauchten *A.* sind folgende.

Ammoniumacetat, essigsaures Ammonium (ammonium aceticum). $CH_3 \cdot COONH_4 = 77{,}1$. $NH_3 : 22{,}1$ %. Schwach nach Ammoniak riechende Krystalle von salzigem Geschmack und vom Schm.P. 112,5—114°. In Wasser leicht löslich. Die wäßrigen Lösungen spalten beim Kochen Ammoniak ab und bilden saures Salz. Die wäßrige Lösung reagiert schwach sauer bis neutral und nimmt erhebliche Mengen Bleisulfat auf.

Gehalt und spezifisches Gewicht der wäßrigen Ammonacetatlösungen bei 16°
(HAGER).

% *A.* . . .	3	6	9	12	15	20	30	40	50
Spez. Gew. .	1,008	1,014	1,02	1,026	1,032	1,042	1,062	1,077	1,092

Der Verbraucher stellt sich das *A.* meist selbst durch Neutralisation von Essigsäure mit Ammoniak her. *Verwendung* als Egalisierungsmittel beim Färben schwerer Tuche u. ä. wie Ammonformiat (s. d.); zum Abziehen saurer Farbstoffe von Wolle und Seide.

Ammoniumcarbonat, kohlensaures Ammonium, Hirschhornsalz, flüchtiges Laugensalz (ammonium carbonicum). $(NH_4HCO_3) \cdot (NH_4CO_2NH_2) = 157{,}12$. $NH_3 : 32{,}52$ %. Das käufliche Salz ist ein Gemisch von Ammoniumbicarbonat und carbaminsaurem Ammonium. Weiße, durchscheinende Krystallmasse (mit etwa 31% NH_3), die an der Luft Kohlensäure aufnimmt und Ammoniak abspaltet. Verflüchtigt sich unter Sublimation bei etwa 60°. Ist bei 15° in 4 T., bei 60° in 1,6 T. Wasser löslich. Reagiert alkalisch.

Gehalt und spezifisches Gewicht der wäßrigen Ammoncarbonatlösungen.

% *A.*	6,6	9,96	14,75	19,83	25,7	29,7	35,85	44,9
Spez. Gew.	1,022	1,034	1,05	1,067	1,086	1,1	1,117	1,141

Beim Erhitzen der konz. Lösung auf 75° entweicht Kohlensäure, bei 85° Ammoniak, wobei sich Ammoniumbicarbonat (NH_4HCO_3) bildet, das sich beim Kochen weiter in Ammoniak und Kohlensäure spaltet. *Verunreinigungen.* Sulfat, Chlorid, Thiosulfat, Kalk, Blei. *Gehaltsprüfung.* Man prüft meist nur auf Ammoniakgehalt (Destillation mit Natronlauge, Gesamtalkalität: Titration mit n-Säure gegen Methylorange) und Glüh- oder Sublimationsrückstand. *Verwendung* beschränkt als mildestes Alkali für Waschzwecke (Wolle). Hier wurde früher auch Urin verwendet. Zum Fixieren von Tonerdebeizen von LIECHTI empfohlen. Im Kattundruck.

Ammoniumchlorid, Chlorammonium, Salmiak (ammonium chloratum). $NH_4Cl = 53{,}5$. $NH_3 : 31{,}85\%$. Weißes, ziemlich luftbeständiges, in feuchter Luft feucht werdendes Pulver oder Krystalle von salzigem Geschmack. Sublimiert beim Erhitzen ohne zu schmelzen. In Wasser unter starker Abkühlung leicht löslich. 30 T. *A.* + 100 T. Wasser von 13,3° liefern eine Abkühlung auf —5,1°. Beim Kochen der wäßrigen Lösung geht Ammoniak verloren. Die wäßrige Lösung greift Eisen und Blei an. 100 T. Wasser lösen:

Bei t^0	0	10	20	40	60	80	100	110
Teile *A.*	28,4	32,8	37,3	46,2	55	64	72,8	77,2

Gehalt und spezifisches Gewicht der wäßrigen Lösungen von *A.* bei 15° (GERLACH).

% *A.*	1	2	4	8	16	26,3 (gesättigt)
Spez. Gew.	1,003	1,006	1,013	1,025	1,048	1,077

Verunreinigungen und *Prüfung.* Überschüssige Säure (Titration gegen Methylorange), Eisen, Fremdsalze (Glührückstand). Ammoniakgehalt wie oben (s. d.). *Verwendung.* Als Hydroscopicum (Anilinschwarzfärberei, Appretur u. a), als Bindemittel fixer Alkalien und als Fixierungsmittel von Beizen; als Flammenschutzmittel u. a.

Ammoniumformiat, ameisensaures Ammoniak (ammonium formicicum). $HCOONH_4 = 63{,}1$. Im Handel als Lösung mit 50%-*A* vorhanden. Der Verbraucher stellt sich die Lösung auch selbst durch Neutralisation von Ameisensäure mit Ammoniak her. Eigenschaften und Verwendung wie beim Acetat. Der Gehalt an Ameisensäure kann durch Destillation mit Natronlauge (s. Acetate) oder direkt durch Erhitzen der Lösung auf dem Wasserbad mit überschüssigem Quecksilberchlorid, Sammeln und Wägen des ausgeschiedenen Quecksilberchlorürs bestimmt werden. 1 T. HgCl = 0,098 T. Ameisensäure = 0,1339 T. Formiat.

Ammoniumoxalat, oxalsaures Ammonium (ammonium oxalicum). $(COONH_4)_2 \cdot H_2O = 142{,}1$. Bei 15° in 23 T. Wasser löslich. Wird vom Verbraucher meist selbst aus Oxalsäure und Ammoniak als Lösung hergestellt. Verwendung sehr beschränkt, z. B. zur Korrektur kleiner Wassermengen bei kalkempfindlichen Chromfarbstoffen, zum Lösen von Indulinen und Nigrosinen, im Zeugdruck zum Fixieren von Eosin u. ä. Farbstoffen.

Ammoniumrhodanür, Rhodanammonium, Ammoniumsulfocyanid (ammonium sulfocyanatum bzw. rhodanatum). $NH_4 \cdot SCN = 76{,}12$. HSCN : 77,62%. Farblose, zerfließliche Krystalle. Der Rhodanürgehalt bedingt den Wert. *Gehaltsprüfung.* Die wäßrige Lösung wird mit gemessener überschüssiger n/10 Silbernitratlösung versetzt, mit Salpetersäure angesäuert, mit etwas Eisenammoniumalaunlösung als Indicator versetzt und der Überschuß des Silbers mit n/10 Rhodankaliumlösung zurücktitriert. 1 cm^3 verbrauchte n/10 Silberlösung = 0,005908 g HSCN. *Verwendung.* Als Zusatz beim Arbeiten mit kupferempfindlichen Farbstoffen in Kupferkesseln; zu Zinnsalzätzpasten; als Reserve unter Anilinschwarz; früher auch zur Schutzbehandlung erschwerter Seiden nach Meister u. a.

Ammoniumsulfat, schwefelsaures Ammonium (ammonium sulfuricum). $(NH_4)_2SO_4$ = 132,14. NH_3 : 25,78%. Wasserhelle, luftbeständige Krystalle vom Schm. S. 140°. Bei 280° beginnt Zersetzung zu Ammoniumsulfit, Ammoniak, Wasser, Stickstoff und Ammoniumbisulfat. 100 T. Wasser lösen:

Bei t^0. . .	0	10	20	30	40	50	60	70	80	90	100
Teile *A*. .	71	73,7	76,3	79	81,6	84,3	86,9	89,6	92,2	94,6	97,5

Gehalt und spezifisches Gewicht der wäßrigen Lösungen von *A*. bei 19° (Schiff).

% *A*. . . .	1	2	4	8	16	32	40	50
Spez. Gew. .	1,006	1,012	1,023	1,046	1,092	1,183	1,228	1,289

Die Ware kommt meist etwas feucht (Trocknen bei 110°), grau bis gelblich und oft sauer (Titration gegen Methylorange) in den Handel. Sie soll nicht über 1% freie Schwefelsäure, etwa 24,5—25% Ammoniak und nur wenig Fremdsalze (Glührückstand) enthalten. *Verwendung.* Als Zusatz zu Färbebädern bei schwer egalisierenden Wollfarbstoffen und schweren Wollstoffen; beim Chromsud der Wolle; in der Appretur; zur Bildung fixen Alkalis; als fixierender Zusatz; als Flammenschutzmittel u. a. m.

Ammoniumvanadat, vanadinsaures Ammonium (ammonium vanadinicum). $NH_4 \cdot VO_3$ = 117,2. Weißes bis gelblich gefärbtes Krystallpulver. 100 T. Wasser lösen 1 T. *A*. Wertbestimmend ist der Vanadingehalt: Man fällt aus wäßriger Lösung mit gesättigter Chlorammoniumlösung und glüht den Niederschlag. Es hinterbleibt Vanadinsäureanhydrid (V_2O_5). *Verwendung* als Sauerstoffüberträger bei Anilinschwarz, Paraminbraun u. a.

Amylose (I. G. Farbenindustrie). Aus Kartoffelstärke hergestellte lösliche Stärkepräparate, die in der Appretur (Baumwoll-, Leinen-, Halbleinen-, Kuhhaarfilze), in der Schlichterei (Baumwoll-, Leinenketten), Haushaltsstärkerei (Schürzen, Waschkleider, Kindergarderobe), als Verdickungsmittel im Zeugdruck usw. Anwendung finden. *A*. wird mit der für die Konsistenz der Masse nötigen Menge Wasser kalt angerührt und klar gelöst. Die Mischung kann unter Rühren auf 80—90° erwärmt werden. Als besondre Vorzüge der *A*. werden angegeben: klare, gut haltbare Lösungen, bedeutende Ausgiebigkeit, leichtes und gleichmäßiges Durchdringen des Materials, vorzüglich appretierende und klebende Eigenschaften, guter und weicher Griff der behandelten Ware, keine Trübung oder Verschleierung der Farben, Nichtbrechen des Apprets durch Reiben. *Handelsmarken.* Amylose AN (gibt dünnflüssige Lösung), Amylose D (gibt dickflüssige Lösung), Amylose N (Viscosität der Lösungen liegt zwischen AN und D).

Anilin, Amidobenzol, Anilinöl. $C_6H_5NH_2$ = 93,1. Farblose, ölige, sich allmählich bräunende Flüssigkeit vom Schm. P. —8°, vom S. P. 182° und vom spez. Gew. 1,0267 (15°). Mit Wasserdampf flüchtig; in Alkohol, Äther, Benzol usw. leicht löslich. 100 T. Wasser lösen bei 16° = 3,1 T. *A*., 100 T. *A*. nehmen bei 8° = 4,6 T. Wasser auf. Ist eine schwache Base, mit salpetriger Säure diazotierbar; giftig. In Säuren löst es sich zu Anilinsalzen auf, von denen das Sulfat schwer wasserlöslich ist. *Handelsformen.* Im Handel unterscheidet man 1. das Blauöl (Blauanilin), fast reines *A*., vom S. P. 181—183° und vom spez. Gew. 1,0265—1,0267, 2. das Rotöl (Rotanilin), meist aus gleichen Mengen *A*., o-Toluidin und p-Toluidin zusammengesetzt, S. P. = 182—198°, spez. Gew. = 1,006 bis 1,009. Das Blauöl soll zu 97—98% innerhalb 1—1½° überdestillieren. „Echappés" sind die von der Fuchsinschmelze abdestillierten Anilinöle, zu

35—50 % aus *A.* und zu 50—65 % aus o-Toluidin bestehend; sind in Salzsäure trübe löslich. *Gehaltsprüfung.* Man begnügt sich meist mit der Destillationsprobe. *Verwendung.* Das Blauöl wird in großem Maßstab für das Anilinschwarz in Färberei und Zeugdruck verwendet; zur Bereitung des Anilinsalzes; zum Lösen von basischen Farben in der Druckfarbe; als Zusatz zur Rongalitätze. Sonst als Ausgangsstoff für die „Anilinfarbstoffe".

Anilinsalz, salzsaures Anilin. $C_6H_5NH_2 \cdot HCl = 129{,}6$. Große, grau bis graugrün gefärbte, blätterartige Krystalle vom Schm. P. 198°. Bei höherer Temperatur unzersetzt flüchtig. Gut wasserlöslich. Wird in Betrieben vielfach aus Anilinöl und Salzsäure hergestellt und, wie die freie Base, zur Erzeugung von Anilinschwarz auf der Faser verwendet. Der Gehalt an Anilin wird entweder a) nach NOELTING nach dem Ölvolumen bestimmt, das aus einer bestimmten Menge des Salzes frei gemacht wird, b) nach der Diazotierungsmethode (Verbrauch an Nitrit), oder c) nach dem Bromierungsverfahren von REINHARD-SCHAPOSCHNIKOFF (Verbrauch an Kaliumbromat).

Antimonverbindungen.

Die Bestimmung des Antimons geschieht meist als Trisulfid gravimetrisch. Man leitet in die kalte, schwachsaure Antimonsalzlösung Schwefelwasserstoffgas ein, erhitzt dabei langsam zum Sieden, entfernt die Flamme und läßt absitzen. Nun filtriert man durch ein gewogenes, bei 110—120° getrocknetes Filter und wägt das Antimontrisulfid (Sb_2S_3). 1 T. Sb_2S_3 = 0,8568 T. Sb_2O_3 = 0,7142 T. Sb.

Antimon-Ammoniumfluorid, Patentsalz. $SbF_3 \cdot NH_4F = 215{,}8$; Sb_2O_3 : 67,5 %. Läßt sich nicht so rein darstellen wie die entsprechende Ammoniumsulfat-Doppelverbindung (Antimonsalz s. w. u.). Metall und Glas anätzend. Ersatz für Brechweinstein zum Fixieren von Tannin und andern Gerbstoffen.

Antimonfluorid-Ammoniumsulfat, Antimonsalz. $SbF_3 \cdot (NH_4)_2SO_4 = 310{,}9$; Sb_2O_3 : 46,9 %. 100 T. Wasser lösen bei 20° = 140, bei 100° = 1500 T. Salz. Lösungen ätzen Metall und Glas an. Ersatz für Brechweinstein als Tanninbeize.

Antimon-Kaliumoxalat, „Antimonoxalat", „Brechweinsteinersatz". $Sb(C_2O_4K)_3 \cdot 6\,H_2O = 611{,}1$; Sb_2O_3 : 23,8 %. Leicht wasserlöslich. Lösungen dissoziieren leicht und geben ihr Antimon vollkommener an die Faser ab als andre Antimonbeizen. Ersatz für Brechweinstein als Tanninbeize.

Antimon-Natriumfluorid, Patentsalz, Doppelantimonfluorid. $SbF_3 \cdot NaF = 220{,}8$; Sb_2O_3 : 66 %. 100 T. Wasser lösen in der Kälte 63, kochend heiß 166 T. des Salzes. Luftbeständige Krystalle, schwachsauer reagierend, Metall und Glas anätzend. Ersatz für Brechweinstein wie vorstehende Verbindungen.

Antimon-Natriumoxalat. Entsprechend der obenerwähnten Kaliumoxalatverbindung mit 25,9 % Sb_2O_3.

Antimonyl-Kaliumtartrat, Brechweinstein, weinsaures Antimonoxydkali (tartarus emeticus). $K(SbO) \cdot C_4H_4O_6 \cdot {}^1/_2H_2O = 333{,}9$; Sb_2O_3 : 43,67 %. Farblose, verwitternde Krystalle. Giftig. 100 T. Wasser lösen bei 20° = 7,7, bei 50° = 16,6 T. des Salzes. *Verunreinigungen.* Eisen (wirkt störend), Magnesiumsulfat. *Verwendung.* Als Beize mit Gerbstoffen (Tannin u. a.) beim Färben und Drucken von basischen Farbstoffen. Heute nur noch beschränkte Bedeutung (s. a. Katanol).

Gehalt und spezifisches Gewicht der wäßrigen Lösungen von Brechweinstein bei 17,5°.

% *A.*	1	2	3	4	5	6
Spez. Gew.	1,007	1,012	1,018	1,027	1,035	1,044

Antimonyl-Natriumtartrat, Natrium-Brechweinstein. $Na(SbO) . C_4H_4O_6 \cdot {}^1/_2H_2O = 317{,}8$. Fast die gleichen Eigenschaften wie das entsprechende

Kaliumsalz (Brechweinstein), nur wegen der größeren Wasserlöslichkeit mitunter im Zeugdruck bevorzugt (Abwurfeffekte).

Antimonyl-Natrium-Calciumlactat, Antimonin. Gelbe, feuchte Masse mit rund 15% Antimonoxydgehalt. Von C. H. Böhringer hergestellt. Ersatz für Brechweinstein wie vorstehende Ersatzmittel. Gibt sein Antimon fast vollständig an die Faser ab; deshalb technisch wertvoll.

Nutzbares Antimon. Die verschiedenen, in den Handel gebrachten (C. H. Böhringer, de Haën, R. Koepp & Co.) Antimondoppelverbindungen dienen alle als Ersatz für den eigentlichen Brechweinstein. Ihr Wert wird nicht allein nach dem Antimongehalt, sondern auch mit nach dem „nutzbaren Antimon“ bemessen, da die verschiedenen Verbindungen ihr Antimon in mehr oder weniger vollkommener Weise an die Faser abgeben. Nachstehende Tabelle zeigt nach Angaben der Literatur (Noelting, Düring u. a.) das Wertverhältnis der Antimonbeizen a) lediglich nach ihrem Antimongehalt, b) nach dem nutzbaren Antimongehalt.

Es entsprechen:	Nach dem Antimongehalt	Nach dem nutzbaren Antimongehalt
100 T. Brechweinstein	91 T. Antimonsalz	80 T. Antimonsalz
100 T. „	286 T. Antimonin	100 T. Antimonin
100 T. „	65 T. Patentsalz	55 T. Patentsalz
100 T. „	181 T. Antimonoxalat	100 T. Antimonoxalat

Auxanin B (I. G. Farbenindustrie). Komplexe Phosphorwolframsäure-Verbindungen, die die Lichtechtheit basischer Färbungen wesentlich verbessern. Die in üblicher Weise auf mit Katanol oder Tannin gebeizter Ware hergestellten Färbungen werden auf frischem Bad im Flottenverhältnis 1 : 20 mit etwa 2% *A.* (vom Gewicht der Ware) und mit 20 g Kochsalz und 20 cm^3 Essigsäure 1 : 10 pro Liter Bad 30—45 Min. bei 25—30° behandelt, entwässert und, ohne zu spülen, getrocknet. Kräftiges Waschen der auxanierten Ware mindert die Lichtechtheit. Auf stehenden Bädern vermindert sich der Nachsatz von *A.* um $^1/_4$—$^1/_3$ der Ansatzmenge. Es eignen sich für dieses Verfahren u. a.: Thioflavin, Rhodulinrot, Krystallviolett, Methylenblau, Diamantgrün u. a. m.

Bariumverbindungen.

Die Bestimmung des Bariums geschieht gewöhnlich gravimetrisch als Bariumsulfat. Man erhitzt die schwach salzsaure Lösung des Bariumsalzes zum Sieden, fällt mit überschüssiger, siedend heißer, verdünnter Schwefelsäure, läßt auf dem Wasserbade absitzen, filtriert unter Dekantation, wäscht mit schwach schwefelsaurem Wasser, zuletzt mit heißem Wasser neutral, trocknet an, verbrennt naß im Platintiegel, glüht mäßig (nicht vor dem Gebläse) und wägt als $BaSO_4$. 1 T. $BaSO_4$ = 0,5885 T. Ba = 0,657 T. BaO.

Bariumcarbonat, kohlensaures Barium (baryum carbonicum). $BaCO_3$ = 197,4. Weißes, krystallinisches, luftbeständiges Pulver. Giftig. Im Knallgasgebläse unter Entweichen der Kohlensäure schmelzbar. In Wasser unlöslich. Salz- und Salpetersäure lösen es leicht, organische Säuren sehr langsam; Schwefelsäure liefert an der Oberfläche unlösliches Bariumsulfat. Ammoniumchlorid und -nitrat liefern unter Entweichen von Ammoniak und Kohlensäure: Bariumchlorid bzw. -nitrat. *Verunreinigungen:* Eisen, Zink, Mangan. *Verwendung.* Als Füll- und Beschwerungsmittel.

Bariumchlorid, Chlorbarium (baryum chloratum). $BaCl_2 \cdot 2H_2O$ = 244,33. Große, wasserhelle, luftbeständige Krystalle. Giftig. Bei 121°, ebenso im trocknen Luftstrom von 60°, verliert es das Krystallwasser und schmilzt dann bei 847°, wobei es alkalisch reagiert und erhebliche Mengen Bariumoxyd zu lösen vermag.

Mit Kaliumbichromat bildet es schwerlösliches Bariumchromat (Barytgelb, gelbes Ultramarin[1]). Färbt nichtleuchtende Flamme grün. In Wasser leicht löslich. 100 T. Wasser lösen bei 15° = 34,5, bei 100° = 59 T. wasserfreies *B*. Aus starker Lösung fällt konz. Salzsäure wasserhaltiges Bariumchlorid aus. *Verwendung.* Als Beschwerungsmittel. Nach Tränkung der Faser mit Glaubersalzlösung kann durch ein Bariumchloridbad Bariumsulfat in der Faser niedergeschlagen werden (Weißen von wollnen Geweben).

Bariumsulfat, schwefelsaures Barium, Schwerspat, Barytweiß, Permanentweiß, Blanc fix, Mineralweiß, Neuweiß (baryum sulfuricum). $BaSO_4$ = 233,5. Weißes, amorphes, luftbeständiges Pulver vom Schm. P. 1600°. In Wasser fast unlöslich: 1 l Wasser von 18° löst 2,3 mg *B*. In Gegenwart von Wasserstoffsuperoxyd oder Natriumthiosulfat nicht unerheblich löslich. Durch Erhitzen mit überschüssigem Alkalicarbonat wird es in Bariumcarbonat umgesetzt. *Verwendung.* Wegen seiner Schwere und guten Deckkraft wird es als Beschwerungs-, Füll- und Deckungsmittel Appreturmassen zugesetzt. Bisweilen zum fälschlicherweise „Weißfärben“ genannten Weißpigmentieren mancher Tuchsorten früher häufiger benutzt (s. Bariumchlorid).

Beizen. Unter Beizen versteht man in Färberei und Zeugdruck solche Hilfsstoffe, die vor allem die Fixierung von Farbstoffen vermitteln, also gewissermaßen eine Brücke zwischen Farbstoff und Faser bilden. Man unterscheidet dabei Primärbeizen, die ohne weiteres Zutun von Hilfsstoffen direkt auf die Faser aufziehen, und Sekundärbeizen, die ihrerseits einer Brücke, der sog. Hilfsbeizen, bedürfen, um in ausreichender Menge oder genügend fester Fixierung als Farbstoffbeize auf der Faser abgelagert zu werden (z. B. die Tannin-Antimon-Beize). Des weiteren können die Beizen in Kalt- und Sudbeizen (z. B. der Chromsud der Wolle), in metallische und organische Beizen usw. eingeteilt werden.

Die metallischen Beizen leiten sich meist von zwei-, drei- und vierwertigen Elementen ab. Sie haben die Eigenschaft, kolloide oder gelatinöse Hydrate zu bilden und sich in wäßriger Lösung zu hydrolysieren, in Säure und basisches Salz zu spalten. Diesen Anforderungen entsprechen z. B. viele Salze von Metallen, welche die wertvollsten metallischen Beizen bilden, so z. B. Aluminium-, Antimon-, Eisen-, Chrom-, Kupfer- und Zinnbeizen (s. d.).

Die wichtigsten organischen Beizen sind die Gerbstoffbeizen (s. d., z. B. Tannin), dann auch synthetisch hergestellte, tanninähnliche organische Körper, wie das Katanol O, Phenoresin u. a. (s. d.). Das Tannin bedarf zur festen Fixierung auf pflanzlichen Fasern einer Hilfsbeize (z. B. des Antimons), das Katanol O nicht. Wichtig, z. B. in der Türkischrotfärberei, sind auch die Ölbeizen.

Wegen ihrer Eigenfärbung können metallische Beizen und Gerbstoffe auch die Rolle von Farbstoffen übernehmen (Eisenchamois, Chromgrün, Khaki, Catechubraun usw.). Bei besonders starker Verwandtschaft zur Faser und demzufolge erheblicher Gewichtszunahme der Faser durch die Beize kann die Beize auch den Charakter der Erschwerung (Zinnerschwerung der Seide, Eisenerschwerung usw.) tragen. Durch Sekundärreaktionen und Komplexbildungen können solche metallische Erschwerungen mitunter erheblichen Umfang annehmen (s. u. Seidenfärberei).

Beschwerungsmittel, Füllstoffe. Zur mechanischen Gewichtsvermehrung, der sog. Beschwerung (im Gegensatz zur chemischen Beschwerung, die man auch als Erschwerung bezeichnet, s. Seidenerschwerung), oder zur Füllung werden, hauptsächlich in der Gewebe- und Garnappretur, verschiedene Stoffe verwendet,

[1] Auch das Zinkchromat oder Zinkgelb wird mitunter als „gelbes Ultramarin“ bezeichnet.

die keine unmittelbare Verwandtschaft zur Faser haben und nur dazu dienen, die Ware voller, schwerer und griffiger zu gestalten. Man kann hier dreierlei Gruppen von Beschwerungsmitteln unterscheiden: 1. wasserlösliche Stoffe, die zugleich durch ihre hydroskopischen Eigenschaften der Ware eine erhöhte Feuchtigkeit verleihen, 2. wasserlösliche, nichthydroskopische Verbindungen, die in die Faser einziehen, 3. wasserunlösliche Stoffe, die mechanisch aufgetragen werden.

Zu der 1. Gruppe gehören u. a.: Glycerin, Chlorcalcium, Chlormagnesium, Kochsalz, Glucose; zur 2. Gruppe gehören u. a.: Bittersalz, Glaubersalz, essigsaures Blei, lösliche Stärke u. ä.; zur 3. Gruppe die verschiedensten Sorten von Ton (s. d., Pfeifenton, Kaolin, Chinaclay, Bolus, Talkum usw.), Kreide, Bariumsulfat, Bleisulfat, Tonerdehydrat, Zinkhydrat u. a. m.; vor allem aber Stärkepräparate in verschiedenster Form. Von Ton verwendet man bis zu 300 g auf 1 kg Appreturmasse. Die mechanischen Beschwerungsstoffe müssen fein gemahlen oder gepulvert sein. Bei dunkeln Geweben werden sie in der Appreturmasse auch entsprechend angefärbt, um ein graues Aussehen des damit behandelten Gewebes zu vermeiden. Bei Chlormagnesium (s. d.) ist zu beachten, daß es sich bei höherer Temperatur unter Salzsäurebildung zersetzt. Den hydroskopischen Stoffen werden vielfach Konservierungsmittel (s. d.) zugesetzt, um nachträgliche Schimmelpilzbildung auf der Ware zu verhindern. Über Zusätze, die den Stoff wasserdicht oder feuersicher (unverbrennlich) machen sollen, s. u. Imprägnierung. Die Beschwerungsmittel übernehmen mitunter ganz oder teilweise die Rolle von Verdickungsmitteln (s. d., z. B. Stärke usw.), dann auch gelegentlich wegen ihrer Eigenfarbe diejenige von Pigmentfarben (Ocker, Chromgrün, Chromgelb, Engelrot, Zinnober, Mennige u. a. m.).

Blaumittel. Bleichwaren haben in der Regel noch einen Gelbstich, der die Waren unansehnlich macht. Zur Kompensation dieses Gelbstichs wird die Ware vielfach mit einem blauen oder violetten Farbstoff oder Pigment „angeblaut", „geblaut" oder „gebläut". Häufig wird das Blauen oder Bläuen über das Neutralweiß hinaus ausgeführt, um der Ware einen ausgesprochenen Blaustich oder Violettstich zu verleihen („Blauweiß"). Bei Wolle und Seide[1] bezeichnet man dieses Blauen auch vielfach als „Weißfärben". Die Ausführung geschieht in der Weise, daß die betreffende Ware ein Bad passiert, welches das betreffende Blaumittel in verdünnter Lösung oder feinster Suspension enthält. Unter Umständen wird das Blaumittel auch dem Bleichbade selbst (z. B. Schwefligsäurebad) zugegeben. Auch kann das Anblauen in der Appretur oder Schlichterei durch angeblaute Verdickung vorgenommen werden.

Teerfarbstoffe. Es kommen verschiedene basische (z. B. Methylenblau, Methylviolett, Viktoriablau usw.), saure (z. B. Indigocarmin, Patentblau, Alkaliviolett, Säureviolett, Violamin, Rosolan usw.), bisweilen auch substantive Farbstoffe, zur Verwendung. Die Wahl richtet sich nach Art des Materials, der Ausrüstung usw. Die Bäder werden so hergerichtet (z. B. durch Seifenzusatz), daß der Farbstoff nur langsam aufzieht; auch muß flott hantiert werden, um ein gleichmäßiges Aufziehen der Farbstoffe zu erzielen. Durch Zusatz von etwas Indigo zu den Hydrosulfitbleichbädern oder durch feinste Suspension von Indanthrenfarbstoffen werden echtere Weißtöne erhalten als durch basische oder saure Farbstoffe.

Pigmentfarben. Die wichtigsten sind: Ultramarin und Berlinerblau. Die in feiner Suspension zugesetzten Indanthrenfarbstoffe gehören in diesem Fall gleichfalls zu den Pigmentfarben.

---

[1] So unterscheidet man z. B. in der Seidenfärberei eine ganze Reihe von Weißnüancen: Elfenbein, Milchweiß, Reinweiß, Blauweiß, Blanc bleuté, Blanc Diamant, Blanc Brillant usw.

Ultramarin[1]. Künstliche Nachbildung des Lazursteins (lapis lazuli). Von wechselnder Zusammensetzung, bestehend aus Kieselsäure, Tonerde, Natron und Schwefel. Man unterscheidet das grüne und das blaue *U.* Für letzteres werden verschiedene Bruttoformeln angegeben, z. B.: $Al_6Si_6Na_7O_{24}S_2$ bzw. $Al_6Si_6Na_8O_{24}S_4$ bzw. $Al_4Si_6Na_6O_{20}S_4$ usw. Lazurblaues, feines, in Wasser unlösliches, luft- und lichtbeständiges Pulver; gegen Alkalien und Schwefelwasserstoff widerstandsfähig; sehr säureempfindlich; deshalb bei sauren Appreturmassen unverwendbar; nicht giftig. Gibt mit Wasser gute Suspensionen; da es sich schwer netzt, wird es mit einem geeigneten Netzmittel (z. B. Alkohol od. a.) vorher angeteigt. Es ist oft mit Magnesia, Kreide, Gips, Ton u. a. m. verschnitten. Durch Zusatz von wenig Glycerin werden die verschnittenen Muster dunkler und die Verschnittmittel verdeckt.

Berlinerblau, Preußischblau, Pariserblau, Sächsischblau, Antwerpnerblau, Miloriblau, Stahlblau (Ferroferricyanür, Ferrocyaneisen, Eisencyanürcyanid). $Fe_4[Fe(CN)_6]_3$. Entsteht als tiefblauer, wasserunlöslicher Niederschlag (oder kolloidale Lösung) aus Ferrocyankalium und Ferrisalz in saurer Lösung. Dunkelblaue Stücke oder Pulver, oft mit Kreide, Gips, Ton, Magnesia, Stärke usw. verschnitten. Nicht giftig; wird durch Schwefelwasserstoff und verdünnte Säuren nicht zersetzt, durch Alkalien unter Bildung von Ferrihydroxyd zerstört. In Oxalsäure tiefblau löslich. Wegen seiner Alkaliempfindlichkeit als Blaumittel heute nur selten verwendet. Wird bei der Herstellung ein Überschuß von Ferrocyankalium verwendet, so entsteht das wasserlösliche Berlinerblau, $KFe[Fe(CN)_6]$. Es kommt in Tabletten als Waschblau und Waschblauessenz in den Handel und ist als Blaumittel beliebter als die wasserunlösliche Form.

Smalte, Königsblau. Ein Kobalt-Tonerde-Kali-Silicat. Feines, dunkelblaues, wasserunlösliches, luft- und lichtbeständiges Pulver. Gegen Säuren, Alkalien und Schwefelwasserstoff widerstandsfähig. Wird mit Gips, Ton, Ultramarin u. a. verschnitten; nicht giftig. Als Blaumittel vom billigeren Ultramarin fast verdrängt.

Bleichmittel. Literatur: ABEL: Hypochlorite und elektrische Bleiche. — BOTTLER: Bleich- und Detachiermittel der Neuzeit. — ENGELHARDT: Hypochlorite und elektrische Bleiche. — EBERT u. NUSSBAUM: Hypochlorite und elektrische Bleiche. — HÖLBLING: Die Fabrikation der Bleichmaterialien. — JELLINEK: Das Hydrosulfit.

Sämtliche Fasern können in jeder Fertigungsstufe (als Rohfaser, Gespinst, Gewebe usw.) einem Bleichprozeß unterworfen werden, der hauptsächlich bezweckt, die der Faser natürlich anhaftenden, gefärbten Bestandteile zu entfernen. Die gebleichte Ware kommt dann entweder als „Weißware“, und zwar in verschiedenen Weißgraden, zum Verkauf oder sie wird auch weiter gefärbt oder bedruckt. Waren, die später dunkel, z. B. schwarz, gefärbt werden sollen, werden in der Regel nicht vorgebleicht. Die Weißwaren werden meist noch „geblaut“ oder „angeblaut“ (s. Blaumittel), um der Ware entweder den noch vorhandenen Gelbstich zu nehmen oder den erforderlichen Stich ins Blaue, bisweilen Rötliche usw., zu geben.

Man teilt die *B.* in a) oxydierende und b) reduzierende Bleichmittel ein. Je nach der Art der Faser werden die einen oder die andern, unter Umständen auch beide hintereinander, angewandt. Die pflanzlichen Fasern werden vorzugsweise mit oxydierenden, die tierischen mit reduzierenden Bleichmitteln gebleicht. Während die oxydierenden *B.* die Gefahr in sich schließen, bei zu starker Einwirkung auf die Faser diese zu schädigen (s. Oxycellulose), zeigen

[1] HOFFMANN, K.: Ultramarin. 1902. — BOCK, L.: Fabrikation der Ultramarinfarben. 1918. — S. a. E. GRUNER: Zur Kenntnis der Ultramarine. Ztschr. ang. Ch. **1928**, 446; hier auch weitere Literaturangaben.

die reduzierenden *B.* den Nachteil, in der Regel kein Dauerweiß zu ergeben, sondern ein Weiß, das durch Luftsauerstoff allmählich wieder nachdunkelt.

Die wichtigsten oxydierenden *B.* sind: Superoxyde (Wasserstoff-, Natrium-, Bariumsuperoxyd, Natriumperborat, seltener Percarbonat und Persulfat), Kaliumpermanganat und vor allem die Hypochlorite (Chlorkalk, Alkalihypochlorite). Zu ihnen gehören auch die Ozonbleiche und die Rasenbleiche (s. Leinenbleicherei). Die wichtigsten reduzierenden *B.* sind: schweflige Säure (Bisulfite, Sulfite) und die Hydrosulfite (Blankit, Rongalit usw.) in ihren verschiedensten Formen (s. d. im einzelnen).

Bleiverbindungen.

Die Bestimmung des Bleis geschieht mit Vorliebe gravimetrisch als Bleisulfat. Die Lösung (Nitrat o. ä.) wird mit überschüssiger verdünnter Schwefelsäure versetzt, auf dem Wasserbade eingedampft, über kleiner Flamme bis zum Entweichen von Schwefelsäuredämpfen erhitzt und erkalten gelassen. Dann fügt man wenig Wasser zu, rührt um, läßt einige Stunden stehen, filtriert, wäscht neutral, zuletzt mit etwas Alkohol, trocknet, verascht das Filter gesondert, vereinigt die Filterasche mit dem Niederschlag im Porzellantiegel, glüht, führt zuletzt etwa entstandenes metallisches Blei durch ein paar Tropfen Salpeter- und Schwefelsäure wieder in Sulfat über, glüht schwach und wägt als Bleisulfat, $PbSO_4$.

Bleiacetat, essigsaures Blei, Bleizucker (plumbum aceticum). $Pb(C_2H_3O_2)_2 \cdot 3H_2O = 379{,}2$; $PbO : 58{,}81\%$. Weiße, an der Luft verwitternde Krystalle vom Schm.P. 75°; wasserfrei vom Schm.P. 280°. Giftig. Durch Schwefelwasserstoff tritt Schwärzung ein. Kohlensäurehaltiges Wasser löst unter Bildung von Carbonat, $PbCO_3$, trübe. 100 T. Wasser lösen bei 15° = 45, bei 100° = 71 T. wasserfreies Salz.

Gehalt und spezifisches Gewicht der wäßrigen Lösungen bei 20° an krystallisiertem Salz (Salomon).

% *B.*	5	10	20	30	40	50
Spez. Gew.	1,031	1,062	1,124	1,184	1,244	1,303

Verunreinigungen. Eisen und Kupfer. *Verwendung.* Zur Erzeugung von Chromgelb und Chromorange in Färberei und Zeugdruck. Im Indigo-Reserveartikel. Zur Herstellung andrer Metallacetate durch Umsetzung mit Sulfaten u. a. m.

Bleiacetat basisch, Bleiessig (plumbum subaceticum). Von wechselnder Zusammensetzung, z. B. $Pb(C_2H_3O_2)_2 \cdot PbO$ bzw. $2Pb(C_2H_3O_2)_2 \cdot PbO$ usw. Ohne besondere Bedeutung. Kann auch für Chromgelb und -orange Verwendung finden.

Bleichromat, chromsaures Blei, Chromgelb. $PbCrO_4$. Kommt als Pulver und Paste in den Handel und dient als Druckfarbe. Auf der Faser wird es durch Umsetzung von Bleisalz und Bichromat erzeugt. Auch das basische *B.* oder das „Chromrot" wird bisweilen auf der Faser erzeugt.

Bleinitrat, salpetersaures Blei (plumbum nitricum). $Pb(NO_3)_2 = 331{,}2$; $PbO : 67{,}34\%$. Farblose, luftbeständige Krystalle. Giftig. Beim Erhitzen zersetzlich; bei starkem Glühen entsteht Bleioxyd, PbO. In Wasser unter starker Abkühlung löslich. 100 T. Wasser lösen bei 10° = 48, bei 100° = 140 T. *B.*

Gehalt und spezifisches Gewicht der wäßrigen Lösungen von Bleinitrat bei 17,5° (Franz).

% *B.*	5	10	15	20	25	30	35	40
Spez. Gew.	1,044	1,092	1,144	1,200	1,263	1,333	1,409	1,433

Verunreinigungen. Bisweilen Kupfer, Eisen, Calcium. *Verwendung.* Zum Färben und Drucken von Chromgelb und -orange (beim Heißtrocknen kann sich Ware entzünden); im Kattundruck als Zusatz zu den Reservepapps unter Indigo.

Bleisulfat, schwefelsaures Blei, Bleivitriol (plumbum sulfuricum). $PbSO_4$ = 303,4. Schweres, weißes, krystallinisches Pulver. In Wasser fast unlöslich. 100 T. Wasser lösen bei 15° = 0,004 T. Bleisulfat. In wäßrigen Lösungen von Thiosulfat, Alkaliacetat u. a. erheblich, in starker Natronlauge leicht löslich. Alkalicarbonatlösungen führen es in Bleicarbonat über. *Verunreinigungen.* Calcium-, Bariumsulfat (beide in konz., heißer Ammonacetatlösung unlöslich). *Verwendung.* Als Schutzpapp im Blaudruck; als Füllmittel.

Burnus. Ein von der Firma Röhm & Haas, Darmstadt, in den Handel gebrachtes Präparat zum Einweichen von Wäsche. Es enthält Pankreasenzyme (tryptische Enzyme, Tryptase) neben anorganischen, in wäßriger Lösung schwach alkalisch reagierenden Salzen (Soda, Bicarbonat). Das Präparat enthält außer der Tryptase noch in geringer Menge lipolytische und diastatische Enzyme bzw. Fermente. Seine Aufgabe besteht darin, Schmutzsubstrate (wie Eiweiß, Stärke u. ä.), die sich in der gewöhnlichen Wäsche oder bei gewöhnlichem Einweichen nicht lösen, auf physiologischem Wege abzubauen. *B.* greift die Faser und die Farben nicht an (s. a. Degomma S).

Calciumverbindungen.

Die am häufigsten ausgeführte Bestimmung des Calciums ist die gravimetrische als Calciumoxyd. Die neutrale oder schwach ammoniakalische Lösung, die außer Alkalien keine andern Metalle enthalten darf, wird mit Chlorammonium versetzt, zum Sieden erhitzt und mit einer siedenden Lösung von Ammonoxalat gefällt. Nach 4—12 std. Stehen dekantiert man dreimal mit warmem, ammonoxalathaltigem Wasser, filtriert und wäscht mit heißem, ammonoxalathaltigem Wasser. Das so erhaltene Calciumoxalat wird getrocknet, im Platintiegel vorsichtig verbrannt und dann bei bedecktem Tiegel kräftig, zuletzt 20 Min. vor dem Gebläse, bis zum konstanten Gewicht geglüht und als CaO gewogen.

Calciumacetat, essigsaurer Kalk (calcium aceticum). $Ca(C_2H_3O_2)_2 \cdot 2\,H_2O$ = 194,2; wasserfreies Salz: $Ca(C_2H_3O_2)_2$ = 158,1. Das rohe Produkt kam früher in großen Mengen als Graukalk, Holzkalk oder Grausalz für die Essigsäurefabrikation in den Handel. Der reine, eisenfreie, essigsaure Kalk wird vom Verbraucher selbst durch Neutralisieren von Essigsäure mit Kreide oder Kalk als Lösung erzeugt. 3 kg gebrannter Kalk (mit 14 l Wasser gelöscht) verbrauchen etwa 21 kg Essigsäure von 30%. Das Salz ist auch im kryst. Zustande im Handel. 100 T. Wasser lösen bei 20° = 34,7, bei 100° = 29,7 g wasserfreies *C.*

Gehalt und spezifisches Gewicht der wäßrigen Lösungen an wasserfreiem Salz bei 17,5°.

% *C.*	5	10	15	20	25	30
Spez. Gew.	1,033	1,049	1,067	1,087	1,113	1,143

Verunreinigungen. Eisen, Tonerde, Magnesia. *Verwendung.* Beim Drucken von Alizarinfarben, beim Färben von Alizarinrot u. a. auf Wolle; zur Herstellung von Tonacetat u. a.

Calciumbisulfit, saures schwefligsaures Calcium, Sulfitlauge. $Ca(HSO_3)_2$. Diente zur Herstellung des Lignorosins für den Chromsud der Wolle.

Calciumcarbonat, kohlensaurer Kalk, Kreide, Schlämmkreide (calcium carbonicum). $CaCO_3$ = 100,1; CaO : 56,04%. Weißes, luftbeständiges, amorphes oder krystallinisches Pulver, das bei 825° in Calciumoxyd und Kohlensäure dissoziiert. 1 l kohlensäurefreies Wasser löst bei 18° = 0,013 g Kreide. Kohlensäurehaltiges Wasser löst erheblich mehr; z. B. löst 1 l mit Kohlensäure gesättigtes Wasser unter gewöhnlichem Druck 0,9 g, bei höherem Druck bis zu

3 g *C.* zu Bicarbonat auf, wobei die verschiedenen Formen des *C.* (Kalkspat, Aragonit, Kreide) Unterschiede aufweisen. *Verunreinigungen.* Darf keinen Sand enthalten, soll in Essigsäure löslich und frei von Eisen und erheblichen Mengen Magnesia sein. *Verwendung.* Als feines Kreidepulver oder Schlämmkreide (in Form von Kreidebädern) zum Abstumpfen oder „Abkreiden“ (Türkischrotfärberei, Brechweinsteinbäder, Diazotierungslösungen); seltener als Deckpigment für Wolle; als Reserve unter Anilinschwarz.

Calciumchlorid, Chlorcalcium (calcium chloratum). $CaCl_2 = 111$. Das technische Produkt ist wasserfrei; das *C.* kann aber auch mit 6 Mol. Wasser krystallisieren, das es bei 200° verliert und dann bei 806° schmilzt. Es zieht aus feuchter Luft begierig Wasser an und zerfließt leicht. 100 T. Wasser lösen bei 15° = 66, bei 30° = 93, bei 70° = 136, bei 99° = 154 T. wasserfreies Salz.

Gehalt und spezifisches Gewicht der wäßrigen Lösungen an wasserfreiem Salz bei 18° (PICKERING).

% *C.*	4	8	15	30	50
Spez. Gew. . . .	1,032	1,067	1,131	1,283	1,507

Siedepunkte der wäßrigen Lösungen.

S.P.°	100	115	120	130	140	152	160	180
% $CaCl_2$ . . .	44	58,6	73,6	104,6	136,3	178,2	212,1	325

Verwendung. Für Heizbäder in Versuchsfärbereien; zum Trocknen der Luft im Exsiccator u. a.

Calciumformiat, ameisensaures Calcium (calcium formicum). $Ca(HCO_2)_2$. Fest und in Lösung im Handel. Dient ähnlichen Zwecken wie das Acetat.

Calciumhypochlorit, unterchlorigsaures Calcium, Chlorkalk, Bleichkalk (calcaria chlorata). Der technische Chlorkalk ist ein wechselndes Gemisch von Hypochlorit, Chlorcalcium, Ätzkalk und Wasser und besteht im wesentlichen aus der Doppelverbindung: $Ca(OCl)_2 \cdot CaCl_2$ oder der äquivalenten Verbindung: $CaOCl_2$. Grauweiße, körnige, chlorähnlich riechende Masse mit meist 37—39% wirksamem Chlor und etwa 1% überschüssigem Chlorcalcium. Auch kommt das *C.* als trocknes Pulver mit etwa 70% akt. Chlor in den Handel. Diese trockne Ware erhitzt sich stark mit feuchten Gegenständen und kann sie hierbei explosionsartig zur Entflammung bringen. Zersetzt sich, besonders an feuchter Luft, durch die Luftkohlensäure. Magnesiumsalze befördern die Zersetzung. Mit wenig Wasser bildet der Chlorkalk unter Erwärmung einen voluminösen Brei. Die wäßrige Lösung reagiert stark alkalisch, wirkt oxydierend und bleichend und riecht schwach nach Chlor. Eisen-, Kupfer-, Mangansalze wirken katalytisch ein, indem sie schnellen Zerfall herbeiführen. Mit 5 T. Wasser wird eine Lösung von 16° Bé erhalten, die grünlichgelb ist. Rotgelbe Lösung deutet auf Eisen, Purpurfärbung auf Mangan.

Zum Lösen des Handelschlorkalks bedient man sich im Großbetriebe mit Vorliebe besonderer Vorrichtungen, der Chlorkalklöser (s. a. u. Baumwollbleicherei), wobei die Beseitigung des anfallenden Kalkschlammes Schwierigkeiten bereitet (s. a. u. Abwasserbeseitigung). Dieser Umstand hat u. a. Anlaß dazu gegeben, daß immer mehr Natronbleichlauge (s. d.) zur Verwendung gelangt. Calciumhypochloritlauge kann vom Großverbraucher auch nach dem Patentverfahren der Deutschen Solvaywerke Bernburg (s. u. Natriumhypochlorit) aus Chlorgas und Kalklauge hergestellt werden, wobei bei Bezug des Chlors in Kesselwagen erhebliche Ersparnisse gemacht werden können. H. WREDE[1] berechnet die Kosten für 1 kg bleichendes Chlor in verschiedenen Calcium- und Natriumhypochloritlaugen wie folgt:

1 kg bleichendes Chlor kostet in Pfennigen (einschl. Verluste, Arbeitslohn und Amortisation der Anlagen): a) bei Bezug von flüssigem Chlor in Stahlflaschen (1 kg Chlor = 36,75 Pf.), b) bei Bezug desselben in 500-kg-Chlorfässern (1 kg Chlor = 33,75 Pf.), c) bei Bezug desselben in Chlorkesselwagen von 15000 kg (1 kg Chlor = 25,0 Pf.), d) bei Bezug von Handels-Chlorkalk:

[1] WREDE, H.: Papier-Fabrikant **1927**, 823.

	Natriumhypochlorit-Lauge aus Chlorgas und Soda				Calciumhypochlorit-Lauge	
	sauer	neutral	Soda alkalisch	mit Kalk alkalich gemacht	aus Chlorgas und Kalk	aus Chlorkalk
a)	56,5	66,5	68,5	58,5	49,0	—
b)	53,5	63,5	65,5	55,5	46,0	—
c)	44,75	54,75	56,75	46,75	34,5	—
d)	—	—	—	—	—	59,0

Ausschlaggebend bei der Beurteilung des Chlorkalks ist vor allem der Gehalt an aktivem oder bleichendem Chlor (Grädigkeit). In England und Amerika allgemein, in Deutschland und andern Staaten vorzugsweise wird das bleichende Chlor in Gewichtsprozenten ausgedrückt. In Frankreich sind noch die Gay-Lussac-Grade gebräuchlich, welche die von 1 kg Chlorkalk erzeugte Anzahl Liter Chlorgas, auf 0^0 und 760 mm reduziert, angeben. Da 1 l Chlor bei 0^0 unf 760 mm Druck = 3,178 g wiegt, so ergeben sich durch Multiplikation der französischen Grade mit 0,3178 die Gewichtsprozente wirksamen Chlors: 100^0 Gay-Lussac = 31,78% wirksames Chlor. *Gehaltsprüfung.* Der Chlorgehalt wird nach verschiedenen Methoden sehr genau ermittelt. Am meisten eingeführt sind: 1. Die PENOT sche Titration mit Natriumarsenitlösung, 2. die BUNSENsche jodometrische Methode, 3. das Nitritverfahren nach Z. KERTESZ und KAUFFMANN u. a. m. In gleicher Weise werden auch die entsprechenden Alkalihypochlorite bestimmt. Aräometrische Messungen sollten höchstens bei frischen Bädern zur schnellen, annähernden Orientierung vorgenommen werden. PENOTsche Methode in der LUNGEschen Form: n/10-Natriumarsenitlösung (4,950 g reine arsenige Säure werden mit 20 g Natriumbicarbonat zu 1 l gelöst). 1 cm^3 dieser haltbaren Lösung entspricht = 0,003546 g bleichendem Chlor bzw. = 0,012692 g Jod. 7,1 g Chlorkalk werden gut mit Wasser zu einem Brei verrührt und zu 1 l mit Wasser gelöst. 50 cm^3 dieser Lösung werden unter Umschütteln herauspipettiert und unter fortwährendem Umschwenken mit obiger Arsenitlösung titriert, bis ein Tropfen der Lösung, auf Jodkalistärkepapier aufgetupft, nicht mehr gebläut wird. Auch kann gegen Schluß der Titration etwas Jodkalistärkelösung in die Titrierlösung zugegeben werden. 1 cm^3 verbrauchte n/10-Arsenitlösung = 0,003546 g = 1% bleichendes Chlor.

Gehalt und spezifisches Gewicht wäßriger Chlorkalklösungen bei 15^0 (EBERT).

° Bé	bleich. Cl im Liter	° Bé	bleich. Cl im Liter	° Bé	bleich. Cl im Liter
0,26	1	1,78	7,0	3,41	14,0
0,36	1,4	2,02	8,0	3,52	14,47
0,52	2,0	2,13	8,48	3,63	15,0
0,73	2,71	2,27	9,0	3,86	16,0
0,78	3,0	2,51	10,0	4,09	17,0
1,03	4,0	2,75	11,0	4,20	17,31
1,29	5,0	2,89	11,41	4,33	18,0
1,43	5,88	2,97	12,0	4,54	19,0
1,54	6,0	3,19	13,0	4,77	20,0

Verwendung. Verbreitetstes Bleichmittel für pflanzliche Faserstoffe aller Art und jeder Fertigung; zum Chloren der Wolle; zu Oxydationszwecken.

Calciumoxyd, Ätzkalk, Kalk, gebrannter Kalk, Weißkalk (calcium oxydatum). CaO = 56,1. Weißes, erdiges Pulver. In trockner Luft unveränderlich; in feuchter Luft Feuchtigkeit und Kohlensäure anziehend. Der technische Kalk bildet harte, staubig-trockne, graulich- oder gelblich-weiße Stücke mit wechselnden Mengen von Magnesia, Tonerde und Eisen. An feuchter Luft wird er bröcklig und zerfällt zu Pulver. Beim Übergießen mit wenig Wasser findet unter Bildung reichlicher Wasserdämpfe und Verbreitung eines laugenartigen Geruchs starke Erhitzung statt; es entsteht unter Wasseraufnahme gelöschter Kalk, Calciumhydroxyd oder Kalkhydrat, $Ca(OH)_2$. Bei weiterem Wasserzusatz bildet der Kalk einen zarten Brei, den Kalkbrei, und bei weiterer Verdünnung mit Wasser die sog. Kalkmilch. Der in Wasser klar gelöste Kalk liefert schließlich das stark alkalisch reagierende Kalkwasser, welches bei einem Gehalt von 1,28 g CaO im Liter gesättigtes Kalkwasser darstellt. 100 T. Wasser lösen bei 0^0 = 0,138, bei 15^0 = 0,130, bei 45^0 = 0,100, bei 100^0 = 0,058 T. CaO. Eine genaue Gehaltsprüfung des technischen Kalks wird durch seine Ungleichmäßigkeit erschwert. Man titriert meist mit n-Schwefelsäure (Phenolphthalein) bis zur Entfärbung der Lösung, wobei das Carbonat nicht mitgemessen wird. 1 cm^3 n-Schwefelsäure = 0,028 g CaO. *Verwendung.* Früher in größerem Maßstabe zum Beuchen der Baumwolle; bei den sog. Kalkküpen; zum Kaustifizieren der Soda; für das Blauholzkalkschwarz auf Baumwolle; zum Fixieren von Metalloxyden auf der Faser sowie von Ergan- und Erganondrucken; zur Darstellung von Kalksalzen und im größten Umfang bei der Wasser- und Abwasserreinigung; bei kalkarmen Wässern in der Türkischrotfärberei.

Calciumsulfat, schwefelsaurer Kalk, Gips (calcium sulfuricum). $CaSO_4 \cdot 2H_2O$ = 172,2. Weißes, verwitterndes Pulver, das bei 100^0 sein Krystallwasser verliert. 100 T. Wasser lösen bei 18^0 = 0,259, bei 99^0 = 0,222 T. kryst. *C.* Lösung reagiert neutral. *Verwendung* beschränkt in der Ausrüstung als Füllstoff.

Calciumsulfocyanid, Calciumrhodanür, Rhodancalcium. $Ca(SCN)_2 \cdot 3H_2O$. Leicht zerfließliche, beim Erhitzen sich zersetzende Krystalle. *Verwendung.* Vereinzelt beim Alizarinrotdruck; im Wolldruck für Kreppeffekte; zur Herstellung von Stempelfarben mit Serikose L (Acetylcellulose).

Cellappret (I. G. Farbenindustrie). Ein zum Appretieren, Füllen und Imprägnieren, besonders von wasserdichten Waren, bestimmtes neueres Präparat. Herstellung der Lösung. Man zerreißt das *C.* in möglichst kleine Stückchen, weicht es in der 3—4fachen Menge warmen Wassers (möglichst unter häufigerem Rühren und über Nacht) ein, löst die gequollene Masse, nötigenfalls unter Erwärmung, in Wasser und siebt durch. *Anwendung.* Je nach gewünschtem Effekt verwendet man Lösungen von 20—100 g *C.* im Liter. Die Lösung kann vorteilhaft dem ersten Bade (Seifenbade) bei der zweibadigen Seife-Tonerde-Imprägnierung (s. u. Imprägnierung) in geringen Mengen (auf 2 T. Seife 1 T. *C.*) zugesetzt werden. Man erzielt dabei: besseren Schluß des Gewebes, größere Haltbarkeit der Imprägnierung, besseren nichtfeuchten Griff, geringeres Annehmen von Staub. Da *C.* mit Tonerdelösungen Fällungen liefert, darf es diesen nicht zugesetzt werden. Beim Arbeiten mit Ramasit WD konz. (s. d.) gibt man die Cellappretlösung dem Ramasitbade zu und passiert nach dem Abquetschen noch durch essigsaure Tonerde von 4—6^0 Bé. *C.* wirkt auch als solches als Imprägnierungsmittel, wobei das Gewebe mit einer Lösung von etwa 25 g im Liter und darauf mit essigsaurer Tonerde von 4—6^0 Bé behandelt wird. *C.* wird besonders auch für Kunstseidenartikel empfohlen.

Celloxan (I. G. Farbenindustrie). Hilfsprodukt, welches das Färben von Acetatseide mit basischen Farbstoffen in tiefen Tönen erleichtert bzw. ermöglicht. Glanz, Griff und Festigkeit der Acetatseide werden nicht geschädigt. Die Färbungen sind gut waschecht. Man setzt pro Liter Färbebad etwa 5 cm^3 *C.* zu, färbt, wie üblich, bei etwa 70^0 im Flottenverhältnis 1 : 20 und setzt evtl. noch ein- bis zweimal die gleiche Menge *C.* zu. Zuletzt spült man, aviviert bei 40^0 mit 1 % Essigsäure und trocknet bei 30—40^0. Stehenden Bädern setzt man die Hälfte an Farbstoff und *C.* zu.

Chlor. Chemisches Element, Cl = 35,46. Hellgrünes Gas von erstickendem Geruch, zu Husten reizend, Erstickungsanfälle verursachend, giftig (Gegengift: frische Luft, künstliche Atmung, frische Milch, Kaffee). Spez. Gew. = 2,45 (Luft = 1). 1 l Chlorgas bei 0^0 und 760 mm Druck wiegt 3,2 g. Bei 15^0 verdichtet sich das Chlorgas bei 5,7 at zu einer klaren, dunkelgrünlichgelben Flüssigkeit vom S.P. —33,6°. Kritische Temperatur = +146°; kritischer Druck = 93,5 at; Erst.P. = —102°. 1 kg flüssiges Chlor liefert 300 l Chlorgas. 1 Vol. Wasser löst bei 20° = 2,3 Vol., bei 10° = 2,5 Vol. Chlorgas auf. Diese Lösungen heißen Chlorwasser (aqua chlorata). 1 cm³ Tierkohle absorbiert bei 20° = 304,5 cm³ gasförmiges Chlor. Die wäßrige Lösung von Chlor besitzt fast alle Eigenschaften des gasförmigen Chlors. Chlor verbindet sich mit den meisten Elementen, mit Metallen bildet es die Chloride. Absolut trockenes Chlor greift indessen Eisen, Kupfer, Zink, Blei usw. nicht an. Zinn wird zu Chlorzinn (s. d.) gelöst. Organische Farbstoffe werden zum größten Teil gebleicht oder zerstört. Für den Transport dienen starkwandige Eisengefäße, die auf 50 at Druck geprüft sind (amtlicher Prüfungsdruck = 22 at), meist in Bomben von 50—60 kg flüssigen Chlors. *Verwendung.* Zur Herstellung von Chlorkalk, Bleichflüssigkeiten (s. Hypochlorite), wasserfreiem Chlorzinn; seltener unmittelbar zum Bleichen.

Chromverbindungen.

Die Bestimmung des Chroms in Chromisalzen geschieht meist gravimetrisch als Chromoxyd. Das Chromhydroxyd wird, wie Tonerdehydrat, aus stark ammonsalzhaltiger Lösung mit wenig Ammoniak im Überschuß bei Siedehitze gefällt, filtriert, geglüht und als Cr_2O_3 gewogen. Etwa anwesende Phosphorsäure geht z. T. mit in den Niederschlag hinein. Über die Bestimmung der Chromsäure in Chromaten s. u. Kaliumbichromat.

Chromacetat, essigsaures Chrom (chromium aceticum). $Cr(C_2H_3O_2)_3 = 229,1$. Kommt als neutrales Salz (grün) und als basisches Salz (violett) in den Handel. *Handelsformen* der I. G. Farbenindustrie: essigsaures Chrom 20° Bé violett, essigsaures Chrom A 20° Bé violett, essigsaures Chrom trocken violett, essigsaures Chrom A trocken violett; essigsaures Chrom S 20° Bé grün, essigsaures Chrom AS 20° Bé grün, essigsaures Chrom S trocken grün, essigsaures Chrom AS trocken grün. Durch Ersatz eines Teils der Essigsäure durch Schwefelsäure entstehen die Sulfacetate oder die essigschwefelsauren Salze, z. B. das $Cr_2(C_2H_3O_2)_4 \cdot SO_4$, die auch ihrerseits neutrale und basische Salze bilden können, z. B. das $Cr_3(C_2H_3O_2)(SO_4)(OH)_6$.

Chromgehalt und spezifisches Gewicht der wäßrigen Lösungen von Chromacetat.

Gramm Cr_2O_3 im Liter . . .	5	10	20	40	80
Spez. Gew. grünes Acetat .	1,007	1,014	1,028	1,056	1,112 (bei 17°)
Spez. Gew. violettes Acetat .	1,006	1,013	1,025	1,050	1,102 (bei 15°)

Verwendung. Das basische Salz als Beize im Zeugdruck und in der Färberei, das normale Salz seltener als Beize für Wolle, für Khakifärbungen.

Chromammoniumsulfit. Nach Prud'homme durch Mischen von 45 T. Chromkali, 20 T. Soda, 100 T. Ammoniumbisulfit von 36° Bé, 100 T. Ammoniak und 1 l Wasser erhältlich. Soll die Zusammensetzung haben: $Cr(NH_4SO_3)_3$.

Chromate bzw. Bichromate s. u. Kaliumbichromat usw.

Chrombisulfit, saures schwefligsaures Chrom (chromium bisulfurosum). Kommt als grüne Lösung von 21° Bé (9% Cr_2O_3), 28° Bé (12% Cr_2O_3) und 40° Bé (18% Cr_2O_3) in den Handel. Wird durch Auflösen von Chromhydroxyd in schwefliger Säure oder durch Umsetzung von Chromsulfat mit Natriumbisulfit (in diesem Fall ist die Chromlösung glaubersalzhaltend) gewonnen.

Gehalt und spezifisches Gewicht der wäßrigen Lösungen bei 17°.

Gramm Cr_2O_3 im Liter .	10	20	30	40	50	60	70	80
Spez. Gew. .	1,02	1,04	1,05	1,08	1,10	1,12	1,14	1,16

Verwendung. Als leicht ätzbare Beize in der Baumwollfärberei und im Kattundruck.

Chromchlorid, Chlorchrom, Chromtrichlorid (chromium chloratum). $CrCl_3 \cdot 6H_2O = 266,5$. Die grüne Lösung des Handels von 30° Bé (I. G. Farbenindustrie) stellt ein basisches Salz dar, das etwa in der Mitte von $Cr(OH)_2Cl$ und $Cr(OH)Cl_2$ steht und der Zusammensetzung $Cr_2(OH)_3Cl_3$ am nächsten kommt. *Verunreinigungen.* Alkalisalze, Sulfate, Eisen.

Gehalt und spezifisches Gewicht der wäßrigen Lösungen bei 15°.

Gramm Cr_2O_3 im Liter	5	10	20	40	80	120	170
Spez. Gew.	1,008	1,016	1,032	1,065	1,131	1,197	1,276

Verunreinigungen. Alkalisalze, Sulfate, Eisen. *Verwendung.* Als Beize für Baumwolle, wie Chromalaun; als Chrombeize für Seide (20° Bé stark im stehenden Bad verwendet, mit Wasserglas fixiert).

Chromchromat, chromsaures Chrom (chromium chromicum). $Cr_2(CrO_4)_3 \cdot 9H_2O$. Von v. GALLOIS durch Lösen von frisch gefälltem Chromhydroxyd in warmer Chromsäure hergestellt. Heute ohne Bedeutung, ebenso wie das basische Salz $Cr(OH)(CrO_4)$ und das Chromsulfatchromat $Cr_2(OH)_2(SO_4)(CrO_4)$.

Chromfluorid, Fluorchrom. $CrF_3 \cdot 4H_2O = 181{,}1$. Grünes, krystallinisches Pulver, in Wasser grün löslich, Glas und Metalle anätzend. Ist am besten in hölzernen oder kupfernen Geschirren zu verwenden. Der Chromgehalt der technischen Ware (I. G. Farbenindustrie) ist etwa 42% Cr_2O_3. Ein Eisengehalt wirkt störend. *Verwendung.* Zum Nachbehandeln von mit Alizarin- und einzelnen substantiven Farbstoffen gefärbten Wollen; zum Nachchromieren von substantiven Färbungen auf Baumwolle zwecks Erhöhung der Waschechtheit; im Wolldruck, speziell Vigoureuxdruck. Vorübergehend für den Chromsud der Wolle in Gebrauch gewesen.

Chromformiat, ameisensaures Chrom (chromium formicicum). $Cr(HCO_2)_3 = 187$. Als graugrünes Pulver und als Lösung im Handel. Wird als Ersatz für Chromacetat empfohlen. Dissoziiert nicht so leicht wie das Acetat.

Chromnitrat, salpetersaures Chrom (chromium nitricum). $Cr(NO_3)_3 \cdot 9H_2O = 400{,}2$. Das Salz erscheint im auffallenden Licht blau, im durchfallenden rot. Die Lösungen werden durch Auflösen von Chromhydroxyd in Salpetersäure oder durch Umsetzung von Chromalaun mit Bleinitrat (oder Calciumnitrat) gewonnen. Von basischen Salzen ist das H. SCHMIDsche Salz bekannt: $Cr_2(OH)_3(NO_3)_3$. Die Nitrate dissoziieren leichter als die Chloride. Durch teilweisen Ersatz der Salpetersäure durch Essigsäure entstehen die Nitracetate bzw. das salpeteressigsaure Chrom.

Chromoxydnatron, alkalische Chrombeize. Von H. SCHMID durch Lösen von Chromhydroxyd in Natronlauge hergestellt. H. KOECHLIN benutzt auch glycerinhaltige alkalische Chrombeize, die ihr Chrom leichter an die Faser abgibt. Heute ohne besondere Bedeutung.

Chromsulfacetat s. u. Chromacetat.

Chromsulfat, schwefelsaures Chrom (chromium sulfuricum). $Cr_2(SO_4)_3 \cdot 15H_2O = 662{,}4$. Schwerlösliche, violette Krystalle; das neutrale Salz liefert auch basische Salze. Bei 78° geht die Lösung in die grüne Modifikation über, die bei längerem Stehen wieder violett wird. Auch als Lösungen im Handel. *Verwendung.* Beschränkt zum Beizen der Baumwolle; im Zeugdruck; zur Erzeugung von Khakifärbungen. Mit Kaliumsulfat zusammen krystallisiert, bildet es den Chromalaun.

Chromsulfocyanid, Chromrhodanür, Rhodanchrom. $Cr(SCN)_3 = 226{,}22$. Als Lösung von 20° Bé im Handel. Kann durch Umsetzung von Chromsulfat mit Rhodanbarium leicht gewonnen werden. Für einzelne Zwecke, ähnlich wie Rhodantonerde, im Kattundruck und bei Blauholzdampfschwarz verwendet. Gibt sein Chrom beim Dämpfen leicht, im Beizbad nur schwer an die Faser ab.

Metachrombeize (I. G. Farbenindustrie). Diese Chrombeize hat die Eigenschaft, durch langsame und gleichmäßige Zersetzung im Färbebade Säure frei zu machen und ein langsames Aufziehen der Metachromfarben zu ermöglichen. Die gleichzeitig frei werdende Chromsäure chromiert den Farbstoff derartig, daß eine vorzeitige Chromlackbildung des noch im Bade befindlichen Farbstoffs und dadurch eine Ausscheidung des Chromlacks im Färbebade vermieden werden.

Citronensäure (acidum citricum). $C_3H_4(OH)(COOH)_3 \cdot H_2O = 210$. Farblose, wasserhelle Krystalle, die bei 30—40° oberflächlich verwittern und bei 135° im Krystallwasser schmelzen. Die Säure ist nicht flüchtig und durch Milde sowie Schwerlöslichkeit des Kalksalzes in der Hitze charakterisiert. 100 T. Wasser lösen bei 15° = 133 T., bei 100° = 200 T. *C.* Ihre Salze heißen Citrate. *Handelsmarken, Verunreinigungen.* Die kryst. *C.* ist meist sehr rein und enthält nur selten Spuren von Schwefelsäure, Oxalsäure, Weinsäure und Schwermetallen. Häufiger gebraucht wird der technische Citronensaft vom spez. Gew. 1,25 und mit einem Gehalt von 32% kryst. *C.*, auch von nur 25%. Es ist dies eine dickflüssige, dunkelbraun gefärbte Lösung, die durch Pressen der Citronen und Bergamotten, nachfolgende Gärung und Eindickung des Saftes gewonnen wird[1]. Der Saft enthält noch die verschiedensten Bestandteile der frischen Citrone und deren Umwandlungsprodukte (Eiweiß, Zucker, Pflanzenschleim u. a.). *Gehaltsprüfung.* Acidimetrisch durch Titration mit n-Lauge (Phenolphthalein). 1 cm^3 n-Lauge = 0,07 g kryst. *C.* *Verwendung.* Kryst. *C.* in der Seiden- und Kattundruckerei; als Reserve bei Alizarinfärbungen; bei Lackfarben zur Verhinderung vorzeitiger Lackbildung; in der Appretur ganzseidener Waren. Der technische Citronensaft in größerem Umfange zum Avivieren schwarzgefärbter Seide (Blauschwarzartikel).

Colloresin D und **D trocken** (I. G. Farbenindustrie). Hilfsprodukte, die die Verwendung von Küpenfarbstoffen im Hand- und Spritzdruck bedeutend erleichtern und verbessern, indem sich die aufgedruckten Küpenfarben durch Zusatz von *C.* bis zur Fixierung im Dämpfprozeß im warmen Arbeitsraum beliebig lange unzersetzt halten und so ein gleichmäßiger Ausfall gewährleistet wird. Im Hand-, Relief- und Rouleauxdruck (auch Kettendruck) verwendbar. Ein Abflecken oder Verschmieren der Leitwalzen im Dampf findet nicht statt. *C.* koaguliert in der Hitze und muß deshalb in kaltem Wasser gelöst werden.

Degomma DL (s. a. Diastasepräparate). Ein von der Firma Röhm & Haas, Darmstadt, in den Handel gebrachtes Präparat zum Entschlichten sowie zur Herstellung von Schlichten und Appreturen. Es enthält tierische Diastase aus der Bauchspeicheldrüse in hoher Konzentration, hat ein sehr hohes Stärkeverflüssigungsvermögen und enthält daneben Glaubersalz und Kochsalz. Die Marke Degomma DH hat eine um 50% höhere Konzentration als DL. Die Marke Degomma D ist gleich stark wie DL, enthält aber als Diastaseträger Holzmehl, das vor der Verwendung durch Abfiltrieren entfernt wird. Sie wird nur noch für einzelne Zwecke vorgezogen.

Degomma S. Ein von der gleichen Firma in den Handel gebrachtes Präparat für die Entbastung von Seide. Es enthält als wirksamen Bestandteil tryptische Enzyme der Bauchspeicheldrüse, daneben anorganische, in wäßriger Lösung alkalisch reagierende Salze (Soda, Phosphat). Seide wird mit 4—5% Degomma S bei 40° vorbehandelt und mit 10% Seife nachgekocht (s. a. Burnus).

Dextrin. Literatur: S. unter Stärke. Dextrin ist kein einheitlicher Körper, sondern ein Gemisch von verschiedenen Hydrolysierungsprodukten der Stärke. Eine scharfe Charakterisierung der einzelnen Abbauprodukte fehlt. Nach LINTNER sind die Dextrine Abbauprodukte der Stärke, die zwischen der Stärke, $(C_6H_{10}O_5)_n$, und der Maltose, $C_{12}H_{22}O_{11}$, liegen. Die Handelsprodukte enthalten außer Dextrinen auch etwas lösliche Stärke und mehr oder weniger unveränderte Stärke. Die Säuredextrine enthalten oft auch Traubenzucker (Dextrose).

---

[1]) GUTTMANN und KLEMA, Die Citronensäure-Industrie Siciliens, Chem. Ztg. 1927, 705, 726.

Die Isolierung der Dextrine gelingt durch Fällung mit verdünntem Alkohol, ihre Unterscheidung und Einteilung durch ihr Verhalten zu wäßriger Jodlösung, dann auch durch ihr Reduktionsvermögen gegenüber Fehlingscher Lösung und durch ihr optisches Drehungsvermögen. Die der Stärke am nächsten stehenden Dextrine, d. h. die am wenigsten abgebaute Stärke, die Amylodextrine, geben mit Jodlösung eine blauviolette bis rotviolette Färbung; sie reduzieren Fehlingsche Lösung nicht und besitzen ein optisches Drehungsvermögen. Stärker hydrolysierte Dextrine, die Erythrodextrine, geben mit Jodlösung rote bis rotbraune Färbungen, zeigen ein geringes Reduktionsvermögen und besitzen auch ein Drehungsvermögen. Die am stärksten abgebauten Dextrine, die Achroodextrine, geben mit Jodlösung keine Färbung mehr und reduzieren Fehlingsche Lösung stärker als die vorstehenden; haben auch ein Drehungsvermögen. Die in der Literatur noch angegebenen Maltodextrine und Grenzdextrine sind nach Ansicht einiger Forscher nur Gemische von Dextrin und Zucker.

Herstellung. D. wird aus Stärke durch Rösten (Röstdextrin) bzw. Erhitzen in drehbaren Trommeln auf 180—220° erzeugt; auch durch Erhitzen von mit verdünnter Salzsäure befeuchteter Stärke auf 150°. Auch kann man zu diesem Zwecke Salzsäure, schweflige Säure und andre Säuren verwenden. Je nach Art des Ausgangsprodukts, der Dextrinierungsmittel, der Dauer und Höhe der Erhitzung usw. werden fast weiße, gelbe bis braune *D.* erhalten.

Eigenschaften des Dextrins. Amorphe, wasserlösliche Produkte, welche klebende Lösungen ergeben. Stärkehaltige *D.* geben unklare Lösungen. In Alkohol über 50% sind sie unlöslich. Das Verhalten zu Jodlösung, Fehlingscher Lösung usw. wurde schon oben erwähnt. Gutes *D.* soll nicht hydroskopisch, sondern trocken, fast geruchlos, fade schmeckend, leicht zerreiblich und in einem gleichen Volumen Wasser löslich sein. Der Feuchtigkeitsgehalt soll nicht über 8%, der Aschegehalt nicht über 0,5% betragen.

Handelssorten. Die *D.* kommen meist in Pulverform, dann auch als körnige Masse und auch in flüssiger Form in den Handel. Die Farbe variiert von reinem Weiß über Gelb, Graugelb bis zum Braun. Die durch Rösten aus Kartoffelstärke erhaltenen Röstdextrine nennt man auch Röstgummi, Leiogomme, Stärkegummi, künstliches Gummi, Gommelin, Pyrodextrin, Pyrogomme, französisches Dickgummi (letzteres bei hellen Sorten). Aus Weizenstärke hergestellte *D.* heißen auch: gebrannte Stärke, Amidine, Amidon grillé, Amidon brulé. Die durch Säuren erzeugten, etwas hydroskopischeren Säuredextrine aus Kartoffelstärke heißen auch: Säuregummi, Kraftgummi, Gomme artificielle, Gommeline blanche, Gommeline jaune, Gommeline brun, factice gomme. Säuredextrine aus Weizenstärke kommen auch unter den Namen vor: Adragantine, Adrugantine, Gomme cériale, Gomme d'Alsace, Elsässer Gummi. *D.* aus Maisstärke werden auch gehandelt als: Britisches Gummi, British Gum, White dextrine, American Gum, Irish Gum. Unter Krystallgummi versteht man ein mit Knochenkohle entfärbtes Dextrinpräparat in glasigen Körnern vom Aussehen und den Eigenschaften des arabischen Gummis. Ähnliche Dextrinpräparate sind das Gummi germanicum und das Kunstgummi. Die zahlreichen Bezeichnungen werden übrigens nicht immer streng eingehalten und bieten keine Gewähr für Herkunft und Art der Herstellung. Gebrauchsfertige Klebstoffe aus Dextrinpräparaten bezeichnet man auch mit dem Sammelnamen Dextrinklebstoffe (s. a. u. Stärke).

Prüfung der Dextrine. Die übliche Prüfung erstreckt sich auf Wassergehalt, Aschegehalt, Jodreaktion, Reduktion von Fehlingscher Lösung, Wasserlöslichkeit, Unlösliches, Säuregehalt, mechanische Verunreinigungen und vor allem auf einen technischen Versuch gemäß der Verwendungsart.

Verwendung. Als Ersatz für Gummi arabicum u. ä. Naturgummis in Appretur und Schlichterei; in der Baumwolldruckerei; im Tapetendruck; zur Herstellung von Klebstoffen usw.

Diastase-Präparate. Literatur: ABDERHALDEN: Handbuch der biochemischen Arbeitsmethoden, Bd. 2. — HAMMARSTEN: Lehrbuch der physiologischen Chemie. — EULER: Chemie der Enzyme. — OPPENHEIMER: Die Fermente und ihre Wirkungen. — WENIGER: Die Fabrikation von Malzextrakt. — WIESNER: Die Rohstoffe des Pflanzenreiches, 4. Aufl. Die Enzyme, S. 199. — WOHLGEMUTH: Grundriß der Fermentmethoden.

Der wirksame Bestandteil dieser Präparate ist das Enzym oder Ferment Diastase, das amylolytische, diastatische oder stärkeabbauende bzw. -verflüssigende Ferment, das sich u. a. in der keimenden Gerste (im Malz), dann aber auch in der Pankreasdrüse bzw. der Bauchspeicheldrüse des Schlachtviehs (wie des Menschen) vorfindet. Die Präparate können pflanzlichen oder tierischen Ursprungs sein. Von der Verwendung von Malz und Malzauszügen ist man allmählich mit Vorteil zu haltbaren Handelsprodukten von verschiedenem Wirkungsgrad übergegangen. Die amylolytische Wirkung der Präparate vollzieht sich am besten in neutralem oder schwach organisch-saurem Medium, meist bei 55—70°, wobei die Stärke zu leichtflüssiger, wenig verdickender Stärkelösung verwandelt wird und bei fortschreitender Wirkung über das Dextrin und die Maltose zu Glucose abgebaut wird. Bei Temperaturen über 75° wird das Enzym zerstört. Eine hervorragende Eigenschaft dieser Fermente ist, daß sie weder die Faser noch die Farbstoffe angreifen. *Gehaltsprüfung.* Die Wertbestimmung dieser Produkte erstreckt sich vor allem auf das Stärkeverflüssigungsvermögen. Dieses wird ausgedrückt durch die Anzahl Gramm von Arrowrootstärke, welche 1 g Diastasepräparat innerhalb von 30 Min. bei 37,5° gerade noch zu verflüssigen vermag (= 1000 Pollakeinheiten). Man verwendet z. B. 100 cm^3 eines 3proz. Kleisters (= 3 g Stärke), wärmt auf 37—38° im Wasserbad an und setzt (je nach Stärke des Produkts) 0,01—0,05 g Diastasepräparat zu, indem die Temperatur auf 37—38° gehalten wird. Die Verflüssigung sei z. B. bei Anwendung von 0,05 g Diastafor in 6 Min. eingetreten. Das Verflüssigungsvermögen ist dann = 300, d. h. 1 g Diastafor verflüssigt in 30 Min. 300 g Stärke (= 300 Pollakeinheiten). In neuerer Zeit kommen auch jodometrische Wertbestimmungen in Aufnahme[1].

Handelsprodukte. Diastafor (Diamalt-Akt.-Ges., München) in verschiedenen Marken, z. B. „Diastafor extra stark", „Diastafor doppelt konz." usw. Braungelbe, dickflüssige Malzprodukte, säure- und fettfrei, in lauwarmem Wasser löslich. — Ferment D und A (Schweizerische Ferment-Akt.-Ges., Basel) sind zwei hochkonzentrierte Malzauszüge, dem Diastafor ähnlich; nur in bezug auf Stärke voneinander verschieden. — Novo-Fermasol A, B und S werden von der Diamalt-Akt.-Ges. und der genannten Schweizer Gesellschaft hergestellt. Es sind hochkonzentrierte, haltbare, wasserlösliche Pulver tierischen Ursprungs (Pankreaspräparate) von 5—10mal höherem Verflüssigungs- bzw. Verzuckerungsvermögen als die vorstehenden. Außerdem arbeiten die Fermasole schneller, die günstigste Arbeitstemperatur ist 55°. Den Entschlichtungsbädern werden kleine Mengen Kochsalz oder Chlorcalcium (3—4 g pro Liter) zugesetzt. Die neuere Marke der Diamalt-Akt.-Ges., das Novo-Fermasol AS, ist das höchstkonzentrierte Produkt der Firma und kann auch ohne Zusatz von Kochsalz, am besten bei 55°, verwendet werden. Es besitzt ohne Kochsalzzusatz etwa 10000 Pollakeinheiten, mit einem Zusatz von 3—4 g Kochsalz pro Liter Flotte etwa 18—20000 Pollakeinheiten. Man verwendet bis zu 0,5 g des Präparats auf 1 l Flotte oder 0,05—0,1% vom Gewicht der Ware. — Fermasol DB konz. unterscheidet sich von Novo-Fermasol nur in bezug auf Konzentration und wird durch Trocknen tierischer Diastase auf Holzmehl gewonnen. — Degomma DL wird von Röhm & Haas, Darmstadt, hergestellt und gehört, wie die vorstehenden, in die Klasse der tierischen Diastasepräparate. Ist ein hochkonzentriertes Produkt. — Biolase (I. G. Farben-

[1] S. z. B. HALLER: Mell. Text. **1928**, 309.

industrie, Biebricher Werk) kommt „flüssig" und als „N extra in Pulver" in den Handel. Ist pflanzlichen Ursprungs; äußert seine optimale Wirkung bei 70—80°; über 80° geht die Wirkung verloren. Es soll die Stärke nicht bis zur Maltose abbauen. — Erwähnt seien noch von zahlreichen auf dem Markt erschienenen oder erscheinenden Diastasepräparaten folgende, von denen ein Teil keine wesentliche Rolle mehr spielt und von seinen Konkurrenzprodukten überholt ist: Brimal, Diastase L, Diastol, Glicorzo, Maltine, Maltoferment, Multomalt, Orzil, Polygen, Polyval, Rapisade (identisch mit Biolase, im Ausland gehandelt), Syrop de malt, Textilomalt, Unomalt, Zellomaltin u. a. m.

Über die Verwendung der Diastasepräparate s. u. lösliche Stärke.

Außer für die Zwecke der Stärkeverflüssigung oder -verzuckerung werden in neuerer Zeit Maltosepräparate oder ähnliche Erzeugnisse auch als Appretur-, Schlichte- und Aviviermittel empfohlen. So bringt z. B. die Diamalt-Akt.-Ges., München, u. a. folgende Spezialprodukte auf den Markt: Diagum, ein aus Samenkörnern gewonnenes Präparat, das besonders für die Baumwollkettenschlichterei und die Herstellung von Druckfarbenverdickungen empfohlen wird. Flexabil wird als Füllmittel (Ersatz für Öle, Fette, Glycerin u. a.) in der Ausrüstung der Baumwolle, Seide und Kunstseide und zur Verbesserung des Griffs und zur Erzielung von Weichheit empfohlen. Man verwendet von demselben 4—5 kg auf 100 l Appreturflotte. Avimalt und Avimalt R sind Maltosepräparate für die Seiden- und Kunstseidenausrüstung. Avimalt dient zum Avivieren an Stelle von Öl (3—4 % vom Gewicht der Ware), Avimalt R wird besonders für die Schwerappretur empfohlen. Man setzt von demselben etwa 2—3 kg zu 12—15 kg Dextrin (mit oder ohne Bittersalzzusatz) zu. Kromocon ist ein sauerstoffaktivierendes Malzpräparat, das als Zusatzmittel zur Chlorbleiche dient und verschiedene technische Effekte ergeben soll (Ersparnis an Bleichmittel, Erzielung kalkfreier Faser u. a. m.). Man verwendet etwa 0,1 % vom Gewicht der Ware zum Chlorbleichbade. Diamidon dient speziell für die Naturseidenveredlung. Lysamin dient zur Verbeßrung der Reibechtheit.

Eisenverbindungen.

Bei der Bestimmung des Eisens unterscheidet man zwischen a) Gesamteisengehalt, b) Gehalt an Eisenoxydul und -oxyd. a) Gesamteisen. 1. Gravimetrisch als Eisenoxyd: Nach etwaiger Oxydation des Ferrosalzes zu Ferrisalz versetzt man die Lösung mit Salmiak, erhitzt auf 70°, fällt mit Ammoniak in geringem Überschuß, filtriert, wäscht, trocknet, glüht und wägt als Fe_2O_3. 2. Man reduziert das Gesamteisen zu Ferrosalz und titriert mit Chamäleonlösung. b) Eisenoxydul. Man titriert das Oxydul in saurer Lösung unmittelbar mit Chamäleonlösung. 1 cm³ $n/_{10}$-Chamäleonlösung $= 0{,}005584$ g Fe $= 0{,}007184$ g FeO $= 0{,}007984$ g Fe_2O_3. Der Eisenoxydgehalt ergibt sich als Differenz aus Gesamteisen und Eisenoxydul. Bestimmung von Spuren Eisen: colorimetrisch mit Rhodankalium (s. u. Wasser).

Ferrichlorid, Eisenchlorid (ferrum sesquichloratum). $FeCl_3 = 162{,}2$. Gelbe, an der Luft zerfließende Masse. Krystallisiert mit 12 oder 5 Mol. Wasser. 100 T. Wasser lösen bei 15° = 87, bei 100° = 535,7 T. wasserfreies *F. Verwendung.* Beschränkt als Sauerstoffüberträger, z. B. bei Anilinoxydationsschwarz auf Halbseide; bei Dinitrosoresorcin und einigen Spezialartikeln (Indigoätzdruck).

Ferrisulfat, Eisenoxydsulfat, schwefelsaures Eisenoxyd, Eisenbeize, „salpetersaures Eisen", Schwarzbeize, Rostbeize, Rouille (ferrum sulfuricum oxydatum). Die reine Verbindung: $Fe_2(SO_4)_3 \cdot 9H_2O = 562$; $Fe_2O_3 : 28{,}4\,\%$. Dunkelbraune, an feuchter Luft zerfließliche Krystalle. Die technische Eisenbeize stellt eine sirupöse, braunrote, stark basische Ferrisulfatlösung von meist 50⁰ Bé dar, die auch als „salpetersaures Eisen“ oder „Salpeterbeize“ gehandelt wird, weil zu ihrer Herstellung aus Ferrosulfat Salpeterschwefelsäure verwendet wird. Der Basizitätsgrad dieser Eisenbeize ist schwankend. Der Seidenschwarzfärber gebraucht eine Beize der mittleren Zusammensetzung: $Fe_8(OH)_6(SO_4)_9$, entsprechend der „Basizitätszahl“ (= Quotient aus Säurehydrat und Base als Metall) von 2,00.

Gehalt und spezifisches Gewicht der Eisenbeizen (RISTENPART).

Spez. Gew.	% wasserfr. Sulfat	Spez. Gew.	% wasserfr. Sulfat	Spez. Gew.	% wasserfr. Sulfat
1,0462	5	1,2426	25	1,5298	45
1,0854	10	1,3090	30	1,6148	50
1,1324	15	1,3782	35	1,7050	55
1,1825	20	1,4506	40	1,8006	60

Verunreinigungen. Oxydulsalz, Salpetersäure. *Verwendung.* In der Seidenschwarzfärberei; bei Baumwolle zur Erzeugung von Rostgelb (Chamois). Ferrisulfat liefert mit Ammoniumsulfat die Doppelverbindung Ferriammoniumsulfat oder den Eisenammoniakalaun, $Fe_2(SO_4)_3(NH_4)_2SO_4 \cdot 24H_2O$; mit Kaliumsulfat das Ferrikaliumsulfat, den Eisenkalialaun: $Fe_2(SO_4)_3(K_2SO_4) \cdot 24H_2O$.

Ferroacetat, essigsaures Eisen (ferrum aceticum); holzessigsaures, holzsaures Eisen, Schwarzbeize, Schwarzbrühe. Die reine Verbindung: $Fe(C_2H_3O_2)_2 \cdot 4H_2O = 246$. Die durch Umsetzung von Ferrosulfat mit Bleizucker gewonnene, teerfreie Lösung heißt auch, da sie für Chamoisfärbungen bestimmt ist, „Chamoisbeize“. Als Lösung von 20⁰ Bé im Handel. Zur Verwendung gelangt aber vorzugsweise die durch Auflösen von Eisenspänen in roher Essigsäure (früher Holzessigsäure) als grünschwarze, nach Teer riechende Flüssigkeit von 12 bis 15⁰ Bé, zuweilen von 20—30⁰ Bé. Das reine Salz, weniger die teerhaltige Schwarzbrühe, oxydiert sich leicht an der Luft und geht dabei in basisches Ferrisalz über: $Fe(C_2H_3O_2)_2(OH)$.

Gehalt und spezifisches Gewicht von holzessigsaurem Eisen bei 18⁰ (HEERMANN).

⁰ Bé	Gramm Fe_2O_3 im Liter	⁰ Bé	Gramm Fe_2O_3 im Liter	⁰ Bé	Gramm Fe_2O_3 im Liter	⁰ Bé	Gramm Fe_2O_3 im Liter
1,4	5	5,2	25	9,0	45	12,4	65
2,4	10	6,1	30	9,9	50	13,2	70
3,4	15	7,1	35	10,7	55	14,1	75
4,3	20	8,0	40	11,7	60	15,0	80

Verunreinigungen. Ferrisalz und Sulfat sollen nur in geringen Mengen zugegen sein. Zu starke Teerausscheidungen beim Lagern sind zu beanstanden. *Verwendung.* Zur Erzeugung von Sumachschwarz auf Baumwolle. Als Beize beim Färben und Drucken von Alizarinfarben. In der Seidenfärberei zur Erzeugung von Blauschwarz. In der Souplefärberei zur Erzeugung von „Dons“. Das reine Salz für die Herstellung von Chamoistönen.

Ferrosulfat, schwefelsaures Eisenoxydul, Eisenoxydulsulfat, Eisenvitriol, grüner Vitriol, Kupferwasser, Vitril (ferrum sulfuricum). $FeSO_4 \cdot 7H_2O = 278$; FeO : 25,84%. Bläulichgrüne, an der Luft oberflächlich verwitternde und bräunlich anlaufende (Bildung von basischem Ferrisulfat) Krystalle, die beim Erhitzen im Krystallwasser schmelzen und unter Luftabschluß weißes, wasserfreies Ferrosulfat bilden. Beim Glühen unter Luftzutritt entsteht Eisenoxyd (caput mortuum). 100 T. Wasser lösen

Bei t^0	15	24	39	60	84	90	100
Teile kryst. *F.* . .	70	115	151,5	263,2	270,3	370,4	333,3

Gehalt und spezifisches Gewicht der wäßrigen Lösungen bei 15° an krystallisiertem Salz (SCHIFF).

% *F.*	5	10	15	20	25	30	35	40
Spez. Gew. .	1,027	1,054	1,082	1,112	1,143	1,174	1,206	1,239

Die wäßrigen Lösungen setzen an der Luft braunes Oxydulhydrat bzw. basisches Oxydulsulfat ab. Mit den Alkali-, Magnesium-, Zink- und Kupfersulfaten bildet der Eisenvitriol gut ausgebildete Doppelsalze; die Doppelverbindung mit Kupfersulfat heißt auch Admonter, Salzburger oder Bayreuther Vitriol. *Verunreinigungen.* Eisenoxyd und Oxydsalz, Mangan-, Ton-, seltener Kupfer- und Zinkverbindungen. *Verwendung.* Als Reduktionsmittel in der Vitriolküpe und im Indanthrendruck. Als Beize zur Erzeugung von Blauholz-Eisenschwarz auf Wolle; als Brechweinsteinersatz für trübe, basische Färbungen; zum Abdunkeln von Färbungen; als Eigenfarbe (Rostgelb, Eisenchamois, Khakifärbungen) auf Baumwolle. Als Ausgangsmaterial für die Eisenbeize (s. d.).

Eiweißstoffe. Literatur: ABDERHALDEN: Lehrbuch der physiologischen Chemie. — COHNHEIM: Chemie der Eiweißkörper. — HAMMARSTEN: Lehrbuch der physiologischen Chemie. — RUPRECHT: Die Fabrikation von Albumin und Eierkonserven. — WIESNER: Die Rohstoffe des Pflanzenreiches, 4. Aufl., S. 190.

Allgemeines. Die Eiweiß- oder Proteinstoffe sind in der Natur weit verbreitet. Ihre Konstitution ist noch nicht ganz geklärt; sie bestehen aus Kohlenstoff, Wasserstoff, Sauerstoff, Stickstoff (15—17,6%) und Schwefel (0,3—2,4%). Sie sind zumeist amorph und treten in löslicher und unlöslicher Form auf. Die Lösungen sind kolloidal; die löslichen Formen können leicht in unlöslichen Zustand übergehen (Gerinnung oder Koagulation durch Hitze, Säuren, Alkalien, Salze). Mit Schwermetallsalzen (Kupfervitriol, Quecksilberchlorid, Bleiacetat usw.) bilden die *E.* gerne unlösliche, salzartige Doppelverbindungen; auch mit Verbindungen schwach sauren Charakters (Tannin, Phenol u. a.) verbinden sie sich leicht. Durch tryptische Enzyme (Pepsin, Trypsin, s. a. Burnus) erfahren sie einen enzymatischen Abbau, wobei zunächst Albumosen, dann Peptone und schließlich Aminosäuren entstehen. Durch Bakterien verschiedener Art gehen die *E.* in Fäulnis über, wobei als Zersetzungsstoffe Schwefelwasserstoff, Ammoniak, niedere Fettsäuren (Buttersäure u. a.) und sonstige übelriechende Stoffe entstehen. Von den charakteristischen Eiweißreaktionen seien erwähnt: 1. Koagulation einer Eiweißlösung durch verdünnte Salpetersäure, 2. Biuretreaktion (die wäßrige Eiweißlösung wird mit Natronlauge stark alkalisch gemacht und mit einem oder einigen Tropfen einer verdünnten Kupfersulfatlösung versetzt; es tritt dann rote bis rotviolette Färbung auf. S. a. u. Wollschädigung). Man teilt die *E.* in 1. einfache Eiweißstoffe oder Proteine im engeren Sinne (meist wasserlöslich, durch Kochsalz fällbar, bei 70—75° gerinnend), 2. zusammengesetzte Eiweißstoffe oder Proteide, 3. Albuminoide.

Eialbumin, Eieralbumin, Hühnereiweiß. Zu den einfachen Eiweißstoffen oder Proteinen gehörend. Aus Hühnereiern durch vorsichtiges Trocknen des vom Eigelb befreiten Eiweiß oder des Eiklars in 30—50° warmem Luftstrom gewonnen; auch durch Trocknen im Vakuum. Farblose bis schwach gelblich gefärbte, durchsichtige, blättrige Masse, die in Wasser fast klar löslich ist. Lösungen koagulieren in der Hitze sowie auf Zusatz von Säuren usw. (s. o.). *Verunreinigungen.* Leim, Gummi, Dextrin u. ä. *Prüfung.* Unlösliches. Gerinnungsprobe: Erhitzen der 2,5proz. Lösung in kochendem Wasserbade; Trübung bei 50, Gerinnung bei 70°. *Verwendung.* Im Zeugdruck (Albuminfarben).

Blutalbumin, Bluteiweiß. Auch zu den Proteinen gehörend. Aus dem vom Blutfibrin befreiten Blutserum durch vorsichtiges Eindampfen bei 30—35°, möglichst im Vakuum, gewonnen. Je nach der Reinheit, dem Schönen (z. B. mit Terpentinöl), dem Entfärben usw. erhält man verschieden gefärbte, z. B. hellere (I a) und dunklere (II a) Ware, gelbe bis dunkelgefärbte, durch die Salze des Blutserums verunreinigte Blättchen. Allgemeine Eigenschaften, wie Gerinnen, Fällen mit Säuren usw. wie beim Eialbumin. Anwendung in Appretur und Zeugdruck beschränkt; desgleichen für einige Spezialzwecke, wie wasserdichte Appreturen u. ä.

Casein, Lactarin, Käsestoff. Ist der in Milch (zu etwa 2—4%) vorhandene, an Calcium und Alkali gebundene, zur Gruppe der Proteide gehörende Eiweißkörper. Im reinen Zustande weiß; gewöhnliche Handelsware stellt ein gelbes, krümeliges oder grießartiges Pulver dar, das in Wasser unlöslich ist, sich aber bei Gegenwart von ätzenden Alkalien, Erdalkalien, kohlensauren Alkalien und besonders in Borax zu einer gut klebenden, dicken Flüssigkeit löst. Die Klebkraft ist nicht erheblich; mit Leim nicht zu vergleichen. In Seifenlösungen quillt das Casein nur auf. Beim Erhitzen oder Dämpfen koaguliert es, aber nicht so fest wie Eialbumin. Formalin und Säuren geben flockige Fällungen. *Prüfung.* Wasserlöslichkeit, Alkalilöslichkeit, Aschengehalt (reines Casein soll 0,5—1% Asche enthalten; bisweilen wird bis zu 6% beobachtet), Fettgehalt (soll nicht über 0,1% sein), freie Säuren. Manchmal wird Casein-Natrium als *C.* gehandelt, das an der Wasserlöslichkeit und dem großen Aschengehalt leicht erkennbar ist. *Verwendung.* Billiges Ersatzmittel für Albumin. Sonst zu Caseinkitten, -firnissen-, -farben usw., zu Celluloidersatzstoffen (Kunsthorn, Galalith).

Leim, Gelatine, S. im besondern unter Leim.

Essigsäure (acidum aceticum). $CH_3 \cdot COOH = 60,0$. In jedem Verhältnis mit Wasser mischbar. Farblose, stechend riechende, stark ätzende, flüchtige Flüssigkeit vom spez. Gew. 1,0553, die bei 16,7° zu durchscheinenden, glänzenden Blättchen erstarrt (Eisessig). S.P. = 118°. Ihre Salze heißen Acetate. *Handelsmarken.* Meist als Säuren von 30- und 96—98proz. (Eisessig) Ware im Handel. Mitunter wird die *E.* nach Bé-Graden gehandelt, z. B. *E.* von 6°, 7°, 8° Bé usw. Heute meist synthetische Säure im Gebrauch. *Verunreinigungen.* Früher bisweilen durch Salz-, Schwefel- und Ameisensäure verunreinigt gewesen. Es kommen noch vor: Eisen (Abdampfrückstand), seltener schweflige Säure. Die aus Graukalk früher hergestellten Produkte enthielten vielfach empyreumatische Stoffe; die synthetische Säure ist fast chemisch rein; sie wird auf Aldehyd, Schwefelsäure und oxydable Stoffe geprüft. *Gehaltsprüfung.* a) Aräometrisch (s. Tabelle). Bei einem spez. Gew. über 1,0553 muß näher geprüft werden, indem die Säure mit etwas Wasser verdünnt und nochmals gespindelt wird. Nimmt das spez. Gew. dabei zu, so war die Säure stärker als 78%, nimmt es ab, so war sie schwächer als 78%. b) Titrimetrisch (Gesamtsäure). 20—50 g Säure (je nach Stärke) werden zu 1000 cm³ verdünnt und 50 cm³ der Lösung mit n-Lauge titriert (Phenolphthalein). 1 cm³ = 0,06 g *E.* (Gesamtsäure). c) Destillationsmethode (besonders bei der Untersuchung der Acetate und sehr unreiner Säuren). Etwa 5 g des Salzes werden mit 50 cm³ Wasser und 50 cm³ Phosphorsäure (spez. Gew. 1,2) bis fast zur Trockne in eine Vorlage destilliert. Man setzt noch ein- bis zweimal je 50 cm³ Wasser in den Retortenrückstand zu und destilliert die restliche Säure wieder ab. Die Destillate werden vereinigt und mit n-Lauge titriert. 1 cm³ n-Lauge = 0,06 g *E.* *Verwendung.* Ähnlich wie Ameisensäure als mildere Säure in der Färberei und im Zeugdruck. Zur Herstellung von essigsauren Salzen (Tonerdeacetat u. a.) und Acetin (Gemenge von *E.* mit Mono-, Di- und Triessigsäureglycerinestern); zum Avivieren und Krachendmachen von Seide, Kunstseide und mercerisierter Baumwolle. Zum Korrigieren des Wassers. In letzter Zeit durch die billigere und wirksamere Ameisensäure immer mehr verdrängt.

Spezifisches Gewicht der Essigsäure bei 15° (Oudemann).

Spez. Gew.	%	Spez. Gew.	%	Spez. Gew.	%	Spez. Gew.	%
1,0007	1	1,0185	13	1,0571	45	1,0746	75
1,0022	2	1,0228	16	1,0615	50	1,0748	80
1,0037	3	1,0284	20	1,0653	55	1,0739	85
1,0052	4	1,0350	25	1,0685	60	1,0713	90
1,0067	5	1,0412	30	1,0712	65	1,0660	95
1,0098	7	1,0470	35	1,0733	70	1,0553	100
1,0142	10	1,0523	40				

Eulan (I. G. Farbenindustrie). In verschiedenen Marken herausgebrachtes Präparat zur mottenechten Ausrüstung von Wollwaren, Fellen usw. *E.* unterscheidet sich von den sonstigen Mottenschutzmitteln (wie Campher, Naphthalin usw.) grundlegend dadurch, daß Woll- und Pelzwaren durch eine einmalige Eulanierung dauernd vollständig mottenecht werden. *E.* wird von der Wolle chemisch fest und waschecht fixiert und ist nicht flüchtig. Es ist geruchlos und beeinflußt die Wollfaser nicht ungünstig. A. Haase, P. Krais, K. Stirm u. a. haben durch wissenschaftliche Nachprüfung die hervorragende Mottenechtheit der eulanierten Waren bestätigt (s. Abb. 113/114).

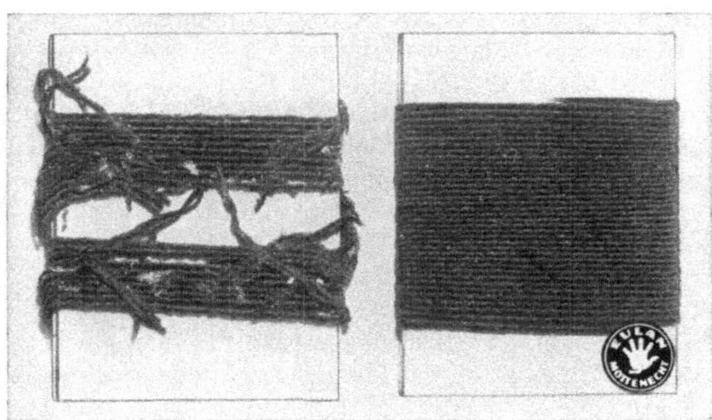

Abb. 113. Wollgarn, mit zahlreichen Mottenraupen besetzt und sich überlassen. Links unpräpariertes Wollgarn, rechts eulaniertes Garn (nach Stirm).

Eulan W extra. Neuere Marke, die in ihrer Mottenschutzwirkung den älteren Marken entspricht, sich aber von ihnen durch leichtere Löslichkeit und größere Verwandtschaft zur Wollfaser auszeichnet. Auch für Roßhaare und Borsten verwendbar. Weißes, geruchloses, in kaltem Wasser leicht lösliches Pulver, das in kalter, wäßriger Lösung angewandt wird. Man arbeitet mit 2% Eulan W extra vom Gewicht der Ware in wäßriger Lösung bei einem Flottenverhältnis von 1 : 10, behandelt 30—45 Min. kalt, spült 5 Min., schleudert bzw. quetscht ab und trocknet. Wird nicht gespült, so genügt eine kürzere Behandlung. Man arbeitet dann mit Lösungen von 4 g im Liter auf stehendem Bade.

Abb. 114. Wollstoff, mit zahlreichen Mottenraupen besetzt und sich überlassen. Links unpräparierter Stoff, rechts eulanierter Stoff (nach Stirm).

Eulan RHF. Der vorgenannten Marke an Spülechtheit überlegen. Wird ausschließlich im sauren Färbebad angewandt. Man setzt dem Bad auf 1 kg *E.* mindestens 400 g Schwefelsäure oder 800 g Ameisensäure zu. Durch nachfolgende Walke wird die Schutzwirkung herabgesetzt, deshalb nur für Wollartikel geeignet, die keinen Walkprozeß durchmachen (Strickwaren, Teppichgarne, Damentuche u. a.). Man verwendet 2% vom Gewicht der Ware sowie 0,8% Schwefelsäure bzw. 1,6% Ameisensäure, geht mit der Ware nicht über 50° ein, färbt wie üblich, spült und trocknet. Auch für Haare und Borsten geeignet.

Eulan neu. Wasserlöslich, wird von der Wolle wasser- und waschecht fixiert und überdauert gegebenenfalls den gesamten Fabrikationsprozeß. Man setzt der ameisen-, essig-, schwefelsauren usw. Flotte 3% *E.* vom Gewicht der Wolle zu, wobei das *E.* bei Temperaturen über 60° auf die Wolle aufzieht. Eignet sich besonders für lose Wolle und Kammzug (aber auch für Strang und Stück) und ist wasch-, walk-, bleich-, licht- und chrombeständig.

Eumol neu (I. G. Farbenindustrie). Hilfsprodukt für die Erzeugung von Anilinschwarz in der Baumwollfärberei und -druckerei. Es wird dem Anilinschwarzklotz zugesetzt und bewirkt eine beßre Ausnutzung des Anilins und eine Ersparnis an diesem von etwa 10—15%. Hierdurch findet auch eine Schonung der Faser statt, da jeder Überschuß von Anilin faserschädigend wirkt. Die Bäder bleiben selbst bei längerem Stehen klar und unzersetzt; die sonst beobachtete Bildung von Niederschlägen bleibt aus. Auch kann bei Verwendung von *E.* ein blumigeres, blaustichigeres Anilinschwarz erzielt werden. Hat ähnliche giftige Eigenschaften wie Anilinsalz.

Eunaphthol K (I. G. Farbenindustrie). Pulverförmiges Anteigmittel für die Naphthole der AS-Reihe von sehr gutem Netzvermögen und guter Kalkbeständigkeit. Das *E.* gestattet auch das Grundieren von unausgekochtem Material.

Feltron C (I. G. Farbenindustrie). Hilfsprodukt für die Haar- und Wollhutindustrie. Durch Zusatz von 2,5—5 g *F.* zum sauren Färbebade werden die sonst beobachteten Störungen vermieden, wie Verringerung der Walkfähigkeit der Labraze und des losen Materials, die Lockerung der Stumpen, das Verkochen der hellen Farben. Bei Chromierungsfarbstoffen kommt *F.* nur für graue Nüancen in Betracht.

Fette, Öle, Wachse, Harze.

Literatur: Bauer, K. H.: Chemische Technologie der Fette und Öle. — Benedikt-Ulzer: Analyse der Fette und Wachsarten. — Bottler: Harze und Harzindustrie. — Davidsohn: Untersuchungsmethoden der Öle, Fette und Seifen, sowie Grundriß ihrer Technologie. — Dieterich: Analyse der Harze. — Engler u. Höfer: Das Erdöl. — Erban: Die Anwendung der Fettstoffe usw. in der Textilindustrie. — Fahrion: Chemie der trocknenden Öle. — Die Härtung der Fette. — Gildemeister-Hoffmann: Die ätherischen Öle. — Grün: Analyse der Fette und Wachse. — Hefter: Technologie der Fette und Öle. — Herbig: Die Öle und Fette in der Textilindustrie. — Holde: Untersuchung der Kohlenwasserstofföle und Fette. — Kissling: Das Erdöl, seine Verarbeitung und Verwendung. — Lewkowitsch: Chemische Technologie und Analyse der Öle, Fette und Wachse. — Löffl: Technologie der Fette und Öle. — Marcusson: Laboratoriumsbuch für die Industrie der Fette und Öle. — Tschirch: Harze und Harzbehälter. — Ubbelohde: Handbuch der Chemie und Technologie der Öle und Fette. — Wiesner: Die Rohstoffe des Pflanzenreiches, 4. Aufl., S. 705. — „Wizöff“: Einheitliche Untersuchungsmethoden für die Fettindustrie.

Übersicht und Einteilung.

I. Kohlenwasserstoffe. a) Mineralöle, Leicht-, Mittel-, Schweröle (Benzin, Petroleum, Gasöl, Schmieröl, konsistente Schmiermittel). b) Feste Kohlenwasserstoffe (Paraffin, Ceresin).

II. Pflanzliche Öle und Fette. a) Nichttrocknende Öle (Erdnuß-, Mais-, Oliven-, Ricinus-, Rüb-, Sesamöl); b) halbtrocknende Öle (Baumwollsaat-, Sojabohnen-, Sonnenblumenöl); c) trocknende Öle (Hanf-, Lein-, Mohnöl); d) halbfeste bzw. feste Fette (Cocos-, Palmkern-, Palmöl); gehärtete Öle.

III. Tierische Öle usw. a) Flüssige Öle (Klauenöl, Trane); feste und halbfeste Fette (Talg, Wollfett).

IV. Fettsäuren (Ölsäure, Stearinsäure).

V. Wachse (Bienen-, Japanwachs).

VI. Harze (Kolophonium).

Gruppe I bildet im wesentlichen unverseifbare Kohlenwasserstoffe; die pflanzlichen und tierischen Fette usw. bestehen im wesentlichen aus verseifbaren Triglyceriden der höheren Fettsäuren. Die pflanzlichen Fette usw. enthalten alle in geringen Mengen 0,1—0,3 %, auch mehr) als charakteristischen Bestandteil einen hochmolekularen Alkohol der aromatischen Reihe, das Phytosterin; die tierischen einen diesem isomeren Alkohol, das Cholesterin (0,1—0,5 %). Die Einteilung in trocknende und nichttrocknende

Öle ist nicht scharf zu ziehen. In der Regel rechnet man Öle mit Jodzahlen unter 100 zu den nichttrocknenden, von 100—130 zu den halbtrocknenden und von 130—190 zu den trocknenden Ölen. Letztere sind charakterisiert durch hohen Gehalt an stark ungesättigten Fettsäuren (Linol-, Linolen-, Eläomargarinsäure). Ferner kann man die pflanzlichen Fette usw. in solche mit hohem Gehalt an hochschmelzenden, nichtflüchtigen Fettsäuren und solche mit hohem Gehalt an niedrigschmelzenden, flüchtigen Fettsäuren teilen. Die tierischen Öle teilt man in Öle von Landtieren (Klauenöl usw.) und von Seetieren (Trane), welch letztere stark ungesättigte Fettsäuren (Therapinsäure, Clupanodonsäure usw.) enthalten. Die tierischen festen Fette stammen alle von Landtieren (Talg usw.), außer dem Walrat (Spermazet vom Potwal). Unter technischen Harzen hat Kolophonium die Hauptbedeutung. Als Handelsfettsäuren sind Stearin- und Ölsäure die wichtigsten.

Kohlenwasserstoffe.

Ceresin (Kunstwachs). In seiner Zusammensetzung dem Paraffin sehr ähnlich. Wird aus dem Erdwachs (Ozokerit) gewonnen und kommt in weißen, gelben und orangefarbigen Stücken in den Handel. Es hat ähnliche plastische Eigenschaften wie Bienenwachs, ohne klebrig zu sein. Schm.P. 60—80°. *Verwendung* ähnlich wie Paraffin, nur seltener.

Mineralöle (Kohlenwasserstoffe). Der wichtigste Rohstoff ist das Erdöl mit dem aus diesem durch Rektifizierung hergestellten Benzin und Petroleum, dann den verschiedenen Mittelölen (wie Putzöl, Treiböl, Gasöl), den Schmierölen und konsistenten Schmiermitteln. Die chemischen und physikalischen Eigenschaften schwanken bei den verschiedenen Sorten und Rektifikaten sehr erheblich; feststehende Konstanten können deshalb nicht aufgestellt werden. Bei Benzin wird vor allem auf spezifisches Gewicht und Siedeintervalle, beim Leuchtöl (Petroleum) auf Farbe, Siedepunkt, Flammpunkt und Raffinationsgrad geprüft. Für die Bestimmung des Flammpunkts ist in Deutschland der Abelsche Petroleumprober eingeführt. Die Schmieröle sind unter sich auch außerordentlich verschieden; man unterscheidet: dünnflüssige, wenig zähflüssige, mäßig zähflüssige, zähflüssige und dickflüssige Schmieröle, die auch nach ihrem Verwendungszweck als Eismaschinenöle, Spindelöle, Transmissions- und Dynamoöle, Dampfzylinderöle usw. bezeichnet werden. Besondre Typen sind noch die Transformatoren-, Dampfturbinen-, Heißdampfzylinder-, Explosionszylinderöle usw. Diesen schließen sich weiter die konsistenten Schmiermittel und das Vaselin an. Die Prüfung der Schmieröle ist teils eine mechanisch-physikalische (Flüssigkeitsgrad oder Viscosität mit dem Viscosimeter, spezifisches Gewicht, Kältepunkt, Flamm- und Brennpunkt, Verdampfung), teils eine chemisch-technologische (Säuregehalt, Wassergehalt, verseifbares Fett, Harzöl, Teeröle, Seifengehalt, Asphaltgehalt). *Verwendung.* Benzin als Fettlöser und Detachiermittel, Petroleum zur Beleuchtung, die übrigen Mineralöle zur Heizung, motorische Zwecke, Schmierzwecke, als Isolatorenöl u. a. m.

Paraffin. Aus Petroleumrückständen, Braunkohlenteer, schottischem Schieferteer gewonnen. Ist ein Gemenge höherer Kohlenwasserstoffe. Weiße, halb durchscheinende, im reinen Zustand geruchlose, wenig plastische und nicht klebende Stücke vom Schm.P. 40—60° (auch darüber und darunter) und vom spez. Gew. 0,880—0,920. Löslichkeitsverhältnisse wie bei fetten Ölen, nur schwerer emulgierbar. Sehr widerstandsfähig gegen Säuren und Alkalien (unverseifbar). Durch Einwirkung von Sauerstoff, namentlich bei Gegenwart von Alkalien, findet allmähliche Oxydation zu Aldehyden und Säuren statt („Paraffinseifen"). *Verwendung* beschränkt in der Appretur als geschmeidig und glänzend machendes Zusatzmittel, in der Schlichterei, zum Wasserdichtmachen (s. d. und „Ramasit") in Emulsionen oder Lösungen („Millerainieren"). In der Weberei zum Glätten der Kette beim Spulen oder am Webstuhl („Wachsrolle").

Pflanzliche und tierische Fette usw.

Diese sind im Gegensatz zu den Mineralölen mehr individualisiert und durch chemische und physikalische Konstanten gekennzeichnet. Letztere (s. Tabelle

S. 188) schwanken allerdings oft innerhalb ziemlicher Grenzen. Sie sind im wesentlichen Glycerin-Fettsäureester und unterscheiden sich untereinander durch die Art dieser Fettsäuren. Sie fühlen sich schlüpfrig an und sind bei gewöhnlicher Temperatur fest, halbfest oder flüssig. Die flüssigen Produkte nennt man Öle oder fette Öle; sie enthalten vorherrschend das Glycerin als Triolein, während in den festen Fetten das Tristearin oder Tripalmitin vorherrscht. Die festen Fette sind leicht schmelzbar, unter 100°. In der Kälte erstarren die Öle, während die Fette harte Konsistenz annehmen. Reine Glyceride („Neutralfette") sind nahezu geruch- und geschmacklos; durch geringe Beimengungen rührt der verschiedene Geschmack her. Alle Fette und Öle sind leichter als Wasser (spez. Gew. 0,9—0,95). In Wasser sind sie unlöslich, lassen sich aber durch geeignete Behandlung in „Emulsionen" überführen. In kaltem Alkohol sind nur das Ricinusöl und das Olivenkernöl, in geringem Grad das Baumwollsaatöl, löslich. Gute Lösungsmittel für alle Fette und Öle sind: Äther, Benzin, Benzol, Chloroform, Schwefelkohlenstoff, chlorierte Kohlenwasserstoffe usw. (s. u. „Fettlöser"). Beim Erhitzen, z. B. über 250°, bilden sie Zersetzungsprodukte, meist unter Bildung von Akrolein. Durch längere Lufteinwirkung spalten besonders die Öle freie Fettsäuren ab und werden „ranzig". Sie zeigen dann saure Reaktion, größere Alkohollöslichkeit und größeres Emulgierungsvermögen. Durch Behandlung mit Alkalien bilden die Fette und Öle Seifen (s. d.), durch Schwefelsäure (Sulfurierung, Sulfonierung) bilden sie türkischrotölähnliche Produkte (s. Türkischrotöl). Die Einteilung in trocknende usw. Öle ist bereits erwähnt. Die wichtigsten in der Textilindustrie verwendeten Fette und Öle werden nachstehend kurz besprochen (nach der in der Übersicht gegebenen Einteilung).

Baumwollsaatöl, Baumwollsamenöl, Cottonöl (oleum gossypii). Aus den Samen der Baumwollstaude (Gossypium) durch Pressung gewonnen. Das braune Rohöl wird durch Fullererde raffiniert und entfärbt; die technischen Öle werden auch mit Laugen, Chlorkalk und Säuren gebleicht. Das raffinierte Öl ist fast farblos (Ia weißes, IIa gelbliches Öl). Besteht hauptsächlich aus Glyceriden der Öl-, Palmitin- und Linolsäuren. Unverseifbares: 0,7—1,6%. Mit Schwefel und Schwefelchlorür bildet es elastische Massen (Faktis), mit Schwefelsäure türkischrotölähnliche Sulfoleate. *Prüfung:* Spez. Gew., Verseifungs-, Jodzahl, besonders hoher Schm.P. und Erst.P. der Fettsäuren. Charakteristische Farbenreaktion ist die Braunfärbung mit Salpetersäure und die HALPHENsche Reaktion: Je 2 cm³ Öl und 1 proz. Lösung von Schwefel in Schwefelkohlenstoff-Pyridin (1 : 1) werden auf 115° erhitzt. Bei mehr als 1% Cottonöl tritt in kurzer Zeit Rotfärbung bis Braunfärbung ein. Die Reaktion versagt bei auf 200—250° erhitztem Öl. *Verfälschungen* wegen des niedrigen Preises selten (sonst evtl. Mineralöle, niedrige Verseifungszahl). Es dient bisweilen selbst zu Verfälschungen. Bei Luftzutritt verharzt es leicht, in der Kälte setzt es feste Glyceride ab. *Verwendung:* Seifenherstellung, als Schmier- und Spickmittel.

Cocosöl, Cocosnußöl, Cocosfett, Cocosbutter (oleum cocois). Aus den Kernen bzw. den getrockneten Kernen („Copra") der Cocosnuß (cocos nucifera, c. butyracea) gewonnen. Wasserhaltiges Öl soll durch einen Schimmelpilz leicht sauer werden, nicht aber Öl mit einem Wassergehalt unter 5%. Erst.P. 14—23°, Erst.P. der Fettsäure 21—25°. Die Handelssorten „Cochinöl" und „Ceylonöl" werden hauptsächlich für Speisezwecke verwendet. Ersteres ist die beste und weißeste Sorte. Gereinigtes Cocosöl erster Pressung ist ein viel verwendeter Ersatz für Butter („Palmin", „vegetabilische Butter" u. ä.). Das „Copraöl" (aus den getrockneten Kernen der „Copra") dient mehr für technische Zwecke. *Verwendung:* In bedeutendem Maßstabe in der Seifen- und Stearinfabrikation. Es läßt sich leicht mit kalter konzentrierter Natronlauge verseifen. Ersatzöle für dasselbe sind das Palm- und Palmkernöl. *Prüfung:* Verseifungszahl, Jodzahl, freie Fettsäuren, Erst.P. und Schm.P. des Fettes und seiner Fettsäuren. Die Bewertung erfolgt oft nach dem Titertest (Erst.P. der Fettsäure); je höher dieser liegt, desto wertvoller ist das Öl im allgemeinen. *Verfälschungen* kommen selten vor.

Erdnußöl, Arachisöl, Madras-, Erdeichel-, Achantinusöl (oleum arachidis). Aus den enthülsten Erdnüssen (Samen von Arachis hypogaea) durch zwei bis drei Pressungen gewonnen (die dritte Pressung oft heiß). Dem Olivenöl ähnlich. *Verwendung* für Seifenfabrikation (hier dem Baumwollsaatöl ähnlich), als Schmälzmittel für Wolle, als Brenn- und Schmieröl. *Prüfung:* Spez. Gew., Jod-, Verseifungszahl, Schm.P. der Fettsäure. *Verfälschungen* sind selten, zumal das Erdnußöl selbst zur Verfälschung von Olivenöl dient (hier Arachinsäurenachweis). Licht und Luft bewirken leicht Ranzigwerden. Kann in der Seifenherstellung durch Baumwollsaatöl ersetzt werden.

Gehärtete Öle. Man versteht darunter die durch Hydrierung (Wasserstoffanlagerung) flüssiger Öle erhaltenen festen Produkte. Die Wasserstoffanlagerung geschieht bei über 100^0 in Gegenwart von Katalysatoren (z. B. Nickel, deshalb oft Spuren Nickel im gehärteten Öl nachweisbar). Die Eigenschaften der gehärteten Öle bzw. ihre Veränderung gegenüber den ungehärteten Ölen hängen von dem Grade der Härtung ab. Sie werden nach Schm.P. und Jodzahl gehandelt. Wichtig ist auch der Erst.P. der Fettsäuren. Wegen der Veränderung der Kennzahlen (s. d.) ist die Ermittlung der Ausgangsstoffe oft schwierig. Die Farbenreaktion auf Cottonöl verschwindet z. B. durch die Härtung. *Verwendung:* In der Seifenindustrie, meist mit anderen Fetten zusammen; als Lederfette. Die bekanntesten Produkte sind u. a.: Talgol, Candelite, Krutolin (aus Tran, Ersatz für Cottonöl), Coryptol (aus Ricinusöl), Linolith (aus Leinöl), Durutol (vermutlich aus Cocosöl) u. a. m. Die aus Tran hergestellten Produkte erhalten leicht einen unangenehmen Geschmack.

Hanföl. Aus dem Samen des Hanfes (cannabis sativa) gewonnen. Seine grüne Färbung läßt sich durch Fullererde beseitigen. Wird an Stelle des Leinöls in der Seifenfabrikation verwendet.

Knochen- und Klauenöl. Flüssige Anteile des Knochen- und Klauenfettes. Verwendung als Schmieröl („Waffenöl“), weniger zur Seifenbereitung.

Leinöl, Flachsöl (oleum lini). Aus dem Samen des Leins (linum usitatissimum) hauptsächlich durch Pressen gewonnen. Besteht aus Glyceriden der Ölsäure, der doppelt ungesättigten Linolsäure, der dreifach ungesättigten Linolensäure und Isolinolensäure. Das kalt gepreßte Öl ist hellgelb, das warm gepreßte bräunlichgelb; es wird leicht ranzig und riecht charakteristisch. Es ist das am leichtesten trocknende Öl (deshalb Verwendung zu Firnissen) und nimmt hierbei begierig Sauerstoff aus der Luft auf (Oxysäuren). Das Endprodukt der Trocknung ist Linoxyn, das in Benzin und Äther fast unlöslich ist. Mit Schwefelsäure reagiert Leinöl unter starker Temperaturerhöhung (MAUMENÉ-Probe), mit Schwefel und Chlorschwefel liefert es elastische Massen (Faktis). Mit Wasserstoff wird es reduziert und gehärtet. Das Bleichen geschieht mit Fullererde oder Silikonit. *Prüfung:* Das Leinöl wird durch seinen eigenartigen Geruch und seine Trocknungsfähigkeit leicht erkannt. Charakteristisch ist seine hohe Jodzahl u. a. Als *Verfälschungen* kommen vor: Rüböl, Cottonöl, Mineral-, Harzöl u. a. m. *Verwendung* in der Seifenindustrie (Schmierseifen), Firnis-, Lackindustrie.

Maisöl. Aus den Maiskeimen (den Keimen von Zea mais) gewonnen. Verwendung für billige Schmierseifen.

Mohnöl (oleum papaveris). Aus Mohnsamen gewonnen. Oxydiert sich und trocknet leicht an der Luft auf. Nur selten für billigere Seifen verarbeitet.

Olivenöl (Baumöl). Aus der Olive (olea europaea sativa) gewonnen. Man unterscheidet die Speise-Olivenöle und die technischen Olivenöle. „Baumöl“ im engeren Sinne ist ein technisches Öl, doch wird auch Olivenöl schlechtweg so bezeichnet. Die feinsten Öle (erste Pressung) heißen auch Jungfernöl, Provenceröl; die zweite Pressung liefert das Olivenöl schlechthin (auch Sekundaöl genannt).

Die Preßrückstände der zweiten Pressung werden entweder mit heißem Wasser ausgezogen bzw. gepreßt (Lavatöle) oder extrahiert (Extraktionsöle, Nachmühlenöle, Rückstandsöle). Mit Schwefelkohlenstoff (heute mehr mit Benzin) extrahierte Rückstände liefern die bekannten „Sulfuröle" (graugrün, trübe, oft Oxysäuren enthaltend) und werden gerne für die Seifenfabrikation verwendet (Sulfurölseife, grüne Bariseife, grüne Marseiller Seife). Aus gegorenem Fruchtfleisch erhält man die Tournant- oder Höllenöle (viel freie Fettsäure enthaltend). Für technische Zwecke kann das Olivenöl mit Rosmarinöl vergällt (denaturiert) werden. Die Haltbarkeit des Öles ist bei Licht- und Luftabschluß gut; sonst neigt es zum Ranzigwerden. Als *Verfälschungsmittel* kommen vor: Erdnuß-, Rüb-, Sesam-, Baumwollsaatöl. Der Nachweis ist gerade bei Olivenöl oft schwierig. Über die wichtigsten Konstanten s. Tabelle S. 188. *Verwendung:* Zum Ölen, Weichmachen, Avivieren, Fetten von Fasern aller Art, besonders für die Seidenavivage; als Appreturzusatz, als Wollschmälzmittel; weniger (in manchen Gegenden) als Schmier- und Brennöl. Im großen Maßstabe zur Herstellung der Olivenölseifen (Marseillerseifen). Ersatzöle sind u. a.: Sesamöl, Baumwollsaatöl, Rüböl, Erdnußöl; in der Seifenherstellung auch Olein.

Palmkernöl, Kernöl. Raffiniertes Öl, auch „Palmkernfett" oder „Butter" genannt. Aus den Kernen der Ölpalme (nach Gewinnung des Palmöls aus dem Fruchtfleisch) gewonnen. Unter Luftabschluß ziemlich gut haltbar. Erst.P. 23—24°. Frische Ware enthält bis 1,5% freie Fettsäure. *Prüfung:* Außer dem Erst.P. und Schm.P. des Öles und der freien Fettsäuren ist die hohe Verseifungszahl charakteristisch (nur Cocosöl ist ihm sehr nahe). *Verfälschungen* selten. Es wird selbst zum Verfälschen von Talg benutzt. *Hauptverwendung:* Seifenindustrie.

Palmöl, Palmfett, Palmbutter (oleum elaidis). Aus dem Fruchtfleisch der Ölpalmen (Elais-Arten) gewonnen. Erst.P. 31—39°. Frisch bereitete Ware enthält 15—20%, alte Ware oft über 60% freie Fettsäure. An der Luft wird das grau bis orangegelb gefärbte Fett allmählich gebleicht. *Prüfung:* Schm.P. und Erst.P des Öles und seiner Fettsäure; Wasser- und Sandgehalt. *Verfälschungen* kommen selten vor. *Verwendung:* In der Seifenindustrie (verseift sich leicht und gibt feste, gut schäumende Seifen); hier Ersatz für Cocos- und Palmkernöl. In der Türkischrotfärberei als „Reserve".

Ricinusöl, Castoröl, Christpalmöl (oleum ricini). Aus den Samen des Wunderbaumes (ricinus communis) gewonnen. Der Samen enthält auch ein fettspaltendes Ferment und ein giftiges Alkaloid, die bei warmer Pressung z. T. in das Öl übergehen und deshalb mit kochendem Wasser entzogen werden müssen. Fermenthaltiges Öl wird auch auf dem Lager rasch ranzig. Das Öl besteht hauptsächlich aus Triglyceriden zweier isomerer, ungesättigter Ricinolsäuren ($C_{18}H_{34}O_3$). Das Öl ist besonders zähflüssig und verdickt sich an der Luft noch mehr. Löslich in 2—3 Vol. 90proz. Alkohol. Mit 1 Vol. Benzin oder Petroleum ist es mischbar, fällt aber bei Überschuß dieser Lösungsmittel wieder aus. Beim Erhitzen findet komplizierte Polymerisation und Alkoholunlöslichkeit statt. Bei höherer Erhitzung tritt hierbei stärkere Zersetzung ein unter Destillation von Önanthol, Önantholsäure u. a. (die als „Cognacöle" Verwendung finden). Beim Blasen erhitzten Öles (d. h. beim Einblasen von Luft von 50—150°) wird *R.* oxydiert. In dünner Schicht der Luft ausgesetzt, trocknet es auch nach Jahren nicht auf. Mit Schwefelsäure liefert es die sulfonierten Ricinusöle, die für die Herstellung der Türkischrotöle, Monopolseife u. a. (s. d.) verwendet werden. *Prüfung:* Durch das hohe spez. Gew., die Löslichkeit in Alkohol und Unlöslichkeit in überschüssigem Benzin ist Ricinusöl leicht zu erkennen. Dazu kommt die optische Aktivität und die hohe Acetylzahl. Die Zollprobe lautet: 5 g Ricinusöl sollen bei 15—20° in 15 g Alkohol (86 Vol.-%) klar löslich sein. Als *Verfälschungen* kommen vor: Geblasene Öle, Rüböl, Mineral- und Harzöle u. a. m. *Verwendung:* Zur Bereitung von Türkischrotölen und Seifen, zur Herstellung gehärteter Öle, als Schmieröl für Motoren (Ersatz ist hier das sog. „Marineöl“, ein Gemisch von Mineralschmieröl mit geblasenen Rüb- und Baumwollsaatölen).

Rüböl. Kommt auch unter den Namen vor: Kolzaöl (Kohlsaatöl) aus Brassica campestris gewonnen, Rapsöl aus Varietät napus, Rübsenöl aus Varietät rapa. Das Öl stellt vor allem Glyceride der Erucasäure dar. Billigstes inländisches Pflanzenöl. Beim Blasen von Luft durch erhitztes Öl nehmen spez. Gew. und Viscosität zu. Die Rüböle kommen auch als geblasene Öle in den Handel. *Prüfung:* Charakteristisch ist die hohe Viscosität, das niedrige spez. Gew. (über 0,917 verdächtig), die niedrige Verseifungszahl u. a. *Verfälschungen* kommen nur bei hohem Preis des Öles vor, dann mit Mineral-, Harzöl u. a. Bei niedrigem Preis dient das Rüböl selbst als Verfälschungsmittel für Olivenöle (durch charakteristische Erucasäure nachweisbar). Bei Luft- und Lichtabschluß ist Rüböl gut haltbar.

Sesamöl (oleum sesami). Aus dem Samen der Sesampflanzen (Sesamum orientale, S. indicum) gewonnen. Es kommen hauptsächlich drei Qualitäten vor: Primaware (sehr hell, geschmacklos, fast säurefrei), Sekundaware (etwas dunkler, geringe Mengen Säure), technische Ware (dunkler, oft stark sauer). Die feinsten Sorten sind dem Olivenöl sehr ähnlich und können dieses ersetzen. Bisweilen wird es als Verfälschungsmittel des Olivenöls verwendet. *Prüfung:* Spez. Gew., Verseifungs- und Jodzahl, charakteristische BAUDOUINsche Reaktion (0,1 cm^3 1 proz. alkoholische Furfurollösung — sonst 0,1 g Rohrzucker — + 5 g Öl in 5 cm^3 Petroleumäther + 5 cm^3 Salzsäure 1,19, $^1/_2$ Min. schütteln, bei mehr als 1% Sesamöl tritt Rotfärbung der wäßrigen Schicht ein). Als *Verfälschungen* kommen vor: Mohnöl (hohe Jodzahl), Baumwollsaatöl (hoher Erst. P. der Fettsäure und HALPHENsche Reaktion — s. Baumwollsaatöl —), Erdnußöl (Nachweis der Arachinsäure), Rüböl (niedriger Erst. P. der Fettsäure, spez. Gew., Erucasäurenachweis — s. Rüböl —). Bei Licht- und Luftabschluß ist das Sesamöl jahrelang haltbar, auch sonst besser haltbar als die meisten Öle. *Verwendung:* Seifenindustrie (Transparentseifen, Kernseifenzusatz), Schmälzöle für die Wollspinnerei, Ersatzöle sind: Erdnußöl, Baumwollsaatöl.

Sojabohnenöl, Sojaöl. Durch Pressen aus dem Samen der Sojabohne (Soja hispida) gewonnen. Wird an Luft und Licht sehr leicht ranzig; beim Erhitzen unter Lufteinleitung wird es dunkler, dickflüssiger, schließlich fest und oxydiert sich. Als Zusatz zum Leinöl für Schmierseifen verwendet.

Sonnenblumenöl, Sonnenrosenöl (oleum helianthi annui). Aus den Samen der Sonnenblume (helianthus annuus) gewonnen. Trocknet langsam in dünner Schicht auf. Verfälschungen durch Rüböl. Ersatz für Oliven-, Erdnuß- und Cottonöl bei Textilseifen. In Rußland, gehärtet und ungehärtet, neben Cottonöl wichtigster Rohstoff der Seifenfabrikation.

Talg (sebum bovinum). Rinds- oder Ochsentalg, Hammel-, Schaf- oder Schöpsentalg. Durch Ausschmelzen von Rohtalg erhalten. Schm. P. Rindstalg 40—47°, Hammeltalg 45—51°. Erst. P. der Fettsäuren: Rindstalg 38—48°, Hammeltalg 34—48°. Der Talg wird vielfach nach dem Titer (Erst. P. der Fettsäuren) bewertet (je höher, desto wertvoller der Talg), dann nach Farbe und Geruch. Die sonstige *Prüfung* erstreckt sich auf Säure-, Verseifungs- und Jodzahl, Wasser- und Aschengehalt. *Sorten:* Reinfett wird gehandelt als „Primissima“, „premier jus“, „secunda premier jus“. Aus Rückständen gewonnener technischer Talg wird als Ia und IIa bezeichnet. Weniger reiner Talg heißt auch „Unschlitt“. *Verwendung:* Da teuer, nur wenig in der Seifenfabrikation; als geschmeidig machendes Mittel in der Appretur (sonst: Margarinefabrikation, Speisefett-, Stearin-, Kerzenfabrikation).

Trane. Der Tran ist ein Sammelname für aus Seetieren gewonnene Öle. Die wichtigsten Trane sind: Walfischtran, Robbentran, Delphintran, Menhadentran, Sardinenöl, Dorschlebertran (Kabeljautran). Nur sehr gut gereinigte Trane halten sich bei Licht- und Luftabschluß längere Zeit unverändert. Für die

Seifenindustrie werden sie geruchlos gemacht. Schlechtere Sorten finden in der Lederindustrie Verwendung (Gerbereiöle) und zur Gewinnung von Degras (Gerberfett). Als Ersatz für Leinöl wird Menhadentran in der Wachstuch- und Linoleumfabrikation empfohlen.

Wollfett, Wollschweißfett, Wollwachs (adeps lanae). Aus dem Wollschweiß der rohen Schafwolle auf verschiedenem Wege (Extraktion, Waschen) gewonnen. Die Zusammensetzung ist nicht völlig aufgeklärt; ist ein Gemisch zahlreicher Fettsäuren (fester, flüssiger, flüchtiger), vor allem der Carnaubasäure, der Cerotinsäure, wahrscheinlich auch der Palmitin-, weniger der Stearin- und Ölsäure. Ferner wurden Oxysäuren und Lactone gefunden. Die Säuren sind teils mit verschiedenen höheren Alkoholen verestert, wie dem Cholesterin (Schm.P. 148—150°), dem isomeren Isocholesterin (Schm.P. 137—138°) und einigen noch unbekannter Natur. Teils sind die Alkohole frei vorhanden, und zwar in Mengen von etwa 43—52% (vgl. Bienenwachs). Das rohe Wollfett ist braun, von schmieriger Konsistenz, unangenehmem Geruch und vom Schm.P. 31—42° sowie dem Erst.P. der Fettsäuren von 40°. Es ist mit Wasser zu haltbaren Emulsionen und Salben verreibbar, luftbeständig, bis auf 4% mit Laugen verseifbar (die Seifen sind benzinlöslich). *Prüfung:* Säure-, Verseifungs-, Jodzahl, Verhalten gegen Wasser, Wassergehalt. *Verfälschungen:* Paraffin, Mineralöl. *Sorten:* Roh, gereinigt (raffiniert), trocken, wasserhaltig und D.A.B.-Ware (Deutsches Apotheker-Buch). Das wasserhaltige gereinigte Wollfett kommt als Lanolin, Laniol, Alapurin usw. in den Handel. Durch Destillation des Wollfettes werden Wollfettolein (minderwertiges Schmälzöl), Wollfettstearin (für wasserdichte Stoffe, Seifenbereitung) und salbenartiges Destillat (Seifenfabrikation, konsistente Schmierfette) gewonnen. *Verwendung:* Zum Fetten, für Schmierzwecke, Seifenbereitung, zum Wasserdichtmachen.

Fettsäuren.

Ölsäure, Olein, Elain (acidum oleinicum), auch als „Stearinöl" im Handel. Ungesättigte Fettsäure $C_{17}H_{33}COOH = 282{,}3$. Ist alkohollöslich. Erst.P. der reinen Säure + 4°, Schm.P. 14°. Die technische Ölsäure, durch Spaltung von fetten Ölen gewonnen, hat den Erst.P. unter 0° bis + 10°, den Schm.P. 8—15°. Die technischen Ölsäuren sind blond, gelb bis dunkelbraun. Saponificatolein (ohne Destillation gewonnen) enthält wenig Kohlenwasserstoffe, aber Neutralfett; Destillatolein (durch Destillation gewonnen) enthält kein Neutralfett, aber meist Kohlenwasserstoffe, Oxysäuren und Lactone. Weißes Olein (doppelt destilliert) ist gelblich weiß bis dunkelgelb, soll frei von Kohlenwasserstoffen und Neutralfett sein und mindestens 99% Fettsäure enthalten. Seifenolein ist keine eindeutige Bezeichnung (meist gutes Destillat oder Mischung von solchem mit Saponificat). *Prüfung:* Besonders auf Unverseifbares, Neutralfett (Verseifungszahl minus Säurezahl = Neutralfett + Lactone), Wassergehalt, mitunter auch auf freie Fettsäuren, Selbstentzündungsgefahr. Das Unverseifbare kann bis 10% betragen (gutes Saponificat soll nicht mehr als 1,5% enthalten). Schm.P.-Bestimmungen sind nahezu wertlos. Fette Fettsäuren werden durch die Unlöslichkeit ihrer Bleisalze nachgewiesen (Bleiseife der Ölsäure ist ätherlöslich). *Verwendung*: Hauptsächlich für Seifenbereitung. Mit etwas Ammoniak emulgiert, als Wollschmälzmittel (zu diesem Zweck soll es frei von Mineralölen und Stearin sein, nicht zu viel Unverseifbares sowie mehrfach ungesättigte Fettsäuren enthalten); zur Herstellung von Walkölen; als geschmeidig- und weichmachendes Mittel in der Appretur.

Selbstentzündung von Fasermaterial (geschmälzte Wolle) durch Olein bzw. Olein ersetzende Schmälzmittel kann nach heutiger Auffassung entstehen, wenn erheblichere Mengen mehrfach ungesättigter Fettsäuren (Linol-, Linolensäure) zugegen sind, z. B. aus Lein- oder Cottonöl herrührend. Ein Zusatz von z. B. 1% β-Naphthol zum Schmälzöl vermag die Autoxydation und die damit verbundene Feuergefährlichkeit solcher Öle aufzuheben bzw. erheblich herabzumindern. Autoxydation kann auch durch die Gegenwart katalytisch wirkender Metallseifen (Eisen-, Mangan-, Bleiseife u. ä.) eintreten. Einwandfreien Aufschluß über die Feuergefährlichkeit oleinartiger Schmälzmittel liefert aber die Jodzahlbestimmung nicht (die Jodzahl soll im allgemeinen nicht über 90 liegen), weil die Jodzahl von drei Faktoren (gesättigte Säuren, Ölsäure, mehrfach ungesättigte Säuren) abhängig ist und bei wechselnden Mengen derselben gleich hoch sein kann. Auch die MACKEY-Zahl (Temperatursteigerung geschmälzter Baumwolle im MACKEY-Apparat[1], Metall-Luftbad in siedendem Wasser erhitzt) befriedigt nicht; besser in Verbindung mit der Jodzahl. Nach H. KAUFMANN[2] führt dagegen die „rhodanometrische Jodzahl" oder die „Rhodanzahl" in Verbindung mit der Jodzahl zum Ziele. Unter der „Rhodanzahl" versteht KAUFMANN die Menge Rhodan, ausgedrückt in der äquivalenten Menge Jod, die von 100 g Fett verbraucht wird. Der Unterschied zwischen Jodzahl und Rhodanzahl zeigt den Gehalt an ungesättigten Säuren an. Je kleiner dieser Unterschied ist, desto geringer ist die Feuergefährlichkeit des Oleins. Je näher beide Werte an 89,9 (theroetische Jodzahl der Ölsäure) heranreichen, desto feuerungefährlicher soll das Olein sein.

Stearinsäure, Stearin (acidum stearinicum). Gesättigte, höhere Fettsäure $C_{17}H_{35}COOH = 284,3$. Durch Spaltung von Fetten und Ölen erhalten. Alkohollöslich wie alle Fettsäuren. Die technische Stearinsäure, auch schlechtweg „Stearin" genannt, kann Destillat- und Saponificat-Stearin sein und ist ein Gemisch von Stearinsäure mit Palmitinsäure ($C_{15}H_{31}COOH = 256,3$) und mit geringeren oder größeren Verunreinigungen durch Ölsäure. Reine Stearinsäure hat den Schm.P. 69,2°, Palmitinsäure den Schm.P. 62,6°, Destillatstearin den Schm.P. 53—57°, Saponificatstearin den Schm.P. 55—65°. *Prüfung:* Schm.P., Säurezahl (bzw. Verseifungszahl), Jodzahl. *Verwendung:* Bisweilen als Glanzmittel in der Baumwollappretur; in Form von Emulsionen oder Lösungen für wasserdichte Gewebe (sonst: Kerzenfabrikation, Spezialseifen u. a.).

Wachsarten und Harze.

Die Fettsäuren sind bei den Wachsen nicht an Glycerin, sondern an einwertige, höhere, wasserunlösliche Alkohole gebunden. Oft enthalten sie noch freie Alkohole und freie Säuren. Sie lassen sich größtenteils verseifen, unterliegen aber nicht erheblich dem Ranzigwerden. Sie haben höheren Schm.P. als die Fette sowie eine besondere Plastizität und Klebrigkeit. In der Textilindustrie spielen sie keine besondere Rolle. Die wichtigsten Wachsarten hier sind Bienen- und Japanwachs; sie werden für die Zwecke der Gewebeimprägnierung, zum Wasserdichtmachen u. ä. in geringem Umfange verwendet. Von anderen Wachsen sind zu erwähnen: Chinesisches Wachs (von der Wachsschildlaus), Candelillawachs (Ausscheidung der Gräserart Euphorbia), Carnaubawachs (Cearawachs, aus den Blättern einer brasilianischen Palmart), Palmenwachs (dem vorstehenden ähnlich, aus der Rinde von Ceroxylon audicola). Zu den Wachsen kann man auch das Walrat bzw. das Spermazet (aus dem Kopfe des Potwals gewonnen) rechnen; auch das Wollfett oder Wollwachs (s. d.) rechnet man mitunter zu den Wachsen.

Bienenwachs (cera). Gelbes (cera flava), weißes (cera alba) Wachs, „ostindisches Wachs" (Ghedda-Wachs). Enthält hauptsächlich Cerotinsäure, Myricylpalmitat, Myricyl- und Cerylalkohol, Kohlenwasserstoffe (etwa 10—12% unverseifbare Kohlenwasserstoffe und 36—42% Alkohole). Schm.P. meist um 64°, Erst.P. 60—61°. Farbe gelblich, grünlich, rötlich usw. Kommt auch gebleicht in den Handel. In Chloroform, Schwefelkohlenstoff, ätherischen und fetten Ölen ganz, in Äther teilweise (zu etwa 50%), in Benzin wenig (zu etwa 20%) löslich, in kaltem Alkohol von 80% unlöslich. In Alkalien findet unter Bildung von Emulsionen Verseifung statt. *Prüfung:* Schm.P., Säure-, Verseifungszahl u. a. m.

---

[1] MACKEY: J. Soc. Chem. Ind. **1896**, 90. — S. a. KISSLING: Ztschr. ang. Ch. **1895**, **44**. — LIPPERT: Ztschr. ang. Ch. **1897**, 14. — SCHAPER: Chem. Ztg. **1919**, 401. — GRÜN: Analyse der Fette und Wachse **1**, 434. — KEHREN: Mell. Text. **1926**, 441, 525, 619, 699, 783, 857, 953; **1927**, 152.

[2] KAUFMANN, H.: Arch. Pharm. u. Ber. Dtsch. pharm. Ges. **1925**, 675. — Ztschr. ang. Ch. **1928**, 19, 1046. Dort auch weitere Literaturangaben.

Verfälschung häufig mit Japan-, Carnaubawachs, Walrat, Kolophonium, Paraffin, Stearinsäure. Die Haltbarkeit ist unbegrenzt. *Verwendung:* Zu Spezialappreturen, als Glanzmittel, zum Wasserdichtmachen; in der Druckerei als Zusatz zu Verdickungen; in der Batikfärberei zum Reservieren; zum Glätten des Zwirnes. Ersatzmittel sind Kombinationen anderer Wachse.

Japanwachs, Japantalg, Sumachwachs. Aus den wachsüberzogenen Kernen der Beeren einiger Sumachbäume (Rhusarten) gewonnen. Ist durch eine besondere Säure, die „Japansäure" charakterisiert. Schm.P. 50—55°, Schm.P. der Fettsäure 56—62°. Blaßgelb, hart, von harzig-talgartigem Geruch und großmuscheligem Bruch. Mit der Zeit dunkelt es nach und erhält weißen Anflug. *Verfälschung* durch Talg (an niedrigerem Schm.P. und hoher Jodzahl erkennbar). *Verwendung* für einige Spezialappreturen, wasserdichte Gewebe u. ä.

Kolophonium. Unter zahlreichen Harzen (z. B. Benzöe, Bernstein, Dammar, Elemi, Gummilack, Kopal, Kunstharz, Mastix, Sandarac usw.) kommt dem Kolophonium in der Technik die Hauptbedeutung zu. Es ist der Rückstand in der Terpentinölfabrikation und bildet goldgelbe bis braune, spröde Stücke mit muscheligem Bruch. Es besteht hauptsächlich aus einer Säure, der sog. Abietin- oder Sylvinsäure ($C_{20}H_{30}O_2$), Schm.P 100—130°, und der isomeren Pimarsäure. Über 135° beginnt Zersetzung. Ist in Alkohol völlig löslich, desgleichen in Äther, Aceton, Chloroform und den meisten organischen Lösungsmitteln. In Benzin bleiben 2—10% ungelöst (Oxysäuren). In Alkalien leicht zu gut schäumenden Seifen („Harzseifen") löslich. Typische Reaktion nach STORCH-MORAWSKI: Spur Kolophonium in Essigsäureanhydrid gelöst + ein Tropfen Schwefelsäure (1,7—1,8 spez. Gew.) gibt vergängliche, tiefviolette Färbung. *Verfälschungen* selten; wird aber selbst zum Verfälschen benutzt. Haltbarkeit in großen Stücken unbegrenzt; fein gepulvert, nimmt es Sauerstoff auf. *Verwendung*: Als Zusatz bei der Seifenherstellung, bisweilen für Imprägnierungszwecke; für konsistente Fette (Riemenfette); für Harzreserven (besonders im Seidendruck); für Wachsreserven (Batik).

Schellack (Gummilack). Ein aus ostindischen Ficusarten gewonnenes Harz (s. a. u. Lac-Dye). In Alkohol löslich, in Benzin und Benzol unlöslich. Kommt als gelbbrauner „gereinigter" und als „gebleichter" Schellack in den Handel. Seine Lösungen finden im Kattundruck Verwendung (Erzeugung eines säurebeständigen Überzuges auf Metallteilen, z. B. Rakeln); ferner als Steifungsmittel in der Hutfabrikation; seltener zu Imprägnierungszwecken u. ä.

Untersuchung der Fette, Öle usw.

Allgemeines. Vereinheitlichungsbestrebungen haben in neuerer Zeit zu Einheitsmethoden geführt, die von der „Wissenschaftlichen Zentralstelle für Öl- und Fettforschung, e.V." aufgestellt worden sind. Nachstehend werden fast ausschließlich diese von der „Wizöff" als Einheitsmethoden gewählten Verfahren berücksichtigt und kurz angedeutet; im übrigen sei auf das Original verwiesen[1]. Auf die vielfachen Einzel- und Farbenreaktionen kann hier nicht eingegangen werden[2].

Die Probeentnahme ist sachverständig und gegebenenfalls nach Vorschrift auszuführen. Die Vorprüfung erstreckt sich auf Färbung, Fluorescenz, Geruch, Geschmack, Konsistenz, Löslichkeit, Erhitzungsprobe, Verseifbarkeit, Seifengehalt, Acidität u. a. m.

Ätherextrakt. a) (ohne Salzsäurevorbehandlung). Man löst 3—5 g der Probe in 100 cm³ Äther, trocknet die evtl. filtrierte Lösung mit entwässertem Natrium-

---

[1] Einheitliche Untersuchungsmethoden für die Fettindustrie, bearbeitet und herausgegeben von der „Wizöff" bzw. der Wissenschaftlichen Zentralstelle für Öl- und Fettforschung, e. V., Berlin. Stuttgart: Wissenschaftliche Verlagsgesellschaft m. b. H. 1927.

[2] Einzelreaktionen s. a. unter den einzelnen Fetten usw., z. B. Baumwollsaatöl, Sesamöl, Harz.

sulfat, filtriert und trocknet bis zur Gewichtskonstanz (bei Anwesenheit flüchtiger Fettsäuren, z. B. von Palmkern- oder Cocosfett, nicht über 60°, bei oxydierbaren Fetten im Stickstoff- und Kohlensäurestrom). b) Bei reichlichen Verunreinigungen extrahiert man im Soxhlet-Apparat od. ä. c) Mit Salzsäurevorbehandlung.

Unverseifbares. 5 g Fett oder Ätherextrakt werden mit 12—15 cm^3 alkoholischer 2-n-Kalilauge 20 Min. unter Rückfluß verseift, mit ebensoviel Wasser versetzt, mit 50proz. Alkohol in einen Scheidetrichter gespült und mindestens zweimal mit 50 cm^3 Petroläther (S.P. 30—50°) ausgeschüttelt (Methode SPITZ-HÖNIG).

Gesamtfettsäuren. Nach Abtrennung des Unverseifbaren (s. o.) zersetzt man die alkoholischen Seifenlösungen nach dem Abdampfen des Alkohols mit heißer verdünnter Salzsäure und schüttelt im Scheidetrichter mit 50—100 cm^3 Äther aus (= Fettsäuren + petrolätherlösliche Oxysäuren).

Verunreinigungen. a) Aschengehalt. 3—5 g werden vorsichtig abgeschwelt und der Rückstand verascht und gewogen. b) Ätherunlöslicher Rückstand. Der in Äther unlösliche Teil wird auf gewogenem Filter gesammelt und bei 105° getrocknet. c) Trockenverlust (bei 105°). Man trocknet 5 g der Probe und 20 g ausgeglühten Quarzsand unter häufigem Rühren bei 105° bis zur Gewichtskonstanz. d) Flüchtige organische Stoffe. Man treibt aus 30—50 g der Probe durch Wasserdampfdestillation die wasserunlöslichen flüchtigen Stoffe in eine graduierte Vorlage ab und stellt aus Volumen und spezifischem Gewicht ihre Menge fest. e) Wasser. Man treibt nach MARCUSSON aus 5—10 g der Probe mit wasserfreiem Xylol[1] oder Benzol das Wasser in eine graduierte Vorlage über und bestimmt die Menge volumetrisch. Sonst: Durch Differenz zwischen Rohstoff einerseits und Ätherextrakt und Ätherunlöslichem andrerseits. f) Freie Mineralsäuren. Der filtrierte wäßrige Auszug von 50 g der Probe wird qualitativ geprüft, gegebenenfalls ein aliquoter Teil des Filtrats mit n/10-Alkalilauge titriert. Salz- und Schwefelsäure können noch gravimetrisch im Auszug bestimmt werden.

Physikalische Prüfungen.

Spezifisches Gewicht. Aräometrisch oder pyknometrisch.

Refraktion. Als Brechungskoeffizient mit einem Refraktometer zu bestimmen.

Schmelzpunkt. Bedeutet den Endpunkt des Schmelzintervalls, also die Temperatur des völligen Klarwerdens.

Tropfpunkt. Ist mit Hilfe des UBBELOHDEschen Tropfpunktprüfers zu bestimmen. Die Temperatur, bei der sich deutlich eine Fettkuppe zeigt, gilt als Fließpunkt; bei welcher der erste Tropfen abfällt, als Tropfpunkt.

Erstarrungspunkt. Wird in SHUKOFF-Kölbchen ausgeführt. Das Temperaturmaximum, bei dem die Temperatur meist einige Minuten anhält, gilt als Erstarrungspunkt.

Titertest. Ist der nach SHUKOFF bestimmte Erstarrungspunkt.

Flammpunkt. Ist die Temperatur, bei der sich aus dem Öl so viel Dämpfe entwickeln, daß die darüberliegende Luft bis zur unteren Verpuffungsgrenze gesättigt ist und das Gemisch aus Öldampf und Luft unter konventionellen Versuchsbedingungen entzündet werden kann. Man benutzt den Flammpunktprüfer nach MARCUSSON.

Brennpunkt. Ist die Temperatur, bei der die Öloberfläche dauernd weiterbrennt.

[1] VAN DER WERTH (Chem. Ztg. **1928**, 23) konstruierte zur Vermeidung der Feuersgefahr einen ähnlichen Apparat für die Verwendung des nicht brennbaren Tetrachloräthans (s. Fettlöser).

Viscosität. Ist das Verhältnis der Ausflußzeiten einer bestimmten Ölmenge und einer gleichen Menge Wasser von 20°. Wird mit dem ENGLER-Viscosimeter festgestellt und als Englergrade angegeben (E°).

Chemische Kennzahlen oder Konstanten.

Säurezahl (S.Z.). Die S.Z. gibt an, wieviel Milligramm Kaliumhydroxyd zur Absättigung der in 1 g Fett enthaltenen Menge freier Fettsäuren nötig sind. 1—3 g Substanz werden in 50 cm³ genau neutralisiertem Benzol-Alkohol (2 : 1) oder Äther-Alkohol (1 : 1) gelöst und mit alkoholischer n/2-Kalilauge abtitriert (Phenolphthalein, bei dunklen Proben Alkaliblau oder Thymolphthalein). Berechnung: Einwage = e, Verbrauch an n/2-Kalilauge = a. Die S.Z. ist dann $\frac{28{,}055 \cdot a}{e}$. Die Umrechnung in Prozent freier Fettsäure geschieht unter Zugrundelegung der mittleren Molekulargewichte von Cocosfett = 206, Palmkernfett = 220, Palmfett = 256, der übrigen Fette = 282 (entsprechend der Ölsäure). S.Z. 1 entspricht demnach 0,367 % freie Fettsäure (bei Cocosfett) bzw. 0,392 % (bei Palmkernfett) bzw. 0,456 % (bei Palmfett) bzw. 0,503 % (bei Ölsäure und den übrigen Fetten).

Verseifungszahl (V.Z.). Die V.Z. gibt an, wieviel Milligramm Kaliumhydroxyd zur Verseifung von 1 g Fett nötig sind. 2 g Substanz und 25 cm³ alkoholische n/2-Kalilauge werden in einem Jenaer Kolben unter Rückfluß 30 Min. in stark siedendem Wasserbade gekocht. In gleicher Weise wird ein Blindversuch ohne Fett angesetzt. Der Überschuß an Alkalihydroxyd wird schließlich in der Seifenlösung mit n/2-Salzsäure zurücktitriert; in gleicher Weise wird der Titer bei der Blindprobe bestimmt. Berechnung: Einwage = e, Verbrauch an n/2-Salzsäure in der Blindprobe = a, Verbrauch an n/2-Salzsäure in der Hauptprobe = b. Die V.Z. ist dann $\frac{28{,}055 \cdot (a-b)}{e}$.

Esterzahl (E.Z.) (früher auch Ätherzahl genannt). Die E.Z. gibt an, wieviel Milligramm Kaliumhydroxyd zur Verseifung der in 1 g Substanz enthaltenen Fettsäure-Ester nötig sind. Die E.Z. ist bei Abwesenheit innerer Ester oder Anhydride = die Differenz zwischen Säure- und Verseifungszahl: E.Z. = S.Z. — V.Z.

Mittleres Molekular-Gewicht der Fettsäuren (Mol. Gew.). Das Mol. Gew. ergibt sich durch Verseifung von 1 g der vom Unverseifbaren befreiten Gesamtfettsäuren. Verseifungszahl der Gesamtfettsäuren = V.Z. Gs. Das Mol. Gew. ist dann $= \frac{56110}{\text{V.Z.Gs.}}$.

Berechnung von freier Fettsäure, Gesamtfettsäure, Neutralfett und Glycerin aus: S.Z., E.Z., V.Z., V.Z. Gs. und M (Mol. Gew.).

$$\text{Prozent freie Fettsäuren} = \frac{100\ \text{S.Z.}}{\text{V.Z.Gs.}}.$$

$$\text{Prozent Gesamtfettsäuren} = \frac{100\ \text{V.Z.}}{\text{V.Z.Gs.}}.$$

$$\text{Prozent Neutralfett} = \frac{100\ \text{E.Z.}}{\text{V.Z.Gs.}} \cdot \frac{3\,\text{M} + 38}{3\,\text{M}}.$$

$$\text{Prozent Glycerin} = 0{,}0547 \cdot \text{E.Z.}$$

Reichert-Meißl-Zahl (R.M.Z.) und **Polenske-Zahl** (P.Z.). Die R.M.Z. gibt an, wieviel Kubikzentimeter n/10-Alkalilauge zur Neutralisation der aus genau 5 g erhältlichen, mit Wasserdampf flüchtigen, wasserlöslichen Fettsäuren nötig sind. Die P.Z. gibt an, wieviel Kubikzentimeter n/10-Alkali zur Neutralisation der aus genau 5 g erhältlichen, mit Wasserdampf flüchtigen, wasserunlöslichen Fettsäuren nötig sind. Mehr von Bedeutung für Speisefette, Butter u. ä.

Acetylzahl (A.Z.). Die A.Z. gibt an, wieviel Milligramm Kaliumhydroxyd zur Bindung der in 1 g acetyliertem Fett gebundenen Essigsäure erforderlich sind. 6—8 g Substanz werden mit der doppelten Menge Essigsäureanhydrid 2 Std.

Chemische Kennzahlen von Fetten, Ölen und Wachsen.

Material	Spez. Gew. bei t^0		Erst.P. °C	Schm.P. °C	V. Z.	J. Z.	A. Z.	S. Z.	Viscosität (E° bei t^0)
Baumwollsaatöl (Cottonöl) . . .	15	0,924	5	—	191—196	101—112	7,6—18	0—2	9,3—10,4 (20°)
„ Fettsäure daraus	100	0,847	32—35	32—46	200—205	111—120	—	—	—
Bienenwachs	15	0,964	60—62	62—65	91—95	8—11	15	19—21	—
Cocosnußöl	15	0,930	14—22	20—28	245—260	8—10	1—12	5—50	—
„ Fettsäure daraus	100	0,835	16—25	25—27	—	8—10	—	—	—
Erdnußöl	15	0,920	sehr versch.	—	185—197	83—103	—	1—3—8 (bei techn. Ölen bis 40)	10,1—14,2 (21°)
„ Fettsäure daraus	15	0,846	22—32	27—35	200	90—108	—	—	—
Hammeltalg	100	0,940	36—41	44—51	193—196	35—46	—	1,7—14	—
„ Fettsäure daraus	—	—	43—46	49—50	195—205	35—50	—	—	—
Japanwachs	15	0,97—0,98	48—53	50—56	205—237	4—13	—	18—25	21 (100°) im OSTWALDschen Viscosimeter
„ Fettsäure daraus	—	—	53—56	56—62	220—230	42	—	—	—
Leinöl	15	0,934	—10 bis —20	—	187—195	170—190	4,0	1—8	6,5—7,7 (20°)
„ Fettsäure daraus	100	0,861	13—21	13—24	180—200	180—200	—	—	3,2 (50°); 1,76 (100°)
Olivenöl	15	0,916	—6 bis —2	—	188—195	79—92	10,6	2—50	10 (20°)
„ Fettsäure daraus	100	0,843	17—24	19—29	200	85—95	—	—	3,8 (50°); 1,8 (100°)
Palmkernöl	15	0,946	20—24	23—28	240—250	10—18	2—8	8,5	1,45 (40°)
„ Fettsäure daraus	100	0,835	20—26	25—28	—	12—14	—	—	1,443 (60°)
Palmöl	15	0,924	31—39	27—43	196—210	44—58	18	24—200	—
„ Fettsäure daraus	100	0,827	36—46	44—50	200—220	50—60	—	—	—
Ricinusöl	15	0,96—0,97	—10 bis —12	—	180—187	82—90	146—150	0,1—15	200 (15°); 140 (20°)
„ Fettsäure daraus	15	0,95	3	13	195	87—93	—	—	16,5 (50°); 3,8 (100°)
Rindstalg	15	0,948	27—35	42—46	193—200	35—45	2,7—8,6	2—7 (alte Ware bis 50)	12—13 (100°) im OSTWALDschen Viskosimeter
„ Fettsäure daraus	100	0,835	38—46	43—44	195—210	50—60	—	—	—
Rüböl	15	0,915	0 bis —5	—	167—178	94—122	14,7	1,4—13,2	11—15 (20°)
„ Fettsäure daraus	100	0,876	8—18	11—12	181—185	99—110	—	—	4—5 (50°); 2 (100°)
Schweinefett	15	0,935	27—30	33—40	195—197	53—68	2,6	0,5—1,5	—
„ Fettsäure daraus	100	0,845	34—42	43—44	200	60—75	—	—	—
Sesamöl	15	0,923	—3 bis —6	—	188—190	102—114	—	0,25—20	9,3—10,5 (20°)
„ Fettsäure daraus	—	—	20—22	24—26	200—210	109—120	—	—	—
Sonnenblumenöl . . .	15	0,923	—17	—	188—198	104—135	—	0—1	8—8,5 (20°)
„ Fettsäure daraus	—	—	17—18	17—24	200	130—140	—	—	—
Walrat	15	0,93	42—47	42—49	130	4	2,5—3	Spuren	—
Wollfett	17	0,943	30	31—35	80—130	15—29	23,3	13—25	—

acetyliert und das Produkt durch mehrmaliges Auskochen mit Wasser von der Essigsäure befreit und neutral gewaschen. Vom ursprünglichen Produkt wie vom acetylierten werden die Verseifungszahlen bestimmt. V_1 = V.Z. des ursprünglichen, V_2 = V.Z. des acetylierten Produktes. A.Z. ist dann $= \frac{V_2 - V_1}{1-0{,}00075\,V_1}$.

Jodzahl (J.Z.). Die J.Z. gibt an, wieviel Prozent Halogen, als Jod berechnet, eine Substanz unter bestimmten Bedingungen addieren kann. Als Einheitsmethode ist diejenige von HANUS bestimmt. 0,1—0,2 g Substanz (bei J.Z. über 120), 0,2—0,4 g Substanz (bei J.Z. von 60—120), 0,4—0,8 g Substanz (bei J.Z. unter 60) werden im Jodzahlkolben von 200—300 cm^3 in etwa 10 cm^3 Chloroform oder, wenn möglich, in Eisessig gelöst, mit 25 cm^3 Jodmonobromidlösung (10 g käufliches Jodmonobromid in 500 g Eisessig) versetzt und im verschlossenen Kolben etwa 15 Min. stehengelassen. Bei Produkten mit höherer Jodzahl als 120 läßt man etwa 45 Min. einwirken. Ein Blindversuch ist in gleicher Weise anzusetzen. Nach Zusatz von 15 cm^3 10proz. Jodkaliumlösung und 50 cm^3 Wasser wird der Halogenüberschuß mit n/10-Thiosulfatlösung, zuletzt unter Zusatz von Stärkelösung, bis zur Farblosigkeit zurücktitriert. Berechnung: Einwage = e, Verbrauch an n/10-Thiosulfatlösung für die Blindprobe = a, für die Hauptprobe = b. Die J.Z. ist dann $= \frac{1{,}269\,(a-b)}{e}$.

Hexabromidzahl. Diese bezeichnet die nach konventionellem Verfahren aus 100 g Fettsäure gefällte Menge Alpha-Linolensäure-Hexabromid, ausgedrückt in Gramm. Kommt für Textillaboratorien weniger in Frage.

Fettlöser (Fettlösungsmittel). Zum Zweck der Entfettung und Reinigung, auch zum Netzen und Emulgieren, wird eine Reihe von aliphatischen und aromatischen, auch chlorierten und hydrierten Kohlenwasserstoffen, Phenolen usw., meist unter Zusatz von Seifen, verwendet (s. a. „Reinigerei"). Ferner werden auch fertigen Handelsseifenpräparaten *F.* zugesetzt (s. Fettlöserseifen). Näheres über Netzmittel s. u. „Netzmittel". Die Siedepunkte und spezifischen Gewichte (Dichten) der wichtigsten *F.* sind in nachstehender Tabelle zusammengestellt[1].

Fettlöser	S.P. (° C)	Spez. Gew. (bei 15°)
Tetrachlorkohlenstoff („Tetra")	78,5	1,582 (bei 21°)
Dichloracetylen (Acetylendichlorid)	52	1,278
Dichloräthyläther[2]	178	—
Trichloräthylen („Tri")	85	1,471
Perchloräthylen	119—121	1,625
Tetrachloracetylen (= Tetrachloräthan)	145	1,607
Benzol	80	0,885 (bei 20°)
Toluol	111	0,870
Xylol	130	0,868
Schwerbenzol	100—140	0,92 —0,945
Solvent-Naphtha	140—200	0,87 —0,882
Benzin (technisch, hochsiedend)	100—180	0,734—0,803
Patent-Terpentinöl (Petroleumfraktion)	160—200	unter 0,820
Terpentinöl (Hauptmenge Pinen)	155—162	0,86 —0,88
Terpentinöl regeneriert (Hauptmenge Pinen und Limonen)	164—175	0,856—0,874
Tetralin technisch (Tetrahydronaphthalin)	205—209	0,976—0,980
Tetralin reinst	206,5—207	0,9712 (bei 20°)
Dekalin technisch (Dekahydronaphthalin)	185—195	um 0,90
Hexalin (Cyclohexanol, hydriertes Phenol)	um 160	0,92 —0,95
Methylhexalin (verschiedene hydrierte Kresole)	166—175—	0,918—0,934 (bei 20°)

[1] Die Konstanten der technischen Fertigungen schwanken nach den Angaben der Literatur.

[2] Nach Chem. Ztg. **1929**, 394 in USA. neuerdings als Zusatz zu Seifen usw. für Waschzwecke in Aufnahme gekommen.

Fixacol (Adler-Farbwerke, Essen). Flüssiges Präparat zur Erhöhung der Reibechtheit von Färbungen oder Drucken. Die Behandlung mit Fixacol kann, wenn erforderlich, nach dem Waschen noch einmal wiederholt werden.

Formaldehyd, Formalin, Formol. HCOH = 30. Farbloses, stechend riechendes Gas, das durch starke Abkühlung zu einer farblosen Flüssigkeit verdichtet werden kann und bei —92° fest wird. S.P. = —21°; spez. Gew. bei —21° = 0,8153. Von Wasser wird es bis zu einer Lösung von 52,5% absorbiert; bei weiterer Konzentration scheiden sich Polymerisationsprodukte aus. Es wirkt stark keimtötend (desinfizierend) und koaguliert Eiweißlösungen; wirkt in alkalischer Lösung stark reduzierend und oxydiert sich dabei zu Ameisensäure. Aus ammoniakalischer Silberlösung scheidet es metallisches Silber aus. *Handelsformen.* Die technischen Produkte Formalin und Formol enthalten 40 Vol.-% (= 36 Gew.-%) *F.* und bis zu 12% Methylalkohol. Ihr spez. Gew. schwankt von 1,08—1,095.

Gehalt und spezifisches Gewicht der wäßrigen Lösungen bei 18°.

Gew.-% *F.* .	2,24	4,66	11,08	14,15	19,89	25,44	30,0	37,72	41,87
Spez. Gew. .	1,005	1,013	1,031	1,041	1,057	1,072	1,085	1,106	1,116

Verunreinigungen. Methylalkohol, Ameisensäure, Kupfer, Salze. *Gehaltsprüfung.* a) Aräometrisch, b) jodometrisch nach ROMIJN oder c) nach BLANK und FINKENHEIMER (Oxydation des *F.* mit Wasserstoffsuperoxyd und gemessenem Ätznatron, Rücktitration des unverbrauchten Natrons). *Verwendung.* Als keimtötender und konservierender Zusatz (0,1%) zu stärke- und leimhaltigen Appreturen, Schlichten, Druckmassen u. ä. Zur Härtung des Seidenbastes und der Wollfaser; zur Nachbehandlung substantiver Färbungen (Erhöhung der Waschechtheit); beim Färben mit Naphthol AS; als Hydrosulfit-Doppelverbindung.

Gerbstoffe.

Literatur: DEKKER: Die Gerbstoffe. — DUMESNY u. NOYER: L'Industrie chimique des Bois. — FRANKE, H.: Die pflanzlichen Gerbstoffe. — Gerbereichemisches Taschenbuch. Dresden: Steinkopff. — GNAMM: Die Gerbstoffe und Gerbmittel. — NIERENSTEIN: Chemie der Gerbstoffe. — PAESSLER: Die Verfahren zur Untersuchung der pflanzlichen Gerbemittel und Gerbstoffauszüge. — PROCTER-PAESSLER: Leitfaden für gerbereichemische Untersuchungen. — PROCTER-JETTMAR: Taschenbuch für Gerbereichemiker. — WIESNER: Die Rohstoffe des Pflanzenreiches, 4. Aufl., S. 810.

Allgemeines. In bestimmten Teilen verschiedener Pflanzen sind gerbend wirkende Stoffe, die sog. Gerbstoffe, enthalten, so z. B. in der Rinde (Eichen-, Fichten-, Mimosen-, Mangroven-, Malletrinde), im Holz (Quebracho-, Kastanien-, Eichen-, Catechuakazienholz), in den Früchten (Valonea, Trillo, Myrobalanen, Dividivi), in den Blättern und Stengeln (Sumach, Gambier), in krankhaften Auswüchsen, den sog. Gallen oder Galläpfeln (Knoppern). Nur bei einem geringen Teil dieser Gerbmittel ist die technische Verwertung lohnend; und von diesem ist wieder nur ein Teil für die Textilindustrie von praktischer Bedeutung. Die Gerbmittel und Gerbstoffe erscheinen im Handel in Form der gerbstoffhaltigen Pflanzenteile, der Gerbmittel und der aus diesen gewonnenen und eingedickten Gerbstoffauszüge (Gerbextrakte, Gerbstoffextrakte). Wertbestimmend für ein Gerbmittel oder einen Gerbstoffextrakt ist vor allem der Gerbstoffgehalt, dann aber auch die Art des Gerbstoffs und schließlich der Reinheits- und Helligkeitsgrad (bei gebleichten Extrakten). Der Gerbstoffgehalt der Gerbmittel und Extrakte ist sehr schwankend und hängt wesentlich von der Art, Provenienz, Reife und dem Alter der Pflanze ab; auch führen die verschiedenen Untersuchungsmethoden zu verschiedenen Ergebnissen (s. w. u.). Nachstehende Tabelle gibt nach STIASNY die annähernden Mittelwerte der Gerbstoffgehalte der wichtigsten Gerbmittel wieder.

Durchschnittlicher Gerbstoffgehalt der wichtigsten Gerbmittel (STIASNY).

Eichenrinde	10 %	Eichenholz	4 %
Fichtenrinde	12 %	Kastanienholz	6 %
Mimosarinde	33 %	Sumachblätter	25 %
Malletrinde	42 %	Valonea	28 %
Mangrovenrinde	38 %	Myrobalanen	31 %
Weidenrinde	10 %	Dividivi	41 %
Birkenrinde	12 %	Ungarische Knoppern	30 %
Quebrachoholz	20 %	Algarobylla	42 %

Durchschnittlicher Gerbstoffgehalt der wichtigsten Gerbextrakte (STIASNY).

Quebrachoextrakt (flüssig)	34—36 %	Mangrovenextrakt (flüssig)	33—35 %
„ (teigförmig)	40—45 %	Mimosaextrakt (flüssig)	32—34 %
„ (fest)	60—70 %	Sumachextrakt (flüssig)	25—27 %
Eichenholzextrakt (flüssig)	24—26 %	Myrobalanenextrakt (flüssig)	26—30 %
Kastanienholzextrakt (flüssig)	28—32 %	Indragiri (halbfest)	40—50 %
Fichtenholzextrakt (flüssig)	22—24 %		

Für die Textilindustrie sind außerdem von Bedeutung:

Chinesische und japanische Galläpfel	70—80 %	Gerbstoffgehalt
Aleppo- und Levante-Galläpfel	55—60 %	„
Tannin technisch	50—80 %	„
„ reinst (Schaumtannin)	96—98 %	„
Catechu in Block (Blockgambier)	25—35 %	„
„ in Würfeln (Gelbes Gambier)	45—50 %	„

Chemische Charakterisierung. Der wirksame Bestandteil der Gerbmittel und Gerbextrakte sind verschiedene, einander ähnlich konstituierte Gallusgerbsäuren oder Gerbsäuren. Man nahm lange Zeit an, daß das Tannin die Digallussäure sei. Nach den klassischen Arbeiten von EMIL FISCHER steht es indessen einwandfrei fest, daß das chinesische Tannin hauptsächlich das Glucosid der Digallussäure, das türkische Tannin das Glucosid der Gallussäure ist. Es ist als sicher anzunehmen, daß das Tannin unzersetzt als Glucosid auf die Faser zieht. Auch die synthetisch nach E. FISCHER hergestellten Tannine verhalten sich ähnlich wie die natürlichen, indem sie auf Baumwolle aufziehen und waschechte Antimonbeizungen und Färbungen mit basischen Farbstoffen liefern. Demgegenüber haben Gallus- und Digallussäure[1] nicht die geringste Affinität zur Baumwollfaser und wirken nicht gerbend. — Durch Kondensation von Formaldehyd mit Phenol, Phenolsulfosäuren, Naphthalinsulfosäuren usw. werden die „künstlichen Gerbstoffe“ (s. w. u.) gewonnen. Die Katanole (s. d.) der I. G. Farbenindustrie sind höhermolekulare Verbindungen von kolloidalem Charakter, die durch Verschmelzen von Phenol und Schwefel zu Dioxydiphenylsulfid und Kondensation zu höhermolekularen Verbindungen entstehen. Sie haben gleichfalls tanninartigen Charakter und dienen als Ersatz für das natürliche Tannin beim Färben mit basischen Farbstoffen.

Chemisches Verhalten. Die Gerbstoffe verhalten sich wie schwache Säuren (Gerbsäuren). Sie sind im allgemeinen amorph, bis auf die krystallisierende Ellagsäure, das Catechin, die Gallussäure und die Chebulinsäure und zeigen die Eigenschaften von Kolloiden. Beim Erhitzen verkohlen sie meist, ohne zu schmelzen, bei 200° bilden sich Zersetzungsprodukte (Pyrocatechin, Pyrogallol). Durch Licht werden sie dunkler gefärbt. Sie sind in Wasser leicht, in Alkohol, Glycerin u. a. gut löslich, in Äther fast unlöslich, ganz unlöslich in Benzin, Benzol, Chloroform usw. Durch Alkalien werden sie unter Lösung dunkler gefärbt. Auch Oxydationsmittel (wie Bichromat) zersetzen sie unter Dunklerfärbung. Starke Säuren, besonders Mineralsäuren und in der Hitze, zersetzen sie und liefern Fällungen. Reduktionsmittel (wie Sulfite, Schwefligsäure) hellen sie auf

[1] Nach A. GUENTHER (Ztschr. ang. Ch. **1927**, 1317) zieht die synthetische Digallussäure auf Baumwolle nur oberflächlich auf und bildet mit Brechweinstein eine nur lose haftende Verbindung und mit basischen Farbstoffen größtenteils abspülbare Färbungen.

(dienen als Bleichmittel). Mit anorganischen Basen (Blei-, Kupfer-, Tonerde-, Eisenverbindungen usw.) liefern sie Niederschläge, auch mit Eiweißstoffen (Leim, Casein), organischen Basen, basischen Farbstoffen. Mit Formaldehyd liefern die Pyrocatechingerbstoffe bei Gegenwart von Kondensationsmitteln (z. B. Salzsäure) unlösliche Kondensationsprodukte. Nach PROCTER unterscheidet man zweckmäßig dreierlei Gerbstoffklassen: 1. die Pyrocatechingerbstoffe, 2. die Pyrogallolgerbstoffe, und 3. die gemischten Gerbstoffe. Die 1. Klasse liefert in der Kalischmelze Pyrocatechin (Brenzcatechin), die 2. Klasse Pyrogallol, und die 3. Klasse Mischungen dieser beiden[1]. Analytisch unterscheidet man die zwei ersten Gruppen leicht durch die Reaktionen mit Eisensalz, Bromwasser und Bleiacetat.

Reagens.	I. Pyrocatechingerbstoffe.	II. Pyrogallolgerbstoffe.
1proz. Eisenalaunlösung	grünlichschwarze Färbung oder Fällung	violett- bis bläulichschwarze Färbung oder Fällung
Bromwasser	Fällung	Keine Fällung
Bleiacetatlösung	Keine Fällung	Fällung

Zur ersten Gruppe gehören u. a.: Catechu, Gambier, Quebracho; zur zweiten: Galläpfel, Sumach, Dividivi, Knoppern, Valonea u. a.

STIASNY unterscheidet noch weiter die Gerbstoffe nach ihrem Verhalten gegenüber Formaldehyd in salzsaurer Lösung in drei Hauptgruppen und verschiedene Untergruppen.

Von den textiltechnisch verwendeten oder verwendbaren Gerbmitteln sind im einzelnen noch folgende kurz zu besprechen.

Catechu, Blockgambier, Cutch, Pegucatechu, Bombaycatechu, braunes Catechu, Terra japonica (s. a. Naturfarbstoffe). Aus dem braunen Kernholz einiger in Südasien heimischer Akazienarten (acacia catechu u. a.) gewonnen. Kommt in etwa 100-kg-Ballen (in Stroh- oder Palmblättersäcken verpackt) als knetbare, braungelbe Paste über Bombay in den Handel. Wird im Handel mitunter auch schlechtweg als „Gambier" bezeichnet, was leicht zu Verwechslungen mit dem gelben Catechu Anlaß gibt. Indragiricatechu ist ein im Ursprungsland gereinigtes Catechu. Im Handel vorkommende feste Produkte unter dem Namen Khakicatechu, Khakicutch und R-Catechu sind meist Mangrovenauszüge. Das Catechu des Handels ist mitunter stark mit Sand, Lehm oder Sägespänen, oft im Innern des Ballens, verunreinigt bzw. verfälscht. Es wurde früher vielfach zur Herstellung des Catechubraun auf Baumwolle verwendet; heute hauptsächlich in der Seidenschwarzfärberei.

Dividivi, Libidivi, Libilibi. Hülsenfrüchte (Schoten) von Caesalpinia coriaria (Westindien, Südamerika).

Dividiviextrakt. Aus der Dividivischote hergestellt. Im Handel meist als Extrakt von 26° Bé mit schwankendem Gehalt.

Gambier, gelbes Catechu, Würfelgambier, Gambiercatechu. Wird aus den Blättern und Stengeln von Uncaria Gambier (Hinterindien, Ceylon, Borneo, Holländisch-Indien) durch Auskochen gewonnen. Die eingedickte, erstarrende Masse wird in Würfel geschnitten (deshalb „Würfelgambier") oder in Blockform (deshalb bisweilen die irreführende Bezeichnung „Blockgambier", s. Catechu) in den Handel gebracht. Asahangambier ist ein im Ursprungsland hergestelltes, gereinigtes Gambier. In der Färberei spielt der Gambier heute keine wesentliche Rolle mehr.

Kastanienextrakt. Aus der Roßkastanie (aesculus hippocastanum) erzeugt. Fest und flüssig im Handel, letzteres meist 25° Bé stark mit 28—33 % Gerbstoff-

---

[1] Wissenschaftlich befriedigt diese Einteilung heute nicht mehr voll, obwohl man an ihr aus praktischen Gründen noch festhält. Neuerdings gliedert man die Gerbstoffe auch in „hydrolysierbare" und „kondensierte".

gehalt. Auch aus dem Holz bzw. der Rinde der Edelkastanie (castanea vesca) erzeugt.

Knoppern. Die Knoppern, Gallen oder Galläpfel sind durch bestimmte Gallwespen an den Früchten der Stieleiche hervorgerufene krankhafte Wucherungen, in denen eine Anreicherung von Gerbstoff stattgefunden hat. In Europa sind die in den südlich der Donau liegenden Ländern (Österreich, Ungarn, Jugoslawien) vorkommenden Galläpfel die wichtigsten; von außereuropäischen die gerbstoffreicheren kleinasiatischen, chinesischen und japanischen Gallen. Das aus diesen Gallen hergestellte türkische und ostasiatische Tannin (s. d.) ist auch chemisch etwas untereinander differenziert (Penta-Digalloyl-Beta-Glucose und Penta-Galloyl-Beta-Glucose).

Mangrovenrinde. Die gerbstoffreichere „östliche Mangrove" von Rhizophora mucronata (Ostafrika, Ostindien, Australien) und die gerbstoffärmere „westliche Mangrove" von Rhizophora Mangle (Westafrika, Westindien, Ostküste Südamerikas) stammend. Der feste Extrakt besteht aus spröden, braunen Stücken von glasigem Bruch. Kommt auch als Khakicatechu oder Khakicutch in den Handel. In der Färberei ohne Bedeutung.

Myrobalanen. Nußartige Frucht eines strauchartigen Baums (terminalia chebula) aus Ostindien. Der Extrakt ist meist 25° Bé stark.

Quebrachoholz. Kernholz aus Quebracho colorado (Südamerika). Der Extrakt ist harzig und wirkt leicht faserverklebend. Als Gambierersatz oder „Gambierine" hat er sich an Stelle von Catechu nicht einbürgern können.

Sumach, Schmack. Gelbbräunliche Blätter vom Gerbersumach oder sizilianischen Sumach (Rhus coriaria) oder (geringere Sorten) vom Perückenbaum (Rhus cotinus). Den Blättern sind oft Blattstiele und Zweige beigemischt. Gemahlene Ware gilt als minderwertiger. Der sizilianische Sumach wird am meisten geschätzt; man unterscheidet hier grünlichgelbe Prima- und rostgelbe Sekundaware.

Sumachextrakt. Dickflüssige, braune bis bräunlichgelbe und schwachgelbe („dekolorierte", gebleichte Ware) Lösung von meist 28—30° Bé. Auch fester Sumachextrakt kommt vor. Bei längerem Lagern gärt die Lösung leicht und büßt an Gehalt ein.

Tannin. Aus Knoppern oder Gallen hergestellt (s. d.). Kommt in krystallähnlichen Nadeln (Nadeltannin), als voluminöses Pulver, in Form von Schuppen, Körnern u. dgl. braun, gelb bis fast farblos und als nahezu chemisch reine Ware in Schaumform (Schaumtannin) in den Handel. Spaltet bei 200° Pyrogallol ab, ist leicht wasserlöslich, in gleichen Teilen Alkohol, ferner in Ätheralkohol, Glycerin usw. löslich. Die mittleren technischen Tannine enthalten 60—70%, die feineren 70—80% Gerbstoffsäuren. Als Verunreinigungen kommen vor: Stärke, Milchzucker, Dextrin, Zucker, Extraktivstoffe, anorganische Salze, Gummistoffe u. ä. Die reinsten Schaumtannine enthalten rund 96%, bisweilen noch mehr, Gerbstoff. Die Verwendung des Tannins in Färberei und Zeugdruck ist infolge Zurückdrängung der alten basischen Farbstoffe und durch Einführung von Ersatzprodukten (s. Katanol) ganz erheblich zurückgegangen.

Spezifisches Gewicht und Tanningehalt wäßriger Tanninlösungen bei 15°.

Spez. Gew.	% Tannin	Spez. Gew.	% Tannin	Spez. Gew.	% Tannin	Spez. Gew.	% Tannin
1,004	1	1,016	4	1,0406	10	1,0656	16
1,008	2	1,0242	6	1,0489	12	1,0740	18
1,012	3	1,0324	8	1,0572	14	1,0824	20

Valonea, Ackerdoppen, Wallonen. Früchte von Eichenarten der Balkanhalbinsel, „griechische Valonea" (quercus Graeca), oder in Kleinasien, „Smyrna-Valonea" (quercus valona). Letztere sind etwas gerbstoffreicher und höher geschätzt. Die bisweilen vorkommende Bezeichnung als „Knoppern" kann zu Verwechslungen mit den ostasiatischen Gallen (s. Knoppern) führen.

Verwendung der Gerbstoffe. Die Gerbstoffe wurden früher vielfach unmittelbar zum Färben (z. B. Catechubraun, Sumachschwarz usw.) verwendet; heute sind diese Färbemethoden durch neue künstliche Farbstoffe verdrängt. Auch als Beize (z. B. in Kombination mit Antimon u. dgl.) haben die Gerbstoffe ihre frühere Bedeutung aus dem gleichen Grunde und infolge künstlicher Ersatzstoffe (s. Katanol) eingebüßt. Die Hauptverwendung finden die Gerbstoffe heute als chargierende Hilfsmittel in der Seidenschwarzfärberei (s. d.). Das Tannin wird im Zeugdruck zum Fixieren von basischen Farbstoffen in Verbindung mit Antimonsalzen verwendet.

Gehaltsprüfung der Gerbstoffe. Außer der allgemeinen Beurteilung der Gerbstoffe nach Art des Gerbstoffs, Farbe, Löslichkeit, Aschengehalt usw. kommt der Gerbstoffgehalt selbst in erster Linie in Frage. Aräometrisch wird man sich bei flüssigen Extrakten nur über die Dichte oder das spezifische Gewicht sicher unterrichten können, weniger über den Gerbstoffgehalt, da alle Nichtgerbstoffe mitgespindelt werden. Eine direkte Gerbstoffbestimmung ist deshalb wesentlich. Charakteristisch für die Gerbstoffbestimmung ist, daß verschiedene Methoden vielfach untereinander abweichende Ergebnisse liefern.

1. Unter den analytischen Verfahren hat das Loewenthalsche oxydimetrische Verfahren nur zur Fabrikkontrolle und höchstens bei reinen Gerbstoffen (Tanninen) eine gewisse Anwendung gefunden. Man titriert a) die gesamten oxydablen Stoffe mit Permanganatlösung, b) die vom Gerbstoff befreite Lösung. $a - b =$ Gerbstoff.

2. Allgemeiner anwendbar und maßgebend im Handel ist die vom Internationalen Verein der Lederindustrie-Chemiker genau vereinbarte Hautpulvermethode. Eine Lösung mit etwa 4 g gerbender Substanz im Liter wird durch eine Berkefieldkerze oder ein Papierfilter (Schleicher & Schüll, Nr 590) klar filtriert. 50 cm³ der unfiltrierten (a) und 50 cm³ der filtrierten Lösung (b) werden eingedampft und bei 98,5—100° im Wasserbadtrockenschrank bis zur Konstanz getrocknet. a ergibt den Wasser- bzw. Trockengehalt der Ware, b den Gehalt an Gesamtlöslichem. Ferner wird ein Teil der Gerbstofflösungen mit chromiertem Hautpulver behandelt, entgerbt. 50 cm³ des entgerbten Filtrates werden zur Trockne abgedampft und wie oben getrocknet (c) = lösliche Nichtgerbstoffe. Nach Abzug der Nichtgerbstoffe vom Gesamtlöslichen ($b - c$) erhält man die gerbende Substanz (d). Aus der Differenz von Trockengehalt und gerbenden Stoffen + Nichtgerbstoff + Wasser ergibt sich das Unlösliche. Man unterscheidet zweierlei Verfahren zum Entgerben, das Schüttelverfahren und das Filtrierverfahren (durch „Filterglocke"). Bei ersterem wird vor dem Gebrauch chromiertes, bei letzterem fertig chromiertes Hautpulver angewandt (beide von der Deutschen Versuchsanstalt für Lederindustrie in Freiberg i. Sa. zu beziehen). Nach den Beschlüssen des genannten Vereins soll nur das Schüttelverfahren angewandt werden; in Deutschland wird aber auch vielfach das Filtrierverfahren benutzt.

3. Bei der Beurteilung von Gerbstoffen für die Textilindustrie ist das in der Lederindustrie eingeführte Hautpulververfahren nicht immer maßgebend. Man führt hier deshalb zweckmäßig sog. technische Versuche aus, d. h. exakte Kleinversuche mit dem zu bewertenden Gerbstoff im Vergleich mit einer Probe von bekannter Güte.

Die analytischen Einzelheiten der Gerbstoffbestimmung werden von den wichtigsten Gerbereichemiker-Vereinen von Zeit zu Zeit überprüft und neu festgelegt, so z. B. von dem IVLIC (Internationaler Verein der Leder-Industrie-Chemiker), der ISLTC (International Society of Leather Trades Chemists) und der ALCA (American Leather Chemists Association). Die wichtigsten letzten Neuerungen betreffen die Bestimmung des „Gesamtlöslichen" (Verwendung bestimmter Filterpapiere mit Kaolin statt der früheren Filterkerzen), die Bestimmung der „Nichtgerbstoffe" (prinzipielles Festhalten an der Schüttelmethode; neuer Glasapparat, in dem das Chromieren, Auswaschen, Entgerben und Abpressen kontinuierlich durchgeführt werden) u. a. m. Auch der qualitative Nachweis bestimmter Gerbstoffarten ist ausgebaut worden (z. B. Nachweis von Quebracho, Mimosa u. a. durch die Fluoresceinreaktion; Erkennung von Quebracho u. a. mit Hilfe von unsichtbarem Ultraviolett u. a. m.).

Künstliche und synthetische Gerbstoffe. Diese finden hauptsächlich Verwendung in der Gerberei. Sie sind kompliziert zusammengesetzte, mehrkernige, organische Verbindungen, welche Leim fällen und in saurer, semikolloider Lösung ähnlich gerbend wirken wie die pflanzlichen Gerbstoffe. Man kann hier folgende Gruppierungen vornehmen:

1. Kondensationsprodukte von aromatischen Phenolen u. dgl. mit: Formaldehyd, Sulfosäuregruppen, Formaldehyd und Sulfosäuregruppen, chrom- und aluminiumhaltige

Produkte dieser Kategorie (z. B. die Handelsprodukte, von denen verschiedene gleiche oder annähernd gleiche Erzeugnisse darstellen: Aluminiumhaltiges Corinal, Calnel B und P, chromhaltiges Esco, Clarex F und O, Diatan, Ewol, Gerbstoff F, FC und HS, Leukanol, Maxyntan, Neradol D, N, ND, FB, Nerathan, Ordoval, Prytan, Sorbanol, Synthan, Tannesco u. a. m.).

2. Kondensationsprodukte mit zuckerartigen Stoffen.
3. Oxydationsprodukte von Braunkohle, Holzkohle u. dgl.
4. Aus Sulfitzellstoffablaugen gewonnene Produkte.

Glycerin, Ölsüß (glycerinum). $CH_2OH \cdot CHOH \cdot CH_2OH = 92{,}1$. Farblose, ölige hydroskopische Flüssigkeit vom spez. Gew. 1,265, die schon bei Temperaturen unter 0° langsam zu zerfließlichen Krystallen erstarrt, welche bei +17 bis 20° wieder schmelzen. S.P. = 290° (760 mm) unter teilweiser Zersetzung; bei vermindertem Druck (50 mm) fast unzersetzt bei 210°. Entzündungstemperatur = 150°. Mit Wasser in jedem Verhältnis mischbar; in Äther, Benzin, Chloroform unlöslich. An der Luft unveränderlich (außer der Wasseranziehung); durch Oxydationsmittel wird es zu Ameisensäure, Oxalsäure u. a. oxydiert; mit konz. Salpetersäure liefert es das explosive Nitroglycerin (Dynamit). Mit Säuren kann es zu dreiwertigem Alkoholester verestert werden, z. B. mit Essigsäureanhydrid zu Triacetin. *Handelssorten.* Man unterscheidet im Handel 1. Rohglycerin, 2. raffiniertes Glycerin, hellgelblich, 24—30° Be, und 3. destillierte (farblos), einfach und doppelt destillierte Ware. Letztere wird in der Textilindustrie hauptsächlich verwendet. *Verunreinigungen.* Asche, Säure, organische Fremdstoffe. *Gehaltsprüfung.* Aräometrisch oder a) oxydimetrisch nach HEHNER-STEINFELS mit Kaliumbichromat und Schwefelsäure. 1 cm³ verbrauchtes Kaliumbichromat (37,282 g im Liter) entspricht 5 mg Glycerin. Bei unreinem *G.* werden zuerst die Verunreinigungen durch Fällen mit Bleiessig entfernt, b) nach der Acetinmethode.

Gehalt, spezifisches Gewicht und Siedepunkt der wäßrigen Lösungen von Glycerin.

% Glycerin	Spez. Gew.	S. P. (760 mm)	% Glycerin	Spez. Gew.	S. P. (760 mm)
100	1,265	290°	50	1,1290	106°
90	1,2395	138°	40	1,1020	104°
80	1,2125	121°	30	1,0750	102,8°
70	1,1855	113,6°	20	1,0490	101,8°
60	1,1570	109°	10	1,0240	100,9°

Verwendung. Als hydroskopischer Zusatz zu Appreturen und Druckmassen; zur Herstellung von Acetin; als Zusatz zu Dampffarben; zum Lösen basischer Druckfarben; zum Anteigen schwer netzbarer Farbstoffe; seltener zum Avivieren, Weichmachen u. ä.

Glycerin-Ersatzprodukte. 1. Glykol, Äthylenglykol $\cdot CH_2OH \cdot CH_2OH = 62$; spez. Gew. bei 0° = 1,125; S.P. = 197°, Erst.P. = — 17°. Von GOLDSCHMIDT als Tegoglykol in den Handel gebracht. 2. Perkaglycerin, Lösung von milchsaurem Kali. 3. Perglycerin, Lösung von milchsaurem Natron. 4. Glysanthin, neues Gefrierschutzmittel der I. G. Farbenindustrie, spez. Gew. bei 20° = 1,106; S.P. = 190—205°; Erst.P. = — 18 bis — 20° C. Ein anderes Frostschutzmittel ist Tusadin der Mercedes-Benz-Gesellschaft.

Gummiarten, Pflanzengummi.

Literatur: WIESNER: Die Rohstoffe des Pflanzenreiches, 4. Aufl., S. 965.

Die Gummiarten sind amorphe Pflanzenausscheidungen, die aus den Rinden mancher Sträucher oder Bäume entweder freiwillig oder durch Einschnitte hervorquellen. Sie sind in Wasser entweder löslich oder nur quellbar. Lösliche Gummis sind die den tropischen Akazien entstammenden: Gummi arabicum,

Senegalgummi und Kapgummi; schwer löslich oder nur quellbar sind: Kirschgummi, Pflaumengummi und tropische Gummisorten, wie Gummi Gheziri. Die charakteristischen Bestandteile der Gummis hat man als Arabin, Zerasin und Bassorin bezeichnet, ohne daß es gelungen ist, die Einheitlichkeit dieser Stoffe nachzuweisen.

Gummi arabicum, arabisches Gummi. Stammt von afrikanischen Akazienarten. Ist die bekannteste Gummiart. Unregelmäßige, glänzende und spröde Stücke von weißer, weißgelber bis brauner Farbe, innen meist von Rissen durchzogen, von muscheligem, glänzendem Bruch, leicht zerbrechlich und pulverisierbar. Seine Hauptbestandteile sind Arabin und Arabinsäure als Calcium-, Magnesium- und Kaliumverbindung. Nicht hydroskopisch, in Wasser völlig löslich. Die Lösungen sind klar, schwer flüssig, nicht gallertartig, etwas fadenziehend, sehr gut klebend und von schwach saurer Reaktion. *Handelssorten.* Kommt je nach Herkunftsland unter verschiedenen Namen in den Handel, z. B. als Kordofan, Geddah, Suakim, Magador, Gomme blanche, Gomme blonde usw. Aus dem Sudan kommen in den Handel: Haschab, Gesirch und Talh. *Verwendung.* Als Appreturzusatz (gibt leicht „brettigen" Appret, verursacht aber kein „Schreiben"). Sehr geschätztes Verdickungsmittel im Zeugdruck (besonders bei Seide und Halbseide). Wird vor Bereitung der Lösung etwa 12 Std. in lauwarmem Wasser quellen gelassen, dann durch Kochen gelöst. Sonst zu Klebemitteln.

Senegalgummi. Stammt von afrikanischen Akazien; dem vorstehenden ähnlich, nur härtere und größere, rundliche, oft wurmförmige und durchsichtigere Stücke, die im Inneren häufig größere Lufthöhlen aufweisen. An der Oberfläche rauh und weniger glänzend als das arabische Gummi. Seine Farbe ist weiß bis rötlich-gelb; sein großmuscheliger Bruch ist von starkem Glanz. Sprünge und Risse sind seltener vorhanden. In Wasser ist es schwerer löslich, die Lösungen sind mehr gallertig und von geringerer Klebkraft. Verwendung wie von Gummi arabicum, aber von geringerer Güte. Ein im Handel vorkommendes Appreturpräparat „Senegalin" besteht aus Senegalgummi, Stärke und Bittersalz.

Ostindisches und australisches Gummi (Feroniagummi). Große, unregelmäßige, oberflächlich höckerige, sehr stark glänzende, gelbe, durchsichtige Stücke. Dem arabischen Gummi sehr ähnlich und fast gleichwertig.

Kapgummi. Von einer südafrikanischen Akazie stammend. Unreine, trübe, in Wasser schwer lösliche Stücke. Ohne besondere Bedeutung.

Kirschgummi. Aus der Rinde der Kirschbäume ausfließendes Gummi. Halbkugelige oder nierenförmige Stücke, blaßgelb bis dunkelbraun. Enthält außer Arabin auch wasserlösliches Meta-Arabin und Cerasin. Erst durch anhaltendes Kochen gelingt es, die gequollene Masse in Lösung zu bringen. Die Lösungen sind rötlichbraun und von unangenehmem Geruch. Kirschgummi, wie auch Pflaumen-, Aprikosen-, Mandelbaumgummi usw., sind gegenüber dem tropischen, löslichen Gummi ohne Bedeutung. Auch die tropischen, unlöslichen Gummis (wie Ghattigummi), die nur durch Druckkochung brauchbare Lösungen liefern, sind von geringer Klebkraft und bedeutungslos. Bisweilen dienen sie als Ausgangsmaterial für löslich gemachte Präparate, die gelegentlich unter verschiedenen Namen vorkommen, wie Patentkrystallgummi, Industriegummi u. a. m. *Verwendung.* Beschränkt als billigeres Ersatzgummi für das arabische Gummi; als Ausgangsmaterial für bestimmte Präparate.

Tragant, Tragantgummi, Gummitragant[1]. Stammt von den Astragalusarten (Asien, Afrika, südliches Europa), aus deren Rinde das Gummi freiwillig ausfließt und meist zu knollenförmigen und traubenartigen, geruch- und geschmacklosen, durchscheinenden, hornartig-zähen Stücken austrocknet. Sein Hauptbestandteil ist das Bassorin, auch Tragantin genannt, das in Wasser nicht löslich, sondern nur stark aufquellbar ist. Außerdem enthält es einen wasserlöslichen Anteil,

---

[1] Auch „Traganth" geschrieben. Gehört eigentlich zu den Pflanzenschleimen (s. d.) und wird nur aus praktischen Gründen mit den Gummis abgehandelt.

wahrscheinlich Arabin. Bassorin besitzt keine Klebkraft, erst getrocknet kommt seine Bindekraft zur Geltung. Der Tragant liefert trüben Schleim und hat etwa 3% Asche. *Handelssorten.* Man unterscheidet nach der Form Blättertragant (Smyrna) mit mehr muscheliger, Wurm- oder Fadentragant (Vermicelli) mit mehr bandartiger und syrischen Tragant mit ungleichförmig-knolliger Form (Hauptform). Letzterem ist der anatolische Tragant (auch „Traganton" genannt) ähnlich. Mindere Sorten sind das „Tragantol" und der Morlatragant. Nach Herkunft unterscheidet man französischen, englischen, afrikanischen und türkischen Tragant. Die beste türkische Ware bildet „Angora", minder gute „Kurdistan" und „Trebisonde". Unter „Sesam-seed" versteht man die beim Fadentragant entstehenden Tragantabfälle. *Verwendung.* In der Appretur feiner Gewebe (Seidenappretur u. ä.) wegen guter Füllung, milden und edlen Griffes hochgeschätzt. Wegen seines hohen Preises meist als Zusatz verwendet, so z. B. als Tragantstärkeverdickung im Zeugdruck (s. d.). Man läßt den Tragant, der dem Säuern gut widersteht, mehrere Tage bis Wochen in Wasser quellen und kocht ihn dann oft noch viele Stunden; schließlich wird der Schleim koliert oder fein gesiebt. Ein voller Ersatz für Tragant ist bisher noch nicht gefunden. Er wird bisweilen mit billigeren Gummis verfälscht, z. B. mit Kutergummi (einem afrikanischen Tragant) oder mit Bassoragummi, einer bassorinhaltigen Ausscheidung einer Akazienart (eckige, glänzende, wenig wasserlösliche Knollen). Bisweilen kommen auch gebrauchsfertige Präparate aus Tragant in den Handel (Noviganth u. a.).

Kaliumverbindungen.

Die direkte Bestimmung der Kaliumbase in Kaliumverbindungen wird in Textillaboratorien kaum ausgeführt und erfordert Übung und peinlichstes Arbeiten. Man entfernt erst alle metallischen Basen bis auf die Alkalisalze, führt diese in die Chloride über und trennt dann das Kalium vom Natrium und Ammonium durch das schwerlösliche Kaliumplatinchlorid. Dieses wird getrocknet und gewogen. Ist Natriumsalz nicht vorhanden, so wird das Kalium am besten als Sulfat, das glühbeständiger als das Chlorid ist, bestimmt. Die wichtigsten in der Textiltechnik gebrauchten Kaliumverbindungen sind folgende:

Kaliumaluminiumsulfat, Kalium-Aluminium-Alaun, Kalialaun, gewöhnlicher oder römischer oder kubischer Alaun (alumen). $KAl(SO_4)_2 \cdot 12H_2O = 474{,}5$; $Al_2O_3 : 10{,}77\,\%$, $H_2O : 45{,}55\,\%$. Farblose, an der Luft verwitternde Krystalle von saurer Reaktion. 100 T. Wasser lösen bei 20° = 15,1 T., bei 40° = 31 T., bei 80° = 134,5 T., bei 100° = 357,5 T. kryst. *K.* An seiner Stelle wird heute wohl nur das billigere Aluminiumsulfat (s. d.) angewandt. 10 T. *K.* entsprechen rund 7 T. Aluminiumsulfat. Der Natriumalaun enthält an Stelle des Kaliums die Natrium-, der Ammoniakalaun die Ammoniumbase.

Kaliumantimonyltartrat, Brechweinstein s. u. Antimonsalzen.

Kaliumbichromat, saures oder doppelchromsaures Kalium, Chromkali (kalium bichromicum). $K_2Cr_2O_7 = 294{,}2$; $CrO_3 : 67{,}98\,\%$. Rote, luftbeständige Krystalle vom Schm.P. 395°. Wirkt stark oxydierend, ist giftig. 100 Teile Wasser lösen bei 15° = 10,5, bei 100° = 102 Teile Chromkali.

Gehalt und spezifisches Gewicht der wäßrigen Lösungen von Chromkali bei 19,5° (Kremers und Gerlach).

% *K.*	1	3	5	7	9	11	13	15
Spez. Gew. .	1,007	1,022	1,037	1,050	1,065	1,080	1,095	1,110

Im Handel meist sehr rein mit etwa 67,5% Chromsäureanhydrid. Der Gehalt wird meist jodometrisch ermittelt. Durch Zusatz von überschüssiger saurer Jodkaliumlösung wird Jod frei gemacht, das mit Thiosulfatlösung titriert wird. 1 cm³ n/10-Thiosulfatlösung = 0,003333 g CrO_3 = 0,004903 g $K_2Cr_2O_7$. *Verwendung.* Zum Chromsud der Wolle; zum Nachchromieren; zur Erzeugung von Chromgelb und Chromorange auf Baumwolle; als Oxydationsmittel in der

Anilinschwarzfärberei; beim Catechubraun, Blausteinschwarz; als Ätzmittel im Zeugdruck; in der Khakifärberei; zum Abziehen von Wollfärbungen.

Kaliumbilactat, saures milchsaures Kali, Lactolin (Böhringer). $KC_3H_5O_3 \cdot C_3H_6O_3 = 218,2$. Auch natrium- und ammoniumhaltig im Handel. Bräunlichgelbe, dicke Lösung mit etwa 50% Bilactat. Verwendung beim Chromsud der Wolle.

Kaliumbitartrat, saures weinsaures Kali, Weinstein (cremor tartari). $KHC_4H_4O_6 = 188,2$. Farblose, luftbeständige, sauer reagierende Krystalle. 100 T. der gesättigten wäßrigen Lösung enthalten bei 15° = 0,411, bei 25° = 0,843, bei 50° = 1,931, bei 100° = 5,85 T. *K.* Im Handel kommt Rohweinstein (grau), halbraffinierte Ware („Halbkristall") und raffinierte Ware vor. Die Färberei verwendet im beschränkten Maße nur die reine Ware zum Ansieden der Wolle mit Bichromat, Tonerde-, Eisen- und Zinnsalzen. „Weinsteinpräparat" ist Natriumbisulfat (s. d.).

Kaliumcarbonat, kohlensaures Kalium, Pottasche (kalium carbonicum). $K_2CO_3 = 138,3$. Weißes, körniges, an feuchter Luft zerfließliches Pulver vom Schm.P. 1200° und von stark alkalischer Reaktion. 100 T. Wasser lösen bei 20° = 112, bei 50° = 121, bei 100° = 156 T. *K.*

Gehalt und spezifisches Gewicht der wäßrigen Lösungen von Pottasche bei 15° (LUNGE).

% *K.*	4	8,1	12,4	17	26,6	37	48,9
Spez. Gew. .	1,037	1,075	1,116	1,162	1,263	1,383	1,530

Verunreinigungen. Soda, Chlorid, Sulfat, Tonerde, Kieselsäure, freies Alkali. Gehaltsprüfung wie bei Soda. *Verwendung.* Zur Pottascheküpe und für einige Druckverfahren. Sonst durch die billigere Soda ersetzt. In der Seifenfabrikation.

Kaliumchlorat, chlorsaures Kali (kalium chloricum). $KClO_3 = 122,6$. Farblose, luftbeständige Krystalle vom Schm.P. 334°. Stark oxydierend. Mit brennbaren Körpern kann es heftig explodieren. 100 T. Wasser lösen bei 15° = 5, bei 50° = 19, bei 105° = 60 T. *K.*

Gehalt und spezifisches Gewicht der wäßrigen Lösungen von Kaliumchlorat.

% *K.*	2	4	6	8	10
Spez. Gew. .	1,014	1,026	1,039	1,052	1,066

Kommt fast rein, mit etwas Chlorid verunreinigt, in den Handel. *Verwendung.* Als Oxydationsmittel bei Anilinschwarz; zur Oxydation von Oxydulbeizen; zum Ätzen einiger Farben im Zeugdruck. Wegen der Schwerlöslichkeit des Kaliumsalzes (Auskrystallisieren aus Pasten) wird für bestimmte Zwecke das leichtlösliche Natriumchlorat (s. d.) vorgezogen.

Kalium-Chromsulfat, Kalium-Chromalaun, Chromalaun (alumen chromicum). $KCr(SO_4)_2 \cdot 12H_2O = 499,7$; Cr_2O_3 : 15,31%. Dunkelviolette bis schwarze, luftbeständige Krystalle von saurer Reaktion und vom Schm.P. 61°. Löslich in 6 T. kalten Wassers. Früher häufiger gebraucht; heute statt seiner das Chromsulfat (s. d.).

Kaliumferricyanid, Ferricyankalium, Kaliumeisencyanid, rotes Blutlaugensalz, rotes blausaures Kali, Rotkali (kalium ferricyanatum). $K_3Fe(CN)_6 = 329,2$. Dunkelrote, luftbeständige Krystalle; am Licht zu Ferrosalz reduzierbar. Mit Ferrosalzen Turnbullsblau liefernd. 100 T. Wasser lösen bei 15,6° = 39,4, bei 100° = 77,5 T. *K.*

Gehalt und spezifisches Gewichte der wäßrigen Lösungen bei 15° (SCHIFF).

% *K.*	5	10	15	20	25	30
Spez. Gew. .	1,026	1,054	1,083	1,114	1,145	1,180

Verwendung als Sauerstoffüberträger bei der Chlorätze, als Oxydationsmittel bei der Prussiatätze; zur Erzeugung von Turnbullsblau.

Kaliumferrocyanid, Ferrocyankalium, Kaliumeisencyanür, gelbes Blutlaugensalz, gelbes blausaures Kali, Blaukali, Gelbkali (kalium ferrocyanatum). $K_4Fe(CN)_6 \cdot 3H_2O$ = 422,3. Gelbe, luftbeständige Krystalle. Durch Oxydationsmittel zu Ferricyanid oxydierbar. 100 T. Wasser lösen bei 15° = 22, bei 100° = 75 T. wasserfr. *K.*

Gehalt und spezifisches Gewicht der wäßrigen Lösungen bei 15° an krystallisiertem Salz (SCHIFF).

% *K.*	2	5	10	15	20
Spez. Gew.	1,0116	1,0295	1,0605	1,0932	1,1275

Das Produkt kommt meist rein in den Handel. Gehaltsbestimmung nach DE HAËN durch Titration der schwefelsauren Lösung mit Permanganat. 1 cm³ n/5-Chamäleonlsg. = 0,08448 g kryst. *K.* *Verwendung.* Zur Erzeugung von Berlinerblau auf der Faser (s. u. Seidenschwarz); als Oxydationsmittel bei Dampfanilinschwarz; bei der Zinnsalzätze; zur Ausfällung geringer Mengen Eisenoxydsalz u. a. m. S. a. das entsprechende Natriumsalz.

Kaliumhydroxyd, Ätzkali, Kalihydrat, kaustisches Kali (kalium hydricum). KOH = 56,1. Weiße, an feuchter Luft zerfließliche und Kohlensäure begierig absorbierende Stücke von stark alkalischer Reaktion und ätzenden Eigenschaften. In Wasser unter starker Erhitzung löslich. 100 T. Wasser lösen 200 T. *K.* In den meisten Fällen wie Ätznatron verwendbar; wegen des höheren Preises aber kaum verwendet.

Kaliumhypochlorit, unterchlorigsaures Kali, das ursprüngliche „Eau de Javelle". KOCl = 90,56. Nur in Lösungen, die sich leicht zersetzen, bekannt. Verhalten und Eigenschaften wie bei dem Natriumsalz (s. d.), das an seiner Stelle verwendet wird.

Kaliumpermanganat, übermangansaures Kali, Chamäleon (kalium hypermanganicum). $KMnO_4$ = 158,03. Purpurschwarze, glänzende, luftbeständige Krystalle von stark oxydierender Wirkung. In Wasser purpurfarben löslich. 100 T. Wasser lösen bei 15° = 4,95, bei 40° = 10,4, bei 50° = 14,35 T. *K.* Die wäßrige Lösung wird durch oxydable Stoffe unter Bildung von Braunstein reduziert. *Gehaltsbestimmung* durch Titration mit Oxalsäure (s. Oxalsäure). *Verwendung.* Als Manganträger für die Manganbistererzeugung auf der Faser; als Oxydations- und Bleichmittel.

Kaliumrhodanür, Rhodankalium, Kaliumsulfocyanid, Schwefelcyankalium (kalium rhodanatum). KSCN = 97,2. Wasserhelle, an der Luft sich leicht rötende, zerfließliche Krystalle vom Schm.P. 161,2°. 100 T. Wasser lösen bei 0° = 177,2, bei 20° = 217 T. Salz. Die wäßrige Lösung zersetzt sich allmählich. Mit Eisenchlorid Rotfärbung. Prüfung wie beim Ammonsalz (s. d.). *Verwendung.* Wie das Ammonsalz. Im Kattundruck als Zusatz zu sauren Ätzpasten, zum Schutze der Eisenrakel; als Reservierungsmittel unter Anilinschwarz u. a. m.

Katanol O (I. G. Farbenindustrie). Ersatz für die alte Tannin-Antimon-Beize beim Färben und Drucken mit basischen Farbstoffen. In Kondenswasser leicht löslich; stark kalkhaltiges Wasser ist vorher zu enthärten. Mit Säure entsteht Fällung. Gegen Eisensalze wenig empfindlich (Vorzug vor Tannin), so daß eiserne Apparate verwendet werden können. Anwendung einbadig.

Die Katanollösung wird durch Einrühren von 1 T. *K.* in eine kochend heiße Lösung von ½ T. calc. Soda und nachherigen Zusatz von 2 T. Kochsalz bereitet. Zum Färben von dunkeln Farben verwendet man 6 %, für mittlere Farben 4 % *K.* vom Gewicht der Ware, für helle Färbungen noch weniger. Man arbeitet in möglichst kurzen Flotten von 1 : 10—15 und färbt unter Zusatz von 30—40 % Kochsalz aus. Mit der Ware wird bei 60—70° eingegangen; sie wird 2 Std. in erkaltendem Bade belassen, dann abgewunden, gespült und kalt oder lauwarm, neutral oder essigsauer ausgefärbt. Das alte Katanolbeizbad wird, mit frischem *K.* und mit Soda nachgefüttert, weiter benutzt. Die Beizansätze sind für Stückware bzw. die Apparatefärberei, wo mit kurzem Flottenverhältnis von etwa 1 : 5 gearbeitet wird, für die folgenden Bäder etwa folgende:

Katanol 0 . . .	1. Bad: 4 %,	2. Bad: 2 %,	3. Bad: 1,4 %,
Soda calc. . . .	1. „ 2 %,	2. „ 1 %,	3. „ 0,68 %,
Kochsalz	1. „ 8 %,	2. „ 2 %,	3. „ 1,2 %.

Katanol W (I. G. Farbenindustrie). Kann auch als Beize für basische Farbstoffe verwendet werden. Sein Hauptgebiet ist aber die Reservierung von Wolle und Seide. Es verhindert beim Färben von Mischgeweben aus tierischen und pflanzlichen Fasern (Halbwolle, Halbseide) das Aufziehen der Baumwollfarbstoffe auf die Wolle bzw. Seide, so daß sich Zweifarbeneffekte von guter Kontrastwirkung herstellen lassen.

Färbt man z. B. in Halbwollstückware die Wolle sauer vor und deckt die Baumwolle unter Zuastz von *K.* mit Baumwollfarbstoffen nach, so zieht der Farbstoff nicht auf die Wolle, selbst bei Temperaturen von 50—60°. Man erhält so eine erheblich reinere und reibechtere Wolldecke und — da man die Soda wegläßt — vollen Griff, während andrerseits der Baumwollfarbstoff bei der höheren Temperatur besser ausgenutzt wird. Besonders wertvoll ist diese Eigenschaft des *K.* für den Zweifarbeneffekt. Auch bei Halbseide zeigt *K.* die gleichen schützenden Eigenschaften, wobei man zur Erzielung eines guten Weiß mit 10 % *K.* und 4 % Ameisensäure vorbeizen und dann die Baumwolle mit dafür geeigneten Farbstoffen decken kann.

Phenoresin D (I. G. Farbenindustrie) ist dem Katanol O ähnlich zusammengesetzt und dient auch als Beize für basische Farbstoffe. Da es weiße Böden anfärbt, ist es für helle Farben und Weiß nicht geeignet. Man fixiert die basischen Farbstoffe einbadig mit einer Lösung von 40—80 g *P.* in 1 l bei 40°, wäscht erst kalt, dann bei 70—80° und seift zum Schluß bei 60°.

Konservierungsmittel, Antiseptica. Zum Konservieren bzw. zur Fäulnisverhinderung werden den Appretur-, Schlichte- und Druckmassen u. ä. vielfach antiseptisch bzw. keimtötend wirkende Stoffe, die sog. „Konservierungsmittel“ zugegeben. Im Gebrauch für diesen Zweck sind u. a.: Chlorzink, schwefelsaures Zink, Ameisensäure, Borsäure, Borax, Natriumperborat, Alaun, Kupfersalze, Carbolsäure (Phenol), Naphtholnatrium, Formaldehyd, Salicylsäure, Chloralhydrat u. a. m. Die Zusatzmenge richtet sich nach der Wirkung des desinfizierenden Mittels und beträgt im Mittel etwa 50—100 g auf 100 l Appreturmasse. Von Formalin nimmt man 100—200 g auf 100 l Masse. Die konservierende Wirkung erstreckt sich nicht nur unmittelbar auf die Appreturmasse o. ä., sondern auch auf die damit behandelten Waren, auf denen die Entstehung von Schimmelpilzwucherungen und Stockflecken verhindert werden soll.

Kupferverbindungen.

Die Bestimmung des Kupfers in Textillaboratorien, denen kein elektrolytisches Laboratorium zur Verfügung steht, geschieht meist gravimetrisch als Kupfersulfür (Cuprosulfid). Man erhitzt die mit Schwefelsäure angesäuerte Lösung, die keine anderen mit Schwefelwasserstoff fällbaren Metalle enthalten darf, zum Sieden, fällt das Kupfer mit Schwefelwasserstoffgas als Kupfersulfid, filtriert, trocknet bei 90—100°, erhitzt mit reinem Schwefel im Rosetiegel im Wasserstoffstrom, erst gelinde, dann bei voller Glut, wobei das Sulfid in Sulfür übergeht, läßt im Wasserstoffstrom erkalten und wägt als Cu_2S, Kupfersulfür. — Die Kupferverbindungen sind giftig.

Kupferacetat, neutrales essigsaures Kupfer, neutraler oder krystallisierter oder destillierter Grünspan (cuprum aceticum). $Cu(C_2H_3O_2)_2 \cdot H_2O = 199{,}6$; $CuO : 39{,}87\,\%$. Grünes Pulver oder blaugrüne Krystalle, an der Luft allmählich verwitternd, giftig. Beim Erhitzen im Krystallwasser schmelzend, bei 230° sich zersetzend. 100 T. Wasser lösen in der Kälte = 7,42, bei 100° = 20 T. kryst. *K.* Die wäßrige Lösung zersetzt sich allmählich.

Kupferacetat basisch, basisch essigsaures Kupfer, basischer oder blauer oder französischer Grünspan. $Cu(C_2H_3O_2)(OH) \cdot 2^1/_2 H_2O = 184{,}65$. Blaugrüne, lockere, seidenglänzende Krystallmasse, hellblaues Pulver oder grünlichblaue, glanzlose Masse. Giftig. Bei 60° entweicht ein Teil des Krystallwassers und findet teilweise Zersetzung statt. Mit Wasser zersetzlich; in Ammoniak und Säuren löslich. *Verunreinigungen.* Spuren Eisen. *Verwendung.* Besonders das neutrale Salz als Sauerstoffüberträger, z. B. bei Anilinoxydationsschwarz.

Kupferchlorid, salzsaures Kupfer, Cuprichlorid (cuprum bichloratum). $CuCl_2 \cdot 2H_2O = 170{,}5$; Cu : 37,3%. Hellblaugrüne, glänzende, in feuchter Luft zerfließliche, in trockener Luft verwitternde Krystalle. Giftig. Über 100° verliert es sein Krystallwasser und wird braun, $CuCl_2$. In Wasser leicht löslich. 100 T. gesättigter Lösung enthalten bei 17° = 43,1, bei 91° = 51 T. *K.* Kommt auch als Lösung von 40° Bé in den Handel.

Gehalt und spezifisches Gewicht der wäßrigen Lösungen bei 17,5° an wasserfreiem Salz (Franz).

% *K.* wasserfrei	5	10	20	30	40
Spez. Gew.	1,045	1,092	1,222	1,362	1,528

Verunreinigungen. Eisen, Schwefelsäure, Alkalisalze. *Verwendung.* Als Sauerstoffüberträger bei Anilinoxydationsschwarz. Zur Herstellung unverlöschlicher Stempelfarbe. Im Kattundruck bei Azophorblau u. a.

Kupfernitrat, salpetersaures Kupfer (cuprum nitricum). $Cu(NO_3)_2 \cdot 3H_2O = 242$. Tiefblaue, luftbeständige Krystalle vom Schm.P. 114,5°. *Verunreinigungen.* Sulfat, Fremdmetalle. *Verwendung.* An Stelle von Sulfat als Sauerstoffüberträger für Oxydationsschwarz; als Beize für Blauholz; als Reserve unter Indigo und Indanthren.

Kupfersulfat, schwefelsaures Kupfer, Kupfervitriol, Blaustein, Cyper, blauer oder cyprischer Vitriol (cuprum sulfuricum). $CuSO_4 \cdot 5H_2O = 249{,}7$; CuO : 31,8%. Blaue, durchsichtige, an der Luft oberflächlich verwitternde Krystalle, die bei 100° = 4 Mol., bei 200° das 5. Mol. Wasser verlieren und das weiße, zerreibliche wasserfreie Kupfervitriol bilden. Giftig. Bei starkem Glühen entweichen schweflige Säure und Sauerstoff, und es hinterbleibt schwarzes Kupferoxyd. 100 T. Wasser lösen (Poggiale):

Bei t^0	20	50	80	100
Kryst. Salz	42,3	65,8	118	203,3

Gehalt und spezifisches Gewicht der wäßrigen Lösungen bei 18° an krystallisiertem Salz (Schiff).

% *K.*	5	10	15	20	25	30
Spez. Gew.	1,032	1,065	1,099	1,138	1,174	1,215

Verunreinigungen. Ferrosulfat, seltener Zink- und Nickelsulfat; Spuren Arsen, Antimon, Wismut. *Verwendung.* In der Anilinschwarzfärberei als Sauerstoffüberträger; zum Nachkupfern von substantiven und Schwefelfarbstoffärbungen; als Beize für Blauholz und Catechu. Als Reserve unter Indigo und Indanthren. Zur Herstellung von Schwefelkupfer. Früher auch als Adlervitriol (Doppelverbindung von Kupfer- und Ferrosulfat) im Gebrauch gewesen.

Kupfersulfid, Schwefelkupfer. CuS = 95,63; Cu : 66,5%. Grünschwarzes Pulver; in feuchtem Zustande an der Luft leicht in Kupfersulfat übergehend. Kommt auch in Teigform mit garantiertem Kupfergehalt vor. Unter Wasser aufbewahrt, unterliegt es nicht so schnell der Oxydation. *Verunreinigungen.* Sulfat. *Verwendung.* Als Sauerstoffüberträger bei Druckanilinschwarz.

Laventin BL (I. G. Farbenindustrie). Seifenfreies, flüssiges, neutral reagierendes Produkt vom Nekaltypus mit einem hohen Prozentsatz an organischen Lösungsmitteln in wasserlöslicher Form. Das Produkt hat hohe Emulgierungs- und Netzwirkung sowie Säure- und Salzbeständigkeit und geringe Flüchtigkeit; ist aber feuergefährlich (Entflamm.P. = 39,5°). Es dient als Entfettungs- und

Reinigungsmittel für Faserstoffe aller Art, im allgemeinen in Verbindung mit Seife, im Verhältnis von 1 T. Seife auf 0,1—0,2 T. *L. Anwendungsgebiet.* Wolle, Borsten, Haare, Baumwollbeuche, Detachur, Kleiderfärberei.

Leim. Gelatine. Literatur: DAWIDOWSKY: Die Leim- und Gelatinefabrikation. — KISSLING: Leim und Gelatine (in R. O. HERZOG: Chemische Technologie der organischen Verbindungen). — Leim und Gelatine (in MUSPRATT: Chemie, Erg.-Bd. 3). — THIELE, L.: Die Fabrikation von Leim und Gelatine. — STADLINGER: Die Leimfibel.

Leim und Gelatine gehören zu der Gruppe der Albuminoide bzw. der Untergruppe der Kollagene, die den Hauptbestandteil des Knochen- und Knorpelgewebes bilden. Beim Kochen geht das Kollagen durch eine Art Hydratation in Glutin, die eigentliche Leimsubstanz, über. In der Technik heißt das Glutin in weniger zersetztem, hydrolytisch abgebautem Zustande Gelatine, in stärker zersetztem Leim. Leim und Gelatine unterscheiden sich deshalb chemisch und physikalisch nicht wesentlich voneinander. Bei weiterem Abbau des Glutins entstehen die bekannten „Bausteine der Eiweißstoffe", wie Glykokoll, Glutaminsäure, Leucin und eine Reihe andrer Aminosäuren (aber kein Tyrosin und Tryptophan). Für die mittlere elementare Zusammensetzung des Glutins sind folgende Grenzzahlen aufgestellt: Kohlenstoff = 50,3 %, Sauerstoff = 25 %, Stickstoff = 18 %, Wasserstoff = 6,7 %. Konstitutionsformel und Molekulargröße sind unbekannt.

Eigenschaften. Glutin bzw. Gelatine und Leim gehören zu den Kolloiden (der Name „Kolloid" stammt direkt vom griechischen „κόλλα", entsprechend dem französischen „colle"), und zwar zu den reversiblen Emulsionskolloiden, d. h. sie bilden solche kolloide Lösungen, deren disperse Phase flüssig ist. Glutin hat ein großes Aufsaugungsvermögen für Wasser, quillt darin stark auf und löst sich erst in heißem Wasser zu einer zähen (viscosen) Flüssigkeit von großer Klebkraft. Durch Alkohol kann Glutin aus seiner Lösung ausgeschieden werden. Mit Gerbsäuren und Formaldehyd gibt es unlösliche Verbindungen; bei Gegenwart von Alkali wird es auch durch Aluminium-, Ferri- und Chromsalze ausgeschieden. Mit Kaliumbichromat versetztes Glutin wird nach Belichtung wasserunlöslich.

Handelssorten. Je nach dem Rohmaterial, aus dem der Leim oder die Gelatine hergestellt ist, unterscheidet man drei Hauptsorten: 1. Haut- und Lederleim (aus Haut- und Lederabfällen gewonnen), 2. Knochenleim (aus Knochen aller Art), 3. Fischleim (aus Fischabfällen). Den Leim bringt man vorwiegend in Form durchscheinender, harter, hornartiger Tafeln von splittrigem Bruch in den Handel; seltener als Pulver, Schuppen, Flocken (Röhm & Haas), Perlen (Scheidemandel) u. a. Die Farbe schwankt zwischen hellgelb und dunkelbraun, je nach dem Verunreinigungsgrade des Rohmaterials und dem Bleichgrade. Auch mit Mineralstoffen (Schwerspat u. ä.) versetzter, undurchsichtiger Leim kommt vor. Die zahlreichen Leimsorten sind durch Sonderbezeichnungen nicht immer genau charakterisiert. So bieten Bezeichnungen, wie Kölner Leim, russischer Leim, französischer Leim, Patentleim, Appreturleim, Pariser Leim, Tischlerleim usw. keinerlei Gewähr für die Güte und Eignung des Fabrikats. Die verschiedenen Leimpräparate, wie „flüssiger Leim", „Syndetikon" u. a. seien hier nur erwähnt, da sie für die Textilindustrie ohne Bedeutung sind. Als Leimersatz kommen Pflanzenleime, Harzleim, Caseinleim, Stärkepräparate usw. vor. Die Gelatine wird aus reineren Materialien als der Leim (Kalbsfüßen, Kalbsköpfen, Weißlederabfällen usw.) hergestellt und kommt meist in Form sehr dünner Tafeln oder Blätter, aber auch als Pulver, teils gefärbt, in den Handel. Man unterscheidet hier Speisegelatine und technische Gelatine. Als Fischleim kommt noch die getrocknete innere Haut der Schwimmblase einiger Fische (z. B. des Hausens, des gemeinen Störs u. a. m.) vor; man bezeichnet ihn gewöhnlich als Hausenblase.

Prüfung. Außer der Beurteilung der Leime nach ihren allgemeinen Eigenschaften, wie Geruch, Farbe, Säurefreiheit, Wasserbindungsvermögen, Wasser- und Aschengehalt usw. haben sich von physikalischen Methoden vor allem eingebürgert: 1. Die Bestimmung der Viscosität von Leimlösungen nach FELS, 2. Bestimmung des Schmelzpunktes der Leimgallerte nach KISSLING, 3. Ermittlung der Zugfestigkeit des mit dem Leim imprägnierten Papieres. Es muß aber betont werden, daß die Ansprüche der Textilindustrie z. T. wesentlich von denjenigen andrer Verbraucherkreise abweichen; so wird z. B. von ersterer weniger Klebkraft als Steifungsvermögen verlangt. Aus diesen Gründen haben die üblichen physikalischen Prüfungen für Textilleime wenig Beifall gefunden, und man führt in der Praxis lieber geeignete technische, z. B. Vergleichs-Appreturversuche aus. *Verwendung.* Im großen Umfange in der Appretur und Schlichterei; zum Avivieren usw.

Leonil (I. G. Farbenindustrie). Die verschiedenen Leonilmarken finden Verwendung als Netz-, Emulgierungs-, Egalisierungs-, Schutz- und Anfärbemittel.

Leonil S, SB, SBS. Wollwäsche mit Leonil S: Ware bleibt offner und weicher als nach der gewöhnlichen Seifen-Soda-Wäsche, da Leonil S schon selbst eine gute Waschwirkung hat, dabei neutral reagiert und an Soda und Seife gespart werden kann. Die Faser wird dabei vor einer Alkalischädigung geschützt. Auch bei der Stückwäsche findet Schonung der Ware statt; die Ausscheidung flockiger Kalkseifen wird vermieden. Beim Zusatz von Leonil S zur Walke wird der Walkprozeß abgekürzt und die Faser geschont. Als Zusatz zu Carbonisierbädern wird der Säuregehalt der Bäder erniedrigt, und Carbonisierflecke werden durch bessere Durchnetzung der Ware vermieden. Leonil SB ist der Marke S ähnlich, nur von stärkerer Wirkung. Leonil SBS ist ein säurehaltiges Leonil und wird besonders für die Carbonisation empfohlen. Die frühere Marke Leonil N ist zurückgezogen und durch die Marke SB ersetzt.

Leonil LE. Neues Emulgierungsmittel für Mineralöle, fette Öle und Olein. Besonders für die Bereitung von Spinnschmälzen empfohlen. Es werden ohne Zuhilfenahme von Alkalien haltbare Emulsionen von großer Netzfähigkeit hergestellt. Eine Verseifung der fetten Öle findet dabei nicht statt.

Lizarol D konz., R konz. (I. G. Farbenindustrie). Die Marke „D konz." ist eine wasserunlösliche Fettbeize, die beim Drucken von Alizarinrot und -rosa auf ungeölter Ware verwendet wird. Erst beim Dämpfen findet die Lackbildung statt. Die Menge der Kalkbeize ist bei Verwendung von Lizarol zu erhöhen, diejenige der Zinnbeize zu verringern. Die Marke „R konz." ist ein fettfreies Produkt, das die Fettbeize ersetzen soll und auch für den Alizarinrotdruck dient. Mit Wasser in jedem Verhältnis zu einer Emulsion mischbar.

Lösungsmittel, Dispergierungsmittel, Stabilisierungsmittel. Außer den ausgesprochenen Fettlösungsmitteln (s. Fettlöser) wird in Färberei und Zeugdruck eine Anzahl von Lösungsmitteln verwendet, die dazu bestimmt sind, schwerlösliche Farbstoffe und andre Stoffe in Lösung oder in fein dispergierten Zustand zu bringen, bzw. sie in diesem Zustande zu erhalten. Manche Hilfsmittel dienen auch dazu, zersetzliche Verbindungen (Diazolösungen) zu stabilisieren. Erwähnt seien folgende.

Acetin N. Mischung von Mono-, Di- und Triacetylglycerin. Dicke, wasserhelle Flüssigkeit; nicht flüchtig. Vorzügliches Lösungsmittel für basische und spritlösliche Farbstoffe und Tannin. Greift die Faser nicht an (im Gegensatz zu Oxal- und Weinsäure).

Alkohol. S. d. u. Alkohol.

Äthylweinsäure. $C_6H_{10}O_6 = 178$. Aromatisch riechende Flüssigkeit von 15° Bé. Wie Acetin, Lösungsmittel für Druckfarben. Beim Dämpfen findet Spaltung in Weinsäure und Alkohol statt.

Dekol. Dunkelbraune, viscose, aus Sulfitlauge gewonnene Lösung. Wirkt dispergierend und verhindert die Ausscheidung von Küpenfarbstoffen in krystallinischer Form. Scheidet Kalksalze aus harten Wässern in fein verteilter Form aus.

Diformin. Ameisensäureglycerinester (Nitritfabrik Cöpenick). Ersatz für Acetin.

Fibrit D. Neutrale, geruchlose, indifferente, gelbliche, mit Wasser in jedem Verhältnis mischbare Flüssigkeit. Wie Glyecin A (s. w. u.) zum Lösen basischer und saurer Farbstoffe verwendet. Die Druckfarben neigen nicht zum Überziehen der Walzen wie bei Glyecin.

Glycerin. S. d. u. Glycerin.

Glyecin A und Glyecin J (I. G. Farbenindustrie). Gelb bis braune, hydroskopische, neutral reagierende, mit Wasser in jedem Verhältnis mischbare Flüssigkeiten, die als Ersatz für Acetin und Glycerin zum Lösen schwerlöslicher Farbstoffe (Acetinblau, Nigrosinbase u. a.) Verwendung finden. Sie erhöhen die Haltbarkeit basischer Tannindruckfarben und können bereits verlackte Druckfarben wieder druckfähig machen. Glyecin A ist auch zum Lösen von substantiven und sauren Farbstoffen im Woll- und Seidendruck geeignet. Durch Salzsäure, besonders bei 60°, wird aus ihnen ein gesundheitsschädliches Produkt abgeschieden.

Lävulinsäure. Früher als Lösungsmittel für Induline in größerem Maße verwendet.

Paradurol. Durch Sulfurieren von Naphthalin gewonnen. Erhöht die Haltbarkeit von Klotzbrühen bei Diazodrucken.

Parasanol. Ein naphthalinsulfosaures Natrium. Stabilisator für Diazonitranilinlösungen.

Serikosol. Farblose, klare, mit Wasser in jedem Verhältnis mischbare Flüssigkeit vom spez. Gew. 1,195. Ist mit Alkohol oder Hexalin streckbar. Dient zum Lösen von Serikose, die zur Fixierung von Pigmenten verwendet wird; ferner zum Reinigen von Druckwalzen (mit Alkohol verdünnt).

Solvenol. Benzylsulfanilsaures Natrium. Wirkt ähnlich wie das Algosol und Solutionssalz B dispergierend auf Druckfarben.

Tamol N. Als Zusatz zu Reservedrucken auf Seide verwendet.

Terpentinöl (s. a. u. Fettlöser). Harzig riechende, in Wasser unlösliche Flüssigkeit. Im Kattundruck zum Lösen von Harzreserven verwendet; als Zusatz zu Albuminfarben (verhindert das Schäumen); als Fleckenputzmittel.

Magnesiumverbindungen.

Die Bestimmung des Magnesiums geschieht meist als Pyrophosphat. Man versetzt die saure, ammonsalzhaltige Magnesiumlösung (die außer Alkalisalzen keine andern Metalle enthalten darf) mit überschüssigem Alkaliphosphat, erhitzt zum Sieden und gibt zu der heißen Lösung sofort $^1/_3$ ihres Vol. 10proz. Ammoniak zu, läßt erkalten, filtriert nach einigem Stehen, wäscht mit $2^1/_2$proz. Ammoniak, trocknet, glüht und wägt das so erhaltene Magnesiumpyrophosphat ($Mg_2P_2O_7$). 1 g Pyrophosphat = 0,3627 g MgO.

Magnesiumacetat, essigsaure Magnesia (magnesium aceticum). $Mg(C_2H_3O_2)_2 \cdot 4H_2O$ = 214,5. Wird meist vom Verbraucher selbst als Lösung von 24° Bé durch Neutralisieren von Essigsäure mit Magnesiumcarbonat hergestellt. Geringe Verwendung zum Reservieren von Anilinschwarz, als Zusatz zu basischen Druckfarben auf Tonbeize, als Hilfsbeize für Alizarinfarbstoffe.

Magnesiumchlorid, Chlormagnesium (magnesium chloratum). $MgCl_2 \cdot 6H_2O$ = 203,3. Weiße, an der Luft schnell zerfließende Krystalle, die bei 112° unter Salzsäureabgabe schmelzen. Die wäßrige Lösung reagiert neutral und beginnt bei 106° Salzsäure abzuspalten. In Wasser unter starker Erhitzung zerfließlich. 100 T. Wasser lösen bei gewöhnlicher Temperatur etwa 166, in der Hitze etwa 333 T. *M.*

Gehalt und spezifisches Gewicht der wäßrigen Lösungen an krystallisiertem Salz bei 24° (Schiff).

% *M.* . .	2	4	6	8	10	15	20	40	60	80
Spez. Gew.	1,007	1,014	1,021	1,028	1,035	1,052	1,070	1,144	1,225	1,316

Verunreinigungen. Sulfat, Glaubersalz, Kochsalz, Chlorkalium, überschüssige Feuchtigkeit. *Verwendung.* Zur Beschwerung von Baumwolle und Wolle. Die so ausgerüsteten Pflanzenfasern dürfen nicht über 106° (kritischer Punkt nach Ristenpart) gedämpft und nicht heiß kalandert bzw. gebügelt werden, da hierbei freie Salzsäure gebildet wird, welche die Pflanzenfasern schädigt oder zerstört. In der Appretur als Zusatz zu Pflanzenleimen. Zum Carbonisieren von Wollumpen. Als Zusatz zu Schlichten.

Magnesiumsulfat, schwefelsaure Magnesia, Bittersalz, Epsomsalz, englisches Salz, Saidschützer Salz, Sedlitzer Salz (magnesium sulfuricum). $MgSO_4 \cdot 7H_2O$ = 246,5. Farblose, verwitternde Krystalle, die bei 132° 6 Mol. Krystallwasser, bei 238° das 7. Mol. verlieren. Das wasserfreie Salz zieht aus der Luft Feuchtigkeit an und ist in Wasser unter Wärmeabsorption löslich. 100 T. Wasser lösen bei 15° = 33,8, bei 25° = 38,5, bei 50° = 50,3, bei 100° = 73,8 T. kryst. *M.*

Gehalt und spezifisches Gewicht der wäßrigen Lösungen an krystallisiertem *M.* bei 15⁰ (GERLACH).

% *M.* . . .	4,1	8,18	12,29	16,39	20,49	28,68	36,88	45,07	51,73
Spez. Gew. .	1,021	1,041	1,062	1,084	1,105	1,151	1,198	1,247	1,288

Verunreinigungen. Chlorid, Alkalisulfat. *Verwendung.* Als Beschwerungsmittel in der Ausrüstung von pflanzlichen und tierischen Faserstoffen; zum Abstumpfen (ätzalkalischer Appret, Natriumsuperoxydbleichflotte); in der Wollfärberei für einige Farbstoffe empfohlen.

Manganchlorür, Manganochlorid (manganum chloratum). $MnCl_2 \cdot 4H_2O$ = 197,7. Rosenrote, zerfließliche Krystalle. Bei 100⁰ entweichen 3 Mol. Wasser; bei 200—300⁰ findet Zersetzung statt, unter Freiwerden von Salzsäure und Bildung von basischem Chlorid. 100 T. Wasser lösen bei 10⁰ = 150, bei 31⁰ = 269, bei 63⁰ = 625 T. kryst. *M.* Auch als Lösung von 37⁰ Bé im Handel. *Verunreinigungen.* Calcium-, Eisenchlorid. *Verwendung.* Als wichtigstes Mangansalz in der Färberei verwendet. Zur Erzeugung von Manganbister auf Baumwolle; zur Herstellung der „Braunsteinpaste"; mit Natriumbichromat zusammen in dem Manganbister-Reserveverfahren.

Mehle. Die Mehle werden vor allem aus Getreidekörnern in Müllereibetrieben erzeugt, indem das Getreide nach dem Entschälen der Körner und einer mehr oder weniger weitgehenden Entfernung der Kleie zu einem körnigen Pulver von reinweißer, gelblicher oder graustichiger Farbe vermahlen wird.

Die Zusammensetzung der Mehle entspricht derjenigen des Mahlgutes. STOCKS und WHITE geben als Ergebnis aus 14 Mehlanalysen folgende Mittelwerte an: Gehalt an Stärke: 70,5%; stickstoffhaltige, wasserlösliche Bestandteile: 2,5%; stickstoffhaltige, wasserunlösliche Bestandteile: 7,8%; Fett: 1,4%; Dextrin und Zucker: 1%; Cellulose: 0,2%; Wasser: 14,6%; Mineralstoffe: 0,35%. Die stickstoffhaltigen Körper sind hauptsächlich Eiweißstoffe. Als Mittelwerte für Weizen- und Reismehl werden folgende Zahlen angegeben:

Art des Mehls	Wasser %	Stickstoffhaltige Substanzen %	Stickstofffreie Substanz (Stärke, Dextrin, Zucker) %	Cellulose %	Asche %
Weizenmehl, fein	13,34	10,18	74,75	0,31	0,48
„ gröber	12,65	11,82	72,23	0,98	0,96
Reismehl	13,11	7,85	76,52	0,63	1,01

Der Wassergehalt der Mehle darf im allgemeinen 18% nicht überschreiten. Bei 15% Wassergehalt beginnt das Mehl meist schon, sich beim Zerdrücken zu „ballen". Feuchte Ware neigt zu Gärungserscheinungen und zur Schimmelbildung, dem das Weizenmehl am meisten unterliegt, das Maismehl weniger, am wenigsten das Reismehl. In feuchtem Mehl können sich auch leichter Mehlmilben und andre tierische Parasiten ansiedeln. Mit wenig Wasser geknetet, bildet das Mehl einen Teig, mit mehr Wasser einen Mehlpapp, der mehr klebt als eine Stärkesuspension. Heißes Wasser verkleistert die Stärke des Mehles und liefert wegen des Klebergehalts eine viel zähere und klebendere Masse als Stärkekleister. Diesen Eigenschaften des Klebers verdankt das Mehl seine Anwendung in der Schlichterei und Appretur: Der Mehlappret vermag auf der Faser besser zu haften, dann auch andre Stoffe besser festzuhalten (zu fixieren). Die Bereitung der Mehlappreturen geschieht ganz ähnlich wie bei Stärke: Das Mehl wird mit Wasser von gewöhnlicher Temperatur angerührt, der Mehlpapp zur Entfernung der Klumpen durchgesiebt und dann etwa 10 Min. unter Rühren gekocht und möglichst frisch bei 40—50⁰ verwendet. Gärung und Säuerung des Mehlpapps tritt (unter Rückgang der Klebkraft) meist schon nach 12 Std. ein; später Schimmelbildung.

Mehlabkochungen geben der Ware einen besser dickenden und undurchlässigen Appret, sowie volleren Griff als Stärkekleister. Starke Mehlappreturen neigen zum Verschleiern der Farben und zum „Schreiben“ (Bildung weißer Streifen beim Überstreichen mit einem scharfen Gegenstand, z. B. Fingernagel). Mit Natronlauge liefern Mehle einen gallertartigen aber weniger durchscheinenden Mehlleim als Stärke von großer Klebkraft. Dem Mehlpapp können, in gleicher Weise wie beim Stärkekleister, die verschiedensten Zusätze (Fette, Öle, Salze usw.) gemacht werden, besonders auch von Beschwerungsmitteln, so daß sich solche Mehlpapps für „schwere Appreturen“ besonders eignen. *Handelssorten.* Die Hauptverwendung findet das Weizenmehl, das die konsistenteste Appretur liefert; weniger das Roggenmehl und nur selten das Reismehl. Aus entschältem Bruchreis wurde eine Zeitlang das „Protamol“ für die Schlichterei hergestellt und von dieser gern gebraucht. Von untergeordneter Bedeutung sind: Die Hafer-, Erbsen-, Bohnen-, Mandioka-, Cassavamehle. Auch das Kartoffelmehl, das oft mit Kartoffelstärke verwechselt wird, findet in der Appretur kaum Verwendung, trotzdem es in seiner Zusammensetzung von der Kartoffelstärke nicht wesentlich abweicht. *Verwendung.* Schlichterei, Appretur, Klebmittel.

Milchsäure (Gärungs- oder Äthylidenmilchsäure), Alpha-Oxy-Propionsäure (acidum lacticum). $CH_3 \cdot CHOH \cdot COOH = 90$. Weiße, an feuchter Luft zerfließliche Krystallmasse vom Schm.P. 18° und S.P. 119—120°. Nicht flüchtig. Charakterisiert durch Reduzierungsvermögen, Milde und schwerlösliches Zinksalz. Ihre Salze heißen Lactate. *Handelsmarken und Verunreinigungen.* Im Handel meist als gelber bis bräunlicher Sirup von 25—26° Bé (80% Säure) oder von 18—19° Bé (50% Säure) vorhanden. Milchsäureanhydrid ist fast immer zugegen, in der 80proz. Säure etwa 3—4%, in der 50proz. 1,5—1,8%, besonders bei länger gelagerter Ware (bis zu 15%). Die technische *M.* hat meist einen Geruch nach Buttersäure und kann durch Schwefelsäure, Essigsäure, Buttersäure, Eisen, Kupfer, Blei, Arsen, Gips, Zucker und Glycerin verunreinigt sein. *Gehaltsprüfung.* Acidimetrisch durch a) direkte Titration mit n-Lauge (Phenolphthalein). 1 cm³ n-Lauge = 0,09 g *M.* als freie Säure zugegen. b) Man setzt weitere 5 cm³ überschüssige n-Lauge zu, kocht auf (wobei das Anhydrid in *M.* übergeht) und titriert mit n-Säure zurück. 1 cm³ verbrauchter n-Lauge des zugesetzten Überschusses = 0,09 g *M.* als Anhydrid zugegen. *Verwendung.* Früher vielfach beim Chromsud der Wolle; hier wurde auch das Lactolin (saures milchsaures Kalium) verwendet. Als Ersatz der Salzsäure in der Anilinschwarzfärberei. Früher auch zum Avivieren und Griffigmachen der Seide. Als Lösungsmittel von Diphenylschwarzbase; beim Drucken von Indanthrenfarben nach besonderem Verfahren.

Mischungsberechnungen[1]. I. Es soll ein bestimmtes Quantum einer Flüssigkeit von bestimmtem Gehalt aus einer stärkeren Lösung und einer gleichartigen schwächeren Lösung (bzw. Wasser) hergestellt werden.

Benötigte Menge der Mischung = M (Kilogramm oder Liter).
Benötigter Prozentgehalt der Mischung = c.
Gegebener Prozentgehalt der stärkeren Flüssigkeit = a.
Gegebener Prozentgehalt der schwächeren Flüssigkeit = b.
Gesuchte Menge der stärkeren Flüssigkeit = x.
Gesuchte Menge der schwächeren Flüsigkeit = $M - x$.

$$x = \frac{M(c-b)}{a-b}.$$

Beispiel. Es sollen 650 kg Schwefelsäure von 75% hergestellt werden aus solchen vom spez. Gew. 1,825 (= 91%) und 1,380 (= 48%). Von der stärkeren

[1] S. a. MAGER: Chem. Ztg. **1910**, 865. — RUOSS: Über Verdünnen und Mischen von Lösungen. Chem. Ztg. **1927**, 801.

Säure sind dann zu nehmen: $x = \frac{650\ (75-48)}{91-48} = 408$ kg. Von der Verdünnungssäure sind zu nehmen: $M - x = 242$ kg.

II. Es soll eine schwächere Flüssigkeit durch eine stärkere, gleichartige auf einen bestimmten Gehalt gebracht werden.

Benötigter Prozentgehalt der Mischung $= c$.
Gegebener Prozentgehalt der stärkeren Flüssigkeit $= a$.
Gegebener Prozentgehalt der schwächeren Flüssigkeit $= b$.
Gegebene Menge der schwächeren Flüssigkeit $= M$.
Gesuchte Menge der stärkeren Flüssigkeit $= x$.
Resultierende Menge der Mischung $= M + x$.

$$x = \frac{M\ (c-b)}{a-c}.$$

Beispiel. Es sollen gegebene 180 kg 10,5proz. Ammoniak durch 25proz. Ammoniak auf einen Gehalt von 15% Ammoniak verstärkt werden.

$$x = \frac{180\ (15-10{,}5)}{25-15} = 81.$$

Es resultieren aus 180 + 81 kg = 261 kg Mischflüssigkeit von dem verlangten Gehalt.

III. Es sollen zwei verschiedenartige Flüssigkeiten so miteinander gemischt werden, daß die benötigte Menge der Mischung die Komponenten in bestimmtem Verhältnis enthält.

Flüssigkeit A hat einen Gehalt von a%.
Flüssigkeit B hat einen Gehalt von b%.
Benötigte Menge der Mischung $= M$.
Verlangtes Verhältnis der Bestandteile in der Mischung $= a' : b'$.
Gesuchte Menge von A zur Herstellung der Mischung $= x$.
Gesuchte Menge von B zur Herstellung der Mischung $= M - x$.

$$x = \frac{M a' b}{a' b + b' a}.$$

Beispiel. Es sollen 20 kg Königswasser hergestellt werden, dessen Gehalt an Salpetersäure und Salzsäure im Verhältnis von $HNO_3 : 3\,HCl = 63 : 109{,}5$ stehen soll. Die zu mischenden Säuren enthalten 65,3% HNO_3 bzw. 37,2% HCl. Nimmt man die Salpetersäure als A an, so erhält man:

$$x = \frac{20 \cdot 63 \cdot 37{,}2}{63 \cdot 37{,}2 + 109{,}5 \cdot 65{,}3} = 4{,}94.$$

Es sind also 4,94 kg Salpetersäure und 20 — 4,94 = 15,06 kg Salzsäure für die benötigte Mischung erforderlich.

IV. Es sollen drei verschiedenartige Flüssigkeiten unter bestimmtem Mischungsverhältnis gemischt werden.

$$x_{(A)} = \frac{M a' b c}{a' b c + b' a c + c' a b}; \quad x_{(B)} = \frac{M b' a c}{a' b c + b' a c + c' a b}.$$

V. Es sollen vier verschiedenartige Flüssigkeiten unter bestimmtem Mischungsverhältnis gemischt werden.

$$x_{(A)} = \frac{M a' b c d}{a' b c d + b' a c d + c' a b d + d' a b c} \text{ usw.}$$

(wobei die Zeichen c und d bzw. c' und d' analog dem unter III gegebenen Beispiel Prozentgehalte bzw. das Verhältnis der Komponenten bedeuten).

Monopolseife. Ist eine auf Ricinusölbasis hergestellte, sulfurierte Spezialseife (Stockhausen & Co.). Den Türkischrotölen (s. d.) nahe verwandt, unterscheidet sie sich von diesen besonders durch einen höheren Gehalt an Polyricinolsäuren. Sie stellt ein Produkt von gelblich-bräunlichem Aussehen, schmierseifenartiger Konsistenz, neutraler bis schwach saurer Reaktion, vollkommner Klarlöslichkeit in Wasser und besondrer Wirkungsart dar. Ihr Fettgehalt beträgt, auf Sulfofettsäuren bezogen, etwa 80%.

Eigenschaften. 1. Ausgezeichnete Beständigkeit gegen Kalk- und Magnesiasalze (hartes Wasser gibt keine Fällungen). 2. Besondre Beständigkeit gegen verdünnte Säuren, auch Mineralsäuren. Fettsäure fällt erst nach größrem Zusatz von Säure endgültig aus, ohne daß die Lösung beim Erwärmen oder Schütteln wieder klar wird. 3. Große Beständigkeit gegen konz. Salzlösungen, einschließlich Bittersalzlösungen. 4. Ausgezeichnete Netzwirkungen, Emulgierungsvermögen und die Eigenschaft, die Farben zu heben, frisch und lebhaft zu machen, das Durchfärben sowie den Glanz und Griff des Materials zu heben. 5. Verhütet das Schäumen der Flotten und bis zu einem gewissen Grade die Schimmelpilzbildung bei Appreturmassen.

Prüfung. Gesamtsäure: Wie bei Türkischrotöl (s. d. 1a) unter Anwendung von Hartparaffin statt Wachs. Gesamtalkali: Zersetzung von 10 g der Probe in 75 cm^3 Wasser mit 20 cm^3 Schwefelsäure (1 : 1) am Rückflußkühler bis zur vollständigen Abscheidung. Ein aliquoter Teil des Sauerwassers wird eingedampft, abgeraucht, geglüht und als Natriumsulfat bestimmt. Alkalisulfat: Durch Lösen in viel absolutem Alkohol bleibt Glaubersalz ungelöst. Gebundenes Natron: Differenz von Gesamtalkali und Alkalisulfat. Gesamtschwefelsäure: Wie beim Rotöl durch längeres Kochen mit Salzsäure am Rückflußkühler und Bestimmung der Schwefelsäure im Sauerwasser. Sulfatschwefelsäure: Bestimmung der Schwefelsäure im Alkohol-Unlöslichen. Fettschwefelsäure: Differenz von Gesamt- und Sulfat-Schwefelsäure. 1 T. $SO_3 = 4{,}725$ T. Fettschwefelsäure. Säurebeständigkeit: Tropfenweises Zusetzen von n-Schwefelsäure zu 1 g der Probe in 20 cm^3 Wasser, bis auf Umschwenken und Erwärmen die Lösung durch Fettausscheidung getrübt bleibt. Bittersalzbeständigkeit: Allmählicher Zusatz von 20proz. Bittersalzlösung zu 1 g der Probe in 20 cm^3 Wasser, bis beim Schütteln die anfängliche Emulsion eine ölige Schicht abscheidet. Verbrauch etwa 80 cm^3 Bittersalzlösung.

Verwendung. In der Färberei als Zusatz zu Färbeflotten, als Egalisierungs-, Netz-, Griffmittel usw. In der Appretur, Schlichterei, Beucherei, beim Mercerisieren, Bleichen usw. Man schmilzt die Seife mit der gleichen Menge Wasser unter Dampfzufuhr und setzt dann die 15—20fache Menge warmes Wasser unter Rühren zu.

Monopolseifenpräparate und ähnliche Erzeugnisse.

Monopolbrillantöl. Flüssige Monopolseife von annähernd gleichen Eigenschaften wie Monopolseife, aber von halber Stärke.

Monopolavivageöl. Zum Avivieren von Schwefelschwarzfärbungen, um das Bronzieren zu verhindern. Avivieröle sind oft einfache Rotöle, auch Mischungen solcher mit Seife und Mineralöl.

Monopolspinnöl. Dunkelbraune, klare Flüssigkeit mit 85% Fettgehalt. Als leicht auswaschbare Spinnschmälze empfohlen.

Türkonöle, Avirole, Universalöle, Diaminöl, Entbastungsöl sind auch Ricinussulfonatprodukte (s. a. Netzmittel).

Sulfoleate und Seifen mit Fettlösern. Als Netz- (s. d.) und Waschmittel sind zahlreiche seifenartige Körper mit Fettlösern (s. d.) kombiniert worden. Die bekanntesten sind u. a.: Tetrapol (Monopolseife in Perchloräthylen gelöst), Tetralix (dem vorstehenden ähnlich, nur reicher an Fettlöser, Detachurmittel), Verapol (enthält als Emulsionsbildner einfache Seife) und viele andre mehr (s. a. Netzmittel).

Natriumverbindungen.

Die unmittelbare Bestimmung der Natriumbase in den Natriumverbindungen wird in Textillaboratorien nur selten ausgeführt. Man entfernt zuvor alle übrigen metallischen Basen (außer den Alkalisalzen), Kieselsäure usw. in bekannter Weise und bestimmt das Natrium als Sulfat oder Chlorid. Ist auch Kalium zugegen, so muß dieses als Kaliumplatinchlorid abgeschieden (s. Kaliumverbindungen) und die Menge des Natriums aus der Differenz berechnet werden. Die wichtigsten Natriumverbindungen sind im einzelnen folgende.

Natriumacetat, essigsaures Natrium, Rotsalz (natrium aceticum). $CH_3COONa \cdot 3H_2O = 136{,}1$. Leicht verwitternde Krystalle, die bei 77° in ihrem Krystallwasser schmelzen, bei 120° das Krystallwasser verlieren und wasserfrei bei 319° schmelzen. Auch als schuppenförmiges Pulver wasserfrei im Handel. In Wasser unter Abkühlung leicht löslich. 100 T. Wasser lösen bei 15° = 35 T., bei 100° = 150 T. wasserfreies *N.*

Gehalt und spezifisches Gewicht der wäßrigen Lösungen von wasserfreiem *N.* (FRANZ).

% *N.*	5	10	15	20	25	30
Spez. Gew.	1,029	1,054	1,08	1,107	1,137	1,171

Verwendung. Zum Abstumpfen von Mineralsäuren, zum Avivieren von Schwefelschwarzfärbungen, als Zusatz zu Druckpasten, als Reserve unter Anilinschwarz. Es soll frei von Eisen und Mineralsäuren sein.

Natriumaluminat, Tonerdenatron. Von wechselnder Zusammensetzung. Die wäßrige Lösung des Handels von 25° Bé enthält Tonerde und Natron meist im Verhältnis von 1 : 3. $Na_3AlO_3 = 144{,}25$. $Al_2O_3 : 35{,}42\,\%$. Die weiße krystallinische Handelsware nähert sich der natronärmeren Verbindung $Na_4Al_2O_5$. Als Verunreinigungen kommen vor: Unlösliches, Kieselsäure, Eisen, überschüssiges Alkali. Verwendung beschränkt als Tonbeize in Färberei und Zeugdruck, als Reserve unter Anilinschwarz u. a. m.

Natriumbicarbonat, saures oder doppelkohlensaures Natron (natrium bicarbonicum). $NaHCO_3 = 84$. Weißes, krystallinisches, luftbeständiges Pulver. Beim Erhitzen in Soda übergehend; auch die wäßrige Lösung zersetzt sich beim Kochen unter teilweiser Abgabe von Kohlensäure zu Soda. Die gesättigte Lösung beginnt schon bei 60° Kohlensäure zu verlieren. Ziemlich schwer wasserlöslich. 100 T. Wasser lösen (DIBBITTS):

Bei t^0	20	30	40	50	60
Teile *N.*	9,6	11,1	12,7	14,45	16,4

Verwendung sehr beschränkt zu Neutralisationszwecken und zum Fixieren von metallischen Beizen.

Natriumbichromat, saures oder doppelchromsaures Natrium, Chromnatron (natrium bichromicum). $Na_2Cr_2O_7 \cdot 2H_2O = 298$. $CrO_3 : 67{,}1\,\%$. Orangefarbige, krystallinische, leicht zerfließliche Masse. Giftig. Bei 75° entweicht die Hälfte, bei 100° alles Krystallwasser, und es hinterbleibt die wasserfreie, hellbraune Masse. Schm.P. des wasserfreien Salzes = 320°. Auch als wasserfreies Salz mit etwa 73—74 % CrO_3 (theoretisch 76,4 %) im Handel. Durch Kaliumsalz und sonst auch stärker verunreinigt als das entsprechende Kaliumsalz (s. d.). Gehaltsprüfung: Chromsäure (wie beim Kaliumsalz), Sulfat, Wassergehalt.

Gehalt und spezifisches Gewicht der wäßrigen Lösungen an wasserfreiem Salz (STANLEY).

% *N.*	5	10	20	30	40	50
Spez. Gewicht	1,035	1,071	1,141	1,208	1,28	1,343

Verwendung als billigerer Ersatz des Kaliumbichromats (s. d.). Das neutrale Natriumchromat ($Na_2CrO_4 \cdot 10H_2O$) wird seltener verwendet.

Natriumbisulfat, saures schwefelsaures Natrium, Bisulfat, Präparat, Weinsteinpräparat (natrium bisulfuricum). $NaHSO_4 = 120{,}1$. Weiße bis gelbliche, stark sauer reagierende Krystallmasse, die an feuchter Luft Wasser anzieht und zerfließt. In Wasser leicht löslich. Die Gesamtsäure wird durch Titration mit n-Lauge (Methylorange) bestimmt. *Verwendung.* In der Wollfärberei. Der Färber ersetzt das fertige Präparat durch ein Gemisch von 8 T. kryst. Glaubersalz und 3 T. Schwefelsäure 60° Bé. Zum Ätzen von Chrom-, Eisen- und Tonbeizen.

Natriumbisulfit, saures Natriumsulfit, saures oder doppelschwefligsaures Natrium, Bisulfit (natrium bisulfurosum). $NaHSO_3 = 104{,}1$. $SO_2 : 61{,}53\%$. Trübe, nach schwefliger Säure riechende Krystalle. An feuchter Luft zersetzlich. Beim Erhitzen entweichen Schwefel, schweflige Säure, und es hinterbleibt Natriumsulfat. Wasserlöslich; wäßrige Lösung reagiert sauer.

Gehalt und spezifisches Gewicht der wäßrigen Lösungen:

% *N.*	1,6	3,6	6,5	8,0	11,2	14,6	18,5	23,5	28,9	34,7	38
°Bé	1	5	9	11	15	19	23	27	31	35	37

Handelsformen. Natriumbisulfit kryst. mit einem SO_2-Gehalt von 61—62%; Natriumpyrosulfit kryst. (Metasulfit) mit einem SO_2-Gehalt von 66—67%. Bisulfit in Lösung A, 38—40° Bé, 24—25% SO_2, freie schweflige Säure enthaltend. Bisulfitlösung B, 38—40° Bé, 24—25% SO_2, etwa 1% neutrales Sulfit enthaltend. Die feste Ware ist an der Luft weniger haltbar als die Lösungen. Die Lösungen A und B werden von der I. G. Farbenindustrie hergestellt. *Verunreinigungen.* Eisen und Sulfat, letzteres besonders in alter Ware. *Gehaltsprüfung.* Der Gehalt an schwefliger Säure wird jodometrisch gemessen (s. schweflige Säure). *Verwendung.* Zum Bleichen von Wolle, Seide und Stroh; als Antichlormittel (Ersatz für Thiosulfat); zum Entfernen von Mangansuperoxyd von der Faser; im Woll- und Seidendruck (Zinkstaubbisulfitküpe und Reserve auf Anilinschwarz); zum Lösen von Coerulein und Alizarinblau; zu Reduktionszwecken (Ätzen u. a.); zum Souplieren der Seide; zum Decolorieren von Gerbstoffen; zur Darstellung von Hydrosulfit und andern Sulfiten. Eine sulfithaltige Verbindung ist auch das früher für den Chromsud der Wolle verwendete Lignorosin.

Natriumborat, Natriumbiborat, Borax (natrium boracicum). $Na_2B_4O_7 \cdot 10H_2O = 381{,}6$ und $Na_2B_4O_7 \cdot 5H_2O$. Farblose, verwitternde Krystalle. Blähen sich beim Erhitzen stark auf, verlieren dabei Wasser und bilden eine glasige Masse (gebrannter oder calc. Borax) vom Schm.P. 880°, in der sich viele Metalloxyde lösen (Boraxperle). 100 T. Wasser lösen kryst. *N.* (mit $10H_2O$):

Bei t^0	0	10	20	40	60	80	100
Teile kryst. *N.*	2,83	4,65	7,88	17,9	40,43	76,2	201,43

Verunreinigungen. Chlorid, Sulfat, Eisen, Tonerde, Kalk, Magnesia, Kieselsäure, organische Substanz. Raffinierter Borax ist meist sehr rein. *Verwendung* beschränkt als mildes Alkali an Stelle von Wasserglas und Phosphat (beim Färben von Wolle mit Alkaliblau), beim Fixieren von metallischen Beizen auf Baumwolle, selten beim Färben substantiver Farbstoffe, in der Appretur, als Caseinlösungs- und Flammenschutzmittel, in der Glanzbügelei, Feinwäscherei (Kaiserborax); zur Herstellung von Perborat; als Konservierungsmittel u. a.

Natriumbrechweinstein, Natrium-Antimonyltartrat. S. u. Antimonverbindungen (Brechweinstein).

Natriumcarbonat, kohlensaures Natrium, Soda, calcinierte Soda, Krystallsoda (natrium carbonicum). Calcinierte Soda: $Na_2CO_3 = 106{,}1$, Krystallsoda: $Na_2CO_3 \cdot 10\,H_2O = 286{,}16$. Die Krystallsoda (Leblanc-Soda) enthält rund 63% Wasser und bildet farblose, große Krystalle oder kleine Krystalle (Feinsoda), die leicht verwittern und dann, ebenso wie beim Schmelzen im eigenen Krystallwasser, in das Monohydrat ($Na_2CO_3 \cdot H_2O$) übergehen. Dieses verliert bei 87—100° ihr letztes Wasser und bildet dann die wasserfreie oder calcinierte Soda, die bei 850° unter geringem Kohlensäureverlust schmilzt. Die calcinierte Soda (Solvay- oder Ammoniaksoda) ist ein feines weißes Pulver. Reaktion alkalisch. 100 T. Wasser lösen calcinierte Soda:

Bei t^0. . .	0	10	20	30	35	40	50	60	70	80	105
Teile *N*. .	7,1	12,6	21,4	40,9	51	49,7	47,5	46,4	45,8	45,2	45,1

Das Maximum der Wasserlöslichkeit liegt bei 35,1°.

Gehalt und spezifisches Gewicht von Sodalösungen bei 15° (Lunge).

Spez. Gew.	° Bé	Gew.-Proz.		Spez. Gew.	° Bé	Gew.-Proz.	
		Na_2CO_3	Na_2CO_3, 10 aq.			Na_2CO_3	Na_2CO_3, 10 aq.
1,007	1	0,67	1,807	1,083	11	7,88	21,252
1,014	2	1,33	3,587	1,091	12	8,62	23,248
1,022	3	2,09	5,637	1,100	13	9,43	25,432
1,029	4	2,76	7,444	1,108	14	10,19	27,482
1,036	5	3,43	9,251	1,116	15	10,95	29,532
1,045	6	4,29	11,570	1,125	16	11,81	31,851
1,052	7	4,94	13,323	1,134	17	12,61	34,009
1,060	8	5,71	15,400	1,142	18	13,16	35,493
1,067	9	6.37	17,180	1,152	19	14,24	38,405
1,075	10	7,12	19,203				

Handelsformen. Hauptsächlich ist die calcinierte Soda im Gebrauch. Die Krystallsoda des Handels ist meist keine nach dem alten Leblanc-Verfahren hergestellte, sondern durch Umkrystallisieren der calcinierten Ware gewonnen. Die Grädigkeit oder der Titer der Soda wird wie bei Natriumhydroxyd (s. d.) nach deutschen (% Na_2CO_3), englischen und Descroizilles-Graden gehandelt: 1° Gay-Lussac = 1,02° Newcastle = 1,81° deutsch = 1,58° Descroizilles. Gute technische Ware ist meist 98 proz. oder 98 grädig, Krystallsoda 36—37 proz. 100 T. calcinierte Ware entsprechen etwa 270 T. Krystallware.

Verunreinigungen. Für die Praxis meist hinreichend rein, besonders die Solvaysoda (etwas Bicarbonat und Chlorid enthaltend); die Leblanc-Soda enthält bisweilen etwas Ätznatron, Sulfat und Sulfit. Bisweilen kommt trüblösliche Soda (viel Unlösliches) und überfeuchtete Ware vor.

Gehaltsprüfung. Acidimetrisch mit n-Säure (Methylorange). 1 cm^3 n-Säure = 0,053 g Na_2CO_3 = 0,14308 g $Na_2CO_3 \cdot 10\,H_2O$ = 0,031 g Na_2O. Nach den Vereinbarungen der deutschen Sodafabrikanten wird calcinierte Soda stets nach schwachem Glühen titriert und der Gehalt für den trocknen Zustand angegeben (= maßgebender Titer). Im Zwischenhandel ist überschüssige Feuchtigkeit unter Umständen zu berücksichtigen.

Verwendung. Verbreitetstes und billigstes Neutralisations- und Alkalisierungsmittel. Zum Waschen, Kochen, Beuchen, Entfetten, Färben, Fixieren von Metallbeizen, zur Darstellung andrer Natriumsalze, zum Enthärten des Wassers usw.

Natriumchlorat, chlorsaures Natrium (natrium chloricum). $NaClO_3$ = 106,5; Cl_2O_5: 70,85%. An der Luft beständige, farb- und geruchlose Krystalle vom Schm.P. 248°. 100 T. Wasser lösen (Kremers):

Bei t^0	0	20	40	60	80	100	120
Teile *N*. . . .	81,9	99	123,5	147,1	175,6	232,6	333,3

Gehalt und spezifisches Gewicht der wäßrigen Lösungen von Natriumchlorat bei 14,5°.

% *N*.	10	15	20	25	30	35
Spez. Gewicht . .	1,07	1,108	1,147	1,190	1,235	1,282

Beim Schmelzen findet Zersetzung unter Abgabe von Sauerstoff und unter teilweiser Bildung von Perchlorat statt. *Verunreinigungen.* Alkali- und Calciumchloride. *Gehaltsprüfung* wie beim Kaliumchlorat (s. d.). *Verwendung.* Wie das Kaliumsalz. Es hat vor letzterem den Vorzug größerer Wasserlöslichkeit; ist aber weniger rein.

Natriumchlorid, Chlornatrium, Kochsalz, Steinsalz (natrium chloratum). NaCl = 58,5. Farblose, hydroskopische Krystalle vom Schm.P. 772°. Wäßrige Lösung reagiert neutral. 100 T. Wasser lösen:

Bei t^0 . . .	0	10	20	30	40	50	60	80	100
Teile *N*. . .	35,5	35,7	35,8	36	36,6	37	37,25	38,2	39,6

Gehalt und spezifisches Gewicht der wäßrigen Lösung von Kochsalz bei 15°.

% *N*.. . . .	3	6	9	15	18	21	24	26
Spez. Gew. .	1,022	1,044	1,066	1,111	1,135	1,159	1,184	1,201

Handelsformen. Rein als Koch- oder Steinsalz (mit Salzsteuer belegt) oder denaturiert (vergällt) als Gewerbe- oder Viehsalz (steuerfrei). Als Denaturierungsmittel kommen vor: Seife, Petroleum, Farbstoffe, Eisenoxyd, Kienruß, Eisenvitriol, Kienöl u. a. Die Färberei verwendet fast ausschließlich reines Salz. *Verunreinigungen.* Wasser, Unlösliches; bisweilen soll Braunstein zugegen sein und störend wirken. *Gehaltsprüfung.* Man prüft meist nur auf Wassergehalt, Klarlöslichkeit und Eisengehalt. *Verwendung.* Zum Färben mit substantiven Farbstoffen, Schwefelfarbstoffen u. a.; beim Grundieren mit Naphthol AS u. a.

Natriumcitrat, citronensaures Natrium. Für Chromfarbenätzungen benutzt.

Natriumferrocyanid, Ferrocyannatrium, Gelbnatron, gelbes blausaures Natron, Blaunatron. $Na_4FeC_6N_6 . 10\,H_2O = 484{,}1$. Bernsteingelbe, luftbeständige Krystalle, meist mit einem Gehalt von etwa 95%. Eigenschaften wie beim entsprechenden Kaliumsalz (s. d.). Ersatz für das Kaliumsalz, doch meist nicht ganz so rein.

Natriumformiat, ameisensaures Natrium (natrium formicicum). HCOONa = 68. Bei 200° schmelzende Krystalle. Der Verbraucher stellt sich das Salz auch selbst durch Neutralisieren von Ameisensäure mit Soda her. Ersatz für das Acetat und Sulfat in der Färberei, besonders in der Halbwollfärberei. Kommt auch unter dem Namen Beizsalz AN (Dörr & Co.) auf den Markt. *Verunreinigungen* der Handelsware: Kohlensäure.

Natriumhydrosulfit, Hydrosulfit, hydroschwefligsaures Natrium. $Na_2S_2O_4 \cdot 2\,H_2O = 210{,}2$. Farblose, an feuchter Luft sich lebhaft oxydierende Krystalle. In Wasser leicht löslich und sich schnell oxydierend. Stark reduzierende Eigenschaften. Natriumsulfoxylat, $NaHSO_2 = 88{,}1$. Kommt in verschiedenen Formen und Marken in den Handel. Außer dem Natriumsalz kommt auch das Zinksalz vor. Die wichtigsten Hydrosulfitverbindungen sind folgende:

Hydrosulfit ($Na_2S_2O_4 . 2\,H_2O$), wasserhaltiges Natriumhydrosulfit,

Hydrosulfit konz. Pulver ($Na_2S_2O_4$), wasserfreies Hydrosulfit,

Natriumhydrosulfit-Formaldehyd ($Na_2S_2O_4 \cdot 2\,CH_2O$), Formaldehydverbindung,

Natriumsulfoxylat ($NaHSO_2$),

Natriumformaldehyd-Sulfoxylat ($NaHSO_2 \cdot CH_2O$) sowie zinkhaltige Verbindungen.

Handelsmarken. Ein Teil der früheren Handelsmarken der Farbenfabriken ist gestrichen. Heute werden von der I. G. Farbenfabriken folgende Einheitsmarken auf den Markt gebracht.

Handelsmarken.	Hauptbestandteile und Verwendungszwecke.
Hydrosulfit konz. Pulver. .	Natriumhydrosulfit techn., wasserfrei (Küpenfärberei).
Blankit	Reines, etwa 90proz. Natriumhydrosulfit (Zuckerindustrie u. a.).
Blankit I	Natriumhydrosulfit, rein, hitzebeständig (Spezialzwecke der Textilbleicherei).
Burmol	Natriumhydrosulfit (Spezialprodukt für Abzieh- und Bleichzwecke).
Rongalit C	Natrium-Sulfoxylat-Formaldehyd (Ätzzwecke).
Rongalit CW	Natrium-Sulfoxylat-Formaldehyd (Wollätzzwecke).
Rongalit CL, CL extra . . .	Natrium-Sulfoxylat-Formaldehyd mit Leukotropzusatz (für stärkere Ätzen, z. B. Naphthylaminbordeaux).
Dekrolin	Wasserunlösliches Zink-Sulfoxylat-Formaldehyd (in Säure löslich).
Dekrolin AZA	Wasserunlösliches Zink-Sulfoxylat-Acetaldehyd (in Säure löslich), Abziehmittel.
Dekrolin lösl. konz.	Wasserlösliches Zink-Sulfoxylat-Formaldehyd (Abziehmittel).

Verunreinigungen. Wasser, Bisulfit, Sulfit, Sulfat, Thiosulfat. *Gehaltsprüfung.* a) Kupfermethode von SCHÜTZENBERGER und RISLER, weiter fortgebildet von BERNTHSEN und JELLINEK, zuletzt von BOSSHARD und GROB. Beruht auf der Reduktion ammoniakalischer Kupferlösung; die Ausführung der Bestimmung ist heikel. b) Einfacher und als Betriebskontrolle geeigneter ist die Indigomethode. Beruht auf der Reduktion von Indigolösung. *Verwendung.* Im größten Maßstabe als Ätz- und Reduktionsmittel in der Küpenfärberei und dem Küpendruck; als Bleich- und Nachbleichmittel; zum Abziehen von Farben.

Natriumhydroxyd, Natriumhydrat, Ätznatron, kaustisches Natron, kaustische Soda, Seifenstein (natrium hydricum). NaOH = 40,0. Weiße, spröde Masse, die begierig Feuchtigkeit und Kohlensäure (Bildung von Carbonat) aus der Luft anzieht und zerfließt. Stark ätzend. In Wasser unter starker Erwärmung leicht löslich.

Gehalt und spezifisches Gewicht von Ätznatronlösungen bei 15° (LUNGE).

Spez. Gew.	° Bé	% NaOH	Spez. Gew.	° Bé	% NaOH	Spez. Gew.	° Bé	% NaOH
1,007	1	0,61	1,142	18	12,64	1,320	35	28,83
1,014	2	1,20	1,152	19	13,55	1,332	36	29,93
1,022	3	2,00	1,162	20	14,37	1,345	37	31,22
1,029	4	2,71	1,171	21	15,13	1,357	38	32,47
1,036	5	3,35	1,180	22	15,91	1,370	39	33,69
1,045	6	4,00	1,190	23	16,77	1,383	40	34,96
1,052	7	4,64	1,200	24	17,67	1,397	41	36,25
1,060	8	5,29	1,210	25	18,58	1,410	42	37,47
1,067	9	5,87	1,220	26	19,58	1,424	43	38,80
1,075	10	6,55	1,231	27	20,59	1,438	44	39,99
1,083	11	7,31	1,241	28	21,42	1,453	45	41,41
1,091	12	8,00	1,252	29	22,64	1,468	46	42,83
1,100	13	8,68	1,263	30	23,67	1,483	47	44,38
1,108	14	9,42	1,274	31	24,81	1,498	48	46,15
1,116	15	10,06	1,285	32	25,80	1,514	49	47,60
1,125	16	10,97	1,297	33	26,83	1,530	50	49,02
1,134	17	11,84	1,308	34	27,80			

Handelsformen. Kommt in geschmolzenem Zustande als feste, weiße, kompakte Masse in eisernen Trommeln in den Handel. Der Kleinverbraucher bezieht auch Lösungen von Ätznatron, Natronlauge, meist als 38/40° Bé starke Lösung. Die „Grädigkeit" wird in Deutschland in Prozent Natriumcarbonat (dem Ätznatron äquivalent) ausgedrückt: 100proz. Ätznatron = 132,5°. Man unterscheidet Waren von 128° (= 96,6%), 125° (= 94,3%) und 120° (= 90,5%). Unter englischen Graden versteht man die Gesamtalkalität, berechnet auf Prozente Na_2O, wobei alles durch Säure titrierbare, „nutzbare Natron" („available soda") mit einbegriffen ist. Chemisch reines Ätznatron würde danach 77,5°, chemisch reine Soda 58,53° englische oder GAY-LUSSAC-Grade zeigen. In Frankreich und Belgien rechnet man nach DESCROIZILLES-Graden. Diese bedeuten die Menge Schwefelsäurehydrat, welche 100 T. des betreffenden Alkalis neutralisieren (s. a. Soda).

Verunreinigungen. Soda, Chloride, Sulfate, Eisen, Tonerde, Kieselsäure; seltener Sulfid und Thiosulfat. *Gehaltsprüfung.* Meist wird nur acidimetrisch das Gesamtalkali mit n-Säure (Methylorange) titriert. 1 cm^3 n-Säure = 0,04 g NaOH = 0,031 g Na_2O. *Verwendung.* In der Kocherei und Beucherei der Baumwolle, in der Mercerisation, beim Färben mit Schwefelfarbstoffen, als Zusatz zu Küpen, als Lösungsmittel für Beta-Naphthol und Naphtol AS, beim Färben mit Indanthrenfarbstoffen, im Kattundruck zum Ätzen der Tanninbeize, für kreppartige Effekte, in der Luftspitzenfabrikation, zum Fixieren von Metallbeizen, zur Bereitung von Stannat und Aluminat u. a. alkalischen Beizen, zum Aufschließen von Stärke (Pflanzenleim), beim Ätzdruck von Indigo u. a. m.

Natriumhypochlorit, unterchlorigsaures Natrium, Chlorsoda, Bleichsoda (Natronbleichlauge, Bleichlauge, Eau de Javelle). NaOCl = 74,46. In reinem Zustande weiße hydroskopische Masse von großer Zersetzlichkeit; deshalb in wäßriger Lösung im Handel. Auch die wäßrige Lösung zersetzt sich allmählich; beim Erhitzen unter Bildung von Chlorid und Chlorat. Ein Überschuß von 1% Ätzalkali erhöht die Haltbarkeit. Ursprünglich als Eau de Labarraque bezeichnet, während das Kaliumsalz Eau de Javelle hieß. Stark bleichende und oxydierende Wirkung.

Handelsformen. Das Griesheimer Werk der I. G. Farbenindustrie bringt unter dem Namen „Natronbleichlauge" eine konzentrierte und ziemlich gut haltbare Lösung von 25° Bé und 150—160 g wirksamem Chlor im Liter in den Handel. Bleichereien und Wäschereien stellen sich die Lösung vielfach noch selbst auf elektrolytischem Wege (Elektrolytchlor) her. Früher stellte sich der Verbraucher die Bleichlösungen auch durch Umsetzung von Chlorkalk mit Soda, oder durch Einleiten von Chlorgas in Natronlauge her. Nach einem Patentverfahren der Deutschen Solvaywerke in Bernburg wird die Natronbleichlauge (s. a. u. Calciumhypochlorit) am billigsten durch Einleiten von Bombenchlor in Sodalösung hergestellt, wobei Bleichbäder mit etwa 16 g aktivem Chlor im Liter gewonnen werden und der Hergang so reguliert werden kann, daß Bäder mit freier unterchloriger Säure, mit oder ohne Natriumbicarbonat, erzeugt werden und beliebige Alkalisierung stattfinden kann. *Verunreinigungen.* Chlorat und Kochsalz. *Gehaltsprüfung.* Ausschlaggebend ist der Gehalt an aktivem Chlor, der wie bei Chlorkalk bestimmt wird. *Verwendung.* Als Bleichmittel, zum Chloren der Wolle, als Oxydationsmittel.

Natriumnitrat, salpetersaures Natrium, $NaNO_3$. Für die FREIBERGERsche Nitratätze.

Natriumnitrit, salpetrigsaures Natrium, Nitrit (natrium nitrosum). $NaNO_2$ = 69; N_2O_3 : 55%. Weiße bis schwach gelbliche Krystalle vom Schm.P. 213°, die an der Luft zerfließen. 100 T. Wasser lösen bei 15° rund 83 T. *N.* Die wäßrige Lösung oxydiert sich an der Luft allmählich zu Nitrat. Durch Säuren (auch Kohlensäure) wird salpetrige Säure frei gemacht. Gute technische Handelsware ist 96—98proz. *Verunreinigungen* bestehen aus Feuchtigkeit, Nitrat, Chlorid und Sulfat. Der *Gehalt* an *N.* wird am einfachsten nach LUNGE oxydimetrisch mit Permanganat in schwefelsaurer Lösung bestimmt. 1 cm^3 n/2-Permanganatlösung = 0,01725 g $NaNO_2$. *Verwendung.* Hauptsächlich zum Diazotieren bzw. zur Erzeugung von Azofarbstoffen auf der Faser; nach RISTENPART in der Souplebleiche; als schwaches Oxydationsmittel (Indigosole u. a.).

Natriumperborat, Perborat, Enka IV (natrium perboracicum). $NaBO_3 \cdot 4\,H_2O$ = 154. Aktiver Sauerstoff: 10,4%. Weißes, krystallinisches, gut haltbares Salz. 100 T. Wasser lösen unter Abkühlung 2,5 T. *N.* In feuchter Luft und in Gegenwart oxydabler Stoffe wird Sauerstoff abgegeben und Metaborat ($NaBO_2$) gebildet. Hierauf beruht die bleichende Wirkung. Ähnlich wirkt das weniger haltbare, wenig wichtige Percarbonat (Na_2CO_4). Das *N.* kommt recht rein in den Handel, im Mittel mit einem Gehalt an aktiven Sauerstoff von 10%. *Gehaltsbestimmung.* Oxydimetrisch in angesäuerter Lösung mit Permanganat. 1 cm^3 n/10-Permanganatlösung = 0,0008 g akt. Sauerstoff = 0,003904 g Na_2O_2 = 0,007704 g *N.* *Verwendung.* In einzelnen Fällen zum Nachoxydieren und Entwickeln von Färbungen. Zum Aufschließen von Stärke (löslicher Stärke) neben Aktivin und Diastasepräparaten empfohlen. Sonst als bleichender Zusatz zu Bleichwaschmitteln (Persil u. a.). Als technisches Bleichmittel stellt es sich zu teuer.

Natriumphosphat, phosphorsaures Natrium, sekundäres oder einfachsaures oder Dinatriumphosphat, Phosphat, Kuhkotsalz (natrium phosphoricum). $Na_2HPO_4 \cdot 12\,H_2O = 358{,}3$; $P_2O_5 : 19{,}82\,\%$. Farblose, verwitternde Krystalle vom Schm. P. 35°. Die wäßrige Lösung reagiert alkalisch und absorbiert reichlich Kohlensäure. 100 T. Wasser lösen: bei 15° rund 5, bei 100° rund 100 T. wasserfreies *N.*

Gehalt und spezifisches Gewicht der wäßrigen Lösungen an wasserhaltigem Salz (Schiff).

% *N.*	2	4	6	8	10	12
Spez. Gew. .	1,0083	1,0166	1,025	1,0322	1,0418	1,0503

Verunreinigungen. Sulfat, Chlorid, Carbonat; seltener: Arsenat. *Gehaltsprüfung.* Phosphorsäure gravimetrisch als Magnesiumpyrophosphat. Die wäßrige Lösung, die frei von alkalischen Erden und Schwermetallen sein muß, wird mit etwas Salzsäure und einem großen Überschuß Magnesiamixtur (55 g kryst. Magnesiumchlorid und 105 g Ammoniumchlorid zu 1 l gelöst) sowie 10—20 cm^3 gesättigter Ammonchloridlösung versetzt und zum beginnenden Sieden erhitzt. Nun läßt man 2,5proz. Ammoniak unter beständigem Umrühren langsam zufließen, bis der Niederschlag anfängt, sich abzuscheiden. Man läßt erkalten, fügt dann $^1/_5$ des Volumens an konz. Ammoniak hinzu und filtriert nach 10 Min., dekantiert und wäscht auf dem Filter mit 2,5proz. Ammoniak, trocknet bei 100°, glüht und wägt das Magnesiumpyrophosphat. 1 g $Mg_2P_2O_7$ = 0,6379 g P_2O_5. Gute Handelsware enthält etwa 19,5% P_2O_5. *Verwendung.* In der Seidenerschwerung auf Zinngrund (s. d.). Zum Fixieren von Metallbeizen. Auch empfohlen als mildes Alkali beim Färben und Drucken mit substantiven Farbstoffen; in der Türkischrotfärberei beim „Degummieren"; als Flammenschutzmittel.

Natriumpyrophosphat. $Na_4P_2O_7 \cdot 10\,H_2O = 446$. In 20 T. kalten Wassers löslich. Wird vereinzelt im Zeugdruck (Zusatz zu Ätzen) benutzt. Die übrigen Phosphate, das primäre, zweifachsaure oder Mononatriumphosphat (NaH_2PO_4) und das tertiäre, normale, gesättigte oder Trinatriumphosphat (Na_3PO_4) finden kaum Anwendung.

Natriumsilicat, Wasserglas, Natronwasserglas. Das technische Wasserglas des Handels ist eine dickflüssige Lösung von 38/40° Bé und enthält ein Gemisch verschiedener Silicate. In der Regel liegt ein Gemisch von Natriumtrisilicat ($Na_2O \cdot 3\,SiO_2 = Na_2Si_3O_7$) und Natriumtetrasilicat ($Na_2O \cdot 4\,SiO_2 = Na_2Si_4O_9$) vor. Das Verhältnis von Na_2O zu SiO_2 ist im Mittel etwa 1 : 3,3. So beträgt der Kieselsäuregehalt der 38grädigen Lösung etwa 25,5%, der Na_2O-Gehalt etwa 7,7%. (Das feste Wasserglas bildet harte, spröde, glasige Stücke, die nur sehr schwer unter Druck löslich sind und im Textilbetrieb nicht unmittelbar Anwendung finden.) Beim Stehen bzw. Lagern verdickt sich die Wasserglaslösung unter Kohlensäureaufnahme und Ausscheidung von Kieselsäuregallerte und gelatiniert schließlich vollständig. Auch Säuren scheiden aus konz. Lösungen eine voluminöse Gallerte aus, wahrscheinlich aus Orthokieselsäure bestehend

(H_4SiO_4). *Verunreinigungen.* Eisen, Tonerde, Phosphat, Chlorid, Sulfat. *Gehaltsprüfung.* Die Kieselsäure wird auf gewöhnlichem gravimetrischen Wege, das Gesamtalkali acidimetrisch mit n-Säure (Methylorange) bestimmt. *Verwendung.* Zum Fixieren von Metallbeizen (Ton-, Chrombeize auf Seide), zum Abstumpfen und Stabilisieren von Superoxydbleichen; als Seidenerschwerungsmittel nach dem Zinnphosphat-Silicatverfahren (s. d.); zum Schlichten von Baumwollketten; in der Indigoweißätze; zum Imprägnieren und Feuerfestmachen; seltener in der Appretur, in der Baumwollkocherei, Alkaliblaufärberei. Als Stabilisationszusatz zu Bleichwaschmitteln (Persil u. a.).

Natriumstannat, zinnsaures Natrium, Präpariersalz, Zinnsoda (natrium stannicum). $Na_2SnO_3 \cdot 3H_2O = 266{,}7$; $SnO_2 : 60{,}64$ %. Kommt auch calciniert im Handel vor. Farblose, leicht verwitternde Krystallmasse, die ihr Krystallwasser bei 140° verliert. In kaltem Wasser leichter löslich als in heißem. 100 T. Wasser lösen bei 0° = 67,4 T., bei 20° = 61,3 T. *N.* Durch Luftkohlensäure oder Säurezusatz wird Zinnoxydhydrat ausgeschieden. *Verunreinigungen.* Kochsalz, Ätznatron, Soda, Blei, Antimon. *Verwendung.* In der Baumwollfärberei und -druckerei als Zinnbeize, im Kattun- und Wolldruck zum Präparieren. Die Zinnfixierung geschieht durch ein Säure- oder Tonsulfatbad. Die technische Ware enthält in der Regel etwa 42—45 % SnO_2.

Natriumsulfat, schwefelsaures Natrium, Sulfat, Glaubersalz (natrium sulfuricum). Wasserfrei: $Na_2SO_4 = 142{,}06$; krystallisiert: $Na_2SO_4 . 10\,H_2O = 322{,}2$ (55,9% Wasser enthaltend). Das wasserfreie Salz ist etwas hydroskopisch und schmilzt bei 843°; das kryst. Salz verwittert an der Luft. In Wasser unter Wärmeentwicklung leicht löslich. Lösung reagiert neutral. 100 T. Wasser lösen (Löwe):

Bei t^0	0	10	15	20	25	30	33	34
T. wasserfr. *N.*	5,0	9	13,2	19,4	28	40	50,8	55

Gehalt und spezifisches Gewicht der wäßrigen Lösungen bei 19° (Schiff).

% kryst. *N.*	1	3	5	10	15	20	25	30
% wasserfr. *N.*	0,441	1,323	2,205	4,410	6,615	8,82	11,025	13,23
Spez. Gew.	1,004	1,0118	1,0198	1,0398	1,0601	1,0807	1,1015	1,1226

Handelsformen. Kommt als Krystallware und calcinierte Ware („Sulfat") in den Handel. *Verunreinigungen.* Bei der calcinierten Ware Bisulfat, Eisen, Unlösliches, Chlorid, Calcium-, Magnesium-, Tonerdesalze, Feuchtigkeit. Der normale Glühverlust der wasserfreien Ware ist etwa 1—2%. *Verwendung.* In der Woll-, Baumwoll- und Halbwollfärberei; bei Wolle meist unter Zusatz von Schwefelsäure (s. Natriumbisulfat). 1 T. calcinierte Ware entspricht rund $2^1/_4$ T. Krystallware.

Natriumsulfid, Schwefelnatrium (natrium sulfuratum). Wasserfrei: $Na_2S = 78{,}16$; krystallisiert: $Na_2S \cdot 9\,H_2O = 240{,}2$ (67,45% Wasser enthaltend). Farblose bis rötliche, sehr hydroskopische Masse, an der Luft zersetzlich, sehr wasserlöslich (calcinierte Ware); bzw. farblose bis gelbliche Krystalle, an der Luft zersetzlich, zerfließlich (Krystallware). Wirkt stark reduzierend. Lösung reagiert alkalisch. 100 T. der gesättigten, wäßrigen Lösung enthalten bei 10° = 13,4 T., bei 22° = 16,2 T. Na_2S.

Gehalt und spezifisches Gewicht der wäßrigen Lösung an wasserfreiem Salz bei 18,4° (Bock).

% *N.*	2,02	5,03	9,64	14,02	16,12	18,15
Spez. Gew.	1,021	1,056	1,110	1,158	1,181	1,216

Verunreinigungen. Freies Alkali, Sulfit, Thiosulfat, Eisen, Kohle, Schwermetalle. In neuerer Zeit wird fast chemisch reine Ware erzeugt. Diese Krystallware ist ganz farblos, gibt klare, ganz farblose Lösungen, enthält etwa 32% Na_2S, nur Spuren Sulfit und Thiosulfat sowie keine Schwermetalle und nur etwa 0,001%

Eisen. Sonst enthält Krystallware etwa 30, calcinierte Ware etwa 60% Na_2S. *Gehaltsprüfung.* Jodometrisch in angesäuerter Lösung. 1 cm^3 n/10-Jodlösung = 0,01201 g $Na_2S \cdot 10\,H_2O$ bzw. 0,003903 g Na_2S. *Verwendung.* Zum Färben von Schwefel- und einigen Küpenfarbstoffen.

Natriumsulfit, schwefligsaures Natrium (natrium sulfurosum). $Na_2SO_3 \cdot 7\,H_2O$ = 252,2; SO_2 : 25,42%. Farblose, an der Luft sich trübende Krystalle, die unter 150° ihr Krystallwasser verlieren und über 150° unter Zersetzung schmelzen. 100 T. Wasser lösen bei 15° = 24 T., bei 100° = 33 T. wasserfreies *N.* Kräftiges Reduktionsmittel; Jodlösung wird entfärbt. Verwendung vereinzelt als Reserve auf Anilinschwarz im Zeugdruck, zum Ätzen von Küpenrot mit Rongalit u. a. *Gehaltsbestimmung* s. schweflige Säure.

Natriumsuperoxyd, Natriumperoxyd (natrium peroxydatum). Na_2O_2 = 78,1. Weißes bis schwach gelbliches Pulver, das aus der Luft Wasser und Kohlensäure anzieht und unter Sauerstoffabgabe in Hydroxyd und Carbonat übergeht. Wirkt auf oxydable Stoffe stark oxydierend, worauf seine Bleichwirkung zurückzuführen ist. In Wasser löst es sich unter lebhafter Erwärmung und dissoziiert in Natronhydrat und Wasserstoffsuperoxyd. Die Lösung reagiert dementsprechend wie ätzalkalisches Wasserstoffsuperoxyd. *Handelsformen.* Es kommt in starken Blechbüchsen mit luftdichtem Verschluß in den Handel, durchschnittlich mit einem Gehalt von 95% Na_2O_2. *Verunreinigungen.* Ätznatron, Soda, Spuren Eisen und Tonerde, Sulfat, Chlorid, Phosphat. *Gehaltsprüfung.* Oxydimetrisch wie bei Perborat (s. d.). *Verwendung.* Als Bleichmittel für Seide, Tussah, Wolle, Federn, Stroh u. a. In der Baumwoll- und Leinenbleicherei neben Chlorbleichmitteln.

Natriumthiosulfat, Natriumhyposulfit, unterschwefligsaures Natrium, Antichlor, Fixiersalz, Fixiernatron (natrium thiosulfuricum). $Na_2S_2O_3 \cdot 5\,H_2O$ = 248,3. Farblose, verwitternde Krystalle vom Schm.P. 48°. Bei 215° entweicht alles Wasser. In Wasser unter bedeutender Temperaturerniedrigung löslich. 100 T. Wasser lösen bei 20° = 70 T., bei 50° = 170 T., bei 100° = 266 T. wasserfreies Salz.

Gehalt und spezifisches Gewicht der wäßrigen Lösungen an wasserhaltigem Salz bei 13° (SCHIFF).

% *N.*	5	10	15	20	25	30	40	50
Spez. Gew. .	1,0264	1,053	1,081	1,109	1,138	1,168	1,230	1,295

Die wäßrige Lösung reagiert neutral und zersetzt sich bei Luftabschluß allmählich zu Sulfit und Schwefel, bei Luftzutritt zu Sulfat. Säuren machen unterschweflige Säure frei, die sich rasch zu schwefliger Säure und Schwefel zersetzt. *Gehaltsprüfung.* Kommt sehr rein in den Handel. Der Gehalt wird jodometrisch ermittelt. 1 cm^3 n/10-Jodlösung = 0,02483 kryst. *N.* *Verwendung.* Beschränkt als Antichlormittel wie Bisulfit; als Schwefelbeize für Wolle und Seide; zum Fixieren von Metalloxyden; zum Reservieren des Anilinschwarz; beim Färben der Wolle mit Eosinfarbstoffen; zum Nachbehandeln von Baumwollfärbungen.

Natriumwolframat, wolframsaures Natrium (natrium wolframicum). $Na_2WO_4 \cdot 2H_2O$ = 330,1; WO_3 : 70,3%. Perlglänzende, luftbeständige Krystalle, löslich in 4 T. kalten bzw. 2 T. kochenden Wassers. Die Wolframsäure wird schon durch schwache Säuren (Borsäure, Kohlensäure, schweflige Säure, Essigsäure) frei gemacht. *Verwendung.* Beschränkt als Flammenschutzmittel. Zur Erzeugung von Bariumwolframat für den sog. Opaldruck. Zur Herstellung von Eulan (s. d.).

Nekal AEM (I. G. Farbenindustrie). Hervorragendes Mittel zur Herstellung von Emulsionen aus Mineralölen, fetten Ölen, Olein, Hartparaffin usw. Ist alkali- und seifenfrei.

Man rührt das *N.* langsam unter ständigem Rühren in die 3—4fache Menge heißen Wassers von etwa 70°, rührt bis zum Lösen und mischt in diese viscose

Lösung in dünnem Strahle unter gutem Rühren 15—20 T. Mineral- oder fettes Öl bzw. 40 T. Olein bis zur völligen Emulsion ein. Hierauf verdünnt man unter kräftigem Rühren durch Zusatz von weiteren 40 T. Wasser von etwa 60—80°. Diese Emulsion ist nun in jedem Verhältnis mit Wasser mischbar und liefert Emulsionen von unerreichter Feinheit der Verteilung und Beständigkeit. *Verwendung.* Zur Avivage von Seide, Kunstseide und Baumwolle; zum Schmälzen von Baumwolle (Vigognespinnerei); als Zusatz zu Schlichten und Appreturen; zur Erhöhung der Spulfähigkeit von Kunstseide.

Nekal BX trocken (I. G. Farbenindustrie). Hervorragendes Netzmittel zum Netzen, Färben, Bleichen, Schlichten und sonstigem Ausrüsten von Baumwolle und Kunstseide; als Zusatz zur Indigoküpe (s. a. u. Netzmittel).

Das *N.* wird in etwa 10 T. heißen bis kochenden Wassers gelöst. Zum Vornetzbad verwendet man etwa 1—2 g Nekal pro Liter Arbeitsbad. Als Zusatz zur Hydrosulfitküpe verwendet man 0,5—2 g *N.* trocken pro Liter Küpe. Da *N.* keine Affinität zur Faser zeigt, so setzt man gebrauchten Bädern immer nur so viel an *N.* zu, als der verbrauchten Flottenmenge entspricht.

Netzmittel (Egalisierungs-, Emulgierungs-, Waschmittel usw.). Zwecks besserer Durchdringung des Fasermaterials in der Bearbeitungsflotte oder -masse und damit gleichmäßigerer und schonenderer Einwirkung auf die Textilien, oft auch zwecks Ersparung von Material, Arbeit und Feuerung werden den Arbeitsbädern vielfach sog. „Netzmittel“ zugesetzt. Ihr Anwendungsgebiet ist ein außerordentlich weites und betrifft u. a. das Anteigen von Farben, Appretieren, Beuchen, Bleichen, Carbonisieren, Drucken, Emulgieren, Entfetten, Entschlichten, Färben, Imprägnieren, Kochen, Netzen, Mercerisieren, Rösten, Schlichten, Spinnen, Walken, Waschen usw. Die im Handel erschienenen Produkte und einzelnen Marken zählen nach vielen Dutzenden. Ihre Wirkung ist vielfach untereinander gleich oder sehr ähnlich, so daß oft ein Erzeugnis durch das andere ersetzt werden kann. Nachstehend werden nur die wichtigsten Typen erwähnt.

Chemische Natur. Nach ihrer chemischen Natur können die Netzmittel in verschiedene Klassen geteilt werden.

I. Seifen und Harzseifen. Dies sind die ältesten Vertreter dieser Textilhilfsmittel. Den einfachen Seifen werden mit Vorliebe verschiedene Fettlöser (s. d.) zugesetzt. Hierher gehören u. a.: Cycloran (+ Methylhexalin), Comedol (tetralinhaltige Hexalinseife + Trichloräthylen), Duferol (dem Comedol ähnlich), Hydraphthal (+ Tetralin und Methylhexalin), Lanadin (+ Tetrachloräthan), Solventol, Terpuril, Tetrol, Verapol, Verapolseife u. a. m.

II. Sulforizinate (s. Türkischrotöl). Je höher der Sulfurierungsgrad, desto höher ist im allgemeinen die Beständigkeit der Präparate gegen Säuren, Salze usw. Hierher gehören u. a.: Appret-Avirol E, Avirol KM extra, Flerhenol M, Monopolbrillantöl, Monopolseife, Prästabitöl V, Solapolöl, Türkischrotöl, Türkonöl, Universalöl. Auch den Sulforizinaten werden vielfach Fettlöser zugesetzt; solche Erzeugnisse sind z. B.: Brillantavirol (+ Tetralin), Falxan (+ Trichloräthylen), Hexoran (+ Tetra), Hydroexamin (+ Methylhexalin), Penterpol (+ Terpentinöl), Pertürkol (+ Trichloräthylen), Prästabitöl G und K u. a. m.

III. Alkylierte Naphthalinsulfosäuren. Hierher gehören u. a.: Leonil S, SB, SBS (I. G. Farbenindustrie), Nekal BX trocken (I. G.), Neomerpin N, Oranit. Fettlöser enthalten u. a.: Eucarnit (+ Trichloräthylen), Flerhenol PF (+ Trichloräthylen), Floranit M (+ Amylalkoholacetat), Laventin BL der I. G. (+ Terpen), Neomerpin (+ Methylhexalin).

IV. Verschiedenes. Hierher gehören u. a.: Curazit-Natron (Taurochol- und Glykocholsäure bzw. Salze derselben), Egalisal und Nutrilan (Eiweißspaltungsprodukte), Mercerol (Hexalin + Kresol), Novocarnit (Pyridinbasen + Nekal), Oleocarnit (Pyridinbasen + Sulforizinat), Tetracarnit (Pyridinbasen), Sapamin CH der Ciba (Diäthylamino-äthyl-oleylamid, zeichnet sich u. a. durch seine besondere Schaumfähigkeit aus; Grenze der Schaumfähigkeit = 1 : 2000000).

Von zahlreichen andern Erzeugnissen und Marken seien hier nur noch folgende erwähnt: Acidol, Alhazit, Amarzit, Avivan, Benzodin, Beuchol, Bremesol, Coloran, Devetol, Diffusil, Duron, Efesatol, Effektol konz., Esdeformextrakt, Esfesol, Eufullon W, Geneucol, Hexapol, Hexasol, Hydromerpin, Indulan, Isomerpin, Lamerol, Lanapol, Leucapol, Neroformextrakt, Nettolavol, Nilin, Oleocarnit, Oleonat, Perfektol, Perlano, Perpentol, Pinol, Poco, Posavonseife, Puropol, Puropolöl, Risotan, Savonade, Tachyol, Terpinopol, Tetraisol, Tetralix, Tetraseife, Textilol, Transferin, Triol, Universol, Usol u. a. m.

Vielfach sind die unter hochklingenden Namen in den Handel gebrachten Wasch- usw. Präparate auch heute noch von sehr geringem Wert und erinnern an die berüchtigten Noterzeugnisse während des Krieges. So soll nach Angaben in der Literatur Perfektol aus 98% Soda und 2% Seife, Eureka aus Soda und Glaubersalz bestehen usw. In Expressin ist ein Teil der Soda durch Trinatriumphosphat ersetzt. Polborit und Plasmose dienen mehr für mechanische Reinigung und die Reinigung grober Sachen.

Erzeuger der Netzmittel. Die bekanntesten Erzeuger der genannten Netz- usw. Mittel sind u. a.: A. Th. Böhme, Dresden, H. Th. Böhme, Chemnitz, Chemische Fabrik Landshoff & Meyer, Grünau, Chemische Fabrik Pott & Co., Dresden, Farb- und Gerbstoffwerke Flesch jr., Frankfurt a. M., Gesellschaft für chemische Industrie, Basel, Hansawerke Hemelingen, I. G. Farbenindustrie, Oranienburger chemische Fabrik, Charlottenburg, Simon & Dürkheim, Offenbach a. M., Stockhausen & Co., Krefeld, Stockhausen & Co. — Buch & Landauer, Berlin.

Prüfung des Netzvermögens. Die Bewertung eines Netzmittels auf Grund bestimmter Methoden ist sehr schwierig, da sie den Verhältnissen der Praxis nicht, nicht immer oder nicht ausreichend Rechnung tragen. Die exakte chemische Untersuchung, ebenso die Beständigkeitsprüfung gegen Säuren, Salze, Laugen usw. (s. u. Seifen, Türkischrotöl, Monopolseife) geben — so wichtig diese Untersuchungen an sich sind — kein ausreichendes Bild über Netz-, Emulgierungsvermögen usw. Das gleiche ist von den viscosimetrischen Prüfungen zu sagen. Ganz allgemein haben Krais und Gensel[1] beobachtet, daß die Oberflächenspannung und die Untersinkzeiten beim Netzen bei steigender Konzentration des Netzmittels abnehmen. Diejenigen Netzmittel, die die Kapillaritätskonstante des Wassers am meisten herabsetzen, beschleunigen das Untersinken einer Probe am meisten. Außer den praktischen Laboratoriumsversuchen (Färbe-, Appreturversuchen u. ä.) hat man sich bemüht, ein Netzmittel auf Grund eines Netzversuches zu bewerten. Trotzdem nach dieser Richtung zahlreiche, mühevolle Arbeiten ausgeführt worden sind, so lieferten diese Arbeiten bisher nur Vergleichsverfahren von sehr relativem Wert, und die aus ihnen gezogenen Schlüsse sind mit nur starker Einschränkung zu verwerten.

Nach Angaben der I. G. Farbenindustrie (s. Nekal-Broschüre I. G. 70/Dd) genügt es für einen oberflächlichen Versuch, wenn gleich große Stoffabschnitte

[1] Krais und Gensel: Leipz. Mon. Text. **1926**, 237. — Von weiteren Arbeiten seien hier nur erwähnt: Erban: Anwendung von Fettstoffen in der Textilindustrie. 1911. — Herbig: Ztschr. ges. Text. **1922**, Nr 19/20. — Junge: Ebenda **1924**, 218. — Lindner und Zickermann: Mell. Text. **1924**, 307, 385. — Herbig und Seyferth: Ebenda **1925**, 751; **1926**, 81; **1927**, 45, 149, 799; Ztschr. ges. Text. **1926**, 645. — Roiger: Ztschr. ges. Text. **1925**, 487. — Volz: Ebenda **1926**, Nr 8; **1927**, 355. — Ristenpart und Petzold: Ebenda **1926**, 176; **1927**, 333. — Auerbach: Mell. Text. **1926**, 681. — Krais: Ebenda **1926**, 757. — Kind und Auerbach: Ebenda **1926**, 775. — Seck und Lachmann: Ebenda **1926**, 851. — Ruperti: Ebenda **1926**, 936; **1927**, 283. — Kafka: Leipz. Mon. Text. **1926**, 126, 468. — Höchtlen: Mell. Text. **1927**, 349. — Seck: Ebenda **1927**, 359. — Lang: Leipz. Mon. Text. **1928**, 115. — Landolt: Mell. Text. **1928**, 759.

von verschiedenen Qualitäten auf die zu netzende Lösung aufgelegt und die „Netzzeiten" (bis zum Untersinken der Proben) genau bestimmt bzw. verglichen werden. Der wirkliche Wirkungswert beim Arbeiten in laufenden Flotten usw. wird aber am besten in der Praxis durch laufende Betriebsversuche ermittelt.

Ortoxin (I. G. Farbenindustrie). Schlichtemittel für Viscose-, Nitro- und Kupferseide. Man übergießt das Präparat mit der 10fachen Menge kochenden Wassers, rührt um und verdünnt mit Wasser von 35—40°. Bei Strähnpräparation genügen 15—35 g *O.* im Liter, beim Schlichten auf der Kettenschlichtmaschine nimmt man 30—120 g. Man schlichtet 15—20 Min. bei 35°, schleudert, schlägt aus und trocknet. Die Fäden kleben nicht aneinander und sind in sich gut geschlossen. Wasser von 55° (mit 0,5 g Soda und 2 g Laventin BL im Liter) entfernt die Schlichte leicht bei 30—45°. Auch zur Erhöhung der Spulfähigkeit der Garne können diese mit 15 g *O.* im Liter im letzten Spülbade behandelt werden.

Oxalsäure, Kleesäure, Zuckersäure (acidum oxalicum). $COOH \cdot COOH \cdot 2H_2O = 126{,}1$. 71,45% wasserfreie *O.* enthaltend. Nichtflüchtige, farblose Krystalle, die an der Luft verwittern. Schm.P. = 101°, bei 110° entweicht alles Krystallwasser, und es hinterbleibt die wasserfreie Säure vom Schm.P. 189°. 100 T. Wasser lösen bei 15° = 10 T., in der Hitze = 40 T. kryst. *O.* Ist giftig. Hat großes Reduktionsvermögen: In wäßriger Lösung wird *O.* durch Chamäleon zu Kohlensäure oxydiert. Mit Kalksalzen bildet sie das schwerlösliche Calciumsalz. Ihre Salze heißen Oxalate. Kommt als Krystallware meist recht rein in den Handel. *Verunreinigungen.* Schwefelsäure, Salpetersäure, Eisen, Kupfer, Blei. *Gehaltsprüfung.* a) Acidimetrisch (Gesamtsäure) durch Titration mit n-Lauge (Phenolphthalein). 1 cm^3 n-Lauge = 0,063 g *O.* kryst. b) Oxydimetrisch durch Titration in schwefelsaurer Lösung mit n/2-Chamäleonlösung bei etwa 70°. 1 cm^3 n/2-Permanganatlsg. = 0,0315 g *O.* kryst. c) In Oxalaten wird die *O.* nach b oxydimetrisch oder gravimetrisch als Calciumoxalat bzw. Calciumoxyd bestimmt. 56 T. CaO = 63 T. *O.* krist. = 45 T. *O.* wasserfrei. Die neutrale Alkalioxalatlösung wird mit einigen Tropfen Essigsäure versetzt, zum Sieden erhitzt und mit kochender Chlorcalciumlösung gefällt. Nach 12 Std. wird filtriert, mit heißem Wasser gewaschen und das Calciumoxalat im Platintiegel naß verbrannt und zu CaO geglüht. *Verwendung.* Früher beim Chromsud der Wolle. Zum Entfernen oder Ätzen von Tonerdedrucken. In der Chromatätze auf Indigo. Als Fleckmittel zum Entfernen von Rost- und Tintenflecken (Eisengallustinten). Als Zusatz zum Direktschwarz (noir réduit); zum Lösen von Berlinerblau im Kattundruck. Zur Darstellung von Oxalaten.

Pflanzenschleime.

Literatur: Wiesner: Die Rohstoffe des Pflanzenreiches, 4. Aufl., S. 1831.

Die Pflanzenschleime sind den Gummiarten ähnlich; sie quellen in Wasser und lösen sich in heißem Wasser nur zu einem geringen Teil. Es entsteht so entweder eine dicke fadenziehende Masse oder, bei großer Konzentration, eine Gallerte. Zur Gewinnung des Schleimes werden die schleimgebenden Stoffe mit heißem Wasser längere Zeit behandelt, und die Flüssigkeit wird durch Kolieren oder Absieben vom Rückstand getrennt. In der Appretur feiner Gewebe spielen sie noch eine gewisse Rolle, da sie gut füllen, ohne hart zu machen. Sie stehen zu den Pektinstoffen in naher Beziehung. Die wichtigsten Pflanzenschleime sind etwa folgende.

Agar-Agar. Ostindische Alge (gigartina spinosa). Sein Hauptbestandteil wird als Gelose bezeichnet, die in heißem Wasser zu einer Gallerte quillt. Ist dem Carragheenmoos ähnlich.

Algin. Ein aus Algen hergestelltes Präparat, das Natriumsalz der Alginsäure u. a. Säuren. Durchsichtige Blättchen, die mit Wasser einen blonden Schleim von guter Klebkraft liefern. Soll Geweben vollen, geschmeidigen und elastischen Griff verleihen. Als Aluminiumsalz auch zum Wasserdichtmachen empfohlen.

Carragheenmoos (Perlmoos, irländisches Moos). Eine in der Nordsee und im Atlantischen Ozean vorkommende Seealge (fucus crispus). Die schleimgebende Substanz ist der Algenschleim, auch Carraghin genannt; außerdem soll das ausgiebige Moos harzhaltig und schwach fetthaltig sein. Die wäßrige Abkochung bildet eine gallertartige Schleimmasse von guter Klebkraft. Wegen vollen, weichen Griffes sowie leichter Füllung in der Appretur geschätzt. Verursacht kein „Schreiben" der Appretur; ist gut mit anderen Appreturmitteln mischbar. Als Schlichtemittel weniger geeignet.

Flohsamenschleim. Aus dem Samen der in Südeuropa heimischen Plantago psyllium gewonnen. Verwendung sehr beschränkt.

Funori. Schleimgebende Meeresalge Japans.

Hai-Thao. Ostasiatische Alge, auch „Gelose" genannt, mit zähen Fasern. In kaltem Wasser quellbar, in kochendem löslich und in der Kälte gelatinierend.

Isländisches Moos. Eine in Europa verbreitete Flechte (cetraria islandica). Der Schleim enthält Lichenin (Flechtenstärke) und Isolichenin. Wenig ausgiebig; heute kaum noch praktisch verwendet. Kalt quellbar, heiß löslich. Durch Jodlösung wird Lichenin gelblich, das Isolichenin blau gefärbt.

Kanariensamenschleim. Abkochung des kanarischen Glanzgrases (punaris canariensis). Zum Schlichten feiner Baumwollgarne vereinzelt verwendet.

Leinsamenschleim. Aus dem Leinsamen, Samen des Flachses (linum usitatissimum) mit heißem Wasser gewinnbar. Verwendung sehr beschränkt.

Norgine. Natriumsalze der Laminarsäure und anderer „Tangsäuren", aus Laminaria digitata und Saccharinus digitatus gewonnen. In Form von Schuppen mancherorts im Handel. Quillt mit Wasser und bildet allmählich eine kolloidale Lösung. Auf Zusatz von Mineralsäuren u. a. gelatiniert der Schleim. Ihm ähnlich ist das Norgine-Tragant. Unbedeutend.

Salepschleim. Aus der gepulverten Wurzelknolle von Orchisarten gewonnen.

Tragasol. Aus der Frucht des Johannisbrotes gewonnen. Bildet eine grauweiße Gallerte von guter Klebkraft. Unbedeutend.

Protectol (I. G. Farbenindustrie). Die Protectole dienen a) als Faserschutzmittel zur Erhaltung der Weichheit des Materials, zur Verhinderung oder Minderung von Hitzfalten u. ä., b) als unmittelbares Schutzmittel der Faser vor dem Angriff des Alkalis, c) als Durchfärbe- und Egalisierungsmittel.

In heißem Wasser leicht lösliche Pulver. „Protectol I Pulver" und das doppelt so starke „Protectol I Pulver doppelt" dienen hauptsächlich als Faserschutzmittel beim Mercerisieren von Halbseide, Entbasten der Seide (mit scharfen Seifen), Färben der Wolle mit Küpenfarbstoffen (Ätznatron-Hydrosulfitküpe), beim Töten der Felle mit Natronlauge u. dgl. „Protectol II Pulver" und das doppelt so starke „Protectol II Pulver doppelt" finden Verwendung beim Waschen der Wolle, Kunstwolle, Halbwolle, beim Färben der Halbwolle mit substantiven und Schwefelfarbstoffen, beim Färben der Halbseide mit Schwefelfarbstoffen, beim Töten der Felle mit Sodalösung, als Schutz-, Durchfärbe- und Egalisierungsmittel. Man setzt den Farbbädern 2—5 % vom Gewicht der Ware (von der doppeltstarken Marke die Hälfte) zu und verfährt, wie sonst üblich. Auch empfindliche Waren, wie Orleans und Filze, können unter Zusatz von Protectol, selbst in schwach alkalischen Bädern, gefärbt werden, ohne daß das Material leidet.

Andere neuere Faserschutzmittel sind das Egalisal und das Metasal K (Chem. Fabrik Grünau, Landshoff & Meyer). Sie dienen als Zusatz beim Abziehen (besonders alkalischen) der Wolle, Kunstwolle, Halbwolle, Seide, Halbseide, Kunstseide und sollen der Faser gegenüber gute Schutzwirkung ausüben.

Ramasit (I. G. Farbenindustrie). Die „Ramasite" sind Paraffinemulsionen, die das Paraffin in feinst verteiltem Zustande enthalten und beim Verdünnen mit Wasser haltbare Emulsionen liefern. Sie ermöglichen eine gleichmäßige Paraffinierung von Textilien für Zwecke des Schlichtens, Appretierens, Avivierens und Wasserdichtmachens.

Ramasit I. Dient als Zusatz zu Schlichten und Appreturen verschiedener Art und verleiht der Ware geschmeidigen Griff und gute Verarbeitbarkeit, der Kunstseide und Baumwolle Seidengriff usw. Man verwendet 2—10 g des Produktes auf 1 l Wasser. Ramasit WD konz. Dient zum einbadigen Wasserdichtmachen sämtlicher Textilstoffe. Milchweiße Emulsion von neutraler Reaktion und gutem Netzvermögen, die sich mit Wasser in jedem Verhältnis zu einer haltbaren Emulsion verdünnen läßt. Zum Wasserdichtmachen stellt man eine Lösung her, die pro Liter Wasser 15 cm^3 Ramasit WD konz. und 10 cm^3 essig- oder ameisensaure Tonerde von 6^0 Bé enthält. Man imprägniert die trockene Ware auf dem Foulard, Jigger o. ä., quetscht ab und trocknet. Das Bad wird nach Ergänzung weiter gebraucht.

Salpetersäure (acidum nitricum). $HNO_3 = 63{,}02$. $N_2O_5 : 14{,}29\%$. Mit Wasser in jedem Verhältnis mischbar, flüchtig, stark ätzend und oxydierend. In konz. Zustande eine wasserhelle, bei Anwesenheit von Stickstoffdioxyd gelblich gefärbte Flüssigkeit vom spez. Gew. 1,53 bei 0^0 und vom S.P. 86^0. Die *S.* raucht an der Luft und ist stark hydroskopisch. Sie kommt in verschiedenen Stärkegraden in den Handel, meist als 35/36grädige Ware vom spez. Gew. 1,32 mit einem Gehalt von rund 50%. Die technische *S.* kann durch salpetrige Säure, Untersalpetersäure, Salzsäure, Eisen, Glaubersalz u. a. verunreinigt sein. Ihr Säuregehalt wird acidimetrisch bestimmt. In der Textilindustrie spielt sie keine Rolle. Früher wandte man sie zum Abziehen der Lumpen, zum Lösen von Metallen (für die Herstellung von Beizen) und für ähnliche Zwecke an. Im großen Maßstabe wird sie aber in der Fabrikation von Teerfarbstoffen, Beizen, Nitrokunstseide (s. d.) verwendet.

Salzsäure, Chlorwasserstoffsäure (acidum hydrochloricum). $HCl = 36{,}46$. Cl : 97,23%, H : 2,77%. Farbloses, an feuchter Luft stark rauchendes Gas von saurem und erstickendem Geruch. 1 Vol. Wasser löst bei mittlerer Temperatur etwa 450 Vol. Salzsäuregas; 1 T. Wasser löst bei $16^0 = 0{,}742$ T. Gas, so daß wäßrige Salzsäure bei mittlerer Temperatur bis etwa 42% stark sein kann. Die wäßrige Lösung der *S.* ist eine farblose, leicht bewegliche, flüchtige Flüssigkeit von stark sauren (metallösenden) und ätzenden Eigenschaften. In höheren Konzentrationen raucht die wäßrige Lösung stark, indem sie, besonders beim Erhitzen, Salzsäuregas abgibt. Bei weiterem Erhitzen destilliert eine wäßrige Lösung unverändert bei 110^0 über, mit einem Salzsäuregehalt von 20,24% und dem spez. Gew. von 1,101. Durch organische Verunreinigungen, wie auch durch freies Chlor und Eisenchlorid ist sie oft gelb gefärbt. Beim Zusammenbringen von 12 T. *S.* von 20^0 Bé und 16 T. Glaubersalz erhält man eine Abkühlung auf etwa -33^0. *S.* löst die meisten Metalle unter Bildung von Wasserstoff und den entsprechenden Chloriden. Mit Superoxyden (Barium-, Mangan-, Bleisuperoxyd) bilden sich neben freiem Chlor die entsprechenden Chloride. *Handelsmarken.* In der Textilindustrie nur als technische *S.* von $19/21^0$ Bé mit einem Säuregehalt von etwa 30% verwendet. *Verunreinigungen.* Hauptsächlich Eisen und Schwefelsäure; seltener: Arsen, Chlor, Bariumchlorid, organische Stoffe. *Gehaltsprüfung.* a) Aräometrisch (s. Tabelle). b) Genauer titrimetrisch. Etwa 10—20 g Säure werden zu 500 cm^3 mit Wasser verdünnt und 50 cm^3 der Lösung mit n-Natronlauge (Methylorange oder Phenolphthalein) titriert (= Gesamtsäure). 1 cm^3 n-Lauge = 0,03646 g HCl. In bestimmten Fällen wird etwaig vorhandene Schwefelsäure gesondert bestimmt; ebenso etwaige Chloride (Abdampfrückstand). c) In Chloriden wird die *S.* entweder gravimetrisch als Silberchlorid oder titrimetrisch nach der MOHRschen oder VOLHARDschen Methode bestimmt. Gravimetrisch: Die Chloridlösung wird schwach mit Salpetersäure angesäuert, mit überschüssiger Silbernitratlösung versetzt, zum Sieden erhitzt, im Dunkeln absitzen gelassen, durch ein Goochtiegelfilter filtriert und bei 130° getrocknet. 1 g AgCl = 0,2474 g Cl. Nach MOHR (bei kleinen Mengen Chlorid): Die neutrale Chloridlösung wird mit einigen Tropfen neutralen Kaliumbichromats versetzt und mit n/10-Silbernitratlösung bis zur bleibenden Rotfärbung titriert. 1 cm³ n/10-Silberlösung = 0,003546 g Cl bzw. 0,005846 g NaCl. Nach VOLHARD: Man versetzt die schwach mit Salpetersäure angesäuerte Chloridlösung mit einigen Tropfen Eisenalaunlösung und dann mit einem Überschuß gemessener Silbernitratlösung. Der Überschuß wird dann mit n/10-Rhodanammoniumlösung zurücktitriert. 1 cm³ verbrauchte n/10-Silberlösung = 0,003546 g Cl bzw. 0,005846 g NaCl. *Verwendung.* Kann in zahlreichen Fällen Schwefelsäure ersetzen, so beim Neutralisieren, Absäuern, Diazotieren u. a. Da *S.* teurer ist als Schwefelsäure, wird letztere bei gleicher Wirkung vorgezogen. Spezifische Verwendung: Beim Entkalken von Waren, beim Berlinerblauprozeß auf Seide, beim Bleichen, in der Anilinschwarzfärberei, beim Ansäuern von Chlorzinnbädern, beim Carbonisieren von Lumpen u. a. m.

Spezifische Gewichte von Salzsäure verschiedener Konzentration (LUNGE und MARCHLEWSKI).

Spez. Gew. bei 15°	° Bé	Gewichts-% HCl	Vol.-% HCl	Spez. Gew. bei 15°	° Bé	Gewichts-% HCl	Vol.-% HCl
1,000	0,0	0,16	0,16	1,115	14,9	22,86	25,5
1,005	0,7	1,15	1,2	1,120	15,4	23,82	26,7
1,010	1,4	2,14	2,2	1,125	16,0	24,78	27,8
1,015	2,1	3,12	3,2	1,130	16,5	25,75	29,1
1,020	2,7	4,13	4,2	1,135	17,1	26,70	30,3
1,025	3,4	5,15	5,3	1,140	17,7	27,66	31,5
1,030	4,1	6,15	6,4	1,1425	18,0	28,14	32,2
1,035	4,7	7,15	7,4	1,145	18,3	28,61	32,8
1,040	5,4	8,16	8,5	1,150	18,8	29,57	34,0
1,045	6,0	9,16	9,6	1,152	19,0	29,95	34,5
1,050	6,7	10,17	10,7	1,155	19,4	30,55	35,3
1,055	7,4	11,18	11,8	1,160	19,8	31,52	36,6
1,060	8,0	12,19	12,9	1,163	20,0	32,10	37,3
1,065	8,7	13,19	14,1	1,165	20,3	32,49	37,9
1,070	9,4	14,17	15,2	1,170	20,9	33,46	39,2
1,075	10,0	15,16	16,3	1,171	21,0	33,65	39,4
1,080	10,6	16,15	17,4	1,175	21,4	34,42	40,4
1,085	11,2	17,13	18,6	1,180	22,0	35,39	41,8
1,090	11,9	18,11	19,7	1,185	22,5	36,31	43,0
1,095	12,4	19,06	20,9	1,190	23,0	37,23	44,3
1,100	13,0	20,01	22,0	1,195	23,5	38,16	45,6
1,105	13,6	20,97	23,2	1,200	24,0	39,11	46,9
1,110	14,2	21,92	24,3				

Umrechnung für Salzsäure von 20° Bé.

Einem Liter Salzsäure von 20° Bé entsprechen:

1,30 l Salzsäure 16° Bé	1,07 l Salzsäure 19° Bé	0,90 l Salzsäure 22° Bé
1,20 l „ 17° „	1,00 l „ 20° „	0,86 l „ 23° „
1,14 l „ 18° „	0,95 l „ 21° „	0,80 l „ 24° „

Saponin. Literatur: KOFLER: Die Saponine. — WIESNER: Die Rohstoffe des Pflanzenreiches, 4. Aufl., S. 1812.

Ist ein in mehreren Pflanzen enthaltenes Glucosid. Die wäßrige, kolloidale Saponinlösung schäumt beim Schütteln ähnlich wie Seifenlösung und hat schwach emulgierende Eigenschaften. Saponinhaltige Pflanzenauszüge sind deshalb schon in alten Zeiten zu Waschzwecken verwendet worden. Die Waschkraft des Saponins ist indessen seit jeher überschätzt worden.

Das *Handelsprodukt* bildet ein weißes bis gelbliches Pulver; es ist in Wasser, Alkohol, Äther, Benzin usw. löslich. Die wäßrige Lösung reagiert neutral bis schwach sauer. Ein Zusatz von 0,5—1% Saponin zum Benzin verhindert die Selbstentzündung des letzteren (ähnlich wie Richterol). Zu Wasch- und Reinigungszwecken dienen meist die wäßrigen Auszüge der getrockneten, saponinhaltigen Pflanzenteile. Für die Textilindustrie sind sie ohne Bedeutung. Die wichtigsten saponinhaltigen Pflanzen sind etwa folgende:

Seifenwurzel (saponaria officinalis). Runzlige, rotbraune Rinde mit citronengelbem Holzkörper. Enthält Saponin, Harz, Gummi, Pflanzenschleim. Saponaria alba ist von weißer Farbe. Die ägyptische oder levantinische Seifenwurzel stammt von Gypsophila Struthium. Auch aus Ungarn kommt Seifenwurzel in den Handel.

Panamaseifenrinde (Quillajarinde) stammt von dem in Peru und Chile wachsenden Baume Quillaja saponaria Molina. Enthält neben 8% Saponin auch Zucker, Gummi und Calciumoxalat. Das „Saponin Sthamer" bzw. „Saponinextrakt Sthamer" ist ein konz. Saponinpräparat aus dieser Rinde. Auch „Panamin" ist ein aus der Quillajarinde hergestelltes Präparat.

Senegawurzel stammt von Polygala Senega. Enthält außer Saponin auch Gummi, Eiweißstoffe und Fett.

Seifenfrüchte (Seifenbeeren). Stammen vom gemeinen Seifenbaum, Sapindus saponaria. Die getrocknete Frucht soll etwa 50% Saponin enthalten.

Roßkastanien (Aesculus hippocastanum) enthalten etwa 10% Saponin; ferner Öl, Harz und Stärke.

Säuren. Die am meisten in der Textilbearbeitung, besonders in der Färberei und im Zeugdruck verwendeten Säuren sind: Ameisensäure, Citronensäure, Essigsäure, Milchsäure, Oxalsäure, Salzsäure, Schwefelsäure, Schwefligsäure, Weinsäure (s. d. im einzelnen). Vielfach ist eine Säure durch eine andere ersetzbar; in anderen Fällen aber auch nicht, wenn die spezifischen Eigenschaften nicht übereinstimmen. Man unterscheidet deshalb die rein acidischen und die spezifischen Nutzungseffekte der Säuren. Die ersten werden durch die Bindung oder Neutralisation einer bestimmten Menge Alkali, die letzteren durch besondere chemische und technische Wirkungen gekennzeichnet.

Verhältniszahlen der acidischen Nutzungseffekte der Säuren.

Schwefelsäure 60° Bé T.*	Schwefelsäure 66° Bé T.	Salzsäure 20° Bé T.	Essigsäure 30 proz. T.	Ameisensäure 85 proz. T.	Milchsäure 50 proz. T.
62,6	= 52,1	= 121,5	= 200	= 54,1	= 180
100	= 83,2	= 194	= 319,5	= 86,4	= 287,5
120,1	= **100**	= 233,2	= 383,9	= 103,8	= 345,5
51,5	= 42,9	= **100**	= 164,6	= 44,5	= 148,1
31,3	= 26,1	= 60,9	= **100**	= 27	= 90
115,7	= 96,3	= 224,6	= 369,7	= **100**	= 332,7
34,8	= 29	= 65,3	= 108	= 30	= **100**

Alkalibindungskapazität von je 100 T. chemisch reiner Säure.

	Schwefelsäure 100 T.	Salzsäure 100 T.	Essigsäure 100 T.	Ameisensäure 100 T.
Binden T. Alkali:				
NaOH	81,6	109,6	66,7	87
KOH	114,3	153,6	93,3	121,7
NH_3	34,7	46,6	28,3	37
$Ca(OH)_2$	75,5	101,3	61,7	80,4
Na_2CO_3	108,2	145,2	88,3	115,2
$Na_2CO_3 \cdot 10\,H_2O$ . .	291,8	391,8	238,3	311
K_2CO_3	140,8	189,3	115	150

* „T." bedeutet überall Gewichtsteile.

Säurebindungskapazität von je 100 T. chemisch reinen Alkalis.

	$NaOH$ 100 T.	KOH 100 T.	NH_3 100 T.	$Ca(OH)_2$ 100 T.	Na_2CO_3 100 T.	$Na_2CO_3 \cdot 10\,H_2O$ 100 T.
Binden T. Säure:						
H_2SO_4	122,5	87,5	288,2	132,4	92,5	34,3
HCl	91,3	65,2	214,7	98,6	68,7	25,5
$CH_3 \cdot COOH$ . .	150	107,1	352,9	162,1	113,2	42
$H \cdot COOH$ . . .	115	82,1	270,6	124,3	86,8	32,2

Die spezifischen Nutzungseigenschaften der Säuren lassen sich nicht zahlenmäßig wiedergeben. Die jeweiligen Eigenschaften sind ferner je nach Verwendungszweck positiv oder negativ, d. h. gesucht und erwünscht oder unerwünscht und schädlich. Nachstehende Tabelle gibt die wichtigsten spezifischen Eigenschaften der vorgenannten Säuren wieder.

Spezifische Eigenschaften der Säuren.

Schwefelsäure: Scharf und ätzend; sehr wirksam, nichtflüchtig, Schwerlöslichkeit des Kalksalzes, hydroskopisch.

Salzsäure: Scharf und ätzend; sehr wirksam, flüchtig. Leichtlöslichkeit des Kalksalzes. Großes Lösungsvermögen gegenüber Metalloxyden.

Essigsäure: Milde, geringe Wirksamkeit, flüchtig. Leichtlöslichkeit des Kalksalzes.

Ameisensäure: Schärfste organische Säure, stechende Gase, flüchtig. Leichtlöslichkeit des Kalksalzes. Reduzierungsvermögen.

Milchsäure: Milde, nichtflüchtig. Leichtlöslichkeit des Kalksalzes. Reduzierungsvermögen. Griffverleihungsvermögen.

Weinsäure: Milde, nichtflüchtig. Schwerlöslichkeit des Kalksalzes, Reduzierungsvermögen. Griffverleihungsvermögen.

Citronensäure: Milde, nichtflüchtig. Schwerlöslichkeit des Kalksalzes. Griffverleihungsvermögen (s. auch die Säuren im einzelnen).

Schmälzöle, Spicköle, Spinnöle, Wollöle, Wollschmälzöle. Die Schmälzöle dienen zum Einfetten (Schmälzen, Spicken) der Wolle und Kunstwolle vor ihrem Verspinnen; außerdem wird das Spinnmaterial in der Jute-, Florett- und Bourettespinnerei gefettet. Man verwendet hierzu sowohl fette Öle (s. d.), als auch Olein (s. d.), besonders aber Emulsionen von Ölen, Olein, auch Mineralölen, mit Wasser bei Gegenwart von etwas Alkali, Seife, Türkischrotöl, sonstigen Emulgatoren u. a. m.

Herstellung der Emulsionen. Die Emulsionen werden mit Hilfe von kolloidalen Lösungen (von Seifen-, Pflanzenschleim-, Gummilösungen, speziellen Emulgierungsmitteln u. a.) hergestellt, welche die Fette usw. in eine feine Verteilung, in fein „dispersen“ Zustand, überführen. Heute verwendet man mit Vorliebe die neuen Emulgierungsmittel Nekal AEM, Leonil LE, Prästabitöl KE (s. d.). Die Emulsion soll möglichst dauerhaft oder haltbar sein, d. h. es darf möglichst lange keine Trennung des Fettstoffs von der wäßrigen Flüssigkeit erfolgen. Das Wasser bildet dabei die sog. „geschlossene Phase“, in welcher der Fettkörper als „disperse Phase“ in Form von äußerst kleinen Tropfen schwebend erhalten wird. Das Emulgierungsvermögen von Seifenlösungen wird durch einen Zusatz von Fettlösern (s. d.) oder verseifenden Mitteln (z. B. Ammoniak) erhöht. Emulsionen von freien Fettsäuren gehen mit überschüssigem Alkali in Lösungen über, solche von fetten Ölen nicht (s. a. u. Netzmittel).

Die *Anforderungen*, die man an ein gutes Schmälzöl stellt, sind vor allem: 1. gutes Fettungsvermögen, 2. gute Auswaschbarkeit, 3. keine starke Erhitzung auf der Wolle, 4. Abwesenheit von Stoffen, welche die Faser oder die Spinnapparate angreifen, 5. kein Verharzen oder Verkleben der Faser. Diesen Anforderungen entsprechen zahlreiche Fabrikate der verschiedensten Zusammensetzung. Die besten Schmälzöle liefern nichttrocknende, verseifbare Öle, wie Olivenöl, Tournantöl, Specköl, Talgöl, Olein, Erdnußöl; weniger geeignet sind Sesam- und Rüböl, noch weniger Baumwollsaatöl. Als geschätztestes Spicköl gilt Olein neben Olivenöl, ersteres zum überwiegenden Teil mit Ammoniak neutralisiert. Ein Zusatz von Seifen, besser noch von sulfurierten Ölen (Türkischrotölen, s. d.), erleichtert das vollkommene Auswaschen. Mineralöle werden verschieden beurteilt. Im allgemeinen waren sie früher wegen ihrer schlechten Auswaschbarkeit und teilweise ihrer Feuergefährlichkeit (s. „Selbstentzündung" unter Olein) verpönt. In neuerer Zeit hat man gelernt, durch geeignete Zusätze und Waschmittel (z. B. Monopolpräparate, s. d., Netzmittel, s. d., sowie Fettlöser, s. d.) die Auswaschbarkeit zu verbessern. Auch hat man wasserlösliche Mineralöle hergestellt (s. z. B. unter Nekal AEM). Zusätze von Verdickungsmitteln (Tragant, Pflanzenschleime, Dextrin usw., s. d.) sind im allgemeinen wegen ihrer schmierenden und klebenden Eigenschaften wenig günstig. Ein minderwertiges Schmälzmittel bilden auch die Wollfettoleine. Die *Beurteilung* der Schmälzöle paßt sich den eingangs erwähnten Anforderungen an gute Präparate an. Nicht ausgewaschene Mineralöle machen sich besonders in der weiteren Ausrüstung der Ware oft sehr störend bemerkbar (s. a. u. Olein).

Schwefel (sulfur). Chemisches Element, S = 32,07. Kommt in verschiedenen Modifikationen vor; die stabile Modifikation des Handelsschwefels ist die rhombische (auch „gewöhnliche" genannt). Ist blaßgelb, sehr spröde, vom spez. Gew. 2,07, vom Schm.P. 114,5°, vom S.P. 445°. In Alkohol und Äther schwer löslich, leicht löslich in Schwefelkohlenstoff (100 T. lösen bei 15° = 37 T. *S.*) und Schwefelchlorür. Beim Erhitzen des geschmolzenen *S.* wird er zunehmend dunkler (braunrot) und zäher; bei 240—260° ist er sehr zähe, über 350—400° wird er wieder dünnflüssig. An der Luft erhitzt, entzündet sich *S.* bei 260° und verbrennt mit blauer Flamme zu schwefliger Säure (s. d.). *S.* verbindet sich mit fast allen Metallen (z. T. auch im festen Zustand) zu Schwefelmetallen, den Sulfiden. Energische Oxydationsmittel (z. B. Salpetersäure, Chlorwasser u. a.) oxydieren *S.* zu Schwefelsäure. Bei der Sublimation liefert er die lockeren Schwefelblumen. *Handelsmarken.* Kommt als raffinierter *S.* in verschiedenen Reinheitsgraden in den Handel, meist als Stangenschwefel. Ia Ware wird seltener verwendet; IIa Ware ist noch schön glänzend und gelb, enthält 0,2 bis 0,5% Asche; IIIa Ware ist matt und weißgelb, enthält 0,6—1,5% (selten über 2%) Asche. *Prüfung.* Man beurteilt den *S.* vielfach nur nach dem Aussehen. Sonst kommt der Aschengehalt (Verglühen von 10 g *S.* im Porzellantiegel) in Betracht. Verdächtige Ware wird auch auf Feuchtigkeitsgehalt untersucht (Trocknen von 100 g *S.* bis zur Konstanz bei 70°). Auf Arsen und Selen wird nur in Sonderfällen geprüft. *Verwendung.* Zur Erzeugung von gasförmiger schwefliger Säure (s. d.) für Bleichzwecke in der Schwefelkammer. Zum Warmvulkanisieren von Kautschuk (s. Gummierung).

Schwefelsäure, Schwefelsäuremonohydrat (acidum sulfuricum). H_2SO_4 = 98,1. SO_3 : 81,54%, H_2O : 18,46%. In allen Verhältnissen mit Wasser mischbar. Im reinen Zustand farb- und geruchlose, ölartige Flüssigkeit, die an der Luft nicht raucht, nicht flüchtig ist und bei 15° das spez. Gew. 1,8384 hat. Bei 40° entweichen weiße Dämpfe von Schwefelsäureanhydrid (SO_3); bei weiterem Erhitzen beginnt die *S.* bei 200° zu sieden; bei 338° destilliert eine *S.* von 98,3% H_2SO_4 über. Eine schwächere *S.* läßt sich umgekehrt bis auf 98,3% konzentrieren. Die konz. *S.* zieht aus der Luft begierig Wasserdampf an. Bei unvorsichtigem Verdünnen mit Wasser findet heftiges Aufkochen und Verspritzen statt, weshalb beim Mischen die Säure vorsichtig unter Rühren in das Wasser einzugießen ist, nicht umgekehrt. Hierbei findet Volumenkontraktion statt. *S.* ist eine sehr starke Säure, die die meisten Metalle unter Bildung von Wasserstoff und Metallsulfaten löst. Mit Blei bildet sie nur dünne Schichten von schützendem Blei-

Spezifische Gewichte von Schwefelsäure verschiedener Konzentration (LUNGE, ISLER und NAEF).

Spez. Gew. bei 15°	°Bé	Gew.-% H_2SO_4	Vol.-% H_2SO_4	Spez. Gew. bei 15°	°Bé	Gew.-% H_2SO_4	Vol.-% H_2SO_4
1,000	0	0,09	0,1	1,570	52,4	66,09	103,8
1,010	1,4	1,57	1,6	1,580	53,0	66,95	105,8
1,020	2,7	3,03	3,1	1,590	53,6	67,83	107,8
1,030	4,1	4,49	4,6	1,600	54,1	68,70	109,9
1,040	5,4	5,96	6,2	1,610	54,7	69,56	112,0
1,050	6,7	7,37	7,7	1,620	55,2	70,42	114,1
1,060	8,0	8,77	9,3	1,630	55,8	71,27	116,2
1,070	9,4	10,19	10,9	1,640	56,3	72,12	118,2
1,080	10,6	11,60	12,5	1,650	56,9	72,96	120,4
1,090	11,9	12,99	14,2	1,660	57,4	73,81	122,5
1,100	13,0	14,35	15,8	1,670	57,9	74,66	124,6
1,110	14,2	15,71	17,5	1,680	58,4	75,50	126,8
1,120	15,4	17,01	19,1	1,690	58,9	76,38	128,9
1,130	16,5	18,31	20,7	1,700	59,5	77,17	131,2
1,140	17,7	19,61	22,3	1,710	60,0	78,04	133,4
1,150	18,8	20,91	23,9	1,720	60,4	78,92	135,7
1,160	19,8	22,19	25,7	1,730	60,9	79,80	138,1
1,170	20,9	23,47	27,5	1,740	61,4	80,68	140,4
1,180	22,0	24,76	29,2	1,750	61,8	81,56	142,7
1,190	23,0	26,04	31,0	1,760	62,3	82,44	145,1
1,200	24,0	27,32	32,8	1,770	62,8	83,51	147,8
1,210	25,0	28,58	34,6	1,780	63,2	84,50	150,4
1,220	26,0	29,84	36,4	1,790	63,7	85,70	153,4
1,230	26,9	31,11	38,2	1,800	64,2	86,92	156,5
1,240	27,9	32,28	40,0	1,805	64,4	87,60	158,1
1,250	28,8	33,43	41,8	1,810	64,6	88,30	159,8
1,260	29,7	34,57	43,5	1,815	64,8	89,16	161,1
1,270	30,6	35,71	45,4	1,820	65,0	90,05	163,9
1,280	31,5	36,87	47,2	1,821	—	90,20	164,3
1,290	32,4	38,03	49,0	1,822	65,1	90,40	164,7
1,300	33,3	39,19	51,6	1,823	—	90,60	165,1
1,310	34,2	40,35	52,9	1,824	65,2	90,80	165,6
1,320	35,0	41,50	54,8	1,825	—	91,00	166,1
1,330	35,8	42,66	56,7	1,826	65,3	91,25	166,6
1,340	36,6	43,74	58,6	1,827	—	91,50	167,1
1,350	37,4	44,82	60,5	1,828	65,4	91,70	167,7
1,360	38,2	45,88	62,4	1,829	—	91,90	168,1
1,370	39,0	46,94	64,3	1,830	—	92,10	168,5
1,380	39,8	48,00	66,2	1,831	65,5	92,43	169,2
1,390	40,5	49,06	68,2	1,832	—	92,70	169,8
1,400	41,2	50,11	70,2	1,833	65,6	92,97	170,4
1,410	42,0	51,15	72,1	1,834	—	93,25	171,0
1,420	42,7	52,15	74,0	1,835	65,7	93,56	171,7
1,430	43,4	53,11	75,9	1,836	—	93,90	172,2
1,440	44,1	54,07	77,9	1,837	—	94,25	173,0
1,450	44,8	55,03	79,8	1,838	65,8	94,60	173,9
1,460	45,4	55,97	81,7	1,839	—	95,00	174,8
1,470	46,1	56,90	83,7	1,840	65,9	95,60	175,9
1,480	46,8	57,83	85,6	1,8405	—	95,95	176,5
1,490	47,4	58,74	87,6	1,8410	—	96,38	177,4
1,500	48,1	59,70	89,6	1,8415	—	97,35	179,2
1,510	48,7	60,65	91,6	1,8410	—	98,20	180,8
1,520	49,4	61,59	93,6	1,8405	—	98,52	181,4
1,530	50,0	62,53	95,7	1,8400	—	98,72	181,6
1,540	50,6	63,43	97,7	1,8395	—	98,77	181,7
1,550	51,2	64,26	99,6	1,8390	—	99,12	182,3
1,560	51,8	65,20	101,7	1,8385	—	99,31	182,6

sulfat. Kupfergefäße werden von verdünnter *S.* nur wenig angegriffen. Durch Reduktionsmittel (z. B. Kohle) findet, besonders beim Erhitzen, Reduktion der *S.* zu schwefliger Säure (und Kohlenoxyd) statt. Die meisten anderen Säuren werden durch *S.* aus ihren Salzen ausgetrieben (mit Kochsalz bildet sie Natriumsulfat und Salzsäure, mit Salpeter Bisulfat und Salpetersäure usw.). Um so leichter werden organische Säuren (Ameisensäure, Essigsäure usw.) durch *S.* aus ihren Salzen verdrängt. Auf organische Stoffe (wie Holz, Zucker, Cellulose usw.) wirkt sie wasserentziehend und verkohlend (s. Carbonisation).

Handelsmarken. Die Grädigkeit wird in Deutschland meist in Bé-Graden ausgedrückt. Die *S.* kommt vor allem als rohe 60grädige, als rohe 66grädige (93—95%) und als gereinigte 66grädige (97—98%) *S.* vor. Letztere wird in den Färbereien für feinere Zwecke (zum Färben usw.), die rohe *S.* für rohere Zwecke verwendet.

Verunreinigungen. Die rohen Marken können enthalten: Sulfate der Alkalien, des Eisens, Bleis, Arsen, Selen, Stickstoffsauerstoffverbindungen, Salzsäure, schweflige Säure; seltener: Zink, Kupfer, Titan, Thallium. Die meisten Verunreinigungen in geringen Mengen sind für die Färberei belanglos, bis auf den etwaigen Eisengehalt.

Gehaltsprüfung. a) Aräometrisch für annähernde Bestimmungen. Zu bemerken ist, daß das spez. Gew. der *S.* zwischen 97 und 98% (z. B. 1,8415) höher liegt als bei der 100proz. *S.* (1,8384). Hier versagt also die aräometrische Prüfung (s. Tabelle und unter „spezifischem Gewicht"). b) Zuverlässiger wird der Säuregehalt titrimetrisch bestimmt. 25 g Säure werden zu 1000 cm^3 verdünnt und 50 cm^3 der Lösung mit n-Lauge (Methylorange oder Phenolphthalein) titriert. 1 cm^3 n-Lauge = 0,049 g H_2SO_4 = 0,04 g SO_3. Hierbei werden sämtliche etwa noch vorhandenen Säuren mittitriert und als *S.* bestimmt. c) Sulfate. In Sulfaten bestimmt man den *S.*-Gehalt meist nach der Bariumsulfatmethode, indem das Sulfat als Bariumsulfat gefällt und geglüht wird. 1 g $BaSO_4$ = 0,343 g SO_3 = 0,4 g H_2SO_4. Man fällt eine siedend heiße, stark verdünnte Sulfatlösung mit wenig überschüssigem Bariumchlorid, läßt absitzen, filtriert, wäscht und glüht.

Verwendung. Zur Darstellung von sulfurierten Ölen (Türkischrotölen, s. d.), Ölemulsionen, Indigocarmin (starke bis rauchende Säure). Zum Färben von Wolle und Seide mit sauren Farbstoffen; zum Absäuern (nach dem Mercerisieren, nach der Küpe, der Chlorbleiche u. a.); zum Freimachen der salpetrigen Säure aus Nitriten beim Diazotieren, der schwefligen Säure aus Natriumbisulfit beim Bleichen und Antichlorieren, der Chromsäure aus Kaliumbichromat beim Wollsud und Abziehen der Kunstwolle; in der Säurewalke; bei der Carbonisation; in der Druckerei zur Entfernung des Schutzpapps; zum Avivieren der Seide und Schappe; bei der Regeneration der Fettsäuren aus Seifenbrühen; zum Blankscheuern der Kupferkessel usw.

Rauchende Schwefelsäure, Oleum, Nordhäuser Vitriolöl (acidum sulfuricum fumans) ist ein wechselndes Gemisch von Schwefelsäure und Schwefelsäureanhydrid (bzw. Pyroschwefelsäure und Anhydrid). $H_2SO_4 + x SO_3$ bzw. $H_2S_2O_7 + x H_2SO_4$. An der Luft stark rauchende, äußerst hydroskopische, dicke, ölige Flüssigkeit. Nur zum Sulfurieren von Ölen, Indigo u. a. verwendet. Wird nach dem Gehalt an freiem SO_3 gehandelt (z. B. 5 % SO_3, 10 % SO_3 usw.).

Schweflige Säure, Schwefligsäure, Schwefeldioxyd (acidum sulfurosum). SO_2 = 64,06. S : 50,05%, O : 49,95%. Farbloses, nicht brennbares Gas von stechendem Geruch. Bei 3 at zu einer Flüssigkeit komprimierbar. 1 Vol. Wasser absorbiert bei 20° etwa 36 Vol. *S.* Eine gesättigte wäßrige Lösung enthält bei 10° etwa 10—11, bei 20° nur etwa 4,5% SO_2. Die wäßrige Lösung oxydiert sich leicht, besonders unter Lichteinwirkung, zu Schwefelsäure und darf nicht lange gelagert werden. Beständiger sind die Salze der Säure, welche Sulfite heißen. *S.* wirkt giftig und verursacht Reizung der Schleimhäute, Husten und Erkrankung der Lungen. Bei Unglücksfällen ist Sauerstoffatmung anzuwenden. *Handelsmarken.* Kommt als flüssige *S.* in eisernen Flaschen oder Kesseln in den Handel. In Kleinbetrieben verwendet man auch wäßrige schweflige Säure von 5—6% SO_2 (auch Schwefelwasser genannt), die sich aber wegen des hohen Wassergehalts nicht zum Versand eignet. Vielfach wird *S.* auch vom Verbraucher selbst durch Verbrennen von Schwefel erzeugt (s. Schwefelkammer). *Gehaltsprüfung.* a) Aräometrisch (s. Tabelle). b) Acidimetrisch (Gesamtsäure). 1 cm³ n-Lauge (Methylorange) = 0,064 g SO_2 bzw. = 0,032 g SO_2 (Phenolphthalein). c) Jodometrisch (Gesamt-SO_2). Man titriert eine verdünnte Lösung von *S.* mit n/10-Jodlösung. 1 cm³ n/10-Jodlösung = 0,0032 g SO_2. Die Lösung der *S.* darf hierbei höchstens 0,04% SO_2 enthalten; andernfalls läßt man die *S.* unter Rühren in die Jodlösung einlaufen (nicht umgekehrt). Bei der Untersuchung von flüssiger Säure werden einige Gramm aus dem Druckgefäß in einen mit verdünnter Natronlauge beschickten Absorptionsapparat eingeleitet, die Zunahme des Apparats durch Wägung bestimmt, die Lösung auf Volumen aufgefüllt und der Gehalt an SO_2 in einem aliquoten Teil mit Jodlösung bestimmt. d) In Sulfiten wird die *S.* meist jodometrisch nach c bestimmt, indem man die Sulfitlösung zu einer mit Salzsäure angesäuerten Jodlösung zufließen läßt. *Verwendung.* Zum Bleichen von Wolle, Seide und Stroh. Man verwendet außer flüssiger und wäßriger *S.* auch Bisulfite und die sog. Schwefelkammern oder Schwefelkästen, in denen *S.* durch Verbrennen von Schwefel unmittelbar erzeugt wird.

Spezifisches Gewicht und Gehalt der wäßrigen schwefligen Säure bei 15° (ANTHON).

Spez. Gew.	% SO_2	Spez. Gew.	% SO_2	Spez. Gew.	% SO_2	Spez. Gew.	% SO_2
1,0028	0,5	1,0168	3,0	1,0302	5,5	1,0426	8,0
1,0056	1,0	1,0194	3,5	1,0328	6,0	1,0450	8,5
1,0085	1,5	1,0221	4,0	1,0353	6,5	1,0474	9,0
1,0113	2,0	1,0248	4,5	1,0377	7,0	1,0497	9,5
1,0141	2,5	1,0275	5,0	1,0401	7,5	1,0520	10,0

Seife.

Literatur: Einheitsmethoden, aufgestellt vom Verband deutscher Seifenfabrikanten. 1910. — Einheitsmethoden, aufgestellt vom Schweizer Verein analytischer Chemiker. Chem. Ztg. **1916**, 834; Seifens.-Ztg. **1916**, 935. — ENGELHARDT: Handbuch der praktischen Seifenfabrikation. — SCHRAUTH: Handbuch der Seifenfabrikation. — WILKNER: Die Seifenfabrikation. — Ferner: Die unter „Fette usw." angeführten Werke über Fette, Öle usw., wie Einheitsmethoden der „Wizöff" u. dgl.

Geschichtliches. Zu PLINIUS' Zeiten im alten Rom war die Seife lediglich als Cosmeticum angewandt; erst im 2. Jahrh. n. Chr. wird sie (GALENUS) als Reinigungsmittel erwähnt. Im 9. Jahrh. ist Marseille der Hauptplatz, im 15. Jahrh. Venedig, im 17. Jahrh. Savona, Genua und wieder Marseille. Der Massenverbrauch beginnt aber erst mit dem Aufblühen der Baumwollfärberei und der chemischen Industrie, besonders seit Herstellung der Leblanc-Soda und der Einfuhr tropischer Fette (Cocosöl, Palmöl u. a.) um das Jahr 1820 bis 1830. Gleichzeitig beginnt die Seifentechnik, sich wissenschaftlich einzustellen (CHEVREUL) 1823. In der Natur kommt Seife als Kaliumoleat in der Musa paradisiaca vor.

Übersicht und Einteilung. Unter „Seifen" schlechtweg versteht man die Natrium- und Kaliumsalze (seltener Ammoniumsalze) höherer Fett- und Harzsäuren. Seifen mit andrer Basis werden in der Regel besonders bezeichnet, z. B. Kalk-, Eisen-, Bleiseife usw. Die Einteilung der Seifen geschieht meist wie folgt:

I. Harte oder feste Seifen (meist Natronseifen), a) Kernseifen, b) Halbkernseifen, c) Leimseifen.

II. Weiche Seifen (Schmierseifen, meist Kaliseifen), a) glatte, transparente Seifen, b) Naturkornseifen, c) Kunstkornseifen, d) glatte Seifen von perlmutterartigem Aussehen.

Außer diesen eigentlichen Grundseifen kommen noch manche Gattungen von Seifenpräparaten vor, die man zweckmäßig in die Gruppen teilen kann:

III. Gemahlene Seifen, Seifenpulver, Waschpulver.

IV. Bleichseifen, Bleichseifenpulver, Bleichwaschpulver.

V. Fettlöserseifen (fest, gepulvert, flüssig).

Allgemeines. Die Seifen werden durch Verseifen von Fetten und Fettsäuren mit Natron- oder Kalilauge, mit Lösungen von Soda, Pottasche (seltener unter Zusatz von Ammoniak) hergestellt. Je nach Art der Ausgangstoffe und der Herstellungsart sind die Enderzeugnisse sehr verschieden. Harte oder feste Seifen sind meist Natronseifen. Die Kernseifen teilt man in solche „auf Unterlauge" und „auf Leimniederschlag" hergestellte ein. Das erstere Verfahren ist gekennzeichnet durch das Ausschleifen des auf Unterlauge gesottenen Kernes mittels Wasser bis zur Leimbildung und wird bei allen aus tierischen Fetten, Olivenöl und Palmöl gesottenen Seifen angewandt. Durch das Ausschleifen und Aussalzen oder Auskernen werden überschüssiges Alkali, Glycerin, Schleimstoffe usw. in die Unterlauge abgeführt. Der Prototyp dieser Seifengattung ist die Marseiller Seife; hierher gehören auch die grüne Bariseife, die Talgkernseife, Palmölseife, Oberschalseife, Harzkernseife usw. Das zweite Verfahren beruht auf der Bildung eines Leimniederschlags, der dadurch entsteht, daß man die fertig abgerichtete Seife mit Salzwasser so weit trennt, daß eine Leimabscheidung erfolgt. Dieses Verfahren ist nur bei Mitverwendung von Palmkernöl oder Cocosöl möglich. Hierher gehören u. a. die beliebten Oranienburger-, Sparkern- oder Oleinseifen, verschiedene Harzkernseifen u. a. m. Die Halbkernseifen heißen auch Eschweger Seifen, die vielfach als marmorierte Seifen vorkommen. Ein Aussalzen findet hier nicht statt. Ihr Fettsäuregehalt soll mindestens 46 % betragen, während er bei Kernseifen mindestens 60 % sein soll. Aussehen und Festigkeit gleichen denen der Kernseifen. Die Leimseifen (mit 15—45 % Fettsäure) werden ebenfalls ohne Aussalzen erhalten und stellen einen erstarrten Seifenleim dar, welcher die ganze Unterlauge (also auch das Glycerin, das freie Alkali, Salze usw.) einschließt. Ihr Fettsäuregehalt ist viel geringer als bei Kernseifen und hängt von der Ausbeute ab: In der Regel werden aus 100 T. Fett 200—250 T. Leimseife gesotten. Man verwendet hier gern Cocosöl, das sich schon bei 25—30° mit konz. Natronlauge leicht verseifen läßt und sehr harten Seifenleim liefert. Wegen des Gehalts an freiem Alkali ist die Leimseife für tierische Fasern wenig geeignet. Durch „Füllen" (z. B. mit Wasserglas, Stärke usw.) der Seifen entstehen die „Füllseifen", die entsprechend fettsäureärmer sind. Die Schmierseifen werden ähnlich wie Leimseifen hergestellt und schließen gleichfalls die Unterlauge ein. Die Verseifung erfolgt hier jedoch mit Kalilauge. Reine Schmierseifen sollen mindestens 36 % Gesamtfettsäure und keine Füllstoffe enthalten. Die gefüllten Schmierseifen enthalten Wasserglas, Stärke, Mehl usw. Man verwendet für Schmierseifen vorzugsweise Cotton-, Lein-, Sojabohnen-, Sonnenblumen-, Maisöl, auch Trane u. dgl. Zur Verbilligung werden oft 10 % Harz zugesetzt. Sofort warm in Fässer gefüllte Seife nennt man auch „Faßseife". Aus Leinöl gesottene gelbbraune Schmierseife pflegt man als „schwarze", aus Hanföl (selten) gesottene als „grüne" zu bezeichnen. Schmierseifen können auch glatt-transparent sein (und heißen dann auch „Kronenseifen"), oder sie sind durch krystallinische Ausscheidungen von Kaliumstearat charakterisiert (und heißen dann „Naturkornseifen"). Alabaster-Naturkornseife ist eine reine Schmierseife, die ein schneeweißes Korn in einer weißlichgelben, sehr transparenten Grundmasse zeigt. Bei „Kunstkornseifen" ist dieser Glanz künstlich durch Einrühren von festen Stoffen (z. B. von Kreide oder gebranntem Kalk) erzeugt. Schließlich seien noch die glatten Schmierseifen von perlmutterartigem Glanz erwähnt. Unter dem Namen Silber-, Schäl- oder glatte Elainseife kommt eine weiße oder gelbliche Schmierseife von silberglänzendem, perlmutterartigem Aussehen in den Handel, die auch in der Textilindustrie gern und viel gebraucht wird. Die hierfür verwandten Fettansätze sind sehr verschieden und bestehen teils aus festen, teils halbfesten und flüssigen Fetten. Besonders bevorzugt werden: Talg, Schweinefett, Knochenfett, Palmöl, Olein, gebleichtes Leinöl, Erdnußöl, Cottonöl. Auch gehärtete Fette (Talgol, Candelite

u. ä.) eignen sich als Zusatzfette hierfür. Als gemahlene Seifen sollten nur in Pulverform übergeführte feste Seifen bezeichnet werden. Seifenpulver (Seifenextrakt) sind die verschiedensten Gemische von Seife und Soda und andern z. T. indifferenten Stoffen. Ihr Fettgehalt ist schwankend; gute Seifenpulver sollten mindestens 25% Fettsäure enthalten. Ganz undefinierbare Mischungen sind mitunter die Waschpulver (Waschmehl, Fettlaugenmehl usw.). Sie bestehen meist aus Soda, Wasserglas, Salzen mit mehr oder weniger Seifenzusatz. Als Bleichseifen und Bleichseifenpulver bezeichnet man Seifen oder Seifenpulver, die einen bleichenden Zusatz, meist von Natriumperborat, enthalten. Ihr Prototyp ist das bekannte Persil. Zusätze von Natriumperoxyd und Natriumpercarbonat kommen heute weniger vor. Als Fettlöserseifen in fester oder flüssiger Form haben besonders in der letzten Zeit zahlreiche Produkte Eingang gefunden (s. a. u. ,,Fettlöser"). Von der Wiedergabe zahlreicher örtlicher Spezialbezeichnungen für Seifenprodukte wird hier abgesehen. Vielfach werden die Seifen auch nach dem Rohstoff bezeichnet, z. B. Olivenölseife, Harzseife, Palmkernölseife usw. Phantasienamen besagen im allgemeinen nichts, wenn nicht besondere Garantien daran geknüpft sind.

Zusammensetzung der Seifen. Sehr schwankend. Die reinen Kernseifen sind im wesentlichen wasserhaltige, fettsaure (und harzsaure) Alkalisalze und enthalten noch die geringen Mengen unverseifbare Stoffe, die im natürlichen Fett oder Öl enthalten sind; ferner kleine Mengen Alkali oder Neutralfett, Spuren Salz und Glycerin. Die Halbkern-, Leim- sowie alle Schmierseifen enthalten noch das abgespaltene Glycerin aus dem Fett, den Alkaliüberschuß, Salze usw. Die gefüllten Seifen enthalten noch die künstlichen Zusätze, die sog. Füllmittel.

Eigenschaften der Seifen. In wenig heißem Wasser kolloidal und ohne Zersetzung zu schäumender Lösung löslich; neutrale Seife reagiert in konzentrierter Lösung gegen Phenolphthalein neutral, beim Verdünnen tritt Rotfärbung ein, da sich beim Verdünnen infolge hydrolytischer Spaltung freies Alkali und saure Seife bildet:

$$\underset{\text{normales Natriumpalmitat}}{2(C_{15}H_{31}COO)'Na^{\cdot}} + H^{\cdot}(OH)' \longrightarrow Na^{\cdot}(OH)' + \underset{\text{saures Natriumpalmitat}}{\begin{matrix} C_{15}H_{31}COONa \\ C_{15}H_{31}COOH \end{matrix}}$$

Die Schaumkraft der wäßrigen Lösungen ist abhängig von der Art des Öls und der Dissoziation. Seifen sind ferner in Alkohol ohne Spaltung löslich; neutrale Seifen, in neutralem Alkohol gelöst, reagieren gegen Phenolphthalein neutral. Darauf beruht auch die Bestimmung des freien Alkalis in Seifen (s. w. u.). Alkoholische Seifenlösungen haben kein Schaumvermögen. Die wäßrigen Lösungen haben reinigende Wirkung. Man nahm früher an, daß hierbei vor allem das hydrolytisch abgespaltene Alkalihydroxyd die Waschwirkung bedinge. Heute ist man mehr der Ansicht, daß die reinigende Wirkung auf verschiedenen, der Seife zukommenden Eigenschaften beruht: der netzenden, der emulgierenden Kraft (in Beziehung stehend zur Erniedrigung der Oberflächenspannung) und der schmutzadsorbierenden Wirkung. Je nach Verwendungsart gelangt auch in der Praxis oft die eine oder die andre dieser Seifeneigenschaften (netzende, emulgierende oder adsorbierende) zur Wirkung. In konzentrierter Form hat die Seife noch die Eigenschaft, die damit behandelten Fasern schlüpfrig zu machen (so z. B. in der Walkerei) und sie so gegen die mechanische Bearbeitung widerstandsfähig zu gestalten. Mit Lösungen von Erd-, Erdalkali- und Schwermetallen bilden die Seifen wasserunlösliche Metallseifen (Kalk-, Magnesia-, Aluminium-, Eisenseife usw.), die in der Faserveredlung oft sehr störend auftreten. Durch Säuren werden die Fettsäuren aus allen Seifen ausgeschieden.

Verwendung. Die Seifen finden weitgehende Anwendung: als Wasch-, Reinigungs- und Entfettungsmittel; zum Entbasten von Seide; zum Fixieren von Eisenbeize auf Seide; als Zusatz zu Färbeflotten (besonders in der Seidenschwarzfärberei); als Netz-, Walk-, Avivage-, Soupliermittel; als Zusatz zu Beuchflotten, zu Appreturen, Schlichten; zum Wasserdichtmachen; zum Griffigmachen u. a. m.

Textilseifen. Der Verbrauch der Textilindustrie an Seifen ist ein sehr bedeutender. Wegen der verschiedensten Verwendungszwecke und Fasererzeugnisse kommen naturgemäß auch die verschiedensten Seifen in Betracht. Es bedarf deshalb im einzelnen Fall bei der Wahl der Seife der größten Umsicht. Da die Beurteilung der Seifen in mancher Hinsicht schwierig ist, so galt die Seife lange als ein Vertrauensartikel, bis zu einem gewissen Grad heute noch.

Im allgemeinen verwendet die Textilindustrie nur reine Grundseifen, d. h. im Großbetrieb unmittelbar erzeugte Seifen ohne weitere Präparation, Füllung usw., und zwar feste wie auch Schmierseifen. Erstere sind fast ausschließlich Natron-, letztere Kaliseifen. Von festen Seifen werden vorzugsweise Kernseifen verwendet, Leimseifen seltener. Die Leinenindustrie verwendet auch ausnahmsweise Wasserglasseifen.

Für viele Zwecke ist die wichtigste Anforderung an die Seifen völlige Neutralität bei garantiertem Fettsäuregehalt und gegebener Fett- bzw. Ölbasis. Für bestimmte Zwecke benötigt man auch alkalische Seifen, immer aber ist in einem gut geführten Betrieb die Kenntnis der Alkalität erforderlich. Die Fabrikation der wirklich neutralen Seifen ist nicht leicht und erfordert Erfahrung und Verständnis, zumal die Einhaltung eines bestimmten Fettsäuregehalts damit verbunden ist. Neutrale Reaktion bedeutet, daß die Fette so vollständig verseift sind, daß in dem fertigen Produkt weder freies Alkali noch verseiftes Fett vorhanden ist. Naturgemäß verlangen die tierischen Fasern (Wolle, Seide) im allgemeinen neutrale Seifen; geringe Wollen und Kunstwollen sind weniger anspruchsvoll; besonders anspruchsvoll ist die Seidenfärberei, die stellenweise nur einen Höchstgehalt von 0,05—0,1 % freies Ätznatron zuläßt. Die Seifen sollen hier ferner im allgemeinen frei von Harzen und Oxyfettsäuren sein; die Fettsäure soll bestimmte Eigenschaften haben, so sind z. B. Fettsäuren aus trocknenden Ölen und Tranen zu vermeiden. Solche Seifen sind vor allem die Marseiller und Bariseifen (Olivenölseifen), etwas geringer die Oleinseifen. Die Wollwäscherei bevorzugt Seifen aus flüssigen Fetten oder Olein, am liebsten Kaliseifen, dann Ammoniak-, zuletzt Natronseifen. Für die Beurteilung der Walkseifen kommt es darauf an, ob die Seife einen zum Walken geeigneten Seifenleim zu bilden vermag. Da jeder Seifenleim bei höherer Temperatur eine dünnflüssige, wäßrige, zur Verfilzung der Wollhaare ungeeignete Beschaffenheit annimmt, so wird derjenige Seifenleim der beßre sein, der noch bei einer höheren Temperatur eine gewisse, die Verfilzung der Wollhaare fördernde Zähigkeit beibehält. Praktisch hat sich erwiesen, daß für schwere Walken geeignet sind: Seifen aus stearinreichen Fetten, auch mit einer Beimengung von Olein, aber ohne Leinöl, als Kern-, besser als Schmierseife gesotten. Für schwächere Kammgarnwalken sind Oleinkaliseifen (ohne Leinöl), Wollfett- oder Harzseifen mit geringem Alkaliüberschuß geeignet, auch Seifen aus Walkfett mit wenig Unverseifbarem; doch sind auch harzarme Kernseifen verwendbar. Zum Entgerbern geschmälzter Wollen bestimmte Seifen sollen kein Leinöl und nicht über 10 % Harz enthalten. In Kaligerberseife sollen in der Regel unter 1 % freies Kali und 2—8 % Pottasche, in Natrongerberseife nur 0,5—1,0 % Soda enthalten sein. Für das Auswaschen zusammengesetzter Schmälzen und Walköle eignen sich Kali- und Ammoniakseifen aus Olein- und Ricinusschwefelsäure besonders gut. Die Baumwollfärberei, -kocherei, -bleicherei ist weniger anspruchsvoll als die Seiden- und Wollindustrie. Man verwendet hier sowohl Kern- als auch Schmierseifen. Größere Harzgehalte stören auch hier bisweilen.

Die wichtigsten Textilseifen sind u. a. folgende. Kernseifen: neutrale Olivenölseife, weiße und grüne Bariseife, Oleinkernseife, Ökonomie- und Walkfettkernseife (billige Walkseife), Talgkernseifen (für schwere Schlichten); Kernseifen aus gehärteten und nicht gehärteten Ölen (z. B. Rußland: Sonnenblumen- und Cottonöl); Kaliseifen: Oleinschmierseife, Silberseife, Naturkornseife aus Olein und Talg; Ökonomieseifen (billige Walkschmierseife unter Zusatz von Walk- und Wollfett) u. a. m.

Untersuchung der Seifen (Einheitsmethoden, aufgestellt von der „Wizöff"[1], s. a. Untersuchungsverfahren für Fette und Öle).

1. Probeentnahme. Diese ist, der Form des Materials entsprechend, sachgemäß vorzunehmen. Bei langen Riegeln und Platten entnimmt man eine gute Durchschnittsprobe am besten mit einem Korkbohrer (Durchmesser 1 cm).

2. Äußere Beschaffenheit. Man stellt fest: Die Konsistenz, Farbe, den Geruch, Geschmack („Stich" an der Zunge bei zu scharf abgerichteter Seife), Glanz, Beschlag, das Ausschwitzen, die Klarheit, Transparenz usw.

3. Gesamtfettsäuren (meist als Fett-, Harzsäuren und unverseifbare Bestandteile zusammen bestimmt). 3—5 g Seife werden in heißem Wasser gelöst, mit überschüssiger, verdünnter Mineralsäure zersetzt und bis zur klaren Scheidung der Fettsäuren erwärmt. Nach dem Abkühlen schüttelt man (evtl. zweimal) mit Äthyläther aus, trocknet mit wasserfreiem Natriumsulfat, filtriert, wäscht das Natriumsulfat mit Äther fettfrei, verdunstet den Äther und trocknet bis zur Gewichtskonstanz (bis nach 15 Min. Trocknung maximal 0,1 % Gewichtsveränderung stattfindet). Bei flüchtigen Säuren (Palmkern-, Cocosfett) wird bei 60^0, bei leicht oxydierenden Fetten im Kohlensäure- oder Stickstoffstrom getrocknet.

4. Harzsäurenachweis in der Fettsäure. Man erwärmt und schüttelt ein wenig Fettsäure mit 1 cm^3 Essigsäureanhydrid und gibt nach dem Abkühlen einen Tropfen Schwefelsäure (spez. Gew. 1,53) zu. Bei Gegenwart von Harzsäure färbt sich das Gemisch vorübergehend rotviolett (Storch-Morawskische Reaktion). Die Reaktion ist nicht eindeutig, da sie auch bei Harzölen, gewissen Sterinen, Fettsäuren aus grünen Sulfurölen u. a. eintreten kann.

5. Unverseiftes und Unverseifbares. 10—15 g Seife werden in 60proz. Alkohol gelöst und nach Spitz-Hönig (s. u. Fetten und Ölen, Unverseifbares) 2—3mal mit Petroläther (S.P. 30—50^0) ausgeschüttelt. Man vereinigt die Auszüge und wäscht erst mit schwach alkalischem 50proz. Alkohol, dann wiederholt mit je 25 cm^3 50proz. Alkohol bis zur neutralen Reaktion. Nun trocknet man die benzinige Lösung mit entwässertem Natriumsulfat, filtriert, verjagt das Lösungsmittel, trocknet bei 100^0 und wägt das so erhaltene Unverseifte. Dieses wird nun mit überschüssiger alkoholischer Kalilauge verseift und abermals nach Spitz-Hönig behandelt. Dieser Auszug ergibt das Unverseifbare. Die Differenz zwischen Unverseiftem und Unverseifbarem ergibt den Gehalt an unverseiftem Neutralfett.

6. Freie Fettsäuren in Seifen. Wenn überschüssiges Alkali fehlt, kann die Seife unter Umständen sauer sein und freie Fettsäure enthalten. Man löst 10 g Seife in 60proz. Alkohol und titriert mit n/10 Kalilauge (Phenolphthalein). Einwage $= e$, Verbrauch an n/10 Lauge $= a$ cm^3. An freien Fettsäuren ist dann vorhanden (auf Ölsäure berechnet): $\frac{2{,}82\,a}{e}$ %.

7. Gesamtalkali (Summe des an Fett-, Harzsäuren usw., evtl. auch an Kohlen-, Kiesel-, Borsäure u. ä. gebundenes, sowie freies Alkali). Es wird im Anschluß an die Gesamtfettsäurebestimmung ermittelt. Das nach Vorschrift 3 erhaltene Sauerwasser wird nach dem Verjagen des Äthers mit n/2-Alkalilauge

[1] S. die unter Ölen zitierte Broschüre. Außerdem finden sich die Untersuchungsmethoden für Seifen als Nr. 871 A in der Liste des Reichsausschusses (RAL) beim Reichskuratorium für Wirtschaftlichkeit (RKW) eingetragen und als Sonderdruck zu beziehen durch die Vertriebsstelle des RAL: Beuth-Verlag, Berlin S 14.

zurücktitriert (Methylorange). Einwage an Seife $= e$, n/2-Säure vorgelegt $= a$, n/2-Säure zurücktitriert $= b$. Das Gesamtalkali bei Natronseifen (als Na_2O berechnet) ist dann $= \frac{1{,}55\,(a-b)}{e}$ %, bei Kaliseifen (als K_2O) $= \frac{2{,}35\,(a-b)}{e}$ %.

8. Gebundenes Alkali (das an die Gesamtfettsäuren der Seife gebundene Alkali). Man berechnet es aus der Verseifungszahl der Gesamtfettsäuren (s. d.). Einwage $= e$, verbrauchte Kubikzentimeter n/2-Alkali zur Verseifung der Gesamtfettsäuren $= a$. Dann beträgt die Menge des gebundenen Alkalis (als Na_2O berechnet) $= \frac{1{,}55\,a}{e}$ %, bzw. (als K_2O) $= \frac{2{,}35\,a}{e}$ %. Der Gehalt an Reinseife berechnet sich als Summe von Alkalimetallrest (Na — 1 bzw. Na — H) und Gesamtfettsäure. Aus der Verseifungszahl der Gesamtfettsäuren läßt sich auf deren Art schließen.

9. Freies Alkali (freies Natrium- und Kaliumhydroxyd). a) Qualitativ. Eine erbsengroße Probe wird in der 10—15fachen Menge neutralen, absoluten Alkohols gelöst; nach dem Erkalten zeigt Rotfärbung mit Phenolphthalein freies Alkali an, Farblosigkeit dagegen Neutralität oder Säuregehalt der Seife. Der Nachweis der Alkalität durch Betupfen einer frischen Schnittfläche der Seife mit Phenolphthaleinlösung ist nur für den negativen Ausfall der Probe zuverlässig. b) Qantitativ. Bei harten Seifen werden 5—10 g Seife in genügender Menge (50—100 cm³) neutralen, absoluten Alkohols gelöst und nach Erkalten und Zusatz von 3—4 Tropfen Phenolphthaleinlösung (Rotfärbung) mit n/10-Salzsäure auf farblos titriert. Einwage $= e$, Verbrauch an n/10-Säure $= a$. Freies Alkali alsdann bei Natronseifen (berechnet als NaOH) $= \frac{0{,}4\,a}{e}$ %, bei Kaliseifen (berechnet als KOH) $= \frac{0{,}56\,a}{e}$ %.

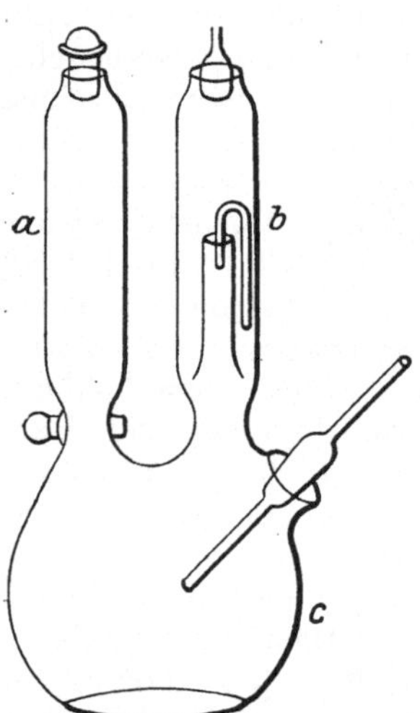

Abb. 115. GEISSLERscher Apparat zur Bestimmung von Carbonaten in Seife.

Bei weichen Seifen (Schmierseifen, Seifenpasten) werden 3—5 g Substanz mit 50—70 cm³ neutralisiertem Alkohol gelöst. In die erkaltete Lösung werden unter Umschwenken 4—6 g entwässertes, fein gepulvertes Natriumsulfat in kleinen Portionen geschüttet. Zur Titration dient n/10 alkoholische Salzsäure.

10. Kohlensaures Alkali. 3—5 g Substanz (harte Seife gut geraspelt) werden in den großen Behälter des GEISSLERschen Apparates (s. Abb. 115) eingewogen. Aus dem mit Hahn versehenen Turm läßt man Salzsäure vom spez. Gew. 1,42 auf die Seife fließen und schließt sofort den Hahn. Die Kohlensäure entweicht durch den zweiten Turm, in dem sich konz. Schwefelsäure befindet. Wenn die Kohlensäureentwicklung nachläßt, stellt man den Apparat etwa 30 Min. in ein Wasserbad von 50—60°, läßt erkalten und wägt. Einwage $= e$, Gewichtsabnahme (Kohlensäure) $= a$. Der Carbonatgehalt (berechnet als Na_2CO_3) $= \frac{2{,}41\,a}{e}$ bzw. (berechnet als K_2CO_3) $= \frac{3{,}14\,a}{e}$.

11. Kalium- und Natriumgehalt im Gesamtalkali. Wird in Textillaboratorien kaum ausgeführt (s. Original).

12. Ammoniak (Ammoniumsalze). 10 g Substanz werden im 200-cm³-Meßkolben in Wasser gelöst, mit 10proz. Schwefelsäure zersetzt und mit 1 g geglühter Kieselgur gut durchgeschüttelt. Nach dem Auffüllen der wäßrigen Schicht bis zur Marke wird der Kolbeninhalt in einen größeren Kolben übergeführt, nochmals durchgeschüttelt und filtriert. Aus 100 g Filtrat wird das Ammoniak durch 20 cm³ 40proz. Natronlauge in eine Vorlage mit überschüssiger n/10-Schwefelsäure überdestilliert. Wenn das Ammoniak völlig übergetrieben ist, wird die Schwefelsäure zurücktitriert (Methylorange).

1 cm³ verbrauchter n/10-Säure = 0,0017 g NH_3. Die Ammoniakmenge ist in Prozente umzurechnen.

13. Calciumgehalt. Das Calcium wird in der mit Salzsäure gelösten Asche der Seife auf übliche Weise bestimmt (s. Calciumbestimmung) und als „% CaO“ angegeben.

14. Wassergehalt. 10—20 g Seife (mit möglichst 3—5 cm³ Wasserinhalt) erhitzt man im Rundkolben mit 50—80 cm³ getrocknetem Benzol. Die Benzolwasserdämpfe gehen in einen graduierten, sorgfältig mit Bichromat-Schwefelsäure gereinigten Destillieraufsatz über (s. Abb. 116), wobei sich das Wasser absetzt. Nach klarer Schichtentrennung kann man die Wassermenge ablesen und auf Prozent umrechnen. Ein Alkoholgehalt der Seife macht die Bestimmung ungenau.

Die Bestimmung von Nebenbestandteilen betrifft u. a.:

15. Alkoholunlösliches. Extraktion der bei 105° getrockneten Probe mit absolutem Alkohol. Ungelöst bleiben: Kochsalz, Carbonate, Glaubersalz, Wasserglas, Sand, Talcum und nichtflüchtige organische Stoffe (Stärke, Dextrin, Eiweißkörper u. dgl.). Das Anorganische wird durch Veraschen erhalten. Auch kann eine Probe der Seife direkt verascht werden.

16. Chloride. Das salpetersaure Sauerwasser oder die in Salpetersäure gelöste Asche wird nach einem der üblichen Verfahren auf Chlorid untersucht (s. Chloridbestimmung).

17. Sulfate. Diese werden in salz- oder salpetersaurem Sauerwasser oder in einem Teile des Auszuges der wasserlöslichen anorganischen Bestandteile in üblicher Weise bestimmt (s. Sulfatbestimmung).

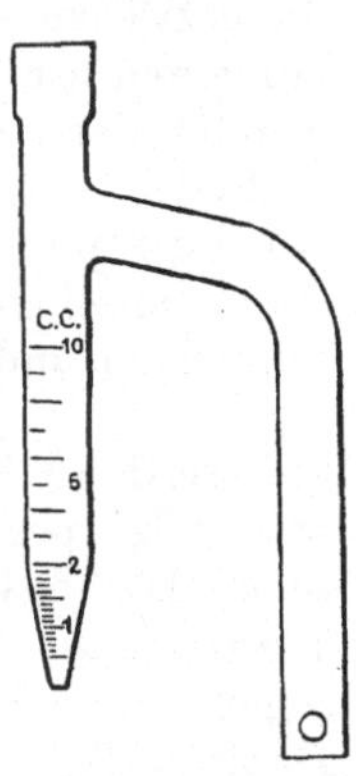

Abb. 116. Destillieraufsatz zur Bestimmung von Wasser in Seifen u. dgl.

18. Wasserglas. a) Qualitativ. Eine Probe wird in Wasser gelöst und evtl. heiß filtriert. Das Filtrat wird mit Salzsäure heiß zersetzt und ausgeäthert. Bei Anwesenheit von Wasserglas scheiden sich charakteristische Flocken frisch gefällter Kieselsäure im Sauerwasser ab. Treten keine Flocken auf, so wird das abgezogene Sauerwasser zur Trockne verdampft und mit heißem Wasser aufgenommen. Ein unlöslicher Rückstand, der auch in Salzsäure unlöslich bleibt und beim Zerreiben sandig knirscht, deutet auf Wasserglas. b) Quantitativ. 5 g Seife werden in Wasser gelöst und heiß filtriert; das Filtrat wird mit Salzsäure zersetzt und ausgeäthert. Das abgezogene Sauerwasser wird eingedampft, der Rückstand wiederholt mit Salzsäure aufgenommen und durch ein aschefreies Filter filtriert. Die Asche stellt dann die Kieselsäure dar (SiO_2). Einwage $= e$, Aschenmenge (SiO_2) $= a$. Trockenes Wasserglas ($Na_2Si_4O_9$) $= \frac{125{,}7\,a}{e}$ %, trockenes Wasserglas ($K_2Si_4O_9$) $= \frac{139\,a}{e}$ %, flüssiges Wasserglas 38° Bé (mit 7,7 % Na_2O und 25,5 % SiO_2) $= \frac{392{,}1\,a}{e}$ %.

19. Borate. a) Qualitativ. Die Asche von etwa 5 g Seife wird in verdünnter Salzsäure gelöst; mit dieser Salzsäurelösung wird ein Streifen Curcuminpapier befeuchtet und bei 60—70° getrocknet. Waren Borate zugegen, so färbt sich das gelbe Curcuminpapier rötlich oder orangerot, und beim Betupfen mit 0,2proz. Sodalösung blau. Rotbraune, rotviolette bis blauviolette Färbungen nach dem Betupfen lassen Zweifel zu; dann ist die Flammenprobe ausschlaggebend: Freie oder aus ihren Salzen mit einem Tropfen konz. Schwefelsäure frei gemachte Borsäure färbt die farblose Bunsenflamme grün.

20. Schwer- und nichtflüchtige organische Nebenbestandteile. In Betracht kommen: Glycerin, Stärke (Blaufärbung beim Betupfen des alkoholunlöslichen Rückstandes der Seife mit Jodlösung), Dextrin, Zucker, Gelatine, Casein, Lanolin (im Unverseifbaren durch die Wollfettreaktion nachweisbar).

21. Leichtflüchtige organische Nebenbestandteile. Sie lassen sich mit Wasserdampf abtreiben und identifizieren. In Betracht kommen verschiedene Fettlöser (s. d.), Riechstoffe, pharmazeutische Zusätze (Formalin, Phenol u. dgl.).

Untersuchung von Seifenpulvern. Seifenpulver werden im wesentlichen wie Seifen untersucht. Häufig kommt bei ihnen die Prüfung auf aktiven Sauerstoff vor.

Prüfung auf aktiven Sauerstoff. a) Qualitativ. Etwa 2 g Substanz werden in kaltem Wasser gelöst, mit verdünnter Schwefelsäure zersetzt und mit Chloroform vorsichtig umgeschwenkt. Man überschichtet das Ganze im Reagensglase mit peroxydfreiem Äther, tropft wenig verdünnte Kaliumbichromatlösung hinzu und rührt die beiden oberen Schichten vorsichtig durch. Bei Gegenwart von aktiven Sauerstoff entwickelnden Substanzen wird der Äther durch Überchromsäure blau gefärbt.

Persulfate geben vorstehende Reaktion nicht; sie werden im filtrierten Sauerwasser einer mit Salzsäure zersetzten Probe durch Jodzinkstärkelösung (allmähliche Blaufärbung) und Chlorbariumlösung (Bariumsulfatfällung) nachgewiesen.

Perborate, die am häufigsten in Sauerstoffwaschmitteln vorkommen, können durch die Boratreaktion (s. o.) von den übrigen Sauerstoffmitteln (Percarbonat, Persulfat, Natriumsuperoxyd) unterschieden werden. Bei den Reaktionen auf aktiven Sauerstoff ist stets eine Blindprobe anzustellen.

b) Quantitative Bestimmung von aktivem Sauerstoff. 1. Bei persulfatfreien Pulvern. 0,2 g Substanz werden in wäßriger Lösung mit 10 cm³ 20proz. Schwefelsäure und 5 cm³ Tetrachlorkohlenstoff vorsichtig im Scheidetrichter umgeschwenkt. Das Sauerwasser wird nach dem Ablassen des schweren Tetra nochmals mit Tetra umgeschwenkt, abgetrennt und in ein Becherglas gespült, worauf es nach Zusatz von 2 g Jodkalium 30 Min. stehenbleibt. Das frei gewordene Jod wird mit n/10-Thiosulfatlösung in bekannter Weise austitriert. 1 cm³ n/10-Thiosulfatlösung entspricht 0,0008 g akt. Sauerstoff bzw. 0,0077 g Natriumperborat ($NaBO_3 \cdot 4H_2O$) bzw. 0,0039 g Natriumperoxyd (Na_2O_2).

Über Spezialuntersuchungen, wie die Bestimmung von Persulfat u. a., s. das Original der „Wizöff".

Gebrauchswert der Seifen. Die Eignung der Seifen für bestimmte Zwecke, z. B. für Waschzwecke, läßt sich heute noch nicht allgemein nach einem bestimmten Schema ermitteln. Am besten tragen die praktischen Methoden den jeweiligen Verhältnissen Rechnung, z. B. die Indigomethode von HEERMANN[1] für die Beurteilung der Seifenwaschwirkung. Auch für andere Verwendungszwecke sind Bestimmungen einzelner Daten wie derjenigen der Trübungstemperatur (Trübungsbeginn einer Seifenlösung mit etwa 0,5% Fettsäuregehalt), der Spinnfähigkeit (Temperatur des Beginns des Fadenziehens eines Seifenleims von 10 g Seife in 100 cm³ Wasser), der Viscosität, der Oberflächenspannung usw. nicht maßgebend. Außer der Beurteilung einer Seife aus der chemischen Untersuchung wird in der Regel ein technischer Spezialversuch am schnellsten und sichersten Auskunft über die Eignung für bestimmte Zwecke geben.

Serikose LC extra (I. G. Farbenindustrie). Ist eine Acetylcellulose. Reinweißer Körper von asbestartigem Aussehen. In Wasser und den meisten organischen Lösungsmitteln unlöslich; löslich in Serikosol A (s. u. Lösungsmittel). *Verwendung.* Zur Fixierung von Pigmentfarben im Zeugdruck. Die Drucke zeigen große Reib- und Waschechtheit und übertreffen die Albumindrucke; für Damasteffekte auf Baumwolle, Seide und Halbseide; zur Fixierung feiner Metallpulver (Bronzepulver u. a.).

Servital A (I. G. Farbenindustrie). Spezialwaschmittel zum Waschen von loser Wolle und Kammzug. Man spart an Seife und Soda und erhält ein glanzreicheres offeneres und besser verspinnbares Material.

Setamol WS (I. G. Farbenindustrie). Durch Zusatz von Setamol WS beim Färben von Wollstoffen mit weißen Seideneffekten können letztere bei bestimmten Wollstoffen rein weiß erhalten werden, ohne daß stärkere Nuancenverschiebungen der Wollfärbung auftreten und ein nachträgliches Reinigen der Seide (z. B. mit Hydrosulfit, Ammonacetat u. a.) erforderlich wäre. Man färbt wie üblich, setzt dann (bei Chromierungsfarben vor dem Chromieren) 5—15% Setamol WS zu, kocht noch ½—1 Std. weiter und spült.

Stärke. Literatur: MEYER, A.: Untersuchungen über Stärkekörner. — NÄGELI: Beiträge zur näheren Kenntnis der Stärkegruppen. 1858. — SAARE: Fabrikation der Kartoffelstärke. — WIESNER: Die Rohstoffe des Pflanzenreichs, 4. Aufl., S. 1913. — PAROW: Handbuch der Stärkefabrikation. — SAMEC: Kolloidchemie der Stärke.

Die Stärke (das Stärkemehl, Amylum) ist ein Naturerzeugnis und wird in der grünen Pflanze unter dem Einfluß des Tageslichts aus Kohlensäure und Wasser gebildet, nachts in noch unaufgeklärter Weise als Dextrose gelöst, durch den Blattstiel fortgeschafft und wieder als *S.* in rundlichen Körnern in den Samen, Früchten und Wurzelknollen als Reservestoff abgelagert. Sie dient als Nahrungsmittel (Getreide, Kartoffel u. a.), zur Bierbrauerei (Gerste), zur Spiritusgewinnung (Kartoffel, Roggen) und in der Technik zur Bereitung von Klebstoffen, Verdickungen, Appreturen u. a. m. Die *S.* war schon im Altertum (PLINIUS) bekannt.

[1] HEERMANN: Mell. Text. **1921**, 37, 61.

Stärkesorten. In Deutschland ist der wichtigste Rohstoff für die *S.* die Kartoffel, welche auch die billigste *S.* liefert. In geringerem Maße werden hier auch Weizen, Reis und Mais auf *S.* verarbeitet. Die Vereinigten Staaten von Amerika stellen größte Mengen *S.* aus Mais her. Aus den Tropen kommen vor allem die Mandiokstärke (Mand'okstrauch), Sagostärke (aus der Sagopalme), Marantastärke oder das Arrowroot (indische Maranta). Curcuma-, Bataten-, Cannastärke u. a. sind untergeordneter Natur.

Die meiste Verwendung in der Textilindustrie findet die Kartoffelstärke; ihr folgt die Maisstärke, dann die Weizen- und Reisstärke. Untergeordnete Bedeutung haben die Roggen-, Manihot- und Sagostärke. Die Maisstärke gewinnt dauernd an Boden. In neuerer Zeit wurde vom Forschungsinstitut für Stärkefabrikation und Kartoffeltrocknung[1] die von SAARE empfohlene Methode der Klebfestigkeitsbestimmung nachgeprüft und ebenfalls für Maisstärke die bei weitem größte Klebkraft festgestellt. Maisstärke verteilt sich infolge der größern Dünnflüssigkeit ihres Kleisters in die einzelnen Teile des Gewebefadens gleichmäßig, wodurch auch die einzelnen Fasern inniger miteinander verklebt werden. Im Gegensatz hierzu dringt ein zähflüssiger Kleister nur schwer ins Fadeninnere ein: Die Stärke bleibt auf der Oberfläche, und die Ware wird leicht brüchig und stäubt. Bei gleicher Flottenkonzentration läßt sich mit dem dünnflüssigeren Maisstärkekleister die größere Meterzahl Ware appretieren, bzw. die größere Gewichtsmenge Garn schlichten, weil das Garn bzw. das Gewebe aus dem weniger zähen Maisstärkekleister die kleinere Stärkemenge aufnimmt[2]. Die Ware wird dadurch weniger beschwert. Maisstärke eignet sich auch besonders zur Herstellung von Druckverdickungen an Stelle der teureren Weizenstärke[3] (s. a. u. Zeugdruck). Im übrigen entscheidet für die Verwendung der einen oder andern Stärkeart der angestrebte Charakter der Warengattung. Die Ansichten in der Praxis widersprechen sich hier vielfach.

Struktur der Stärke. Die *S.* besteht aus mikroskopisch kleinen, organischen Stärkekörnchen, die sich, je nach ihrer Herkunft, in Form und Größe wesentlich untereinander unterscheiden und mikroskopisch bestimmbar sind. Sehr häufig wird eine ovale Form beobachtet, die von einer exzentrischen Streifung durchsetzt ist, welche durch eine besondre Schichtung bedingt ist und von verschiedenen Dichten und Wassergehalten der einzelnen Zonen herrührt. Die Größe der Stärkekörnchen schwankt zwischen 4 und 200 Mikromillimeter ($= {}^{1}/_{1000}$ mm $= 1\ \mu$). Die Kartoffelstärke hat einen Durchmesser von 50 bis 90 μ, vereinzelt bis zu 200 μ und ist muschelartig um einen exzentrischen Punkt geschichtet, selten in Zwillingsform. Weizenstärke hat einen Durchmesser von 20—30 μ, ist kreisrund und linsenartig abgeplattet; daneben kommen kugelige kleine Körner von 2—8 μ vor. Ihr ähnlich sind Roggen- und Gerstenstärke. Die Maisstärkekörner sind dicht aneinander gepreßt und so polyedrisch geformt; sie sind 15—20 μ breit, haben keine Schichtung, aber zentrale Hohlräume und Spaltrisse. Reisstärkekörner sind 3—7 μ breit, scharfkantig, fast krystallartig. Die einzelnen Körner sind zu größeren, eiförmigen Gebilden zusammengepreßt. Ihr ähnlich ist die Haferstärke. Am kleinsten sind die Buchweizenstärkekörner.

Man nimmt heute mit A. MEYER[4] vielfach an, daß die Stärkekörner Sphärokrystalle sind und als solche einen radialtrichitischen (die Krystallindividuen bezeichnet A. MEYER als „Trichite") Aufbau besitzen, d. h. ein auf dem Wege der Krystallisation entstandenes kugeliges Gebilde feinster Nädelchen oder „Trichite" darstellen, die sich von der Mitte aus baumförmig verzweigen und nach außen weiterwachsen. Die radiale Faserung ist mitunter an frischen Stärkekörnern angedeutet (Kartoffelstärke).

---

[1] PAROW, STIRNUS u. EKHARD: Ztschr. Spiritusind. **1928**, 23.
[2] BOCKSKANDL: Spinn. u. Web. **1928**, Nr. 26 u. 28.
[3] ISLENTJEFF: Mell. Text. **1928**, 756.
[4] MEYER, A.: Untersuchungen über die Stärkekörner.

Chemische Zusammensetzung. Nach mehrfacher Ansicht ist die *S.* kein einheitliches Individuum, sondern ein Gemisch. Nach A. MEYER bestehen die Stärkekörner aus Amylose und geringen Mengen Amylodextrin. Die Amylose kommt in zwei Modifikationen vor, einer bei 100° wasserlöslichen Beta-Amylose (Granulose) und einer schwer löslichen Alpha-Amylose, die identisch ist mit der früher als Stärkecellulose (Amylocellulose) bezeichneten Substanz. Die verschiedenen Stärkesorten zeigen wechselnde Verhältnisse ihrer Bestandteile, verschiedene Löslichkeit u. a. m. Die empirische Formel für Stärke kann durch $(C_6H_{12}O_6)n — (n — 1)H_2O$ ausgedrückt werden, die sich bei der zweifellos großen Zahl für n der Formel nähert: $(C_6H_{10}O_5)n$. Das Molekulargewicht ist unbekannt, wahrscheinlich sehr hoch.

Eigenschaften der Stärke. Geruch- und geschmacklos. Spez. Gew. im Mittel 1,5; bei 100° getrocknet = 1,6. Zum vollständigen Trocknen ist eine Temperatur von etwa 130° erforderlich. Gegen 150—160° beginnt Gelbfärbung der *S.*, wobei im Zentrum der Körner kleine Gasblasen entstehen. Gleichzeitig entstehen wasserlösliche Produkte, zuerst lösliche Stärke, dann Dextrine (Röstdextrin). Trockne *S.* absorbiert das 5—6fache Volumen Kohlensäure und ist sehr hydroskopisch. In Alkohol, Äther usw. sowie in kaltem Wasser ist *S.* unlöslich. In heißem Wasser bildet sich unter Quellung, Trennung der Schichten und schließlichem Platzen der Stärkekörner Kleister, eine kolloidale Lösung der Stärke. Diese „Verkleisterung" tritt bei verschiedenen Stärkearten bei verschiedenen Temperaturen ein, wobei noch Aufquellen, Beginn der Verkleisterung und vollständige Verkleisterung unterschieden werden. Die Verkleisterungstemperaturen (Anfang und Ende der Verkleisterung) der verschiedenen Stärkesorten werden verschieden angegeben und betragen nach LIPPMANN: Kartoffelstärke 58,7—62,5°, Weizenstärke 65—67,5°, Reisstärke 58,7 bis 61,2°, Maisstärke 55—62,5°, Roggenstärke 50—55°, Gerstenstärke 57,5 bis 62,5°. Auch Metallsalze (wie Chlorzink, Natriumacetat, Calciumnitrat u. a.) wirken auf *S.* (selbst bei gewöhnlicher Temperatur) als Quellungsmittel. Mais- und Weizenstärke liefern Kleister von größerer Klebkraft als Kartoffelstärke. Durch Säuren, Alkalien und längeres Kochen wird die Klebkraft verringert. Der Kleister ist nur durch weitporiges Filtrierpapier u. ä. filtrierbar; enge Membranen lassen nichts durch. Beim Austrocknen des Kleisters entsteht eine hornartige Masse, die beim Erwärmen nicht mehr aufquillt. Beim Erhitzen mit Wasser bei 2—3 at bzw. auf 120—134° entsteht eine homogene, nicht opalisierende, rechtsdrehende Lösung, die durch Jod-Jodkali-Lösung (ebenso wie Stärkekleister) in der Kälte blau gefärbt wird. Aus dieser Lösung wird durch Alkohol „lösliche Stärke" als amorphes, weißes Pulver gefällt, das sich aber in Wasser nicht wieder ganz klar löst. Erst durch längeres Erhitzen auf 4 at (144°) und mehr entstehen Produkte, welche in Wasser dauernd löslich sind. Hier beginnt die Hydrolyse, das Aufschließen der *S.*, d. h. der Zerfall oder Abbau in kleinere Moleküle unter gleichzeitiger Wasserbindung. Solche Lösungen dringen naturgemäß tiefer in die Faser ein. Rasch und leicht tritt diese Hydrolyse beim Kochen des Kleisters mit verdünnten Mineralsäuren, milden Oxydationsmitteln (Aktivin, Perborat, s. d., u. a.) und vor allem durch gewisse Enzyme oder Fermente, die diastatischen oder amylolytischen Fermente (s. Diastasepräparete), ein. Es entstehen hierbei aus dem Stärkekleister erst das Amylodextrin (lösliche Stärke, durch Jod blaugefärbt), dann die Dextrine, und zwar zunächst die Erythrodextrine (durch Jodlösung rotbraun), dann die Achroodextrine (keine Färbung mit Jodlösung), wobei die Löslichkeit in wäßrigem Alkohol stufenweise zunimmt[1]. Schließlich entsteht Maltose $(C_{12}H_{22}O_{11})$. Säuren zerlegen die Maltose weiter in zwei Moleküle Dextrose

[1] S. a. NOPITSCH: Mell. Text. **1926**, 358, 445, 528, 858, 944.

bzw. Glucose ($C_6H_{12}O_6$). Mit der Hydrolyse der *S.* steigt gleichzeitig stufenweise die Reduktionsfähigkeit der Fehlingschen Lösung.

Die Wasserbindung der *S.* ist eine erhebliche; sie nimmt in trockner Luft im Mittel etwa 10—12% Wasser auf; in feuchter Luft bis zu 20%, ohne daß sie sich dabei feucht anfühlt. J. König fand in käuflichen Stärkesorten: In Kartoffelstärke $a = 19{,}2$, in Kartoffelstärke $b = 17{,}2$, in Weizenstärke und Maisstärke = 14, in Arrowroot = 15,7% Wasser; ferner: 0,7—1,9% Stickstoffsubstanz, 0,04—0,2% Fett und 0,3—1% Asche.

Prüfung der Stärke. Für den Nachweis der *S.* dient die sehr scharfe Blaufärbung mit Jodlösung (Jod in Jodkali gelöst). Selbst bei Anwesenheit großer Mengen Dextrin gelingt der Nachweis gut, wenn Jodlösung in der Kälte vorsichtig zugesetzt wird. Mikroskopisch kann die Art der *S.* ermittelt werden. Der Wassergehalt wird genau nur durch Trocknen im Vakuum bestimmt; annähernd durch vorsichtiges, langsam ansteigendes Trocknen bis 120° bis zur Konstanz. In Frage kommt noch der Aschengehalt, der im allgemeinen 1% nicht übersteigen darf. Organische Fremdkörper (Stippen u. ä.) bleiben nach Aufschließung mit Diastafor ungelöst und können dann mikroskopisch genauer definiert werden (Ruß, Kohlenstaub, Schalenreste, Pilzmycel, Holzteilchen, Sackfäden, abgestorbene Algen usw.). Der Säure- und Alkaligehalt wird mit Lackmustinktur oder quantitativ durch Titration eines Stärkebreies mit n/10-Alkali- bzw. Säurelösung ermittelt. In der Praxis wird manchmal auch ein technischer Säuerungsversuch sowie ein Appreturversuch o. ä. ausgeführt.

Verwendung. In der Schlichterei, Appretur, Druckerei, Stärkerei der Wäsche u. ä.

Handelsmarken. Man unterscheidet die Stärkesorten zunächst nach ihrer Provenienz (s. o.). Die Kartoffelstärke kommt in großen Brocken oder als loses Pulver gemahlen (sog. Kartoffelmehl) in den Handel. Primaware ist schneeweiß, Sekundaware weniger weiß. Die Weizenstärke kommt in Form der sog. „Strahlenstärke" in den Handel und enthält noch geringe Mengen Kleberbestandteile. Reisstärke kommt ebenfalls meist in „Strahlen" vor. Die amerikanische Maisstärke wird auch unter dem Namen „Maizena"[1], die schottische als „Mondamin" gehandelt. Tapioka-, Sagostärke usw. sind für die Textilindustrie ohne Bedeutung. Die in Deutschland unter dem Namen „Sago" gehenden Produkte sind oft durchscheinende, sagoähnliche Kartoffelstärkepräparate.

Lösliche Stärke. Die älteren Verfahren zur Bereitung löslicher *S.* bzw. Lösungen derselben bestanden in der Behandlung der *S.* mit Säuren, Chlormagnesium, Alkalien usw. oder durch Kochen der Stärkekleister im Druckkessel (Autoklaven). Man verkochte z. B. den Kleister mit wenig Schwefelsäure zu löslicher *S.*, neutralisierte die Säure mit Alkali und verwendete die so erhaltne Lösung. Oder man behandelte den Kleister mit 25proz. Natronlauge. Mit stärkerer Natronlauge erhält man die sog. Stärkeleime oder vegetabilischen Leime, die unter verschiedenen Namen (Apparatine, Pflanzenleime, Pflanzengummi, Poliokolle, Krystallappretur, Universalleime usw.) in den Handel kamen und vor dem Gebrauch mit Säuren neutralisiert wurden. Diese Produkte sind lagerbeständig, können beliebig verdünnt und mit Zusätzen (Softenings, Füllmitteln) versehen werden. Sie geben kernige, steife Appretur und sind mehr für Linksappretur geeignet. — Heute arbeitet man zweckmäßiger a) mit diastatischen Fermenten (s. Diastasepräparate), b) mit milden Oxydationsmitteln (z. B. Aktivin, Perborat, s. d.) und hat es in der Hand, den Kleister beliebig weit aufzuschließen.

---

[1] In Deutschland vertrieben durch die Deutsche Maizena-Gesellschaft in Hamburg.

Beispielsweise bedient man sich des Diastafors (s. d.), indem man 5—10 g desselben auf 1 kg *S.* (= 0,5—1 %) mit Wasser anrührt, den Brei verkleistert und den Kleister bei 65—68° etwa 5—30 Min. behandelt. Zuletzt wird aufgekocht. Je nach Menge von Diastafor und Dauer der Behandlung erhält man mehr oder weniger weit aufgeschlossene Stärkelösungen. Von Novo-Fermasol nimmt man nur 1—2 g auf 1 kg *S.*; außerdem 3—4 g Kochsalz auf 1 l Masse. Ähnlich arbeitet man mit Degomma DL. Man nimmt hiervon, je nach gewünschtem Stärkeaufschluß, nur 0,5—1,5 g auf 1 kg *S.* Die Degommalösung wird entweder in den fertigen Kleister bei 65—68° eingerührt (und dann wird bis zur gewünschten Viscosität weitergerührt), oder man mischt gleich *S.*, Wasser und Degomma DL zusammen und erhitzt dann unter Rühren bis zur Verkleisterung und gewünschten Verflüssigung. H. WREDE[1] erzielt aus Maisstärke und Biolase hoch konzentrierte (bis zu 50proz.) Pasten, indem er z. B. 50 kg Maisstärke mit 50 l Wasser verrührt, 1 % Biolase zusetzt, durch Dampfzufuhr auf die Verkleisterungstemperatur (etwa 67°) erhitzt, den Dampf abstellt, nach einigen Minuten zur Abtötung der Biolasefermente aufkocht und erkalten läßt. Bei dünneren Pasten werden 0,6—0,8 % Biolase verwendet. Mit Perborat arbeitet man in der Weise, daß man den Kleister mit 5 % Natriumperborat, bei 60° beginnend, verkocht. Von Aktivin (s. d.) verwendet man 5—15 g auf 1 kg *S.* Nach der Verkleisterung entsteht hier nach kurzem Kochen eine mehr oder weniger flüssige, glasige, klare, farblose, neutrale Stärkelösung. Zum Schluß gibt man zweckmäßig auf 5 T. Aktivin 1 T. calc. Soda zu. Auch Hypochlorite und Peroxyde setzen Stärke in lösliche Stärke um.

Begriffsbestimmungen nach den Beschlüssen des Reichsausschusses für Wirtschaftlichkeit (RAL) für vegetabilische Leime und Klebstoffe (Pflanzenleim): 1. Pflanzenleime sind durch alkalischen Abbau von Stärke, vornehmlich Kartoffelstärke, gewonnene Bindemittel. In diese Gruppe sollen außer den alkalischen, halbalkalischen und neutralen Pflanzenleimen auch die sog. Malerleime aufgenommen werden. 2. Dextrinklebstoffe sind durch sauren Abbau der Stärkesubstanz gewonnene Klebemittel. 3. Kleister sind lagerbeständige Verquellungsprodukte von Kohlenhydraten, die zum Unterschied von den Pflanzenleimen schmalzartige Massen (also nicht fadenziehende Lösungen) bilden, die sich knotenfrei auf Papierflächen verbreiten lassen. Sonderkaltleime auf vegetabilischer Grundlage. Hierunter sollen alle Leime verstanden werden, die mit besonderen Klebstoffeigenschaften ausgestattet sind, die von den Normalleimen der vorgenannten Gruppen nicht oder nur unvollkommen erfüllt werden (z. B. Blechleim, Klebstoffe für Pergaminpapier u. dgl.). Sulfitklebstoffe sind einstweilen zurückgestellt worden.

Im Handel kommen auch zahlreiche fertige lösliche Stärkesorten in fester Form vor, z. B. Amylose der I. G. Farbenindustrie (s. d.), die Oborstärke, die Ozonstärke u. a. m.

Verwendung. Man verwendet die lösliche *S.* wie die Stärkekleister in der Schlichterei, Appretur usw. Sie haben den Vorteil des bessern Eindringens in die Faser und verursachen nicht eine Verschleierung der Farben (wie z. B. der Stärkekleister). Dagegen ergeben sie nicht die Fülle, den Griff und die Steifheit wie die gewöhnlichen Kleister. Auch besitzen sie geringere Klebkraft.

Stärkezucker, Glucose, Glykose, Traubenzucker, Dextrose. Traubenzucker = $C_6H_{12}O_6 \cdot H_2O$ = 198,1. In der Natur in Früchten weit verbreitet; künstlich durch Hydrolyse aus andern Zuckerarten (Polyosen) und Kohlenhydraten (Stärke, Dextrin usw.) erhältlich. Warzenförmige, krystallinische Masse vom Schm. P. 86°, die bei 110° wasserfrei wird und dann bei 146° schmilzt. Dreht die Ebene des polarisierten Lichts nach rechts (daher der Name „Dextrose"); reduziert Fehlingsche Lösung; ist hydroskopisch und bildet guten Nährboden für Schimmelpilze. Im reinsten Zustande reinweiß, das technische Produkt ist meist gelblich bis bräunlich gefärbt. 100 T. Wasser lösen bei 17,5° = 81,7 T. wasserfreie Glucose.

Gehalt und spezifisches Gewicht der wäßrigen Lösungen bei 15°.

% wasserfreie Glucose	5	10	15	20	25
Spez. Gew.	1,020	1,040	1,062	1,083	1,102

Handelsform. Der feinste *S.* des Handels enthält etwa 55—60 % Glucose, 25 bis 30 % Dextrin, 15—20 % Wasser. Häufiger wird der dickflüssige Stärkesirup oder Kartoffelsirup verwendet. Dieser enthält etwa 40—42 % Glucose, 42—45 %

[1] WREDE, H.: Papierfabrikant 1928, Nr 20.

Dextrine, 15—18% Wasser. Guter, farbloser Stärkesirup, sog. Kapillärsirup, soll so dickflüssig sein, daß er bei Zimmertemperatur kaum noch fließt, er soll sich beim Stehen ferner nicht trüben und, auf 140° erhitzt, farblos bleiben. *Verwendung.* Als hydroskopischer Zusatz zu Schlichte- und Appreturmassen. In der Küpenfärberei und dem Indanthren-Kontinue-Färbeverfahren. Im Indigodruck nach SCHLIEPER-BAUM, im Druck von Schwefelfarbstoffen, beim Tanninätzartikel; für Buntätzeffekte. Früher zum Beschweren von Seide und Baumwolle verwendet.

Türkischrotöl, Rotöl, sulfonierte Öle, Appreturöle. Literatur: S. Fette und Öle. Geschichtliches. Die ersten Beschreibungen über Kaliumsulfoleat stammen aus dem Jahre 1834 (RUNGE) und 1846 (MERCER). 1860—64 wurden die ersten Großversuche mit diesem ausgeführt (SCHÜTZENBERGER). Gegen 1877 wurde das Sulfoleat durch das Sulforicinat ersetzt. Später wurden auch Palmkernöl, Cocosöl u. a. zur Darstellung von Sulfonaten herangezogen. Da diese Erzeugnisse ursprünglich vor allem für die Türkischrotfärberei verwendet wurden, hießen sie „Türkischrotöle" oder „Rotöle". Später gewannen sie weitere Bedeutung durch die Entwicklung der Eisfarben, des Pararots, der Apparatefärberei, die substantiven Farbstoffe, auch in der Bleicherei, Appretur usw.

Chemische Zusammensetzung. Die Rotöle werden durch Sulfurieren von fetten Ölen und darauffolgende Neutralisation mit Alkali gewonnen. Ihre Zusammensetzung schwankt innerhalb weiter Grenzen und ist weitgehend abhängig von der Art des Öls, der Menge der Schwefelsäure, der Temperatur, der Einwirkungsdauer, der Art des Waschprozesses, der Art und Menge des Alkalis usw. Nach GRÜN stellen sie vorzugsweise Gemische dar von Alkali-, auch Ammoniumsalzen gewisser Oxyfettsäuren (besonders der Ricinolsäure), Schwefelsäureestern und innern Estern (Polyricinolsäuren), Glyceriden (unverändertem neutralen Öl), Diglyceriden und Salzen von Schwefelsäureestern der Glyceride. Ferner enthalten alle Rotöle Neutralsalze (Alkali-, Ammoniumsulfat), geringe Mengen Unverseifbares und oft auch Glycerin. Manche Rotöle aus Ricinusöl enthalten auch Dioxystearinsäure bzw. deren Schwefelsäureester, während das Vorkommen des Ricinolsäureäthers (der sog. einbasischen Diricinolsäure) und des Ricinolsäurelactides nicht sichergestellt ist.

Bei der Behandlung von Ricinusöl mit Schwefelsäure finden sehr verwickelte Vorgänge statt. Im wesentlichen tritt Spaltung des Öls in freie Fettsäure und Bildung von Schwefelsäureestern nach der Gleichung statt:

$$C_{17}H_{32}(OH)COOH + H_2SO_4 = C_{17}H_{32} \cdot OSO_3H \cdot COOH + H_2O.$$

Bei Einwirkung von heißem Wasser, Salzsäure usw. auf diesen Ester erfolgt leicht totale oder partielle Abspaltung der Schwefelsäure und Rückbildung von Ricinusölsäure nach der Gleichung:

$$C_{17}H_{32} \cdot OSO_3H \cdot COOH + H_2O = C_{17}H_{32}(OH)COOH + H_2SO_4,$$

zum Teil aber auch Spaltung in Schwefelsäure und Diricinolsäure:

$$2\,C_{17}H_{32} \cdot OSO_3H \cdot COOH + H_2O = C_{17}H_{32} \cdot OH \cdot COO \cdot C_{17}H_{32} \cdot COOH + 2\,H_2SO_4.$$

Die freien Hydroxylgruppen geben dem Öl den Charakter der Beize, während die sulfurierten Gruppen gute Wasserlöslichkeit bedingen. Die Eigenschaften der Rotöle können deshalb recht verschieden sein. Keine eigentlichen Rotöle sind die durch Alkaliverseifung von Ricinusöl erhaltenen Ricinusseifen, die aber dennoch z. T. als Rotöle auf den Markt kommen.

Eigenschaften. Gelbe bis braune, dickflüssige, wasserlösliche Öle, welche schäumende Lösungen liefern. In Alkohol meist klar löslich; andernfalls enthalten sie größere Anteile von unzersetztem Triglycerid. In Äther löslich. Die kleine Trübung beim Lösen in Wasser soll auf Zusatz von wenig Alkali verschwinden. Die Rotöle besitzen auch ein gewisses Emulgierungsvermögen gegenüber Neutralfetten, Mineralöl, Benzin, Tetrachlorkohlenstoff u. a. m. Auf Zusatz von wenig Säure und von Salzen sollen Rotöle nicht sofort Fällungen ergeben (s. a. Säure- und Salzbeständigkeit unter Monopolseife). Durch Kochen mit Säuren tritt Zersetzung ein (s. o.), mit Alkalien teilweise auch. Der Gesamtfettgehalt beträgt bei guten Präparaten etwa 50%, davon etwa 20—27% freie Fettsäuren und 25% sulfurierte Säuren und Neutralfett. Der Gehalt an Gesamtschwefelsäure liegt zwischen 2 und 7%, der Alkaligehalt meist bei 1,5—2%. Das abgeschiedene Gesamtfett zeigt gewöhnlich Säurezahlen von 130—145, auch höher; Verseifungszahlen von 185—190; die Acetylzahl liegt um 140, die Jodzahl bis 70.

Grädigkeit. Der Verband Deutscher Türkischrotölfabrikanten hat als Norm aufgestellt, daß in Angeboten der Fabriken und Händler der Prozentgehalt des fertigen Rotöls an „Sulfonat", d. i. an sulfuriertem und gewaschenem Ricinusöl (nicht aber an Fettsäure), angegeben wird. Ein 50proz., handelsübliches Türkischrot- oder Appreturöl ist also ein Produkt, zu dessen Herstellung auf 100 kg fertigen Rotöls 50 kg „Sulfonat" verwendet worden sind. Der Fettgehalt des Sulfonats seinerseits kann zwischen 72 und 78% schwanken und soll im Mittel 75% betragen, so daß ein 50proz. handelsübliches Türkischrotöl einen effektiven Fettsäuregehalt von 36—38% aufweisen würde.

Handelssorten. Außer unter dem Namen der Türkischrot- oder Rotöle sowie Appreturöle kommen diese Erzeugnisse unter mancherlei andern Namen in den Handel, z. B. als Solvine, Okoton, Walköle, Avivieröle, Avirole, Monopolöle, Monosolvol, Türkonöl usw. (s. auch unter Netzmittel). Monopolseife (s. d.) ist ein besonderes Ricinuspräparat von genau definierten Eigenschaften. Vielfach kommen die Rotöle auch in Kombination mit Fettlösern (s. d.) vor. Hierher gehören u. a. das Tetrapol, Terpin, Benzapol, Usol, Unisol, Universol u. a. m.

Prüfung. Einheitsmethoden sind bisher nicht aufgestellt; die Beurteilung der Rotöle ist deshalb sehr verschieden. In erster Linie gibt der Gehalt an Gesamtfett den Ausschlag. Ferner ist je nach Verwendung des Öls der Gehalt an Sulfofettsäuren oder an Oxyfettsäuren maßgebend. Gesamtfett: 1a) Der Verband der Türkischrotölfabrikanten empfiehlt eine volumetrische und eine gravimetrische Methode. Erstere soll wenig genau sein. Letztere wird in der Weise ausgeführt, daß etwa 10 g Rotöl, in 50 cm³ Wasser gelöst, mit 15 cm³ konz. Salzsäure zersetzt werden und die klar abgeschiedene Fettsäure mit etwa 10 g Wachs (oder auch Hartparaffin) legiert wird. Nach dem Umschmelzen und Trocknen des Wachskuchens bei 105—110° wird aus der Zunahme des Wachskuchengewichts die Menge der Fettsäure ermittelt. 1b) Herbig zersetzt das Rotöl mit Salzsäure in der Siedehitze bis zur völligen Spaltung der Sulfosäuren, äthert die Fettsäuren aus und bestimmt im Sauerwasser die Gesamtschwefelsäure als Bariumsulfat. 2. Alkalisulfat: Die ätherische Lösung von 5 g Öl wird dreimal im Scheidetrichter mit je 10 cm³ sulfatfreier 10proz. Kochsalzlösung ausgeschüttelt. Man vereinigt die Auszüge und fällt die Schwefelsäure in üblicher Weise mit Bariumchlorid. 3. Sulfonierte Fettsäuren: Die Differenz zwischen Gesamtschwefelsäure (1b) und Sulfatschwefelsäure (2) ergibt die Sulfonatschwefelsäure. 1 T. $SO_3 = 4,725$ T. Ricinolschwefelsäure $= 3,70$ T. Ricinolsäure. Unter „Sulfurierungsgrad" kann man den auf Gesamtfettsäure und -sulfofettsäure bezogenen Prozentanteil an Sulfofettsäuren verstehen. 4) Neutralfett: 30 g Öl werden mit 50 cm³ Wasser, 20 cm³ Ammoniak und 30 cm³ Glycerin gelöst und dreimal mit je 100 cm³ Äther ausgeschüttelt. Die Ätherauszüge werden mit Wasser gewaschen, der Äther wird abgedampft und der Rückstand von Neutralfett bei 100° getrocknet. 5. Freie Fett- und Oxyfettsäuren: Die nicht sulfurierten Fettsäuren erhält man nach Abzug der nach 3 berechneten Ricinolsäure und des nach 4 ermittelten Neutralfettes vom Gesamtfett 1. 6. Das an Fettsäure gebundene Alkali wird, wie bei Seifen, durch

Zersetzung mit gemessener, überschüssiger Schwefelsäure (unter Zusatz von Hartparaffin) und Rücktitration der Restschwefelsäure bestimmt. 7. Ammoniak- und Natronbase: Man löst 10 g Öl in wenig Äther, schüttelt viermal mit je 10 cm³ n-Schwefelsäure aus und destilliert das Ammoniak aus den Auszügen nach Übersättigung mit Kalilauge in bekannter Weise in eine Vorlage mit Säure ab. Das Natron wird durch Eindampfen und Abrauchen des Sauerwassers von 1a unter Zusatz von Ammoniumsulfat geglüht und als Natriumsulfat gewogen. 8. Die technischen Versuche erstrecken sich auf die jeweilige Verwendung des Rotöls und sind der Praxis möglichst nachzubilden.

Verwendung. In der Färberei und im Druck von Türkischrot, -rosa, Eisfarben. Als Egalisierungs- und Netzungsmittel in der Färberei, Bleicherei. In der Appretur, Schlichterei zum Weich- und Geschmeidigmachen; zum Lösen bzw. Wasserlöslichmachen von Fettlösern; als Emulgierungsmittel u. a. m.

Verdickungsmittel. Für die Zwecke der Schlichterei, Appretur, Druckerei u. a. m. werden in großem Umfange sog. „Verdickungsmittel" gebraucht. Sie dienen entweder unmittelbar zum Füllen, Steifen, Stärken usw. der Ware (z. B. in Appretur und Schlichterei) mit Hilfe der aus ihnen hergestellten Apprets und Schlichten, oder nur zum Verdicken von Farbstofflösungen, Beizen usw. (z. B. im Zeugdruck), um als Träger den Farbstoff, die Beize usw. in einen druckfähigen Zustand zu bringen (Druckmassen, Druckverdickungen). Mitunter dienen sie gleichzeitig beiden Zwecken (gefärbte Appreturmassen u. ä.).

Außer einigen organischen Stoffen (z. B. Ton, s. d.) sind die Verdickungen fast ausschließlich organische Stoffe, und zwar vor allem: Verschiedene Stärkesorten und Stärkepräparate (lösliche Stärke u. a.), Mehle, Dextrine (gebrannte Stärke), Stärkesirup (Glucose, Sirup, Stärkezucker, Traubenzucker), Gummiarten (arabisches Gummi, Senegalgummi, Tragantgummi), Pflanzenschleime (Agar-Agar, Carragheenmoos, irländisches, isländisches Moos, Salep, Leinsamen, Flohsamen usw.), Leim, Gelatine, Albumin, Casein usw. (s. d. im einzelnen).

Wasserstoffsuperoxyd, Hydroperoxyd, Perhydrol (hydrogenium peroxydatum). $H_2O_2 = 34$; O : 47,03 %. In wasserfreiem Zustande durchsichtige, in dicker Schicht grünlichblaue Flüssigkeit vom spez. Gew. 1,453 und vom Schm.P. — 2°. Wirkt stark oxydierend (auch reduzierend) und desinfizierend und kann sich bei Berührung mit feinverteilten organischen Stoffen explosionsartig zu Wasser und Sauerstoff zersetzen. 1 Vol. H_2O_2 entwickelt 475 Vol. Sauerstoff. Mit Wasser in jedem Verhältnis mischbar. Die wäßrige Lösung zersetzt sich allmählich, schneller in der Wärme und im Licht, schnell bei Gegenwart von Katalysatoren und fein verteilten, besonders porösen Stoffen. Durch „Stabilisatoren" (Acetanilid, Harnsäure, Wasserglas, freie Säuren u. a.) wird der Zerfall verzögert. *Handelsformen.* Im Handel kommt es meist als 3- und 30 proz. (Perhydrol) Lösung vor. In reinen Behältern aufbewahrt, vor Licht und Wärme sowie vor mechanischen Verunreinigungen (Holz, Stroh, Kork, Sand u. ä.) geschützt, hält sich die wäßrige Lösung in der Regel einige Wochen ohne erhebliche Zersetzung. *Verunreinigungen.* Mineralische Salze (im Abdampfrückstand nachweisbar), nach Sisley mitunter Oxalsäure und Flußsäure. Etwas freie Säure ist dem Produkt meist zwecks besserer Haltbarkeit zugesetzt. *Gehaltsprüfung.* Man begnügt sich in der Regel mit einer Titration mit Permanganat in schwefelsaurer Lösung. 1 cm³ n/5-Chamäleonlösung = 0,0034 g H_2O_2 = 0,0016 g akt. Sauerstoff (1 g Sauerstoff bei 0° und 760 mm Druck = 697,5 cm³). Bisweilen wird auch die gasvolumetrische Prüfung ausgeführt. Da 1 cm³ 3 proz. Ware etwa 10 Vol. Sauerstoff entwickelt, entsprechen 3 Gew.-% = 10 Vol. Sauerstoff. *Verwendung.* Zum Bleichen von Seide, Tussah, Schappe, ganz- und halbseidenen Geweben, ähnlich der Verwendung von Natriumsuperoxyd. Seltener für Baumwolle u. a.

Weinsäure, Rechtsweinsäure, Weinsteinsäure, Dioxybernsteinsäure (acidum tartaricum). $C_2H_2(OH)_2(COOH)_2 = 150,1$. Geruchlose, wasserhelle Krystalle. Nicht flüchtig. Schmilzt bei 170° und geht dabei in die amorphe Metaweinsäure über. Dreht die Ebene des polarisierten Lichtes nach rechts (im Gegensatz zur isomeren Linksweinsäure). In Wasser leicht löslich. Eine gesättigte wäßrige Lösung von 15° hat das spez. Gew. 1,322 und enthält 57,9 % *W.* in Lösung. Die *W.* ist u. a. charakterisiert durch die Schwerlöslichkeit des Kalksalzes und des sauren Kaliumsalzes (Kaliumbitartrat, Weinstein), durch ihr Reduzierungsvermögen und ihre Milde gegenüber den Faserstoffen. Ihre Salze heißen Tartrate. *Gehaltsprüfung.* a) Acidimetrisch (Gesamtsäure) durch Titration mit n-Lauge (Phenolphthalein). 1 cm^3 n-Lauge = 0,075 g *W.* b) Gewichtsanalytisch (in Tartraten und Bitartraten). Die mit Natronlauge neutralisierte *W.* wird mit Chlorcalciumlösung als weinsaurer Kalk gefällt; dieser wird abfiltriert, gewaschen, getrocknet und vor dem Gebläse geglüht. 1 g CaO = 2,6765 g *W. Verwendung.* Beschränkt. Früher vielfach beim Chromsud der Wolle. Zum Avivieren und Griffigmachen von Seiden und Baumwolle. Im Woll- und Kattundruck; als Zusatz zu Tanninfarben; als Reserve auf tongebeizter Baumwolle.

Zinkstaub. Zn = 65,37. Chemisches Element. Graues, schweres Pulver vom Schm.P. 412° und vom S.P.918°. An der Luft auf 500° erhitzt, entzündet er sich und verbrennt zu Zinkoxyd, ZnO. In trockner Luft unveränderlich; in feuchter unter Bildung von basischem Zinkcarbonat weißlich anlaufend. Kann sich an feuchter Luft infolge heftiger Oxydation von selbst entzünden. In Säuren, auch organischen, unter Wasserstoffentwicklung zu Zinksalzen löslich. Auch in Alkalilösungen, besonders in der Wärme, zu zinksaurem Alkali, Alkalizinkaten, löslich. Die gute Handelsware enthält etwa 90 % metallisches Zink, neben etwas Zinkoxyd, Cadmium, Eisen, Blei, Kohle u. a. Es sollen aber auch minderwertige Produkte im Handel vorkommen, die nur 50 % und weniger metall. Zink enthalten. Vom Gehalt an metallischem Zink und der feinen Staubform (beim Verreiben zwischen den Fingern sollen keine Körnchen fühlbar sein) hängt der Wert des Produktes in erster Linie ab. Der Gehalt an met. Zink wird meist nach einem Reduktionsverfahren (s. Zinkverbindungen) bestimmt. *Verwendung.* Als Reduktionsmittel bei der veralteten Zinkküpe; als vorzügliches Ätzmittel in der Druckerei (Zinkstaubbisulfitätze). Zur Herstellung von Hydrosulfit. Seine Bedeutung ist durch das Hydrosulfit erheblich zurückgegangen.

Zinkverbindungen.

Die Bestimmung des Zinks in Zinksalzen geschieht 1. gravimetrisch als Schwefelzink. Zur Trennung von den alkalischen Erden kann Zink mit Schwefelwasserstoff aus ammoniakalischer oder essigsaurer Lösung als Sulfid gefällt, mit Schwefel im Wasserstoffstrom erhitzt und als Schwefelzink, ZnS, gewogen werden. 2. Titrimetrisch wird das Zink oft nach der SCHAFFNERschen Schwefelnatrium-Tüpfelmethode bestimmt. 3. Im Zinkstaub (s. d.) wird nicht das Gesamtzink, sondern das metallische Zink z. B. nach einer Reduktionsmethode bestimmt. Man verwendet meist Bichromatlösung und stellt fest, wieviel Bichromat durch das Zink reduziert wird. 1 T. verbrauchtes $K_2Cr_2O_7$ = 0,6666 met. Zink.

Einfacher ist die jodometrische Methode nach TOPF. Man läßt auf etwa 0,5 g der Probe (unter Zusatz von Glasperlen) 30 cm^3 n/2-Jodlösung in einer Glasstöpselflasche von 250 cm^3 unter häufigerem Durchschütteln einwirken; verdünnt nach 1 Std. mit Wasser, versetzt vorsichtig bis zur Klärung mit Essigsäure und titriert den Jodüberschuß mit n/10-Thiosulfatlösung zurück.

Lithopone, Lithoponeweiß, Deckweiß, Zinkolith, Emailleweiß, Charltonweiß. In reinem Zustande Gemisch von gleichen Mol. Zinksulfid und Bariumsulfat, $ZnS + BaSO_4 = 330,88$. ZnS : 29,45 %, $BaSO_4$: 70,55 %. Auch kommen

Marken von wechselnder Zusammensetzung vor. Im Handel als Pulver unter verschiedenen Bezeichnungen: Grünsiegel (32—34 % Zinksulfid), Rotsiegel (30 %), Weißsiegel (26 %), Blausiegel (22 %), Gelbsiegel oder auch „Deckweiß" genannt (16 % Zinksulfid). *Verwendung.* Beschränkt als Deckfarbe. Wird durch Schwefelwasserstoff nicht geschwärzt.

Zinkchlorid, Chlorzink, Zinkbutter (zincum chloratum). $ZnCl_2 = 136{,}3$. Weiße, spröde, an feuchter Luft zerfließende Masse vom Schm.P. 260° und vom S.P. 730°. Stark hydroskopisch, sauer reagierend. Bei starker Verdünnung der wäßrigen Lösung scheidet sich basisches Z. aus. Beim Eindampfen der wäßrigen Lösung entweicht Salzsäure unter Bildung von basischem Z. bzw. Zinkoxychlorid, ZnCl(OH). Im Handel auch als Lösung von 55° Bé.

Gehalt und spezifisches Gewicht der wäßrigen Lösungen bei 19,5° (KREMERS).

% Z.	5	10	20	30	40	50	60
Spez. Gew. . .	1,045	1,091	1,186	1,291	1,420	1,566	1,740

Verunreinigungen. Carbonat, Alkalisalze, Eisen-, Tonerdechlorid, Zinksulfat, Feuchtigkeit. Soll sich in Essigsäure leicht, ohne Rückstand und ohne Aufbrausen lösen. Der mit Ätzkali erzeugte Niederschlag soll sich im Überschuß des Kalis lösen. Die Feuchtigkeit soll 2—3 % nicht übersteigen. *Verwendung.* Als konservierender, füllender, hydroskopischer Zusatz zu Schlichten und Appreturmassen. Zum Beschweren der Baumwolle. Diente früher in einzelnen Fällen auch als Beize (z. B. für Wasserblau). Als Doppelverbindung mit Methylenblau (zinkhaltiges Methylenblau). Für weiße Reserveeffekte unter Indigo u. a. Für plastische Effekte bei Seide und Wolle.

Zinkoxyd, Zinkweiß, Schneeweiß, Blütenweiß, Zinkblumen (zincum oxydatum). In reinem Zustande: $ZnO = 81{,}4$. Weißes, lockeres Pulver, das beim Erhitzen vorübergehend gelb wird und bei heller Weißglut flüchtig ist. Die technische Ware enthält etwa 2—3 % Feuchtigkeit; der Trockengehalt etwa 99,5 % Zinkoxyd. Wird durch Schwefelwasserstoff nicht geschwärzt. In Wasser unlöslich; in verdünnten Säuren zu Zinksalzen löslich. Kommt auch in Teigform in den Handel. Soll bei Luftabschluß aufbewahrt werden. *Verunreinigungen.* Carbonat, Sulfat, Eisen, Mangan, Blei, Kupfer, Cadmium, Arsen, Antimon. *Verwendung.* Als Deckfarbe bei den sog. „Pastellfarben" (mit Albumin fixiert); zusammen mit Hydrosulfit zu Weißätzen und Weißreserven im Zeugdruck; als Füllmittel; bei der Reservierung des Anilinschwarz zur Fixierung basischer Farbstoffe.

Zinksulfat, schwefelsaures Zink, Zinkvitriol, weißer Vitriol (zincum sulfuricum). $ZnSO_4 \cdot 7H_2O = 287{,}6$. Farblose, an der Luft verwitternde Krystalle, die beim Erhitzen 6 Mol. Krystallwasser, bei schwachem Glühen das 7. Mol. verlieren. 100 T. Wasser lösen (POGGIALE) bei 20° = 161,5, bei 50° = 263,8, bei 100° = 653,6 T. kryst. Z.

Gehalt und spezifisches Gewicht der wäßrigen Lösungen bei 15° an krystallisiertem Salz (GERLACH).

% Z.	5	10	20	30	40	50	60
Spez. Gew. . .	1,029	1,059	1,124	1,193	1,271	1,352	1,445

Verunreinigungen. Eisen und Mangan, die auf Zusatz von Ammoniak Fällungen liefern. *Verwendung.* Zum Beschweren der Baumwolle; als Beize (Ersatz für Brechweinstein); als Reserve unter Schwefelfarbstoffen im Zeugdruck; als Zusatz zu den Brechweinsteinreservagen im Kattundruck; als Konservierungsmittel für Schlichten und Appreturmassen. Das früher empfohlene Fixiersalz M war eine Mischung von Zinksulfat, Kaliumsulfat und Alaun und diente zum Nachbehandeln von Melanogenblau.

Zinnverbindungen.

Bei der Bestimmung des Zinns in Zinnsalzen unterscheidet man, wie bei Eisensalzen, zwischen Oxyd- und Oxydulsalzen (Stanni- und Stannoverbindungen). Das Gesamtzinn wird am einfachsten als Zinnoxyd (SnO_2) bestimmt. Enthält die Lösung nur Stannisalz, so wird das gesamte Zinn mit wenig Ammoniak im Überschuß unter Zusatz von Ammonsalz bei Siedehitze gefällt, filtriert, geglüht und als Zinnoxyd gewogen (= SnO_2). Neutrale Zinnchloridlösungen können auch durch kochendes Wasser allein quantitativ zu Zinnoxydhydrat zersetzt werden. Enthält die Lösung auch noch Stannosalz, so wird dieses erst durch etwas Wasserstoffsuperoxyd oder Bromwasser zu Stannisalz oxydiert und wie oben verfahren. Stannosalz wird am einfachsten als solches nach der GOLDSCHMIDTschen Methode durch Titration mit Eisenchlorid bestimmt.

Zinnchlorid, Chlorzinn, Doppelchlorzinn, Stannichlorid, Pinke (stannum bichloratum). $SnCl_4 = 260,5$; Sn : 45,6%. In wasserfreiem Zustande eine wasserhelle, an der Luft stark rauchende Flüssigkeit vom Erst.P. —33° und vom S.P. 114°. In Wasser unter starker Erwärmung löslich. Bei Wasseraufnahme bildet es zuerst das an Luft zerfließliche „feste Chlorzinn“, $SnCl_4 \cdot 5H_2O$, vom Schm.P. 60°, welches sich bei weiterem Wasserzusatz zu dem „flüssigen Chlorzinn“ löst. Das Produkt kommt in den Handel 1. als „wasserfreies Chlorzinn“, 2. als „festes Chlorzinn“ mit 5 Mol. Wasser und 3. als „flüssiges Chlorzinn“ in Konzentrationen von meist 50—60° Bé. Die wäßrige Lösung reagiert stark sauer und zerfällt bei starker Verdünnung in basisches Salz bzw. Zinnoxychlorid, bei Siedehitze quantitativ in Zinnoxydhydrat und Salzsäure. Mit Chlorammonium bildet es das Ammoniumzinnchlorid, $SnCl_4 \cdot 2NH_4Cl$, das frühere „Pinksalz“ des Seidenfärbers.

Gehalt und spezifisches Gewicht der wäßrigen Lösungen bei 17,5° (HEERMANN).

° Bé	% Sn	° Bé	% Sn	° Bé	% Sn	° Bé	% Sn
2,5	1,04	29	12,67	49	21,74	58	25,84
5	2,09	30	13,11	50	22,20	59	26,30
10	4,25	31	13,56	51	22,65	60	26,77
15	6,44	32	14,00	52	23,11	61	27,24
20	8,67	33	14,45	53	23,56	62	27,70
25	10,91	34	14,90	54	24,02	63	28,17
26	11,35	46	20,38	55	24,47	64	28,64
27	11,79	47	20,83	56	24,93	65	29,12
28	12,23	48	21,29	57	25,38	65,7	29,45

Verunreinigungen. Kochsalz, Sulfat, Eisen, freies Chlor, weniger: organische Verbindungen, Metazinnsäure, Zinnchlorür, Salpetersäure. *Gehaltsprüfung.* Bei den hohen Zinnpreisen ist vor allem der Zinngehalt zu kontrollieren; ferner die Basicität (Salzsäureüberschuß oder -manko). Reines Chlorzinn hat die Basicitätszahl 1,23 (= met. Zinn : HCl). *Verwendung.* Bildet die Grundlage der mineralischen Seidenerschwerung (Zinnphosphatsilicaterschwerung, s. d.) und des Seidenschwerschwarz. Wird in stehenden Bädern von meist 20—30° Bé angewandt. Als Beize im Zeugdruck.

Zinnchlorür, Zinnsalz, Stannochlorid (stannum chloratum). $SnCl_2 \cdot 2H_2O = 225,64$; Sn : 52,6%. Farblose, stark sauer reagierende, an der Luft ziemlich beständige Krystalle vom Schm.P. 38—40°. Bei längerem Lagern an der Luft werden die Krystalle unter Bildung von basischen Oxydsalzen glanzlos. Beim Erhitzen entweicht unter Bildung von Zinnoxychlorid Wasser und Salzsäure. Bei starker Verdünnung mit Wasser bilden sich basische Salze. 100 T. Wasser lösen unter Abkühlung bei 15° = 270 T. Z. Die gute Handelsware ist 97—99%ig und enthält etwa 51—52% met. Zinn.

Gehalt und spezifisches Gewicht der wäßrigen Lösungen bei 15° an krystallisiertem Salz (GERLACH).

% Z.	5	10	20	30	40	60	70
Spez. Gew. . .	1,033	1,068	1,144	1,230	1,330	1,582	1,745

Verunreinigungen. Eisen, Blei, Zink, Kupfer, Arsen. Reines Zinnsalz löst sich in 5 T. Alkohol klar, während die gröberen Verunreinigungen ungelöst bleiben (Zinksulfat, Magnesiumsulfat, Zinnoxychlorid). *Gehaltsprüfung.* Der Zinngehalt wird gravimetrisch als Zinnsulfür oder titrimetrisch nach der GOLDSCHMIDTschen Eisenchloridtitrationsmethode ermittelt. *Verwendung.* Als Zusatz zum Cochenillesud; zum Avivieren von Türkischrot; in der Seidenschwarzfärberei zum Erschweren zusammen mit Gerbstoffen; als Beize für einige Pflanzenfarbstoffe; zur Herstellung von Zinnoxydulpaste; als reduzierende Ätze im Zeugdruck heute durch das Hydrosulfit fast verdrängt; in der Indanthren-Tauchküpe.

Zinnsaures Natron s. u. Natriumstannat.

Zinnsolutionen. Unter dem Namen von Zinnsolutionen, Zinnbeizen, Zinnkompositionen, salpetersaurem Zinn, Physikbad, Scharlachkomposition, Rosiersalz, Zinnkrätze usw. kamen früher undefinierbare Mischungen aus Zinnchlorür und Chlorzinn mit wechselnden Mengen von Salz-, Salpeter-, Schwefelsäure usw., hauptsächlich als Beizen und Schönungsmittel, auf den Markt. Sie haben ihre frühere Bedeutung ganz eingebüßt und sind ziemlich vom Markte verschwunden.

Echtheit und Echtheitsprüfungen von Färbungen.

Von P. KRAIS.

Literatur: Verfahren, Normen und Typen für die Prüfung der Echtheitseigenschaften usw. Herausgegeben von der Echtheitskommission des Vereins Deutscher Chemiker, 4. Ausgabe. Berlin W 10: Verlag Chemie G. m. b. H. 1928. — KRAIS, P.: Echte Farben und gutes Material für unsere Textilstoffe. 25. Dürerbundflugblatt. München: G. D. Callwey 1925. — HEERMANN, P.: Echtheitsprüfungen von Färbungen. Färberei- und textilchemische Untersuchungen, 5. Aufl., 390ff. 1929.

Allgemeines.

Das Wort „echt" wird in der deutschen Sprache in mehrfachem Sinn gebraucht. Wir sprechen einmal von „echtem" Gold, Silber, Edelstein (engl. genuine, pure, sterling[1]; franz. véritable, vrai, pure, naturel), wo wir die Materialechtheit meinen, dann von „echtem" Meißner Porzellan, „echtem" Pilsner Bier usw., wo wir nur die Echtheit des Herkunftsorts meinen, endlich von „echten" Färbungen (engl. fast[2]; franz. bon teint, résistant) im allgemeinen und von lichtechten, waschechten usw. Färbungen im besonderen, wo wir die Widerstandsfähigkeit der Färbungen gegen bestimmte Einflüsse meinen.

Was hier besprochen werden soll, ist also nicht die Frage, ob eine Färbung „echt Indigo", „echt Türkischrot" usw. ist, sondern die, welche Echtheitseigenschaften überhaupt bei gefärbten (und bedruckten) Textilien in Betracht kommen, wie sie graduell verschieden sind und wie das Vorhandensein oder Fehlen solcher Echtheitseigenschaften ermittelt und normiert werden kann. Während es aber bei den Materialechtheitsbegriffen eine „absolute Echtheit" gibt und daher der Echtheitsgrad mit der chemischen Reinheit mehr oder

[1] Der Gegensatz ist: imitation, sham.

[2] Der Gegensatz ist: fugitive, not fast, loose.

weniger in direktem Zusammenhange steht, also verhältnismäßig leicht und eindeutig feststellbar ist, und während es sich bei der Provenienzechtheit meist nur um „ja“ oder „nein“ handeln kann (ein gleiches gilt ja auch für die Begriffe echt Mahagoni, echt Türkischrot), so können wir bei den Textilfärbungen in vielen, und gerade in den häufigsten und wichtigsten Fällen, nicht mit absoluter Echtheit rechnen, sondern sind darauf angewiesen, Echtheitsgrade zu unterscheiden, deren höchste mit den Fortschritten der Technik (sowohl der färberischen als besonders der farbstoffherstellenden) immer noch als weiter nach oben verschiebbar gedacht werden können. Ehe z. B. die so überaus licht- und waschechten Indanthrenfärbungen bekannt waren, hatte man nur ganz wenige Färbungen (Türkischrot, Anilinschwarz) von derartig hoher Echtheit auf Baumwolle.

Geschichtliche Entwicklung und gegenwärtiger Stand.

Während sich früher die Echtfärberei in erster Linie auf Tuche beschränkte, die nur von privilegierten Färbern und nur mit ganz bestimmten Farbstoffen gefärbt werden durften (s. a. Geschichte der Färberei), setzte mit dem Auftreten der künstlichen Teerfarbstoffe, die auch heute noch irrtümlicherweise manchmal als „Anilinfarbstoffe“ bezeichnet werden, eine sehr große Veränderung in den Möglichkeiten der Färbung ein. Infolge der ungeahnten Bereicherung der Palette des Färbers machte sich der Wunsch nach möglichst leuchtenden und grellen Farben für viele Zwecke immer mehr geltend. Die immer vielseitiger werdenden Farbstoffsortimente, die fast täglich wachsende Anzahl der Färbeverfahren für bestimmte Zwecke machten es technisch möglich, auch Garne und Gewebe, die aus verschiedenartigen Textilfasern bestanden, sowohl einfarbig als in zwei oder mehr Farben zu färben, und so gelangte man schließlich dahin, auf ein- und demselben Stoff durch geschickte Auswahl der Verfahren die verschiedenartigsten Effekte und Farbwirkungen erzeugen zu können. Zu gleicher Zeit wurden die Ansprüche an die Genauigkeit des Musterns immer größer. Dies war aus der Notwendigkeit, die Aufträge der Fabrikanten so exakt wie möglich auszuführen, und aus den Erfordernissen des einheimischen und auswärtigen Handels bis zu einem gewissen Grad erklärlich. Zugleich mit diesen Bestrebungen ging aber, infolge des immer schärfer werdenden Wettbewerbs mit seinen Unterbietungen, das Verlangen einher, alles möglichst billig herzustellen, so daß schließlich der Wert des Farbstoffs überhaupt kaum mehr in einem rationellen Verhältnis zum Wert des Textilmaterials stand. Die notwendige Folge war, daß den Echtheitseigenschaften keine oder doch nur eine nebensächliche Beachtung geschenkt werden konnte. Es ist selbstverständlich, daß an diesem höchst unerfreulichen Zustand in allererster Linie das kaufende Publikum schuld war; wurde doch lediglich nach der neuesten Mode und nach dem billigsten Preis gekauft. Daß dadurch zwangsweise ein rascherer Verbrauch und öfterer Wechsel bei den Textilien einsetzte, war dem Kaufmann natürlich nicht unangenehm.

In den ersten Jahren dieses Jahrhunderts hatten diese Zustände, die sich nicht nur auf gefärbte Textilien, sondern auch auf Tapeten, Leder, Bucheinbände usw. erstreckten und mit einem allgemeinen Niedergang des guten Geschmacks in Kunst und Kunstgewerbe Hand in Hand gingen, wohl ihre stärkste Ausbildung erlangt. Da setzte, zuerst in England und dann mit großer Mächtigkeit auch in Deutschland, das Verlangen nach Materialechtheit, Materialgerechtigkeit, nach Qualität und Wahrheit ein — kurz das, was wir heute als den Werkbundgedanken bezeichnen.

Das Volk wurde in Wort und Schrift zur Besinnung aufgerüttelt, die Überladung aller Gebrauchsgegenstände mit sinnlosen Ornamenten, die Ausstaffierung aller Wohnungen mit Hausgreueln, der ganze Sumpf, in den der Zustand „billig aber schlecht“ der Handelswaren geführt hatte, wurden aufgedeckt, und wie auf allen andern Gebieten wurde auch auf dem der Textilien die Abweisung des Schunds und die Bevorzugung des Guten und Beständigen verlangt[1].

Zunächst hat es diesen Bestrebungen nicht an Anzweiflung und Anfeindung gefehlt, aber nachdem schließlich die farbstoffproduzierende Industrie selbst die Echtheit der Färbungen an bevorzugte Stelle setzte, indem sie imstande war, Farbstoffe herauszubringen, die Färbungen von bisher unbekannter Echtheit ergaben, kamen diese auf kleinlichen Grundsätzen beruhenden Gegenströme rasch zum Stillstand. Es ist dabei nicht ohne eine gewisse Tragik, wenn der unabhängig und wissenschaftlich denkende Beobachter und Prüfer heute noch feststellen muß, daß dieser Kampf seitens des kleinlichen, nur auf Profit bedachten Händlers und des unkundigen, nur an Augenblickswerte denkenden und möglichst billig einkaufen wollenden Verbrauchers immer wieder geführt wird. Um so wichtiger und wertvoller für die Kultur und die soziale Beßrung ist daher der Ruf nach dem Guten, der Qualität.

Wie gesagt, es gelang, Farbstoffe herzustellen, die Färbungen von ungeahnter Echtheit ergaben. Die Entwicklung ging etwa in der Reihenfolge vor sich, daß man zunächst Wollfarbstoffe fand, die auf Chrombeize oder nachchromiert, sehr licht-, wasch- und walkechte Färbungen ergaben. Dann fand man, daß unter den sonst licht- und waschunechten direktziehenden Baumwollfarbstoffen manche waren oder daß neue hergestellt werden konnten, die ohne weiteres oder durch Nachbehandlung mit Metallsalzen, Formaldehyd usw. erhöhte Lichtechtheit oder Waschechtheit im Vergleich mit der großen Menge der andern zeigten. Alles dies war schon ein großer Fortschritt im Vergleich zu den ersten Farbstoffen dieser Klasse, die wegen ihres jähen Umschlages des Farbtones heute z. T. als Indikatoren für Säuren und Alkalien dienen.

Hinzu kamen noch die Schwefelfarbstoffe, die sich von dem Vidalschwarz aus über alle Farbtöne erstreckten, dabei aber auch wieder neue Lücken in der Echtheit (Lagerunbeständigkeit wegen Farbtonveränderung und Säureentwicklung) zeigten. Ferner kamen dazu die lichtechten, direkten Säurefarbstoffe für Wolle und die bis zu Türkischrotechtheit vorstoßenden, aus dem Primulin- und Nitranilinrot hervorgegangenen Naphthol-AS-Entwicklungsfarbstoffe.

In geradezu stürmischer Weise haben sich aber die Küpenfarbstoffe im Sinn gesteigerter Echtheit und vermehrter Farbvielseitigkeit entwickelt, woraus sich bekanntlich der Begriff der „Indanthrenechtheit“ entwickelt hat bzw. von der farbstofferzeugenden Industrie bewußt entwickelt wurde.

Um aber wieder auf unsern damaligen Standpunkt vom Jahre 1907 zurückzukehren, so kann man wohl ohne Übertreibung sagen, daß sich damals noch niemand gedacht hat, wie weit wir fortschreiten würden. Ohne auf eine große und rasche Evolution der Kultur und Zivilisation im allgemeinen zu hoffen, kann man doch gerade diesen Fortschritt, der sich in der Hauptsache in wenigen Jahren abgespielt hat, als auf ein Beispiel solcher Möglichkeiten hinweisen, und wir dürfen stolz darauf sein, daß sich gerade diese Entwicklung in der Hauptsache in unserm Lande abgespielt hat. Die eigenartigen, zum Teil zwangsläufigen Verhältnisse dieser Entwicklung hat A. Binz[2] einmal klar beleuchtet.

Schließlich hatten sich die Dinge so weit entwickelt, daß man einerseits von einer „Echtheitsbewegung“ sprechen konnte (deren Aussichten und Hindernisse in der Fachliteratur vielfach besprochen wurden[3]), andrerseits konnte sich

---

[1] Wegen der Einzelheiten sei auf das vom Verfasser geschriebene 25. Dürerbundflugblatt „Aufforderung zum Kampf gegen die unechten Farben“ verwiesen, das 1907 und unter dem Titel „Echte Farben und gutes Material für unsere Textilstoffe“ in 4. Aufl. (9. bis 11. Tausend) 1925 im Verlag G. D. Callwey, München, erschienen ist.

[2] Binz, A.: Die Mission der Teerfarbenindustrie. Ztschr. ang. Ch. **1911**, 2155.

[3] Vgl. z. B. Fr. Eppendahl: Die Echtheitsbewegung und der Stand der heutigen Färberei. Berlin: Julius Springer 1912.

die Teerfarbenindustrie bewußt sein, daß sie das ihrige leistete, um den Fabrikanten und den Färber instand zu setzen, fast jeden gewünschen Farbton auf den damals üblichen Textilfasern in der für den normalen Gebrauch nötigen Echtheit herzustellen, immer vorausgesetzt, daß der Fabrikant sich vernünftigerweise nach dem technisch möglichen Genauigkeitsgrad des Mustertreffens richtete und daß der Färber die bestgeeignete Auswahl der Farbstoffe einhielt, endlich, daß der Echtheit ein gewisser Vorrang im Vergleich zur Billigkeit eingeräumt wurde.

Diese von der farbstofferzeugenden Industrie selbst gewonnene Einsicht äußerte sich in prägnanter Weise dadurch, daß C. Duisberg in seiner damaligen Eigenschaft als Vorsitzender des Vereins Deutscher Chemiker im Jahre 1911 bei der in diesem Verein bestehenden Textilfachgruppe die Anregung gab, Schritte für eine Vereinheitlichung der Echtheitsbegriffe und -prüfungen auf dem Gebiet der Färberei und des Zeugdrucks zu unternehmen. Aus einer aus den Kreisen der Färberei-, Druckerei- und Farbstoffindustrie nebst wissenschaftlichen, patent- und prüfungsamtlichen Sachverständigen bestehenden „Echtheitskommission"[1] von 40 Mitgliedern des Hauptvereins wurde im September 1911 ein Elferausschuß gewählt, der auch heute noch unter seinem Vorsitzenden A. Lehne, wenn auch mit teilweise veränderter Besetzung, tagt. Nach den ersten Beratungen erfolgte im Jahr 1912 die Veröffentlichung eines vorläufigen Berichts[2], dem dann im Februar 1914 der erste öffentliche Bericht folgte[3]. In Form eines gedruckten Heftes erschien dann der Bericht im Februar 1916, im März 1926 und als vierte Ausgabe im April 1928. Über diesen letzten Bericht wird weiter unten noch zu sprechen sein.

Nach dem Weltkrieg haben sich dann auch in mehreren auswärtigen Ländern Bestrebungen geltend gemacht, die Echtheitsfragen in Ordnung zu bringen. Der schwedische Färberverband hat die von der deutschen E.K. ausgearbeiteten Normen, Typen und Prüfungsverfahren ohne weiteres übernommen. Dann wurde in der englischen Society of Dyers and Colourists (Färber- und Koloristengesellschaft), die vor einigen Jahren den Colour Index herausgegeben hatte, auch die Echtheitsfrage angeschnitten, und zwar sollten zuerst die Echtheitseigenschaften der Farbstoffe selbst normiert werden, während die deutsche E.K. lediglich ganz allgemein die Echtheitseigenschaften von Textilfärbungen behandelt. Neuerdings scheint man aber bei der englischen Kommission zu der Einsicht gelangt zu sein, daß eine solche Sisyphusarbeit, wie die zuerst geplante, keinen Erfolg verspricht. Es muß ja auch ohne weiteres zugegeben werden, daß im täglichen Leben nur in verschwindendem Maß solche Färbungen im Gebrauch sind, die mit einem einzigen Farbstoff hergestellt sind, während es sich in den allermeisten Fällen um Mischfärbungen handelt. Die englische Kommission hat schon eine Reihe von beachtlichen Berichten, besonders über die Lichtechtheitsprüfung veröffentlicht, die in dem monatlich erscheinenden „Journal" der Gesellschaft zu finden sind.

Mit großem Eifer hat sich auch die „American Association of Textile Chemists and Colorists" an die Arbeit gemacht und ein vielverzweigtes Komitee eingesetzt, dessen Arbeiten bisher in den „Year Books" von 1926, 1927 und 1928 und im „American Dyestuff Reporter" veröffentlicht sind.

Ferner hat sich neuerdings auch in Frankreich, in Polen und in der Tschechoslowakei Interesse für diese Fragen gezeigt.

Es scheint erstrebenswert, daß diese ausländischen Kommissionen zunächst einmal das von der deutschen E.K. ausgearbeitete und nunmehr doch in über

---

[1] Der Kürze wegen weiterhin als „E. K." bezeichnet.

[2] Ztschr. ang. Ch. **1912**, 1193.

[3] Ebenda **1914 I**, 57; ferner Färb. Ztg. **1914** (25), Nr. 3 u. 4; Chem. Ztg. **1914**, 154 u. Dtsch. Färb. Ztg. **1914** (50), 300.

15jähriger Praxis erprobte System zur Grundlage nehmen, und daß Änderungen und Erweiterungen nur da gemacht werden, wo klimatische Verschiedenheiten oder andere Gebrauchsbeanspruchungen als die deutschen in Frage kommen.

Gegenwärtig ist der Zustand der, daß in England und in den Vereinigten Staaten noch eifrig an der Echtheitsnormierung gearbeitet wird, während in dem vierten Bericht der deutschen E.K. schon etwas nahezu Fertiges vorliegt, das nicht nur in Färbereischulen, Färbereilaboratorien, Prüfämtern und beim Reichspatentamt die Grundlage für die Echtheitsbeurteilung bildet, sondern auch von der erzeugenden Industrie selbst, also besonders der I. G. Farbenindustrie A.-G., als Maßstab benützt und in deren Prospekten und Musterkarten wiedergegeben wird.

Schwierigkeiten und Nebenumstände.

Es hat einer mühevollen, langjährigen Arbeit bedurft, um zu dem zu gelangen, was uns jetzt als vierter Bericht der E.K. vorliegt. Bei den fünf verschiedenen Faserstoffarten (Baumwolle, Wolle, Seide, Viscosekunstseide und Acetatseide) waren je 15—16 Echtheitseigenschaften zu berücksichtigen und während bei manchen von diesen die Prüfverfahren, Normen und Typfärbungen sich leicht und ohne Unstimmigkeiten ausarbeiten ließen, wie z. B. bei Wasch-, Koch-, Wasser-, Reib-, Schwefel-, Alkali-, Säure-, Säurekoch-, Avivier-, Beuch-, Mercerisier-, Potting-, Dekatur-, Seewasser- und Carbonisierechtheit, so gab es doch bei manchen viele Schwierigkeiten und Bedenken. Man wird ohne weiteres zugeben müssen, daß die Lichtechtheitsfrage auch heute noch nicht restlos gelöst ist, und daß sich die Schweißechtheitsprobe in ihrem Charakter der tatsächlichen Beanspruchung der Färbungen durch den menschlichen Schweiß nur ungefähr nähern kann, weil der Schweiß verschiedener Menschen sehr verschieden ist und sich sogar in seiner Zusammensetzung während der Schweißabsonderung bei ein und demselben Menschen verändert.

Eine andere Frage, in der die ausländischen Kommissionen durchweg von den nach reiflicher Überlegung gefaßten deutschen Entschlüssen abweichen, ist die der Numerierung. Soll man mit I die beste oder die geringste Echtheit bezeichnen? Angesichts der Möglichkeit, Färbungen herzustellen, die noch echter sind als die heutigen, wurde in der E.K. beschlossen, mit I die geringste, mit V (bei Lichtechtheit mit VIII) die höchste Echtheit zu bezeichnen.

Bei der Lichtechtheitsnormierung war sich die E.K. wohl bewußt, daß man, strenggenommen, die Lichtechtheit eines roten Farbstoffs nicht mit der eines blauen oder gelben vergleichen kann. Man hätte also versuchen müssen, für eine ganze Reihe von Farbtönen je sämtliche acht Stufen aufzustellen. Damit wäre aber die ganze Sache im Sande verlaufen, denn es wäre unmöglich gewesen, hier Grenzen zu setzen. Es ist daher durchweg das Bestreben vorangestellt worden, das Ganze so einfach wie möglich zu halten, und wenn diese Einfachheit vielleicht auch stellenweise zu Ungenauigkeiten und scheinbaren Widersprüchen führt, so ist sie andrerseits sehr zu begrüßen. Haben sich doch ohnehin zu dem vorliegenden Bericht kritische Stimmen dahin geäußert, daß das Ganze zu kompliziert sei.

Was die Lichtechtheitsbestimmung betrifft, so hat sich Verf. mit dieser besonders viel beschäftigt. Eine der häufigst auftretenden Fragen ist die, ob man die Lichtechtheit nicht rascher mittels einer künstlichen Lichtquelle bestimmen kann, weil es doch im Winter z. B. rein unmöglich ist, eine Probe auf Lichtechtheit VIII zu prüfen. Es sind in dieser Hinsicht viele Vorschläge gemacht worden, auf die alle hier einzugehen, zu weit führen würde[1]. Am eingehendsten ist die Bestrahlung mit ultraviolettem Licht geprüft worden. Hierüber wird an

[1] Vgl. z. B. P. KRAIS: Textilindustrie, S. 142. Dresden 1924.

andrer Stelle dieses Werkes berichtet (s. a. atmosphärische Einflüsse), und es geht hieraus hervor, daß diese Bestimmung mit vielen Unsicherheiten behaftet ist[1]. Immerhin haben einige Färbereien diese Prüfung eingeführt. Vielleicht ist von den neuerdings in den Handel kommenden elektrischen Starklichtglühlampen ein befriedigender Ausweg zu erhoffen.

Wenn man nun beabsichtigt, die Lichtechtheit einer Färbung zu prüfen, und dabei die Sicherheit haben will, auch bei verschiedenen Jahreszeiten und an verschiedenen Orten zu verschiedenen Zeiten die gleiche aktinische Gesamtwirkung zu erzielen, so kann man zwei Wege einschlagen. Entweder a) man belichtet zu gleicher Zeit die Typfärbungen auf der betreffenden Faserart und beurteilt durch Vergleichung, in welche Norm man die betreffenden Färbungen einreihen kann, oder b) man benützt den vom Verfasser ausgearbeiteten Lichtechtheitsmaßstab[2] und belichtet so lange, bis eine bestimmte Anzahl von „Bleichstunden" erreicht ist. Dieser Maßstab ist zwar kein absoluter (das Verbleichen des benützten Blaupapiers geht z. B. bei voller klarer Sonne in Arosa um 30% schneller vor sich als in Dresden), aber man wird doch imstande sein, mit großer Annäherung Perioden gleicher Lichtwirkung unabhängig von Jahreszeit, Ort und Witterung zu wiederholen (s. Abb. 117).

Was die Typfärbungen für gefärbte Baumwolle, Wolle und Seide betrifft, so hat KRAIS diese belichtet, sie nach 10, 20, 30, 40, 50, 60, 100, 200 und 300 Bleich-

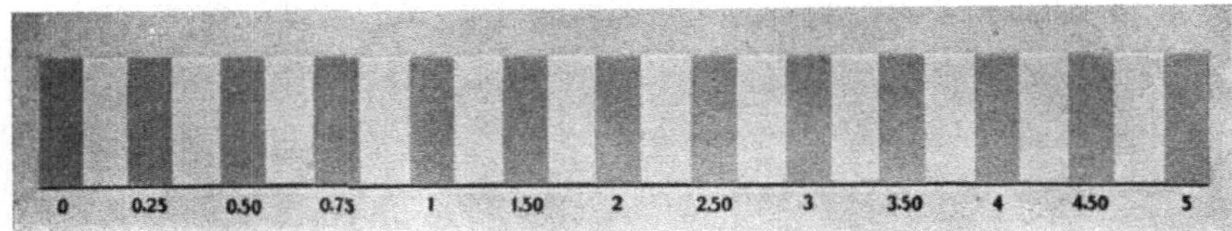

Abb. 117. Der Bleichstundenmaßstab nach KRAIS.

stunden beobachtet und nach dem OSTWALDschen Farbtonmeßverfahren gemessen.

Als Beispiele seien die Messungen[3] von dem Verlauf zweier besonders charakteristischer Belichtungen gegeben, a) einer mittelmäßig bis gut lichtechten Baumwollfärbung von Typ III und b) einer sehr unechten Wollfärbung von Typ I (s. Abb. 118 u. 119).

Während es aus dem Verlauf der Linien bei Typ III nicht möglich ist, innerhalb 100 Bleichstunden eine deutliche Änderung des Farbtons zu entnehmen, ist für den Anblick mit bloßem Auge die bei 20 Std. einsetzende Veränderung deutlich und hat bei 40 Std. schon zum vollständigen Verschießen geführt. Auch beim Verlauf der Linien für Typ I auf Wolle sieht man erst von der 40. Bleichstunde an stärkere Veränderungen, während in der Tat die Färbung schon nach 20 Std. mit bloßem Auge stark verschossen aussieht.

Leider kann aber auf exaktem Weg nicht viel Sicheres gewonnen werden, weil die Frage, wann ein Farbton als verschossen zu betrachten ist, sich nicht einwandfrei beantworten läßt. Die Beantwortung der Frage ist nämlich

[1] Vgl. P. HEERMANN u. H. SOMMER: Über die Einwirkung der ultravioletten Strahlen auf Farb- und Faserstoffsysteme. Mell. Text. **1924**, 745.

[2] KRAIS: Ztschr. ang. Ch. **1912**, 1193. Es ist zu bemerken, daß im Text ein Fehler steht, indem es nicht Viktoriablau R sondern B heißen soll.

[3] Die Erklärung der Zahlen ergibt sich aus der Einteilung des Farbenkreises nach OSTWALD in 24 Haupttöne (vgl. z. B. die Taschenausgabe der 24 Farbmeßdreiecke von F. A. O. KRÜGER, Dresden 1927) und aus der OSTWALDschen Regel, daß jeder Farbton aus Schwarz, Weiß und Vollfarbe zusammengesetzt ist: $s + w + v = 1$. Die Messungen wurden mit dem PULFRICHschen Stufenphotometer (Zeiss, Jena) ausgeführt (s. a. u. Farbenlehre).

für verschiedene Farbtöne verschieden, und es kommt darauf an, in welcher Weise ein Farbstoff verschießt: nach Weiß, nach Grau oder nach irgendeiner Mißfarbe.

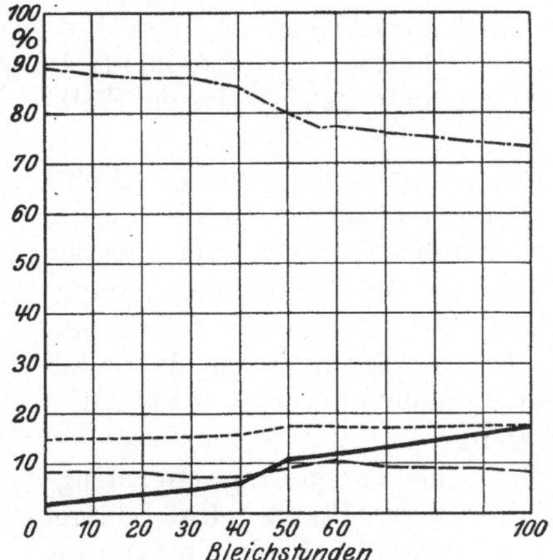

Abb. 118. Verlauf der Belichtung einer Baumwollfärbung, Typ III, 1% Indoinblau Ri. Plv. auf tanningebeizter Baumwolle (nach KRAIS).

– – – – Farbtonnummer
——— Weißgehalt in Proz.
—·—·— Schwarzgehalt in Proz.
— — — Vollfarbgehalt „ „

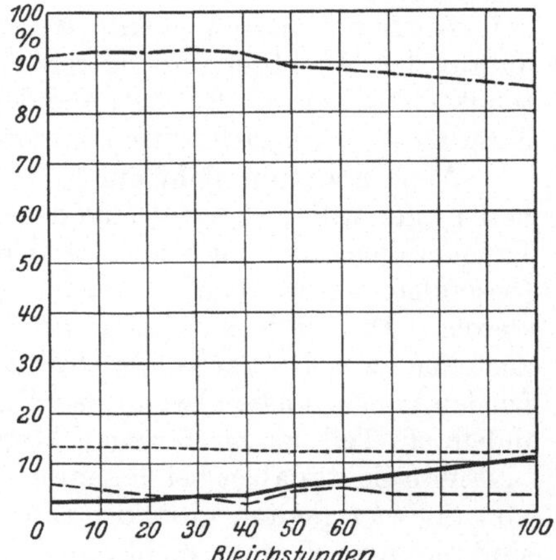

Abb. 119. Verlauf der Belichtung einer Wollfärbung, Typ I, 3% Indigotin Ia i. Plv. auf Wolle (nach KRAIS).

– – – – Farbtonnummer
——— Weißgehalt in Proz.
—·—·— Schwarzgehalt in Proz.
— — — Vollfarbgehalt „ „

Rein äußerlich betrachtet, kann über die bisher aufgestellten Typfärbungen der E.K. (über die im einzelnen noch im nächsten Abschnitt gesprochen wird) folgendes gesagt werden: „Verschossen“ erscheint (in Bleichstunden ausgedrückt):

Typ	Baumwolle	Wolle	Unerschwerte Seide
I	nach 10 Std.	nach 10—15 Std.	nach 10 Std.
II	„ 20 „	„ 50 „	„ 20—30 „
III	„ 30—40 „	„ 60—70 „	„ 50—60 „
IV	„ 50—60 „	„ 100 „	„ 80—100 „
V	„ 60—70 „	nach 100 Std. kaum verändert, „ 200 „ stark verbleicht	nach 200 Std. kaum, „ 300 „ etwas verändert
VI	„ 100 „	„ 100 „ etwas brauner „ 200 „ verbleicht „ 300 „ stark verbleicht	—
VII	nach 200 Std. kaum, „ 300 „ etwas verändert	„ 200 „ etwas, „ 300 „ merklich verbleicht	—
VIII	„ 300 „ kaum verändert	„ 300 „ ganz wenig verändert	—

Man sieht, daß hier noch Unebenheiten vorhanden sind, die allmählich ausgeglichen werden sollten, obwohl es schwer sein wird, wesentliche Verbesserungen einzuführen.

Neuerdings hat G. ZIERSCH auf Grund seiner Untersuchungen über die Veränderung von Baumwollfärbungen im Licht[1] zur Charakterisierung der photo-

[1] Doktordissert., Dresden 1929 (Rob. Noske, Borna-Leipzig).

chemischen Zersetzung von Farbstoffen den Ausbleichgrad A % aufgestellt, der auf Grund der W. OSTWALDschen Farbenlehre mittels des Zeissschen Stufenphotometers zu bestimmen ist. Man mißt den Weißgehalt W_1 und die Bezugshelligkeit H_1 der belichteten, ebenso W und H der unbelichteten Proben und berechnet daraus den Ausbleichgrad mittels einer graphischen Methode. Es wird das farbtongleiche Dreieck des betreffenden Farbtons zugrunde gelegt, dessen Weiß-Schwarz-Achse logarithmisch unterteilt wird.

Wenn man nun nicht nur Färbungen sondern auch Drucke auf ihre Echtheit prüfen will, so kommt eine neue Komplikation hinzu, die mit dem Stand der Druckereitechnik eng zusammenhängt. Es ist nämlich nicht immer möglich (besonders wenn lebhafte, feurige Illuminationseffekte Mode sind und verlangt werden), Drucke in gleicher Echtheit, besonders Licht- und Waschechtheit, herzustellen, wie die Farbe des Grundes. In diesem Fall wird man sich damit zufrieden geben müssen, wenn das Muster wenigstens nicht „unschön verschießt", indem ein Teil der Zierfarben echter ist als der andere.

Man sieht, daß es bei dieser an sich so einfach erscheinenden Frage eine Menge von Schwierigkeiten gibt, die zum großen Teil durch die Praxis selbst bedingt sind und über die man nicht ohne weiteres hinwegkommen kann, ohne befürchten zu müssen, daß man mit den Qualitätsbestrebungen über das Ziel hinausschießt und dadurch mehr Schaden als Nutzen stiftet.

Auch darf nicht übersehen werden, daß der Färber, dem von seinem Auftraggeber gleichzeitig das genaue Treffen einer bestimmten Nüance und das Einhalten von hohen Echtheitseigenschaften vorgeschrieben wird, oft in eine geradezu unmögliche Lage kommt. Der Färber wird leicht aus Gründen der Selbsterhaltung dem genauen Treffen des Farbtons den Vorzug geben, weil er sonst seine Färbung überhaupt nicht los wird. So ist es nicht verwunderlich, daß zwischen Farbenfabrikanten, Textilfabrikanten, Lohnfärbern, Verkaufsstellen und Verbrauchern manchmal recht schwierige Meinungsverschiedenheiten entstehen, und daß das Verständnis für den Segen der Normung nur langsame Fortschritte macht.

Zum Schluß sei noch gesagt, daß die Teerfarbenfabrikation in der Herausgabe immer echterer Farbstoffe in den letzten 20 Jahren geradezu Wunder vollbracht hat, und daß wir heute nicht mehr sehr weit davon entfernt sind, jeden Farbton auf jeder Faser in jeder gewünschten Echtheit herstellen zu können.

Der 4. Bericht der Echtheitskommission des Vereins Deutscher Chemiker.

Wie bereits erwähnt, hat die E. K. im Juni 1928 die 4. Auflage ihres Berichts im Druck vorgelegt[1]. In diesem Bericht sind Verfahren, Normen und Typen für die Prüfung der Echtheitseigenschaften von Färbungen auf Wolle, Baumwolle, Seide, Viscosekunstseide und Acetatseide zusammengestellt. Gefärbtes Flachsgarn kann man im allgemeinen mit Baumwoll-, gefärbte Kupferkunstseide mit Viscosekunstseidefärbungen zusammennehmen, so daß es nicht nötig erscheint, sie besonders zu behandeln.

Es kann nun nicht die Aufgabe des Verfassers sein, diesen Bericht im einzelnen wiederzugeben, sondern es muß vorausgesetzt werden, daß jeder, der mit diesen Fragen zu tun hat, den Bericht selbst benützt. Von zwei Punkten aus soll der Bericht hier aber noch etwas näher besprochen werden, nämlich vom Standpunkt der Prüfungsverfahren und vom Standpunkt der Typfärbungen.

Die Prüfungsverfahren.

Lichtechtheit. Das Verfahren ist im Grunde für alle Faserarten das gleiche, nur daß für Baumwolle und Wolle 8, für Seide und die Kunstseiden nur 5 Typen

[1] Verlag Chemie, G. m. b. H., Berlin W 10; 63 Druckseiten.

aufgestellt sind. Bei Wolle, besonders bei Tuchen, wird noch empfohlen, die Färbungen nicht nur unter Glas, sondern auch direkt im Freien auszusetzen. Bei Seide ist noch die allgemeine Angabe gemacht, daß die Belichtung 1 Monat dauern und daß die erste Stufe nach 8 Tagen festgestellt werden soll. (Nach dem oben über Klima usw. Gesagten enthält diese Bestimmung eine starke Unsicherheit. Die Hauptsache ist aber, daß die Echtheit nach Typfärbungen normiert ist.)

Waschechtheit ist bei Baumwolle, Seide und Viscoseseide in „Waschechtheit" und „Kochechtheit" unterteilt, was bei den Seiden der Entbastung und bei der Baumwolle der Hauswäsche Rechnung trägt. Bei Seide kommt die Kochechtheit nur für unerschwerte Seide in Frage, während sonst immer besondere Typen auch für erschwerte Seide aufgestellt sind.

Wasserechtheit. Die Prüfung wird für alle Fasern in gleicher Weise angestellt, dauert aber bei Baumwolle „über Nacht", bei Wolle 24 Std., bei Seide und den Kunstseiden 1 Std.

Reibechtheit. Die Prüfung wird in allen Fällen in gleicher Weise angestellt, die Beurteilung ist aber etwas verschieden: während bei Baumwolle, unerschwerte und erschwerte Seide je drei Echtheitsgrade (reibt stark, reibt etwas, reibt nicht ab) und entsprechende Typfärbungen angegeben sind, ist dies bei der Wolle nicht der Fall, sondern die Färbungen sind entweder echt oder unecht.

Bügelechtheit. Das Prinzip des Prüfverfahrens ist in allen Fällen das gleiche, aber auch hier ist die Stärke der Einwirkung verschieden. Bei Baumwolle soll das Bügeleisen so heiß sein, daß es einen weißen Wollfilz bei der gleichen Pressung zu sengen beginnt; auch wird die Baumwolle mit einem nassen Lappen bedeckt, der bis zur Trockne gebügelt wird. Bei Wolle bügelt man dagegen trocken mit einem Bügeleisen, das so heiß ist, daß es einen weißen Wollfilz eben nicht mehr sengt, außerdem bügelt man nur 10 Sek. lang. Ein gleiches gilt für Seide. Für Viscose- und Acetatseide sind noch genauere Vorschriften festgelegt. Viscoseseide soll man bei etwa 185° C trocken bügeln, was durch das Schmelzen eines Körnchens Bernsteinsäure kontrolliert wird. Acetatseide soll mit einem nassen Lappen bedeckt und nur bei 100° gebügelt werden, was man durch Schmelzenlassen von Körnchen von Alphanaphthol (96°) und Brenzcatechin (104°) einstellt.

Schwefelechtheit. Die Prüfung ist bei allen Fasern einheitlich.

Schweißechtheit. Diese Echtheitsprüfung hat viel Schwierigkeiten bereitet und ist von der E.K. gegen früher etwas abgeändert worden, im übrigen nunmehr aber für alle Faserarten einheitlich. Man behandelt bei 45°, zuerst alkalisch (Ammoniak), dann sauer (Essigsäure), um der verschiedenartigen Zusammensetzung des menschlichen Schweißes einigermaßen gerecht zu werden.

Alkaliechtheit (Straßenschmutz- und Staubechtheit). Die Prüfung ist bei allen Fasern einheitlich.

Säureechtheit und Säurekochechtheit. Während bei Seide nur von der Säureechtheit (gegen mineralische und organische Säure) die Rede ist, sind bei Baumwolle und Viscoseseide unterschieden: Säureechtheit (Überfärbeechtheit), Säurekochechtheit und Avivierechtheit. Bei Wolle ist neben der Säurekochechtheit noch die Carbonisierechtheit behandelt, bei Acetatseide die Säurekochechtheit, Säureechtheit und Avivierechtheit, daneben aber noch die neutrale Kochechtheit mit Glaubersalz.

Beuchechtheit kommt nur für Baumwolle in Frage, ebenso die Mercerisierechtheit und die Sodakochechtheit.

Chlorechtheit gefärbter Baumwolle, Viscose- und Acetatseide ist etwas verschieden behandelt. Die Prüfung ist geteilt in eine schwächere mit Chlorsoda- und eine kräftigere mit Chlorkalklösung. Bei Baumwolle soll die Chlorsodalösung 1 g wirksames Chlor und nicht mehr als 0,3 g Soda im Liter enthalten, die Chlorkalklösung dagegen 3 g Chlor, während bei den Kunstseiden für beide Lösungen nur je 1 g Chlor im Liter angewandt wird.

Superoxydechtheit bei Baumwolle ist besonders genau beschrieben; die Proben werden zuerst mit Diastafor entschlichtet, dann wird die mildere Probe mit einer Natriumsuperoxydlösung ausgeführt, während bei der stärkeren noch eine Chlorkalkbehandlung dazwischengeschaltet wird.

Bleichechtheit findet sich bei Wolle, Seide und den Kunstseiden genau beschrieben. Es handelt sich hier ebenfalls um die Wasserstoffsuperoxydbleiche.

Walkechtheit ist bei Wolle ausführlich behandelt, wo als mildere Probe die neutrale Walke mit der Hand, als schärfere die alkalische mit dem Walkbrett vorgeschrieben ist. Bei Seide werden beide Proben durch Walken mit der Hand ausgeführt, ebenso bei Viscoseseide, während bei Acetatseide nur die neutrale Handwalke angewandt wird.

Pottingechtheit wird bei Wolle nach zwei Verfahren (das zweite mit Seifenzusatz), bei den Kunstseiden nur nach dem ersten (Kondenswasser) geprüft.

Dekaturechtheit ist nur für Wolle und Viscoseseide mit je zwei Proben beschrieben (hier muß es bei Viscose ebenfalls $1^1/_2$, nicht $2^1/_2$ at heißen).

Seewasserechtheit nur bei Wolle.

Man sieht aus dieser Zusammenstellung, daß die E.K. den Erfordernissen der Praxis gemäß in vielen Fällen feine Differenzierungen in den Prüfungsverfahren ausgearbeitet hat.

Eine prinzipielle Trennung aller dieser Echtheitseigenschaften in „Fabrikationsechtheit“ und „Gebrauchsechtheit“ ist nicht durchgeführt, weil eine solche auch praktisch gar nicht durchführbar ist. Man könnte ja versuchen, etwa wie folgt zu trennen:

Fabrikationsechtheit:	Gebrauchsechtheit:
Schwefeln	Licht
Säurekochen	Wasser
Avivieren	Waschen
Beuchen	Kochen
Chloren	Reiben
Mercerisieren	Bügeln
Bleichen	Schweiß
Walken	Alkali
Carbonisieren	Säure
Potten	Seewasser
Dekatieren	

Aber die Wasser-, Wasch-, Koch-, Bügel-, Alkali- und Säureechtheit können auch bei der Fabrikation eine Rolle spielen, ebenso können die Chlor-, Bleich- und Dekaturechtheit für den Gebrauch in Frage kommen.

Weitere Aufklärungen gibt die nachfolgende Zusammenstellung der Typfärbungen.

Zunächst ist aus dieser Aufstellung ersichtlich, daß bei den pflanzlichen Fasern nur in seltenen Fällen die höchsten Echtheitsstufen von anderen als Indanthrenfärbungen erreicht werden.

Andrerseits sind es in den allermeisten Fällen die Färbungen von basischen Farbstoffen, die die erste, niedrigste Stufe besetzen. Man könnte ja zunächst im Zweifel sein, ob es berechtigt war, Färbungen so geringer Echtheit, deren Echtheit in der Tat nahezu = 0 ist, in diese Tabellen mit aufzunehmen. Da solche Färbungen aber heute leider immer noch in der Praxis vorkommen (so z. B. das typisch wasser- und säureunechte Benzopurpurin 4 B für Inletts), so mußte man sie aufnehmen.

Genaue Nachprüfungen von verschiedenen Seiten haben nun ergeben, daß die Wahl der Typen im großen und ganzen sowohl, als auch in den allermeisten Einzelfällen mit einer sehr großen Sicherheit und Genauigkeit getroffen worden

Die Typfärbungen der Echtheitskommission.

	Typ	Baumwolle	Wolle	Unerschwerte Seide	Erschwerte Seide	Viscosekunstseide	Acetatseide
Lichtechtheit	I	5 % Chicagoblau 6 B	3 % Indigotin I a i. Plv.	0,5 % Victoriablau R	0,4 % Viktoriablau R	0,4 % Chinagrün kryst. (auf Tanninbeize)	1 % Methylenblau BGX
	II	0,8 % Methylenblau BG (auf Tanninbeize)	1,5 % Ponceau RR	2 % Echtrot O	2 % Echtrot O	4 % Diaminrubin S	0,2 % Pulverfuchsin A
	III	1 % Indoinblau R i Plv. (auf Tanninbeize)	2,75 % Amarant	2 % Säurealizaringrau G	3 % Säurealizaringrau G	2,25 % Brill. Benzoechtviolett BL	3 % Cellitechtviolett 4 R
	IV	20 % Kryogenviolett 3 R	4,5 % Azosäurerot	2 % Violamin ARR	3 % Alizarindirektblau A	1,5 % Naphthol AS–RL im L. entwickelt mit Echtrot-RL-Base	3 % Cellitechtviolett ER
	V	2,5 % Siriusrot 4 B	5 % Säureviolett 4 RN	2,5 % Indanthr nbrillantviolett RR i. Plv. (Hydrosulfitküpe)	3 % Supramingelb R	20 % Indanthrenblau GC (Verfahren IN)	10 % Cellitonechtviolett B i. Tg.
	VI	10 % Hydronblau G i. Tg. 20proz. (Hydrosulfitküpe)	2,5 % Diaminechtrot F (nachchromiert)	—	—	—	—
	VII	8 % Schwefelschwarz T extra	4 % Anthrachinongrün GXN	—	—	—	—
	VIII	25 % Indanthrenblau GC i. Tg. (Verfahren IN)	Indigo, gefärbt in der Tiefe einer Färbung von 2,4 % Sulfoncyanin GR extra oder 7 % Naphtholgrün B	—	—	—	—
Waschechtheit		a) bei 40° C:	α) neben Wolle:	Waschechtheit bei 40° C	Waschechtheit bei 40° C:	Waschechtheit (2 Verfahren):	Waschechtheit bei 40° C:
	I	2 % Rhodamin B extra (auf Tanninbeize)	2 % Orange II	4 % Krystallponceau 6 R	5 % Krystallponceau 6 R	0,5 % Rhodamin B extra (ohne Beize)	1 % Methylenblau BGX
	III	3 % Benzokupferblau B (nachgekupfert)	2 % Patentblau A	2 % Janusgelb R	2 % Janusgelb R	3,5 % Diaminechtviolett BBN	4,5 % Cellitonblau extra i. Tg.
	V	15 % Indanthrenbraun R i. Tg. (Verfahren IW)	7 % Palatinchromschwarz 6 B (nachchromiert)	25 % Alizarin SX i. Tg. 20proz. (auf Tonerdebeize)	1 % Viktoriablau B (nachtanniert)	10 % Indanthrenbrillantgrün B i. Tg. (Verfahren IN)	4 % Cellitazol ST (diazot. u. entw.)
		b) Kochechtheit:	β) neben Baumwolle:	Kochechtheit (Entbastung):		Kochechtheit (Entbastung)	
	I	3 % Benzopurpurin 4 B	2 % Chrysophenin G	3 % Echtrot O	—	2 % Chrysophenin G	—
	III	12 % Immedialgrün BB extra	2 % Patentblau A	—	—	3 % Diazorubin B	—
	V	15 % Indanthrenbraun R i. Tg. (Verfahren IW)	7 % Palatinchromschwarz 6 B (nachchromiert)	2,5 % Indanthrenbrillantviolett RR i. Plv. (Hydrosulfitküpe)	—	10 % Indanthrengelb RK (Verfahren IK)	—
Wasserechtheit	I	2 % Chrysophenin G	2 % Brillantgrün kryst.	5 % Chinolingelb O	5 % Chinolingelb O	0,5 % Rhodamin B	2 % Rhodulinblau 5 B
	III	2 % Chloramingelb C	2 % Patentblau A	2 % Säureviolett 4 BL	2 % Säureviolett 4 BL	3 % Chloramingelb C	10 % Cellitonechtrosa B
	V	8 % Immedialcarbon B	7 % Palatinchromschwarz 6 B (nachchromiert)	3 % Janusgelb R (nachtanniert)	2 % Janusgelb R (nachtanniert)	10 % Indanthrenbrillantgrün B i. Tg. (Verfahren IN)	4 % Cellitazol ST (Entwickler ON)

Die Typfärbungen der Echtheitskommission (Fortsetzung von S. 257).

	Typ	Baumwolle	Wolle	Unerschwerte Seide	Erschwerte Seide	Viscosekunstseide	Acetatseide
Reibechtheit	I	1,5 % Methylviolett BB (auf Tanninbeize)	Die Färbungen sind entweder echt oder unecht (Keine Typen)	8 % Diamantgrün GX (ohne Beize)	6 % Diamantgrün GX (ohne Beize)	1,5 % Rhodamin B extra (auf Tanninbeize)	0,8 % Methylviolett B extra
	III	4 % Primulin (diazot. u. mit Betanaphthol entwickelt)		5 % Azoflavin 3 G extra spez.	2 % Azoflavin 3 G extra spez.	5 % Primulin (diazot. u. mit Betanaphthol entwickelt)	3 % Cellitechtviolett ER
	V	3 % Naphthogenblau RR (diazot. u. mit Betanaphthol entw.)		2 % Echtrot O	2 % Echtrot O	2 % Chrysophenin G	0,25 % Cellitazol B
Bügelechtheit	I	1 % Brillantbenzoviolett B	2 % Fuchsin S	3 % Brillantbenzoviolett B	3 % Brillantbenzoviolett B	1 % Brillantbenzoviolett B	3 % Cellitechtblau A
	III	1 % Benzopurpurin 4 B	2 % Amarant	2 % Oxaminschwarz BRT	2 % Oxaminschwarz BRT	3 % Brillantazurin R	0,8 % Methylviolett B
	V	10 % Indanthrengrün BB i. Tg. (Verfahren IN)	2 % Tartrazin	2 % Echtrot O	2 % Echtrot O	3 % Diaminscharlach B	4 % Cellitazol ST (diaz. u. entwickelt)
Schwefelechtheit	I	1 % Diamantfuchsin (auf Tanninbeize)	2 % Diaminscharlach B	4 % Amarant	4 % Amarant	3 % Orange RO	5 % Metachromorange 3 R dopp.
	III	1 % Columbiaschwarz FF extra	2 % Walkrot G	4 % Orange II	4 % Orange II	1 % Diaminblau 3 G	1 % Diamantgrün BXX
	V	1 % Diamantschwarz BH	2 % Palatinscharlach A	4 % Indanthrenrotviolett RH i. Plv. (Hydrosulfitküpe)	2 % Janusrot B (nachtanniert)	10 % Indanthrenbrillantgrün B i. Tg. (Hydrosulfitküpe)	4 % Cellitazol ST
Schweißechtheit	I	4 % Brillantreinblau 8 G extra	3 % Amarant	4 % Amarant	4 % Amarant	4 % Brillantreinblau 8 G extra	1 % Methylenblau BGX
	III	3 % Diaminechtrot F	2 % Brillantwalkrot B	10 % Diazobrillantschwarz R (Entw. B)	0,5 % Krystallviolett P (nachtanniert)	3 % Diaminechtrot F (nachchromiert)	10 % Cellitonechtblau B
	V	20 % Indanthrenbraun R i. Tg. (Verfahren IW)	8 % Diamantschwarz PV (nachchromiert)	30 % Indanthrenseidenblau B (Hydrosulfit)	2 % Janusrot B (nachtanniert)	20 % Indanthrenblau GCD i. Tg. (Verf. IN)	1 % Cellitazol SR
Alkaliechtheit	I	1,5 % Malachitgrün konz. (Tanninbeize)	2 % Wasserblau	—	—	1,5 % Malachitgrün kryst. (nachtanniert)	0,5 % Rhodamin B extra
	III	1 % Direkttiefschwarz EW extra	2 % Amarant	—	—	0,3 % Direkttiefschwarz E extra	0,25 % Cellitazol B
	V	8 % Diaminschwarz BH (entw. Toluylendiamin)	7 % Palatinchromschwarz 6 B (nachchromiert)	—	—	10 % Indanthrenbrillantgrün B i. Tg. (Verfahren IN)	4 % Cellitazol ST
Säurekochechtheit	I	2 % Chloramingelb C	2 % Chromgelb D (nachchromiert)	—	—	1 % Rhodamin B extra	3 % Cellitechtblau A
	III	3 % Primulin (entw. Betanaphthol)	2 % Diaminscharlach B	—	—	2 % Diazoindigoblau 3R (entw. Betanaphthol)	1 % Cellitazol SR
	V	8 % Immedialcarbon B	6 % Alizarinschwarz WX extra i. Tg. (nachchromiert)	—	—	10 % Indanthrenbrillantgrün B i. Tg. (Verfahren IN)	4 % Cellitazol ST
Säureechtheit	I	3 % Benzopurpurin 4 B	—	4 % Benzopurpurin	4 % Benzopurpurin	2 % Benzopurpurin 4 B	1 % Cellitechtgelb R
	III	0,5 % Chrysophenin G	—	3 % Diamantgrün GX	3 % Diamantgrün GX	1,5 % Direkttiefschwarz E extra	5 % Cellitonechtrotviolett R i. Tg.
	V	20 % Indanthrenblau RS i. Tg. (Verfahren IN)	—	5 % Chinolingelb O	5 % Chinolingelb O	10 % Indanthrenbrillantgrün B i. Tg. (Verfahren IN)	4 % Cellitazol ST

Die Typfärbungen der Echtheitskommission (Fortsetzung von S. 258).

Aviviereechtheit	I	3 % Benzopurpurin 4 B	–	–	–	3 % Benzopurpurin 4 B	5 % Metachromorange 3 R dopp.
	III	3 % Benzooliv	–	–	–	3 % Benzooliv	3 % Cellitechtrot BB
	V	20 % Indanthrenblau RS i. Tg. (Verfahren IN)	–	–	–	20 % Indanthrenblau RS i. Tg. (Verfahren IN)	4 % Cellitazol ST
Bleichechtheit (Wasserstoffsuperoxyd)	I	15 % Immedialgrün GG extra	I. 2 % Azogelb II. 2 % Patentblau A III. 2 % Echtgelb IV. 2 % Chrysophenin G V. 2 % Sulfoncyanin GR extra	I. 4 % Coerulein S i. Plv. (auf Chrombeize) III. 5 % Indanthrenoliv G i. Plv. (Hydrosulfitküpe) V. 4 % Indanthrenrotviolett RH i. Plv. (Hydrosulfitküpe)	–	1 % Rhodamin B	1 % Auramin O
	III	27 % Indanthrenbraun GR i. Tg. (Verf. IN)			–	3 % Benzorot 10 B	5 % Cellitonechtrotviolett R i. Tg.
	V	14 % Indanthrengoldorange 3 G i. Tg. (Verfahren IW)			–	10 % Indanthrenbrillantgrün B i. Tg. (Verfahren IN)	4 % Cellitazol ST
Chlorechtheit	I	1 % Methylenblau B	–	–	–	1,5 % Diaminbraun M	4,5 % Cellitonblau extra i. Tg.
	III	20 % Hydronblau R 30 proz. (Hydrosulfitverfahren)	–	–	–	5 % Hydronblau R 30 proz. (Hydrosulfitverfahren)	1 % Cellitazol ORB (Phenol)
	V	25 % Indanthrenbraun R i. Tg. (Verfahren IW)	–	–	–	2 g Naphthol AS–BO i. L. entw. mit Echtrot B-Base	0,5 % Cellitazol B (Entwickler ON)
Walkechtheit	I	–	2 % Azogelb	4 % Echtrot O	–	1 % Rhodamin S (auf Tanninbeize)	1 % Methylenblau BGX
	III	–	6 % Sulfoncyaninschwarz BB	3 % Janusgelb R	–	4 % Diazobraun 3 R (entw. mit Betanaphthol)	4,5 % Cellitonblau extra i. Tg.
	V	–	5 % Diamantschwarz PBB (nachchromiert)	4 % Indanthrenrotviolett RH i. Plv. (Hydrosulfitküpe)	–	10 % Indanthrenbrillantgrün B i. Tg. (Verfahren IN)	4 % Cellitazol ST (entwickelt)
Pottingechtheit	I	–	2 % Patentblau A	–	–	2 % Chrysophenin G	1 % Cellitechtorange G
	III	–	5 % Diamantschwarz T (nachchromiert)	–	–	3 % Primulin (entw. mit Betanaphthol)	1 % Cellitazol RB
	V	–	5 % Diamantschwarz PV (nachchromiert)	–	–	10 % Indanthrenbrillantgrün B i. Tg. (Verfahren IN)	0,25 % Cellitazol B
Besondere Echtheitseigenschaften		Beuchechtheit:	Carbonisierechtheit:			Dekaturechtheit:	Neutrale Kochechtheit:
	I	Paranitranilinrot	2 % Alizarinrot W i. Plv. auf Chrombeize			I. 3 % Sulfoncyanin G	I. 0,5 % Cellitechtgelb GGN
	III	Indigofärbung (= 3 % Diaminechtblau FFB) od.: 10 % Indanthrengelb G i. Tg. (Verfahren IN)	2 % Orange IV			V. 20 % Indanthrenblau GC (Verfahren IN)	III. 1 % Cellitazol SR (entw.)
	V	Türkischrot – Altrot	2 % Palatinscharlach A				V. 4 % Cellitazol ST (entw.)
		Mercerisierechtheit:	Dekaturechtheit:				
	I	3 % Chrysamin G	2 % Thioflavin T				
	III	2 % Chrysophenin G	2 % Sulfoncyanin GR				
	V	25 % Indanthrenbraun R i. Tg. (Verfahren IW)	9 % Naphtholschwarz 6 B				
		Sodakochechtheit:	Seewasserechtheit:				
	I	4 % Benzopurpurin 4 B	2 % Chrysoin				
	III	17 % Indanthrenbraun RT i. Tg. (Verf. IW)	2 % Cyanol extra				
	V	20 % Indanthrenkhaki GG i. Tg. (Verf. IN)	6 % Sulfoncyaninschwarz 2 B				

ist. Es ist selbstverständlich, daß eine solche Auswahl nicht willkürlich, sondern nur von den Koloristen der großen Teerfarbenfabriken in gegenseitiger Zusammenarbeit getroffen werden konnte, weil nur diese eine genügend genaue Kenntnis der

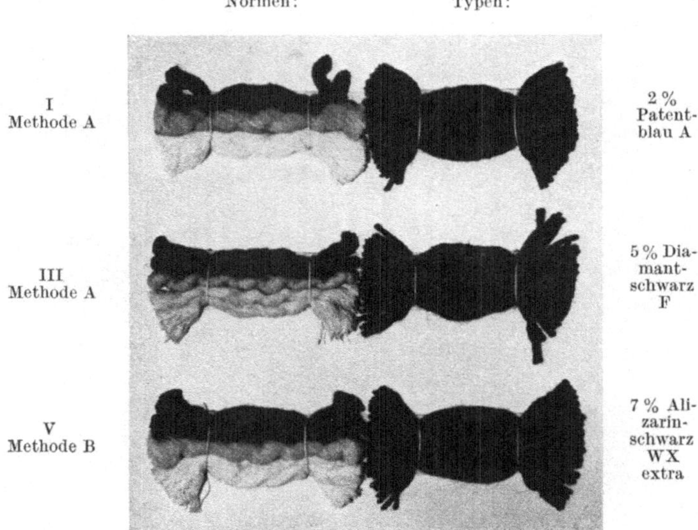

Abb. 120. Pottingechtheit gefärbter Wolle (nach KRAIS).

Echtheitseigenschaften aller Farbstoffe haben. Ihnen gebührt daher auch bei weitem das Hauptverdienst am Zustandekommen des Ganzen.

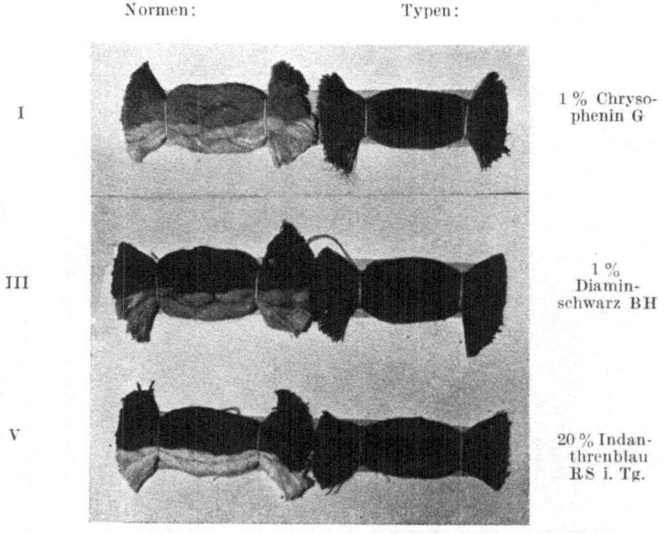

Abb. 121. Schweißechtheit gefärbter Baumwolle (nach KRAIS).

Die Abb. 120 und 121 sollen versuchen zu zeigen, wie die Abstufungen etwa verlaufen, soweit dies in Schwarzdruck möglich ist.

Wenn das Ganze nun ein recht kompliziert aussehendes System geworden ist, das manchem gar zu schwierig erscheint, so liegt dies in der Natur der Sache, denn es ist wohl keine Kleinigkeit, die Echtheit von Färbungen auf sechs verschiedenen

Faserstoffen so zu definieren und Prüfungsverfahren dafür aufzustellen, daß dadurch nicht weniger als 22 Echtheitseigenschaften erfaßt werden.

Andrerseits beschränkt sich die praktische Prüfung dieser Eigenschaften für den außerhalb der Teerfarbenfabrikation stehenden Koloristen oder Chemiker eines Prüfamts usw. auf Einzelfälle, und von der ganzen Zahl kommen in der Regel nur einige wenige zugleich in Frage, so vor allem die Licht-, Wasch- und Reibechtheit.

Gruppen von besonders echten Farbstoffen.

Wenn man über die Entstehung der unendlichen Fülle von Teerfarbstoffen nachdenkt, die die Kataloge der verschiedenen Farbenfabriken enthalten, so kann man sich diese Fülle auf zweierlei Weise zu erklären suchen. 1. Die Konkurrenz der Fabriken unter sich brachte es mit sich, daß jede von ihnen ein möglichst volles Sortiment aller Farbstoffklassen in allen nur denkbaren Tönen führen wollte. Brachte also z. B. die eine Fabrik den ersten grünen direktziehenden Baumwollfarbstoff heraus, so durften die andern nicht ruhen, bis auch sie einen solchen hatten, der womöglich noch schöner, billiger oder echter war als der erste. 2. Es kamen Fälle vor, daß man plötzlich und vielleicht unerwartet einen Farbstoff auffand, dessen Echtheitseigenschaften weit über das Niveau seiner Klassenkameraden hinausragten. So die säureechten Direktrots, das bleichechte Chloramingelb, die lichtechten nachgekupferten Direktblaus, das walkechte Diamantschwarz und viele andere. Hier setzte nun das Bestreben ein, diesen einzelnen hervorragenden Farbstoffen noch möglichst viele andre (und besonders solche in den meist verlangten Farbtönen) anzugliedern. So entstand eine ganze Reihe von Farbstoffgruppen, die in der Technik zusammen verwendbar sind. Als Beispiele hierfür seien nur die Chloraminfarbstoffe, die Echtlichtfarbstoffe, die Siriusfarbstoffe (besonders lichtechte direktziehende Farbstoffe für Kunstseide und Baumwolle) und nicht zuletzt die Indanthrene genannt.

Während auf dem Gebiet der Wolle die hohen Anforderungen der Behörden für ihre Uniform- und Dienstkleidungen gewissermaßen zwangsweise eine Ausbildung der Echtfärberei mit sich brachten, ist andrerseits die große Bewegung nach oben, die die Indanthrene mit sich brachten, der Initiative der Teerfarbenfabriken selbst zu danken. Diese Bewegung ist erfreulicherweise noch in vollem Gange und hat sich u. a. von der Baumwolle auf die Kunstseide ausgedehnt; ja es ist zu hoffen, daß sie auch noch die Naturseide ergreifen wird. Wie bei jedem solchen Aufschwung gibt es auch hier natürlich Hemmungen, Widerstände und Schwierigkeiten. Wenn z. B. peinlichst genaues Nachfärben eines vorgeschriebenen Farbtons verlangt wird, so ist dies manchmal beim besten Willen in „rein Indanthren" nicht möglich; oder, wenn es doch versucht wird, besteht die Gefahr, daß die Faser (bes. Kunstseide) unter zu lange dauernder Behandlung (Auffärben, Wiederabziehen, Wiederauffärben usw.) leidet, wodurch auch die echteste Färbung wertlos wird. Aber dies sind Ausnahmefälle.

Die Indanthrenfrage ist ja schon öfters in der Fachpresse von den verschiedenen Gesichtspunkten aus beleuchtet worden, so daß sich hier ein Eingehen auf das Für und Wider erübrigt. Wichtig ist, daß das Verständnis des großen Publikums durch die Propaganda für die Indanthrenechtheit (auch durch die „Indanthrenhäuser" in den Großstädten) ganz wesentlich gewachsen ist.

Es hat sich im Verlauf dieser Entwicklung als notwendig erwiesen, noch eine kleine Anzahl andrer Färbungen, die nicht Indanthrenfärbungen sind, in die indanthrenechte Klasse aufzunehmen, so das Anilinoxydationsschwarz, einige Naphthol-A-S-Farben u. a. m. Dadurch und durch oft sehr große Ähnlichkeit zwischen den Farbenreaktionen der Küpenfarbstoffe auf der Faser[1] ist es manchmal sehr schwierig, die Frage zu entscheiden, ob eine Färbung wirklich „echt indanthren" ist.

[1] Vgl. z. B. die Tabellen von R. Bude: Mell. Text. **1924**, 602.

Andrerseits (und in diesem Sinn sind wohl auch einige Nichtindanthrenfarbstoffe in das „Indanthrensortiment“ aufgenommen worden) bildet sich aus dieser ganzen Bewegung der Begriff „indanthrenecht“ heraus, der an sich viel wichtiger und wertvoller ist, weil er nicht eine konkurrenzkleinliche, sondern eine kulturwichtige Bedeutung gewinnt. Dieser Begriff ist heute wohl noch nicht ganz klar definiert und normiert; er ist ja auch noch viel zu jung, aber er ist offenbar im Begriff, sich so allgemein durchzusetzen, daß man ihm Aufmerksamkeit zuwenden muß.

Aus dem Gefühl der Gegenwart heraus darf man vielleicht den Begriff „indanthrenecht“ so fassen: a) Lichtechtheit, nach 300 Bleichstunden (senkrecht auffallender Sonnenschein bei klarem Himmel, zwischen 11 und 2 Uhr mittags, bis etwa 400 m Meereshöhe) nicht oder kaum merklich verändert. Hierbei ist Staub- und Schmutzauflagerung zu berücksichtigen[1]. b) Waschechtheit tadellos in jeder Beziehung. Ausnahmen sind bisher nur in Fällen beobachtet worden, wo anormale Behandlung vorgekommen war.

Im übrigen sei auf die genauen Angaben der I. G. selbst verwiesen. Ausnahmefälle kommen trotzdem immer wieder ab und zu vor, und man sieht hieraus, wie schwierig das ganze Echtheitsproblem ist, und daß Beanstandungen jeder Art mit großer Vorsicht geprüft werden müssen.

Es braucht kaum gesagt zu werden, daß auch Indanthrenfarben so gefärbt werden können, daß sie nicht „indanthrenecht“ sind. In solchen Fällen liegt entweder eine Ungeschicklichkeit des Färbers, ein Betriebsunfall (Wasser, Dampf, Chemikalienverwechslung) oder die vorerwähnte übergenaue Mustergleichheitsforderung vor.

Alle diese Fälle werden aber meist viel weniger auf die Licht- als auf die Waschechtheit ungünstig wirken (auch die Reibechtheit kann in Frage kommen). Die erste Bedingung, die eine „indanthrenechte“ Färbung aushalten muß, ist nach des Verfassers Erfahrung bisher, daß sie ein 1 Min. dauerndes Kochen mit ganz schwach ammoniakalischem dest. Wasser aushalten muß, ohne an das Wasser (das abgegossen wird) eine merkliche Färbung abzugeben.

Ausblick.

Wenn man bedenkt, wie es vor 25 Jahren war, und wie es heute ist, so besteht kein Zweifel, daß nicht nur auf färberischem, sondern auch sonst auf dem graphischen, dem malerischen und dem architektonischen Gebiet die Fragen der Farbechtheit und ihre Lösung einen entschiedenen Fortschritt aufweisen. Nur auf dem Gebiet des Zeugdrucks ist der Fortschritt noch unsicher; hier liegen die Verhältnisse aber auch besonders schwierig, weil mit dem Modenwechsel nicht nur ein Wechsel der Farbtöne, sondern ein Wechsel der Muster einhergeht, die beide auf ein- und derselben Maschine zu bewältigen sind.

Eine nachhaltige weitre Verbeßrung des ganzen Echtheitsniveaus könnte man dann erreichen, wenn die großen Verbände der Textilerzeuger und des Textilzwischenhandels sich immer mehr darauf einstellten, ihre Waren auf Grund von Standardmusterkarten herzustellen, die, von Saison zu Saison ergänzt, auf bestimmten Farbtonverhältnissen beruhend, die Basis der glatt und billig, echt und genau herstellbaren Färbungen umfassen. Solche Bestrebungen sind im Gang.

---

[1] Die E. K. hat für Baumwolle eine 25proz. Indanthrenblaufärbung aufgestellt. Bei Gelegenheit eines Vortrags über die E. K.-Normen vor der Soc. of Dyers and Colourists in Bradford wurde dem Verfasser — in der dort gehenden Einstellung — die Frage gestellt, ob denn eine ganz leichte Einfärbung ebenso lichtecht sei? Versuche haben bewiesen, daß dies der Fall ist. Aber es ist selbstverständlich, daß Färbungen von an sich lichtunechten Farbstoffen in schwachen Färbungen rascher verbleichen als in starken. Verfasser hat bisher nur einen Fall beobachtet, bei Geranin und Erika, wo die Rosafärbungen lichtechter sind als vollere Rotfärbungen auf Baumwolle.

Eine weitere Vervollkommnung der Echtheitsbestrebungen würde ermöglicht, wenn es gelänge, für die verschiedenen Gebrauchszwecke bestimmte Echtheitseigenschaften und -grade festzulegen. Nachdem die Behörden als Auftraggeber dies für die Uniformen und Dienstkleidungen durchgeführt haben, erscheint es durchaus nicht unmöglich, daß auch die Verbände des Einzelhandels etwas Ähnliches versuchen. Doch setzen hier große Schwierigkeiten ein. Denn so genau der Färber eines Uniformtuchs oder eines Strumpfs weiß, welche Eigenschaften von seiner Färbung verlangt werden, so wenig weiß der Lohnfärber, der Garne färbt, zu welchen Zwecken sie nachher dienen sollen, ja diese Zwecke sind oft für dieselbe Färbung verschieden oder sie wechseln mit der Änderung der Konjunktur.

Auch heute noch ist es ja, wenn es auch selten eingestanden wird, die Verbrauchsfrage, die der Erhöhung der Echtheit entgegensteht. Ebenso, wie der rein geschäftlich eingestellte Tapetenfabrikant kein Interesse daran hat, daß seine Tapeten unendlich lange halten, wird auch der Textilfabrikant denken. Ihm hilft allerdings der Modenwechsel. Unter diesem Gesichtspunkt ist auch die Mottensicherheit (s. a. u. Eulan) zu bewerten, die aber erfreulicherweise trotz aller Widerstände und trotz bisher bestehender Unsicherheiten immer größeres Interesse findet, hauptsächlich in der Kunstweberei. Auf diesem Gebiet stehen wir aber, wie dem Verfasser gesagt wird, vor neuen Entwicklungen, und so sei diese Frage nur kurz gestreift.

Zu den Echtheitsfragen gehört auch indirekt die Beständigkeit der Weißwäsche gegen die dauernde Beanspruchung durch die Haus- und Wäschereiwäsche. Diese Frage ist eine Zeitlang Gegenstand erregter Diskussionen in der Fachpresse gewesen. Heute steht es wohl so, daß die großen und soliden Waschmittelfabriken so genaue und ins einzelne gehende Vorschriften mit ihren Mitteln herausgeben, daß bei deren gewissenhafter Befolgung keine allzu rasche Schädigung der Wäsche zu befürchten ist. Hier steht die Hausfrau in einem gewissen Zwiespalt einerseits zwischen dem Bestreben, ihre Aussteuer zu erhalten, andrerseits den Vorteilen, die diese Waschmittel gewähren (s. a. u. Reinigerei).

Im allgemeinen darf behauptet werden, daß der Ausblick gut ist, und daß Farbstofferzeuger, Textilfabrikanten und Zwischenhandel bestrebt sind, den wachsenden Echtheitsansprüchen des großen Publikums gerecht zu werden. Schon die Tatsache, daß diese Ansprüche wachsen, ist ein Zeichen fortschreitender Kultur.

Farbenlehre und Farbmeßtechnik.

Von A. Klughardt und M. Richter.

Literatur: Geiger und Scheel: Handbuch der Physik **19**: Herstellung und Messung des Lichtes. 1928. — Gräfe und Sämisch: Handbuch der gesamten Augenheilkunde **3**: Physiologische Optik (Hering, E.: Grundzüge der Lehre vom Lichtsinn). 1925. — Helmholtz: Handbuch der physiologischen Optik, 3. Aufl., erg. u. herausgegeben von W. Nagel, **2**: Die Lehre von den Gesichtsempfindungen, bearbeitet von W. Nagel und J. v. Kries. 1911. — Luckiesh, M.: Color and its Applications. New York: D. van Nostrand Co. 1921. — Müller-Pouillet: Lehrbuch der Physik, 11. Aufl., **2**, 1, herausgegeben von O. Lummer (Schrödinger, E.: Die Gesichtsempfindung). 1926. — Ostwald, Wi.: Physikalische Farbenlehre. 1919. — Farbkunde. 1923. — Rösch, S.: Darstellung der Farbenlehre usw. (in: Fortschritte der Mineralogie **13**), 1929 (mit ausführlichen Literaturnachweisen). — Weigert, F.: Optische Methoden der Chemie. 1927. — Wien und Harms: Handbuch der Experimentalphysik **20**, 1: König, A.: Physiologische Optik. 1929.

Begriff der Farbe. In diesem Kapitel ist das Wort „Farbe“ in seiner strengsten Bedeutung zu nehmen für die physiologische und psychologische Wirkung eines Lichtwellengemisches aus dem Gebiete des sichtbaren Spektrums auf das Auge. Die Entstehung dieses Lichtwellengemisches ist für diese Zwecke ohne Bedeutung, vielmehr richtet sich das Hauptinteresse darauf, in welcher Weise ein von irgendeiner Lichtquelle stammendes Lichtwellengemisch durch eine Oberfläche verändert wird, die es zurückwirft oder durchläßt bzw. verschluckt, und wie es nach dieser Veränderung auf das Auge und die Empfindung wirkt.

Entstehung der Farbe. Wie eben angedeutet worden ist, wird eine Farbe hervorgerufen durch eine Strahlung, die entweder direkt oder nach Reflexionen und Durchgang durch Medien verschiedenster Art in unser Auge gelangt (physikalische Ursache). Diese irgendwie zusammengesetzte Strahlung, soweit sie dem sichtbaren Spektralgebiet angehört, wirkt auf die Empfangsapparate der Netzhaut im Auge, von denen wir zwei Arten unterscheiden: erstens die über die ganze Netzhaut verteilten Stäbchen, die lediglich Helligkeitsunterschiede wahrzunehmen vermögen; zweitens die Zapfen, die sich vorwiegend in der Netzhautgrube befinden und die eigentlichen Empfangsapparate für die farbigen Erscheinungen darstellen. Daraus ergibt sich, daß zur Beurteilung einer farbigen Erscheinung das Bild derselben in der Netzhautgrube liegen muß, d. h. man muß den Gegenstand direkt anblicken. Dann erhalten wir die physiologische Wirkung jener physikalischen Ursache und nennen sie Farbreiz. Schließlich aber wird die farbige Erscheinung uns dadurch bewußt, daß das Nervensystem diesen Reiz weiterleitet und im Gehirn vermutlich teils auf Grund gleichzeitiger Einwirkung verschiedener Farbreize, teils auf Grund der Erinnerung an erlebte Reize, eine Bezugnahme auf diese stattfindet. Dies ist dann die psychologische Wirkung des Farbreizes und heißt Farbempfindung.

Dreifache Mannigfaltigkeit der Farben. Das Vorhandensein zweier verschiedener Lichtempfänger in der Netzhaut hat VON KRIES zu seiner Duplizitätstheorie geführt[1]. Diese schreibt den Zapfen die Wahrnehmung der Lichteindrücke zu, die wir bei normaler Lichtintensität empfinden und bezeichnet dies als Tagessehen. Nimmt dagegen die Intensität ab, so werden mehr und mehr die Reize der Stäbchen an der Empfindung teilhaben, bis schließlich die Zapfen überhaupt nicht mehr ansprechen und wir nur noch farblose Helligkeitsunterschiede wahrnehmen. Dies ist das sog. Dämmerungssehen. Schließen wir nun aus unseren Betrachtungen den letzteren Fall aus, ebenso den Fall übermäßig hoher Intensität, die Blendung erzeugt, sehen wir ferner von Ermüdungserscheinungen und „Stimmungen" des Auges ab, so kann man für das normale farbtüchtigte Auge die Erfahrungstatsache gelten lassen, daß eine Farbe nach drei Richtungen hin stetig variiert werden kann, oder was dasselbe aussagt, daß durch Angabe dreier Bestimmungsstücke (Parameter) eine Farbe exakt definiert sein kann.

Wahl der drei Parameter. Theoretisch ist jede Parametertriade aus drei voneinander unabhängigen Stücken berechtigt. Praktisch wird man aber gewisse Triaden vorziehen, die entweder sich leicht ermitteln lassen, oder die der rechnenden Erfassung der farbigen Erscheinung besonders günstig sind, oder die den Vorzug großer Anschaulichkeit haben. Immer aber wird es möglich sein, eine Triade in eine andre umzurechnen. Als primäre Triade ist die zu bezeichnen, die sich aus der YOUNG-HELMHOLTZschen Theorie ergibt.

Die YOUNG-HELMHOLTZsche Farbentheorie[2]. Auf Grund der Erfahrungstatsache von der dreifachen Mannigfaltigkeit der Farben kam zuerst YOUNG zu der Auffassung, daß dieser Dreiheit auch drei verschiedene Empfangsvorgänge im Auge entsprechen müßten. Diese Theorie wurde später von MAXWELL und besonders von HELMHOLTZ wieder aufgegriffen und ausgebaut. Wie der Empfangsvorgang verläuft, ist einwandfrei noch nicht festgestellt; entweder denkt man sich die Zapfen im Auge in drei Gruppen geteilt, deren jede auf einen bestimmten Spektralreiz reagiert, oder man ordnet jedem Zapfen drei Nervenfaserenden zu.

---

[1] HELMHOLTZ: Handb. d. Physiol. Optik, 3. Aufl. 2, 290 (1911).
[2] HELMHOLTZ, a. a. O. S. 354.

Die neueste Theorie ist von EXNER-AIGNER[1] aufgestellt, die die Zapfen als elektrische Resonatoren ansieht.

Die YOUNG-HELMHOLTZsche Theorie geht indessen noch von einer zweiten Erfahrungstatsache aus, nämlich daß jede Farbe sich aus drei Spektralreizen mischen läßt, für welche nur die Forderung besteht, daß keine der drei Spektralfarben sich aus den beiden andern ermischen lassen darf. Darauf gründet sich nun die Hypothese, daß die Empfänger im Auge auf drei bestimmte Spektralfarben abgestimmt seien, eine Annahme, die durch das Wesen der Farbenblindheit hauptsächlich gestützt wird. Der Farbprozeß wird also in drei Teilprozesse zerlegt. Auf Grund der Beobachtungen an partiell Farbenblinden nimmt man an, daß diese Teilprozesse ein Rot-, ein Grün- und Blauprozeß sind. Weiß entsteht nach dieser Theorie durch gleichmäßige Erregung aller drei.

Nun kann man an und für sich auch wieder jede beliebige Triade von Spektralreizen wählen, sofern sie die oben angegebene Forderung erfüllen; man kann dann angeben, wie stark jede Gruppe durch die einzelnen engbegrenzten Gebiete des gesamten Spektrums erregt wird, und kann auf diese Weise eine Eichung des Spektrums vornehmen. Man kann das Ergebnis dieser Eichung graphisch darstellen und erhält so die sog. *Eichreizkurven*, die für eine bestimmte Triade von Eichreizen gültig sind. Die tatsächliche Feststellung solcher Eichreizkurven gelingt aber erst durch langwierige Versuche an partiell Farbenblinden, wie es KÖNIG zuerst mit DIETERICI zusammen im HELMHOLTZschen Institut vorgenommen hat. Bei diesen Versuchen ergeben sich die Fehlfarben der Dichromaten von selbst als Eichreize. Man kann daraus folgern, daß die so gefundenen Eichreize tatsächlich den im normalen farbtüchtigen Auge vorhandenen Empfängern entsprechen und darf daher diese Eichreiztriade als die der *drei Grundreize* (früher häufig *Grundempfindungen* genannt) bezeichnen. Die ihnen zugeordneten Grundreizkurven (Grundempfindungskurven) wurden zuerst von KÖNIG und DIETERICI[2] bestimmt, später mehrfach korrigiert und neu bestimmt[3]. Ihren Verlauf zeigt Abb. 122[4].

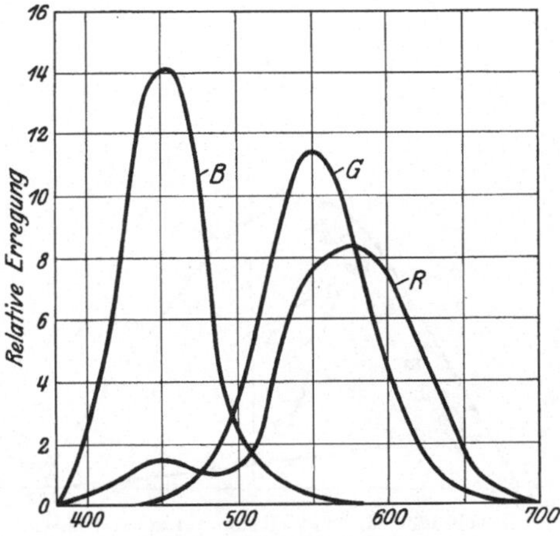

Abb. 122. Grundreizkurven (nach KÖNIG).

Man kann also eine Farbe einwandfrei kennzeichnen, wenn man angibt, in welchem Maße die drei Grundreizempfänger durch sie erregt werden, d. h. durch Angabe der drei Grundreizbeträge. Um zu Zahlen übergehen zu können, teilt man jeder der drei durch die Grundreizkurven gebildeten Fläche 100 Einheiten zu, so daß dem Weiß, das ja durch volle und gleichmäßige Erregung aller drei Grundreize zustande kommen soll, 300 solcher Flächeneinheiten (Reizeinheiten) zukommen. — Um die *Reizart*[5], d. h. den Farbeindruck ohne Berücksichtigung der relativen Intensität, zu kennzeichnen, genügt die Angabe des Verhältnisses der drei Grundreizbeträge zueinander, was aber gleichbedeutend ist mit der Angabe von Dreieckskoordinaten. Daher ergibt es sich von selbst, daß man eine Farbe ihrer Reizart nach durch einen Punkt in einem Dreieck darstellen kann.

---

[1] Vgl. SCHRÖDINGER in MÜLLER-POUILLETS Lehrbuch der Physik, 11. Aufl. II, 1, 482 (1926).

[2] Ztschr. f. Psych. u. Physiol. d. Sinnesorg. 4, 241 (1892).

[3] Z. B. IVES, ABNEY, TRENDELENBURG u. a.

[4] In Abb. 122 werden die von F. EXNER verbessert angegebenen KÖNIGschen Kurven wiedergegeben. Wiener Ber. II A 111, 587 (1902).

[5] Ein Ausdruck v. KRIES'. Es sind auch Bezeichnungen wie Farbcharakter, Chroma u.a. angewendet worden.

Sollen alle denkbaren Farben sich durch positive Beträge von drei Eichreizen kennzeichnen lassen, so ergibt sich, da keine der drei Eichlichter aus den andern beiden mischbar sein soll, daß nur im günstigsten Falle alle drei Eichlichter realer Natur sein können, und zwar dann, wenn die Grenzfarben, d. h. die vollgesättigten, reinen Farben alle aus je zwei Eichlichtern mischbar wären. Das ist aber nicht der Fall. Daher muß mindestens eine Eichfarbe als nicht realisierbare Farbe angenommen werden.

Das Maxwell-Helmholtzsche Farbendreieck. Denkt man sich die Eichreizbeträge oder im speziellen die Grundreizbeträge als Gewichte an den Ecken eines gleichseitigen Dreiecks angebracht, so läßt sich in jedem Falle ein im Innern des Dreiecks gelegner Schwerpunkt auffinden, der dann dem Ort der Farbe entspricht, deren Grundreizbeträge man an den Ecken sich angebracht denkt. Wirken an jeder die gleichen Mengen, so liegt der Schwerpunkt im Mittelpunkt des Dreiecks und entspricht der Empfindung Unbunt, je nach der Größe der Mengen also Grau oder Weiß. Der Dreiecksmittelpunkt wird daher auch als der Weißpunkt bezeichnet. Ferner liegen alle Mischfarben aus zwei Farben, deren Ort im Dreieck (Abb. 123) A und B sein mögen, auf der Verbindungsgeraden AB und ihre Orte sind jeweils nach dem Hebelgesetz zu ermitteln, da sie ja je nach den beteiligten Mengen von A und B verschiedene Lagen auf der Geraden AB haben können.

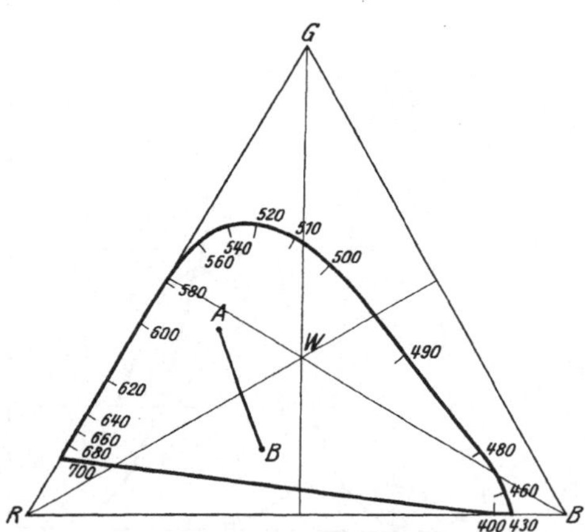

Abb. 123. Maxwell-Helmholtzsches Dreieck mit der Spektralfarbenlinie.

Dies Verfahren, eine Farbe einzuordnen, ist mathematisch identisch mit der Eintragung des Farbpunkts mittels seiner Farbkoordinaten, wie man in diesem Falle die Dreieckskoordinaten wohl auch nennt. Trägt man auf diese Weise die Orte der Spektralfarben ein, wie sie sich aus den Grundreizkurven ergeben, so erhält man den in Abb. 123 eingezeichneten Kurvenzug, die Spektralfarbenlinie. Verbindet man noch die Enden derselben durch eine Gerade, so umschließt dieser Kurvenzug eine Fläche, die alle realisierbaren Farben enthält.

Die Komplementärfarben. Aus den Betrachtungen über das Farbendreieck geht ohne weiteres hervor, daß man zu jeder Farbe eine Reihe von andern auffinden kann, die mit der ersten sich zu Unbunt mischen lassen. Es ist erkennbar, daß der Ort dieser Farben die Gerade ist, die die gegebene Farbe und den Weißpunkt enthält. Das Mischungsverhältnis der beiden Farben ist wieder nach dem Hebelgesetz zu ermitteln, aus dem außerdem hervorgeht, daß die gesuchte Farbe, die Komplementär- oder Gegenfarbe, und die gegebene Farbe den Weißpunkt einschließen müssen. Eine Farbe definiert gleichzeitig eine ganze Reihe Farben als Gegenfarben zu sich. Alle diese Farben liegen auf einer Geraden durch den Weißpunkt und haben daher alle einen gemeinsamen Farbton. Es existiert also eine unendliche Anzahl von komplementären Farbtonpaaren, deren Unendlichkeit nur durch die Grenze des Unterscheidungsvermögens des Auges ins Endliche gelegt wird.

Das Lichtwellengemisch. Die physikalische Ursache der Farberscheinung ist das Auftreffen einer sichtbaren Strahlung auf das Auge. Diese Strahlung kann nun aus Licht einer einzelnen Wellenlänge bestehen, würde dann also homogen oder monochromatisch sein. Doch wird dieser Fall tatsächlich nur unter ganz besonderen Bedingungen realisierbar sein. Vielmehr ist es das Normale, wenn die Strahlung aus einem Gemisch verschiedenster Wellenlängen besteht. Zudem wird in diesem Gemisch nicht jede Wellenlänge mit der gleichen Energie wie eine andre auftreten. Vielmehr besteht hinsichtlich der Zusammensetzung des Lichtwellengemisches eine unendliche Mannigfaltigkeit[1] der Möglichkeiten.

[1] Vgl. a. Geiger-Scheels Handb. d. Physik **19**, 15 (1928).

Die Strahlung, die in unser Auge gelangt, kommt in den seltensten Fällen unverändert so auf die Netzhaut, wie sie in der Lichtquelle erzeugt wurde. Vielmehr hat sie erst mancherlei Schwächungen beim Durchgang durch durchsichtige Mittel und durch Remission an den verschiedenen Oberflächen zu erleiden. Da nun die Farbempfindung abhängig ist von der Energieverteilung in der aufs Auge wirksamen Strahlung, ist es eine Aufgabe der Farbmeßtechnik, diese messend festzustellen. Wir bezeichnen als Eigenfarbe eines Körpers im exakten Sinne die Remissionsverhältnisse an diesem selbst. Da aber der Farbeindruck außerdem von der Zusammensetzung der beleuchtenden Strahlung abhängig ist, muß diese in irgendeiner Weise berücksichtigt werden. Strenggenommen handelt es sich hier um einen Fall der subtraktiven Farbenmischung, d. h. einer Farbenmischung, bei der die Bestandteile der sich mischenden Farben nur in dem Verhältnis zur Wirkung gelangen, wie sie in beiden zugleich vorhanden sind. (Den Gegensatz hierzu bildet die additive Farbenmischung, bei der sich die einzelnen Bestandteile addieren; eine Abart davon ist die sog. anteilige Mischung, bei der die Summe der sich mischenden Farben konstant bleibt, im übrigen aber die Mischung nach den Gesetzen der additiven Mischung verläuft.)

Die einfallende Strahlung wird also von dem durchlassenden oder remittierenden Medium derart verändert werden, daß es innerhalb eines sehr engen Spektralbezirks die einfallende Energie, die dort I_λ betragen möge, so schwächt, daß sie nach der Schwächung nur noch $\varepsilon_\lambda \cdot I_\lambda$ beträgt, wobei ε_λ zwischen 0 und + 1 liegen soll.

Gebräuchliche Ausdrücke in der Farbmessung[1]. Alle Flächen, die keine Selbststrahler sind, werden uns sichtbar durch das von ihnen zurückgeworfene oder durchgelassene Licht. Aber nur die ideal weiße Fläche wirft von der Lichtmenge J_o, die auf sie fällt, alles zurück, normalerweise wird nur ein Teil J_r remittiert, der Rest $J_o - J_r$ wird absorbiert (verschluckt). Zudem werden nur gewisse Flächen (nämlich graue) das Licht in allen Gebieten des Spektrums gleichmäßig schwächen, vielmehr werden meist die einzelnen Spektralgebiete verschieden geschwächt werden. Nach einem Gesetz von LAMBERT ist nun das Verhältnis der remittierten oder durchgelassenen Lichtmenge zur einfallenden unabhängig von der tatsächlichen Lichtmenge. Es ist also $J_r : J_o$, das jedesmal für sehr enge Spektralbezirke gilt, charakteristisch für die betr. Fläche. Da nun dieses Verhältnis von der Wellenlänge abhängt, so wird es sich wie jede andre Funktion als Kurve über der Wellenlänge darstellen lassen. Diese Kurve kennzeichnet dann bei undurchsichtigen Flächen deren Rückwerfungsverhältnisse (Remission) und bei durchsichtigen Flächen deren Durchsichtigkeit (Transparenz). Die Kurve heißt demgemäß Remissions- bzw. Transparenzkurve. W. OSTWALD nennt sie Schluckzug. Der Wert des Bruchs $J_r : J_0$ heißt Remission oder Transparenz und wird mit ε_λ gekennzeichnet. Der Wert $1 - \varepsilon_\lambda$ heißt Absorption. Bei durchsichtigen Körpern (Lichtfiltern, Farbstofflösungen) verwendet man oft auch die Größe $E_\lambda = -\log \varepsilon_\lambda$. Diese Größe heißt Extinktion. Sie ist direkt proportional der Dicke d der betr. Schicht. Der Proportionalitätsfaktor k_λ heißt Extinktionskoeffizient und ist seinerseits von der Konzentration des Farbstoffs c und einer Größe m_λ, die die Farbstoffeigenschaft des betr. Stoffs kennzeichnet und Molarextinktion heißt, wenn c in Gramm-Molen je Liter und d in Zentimeter ausgedrückt ist. Es kann also geschrieben werden:

$$E_\lambda = d \cdot c \cdot m_\lambda = d \cdot k_\lambda.$$

Diese Gleichung enthält das BEERsche Gesetz, das aussagt, daß man die Konzentration ausgleichen kann durch die Dicke der Schicht, denn es ist offenbar

$$n \cdot E_\lambda = (n \cdot d) \cdot c \cdot m_\lambda = d \cdot (n \cdot c) \cdot m_\lambda \, .$$

[1] Vgl. GEIGER-SCHEELS Handb. d. Physik **19**, 634 (1928).

Während alle diese Größen Funktionen der Wellenlänge sind, mithin nur für enge Spektralbezirke gelten, erfaßt der Begriff der Albedo die Remissionsverhältnisse integrierend über das ganze Spektrum, und zwar ist die Albedo das Verhältnis der Helligkeit des durch Absorption geschwächten Lichts zu der des ungeschwächten.

Das beleuchtende Licht. Sobald man Messungen vornimmt, die die Remissionsverhältnisse über das ganze Spektrum integrierend ermitteln sollen, darf

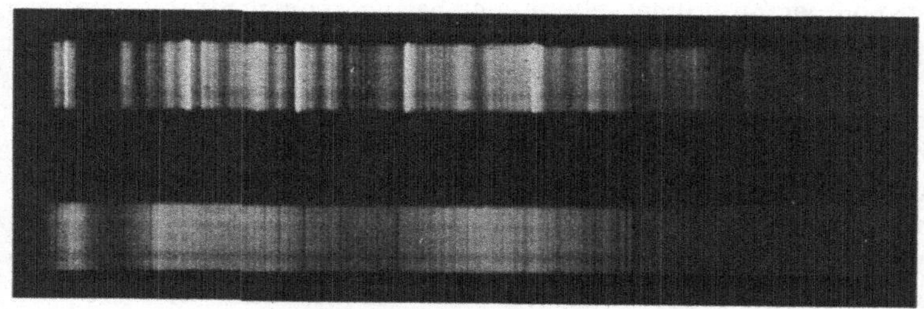

Abb. 124. Spektrogramm der Kohlensäureentladung (oben) und des Tageslichtes (unten). (Entnommen der ETZ **46** (1925), 451, Aufsatz von C. SAMSON.)

der Einfluß der Beleuchtungszusammensetzung nicht vernachlässigt werden. Entweder man berücksichtigt ihn rechnerisch (z. B. bei der Aufstellung der Grundreizkurven, die eben dann für ein ganz bestimmtes Licht gelten) oder durch Verwendung einer ganz bestimmten normalen Lichtzusammensetzung, die man bei allen Messungen konstant hält. Als Licht mit solcher konstanter Zusammensetzung gilt vielerorts das sog. mittlere Tageslicht[1], ohne jedoch zu berücksichtigen, wie sehr die Schwankungen sich im Lichtergebnis bemerkbar machen.

Abb. 125. Tageslichtlampe der „Agelinde". (A.-G. für Elektr. Ind. Berlin.)

Tageslichtlampen. Um von derartigen Schwankungen, die durch alle möglichen Ursachen hervorgerufen werden, unabhängig zu sein, braucht man theoretisch nur künstliche Beleuchtung zu wählen. Aber damit geht man zu Lichtquellen über, die eine vom Tageslicht mitunter erheblich abweichende Energieverteilung zeigen. Dabei taucht zunächst die Frage der Energieverteilung im Tageslicht auf. Nun kennen wir zwar die Energieverteilung, die das direkte Sonnenlicht zeigt; aber zur Farbmessung vermeidet man dieses schon deshalb, weil es nur wenige Stunden am Tage verwendbar ist. Daher verwendet man, wenn überhaupt, das Licht des Nordhimmels. Aber dieses ist infolge der verschiedensten Absorptionsverhältnisse in der Atmosphäre zu den verschiedenen Tageszeiten (Morgen und Abend!) und durch die dauernd wechselnden Einflüsse der Reflexionen an Wolken und Gegenständen in keiner Weise exakt zu definieren. Daher hat man sich in der Wissenschaft schon längst darüber geeinigt, daß als weißes Licht die Strahlung des schwarzen Körpers bei 5000° abs. angesehen werden soll[2]. Da diese Energieverteilung durch die theoretische Physik eindeutig bekannt ist und auf Grund des WIEN-PLANCKschen Gesetzes zu berechnen ist, so kann man diese bequem zur Grundlage für die Farbmessung machen. Andrer-

[1] Z. B. WI. OSTWALD.

[2] Vgl. GEIGER-SCHEELS Handb. d. Physik S. 14.

seits stellt tatsächlich diese Energieverteilung im Spektrum eine gute Annäherung an die einer mittleren Tagesbeleuchtung dar, so daß auch in der Praxis diese Normung wohl bald Eingang finden wird.

Zur Durchführung dieses Problems in der Wirklichkeit ist ein doppelter Weg gangbar. Entweder man sucht Lichtquellen zu finden, deren Energieverteilung der des schwarzen Strahlers bei 5000° ähnelt. Oder man versucht, Lichtquellen mit niederer Farbtemperatur[1] durch Vorsetzen von Filtern auf die Farbtemperatur von 5000° zu bringen.

Beide Möglichkeiten sind in die Praxis umgesetzt worden. Für die erste dient als Beispiel die Agelinde-Tageslichtlampe[2], die eine durch Entladung in verdünnten Gasen erzeugte Leuchterscheinung nach dem Prinzip der Moore-Lampen ausnutzt. Das hauptsächlich beteiligte Gas ist Kohlenstoffdioxyd. Abb. 124 zeigt ein Spektrogramm der Kohlensäureentladung im Vergleich zum Tageslichtspektrum. Wenn auch die Abbildung nicht die quantitativen Verhältnisse erkennen läßt, so gibt sie doch immerhin ein gutes Bild von der erreichten Annäherung. Die Ausführung des Apparats stellt Abb. 125 dar.

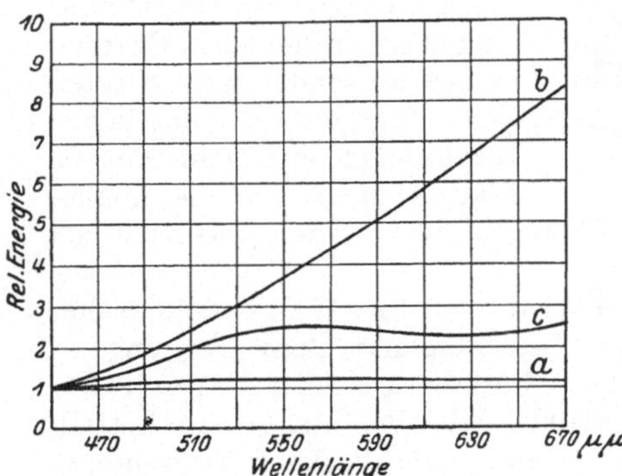

Abb. 126. Energieverteilungskurven. (Entnommen der ETZ **46**, 450 (1925), Aufsatz von C. SAMSON.)
a = Strahlung 5000°,
b = Glühlampe 500 W (gasgefüllt),
c = dieselbe Glühlampe mit Tageslicht-Glaskolben.

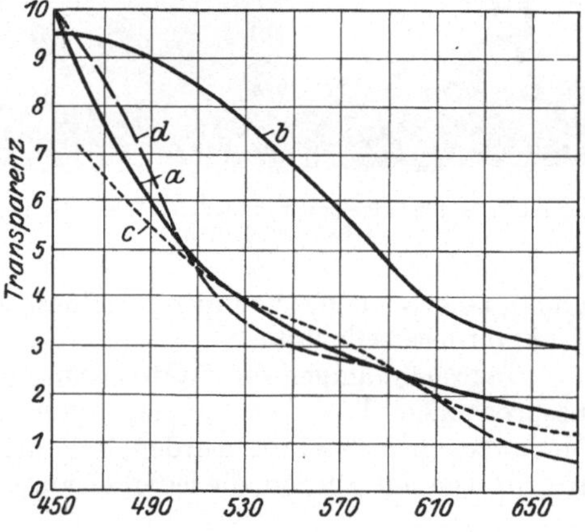

Abb. 127.
Transparenzkurven verschiedener Tageslichtfilter.
a = Ideales Filter,
b = blaues Glas in Tageslichtarmaturen,
c = englisches Spezialglas,
d = Gelatinefilter (nach NAUMANN).

Weit häufiger ist der andre Weg beschritten worden, durch Farbfilter die Farbtemperatur eines Strahlers zu erhöhen. Z. B. versucht man bei der Osram-Tageslichtlampe dies dadurch zu erreichen, daß sie statt eines ungefärbten Kolbens einen solchen aus blauem Naturglas erhält. Wie weit dadurch eine Annäherung erzielt wird, zeigt Abb. 126. Darin ist die Kurve *a* die der Strahlung von 5000°, die Kurve *b* die einer Wolframdrahtlampe von 500 W (Fadentemperatur ca. 2650°, Farbtemperatur 2500°), schließlich bringt Kurve *c* die Energieverteilung einer Osram-Tageslichtlampe von 500 W zur Anschauung.

Abb. 127 zeigt vier Filterkurven: *a* die ideale Filterkurve zur Umwandlung des Lichts einer Lichtquelle von der Farbtemperatur 2600° auf eine solche von 5000°. Kurve *b* ist die eines bei Tageslichtarmaturen praktisch verwendeten Filters. Kurve *c* gibt ein englisches Spezialglas wieder[3]. Schließlich zeigt Kurve *d* die relative Durchlässigkeit für ein Filter in Gelatineaufguß nach NAUMANN[4]. Die zur Beleuchtung des

---

[1] Das ist die Temperatur, bei der die Strahlung des schwarzen Körpers die gleiche relative Energieverteilung aufweisen würde wie die der betrachteten Lichtquelle.

[2] Hersteller: A.-G. für Elektr.-Industrie, Berlin.

[3] Average Chances Daylight Glass nach CHANCE u. HAMPTON: Proc. Opt. Convention, S. 37. London 1926.

[4] D.R.G.M.

Instruments dienende Armatur, in die das Filter eingebaut ist, ist in Verbindung mit einem Stufenphotometer älterer Bauart in Abb. 128 wiedergegeben[1]. Auch die Firma C. Zeiss liefert zum Stufenphotometer ein Beleuchtungsgerät, das sie auf Wunsch mit einem Tageslichtfilter ausstattet. Abb. 129 zeigt die „Stupholampe" vor einem Stufenphotometer neuester Bauart.

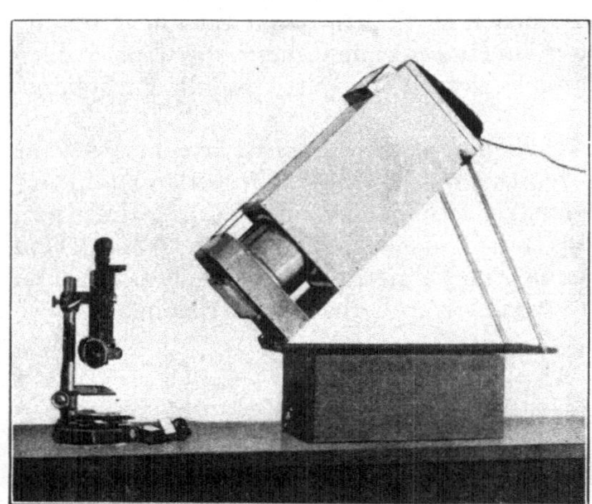

Abb. 128. Weißlichtlampe der Firma G. Heinrich (mit Gelatinefilter nach NAUMANN).

Ein ganz streng richtiges Maß ist von J. GUILD[2] angegeben. Allerdings gilt für dieses besonders, was auch für alle andern Tageslichtfilter gilt, daß sie nämlich bei zunehmender Richtigkeit auch den Wirkungsgrad der Lichtquelle ungemein herabsetzen. Denn da das Tageslicht im blauen Gebiet des Spektrums noch ziemlich die gleiche Energiemenge aussendet wie im roten Teile, dagegen die künstlichen Lichtquellen viel mehr Rot als Blau, so muß, um die Angleichung zu erreichen, eben das überflüssige Rot weggefiltert werden, was natürlich Lichtverlust bedeutet.

Tageslichtlampen für die Musterung von Färbungen u. dgl. Während die bisher besprochenen Tageslichtlampen unter dem Gesichtspunkt ihrer Eignung zu Meßzwecken betrachtet wurden, soll hier noch kurz einiges über Tageslichtlampen gesagt werden, die lediglich zur Musterung der Färbungen im Betrieb und beim Verkauf Verwendung finden. Bei derartigen Geräten wird nicht eine so hohe Genauigkeit in der Strahlenzusammensetzung gefordert wie bei Meßlampen, aber die Korrektur des künstlichen Lichtes muß doch immerhin genügen, um Farbverschiebungen dem normal geübten Auge nicht ohne weiteres sichtbar werden zu lassen.

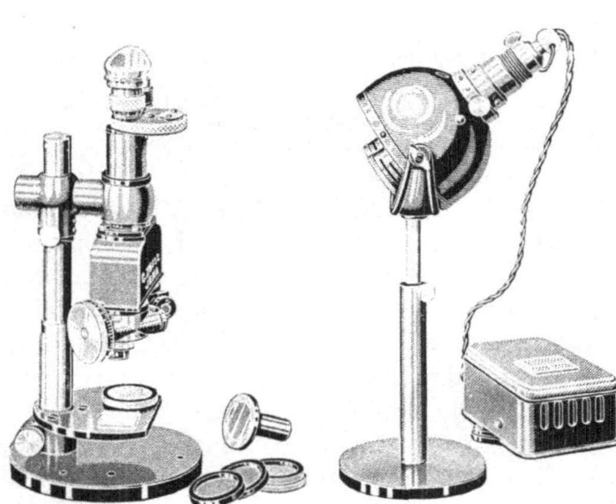

Abb. 129. Die Stupholampe der Firma C. Zeiss, Jena.

Bei diesen Leuchtgeräten, die gleichzeitig zur Raumbeleuchtung dienen, sucht man das Tageslicht aber nicht nur in seiner Strahlenzusammensetzung, sondern auch in seiner geometrischen Lichtverteilung nachzuahmen, d. h. man hat sich bei der Konstruktion dieser Lampen bemüht, ein diffuses Licht zu erzeugen; gilt es doch für eine wesentliche Eigenschaft des Tageslichtes, daß es diffus ist. Bei der Musterung ist eine diffuse Beleuchtung auch durchaus wünschenswert, schon um sich bei glänzenden Proben nicht durch

---

[1] Hersteller: Fa. Georg Heinrich, Kötzschenbroda, Grenzstraße 12.
[2] GUILD, J.: Trans. Opt. Soc. **27**, 106 (1925/26).

übermäßiges Glanzlicht, wie es bei direkt strahlenden Leuchten auftreten kann, täuschen zu lassen.

Eine der ältesten Typen dieser Art ist die DUFTON-GARDNER-Lampe. Sie besteht aus einer Bogenlampe, die von lichtstreuendem, grünem Glase umgeben ist. Wenn nun auch die Bogenlampe eine höhere Farbtemperatur besitzt als die Glühlampe und infolgedessen auch blauer strahlt als diese, so absorbiert doch das grüne Glas außer dem Rot noch erhebliche Mengen blauer Strahlen gegenüber einer zu hohen Durchlässigkeit des Glases für grüne Strahlung. In Abb. 130 zeigt die Kurve *b* die von der DUFTON-GARDNER-Lampe ausgesendete Strahlung in willkürlichem Maße über der Wellenlänge aufgetragen. An einem Vergleich mit Kurve *a*, der Strahlungskurve des schwarzen Körpers bei 5000°, sieht man die Mängel dieser Beleuchtung am besten: im allgemeinen werden grüne und gelbgrüne Proben gegen rote, blaue und violette Töne bei dieser Beleuchtung hervortreten.

Wie aus der Abbildung zu ersehen ist, liegen die Verhältnisse bei Kurve *c* ähnlich, wenn auch bedeutend weniger kraß. Diese Kurve kennzeichnet die Strahlung eines Leuchtgerätes, das aus Glühlampe und blauem, lichtstreuendem Glasfilter besteht[1]. Diese heute ziemlich verbreitete Lampe hat außer der etwas besseren Annäherung noch den Vorzug, nicht mit Bogenlampe, sondern mit Glühlampe zu arbeiten. Da aber die Glühlampe eine niedrigere Farbtemperatur hat als die Bogenlampe, muß auch das Glas viel mehr Rot absorbieren und möglichst viel Blau durchlassen (daher auch das blaue Aussehen dieser Filter bei Tageslicht). In der resultierenden Strahlung finden sich aber doch noch zu wenig Blau und auch zu wenig Rot. Der Effekt dieser Lampe ist also dem bei der DUFTON-GARDNER-Lampe ähnlich.

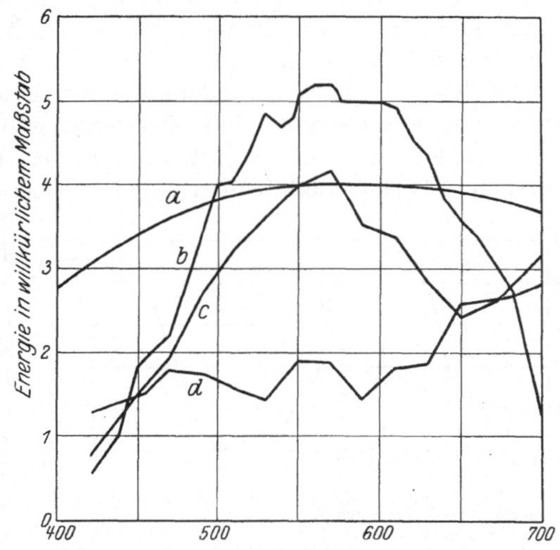

Abb. 130. Energieverteilungskurven.
a = Strahlung 5000°,
b = DUFTON-GARDNER-Lampe,
c = Tageslichtlampe der Tageslichtlampen-A.-G., Berlin,
d = Glühlampenlicht durch Lumina-Brille.

Eine Tageslichtlampe mit indirektem Licht ist von SHERINGHAM konstruiert[2]. Wie alle indirekt wirkenden Leuchten arbeitet auch diese Lampe sehr unwirtschaftlich. Die Korrektur der Strahlung wird am Reflektor bewirkt, der mit Farben von geeigneten Remissionskurven bestrichen ist. Bei der Originallampe ist die Reflektorfläche zu 66% mit Ultramarinblau, zu 32% mit Smaragdgrün und zu 2% mit Zinnober bestrichen. Als Lichtquelle dient eine 500 W-Lampe, die ihr Licht lediglich auf diesen Reflektor wirft.

Die einfachste Tageslichtleuchte ist die Tageslichtlampe mit blauem Naturglaskolben, wie sie schon oben beschrieben ist. Allerdings verzichtet diese Lampe auf das zerstreute Licht, das aber durch geeignete Armaturen sich erzielen läßt. Diese Tageslichtbeleuchtung ist ihrer Wohlfeilheit wegen heute wahrscheinlich die verbreiteste in Fabrikations-, Lager-, Verkaufs- und Ausstellungsräumen. Allerdings verschiebt sie die Farben der Proben ein wenig nach Rot. Daher ist auch schon vorgeschlagen worden, mit derartigen Lampen noch eine Moorelicht-Beleuchtung, die etwas zu grün strahlt, zu kombinieren. Dadurch würden die Fehler beider Lampen sich annähernd ausgleichen.

[1] Hersteller: Tageslichtlampen-G. m. b. H., Berlin SW 68.
[2] SAMSON, C.: ETZ **46**, 450 (1925).

Als weitere Hilfe beim Mustern ist noch die „Lumina-Brille“[1] zu erwähnen. Diese aus blauen Filtergläsern bestehende Brille wird aufgesetzt, und durch sie betrachtet man die vom Kunstlicht beleuchteten Proben. (Wo die Korrektur der Strahlenzusammensetzung erfolgt, ist ja im Prinzip gleichgültig.) Denkt man sich die Probe durch ein derartiges Filter hindurch von einer Glühlampe beleuchtet, so würde sich die in Kurve *d* dargestellte Energieverteilung ergeben. Man sieht, daß zwar der Gesamtverlauf von den gezeichneten Kurven der der Kurve *d* dem der Kurve *a* am nächsten kommt, aber man bemerkt auch, daß in den einzelnen Gebieten sehr erhebliche Schwankungen auftreten, die bei Proben mit steilem Remissionsverlauf sehr störend werden können. Außerdem wird verhältnismäßig zuviel Rot durchgelassen.

Hier soll noch ein Hilfsmittel Erwähnung finden, mit dem man sich selbst leicht über die Güte einer künstlichen Tageslichtquelle und ihre Verwendungsfähigkeit zu Musterungszwecken ein Urteil bilden kann. Es sind dies die „Tafeln zur Prüfung von künstlichem Licht auf seine Übereinstimmung mit dem Tageslicht“[2]. Diese Tafeln zeigen je zwei Farben, die teils bei Tageslicht gleich aussehen, trotzdem aber verschiedene Remissionskurven zeigen, also gegeneinander metamer sind. Bei der künstlichen Beleuchtung darf die Gleichheit des Aussehens nicht gestört werden, soll die Lichtquelle als Tageslichtersatz dienen. Es sind auch Tafeln dabei, die bei zu rotem oder zu blauem Licht sich einander angleichen, obwohl sie bei Tageslicht und bei dessen künstlichem Ersatz verschieden aussehen müssen. Der Gebrauch dieser Tafeln erfordert keinerlei Übung, ist also zur schnellen Prüfung von Lichtquellen sehr geeignet. Natürlich darf man von einem derartigen Verfahren nicht die letzte Genauigkeit in der Kontrolle der Strahlenzusammensetzung erwarten; zur Prüfung der Lampen auf ihre Verwendbarkeit zu Musterungszwecken dürfte es aber genügen.

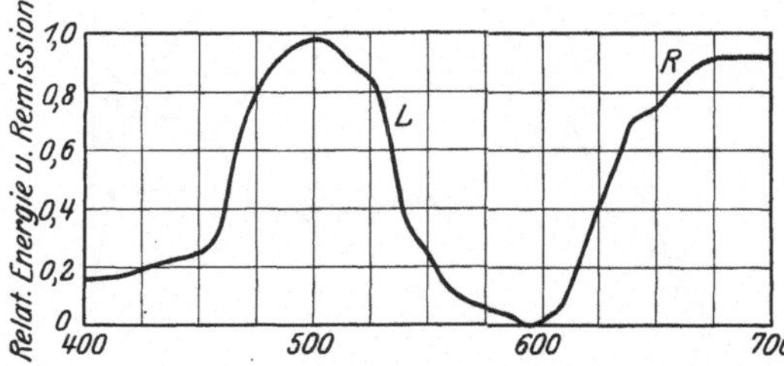

Abb. 131. Remissionskurve *R* einer roten Fläche und Energieverteilungskurve *L* einer grünen Lichtquelle. Wird *R* von *L* beleuchtet, so erscheint die rote Fläche schwarz, da von dem Spektralgebiet, in dem die Lichtquelle wirksam ist, nichts reflektiert werden kann.

Abendfarben. Mit Hilfe des im Abschn. „Lichtwellengemisch“ Gesagten können wir eine weitere, dem Textilfärber besonders geläufige Erscheinung erklären. Ändert sich nämlich die Zusammensetzung des beleuchtenden Lichtes gegenüber dem gewohnten, uns sonst umgebenden Tageslicht merklich, so werden sich auch die Tatsachen der subtraktiven Farbenmischung dem Auge dadurch bemerkbar machen, daß eine Verschiebung des Farbtones und der Reinheit erkenntlich wird. Ob diese Verschiebung groß oder klein ist, hängt einmal von der Änderung der Zusammensetzung des Lichtes ab. Zum zweiten aber wird die Gestalt der Remissionskurve selbst die resultierende Strahlungskurve, die das Bild des ins Auge gelangenden Lichtwellengemisches darstellt, entscheidend beeinflussen. Der extreme Fall wäre doch denkbar, daß eine farbige Oberfläche, die etwa eine Remissionskurve *R* wie in Abb. 131 gezeichnet besäße, von einem Licht beleuchtet würde, das eine Zusammensetzung gemäß der Kurve *L* in dieser Zeichnung besitzt. Für diesen Fall könnte gar keine Energie remittiert werden, da ja das Produkt der beiden Ordinaten (subtraktive Farbenmischung!) über dem ganzen Spektrum gleich 0 ist. Folglich erscheint dann die Fläche in diesem Lichte vollkommen schwarz. Wenn nun zwar ein derartiger Fall nur unter ausgesprochen farbiger Beleuchtung, auf der Bühne etwa, zustande kommt, so ist er doch seiner Instruktivität halber hier aufgeführt. Unter normalen Verhältnissen wird sich etwa das ergeben, was in Abb. 132 gezeichnet ist: die Remissionskurve *R* ist gegeben. Die Kurve *A* soll der relativen Energieverteilung im Tageslicht entsprechen, die Kurve *B* der einer gasgefüllten Glühlampe und die Kurve *AR* bzw. *BR* der resultierenden Strahlung, wenn die Farbe *R* von dem Licht *A* bzw. *B* beleuchtet wird. Wie sehr nun der Eindruck dieser „Abendfarbe“ *BR* von der am Tage gesehenen Farbe *AR* verschieden ist, kann allerdings quantitativ erst durch Ermittlung der drei Grundreizbeträge für jede dieser Farben

[1] Hersteller: Gesellschaft für Lichttechnik, Wien.
[2] Hersteller: Agfa.

festgestellt werden (ausgeführt im Abschn. über Farbcharakteristik nach der klassischen Farbenlehre).

Als eigentliche Abendfarben gelten nun diejenigen Farben, die erst bei künstlicher Beleuchtung ihre volle Schönheit gewinnen. Es sind also solche Farben, die auf Änderung der Beleuchtung besonders bemerkbar reagieren. Die Erfahrung lehrt, daß dies in den meisten Fällen Farben sind, deren Remissionskurven mehrere Maxima, meistens je eines an beiden Spektrumsenden, zeigen, aber im Farbton einer Remissionskurve zu entsprechen scheinen, die nur ein Maximum, das aber an ganz anderer Stelle liegen könnte, aufweist. Theoretisch kann man ja jede Farbe durch eine unendliche Anzahl von Remissionskurven wiedergeben[1]. Diese einander im Farbreiz und damit in der Farbempfindung völlig gleichen Farben werden als Metamerien dieser Farbe bezeichnet. So entspricht denn die Abendfarbe ganz besonders eigenartigen Metamerien[2].

Normalweiß. Unter allen möglichen Remissionsverhältnissen muß es zwei ausgezeichnete Fälle geben. Einmal den Fall, in dem das Licht aller Wellenlängen, wenigstens im sichtbaren Gebiet, vollständig verschluckt wird. Diese dann resultierende Farbe, der die Intensität 0 zukommt, nennen wir das ideale Schwarz. Es läßt sich mit großer Annäherung realisieren durch den Schattenkasten[3]. Die andre Grenzmöglichkeit wird dann der Fall sein, daß alles Licht ungeschwächt remittiert wird. Die zugehörige Remissionskurve ist dann eine Gerade, die im Abstande 1,0 parallel zur Abszissenachse verläuft. Sie entspricht dem idealen Weiß. Realisiert wird es angenähert durch Bariumsulfat und durch Magnesiumoxyd. Jedoch zeigen beide Stoffe noch eine Absorption, die sich allerdings sehr gleichmäßig über das ganze Spektrum erstreckt. Vor allem das Bariumsulfat (Barytweiß) wird nun sehr viel als Normalweiß, d. h. als Vergleichsfläche für Farbmessungen, verwendet, und man bezieht sehr häufig die Meßergebnisse direkt auf das Normalweiß. Dieser Stoff hat noch die weitere, für das Normalweiß erforderliche Eigenschaft, daß es fast vollkommen glanzlos ist, d. h. daß die Flächenhelle unabhängig vom Betrachtungswinkel ist[4]. Zur technischen Herstellung solcher Normalweißflächen suspendiert man die Fällung in einer Gelatinelösung und gießt diese auf Glas. Nach dem Trocknen wird die Fläche eben geschliffen. Einfachere, aber sehr wenig haltbare Normalweißflächen lassen sich durch „Berußen" einer Glasplatte mit Magnesiumoxyd erzielen.

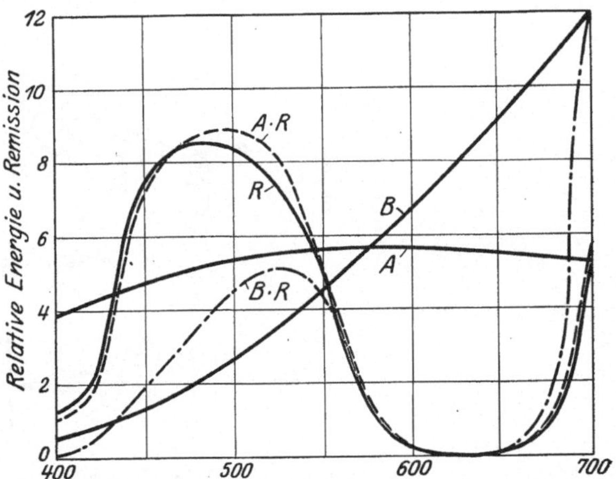

Abb. 132. Die Entstehung der Abendfarbe. Wird eine grüne Fläche mit der Remissionskurve R von Tageslicht (Kurve A) beleuchtet, so besitzt das remittierte Licht die Zusammensetzung gemäß Kurve $A \cdot R$; bei Beleuchtung mit einer gasgefüllten Glühlampe (Kurve B) entsteht ein Lichtwellengemisch entsprechend Kurve $B \cdot R$.

Ermittlung der Remissionskurve. Nach den bisherigen Ausführungen ist die Kenntnis der Remissionskurve notwendig zur Bestimmung des Farbeindrucks, den die Fläche ergibt. Sie wird mittels Apparate gemessen, die sehr enge Spektralgebiete einzeln zu untersuchen gestatten. Die Untersuchung erstreckt sich auf

[1] Klughardt, A.: Ztschr. techn. Physik 9, 392 (1928).

[2] Im Sprachgebrauch nach Ostwald, auf den das Wort zurückgeht, bezeichnet man überhaupt jede Farbe, deren Remissionskurve mehrere Maxima aufweist, als metamer. Farbtöne, die nicht im Spektrum vertreten sind (Purpur und Violett), müssen solche Kurven zeigen und sind daher in diesem Sinne immer metamer.

[3] Ostwald, W.: Physik. Farbenlehre, S. 52. Leipzig 1919.

[4] Vgl. Abschnitt „Glanz und Glanzmessung" dieses Buches.

den Vergleich der vom Prüfling zurückgeworfenen Lichtmenge des betreffenden Spektralbezirks im Verhältnis zu der von der ungefärbten (weißen) Vergleichsfläche remittierten. Die Messung wird also zu einer Helligkeitsvergleichung. Dazu ist ein Photometer mit zwei Gesichtsfeldern nötig, die von zwei verschiedenen Strahlengängen ihr Licht erhalten, die sich gegeneinander schwächen lassen müssen. Der Grad der Schwächung ist dann bei gleich hellen Gesichtsfeldhälften proportional dem der Intensität der beiden ins Photometer eintretenden Lichtbüschel und danach proportional dem Helligkeitsverhältnis der beiden verglichenen Flächen in dem betreffenden Spektralbereich. Um nun einzelne Spektralbezirke untersuchen zu können, muß entweder zur Beleuchtung der Flächen praktisch monochromatisches Licht verwendet werden, oder das von den Flächen zurückgeworfene Licht muß so zerlegt werden, daß in beiden Strahlengängen Licht gleicher Wellenlänge wirkt. Während in den Spektralphotometern lediglich das letztere angewendet wird, finden wir beides vereint im Spektrodensographen.

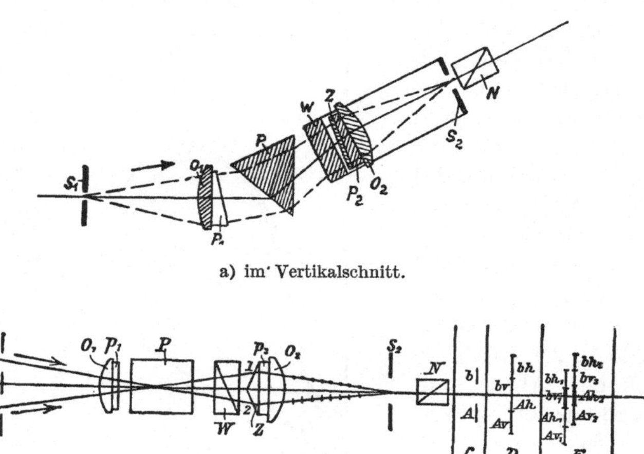

a) im Vertikalschnitt.

b) im Horizontalschnitt.

Abb. 133. Strahlengang im Spektralphotometer (nach KÖNIG-MARTENS). (Schmidt & Haensch, Berlin.)

Als Beispiel für ein Spektralphotometer soll hier kurz das Spektralphotometer nach KÖNIG-MARTENS beschrieben werden[1]. Abb. 133 a und b zeigt den Strahlengang dieses Apparats. Das durch die beiden nebeneinanderliegenden Spalte S_1 vom Prüfling und von der Vergleichsfläche kommende Licht wird durch die Kollimatorlinse O_1 parallel gerichtet und danach durch das Prisma P zerlegt. Dann wird es in einem Wollaston-Prisma W so polarisiert, daß die Schwingungsebenen der beiden Strahlenbüschel aufeinander senkrecht stehen. Schließlich werden sie durch das Zwillingsprisma Z konvergent gemacht. Die Linse O_1 bildet nun den Eintrittsspalt scharf in S_2, dem Okularspalt, ab. Durch den Analysator N werden schließlich die beiden senkrecht zueinander polarisierten Lichtbüschel gegeneinander geschwächt je nach Stellung des Analysators. Diese ist in Winkelgraden an einem Teilkreis abzulesen. Zur Umrechnung in die Schwächungszahl ist das Verhältnis $\mathrm{tg}^2\alpha : \mathrm{tg}^2\beta$ zu bilden. Hierin bedeutet β den Winkel, der abgelesen wird, wenn sich auf beiden Seiten des Photometers dieselbe Vergleichsfläche befindet, und α den Winkel, der bei der eigentlichen Messung, Prüfling gegen Normalweiß, eingestellt wurde. (Die unverändert auf der einen Photometerseite gebliebene Vergleichsfläche spielt also nur die Rolle einer Sekundärnormalen, während die eigentliche Messung eine Substitutionsmessung darstellt[2].) Der errechnete Quotient stellt dann die Remissionszahl ε_λ für die betreffende mittlere Wellenlänge dar. Das Spektralgebiet wird eingestellt durch Schwenken der Beobachtungsapparatur gegen das Prisma P, die Einstellung erfolgt mittels Mikrometerschraube. Die Breite des Spektralbezirks wird eingestellt durch die Spaltbreiten an S_1 und S_2. Wenn man sie auch möglichst eng machen

---

[1] Hersteller: Fa. Franz Schmidt & Haensch, Berlin SO 42.

[2] Zur Erleichterung der Umrechnung gibt die Herstellerfirma jetzt jedem Polarisationsphotometer eine vom Verfasser (R.) gerechnete logarithmische und numerische Tabelle der Tangensquadrate bei.

wird, so hat das doch seine Grenzen in der Helligkeit des Gesichtsfeldes, die immerhin so sein muß, daß ein einwandfreies Einstellen auf gleiche Helligkeit noch ermöglicht bleibt[1].

Ein neuerer Apparat ist der Spektrodensograph nach GOLDBERG[2]. Sein Hauptvorteil gegenüber den Spektralphotometern liegt in der Zeitersparnis, die damit erzielt wird, denn er erübrigt das Ausrechnen und Aufzeichnen der Kurve. Allerdings gibt er nicht bei Filtern die Transparenzkurve, sondern die Extinktionskurve. Bei remittierenden Flächen gibt er die der Extinktion entsprechenden Werte. Der Apparat wird also in erster Linie dort Verwendung finden, wo man lediglich Wert auf die Kenntnis des Absorptionsverlaufes legt, aber nicht dort, wo man mit den Meßergebnissen weitere Rechnungen anstellen will. Wegen seiner Wichtigkeit für die Farbstoffuntersuchung muß er aber an dieser Stelle beschrieben werden.

Seine optische Einrichtung zeigt Abb. 134. Er besteht aus einem Monochromator, d. h. einem Apparat, der monochromatisches Licht erzeugt, und einem Spektralphotometer. Die zu untersuchende Farblösung wird bei M in den Strahlengang eingeschaltet. Die Apparatur ist nun so angeordnet, daß mit einer einzigen Einstellung sowohl das Monochromatorprisma P_1, das Photometerprisma P_2 und der Registriertisch gleichzeitig auf dieselbe Wellenlänge eingestellt wird. Der Strahlengang, der durch die Doppellinse O_1 in zwei Hälften geteilt wird, wird auf der einen, beispielsweise der unteren Hälfte durch den Prüfling geschwächt, während der Helligkeitsausgleich durch Einstellung eines Graukeiles im andern Strahlengang bewirkt wird. Mit dem Graukeil wird gleichzeitig der Registriertisch in der Richtung der Ordinate bewegt, so daß nach Einstellung auf gleiche Helligkeit der Gesichtsfelder der zugehörige Ordinatenpunkt über der der Einstellung entsprechenden Wellenlänge durch Einstechen markiert werden kann. Man erhält also durch die Messung direkt die logarithmische Kurve. Für Messungen an Oberflächen läßt sich eine einfache Umschaltung an der Apparatur vornehmen, die dann die Messung ebenso wie bei transparenten Prüflingen durchzuführen gestattet.

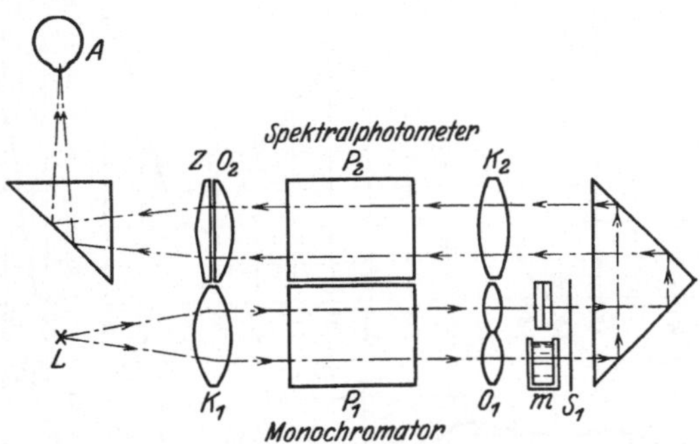

Abb. 134. Strahlengang im Spektrodensograph nach GOLDBERG. Als Lichtquelle L dient eine Wolfram-Punktlichtlampe. Die Prismen P_1 und P_2 sind starr miteinander verbunden, so daß sie stets gleichzeitig miteinander eingestellt werden.

Ermittlung der Grundreizbeträge. Nach Ermittlung der Remissionskurve kann man nun den Farbreiz bestimmen, den die betreffende Oberfläche bei einer bestimmten Beleuchtung ausübt. Dies geschieht auf dem Wege über die Ermittlung der drei Grundreize. Zu diesem Zweck muß festgestellt werden, in welchem Grad die einzelnen Spektralbezirke die Grundreizempfänger erregen. Dieser Grad ist einmal gegeben durch die Reizbarkeit der Zapfen für die einzelnen Grundreize in den betreffenden Spektralbezirken; die nötigen Zahlen hierzu ergeben sich aus den Grundreizkurven. Andrerseits ist natürlich maßgebend die relative Stärke des betreffenden Spektralbezirks in dem wirksamen Lichtwellengemisch, das durch die Remissionskurve und die Strahlungskurve dargestellt wird[3]. Eine einfache Überlegung lehrt, daß zur Ermittlung der drei Grundreize die Ordinaten der Remissionskurve zu multiplizieren sind mit den entsprechenden, d. h. denselben Wellenlängen zugehörigen Ordinaten jeder der drei Grundreizkurven. Man erhält dann drei neue Kurvenzüge, deren Anfänge und Enden in der Abszissenachse liegen und die je ein Flächenstück umschließen, das proportional der Menge des enthaltenen Grundreizes ist. Die Ermittlung der Fläche geschieht am besten mit dem Planimeter. Es ist auch vorgeschlagen worden, die Flächen auszuschneiden und mit einer chemischen Wage zu be-

[1] Über die Berücksichtigung der endlichen Spaltbreiten s. HOFFMANN: Ztschr. Physik **37**, 60 (1926).

[2] GOLDBERG, E.: Mell. Text. **1927**, H. 5. Hersteller: Zeiss Ikon A.-G., Dresden.

[3] Da man normalerweise das Aussehen der Farbe bei Tageslicht wird erfassen wollen, kann man die Strahlungskurve gleich mit den Grundreizkurven ein für allemal vereinigen und so eine Operation sparen.

stimmen, nachdem man das Gewicht der Flächeneinheit des verwendeten Papiers bestimmt hat. Vermeiden kann man die Multiplikation, die allerdings eine sehr zeitraubende Arbeit darstellt (bei einigermaßen genauem Arbeiten muß sie für die Ordinaten von 10 zu 10 $\mu\mu$ vorgenommen werden, d. s. aber bei einer Ausdehnung des Spektrums von rund 400—700 $\mu\mu$ dreimal 30 Multiplikationen!), wenn man besonders hergestelltes Koordinatenpapier verwendet, dessen Ordinatenachse zwar lineare Teilung aufweist, dessen Abszissenachse jedoch (für jeden Grundreiz verschieden) so geteilt ist, daß gleiche Abschnitte gleichen Zunahmen an Grundreizmengen entsprechen[1]. Dann hat man nur nötig, die Ordinaten unverändert aus der Remissionskurve in diese drei Koordinatensysteme zu übertragen und die Flächen auszuwerten. Abb. 135 stellt ein Blatt mit einer

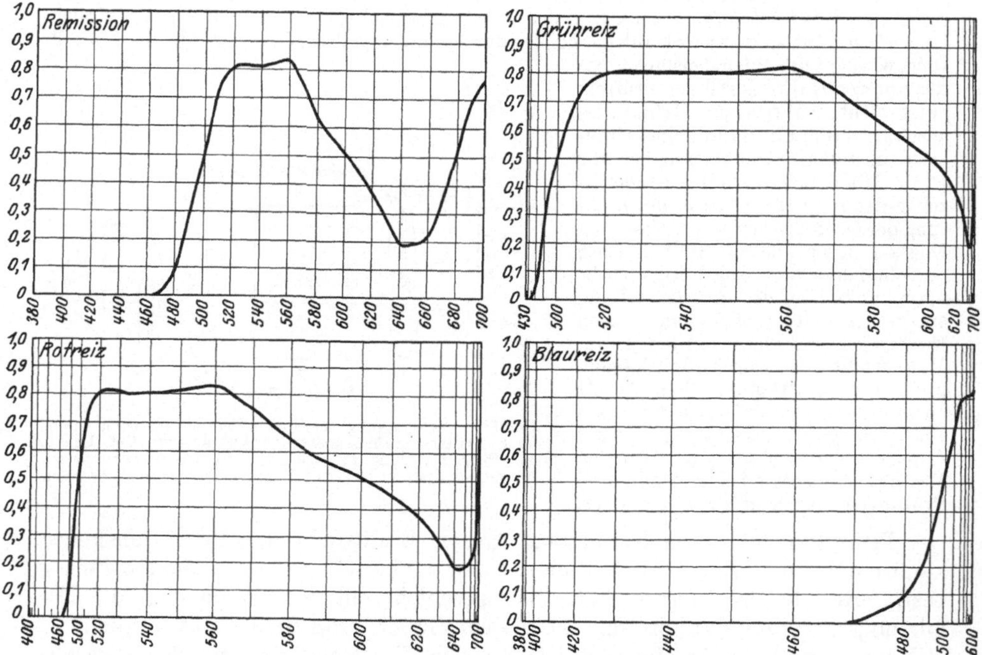

Abb. 135. Koordinatenpapier zur vereinfachten Ermittlung der Grundreizbeträge (nach LUTHER). Natürliche Größe des gesamten Blattes: DIN A 2. Jedes System bedeckt 200 cm², so daß 1 Reizeinheit ≙ 2 cm² ist.

Remissionskurve und den drei nach dieser Methode hergestellten Grundreizflächen dar.

Auswertung des Ergebnisses. Diese drei Grundreizbeträge müssen nun so rechnerisch verwertet werden, daß sie Zahlen ergeben, mit denen man eine gewisse Vorstellung verbinden kann, d. h. man muß diese Parametertriade in irgendeine andre umwandeln, die im praktischen Gebrauch verwendbar ist. Nur zu rechnerischen Zwecken wird man die Grundreiztriade beibehalten. Anschaulicher ist die auf GRASSMANN und HELMHOLTZ zurückgehende Triade Farbton, Sättigung und Helligkeit. OSTWALD wählte die Parameter Farbton, Weiß- und Schwarzgehalt. Zuerst soll die erstgenannte Triade besprochen werden, die man gewöhnlich zusammen mit der YOUNG-HELMHOLTZschen Theorie die klassische Farbenlehre nennt.

Die Sättigung. Hat man durch Messung und Umrechnung die drei Grundreizbeträge ermittelt, so wird im allgemeinen einer von ihnen der kleinste sein. Dieser Betrag vereinigt sich nun mit gleichen Beträgen der andern beiden Grund-

[1] LUTHER, R.: Ztschr. techn. Physik 8, 540 (1927).

reize zu Weiß. Die Restbeträge der andern beiden bilden den bunten Anteil an der farbigen Erscheinung. Das Verhältnis des Buntwertes zur Gesamtreizmenge gibt dann die Sättigung des Farbreizes[1], kurz Reizsättigung genannt. In Zeichen geschrieben nimmt dieser Satz folgende Form an: Die Grundreizmengen werden durch $\mathfrak{R}$ (= Rot), $\mathfrak{G}$ (= Grün) und $\mathfrak{B}$ (= Blau) wiedergegeben. Ihre Summe ist $S = \mathfrak{R} + \mathfrak{G} + \mathfrak{B}$. Die kleinste von ihnen wird symbolisiert durch k. (Für eine gelbe Farbe wird dies z. B. $\mathfrak{B}$ sein.) Der Weißreiz ergibt sich dann zu $3\,k$. Somit bleibt für den reinen Farbreiz (Buntwert) $F = \mathfrak{R} + \mathfrak{G} + \mathfrak{B} - 3\,k$. Die Reizsättigung ist dann $\Sigma = \frac{F}{S}$. Im Farbendreieck läßt sich die Reizsättigung ablesen als das Verhältnis der Strecken $WP : WV$ (vgl. Abb. 136).

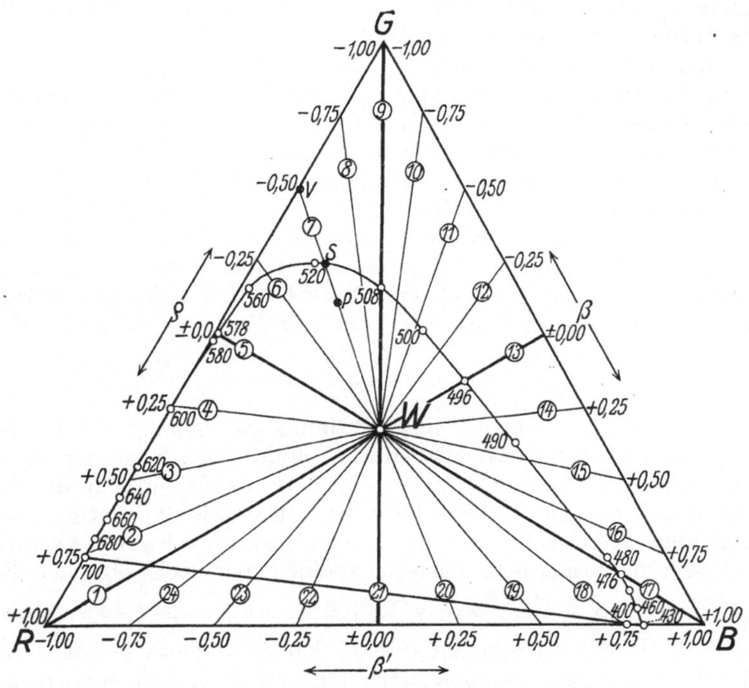

Abb. 136. Farbendreieck mit eingetragener Spektralkurve und Linien gleichen Farbtons. Die in Kreise geschriebenen Zahlen geben die „physikalische Farbtonnummer" an. Außerhalb des Dreiecks stehen die zugehörigen „Farbstiche". Die Reizsättigung einer Farbe, deren Ort im Dreieck der Punkt P ist, wird dargestellt durch das Verhältnis $PW : VW$, die Farbkraft dagegen durch $PW : SW$. (Nach einer Abbildung in der Ztschr. techn. Physik **10** [1929], 101.)

Die Farben mit der Reizsättigung 1,0 liegen also auf den Dreiecksseiten, woraus ersichtlich ist, daß die reinsten realisierbaren Farben nur in wenigen Gebieten die volle Reizsättigung zeigen.

Wir empfinden jedoch auch die Spektralfarben, die nicht ihren Ort auf der Dreieckseite haben, alle als voll gesättigt. Daher ist zur Ermittlung der empfindungsgemäßen Sättigung, kurz Empfindungssättigung oder besser Farbkraft genannt, die Reizsättigung der vorgelegten Farbe auf die bei dem betreffenden Farbton maximal erreichbare der Spektralfarben zu beziehen. Es ergibt sich also $\varkappa = \frac{\Sigma}{\Sigma_{max}}$. Im Dreieck stellt es das Streckenverhältnis $WP : WS$ dar. Damit haben wir ein Bestimmungsstück der klassischen Parametertriade aus den Grundreizbeträgen ermittelt.

Der Farbton. Durch den Farbton unterscheiden sich zwei Farben gleicher Helligkeit und Sättigung voneinander. Seine Kennzeichnung ist durchaus nicht

[1] KLUGHARDT, A.: Ztschr. techn. Physik **10**, 101 (1929).

einheitlich. In wissenschaftlichen Werken wird meist der Farbton nach der Wellenlänge der farbtongleichen Spektrallinie angegeben. Alle andern Farbtonbezeichnungen beruhen auf Abmachungen oder auf Vergleichen mit Standard-Farbtonkreisen. Die Farbtöne sind dann meist durch eine Nummer, die der Stellung des Tons in dem betreffenden Standardkreis entsprechen, gekennzeichnet, z. B. nach dem 100teiligen oder nach dem 24teiligen Kreis von OSTWALD. Kennt man für die Farbtöne des Standardkreises eine Verhältniszahl, die sich aus den Grundreizanteilen auf Grund der Tatsache errechnen läßt, daß im Dreieck farbtongleiche Farben auf einer Geraden durch den Weißpunkt liegen, so kann man auf diesem Wege aus den Grundreizmengen den Farbton indirekt errechnen. Dies Verfahren ist wiederum umständlich, da es zur Farbtonermittlung des Vorhandenseins einer Tabelle bedarf, die die Farbtonkonstante für alle Farbtöne des Standardkreises enthalten muß. Zur Vereinfachung ist vorgeschlagen worden[1], die Farbtöne auf einen Standardkreis zu beziehen, der auf einem solchen Zahlenverhältnis direkt aufgebaut ist. Eine einfache Überlegung zeigt, daß dieses Zahlenverhältnis je nach der Dreieckseite, nach der die Farbtongleiche zielt, aus andern Grundreizzahlen zusammengesetzt werden muß, daß aber der Bau dieses Verhältnisses für alle drei Seiten der gleiche sein wird. Es werden sich einfache Formeln aufstellen lassen, nach denen die Farbtonnummer aus den Grundreizmengen ohne weiteres berechnet werden können. Ein solches farbtondefinierendes Verhältnis bildet der „Farbstich“, wie er von KLUGHARDT vorgeschlagen worden ist. Je nachdem, ob der betreffende Farbton zwischen Rot und Grün oder Grün und Blau oder Blau und Rot liegt, wird das Verhältnis

$$\varrho = \frac{\mathfrak{R} - \mathfrak{G}}{F} \quad \text{oder} \quad \beta = \frac{\mathfrak{B} - \mathfrak{G}}{F} \quad \text{oder} \quad \beta' = \frac{\mathfrak{B} - \mathfrak{R}}{F}$$

gebildet. Die Farbtöne sind bei dieser Ordnung gleichmäßig auf den Dreiecksseiten verteilt, und der Farbstichkoeffizient ändert sich längs der Dreieckseite linear zwischen den Grenzen +1 und —1. Da die Gesamtheit der Farbtöne in 24 Teile geteilt worden ist, liegen auf jeder Dreieckseite 9 Farbtöne (einschließlich der Eckfarbtöne) (Abb. 136). Die „physikalische Farbtonnummer“ n berechnet sich dann aus dem Farbstichkoeffizienten nach folgenden Formeln:

$$|n|_1^9 = 5 - 4\varrho; \quad |n|_9^{17} = 13 + 4\beta; \quad |n|_{17}^1 = 21 - 4\beta'.$$

Der nach diesem System aufgestellte Farbkreis kann keinerlei Anspruch machen auf irgendwelche psychologische Eigenschaften, insbesondere nicht auf Gleichabständigkeit der Farbtöne. Diese hängt vielmehr mit der Zahl der eben unterscheidbaren Farbtondifferenzen (Farbtonschwellen) aufs engste zusammen[2]. Jedoch soll die hier angeführte Farbtonberechnung aus den Grundreizmengen ein Hilfsmittel für wissenschaftliche Zwecke darstellen, die die Farbtonbestimmung auf dem Umweg über Tabellen oder über den Vergleich mit Mustern erübrigt. In diesem Kreis liegen nur drei Paare von Gegenfarben einander diametral gegenüber.

In der Praxis wird man aber meist den Farbton durch Vergleich mit einer vorliegenden Mustersammlung bestimmen. Unter diesen ist z. Z. wohl die OSTWALDsche Farbtonordnung die verbreitetste. Über diese wird weiter unten noch zu sprechen sein.

Eine andre, ältere Farbtonordnung stammt von CHEVREUIL und liegt u. a. der BAUMANN-PRASEschen Farbtonkarte zugrunde.

Helligkeit. Als dritte Größe in der klassischen Parametertriade tritt die Helligkeit der farbigen Oberfläche auf. Richtiger sollte man sagen: Flächenhelle

---

[1] KLUGHARDT, A.: Ztschr. techn. Physik **8**, 183, 299 (1927); **10**, 101 (1929).

[2] JONES, L. A.: J. Opt. Soc. Amer. **1**, 63 (1917). — STEINDLER, O.: Wiener Ber. IIA **115**, 39 (1906).

oder Leuchtdichte, da dies eine Zahl ist, die von der Größe der remittierenden Fläche unabhängig ist. Sie ist proportional der Beleuchtungsstärke und dem Remissionsvermögen (Albedo) der Fläche. Da aber in der Farbmeßtechnik normalerweise alles auf die gleiche Beleuchtungsstärke bezogen wird, so kann die Flächenhelle für das Remissionsvermögen gesetzt werden. Nach dem eben Gesagten versteht man also in der Farbenlehre unter Helligkeit das Intensitätsverhältnis, in dem zwei gleich große Flächen bei gleicher Beleuchtungsstärke auf das Auge wirken.

Die Helligkeit kann man auf zwei grundsätzlich verschiedenen Wegen bestimmen. Zunächst soll sie aus den drei Grundreizmengen ermittelt werden. Es erscheint selbstverständlich, daß zwischen den Mengen der drei Grundreize und der Helligkeit eine Abhängigkeit besteht. Ives und Schrödinger[1] haben nachgewiesen, daß es eine äußerst einfache ist. Es kommen nämlich gleichen Mengen der drei Grundreize verschiedene Mengen an Helligkeit zu. Das Verhältnis von Grundreizmenge zu Helligkeit ist aber für jede Grundreizart konstant, ganz gleichgültig, aus welchem Spektralbezirk die Grundreizmenge stammt. Und ferner gilt das einfache Additionsgesetz, daß die von den Grundreizmengen ausgelösten Helligkeitsmengen sich addieren. Bezeichnet man daher die erwähnten Verhältniszahlen für Rot mit ϱ, für Grün mit γ und für Blau mit β, so gilt die Gleichung

$$\mathfrak{H} = \varrho\,\mathfrak{R} + \gamma\,\mathfrak{G} + \beta\,\mathfrak{B}\,.$$

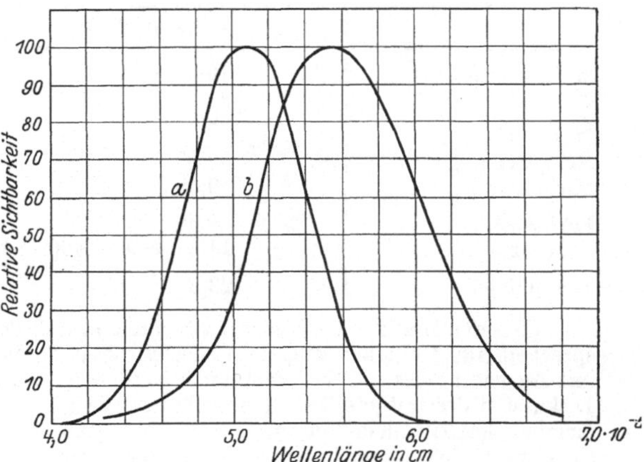

Abb. 137. Tageswertkurve (*b*), auch Augenempfindlichkeits- oder Sichtbarkeitskurve genannt. Kurve *a* gilt für das Stäbchensehen und wird Dämmerungswertkurve genannt. (Entnommen aus Geiger-Scheels Handb. d. Physik, Bd. 20.)

Die für die Grundreizkurven angegebenen Koeffizienten schwanken allerdings ziemlich, da die Grundreizkurven selbst noch nicht genügend sicher sind, sie verhalten sich aber etwa wie 56 : 43 : 1; darin gilt die erste Zahl für Rot, die zweite für Grün und die dritte für Blau. Führt man diese Rechenoperation für die Spektralfarben durch, so kommt man zu einer Kurve, die aus den Grundreizkurven hervorgegangen ist und die Helligkeitsverteilung im Spektrum bei der für die Grundreizkurven geltenden Energieverteilung angibt. Eliminiert man nun nachträglich die Energieverteilung, dann erhält man aus der Helligkeitskurve die sog. Augenempfindlichkeitskurve, die in Abb. 137 dargestellt ist. Diese Kurve ist auch experimentell gefunden worden[2]; sie wird auch Tageswertkurve (Kurve *b*) genannt, da sie für das Tagessehen gilt, im Gegensatz zur Dämmerungswertkurve (Kurve *a*), die für das Stäbchensehen (Dämmerungsehen) gültig ist.

Man kann also, statt die drei gefundenen Grundreizmengen mit den zugehörigen Koeffizienten zu multiplizieren, die Ordinaten der Remissionskurve mit denen der Helligkeitskurve Punkt für Punkt multiplizieren und die so entstandene neue Kurve ausplanimetrieren.

---

[1] Ives: Philos. Mag. **24** (1912). — Schrödinger: Ann. Physik **63** (1920).

[2] Infolge der subjektiv außerordentlich verschiedenen Augenbeschaffenheit kann es sich nur um eine Mittelwertkurve handeln. Angaben der verschiedenen Beobachter in Geiger-Scheels Handb. d. Physik **19**, 11 (1928).

Ein Beispiel zur Farbcharakteristik nach der klassischen Farbenlehre. Bezeichnet man mit r_λ, g_λ, und b_λ die Ordinaten der Grundreizkurven für das energiegleiche Spektrum, mit I_λ die Ordinaten der Energieverteilungskurve der Lichtquelle, mit ε_λ die Remission, mit A_λ die Ordinaten der Augenempfindlichkeitskurve, so ist der rote Grundreizbetrag zu berechnen aus

$$\mathfrak{R} = \int_{400}^{700} r_\lambda \cdot I_\lambda \cdot \varepsilon_\lambda \cdot d\lambda$$

und die andern beiden entsprechend. Die Helligkeit ist gegeben durch

$$\mathfrak{H} = \varrho\,\mathfrak{R} + \gamma\,\mathfrak{G} + \beta\,\mathfrak{B} = \int_{400}^{700} A_\lambda \cdot I_\lambda \cdot \varepsilon_\lambda \cdot d\lambda$$

Für die in Abb. 132 dargestellten Verhältnisse soll nun die Veränderung des Aussehens der durch die Kurve R gegebenen Fläche bei Wechsel der Beleuchtung ermittelt werden. Dabei wird angenommen, daß die im Gesamtspektrum wirkende Energiemenge bei beiden Beleuchtungen dieselbe ist. Die Werte der Grundreizbeträge wurden graphisch ermittelt, die übrigen Werte berechnet und aus Tabellen entnommen. Es wurde gefunden

	Tageslicht	Kunstlicht
$\mathfrak{R}$	16	13
$\mathfrak{G}$	25	17
$\mathfrak{B}$	38	14
Reizsättigung . . .	0,39	0,11
Farbkraft	0,68	0,26
Farbstich	$\beta = +0{,}42$	$\beta = -0{,}60$
Farbton	14,6 ($= \lambda = 490\ \mu\mu$)	10,6 ($= \lambda = 504\ \mu\mu$)
Helligkeit	23,5	16,0

(Bei der Helligkeit ist noch zu bemerken, daß dem Weiß, dem 300 Reizeinheiten entsprechen, 100 Helligkeitseinheiten zuerteilt sind, so daß alle Zahlen in vorstehender Tabelle mit Ausnahme der auf den Farbton bezüglichen als Prozente gelesen werden können.) Zur Diskussion des mitgeteilten Meßergebnisses ist zu sagen, daß die Farbe, die bei Tageslicht ziemlich kräftig „leuchtet" und dabei blaugrün aussieht (im 100teil. OSTWALD-Kreis läge sie etwa bei 68), beim Lichte einer elektrischen Glühlampe fast grün (OSTWALD-Kreis etwa 78) und bedeutend weißlicher wird. Außerdem büßt sie fast ein Drittel ihrer Helligkeit ein; sie wird also im ganzen bedeutend trüber. (Die Weißlichkeit der Farbe ist der Ergänzungswert zur Sättigung, also $w = 1 - \varkappa$).

Apparate zur direkten Bestimmung der Grundreizmengen. Die vorbeschriebene Art der Grundreizbestimmung ist nun sehr umständlich. Daher sind Apparate erdacht worden, die dies Verfahren abkürzen und direkt die Grundreizmengen abzulesen gestatten sollen. Unter diesen sind besonders drei zu nennen: die Apparate von GUILD und HÜBL, die die zu messende Farbe aus drei Grundfarben optisch nachahmen, und der Apparat von BLOCH, der eine subtraktive Filtermethode verwendet. Als erster Farbmeßapparat ist jedoch der Farbkreisel anzusprechen, auf dem man durch verschiedene Sektorgrößen die verschiedensten Farbmischungen einstellen kann[1].

GUILDs trichromatisches Colorimeter[2]. Das Schema dieses Apparates zeigt Abb. 138. L_1 ist eine Lichtquelle, deren Licht durch einen Kondensor parallel gerichtet wird. Dieses parallele Strahlenbüschel fällt auf eine Scheibe, die drei Farbfilter in sektorförmiger Anordnung trägt (vgl. Ansicht AB). Diese Sektoren sind einzeln meßbar abzudecken. Das durchgelassene Licht wird mittels eines rasch rotierenden Glasprismas P zur Mischung gebracht (Prinzip des Farbkreisels!) und dem Lummerwürfel W zugeführt. Die andre Gesichtsfeldhälfte wird von dem Strahlengang L_2SF, in dem der Prüfling S liegt, erleuchtet. Läßt sich die Farbe des Prüflings nicht, wie es normalerweise gemacht werden soll, aus den drei Filterfarben mischen, so kann der Farbe des Prüflings meßbar eine der drei Filterfarben zugesetzt werden, und zwar auf dem Wege über MNQ (das einzuschaltende Hilfsfilter sitzt bei Q), so daß nun die Prüflingsfarbe plus bekanntem Zusatz in der andern Ge-

[1] Vgl. OSTWALD: Physik. Farbenlehre, S. 159.
[2] GUILD, J.: Trans. Opt. Soc. 27, 106 (1925/26).

sichtsfeldhälfte durch Einstellen der drei Sektoren nachgemischt werden kann. Die mit dem Colorimeter erhaltenen Zahlen beziehen sich zunächst auf die Farben der drei Filter als Eichlichter, sie lassen sich aber in einfacher Weise in Grundreizbeträge umrechnen[1].

HÜBLs Farbenmeßapparat[2]. Von dem GUILDschen Apparat unterscheidet sich der HÜBLsche durch das Prinzip der Lichtmischung und das der Lichtschwächung, wie aus Abb. 139 ersichtlich ist. Die Mischfarbe wird hier dadurch erzeugt, daß drei dünn versilberte Spiegel S je in einer Farbe mit meßbarer Intensität beleuchtet werden und das Licht durch die Linse L in die Ebene $e\,e$ werfen, die ihrerseits durch das Okular l betrachtet wird. In der Ebene $e\,e$ befindet sich außerdem ein Prisma, das die Farbe des Prüflings ebenfalls im Okular sichtbar macht. Durch Einstellen verschiedener Intensitäten der drei Eichfarben mittels der Graukeile k läßt sich die Farbe des Prüflings nachahmen. Über die Umrechnung der gefundenen Zahlenwerte gilt das gleiche wie das im vorigen Abschnitt darüber Gesagte.

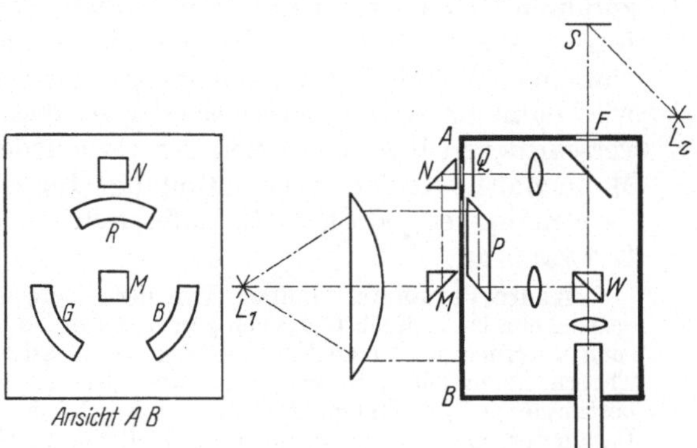

Abb. 138. Schema des Colorimeters von GUILD.

BLOCHs Farbmesser[3]. Auf etwas andrer Grundlage als die eben beschriebenen Apparate arbeitet der in Abb. 140 gezeichnete Farbmesser von BLOCH. Die Eichreizanteile werden hier durch subtraktive Mischung mit den Filterfarben ermittelt, indem der Prüfling und das Normalweiß miteinander in optischen Kontakt gebracht und durch die betr. Filter betrachtet werden. Durch Abdrosseln der Helligkeit über dem Normalweiß kann man auf gleiche Helligkeit der Gesichtsfeldhälften unter jedem Filter einstellen. So werden ebenfalls drei Maßzahlen gefunden, die sich wie die andern in Grundreizbeträge umrechnen lassen. Die Farbfilter nach BLOCH sind hier ausnahmsweise keine Gelatinefilter, sondern Spezialgläser von Schott & Gen., Jena. Sie werden jetzt auf Wunsch von der Herstellerfirma, die den eigentlichen BLOCHschen Apparat auch baut, ihrem Polarisationsphotometer nach

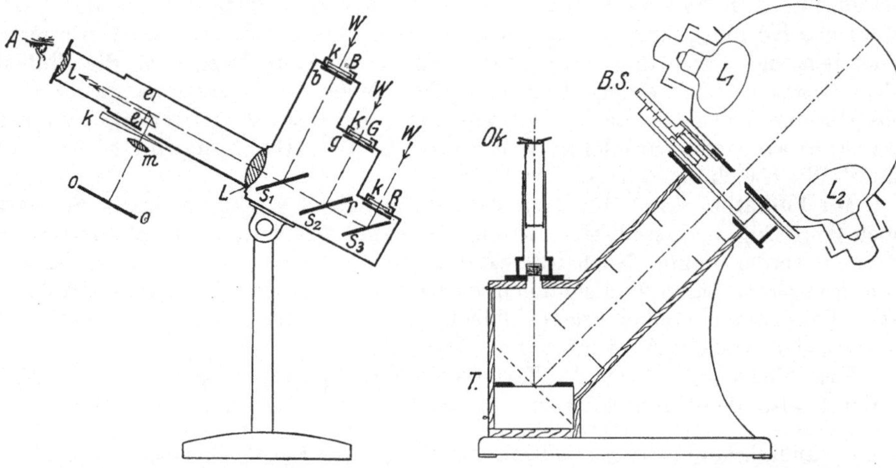

Abb. 139. Schnitt durch den Farbenmeßapparat von HÜBL. (Entnommen aus GEIGER-SCHEELs Handb. d. Physik, Bd. 19.)

Abb. 140. Schnitt durch den Farbmesser (nach BLOCH). (Entnommen aus GEIGER-SCHEELs Handb. d. Physik, Bd. 19.)

MARTENS beigegeben, mit dem es sich besonders gut auf gleiche Helligkeit der Gesichtsfeldhälften einstellen läßt. Denn die BLOCHsche Methode hat die Schwierigkeit, daß u. U. die Gesichtsfeldhälften über Prüfling und Normalweiß gänzlich verschiedene Farbtöne und Sättigungen zeigen, und dann ist es nur einem sehr Geübten möglich, auf gleiche Helligkeit

---

[1] Vgl. W. DZIOBEK: Ztschr. Instrum.-Kde **46**, 81 (1926). — RUNGE, I.: Ztschr. Instrum.-Kde **48**, 387 (1928).

[2] HÜBL, A.: Physik. Ztschr. **18**, 270 (1917).

[3] BLOCH, L.: Ztschr. techn. Physik **4**, 175 (1923).

einzustellen. Man muß dann zu andern Hilfsmitteln der heterochromen Photometrie, wie man dieses Gebiet nennt, greifen, etwa zum Flimmerphotometer; darüber ist an andrer Stelle nachzulesen[1].

Herings Theorie der Farbempfindung. Nach der Anschauung von Hering[2] ist das Zustandekommen einer Farbempfindung auf die Störung von drei verschiedenen Gleichgewichtszuständen in den Empfängern der Netzhaut zurückzuführen. Und zwar kann eine Störung des Schwarz-Weiß-Gleichgewichts erfolgen, eine des Rot-Grün-Gleichgewichts und eine solche des Gelb-Blau-Gleichgewichts. Jede Störung kann in der einen oder andern Richtung erfolgen und wird dann ein assimilatorischer oder ein dissimilatorischer Prozeß genannt. Die verschiedenen Kombinationen der verschiedenen Störungsgrade geben dann die Mannigfaltigkeit der Farbempfindung. Ein exaktes Farbensystem mit meßbaren Größen hat er jedoch nicht aufgestellt. An ihn lehnt sich aber in manchem Ostwald an.

Andre Parametertriaden. Von der Möglichkeit, aus der Grundreiztriade andre zu entwickeln, ist vielfach Gebrauch gemacht worden. So hat Luther[3] den interessanten Versuch unternommen, eine Verknüpfung der klassischen Farbenlehre mit der Heringschen Theorie herzustellen, indem er aus den Grundreizbeträgen zwei farbton- und sättigungsbestimmende „Farbmomente" und das „Reizgewicht" ableitet. — Rösch[4] benutzt als Parameter einer Farbe die mittlere Wellenlänge und die beiden Grenzwellenlängen eines Spektralbezirkes, das die Prüflingsfarbe wiedergibt, und die er in dem dazu konstruierten Apparat einstellen kann. Seine Meßergebnisse rechnet er graphisch in Grundreizmengen um.

Am bekanntesten jedoch ist gegenwärtig die Parametertriade Farbton, Schwarz und Weiß. Denn dies sind die Bestimmungsstücke der Farbe im Ostwaldschen System.

Die Maßzahlen nach Ostwald. Die Grundlage dieses Systems ist die Annahme, daß die Albedo einer Fläche nie den Wert 1,0 überschreiten kann; diese Annahme ist richtig für alle nicht fluorescierenden Farbflächen. Er setzt daher die Summe des remittierten und des absorbierten Anteils gleich der Lichtmenge, die ein ideal weißer Körper zurückwirft, und läßt diese als Einheit gelten. Er beschränkt sein System weiterhin auf ideal matte Flächen, für die das Lambertsche Kosinusgesetz[5] streng gültig ist, so daß er die Beobachtung in irgendeiner beliebigen Richtung vornehmen kann. Dann kann tatsächlich die Einheit nicht überschritten werden. Den von allen Teilen des Spektrums gleichmäßig absorbierten Teil nennt er Schwarzgehalt, den gleichmäßig remittierten Teil Weißgehalt, und den selektiv remittierten Teil Vollfarbengehalt. Er stellt damit die Gleichung auf: $v + w + s = 1$.

Die Vollfarbe. Als Vollfarbe gilt die farbige Erscheinung, die weder Schwarz noch Weiß zeigt. Sie stellt einen idealen Grenzfall dar, der immer nur angenähert erreicht werden kann. Nach Ostwald ist sie ein Spektrumsausschnitt, der von zwei komplementären Wellenlängen scharf begrenzt wird. Nach seiner Ansicht bzw. Festsetzung stellen solche Gebiete die vollgesättigten Farben dar[6]. Er nennt jeden solchen Ausschnitt ein „Farbenhalb".

Der Weißgehalt. Jede Vollfarbe wird im allgemeinen getrübt sein durch Unbunt, also Weiß und Schwarz. Als weitere Grenzfälle kann man sich daher

---

[1] Ausführliches hierüber s. z. B. in Geiger-Scheel: Handb. d. Physik **19**, 522.

[2] Hering, E.: Grundzüge der Lehre vom Lichtsinn. Handb. d. ges. Augenheilkde, 2. Aufl., 3. Bd. Berlin 1925.

[3] Luther, R.: Ztschr. techn. Physik **8**, 540 (1927).

[4] Rösch, S.: Physik. Ztschr. **29**, 83 (1928).

[5] Das besagt hier, daß die Flächenhelle eines ideal matten Körpers nach allen Beobachtungsrichtungen konstant ist.

[6] Die Farben engster Spektralgebiete, die in der klassischen Farbenlehre als die gesättigsten Farben angesprochen werden, da sie den geringsten Weißanteil, der bei dem betr. Farbton überhaupt möglich ist, aufweisen, sind nach der Meinung Ostwalds nicht voll gesättigt, da sie ja viel geringere Helligkeit, also viel mehr Schwarz enthalten als die Farben eines Farbenhalbs. Ostwald fordert von einer gesättigten Farbe völliges Fehlen eines Weiß- und Schwarzgehaltes in seiner Ausdrucksweise. (Vgl. z. B. Physik. Ztschr. **27**, 2 [1926].)

denken, daß eine Farbe entweder nur Schwarz oder nur Weiß enthält. Der Weißgehalt kommt nach OSTWALD ausschließlich dadurch zustande, daß außer dem selektiv remittierten Licht, das die Vollfarbe erzeugt, auch noch Licht aller Wellenlängen zurückgeworfen wird. Stellt die in Abb. 141 a gezeichnete Kurve ein ideales Farbenhalb, also eine ideale Vollfarbe, dar, so zeigt Abb. 141 b eine Idealremissionskurve einer nur mit Weiß versetzten Farbe. Ist die Höhe des ganzen Spektrums gleich der Einheit, so gibt die Höhe des sich über das ganze Spektrum hinziehenden Streifens den Anteil des Weiß in dieser Farbe an[1]. Bezeichnen wir diese Höhe mit w, so bleibt für den Vollfarbenanteil v der Betrag $1 - w$. Wenn es also eine Meßmethode erlaubt, die Höhe w dieses Streifens zu ermitteln, so ist damit der OSTWALDsche Weißgehalt und damit ein Bestimmungsstück in seinem System ermittelt. Zwischen den Grenzen ideales Weiß und ideale Vollfarbe läßt sich offenbar eine eindimensionale Reihe von Zwischengliedern einschalten, die einen wachsenden Weißgehalt und dementsprechend sinkenden Vollfarbengehalt zeigen. OSTWALD nennt sie die Reihe der hellklaren Farben[2].

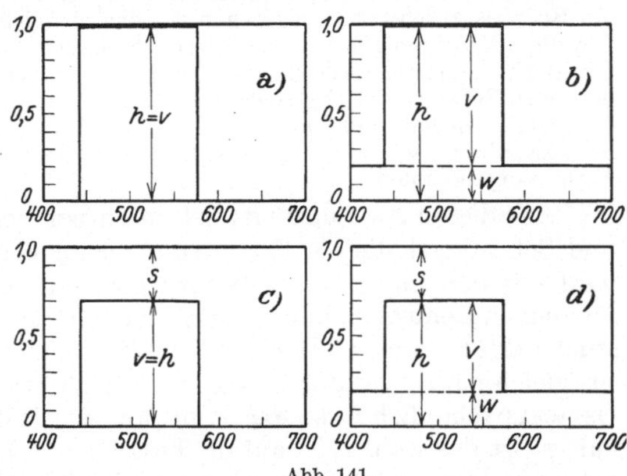

Abb. 141.
Ideale Remissionskurven in OSTWALDscher Darstellung.
a) = Das gesättigte (= ungetrübte) Farbenhalb (Vollfarbe: v),
b) = dieselbe Farbe mit Weißgehalt (Weißgehalt: w),
c) = dieselbe Farbe wie in a mit Schwarzzusatz (= verminderter Helligkeit) (Schwarzgehalt = s, Bezugshelligkeit = h),
d) = dieselbe Farbe mit Weiß und Schwarz gebrochen.

Der Schwarzgehalt. Nach OSTWALD angeblich psychologisch analog zur Weißbeimischung ist die Schwarzbeimischung. In Abb. 141 c ist eine mit Schwarz getrübte Farbe durch ihre ideale Remissionskurve dargestellt. Daraus erkennt man schon, daß der Schwarzgehalt identisch ist mit verminderter Flächenhelle oder Helligkeit, wie in der Farbenlehre meistens gesagt wird; eine Tatsache, die zwar von OSTWALD in Abrede gestellt wird, aber von andrer Seite zwingend nachgewiesen worden ist[3]. (OSTWALD selbst hat die von HELMHOLTZ herrührende Einführung der Helligkeit als Parameter einer Farberscheinung als falsch energisch bekämpft[4].) Bezeichnet man die in Abb. 141 c eingetretene Verminderung der Ordinate mit s, so ergibt sich hier $s = 1 - v$. Man kann aber auch die tatsächliche Höhe der Ordinate angeben und sie mit h bezeichnen. In diesem Falle ist $h = v$. Die Größe h wird Bezugshelligkeit genannt; ihre Einführung ist für bestimmte Operationen wichtig, bei denen der Begriff Schwarzgehalt störend ist. Allgemein gilt $h = v + w$ und $h = 1 - s$.

Der Fall, daß eine Farbe sowohl Schwarz als auch Weiß enthält, ist in Abb. 141 d dargestellt. Aus der ausdrücklich gemachten Einschränkung, daß nur für matte Flächen die eben genannten Beziehungen gelten, erkennt man, daß die Meßergebnisse von der gewählten Beobachtungsrichtung abhängig werden, sobald diese Bedingung nicht mehr streng erfüllt ist. Diese Erscheinung kann

[1] Man vergleiche aber dagegen die Werte, die sich nach der exakten Berechnung auf Grund der YOUNG-HELMHOLTZschen Theorie ergeben. S. hierzu A. KLUGHARDT: Ztschr. techn. Physik **9**, 382 (1928).

[2] Im Sinne der klassischen Farbenlehre ist dies einfach eine Sättigungsreihe, die von einer gesättigteren Farbe ohne Änderung des Farbtones und der Flächenhelle zum reinen Weiß läuft. Nur ist das Anfangsglied dieser Reihe nicht die vollgesättigte Farbe.

[3] SCHAEFER, C.: Physik. Ztschr. **27**, 347 (1926).

[4] OSTWALD, W.: Physik. Farbenlehre, S. 53.

sich auch praktisch so sehr geltend machen, daß die ursprüngliche OSTWALDsche Summenformel nicht mehr eingehalten werden kann, da h und w zusammen schon größer als 1,0 geworden sind[1]. Dann wird die Einführung der Bezugshelligkeit gute Dienste leisten. Im Abschnitt „Farbmessung an glänzenden Oberflächen" wird hiervon noch zu sprechen sein.

Wie zwischen Vollfarbe und Weiß läßt sich auch zwischen Vollfarbe und Schwarz eine stetige Reihe von Farben einschalten, die OSTWALD die dunkelklare Reihe nennt. Sie ist charakterisiert durch abnehmende Helligkeit bei konstanter Reinheit. Da dies aber gleichzeitig das Kennzeichen der Farbenreihen ist, die durch Beschattung einer Farbe zustande kommen, so ist die dunkelklare Reihe ein Sonderfall der sog. Schattenreihen.

OSTWALD behauptet, daß alle Farben mit gleichem Schwarz- und Weißgehalt psychologisch gleichwertig seien, d. h. daß sie alle den Eindruck gleicher Farbigkeit und Helligkeit machen. Es ist aber OSTWALD selbst schon aufgefallen, daß dies gar nicht zutrifft. Und zwar bemerkte er, daß zu einem hellen Gelb, das sehr geringen Schwarzgehalt zeigt, ein Blau als gleichwertig anzusehen ist, das ungleich dunkler ist, also mehr Schwarz zeigt. Um diese Unstimmigkeit zu beseitigen, setzte er fest, daß allen kalten Farben (= Blau und Grün) ein „natürlicher Schwarzgehalt" zugeordnet werden soll, der erst von der gemessenen Schwarzzahl abgezogen werden muß, um dann den Rest als tatsächlichen trübenden Schwarzgehalt ansehen zu können. Die Bestimmung der Größe dieses natürlichen Schwarzgehalts wurde durch Vergleich mit einer als gleichwertig empfundenen warmen Farbe vorgenommen.

Aus diesen Ausführungen ist zu entnehmen, daß die Verwendung des Weiß- und Schwarzgehalts als Farbparameter im Prinzip nicht anfechtbar ist. Jedoch wird mit der angegebenen Meßmethode, die sich nur auf zwei Punkte der tatsächlichen Remissionskurve stützt, niemals der richtige Wert dieser Bestimmungsstücke erfaßt, weil in Wirklichkeit die Remissionskurven auch nicht annähernd so gleichmäßig verlaufen wie die Idealkurven in Abb. 141. Wenn sich die OSTWALDsche Lehre so rasch in gewisse Teile der Praxis Eingang verschafft hat, so ist das wohl z. T. auf die bestechende Einfachheit des Verfahrens zurückzuführen, dessen Mängel erst später in der Öffentlichkeit bekannt wurden und teilweise auch heute noch nicht in den Kreisen bekannt sind, die nicht praktisch mit der Farbe arbeiten müssen[2].

Bezogene und unbezogene Farben. Von HERING stammt der Versuch, der klar und eindeutig beweist, daß ein und dieselbe Oberfläche trotz gleichbleibender Beleuchtungszusammensetzung verschieden aussehen kann, je nachdem, ob man sie in Rücksicht auf ihre Umgebung betrachten kann oder nicht. OSTWALD nennt den ersten Fall den einer bezogenen (vid. auf ihre Umgebung) Farbe, während er im zweiten eine unbezogene sieht. Alle normalen Wahrnehmungen von realen Farbflächen geschehen in der Weise, daß wir nicht nur die betr. Fläche allein, sondern auch Flächen aus ihrer Umgebung zugleich sehen. Die Körperfarben sind also bezogene Farben, während die unbezogenen dort auftreten, wo man eine Farbe in lichtloser Umgebung betrachtet[3]. Falsch bezogene Farben sieht man, wenn man Farben betrachtet, die andre Beleuchtung empfangen als ihre unmittelbare Umgebung. OSTWALD meint nun, daß der unbezogenen Farbe der Schwarzgehalt fehle. Die Verhältnisse liegen folgendermaßen: Schwarzgehalt ist ein andrer Ausdruck für die Flächenhelle oder Leuchtdichte. Nun ist die Flächenhelle proportional dem Rückwerfungsvermögen, der Albedo, aber auch der auf der Fläche liegenden Beleuchtungsstärke. Wir vergleichen sowohl bei der Messung wie beim Beurteilen mit unbewaffnetem Auge die Rückwerfungsvermögen durch Vergleichen der Flächenhellen. Das bleibt richtig, solange die Beleuchtung auf den beiden verglichenen Flächen die gleiche ist, denn dann kürzen sie sich weg. Ist das aber nicht der Fall, dann können wir nicht mehr aus der Flächenhelle auf die Albedo schließen, da das Verhältnis der Beleuchtungen sich der Wahrnehmung durch das Auge entzieht. Wir beziehen dann eben falsch. Ist die Flächenhelle der Umgebung überhaupt gleich 0, so haben wir (innerhalb normaler Grenzen) keine Möglichkeit mehr, die Flächenhelle der gesehenen

[1] Nämlich dann, wenn infolge Glanz die Flächenhelle in der betr. Richtung größer als die des Normalweiß gefunden wird.

[2] Das trifft besonders auf die Schulen zu, in die die OSTWALDsche Lehre z. T. schon Eingang gefunden hat, und wo sie meistens kritiklos weitergegeben wird.

[3] Also nicht im Photometer, wo man ja zwei verschieden gefärbte Gesichtsfeldhälften nebeneinander sieht.

Farbe zu beurteilen: die so gesehenen unbezogenen Farben sind „schwarzfrei". (Daraus ergibt sich für OSTWALD die weitere Folgerung, daß die unbezogen gesehenen Spektralfarben gesättigt seien, da sie ja ohnehin kein Weiß enthalten und der Schwarzgehalt hier nicht in Erscheinung treten kann[1].)

Der Farbton. Wie schon erwähnt worden ist, gibt OSTWALD den Farbton in Nummern, bezogen auf einen Standardkreis, an. Der zuerst von ihm angegebene Kreis enthielt 100 Teile, während jetzt fast ausschließlich der 24teilige Kreis verwendet wird. In dem OSTWALDschen Kreis liegen sich Komplementärfarben gegenüber. Die Hälfte zwischen Gelb und Blau über Rot ist dem Augenschein nach gleichabständig geteilt[2], während die andre Hälfte unter Aufgabe der Gleichabständigkeit die Gegenfarben zur ersten Hälfte zeigt. Die Folge davon ist, daß ein sehr wenig farbtonfortschrittliches Gebiet im Grün und Blaugrün entsteht. OSTWALD gibt das selbst zu, behauptet aber, daß die Menschen auf Grund seiner Farbtonordnung es bald lernen würden, im Grün ebensoviel Farbtonstufen zu unterscheiden wie im Gebiet der warmen Farben, so daß sein Kreis dann in allen Teilen als gleichabständig empfunden werden würde.

Im alten 100teiligen Kreis fällt auf das reine Gelb die Nummer 00, auf Rot 25, auf Kreß (= Orange) 13, auf Veil (= Violett) 38. Die Gegenfarben dazu stehen um 50 Nummern von diesen ab: Blau (Ublau) hat die Nummer 50, Eisblau 63, Seegrün 75 und Laubgrün 88. Im 24teiligen Kreis, der sich in der Industrie eingebürgert hat, steht Gelb auf 1, Rot auf 7, Ublau auf 13 und Seegrün auf 19.

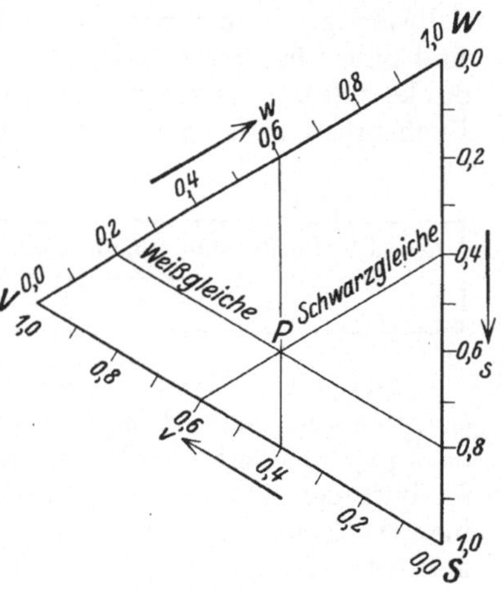

Abb. 142. Analytisches Dreieck nach OSTWALD.

Zwischen zwei Farben des Farbtonkreises liegende Farbtöne werden in Dezimalen der benachbarten Töne angegeben, z. B. 1,4 für ein nach Orange gehendes Gelb.

Farbtongleiche Dreiecke. Eine Vollfarbe kann, wie schon festgestellt, sowohl nach Schwarz wie nach Weiß, wie auch nach allen beiden abgewandelt werden. Diese zweifache Variationsmöglichkeit legt ihre Darstellung in einer Ebene nahe. Nach OSTWALD wird ein gleichseitiges Dreieck verwendet, dessen eine Seite senkrecht verläuft. In der obern Ecke wird Weiß angebracht, in der untern Schwarz und in der seitlichen die Vollfarbe. Auf den Dreieckseiten liegen die einfaltigen Abwandlungen dieser drei Elemente untereinander, im Innern des Dreiecks alle Farben, die sowohl Schwarz wie auch Weiß enthalten.

Im analytischen Dreieck werden die Farben so eingetragen, daß die gemessenen Beträge von v, w und s als Dreieckskoordinaten verwendet werden (Abb. 142). Der Punkt P bedeutet also in dieser Darstellung eine Farbe, die 0,4 Schwarz (= 0,6 Bezugshelligkeit), 0,2 Weiß und daher 0,4 Vollfarbe besitzt. Alle Farben, die auf einer Parallelen zur SV-Seite liegen, haben gleichen Weißgehalt, die Farben auf Parallelen zur VW-Seite gleichen Schwarzgehalt, die auf Parallelen zur SW-Seite gleichen Vollfarbengehalt. OSTWALD nennt die ersteren Linien Weißgleichen, die zweiten Schwarzgleichen.

[1] Dagegen sind nach OSTWALDS Ansicht die bezogen gesehenen Spektralfarben nicht gesättigt; vgl. Anm. 6 a. S. 282 u. Anm. 1 a. S. 286.

[2] Die Teilung ist nach dem sog. „Prinzip der innern Symmetrie" vorgenommen, nach dem der sich aus der Mischung zweier gleicher Mengen Vollfarbe verschiedenen Farbtones ergebende Farbton psychologisch in der Mitte zwischen den Farbtönen der Mischfarben liegen soll, eine Behauptung, die OSTWALD als richtig unterstellt hat, ohne den Beweis zu liefern.

Nun verwendet OSTWALD das WEBER-FECHNERsche Gesetz zur Anordnung der Farben, wie es der Empfindung entsprechen soll. Unbestritten ist im wesentlichen die Gültigkeit desselben für die Reihe Weiß-Schwarz, also für die Graureihe. Da nach dem erwähnten Gesetz die Empfindung eine arithmetische Reihe bildet, wenn der Reiz in geometrischer Reihe zunimmt, so sind die einzelnen grauen Töne, die lediglich durch ihre Helligkeit gekennzeichnet werden, so anzuordnen, daß die Logarithmen ihrer Helligkeiten eine arithmetische Reihe bilden. Wenn dann noch willkürlich festgesetzt wird, daß die konstante Logarithmendifferenz 0,1 sein soll, so ist eindeutig eine Graureihe festgelegt, die von der Helligkeit 1 = ideales Weiß ausgehend in psychologisch gleichmäßigen Stufen sich dem Schwarz nähert. Diese Graustufen, die nach OSTWALDs Vorschlag mit kleinen Buchstaben bezeichnet werden können, haben dann die in Tabelle 1 angegebenen Helligkeitswerte. Ebenso teilt nun OSTWALD die hellklare und die dunkelklare Reihe nach dem WEBER-FECHNERschen Gesetz und nimmt an, daß sich dem Weiß gegenüber die Vollfarbe wie das Schwarz in der Graureihe, dem Schwarz gegenüber wie das Weiß in der Graureihe verhält. Die Zahlenwerte sind daher bei der hellklaren Reihe die gleichen wie bei der Graureihe, bei der dunkelklaren dagegen die Ergänzungen dieser Zahlen zu 1. Die Bedeutung der Buchstaben wird noch weiter unten zu besprechen sein.

Tabelle 1.

$w = 1{,}00$	0,79	0,63	0,50	0,40	0,32	0,25	0,20	0,16	0,13	0,10	0,079..... usw.
	a	b	c	d	e	f	g	h	i	k	l	m....

Auf Grund dieser so getroffenen psychologischen Ordnung der Farben läßt sich ebenfalls ein farbtongleiches Dreieck aufbauen, nämlich das logarithmische oder psychologische Dreieck. In ihm werden die Farben angeordnet wie im analytischen, jedoch werden nicht mehr die Maßzahlen, sondern deren Logarithmen als Koordinaten eingetragen. Dadurch kann der Vollfarbengehalt nicht mehr als dritte Dreieckskoordinate abgelesen werden; ferner kommt der Punkt des idealen Schwarz ebenso wie der der idealen Vollfarbe ins Unendliche zu liegen, was aber kein Nachteil ist, da sie ja ohnehin praktisch nie zu erreichen sind.

Die Schwarz- und Weißgleichen behalten ihre Lage bei, dagegen werden die Schattenreihen, die im analytischen Dreieck nach der Schwarzecke zielten, parallel gerichtet und verlaufen nunmehr untereinander, also auch zur Grauachse (d. i. die SW-Seite), parallel.

Da eine Schattenreihe nun Farben, deren jede einzelne durch Verdunkeln der vorhergehenden entsteht, also im klassischen Sinne Farben gleicher Reizart enthält, so machen sie auch, wie auch OSTWALD selbst bemerkt hat, den Eindruck gleicher Farbigkeit. Er nennt sie daher auch Reingleichen analog den Weiß- und Schwarzgleichen[1]. Sie zeichnen sich analytisch durch das konstante Verhältnis v/w aus. Man kann nun, ähnlich der Reizsättigung, eine Beziehung aufstellen, die den Anteil an Vollfarbe in der wirksamen Lichtmenge angibt. Freilich ist diese Zahl auch wieder nur sehr näherungsweise gültig, da ihre Bestandteile selbst nicht eindeutig genug im OSTWALDschen System bestimmt sind. Dieser Anteil errechnet sich zu $v/h = v/v + w$. Innerhalb desselben Farbtons gibt er eine vergleichbare Zahl für die Farbigkeit oder Farbkraft, wenn dieser Ausdruck hier gebraucht werden darf. Es muß aber betont werden, daß

[1] Reinheit und Sättigung werden meist als Synonyma gebraucht, besonders in der angelsächsischen Literatur ist purity = saturation. Im OSTWALDschen System sind sie aber streng voneinander zu unterscheiden: Sättigung bedeutet hier ein Maß dafür, wie weit eine Vollfarbe durch Weiß und Schwarz getrübt ist, während Reinheit sich nur auf die Weißlichkeit, also auf die klassische Sättigung, bezieht.

nur Farben gleichen oder nahe benachbarten Farbtons mit dieser Zahl auf ihre Farbkraft hin verglichen werden dürfen. Aus dem Vollfarbenanteil allein kann auf die Farbkraft keinesfalls geschlossen werden.

Tabelle 2. Die OSTWALDsche Stufeneinteilung.

Werte für Weißgehalt und Bezugshelligkeit		Stufenzeichen	Werte für den Schwarzgehalt	
Stufenpunkt	Grenzen		Stufenpunkt	Grenzen
8,900	10,000—7,900	A	Erweiterter Farbkörper	
7,100	7,900—6,300	B		
5,600	6,300—5,000	C		
4,500	5,000—4,000	D		
3,600	4,000—3,200	E		
2,800	3,200—2,500	F		
2,200	2,500—2,000	G		
1,800	2,000—1,600	H		
1,400	1,600—1,300	J		
1,100	1,300—1,000	K		
0,890	1,000—0,790	a	0,110	0,000—0,210
0,710	0,790—0,630	b	0,290	0,210—0,370
0,560	0,630—0,500	c	0,440	0,370—0,500
0,450	0,500—0,400	d	0,550	0,500—0,600
0,360	0,400—0,320	e	0,640	0,600—0,680
0,280	0,320—0,250	f	0,720	0,680—0,750
0,220	0,250—0,200	g	0,780	0,750—0,800
0,180	0,200—0,160	h	0,820	0,800—0,840
0,140	0,160—0,130	i	0,860	0,840—0,870
0,110	0,130—0,100	k	0,890	0,870—0,900
0,089	0,100—0,079	l	0,911	0,900—0,921
0,071	0,079—0,063	m	0,929	0,921—0,937
0,056	0,063—0,050	n	0,944	0,937—0,950
0,045	0,050—0,040	o	0,955	0,950—0,960
0,036	0,040—0,032	p	0,964	0,960—0,968
0,028	0,032—0,025	q	0,972	0,968—0,975
0,022	0,025—0,020	r	0,978	0,975—0,980
0,018	0,020—0,016	s	0,982	0,980—0,984
0,014	0,016—0,013	t	0,986	0,984—0,987
0,011	0,013—0,010	u	0,989	0,987—0,990
0,0089	0,010—0,008	v	0,9911	0,990—0,992
0,0071	0,008—0,005	w	0,9929	0,992—0,994
0,0056	0,006—0,005	x	0,9944	0,994—0,995
0,0045	0,004—0,004	y	0,9955	0,995—0,996
0,0036	0,004—0,003	z	0,9964	0,996—0,997
		usw.		

Die Farbzeichen. Schon bei der Graureihe war von den Buchstabenzeichen gesprochen worden, die den Schwarz- und Weißgehalt symbolisieren sollen. OSTWALD hat das in der Absicht eingeführt, um größere Gebiete von Farben, die sich nur wenig voneinander unterscheiden, zu einer gemeinsamen Gruppe, Stufe genannt, zusammenfassen zu können. Wenn er also das Zeichen a für einen Weißgehalt von 1,0—0,79 verwendet, so sind die Werte 1,0 und 0,79 die Grenzen oder Toleranzen für die Stufe a. Als charakteristischen Vertreter der Stufe gibt er dann einen Punkt an, der in der geometrischen Mitte der Stufe liegt, in unserm Fall 0,89[1]. Es gelten also die in Tabelle 2 zusammengestellten Werte. Demnach läßt sich jede Farbe, deren Schwarz- und Weißgehalt bekannt ist, in eine solche Stufe einordnen und ihr ein Farbzeichen zuteilen. Abb. 143

[1] Richtiger wäre es wohl gewesen, die Punkte 1,0, 0,79 usw. zu Stufenpunkten zu machen und die Toleranzen in die Mitte zwischen diese zu legen, statt umgekehrt. Dieser Vorschlag ist seinerzeit vom Verfasser (K.) gemacht worden, inzwischen aber wieder zurückgezogen, da bereits zu viele Arbeiten nach der alten Einteilung unternommen worden waren, so daß sich eine Neuerung nicht sehr beliebt gemacht hätte.

zeigt ein logarithmisches Dreieck mit den Feldern der einzelnen Stufen, die alle gleiche Flächen einnehmen. Das Farbzeichen besteht aus zwei Buchstaben, deren erster den Weißgehalt und deren zweiter den Schwarzgehalt kennzeichnen soll. Vor das Zeichen tritt noch die Farbtonnummer. Das Zeichen 7 nc bedeutet also eine rote Farbe mit etwa 0,06 Weiß und 0,44 Schwarz (= 0,56 Bezugshelligkeit). Bei OSTWALD findet man in seinen Schriften oft statt Farbstufe das Wort Farbnorm, statt Farbzeichen Normzeichen; diese Bezeichnungen stammen daher, daß OSTWALD mit seiner Lehre die endgültige Lösung des Problems der Farbnormung gefunden zu haben glaubt.

Der Farbkörper. Ordnet man die farbtongleichen Dreiecke so an, daß sie alle die Grauachse gemeinsam haben, dann entsteht ein Doppelkegel, der an seiner oberen Spitze den Weißpunkt und an der andern den Schwarzpunkt trägt. An seinem Umfang liegen dann die Vollfarben, die einen Kreis bilden, der seinerseits nach dem Farbtonkreis geordnet werden kann. Ein Achsenschnitt durch diesen Körper, der der OSTWALDsche Farbkörper heißt, liefert einen aus zwei farbtongleichen Dreiecken bestehenden Rhombus, dessen senkrechte Diagonale die Graureihe enthält. In den beiden seitlichen Ecken liegen die zwei Vollfarben, die zueinander komplementäre Farbtöne zeigen.

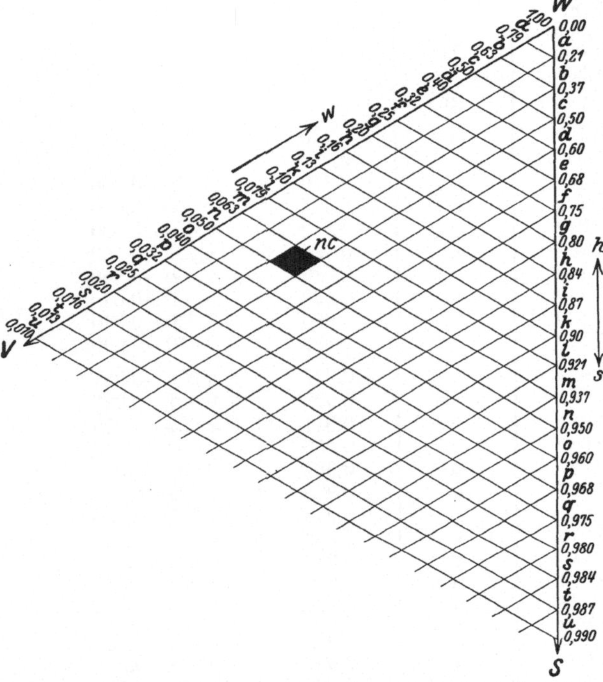

Abb. 143. Logarithmisches (sog. psychologisches) Dreieck mit Farbstufeneinteilung nach OSTWALD.

Farbmessung an glänzenden Flächen[1]. Das eigentliche OSTWALDsche System umfaßt nur die matten Flächen, deren Flächenhelle in allen Richtungen der Hemisphäre konstant ist. Die praktisch vorkommenden Flächen sind aber alle mehr oder minder glänzend. Daher ist die Richtung, in der gemessen werden soll, nicht mehr gleichgültig, sondern muß vereinbart werden. Aber da als Bezugsfläche eine fast ideal matte Oberfläche dient, so kann der Fall eintreten, daß in irgendeiner Beobachtungsrichtung mehr Licht vom Prüfling zurückgestrahlt wird als vom Normalweiß, das doch an und für sich das Maximum zurückstrahlen soll und daher nicht an Flächenhelle übertroffen werden kann. Darauf gründet sich ja dessen Stellung als Punkt größter Helligkeit im Farbkörper. Bei der Messung ist aber der Fall gar nicht so selten, daß das Gesichtsfeld über dem Prüfling heller erscheint als über dem Normalweiß. Mit andern Worten, die Farbe hat ihren Ort nicht mehr im eigentlichen Farbkörper, sondern liegt irgendwo außerhalb desselben. Die mathematische Betrachtung der Sachlage lehrt, daß in diesem Fall ein negativer Schwarzgehalt herauskommt, wenn man die OSTWALD-

[1] KLUGHARDT, A.: Leipz. Mon. Text. **42**, 310 (1927); **44**, 31 (1929).

sche Summenformel anwendet. Hier ist der Platz, wo statt des Schwarzgehalts der Begriff der Bezugshelligkeit mit Vorteil zu verwenden ist. In einem solchen Fall, der übrigens auch durch Fluorescenz hervorgerufen werden kann, wird eben die Bezugshelligkeit h größer als 1,0. Der Ort der Farbe wird dann analog den matten Farben analytisch oder logarithmisch außerhalb des Dreiecks konstruiert, wodurch auch die obere Grenze des logarithmischen Dreiecks theoretisch verschwindet; der OSTWALDsche Farbkörper ist so zum erweiterten Farbkörper geworden. Die Konstruktion zeigt Abb. 144. Die zugehörigen Buchstaben, die hier große lateinische sind, sind mit ihren Zahlenwerten aus Tabelle 2 zu entnehmen.

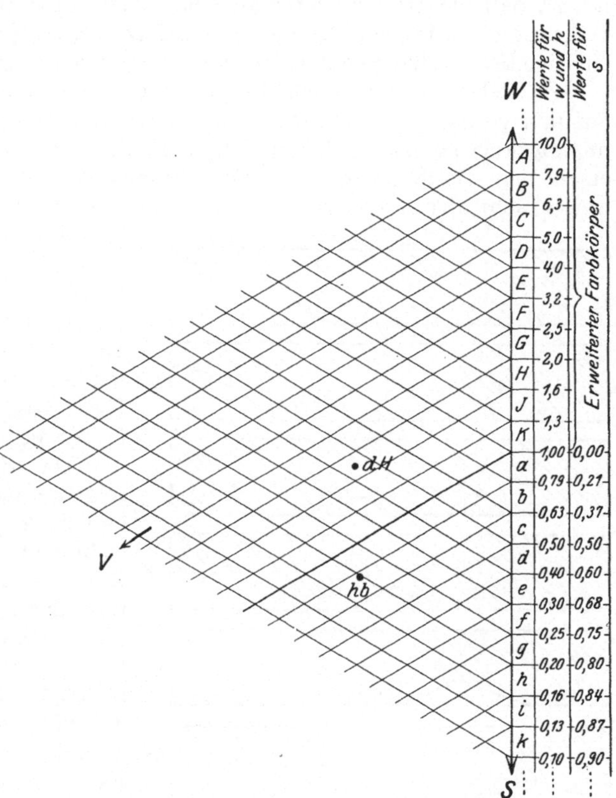

Abb. 144. Schnitt durch den erweiterten logarithmischen Farbkörper.

Messung des Schwarz- und Weißgehaltes. An der Abb. 141 ist im Prinzip schon gezeigt worden, was zu messen ist: einmal soll das Maximum und das andre Mal das Minimum der Remissionskurve ermittelt werden. Das soll mit zwei Filtern geschehen, die das betreffende Spektralgebiet erfassen. Denkt man sich ein Filter, das streng monochromatisch ist, so wird dies beispielsweise in Abb. 145 nur das Licht der Wellenlänge 500 $\mu\mu$ durchlassen, alles andre Licht aber absorbieren.

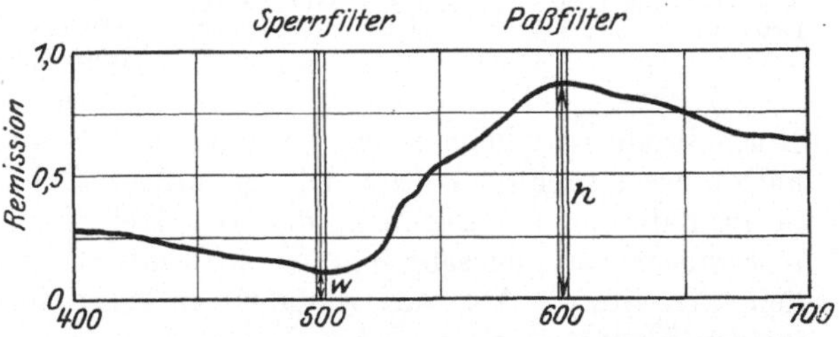

Abb. 145. Prinzip der OSTWALDschen Farbmeßmethode. Das (monochromatisch gedachte) Paßfilter soll bei 600 $\mu\mu$ das Maximum und das ebensolche Sperrfilter bei 500 $\mu\mu$ das Minimum der Remissionskurve zu messen gestatten.

Eine weiße Fläche von der Albedo w würde unter diesem Filter die gleiche Helligkeit zeigen wie eine Farbe, deren Remissionskurve die der Abb. 145 ist. Damit ist grundsätzlich gezeigt, wie OSTWALD mißt. Denn die Bestimmung von h, aus dem dann s berechnet wird, geht entsprechend vor sich. Bei dieser Meßmethode muß man sich wiederum nur mit annähernden Werten begnügen, denn erstens können die Filter nicht monochromatisch sein, weil sie dann viel zu dunkel wären, ganz abgesehen von der technischen Unmöglichkeit, solche Filter herzustellen. Also muß man Filter mit breiterem Durchlaßgebiet wählen. Zweitens aber kann man nicht für jedes enge Spektralgebiet Filter bekommen, denn das würde den Apparat zu sehr komplizieren; man muß also die wenigen Filter, auf die man sich beschränken will (etwa sieben finden hierbei Verwendung), gleichmäßig über das ganze Spektrum verteilen. OSTWALD selbst war der Meinung[1], daß die breiten Durchlaßgebiete der Filter durchaus keine Fehlerquelle bedeuteten, da ja nach der Lehre vom Farbenhalb jede Farbe sich ohnehin über ein ziemlich großes Spektralgebiet in gleichmäßiger Stärke erstrecke.

Zu jeder Messung nach der OSTWALDschen Methode sind also zwei Filter aus den vorhandenen sieben auszuwählen. Das eine soll das Minimum der Remissionskurve erfassen; der Prüfling muß also unter diesem Filter am dunkelsten erscheinen. Da dieses so ausgewählte Filter (nach OSTWALDs Theorie) alles nichtweiße Licht absperrt, wird es das Sperrfilter der betreffenden Farbe genannt. Das andre Filter soll das Maximum in seiner relativen Größe erkennen lassen. Der Prüfling muß daher unter diesem Filter am hellsten aussehen. Dies Filter, das alles in dem betreffenden Spektralbezirk remittierte Licht passieren läßt, wird das Paßfilter genannt.

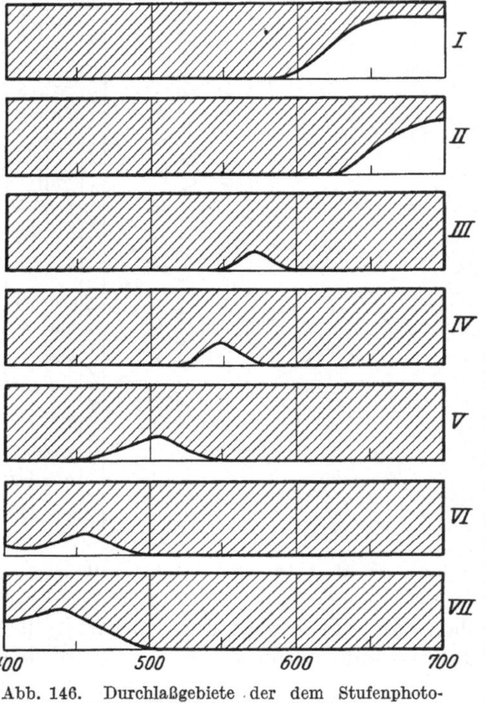

Abb. 146. Durchlaßgebiete der dem Stufenphotometer beigegebenen Farbfilter zur Farbmessung nach OSTWALD.

Die Messung selbst wird nun folgendermaßen durchgeführt: In einem Photometer werden zwei Gesichtsfelder miteinander verglichen. Das eine erhält sein Licht vom Prüfling, das andre von der Normalweißplatte. Zwischen Auge und Photometerwürfel ist das Filter eingeschaltet. Da das Filter annähernd gleichfarbig (beim Paßfilter) oder gegenfarbig (beim Sperrfilter) zur Farbe des Prüflings ist, so wird auch das Gesichtsfeld einigermaßen gleichen Farbton in seinen beiden Hälften zeigen. Wir sehen also i. a. im Photometer zwei verschieden helle Felder, die nun mittels einer am Photometer vorhandenen Einrichtung auf Gleichheit einzustellen sind. Da normalerweise das Gesichtsfeld über dem Normalweiß das hellere ist, so muß der Strahlengang dieser Gesichtsfeldhälfte geschwächt werden. Die gefundene Zahl bei der Ablesung ist dann nötigenfalls so umzurechnen, daß der Helligkeit des Gesichtsfelds über dem Normalweiß bei ungeschwächtem Lichteintritt die Zahl 1,0 zukommt. Gewöhnlich aber wird die Ablesung von allein in Prozenten dieser Einheit vorgenommen werden können.

Je nachdem, ob mit dem Paß- oder Sperrfilter gemessen wird, erhält man den Wert der Bezugshelligkeit, der sich in den Schwarzgehalt umrechnen läßt, oder den Weißgehalt.

Tritt der Fall ein, daß das Gesichtsfeld über dem Prüfling einmal das hellere ist, dann liegt eine glänzende Oberfläche vor, deren Ort im erweiterten Farbkörper liegt. In diesem Falle schwächt man die vom Prüfling ins Instrument remittierte Lichtmenge; wenn das nicht direkt möglich ist, so muß Prüfling und Normalweiß

[1] OSTWALD, W.: Beiträge z. Farbenlehre. Abh. Sächs. Ges. d. Wiss. **34**, 541. Leipzig 1917.

gegeneinander vertauscht werden. Die Ablesung ist dann wieder so umzurechnen, daß der Helligkeit des Normalweiß der Betrag 1,0 = 100% zukommt; die gemessene Zahl ist dann eben größer als 1,0.

Zwei Beispiele zur Farbmessung nach Ostwald. 1. Eine rote, kräftige Färbung (matter Aufstrich) soll eingemessen werden. Zuerst ist das Sperr- und das Paßfilter auszusuchen. Durch Probieren findet man, daß unter Filter V (vgl. die Durchlaßkurven in Abb. 146) der Prüfling am dunkelsten und unter Filter I am hellsten erscheint. Das letztere ist also das Paßfilter, das andre das Sperrfilter. Unter dem Paßfilter muß das Licht des Normalweiß auf 75% seines vollen Wertes geschwächt werden, unter dem Sperrfilter sogar auf 20%. Es ergeben sich daher als Weißgehalt 0,20 und als Bezugshelligkeit 0,75, d. i. ein Schwarzgehalt von 0,25. Der Vollfarbengehalt berechnet sich zu 0,55. Die obenerwähnte Farbkraftzahl im Ostwaldschen System ist 0,73. Aus den Meßwerten ergibt sich laut Tabelle 2 das Farbzeichen hb. — 2. Eine Farbe gleichen Farbtons soll untersucht werden. Bei der Auswahl der Filter zeigt sich bereits, daß die Farbe unter zwei Filtern heller erscheint als das Normalweiß, nämlich unter Filter I und II. Unter dem Filter V erscheint die Farbe wiederum am dunkelsten. Die Messung mit diesem Filter wird also in gewohnter Weise den Weißgehalt ergeben, er wird zu 0,45 gefunden. Für die Paßfiltermessung jedoch muß, da angenommenerweise die Lichtschwächung über dem Prüfling nicht möglich ist, Prüfling und Normalweiß miteinander vertauscht werden. Danach zeigt sich, daß nun unter Filter II die Lichtmenge, die vom Prüfling kommt, weniger als unter Filter I gedrosselt zu werden braucht; daher ist das letztere wieder das Paßfilter. Das Licht muß nun auf 55% seiner ursprünglichen Intensität gedrosselt werden, um gleiche Helligkeit in beiden Gesichtsfeldhälften zu erzielen. Das bedeutet aber, daß die Helligkeit des Prüflings unter diesem Filter 100/55 = 182% der vom Normalweiß beträgt. Es wird also eine Bezugshelligkeit von 1,82 oder ein Schwarzgehalt von —0,82 gefunden. Das Farbzeichen lautet dH. Der Vollfarbenanteil, nach der Gleichung $h = v + w$ berechnet, ergibt sich zu 1,37. Der Farbkraftkoeffizient wird hier 0,75, das bedeutet, daß diese zweite Farbe eine Spur farbiger erscheint als die des ersten Beispiels (ein Vergleich mittels der Farbkraftzahl ist hier statthaft, da gleicher Farbton angenommen wurde).

Farbtonbestimmung. Während bei der Messung der unbunten Anteile eine Wandlung im Meßprinzip gegenüber den von Ostwald vorgeschlagenen nicht eingetreten ist, hat man sich von der ursprünglichen Ostwaldschen Farbtonmeßmethode abgewandt. Diese ursprüngliche Methode beruhte auf der Neutralisation eines Farbtons zu Unbunt durch den komplementären Farbton. War also dieser letztere bekannt, so konnte man mit einem geeigneten Instrument die Neutralisation ausführen und so den Farbton bestimmen. Heute ist man jedoch dazu übergegangen, den Farbton direkt durch Vergleich mit einem Standardkreis zu messen. Um diese Bestimmung ausführen zu können, muß man nun mittels einer beweglichen Skala der Farbtöne die Färbung des Prüflings optisch möglichst weitgehend nachahmen. Das erfordert aber in den meisten Fällen noch eine Entsättigung (= Weißzumischung) und Verdunklung der Farbe des Farbmeßstreifens. Aber auch der umgekehrte Fall kann eintreten, daß eine Färbung bedeutend reiner ist als die im Meßstreifen angebrachte, was bei dem gegenwärtigen Zustand des Streifens durchaus nicht selten ist. Dann muß man eben die Farbe des Prüflings entsättigen und verdunkeln. Auf das Meßergebnis ist das praktisch ohne Einfluß. Durch stufenweises Angleichen der beiden Farben aneinander kann schließlich auf Gleichheit beider Gesichtsfeldhälften nicht nur bezüglich der Sättigung und Helligkeit, sondern eben auch des Farbtons eingestellt werden, da das letztere durch Verschieben des Farbmeßstreifens erreicht werden kann. Die Stellung des Farbtonmeßstreifens, d. h. die beiden an der optischen Mischung beteiligten Farbtöne, die ja einander stets benachbart sind, definieren durch die Mengen, mit denen sie an der Mischung beteiligt sind, den Farbton des Prüflings, der allgemein zwischen ihnen liegt.

Das Meßinstrument. Die ersten in der Praxis verwendbaren Apparate, die nach OSTWALDS Angaben gebraucht wurden, waren zur Schwarz-Weiß-Messung das Halbschattenphotometer (Hasch) und zur Farbtonbestimmung durch Neutralisation der Polarisationsfarbenmischer (Pomi). Im Hasch wurde die Schwächung des Lichtes über dem Normalweiß durch eine Spaltblende erzielt. Im Pomi wurden die durch ein Wollaston-Prisma erzeugten Doppelbilder des Prüflings und der Vergleichsfläche übereinander entworfen und so eine optische Mischung erzeugt, deren beide Komponenten gegeneinander durch ein Nicol verändert werden konnten. Näheres über diese, bereits der Vergangenheit angehörigen Instrumente kann an mancher Stelle nachgelesen werden[1].

An Stelle beider ist jetzt das Stufenphotometer (Stupho)[2] nach PULFRICH getreten, das von der Firma C. Zeiss in Jena hergestellt wird. Seine neueste Ausführungsform ist in Abb. 147 wiedergegeben. Seinen Strahlengang zeigt Abb. 148. Das Okular Ok bildet zusammen mit den Linsen L_1 und L_2 je ein auf unendlich eingestelltes Fernrohr. Die Gesichtsfelder dieser beiden Fernrohre werden durch die Prismen P_1 und P_2 und das Biprisma P_3 so nebeneinander gelegt, daß sie in einer scharfen Kante aneinanderstoßen. Die Eintrittspupillen werden durch die Fernrohrsysteme so abgebildet, daß ihre Bilder, die Austrittspupillen, genau aufeinanderfallen. Sie können durch eine (in der Abbildung nicht gezeichnete) Vorschlaglupe betrachtet werden, so daß man damit die Eintrittspupillen beobachten kann, was für die Farbtonbestimmung erforderlich ist. Die Eintrittspupillen werden meßbar durch die Trommeln M_1 und M_2 verändert. Auf den Tisch Ti legt man die zu messende Probe auf. Handelt es sich um durchsichtige Prüflinge, z. B. Farbstofflösungen, so kann man das Instrument unmittelbar in dieser Anordnung benutzen, wenn man dafür Sorge trägt, daß von unten her durch Normalweiß diffuses Licht in den Apparat gelangt. Hat man aber Oberflächen zu untersuchen, so muß man diese erst in der Eintrittspupille abbilden. Das geschieht mit den abschraubbaren Objektiven O_1 und O_2, die eine Brennweite von 30 mm haben. Auf diese Weise erscheint dann das Gesichtsfeld einheitlich in der Farbe des Prüflings ausgeleuchtet, und etwaige Strukturen der Oberfläche sind unsichtbar gemacht. — Schließlich befindet sich am Instrument noch eine Revolverscheibe D, die acht Öffnungen zur Aufnahme der Farbfilter, eine davon zum freien Durchblick, enthält.

Abb. 147. Das Stufenphotometer nach PULFRICH von der Firma C. Zeiss, Jena.

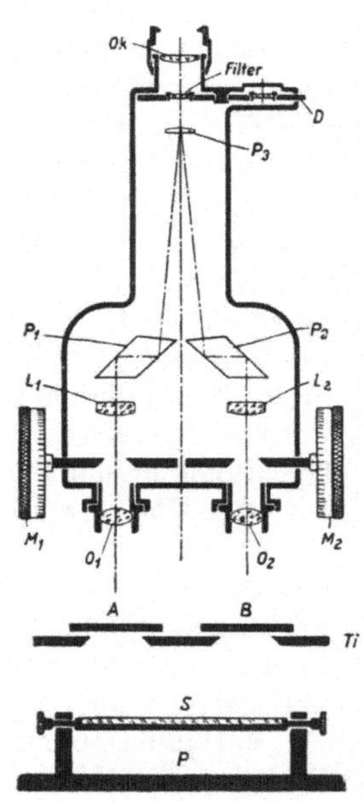

Abb. 148. Strahlengang im Stufenphotometer. (Zeiss, Jena.)

Zur Messung der unbunten Anteile werden nun mittels dieser Revolverscheibe die betreffenden Filter in den Strahlengang eingeschaltet, und das Licht wird auf der einen oder andern Seite geschwächt durch Verkleinern der Eintritts-

[1] z. B. W. OSTWALD: Physik. Farbenlehre, S. 80 u. 156.

[2] PULFRICH, C.: Ztschr. Instrum.-Kde **45**, 116, 521 (1925). Vgl. auch den Zeiss-Prospekt Meß 430/III (1928).

pupille. Ihre jeweilige Größe wird an der Trommel M_1 oder M_2 in Prozenten der vollen Öffnung abgelesen. Prüfling und Normalweiß liegen auf dem Tisch *Ti.*

Zur Farbtonbestimmung setzt man auf die Grundplatte *P* des Instruments den in Abb. 149 gezeigten Zusatzapparat auf. Dieser trägt eine Führung für den aus vier Teilen bestehenden Farbmeßstreifen, der den 24teiligen Farbtonkreis mit je einer Zwischenstufe in Wolle ausgefärbt trägt. Diese Führung ist mittels eines Triebknopfes parallel zu sich selbst verschiebbar, um das neben dem Streifen angebrachte Normalweiß zwecks Entsättigung in das Gesichtsfeld bringen zu können. Der Prüfling kommt auf die Brücke (links) zu liegen. Die eventuell erforderliche Verdunklung wird durch Verkleinern der Eintrittspupille bewirkt. Im übrigen wird die optische Mischung aus den beiden Feldern des Farbmeßstreifens und dem Normalweiß durch Projektion dieser in die Eintrittspupille bewirkt. Diese wird dann durch die erwähnte Vorschlaglupe betrachtet und das Verhältnis der beiden Farbstreifenfelder mittels einer schwach sichtbaren Teilung geschätzt und danach der Farbton des Prüflings angegeben.

(Die Anwendung des Stupho zur Glanzbestimmung ist im Kapitel „Glanz und Glanzbestimmung" (s. d.) beschrieben. Andre Anwendungsmöglichkeiten s. Zeiss-Prospekt Meß 430/III. Vgl. auch noch den Abschnitt „Anwendung des BEERschen Gesetzes" in diesem Kapitel.)

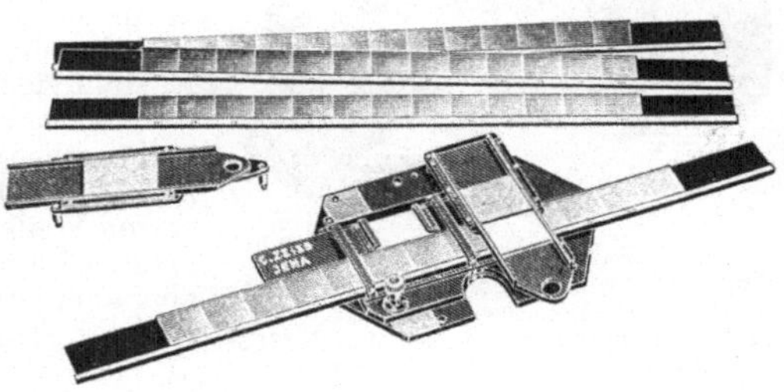

Abb. 149. Zusatzgerät zum Stufenphotometer zur Farbtonbestimmung. (Zeiss, Jena.)

Farbenharmonie. Aus den von ihm als richtig angesehenen Maßzahlen der Farbe glaubte OSTWALD auch die Gesetze der Farbenharmonien ableiten zu können, und zwar auf die elementarste Weise. Er unterscheidet im wesentlichen farbtongleiche und farbtonverschiedene Harmonien. Die erstern sollen dann zustande kommen, wenn zwei oder mehr Farben untereinander im Weiß- oder im Schwarzgehalt oder in allen beiden übereinstimmen. Die andern sollen sich außer auf diese Bedingungen auch noch auf eine geometrische Teilung des Farbkreises stützen. Wer näher die aufgestellten Gesetze kennenlernen will, die nicht etwa aus den Meisterwerken des Kunstgewerbes od. dgl. abgesehen, sondern rein verstandesmäßig konstruiert sind, lese die diesbezüglichen Schriften OSTWALDS nach[1]. Im übrigen darf nicht unerwähnt bleiben, daß diese Harmonielehre auch von vielen Künstlern abgelehnt wird, da die so erhaltenen Farbenzusammenstellungen äußerst langweilig seien. Andrerseits hat gerade die OSTWALDsche Harmonielehre eine Flut von mechanischen Hilfsmitteln zur Bildung harmonischer Farbgruppen hervorgebracht, die als Harmonieschieber, Harmoniesucher u. ä. auf den Markt gebracht werden.

Anwendung des BEERschen Gesetzes. Im Abschnitt über „Gebräuchliche Ausdrücke in der Farbmessung" dieses Kapitels ist das BEERsche Gesetz dargestellt worden. Nach diesem kann man die größere oder geringere Konzentration einer Farbstofflösung durch Verringerung bzw. Vergrößerung der Schichtdicke ausgleichen. Allerdings gilt das nur, wenn durch die Lösung des Farbstoffs keine chemische Veränderung desselben eintritt. Ist aber diese Bedingung eingehalten, so kann man darauf eine Meßmethode zur Bestimmung der Konzentration gründen. Diesen Gedanken verwirklicht das Leitz-Colorimeter nach BÜRKER, das in Abb. 150 dargestellt ist. In das eine Gefäß wird eine Farbstofflösung von bekannter Konzentration gebracht. Die Höhe dieser Schicht ist meßbar veränderlich, während die der andern Küvette konstant auf bekannter Größe gehalten wird, die darin befindliche Lösung ist jedoch ihrer Konzentration nach unbekannt. Nach dem BEERschen Gesetz ist dann

$$d_1 : d_2 = c_2 : c_1 ,$$

[1] OSTWALD, W.: Die Harmonie der Farben. Leipzig 1918.

worin c die Konzentration und d die Schichtdicke bedeutet. An Stelle des Leitz-Colorimeters kann man auch das Stufenphotometer verwenden, wenn man zur Veränderung der Schichtdicke das PULFRICHsche Absorptionsgefäß, Abb. 151, verwendet. Die Eintrittspupillen müssen dabei selbstverständlich auf gleiche Größe eingestellt werden.

Abb. 150. Das Leitz-Colorimeter nach BÜRKER. (Hersteller: Firma E. Leitz, Wetzlar.) (Abbildung entnommen aus GEIGER-SCHEELS Handb. d. Physik, Bd. 20.)

TRILLICHs Farbenbuch. Schließlich sind nun noch einige außerhalb der betrachteten Gedankengänge stehende Farbsysteme zu besprechen. Von denen macht das TRILLICHsche Farbenbuch in Deutschland am meisten von sich reden. TRILLICH ist ein entschiedener Gegner OSTWALDS, da er sich nicht zuletzt an dem diktatorischen Selbstbewußtsein dieses Forschers stößt. Er hat sich der Mühe unterzogen, eine Art Farbhandelsordnung, das Deutsche Farbenbuch[1], aufzustellen, da er es als Hauptaufgabe einer Farbordnung betrachtet, dem Verbraucher durch ein eindeutiges Kennzeichen auf Grund des Systems nicht nur eine optisch definierte Farbe zu verschaffen, sondern auch gleichzeitig die stoffliche Beschaffenheit des Farbmittels damit zu kennzeichnen. Bezüglich der optischen Kennzeichnung der Farben erkennt er die Messung nach Weiß- und Schwarzgehalt an; jedoch verwirft er die OSTWALDsche Farbkreiseinteilung. Er stellt vielmehr Farbreihen auf, die sämtlich von Weiß nach Schwarz laufen, aber auf verschiedenen (richtigen und falschen) Wegen. Einmal wandelt er nur die Helligkeit ab, er erhält also die Graureihe. Das andre Mal geht er von Weiß über in Gelb, von da nach Rot und Violett bis zu Schwarz, das liefert ihm die „Warmreihe"; geht er aber über Grün und Blau nach Schwarz, so erhält er die Kaltreihe[2]. Schließlich erhält er von jedem Farbton „Einfarbenreihen", indem er von Weiß zunächst die Sättigung bis zum Maximum zunehmen läßt, um dann von dort aus die Helligkeit abnehmen zu lassen, so daß auch diese Reihen im Schwarz enden. Diese Reihen entsprechen den hellklaren plus den dunkelklaren Reihen OSTWALDS. Er kann nun jede Farbe kennzeichnen als Mischfarbe aus je zwei in den Reihen irgendwo vorkommenden Farben. Das ergibt aber eine Farbensystematik, die keinen festen Parameter aufweist und daher äußerst schwierig zu übersehen ist.

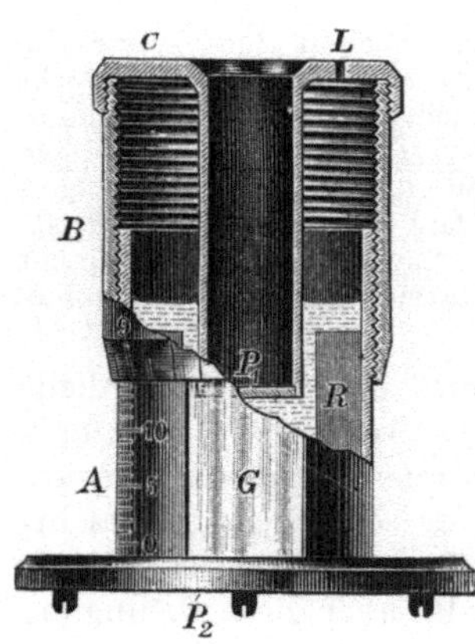

Abb. 151. Absorptionsgefäß nach PULFRICH zur Verwendung des Stufenphotometers als Colorimeter. (Entnommen aus GEIGER-SCHEELS Handb. d. Physik, Bd. 20.)

BAUMANNS Farbentonkarte[3]. Auf rein empirischer Grundlage ist die Farbmusterkarte von BAUMANN-PRASE geordnet, die sich indessen in der Industrie großer Beliebtheit erfreut. Er ordnet seine Farben wieder nach Farbtönen an, die er durch Buchstaben kennzeichnet. Weiter gibt er von jedem vorhandenen Aufstrich die stoffliche Mischung als Maßzahlen an. Das Farbzeichen, das er angibt, kennzeichnet eine Farbe einigermaßen nach Farbton, Helligkeit und Sättigung. Eine Farbmessung auf Grund dieses Systems kann nur durch Vergleich mit den Musteraufstrichen vorgenommen werden.

Farbmessung nach LOVIBOND[4]. Ein in Amerika weitverbreitetes Maßsystem ist das von LOVIBOND. Die zu messende Farbe soll durch Übereinanderlegen dreier Farbfilter zu Grau neutralisiert werden. Die drei Farbfilter, je ein rotes,

---

[1] TRILLICH, H.: Das deutsche Farbenbuch. München 1925.

[2] Diese beiden Reihen müssen als psychologisch falsch bezeichnet werden, da es keinen steten Übergang von Weiß zu Gelb oder Grün außer durch die Sättigungsreihe gibt. Diese ist aber für diese Reihe ausgeschlossen, da erstens die Einfarbenreihen dieselbe enthalten und zweitens die Reihe in vollgesättigten Tönen fortgesetzt werden soll. Dasselbe gilt analog für die Schattenreihe beim Übergang von Violett und Blau zu Schwarz.

[3] BAUMANNS Neue Farbentonkarte, System PRASE. Aue i. Sa. 1912.

[4] HIECKE, R.: Lichttechnik **5**, 59 (1928). Beiblatt zu Elektrotechnik und Maschinenbau **46**, H. 25 (1928).

gelbes und blaues, werden nach steigender Sättigung numeriert; zur Kennzeichnung der Farbe des Prüflings dient die Angabe der zur Neutralisation derselben benötigten Farbmeßgläser.

Schlußbetrachtung. Die Notwendigkeit der exakten Farbkennzeichnung ist von je stark empfunden worden. Gerade, daß man in der heutigen Zeit eine Farbe noch nicht nach einem einheitlichen System kurz kennzeichnen kann, hat die verschiedenen modernen Bestrebungen ins Leben gerufen, die sich die Farbkennzeichnung und die Anerkennung dieser Kennzeichnung als Norm zur Aufgabe gestellt haben. Am bekanntesten ist OSTWALD mit seinen Bemühungen geworden, da er kein Mittel unversucht gelassen hat, sein System als richtig anerkennen zu lassen. Trotzdem hat man ihm bis heute diese Anerkennung versagt, nicht zuletzt deshalb, weil die wissenschaftlichen Grundlagen seiner Lehre nicht sicher genug dazu sind. Indessen soll auch nicht verschwiegen werden, daß die OSTWALDschen Methoden in der reinen Praxis (Färberei) gute Dienste bei der Ordnung der Farben geleistet haben.

Um so eifriger wird jetzt wieder in Deutschland auf der Basis der klassischen Farbenlehre gearbeitet, auf der während und nach dem Kriege die Amerikaner vor allem weitergebaut haben und uns nunmehr nicht unerheblich voraus sind, während in Deutschland lange Zeit unter der Propagandawirkung für eine spezielle Lehre die Arbeiten ins Stocken geraten waren. Aber noch ist der Vorsprung nicht so groß, daß er nicht wieder eingeholt werden könnte. So brauchen wir nicht die Hoffnung aufzugeben, in der Farbenlehre die Grundlagen schaffen zu können, die für unsre Industrie dringend nötig sind zur Normung der Farbenwelt.

Färberei.

Literatur (nur die wichtigsten selbständigen Schriften sind berücksichtigt): BOTTLER: Färbemethoden der Neuzeit. — BRASS: Praktikum der Färberei und Druckerei. — EPPENDAHL: Betriebspraxis der Baumwollstrangfärberei. — ERBAN: Theorie und Praxis der Garnfärberei mit den Azoentwicklern. — FELSEN: Anilinschwarz und seine Konkurrenten. — Indigo und seine Konkurrenten. — Türkischrot und seine Konkurrenten. — GANSWINDT: Theorie und Praxis der modernen Färberei. — GEORGIEVICS: Chemische Technologie der Gespinstfasern. — GNEHM-MURALT: Taschenbuch für die Färberei usw. — HEERMANN: Technologie der Textilveredlung. — HEERMANN u. DURST: Betriebseinrichtungen der Textilveredlung. — HERZFELD-WUTH: Die Praxis der Färberei. — HERZOG, R. O.: Technologie der Textilfasern (im Erscheinen, Einzelbände betr. Baumwolle, Hanf und Hartfasern, Kunstseide usw.). — HEUSER: Die Apparatfärberei der Baumwolle und Wolle. — KRAIS: Technische Fortschrittsberichte (Bd. 3: Textilindustrie). — LEHNE: Färberei und Zeugdruck. — Textilchemische Erfindungen (in Lieferungen). — LEY: Die neuzeitliche Seidenfärberei. — LEY u. RAEMISCH: Technologie und Wirtschaft der Seide (Bd. 6 von R. O. HERZOG, s. o.). — LÖWENTHAL: Handbuch der Färberei der Spinnfasern. — NÖLTING-LEHNE: Anilinschwarz und seine Anwendung in Färberei und Druckerei. — RISTENPART: Chemische Technologie der Gespinstfasern (III. Teil: Die Praxis der Färberei). — RUGGLI: Praktikum der Färberei. — Die Geschichte der Färberei. — SILBERMANN: Die Seide. — Fortschritte auf dem Gebiete der chemischen Technologie der Gespinstfasern. — STIRM: Chemische Technologie der Gespinstfasern. — ULLMANN: Die Apparatefärberei. — WITT-LEHMANN: Chemische Technologie der Gespinstfasern. — ZÄNKER: Die Färberei und Mercerisation. — Kalkulation und Organisation in Färbereien. — ZÄNKER-JOCLET: Chemische Bearbeitung der Schafwolle. — ZIPSER: Apparate, Geräte und Maschinen der Wäscherei, Bleicherei, Färberei und Druckerei. Außerdem: Ratgeber und Anwendungsvorschriften der Farbenfabriken.

Geschichte der Färberei.

Von **P. HEERMANN.**

Unsre Kenntnisse über die Färbereikunst der Alten sind zum Teil auf die technologische Literatur (China, Japan), z. T. auf Götter- und Heldengesänge (z. B. der Inder), auf Notizen der griechischen und römischen Schriftsteller (über Ägypten) und auf zahlreiche Gräberfunde (Ägypten, Peru) zurückzuführen.

Vieles dabei ist noch unklar. Über die Kenntnisse und den Gewerbestand der Griechen und Römer berichten uns Plinius u. a. Von dem, was die Araber über Färberei u. ä. gewußt haben, ist fast nichts auf uns gekommen. Durch die regen Beziehungen der Venezianer mit dem griechischen Kaiserreich und Kleinasien wurden wertvolle Reste antiker Kunstfertigkeit während der Völkerwanderung vor dem gänzlichen Untergang gerettet und traten eine neue Wanderung nach dem Westen Europas und den nördlicheren Gegenden an, um hier bleibende Stätten der Wirksamkeit zu finden. Seit der Erfindung der Buchdruckerkunst wird der Lauf der Entwicklung immer übersichtlicher, seit der Epoche der künstlichen Teerfarben treten Farbstoffherstellung und -verwendung in allerengste Beziehung zueinander.

Graues Altertum. Die ersten Nachrichten über das Färben von Seidengeweben stammen aus dem Jahre 2650 v. Chr. Um das Jahr 2000 v. Chr. war den alten Chinesen der Umgang mit dem pflanzlichen Indigo, dem roten, von einer Schildlaus stammenden Kermesfarbstoff (einer Art Cochenille) und dem Lo-Kao bzw. dem Chinesischgrün (aus einer Rhamnusart stammend) bekannt. Bestimmte Farben waren das Vorrecht besondrer Stände: das Gelb dasjenige des Kaisers und der Kaiserin, der Purpur bzw. das Violett der kaiserlichen Nebenfrauen, das Blau der Ritter ersten, das Rot der Ritter zweiten und das Schwarz der Ritter dritten Grades. Zum Färben bediente man sich einer Art Klotzverfahrens. Etwa ebenso alt wie in China dürften die Anfänge der Färberei in Japan sein. Von China aus dürften die Kenntnisse nach Indien gelangt sein, wo sich die Färberei zu hoher Blüte entwickelte. Auch die Batikfärberei war den Indern bekannt. Indien, aus dem u. a. der pflanzliche Indigo („Indicum"), Lacdye, Gummigutti, Katechu und Brasilienholz stammen, kann auch als Wiege des Zeugdrucks angesehen werden. Der Druck wurde durch in Holz geschnitzte Ornamente ausgeführt, die in eine Farbbrühe getaucht und auf dem Gewebe abgedruckt wurden. Die Mumiengräber Ägyptens bieten wichtige Fundquellen und zeigen, daß dort schon im Jahre 1580 v. Chr. mit Indigo gefärbt und wahrscheinlich indigoführende Pflanzen kultiviert wurden. Bekannt war dort ferner schon um das Jahr 2500 v. Chr. die Krappfärberei und das Safflor. Auch war den Ägyptern das Färben auf gebeizten Stoffen geläufig, sowie die Anwendung mineralischer Farben (gelber und roter Ocker, Hämatit, Schwefelarsen, blaue und grüne Kupfersilicate) und ein schwarzes Lackharz. Die neuern Forschungen im Grabe Tetunchamuns haben keine Ergänzungen gebracht, da die Leinenstoffe verdorben waren. Außer den Gräberfunden Ägyptens geben zwei griechische Papyri, wohl beide aus dem gleichen Grabe in Theben in Oberägypten stammend, Kunde über die Färbereikenntnis der alten Ägypter: 1. Papyrus Graecus Holmiensis (in Upsala aufbewahrt) und 2. Leydener Papyrus X. Hier werden u. a. erwähnt: Alkanna, Safflor, Orseille, Kermes, Krapp, Waid. Die Küpenfärberei wird mit faulendem Urin betrieben. Auch ein Abschnitt über Warenkunde (Prüfung von Farbstoffen) findet sich hier. Von den Ägyptern scheinen die Juden ihre Kunst übernommen zu haben. Im alten Testament sind roter und blauer Purpur, sowie Kermes erwähnt. Auch die seefahrenden Phönizier scheinen um 1500 v. Chr. ihre Kenntnis vom Färben von den Ägyptern erhalten zu haben. Sie waren wegen ihrer Purpurfärberei („phönizischer" Purpur, Hauptsitz in Tyrus) berühmt. Unabhängig von den asiatischen und abendländischen Kulturvölkern hat sich die Färbekunst bei den Ureinwohnern von Mexiko (den Azteken) und in Peru (bei den Inkas) entwickelt, denn sie stand schon auf hoher Kultur, als die seefahrenden Völker nach der Entdeckung Amerikas mit ihnen in Berührung kamen. Auch zeugen die alten Gräber der Inkas von alter Kultur. Die Weberei war dort ein regelrechtes Handwerk. Die Baumwollgewebe waren nur in blauen und braunen Tönen gefärbt, vielfach auch ganz ungefärbt. Die Wolle erstrahlte fast ausnahmslos in den sattesten Farben und wurde selten ungefärbt benutzt. Beizen scheinen die Inkas nicht verwandt zu haben. Dagegen war ihnen die Küpe und die Cochenille bekannt. Die Herkunft ihres echten Schwarz ist unbekannt geblieben. Gelb, Grün und Orange wurden in vollkommenster Frische mit einheimischen Pflanzen gefärbt. Auch sind Anfänge der Druckerei (sogar des Reservedrucks) zahlreich vorhanden.

Klassisches Altertum. Die Phönizier trugen ihre Kenntnisse zu den Griechen und besonders zu den viel farbenfreudigeren Römern. Schon Numa Pompilius errichtete eine Zunft der Färber (Collegium tinctorum), um das Handwerk zu heben. Die Farben wurden in „colores principales" und „colores minus principales" eingeteilt. Erstere durften von beiden Geschlechtern, letztere je nur von Männern oder Frauen getragen werden. Das Gelb wurde nur für Brautschleier verwandt. In den zirzensischen Spielen wurden die Parteien durch Farben differenziert (Grün, Orange, Grau, Weiß). Später machen Herodot (500 bis 424 v. Chr.) und Strabo (63 v. Chr. bis 23 n. Chr.) nur wenige Angaben über das Färben. Theophrast (um 372 v. Chr.) schreibt über das Färben mit Lackmusflechte (Roccella tinctoria). Plinius (23—79 n. Chr.) macht dagegen in seiner „Historia naturalis" zahlreiche Angaben über das Färben. Er erwähnt u. a. Mennige, tyrischen Purpur aus der Purpurschnecke, Coeruleum indicum (Indigo), Coccum (Kermes), Krapp, Wau, Safran und beschreibt die Beizenfärberei mit „weißem“ und „schwarzem“ Alaun (Aluminium- und Eisenbeizen) und die verschiedenen Färbungen auf diesen Beizen („polygenetische“ Farbstoffe nach HUMMEL). Ausgrabungen von Pompeji geben bildlich die Manipulationen des Färbens wieder (Amoretten beim Färben von Tüchern). Das Tragen der Purpurgewänder war in Rom lange den gekrönten Häuptern vorbehalten und symbolisch ein Abzeichen der königlichen Würde. Erst im 12. Jahrhundert erlosch die antike Purpurfärberei (Purpurschnecke, Murex brandaris und Murex trunculus) und machte dem Karmesin (Kermesbeere) Platz; der veränderte Geschmack wandte sich vom satten Violett dem feurigen Rot zu. Nördlich der Alpen färbten inzwischen die Gallier schöne aber unechte Farben mit ihren einheimischen Pflanzen. Der Waid war ihnen aber auch schon bekannt.

Mittelalter. Mit der Völkerwanderung (375 n. Chr.) gingen die meisten Erfahrungen über Färberei in Europa verloren. Nur in Byzanz und dem nahen Orient blieb manches den Nachkommen überliefert. Namentlich retteten die Türken die Krappfärberei und betrieben sie in Adrianopel (Türkischrot, Adrianopelrot). Vom Orient kamen so die Kenntnisse erneut nach dem Abendland erstens durch die Araber nach Spanien etwa im 8. Jahrhundert, zweitens durch Kreuzfahrer und Händler aus dem Orient. Um 1200 blühte die Färberei am Mittelländischen Meere, besonders in Italien, erneut auf. Die Zentrale der europäischen Textilindustrie wurde für lange Jahre Venedig, daneben Genua, Pisa, Florenz und später Mailand. 1429 erschien in Venedig eine Veröffentlichung „Mariegola dell' arte dei Tintori“, eine Art Zunftordnung mit Färbevorschriften.

Neuzeit. 1510 erschien die zweite Auflage und 1540 das erste größere Färbebuch, „Plictho“, vom Venezianer ROSETTI. Mit seinen zahlreichen Rezepten gibt das letztere Buch den Stand der Färbetechnik vor der Entdeckung Amerikas deutlich wieder. Schwarz wurde mit Galläpfeln oder Sumach und Eisenbeize, Rot mit Kermesbeeren oder Rotholz und Alaun, Grau und Braunschwarz mit Eisenfeilen, Essig, Alaun, Fustik, Brasilienholz, Wau usw. gefärbt, Orange wurde durch Niederschlagung von Eisenoxyd auf der Faser, Grün mit Grünspan usw. erzeugt. Auch sind die ersten Anfänge der Küpenfärberei (Indigo, Alaun, Honig, Eichenasche) sichtbar. Durch die Entdeckung Amerikas (1492) und des Seewegs nach Ostindien (1498) wurde die europäische Färbetechnik außerordentlich befruchtet. Man lernte vor allem die Farbhölzer (Blauholz, Rotholz, Gelbholz), dann die Cochenille, den ausländischen Indigo, die Orseille usw. kennen. In England war schon 1472 eine Färberinnung gegründet, aber erst im 16. Jahrhundert ist ein richtiger Aufschwung der Industrie zu beobachten. Frankreich übernahm die Färbekünste Hollands und COLBERTS Gesetz zwang 1669 den Färber, eine gewisse Garantie für Echtfärbung zu übernehmen. Die Färber wurden in Schön-, Schlecht- und später noch in Seidenfärber geteilt. Den Schönfärbern waren die edelsten Farben (Indigo, Waid, Krapp, Cochenille, Kermes, Wau, Galläpfel) reserviert, während die Schlechtfärber Farbhölzer, Orleans, Lackmus und Safran verwenden durften. 1685 brachten die auswandernden Hugenotten ihre Färbereierfahrungen nach den verschiedensten Ländern, besonders nach England, und legten damit den Grund der neueren englischen Färbereiindustrie. In diese Zeit fällt auch das Erscheinen eines Färbebuches von einem unbekannten Verfasser. Das deutsche Original ist verlorengegangen; 1705 erschien aber eine englische Übersetzung unter dem Titel „The whole art of Dying“. Gleichzeitig wird das Gebiet der Färberei durch die damaligen bedeutendsten gelehrten Gesellschaften Europas (französische Akademie in Paris und Royal Society in London) wissenschaftlich bearbeitet (HELLOT, RÉAUMUR, MACQUER: „L'art de la teinture“). Andrerseits wurde die natürliche Entwicklung der Technik durch gesetzliche Bestimmungen und Strafandrohungen stark gehemmt (Schwäbische Färbeordnung 1706). 1705 entdeckte der Berliner Färber DIESBACH das Berlinerblau und 1749 MACQUER dessen waschechte Fixierung auf der Faser. 1750—1760 wurde in Rouen die Türkischrotfärberei vervollkommnet und das Verfahren 1776 veröffentlicht (LE PILEUR D'APLIGNY), 1785 wurde die Zinnbeizung des Türkischrots entdeckt. Wichtige Marksteine in der Entwicklung der Textilindustrie waren u. a.: die Erfindung der Spinnmaschine (1774), die Erfindung der Egreniermaschine durch WHITNEY (1776), der Walzendruckmaschine durch den Schotten BELL (1785), des mechanischen Webstuhls durch JACQUARD (1805). Besonders förderte auch die Entwicklung der chemischen Industrie die Faserveredlung ganz erheblich und verlieh ihr immer mehr den Charakter industrieller Arbeit. Zu erwähnen sind: 1774 Schwefelsäure, 1793 Leblancsoda, 1798 Chlorkalk (TENNANT). Wichtig waren auch Einzelerfindungen wie: 1797 die Einführung der Chrombeizen durch VAUQUELIN, 1815 des Manganbisters durch HARTMANN, 1815 des Catechubrauns durch KURRER, 1830 des Blauholzchromschwarz, der Erzeugung des Chromgelbs auf der Faser u. a. m. Diese um die Zeit der französischen Revolution gemachten Fortschritte verliehen der Färberei allmählich einen ganz veränderten Charakter. Als literarische Erscheinungen aus dieser Zeit seien erwähnt: BANCROFT: Philosophy of permanent Colours, 1813, dann später PERSOZ: Traite théoretique et pratique de l'impression des tissus. 1846.

Epoche der künstlichen Teerfarbstoffe. Um die Mitte des 19. Jahrhunderts setzte die Epoche der künstlichen Teerfarbstoffe ein, die das Gesamtbild der Färberei- und Druckereitechnik von Grund auf umwälzte und diese in allerengste Beziehung zu der Farbstoffindustrie brachte. Der erste künstliche Farbstoff, die Pikrinsäure, war schon 1771 von WOULFFE hergestellt, aber erst 1842 leicht zugänglich gemacht (LAURENT) und 1849 in die Seidenfärberei eingeführt worden. 1855 wurde das Murexid aus Harnsäure hergestellt und vorübergehend (bis 1856) angewandt. Der erste eigentliche Teerfarbstoff war das Mauvein oder das Mauve, das 1856 von W. H. PERKIN im Londoner Laboratorium A. W. HOFMANNs entdeckt wurde. Es folgten dann das Fuchsin (VERGUIN 1859), Rosanilinblau (GIRARD 1860), HOFMANNs Violett, das Chrysanilin, das Martiusgelb usw. In den achtziger Jahren folgten das Malachitgrün, das Krystallviolett, besonders durch die Arbeiten HOFMANNs und O. FISCHERs gefördert. 1878 wurde von CARO das Methylenblau hergestellt. Der Ausbau der Triphenylmethanfarbstoffe beschäftigte die Farbstoffindustrie jahrzehntelang. 1870 wurde von DALE die Tanninbeize entdeckt und dadurch die Anwendung der basischen Farbstoffe auch auf Baumwolle ausgedehnt. 1863 wurde von CALVERT, WOOD und WRIGHT das Anilinschwarz hergestellt; seine praktische Anwendung aber erst 1864 durch LIGHTFOOT (Verwendung von Chloraten mit Kupfersalzen) und von CORDILLOT und PRUD'HOMME (Prussiatanilinschwarz) gelehrt. LAUTH ersetzte 1864 die Kupfersalze in der Druckerei durch das Kupfersulfid. Dann kamen andre Sauerstoffüberträger hinzu: die Vanadate (GUYARD und WITZ 1876), das Bleichromat (SCHMIDLIN 1881). Viel später kamen auch an Stelle des Anilins andre Basen hinzu, die Diphenylschwarzbase bzw. das entsprechende Öl (Höchst). Mit der überaus wichtigen Entdeckung des künstlichen Alizarins durch GRAEBE und LIEBERMANN 1868 war erstmalig ein Naturfarbstoff (der Krappfarbstoff) synthetisch hergestellt. Die Skala der Anthrachinonfarbstoffe erweiterte sich bald durch das Anthrapurpurin (1873), das Purpurin (1874), Flavopurpurin (1876), Alizaringranat u. ä. Den roten folgte bald ein blauer Farbstoff, das Alizarinblau (PRUD'HOMME 1877), das erste bedeutende Konkurrenzprodukt des Indigos. Es folgten die entsprechenden Sulfosäuren und die für den Druck so wichtigen Bisulfitverbindungen. Auch die Chrombeizverfahren wurden verbessert. Mit dem Jahre 1860 ging gleichzeitig der Ausbau der Azofarbstoffe (GRIESS, Entdeckung der Diazoverbindungen 1858) und von 1871 ab der Phthaleine (A. v. BAEYER, CAROs Eosin 1874) vonstatten. In diese Zeit fällt auch das Chrysoidin (WITT 1878), das Echtrot von CARO und die ersten Ponceaux (BAUM 1878), die den ersten Ersatz für das feurige Cochenillescharlach bildeten. 1884 entdeckte BÖTTIGER den ersten Baumwolle direkt färbenden Farbstoff, das Kongorot, welches eine ganze Epoche der substantiven Farbstoffe ins Leben rief. Während eines Jahrzehnts haben alsdann diese direkt färbenden Farbstoffe das Hauptinteresse der Farbstofftechnik auf sich konzentriert und viele Hunderte wertvoller Farbstoffe dieser Gruppen folgen lassen, so das Benzopurpurin 4B, das Benzoazurin G (C. DUISBERG), das Kongo 4R, das Kongokorinth (PFAFF), das Naphtholschwarz (HOFFMANN und WEINBERG), die Baumwoll-, Benzo-, Chicago-, Columbia-, Dianil-, Oxaminfarbstoffe usw. Durch die Nachbehandlungsmethoden dieser Farbstoffe wurde die Echtheit dieser Färbungen wesentlich erhöht (Oxydation, Lackbildung, Kondensation). Das Primulin (GREEN 1887) eröffnete den Reigen der „Ingrainfarbstoffe"; ihm folgte bald das Pararot (ULLRICH), das Nitrosoblau und andre auf der Faser erzeugte Farbstoffe. Mit dem Vidalschwarz wurde die Ära der Schwefel- oder Sulfinfarbstoffe eröffnet (Vidal 1893), 1897 folgten die Immedial-, dann die Schwefel-, Thiogen-, Katigen-, Kryogenfarbstoffe usw. In die gleiche Zeit fiel der weitere Ausbau der Alizarinfarbstoffe durch Bohn, R. Schmidt u. a. mit dem Diamantschwarz F (Lauch und Krekeler 1889) und den Chromentwicklungs- (Chromfarbstoffen), Chromat-, Monochrom-, Autochromfarbstoffen usw. Später folgten folgerichtig die Ergan-, Erganon- und Neolanfarbstoffe mit dem Farbstoff einverleibtem Chrom. Nach der ersten Indigosynthese durch A. v. Baeyer (1880) kam 1897 der erste synthetische Indigo in den Handel (Indigo rein B.A.S.F., Heumann, Knietsch), dem 1901 der synthetische Indigo der Höchster Farbwerke (Pfleger) folgte. Im gleichen Jahre kamen die Indanthren- und Flavanthrenfarbstoffe auf (Bohn u. a.), denen sich die Algol-, Helindon-, Ciba- und Cibanonfarbstoffe anschlossen. Wichtig war auch das Hydronblau (Cassella 1908), ein schwefelhaltiger Küpenfarbstoff, der den Indigo auf Baumwolle zu ersetzen vermochte. Die letzten Jahrzehnte sind in erster Linie der Weiterentwicklung der Echtfärberei gewidmet. Besondre Neuheiten bildeten u. a.: Die geschwefelten Indigofarbstoffe (P. Friedländer, Thioindigorot, Thioindigoscharlach 1905), die Naphthol-AS-Farben (1913, Durand-Huguenin, Griesheim-Elektron), die Indigosole (1822, Bader, Sunder, Vaucher u. a.); die letzteren sind wasserlösliche, beständige Schwefelsäureester von Leukoindigoprodukten, die durch Oxydation auf der Faser Indigo abscheiden. Wirtschaftlich waren die letzten Jahre durch den Zusammenschluß der deutschen Teerfarbenfabriken zu einer großen I. G. Farbenindustrie A.G. charakterisiert (1925).

Einen ganz eigenen und von der Entwicklung der Farbstoffindustrie unabhängigen Weg nahm seit den 80er Jahren des vorigen Jahrhunderts die Ausrüstung der edlen Seide durch die Seidenerschwerung. Nachdem ursprünglich nur mäßige Erschwerungen der Seide mit Hilfe von Gerbstoffen, Metallbeizen und wasserlöslichen Stoffen (Salzen, Zucker u. ä.) hergestellt werden konnten, wurde um das Jahr 1870 die Zinnerschwerung, später die Zinnphosphaterschwerung entdeckt, der sich im Jahre 1893 durch Neuhaus die Zinnphosphat-Silicat-Erschwerung anschloß. Diese kombinierten Erschwerungen der Seide brachten eine vollständige Umwälzung der damaligen Seidenfärberei und -ausrüstung mit sich, und zwar sowohl der Couleur- als auch der Schwarzfärberei (s. u. Seidenfärberei). Für die Schwerschwarzausrüstung der Seide war u. a. die Beobachtung Heermanns wichtig, daß mit Zinnphosphat vorerschwerte Seide gegenüber unoxydiertem Blauholzextrakt (Hämatoxylin) eine ganz außerordentliche Affinität zeigt. Man wurde so in die Lage versetzt, bei hocherschwertem Seidenschwarz den Anteil der mineralischen Erschwerung wesentlich herabzusetzen und durch vegetabilische Erschwerung zu ersetzen, wodurch u. a. Haltbarkeit der Seide und Volumen der Seide in günstiger Weise erhöht werden konnten. In den 90er Jahren des vorigen Jahrhunderts waren zeitweise schwere Krisen infolge unsachgemäßer und Übererschwerung zu überwinden, bis schließlich die Gefahren der Seidenvermorschung erkannt wurden und die Technik der Erschwerung in gleichmäßigere und geebnetere Bahnen geleitet wurde.

Die Patentliteratur über Färberei im letzten Jahrzehnt betrifft zu einem großen Teil das Färben der künstlichen Faserstoffe, besonders seit Einführung der Acetatseide. Theoretisch wurden diese Fragen u. a. durch Green, Saunders, Clavel, Stanisz, Kartaschoff, Kurt H. Meyer u. a. geklärt. Die Theorie der sonstigen Färbereiprozesse war besonders durch Knecht, Green, Suida, Georgievics, Gnehm, Pelet-Jolivet, Haller und zahlreiche andre Forscher mit Erfolg bearbeitet. Von der allergrößten Bedeutung für die Entwicklung der modernen Färbereiindustrie sind aber die in den wissenschaftlichen Laboratorien der deutschen Farbenfabriken ausgeführten Arbeiten.

Färberei der Baumwolle.

Von K. Volz.

Koloristischer Teil.

Allgemeines. Die Färberei ganz allgemein, wie diejenige der Pflanzenfasern, deren wichtigster Vertreter die Baumwolle ist (so daß man allgemein von der Färberei der Baumwolle spricht und das Färben der übrigen pflanzlichen Fasern der Färberei der Baumwolle angliedert), bezweckt nicht allein, der Faser eine Farbe zu verleihen, sondern auch die Farbe derart zu fixieren, daß sie den Einflüssen bei der Fertigstellung und beim späteren Gebrauch der Stoffe genügend widersteht oder echt ist.

Für die Färberei der sich sehr ähnlich verhaltenden pflanzlichen Fasern (weiter unten ist deshalb der Einfachheit wegen nur von Baumwolle die Rede) kommen, von wenigen Ausnahmen abgesehen, die Teerfarbstoffe allein zur Verwendung. Diese haben allmählich eine so große Zahl erreicht, daß zur beßren Übersicht derselben eine Einteilung notwendig wird. Diese Einteilung kann nach dem färberischen Verhalten oder nach der chemischen Zusammensetzung erfolgen, wobei diese zwei Systeme nicht miteinander übereinstimmen. Es ist auch kaum möglich, durchgehend eine scharfe Gliederung der Farbstoffe durchzuführen.

Die Farbstoffe zum Färben der Baumwolle lassen sich färberisch etwa in folgende 10 Gruppen einteilen:

I. Direkte Baumwollfarbstoffe, substantive Farbstoffe oder Salzfarben; II. Schwefelfarbstoffe; III. Küpen- oder Reduktionsfarbstoffe; IV. basische Farbstoffe; V. auf der Faser erzeugte Farbstoffe; VI. Beizenfarbstoffe (Alizarinfarbstoffe); VII. Säurefarbstoffe oder saure Farbstoffe (Alaunfarben); VIII. Phthalsäure- oder Resorcinfarbstoffe (Eosinfarbstoffe); IX. Mineralfarbstoffe; X. natürliche Farbstoffe (pflanzliche und tierische Farbstoffe).

Direkte Baumwollfarbstoffe oder substantive Farbstoffe (Salzfarben).

Die direkten Baumwollfarbstoffe sind wasserlöslich und färben die Baumwolle direkt in satten Farben an. Man nennt sie auch: Benzidin-, Benzo-, Diamin- oder Dianilfarbstoffe usw.

Weitere wichtige Bezeichnungen der direkten Baumwollfarbstoffe sind u. a.: Baumwoll-, Chloramin-, Hessisch-, Mikado-, Naphthamin-, Oxamin-, Oxydianil-, Pluto-, Pyramin-, Sirius-, Stilben-, Renol-, Thiazin-, Thiazol- und Toluylenfarbstoffe der I. G. Farbenindustrie Aktiengesellschaft; die Direkt-, Direktecht-, Chlorantin-, Chlorantinlicht-, Chlorantinechtfarbstoffe und die verschiedenen Carbid- und Carbidechtschwarzmarken der Gesellschaft für Chemische Industrie in Basel, die Direkt-, Diphenyl-, Diphenylecht- und Polyphenylfarbstoffe von J. R. Geigy A.-G., Basel, und die Direkt-, Chloramin-, Pyrazol- und Trisulfonfarbstoffe der Chemischen Fabrik vorm. Sandoz, Basel.

Lösen, Zusätze. Die Farbstoffe werden vor Gebrauch in einer genügenden Menge kochendem Wasser, am besten Kondens- oder mit Soda korrigiertem Wasser in Lösung gebracht, in dem sie zweckmäßig erst mit wenig heißem Wasser angerührt und dann in möglichst kochend heißem Wasser gelöst werden. Zum Färben von Stranggarn auf der Kufe wählt man ein Flottenverhältnis von 1 : 20; bei hellen Färbungen mit wenig Farbstoff, auch bei Farbstoffgemischen, hält man dasselbe eher länger (1 : 25), bei dunklen Färbungen sowie bei Verwendung gut egalisierender Farbstoffe kann das Flottenverhältnis kürzer gehalten werden. Weiches Wasser ist vorteilhaft; hartes, d. h. kalkhaltiges Wasser, wird erst weich gemacht oder korrigiert (s. Wasser). Eine Reihe von Farbstoffen ist alkaliempfindlich, bei denen man die „schärfere“ Soda durch das „mildere“

phosphorsaure Natron (2—5 %) ersetzt. Die alkalisch reagierenden Salze, zu welchen u. a. noch Borax und Seife gerechnet werden können, erfüllen als Zusätze beim Färben einen zweifachen Zweck, 1. korrigieren sie hartes Wasser und scheiden die Härtebildner unlöslich aus, 2. erhöhen sie als alkalisch reagierende Salze die Löslichkeit des Farbstoffs, bzw. sie wirken auf das Aufziehen verzögernd und infolgedessen egalisierend. Günstig für das Egalisieren der Farbstoffe wirken solche Zusätze, die die Netzfähigkeit der Faser, die Löslichkeit und die Verteilung des Farbstoffs erhöhen. Solche Eigenschaften zeigen die Färbeöle (s. Netzmittel). Derartige Hilfsprodukte wirken je nach ihrer Zusammensetzung netzend, reinigend oder dispergierend und bewirken, daß der Farbstoff gleichmäßiger aufzieht, mehr in die Faser eindringt und dieselbe durchfärbt; die Dispersionsmittel teilen den Farbstoff in der Lösung weitgehend auf, so daß Ungleichmäßigkeiten infolge verschiedener Teilchengröße, z. B. bunte Färbungen, vermieden werden. Vor allen Dingen sind derartige Zusätze beim Färben von hellen Farben oder bei Farbstoffgemischen zum gleichmäßigeren Aufziehen von Vorteil.

Netzen. Die zu färbende Baumwolle wird vorher in üblicher Weise genetzt; entweder abgekocht unter Zusatz von Soda oder Ätznatron oder in einem Netzbad unter Zusatz eines Netzmittels behandelt, z. B. von Nekal BX (s. d.). Man verwendet von letzteren je nach dem Netzvermögen 1—3 g auf 1 l Flotte und zieht auf dem heißen Netzbad so lange um, bis die Baumwolle vollständig naß geworden ist. Das Benetzen wird bei den günstig wirkenden Netzmitteln häufig im Färbebad selbst vorgenommen, so daß das Färbebad unter Zusatz von Netzmittel fertig hergerichtet wird, doch zunächst ohne Farbstoff. Man netzt die Färbepartie erst vor, schlägt auf, gibt die Farbstofflösung zu und beginnt mit dem Färben. Bei gut egalisierenden Farbstoffen und beim Färben von satten Farben kann sogar trocken eingegangen werden. Wenn im Färbebad selbst genetzt wird, so ist zu beachten, daß die Unreinigkeiten der Faser im Färbebad bleiben, was beim Färben auf stehenden Bädern ein häufigeres Erneuern der Färbeflotten notwendig macht. Mehr zu empfehlen ist deshalb das gesonderte Vornetzen auf einem eigentlichen Netzbad. In diesem Falle ist ein Spülen vor dem Eingehen in das Färbebad zu empfehlen.

Temperatur und Färbedauer. Die Temperatur beim Eingehen in das Färbebad richtet sich einerseits nach der Tiefe der Färbung, andernteils nach dem Egalisierungsvermögen des Farbstoffs, sie bewegt sich von lauwarm bis kochend heiß. Helle Farben erfordern mehr Vorsicht. Hier ist demnach das Aufziehen durch Eingehen bei niederer Temperatur und Zugabe von Egalisierungsmitteln zu verzögern (Seife oder Türkischrotöl od. dgl.). Die Temperatur wird langsam auf 70—80° C gesteigert. Bei satten Farben kann bei höherer Temperatur eingegangen werden; wenn das Egalisieren keine Schwierigkeiten bereitet, direkt kochend heiß, im letzteren Fall läßt man das Färbebad nach Zusatz des Farbstoffs aufkochen, stellt den Dampf ab und geht ein. Gefärbt wird je nach der Menge Farbstoff $^1/_2$—1 Std., bei dunklen Färbungen wird die Zeitdauer auf $1^1/_4$ oder $1^1/_2$ Std. erhöht. Während dieser Zeit zieht der Farbstoff weitgehendst auf die Faser auf. Das Färben vollzieht sich am günstigsten bei Kochtemperatur. Manche Farbstoffe ziehen schon bei niederer Temperatur, teilweise in der Kälte. Auf die Eigenschaften der fertigen Färbungen ist die Färbetemperatur ebenfalls von wesentlichem Einfluß. Bei dunklen Farben läßt man zum beßren Erschöpfen der Flotte die letzten 15—20 Min. bei abgestelltem Dampf im freiwillig erkaltenden Bad nachziehen, in diesem Fall wird die Färbezeit über 1 Std. erhöht.

Zusätze. Um die Farbstoffe auszunutzen und die Affinität zwischen Farbstoff und Faser zu steigern, werden neutrale Salze, wie Glaubersalz oder Kochsalz, zugesetzt. Die Verwendung von neutralen Salzen hat den direkten Baumwollfarbstoffen den Namen „Salzfarben“ eingetragen. Man rechnet 5—20% Kochsalz oder calc. Glaubersalz bzw. die doppelte Menge kryst. Glaubersalz. Die Menge Salz richtet sich einerseits nach der Tiefe der Färbung (für helle Farben weniger als für dunkle) und andrerseits nach der Löslichkeit des Farbstoffs. Leicht lösliche Farbstoffe erfordern eine größere Menge als schwerer lösliche. Die Salzmengen dürfen jedoch nicht so hoch gesteigert werden, daß der Farbstoff aus der Lösung ausgefällt wird, da sonst ungleichmäßige und abrußende Färbungen entstehen. Helle Farben werden vorteilhaft ohne Salz gefärbt, Kochsalz wirkt stärker aussalzend als Glaubersalz; von letzterem ist das krystallisierte reiner und deswegen für helle Farben vorzuziehen. Die Zugabe von neutralem Salz erfolgt vorteilhaft einige Zeit nach dem Aufstellen, so daß die ersten 10—20 Min. ohne Salz gefärbt wird; bei größeren Mengen Salz erfolgt die Zugabe am besten in zwei Portionen. Bei Farbstoffen, welche keine Schwierigkeiten bereiten, kann das Salz vor dem Eingehen zugesetzt werden. Zieht ein Färbebad nicht genügend aus, so kann durch Zusatz von Salz nachgeholfen werden.

Ausziehen der Bäder. Die Färbebäder ziehen auch bei günstigem Zusatz von Salzen nicht vollständig aus, je nach der Löslichkeit des Farbstoffs bleibt $^1/_4$—$^1/_5$ im Färbebad zurück; die Färbebäder können infolgedessen nach Zugabe von Farbstoff ($^3/_4$—$^4/_5$) und Salz zum Färben von weiteren Partien benutzt werden. Da das Salz nicht auf die Faser aufzieht, so ist nur so viel nachzusetzen, als dem Flottenverlust entspricht, $^1/_4$—$^1/_5$ der erst zugesetzten Menge; bei satten Farben prüft man am sichersten das spezifische Gewicht. Die Flotte soll nicht mehr als 2—3° Bé spindeln.

Spülen. Nach beendetem Färben schlägt man die Partie auf und spült nach dem Abkühlen gut in kaltem Wasser.

Durchfärben, Abziehen, Bluten u. a. Die Farbstoffe färben gut durch, so daß hart gedrehte Gespinste, gezwirnte Garne und dichte Gewebe dem Durchfärben keine Schwierigkeiten bereiten. Ferner egalisieren sie auch verhältnismäßig gut; die Färbungen sehen klar, homogen aus und sind reibecht. Wasser und lösend wirkende Chemikalien, besonders Alkalien, Soda, Seife usw., vermögen besonders bei höherer Temperatur etwas Farbstoff abzuziehen, wodurch farbige Auszüge entstehen und die Färbungen heller werden. Beim Waschen der substantiven Färbungen, zusammen mit Weiß, wird letzteres von dem abgezogenen Farbstoff deutlich angefärbt. Dieses Abziehen des Farbstoffs hängt wesentlich von der Menge und der Alkalität des Waschmittels (Seife, Soda, Waschpulver), der Temperatur und besonders der beim Waschen erforderlichen mechanischen Bearbeitung ab. Das Anfärben von mitgewaschenem Weiß durch abgezogenen Farbstoff bezeichnet man als „Bluten“; die Eigenschaft des Ausblutens ist sämtlichen Färbungen der substantiven Farbstoffe gemeinsam. Helle Farben mit weniger Farbstoff sind waschechter.

Verdünnte Alkalien wirken im allgemeinen stärker lösend also abziehend, als verdünnte Säuren, in verschiedenen Fällen vermögen verdünnte Lösungen von Alkalien oder Säuren chemisch zu wirken und den Farbton mehr oder weniger zu verändern. Manche Farbstoffe sind empfindlich gegen Säuren, andre werden von Alkalien ungünstig beeinflußt. Säureempfindlich sind die Färbungen des Kongorots und der nahestehenden Benzopurpurinmarken. Infolge dieser seiner Empfindlichkeit gegen Säure ist Kongorot sogar als Indikator zu gebrauchen (Kongorotpapier). Die Benzopurpurinrot sind nur gegen verdünnte Mineralsäure empfindlich und werden dabei geschwärzt, während organische Säuren nur ein Trüber- oder Stumpferwerden des lebhaften Rots herbeiführen. Durch verdünntes Alkali kehrt die ursprüngliche Lebhaftigkeit wieder zurück. Alkaliempfindliche Farbstoffe werden ohne Soda gefärbt.

Lichteinfluß u. a. Licht, Luft, Oxydations- und Reduktionsmittel üben einen chemischen Einfluß auf den Farbstoff aus und führen dauernde Änderungen herbei, was sich in einem Verblassen oder Verschwinden der Färbungen äußert. Gegen Licht sind die substantiven Färbungen im allgemeinen von mäßiger bis mittlerer Beständigkeit. Die Veränderungen der Farben am Licht werden begünstigt bei gleichzeitiger Einwirkung der Atmosphärilien (s. atmosphärische Einflüsse). Eine besondre Gruppe von direkten Baumwollfarbstoffen, deren Färbungen sich durch sehr gute Lichtechtheit auszeichnen, werden seit neuerer Zeit unter der Bezeichnung „Siriusfarbstoffe" zusammengefaßt. Eine sehr gute Lichtechtheit von Färbungen wird auch mit der Kennsilbe „Licht" oder „Echt", z. B. Direktlichtrot, Direktlichtrubin, Chlorantinlichtfarbstoffe oder mit der Marke L (Licht) zum Ausdruck gebracht.

Chloreinfluß. Von Chlor und Chlorbleichmitteln werden die Färbungen der direkten Baumwollfarbstoffe mit einigen Ausnahmen, z. B. bei Gelb, gebleicht. Dabei wird der Farbstoff chemisch zerstört. Die Sauerstoffbleichmittel oder andre Oxydationsmittel wirken entsprechend milder. Eine Bezeichnung von chlorechten Farben liegt in dem Präfix „Chlor", z. B. Chloramingelb, Chloraminorange, Chloraminbraun usw.

Reduktionsmittel. Von Reduktionsmitteln, wie Hydrosulfit oder derartigen Verbindungen, werden die substantiven Farbstoffe mit einigen Ausnahmen bei Gelb beim Erwärmen oder Kochen gespalten und dadurch dauernd entfärbt, dadurch lassen sich derartige Färbungen abziehen.

Nachbehandlung der Färbungen mit direkten Baumwollfarbstoffen.

Um die Echtheit der Färbungen zu erhöhen und dadurch die Farben vor allem waschechter zu machen, kann eine Nachbehandlung vorgenommen werden. Durch die chemische Veränderung des Farbstoffs beim Nachbehandeln wird der Farbton mehr oder weniger verändert, was das Nachmusterfärben erschwert und während des Färbens berücksichtigt werden muß. Man unterscheidet vier Arten des Nachbehandelns: 1. Diazotieren und Entwickeln, 2. Kuppeln, 3. Nachbehandlung mit Metallsalzen, 4. Nachbehandlung mit Formaldehyd.

Für vereinzelte Fälle wäre noch das Nachbehandeln mit Chlorkalk und das Nachbehandeln mit Solidogen A zu erwähnen. Die Farbstoffe werden in allen Fällen wie üblich unter Zusatz von Salzen nahe der Kochtemperatur ausgefärbt und die Partien gespült und entwässert. Das Nachbehandeln wird unmittelbar angeschlossen.

Diazotieren und Entwickeln.

Zum Diazotieren bereitet man ein kaltes Bad mit (je nach der Farbtiefe) 1,5—3 % Nitrit vom Gewicht der Baumwolle und der doppelten Menge konz. Schwefelsäure bzw. der dreifachen Menge konz. Salzsäure. Das Nitrit wird erst in kaltem Wasser gelöst, die Lösung dem Diazotierungsbad zugesetzt, und dann wird die Säure eingerührt. Man geht in das kalte Diazotierungsbad ein und zieht 15 bis 20 Min. kalt um; in einigen Fällen oder beim Arbeiten auf dem Apparat wird das Diazotieren auf 30 Min. ausgedehnt. Da die durch das Diazotieren entstehenden Diazoverbindungen leicht zersetzlicher Natur sind, so darf nur vollständig kalt gearbeitet werden; direkte Sonnenstrahlen und alkalische Dämpfe, z. B. von Ammoniak, sind fernzuhalten, ebenso ist das Berühren oder Aufspritzen von alkalisch reagierenden Flüssigkeiten zu vermeiden. Nach dem Diazotieren wird im schwach mit Schwefelsäure oder Salzsäure angesäuerten Bad gespült, entwässert und sofort entwickelt.

Zum Entwickeln dienen Amine oder Phenole. Das Lösen der Phenole geschieht in Natronlauge, dabei entstehen die Natronsalze, die Phenolate, welche in heißem Wasser löslich sind; die Amine können mit Salzsäure in die wasserlöslichen salzsauren Salze übergeführt werden. Als die gebräuchlichsten Entwickler seien die folgenden der I. G. Farbenindustrie A. G. nach ihrer Handelsbezeichnung und Zusammensetzung angeführt:

1. Beta-Naphthol, Rotentwickler, Entwickler A (letzterer ist Beta-Naphtholnatrium),
2. Resorcin, Entwickler F (Orangeentwickler),
3. Phenol, Entwickler J (Gelbentwickler),
4. salzsaures Meta-Phenylendiamin, Entwickler CS,
5. salzsaures Meta-Toluylendiamin, Entwickler H,
6. Chlor-Meta-Phenylendiamin, Entwickler D,
7. salzsaures Äthyl-Beta-Naphthylamin, Entwickler BS (Bordeauxentwickler),
8. Naphthylamináther oder Amidonaphtholäther,
9. Phenylmethylpyrazolon, Entwickler Z,
10. Amidodiphenylamin, Entwickler AD (Echtblauentwickler).

In vereinzelten Fällen kommen noch Soda und Chlorkalk in Betracht.

Man rechnet je nach der Tiefe der Färbung und der Molekulargröße des Entwicklers 0,5—1,5 % Entwickler, durchschnittlich 1 %. Entwickelt wird während 20—30 Min. kalt. Die verschiedenen Entwickler geben mit demselben Farbstoff verschiedene Farbtöne. Für bestimmte Farbtöne können zwei Entwickler miteinander gemischt werden. Zum Mischen eignen sich am günstigsten die Entwickler derselben chemischen Zugehörigkeit, also die Phenole unter sich oder die Amine. Beim Verwenden von zwei Entwicklern ist auf die verschiedene Geschwindigkeit beim Entwickeln des einzelnen Rücksicht zu nehmen. Beta-Naphthol entwickelt z. B. langsamer als ein Diamin.

Beim Entwickeln mit Soda arbeitet man heiß mit 2—3 % vom Gewicht der Baumwolle; eine Entwicklung mit Soda kommt in Betracht für Gelb mit Primulin, Braun mit Diamincatechu (färbt direkt ein Violett), Dunkelbraun mit Diazobrillantschwarz B (färbt direkt ein Rotbraun).

Eine Entwicklung mit Chlorkalk kommt nur für klare chlorbeständige Gelb mit Primulin in Frage. Man entwickelt kalt 20—30 Min. auf einem Bad mit 1—2 g aktivem Chlor im Liter.

Nach beendetem Entwickeln wird gut gespült und zweckmäßig bei etwa 60° geseift, um jeden lose anhaftenden Farbstoff abzuziehen und dadurch die Waschechtheit zu erhöhen.

Die Diazotierungs- und Entwicklungsbäder können nach dem Auffrischen weiter benützt werden, man rechnet als Zusatz bei Diazotierungsbädern $^1/_3$—$^1/_2$ Nitrit und Säure der für das Ansatzbad verwendeten Menge; zweckmäßig überzeugt man sich von der Brauchbarkeit des Diazotierungsbades durch die Reagenspapiere Kongorot bzw. Jodkaliumstärke. Zum Entwickeln ist ein Nachsatz von $^2/_3$—$^3/_4$ der für das Ansatzbad angewandten Menge Entwickler erforderlich. Von dem Entwickler muß ein gewisser Überschuß im Bad vorhanden sein, man kann dies durch Entwickeln eines Probesträngchens einer solchen Farbe feststellen, deren Farbton durch das Entwickeln stark verändert wird, z. B. Primulin.

Primulin färbt direkt ein grünstichiges Gelb, welches durch Diazotieren in ein Orange übergeht und durch Entwickeln mit den verschiedenen Entwicklern verschiedene Farbtöne liefert, so liefert das Beta-Naphthol ein schönes Rot, das sog. Primulinrot, Resorcin ein Braunorange, Phenol ein Gelb, heiße Soda ein stumpfes Gelb, Chlorkalk ein volles Gelb usw.

Durch das Diazotieren und Entwickeln werden die Farben wasch- und säurekochecht, so daß sie ein Überfärben im sauren Bad aushalten, was für die Färberei der Halbwolle von Vorteil ist. Die Licht- und Bleichechtheit wird durch das Diazotieren und Entwickeln, von einigen Ausnahmen abgesehen, nicht nennenswert erhöht.

In der Bezeichnung der Farbstoffe wird durch das Kennwort „Diazo“ die Möglichkeit des Diazotierens zum Ausdruck gebracht, weitere Diazotierungsfarbstoffe sind die Diaminazo-, Diaminogen-, Diazanil-, Diazogenmarken, die Naphthogenblau-, Sambesifarbstoffe, das Primulin usw. der I. G. Farbenindustrie, die Rosanthren-, Diazo- und Aminogenfarbstoffe der Ciba (Gesellschaft für Chemische Industrie) in Basel, einige Chloraminschwarz- und Diazaminfarbstoffe von Sandoz, Basel, die Diazophenylfarbstoffe von I. R. Geigy A. G. in Basel.

Das Kuppeln.

Das Kuppeln ist chemisch dem Diazotieren und Entwickeln nahe verwandt, aber einfacher, weil nur ein Bad erforderlich ist. Zum Kuppeln dient die Diazoverbindung des Para-Nitranilins. Man rechnet für helle Töne 0,75 %, für satte Farben 1 % Para-Nitranilin. Dasselbe wird erst mit konz. Salzsäure angerührt und dabei in das salzsaure Salz übergeführt; dieses wird in kochendem Wasser gelöst und nach vollständigem Erkalten (wobei sich das salzsaure Salz als gelber Krystallbrei ausscheidet) durch Einrühren einer kalten Nitritlösung diazotiert; dabei geht der Krystallbrei langsam in Lösung. Je feiner die Ausscheidung war, desto leichter tritt die Lösung ein. Die überschüssige Salzsäure wird mit essigsaurem Natron und Soda bis zur kongoneutralen Reaktion abgestumpft, d. h. bis Kongorotpapier nicht mehr gebläut wird.

Für 1 kg Para-Nitranilin rechnet man 2,5 kg konz. Salzsäure, löst in ungefähr 4 l kochendem Wasser und läßt die Lösung vollständig erkalten, erforderlichenfalls kühlt man durch Eis. 0,55 kg Nitrit werden in kaltem Wasser gelöst und die Nitritlösung in der Kälte eingerührt. Nach dem Diazotieren läßt man wenigstens $^1/_4$ Std. in der Kälte stehen, die Diazoverbindung des Para-Nitranilins hält sich zugedeckt in der Kälte längere Zeit unverändert, die Temperatur von 15° C soll nicht überschritten werden. Vorteilhaft wird nur die Diazolösung für den Tagesbedarf vorrätig gehalten. Gegenwart von freier Salzsäure erhöht ebenfalls die Beständigkeit der Diazoverbindung. Die erforderliche Menge Diazolösung wird filtriert in das kalte Kupplungsbad gegeben und die überschüssige Salzsäure unmittelbar vor dem Kuppeln mit einer kalten Lösung von 1 kg essigsaurem Natron und 0,5 kg Soda oder auch 2,1 kg essigsaurem Natrium allein abgestumpft. Durch das Abstumpfen des Salzsäureüberschusses wird die Haltbarkeit der Diazoverbindung verringert, weshalb das Abstumpfen im Kupplungsbad selbst kurz vor dem Kuppeln vorgenommen wird. Das Kupplungsbad soll Kongorotpapier nicht mehr blau färben.

Gekuppelt wird $^1/_2$ Stunde kalt. Das Kuppeln erhöht die Waschechtheit und vertieft den Farbton. Die Licht- und Chlorbeständigkeit erfährt keine nennenswerte Zunahme.

Fertige Diazopräparate. Im Handel kommen auch fertige Präparate in haltbarer, wasserlöslicher Form vor, z. B. Parazol FB, Nitrazol CF, Azophorrot PN, Nitrosaminrot Teig. Die fertigen Diazopräparate werden mit kaltem Wasser gleichmäßig angerührt, vorhandene Klumpen zerdrückt und durch Zugabe von kaltem Wasser in Lösung gebracht. Beim Arbeiten mit Nitrosaminrot in Teig fügt man nach dem Anrühren von $1^1/_2$ kg des Präparates mit kaltem Wasser 600 g konz. Salzsäure zu und läßt $^1/_4$ Std. stehen. Nach genügendem Stehen und Lösen füllt man die Lösung in das kalte Kupplungsbad ein, stumpft die freie Säure mit Soda und essigsaurem Natron bis zur kongoneutralen Reaktion ab und kuppelt $^1/_2$ Std. kalt. Von den fertigen Diazopräparaten ist entsprechend mehr zu verwenden, so entsprechen 100 T. Parazol FB 18 T. Para-Nitranilin, für 1 kg Parazol FB sind je 60 g Soda calc. und essigsaures Natron erforderlich.

Nach dem Kuppeln wird gespült und zweckmäßig heiß geseift, wodurch die Waschechtheit verbessert wird.

Handelsmarken. Kupplungsfarbstoffe sind die Parafarbstoffe, die Diaminnitrazolfarbstoffe, Paraphor- und Paranilfarbstoffe, auch Primulin der I. G. Farbenindustrie, die Nitranilfarbstoffe und Paranitranilbraun der Ciba, Basel, einige Chloraminfarbstoffe und Parasulfonfarbstoffe von Sandoz in Basel, die Nitrophenylfarbstoffe von I. R. Geigy A. G. Basel.

Nachbehandlung mit Metallsalzen.

Manche Farbstoffe lassen sich mit Metallsalzen nachbehandeln und geben dabei Färbungen von wesentlich besserer Echtheit. Zum Nachbehandeln kommen von Metallsalzen in Betracht Kupfer- und Chromsalze, letztere sowohl als Chromoxyd- als auch als chromsaure Verbindungen. Kupfersalze erhöhen beim „Nachkupfern“ besonders die Lichtechtheit, Chromsalze verbessern die Waschechtheit, das häufig angewandte Gemisch von chromsaurem Salz und Kupfervitriol erhöht gleichzeitig die Licht- und Waschechtheit.

Nachbehandlung mit Kupfervitriol. Man bereitet das Nachbehandlungsbad mit 1—3 % Kupfervitriol und 1,5—3 % Essigsäure 30 proz.

An Stelle der Essigsäure kann Ameisensäure verwendet werden. Das Nachbehandlungsbad muß klar sein, darf nicht opaleszierend aussehen und soll deutlich sauer reagieren. Die erforderliche Menge organische Säure ist infolgedessen abhängig von der Härte des Wassers und der Menge Kupfervitriol. Die Temperatur hält man von kalt bis kochend heiß, durchschnittlich bei 60—80° und zieht 20—30 Min. um. Je höher die Temperatur gesteigert wird, desto mehr wird die Lichtechtheit verbessert, gleichzeitig wird der Farbton um so trüber. Nach dem Nachbehandeln wird gespült.

Von Farbstoffen, welche durch eine Nachbehandlung mit Kupfervitriol eine Verbeßrung nicht allein der Lichtechtheit, sondern auch der Waschechtheit erfahren und auch in ihren übrigen Echtheitseigenschaften gefördert werden, verdienen die Benzoechtkupferfarben, wie Benzoechtkupferblau B und GL, Benzoechtkupferviolett B und BB und Benzoechtkupferbraun 3 GL, besonders hervorgehoben zu werden.

Nachbehandlung mit Chromsalzen. Von Chromverbindungen kommen sowohl Chromoxydsalze wie Fluorchrom oder Chromalaun als auch chromsaure Salze wie Natrium- oder Kaliumbichromat zur Verwendung.

Man bestellt das Bad mit a) 2—4 % Fluorchrom oder Chromalaun oder seltener Chlorchrom 20° Bé, 2—3 % Essigsäure 30proz. oder b) mit 2—3 % Natriumbichromat bzw. Kaliumbichromat und 2—3 % Essigsäure 30proz. und zieht 20—30 Min. auf dem heißen bis kochenden Bad um. Der Menge Chromsalz und der Höhe der Temperatur entsprechend wird die Wirkung verstärkt, jedoch der Farbton mehr getrübt.

Nachbehandlung mit Chromkali und Kupfervitriol. Durch die häufig angewandte Nachbehandlung mit Chromkali und Kupfervitriol wird gleichzeitig Licht- und Waschechtheit verbessert. Man bestellt das Bad mit 1—3 % Kupfervitriol, 1—3 % Chromkali und 2—4 % Essigsäure 30proz. und zieht 30 Min. heiß bis kochend um. Nach dem Nachbehandeln wird gespült.

Überfärben mit Anilinschwarz. Dieses Verfahren kommt bei Dunkelblau oder Schwarz zur Anwendung, um einen tiefen und dauerhaften Ton zu erhalten, also die Vorteile des Anilinschwarz mit einfacher Anwendungsweise ohne dessen Nachteile zu vereinigen. Es wird jedoch heute nur noch selten angewendet.

Man färbt einen geeigneten schwarzen oder dunkelblauen Farbstoff auf und behandelt in langer Flotte mit 4 % Chromkali, 3 % Anilinsalz, 2 % Kupfervitriol und 3 % Schwefelsäure nach, indem man $^1/_4$ Std. kalt umzieht, langsam auf ungefähr 60° C erwärmt und 1 Std. bei dieser Temperatur hält. Zum Schluß ist gut zu spülen.

Nachbehandlung mit Tonerdesalzen. Tonerdesalze wirken wasserabstoßend und machen dadurch die Farben beständiger gegen Wasser und wäßrige Flüssigkeiten, z. B. Schlichte und Appreturmassen. Diese Eigenschaft kommt in Frage beim Schlichten der mit substantiven Farbstoffen gefärbten Ketten. Eine Nachbehandlung mit Tonerdesalzen hat den Vorteil, daß dieselbe keine so starken Änderungen im Farbton hervorruft wie die übrigen Metallsalze. Man behandelt in einem kalten bis lauwarmen Bade von essigsaurer Tonerde (50 cm^3 einer Lösung von 3° Bé) oder 3—4 g abgestumpfter schwefelsaurer Tonerde im Liter 15—20 Min., windet ab oder schleudert, ohne vorher zu spülen, und trocknet.

Weitere Metallsalze, z. B. diejenigen des Zinks, Nickels, Kobalts oder der selteneren Metalle, dürften sich ohne Zweifel ebenfalls zum Nachbehandeln eignen, werden jedoch praktisch nicht verwendet.

Eine vorgenommene Nachbehandlung mit Metallsalz kann in der Asche nach dem Verbrennen und Glühen einer Farbprobe auf chemischem Wege festgestellt werden.

Farbstoffe. Für die Nachbehandlung mit Metallsalzen geeignete Farbstoffe sind die Benzochromfarbstoffe, Benzoechtkupfermarken, die Diamineralfarbstoffe, Dianilchromfarbstoffe, Naphthaminchromblau, Cupraminbrillantblau, Cupranilbraun usw., Namen, in welchen das Metall oder die mineralische Behandlung als Kennwort enthalten ist.

Nachbehandlung mit Formaldehyd.

Die Nachbehandlung mit Formaldehyd verursacht die geringste Tonänderung. Formaldehyd verbessert die Wasser-, Wasch- und Walkechtheit der Farben.

Man behandelt in einem Bad von 1,5—3 % Formaldehyd techn. $^1/_2$ Std. kalt oder bei 60° C 20—30 Min. Die Wirkung wird verstärkt durch Zusatz von Essigsäure; man rechnet $1^1/_2$—3 % Formaldehyd käufl. und $^1/_2$—3 % Essigsäure 30proz. Durch gleichzeitige Mitverwendung von 1—2 % Bichromat wird ebenfalls die Wirkung verbessert. Zum Schluß wird gespült.

Farbstoffe. Zum Nachbehandeln mit Formaldehyd eignen sich die Benzoform- und Plutoformfarbstoffe, die Diaminaldehyd- und Formanilfarbstoffe, Naphthoformschwarz, Baumwollschwarz, Kolumbiafarbstoffe der I. G. Farbenindustrie, die Carbidschwarz-, Carbidechtschwarz- und Kunstseidenschwarz der Gesellschaft für Chemische Industrie Basel, die Formalfarbstoffe von I. R. Geigy, Basel.

Nachbehandlung mit Chlorkalk.

Eine Nachbehandlung mit Chlorkalk kommt allein für Färbungen mit Primulin in Betracht, wobei gut wasch-, chlor- und lichtechte Gelb erhalten werden. Die direkten Färbungen des Primulin werden auf frischem Bad, welches auf 100 l = $^1/_2$ l Chlorkalklösung von 10° Bé enthält, $^1/_4$—$^1/_2$ Std. umgezogen, dann gut gespült. Bei höherer Temperatur des Chlorkalkbads werden die Gelb röter.

Nachbehandlung mit Solidogen.

Diese Nachbehandlung kam früher häufiger zur Verbeßrung der Wasch- und Säureechtheit von säureempfindlichen roten Farbstoffen, z. B. des Kongorot, in Anwendung.

Man behandelt in einem Bad von 2—6 % Solidogen A und 2 % konz. Salzsäure $^1/_2$ Std. heiß bis kochend. Schließlich wird gespült. Diese Nachbehandlung kommt heute nicht mehr in Frage, weil inzwischen eine Reihe von säurebeständigen Farbstoffen erschienen ist.

Übersetzen der substantiven Färbungen.

Die substantiven Färbungen (direkte wie nachbehandelte) können mit basischen Farbstoffen übersetzt und dadurch abgetönt oder geschönt werden. Die substantiven Farbstoffe bilden hier gewissermaßen eine Beize für die basischen Farbstoffe. Man bereitet ein frisches Bad mit 1—3 % Essigsäure 30 proz. oder $^1/_4$—1 % Alaun und färbt nach Zugabe der filtrierten Lösung des basischen Farbstoffs kalt oder lauwarm aus. Die farbkräftigen und lebhaft färbenden basischen Farbstoffe vermögen, bereits in kleinen Mengen übersetzt, den Farbton zu schönen oder in gewünschtem Sinn abzutönen. Durch beträchtlichen Aufsatz wird die Echtheit, besonders der nachbehandelten Färbungen, vermindert.

Schwefelfarbstoffe.

Die Schwefelfarbstoffe stehen in ihrem färberischen Verhalten zwischen den direkten Baumwollfarbstoffen und den Küpen- oder Reduktionsfarbstoffen.

Lösen. Die Schwefelfarbstoffe sind in Wasser schwer löslich oder nicht genügend löslich, um unmittelbar zum Färben verwendet werden zu können. Erst durch Einwirkung von alkalischen Reduktionsmitteln werden sie gelöst und zum Färben geeignet. Die Aufgaben des Reduktionsmittels und Alkalis erfüllt gleichzeitig das Schwefelnatrium, welches zum Lösen der Schwefelfarbstoffe gebraucht wird. Hierbei tritt unter Anlagern von Wasserstoff eine Lockerung in der Bindung des Schwefels ein, wobei die sog. „Leukoverbindungen" (in ähnlicher Weise wie bei den Küpenfarbstoffen) entstehen, die zur pflanzlichen Faser substantiven Charakter haben und diese im soda- und salzhaltigen Bad anfärben.

Zum Lösen der Schwefelfarbstoffe benötigt man je nach der Konzentration die gleiche bis 1,5—2 fache Menge Schwefelnatrium kryst. oder die Hälfte Schwefelnatrium calc. Der Schwefelfarbstoff wird zusammen mit der erforderlichen Menge Schwefelnatrium in einem Holz- oder Eisengefäß mit kochendem Wasser übergossen und erforderlichenfalls aufgekocht. Ein geringer Überschuß von Schwefelnatrium erhöht die Löslichkeit und fördert das Egalisieren, ist auch vorteilhaft, weil ein Teil des Schwefelnatriums sich während des Färbens oxydiert und dadurch unwirksam wird. Zuviel Schwefelnatrium hält den Farbstoff im Bad zurück und verhindert das kräftige Aufziehen.

Geräte. Zum Färben sind Geräte u. dgl. aus Kupfer oder kupferhaltigen Legierungen zu vermeiden, weil das Schwefelnatrium das Kupfer angreift und Kupfer oder Kupferverbindungen als Sauerstoffüberträger ein rasches Zersetzen der Schwefelnatriumbäder verursachen. Am besten eignen sich Gefäße aus Holz oder Eisen.

Färben. Das Färbebad wird angesetzt mit Soda und Kochsalz oder Glaubersalz. Die Mengen Salz sind beträchtlich höher als diejenigen für die substantiven Farbstoffe. Man rechnet 2—8 % Soda und 5—40 % Glaubersalz calc. oder Kochsalz. Bei dunklen Farben wird die Menge Salz bis auf 60 % erhöht. Man kocht das Färbebad mit der Soda auf, schöpft eine etwa eingetretene Kalkausscheidung ab, setzt die Farbstoff-Schwefelnatrium-Lösung zu, kocht nochmals auf, setzt das Salz zu, stellt den Dampf ab und geht mit der Ware ein. Empfehlenswert ist auch die Soda zur Hälfte mit dem Farbstoff in Schwefelnatrium und zur andern Hälfte im Färbebad zum Korrigieren des Wassers zu lösen. Zusätze von Türkischrotöl,

Färbeölen, Tetracarnit usw. wirken als Egalisierungs- und Dispersionsmittel und leisten gute Dienste, sie verhindern besonders in dunklen Ausfärbungen in Blau oder Schwarz das lästige Bronzieren. Bei schwieriger egalisierenden Farbstoffen wird das Salz erst einige Zeit nach dem Aufstellen zugesetzt. Die Affinität der Leukoverbindungen der Schwefelfarbstoffe zur Faser ist geringer als diejenige der substantiven Farbstoffe, infolgedessen sind größere Mengen von neutralem Salz zum beßren Aufziehen erforderlich, und das Salz kann allgemein vor dem Eingehen zugesetzt werden. Gewöhnlich wird das Färbebad nach allen Zusätzen nochmals aufgekocht, der Dampf abgestellt, worauf mit der Ware eingegangen wird. Gefärbt wird $^3/_4$—1 Std. nahe bei Kochhitze oder bei abgestelltem Dampf. Die Schwefelfarbstoffe färben auch bei niederer Temperatur, sogar kalt, sie ziehen jedoch bei niederer Temperatur nicht so günstig auf und geben keine so dauerhaften Farben, so daß die Innehaltung der zum Färben jeweilig günstigsten Temperatur vorteilhaft ist. Beim Färben zieht die Leukoverbindung in dem dieser eigentümlichen Farbton auf. Gefärbt wird am besten bei Luftabschluß, damit während des Aufziehens die Leukoverbindung sich nicht vorzeitig oxydieren kann; zu diesem Zweck wird Stranggarn auf u-förmig ⅂___⌈ gebogenen Gasröhren, welche vorher mit Baumwollstoff umwickelt sind, gefärbt. Das Umziehen geschieht mittels Stecher und Gummihandschuhen und ist natürlich beim Färben unter der Flotte nicht so häufig notwendig, als wenn auf Stöcken an der Luft gefärbt wird. Beim Färben an der Luft wird zweckmäßig die Menge Schwefelnatrium etwas erhöht. Ebenso ist beim Färben von hellen Farben die Menge Schwefelnatrium gegenüber dem Farbstoff um $^1/_4$—$^1/_3$ zu erhöhen, weil ein Teil des Schwefelnatriums durch den Sauerstoff der Luft unwirksam wird.

Bei den Katigengelbmarken kann zum Lösen anstatt des Schwefelnatriums die gleiche Gewichtsmenge Natronlauge von 30° Bé treten. Rotbraun, überhaupt rötliche Töne liefernde Schwefelfarbstoffe geben lebhaftere Farben unter Zusatz von etwas Leim oder Dextrin; das Färben bei 80° C ist vorteilhafter als bei Kochhitze. Violett wie Thiogenviolett, Thionviolett und Thiogenpurpur werden ohne Zusatz von Soda und Kochsalz gefärbt. Verschiedene Blau geben beim Lösen in Schwefelnatrium stumpfgelb gefärbte Leukoverbindungen, hierher gehören die Katigenindigo-, Immedialindon-, Thiogenblaumarken usw., dieselben werden bei 50—60° C gefärbt und erhalten einen Zusatz von T r a u b e n z u c k e r, dieselbe Gewichtsmenge wie Farbstoff, oder man färbt unter Zusatz von Katigenverstärker B. Man rechnet davon die Hälfte des Farbstoffgewichts. Das Färbebad wird in diesem Fall nicht ganz aufgefüllt, aufgekocht, mit kaltem Wasser auf 50—60° abgekühlt, Traubenzucker zugesetzt oder der Katigenverstärker B eingestreut und mit dem Färben begonnen. Bei diesen Farbstoffen muß unter dem Bad (bei Luftabschluß) gefärbt werden. Zusätze, wie Türkischrotöl, Schmierseife, Monopolseife, ein Färbeöl oder Dispersionsmittel sind im Interesse der Egalität und des Vermeidens des Bronzierens sehr zu empfehlen.

Nach dem Färben wird der Flottenüberschuß durch Abpressen oder Abquetschen entfernt und die Leukoverbindung zum ursprünglichen Farbstoff oxydiert und dadurch der richtige Farbton hervorgerufen. Beim Färben von Stranggarn ist am Kopfende der Kufe ein Quetschwalzenpaar angebracht, zwischen welchen der einzelne Strang abgepreßt wird. Die ausgepreßte Farbflotte fließt in das Färbebad zurück; durch das schnelle Abpressen wird eine ungleichmäßige Oxydation des Farbstoffs verhindert.

Das Entwickeln des Farbtons geschieht je nach dem einzelnen Farbstoff entweder durch sofortiges Spülen in frischem Wasser, durch Verhängen an der Luft, durch Dämpfen in lufthaltigem Dampf, durch warmes Lagern oder eine Behandlung mit Chromkali. Bei den allermeisten Farbstoffen wird nach dem Abquetschen sofort in kaltem Wasser gespült und das Spülen so lange fortgesetzt, bis das Spülwasser klar abfließt. Günstig ist, wenn ein oder zweimal heiß gespült wird. Bei satten Farben, besonders bei Schwarz, kann dem ersten Spülbad etwas Schwefelnatrium (2—3 % kryst. Salz) zugesetzt werden; dadurch werden die Farben gleichmäßiger.

Diejenigen Blau, welche stumpf gelb gefärbte Leukoverbindungen geben, werden nach dem Abpressen am Pfahl gleichmäßig abgewunden und zur Entwicklung des Blau $^1/_2$—$^3/_4$ Std.

an die Luft gehängt, dann erst in üblicher Weise gespült. Stückware wird zu diesem Zweck nach dem Abquetschen durch ein Rollensystem durch die Luft geleitet, d. h. es wird eine Luftpassage gegeben und dann gründlich gespült. Manche Dunkelblau, vereinzelt auch Schwarz, werden zur Entwicklung des Farbtons in lufthaltigem Dampf gedämpft, wobei durch die lebendige Kraft des strömenden Dampfes mittels Injektor Luft angesaugt wird. Das Dämpfen war besonders für die älteren blauen Schwefelfarbstoffe erforderlich, ist jedoch durch neuere Farbstoffe entbehrlich geworden.

Lose Baumwolle wird nach dem Abquetschen noch warm in Körbe gepackt oder in Haufen gelagert sich selbst überlassen, wobei durch den Luftsauerstoff die Farbe sich langsam entwickelt. Nach dem Liegenlassen wird gründlich gespült.

An Stelle der Oxydation der Farbe durch den Luftsauerstoff oder Dämpfen in lufthaltigem Dampf kann die Farbe auf chemischem Weg mit einem Oxydationsmittel, z. B. wie Perborat, entwickelt werden. Man bestellt ein Bad mit 0,5—1 % Perborat, stellt die vorher gespülte Partie kalt auf, zieht $^1/_4$ Std. kalt um und erwärmt innerhalb einer halben Stunde auf 60° C, hierauf wird gut gespült. Durch die Nachbehandlung mit Perborat werden lebhaftere Farben erhalten als durch Verhängen an der Luft, warmes Lagern oder Dämpfen in lufthaltigem Dampf.

Bei rotbraunen, rötlichbraunen, violetten und gelben Farbstoffen ist ein Spülen zum Schluß in einem mit Essigsäure angesäuerten Bad zu empfehlen, wodurch die Farben sich ändern und lebhafter werden; besonders bei den gelben Farben wird der klare Ton erst hervorgerufen.

Nachbehandlung. Die Echtheitseigenschaften der Färbungen mit Schwefelfarbstoffen können durch eine Nachbehandlung mit Metallsalzen erhöht werden; durch die Nachbehandlung wird der Farbton trüber. Da jedoch die Schwefelfarben in direkter Färbung bereits günstige Eigenschaften aufweisen, so kommt eine Nachbehandlung mit Metallsalzen seltener zur Anwendung.

Zum Nachbehandeln der Schwefelfarben wählt man entweder Chromkali oder ein Gemisch von Chromkali und Kupfervitriol. Beim Nachbehandeln mit Chromkali allein zieht man die gespülte Baumwolle 20—30 Min. auf einem 70—80° C heißen Bad von 2—3 % Chromkali und 3—5 % Essigsäure 30proz. um.

Diese Art der Nachbehandlung mit Chromkali allein wird weniger zur Verbeßrung der Echtheit angewendet als zur vollständigen Oxydation der Farben oder um die Oxydation zu beschleunigen und um eine etwaige Nachoxydation mit Tonänderung nach dem Fertigmustern zu vermeiden.

Die Nachbehandlung zur Verbeßrung der Echtheitseigenschaften erfolgt in einem Bad mit 1—2,5 % Chromkali, 1—2,5 % Kupfervitriol und 2—4 % Essigsäure 30proz. 20—30 Min. bei 70—80° C. Nach dem Nachbehandeln wird gut gespült.

In allen Fällen ist zu empfehlen, dem letzten Spülbad 3—5 g essigsaures oder ameisensaures Natron im Liter zuzusetzen, um durch diese schwach alkalische Behandlung einem Morschwerden der Fasern beim Lagern vorzubeugen.

Besonders Schwefelschwarz neigt beim Lagern am ehesten zum Morschwerden, das auf die Bildung von freier Schwefelsäure infolge Autooxydation des im Schwefelfarbstoff gebundenen Schwefels zurückzuführen ist. Bei einer durch Lager mürbe gewordenen schwefelschwarz gefärbten Baumwolle kann bei der chemischen Prüfung mineralsaure Reaktion und beim Abkochen mit Wasser Schwefelsäure nachgewiesen werden. Besonders bei Schwarz, bei dem das Morschwerden am meisten eintritt, ist eine alkalische Avivage unbedingt notwendig. Die Avivage besteht in einer Behandlung mit Seife, Soda, Salmiakgeist, Fett- oder Ölemulsionen mit Alkali, einem geeigneten Färbe- oder Avivageöl. Zu beachten ist, daß im Bad Alkali vorherrscht. Durch eine geeignet zusammengestellte Avivage kann die Lebhaftigkeit des Schwarz erhöht werden.

Eine alkalische Nachbehandlung im letzten Spülbad ist in allen den Fällen notwendig, bei welchen Schwefelfarben einer Behandlung mit sauren Bädern unterzogen wurden, also beim Nachbehandeln mit Metallsalzen, beim Nachfärben der Wolle in Halbwollgeweben mit Säurefarbstoffen usw. In allen den in Frage kommenden Fällen setzt man dem letzten Spülbad 3—5 g essigsaures Natron auf 1 l zu und trocknet nach dem Entwässern. Bei Schwefelfarben, welche bald nach dem Verarbeiten in Gebrauch kommen und regelmäßig gewaschen werden, ist eine Faserschwächung nicht zu erwarten.

Stehende Bäder. Die Färbebäder der Schwefelfarbstoffe werden unvollständig erschöpft und werden vorteilhaft zum Weiterfärben benützt. Man rechnet für das zweite Bad $^3/_4$—$^3/_5$ der für das Ansatzbad erforderlichen Menge Farbstoff, für die dritten und folgenden Bäder sind ungefähr $^2/_3$ der für das Ansatzbad verwendeten Menge Farbstoff notwendig. Der Nachsatz an Soda und Salz entspricht dem Verlust an Farbflotte, er beträgt bei Soda für das zweite Bad $^1/_3$, für die folgenden Bäder $^1/_5$ der zuerst verwendeten Menge, der Nachsatz an Salz beträgt für das zweite Bad $^1/_5$, für die weiteren Bäder $^1/_{10}$ der für das Ansatzbad zugesetzten Menge. Für einen Nachsatz an Salz ist das spez. Gew. der Farbflotte maßgebend. Die kalten Färbebäder sollen bei Schwefelschwarz nicht über 9° Bé, bei dunklen Farben nicht mehr als 5—7° und bei hellen Farben nicht über 3—4° Bé spindeln. Ist bei einer Prüfung des Färbebads mit der Spindel die erforderliche Anzahl Bé-Grade festgestellt, so sieht man von einem weiteren Zusatz von Salz ab.

Die Schwefelfarbstoffe lieferten in ihren ersten Vertretern stumpfe, trübe Töne, besonders Schwarz, Dunkelblau, Schwarzbraun, Braun, Oliv und trübe Grün. Mit der Zeit wurden Farbstoffe eingeführt, welche lebhaftere Farben lieferten, vor allem in Gelb, helleren Blau, Grün, Violett, klareren Braun. Bis heute fehlt noch Rot und dem Rot nahestehende Farben, z. B. ein lebhaftes Orange, ein Bordeaux. Die dem Rot am nächsten stehenden Farbstoffe, wie Dunkelrot, Purpur, Bordeaux, färben nur trübe bzw. bräunliche Rottöne. Die Schwefelorange sind für das optische Empfinden Braunorange. Außer Rot ist die gesamte Farbenskala in Schwefelfarbstoffen vertreten. Lebhafte leuchtende Farben können mit Schwefelfarbstoffen nicht erhalten werden. Die Schwefelfarbstoffe sind verhältnismäßig farbschwach, es sind große Mengen Farbstoff zum Färben von satten Farben erforderlich.

Echtheit. Die Schwefelfarben sind verhältnismäßig beständig gegenüber Wasser und lösend wirkenden Chemikalien, wie verdünnten Alkalien und Säuren; die Färbungen sind im allgemeinen wasser-, wasch-, laugen-, säure- und reibecht, manche der Schwefelfarben halten einem Abkochen mit Seife sehr gut stand. Die gute Löslichkeit der Leukoverbindungen, ihre geringe Affinität und das Färben bei höherer Temperatur ermöglichen ein verhältnismäßig leichtes Egalisieren und vollständiges Durchfärben selbst bei dichten Materialien. Die Schwefelfarbstoffe sind infolgedessen sehr gut zum Färben in Apparaten geeignet. Sie haben eine gute Licht-, Luft- und Wetterbeständigkeit. Bei allen guten Eigenschaften der Schwefelfarben darf ihre geringe Beständigkeit gegen Chlor und Hypochlorite nicht verschwiegen werden. Die Schwefelfarben sind direkt chlorempfindlich und werden beim Bleichen schneller angegriffen und zerstört als die Färbungen der substantiven Farbstoffe. Nur eine kleine Anzahl von Schwefelfarben besitzt eine verhältnismäßig gute Chlorbeständigkeit; derartige Farbstoffe tragen zum Kennzeichen die Marke CL, z. B. Katigenindigo CL extra usw.

Die neueren Indocarbone, von welchen die Marken SN, CLG konz., CL bzw. CL konz. im Handel erscheinen, nehmen in der Reihe der Schwefelschwarz eine Sonderstellung ein. Sie werden ohne Änderung der üblichen Färbevorschrift im Schwefelnatriumbad unter Zusatz von Soda, Monopolseife und Salz bei Kochhitze gefärbt und nach dem Färben durch Spülen fertiggestellt. Durch ihre Zusammensetzung erleiden die Färbungen beim Lagern keine Faserschwächung, die Eigenschaften der Färbungen der Marken SN, CL, CLG konz. und CL konz. sind derart günstig, daß Indocarbon CL und CLG konz. in das Sortiment der Indanthrenfarbstoffe aufgenommen wurden, also den Indanthrenfarben gleichwertig gestellt werden können.

Überfärbungen. Die Schwefelfarbstoffe bilden eine Beize für basische Farbstoffe, dadurch können die weniger lebhaften Schwefelfarben übersetzt, abgetönt und geschönt werden. Man setzt den basischen Farbstoff im letzten Spülbad kalt bis lauwarm auf. Manchmal wird mit direkten Baumwollstoffen übersetzt oder nach Muster gebracht. Durch starken Aufsatz mit basischem oder substantivem Farbstoff werden die Echtheitseigenschaften der Schwefelfarben herabgesetzt.

Nachweis. Zum Nachweis der Schwefelfarben dient der sog. Bleitest, indem man den durch salzsaures Zinnchlorür beim Kochen entstehenden Schwefelwasserstoff mit Bleipapier nachweist.

Handelsmarken. Schwefelfarbstoffe sind die Katigen-, Immedial-, Thiogen-, Thion-, Kryogen-, Schwefel-, Thioxin-, Auronal- und Pyrolfarbstoffe der I. G. Farbenindustrie, die Pyrogen- und Thiophenolfarbstoffe der „Ciba" in Basel, die Thionalfarbstoffe von Sandoz in Basel und die Eklipsfarbstoffe von Geigy in Basel.

Küpen- oder Reduktionsfarbstoffe.

Zu den Küpen- oder Reduktionsfarbstoffen gehören die ältesten und neuesten Farbstoffe, der Farbstoff der Purpurschnecke, der heimische Waid, der Indigo und die Indanthrene.

Die Bezeichnung „Küpe" läßt sich ableiten von Kufe, ursprünglich einem zum Färben von Indigoblau erforderlichen tiefen oder hohen Gefäß. Der Begriff „Küpe" hat sich gewandelt von dem Gefäß zu dem Inhalt, der Küpenflotte.

Die Küpenfarbstoffe sind wasserunlöslich und bilden chemisch neutrale, indifferente Verbindungen. Sie müssen erst vor dem Färben unter chemischer Veränderung des Farbstoffs in Lösung und in eine zum Färben geeignete Form gebracht werden. Durch Einwirkung von Reduktionsmitteln entstehen unter Aufnahme von Wasserstoff die sog. Leukoverbindungen, welche chemisch schwach sauren Charakter besitzen, sich in Alkalien lösen, substantiven Charakter zeigen und auf die Faser aufziehen. Die Leukoverbindungen sind anders gefärbt als der Farbstoff selbst, und zwar meist heller bis farblos. Nach dem Auffärben der Leukoverbindungen werden sie wieder oxydiert, wodurch der richtige Farbton hervorgerufen wird.

Die Küpenfarbstoffe können nach ihrer chemischen Zugehörigkeit eingeteilt werden in 1. Anthrachinonküpenfarbstoffe, 2. indigoide Küpenfarbstoffe, 3. die Gruppe der Hydronblau. Die Anthrachinonküpenfarbstoffe leiten sich vom Anthrachinon bzw. vom Amidoanthrachinon ab, hierher gehören die Indanthren- und zahlreiche Algolfarbstoffe der I. G. Farbenindustrie, auch die Cibanonfarbstoffe der Ciba usw. Die indigoiden Küpenfarbstoffe sind dem Indigo nahestehend. Die Hydronblau bilden nach ihrer Zusammensetzung als geschwefelte Abkömmlinge des Carbazols eine Klasse innerhalb der Küpenfarbstoffe für sich, welche sich auch in der Färbeweise äußert.

Anthrachinonküpenfarbstoffe.

Zu der Klasse der Indanthrenfarbstoffe, dem Indanthrensortiment, sind diejenigen Farbstoffe vereinigt, deren Färbungen den höchsten Anforderungen an Echtheit entsprechen, welche „indanthrenfarbig" sind, während als Algolfarbstoffe solche Küpenfarbstoffe zusammengestellt sind, deren Färbungen bei im allgemeinen guten Echtheitseigenschaften diejenigen der Indanthrenfarben, besonders in Licht- und Wetterechtheit, nicht ganz erreichen.

Die Überführung des unlöslichen Farbstoffs in die zum Färben geeignete Leukoverbindung geschieht, von einigen Ausnahmen abgesehen, im Färbebad selbst. Zum Verküpen dient als Alkali Natronlauge, als Reduktionsmittel Hydrosulfit. Die erforderliche Menge Natronlauge richtet sich nach der Flottenmenge und ist von der Tiefe der Färbung unabhängig. Als Reduktionsmittel kommt das Natriumhydrosulfit (s. d.) zur Verwendung. Die Entnahme von Hydrosulfit darf nur mit trocknen Gerätschaften erfolgen; die Zersetzung desselben tritt schneller in wäßriger Lösung ein, weshalb das Hydrosulfit allgemein direkt als Pulver in das Bad eingestreut wird. Als deutliches Zeichen einer eingetretenen Zersetzung macht sich der stechende Geruch nach Schwefeldioxyd bemerkbar, wie derselbe beim Öffnen von länger im Gebrauch sich befindlichen Packungen entströmt; wäßrige Lösungen verraten ebenfalls den Geruch nach

Schwefeldioxyd. Durch Zusatz von Alkalien wird die Haltbarkeit von Hydrosulfitlösungen erhöht, während Säuren eine schnellere Zersetzung herbeiführen. Die zum Verküpen des Farbstoffs notwendige Menge Hydrosulfit richtet sich nach der Menge Farbstoff, sie bewegt sich zwischen 1 und 4 g im Liter Farbflotte.

Die Farbstoffe kommen zum Verkauf entweder in Teigform oder als Pulver. Die Teigmarken enthalten den Farbstoff in fein verteilter Form gebrauchsfertig, sie sind beim Lagern dem Eintrocknen unterworfen, was Schwankungen in der Konzentration hervorruft. Vor Gebrauch werden die Teigmarken mit ungefähr der zehnfachen Menge kalten weichen Wassers angerührt und der aufgeschlämmte Farbstoff durch ein feines Sieb oder Filtertuch zum Färbebad gesetzt. Die Pulvermarken haben den Vorteil, daß dieselben beim Lagern in der Konzentration keinen Schwankungen unterworfen sind, daß sie also lagerbeständiger sind. Vor Gebrauch sind dieselben mit einem Netzmittel, z. B. Nekal BX, Türkischrotöl, Monopolseife, denaturiertem Spiritus, Tetracarnit od. dgl., sorgfältig anzurühren (anzuteigen), und der erhaltene Farbstoffteig ist mit Wasser langsam zu verdünnen. Es ist zu beachten, daß der Farbstoff in feinst verteilter Form zum Verküpen gelangen soll. Die weitere Behandlung ist genau wie bei den Teigmarken.

Färbeverfahren. Zum Färben der Indanthren- und Algolfarbstoffe sind drei Färbeverfahren aufgestellt: a) Verfahren JN (normal), b) Verfahren JW (warm färbend) und c) Verfahren JK (kalt färbend). Die drei Verfahren unterscheiden sich durch die zum Verküpen erforderliche Menge Natronlauge, eine bei Verfahren JW und JK zum beßren Aufziehen notwendige Zugabe von Salz und die Temperatur beim Färben. Die Menge Hydrosulfit ist bei allen drei Verfahren gleich.

Man benötigt an Natronlauge von 40° Bé im Liter Färbeküpe:

bei Verfahren JN auf der Kufe bei einem Flottenverhältnis 1 : 20 = 10 bis 12 cm³, beim Färben im Apparat bei einem Flottenverhältnis 1 : 10 = 15 bis 20 cm³;

bei Verfahren JW auf der Kufe = 3—5 cm³, im Apparat = 4—10 cm³;

bei Verfahren JK auf der Kufe = 3—5 cm³, im Apparat = 4—10 cm³.

Gelangt Natronlauge von geringerer Konzentration zur Verwendung, so erhöhen sich die Mengen bei 35grädiger um 25%, bei 30grädiger um 50%.

Der Verbrauch an Hydrosulfit konz. Plv. ist bei allen drei Verfahren der gleiche und ist abhängig von der Menge Farbstoff, er beträgt im Liter Färbeküpe:

bei hellen Farben mit 1—10% Farbstoff in Teig: beim Färben auf der Kufe = 1—1,5 g, beim Färben im Apparat = 1—2 g;

bei mittleren Farben mit 10—20% Farbstoff in Teig: auf der Kufe = 1,5 bis 2,5 g, im Apparat = 2—3 g;

bei dunklen Farben mit über 20% Farbstoff in Teig: auf der Kufe = 2,5 bis 4 g, im Apparat = 3—6 g.

Bei Verfahren JN ist kein Zusatz von Salz erforderlich, bei Verfahren JW rechnet man von Kochsalz oder Glaubersalz calc. für den Liter Färbeküpe: bei hellen Farben ungefähr 5 g, bei mittleren Farben ungefähr 5—15 g, bei dunklen Farben ungefähr 15—20 g. Bei Verfahren JK werden die Mengen Salz gegenüber dem Verfahren JW verdoppelt.

Die Färbedauer und Temperatur beim Färben beträgt: bei Verfahren JN $^3/_4$—1 Std. bei 50—60°, bei Verfahren JW $^3/_4$—1 St. bei 45—50°, bei Verfahren JK $^3/_4$—1 St. bei 15—25° (kalt).

Zum Färben ist möglichst weiches Wasser zu verwenden. Hartes Wasser wird vorher durch Soda (je nach der Härte 1—2 g im Liter) korrigiert, etwaige Kalkausscheidungen werden abgeschöpft. Das Verküpen des Farbstoffs erfolgt direkt in der Färbflotte. Farbstoffe, welche ein Verküpen in konzentrierter Form, in der Stammküpe, erfordern, sind besonders zusammengestellt.

Das für den einzelnen Farbstoff jeweils geeignete Färbeverfahren, JN, JW oder JK, ist aus den Tabellen der Musterkarten zu ersehen.

Das Färbebad wird auf die erforderliche Temperatur angeheizt, die zum Korrigieren von hartem Wasser erforderliche Soda zugesetzt, dann die Natronlauge zugegeben. Es wird das Hydrosulfitpulver langsam eingerührt und zuletzt der in oben geschilderter Weise sorgfältig angeteigte Farbstoff durch ein Sieb oder ein Filtertuch zugesetzt. Dann wird vorsichtig umgerührt, wobei der Farbstoff langsam unter Änderung der Färbung verküpt wird und in Lösung geht. Die Zeit zum Verküpen beträgt bei Teigfarbstoffen 5—10 Min., bei Pulvermarken ungefähr 20 Min. Man kann sich durch Eintauchen von Filtrierpapier davon überzeugen, ob der Farbstoff richtig verküpt ist; in diesem Fall soll ein gleichmäßiger Farbfleck entstehen, welcher an der Luft in den richtigen Farbton übergeht. Bei Färbeverfahren JW und JK wird zum Schluß noch das erforderliche Salz, vorher in Wasser gelöst, zugesetzt und dann mit dem Färben begonnen. Die Färbepartei wird vorher durch Benetzen usw. zum Färben vorbereitet. Gefärbt wird am besten unter Luftabschluß $^3/_4$—1 Std. bei der für das einzelne Färbeverfahren vorgeschriebenen Temperatur. Im Anfang des Färbens wird häufiger, dann seltener umgezogen. Beim Färben an der Luft, bei Stranggarn auf geraden Stöcken ist die Menge Hydrosulfit zu erhöhen und häufiger umzuziehen. Um das Aufziehen zu verzögern und das Egalisieren zu begünstigen, sind Zusätze von Dekol, Leim oder geeigneten Netz-, Egalisierungs- oder Dispersionsmitteln zu empfehlen. Egalisierungsschwierigkeiten begegnet man weiter durch Eingehen bei niederer Temperatur bei den Verfahren JN und JW. Zu diesem Zweck wird der Farbstoff in der halb angefüllten Färbekufe mit den erforderlichen Chemikalien bei der vorgeschriebenen Temperatur verküpt und, nachdem die Verküpung eingetreten ist, die Kufe mit kaltem Wasser angefüllt, so daß die Temperatur ungefähr 30° beträgt. Bei dieser Temperatur wird mit dem Färben begonnen und die Temperatur langsam auf die erforderliche Höhe gesteigert. Während des Färbens ist auf den richtigen Stand des Färbebads zu achten. Das zum Verküpen erforderliche Hydrosulfit wird durch den Luftsauerstoff oxydiert und unwirksam gemacht, dabei wird die Leukoverbindung des Farbstoffs verändert, und das Färbebad verliert seine erforderliche Beschaffenheit als klare Färbeküpe. Es muß deshalb das Hydrosulfit während der Färbedauer vorherrschen, man prüft mit dem von der I. G. Farbenindustrie herausgegebenen Indanthrengelbpapier, welches beim Eintauchen in die Färbekufe blau (die Leukoverbindung des Indanthrengelbfarbstoffs) gefärbt werden muß. Ein zu hoher Überschuß an Hydrosulfit hält aber den Farbstoff im Bad zurück und verringert das Aufziehen.

Da beim Färben die Leukoverbindungen der Farbstoffe auf die Faser aufziehen, so entspricht nicht die Farbe der Partie der später sich entwickelnden Färbung. Diese Tatsache erschwert bei Küpenfarbstoffen das Nachmusterfärben außerordentlich. Nach beendetem Färben ist die Leukoverbindung zum Farbstoff zu oxydieren und dabei der Farbton zu entwickeln.

Oxydieren. Nach dem Färben läßt man die Färbepartie etwas ablaufen oder quetscht ab, soweit es möglich ist, und spült. Dem ersten Spülbad setzt man zum gleichmäßigeren und langsameren Entwickeln auf 100 l Flotte 10 bis 15 g Hydrosulfit konz. Pulver zu, dann wird noch ein- bis zweimal gespült. Während des Spülens kommt allmählich der richtige Farbton zum Vorschein. Nach dem Spülen ist ein Absäuern in einem Bad von 1—2 cm³ Schwefelsäure 66° Bé zu empfehlen, um die Lauge des Färbebads abzustumpfen. Vor dem Eingehen in das Säurebad muß der Farbton vollständig entwickelt sein, beim Absäuern werden die Farben klarer, nach dem Absäuern wird gut gespült. Zur vollständigen Entwicklung des Farbtons und zur Erreichung der bestmöglichen Echtheitseigenschaften wird $^1/_2$ Std. auf ein kochendes Seifenbad (2 bis

3 g Seife im Liter, gut schäumend) oder statt dessen auf ein kochendes Bad von 2 g Soda im Liter gestellt. Die kochende Behandlung der Indanthren- und Algolfarben mit Seife oder Soda darf nicht versäumt werden, weil erst bei dieser kochenden Behandlung die richtigen Eigenschaften der Farbe im Ton und in der Echtheit hervortreten. Das kochende Sodabad ersetzt im allgemeinen das kochende Seifenbad, einige Farbstoffe, wie Indanthrenblau 5 G und Indanthrenbrillantviolett RK, werden aber bei einer kochenden Behandlung im Sodabad ungünstig verändert; für diese Farbstoffe kommt nur das kochende Seifenbad in Frage. Zuletzt wird gespült, entwässert und getrocknet.

Färben von Indanthrenschwarz. Indanthrenschwarz, welches in zwei Marken, BB und BGA, geliefert wird, erfordert beim Färben von Schwarz erhöhte Zusätze und wird infolgedessen nach einer Sondervorschrift gefärbt. Man benötigt für ein Schwarz 30 % Farbstoff in Teig doppelt, auf 1 l Färbeküpe 30 cm³ Natronlauge 40° Bé und 7 g Hydrosulfit konz. Pulver. Gefärbt wird 1 Std. (bei 60° beginnend) bei 80°. Wenn mit Indanthrenschwarz in kleineren Mengen ein Grau gefärbt werden soll, so ermäßigen sich die Mengen der zum Verküpen erforderlichen Chemikalien auf die für das Verfahren JN üblichen Sätze. Indanthrenschwarz färbt zunächst ein Dunkelgrün, welches beim Chloren in einem Chlorkalkbad von $^1/_2$—1° Bé während $^1/_2$ Std. in Schwarz übergeht bzw. bei helleren Tönen in ein Grau. An Stelle der Entwicklung im Chlorkalkbad kann eine Oxydation mit 2,5 % Nitrit und 5 % Schwefelsäure treten. Nach der Entwicklung des Schwarz wird in üblicher Weise gespült und kochend geseift. Bei Garnen, welche im Gewebe einer Buntbleiche unterworfen werden, kann das vorherige Chloren unterbleiben. In jüngster Zeit ist noch die Marke RB Teig im Handel erschienen, die ohne Nachbehandlung mit Chlor oder Nitrit direkt ein Schwarz liefert.

Die nach Verfahren JK kalt zu färbenden Indanthren- und Algolfarbstoffe werden allgemein in konz. Lösung in einer sog. Stammküpe bei 35—40° verküpt und die fertige Stammküpe in die Färbeküpe übergeführt. Die Farbstoffe werden mit der 10fachen Menge Wasser von 35—40° angerührt bzw. (die Pulvermarken) erst benetzt und mit Wasser entsprechend verdünnt. Es wird die zum Verküpen erforderliche Menge Natronlauge und Hydrosulfit zugesetzt und bei der vorgeschriebenen Temperatur der Farbstoff verküpt, bei Teigmarken ist durchschnittlich $^1/_4$ Std., bei Pulvermarken $^1/_2$ Std. erforderlich. Die fertige Stammküpe wird dem etwas vorgeschärften, mit der gesamten Menge Salz versetzten Färbeküpe zugesetzt, und dann wird nach kurzem Warten mit dem Färben begonnen.

Ausziehen. Die Färbebäder der Indanthren- und Algolfarbstoffe ziehen in hellen Tönen nahezu aus, so daß sich ein Weiterfärben kaum lohnt. Bei mittleren und dunklen Farben können die Färbebäder weiterbenützt werden, man rechnet je nach der Tiefe der Färbung $^4/_5$—$^3/_5$ der für das Ansatzbad gebrauchten Menge Farbstoff. Die Haltbarkeit der Färbebäder wird durch Zusatz von Dekol, welches auch das Egalisieren fördert, erhöht. Ein zu starkes Abkühlen der gebrauchten Färbebäder ist vor dem Weiterfärben zu vermeiden. Bei der Eigenart derartiger Küpenfarbstoffe beim Färben in der Küpe ist das Weiterfärben auf stehenden Bädern nur bedingt zu empfehlen.

Die **Farbenskala** ist bei den Indanthren- und Algolfarben als geschlossen zu betrachten. Es können so ziemlich alle Farbentöne mit derartigen Küpenfarbstoffen in bestmöglicher Beständigkeit gefärbt werden. Die Farbstoffe vereinigen in ihrer Gesamtheit Lebhaftigkeit und Leuchtkraft mit sehr großer Echtheit. Die Lebhaftigkeit der Färbungen hat diejenige der basischen Farbstoffe zum wenigsten erreicht. Schwierig ist bei den Küpenfarbstoffen das Nachmusterfärben, weil der Färber während des Färbens das richtige Bild der Farbe nicht hat. Es müssen infolgedessen für die echten Färbungen Zugeständnisse bezüglich des Übereinstimmens des Farbtons gemacht werden.

Chlorechtheit. Die meisten Indanthrenfarben sind beständig gegenüber Chlor- und Bleichbädern. Die Indanthrenblau in den verschiedenen Marken werden beim Behandeln mit Hypochloriten grünblau bis direkt grün, die Tonänderung ist jedoch nur vorübergehend, in den meisten Fällen kehrt das ursprüngliche lebhafte Blau wieder, wenn die betreffenden Partien in einer sehr verdünnten Hydrosulfitlösung gespült werden.

Buntbleiche. Infolge ihrer hervorragenden Beständigkeit kommt die größte Anzahl der Indanthrenfarben für die Buntbleiche in Betracht. Es werden dabei die Gewebe roh mit bunten Mustern gewebt und im Stück gebleicht. Bei der

Stückbleiche ist dem vorherigen Abkochen oder Beuchen besondre Sorgfalt zu schenken, weil das Abkochen der Färbungen mit Laugen an die Beständigkeit derselben höhere Anforderungen stellt als das eigentliche Bleichen beim Chloren selbst. Die Gewebe für die Buntbleiche dürfen nur im offnen Gefäß, nicht im geschlossenen Kessel unter höherem Druck abgekocht oder gebeucht werden. Zum Abkochen gebraucht man nur die milder wirkende Soda, nicht Ätznatron. Einem Ausfließen der Farben beim Abkochen beugt man durch Zugabe von 2—3 g Ludigol im Liter vor. Zusätze von Netzmitteln und Beuchölen, welche den Reinigungsvorgang beschleunigen und eine Verkürzung der Zeit des Abkochens ermöglichen, sind für die Buntbleiche zu empfehlen. Nach dem Abkochen wird in üblicher Weise gespült und mit Hypochloriten bzw. Sauerstoffbleichmitteln die Bleiche fertiggestellt.

Kommen Indanthrenfarben für die Buntbleiche in Frage, so überzeuge man sich zweckmäßig durch einen Vorversuch, ob die betreffenden Farben den an sie zu stellenden Anforderungen standhalten, da die Eigenschaften der Indanthrenfarben nicht alle gleichartig sind und die Bleiche selbst verschieden gehandhabt wird.

Indigoide Küpenfarbstoffe.

Die indigoiden Küpenfarbstoffe leiten sich ab von dem Stammfarbstoff, dem Indigo. Man hat dabei zu unterscheiden zwischen a) den eigentlichen Abkömmlingen des Indigoblau selbst, welche die chromophore Gruppe des Indigoblau vollständig enthalten und als bromierte, chlorierte, methylierte Indigofarbstoffe evtl. als Naphthalinindigo im Handel erscheinen (derartige Farbstoffe färben alle blau bis blaugrün in verschiedenen Abtönungen), und b) solchen indigoiden Farbstoffen, bei welchen, unter Wahrung des chemischen Charakters, eine kennzeichnende Änderung in der chromophoren Gruppe eingetreten ist; hierher gehört die Gruppe des Indigorot oder Thioindigo (enthält Schwefel in der chromophoren Gruppe), die Gruppe des Indigoscharlach (halb Indigorot, halb Indirubin), die Gruppe des Indigoviolett (halb Indigoblau, halb Indigorot), jeder dieser genannten Farbstoffe bildet die Stammverbindung einer stattlichen Anzahl sich davon ableitender Farbstoffe, welche natürlich nicht alle Handelsprodukte sind. Eine Anzahl von indigoiden Küpenfarbstoffen findet sich bei den neuzeitlichen Algolfarbstoffen eingereiht.

Die indigoiden Küpenfarbstoffe erfordern zum Verküpen eine geringere Menge Alkali als die Anthrachinonküpenfarbstoffe und müssen in konzentrierter Form in einer sog. Stammküpe in der Wärme verküpt werden, die Stammküpe wird in die vorgeschärfte Färbeküpe übergefüllt, und alsdann wird gefärbt.

Indigo. Beim Verküpen geht das Indigoblau in alkalischer Reduktion in das um zwei Wasserstoffatome reichere, kaum gefärbte und schwer lösliche Indigoweiß über, welches, mit schwach sauren Eigenschaften ausgerüstet, sich in Alkalien mit hellgelber Farbe zur Indigoblauküpe löst. Das Indigoweiß zieht mit blaßgelber Farbe auf die Faser auf und geht nach dem Abpressen an der Luft in das ursprüngliche unlösliche Indigoblau über.

Küpenarten. Beim Verküpen des Indigoblau unterscheidet man die Gärungsküpe und die chemischen Küpen. Die Gärungsküpe stellt die älteste Form der Küpe dar, dabei wird durch Stoffe, wie Kleie, Waid, Früchte, Glucose, Krapp usw., eine Gärung eingeleitet, wobei sich u. a. Gärungsverbindungen, besonders organischen Säuren, auch Wasserstoff entwickelt; dieser dient zur Reduktion des Indigos. Durch gelegentliches Verschärfen mit Alkalien, wie Kalkpulver, Pottasche usw., wird das entstehende Indigoweiß in Lösung gehalten und einem zu stürmischen Verlauf der Gärung vorgebeugt. Das Führen einer Gärungsküpe, welche allgemein warm geführt und infolgedessen auch warme Küpe oder Blaufarbe genannt wurde, erfordert ein hohes Maß von Erfahrung und ständige Überwachung, wenn die Gärungsküpe in Ordnung und zur gegebenen Zeit färbebereit gehalten werden soll. Die Gärungsküpe ist von den chemischen Küpen abgelöst worden; diese sind bei Innehaltung der notwendigen Mengenverhältnisse sicherer zu führen und nicht von äußeren Zufälligkeiten abhängig.

Man unterscheidet nachstehende chemische Küpenarten:

a) Eisenvitriol-Kalk-Küpe,

b) Zinkstaub-Kalk-Küpe,

c) Hydrosulfit-Natronlauge-Küpe.

Eine Abart der letzteren ist die nicht mehr gebräuchliche Bisulfit-Zinkstaub-Küpe.

Vor dem Verküpen muß Indigoblau feinstens mit Wasser angeschlämmt werden. Zu diesem Zweck wurde der Pflanzenindigo erst eingeweicht und in Rührwerken angemahlen, der synthetische Indigo kommt gebrauchsfertig in Teigform, gewöhnlich 20proz., in den Handel. Indigoblau wird bei ungefähr 60° in der Stammküpe in das lösliche Indigoweiß übergeführt.

Eisenvitriol-Kalk-Küpe.

Die Eisenvitriol-Kalk-Küpe ist die älteste der bekannten chemischen Küpen. Man bereitet für eine Färbeküpe von 1000 l eine Stammküpe von 250—300 l (nach den von der B.A.S.F. gemachten Angaben).

15 kg Indigo rein 20proz. oder 3 kg Indigopulver werden mit 20 l heißem Wasser von 60° angerührt, die Lösungen von 12 kg Eisenvitriol in 50 l Wasser von 60° und 18 kg gebranntem Kalk (mit heißem Wasser zu einem dünnen Brei gelöscht) eingerührt, und das Ganze wird mit heißem Wasser auf 250—300 l eingestellt. Die Stammküpe wird mit einem Deckel abgedeckt und unter wiederholtem Rühren in der Wärme sich selbst überlassen, bis der Indigo verküpt ist. Das Kennzeichen der Verküpung ist die rein gelbe Farbe der Stammküpe beim Umrühren und die auftretende kupfrige Blume, welche von wieder oxydiertem Indigo herrührt.

Die Eisenvitriol-Kalk-Küpe enthält durch die Umsetzung der Chemikalien reichlich Niederschlag oder Bodensatz, welcher das chemisch wirksame Agens, das Eisenhydroxydul, enthält. Das Geschirr der Färbeküpe ist bei der Eisenvitriolküpe derart hoch zu bemessen, daß beim Färben das Färbegut nicht nur den Bodensatz nicht berührt, sondern auch durch die Strömung beim Umziehen nicht aufrührt. Für rechtwinklige Zementküpen haben sich folgende Längenmaße bewährt: Breite 65 cm, Länge 80 cm, Tiefe 160 cm.

Die Färbeküpe wird zu drei Viertel mit nicht zu kaltem Wasser angefüllt und das Wasser beim erstmaligen Ansetzen erst luftfrei gemacht, d. h. vorgeschärft mit einer Lösung von 1 kg Eisenvitriol und der aus $1^1/_2$ kg Kalk erhaltenen Kalkmilch. Nach dem Vorschärfen läßt man $^1/_2$ Std. stehen und füllt die Stammküpe ein, rührt gut durch und läßt absitzen. Gefärbt wird in der klaren, völlig abgesetzten Küpe.

Der Vorteil der Eisenvitriol-Kalk-Küpe liegt in der Einfachheit ihres Ansetzens und in der guten Haltbarkeit. Ein Nachteil ist der Verlust an Indigo durch die große Menge Bodensatz, welcher für gewöhnlich 25% beträgt und sich bei zu langem Stehen steigert.

Zinkstaub-Kalk-Küpe.

Die Zinkstaub-Kalk-Küpe ist seit ungefähr 80 Jahren bekannt und hat die Eisenvitriolküpe, besonders in der Färberei von Stranggarn und Stücken, verdrängt.

Stammküpe für eine Färbeküpe von 1000 l. 10 kg Indigo 20proz. oder 2 kg Indigopulver werden mit einer Aufschlämmung von 1,2 kg Zinkstaub in 20 l heißem Wasser von 60° und 4—5 kg frisch gebranntem Kalk (vorher zu einem dünnen Brei gelöscht) angerührt, das Gemisch wird auf 80—100 l mit heißem Wasser von 50—60° aufgefüllt und unter gelegentlichem Umrühren sich selbst überlassen. Dabei tritt nach Stehen über Nacht die vollständige Verküpung ein, was an der gelben Farbe der Stammküpe beim Umrühren und an der sich an der Oberfläche bildenden Blume zu erkennen ist.

Bei der Zinkstaub-Kalk-Küpe setzt sich der Kalk mit dem Zinkstaub um und entwickelt Wasserstoff. Der sich bildende Wasserstoff ist die Ursache des sog. „Treibens“ der Zinkstaubküpen, wenn die Küpe einen Überschuß von Verküpungsmitteln enthält.

Die Färbeküpe wird für 1000 l vorgeschärft mit $^1/_4$ kg Zinkstaub (vorher mit Wasser fein angeschlämmt) und 1 kg Kalk (vorher mit Wasser zu einem dünnen Brei gelöscht) und $^1/_2$ Std. stehengelassen. Die Stammküpe wird eingefüllt, dann wird gut durchgerührt und absitzen gelassen. Es darf auch hier nur in der klaren, völlig abgesetzten Küpe gefärbt werden.

Die Zinkstaubküpe hat bei gleichem Farbstoffgehalt $^1/_4$—$^1/_5$ des Bodensatzes der Eisenvitriolküpe, infolgedessen brauchen die Gefäße nicht so tief gewählt zu werden, oder bei genügender Tiefe kann die Zinkstaubküpe nach jedem Färben einer Partie mit Stammküpe gespeist und dadurch wieder auf die ursprüngliche Farbstärke gebracht werden. Das Nachspeisen kann so lange fortgesetzt werden, bis die Höhe des Bodensatzes ein weiteres Speisen nicht mehr zuläßt. In Anbetracht des geringeren Bodensatzes beträgt der Verlust an Farbstoff ungefähr 8—10 %, derselbe kann sich durch längeres Stehen und in der Wärme erhöhen.

Hydrosulfit-Natronlauge-Küpe.

Die Hydrosulfit-Natronlauge-Küpe ist die neueste Küpenart; sie enthält die Chemikalien wasserlöslich und ist infolgedessen vollständig klar und satzfrei, arbeitet am schnellsten und ermöglicht das Färben des Indigoblaus in jeder geeigneten Färbekufe; infolge der klaren Küpe werden auch die Verluste an Farbstoff auf ein Mindestmaß zurückgeführt. Die klare und beständige Hydrosulfitküpe gestattet auch das Färben des Indigos in Färbeapparaten.

Stammküpe für eine Hydrosulfitküpe. 50 kg Indigo 20proz. oder 10 kg Indigopulver werden mit 100 l heißem Wasser angerührt, 20 l Natronlauge von 40° Bé zugesetzt und langsam 8,5 kg Hydrosulfit Pulver eingestreut. Das Gemisch wird durchgerührt und bei ungefähr 50° sich selbst überlassen, bis der Indigo verküpt ist, was bei richtigem Arbeiten nach Verlauf von $^1/_2$ Std. erreicht ist. Man überzeugt sich von dem richtigen Stand der Stammküpe durch die sog. Glasplattenprobe (eine eingetauchte Glasplatte soll klar gelb abfließen und zum Vergrünen 25—30 Sek. erfordern). Zeigt sich die Glasplatte nicht klar gelb oder vergrünt dieselbe in kürzerer Zeit, so wird etwas Hydrosulfit eingerührt und die Prüfung nach 10 Min. wiederholt.

Die Färbeküpe wird für 1000 l vorgeschärft mit 50 g Hydrosulfitpulver und einer der Härte des Wassers entsprechenden Menge Natronlauge. Nach einigem Stehen wird durch ein Trichterrohr dem unteren Teil der Färbeküpe so viel der Stammküpe zugesetzt, als dem gewünschten Stand der Färbeküpe entspricht; man rührt um, läßt einige Zeit stehen und beginnt mit dem Färben.

Die Bisulfit-Zinkstaub-Natron-Küpe ist eine Abart der Hydrosulfitküpe, dieselbe ist nicht vollständig satzfrei, infolgedessen ist mit einem entsprechenden Verlust an Indigo zu rechnen.

Fertige Küpen. Anstatt Indigoblau in der Stammküpe zu verküpen und daraus eine Färbeküpe anzusetzen, wird die fertige Küpe unter der Bezeichnung Indigolösung 20proz. für Baumwolle und Indigoküpe 60proz. in den Verkauf gebracht. Mit der Indigolösung kann sowohl auf der Zinkstaubküpe als auch auf der Hydrosulfitküpe gefärbt werden. Hierzu sind besondre Vorschriften der I. G. Farbenindustrie herausgegeben.

Vorbehandlung des Materials. Da Indigoblau in der kalten Küpe gefärbt wird und kalte Färbebäder schwierig durchfärben, so ist die zu färbende Baumwolle vorher gründlich abzukochen, am besten unter Zusatz von Soda, zu spülen und zu entwässern. Garne sind gut auszuschlagen und zu lockern, Stücke zu glätten.

Färben in Zügen. Beim Färben gibt man mehrere Küpen oder man färbt in mehreren Zügen, indem man bei der schwächsten Färbeküpe anfängt und so lange auf farbstärkeren weiterfärbt, bis die gewünschte Dunkelheit des Blaus erreicht ist. Beim Färben nimmt die Baumwolle zunächst das Indigoweiß auf, erscheint dabei gelblich gefärbt, nach jedem Küpenzug wird bei Stranggarn gut und gleichmäßig abgewunden, ausgeschlagen und an der Luft ausgehängt, wobei die Partie „vergrünt", d. h. das Indigoweiß geht über Grün in das Indigoblau über. Stücke werden je nach der Art, nach welcher sie gefärbt werden, beim Färben auf Sternreifen an der Luft aushängen gelassen oder beim Färben auf der Continueküpe abgequetscht und über Rollen durch die Luft zum Vergrünen geleitet. Der nächste Zug darf erst dann gefärbt werden, wenn das vorherige Blau richtig oxydiert oder vergrünt ist.

Ist die Partie auf einer Küpe abgefärbt, so wird die Küpe gut aufgerührt. Bei den satzhaltigen Küpen erkennt man den richtigen Stand an der gelben Farbe des Bodensatzes, durchzogen von blauen Adern. Trifft dies nicht zu, so muß nachgeschärft werden. Bei den satzhaltigen Färbeküpen darf erst nach völligem Absitzen weitergefärbt werden, bei der Eisenvitriolküpe täglich zwei-, höchstens dreimal, bei der Zinkstaubküpe nach Verlauf von ungefähr 2 Std.

Die satzfreie Hydrosulfitküpe wird zweckmäßig nach jedem Zug mit Stammküpe gespeist und auf der ursprünglichen Stärke erhalten. Erforderlichenfalls wird mit Hydrosulfit und Natronlauge nachgeschärft und das Färben fortgesetzt.

Ist die satzhaltige Färbeküpe erschöpft, abgeblaut, so wird dieselbe durchgerührt, absitzen gelassen und die klare Küpenflotte zum Ansetzen einer frischen Färbeküpe benutzt. In diesem Fall erübrigt sich das vorherige Vorschärfen vor dem Einfüllen der Stammküpe.

Es empfiehlt sich, auf einer Färbeküpe ohne längere Unterbrechungen weiterzufärben, weil bei längerem Stillstand besonders bei den satzhaltigen Küpen Verluste an Farbstoff entstehen. Eine farbstark angesetzte Eisenvitriolküpe soll nach 26—30 maligen Färben, also nach Verlauf von 10—14 Tagen abgefärbt sein.

Nachbehandlung. Nach dem Färben und genügendem Hängen an der Luft müssen die auf satzhaltigen (mit Kalk geführten) Küpen gefärbten Partien abgesäuert werden, um den Kalk abzuziehen. Man verwendet dazu ein Bad von Schwefelsäure oder besser von Salzsäure, zieht einige Male um und spült gut. Beim Färben auf der satzfreien Hydrosulfitküpe genügt ein Spülen allein, ein Absäuern ist aber zu empfehlen.

Andre Indigoide. Nach der Vorschrift für Indigoblau lassen sich ohne nennenswerte Änderung Indigorot, Indigoscharlach auch mit ihren zugehörigen Abkömmlingen färben. Für das Färben dieser Farbstoffe kommt allgemein die Hydrosulfitküpe in Anwendung.

Die Halogenabkömmlinge des Indigoblau, die chlorierten und bromierten Indigofarbstoffe werden nach dem Verküpen in der Stammküpe in der Wärme bei 50—55° möglichst bei Luftabschluß gefärbt. Nach dem Färben wird gleichmäßig abgewunden, zur Oxydation des Farbtons an der Luft ausgehängt, zur vollständigen Entwicklung der Farbe auf ein 80—90° heißes Wasserbad gestellt oder heiß abgesäuert und gespült oder kochend geseift.

Die indigoiden Küpenfarbstoffe gehen in der alkalischen Reduktion in mehr oder weniger gelb gefärbte Leukoverbindungen über und liefern gelbe Küpen.

Man färbt in den kalten Küpen in Zügen von 20 Min. Dauer, in den warmen Küpen $^1/_2$—$^3/_4$ Std.

Indigorot im Schwefelnatriumbad. Indigorot, oder genauer ausgedrückt Thioindigorot B, auch Küpenrot B läßt sich mit Schwefelnatrium verküpen und im Schwefelnatriumbad nach Art der Schwefelfarbstoffe auffärben. Man verwendet ungefähr die Hälfte des Farbstoffteiggewichts an Schwefelnatrium kryst., übergießt mit der doppelten bis dreifachen Menge kochenden Wassers und läßt unter gelegentlichem Umrühren so lange stehen, bis der Farbstoff mit gelber Farbe verküpt ist. Außerdem wird noch Soda und Salz dem Bade zugesetzt.

Echtheitseigenschaften. Die Färbungen der indigoiden Küpenfarbstoffe erreichen nicht die Echtheit der Anthrachinonküpenfarbstoffe, so daß dieselben nicht den Indanthrenfarben zugeteilt werden können. Die Färbungen neigen zum Abreiben, besonders Indigoblau reibt in satten Färbungen ab, beim Waschen wird Indigoblau heller, es schmiert in den ersten Wäschen etwas ab, ohne jedoch das Weiß richtig anzufärben. Durch Hypochlorit wird Indigoblau langsam angegriffen und gebleicht, die übrigen indigoiden Küpenfarbstoffe sind in dieser Beziehung besser, sie reiben weniger ab, halten sich in der Wäsche dauerhaft und sind gegen Hypochlorite beständiger.

Erkennung. Indigoide Küpenfarbstoffe sind beim Erhitzen flüchtig und geben in ihren Färbungen die sog. Sublimationsreaktion, d.h. beim Verbrennen eines Fadens in einer Porzellanschale hinterlassen dieselben einen farbigen Fleck und entwickeln beim vorsichtigen Erhitzen im Reagensglas farbige Dämpfe. Ein weiteres Erkennungsmittel ist die mehr oder weniger gelbe Leukoverbindung beim Erwärmen mit Hydrosulfit oder in der blinden Küpe; der ursprüngliche Farbton kehrt nach dem Ausspülen an der Luft wieder. Durch Erwärmen in der blinden Küpe werden indigoide Küpenfarbstoffe ziemlich abgezogen, so daß der wiederkehrende Farbton heller ist. Beim Betupfen mit konz. Salpetersäure wird Indigoblau zerstört und hinterläßt einen gelben Fleck, den sog. Salpetersäuretest, eine Reaktion, welche nur wenige blaue Teerfarbstoffe teilen. Die Indigoabkömmlinge, sowohl in Blau als auch in Rot, sind gegen Salpetersäure beständiger und werden beim Betupfen mit dem Reagens nicht oder kaum verändert.

Aufsatzblau. Um an teurem Indigofarbstoff zu sparen, wurde Indigoblau früher nach dem Absäuern mit Blauholz und Alaun oder Blauholz und Chromkali übersetzt. Für Dunkelblau wurde manchmal ein helles Catechubraun vorgrundiert und dann in der Küpe nach dunkelblau gefärbt. Heutzutage wird Indigoblau besonders in der Stückfärberei mit direkten Baumwollfarbstoffen, vereinzelt mit Schwefelblau, überfärbt und als „Indigoblau handelsüblich“ gehandelt. Durch das Überfärben werden die Blau reibechter und die Stücke besser durchgefärbt. Die Wasch- und Lichtechtheit wird durch das Überfärben des Indigoblau nicht gebessert.

Ein übersetztes Blau unterscheidet sich von einem reinen Indigoblau durch den Salpetersäuretest; entsprechend dem Indigogrund und dem aufgesetzten Farbstoff wird der Fleck beim Betupfen mit konz. Salpetersäure zwar heller, behält aber einen rötlichen oder bräunlichen Ton.

Hydronblaugruppe.

Die Hydronblau bilden nach ihrer Zusammensetzung und nach ihrem färberischen Verhalten den Übergang der Küpenfarbstoffe zu den Schwefelfarbstoffen. Sie sind schwefelhaltig, was sie in Beziehungen zu den Schwefelfarbstoffen bringt. Färberisch bilden die Hydronblau eine Untergruppe innerhalb der Gruppe der Küpen- oder Reduktionsfarbstoffe.

Von Hydronblau erscheinen im Handel die Marken G und R, dazu gehört noch Hydronmarineblau C, CN Pulver und Hydronschwarzblau G. Die Hydronblau können sowohl in der Hydrosulfit- als auch in der gemischten Schwefelnatrium-Hydrosulfit-Küpe gefärbt werden. Das erstere Verfahren eignet sich mehr für helle Töne, das letztere mehr für dunkle Blau; letzteres ist wirtschaftlicher und ermöglicht ein beßres Durchfärben. Das Verküpen der Hydronblau geschieht direkt im Färbebad.

Hydrosulfit-Natronlauge-Küpe.

Man rechnet für helle bis dunkle Blau, Hydronblau in Teig 30 proz.: 4—20 %, Hydrosulfit konz. Pulver: 6—15 %, Natronlauge 40^0 Bé: 6—15 %.

Dem 50—60^0 heißen Färbebad setzt man erst die Natronlauge, dann den mit Wasser angerührten Farbstoff durch ein Sieb zu und streut zum Schluß das Hydrosulfit Pulver ein. Man wartet ab, bis der Farbstoff mit gelber Farbe verküpt ist. Die rein gelbe Farbe der Küpe muß während des Färbens bestehen bleiben; wird die Färbeküpe grünlich, so muß mit Hydrosulfit oder mit Hydrosulfit und Natronlauge nachgeschärft werden.

Gemischte Schwefelnatrium-Hydrosulfit-Küpe.

Man rechnet an Farbstoff Teig 30proz.: 4—20 %, Schwefelnatrium kryst.: 6—30 %, Natronlauge 40° Bé: 3—15 %, Hydrosulfit Pulver: 2—5 %.

Dem 70° heißen Färbebad werden das Schwefelnatrium und die Natronlauge zugesetzt, der angerührte Farbstoff wird durch ein Sieb zugegeben und schließlich das Hydrosulfit eingestreut. Man wartet, bis der Farbstoff mit gelber Farbe verküpt ist.

Gefärbt wird am besten bei Luftabschluß, Stranggarn auf ⅂⊔Γ-gebogenen Eisenstäben, in der Hydrosulfit-Natronlauge-Küpe $^1/_2$—1 Std. bei 60°, in der Schwefelnatrium-Hydrosulfit-Küpe bei 70°. Es wird anfangs fleißig umgezogen, nachher nur wenig. Färbt man an der Luft, z. B. Stranggarn auf geraden Stöcken, so ist die Menge Hydrosulfit zu erhöhen und häufiger umzuziehen. Legt man beim Färben in der Schwefelnatrium-Hydrosulfit-Küpe besonderen Wert auf langsames Aufziehen und gutes Durchfärben, so färbt man 20 bis 30 Minuten unter Zusatz von Schwefelnatrium und Natronlauge allein nahe bei Kochtemperatur, kühlt das Bad auf 70° ab, streut das Hydrosulfit ein und färbt bei 70° fertig. Die Färbeküpe muß, wie auch die Färbepartie, bis zum Schluß des Färbens einen rein gelben Ton behalten, trifft dies nicht mehr zu, so ist mit Hydrosulfit nachzuschärfen. Das Aufziehen wird durch Zugabe von Türkischrotöl oder einem geeigneten Netz- oder Dispersionsmittel verzögert und dadurch das Egalisieren gefördert. Nach dem Färben wird abgepreßt, Stränge werden nach mehrmaligem Umziehen zwischen Quetschwalzen durchgenommen, die abfließende Färbeflotte wird zum Färbebad zurückgegeben. Stränge werden am Pfahl gleichmäßig abgewunden und $^1/_2$—1 Std. an der Luft verhängt, damit das Blau sich entwickelt. Das Blau läßt sich auch durch sofortiges Spülen in kaltem Wasser entwickeln, man spült im letzteren Fall so lange, bis das Spülwasser klar bleibt und das Blau vollständig entwickelt ist. Beim Verhängen an der Luft werden etwas dunklere Blau erhalten; beim sofortigen Spülen in kaltem Wasser werden die Blau reiner und mehr reibecht.

Zum Schluß wird 1—2mal in heißem Wasser gespült. Günstig für die Entwicklung der Blau ist ein warmes Absäuern mit Spülen oder ein heißes Seifen; dadurch werden die Blautöne klarer.

Durch eine Behandlung nach dem Färben mit $^1/_2$—1 % Natriumperborat bei 40—50° 10—15 Min. wird die Oxydation des Blau beschleunigt, und die Blau werden reiner. Bei stärkerer Behandlung mit Natriumperborat, 1—2 %, Steigern der Temperatur auf 60—80° und Umziehen 20—30 Min. wird die Lebhaftigkeit des Blau gesteigert und die Echtheit erhöht.

Die Koch- und Lichtechtheit der Hydronblau kann durch eine Nachbehandlung mit 3—4 % Kupfervitriol und 3—5 % Essigsäure heiß bis kochend verbessert werden. Durch das Nachbehandeln mit Kupfervitriol werden die Blau trüber.

Echtheit. Die Echtheitseigenschaften des Hydronblaus sind denjenigen des Indigoblaus überlegen. Hervorzuheben sind die beßre Reibechtheit, die sehr gute Wasch-, Säure-, Laugen- und Chlorbeständigkeit. Letztere gestattet die Verwendung von Hydronblau für die Buntbleiche. Beim Abkochen ist auf die Farbe Rücksicht zu nehmen, um ein Abflecken des Blau zu verhindern. Die Licht-, Luft- und Wetterbeständigkeit des Hydronblau sind ebenfalls sehr gut.

Handelsmarken. Zu den Küpen- oder Reduktionsfarbstoffen gehören außer den genannten Indanthren-, Algolfarbstoffen und Hydronblau der I. G. Farbenindustrie, dem Indigoblau, Indigorot und deren Abkömmlingen noch die Ciba- und Cibanonfarbstoffe der Ges. f. Chem. Ind. in Basel, die Tinonchlor- und Tinonfarbstoffe von Geigy in Basel und die Sandothrenfarbstoffe von Sandoz in Basel. Die Farbstoffe werden ebenfalls in der Hydrosulfit-Natronlauge-Küpe zu löslichen Leukoverbindungen reduziert, als Leukoverbindungen aufgefärbt und die letzteren nach dem Färben durch Verhängen an der Luft, Spülen und kochendes Seifen entwickelt.

Indigosole.

Indigosole sind veresterte Leukoverbindungen von Küpenfarbstoffen in wasserlöslicher und luftbeständiger Form, welche durch einen Oxydationsvorgang gespalten werden und in den eigentlichen Küpenfarbstoff übergehen. Bis jetzt sind etwa 17 Indigosole im Handel erschienen.

Die Indigosole selbst sind kaum gefärbte Pulver und haben zur Faser keine oder nur geringe Affinität. Infolgedessen kommen dieselben hauptsächlich zum Klotzen von Stücken in Betracht. Das Färbe- oder das Klotzbad muß die erforderliche Menge Indigosol gelöst enthalten, so daß das Gewebe aus der Flottenmenge diejenige Menge Indigosol mechanisch aufnimmt, welche zur Entwicklung der gewünschten Farbtiefe erforderlich ist.

Das Färben der Indigosole geht in zwei Prozessen vor sich, a) in dem Tränken mit der Flotte von Indigosol unter Zusatz der notwendigen Chemikalien und b) dem Spalten des Indigosols in einem Oxydationsvorgang zur Entwicklung des Farbtons. Zwischen Klotzen und Entwicklung wird getrocknet. Man unterscheidet beim Färben das 1. Nitrit-, 2. Chromat- und 3. Dämpfverfahren.

1. Beim Nitritverfahren bereitet man eine Klotzlösung aus Indigosol, z. B. 5—125 g Indigosolfarbstoff in heißem Wasser gelöst, 50 g Tragant (65 : 1000), 10—30 g Nitrit (bis $^1/_4$—$^1/_5$ der verwendeten Menge Indigosol), 820 g Wasser, und stellt auf 1 l Flotte ein. Durch Zusatz von Kochsalz oder Glaubersalz wird das Indigosol besser ausgenützt. Zur Erhöhung der Netzfähigkeit der Ware empfiehlt sich auch hier ein Zusatz von 2 g Nekal BX auf 1 l Klotzlösung.

2. Beim Chromatverfahren wird das Nitrit durch Bichromat ersetzt, es wird jedoch heute nur noch wenig verwendet.

Mit der fertigen Indigosollösung wird der Stoff breit getränkt, abgepreßt, auf der Hotflue getrocknet und zur Entwicklung des Farbtons 15 Sek. durch ein warmes Bad von 20—30 g Schwefelsäure 66° Bé und 20 g Glaubersalz bei 25—30° im Liter durchgeführt. Beim Chromatverfahren wird breit in einem schwefelsauren-oxalsauren Bad entwickelt, um den Überschuß an Chromsäure aufzunehmen. Nach dem Entwickeln wird gut gespült, geseift, gespült und getrocknet.

3. Beim Dämpfverfahren bereitet man ein Klotzbad aus Indigosolfarbstoff, Glycerin, Solutionssalz B, Tragantschleim (65 : 1000), Rhodanammonium, chlorsaurem Natron und vanadinsaurem Ammoniak oder oxalsaurem Ammoniak.

Beispiel für helle Farbtöne: 5—10 g Indigosolfarbstoff, 25 g Glycerin, 10 g Solutionssalz B, 840 g Wasser, 50 g Tragant (65 : 1000), 10 g Rhodanammonium, 5 g chlorsaures Natron, 50 g vanadinsaures Ammoniak (1 : 1000) auf 1 l Klotzbad.

Ein Zusatz von 2 g Nekal BX ist zu empfehlen.

Mit der Flotte wird der Stoff breit getränkt, abgepreßt, auf der Hotflue getrocknet und zur Entwicklung des Farbstoffs 5 Min. im Schnelldämpfer bei 98—100° gedämpft. Durch die Oxydationswirkung des chlorsauren Natrons, unterstützt durch das vanadinsaure Ammoniak, findet beim Dämpfen die Spaltung des Leukoesters und die Oxydation der Leukoverbindung zum unlöslichen Farbstoff statt. Nach dem Dämpfen wird kalt gespült, kochend geseift, gespült und getrocknet.

Auf solche Weise werden die Farben in derselben Schönheit und Echtheit wie auf der Küpe erhalten. Die Indigosole bedeuten eine Vereinfachung des Färbeverfahrens, sie gestatten durch die Färbeweise beim Klotzen, Trocknen und Entwickeln ein ununterbrochenes Arbeiten.

Basische Farbstoffe.

Die basischen Farbstoffe besitzen zu tierischen Fasern genügend Affinität, um direkt anzufärben und dauerhafte Farben zu liefern, dagegen genügt die Affinität zu pflanzlichen Fasern nicht; sie bedürfen erst einer Beize. Als Beizen kommen für basische Farbstoffe vor allem die Gerbsäuren, in gewissem Umfang auch die Fettsäuren in Betracht und neuerdings auch das Katanol O.

Beizen. Je nach der Tiefe der Färbung werden z. B. 1—6% Tannin verwendet.

Für trübe und dunkle Farben verwendet man vorteilhaft eine Abkochung von Sumach oder den bequemer anzuwendenden Sumachextrakt. Man rechnet gegenüber Tannin die 5—6fache Menge Blättersumach oder die 4—5fache Menge Sumachextrakt 30° Bé. Sumachblätter werden 1—2mal mit Wasser abgekocht, Sumachextrakt wird in heißem Wasser gelöst. Da die Gerbstoffe infolge geringer Affinität langsam auf die Faser ziehen, so bereitet man ein möglichst kurzes Beizbad 1 : 12 oder 1 : 15 und stellt die abgekochte und gleichmäßig entwässerte Baumwolle auf das 60—90° heiße Gerbstoffbad auf, zieht einige Male um, legt ein, bei kräftigeren Beizen am besten über Nacht und läßt im Gerbstoffbad erkalten. Bei dem Erkalten im Gerbstoffbeizbad zieht die Baumwolle die bestmögliche Menge Gerbstoff auf. Während des Einlegens ist darauf zu achten, daß die Baumwolle vollständig vom Bad bedeckt bleibt; ragt die Baumwolle heraus, so entstehen infolge Oxydation durch den Luftsauerstoff braune Flecke. Nach dem Beizen wird die Baumwolle gleichmäßig abgepreßt oder abgewunden und die Gerbsäure ohne Spülen fixiert. Zum Fixieren kommen allgemein Metallsalze, an eine organische Säure gebunden, zur Verwendung; dieselben verbinden sich mit der Gerbsäure zu unlöslichen Verbindungen von gerbsauren Salzen. Die günstigsten Ergebnisse liefern Antimonsalze, von diesen der Brechweinstein und die Ersatzprodukte (s. d.). Man nimmt auf 1 T. Tannin etwa $^1/_2$ T. Brechweinstein bzw. die entsprechende Menge Antimonverbindung, zieht $^1/_2$—$^3/_4$ Std. auf dem kalten bis lauwarmen Antimonsalzbad um und spült.

Ist das Antimon an eine anorganische oder starke organische Säure gebunden, so wird beim Befestigen der Gerbsäure die an das Antimon gebundene Säure frei und vermag lösend auf das zu bildende, schwer lösliche gerbsaure Antimon einzuwirken. Es ist deswegen erforderlich, derartigen Antimonsalzbädern besonders bei längerem Gebrauch, wenn sich die freie Säure mehr anreichert, etwas Soda oder Schlämmkreide zuzusetzen, um die freiwerdende Säure abzustumpfen. Beim Arbeiten mit den milchsauren Doppelsalzen ist ein Zusatz von Alkali nicht erforderlich, weil die schwache Milchsäure nicht lösend zu wirken vermag. Bei den milchsauren Doppelsalzen ist nach der üblichen Vorschrift ein Zusatz von Essigsäure empfehlenswert, um der Hydrolyse vorzubeugen und ein klar bleibendes Bad zu erhalten.

Für dunkle und trübe Farben kommen auch Eisensalze zum Befestigen der Gerbstoffe zur Verwendung. Eisen gibt mit Gerbsäuren das grau bis schwärzlich gefärbte gerbsaure Eisen. Man rechnet je nach der Menge Gerbstoffbeize 2—5% Eisenvitriol, salpetersaures oder holzessigsaures Eisen und zieht $^1/_2$ Std. auf dem kalten Bad um. Die befestigende und dunkelnde Wirkung kommt den Eisenoxydsalzen zu.

Einen vollwertigen Ersatz für die zweibadige Gerbsäure-Antimon-Beize bildet das einbadige Katanol O (s. d.) der I. G. Farbenindustrie. Es wird in kochendem Wasser unter Zusatz von Soda gelöst. Man benötigt auf 3 T. Katanol O = 1—2 T. calc. Soda und streut zum Lösen das Katanolpulver in die kochende Sodalösung ein. Die Lösung muß klar aussehen, andernfalls ist noch mehr Soda zuzusetzen. Man rechnet für satte Farben bei einem Flottenverhältnis von 1 : 12 = 6% Katanol O; bei längerem Flottenverhältnis ist die Menge entsprechend zu erhöhen. Zum beßren Erschöpfen der Beizflotte setzt man 50% Kochsalz oder 100% Glaubersalz kryst. zu, stellt auf das 70—80° heiße Bad auf und läßt 2 Std. in erkaltendem Bade stehen oder legt ein. Beim Beizen durch Einlegen über Nacht genügen 4% Katanol O und 30—40% Kochsalz.

Wird die Beizflotte trübe, so ist etwas Soda bis zur Klärung zuzusetzen. Nach dem Beizen mit Katanol wird abgepreßt oder abgewunden und gespült. Katanol selbst färbt die Baumwolle kaum an. Die Katanolbäder werden nicht erschöpft und können nach dem Verstärken durch Zusatz einer Katanollösung von 15—20 g im Liter dem Flottenverlust entsprechend weiterbenützt werden.

Ein Vorteil bei der Verwendung von Katanol O gegenüber der Gerbsäure-Antimon-Beize liegt nicht allein in dem Einbadsystem, sondern auch in der Unempfindlichkeit desselben gegen Eisen. So kann Katanol O in eisernen Apparaten verwendet werden, eisenhaltiges Wasser wirkt weniger störend.

Färben. Die gebeizte Baumwolle besitzt zu basischen Farbstoffen eine sehr große Affinität, so daß diese sehr schnell und infolgedessen leicht ungleichmäßig aufziehen. Es ist infolgedessen für ein langsameres und gleichmäßiges Aufziehen des Farbstoffs Sorge zu tragen. Zum Färben bereitet man ein langes Bad. Hartes Wasser, besonders von der Carbonathärte herrührend, wird vorher korrigiert entweder mit 2—5% Essigsäure 30proz. oder derselben Gewichtsmenge Alaun oder der halben Gewichtsmenge schwefelsaurer Tonerde. Die Essigsäure, welche auch durch Ameisensäure ersetzt werden kann, sowie die saure Reaktion des Alauns oder der schwefelsauren Tonerde erhöhen die Löslichkeit der basischen Farbstoffe, verzögern ein zu schnelles Aufziehen und wirken dadurch egalisierend.

Die Farbstoffe werden am besten erst mit Essigsäure angeteigt und in kochendem Wasser gelöst. Bei einigen Farbstoffen, wie Auramin, darf nur in 70° heißem Wasser gelöst werden. Das Anrühren kann ebenfalls mit Spiritus geschehen.

Die zu färbende Baumwolle wird vorteilhaft erst einige Male auf dem mit Essigsäure oder Alaun versetzten Bad ohne Farbstoff umgezogen. Die Farbstofflösung wird filtriert, in mehreren Portionen, um das Egalisieren zu fördern, zugesetzt und nach jeder Farbstoffzugabe fleißig umgezogen. Man beginnt mit dem Färben kalt und erwärmt unter fleißigem Umziehen auf 50—60°. Bei richtigem Beizen und nicht zu großen Farbstoffmengen zieht das Färbebad wasserklar aus. Durch Steigern der Temperatur auf 80—90° dringt der Farbstoff mehr in die Faser ein; dadurch geht die Lebhaftigkeit etwas zurück, und die Echtheit, besonders gegen Reibung, wird erhöht. Bei Auramin darf die Temperatur beim Färben ebenfalls nicht über 70° gesteigert werden. Bei einigen Farbstoffen, wie Methylenblau, Nilblau, Brillant- und Malachitgrün, ist es vorteilhaft, die Temperatur beim Färben auf 70—80° zu steigern. Bei den Viktoriablau- und Viktoriareinblaumarken treibt man schließlich zur vollen Entwicklung des Farbtons zur Kochtemperatur und färbt bei dieser Temperatur fertig.

Die sog. Safraninazofarbstoffe, wie die Indoinblau-, Indonblau-, Naphthindon- und Diazinblaumarken, erfordern ebenfalls zum vollständigen Aufziehen des Farbstoffs und zur Entwicklung des Farbtons ein Steigern der Temperatur zum Kochpunkt und Färben ($^1/_2$ Std.) bei Kochtemperatur. Für diese Farbstoffe ist ein Zusatz von Alaun oder schwefelsaurer Tonerde erforderlich.

Spülen. Nach beendetem Färben wird in kaltem Wasser gespült. Beim Arbeiten mit hartem, besonders carbonathaltigem Wasser ist es zu empfehlen, das letzte Spülwasser mit Essigsäure oder Ameisensäure anzusäuern, dabei werden die Farbtöne frischer, klarer; hartes Wasser, besonders von Carbonathärte herrührend, stumpft den Ton ab.

Ausgiebigkeit usw. Die basischen Farbstoffe sind sehr farbkräftig, die Färbungen zeigen eine Lebhaftigkeit und Leuchtkraft, wie dieselben nur von den neuen Küpenfarbstoffen, den Indanthren- und Algolfarbstoffen, erreicht worden sind. Von neueren basischen Farbstoffen zeichnen sich die Farbstoffe Astraphloxin FF extra und Astraviolett FF extra durch eine außerordentliche Lebhaftigkeit ihrer Töne aus.

Echtheit. Als lackbildende Farben neigen die basischen Farbstoffe zum Abreiben und zeigen eine mäßige bis mittlere Waschechtheit; einige, z. B. die Methylenblau, Safraninazofarbstoffe, haben gute Waschechtheit. Die Färbungen auf Katanolbeize stimmen im Farbton mit denjenigen auf Gerbstoffbeize ziemlich überein; Katanolbeize gibt eine etwas beßre Waschechtheit.

Die Reib- und Waschechtheit, auch vielfach die Beständigkeit gegen saures Überfärben wird durch das sog. Nachtannieren verbessert. Zu diesem Zweck stellt man die Partie nach dem Färben und Spülen auf das alte Beizbad, welches mit der halben Menge Tannin verstärkt werden kann, und zieht ungefähr 1 Std., bei 40° beginnend, im erkaltenden Bad um; von hier wird abgewunden und 10 Min. auf dem ebenfalls gebrauchten Brechweinstein- oder Antimonbad umgezogen. Bei frisch anzusetzenden Nachtannierungsbädern rechnet man 1—3 % Tannin und die Hälfte Brechweinstein. Durch das erneute Niederschlagen des gerbsauren Antimons beim Nachtannieren werden die Farbtöne bei Verbeßrung der Echtheit etwas gedeckter.

Gegenüber Laugen sind die Färbungen der basischen Farbstoffe empfindlich, sie werden dabei stumpfer oder schlagen um und werden mißfarbig; beim Spülen oder Einlegen in verdünnte Essigsäure kehrt in vielen Fällen die ursprüngliche Frische wieder. Organische Säuren frischen den Farbton auf. Mineralsäuren dagegen bringen die Farben allgemein zum Umschlagen und machen dieselben mißfarbig; beim Spülen kehrt der ursprüngliche Farbton wieder. Die Lichtechtheit ist gering. Sie kann durch eine Nachbehandlung mit „Auxanin B" (s. d.) verbessert werden. Die Nachbehandlung eignet sich sowohl für mit Tannin-Antimon als auch mit Katanol vorgebeizte Baumwolle. Die in üblicher Weise gefärbte Baumwolle wird gespült und auf frischem Bad bei einem Flottenverhältnis von 1 : 20 mit 2 % Auxanin B, 20 g Kochsalz und 20 cm^3 Essigsäure 1 : 10 im Liter $^1/_2$—$^3/_4$ Std. bei 25—30° umgezogen, entwässert und ohne Spülen getrocknet. Durch kräftiges Waschen geht die Wirkung des Auxanins teilweise zurück. Durch diese Nachbehandlung erfährt die Lichtechtheit nach den Normen der „Echtheitskommission" eine Verbeßrung um 2—3 Stufen, so daß beispielsweise Farben mit der Norm 1 oder 2 nach Norm 4 und 5 rücken. Von Bleichmitteln, Hypochloriten usw. werden die Färbungen der basischen Farbstoffe schnell angegriffen und gebleicht, einige, z. B. Methylenblau, zeigen eine etwas beßre Beständigkeit.

Außer Gerbsäure und Katanol kann auch Fettsäure als Beize für basische Farbstoffe Verwendung finden. Diese hat aber keine so große Affinität zu Farbstoffen wie die Gerbsäure, sie liefert infolgedessen nur helle bis mittlere Töne mit größerer Reinheit und Lebhaftigkeit, aber geringerer Echtheit. Fettsäure kommt infolgedessen nur vereinzelt in Frage für besonders reine Farbtöne, welche auf andre Weise nicht erhalten werden können, und an welche auch bezüglich Echtheit keine weiteren Anforderungen gestellt werden. Geeignete Farbstoffe sind hier die Rhodamine für zarte Rosa und Auramin für sehr klare Gelb. Die Fettsäurebeize kommt zur Verwendung als Türkischrotöl oder als Seife. Man beizt die gebleichte Baumwolle in einer Lösung von Türkischrotöl 1 : 10, windet ab und trocknet, fixiert in einer verdünnten Lösung von essigsaurer Tonerde, zieht um und trocknet wieder. Für kräftigere Farben wird das Beizen ein- oder zweimal wiederholt. An Stelle einer Türkischrotöllösung 1 : 10 kann auch auf einem konz. Bad von 1 T. Türkischrotöl auf 3—4 T. Wasser geölt werden. Ausgefärbt wird kalt bis lauwarm ohne jeden Zusatz.

Einige basische Farbstoffe, wie die Safraninazofarbstoffe (die Indoin- und Indonblau), die Viktoriablau und das Vesuvin oder Bismarckbraun, ziehen bis zu einem gewissen Grad auch auf ungebeizte Baumwolle; sie liefern dabei keine so vollen und so beständigen Färbungen wie auf vorgebeizter Baumwolle. Man färbt unter Zusatz von 1—2 % schwefelsaurer Tonerde oder 2—4 % Alaun von kalt bis kochend heiß. Beim Färben der Safraninazofarbstoffe muß $^1/_2$ Std. nahe bei Kochtemperatur umgezogen oder direkt kochend gefärbt werden. Nach dem Färben wird entweder leicht gespült oder ohne zu spülen getrocknet.

Überfärben. Basische Farbstoffe ziehen auch auf die Färbungen der substantiven, der Schwefel- und Beizenfarbstoffe. Auf diese Weise können derartige Färbungen mit geringen Mengen der farbkräftigen und lebhaften basischen Farbstoffe übersetzt, abgetönt und geschönt werden. Man färbt im frischen Bad oder im letzten Spülbad unter Zusatz von etwas Essigsäure oder Alaun kalt oder lauwarm aus und setzt die Farbstofflösung filtriert in mehreren Portionen zu. Durch größere Mengen basischen Aufsatz werden die Echtheitseigenschaften der Farben erniedrigt.

Handelsmarken. Basische Farbstoffe werden von sämtlichen Farbenfabriken vielfach unter gleichem Namen, z. B. Auramin, Fuchsin, Safranin, Krystallviolett,

Methylviolett, Methylenblau, hergestellt. Nach ihrer chemischen Zugehörigkeit unterscheidet man die Triphenylmethan- und Diphenylmethanfarbstoffe, die Azin-, Thiazin- und Oxazinfarbstoffe und einige wenige Vertreter der Azofarbstoffe.

Auf der Faser erzeugte Farbstoffe.

Hierher gehören diejenigen Farbstoffe, welche aus farblosen oder wenig gefärbten Ausgangsverbindungen auf chemischem Weg auf der Faser zu unlöslichen Farbstoffen entwickelt werden. Sie lassen sich 1. durch Oxydation, 2. durch Kondensation auf der Faser erzeugen; man unterscheidet daher die Oxydationsfarben und die Kondensationsfarben.

Zu den durch Oxydation auf der Faser entwickelten Farben gehören als wichtigste das Anilinschwarz, das Diphenylschwarz und die weniger gefärbten Paraminbraun, Fuscamin- und Orthaminbraun. Zu den auf dem Wege der Kondensation entwickelten unlöslichen Azofarben, die „Eisfarben" bzw. „Naphtholfarben".

Durch Oxydation erzeugte unlösliche Farben (Oxydationsfarben).

Der wichtigste Vertreter der durch Oxydation erzeugten unlöslichen Farben ist das Anilinschwarz. Anilinschwarz entsteht als tiefschwarzes, unlösliches Pigment durch Oxydation von Anilinöl oder Anilinsalz bei Gegenwart freier Säure. Das Färben von Anilinschwarz ist ein Spezialgebiet (s. u. Anilinschwarz).

Diphenylschwarz.

Das Färben von Diphenylschwarz kommt hauptsächlich für die Stückfärberei in Frage. Es wird entweder mit Dipenylschwarzbase I oder mit Diphenylschwarzöl O gefärbt. Diphenylschwarzbase I ist Para-Aminodiphenylamin, Diphenylschwarzöl ein Gemisch von Diphenylschwarzbase mit Anilinöl. Ersteres ist in organischer Säure vollständig löslich; infolge Abwesenheit von Mineralsäure tritt beim Färben keine Faserschwächung ein; letzteres erfordert zum Lösen etwas Salzsäure. Diphenylschwarz bildet sich durch Oxydation mit Chloraten bei Gegenwart von Sauerstoffüberträgern bei kurzem Dämpfen. Das beim Färben von Dampfanilinschwarz als Säureregulator gebrauchte Ferrocyankalium, sowie Sulfate (Kupfervitriol) dürfen nicht verwendet werden, weil sich die Salze des Diphenylamins damit zu schwer löslichen Verbindungen umsetzen.

Diphenylschwarzbase I wird verwendet zum Färben von feinen, dünnen Geweben, Diphenylschwarzöl O zum Färben von kräftigeren Stoffen.

Schwarz mit Diphenylschwarzbase I. Man bereitet 2 Stammbäder A und B, wovon A die Lösung der Diphenylschwarzbase I in organischer Säure, B die Oxydationsmittel und Sauerstoffüberträger enthält.

Stammbad A.

600 g Tragantschleim 1 : 10 werden mit
750 cm³ Wasser verdünnt,
400 g Diphenylschwarzbase I in
500 g Milchsäure 50 proz. und
1000 g Essigsäure 50 proz. durch Erwärmen gelöst, in die Tragantlösung eingerührt und mit
1650 cm³ Wasser auf
5 kg eingestellt.

Stammbad B.

250 g Aluminiumchlorid 30° Bé,
250 g Chromchlorid 30° Bé,
40 g Kupferchlorid 40° Bé,
3460 cm³ Wasser werden zu einer Lösung von
300 g chlorsaurem Natron in
600 cm³ heißem Wasser gegeben,
100 g Terpentin zugesetzt und auf
5 kg mit Wasser eingestellt.

Vor Gebrauch werden gleiche Volumina der Stammbäder A und B zusammengegeben und mit dieser Flotte die Stücke getränkt. Die fertige Klotzlösung ist nur kurze Zeit haltbar.

Schwarz mit Diphenylschwarzöl O. Man bereitet 3 Stammbäder, A, B und C. A enthält die Lösung von Diphenylschwarzöl O in Essigsäure, B die Sauerstoffüberträger und Salzsäure, C das Oxydationsmittel.

Stammbad A.	Stammbad B.
600 g Tragantschleim 1 : 10 werden mit	3000 cm³ Wasser,
750 cm³ Wasser verdünnt,	360 g Salzsäure 21° Bé,
600 g Diphenylschwarzöl O werden in	160 g Aluminiumchlorid 30° Bé,
1300 g Essigsäure 50proz. kalt gelöst, in den Tragantschleim eingerührt und mit	250 g Chromchlorid 30° Bé,
	40 g Kupferchlorid 40° Bé,
1750 cm³ Wasser auf	100 g Terpentinöl mit Wasser auf
5 kg eingestellt.	4 kg einstellen.

Stammbad C.

300 g chlorsaures Natron gelöst in
700 cm³ Wasser.

Vor Gebrauch werden die Stammbäder B und C in A eingerührt. Der Stoff wird durch die Klotzlösung durchgeführt, erforderlichenfalls ein zweites Mal und bis auf 100 % Gewichtszunahme abgepreßt. Die Ware wird auf der Hotflue getrocknet oder bei Diphenylschwarzöl O durch die Oxydationsmaschine geführt und zur Entwicklung des Schwarz 2 Min. im Schnelldämpfer gedämpft. Man kann das Schwarz auch durch Dämpfen von 10 Min. bei 95° entwickeln. Durch das Dämpfen entwickelt sich das Schwarz vollständig. Chromieren ist nicht nur unnötig, sondern direkt schädlich, weil dann das Schwarz braunstichiger und weniger lebhaft ausfällt. Nach dem Dämpfen werden die Stücke gewaschen und heiß geseift; durch das heiße Seifen wird die Lebhaftigkeit des Schwarz erhöht.

Diphenylschwarz ist ein tiefes, gegenüber Anilinschwarz mehr blaustichiges Schwarz, welches beim Lagern nicht zum Vergrünen neigt und beim Färben keine Faserschwächung hervorruft. Die Echtheitseigenschaften des Diphenylschwarz gegen chemische und mechanische Einflüsse, selbst gegen Hypochloritbleichmittel sind als sehr gut zu bezeichnen.

Paraminbraun u. dgl.

Paramin ist Para-Phenylendiamin. Es wird heute in der Färberei nur wenig angewandt. Es liefert ein sattes, schönes Dunkelbraun.

Unter analogen Bedingungen liefert das Meta-Amidophenol bei der Oxydation durch Dämpfen ein mehr gelbstichiges Tabakbraun, welches als „Fuscaminbraun“ bezeichnet wird.

Ein ähnliches Braun ist das Ortaminbraun.

Die Echtheitseigenschaften dieser drei Braun, welche nur in der Stückfärberei Verwendung finden und sich auch gut zum Ätzen im Druck verwenden lassen, sind in jeder Hinsicht sehr gute.

Durch Kupplung erzeugte unlösliche Azofarben.

Die unlöslichen Azofarben entstehen als unlösliche Farbpigmente durch Kondensation oder Kuppeln ihrer Komponenten, der Diazoverbindungen mit Naphtholen, auf der Faser.

Die Erzeugung der unlöslichen Azofarben auf der Faser geschieht durch Einwirkung der Lösungen der beiden Komponenten nacheinander (in einem Zweibadsystem), wobei augenblicklich auf der Faser die Farbstoffentwicklung und dadurch die Farbe zustande kommt.

Je nach den angewandten Naphtholen unterscheidet man zwei Gruppen: a) solche, welche das Beta-Naphthol als Komponente enthalten, und b) solche, welche ein Naphthol aus der Naphthol-AS-Reihe als Komponente enthalten. Der Unterschied zwischen den beiden Naphtholgruppen besteht darin, daß das Beta-Naphthol keine Affinität zur Faser besitzt, während den Naphtholen der AS-Reihe eine gewisse Affinität zur Faser innewohnt und dieselben demnach substantiven Charakter zeigen. Die Folge davon beim Färben ist, daß beim Verwenden von Beta-Naphthol nach dem Tränken der Baumwolle ein Trocknen zum Befestigen notwendig ist, während beim Verwenden eines Naphthols der AS-Reihe ein kräftiges Entwässern ausreicht.

In der älteren Form des Färbens der unlöslichen Azofarben war das Beta-Naphthol allein als Naphtholkomponente gebräuchlich, wie es zum Entwickeln der diazotierten substantiven Farbstoffe größtenteils Verwendung findet.

Die Naphthole der AS-Reihe sind in der Nachkriegszeit in größerem Maße ausgebaut worden.

Mit Beta-Naphthol erzeugte Azofarben.

Bei Verwendung von Beta-Naphthol tränkt man die Baumwolle in einer Lösung von 20—25 g Beta-Naphthol im Liter. Das Beta-Naphthol wird erst mit der gleichen Gewichtsmenge Natronlauge von 40° Bé angerührt und dadurch in lösliches Naphtholat übergeführt und in kochendem Wasser gelöst. Zur beßren Netz- und Haftfähigkeit ist der Zusatz eines Sulfoleats, Türkischrotöl, von Monopolseife od. dgl., erforderlich. Man rechnet 25—50 cm^3 Natron-Türkischrotöl 50 proz. oder die entsprechende Menge eines andern Sulfoleats.

Naphtholtränkung. Da das Beta-Naphthol keine Affinität zur Faser besitzt, so arbeitet man mit dessen Lösungen nach dem Imprägnierungs- oder Tränksystem. Dieses unterscheidet sich von dem sog. Färbesystem dadurch, daß die zu färbende Faser nur kurze Zeit mit dem betreffenden Bad getränkt wird. Ein Erschöpfen des Bades tritt (wie beim Färbesystem) durch das Imprägnieren nicht ein.

Vor dem Tränken mit Beta-Naphthollösung muß die Baumwolle in üblicher Weise gut abgekocht und getrocknet werden. Beim Tränken von Baumwollgarn bearbeitet man dasselbe kilogramm- oder handvollweise auf einer sog. Terrine oder einer Passiermaschine, und zwar nur so lange, als zum vollständigen Durchtränken des Garns erforderlich ist, wozu einige Minuten ausreichen. Nach dem Tränken wird gleichmäßig abgewunden oder abgepreßt, so daß die Faser ihr Eigengewicht an Flüssigkeit aufgenommen hat, dies entspricht ungefähr 2% Beta-Naphthol vom Gewicht der Baumwolle, welche Menge für satte Farben ausreicht.

Die von einer Handvoll Baumwollgarn aufgenommene und dadurch der Flotte entzogene Menge Naphthollösung wird durch denselben Raumteil Stammflotte ergänzt. Auf diese Weise wird die ganze zu färbende Partie durchgenommen und getränkt. Ein Abwinden zwischen dem Tränken ist zum gleichmäßigen Benetzen und vollständigen Durchdringen durch die Faser zu empfehlen. Die Temperatur des Beta-Naphthols wird lauwarm bis höchstens 40° gehalten. Nach dem Durchnehmen der Partie ist die angesetzte Stammlösung bis auf einige Liter Restbestand aufgesogen. Für 1 kg Baumwollgarn sind als Ansatzlösung 12—15 l erforderlich. Da die Baumwolle ungefähr ihr Eigengewicht zurückhält, so ist für jedes Kilogramm je nach dem Abwinden $^3/_4$—1 l Stammflotte nachzusetzen, so daß für 50 kg Stranggarn ungefähr 65 l Stammflotte angesetzt werden müssen.

Gewebe werden faltenfrei durch das Beta-Naphtholbad durchgenommen und zwischen Quetschwalzen abgepreßt, ein zweimaliges Durchnehmen mit dazwischenliegendem Abpressen ist zum beßren und gleichmäßigen Benetzen und Durchdringen im Interesse einer gleichmäßigen Färbung ebenfalls zu empfehlen. Während des Durchführens der Gewebe wird die aufgenommene Flottenmenge gleichfalls durch gleichmäßigen Zusatz von Stammflotte ergänzt.

Trocknen. Nach dem Tränken der Baumwolle mit Beta-Naphthol muß zur Befestigung desselben getrocknet werden. Da Beta-Naphthol bei höherer Temperatur flüchtig ist, darf die Temperatur beim Trocknen nicht zu hoch sein. Während des Trocknens ist für Abzug der feuchten Luft zu sorgen; es dürfen keine Wassertropfen auf die naphtholierte Baumwolle fallen, ebenso darf die Ware nicht mit nassen Händen angefaßt werden; auch sind Säuredämpfe fernzuhalten. Auffallendes Wasser oder Berührung mit Wasser löst das Beta-Naphthol an den betreffenden Stellen und verursacht beim Kuppeln Flecke. Säuredämpfe zersetzen das lösliche Naphtholat und liefern Naphthol, welches mit der Diazolösung schwieriger kuppelt. Das Trocknen hat unmittelbar nach dem Tränken zu geschehen.

Kupplung. Nach dem Trocknen und Erkalten ist die Baumwolle mit der Diazolösung zu kuppeln. Die mit Beta-Naphthol imprägnierte Baumwolle bräunt sich beim Liegen an der Luft infolge Oxydation. Ist ein sofortiges Kuppeln in der Diazolösung nach dem Trocknen nicht möglich, so wird ein Zusatz eines Reduktionsmittels empfohlen, z. B. von Traubenzucker (gleiche Gewichtsmenge wie Beta-Naphthol) oder 30 cm^3 einer alkalischen Brechweinsteinlösung von nachstehender Zusammensetzung: 100 g Brechweinstein lösen in 450 cm^3 heißem Wasser, 150 cm^3 Glycerin und 125 cm^3 Natronlauge 36° Bé.

Diese Lösung muß klar aussehen, sonst ist noch Natronlauge zuzusetzen. Durch derartige Zusätze hält sich die naphtholierte Baumwolle länger weiß. Dieselbe ist in allen Fällen vor direktem Sonnenlicht geschützt und trocken zu lagern und am sichersten in Tücher einzuschlagen, welche vorher mit Naphthollösung getränkt wurden.

Zum Kuppeln oder Entwickeln der mit Beta-Naphthol getränkten Baumwolle dienen die Diazoverbindungen der verschiedenen Amine. Die Amine werden erst mit konz. Salzsäure angerührt und in kochendem Wasser gelöst. Nach Erkalten der Lösung wird das Amin durch Einrühren einer kalten Nitritlösung diazotiert. Bei einigen schwerer löslichen Aminen wird das Amin mit der Nitritlösung angeteigt und das Gemisch langsam in kalte verdünnte Salzsäure eingerührt. Da die Diazoverbindungen leicht zersetzlich sind, so ist die Temperatur während des Diazotierens durch Zugabe von Eis kühl zu halten. Das Kühlhalten der Diazobäder mit Eis hat diesen Farben den Namen „Eisfarben" eingetragen. Nach dem Einrühren der Nitritlösung läßt man unter Eiskühlung $^1/_2$ Std. stehen. Zu große Mengen der Diazolösungen dürfen nicht im Vorrat bereitet werden, im allgemeinen nur für den Tagesbedarf. Die Haltbarkeit und Beständigkeit der einzelnen Diazoverbindungen ist jedoch verschieden. Eine eintretende Zersetzung der Diazoverbindungen macht sich äußerlich an dem Auftreten von Gasblasen (Entwicklung von Stickstoff aus der Diazoverbindung) und einem dadurch hervorgerufenen Schäumen bemerkbar.

Die fertigen Diazo- oder Kupplungslösungen werden durchschnittlich $^1/_{10}$ äquivalent (beim Färben von Stückware im Foulard) hergestellt, d. h. sie enthalten im Liter $^1/_{10}$ des Äquivalentgewichts. Auf 1 Mol. Aminbase kommt 1 Mol. Nitrit. Das Molekulargewicht des Nitrits beträgt 69, da das käufliche Nitrit infolge seiner Hygroskopizität und Veränderlichkeit nicht 100proz. ist, und ein geringer Überschuß notwendig ist, so legt man 75 = 7,5 g für den Liter zugrunde. An Salzsäure sind theoretisch zwei Grammoleküle erforderlich, das erste, um die Aminbase in das salzsaure Salz überzuführen, das zweite, um das Nitrit zu zersetzen. Praktisch berechnet man drei Grammoleküle, das dritte soll als Überschuß die Haltbarkeit der Diazoverbindung während des Diazotierens und beim Stehen erhöhen. Das Molekulargewicht der Salzsäure beträgt 36,5, eine konz. Salzsäure von 20° Bé oder 1,16 spez. Gew. enthält im Liter 366 g Chlorwasserstoff. Für drei Grammoleküle $= 3 \cdot 3{,}65 = 10{,}95$ g Salzsäure sind demnach 30 cm^3 der konz. Salzsäure für den Liter erforderlich. Die fertige Diazolösung soll überschüssige Salzsäure enthalten und bei der Prüfung Kongorotpapier sofort blauschwarz färben. Beim Kuppeln selbst wirkt überschüssige Salzsäure störend und muß infolgedessen vorher durch essigsaures Natrium unschädlich gemacht werden. Von diesem wird bis zur kongoneutralen Reaktion zugesetzt. Nach dem Abstumpfen des Salzsäureüberschusses ist die Beständigkeit der Diazoverbindung verringert, weshalb das Abstumpfen der Diazoverbindung erst unmittelbar vor Gebrauch im Kupplungsbad selbst vorgenommen wird.

Man bringt schließlich, falls erforderlich, mit kaltem Wasser auf das erforderliche Volumen (die Mengenverhältnisse beziehen sich sämtlich auf das Volumen, das Liter Kupplungsbad, und nicht auf die Menge zu färbender Baumwolle) und führt die naphtholierte und getrocknete Baumwolle ein. Das Entwickeln oder Kuppeln erfolgt bei Stranggarn entweder auf der Kufe oder zweckmäßiger ähnlich wie beim Tränken mit Beta-Naphthollösung auf der Terrine oder Passiermaschine. Die Farbbildung kommt augenblicklich zustande, sobald die naphtholierte Baumwolle in die Diazolösung eingeführt wird. Es wird einige Male umgezogen, abgewunden und vor der Einführung der nächsten Baumwolle die erforderliche Menge Diazolösung zugesetzt. Die Diazolösungen sind beim Entwickeln kalt zu halten, zweckmäßig unter Zusatz von Eis. Die Diazolösungen sollen beim Kuppeln möglichst klar bleiben, sie können so lange gebraucht werden, bis sie sich trüben oder bis eine Selbstzersetzung eintritt; dann werden dieselben durch frisch bereitete ersetzt.

Nach dem Entwickeln wird gespült und kochend oder bei weniger beständigen Farben bei 60^0 geseift. Das Seifen wird am besten ein zweites Mal wiederholt. Nach dem Seifen wird nochmals gespült und getrocknet.

Farbtöne. Die Diazoverbindungen der nachstehenden Amine geben mit ihren zugehörigen Molekulargewichten (Zahl in Klammern) mit Beta-Naphthol getränkter Baumwolle folgende Färbungen: Anilin (93) ein lebhaftes Orange, Meta-Nitranilin (138) ein Gelborange, Para-Nitranilin (138) ein Rot, das Para- oder Eis- oder Paranitranilinrot, Alpha-Naphthylamin (143) ein Bordeaux, das Eis- oder Naphthylaminbordeaux, Beta-Naphthylamin (143) ein Rot, das sog. Azotürkischrot, Chloranisidin (157,5) ein Scharlach, das Eisscharlach, Para-Nitro-Ortho-Anisidin (168) ein lebhaftes blaustichiges Rot, in helleren Tönen ein Rosa, Benzidin (92) ein Braun, Puce, Tolidin (106) ein Dunkelbraun, Dianisidin (122) ein Violett bzw. ein rotstichiges Blau.

Mit den angeführten Aminbasen und deren Diazoverbindungen ist die Möglichkeit der Kupplung mit Naphthol noch nicht erschöpft. Einer umfangreicheren praktischen Verwendung stehen hindernd im Wege: besonders die sehr leichte Zersetzlichkeit mancher Diazoverbindungen, welche sich bei Temperaturen über 5^0 bereits zersetzen, ein damit verbundener schwächerer und stumpferer Ausfall der Färbungen und die nicht in allen Fällen befriedigende Beständigkeit der erzielten Färbungen gegenüber mechanischen oder chemischen Einflüssen.

Von den Eisfarben wurde das sog. Pararot oder Eisrot am meisten gefärbt, dessen Bäder eine ziemlich gute Haltbarkeit haben, so daß sich das Rot leicht gleichmäßig färben läßt und auch zum Färben von Stranggarn geeignet ist. Die übrigen Eisfarben kommen hauptsächlich zum Färben von Stücken und im Zusammenhang damit für Druckzwecke im direkten und Ätzdruck zur Anwendung. Eine größere Bedeutung haben das Alpha-Naphthylamin- oder Eisbordeaux, das Eisscharlach, das Nitroanisidinrot, welches in schwächeren Lösungen ein lebhaftes Rosa liefert und das Benzidinbraun oder Benzidinpuce.

Echtheit. Die Beta-Naphthol als Komponente enthaltenden sog. Eisfarben reiben mehr oder weniger ab, sie können auch bei der Wäsche lose anhaftendes Pigment abstreifen, was ein Anfärben der Waschbäder und vorübergehendes Anschmieren von Weiß hervorrufen kann. Durch sorgfältige Beobachtung aller Vorschriften werden derartige Erscheinungen weniger hervortreten. Die Eisfarben sind beständig gegen verdünnte Alkalien, Säuren und sogar Hypochlorite. Allgemein können diese Eigenschaften aber nicht sämtlichen Eisfarben nachgerühmt werden.

Infolge der Flüchtigkeit der Beta-Naphtholkomponente liefern die Eisfarben die Sublimationsreaktion, d. h. beim Verbrennen eines Fadens in der Porzellanschale einen farbigen Fleck von sublimiertem Farbstoff. Das Sublimieren des Farbstoffs tritt ferner ein beim Bügeln und kann sich bereits bemerkbar machen bei zu heißem Trocknen.

Naphthol-AS-Reihe.

Das Färben der unlöslichen Azofarben erfuhr durch die seit der Nachkriegszeit eingeführten sog. „Naphtholfarben" eine umfangreiche und wertvolle Bereicherung. Das Färben derselben ist im Prinzip dasselbe wie dasjenige der früheren Eisfarben. Es setzt sich zusammen aus einem Grundieren oder Tränken mit einem „Naphthol" und einem Kuppeln oder Ausfärben mit einer Diazolösung oder der Lösung eines Färbesalzes. Als Naphthole kommen die unter dem Sammelbegriff „Naphthol-AS-Reihe" zusammengefaßten Abkömmlinge der Naphtholcarbonsäuren zur Verwendung. Dieselben unterscheiden sich von dem Beta-Naphthol durch ihren mehr oder weniger starken substantiven Charakter zur pflanzlichen Faser, wodurch beim Tränken mit der Naphthollösung eine gewisse Erschöpfung des Bades eintritt, dadurch erübrigt sich eine Zwischentrocknung, und dies macht die Naphtholfarben zum Färben in Apparaten geeignet. Aus diesem Grunde werden die Naphtholbäder für die Naphtholfarben mit kleineren Mengen Naphthol angesetzt, und es kann für helle Farben mit schwächeren Lösungen gearbeitet werden.

Lösen. Die Naphthole der AS-Reihe werden beim Gebrauch mit Türkischrotöl oder einem geeigneten Sulfoleat und Natronlauge angerührt und dadurch in lösliche Naphtholate übergeführt. Beim Übergang in das Naphtholat ist fast allgemein eine Gelbfärbung, welche sich beim Grundieren auch der Baumwolle mitteilt, der an sich staub- oder zementfarbenen Naphthole wahrzunehmen. Das Naphtholnatrongemisch wird nach einigem Stehen durch Übergießen mit kochendem Wasser in Lösung gebracht, erforderlichenfalls aufgekocht, um eine klare Lösung zu erhalten. In letzter Zeit bringt die I. G. unter der Bezeichnung Eunaphthol K ein Anteigmittel in Pulverform in den Handel, welches gute Netzfähigkeit und Kalkbeständigkeit zeigt (s. a. w. u. Kaltlöseverfahren).

Zur Erleichterung für den Färber werden zahlreiche Naphthole als fertige Naphtholate geliefert. Die Naphtholate enthalten bereits die zum Lösen erforderliche Menge Natronlauge und Türkischrotöl. Dieselben werden vor Gebrauch in kochendem Wasser gelöst bzw. kurz aufgekocht. Die Naphthole sind durchschnittlich 33proz., Naphthol AS—SW ist 20proz. Die Anwendung ändert sich weiter beim Gebrauch der Naphtholate nicht.

Zur Erhöhung der Widerstandsfähigkeit der naphtholierten Baumwolle gegen die Einflüsse der Luft wird, besonders beim Färben von Stranggarn oder wenn die Ware längere Zeit nach dem Grundieren lagert, zu der Naphthollösung ein Zusatz von Formaldehyd gegeben. Zur Erzielung bester Luftbeständigkeit wird das Formaldehyd zweckmäßig bei höherer Temperatur zugesetzt. Durch das Formaldehyd entstehen wahrscheinlich doppelt molekulare Kondensationsprodukte mit Formaldehyd als Bindeglied. Eine Lösung von Naphthol AS—G wird durch Formaldehyd ausgeflockt, dabei entsteht ein unlösliches Kondensationsprodukt. In diesem Fall unterbleibt der Zusatz von Formaldehyd; letzteres kann in allen Fällen weggelassen werden, wenn nach dem Naphtholieren bald entwickelt oder wenn dazwischen getrocknet wird.

Kaltlöseverfahren für .die Naphthole der AS-Reihe. Als Neuestes empfiehlt die I. G. Farbenindustrie ein Kaltlöseverfahren für die Naphthole der AS-Reihe. Die Naphthole werden mit der vorgeschriebenen Menge denaturiertem Sprit angeteigt, und in den Teig wird die Natronlauge von 34° Bé eingerührt. Dieses Gemisch geht mit wenig weichem kalten Wasser in Lösung. Die auf diese Weise erhaltenen hochkonzentrierten Lösungen lagern das Formaldehyd schneller an als die heiß bereiteten Lösungen. Vor dem Eintragen der hochkonzentrierten Naphthollösungen in die Grundierungsbäder müssen letztere mit etwas Natronlauge und einem Schutzkolloid, wie Türkischrotöl, Monopolbrillantöl oder Eunaphthol K, vorgeschärft werden. Für die Naphthole AS-BS und AS-BR kann das Kaltlöseverfahren nicht in Anwendung kommen.

Marken. Bis jetzt sind 12 Naphthole der AS-Reihe im Handel erschienen, es sind dies die Marken:

Naphthol AS	Naphthol AS—SW	Naphthol AS—BR
„ AS—BS	„ AS—TR	„ AS—OL
„ AS—BO	„ AS—D	„ AS—G
„ AS—RL	„ AS—BG	„ AS—E

In den einzelnen Marken ist der Hinweis für die Eignung gegeben, so bedeutet z. B. RL rot lichtecht, SW schwarz, BG braungelb, BR braun, G gelb usw.

Grundieren. Das Grundieren mit dem Naphthol kann auf der Wanne, auf der Terrine, der Passiermaschine oder im Apparat erfolgen. Beim Grundieren auf der Wanne läßt man zum Aufziehen einige Zeit, ungefähr $^1/_2$ Std., stehen und setzt das Naphtholbad entsprechend schwächer an als beim Grundieren auf der Terrine oder der Passiermaschine, wobei nur kurze Zeit behandelt und nicht genügend Zeit zum Aufziehen gelassen wird. Das Grundieren geschieht warm, bei 30 bis 40° C. Bei Temperaturen über 40° wird die Affinität der Naphthole zur Faser verringert, in der Kälte gesteigert. Beim Grundieren unterscheidet man das Ansatzbad und das für das Weiterfärben erforderliche Nachsatzbad. Die Mengenverhältnisse werden nach Gramm im Liter berechnet. Die Konzentration der Grundierungsbäder richtet sich nach der Tiefe der gewünschten Färbung. Die Nachsätze werden nach der Affinität des verwendeten Naphthols zur Faser bemessen, dieselben betragen z. B. beim Grundieren auf der Terrine bei Naphthol AS und AS—BS das 1,5fache, bei Naphthol AS—OL die 1,75fache, bei Naphthol AS—RL die 2fache und bei Naphthol AS—BO die 2,5fache Menge des Ansatzbads. Die Naphthole AS—BR und AS—SW können infolge ihres zu stark substantiven Charakters nicht auf der Terrine grundiert werden. Das Nachsatzbad wird getrennt angesetzt.

Beim Grundieren mit Naphtholen auf der Wanne, im Apparat oder im Jigger (längere Zeit) ist das Verhältnis zwischen Ansatzbad und Nachsatzbad folgendes: bei Naphthol AS das 2fache, bei Naphthol AS—RL das 3fache, bei Naphthol AS—G das 4fache, bei Naphthol AS—BO das 4,5fache und bei Naphthol AS—SW das 7—8fache des Ansatzbades.

Durch Zusatz von Kochsalz lassen sich die Naphthole aussalzen, von dieser Eigenschaft kann beim Grundieren auf der Wanne Gebrauch gemacht werden. Man wendet das Salz am besten bei der letzten Partie an, um das Naphtholbad besser zu erschöpfen. Das Kochsalz darf nicht in zu großen Mengen zugegeben werden, sonst wird das Naphtholbad trübe. Für genaue Vorschriften und weitere Einzelheiten muß auf die ausführliche Broschüre der I. G. Farbenindustrie über Naphthol AS, Anwendungsvorschriften Nr. 1014, A 1059 und die zahlreichen Musterkarten und Anleitungen verwiesen werden.

Nach dem Grundieren wird gleichmäßig und weitgehend entwässert, entweder durch Ausschleudern in einer Zentrifuge oder beim Arbeiten auf dem Apparat durch Absaugen. Die abgepreßte Flüssigkeit kann zum Grundierungsbad gegeben, z. B. durch eine entsprechend gelegte Zentrifuge direkt in die Flotte zurückgeleitet werden. Bei dem Ausschleudern packt man die naphtholierte Baumwolle zweckmäßig in naphtholgetränkte Tücher ein, welche demselben Zweck dienstbar bleiben.

Von dem Grad des Entwässerns hängt die zu erwartende Reibechtheit ab. Ist ein Entwässern auf mechanischem Weg nicht weitgehend möglich, so daß außer dem tatsächlich aufgezogenen Naphthol noch viel mechanisch anhaftendes Naphthol zurückbleibt, so werden die Färbungen weniger reibecht und dementsprechend auch nicht genügend waschecht. Für solche Fälle, bei welchen mechanisch nicht genügend entwässert werden kann, ist ein Zwischentrocknen wie beim Grundieren mit Beta-Naphthol zu empfehlen; dadurch wird das Naphthol besser befestigt.

Entwickeln und Diazotieren. Nach dem Entwässern bzw. Trocknen wird die naphtholierte Baumwolle möglichst bald in der Diazolösung einer sog. Farbbase entwickelt. Vor dem Entwickeln sind die naphtholierten Partien vor direktem Sonnenlicht, Wassertropfen, Chlor- und Säuredämpfen zu schützen. Dieselben wirken auf das Naphtholat ein und verursachen ein Streifigwerden. Die naphtholgetränkte Baumwolle wird zweckmäßig in naphtholgetränkten Tüchern an einem trocknen Raum gelagert. Ein Zusatz von Formaldehyd zur Grundierungsflotte erhöht die Luft- und Lagerbeständigkeit.

Zum Entwickeln der Naphtholfarben dienen die Diazoverbindungen der verschiedenen Aminbasen. Das Diazotieren der Basen geschieht nach zwei Vorschriften: 1. Farbbasen, deren salzsaure Salze sich leicht lösen, werden mit konz. Salzsäure angerührt und dadurch in die salzsauren Salze übergeführt; dieselben werden in heißem Wasser gelöst und das salzsaure Salz nach völligem Erkalten durch Einrühren einer Nitritlösung diazotiert. 2. Farbbasen, deren salzsaure Salze sich schwer lösen, werden erst mit Nitrit und heißem Wasser angeteigt und das Gemisch nach völligem Erkalten in kalte verdünnte Salzsäure eingerührt. Bezüglich der einzelnen Vorschriften für das Diazotieren muß auf die obenerwähnte Broschüre, Naphthol AS, Anwendungsvorschriften, verwiesen werden.

Während des Diazotierens ist die Temperatur kühl zu halten, im allgemeinen auf 10°. Kann diese Temperatur nicht erreicht werden, so ist mit Eis zu kühlen. Bei dem chemischen Vorgang des Diazotierens wird etwas Wärme frei, so daß für genügende Kühlhaltung von vornherein Sorge zu tragen ist. Bei einigen Basen, wie Echtrot GL, Echtgranat GC und Echtgranat GBC, geht das Diazotieren bei einer Temperatur von 15—18° rascher vonstatten. Das Diazotieren wird durch Rühren mittels Rührwerk sehr gefördert.

Man läßt zum vollständigen Diazotieren wenigstens 30 Min. stehen; während dieser Zeit muß eine klare Lösung eingetreten sein. Bei Einfluß von Wärme tritt Zersetzung der Diazoverbindungen ein, die Lösungen fangen an zu treiben und zu schäumen. Die Diazotierungsbäder sind auf ihren richtigen Stand zu prüfen, auf überschüssige Salzsäure und freie salpetrige Säure bzw. genügend Nitrit. Kongorotpapier muß sofort dunkelblau gefärbt werden (freie Salzsäure), Jodkalistärkepapier muß augenblicklich Blaufärbung geben (freie salpetrige Säure). Freie Salzsäure erhöht die Haltbarkeit der Diazoverbindungen beim Stehen. Beim Kuppeln oder Entwickeln der Naphtholfarben wirkt der Überschuß an Salzsäure schädlich, sie zersetzt das lösliche Naphtholat, so daß keine gleichmäßigen Farben entstehen.

Unmittelbar vor dem Entwickeln wird die Salzsäure des Diazobads entweder mit essigsaurem Natrium oder mit Schlämmkreide abgestumpft; es ist davon so viel zuzusetzen, bis die Diazolösung Kongorotpapier nicht mehr blau färbt, also freie Salzsäure nicht mehr vorliegt. In den meisten Fällen wird das leicht lösliche essigsaure Natron verwendet, bei Echtrot-GL-Base ist der beßren Haltbarkeit wegen ein Abstumpfen mit Schlämmkreide erforderlich, bei den Diazoverbindungen von Echtrot-3 GL-Base spezial, Echtgranat-GC- und Echtgranat-GBC-Base ist nur mit essigsaurem Natrium abzustumpfen.

Als Schutzsalz zur Erhöhung der Haltbarkeit der Diazobäder wird beim Arbeiten auf laufendem Bad nach dem Abstumpfen der überschüssigen Salzsäure eine kalte Lösung von schwefelsaurer Tonerde zugesetzt. Dieses Salz hat die Aufgabe, die durch die naphtholierte Baumwolle in die Diazobäder eingeführte Natronlauge zu binden. Bei fortdauerndem Entwickeln der naphtholierten Baumwolle wird allmählich das Diazobad durch die eingeführte Natronlauge alkalisch, dadurch würde die Diazoverbindung zersetzt und unwirksam. Die schwefelsaure Tonerde gibt mit dem Alkali und dem Sulfoleat schwer lösliches Aluminiumhydroxyd bzw. fettsaure Tonerde; infolgedessen ist beim Färben von mercerisiertem Garn und von losem Material der Zusatz von schwefelsaurer Tonerde wegzulassen, weil durch die sich ausscheidenden Tonerdeverbindungen bei mercerisierter Baumwolle der Glanz und bei losem Material die Spinnfähigkeit beeinträchtigt wird; in den letzteren Fällen wird Essigsäure zugesetzt.

Beim Entwickeln von Gelbtönen mit Naphthol AS—G wird zur Erzielung von schönem grünstichigem Gelb im schwach essigsauren Bad gearbeitet; es wird die in den Vorschriften angegebene Menge Essigsäure zugesetzt und evtl. die Menge schwefelsaurer Tonerde erhöht.

Das Entwickeln im essigsauren Bad erfordert längere Zeit; es ist ungefähr 20—30 Min. umzuziehen und auf der Wanne oder im Apparat zu entwickeln.

Ein weiteres Schutzsalz ist das Kochsalz, welches in Mengen von 20—50 g im Liter Entwicklungsbad zugesetzt wird. Das Salz hat den Zweck, das Abfallen von löslichem Naphtholat im Diazobad zu verhindern. Wird zwischen Naphtholieren und Entwickeln getrocknet, so erübrigt sich ein Zusatz von Kochsalz. Sich ablösendes Naphtholat kuppelt im Diazobad, trübt dasselbe und ruft ungleichmäßige und abrußende Färbungen hervor. Bei richtigem Arbeiten und bei sachgemäßem Ansetzen der Diazolösungen müssen dieselben auch bei längerem Entwickeln ziemlich klar und wenig gefärbt bleiben.

Färbesalze. Zur Vereinfachung für den Färbereibetrieb werden von der I. G. Farbenindustrie von einer größeren Anzahl Basen die fertigen Diazoverbindungen in haltbarer Form unter dem Namen „Färbesalze" gebrauchsfertig geliefert. Die Färbesalze besitzen eine gute Haltbarkeit und eine leichte Löslichkeit in Wasser. Sie sind trocken zu lagern und vor Erwärmen und direktem Licht zu schützen und werden mit ungefähr der 5fachen Menge lauwarmen Wassers angerührt, einige Zeit stehengelassen und durch eine genügende Menge kaltes Wasser vollständig in Lösung gebracht. Die Lösungen der Färbesalze reagieren auf Kongorotpapier neutral, ein Abstumpfen mit essigsaurem Natrium oder Schlämmkreide ist nicht erforderlich. Die Färbesalze sind mit wenigen Ausnahmen 20proz., so daß die 5fache Menge Färbesalz gegenüber der Farbbase anzuwenden ist. Eine Ausnahme machen Echtscharlachsalz R, welches 25proz., und Echtrotsalz 3 GL, welches 40proz. geliefert wird.

Man gibt die kalte wäßrige Lösung des Färbesalzes in das Entwicklungsbad, setzt 20—50 g Kochsalz pro Liter zu und führt in gleicher Weise wie bei den selbst diazotierten Basen die naphtholierte Baumwolle ein.

In der Bezeichnung wird der Unterschied zwischen zu diazotierender Base und gebrauchsfertigem Färbesalz dadurch hervorgehoben, daß die Farbbasen als „Base" bezeichnet werden.

Von den jetzt im Handel erschienenen Basen mit den zugehörigen Färbesalzen sind die wichtigsten:

Basen.	Färbesalze.
Echtgelb-GC-Base	Echtgelbsalz GC
Echtorange-GC-Base	Echtorangesalz GC
Echtorange-R-Base	Echtorangesalz R
Echtorange-GR-Base	Echtorangesalz GR
Echtscharlach-G-Base	
Echtscharlach-GG-Base	Echtscharlachsalz GG
Echtscharlach-RC-Base	Echtscharlachsalz R
Echtscharlach-TR-Base	
Echtrot-GG-Base	Echtrotsalz GG
Echtrot-GL-Base	Echtrotsalz GL
Echtrot-3 GL-Base spezial	Echtrotsalz 3 GL
Echtrot-KB-Base	
Echtrot-TR-Base	Echtrotsalz TR
Echtrot-RC-Base	Echtrotsalz RC
Echtrot-RL-Base	Echtrotsalz RL
Echtrot-B-Base	Echtrotsalz B
Echtrot-RBE-Base	Echtrotsalz AL
Echtbordeaux-GP-Base	Echtbordeauxsalz GP
Echtgranat-GC-Base	
Echtgranat-GBC-Base	
Echtviolett-B-Base	
Echtblau-B-Base	Echtblausalz B
Variaminblau B	Variaminblausalz B
Echtblau-RR-Base	
Echtschwarz-LB-Base Echtschwarz-G-Base	Echtschwarzsalz K

Einige Färbesalze erfordern bestimmte Zusätze, so das Echtblausalz B und das Variaminblausalz B (je nach der Tiefe des Blau) 5—10 g Natriumbicarbonat (sodafrei), um das Alkali der naphtholgrundierten Baumwolle zu binden. Zur Entwicklung von Gelb mit Echtgelbsalz GC und Echtscharlachsalz GG ist ein Zusatz von 3,6 g Essigsäure 50proz.

auf 1 l notwendig, da die Gelb, wie bereits oben angegeben, im schwach essigsauren Diazobade entwickelt werden.

Die mit einem Naphthol getränkte Baumwolle wird in das richtig angesetzte Entwicklungsbad, in die Diazolösung, eingeführt. Das Kuppeln oder Entwickeln kann auf der Wanne, auf der Terrine, der Passiermaschine oder im Apparat vorgenommen werden. Die Farbbildung kommt sofort zustande, doch ist im Interesse einer gleichmäßigen und vollständigen Entwicklung eine gewisse Einwirkungszeit erforderlich. Beim Entwickeln auf der Wanne zieht man 15—20 Min. um, beim Arbeiten auf der Passiermaschine läßt man die Maschine langsam gehen, um eine genügende Einwirkung zu erzielen. Beim Entwickeln auf der Terrine ist erforderlichenfalls ein zweites Mal durch die Diazoflotte zu nehmen. Beim Entwickeln von Stücken auf dem Foulard, wobei das Gewebe breit durch den Trog, das Chassis, geführt wird, wird dasselbe nach dem Abpressen zwischen Leitwalzen durch die Luft geleitet, damit die aufgenommene Diazolösung vollständig mit dem Naphthol kuppeln kann.

Einige Diazobäder, wie für Gelb, Blau und Schwarz, welche langsamer arbeiten, erfordern eine längere Einwirkungsdauer der Diazolösung auf die naphtholierte Baumwolle. Für solche Farben kommt nur das Entwickeln auf der Wanne und im Apparat oder bei Stücken im Jigger in Betracht. Eine zu lange Einwirkungsdauer der Diazoflotte auf die naphtholierte Baumwolle, also ein zu langes Stehenlassen auf dem Entwicklungsbad, gibt bei manchen Farben, besonders bei Rot, trübere Töne.

Verstärken der Bäder. Die Entwicklungsbäder werden für weitere Partien mit entsprechend stärker gehaltener Stammflotte bzw. Nachsatz verstärkt, aufgefrischt oder nachgefüttert und weiterverwendet. Für die Anwendungsweise und Nachsätze der einzelnen Entwicklungsbäder sind die Vorschriften genau zu beachten.

Fertigstellung. Nach dem Entwickeln wird die gefärbte Baumwolle entweder ausgepreßt oder es wird ablaufen gelassen und in kaltem Wasser mehrmals gespült, um die letzten Reste der Diazolösung zu entfernen. Nach dem Spülen ist ein Absäuern zu empfehlen, um etwa vorhandene schwer lösliche Tonerdeverbindungen, wie Aluminiumhydroxyd, zu lösen oder Aluminiumseife zu zersetzen. Nach dem Absäuern wird erst kalt gespült, dann ein heißes Spülbad gegeben und schließlich $^1/_2$ Std. in einem kochenden Seifenbade mit 2—3 g Seife und 1—2 g Soda im Liter geseift. Das kochende Seifen erfüllt einen doppelten Zweck, 1. wird dadurch der eigentliche Farbton, die sog. „Blume" der Farbe, entwickelt (besonders die Rot erhalten dadurch den angenehmen edlen Ton), 2. wird lose anhaftender und überschüssiger Farbstoff abgezogen, wodurch die Farben reib- und waschechter werden. Das Abseifen von lose anhaftendem Farbpigment wird erhöht, wenn zu dem chemischen Einfluß der kochenden Seifenflotte noch die mechanische Einwirkung einer Waschmaschine tritt. Man seift infolgedessen Stranggarne auf der Waschmaschine zwischen Quetschwalzen, Stücke auf einer Strang- oder Breitwaschmaschine. Der Grad der erzielten Echtheitseigenschaften ist von der Gründlichkeit des kochenden Seifens abhängig, eine genügende Licht- und Chlorbeständigkeit wird erst dadurch erhalten.

Liegt das gefärbte Material in einer Form vor, die ein kochendes Seifen auf der Wanne, einer Passier- oder Spülmaschine nicht zuläßt, wie z. B. beim Färben von Kettbäumen oder Kreuzspulen im Apparat, so ersetzt man das kochend heiße Seifen durch ein kochend heißes Spülbad. Dadurch wird eine genügende Erhöhung der Echtheitseigenschaften, besonders der Licht- und Chlorechtheit, erreicht. Um schließlich bei derartigen Farben beßre Reibechtheit u. a. m. zu erzielen, wird empfohlen, die aus derart gefärbten Garnen hergestellten Gewebe (wie bei den im Stück hergestellten Färbungen) zuletzt auf einer Strang- oder Breitwaschmaschine zu seifen.

Zur Erhöhung der Lichtechtheit werden Blau, gefärbt durch Entwickeln mit diazotierter Echtblau-B-Base bzw. Echtblausalz B, zum Schluß nachgekupfert. Man behandelt nach, genau wie bei den substantiven Farbstoffen, in einem Bad mit 3% Kupfervitriol und 3% Essigsäure 50proz. (2 g Kupfervitriol und 2 cm^3 Essigsäure 50proz. im Liter), 20—30 Min. heiß bis kochend. Durch das Nachkupfern wird das Blau grünstichiger. Hinterher wird gespült, ein Seifen kann in Wegfall kommen.

Echtheit. Die verschiedenen Naphthole geben, mit den einzelnen diazotierten Aminbasen bzw. deren Färbesalzen gekuppelt, lebhafte, satte Färbungen, welche sich über den größten Teil der Farbenskala erstrecken. Es fehlt bis jetzt noch Grün. In besonderem Maße ist Rot in den mannigfachen Abtönungen, wie Scharlach, Bordeaux, Granat usw., in einer Fülle und Schönheit vertreten, wie dieselben mit den Farbstoffen anderer Gruppen nicht erhalten werden können. Als Farbpigmente besitzen die Naphtholfarben ein hohes Deckvermögen. Durch ihre Unlöslichkeit und ihre Beständigkeit gegen chemische Einflüsse haben die Naphtholfarben eine sehr gute Echtheit gegen Alkalien, Säuren, Hypochlorite usw. Die Reib- und auch die Waschechtheit setzt ein richtiges Arbeiten beim Färben voraus, also klar gelöste Naphtholgrundierungsbäder und richtig bereitete Diazoentwicklungsbäder. Die Koch-, Beuch-, Licht- und Chlorechtheit ist abhängig von dem Grad des nachfolgenden Seifens. Eine Reihe von Naphtholrot hat eine sehr gute Licht-, Koch- und Chlorbeständigkeit, so daß dieselben dem ältestbekannten echten Rot, dem Alizarin- oder Türkischrot, ernsthaft Konkurrenz bereiten. Die Lichtechtheit der Naphtholfarben ist bei manchen vorzüglich, bei andern mittel bis mäßig. Infolge ihrer sehr günstigen Echtheitseigenschaften ist eine Reihe von Naphtholfarben in das Indanthrenfarbensortiment aufgenommen worden. Derartige Naphtholfarben stehen in ihren Eigenschaften hinter denjenigen der Indanthrenfarben nicht zurück. Die älteren mit Hilfe von Beta-Naphthol gefärbten Eisfarben erreichen dagegen nicht die Echtheit der neuzeitlichen Naphtholfarben.

Reaktionen und Erkennung. Die Naphtholfarben geben beim Anzünden eines Fadens in einer Porzellanschale keine Sublimation und unterscheiden sich dadurch von den eigentlichen Eisfarben mit Beta-Naphthol als Komponente. Durch verdünnte Mineralsäure werden die Naphtholfarben nicht verändert, sie sind vollständig säurebeständig, selbst beim Kochen mit verdünnter Mineralsäure (Salzsäure 1 : 5) werden die Naphtholfarben nicht verändert; dadurch unterscheiden sich die Naphtholrot von dem Alizarin- oder Türkischrot, welches beim Kochen mit verdünnter Mineralsäure angegriffen und mehr oder weniger abgezogen wird.

Gegenüber Hydrosulfit allein verhalten sich die Naphtholfarben verschieden, eine Anzahl derselben wird als Azofarbstoffe beim Kochen gespalten und dadurch dauernd entfärbt, eine andre größere Anzahl bleibt einem Abkochen mit Hydrosulfit gegenüber beständig. Durch ein Abkochen mit Hydrosulfit und Natronlauge werden die Naphtholfarben zerstört, dabei wird der Azofarbstoff gesprengt, meistenteils bleibt ein schmutziggelb gefärbter Grund, von dem Naphthol herrührend, zurück. Die Eisfarben lassen, unter diesen Bedingungen gekocht, einen rohfarbenen Grund zurück. Die substantiven Rot, direkte wie nachbehandelte, werden als Azofarbstoffe bereits beim Abkochen mit Hydrosulfit allein entfärbt. Das Abziehen mit Hydrosulfit wird durch Zusatz von etwas Anthrachinon als Reduktionsüberträger begünstigt, bei verschiedenen Naphtholfarben oder gewissen Eisfarben auch erst hervorgerufen.

Rapidechtfarben.

Die bequeme und leicht zu handhabende Entwicklung der Naphthol AS-Färbungen bei Verwendung von Färbesalzen führte zur Entstehung der sog. „Rapidechtfarben", deren Verwendung vor allem in der Zeugdruckerei (s. d.) verbreitet ist. Die bekanntesten Rapidechtfarben sind folgende:

Rapidechtgelb 2 GH	Rapidechtrot LB	Rapidechtrot RG
Rapidechtorange RG	Rapidechtrot GL	Rapidechtrot RH
Rapidechtorange RH	Rapidechtrot 3 GL	Rapidechtbordeaux B
Rapidechtrot B	Rapidechtrot GZ	Rapidechtblau B
Rapidechtrot BB	Rapidechtrot GZH	

Die Entwicklung der Färbung geschieht hier durch Passage der mit einer Lösung dieser Rapidechtfarben imprägnierten Ware durch schwache Säuren oder Lösungen von sauren Salzen.

Beizenfarbstoffe (Alizarinfarbstoffe).

Zu den eigentlichen Beizenfarbstoffen zählt man die vom Anthrachinon sich ableitenden Anthrachinonfarbstoffe, zu welchen das Alizarin und die diesem nahestehenden Alizarinfarbstoffe gehören. Einige andre Farbstoffe zeigen färberisch dasselbe Verhalten, gehören jedoch chemisch nicht zu den eigentlichen Alizarinfarbstoffen.

Als Beizen kommen Metalloxyde zur Verwendung, vorzugsweise solche, welche Sesquioxyde bilden (Aluminium, Chrom und Eisen). Andre Metalle sind kaum gebräuchlich. Neben den metallischen Beizen kommen noch Öl- oder Fettsäurebeizen und Gerbstoffbeizen als Hilfsbeizen zur Verwendung. Beim Färben geben die Beizen mit den Hilfsbeizen und dem Farbstoff einen kompliziert zusammengesetzten, sehr beständigen Farblack. Verschiedene Beizen geben mit demselben Farbstoff verschiedene Farblacke oder verschiedene Farben, daher rührt auch die Bezeichnung „adjektive" Farbstoffe. Aluminiumbeize gibt die lebhaftesten Farben, Chrombeize gibt stumpfere, trübere Farben von beßrer Echtheit, Eisenbeize liefert die trübsten und dunkelsten Töne.

Das wichtigste und meist angewandte Gebiet des Färbens von Alizarin- oder Beizenfarbstoffen ist das alteingeführte und wegen seiner Echtheit geschätzte Alizarin- oder Türkischrot. Das Färben von Alizarin- oder Türkischrot ist ein Spezialgebiet für sich (s. u. Türkischrot).

Durch das notwendige Vorbeizen und die Mitverwendung von Hilfsbeizen, deren Befestigung und das Auffärben des Farbstoffs ist die Färberei der Beizen- oder Alizarinfarbstoffe sehr zeitraubend, langwierig und umständlich und infolgedessen, mit Ausnahme des Alizarinrots, aus der Färberei der neueren Zeit ziemlich verschwunden. Hindernd gesellt sich hinzu, daß die Verwendung von metallischen Beizen für die pflanzlichen Fasern auf Schwierigkeiten stößt, da die pflanzliche Faser nur sehr geringe Affinität zu Schwermetallsalzen zeigt. Durch Verwendung von labilen basischen Salzen (durch Abstumpfen der neutralen Salze mit Soda) oder Metallsalzen, an flüchtige organische Säuren gebunden, wird die metallische Beize auf der pflanzlichen Faser in reaktionsfähiger Form befestigt.

Beizen. Tonerdesalze kommen zur Verwendung in Form der abgestumpften schwefelsauren Tonerde, des abgestumpften Alauns oder der essigsauren Tonerde in einer Stärke von 3—7° Bé.

Bei Chrombeize verwendet man für Stranggarn Chromchlorid 20° Bé, für Stückware Chrombisulfit 5—10° Bé, essigsaures Chrom oder alkalische Chrombeize.

Eisenbeize kommt wegen der stumpfen, trüben Farben am seltensten in Anwendung. Sie wird gebraucht entweder als essigsaures Eisen oder neutrales Eisenchlorürchlorid von je 1—3° Bé.

Man beizt die in üblicher Weise abgekochte Baumwolle mehrere Stunden, für satte Farben am besten über Nacht, durch Einlegen. Tonerdebeizen werden in einem heißen Bad von Schlämmkreide oder mit phosphorsaurem Natron befestigt. Ein vorheriges Trocknen erhöht die Befestigung der Tonerdebeize. Bei Chrombeize wird bei Verwendung von Chlorchrom in fließendem, hartem Wasser gespült, bei Chrombisulfitbeize in einem heißen Bad mit 5—10 g Soda calc. im Liter fixiert. Bei essigsaurem Chrom, welches für die Stückfärberei hauptsächlich zur Anwendung kommt, wird in einer stärkeren Lösung von 20—28° Bé durch ein- oder zweimaliges Durchnehmen geklotzt, getrocknet und gedämpft, wobei die Essigsäure entweicht und das Chromoxyd zurückbleibt. Bei alkalischer Chrombeize, welche infolge der stark alkalischen Reaktion ebenfalls nur für die Stükfärberei in Frage kommt, wird nach dem Einlegen über Nacht in fließendem, hartem Wasser gespült und fixiert. Bei Eisenbeize wird die Baumwolle einige Stunden oder über Nacht in die Beize von essigsaurem Eisen $^1/_2$ bis 3° Bé oder (bei satteren Farben) von neutralem Eisenchlorürchlorid von 1—3° Bé eingelegt; abgewunden und beim Beizen mit essigsaurem Eisen an der Luft ausgehängt; dann wird in beiden Fällen das Eisen in einem 60—70° heißen Bad von Schlämmkreide oder Wasserglas oder phosphorsaurem Natron (5—10 g im Liter) befestigt. Bei mitverwendeter Ölbeize wird bei Tonerde- und Eisenbeize zuerst in einer Lösung von Türkischrotöl 1 : 10 geölt und getrocknet. Als Ölbeize kann auch die sog. Altrotölung angewendet werden. Die geölte und getrocknete Baumwolle wird dann mit dem Metallsalz gebeizt.

Bei Chlorchrombeize wird für sattere Farben nach dem ersten Beizen in Chlorchrom, dem Spülen und dem Abwinden geölt, getrocknet und ein zweites Mal in Chlorchrom eingelegt. Für weniger lebhafte, dunkle Töne wird nach dem ersten Beizen mit Chlorchrom geölt und getrocknet, über Nacht in eine heiße Abkochung von Sumach oder Sumachextrakt eingelegt, abgewunden und ein zweites Mal auf Chlorchrom 20° Bé gestellt.

Die Menge der Beize und die Art ihrer Befestigung erhöht das Aufziehen des Farbstoffs, die Schönheit und die Echtheit der Färbungen. So gibt beispielsweise geölte Baumwolle schönere Farben als nichtgeölte.

Färben. Zum Färben ist ein langes Bad erforderlich, da die gebeizte Baumwolle rasch aufzieht und sich infolgedessen gern ungleichmäßig anfärbt. Für Alizarin und dessen direkte Abkömmlinge, wie Alizarinorange, Alizaringranat und Alizarinmarron, ist hartes Wasser zum Färben vorteilhaft, weiches Wasser erhält einen Zusatz von essigsaurem Kalk ($^1/_4$—$^1/_5$ des Farbstoffgewichts in Teig). Die übrigen Farbstoffe werden in weichem oder enthärtetem Wasser gefärbt, in diesem Fall wird das Färbebad mit Essigsäure schwach angesäuert.

Die Farbstoffe in Teig werden mit Wasser angerührt und durch ein Sieb oder Tuch zum Färbebad gegeben, die Farbstoffe in Pulver werden bei den Bisulfitdoppelverbindungen (den Marken S) vorher in kaltem oder lauwarmem Wasser gelöst, die übrigen direkt mit kochendem Wasser in Lösung gebracht. Die filtrierte Lösung wird dem Färbebad zugegeben. Beim Färben ist darauf zu achten, daß der Farbstoff langsam und gleichmäßig aufzieht, und daß sich der Farblack nach dem Aufziehen des Farbstoffs entwickelt.

Man beginnt mit dem Färben kalt, zieht $^1/_4$ Std. kalt um und erwärmt innerhalb $^3/_4$—1 Std. zum Kochen. Bei richtigem Beizen und nicht zu großen Farbstoffmengen ziehen die Färbebäder wasserklar aus. Es ist vorteilhaft, die Temperatur beim Erreichen von 70° erst dann höher zu steigern, wenn das Bad genügend hell ausgezogen ist. Nach dem Ausziehen des Bads wird die Temperatur zum Kochen getrieben und zur Entwicklung des Farblacks und des Farbtons 1—2 Std. gekocht. Auf ein genügendes und richtiges Kochen des Färbebads ist infolgedessen zu achten. Nach dem Färben wird gespült und ein- oder zweimal in einem kochenden, gut schäumenden Seifenbad mit 3—5 g Seife im Liter geseift. Das Seifen ist so lange fortzusetzen, bis die Seifenbäder klar bleiben. Das kochende Seifen verleiht der Baumwolle einen weichen, milden Griff, welcher durch die Anwendung von metallischen Beizen hart und spröde wird.

Echtheit. Das Wort „Alizarin" oder „alizarinfarbig" umfaßte bis zur Einführung der neuzeitlichen Indanthrenfarbstoffe den Begriff von echten Farben und wurde den betreffenden Geweben als Kennwort, wie heutzutage „indanthrenfarbig", mit auf den Weg gegeben. Die Alizarinfarben waren zu ihrer Zeit die echtesten Farben. Abgesehen von Alizarinrot, Rosa und diesen nahestehenden Farben auf Tonerdebeize konnten die Alizarinfarben jedoch nicht in lebhaften, leuchtenden Tönen hergestellt werden.

Säurefarbstoffe (Alaunfarben).

Die sauren Farbstoffe sind die spezifischen Farbstoffe für die tierische Faser. Zur pflanzlichen Faser besitzen dieselben keine oder nur geringe Affinität; zu letzteren gehört eine Anzahl gelber, orangefärbender, roter und blauer Farbstoffe, wie Chinolingelb, Naphtholgelb, Metanilgelb, Azoflavin, Orange II, die Ponceau- und Croceinmarken und die sog. Wasserblau. Ihre Anwendung in der Baumwollfärberei ist eine sehr geringe. Die genannten Farbstoffe werden gefärbt im kurzen Färbebad unter Zusatz von 10—20 g Kochsalz und $^1/_2$—2 g Alaun $^1/_2$—$^3/_4$ Std. warm. Man geht gewöhnlich bei ungefähr 50° ein und färbt ohne weiteres Erwärmen im freiwillig erkaltenden Bad fertig. Wegen der Mitverwendung von Alaun führen diese Farbstoffe manchmal die Bezeichnung: „Alaunfarbstoffe". Die gelben und orangefärbenden Farbstoffe werden durch Zusatz von Alaun aus der Lösung ausgefällt. Für solche Farbstoffe unterbleibt der Zusatz von Alaun; sie werden allein mit

Kochsalz gefärbt. Nach beendetem Färben wird ohne Spülen gleichmäßig abgewunden und nicht zu heiß getrocknet. Für die Wasserblau wird das Färben unter Zusatz von zinnsaurem Natron und etwas Schwefelsäure, bei 80⁰ beginnend, im freiwillig erkaltenden Bad empfohlen. Die Säurefarbstoffe oder Alaunfarben liefern auf Baumwolle lebhafte, klare Farben mit einer gewissen Lichtechtheit, an welche jedoch weitere Anforderungen an Beständigkeit nicht gestellt werden dürfen. Die Färbebäder werden unvollständig erschöpft und können nach Zusatz von Farbstoff und nötigenfalls Kochsalz und Alaun längere Zeit weitergebraucht werden. Durch die gewisse Affinität mancher Säurefarbstoffe zur pflanzlichen Faser ist die färberische Grenze zwischen den Säurefarbstoffen und den substantiven Farbstoffen, von welchen die meisten die tierische Faser ebenfalls anfärben, nicht scharf zu ziehen.

Phthalsäure- oder Resorcinfarbstoffe.

Die Farbstoffe dieser Gruppe färben prachtvolle im Farbgebiet des Rot liegende Töne von gelblich Rot bei Eosin bis bläulich Rot bei Rose bengale. Die wäßrige Lösung derartiger Farbstoffe zeigt mehr oder weniger eine gelbgrüne Fluorescenz, besonders Eosin, welche sich beim Färben in satten Farben auf das Färbegut überträgt. Sie besitzen zur pflanzlichen Faser aber nur eine geringe Affinität und werden infolgedessen nur in beschränktem Maße in konzentrierten, kurz gehaltenen Bädern auf Baumwolle gefärbt.

Die Farbstoffe werden in kochendem, möglichst weichem oder mit etwas Soda korrigiertem Wasser gelöst. Gefärbt wird unter Zusatz von 20—50 g Kochsalz im Liter (5^0 Bé) $^1/_2$—$^3/_4$ Std. lauwarm bei ungefähr 30—50⁰. Nach dem Färben wird gleichmäßig abgewunden und ohne zu spülen getrocknet. Die Bäder werden nur unvollständig erschöpft und können zum Weiterfärben gebraucht werden.

Die Eosinfarbstoffe lassen sich außerdem auf eine vorgebeizte Baumwolle färben und geben etwas vollere und wasserbeständigere Farben. Als Beize dient entweder Zinnsoda (fixiert mit abgestumpftem Alaun) oder Türkischrotöl, fixiert durch Trocknen und mit essigsaurer Tonerde. Im ersten Fall beizt man in einem möglichst kurz gehaltenen Bad von 5 % Zinnsoda einige Stunden und fixiert in einem ebenfalls kurz gehaltenen Bad von 5 % abgestumpftem Alaun. Diese Art der Beize gibt einen harten Griff. Die zweite Art der Beize ist die gleiche, die für eine Anzahl von basischen Farbstoffen angewendet werden kann. Die Färbeweise ändert sich beim Färben auf vorgebeiztem Garn nicht.

Die Phthalsäure- oder Eosinfarbstoffe färben prachtvolle Töne im Gebiet des Rot. An derartige Färbungen dürfen jedoch keine weiteren Echtheitsansprüche gestellt werden, so daß diese Farbstoffe heute nur selten gefärbt werden.

Chemisch verwandt mit den Eosinfarbstoffen sind die basischen **Rhodamine.** Sie haben alle Eigenschaften der basischen Farbstoffe, färben, wie diese, mit Tannin oder Katanol vorgebeizte Baumwolle an und erschöpfen dabei das Färbebad vollständig. Die wäßrige Lösung der Rhodaminfarbstoffe zeigt die für die Phthalsäurefarbstoffe kennzeichnende gelbgrüne Fluorescenz. Die Färbungen der Rhodamine auf Tannin- oder Katanolvorbeize sind nicht so lebhaft, jedoch bedeutend echter als diejenigen auf Öl-Tonerde- oder Zinn-Soda-Beize oder auf ungebeizter Baumwolle. Die Rhodamine färben zarte Rosatöne auf ungebeizte Baumwolle. Man färbt auf gebleichtem Garn unter Zusatz von etwas Essigsäure (1—2 cm^3 Essigsäure 30proz. im Liter) bei mittlerer Wärme. Nach dem Färben wird abgewunden und ohne zu spülen getrocknet. Für das Färben von Rosatönen kommt besonders die Marke Rhodamin S in Betracht. Die Beständigkeit derartiger Rosatöne ist eine mäßige.

Mineralfarben.

Die Mineralfarben werden in einem Zweibad- oder Mehrbadverfahren als farbige Niederschläge durch Umsetzen von löslichen Salzen auf der Faser erzeugt.

Zu den Mineralfarben gehören das Eisenrostgelb, das Chromgelb, Chromorange, Chromgrün, Manganbraun und Berlinerblau.

Eisenrostgelb entsteht durch Niederschlagen von Eisenhydroxyd auf der Faser. In helleren Tönen führt die Farbe die Bezeichnung Eisencreme, Eisenchamois oder Nankinggelb. Beim Färben stellt man die Baumwolle auf ein Bad eines Eisenoxydul- oder Eisenoxydsalzes, z. B. im ersten Fall von Eisenvitriol, im zweiten Fall von Eisenbeize oder Eisenchlorid. Es wird einige Zeit stehengelassen, abgewunden und das Eisen in einem zweiten Bad mit Alkali als Hydroxyd niedergeschlagen. In frühester Zeit gebrauchte man hierzu Kalkmilch, später die bequemer anzuwendende Soda. Bei Anwendung eines Eisenoxydsalzes bildet sich das rostgelb gefärbte Eisenhydroxyd unmittelbar, bei Eisenoxydulsalz entsteht zunächst das kaum oder nur grünlich gefärbte Eisenhydroxydul, welches nach dem Abwinden durch Verhängen an der Luft bzw. durch das „Vergrünen" unter Oxydation durch den Luftsauerstoff in das rostig gefärbte Eisenhydroxyd übergeht. Für kräftigere Farben wird ein zweiter und erforderlichenfalls ein dritter Zug gegeben, indem man nochmals auf das Eisensalzbad zurückgeht, abwindet und auf dem Alkalibad entwickelt oder fixiert. Bei jedem frischen Zug schlägt sich eine neue Menge Eisenhydroxyd nieder. Das aus Eisenoxydulsalzen mit anschließendem Verhängen an der Luft (an dessen Stelle auch eine „chemische" Entwicklung, z. B. mit Chlorkalk, treten kann) niedergeschlagene Eisenoxyd gibt echtere Rostfarben als die aus Eisenoxydsalzen direkt erhaltenen. Mit dem Eisenrostgelb identisch sind die sonst so wenig beliebten Rostflecke, welche durch Berührung von Textilfasern mit Eisen oder Eisensalzen, besonders im feuchten Zustand, entstehen.

Chromgelb ist die gelbe unlösliche Verbindung von chromsaurem Blei oder Bleichromat. Es wird gefärbt durch Beizen der Baumwolle in der Lösung eines Bleisalzes und Entwickeln des Gelb in einem Bad von Bichromat. Beim Färben beizt man die Baumwolle mehrere Stunden oder über Nacht in einer möglichst kurz gehaltenen Beize von Bleizucker oder für sattere Gelb in einer Beize des basischen Salzes aus Bleizucker und Bleioxyd. Nach dem Beizen wird abgewunden und für hellere Gelb (sog. Schwefelgelb) in einem Bad von Chromkali entwickelt, wobei sich Bleichromat als gelbe Farbe niederschlägt. Für kräftigere Gelb (sog. Zitrongelb) wird das Blei, abgesehen von der kräftiger gehaltenen Beize, erst im frischen Bad mit Kalkmilch befestigt und als Bleihydroxyd niedergeschlagen. Nach dem Fixieren mit Kalkmilch muß zum Entfernen des Kalks gründlich in fließendem Wasser gespült werden. Gelb gefärbt wird in einem 50—60° heißen Bad mit Chromkali, ungefähr 5—6 g im Liter und etwas Salzsäure. Die Salzsäure wird nach dem Aufstellen in mehreren Portionen zugesetzt. Verwendet man zu wenig Salzsäure, so wird nicht alles Bleihydroxyd in Bleichromat übergeführt, und das Gelb bleibt dann zu hell; verwendet man zu viel Salzsäure, so wird das Gelb zu blaß, weil das Bleichromat teilweise gelöst und von der Baumwolle abgezogen wird. Zum Schluß wird gut gespült. Für kräftigere Gelb kann ein zweiter Zug aus Bleibeize und Bichromat gegeben werden.

Chromorange ist basisches Bleichromat bzw. ein Gemisch von neutralem Bleichromat und basischem Bleichromat. Chromgelb geht durch kurze Einwirkung von heißen Lösungen von Alkalien in Chromorange über. Auf diesem Verhalten beruht das Färben von Chromorange. Chromorange erfordert für eine gleichmäßige Farbe und ein mögliches Hochorange ein sorgfältiges Arbeiten. Man beizt die abgekochte Baumwolle in einer Beize von Bleizucker und Bleiglätte (basisch essigsaurem Blei) von 18° Bé über Nacht. Am andern Morgen wird abgewunden und das Blei in einem frischen Bad mit Kalkmilch als unlösliches Hydroxyd befestigt, dann wird in fließendem Wasser gründlich gespült, in einem handheißen Bad von Bichromat und etwas Salzsäure $^1/_2$ Std. gelb entwickelt, abgewunden und durch kurzes Umziehen in einem kochend heißen Bad von Kalkmilch „orangiert". Nach dem Orangieren muß sofort in fließendem Wasser gründlich gespült werden. Wegen der Entwicklung des Chromorange auf einem kochenden Kalkbad ist in manchen Gegenden die Bezeichnung „Kalkorange" für Chromorange gebräuchlich. Zieht man zu lange Zeit auf der kochenden Kalkmilch um, so verblaßt das erst entstandene Orange, weil bei zu langer Einwirkung der Kalkmilch das basische Bleichromat in weißes Bleihydroxyd übergeht.

Das entstehende Orange ist in seiner Tiefe und seinem Farbton von der Konzentration und der Zusammensetzung der Bleibeize abhängig. Ist die Konzentration nicht genügend oder enthält die Beize nicht das erforderliche basische Salz, so entsteht wohl ein sattes Orangegelb, jedoch kein Hochorange. Chromorange geht durch Einwirkung von verdünnten Lösungen von Säuren, auch organischen, wieder in Chromgelb über.

Chromgrün entsteht durch Niederschlagen von Chromhydroxyd auf der Faser. Es geht, selbst in mehreren Zügen gefärbt, über ein helles sog. „Meergrün" nicht hinaus und ist wegen der hellen Farbe auch früher nicht viel gefärbt worden.

Khaki. Durch Vereinigung von Eisenrostgelb mit Chromgrün entstehen die sog. Khaki, d. s. erdfarbene Töne, die wegen der sich von dem Erdboden kaum abhebenden Farbe und ihrer vorzüglichen Echtheit gern für Tropenkleidung und für Sommeruniformen gefärbt wurden. Man schlägt dabei der Reihe nach Eisenoxyd und Chromoxyd auf der Faser nieder. Beispielsweise tränkt man das gut benetzte Gewebe in einer Lösung von essigsaurem Eisen und essigsaurem Chrom, trocknet, dämpft einige Minuten zur Verjagung der Essigsäure im Schnelldämpfer und nimmt schließlich durch ein Bad von Soda und Natronlauge, um das Eisen und das Chrom als Oxyde unlöslich zu befestigen. Zum Schluß wird gut gespült. Je nach der Arbeitsweise, welches Salz zuerst gegeben wird, entstehen Khaki in verschiedenen Abtönungen, mehr bräunlich oder mehr grünlich. Für kräftigere Farben gibt man einen zweiten Zug. Das Mineralkhaki wird heutzutage vorteilhafter mit Schwefel- oder Küpenfarbstoffen echt gefärbt, dabei behält die Faser ihren weichen natürlichen Griff und bleibt geschont.

Manganbraun, auch Manganbister, Manganbronze oder Manganpuce genannt, entsteht durch Niederschlagen von Mangansuperoxyd oder Braunstein auf die Faser. Man stellt die abgekochte Baumwolle auf die konzentrierte Lösung eines Manganoxydulsalzes (Mangansulfat oder Manganchlorür), windet ab und fixiert das Mangan als farbloses Manganhydroxydul durch ein heißes Bad von Natronlauge. Von hier wird zwecks Oxydation entweder an der Luft ausgehängt oder auf ein Bad von Chlorkalk gestellt, wobei das farblose Manganhydroxydul in das braun gefärbte Mangansuperoxyd übergeht, und die Baumwolle sich tief braun färbt. Die Bildung von Manganbraun beobachtet man auch beim Bleichen mit Kaliumpermanganat. Beim Aufstellen der zu bleichenden Baumwolle auf ein Bad von Permanganat färbt sich die Baumwolle infolge Reduktion des Permanganats zu Braunstein (der dann wieder mit Bisulfit und Schwefelsäure abgezogen wird) braun.

Berlinerblau entsteht durch Umsetzen eines Eisenoxydsalzes mit Ferrocyankalium als blauer Niederschlag. Beim Färben beizt man die Baumwolle auf einem Eisenoxydsalzbad (Eisenbeize oder Eisenchlorid), windet ab und färbt im sauren Bade mit Ferrocyankalium aus. Für kräftigere Blau wird das Eisen erst in einem frischen Bad mit Soda als rostgelbes Eisenhydroxyd fixiert und dann erst mit Ferrocyankalium unter Zusatz von Salzsäure blau gefärbt. Werden lebhaftere, mehr violette Blau gewünscht, so wird dem Eisenoxydbeizbad etwas Zinnsalz zugesetzt. Für sattere Blau müssen mehrere Züge, abwechselnd Eisenoxydsalz und Ferrocyankalium, gegeben werden. Zum Schluß ist gut zu spülen. Berlinerblau kann schließlich mit basischen Farbstoffen, z. B. Methylviolett, geschönt werden.

Mit den genannten ist die Reihe der Mineralfarben nicht erschöpft. Durch die neueren Teerfarbstoffe mit ihrer einfacheren Anwendungsweise und den vielfach vorteilhafteren Eigenschaften der Färbungen sind die Mineralfarben langsam verdrängt worden. Das Eisenrostgelb in seinen verschiedenen Abstufungen, das Chromgelb und das Chromorange haben sich am längsten gehalten. Das Berlinerblau wird noch viel als Grundierung für Eisenblauholzschwarz in der Seidenfärberei (s. d.) erzeugt.

Die Mineralfarben erteilen der Baumwolle einen rauhen, spröden Griff, vielfach auch eine beträchtliche Gewichtszunahme, z. B. bei Chromgelb und Chromorange. Chemische Einflüsse wirken auf die Mineralfarben vielfach ein, so wird z. B. das Eisenrostgelb von Säuren abgezogen, ebenso auch das Chromgrün. Chromgelb und Chromorange (als Bleifarben giftig) sind empfindlich gegen Schwefelwasserstoff und werden von ihm gebräunt. Verdünnte Säuren führen das Chromorange in Chromgelb über, Alkalien und stärkere Säuren greifen sowohl das Chromgelb wie auch das Chromorange an und lösen die Bleiverbindung auf. Manganbraun wird von reduzierend wirkenden Säuren, wie schweflige Säure, angegriffen. Berlinerblau, welches auch den Namen „Kaliblau" führt, ist alkaliempfindlich, aber säurefest.

Natürliche Farbstoffe.

Die natürlichen Farbstoffe kommen für die heutige Baumwollfärberei höchstens für einige wenige Spezialgebiete zur Anwendung.

Die wichtigsten pflanzlichen Farbstoffe sind das Blauholz und das Catechu. Der Indigo ist durch den synthetischen oder künstlichen verdrängt, der Krappfarbstoff ist durch das synthetische Alizarin entbehrlich geworden. Die übrigen natürlichen Farbstoffe haben in den synthetischen vollwertigen Ersatz gefunden.

Blauholz. Blauholz (s. d.) wurde früher in großen Mengen zum Färben von Schwarz, dem sog. Blauholzschwarz, verwendet. Der Farbstoff des Blauholzes, das Hämatein, bildet mit Metallsalzen, wie Eisen-, Chrom- und Kupferverbindungen, grauschwarze bis blauschwarze Farblacke. Die Färbeverfahren beruhten darauf, daß man die abgekochte Baumwolle erst auf eine Abkochung von Blauholz oder ein Bad von Blauholzextrakt stellte (allgemein über Nacht einlegte) und in einem zweiten Bade mit Eisenvitriol, Kupfervitriol oder Chromkali dunkelte. Für ein tiefes Schwarz sind 2—3 Züge von Blauholz und Metallsalz erforderlich. Für beßre und schönere Schwarz wurden mehrere Salze, z. B. Eisenvitriol, Kupfervitriol und Chromkali, verwendet.

Ein andres Verfahren beruhte auf dem Niederschlagen eines dunklen Grundes von gerbsaurem Eisen auf der Faser und Ausfärben mit Blauholz. Es wurde auf einem Sumachbad über Nacht gebeizt, mit holzessigsaurem Eisen gedunkelt, gut gespült und mit Blauholz fertiggefärbt.

Blauholz wurde außerdem in stattlicher Menge zum Überfärben von Indigoblau verwendet (sog. Aufsatzblau). In diesem Falle wurde auf der Küpe Indigo bis zu einem Mittelblau aufgefärbt, in einem Säurebad unter Zusatz von etwas Zinnsalz abgezogen, gespült und im frischen Bad aufgesetzt mit Blauholz und Alaun oder für dunklere Blau mit Blauholz, Alaun und Chromkali oder Eisenvitriol.

Unter dem Namen „Echtschwarz" wurde früher ein Schwarz in folgender Weise gefärbt: Hellblauer Grund auf der Küpe mit Indigo, Abziehen im Säurebad, Beizen mit Sumach, Dunkeln mit holzessigsaurem Eisen und schließlich Ausfärben mit Blauholz oder für tiefere Schwarz mit Blauholz und etwas Gelbholz.

Catechu. Von Catechu (s. d.) sind zwei Arten im Gebrauch: 1. braunes Catechu, Pegucatechu, auch Cachou oder Cutch genannt; 2. gelbes Catechu, Gambier oder Würfelcatechu. Beide Catechuarten werden durch Aufkochen mit Wasser in Lösung gebracht, sie enthalten beide Catechin und Catechugerbsäure und sind Beizenfarbstoffe, welche in Verbindung mit Metallsalzen oder oxydierend wirkenden Beizen dauerhafte Farblacke liefern. Als Beizsalze kommen Bichromate für Braun und Eisensalze für Grau zur Verwendung. Infolge des Gehalts an Catechugerbsäure lassen sich Catechu mit Eisensalzen dunkeln. Die verbreitetste Verwendung auf Baumwolle findet das Catechu zum Färben von Catechubraun.

Man stellt die Baumwolle auf ein heißes, möglichst kurz gehaltenes Bad von Catechu und legt über Nacht ein. Am nächsten Morgen wird abgewunden und auf frischem 60° heißem Bad mit Chromkali entwickelt, wobei sich die braun gefärbte, unlösliche Japonsäure bildet, welche den färbenden Bestandteil des Catechubrauns ausmacht. Manche Catechuarten färben bereits beim Einlegen in das Catechubad kräftig an und werden im Bichromatbad nur noch wenig tiefer, andre Catechuarten färben direkt nur schwach oder kaum an, während erst im Chromkalibad der braune Ton hervorgerufen, das Braun „entwickelt" wird. Für kräftigere Braun wird ein zweiter Zug von Catechu und Bichromat gegeben. Die Ergiebigkeit des braunen Catechu wird durch Zugabe von Kupfervitriol (10—15 % des Gewichts an braunem Catechu) verstärkt. Man gibt das Kupfervitriol nach dem Kochen des Catechu zu. Für dunklere und trübere Braun wird ein Dunklungsbad von Eisenvitriol eingeschoben. Man stellt nach dem Abwinden vom Catechubad auf ein kaltes Bad von Eisenvitriol und zieht $^1/_2$ Std. um; dabei entsteht ein grünliches Grau, das Catechugrau. Anschließend wird nach nochmaligem Abwinden in einem 60° heißen Bad mit Chromkali das Braun entwickelt.

Für Dunkelbraun stellt man auf ein heißes Bad von Catechu und Blauholz, legt über Nacht ein und entwickelt am nächsten Morgen mit Chromkali. Für besonders dunkle Braun wird ein zweiter Zug gegeben, nochmals auf das angewärmte Catechubad aufgestellt, einige Stunden stehengelassen und im frischen Bad mit Chromkali entwickelt.

Das Würfelcatechu liefert mit Chromkali ein helleres Braun, mehr Gelbbraun.

Die verschiedenen Catechubraun erfreuten sich wegen ihrer Echtheit einer allgemeinen Verwendung und wurden im umfangreichen Maßstab gefärbt. Durch das Catechubraun erhält die Baumwolle einen kräftigen, etwas rauhen Griff, was zwar für die Verarbeitung mit der Nadel nicht angenehm ist, jedoch die Stoffe strapazierfähig, luft- und wetterbeständig macht. Infolgedessen wurden Stoffe für Segeltuche, Wagen- und Pferdedecken, Zeltbahnen, Brotbeutel, Schuhe usw. catechubraun gefärbt. Catechubraun diente außerdem, gemischt mit andern Farbstoffen (z. B. mit Gelbholz), zum Färben von mannigfaltigen sog. Modefarben. Um an teurem Indigo zu sparen, wurde für Dunkelblau ein heller Untergrund von Catechubraun gefärbt und auf der Küpe mit Indigo übersetzt.

Das echteste Schwarz auf Baumwolle wurde früher durch Überfärben eines dunklen Indigoblau mit einem kräftigen Catechubraun gefärbt. Es wurde auf der Indigoküpe dunkelblau gefärbt, mit Säure abgezogen, gespült, in Catechu eingelegt und mit Chromkali entwickelt. Ein derart gefärbtes Schwarz ist zwar weniger schön, hatte aber für die damalige Zeit die höchste Echtheit.

Von weiteren pflanzlichen Farbstoffen sind noch erwähnenswert:

Andre Naturfarbstoffe mit Beizenfarbstoffcharakter. Das Gelbholz wurde früher als Beigabe zu Blauholz zum Färben von tieferen Schwarz gebraucht. Das Rotholz, das Querzitron (gelber Farbstoff), der Wau (Gilbkraut oder Färberreseda) wurden auch seit den ältesten Zeiten zum Färben gebraucht. Zu erwähnen sind noch die Kreuzbeeren (oder Gelbbeeren), welche einen gelben Farbstoff enthalten, und das Fisetholz (oder Fustikholz). Sämtliche angeführten pflanzlichen Farbstoffe sind Beizen- oder adjektive Farbstoffe, welche erst in Verbindung mit Metallsalzen brauchbare Farben geben.

Substantive Naturfarbstoffe. Hierher gehören Curcuma (oder Gelbwurz), dessen Farbstoff, das Curcumin, gelb färbt und alkaliempfindlich ist, das Safflor (das ein Rosa liefert) und Orleans (das Lachs- oder eine Fleischfarbe liefert). Die drei genannten, direkt färbenden Farbstoffe wurden auch früher wegen ihrer Unechtheit nur selten gefärbt.

Tierische Naturfarbstoffe. An tierischen Farbstoffen sind zu nennen: die Cochenille, die Kermes und Lac-Dye. Hier ist auch der Farbstoff der Purpurschnecken zu erwähnen, welcher früher zum Färben des Purpurs gebraucht wurde, und dessen Farbstoff sich als ein bromierter Indigo erwiesen hat. Diese tierischen Farbstoffe kommen zum Färben der Baumwolle und pflanzlichen Faser kaum in Betracht (s. a. u. „Naturfarbstoffe“).

Mode- und Echtfärberei.

Mannigfach sind die Anforderungen, die in bezug auf die Färbungen an den Färber gestellt werden. Die Färbepartie soll einheitlich und gleichmäßig, „egal“, gefärbt sein, die Färbepartie soll ferner gut durchgefärbt sein, der Farbton soll möglichst mit dem Muster übereinstimmen und nicht zuletzt möglichst echt sein. Diese Anforderungen können nicht alle restlos erfüllt werden, vor allem stehen sich die Anforderungen an Echtheit und Mustertreue entgegen (s. a. u. Echtheit).

Die Forderung „möglichst mustergetreu“ wird besonders bei denjenigen Farben erhoben, welche für sog. Modeartikel gefärbt werden. Da die Mode schnell wechselt, werden die Modeartikel nur eine beschränkte Zeit benutzt. Deshalb ist es hier nicht erforderlich, daß sich die Farben durch besondre Echtheit auszeichnen. Vom Standpunkt des Herstellers ist es sogar vorteilhaft, wenn derartige Farben von nicht allzu langer Lebensdauer sind, weil dieselben dann um so eher von andern Tönen und neuen Zusammenstellungen abgelöst werden. Die Mode regt auf solche Weise die Kauflust an und steigert dadurch den Verbrauch. Im Gegensatz hierzu ist bei der Echtfärberei das Hauptaugenmerk auf beständige, haltbare Farben gerichtet. Es ist deshalb notwendig, daß der Lohnfärber über den Verwendungszweck der Ware unterrichtet wird.

Beim Färben von Modefarben wird der Färber vorzugsweise solche Farbstoffe und Verfahren wählen, welche bei einfacher Arbeitsweise ein möglichst genaues Abmustern ermöglichen. Für solche Zwecke kommen in erster Linie die substantiven Farbstoffe in Frage. Bei der stattlichen Anzahl derselben ist der Färber in der Lage, nahezu alle möglichen Farbentöne in einfacher Weise nach Muster zu färben. Die substantiven Farbstoffe haben die hervorzuhebende Eigenschaft, daß sie gut durchfärben, und daß ihre Färbungen reibecht sind. Viele Farbstoffe haben auch eine gute Licht- und verhältnismäßig gute Waschechtheit; zu erwähnen sind die lichtechten Siriusfarbstoffe.

Für besonders lebhafte oder leuchtende Farben kommen vielfach auch die basischen Farbstoffe in Frage, die allerdings eine Vorbeize erfordern. Dadurch wird das Färben aber umständlicher, auch liefern sie schwieriger gleichmäßige, gut durchgefärbte und reibechte Färbungen.

Auch die Schwefelfarben geben bei verhältnismäßig einfacher Färbeweise Färbungen von guten Gebrauchseigenschaften; die Farbstoffe färben gut durch und zeigen im Färbebad meist eine nicht zu starke Abweichung im Ton. Durch nachträgliches Übersetzen mit substantiven oder basischen Farbstoffen kann eine genauere Übereinstimmung mit dem Farbmuster erzielt werden.

Bei der Zusammenstellung mehrerer Farben werden die einzelnen Farben möglichst auf die gleiche Art und mit den gleichen Echtheitseigenschaften hergestellt, damit sich die Farben beim Gebrauch gleichmäßig verhalten und sich das Farbenbild nicht verschiebt.

Durch sorgfältige und sachgemäße Behandlung können Gewebe selbst mit wenig haltbaren Farben einmal leicht gewaschen werden. In solchen Fällen darf nur kalt mit einer neutralen Seife behandelt werden; es soll ohne Unterbrechung rasch durchgewaschen und sofort getrocknet werden.

Für die Echtfärberei kommen in erster Linie die Küpenfarbstoffe in Frage, die Indanthren- und auch die Algolfarbstoffe, dann auch die Schwefelfarbstoffe. Während die Schwefelfarben mehr stumpfe, trübe Farben liefern, können mit den Küpenfarbstoffen auch leuchtende und lebhafte Farben gefärbt werden. Für die Echtfärberei interessieren weiter die sog. Naphtholfarben, das Anilinschwarz, das Diphenylschwarz und die Beizen- oder Alizarinfarbstoffe mit dem Alizarin- oder Türkischrot an der Spitze. Mit einem gewissen Vorbehalt können schließlich auch die nachbehandelten substantiven Farbstoffe, z. B. die diazotierten und entwickelten, gekuppelten, mit Metallsalzen od. dgl. nachbehandelten in das Gebiet der Echtfärberei einbezogen werden.

Die maschinellen Hilfsmittel der Baumwollfärberei (und allgemeine maschinelle Hilfsmittel der Färberei).

Die Baumwolle gelangt in allen Stadien ihrer Verarbeitung zum Färben, lose vor dem Verspinnen, also in der Flocke, als Halbgespinst in Form von Kardenband oder Vorgarnen (Flyergarn), als fertiges Gespinst im Strang und auf Wickel (z. B. als Kreuzspulen oder Kopse) und im Stück oder im Gewebe. Während das Färbeverfahren durch die Form des Färbeguts keine oder keine nennenswerte Änderung erfährt, ist die mechanische bzw. maschinelle Behandlung des Materials weitgehendst von seiner Form abhängig. Vor allem ist immer dafür zu sorgen, daß die Farbflotte das Material vollständig und gleichmäßig durchdringt oder durchströmt und so eine gleichmäßig durchgefärbte Ware erhalten wird.

Man unterscheidet a) das Färben auf der *Kufe* oder im *Bottich* und b) das Färben im *Apparat*. Beim Färben auf der Kufe oder im Bottich wird das Färbegut in der *ruhenden Farbflotte* bewegt. Beim Färben im Apparat wird die Farbflotte durch das *ruhende Färbegut* durchgeführt, durchgepumpt oder durchgesaugt.

Das Färben auf der Kufe.

Das Bewegen oder Umziehen der Färbepartie erfolgt hier am einfachsten von Hand, bei *losem Material* durch Bearbeiten desselben mit Stöcken oder mit Gabeln. Das sich hierbei zu Klumpen zusammenballende Material wird hinterher zweckmäßig mit Hilfe einer *Zupfmaschine* (s. Abb. 152, 153) gelockert, um besser getrocknet und weiterverarbeitet zu werden. *Stranggarn* wird auf gerade, für gewisse Farben bei Luftabschluß auf gebogene oder U-förmige Stöcke aufgehängt und in der Farbflotte handvollweise oder mit dem sog. „Stecher“ (einem zugespitzten Stock) „umgezogen“, wobei die Stränge bei jedesmaligem Umziehen „gewendet“ werden. Auch Stückware kann in kleineren Mengen von Hand durch Durchgleitenlassen und Untertauchen mit dem Stock umgezogen werden.

Abb. 152. Zupfmaschine (Zittauer Maschinenfabrik, Zittau).

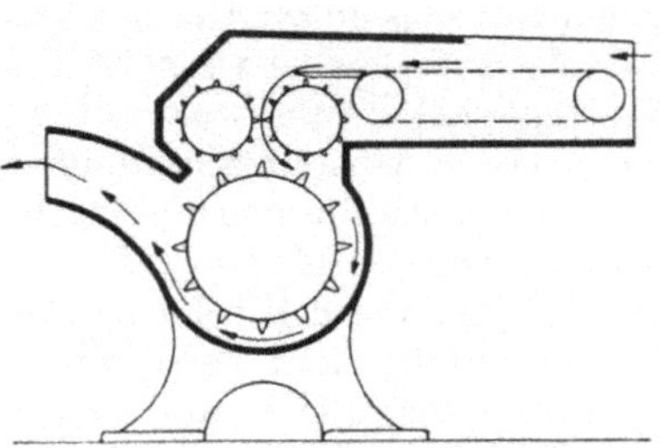

Abb. 153. Schema zur Zupfmaschine.

Die Kufen oder Bottiche (s. Abb. 154) werden in verschiedenen *Größen* und *Formen* (meistenteils rechteckig, für manche Zwecke auch rund oder elliptisch) meist aus *Holz* angefertigt. Man verwendet gern Nadelholz, Fichten- oder Kieferholz, für dauerhaftere Kufen auch Pitchpineholz. Vereinzelt werden die Kufen auch aus *Kupfer* angefertigt, oder die Holzkufen werden mit *Kupferblech ausgekleidet*. Kupfer läßt sich leichter reinigen, während das poröse Holz beim Wechsel von Farben immer ein sorgfältiges und mühsames Reinigen er-

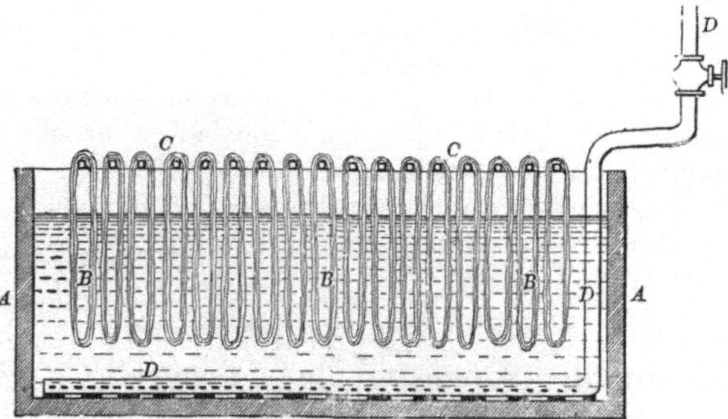

Abb. 154. Hölzerne Färbekufe im Schnitt. (A = Kasten, auch „Kufe“, „Bottich“, „Wanne“, „Barke“ oder „Back“ genannt; B = Garnstränge, auf Stöcken C ruhend oder hängend; D = Dampfheizrohr oder Dampfschlange.)

fordert. Bei den kleineren Kufen wird Wert auf bequeme Transportfähigkeit gelegt (auf Rädern gebaute Kufen).

Feststehende Kufen können für gewisse Farben (z. B. die Indigoküpen) aus Mauerwerk oder Beton ausgeführt und entsprechend verkleidet werden. In neuerer Zeit werden keramische Kufen empfohlen und von einigen Firmen (Gerber, Krefeld; Obermeyer, Plauen i. Vgtl.) angefertigt. Diese erhalten in der Innenseite einen Belag von Kacheln.

Früher fehlten in keiner Färberei die Kupferkessel in verschiedener Größe und Gestalt. Dieselben waren zum direkten Anheizen vorgesehen und wurden zu diesem Zweck eingemauert. Beim Färben von kupferempfindlichen Farben wurden die Kessel innen verzinnt.

Zum Heizen der Färbeflotten dient der Dampf. Man unterscheidet das Heizen mit direktem und mit indirektem Dampf. Auf die Zunahme der Flottenmenge beim Heizen mit direktem Dampf ist Rücksicht zu nehmen. Die Zunahme der Flottenmenge beträgt bei direktem Dampf von kalt nach kochend etwa ein Viertel des Rauminhalts. Beim direkten Heizen verwendet man die sog. „Dampfschlange" mit seitlich angeordnetem Dampfaustritt. Der indirekte Dampf heizt langsamer und vermehrt nicht die Flottenmenge. Vielfach wird in geringer Höhe über der Dampfschlange am Boden der Kufe ein durchlöcherter Boden, ein sog. blinder oder falscher Boden, angebracht.

Das Färben auf der Maschine.

Fertiges Gespinst auf Wickel, sowie Stücke in größeren Längen erfordern maschinelle Einrichtungen, entweder die Maschine oder den Apparat. Man unterscheidet die Färbemaschine (die Strang- und Stückfärbemaschine) und den Färbeapparat. Erstere ahmt die Handarbeit nach oder ersetzt diese, indem sie das Färbegut durch die ruhende Färbeflotte bewegt, während der Färbeapparat die Färbeflotte durch das ruhende Färbegut bewegt.

Stranggarnfärbemaschinen.

Die Strang- oder Strähnfärbemaschinen haben an Bedeutung wegen der Entwicklung der Apparatfärberei erheblich eingebüßt.

Bei den Maschinen der Niederlahnsteiner Maschinenfabrik in Niederlahnstein a. Rh. liegt der Strang auf einem Doppelstab, welcher von einem selbsttätig arbeitenden Mechanismus gewendet und dadurch der Strang umgezogen wird. Nach dem Wenden der Garnstäbe oder dem Umziehen werden die Stäbe durch das Bad durchgehoben, und das Umziehen setzt von neuem ein. Die Maschinenfabrik Gerber (s. Abb. 155) in Krefeld baut Strangfärbemaschinen, wobei die Stränge auf drehbare runde oder elliptische Porzellangarnträger aufgehängt und in das Färbebad eingelassen werden. Die Garnträger können durch einen Mechanismus hochgehoben und in das Färbebad eingelassen werden. Als Kufen können auch keramische verwendet werden. Das Umziehen der Stränge wird durch Umdrehung der Garnträger in wechselnder Drehrichtung erreicht.

Abb. 155. Stranggarnfärbemaschine für Seide, Kunstseide u. a. m. (Gerber-Wansleben, Krefeld).

Diese Systeme werden hauptsächlich zum Färben von Seiden- und Kunstseidenstrang gebraucht.

Auch die Garnwasch- und Spülmaschinen werden durch die Färbeapparate immer mehr entbehrlich. Zu erwähnen sind die Garnrundwasch-

Abb. 156. Garnrundwasch- und Spülmaschine (C. G. Haubold A.-G., Chemnitz).

und Spülmaschine und die Langwaschmaschine (s. Abb. 156 u. 157).

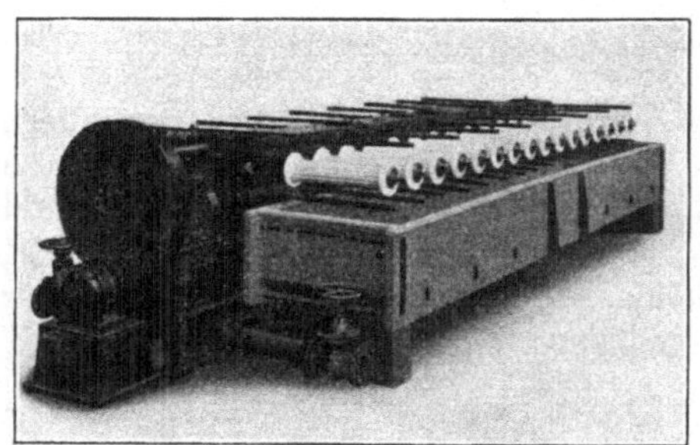

Abb. 157. Langwaschmaschine für Stranggarn (Gerber-Wansleben, Krefeld).

Wo nur ein kurzes Tränken oder Imprägnieren in Frage kommt, werden bei Stranggarnen die Terrine und die Imprägniermaschine mit oder ohne Auswindevorrichtung verwendet (s. Abb. 158 u. 159). Die Terrine besteht aus einem breitrandigen runden Holzgefäß, welches auf drei Füßen ruht und in der Mitte das eigentliche Gefäß zur Aufnahme der Imprägnierflotte enthält, in welchem die Stränge von Hand kurze Zeit durchgearbeitet oder umgezogen werden. Beim Abwinden der Stränge fließt die herausgepreßte Flotte ohne Verlust direkt in die Terrine zurück. Heute ist die Terrine durch die selbsttätig arbeitende Imprägnier- oder Passiermaschine ersetzt worden, die in regelmäßiger Folge die aufgelegten Stränge in die Flotte einführt, durch Umdrehen der Führungswalzen umzieht und abwindet. Die Garnimprägniermaschinen werden allgemein zweiseitig gebaut.

Abb. 158. Garnimprägnier- und Auswindemaschine (Zittauer Maschinenfabrik A.-G., Zittau).

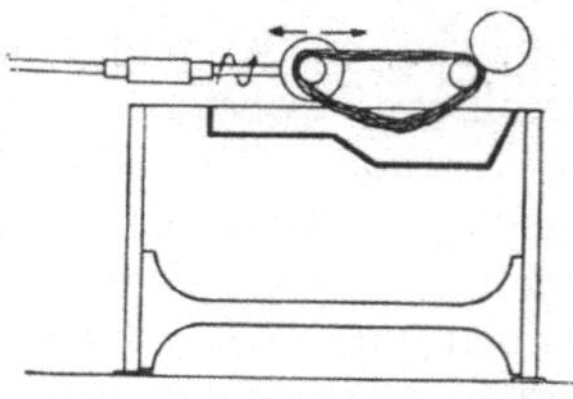

Abb. 159. Schema zur Garnimprägnier- und Auswindemaschine.

Zum Seifen von mit Naphtholfarben gefärbten Strängen werden Garnseif- und Waschmaschinen gebaut (s. Abb. 160), wobei das Garn in der kochenden

Abb. 160. Garnseif- und Waschmaschine für Naphtholfarben (C. G. Haubold A.-G., Chemnitz).

Seifenflotte von rotierenden Trägerwalzen umgezogen und gleichzeitig von einer Quetschwalze gepreßt wird, so daß jeglicher lose anhaftende Farbstoff entfernt wird und dadurch reibechte und waschechte Färbungen erhalten werden.

Stückfärbemaschinen.

Man unterscheidet das Färben im Strang und das Breitfärben. Beim Färben in Strangform liegt das Stück willkürlich in Falten, und die Enden werden zusammengenäht, so daß das Stück „endlos" über Walzen und Rollen geführt wird. Beim Färben im Breitzustande werden die Stücke ausgebreitet und faltenfrei über Leitwalzen geführt und wieder aufgewickelt. Auch das Waschen der gefärbten Stückware kann entweder im Strang (s. Abb. 85ff.) oder im Breitzustande ausgeführt werden (s. Abb. 161).

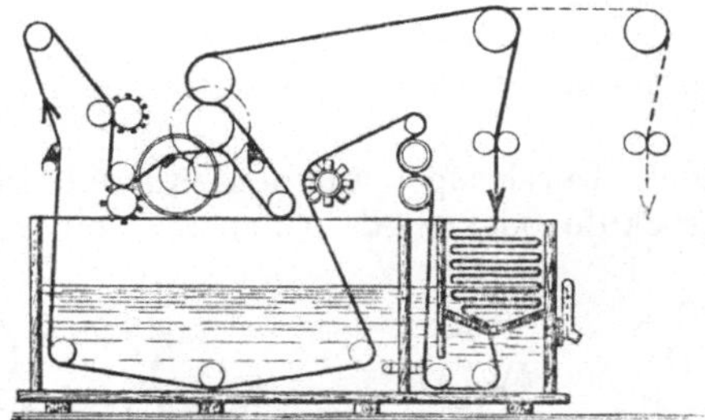

Abb. 161. Breitwaschmaschine (Zittauer Maschinenfabrik A.-G., Zittau).

Für das Färben im Strang dient a) die Haspelkufe, für das Breitfärben dienen b) der Jigger, c) die Continuemaschine oder Rollenkufe und d) die Klotz- oder Paddingmaschine oder der Foulard. Auch die alten Konstruktionen der Indigo-Continueküpe und des Sternreifens in der Indigostückfärberei zählen zu der Gruppe der Stückfärbemaschinen.

Die Haspelkufe.

Die Haspelkufe (s. Abb. 162, 163) kommt zum Färben der Gewebe aus pflanzlichen Fasern weniger in Frage, sondern mehr für Gewebe aus tierischen Fasern und für Trikot. Sie besteht aus einem geräumigen Holzbottich, dessen eine Längswand senkrecht und dessen andre Längswand schräg nach innen geführt ist, so daß der Querschnitt die Form eines ungleichseitigen Trapezes bildet.

Der Bottich ist durch eine durchlöcherte Holzwand in eine größere Färbekammer (in welcher das Gewebe geführt wird) und in eine kleinere Heiz- oder Mischkammer (in welcher die Dampfheizschlange liegt, und in welche die Zusätze von Farbstoffen und Chemikalien gegeben werden) geteilt. Über der Kufe befindet sich

Abb. 162. Haspelkufe (Zittauer Maschinenfabrik A.-G., Zittau).

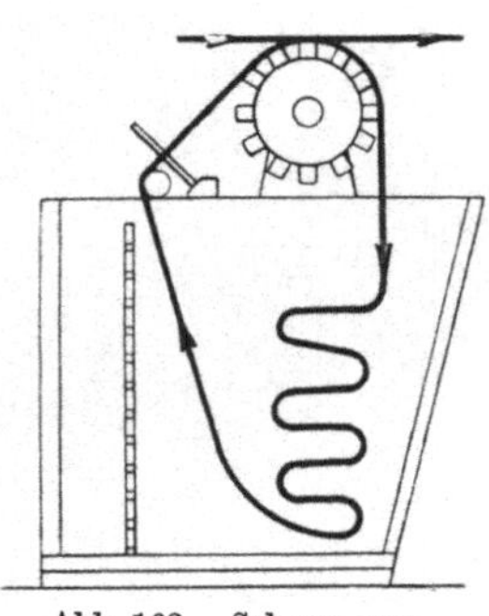

Abb. 163. Schema zur Haspelkufe.

ein Haspel oder eine Lattentrommel, über welchen die Ware geführt wird und der zum Bewegen oder Umziehen des Warenstücks den Antrieb erhält; manchmal sind zwei Haspel angebracht, welche durch Treibriemen miteinander in Verbindung stehen. In neuerer Zeit wird statt der seitherigen runden Form der Haspel eine elliptische gewählt. Um die Bildung von festliegenden Falten zu vermeiden, wird manchmal im Schlauch gefärbt, d. h. die Warenleisten des Stücks werden vor dem Färben zusammengenäht, so daß der Warenstrang einen Schlauch bildet. Der Haspel mit dem Antrieb ruht entweder auf dem Holzrahmen der Färbekufe oder wird in neuerer Zeit auf einem eigenen Eisengestell aufgebaut.

Abb. 164. Färbejiggerpaar (Zittauer Maschinenfabrik A.-G., Zittau).

Der Jigger.

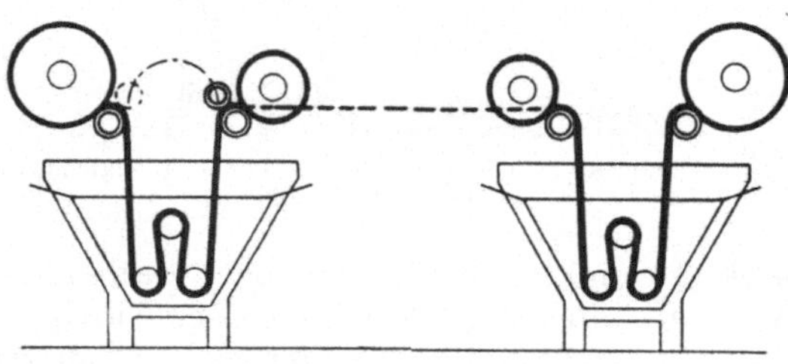

Abb. 165. Schema zum Färbejiggerpaar.

Der Jigger (s. Abb. 164, 165) oder „Aufsetzkasten" ist die eigentliche Stückfärbemaschine für Baumwollgewebe, welche breit abwechselnd über Leitwalzen durch die Farbflotte geführt und von angetriebenen Aufwickelwalzen wieder auf- und abgewickelt werden. Er besteht aus einer Färbekufe, welche im Querschnitt die Form eines Trapezes hat. In dem Färbebottich sind zwei oder mehrere Führungswalzen angebracht; die zwei Aufwickelwalzen sind aus Holz, Hartgummi, Steingut oder Porzellan. Während des Färbens wird die Ware abwechselnd von der einen Walze ab- und auf die andre Walze aufgewickelt. Um die Aufwickelwalzen ist ein Vor- und Nachläufer gewickelt, an welche das Stück angenäht oder angeheftet wird. Das Umstellen der Aufwickelwalzen geschieht im geeigneten Augenblick von Hand entweder durch Klauen- oder seltener durch

Friktionskupplung. Man läßt das Stück wiederholt hin und her laufen, d. h. man gibt beispielsweise 4—6 „Touren“. Wichtig ist beim Jiggerfärben auch das kurze Flottenverhältnis. Beim Färben von Schwefel- oder Küpenfarben wird auch eine abhebbare Quetschwalze angebaut, um nach beendetem Färben den Flottenüberschuß abzupressen. In diesem Fall wird an den Färbejigger ein zweiter Spüljigger angestellt, in welchem die Ware (erforderlichenfalls nach einem Luftgang) gespült und fertiggestellt wird. Für das Färben bei Luftabschluß werden sog. Unterflottenjigger gebaut; bei diesen wird die Ware unter der Flotte auf Leitrollen und Aufwickelwalzen geführt. Das Umstellen wird dann durch einen Mechanismus selbsttätig bewerkstelligt.

Abb. 166. Continuemaschine (Rollenkufe) (Zittauer Maschinenfabrik A.-G., Zittau).

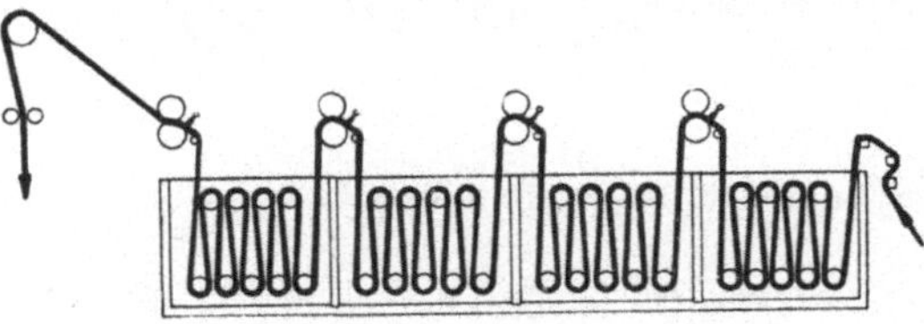

Abb. 167. Schema zur Continuemaschine.

Die Continuemaschine oder Rollenkufe.

Diese besteht in der Hauptsache aus einer Anzahl, gewöhnlich von vier, hintereinander gestellten Färbekufen oder Färbekästen mit zwei Reihen von Leitwalzen, zwischen welchen die Ware breit durchgeführt wird, und einem Paar Quetschwalzen am Ende jeder Kufe, damit die Ware nach dem Verlassen jeder Kufe abgepreßt werden kann (s. Abb. 166, 167). Die Ware wird kontinuierlich durch die einzelnen Kufen durchgeführt; in den Kufen selbst werden die verschiedenen Bäder hergerichtet, so daß die Ware in einem Arbeitsgang gefärbt, gespült und fertiggestellt wird. Die größte Verbreitung findet die Continuefärbemaschine in der sog. Continueküpe (s. Abb. 168, 169), wobei nach jedem Zug auf der Färbeküpe ein Luftgang zum Vergrünen oder zur Oxydation des Indigoweiß gegeben wird. Dabei wird die erforderliche Anzahl Züge unmittelbar nacheinander in mehreren Küpen oder bei entsprechender Warenführung in derselben Küpe mit dazwischenliegendem Luftgang gegeben, bis die gewünschte Tiefe des Blau erreicht ist. Eine andre Bauart für Indigoküpenfärbung zeigen Abb. 170 und 171.

Abb. 168. Indigoküpe mit Wanderablage (Zittauer Maschinenfabrik A.-G., Zittau).

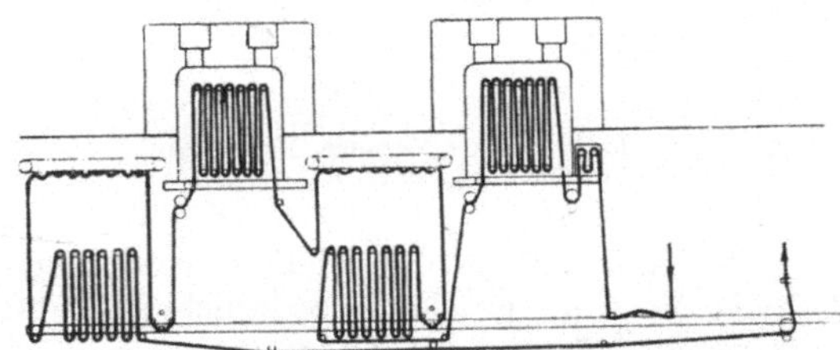

Abb. 169. Schema zur Indigoküpe mit Wanderablage.

Die Klotzmaschine.

Die Klotzmaschine, auch Foulard oder Paddingmaschine (siehe Abb. 172, 173) genannt, kommt zur Verwendung, wenn die Ware nur einmal evtl. auch ein zweites Mal durch die Flotte geführt zu werden braucht, wenn es sich also vor allem nur um ein Tränken oder Imprägnieren handelt.

Abb. 170. Indigoküpe (Zittauer Maschinenfabrik A.-G., Zittau).

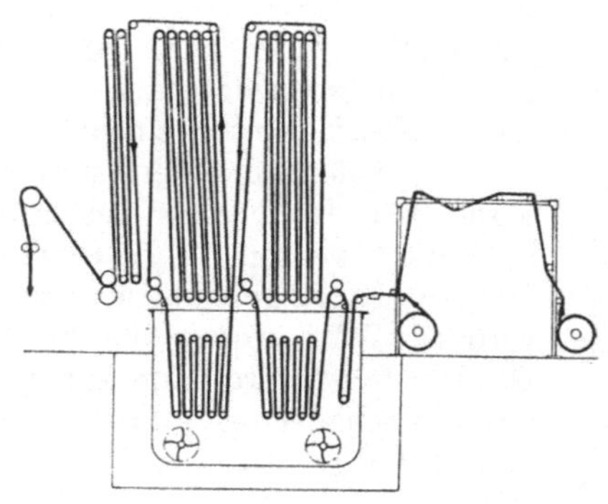

Abb. 171. Schema zur Indigoküpe.

So werden beispielsweise auch Appreturflotten auf Gewebe aufgetragen. Die Maschine besteht aus einem Trog oder Chassis aus Holz oder Kupfer (bzw. mit einer Kupferverkleidung), welcher sich nach unten verengt und dadurch im Querschnitt die Form eines Trapezes hat. In dem Trog liegen die Führungswalzen (je nach der Größe des Trogs und der Dauer des Warendurchgangs zwei oder mehrere), über dem Trog befinden sich zwei oder drei Quetschwalzen, um die Ware unmittelbar nach dem Tränken ein- evtl. zweimal abzupressen. Die Preßwalzen müssen eine gewisse Elastizität haben; man wählt entweder Holzwalzen, welche

Abb. 172. Färbefoulard (Zittauer Maschinenfabrik A.-G., Zittau).

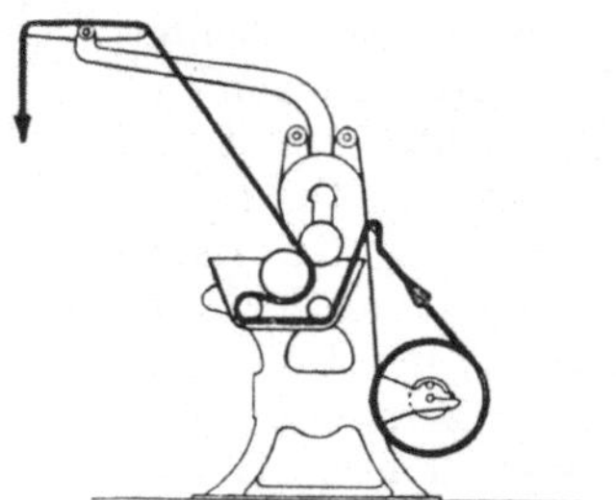

Abb. 173. Schema zum Färbefoulard.

mit Baumwollstoff umwickelt werden, oder Walzen aus Hartgummi, Kupfer oder Messing, welche erforderlichenfalls mit Baumwollstoff umwickelt werden. Um die Flotte erwärmen zu können, wird eine Dampfschlange am Boden entlang geführt. Entsprechend dem Verbrauch an Flotte wird durch Zufluß aus einem höher stehenden Flottenbehälter der Flottenstand im Chassis auf gleicher Höhe gehalten. Der Druck der Preßwalzen kann durch Gewichts-

und Hebelbelastung eingestellt werden. Geschwindigkeit der Warenführung, Größe des Trogs und Länge des Wegs können beliebig geregelt werden. Nach dem Durchführen und Abpressen wird die Ware entweder aufgewickelt oder von Zugwalzen abgelegt. Früher wurde der Flottenüberschuß mittels Holzklötzen von Hand abgepreßt, worauf die Bezeichnung „Klotzen" und „Klotzmaschine" zurückzuführen ist. Beim Klotzen müssen die Bäder derart stark angesetzt werden, daß die Faser bei dem kurzen Warendurchgang die erforderliche Menge an Badinhalt aufnimmt bzw. sich genügend dunkel einfärbt.

Das Färben im Apparat.

Beim Färben im Apparat wird, wie bereits erwähnt, die Farbflotte durch das ruhende oder festliegende Färbegut bewegt, gedrückt oder gesaugt.

Erstes Erfordernis der Apparatefärberei ist eine klar gelöste und klar bleibende Farbflotte. Ungelöste oder wieder ausgeschiedene Teilchen bleiben beim Durchströmen der Flotte an dem Färbegut, welches wie ein Filter wirkt, hängen, verursachen dadurch Flecke, verhindern einen gleichmäßigen Flottendurchgang und geben zu mancherlei Störungen Anlaß. Zum Färben in Apparaten sollte deshalb nur reines, weiches oder enthärtetes Wasser verwendet werden, am besten klares Kondenswasser. Nächstes Erfordernis zum Färben in Apparaten ist die Verwendung gut löslicher Farbstoffe und gut löslicher, reiner Chemikalien. Gut lösliche Farbstoffe geben nicht allein klare und beständige Färbeflotten, sie ziehen auch langsamer und infolgedessen gleichmäßiger auf die Faser auf, was bei der dicht gedrängten Form des Färbeguts im Apparat wichtig ist. Ferner sind diejenigen Farbstoffe und Verfahren am günstigsten, welche bei höheren Temperaturen oder bei Kochhitze gefärbt werden. Es lassen sich jedoch auch kalt färbende Farbstoffe und kalte Flotten verwenden; in diesem Fall ist durch die Konstruktion des Apparats für eine zuverlässig wirkende Flottenströmung Sorge zu tragen.

Beim Färben im Apparat werden sämtliche Vor-, Hilfs- und Nacharbeiten, wie Benetzen, Spülen, Nachbehandeln, Seifen usw., ohne Änderung der Lage des Färbeguts ausgeführt. Das Färbegut wird trocken in den Apparat gebracht und fertig zum Entwässern oder auch bereits entwässert zum Trocknen dem Apparat entnommen.

Die Bewegung der Färbeflotte erfolgt entweder durch eine Pumpe oder durch die Druckkraft von Gasen, durch Anwendung von Saugluft (Vakuum) und durch Druckluft (Kompression) oder Dampf.

Die Pumpe. Von Pumpen kommen Zentrifugal- oder Kreiselpumpen und Rotationspumpen zur Anwendung. Die Pumpe wird in geeigneter Weise neben oder unter dem Apparat aufgestellt und erhält ihren Antrieb durch die Transmission oder einen eigenen Elektromotor. Sie arbeitet selbsttätig, erfordert keine besondre Wartung und hat sich deshalb vorzugsweise eingeführt. Der Flottenkreislauf im Färbeapparat ist entweder einseitig oder wechselseitig. Beim einseitigen Flottenkreislauf wird die Flotte in gleicher Richtung durch das Färbegut gedrückt. Der Vorteil bei ihr liegt in der einfacheren Apparatur und dem Arbeiten ohne weitere Aufsicht. Der Nachteil liegt in der Möglichkeit des weniger gleichmäßigen Anfärbens. Beim wechselseitigen Flottenkreislauf ändert die Flotte in gewissen Zeiträumen ihre Stromrichtung, sie wird einmal von innen nach außen gedrückt, das andre Mal von außen nach innen geführt bzw. durchgesaugt. Der Vorteil des wechselseitigen Flottenkreislaufs liegt in der beßren Durchströmung des Materials. Ein Nachteil liegt in der verwickelteren Anlage und der Bedienung.

Saug- und Druckluft. Hier ist die Anlage eines Saug- und Druckluftkessels mit Luftpumpe, Rohrverbindung usw. erforderlich. Die Saug- und Druckluftkessel oder -stationen (s. Abb. 174) werden durch Rohrleitung mit dem Flotten- und Sammelbehälter verbunden. Die Luftpumpe erzeugt im einen Kessel den erforderlichen luftverdünnten Raum, das Vakuum, im andern Kessel die Druckluft, die Kompression. In die Rohrleitung eingebaute Manometer zeigen Vakuum und Überdruck an. Die Wirkung der Saug- und Druckluft ist um so günstiger, je stärker der Unterschied zwischen dem Atmosphärendruck erreicht wird. Bei der Flottenbewegung durch Saug- und Druckluft ist wechselseitige Strömung selbstverständlich. An Stelle der Druckluft kann, wenn bei Kochtemperatur gefärbt wird, gespannter Dampf treten, welcher die Flotte zurückdrängt und gleichzeitig heizt.

Abb. 174. Luftstation zum Färbeapparat (Zittauer Maschinenfabrik A.-G., Zittau).

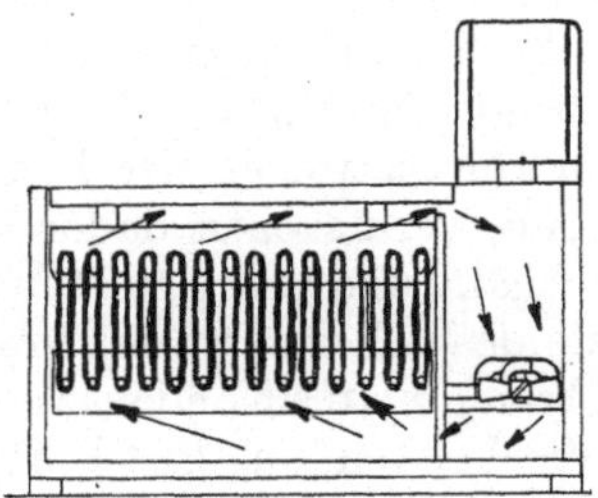

Abb. 175. Schema zum Färbeapparat mit Propeller (Zittauer Maschinenfabrik A.-G., Zittau).

Saug- und Druckluft werden häufig auch zum Entwässern und zum Durchlüften oder Oxydieren mit Luft (z.B. bei Schwefel- und Küpenfarben) angewandt.

Weiter kommen für die Flottenbewegung, wenn die Flotte keinen zu großen Widerstand zu überwinden hat, wie z. B. beim Färben von Stranggarn nach dem Hängesystem (doch weniger für Baumwolle), Propeller (s. Abb. 175) zur Verwendung.

Vorteile der Apparatefärberei. Die Vorteile bestehen a) zunächst im Ersatz der Handarbeit durch die mechanische Arbeit, b) ferner in der vollständigen Schonung des Färbeguts, c) in dem kurzen Flottenverhältnis, wodurch sich Ersparnisse an Material und Dampf ergeben, d) in der schnellen Bewältigung großer Partien (Stapelfarben).

Durch den Färbeapparat ist es überhaupt erst möglich geworden, die Gespinstfasern in einer Form zu färben, wie dies beim Färben auf der Kufe niemals möglich wäre, z. B. Halbgespinste, wie Kardenband oder Vorgarne, welche bei der zarten Beschaffenheit des Bandes kein hartes Anfassen (vor allen Dingen nicht im nassen Zustand erlauben), ferner fertiges Gespinst auf Wickeln, wie Kreuzspulen, konischen Spulen, Sonnenspulen und Kopsen. Beim Färben auf Wickeln ist das zweimalige Umspulen des fertigen Gespinstes zum Strang für die Zwecke des Färbens und vom Strang zur Spule für die Zwecke des Webens umgangen. Der Färbeapparat gestattet weiter ein Färben von gescherten Zettelbäumen, welche als große Wickel anzusprechen sind. Durch diese Vorteile hat sich die Apparatefärberei immer mehr eingeführt. Sie datiert seit 1882, als die Firma Obermaier & Co., Lambrecht, ihr erstes Patent auf einen Färbeapparat erhielt, welcher sich im Prinzip bis auf den heutigen Tag erhalten hat. Das Färben auf Apparaten hat jedoch das Färben auf der Kufe nicht vollständig zu ersetzen vermocht. Bei ständigem Wechsel der Farben, genauem Abmustern, wechselnden Größen oder Mengen der Färbepartien, überhaupt, wenn große Anpassungsfähigkeit an schnell und wechselnd gestellte Aufträge verlangt wird, bleibt das Färben auf der Kufe bestehen.

Färbeapparate.

Die Färbeapparate bestehen im wesentlichen aus drei Bestandteilen:

1. dem Flottenbehälter zur Aufnahme der Färbeflotte;
2. dem Materialträger zur Aufnahme des Färbeguts und
3. der Vorrichtung zur Bewegung der Färbeflotte, meistenteils einer Pumpe.

Die Färbeapparate werden an Wasser- und Dampfleitungen angeschlossen; allgemein werden für die Apparate — gewöhnlich höher aufgestellte — Vorratsflottenbehälter zur Aufnahme der gebrauchten Flotte vorgesehen. In gut eingerichteten Färbereien sind auch gesonderte Zuleitungen für Kondenswasser, gereinigtes Wasser und Brunnen- oder Leitungswasser zu dem einzelnen Apparat oder der Färbekufe gelegt, so daß nach Bedarf das jeweilig geeignete Wasser zur Verfügung steht. Die Form der Färbeapparate ist, abgesehen von der Größe, entweder zylindrisch oder rechteckig. Die Färbeapparate werden je nach dem Verwendungszweck aus Eisen oder Kupfer angefertigt. Für besonders hohe Anforderungen an die Beständigkeit gegen Chemikalien kommen Verkleidungen aus Nickelin oder auch Kautschuk in Frage. Für die Pumpe hat sich als widerstandsfähiges Material die Phosphorbronze bewährt. Dem in neuerer Zeit auftauchenden nichtrostenden Stahl eröffnen sich durch Verwendung zum Bau von Färbeapparaten günstige Möglichkeiten. Die Materialträger zur Aufnahme des Färbeguts sind in ihren Raummaßen der Form des Flottenbehälters angepaßt, demnach entweder zylindrisch oder rechteckig und aus demselben Material wie der Apparat selbst angefertigt.

Man unterscheidet ferner offene und geschlossene Apparate. Gebräuchlicher sind die offenen; dieselben sind leichter zugänglich und gewähren dadurch zahlreiche Vorteile. Die geschlossenen gestatten ein Färben unter Luftabschluß, was besonders beim Färben von Küpenfarbstoffen vorteilhaft ist.

Abb. 176. Färbeapparat mit Zentrifuge. Packsystem (Zittauer Maschinenfabrik A.-G., Zittau).

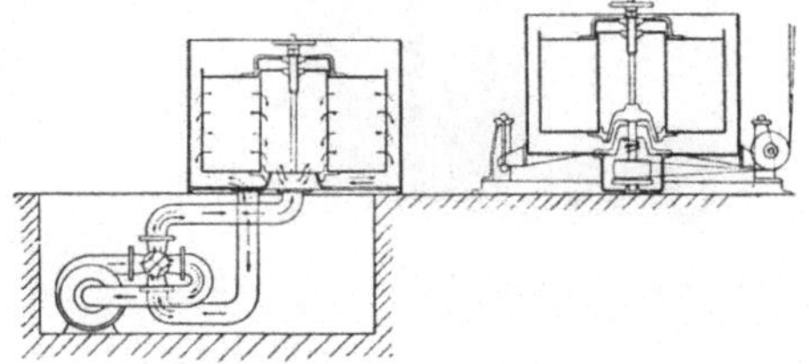

Abb. 177. Schema zum Färbeapparat mit Zentrifuge, Packsystem.

Pack- und Aufstecksystem. Nach der Beschickungsart der Apparate mit dem Färbegut unterscheidet man a) das Packsystem und b) das Aufstecksystem. Selten kommt zur Anwendung das Hängesystem für Stranggarn und das Färben im Schaum.

a) Beim Packsystem wird das Färbegut als gleichmäßig dichter Materialblock in den Materialträger, dessen gegenüberliegende Wandungen für den Flottenlauf durchlocht oder perforiert sind, eingepackt. Das Einpacken hat so zu erfolgen, daß die Färbeflotte beim Durchströmen überall auf gleich großen Widerstand stößt, also den Block gleichmäßig durchdringt. Die Wandungen des Materialträgers werden vor dem Einpacken mit angefeuchteten Tüchern ausgelegt; diese schmiegen sich glatt an die Wandungen an und verhindern das Hineingeraten von Faserteilchen in die Rohrleitung und zur Pumpe. Nach dem Einpacken wird die Partie mit feuchten Tüchern bedeckt und mit einem Deckel fest zugeschraubt (s. Abb. 176 u. 177).

Das Packsystem eignet sich zum Färben von dicht zusammengepacktem Material in großen Massen, z. B. von loser Baumwolle, zerrissenem Material, Lumpen, Strängen, jedoch auch von Kreuzspulen und Wickeln von Halbgespinsten.

Beim Einpacken von losem Material wird die in den Ballen fest zusammengepreßte Baumwolle durch einen Öffner oder wenigstens von Hand aufgelockert, Stranggarn wird trocken in richtig gelegten Lagen eingepackt. Beim Einpacken von Kreuzspulen oder Wickeln sind die sich ergebenden Hohl- und Zwischenräume mit schmiegsamem Packmaterial in passender Weise auszufüllen. Als Packmaterial eignen sich am besten lose Baumwolle, Spinnabfälle, gerissene Lumpen oder Sackleinen. Die Kreuzspulen werden auf perforierte Hülsen aufgespult und in die Hülse zur Schonung der Kreuzspule, um Deformationen vorzubeugen, Holz- oder Eisenstäbe durchgesteckt. Je nach der Bauart des Materialträgers werden die Kreuzspulen stehend oder liegend eingepackt, jedoch stets so, daß die Flotte sich senkrecht zur Achse der Kreuzspule bewegt.

Das Packsystem hat den Vorteil der größeren Leistung, es eignet sich besonders zum Färben von Massengut, zum Färben von Stapelfarben oder von Farben nach ausgearbeitetem Rezept. Es hat weiter den Vorteil des kürzesten Flottenverhältnisses mit den damit verbundenen Ersparnissen an Material und Dampf. Von Nachteil ist das schwierige, gleichmäßige Durchfärben des großen dichten Materialsblocks, infolgedessen auch das schwierige Nachmusterfärben. Leicht lösliche Farbstoffe in dunklen Ausfärbungen, z. B. Schwarz, sind am besten geeignet.

Abb. 178. Färbeapparat, Pack- und Aufstecksystem (Zittauer Maschinenfabrik A.-G., Zittau).

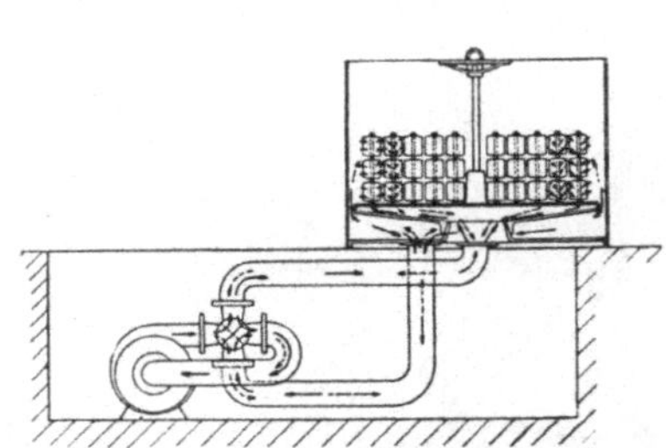

Abb. 179. Schema zum Färbeapparat, Pack- und Aufstecksystem.

b) Zum Färben nach dem Aufstecksystem (s. Abb. 178, 179) kommen nur Wickel in Frage, welche als Gespinst auf perforierte Hülsen gewickelt und als Wickel auf geeignete metallne, ebenfalls perforierte Aufsteckspindeln aufgesteckt werden. Von Wickeln sind gebräuchlich die Kreuzspule, die konische Spule, die Sonnenspule, die Kopse in verschiedenen Größen, auch Halbgespinste in geeigneter Wicklung sowie fertig gescherte Kett- oder Zettelbäume, welche für das Färben als große Wickel angesprochen werden können.

Kreuzspulen haben gleichmäßig zylindrische Wicklung, im Grundriß die Form eines Rechtecks, der Faden wird beim Aufwickeln kreuzweise hin und her geführt, was der Wickel den Namen „Kreuzspule" eingetragen hat. Die konische Spule hat in der Wicklung die Form eines abgestumpften Kegels, im Grundriß stellt sie ein gleichschenkliges Trapez dar, sie wird in neuerer Zeit von den Webereien wegen des bequemen Abspulens zum Scheren (wobei die konische Spule selbst nicht mitgeführt wird, sondern nur der Faden abläuft) bevorzugt. Sonnenspulen sind Kreuzspulen mit größerem Durchmesser und schmälerem Rücken, in der Wicklung zylindrisch. Sie werden in gewissen Industriegegenden bevorzugt, während sie in andern Bezirken unbekannt sind. Kopse werden in verschiedener Größe gewickelt; sie laufen am oberen Ende spitz zu und sind für die Weberei allgemein als Schußmaterial beim Weben vorgesehen.

Die Art der Wicklung, ob hart oder weich, ist bestimmend für das Färben in Apparaten. Meistenteils wird weiche Wicklung notwendig. Da der Weber für Schußkopse harte Wicklung benötigt, so ist es vorteilhafter, das Gespinst in weicherer Wicklung als Kreuz- oder konische Spule zum Färben in den Apparat zu geben; von dieser Wicklung kann die Kette direkt abgeschert werden, während für Schußgarne durch Umspulen harte Kopse gewickelt werden. Das Färben von Kreuzspulen bietet auch dem Färber Vorteile, er kann den Raum günstiger ausnützen, braucht weniger Wickel aufzustecken und abzunehmen, und die durchgehend zylindrischen Hülsen können im Apparat durch den Verschluß der Aufsteckspindel fest gelegt werden. Die Garne müssen derart auf die perforierten Hülsen aufgespult werden, daß die Perforierung der Hülse von dem Gespinst vollständig bedeckt ist und die Flotte sich keine Nebenwege suchen kann. Die Wickel werden auf

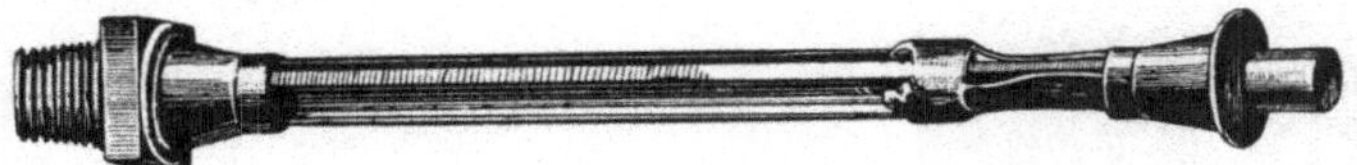

Abb. 180. Dreikantspindel (Geidner, Kempten).

passende perforierte Spindeln aus Nickelin aufgesteckt. Das Aufstecken der Wickel auf Färbespindeln hat dieser Färbeweise den Namen „Aufstecksystem" eingetragen. Bei den zylindrischen Hülsen werden durch ein passendes Verschlußstück die Hülse und damit die Wickel fest gelegt. Bei den Kopsen, deren oberes Ende spitz zuläuft, ist durch kräftiges Aufstecken auf die gut passende Kopsspindel ein Festsitzen herbeizuführen. Die Möglichkeit, daß bei der Flottenströmung von innen nach außen ein Kops durch den Druck der Flotte herausgestoßen wird, empfiehlt mehr das Färben von Wickeln mit zylindrischer Hülse, bei welchen ein Festsitzen durch den Apparat in allen Fällen gegeben ist.

Die Materialträger für das Färben im Aufstecksystem werden nach der Form des Färbeapparats rund oder rechteckig gebaut. Die runde Form der Materialträger nennt der Färber auch „Igel", besonders diejenigen für Kopsspindeln. Die Aufsteckspindeln sind je nach der Bauart des Apparats und der Form des Materialträgers senkrecht oder waagerecht angeordnet. Bei Wickeln mit zylindrischen Hülsen werden zur vergrößerten Leistung mehrere auf eine gemeinsame Färbespindel aufgesteckt, bei der waagerechten zwei nebeneinander, bei der senkrechten drei oder gar vier aufeinander. Die Aufsteckspindeln selbst werden in den Materialträger entweder mittels Schraubengewinde eingeschraubt oder seltener nur eingesteckt.

Die von den einzelnen Firmen gebauten sog. Universalfärbeapparate haben für die einzelnen Formen die verschiedenen geeigneten Materialträger.

Das Aufstecksystem beansprucht gegenüber dem Packsystem ein längeres Flottenverhältnis, es bleibt aber kürzer als bei dem Färben auf der Kufe. Je größer die Wickel im Durchmesser, desto günstiger kann der Flottenraum ausgenützt werden. Die einzelnen Wickel können von der Färbeflotte leichter durchdrungen werden, so daß nach dem Aufstecksystem auch ein beßres Durchfärben stattfindet.

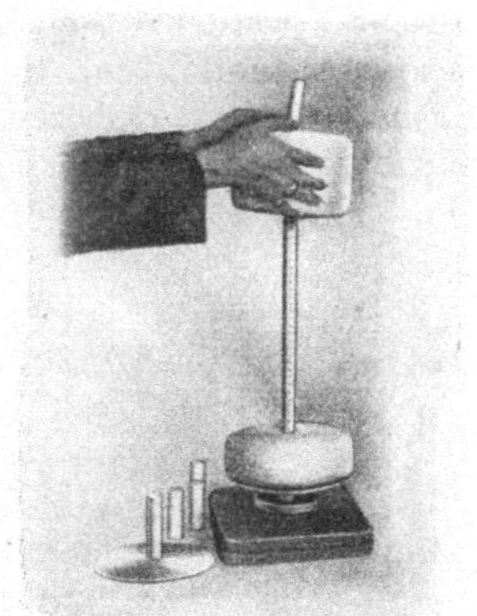

Abb. 181. Aufschiebeapparat (Erckens & Brix, Rheydt).

Die perforierten Aufsteckspindeln sind durch den Gebrauch der Möglichkeit des Verstopfens ausgesetzt und müssen daraufhin untersucht und erforderlichenfalls gereinigt werden, besonders bei den spitz zulaufenden Kopsspindeln ist die Möglichkeit des Verstopfens gegeben. Verstopfte Färbespindeln geben Veranlassung zu fehlerhaften Färbungen, weil dieselben ein allseitiges Durchströmen der Flotte verhindern.

Um ein Verstopfen der perforierten Färbespindel zu umgehen, empfiehlt die Firma Geidner, Kempten, Aufsteckspindeln ohne Perforation, sog. Dreikantspindeln; dieselben bilden im Querschnitt eine dreikantige Metallspindel, und die durch die Kanten sich ergebenden Kanäle dienen der Färbeflotte zum Durchströmen (s. Abb. 180).

Um die Papierhülsen zu ersparen, welche bei einmaligem Gebrauch unbrauchbar werden, wird auf das von der Firma Erckens & Brix, Rheydt, bzw. Cohnen, Grevenbroich (Rheinland), empfohlene Aufschiebeverfahren hingewiesen. Bei dem Verfahren der ersteren Firma werden die Garne in Form von Kreuz- oder Sonnenspulen auf Holzhülsen oder polierte Holzklötzchen gespult und die Garnwickel mittels Einschiebeapparat auf eine perforierte Metallhülse geschoben; es können dadurch mehrere Spulen dicht aufeinandergeschoben werden (s. Abb. 181).

Die Firma Krantz, Aachen, umgeht in ihrem Scheiben- oder Tellersystem „Spindellos“ die Metallaufsteckspindeln. Die Kreuzspulen werden entweder auf kochfeste perforierte Hülsen, welche wiederholt verwendet werden, aufgespult, oder es wird bei den gewöhnlichen perforierten Papierhülsen zu deren Schutz eine Nickelin-Einschiebehülse verwendet (s. Abb. 182 u. 183).

Die Firma Krantz in Aachen empfiehlt ferner zum Färben von Kreuzspulen das System „Hülsenlos“. Das Garn wird auf eine federnde Metallhülse aufgespult, welche nach der Abnahme des Dorns von der Hülse etwas zusammenspringt, so daß das Garn leicht von der Hülse abgeschoben werden kann.

Abb. 182. Färbeapparat System „Spindellos“ (H. Krantz, Aachen).

Einige Systeme von Färbeapparaten.

Von den gebräuchlichsten Färbeapparaten sind zu nennen die Färbeapparate der Firma Obermaier & Cie., Neustadt a. d. Haardt. Die Firma war die erste, welche Färbeapparate einführte. Die Apparate können auf Wunsch auch zum Färben nach dem Aufstecksystem mit zylindrischen Materialträgern (Igeln) eingerichtet werden. Bei dem Färben im Packsystem in Färbezylindern werden besondre Zentrifugen gebaut, in welche der Materialträger nach beendetem Färben mittels Hebezeuges eingesetzt wird, so daß das Material ohne Umpacken direkt durch Schleudern entwässert werden kann.

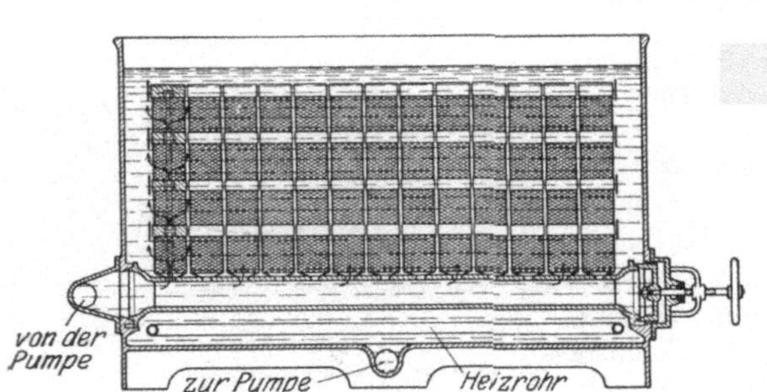

Abb. 183. Färbeapparat System „Spindellos“, Schnitt (H. Krantz, Aachen).

Zum raschen Entleeren nicht schleuderbarer Färbezylinder mit großer Fassung nach dem Packsystem kann der äußere perforierte Mantel mittels Hebezeuges hochgehoben werden, so daß das Färbegut freigelegt wird. Der Flottenkreislauf wird beim Färben nach dem Packsystem durch eine Zentrifugalpumpe einseitig von innen nach außen betätigt. Bei den Materialträgern nach dem Aufstecksystem werden die Wickel auf waagerecht angeordnete Spindeln aufgesteckt; gefärbt wird mit wechselnder Flottenrichtung, wozu eine Umsteuerung eingebaut wird.

Für Kettbaum- und Kreuzspulfärbungen werden spezielle Apparate offener Bauart mit Absaugung und neuerdings Apparate geschlossenen Systems mit Absaugung oder Kettenbaumschleuder, anwendbar für die heikelsten Färbungen, gebaut (s. Abb. 185, 186, 187).

Die Universalfärbeapparate der Firma H. Krantz, Aachen, werden mit vor- und rückwärts gehender Kreiskolbenpumpe geliefert. Die Form der Apparate ist rechteckig, Wickel werden auf waagerecht stehende Spindeln aufgesteckt. Die Materialträger werden mittels Metallkonusse dicht in den Flottenbehälter eingespannt.

Der Färbeapparat von Erckens & Brix, Rheydt, ist rechteckig gebaut und in zwei Abteilungen durch eine um etwa 10 cm niedrigere Zwischenwand geteilt. Am Boden jeder

Abteilung ist ein mit der Flottenverteilung in Verbindung stehendes Rohrsystem angelegt, in welches die Aufsteckspindeln eingesetzt bzw. eingeschraubt werden. Die Flottenbewegung wird durch eine in jeder Richtung arbeitende Rotationspumpe erzielt. Über die Zwischenwand, welche die beiden Abteilungen trennt und etwas über die Höhe der oberen Kreuzspulen reicht, fließt die Flotte von der einen Abteilung, in welche gedrückt wird, in die andre, von welcher angesaugt wird, über. Nach der neuesten Ausführung wird der Färbeapparat mit Umkehr- und Reduziergetriebe für direkten elektrischen Antrieb gebaut (s. Abb. 184).

Abb. 184. Färbeapparat von Erckens & Brix, Rheydt.

Der Färbeapparat von B. Thies, Coesfeld, benutzt als treibende Kraft für die Flottenbewegung Saug- und Druckluft und hat demzufolge eine Saug- und Druckluftstation, welche durch hoch geführte Röhren mit dem einzelnen Färbeapparat in Verbindung stehen, und deren Größe der Anzahl der zu bedienenden Apparate angepaßt ist. Die Apparate sind zylindrisch gebaut und hauptsächlich zum Färben nach dem Aufstecksystem und von gescherten Kettbäumen vorgesehen.

Die Firma U. Pornitz & Co., Chemnitz, baut ihre Färbeapparate für das Pack- und Aufstecksystem, auch zum Färben von gescherten Kettbäumen, letztere offen und geschlossen. Die Flottenbehälter sind elliptisch oder länglich zur gleichzeitigen Aufnahme von zwei Materialträgern, welche zylindrische Form haben. Die Flottenbewegung leistet eine Zentrifugalpumpe.

Die Zittauer Maschinenfabrik baut u. a. offene und geschlossene Kettenbaumfärbeapparate in stehender und liegender Bauart mit wechselnder Flottenrichtung, ebenso Kettenbaumschleudern in liegender und stehender Bauart (s. Abb. 185—187).

Abb. 185. Offener Kettbaumfärbeapparat mit Saugluftstation, liegende Anordnung (Zittauer Maschinenfabrik A.-G., Zittau).

Von der Firma Eduard Esser & Co., Görlitz, wird u. a. ein Färbeapparat „Knirps“ gebaut, ein Apparat für Kleinpartien. Der Apparat wird in zwei Größen hergestellt, in einer kleineren Type bis höchstens 5 kg Fassungsvermögen und in einer größeren Type bis höchstens 10 kg Fassungsvermögen. Auf dem Färbeapparat „Knirps“ kann sowohl nach dem Pack- als auch nach dem Aufstecksystem gefärbt werden, wobei jeweils die geeigneten Materialträger oder Einsätze verwendet werden. Der Flottenbehälter kann nach Lösen weniger Schrauben abgenommen und durch einen andern ersetzt werden.

Hängesystem.

Verhältnismäßig selten wird Baumwolle im Strang auf Färbeapparaten gefärbt. Stranggarnfärbeapparate werden von den Firmen Eduard Esser, Görlitz, H. Krantz, Aachen, Obermaier, Neustadt a. H., und Zittauer Maschinenfabrik, Zittau i. S., gebaut. In der Regel werden die Stränge dabei auf zwei Stäbe so gehängt, daß sich bei der wechselnden Flottenrichtung einmal oben und einmal unten ein freier Raum zum Durchgang der Färbeflotte durch die Strangschlaufen bildet, so daß ein gleichmäßiges Anfärben möglich ist.

Zu erwähnen ist noch das sog. Reitersystem der Firma H. Krantz, Aachen (s. u. Wollfärberei).

Das Färben im Schaum.

Das Färben im Schaum ist das denkbar einfachste Verfahren, da dasselbe keinerlei beweglicher Teile bedarf. Durch kräftiges Heizen mit indirektem Dampf und Zusatz eines Schaum gebenden Mittels, wie Türkischrotöl, wird ein dichter, zarter Schaum erzeugt und unterhalten, welcher als Säule das Färbegut einhüllt und übersteigt, dabei dasselbe überraschend leicht durchdringt und gleichmäßig anfärbt. Die erforderliche Einrichtung besteht aus einem rechteckigen oder quadratischen hohen Bottich, dessen Seiten 90—100 cm lang sind. Zur Aufnahme dient ein beweglicher Lattenkasten oder ein aus Latten angefertigter Behälter, welcher auf Füßen so hoch gestellt oder gehängt wird, daß sein Inhalt nicht mit der Flotte in direkte Berührung kommt. In den Lattenkasten wird das Färbegut lose eingeschichtet und der Kasten mittels Hebevorrichtung in den Färbebottich eingelassen. Gefärbt wird zwei oder mehr Stunden.

Zum Färben im Schaum sind nur solche Farbstoffe geeignet, welche kochend heiß gefärbt werden, also substantive und Schwefelfarben. Gefärbt werden im Schaum Kreuzspulen, Strang, lose Baumwolle, auch Kopse. Bei Wickeln auf zylindrischen Hülsen, wie Kreuzspulen, wird zuweilen in die Hülse ein Holz- oder Eisenstab eingesteckt, um Beschädigungen der Kreuzspulen vorzubeugen. Nach dem Färben wird der Lattenbehälter oder Materialträger durch Hebevorrichtung hochgehoben und das Färbegut in einem besondren Spülbad abgespült. Bei substantiven Farbstoffen wird ein Spülen häufig unterlassen, bei Schwefelfarben muß gespült werden. Nach dem Spülen wird geschleudert und getrocknet.

Abb. 186. Geschlossener doppelter Kettbaumfärbeapparat, stehende Anordnung (Zittauer Maschinenfabrik A.-G., Zittau).

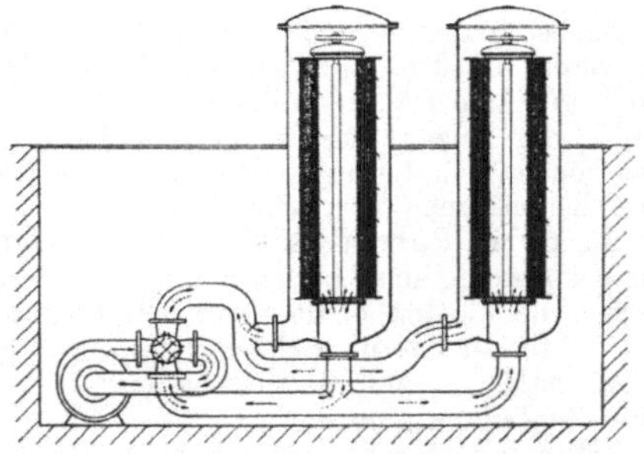

Abb. 187. Schema zum geschlossenen doppelten Kettbaumfärbeapparat, stehende Anordnung.

Im Schaumfärbeapparat werden in der Industrie hauptsächlich Kreuzspulen gefärbt und besonders in dunklen Stapelfarben wie Schwarz, z. B. Schwefelschwarz, Es können jedoch auch bunte Farben im Schaum gefärbt werden, besonders mit substantiven Farbstoffen.

Das Färben von Schatten, Flammen, Ombré, Rayé usw.

Dieses Färben geschieht in Strangform in der Weise, daß die gleichmäßig und dünn aufgestockten Garne, die je nach der gewünschten Frische und Lebhaftigkeit entweder gut vorgekocht oder vorgebleicht sind, im trocknen Zustande in die Farbstofflösungen eingetaucht werden, ohne daß die Stränge stark bewegt oder umgezogen werden.

Das Abtönen der einzelnen Stufen kann a) von hell nach dunkel oder b) von dunkel nach hell erfolgen.

a) Im ersteren Falle hebt man die Garne nach kurzer Zeit des Eintauchens immer mehr aus der Farbflotte heraus, je nach der gewünschten Abstufung um 5—10 cm. Dies geschieht durch Gestelle, die auf oder an der Farbkufe angebracht sind, und die von Stufe zu Stufe höher gestellt werden. Das Färbebad wird entsprechend dem gewünschten Effekt immer mehr verstärkt. Zum Schluß wird das Ganze leicht gespült, geschleudert und getrocknet.

Ein andrer Weg besteht darin, daß die vorbereiteten Garnstränge auf den Stöcken ruhen gelassen werden, und die Farbflotte hell angesetzt, dann von Stufe zu Stufe abgelassen und mittels genau eingestellter Farbstofflösung entsprechend verstärkt wird. Zum Schluß wird gespült und getrocknet.

b) Das Bad wird für den dunkelsten Ton angesetzt und das Material durch gleichmäßiges Herausheben und Aufsetzen der Ware auf die Gestelle nach genau festgelegtem Maß und nach entsprechender Verdünnung des Bads stufenweise heller gefärbt.

Diese Arbeiten verlangen größte Sauberkeit und peinlich genaue Berechnung der Flottenverstärkung bzw. Flottenverdünnung.

Meist werden direkte, möglichst gut und gleichmäßig aufziehende substantive Farbstoffe verwendet; auch Schwefelfarbstoffe und basische Farbstoffe sind brauchbar.

Sollen die „Farben"übergänge von Stufe zu Stufe ineinander überfließen, so läßt man die Garne offen, sollen die Abgrenzungen scharf sein, bzw. soll Weiß und Farbig miteinander wechseln (Ringelgarne, Jaspures), so unterbindet man die ganzen Stränge stark oder zieht die Garne durch Holz- oder Metallringe. Auch durch zusammenschraubbare Zwingen kann man besondre Effekte erzielen.

Nicht unerwähnt möge bleiben, daß neben dieser Art der Garnfärberei im Strang sich auch durch Ablaufenlassen bestimmter Fadenlängen von gut vorgekochten und vorgebleichten Kreuzspulen in verschiedene Farbflotten und Abquetschungen zwischen Gummiwalzen Effekte erzielen lassen, die für Schattierungen brauchbare Wirkungen ergeben.

Vielfach werden Flammeneffekte auch durch ein- oder mehrfarbigen Aufdruck auf die Garne, sei es mit der Hand oder mittels kleiner Handdruckmaschinen hergestellt (Flammdruck).

Färben der übrigen Pflanzenfasern (außer Baumwolle).

Zu den industriell verarbeiteten Pflanzenfasern gehören ferner außer Baumwolle: das Leinen, der Hanf, die Ramie, Kapok, Nessel, Jute, Kokosfaser. Es sind wohl noch weitere pflanzliche Fasern bekannt, deren Bedeutung und Verarbeitung jedoch nicht weiter nennenswert ist (s. a. Gespinstfasern).

Die Verfahren zum Färben der verschiedenen Pflanzenfasern stimmen mit denjenigen für Baumwolle mehr oder weniger überein, soweit die chemische Zusammensetzung derselben von derjenigen der Baumwolle nicht zu sehr abweicht und in der Hauptsache aus Cellulose besteht. Eine Ausnahme in dem chemischen Aufbau machen die Jute und die Kokosfaser, die auch beim Färben ein etwas abweichendes Verhalten gegenüber Baumwolle zeigen.

Färben von Leinen.

Die Flachs- oder Leinfaser (s. d.) enthält neben der Cellulose erhebliche Mengen von Begleitstoffen, z. B. von Pektinkörpern und Lignin. Sie liefert ein glattes Gespinst von edlem Glanz, größerer Festigkeit aber geringerer

Elastizität als die Baumwolle. Das Leinen, welches nur in Form von Stranggarn oder Geweben, evtl. gemischt mit Baumwolle als Halbleinen, zum Färben gelangt, wird zur Reinigung erst mit 3—10% Soda calc. vom Gewicht der Ware abgekocht und dann gut gespült. Die natürliche Eigenfarbe des Rohleinens läßt nur das Färben von dunklen Farben zu, für mittlere oder gar lebhaftere Töne ist ein Vorbleichen, wenigstens in einem entsprechenden Bleichgrad, $^1/_2$ oder $^3/_4$ Bleiche, erforderlich. Ein deutliches Aufhellen des rohen Grundes erzielt man durch Absäuern nach dem Kochen in einem Bad von Salz- oder Schwefelsäure; dadurch wird das gerbsaure Eisen, welches beträchtlich an der Rohfarbe des Leinens beteiligt ist, aufgelöst und abgezogen. Eine Behandlung mit Blankit führt ebenfalls ein Aufhellen der Rohleinenfaser herbei (s. a. Leinenbleicherei).

Das Färben des Leinens weist gegenüber dem Färben der Baumwolle keine grundsätzlichen Unterschiede auf. Sämtliche Farbstoffe für Baumwolle sind ohne weiteres zum Färben von Leinen geeignet. Beim Färben von Leinen ist indessen zu beachten, daß die Faser härter und spröder als Baumwolle ist und sich infolgedessen schwieriger durchfärben läßt. Man sucht infolgedessen das Aufziehen der Farbstoffe durch Zusätze von Türkischrotöl, Monopolseife oder Seife zu verzögern, geht bei niederer Temperatur ein und steigert die Temperatur beim Färben nur langsam. Man wählt für das Färben von Leinen auch möglichst solche Verfahren, welche bei kurzer Behandlung zum Ziel führen. Umständliche und langwierige Färbeverfahren sind für Leinen nicht empfehlenswert. Bei zu langer Behandlung in der Färberei besonders beim Umziehen von Stranggarn verliert das Leinen den inneren Zusammenhalt, der Faden, ursprünglich glatt und glänzend, wird rauh und unansehnlich, büßt an Glanz ein, reißt häufig entzwei, so daß eine derart gefärbte Partie von Leinenstranggarn „zerrissen“ oder gar „verwirrt‘ erscheint. Durch die härtere, sprödere Beschaffenheit färbt sich das Leinen in einem trüberen, kahleren Ton ein als Baumwolle. Leinen erfordert durch seine harte, spröde Beschaffenheit wohl etwas weniger Farbstoff, dafür müssen die Farbtöne mit lebhafter färbenden Farbstoffen hergestellt werden als bei Baumwolle.

Beim Färben mit direkten oder substantiven Farbstoffen setzt man dem Färbebad etwas Türkischrotöl oder ein geeignetes, besonders gegen hartes Wasser beständiges Sulfoleat oder Seife zu, um ein langsameres Aufziehen und ein beßres Durchfärben zu erzielen. Derartige Zusätze erhöhen gleichzeitig die Weichheit und sind dem Glanz dienlich, während ein reichlicherer Zusatz von Soda den Glanz verringert. Die Menge Salz zum Aussalzen der Farbstoffe ist ebenfalls zu verringern und am besten in zwei Portionen zuzugeben.

Beim Färben von Schwefelfarbstoffen wird die Menge Schwefelnatrium zum Lösen des Farbstoffs erhöht, zum Verzögern des Aufziehens des Farbstoffs Türkischrotöl oder ein Färbeöl zugesetzt und die Menge an neutralem Salz verringert.

Für die höchsten Ansprüche an Beständigkeit kommen die Küpenfarbstoffe in Anwendung, welche sich nach den Vorschriften für Baumwolle färben lassen.

Zu erwähnen ist die seit ältester Zeit gebräuchliche Blaufärberei von Leinen, besonders von Leinwand. Die Gewebe, sowohl Rein- als auch Halbleinen werden auf der Indigoküpe dunkelblau gefärbt. Man färbt entweder (wie schon früher üblich) auf dem Sternreifen (s. Abb. 188, 189) auf der Zinkstaub- oder Eisenvitriolküpe und gibt, um eine möglichst gut durchgefärbte Ware zu erhalten, mehrere Züge von längerer Dauer, auf einer farbschwachen Küpe beginnend und auf farbstärkeren weiterfärbend, bis die gewünschte Farbtiefe erreicht ist; auch kann auf der Hydrosulfitküpe gefärbt werden. Um beim Vergrünen nach dem Färben auf der Küpe ein gleichmäßiges Blau zu erhalten, wird beim Färben im Sternreifen dieser nach jedem Zug gewendet, oder die Ware wird nach einer Anzahl Zügen umgehängt, so daß in beiden Fällen der untere Teil der

Ware nach oben gekehrt wird und das Abfließen der Küpenflotte sich über beide Warenhälften erstreckt. Vor dem Absäuern wird die Ware zweckmäßig getrocknet und dann warm abgesäuert. Schneller färbt man Leinen auf der satzfreien Hydrosulfitküpe und im Continuesystem (s. Abb. 168ff.).

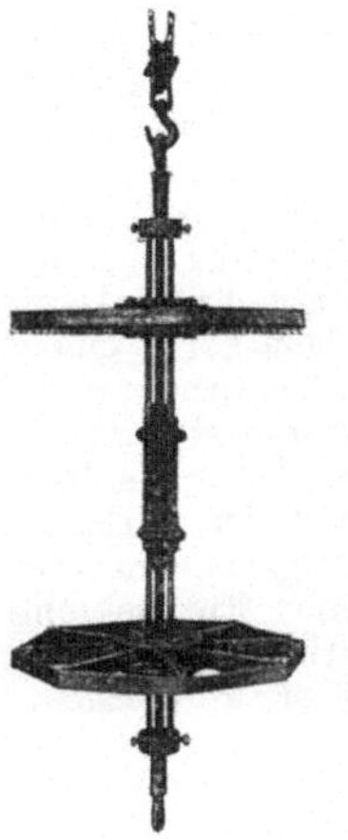

Bei basischen Farbstoffen, welche sich in den lebhaften Farben auf dem glänzenden Leinen vorteilhaft ausnehmen, ist ein Vorbeizen erforderlich, entweder mit Tannin-Antimon oder mit Katanol. Beim Beizen mit Gerbstoffen setzt man zum beßren Durchdringen das Beizbad kochend heiß an und läßt es nach Einlegen der Ware erkalten. Das Färbebad wird mit Essigsäure, Alaun oder schwefelsaurer Tonerde versetzt, um einem zu raschen Aufziehen des Farbstoffs vorzubeugen. Die Affinität der basischen Farbstoffe zu Leinen ist wegen der Begleitsubstanzen der Faser zwar etwas größer als zu Baumwolle, doch kann das Vorbeizen für satte Färbungen nicht entbehrt werden.

Abb. 188. Sternreifen (Tauchküpe) (Zittauer Maschinenfabrik A.-G., Zittau).

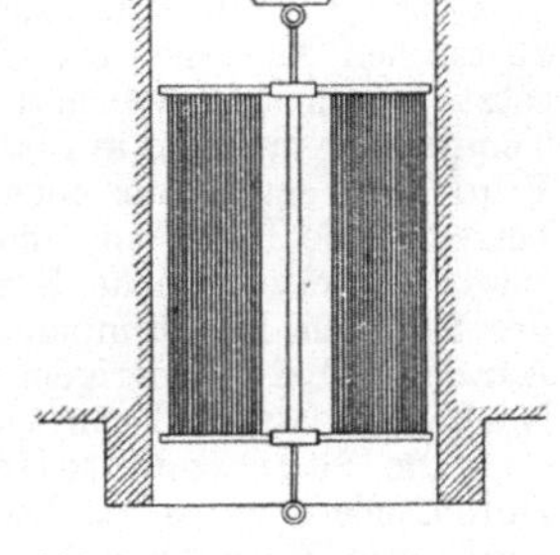

Abb. 189. Schema zum Sternreifen (Tauchküpe).

Die Eigenschaften der Färbungen stimmen mit denjenigen auf Baumwolle überein. Die Färbungen mit substantiven oder Schwefelfarbstoffen können durch Aufsatz mit basischen Farbstoffen geschönt werden. Der Glanz bei Stranggarn kann durch Trockenwinden oder Chevillieren nach dem Färben und Trocknen verstärkt und gleichzeitig die Weichheit erhöht werden.

Färben von Hanf, Ramie, Nesselfaser u. dgl.

Hanf ist gröber und dementsprechend fester und zäher als Leinen. Beim Färben, soweit es in Frage kommt, gilt dasselbe wie für Leinen. Die weiteren pflanzlichen Fasern, Ramie oder Rhea, Chinagras und Nesselfaser, werden in der für Baumwolle üblichen Weise gefärbt. Da die Fasern von Natur aus ziemlich rein sind, so genügt vor dem Färben ein Netzen der Fasern in einem 60—80° heißen, schwach soda-alkalischen Bade. Basische Farbstoffe erfordern eine Vorbeize von Gerbsäure-Antimon bzw. Katanol. Bei einfacher Färbeweise und, wenn keine besonderen Anforderungen gestellt werden, kommen die direkten Baumwollfarbstoffe in Anwendung, bei höheren Anforderungen Schwefel- oder Küpenfarbstoffe. Ramie vereinigt in ihren Eigenschaften diejenigen der Baumwolle und des Leinens. Sie besitzt den edlen Glanz und den glatten, gleichmäßigen Faden des Leinens und die Weichheit und Geschmeidigkeit der Baumwolle.

Die Nesselfaser zeichnet sich durch Weichheit, Geschmeidigkeit und angenehmen Glanz aus. Durch die in neuerer Zeit sich mehr und mehr einführende Kunstseide werden die letztgenannten Pflanzenfasern langsam verdrängt.

Kapok netzt sich sehr schwierig und ist sehr voluminös, weshalb sie sich als Füllmaterial für Polsterungen und wegen ihrer wasserabstoßenden Eigenschaften für Schwimm- und Rettungsgürtel vorteilhaft eignet. Es wird zunächst in kochendem Wasser unter Zusatz von Türkischrotöl oder Monopolseife genetzt. Zum Färben kommen hauptsächlich direkte Baumwollfarbstoffe und basische Farbstoffe auf Vorbeize in Anwendung. Kapok benötigt mehr Farbstoff als Baumwolle für die gleiche Farbtiefe. Alkalien sind möglichst zu vermeiden, demnach auch die mit reichlichem Zusatz von Alkalien gefärbten Schwefel- oder Küpenfarbstoffe, weil dieselben den Glanz beeinträchtigen und den Zusammenhalt benachteiligen. Die Menge Salz kann erhöht werden.

Färben der Jute.

Die Jute ist stark verholzt und hat große Affinität zu Farbstoffen. Sie wird in den meisten Fällen auf einfache Art gefärbt. Die Rohjute wird zum Benetzen mit kochendem Wasser abgebrüht oder wenigstens in heißem Wasser benetzt. Ein deutliches Aufhellen erzielt man durch ein heißes Absäuern mit Salz- oder Schwefelsäure und Spülen oder durch eine Behandlung mit Blankit.

Werden besonders reine Farben gewünscht, so ist die Jute vorzubleichen. Zu diesem Zweck wird die Jute erst mit 2—3 % Soda abgekocht, mit heißem und kaltem Wasser gespült und entweder mit Hypochloriten oder mit Kaliumpermanganat und schwefliger Säure gebleicht. Das Bleichen geschieht im allgemeinen nach den bei Baumwolle üblichen Verfahren. Zu beachten ist, daß Jute von Chemikalien leichter angegriffen wird, so daß man besonders bei der Chlorbleiche vorsichtig verfahren muß. Angewandt werden basische, substantive und Säurefarbstoffe. Wenn höhere Anforderungen an die Farbechtheit gestellt werden, so kommen die Schwefelfarbstoffe und bei besonders hohen Echtheitsanforderungen sowie bei lebhaften Tönen die Küpenfarbstoffe in Frage.

Die basischen Farbstoffe färben direkt auf Jute ohne besondre Vorbeize und geben lebhafte Farben; dieselben werden bevorzugt, wenn hinsichtlich der Reib- und Lichtechtheit keine zu hohen Anforderungen gestellt werden. Das Färbebad wird mit etwas Alaun versetzt oder mit Essigsäure korrigiert (der Härte des Wassers entsprechend), um einem zu raschen Aufziehen des Farbstoffs vorzubeugen. Man geht bei niederer Temperatur ein, setzt den gut gelösten und filtrierten Farbstoff in mehreren Portionen zu und steigert die Temperatur langsam auf 60—70°. Bei dieser Temperatur werden lebhaftere Töne erhalten. Wird die Temperatur noch höher gesteigert, auf 90° oder mehr, so dringt der Farbstoff besser in die Faser ein, und die Reibechtheit wird verbessert, die Lebhaftigkeit geht aber etwas zurück. Manche Farbstoffe erfordern zum Aufziehen und zur vollen Entwicklung des Farbtons Kochtemperatur, wieder andre dürfen nicht über 70° gefärbt werden, z. B. Auramin. Bei schwierigem Egalisieren wird der Zusatz von Alaun oder Essigsäure erhöht. Nach dem Färben kann gespült werden.

Die Säurefarbstoffe ziehen direkt auf Jute und werden angewandt, wenn gutes Durchfärben, gutes Egalisieren und eine gewisse Lichtechtheit verlangt wird. Gefärbt wird unter Zusatz von 1—5 % Alaun oder $^1/_2$—1 % Ameisensäure oder 2—4 % Essigsäure 6° Bé. An Stelle von Alaun kann auch Glaubersalz (10—20 % kryst.) und Essigsäure oder 1—$2^1/_2$ % Oxalsäure treten. Man geht heiß evtl. direkt kochend ein, treibt zum Kochen, färbt $^1/_2$ Std. bei Kochtemperatur und läßt 20—30 Min. bei abgestelltem Dampf in freiwillig erkaltendem Bade nachziehen. Zum Schluß wird ohne zu spülen getrocknet.

Die substantiven oder direkten Baumwollfarbstoffe werden zum Färben von Jute benutzt, wenn gutes Durchfärben, besonders bei schwer durchfärbendem Material, verlangt wird; die Färbungen sind gut reib- und verhältnismäßig gut wasserecht. Man färbt unter Zusatz von 5—20 % Glaubersalz kryst. oder der Hälfte Kochsalz bei Kochhitze $^3/_4$—1 Std., indem man heiß oder direkt kochend eingeht und bei satten Farben die letzten 15—20 Min. im freiwillig erkaltenden Bad nachziehen läßt. Ein Zusatz von Soda wird gewöhnlich unterlassen, weil sie die Jute zu sehr bräunt, so daß trübere Töne erhalten werden. Bei dunklen Farben oder für Schwarz wird Soda zugesetzt, $^1/_2$% oder bei Schwarz 2%. Nach dem Färben wird gut gespült.

Schwefelfarbstoffe dürften für Jute seltener zur Verwendung kommen, da besondre Echtheitsanforderungen bei Jute kaum gestellt werden und substantive oder saure Farbstoffe bei geeigneter Wahl Färbungen von ausreichenden Eigenschaften liefern; nötigenfalls werden sie unter Zusatz der erforderlichen Menge Schwefelnatrium in kochendem Wasser gelöst und ähnlich wie auf Baumwolle unter Zusatz von Soda und Salz 1 Std. nahe bei Kochhitze, evtl. bei 60—70°, gefärbt. Nach dem Färben wird abgequetscht und gut gespült.

Die Küpenfarbstoffe lassen sich nach dem Baumwollverfahren auch auf Jute färben; sie dürften aber nur in vereinzelten Fällen gefärbt werden, wenn besonders hohe Anforderungen an Licht-, Wasser- und Waschechtheit bei gleichzeitig lebhaftem Ton gestellt werden.

Färben der Kokosfaser.

Das Färben der Kokosfaser stimmt ziemlich mit demjenigen der Jute überein. Es kommen in Anwendung die basischen Farbstoffe (für lebhafte Farben, dieselben färben schwieriger durch, neigen zum Abreiben und sind weniger lichtecht), die sauren Farbstoffe (für gutes Durchfärben und Egalisieren, die damit erhaltenen Farben sind verhältnismäßig reib- und lichtecht), die substantiven (für gutes Durchfärben und für reib- und ziemlich wasserechte Färbungen). Die basischen Farbstoffe werden unter Zusatz von Alaun oder Essigsäure von lauwarm bis heiß bzw. kochend gefärbt, die sauren unter Zusatz von $^1/_2$—3 % Alaun kochend und die substantiven unter Zusatz von 5—15 % Kochsalz oder Glaubersalz kochend. Ein Zusatz von Soda ist nur bei Schwarz zu empfehlen.

Färben von Papiergarn und -geweben.

Das Färben von Papiergarn und Geweben entspricht demjenigen der pflanzlichen Fasern. Charakteristisch für Papiergarne ist die beträchtliche Festigkeitsabnahme im nassen Zustand, auf welche beim Färben Rücksicht zu nehmen ist.

Die Papiere erhalten durch das sog. Leimen mit Harzseife und schwefelsaurer Tonerde eine regelrechte Beize, so daß sowohl die basischen als auch die sauren Farbstoffe auf

Papierwaren direkt ohne besondre Vorbeize ziehen. Die Lösungen der basischen Farbstoffe werden durch Harzseife und schwefelsaure Tonerde in ähnlicher Weise ausgefällt wie durch Tannin und Brechweinstein.

Basische Farbstoffe werden auf Papier ohne jede Vorbehandlung gefärbt. Man beginnt mit dem Färben kalt und erwärmt langsam auf 60—70°. Nach dem Färben wird gespült. Für lebhafte volle Farben ohne besondre Echtheitseigenschaften ist das Färben mit basischen Farbstoffen vorteilhaft.

Saure Farbstoffe färben ebenfalls direkt auf Papier. Man geht in das mit Farbstoff und Alaun beschickte heiße bis kochende Bad ein und färbt bei abgestelltem Dampf 1 Std. Statt Alaun kann auch Glaubersalz und Ameisensäure verwendet werden. Nach dem Färben wird abgepreßt und ohne zu spülen getrocknet. Manche sauren Farbstoffe ziehen und fixieren sich so gut, daß nach dem Färben auch gespült werden kann.

Substantive Farbstoffe werden wie auf Baumwolle im kochend heißen Bad bei abgestelltem Dampf unter Zusatz von Glaubersalz oder Glaubersalz und Soda gefärbt. Durch das Färben ohne Soda bleibt die Leimung besser erhalten, bei Zusatz von Soda wird das Papier etwas weicher. Die substantiven Farbstoffe werden in erster Stelle zum Färben von Papier benutzt; die Färbungen genügen den meisten Anforderungen.

Auch Diazotierungsfarbstoffe kann man verwenden, wenn lichtechte Farben verlangt werden, z. B. die Diazolichtfarbstoffe und Diazoechtfarbstoffe. Man färbt in üblicher Weise unter Zusatz von Glaubersalz oder Glaubersalz und Soda, spült, diazotiert 20—30 Min. in einem kalten Bad von 1,5—3 % Nitrit vom Gewicht der Ware und der doppelten Menge Schwefelsäure oder der dreifachen Menge Salzsäure und entwickelt mit Beta-Naphthol oder einem geeigneten Entwickler 20—30 Min. kalt.

Für lichtechte, auch waschechte Farben sind die Schwefelfarbstoffe geeignet. Der Farbstoff wird zusammen mit Schwefelnatrium in kochendem Wasser gelöst, das Bad aufgekocht, das Salz zugegeben, der Dampf abgestellt und 1 Std. gefärbt. Nach dem Färben wird abgequetscht und kräftig gespült bzw. bei manchen Farbstoffen erst an der Luft zur Oxydation verhängt und gespült. Für helle Farben ist die Menge Schwefelnatrium zu erhöhen.

Für höchste Anforderungen, z. B. an Lichtechtheit, auch Wasser- und Waschbeständigkeit bei gleichzeitig lebhaften Farbtönen, kommen schließlich die Küpenfarbstoffe in Anwendung. Der Küpenfarbstoff wird mit Hydrosulfit und Natronlauge im Färbebad verküpt und bei der vorgeschriebenen Temperatur aufgefärbt. Nach dem Färben wird abgequetscht, an der Luft verhängt oder sofort gespült, dann wird mit Schwefelsäure, Ameisensäure oder Essigsäure (1—2 cm³ pro Liter Flotte) gespült und heiß oder kochend geseift.

Färberei und Veredlung der Kunstseide.

Von W. Keiper.

Literatur: Fachzeitschriften. — Herzog, R. O.: Kunstseide (Färberei der Kunstseide von A. Oppé). — I. G. Farbenindustrie: Tabellarische Übersichten und Zirkulare. — Lehne, A.: Textilchemische Erfindungen. — Stadlinger, H.: Das Kunstseiden-Taschenbuch. — Textilforschungsanstalt Krefeld: Mitteilungen **1925—1928.**

Allgemeines.

Die zur Zeit im Handel befindlichen Kunstseiden lassen sich bekanntlich nach ihrer Herstellung in vier Arten einteilen (s. Kunstseidenherstellung): in Nitro-, Kupfer-, Viscose- und Acetatkunstseide. Von diesen zeigen die drei ersten Arten als regenerierte (denaturierte) Cellulosen in ihrem Verhalten große Ähnlichkeit mit der Baumwolle, so daß sich auch die einzelnen Veredlungsverfahren an diejenigen der Baumwolle eng anlehnen. Acetatseide nimmt dagegen als Celluloseester eine Sonderstellung unter allen Textilfasern ein und verlangt daher auch völlig abweichende Veredlungsverfahren.

Für die aus regenerierter Cellulose bestehenden Kunstseidensorten ist eine starke Quellbarkeit in Wasser und wäßrigen Flüssigkeiten charakteristisch, die auf der einen Seite eine schnelles Eindringen der Chemikalien ermöglicht, auf der andern Seite aber die Naßfestigkeit der Fasern sehr herabsetzt. Hiermit im Zusammenhang stehen das starke Anfärbevermögen dieser Kunstseiden, aber auch ihre Neigung zu unegalen Färbungen und ihre Empfindlichkeit gegen chemische und mechanische Einwirkungen im nassen Zustande. Es hat deshalb nicht an Versuchen gefehlt, diese Quellbarkeit durch Nachbehandlung der fertigen Kunstseide, z. B. durch Einwirkung von Formaldehyd[1] (Sthenosieren) zu vermindern. Die Verfahren haben aber keine technische Bedeutung erlangt, da sich die Einwirkung auf die Oberfläche des Fadens beschränkt und Anfärbbarkeit und Dehnbarkeit stark leiden.

Größere Erfolge in dieser Richtung brachte dagegen die Verbeßrung in der Fabrikation selbst, insbesondre die Herstellung von Einzelfasern mit möglichst feinem Titer. Auch die neue LILIENFELD-Seide[2], bei der die als Fällbad benutzte starke Schwefelsäure auf den Faden gleichzeitig pergamentierend wirkt, soll sich durch besonders gute Naßfestigkeit auszeichnen. Aber trotz aller Fortschritte muß der Veredler auch heute noch dieser Empfindlichkeit der regenerierten Cellulosen in nassem Zustande stets Rechnung tragen. Jede mechanische Behandlung der nassen Kunstseide ist auf ein Mindestmaß zu beschränken, insbesondre ist das Abwinden nasser Stränge oder das starke Pressen nasser Gewebe zu vermeiden. Ebenso ist zu beachten, daß auch zu lange oder zu heiße Behandlung in den Bädern den Glanz und die sonstigen Eigenschaften der Kunstseide schädigen kann. Diese Gefahr wird natürlich erhöht, wenn gleichzeitig Cellulose abbauende Chemikalien, wie Säuren, Oxydationsmittel usw., zugegen sind, oder wenn die Bäder zu starke alkalische Reaktion aufweisen. Auch beim Trocknen der Kunstseide ist Vorsicht geboten; es sollte allgemeine Regel sein, stets bei möglichst niedriger Temperatur zu trocknen. Die Empfindlichkeit der drei Kunstseidensorten ist verschieden, durchweg verlangt Nitroseide die größte Schonung, während Viscose- und Kupferseide etwas weniger empfindlich sind.

Ganz andere Eigenschaften weist die Acetatkunstseide auf, die bekanntlich aus Acetylcellulose besteht. Durch die Acetylierung der Hydroxylgruppen ist die Quellbarkeit im Wasser nahezu aufgehoben, so daß die Acetatseide dem Eindringen wäßriger Flüssigkeiten einen ähnlichen Widerstand wie fettartige Körper entgegensetzt. Die sonst üblichen Färbeverfahren sind auf Acetatseide deshalb nicht anwendbar, ein Umstand, der lange Zeit die Veredlung der Acetatseide sehr erschwerte.

Aber auch zwischen den einzelnen Arten der regenerierten Cellulosen sind Unterschiede im färberischen und sonstigen Verhalten vorhanden, die bei den einzelnen Veredlungsverfahren berücksichtigt werden müssen. Es ist somit unbedingt erforderlich, daß der Färber über die Art der zu färbenden Kunstseide unterrichtet ist. Im Zweifelsfalle kann er sich jedoch durch folgende einfache Prüfungsmethoden leicht selbst überzeugen: Acetatseide ist in Aceton löslich und gibt beim Annähern an eine kleine Flamme eine glasige spröde Masse. Nitroseide färbt sich mit einer Lösung von Diphenylamin in konzentrierter Schwefelsäure blau. Kupferseide färbt sich in einem Gemisch von Pelikantinte 4001 der Firma Günter Wagner und einer Eosinlösung blau, Viscose dagegen rot[3].

Die Schwierigkeiten bei der Veredlung werden dadurch noch erhöht, daß auch die Kunstseiden gleicher Art nicht völlig übereinstimmen. Es wird dieses verständlich, wenn man bedenkt, daß schon natürliche Fasern gleicher Art je nach ihrer Herkunft färberische Unterschiede aufweisen können, daß aber die Kunstseide ihre Entstehung einem Prozesse verdankt, der bei aller technischen Vervollkommnung gegenüber den natürlichen Wachstumsvorgängen als recht grob bezeichnet werden muß. So kommt es, daß nicht nur gleich-

---

[1] D.R.P. 197965. [2] Seide **1928**, 298.

[3] R.A.L. Druckschrift Nr. 380 B. — S. a. HEERMANN: Färberei- und textilchemische Untersuchungen. 5. Aufl. Berlin: Julius Springer 1929. — STADLINGER: Die Kunstseide **1928**, 245.

artige Kunstseiden verschiedener Herkunft, sondern auch verschiedene Spinnpartien derselben Kunstseidenfabrik Unterschiede beim Färben ergeben können. Man sollte daher streng darauf achten, das sich in einer Farbpartie nur Kunstseide derselben Spinnpartie befindet.

Regenerierte Cellulosen.

Auf die Vorsichtsmaßregeln, die bei der Veredlung von regenerierten Cellulosen allgemein zu beachten sind, und auf das verschiedenartige Verhalten der einzelnen Kunstseidenarten ist im vorstehenden schon hingewiesen worden. Färberisch steht die Kupferseide der Baumwolle am nächsten, dann folgt die Viscose- und zuletzt die Nitroseide. Die Veredlung geschieht im Strang und im Stück, wobei man entsprechend der allgemeinen heutigen Einstellung der Textilindustrie ein von Jahr zu Jahr stärkeres Anwachsen der Stückveredlung auf Kosten der Strangveredlung feststellen kann. Die Naßempfindlichkeit der Kunstseide hat diese Entwicklung nur gefördert, denn die Behandlung im Strang stellt ohne Zweifel an die Widerstandsfähigkeit der nassen Faser größere Ansprüche als diejenige im Stück.

Reinigen, Waschen, Entschlichten[1].

Bei der Reinigung und sonstigen Vorbehandlung der Kunstseide ist zu unterscheiden, ob es sich um Strang- oder Stückware handelt. Strangware wird im allgemeinen keine wesentlichen Verunreinigungen, sondern höchstens kleine Mengen von öl- oder seifenartigen Substanzen enthalten, die der Ware einen bestimmten Griff oder ein bestimmtes Äußere geben sollen. Wesentlich anders liegen dagegen die Verhältnisse bei Geweben und bei Wirkwaren, wo die verschiedensten, von der Präparation oder Schlichte herrührenden Fremdstoffe vorhanden sein können.

Zum Reinigen von Strangware reicht manchmal schon eine Behandlung mit lauwarmem, weichem Wasser aus. In den meisten Fällen wird man aber Seifenbäder (5:1000) bei einer Temperatur von 60—70° benutzen, denen man bei Kupferseide zweckmäßig noch 3—5 g Salmiakgeist auf 1 l zusetzt. Weniger empfehlenswert ist die Anwendung von warmen Sodabädern, wenngleich diese wegen der geringeren Kosten noch vielfach benutzt werden.

Schwieriger gestaltet sich die Reinigung von Web- und Wirkwaren, die vielfach schwer auswaschbare Präparationen, häufig Paraffin u. dgl., enthalten. In diesen Fällen setzt man den Reinigungsbädern zweckmäßig ein Emulgierungsmittel z. B. Nekal AEM, oder eine Fettlöserseife, wie Verapol u. dgl., zu. Auch ein Zusatz von 2—3 cm³ Terpentin auf 1 l Flotte wirkt bei Anwesenheit von Mineralöl günstig. Man behandelt die zu reinigende Ware in den Bädern etwa $^1/_2$ Std. bei 60—70°, mitunter auch bei Kochtemperatur, und spült dann tüchtig aus. Der größeren Wirtschaftlichkeit halber kann man auch in stehenden Bädern arbeiten, indem man die abgeschiedenen Verunreinigungen abschöpft oder überkocht und jedesmal erneut Reinigungsmittel zusetzt.

Auch die Entfernung der heute vielfach üblichen Leinölschlichte (s. Präparation) macht keine Schwierigkeit. Man weicht zu diesem Zwecke die Kunstseide einige Stunden in eine nicht zu schwache Seifenlösung (10—20 g Marseillerseife im Liter) ein, kocht auf und wiederholt nötigenfalls die Behandlung mit einer neuen Seifenlösung. Durch Zusatz von Tetrapol oder ähnlichen Produkten läßt sich die Reinigung erleichtern. Die zunächst berechtigt erscheinende Befürchtung, daß sich ein trocknendes Öl, wie das Leinöl, nicht restlos entfernen ließe, wurde

---

[1] Die maschinellen Hilfsmittel der Kunstseidenveredlung sind im wesentlichen die gleichen wie bei Baumwolle und Seide. Es wird deshalb dieserhalb auf die betreffenden Abschnitte verwiesen.

durch die Erfahrung nicht bestätigt. Das bei der Reinigung auftretende Quellen des Fadens scheint die Ablösung der erhärteten Leinölschicht zu fördern.

Ergibt eine Prüfung mit Jodlösung das Vorhandensein einer Stärkeschlichte, so wendet man die auch bei andern Fasern üblichen Entschlichtungsmittels (s. u. Diastasepräparate und Baumwollbleicherei), wie Diastase, Biolase, Aktivin, Degomma D u. a. an. Die Entschlichtung muß jedoch vorsichtiger als bei andern Fasern vorgenommen werden, da sonst auch eine Schädigung der Faser eintreten kann. So legt man z. B. die Ware bei einer Anfangstemperatur von 45 bis 50° in ein mit Essigsäure angesäuertes Bad, das etwa 0,5 g Diastase auf einen Liter Flotte enthält, ein und läßt über Nacht erkalten.

Liegen Mischgewebe vor, so muß das Reinigungsverfahren selbstverständlich auch den Eigenschaften der zweiten Faserart Rechnung tragen. Bei Mischgeweben mit Wolle legt man diese am besten, um ein Kräuseln und Filzen der Wolle zu vermeiden, zuerst einige Stunden in kochendes Wasser, dem man etwas Nekal zugesetzt hat.

Bleichen[1].

Für das Bleichen der Kunstseide kommen fast ausschließlich Oxydationsmittel in Frage. Bedarf deren Anwendung schon bei der Baumwolle großer Vorsicht, so ist diese in weit größerem Maße bei der viel empfindlicheren Kunstseide erforderlich. Kleine Nachlässigkeiten oder geringe Abweichungen von den ausgearbeiteten Vorschriften können zu verhängnisvollen Fehlern der Fertigware führen. Da die Kunstseide eine bereits durch die Fabrikation stark vorgereinigte Faser darstellt, ist ein Bleichen nur nötig, wenn ein reines Weiß oder sehr zarte Farbtöne verlangt werden, oder wenn sie in Mischgeweben mit andern ungebleichten Fasern vorliegt. Bei der Herstellung von Mischgeweben, die später einer Bleiche unterworfen werden müssen, sollte man jedoch nur ungebleichte Handelsmarken von Kunstseide verwenden, um so jede Doppelbleiche zu vermeiden.

Als Bleichmittel benutzt man meistens Hypochlorite, und zwar am besten in Form von Chlorsoda (Natriumhypochlorit, s. d.). Diese hat gegenüber dem Chlorkalk den Vorteil, daß keine Kalkverbindungen auf die Faser gelangen, die leicht Griff und Glanz der Faser ungünstig beeinflussen können. Die Bleichflotten benutzt man gewöhnlich bei 20—25° in einer Stärke von 0,5—0,8° Bé und bleicht $^1/_2$—4 Std. Nach dem Bleichen wird mehrmals gespült, wobei man dem letzten Spülbade zweckmäßig etwas Bisulfit zusetzt. Dann säuert man mit Salzsäure ab und spült erneut. Es ist streng darauf zu achten, daß die ausgewaschene Ware weder auf Jodkaliumstärkepapier noch auf blaues Lackmuspapier reagiert. Ein wenn auch nur kurzes Bleichen bei höherer Temperatur (wie es in vereinzelten Betrieben geschieht), ist wegen der damit für die Kunstseide verbundenen Gefahr zu verwerfen. Weiße Ware wird dann am Schlusse im Seifen- oder Avivagebade mit einem basischen blauvioletten Farbstoffe oder mit Alizarindirektblau A, Alizarindirektviolett ER, Indanthrenblau GCD u. dgl. gebläut. Soll Kupferseide (Bembergseide) gebleicht werden, was jedoch nur in Ausnahmefällen nötig ist, so läßt man dem eigentlichen Bleichen eine Behandlung mit einer Flotte die 0,5—0,8% Oxalsäure enthält, vorangehen. Die Ware wird in dieses Bad 3—4 Std. bei 60—80° eingelegt, nur wenig bewegt und möglichst unter der Flotte gehalten. Auch Aktivin gibt bei Kunstseide gute Bleichergebnisse. Man benutzt Bäder, die im Liter 3 g Aktivin und 5 cm³ Essig- oder Ameisensäure (50proz.) enthalten und läßt diese etwa $^1/_2$ Std. bei Zimmertemperatur einwirken. Nach dem D.R.P. 462199 der chemischen Fabrik von Heyden A.-G., Radebeul, wirkt Aktivin nicht nur bleichend, sondern auch egalisierend auf das Anfärbevermögen der Kunstseide.

---

[1] S. a. Rauer: Ztschr. ges. Text. **1928**, 735 und Götze: Seide **1928**, 199.

Beim Bleichen von Mischgeweben ist man häufig auf die Verwendung von Superoxyden angewiesen. Man verdünnt das 3proz. Wasserstoffsuperoxyd des Handels auf das 10fache und macht mit Ammoniak schwach alkalisch. Will man Natriumsuperoxyd verwenden, so mischt man 100 l Wasser mit 1,35 kg. Schwefelsäure (66° Bé), trägt 1 kg Natriumsuperoxyd vorsichtig ein und macht ebenfalls mit Ammoniak schwach alkalisch. Die Temperatur der Bäder hält man zunächst bei 20—25° und steigert sie dann bis gegen 50°. Die Dauer der Einwirkung richtet sich nach dem gewünschten Bleichgrade.

Andre oxydierend wirkende Bleichmittel, wie Perborat und Kaliumpermanganat, kommen praktisch nicht in Frage, da sie sich zu teuer stellen und auch keinen Vorteil bieten. Bei Mischgeweben mit natürlicher Seide genügt häufig ein einfaches Schwefeln. Man tränkt die gereinigten bzw. abgekochten Gewebe mit einer Seifenlösung (3—4 g im Liter), schleudert aus und hängt über Nacht in den Schwefelkasten; dann wird mit weichem Wasser oder einer frischen Seifenlösung gespült.

Die praktische Durchführung der Strangbleiche geschieht in der Weise, daß man die Stränge entweder mit der Hand oder mit der Maschine (s. Strangfärbemaschine) umzieht. Ein Einlegen in die Flotte kann infolge des Quellens der Fäden leicht zu ungleichmäßigem Bleichen führen. Zum Bleichen der Stücke benutzt man die auch bei andern Faserarten üblichen Bleich-, Absäure- und Wasch-Vorrichtung. Neuerdings werden als Spezialwaschmaschinen sog. Faltenwaschmaschinen (Mather & Platt, Manchester; Benninger A.-G., Uzwil) gebaut, die eine Behandlung der Gewebe ohne jegliche Spannung von Kette und Schuß ermöglichen. Die Gewebe werden z. B. auf einem in dem Waschgefäß befindlichen Transportband in kleinen Querfalten abgelegt und langsam durch die Maschine getragen, während gleichzeitig das Waschwasser durch dicht über dem Gewebe befindliche Spritzrohre zugeführt wird[1].

Präparieren und Avivieren[2].

Das Schlichten oder Präparieren der Kunstseide ist heute eines der wichtigsten Vorbereitungsverfahren für ihre Weiterverarbeitung. Das Problem hat dadurch erhöhte Bedeutung gewonnen, daß vielfach Schuß-Kunstseide als Kettmaterial verarbeitet wird, um eine besonders volle und weiche Ware zu erhalten. Es gilt also heute neben der eigentlichen Kett-Kunstseide auch die billigere Schuß-Kunstseide so zu präparieren, daß sie als Kette benutzt werden kann. Dies ist erst nach Überwindung großer Schwierigkeiten gelungen, und zweifellos wurden dadurch der Kunstseide ausgedehnte neue Verwendungsgebiete erschlossen.

Das Präparieren wird entweder im Strang, in der Kette oder auch von Bobine zu Bobine vorgenommen. Vorherrschend dürfte heute noch die Strangschlichte sein, jedoch ist es häufig eine Frage der persönlichen Einstellung, welche Arbeitsweise man vorzieht. Das Schlichten im Strang kommt auf alle Fälle schon der Spulerei und Winderei zugute, kann somit eine Beschleunigung dieser Arbeitsvorgänge mit sich bringen. Die Stränge werden auf Stöcken mit der Hand durch die Schlichte gezogen, ausgeschleudert, auf der Schlagmaschine (s. d.) angeschlagen und bei niederer Temperatur langsam getrocknet. Das Verfahren erfordert gerade bei Kunstseide große Geschicklichkeit, wenn die Präparation gleichmäßig ausfallen und die Fäden nicht miteinander verklebt sein sollen. Auch Strangschlichtmaschinen sind im Gebrauche, die ähnlich wie die Strangfärbemaschinen (Gerber-Wansleben, Krefeld) oder ähnlich wie Revolverschlichtmaschinen für Baumwolle (B. Cohnen, Grevenbroich) konstruiert sind.

---

[1] Siehe GÜNTHER: Appretur-Ztg. **1929**, 180.

[2] S. a. Ztschr. ges. Text. **1928**, 96 und GÖTZE: Seide **1929**, 56.

Beim Schlichten in der Kette läuft der Faden entweder durch einen die Schlichte enthaltenden Trog, oder die Schlichte wird durch Walzen oder Bürsten aufgetragen. Das Trocknen geschieht mittels Trockenzylindern, Trockenplatten oder auch in besondern Trockenräumen mit starker Luftzirkulation. Bei den bekannten Eigenschaften der Kunstseide ist es selbstverständlich, daß diese Maschinen, die u. a. von E. Geßner, Aue, Haubold, A.-G. Chemnitz, Leo Sistig, Krefeld und Gebr. Sucker, Grünberg, gebaut werden, nur einen möglichst geringen und gleichmäßigen Zug auf den Faden ausüben dürfen.

Zum Schlichten von Bobine zu Bobine bringt die Maschinenfabrik Gerber-Wansleben, Krefeld, neuerdings eine Maschine auf den Markt, die den für die Fadenführung nötigen Zug auf ein Minimum beschränkt und jegliche Formveränderung des Fadens vermeidet. Die Fäden (bis zu 160 nebeneinander) laufen zunächst über eine Schlichtwalze, die sich in dem Schlichtetrog in einem dem Laufe des Fadens entgegengesetzten Sinne dreht, dann freitragend über mit Dampf geheizte Trockenplatten und wickeln sich schließlich auf einer Normalseidenbobine auf.

Von erheblich größerem Einfluß auf den Ausfall der Präparation ist aber die Zusammensetzung der angewandten Schlichtmasse. Man unterscheidet hier grundsätzlich zwei Arten von Schlichten, Naß- und Trockenschlichte, je nachdem ob wäßrige Lösungen bzw. Emulsionen oder Lösungen in flüchtigen organischen Lösungsmitteln Anwendung finden. Zur Herstellung der Naßschlichte dienen die auch sonst üblichen Schlichtemittel, insbesondre Stärke, Stärkepräparate, Pflanzenschleime, Leicogummi, Leim, Gelatine, Diagum usw., wobei allgemein als Regel gilt, daß die Schlichtemassen nicht so dickflüssig, wie beim Schlichten von Baumwolle sein dürfen. Stärke wird am besten in aufgeschlossenem Zustande benutzt, um ein Eindringen der Schlichte zu fördern und Glanz und sonstige Eigenschaften der Faser am wenigsten zu verändern. Zum Aufschließen der Stärke setzt man am besten der Schlichtemasse eines der bekannten Aufschließungsmittel (Diastase, Aktivin, Stockotabletten usw.) zu. Auch Spezialpräparate, die meistens aufgeschlossene Stärke enthalten, wie Amylose (I. G. Farbenindustrie), Glykom (Stockhausen & Co.), Rabic L (Bernheim), Quellin usw. finden vielfach Verwendung. Zur Erhöhung ihrer Netzfähigkeit erhalten die Schlichtemassen Zusätze von Seifen und Netzmitteln aller Art, zur Erzielung größerer Geschmeidigkeit des geschlichteten Fadens werden gleichzeitig Öle, Glycerin, Paraffin u. dgl. zugesetzt. Auch eine Nekal-Paraffin-Emulsion, wie sie im Ramasit I (s. d.) der I. G. Farbenindustrie vorliegt, hat sich als Zusatz sehr gut bewährt. Die genannte Firma bringt auch zwei weitere Spezialschlichtmittel unter dem Namen „Cellappret“ und „Ortoxin K“ in den Handel, von denen das erstere ein quellbarer Celluloseäther ist und am besten im Gemisch mit Ramasit I benutzt wird.

Steigende Bedeutung hat in den letzten Jahren die Trockenschlichte gewonnen, die eine für viele Zwecke ausgezeichnete Präparation liefert und gleichzeitig die mit jeder Naßbehandlung der Kunstseide verbundene Gefahr umgeht. Am bekanntesten ist hier die Schetty- oder Schweizerschlichte, die sich auf das D.R.P. 198931 von J. Boyeux in Villeurbanne stützt. Als Beispiel für diese Schlichte, die in erster Linie für Naturgrège dienen sollte, ist in dem Patente eine Lösung von 0,45 kg gekochtes Leinöl, 0,015 kg Bienenwachs oder 0,02—0,03 kg Mastix in 1 kg Benzin angegeben. Man legt die Kunstseide in diese Lösung einige Zeit ein, schleudert ab und läßt langsam trocknen, wozu gewöhnlich einige Tage erforderlich sind. Das Leinöl ist dann zu einer feinen, den Faden gleichmäßig umschließenden Hülle eingetrocknet, die infolge ihres Wachsgehaltes große Glätte und Geschmeidigkeit aufweist. Eine derartig präparierte Kunstseide ist an ihrer gelblichen Farbe und dem eigentümlichen

Leinölgeruch leicht zu erkennen. Die Präparation wird von den Webern durchweg sehr günstig beurteilt, von mancher Seite als nahezu ideal bezeichnet. Das Entschlichten dieser Ware macht, wie schon oben erwähnt, ebenfalls keinerlei Schwierigkeit. Von einem langen Lagern der geschlichteten Garne ist jedoch entschieden abzuraten, vielmehr sollte die Verarbeitung stets möglichst bald erfolgen.

Die Firma Th. Rotta, Zwickau, empfiehlt als Trockenschlichte eine Auflösung von wasserunlöslichen fettsauren Salzen unter Zusatz von Harz, Öl, Wachs u. dgl. in flüchtigen organischen Lösungsmitteln. Die günstigen Erfahrungen mit der Schetty-Schlichte haben auch zu Verfahren geführt, bei denen man das Leinöl in wäßriger Emulsion oder in mehr oder weniger verseiftem Zustande zur Naßschlichte benutzt. Als Emulgatoren kommen Nekal AEM, Prästabitöl FE und ähnliche Produkte in Frage.

Zum Präparieren gefärbter Kunstseide können lediglich Naßschlichten benutzt werden, wobei man denjenigen den Vorzug gibt, die bei sonst guter Wirkung Farbe und Glanz am wenigsten decken. Es ist dies besonders dann von Bedeutung, wenn die Schlichte in dem Gewebe bleibt und dadurch eine Appretur überflüssig macht. Durch heißes Zylindrieren läßt sich bei derartigen Geweben vielfach ein schöner Hochglanz erreichen.

Die Verarbeitung der Kunstseide in der Wirkerei macht eine besondre Präparation nötig. Hier wird ebenfalls ein geschlossenes aber auch ein besonders weiches Material verlangt. Mitunter genügt es, den Faden durch geeignete Befeuchtungsapparate, wie sie z. B. die Firma H. J. Schwabe, Chemnitz, baut, feucht zu halten; meistens wird man aber zu besondern Weichmachungsmitteln greifen müssen. Die älteste, auch heute noch vielfach im Gebrauch befindliche Methode ist das Paraffinieren, wobei man den Faden über Paraffinklötze laufen läßt. Dieses Verfahren erleichtert zwar sehr die mechanische Weiterverarbeitung der Kunstseide, birgt aber große Gefahr für einen ungleichmäßigen Ausfall der späteren Veredlungsprozesse in sich. Will man an der Paraffinpräparation festhalten, so benutzt man zweckmäßiger Paraffinemulsionen, die Zusätze von Seifen, Monopolbrillantöl u. dgl. erhalten können. Freie Fettsäuren dürfen in den Präparationen für Wirkwaren nicht vorhanden sein, da diese die Kupfer- und Messingteile der Wirkmaschinen leicht angreifen und zur Abscheidung von schädlichen Metallsalzen auf der Kunstseide führen können.

Einen Apparat zum Ölen und Paraffinieren der Kunstseide bringt die Firma Schemag, Leipzig, in den Handel; fertige Spulöle werden von fast allen einschlägigen Firmen geliefert. Die in der Strumpfindustrie in größtem Maße benutzte Bembergseide wird in der Fabrik schon mit einer Präparation („Spebol") für Strumpfwaren versehen, die aus Olivenöl und fettsaurem Ammonium besteht.

Avivieren. Falls keine ausgesprochene Präparation der Kunstseide verlangt wird, tritt an deren Stelle die Avivage. Vielfach erhält die Kunstseide schon in der Kunstseidenfabrik eine Avivage, um dadurch den Wünschen der Abnehmer bezüglich Griff und Glanz zu entsprechen. Es ist selbstverständlich, daß derartige Avivagen sich leicht entfernen lassen müssen (s. Reinigen, Waschen, Entschlichten), da sie sonst Veranlassung zu ungleichmäßigen Färbungen geben können. Bevor die Kunstseide die Färberei verläßt, ist eine erneute Avivage erforderlich, die sich nach dem gewünschten Griffe richtet.

Zur Erzielung eines weichen Griffes benutzt man hierbei in erster Linie Ölemulsionen. Man mischt z. B. 3—4 T. Olivenöl oder Erdnußöl mit 1 T. Prästabitöl FE oder einem ähnlichen Produkt, verrührt die entstehende salbenartige Paste mit etwa der fünffachen Wassermenge und setzt hiervon dem Avivagebade so viel zu, daß es etwa 1—2 g Öl im Liter enthält. Bei Verwendung von Nekal AEM als Emulgator übergießt man 10 g mit der dreifachen Menge heißem Wasser, verrührt langsam mit 100—150 g Öl und verdünnt diese Stammpaste nach Belieben mit warmem Wasser. Auch eine größere Anzahl von Spezialprodukten, die schon beim Verdünnen mit Wasser eine Emulsion geben und meistens durch Sulfonierung von Olivenöl oder ähnlichem Öl hergestellt sind, befinden sich im Handel (Brillant-Avirol SM 100%, Monopol-Brillantöl SO 100%, Viscosil S u. a.).

Wird ein etwas kräftigerer Griff verlangt, der demjenigen der Naturseide möglichst nahekommen soll, so erhalten die Avivagebäder Zusätze von Leim, Diastase, Aviviersäuren u. dgl. So wird für Bembergseide vielfach ein Avivagebad benutzt, das etwa 5 g Milchsäure, 0,5% Ölemulsion und 0,5—1% Diastase vom Gewicht der Ware enthält. Ebenso läßt sich Seidengriff dadurch erzeugen, daß man die Kunstseide zunächst in einem lauwarmen Seifenbade (5—10 g Seife im Liter) behandelt, ausschleudert und sofort mit 5—20 g Essigsäure (50proz.) oder der entsprechenden Menge Ameisensäure, Milchsäure oder Weinsäure absäuert. Die Säurebäder erhalten dabei mitunter kleine Zusätze von Avivagemaltol und ähnlichen Produkten. Nach dem D.R.P. 472604 von C. H. Böhringer-Söhne, Nieder-Ingelheim, erhält man einen ausgesprochenen Krachgriff dadurch, daß man eine Milchsäure verwendet, die mindestens 5% Weinsäure enthält.

Mattieren und Erschweren.

Alle Kunstseidensorten sind ausgezeichnet durch hohen Glanz, der je nach Sorte und Wirkung mehr oder weniger speck- oder glasartig ist. Während man früher durchweg möglichst hohen Glanz verlangte und hierin vielfach den Hauptvorteil gegenüber andern Fasern erblickte, bevorzugt die heutige Modeeinstellung häufig eine Ware mit gedämpftem Glanze, die in ihrem Aussehen der natürlichen Seide möglichst ähnlich ist. Zunächst hat schon der Spinner es in der Hand, durch kleine Abänderungen der Fabrikationsbedingungen oder durch Einlagerung von Fremdstoffen in die Viscose während des Spinnprozesses den Glanz der fertigen Kunstseide zu variieren. Es ist auch schon eine ganze Reihe von derartigen „Mattseiden" im Handel; im allgemeinen beherrscht aber noch die hochglänzende Seide den Markt.

Will man dieser ein matteres Aussehen verleihen, so bleibt nichts andres übrig, als ihre Oberfläche so zu verändern, daß die diffuse Reflexion des Lichts erhöht wird. Dies läßt sich dadurch erreichen, daß man entweder Metallsalze in und auf der Faser niederschlägt oder die Faser mit einem dünnen Überzug von fett- oder seifenartigen Stoffen überzieht.

Auch Quellungsmittel, wie Laugen, Chlorzink, Thiocyanate, Säuren u. dgl. mit oder ohne Zusatz von Schutzkolloiden, werden empfohlen, jedoch besitzen diese Verfahren, die auf eine Art Pergamentierung hinauslaufen, bis heute keine technische Bedeutung. Zu erwähnen ist hier auch das englische Patent 264529 von Heberlein & Co., Wattwil, nach dem Mercerisierlaugen, starke Säuren und konzentrierte Salzlaugen und als Schutzkolloide ein- und mehrfach hydrierte Alkohole, heterozyklische Basen, Formaldehyd oder Ammoniumsalze verwendet werden. GARDNER-Washington (englisches Patent 1928, 290263) tränkt zur Erzielung einer Mattierung mit Titansalzen, die er durch Hydrolyse auf der Faser niederschlägt[1].

Das heute am meisten ausgeführte Mattierungsverfahren beruht auf der Ausfällung von Bariumsulfat. So kann man z. B. Bemberg-Strümpfe dadurch stark mattieren, daß man sie zunächst in 2—3proz. Schwefelsäure taucht und dann in eine 3—5proz. Lösung von Chlorbarium bei 70° für 20—30 Min. ein-

[1] Weitere Patente s. NEVELY: Seide **1929**, 174.

legt. Gut bewährt haben sich auch Lösungen, die 20 g Bariumnitrat im Liter bzw. 20 g Glaubersalz im Liter enthalten. Man behandelt die Kunstseide je 15 Min. hintereinander in diesen Lösungen und spült zum Schluß tüchtig aus. Durch Veränderung der Konzentration der angewandten Lösungen hat man den Grad der Mattierung in der Hand. Bei farbiger Kunstseide wird die Mattierung am besten nach dem Färben vorgenommen; eine Beeinträchtigung des Farbtons ist hier im allgemeinen nicht zu befürchten. Auch mit Hilfe von Zinn-, Zink- und Aluminiumsalzen lassen sich Mattierungen erreichen. Man legt z. B. die Kunstseide zuerst in ein Bad von 10 g zinnsaurem Natrium im Liter 15 Min. in der Kälte ein, schleudert aus und behandelt dann weiter in einem Bade von 10 g Glaubersalz im Liter.

Zum Mattieren von Agfa-Seide wird seitens der I. G. Farbenindustrie folgendes Verfahren empfohlen. Man legt die Kunstseide 15 Min. in ein Seifenbad (2—3 g Marseillerseife im Liter) $^1/_2$ Std. bei 40^0 ein, schleudert aus und geht dann 15—20 Min. in ein kaltes Bad von essigsaurer Tonerde von etwa $^1/_2{}^0$ Bé, schleudert erneut und trocknet. Das Verfahren ist sowohl für rohe als für gefärbte Kunstseide anwendbar, im letzteren Falle kann man die Seife schon dem Färbebad zusetzen.

Für schwache Mattierungen reichen vielfach schon Emulsionen oder Lösungen von Ölen (s. z. B. D.R.P. 250731 von Lilienfeld), Softenings u. dgl. aus. Ebenso führt die Verwendung von Ramasit I allein oder in Kombination mit Aluminiumsalzen zu schwacher Mattierung. Ferner werden seitens der einschlägigen Fabriken Spezialprodukte, wie Dullit, Visco-Mattyl u. a., zum Mattieren von Kunstseide in den Handel gebracht. Ist die Mattierung mit einer unerwünschten Griffveränderung verbunden, wie es häufig bei Abscheidung unlöslicher Metallverbindungen der Fall ist, so muß man diese Wirkung durch geeignete Avivage wieder ausgleichen.

Erschweren. Das Mattierungsverfahren bringt gewöhnlich eine Erschwerung der Kunstseide mit sich, die aber naturgemäß sehr gering ist und sich z. B. bei der Mattierung mit Bariumsulfat auf 3—5 % beläuft. Bei der hohen technischen Bedeutung, die der Erschwerung natürlicher Seide zukommt, war es naheliegend, den sehr gut ausgearbeiteten Erschwerungsprozeß der Seide auch auf Kunstseide zu übertragen. Versuche in dieser Richtung ergaben aber, daß die Kunstseide diesen sehr umständlichen Prozeß nicht verträgt, vielmehr unter der Einwirkung der zahlreichen Bäder und Waschvorgänge stark leidet.

Einen Fortschritt bringt hier ein Erschwerungsverfahren, das sich R. Clavel, Basel, für natürliche Seide durch D.R.P. 468017 und für Kunstseide durch D.R.P. 468018 hat schützen lassen, und das sich auf möglichst wenig Bäder beschränkt. Zu diesem Zweck gibt Clavel dem Zinnbad durch Zusatz von Säuren oder sauren Salzen eine erhöhte Säurekonzentration, verzichtet auf das bisher übliche Waschen und geht mit der ausgequetschten Ware unmittelbar von dem Zinnbade in das Phosphatbad. Am Schluß behandelt er dann noch mit einer alkalisch wirkenden Flüssigkeit. Um Schädigung der Kunstseide zu vermeiden, können Schutzkolloide, wie Leim, Gelatine und Eiweiß, entweder dem Erschwerungsbad zugesetzt oder vorher der Kunstseide durch Imprägnation zugeführt werden. Auch soll man die Erschwerung in einem Bad durchführen können, das also die bisher in getrennten Bädern verwendeten Erschwerungsmittel gemeinsam enthält. Die erhöhte Säurekonzentration des Zinnbades soll eine stärkere und gleichmäßigere Aufnahme der Erschwerung bewirken, während durch die Schutzkolloide nicht nur die Faser geschützt, sondern auch Ausfällungen im Bade verhütet werden sollen. In einem Zusatzpatent D.R.P. 471370 ist das Verfahren dahin ergänzt, daß man die zur Erhöhung der Säurekonzentration nötigen Säuren oder sauren Salze gegebenenfalls zusammen mit Schutzkolloiden auf die Faser bringt und nun erst in das

Zinnbad eingeht. Es bleibt abzuwarten, ob das Verfahren technische Bedeutung erlangt; auf alle Fälle bringt es das Problem der Erschwerung von Kunstseide und von Mischgeweben aus Kunstseide und natürlicher Seide einen großen Schritt vorwärts. Von andern Vorschlägen zur Erschwerung der Kunstseide sei das englische Patent 285941 der Brit. Celanese Ltd. erwähnt, das einen Zusatz von Thiocyanaten (z. B. Rhodanammonium) zu den Pinkbädern vorsieht.

Färben.

Substantive Farbstoffe. Für das Färben der regenerierten Cellulosen kommen grundsätzlich dieselben Farbstoffklassen in Frage wie für Baumwolle. Am meisten Anwendung finden auch hier die substantiven Farbstoffe, da sie sich einfach und leicht nach Muster färben lassen. Es kommt hinzu, daß in den Siriusfarben der I. G. Farbenindustrie und den entsprechenden Farbstoffen ausländischer Farbenfabriken, wie z. B. den Chlorantinlichtfarben (Ciba) und Diphenylechtfarben (Geigy), eine reiche Auswahl an lichtechten Farbtönen geboten wird. Auch die in der Baumwollfärberei (s. d.) üblichen Nachbehandlungsverfahren mit Metallsalzen, mit Formaldehyd oder durch Diazotieren und Entwickeln finden bei Kunstseide Anwendung. Da die Bäder der substantiven Farbstoffe auch bei Kunstseide nicht völlig ausziehen, wird vielfach auf stehendem Bade bei einem Flottenverhältnis 1 : 20 bis 1 : 30 gefärbt. Meistens geht man bei 30^0 in das Färbebad ein, treibt die Temperatur auf 60—70^0, färbt $^1/_2$—1 Std. und läßt am Schluß wieder etwas erkalten. Nur bei dunklen Ausfärbungen oder falls das Durchfärben oder Egalisieren Schwierigkeiten bereitet, sollte man die Temperatur auf 80—90^0 steigern. Das vielfach übliche Färben bei Kochtemperatur kann leicht zu Faserschädigung und Glanzverminderung führen und ist deshalb zu verwerfen. Aus dem gleichen Grunde sollte auch das Eingehen in ein kochendes Bad, obgleich es mitunter günstig auf das Egalisieren der Farbstoffe wirken kann, unterbleiben. Als Egalisierungsmittel setzt man den Bädern vielfach 1—3% Monopolbrillantöl, Prästabitöl V, Avirol KM extra, Flerhenol M superior, Coloran, Oleocarnit und ähnliche Produkte zu (s. u. Netzmittel). Bei hellen Färbungen kann ein Zusatz von Glaubersalz ganz unterbleiben, bei mittleren und dunklen Farbtönen nimmt man 5—30% Glaubersalz. Über den Wert eines Zusatzes von Soda sind die Meinungen, soweit dies nicht zur Korrektur der Härte des Wassers nötig ist, recht geteilt. Auf alle Fälle erzielt man häufig ohne Sodazusatz eine gleichmäßigere Färbung und eine größere Schonung des Glanzes. Mitunter wird auch im Seifenbad, 3—5 g im Liter, gefärbt. Von den Nachbehandlungsmethoden sind bei Kunstseide in erster Linie die von Bedeutung, die zu einer Erhöhung der Wasser- und Waschechtheit führen. Am meisten findet hier Anwendung das Diazotierungs- bzw. Entwicklungsverfahren. Die Arbeitsweise ist fast genau wie in der Baumwollfärberei. Man diazotiert mit 1,5—3% Natriumnitrit und 5—7,5% Salzsäure je nach Tiefe und Färbung, spült im kalten Wasser und entwickelt in einem kalten Bad, das 0,8—1,5% Entwickler enthält.

Wie schon früher erwähnt, ist die Affinität der verschiedenen Kunstseiden zu den substantiven Farbstoffen recht verschieden. Sie ist am größten bei der Kupferseide und bei den feinfädigen Viscosesorten (Travisseide), so daß gerade bei diesen Sorten auf ein möglichst langsames Aufziehen der Farbstoffe besondrer Wert gelegt werden muß. Auch eignen sich nicht alle in der Baumwollfärberei brauchbaren substantiven Farbstoffe für Kunstseide, sondern zeigen gegenüber Kunstseide recht verschiedenes Egalisierungsvermögen. In den Ratgebern und Broschüren der Farbenfabriken (Musterkarte 110 C der I. G. Farbenindustrie) sind die am besten geeigneten Farbstoffe angegeben, so daß sich ihre Aufzählung hier erübrigt. Aber auch bei Auswahl der richtigen Farbstoffe und bei Beachtung aller Vorsichtsmaßregeln beim Färben kommt es, insbesondre bei Viscose, vor, daß die Ausfärbungen ungleichmäßig ausfallen. Die Ursache hierfür ist in der Kunstseide selbst zu suchen, deren recht verwickelter Herstellungsprozeß gewisse Ungleichmäßigkeiten im Aufbau der Faser nicht immer vermeiden läßt. Innere Struktur und Oberflächenzustand des Kunstseidenfadens sind aber von großem Einfluß auf die Affinität zu den Farbstoffen. Je nachdem, ob die Micellen der Faser eine mehr oder weniger parallele Lage zur Faserrichtung angenommen haben, oder ob der Querschnitt der Faser glatt oder gezackt ist, wird die Affinität zu den Farbstoffen schwanken. Die praktische Erfahrung hat gezeigt, daß die verschiedenen substantiven Farbstoffe auf diese geringe Unegalität der Kunstseide selbst recht verschieden stark ansprechen. Am empfindlichsten sind hierbei die blauen und braunen Farbstoffe und deren Kombinationen, während die gelben und roten Farbstoffe ausgleichender wirken. Dem Studium dieser Fragen hat man in den letzten Jahren besondre Beachtung geschenkt, und es sei in diesem Zusammenhange auf die Arbeiten von GÖTZE, KNECHT, KARRER, K. H. MEYER, WELTZIEN und WHITACKER verwiesen[1].

Nach WHITACKER[2] besitzen diejenigen Farbstoffe das größte Egalisierungsvermögen, die gleichzeitig die geringste capillare Steighöhe zeigen. Zur Feststellung dieser Steighöhe läßt er die Kunstseide $^1/_4$ Std. lang teilweise in Bäder von 60^0 eintauchen, die 0,4 g Farbstoff, 0,2 g Seife und 1 g Glaubersalz in 400 g Wasser enthalten. Die praktische Erfahrung hat aber gezeigt, daß diese Prüfung keine allgemeine Gültigkeit beanspruchen kann. Beßre Ergebnisse erzielt man nach den Angaben desselben Forschers[3] mit der „Temperaturreihen-Prüfung", bei der man das Anfärbevermögen eines Farbstoffes auf Viscose bei verschiedenen Temperaturen (20—90^0) ermittelt. Es zeigt sich dabei, daß diejenigen Farbstoffe, die bei niedriger Temperatur die größte Affinität zu Viscose besitzen, am besten egalisieren.

Besonders eingehend haben WELTZIEN und GÖTZE[4] das Verhalten der substantiven Farbstoffe gegenüber Viscose und Kupferseide studiert und dabei u. a. etwa 130 verschiedene substantive Farbstoffe auf ihr Egalisierungsvermögen untersucht. Sie haben zwei voneinander verschiedene Untersuchungsmethoden ausgearbeitet und auf Grund der erhaltenen Ergebnisse die Farbstoffe in vier Gruppen eingeteilt. Die 1. Methode besteht darin, daß man Gewebeabschnitte, die sich unterschiedlich anfärbende Kunstseide abwechselnd in Streifenform enthalten, anfärbt und die entstehenden Farbdifferenzen vergleicht. Nach der 2. Methode werden jedesmal eine gefärbte und eine ungefärbte Kunstseidenprobe $^1/_2$ Std. in einem 0,5proz. kochenden Seifenbade behandelt und das Egalisierungsvermögen des Farbstoffes nach dem hierbei eintretenden Ausgleich im Farbton beider Proben beurteilt. Bei diesen Versuchen hat sich in Übereinstimmung mit der praktischen Erfahrung ergeben, daß die Egalisierung der Farbstoffe meistens auf Kupferseide um mehrere Grade besser ist als auf Viscose. WELTZIEN und GÖTZE haben ferner durch Vorquellen der Viscose in 4proz. Natronlauge eine gleichmäßigere Anfärbung erzielen können. Wegen der gleichzeitig eintretenden Faserschwächung besitzt das Verfahren aber keine technische Bedeutung.

Neuerdings hat COURTAULDS Ltd., London[5], ein Verfahren angemeldet, das durch eine Nachbehandlung eine ungleichmäßig ausgefallene Färbung verbessern will. Man behandelt zu diesem Zweck die Färbung $^1/_2$ Std. in einem 90^0 warmen Bad, das 10 g Kochsalz und 10 g β-Naphthol im Liter enthält.

[1] S. auch den Aufsatz von HOZ: Ztschr. ges. Text. **1928**, 589.
[2] WHITACKER: Artificial Silk by Courtaulds Ltd. London, Broschüre 1927.
[3] WHITACKER: Leipz. Mon. Text. **1928**, 266.
[4] WELTZIEN und GÖTZE: Seide **1926**, 257; **1927**, 401; **1928**, 372.
[5] COURTAULDS Ltd., Die Kunstseide **1928**, 503.

Trotz der weitgehendsten Aufklärung, die in den letzten Jahren die verschiedenen Forschungsarbeiten über das Verhalten der substantiven Farbstoffe gebracht haben, sind einwandfreie Kunstseide, richtige Auswahl der Farbstoffe und der Färbemethode auch heute noch die Voraussetzung für das Zustandekommen gleichmäßiger Färbungen.

Basische Farbstoffe. Die basischen Farbstoffe haben heute für die Kunstseidenfärberei keine allzu große Bedeutung mehr, da man lebhafte und echtere Färbungen auf Kunstseide auch mit andern Farbstoffklassen leicht erhält. Von den regenerierten Cellulosen zeigt lediglich die Nitroseide eine größere Affinität zu basischen Farbstoffen, während Kupferseide und Viscose schon zur Herstellung heller Färbungen einer Vorbeize bedürfen. Will man ohne Vorbeize färben, so setzt man dem Färbebade zur beßren Egalisierung 1—3% Essigsäure zu, hält die Temperatur möglichst tief und steigert sie erst gegen Schluß auf 50—60. Bei größeren Egalisierungsschwierigkeiten wirkt ein Zusatz von etwas Glaubersalz zum Färbebade günstig. Die auf diese Weise erhaltenen Färbungen besitzen nur sehr geringe Wasser-, Wasch- und Reibechtheit, genügen also nicht den geringsten Echtheitsanforderungen. Man sollte daher basische Farbstoffe, abgesehen von hellen Farbtönen bei Nitroseide, stets nur auf vorgebeizte Kunstseide färben. Als Beizen benutzt man entweder Tannin und Brechweinstein oder Katanol W. Man beizt mit 2—4% Tannin bei 50—60° einige Stunden und setzt dem Bad zum beßren Aufziehen 0,5—1% Salzsäure zu. Nach dem Tannieren schleudert man und fixiert etwa $^1/_2$ Std. in einem kalten Brechweinsteinbade, das die Hälfte der angewandten Tanninmenge an Brechweinstein enthält und zweckmäßig ebenfalls mit Essigsäure angesäuert ist. Wird eine erhöhte Wasser- und Waschechtheit verlangt, die beispielsweise eine Überfärbung aushalten soll, so wird nach dem Färben auf den Beizbädern erneut behandelt. Zum Beizen mit Katanol benutzt man bei einer Flottenlänge von 1 : 30 Bäder, die etwa 6% Katanol W und 20% Glaubersalz enthalten. Man beizt 1 Std. bei 40°, spült, säuert mit Essigsäure ab und färbt im essigsauren Bade. Bei manchen Farbstoffen muß man die Katanolmenge verdoppeln. Mitunter werden basische Farbstoffe auch benutzt, um substantive Färbungen zu schönen. Dies geschieht genau in derselben Weise wie in der Baumwollfärberei (s. d.) in essigsaurem Bad.

Indanthren- (Küpen-) Farbstoffe[1]. Werden Färbungen mit hohen Echtheitseigenschaften verlangt, so finden zum Färben der Kunstseide (ebenso wie in der Baumwollfärberei) in erster Linie Indanthren- oder andre Küpenfarbstoffe Verwendung. Die größere Empfindlichkeit der Kunstseide verlangt, daß der Laugengehalt der Küpen möglichst gering ist und die Temperatur der Flotte möglichst niedrig gehalten wird. Im übrigen unterscheidet man, genau wie bei der Baumwolle, drei verschiedene Färbeverfahren, die sich durch die Färbetemperatur und die Zusätze zur Küpe unterscheiden und als Normal(I.N.)-, Warm-(I.W.) und Kalt-(I.K.) -Verfahren bezeichnet werden. Im allgemeinen färbt man in der Weise, daß man etwa den vierten Teil der Farbflotte (Flottenverhältnis 1 : 30) auf 50° erhitzt, dann die Natronlauge zusetzt und nun das Hydrosulfit einstreut. Der Farbstoff wird dann im angeschlämmten Zustande durch ein Sieb eingetragen, wobei man Teigmarken vorher mit heißem Wasser anrührt, Pulvermarken dagegen zuvor mit etwas Türkischrotöl oder Spiritus gut verreibt. Nach völliger Verküpung füllt man die Flotte mit Wasser auf und gibt die nötige Menge Glaubersalz zu. Man geht zunächst mit der Kunstseide bei möglichst niedriger Temperatur ein und färbt bei dem I. K.-Verfahren kalt aus, während man bei den I. N.- und I. W.-Verfahren die Temperatur nach einiger Zeit auf 50—60° bzw. auf 45—50° steigert. Bei dem I. N.-Verfahren

[1] S. a. Voigt: Ztschr. ges. Text. **1928**, 410.

werden gewöhnlich 12 cm³ Natronlauge, (40° Bé) und 1—4 g Hydrosulfit, bei dem I.W.-Verfahren 3 cm³ Natronlauge, 1—4 g Hydrosulfit und 3—5 g Glaubersalz, bei dem I. K.-Verfahren 3 cm³ Natronlauge, 1—4 g Hydrosulfit und 3—10 g Glaubersalz auf 1 l Flotte zugesetzt. Nach dem Färben wird in kaltem Wasser, das etwa 10 g Hydrosulfit in 100 l enthält, gespült, nach vorsichtigem Ausquetschen an der Luft verhängt, mit 70° warmer Seifenlösung gründlich geseift, schließlich abgesäuert und aviviert. Kleine Zusätze von Leim, Dekol, Protektol, Monopolseife, Oleocarnit od. dgl. fördern das Egalisieren, ebenso wirkt ein vorheriges Netzen der Kunstseide in einem schwach alkalischen Hydrosulfitbade günstig. Bei einzelnen Indanthrenfarben, wie Indanthrenviolett RH und 3 RH und Indanthrengrau 6 B, muß man zunächst eine Stammküpe ansetzen und diese dann langsam in die mit Natronlauge und Hydrosulfit vorgeschärfte Färbeküpe einrühren. Das Färben mit Indanthrenfarben erfordert große Übung, hat aber in den letzten Jahren mit dem allgemeinen Wachsen der Echtheitsbestrebungen in der gesamten Textilindustrie immer mehr Bedeutung erlangt und dürfte zur Zeit nach dem substantiven Färben am meisten Anwendung finden.

Neuerdings haben auch die Indigosole (Ester der Leukoverbindungen der Küpenfarbstoffe) in der Kunstseidenfärberei festen Fuß gefaßt. Sie stellen eine wasserlösliche, beständige Form der Küpenfarbstoffe dar, aus der sich der Küpenfarbstoff durch Oxydation bei Gegenwart von Säuren zurückbildet. Man erhält mit ihnen eine viel höhere Dispersität der auf und in der Faser abgelagerten Farbstoffe und dadurch die Gewähr für gleichmäßigere und reibechtere Färbungen. In der Hauptsache finden jedoch diese Indigosole zur Herstellung von echten Druckartikeln Verwendung.

Schwefelfarben. Die Schwefelfarben besitzen für die Kunstseidenfärberei infolge ihres stumpfen Farbtones, ihrer verhältnismäßig beschränkten Auswahl und ihrer immerhin mit dem Färben für die Faser verbundenen Gefahr eine nur untergeordnete Bedeutung. Sie kommen nur für Schwarz, Dunkelblau, Dunkelbraun und stumpfe Modetöne in Frage, wenn wasch- und überfärbeechte Färbungen verlangt werden. Das Färben geschieht in der für Baumwolle üblichen Weise, die Zusätze zum Farbbad sind nach Möglichkeit zu beschränken, die Temperatur soll 50—60° nicht übersteigen. Die schädigende Wirkung von Schwefelnatrium kann man dabei durch einen Zusatz von Glucose abschwächen. Zum beßren Egalisieren netzt man die Kunstseide vorher in einem schwachen Schwefelnatriumbade und setzt dem Färbebade etwas Monopolbrillantöl od. dgl. zu. Die übrigen, beim Färben der Baumwolle (s. u. Baumwollfärberei) zu beachtenden Vorsichtsmaßregeln gelten in erhöhtem Maße auch für Kunstseide. So sind kupferne Gefäße wegen ihrer Empfindlichkeit gegen Schwefelnatrium zu vermeiden und Schwefelschwarzfärbungen zur Erhöhung ihrer Lagerbeständigkeit mit essigsaurem Natrium oder ameisensaurem Natrium nachzubehandeln.

Naphthol-AS-Farben[1]. Die in der Baumwollfärberei heute außerordentlich wichtigen Naphthol-AS-Farben haben auch in die Kunstseidenfärberei Eingang gefunden. Sie sind insbesondre dann von Bedeutung, wenn lebhafte und satte rote Farbtöne von hoher Echtheit verlangt werden, die sich mit andren Farbstoffklassen nicht erreichen lassen. Daneben finden sie, wenn auch in beschränkterem Maße, für gelbe, orange, braune, bordeaux und blaue Töne Verwendung. Die Arbeitsweise ist ähnlich wie bei Baumwolle, jedoch ist zu beachten, daß die Kunstseide für diese Naphthole eine größere Aufnahmefähigkeit als die Baumwolle besitzt. Für starke Anfärbungen auf Kunstseide kommt man daher schon mit Grundierungsbädern aus, die auf Baumwolle nur

---

[1] S. a. LINT: Die Kunstseide **1927**, 141.

eine mittlere Anfärbung liefern. Wird die Kunstseide durch zu starke Grundierungsbäder mit Naphtholen überladen, so verliert sie an Glanz und wird blind[1]. Der substantive Charakter der Naphthole ist dabei am größten gegenüber der Kupferseide, am geringsten gegenüber der Nitroseide. Gewöhnlich geht man mit der ungenetzten Kunstseide in die Grundierungsbäder ein, behandelt 20—30 Min. in der Kälte, wickelt dann in Tücher ein, die mit dem Grundierungsbad getränkt sind und schleudert nun erst aus. Die Entwicklung und Nachbehandlung geschieht genau wie bei Baumwolle (s. d.), nur ist zu beachten, daß einige Naphthol-AS-Kombinationen in mittlerer und tieferer Farbstärke leicht Glanztrübungen geben, wenn die Nachbehandlungsbäder die Temperatur von 50—60° übersteigen. Ebenso dürfen die Entwicklungsbäder keinen Zusatz von schwefelsaurer Tonerde, wie es in der Baumwollfärberei üblich ist, erhalten, sondern sie werden mit Essigsäure oder Ameisensäure versetzt. Die Echtheit der Naphthol-AS-Farben ist auf Kunstseide im allgemeinen noch etwas besser als auf Baumwolle.

Sonstige Farbstoffe. Zur Erzielung besonders lebhafter Farbtöne lassen sich auch einige saure Farbstoffe (Eosin und ähnliche) verwenden, die dann in möglichst kurzer Flotte bei 30—40° unter Zusatz von Glaubersalz gefärbt werden. Die Affinität der Farbstoffe zur Faser ist aber so gering, daß die Färbungen nicht einmal ein Spülen vertragen und unmittelbar nach dem Färben getrocknet werden müssen. Von Ausnahmefällen abgesehen, kommt deshalb dieser Färbemethode keine Bedeutung zu.

Auch Anilinschwarz wird nach dem Dämpf- oder Hängeverfahren auf Kunstseide gefärbt. Zum Schutz der Faser gegen Säurewirkung hat sich ein Zusatz von Kollamin (Chemische Fabrik F. Sager, Mannheim) bewährt, jedoch ist die Gefahr einer Carbonisation bei Kunstseide stets groß. In erster Linie findet Anilinschwarz bei Druckartikeln als Grundfarbe Verwendung.

Maschinelle Einrichtung. In der Strangfärberei haben die Strangfärbemaschinen, wie sie von Gerber-Wansleben, Krefeld, der Niederlahnsteiner Maschinenfabrik und andern Firmen gebaut werden, wegen ihrer gleichmäßigeren und schonenderen Arbeitsweise die Handarbeit in hohem Maße verdrängt. Die Stränge werden hierbei durch über der Barke befindliche Porzellanwalzen, die automatisch zeitweise ihre Drehrichtung ändern, umgezogen. Durch dicht schließende, herausnehmbare Schotten kann man das Ausmaß der Farbbarke oder Färbekufe der Größe der Farbpartien leicht anpassen. Dabei können mehrere Behandlungen der Stränge (Bleichen, Waschen, Färben und Avivieren) hintereinander auf derselben Maschine vorgenommen werden, so daß die Kunstseidenstränge einer möglichst geringen mechanischen Beanspruchung ausgesetzt sind. Eine Abart dieser Maschinen stellt die Spritzfärbemaschine von Gerber-Wansleben dar, bei der die Stränge von außen und innen mit Farbstofflösung bespritzt werden. Bei der großen Naßempfindlichkeit der Kunstseide macht das übliche Anschlagen und Strecken der nassen Stränge an der Polbank große Schwierigkeit. Aus diesem Grunde sind hierfür durchweg Schlagmaschinen im Gebrauch, die eine gleichmäßige und leicht regulierbare Arbeitsweise gestatten und die Willkürlichkeit der Handarbeit ausschalten. Das Färben auf dem Apparat hat sich bei Kunstseide wegen ihres allzu starken Anfärbevermögens und ihrer starken Quellung nicht bewährt.

In der Stück- und Wirkwarenfärberei werden die üblichen Färbemaschinen, zweckmäßig in etwas leichterer Ausführung, benutzt. Eine möglichst schonende Behandlung beim Färben in ausgebreitetem Zustande gewährleistet der von der Firma Benninger A.-G., Uzwil (Schweiz), neuerdings in den Handel gebrachte Automatenjigger. Hier wird nicht nur die Warengeschwindigkeit durch Verwendung eines Differentialgetriebes stets gleich gehalten, sondern es

---

[1] Lint: Mell. Text. **1927**, 258.

wird auch die Ware durch Antrieb beider Jiggerwalzen möglichst wenig durch Zug beansprucht. Auch die Materialfrage verlangt bei sämtlichen Apparaten der Kunstseidenfärberei größte Aufmerksamkeit, denn es liegt auf der Hand, daß eine so leicht quellbare Faser wie die Kunstseide an rauhen oder unreinen Flächen leicht Schaden nimmt. Aus diesem Grunde werden vielfach die Barken oder Maschinenteile mit Porzellanplatten, V2A-Stahl, Monellmetall oder Hartgummi ausgekleidet bzw. überzogen, während man von der Verwendung von Kupfer immer mehr abkommt, da es mit Seife und organischen Säuren leicht Grünspan ansetzt. Eine Zusammenstellung über moderne Färbemaschinen für Strang und Stück gibt GÖTZE[1].

Drucken.

Beim Bedrucken der aus regenerierter Cellulose bestehenden Kunstseiden finden grundsätzlich dieselben Verfahren wie im Baumwolldruck Anwendung, so daß sich ein Eingehen auf Einzelheiten an dieser Stelle erübrigt (s. u. Zeugdruck). Der Eigenart der Kunstseide muß man in erster Linie nur insofern Rechnung tragen, daß man die mechanische Beanspruchung beim Auftragen der Druckmasse so gering wie möglich gestaltet, längeres Dämpfen oder Dämpfen unter zu hohem Druck oder zu heißes Trocknen vermeidet. Als Verdickungsmittel benutzt man meistens Tragant, Johannisbrotkernmehl und Weizenstärke, da diese beim Trocknen nicht zu hart werden, zumal wenn die Druckmasse einen Zusatz von Glycerin, Glyecin od. dgl. erhalten hat. Neben den allgemein üblichen Arbeitsweisen findet der Rahmen- und Filmdruck immer mehr Anhänger, bei dem die Druckfarbe unter Benutzung von feinen Sieben oder Gazen, die teilweise mit Ölfarbe oder Harz abgedeckt sind, aufgetragen wird. Zum direkten Druck benutzt man für helle und mittlere Töne basische Farbstoffe, für satte Töne Beizenfarbstoffe und, falls große Echtheit verlangt wird, Küpenfarbstoffe (auch in Form von Indigosolen) oder Naphthol-AS-Farben (Rapidechtfarben). Für den Handdruck (s. d.) mit Küpenfarben bevorzugt man wegen der größeren Haltbarkeit der bedruckten aber noch nicht fixierten Ware vielfach das Colloresinverfahren (I. G. Farbenindustrie). Ätzdruck wird fast nur auf substantivem oder auf Naphthol-AS-Grund ausgeführt, da die Kunstseide, die mit der Anwendung andrer Farbstoffklassen verbundene starke Nachbehandlung nicht verträgt. Beim Reservedruck finden dagegen Küpenfarbstoffe große Verwendung, und zwar hauptsächlich als Reserven unter Indigosolklotzungen, ein Verfahren, das Küpenfarbenmuster auf Küpenfarbengrund, also sehr echte Fertigware, liefert. Ebenso dienen Küpenfarbstoffe oder auch basische Farbstoffe häufig als Reserven unter Anilinschwarz. Die in der Baumwolldruckerei benutzten Pappreserven sind für Kunstseide ungeeignet.

Ausrüstung.

Während in der Färberei und Druckerei die Kunstseide ähnlich wie die Baumwolle behandelt wird, lehnt sich ihre Ausrüstung eng an diejenige der Seide an. Als Appreturmittel kommen in erster Linie diejenigen in Frage, die Farbe und Glanz nicht decken und dabei doch gute Fülle geben. Gewöhnlich benutzt man dünne Leim- oder Gelatinelösungen, denen als Weichmachungsmittel Glycerin, Monopolbrillantöl od. dgl. beigefügt werden. In vielen Fällen, so z. B. bei Mischgeweben mit Baumwolle, zieht man aufgeschlossene Stärke vor, da diese der Baumwolle größere Fülle erteilt. Auch Tragant, Johannisbrotkernmehl, Carragheenmoos und ähnliche Produkte können

[1] GÖTZE: Seide **1929**, 88.

häufig mit Vorteil Verwendung finden. Die Zusammensetzung der Appreturmasse richtet sich selbstverständlich ganz nach dem gewünschten Appretureffekt, jedoch wird die Konsistenz der Appreturmasse dünner als bei Baumwolle gehalten. Einen Anhaltspunkt für die Herstellung geeigneter Appreturmassen möge folgendes bewährte Rezept geben:

120 T.	Kartoffelmehl
1,5 „	Diastafor
10 „	Glycerin
10 „	Monopolbrillantöl
858,5 „	Wasser
1000 T.	

Die Stärke wird in der üblichen Weise mit Diastafor aufgeschlossen und dann erst mit den Zusätzen verkocht. Diese Stammasse wird je nach dem gewünschten Effekt vor dem Gebrauche auf das 10—15fache verdünnt.

Bei leichten Geweben wird die Appreturmasse meistens als Spritzappret, bei Mischgeweben vielfach auch als Rückenappret aufgetragen. Beim Gebrauch der einzelnen Ausrüstungsmaschinen, wie Spannrahmen, Kalander, Kalorier- und Zylindriermaschinen, muß man selbstverständlich die starke Empfindlichkeit der Kunstseide gegen mechanische Einflüsse berücksichtigen, so daß die genannten Maschinen vielfach für Kunstseide in bestimmten Sonderausführungen gebaut werden. Leichte Gewebe neigen ferner infolge der glatten Oberfläche der Kunstseide leicht zum Verschieben der Fäden, worauf ebenfalls in der Ausrüstung Rücksicht zu nehmen ist. Über Finishen von Kunstseidengeweben s. GÜNTHER[1].

Acetatkunstseide[2].

Die Acetatkunstseide besitzt als Acetylcellulose, wie schon eingangs erwähnt, wesentlich andre Eigenschaften als die andern Kunstseidenarten und verlangt dementsprechend auch besondre Veredlungsverfahren. Während die aus regenerierter Cellulose bestehenden Kunstseiden mit Wasser stark aufquellen und dabei häufig 45—50% ihrer Trockenfestigkeit einbüßen, verhält sich Acetatseide gegen kaltes Wasser ziemlich indifferent, zeigt also große Naßfestigkeit. Immerhin ist auch bei ihr die Naßfestigkeit merklich geringer als die Trockenfestigkeit, so daß gewisse Vorsicht bei der mechanischen Behandlung geboten ist. Heißes Wasser wirkt dagegen auf Acetatseide stark ein und führt oberhalb 75° zur Abspaltung von Acetylgruppen und damit zur Verseifung. Diese Wirkung wird durch Laugen oder starke Säuren sehr beschleunigt, so daß diese schon bei niedriger Temperatur schädigend wirken. Beim starken Erhitzen wird die Acetatseide weich und beginnt schließlich zu schmelzen. Ferner ist für sie Löslichkeit bzw. starke Quellbarkeit in manchen organischen Lösungsmitteln, wie z. B. in Aceton und Eisessig charakteristisch. Diesen Eigenschaften müssen die einzelnen Veredlungsverfahren Rechnung tragen; demnach sind zu heiße Bäder, Berührung mit überhitzten Apparateteilen (z. B. Dampfschlangen), Benutzung von Laugen, zu heißes Trocknen u. dgl. zu vermeiden. Wenn trotz dieser Schwierigkeiten, zu denen noch das völlig abweichende Verhalten gegenüber Farbstoffen hinzutritt, die Acetatseide in steigendem Maße Bedeutung in der Textilindustrie gewonnen hat, so liegt dieses hauptsächlich daran, daß sie in Griff und Glanz der natürlichen Seide am nächsten kommt, hohe Naßfestigkeit besitzt und nur geringes Leitvermögen für Wärme aufweist.

---

[1] GÜNTHER: Mell. Text. **1929**, 304.

[2] S. a. W. A. DYES: Seide **1928**, 218. — Die Kunstseide **1928**, 484. — GÖTZE: Seide **1928**, 226.

Reinigen, Schlichten, Mattieren.

Die Acetatseide bedarf vor dem Färben lediglich einer schwachen Reinigung, um etwa von der Fabrikation herrührende Schmutzstoffe zu beseitigen. Man reinigt sie in einem Bade, das 2—3 g Seife und 2 cm^3 Ammoniak im Liter enthält, etwa $^1/_4$ Std. bei 45—50°. Ein Zusatz von Monopolseife, Tetracarnit, Cycloran u. dgl. wirkt günstig. In Mischgeweben kann auch ein Bleichen erforderlich werden, das sich dann unter Beachtung der oben angedeuteten Vorsichtsmaßregeln nach der Art der andern Faser richtet.

Zum Schlichten der Acetatseide eignen sich am besten Gelatine oder Pflanzenschleime, Öl- oder Wachsemulsionen, während Stärkeschlichten weniger brauchbar sind. Neuerdings trifft man auch die Leinölschlichte (s. S. 368) in steigendem Maße an. Auch Mattierungsverfahren finden Anwendung, die meistens darauf beruhen, daß man heiße bzw. kochende Seifenlösung (3—5 g : 1000) oder andre heiße Bäder auf die Seide einwirken läßt. Das D.R.P. 411798 von R. CLAVEL behandelt bei Siedetemperatur mit 8—15proz. organischen Säuren bei Gegenwart von Salzen und Schutzkolloiden. Durch quellend wirkende Mittel kann man die Mattierung wieder abschwächen oder rückgängig machen, so z. B. durch mehrstündiges Einlegen in 20proz. kalte Essigsäure. Weitere Verfahren s. D.R.P. 446486 und 451110 von R. CLAVEL.

Färben[1].

Für das färberische Verhalten der Acetatseide sind ihre Lipoidnatur und ihr saurer Charakter bestimmend. Letzterer verleiht ihr eine Affinität zu basischen und zu einzelnen sauren Farbstoffen, die basische Gruppen enthalten. Aus den eingehenden Untersuchungen von GREEN, STANISZ, CLAVEL, der I. G. FARBENINDUSTRIE und andern Forschern ergeben sich noch weitere, an dieser Stelle nicht zu erörternde Beziehungen zwischen Konstitution und Molekulargröße der Farbstoffe einerseits und ihrem Anfärbevermögen auf Acetatseide andrerseits, die im Laufe der letzten Jahre zu zahlreichen Patenten über die Herstellung ausgesprochener Acetatseidenfarbstoffe geführt haben. Das Färben der Acetatseide ist kein Adsorptionsvorgang wie bei Baumwolle und den andern Kunstseiden, sondern ein Lösungsvorgang, bei dem die Farbstoffe aus der Flotte in die Faser hineingelöst werden, in ähnlicher Weise, wie man Fette mit Äther aus wäßrigen Emulsionen ausschütteln kann. Dabei können Vorbehandlungen mit schwach quellenden Mitteln, Zusätze von Metallsalzen und andern Stoffen, sowie von Schutzkolloiden eine ausschlaggebende Rolle spielen. Von wichtigen Patenten, die das Färben von Acetatseide behandeln, seien folgende genannt. CLAVEL: D.R.P. 355533, 402500, 408178, 408179, 411798, 439882; I. G. FARBENINDUSTRIE: D.R.P. 412819, 415681, 438378, 439004, 444961, 445979; COURTAULDS LTD: D.R.P. 412164; BRITISH DYESTUFFS CORPORATION LTD.: D.R.P. 438323, 453938.

Dank diesen vielseitigen und erfolgreichen Arbeiten sind die früheren grundsätzlichen Schwierigkeiten beim Färben von Acetatseide heute überwunden. Ein einwandfreies Färben verlangt aber trotzdem noch große Sorgfalt und Erfahrung, da auch die Acetatseide mitunter ungleichmäßige Färbungen liefert, wenn auch lange nicht in dem Maße wie die Viscose. Die ersten Färbeverfahren beruhten auf einer schwachen Oberflächenverseifung, die dann ein Anfärben mit substantiven Farbstoffen, ähnlich wie bei den andern Kunstseidensorten, gestattete. Diese Verfahren haben heute keine technische Bedeutung mehr.

---

[1] BRANDENBURGER: Mell. Text. **1929**, 215. — Die Kunstseide **1929**, 98. — Ztschr. ges. Text. **1929**, 356. — RABE: Mell. Text. **1928**, 235.

Die zur Zeit im Handel befindlichen Acetatseidenfarbstoffe lassen sich in drei Gruppen einteilen, in

1. wasserlösliche Farbstoffe, die aus wäßriger Lösung meistens unter Zusatz von Salz gefärbt werden: Cellit- und Cellitechtfarben (I. G. Farbenindustrie), Acetolfarben (Gebr. Seitz, Frankfurt), basische Farbstoffe.

2. Wasserunlösliche oder Dispersionsfarbstoffe. Man färbt aus wäßriger Suspension, wobei die Suspensionsmittel entweder bereits in dem Farbstoff enthalten sind oder dem Färbebade zugesetzt werden: Celliton- und Cellitonechtfarben (I. G. Farbenindustrie), Cibacetfarben (Ciba), Setacyldirektfarben (Geigy), Artisildirektfarben (Sandoz), Celanese SRA-Farbstoffe (Brit. Celanese Ltd.), Dispersolfarben (Brit. Dyestuffs Corp.).

3. Entwicklungsfarbstoffe. Es wird zunächst mit gelösten Basen grundiert, dann diazotiert und entwickelt: Cellitazole (I. G. Farbenindustrie), Cibacetdiazofarben (Ciba), einige Setacyldirektfarben (Geigy), Artisilfarben (Sandoz), Jonamine (Brit. Dyestuffs Corp.).

Wasserlösliche Farbstoffe[1]. Eine Anzahl basischer Farbstoffe färbt Acetatseide unmittelbar an, bei stärkeren Farbtönen ist jedoch eine Vorbehandlung mit „Beize für Acetatseide" oder mit Celloxan (I. G. Farbenindustrie) erforderlich. Letzteres kann man auch unmittelbar dem Färbebade in einer Menge von 3—5 g im Liter zusetzen. Auch Supramin AZ (Ciba) wirkt quellend auf die Faser und erhöht dadurch die Affinität zu basischen Farbstoffen. Einzelne bekannte Säure- und Chromierungsfarben wie Azogelb, Amidogelb, Orange IV, Chromblau, Alizarindirektblau A und SE, Alizarindirektviolett ER lassen sich ebenfalls ohne Vorbeize auffärben. Bis auf wenige Ausnahmen sind aber diese Färbungen sehr lichtunecht und auch nur mäßig waschecht. Sehr gut lichtechte Färbungen erhält man dagegen mit den Cellitechtfarben. Man färbt unter Zusatz von 20—50% Glaubersalz oder Salmiak $^1/_2$—1 Std. bei 60—70°, wobei man bei hellen Tönen bei niedriger Temperatur eingeht. Bei einigen Cellitechtfarben säuert man die Flotte zweckmäßig mit Essigsäure an. Die Cellitechtfarben bieten schon recht zahlreiche Farbtöne, es fehlen hauptsächlich noch Schwarz, Dunkelblau und ein einheitliches Grün.

Wasserlösliche Farbstoffe. Die Cellitonechtfarben werden im leicht schäumenden Seifenbade, das 2—3 g Seife im Liter enthält, bei 60—70° $^1/_2$—1 Std. gefärbt. Im Interesse eines gleichmäßigen Aufziehens ist es dabei empfehlenswert, mit der Temperatur nur langsam hoch zu gehen. Nach dem Spülen wird leicht geseift und mit Essigsäure aviviert. Die Färbungen sind durchweg ausgezeichnet durch gute Wasserechtheit und für viele Zwecke ausreichende Waschechtheit. Die andern zu dieser Gruppe gehörenden Farbstoffe verhalten sich beim Färben und in ihren Eigenschaften ähnlich.

Entwicklungsfarbstoffe. Man färbt die Entwicklungsfarbstoffe in der Regel in essigsaurer Flotte unter Zusatz von Glaubersalz $^1/_2$—$^3/_4$ Std. bei 60—70°. Die Löslichkeit der einzelnen Farbstoffe ist recht verschieden, so daß man sie vorher teils in Essigsäure, teils in heißer Salzsäure, teils in kalter starker Ameisensäure lösen muß. Auch ein Bad, das 30 T. Tetralin, 45 T. Seife und 5 T. Soda im Liter enthält, eignet sich vielfach zum Lösen. Die starksaure Reaktion des Färbebades muß gegebenenfalls durch etwas essigsaures Natrium abgestumpft werden. Nach dem Spülen werden die Färbungen mit 3—5% Natriumnitrit und 6—12% Salzsäure (20° Bé) diazotiert, gespült und dann mit den entsprechenden Entwicklern, wobei vornehmlich Phenole in Frage kommen, kalt oder bei 50—60° entwickelt. Mit den Cellitazolen und den entsprechenden andern Farbstoffen lassen sich recht satte Farbtöne, insbesondre tiefe Blaus

[1] Köster: Mell. Text. **1929**, 204.

und Schwarz erhalten. Die Färbungen besitzen gute Waschechtheit und Überfärbeechtheit, aber vielfach nur geringe Lichtechtheit. Man benutzt die Cellitazole in erster Linie für echte Schwarzfärbungen und für überfärbeechte Effektfäden.

Drucken[1] und Ausrüsten.

Für den direkten Druck auf Acetatseide kommen zunächst die Cellitecht- und Cellitonechtfarben bzw. diesen entsprechende Farbstoffe andrer Firmen, ferner aber auch basische, Küpen- und einige Beizenfarbstoffe in Frage. Die basischen Farbstoffe druckt man unter Verwendung von Celloxan oder von Tannin, während man für Küpenfarbstoffe das Pottasche-Rongalit-Verfahren benutzt. Eine im letzteren Falle auftretende Oberflächenverseifung ist bei richtiger Arbeitsweise so gering, daß sie nicht merklich auffällt. Das früher übliche Aufdrucken von alkalischen Druckmassen in der Absicht, dadurch die Faser stellenweise zu verseifen und aufnahmefähig für Cellulosefarbstoffe zu machen, besitzt heute nur noch untergeordnete Bedeutung. Im Ätzdruck benutzt man an Stelle des sonst üblichen Hydrosulfits am besten Dekrolin lsl. konz., jedoch ist zu beachten, daß nur ein Teil der ausgesprochenen Acetatseidenfarbstoffe weiß ätzbar ist. Da die Farbstoffe infolge des Lösungsvermögens der Acetatseide leicht in diese hineindiffundieren, macht es mitunter Schwierigkeiten, scharfe Ränder beim Druck zu erhalten. Wegen der leichten Verseifbarkeit der Acetylcellulose muß ferner der Dämpfprozeß möglichst beschränkt werden.

Die Ausrüstung der Acetatseide lehnt sich eng an diejenigen der andern Kunstseidensorten an, muß aber zugleich den geschilderten Sondereigenschaften der Kunstseide Rechnung tragen. So ist stets darauf zu achten, daß die feuchte Ware nicht zu heiß wird, da sie sonst durch Oberflächenverseifung leicht eine Glanzverminderung erleidet. Bügeln, Kalandern, Zylindrieren u. dgl. dürfen ebenfalls nicht bei zu hoher Temperatur geschehen, andernfalls nimmt die Ware leicht einen speckigen Glanz an. Durch nachträgliche Behandlung derartig geschädigter Gewebe mit einer 20proz. Kochsalzlösung bei etwa 85° soll sich der Fehler wieder verbessern lassen. Bei der Warenführung muß jede Quetschung und Faltenbildung vermieden werden, da sich Knicke aus Acetatseide noch bedeutend schwerer als aus Viscose entfernen lassen. An Appreturmitteln finden in erster Linie Gelatine, Pflanzengummi, Ölemulsionen u. dgl. Verwendung.

Mischgewebe[2].

Mischgewebe aus Kunstseide und andern Textilfasern sind heute weit häufiger am Markte zu treffen als rein kunstseidne Ware. Ebenso enthalten Wirk- und Strickwaren vielfach neben Kunstseide noch andre Faserarten. Handelt es sich dabei um Mischgewebe oder Wirkwaren aus regenerierten Cellulosen neben Seide oder Wolle, so finden die üblichen Färbemethoden für Halbseide und Halbwolle unter Berücksichtigung der färberischen Eigenschaften der Kunstseide Anwendung. Schwieriger gestaltet sich das Färben, wenn diese Kunstseiden neben Baumwolle vorhanden sind und eine einheitliche Färbung verlangt wird. Da die Farbstoffe durchweg auf Kunstseide besser als auf Baumwolle aufziehen, muß man versuchen, durch geringere Temperatur der Färbebäder, durch Änderung der Zusätze und vor allen Dingen durch richtige Auswahl der Farbstoffe einen möglichst guten Ausgleich der Färbungen zu erhalten. Wenn es auch möglich ist, in vielen Fällen bei substantiven Farbstoffen durch Vermeidung höherer Färbetemperatur die starke Affinität der Kunstseide

[1] Gmelin: Mell. Text. **1928**, 225. — Fischer, R.: Mell. Text. **1929**, 45.

[2] Hoz: Leipz. Mon. Text. **1929**, Fachheft I, 33. — Köster: Leipz. Mon. Text. **1929**, Fachheft I, 17. — Landolt: Mell. Text. **1929**, 214.

zurückzudrängen, so lassen sich doch allgemeingültige Regeln bis jetzt nicht aufstellen, da sich die einzelnen Farbstoffe innerhalb einer Farbstoffgruppe recht verschieden verhalten. Am besten benutzt man die Farbstoffe, die sich nach den Aufstellungen der Farbenfabriken als besonders geeignet zum gleichzeitigen Färben von Viscose und Baumwolle oder von Kupferseide und Baumwolle erweisen.

Das eigenartige färberische Verhalten der Acetatseide ermöglicht die Herstellung von Mischgeweben, bei denen sich durch Färben im Stück Farbwirkungen hervorrufen lassen, die sonst nur durch Strangfärbung zu erreichen sind. Infolge der geringen Affinität der Acetatseide zu den bei andern Fasern gebräuchlichen Farbstoffen ist es möglich, sowohl weiße Effekte als auch bei Mitbenutzung von Acetatseidenfarbstoffen farbige Musterung zu erzielen. Bei der Auswahl der Farbstoffe ist zu berücksichtigen, daß einerseits die Acetatseide die basischen Farbstoffe und einzelne Vertreter der andern Farbstoffklassen aufnimmt, andrerseits die Cellitechtfarben starke Affinität zu Tierfasern besitzen, und die am besten zum Färben von Mischgeweben geeigneten Cellitonechtfarben ebenfalls tierische Faser häufig etwas anfärben. Durch etwa $^1/_4$std. Nachbehandlung bei etwa 70° mit einer Lösung, die 1 g Hydrosulfit und 2 cm^3 Ameisensäure im Liter enthält, lassen sich die Anfärbungen auf Wolle vielfach wieder abziehen. Auch eine nachträgliche Behandlung in einem Seifenbade (3 : 1000) bei 30° gibt häufig eine ausreichende Aufhellung der Wolle. Bunte Effektfäden aus Acetatseide färbt man am besten im Strang mit den überfärbeechten Cellitazolfarben vor. Das Färben von Mischgeweben aus Acetatseide und Wolle wird dadurch erschwert, daß zum Färben der Wolle meistens Temperaturen erforderlich sind, die für die Acetatseide die Gefahr einer Verseifung mit sich bringen. Im übrigen bietet die Acetatseide für das Färben von Mischgeweben sehr viele Kombinationsmöglichkeiten, die sich aus dem unterschiedlichen färberischen Verhalten der einzelnen Textilfasern ergeben, so daß hier nur auf die entsprechenden Kapitel über Färberei hingewiesen zu werden braucht. Als Beispiel möge das Färben eines Mischgewebes aus Viscose, Acetatseide und Naturseide dienen, das schöne Dreifarbeneffekte im Zweibadverfahren liefert. Man färbt im ersten Bade gleichzeitig die Viscose und die Acetatseide unter Benutzung von substantiven Farbstoffen (die keinerlei Affinität zur Acetatseide besitzen) und von Cellitonechtfarben. Im zweiten Bade wird dann die Naturseide mit Säurefarbstoffen auf den dritten Farbton unter Zusatz von Essigsäure gefärbt.

Färberei der Wolle.

Von K. Stirm.

Koloristischer Teil.

Allgemeines.

Die wichtigsten Farbstoffgruppen für die Wollfärberei sind heute: Die Säurefarbstoffe, die man auch als Wollfarbstoffe schlechthin bezeichnet; die Beizenfarbstoffe mit ihren Unterabteilungen, den eigentlichen Alizarinen im engern Sinne, die ein Vorbeizen der Wolle verlangen, den Säurealizarin- oder Chromentwicklungsfarbstoffen, bei denen der Farblack durch eine Nachbehandlung mit Beizsalzen gebildet wird, den Einbadchromfarbstoffen (Metachrom-, Anthracenchromat-, Eriochromalfarbstoffe und -verfahren u. a.), bei denen Farbstoff und Beize gleichzeitig dem Bade zugesetzt werden, den Palatinecht- und Neolanfarben, komplexen löslichen Chromfarbstoffverbindungen, die als solche auf die Wolle ziehen und durch den Färbeprozeß auf ihr echt befestigt werden; und endlich folgen der Indigo, seine Homologen und Substitutionsprodukte, sowie eine Anzahl nichtindigoider, sondern Anthrachinon- und ähnlicher Küpenfarbstoffe.

Daneben kommt einigen basischen und Salzfarben eine gewisse Bedeutung zu; die Schwefel- und die Entwicklungsfarbstoffe (Eisfarben, Anilinschwarz und andre Oxydationsfarbstoffsynthesen auf der Faser) sind ohne jede praktische Bedeutung für die Wollfärberei.

Einige wenige Naturfarbstoffe finden noch beschränkte Anwendung.

Über die Bedeutung und das Verwendungsgebiet dieser verschiedenen für die Wollfärberei in Frage kommenden Farbstoffgruppen seien noch einige kurze Bemerkungen vorausgeschickt. Die am einfachsten zu färbenden Säurefarbstoffe besitzen in vielen, vor allem ihren neueren Vertretern gute, teilweise hervorragende Echtheiten gegen Licht, Reiben, Schweiß, Straßenschmutz, z. T. sogar gegen leichte Walke.

Man wird sie daher in allen Fällen verwenden, wo nicht ganz besondere Ansprüche an die Fabrikationsechtheit, vor allem Walkechtheit der Färbung, gestellt werden, so z. B. in der Färberei der Wirk-, Strick- und Häkelgarne, der Damentuche, Damenkonfektionsstoffe und derjenigen Herrenstoffe, die gar keine oder nur eine leichte Walke durchzumachen haben.

Für die Wollechtfärberei, in der die höchsten Anforderungen an die Appretur- und Tragechtheit der Färbungen gestellt werden, kommen sie nicht in Frage, diese ist das Gebiet der Beizenfarbstoffe, des Indigo und der neueren Wollküpenfarbstoffe.

Hierher gehören z. B. alle wollfarbigen, einer schweren Walke zu unterwerfenden Anzugs- und Mantelstoffe, Uniform- und Lieferungstuche u. a. m.

Färben der Wolle mit basischen Farbstoffen.

Die Wolle besitzt eine große Verwandtschaft zu diesen Farbstoffen, so daß man sie ohne weiteres in neutralem Bad färben könnte. Da sie jedoch durch kalkhaltiges Wasser leicht in unlöslicher Form ausgefällt werden, so gibt man zur Wasserkorrektur und um das in der Wolle von der Wäsche her etwa noch vorhandene Alkali zu neutralisieren, je nach dem Grad der Härte $^1/_2$—3 l Essigsäure auf 100 l zum Farbbad, wobei ein Überschuß an Säure zu vermeiden ist, da er das Aufziehen der Farbstoffe verhindert. Man geht bei niedriger Temperatur ein und treibt allmählich in ca. $^1/_2$ Std. auf etwa 80°. Nach weiteren 15—20 Min. ist der Farbvorgang beendet. Besonders lebhafte, feurige Nuancen erhält man, wenn man dem neutralen Färbebad Marseiller Seife zusetzt und bei möglichst niedriger Temperatur ausfärbt.

Bei manchen grünen Farbstoffen dieser Gruppe arbeitet man in ganz eigenartiger Weise, indem man in dem Färbebad für 100 kg Wolle 2 kg Natriumthiosulfat und 10 kg Alaun löst, hierauf 400 g Schwefelsäure 66° Bé zugibt, in das milchig werdende Bad die Garne bei 40° einbringt, langsam zum Kochen treibt und 1 Std. kochend umzieht. Auf diese Weise wird Schwefel in feinster Verteilung auf der Wolle niedergeschlagen. Man spült gründlich, zuletzt unter Zusatz von etwas Ammoniak, und färbt dann wie üblich in essigsaurem Bad bei 80° aus.

Gewisse basische Farbstoffe, wie z. B. Viktoriablau, färbt man unter Zusatz von 10% Glaubersalz und 10% Weinsteinpräparat oder 4% Schwefelsäure, indem man bei etwa 50° C eingeht, langsam zum Kochen treibt und 1 Std. kochend färbt.

Zu dunkel ausgefallene Färbungen lassen sich durch eine Behandlung in essigsaurem Bad nahe bei Siedehitze leicht etwas abziehen.

Die Echtheit der Wollfärbungen mit basischen Farbstoffen ist eine sehr unterschiedliche, sie sind teils echter, teils unechter als ihre Gerbstoff-Antimon-Lacke auf der Baumwolle. Gering ist auch meist ihre Licht- und mit wenigen Ausnahmen ihre Walkechtheit, sie finden deshalb im allgemeinen nur da Verwendung, wo es nicht auf besondere Echtheit ankommt, sondern nur ihr Feuer und der Glanz der mit ihnen gefärbten Wollen ausschlaggebend sind.

Färben der Wolle mit substantiven oder Salzfarben.

Man bestellt das Färbebad, je nach der Tiefe der Farbe, mit 10—20% kryst. Glaubersalz, mit oder ohne Zusatz von 5% essigsaurem Ammoniak, gibt den gut gelösten Farbstoff zu, geht bei etwa 40—50° ein, treibt in 20—30 Min. zum Kochen und färbt etwa eine Stunde kochend aus. Hierauf wird gemustert und, wenn erforderlich, mit demselben Farbstoff in demselben Bad nuanciert, wobei in den meisten Fällen ein vorheriges Abkühlen der Farbflotte überflüssig ist. Durch allmählichen Zusatz von 2—5% Essigsäure, 30proz., können die Bäder vollständig ausgezogen werden, wobei jedoch zu beachten ist, daß nicht alle Farbstoffe diese Behandlung ertragen. Durch eine Nachbehandlung mit gewissen Metallsalzen (Chromkali, Fluorchrom und Kupfervitriol) können, ähnlich wie bei der Baumwolle (s. d.), auch die Wollfärbungen der Salzfarben in ihrer Echtheit erhöht werden. Man arbeitet entweder in der mit Essigsäure erschöpften alten Farbflotte oder in einem frischen Bad unter Zusatz von 3—4% Essigsäure $^1/_2$ Std. bei Kochtemperatur. Chromkali und Fluorchrom erhöhen die Wasch- und Walkechtheit, Kupfervitriol hauptsächlich die Lichtechtheit der Färbung.

Färben der Wolle mit sauren oder Säurefarbstoffen.

Es kommt hier vor allem drei Faktoren eine besondere Bedeutung zu: dem Zusatz von Säuren oder sauren Salzen, demjenigen von Neutralsalzen und der Temperatur des Farbbades.

Der Zusatz von Säuren oder sauren Salzen hat einen dreifachen Zweck:

a) sie korrigieren das Wasser;

b) sie setzen die Farbstoffsäure aus den Salzen in Freiheit und

c) sie bringen die Farbstoffsäure durch Verringerung ihrer Löslichkeit im Wasser zum Aufziehen auf die Faser.

Je stärker eine Säure und je größer die von ihr angewendete Menge ist, um so vollständiger, aber auch um so schneller wird der Farbstoff auf die Wolle getrieben.

Neben Schwefelsäure verwendet man hauptsächlich Essig- und neuerdings vielfach Ameisensäure. Wein- und Oxalsäure kommen weniger in Betracht. Als saures Salz verwendet man Natriumbisulfat (s. d.), das sog. „Weinsteinpräparat“ oder auch kurz „Präparat“ genannt.

Die neutralen Salze haben gerade die umgekehrte Wirkung; sie erhöhen die Löslichkeit der Farbstoffe in der Flotte und verlangsamen bzw. verhindern ihr Aufziehen auf die Faser. Man verwendet hauptsächlich Glaubersalz und in gewissen Fällen essig- oder ameisensaures Ammoniak. Die letzteren wirken zuerst als Neutralsalze, mit steigender Temperatur tritt jedoch ein Zerfall derselben ein, wobei Ammoniak entweicht und das Färbebad allmählich sauer wird.

In bezug auf das mehr oder weniger rasche Aufziehen der Farbstoffe auf die Wolle bestehen große Unterschiede unter den einzelnen Säurefarbstoffen. Man unterscheidet im wesentlichen zwei Gruppen,

die sog. Egalisierungsfarben, die, wie ihr Name schon ausdrückt, leicht und selbst unter ungünstigsten Umständen gleichmäßige Färbungen ergeben, weil sie allmählich und langsam auf die Wolle ziehen, und die Unifarbstoffe, die rasch auf die Wolle ziehen, daher schwer egalisieren und mit größter Vorsicht ausgefärbt werden müssen, wenn man gleichmäßige Färbungen erzielen will.

Aus diesem Gesichtspunkt und auch mit Rücksicht auf die Verschiedenheit der zu färbenden Stoffe (ein Hauptanwendungsgebiet dieser Farbstoffgruppe ist die Wollstückfärberei) ergeben sich verschiedene Variationen des normalen Färbeverfahrens.

Dieses wird folgendermaßen ausgeführt: Man beschickt das Färbebad mit

10—15% Glaubersalz kryst. und mit
2— 4% Schwefelsäure oder mit
5—10% Weinsteinpräparat,

gibt den Farbstoff zu, geht bei etwa 30—40° ein, treibt langsam zum Kochen und färbt 1—1¼ Std. bei Kochtemperatur. Alsdann wird abgemustert und, wenn Zusätze erforderlich sind, die Temperatur der Farbflotte durch Ablaufenlassen etwa der Hälfte des Bades auf ungefähr 40—50° ermäßigt, neuer Farbstoff zugegeben, wieder langsam zum Kochen getrieben und nach ½—¾ Std. kochend gefärbt usw.

Je nach der Natur des Farbstoffs und der Art der zu färbenden Ware läßt sich dieses Verfahren, wie gesagt, weitgehend ändern, was in den verschiedenen Färbevorschriften der einzelnen Fabriken zum Ausdruck kommt.

Es gibt Farbstoffe, die so leicht egalisieren, daß man mit der Ware direkt in die kochend heiße Flotte eingehen kann und auch bei Zusätzen die Temperatur nicht zu erniedrigen braucht.

Auf der andern Seite wird man jedoch bei schwer egalisierenden Farbstoffen und schwer egal- und durchzufärbenden Geweben bei ganz niedriger Temperatur eingehen. Man muß die Schwefelsäure bzw. das Präparat durch Essig- oder Ameisensäure ersetzen und bringt erst zum Schluß den Farbstoff durch Schwefelsäurezusatz zum völligen Ausziehen, oder aber man färbt überhaupt ganz ohne Schwefelsäure fertig. In vielen Fällen läßt man zu Beginn des Färbens die Säure ganz weg, erhöht im Gegenteil den Glaubersalzzusatz wesentlich (in einzelnen Fällen bis zu 100%); die Temperatur wird ferner ganz langsam gesteigert, die Säure allmählich, z. B. durch langsames Zutropfenlassen, dem Bad zugeführt. In Fällen, wo ganz besondere Vorsicht am Platz ist, beschickt man das Bad mit Glaubersalz und essig- oder ameisensaurem Ammoniak und läßt es durch allmähliches Steigern der Temperatur ganz langsam sauer werden.

Das Färben der Wolle mit Alkaliblau wird so ausgeführt, daß man das Farbbad mit

1—2% Soda calc. oder
3—6% Borax

und dem Farbstoff beschickt, bei etwa 60° eingeht, in 15—20 Min. auf 90° treibt und bei dieser Temperatur je nach der Tiefe der Färbung ½—¾ Std. arbeitet. Hierauf wird leicht gespült und in einem frischen, 60—70° heißen Bad mit 4 bis 5% Schwefelsäure in ¼std. Behandlung die blaue Farbe aus dem farblosen Alkalisalz entwickelt; hierauf wird gut gespült.

Bei Gegenwart von Kupfer fallen die Färbungen wenig klar aus; Kupfer ist deshalb zu vermeiden.

Die hierher gehörigen Eosinfarbstoffe werden nach folgendem Verfahren gefärbt:

a) Man beschickt das Farbbad mit

10% Glaubersalz kryst. und mit
2—5% Essigsäure 30proz.

und dem Farbstoff, geht bei 50° ein, treibt in $^1/_2$ Std. zum Kochen und setzt erforderlichenfalls nach $^3/_4$ std. Kochen Essigsäure bis zum Ausziehen der Farbflotte zu.

b) Das Färbebad wird mit

5 % Essigsäure 30 proz.
5 % Alaun und
3 % Weinstein

beschickt, die Ware $^1/_2$ Std. darin gekocht, auf 50° abgeschreckt, die Farbstofflösung zugegeben, nun langsam zum Kochen gebracht und etwa $^1/_2$ Std. schwach kochend gefärbt. Wenn das Bad nicht klar ausgezogen ist, erschöpft man es durch Zugabe von etwas Essigsäure.

Kupferne Gefäße und Heizschlangen sind auch bei diesem Färbeverfahren im Interesse der Erzielung klarer Töne zu vermeiden.

Färben der Wolle mit Beizenfarbstoffen.

Weitaus die größte Bedeutung kommt in der Wollfärberei den Chromlacken der Beizenfarbstoffe zu. Tonerdebeizen werden in einigen Fällen für rote, orange und rosa Töne, Eisen- und Kupfersalze in der Blauholzfärberei und Zinnsalze für Cochenillerot verwendet.

Die Besprechung der Färberei der Beizenfarbstoffe auf Wolle reduziert sich also eigentlich auf eine solche der Befestigung ihrer Chromlacke auf der Faser.

Diese erfolgt heute nach folgenden Methoden:

Das Färben vorgebeizter Wolle, Beiz- und Färbemethode, Zweibadverfahren.

Diese Methode kommt in erster Linie für die eigentlichen Alizarinfarbstoffe in Betracht, die an sich kein Anfärbevermögen für die Faser besitzen.

Auf Tonerdebeizen werden, wie gesagt, einige Alizarinrot-, -orange- und -rosamarken gefärbt, welche sehr lebhafte Nuancen von sehr guter Tragechtheit für Uniform- und Besatztuche ergeben. Die Wolle wird dazu je nach der Tiefe des gewünschten Farbtons mit

5—10 % Alaun (eisenfrei),
1— 3 % Weinstein und
1— 2 % Oxalsäure

$1^1/_2$ Std. kochend gebeizt, hierauf wird gut gespült, der Farbstoff zugegeben, bei etwa 40° mit dem Färben begonnen, langsam zum Kochen getrieben und $1—1^1/_2$ Std. kochend gefärbt. Es wird auch in manchen Fällen ein Zusatz von essigsaurem Kalk, Marseiller Seife und Tannin empfohlen.

Für das Beizen der Wolle mit Chrom verwendet man ganz allgemein seit etwa 70 Jahren das saure chromsaure Kali, kurz „Chromkali" genannt, und führte diesen „Chromsud der Wolle" genannten Prozeß anfangs in der Weise aus, daß man die Wolle mit 1—3 % Chromkali allein oder unter Zusatz von 1—2 % Schwefelsäure $1^1/_2$ Std. lang kochend beizte.

Eine derart gebeizte Wolle zeigt eine fast rein gelbe Farbe, ein Zeichen, daß sich das Chrom auf der Wolle hauptsächlich in Form von Chromsäure befindet. Es wurde nun einerseits festgestellt, daß die schönsten und echtesten Färbungen auf einer grünen, Chromoxyd enthaltenden Wolle erhalten wurden, andrerseits, daß ein Teil der Chromsäure bei diesem alten Verfahren zu Chromoxyd reduziert wurde, indem diese Reduktion auf Kosten der Wolle erfolgte und diese selbst oxydiert, d. h. angegriffen und zerstört wurde. Man ging deshalb dazu über, diesem Chromsud Substanzen zuzusetzen, welche an Stelle der Wolle die Reduktion der Chromsäure übernahmen und die Wolle als Reduktionsmittel ausschalten und somit vor einer Schädigung schützen sollten. Von solchen „Hilfsbeizen“ beim Chromsud der Wolle waren und sind in Gebrauch Weinstein, Oxalsäure, Lignorosin, Milchsäure, Lactolin und als jüngste die Ameisensäure.

Eine gute Hilfsbeize soll das Chromkali vollständig reduzieren und das gebildete Chromoxyd quantitativ auf der Faser niederschlagen. Der Prozeß soll sich möglichst langsam abspielen, damit eine ganz gleichmäßige Verteilung der Beize erreicht wird. Die gebeizte Wolle soll eine rein grüne Farbe zeigen, das Beizbad wasserklar ausziehen und kein Chrom mehr enthalten. Auf diese Weise kann das sonst nötige gründliche Spülen nach dem Beizen wegfallen, und man kann in dem auf etwa 30—40° abgekühlten Beizbad direkt weiterfärben.

Diesen Anforderungen entsprechen von den genannten Hilfsbeizen Milchsäure, Lactolin unter Zusatz von Schwefelsäure und vor allem die Ameisensäure. Man beschickt also am besten das Beizbad je nach der Tiefe der Färbung mit

1—2% Chromkali und
$1^1/_4$—$2^1/_2$% Ameisensäure,

geht bei 30—40° ein, treibt langsam zum Kochen und beizt $1^1/_2$ Std. bei Kochtemperatur. Von der wasserklar ausgezogenen Bleichflotte läßt man einen Teil ab, gibt kaltes Wasser zu und beginnt nun bei etwa 40° mit dem Färben. Bei sehr empfindlichen Farbstoffen gibt man zunächst nur essigsaures Ammoniak und ganz allmählich Essig- oder Ameisensäure zu. Bei den meisten Farbstoffen kann man aber direkt unter Essig- oder Ameisensäurezusatz mit dem Färben beginnen. Man treibt in $^1/_2$—$^3/_4$ Std. zum Kochen und färbt $1^1/_2$ Std. kochend aus.

Bei ganz dunklen Nuancen empfiehlt es sich, zur Erzielung bester Walk- und Alkaliechtheit dem erschöpften Farbbade noch $^1/_2$% Chromkali zuzufügen und $^1/_2$ Std. kochend nachzuchromieren.

Wenn auch auf solche Weise durch Verwendung einer guten Hilfsbeize die Schädigung der Wolle durch die oxydierende Wirkung des Chroms auf das geringste Maß zurückgeführt ist, so ist doch andrerseits die lange Kochdauer während des Beiz- und Färbprozesses der Wolle nicht zuträglich.

Färben der Wolle mit Beizenfarbstoffen in einem Bade.

Dies ist mit den sog. Nachchromierungs- oder Chromentwicklungsfarbstoffen möglich und bedeutet infolge der kürzeren Kochdauer einen gewissen Fortschritt. Diese Farbstoffe sind Beizenfarbtstoffe, welche ein primäres Färbevermögen für die Wolle besitzen, z. B. infolge einer Sulfogruppe, so daß sie nach Art der Säurefarbstoffe im sauren Bad direkt auf die Wolle gefärbt werden können. Die Bildung des echten Farblacks erfolgt dann durch eine Nachbehandlung mit Chromsalzen, Fluorchrom oder Chromkali. Von diesen gibt man etwa die Hälfte von der angewandten Farbstoffmenge, höchstens jedoch 3%, nach vorhergehendem Abschrecken zu und entwickelt $^1/_2$—$^3/_4$ Std. bei Kochtemperatur.

Die Vorteile dieses Verfahrens (Ersparnis an Zeit und Dampf, einfachere Arbeitsweise und größere Schonung der Wolle) können jedoch leicht, besonders bei unvorsichtigem Arbeiten, durch die schädigende Einwirkung der heißen Chromsäureflotte auf die Wolle in das Gegenteil verwandelt werden.

Dies ist vor allem der Fall, wenn zur Erzielung einer möglichst guten Walkechtheit unnötig hohe Chromkalimengen angewendet werden, nicht sehr gut gespült und endlich bei einer zu hohen Temperatur getrocknet wird, was vor allem in Lohnbetrieben häufig vorkommt. Die meisten sog. „verbrannten“ chromgefärbten Wollen dürften auf diesen Umstand zurückzuführen sein.

Auf die großen Gefahren, welche dieses Verfahren in sich schließt, haben vor allem Versuche und Veröffentlichungen von v. Kapff aufmerksam gemacht.

Färben der Wolle in einem Bade, dem man gleichzeitig Beizen und Farbstoffe zugibt (Einbadverfahren).

Nach diesem Verfahren werden gewisse Beizenfarbstoffe gefärbt, bei welchen unter Verwendung geeigneter Beizen die Bildung des unlöslichen Farblacks nicht schon im Bade, sondern erst während des Färbens unter langsamem Erwärmen und längerem Kochen in der Wolle selbst erfolgt.

Als erste kam die Berliner Aktiengesellschaft für Anilinfabrikation mit ihrer Metachrombeize und ihren Metachromfarben heraus. Ihr schlossen sich dann in der Folge an: die Monochrom- (Bayer), Anthracenchromat- (Casella), Eriochromal- (Geigy) Verfahren und Farbstoffe u. a. m.

Zum nachträglichen Nuancieren der nach einem dieser Verfahren erhaltenen Beizenfärbungen werden (auch wenn sie schon fixiert bzw. chromiert sind) vor allem bei loser Wolle in der Regel die gleichen zum Färben gebrauchten Farbstoffe verwendet. Das Farbbad wird etwas abgeschreckt, der gut gelöste und verdünnte Farbstoff zugesetzt, langsam zum Kochen getrieben und etwa $^1/_2$ Std. kochend gefärbt. Waren zum nachträglichen Nuancieren der nach *b* und *c* erhaltenen Färbungen größere Farbstoffmengen (mehr als der 4. Teil der ursprünglichen) nötig, so müssen die Färbungen, um sicher walkecht zu sein, noch mit $^1/_4$—$^1/_2$% des nachgesetzten Farbstoffs an Chromkali nachchromiert werden.

Zum Nachnuancieren von Garn- und Stückfärbungen steht eine Reihe von guten walkechten Säurefarbstoffen zur Verfügung.

Palatinechtfarbstoffe der I. G. Farbenindustrie A.-G. (Ludwigshafen) und Neolanfarbstoffe der Gesellschaft für Chemische Industrie in Basel.

Wenngleich diese neuen Farbstoffgruppen nicht als eigentliche Beizenfarbstoffe bezeichnet werden können und das Färben mit ihnen nicht als ein, wenn auch „verschleiertes“ Beizverfahren anzusprechen ist, sich vielmehr weit mehr an das Färben der Säurefarbstoffe anlehnt, so mögen sie trotzdem hier besprochen werden, weil die fertige Färbung auch einen, wenn auch auf ganz andre Weise zustande gekommenen Chromfarbstofflack auf der Wolle darstellt. J. Nüsslein nennt die Palatinechtfarben ihrem Wesen nach Chromentwicklungsfarbstoffe, ihrer Färbeweise nach sauer ziehende Farbstoffe. Die Lackbildung, die sich bei den Beizenfarbstoffen (a, b und c) aus den beiden Komponenten, Beize und Farbstoff, im Farbbad vollzieht, erfolgt hier schon bei der Herstellung der Farbstoffe selbst. Diese neuen Farbstoffgruppen stellen komplexe Chrom-Farbstoffverbindungen dar, die als solche in Wasser leicht löslich sind, aus dieser Lösung von der Wolle begierig aufgenommen und durch Kochen mit viel Säure in eine echt fixierte Verbindung übergeführt werden.

Das Färben mit den Neolan- und Palatinechtfarben erfolgt in der Weise, daß man das Färbebad bei den sehr gut egalisierenden Marken mit

10—20% Glaubersalz und
6—10% Schwefelsäure 66° Bé

beschickt, bei etwa 40° eingeht, in $^1/_2$—$^3/_4$ Std. zum Kochen treibt und gut $1^1/_2$ Std. kochend färbt.

Bei weniger gut egalisierenden Marken arbeitet man ohne Glaubersalz, gibt zunächst nur die Hälfte der Sätze zu und setzt den Rest erst nach Erreichung der Kochtemperatur zu.

Färben der Wolle mit Küpenfarbstoffen.

Indigo- oder Blaufärberei.

Das Wesen der Küpenfärberei und ihre verschiedenen Ausführungsarten seien am Beispiele des ältesten und wichtigsten Küpenfarbstoffs, des Indigo selbst, beschrieben.

In manchen Fällen, wenn nämlich die betreffende Indigomarke den Farbstoff noch nicht in so feiner Verteilung enthält, daß er sich zur direkten Verküpung eignet, muß sie erst durch längeres Mahlen, Reiben und Anteigen vorbereitet werden, wozu man sich verschiedener Konstruktionen von Reibmaschinen bedient. Bei den Teigmarken des Handels ist dies überflüssig.

Für das Färben der Wolle mit Indigo kommen heute der Hauptsache nach zwei Küpenarten in Betracht, die Hydrosulfit- und die Gärungsküpen.

Die Hydrosulfitküpen.

a) Die Hydrosulfit-Natron-Küpe. Die verschiedenen Indigopulver- und Teigmarken werden zunächst in einer Stammküpe in die Leukoform übergeführt und in Lösung gebracht. Der Farbstoff wird mit heißem Wasser angeteigt, mit der entsprechenden Menge Natronlauge versetzt und dann die erforderliche Hydrosulfitmenge langsam eingetragen. Man läßt etwa $^1/_2$ Std. bei 60° C stehen und überzeugt sich durch die Glasplattenprobe, ob die Küpe gut ist. Von einer eingetauchten Glasplatte muß die Lösung klar und rein gelbgrün abfließen und 25/30 Sek. zur Vergrünung brauchen. Zeigen sich noch dunkle Stellen, so ist noch unreduzierter Indigo vorhanden, und es muß Hydrosulfit nachgesetzt werden; ist die Lösung grünlich, weiß und trübe, so deutet dies auf ungelöstes Indigoweiß, und es fehlt an Natronlauge; erfolgt die Vergrünung zu langsam, so ist zu viel Alkali bzw. Hydrosulfit vorhanden.

Die Färbeküpe wird hergestellt, indem man die 25—40fache Wassermenge (auf das Gewicht der Wolle berechnet) auf etwa 50° C erwärmt, mit $^2/_3$ l Ammoniak 25proz., 1,5—3 kg Hydrosulfit konz., 500 g frisch gelöstem Leim auf je 100 kg Material und einer entsprechenden Menge der Stammküpe beschickt. Nun geht man mit dem Färbegut ein, bewegt es etwa $^1/_2$ Std. mäßig, entfernt den Küpenüberschuß durch Ausquetschen oder Schleudern und läßt dann vergrünen.

Eine solche Behandlung nennt man einen „Zug“.

Man kann ein tiefes Blau entweder durch einen oder wenige Züge in einer konzentrierten, oder durch eine größere Zahl von Zügen in einer verdünnten Färbeküpe erhalten; die letztere Arbeitsweise liefert die bessere und echtere Färbung, weil bei ihr der Farbstoff feiner verteilt ist, fester in und auf der Faser haftet und sich weniger leicht abreibt als bei der Ablagerung von gröberen Partikeln, wie sie beim Färben in konzentrierten Küpen erfolgt. Als höchstzulässiger Gehalt wird 1 kg Indigopulver (5 kg Teig) in 1000 l Flotte angegeben.

Der Reduktionszustand der Küpe hat einen wesentlichen Anteil an der Fixierung des Farbstoffes und der Echtheit der Färbung. Bei der Verwandtschaft, die zwischen Indigoweiß und der Wollfaser (mehr als der pflanzlichen) besteht, ist ein bestimmter, bei den einzelnen Sorten und Küpen verschiedener Überschuß an Hydrosulfit erforderlich, um die beste Durchdringung der Faser, die feinste, vollkommenste Ablagerung des Farbstoffs und damit die echteste Färbung zu erhalten.

Ein Alkaliüberschuß (besonders an Ätznatron beim Ansetzen der Stammküpe), der bei der Pflanzenfaser erforderlich ist, erschwert und verlangsamt nicht nur das Anfärben der Wolle ganz erheblich, sondern kann sie auch in geringerem oder höherem Grade schädigen. Der Ammoniakgehalt der Färbeküpe wird so reguliert, daß sie schwach danach riecht und Phenolphthalein eben gerötet wird.

Nach jedem Zuge wird die Küpe wieder mit den nötigen Zusätzen von Stammküpe, Hydrosulfit und Ammoniak versehen. Wie lange sie gebrauchsfähig bleibt, hängt von dem Grade der Beanspruchung, der Beschaffenheit des vorher gründlich zu reinigenden Materials u. a. ab. Vor dem Ansetzen einer neuen wird die alte Küpe erschöpft, was man als „Abblauen“ bezeichnet.

Ein Absäuern muß mit allen küpengefärbten Wollwaren vorgenommen werden, um eine Neutralisation auch der letzten, von der Wolle zäh zurückgehaltenen Alkalimengen zu bewirken, die sonst in der Folge zu schweren Schädigungen der Stoffe Veranlassung geben könnten.

b) Die Bisulfit-Zink-Kalk-Küpe. Bei dieser, auch „englische" genannten Küpe, wird nicht das fertige Hydrosulfit des Handels verwendet, sondern es wird vom Färber aus Natriumbisulfit und Zinkstaub selbst hergestellt, wie es allgemein üblich war, ehe die haltbaren, festen Hydrosulfite auf dem Markte waren. Als Lösungsmittel für das Indigoweiß dient Kalk. Da diese Küpe schwieriger zu führen ist als die Hydrosulfit-Natron- oder Ammoniakküpe, andrerseits keine Vorteile bietet, so dürfte sie auch dort, wo sie heute noch gebraucht wird, bald verschwinden.

c) Die Hydrosulfit-Ammoniak-Küpe. Seitdem die Farbenfabriken den Indigo u. a. Küpenfarbstoffe nicht nur als solche, in Pulver oder Teig, sondern auch in Form der Leukoverbindungen, als „Lösung" oder als „Küpe" dem Verbraucher liefern, ist diese Küpe, besonders in der Ausführung als „Höchster Leimküpe", die meistgebrauchte, und das Arbeiten mit ihr ein außerordentlich einfaches, nach genauen Färbevorschriften schematisch sich abwickelndes geworden.

Die Färbeküpe wird bei etwa 50^0 C direkt mit den vorgeschriebenen Mengen Hydrosulfit, Ammoniak, Leimlösung und der Farbstoffküpe versetzt, gut umgerührt und kurze Zeit ruhen gelassen. Dann geht man mit der gut genetzten Ware ein, bewegt schwach $^1/_2$ Std., quetscht ab, spült, gibt, wenn nötig, einen zweiten, dritten Zug usf. Zum Schluß wird gesäuert, die Küpe nach Vorschrift verstärkt und weitergefärbt wie oben.

Die Gärungsküpen.

Im Orient und in Ostasien finden noch kalte Gärungsküpen Verwendung, bei denen als Gärungserreger neben zuckerhaltigen Früchten (Datteln, Rosinen), Honig, Kleiebrot u. a., als Alkalien Kalk und Holzasche dienen. Für Europa kommen nur warme Gärungsküpen in Betracht, und zwar vor allem zwei Arten:

Die Waidküpe, die in ihrer alten, reinen Form in England noch sehr verbreitet ist. Sie ist die älteste und enthält Waid (früher als Farbstoff, heute nur noch) als Gärungserreger, daneben Kleie und Krapp und als Alkali Kalk.

Die Sodaküpe mit Sirup, Kleie und Krapp als Gärungserreger und Kalk und Soda als Alkalien.

Ferner sind zu nennen die Pottasche-, die Wollschweiß- und die Bastardküpe (Kombinationen der Waid- und Sodaküpen).

Während die Überführung des Indigoblaus in das lösliche Indigoweiß in der Hydrosulfitküpe sich letzten Endes durch die einfache chemische Gleichung

$$C_{16}H_{10}N_2O_2 + Na_2S_2O_4 + 2\,NaOH = C_{16}\,H_{12}N_2O_2 + 2\,Na_2SO_3$$

ausdrücken läßt, und das Ansetzen und das Arbeiten in der Hydrosulfitküpe besonders bei Verwendung von fertiger Indigoküpe oder -lösung ein leichtes und schematisches ist, machen Ansatz und Führung der verschiedenen Gärungsküpen große Schwierigkeiten, und die Vorgänge in ihnen sind noch durchaus nicht völlig geklärt.

Man arbeitet am besten in möglichst großen Küpen (bis 15000 l Inhalt), da sich in ihnen Fehler in der Führung nicht zu solchen Störungen auswirken wie in kleinen; dieselben werden neuerdings meist aus Kupfer angefertigt, zum größern Teile in den Boden eingelassen und mit direktem Dampf geheizt. Die erforderlichen Zusätze werden in die mit Wasser von etwa 70^0 gefüllte Küpe gegeben, der gut angeteigte Indigo hinzugefügt, von Hand oder mit einem Rührwerk gut durchgerührt und zugedeckt. Nach 24—36 Std. ist infolge der aufgetretenen Gärung der Indigo reduziert, und der Küpeninhalt hat eine gelbe Farbe angenommen. Nun wird mit Kalk verschärft, die Flotte wird klar und gelb, bedeckt sich mit einer blauen Haut, der „Blume", und nun kann mit dem Färben begonnen werden. Die weitere Führung der Küpe läßt sich nicht durch eine allgemeine Vorschrift regeln, vielmehr muß der Zusatz von Farbstoff, Gärungsmitteln und Alkali den jeweiligen Verhältnissen angepaßt werden und erfordert große Erfahrung.

Vorgänge in der Gärungsküpe. Als Erreger der Gärung hat man Bakterien erkannt, die sich außer in der Luft auch im Waid, Krapp und in der Kleie finden, und denen der Zucker des Sirups, des Stärkemehls und der Kleber der Kleie als Nährmittel dienen. Aus dem Zucker entsteht Milchsäure, die sich in Buttersäure, Kohlensäure und Wasserstoff umsetzt, welch letzterer das Indigoblau zu Indigoweiß reduziert.

Der zugesetzte Kalk mindert die Gärung, neutralisiert die entstehenden Säuren und setzt sich mit Soda zu kohlensaurem Kalk und Ätznatron, dem Lösungsmittel für das Indigoweiß, um.

Indigosol.

Der von M. Bader 1924 dargestellte Indigoweißschwefelsäureester, dessen Natriumsalz als Indigosol O in den Handel gebracht wird, eröffnet ganz neue, ungeahnte Möglichkeiten der Echtfärberei. Indigosol O wird durch Luft weder in alkalischer noch in neutraler Lösung verändert, aber schon durch milde Oxydationsmittel, wie Eisenchlorid oder Natriumnitrit, in Indigo übergeführt.

Indigosol hat zur Zeit mehr Bedeutung für Baumwolle, wo es zwar für Uniblau allerdings noch zu teuer, für den Baumwolldruck aber sehr aussichtsreich ist.

Auf Wolle wird Indigosol wie jeder beliebige Säurefarbstoff im sauren Bad mit Glaubersalz, Essig- oder Ameisensäure gefärbt, wobei es farblos, aber vollständig fixiert wird. Hierauf wird gut gespült und dann kalt oxydiert, was nach zwei Verfahren geschehen kann:

a) Mit Natriumnitrit und Schwefelsäure, welche Methode das Indigosol mit allen, gegen salpetrige Säure beständigen Säurefarbstoffen zu kombinieren gestattet;

b) mit Bichromat und Schwefelsäure, wobei man Einbadchromfarben zu Kombinationen verwenden kann.

Zur Zeit ist zwar auch das Färben der Wolle mit Indigosol noch zu teuer; wenn es aber gelingt, diesen Mangel zu beseitigen, so würde, da noch eine Reihe andrer Küpenfarbstoffe sich in ähnlicher Weise esterifizieren läßt und demnächst auf den Markt kommen soll, an die Stelle des bisherigen umständlichen und schwierigen Färbens in der Küpe das weit einfachere Indigosolverfahren treten, das außerdem noch den Vorteil besserer Durchfärbung und größerer Reibechtheit bietet.

Andre Küpenfarbstoffe in der Wollfärberei.

Außer den verschiedenen Indigo- und Halogenindigomarken kommen für die Wollfärberei die Helindon-, Thioindigo-, Ciba- und einige Hydronfarbstoffe in Frage. Den mit ihnen erhaltenen klaren, reinen und feurigen Farbtönen von in fast allen Fällen außerordentlicher Echtheit gegen alle Einwirkungen (denen sie während des Fabrikations- und Veredlungsprozesses und beim späteren Tragen der betreffenden Stoffe ausgesetzt sind), vor allem auch der Tatsache, daß die Wolle beim Färben in der Küpe weniger leidet, offner und spinnfähiger bleibt, als wenn nach andern Verfahren gefärbt wird, verdanken die Küpenfarbstoffe ihre hervorragende Bedeutung für die Wollechtfärberei.

Andrerseits bieten sie in färbetechnischer Beziehung gewisse Schwierigkeiten, besonders beim Färben von Modetönen nach Muster, wenn mehrere Züge nötig sind, da die einzelnen Farbstoffe große Unterschiede in ihrem Aufziehen auf die Wolle aufweisen, die der Färber genau kennen und bei Zusätzen berücksichtigen muß; auch erfordert der höhere Gehalt der Küpe an Alkali (Ätznatron), den viele von ihnen erfordern, eine sehr genaue Küpenführung und eine ständige Kontrolle ihres Alkaligehalts (mit Phenolphthalein), wenn eine Schädigung der Wolle vermieden werden soll.

Als Küpe kommt für sie vereinzelt die Gärungsküpe, in der Regel jedoch nur die Hydrosulfitküpe in Anwendung, und zwar wie beim Indigo Hydrosulfit und Natronlauge zum Ansetzen der Stammküpe. Mittels dieser Stammküpen oder der schon in Form ihrer Leukoverbindungen auf dem Markt vorkommenden gebrauchsfertigen Küpen einer Reihe dieser Farbstoffe werden die Färbeküpen angesetzt, die dann mit Ammoniak oder auch mit Soda geführt werden.

Nach beendigtem Färben läßt man vergrünen, spült und säuert gründlich mit Essig- oder Ameisensäure kalt oder warm ab, wobei man sich davon überzeugen muß, daß tatsächlich alles Alkali neutralisiert ist. Einer etwaigen Schädigung der Wolle während der Einwirkung der alkalischen Färbeküpe sucht man auch durch Zusätze, wie Leim, Protektol u. a., zu begegnen.

Naturfarbstoffe in der Wollfärberei.

Von Naturfarbstoffen spielen heute nur noch das Blauholz und die Cochenille eine bescheidene Rolle beim Färben der Wolle. Aber auch ihre Verwendung geht andauernd zurück, und ihre Tage dürften gezählt sein.

Blauholz in der Wollfärberei (s. a. Naturfarbstoffe).

Aus dem im frischen, „grünen“ Blauholz enthaltenen Hämatoxylin entsteht durch Oxydation das Hämatein, ein Beizenfarbstoff, der auf Tonerde-, Eisen-, Chrom- und Kupferbeize blaue bis schwarze Farblacke liefert, denen früher auch in der Wollfärberei eine große Bedeutung zukam.

Vordem brauchte man das zerkleinerte Holz zum Färben, und die Oxydation des Hämatoxylins zu Hämatein, die man als „Fermentieren“ bezeichnet, wurde vom Färber selbst vorgenommen. Heute arbeitet man fast ausschließlich mit Extrakten, die in je nach Wunsch verschiedenem Fermentationszustande geliefert werden. Man färbt Blauholz auf Wolle entweder für sich allein a) als reines „Holzschwarz“, zweibadig auf Chrombeize (Chromschwarz), b) auf eine Chrom-Kupfer-Beize (Chromkupferschwarz), c) auf Eisen-Kupfer-Beize (Eisenschwarz), oder d) zusammen mit einem sauren Schwarz einbadig als sog. Kombinationsschwarz, das durch eine Nachbehandlung mit Eisen- oder Kupfervitriol entwickelt wird. Der Hauptvorzug des Blauholzschwarzes ist sein satter, tiefer und blumiger Ton, gut ist auch seine Tragechtheit, dagegen ist es säureunecht und neigt zum Abreiben. Von den verschiedenen Farblacken ist das Chromschwarz gut walk-, aber wenig lichtecht; umgekehrt verhält sich das Eisenschwarz. Das Chromkupferschwarz ist, zweibadig gefärbt, gut walk-, potting-, licht- und tragecht.

Das Färben der Wolle mit Cochenille (s. a. Naturfarbstoffe).

Der Tonerdelack der Cochenille ist ein Karmoisinrot, der Zinnlack ein feuriges Scharlachrot.

Früher hatte besonders der gut licht- und walkechte Zinnlack, dessen einwandfreie Herstellung viel Schwierigkeiten macht, für scharlachrote Uniform-, Besatz-, Livree- und ähnliche Tuche eine außerordentliche Bedeutung, die er aber heute unter der Konkurrenz einer großen Zahl von Säurefarbstoffen und vor allem des Thioindigoscharlachs und ähnlicher feuriger und hervorragend echter Küpenfarbstoffe beinahe völlig verloren hat.

Das Färben der Kunstwolle.

Unter Kunstwolle versteht man ein aus fertigen rein- oder halbwollnen Fabrikaten durch eine Reihe von mechanischen und chemischen Prozessen wiedergewonnenes spinnbares Wollmaterial.

Von den Arbeitsverfahren ihres Werdegangs stehen verschiedene in naher Beziehung zu dem Färben der Kunstwolle, dessen Ausfall in hohem Maße von ihnen beeinflußt wird.

Dazu gehört:

Das Sortieren des Rohmaterials. Die Lumpen werden sortiert: a) mit Rücksicht auf das Material in rein wollne und solche, die Pflanzenfasern enthalten; b) mit Rücksicht auf die Art der Stoffe in gestrickte und gewirkte, ungewalkte und gewalkte, neue und alte und, was vor allem für das spätere Färben von größter Wichtigkeit ist, in bezug auf den c) Farbton, und zwar soweit dies möglich ist, auch auf d) die Art der Färbung in helle und dunkle, gelbliche, grünliche, rötliche, blaue (mit Indigo gefärbte für sich) und schwarze Damentuche, leichte Damen- und Herrenkonfektions- und alle solchen Stoffe, die vermutlich sauer gefärbt sind, getrennt von mit Beizen- oder Küpenfarbstoffen echt gefärbten Anzugs-, Mantel- und Lieferungstuchen.

Das Sortieren wird in manchen Fällen derart sorgfältig durchgeführt, daß ein Überfärben gar nicht mehr notwendig ist, sondern die Lumpen direkt gerissen, gekrempelt und versponnen ein in der Farbe genügend einheitliches Garn liefern. Unter allen Umständen aber ist ein möglichst gutes Sortieren eine wesentliche Vorarbeit und Erleichterung des späteren Färbens.

Das Carbonisieren.

Aus Lumpen, welche Baumwolle und andre Pflanzenfasern enthalten, müssen diese durch Carbonisieren (s. d.) entfernt werden, indem man durch Säureeinwirkung die Cellulose in die mürbe, brüchige, leicht mechanisch zu entfernende Hydrocellulose verwandelt. Hierzu bediente man sich früher allgemein der Schwefelsäure, heute arbeitet man in allen neueren und größeren Betrieben mit gasförmiger Salzsäure, deren Verwendung in der Schirpschen Carbonisiertrommel eine vorzügliche Form der Ausführung gefunden hat.

Nach Beendigung des Carbonisierprozesses bringt man die Lumpen in einen Klopfwolf, in welchem die zermürbten Pflanzenfasern durch Klopfen entfernt werden.

Dann wird gespült und, um sicher alle Säurereste zu beseitigen, in einem verdünnten Sodabade behandelt. Nur bei ganz billigen Qualitäten und wenn mit Säurefarbstoffen gefärbt werden soll, kann hierauf verzichtet werden; im Interesse eines gleichmäßigen Ausfalls der Färbung ist jedoch ein gründliches Spülen immer zu empfehlen.

Diese Zerstörung pflanzlicher Faserstoffe durch Carbonisieren wird natürlich nur dann vorgenommen, wenn die Lumpen der Hauptsache nach aus Wolle bestehen und Pflanzenfasern nur in geringen Mengen in Form von Futterresten, Nähfäden, baumwollnen oder kunstseidnen Effektfäden u. dgl. vorhanden sind.

Handelt es sich dagegen um richtige Halbwollumpen, die so ziemlich aus gleichen Teilen Wolle und Baumwolle bestehen oder doch wenigstens von letzterer einen erheblichen Prozentsatz enthalten, und bei denen die Zerstörung der Pflanzenfaser durch das Carbonisieren einen entsprechenden Gewichtsverlust bedingen würde, so unterbleibt dasselbe, und diese „Kunsthalbwolle“ wird später nach den Methoden der Halbwollfärberei (s. d.) gefärbt.

Das Abziehen.

Das Abziehen des Kunstwollmaterials kann aus zweierlei Gründen vorgenommen werden:

a) um eine dunklere Farbe desselben so weit zu entfernen, daß ein gewünschter hellerer Farbton daraufgefärbt werden kann;

b) um eine unechte Färbung des Rohmaterials zu zerstören und so zu verhindern, daß sie, wenn später eine walkechte Färbung herzustellen ist, Veranlassung zu Beschwerden wegen ungenügender Walkechtheit gibt.

Die wichtigsten Abziehmittel sind die folgenden:

a) Alkalien. Durch eine halbstündige Behandlung mit 5—10% Soda calc. bei 50° oder 3—4% Ammoniak bei 70° werden von lebhaften, bunten Lumpen, die zumeist mit Säurefarbstoffen gefärbt sind, diese entfernt. Eine solche alkalische Vorbehandlung sollte mit allen Kunstwollmaterialien vorgenommen werden, die walkecht zu färben sind, um den unechten Grund zu zerstören.

b) Chromkali. Durch Alkali nicht abziehbares Material, das echter gefärbt ist (Indigo, Holzfarben, viele Alizarine), wird durch $^1/_2$—$^3/_4$std. Kochen mit 3—6% Chromkali und 6—10% Schwefelsäure, die bei carbonisierten und nicht entsäuerten Lumpen wegbleiben kann, abgezogen. Dieses Abziehverfahren liefert in vielen Fällen direkt den Beizgrund für späteres Färben mit Beizenfarbstoffen. Für manche Farbtöne, blau, violett und viele Modefarben, ist der bei diesem Verfahren entstehende gelbe Grundton ein Hindernis.

c) Hydrosulfitverbindungen (Hyraldit, Dekrolin, Rongalit u. a.). Auf diesem, allerdings auch teuersten Wege werden die besten Ergebnisse erzielt, selbst bei sehr dunklen, sogar schwarzen Materialien erhält man helle, nicht gelbstichige Töne bei voller Schonung der Faser.

Man arbeitet am besten in reinen Holzkufen, indem man die einer Vorbehandlung unterworfenen Lumpen etwa $^1/_2$ Std. mit den vorgeschriebenen Mengen der Hydrosulfitverbindung und Ameisen- oder Schwefelsäure kocht.

Das Färben.

Dasselbe ist durchaus nicht etwa leichter als das der Naturwolle, sondern stellt im Gegenteil oft ganz besondere Anforderungen an Wissen und Können des Färbers. Im allgemeinen finden dabei dieselben Verfahren und Farbstoffe Anwendung, die bei der Wollfärberei besprochen wurden.

Die Halbwollfärberei.

Halbwolle wird zwar auch gefärbt als Garn oder in Form von halbwollenen Lumpen in der Kunstwollfabrikation, weitaus am wichtigsten ist jedoch das Färben von Stückware. Hier kommen zwei Fälle in Frage:

1. Wolle und Baumwolle sollen in verschiedenen Farbtönen, also zweifarbig, gefärbt werden.

2. Beide Faserarten sollen in ein und demselben Farbtone, also einfarbig, gefärbt werden.

Handelt es sich im ersten Fall um Gewebe, bei denen die Baumwolle nur zur Hervorbringung von Effekten Verwendung findet, so wird sie als Garn vorgefärbt und die Wolle mit Säurefarbstoffen im Stück gefärbt. Zum Färben der Baumwolle müssen dann säurekoch- oder überfärbeechte Farbstoffe, zum

Färben der Wolle solche verwendet werden, welche die Baumwolle nicht im geringsten anfärben.

Für das Färben der eigentlichen Halbwollgewebe kommen zwei Verfahren in Betracht: a) Das Färben mit Salzfarben allein oder unter Zusatz von sauren Wollfarbstoffen (Einbadverfahren). b) Das Färben der Wolle und der Baumwolle je für sich in zwei oder mehreren Bädern (Zweibadverfahren).

a) Beim Einbadverfahren arbeitet man in neutralem Bade mit solchen Salzfarbstoffen, welche die Wolle und die Baumwolle ziemlich gleich tief anfärben. Man hat außerdem noch die Möglichkeit, das Anfärben der einen oder andern Faser nach Bedarf zu regeln. Je konzentrierter das Färbebad und je niedriger seine Temperatur ist, um se mehr ziehen im allgemeinen die Salzfarben auf die Baumwolle, während durch höhere Temperatur, durch Zusatz kleiner Säuremengen oder saurer Salze die Affinität der Wolle zu den Farbstoffen gesteigert, durch schwach alkalische Salze (Borax, Soda) verringert wird. Man hat es also leicht in der Hand, durch die Wahl geeigneter Farbstoffe und Färbeverfahren beide Fasern im gleichen Tone zu färben.

Vor allem muß man sich hüten, die Wolle zu dunkel zu färben, da dieser Fehler schwer wieder gutzumachen ist. Im umgekehrten Falle kann man aber leicht die Wolle nachtönen mit Säurefarbstoffen, die in neutralem oder schwach angesäuertem Bade gut aufziehen.

Die so erhaltenen Färbungen genügen im allgemeinen für normale Ansprüche; wo größere Echtheit verlangt wird, kann diese durch geeignete Nachbehandlung, z. B. mit Metallsalzen (Kupfer-, Chrom-, Tonerdesalzen), mit Formaldehyd ohne oder unter Zusatz von Chromkali, durch Kuppeln oder Diazotieren und Entwickeln erreicht werden.

b) Nach dem Zweibadverfahren arbeitete man früher, als die direkt färbenden Salz- und Schwefelfarbstoffe noch nicht bekannt waren, in der Weise, daß man zuerst die Wolle mit Säurefarbstoffen färbte, dann die Baumwolle tannierte (und zwar in möglichst kurzer Flotte und zur Schonung der Wolle bei niedriger Temperatur), hierauf mit Antimonsalzen fixierte und nun die Baumwolle mit basischen Farbstoffen ausfärbte. Auch hierbei arbeitete man bei niedriger Temperatur, um ein Anfärben der Wolle nach Möglichkeit zu verhindern; da sich dies aber doch nie ganz vermeiden läßt, muß man die Wolle beim sauren Färben etwas heller halten. Dieses Verfahren wird auch heute noch, besonders für lebhafte, reine Töne angewendet; häufiger jedoch färbt man Halbwolle zur Zeit zweibadig, indem man je nach den verlangten Echtheitseigenschaften die Wolle mit Säure- oder mit Beizenfarbstoffen, die Baumwolle mit Salz- oder Schwefelfarben färbt, und zwar kann man entweder die Wolle zuerst und dann die Baumwolle färben oder auch umgekehrt arbeiten. Zur Erzielung besonders lebhafter Nuancen wurden die nach dem Ein- oder Zweibadverfahren erhaltenen Färbungen mit Tannin-Antimon oder Katanol gebeizt und mit basischen Färbungen übersetzt oder geschönt.

Für walkecht zu färbende Halbwollgarne und nichtcarbonisierte Kunstwollappen verwendet man Beizen- und Schwefelfarbstoffe zweibadig.

Gewebe aus Wolle und mercerisierter Baumwolle oder Kunstseide.

Diese werden je nach der Art der Stoffe und der gewünschten Färbung ein- oder zweibadig gefärbt.

Da die mercerisierte Baumwolle und die Kunstseide eine viel größere Aufnahmefähigkeit für Farbstoffe besitzen als die gewöhnliche Baumwolle, und da man für beide eher einen etwas helleren Ton verlangt als für Wolle, so verwendet man nur solche Salzfarben, welche mehr auf Wolle ziehen, oder man dunkelt diese mit Wollfarbstoffen nach. Dabei kann man bei Stoffen mit mercerisierter Baumwolle zum richtigen Fixieren der Farbstoffe auf der Wolle ruhig einige Zeit kochen, was sich bei Stoffen mit Kunstseide nicht empfiehlt.

Handelt es sich um Gewebe, bei denen die mercerisierte Baumwolle oder die Kunstseide nur als andersfarbige Effekte auftreten sollen, so färbt man sie entweder im Garn vor und die Wolle dann stückfarbig mit Säurefarbstoffen oder man verwendet Salzfarben, die im heißen Bade die Wolle und Wollfarbstoffe, die im neutralen Glaubersalzbade die mercerisierte Baumwolle und die Kunstseide ungefärbt lassen.

Die maschinellen Hilfsmittel der Wollfärberei.

Die Wolle wird gefärbt in losem Zustande (in der Flocke); als Zwischenprodukt der Spinnerei, als sog. Kammzug, als Garn und als Stückware.

Das Färben der losen Wolle.

Die erste Bedingung zur Erzielung gleichmäßiger und guter Färbungen einer Wolle ist die vollständige Entfernung aller ihr anhaftenden Verunreinigungen durch eine sachgemäß durchgeführte Wollwäsche (s. d.).

Pflanzliche Beimengungen (Stroh, Kletten, Dornen usw.) werden meist vor dem Färben durch das Carbonisieren (s. d.) entfernt.

Für ganz helle, zarte Färbungen wird vor dem Färben gebleicht (s. d.).

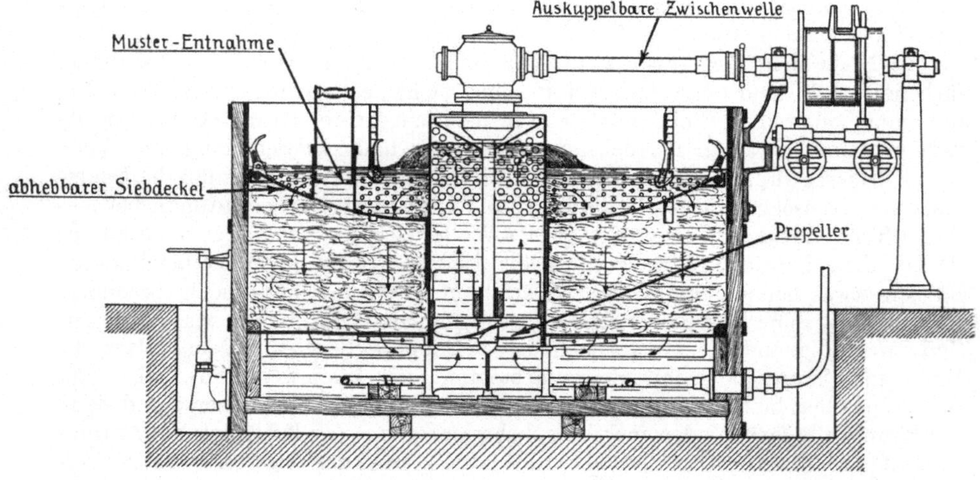

Abb. 190. Automatische Wollfärbemaschine für lose Wolle usw. (Ed. Esser & Co., Görlitz).

Früher benutzte man große, runde, in den Boden eingemauerte Kessel, meist aus Kupfer, mit Unterfeuerung oder, da direkter Dampf zu sehr verfilzend wirkt, mit einer geschlossenen Dampfschlange oder einem dampferfüllten Doppelboden, in welchem die Wolle in einer 30—40fachen Flottenmenge von Hand umgehakt wurde.

Heute arbeitet man fast ausschließlich in mechanischen Färbeapparaten[1], die große Vorteile bieten gegenüber dem Färben im offenen Kessel,

[1] Wollfärbeapparate werden heute von einer großen Zahl von Fabriken gebaut, so u. a. von Eduard Esser & Co. G. m. b. H., Görlitz; C. G. Haubold, Chemnitz; H. Krantz, Aachen; J. G. Lindner, Crimmitschau; Obermaier & Cie, Neustadt a. d. Hardt; Zittauer Maschinenfabrik A.-G., Zittau.

einmal in wirtschaftlicher Hinsicht durch den Fortfall der teuren Handarbeit, und dann vor allem deshalb, weil sie die Wolle viel mehr schonen, sie offener, spinnfähiger erhalten. Beim Färben im offenen Kessel ist die Flotte das Ruhende und die Wolle das in ihr Bewegte (und dabei Verfilzende), beim Färben im Apparat aber ist die Wolle das Festliegende, Ruhende und die Flotte das durch sie hindurch Bewegte.

Die einfachsten Wollfärbeapparate waren die sog. Übergußapparate, bei welchen die Wolle in möglichst gleicher Schicht zwischen perforiertem Siebboden und -deckel gepackt wurde und die gleichmäßig über den Siebdeckel verteilte Flotte durch ihr eigenes Gewicht durch den Wollblock hindurchsickerte, und aus einem Flottensammelraum unter dem Siebboden wieder nach oben befördert wurde (Pumpe, Flügelschraube u. a.).

Da es praktisch natürlich ausgeschlossen ist, auch bei noch so sorgfältigem Packen, einen ganz gleichmäßigen Materialblock zu erhalten, so wird sich die hindurchsickernde Flotte natürlich stets den leichtesten Durchgangsweg suchen, und Kanalbildung und damit Ungleichmäßigkeiten in der Färbung sind die Folge. Um sie zu vermeiden, hat man dann Apparate mit doppeltem Flottenweg konstruiert — von oben nach unten und dann von unten nach oben; von links nach rechts und umgekehrt u. ä. Ein sehr einfacher Apparat nach dieser Konstruktion, der sich gut bewährt hat, ist die in Abb. 190 dargestellte automatische Wollfärbemaschine für lose Wolle usw. von E. Esser & Co., Görlitz.

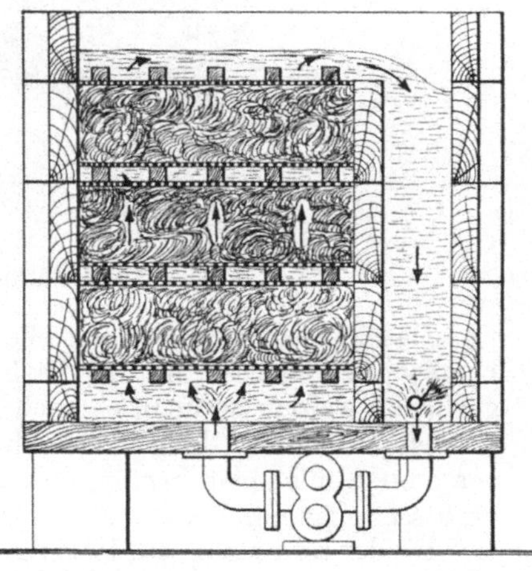
Abb. 191. Apparat zum Färben von loser Wolle in drei Etagen (Zittauer Maschinenfabrik, Zittau).

Man hat auch den Materialraum durch horizontale Zwischenwände in zwei oder mehrere, weniger hohe, ein gleichmäßiges Durchfärben erleichternde Schichten zerlegt.

Einen Apparat nach diesem Prinzip von der Zittauer Maschinenfabrik A.-G., Zittau, zeigt Abb. 191.

Bei Beginn des Färbens läßt man die Flotte von unten nach oben zirkulieren, damit alle in der Wolle eingeschlossene Luft restlos entfernt wird. Die Umschaltung des Flottenkreislaufs kann von Hand oder automatisch eingerichtet werden.

Die Apparatfärberei der Wolle (in jedem Stadium der Verarbeitung) stellt die größten Anforderungen an das Wasser in bezug auf Weichheit und Freisein von mechanischen Verunreinigungen, sowie an die Löslichkeit und das Egalisierungsvermögen der verwendeten Farbstoffe. Nur ganz klare, sorgfältigst filtrierte Farbstofflösungen dürfen gebraucht werden.

Welche Farbstoffgruppen in Frage kommen, richtet sich nach den Anforderungen, denen die Färbung später zu genügen hat; wo besondere Echtheiten, vor allem gegen Walke, verlangt werden, arbeitet man mit Beizenfarbstoffen, Indigo und den modernen Küpenfarbstoffen.

Diese letzteren färbt man in besonderen Küpenfärbeapparaten, bei welchen die Färbeküpe vermittels einer Pumpe durch die von einem Verschlußdeckel unter dem Flottenspiegel gehaltene Wolle zirkuliert. Nach Beendigung des Färbeprozesses wird der Verschlußdeckel in die Höhe gezogen und die Wolle durch einen rotierenden Lattentisch einem Quetschwerk zugeführt, der Küpenüberschuß ausgepreßt, vergrünen gelassen, gespült und abgesäuert.

Abb. 192 zeigt die automatische Färbemaschine Type *KW* zum Färben von loser Wolle mit Küpenfarbstoffen der Firma Eduard Esser & Co., G. m. b. H., Görlitz.

Abb. 192. Automatische Färbemaschine zum Färben von loser Wolle mit Küpenfarbstoffen (Ed. Esser & Co., Görlitz).

Das Färben des Kammzugs.

Das Färben desselben hat ebenso wie das der losen Wolle den Vorteil, daß Ungleichmäßigkeiten in der Farbe durch den weiteren Spinnereiprozeß ausgeglichen werden können, es auch nicht so sehr auf ein peinlich mustergetreues Färben ankommt, da geringe Abweichungen durch ein gemeinsames Weiterverspinnen mit einer zweiten, entsprechend anders gehaltenen Partie sich leicht verbessern lassen.

Da der Kammzug, ein lockeres Band langer, parallel nebeneinander liegender Wollfasern, außerordentlich leicht zum Verfilzen neigt, so ist an die Stelle des alten Färbens in einer offnen Wanne über Stöcken, ähnlich wie in der Stranggarnfärberei, heute ganz allgemein das Färben in mechanischen Apparaten getreten.

Nach dem Packsystem kann Kammzug in irgendeinem der für lose Wolle gebrauchten Apparate gefärbt werden, wobei auf ganz gleichmäßiges und dichtes Packen in erster Linie zu achten ist, am besten jedoch werden die Kammzugbobinen in Töpfe verpackt, deren Durchmesser dem ihrigen entspricht, so daß sie den Wandungen dicht anliegen, und deren Boden und Deckel perforiert sind. Diese Töpfe werden entweder aufrecht in den Apparat gestellt und von der nach oben geförderten Flotte von oben nach unten durchströmt oder wie in den sog. Revolverapparaten (System Obermaier) radial an einem senkrechten, zylindrischen, hohlen Mittelkörper in mehreren Etagen übereinander angebracht. Die durch Pumpenkraft in den hohlen Mittelkörper geförderte Flotte steigt in ihm hoch und verteilt sich in die einzelnen Materialbehälter, die sie gleichmäßig durchströmt, und fließt dann wieder zur Pumpe zurück.

Weit verbreitet sind auch die sog. Röhrenapparate, bei welchen die Kammzugwickel, auf durchlochte Rohre aufgestreift, in ein ebenfalls durchlochtes Mantelrohr eingesetzt und nun von der Flotte abwechselnd von innen nach außen und umgekehrt durchströmt werden.

Verschiedene Mängel dieser ältern Konstruktion, die infolge verschiedenen Flottendrucks im untern und im obern Teil der Röhren bei heiklen, hellen Farben und bei feinem Kammzug ungleichmäßig gefärbte Partien ergeben können, haben zu dem Sonderfärbeapparat für Kammzug in Bobinen, Modell *URA*, der Firma Obermaier & Cie. in Neustadt an der Hardt Veranlassung gegeben. Bei demselben muß die Flotte zuerst den Raum um die Bobinen herum restlos erfüllen, ehe sie, den Zug durchströmend, durch die Röhre nach oben entweichen kann. Es liegt hierbei das Hauptgewicht auf dem Flottenweg (s. Abb. 193) von außen nach innen und oben, aber nicht mit saugender, sondern mit drückender Pumpe. Dabei wurde der Kammzug von außen nach innen an die Röhre gedrückt, also nicht gespannt, sondern entspannt. Der Druck selbst ist auf der ganzen Materialhöhe gleich, der Zug wird geschont, und auch die heikelsten Farben fallen gleichmäßig aus.

Da Kammzug nur geringe Mengen von Spinnfett enthält, so genügt zur Reinigung in der Regel ein Netzen im Apparat selbst, evtl. unter Zugabe von etwas Ammoniak.

Nach dem Färben wird er in einer Waschmaschine, der sog. Lisseuse, mit in der Regel fünf Abteilungen gewaschen, die Wasser, schwache Soda- und die beiden letzten Seifenlösungen enthalten, zum Schluß wird der Zug gut ausgepreßt, über Trockentrommeln geführt und dann weiterversponnen.

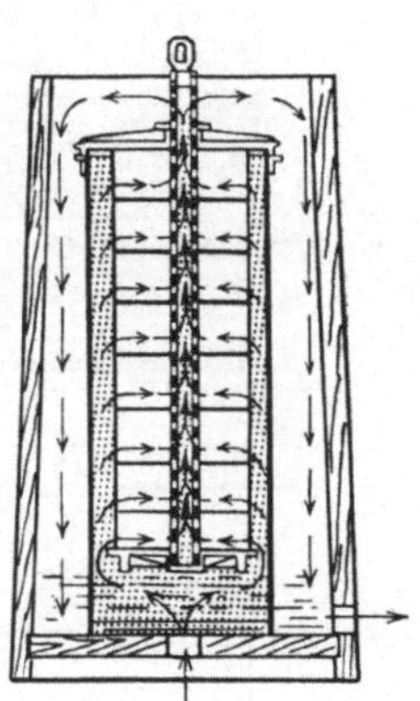

Abb. 193. Flottenzirkulation im Färbeapparat für Kammzug in Bobinen (Obermaier & Co.).

Der Kammzug- oder Vigoureuxdruck steht seinem Wesen nach der Färberei näher als der Druckerei, da er die Erzeugung möglichst gleichmäßiger Melangen und nicht die Hervorbringung bleibender, sich scharf voneinander abhebender Farbwirkungen bezweckt.

Wenn man nämlich gefärbten und weißen Kammzug mischt, so kann trotz aller Sorgfalt in der Spinnerei eine Anzahl weißer oder eine Anzahl farbiger Fasern nebeneinander zu liegen kommen und Ungleichmäßigkeiten in den Garnen oder Geweben verursachen.

Dies ist bei dem Vigoureuxverfahren ausgeschlossen. Bei demselben wird streifenweise auf den Zug vermittels diagonal kannelierter Walzen eine verdickte Druckfarbe so aufgetragen, daß der Zug, der sorgfältig gereinigt sein muß, an den betreffenden Stellen völlig von ihr durchtränkt ist. Man läßt, ohne zu trocknen, einige Zeit liegen und dämpft dann. Von der richtigen Ausführung des Dämpfprozesses hängt die Echtheit der Drucke in erster Linie ab.

Mit dem Vigoureuxverfahren kann man gleichmäßigere Melangen sowie klarere und lebhaftere Farbtöne erzielen als beim Färben des Kammzugs, das aber dann vorzuziehen ist, wenn es sich um besondere Echtheit der Melangen handelt.

Das Färben von Wollgarnen.

Eine Reihe von Garnen enthält so wenig Fett von der Spinnerei her, daß ein besondrer Waschprozeß nicht nötig ist, und die Garne vor dem Färben nur, in Bündel verpackt oder strangweise auf Streckmaschinen aufgespannt, in heißem Wasser gebrüht werden, womit ein gewisser Dekatiereffekt erreicht, dem Verfilzen, Ringeln und Kräuseln vorgebeugt und das Garn glatt und spulfähig erhalten wird.

Andre, stark fetthaltige Garne, Streich-, Cheviot-, Weft-, Strickgarne und ähnliche müssen vor dem Färben sorgfältig entfettet und gereinigt werden, was durch Waschen mit Soda, Ammoniak, Seife geschieht, bei schwer auswaschbaren, größere Mengen an unverseifbaren Bestandteilen enthaltenden Schmelzen, unter Zusatz eines der vielen neueren Waschmittel, wie Tetrapol, Verapol, Triol, Hexoran, Lanadin, Tetracarnit, Neomerpin, Nekal, Hydraphthal u. v. a. (s. u. Netzmittel).

Von der Art eines wollnen Garnes, von seiner Empfindlichkeit gegen äußre Einflüsse, vor allem Verfilzen, hängt die Wahl der mechanischen Ausführung des Färbeprozesses ab.

Wollgarn in Strangform.

Wollgarne im Strang wurden früher allgemein in länglichen, rechteckigen Holzkufen gefärbt, deren Heizschlange aus Kupfer oder Hartblei unterhalb eines durchlöcherten Doppelbodens liegt, damit die lose unterbundenen, auf glatten Holzstäben aufgesteckten Stränge nicht mit ihr in Berührung kommen. Die Stränge werden dann mit einem Stecher oder von Hand vorsichtig umgezogen.

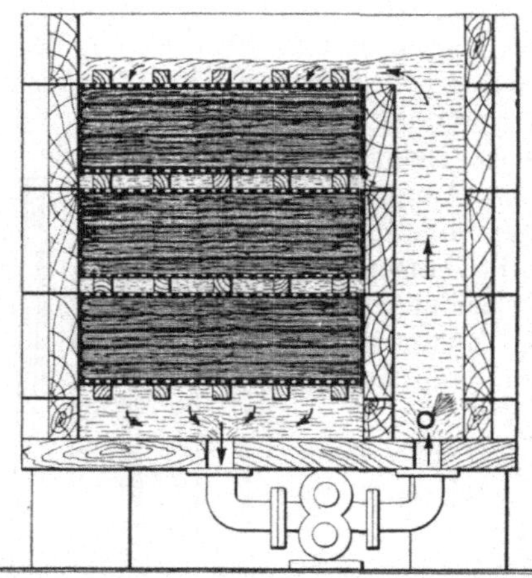
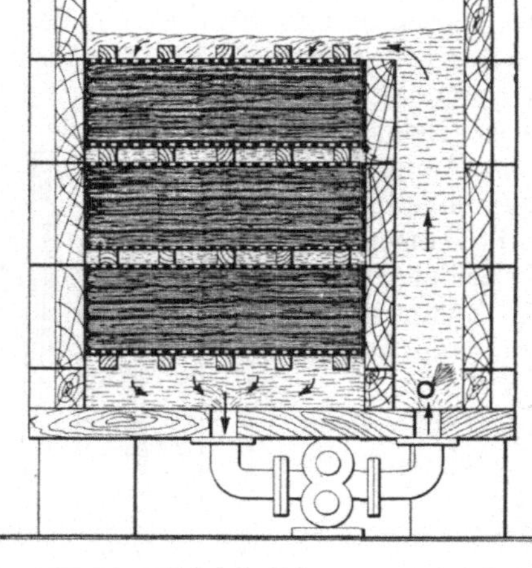

Abb. 194. Wollstrangfärbeapparat in drei Etagen (Zittauer Maschinenfabrik, Zittau).

Bei den ältesten Färbeapparaten für Wollgarne, den sog. Umziehapparaten, werden die Stränge über vierkantige Stöcke gehängt, die an ihrem Ende kreisrunde Scheiben tragen, die sich gegenseitig berühren und so die durch mechanischen Antrieb bewirkte Umdrehung des ersten Stockes auf sämtliche andern übertragen und die Stränge langsam in der Farbflotte umziehen. Diese Färbemaschinen, die nur einen Ersatz der Handarbeit des Umziehens und evtl. etwas erhöhte Produktionsmöglichkeit gegenüber dem alten Färben auf der Kufe bedeuten, werden in der Wollgarnfärberei wenig gebraucht.

Auch die nach dem Prinzip der Färberäder gebauten Stranggarnfärbemaschinen haben sich für Wollgarne wenig eingeführt. Abgesehen von Mischfärbungen mit Egalisierungsfarbstoffen, die da und dort noch auf der Kufe hergestellt werden, arbeitet man ihrer großen, oben besprochenen Vorzüge wegen heute mehr und mehr auf mechanischen Färbeapparaten.

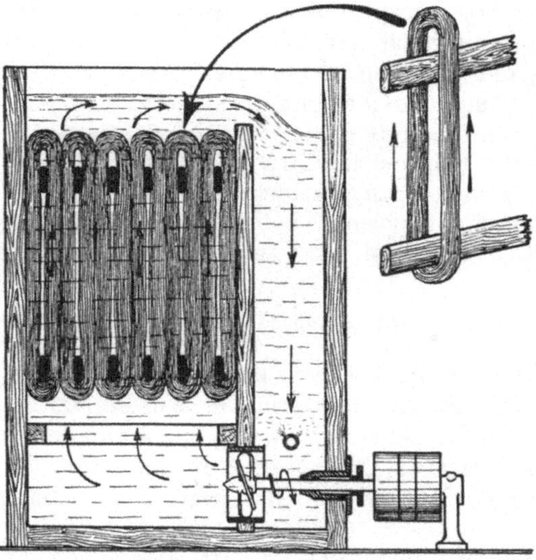

Abb. 195. Automatische Färbemaschine für Stranggarn (Ed. Esser & Co., Görlitz).

Nach dem Packsystem kann man Stranggarne in den meisten der für die lose Wolle benutzten Apparate färben, wobei nur dem gleichmäßigen Packen ganz besondere Aufmerksamkeit geschenkt und jedes Pressen der Garne und eine zu hohe Materialschicht vermieden werden muß, da sich sonst bunte Partien, Druckstellen, Brüche und Knicke ergeben.

Abb. 194 zeigt den Färbeapparat der Zittauer Maschinenfabrik in 3 Etagen mit Stranggarn gepackt.

Nach dem Hängesystem, z. B. nach dem Patent-Esser-Verfahren zum Färben von Stranggarn jeder Art und für jeden Zweck, werden die Stränge ungespannt, mit einem Spielraum von 5—10 cm in der Längsrichtung über zwei Stäbe aufgehängt. Diese Stäbe werden nebeneinander in die Einsätze eingelegt, bis sie diese ganz ausfüllen und einen gleichmäßigen Materialblock bilden, der dem Durchdringen der Flotte überall denselben Widerstand bietet. Die in der Fadenrichtung in selbsttätigem Wechsel strömende Farbflotte hebt und senkt den Garnblock um den Spielraum, mit dem die Garnstränge über die Stäbe gehängt sind, so daß abwechselnd die oberen und die unteren Aufliegestellen des Garns mitgefärbt werden, wie Abb. 195 und 196 zur Darstellung bringen.

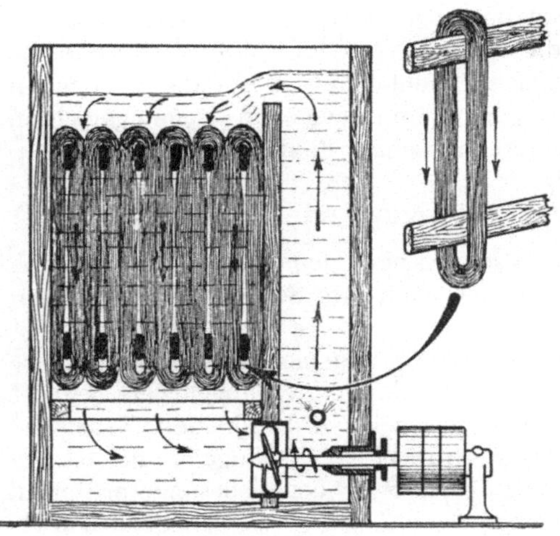

Abb. 196. Automatische Färbemaschine für Stranggarn (Ed. Esser & Co., Görlitz).

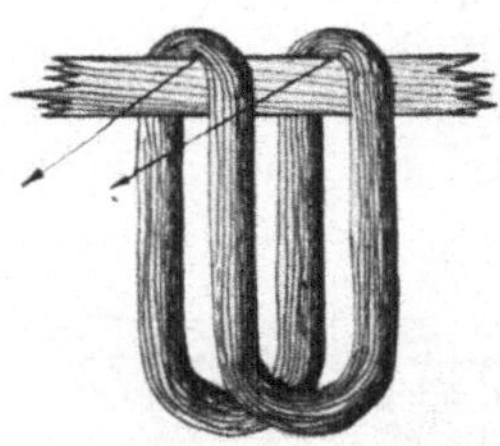

Abb. 197. Reitersystem (Patent Krantz).

Eine Verfilzung der Garne, Verringerung ihrer Spulfähigkeit, Verwirren der Strähne, Druckstellen und Knicke jeder Art werden vermieden, die Gleichmäßig-

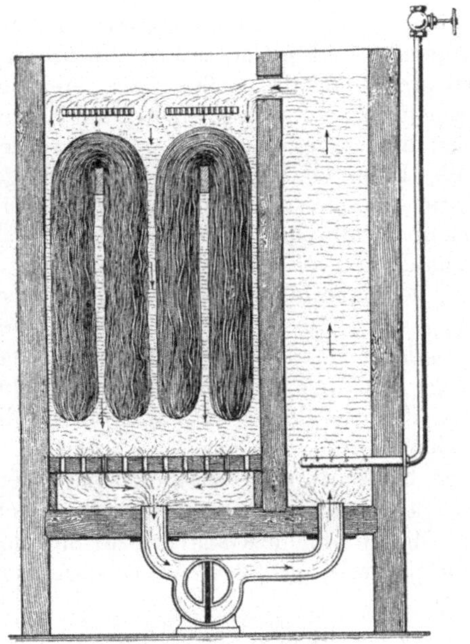

Abb. 198. Strangfärbeapparat nach dem Reitersystem bei abwärtsbewegter Flotte (Patent Krantz).

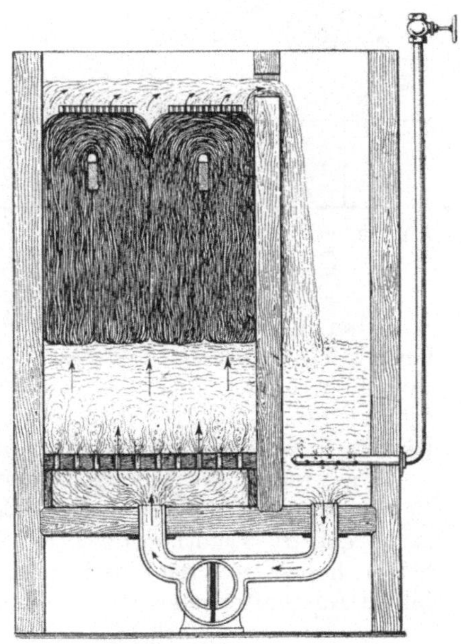

Abb. 199. Strangfärbeapparat nach dem Reitersystem bei aufwärts bewegter Flotte (Patent Krantz).

keit der Ausfärbungen wird in hohem Maße gewährleistet, auch die weichsten und empfindlichsten Garne behalten ihr natürliches glattes Aussehen.

Nach dem patentierten Krantzschen Reitersystem wird der Strang nicht wie bisher in ganzer Länge auf den Stock gehängt, sondern ohne besondere

Sorgfalt über den Stock gelegt, so daß er auf ihm reitet und zu beiden Seiten in halber Stranglänge herunterhängt (Abb. 197).

Bei abwärts bewegter Flotte (Abb. 198) schwimmt der Strang nach unten und wird gestreckt, dabei werden auch die Auflagestellen gut durchgefärbt, weil jeder Strang an zwei Stellen, d. h. fast ohne Druck auf dem Stocke liegt.

Bei der Aufwärtsbewegung der Flotte (s. Abb. 199) treibt diese die beiden Schenkel des Strangs auseinander und hebt den Strang ohne Reibung an den Seitenwänden des Stocks. Der Strang schwimmt nach oben bis zum gelochten Boden und bildet eine gleichmäßige lockre, bauschige Schicht.

Wollgarne in gewickelter Form, als Kops oder Kreuzspulen.

In dieser Form kann man Wollgarne sowohl nach dem Packsystem als auch nach dem Aufstecksystem und neuestens auch nach dem Scheibensystem „Spindellos" färben.

Beim Färben nach dem Packsystem kann man sich derselben Apparate bedienen, die auch zum Färben von loser Wolle und Stranggarnen benutzt werden, so zeigt Abb. 200 den Zittauer Packapparat in 3 Etagen mit Kreuzspulen gepackt, wobei als besonderer Vorteil hervorgehoben wird, daß das Färben hülsenlos erfolgt. Die Papphülsen werden vermittels eines kleinen Apparats herausgenommen, durch einen Faden ersetzt und nach dem Färben wieder eingeführt.

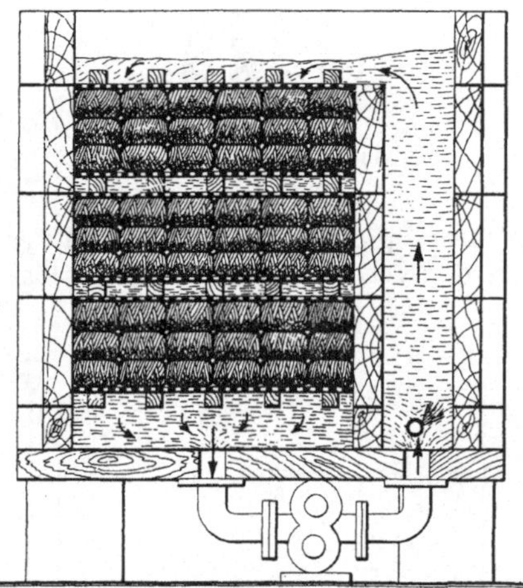

Abb. 200. Färbeapparat für Wollgarne in gewickelter Form, Dreietagensystem (Zittauer Maschinenfabrik, Zittau).

Von einem durchaus gleichmäßigen Packen hängt hier noch viel mehr als beim Färben von Stranggarn der befriedigende und gleichmäßige Ausfall des Färbeprozesses ab. Alle Zwischenräume zwischen den einzelnen Kopsen und Kreuzspulen müssen vollständig ausgefüllt werden (Woll-, Baumwollabfälle, entsprechend geformte Holzteile), so daß der ganze Materialblock der hindurchströmenden Flotte überall durchaus den gleichen Widerstand bietet und jede Kanalbildung ausgeschlossen ist.

Man arbeitet darum auch viel in Apparaten, bei welchen die Kreuzspulen oder Kopse außerhalb des Apparats in besonderen Einsatzkästen gepackt werden, weil man so viel leichter eine gleichmäßige Packung erzielt und zugleich eine größere Produktion, da man während des Färbens der einen Partie schon die nächste in Wechseleinsatzkästen packen kann.

Die großen Nachteile des Färbens von Kopsen und Kreuzspulen nach dem Packsystem, die außerordentliche Schwierigkeit, gleichmäßige Packungen zu erzielen und die Deformation vieler Spulen, die erhebliche Garnverluste mit sich bringt, haben trotz der Vorzüge der Packapparate — großes Fassungsvermögen, billige Anschaffungskosten — dazu geführt, daß

das Färben nach dem Aufstecksystem

sich mehr und mehr einbürgerte.

Hierfür werden die Kreuzspulen auf durchlochte, wegen der längeren Gebrauchsfähigkeit am besten zweckentsprechend imprägnierte Papphülsen aufgespult, die dann einzeln oder zu mehreren auf gleichfalls durchlochte Metallspindeln aufgesteckt und nach dem Flottenraum hin sorgfältig abgedichtet werden.

Kopse werden auf nicht ganz durchgehende, durchlochte Papierhülsen aufgespult und auf gleichfalls durchlochte Metallspindeln aufgesteckt (siehe Abb. 201 a—d).

Man hat darauf zu achten, daß die Metallspindeln nach jedem Gebrauch gereinigt und durchgesehen werden, ob keine Löcher verstopft sind und die Verschlußstücke gut abdichten.

Ein Apparat nach diesem System, der sich sehr gut in der Praxis eingeführt hat, ist der Kreuzspulfärbeapparat Type *AK* von J. G. Lindner, Crimmitschau.

In einem hölzernen Bottich befindet sich ein hohler Bronzekasten, der auf beiden Seiten die durchlochten Spindeln trägt. Diese haben einen konischen Fuß, gegen den die durchlochten Papphülsen der Kreuzspulen abdichten. Es wird erst eine Kreuzspule aufgesteckt, dann ein doppelkonisches Mittelstück, hierauf die zweite Spule und zu deren Abdichtung dann ein durch Federkraft auf der Metallspindel festgehaltenes Verschlußstück. Das Aufstecken der Spulen erfolgt außerhalb des Apparats (evtl. Wechselkasten).

Das Färben geschieht in der Weise, daß die durch eine sehr solide gearbeitete Pumpe bewegte Flotte in das Innere des hohlen Kreuzspulträgers und von hier aus in jede einzelne Metallspindel eintritt und nun radial jede einzelne Kreuz-

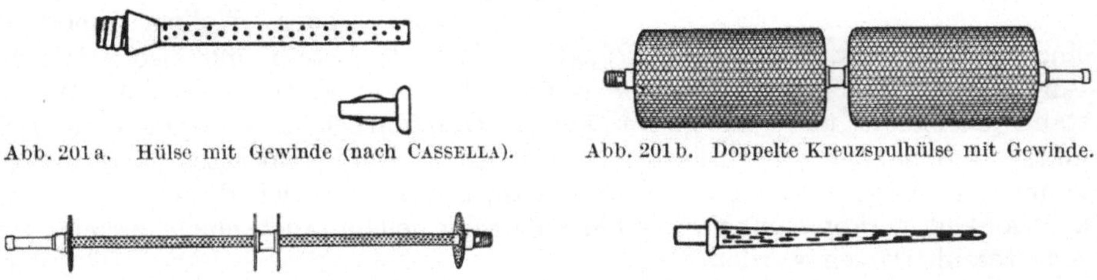

Abb. 201 a. Hülse mit Gewinde (nach CASSELLA). Abb. 201 b. Doppelte Kreuzspulhülse mit Gewinde.

Abb. 201 c. Doppelte leere Kreuzspulhülse. Abb. 201 d. Aufsteckspindel (nach CASSELLA).

spule mit demselben Druck durchströmt. Nach einer bestimmten Zeit wird der Flottenweg automatisch umgestellt, die Pumpe saugt jetzt aus dem Materialträger, so daß die Flotte numehr den umgekehrten Weg macht.

Wenn auch das Färben von Kreuzspulen nach dem Aufstecksystem eine viel größere Wahrscheinlichkeit der Erzielung gleichmäßiger Färbepartien in sich birgt als das Arbeiten in Packapparaten, so ist es doch nicht frei von einer Reihe von Schwierigkeiten und Fehlerquellen. Diese können teils aus der Spinnerei bzw. Spulerei stammen und werden sich praktisch nie völlig ausschalten lassen. So können in einer Färbepartie enthalten sein Spulen verschiedener Spinnpartien, verschiedener Dämpfpartien, fester und loser gewickelte Spulen, solche, bei denen einzelne Löcher der Papphülsen von der Wicklung nicht bedeckt sind u. a. m. In der Färberei kann durch Unachtsamkeit ein undichtes Aufstecken stattfinden, Verschlußstücke, deren Federn gelitten haben, werden durch den Flottendruck abgehoben, die Metallspindeln können sich während des Färbeprozesses verstopfen, und in allen diesen Fällen ist die unausbleibliche Folge, daß einzelne Spulen in sich oder im Vergleich mit den übrigen ungleichmäßig gefärbt sind, was häufig erst in der Kettschererei oder beim Verweben der aus ihnen gespulten Schußkopse bemerkt wird und verlustreiche Fehler in der Ware verursacht.

Alle diese Fehlerquellen sind ausgeschaltet beim Färben nach dem neuesten System „Spindellos“, von dem der in Abb. 202 abgebildete Apparat eine der verschiedenen nach diesem Prinzip arbeitenden Konstruktionen der Firma H. Krantz, Aachen, zeigt.

Bei diesem System werden die einzelnen Spulen, bis zu vier übereinander, zwischen in der Mitte gelochten, hohlen Scheiben aus Porzellan so aufeinandergestellt, daß die untere und obere Stirnfläche der Kreuzspulen durch diese Scheiben, welche die vorstehenden Hülsen der Spulen umschließen, vollkommen abgedichtet werden. Die Flotte kann daher nur in das Innere der durch die durchlochten Papphülsen gebildeten Röhre ein- und durch die Garnlagen der Kreuzspulen radial austreten oder umgekehrt. Auf die oberste Kreuzspule kommt ein massiver, beschwerender Verschlußringdeckel zu liegen, der auf alle Spulen einer Säule denselben Druck ausübt, so daß loser gewickelte Spulen oder Stellen innerhalb einer Spule mehr zusammengedrückt werden als festere und also sämtliche Garnlagen sämtlicher Spulen der durchströmenden Flotte denselben Widerstand darbieten und ein gleichmäßiges Durchfärben aller Spulen in sich und untereinander gewährleistet wird. Auch beim Aufsetzen der Spulen können im Gegensatz zu den Aufsteckapparaten keinerlei Fehler durch Unachtsamkeit vorkommen, und es kann dasselbe jedem, auch einem ungelernten Arbeiter überlassen werden.

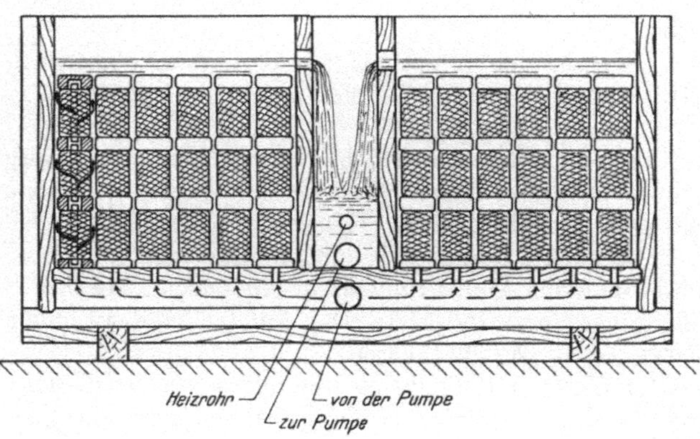

Abb. 202.
Färbeapparatur Kreuzspulen, System „Spindellos“ (H. Krantz, Aachen).

Die Wollstückfärberei.

Die Vorbedingung für einen guten Ausfall der Stückfärberei ist nicht nur eine technisch reine Ware, wie sie durch eine sachgemäße Ausführung der Stückwäsche (s. d.) erreicht wird, sondern überhaupt ein tadelloses fachmännisches Arbeiten von Anfang an. Fehler, die beim Waschen der Schweißwolle, beim Zusammenstellen der Partien in der Spinnerei, durch die Verwendung ungeeigneter Schmelzen, in der Weberei, beim Waschen, Walken, evtl. Carbonisieren, und Entsäuern in der ganzen Naß- und Trockenappretur, kurz in allen früheren Fabrikationsstadien begangen wurden, kommen oft erst beim Färben zum Vorschein, indem sie zu fleckigen, unruhigen, ungleichmäßig gefärbten, bunten Stücken Veranlassung geben.

Andrerseits ist es aber viel leichter, einen bestimmten Farbton durch das Färben im Stück zu erreichen, als wenn man ihn auf lose Wolle oder Garn färbt, in welchem Falle die Färbung durch alle die Einwirkungen des Fabrikationsganges bis zur fertigen Stückware verändert werden kann.

Auch aus wirtschaftlichen Gründen wird man immer im Stück färben, wo es möglich ist und nicht durch besondere Vorschriften das Färben in der Flocke oder als Garn verlangt wird. Weiße Wolle ist spinnfähiger als gefärbte und ergibt weniger Abfall; es entstehen keine Reste wie bei der Verarbeitung gefärbter Woll- und Garnpartien, man kann auf Lager arbeiten und in viel kürzerer Zeit liefern.

Die Fortschritte in der Herstellung von Farbstoffen und in ihrer praktischen Anwendung in der Färberei haben es ermöglicht, heute auch Stückware in den verschiedensten verlangten Echtheitsgraden zu färben, so daß die alte Ansicht, daß eine stückfarbige Ware stets geringere Echtheit besitze als eine wollfarbige, heute nicht mehr aufrechtzuerhalten ist.

Man färbt fast ausnahmslos in mit mechanischem Antrieb versehenen Haspelkufen, deren Einrichtung unter Baumwollfärberei aus Abb. 162 (s. S. 348) zu ersehen ist.

Die Stücke werden, jedes zu einem endlosen Band zusammengenäht, im Strang gefärbt. Wenn mehrere Stücke zusammen gefärbt werden sollen, so läßt man sie, um ein Verwirren zu vermeiden, durch die einzelnen Abteilungen einer Brille laufen.

Empfindliche Waren, deren Leisten zum Einrollen neigen und bei denen leicht hellere Leisten erhalten werden, näht man mit den Leisten aneinander und färbt sie, mit der Vorderseite nach innen, „im Schlauch".

Strichtuche müssen natürlich stets mit dem Strich laufen, und zwar läßt man den Haspel um so langsamer laufen, je leichter eine Ware zum Verfilzen neigt.

Das Verkühlen der fertiggefärbten Stücke erfolgt je nach der Stoffart, dem Farbstoff und andern Umständen entweder durch öfters wiederholtes Vertafeln oder (wenn die Flotte nicht mehr gebraucht wird) durch Zulaufenlassen von kaltem Wasser in den Färbebottich oder (wenn, wie es bei Stapelfarben häufig geschieht, in derselben Flotte „auf altem Bade" weitergefärbt wird) in besonderen, vor die Färbekufe gefahrenen Kühlbottichen.

Indigo- und andre Küpenfarbstoffe werden nicht auf den beschriebenen Haspelkufen, sondern in besonders eingerichteten Färbeküpen gefärbt, durch welche die Stücke über Rollen stets unter der Flotte geführt und nach beendetem Färbeprozesse in ganzer Breite zwischen Quetschwalzen gut und gleichmäßig ausgepreßt werden.

Färberei und Veredlung der Seide.

Von H. Ley.

Allgemeines.

Kein Textilmaterial erreicht die Seide bezüglich ihrer Ausrüstungsmöglichkeit und Verwendbarkeit, da die Seide einmal einen fortlaufenden Faden von großer Länge besitzt und andrerseits in ihren dynamometrischen Eigenschaften jedes andre Gespinst übertrifft. Wenn auch das Färben der Seide eine Veredlungsart ist, die schon bei den alten Chinesen geübt wurde, so ist die ganz besondre Veredlungsart der Seide, „das Erschweren", erst verhältnismäßig neueren Datums. Hinzu kommt schließlich, daß die Seide sich nicht nur im Strang, sondern sehr gut auch im Stück ausrüsten läßt, und zwar bei Verwendung des billigsten Rohmaterials.

Veredlungsarten. Die Methoden, dem Seidenfaden die für den jeweiligen Zweck günstigsten Eigenschaften zu verleihen, sind sehr vielseitig. Es sind hier auszuführen: das Entbasten, Bleichen, Erschweren, Färben, Strecken, Appretieren und Bedrucken.

Ausrüstungsformen. Nicht nur die verschiedenen Veredlungsarten bedingen den jeweiligen Charakter einer Seidenware, sondern auch die Vorbehandlung der Seide. So kann man die Seide mit ihrem unveränderten Bast als sog. Cru- oder Ecruseiden herstellen. Sie kann ferner mit weichgemachtem Bast, als sog. Soupleseide den Veredlungsprozessen unterworfen werden. In der Mehrzahl der Fälle wird der Bast jedoch entfernt, und man spricht dann von Cuiteseiden. Schließlich kann die Seide noch als Stückware ausgerüstet werden. Es kommt hinzu, daß die Seide nun weitererschwert oder unerschwert, appretiert oder nichtappretiert, bedruckt, glänzend gemacht usw. ausgerüstet werden kann.

Entbasten der Seide.

Die Seidenweberei übergibt meist der Lohnfärberei oder Veredlungsanstalt die Seide zur Veredlung entweder als Rohseide in Ballen, wie sie sie vom Spinner erhalten hat, oder in Form von Geweben, die aus Rohseide hergestellt sind. Aus dem Auftrag sind das Gewicht der Rohseide, die Veredlungsart (z. B. „Erschwerung 35/50"), die Ausrüstungsform (z. B. cuite u. dgl.) zu ersehen.

Vorbereitung der Seide.

Das Gewicht der Rohseide wird durch die Veredlungsanstalt kontrolliert, die Strähne oder Masten[1] werden gezählt und daraufhin geprüft, ob die Seide ordnungsmäßig ist, d. h. ob nicht etwa Masten zerrissen, verschieden lang oder dick sind, ob das Kreuz in Ordnung ist und die Unterbindungen weder zu kurz noch zu lang sind. Je 200—300 g der einzelnen Seidenpartien werden alsdann zu je einer „Handvoll" vereinigt, mit einem Unterbändel zur Kennzeichnung zusammengeknüpft und je zwei „Handvoll" auf einen Stock aufgehängt. Eine oder mehrere Handvoll dieser „Partie" oder des „Satzes" werden besonders gezeichnet (sog. „Wahrsager") und dienen dazu, die einzelnen Phasen der Ausrüstung, namentlich des Erschwerens, nachprüfen zu können.

Bei Stückware wird ebenfalls das Gewicht des Rohgewebes nachgesehen bzw. die Länge gemessen. Daran schließt sich die Prüfung auf etwaige Fehler, zerrissene Fäden, Flecke, fehlerhaften Einschlag (z. B. bei Kreppware) usw. Hat die Ware eine rauhe Oberfläche, z. B. bei Schappeschuß, so wird sie auf der Sengmaschine gesengt, nötigenfalls geputzt.

Stückware, die erschwert werden soll, wird dann auf bestimmte Längen (breite Ware 10—15 m, schmale 25—30 m) geschnitten, zum Entbasten jedoch wieder zusammengenäht und aufgebäumt, oder in Buchform bzw. Halben gebracht und mit Schlaufen zum Aufhängen auf Stöcke versehen. Die Kennzeichnung der Stücke geschieht durch Einnähen entsprechender Zeichen.

Entbasten.

Das Entbasten oder Abkochen besteht in einer Entfernung des Seidenleims mit einer Seifenlösung, gegebenenfalls unter Zusatz von Soda.

Das Abkochen von Strang geschieht entweder auf der Barke oder Kufe[2] kochend heiß, jede Seite der Stränge eine halbe Stunde, oder auf dem Schaumabkochapparat, im ganzen 20—30 Min. Nach dem Abkochen wird in einer dünnen Seifenlösung repassiert, ebenfalls bei Kochtemperatur, und dann geschwungen. Bei Stückware verfährt man wie bei Strang. Man kocht in Halbenform auf der Barke oder im Schaumabkocher ab. Bei dickerer Ware wird jedoch auch auf dem Sternabkocher, liegend oder hängend, abgekocht und schließlich auf dem Jigger. Die Stückware wird dann ebenfalls repassiert und geschwungen.

Soll die Seide erschwert werden, so wird bei beiden Formen nach dem Repassieren gewaschen und abgesäuert.

Zu bemerken ist, daß erschwerte Stückware, vereinzelt auch Strang, auch nach dem Erschweren entbastet werden kann, natürlich dann mit möglichst neutraler Seife.

Statt Seife sind schwache Alkalilösungen, auch Enzyme, wie Pankreatin, empfohlen worden, jedoch nicht mit durchgreifendem Erfolg.

Arbeitsbeispiele. Beim Abkochen auf der Barke wird das Bad mit enthärtetem Wasser und 30—40 % Seife vom Gewicht der Ware angesetzt, und zwar in üblichem Flotten-

[1] Der rheinische und Wuppertaler Seidenfärber nennt gewöhnlich den Garnstrang oder Garnsträhn einen „Masten".

[2] Über die allgemeinen maschinellen usw. Vorrichtungen der Färberei, Druckerei, Appretur usw. s. die einschlägigen Kapitel.

verhältnis 1 : 30. Es wird mit der Seide kochend heiß eingegangen und $^1/_2$ Std., ohne umzuziehen, hin und her geschoben. Danach wird umgezogen, das Bad nochmals zum Kochen erhitzt und jetzt wieder $^1/_2$ Std. geschoben. Darauf wird nochmals umgezogen, die Seide aufgeworfen oder aufgezogen und auf ein sog. Repassierbad gesetzt, welches 10 % Seife enthält und kochend heiß $^1/_2$ Std. verwandt wird. Hierauf wird abwechselnd umgezogen und geschoben. Beim Abkochen auf dem Schaumabkocher (s. Abb. 203) wird in den Apparat 80—100 % Seife vom Seidengewicht gegeben und bis zu einer im Apparat angebrachten Marke mit weichem Wasser aufgefüllt. Diese Seifenlösung wird zum Schäumen gebracht und die Seide entsprechend dreimal gedreht, damit alle Teile des Mastens mit dem Schaum in Berührung kommen. Die Abkochdauer beträgt hier 15—20 Min., bei leicht flusigen Seiden oder Schappe sogar nur 8—15 Min. Nach dem Abkochen wird, ähnlich wie nach dem Abkochen auf der Barke, mit 10 % frischer Seife repassiert.

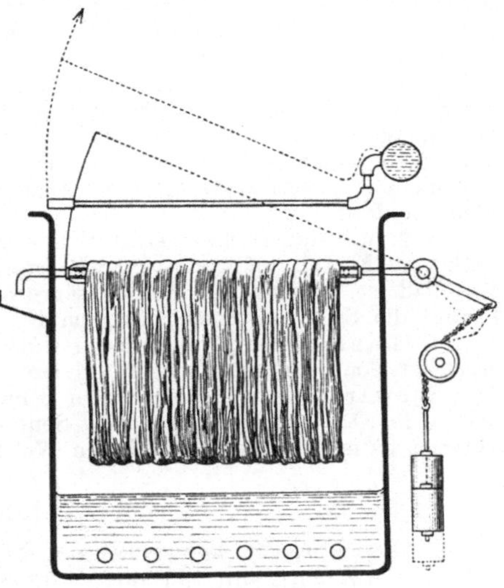

Abb. 203. Schaumabkochapparat im Querschnitt (nach LEY).

Beim Abkochen von Stückware wird in ähnlicher Weise in den entsprechenden Apparaten mit 30—40 % Seife abgekocht. Die Abkochdauer erstreckt sich je nach der Schwere des Gewebes über 1—2 Std., bis auf dem Gewebe keine Flecke vom gelben Bast mehr sichtbar sind. Bei gemischtseidenen Geweben wird dem Seifenbad häufig ein Sodazusatz (2—3 %) gemacht. Nach dem Abkochen wird durchweg ein etwa 40—50° C warmes Sodabad ($^1/_2$ bis 1 % Soda) oder ein Ammoniakbad (5—10 %) gegeben. Auf diesem Reinigungsbade wird das Stück $^1/_2$ Std. bewegt.

Souplieren, Weichmachen und Härten der Seide.

Will man den Bast der Seide erhalten, so ist die Seide so zu behandeln, daß der Bast den verschiedenen Bearbeitungen (Erschweren, Färben usw.) standhält. Durch bestimmte Arbeitsvorgänge macht man den Bast entweder weich und geschmeidig, oder man macht ihn hart und fest. Im ersteren Fall erhält man Souple, im letzteren Cru, Ecru oder Hartseide. Die für diese Ausrüstungsform erforderliche Bearbeitung der Seide bezeichnet man als Souplieren bzw. Härten. Unter „Weichmachen" der Seide versteht man dagegen einen Vorgang, der dem Seidenfaden den Griff nimmt, ihn weichmacht.

Bei Stückausrüstung sind Souplieren und Härten wenig gebräuchlich; wohl aber das Weichmachen.

Souplieren.

Das Weichmachen des Seidenbastes (nicht etwa der Seide selbst) geschieht durchweg durch längeres Einwirkenlassen, teilweise sogar bei Kochtemperatur, von schwachen organischen oder anorganischen Säuren auf die Seide, z. B. von Weinsäure, Gerbsäure und schwefliger Säure. Auch eine entsprechend lange Seifenbehandlung führt zur Erweichung des Bastes. Es sind zu unterscheiden Couleursouple, zu dessen Herstellung man ein Bad von Weinstein und schwefliger Säure verwendet, und

Schwarzsouple, der durch Kochen der Seide mit Gerbstoffen, wie Catechu oder Kastanienextrakt, hergestellt wird.

Schwarzsouple wird überwiegend verwandt. Da bei diesem Souple auch gleichzeitig Erschwerung oder Färbung stattfindet, so wird unter „Schwarzfärberei" noch näher darauf einzugehen sein. Auch das Souplieren von Stückware kommt bei Schwarz ausnahmsweise vor.

Arbeitsbeispiele. Couleursouple. 1. Man soupliert nach dem Einweichen und Bleichen mit Säure, indem man die Seide auf ein Bad stellt, dem man für 10 kg Seide 600 g

Glaubersalz und 300 cm^3 Schwefelsäure 66° Bé zugesetzt hat. Man geht bei 65° mit der Seide ein und läßt hierauf 1 Std. bzw. so lange, bis der Souple weich genug ist. Darauf wird ein Wasser von 40° und ein zweites von 20° gegeben und mit 10 % Salzsäure abgesäuert.

2. Das Souplieren mit Weinstein geschieht in gleicher Weise wie das erste Souplieren, nur wird die Zusammensetzung des Bades mit 150 g Weinstein, 75 g Glaubersalz, 400 cm^3 Schwefelsäure und 3 l wäßriger schwefliger Säure für 10 kg Seide genommen. Der Ansatz des Bades geschieht in der Weise, daß der Weinstein mit etwas Wasser angeteigt wird und langsam so viel der konz. Schwefelsäure zugesetzt wird, bis der Weinstein vollständig gelöst ist. Diese Lösung gibt man dann in das Bad, dem man den Rest der obengenannten Chemikalien bereits zugesetzt hat. Temperatur und Zeitdauer ist die gleiche wie beim Säuresouple.

3. Man soupliert mit Gerbstoff in der Weise, daß die mit dem Bast gefärbte Seide nach dem Färben auf ein 1—$1^1/_2$° Bé starkes Sumachbad oder Tanninbad gestellt wird. Das Bad ist schwach mit Schwefelsäure angesäuert. Man geht kochend ein und beläßt hierauf die Seide unter mehrmaligem Kochendmachen, bis der Souple weich genug ist.

4. Glanzsouple ist nichts andres als ein nach den oben aufgeführten Verfahren hergestellter Souple, der nach dem Avivieren gestreckt wird.

Schwarzsouple. Bezüglich der Schwarzsouplefärbung wird bei der Schwarzfärbung der Seide Näheres ausgeführt. Das Souplieren von Stückware geschieht nur in äußerst seltenen Fällen und ist mehr als ein Weichmachen anzusprechen.

Weichmachen.

Dieser Vorgang bezweckt, der Seide jeden härteren, krachenden Griff zu nehmen und wird mit der fertiggefärbten und avivierten Seide ausgeführt. Er besteht darin, daß man der Avivage weichmachende Stoffe, wie Weichöl, Olivenölsulfosäure, Lärchenterpentin, Tonerdeverbindungen und schließlich eine klar abgesetzte Aufschlämmung von Ton zusetzt.

Arbeitsbeispiele. Beim Weichmachen mit venezianischem Terpentin verfährt man in der Weise, daß man $^1/_2$—$2^1/_2$% Terpentin mit Soda und Wasser durch Aufkochen emulgiert, die Emulsion der Avivage zusetzt und die Seide darin umzieht. Das Weichmachen mit Weichöl geschieht durch einen Zusatz von 1 % Weichöl in die Avivage. Dieses Weichöl wird in der Weise hergestellt, daß man 1 kg Olivenöl mit 250 g Schwefelsäure 66° Bé unter ständigem Umrühren langsam mischt. Die anfangs trübe Mischung wird allmählich dunkelbraun und klar. Diese Lösung läßt man 24 Std. stehen und gibt vorsichtig eine Lösung von 275 g calc. Soda in 500 cm^3 Wasser hinzu. Nachdem die stark schäumende Masse gleichmäßig geworden ist, fügt man noch 1 l Wasser zu und verschließt dieses nunmehr fertige Weichöl gut, um ein Hartwerden des Ansatzes zu vermeiden. Beim Weichmachen mit Erde nimmt man für 100 g Seide einen Ansatz, in dem 1 kg Weicherde mit Warmwasser angeteigt und mit Wasser bis zu 10 l aufgefüllt wird. Man läßt die Mischung klar absetzen und gibt von der überstehenden klaren Flüssigkeit 5—10 l in die Avivage.

Härten.

Das Härten des Bastes zur Herstellung von Ecruseiden geschieht durch Behandlung mit Formalinlösung. Will man jedoch der Seide einen harten Griff verleihen, so geschieht dies durch Zusatz von steifenden Appreturmitteln zu der Avivage, z. B. von Leim oder Dextrin.

Arbeitsbeispiele. Das Härten mit Formaldehyd geschieht in der Weise, daß man die Seide auf einem Bade, welches 4—5 % techn. Formaldehyd enthält, bei 20° umzieht und darin über Nacht einsteckt. Am andern Morgen wird die Seide gewaschen und gefärbt. Man kann bei der Formaldehydhärtung auch so verfahren, daß man, namentlich wenn es sich um erschwerte Cuiteseide handelt, nach der Wasserglaserschwerung die Formaldehydbehandlung vornimmt. Auch hier wird nachher ein Wasser gegeben und dann gefärbt.

Will man das Härten durch besondre Appreturstoffe erzielen, wie Leim, Stärke, Gelatine usw., dann geschieht es in der Weise, daß diese für sich gelösten Bestandteile in Mengen von 1—5 % der Avivage zugesetzt werden.

Bleichen der Seide.

Das Bleichen ist bei der Herstellung heller und zarter Töne erforderlich, namentlich bei Souple- oder Hartseiden. Es bezweckt die Entfernung des Seidenfarbstoffs, wie er sich zur Hauptsache im Bast befindet. Bei erschwerten Seiden wird meistens nach der Erschwerung gebleicht.

Bleichen von Cuiteseide.

Cuiteseiden werden in der Regel mit schwefliger Säure gebleicht, und zwar seltener mit wäßriger, meistens mit gasförmiger schwefliger Säure. Im letzteren Falle ist dafür zu sorgen, daß die Seide leicht alkalisch gemacht wird, z. B. mit Seife. Die Sauerstoffbleiche mit Wasserstoffsuperoxyd oder Perboraten hat sich bei Cuiteseiden wenig eingeführt.

Arbeitsbeispiele. Man bringt z. B. die gut geseifte Seide in die sog. Schwefelkammer, einen Raum, der so gebaut ist, daß er vollständig luftdicht abgeschlossen werden kann, andrerseits bei Öffnung einen guten Abzug der Gase gestattet. Zu dem Zwecke sind sämtliche Öffnungen des Raums gut mit Filz abgedichtet, und andrerseits ist ein Exhaustor eingebaut. Die Seide wird auf Stöcken in den Raum gehängt und dann am Boden in einer Eisenschale Schwefel angezündet. Man benutzt für einen Raum, der zur Aufnahme von 500 kg Seide dient, etwa 10 kg Schwefel. In diesem Raum verbleibt die Seide während 10—12 Std., dann wird geöffnet, die schweflige Säure abgesaugt und die Seide herausgenommen. Man gibt mehrere Wasser und säuert mit 10 % Schwefelsäure 45—50° warm ab.

Bleichen von Souple- und Ecruseide.

Diese Seiden bleicht man entweder mit verdünntem Königswasser oder mit angesäuerter Nitritlösung. Nach der Bleiche wird häufig noch geschwefelt. Die Sauerstoffbleiche ist dagegen nicht beliebt.

Arbeitsbeispiele. Man bleicht nur weißbastige Seiden mit schwefliger Säure. Sonst bedient man sich der Nitritbleiche oder der Bleiche mit Königswasser. Nitritbleiche: Man geht mit der Seide in ein Bad, welches auf 100 l Wasser 25 g Natriumnitrit, 600 cm^3 Salzsäure und 300 cm^3 Schwefelsäure 66° Bé enthält, zieht auf demselben 20—30 Min. um, wässert mit Weichwasser ab, geht dann auf ein gut schäumendes Seifenbad (dem man etwas Soda zugesetzt hat), zieht 10 Min. um, wirft auf und bringt dann in die Schwefelkammer. Beim Arbeiten mit Königswasser stellt man sich eine Mischung von 1 T. Salpetersäure und 3 T. Salzsäure her und verdünnt mit Wasser bis zu einer Stärke von 2—3° Bé. Auf dieser Bleiche zieht man die Seide kalt bis zum gewünschten Bleicheffekt um, wäscht gut und gibt ein leichtes Seifenbad.

Bleichen von Stückware.

Seidengewebe werden durchweg mit Wasserstoffsuperoxyd unter Zusatz von Alkali gebleicht. Ferner wird auch viel mit hydroschwefliger Säure, gegebenenfalls in Verbindung mit Formaldehyd gebleicht (Hydrosulfit, Blankit, Rongalit u. dgl., s. d.).

Arbeitsbeispiele. Das Bleichbad wird hergestellt durch Vermischen von 1 T. Wasserstoffsuperoxyd (3proz.) mit 4—5 T. Wasser. Diesem Bade setzt man 1 % Wasserglas vom Gewicht der Seide und so viel Ammoniak hinzu, daß die Reaktion des Bads schwach alkalisch ist. Außerdem gibt man noch 2—5 % Seife. Man erwärmt das Bad auf 85—100°, geht mit der Ware ein, zieht etwa $^1/_2$ Std. um und legt darauf mehrere Stunden, vielfach über Nacht, ein. Nach Beendigung des Bleichprozesses wird die Ware herausgenommen, ein warmes Wasser von etwa 50° gegeben, darauf anschließend leicht mit 10 % Seife $^1/_4$ Std. bei 45° geseift, mehrmals gewässert und mit 2—5 % Salzsäure abgesäuert.

Das Bleichen mit Perborat geschieht auf einem Bade, das durch Lösen von 1—$1^1/_2$ kg Perborat auf 100 l Wasser unter Zusatz von $^1/_2$ kg Schwefelsäure 66° Bé hergestellt ist. Auf dieses Bad geht man mit der Seide kalt ein, fügt 400 g Wasserglas hinzu und zieht $^1/_2$ Std. um. Darauf wird aufgeworfen, das Bad auf 60° erwärmt und hierauf die Seide 4—6 Std. bis zum gewünschten Bleicheffekt behandelt. Nach dem Bleichen wird gewaschen und abgesäuert.

Beim Bleichen mit Kaliumpermanganat verfährt man in der Weise, daß man die Seiden kalt auf ein Bad stellt, das in 100 l 75—100 g Kaliumpermanganat enthält, und zwar so lange, bis die Seide gleichmäßig braun erscheint. Anschließend hieran geht man auf ein Bad, welches pro 100 l 250 g Natriumperborat enthält und so viel Ameisen- oder Schwefelsäure, daß das Bad deutlich sauer reagiert. Nach 1std. Behandlung wird kalt gewaschen.

Erschweren der Seide.

Geschichtliches. Das Erschweren oder Beschweren der Seiden bezweckt weniger eine Gewichtsvermehrung als eine Volumenvergrößerung. Ursprünglich zurückzuführen auf Versuche, die Färbungen der Seide durch Behandeln mit Gerbstoffen oder Metallsalzen echter zu gestalten, hat man sich dann später die durch diese Behandlungsweise eintretende Schwellung der Faser zunutze gemacht, mit weniger Seidenmaterial den gleichen Effekt zu erzielen, als bei unerschwerter Seide unter Verwendung von mehr Material möglich war.

Während die Gerbstofferschwerung schon älteren Datums ist, kam die Zinn- bzw. Zinnphosphaterschwerung erst um das Jahr 1870 auf. Die moderne Erschwerung mit Zinnphosphat und Wasserglas wurde dagegen erst 1893 von NEUHAUS eingeführt.

Man bezeichnet die Erschwerung auch als Charge, die Höhe der Erschwerung als Rendite.

Handelsübliche Ausdrucksform der Erschwerungshöhe.

Wird der durch das Abkochen entstandene Bastverlust durch die Erschwerung ausgeglichen, so bezeichnet man die Seide als pari erschwert. Bleibt die Erschwerung dagegen unter diesem Wert, so spricht man von einer Erschwerung unter pari. Die gewöhnlichen Erschwerungsbezeichnungen, wie z. B. 50%, sind stets als über pari zu verstehen. Mithin ist eine Seide, welche 50% erschwert ist, nicht etwa eine solche, bei der die Erschwerung 50% des Seidengewichts ausmacht, sondern es bedeutet, daß für 100 kg zu erschwerende Rohseide 150 kg erschwerte Seide abgeliefert werden. In Wirklichkeit ist also die Charge als solche in diesem Falle im Verhältnis zur Seidensubstanz rund 100%, nämlich 75 kg abgekochte Seide enthalten eine Erschwerung von weiteren 75 kg. Der Ausdruck „über pari“ bedeutet also „über Rohgewicht“; 50% über pari oder ü. p. ist also eine Erschwerung von 50% über Rohgewicht (100 kg Rohseide zu 150 kg gefärbte Seide erschwert).

Zinnphosphaterschwerung.

Bei dieser heute allgemein üblichen Erschwerungsart bedient man sich einer wäßrigen Auflösung von Chlorzinn (s. d.) bzw. Zinntetrachlorid von 18—30° Bé, der sog. Pinke, und einer wäßrigen Auflösung von Natriumphosphat, die bei 50° gemessen etwa 5—7° Bé spindelt. Außerdem benötigt man möglichst zweierlei Sorten Wasser, eines mittelharten von 6—9 Härtegraden und eines weichgemachten Wassers.

Das Erschweren spielt sich wie folgt ab: Die abgekochte, evtl. gebleichte und entwässerte Strangseide wird in die Pinke eingelegt, und zwar entweder in Pinkbarken oder in Pinkzentrifugen. Die Seide muß vollständig mit Pinke bedeckt sein, nötigenfalls ist sie durch Stöcke od. ä. unter die Oberfläche der Pinke zu drücken. Bezüglich der Zeitdauer ist zu bemerken, daß beim ersten Pinken die Seide über Nacht eingelegt wird. Tagsüber läßt man sie in der Barke 2—3 Std., in der Zentrifuge 1—2 Std. gehen. Danach wird die Seide herausgenommen und die Pinke gut ablaufen gelassen. Beim Pinken in der Schleuder genügt letzteres. Darauf wird sie ausgeschleudert und auf der Waschmaschine mit Hartwasser gewaschen, und zwar je nach der Höhe der Pinkzüge 4—10 Min.

Nach dem Waschen wird die Seide wieder geschleudert und jetzt 1 Std. auf ein 50° warmes Phosphatbad gestellt. Auch dieses geschieht entweder auf der Barke oder in der Zentrifuge. Im ersteren Falle wird die Seide aber nicht wie beim Pinken eingelegt, sondern an Stöcken geschoben und umgezogen. Das Phosphatieren in der Schleuder geschieht wie das Pinken, nur läßt man das Bad stärker zirkulieren.

Anschließend wird gewaschen, und zwar 5 Min. mit Weichwasser an der Waschmaschine, dann auf der Barke abgesäuert und ausgeschleudert. Diese ganzen Arbeitsvorgänge bezeichnet man als einen „Pinkzug“. Je nach der Höhe der Erschwerung werden bis zu 5 Pinkzügen gegeben.

Eine Seide, die nur einen starken Zinnphosphatzug erhalten hat, hat eine Rendite oder Ausbeute von etwa 10—15% unter pari. Der zweite Pinkzug bringt die Seide auf etwa pari bzw. wenige Prozente über pari. Nach dem dritten Pinkzug rendiert die Seide etwa 10—15%, nach dem vierten 35—45% und nach dem fünften etwa 50—70%.

Zur Vereinfachung der Arbeitsweise gibt es auch Apparate, in denen das Phosphatieren, Waschen und Absäuern kontinuierlich durchgeführt wird, ohne daß die Seide herausgenommen wird. Zum neuen Pinkzug muß sie dann natürlich wieder herausgenommen werden. Solche Apparate bauen u. a. Gebr. Schmid (Basel), Heine (Viersen) u. a. m. Die hiermit verbundene Schonung der Seide ist selbstverständlich ein erheblicher Vorteil.

Couleurerschwerung.

Da die Farbstoffe auf eine lediglich mit Zinnphosphat erschwerte Seide unegal aufziehen, ist eine Nachbehandlung erforderlich. Die zu dem Zweck früher angewandte Soda, der Borax, das Ammoniak u. a. m. wurden 1893 durch Wasserglas ersetzt (Verfahren von NEUHAUS.) Hierdurch wurde aber nicht nur ein gleichmäßigeres Färben erzielt, sondern auch eine erheblich höhere Erschwerung, verbunden mit enormer Volumenvermehrung.

Nach dem letzten Pinkzug wird die Seide nicht abgesäuert, sondern nur gewaschen oder schwach geseift. Dann wird sie, ohne geschwungen zu werden, auf ein 3—5° Bé starkes Wasserglasbad von 50—55° gesetzt und darauf 1 Std. hantiert; das Bad wird alsdann laufen gelassen und die Seide auf ein gut stehendes Seifenbad von 40° gestellt. Nachdem sie hierauf schnell bewegt worden ist, wird sie abgenommen und geschwungen. Bei dieser Behandlung erhöht sich die Erschwerung um etwa 100%, d. h. die Seidenerschwerung steigt z. B. von 48% Zinnphosphaterschwerung auf 100—110% Gesamterschwerung.

Eine andre Erschwerungsart bei Couleurseide wird in der Weise ausgeführt, daß zwischen dem letzten Pinkzug und dem Wasserglas eine Behandlung mit schwefelsaurer Tonerde eingeschaltet wird. Man bezweckt hierdurch einmal eine beßre Zugfähigkeit gegenüber dem Silicat, andrerseits aber auch eine der Seide zuträglichere Form der Erschwerung.

Zu diesem Zweck wird die Seide nach dem Waschen vom letzten Phosphat gut mit Schwefelsäure abgesäuert und jetzt, ohne zu schwingen, auf ein 3—5° Bé starkes Tonsulfatbad von 40° gestellt. Nachdem man die Seide auf diesem 1 Std. bewegt hat, wird sie an der Waschmaschine mit Hartwasser gut gewaschen und auf das erwähnte Wasserglasbad gestellt, wo sie dann weiterverarbeitet wird wie oben.

Arbeitsbeispiele. Für verschiedene Couleurerschwerungen werden beispielsweise Zinnphosphatzüge gegeben:

Für pari = zweimal stark oder einmal stark und einmal leicht,
„ 5—20 % = zweimal leicht und einmal stark,
„ 35—50 % = zweimal leicht, einmal stark und einmal Tonerde,
„ 50—65 % = viermal leicht und einmal Tonerde oder zweimal stark und dreimal leicht,
„ 65—80 % = dreimal leicht und einmal stark und einmal Tonerde oder zweimal leicht, zweimal stark und einmal Tonerde oder dreimal stark und zweimal leicht,
„ 80—100 % = fünfmal leicht und einmal Tonerde oder viermal stark und zweimal Tonerde oder viermal stark und einmal leicht.

In allen Fällen wird zum Schluß noch mit Wasserglas behandelt.

Schwarzerschwerung.

Diese Erschwerungsart ist wesentlich vielseitiger als die Couleurerschwerung, einmal, weil ganz andre Erschwerungsstoffe in Frage kommen, sodann aber auch, weil Erschwerungs- und Färbeprozeß hier vielfach ineinander übergreifen. Man unterscheidet in der Hauptsache vier Erschwerungsverfahren:

a) **Zinn-Catechu-Erschwerung.** Man geht von der Zinnphosphaterschwerung aus, indem man 2—5 Zinn-Phosphat-Züge gibt. Nach dem letzten Phosphat wird gewaschen oder geseift, aber nicht abgesäuert. Nach dem Schwingen geht man mit der Seide auf ein stehendes Catechubad von 5—6° Bé, das man jedesmal mit konz. Catechulösung auffrischt. Man wählt die Flotte recht kurz, macht die Handvoll Seide sehr dick und hantiert bei 70° mehrere Stunden oder legt auch über Nacht ein.

Zur Erhöhung der Rendite wird auch in der Weise verfahren, daß man die Seide auf dem Catechubad eine halbe Stunde umzieht, aufwirft und jetzt in das warme Bad eine Auflösung von Zinnsalz gibt, dann die Seide wieder aufstellt und über Nacht einsteckt. Nach der Catechubehandlung wird in beiden Fällen die Seide erst gewässert und dann sehr gründlich an der Waschmaschine gewaschen, dann wird ausgeschwungen und gefärbt.

Die Höhe der Gerbstofferschwerung richtet sich nach dem Zinnphosphatuntergrund, je höher dieser, um so höher auch die Catechuerschwerung.

Arbeitsbeispiele. Man gibt für verschiedene Chargen folgende Züge:

Für	pari	einmal leicht pinken	150 %	Catechu im alten Bad
„	10—20 %	einmal stark pinken	150 %	„ „ „ „
„	20—40 %	zweimal leicht pinken	200 %	„ „ „ „
„	40—50 %	dreimal leicht pinken	200 %	„ „ „ „
„	50—60 %	viermal leicht pinken	250 %	„ „ „ „
„	60—80 %	zweimal leicht und zweimal stark pinken	300 %	„ „ „ „
„	80—100 %	viermal stark pinken	500 %	„ „ „ „

b) Zinn-Blauholz-Erschwerung. Diese Erschwerungsart beruht auf der Beobachtung Heermanns, daß eine zinnphosphaterschwerte Seide für unoxydierten Blauholzextrakt ein besonders großes Aufnahmevermögen besitzt, und zwar ist die Erschwerung mit Blauholz eine wesentlich höhere als die mit Catechu. Außerdem besitzt dieses Verfahren noch den Vorteil, daß die eigentliche Holzerschwerung in 1—$1^1/_2$Std. beendigt ist, gegenüber den vielen Stunden, die die Catechuerschwerung beansprucht.

Nachdem die Seide gepinkt und phosphatiert ist, wird sie vom letzten Phosphatwaschen geseift und geschwungen. Dann geht man auf das Blauholzbad, das aus einer Auflösung von unoxydiertem Blauholzextrakt in Wasser mit Zusatz eines Alkalis, wie Seife, Natronlauge, Natriumphosphat, Wasserglas od. ä. besteht. Das Flottenverhältnis ist hierbei 1 : 30. Man stellt die Seide bei 60° auf und zieht eine halbe Stunde wie üblich um, erwärmt auf 68°, zieht eine weitere Viertelstunde um, erwärmt nochmals auf 75° C und hantiert so lange, bis die richtige Rendite erzielt ist, was durchweg in einer Viertelstunde der Fall ist.

Abänderungen des Verfahrens bestehen eigentlich nur in der Verwendung verschiedenen Alkalis, Verfahren, die teilweise Patentschutz genießen.

Eine vielfach beliebte Modifikation besteht darin, dem Erschwerungsbade gleich die für die Schwärzung der Seide erforderlichen Anilinfarbstoffe (Gelb und Blau) zuzusetzen.

Ist die Seide nach dem einen oder andren Verfahren genügend erschwert, so wird gründlich an der Waschmaschine gewaschen und nachher ein lauwarmes Ammoniak- oder Sodabad gegeben, was unbedingt erforderlich ist, um beim Färben ein reines Schwarz zu erhalten.

Auch bei der Blauholzerschwerung richtet sich die Höhe der Gesamterschwerung nach der Höhe der Zinnphosphatvorerschwerung.

Man vereinigt übrigens auch vielfach beide Erschwerungen, indem man die Blauholzerschwerung mit Catechu nachbehandelt. Diese sog. Monopolfärbung bietet den Vorteil, daß nicht nur die Rendite erhöht wird, sondern auch, daß dadurch die an und für sich recht locker fixierte Blauholzerschwerung befestigt wird.

Arbeitsbeispiele. Man gibt für verschiedene Chargen folgende Züge:

Für	30—50 %	ü. p.	3 leichte Pinken	und	30—50 %	unoxyd. Extrakt
„	50—80 %	„ „	2 schwere, 2 leichte Pinken	„	50—80 %	„ „
„	80—100 %	„ „	4 leichte Pinken	„	80—100 %	„ „
„	100—120 %	„ „	4 leichte Pinken	„	100—110 %	„ „
„	120—140 %	„ „	1 schwere, 3 leichte Pinken	„	130—140 %	„ „
„	140—160 %	„ „	2 schwere, 2 leichte Pinken	„	140—160 %	„ „
„	160—180 %	„ „	3 schwere, 1 leichte Pinke	„	160—170 %	„ „
„	180—200 %	„ „	4 schwere Pinken	„	170—180 %	„ „

Arbeitet man mit einem zwischen Pinke und Blauholz eingeschobenen Catechubad, so sind folgende Züge nötig:

Erschwerung %	Pinkzüge	Catechu	unoxyd. Extrakt %	Seife %
30—50	2 leichte	120	80	80
50—80	2 schwere	120—150	80	80
80—100	3 leichte	150—200	90	90
100—130	2 leichte, 1 schwerer	200—250	100	100—130
130—170	4 leichte	200—250	110	130—160
170—200	4 schwere	250—350	110	170—190

c) **Erschwerung mit Eisenbeize.** Diese wohl älteste Form der Seidenerschwerung wird so gehandhabt, daß man die abgekochte Seide etwa 2 Std. bei gewöhnlicher Temperatur auf eine 30—35° Bé schwere Eisenbeize (Ferrisulfat, s. d.) bringt. Hierauf wird die Seide leicht geschwungen und dann zweimal auf nahezu kochendes Wasser gesetzt, wobei dem ersteren etwas Ammoniak zugegeben wird. Dieses sog. „Abbrennen" bewirkt die Niederschlagung von sulfatfreiem Ferrihydroxyd in der Faser. Dieser Eisenzug kann mehrmals wiederholt werden; heute werden selten mehr als zwei Eisenzüge gegeben. Die durch die Eisenbeizung nur wenig erschwerte Seide wird dann mit Catechu in üblicher Weise weiter erschwert. Blauholz besitzt gegenüber Eisengrund keine Zugkraft.

Eine Modifikation dieser Erschwerungsart besteht darin, daß der Eisengrund durch Behandeln mit Ferrocyankalium in Berlinerblau übergeführt, blaugemacht wird. Zu diesem Zweck setzt man die eisenerschwerte Seide nach dem Abbrennen auf eine kalte Lösung von Blaukali und säuert das Bad nach mehrmaligem Umziehen der Seide mit Salzsäure an. Diese Form der Eisenerschwerung gibt nur eine geringe Erhöhung der Charge, liefert aber beim Färben ein schönes, blaustichiges Schwarz. Nach dem „Blaumachen" wird wie üblich mit Catechu erschwert.

Da bei dem Erschwerungsverfahren c nur eine verhältnismäßig geringe Metallcharge auf die Faser gebracht wird, wird meistens mit Zinnsalzcatechu, wie unter a angegeben, erschwert und mit Blauholz evtl. unter Zugabe von unoxydiertem Extrakt ausgefärbt.

d) **Kombination der Zinn- und Eisenerschwerung.** Da die eisenerschwerten Seiden, bei denen man natürlich keine sehr große Rendite erzielen kann, ein sehr echtes und tiefes Schwarz geben, kommt eine Kombination nur da in Frage, wo hohe Erschwerung und tiefes Schwarz verlangt wird.

Die Arbeitsweise ist derart, daß man — nach dem bei dieser Kombination übrigens stets erforderlichen Blaumachen — die Seide 1—2mal pinkt und vorsichtig phosphatiert, indem man das Phosphat nicht zu warm, nur etwa 20—25°, nimmt, weil sonst der Blaugrund angegriffen wird. Vielfach findet man auch, daß das Phosphatbad mit etwas Wasserglas versetzt wird, um die Erschwerung zu erhöhen. Nach dem letzten Phosphat wird nur gut gewaschen, nicht geseift, und dann mit Catechu allein oder anschließend mit Blauholz weitererschwert.

Eine andre Arbeitsweise ist die, daß die Seide zuerst roh (also mit dem Bast), wie üblich, gepinkt wird. Anschließend wird sie abgekocht, dann wie üblich eisengebeizt und blau gemacht.

Auch bei dieser kombinierten Erschwerung läßt sich mit Blauholzextrakt allein nicht weitererschweren, sondern nur nach Vorbehandlung mit Catechu.

Andre Erschwerungsverfahren.

Außer den beschriebenen Erschwerungsarten gibt es noch eine Reihe von Verfahren, die zur Hauptsache darauf berechnet sind, das verhältnismäßig teure Zinn zu ersetzen. Hierzu zählen die Verfahren, die statt Zinn Verbindungen von Blei, Zink und Magnesium verwenden, ferner hat man die dem Zinn chemisch nahestehenden seltenen Metalle, wie Zirkon, Cer, Lanthan usw., zu Erschwerungszwecken zu verwenden gesucht, worüber eine ganze Reihe von Patenten besteht. Eine praktische Verwertung haben aber diese Verfahren einstweilen noch nicht gefunden.

Erwähnt unter den neueren Verfahren sei dasjenige von Elöd, der Salze des Zinns mit organischen Säuren an Stelle des Chlorzinns verwendet.

Stückerschwerung.

Bei der Stückerschwerung ist zu beachten, daß nur reinseidene Gewebe, höchstens noch solche mit Schappeeinschlag, erschwert werden dürfen. Alle übrigen Mischseidengewebe, insbesondre mit Pflanzenfasern, würden zerstört werden. Ferner ist hervorzuheben, daß sich nur leichte und dünne Gewebe erschweren lassen, ohne zu brechen. Ist ein Quadratmetergewicht von 80 g überschritten, so bricht die erschwerte Ware. Erschwert werden daher Voiles, Mousselines, Lumineux und die verschiedenen Crêpes.

Die Erschwerung mit Zinnphosphatsilicat ist im Prinzip die gleiche wie bei Strangware, nur daß die benötigten Apparate zum Waschen, Phosphatieren, Seifen und Absäuern bei breiter Ware hierfür besonders konstruiert sind, während schmale Ware, z. B. Bänder auf Stöcken, verarbeitet werden. In die Pinke legt man die Stücke durchweg in Buchform ein, wobei besonders darauf zu achten ist, daß keine Luftblasen in den Stücken zurückbleiben. Die Zeitdauer der einzelnen Prozesse ist die gleiche wie bei Strang. Daß bei Stückware erhöhte Vorsicht in der Verarbeitung erforderlich ist, um jegliche Bruch- oder Scheuerstellen und sonstige Beschädigungen zu vermeiden, ist wohl selbstverständlich. Stücke erschweren sich schwieriger als Strang. Es werden daher durchweg Pinken von höherer Konzentration verwendet.

Im übrigen wird bei Couleurfärbungen mit Wasserglas weitererschwert, nicht dagegen mit Tonerde; bei Schwarzfärbungen mit Blauholzextrakt, bei höheren Erschwerungen in Kombination mit Catechu. Bei schwarzer Stückware muß das Waschen nach dem Erschweren mit noch größerer Sorgfalt durchgeführt werden als bei Strang, da sich die Ware sonst bunt färbt und auch das Papier beim Verpacken durchfettet.

Arbeitsbeispiele. Für die verschiedenen Chargen kommen beispielsweise folgende Passagen von Chlorzinn in Betracht:

Höhe der Erschwerung	Farbige Seiden	Schwarze Seiden
pari	3 leichte Züge	2 leichte Züge
10 %	2 schwere und 1 leichter Zug	3 leichte Züge
20 %	4 leichte Züge	2 schwere und 1 leichter Zug
30 %	2 schwere und 2 leichte Züge	2 schwere und 1 leichter Zug
40 %	3 schwere und 1 leichter Zug	2 schwere und 2 leichte Züge
50 %	3 schwere und 1 leichter Zug	3 schwere und 1 leichter Zug

Färben der Seide.

Das Färben der Seide kann in jeder Form geschehen, ob sie nun als cuite, souple, écru oder als erschwerte bzw. nichterschwerte Seide vorliegt. Nur ist im letzteren Falle die Auswahl der Farbstoffe eine unterschiedliche. Ferner kann die Färbung im Strang und im Gewebe insofern verschieden sein, als bei den Geweben auch gemischtseidene in Frage kommen.

Strangcouleurfärbung.

Bei der Auswahl der Farbstoffe ist nicht nur Rücksicht auf die bisherige Ausrüstungsform zu nehmen, sondern auch auf den Ausrüstungszweck. Die richtige Auswahl muß der Erfahrung des Färbers überlassen bleiben, worin ihm die Farbenfabriken selbstverständlich mit ihren Erfahrungen tatkräftig an Hand gehen.

Es werden für die Seidenfärberei alle Gruppen von Farbstoffen verwandt. Bevorzugt werden die substantiven sowie die Indanthrenfarbstoffe, zum Nuancieren die basischen und sauren Farbstoffe. Wenig verwendet werden dagegen die Schwefelfarbstoffe, da das Schwefelalkali die Seide zu stark angreift, wenngleich auch eine ganze Reihe von Patenten vorhanden ist, nach denen die Faser bei dieser Färbeart geschützt werden soll.

Was die Technik des Färbens anbelangt, so weicht dieselbe von derjenigen der übrigen Textilien nur insofern ab, als man die Seide vorzugsweise in einem gebrochenen Bastseifenbad färbt. Die beim Abkochen der echten Seide anfallende sog. Bastseife, dem Färbebad zugesetzt, bietet den Vorteil, daß die Farbstoffe besser und gleichmäßiger aufziehen; ferner fallen die Färbungen auch leuchtender und satter aus. Schließlich wird auch der Griff der Seide besser. Alle Behauptungen, die Bastseifenwirkung sei Einbildung oder übertrieben, zeugen von völliger Unkenntnis der tatsächlichen Verhältnisse.

Wo nicht genügend oder überhaupt keine Bastseife zur Verfügung steht, färbt man einzelne Farbstoffe im fetten Seifenbad oder in der Mehrzahl der Fälle mit Glaubersalz.

Spezielle Farbstoffgruppen, wie Schwefel-, Indanthren- und Oxydationsfarbstoffe werden natürlich in der jeweils besonders erforderlichen Arbeitsweise gefärbt (s. a. u. Färberei der Baumwolle usw.).

Strangschwarzfärbung.

Diese Färbungen werden entweder nach Art der Couleurfärbungen ausgeführt, und zwar meistens dort, wo spezielle Echtheitseigenschaften verlangt werden, oder in der Mehrzahl (erschwerte Seiden) mit Blauholz. Man verwendet festen oder flüssigen, vollständig oxydierten Blauholzextrakt. Die von der Catechu- oder Blauholzerschwerung gründlich gewaschene Seide kommt auf ein Färbebad, das aus oxydiertem Blauholzextrakt mit genügendem Seifenzusatz hergestellt ist. Diesem Färbebade wird dann noch Anilinfarbstoff zugesetzt, und zwar 2 % Gelb (Chrysoidin, Chrysophenin) und 4 % Blau (Thioninblau, Methylenblau). Es ist bei dem Zusatz darauf zu achten, daß genügend Seife vorhanden ist, und daß das Bad nicht bricht. Auf diesem Bad wird bei 35° C eingegangen, und die Temperatur wird allmählich auf 80° C gesteigert. Je nach Farbnuance muß mit der Menge und Art der Farbstoffe gewechselt werden. Bei hochblauen Tönen gibt man häufig noch ein spezielles Bad mit Bastseife und Brillantgrün. Nach dem Färben wird ein Wasser gegeben und dann aviviert.

Eine besondre Abänderung dieses Verfahrens stellt die sog. Doppelfärbung dar, die allerdings nur bei mit Catechu erschwerter Seide durchzuführen ist. Der Untergrund kann Zinnphosphat oder Eisenblaukali sein. Nach der Erschwerung mit Catechu wird die Seide mit Essigsäure abgesäuert und auf ein 4° Bé starkes stehendes Bad von holzessigsaurem Eisen gestellt bzw. nach dem Umziehen über Nacht in das Bad eingesteckt. Darauf wird die Seide mit der Hand abgewrungen, auf Stöcke gebracht und nun mehrere Stunden an der Luft hängen gelassen. Dann wird gründlich gewaschen und zum Fixieren und Abschwärzen des Eisengrundes auf ein dünnes Catechubad gegangen. Nach anschließendem Waschen wird dann, wie üblich, mit Blauholz ausgefärbt. Ganz ähnlich verfährt man bei der sog. Supérieurfärbung, nur verwendet man dort statt Blauholzextrakt gern eine frische Abkochung von Blauholz und behandelt noch zum zweiten Male mit holzessigsaurem Eisen (dreifache Färbung).

Eine weitere hierher gehörende sog. Végétalfärbung, eine besonders bei unerschwerten Seiden beliebte Schwarzfärbung, geschieht in der Weise, daß man die abgekochte Seide bei 60—75° C mehrere Stunden auf ein Bad von Gelbholzextrakt mit Eisenvitriol und Kupfervitriol stellt. Nach dem Waschen wird dann mit Blauholzextrakt, wie üblich, ausgefärbt.

Schließlich ist noch die Englischbraunfärbung zu erwähnen, das ist die übliche Blauholzschwarzfärbung, nur daß statt der grünen Anilinfarbstoffe rote, z. B. Fuchsin, verwendet werden. Zu bemerken ist schließlich noch, daß bei den mit Blauholz erschwerten Seiden die Anilinfarbstoffe vielfach schon in das Holzerschwerungsbad gegeben werden.

Stückfärbung reinseidner Gewebe.

Dieselbe geschieht in der gleichen Weise, wie dies bei Strang der Fall ist, gleichgültig, ob es sich um Couleur oder um Schwarz handelt. Da bei der Stückausrüstung weniger Bastseife anfällt, wird bei farbigen Seiden überwiegend mit fetter Seife oder Glaubersalz gefärbt. Für die Schwarzfärbung im Stück scheiden die reineisen- oder eisen-blaukali-erschwerten Seiden aus. Es kommen nur zinnerschwerte und mit Catechu oder Blauholz fertigerschwerte Seiden in Frage. Die Ausfärbung ist die übliche mit Blauholzextrakt und Anilinfarbstoffen.

Die Mechanik des Färbens ist die gleiche, wie bereits unter den Vorbehandlungsprozessen von Stückware ausgeführt wurde. Je nach der Schwere des Gewebes wird es in langer Schlauchform auf dem Haspel oder auf dem Jigger bzw. der Breitfärbemaschine gefärbt. Namentlich bei Seidengeweben mit glatter Oberfläche ist hier große Vorsicht am Platze, da die Seide leicht bricht und zerstört wird.

Stückfärbung gemischtseidner Gewebe.

Es handelt sich hier um Gewebe, die meistens in der Kette aus Seide, im Schuß dagegen aus Schappe, Baumwolle, Wolle oder Kunstseide bestehen.

Bei Unifärbungen kann entweder im Einbad- oder Zweibadverfahren gefärbt werden, je nach Auswahl der Farbstoffe.

Bei mehrfarbigen, besonders Changeanteffekten, müssen beim Einbadverfahren besondre Farbstoffe angewandt werden, die eine scharfe Kontrastwirkung liefern. Man kann jedoch auch mit Farbstoffen arbeiten, die jeweilig nur die eine Faserart anfärben (Zweibadverfahren).

Für Schwarzfärbung gilt das gleiche. Erwähnenswert ist hier noch das Oxydationsschwarz (s. d.), eine Entwicklungsfärbung, die nur bei Stück, nicht dagegen bei Strang in Frage kommt. Man bevorzugt diese Färbung besonders bei Halbseide, da die Seide leicht angegriffen werden kann. Die Färbung der gemischtseidnen Gewebe überwiegt heute, so daß die Anzahl der Vorschriften für die Färbung dieser Gewebe sehr groß ist.

Spezialfärbungen.

Es gibt bei der Seide eine Anzahl von Färbungen, die teils von der üblichen Färbeweise abweichen, teils eine für die Seidenfaser typische Ausrüstungsform darstellen, wie z. B. die Echtfärbungen, die Weißfärbung, die Ombréfärbung, der Schwarzsouple und die Végétal-, Royal- und Chargemixte-Färbungen.

Echtfärbungen.

Die Echtfärbungen bei der Seide können ebenso wie bei andern Textilfasern durch Anwendung besondrer Farbstoffgruppen, wie der Diazo- oder Indanthrenfarbstoffe, erzielt werden. Während es nicht schwer hält, bei unerschwerter Seide eine sehr weitgehende Echtheit zu erzielen, so ist dieses bei erschwerten Seiden nicht möglich. Wohl ist man hier in der Lage, gewisse Echtheitseigenschaften einwandfrei zu erzielen, jedoch nicht etwa zwei zu gleicher Zeit, z. B. Lichtechtheit und Wasserechtheit. Es gibt z. B. dauernd Anlaß zu Beanstandungen, daß Hutbänder, die im Regen nicht auslaufen, stark verschießen und umgekehrt. Das Färben mit Küpenfarbstoffen bürgert sich auch bei Seide ein, jedoch langsam, da die bei Seide so beliebten leuchtenden und klaren Farbtöne nur schwer zu erzielen sind.

Die übliche Form der Echtfärberei der Seide beruht daher heute noch auf der richtigen Auswahl der betreffenden Farbsorte und auf einer Nachbehandlung mit Tannin-Brechweinstein. Diese alte Färbeweise steht auch heute noch in Blüte, während das an und für sich vorzügliche Katanolverfahren der I. G. Farbenindustrie bei Seide noch nicht allgemein Eingang gefunden hat.

Bei besondern Echtheitsanforderungen, wie Metall-, Gummi-, Isolier-, Appreturechtheit usw., ist natürlich jeweils zu berücksichtigen, welche schädlichen Bestandteile bei der Ausrüstung vermieden werden müssen und sich vor allem nicht mehr in der fertiggefärbten Seide befinden dürfen.

Weißfärbung.

Bei dieser Färbung handelt es sich durchweg um einen Bleichprozeß und Überdecken der immer noch vorhandenen Farbstoffüberreste mit einem blauen oder violetten Farbstoff.

Man verfährt in der Weise, daß die erschwerte Seide nach dem Wasserglas auf ein leichtes Vorfärbebad mit Methylviolett, Rosolan oder Alkaliblau gebracht wird. Nach dem Anfärben kommt die Seide in die Schwefelkammer. Dann wird sie gewaschen, abgesäuert und abgemustert. Ist der Farbton nicht erreicht, so färbt man nach oder gibt etwas Farbstoff in die Avivage.

Für Seidenstückware gilt der gleiche Grundsatz. Es wird jedoch meistens nicht geschwefelt, sondern mit Wasserstoffsuperoxyd unter Zusatz von Wasserglas gebleicht. Man hüte sich, letzteres in zu großer Menge zuzusetzen, da es erschwerend wirkt, und die Weißstücke auf solche Weise durchweg zu hoch in der Erschwerung ausfallen und dann brüchig werden.

Ombréfärbung.

Diese namentlich bei Seide übliche Färbung verschiedener Farbschatten am gleichen Strang kann auf zweierlei Art hergestellt werden. Entweder fängt man mit dem dunkelsten Schatten an und färbt die helleren Schatten dann weiter auf dem immer mehr ausgezogenen Färbebad. Oder man fängt mit dem hellsten Schatten an und erzielt die dunkleren durch Nachgeben von Farbstoff. Man kann auch auf gleiche Weise Mehrfarbeneffekte erzielen. Die Technik der Färbeweise besteht darin, daß die jeweils nicht zu färbenden Strecken des Strangs abgebunden und durch Einhüllen in Pergamentpapier vor dem Eindringen des Farbbads geschützt werden.

Will man beim Stück mehrfarbige Effekte erzielen, so ist dies nur dadurch möglich, daß bei der Herstellung des Gewebes entsprechend reservierte oder nichtreservierte oder schließlich echt vorgefärbte Seide eingeschlagen wird. Einen Farbunterschied kann man auch erzielen, indem man zur Herstellung des Gewebes unerschwerte und erschwerte Seide verwendet. Zum Reservieren der Seide gibt es eine große Anzahl von Verfahren.

Schwarzsouplefärbung.

Bei schwarzem Seidensouple unterscheidet man Dons, Persan-, Pink- und Gallsouple.

Der Donssouple wird in der Weise hergestellt, daß man die eingeweichte Rohseide mehrere Stunden auf einer Kastanienextraktlösung weich kocht, dann auf ein Bad von holzessigsaurem Eisen geht, die Seide gut wäscht und nun diese Kastanienextrakt-Holzeisen-Behandlung so lange (6—8mal) wiederholt, bis die gewünschte Erschwerung erreicht ist. Anschließend bekommt die Seide ein leichtes Catechubad und wird dann mit Blauholzextrakt und Anilinfarbstoff gefärbt. Dieser gewöhnliche Souple gibt Erschwerungen bis 200 % ü. p. und mehr.

Der Persansouple, der edelste der Schwarzsouples, wird in der Weise hergestellt, daß die zuvor eingeweichte Seide auf Eisenbeize gestellt, gewaschen, lauwarm mit Soda abgebrannt und dann in üblicher Weise blau gemacht wird. Dann wird die Seide leicht mit Blauholz und Seife bei höchstens 50—65° C vorgefärbt und nun in Catechu weichgekocht. Ist der Souple gut, so wird er durch Zusatz von Zinnsalz zum Catechubad und durch Einstecken der Seide über Nacht erschwert. Nach gutem Waschen wird dann in üblicher Weise ausgefärbt. Der Persansouple wird durchweg niedriger erschwert als der Donssouple; 120—160% ist das Normale.

Der Pinksouple wird wie der Couleursouple hergestellt, indem die Rohseide zuerst mit Weinstein und schwefliger Säure soupliert wird. Hiernach wird, wie üblich, gepinkt und nach dem Pinken mit Catechu weitererschwert, wie bei der Schwarzerschwerung. Schließlich wird mit Blauholz und Anilinfarbstoff ausgefärbt. Der Pinksouple ist heute an Stelle des Persans sehr beliebt, zeigt aber nicht einen so blaustichigen Ton wie dieser.

Der Gallsouple liefert keine hohen Erschwerungen, höchstens 50—60%, besitzt aber sehr gute Echtheitseigenschaften. Die Rohseide wird wie beim Persan eisengebeizt und blau gemacht und dann auf einem Dividivibad weichgekocht. Ist der Souple weich genug, so wird er mit Blauholz ausgefärbt. Statt Dividivi werden vielfach auch Gallen genommen.

„Royal-“, „Végétal-“ und „Charge-mixte“-Färbung.

Die Royalfärbung ist eine zinnerschwerte Seide, die jedoch im Rohzustand gepinkt und erst nachher abgekocht worden ist. Vor der Abkochung wird mit Wasserglas, vielfach sogar mit Tonerde und Wasserglas behandelt. Diese Färbung ist nur bei couleurgefärbten Seiden üblich.

Die Végétalfärbung ist eine solche, bei der während des Färbeprozesses eine Behandlung mit Gerbstoff in Form von gebleichtem Gallus- oder Sumachextrakt eingeschoben wird. Man geht zuerst mit der Seide auf den Gerbstoff, färbt dann und geht nochmals auf den Gerbstoff. Oder man gibt den Gerbstoff überhaupt ins Färbebad. Diese namentlich bei Echtfärbungen sehr beliebte Ausrüstung gibt Erschwerungen bis pari bzw. etwas über pari.

Die Charge-mixte-Färbung ist eine Végétalfärbung auf zinnerschwerter Seide. Hierbei wird die Seide nach dem letzten Phosphat aber nicht mit Wasserglas behandelt, sondern geseift, mit Essigsäure abgesäuert und dann mit dem Gerbstoff, wie bei der Végétalfärbung, weiterbehandelt. Es handelt sich hier um Seiden, die, wenn auch erschwert, sehr echt sein müssen.

Schlußbehandlungen der gefärbten Seiden.

Wenn die Seide fertiggefärbt ist, hat sie durch die Reihe von Bearbeitungen an Glanz und Griff eingebüßt. Dieser Verlust muß wieder ausgeglichen werden. Außerdem werden vielfach besondre Eigenschaften, z. B. zur Erzielung besondrer Effekte im Gewebe, verlangt. Dieses alles ist nur durch besondre Nachbehandlungen zu erzielen, zu denen das Avivieren, Haltbarmachen, Trocknen, Strecken, Chevillieren und Lüstrieren zu zählen sind.

Avivieren.

Diese Schlußbehandlung, die jede Seide erfordert, ist, wie der Name schon andeutet, ein Beleben des Glanzes und Farbtons sowie vor allem des Griffs. Das Avivieren geschieht in der Weise, daß die vom Färbebad genügend gereinigte Seide auf ein verdünntes Säurebad, meistens von Ameisensäure, Essigsäure, Milchsäure oder Schwefelsäure, gebracht und auf ihm einige Zeit behandelt wird. Um die Färbung zu beleben, kommt eine gewisse Menge Olivenöl, das man zur beßren Verteilung vorher mit etwas Soda oder Lauge emulgiert hat, in die Avivage; ferner gibt man der Avivage zum Nuancieren vielfach etwas Farbstoff oder zur Griffverbeßrung Leim, Diastafor, Weichöl oder Weicherde sowie venezianischen Terpentin zu. Die Erzeugung eines harten oder weichen Griffs ist aber nicht identisch mit dem Souplieren oder Härten des Bastes (s. u. Souplieren). Auch Souple- und Ecruseiden werden aviviert.

Arbeitsbeispiele. Die durchschnittlichen Mengenverhältnisse bei der Herstellung einer Avivage schwanken bei Mineralsäuren (Schwefel- oder Salzsäure) zwischen 2 bis höchstens 5 % vom Seidengewicht. Von Ameisensäure (85 proz.) kann man bis 10—20 %, von Milchsäure (50 proz,) bis 30—40 %, von Essigsäure (30 proz.) bis 40 % und von Essigsprit (10 proz.) und Zitronensaft (25 proz.) bis zu 50 % nehmen. Jedenfalls soll man den Säuregehalt in der Weise normieren, daß die Säure pro Liter Bad etwa 1—$1^1/_2$ g konz. Schwefelsäure entspricht. Die Ölmenge wird durchweg auf 1—$2^1/_2$ % bemessen. Sie kann aber auf 4—5 % steigen, sobald es sich um Souple- oder Hartfärbungen handelt. Organzin darf einen größeren Ölgehalt bekommen als Trame. Die appretierenden Zusätze, wie Stärke, Leim, Dextrin usw., werden durchweg in Mengen von $^1/_2$—2 % der Avivage zugesetzt. Das gleiche gilt auch von den weich machenden Zusätzen, wie Terpentin und Weichöl. Das Flottenverhältnis bei der Avivage soll ungefähr 1 : 30 betragen.

Haltbarmachen.

Diese Behandlung bezweckt die Solidmachung bzw. die Erhöhung der Haltbarkeit der Seiden beim Transport oder bei der Lagerung. Die bekannte Erscheinung, daß Seiden, namentlich in den Tropen, morsch werden, beruht in der Mehrzahl der Fälle auf Oxydationsvorgängen, die durch Licht oder Luft ausgelöst werden. Die zum Haltbarmachen der Seiden empfohlenen Verfahren und Stoffe sind daher in der Mehrzahl solche, die reduzierende Eigenschaften haben. Es besteht eine Reihe von patentierten Verfahren für diese Zwecke, von denen aber das gebräuchlichste Solidverfahren (von Gianoli) die Behandlung mit Thioharnstoff darstellt. Die Arbeitsweise bei diesem Verfahren, gleichgültig ob Thioharnstoff, Rhodanammonium, Hydroxylaminchlorid, Natriumthiosulfat, gewisse Alkaloide usw. verwendet werden, besteht darin, daß die fertigavivierte Seide mit einer Auflösung dieser Stoffe imprägniert und getrocknet wird. Nach dem Verfahren von Gianoli verwendet man eine Lösung von 20 g Thioharnstoff im Liter Wasser.

Trocknen.

Von größerer Bedeutung als bei andern Textilfasern ist der Trockenprozeß bei der Seide, da zu schnelles bzw. zu heißes Trocknen ein Brüchigwerden der Faser nach sich zieht. Man hat deshalb beim Trocknen der Seide das eigentliche Trocknen und das „Sicherholen" zu unterscheiden.

Abb. 204. Trockenhänge von Jul. Fischer, Nordhausen (nach H. Ley).

Es wird entweder in Trockenkammern oder in Trockenapparaten getrocknet. Erforderlich ist gute Entfernung der befeuchteten Luft und langsames Entziehen der Feuchtigkeit. Bevor die Seiden auf die Trockenstöcke gehängt werden, sind sie natürlich gut auszuschwingen und werden gut gelockert. Ist der Trockenprozeß beendigt, so wird die Seide, bevor sie verpackt wird, mehrere Stunden in einem kühlen, normalfeuchten Raum aufbewahrt.

Stückware wird ebenfalls nach dem letzten Schwingen auf der Hänge (s. Abb. 204) oder in Apparaten getrocknet, wobei aber auch darauf zu achten ist, daß die Ware glatt hängt und keine Brüche durch eintrocknende Falten bekommt. Schwere Satinware wird nicht geschleudert, sondern geht über eine Absaugemaschine, wo ihr der größte Teil der Flüssigkeit entzogen wird.

Strecken der Strangseide.

Wenn auch der *Glanz* der Seide für den Seidenfaden als solchen typisch ist, so leidet derselbe doch bei der Ausrüstung erheblich. Wie wir gesehen haben, beseitigt man diesen Übelstand durch das sog. Avivieren. Man vermag aber den Naturglanz der Seide noch durch *Längenausdehnung* oder *Streckung* zu erhöhen, da ein gut Teil des Glanzverlustes auf die Schrumpfung zurückzuführen ist, die die Seide während der verschiedenen Behandlungsweisen erleidet.

Es gibt eine ganze Reihe von Geweben mit glänzender Oberfläche, wie Atlas, zu deren Herstellung ein äußerst glänzendes Schußgarn erforderlich ist. Hier ist ein Strecken der Seide erforderlich, was durch die Bezeichnung „*brillant*“ oder „*metallique*“ bei der Farbaufgabe von seiten des Fabrikanten zum Ausdruck gebracht wird.

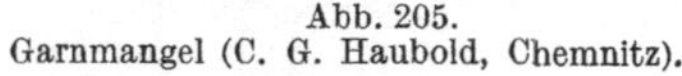

Abb. 205.
Garnmangel (C. G. Haubold, Chemnitz).

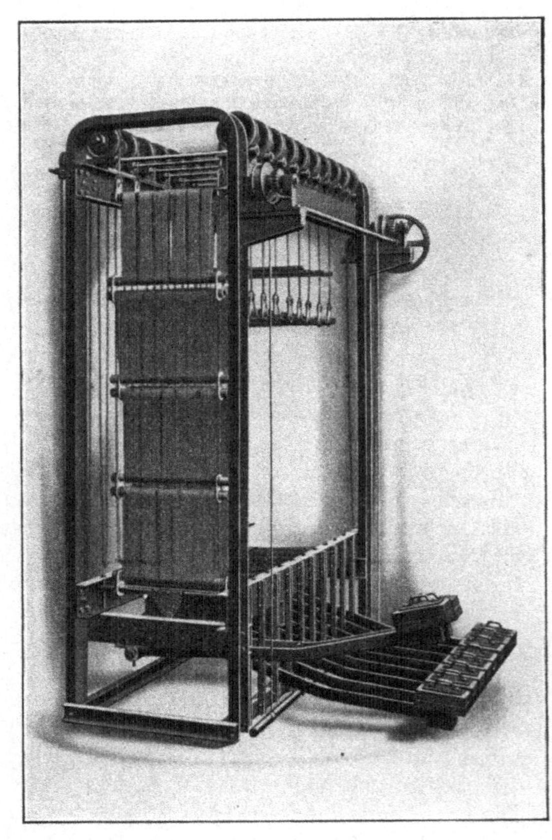

Abb. 206.
Streckbock (von Gerber-Wansleben, Krefeld) (nach H. LEY).

Was nun die Technik des Streckensanbelangt, so ist die einfachste und ursprünglichste Form desseben wohl das „*Präparieren*“ oder Anstrecken der Masten am *Pol*, wie es bei der Schlußaufmachung der Seide vor dem Verpacken üblich ist. Man hängt eine Anzahl Masten auf den sog. Pol, ordnet und glättet die einzelnen Masten, legt dann das glatte Polholz in die hängenden Enden der Masten und streckt nun entweder, indem man die Enden des Polholzes mit beiden Händen faßt und nun durch mehrere ruckweise Schläge auf sich zu die Masten anstreckt, oder indem man das Polholz faßt und nun die Seidenmasten wie einen Zopf zusammendreht. In beiden Fällen wird die Schrumpfung des Fadens zum mindesten wieder ausgeglichen. Man kann diese Handarbeit auch durch maschinelles Anstrecken auf den *Garnmangeln* (s. Abb. 205) oder *Anstreckmaschinen* ersetzen.

Will man jedoch die Seide über den Ausgleich des Einschrumpfverlustes hinaus strecken, dann geschieht dieses auf besondern Streckmaschinen.

Die erste Art dieser Apparate ist der sog. Streckbock (s. Abb. 206). Derselbe besteht aus einer Anzahl von Walzen zur Aufnahme der Seidenmasten, entweder aufrecht stehend oder waagerecht liegend, zu mehreren Paaren hintereinander geschaltet. Während die erste Walze unverrückbar fest angebracht ist, wird auf die letzte Walze durch Anhängen von Gewichten eine Zugwirkung ausgeübt, die nun je nach Art der Seide schwächer oder stärker genommen wird. Es können die Masten trocken gestreckt werden; meistens werden sie jedoch noch etwas feucht (vom Ausschwingen nach der Avivage) auf den Streckbock gehängt, der sich in einem heizbaren Raum befindet, so daß die Seide während des Streckens getrocknet wird.

Die zweite Form der Streckung geschieht auf Maschinen, deren Walzen mit hydraulischem Druck bedient werden. Diese Apparate haben einmal den Vorteil, daß sie durch genaue Einstellung der Entfernung die Seidenmasten der ganzen Partie gleichmäßig anstrecken, was bei den Streckböcken nie mit gleicher Genauigkeit erzielt werden kann. Ferner kann man bei diesen hydraulischen Streckmaschinen die Walzenpaare in einem verschließbaren Kasten anbringen, der durch Dampf geheizt werden kann, wodurch das Trocknen und Strecken bedeutend abgekürzt werden. Schließlich hat man durch Benutzung von nassem Dampf die Möglichkeit, die Dehnungsfähigkeit der Seide so günstig auszunutzen, daß eine Schädigung der Faser möglichst vermieden wird. Es ist aber nicht abzustreiten, daß gerade das Strecken ein Prozeß ist, der schon mancher Seidenpartie den Garaus gemacht hat.

Erwähnt mag hier noch werden, daß man vielfach die Seide auch roh streckt, angeblich zur Erzielung eines besonders starken Glanzes. Dieses sog. Vorstrecken geschieht in der Weise, daß die Seide roh in lauwarmer Seifenlösung, vielfach unter Zusatz von Soda oder Natronlauge, über Nacht eingeweicht und am andern Morgen mit nassem Dampf gestreckt wird. Die gestreckten Masten werden dann sofort abgekocht und der weiteren Verarbeitung zugeführt.

Jedenfalls ist das Strecken der Seide ein Vorgang, dem sehr große Aufmerksamkeit zu schenken ist, da ein etwaiges Überstrecken der Seide sich erst am fertigausgerüsteten Strang bemerkbar macht.

Lüstrieren und Chevillieren der Strangseide.

Diese beiden Nachbehandlungsarten der Seide sind ebenfalls Streckprozesse, allerdings besondrer Art, weil sie nur für besondre Seiden, namentlich gröberen Titers, geeignet sind.

Das Lüstrieren wird auf der Lüstriermaschine (s. Abb. 207) vorgenommen, die sich von der Dampfstreckmaschine nur insofern unterscheidet, als die Walzen einmal drehbar sind und außer den beiden noch eine dritte Walze so angebracht ist, daß sie an der Außenseite der Seidenstränge hergleitet, um die Seide auch hier zu glätten. Das Lüstrieren ist im übrigen bei edler Seide nicht üblich, sondern nur bei Tussahseiden groben Titers.

Das Chevillieren ist ein durch Zusammendrehen der Masten zu einem Zopf bewirktes Strecken. Es dient aber weniger zum Glänzendmachen als zum Geschmeidigmachen und findet daher hauptsächlich bei den stark gedrehten Kordonetts und Nähseiden Anwendung. Man chevilliert in der Weise, daß man die Masten an den Pol hängt, mit dem Chevillierholz zusammendreht, losläßt, den Masten um ein Viertel seines Umfangs weiter über den Pol zieht, wieder zusammendreht und so weiter, bis sämtliche Strecken des Mastens so zusammengedreht worden sind. Diese Handarbeit wird durch entsprechend gebaute Chevilliermaschinen ersetzt, die eine genaue Nachbildung der Handarbeit darstellen. Eine einfache und nicht so zeitraubende Art des Chevillierens, die obendrein am treffendsten dartut, daß es sich bei diesem Verfahren um ein Geschmeidigmachen der Garne handelt, ist das Schlagen der Masten auf einer breiten Marmorplatte. Der Masten wird mit der Hand gefaßt und ruckweise auf die etwas schräg stehende Marmorplatte geschlagen, bis er genügend weich ist. Bei genügender Übung ist dieses schnell erzielt und bietet obendrein noch den Vorteil, daß die Seiden dann nicht so kringeln, wozu sie sonst leicht neigen.

Abb. 207. Streck- und Lüstriermaschine (C. G. Haubold, Chemnitz).

Strecken der Stückware.

Das Strecken der Stückware dient in der Hauptsache zum Ausgleich des Einschrumpfverlustes, der hier natürlich ein ganz andrer ist als bei Strangware, so z. B. bei den Kreppgeweben. Man sucht ja schon während der verschiedenen Veredlungsprozesse diesen Verlust durch ein Breithalten des Gewebes möglichst einzuschränken. Bei feinen, empfindlichen Geweben ist dies jedoch nicht möglich. Das Strecken geschieht im sog. „Spannrahmen“ oder in der „Ramme“. Es sind dieses zwei miteinander parallel laufende Ketten, deren Abstand zueinander geregelt werden kann. An diesen Ketten befinden sich in regelmäßigen Abständen sog. „Kluppen“, d. h. Greifvorrichtungen, die sich automatisch öffnen und schließen, also das Gewebe an den Kanten erfassen und dann in langer Bahn 15—20 m weiterleiten. Unterhalb dieser so gebildeten gleitenden Stoffbahn befindet sich eine Trockenvorrichtung in Form von Gasflammen oder fahrbaren Kohlenbecken. Beim Darübergleiten wird die naß auf die Ramme gespannte Stoffbahn getrocknet. Am Kopf der Ramme befindet sich eine Appreturwalze, über welche das aufgebäumte Gewebe nun entweder durch Wasser oder leichten Appret geleitet und sofort von den Kluppen erfaßt wird. Am Ende der Ramme befindet sich noch eine große Trockentrommel, auf die das Gewebe vom Spannrahmen abläuft, um dann hinter dieser Trommel wieder aufgebäumt zu werden.

Veredlung der Tussahseide.

Unter der Bezeichnung Tussahseiden sind nicht nur die Spinnprodukte des eigentlichen Tussahspinners Bombyx Mylitta, sondern auch diejenigen einer Reihe andrer wilder Seidenspinner, wie Bombyx Yamamai oder Antheraea Pernyi, zu verstehen. Die Gewebe aus den Gespinsten dieser Spinner sind unter der Bezeichnung Rohseiden, Shantung, Honang,

Tientsin usw. zeitweise ein sehr begehrter Handelsartikel, der sich durch große Haltbarkeit und Festigkeit auszeichnet. Die Erzeugung der Tussahseiden ist auf Asien (China und Japan) beschränkt geblieben; die diesbezüglichen Zuchtversuche in Europa sind fehlgeschlagen. Da das Verhalten der Tussahseiden in physikalischer Hinsicht von dem der echten Seiden erheblich abweicht, ist auch die Veredlung derselben besondern Arbeitsweisen unterworfen, wenngleich die Prozesse selbst, wie Abkochen, Färben, Erschweren, die gleichen sind wie bei edler Seide.

Abkochen der Tussah.

Der Bast der Tussahseide umgibt den eigentlichen Seidenfaden nicht in Form einer Röhre, wie dies bei der echten Seide der Fall ist, sondern ist mit dem Fibroin inniger verbunden. Er dringt dabei teilweise und unregelmäßig in die Fibroinschicht hinein und ist grau bis dunkel gefärbt. Es ist daher verständlich, daß die Entfernung desselben eine energische und durchgreifendere Behandlungsweise erfordert. Durchweg geht daher dem eigentlichen Abkochen eine Behandlung mit starkem Alkali, wie Soda oder Natronlauge, voraus. Die Versuche, einfach das Alkali in die Seife zu geben und hiermit zu entbasten, haben keinen Erfolg gehabt, da dann weder Glanz noch der spätere Bleicheffekt so gut sind wie bei der getrennten Behandlung.

Man geht mit der Tussah auf ein 40—60° C warmes Sodabad (5% vom Seidengewicht) etwa 1 Std. und kocht dann 1 Std. auf einem Seifenbad der üblichen Konzentration ab. Statt der Soda kann man auch entsprechend Natronlauge nehmen, muß dann aber nach dem Abkochen gut absäuern. Die genügende Abkochung einwandfrei zu erkennen, ist nicht leicht, da die Faser nicht weiß wird, sondern grau bleibt.

Bleichen der Tussah.

Das Bleichen der Tussah ist wohl der wichtigste, allerdings auch der schwierigste Behandlungsprozeß. Denn wenn es sich nicht gerade um dunkle Farben handelt, ist ein Bleichen der Tussah unvermeidlich. Das Bleichen geschieht durchweg durch Behandeln mit Wasserstoffsuperoxyd in alkalischer Seifenlösung, gegebenenfalls unter Zusatz von Natriumsuperoxyd, jedoch muß die Einwirkungsdauer länger genommen und muß bei höheren Temperaturen gearbeitet werden.

Eine vielfach übliche Bleiche ist diejenige mit Kaliumpermanganat. Die Tussah wird auf einem etwa 0,25% starken Kaliumpermanganatbad behandelt, bis sie gleichmäßig braun gefärbt ist. Dann kommt sie auf ein angesäuertes Natriumbisulfitbad und hinterher wird sie gründlich gewaschen. Auch durch Behandeln mit Perborat, Blankit oder Ammoniumhypochlorit soll die Tussah nach verschiedenen Angaben gut zu bleichen sein.

Arbeitsbeispiele. Man bleicht z. B. auf einem Bade, welches auf 100 l Wasser 30 l Wasserstoffsuperoxyd und 2 l Wasserglas enthält. Man geht mit der Tussah kochend heiß ein, zieht 4—6mal um und steckt über Nacht ein. Beim Bleichen mit Perborat bedient man sich eines Bleichbads, das in 100 l 1 kg Natriumperborat, 340 g Schwefelsäure und 2 kg Wasserglas enthält. Man geht mit der Tussah kalt ein und erwärmt steigend über einen Zeitraum von 4—8 Std. bis auf Kochtemperatur. Beim Bleichen mit Kaliumpermanganat wird die Tussah kalt 20 Min. mit einer Permanganatlösung behandelt, die in 100 l Wasser 300 g Permanganat enthält. Man läßt abtropfen und geht auf ein kaltes Bad, das in 100 l 4 l Bisulfit 35° Bé und 400 g konz. Schwefelsäure enthält. Man behandelt darin $^1/_2$—$^3/_4$ Std., spült gut und säuert ab.

Erschweren der Tussah.

Tussah läßt sich nur wenig erschweren, ohne die charakteristischen Vorzüge, wie Volumenvergrößerung usw., aufzuweisen. Man findet daher nur selten, daß Tussah erschwert wird. Die Erschwerung ist die übliche mit Zinnphosphatsilicat, sobald es sich um Couleurfärbung handelt; von Schwarzerschwerung kommt eigentlich nur die Eisen-Catechu-Erschwerung in Frage, die aber auch nur geringe Rendite gibt. Die einzelnen Behandlungsweisen selbst sind die gleichen wie unter Seidenerschwerung beschrieben.

Färben und die Schlußausrüstung der Tussah.

Beim Färben der Tussahseiden hat sich die Verwendung von Bastseife nicht bewährt, man färbt Couleuren einfach in wäßriger Lösung oder unter Zusatz von etwas Türkischrotöl mit wenig Säure; Schwarz, wie üblich, mit Blauholz und Anilinfarbstoffen. Die Farbstoffe, die in Betracht kommen, sind die für echte Seide üblichen. Das Avivieren und Trocknen ist das gleiche wie bei Seide. Soll Tussah gestreckt werden, so wird sie meistens lüstriert, um ihr etwas mehr Glanz zu verleihen, da der Eigenglanz sowieso nur verhältnismäßig gering ist. Als besondre Nachbehandlung ist dann noch das Weichmachen zu erwähnen, das vielfach erforderlich ist, da Tussah ein sehr beliebtes Material für Plüsch und Samt ist. Das Weichmachen geschieht mit Alaunbeize, wie solches bei der Ausrüstung der Schappe üblich ist (s. w. u.).

Veredlung der Schappe.

Bei der Schappe muß von vornherein berücksichtigt werden, daß es sich um ein Gespinst handelt, das eine mehr oder minder starke Drehung erhalten hat; andrerseits bestehen die beßren Florettegarne durchweg aus reinem Seidenfibroin. Somit wäre ein Abkochen der Schappe im Sinne der Entfernung des Seidenbastes überflüssig. Wenn es trotzdem geschieht, so liegt dies daran, daß während des Spinnprozesses eine Menge Schlichtemittel in Form von Öl und Seife (etwa 6—8%) auf den Faden gelangt, die natürlich entfernt werden muß, um das Material gleichmäßig färben zu können.

Abkochen der Schappe.

Die Schappe, die durchweg stark gedreht ist, kommt in fest verschnürten Bündeln zu je 40 Masten in die Färberei. Vielfach sind die Schappegarne leicht appretiert, damit sie ihre Drehung besser halten. Wenn man diese Bündel trocken öffnet, so würden die Masten sofort kringeln, und so wäre ein Weiterarbeiten unmöglich. Aus dem Grunde werden die Garnpakete, ohne sie erst zu öffnen, eine Nacht in Seifen- oder Sodalösung eingeweicht. Dann lassen sich die Masten, ohne zu kringeln, an Stöcke machen.

Zum Abkochen oder besser Reinigen geht man zuerst $^1/_2$ Std. auf ein etwa 75° C warmes Sodabad (10—20% vom Materialgewicht) und dann anschließend 1 Std. auf ein Seifenbad. Da die Schappe als Gespinstfaden leicht flusig wird und vor allem den Glanz einbüßt, empfiehlt es sich, die Soda- und Seifenbehandlung im Schaumabkocher vorzunehmen, wo die Ware mehr geschont wird. Nach dem Abkochen wird gewaschen und mit Säure leicht abgesäuert.

Bleichen und Färben der Schappe.

Da bei der Floretteherstellung auch vielfach wilde Seiden verwandt werden — Tussahschappe ist z. B. ein sehr großer Artikel —, so ist der Bleichprozeß je nach der Farbe des Garns teilweise in ähnlicher Weise durchzuführen wie bei der Tussahbleiche.

Bei hellen Garnen genügt teilweise das Schwefeln nach dem Abkochen, in der Mehrzahl bleicht man jedoch mit Wasserstoffsuperoxyd bzw. andern Sauerstoffbleichmitteln. Nach dem Bleichen wird gefärbt, und zwar in üblicher Weise mit Seidenfarbstoffen, anschließend wird aviviert. Da die Schappe sich leicht ungleichmäßig färbt, tut man gut, dem Färbebad etwas Monopolöl zuzusetzen. Sowohl bei der Bleiche wie beim Färben sind alle Arbeitsweisen zu vermeiden, die das an und für sich leichte Aufrauhen der Schappe begünstigen könnten.

Arbeitsbeispiele. Man bleicht ähnlich wie Tussah, indem man z. B. auf ein Wasserstoffsuperoxydbad stellt oder auf eine mit Schwefelsäure angesäuerte Lösung von Natriumperborat. Ein guter Bleicheffekt soll auch dadurch erzielt werden, daß man die abgekochte Ware zuerst auf ein Bad mit 15 % Salzsäure setzt und dann auf ein Bad, welches 7 % Natriumsuperoxyd, 20 % Bittersalz und 2 g Prästabitöl in 1 l Flotte enthält. Man behandelt die Schappe auf diesem Bade anfangs bei 35°, steigert dann die Wärme auf 50° und legt über Nacht ein. Darauf wird gespült und abgesäuert.

Erschweren und Präparieren der Schappe.

Das Erschweren der Schappe wird verhältnismäßig wenig verlangt, zumal der Zweck nicht zu erkennen ist. Soll aber tatsächlich erschwert werden, so geschieht dieses bei Couleur mit Zinnphosphat-Wasserglas, bei Schwarz dagegen (ähnlich wie bei Tussah) mit Eisenbeize und Catechu. Werden höhere Erschwerungen verlangt, z. B. 80—100 %, so erschwert man wie bei Strangseide mit Zinnphosphat und nachher weiter mit Catechu oder unoxydiertem Blauholzextrakt. Vielfach verfährt man auch nach Art der Schwarzsoupleerschwerung, indem man Zinnsalz zum Catechu gibt und über Nacht einlegt. Das Ausfärben geschieht, wie üblich, mit Blauholz und Anilinfarbstoffen.

Das Präparieren der Schappe wird (im Gegensatz zum Erschweren) sehr häufig verlangt, da Schappe und auch Tussah ein sehr begehrtes Material für die Samt- und Plüschfabrikation darstellen. Zu dem Zweck müssen die Fasern weichgemacht werden, weil sich sonst der Flor nicht gleichmäßig scheren läßt bzw. die Messer stumpf werden. Zum Weichmachen bedient man sich einer besondern Alaunbeize, die in der Weise hergestellt wird, daß eine wäßrige Aluminiumsulfatlösung (10proz.) mit Essigsäure (25proz.) angesäuert und nun langsam mit so viel calcinierter Soda (5proz. wäßrige Lösung) versetzt wird, bis das Bad sich zu trüben beginnt.

Nachdem die Schappe gefärbt ist, wird sie aviviert, und zwar unter Zusatz von Weichöl (olivenölsulfosaures Natron). Nach dem Avivieren wird aufgeworfen und von der obigen Beize zum Bade zugesetzt (50—75 % vom Schappegewicht). Auf diesem Bade wird die Schappe dann solange umgezogen, bis sie genügend weich ist.

Arbeitsbeispiele. Zur Herstellung von unerschwertem Schwarz wird die Schappe mit Eisenbeize behandelt, dann abgebrannt und anschließend auf ein altes Catechubad von 5° Bé Stärke, dem man 5 % Gelbholzextrakt zugesetzt hat, gestellt und hierauf 2 Std. bei 75° behandelt. Nach dem Waschen wird mit Blauholzextrakt (40 %) und Seife (50 %) in üblicher Weise gefärbt. Höhere Erschwerungen werden unter Zuhilfenahme eines oder mehrerer Pinkzüge erzielt, z. B. pinkt man bei einer Erschwerung von 50—60 % die Schappe einmal mit einer Chlorzinnlösung von 22° Bé. Nach dem Pinken wird gewaschen und bei niedriger Temperatur (40° C) mit 50 % Soda fixiert. Hiernach wird gewaschen oder geseift und mit 10 % Salzsäure abgesäuert. Jetzt wird eisengebeizt, in Seifenlösung abgebrannt und mit 10 % Blaukali und 20 % Salzsäure blau gemacht. Hiernach gibt man 2 Wasser, geht bei Kochtemperatur auf ein Catechubad mit 100 % frischem Catechu und steckt über Nacht ein. Am andren Morgen wird die Schappe aufgeworfen, das Bad auf 75° erwärmt und 5 % Zinnsalz hinzugefügt. Darauf gibt man 2 kalte Wasser, geht nochmals auf ein Catechubad mit 100 % frischem Catechu, und zwar kochend mehrere Stunden. Zum Schluß wird mit 20 % Blauholz und 50 % Seife ausgefärbt.

Schlußbehandlung der Schappe.

Die Schappe wird vielfach gestreckt wie Seide, aber auch lüstriert wie die Tussahgarne. Irgendwelche Unterschiede in der Arbeitsweise bestehen nicht.

Ausrüstung der Bourettegarne.

Diese Garne, die aus dem Abfall der Floretteherstellung gesponnen werden, werden durchweg ebenso ausgerüstet wie die Schappe, höchstens, daß sie beim

Abkochen und Bleichen noch etwas schärfer mit Alkali angefaßt werden. Eine andre Veredlung als das Färben, gegebenenfalls das Lüstrieren, findet nicht statt, da die Kosten den Wert des Materials weit übersteigen würden.

Appretieren von Seide und Seidengeweben.

Die Fadenappretur, die bei der Baumwolle, z. B. in Form von Eisengarn, eine sehr große Rolle spielt, kommt für Seide fast gar nicht in Betracht. Höchstens bei Metallgespinsten, deren Seele aus Seide besteht, gelangt sie manchmal zur Anwendung.

Die Gewebeappretur spielt dagegen bei Seide eine sehr große Rolle. Hierbei mag gleich betont werden, daß die Appretur durchaus nicht identisch mit der Anwesenheit von Appretstoffen zu sein braucht; die Appretur kann auch lediglich durch maschinelle Bearbeitung des betreffenden Gewebes erzeugt sein. „Appretur" ist eben die jeweilige besondre Beschaffenheit eines Gewebes, der „Appret" sind die Stoffe, die diesen Zustand hervorbringen, der ganze Vorgang von Behandlungen, die zu diesem Zustand führen, ist das „Appretieren".

Vorbehandlungen.

Da das Appretieren eine Behandlungsweise darstellt, die nach ihrer Beendigung nicht wieder abgeändert werden kann, so ist es erforderlich, sich vor dem Appretieren von der Anwesenheit besondrer Fehler, wie von Flecken, Rauheiten, Löchern usw., zu überzeugen und sie zu beseitigen. Zu dem Zweck besichtigt man zuerst das fertiggefärbte und getrocknete Gewebe und läßt es dann über eine Sengmaschine oder eine Putz- bzw. Schermaschine gehen. Hier muß über das Umfärben, Reinigen, Nacherschweren, Ausbessern usw. entschieden werden, denn das Appretieren kann diese Fehler nicht beseitigen. Dann wird die Ware je nach Breite aufgebäumt oder aufgedreht, und zwar werden die einzelnen Gewebegattungen in der Weise aneinandergenäht, daß bei einer Nachbehandlung zuerst die hellen Farbtöne auf die Apparate gelangen; man dreht also auf den Haspel oder Baum zuerst die dunklen und dann die hellen Farbtöne auf. Bei umgekehrter Reihenfolge läuft man Gefahr, die hellen Farbpartien fleckig zu erhalten. Das Aufdrehen soll mit der Vorsicht geschehen, daß das Gewebe glatt und Kante auf Kante liegt. Seide neigt im trocknen Zustande leicht zum Brechen, und Falten bilden leicht die bekannten „Blanchissüren". Das Glätten der Gewebebahn geschieht aber vielfach auch durch das sog. Vorkalandern. Zu dem Zweck läßt man das Gewebe über einen glatten Zylinder laufen, nachdem es vorher durch eine Schicht Wasserdampf gezogen worden ist. Hierdurch wird das Gewebe derart erweicht, daß sich die Falten besser beseitigen lassen. Für das Vorkalandern eignen sich nur glatte Gewebe, dagegen nicht erhaben gemusterte, wie Rips, Ottoman usw., da hier das feucht gewordene Muster platt gedrückt würde.

Appretieren.

Da in der Mehrzahl der Fälle das Appretieren unter Zuhilfenahme von Appretstoffen durchgeführt wird, soll diese Behandlungsweise zuerst besprochen werden.

Die Appretstoffe müssen bei reinseidnen Stoffen so beschaffen sein, daß sie den Glanz und die Farbe nicht beeinflussen. Hierzu gehören in der Hauptsache wasserlösliche Stoffe, wie Gummi arabicum, lösliche Stärke, Dextrin, Leim, Gelatine und verschiedene Pflanzenschleime. Weniger klar lösliche Stoffe, wie Tragant, Kartoffelmehl usw., werden bei Halbseiden verwandt.

Eine bei Seidengeweben auch häufig verwendete Art von Appretstoffen sind verschiedene Harze, wie Sandarak, Elemi, Schellack usw., die, in Benzin gelöst, den sog. Appret chimique darstellen. Die Auswahl des Appreturmittels zur

Erzielung einer bestimmten Gewebebeschaffenheit muß der Erfahrung des Appreteurs vorbehalten bleiben.

Was nun die Arbeitsweise des Appretierens anbelangt, so wird entweder zweiseitig appretiert bzw. „gequetscht“, oder es wird einseitig appretiert bzw. „geriegelt“.

Das zweiseitige Appretieren wird auf dem Foulard oder der Quetsche vorgenommen, einer Kombinierung von 2 oder 3 Walzen, von denen die untere, in die Appretmasse eintauchende Walze aus Rotguß, die oberen dagegen aus Papier hergestellt sind. Während die Metallwalze den Appret an das Gewebe bringt, quetscht die Papierwalze den Überschuß des Appreturmittels wieder aus. Das Gewebe läuft vom Haspel oder Baum durch die zwei Walzen und dann auf eine oder mehrere Trockentrommeln und wird von hier wieder aufgerollt.

Zum einseitigen Appretieren bedient man sich des Riegels. Derselbe besteht aus einem Messer, das über einer gepolsterten Tischfläche montiert ist, und zwar in dem Abstande, wie es die Dicke des Gewebes erfordert, um unter dem Riegel hergleiten zu können. Vor dem Riegel wird durch Anbringen von Klötzen ein Becken gebildet, in dem sich der selbstverständlich dickflüssige Appret (meistens Tragantschleim) befindet. Das zu appretierende Gewebe wird nun in der Weise durch den Riegel geführt, daß nur die linke Seite den Appret aufnimmt. Durch die Einstellung des Riegels hat man es in der Hand, wie stark man das Gewebe appretieren will. Vom Riegel geht der Stoff auf den Trockenzylinder und anschließend auf den Haspel.

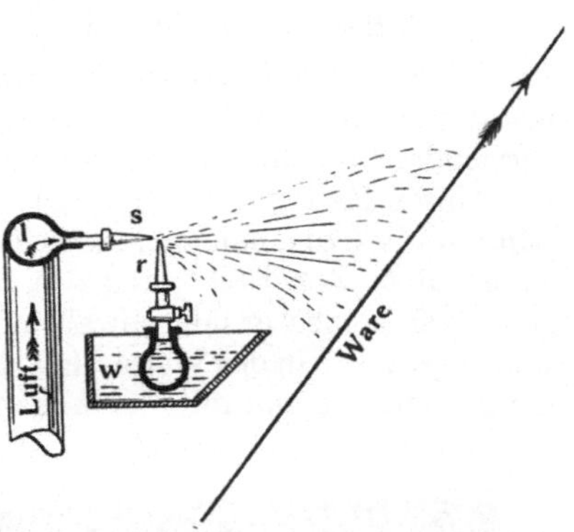

Abb. 208. Zerstäubungsapparat für Spritzappretur u. ä. (nach KOZLIK).

Während beim Riegeln stets mit Appret gearbeitet wird, kann man bei der Quetsche auch einfach durch Wasser laufen lassen, wie dies z. B. vielfach bei Kreppgeweben geschieht.

Statt des Foulards hat man auch Appreturmaschinen, bei denen das Gewebe nur mit der Appretlösung eingesprengt (Spritzappretur) wird, was manche Vorteile bietet (s. Abb. 208).

Zu bemerken ist, daß man bei leicht Farbstoff abgebenden Geweben durch Zugabe von Farbstoff in den Appret diesen Verlust wieder ausgleichen kann.

Beim Appretieren mit Appret chimique ist natürlich zur Vermeidung der Explosionsgefahr dafür zu sorgen, daß der sich beim Trocknen bildende Benzindampf gleich abgesogen wird und nicht mit offnem Licht in Berührung kommt.

Wie bereits erwähnt, müssen Gewebe, die eine große Einschrumpfung aufweisen, nach dem Passieren der Quetsche sofort gespannt werden, was auf der „Ramme“ geschieht.

Kalandern der Gewebe.

Das appretierte Gewebe wird, um die dynamometrischen Eigenschaften der Seide zu schonen, in einen kühlen Raum gebracht, damit es schnell abkühlt. Darauf wird der Appret ausgebrochen, um dem Gewebe wieder die nötige Geschmeidigkeit zu verleihen. Es geschieht dies entweder auf sog. Knopfbrechmaschinen, rotierenden Walzen, die mit glatten Metallknöpfen versehen sind, oder auf Messerbrechmaschinen, sich drehenden Walzen, auf denen sich spiralig angeordnete stumpfe Messer befinden (s. a. u. Brechen). Über diese Walzen, die zu mehreren nebeneinander angeordnet sind, wird das Gewebe geleitet und der Appret ausgebrochen.

Anschließend hat das Gewebe den Kalander zu passieren, eine Kombination von Stahl- und Papierwalzen, von denen die Stahlwalzen heizbar sind. Die Einstellung der Walzen, durch Gewichte oder Hebeleinrichtung, muß der Erfahrung des Appreteurs überlassen bleiben. Beim Kalandern wird wohl der Glanz des Gewebes herausgeholt, aber andrerseits wird das Gewebe nicht etwa platt gedrückt, sondern es erhält hier im Gegenteil seinen fleischigen und doch wieder seidigen Griff. Vielfach wird das Gewebe vor dem Passieren der Walzen gedämpft. Das Kalandern ist wohl diejenige Arbeitsweise, die im ganzen Appretierprozeß die größte Rolle spielt und sehr große Erfahrung erfordert.

Bei leichten Seidengeweben, wie Pongés, Messalines usw., bedient man sich auch häufig des Filzkalanders, bei dem die Papierwalzen mit Filz bespannt sind, oder bei dem eine Filzbahn in Form eines endlosen Bandes über die Trockenwalze geführt wird.

Besondre Arten des Kalanderns (Moiré, Gaufrage).

Ebensogut wie man den gewöhnlichen Kalander zum Glätten des Gewebes benutzt, kann man ihn auch zum Einpressen besondrer Muster auf das Gewebe verwenden. Zu dieser Art des Kalanderns zählt das Moirieren und Gaufrieren.

Unter Moiré versteht man die eigenartige, wellenförmige Musterung eines Ripsgewebes, die man auch beim Zusammenlegen von zwei durchlässigen Geweben beobachtet. Zur Erzeugung des Moirés bedient man sich heizbarer Metallwalzen, die geriffelt sind, und zwar in der Weise, daß die Anzahl der Riffeln nicht genau mit der Anzahl der Rippen des Gewebes (auf den Zentimeter gemessen) übereinstimmt. Beim Passieren dieser Moirierwalzen werden dann die Rippen des Gewebes stellenweise plattgedrückt, wodurch das Bild des Moirés zustande kommt. Man kann aber auch glatte Gewebe in der Weise moirieren, daß man sie über eine Walze laufen läßt, die ein Moiriermuster in erhabener Form aufweist und in das Gewebe hineindrückt. Während das erste als echtes oder Moiré français (s. Abb. 209) bezeichnet wird, ist das letztere das weniger wertvolle Moiré imprimé.

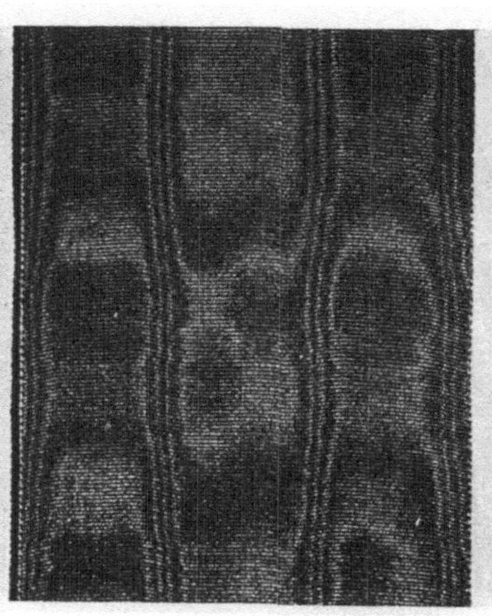

Abb. 209. Moiré français (nach H. Ley).

Abb. 210. Gaufriermaschine für Band (J. Kleinewefers Söhne, Krefeld) (nach H. Ley).

Unter Gaufré oder Gaufrage versteht man das Einpressen von Mustern in glatte Gewebe; dazu gehört z. B. das Moiré imprimé. Man kann sich zum

Gaufrieren natürlich der verschiedensten Muster bedienen, die auf die Metallwalze eingraviert oder eingeätzt werden. Zu dieser Art von Gaufrage zählt auch die künstliche Erzeugung von Krepp in Form eines eingepreßten Musters. Bei dem Gaufrieren wird ebenso wie bei dem Moirieren die Metallwalze geheizt, um ein scharfes Muster zu erhalten (s. Abb. 210).

Nachbehandlung nach dem Appretieren.

Das Appretieren ist durchweg die letzte Veredlungsart, die mit einem Seidengewebe vorgenommen wird. Sie kommt sowohl bei Stückware wie auch bei stranggefärbter Ware in Betracht. Bevor nun die fertige Ware zum Versand gelangt, wird sie noch auf bestimmte Längen gemessen und dann „gelegt" oder gerollt. Dieses geschieht entweder mit oder ohne Zwischenlagen von Papier. Dieses letztere trägt sehr dazu bei, daß der Stoff — namentlich bei Bändern ist es üblich — einen vollen, fleischigen Griff erhält.

Schließlich werden die dann so fertiggemachten Stücke verpackt und sind so verkaufsfertig.

Bedrucken der Seide (s. a. u. Zeugdruck).

Der Druck von Geweben, entstanden aus dem ursprünglichen Bemalen derselben, hat sich auch bei Seide immer mehr eingebürgert. Eine der ältesten Formen des Seidendrucks ist der sog. Batik, von dem noch die Rede sein wird. Für den Seidendruck eignen sich besonders unerschwerte Seiden, neuerdings verwendet man dazu allerdings auch leicht erschwerte Gewebe, wie Crêpe de chine, Crêpe Marocain usw. Doch sollte eine Erschwerung von 20 % nicht überschritten werden, weil die Seide auch beim Bedrucken durchgreifenden chemischen Prozessen ausgesetzt sein kann, z. B. beim Ätzdruck, die die Festigkeit der Seide sehr beanspruchen.

Man hat beim Druck die Form des Druckens und verschiedene Arten des Druckens zu unterscheiden.

Die Druckmasse.

Die Farbstoffe, die auf das Seidengewebe gedruckt werden, sind im wesentlichen die gleichen wie in der Färberei. Nur müssen sie hier, um ein Auslaufen zu vermeiden, in genügender Weise verdickt sein, was sich mit Hilfe von Stärke, Dextrin, Gummi arabicum, Tragant, Eiweiß, Blutalbumin erreichen läßt. Ferner setzt man zur Druckmasse gleichzeitig die Stoffe, die zum Echtmachen des Druckes erforderlich sind, wie z. B. Tannin, oder bei Verwendung von Beizenfarbstoffen die in Frage kommenden Beizen. Bei Mehrfarbendrucken können auch die reservierenden oder die ätzenden Stoffe, auch natürlich verdickt, als Druckmasse dienen. Ferner setzt man der Druckmasse auch solche Stoffe zu, die ein gutes Herauslösen des Verdickungsmittels ermöglichen.

Technik des Seidendrucks (s. a. Zeugdruck).

Man unterscheidet beim Seidendruck Handdruck, Maschinendruck und Spritzdruck.

Der Handdruck wird auf einem Drucktisch mittels des Druckmodels hergestellt. Der Model stellt einen Holzklotz dar, auf dem durch Schnitzarbeit das Druckmuster erhaben herausgearbeitet ist. Dieser Druckmodel wird auf das Druckkissen zur Aufnahme der Farbe gedrückt, dann auf das Gewebe gestellt und so vermittels eines kurzen Hammerschlags das Muster auf das Gewebe gedruckt. Abgesehen von dem heute wieder im Kunstgewerbe in Aufnahme gekommenen Handdruck auf seidnen Geweben, wird dieses Verfahren aber nur noch zum Bedrucken von Kettseiden, z. B. bei der Herstellung von Chinébändern oder -geweben, benutzt. Zu dem Zweck wird die Kette sorgfältig auf langen Tischen ausgespannt. Um ein Verwirren der Kettfäden zu verhüten, sind in Abständen von 1 m ein paar Schußfäden eingeschlagen. Nun wird sorgfältig mit dem Druckklotz, der sich an der Längsseite der Tische auf einem fahrbaren Kasten, dem „Chassis", befindet, das Muster eingedruckt und die bedruckte Kette vorsichtig aufgebäumt. Dann wird vorsichtig gewaschen, teilweise, nachdem man die Kette in Tücher oder Säcke eingeschlagen hat, und getrocknet. Die so bedruckte Kette wird dann nachher mit weißer oder farbiger Seide durchschossen, wodurch dann das eigenartige, etwas verschwommene Bild des Chinés hervorgerufen wird. Dieser Kettdruck wird heute allerdings auch schon maschinell hergestellt.

Was den Maschinendruck anbelangt, so verwendet man in der Seidendruckerei sowohl den Walzendruck mit tiefliegendem Muster als auch den Reliefdruck mit erhabenem Muster. Die Maschinen selbst sind die gleichen, wie sie überhaupt zum Drucken von Geweben jeglichen Materials verwandt werden. Der Maschinendruck bietet den Vorteil der größeren Arbeitsleistung und des gleichmäßigeren Ausfalls des Drucks.

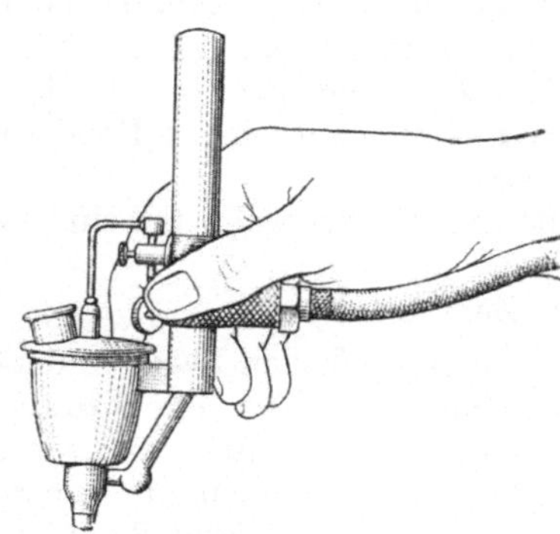

Abb. 211. Spritzdruckapparat (A. Krantzberger & Co., Holzhausen) (nach H. Ley).

Der Spritzdruck schließlich, der mit der Hand oder auch maschinell durchgeführt werden kann, geht in der Weise vor sich, daß der Farbstoff mittels einer Düse auf den Stoff bzw. auf die Schablone aufgespritzt wird. Der Druck wirkt dadurch gemäldeartig und wird deshalb auch zu künstlerischen Zwecken verwendet (s. Abb. 211).

Bei der Technik des Zeugdrucks muß dann noch einer Behandlungsweise gedacht werden, die dazu dient, entweder die Bindung des Farbstoffs chemisch durch Beizen oder mechanisch durch Verdickung der Druckmasse zu bewirken. Das ist das Dämpfen. Ist die Stoffbahn bedruckt, so wird sie zuerst durch entsprechend gebaute Trockenkammern (Mansarde) hindurchgeleitet und gelangt dann in den Dämpfer, das ist ein Kasten, wo die Stoffbahn während einer gewissen Zeit der Einwirkung überhitzten Dampfes ausgesetzt wird. Natürlich muß dafür gesorgt werden, daß ein Zurücktropfen von Kondenswasser auf die Ware vermieden wird. Man kann auch unter Druck dämpfen. Zu dem Zweck wird die auf einem Gestell befindliche und auf Stöcke gehängte Ware in große Autoklaven geschoben und dann mit einem Überdruck von $^1/_4$ Atm. gedämpft. Man kann diese Dämpfer auch als Oxydationskammern zur Erzeugung gewisser Farben, wie Anilinschwarz, benutzen.

Arten des Seidendrucks.

Man unterscheidet den direkten Druck, den Ätzdruck und den Reservagedruck (s. a. u. Zeugdruck).

Beim direkten Druck läßt man entweder den Grund weiß bzw. farbig und druckt jetzt das Muster auf das Gewebe. Oder man druckt den Grund und läßt das Muster in der ursprünglichen Farbe des Gewebes. Diese Art des Druckens, wie sie z. B. auch bei Spritzdruck verwandt wird, stellt die einfachste und auch gebräuchlichste Form des Seidendrucks dar. Die Technik des Drucks bleibt natürlich die gleiche.

Der Ätzdruck, auch als Enlevagedruck bezeichnet, beruht darauf, daß man mit Hilfe einer Ätzfarbe an den bedruckten Stellen den Farbstoff zerstört und so ein Muster hervortreten läßt. Die beliebtesten Ätzmittel sind Zinkstaub, Zinnsalz, Rongalitmarken u. a., von denen die letzteren im Seidendruck hauptsächlich Verwendung finden. Bedingung ist natürlich, daß zum Färben der Seiden auch tatsächlich ätzbare Farbstoffe verwandt worden sind. Man kann auch bunt ätzen, indem man eine Ätze, wie Zinnsalz, aufdruckt, die nicht nur den Farbstoff zerstört, sondern sich auch als Beize niederschlägt und so an diesen Stellen beim Nachfärben mit Beizenfarbstoffen neue Farbtöne ergibt. Der einfache Ätzdruck ist seiner Einfachheit wegen beim Seidendruck sehr beliebt.

Der Reservagedruck bezweckt durch Aufdrucken von Reservagen ein Muster hervorzurufen. Er besteht 1. in dem Aufdrucken einer Druckmasse, die das Gewebe mechanisch gegen Farbstoffaufnahme reserviert. In diese Kategorie gehören Stoffe wie Harze, Wachse, Paraffin usw. 2. druckt man Beizen auf, die die Farbstoffaufnahme unmöglich machen. In diesem Falle spricht man auch von einem Buntreservedruck, da diese Stellen sich durch Auswahl entsprechender Farbstoffe dann noch bunt färben lassen. Die erste Kategorie von Reservagen hat sich bei Seide nicht einzuführen vermocht, da die zur Entfernung der Reservage nötige Benzin- oder Benzolbehandlung die Seidengewebe ungünstig beeinflußt, d. h. sie leicht brüchig macht. Dagegen haben sich die chemischen Reservagen auch im Seidendruck sehr gut eingeführt.

Die Wachsreservage interessiert jedoch vom kunstgewerblichen Standpunkte aus, da der sog. Batik (s. d.) ein derartiger Reservedruck ist. Während die alte von Java stammende Kunst des Batiks in der Weise ausgeübt wird, daß das Muster durch Aufspritzen von einer geschmolzenen Wachskomposition auf das Gewebe erzeugt wird, geschieht dies heute vielfach in der Weise, daß der Stoff als solcher mit einer Wachsschicht überzogen und das Muster durch Auskratzen und Entfernen des Wachses erhalten wird. Dieses so behandelte Gewebe wird dann in die Farblösung gebracht und nach ausgeführter Färbung das Wachs durch Auskochen wieder entfernt. Eine bedeutend einfachere Art des Batiks, die sog. Bandhanafärbung, geschieht übrigens auch so, daß man das Gewebe an zahlreichen Stellen zipfelförmig abbindet und diese Zipfel in Pergamentpapier einhüllt. Beim Färben bleiben dann die abgebundnen Stellen ungefärbt. Massenware in Batik, wie sie heute in Form von Tüchern und Decken auf den Markt kommt, wird natürlich durch Direktdruck hergestellt.

Das Bedrucken gemischtseidner Gewebe erfordert vor allem die Beachtung der Farbaufnahmefähigkeit der verschiedenen Faserstoffe.

Eine besondre Art des Seidendrucks mag schließlich noch Erwähnung finden, das ist der Brokatdruck, das Bedrucken mit Metallstaub. Dasselbe geschieht in der Weise, daß das Muster mittels eines Klebstoffs, Harz oder Gummi, aufgedruckt wird. Dann wird das Muster mit dem betreffenden Metallpulver bestreut. Nach dem Trocknen wird dann das überschüssige Metall durch Ausklopfen oder Ausbürsten wieder entfernt.

Farbstoffe.

Naturfarbstoffe.

Von R. Hofmann.

Literatur: Abderhalden, E.: Biochemisches Handlexikon **6**: Die Farbstoffe des Pflanzen- und Tierreichs. — Brigl, P.: Die chemische Erforschung der Naturfarbstoffe. — Fischer, H., und Treibs: Tierische Farbstoffe. — Moebius, M.: Die Farbstoffe der Pflanzen. Im Handbuch der Pflanzenanatomie. — Perkin, A. G., und A. E. Everest: The Natural Organic Colouring Matters. — Pöschl, V.: Farbwarenkunde. — Rupe, H.: Die Chemie der natürlichen Farbstoffe. — Schultz, G.: Farbstofftabellen. — Ullmann, F.: Enzyklopädie der technischen Chemie. — Wehmer, C.: Die Pflanzenstoffe. — Wiesner, J. v.: Die Rohstoffe des Pflanzenreichs. — Zerr, G., und R. Rübenkamp: Handbuch der Farbenfabrikation.

Übersicht und Einteilung.

Man unterscheidet Pflanzen- und Tierfarbstoffe. Im Altertum waren als pflanzliche Färbematerialien bekannt: Alkanna, verschiedene Flechten, Ginster,

Krapp, Galläpfel, Waid, der Samen des Granatapfels und eine ägyptische Akazie. Nach der Entdeckung Amerikas Blauholz, Rotholz, Quercitron und Orlean.

Von den tierischen Farbstoffen ist am längsten bekannt der Purpur der Alten (Purpurschnecke).

Die pflanzlichen Farbmaterialien kann man einteilen in:

A. Pflanzliche Färbedrogen:

a) Ganze Organismen: Flechten, Orseille.

b) Unterirdische Pflanzenorgane: Gelbwurzel, Alkanna, Krapp.

c) Rinden: Quercitron.

d) Hölzer: Gelbholz, Rotholz, Blauholz, rotes Sandelholz, ungarisches Gelbholz.

e) Kräuter und Blätter: Waid, Färberginster, Wau.

f) Blüten und Blütenteile: Safran, Saflor.

g) Früchte und Fruchthaare: Gelbbeeren, Kamala.

B. Natürliche organische Pflanzenfarbstoffe (Rohstoffe im engeren Sinne):

Gummigutt, Indischgelb, gelbe Pflanzenlacke, Krapplack, Lac-Dye, Orlean, Orseille, Persio, französischer Purpur, Lackmus, Lokao, Indigo.

C. Rohstoffe, die gleichzeitig Färbe- und Gerbmaterialien sind: Catechu, Gambir, Kino.

Dem färberischen Charakter nach werden die Naturfarbstoffe eingeteilt wie folgt:

Substantiv färbend: Chinesisch-grün (oder Lokao), Curcuma, Orlean, Safflor.

Sauer färbend: Lackmus, Orseille.

Basisch färbend: Berberin (Berberitze oder Sauerdorn).

In der Küpe färbend: Indigo, alter Phönizischer Purpur (Purpurschnecke), Waid.

Auf Beize färbend: Afrikanisches Blauholz, Alkanna (Henna), Blütenfarbstoffe, Blauholz, Catechu, Cochenille, chines. Gelbschoten (Wongshy), chines. Gelbbeeren in Körnern (Waifa), Ellagsäure (Alizaringelb), Färberginster, Fisetholz (junger Fustik), Gelbbeeren (pers. Beeren), Gelbholz (echter oder alter Fustik), Indischgelb (Piuri), Kamala, Kermes, Krapp (Färberröte), Kreuzbeeren (Kreuzdornbeeren), Lac-Dye (Lac-Lac), Quercitron (Färbereiche), Rotholz, löslich, Rotholz, unlöslich (Bar-, Caliatur-, Cam-, Narra- und Sandelholz), Wau.

Alizaringelb, Ellagsäure.

Zuerst in den Galläpfeln aufgefunden, ist es im Pflanzenreich als Begleiterin von Gerbstoffen außerordentlich verbreitet, so in der Eichenrinde, der Stammrinde von Abies excelsa, den Dividivischoten, den Myrobalanen, der Granatwurzelrinde, dem Holz von Quebracho colorado.

Empirische Zusammensetzung: $C_{14}H_6O_8 + 2H_2O$.

Konstitution: Dilakton der Hexaoxydiphenyldicarbonsäure.

Handelsprodukt. Alizaringelb in Teig ist ein gelboliver, teigförmiger Beizenfarbstoff. Bildet sich oft bei der Oxydation von Gerbstofflösungen.

Verwendung. Charakteristischer Beizenfarbstoff. Liefert auf chromierter Wolle ein reines, ziemlich kräftiges Olivgelb von großer Lichtechtheit, auf Eisenbeize ein unbedeutendes Schwarz. Wird oft an Stelle von Cörulein für Baumwollfärbungen benutzt.

Alkanna.

Unter diesem Namen sind zwei verschiedene Drogen im Handel:

1. Echte Alkanna oder Henna ist die Wurzel der in Nordafrika, Ostindien und im Orient wild wachsenden weißen Lawsonie (Lawsonia alba Lam. oder L. inermis L.), des Hennastrauchs (Fam. Lythraceae). In Europa wurde sie in die Seidenfärberei eingeführt und in den Lyoner Seidenfärbereien zur Erzeugung azurblauer und schwarzer Farben benutzt. Jetzt findet sie in Färbereien keine Anwendung mehr.

Mit Catechu zu einem Teig verarbeitet, heißt Henna (Mehudi) in Indien Mayndie und dient zum Färben von Leder.

Verwendung. Gegenwärtig dient sie zur Herstellung von kosmetischen Präparaten.

2. Falsche Alkanna, die Wurzel der färbenden Alkanna, Alcanna tinctoria Tausch oder Anchusa tinctoria L. (Lithospermum tinctorium L.) aus der Familie der Borraginaceae (Asperifoliaceae), auch Pseudalkanna, Ochsenzungenwurzel, rote Ochsenwurzel, Ochsenschwanzwurzel, Schminkwurzel, Orcanette, Alhenna usw.

Das käufliche Alkannin (Extractum Alcannae) wird durch Extraktion der Droge mit Petroläther oder Benzin gewonnen.

Verwendung. Zum Rotfärben von kosmetischen Präparaten u. dgl., kaum noch zum Färben gebraucht. Die Färbungen sind sehr alkali- und lichtempfindlich.

Berberin.

Berberitzenwurzel, Sauerdornwurzel, Sauerdorn, Berberitze, Essigdorn, englisch berberine, Barbervy Extract, pipperidge-bush; französisch Vinettier, bois d'épine vinette.

Stammt von Berberis vulgaris L. (Fam. Berberidaceae), ist auch in andern Pflanzen aufgefunden worden. Die Wurzelrinde enthält bis zu 17 % einen rein gelben Farbstoff Berberin (Xanthopikrin). Es ist der einzige bisher in der Natur aufgefundene basische Farbstoff, der auch zum Gerben benutzt werden kann. Seiner chemischen Zusammensetzung nach ist er ein Isochinolinderivat.

Verwendung. Berberin färbt im neutralen Bad Wolle, Seide und tannierte Baumwolle direkt gelb an, es erzeugt mit Alaun eine ziemlich rein gelbe Nuance.

Blauholz; engl. Logwood (chips and extract), Logwood liquor. Beinamen: Blutholz, Campecheholz; lignum campechianum, lignum Haematoxyli; engl. Hematine paste and powder, Hematine Crystals; Campeachy wood, logwood; franz. bois de Campêche; ital. legno di Campeggio; span. palo campechio.

Vorkommen. Blauholz ist das nackte Kernholz des Campeche- oder Blutholz- (Blauholz-) Baumes Haematoxylon campechianum L., Familie Leguminosae, Unterfamilie Caesalpinioideae, einheimisch in Mittelamerika und im tropischen Asien. Das Holz ist in Europa seit dem 16. Jahrhundert bekannt, wohin es von den Spaniern nach der Entdeckung Amerikas aus Mexiko gebracht wurde. Es wächst teilweise wild, teilweise wird es in Mexiko, in dem übrigen Mittelamerika, auf den westindischen Inseln usw. angebaut. Bisweilen soll der Name nicht die Herkunft, sondern nur die Qualität oder den Charakter bezeichnen.

Handelsprodukte. Je nach Herkunft unterscheidet man im Handel gewöhnlich folgende Sorten: Mexiko- (Campeche-, Laguna-, Yucatan-), Haiti-, Domingo-, Cuba-, Honduras- und Jamaika-Holz.

Gewinnung. Das Blauholz wird vielfach noch im Raubbau gewonnen. Es kommt in Form von Blöcken, Kloben oder großen Scheiten auf den Markt, wird erst im Verbrauchslande zerkleinert und entweder von den Extraktfabrikanten oder von den Verbrauchern selbst gekauft und auf Extrakt (fest, sirupartig, dünnflüssig) verarbeitet. In selteneren Fällen wird das fein geraspelte Holz direkt den Farbbädern zugegeben. Vor der Extraktion wird das Holz zuerst zerkleinert (zerfasert) bzw. „geraspelt", um den Farbstoff erschöpfender gewinnen zu können. Man unterscheidet zweierlei Raspelungen oder Schnitte, den sog. Längsschnitt und den Hirnschnitt. Der erstere ist mehr eine Zerfaserung in der Längsrichtung des Baumstammes, der letztere ist ein wirklicher scharfer Schnitt in der zu der Längsrichtung senkrechten Richtung und erfordert sehr scharfe Messer. Man erhält Hobelspäne, lange Mahlung und Pulver.

Farbstoff. In dem wachsenden und dem frisch gefällten Blauholz befindet sich der Farbstoff liefernde Glucosidkörper, der erst unter dem Einfluß von Gärungsprozessen in einen zuckerartigen Körper und das Hämatoxylin gespalten wird; letzteres geht dann weiter durch Oxydation in das Hämatein über, das, falls der Oxydationsprozeß nicht rechtzeitig unterbrochen wird, in humusartige Oxydationsprodukte verwandelt wird. Dem Hämatoxylin kommt die empirische Formel $C_{16}H_{14}O_6$, dem Hämatein die Formel $C_{16}H_{12}O_6$ zu; Hämatoxylin ist die Leukoverbindung der Hämateins und kann gewonnen werden, indem man das geraspelte Blauholz mit Wasser auszieht. Im Handel führt es die Bezeichnung Hämatoxylinweiß (GEIGY). Das Hämatein wird nach einem 1888 von Geigy gefundenen Verfahren durch Oxydation von gut geklärtem Blauholzextrakt oder von Hämatoxylinlösungen als silberglänzende Blättchen gewonnen. Bei Überoxydation entsteht ein rötliches, amorphes Pulver.

Fermentation. Der Grad der Oxydation oder Fermentation des Blauholzes, d. h. das Verhältnis des vorhandenen Hämatoxylins zum Hämatein, ist für die Technik von Bedeutung; deshalb richtet die Fabrikation je nach dem Verwendungszweck und dem verlangten Oxydationsgrad die Fermentation des Holzes entsprechend ein. Die technische Darstellung von reinem Hämatoxylin ist nicht durchführbar, weil sich bereits beim Lagern und Transport sowie beim Extrahieren selbst des frisch gefällten Holzes ein Teil des ursprünglich im Holz enthaltenen Hämatoxylins zu Hämatein oxydiert. Die hämateinärmsten Blauholzextrakte werden aus frisch gefälltem Holze an Ort und Stelle gewonnen. Die Bedeutung des Hämatoxylingehalts ist übrigens zum Teil erst in neuerer Zeit erkannt worden (s. Seidenschwarz), und man hat erst seit kurzem begonnen, die Blauholzextrakte nach dem Oxydationsgrad zu klassifizieren. So kommen z. B. Extrakte mit 15, 25, 50, 75 % usw. Hämateingehalt in den Handel.

Das Fermentieren (Oxydieren, Appretieren) des Blauholzes, das der Extraktion meist voraufgeht, wird in der Regel derart ausgeführt, daß das geraspelte Holz in besondern Fermentationskästen, d. h. in durch Bretterwände abgeteilten Partiehaufen, mit Wasser (bisweilen unter gewissen Zusätzen) befeuchtet und von Zeit zu Zeit umgeschaufelt wird. Bei der Oxydation steigt die Temperatur des Holzes. Mit fortschreitender Oxydation geht die anfangs orangegelbe Färbung des Saftes immer mehr in ein Blut- bis Purpurrot über. Je nach gewünschtem Fermentationsgrade, der Jahreszeit und Außentemperatur dauert diese Behandlung bis zu einigen Monaten. Dann wird das Holz vorsichtig getrocknet oder aber meist ohne zu trocknen auf Extrakt verarbeitet.

Die Extraktion geschieht in sehr verschiedener Weise, in offenen oder geschlossenen Extraktoren, mit mehr oder weniger Wasser, unter geringerem oder höherem Druck. Höherer Druck verschlechtert im allgemeinen die Qualität (die Blume), erhöht dagegen die Ausbeute. Die Farbe der Abkochung ist gelb bis braun.

Die erhaltene Abkochung des Blauholzes wird entweder (falls die Extrakte an Ort und Stelle verbraucht werden) in Behälter gepumpt bzw. gedrückt und unmittelbar verbraucht oder (falls die Extrakte auf weitere Entfernung versandt werden) im Vakuum auf beliebige Konzentration, 20, 25, 28, 30° Bé, eingedickt bzw. auf feste Extrakte verarbeitet.

Um feste Extrakte, sog. „Krystalle" zu erhalten, läßt man die Lösungen in dünnen Schichten eintrocknen, z. B. auf Netzen; durch Zerschlagen der so erhaltenen Krusten erhält man krystallähnliche Gebilde, oder man dampft im Vakuum ein. In neuester Zeit benützt man zur Gewinnung flüssiger Extrakte Vakuumeintauchtrommeln und zur Erzielung trockner Extrakte von glänzender Oberfläche Vakuumtrockenschränke, während für die Eindunstung zu Pulverform Vakuumtrockentrommeln zur Verwendung kommen.

Zur Extraktion von Blauholz soll möglichst reines Wasser zur Verwendung kommen. Die Qualität der Blauholzkrystalle ist in neuerer Zeit immer besser geworden; vor allem hat man gelernt, die dem Blauholzsafte eigne und hochgeschätzte Blume dem Enderzeugnis zu erhalten. Die Ausbeuten sind sehr schwankend und hängen von Herkunft, Alter des Baumes, Bereitung usw. ab.

Oxydation des Blauholzextrakts. Man verwandelt das Hämatoxylin auch im Extrakt selbst durch Sauerstoff abgebende Mittel, wie Ozon, Wasserstoffsuperoxyd und andre Oxydationsmittel, in Hämatein. Geigy verwandte hierzu 1—6 % Natriumnitrit, je nach dem Oxydationsgrade, den man erhalten will. Man kann auch mit Chloraten, Nitraten, Chlorkalk mit oder ohne Säurezusatz, Chromsäure, Stickoxyde o. dgl. arbeiten.

Die Untersuchung und Wertbestimmung des Blauholzes und des Blauholzextrakts ist schwierig. Man bedient sich der chemischen und der koloristischen Verfahren (s. a. u. Farbstoffuntersuchung). Bei Extrakten kommt noch die Untersuchung auf etwaige Zusätze, wie Melasse, Kastanienextrakt u. a. m., in Betracht.

Verwendung. Der Blauholzfarbstoff gilt heute als wichtigster Naturfarbstoff; aber auch seine Verwendung ist erheblich zurückgegangen, und zwar am meisten in der Baumwollfärberei, weniger in der Woll- und fast gar nicht in der Seidenfärberei. Hämatoxylin und Hämatein sind adjektive oder beizenziehende

Farbstoffe und geben mit Metallsalzen intensiv gefärbte Lacke; sie finden auch Verwendung in der Leder-, Stroh-, Holz- und Pelzfärberei (s. u. Färberei).

Blauholzpräparate. Im Zeugdruck werden außer den reinen Blauholzextrakten in geringem Maße besondere Präparate des Blauholzfarbstoffs angewandt: 1. Direktschwarz, Noir impérial, Kaiserschwarz, Bonsors-Schwarz usw., die durch Kochen von Blauholz mit Kupfer-, Eisen- oder Chromsalzen und Oxalsäure gewonnen werden und ungebeizte Fasern direkt anfärben. 2. Noir réduit, Direktschwarz für Baumwolle, durch Oxydation von Blauholzextrakt mit Chromkali und Essigsäure und Zusatz von Bisulfit erzeugt; hauptsächlich für den Kattundruck verwendet. 3. Indigoersatz, Indigosubstitut, Noir réduit, durch Kochen von Blauholzextrakt mit essigsaurem Chrom erhalten. Das Gewebe braucht mit keinerlei oxydierenden Substanzen gebeizt zu werden, sondern man erhält beim Dämpfen sofort einen tiefschwarzen Lack. 4. Kaiserschwarz, Direktschwarz, Nigrosaline ist eine Mischung von Blauholzextrakt mit Eisen- und Kupfervitriol. 5. Direktschwarz für Baumwolle. 6. Neudruckschwarz usw.

Statistisches. Die Blauhölzer laufen in Europa hauptsächlich in die Häfen Havre, Liverpool, Rotterdam, Antwerpen, Hamburg, Libau, Riga und Leningrad ein.

Die Einfuhr Deutschlands an Blauholz betrug 1924

in Blöcken:		als Extrakt:	
dz	Wert in RM.	dz	Wert in RM.
34009	466000	4518	389000

1912 waren die Importzahlen für Hamburg:

to	Wert in M.	to	Wert in M.
6412	653890	2004	1684620

1910 betrug die Preisspanne

für Campechehölzer:	für Haitihölzer:
6,00—7,50 M. für 50 kg	4,75—5,25 M. für 50 kg

Von den gesamten Kulturstaaten der Erde werden zur Zeit noch schätzungsweise 175000—180000 to Blauholz verbraucht.

Afrikanisches Blauholz; engl. African logwood, von Haematoxylon africanum, einer in Südwestafrika vorkommenden Spezies von Haematoxylon (Fam. Leguminosae, Unterfam. Caesalpinioideae).

Der wäßrige Auszug des gemahlenen Holzes gibt eine blaßrote Farbenreaktion; der alkalische Auszug vertieft beim Kochen seine Farbe beträchtlich und besitzt eine schwach grünliche Fluorescenz. Mit Chrombeize erhält man auf Wolle eine rotbraunviolette, mit Aluminiumbeize eine schmutzigblaurote, mit Eisen eine schmutzigpurpurfarbene, mit Zinn eine hellgelbe und mit Kupfer eine braunrötliche Färbung.

Das färbende Prinzip ist kein Hämatoxylin, sondern erinnert in seinen Haupteigenschaften an Brasilin, den Farbstoff des Rotholzes (s. d.). Es ist ein schwächerer Farbstoff als Rotholz und daher ohne technische Bedeutung.

Blütenfarbstoffe.

Blütenfarbstoffe finden im allgemeinen keine technische Anwendung.

Baumwollblüten von Gossypium herbaceum enthalten vor allem Gossypetin, das sich mit orangeroter Farbe in Alkalien löst. Die Baumwollblüten färben auf Tonerde ein dunkles Gelb, auf Chrom Braungelb, auf Eisen Olive und dienen in Indien zum Gelb- und Braunfärben von Wolle.

Malvenblüten. Die Blüten der Stock- oder Pappelrose Althaea rosea Cav. werden zum Färben, namentlich von Weinen und andern Genußmitteln, verwendet. Vor 100 Jahren benutzte man in Deutschland das färbende Prinzip (Althain) viel zum Färben und Drucken.

Carminfarben (s. a. Gerbsäurefarben).

Unter der Bezeichnung „Carminfarben“ oder „Echtmodefarben“ bringt die Firma A. Th. Böhme Produkte auf den Markt, welche aus Farbholzextrakten (Blauholz, Gelbholz, Quercitron) bzw. Catechu und Chrombeizen teils mit Mineralsäuren, teils mit organischen Säuren gewonnen werden. Diese Böhmschen Farbstoffe ziehen direkt auf Baumwolle und geben waschechte Färbungen.

Gerbsäurefarben (s. a. Carminfarben).

„Gerbsäurefarben“ der Firma A. Th. Böhme sind eine Kombination der Carminfarben (s. d.) mit Anilin bzw. Zwischenprodukten und werden gleichfalls für mit Tannin und Brechweinstein vorgebeizter Baumwolle verwendet, und zwar vorwiegend für helle und mittlere Töne, zum Nuancieren von Schwefelfarben, z. T. auch für Seide und Kunstseide.

Catechu oder **Katechu**, echter Katechu, Gambir, Kachu; lat. catechu pallidum, terra japonica; engl. Gambier, Gambier Catechu, Cutch, Catechu, Cachou, Cuba Cutch, Gambier-Catechu, Japan Earth, Patent Cutch, Prepared Cutch, Yellow Cutch, Acacia Catechu, Areca Catechu, Bengal Catechu, Brown Cutch, Pegu Catechu, Kath, Mangrove Cutch, New Catechu; franz. Cachou; ital. catecu. Beinamen: gutta Gambir, gelber Catechu, Neukatechin, Kachu, Cunao, Katagamba, Gambir, Gambier.

Vorkommen. Sind die eingedampften wäßrigen gerbstoffhaltigen Auszüge (Catechu-Extrakt) aus: 1. dem dunkelroten Kernholz von Acacia Catechu in Hinterindien (Pegu) u. a. m. hergestellt; 2. Gambir (Gutta Gambir, Catechu pallidum, Gambir-Catechu, Cunao, Katagamba, Terra japonica) ist der Extrakt der Betelnuß (Frucht der Arecapalme) bzw. der Auszug der dünnen Stengel und Blätter des Strauches Nauclea (Uncaria), hauptsächlich aus Hinterindien, Malakka und Sumatra stammend.

Handelsprodukte. Man unterscheidet 1. den echten oder den Block-Catechu von der Acacia catechu bzw. mimosa und 2. den Gambir-(Gambier-) oder Würfelcatechu aus den Blüten, Blättern und Zweigen von Uncaria-Gambir. Ersterer kommt in verschieden großen, bis zu 100 kg schweren Blöcken oder Ballen (in Stroh- und Palmblättersäcken) als eine knetbare Paste, letzterer in kleinen, braungelben, trocknen Würfeln auf den Markt. Bezüglich der Bezeichnung „Gambir" und „Gambir-Catechu" herrscht keine Übereinstimmung, insofern als im überseeischen Handel unter Gambir und Gambir-Catechu auch Block-Catechu verstanden wird.

Zusammensetzung. Die wichtigsten Bestandteile des Catechus sind 1. das Catechin (oder die Catechusäure) und 2. die Catechugerbsäure. Dem Catechin kommt die färbende, der Catechugerbsäure die gerbende und wohl auch die Seide erschwerende Wirkung zu. Nach KOSTANECKI hat das Catechin die Formel $C_{15}H_{14}O_6$, die Catechingerbsäure $C_{21}H_{18}O_8$.

Darstellung. Zur Absonderung des Catechins wird Catechu mit kaltem Wasser behandelt, in dem sich die Catechugerbsäure löst, während das Catechin ungelöst bleibt und durch Umkrystallisieren aus heißem Wasser in Form von feinen, weißen, seidenglänzenden Nadeln gewonnen werden kann, die sich in Alkalien lösen und beim Stehenlassen einen roten bis rotbraunen Ton annehmen. Bei der Spaltung des Catechins entstehen Phloroglucin, Protocatechusäure und Brenzcatechin, woraus zu schließen ist, daß die auxochromen Gruppen des Catechins Hydroxyle sind. Durch Oxydation der wäßrigen Lösung an der Luft oder besser durch Bichromat u. ä bilden sich braune Substanzen, die, direkt auf der Faser erzeugt, sehr wasch- und lichtechte rotbraune Färbungen (Catechubraun) liefern. Im übrigen bildet Catechu Metallacke, z. B. den besonders wertvollen Chromlack, so daß das Catechin als Beizenfarbstoff angesehen werden kann.

Anwendung. a) In der Baumwoll-, Leinen- und Seidenfärberei zur Erzeugung echter (licht-, wasch-, chlor- und säureechter) und schöner graubrauner, rotbrauner oder schwarzer (mit Eisen-, Chrom- und Kupferbeize) Töne. Für schwarze Seide, mit Blauholz zusammen, dient Catechu gleichzeitig als Erschwerungsmittel. Die Baumwoll- und Leinenfaser wird durch das Färben mit Catechu hart und fest; b) im Kattundruck für Braun, Oliv, Grau und Schwarz; c) zum Färben von Fellen; d) zur Herstellung von Holzbeizen bzw. zur Holzfärberei; e) als Erschwerungsmittel (s. u. Seidenschwarz); f) als Gerbmittel.

Chinesische Gelbbeeren (in Körnern), Natalkörner, „Waifa" oder Hoai-hoa.

Chinesische Gelbbeeren „in Körnern", nicht zu verwechseln mit chinesischen Gelbbeeren „in Schoten", chinesische Gelbschoten von Gardenia grandiflora (Wongshy) und Gelbbeeren von Rhamnusarten (persische Beeren und Kreuzbeeren).

Chinesische Gelbbeeren sind die getrockneten, unentwickelten Blütenknospen von Sophora japonica L. (Leguminose, Unterfam. Papilionatae), eines großen, im nördlichen China heimischen Baumes.

Sie enthalten einen gelben Farbstoff Rutin oder Violaquercitrin $C_{27}H_{30}O_{16}$ (ein Rhamnoglucosid des Quercitrins), das auch in andern Pflanzen vorkommt.

Verwendung. In China benutzt man die Gelbbeeren zum Färben von mit Alaun präparierter Seide, namentlich für die gelben Mandarinengewänder. Rutin zersetzt sich nicht wie viele andre Glucoside während des Färbens im Bade. Seine färberischen Eigenschaften sind ähnlich, aber schwächer als die der Quercitronrinde (Rinde der Färbereiche, s. d.). Auf chromierter Wolle erhält man braungelbe, mit Aluminiumbeize volle goldgelbe, mit Eisenbeize trübe braune und mit Zinnbeize citronengelbe Töne.

Chinesische Gelbschoten, Wongshy, Wongsky, chinesische Gelbbeeren; chin. Whongshi, Wangihi; japan. Kutsjinas, Kuchinashi, Sansisi oder Sang-shih-see, Misuktjinasi.

Die chinesischen Gelbbeeren „in Schoten“ sind nicht zu verwechseln mit den chinesischen Gelbbeeren „in Körnern“ (s. d.) und den Gelbbeeren von Rhamnusarten (s. d.), speziell den sog. Kreuzbeeren (s. d.).

Vorkommen. Sie sind die getrockneten Früchte von Gardeniaarten (Fam. Rubiaceae, Unterfam. Cinchonoideae); ihr Kern besteht fast ganz aus einem gelben Pigment, über dessen Zusammensetzung wenig bekannt ist.

Gewinnung. Durch Extraktion wird ein amorpher roter Körper erhalten, der mit Safrancrocin (s. u. Safran) identisch sein soll.

Verwendung. Die Schoten werden in China zum Gelb- und Grünfärben der Baumwolle, auch in Mischung mit Saflor (für Grün) usw. benutzt. Sie können auch zum Färben von Scharlach benutzt werden.

Chinesischgrün, Lokao, Chinagrün, grüner Indigo; franz. Vert de chine.

Ist der einzige direkt färbende grüne Baumwollfarbstoff des Pflanzenreichs. Stammt aus der Rinde und den Zweigen verschiedener Rhamnusarten, und zwar von Rh. clorophorus (= Rh. tinctorius) und Rh. utilis (= Rh. dahuricus). Der Preis für das Kilogramm Chinagrün schwankt zwischen 200 und 400 Fr. Es weicht in Wasser auf, ohne sich vollkommen zu lösen. Säuren begünstigen die Lösung. Durch Zink- und Magnesiasalze geht die grüne Farbe in ein reines Blau über.

Das Chinesischgrün enthält das an Kalk und Tonerde gebundene Glucosid, die Lokaonsäure, und wird in den Farbstoff, die Lokansäure und in Rhamnose (Lokaose) gespalten.

Anwendung. Die Chinesen benutzen das Lokao zum Färben von Baumwolle und Seide und erzielen damit ein schönes blaustichiges Grün von großer Lichtbeständigkeit. In der reduzierten Form als Küpe aufgefärbt, erhält man ein Blau, das mit einem gelben Farbstoff zu Grün nuanciert werden kann.

Cochenille, Cochinille, Cochinella, Carmin; lat. Coccionella; engl. Ammoniacal Cochineal, Carminamide, cochineal, cochenille, carmine, cochineal, vermilion; franz. cochenille; ital. cocciniglia; span. cochineal, Zacatilla.

Vorkommen. Die Cochenille ist der Hauptvertreter der tierischen Naturfarbstoffe. Der Farbstoff befindet sich in der weiblichen Nopalschildlaus (Coccus cacti) aus der Familie der Coccidae, die in Mexiko, in Mittel- und Südamerika, West- und Ostindien usw. gezüchtet wird. Sie ist in Amerika heimisch und kam nach der Entdeckung Amerikas nach Europa; 1830 wurde auch ihre Kultur nach Spanien, Algier usw. verpflanzt.

Darstellung. Die mit heißen Wasserdämpfen oder durch Backofenhitze getöteten und getrockneten Leiber kommen in Form von 1—3 mm langen, ovalen, dunkelbraunroten Körperchen in den Handel. Je nachdem, ob bei der Behandlung der ihnen ursprünglich anhaftende weiße Wachsüberzug erhalten blieb oder aber durch Schmelzen entzogen wurde, unterscheidet man zwischen einer weißen oder silbergrauen Cochenille, auch Silbercochenille genannt, und einer schwarzen Cochenille, die zur Zeit am meisten verwendet wird und das feinere Produkt darstellt. Für 1 kg Cochenille benötigt man etwa 150000 Tierchen.

Handelssorten. Der Farbstoff selbst kommt entweder in Form der getrockneten Laus selbst oder des Extrakts in verschiedenen Sorten in den Handel, besonders als Cochenille ammoniacale (präparierte oder ammoniakalische Cochenille, entstanden durch Einwirkung von Ammoniak auf Cochenille). Das färbende Prinzip der Cochenille beträgt etwa 10—14 % der getrockneten Laus und heißt Carminsäure (Carmin); es ist nach DIMROTH ein Abkömmling des Anthrachinons. Der Farbstoff wurde früher außerordentlich geschätzt und war für das Färben scharlachroter Tuche von der allergrößten Bedeutung.

Anwendung. Cochenille ist ein typischer Beizenfarbstoff. Ausgezeichnet durch seine besondre Schönheit und Lichtechtheit ist der scharlachrote, feurige Zinnlack des Cochenillefarbstoffs, der für die Herstellung des roten Infanteriebesatztuchs verwendet wurde; mit Tonerdebeize wird ein bläulichroter Ton (Amarant) erhalten. Das eigenartig schöne Gelbrot bei der Aufsicht und Bläulichrot bei der Übersicht, das den Cochenillefärbungen auf Schafwolle („Cochenillescharlach") eigen ist, konnte bis jetzt durch keinen künstlichen Farbstoff erreicht werden. Cochenillescharlach ist zwar walkecht, schlägt aber bei Gegenwart alkalischer Mittel etwas ins Bläuliche um; die Farbe ist daher auch gegen Straßenschmutz etwas empfindlich. Auch Rosafärbungen können hergestellt werden. Da der Eisenlack der Cochenille schwärzlich grau ist, müssen beim Färben eiserne Gefäße, eisenhaltiges Wasser usw. vermieden werden.

Die Carminlacke (Venezianer-, Wienerlack), Verbindungen der Carminsäure mit Tonerde oder Zinkoxyd, werden durch Versetzen der Alaunauszüge der Cochenille mit weiterem Alaun oder mit Zinnsalz und Fällen mit Soda bereitet und dienen als Wasser- und Ölfarbe im Tapetendruck und in der Stein- und Buchdruckerei. (Andre Handelsbezeichnungen sind: Carmesinlack, Carmoisinlack, Florentiner-, Münchner-, Pariser-, Kugellack; Nacarat ist reiner Cochenillelack.)

Der hohe Preis, der in den letzten Jahren noch beträchtlich gestiegen ist, hat den Rückgang des Cochenilleverbrauchs für manche Verwendungszwecke zur Folge gehabt.

Aus einer Cochenilleabkochung erhält man durch Fällen mit Säure oder einem sauren Salz einen roten Farbstoff, Carmin (Cochenillecarmin), welches als zartes Pulver oder in Form feurigroter, spezifisch leichter Stücke in den Handel gelangt und seines hohen Preises wegen vielfach mit Tonerde, Schwerspat und Teerfarbstoffen verfälscht wird.

In Kuchenform gepreßte Cochenille heißt Kuchencochenille. Der beim Umpacken abfallende Staub, der auch Handelsartikel ist, heißt Cochenillestaub. Ebenso wie Carmin wird auch Cochenille des hohen Preises wegen häufig mit Schwerspat, Bleiweiß, Kalk, mit schon ihres Farbstoffs beraubter Cochenille usw. verfälscht.

Curcuma; lat. terra merita, rhizoma curcumae; engl. curcuma, turmeric, turmeric-yellow, indian saffron; franz. curcuma, Safran d'Inde, Souchet; ital. curcuma.

Beinamen: Gelbwurzel, Gelbwurz, Turmeric, gelber Ingwer.

Ist der von den Wurzeln befreite, abgebrühte und getrocknete Wurzelstock (Rhizoma Curcumae) bzw. die gepulverte Wurzelknolle von Curcuma longa L. (Amomum Curcuma), einer aus Südasien stammenden, dort sowie in andern Tropenländern wildwachsenden, aber auch angebauten Zingiberacee. Der wirksame Farbstoff heißt Curcumin und ist Di-Guajacylacryl-methan, der Baumwolle und Seide in lebhaften gelben Tönen mäßig echt substantiv anfärbt.

Das Handelsprodukt ist meist ein feines, trocknes, bräunlichgelbes Pulver.

In Alkalien löst sich Curcumin mit lebhaft rotbrauner Farbe und wird durch Säuren wieder gelb ausgefällt (Reagenspapier für Alkalien, Indikator). Borsäure erzeugt auf mit Curcumin getränktem Papier eine nach dem Trocknen hervortretende orangerote Färbung; sie verschwindet nicht durch Säurezusatz, durch Alkalien aber wird sie zuerst blau, dann schmutziggrau.

Anwendung. Curcuma ist der einzige gelbe natürliche Farbstoff, der Baumwolle direkt, d. h. substantiv lebhaft gelb anfärbt. Trotz seiner geringen Beständigkeit gegen Licht, Seifen und Alkalien wird er in der Baumwollfärberei noch gebraucht, besonders zum Nuancieren roter Farbstoffe, wie z. B. des Safranins. Halbstündiges Behandeln des Stoffs mit einer 60° warmen Curcumaabkochung genügt zur Ausfärbung. Auch in der Seidenfärberei wird Curcuma noch zur Erzielung heller Cremetöne gebraucht, besonders in China. Curcuma wird ferner noch zum Färben von Holz, Papier, Leder usw. sowie von Lebensmitteln benutzt. Es zieht auch auf Beizen, und zwar gibt es auf Chrombeize braune, auf Tonerde orangegelbe, auf Eisen braunschwarze und auf Zinn orangerote Töne.

Geographische Herkunft (Handelssorten). Gelbwurzel: 1. chinesische, 2. ostindische (Bengal-, Madras-, Cochin-, Malabar-), 3. javanische und 4. westindische.

Färberginster, Ginster; engl. Broom, Dyer's broom, Dyer's greenweed; Genet, Genestrole, Trentanel.

Vorkommen. In den Blüten und Blättern des Färberginsters (Genista tinctoria L. (Leguminose), einer krautigen, in Europa heimischen Pflanze, kommt neben dem Luteolin, dem färbenden Prinzip des Wau (s. d.), das Genistein $C_{14}H_{10}O_5$ vor. Genistein ist ein schwacher Farbstoff, der auf Wolle mit Chrombeize ein helles Grüngelb, mit Aluminiumbeize ein sehr helles Gelb und auf Eisenbeize ein Schokoladebraun gibt. Bevor Quercitron und Gelbholz in die Färbereien eingeführt worden war, wurde häufig mit Färberginster gelb gefärbt. Heute wird er nur noch örtlich benutzt.

Färberische Eigenschaften. Erinnert sehr an Wau, dessen Färbekraft stärker ist. Der einzige bemerkenswerte Unterschied ist die Färbung auf Eisenbeize, die mit Ginster stumpfer und gelblichgrauer ausfällt.

Fisetholz, Fisettholz, **junger Fustik,** Fustel, ungarisches Gelbholz, Viset; Cotinin (Extrakt); engl. fustic, young fustic; franz. bois jaun de Hongrie, du Tirol; ital. il fustello.

Ist das Kernholz (Lignum Rhois Cotini) des in Südeuropa, im Mittelmeergebiet, im Orient und in China einheimischen Gerber- oder Perückenstrauchs, Färbersumachs oder Gerberbaums Rhus Cotinus L. = Cotinus Coggyria, C. Coccygea (Anacardiacee) und kommt in dünnen bis armdicken (selten stärkeren) und bis nahezu meterlangen knorrigen Knüppeln in den Handel, die im Innern schön grünlichgelb gefärbt sind. Die beste Sorte liefern die ionischen Inseln und Morea. Der Strauch wächst in Südeuropa und auf Jamaika wild und wird z. T. auch angebaut; in Mitteleuropa findet man ihn oft als Zierstrauch in Gärten und Anlagen. Alkalien färben das Holz blutrot.

Kocht man das Holz mit sehr verdünnter Sodalösung aus und dampft die Flüssigkeit bis zu einem spez. Gew. 1,04 ein, so scheidet sie in reichlicher Menge Farbstoff ab, der in trocknem Zustande als fester Extrakt: Cotinin in den Handel kommt. Die Farbkraft dieses Produkts ist ungefähr 60mal so groß wie die des Holzes. Ein flüssiger Extrakt wird in gleicher Weise wie Gelbholzextrakt (s. d.) in einer Ausbeute von 18—20 % erhalten.

Im Fisetholz liegt die färbende Substanz in Form einer Glucosidgerbsäure (Fustin-Tannid) vor. Fustin ist ein Glucosid des Fisetins ($C_{15}H_{10}O_6$, 3, 3′, 4′-Trioxyflavonol) und wird am besten aus dem festen Extrakt (Cotinin) gewonnen.

Verwendung. Fisetholz und -extrakt wurde früher in den Seidenfärbereien zur Erzeugung brauner Farben angewandt; es wird jetzt nur noch in ganz beschränktem Maße in der Wollfärberei für Orange oder Scharlach benutzt. Die damit erzielten Färbungen sind zwar ziemlich walk- und seifenecht, aber außerordentlich lichtunecht. Wolle, mit Kaliumbichromat kräftig gebeizt, wird mit Fisetholz in getrenntem Bade rötlichbraun gefärbt, röter als mit einem andern natürlichen gelben Farbstoffe, mit Ausnahme der Gelbbeeren. Auf Tonerdebeize wird eine gelbliche Lederfarbe erzeugt. Eisenbeize gibt Olivschwarz und Zinnchlorürbeize schönes Orangerot. Auch zum Färben von Leder gebraucht. Eine Bisulfitverbindung, aus Fisetholz gewonnen, gibt grünstichigere und reinere Farbtöne.

Gelbbeeren, persische Beeren, Avignonkörner (s. a. Kreuzbeeren); lat. Fructus Rhamni; engl. Persian berries (crushed or extract), Avignon berries, Yellow berries, French berries; franz. Rhamnine, Rhamnétine, Graines jaunes, Graines de Perse, Graines d'Avignon.

Die Gelbbeeren stellen die getrockneten unreifen Früchte verschiedener Arten der Gattung Rhamnus (griech. ῥάμνος, bei Plinius „weißer Dornstrauch“) dar, die hauptsächlich in der nördlich gemäßigten Zone, im Mittelmeergebiet und in Vorderasien verbreitet ist und in zwei Untergattungen, Eurhamnus und Frangula, geschieden wird.

Vorkommen. Die im europäischen Handel auftretenden Gelbbeeren werden von verschiedenen Rhamnusarten geliefert (s. w. u.).

Handelssorten. Die im Handel vorkommenden Sorten sind teils aus den Früchten einer oder mehrerer Arten zusammengesetzt: 1. Avignonkörner oder französische Gelbbeeren, hauptsächlich aus den Früchten von Rh. infectorius L. 2. Persische Gelbbeeren von Rh. oleoides. 3. Ungarische Gelbbeeren, ein Gemisch von Früchten von Rh. catharticus L. und Rh. saxatilis L. 4. Levantinische und türkische Gelbbeeren von Rh. infectorius L. und Rh. saxatilis L. Hierher gehören auch die syrischen Gelbbeeren aus dem Hinterlande von Alexandrette. Die Ausfuhr betrug 1910/11: 428255 kg im Werte von etwa 400000 Fr. 5. Griechische Gelbbeeren von Rh. graecus. 6. Deutsche Gelbbeeren von Rh. catharticus L., Kreuzbeeren (s. d.). 7. Spanische Gelbbeeren von Rh. saxatilis L. und Rh. infectorius L. 8. Italienische Gelbbeeren von Rh. infectorius L.

Die besten Beeren kommen aus der asiatischen Türkei und aus Persien; sie stammen von Rh. saxatilis, amygdalinus und oleoides.

Die Beeren werden gesammelt, bevor sie ganz ausgereift sind, und gut getrocknet. Sie führen Ursprungsnamen, meistens nach den Sammelplätzen benannt, z. B. Aintab, Angora, Egin, Kaissarie, Marasch, Nigda, Sileb, Sileh, Siwas, Tokat, Tschorum, Yusgat u. a.

Beurteilung. Da die Probeausfärbungen nicht immer maßgebend sind, werden die Gelbbeeren nach einem Typmuster, das nach dem Aussehen beurteilt wird, gekauft.

Als *Verfälschung* enthalten sie manchmal 8—10% Sand und kleine Steine. Gute und schlechte Beeren geben ungefähr gleichviel Extrakt. Der Unterschied besteht hauptsächlich in der Reinheit der Färbungen. Der größte Teil der Kreuzbeeren wird heute zu Extrakt verarbeitet, und nur kleine Quantitäten werden noch in den Färbereien und Druckereien als gemahlene Beeren verwendet.

In den Gelbbeeren (sowie auch in andern Teilen der Rhamnusarten) sind die Glucoside von drei Farbstoffen enthalten: Rhamnetin, Rhamnacin und Quercetin.

Rhamnetin $C_{16}H_{12}O_7$ ist der Monomethyläther des Quercetins.

Rhamnacin $C_{17}H_{14}O_7$ ist der 3, 3,-Dimethyläther des Quercetins.

Quercetin ist Pentaoxyflavon, s. a. Quercitron (von Quercus tinctoria).

Das Färbevermögen des Rhamnacins ist bedeutend geringer als das des Quercetins und Rhamnetins. Auf gebeizter Wolle erhält man folgende Färbungen:

	Chrombeize:	Aluminiumbeize:	Eisenbeize:	Zinnbeize:
Quercetin . . .	rotbraun	braungelbes Orange	grünschwarz	glänzendes Orange
Rhamnetin . .	rotbraun	braunorange	olivschwarz	schönes Orange
Rhamnacin . .	goldgelb	orangegelb	olivbraun	olivbraun

In der Wollfärberei werden die Gelbbeeren wegen ihres Preises wenig benutzt, außerdem haben sie keinen besondern Vorzug vor der Quercitronrinde und dem Gelbholz. In der Regel geben sie rötere Färbungen als Quercitronrinde. Sie werden noch in beträchtlicher Menge im Baumwolldruck zur Erzeugung gelber, oranger und grüner Töne verwendet.

Gelbbeerenextrakte werden in großem Maßstabe durch Extraktion mit kochendem Wasser und Verdunsten des Lösungsmittels unter vermindertem Druck erzeugt.

Gelbholz, gelbes Brasilienholz, Cubaholz, echtes Gelbholz, echter Fustik, alter Fustik; engl. Fustic (chips or extract), old Fustic, yellow wood; franz. bois jaune, murier des teinturiers. Beinamen: Brasilienholz, Cubaholz, holländisches Gelbholz, gelbes Brasilholz, Futeiba, Fustete; engl. Fustic, Yellow Brazil Wood, Cuba Wood.

Ist das Kernholz des Stammes vom Färbermaulbeerbaum Chlorophora tinctoria L., Maclura tinctoria, Morus tinctoria L., Broussonetia tinctoria, zur Familie der Moraceen (Unterfamilie Moroideen) gehörig, eines im tropischen Amerika und in Ostindien verbreiteten Baumes.

Das Holz ist hart, fest, von hellgelber Farbe und kommt in Blöcken von 10—80 kg, in verschiedenen und nach ihrer Herkunft bezeichneten Sorten, wie z. B. Cuba, Domingo, Tampico u. a., auf den Markt. Die Bezeichnung, die als Ausdruck der Qualität des Holzes gilt, ist jeweils das Land und der Verschiffungshafen. Die besten Qualitäten kommen aus Zentralamerika und Westindien.

Handelsmarken. Cuba-Gelbholz, von Cuba, äußerlich braun, innen gelb, enthält Risse; wird wenig mehr gebraucht. Nicaragua ist die beste Sorte. Mexiko, Domingo, Costa Rica, Salvator, Columbia, Panama, Venezuela und Jamaica sind dem von Cuba und Nicaragua an Wert fast gleich. Brasilien-Gelbholz ist die geringste Qualität; es ist hellgelb und meist von Würmern zerfressen.

Gelbholz enthält neben dem nicht färbenden Maclurin (früher Moringerbsäure genannt) als Hauptbestandteil den gelben Farbstoff Morin.

Morin $C_{15}H_{10}H_7$ (1, 3, 2′, 4′-Tetraoxyflavonol), isomer mit dem Quercetin (s. Quercitron), in Alkalien mit tiefgelber Farbe löslich; Säure fällt es wieder aus. Es ist ein typischer Beizenfarbstoff. Der Tonerdelack ist stumpfgelb, der Zinnlack kräftiggelb, Chrom färbt olivgelb, Eisen tief olivbraun.

Geigy erzeugt seit 1888 durch Behandlung von Gelbholzextrakt mit Natriumbisulfit usw. technisch und chemisch reines Natriumcalciumsalz das er als Cubateig, später Kalikogelb, in den Handel brachte (Kattundruck).

Maclurin, Moringerbsäure $C_{13}H_{10}O_6$ (1, 3, 5, 3′, 4′-Pentaoxybenzophenon) findet sich in der Flüssigkeit, die zum Auslaugen des rohen Morins oder des Gelbholzextrakts gedient hat, und ist im Wasser gut löslich. Chrom-, Eisen- und Kupfersalzen gegenüber verhält es sich wie ein Gerbstoff, gerbt aber tierische Häute nicht.

Das Holz wird ausschließlich zur Extraktfabrikation verbraucht. Man extrahiert das geraspelte Holz (Hirnschnitt) ähnlich wie Blauholz (s. d.). Es liefert schwächere Brühen als letzteres, was mit seinem geringen Farbstoffgehalt zusammenhängt. Unoxydierte Extrakte sind meistens hellgelb, oxydierte braungelb und fein auskrystallisiert oder auch rötlichgelb, je nach Behandlung. Die Gelbholzextrakte kommen flüssig in den Handel in einer Konzentration von 20—30° Bé oder fest in Kuchen mit etwa 15—17% Wassergehalt oder granuliert mit 4—5% Wassergehalt. Verschnitt wie bei Blauholz (s. d.)

Wertbestimmung der Gelbhölzer und -extrakte. Zur Wertbestimmung färbt man auf mit Chromoxyd gebeizter Wolle oder auf mit Tonerde gebeizter Baumwolle gegen genau bekannte Typen aus.

Anwendung Hauptverwendung in der Wollfärberei, besonders zum Nunancieren und als Untergrund für Schwarz. Auf chromierter Wolle erhält man helles bis dunkles Olivgelb. Auf Tonerde gibt Gelbholz verschiedene Gelb. Die lebhaftesten und echtesten Töne werden auf Zinnbeize erzielt. Kupfersulfat als Beize gibt ein Oliv, Ferrosulfat ein dunkles Oliv. Die Gelbholzfarben sind nicht sehr lichtbeständig, dagegen widerstehen sie sehr gut dem Walken mit Seife und schwachen Alkalien. Sie werden auch noch für Blauholzschwarz gebraucht. In der Seidenfärberei dienen sie zum Nuancieren (sog. „Gilbe"). Auf gebeizter Baumwolle und im Kattundruck erhält man sattgelbe, braune oder olivgrüne Töne. Schließlich dient es noch zur Herstellung von „Khakifarben" in Wollen- und Baumwollgeweben.

Statistisches. In Hamburg wurden 1912 etwa 1190 to Gelbholz im Werte von etwa 130000 M. importiert, ferner etwa 140 to fester Extrakt; in Havre 6550 to Holz, in Liverpool 3460 to Holz, in den Vereinigten Staaten etwa 3100 to Holz im Werte von 45800 Dollar. Etwa $^5/_6$ des Gelbholzes dürften aus Zentralamerika, $^1/_6$ aus Westindien stammen.

Indigo oder Indigotin bzw. Indigblau; griech. Ἴνδικον; lat. indicum (weil aus Indien stammend), pigmentum indicum, color indicus; engl. Indian, Indigo (Natural), natural Indigo; franz. Indigo; ital. indaco; span. anil, indigo.

Literatur: Georgievics, G.: Der Indigo. Leipzig und Wien 1892. — Jenke, Fr.: Die volkswirtschaftliche Bedeutung des künstlichen Indigo. Ergänzungsheft der volkswirtschaftlichen Abhandlungen der Badischen Hochschulen **10**, 2 (1909). — Bad. Anilin- u. Sodafabrik, Ludwigshafen a. Rh., Indigorein BASF.

Unter den Pflanzenfarbstoffen nimmt der Indigo die erste Stelle ein. Seit Jahrtausenden in Indien bekannt, bereitet und zum Färben verwandt, hat sich der Naturindigo trotz der hochentwickelten Teerfarbstoffindustrie bis auf den heutigen Tag auf dem Weltmarkte behauptet und genießt noch immer wegen seiner Schönheit und Echtheit als „König der Farbstoffe" unter den blauen Farbstoffen einen ausgezeichneten Ruf.

In der lebenden Pflanze findet sich das Glucosid Indican, das durch eine Fermentwirkung (Gärung) oder durch verdünnte Mineralsäuren in Indoxyl und Glucose gespalten wird:

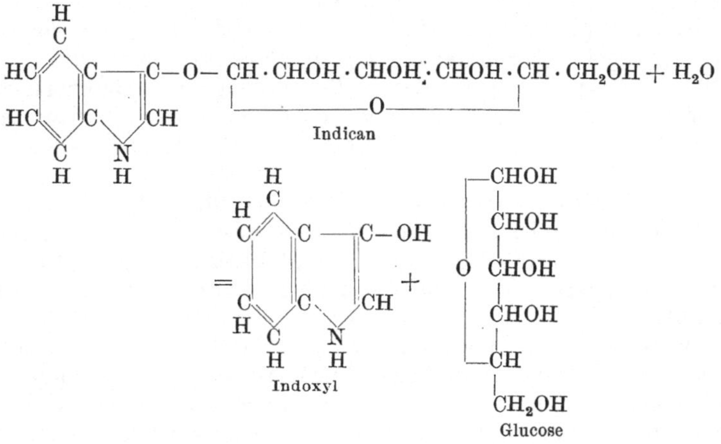

H
C
HC C—C—O— CH·CHOH·CHOH·CHOH·CH·CH₂OH + H₂O
HC C CH |———O———|
C N
H H

Indican

= Indoxyl (H C, H C, C—OH, C, C, CH, H C N H H) + Glucose (CHOH, CHOH, O CHOH, CHOH, CH, CH₂OH)

Indoxyl

Glucose

Das Indoxyl nimmt in alkalischer Lösung Luftsauerstoff auf und verwandelt sich dabei in Indigoblau oder Indigo $C_{16}H_{10}O_2N_2$.

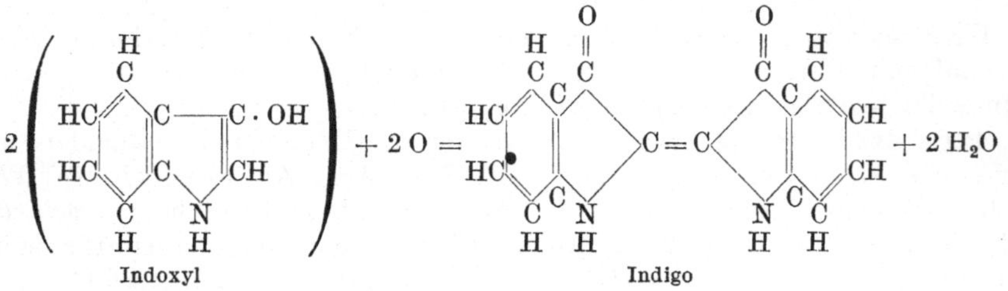

$$2\,(\text{Indoxyl}) + 2\,O = \text{Indigo} + 2\,H_2O$$

Indoxyl

Indigo

Indigo wird an vielen Orten der Erde erzeugt. Für den Weltmarkt kommen jedoch nur drei Arten in Betracht: der Bengal-, Java- und Guatemalaindigo.

Vorkommen. Das Glucosid Indican $C_{14}H_{17}O_6N$ ist im Pflanzenreich nicht sehr verbreitet. Die wichtigsten Indigo liefernden Pflanzen sind: 1. Polygonaceen: Polygonum tinctorium, Färberknöterich; alte ostasiatische Kulturpflanze, 4—5% Indigo liefernd. 2. Cruciferen: Isatis tinctoria L., Waid, Färberweid (s. d.). 3. Papilionaceen (Unterfamilie der Familie der Leguminosen): Indigofera. Unter den Indigopflanzen nimmt diese Gattung zweifelsohne den ersten Rang ein. Sie umfaßt 300 in den Tropen verbreitete Arten, von denen zum Zwecke der Indigogewinnung folgende hauptsächlich verwandt werden: Indigofera tinctoria L., Indigopflanze, gemeiner oder Färberindigo, auf Java, den Molukken, in Indien und Amerika angebaut; ferner noch in Ägypten, China, Senegal kultiviert. I. anil L., Amerika, besonders Südamerika, Japan und Philippinen; I. sumatrana, auf Ceylon vorkommend. Das Indican befindet sich vorzugsweise in den Laubblättern, zumal in den jungen, sich noch entfaltenden. Die Wurzel enthält wenig oder gar kein Indican, Samen und Frucht sind frei davon.

Gewinnung des Indigos. Die geernteten etwa $^1/_2$—1 m langen belaubten Zweige werden in große auszementierte, rechteckige Steinbassins schief aufrecht dicht übereinander geschichtet, die oberste Lage mit Bambusrohren bedeckt und senkrecht dazu mit schweren Druckbalken belegt. Darauf läßt man Wasser in die Bassins einlaufen, bis die ganze Blattmasse unter Wasser taucht. Die Bassins liegen im Freien und sind bloß durch ein Dach gegen Regen und Sonne geschützt. Beim Kaltwasserbetrieb vollzieht sich der Indicanaustritt nach 6—9 Std. Nach ca. 10 Std. wird das Wasser abgelassen, wobei sich schon nach wenigen Minuten ein blauer Schlamm bildet. Durch Klopfer wird die Flüssigkeit lebhaft mit Luftsauerstoff in Berührung gebracht und hierdurch das gesamte Indoxyl in etwa 2 Std. in Indigo übergeführt. Der in den Klopfbassins abgesetzte Rohindigo, die „Rohpappe“, wird auf Filtern zum Abtropfen gebracht, mit Wasser ausgelaugt oder gekocht und nunmehr noch einer gründlichen chemischen Reinigung unterworfen, das gereinigte Produkt in Form kleiner Ziegel gepreßt und schließlich in künstlich erwärmten Kammern getrocknet. Warmwasserbetrieb. Man verwendet Wasser von über 50°, wodurch das ganze Verfahren wesentlich beschleunigt wird. Schon nach einer Viertelstunde beginnt der Auslaugungsprozeß, der in 3—4 Std. im wesentlichen beendet ist. Die Spaltung bei der eben geschilderten Indigogewinnung wird nicht durch Bakterien, sondern durch ein in den Zellen vorhandenes Ferment bewirkt. In manchen Gegenden wird der Indigo auch aus getrockneten Blättern gewonnen. 100 kg getrocknete Pflanzen liefern im Mittel etwa $1^1/_2$—2 kg Indigo.

Handelsform. Die beßren Indigosorten kommen zumeist in ziegel- oder würfelförmigen Stücken (etwa 6 cm lang) oder in mehr oder minder großen Bruchstücken in den Handel. An der Oberfläche tragen sie häufig eine mit Stempel eingeprägte Marke, die angibt, aus welcher Faktorei und aus welcher Gegend die Indigosorte stammt. Alle Würfel und Ziegel haben an ihrer Oberfläche einen grauen Anflug, und die aus Indien stammenden lassen außerdem auf einer oder mehreren Flächen einen netzartigen Eindruck der Leinwand erkennen, auf der sie beim Trocknen lagen.

Die Handelsware besteht nicht bloß aus Indigoblau, sondern noch aus verschiedenen Beimengungen, die die Qualität des Indigos mitbestimmen. Indigblau kommt in wechselnden Mengen vor; die besten Sorten enthalten davon 70—90%, geringere Sorten 40—50% und die geringsten oft nur etwa 20%. Neben Indigblau treten auf: Indigrot oder Indirubin, Indigbraun, Indigoleim und Aschesubstanzen. Wurde der Indigo bei seiner Bereitung nicht gekocht, so enthält er noch einen gelben Extraktivstoff, der, in größerer Menge vorhanden, dem Indigo einen grünen Stich verleiht. Je nach dem Aussehen werden die verschiedenen Sorten als Superfeinblau, Feinblau, Blauviolett, Purpurviolett usw. bezeichnet.

Eigenschaften des Indigotins. Das Indigotin stellt einen einheitlichen Körper von charakteristischen Eigenschaften dar. Es krystallisiert leicht, bildet prachtvolle blauschwarze Nadeln und Prismen von starkem Kupferglanz und ist in den gewöhnlichen Lösungsmitteln unlöslich, dagegen löslich in siedendem Anilin, Nitrobenzol, Phenol, Eisessig u. a. Bei höherer Temperatur ist das Indigotin flüchtig und sublimierbar und liefert einen rotvioletten Dampf, der sich beim Abkühlen zu blauschwarzen Krystallen verdichtet. Fein gemahlen liefert es ein tiefblaues, zartes Pulver. Durch Reduktion in alkalischer Flüssigkeit entsteht (Zwischenstufe: rotes Dihydroindigotin) das farblose Indigweiß oder der Leukindigo von der Formel $C_{16}H_{12}N_2O_2$, das phenolartigen Charakter hat und demgemäß alkalilöslich ist. Solche Lösungen nennt man Küpen. Durch Oxydation des Indigweiß (schon durch den Luftsauerstoff) scheidet sich wieder

Indigoblau unlöslich ab. Durch weitere kräftige Oxydation des Indigotins wird der Isatin gebildet:

$$C_6H_4\left\langle\begin{array}{c}CO\\ \\ N\\ H\end{array}\right\rangle CO \quad \text{bzw.} \quad C_6H_4\left\langle\begin{array}{c}CO\\ \\ N\end{array}\right\rangle COH$$

Konzentrierte oder rauchende Schwefelsäure verwandelt das Indigotin in verschiedene Indigosulfosäuren (Indigocarmin), die sich wie die sauren Farbstoffe auf Wolle und Seide färben lassen.

Die *Wertbestimmung* und Beurteilung geschieht bei dem Naturindigo nach dem äußeren Aussehen, dem Bruch, der Probefärbung und dem Indigotingehalt. Außer den schon obenerwähnten natürlichen Bestandteilen enthält das Handelsprodukt häufig Substanzen, die ihm zum Zwecke der Verfälschung zugesetzt werden, so geschlämmten Ton, Erde, Asche, Schiefermehl, Gummi und Stärkemehl. Herkunft und Wert wird vom Indigohändler und Färber meist nach physikalischen Merkmalen beurteilt, was nur durch langjährige Erfahrung gelernt werden kann und selbst dann oft zu falschen Schlüssen führt. Guter Indigo soll sehr dicht und spezifisch leicht, nicht hart und körnig sein. Die Farbe soll schön blau oder rötlichblau, an der Bruchfläche feuriger als außen sein. Je lebhafter und ins Gelbe spielend der Kupferglanz beim Reiben ist, für um so besser wird die Qualität erachtet. Der Aschengehalt ist zwar sehr schwankend, doch legt ein Gehalt von mehr als 10 % eine Fälschung mit Mineralstoffen nahe. Beim Anrühren mit Wasser soll fein gepulverter Indigo auf der Flüssigkeit schwimmen, ohne einen erdigen oder sandigen Bodensatz zu geben. Ist die Flüssigkeit schleimig, so kann Verfälschung mit Gummi oder Dextrin vorliegen. Stärke wird durch die Jodreaktion nachgewiesen.

Verwendung. Im allergrößten Umfange in der „Küpen-“ oder „Blaufärberei“ der Baumwolle und Wolle (s. u. Färberei).

Statistisches. Die Einfuhr von Naturindigo in das deutsche Zollgebiet betrug von 1883—1896 im Mittel jährlich 19—20 Mill. M., 1897 (Einführungsjahr des synthetischen Indigos) 12,7, 1898 8,3, 1912 0,5 Mill. M. Der Weltkrieg, der die Einfuhr synthetischen Indigos aus Deutschland unterbunden hat, bewirkte eine Wiederbelebung der Indigokultur, nachdem sie 1914—1915 einen Tiefstand erreicht hatte. Die Indigoernte Britisch-Indiens betrug 1923/24 auf 176676 acres (1 acre = 0,4 ha) 36200 cwts. (1 cwt. = 50,8 kg). Die Indigoausfuhr aus Britisch-Indien betrug 1924/25 3308 cwts. im Werte von 1092000 Rupien (1 Rupie = 1,36 RM.). 1914 war die Anbaufläche in Indien noch 300000 acres.

Die Bemühungen der Engländer, die Verdrängung des natürlichen Indigos aufzuhalten, insbesondre durch rationelle Vervollkommnung der Bodenkultur, durch Verbeßrung der Herstellungs- und Reinigungsverfahren, sind ohne Erfolg geblieben. Jetzt wird an Stelle des Indigos Weizen, Tabak und Ramie gepflanzt, für das Land zweifellos von größerem Vorteil.

Zur Zeit der Einführung des künstlichen Indigos kostete raffinierter Naturindigo (98—100proz.) 18—20 M. das Kilogramm. Der Preis sank dann in den ersten Jahren der Einführung des Kunstprodukts auf etwa die Hälfte. Schon 1897 kostete der 100proz. synthetische Indigo nur noch 16 M. In den folgenden Jahren trat dann infolge der Konkurrenz der beiden Hauptfabrikanten BASF und MLB ein starker Rückgang des Preises ein, der 1904 mit 7 M. für 100proz. Ware seinen Tiefstand erreichte. Dann wurde von den beiden Farbenfabriken die sog. Indigokonvention geschlossen, die den Preis mit etwa 8 M., also etwas niedriger als den Naturindigo, festlegte.

Indischgelb, in Indien Monghyr piuri, Piuri; lat. Purrea arabica; engl. Indian Yellow; franz. Jaune indien, Purrée, Pioury; ital. Giallo indiano; span. Amarillo indio.

Vorkommen: Ist ein Produkt des tierischen Stoffwechsels; wird in Bengalen aus dem Harn von Kühen gewonnen, die fast ausschließlich mit den Blättern des Mangobaumes (Mangifera indica L.) gefüttert werden.

Farbstoff. Der Farbstoff des Indischgelbs ist das Magnesium- und Calciumsalz der Euxanthinsäure, einer gepaarten Glucuronsäure. Sie spaltet sich in Euxanthon (2,8-Dioxy-Xanthon) und Glucuronsäure und färbt Chrombeize mit ockergelber Nuance.

Handelsprodukte. Piuri mit ca. 51 % Euxanthinsäure. Indischgelb kommt in faustgroßen, außen braunen oder schmutzigdunkelgrünen, im Innern gelben Kugeln in den Handel.

Verfälscht wird Indischgelb mit Chromgelb und Lacken gelber Teerfarbstoffe.

Kamala.

Kamala ist eine in ganz Ostindien sowie in Südchina zum Färben von Seide benutzte, schon im Altertum bekannte Droge (glandulae Rottlerae), die in Indien einen wichtigen Handelsartikel bildet. Sie stammt von der Euphorbiacee Rottlera tinctoria Roxb. oder Mallotus philippensis (Lam.) aus der Familie der Rotaceen. Die Droge wird aus den sternförmigen Haaren und Drüsen der bohnengroßen Frucht und der Unterseite der Blätter gewonnen und ist selbst in kochendem Wasser fast unlöslich.

Das färbende Prinzip der Kamala ist Rottlerin (Mallotoxin, Kamalin), $C_{33}H_{30}O_9$, wahrscheinlich ein Phloroglucinderivat.

Als Farbstoff wird Kamala nur zum Färben von Seide gebraucht, die sich damit ohne Anwendung von Beizen schön und dauerhaft feurig orange färbt, und zwar in einem mittels Soda bereiteten Auszuge. Eisengebeizte Baumwolle wird braunschwarz, tonerdegebeizte blaßorangerot und Baumwolle mit Eisen-Tonerde-Mischbeize braunorange angefärbt.

Kermes.

Auch Alkermes, fälschlich Kermesbeeren oder Scharlachkörner, graines de Kermes, vermillon végétal genannt, entstammt gleich der Cochenille (s. d.) einer weiblichen Schildlaus (Coccus ilicis), die hauptsächlich auf der Steineiche (Ilex) und der Kermeseiche (Quercus coccifera) lebt; sie kommt als braunrote, erbsengroße Körner aus Spanien, Marokko, Algier usw. in den Handel und enthält einen roten, dem Carmin (s. d.) verwandten Farbstoff, dessen scharlachroter Zinnlack in der Türkei zum Färben der Kopfbedeckungen (Fez) benutzt wurde. Durch die Cochenille verdrängt. Der Farbstoffgehalt der Droge übersteigt kaum 1 %. Der wichtigste Bestandteil ist die Kermessäure, ein Abkömmling des Anthrachinons (s. Carmin- und Laccainsäure).

Verwendung. Reine Kermessäure färbt Wolle aus saurem Bad orange, auf Zinnbeize scharlachrot, auf Tonerdebeize prächtig bordeaux. Heutzutage wird der Farbstoff kaum noch verwendet.

Kino, Kinogummi; engl. Kino.

Sekret (Saft) von Pterocarpus Marsupium (Papilionacee). Durch Einschnitte in die Rinde des Baumes gewonnen, erstarrt der verdickte Saft bald an der Luft und bildet dann kleine, glänzende, braunrote bis schwärzliche Stücke, die hart und spröde und an den Kanten durchscheinend sind. Den Hauptbestandteil des Kino bildet das Kinorot.

Verwendung. Kino findet in der Färberei und Druckerei dieselbe, nur weit geringere Verwendung als Catechu (s. d.).

Krapp, Röte, Färberröte; engl. Commercial Alizarin, Flowers of Madder, Spent Garancine, Pincoffin, madder; franz. garance, Garancine, Garanceux, Charbon sulphurique; ital. robbia.

Eines der ältesten und bis in die neueste Zeit zur Erzielung von „Türkischrot" verwendeten Färbemittel ist die gemahlene Wurzel von Rubia tinctorum L. und verwandter Arten der Gattung Rubia (Rubiacee). In diesen Rubiaceen findet sich eine Anzahl von Abkömmlingen des Anthrachinons. Die hauptsächlichsten Farbstoffe der Krappwurzel sind in Form von Glucosiden vorhanden, die mehr oder weniger leicht gespalten werden. Der wichtigste Farbstoff des Krapps ist das Alizarin.

Geschichtliches. Ägypter, Perser und Inder kannten schon den Krapp. Die Griechen nannten die Pflanze Erythrodanon, die Römer Rubia, später Variantia, woraus dann „Garance" entstammt. Aus dem Orient kam die ungemahlene Wurzel als „Lizari" oder „Alizari" nach Italien. Im 7. Jahrhundert waren gemahlener Krapp und damit gefärbte Zeuge in St. Denis bei Paris im Handel. Karl der Große förderte den Anbau der Färberröte. Die Kreuzzüge begünstigten die Verbreitung in Italien und Frankreich; die Araber bauten ihn in Spanien an. Im 16. Jahrhundert kam die Pflanze nach Holland, um 1500 nach Schlesien. 1790 wurden allein aus dem Elsaß ungefähr 50000 Ztr. ausgeführt. Während der Republik und des ersten Kaiserreichs trat ein vorübergehender Niedergang in Frankreich ein, dem von 1815 ab ein neuer Aufschwung folgte, vor allem, als seit Louis Philippe die Militärhosen mit Krapp gefärbt wurden. Im vorigen Jahrhundert zählte der Krapp zu den wichtigsten Kulturpflanzen der gemäßigten Zonen und wurde außer in Frankreich auch sonst vielfach angebaut. 1868 betrug die Gesamtmenge der Krapp-Produktion aller Länder 70000 to im

Werte von 60—70 Millionen Mark. Durch die am 11. Januar 1869 von C. GRAEBE und C. LIEBERMANN veröffentlichte und alsbald technisch durchgeführte Darstellung des wichtigsten Krappbestandteiles, des Alizarins, aus Anthracen war der natürliche Farbstoff des Krapps entbehrlich geworden, zumal sich der Preis des künstlichen Produkts bald wesentlich niedriger stellte als der des Naturprodukts; der Preis für 1 Ztr. sank von 28—32 M. auf 6—8 M.

Heute beschränkt sich die Verwendung des Krapps auf einige Spezialitäten in der Wollfärberei und zur Herstellung von Krapplacken für die Kunstmalerei.

Die Farbstoff liefernden (1,9 %) Wurzeln werden getrocknet und — entweder, in größere Stücke zerschnitten, als Krappwurzel in den Handel gebracht — oder zu einem groben safrangelben, leicht zusammenbackenden Pulver von eigentümlichem Geruch und Geschmack als Krapp (im engeren Sinne) der Färberei zugeführt. Er gewinnt durch mehrjähriges Lagern an Ausgiebigkeit, muß aber vor Luft, Licht und Feuchtigkeit geschützt werden.

Verfälschungen, sowohl mit mineralischen Substanzen (Ocker, Ton, Bolus, Sand, Lehm, Ziegelmehl u. a.) als auch mit verschiedenen Vegetabilien (Rot-, Gelb- oder Blauholz, Sägespäne u. a.), sind durch die mikroskopische Untersuchung und Aschenbestimmung leicht nachweisbar. Der Aschengehalt einer guten Ware soll 8—10 % nicht überschreiten.

Alizarin, 1, 2-Dioxyanthrachinon $C_{14}H_8O_4$, rote Nadeln, Schm. P. 289—290°, S. P. 430°. Gibt beim Sublimieren gelbrote Nadeln. In Wasser beim Kochen nur schwer löslich, leicht in Alkalien mit blauvioletter Farbe. Gibt farbige Metallsalze: Chromverbindung ist violett bis bordeauxfarben, Tonerde- und Zinnverbindung leuchtendrot, Eisenverbindung schwarzviolett.

Verwendung. Es dient nach dem Beizen zum Färben von Wolle, Seide und Baumwolle. Der auf Faser entstandene Farblack zeichnet sich durch große Echtheit und Leuchtkraft aus. Auf Baumwolle ist vor allem wichtig die sog. Türkischrotfärberei (s. d.), wo der Tonerdelack bei Gegenwart von Kalk und Türkischrotöl erzeugt wird.

Außerdem Alizarin (s. o.) sind bis jetzt aus dem Krapp noch folgende Farbstoffe isoliert worden: Purpuroxanthin = 1, 3-Dioxyanthrachinon, Purpuroxanthin-4-Carbonsäure, Purpurin = 1, 2, 4-Trioxyanthrachinon färbt Tonerdebeize scharlach- bis purpurrot, also blaustichiger als Alizarin, Rubiadin = 1, 3-Dioxy-4-Methylanthrachinon, Purpurin-2-Carbonsäure (Pseudopurpurin).

Krapp-Präparate und Krappextrakte des Handels: Mull- oder Krappkleie nannte man die durch Dreschen der trocknen Wurzeln erhaltenen und abgesiebten Abfälle. Azale ist rohes Alizarin, durch Ausziehen des Krapps mit Holzgeist erhalten. Garancine, „Krappkohle“ erhalten durch Behandeln von gemahlenem Krapp-Pulver mit dem gleichen Gewicht konzentrierter Schwefelsäure, wobei bis auf Alizarin alle übrigen Bestandteile zerstört werden. Die Färbekraft von Garancine ist 3—4mal so groß wie die von gutem Krapp, es färbt leichter an, gibt gelber getönte Rots und Blaßrots und grauere Lillas; sie sind nicht ganz so seifenecht wie die Krappfärbungen und fanden hauptsächlich beim Zeugdruck Verwendung. Garanceux oder spent (engl.) ist Garancine auf obige Art aus alten Farbflotten vom Drucker selbst erzeugt. Seine Färbekraft ist ungefähr ein Viertel von gutem Garancine. Am wichtigsten waren die Krappblumen, madder flowers, fleurs de garance. Gemahlener Krapp wurde mehrere Stunden mit kaltem, schwach angesäuertem Wasser eingeweicht, gewaschen, abgepreßt, getrocknet und gemahlen. Der Rückstand hat beinahe die doppelte Färbekraft wie der ursprüngliche Krapp. 10 kg Krapp liefern 45—60 kg Krappblumen.

Kolorin ist ein alkoholischer, bis zur Trockne verdunsteter Auszug von Garancin.

Pinkoffin, commercial alizarine, alizarine commerciale, aus gewöhnlichem Garancine, durch hohen Druck und überhitztem Wasserdampf (150°) erhalten.

Kreuzbeeren, Kreuzdornbeeren; engl. Buckthorn berries (s. a. Gelbbeeren).

Aus den Früchten des Rhamus catharticus, gemeiner Wegdorn, Purgierwegdorn (Familie Rhamnaceae) in Mitteleuropa als Waldbaum oder Strauch vorkommend. Die getrockneten reifen Früchte finden als Kreuzbeeren (Fructus Rhammi cathartici off. D. A. IV, Baccae spinae cervinae) seit dem 9. Jahrhundert als Heilmittel und zum Färben Verwendung.

Behandelt man Kreuzbeerenextrakt (20° Bé) unter Druck und unter Erwärmen mit SO_2, so scheidet sich Rhametin in ziemlicher Reinheit quantitativ ab. Dieses Verfahren wurde technisch ausgeführt (GEIGY 1895). Das gut lösliche Sulforhamnetin wird im Zeugdruck mit Chrom-, Aluminium- und Zinnbeize gebraucht.

Gute Kreuzbeeren geben durchschnittlich etwa 90% Extrakt (30° Bé), schlechtere nur 85%. Die Kreuzbeerenextrakte werden in einer Konzentration von 20—35° Bé rein oder mit Melasse verschnitten in den Handel gebracht. Sie kommen auch getrocknet und granuliert auf den Markt. Sie gehen leicht unter Kohlensäureentwicklung in Gärung über, oft plötzlich und besonders dann, wenn sie verdünnt und mäßig warm (25—30°) sind. Hochgradige Extrakte gären nicht. Seit 1890 stellt GEIGY Kreuzbeerenlacke vom reinsten Citronengelb bis zum Tieforange mittels Zinnsalz und Kalialaun in ätzalkalischer Lösung bei 50° her.

Verwendung. Der Extrakt war früher ein sehr wichtiger Farbstoff und findet auch heute noch vielfach Anwendung in der Baumwolldruckerei. Er gibt gut echte gelbbräunliche Chromlacke, weniger echte orange Zinn- und kanariengelbe Tonerdelacke. Man verwendet auch sehr oft die Chromzinnbeize. Auf Wolle erhält man mit Zinn und Tonerde sehr lebhafte orange und gelbe Nuancen; auf Seide wird Kreuzbeerenextrakt nicht verwendet.

Die heutige Produktion kann man auf 3—400000 kg jährlich schätzen; der Preis schwankt zwischen 0,50 und 1,60 M. für 1 kg.

Lac-Dye, Lac-Lac, Färberlack, Stocklack, Indischer Lack.

Technische Produkte, die nach Herstellung und Verwendung der Cochenille (s. d.) nahestehen. Es sind Farbstoffe aus dem Gummilack (Gomme-Lacke, Gumlac, Stocklack), der durch den Stich der Lackschildlaus (Coccus laccae) auf verschiedenen Pflanzen entstandenen Ausschwitzungen. Der Farbstoff Laccainsäure ist der Carminsäure (s. d.) ähnlich, liefert aber weniger lebhafte Töne.

Darstellung. Aus dem infolge ihres Stiches aus den Zweigen verschiedener Ficusarten ausfließenden Milchsafte, der zu einem dunkelroten Harz (Gummilack) erstarrt, gewinnt man entweder den Stocklack (mit 10% Farbstoff), das sind die vom Harz bedeckten Zweige, oder den Körnerlack (mit 2,5% Farbstoff), das ist das von den Zweigen abgebröckelte und durch Auskochen mit Wasser schon eines Teils des Farbstoffs beraubte Harz. Der hellrote, dem Carmin ähnliche Farbstoff, wird durch Ausziehen des Harzes mit Wasser gewonnen. Das zurückbleibende und gereinigte Harz, der Schellack, bildet das Hauptprodukt. Zieht man den Gummilack mit Sodalösung aus und fällt diese mit Alaun, so erhält man Lac-Lac; behandelt man diese Fällung mit Säure, so gehen Farbstoff und Tonerde in Lösung, während Harz abgeschieden wird. Aus der filtrierten Flüssigkeit fällt man dann mit Alkali den Tonerdelack wieder aus und erhält so ein reineres Produkt, Lac-Dye.

Vorkommen und *Handelsprodukt.* Kommt in großen Brocken, in kleinen Tafeln oder als Pulver in den Handel und ist tiefdunkelbraun bis fast schwarz gefärbt.

Verwendung. Lac-Dye ist als Farbstoff viel weniger brauchbar als Cochenille. Er gibt mit Zinnbeize auf Wolle ein schönes Scharlach, das aber weniger lebhaft als das Cochenillerot ist. Die Färbung auf Tonerdebeize ist bräunlich.

Reine Laccainsäure ist der Carmin- und Kermessäure konstitutionell nahe verwandt und zweifellos ein Anthrachinonderivat. Sie färbt Wolle aus saurem Bad kupferrot, auf Zinnbeize scharlachrot, auf Tonerdebeize karmoisinrot, gebeizte Baumwolle kräftig in ähnlichen Tönen wie Carminsäure (s. d.).

Lackmus; lat. lacca musci, lacca musica; engl. litmus; franz. Tournesol en drapeaux, tournesol, litum; ital. tomasole, lacca-muffa; span. tomasol.

Als Rohstoffe für die Fabrikation, die fast ausschließlich in Holland betrieben wird, dienen vornehmlich Roccella tinctoria, R. fuciformis und ochrolechia tartarea.

Im freien Zustande ist der Lackmusfarbstoff rot, während seine Salze blau sind. Der Hauptbestandteil ist das Azolitmin,. Das Azolitmin des Handels ist sehr unrein (ca. 20 proz.), es stellt ein dunkelrotbraunes Pulver dar, das wenig in Wasser, gut in Alkalien löslich ist, aus denen es durch Salzsäure wieder abgeschieden wird. Die blauviolette Lösung in Alkalien wird mit Mineralsäure rot, worauf die Verwendung als Indikator beruht.

Verwendung findet Lackmus hier und da noch zum Färben von Wein und Bläuen der Wäsche.

Lackmoid, ein blauer, dem Lackmus ähnlicher Farbstoff, ist kein Flechtenfarbstoff, sondern wird durch Erhitzen von Resorcin mit einer konzentrierten Kaliumnitritlösung gewonnen.

Orlean, Annatto, Rocon; lat. Terra orellana, Terra orleana; engl. anatta, annato, rocoe; franz. roucon, rouson, jaune d'Orléans, Rocou. Beinamen: Anatta, Anatto, Anotta, Anotto, Annotto, Arnatto, Orenetto, Arnotta, Uruku, Arnotto, Attalo, Achioti, Arenetto, Arenotto.

Der unter dem Namen Orlean bekannte rote Farbstoff wird aus der Samenschale des Ruku- oder Roucon- (Orlean-) Baumes, Bixa orellana L. (zur Familie der Bixaceen gehörig), erhalten. Dieser ist in Zentral- und Südamerika, sowie in Westindien, in Brasilien u. a. m. heimisch.

Handelsprodukte. Man unterscheidet zwei Sorten, 1. ostindischer, aus Bengalen stammend, der gewöhnlich trocken ist und als der beßre gilt, 2. der amerikanische, auch als spanischer Orlean bezeichnet, der aus Südamerika, besonders aus Cayenne nach Europa kommt. Er stellt eine weiche oder feste zu Pulver zerreibliche Masse dar.

Eigenschaften. Die Farbe des Orlean ist rotbraun und ziemlich lebhaft. Guter Orlean soll nicht mehr als 10% Asche enthalten. Ein angereichertes Produkt kommt unter dem Namen „Bixin" in Tafeln in den Handel, das 5—6 mal soviel wert ist wie gewöhnlicher Orlean.

Verfälschung. Orlean wird häufig stark mit unverbrennlichen Substanzen (Ziegelmehl, Ocker u. a. mineralischen Zusätzen) verfälscht.

Zusammensetzung. Der wichtigste färbende Bestandteil ist das Bixin, das nicht mit dem obenerwähnten Handelsprodukte verwechselt werden darf. Seine empirische Formel ist $C_{28}H_{34}O_5$; seine Konstitution ist noch nicht aufgeklärt.

Färberische Eigenschaften. Orlean wird in England noch vielfach zum Färben von Nahrungsmitteln benutzt. Er färbt Baumwolle, Wolle und Seide direkt in schönen, lebhaften, orangeroten (morgenroten) Tönen an, die gut säure-, seifen-, walk- und chlorbeständig, aber wenig lichtecht sind. Er wird noch in der Baumwoll- und Seidenfärberei benutzt; früher fand er auch im Baumwolldruck Verwendung. Fällt man alkalische Orleansauszüge mit Alaun oder Zinnsalz, so erhält man gelbe und orangerote Lacke (Orleanlacke).

Orseille, Orseille in Teig, Orseilleextrakt, Orseillecarmin, französischer Purpur, Persis, Cudbear, Persio (roter Indigo); engl. Cudebear, Archil (extract or powder), Orchella Moss, Orchella Weed, Orchil, Orchil liquor, Orchil paste; franz. Orseille, Pourpre française; ital. oricello; span. orchilla.

Gehört wie Lackmus (s. d.) zu den Flechtenfarbstoffen, dient zur Bereitung des Orseilleextrakts (der echten Orseille), die in der Wollfärberei und im Zeugdruck Verwendung findet. Das Färben mit Orseille ist in Europa seit Anfang des 14. Jahrhunderts bekannt; seine Kenntnis gelangte zuerst aus der Levante nach Florenz. Orseille wird hauptsächlich aus Roccellaarten (Krautorseille) gewonnen; die wichtigste ist Roccella tinctoria.

Beim Behandeln der Flechten mit ammoniakalischen Flüssigkeiten und Kalk wird Orcin (symmetrisches Dioxytoluol) abgespalten, aus dem sich bei Gegenwart von Luft der eigentliche Farbstoff, das Orcein, bildet, dessen Konstitution noch nicht aufgeklärt ist. Die Muttersubstanz des Orcins gehört den sog. Flechtensäuren an. Andre Flechtenbestandteile leiten sich zum Teil auch vom Methylphloroglucin (symm. Trioxytoluol) ab.

Bei der Herstellung der technischen Orseille scheidet sich der Farbstoff als Teig ab und kommt als Orseille en pâte in den Handel. Die käufliche Orseille (Orseille in Teig, orseille en pâte, Orseilleextrakt) bildet eine dicke, teigige oder trocken zusammengebackene, mehr oder weniger rotviolette oder dunkelviolette Pulvermasse von eigentümlich ammoniakalischem Geruch und alkalischem Geschmack.

Der Persio (Cudbear, Cudebear, roter Indigo) bildet ein feines, violettes Pulver, das sich nur durch die Mehlform von der Orseille unterscheidet. Es wird durch Vermahlen und späteres Beuteln aus bei gelinder Wärme getrockneter Orseille bereitet. Cudbear wird aus schottischen gewöhnlichen Roccellaflechten als eingetrockneter und gepulverter Farbstoff aus der Paste gewonnen.

Mit Luft behandelte Extrakte von verschiedener Konzentration kommen als Orseilleextrakt, einfach, doppelt, konzentriert oder Orseillecarmin in den Handel.

Der französische Purpur, pourpre française (Guignons Purpur) ist entweder eine aus Flechten direkt dargestellte ammoniakalische Orceinlösung oder ein hieraus durch Calciumchlorid gefällter Calciumlack von tiefgrauroter Farbe. Er ist violettstichig purpurn.

Zur *Wertbestimmung* der Orseillepräparate werden vergleichende Ausfärbungen auf Aluminium gebeizter Wolle gegen Standardmuster hergestellt. Die Bestimmung des Orcingehalts in den Flechten kann durch Oxydation (Titration mit Natriumhypochloritlösung) erfolgen.

Verfälschungen der Orseille kommen oft vor, da sie hoch im Preis steht. Man benutzt Blau- oder Rotholzextrakt und Teerfarben (Fuchsin, Azofarbstoffe).

Anwendung der Orseille in der Färberei. Orseille dient jetzt noch zum direkten Färben von Seide und Wolle in schwachsaurem, neutralem oder schwachalkalischem Bade; es werden rote bis rotviolette Nuancen erzeugt. Mit Beizen (Alaun, Zinnsalz) kann man violette bis bläulichrote Töne erhalten. Sein Hauptvorzug ist seine vorzügliche Egalisierungsfähigkeit; die übrigen Echtheitseigenschaften, besonders die Lichtechtheit, sind sehr mäßig. Er wird deshalb vor allem als Egalisierungsfarbstoff zum Nachfärben oder Nachnuancieren für Wolle und Seide verwendet.

Handelsprodukte. Madeira, Mogador, Sansibar, Valparaiso, Lima, Angola, Benguella, Bourbon.

Morphologische Zusammensetzung: a) Krautorseille und seltener b) Erdorseille (insbesondere Parella Massal), die die sog. „Parelle" liefert.

Purpur, alter Phönizischer Purpur, Antiker Purpur, Purpur der Alten; engl. Purple of the Ancients, Tyrian Purple, Byzantium Purple.

Dieser kostbarste und schönste Farbstoff der Alten wurde aus dem Saft der Purpurschnecken (Murex brandaris, Murex trunculus und Purpura haemostoma), die an den Küsten des Mittelländischen Meeres gefunden werden, bereitet. Anfangs ein Abzeichen königlicher Würde, wurde er später auch von hohen staatlichen und kirchlichen Würdenträgern benutzt. Gegen das 12. Jahrhundert ging die Kunst der Purpurfärberei verloren.

Aus dem blaßgelben Saft der Schnecke entwickelt sich der Farbstoff am Licht; er ist nach den Untersuchungen von FRIEDLAENDER 6,6'-Dibromindigo und färbt ein echtes, wenig lebhaftes Violett (in der Nuance wie Diaminviolett). Der Gehalt an Farbstoff ist sehr gering; ein Pfund Purpurschnecke kostete unter Diocletian (301 n. Chr.) rund 1,5 kg Feingold. Heute praktisch ohne Bedeutung.

Quercitron, Quercitronrinde, Färbereichenrinde; **Quercitronextrakt, Flavin;** engl. Quercitron (ground bark or extract); Flavine red and yellow shade; Patent Bark, Baltimore Bark, Bark-extract, Bark-liquor; franz. Quercetin industrielle, Flavine, Anthracine, Xanthaurine; ital. quercitrone.

Ist die Rinde gewisser Eichenarten, vor allem der Färbereiche Quercus tinctoria (Quercus Discolor), Qu. digita, Qu. trifida aus der Familie der Fagaceen, die in

Nordamerika heimisch sind, sich gelegentlich aber auch in Europa finden. Der Farbstoff ist hauptsächlich in der Rinde (techn. Quercitronrinde) als gelbes Rhamnoseglucosid Quercitrin enthalten, das leicht in Rhamnose und den eigentlichen Farbstoff Quercetin, im Handel als „Flavin“ oder „Quercetin industrielle“, spaltbar ist. Im Splint findet sich gleichfalls Quercitrin (Quercitronholz).

Die zerkleinerte und von der Oberhaut befreite Rinde der Färbereiche gehört zu den wichtigsten Farbmaterialien, die das Pflanzenreich hervorbringt.

In den Handel kommt die Rinde als Hirnschnitt, Pulver- oder Fasermahlung. Die gemahlene Quercitronrinde besteht teils aus einer pulverigen, teils aus einer faserigen Partie; erstere entspricht der Außen-, letztere der Innenrinde. Je mehlreicher eine Quercitronsorte ist, als desto besser wird sie angesehen. Die Farbe der gemahlenen Rinde gleicht meist jener frisch angeschnittenen Korks. In schlechteren, grob gemahlenen Sorten finden sich häufig schwarzbraune, von Borke herrührende Teile vor. Der Geruch ist eigentümlich, der Geschmack deutlich bitter. Die mit Wasser ausgezogene Rinde gibt mehr als 8% Extrakt.

Beim Einkauf kontrolliert man den Wassergehalt der Rinde und erkennt durch eine Aschenbestimmung, ob sie eine Beimischung von Sand enthält.

Zur Feststellung der Farbkraft kocht man je 20 g eines bekannten guten Rindentyps und der zu untersuchenden Rinde aus und macht vergleichende Ausfärbungen auf chrom- oder zinngebeizter Wolle.

Die Rinde verdankt ihren Farbstoffcharakter dem Quercitrin $C_{21}H_{20}O_{11} \cdot 2H_2O$, dem Rhamnosid des Quercitins, dessen Färbevermögen gering ist. Beim Kochen mit verdünnten Mineralsäuren erfolgt glatte Zerlegung in Rhamnose und Quercetin = 1, 3, 3′, 4′-Tetraoxyflavonol $C_{15}H_{10}O_7$, isomer mit dem Morin (s. Gelbholz.)

Auf gebeizter Wolle gibt reines Quercetin folgende Färbungen: Auf Chrombeize: Rotbraun, auf Tonerdebeize: braungelbes Orange, auf Eisenbeize: Grünschwarz, auf Zinnbeize: glänzendes Orange.

Meist kommen jetzt Extrakte von 10—20° Bé in den Handel, diese setzen aber sehr leicht Pilze an, auch scheidet sich Quercitrin und etwas Quercetin aus. Auch kommt der Extrakt in einer Konzentration von 20—30° Bé oder fest mit 15—17% Wassergehalt auf den Markt.. 100 kg Rinde liefern 35—38 kg Extrakt von 30° Bé.

Das in den Mülhausener Färbereien verwendete Präparat „Quercetin industrielle“ besitzt die dreifache Färbekraft wie die Quercitronrinde und wird durch Spaltung des Quercitrins in Quercetin erhalten, indem man die geraspelte Rinde mit 2proz. Schwefelsäure kocht.

Zur Fabrikation von Extrakt wird die Quercitronrinde in einer offenen oder geschlossenen Extraktionsbatterie mit kochendem Wasser ausgezogen. Die Brühen werden im Vakuum eingedampft. Konzentriert man die wäßrige Lösung auf 10—12° Bé, so scheidet sich ziemlich reines Quercitrin aus. Es wird unter dem Namen „Flavin einfach“ in den Handel gebracht. Kocht man mit Mineralsäuren, so erhält man das technische Quercetin, das als „Flavin doppelt“ verkauft, jetzt aber kaum noch verwendet wird. Auch Mischungen beider Präparate werden fabriziert.

Verfälscht wird Flavin mit gemahlener Rinde, Kochsalz, Glaubersalz usw.

Anwendung. Quercitron und Quercitronpräparate werden heute noch ziemlich viel in der Textilindustrie, sowie zur Herstellung von Schüttgelb verwendet. In den Färbereien und Druckereien werden größtenteils nur Quercitron enthaltende Extrakte gebraucht, weil sie grüngelbe Nuancen geben, die man dem Orangerot des Quercetins vorzieht.

Auf gebeizter Wolle erhält man folgende Färbungen:

Mit Chrombeize:	Tonerdebeize:	Eisenbeize:	Zinnbeize:
tiefes Braunorange	Braungelb	schwarzes Oliv	glänzendes Orange

Wie für Wolle wird Quercitron auch zum Färben von Baumwolle nur wenig verwendet, unter anderm zur Herstellung von Oliv mit Eisenbeize und zum Nuancieren von Blauholzschwarz. Größere Anwendung dagegen findet der Quercitronextrakt auch heute noch in der Baumwolldruckerei, namentlich als Ersatz für den teuren Kreuzbeerenextrakt.

Auf chromierter Wolle (evtl. unter Zusatz von Tonerdesalzen) erhält man weniger lebhafte Nuancen als mit Gelbholz- und Kreuzbeerenextrakt und färbt daher kein reines Gelb, sondern nur Modenuancen. Häufig wird Quercitron in Mischungen mit andern Beizenfarbstoffen oder Tanninfarben gebraucht; so z. B. mit Alizarinrot, Rotholz und Schmack auf Tonerdebeize zur Erzeugung von „Garancinrot", von Braun auf Eisentonerdebeize usw. Es dient ferner zum Abtönen von Catechu, das in Mischung mit Aluminium- oder Eisenacetat und Oxydationsmitteln aufgedruckt und nach der Oxydation zusammen mit Alizarin rot und braun gefärbt wird, ferner zum Anfärben von Tonerdebeizen, die nachher mit Malachitgrün überfärbt werden, nach welchem Verfahren gute hellgrüne Nuancen erhalten werden. Viel benutzt wird der Farbstoff auch für Olivtöne, als Grundfarbe für „Modetöne", zum Blenden (für nachheriges Färben mit Alizarin), zum Nuancieren von Blauholz, Indigoersatz, für Schwarz usw. Die Echtheit gegen Licht und Walken kommt der der Gelbholzfarben gleich.

Rotholz, Rotholzextrakt, lösliche Rothölzer, Brasilholz, **Brasilienholz, Fernambukholz,** Bahamaholz, Bahiaholz, St.-Martha-Holz, Nicaraguaholz, Limaholz, Sappanholz; engl. Red Wood, Soluble Red Woods, Brazil Wood (chips and extract), Brasil Wood, Lima Wood, Peach Wood, Pernambuco Wood, St.-Martha-Wood, Sapan- (Sappan-) Wood; franz. Bois de Fernambouc; ital. legno del Brasile o Fernambuco.

Unter Brasilienholz (westindischem Rotholz) versteht man die sog. löslichen Rothölzer, d. h. solche, die zum Unterschied von den Farbstoffen des Sandelholzes (s. d.) ihren Farbstoff leicht an kochendes Wasser abgeben und auf aluminiumgebeizten Textilmaterialien leuchtend rote Färbungen geben.

Der Rotholzbaum gehört, wie der des Blauholzes, zur Familie der Leguminosen, Unterfamilie Caesalpinioideae, Gattung Caesalpinia, und findet sich in den Tropen ziemlich verbreitet.

Zehn Varietäten werden als Farbstoffe benutzt: 1. Das Fernambuk-, Pernambuk- oder Fernambourgholz, bois de Fernambouc, brazilwood, ital. legno del Brasile o Fernambuco, auch westindisches Rotholz genannt, ist das am meisten geschätzte und an Farbstoff reichste und stammt von Caesalpinia crista L. Besonders häufig in den Wäldern von Brasilien und Jamaica vorkommend. Das Holz ist sehr hart und fest, außen rot, innen auf frischem Schnitt hellgelb, an der Luft durch Oxydation rasch dunkelrot und braun werdend. Es kommt entrindet in kurzen runden, abgesägten oder abgeplatteten Blöcken von 2—30 kg Gewicht in den Handel, seltener in 2—3 m langen Stücken bis zu 200 kg Gewicht. 2. Das echte Brasilienholz, Bahiarotholz, Bahiaholz, brasilianisches Rotholz, brazilwood, stammt von Caesalpinia brasiliensis Sw. Es soll nur die Hälfte Farbstoff wie vorstehendes enthalten. 3. Sapan-(Sappan- oder Japan-) Holz, bois du Japon, Japanwood, sapanwood, unechtes rotes Sandelholz, ostindisches Rotholz, stammt von Caesalpinia Sappan L. Man unterscheidet nach dem Ursprungsorte verschiedene Sorten: 4. Limaholz von Süd- und Mittelamerika ist eine Varietät des Sapanholzes (Costaricarotholz). 5. St.-Martha-Holz (Martenholz), bois du sang, peachwood von Caesalpinia echinata. Es nimmt unter den Rothölzern den zweiten Rang ein. 6. Nicaraguaholz, dem Lima- und St.-Martha-Holz sehr ähnlich. 7. Brasiletteholz. Unter diesem Namen kommen geringere Rotholzsorten vor. Sie werden auch Jamaica- oder Bahamarotholz genannt. 8. Californienholz aus Californien und 9. Terrafirmaholz von Terrafirma (Columbia). 10. Philippinenholz ist eine geringere Qualität des Sapanholzes (s. u. 3).

Jedes Rotholz gibt eine andre Nuance; die Unterschiede sind größer als beim Blauholz (s. d.). Die Fabrikation der Rotholzextrakte, die 25—30° Bé stark in den Handel kommen, ist gerade so wie die der Blauholzextrakte (s. d.).

Farbstoff. Das Rotholz enthält eine in reinem Zustande farblose Verbindung, das Brasilin, $C_{16}H_{14}O_5$, das durch Oxydation in den eigentlichen Farbstoff, das Brasilein, übergeht ($C_{16}H_{12}O_5$).

Anwendung. Die Rotholzextrakte werden heute noch in der Baumwolldruckerei verwendet, in der Baumwollfärberei nur wenig für Modenuancen, in der Woll- und Seidenfärberei gar nicht mehr. Zum Färben der Baumwolle wird diese mit einem Gerbstoff (z. B. Sumach) und mit Zinnsalz gebeizt. Man nuanciert mit Gelbholzextrakt oder Curcuma. Als Beizen dienen auch Alaun, Eisensalze usw. Die damit erzielten Färbungen sind wenig licht-, chlor-, seifen- und säureecht; vor allem werden sie ganz allgemein durch Säuren und Alkalien verändert. Früher wurde Rotholz als Zusatz zu Garancine (s. u. Krapp) zu den sog. Garancinartikeln viel benutzt.

Baumwollfärberei: Baumwolle mit Gerbstoff und basischem Aluminiumsulfat behandelt, gibt matte, bläulichrote Färbungen; Zinnbeizen geben ein orangefarbiges Rot, mit Tonerde zusammen ein Scharlachrot unter Zusatz eines gelben Farbstoffs (Gelbholz); Eisenbeizen liefern violettgraue Nuancen, Mischungen mit Tonerdebeize und Zusatz von Blauholz dunkle Purpurfarben. Baumwolldruck: Rotholzextrakt wird hier beim Türkischrotdruck zum Blenden (= Sichtbarmachen) der Tonerdebeize verwandt, ferner in Mischungen (mit Cachou usw.).

Wollfärberei: Kaliumbichromatbeize gibt mit Rotholz violettgrau bis bordeauxbraune Färbungen; Aluminiumsulfat und Weinstein liefern bläulichrote, durch Zusatz von Zinnchlorür und einem gelben Farbstoff mehr ins Scharlachrote spielende Färbungen. Auf Zinnchlorürbeize, die ein lebhaftes Rot gibt, muß bei Gegenwart von viel Weinstein ausgefärbt werden.

Statistik. Hauptimporthäfen sind Havre, Hamburg und Liverpool. Der Preis für Rotholz schwankt zwischen 16 und 20 M. für 100 kg. Der Import von flüssigem Extrakt (80—90 M. für 100 kg) und von festem Extrakt (130 M. für 100 kg) ist äußerst gering.

Unlösliche Rothölzer; engl. Insoluble Red Woods.

1. **Barwood** (s. w. u.), 2. **Caliaturholz** (s. w. u.), 3. **Camwood** (s. w. u.), 4. **Narrawood** (s. w. u.) und 5. **Sandelholz** (s. w. u.) besitzen sehr ähnliche Färbeeigenschaften und werden wegen der geringen Wasserlöslichkeit ihrer harzartigen Farbstoffe „unlösliche" Rothölzer genannt. Sie können daher auch nicht erzeugt werden, wie es bei den löslichen Farbhölzern der Fall ist.

Diese Farbhölzer sind färbereichemisch interessant, da der in ihnen enthaltene Farbstoff tierische Fasern substantiv färbt und eine ziegelrote Färbung erzeugt. Die mit Sandelholz, Barwood und Caliaturholz erhaltenen Färbungen sind einander sehr ähnlich, Camwood gibt etwas blauere Töne, und nach Angabe der Färber ist sein Farbstoff in Wasser leichter löslich als der der andern Farbstoffe dieser Klasse.

	Chrom:	Aluminium:	Eisen:	Zinn:
Camwood:	rotviolett	rot	violett	blaurot
Sandelholz:	braunrot	orangerot	marron	rot

Die Hölzer wurden früher — besonders Barwood — eine Zeitlang in beträchtlichem Maße benutzt zur Erzeugung eines „falschen" (nachgemachten) Türkischrots. Zu diesem Zwecke wurde das Fasermaterial mit Zinn gebeizt und darauf Tannin fixiert. Barwood erzeugte dann eine schöne leuchtendrote Farbe, die walkecht, aber lichtempfindlich ist.

In der Wollfärberei finden diese unlöslichen Farbhölzer nur noch geringe Anwendung, gewöhnlich in Verbindung mit Blauholz und Gelbholz zur Erzeugung von Mischtönen und in geringem Umfange als Grundlage in der Indigofärberei. Man kocht die Wolle in einem Bade, das das Farbholz enthält (sog.

„Stopfen") und fügt dann eine Lösung von Kaliumbichromat, Eisensulfat oder Kupfersulfat hinzu (sog. „Nachdunkeln" oder „Schwärzen"). Da diese Färbungen lichtunecht sind, so hat man sie durch Alizarinfarbstoffe ersetzt.

1. Barwood, afrikanisches Sandelholz, unlösliches Rotholz. Afrikanisches Rotholz, Muenge; engl. barwood.

Ist das Holz von Baphia nitida (Fam. Leguminosae, Unterfam. Papilionatae). Es enthält 23 % Santalin und wird wie Sandelholz (s. d.) verwandt; auf Baumwolle erzeugt es eine leuchtendrote Farbe.

Eine als „Muenge" bezeichnete, aus Kamerun stammende Sorte Rotholz zeigt im wesentlichen die Eigenschaften des ostindischen Sandelholzes.

Kochendes Wasser extrahiert etwa 7 %, Alkohol ungefähr 23 % Farbstoff.

2. Caliatur- oder Cariaturholz, unlösliches Rotholz; engl. caliatur wood.

Der botanische Ursprung dieses Holzes scheint unbekannt zu sein. Es ist vielleicht mit dem roten Sandelholz identisch und wird zum Färben von Wolle mit Tonerdebeize verwendet. Die erzielte Färbung ist etwas blauer bzw. dunkler als die mit Sandelholz und Barwood erzielte. Es enthält mehr Santalin als Sandelholz.

3. Camholz, Gabanholz, camwood, unlösliches Rotholz. Poa-Gaban-, Caban-, Camba- oder Cambalholz, afrikanisches Rotholz; engl. cambi wood, camwood; franz. bois du Cam.

Ist das Kernholz der an der Westküste Afrikas einheimischen, zur Familie der Swarzieen gehörenden Baumpflanze (Leguminose, Unterfam. Papilionatae) Baphia nitida. Ist dem Barwood (s. d.) sehr ähnlich und wird von manchen Autoren mit diesem identifiziert. Kochendes Wasser wird gelbrötlich, alkalische Lösungen prächtig violett angefärbt.

Camholz enthält als Hauptfarbstoff Iso-Santalin von der Formel $C_{22}H_{16}O_6(OCH_3)_2$, das Oxoniumsalze bildet und in seinen Eigenschaften seinem Isomeren Santalin ähnelt. Es wird zum Färben von Wolle mit Tonerdebeize verwendet. Die erzielte Färbung ist blauer als die mit Sandelholz und Barwood. Camholz wird hier und da als Ersatz des Rotholzes in der Färberei verwandt und soll beständigere Töne geben als dieses. Es gibt tiefe Färbungen, und der Farbstoff ist von den unlöslichen Rothölzern noch der am meisten lösliche.

4. Narraholz, Narrawood, Philippinenholz, unlösliches Rotholz.

Pterocarpus, ein wohlbekanntes Philippinenholz, enthält ganz ähnliche Bestandteile wie das rote Sandelholz (s. d.).

Das färbende Prinzip, Narrin, ist nicht identisch mit dem Santalin des roten Sandelholzes. Die färberischen Eigenschaften des Narrins sind ähnlich wie die des Santalins, nur sind die Färbungen nicht sehr seifenecht.

5. Sandelholz, rotes Sandelholz, unlösliches Rotholz, lat. lignum santali rubrum (lignum santalinum); engl. unsoluble Red Wood, red sanderswood, Sandal Wood, santalwood, sandelwood; franz. bois de santal.

Ist das Kernholz von Pterocarpus santalinus L. fil. und Pt. indicus, zu den Leguminosen (Unterfam. Papilionatae [Papilionacae]) bzw. zu der Familie der Dalbergiae gehörend.

Das schon im Sanskrit erwähnte und in Europa schon ungefähr seit der Mitte des 16. Jahrhunderts an bekannte rote Sandelholz ist nicht zu verwechseln mit dem ostindischen Sandelholz von Santalum album L., dem ostafrikanischen

Sandelholz von Osyris tennifolia und dem westindischen Sandelholz von Amyris balsamifera L.

Das rote Sandelholz kommt hauptsächlich aus Madras in 1—1,5 m langen Blöcken, Klötzen, Scheiten oder Brettern in den Handel, die sehr hart und schwer (spez. Gew. 1,014), innen mehr oder weniger blutrot, außen braunrot bis schwarzrot gefärbt sind.

Wasser von gewöhnlicher Temperatur wird nicht, heißes gelbrötlich, alkalische Lösungen tiefrot bis violett angefärbt. Ohne auffälligen Geruch und Geschmack. Gibt an Alkohol 19,6 % Extrakt ab, von denen 16,75 % aus einem roten Farbstoff bestehen, der in kochendem Wasser wenig löslich ist und als Sandelrot oder Santalin (Santalsäure) bezeichnet wird; er scheint im Holze nicht frei, sondern in Form eines (farblosen) Glucosids vorzukommen.

Santalin $C_{15}H_{14}O_5$ ist eine schwache Säure („Santalsäure"), deren alkoholische Lösung Lackmuspapier rötet; in Alkalien löst es sich mit rotvioletter bis purpurroter Farbe. Seiner Konstitution nach ist es wahrscheinlich ein Dianthracenderivat.

Anwendung in der Färberei. Das gemahlene oder geraspelte Holz dient zum Färben von Wolle und Baumwolle. Obwohl es auf Wolle auch direkt zieht, ist Santalin ein beizenziehender Farbstoff; es wird besonders mit Chrom-, Tonerde- und Zinnoxydsalzen gefärbt und erzeugt damit bordeauxbraune bis blaurote Nuancen. Seine Anwendung ist beschränkt, denn die damit erzielten Nuancen sind sehr lichtunecht, und es wird nur noch in Verbindung mit andren Farbstoffen, wie Blauholz, Gelbholz, Indigo usw., benutzt. Die Färbungen sind ziemlich säureecht, aber wenig beständig gegen Licht und Alkalien.

Anwendung auf Wolle. Wegen der geringen Wasserlöslichkeit des Santalins benutzt man hier die Methode des „Ansiedens", d. h. die Wolle wird zunächst mit dem Farbholz angesotten und dann in der kochenden Lösung der Beize die Farbe entwickelt oder abgedunkelt. Auf diese Weise erhält man mit 2 % Kaliumbichromat volle bläulichrote (bordeauxrote) Töne; mit 10 % Aluminiumsulfat entstehen Färbungen mit gelblicher Nuance. Mit Zinnbeize erhält man das schönste und blaueste Rot; auch Eisenbeize wird benutzt. Friedensmilitärtuche wurden früher gefärbt, indem man die Stücke mit Sandelholz ansiedete und mit Ferrosulfat fixierte; nach dem Überfärben mit Indigo in der Küpe erhielt man ein dunkles rötliches Blau.

Die Anwendung auf Baumwolle ist beschränkt, da die Färbungen sehr licht- und alkaliunecht sind. Mit zinnsaurem Natron gibt es eine Art von Türkischrot.

Safflor, Saflor, Färberdistel; engl. Safflower, saf-flower, bastard saffron; franz. Carthame, safran bâtard; ital. gruogo cartamo; span. azafran; arab. zafaran.
Beinamen: Wilder Safran, Bastard-Safran.

Besteht aus den getrockneten Blumenblättern der Saflorpflanze, Färberdistel, Carthamus tinctorius L. (Composite), auch Bürstenkraut oder wilder Safran genannt, einer zur Familie der Synantheren (Cynarocephaleen) gehörenden Pflanze, die heute in fast allen Weltteilen angebaut wird und zweifellos neben Indigo die wichtigste Färbepflanze ist.

Nach neueren Forschungen in Pharaonengräbern wurde Saflor sicher schon vor mehr als 4000 Jahren in Ägypten angebaut. Für den Welthandel kommen als Hauptproduktionsländer heute nur Indien (Bengalen), Persien und Ägypten in Betracht.

Handelsprodukte. Je nach der Art der Zubereitung besteht der Saflor des Handels aus zerrissenen Blütenteilen (Saflor aus Ägypten, Bombay) oder aus wohlerhaltenen Blüten (zubereiteter, d. h. gewaschener persischer und bengalischer Saflor).

Der *Abstammung* nach unterscheidet man folgende Handelssorten: 1. Persischer Safflor (beste Sorte), 2. ägyptischer (alexandrischer, levantinischer oder türkischer), 3. ostindischer oder bengalischer, 4. südamerikanischer, 5. spanischer, 6. ungarischer, 7. italienischer, 8. russischer, 9. deutscher, 10. französischer Saflor, 11. ostasiatischer (China, Japan) und australischer, 12. mittel- und südamerikanischer (Columbia und Mexiko) Safflor.

Zusammensetzung. Saflor enthält drei Farbstoffe: das rote Carthamin (Saflorrot), in Wasser schwer löslich, Saflorgelb, in Wasser leicht löslich, und außerdem einen nur in Ätzalkalien löslichen, gelben Farbstoff. Die chemische Zusammensetzung dieser Produkte ist noch nicht aufgeklärt. Der wertvollste Bestandteil des Saflors ist das Saflorrot.

Handelsprodukte. Am wichtigsten ist das Saflorcarmin, eine dickflüssige, kirschrote Brühe von Carthamin, die namentlich von den Seidenfärbern für ein blasses Kirschrot gebraucht wird. Sonst werden Produkte als Malerfarben und Schminken hergestellt.

Der Saflor fand früher eine recht ausgedehnte Anwendung in der Baumwoll- und Seidenfärberei zur Erzeugung von Rosarot bis Kirschrot. Er färbt in schwachsaurem Bad Baumwolle und Seide direkt ohne Beizen an. Die mit ihm erzeugten Färbungen sind lebhaft, aber völlig unecht gegen Seife, Alkali, Chlor und schweflige Säure und wenig widerstandsfähig gegen Licht und Luft. Er dient jetzt noch zum Färben von künstlichen Blumen usw.

Safran; engl. saffron; franz. safran; ital. zafferano; arab. zafaran, azafran.

Unter Safran versteht man die getrockneten Blütennarben der Safranpflanze Crocus sativus L. var. autumnalis L. (Crocus officinalis), Familie Iridaceäe (Crocoideae). Die Pflanze ist in den Bergländern südlich des Kaspischen und des Schwarzen Meeres heimisch.

Handelssorten. Gegenwärtig sind nur zwei Handelssorten von Bedeutung, der südfranzösische oder Gâtinaissafran, am meisten geschätzt, und spanischer, weniger wertvoll. Frankreich erzeugt jährlich etwa 3000 kg. Andre Handelssorten sind italienischer, türkischer, persischer, englischer, pennsylvanischer, marokkanischer, tunesischer und zentralamerikanischer Safran.

Safran enthält einen gelben Glucosidfarbstoff Crocin (Polychroit) genannt; der aus dem Glucosid abzuscheidende Farbstoff, das Crocetin, ist ein Beizenfarbstoff, der mit Zinnsalz gebeizte Baumwolle schmutziggrüngelb anfärbt; bei Zusatz von Ammoniak soll eine goldgelbe, gegen Licht und Seifen echte Färbung entstehen. Das Crocetin ($C_{14}H_{10}O_2$). auch Safrangelb genannt, ist in Wasser leicht löslich und besitzt eine enorme Färbekraft. Eine wäßrige Lösung von 1:200000 ist noch deutlich gefärbt. Der Abdampfungsrückstand nimmt auf Zusatz von Schwefelsäure eine tiefblaue (kobaltblaue), in dickeren Schichten dunkelblaue Farbe an, die sich bald in Rotviolett, Kirschrot und schließlich in Braun verändert. Auf diese Erscheinung begründet sich die ältere Bezeichnung Polychroit.

Zum Färben wird Safran noch bisweilen in der Hausindustrie (besonders in der Schweiz und in Süddeutschland) zum Färben der Wäsche und zarter Gewebe (Gardinencreme) benutzt. Die Haltbarkeit der Färbung wird durch seine leichte Löslichkeit beeinträchtigt.

Die Safranblüten, namentlich aber das Safranpulver, sind zahllosen *Verfälschungen* ausgesetzt, die z. T. in minderwertigen Pflanzenteilen, z. T. in anorganischen und organischen Substanzen bestehen; diese Zusatz- bzw. Beschwerungsmittel werden oft künstlich gefärbt. Die Droge soll sich weich und elastisch anfühlen, der Gehalt an Wasser nicht mehr als 15 % und an Asche höchstens 8 % betragen. Ein Teil soll 100000 Teile Wasser rein und deutlich färben.

Waid, Färberwaid; engl. woad, pastel; franz. vouëde, pastel; ital. guado; span. yerba pastel, isatida.

Dieser aus den Blättern von Isatis tinctoria und Isatis lusitanica (Cruciferen) gewonnene Küpenfarbstoff, der früher in Europa — bereits im 13. Jahrhundert — viel gewonnen wurde und als färbendes Prinzip das Indican (s. natürlichen Indigo) enthält, hat seine Bedeutung fast vollständig eingebüßt. Er wird nur noch in der nach ihm benannten „Waidküpe" als Gärungserreger (und nicht wegen seines geringen Farbstoffgehalts, der $^1/_{30}$ der Menge der Indigofera tinctoria beträgt) benutzt. Der Ausdruck woad kommt vom anglo-germanischen „Wad"

(Wodan), synonym mit dem gallischen „glastum“, mit dem sich nach Plinius die alten Britannier zu Kriegszeiten ihre Haut blau färbten in Verbindung mit gewissen religiösen Gebräuchen. Die einzige Fabrik Europas, in welcher noch Waidfarbstoff hergestellt wird, ist in Parson Drove bei Wisbech (England). Neun Gewichtsteile Waidblätter entsprechen einem Teil präparierten Produkts.

Verfälscht wurde Waid mit den Blättern des Rhabarbers und Kohls.

Waras, Wurus, Wars, neue Kamala, falscher Safran.

Der Farbstoff Waras ist ein rotes, harziges Pulver, das aus den Samenhülsen, der Flemingia congesta (Leguminose, Unterfam. Papilionatae) besteht, die in den wärmeren Teilen Indiens wächst. Sie kommt auch in Afrika vor und wird von dort nach Arabien versandt. Wie Kamala (s. d.) wird sie technisch für die Färberei benutzt und findet auch als Kosmetikum Anwendung.

In chemischer und färberischer Beziehung hat Waras viel Ähnlichkeit mit der Kamala. Der Hauptbestandteil ist das Flemingin $C_{12}H_{12}O_3$, das sich in Alkalien mit tieforangeroter Farbe löst.

Färberische Eigenschaften des Waras. Waras wird zum Färben von Seide, ebenso wie Kamala, also mit kochender Sodalösung, angewandt. Es werden damit goldgelbe Töne erzielt, die durch Spülen mit Essigsäure leuchtender gemacht werden können, doch sind diese etwas dunkler und mehr orange, als die mit Kamala erhaltenen. Für Wolle ist es weniger geeignet für, Baumwolle ganz wertlos. Das Färbevermögen des Waras ist bedeutend größer als das der Kamala (Rottlerin). *Verfälschungen* werden mikroskopisch erkannt.

Wau, Färberwau, Färberkraut, Gelbkraut Färberreseda, Färbergras, Waude, Streichkraut, Strichkraut; lat. lutea, luteola, lutum; engl. Weld extract, Dyers weed, weld, wold; franz. gaude, réséda; ital. guada; span. gualda, reseda.

Wau ist die getrocknete Pflanze Reseda luteola, Färberreseda oder romanisches Kraut genannt. Alle Teile des Krauts, besonders aber die oberen blühenden Äste, enthalten einen Farbstoff, Luteolin, $C_{15}H_{10}O_6$ (nach v. KOSTANECKI 1, 3, 3′, 4′-Tetraoxyflavon), der aus Wauabkochungen gewonnen werden kann.

Der Wau wird nachweisbar seit den Zeiten der Römer zum Gelbfärben benutzt. Das „Lutum“ bei Plinius, Vergil und Vitruv ist unser Wau.

Handelssorten. Nach den Ursprungsländern werden folgende Handelssorten unterschieden: französischer Wau (beste Qualität), englischer Wau und deutscher Wau. Gute Ware darf nur aus vollkommen reifen, blüten- und blätterreichen, gelblichgrünen Pflanzen bestehen.

Die Anwendung als Farbmaterial verdankt der Wau dem Umstande, daß er einen lebhaft gelbgefärbten Tonerdelack bildet. Mit Chrom gibt Luteolin bräunlichgelbe, mit Eisen bräunlicholivenfarbige, mit Zinn reingelbe Lacke. Die Färbungen sind licht- und walkecht. Durch Kombination mit Indigcarmin und Orlean kann die Seide auch grün („Waugrün“) bzw. orange gefärbt werden.

Verwendung. Früher war Wau der wichtigste gelbe natürliche Farbstoff und hat auch als Gilbe (in Mischung mit Blau für Grün) ausgedehnte Anwendung gefunden, heute ist die Anwendung beschränkt. Auf Baumwolle werden mittels Chrom-, Aluminium- oder Zinnbeizen Farben erzielt, die, da sie nicht seifenecht und auch nur wenig lichtbeständig sind, nur geringe Bedeutung haben. Auf gebeizter Wolle erhält man mit Wau folgende Färbungen: auf Chrombeize: Braungelb, auf Aluminiumbeize: Gelb, auf Eisenbeize: dunkles Braunolive und auf Zinnbeize: helles Gelb. Durch Fällung einer Wauabkochung mit Alaun und Kreide erhält man Schüttgelb, dessen feinere Sorten, mit Pariserblau gemischt, ein Schüttgrün liefern. Gegenwärtig wird Wau nur noch in der Seidenfärberei als flüssiger und fester Extrakt benutzt, wo er von jeher der wichtigste gelbe Farbstoff des Pflanzenreichs war, besonders zur Erzeugung gelber, oliver und grüner Töne. Hauptsächlich zeichnet sich der Aluminiumlack durch ein schönes, beständiges Gelb aus. Für Orange nuanciert man mit etwas Orlean. Alle diese Färbungen auf Seide sind licht- und wasch- (seifen-) echt.

Teerfarbstoffe.

Von R. Hofmann.

Literatur: Enzyklopädien und Sammelwerke: Bolley, Birnbaum und Engler: Handbuch der chemischen Technologie. — Herzog, R. O.: Chemische Technologie der organischen Verbindungen. — Ullmann, Fr.: Enzyklopädie der technischen Chemie. — Historisch wertvolle Werke: Meyer, R.: Die Teerfarbstoffe. — Möhlau, R.: Organische Farbstoffe, welche in der Textilindustrie Verwendung finden. — Nietzki, R.: Die Chemie der organischen Farbstoffe. — Runge, F. F.: Farbenchemie. — Schützenberger, P.: Die Farbstoffe mit besondrer Berücksichtigung ihrer Anwendung in der Färberei und Druckerei. — Kohle und Zwischenprodukte: Lange, O.: Die Zwischenprodukte der Teerfarbenfabrikation. — Schultz, G.: Die Chemie des Steinkohlenteers mit besondrer Berücksichtigung der künstlichen organischen Farbstoffe. — Weissgerber, R.: Chemische Technologie des Steinkohlenteers. — Tabellenwerke: Colour Index. Bradford 1924. — Lehne, A.: Tabellarische Übersicht über die künstlichen organischen Farbstoffe. — Schultz, G., und L. Lehmann: Farbstofftabellen. — Lehrbücher der Farbstoffchemie u. dgl.: Bucherer, H. Th.: Die Teerfarbstoffe. — Die Mineral-, Pflanzen- und Teerfarben. — Lehrbuch der Farbenchemie. — Fierz-David, H. E.: Farbenchemie. — Künstliche organische Farbstoffe. — Grundlegende Operationen der Farbenchemie. — Friedländer, P.: Fortschritte der Teerfarbenfabrikation (fortgesetzt von H. E. Fierz-David und M. Dohrn). — Georgievics, G.: Handbuch der Farbenchemie. — Kurzgefaßtes Lehrbuch der Farbenchemie. — Harmsen, W.: Die Fabrikation der Teerfarbstoffe und ihre Rohmaterialien. — Lange, O.: Die Schwefelfarbstoffe. — Mayer, Fr.: Chemie der organischen Farbstoffe (zugleich Neubearbeitung von Nietzki). — Möhlau, R., und H. Th. Bucherer: Farbenchemisches Praktikum. — Ristenpart, E.: Chemische Technologie der organischen Farbstoffe. — Wichelhaus, H.: Organische Farbstoffe. — Mineral- und Pigmentfarben: Curtis, C. A.: Künstliche organische Pigmentfarben und ihre Anwendungsgebiete. — Rose, F.: Die Mineralfarben und die durch Mineralstoffe erzeugten Färbungen. — Wagner, H.: Die Körperfarben. Chemie in Einzeldarstellungen **13**, herausgegeben von J. Schmidt. Stuttgart.

Allgemeines.

Die Fabrikation der Teerfarbstoffe hat in den letzten 40 Jahren einen sehr großen Aufschwung genommen, und zwar nicht nur in bezug auf Menge, sondern auch auf Zahl der im Handel befindlichen Erzeugnisse. Dabei hatte Deutschland bis zum Weltkriege unstreitig die Führung in der Erzeugung der künstlichen organischen Farbstoffe. Während des Weltkriegs und in den Nachkriegsjahren haben sich die Verhältnisse aber ungünstig für Deutschland entwickelt, indem große Absatzgebiete verlorengegangen sind. Durch zusammenfassende Organisation, vor allem in der Erzeugung der Farbstoffe mit den besten Echtheitseigenschaften, wird das verlorene Terrain allmählich wiedergewonnen.

Die Teerfarbstoffe werden als solche nach ihrer Herkunft aus dem Steinkohlenteer bzw. dessen Inhaltsstoffen benannt; früher bezeichnete man sie mit Vorliebe als „Anilinfarbstoffe", weil die ersten künstlichen Teerfarbstoffe Abkömmlinge des Anilins waren (Triphenylmethanfarbstoffe usw.). Heute trifft diese Bezeichnung, wenngleich sie noch häufig gebraucht wird, nicht mehr zu und sollte deshalb lieber vermieden werden.

Die Teerfarben werden zum weitaus größten Teil von Färberei und Zeugdruckerei verbraucht, dann kommen Lederfärberei, Tapetendruck, Lack- und Pigmentfarbenfabrikation. Letztere sind Vorstufen zum eigentlichen Verbrauch in der Malerei, dem Buch- und Steindruck usw. Kleinere Mengen werden in der Papierfärberei (leider meist noch immer die unechtesten Farbstoffe), zum Färben von Holz- und Metallbeizen, Ölen, Nahrungsmitteln usw. verwendet.

Eine rasche und unaufhaltsame Entwicklung nimmt der Verbrauch der Teerfarben auf dem Gebiet der Öl- und Wasserfarben, sowohl für Malerei als auch für graphische Zwecke; vor allem seitdem es gelungen ist, Teerfarblacke herzustellen, die den Mineralfarben an Echtheit und vielseitiger Verwendbarkeit ebenbürtig und oft sogar überlegen sind. Es ist deshalb mit der Möglichkeit zu rechnen, daß in Zukunft altgewohnte Mineralfarben durch Teerfarblacke ersetzt werden, in gleicher Weise wie dies mit Krapp, natürlichem Indigo und den Holzfarben (Gelb-, Rot-, Blauholz) heute schon zum größten Teil geschehen ist. Eine wichtige Rolle bei dieser Umstellung spielen neben größerer Farbkraft, schönerem Farbton und billigerem Preis die große Regelmäßigkeit, zuverlässige Reinheit und gleichmäßige Farbstärke der künstlichen Produkte.

Ausgangsprodukte für die Teerfarbenerzeugung.

Durch trockne Destillation von Steinkohle unter Luftabschluß entsteht u. a. der Teer (Steinkohlenteer), der als wertvolles Nebenprodukt der Leuchtgaserzeugung und der Kokereien seit der Mitte des 19. Jahrhunderts zur Herstellung von Farbstoffen und Heilmitteln benutzt wird. Die durch fraktionierte Destillation des Rohteers gewonnenen Anteile werden nach dem spezifischen Gewicht (s) bzw. nach den Siedepunkten (S.P.) eingeteilt in:

1. Leichtöle	$s =$ 0,91—0,95,	S.P. 75—170°,	Ausbeute	2,5— 6 %
2. Mittelöle	$s =$ 1,00—1,01,	S.P. 170—230°,	,,	8—12 %
3. Schweröle	$s =$ 1,04 ,	S.P. 200—300°,	,,	10—12 %
4. Anthracenöle . . .	$s =$ 1,10 ,	S.P. 280—400°,	,,	12—20 %
5. Pech			,,	50—60 %

In nahezu chemisch-reinem Zustand können so gewonnen werden: Benzol, Toluol, Phenol und Naphthalin, in Mischungen mit Isomeren: Xylole und Kresole und in verschiedenen Reinheitsgraden: Anthracen, Phenanthren und Carbazol. Die Ausbeute ist sehr schwankend, je nach Herkunft (Qualität) und Verarbeitung der Kohle. Nach FRIEDLAENDER kann man folgende Mittelwerte annehmen: 0,6—0,8 % Benzol, 0,2—0,3 % Toluol, 0,1—0,2 % Xylole, 0,5—0,7 % Solvent-Naphtha, 0,3—0,7 % Phenol, 0,5—0,8 % Kresole, 1—8 % Naphthalin und 0,2—0,5 % Anthracen (rein).

Zwischenprodukte der Teerfarbenerzeugung.

Durch die vier grundlegenden Behandlungsweisen: 1. Halogenisierung (meist Chlorierung), 2. Nitrierung, 3. Sulfonierung und 4. Oxydation, sowie durch die hiervon abgeleiteten Operationen zweiter Ordnung: Austausch von Chlor gegen Hydroxyl, Reduktion der Nitro- zur Aminogruppe, Kalischmelze der Sulfosäuren zu Phenolen bzw. Naphtholen, Umwandlung der Naphthylamine in Naphthole bzw. der Phenole, Naphthole und deren Sulfosäuren in Amine, Alkylierung, Arylierung und Acylierung, sowie durch Herstellung von o-Oxycarbonsäuren (durch Anlagerung von Kohlendioxyd an Phenole und Naphthole) erhält man wertvolle Zwischenglieder auf dem Wege zu den künstlichen Farbstoffen.

Von dem aromatischen Grundkohlenwasserstoff Benzol leiten sich z. B. primär und sekundär ab: Nitrobenzol bzw. Anilin, hiervon wieder Sulfanilsäure, p-Nitranilin, m- und p-Phenylendiamin, Benzidin, Phenol, Salicylsäure und Resorcin; vom Toluol: o- und p-Nitrotoluol, o- und p-Toluidin, o-Tolidin, m-Toluylendiamin, Benzylchlorid, Benzalchlorid, Benzaldehyd und Benzoësäure. Aus Naphthalin werden neben Phthalsäureanhydrid und Anthranilsäure die für die Azofarbstoffabrikation als Zwischenprodukte wichtigen Naphthol-, Naphthylamin- und Aminonaphtholsulfosäuren gewonnen.

Das Anthracen liefert das für die Indanthren- und Anthrafarbstoffe so wichtige Anthrachinon.

Nomenklatur der Teerfarbstoffe (Synonyme, Handelsmarken).

Die große und vielseitige Produktion der vielen Fabriken, die möglichst jedes ihrer Produkte unter einem eigenen Namen (der auch oft geschützt wird) herausbringen, hat zu einer für die Fabriken selbst, aber noch viel mehr für den Verbraucher, sehr schwierigen, komplizierten und oft verwirrenden Namengebung geführt. Aus sehr berechtigten Zweckmäßigkeitsgründen sind die Farbenfabriken bestrebt, Farbstoffe mit gleichen Verwendungszwecken unter Klassennamen zusammenzufassen, so daß die ersten Silben in vielen Fällen sowohl für die Verwendungsgebiete, in die ein Farbstoff gehört, als auch für die ihn erzeugende Firma charakteristisch sind. Leider werden diese Vorsilben nicht immer ausschließlich von einer Firma und für eine Farbstoffklasse gebraucht, doch ist für den Fachkundigen immerhin eine allgemeine Orientierung möglich.

In der später folgenden Aufzählung wird man finden, daß viele Farbstoffe von einer großen Anzahl verschiedener Firmen teils unter gleichen, teils auch verschiedenen Namen im Handel sind, also als Synonyme betrachtet werden müssen.

Zu dem eigentlichen Namen kommt dann noch die Markenbezeichnung hinzu, mit der die meisten Farbstoffe versehen sind. Während die Marke in manchen Fällen einfach die produzierende Firma anzeigt (wie B = BASF, K = Kalle, M = MLB), so ist sie doch meist bestimmt, den Farbton zu bezeichnen, so daß R = rot, B = blau, G = gelb bzw. grün, D = dunkel usw. bedeutet und eine Häufung, wie BB, 6B, 10B, eine weitere Nuancenverschiebung anzeigt. Auch hier herrscht keine Einheitlichkeit, sondern die Markenbezeichnung hat bei den einzelnen Firmen meist eine individuelle historische Entwicklung.

Viele andre Bezeichnungen haben Beziehung zu den Eigenschaften der Farbstoffe, so L = löslich, F, FF oder 0,00 = rein, S = Sulfosäure oder Bisulfitverbindung, P = pottingecht; oder zu ihrer Verwendung, so W = für Wolle, HW = für Halbwolle. Zusätze wie „extra“, „extra konz.“ beziehen sich auf die Farbstärke.

Der technische Begriff „Teerfarbstoff“.

Bekanntlich gibt es eine große Anzahl gefärbter organischer Verbindungen, die keine Farbstoffe sind; selbst von den eigentlichen Teerfarbstoffen sind zahllose praktisch unbrauchbar.

Neben ausreichender Farbstärke, möglichst billigem Herstellungspreis und einer Anzahl von unerläßlichen Echtheitseigenschaften muß ein Teerfarbstoff, der handelsfähig sein soll, mindestens eine der folgenden fünf Eigenschaften haben.

A. Wenn er in Wasser unlöslich ist, soll der Farbstoff:

1. aus seinen Komponenten auf der Faser darstellbar (Eisfarben, z. B. p-Nitranilinrot),
2. zur Darstellung von Lackfarben geeignet,
3. in organischen Lösungsmitteln löslich (Öl, Sprit usw.),
4. in wasserlösliche Verbindungen überführbar (Verküpung, Bisulfitverbindung usw.) sein.

B. Wenn er in Wasser löslich ist, soll der Farbstoff:

5. direkt oder auf Beizen färbbar sein oder durch Nachbehandlung der Färbung auf der Faser wertvolle Eigenschaften zeigen.

Bei dem großen Wettbewerb auf dem Gebiet der künstlichen organischen Farbstoffe ist der Weg eines neuen Farbstoffs vom Laboratorium bis in die Öffentlichkeit oft sehr lang. Hat der Farbstoff in der Versuchsfärberei, im Kalkulationsbureau, im Betriebsversuch standgehalten, ist es gelungen, ihm Patentschutz zu verschaffen, dann wird er erst mit Mustern und Prospekten der Kundschaft vorgelegt.

Stand der wissenschaftlichen Anschauungen.

Die Grundanschauung über die Natur der Teerfarbstoffe steht heute noch im wesentlichen auf dem Boden der WITTschen Chromophortheorie, die über 50 Jahre alt ist und zunächst von NOELTING, JULIUS, NIETZKI und dann weiter von vielen andern Forschern ausgebaut und erweitert wurde.

Nach den bisherigen Erfahrungen enthalten alle gefärbten (farbigen) organischen Verbindungen eine oder mehrere Atomgruppierungen mit doppelter Bindung, auf die die Färbung zurückgeführt werden kann. Ein technisch verwertbarer Grad der Färbung tritt aber meist erst auf, wenn derartige Gruppierungen an Benzolkerne gebunden sind. Die in den Farbstoffen enthaltenen farbgebenden Gruppen werden nach WITT Chromophore oder chromophore Gruppen genannt, die (insbesondre mit aromatischen Resten) zu den sog. Chromogenen führen. Aber auch diese Chromogene reichen nicht in allen Fällen aus, den Verbindungen den Charakter eines Farbstoffs zu verleihen. Vielmehr werden sie meist erst durch bestimmte salzbildende Gruppen, die sog. Auxochrome, weiter unterstützt und in wahre Farbstoffe übergeführt. Bucherer schlägt folgende Begriffsbestimmung für Chromogen, Chromophor und Auxochrom vor: „Unter Chromogenen versteht man solche mehr oder minder gefärbte oder selbst auch farblose organische, in der Regel aromatische Verbindungen, die mindestens ein Chromophor enthalten, und die erst durch die Einführung einer auxochromen (salzbildenden) Gruppe (Amino- oder Hydroxylgruppe) zu eigentlichen Farbstoffen werden, d. h. die Fähigkeit erlangen, die Faser anzufärben, womit gleichzeitig in der Regel auch eine erhebliche Vermehrung der Farbstärke verbunden ist.“ Beispiel: Im p-Amidoazobenzol, $C_6H_5 \cdot N = N \cdot C_6H_5NH_2$, sind 1. die chromophore Gruppe: $—N = N—$, 2. das Chromogen: $C_6H_5 \cdot N = N \cdot C_6H_5$ und 3. die auxochrome, salzbildende Gruppe: NH_2 enthalten.

Die Annahme, daß die Farbkraft der doppelte Bindungen enthaltenden chromophoren Gruppen durch die „innere Spannung des Moleküls“ erklärt werden kann, wird besonders dadurch gestützt, daß fast alle organischen Farbstoffe durch Hydrierung, d. h. reduzierende Wasserstoffzufuhr an die doppelten Bindungen, in farblose Körper übergeführt werden können, die an Stelle der doppelten Bindungen nunmehr einfache enthalten.

Zu den auxochromen Gruppen gehören außer der Amidogruppe ($—NH_2$) und der Hydroxylgruppe ($—OH$) vor allem die alkylierte Amido- oder Hydroxylgruppe ($—NHCH_3$, $—N(CH_3)_2$, $—NH(C_6H_5)$, $—N(C_6H_5)_2$, $—OCH_3$, $—OC_2H_5$ usw.).

Man unterscheidet zwei Arten von auxochromen Gruppen, die bathochromen (farbvertiefenden, -verdunkelnden) und die hypsochromen (farberhöhenden, -erhellenden). Die nachfolgenden beiden Schemen geben eine Übersicht über ihre Wirkungsweise:

1.

bathochrom ⟶ ⟵ bathochrom
⟵ hypsochrom hypsochrom ⟶
Gelb, Grün, Blau, Schwarz, Violett, Rot, Orange, Gelb

2.

bathochrom ⟶ ⟵ bathochrom
⟵ hypsochrom hypsochrom ⟶
Gelb, Olive, Braun, Rot, Orange, Gelb

Im allgemeinen wirken:

bathochrom: Amido-, Hydroxylgruppen, Salzbildung bei Phenolen ($—ONa$), Oxyalkylgruppen (wenig), Alkyl- und Arylgruppen, Auxochrome in cyklischer Bindung;

hypsochrom: Acylgruppen, wie $—CO \cdot CH_3$, $—CO \cdot C_6H_5$.

Über die genaue Formulierung der Molekularstruktur ist man sich bei vielen Farbstoffen noch nicht ganz im klaren. Oftmals spielen Tautomeriefragen mit hinein; mitunter muß man auch Nebenvalenzen (nach WERNER) annehmen, um eine den Eigenschaften entsprechende Formulierung zu erreichen. Vor allem auf dem Gebiete der Beizen und Lacke ist noch vieles ungeklärt.

Nach WERNER sind die Beizenfarbstoffe dadurch charakterisiert, daß sich bei ihnen eine salzbildende Gruppe und eine zur Bildung einer koordinativen Bindung mit dem Metall befähigte Atomgruppe in solcher Stellung zueinander befinden, daß ein „inneres Metallkomplexsalz" entstehen kann. Dies geschieht besonders leicht, wenn die Bedingungen für die Entstehung eines fünf- oder sechsgliedrigen Ringes günstig sind. Man kann also z. B. mit PFEIFFER und GRANDMOUGIN annehmen, daß der sehr säurebeständige rote Lack, den das Alizarin mit Tonerde und Calcium bildet, das „Türkischrot", folgende Konstitution hat:

[Strukturformel: Anthrachinongerüst (C=O oben und unten); am rechten Ring $-O\frac{Ca}{2}$ und O, das mit dem Carbonyl-O über $Al(OH)_2$ verbunden ist (punktierte Bindung zum Carbonyl-O)]

wobei die punktierte Bindung eine WERNNERsche Nebenvalenz bedeutet.

Die Einteilung der Teerfarbstoffe kann einerseits nach den Chromophoren in chemische Klassen geschehen, andrerseits kann man die Farbstoffe mit Rücksicht auf ihr färberisches Verhalten zu den Faserstoffen in bestimmte färberische Klassen einteilen.

Einteilung der Teerfarbstoffe nach chromophoren Gruppen.

(O. N. WITT, G. SCHULTZ und P. FRIEDLAENDER.)

1. Nitrosofarbstoffe. Obwohl die stark ungesättigte Nitrosogruppe $—N = O$ auch als solche schon ausreicht, aromatische Kohlenwasserstoffe zu färben, so sind die in Frage kommenden Farbstoffe ausschließlich Ortho-Oxynitrosoderivate, die sich in vielen Reaktionen wie Chinonoxime verhalten. Die etwa in Frage kommende Atomverschiebung wäre hier folgende:

$$C_6H_4\begin{matrix}OH\\NO\end{matrix} \rightleftarrows C_6H_4\begin{matrix}{=}O\\{=}N-OH\end{matrix}$$

2. Nitrofarbstoffe mit einer oder mehreren chromophoren Nitrogruppen $—N\begin{matrix}O\\O\end{matrix}$. Da der Farbstoffcharakter bei Nitrokohlenwasserstoffen nicht auftritt, sondern erst durch bestimmte auxochrome Gruppen ($—OH$, $—NH_2$) in der Orthostellung in die Erscheinung tritt, muß es dahingestellt bleiben, ob nicht eine Atomverschiebung zu einem Ortho-Chinonderivat anzunehmen ist:

$$C_6H_4\begin{matrix}OH\\NO_2\end{matrix} \rightleftarrows C_6H_4\begin{matrix}{=}O\\{=}N\begin{matrix}{=}O\\OH\end{matrix}\end{matrix}$$

3. Azofarbstoffe mit einer oder mehreren chromophoren Azogruppen, $—N = N—$, gewöhnlich in Verbindung mit zwei Benzolresten. Beispiel: salzsaures p-Amidoazobenzol:

$C_6H_5—N = N—C_6H_4—NH_2 \cdot HCl$ (Spritgelb, Anilingelb).

Die Azofarbstoffe bilden den größten Teil der künstlichen Farbstoffe und können in Mono-, Dis-, Tris-, Tetrakis-Azofarbstoffe sowie in primäre, sekundäre, tertiäre Azofarbstoffe, ferner in Amido-, Oxyazofarbstoffe usw. eingeteilt werden.

4. Azoxyfarbstoffe haben die chromophore Azoxygruppe:

$$-N\overset{O}{\text{—}}N- \quad \text{bzw.} \quad -\overset{O}{N}=N-$$

5. Azomethinfarbstoffe haben die chromophore Azomethingruppe:

$$\cdot\overset{H}{C}=N-$$

6. Stilbenfarbstoffe, $-\overset{H}{C}=\overset{H}{C}-$ als chromophore Gruppe.

7. Pyrazolonfarbstoffe sind Derivate des 5-Pyrazolons:

$$\begin{array}{ccc} H_2C\text{—}CH & & HC\text{—}CH \\ O=C \quad N & \text{bzw.} & HO\text{—}C \quad N \\ NH & & NH \end{array}$$

8. Azinfarbstoffe enthalten das Chromophor:

$$=N\text{—}N= \quad \text{oder} \quad \begin{array}{c}-N-\\ |\\ -N-\end{array} \quad \text{oder} \quad \begin{array}{c}-N-\\ |\\ -N-\end{array} \quad \text{bzw. den Azinring} \quad \begin{array}{c}-N=\\ \\ -N=\end{array}$$

Dieser Azin- oder Phenazinring geht mit aromatischen Kernen eine „Verschmelzung" ein und bildet dann das Chromogen. An den Bindungen ⊏ und ⊏ findet die Verschmelzung mit aromatischen Kernen (Benzol-, Toluol-, Naphthalinkernen usw.) statt: $\bigcirc\begin{array}{c}-N=\\-N=\end{array}$ oder $\bigcirc\begin{array}{c}=N-\\=N-\end{array}$, so daß die Chromogene beiderseitig von aromatischen Kernen umschlossen sind: $\bigcirc\begin{array}{c}-N=\\-N=\end{array}\bigcirc$ usw.

Ist eines der Stickstoffatome fünfwertig, so nennt man die Gruppe auch speziell Azoniumgruppe:

$$\begin{array}{c}-N-\\ \\ -N-\\ \wedge\end{array} \quad \text{bzw.} \quad \begin{array}{c}-N=\\ \\ -N=\\ \wedge\end{array} \quad \text{bzw.} \quad \begin{array}{c}-N=\\ \\ -N=\\ \wedge\text{——}/\end{array}$$

In die große Gruppe der Azinfarbstoffe gehören u. a. auch die Rosinduline, Safranine, Induline.

9. Die Oxazine unterscheiden sich von den Azinen dadurch, daß sie an Stelle eines Stickstoffatoms ein Sauerstoffatom enthalten:

$$\begin{array}{c}-O-\\ \\ -N=\end{array}$$

10. Die Thiazine enthalten wiederum an Stelle eines Stickstoffatoms ein Schwefelatom:

$$\begin{array}{c}-S-\\ \\ -N=\end{array}$$

11. Die Thiobenzenylfarbstoffe enthalten Schwefel, das an ein Kohlenstoffatom eines Benzolrings gebunden ist. Die chromophore Gruppe ist folgende:

$$\begin{array}{c}\text{——}S\\ \quad\quad >C\\ \text{——}N\\ \wedge\end{array}$$

12. Das Ketochromophor hat die Gruppierung: $=C=O$. Hierher gehören die Ketofarbstoffe.

13. Wird das Sauerstoffatom durch die Imidgruppe ersetzt, so resultieren die Ketimidfarbstoffe mit dem Ketimidchromophor: $=C=NH$ (auch Ketoniminfarbstoffe genannt).

14. Die Anthrachinonfarbstoffe sind auch Ketofarbstoffe im weiteren Sinne; sie enthalten das Anthrachinon- oder Chinoidchromophor mit Ringbildung:

```
┌CO┐
│  │
└CO┘
```

15. Eine andre Abart der Ketofarbstoffe enthält die durch das Flavon- oder Pyronchromophor charakterisierte Gruppe:

```
┌CO┐
│  │
└O─┘
```

16. Die Xanthonfarbstoffe werden durch das Xanthonchromophor gekennzeichnet, bei dem die Ringbildung durch ein Kohlenstoff- und ein Sauerstoffatom bewerkstelligt wird, während die vierte Kohlenstoffvalenz sehr verschiedene Radikale enthalten kann:

```
┌O─┐                      ⎛┌O──┐⎞
│  │   Xanthengruppe:     ⎜│   │⎟
└C═┘                      ⎝└CH₂┘⎠
 |
```

Hierher gehören die Pyronine, Succineine, Rhodamine usw.

17. Die Chinonimidfarbstoffe enthalten eine Keto- und eine Ketimidgruppe im Ringschluß:

```
┌─CO──┐
│     │
└─CNH─┘
```

18. Die Chinon-Diimid- oder die Diketimidgruppe hat folgende Gruppierung:

```
┌CNH┐
│   │
└CNH┘
```

19. Die Indigo- oder Indigoidfarbstoffe sind durch die Indigoidgruppe charakterisiert:

```
┌CO         CO┐
│  >C = C<    │     bzw.    —CO—C = C—CO—
└NH         NH┘                  |   |
```

Durch Ersatz der NH-Gruppe durch S entstehen die sog. Thioindigofarbstoffe:

```
—CO—C = C—CO—   (Monothioindigofarbstoffe),
    |   |
    S

—CO—C = C—CO—   (Dithioindigofarbstoffe).
    |   |
    S   S
```

20. Die Diphenylmethanfarbstoffe enthalten das Chromophor:

```
R     H
 >C<
R     N=
```

Die sich hiervon ableitenden Auramine (Amidodiphenylmethanabkömmlinge) können gleichzeitig als Ketimidfarbstoffe angesehen werden (s. 13):

$$\begin{matrix} R \\ R \end{matrix} \!\!> C = NH$$

wobei R zwei aromatische Radikale bedeuten.

21. Die Triphenylmethan- und Diphenylnaphthylmethanfarbstoffe sind durch das Chromophor charakterisiert:

$$\begin{matrix} R \diagdown & & \\ R - & C & - x \\ R \diagup & & \end{matrix}$$

wobei x verschiedene Atomgruppierungen (—N=, —O—, —O—CO— usw.) darstellen kann.

22. Die Acridin- und Chinolinfarbstoffe leiten sich von den gleichnamigen ringförmigen Basen ab und haben zum Chromophor die Gruppe:

$$\begin{matrix} —N= \\ | \quad\quad | \\ —CH= \end{matrix}$$

Die obenangeführten Hauptklassen können durch abhängige Unterklassen noch vermehrt werden; außerdem ist es möglich, manche Farbstoffe gleichzeitig mehreren Klassen zuzuteilen; aus diesem Grund entbehrt obige Aufstellung nach Gruppen und Klassen nicht einer gewissen Willkür.

Einteilung der Farbstoffe nach ihrem färberischen Verhalten.

Wenngleich letzten Endes der gesamte Chemismus eines Farbstoffs sein färberisches Verhalten bedingt, so geht diese Gesetzmäßigkeit doch nicht so weit, daß alle Farbstoffe einer und derselben Farbstoffgruppe oder Farbstoffe mit demselben Chromophor sich auch färberisch genau gleich verhalten. Mit andern Worten: Durch gewisse Reaktionen und Umsetzungen, die mit einem Farbstoff ausgeführt werden, braucht das Chromophor nicht verändert zu werden, während der färberische Charakter grundlegend verändert werden kann. Bekannte Beispiele hierfür sind der Indigo und das Indigocarmin, das Fuchsin und das Säurefuchsin. Der Küpenfarbstoff Indigo und der basische Triphenylmethanfarbstoff Fuchsin werden durch Sulfonieren, ohne daß sie dadurch in eine andre Chromophorgruppe versetzt werden, in färberisch vollständig andre Farbstoffe, in saure Farbstoffe, verwandelt. Ferner kommt es vor, daß auxochrome Gruppen die Herrschaft über chromophore Gruppen gewinnen und gewissen Farbstoffen einen andern färberischen Charakter verleihen, als die meisten Farbstoffe mit dem fraglichen Chromophor besitzen (Beizenfarbstoffcharakter bei Azofarbstoffen). Schließlich können Farbstoffe zugleich verschiedene Chromophore enthalten, von denen das eine oder andre Chromophor oder auch die auxochromen Gruppen den Haupteinfluß auf das färberische Verhalten ausüben können.

Diese zum Teil verwickelten Verhältnisse haben das Bedürfnis geweckt, neben der wissenschaftlichen Klassifizierung der Teerfarbstoffe (nach Chromophoren) auch eine der praktischen Applikation angepaßte Einteilung der Farbstoffe aufzustellen.

Die ersten bekannten Versuche, eine solche systematische Einteilung vorzunehmen, stammen von BANCROFT, der subjektive (bzw. substantive) und adjektive Farbstoffe unterschied. Die ersten färbten direkt, die letzteren mit Hilfe einer Beize. HUMMEL unterschied später monogenetische und polygenetische Farbstoffe, von denen die ersteren nur in einem Farbton, die letzteren in verschiedenen Farbtönen (mit verschiedenen Beizen) zu färben vermochten. Diesen mit der Zeit als unzureichend erkannten Systemen folgten andre, erweiterte; so dasjenige von Perger, Kertesz, v. Georgievics, Nietzki, Möhlau und Bucherer usw. Ein so großes grundsätzliches Interesse wie der wissenschaftlichen Einteilung kommt dieser Einteilung jedoch nicht zu. Von ihr ist aber vor allem eine Übersichtlichkeit für den Praktiker zu verlangen, der sich sofort einen klaren Begriff über die Art der Verwendung eines Farbstoffs machen muß. Zu diesem Zweck erscheint es empfehlenswert, die Unterklasseneinteilung zu vermeiden, wenngleich in Wirklichkeit nicht alle Klassen nebengeordnet sind. Durch ein einziges Stichwort ist der Hauptcharakter des färberischen Verhaltens wiederzugeben und vom Fachmann zu erkennen.

Einem solchen System entspricht etwa folgende Einteilung:

Direktfarbstoffe	Säurefarbstoffe	
	Salzfarbstoffe	
	basische Farbstoffe für tierische Faser	
Beizenfarbstoffe	basische Farbstoffe für pflanzliche Faser (Tanninfarbstoffe)	
	Metallbeizenfarbstoffe	
Entwicklungsfarbstoffe	auf der Faser regeneriert	Schwefelfarbstoffe
		Küpenfarbstoffe
	auf der Faser synthetisiert	unlösliche Azofarbstoffe
		Oxydationsfarbstoffe
		Kondensationsfarbstoffe

Pigmentfarbstoffe (Albumin-, Lackfarbstoffe).

1. Saure Farbstoffe (Säurefarbstoffe, auch schlechtweg Wollfarbstoffe genannt) sind solche Farbstoffe, die vor allem tierische Fasern in saurem bis starksaurem Bade färben, pflanzliche Fasern dagegen direkt nicht anfärben oder nur anschmutzen. Zu diesen gehören die Nitrofarbstoffe, ein großer Teil der Sulfosäuren von Mono- und Polyazofarbstoffen, die Sulfosäuren der Triphenyl- und Diphenylnaphthylmethanfarbstoffe, die Sulfosäuren der Indigoidfarbstoffe, der Anthrachinon-, Chinolin-, Azoniumfarbstoffe, die Hydrazin- und Pyrazolonfarbstoffe, die Chromotrope usw. Von den natürlichen Farbstoffen ist die Orseille hierher zu zählen.

Die Säurefarbstoffe werden ihrer Verwendung nach noch eingeteilt in gut egalisierende und Unifarbstoffe.

Sie kommen auch vielfach unter bestimmten Gruppennamen mit sich wiederholenden Präfixen in den Handel, an denen sie als sauer färbende Farbstoffe erkannt werden. Es ist hierbei nicht zu übersehen, daß sie teilweise gleichzeitig als Nachchromierungsfarbstoffe Anwendung finden können; in solchem Falle erhalten sie vielfach zu dem ersten Präfix das Affix „Chrom", z. B. „Radio"- und „Radiochrom"-Farbstoffe. Die am häufigsten vorkommenden Präfixe sind u. a.:

Acetyl-, Acido-, Acidol-, Adria-, Äthyl-, Ätz-, Agalma-, Akme-, Alizarin-, Alkali-, Alphanol-, Amido-, Amin-, Anthra-, Anthracen-, Anthrachinon-, Anthracyanin-, Anthracyl-, Anthranol-, Azo-, Azosäure-, Azur-, Azurol-, Benzal-, Benzyl-, Biebricher-, Brillant-, Brillantsäure-, Buffalo-, Cachemire-, Carbazolwoll-, Carbon-, Carmin-, China-, Chinolin-, Crocein-, Coomassie-, Crumpsall-, Cyananthrol-, Cyanin-, Cyanogen-, Cyanol-, Cyanthrol-, Cyper-, Direktbrillant-, Disulphin-, Domingo-, Duatol-, Echt-, Echtlicht-, Echtsäure-, Echtsulfon-, Empire-, Erio-, Excelsior-, Fast-, Florida-, Formyl-, Gallanil-, Guinea-, Heliosäure-, Hut-, Hydrazin-, Indisch-, Indo-, Janus-, Jute-, Kaschmir-, Keton-, Kiton-, Kresol-, Kupfer-, Laguna-, Lana-, Lanacyl-, Lanasol-, Lazulin-, Licht-, Lissamin-, Marine-, Mercerin-, Mercerol-, Methan-, Methanyl-, Methyl-, Milling-, Naphthacyl-, Naphthalen-, Naphthalin-, Naphthazin-, Naphthocyanin-, Naphthol-, Naphthosäure-, Naphthyl-, Naphthylamin-, Neolan-, Neotolyl-, Neptun-, Nero-, Nerol-, Neu-, Neutral-, Nigrogen-, Nitrazin-, Opalin-, Ortho-, Osfacid-, Osfanol-, Oxacid-, Oxysäure-, Palatin-, Papagei-, Patent-, Peri-, Phenylamin-, Phönix-, Polar-, Pontacyl-, Prima-, Pyrazin-, Radio-, Rein-, Säure-, Salicin-, Seiden-, Seto-, Solid-, Sorbin-, Sulfamin-, Sulfo-, Sulfon-, Sulfonsäure-, Supramin-, Tartra-, Tinten-, Tolan-, Toledo-, Tolyl-, Tuch-, Tyemond-, Uni-, Velour-, Viktoria-, Violamin-, Walk-, Wakefield, Woll-, Xylen- u. a. m.

2. Substantive Farbstoffe (Salzfarbstoffe, Benzidinfarbstoffe, direkte Baumwollfarbstoffe) sind solche Farbstoffe, die vor allem ungebeizte Baumwolle in neutralem oder alkalischem Bade anfärben; außerdem färben sie tierische Fasern direkt an, und zwar sowohl in neutralem und alkalischem als auch meist in schwachsaurem Bade. Infolge lackbildender Gruppen ist ein Teil dieser Farbstoffe gleichzeitig beizenfärbend.

In diese Farbstoffklasse gehören vor allem die meisten von Para-Diaminen (Benzidin, Tolidin, Toluylendiamin usw.) als Diazotierungskomponente sich ableitenden Dis-, Tris- und Tetrakisazofarbstoffe und die von der I-Säure als Kupplungskomponente sich ableitenden o-Oxy-Azo- sowie die Stilbenfarbstoffe; ferner einige schwefelhaltige, von Primulin abgeleitete Monoazofarbstoffe (Thiazolgelb, Claytongelb, Nitrophenin u. a.) und die Thiobenzenylfarbstoffe (Primulin usw.); geringere Primäraffinität zu ungebeizter Baumwolle zeigt auch ein Teil der Janusfarbstoffe (s. u. 3.). Substantiv färben schließlich auch einige Naturfarbstoffe (Orlean, Saflor, Curcuma, s. d.).

Im Handel sind für die substantiv färbenden Farbstoffe die verschiedensten Marken- oder Gruppennamen im Gebrauch, deren wichtigste und am häufigsten wiederkehrende Präfixe folgende sind:

Acetylen-, Alkali-, Amidazol-, Aminin-, Azidin-, Baumwoll-, Benzamin-, Benzidin-, Benzo-, Benzoecht-, Benzoin-, Benzolicht-, Brillant-, Brillantbenzo-, Brillantdianil-, Brillantecht-, Buffalo-, Carbid-, Catechu-, Chicago-, Chloramin-, Chlorantin-, Chlorazol-, Chromanil-, Coelamin-, Columbia-, Congo-, Cotton-, Cupramin-, Cupranil-, Diamin-, Dianil-, Dianilecht-, Dianol-, Dioxy-, Diphenil-, Direkt-, Duatol-, Eboli-, Echtbaumwoll-, Echthalbwoll-, Ergan-, Erganon-, Erie-, Formal-, Formanil-, Galloecht-, Glycin-, Halbwoll-, Helgoland-, Hessisch-, Janus-, Irisamin-, Isamin-, Kalt-, Kleider-, Kunstseide, Kunstseiden-, Kupfer-, Mezzalan-, Mikado-, Naphthalin-, Naphthamin-, Naphthoform-, Neoform-, Neu-, Neutral-, Niagara-, Oromin-, Osfamin-, Osfanil-, Oxamin-, Oxychlorazol-, Oxydiamin-, Paradiamin-, Paramin-, Paranol-, Patentdianil-, Pegu-, Phenamin-, Phenol-, Phenyl-, Pluto-, Polyphenyl-, Pontamin-, Pyramin-, Pyrazol-, Renol-, Resophenin-, Rosanthren-, Sambesi-, Sirius-, Solamin-, Solid-, St. Denis-, Stilben, Sulfanil-, Sultan-, Tabora-, Thiazin-, Tetranol-, Thiazol-, Tetrazo-, Thiamin-, Titan-, Tolamin-, Toledo-, Toluylen-, Triamin-, Triazol-, Trisulfon-, Triton-, Trona-, Union-, Universal- u. a. m.

3. Basische Farbstoffe (Tanninfarbstoffe) sind solche Farbstoffe, die tierische Fasern in neutralem oder schwachsaurem Bade direkt anfärben, auf Baumwolle und pflanzliche Fasern aber nur mit Hilfe von Tannin, Tanninantimonbeize u. ä. ziehen. Hierher gehören die Diphenyl-, Triphenyl- und Diphenylnaphthylmethanfarbstoffe, die basischen Azofarbstoffe, Azonium- (Janusfarbstoffe), Azin- (Safranine), Oxazin-, Thiazin-, Acridin-, Xanthenfarbstoffe (Rhodamine, Pyronine); ferner ein Teil der Keton- und Chinonimidfarbstoffe und als einziger natürlicher Farbstoff das heute nicht mehr verwendete Berberin (s. d.).

Die Farbstoffbezeichnung im Handel ist bei den basischen Farbstoffen wenig einheitlich. Zum großen Teil haben sich Einzelnamen der Triphenylmethanfarbstoffe u. ä. eingebürgert, weil sie zu den ersten künstlichen Farbstoffen gehören (Mauvein, Fuchsin, Violett, Malachitgrün usw.). Die am häufigsten wiederkehrenden Präfixe sind u. a.:

Acridin-, Äthyl-, Anilin-, Auro-, Azin-, Azo-, Azophenin-, Azur-, Basilen-, Brillant-, Brillantrhodulin-, Bismarck-, Buffalo-, Cachou-, Capri-, Cori-, Corio-, Corvolin-, Cresyl-, Diazin-, Diphen-, Echt-, Euchrysin-, Flavo-, Helvetia-, Janus-, Juchten-, Jute-, Leder-, Macoman-, Manchester-, Marine-, Methyl-, Methylen-, Naphthol-, Neu-, Neutral-, Para-, Paraphenylen-, Patent-, Rhodamin-, Rhodulin-, Rosol-, Saba-, Safranin-, Seiden-, Seto-, Solid-, Tannat-, Tannin-, Thio-, Toluylen-, Trypa-, Viktoria-, Vitolin-, Wasser- u. a. m.

4. Beizenfarbstoffe sind solche Farbstoffe, die tierische und pflanzliche Fasern mit Hilfe einer metallischen Beize anfärben (in neutralem oder saurem Bade). Unter dieser Klasse gibt es eine große Zahl von Vertretern, die auch ohne metallische Vor- oder Nachbeize — wenngleich nicht so echt — auf die Faser ziehen. Ausschlaggebend für den Beizenfarbstoff ist die Fähigkeit desselben, auf der Faser einen Metallack zu erzeugen sowie seine vorzugsweise praktische Verwendung mit Hilfe von Metallbeizen. Die Nachchromierungsfarbstoffe stehen in der Mitte zwischen den echten Beizenfarbstoffen und den sauren Farbstoffen und bilden eine besondre Unterklasse der Beizenfarbstoffe. Die Fähigkeit, mehr oder weniger leicht zersetzliche, unlösliche Lacke, d. h. komplexe Metallsalze zu bilden, ist eine konstitutive Eigenschaft des Farbstoffs, die fast stets an das Vorhandensein von zwei orthoständigen sauren Gruppen gebunden ist, in erster Linie an zwei Hydroxylgruppen (Alizarin-, Flavonfarbstoffe); doch zeigen auch Orthochinonoxime und o-Oxy-Azofarbstoffe aus Orthoamidophenolen ein ähnliches Verhalten. Demgemäß gehören in diese Gruppe vor allem die Oxyketon-, Oxychinon-, Flavon-, Xanthonfarbstoffe; ferner einige Azofarbstoffe (Beizengelb), einige Chinonimid-, Thiazin- (Brillantalizarinblau), Oxazin- (Gallocyanine), Triphenylmethanfarbstoffe (Chromviolett), die Chinonoxime, einige Phthaleine und Rosolfarbstoffe, sowie der größte Teil der Naturfarbstoffe (Blauholz, Rotholze, Gelbholz u. a. m.).

Die am häufigsten vorkommenden Guppennamen bzw. Präfixe der Beizenfarbstoffe des Handels, wobei Chromierungs- und Chrombeizenfarbstoffe nicht immer scharf voneinander zu unterscheiden sind, sind u. a. folgende:

Acidolchrom-, Acidolchromat-, Alizadin-, Alizarin-, Anachrom-, Anthracen-, Anthracenchrom-, Anthracenchromat-, Anthracensäure-, Anthrachinon-, Anthrachrom-, Anthrachromat-, Anthracylchrom-, Anthranol-, Autochrom-, Azoalizarin-, Azochrom-, Beizen-, Bichromin-, Brillantalizarin-, Brillantchrom-, Chrom-, Chromal-, Chromanthren-, Chromecht-, Chromat-, Chromazin-, Chromo-, Chromogen-, Chromotrop-, Chromoxal-, Chromoxan-, Chrompatent-, Chromsäure-, Corvan-, Cyanthrol-, Cyper-, Diademchrom-, Diamant-, Domingoalizarin-, Domingochrom-, Echtchrom-, Einbadchrom-, Erachrom-, Eriochrom-, Eriochromal-, Erweco-, Erwecoalizarin-, Florida-, Gallo-, Glauco-, Hutchrom-, Indoalizadin-, Indol-, Iso-, Isochrom-, Lanasol-, Lighthouse-, Madras-, Mercerol-, Metachrom-, Modern-, Monochrom-, Naphthacylchrom-, Naphthochrom-, Neolan-, Omega-, Omegachrom-, Osfachrom-, Oxychrom-, Palatinchrom-, Phenochrom-, Pontochrom-, Radiochrom-, Säurealizarin-, Säureanthracen-, Säurechrom-, Serichrom-, Solochrom-, Superchrom-, Supranol-, Tartra-, Toledo-, Tuch-, Tuchecht-, Ultra-, Vigoureux-, Violett-, Walk- u. a. m.

5. Schwefelfarbstoffe (Sulfinfarbstoffe) sind schwefelhaltige Farbstoffe, die eine Farbstoffgruppe von meist noch unaufgeklärter Konstitution bilden. Sie zeichnen sich besonders durch ihre Unlöslichkeit in Wasser, ihre Löslichkeit in Schwefelnatrium sowie die Bildung von Leukoverbindungen aus; sie färben ungebeizte Baumwolle in schwefelalkalischer Flotte an und sind für die Baumwollfärberei von großer Bedeutung.

Die wichtigsten Präfixe bzw. Gruppennamen sind hier:

Amidazol-, Aserol-, Auronal-, Autogen-, Claytonschwefel-, Direktsulfo-, Eklips-, Hydrosulfon-, Immedial-, Katigen-, Kryogen-, Melanogen-, Ortho-, Osfathion-, Pyranil-, Pyrogen-, Pyrol-, Schwefel-, Solid-, Sulfanilin-, Sulfin-, Sulfo-, Sulfogen-, Sulfurol- (Sulphurol-), Sulphur-, Thio-, Thiogen-, Thion-, Thional-, Thionol-, Thionon-, Thiophor-, Thioxin-, Vidal-, Vulcan- u. a. m.

6. Küpenfarbstoffe haben als gemeinschaftliches Hauptcharakteristikum die Eigenschaft, daß sie unlöslich sind, in reduziertem — teilweise farblosem — Zustande (als Leukoverbindung) auf die Faser ziehen und dann erst zum Farbstoff oxydiert werden. Ihr Prototyp ist der Indigo mit dem charakteristischen Indigoidchromophor. Auch das alte Indophenolblau gehört in diese Gruppe. In neuerer Zeit ist eine große Zahl von Indigoidfarbstoffen auf den Markt gebracht worden, deren Bedeutung stetig wächst. Sehr viele komplizierte Anthrachinon- und verwandte Farbstoffe haben sich färberisch auch als echte Küpenfarbstoffe erwiesen (Indanthren-, Helindon-, Algol-, Hydronfarbstoffe usw.).

Die hier am häufigsten vorkommenden Gruppennamen und Präfixe sind u. a.:

Algol-, Alizarinindigo-, Anthra-, Caledon-, Caledonian-, Chloranthren-, Ciba-, Cibanon-, Duranthren-, Durindon-, Erwecoküpen-, Grelanon-, Helindon-, Hydranthren-, Hydron-, Indanthren-, Indigo-, Küpen-, Leukol-, Thioindigo-, Thioindon-, Wollküpen- u. a. m.

7. Entwickelte Azofarbstoffe (Eis-, Ingrainfarbstoffe, unlösliche Azofarbstoffe, Diazotierungsfarbstoffe, Kupplungsfarbstoffe). Diese auf der Faser synthetisch erzeugten Farbstoffe werden durch Diazotierung von Amidoverbindungen und Kupplung mit bestimmten Komponenten auf der Faser selbst erzeugt. Solche Amidoverbindungen können bereits selbst substantive Amidoazofarbstoffe sein, die auf der Faser weiter diazotiert und gekuppelt werden; es können auch ungefärbte Komponenten sein, die erst durch Diazotierung und Kupplung Farbstoffe ergeben. Hierher gehören z. B. Amidoazofarbstoffe aus Paradiaminen (z. B. Diaminschwarz), Paranitranilin (und das hieraus erzeugte Pararot, Alphanaphthylamin und die aus Naphthol AS erzeugten Farbstoffe (Griesheimer Rot usw.).

Ältere technische Färbungen dieser Art sind außer einer großen Zahl von diazotierbaren Amidoazofarbstoffen und den erwähnten Paranitranilinrot- und Naphthol-AS-Entwicklungsfarbstoffe u. a. noch: Azophorrosa, Dianisidinblau, Benzidinbraun, Metanitranilinorange, Paranitroorthoanisindinrot, Chloranisidinorange u. a. m.

Häufiger vorkommende Präfixe von Diazotierungs- und Entwicklungs- sowie sonstigen ausgesprochenen Nachbehandlungsfarbstoffen sind u. a.:

Diazotierungsfarbstoffe: Aminogen-, Anthranil-, Benzaminazo-, Diaminazo-, Diaminogen-, Diazamino-, Diazanil-, Diazo-, Diazoecht-, Diazogen-, Diazolicht-, Indigen-, Naphthaminazo-, Naphthogen-, Oxydiamin-, Oxydiaminogen-, Renolamin-, Renolazin-, Rosanthren-, Sambesi-, Tetramin-, Titaningrain-, Tolidin-, Toluylen-, Triazogen-, Triazol-, Triton- u. a. m.

Kupplungsfarbstoffe: Azogen-, Azophor-, Benzonitrol-, Chlorazol-, Chromanil-, Diaminnitrazol-, Dianilecht-, Diazanil-,, Diazo-, Montana, Neutoluylen-, Nitramin-, Nitranil-, Nitrazo-, Nitrazogen-, Nitrazol-, Nitrophenyl-, Oxamin-, Oxydiamin-, Paradiamin-, Paragen-, Paranil-, Paranitranilin-, Paranol-, Paraphor-, Parazol-, Pluto-, Renolazin-, Toluylen-, Triazogen-, Triazol-, Triton u. a. m.

8. Oxydationsfarbstoffe unterscheiden sich von den Küpenfarbstoffen dadurch, daß das farblose Ausgangsmaterial nicht auf die Faser zieht. Sie werden vielmehr 1. im Bade selbst zur Oxydation gebracht und so von der Faser aufgenommen oder 2. auf das Fasermaterial in Form der farblosen Ausgangsbase mechanisch aufgeklotzt oder aufgepflatscht. Die so durch Imprägnierung aufgebrachte Leukoverbindung wird nachträglich oxydiert. Hierher gehören nur wenige Farbstoffe: das Anilinschwarz aus der Anilinbase, das Diphenylschwarz aus der Diphenylschwarzbase P oder aus dem Diphenylschwarzöl DO, das Ursol, das Paraminbraun aus dem Paramin (Para-Phenyldendiamin) und wenige andre.

Die am häufigsten vorkommenden Gruppennamen sind hier u. a.:
Elektrol-, Fantol-, Furrein-, Furrol-, Nako-, Pelz-, Ursol- usw.

9. Öl- und spritlösliche Farbstoffe. Die ersteren finden bis jetzt in der Textilindustrie keine Verwendung, die letzteren nur wenig. Bekanntere Gruppennamen sind hier u. a.:

Aliphat-, Brillantfett-, Cerasin-, Cerotin-, Fett-, Indonfett-, Moti-, Öl-, Pyronal-, Sprit-, Sudan-.

10. Die Lackfarbstoffe gehören ihrer Zusammensetzung und Verwendung nach nicht zu den eigentlichen Teerfarbstoffen, sondern zu einer besondren Gruppe der Lacke, die als vorgebildete Präparate in der Textilveredlungsindustrie eine geringe Rolle spielen. Färberisch könnte man sie in die Klasse der Albumin- oder Pigmentfarbstoffe zusammen mit allen andern Pigmenten rechnen, die mit Hilfe eines mechanisch fixierenden Hilfsmittels (Albumin, Casein usw.) auf die Faser (meist auf dem Wege des Zeugdrucks) gebracht werden. Hierher würden neben Farbstofflacken alle organischen und anorganischen Pigmente (Metallfarbstoffe in vorgebildeter Form usw.) zu zählen sein.

Gruppennamen von Pigment- und Lackfarbstoffen sind u. a.:

Astazin-, Autol-, Brillanthelio-, Cellitecht-, Celiton-, Ceres-, Echtlack-, Excelsiorlack-, Graphitol-, Grela-, Hansa-, Helio-, Heliochrom-, Helioecht-, Lack-, Lithol-, Litholecht-, Normal-, Permanent-, Pigment-, Primazin-, Radial-, Sirius-, Sitara-, Sitarol-, Sudan-, Tuscalin u. a. m.

11. Zu einer **Mischklasse** kann man schließlich alle Farbstoffe rechnen, die ausgesprochen verschiedenen färberischen Gruppen angehören, die also z. B. gleichzeitig substantiv- und beizenfärbend bzw. substantiv-, sauer- und beizenfärbend sind od. ä. Solcher Farbstoffe gibt es eine große Zahl; die meisten sind gleichzeitig sauer- und beizenfärbend, wie dies z. B. bei den Nachchromierungs- oder Monochromfarbstoffen der Fall ist. Janusfarbstoffe [I. G.] früher (Höchst) sind Halbwollfarbstoffe, deren Verwendbarkeit sowohl für pflanzliche als auch für tierische Faser ihnen den Namen eingetragen hat. Die Frage, ob ein Farbstoff der Mischklasse zuzurechnen ist oder einer der Klassen, der er vorzugsweise angehört, wird oft schwer zu entscheiden sein, ist aber von grundsätzlich geringer Bedeutung.

Zur Mischklasse gehören färberisch vor allem auch ausgesprochene Halbwollfarbstoffe. In letzter Zeit hat man sich auch besonders bemüht, Farbstoffe zu schaffen, die möglichst alle Fasern in gleicher Tiefe anfärben. Solche Farbstoffe sind besonders für die Kleiderfärberei und die Hausfärberei (BRAUNSsche Farben) von großer Bedeutung. Von Gruppennamen seien hier u. a. erwähnt:

Citocol-, Duatol-, Halbwoll-, Triatol-, Union-, Universal-, Vegamin-, Wilbrafix- u. a. m.

12. **Druckfarbstoffe.** Einzelne für den Zeugdruck besonders bestimmte Farbstoffe bilden gewissermaßen wieder eine kleine Untergruppe. Sie werden zum Teil auch durch bestimmte Präfixe kenntlich gemacht:

Acidoldruck-, Äthyl-, Ätz-, Anthracyanin-, Aserol-, Auro-, Auronal-, Azophor-, Betanol-, Brillantalizarin-, Brillantchrom-, Brillantdelphin-, Brillantcresyl-, Calico-, Carbidecht-, Chromal-, Chromecht-, Chrom-, Chromo-, Cori-, Corio-, Cresyl-, Delphin-, Druck-, Echtdruck-, Ergan-, Erganon-, Ferrodruck-, Gallo-, Helindondruck-, Indanthrendruck-, Indol-, Marcoman-, Modern-, Neuätz-, Neudruck-, Phenochrom-, Rapidecht-, Soliddruck-, Tannat-, Tannatecht-, Tanninätz-, Tannitindigo-, Tartra-, Tetranol-, Thioindigodruck-, Toluylen-, Ultra-, Ultralicht-, Vigoureux-, Vigoureuxecht-, Violett-, Walk-, Wollätz-, Wolldruck- u. a. m.

13. **Acetatseiden-(Celanese)-Farbstoffe:** Acedronale, Acedronole, Acetat-, Acetyline, Azanile, Acetole, Azole, Azonile, Azonine, Azoninecht-, Celanese-, Cellit-, Cellitazol-, Cellitecht-, Celliton-, Cellitonecht-, Cellutyl-, Cellutylecht-, Cibacet-, Cibacetdiazo-, Dispersol-, Duranol-, Jonamine, Septacyl-, Setacyl-, Setacyldirekt-, Silkone, Solamine, S.R.A.-(sulpho-ricinoleic-acid-Farbstoffe), Tanno-.

S.R.A.-Farbstoffe der British Celanese Ltd. werden mit Türkischrotöl angefärbt. (Man verrührt sie mit Sulfofettsäure oder ihrem Ammonium- bzw. Alkalisalz, kocht mit Wasser und filtriert in das Färbebad.)

Der größte Teil der vorgenannten Acetatseidenfarbstoffe gehört keiner der Gruppen 1—12 an, sondern ist nach der früheren Auffassung in das Gebiet der Zwischenprodukte zu rechnen. Es sind dies vor allem Substitutionsprodukte des 1-(α)-Amino-anthrachinons, insbesondre Derivate des Diamino- und Amino-oxy-anthrachinons, z. B.: 1-Amino-4-oxy-anthrachinon (= rot), 1, 4-Diamino-anthrachinon (= violett) und 1-, 4-, 5-, 8-Tetraamino-anthrachinon (= blau).

Verzeichnis der zur Zeit bestehenden Teerfarbenfabriken

(mit den in der Literatur[1] üblichen Abkürzungen in eckigen Klammern).

[AAP]	Amercican Aniline Products Inc., New York.
[AB]	A. Blanchon, Carmin d'Indigo, Lyon (früher Blanchon & Allegret).
[ACC]	Alliance Colour and Chemical Co. Ltd., Broadheath bei Manchester.
[AD]	Albert David Chemical Co., 44 Watt's Street, New York City.
[ADC]	American Dyewood Co., 100 E. 42nd Street, New York City.
[Adler]	Adler-Farbenwerke und Chemische Fabrik A.-G., Essen (Rheinland).
[AJ]	Ajax Aniline Dye Manufacturing Co. Ltd., London.
[AT]	Atlantic Dyestuff Co., Portsmouth, N. H.

[1] Farbstofftabellen von G. SCHULTZ und L. LEHMANN; Colour-Index, Bradford u. a. m.

[AV] Verein für chemische und metallurgische Produktion, Werk Aussig (Tschechoslowakei).

[BACo] bzw. [BAC] The British Alizarine Company, Limited, Silvertown Victoria Docks, London E. und Trafford Park (gegr. 1882).

[BCC] British Celanese Ltd., Spondon bei Derby.

[BDC] bzw. [Bri] British Dyestuffs Corporation, Ltd., Huddersfield und Blackley bei Manchester.

[BDW] British Dyewood Co. Ltd., Glasgow.

[BE] C. vom Bauer in Elberfeld (gegr. 1869).

[BEL] J. C. Bottomley and Emerson, Ltd., Huddersfield.

[BJ] Butterworth-Judson Corp., 30. Church Street, New York City.

[Bm] Gebr. Broemme in Leningrad (Petersburg W. O. 12), gegr. 1893.

[BR] bzw. [Br] Brotherton & Co. Ltd., Port Rainbow, Bromborough Port bei Birkenhead.

[Bra] Brassard & Crawford, Wakefield (Engl.).

[Brauns] Wilhelm Brauns, G. m. b. H., Anilinfarbenfabriken in Quedlinburg i. Harz (gegr. 1874).

[Bredt] F. Bredt & Co., in New York und Philadelphia; Fabrik: Union Course L. J.

[BV] Beaver Chemical Co., Inc. Damascus, Va.

[CC] Consolitaded Colour and Chemical Co., Newark, N. J., und Brooklyn, N. Y.

[CCA] Chemical Company of America, Springfield, N. Y.

[CCC] Calco Chemical Co., Bound Brook, N. J.

[CCW] Cincinnati Chemical Works Inc., Cincinnati, Ohio (Hilfsfirma von [G], [J] und [S]).

[CD] Central Dyestuff and Chemical Co., Newark, N. J.

[CF] Cooks Falls Dye Works, Cooks Falls, N. Y.

[CHC] Cutler Hill Colours and Chemicals Ltd., Failsworth, Manchester.

[ClCo] The Clayton Aniline Company, Limited, in Clayton bei Manchester (gegr. 1876); s. [J].

[CN] Compagnie Nationale de Matières Colorantes et Manufactures de Produits Chimiques du Nord réunies Etablissements Kuhlmann, 11 Rue de la Baume, Paris.

[CO] Commonwealth Colour and Chemical Co., Nevins, Butler and Baltic Sts., Brooklyn, N. Y.

[CV] Colne Vale Chemical Co., Milnsbridge bei Huddersfield.

[D] Dow Chemical Co., Midland, Michigan.

[DH] Durand, Huguenin & Co., A. G. in Basel (gegr. von L. Durand & Huguenin 1871, als Akt.-Ges. 1900); Fabriken: Basel, Hüningen i. E. und St. Fons bei Lyon. Interessengemeinschaft mit der I. G.

[Dörr] Gustav Dörr & Co., Frankfurt a. M. (gegr. 1869).

[DPC] Dye Products and Chemical Co. Inc., Newark, N. J.

[DuP] Du Pont de Nemours & Co., E. J., Wilmington, Delaware.

[E] Essex Aniline Works, 88 Broad Street, Boston, Mass.

[FA] Farbwerk Ammersfoort (gegr. 1888) in Ammersfoort (Holland), früher Pick, Lange & Co.

[FB] Fabrique Belge de Couleurs d'aniline, Paul Entrop, früher A. Wiescher & Co., Suc[rs] in Haren in Belgien (s. [AW] bzw. [DW]).

[Feurstein] Dr. Carl Feurstein, Crefeld.

[G] bzw. [Gy] Anilinfarben- und Extract-Fabriken vormals Joh. Rud. Geigy in Basel (gegr. 1764, seit 1859 Anilinfarben, mit J. J. Müller & Co. vereinigt 1863); Fabriken: Basel, Grenzach (Baden), Moskau und Maromme-les Rouen.

[GA] Garfield Aniline Works, Garfield, N. J.

[GB] Glover Bros. (Leeds) Ltd., Wortley Low Mills, Wortley, Leeds.

[GCC] Grasselli Chemical Co., Albany and 117 Hudson Street, N.Y. (Vereinigt mit Hudson River and Aniline Colour Works, Albany N.-J.)

[GDC] Gray's Dyes and Colours Ltd., Grays, Essex.

[Ge] A. George in Campdeville bei Beauvais (früher zusammen mit Patry in Puteaux).

[HAC] Holland Aniline Dye Co., Holland, Michigan.

[Hasenclever] Hasenclever in Lodz-Pabianice.

[J. Hauff] bzw. [J. H] J. Hauff & Co., G. m. b. H., Feuerbach in Württbg.

[Hem] Hemingway Co., New York.

[HM] Heller & Merz Co., American Ultramine and Globe Aniline Works, 55 Maiden Lane New York (gegr. 1869, als Teerfarbenfabrik seit 1882), Newark, N. J.

[HP] Hickson & Partners Ltd., Castleford.

[I. G.] I. G. Farbenindustrie Aktien-Gesellschaft, Frankfurt a. M., Höchst a. M., Leverkusen b. Köln a. Rh., Ludwigshafen a. Rh., entstanden 1925 durch Vereinigung der Farbenfabriken: Aktiengesellschaft für Anilinfabrikation, Berlin [A]; Badische Anilin- und Sodafabrik, Ludwigshafen a. Rh. [B]; Farbenfabriken vorm. Fr. Bayer & Co., Leverkusen [By]; Leopold Cassella & Co., G. m. b. H., Frankfurt a. M. [C]; Carl Jäger, G. m. b. H., Anilin-Farbenfabrik, Düsseldorf-Derendorf [CJ]; Chemische Fabrik Griesheim-Elektron, Frankfurt a. M. [Gr-E]; Kalle & Co. A.-G., Biebrich a. Rh. [K]; Farbwerk Mülheim vorm. Leonhardt & Co., Mülheim a. M. [L]; Farbwerke vorm. Meister Lucius & Brüning, Höchst a. M. [M]; Chemische Fabriken, vorm. Weiler ter Meer, Ürdingen [t. M.]; Wülfing, Dahl & Co., A.-G., Barmen und Elberfeld [WDC] und R. Wedekind & Co., G. m. b. H., in Ürdingen (Niederrhein) [RW & Co.]. Die stillgelegten Fabriken [CJ] und [RW & Co.] kommen zur Zeit für die Farbenfabrikation nicht in Betracht, dienen aber als Verkaufsorganisationen der I. G.

Verkaufsgemeinschaft für Farbstoffe und Färbereihilfsprodukte:

1. Verkaufsgruppe: I. G. Farbenindustrie A. G. Ludwigshafen a. Rh. für die Länder: Albanien, Bulgarien, Cypern, Griechenland, Jugoslawien, Liechtenstein, Malta, Rhodos, Rumänien, Schweiz, Ungarn, Arabien, China, Indochina, Japan, Mesopotamien, Niederländ. Indien, Palästina, Persien, Philippinen, Siam, Straits Settlements, Syrien, Türkei, ganz Afrika ausschließlich Algerien.

2. Verkaufsgruppe: I. G. Farbenindustrie A. G. Frankfurt a. M. für die Länder: Belgien, England, Frankreich, Italien, Luxemburg, Portugal, Saargebiet, Spanien, Afghanistan, Birma, Brit. Indien, Australien, Neuseeland, Südamerika.

3. Verkaufsgruppe: I. G. Farbenindustrie A. G. Höchst a. M. für die Länder: Dänemark, Estland, Finnland, Lettland, Litauen, Norwegen, Österreich, Polen, Rußland, Schweden, Tschechoslowakei, Canada, Mexiko, Mittelamerika, Vereinigte Staaten von Nordamerika, Westindische Inseln.

4. Verkaufsgruppe: I. G. Farbenindustrie A. G. Leverkusen b. Köln für die Länder: Deutschland, Holland.

[J] bzw. [SCI] Gesellschaft für Chemische Industrie in Basel (seit 1885). Ging hervor aus der 1864 von A. Clavel gegründeten Fabrik, aus welcher die Firma Bindschedler & Busch (s. [Bi]) entstand (1873 bis 1884), aufgenommen wurde später A. Gerber & Co. (s. [Gb]) und die Basler chemische Fabrik in Basel (s. [BCF]); Fabriken in Basel, Kl.-Hüningen, Monthey (Wallis), frühere elektrochemische Fabrik, St. Fons (Frankreich), The Clayton Aniline Co., Clayton b. Manchester (s. [ClCo]), Pabianicer A.-G. für chemische Industrie, Pabianice (Polen).

[JC] J. Campbell & Co., Dyes made by Amalgamated Dyestuff a. Chemical Works, Inc., Newark, N. J. (früher J. Campbell & Co., New York).

[JCO] bzw. [Ox] J. C. Oxley's Dyes & Chemicals Ltd., Dewsbury, Yorks.

[JD] Industrial Dyestuff Co., Providence, R. L.

[JDC] Japan Dyestuff Manufacturing Co., Osaka, Japan.

[JR] James Robinson & Co., Ltd., Hillhouse Road, Huddersfield.

[JSY] J. S. Young & Co., Hannover (Naturfarbstoffe und Tanninextrakte).

[JWC] Jacques Wolf & Co., Passaic, N. J.

[JWL] J. W. Leitch and Co. Ltd., Milnsbridge Chemical Works, Huddersfield.

[Ki] Kinzlberger & Co. in Prag (gegr. 1819, als Teerfarbenfabrik seit 1886).

[KM] Kerin Manufacturing Co., Merietta, Ohio.

[KS] E. C. Klipstein and Sons Co., South Charleston, W. Va.

[LBH] bzw. [Hol] L. B. Holliday and Co. Ltd., Huddersfield (Engl.).

[LC] Lamie Chemical Co., 41. Street and Baltimore and Ohio R. R., Huntington, W. Va.

[LD] S. A. Ledoga, Milano (früher Lepetit, Dollfus u. Gansser, Susa, Italien.

[LJ] Laroche & Juillard Successeurs in Lyon (früher Laroche, Ruegg & Co., H. Ruegg & Co.) (gegr. 1824).

[Maj] Major & Co., Air Street Works, Hull.

[MC] Mabboux & Cammell, Lyon-Vaise & l'Hôpital s. Rhins (Loire). (Früher: A. Sévoz & Boasson.)

[MDW] Mitsui & Co., Milike Dye Works, Omuta, Japan.

[MF] Manufacture Française de Couleurs d'Aniline, Vieux-Condé (Nordfr.).

[MLy] Manufacture Lyonnaise de Matières colorantes Société Anonyme in Lyon (s. [C]) (gegr. 1885), entstanden aus der Fabrik von Henriet, Roman & Vignon, welche aus der Firma Guinon, Marnas & Bonnet (s. [GM]) hervorgegangen ist.

[NAC] bzw. [Nat] National Aniline & Chemical Co., Inc., Buffalo und New York, jetzt verschmolzen mit W. Beckers, Aniline and Chemical Works, Brooklyn N.-J., Schoellkopf, Hartford & Hanna Co., Buffalo, N.-J., Standard Aniline Co., General

	Chemical Co. usw., unter der Firma: The Allied Colour and Chemical Co., New York.
[NBC]	North British Chemical Co., Fairfield Road Works, Droylsden, Manchester.
[NCC]	Noil Chemical & Colour Works, Inc., N. Y.
[NCW]	Newport Chemical Works, Inc., Passaic, New Jersey.
[NE]	New England Aniline Works, Ashland, Mass.
[NF]	Niederländische Farben- und Chemikalienfabrik Delft (gegr. 1897; früher — seit 1892 — Kullmann & Rapp); Fabriken in Delft und Lodz (Sachs & Co.).
[NJ] bzw. [NI]	Chemikalienwerk Griesheim G. m. b. H. (früher Farbwerk Griesheim a. M. Noetzel, Istel & Co. und Marx & Müller) in Griesheim a. M. (gegr. 1881).
[NVF]	Niederländische Fabriek van Chemische Producten, Schiedam, Holland.
[NY]	New York Colour and Chemical Co., Belleville, N. J.
[Oeconomides]	S. A. Oeconomides & Co., Farbwerke in Piräus (gegr. 1883).
[Ostromovy]	Gebrüder Ostromovy, Moskau (s. [J.].
[OW]	Oliver, Wilkins & Co., Ltd., Traffik Street and Siddals Road, Derby.
[P] bzw. [StD]	Société Anonyme des matières colorantes et produits chimiques de St. Denis (Seine), entstanden durch Vereinigung der Etablissements A. Poirrier (gegr. 1830) und G. Dalsace (gegr. 1843), Paris, 105 Rue Lafayette.
[Pabianice]	Pabianicer Aktiengesellschaft vorm. Schweikert & Fröhlich, früher Schweikert & Resiger, jetzt Filiale von [J].
[PAC]	Palatine Aniline & Chemical Corp., Poughkeepsie, New York.
[Par]	Paragon Chemical Co., Ltd., Baxenden b. Acerington.
[PCC]	Peerless Colour Co., Inc., 521—535 North Avenue, Plainfield bzw. Bound Brook, N. J.
[PhC]	Pharma-Chemical Corporation, Bayonne, N. J.; 1564 bis 1570 Woolworth Building, New York.
[Richter]	F. Richter in Lille (Nord) (gegr. 1849).
[Rn]	A. Rahtjen, Hamburg.
[Rob]	James Robinson & Co., Ltd., Huddersfield.
[RW & Co] bzw. [RW], jetzt [IG]	R. Wedekind & Co. m. b. H. in Ürdingen (Niederrhein). Nach Mitteilung der I. G. zur Zeit stillgelegt.
[S]	Chemische Fabrik vorm. Sandoz in Basel, gegr. 1887 als „Kern & Sandoz“ 1893 Kommanditgesellschaft Chemische Fabrik Sandoz & Co., 1895 Chemische Fabrik vorm. Sandoz A.-G.
[SAPC]	Société Alsacienne de Produits Chimiques, früher: Fabriques de Produits Chimiques de Thann et de Mulhouse in Mülhausen i. E. [FTM].
[SCL]	Società Chimica Lombarda. A. E. Bianchi e. C., Rho, Italien.
[SDC]	Scottish Dyes Ltd., Grangemouth.
[Seitz]	Gebr. Seitz, Frankfurt a. M.
[Sipe]	Sipe-Bonelli-Italica, Mailand (8), Italien, früher [JCA] = Società Italica di Colori artificiali.
[SNCAP]	Société Nouvelle de Couleurs d'Aniline de Pantin, 9 Rue du Congo, Pantin (Seine), früher [RF] = J. Ruch & Fils.
[Sniechowcki]	Sniechnowcki, Hordliczka & Co. in Zgierz.
[StCl]	Compagnie Française de Produits Chimiques et Matières Colorantes de St. Claire du Rhône, Isère.

[SW] Sherwin-Williams Co., 292 Maddison Avenue, New York City.
[T] Tarrasa Chemische Fabriken, Tarrasa, Spanien.
[TMC] Tower Manufacturing Co., Inc., Brooklyn, N. Y., und Newark, N. J.
[TX] Texdel Chemical Co., 136 Water Street, New York City.
[Uni] United States Color & Chemical Co.
[USSR] Union der Sozialistischen Räte-Republiken (Rußland), s. besondre Aufstellung am Ende dieser Tabelle.
[V] bzw. [Vi] Vidal Syndicate, London.
[v. Heyden] bzw. [VH] Chemische Fabrik von Heyden A. G., Radebeul bei Dresden; Fabriken: Radebeul und Weissig b. Großenhain i. Sa.
[VSt] Société des Etablissements Steiner, Vernon (Eure), früher Victor Steiner, Vernon (Eure); Fabrik: St. Marcel b. Vernon.
[W] Williams Brothers & Co., Hounslow Middlesex (gegr. 1877); hervorgegangen aus der Firma Williams Thomas & Dower bzw. Thomas & Dower, jetzt Williams Ltd., Hounslow Middlesex.
[WCC] Williamsbury Chemical Co., Brooklyn, N. Y.
[WSS] W. S. Simpson, The British Aniline Dye and Chemical Works, Old Southgate, London.
[WY] Wyoming Dyestuff and Chemical Co., Scranton, Pa.
[YDC] Yorkshire Dyeware and Chemical Co. Ltd., Leeds.
[Z] Zinsser & Co., Inc., Hastings on Hudson, N. Y.

Hierüber die Staatsfabriken der USSR.:

I. Koksobenzol (Herstellung der ersten Zwischenprodukte);
II. Chimugolj (Herstellung von Zwischenprodukten);
III. Anil-Trust (Herstellung von Zwischenprodukten und Farbstoffen), besteht aus drei älteren Fabriken:
1. Derbjenewsky Sawod (ehem. Filiale der Höchster Farbwerke Moskau) (Zwischenprodukte und Farbstoffe),
2. Butyrsky Sawod (ehem. Filiale der B. A. S. F. in Moskau) (Zwischenprodukte und Farbstoffe),
3. Kineschmsky Sawod in Kineschma a. d. Wolga (Zwischenprodukte)

und drei neueren Fabriken, die erst während des Weltkrieges entstanden sind:
1. Trechgorny Sawod (Zwischenprodukte),
2. Dorogomilovsky Sawod (Zwischenprodukte),
3. Wladimirsky Sawod (anorganische Hilfsprodukte und Naphthadestillation).

Zusammenstellung der wichtigsten Teerfarbstoffe nach Gruppen.

Abkürzungen der Fasertoffe und Färbeverfahren in der nachfolgenden Zusammenstellung der Teerfarbstoffe.

Für die Faserstoffe sind folgende, nicht eingeklammerte Abkürzungen gewählt:

BW. = Baumwolle. Wo. = Wolle. S. = Seide. HWo. = Halbwolle (Wolle mit Baumwolle). HS. = Halbseide (Seide mit Baumwolle). Gl. = Gloria (Wolle mit Seide).

Die für Baumwolle gegebenen Daten beziehen sich im allgemeinen auch für die andern pflanzlichen Faserstoffe (Flachs, Hanf, Ramie usw.).

Für die Färbeverfahren sind folgende, in runden Klammern stehende Abkürzungen gewählt:

a) Beim Färben der Baumwolle:

(TV) = Tanninvorbeize. (TN) = direkte Färbung und Nachbehandlung mit Tanninbrechweinstein. (D) = direkte Färbung. (DD) = direkte Färbung, durch Dämpfen entwickelt. (S) = direkte Färbung, mit Solidogen entwickelt. (Cr) = direkte Färbung, mit Chromoxydsalz entwickelt. (KCr) = direkte Färbung, mit Kupfervitriol und Bichromat entwickelt. (K) = direkte Färbung, mit Kupfervitriol entwickelt. (Cl) = direkte Färbung, mit Chlorkalk entwickelt. (Ph) = direkte Färbung, auf der Faser diazotiert und mit Phenol entwickelt. (Phd) = direkte Färbung, auf der Faser diazotiert und mit Metaphenylendiamin entwickelt. (N) = direkte Färbung, auf der Faser diazotiert und mit Betanaphthol entwickelt. (NG) = auf Betanaphtholgrund. (KP) = geklotzt und in Paranitranilin ausgefärbt. (NS) = direkte Färbung, auf der Faser diazotiert, mit Betanaphthol entwickelt und mit Solidogen nachbehandelt. (Sa) = direkte Färbung, auf der Faser diazotiert und mit Soda entwickelt. (Az) = direkte Färbung, auf der Faser mit Azophorrot (oder diazotiertem Paranitranilin) entwickelt. (AlV) = Tonerdevorbeize. (CrV) = Chromvorbeize. (FeV) = Eisenvorbeize. (HK) = in der Hydrosulfitküpe gefärbt.

b) Beim Färben der Wolle:

(N) = in neutralem oder schwach mit Essigsäure angesäuertem Bade gefärbt. (SE) = in schwach essigsaurem Bade gefärbt. (ES) = in schwach essigsaurem Bade angefärbt, mit Schwefelsäure zu Ende gefärbt. (E) = in essigsaurem Bade gefäbt. (S) = in schwefelsaurem Bade gefärbt (gewöhnliche Färbemethode für Säurefarbstoffe). (Alk) = in alkalischem Bade gefärbt und mit Säure entwickelt. (Cr) = sauer aufgefärbt und mit Chromkali entwickelt. (Crgl) = mit Bichromat im gleichen Bade gefärbt, Chromatverfahren. (Crn) = Chromierverfahren, Nachbehandlung. (Fl) = sauer aufgefärbt und mit Fluorchrom entwickelt. (K) = sauer aufgefärbt und mit Kupfervitriol entwickelt. (CrK) = sauer aufgefärbt und mit Kupfervitriol und Chromkali entwickelt. (SB) = auf Schwefelbeize gefärbt. (CrV) = auf Chrombeize gefärbt. (AlV) = auf Alaunbeize gefärbt. (HK) = auf der Hydrosulfitküpe gefärbt.

Die Verwendung der Farbstoffe für Färbung oder Druck bezieht sich immer, wenn keine besondern Angaben gemacht sind, auf die Färbung (Färb.); andernfalls wird besonders „Druck" angegeben. Der erreichte Farbton ist ohne nennenswerte Abkürzung wiedergegeben; zu ergänzen ist hier überall „färbt" oder „färben".

Beispiel: „[I. G.] Wo. rot (S)" bedeutet: „Der Farbstoff wird von der I. G. Farbenindustrie A. G. hergestellt bzw. in den Handel gebracht; er färbt Wolle nach dem gewöhnlichen Säureverfahren rot."

Nitrosofarbstoffe (Chinonoximfarbstoffe).

Bilden mit Eisensalzen dunkelgrüne komplexe Lacke.

Dinitrosoresorcin (Dichinoyldioxim), Solidgrün O in Tg., Dunkelgrün in Tg., Russischgrün [I. G.], Echtgrün O [I. G., H], Elsässergrün [SAPC, VStG], N [CN], Dinitrosoresorcin [Mo, Bm, JBS], Chlorine [DH, J], Echtmyrtengrün und Resorcingrün [Fi][1] BW. grün (FeV) bzw. gelblichbraun (CrV), Kattundruck grün (Fe), mit Alizarin zusammen schwarz; auch für S., wenig für Wo.

Essaine, Hydrosulfitverbindung BW. und Wo. braun (CrV), Kattundruck rötlichbraun (CrV).

α-Nitroso-β-naphthol (1,2-Naphthochinon-1-oxim), Dampfgrün N Tg., S Pulver [SAPC], Viridon FF, Soliddruckgrün, Gambine, Dampfgrün G [I. G.], Gambine Y [H, JBS], G in Tg. [H], G extra in Tg. [LBH], Elsässergrün J, Soliddampfgrün S Plv., N Tg., Echtdampfgrün S Plv. [SAPC], Naphtholgrün Y [BEL], Nitrosoechtgrün L [JWL], Druckgrün [ICA], Nitroso-β-Naphthol [SCC], Nitrosine NN [DH], Eisengrün für Druck [G].

Bisulfitverbindung: Sulfamin [I. G.], Echtdruckgrün [I. G., BDC], G [I. G.], Naphthine S [StD], Mülhäusergrün (Vert de Mulhouse) [SAPC] BW. grün (FeV) bzw. braun (CrV), für Wo. wenig verwandt; Bisulfitverbindung im Kattundruck echtes Grün (Ferrorhodanatbeize).

β-Nitroso-α-naphthol (1,2-Naphthochinon-2-oxim) Gambine R in Tg. [H], für Wo., BW. und Druck: olivengrün (FeV) bzw. catechubraun (CrV).

---

[1] Die in einem Absatz hintereinander aufgezählten Farbstoffe stellen meist einen und denselben Farbstoff unter verschiedenen Namen (Synonyme) dar oder chemisch sehr nahe verwandte Farbstoffe und Farbstoffmarken. Die Markenbezeichnungen B, G, R usw. deuten im allgemeinen den charakteristischen Stich oder Ton an (Blau, Grün, Rot) und den Grad dieser Tönung (BB, 6G usw.). Die Bezeichnungen S, SS usw. bedeuten im allgemeinen die Sulfosäuren, also sauerfärbende Farbstoffe. Sonstige Zeichen sind Fabrikationszeichen usw.

1-Nitroso-2,7-dioxynaphthalin (7-Oxy-1,2-naphthochinon-1-oxim) Dioxin [I. G.], Gambin B [H] BW. grün (FeV) bzw. braun (CrV). Für Wo. wenig verwandt. Walkgrün S [I. G.] ist ein ähnlicher Farbstoff.

Eisensalz des 1-nitroso-2-naphthol-6-sulfosauren Natriums: Naphtholgrün B, 2B, C [ICA], Naphtholgrün B [I. G.], B Plv. [LBH], B Plv. u. Tg. [ACC], Grün PL [I. G.], Naphtholgrün [I. G., JBS, StD], 500 [DPC], Säuregrün O [CCC], Neuechtsäuregrün [JC], Cine Green. Wo. grün (S) direkt und bei Gegenwart von Eisensalzen. Für BW. ungeeignet.

Eisensalz des 2-nitroso-1-naphthol-4-sulfosauren Natriums: Naphtholgrün G [Lev] Wo. grün (S) bei Gegenwart von Eisensalzen gelbstichiger als Naphtholgrün B.

Nitrofarbstoffe.

Nitro-azofarbstoffe und andre gemischte Nitrofarbstoffe sind noch unter den Azofarbstoffen usw. zu finden.

Pikrinsäure (symmetrisches Trinitrophenol) [I. G., DH, dH, H, StD u. a. m.] ist der älteste künstliche Farbstoff. Dient in beschränktem Maß zum Gelbfärben und Nuancieren von Wo. und besonders S. in saurem Bad; Leder grünlichgelb (S). BW. wird von ihr nicht angefärbt.

Echurin = Mischung von Pikrinsäure und Nitroflavin.

Flavaurin, Neugelb [BK] (Ammonsalz der Dinitrophenol-p-sulfosäure) Wo., S. gelb (S).

Viktoriagelb [LDC], Viktoriaorange, Englischgelb, Safransurrogat, Anilinorange, Goldgelb (Gemisch der Salze des Dinitro-o-und-p-Kresols) Wo., S. orange (S).

Martiusgelb [I. G., BK, G, StCl], Naphtholgelb [LDC, MC, SB], Anilingelb, Naphthylamingelb [I. G.], Naphthalingelb [I. G., Lev], Manchestergelb [H, Lev], Goldgelb [DH, S, J], Gelb O [StD], Direktechtgelb A [VSt], Ganahlgelb (Alkalisalz des 2-4-Dinitro-1-naphthols). Wo. und S. goldgelb (S) bzw. (ES). Sublimiert leicht von der Faser (Unterschied vom Naphtholgelb S).

Allamanda, Primrose [BSS] Natrium- bzw. Calciumsalz des Dinitro-α-Naphthols.

Sonnengold, Heliochrysin [I. G.] (Natriumsalz des Tetranitro-α-naphthols). Wo. und S. goldgelb (S).

Naphtholgelb S [I. G., DH, S, BK], S extra konz. [I. G], S extra [StCl], OS [StD], Naphtholgelb [I. G., H, JDC], FY [BDC], FYAS [Lev], NS extra [CN], FS [BDC], J [JCA], Säuregelb NY [CCC], Säuregelb [DH, J, LP], C [MLy], Schwefelgelb, Citronin A [I. G.], Säuregelb S (Alkalisalz der 2-4-Dinitro-1-naphthol-7-sulfosäure). Wo. und S. gelb (S). Verflüchtigt sich beim Erhitzen nicht von der Faser (Unterschied vom Martiusgelb).

Amidogelb E [I. G.] Wo. bräunlichgelb (S).

Aurantia [I. G., WSS], MP [I. G.], Kaisergelb. Wo. und S. orange (S).

Citronin [BSS] ähnlicher Farbstoff.

Azofarbstoffe.

Weitaus größte Klasse der Farbstoffe. Für die Darstellung werden allein über 200 Amine verwendet, deren wichtigste Vertreter das Anilin und Naphthylamin mit ihren Homologen sind. Von den mit den Synonymen nach Tausenden zählenden Farbstoffen können nachstehend nur die wichtigsten aufgezählt werden. Die Einteilung geschieht am übersichtlichsten in: I. Monoazofarbstoffe, II. Disazofarbstoffe (1. primäre, 2. sekundäre, 3. tertiäre, 4. aus Diaminen), III. Trisazofarbstoffe, IV. Tetrakisazofarbstoffe usw.

1. Monoazofarbstoffe.

Amidoazobenzol [I. G., BDC, StD], Spritgelb D, G [I. G.], Echtspritgelb [WSS], Ölgelb B [CD], Anilingelb [I. G., DH], Unlösliches Gelb OLG [StCl], Amidogelb 7200 [StD] ist der einfachste Vertreter und zugleich der erste in den Handel gebrachte Azofarbstoff. Wurde früher für Textilfärberei verwandt, ist aber wenig geeignet, da er absublimiert. Heute wird er nur noch zum Färben von Spritlacken, Fetten und Nahrungsmitteln gebraucht. Er stellt ein wichtiges Ausgangsmaterial für die Darstellung von Sulfosäuren, Paraphenylendiamin, Indulinen u. a. dar (p-Amidoazobenzol bzw. Chlorhydrat).

Säuregelb AC, LR, T, TD, CH, G, R [I. G.], G [JCA, BDC, CD], GF [H], HM [HM], GR [I. G., BK, S], SS [StD], Echtgelb, B, BO, G, O, S, GR, grünlich [I. G.], GL (LBH), FY [H], G [I. G., DH, BK], extra [I. G., J], Eigelb [W], Amacidgelb RG extra [AAP], Amidoazobenzolsulfosäure [HM], Wollgelb G [NAC], Neugelb L [I. G.], Chrysoline, GG [G], Gelb SS [StD], Ethonioechtgelb Y [JC], Pontacylechtgelb G [DuP], Wo. und S. gelb (S). Eignet sich für Mischtöne. Stellt chemisch in der Hauptsache p-Amidoazobenzoldisulfosure bzw. Natriumsalz dar.

Säuregelb [AJ] ist eine Mischung der Natronsalze der p-Amidoazobenzol- bzw. p-Amidoazotoluol-Mono- bzw. Disulfosäuren.

Amidoazotoluol [I. G., BDC, W], Echtazogranatbase, G [I. G.], Amidoazotoluolchlorhydrat [I. G.], Ölgelb I [AAP], T [CD], 2681 [NAC], Echtöl- oder Spritgelb [WSS], Buttergelb [CD], Fettorange LG [J], unlösliches Orangegelb OLG [StCl], Amidogelb T [StD], Spritgelb R [I. G.], gelbe Fettfarbe, Campbelline-Ölgelb N supra [JC], Du-Pont-Ölgelb [DuP] (p-Amidoazotoluol bzw. Chlorhydrat). Färbt Lacke, Fette wachsgelb. Dient zur Herstellung von p-Amidoazotoluolsulfosäure und für Echtazogranat auf der Faser.

Echtgelb, Y [I. G.], R [I. G., BK], RL [JWL], Lissamingelb T [BDC], Säuregelb R [I. G., StD], Pontacylechtgelb Y [DuP], Solidgelb Y, Gelb W [I. G.] (Natriumsalz der p-Aminoazotoluoldisulfosäure) Wo. und S. rötlichgelb (S). Säuregelb [AJ] s. u. Säuregelb.

Chrysoidin (Chrysoidin kryst.) [I. G., JCA, J], A kryst. [I. G.], G [I. G., DuP, G, J], 2 G extra konz. und kryst. [I. G.], GN [DuP, G], GS [S], J [J, StCl, StD], CEE, JE, JEE, JE 70 [StD], N [CN], R [I. G.], RE [Lev], Y [H, CD, JC, Sch], Y konz. [LBH], Y extra [GCC, NAC, Sch], Y Plv. [AJ, CHC, AAP], Y kryst. [I. G., StD], YRP [BDC], J [J, StCl, StD], J extra [StCl], Reinchrysoidin YD [CV], Reinchrysoidinbase [NAC], Unlösliches Goldgelb OLG [StCl], Ölchrysoidin [JCA], Gelbbase RC [I. G.], Chrysoidinölfarbe [I. G.]. Braunsalz R [I. G.], Dunkelbraunsalz R extra [I. G.] für Entwicklung mit diazotiertem p-Nitranilin. Wo. und S. orange(ES), BW. orange (TV).

Cardinal ist eine Mischung von Chrysoidin mit Fuchsin.

Baumwollscharlach ist eine Mischung von Chrysoidin mit Safranin.

Die mäßige Echtheit der Chrysoidinfärbung wird durch Nachbehandeln mit $CuSO_4$ oder $CuSO_4$ und Bichromat verbessert.

Parabraun R [I. G.] durch Entwicklung der Chrysoidinfärbung auf BW. mit diazotiertem p-Nitranilin. Für Wo., S. und Zeugdruck wenig verwendet.

Chrysoidin R [I. G., DuP, Sch, CD, G, J], R Plv. [AJ, CHC, AAP], RR kryst. [AJ], Chrysoidin [JWL, Bm], R konz. [LBH], RS [CCC], 3 R [NAC], RE, REE [StD], RL, AR, R Plv. konz., RG kryst. extra konz., Cerotinorange, Baumwollorange [I. G.], Goldorange für Baumwolle [I. G., DH], Mohawk-Orange [JC], Chrysoidinbase [JWL, LBH, W], Chrysoidin-R-Base [CV, WSS], BW. orange (TV).

Cochenillescharlach G [Sch] Wo. ziegelrot (S).

Azococcin G, Tropäolin OOOO Wo. ziegelrot (S) ist ein ähnlicher Farbstoff.

Ponceau 4 GB [I. G., BK], Brillantorange G, Brillantorange O, Orange GR, X, Pyrotinorange, Orange ENL [I. G.], Croceinorange [I. G., BK], GR [JCA]

Wo., S., HWo., HS. orange (S). Dient auch zum Färben von Jute, Kokos usw. und zur Pigmentfabrikation.

Orange G, Patentorange, Krystallorange GG, Säureorange G [JCA], Echtlichtorange G [I. G.], Orange GG [I. G., BK] Wo., S., HS. orangegelb (S).
Echtlichtorange G [I. G.] und Kitonechtorange G [J] sind ähnliche Farbstoffe, reiner im Ton, lichtechter und weniger blutend als Orange G.

Ponceau G, 2 G [I. G., BK], Brillantponceau GG [I. G.] Wo. und S. rötlichorange (S). Finden auf Kammzeug, Webgarnen für leichte Seifen- und Wasserwalke, für Flanelle und in der Stückfärberei für schwefelechte Scharlachtöne Verwendung.

Chromotrop 2R [I. G.], Chromotroprot 2R [JCA] Wo. fuchsinrot (S), beim Nachchromieren: Pflaumenblau bis Violettschwarz.

Säurefuchsin [JCA], Echtsäurefuchsin B [I. G.], G [BK] Wo. und S. blaurot (S). Egalisieren: gut, reibecht, schwefelecht, mäßig lichtecht, gut alkaliecht.

Amidonaphtholrot G, Brillantsäurecarmin 2 G, Azophloxin 2 G [I. G.], Acetylrot G [I. G.] Wo. rot (S). Beim Nachchromieren nicht verändert. Dient auch für Woll- und Seidendruck; ist mit Zinnsalz ätzbar.

Echtsulfonviolett 5BS, 4BS, 4R, Brillantsulfonrot B [S] Wo. und S. lebhaft violett (ES); egalisiert gut, ist sehr licht-, schwefel- und walkecht.

Tolanrot B, G [I. G.] Wo. blaustichig rot (S).

Azoorseille R [I. G.] Wo. orseillerot (S). Echtheiten: Reiben sehr gut, Licht gut, Dekatur gut, Schwefeln gut, Waschen gering. Mit Zinnsalz ätzbar.

Alizaringelb GG [I. G., J], Alizaringelb GGW Plv., 3 G, Beizengelb 2 GT, Anthracengelb GG [I. G.], Alizaringelb G [S] Wo. gelb (Cr), Ersatz für Gelbholz. Beim Nachchromieren gelb. Dient auch für Baumwolldruck als Kreuzbeerersatz.

Prager Alizaringelb G [Ki] BW. reingelb, Wo. braungelb (CrV). Dient auch für Baumwolldruck mit Chromacetat.

m-Nitranilinorange, Azophororange MN [I. G.] BW. orange (NG). Dient besonders für Zeugdruck. Sublimiert beim Lagern ab.
Echtorange R [I. G.] ist ein entsprechender Farbstoff aus m-Nitroanilin und Naphthol-AS.
Azophororange [I. G.] ist stabilisierte Diazoverbindung des m-Nitranilinsulfats (mit Aluminiumsulfat).

Orange III, Orange Nr. 3 [P] Wo. und S. orange (S).

Alizaringelb R, Alizaringelb RW Plv. u. Tg., Beizengelb R, 3R, Walkorange R, Anthracengelb RN, Metachromorange R [I. G.], Beizengelb PN [FA], Orange R [S], Terracotta R [G] Wo. rötlichgelb (Cr oder CrV).

Prager Alizaringelb R [Ki] Wo. und BW. orangegelb (CrV).

Azocardinal G [I. G.] Wo. cardinalrot (S). Die Färbung ist licht-, alkali- und säureecht, mäßig waschecht und durch Zinnsalz ätzbar.

Nitrophenine [ClCo], Thiazolgelb R [I. G.] BW. grünlichgelb (D); die Färbung ist nicht alkaliecht.

Paranitranilinrot, Pararot, Pigmentrot B i. Tg., G i. Tg., Autolrot BL i. Tg., BGL i. Tg., Sitararot, Paranitranilin S [I. G.]. Mit H_2O: gelborange. — In ein heißes, trocknes Reagensrohr gebracht: rote Dämpfe. Der in Substanz hergestellte Farbstoff dient als Zinnoberersatz im Indigoätzdruck. Zum Ätzen dient jetzt ausschließlich Rongalit (Hydrosulfit NF, Hyraldit A); Ätzweiß nicht mehr.
Echtrot GG [I. G.] ist ein entsprechender Farbstoff aus p-Nitranilin (Echtrot GG Base [Gr-E]) und Naphthol AS.

Stabilisiertes diazotiertes p-Nitranilin der I. G.: Paranil A [A], Nitrosaminrot [B], Benzonitrol, Parazol [By], Nitrazol C [C], Azogenrot [K] und Azophorrot PN [M].

Chromotrop 2B [I. G.] Wo. blaurot (S). Beim Nachchromieren: blau bis schwarz. Färbung säure-, schwefel- und reibecht, ziemlich alkaliecht, nicht walkecht.

Orseilleersatz V [P], Archil Substitute [H, CR], Orseillerot [AAP], Naphthionrot, Archil Substitute V [P, CR], Substitute d'orseille [P] Wo. orseillerot (S). Ziemlich lichtecht, weniger walkecht. Säure- und alkaliecht. Dient für Mischtöne.

Orseilleersatz 3VN [P, StD], V [I. G.], Substitute d'orseille 3VN, Archil Substitute 3VN [P] Wo. orseillerot (S). Die Lichtechtheit und Schwefelechtheit sind mäßig.

Orseilleersatz G [I. G.] ist ein ähnlicher Farbstoff. Wo. orseillerot (S).

Apollorot B, G, Orseilleersatz N Plv. und Paste, I extra Paste, N extra [I. G.] Wo. orseillerot (S), egalisiert gut. Die Wetter- und Schwefelechtheit sind mäßig.

Brillantorseille C [I. G.], Brillantwollscharlach [I. G.] Wo. und S. lebhaft blaurot (S); egalisiert gut. Waschechtheit ist mäßig.

Wollviolett S [I. G.] Wo. rotviolett (S); egalisiert gut.

Azophosphin GO [I. G.] BW. gelb (TV).

Azophosphin BRO [I. G.] ist ein ähnlicher Farbstoff, ebenso Azophosphin 4GO, 2GO, R konz. [I. G.]

Alizaringelb 4G [AAP], Azoalizaringelb GP [DH], Monochromgelb 3GN [LBH] Wo. (CrV) gelb (S).

Viktoriaviolett 4BS, Domingoviolett A, Äthylsäureviolett S4B, Azowollblau [I. G.]. Wo. blauviolett (S).

Azosäurerot B, Azogrenadin S, Lanafuchsin 6B, BBS, SB, SG, Sorbinrot, BB, G, Wollrot SB [I. G.] Wo. u. S. echt rot (S). Dient auch für Mischfarben.

Azocorallin L, Azogrenadin L [I. G.] Wo. ziemlich gleichmäßig bräunlich rot (S).

Chromotrop 6B, Echtsäurerot EBB [I. G.] Wo. violettrot (S).

Amidonaphtholrot 6B, Brillantsäurecarmin 6B [I. G.] Wo. rot (S).

Azogallein [G] BW. (im Druck) (Cr) und Wo. schwarzviolett.

Azosäureblau B, 3B konz., 3BO, 4B, 6B, Äthylsäureblau RR [I. G.] Wo. u. S. marineblau (S).

Chrysoidin R [I. G., DH] BW. (TV) rotstichig braunorange.

Cochenillescharlach 2R [Sch.] Wo. bläulichscharlach (S), mäßig licht-, walk- und säureecht.

Brillantorange O, Brillantorange RO, Orange GT, Croceinorange R [I. G.] Wo. orangegelb (S). Volles Orange, besonders für dunklere Mischfarben (Braun, Bronze, Olive), für Stückware und Garne, für Stick-, Wirk- und Phantasieartikel geeignet; mit Hydrosulfit gut ätzbar.

Ponceau RT [LDC], Ponceauscharlach [WSS] Wo. gelbrot (S).

Naphthaminechtbordeaux BR, BG, Naphthaminechtscharlach (verschiedene Marken) [I. G.] Wo. (S) oder (D) BW. (Alk.) oder (D).

Azofuchsin B [I. G.] Wo. fuchsinrot (S) (etwas gelbstichiger als Fuchsin S). Beim Nachchromieren: violettschwarz. Echtheiten: Licht gut, Walken mäßig, Alkali mäßig. Färbt S. in kochendem, scharfsaurem Bad fast nicht.

Persischgelb [G] Wo. gelb (Cr), ebenso im Druck (Kalikodruck) mit Chromacetat.

Flavazol [I. G.] ist ein ähnlicher Farbstoff.

Pigmentorange R i. Tg., Echtorange, Nitrotoluidinorange [I. G.]. Färbt auf mit β-Naphthol grundierter Faser letztere licht- und seifenecht, aber nicht reibecht, rotstichig orange. (p-Nitro-o-Toluidin = Nitrotoluidin-Orange-Base, Echtscharlach-G-Base [I. G.], Echtorangebase [JWL].)

Echtscharlach G [I. G.] ist ein entsprechender Farbstoff aus p-Nitro-o-Toluidin und Naphthol-AS.

Pigmentechtrot HL, Helioechtrot RL Plv. u. Tg., Litholechtscharlach R, RPN, Graphitolechtrot GAERR, Sitaraechtrot RL [I. G.]. Der Farbstoff sublimiert nicht, ist gut hitzebeständig. m-Nitro-p-Toluidin (Echtrot G, Echtscharlach-R-Base) [I. G.] diazotiert auf naphtholierter BW. rötlichorange.

Rapidechtrot GL [I. G.] Druckpaste.

Echtrot G [I. G.], auf der Faser entwickelte Färbung aus Naphthol-AS und diazotiertem m-Nitro-p-Toluidin. BW. rosa bis rot.

Neuphosphin G [I. G.] Leder und tann. BW. gelb. Dient besonders für Baumwolldruck, HWo. und HS.

Tanninorange R [I. G.]. Färbt Leder und tann. BW. orange. Wird auch für Baumwolldruck und HS. verwendet.

Tanninorange GG [I. G.] ist ein Farbstoff mit ähnlichen Eigenschaften.

Azococcin 2R, Jutescharlach, Ponceau R für Jute konz. [I. G.], Doppelscharlach R [Lev] Wo., S. u. HS. rot (S). Viel für Seide und Jute verwendet.

Cochenillescharlach 4R [Sch] Wo. ziemlich licht- und schwefelecht rot (S).

Wollscharlach R [Sch] Wo. ziemlich licht- und schwefelecht, ziemlich walkecht (S).

Palatinscharlach A, Cochenillescharlach PS, Nassoviascharlach O, Brillantwollscharlach, PG, Brillantcochenille 2R, 4R [I. G.] Wo. scharlachrot, lebhafter als Ponceau 2R (S).

Brillantorange R [I. G., BK], Scharlach GR, Xylidinorange 2R, Orange N, Xylidinscharlach, Ponceau 2G [I. G.] Wo. u. S. gelblichrot (S). Mit Hydrosulfit NF ätzbar.

Ponceau R, 2R [I. G., BK, S], Ponceau G [I. G., BK], FR, FRR [I. G.], Brillantponceau G, R, RR [I. G.], Ponceau GR [I. G.] Wo. rot (S). Ponceau G und R zeigen im ganzen die gleichen Echtheiten.

Ponceau 3R, 4R, FRRR [I. G.] Wo. rot (S).

Scharlach 2R, Pigmentbordeaux N, Autolrot RL, RLP (Naphthylaminbordeaux [I. G.] bzw. Eisbordeaux [auf der Faser erzeugt]), Granat naphthol pâte 50% [FTM]. Als Tafelfarbe mit Albumin aufgedruckt BW. braunrot (NG). Wird viel auf Stückware durch Passieren des mit β-Naphthol getränkten Stoffs durch eine Lösung von salzsaurem α-Diazonaphthalin hergestellt (Naphthylaminbordeaux oder Eisbordeaux). Ziemlich echtes Granat, welches öfters auf α-Naphthylamin $\longrightarrow$ β-Naphthol nuanciert wird. Lichtechtheit ziemlich gut. Ätzbar: mit Rongalit unter Zusatz von Indulinscharlach oder andern Katalysatoren, speziell Anthrachinon.

Sulfaminbraun A [I. G.], Brun Naphtine α [StD] Wo. dunkelbraun, ziemlich echt (Cr), mit $CuSO_4$ licht- und walkechter, aber empfindlicher gegen Alkalien.

Doppelponceau R, 2R, 3R, 4R [I. G.]. Wo. rot (S), sehr alkali- und säureecht, mit Zinkstaub ätzbar.

Palatinrot A, Naphthorubin O, Azorot N extra [I. G.] Wo., S. u. HS. blaurot (S). Ziemlich lichtecht, säure-, alkali- und schwefelecht.

Azo-Bordeaux [I. G.], Buffalo Rubine [Sch] Wo. rot (S); ziemlich lichtecht, sehr säure-, alkali- und schwefelecht; nicht walkecht.

Echtrot BT [I. G., BK, DH, Lev] Wo. rot (S).

Echtrot B [I. G., BK], Echtrot P extra, Bordeaux BL, G, R extra, R [I. G.], Bordeaux B [I. G., BK, H] Wo. u. S. bordeauxrot (S).

Krystallponceau, Ponceau 6R [I. G.], Krystallponceau 6R [I. G., BK] Wo. rot (S).

Chromotrop 10B [I. G.] Wo. rotviolett (S).

Palatinscharlach 3R, 4R [I. G.]. Palatinscharlach 4R ist eine Mischung von Palatinscharlach 3R und einem andern Farbstoff. Wo. scharlach (S).

Wollrot [I. G.] Wo. rot (S).

Azotürkischrot [I. G.]. Auf der Faser (BW.) erzeugt: Scharlachrot (blaustichiger als Paranitranilinrot). Weniger echt als Paranitranilinrot und deshalb wenig angewendet. Kann mit Zinnsalz bunt und farbig reserviert werden.

Sulfaminbraun B [I. G.] Wo. schokoladenbraun (Cr).

Chromtiefbraun 3R [DH], Azochromin, konz. Plv. [G] Wo. u. BW. dunkelbraun (CrV).

Omegachromschwarz PV, PB [S] (veraltet, neuere Bezeichnung P), Wo. braunviolett (S), Omegachromblau B, R [S] Wo. rotviolett (S). Beim Nachchromieren: dunkelblau bis schwarz.

Azarin S [I. G.]. Dient für Baumwolldruck zur Herstellung von lichtbeständigen Rosa- und Rottönen, ferner zum Färben von S. und BW. Diese Färbungen sind sehr seifen-, aber nicht lichtecht.

Alizarinbraun R [T], Chrombraun TV [StD], R [I. G.], Palatinchrombraun 2G [I. G.] Wo. braun (Cr).

Chromanthrengrün N [BDC], Eriochromgrün H [G], Chromechtgrün G [J], Chromgrün 2G [T], Palatinchromgrün G [I. G.] Wo. (S), beim Nachchromieren dunkelgrün, wasch- und walkecht.

Cyperblau R, Periwollblau B, BG, G [I. G.] Wo. B marineblau, G grünlichblau (S), lichtecht.

Metachrombraun B in Tg. [I. G.] Wo. unter Zusatz von Metachrombeize (Ammonsulfat und gelbes Kaliumchromat) satt dunkelbraun. Licht-, wetter- und walkecht.

Chromolive 2B Tg. [Br] Wo. olivgrün, Metachrombeize, außerordentlich licht-, alkali-, wasch- und walkecht.

Metachrombraun Y [Br] Wo. Metachrombeize braun, auch im Zeugdruck mit Chrombeize für trübe und schmutzige Töne.

Solochrombraun MO [BDC], Metachromolivbraun G [I. G.] Wo. mit Metachrombeize einbadig olivbraun; gut licht-, wasch-, walk-, reib-, koch-, säure- und alkaliecht. Lancastergelb und Orcellin [HR] oder Fond Rouge [Cz] sind ganz ähnliche Farbstoffe.

Säureanthracenbraun R [I. G.] Wo. braun (S). Beim Nachchromieren: kastanienbraun.

Brun au chrome P [StD], chromgebeizte Wo. lebhaft licht- und walkecht braun.

Metachrombordeaux R i. Tg., B i. Tg. [I. G.] Wo. mit Metachrombeize (Ammonsulfat und neutrales Kaliumchromat) einbadig bordeauxrot. Die Färbung ist gut licht- und säureecht, sehr gut walk- und dekaturecht.

Anthracylchromgrün A, D [I. G] Wo. violettbraun (S). Beim Nachchromieren olivgrün, licht- und walkecht.

Beizengelb GRO [I. G.] Wo. bräunlichgelb (Cr).

Diamantflavin G [I. G.] Wo. gelb (Cr).

Rose de Benzoyle, Benzoylrosa [StD] ungebeizte BW. rosa.

Chromechtgelb GG i. Plv. u. Tg. [I. G.] Wo. u. S. grünlichgelb (CrV). Sehr gut licht-, wasch-, walk- und alkaliecht, gut dekatur- und schwefelecht.

Pigmentpurpur A, Sudan R [I. G.], Brillantfettscharlach B [J).

Azophorrosa A [I. G.] ist haltbar gemachtes Diazo-o-Anisidin, färbt naphthollierte BW. scharlachrot. Verwendung im Zeugdruck.

Echtrot BB [I. G.] ist der entsprechende Farbstoff aus diazotiertem o-Anisidin und Naphthol AS. Gibt auf BW. klare Töne; im Druck mit Hydrosulfit ätzbar.

Azoeosin G [I. G., Lev], Cochenillescharlach R [I. G.] Wo. ziemlich lichtecht und schwefelecht rot (S).

Anisidinponceau oder Anisolrot [I. G.] ist der entsprechende Farbstoff aus β-Naphthol-6-Sulfosäure.

Azocochenille, Cochenillescharlach B [I. G.] Wo. rot (S). Ziemlich lichtecht. Sehr säure-, alkali- und schwefelecht.

Chloranisidinscharlach (auf der Faser) [I. G.]. Auf mit β-Naphthol grundierter Faser erzeugt lebhaftes Scharlachrot. Freie Base bzw. Chlorhydrat (m-Chlor-o-Anisidin): Echtrot-R-Base, Chloranisidin P, Chloranisidinsalz M [I. G.].

Echtrot R [I. G.] ist der entsprechende Farbstoff aus p-Chlor-o-Anisidin und Naphthol-AS.

Naphtholrosa, Eisrosa [SAPC] Base (p-Nitro-o-Anisidin): Echtrot-B-Base, Tuscalinrotbase, Nitroanisidin A [I. G.]. Auf mit β-Naphthol grundierter Faser (BW.) lebhaft rosa. Haltbar gem. diaz. Base: Azorosa NA, Nitrosaminrosa BX [I. G.], Naphtholrosa [SAPC].

Echtrot B [I. G.] ist der entsprechende Farbstoff aus diazotiertem p-Nitro-o-Anisidin und Naphthol-AS.

Tuscalinorange G [I. G.], Azoorange NA [I. G.] im Kattundruck. Base: m-Nitro-o-Anisidin, Echtscharlach-R-Base, Tuscalinorange-Base G [I. G.].

Echtscharlach R [I. G.] ist der entsprechende Farbstoff aus diazotiertem m-Nitro-o-Anisidin und Naphthol-AS.

Eosamin B, G [I. G.] Wo. u. S. bläulichrot (S). Egalisiert gut und ist ziemlich lichtecht. Sehr gut licht- und schwefelecht, gut alkaliecht, ziemlich gut dekaturecht, mäßig waschecht.

Coccinin B, C [I. G.] Wo. rot (S).

Coccinin oder Phenetidinrot (Phenetolrot) [I. G.] ähnlicher Farbstoff.

Azorosa BB [I. G.] auf der Faser entwickelt, für Zeugdruck verwandt, rosa.

Tartrachromin GG [CAC], Azoalizaringelb 6 G [DH], Alizaringelb 5 G [I.G.] Wo. (CrV) (Crn) grünlichgelb. Zeugdruck Cr-Beize gelb.

Nitrophenetidinrot [I. G.] auf der Faser erzeugt aus Blaurot O [I. G.] = 2-Nitro-4-Phenetidin ⟶ β-Naphthol (für Zeugdruck) rosa bis bläulichrot.

Blaurot N [I. G.] ist eine Mischung von Blaurot O [I. G.] mit der entsprechenden Menge Natriumnitrit zur Diazotierung.

Chromazonrot A [G] Wo. u. S. lichtecht blaustichig rot (CrV).

Chromazonblau R [G] ungebeizte und chromgebeizte Wo. rotstichig blau. Als Mischfarbe wertvoll.

Chromazonblau B [G] ist Chromazonblau R nuanciert mit einem Farbstoff der Patentblauklasse.

Erika 2 GN, Diaminrosa GN [I. G.], Direktrosa G [S], GN [J] BW. im Glaubersalzbad bläulichrosa (D); Wo. wird rot gefärbt. Neudirektrosa [G] ist ein ähnlicher Farbstoff.

Geranin 2B, G, BB, Brillantgeranin B, 2BN, 3B [I. G.]. Färbt ungebeizte BW. in kochendem alkalischen Bad mit 10% Glaubersalz und 2% Seife gelblich bis bläulichrosa, ziemlich wasch-, säure- und lichtecht; auch chlorecht. Dient auch für Wo., S. und HS.

Thiorubin [D] ist ein ähnlicher Farbstoff.

Diaminrosa B extra, BD, BG, GD, GGN, FFB, Dianilrosa BD [I. G.] BW. (D), HWo. u. HS. rosa.

Salmrot [I. G.] BW. lachsfarben (D). Dient auch für S. u. HS.; licht- und säureecht.

Erika B, extra, BN [I. G., RF, Lev], Direktrosa B [J], ungeb. BW. rosa (D). Auch für Wo., S., HWo., HS.

Erika G extra, GN, 4 GN [I. G.] ungeb. BW. im Salzbad rosa (D). 4 GN ist gelbstichiger und hat größere Affinität für Wo. und S.

Eminrot [I. G.] Wo., S., HWo., HS. rot (S). Beim Nachchromieren stumpfer und echter. Egalisieren ziemlich gut. Sehr gut dekatur- und waschecht, gut schwefel- und alkaliecht, ziemlich gut walkecht, mäßig lichtecht.

Diazingrün S, Janusgrün B, G, Halbwollgrün B [I. G.] BW. blaugrün (TV).

Diazinschwarz R, Janusschwarz [I. G.] BW. gut licht- und seifenecht schwarz (TV).

Diazinschwarz G [I. G.] ist eine Mischung von Diazinschwarz und Methylenblau.

Indoinblau R, BB, BR i. Plv. u. i. Tg., Indonblau 2B, 2R, Janusblau G, R, Janusdunkelblau B, R, Indophenblau, Diazinblau, Halbwollblau R, Echtblau B, Indolblau B, R, 4B, F, L, Naphthindon BB, BB i. Tg., BR, T, Solidblau B für BW. [I. G.], Indoin i. Plv. B, 2B, R, 2R [G]. BW. indigoblau (TV). Indoinblau läßt sich mit Zinnsalz unter Rückbildung von Safraninrot ätzen (DRP. 88547) und kann daher zur Herstellung von Blaurotartikeln dienen. Bengalblau [I. G.] ist eine Mischung von Diazinblau BR [I. G.] mit Methylenblau.

Methylindon B, R [I. G]. BW. licht-, wasch-, säure- und alkaliecht indigoblau (TV).

Janusgrau B, BB [I. G.]. Durch Zinkstaub und Salzsäure wird die Lösung entfärbt, dann durch Rückbildung von Safranin bei B rosa, bei BB blaustichig rosa. BW. und Kunstseide rotblau (B) und graublau (BB) (TV). HWo. wird in saurem Bad gefärbt.

Metanilgelb, extra [I. G., BK, DH, G, S, Sch], Viktoriagelb O dopp. konz., Tropäolin G [I. G.], Orange MN, MNO [J]. Wo. (Hauptanwendung) und S. (weniger angewendet) orangegelb (S). Dient auch zum Färben von Papier und läßt sich mit Hydrosulfit weiß ätzen.

Jaune Métanile bromé [StD] Wo. orangegelb (S). Dient ferner zum Färben von BW. und Papier.

Säuregelb MGS, Metanilgelb S, Säuregelb GG [I. G.] Wo. gelb (S). Die Färbung ist weniger rotstichig und säureempfindlich als die von Metanilgelb. Ist ziemlich licht- und walkecht.

Phenoflavin [I. G., O] Wo. gelb (S).

Helianthin, Methylorange MP, Goldorange MP [I. G.], Goldorange III [I. G., StD, DH]. Wo. u. S. orange (S); ist säureempfindlich, wenig licht- und walkecht. In der Färberei wenig verwendet; dient als Indikator (Dimethylorange, Dimethylanilinorange, Tropäolin D).

Orange GS, Neugelb extra, Säuregelb D extra, Troäolin OO, Säuregelb kryst., DMP [I. G.], Orange IV [I. G., BK, DH, G, StD, H, Sch], N [I. G., J] Wo., S., HWo., HS. (S). (Anilingelb, Citronin, Diphenylorange, Diphenylaminorange, Echtgelb.)

Brillantgelb S [I. G., BK], Gelb WR [J], Curcumin [G] Wo. u. S. gelb, röter und lebhafter als Echtgelb G, aber weniger rot als Diphenylaminorange (S).

Azoflavin RS, 2R, 3R konz. [I. G.], Curcumin extra, superfein [I. G., BK], Citronin [I. G., DH, J, S], Indischgelb R [I. G., H] Wo. u. S. goldgelb (S), echt gegen verdünnte Säure.

Azogelb, 3G konz., Azoflavin S, S neu, Azosäuregelb, Indischgelb G, Citronin G [I. G.], Azogelb [BK, S], M [DH], O, I [J] Wo. u. S. gelb (S).

Helianthin GFF [G] ist ein besonders reines Produkt zum Färben zinnerschwerter Seide.

Azoflavin S [I. G.] enthält Nitrogruppen, Neuazoflavin S [I. G.] dagegen ist denitriert.

Azoflavin FF, H, Indischgelb FF [I G.] Wo. u. S. goldgelb (S), säureecht.

Chrysoin [I. G., BK, DH, G, StD, J], Chrysoin G, Goldgelb, Säuregelb RS, Orange RL, RRL, Tropäolin O, Akmegelb [I. G.], Resorcingelb [I. G., BK, H] Wo. u. S. rötlichgelb (S); dient besonders für Seide.

Chromgelb O [T], Tropäolin Y sind ähnliche Farbstoffe.

Neuechtgelb R [I. G.] Wo. gelb (S).

Orange I, α-Naphtholorange [I. G., Sch, DH], S, B [I. G.], Tropäolin OOO Nr. 1 [AJ], G [S] Wo. u. S. orange (S). Ziemlich lichtecht, weniger walk- und reibecht. Große Deckkraft. Nur noch wenig verwendet.

Metanilorange I (Bindschedler & Busch) ist ein ähnlicher Farbstoff.

Orange II [I. G., BK, DH, J], Nr. 2 [I.G, StD], extra, IIB [I. G.], A [I. G., Sch], Säureorange [G], Goldorange, Mandarin G [I. G., BK], β-Naphtholorange Tropäolin OOO Nr. 2. Wo. u. S. orange (S). Ist das am meisten gebrauchte Orange. Bei der Reduktion entstehen Amido-β-Naphthol und Sulfanilsäure; das erstere gibt bei der Oxydation β-Naphthochinon.

Narcein [DH]. Früher im Zeugdruck verwendet.

Azofuchsin G [I. G.] Wo. fuchsinrot (S), gut lichtecht, ziemlich alkaliecht.

Azofuchsin GN extra, S, 6B [I. G.] Wo. fuchsinrot (S).

Chinazolgelb [I. G.] wurde früher in der Papierfärberei verwendet.

Eriochromphosphin R [G] Wo. gelborange (S). Beim Nachchromieren: rotorange. Egalisieren: sehr gut; walk- und pottingecht.

Hansarubin, G [I. G.] auch für Druck.

Orange T, Kermesinorange [I. G.], Orange R [I. G., DH, J, Sch] Wo. orange (S), etwas röter als β-Naphtholorange.

Echtgelb N [StD], Echtgelb [I. G.], Curcumin. Wo. orange (S).
Luteolin (nicht im Handel) ist ein ähnlicher Farbstoff.

Orange R [LDC]; RR [J] Wo. u. S. orange (S).

Säurealizarinbraun B, Palatinchrombraun W, Anthracylchrombraun D [I. G.] Wo. braun (Cr).

Säurealizaringranat R [I. G.] Wo. braun und bordeaux (Cr).

Säurealizarinviolett N, Palatinchromviolett, Anthracenchromviolett B, Orthocerise B [I. G.] Wo. beim Nachchromieren violett (Cr); kann auch nach Methode K (Kupferrot N) gefärbt werden.

Diamantschwarz PV [I. G.] Wo. schwarz bis blauschwarz (CrV).
Diamantschwarz P2B, PVB [I. G.] ähnliche Marken bzw. Mischungen.

Chrombraun RR [G] Wo. braun (CrV); mit Chrombeizen auf BW. gedruckt rotbraun.

Säurealizarinschwarz R [I. G.] Wo. tiefschwarz (Cr).

Metachromviolett B i. Tg. [I. G.] Wo. mit Metachrombeize im Einbad rötlichviolett, ausgezeichnet licht-, alkali-, wasch- und walkecht.

Chester Chromviolett B Plv. [Br] Wo. violett (Crn).

Naphthylaminbraun, Echtbraun N, Chrombraun RO [I. G.] Wo. braunorange (S). Beim Nachchromieren: braun. Für Modefarben wegen schlechten Egalisierungsvermögens ungeeignet.

Echtrot A [I. G., BK], AV, O [I. G.], Roccellin [I. G., BK, DH, G, StD, S] Wo. u. S. rot (S).
Rouge français oder Lutécienne ist ein Gemisch von Echtrot A und Orange II.

Brillantechtrot G [I. G.] Wo. u. S. rot (S).

Cubaorange [FA] Wo. orange (S).

Azorubin, Azosäurerubin R, Carmoisin B [I. G.], Echtrot C [I. G., BK], Carmoisin [S]; S [H]; für nachchromierte Färbung: Chromblau R, Chromotrop FB, Azochromblau R [I. G.], Omegachromblau A [S] Wo. rot (S). Beim Nachchromieren: violettblau (Cr).

Echtrot VR [I. G.], für Nachchromieren: Azochromblau B, Chromotrop F 4B, Diamantblau 3B [I. G.] Wo. blaurot (S). Beim Nachchromieren: marineblau (Cr).

Azorot A, N extra [I. G.] Wo. carmoisinrot (S); ist als Mischfarbstoff wertvoll.

Echtrot extra, Naphtholrot EB, GR [I. G.], Echtrot E [I. G., BK], S [I. G., DH] Wo. rot (S).

Croceinscharlach 3BX, 3B, Coccin 2B [I. G.] Wo. rot (S).

Amarant [I. G., BK, StD, DH], Naphtholrot O, C, Naphthylaminrot, 3BM, G, Echtrot, D, EB, NS, Bordeaux SF, S, Tuchrot [I. G.], Naphtholrot S, Viktoriarubin O [I. G., BK] Wo. u. S. bläulichrot (S). Mit Hydrosulfit ätzbar.

Cochenillerot A, Croceinscharlach 4BX, Brillantponceau 4R, 5R, Neucoccin O, Viktoriascharlach 4R extra [I. G.] Wo. u. S. scharlachrot (S).
Brillantponceau R, 2R, 3R, 6R [I. G.] sind ähnliche Farbstoffe.
Scharlach 6R, Ponceau 6R [I. G.] Wo. rot (S).
Roxamin [DH] Wo. u. S. rot (S). Früher als Ersatz für Orseille (Archil).
Chromotrop 8B (I. G.] Wo. rotviolett (S).
Pyrotin RRO [I. G.] Wo. rot (S).
Echtbraun 3B [I. G.] Wo. braun (S).
Doppelbrillantscharlach G, G extra konz., Scharlach für Seide, Doppelscharlach [I. G.] Wo. u. S. gelbrot (S). Hierher gehört: Doppelbrillantscharlach GMP [I. G.].
Doppelscharlach extra S, Brillantponceau 4R, Doppelbrillantscharlach S, Brillant-Doppelscharlach 3R, Scharlach 2R, extra konz. [I. G.] Wo. scharlachrot (S).
Chromgelb D, Beizengelb O, Walkgelb, G, Anthracengelb BN, Chromechtgelb R, Salicingelb D, Beizengelb GD, GS, R, Chromgelb R extra [I. G.], Alizaringelb G [S] Wo. (Cr), beim Nachchromieren: gelb.
Seidenponceau G, Scharlach für Seide [I. G.], Säureponceau DH [DH], E [G], Säurescharlach 2R [S], Ponceau S für Seide [J] Wo. u. S. rot (S).
Crumpsall-Gelb (Crumpsall Yellow) [Lev], Solochromgelb Y [BDC], Superchromgelb RN [NAC] Wo. gelb (S) und (CrV).
Eriochromblauschwarz B [G], Chromechtcyanin G [CAC, J], Lighthouse Chromcyanin B [JCO]; Chromblauschwarz B [ACC], NB [CN], Solochromschwarz 6B [BDC], Stellachromblauschwarz B [JBS], Chromschwarz BT [AAP], Walkblauschwarz DH [DH], Omegachromcyanin B [S] Wo. dunkelbraunviolett (S). Beim Nachchromieren: tief blauschwarz. Alizarinblau OCB [S] ist ein ähnlicher Farbstoff.
Palatinchromschwarz 6B, Salicinschwarz UL, U, Säurealizarinblauschwarz A, Diamantblauschwarz EB, Anthracenblauschwarz BE [I. G.], Eriochromblauschwarz R [G], Chromechtschwarz PV, PW [J] Wo. rotbraun (S). Beim Nachchromieren: schwarz, sehr gut wasch-, walk- und lichtecht.
Alizarinblau OCR [S] ist ein ähnlicher Farbstoff.
Eriochromschwarz T [G], Omegachromschwarz S, T [S] Wo. rötlichschwarz (S). Beim Nachchromieren: bläulichschwarz.
Eriochromschwarz A [G], Omegachromschwarz PA [S] Wo. dunkelrotbraun (S). Beim Nachchromieren: tief rußschwarz.
Ponceau 3R [I. G.] Wo. rot (S).
Anthracenchromschwarz F, FE, 5B, P extra [I. G.]. F: schwarzbraunes Pulver (Gemenge), FE: schwarzbraunes Pulver (Gemenge), 5B: violettstichig braunschwarzes Pulver; Wo. lichtecht tiefschwarz (CrV).
Lanacylviolett B [I. G.] Wo. lichtecht, ziemlich walk-, säure- und alkaliecht violett (S).
Tolylblau SR, Sulfonsäureblau R, G [I. G.], Neutralblau R [J] Wo. mit Glaubersalz und Essigsäure unter späterem Zusatz von 1—2% Schwefelsäure licht- und alkaliecht blau.
Sulfonsäureblau B, Tolylblau SB, Brillanttuchblau III F [I. G.].
Lanacylblau BB, R, Lanacylmarineblau B, BB, 3B [I. G.] Wo. gut licht- und säureecht dunkelblau (S).
Methylrot, Indikator.
Palatinchrombordeaux B [I. G.] Wo. rötlichgelb, beim Nachchromieren: bordeaux.
London Chromgelb A [LDC], Diamantgelb R i. Tg. [I. G.] Wo. (CrV) bzw. (Crn) rötlichgelb. Auch für Zeugdruck.
Säurealizarinrot B, Palatinchromrot B (als Entwicklungsfarbstoffe) [I. G.] Wo. (S). Beim Nachchromieren: bordeauxrot.

Gelb seifenecht, Jaune résistant au savon [StD] Wo. unter Zusatz von Kernseife rötlichgelb. Dient auch mit Chrombeize für Druck, ziemlich licht- und sehr waschecht.

Diamantgelb G i. Tg. [I. G.] Wo. grünstichig gelb (CrV). Ist Ersatz für Fustik in der Wollfärberei und für Persische Beeren im Druck.

Eriochromflavin A [G] Wo. tiefgelb (S) und (Crn).

Alkalibraun, Benzobraun 5R [I. G.] BW. rotbraun (D).

Pyramingelb R [I. G.] ungebeizte BW. u. W. im Glaubersalzbade goldgelb.

Baumwollorange G [I. G.] BW. orangegelb (D).

Oriolgelb [G], Baumwollgelb R, Alkaligelb [I. G.] BW. (D) in kochendem Glaubersalzbade gelb; säureecht, ziemlich seifenecht, gut lichtecht, durch Nachkupfern lichtechter, aber röter; kann auch als Ingrainfarbe auf der Faser erzeugt werden. Bildet mit Chromoxyd unlösliche Lacke. Wird für Kattundruck verwendet.

Seidenrot ST [I. G.], Clayton Tuchrot, Clayton Cloth Red, Stanleyrot [ClCo], Titanscharlach D [H] Wo. u. S. rot (S). Beim Nachchromieren: stumpfer, aber von beßrer Licht- und Walkechtheit.
Germaniarot [Ewer & Pick] ist ein ähnlicher Farbstoff.

Rosanol 10B [I. G.], Rosophenine 10B [ClCo], Thiazinrot R [I. G.], Benzoinechtrot AE [BK] BW. (D) Wo. u. S. (S) rosa bis carmoisinrot; ist säureecht.
Chicagorot [G] ist ein ähnlicher Farbstoff.

Titanrosa 3B [H], Thiazinrot GN [I. G.] ungeb. BW. im Salzbade oder HS. im Seifenbade gut waschecht, alkali- und säureecht rosa. Färbt Wo. scharlachrot.
Titanrosa B, Titanscharlach C, CB, S, Brillant-Titanscharlach Y, Titanrot S, 6B [H] sind ähnliche Farbstoffe.

Rosophenine, SG [ClCo] BW. rosa bis carmoisinrot (D); ist säureecht.

Thiazinrot G [I. G.] BW. (D) im Salzbade gelbrosa bis gelbrot, auch für Wo., HS. u. S. gebraucht. Die mit $CuSO_4$ nachbehandelten Wollfärbungen sind sehr lichtecht.

Chromechtgelb G [I. G.] Wo. gelb (CrV). Nicht mehr auf dem Markt.

2. Disazofarbstoffe.

a) Primäre Diazofarbstoffe von der Formel $\begin{matrix} R{-}N{=}N \\ R'{-}N{=}N \end{matrix}\!\!>\!X$ erhalten durch Einwirkung von zwei gleichen oder verschiedenen Diazoniumsalzen auf ein Amin oder Phenol.

Andre symbolische Bezeichnung: $\begin{matrix} R\searrow \\ R'\nearrow \end{matrix}\!K$.

Lederbraun [I. G.] Leder und ungebeizte Jute braun.

Terracotta F [G], Clayton Cotton Brown [ClCo] BW. (D) in neutralem oder schwach alkalischem Bade unter Zusatz von Glaubersalz braun. Wenig licht-, gut wasch-, säure- und alkaliecht.

Säurebraun R [I. G.] Wo. braun (S).

Baumwollorange R [I. G.] BW. orange (D). Dient auch zum Färben von S. u. HS.

Resorcinbraun [I. G., BK, J, H] Wo. braun (S). Resorcinbraun G [IBS, LBH] ist ein ähnlicher Farbstoff.

Echtbraun [I. G.] Wo. braun (S). Mäßig licht- und waschecht. Gut alkali- und säureecht.

Halbwollgelb A, Janusgelb G, R [I. G.]. Mit Tannin und Brechweinstein gebeizte BW. oder direkt unter Nachbehandlung mit Tannin: G rotstichig gelb, R orangegelb. Färbt HWo. in saurem Bade, dient auch für Kunstseide, Kokos und Jute; als Mischfarbe wertvoll.

Patentfustin GO [YDC], Wollgelb [I. G.] Wo. bräunlichgelb (S) bzw. (CrV).

Anthracensäurebraun G, N, R, GN, SW, V [I. G.] Wo. sehr lichtecht und luftecht gelbbraun (Cr).

Echtbraun G, GR, Acidolbraun G [I. G.], Säurebraun [I. G.], G [I. G., BK] Wo. gelbbraun (S). Acidolbraun B, BR, R, T [I. G.] sind ähnliche Farbstoffe.

Echtbraun O, NT [I. G.] Wo. u. S. braunrot (S).

Palatinschwarz A, Wollschwarz 4B, 6B [I. G.] Wo. u. S. alkali- und carbonisierecht schwarz (S). Palatinschwarz B, 8B, 5BA, 4BC, 5BN, 3G, M 7, 4RS, SF, SS, W [I. G.] sind ähnliche Farbstoffe.

Nigrophor, BASF [I. G.]. Als Eisfarbe in der Kattundruckerei verwendet. Das mit p-Nitranilin oder α-Naphthylamin erhaltene Schwarz ist gut seifenecht, sehr gut chlor- und säureecht.

Domingoblauschwarz B, 2B, 4B, BN, 2RN [I. G.] Wo. (S), S. in gebrochenem Seifenbade schwarz, mit blauer Übersicht. Gut licht-, wasser- und alkaliecht. Mit Zinkstaub und Zinnsalz ätzbar. Auch für Woll- und Seidendruck.

Blauschwarz N [I. G.] Wo. blaugrün (S).

Chrompatentgrün N, C [I. G.] Wo. blaugrün (S). Beim Nachchromieren: gelber und kräftiger. Gut licht-, wasch- und walkecht.

Naphtholblauschwarz S, B, Blauschwarz NB, Wollschwarz 6G, extra konz., Amidoschwarz 10BO, Amidosäureschwarz 10B, Naphthylaminschwarz 10B, Agalmaschwarz 10B [I. G.], Blauschwarz NOe [OeV] Wo. grünschwarz (S). Eignet sich zum Abtönen und Schönen von andern schwarzen Farbstoffen. Weitere Marken sind Naphtholblauschwarz SB, S2B, S3B, 6B [I. G.].

Azodunkelgrün A [G] Wo. grünlichschwarz (S) für Blauholzschwarz.

b) Sekundäre Disazofarbstoffe von der Formel R—N=N—X—N=N—Y, erhalten durch Diazotierung einer Aminoazoverbindung R—N=N—X—NH_2 und Kupplung mit einem Amin oder Phenol Y.

Andre symbolische Bezeichnung: (R ⟶ K) ⟶ K′, d. h. die aus R ⟶ K erhaltene Diazoverbindung wirkt auf die dritte Komponente K′ ein.

Sudan III, Cerasinrot, Scharlach R, Fettponceau G, Motirot 2R, Pyronalrot B, Cerotinscharlach R [I. G.]. Auf der Faser erzeugt: Amidoazobenzolrot [I. G.] (Methode NG) ungebeizte BW. granat, welches beim Nachbehandeln mit Kupfersalzen in Braun übergeht.

Tuchrot G, R, Seidenrot R [I. G.], Echtseidenrot [NJ] Wo. u. S. rot (S).

Crocein AZ [I. G.]. Mit Alaun und Glaubersalz BW. und Jute blaustichigrot. Wo. wird sauer gefärbt; gut licht- und walkecht.

Crocein B [Sch], Croceinscharlach B [Sch] Wo. rot (S); BW. bläulichrot (mit Alaun).

Brillantcrocein 3B, Brillantcrocein bläul., O, Baumwollscharlach, Ponceau BO extra, Papierscharlach [I. G.], Brillantcrocein M [I. G., BK] Wo. u. S. rot (S). Papier und BW. wird unter Zusatz von Alaun gefärbt. Ähnliche Farbstoffe sind: Brillantcrocein B, 2B, 3B, 6B, 7B, 9B, BOO, MOO, PA, R, ROO [I. G.].

Ponceau SS [LDC], SS extra [WSS, I. G.], Scharlach Nr. 6 [WSS], Tuchrot 2R [NAC] Wo. rot (S).

Ponceau RR [H. Roman] ist ein entsprechender Farbstoff.

Ponceau 5R, Erythrin P, X [I. G.] Wo. u. S. bläulichrot (S).

Azosäureviolett A2B, A2R, AL, B extra, R extra, 4R [I. G.] Wo. rötlichviolett (S). Mit Zinnsalz und Zinkstaub ätzbar.

Tuchrot 3G extra, 3GA, 3G [I. G.] Wo. rot (Cr).

Tuchrot 3B extra [I. G.] Wo. und S. (S) rot, mit Chrombeize blaurot.

Sudan IV, Fettponceau, R, Ponceau 3B, extra [I. G.], — auf der Faser: Echtazogranat M [I. G.]. Ungebeizte BW. (NG) bräunlichbordeaux. Echtgranat-G-Base [I. G.].

Tuchrot B [I. G.] Wo. rot (Cr).

Crocein 3B [Sch] Wo. u. S. rot (S).

Azococcin 7B, Tuchrot G, G extra, GA, Acidoltuchrot G [I. G.] Wo. dunkelrot (CrV). Sehr gut licht- und waschecht, gut carbonisier- und alkaliecht, schwefelecht, ziemlich gut walkecht, mäßig dekaturecht.

Tuchrot B, O, BO, BA, BB, BC, Wollrot B, Echtbordeaux O [I. G.] Wo. braunrot (S).

Bordeaux BX [I. G.] Wo. (S).

Union Fast Claret [Lev], Orseillerot A [I. G.], Unionechtbordeaux [Lev] Wo. orseillerot (S).

Eisschwarz, Prager Eisschwarz [Ki], Azotol C [I. G.] diazotiert ungebeizte BW. auf β-Naphtholgrund blauschwarz; gut licht-, säure- und seifenecht.

Halbwollrot, Janusrot B [I. G.] mit Tannin und Brechweinstein gebeizte BW. rot. Janusbordeaux B [I. G.] gehört auch zu dieser Klasse.

Neutralgrau G [I. G.], Säureschwarz BX [CCC]. Ungebeizte BW. mit Glaubersalz und Soda (oder Seife) rein grau. Dient auch zum Färben von S. und HS. Sehr gut alkaliecht, gut licht- und säureecht (Salz- und Essigsäure), ziemlich gut waschecht, mäßig schwefelecht, gering chlorecht. Neutralgrau GX [I. G.] ist ein ähnlicher Farbstoff.

Nyanzaschwarz B [I. G.] BW. (D), Wo. in neutralem Bade schwarz. S. (N), ziemlich bügelecht, mäßig licht-, ziemlich gut alkali-, gut säure- (Salz- und Essigsäure), gering chlor- und mäßig waschecht.

Coomassie Wollschwarz R [Lev] Wo. echt violettschwarz.

Coomassie Wollschwarz S [Lev] Wo. schwarz.

Sulfonschwarz G, R [I. G.] Wo. schwarz (SE). (Sulfonschwarz G [I. G.] ist eine Mischung.)

Granitschwarz [I. G.] Wo. schwarzviolett (S), (Crn) tiefschwarz. Gut licht- und waschecht.

Benzaminbraun 3 G, Dianilbraun 3 GO, Naphthaminbraun GX, Benzobraun D3G extra [I. G.], Diazolchrombraun N3JO [CN] BW (D), Wo. mit Ammonacetat braun, auch für Zeugdruck.

Walkorange, Osfachromorange D, Säurealizarinorange GR, Salicinorange G [I. G.], Chromechtorange R [J] Wo. licht-, säure- und alkaliecht orangerot (Cr).

Tuchscharlach G [I. G.], Alizarinrot 2B [CCC], Chromrot [DPC], Scharlach W [HM] Wo. walkecht rot (S u. Cr). Jute wird mit Alaun gefärbt.

Echtscharlach B [I. G.] Wo., S., Jute scharlachrot.

Croceinscharlach 3B, Ponceau 4RB, Erythrin 2R [I. G.] Wo. sauer und mit Alaun BW. rot. Ziemlich licht- und säureecht.

Croceinscharlach B, 2B, R [I. G.] sind Mischungen von 3B mit Orange 5B, 3B oder 7B [I. G.]. Croceinscharlach 5B [I. G.] ist eine Mischung von Croceinscharlach 3B und Croceinscharlach 7B.

Benzoechtrot 8BL [I. G.], Chlorazolechtrot K [BDC] BW. (D), HS. rot, auch für Zeugdruck.

Chlorantinechtrot 7BL [J], Diaminechtrot 8BL, Solaminrot 8BL [I. G.], sowie Benzoechtrubin BL und Benzoechtbordeaux [I. G.] sind ähnliche Farbstoffe.

Wollschwarz [I. G.] Wo. bläulichschwarz (S).

Doppelscharlach, Ponceau B extra, 3RB, Echtponceau B, G, Neurot L, Scharlach EC [I. G.] Wo. bläulichscharlachrot (S).

Doppelscharlach BSF, RSF u. RRSF [I. G.] sind ähnliche Marken.

Croceinscharlach O extra [I. G.] Wo. u. S. scharlachrot (S).

Ponceau S extra, Echtponceau 2B [I. G.] Wo. scharlachrot (S).

Tuchscharlach R [I. G.] Wo. (CrV) u. S. (S) rot.

Orseillin BB [I. G.] Wo. orseillerot (S).

Azorubin 2S [I. G.] ist ein entsprechender Farbstoff.

Bordeaux G [I. G.] Wo. rot (S).
Croceinscharlach 8B, 8BL, Ponceau 6RB, Erythrin 7B [I. G.] Wo. u. S. rot (S).
Bordeaux BX [I. G.] Wo. rot (S).
Sulfonschwarz 3B, 4BT [I. G.] Wo. licht- und walkecht schwarz (SE).
Sulfoncyanin G, GR extra, Tolylblau GR extra, Azocyanin GR, Sulfaminblau D [I. G.] Wo., S., HS. (N) mit Ammonacetat versetzt blau. Gut wasch-, walk-, licht- und luftecht. Für Baumwolle ist der Farbstoff wenig geeignet.
Sulfoncyanin 3R, 5R extra, Tolylblau 5R extra, Azocyanin 5R, Alphanolblau 5RN, Walkblau 5R extra [I. G.] Wo., S., HS. (N) mit Ammonacetat blau.
Sulfoninblau 5R extra [S], Tuchechtblau B, BR, G, GTB [J], Säureblau 5RS [SAPC], Tuchblau R [StD] Wo., S., HS. (N) mit Ammonacetat blau.
Naphthalinsäureschwarz 4B, S [I. G.] Wo. u. S. blauschwarz (S). Gut reib-, licht-, dekatur-, carbonisier-, schwefel- und waschecht.
Ponceau 10RB, Croceinscharlach 10B [I. G.] Wo. u. S. blaustichig rot (S). Licht- und waschecht; mit Zinn ätzbar.
Eriochromverdon A [G] Wo. bordeauxrot (S); beim Chromieren entwickelt sich daraus ein licht-, walk- und pottingechtes Blaugrün.

Eriochromverdon S [G], Alizarinchromgrün S [S] sind ähnliche Produkte.

Echtviolett R [I. G.] Wo. rötlichviolett (S u. CrV).
Buffalo Black 10B [Sch], Noir acide N [StD], R [JDC], Amacidschwarz 10B [AAP] Wo. blauschwarz (S).
Viktoriaschwarz B [I. G.], analoge Farbstoffe: Viktoriaschwarz G, 5G, Viktoriaschwarzblau, Neuviktoriaschwarz, B, 5G, Phenolschwarz, GG, SG, SS, Phenolblauschwarz 3B [I. G.] Wo. blauschwarz (S). Sehr licht-, alkali-, säure- und schwefelecht, nicht walkecht. Mit Bichromat und Fluorchrom gebeizte Wolle ist ziemlich walkecht.
Jetschwarz R [I. G.] Wo. unter Zusatz von Kochsalz blauschwarz (N). Jetschwarz S. wird in essigsaurem oder mit Essigsäure gebrochenem Bade gefärbt. Ist ziemlich licht- und walkecht; wird wenig verwendet.
Ingrain Black C [H] BW. marineblau, diazotiert und gekuppelt echtschwarz.
Echtviolett B [I. G.]. Wo. bläulichviolett (S u. Cr).
Diamantschwarz F, Salicinschwarz D, Chromtiefschwarz, G, Echtbeizenschwarz B, T [I. G.] Wo. blauschwarz (Cr).
Omegachromschwarz F [S]; Anthracensäureschwarz DSF, DSN [I. G].

Weitere Marken (bzw. Mischungen) sind: Diamantschwarz FB, 4B, NG, A, PVT, AF, 2B, FE [I. G.], Eraschwarz J, NG [Lev], Diademchromschwarz GN extra, H extra, HB extra, HN extra, S [LBH].

Ferrochromseidenschwarz [Feurstein], S tiefschwarz (FeV).
Chromschwarz I [H] Wo. echtschwarz (CrV).
Diamantgrün, B, 3G, SS [I. G.] Wo. (Cr) licht-, walk-, säure- und alkaliecht dunkelgrün.
Anthracensäureschwarz DSF, DSN, LW, SAS, SR, ST, SW, Säurechromschwarz STC [I. G.] Wo. licht- und alkaliecht schwarz (Cr).
Nerol 2B [I. G.] Wo., S. schwach essigs. und Glaubersalz oder Neutralbad schwarz. Für Wollgarn (Strickgarn) und Vorgespinste.

Nerol BL, 2BL, 4B, 2BG, 4BG, TB, VB, VL, TL [I. G.] ähnl. Farbstoffe. Analoge Produkte: Nerocyanin BS neu, 2BN, BT, RN [I. G.].

Nerol B [I. G.] Wo., S. schwach essigs. und Glaubersalz oder neutral. Für Strickgarn und Vorgespinste.
Echtsulfonschwarz [JBS, SCC], F, FB [S], Echtsäureschwarz L [JWL], Sulfonechtschwarz A [GCC] Wo. tiefschwarz (S).
Sulfoncyaninschwarz B, 2B, Tolylschwarz B, BB [I. G.] Wo. licht-, wasch-, alkali- und säureecht blauschwarz (N). Ähnliche Marken: Alphanolschwarz BG, Tolylschwarz BG [I. G.].

Naphthylaminschwarz D, Vollschwarz D, B konz. [I. G.] Wo., S. HWo. schwarz (S oder N).

Außerdem zahlreiche Marken (Mischungen) von Naphthylaminschwarz: ES3B, ES5B, ESN, R, S [I. G.]; die am meisten verwendete ist Naphthylaminschwarz 4B [I. G.], eine Mischung von Naphthylaminschwarz D [C] bzw. Naphtholschwarz 6B [C] mit Naphtholblauschwarz [C].

Vollschwarz B, 4B, T [I. G.].

Anthracitschwarz B, R [I. G.] Wo. in saurem Bade (Essigsäure und Glaubersalz oder essigsaures Ammoniak) grau bis tiefschwarz. Auch durch Behandeln in saurem Bade und Nachbehandeln mit Fluorchrom gefärbt.

Naphthylblauschwarz N, NV, FB, FBB, Alphylblauschwarz O, OK [I. G.] Wo. in saurem Bade (Essigsäure, Oxalsäure) und Glaubersalz und Nachbehandeln mit $CuSO_4$ tief blauschwarz.

Naphtholschwarz 6B, Brillantschwarz BD, [I. G.], Wollschwarz [KB] Wo. schwarz (S). Naphtholschwarz 2B [Lev] ist ein analoger Farbstoff.

Azoschwarz O, Blauschwarz B [I. G.] Wo. bläulichviolett bis schwarz (S).

Brillantcrocein 9B [I. G.] Wo. rot (S).

Diaminblau 6G [I. G.] ungebeizte BW. in schwach alkalischem Bade blau.

Naphtholschwarz B, Carbonschwarz B, 3B, Wollschwarz B, SG [I. G.] Wo. blauschwarz (S). Dient auch im Wolldruck, ferner zum Auffärben getragener Kleider und in der Farbe mißratener Wollwaren.

Ähnliche Farbstoffe bzw. Mischungen sind: Wollschwarz 6B [I. G.], Naphtholschwarz 2B, 3B, 6B, 12B, 4R, Brillantschwarz B, 3B, E, M, Carbonschwarz BD, GAT, T [I. G.].

Naphthogenblau 2B, 2R, Diazoindigoblau B, Diaminogenblau BB, Diazanilblau BB [I. G.] ungebeizte BW. direkt mit Glaubersalz und Soda grünlichblau (wertlos); auf der Faser diazotiert und mit β-Naphthol gekuppelt wird ein sattes Blau erhalten. Sehr gut bügel-, licht- und waschecht, gut reib-, alkali- und säureecht (Salz- und Essigsäure), gering chlorecht.

Diaminogenblau G [I. G.] ist ein ähnlicher Farbstoff. Analoge Produkte: Diaminogenblau NA, NB, RA, 2RA, 2RN, 6RN [I. G.], Diaminogendunkelblau [I. G.], Diazoindigoblau BR extra, 2RL [I. G.], Diamineralblau B [I. G.], Alkalichromblau B [I. G.].

Diaminogen B, BB, extra [I. G.] BW. dunkelblau (D), auf der Faser diazotiert entsteht mit β-Naphthol ein Indigoblau, mit m-Diaminen ein Schwarz.

Ähnliche Produkte sind: B, BR extra, G, 4GL extra, L, M, R, 3R, 2RL, 3RL, 4RL, Diazoindigoblau und Sambesireinblau 4B [I. G.].

Biebricher Patentschwarz 4AN, 6AN, 4BN, 6BN, 7BN, KS, KSB [I. G.] Wo. gut wasch-, licht- und tragecht schwarz (S).

Brillantechtblau B, 2G, 5G [I. G.] BW. hellblau (D), auch für HWo. und HS. sowie für Zeugdruck. Brillantechtblau 3BX, 4G [I. G.] sind Mischungen.

Diazollichtviolett NB [CN], Brillantbenzoechtviolett BL, 2RL [I. G.].

Benzoechtheliotrop BL, 2RL [I. G.].

Diaminechtbrillantblau R, Brillantbaumwollblau R und Brillantdianilblau R [I. G.] sind ähnliche Farbstoffe.

Biebricher Patentschwarz BO [I. G.] Wo. schwarz (S).

Eine andre Marke ist Biebricher Patentschwarz 3BO [I. G.].

Columbiaechtscharlach 4B, Diaminechtscharlach 4B, FF, 4BN, 4BFS, 4BFF, 5BFF, 6BS, 7BFS, 8BN, GFF, SBF, 10BF, GG, GS [I. G.] BW. scharlachrot (D). Auch für Zeugdruck.

Diaminazoscharlach 4B, 8B, 8B extra, 2BL extra, 4BL extra, 6BL extra [I. G.] BW. scharlachrot (D), diazotiert mit β-Naphthol scharlachrot, auch für Zeugdruck.

Diaminazoorange RR [I. G.] BW. orangegelb bis rot, diazotiert mit β-Naphthol gekuppelt, orange bis rot.

Diazobrillantorange GR extra, Diazobrillantscharlach BG extra [I. G.] BW., S., HS. und Kunstseide (D), diazotiert und gekuppelt scharlach.

Rosanthren O [J] BW. orange (D), diazotiert, mit β-Naphthol gekuppelt lichtorange. Analoge Produkte: Rosanthren A, AW, B, CB, GW, R, RH [J], Rosanthren-Bordeaux B [J], Rosanthren-Rosa [J].

Diaminechtviolett BBN, FFBN, FFRN [I. G.], Diaminbrillantviolett B, RR, Naphthaminechtviolett 2B [I. G.] BW. violett bis blau (D), gekuppelt mit diazotiertem p-Nitranilin violett. Für S., HS., Kunstseide; auch für Zeugdruck.

c) Tertiäre Disazofarbstoffe von der Formel $\begin{matrix}R-N=N-X\\ |\\ R'-N=N-X\end{matrix}$ erhalten durch Kuppeln zweier Moleküle gleicher oder verschiedener Diazoniumverbindungen mit dem Kondensationsprodukt einer Aminonaphtholsulfosäure.

Andre symbolische Bezeichnung: $\begin{matrix}R\searrow & \\ & K\\ & |\\ & K\\ R'\nearrow & \end{matrix}$

Benzoechtscharlach GS, 4BS, 5BS, 8BS, 4BA, 4FB, 8BA, 8FB, 8BSN, 7BS [I. G.], Benzoechtorange S (I. G.], Chloraminechtscharlach 2B, 4BS [S]. BW. gut säureecht blaurot bis gelbrot (D). Die Lichtechtheit ist mäßig (3). Die Färbungen auf Wo. sind waschecht. Der Farbstoff wird auch für S., HWo. u. HS. empfohlen.

Benzoechtscharlach 4BA, 4BS, Naphthaminechtscharlach E4B [I. G.] Chlorazolechtscharlach 4BS [BDC] BW. scharlachrot (D), auch für Zeugdruck.

Azidinechtscharlach GGS, EGS [I. G.] BW. sehr gut säureecht orangerot (D).

Azidinechtscharlach 4BS, E4BS [I. G.] BW. sehr gut säureecht rot (D).

Azidinechtscharlach 7BS [I. G.] BW. sehr gut säureecht blaurot (D).

d) Disazofarbstoffe aus Diaminen.

Bismarckbraun, Vesuvin, Manchesterbraun, Lederbraun A, B, Excelsiorbraun, Phenylenbraun G konz., 2G konz., Braunsalz G, Dunkelbraunsalz G [I. G.] Wo., S., Leder braun (N). Beim Nachchromieren und Behandeln mit $CuSO_4$ echter. BW. (TV), Jute usw. braun. Die Echtheit wird durch Nachbehandeln mit Bichromat und Kupfervitriol verbessert. p-Nitrodiazobenzol liefert auf der mit Bismarckbraun gefärbten Faser ein schönes echtes Braun (Parabraun G [I. G.]).

Vesuvin B, Manchesterbraun EE, PS [I. G.], Bismarckbraun R [I. G., J] Wo., Leder und tannierte BW. rotbraun.

Toluylenbraun G [I. G.] BW. seifenecht gelblichbraun (D).

Toluylengelb [I. G.] BW. gelb (D). Gut wasch-, säure- und chlorecht.

Toluylenorange RR [I. G.] BW. rotorange (D).

Säurealizarinschwarz SE Teig, Palatinchromschwarz F, FN, FT [I. G.] Wo. schwarz (Cr). Spezialmarke: Säurealizarinschwarz SET [I. G.] färbt Wolle tief schwarz.

Säurealizarinschwarz SN, Palatinchromschwarz S [I. G.] Wo. sehr echt blauschwarz (Cr); eignet sich sehr für Apparatefärberei. Spezialmarke: Säurealizarinschwarz SNT [I. G.], färbt Wolle schwarz.

Violettschwarz [I. G.] Wo. in neutralem, BW. in alkalischem Bade violettschwarz. Mäßig licht- und ziemlich waschecht. Der Farbstoff wird besonders als Untergrund und Beize für basische Anilinfarbstoffe empfohlen.

Paraschwarz R [I. G.] BW. alkal. dunkelblau, mit diazotiertem p-Nitranilin gekuppelt tiefschwarz, auch für Zeugdruck.

Chromrot S Plv. [Br] Wo. in einem Bad mit Metachrombeize oder (CrV) bläulichrot.

Azoalizarinbordeaux W [DH], Osfachrombordeaux B, R [I. G.] Wo. echtbordeaux (Cr). Farbstoffe ähnlicher Konstitution sind: Azoalizarinrot B [DH], Chromechtrot B u. G [I. G.], Chromechtrot R [I. G.] ist eine Mischung der B u. G-Marken, Anthracenchromrot G [I. G.], Autochromrot B [I. G.], Domingochromrot B u. G [I. G.].

Azoalizarinschwarz I [DH] Wo. in ein oder zwei Bädern lichtecht schwarz (Cr).

Anthracitgelb S, Salicingelb R, Anthracengelb C, Plv. u. Tg., Echtbeizengelb G, GI, Säurealizaringelb RC [I. G.] ungebeizte Wo. waschecht, Wo. (Cr) walk- und lichtecht gelb.

Walkrot G [I. G.] Wo. rot (S).

Walkrot FGG, FR, R [I. G.] sind ähnliche Marken.

Diphenylechtschwarz [G] BW. schwarz (D).

Naphthaminreingelb L [I. G.], Chloramininechtgelb 4 GL [S], Baumwollgelb G, Benzoechtgelb 5 GL, Diaminechtgelb 3 G [I. G.] ungebeizte BW. in kochendem alkalischen Bade sehr lichtecht gelb. Wird durch Mineralsäure grün bis schwarz. Wird mit Chrombeize gefärbt oder gedruckt waschecht.

Salmrot [I. G.] BW. (D) aus alkalischem Bad fleischfarben bis bräunlichorange.

Echtrot [I. G.] BW. lichtrot (D).

Benzoechtgelb 4 GL extra, Diaminechtgelb 4 G [I. G.] BW. gelb (D); auch für Zeugdruck.

Benzoechtgelb RL [I. G.], Diazollichtgelb N4J [CN] BW. gelb (D); auch für Zeugdruck.

Helgolandgelb [NI] BW. gelb (D).

Salmon Rot [NI] BW. orangerot (D).

Paraechtbraun GR [I. G.] BW. (D) u. mit diazotiertem p-Nitranilin entwickelt braun; auch für Zeugdruck.

Paraechtbraun GK, RK [I. G.] BW. (D) u. mit diazotiertem p-Nitranilin entwickelt braun; auch für Zeugdruck.

Benzoechtrosa 2 BL [I. G.] BW. rosa (D); ist licht-, wasch- und gut alkaliecht.

Brillantbenzoechtviolett 4 BL, 5 RH, Benzoechtheliotrop 4 BL, 5 RH, Benzoechteosin BL [I. G.] BW. eosinfarben bis violett (D).

Walkrot R [I. G.] Wo. lebhaft walk- u. lichtecht rot (S). Liefert, mit Chlorbarium gefällt, ziemlich lebhafte Rotlacke.

Walkscharlach B, 6 B [I. G.] Wo. scharlach (E). Für Cochenillescharlach auf Flanell.

Zinnoberscharlach BF [BK] dient für Lacke.

Baumwollponceau, Zinnoberscharlach G, R [BK], Brillantcarmin L [BDC] dient zur Herstellung von Farblacken.

Hessisch Bordeaux [I. G.] BW. bordeaux (D), eignet sich zur Diazotierung auf der Faser.

Hessisch Purpur N [I. G.] BW. bläulichrot (D). Nicht licht- und luftecht. Säureempfindlich; auf Wo. echter wie auf BW.

Hessisch Brillantpurpur [I. G.] BW. blaurot (D).

Hessisch Purpur B [I. G.] BW. bläulichrot (D).

Hessisch Purpur D [I. G.] BW. bläulichrot (D).

Hessisch Violett [I. G.] BW. violett (D).

Brillantgelb, Renolbrillantgelb konz. Papiergelb 3 G [I. G.] ungeb. BW. in saurem Bade — weil alkaliempfindlich — gelb. Sehr lichtecht, echt gegen verdünnte Säuren. Verliert beim Seifen.

Chrysophenin G [I. G., S], Direktgelb CRG, Aurophenin O, Pyramingelb G, GX, Triazolgelb G, Azidingelb CP, Chrysobarin G extra konz. [I. G.].

Chloramingelb W extra, Neugelb für Baumwolle [I. G.], Baumwollgelb CH [J], Diphenylchrysoin 3 G [G] BW. (D) gelb.

Hessisch Gelb [I. G.] BW. (D) gelb. Sehr echt gegen Licht und schwache Säuren.

Congo GR [I. G.] BW. rot (D), auch für Zeugdruck.

Pyraminorange 3 G [I. G.] BW. gelborange (D).

Pyraminorange 2 R [I. G.] BW. rotorange (D).

Congo, Dianilrot R, Baumwollrot konz., 4 B, K, Kosmosrot, extra [I. G.], Congorot [I. G., BK, S] Wo. (SE), BW. rot (D).

Diazoschwarz B [I. G.] BW. in schwach alkalischem Glaubersalzbade (D). Die Färbungen liefern nach dem Diazotieren und Entwickeln mit β-Naphthol oder m-Phenylendiamin ein Schwarz. Ähnliche Farbstoffe sind: Diazoschwarz 2B, 3B, OB, H, G, O2G, OT, R, R extra [I. G.]; Diazaminschwarz N2B, NOB, NOT [CN], OB, OT, O2G [I. G.] sind nicht metallempfindlich.

Glycincorinth [Ki] BW. in alkalischem Seifenbade corinthrot (D).

Glycinrot [Ki] BW. in alkalischem Seifenbade rot (D).

Orange TA [I. G.] BW. im Salzbade rotorange (D); besonders für HWo. verwendet, weniger für Wo. u. S.

Congocorinth G [I. G., BK, S], Baumwollcorinth G, Alkalibordeaux G, Dianilbordeaux G, Renolcorinth G [I. G.] BW. bräunlich rot (D).

Congorubin [I. G., BK], Congorubin A [S], Baumwollrubin, Alkalirubin, Renolrubin extra, Congorubin B [I. G.], Azidinbordeaux [I. G.] BW. rot (D). Dient auch zum Färben von Wo. u. S. und ist dann echter als auf BW., ferner für HWo. u. HS. Ergiebiger, billiger Farbstoff.

Congoorange G [I. G.] BW. orange (D). Egalisieren gut. Dient auch zum Färben von Wo., S., HWo. u. HS.

Brillantcongo G [I. G.] BW. im Seifenbade rot (D); feuriger und gelber als Congo. Sehr gut bügel- und alkaliecht, ziemlich gut säureecht, mäßig licht- und waschecht, gering chlorecht.

Oxaminorange G [R] BW. orange (D). Auf der Faser diazotierbar.

Pyramidolbraun BG [FA] BW. rot (D). Durch Entwicklung mit Diazolösungen entsteht ein tiefes, waschechtes Braun.

Benzidinpuce [I. G.] BW. dunkelgranat oder in Pucenuance auf der Faser (NG). Findet besonders im Kattundruck Verwendung. Die Nuance kann durch teilweisen Ersatz des β-Naphthols durch α-Naphthol beliebig abgedunkelt werden. Base: Benzidin = Echt Corinth-B-Base [I. G.].

Echtblau-R-Base [I. G.] ist Tolidin zur Anwendung auf Naphthol AS (dunkelgranatrot). Nitrotolidin gibt bordeauxbraune Töne.

Diaminscharlach B, Benzoscharlach BC, Dianilponceau G [I. G.] BW. in alkalischem Bade (D), Wo. u. S. in saurem oder neutralem Bade rot. Diaminscharlach 3B = Dianilponceau 2R, Diaminscharlach RG, Diaminbordeaux B u. Diaminbordeaux S [I. G.] sind ähnliche Farbstoffe.

Oxaminscharlach B [R] BW. scharlachrot (D), diazotierbar a. d. Faser.

Oxaminrot B [R] BW. bläulichrot (D). Auf der Faser diazotiert und gekuppelt wird es dunkler.

Bordeaux COV, extra, BL extra, Azidinviolett R, Neubordeaux L [I. G.] Wo. bordeauxrot (S), BW. im Salzbade violett.

Heliotrop 2 B [I. G.] BW. violett (D). Gut säureecht, mäßig licht- und waschecht, gering bügel- und chlorecht.

Trisulfonviolett [LDC], B [S], Chlorazolviolett WBX [BDC], Direktviolett R [CCC], Amidinviolett B [JC], Erieviolett BW [BAC], Direktbrillantviolett R konz. [NCW] BW. violett (D), auch HWo. u. HS.

Benzoviolett R [I. G.], Chlorazolviolett R [BDC], Paraminviolett R [LBH] BW. violett (D). Für HS., S. u. Zeugdruck.

Dianilblau 4R [I. G.] BW. violett (D).

Dianilblau R [I. G.] BW. blau (D).

Chicagoblau 4R, Benzoblau 4R, Diaminblau C4R [I. G.] BW. blau (D). Egalisieren gut. Gut alkali- und säureecht, ziemlich gut bügelecht, mäßig waschecht, gering licht- und chlorecht.

Columbiablau R, Benzorotblau R, Diaminblau LR [I. G.] BW. blau (D). Gut bügel-, alkali- und säureecht, mäßig waschecht, gering licht- und chlorecht.

Oxaminviolett, Dianilviolett BE, Naphthaminviolett BE, Oxydiaminviolett BF, Benzaminazoviolett K, Benzoviolett O [I. G.] BW. rotviolett (D); wenig lichtecht, ziemlich gut waschecht, gut säure- und alkaliecht. Kann auf der Faser diazotiert und entwickelt werden.

Diaminviolett N, Dianilviolett H, Naphthaminviolett N, Columbiaviolett R, Naphthaminviolett N, R, Benzaminviolett V, Azidinviolett DV, Benzoechtviolett NC [I. G.] BW. in schwachsaurem oder alkalischem Bade unter Zusatz von Glaubersalz violett (D). Wo. u. S. in neutralem oder schwachalkalischem Bade sehr licht-, wasser-, walk-, säure- und alkaliecht; wird auch für HWo. u. HS. verwendet.

Diaminschwarz RO, Naphthaminschwarz BVE, Oxaminschwarz 2R [I. G.] BW. grauviolett (D). Liefert, auf der Faser diazotiert, mit Entwicklern ein gut licht-, wasch-, säure- und alkaliechtes Schwarz.

Diaminbraun V, Dianilbraun BH, Oxaminbraun B [I. G.] BW. in schwachalkalischem Bade unter Zusatz von Glaubersalz dunkelviolettbraun. Wird durch Diazotieren und Behandeln mit Entwicklern sehr waschecht.

Azomauve R [I. G.] BW. violettschwarz (D). Beim Diazotieren und Entwickeln schwarz.

Sambesibraun G, GG [I. G.] BW. in sodahaltigem Glaubersalzbade G corinthbraun, GG violett (D). Durch Diazotieren und Kuppeln mit m-Toluylendiamin entsteht ein Catechubraun. Sehr gut alkaliecht, gut bügel-, licht- und säureecht, mäßig waschecht, gering chlorecht.

Alkalidunkelbraun G, V, Alkalirotbraun RR, 3R, T [I. G.] BW. u. HWo. dunkelbraun (D).

Dianilgranat B, Benzoechtrot 9BL [I. G.] BW. in sodahaltigem Glaubersalzbad blaustichig rot (D). Kupfersalz macht die Färbung gelber, licht- und säureecht. Auch für HWo. u. S. Mit Zinnsalz ätzbar.

Diaminschwarz BH, Dianilschwarz ES, Naphthaminschwarz CE, Azidinschwarz BHN, Triazoldunkelblau BH, Alkaliblauschwarz, Renolaminschwarz BH, BHN, Direktschwarz HB, Diazoschwarz BHN, Oxaminschwarz BHN [I. G.] BW. (D). Liefert, auf der Faser diazotiert und mit β-Naphthol (N) oder m-Phenylendiamin (Phd) entwickelt ein Schwarz.

Diphenylblauschwarz [G] BW. schwärzlichblau (D).

Diphenylgrau [G] ist ein ganz ähnlicher Farbstoff.

Diphenylechtgrau B konz. [G] BW. bläulichgrau bis schwarz, auch für HS. u. S.

Naphthaminschwarz RE, Naphthylamindiazoschwarz [I. G.] BW. im Glaubersalzbade marineblau (D). Beim Diazotieren der Färbung und Entwickeln mit m-Toluylendiamin entsteht ein wasch-, säure- und kochechtes Schwarz.

Benzocyanin R, Diamincyanin R, Congocyanin R [I. G.] BW. in neutralem oder schwachalkalischem Glaubersalzbade säureecht rötlichblau (D).

Diaminblau BB, Benzoblau BB, Congoblau 2BX, Dianilblau H2G, Naphthaminblau 2BX, Triazolblau 2BX, Benzaminblau 2B, Azidinblau 2B [I. G.] BW. blau (D). Diaminblau bzw. Direktblau [LDC] besitzen ähnliche Eigenschaften.

Naphthaminblau 2B, 3B, 5B [I. G.] BW. blau (D); für HS. wird die Seide nur schwach angefärbt. Gut licht-, säure- und waschecht.

Wollrot G [I. G.] Wo. scharlachrot (S), evtl. nachchromierbar.

Brillantorange G, Diaminorange B [I. G.] BW. in neutralem Bade orange (D). Die Färbung wird durch Nachkupfern braun. Sehr gut bügelecht, gut lichtecht, ziemlich gut alkali- und säureecht, mäßig waschecht, gering chlorecht.

Chrysamin G [I. G., H, S], Azidingelb G, Flavophenin [I. G.] BW. im Seifenbade gelb (D). Sehr gut lichtecht, ziemlich gut waschecht, mäßig säure-, chlor- und alkaliecht. Ist ziemlich empfindlich gegen Kupfersalze. Die Färbungen werden durch letztere lichtechter.

Das Chrysamin war der erste gelbe substantive Baumwollfarbstoff. Seine Eigenschaft, BW. direkt zu färben, wurde jedoch erst nach der Einführung des Congos (1885) erkannt.

Kresotingelb G [I. G.], Eriegelb KM [NAC], Direktgelb CR [J] BW. gelb (D).

Tuchorange [I. G.] Wo. bräunlichorange (CrV).

Tuchbraun R [I. G.] Wo. bräunlichgelb (CrV) aus saurem Bade.

Tuchbraun G [I.G.] Wo. bräunlichgelb (CrV) aus saurem Bade.

Benzoorange R [I. G., S], Osfanilorange BRN [I. G.], Chlorazolorange RN [BDC], Paraminorange R [LBH], Amanilechtorange R [AAP], Centralinorange R [CD], Pontaminorange R [DuP], Direktorange R [NCW], 3R [StD], M [ICA], Nippon Orange R [JDC], Chokusetsu Orange R [MDW] BW. (D) u. Wo. (Cr) orange.

Chlorazolorange 2R [H] BW. (D) alkal. Bad oder Wo. (CrV) orange.

Crumpsall Direct Fast Red R, Y [Lev], Orionechtrot D [JBS], Paraminechtbordeaux B [LBH], Direktbordeaux TV [StD] BW. in neutralem Salzbade braunstichigrot (D).

Diaminnitrazol G [I. G.] BW. bräunlichviolett (D), a. d. Faser mit diazotiertem p-Nitranilin gekuppelt grün; auch für Zeugdruck.

Diaminnitrazolgrün BB, GF [I. G.] ähnliche Marken.

Diaminechtrot F, Dianilechtrot PH, Naphthaminrot H, Oxaminechtrot F, Benzoechtrot FC, Columbiaechtrot F, Triazolechtrot C, Azidinechtrot F, Hessischechtrot F, Benzaminechtrot F [I. G.], Diphenylechtrot [G], Dianolechtrot F [Lev] Wo. im Salzbade (Glaubersalz) und nachchromiert [Fluorchrom oder Bichromat) (Cr) gelbrot. S. wird in essigsaurem Bade, BW. im Kochsalzbade unter Zusatz von 75 % Glaubersalz und 2 % Soda gefärbt. Diese Färbungen werden durch Behandeln mit Fluorchrom echter.

Diaminbraun M, Dianilbraun MH, Naphthaminbraun H, Renolbraun MB konz., Columbiabraun M, Benzobraun MC, Benzaminbraun M, Azidinbraun M, Direktdunkelbraun M, Oxaminbraun R [I. G.], Direktbraun M [J] BW. in alkalischem Bade unter Zusatz von Glaubersalz braun (D). Wird durch Nachbehandeln mit Kupfervitriol und Bichromat (KCr) oder Diazotieren auf der Faser und Entwickeln mit m-Phenylendiamin (Phd) oder β-Naphthol (N) echter. Diaminbraun 3G, 5G, MR, R, S, K4G, ATC [I. G.] sind ähnliche [Marken.

Diphenylbraun RN [G] BW. dunkelrotbraun (D).

Diphenylbraun BN [G] BW. dunkelbraun (D).

Benzobraun CB [I. G.], Diaminbraun B [I. G.] BW. ziemlich licht-, wasch-, säure- und alkaliecht braun (D).

Oxaminmarron [I. G.] BW. dunkelbraunrot (D). Bei der Nachbehandlung mit Kupfersalz wird der Farbstoff echter.

Oxaminrot [I. G.] BW. dunkelrot (D)

Alkaligelb R [I. G.] BW. in schwach alkalischem Glaubersalzbade gelb (D). Gut säureecht, ziemlich gut waschecht, mäßig lichtecht; mit Alkali: röter.

Direktgrau R [J] BW. in schwachalkalischem Glaubersalzbade grau (D).

Direktviolett R [J] BW. rotviolett (D).

Direktindigoblau BN [J] BW. mit 20 % Glaubersalz und 2 % Soda indigoblau (D). HWo. wird mit 15—20 % Glaubersalz und 2 % Essigsäure gefärbt. Gut licht-, alkali- und säureecht.

Polarrot G konz., R konz., RS konz. [G] Wo. u. S. rot (S oder N).

Anthracenrot [I. G., J] Wo. in saurem Bade (Glaubersalz und Essigsäure) oder mit Chrombeize ziemlich echt rot. Beim Nachchromieren: blaustichig scharlachrot. Sehr gut dekatur-, wasch-, walk- und ätzkalkecht, gut licht-, carboniser-, schwefel-, wasser- und sodaecht.

Salicinrot B, G, GG [I. G.] Wo. rot (S bzw. CrV).

Salicingelb G [I. G.] BW. (D), Wo. (CrV) gelb.

Dianolrot 2B [Lev], Azidinpurpurin 10B [I. G.], Brillantpurpurin 10B [J] BW. blaurot (D).

Dianolrot B [Lev] BW. gelbrot (D).

Brillant-Dianolrot R extra [Lev], Dianilechtscharlach 8BS, Toluylenrot, Azidinbrillantrot 8B, Acetopurpurin 8B, Oxaminscharlach B [I. G.], Chlorantinrot 8B [J], Diphenylrot 8B [G] BW. im Salzbade mit wenig Soda blaurot (D). Mit Zinkstaub ätzbar; dient auch für Wo., S. u. HS. u. für BW.-Druck. Chlorantinrot 4B [J] ist eine Mischung.

Glycinblau [Ki] BW. blau (D).

Trypanrot [I. G.] dient hauptsächlich für medizinische Zwecke.

Sulfonazurin D [I. G.] Wo. u. BW. in neutralem Bade unter Zusatz von Glaubersalz blau. Gut walk-, alkali- und säureecht.

Pyraminorange R [I. G.] BW. lebhaft orangerot (D). Gut wasch-, säure- und alkaliecht.

Chromechtgelb RD [I. G.], Calicoflavin R [G], Chromazolgelb CR [BDC], Chromocitronin R Plv. [DH] BW. u. Wo. auf CrV gelb, auch für Zeugdruck. Walkgelb [T] ist ein ähnlicher Farbstoff.

Chromocitronin RR Plv. [DH] BW. oder Wo. auf CrV gelb, auch für Zeugdruck.

Säureanthracenrot G [I. G.], Coomassie Walkscharlach G [BDC], Walkscharlach DH Plv. [DH], Walkrot 2G [T] Wo. rot (S). Säurewalkrot G konz. [G] ist ein ähnlicher Farbstoff.

Naphthylblau 2B [I. G.] BW. reinblau (D).

Carbazolgelb [I. G.] BW. gelb (D).

Toluylenorange R [I. G., S], Alkaliorange RT, Azidinorange R, Renolorange R, Alkaliorange RT, Pyraminorange RT, Oxydiaminorange R, Plutoorange R [I. G.], Direktorange R [J] BW. rötlichorange (D). Durch Nachbehandeln mit p-Diazonitrobenzol (Az) sehr sattes waschechtes Rotbraun.

Oxaminviolett GR [R] BW. rötlichviolett (D).

Benzopurpurin 4B [I. G., S, BK], Dianilrot 4B, Diaminrot 4B, Alkalipurpurrot 4B [I. G.], Baumwollrot 4B [I. G., J] BW. im Seifenbade (D).

Benzopurpurin 6B, Dianilrot 6B, Diaminrot 6B [I. G.], Baumwollrot 6B [J] BW. im Seifenbade rot (D). Sehr gut alkaliecht, gut bügelecht, mäßig licht- und waschecht, gering säure- und chlorecht. Durch Diazotieren auf der Faser und Entwickeln mit β-Naphthol usw. entsteht ein Schwarz. Diazobrillantschwarz B, R [I. G.] sind ähnliche Farbstoffe.

Benzopurpurin B [I. G., H], Baumwollrot B [J] BW. rot (D). Dient auch für HWo. u. HS. Egalisieren gut. Sehr gut alkaliecht, gut bügelecht, mäßig licht- und waschecht, gering säure- und chlorecht.

Diaminrot B, Baumwollpurpur 5B [I. G.], Deltapurpurin 5B [I. G., BK, S] BW. im Seifenbade rot (D).

Diaminrot 3B, Deltapurpurin 7B [I. G.] BW. rot (D).

Brillantpurpurin 4B [I. G.] BW. gelbrot (D). Egalisieren gut. Sehr gut alkaliecht, gut bügelecht, ziemlich gut waschecht, mäßig lichtecht, gering säure- und chlorecht.

Brillantpurpurin R [I. G.] BW. rot (D). Egalisieren gut. Sehr gut alkaliecht, gut bügelecht, ziemlich gut lichtecht, mäßig säure- und waschecht, gering chlorecht. Auch für HWo. u. HS. geeignet.

Brillantcongo 2R [I. G.] BW. rot (D) im Seifenbad.

Brillantcongo R, Brillantdianilrot R, Azidinscharlach R [I. G.] BW. im Seifenbade rot (D). Dient auch für HWo. u. HS. Brillantdianilscharlach R [I. G.] ist ein ähnlicher Farbstoff.

Rosazurin G [I. G.] BW. bläulichrot (D). Egalisieren gut. Gut alkaliecht, ziemlich gut bügelecht, mäßig säureecht, gering licht-, chlor- und waschecht. Dient für gedeckte Rosatöne. Rosazurin und Rosazurin BB [I. G.] sind analoge Farbstoffe.

Rosazurin B [I. G.] BW. bläulichrot (D). Egalisieren gut. Gut alkaliecht, ziemlich gut bügelecht, mäßig säure- und waschecht, gering licht- und chlorecht.

Congoorange R [I. G.] BW. orangegelb (D). Egalisieren gut. Sehr gut bügel- und alkaliecht, gut lichtecht, ziemlich gut chlorecht, mäßig säure- u. waschecht. Auch auf Wo., S. und gemischten Materialien viel verwendet. Die Woll- und Seidenfärbungen sind sehr lichtecht.

Congo 4R, Congorot 4R [I. G.] BW. rot (D). Egalisieren gut. Sehr gut alkaliecht, gut bügelecht, mäßig waschecht, gering licht-, säure- und chlorecht.

Congo-Corinth B [I. G., BK, S], Dianilbordeaux B, Alkalibordeaux B, Baumwollcorinth B, Renolcorinth B [I. G.] BW. im Seifenbade braunviolett (D).

Pyramidolbraun T [FA] BW. bläulichrot (D); durch Entwickeln mit Diazolösungen entsteht ein tiefes, waschechtes Braun.

Azoblau [I. G.], Benzoinblau R [BK], Direktviolett B [ICA] BW. grauviolett (D). Durch Behandlung mit Kupfersulfatlösungen grüner und lichtechter.

Trisulfonblau R [S], Direktblau 3R [NCW] BW. rötlichblau (D).

Dianilblau 2R, Naphthaminbrillantblau 2R, Benzoneublau 2B [I. G.] BW. blau (D).

Dianilblau B, Benzoneublau 5B [I. G.] BW. im Salzbade blau (D).

Azomarineblau, Azoschwarzblau, B, R [I. G.] BW. im mit Soda versetzten Glaubersalz- oder Kochsalzbade grau bis violettblau (D); durch Kochen mit Chromacetat wird die Waschechtheit verbessert. Gut alkali- und waschecht, mäßig lichtecht, schlecht chlorecht.

Azomauve B [I. G.] BW. schwärzlich blauviolett (D). Mäßig echt gegen Seife, schwache Säuren und Alkalien. Durch Diazotieren und Entwickeln mit m-Toluylendiamin wird ein wasch- und alkaliechtes Schwarz erhalten. Niagarablau 3RD [NAC] hat ähnliche Eigenschaften.

Naphthazurin B [I. G.] BW. blau (D); gut säure- und alkaliecht, mäßig lichtecht. Naphthazurin R, BB [I. G.] sind ähnliche Farbstoffe.

Azidinwollblau R, Chicagoblau 2R, Benzoblau 2R, Diaminblau C2R [I. G.] BW. rötlichblau (D), Wo. in kochendem neutralem Bade blau. Egalisieren gut. Gut alkali- und säureecht, ziemlich bügelecht, mäßig waschecht, gering licht- und chlorecht.

Oxaminblau 3R, 4R, Dianilazurin 3R, Azidinblau 3RN, Naphthaminblau 2RE, 3RE, Benzoazurin 3R [I. G.] BW. im Glaubersalzbade violettblau (D). Ziemlich waschecht, gut licht- und säureecht; kann diazotiert und entwickelt werden.

Renolblau BX, Diaminblau BX, Benzoblau BX, Congoblau BX, Dianilblau HG, Naphthaminblau BX, BXR, Ebolineublau 2B, Benzaminblau BX, Azidinblau BX [I. G.] BW. in neutralem oder alkalischem Bade blau (D). Chlorazolblau 2R [BDC], Congoblau BX [Lev, I. G.], Benzoblau BX [I. G.] sind ähnliche Farbstoffe.

Naphthaminblau CBG, Columbiablau G, Benzorotblau G, Diaminblau LG [I. G.] BW. blau (D). Gut bügel-, alkali- und säureecht, mäßig waschecht, gering licht- und chlorecht. Der Farbstoff zieht in kaltem Bade, ist ein guter Farbstoff für HWo. u. HS.

Benzoblau R, Chicagoblau R, Diaminblau CR [I. G.] BW. blau (D). Egalisieren gut. Sehr gut alkaliecht, gut bügel-, säure- und waschecht, mäßig lichtecht, gering chlorecht.

Eboliblau B [I. G.] BW. blau (D). Durch Nachchromieren waschecht; auch für Wo., HWo. u. HS.

Weitere Marken sind: Eboliblau 2B, 4B, 6B, BS, R, 2R, 3R, 6R, RS [I. G.].

Benzocyanin B, Diamincyanin B, Congocyanin B [I. G.] BW. in neutralem oder schwachalkalischem Glaubersalzbade säureecht reinblau (D).

Diaminblau 3B, Benzoblau 3B, Congoblau 3B, Dianilblau H3G, Azidinblau 3B, Eboliblau 4B, Renolblau 3B, Naphthaminblau 3BX, Benzaminblau 3B [I. G.] BW. blau (D).

Pyraminorange 2G, Azidinorange G, Naphthaminorange TG, Renolorange G, Alkaliorange GT, Toluylenorange G, Dianilorange N, Oxydiaminorange G, Plutoorange G [I. G.], Direktorange G [J] BW. unter Zusatz von Seife (2,5%) und 10% phosphors. Natron orange bis gelb (D); mit diazotiertem p-Nitranilin (AZ) wird die Färbung rotbraun. Wird auch für HWo., HS., Wo. u. S. verwendet.

Diphenylbraun 3GN [G] BW. gelblichbraun (D).

Chrysamin R [I. G., S, H] B W.gelb (D). Egalisieren gut. Sehr gut bügel- und lichtecht, ziemlich gut waschecht, mäßig alkali-, säure- und chlorecht.

Kresotingelb R, Azidingelb R [I. G.] BW. licht- und ziemlich waschecht gelb (D).

Indazurin RM [J] BW. rotstichig blau (D).

Sambesiblau R, RX [I. G.] BW. (D), diazotiert und mit β-Naphthol gekuppelt marineblaue bis indigoblaue Töne; mit m-Toluylendiamin: schwarze Töne. Auch für Druck.

Direktblau R [J] BW. schwarzviolett (D). Dient für Mischfarben.

Indazurin TS [J] BW. rotstichig blau (D); auf der Faser diazotiert, liefert es mit Entwicklern Schwarz, Marineblau usw.

Direktgrau B [J] BW. in schwachalkalischem Glaubersalzbade grau (D).

Echtsäurerot B [I. G.], Walkscharlach 4R konz., Säureanthracenrot 3B, Floridarot R [I. G.] Wo. ungebeizt (und chromgebeizt) feurig rot (E). Mit Hydrosulfit ätzbar.

Säurewalkrot R konz. [G] ist ein ähnlicher Farbstoff.

Diamingelb N Plv., N Tg. [I. G.] BW. gelb (D); ist lichtecht, ziemlich waschecht.

Diaminrot NO [I. G.] BW. rot (D).

Diaminblau 3R [I. G.] BW. rotblau (D). Mäßig licht- und waschecht; von Alkalien gerötet; wird durch Nachkupfern echter.

Diaminblau B [I. G.] BW. blau (D); auch für Druck.

Diaminblauschwarz E [I. G.] BW. schwarzblau (D).

Diaminschwarz BO [I. G.] BW. blauschwarz (D). Liefert, auf der Faser diazotiert und mit β-Naphthol entwickelt, ein tiefes Schwarz.

Oxaminschwarz BR [R] BW. schwarz (D), diazotiert und entwickelt tiefes Blauschwarz.

Benzopurpurin 10B [I. G., S], Dianilrot 10B, Diaminrot 10B, Alkalipurpurrot 10B [I. G.], Baumwollrot 10B [J] BW. carmoisinrot (D).

Diazurin B [I. G.] BW. mit Glaubersalz in stumpfen Farbtönen (D); wird diazotiert und mit β-Naphthol zu Blau entwickelt.

Heliotrop B [I. G.] BW. rötlichviolett (D). Evtl. mit Kupfersulfat nachbehandelt; auch für HS. und Zeugdruck.

Azoviolett [I. G.] BW. blauviolett (D). Mäßig licht-, alkali- und säureecht. Durch Nachkupfern werden die Färbungen blauer, licht- und seifenechter.

Dianisidinblau (Azophorblau D ist haltbar gemachtes tetrazotiertes Dianisidin) [I. G.]. Auf der Faser erzeugt, ungebeizte BW. blau (NG). Base bzw. Salz: Dianisidinbase, Echtblau-B-Base, Echtblau-B-Salz [I. G.]. Bedeutend beßre Farbstoffe werden mit Dianisidin und β-Oxynaphthoesäure (Schm.P. 216°) oder mit Dianisidin und einer Mischung von β-Oxynaphthoesäure und

β-Naphthol (Naphthol D [M]) oder mit Naphthol AS [Gr-E], dem Anilid der β-Oxynaphthoesäure, erhalten.

Azoschwarz O-Base [I. G.], hauptsächlich im Zeugdruck (Mischung von Diaminen). Azophorschwarz S [I. G.] sind stabilisierte tetrazotierte Diamine.

Trisulfonblau B [S], Seidenblau R [NCW] BW. grünlichblau (D), ferner HWo. und HS. Wenig lichtecht, durch Nachchromieren waschechter.

Oxydiaminblau G, Bengalblau G, Alkaliazurin G [I. G.], Benzoazurin G [I. G., S], Dianilazurin G, Renolblau B, Azidinblau BA, Oxaminblau A konz. [I. G.], Benzoinblau GN, 2 GN, 5 GN [BK], Baumwollblau 3 G [J] BW. blau (D); die Färbung wird beim Erwärmen rot, beim Erkalten wieder blau. Kupfervitriol (K) macht die Färbungen echter, aber grüner und stumpfer. Bei HWo. u. HS. wird die tierische Faser röter gefärbt als die BW. Benzoazurin R ist eine Mischung von Benzoazurin G und Azoblau.

Benzoazurin 3 G [I. G.], Diaminblau AZ [I. G.], Baumwollblau 3 G, 5 G [J] BW. blau (D).

Congoblau 2 B [I. G.] BW. blau (D), wird durch Nachkupfern licht- und waschecht.

Titanblau 3 B [H] BW. blau (D).
Titanblau B, R [H] sind ähnliche Farbstoffe.

Direktviolett BB [J] BW. blauviolett (D).

Indazurin B [J] BW. rötlichblau (D).

Dianilblau G [I. G.] Naphthaminbrillantblau G [I. G.], Direktbrillantblau G [NCW] BW. grünlichblau (D).

Brillantazurin 5 G [I. G.] BW. blau (D). Mäßig licht- und seifenecht. Durch Kupfervitriol echter.

Brillantbaumwollblau 6B, Naphthaminblau 10B [I. G.]. Chlorazolblau B, 2B, 3B, 4B, GB, 3 G, 6 G, R, Chlorazolbrillantblau 8B, 10B, 12B, R [H] BW. blau (D); wird nach dem Kupfern lichtecht.
Chlorazolblau 3 G [H] ist ein entsprechender Farbstoff. Chlorazolbrillantblau 14B [H] besitzt ähnliche Eigenschaften wie Isaminblau [I. G.]. Chlorazolbrillantblau B [H] ist Mischung von Chlorazolbrillantblau R [H] mit wechselnden Mengen Chlorazolbrillantblau 14B [H].

Diaminbrillantblau G [I. G.] BW. mäßig echtblau (D). Andre Bezeichnungen: Brillantazurin B, Naphthazurin BX [I. G.].

Diazoblau 3R, Oxydiaminblau R, Chicagoblau RW, Benzoblau RW, Diaminblau RW [I. G.] BW. blau (D). Egalisieren gut. Sehr gut alkaliecht, gut bügel- und säureecht, ziemlich gut waschecht, gering licht- und chlorecht. Die gekupferten Färbungen sind licht- und waschecht. Der Farbstoff, welcher auch für Wo., S. und alle gemischten Materialien, besonders für HWo., Anwendung findet, ist das lebhafteste substantive Mittelblau.

Azidinwollblau B [I. G.] BW. grünlichblau (D). Wo. wird in neutralem kochendem Bad gefärbt. Durch Nachkupfern wird die Färbung walk- und lichtecht.

Sambesischwarz BR [I. G.] BW. blau (D). Diazotiert und entwickelt echtschwarz oder Entwicklung mit diazotiertem p-Nitranilin; licht- und waschechter beim Nachbehandeln mit Kupfersulfat oder einer Mischung von Kupfersulfat und Bichromat.
Sambesischwarz R [I. G.] ist ein entsprechender Farbstoff.

Oxaminblau B [I. G.] BW. indigoblau (D). Wasch- und Lichtechtheit gut.

Chicagoblau B, Diaminblau CB [I. G.] BW. blau (D). Egalisieren gut. Sehr gut alkaliecht, gut bügel- und säureecht, ziemlich gut waschecht, mäßig licht- und gering chlorecht.

Chicagoblau 4B, Benzoreinblau 4B, Diaminreinblau C4B [I. G.] BW. grünblau (D); wird durch Nachkupfern echter. Egalisieren gut. Sehr gut alkali- und bügelecht, gut säure-, ziemlich gut wasch-, mäßig licht- und gering chlorecht.

Chicagoblau 6B, Naphthaminblau 12B, Dianilreinblau PH, Renollichtblau, Benzaminreinblau FF, Diaminreinblau FF, Brillantbenzoblau 6B, Azidinreinblau FF, Osfanilreinblau, Oxaminreinblau 6B [I. G.]. Egalisieren gut. Sehr gut bügel- und alkaliecht, gut säure-, ziemlich gut wasch-, mäßig licht- und gering chlorecht. Ist das lebhafteste substantive Reinblau. Dient auch zum Färben von Wo., S. und gemischten Geweben.

Benzocyanin 3B, Diamincyanin 3B, Congocyanin 3B [I. G.] BW. in neutralem oder schwachalkalischem Glaubersalzbade rein blau (D). Die Färbung wird durch Nachkupfern lichtechter.

Diaminreinblau A, Benzoreinblau, konz., Congoreinblau, Dianilblau H6G, Naphthaminblau 7B, Naphthaminreinblau I, Renolreinblau, Oxaminreinblau 5B, Benzaminreinblau, Azidinreinblau, Direktblau RBA [I. G.], Benzoinreinblau [BK] BW. reinblau (D); wird durch Nachbehandeln mit Kupfersulfat matter, aber sehr lichtecht und etwas waschechter.

Sambesiblau B, BX [A, Lev] BW. (D), diazotiert, mit β-Naphthol entwickelt marine- bis indigoblau.

Indazurin GM [J] BW. blau (D).

Direktblau B [J] BW. mäßig echt blau (D).

Indazurin BB [J] BW. blau (D).

Indazurin 5GM [J] BW. grünstichig blau (D).

Naphthylenrot [I. G] BW. rot (D).

Diamingoldgelb [I. G.] BW. mit 20% Kochsalz und 5% Soda rein gelb (D). Licht-, säure-, alkali- und chlorecht. Unempfindlich gegen Kupfer.

Naphthylenviolett [I. G.] BW. violett (D); wird nach dem Diazotieren und Behandeln mit warmer Sodalösung oder Entwicklern auf der Faser (Phenol, Echtblauentwickler AD [C]) braun: Catechubraun DX und Diamincatechu [I. G.].

Coomassie Black B [Lev] Wo. in saurem Bade schwarz (S).

Coomassie Navy Blue, [Lev] G, 2RNX [Lev] Wo. marineblau.

3. Trisazofarbstoffe.

a) Type: R ⟶ K ↘ K' ↖ R'

Chrompatentgrün A [I. G.] Wo. dunkelbläulichgrün (S. u. CrN).

Diazoechtgrün BL [I. G.] BW. grün (D). Diazotiert und mit β-Naphthol entwickelt blauer, auch für Druck.

Benzolichtblau FR, Benzoechtblau FR [I. G.] BW. blau (D), auch für Druck. Benzoechtblau FFL und Naphthaminlichtblau FF [I. G.] sind ähnliche Farbstoffe.

Naphthogenblau 4R [I. G.] BW. (D), diazotiert und mit β-Naphthol entwickelt indigoblau.

Halbwollbraun A, R, Janusbraun B, R [I. G.] BW. (TV) oder direkt unter Nachbehandlung mit Tannin braun, HWo. in saurem Bad. Wird auch für gemischte Gewebe, Papier usw. verwendet.

Titanschwarz J [H] BW. grau bis schwarz (D).

Oxydiaminschwarz N [I. G.] BW. bläulichschwarz (D), mit diazotiertem p-Nitranilin braun. Auch für Druck.

b) Type: R ↗ K, R ↘ K' ⟶ K^2

Columbiaschwarz FB, FF extra, Naphthamindirektschwarz FFK extra, Plutoschwarz F extra, Azidinschwarz FF extra, Patentdianilschwarz FF extra [I. G.], Dianolschwarz FB, FF [Lev] BW. schwarz (D). Sehr gut alkali- und säureecht, gut bügelecht, genügend lichtecht, mäßig waschecht, gering chlorecht. Nationalschwarz NR extra [NAC] und Direktschwarz BMP [J] sind ähnliche Farbstoffe.

Isodiphenylschwarz R [G] BW. schwarz (D). Durch Nachbehandlung mit Formaldehyd waschecht fixierbar.

Carbonschwarz AW, CW, CDW, Naphthamindirektschwarz FF, CS, B, FG [I. G.] BW. im Glaubersalzbad gut licht- und säureecht schwarz (D).

Weitere Marken sind: Carbonschwarz A, B, BW, C, C extra, DW, G, GW, 2GW [I. G.].

Parabronze NB, NG, V extra [I. G.] BW. braun (D), mit diazotiertem p-Nitranilin. Auch für Druck.

Diaminechtbordeaux, Diaminbrillantbordeaux R, Naphthaminbrillantbordeaux ABH [I. G.] BW. hellrot (D), evtl. Nachbehandlung mit Formaldehyd. Für Mischgewebe und Zeugdruck.

Plutoschwarz 5BS extra, Diaminjetschwarz SS [I. G.] BW. schwarz (D). Auch für Zeugdruck.

Plutowalkschwarz [I. G.] scheint ein ähnlicher Farbstoff zu sein.

Plutoformschwarz L, 3GL [I. G.] BW. schwarz (D), mit Formaldehyd nachbehandelt tief echt schwarz; auch für Zeugdruck.

Oxaminviolett GRF [R] BW. rötlichviolett (D).

Oxaminschwarz MB [R] BW. schwarz (D), diazotiert und entwickelt tiefschwarz.

Oxaminviolett RR [R] BW. violett (D).

Melogenblau BH [S], Diaminbetaschwarz B, BB, BGH [I. G.] BW. dunkelblau (D), liefert, auf der Faser diazotiert, ein wasch- und lichtechtes Schwarz.

Direktindigoblau A [J] BW. mit 20% Glaubersalz und 2% Soda, HWo. mit 15—20% Glaubersalz und 2% Essigsäure indigoblau (D). Ist gut licht-, säure- und alkaliecht.

Direktindigoblau BK [J] BW. mit 20% Glaubersalz und 2% Soda indigoblau (D). HWo. wird mit 15—20% Glaubersalz und 2% Essigsäure indigoblau gefärbt. Ist gut licht-, säure- und alkaliecht. Gibt, diazotiert, mit m-Toluylendiamin Schwarz.

Diazoblauschwarz, RS [I. G.] BW. dunkelblau (D). Die Färbungen werden durch Diazötieren und Entwickeln mit β-Naphthol waschecht grau bis blauschwarz.

Direktschwarz V [S], Diazo-Direktschwarz [AW] BW. violettschwarz (D). Gut waschecht; liefert, auf der Faser diazotiert, mit β-Naphthol kombiniert, Dunkelblau, mit m-Toluylendiamin Schwarz.

Direktindonblau R [S] BW. graublau (D). Auf der Faser diazotiert liefert die Färbung, mit β-Naphthol entwickelt, Schwarzblau, mit m-Toluylendiamin Schwarz.

Crumpsall Direktechtbraun B [Lev] BW. dunkelbraun (D).

Crumpsall Direktechtbraun O [Lev] BW. lichtecht olivbraun.

Benzograu S extra [I. G.] BW. grau (D). Mäßig lichtecht, ziemlich waschecht gut säure- und alkaliecht.

Benzoolive [I. G.] BW. mit 10% Kochsalz grünoliv (D). Ziemlich licht-, seifen- und säureecht.

Naphthaminoliv V neu, Diaminbronze G [I. G.] BW. gelblichbraun, metallisch glänzend (D). Echt gegen Alkalien, durch Säure etwas röter; ziemlich licht- und waschecht. Wird durch Nachbehandlung mit Kupfersulfat licht- und waschecht braun.

Cupranilbraun B [J], Baumwolldunkelbraun T [I. G.], Direktbraun V [StD] BW. violettbraun (D), nachbehandelt mit Kupfersulfat bzw. Formaldehyd.

Trisulfonbraun B [S], Chlorazolbraun LF [BDC], Centralinbraun B [CD] BW. gelb bis braun (D). Durch Nachchromieren und Nachkupfern werden die Färbungen echter.

Oxaminschwarz MT [R] BW. schwarz im Glaubersalzbad (D), diazotiert und entwickelt tiefschwarz.

Oxaminviolett MT [R] BW. violett (D).

Oxaminviolett BBR [R] BW. violett (D).

Oxaminrot MT [R] BW. bräunlichrot (D).

Benzoschwarzblau R [I. G.] BW. schwarzblau (D).

Congoechtblau R, Benzoechtblau R, Naphthaminlichtblau R [I. G.] BW. blau (D).

Benzoindigoblau [I. G.] BW. mit Glaubersalz und Soda indigoblau (D). Ziemlich licht- und seifenecht. Echt gegen schwache Säuren; wird durch schwache Alkalien gerötet.

Columbiaschwarz R [I. G.] BW. schwarz (D). Sehr gut alkali- und säureecht, gut bügelecht, genügend lichtecht, mäßig säureecht, gering chlorecht. Dient zum Färben aller Fasern mit Ausnahme von Wo. und S.

Trisulfonbraun G [S] BW. gelb bis braun (etwas gelber als Marke B) (D). Die Färbungen werden durch Nachchromieren und Nachkupfern echter.

Oxaminblau BB [R] BW. blau (D). Diazotiert und entwickelt bläulichschwarz.

Oxaminschwarz MO [R] BW. blauschwarz (D), diazotiert und entwickelt tiefschwarz.

Oxaminblau BT [R] BW. dunkel rötlichblau (D).

Oxaminblau MT [R] BW. blau (D).

Columbiaschwarz B, Direktblauschwarz B, 2B [I. G.], Titanschwarz M [H] BW. schwarz (D). Columbiaschwarz 2BX, 2BW [I. G.] gehören zu derselben Gruppe.

Congoechtblau B, Benzoechtblau B [I. G.] BW. blau (D).

Trisulfonbraun GG [S], Chlorazolbraun 2G [BDC] BW. gelb bis braun (D). Die Färbungen werden durch Nachchromieren und Nachkupfern echter.

Benzoschwarzblau G [I. G.] BW. schwarzblau (D). Ziemlich licht-, wasch-, säure- und alkaliecht.

Benzoschwarzblau 5G [I. G.] BW. grünlich schwarz. Ziemlich licht-, wasch- und säureecht.

Coomassie-Unionschwarz [Lev] BW. (D) und Wo. schwarz.

c) Type:

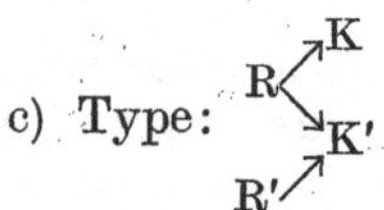

Erie Direct Black GX [Sch], Columbiaschwarz EAW extra, Oxydiaminschwarz JE, Naphthamindirektschwarz ERK extra, Renolschwarz G, G extra, R extra, Patentdianilschwarz EB konz., Halbwollschwarz, Direkttiefschwarz EW extra, Alkalitiefschwarz J konz. 540, Baumwollschwarz E extra [I. G.] BW. u. HWo. schwarz (D).

Halbwollschwarz G, B, BGS, LS, BJS, N, HS, W extra, 4B, 2B, 3B, Halbwollblauschwarz G, Halbwolltiefschwarz J [I. G.], Halbwollschwarz K grünlich [J], Halbwollschwarz 2GX, RX [H], Noirs directs 2V, 2R [StD] sind Polyazofarbstoffe, evtl. gemischt mit sauer färbenden Azofarbstoffen. Ebenso Halbwolltiefschwarz B, GB [I. G.].

Alkalitiefschwarz konz., Naphthamindirektschwarz RWK extra, Erie Direct Black RX [Sch], Renolschwarz R extra, Patentdianilschwarz EBV extra konz., Direkttiefschwarz E, RW extra, Oxydiaminschwarz JB, JW, Columbiaschwarz F extra, Baumwollschwarz RW extra [I. G.] BW. (D) und HWo. schwarz.

Erie Direct Green ET [Sch], Direktdunkelgrün [AJ], Chlorazoldunkelgrün PL konz. [BDC], Diazindunkelgrün G [BEL], Oriondunkelgrün ET [JBS],

Amanilgrün 2 G [AAP], Amidindunkelgrün N [JC], Eriegrün WT [NAC] BW. (D) und HWo. schwarzgrün.

Polyphenylgrün BD [G] ist ein ähnlicher Farbstoff.

Columbiaschwarzgrün D [I. G.] BW. schwarzgrün (D); egalisiert gut. Gut bügel-, alkali- und säureecht, mäßig waschecht, gering licht- und chlorecht. Dient besonders zum Abdunkeln.

Eboligrün CW, T, S, B, ST [I. G.] BW. grün (D). Die Färbungen werden durch Fluorchrom oder Bichromat echter.

Diphenylgrün G [G] BW. grün (D).

Diphenylgrün 3 G [G] BW. grün (D).

Chloraminschwarz N [S], Chloramanilschwarz N [AAP], Direktschwarz 2 G [NCW] BW., HWo., HS. in hellen Nuancen grau, mit 5—6 % grünschwarz.

Chloramingrün B [S] BW. grün (D).

Chloraminblau 3 G [S], Chloramanilblau 3 G [AAP], Direktstahlblau G konz. [NCW] BW. in neutralem Bad grünstichig blau (D).

Polyphenylblau GN [G] ist ein ähnlicher Farbstoff.

Chloraminblau HW [S], Chloramanilblau HW [AAP] BW. schwärzlichblau (D).

Neue Bezeichnung für Chloraminblau HW ist Chloraminschwarz HW [S].

Diaminschwarz HW, Naphthaminschwarz H [I. G.] BW. grünlichschwarz (D). Bügelecht.

Diamingrün B, Dianilgrün B, Alkaligrün, Azidingrün 2 B, Oxamingrün B, Renolgrün B extra, Naphthamingrün B, Benzogrün C, Columbiagrün B [I. G.], Direktgrün B [I. G., J, S], Dianolgrün B [Lev] BW. grün (D), Diamingrün [I. G.] (Direktgrün) [LDC] und Diphenylgrün KGJ [G] sind ähnliche Produkte.

Diamingrün G, Alkaligrün D, Azidingrün 2 G, Dianilgrün BBN, G pat., Renolgrün G extra, Oxamingrün G. Benzoindunkelgrün [BK], Dianolgrün G [Lev] BW. grün (D), Ist empfindlich gegen Kupfersalze. Wo. und S. in schwachsaurem Bad sehr echt, HS. in schwachalkalischem Bad.

Columbiagrün G, Triazolgrün 2 G, Naphthamingrün AN [I. G.]. Diamingrün CL und Diamindunkelgrün N [I. G.] sind ähnliche Farbstoffe.

Diazoolive G [I. G.] BW. grün (D), diazotiert und entwickelt olivgrün, auch für Zeugdruck. War der erste grüne Diazotierungsfarbstoff.

Benzaminbraun 3 GO [I. G.], Chlorazolbraun G [BDC], Direktbraun 5 G [CAC], CG, PGO [StD], JJ [VSt], 3 G [ICA], Amanilbraun CL konz. [AAP], Centralinbraun 3 GO [CD], Eriebraun C, CN [NAC], Paccodirektbraun C [PAC], Diphenylbraun GRI [G], Cupranilbraun G [J], Benzochrombraun G, Diamineralbraun G, Dianilchrombraun G, Benzaminbraun 3 GO, Dianilbraun 3 GN [I. G.] BW. braun (D). Eriebraun 3 GN [NAC] hat ähnliche Eigenschaften.

Paraminbraun G [LBH] hat chemisch ähnliche Eigenschaften.

Benzochrombraun R, Dianilchrombraun R, Diamineralbraun R [I. G.], Cupranilbraun R [J], Diazolchrombraun NR [CN], Direktbraun R [StCl] BW. braun (D), nachbehandelt mit Kupfersulfat oder Bichromat; auch für Zeugdruck.

Congobraun G, Naphthaminbraun D 3 G, 4 G [I. G.], Benzoinbraun C [BK] BW. braun (D). Ziemlich licht- und waschecht, gut säure- und alkaliecht. Catechu- (Cutch-) Braun DX, 2 DX, 3 DX, FDK, FK, GK, 2 GK [I. G.] sind Mischungen von Congobraun G und R mit schwarzen Farbstoffen; ihre Färbungen werden durch Nachbehandeln mit Kupfersulfat echter.

Columbiagrün, Direktgrün CO [I. G.] BW. grün (D).

Dianilschwarz R [I. G.] BW. schwarz (D). Durch Nachbehandlung mit p-Nitrodiazobenzol (Az) waschechter.

Congobraun R [I. G.] BW. braun (D); wird durch Nachkupfern echter. Catechu- (Cutch-) Braun DX, 2 DX, 3 DX, FDK, FK, GK, 2 GK [I. G.] sind Mi-

schungen von Congobraun G bzw. R mit schwarzen Farbstoffen; ihre Färbungen werden durch Nachbehandlung mit Kupfersulfat echter.
Azocorinth [I. G.] BW. corinthfarben (D).

d) Type: R→K, R→K, R→K (R↗K, R→K, R↘K)

Alizaringelb FS [DH] Wo. ziemlich echtgelb (Cr).

e) Type:

R → K
|
N
| >O
N
|
R → K'

Rouge de St. Denis [K, StD], Rosophenin 4B [ClCo], Rosanol 4B, Baumwollrot S, Tronarot 3B [I. G.], Dianthinrot 4B [H] BW. in starkalkalischem und mit viel Kochsalz versetztem Bad rot; wird auch für mercerisierte BW. und für Wo. verwendet. Rock Scarlet YS [BSS] ist ein analog gebauter Farbstoff.
Milling Scarlet B, S [ClCo], Säurewalkscharlach [BSS] Wo. walkecht und reibecht scharlachrot (S).

4. Tetrakisazofarbstoffe.

a) Type:

R↘K, R'↗K, R'↘K, R↗K

Benzobraun G [I. G.] BW., im Kochsalzbad gelbbraun (D).
Direktbraun J, JP [J], BW. braun (D).
Benzobraun B [I. G.] im Kochsalzbad braun (D).
Toluylenbraun R, Azidinbraun T2R [I. G.] BW. braun (D). Direktbraun A, G, GN, G2N, GR, GRC [ICA] sind Marken mit ähnlichen Eigenschaften.
Hessischbraun O, BB, BBN [I. G.] BW. braun (D).
Hessischbraun MM [I. G.] BW. braun (D), mit Kupfersulfat nachbehandelt.
Baumwollbraun A, N, Benzobraun BX, BR [I. G.] BW. in neutralem Salzbad wenig echt kastanienbraun (D). Durch Diazotieren der Färbungen und Entwickeln mit β-Naphthol werden sie waschecht braun, ebenso beim Behandeln mit p-Nitrodiazobenzol.
Direktheliotrop B [R] BW. violett (D).
Mekonggelb G [DH] BW. grünlichgelb (D).
Mekonggelb R [DH] BW. gelb (D).
Azoorange R [DH] BW. orange (D).

b) Type: R↗K ⟶ K², R↘K ⟶ K²

Dianilschwarz PR [I. G.] BW. in alkalischem Bad schwarz (D). Wird durch Nachbehandlung mit p-Nitrodiazobenzol (Az) echter.

c) Type:

R ⟶ K↘
K²
R ⟶ K↗

Anthracensäurebraun B [I. G.] Wo. dunkelbraun (Cr).
Naphthaminechtschwarz RS [I. G.] BW. schwarz (D).

Zusammenstellung der Siriusfarbstoffe der I.G. Farbenindustrie A.G. mit Nebenanstellung der älteren Bezeichnungen (Synonyme) durch die deutschen Farbenfabriken bzw. der jetzigen Bezeichnungen durch die ausländischen Farbenfabriken (die Stärken sind nicht immer übereinstimmend).

Die Siriusfarbstoffe sind die lichtechtesten Vertreter der direkt färbenden Farbstoffe; ihrer chemischen Natur nach sind es fast durchweg Azofarbstoffe verschiedener Untergruppen, doch befinden sich unter ihnen auch einige Vertreter der Stilben- bzw. Thiazol- (Thiobenzenyl-) Farbstoffe. Sie kommen in erster Linie für die Färberei der Baumwolle in Betracht, eignen sich aber außerdem für Halbwolle, Halbseide, Kunstseide und Seide und finden auch im Druck Verwendung (Rongalitätzen, Buntätzen).

Siriusblau B = Solaminblau FFB [A].

Siriusblau BR = Benzoechtblau FR, Benzolichtblau FR [By], Direktechtblau 2GL, 4GL [NCW], Pontaminechtblau 2GL, 4GL [DuP].

Siriusblau BRR = Benzoechtblau FFL, Benzolichtblau FFL [By], Chlorantinlichtblau RL [J], Diaminechtblau FFB [C], Dianilechtblau RL [M], Direktechtblau 3F [NCW], Naphthaminlichtblau FF [K], Renolechtblau B [tM], Solaminblau FF [A], Triazolechtblau FFL [Gr-E].

Siriusblau G = Benzoechtblau 4GL, Benzolichtblau 4GL [By], Chlorantinlichtblau 4GL [J], Diaminechtblau F3G [C], Dianilechtblau 4GL [M], Naphthaminlichtblau 4GL [K], Oxaminlichtblau B, G [B], Triazollichtblau 4GL [Gr-E].

Siriusblau 6G = Benzoechtblau 8GL, Benzolichtblau 8GL [By], Chlorantinlichtblau 8GL [J].

Siriusbordeaux 5B = Benzoechtbordeaux 6BL, Benzolichtbordeaux 6BL [By], Diaminechtbordeaux 6BS [C], Solaminbordeaux 6BL [A], Triazollichtbordeaux 6BL [Gr-E].

Siriusbraun BR = Chlorantinlichtbraun BRL [J].

Siriusbraun G = Benzoechtbraun 3GL, Benzolichtbraun 3GL [By], Naphthaminlichtbraun 2RG [K], Triazollichtbraun 3GL [Gr-E].

Siriusbraun GR = Chlorantinlichtbraun 3GL [J].

Siriusbraun R = Diaminechtbraun GF [C], Naphthaminlichtbraun 4RG [K].

Siriusbraun 3R = Diaminechtbraun R [C].

Siriusgelb G = Benzoechtgelb 4GL, Benzolichtgelb 4GL [By] (68proz. Ware von Benzoechtgelb 4GL extra bzw. Benzolichtgelb 4GL extra [By]), Chlorantinlichtgelb 4GL [J], Diaminechtgelb 4G [C], Diazollichtgelb N4J [CN], Direktechtgelb 4GL [NCW], Pontaminechtgelb 4GL [DuP].

Siriusgelb GG = Amidinechtgelb 5G [JC], Baumwollgelb GA extra [A], G extra [B], Benzoechtgelb 5GL, Benzolichtgelb 5GL [By] (50/100), Chloraminechtgelb 4GL [S], Chlorantinechtgelb 4GL [J], Chlorazolechtgelb 5GK [BDC], Diaminechtgelb 3G [C], Dianillichtgelb 3GL [M], Diazollichtgelb N5J [CN], Naphthaminreingelb L konz. [K], Pontaminlichtgelb 5GX [DuP].

Siriusgelb 5G = Brillantbenzolichtgelb GL [By].

Siriusgelb R extra = Benzoechtgelb RL, Benzolichtgelb RL [By], Chlorantinlichtgelb RL [J], Diaminechtgelb R [C], Naphthaminechtgelb RLB [K], Solamingelb RL [A], Triazollichtgelb RL [Gr-E].

Siriusgelb RR = Chloramingelb FF, RC [By], Columbiagelb FF [A], Diaminechtgelb FF [C], Direktechtgelb FF [L], Naphthamingelb NN extra [K], Oxydianilgelb G [M], Renolgelb G [tM] (direkt ziehender Stilbenfarbstoff), Triazolechtgelb GG [Gr-E].

Siriusgelb RT = Benzaminechtgelb B [WDC], Chloraminechtgelb B [By], Chloramingelb HW [By] (Mischung, die Chrysophenin enthält), Columbiagelb [A], Diaminechtgelb B [C], Direktechtgelb BN [L], Naphthamingelb BN [K] (direkt ziehender Stilbenfarbstoff), Oxaminechtgelb B [B], Oxydianilgelb O [M], Renolechtgelb B [tM], Triazolechtgelb G [Gr-E].

Siriusgelb RR und Siriusgelb RT sind Thiazol- (Thiobenzenyl-) Farbstoffe. Sie sind ferner identisch mit:
Azominechtgelb D, 2F [JBS], Chloramingelb C, GG, M [By], Chloramingelb [S], FF [S, Sipe], FG [ICA], G [ICA, S], 2G [S], HW [Sipe], M [GA, Sipe], R [S], Chlorazolechtgelb B [BDC], Chlorophenin Y [CAC], Chlorophosphin V [CAC], Diaminechtgelb C [C], Diazolechtgelb NB, NFF [CN], Diphenylchloringelb FF [G], Diphenylechtgelb B [G], Direktchloramingelb FF, R

[StD], Direktechtgelb [Sch], B [CCC, E, J, PCC, Sipe], BX [CCC], FF, SB [PCC], NN [NCW, PCC], Direktgelb R [StCl], Erieechtgelb WB [NAC], Garfanilgelb 2 G [GA], Naphthamingelb N, N extra [K], Oxyphenin [CAC], A, B, R [J], GG, R [CAC], Oxypheningold [CAC], Parapheningelb G [LBH], Pontaminechtgelb NN [DuP], Thiophosphin J [LP], Triazolechtgelb GN [Gr-E], Vigoureuxgelb [M].

Siriusgrau G = Benzoechtgrau BL, Benzolichtgrau BL [By], Chlorantinlichtgrau BG [J], Dianilechtgrau BBL [M], Oxaminlichtgrau EB [B], Triazollichtgrau BL [Gr-E].

Siriusgrau R = Solamingrau VL [A].

Siriusgrün BL

Siriuscorinth B = Solamincorinth B [A].

Siriusorange G = Benzoechtorange 2RL, Benzolichtorange 2RL [By], Chlorantinlichtorange TRL [J], Triazollichtorange 2RL [Gr-E].

Siriusorange 5G = Chlorantinlichtorange G [J], Naphthaminlichtorange L [K], Toluylenechtorange LX [By] (Stilbenfarbstoff), Triazolechtorange LX [Gr-E].

Siriusorange 3R = Diaminechtorange 2R [C].

Siriusrosa BB = Amidinechtrosa 2BL [JC], Benzoechtrosa 2BL [By], 2BLM [GA], Benzolichtrosa 2BL [By], Chloraminechtrosa B [S], Chlorantinechtrosa B [CAC], Chlorazolechtrosa BK [BDC], Diaminechtrosa BBF [C], Dianilechtrosa BBL [M], Direktechtrosa 2BL [StD], Diazollichtrosa N2B [CN], Garfanilechtrosa 2BL [GA], Paraminechtrosa B [LBH], Pontaminechtrosa BL [DuP], Solantinrosa 4BL [NAC], Triazolechtrosa 2BL [Gr-E].

Siriusrosa G = Oxaminlichtrosa BBX [B].

Siriusrot BB = Benzoechtrot 6BL, Benzolichtrot 6BL [By] (sekundärer I-Säure-Disazofarbstoff), Chlorantinlichtrot 5BL [J].

Siriusrot 4B = Benzoechtrot 8BL, Benzolichtrot 8BL [By], Chloraminechtrot K [S], Chlorantinechtrot 7BL [J], K [CAC], Chlorantinlichtrot 7BL [J], Chlorazolechtrot K [BDC], Diaminechtrot 8BL [C], Dianilechtrot 8BL, Dianillichtrot 8BL [M], Diazinechtrot 8BK [BEL], Direktechtrot 8BL [J, L, NCW], Direktlichtrot 8BL [StD], Naphthaminechtrot R [K], Oxaminlichtrot E8B [B], Pontaminechtrot 8BL [DuP], Renolechtrot 8BL [tM], Solaminrot 8BL [A], Triazollichtrot 8BL [Gr-E].

Siriusrotviolett B = Solaminrubin 5B [A].

Siriusrotviolett BBL = Chlorantinlichtviolett BLN [J].

Siriusrotviolett R = Solaminrubin 3B [A].

Siriusrubin B = Solaminrubin B [A].

Siriusrubin R = Benzoechtrubin BL, Benzolichtrubin BL [By] (sind wie Benzoechtbordeaux bzw. Benzolichtbordeaux [By] Disazofarbstoffe mit Acetyl-I-Säure als Endkomponente), Diaminechtrubin FB [C], Triazollichtrubin BL [Gr-E].

Siriusscharlach B = Benzoechtscharlach 4BL, Benzolichtscharlach 4BL [By], Oxaminlichtrot 4B [B], Solaminscharlach 4BL [A].

Siriusviolett BB = Baumwollechtrot B konz. [K], Benzoechtheliotrop BL, 2RL [By], Benzolichtheliotrop BL, 2RL [By], Brillantbenzoechtviolett BL, 2RL [By], Brillanttriazolechtviolett BL [Gr-E], Chlorazolechthelio 2RK [BDC], identisch mit Benzoechtheliotrop 2RL bzw. Benzolichtheliotrop 2RL [By], Diaminbrillantviolett B, RR [C], Diaminechtviolett FFBN, N [C], Diazollichtviolett NB, N2R [CN], Oxaminbrillantlichtviolett B [B].

Siriusviolett 3B = Benzoechteosin BL, Benzolichteosin BL [By], Benzoechtheliotrop 4BL, 5RH, Benzolichtheliotrop 4BL, 5RH [By], Brillantbenzoechtviolett 4BL, 5RH [By], Brillanttriazolechtviolett 4BL [Gr-E], Diaminechtviolett BBN [C], Dianilechtviolett BL [M], Naphthaminechtviolett 2B [K].

Siriusviolett BL = Chlorantinlichtviolett 4BLN [J].

Stilbenfarbstoffe.

Sonnengelb G, GG, R [S], Curcumin S, Azidinechtgelb G, Naphthamingelb G, Diaminechtgelb A, AR, Renolgelb R, Direktgelb R, Stilbengelb G [I. G.], Alkaligelb RN [I. G.], Direktgelb G [I. G., J], Direct Yellow R, RT [ClCo]

BW. im Salzbad Wo. und S. in saurem Bad goldgelb. Sehr gut bügel-, licht-, säure-, chlor- und waschecht, ziemlich gut alkaliecht. Vorzüglicher Farbstoff für HWo. und HS., da die tierische Faser in neutralem Bad fast ungefärbt bleibt. Sonnengelb G, 3G, 3GC [G] sind ähnliche Farbstoffe. Toluylenechtorange GL [I. G.] ist ein Kondensationsprodukt von Sonnengelb mit p-Phenylendiamin. Andre Marken sind Toluylenechtorange LH, LX [I. G.].

Mikadoorange G, R, 2R, 3R, 4R, 5R, Naphthaminorange 2R, Chloraminorange G, Stilbengelb 3G, Mikadobraun B, BB, G, 3GO, M [I. G.], Direktorange G [G], Stilbenorange 4R [ClCo] BW. im Salzbade orange bis braun (D). Das Braun ist ziemlich wasch-, säure- und alkaliecht, wenig licht- und nicht chlorecht. Dient auch zum Färben von HWo. und HS. Polyphenylorange R extra [G] ist ein ähnlicher Farbstoff.

Mikadogelb, G, G extra, Mikadogoldgelb 2G, 4G, 6G, 8G, Naphthamingelb 2G, 3G, Renolgelb G, Dianildirektgelb S, Stilbengelb G, Papiergelb [I. G.], Stilbengelb 2G, 3G, 4G, 8G [ClCo], Formalgelb [G] BW. im Kochsalzbad oder Glaubersalzbad grünlichgelb. Dient besonders für HWo. und HS., ferner in der Jute- und Leinenfärberei. Polyphenylgelb R [G] ist ein ähnlicher Farbstoff.

Mikadobraun B, BB, G, 3GO, M [I. G.], Direktbraun G [T] BW. braun (D). Auch für Mischgewebe und HS.

Diphenylcitronin G [G] BW. gut alkali- und waschecht gelb.

Polychromin B, Baumwollbraun R, Echtbaumwollbraun R, Direktbraun R, Diphenylorange RR [G], Azidinorange D2R [I. G.] BW. aus neutralem Bad rötlich bis bräunlichorange. Die Färbung diazotiert, wird erst schwarz und dann braun und liefert beim Entwickeln mit β-Naphthol ein Bordeaux, mit Resorcin oder m-Phenylendiamin ein Braun, mit α-Naphthylamin ein Schwarz. Die so erzielten Färbungen sind mäßig licht- und waschecht, gut alkaliecht. Mit Säuren werden sie brauner, mit Chlorkalk gelbbraun und säureecht. Direktbraun GF [G] ist ein ähnlicher Farbstoff.

Diphenylorange RR [G], Azidinorange D2R [CJ] BW. rötlichorange (D). Diazotiert und entwickelt hellrot und rötlichbraun.

Diphenylchrysoin RR [G] BW. rötlichorange (D).

Diphenylcatechin G [G] BW. catechubraun (D).

Diphenylechtbraun G [G] BW. dunkelbraun.

Arnicagelb [G] BW. goldgelb (D).

Diphenylchrysoin G [G] BW. goldgelb.

Diphenylechtgelb [G] BW. im Glaubersalzbad licht-, wasch-, säure- und alkaliecht gelb (D). Dient auch zum Färben von S., HWo. und HS.

Chicagoorange G [G] BW. und Leinen im kochenden neutralen Kochsalzbad rötlichorange (D). Echtheiten: Reiben: 1, Licht: 3, Alkali: ziemlich gut, Chlor: ziemlich gut, Waschen: ziemlich gut. Chicagoorange 3G [G] ist das Kupplungsprodukt von tetrazotiertem Chicagoorange G [G] mit Salicylsäure.

Curcuphenine, Curcupheningelb [ClCo] BW., Leinen und Jute im Kochsalzbad, dem etwas Soda zugesetzt ist, orangegelb (D). Alkali- und Waschechtheit sind gut.

Chlorophenine Orange GO, R, Y, RO, RR [ClCo] BW. gut wasch- und alkaliecht orange (D).

Pyrazolonfarbstoffe.

Flavazin L, Hydrazingelb L, Echtwollgelb GL, 2GL, 3GL, Echtlichtgelb G, 2G, 3G [I. G.] Wo. u. S. klar gelb (S). Der Farbstoff ist ätzbar. Dient zur Herstellung von Farblacken. Erioflavin 3G konz. [G] ist ein ähnlicher Farbstoff.

Flavazin S, Hydrazingelb S, SO [I. G.], Kitongelb S, SR [J], Xylengelb S [S] Wo. etwas bräunlicher als Tartrazin (S). Dient zur Herstellung beßrer grüner und brauner Modefarben in der Garnfärberei, in der Hut- und Stückfärberei, als Hilfs- und Nuancierfarbstoff bei Verwendung von Chromentwicklungsfarbstoffen; dient auch zur Herstellung von Pigmentfarben.

Pigmentchromgelb L in Tg. [I. G.]. Dient, mit Substraten gemischt, zur Darstellung orangegelber Farblacke (ungiftiger Chromgelbersatz), besonders für Tapeten. Echtheiten des Lacks: Licht sehr gut; Wasser gut; Kalk gut.

Xylengelb 3 G, Xylenlichtgelb 2 G, 3 GS, R, Xylenchromin 5 G [S] Wo. in saurem Bade lichtecht, grünlichgelb.

Tartrazin [I. G., J, S, H], Tartrazin O, Hydrazingelb O, L, Echtlichtgelb, Echtwollgelb G, GT, Flavazin T, Säuregelb AT, Tartrabarin [I. G.], Wollechtgelb [J] Wo. und S. in saurem Bade gelb. Färbungen sind lichtecht, ziemlich walkecht, säure-, alkali- und schwefelecht. Tartrazin SE [GCC] ist auch ein Pyrazolonstoff. Nitrazingelb [K. Oehler] ist ein ähnliches Kondensationsprodukt wie Tartrazin.

Filtergelb K [I. G.] wird zu einem ähnlichen Zweck gebraucht, besitzt aber den Vorteil bei der Bereitung von orthochromatischen Filtern, daß es keine nennenswerten Beträge von Ultraviolett durchläßt, wie es Tartrazin tut. Eastman Yellow [Eastman Kodak Co.], (Natriumsalz von Glucosephenylosazon-p-carbonsäure) ist ein wirksamer Ersatz für Filtergelb K.

Pigmentechtgelb R, Guineeachtgelb R [I. G.]. Dient, mit Chlorbarium auf ein Substrat gefällt, zur Darstellung gelber Lackfarben für Buch- und Steindruck, Tapeten und Buntpapiere. Nuancen röter und Lichtechtheit geringer als die der Lacke aus Pigmentechtgelb G, Alkali-, Sprit- und Wasserechtheit gut.

Polargelb 5 G konz. [G] Wo. gelb (S oder N).

Radialgelb G, 3 G [I. G.]. Zur Herstellung von grünstichig gelben Lacken von guter Lichtechtheit (Staeble). Öl- und Spritechtheit sind vorzüglich, die Wasserechtheit ist leidlich.

Normalgelb 3 GL [I. G.] Wo. grünlichgelb (S). Normalgelb 5 GL [I. G.] ist ein analoger Farbstoff.

Kitonechtgelb 3 G [J] Wo. gelb (S), Kitonechtgelb R [J] Wo. orange (N).

Dianilorange G [I. G.] BW. orange (D), evtl. mit Kupfer nachbehandelt; auch für HWo., HS., weniger im Zeugdruck.

Dianilgelb 3 G [I. G.] BW. (D u. K).

Dianilgelb 3 GN [I. G.] BW. gelb (D), nachbehandelt mit Bichromat oder Kupfersulfat, weniger im Zeugdruck.

Dianilgelb R [I. G.] BW. im Salzbade goldgelb; Färbungen werden durch Nachbehandlung mit Chromat oder Kupfersulfat echter. Dient auch für S. und HWo. und zur Herstellung von Pigmentfarbstoffen.

Dianilgelb 2R [I. G.] BW. gut alkali- und mäßig lichtecht gelb. Wird durch Nachbehandeln mit Chromat und Kupfersulfat echter. Dient auch für S. und HWo., ferner für die Fabrikation von Pigmentfarben.

Pigmentechtgelb G [I. G.]. Dient zur Herstellung gelber Lackfarben. Der goldgelbe Barytlack ist in satten Tönen beinahe so echt als Krapplack, in schwachen Tönen nur etwa ein Viertel so echt (Valenta). Alkali-, Sprit- und Wasserechtheit sind gut. Findet Verwendung in der Papierfärberei.

Eriochromrot B [G] Wo. aus saurem Bade rötlich braungelb, nachchromiert carmoisinrot. Andre Bezeichnung: Salicinbordeaux R [I. G.], Chromechtrot B [J] und Omegachromrot B [G]. Diademchromrot L3B [LBH] ist ein ähnlicher Farbstoff.

Pyrazolorange G, R, RR [S] BW. orange (D), auch für HWo. und im Zeugdruck.

Diazoechtgelb 2 G, Diazolichtgelb 2 G [I. G.] BW. gelb (D), diazotiert und entwickelt (Entwickler Z), auch für Zeugdruck.

Auramine (Diphenylmethanfarbstoffe, Ketonimine).

Auramin [I. G., J, G, S, H], Kanariengelb färbt (bei 60—70°) BW. (TV), ferner Wo. und S. direkt gelb (N). Dient auch viel für grüne und rote Mischfarben auf BW. Ist für ausgiebigen Gebrauch im Kattundruck nicht echt genug.
Die starken Marken kommen als Auramin O, OO, OO extra konz., die mit Dextrin abgeschwächten als Auramin I, II, IIE, konz., III usw. in den Handel. Fuchsinscharlach ist eine Mischung von Auramin mit Fuchsin.
Dient auch viel zum Färben von Papier, Leder, HS., Jute, Cocosfasern Kunstseide, Herstellung von Lackfarben, z. B. zum Gilben von mit Brillantgrün geschönter Grünerde, in der Photographie für Gelbscheiben, ferner als Pyoctanium aureum [E. Merck] in der Medizin.

Auramin G [I. G., G, J] BW. mehr grünstichig gelb als Auramin O (TV). Echtheiten: Bügeln gut; Licht 2—3; Alkali ziemlich gut; Säure mittel; Chlor gering; Waschen ziemlich gut.

Triphenylmethan- und Diphenylnaphthylmethan-Farbstoffe.

1. Triphenylmethanfarbstoffe.

a) Diamidoderivate.

Malachitgrün [I. G., DH], Malachitgrün B, kryst. extra, Plv. superf. B, 4B, kryst. 3, 4, Neuviktoriagrün extra, O, I, II (Oxalat), Benzalgrün OO, Diamantgrün B [I. G.] Wo. grün (SB).
Solidgrün, kryst. O, kryst. OO, kryst. A No. I, extra J, 4B, P, kryst., Bittermandelölgrün, Neugrün, kryst. BI, BII, BIII, GI, GII, GIII, Chinagrün kryst., Lichtgrün N [I. G.], Solidgrün O, J [J], Echtgrün [NJ] BW. bei 60—70° bläulichgrün (TV). Dient in großem Maßstabe zum Färben und Bedrucken von BW. und S. Wird ferner zum Färben von Wo., Jute, Leinen, Cocos, Papier, Moos, Stroh usw. verwendet. Wird auch zur Fabrikation von grünen Lacken (Tanninlacken) verwendet oder auf Grünerde niedergeschlagen.

Rhodulinblau 6G [I. G.], Setoglaucin O [G], Neusolidgrün 3B [J] S. und BW. (TV) grünstichig blau.

Viktoriagrün 3B [I. G.], Neuviktoriagrün [J], Neusolidgrün 2B [J] S. und BW. (TV) rein blaugrün, blauer als Malachitgrün. Echtheiten: Bügeln gut; Licht 3; Säure mittelmäßig; Chlor gering; Waschen gut, besonders auf Seide. Für Wo. wird der Farbstoff wenig verwendet; Hauptanwendung für Färberei von BW. und S. und für Druck- und Ätzzwecke auf BW., H.- und Ganzseide.

Helvetiagrün [Bindschedler & Busch], Säuregrün [I. G.] Wo. und S. (S), BW. (TV) grün.

Türkisblau, B, BB, G, GG, GL extra [I. G.] BW. (TV) und S. in saurem Bade grünlichblau (BB) oder blaugrün (G, GG). Gut alkali-, wasser- und waschecht, mäßig lichtecht; besonders für Kattundruck.

Brillantgrün extra, O, II, kryst. extra, kryst. Nr. 1, kryst. 3, 4, kryst. 4 extra konz., Malachitgrün G, Diamantgrün G, Äthylgrün [I. G.], Brillantgrün kryst. [I. G., DH, H], Smaragdgrün kryst. [I. G., J], Solidgrün J [Mo], JJO [J] BW. (TV), S., geschwefelte Wo., Jute, Leder direkt grün mit gelberem Stich als Malachitgrün, hat geringere Farbkraft als letzteres. Dient, mit Grünerde oder Ton gemischt (evtl. mit Auramin gestellt), als Kalkgrün für Wandanstriche. Wird in der Papierfärberei und Lackfarbenfabrikation (als Tanninlack) viel verwendet. Brillantgrün-Fettfarbe [I. G.] ist das stearinsaure Salz. Auch als Grünlösung [I. G.] im Handel.

Setocyanin O [G] S. und BW. (TV) lebhaft grünlichblau. Ziemlich waschecht. Zu dieser Klasse gehört das Setopalin [G].

Eisblau [I. G.], Firnblau [J] S., Wo. in schwachsaurem Bade und BW. (TV) grünstichig blau. Echtheiten: Bügeln gut; Licht 3; Alkali gut; Säure mittelmäßig; Chlor gering; Waschen gut, besonders auf Seide. Brauchbar für Lackfarbenfabrikation und Tapetendruck.

Alkaligrün, Viridine [BSS] Wo. grün (S).

Guineagrün B, Säuregrün 2BG extra konz., Neusäuregrün 3BX [I. G.] Wo. und S. grün (S). Egalisieren sehr gut. Gut dekaturecht, genügend lichtecht, mäßig alkaliecht, gering schwefel- und waschecht. Guineagrün BV [I. G.] ist ein analoger Farbstoff. Guineagrün G [I. G.] ist ein Gemisch aus Guineagrün B [I. G.] und Gelb. Neusäuregrün GX [I. G.] ist ein Gemenge von Neusäuregrün 3BX [I. G.] mit einem gelben Farbstoff.

Echtsäuregrün 6B, Brillantsäuregrün 6B, Brillantalizaringrün, Nachtgrün A konz., 2B, Patentgrün AGL, Walkgrün BW, Neptungrün SG, Brillantgrün 6B, Brillantwalkgrün B, Echtwollgrün B, Echtsäuregrün 6B [I. G.], Benzylgrün B [J], Erioviridin B [G] Wo. und S. gut walkecht blaugrün (S). Beim Nachchromieren nicht verändert. Egalisieren gut. Echtheiten: Licht 3; Carbonisieren gut; Schwefeln sehr gut; Wasser gut, Walken sehr gut; Alkali genügend. Brillantwalkgrün B [I. G.] ist ein ähnlicher, walkechter Farbstoff. Neben Patentgrün AGL [I. G.] sind noch die Marken Patentgrün O u. V. [I. G.] im Handel.

Nachtgrün B [I. G.] Wo. und S. bläulichgrün (S.)

Lichtgrün SF bläulich, Säuregrün GB, 2B, 3B, 6B, M, B extra konz. B, No. O, BB extra, BBN extra, 2BG extra [I. G.], Säuregrün, Acidolgrün [I. G., DH), Säuregrün O bläulich [J] Wo. und S. etwas blauer als Lichtgrün SF gelblich (S).

Lichtgrün SF gelblich, S, 2G extra konz., 2GN extra konz., Säuregrün D konz., G, extra konz. 5G, H, F extra, GB extra, GG extra, extra, OOO, G, 2G, 3G, 4G, GO, GGO, Guineagrün 2G [I. G.], Wollgrün 2G [S], Säuregrün O gelblich, G extra [J] Wo. und S. grün (S).

Patentcarminblau AE, AE extra, Azurblau AEG, Säurebrillantblau EG, Tetracyanol 1570 J [I. G.].

Erioglaucin A, B, G, BB, RB extra, JB, V, P, supra X konz., extra [G], Säureblau EG, Neptungrün BR [I. G.] Wo. und S. alkaliecht grünblau (S). Egalisieren gut. Dient als Ersatz für Indigocarmin. Erioglaucin A u. B [G] sind Mischungen.

Xylenbau VS, konz. [S], Erioglaucin supra [G], Brillantsäureblau NVS [CN], Azurblau VX [I. G.] Wo. und S. rein blau (S).

Xylenblau AS [S], Brillantsäureblau NAS [CN], Azurblau Z [I. G.] Wo. und S. rein blau (S).

Chromgrün Pulver [I. G.] Wo. grün (Cr); wenig lichtecht, ziemlich walkecht. Dient besonders für Baumwolldruck.

Azogrün Teig [I. G.] Wo. grün (Cr]. Der Chromlack dient im Tapetendruck.

b) Triamidoderivate.

Parafuchsin [I. G.]. Paraosanilinbase [I. G.] BW. (TV), Wo., S., Leder (D) rot. Echtheiten: vgl. Fuchsin. Dient nur zur Herstellung von Anilinblau.

Fuchsin kleine Krystalle doppelt raff.; kleine Krystalle, V I kryst., Ia kryst., RFN, NB, NG, Ia Dmt. kleine Krystalle, große Krystalle, Diamantfuchsin I kleine Nadeln, I große Krystalle, Diamantfuchsin, Brillantfuchsin, Pulverfuchsin A, AB, TP, Rosanalinbase, Cerise DN, DII, DIV, Marron R, Cardinal R, G, Geranium GN, Anilinbraun [I. G.], Fuchsin [I. G.] DH, J], Diamantfuchsin, große und kleine Krystalle [J, I. G.], Magenta [I. G., H, Sch], Rubin [I. G., AW], Rosein [AW], Grenadin [I. G., StD], Cardinalrot G [J], Juchtenrot gelblich, bläulich [J] BW. (TV) rot. Färbt Wo., S. und Leder direkt

Die veraltete Färbung Zinalin wurde durch die Einwirkung von salpetriger Säure auf Fuchsin erhalten.

Fuchsinscharlach ist eine Mischung von Auramin mit Fuchsin.

Neufuchsin, O, Isorubin, Fuchsin MLB [I. G.] Wo., S. und Leder direkt und BW. (TV) rot. Die Färbung ist lebhafter und blauer als mit Fuchsin. Echtheiten auf BW. wie bei Fuchsin.

Rotviolett 5R extra, Primula R wasserlöslich, Rotviolett, Violett 2R, 5R, 5R extra [I. G.], Violett 4RN [J], Violett R, RR [Mo], Hofmanns Violett [I. G., J] Wo., S. und BW. (TV) violett. Dient nur noch zum Färben von Seide.

Dahlia B, Methylviolett (versch. Marken, besonders B und 2B) [I. G., BK, H] BW. (TV), Wo. und S. violett. Auf Wo. (E) und BW. (TV). Dient häufig zum Übersetzen und Schönen andrer Farbstoffe, ferner für Tinten, Tintenstifte, Stempelfarben usw.

Krystallviolett [I. G., S], O, P kryst., extra kryst., Krystalle, Plv., N Plv. [I. G.], 5BO [J] Wo. und S. (E) oder BW. (TV) blaustichig violett.

Äthylviolett [I. G., J, G] Wo. und S. (E) und BW. (TV) blauviolett.

Methylviolett 5B, 6B, 7B [I. G., BK, H], 10B [I. G.], Benzylviolett 7B, Violett 5B, 6B, 7B [I. G.] Wo. und S. in essigsaurem Bade und mit Tannin und Brechweinstein gebeizte BW. Analoge Farbstoffe sind: Brillantviolett 6B, 8B [J].

Lichtgrün [I. G.], Methylgrün, Doppelgrün SF, Methylgrün kryst., kryst. I gelblich, bläulich [I. G.] S. im Bastseifenbade grün. Nicht bügelecht. Ein mit dem Farbstoff getränktes Papier wird beim Erhitzen violett (Abspaltung von Chlormethyl und Bildung von Hexamethylviolett). Als Methylgrün [I. G.] kommt auch ein aus Methylviolett und Bromäthyl erhaltener Farbstoff mit denselben Eigenschaften in den Handel. Parisgrün ist ein ähnlicher Farbstoff.

Methylgrün [StD, I. G.], Äthylgrün Wo. mit Natriumthiosulfat gebeizt, S. und BW. (TV) bläulichgrün. Früher für BW.-Färbungen und Zeugdruck.

Jodinegrün, Lichtgrün, Metternichs Grün, Nachtgrün, Pomona-Grün, Jodgrün, Apfelgrün, Vert en pâte, Vert lumière. S. grün aus Seifenbad.

Reginapurpur [BSS, WSS], Reginaviolett, Imperialrotviolett, Phenylviolett Wo. rötlichviolett (D). Analoge Farbstoffe sind: Reginaviolett sprit- und wasserlöslich.

Methylblau spritlöslich, Direktblau, Lichtblau superfein spritlöslich [I. G.]. Diphenylaminblau spritlöslich [DH], in heißem Spiritus gelöst, Seide in mit Schwefelsäure angesäuertem Bastseifenbade blau. Dient auch im Kattundruck und zur Darstellung von Sulfonsäuren (Anilinblau).

Das veraltete Azurin oder Azuline, welches durch Erhitzen von rohem Aurin mit Anilin erhalten wurde, war ein sehr unreines Diphenylaminblau.

Spritblau (verschiedene Marken, R und B) [I. G., H, J], Spritblau SFC, Blau II spritlöslich, Opalblau, Lichtblau, Gentianablau 6B [I. G.]. Dient zum Färben von Spritlacken und als Sulfat zum Färben von Papier in der Masse, ferner im BW.-Druck. Besonders zur Herstellung der Sulfonsäuren für Alkaliblau und Wasserblau. Pariserblau, Lyonblau sind unvollständig phenylierte Produkte. Grünlichblau, Opalblau 6B extra werden erhalten aus Rosanilinbase und p-Toluidin.

Viktoriablau 4R [I. G., J, S] BW. (TV), Wo. und S. rötlicher als Viktoriablau R.

Echtgrün extra, extra bläulich, bläulich, CR, W, Walkgrün 228 [I. G.] Wo. und S. grün (S); ziemlich licht- und walkecht.

Fuchsin S, SN, SS, ST, SIII, Säurefuchsin, B, O, S [I. G.] S. in gebrochenem Bastseifenbade und Wo. (S) rot. Unreine Marken sind: Granat S, Marron S, Säurecerise, Säuremarron O [I. G.], Cardinalrot S. Säureviolett 4RS [I. G.] ist eine Mischung von Säurefuchsin mit Säureviolett.

Rotviolett 5RS [I. G.] Wo. bläulichrot (S).

Säureviolett 4RS [I. G.], 4RSN [J], Rotviolett 4RS [I. G.] Wo. bläulicher als Fuchsin (S). Echtheiten: Licht mäßig; Walken mäßig; Alkali a) Soda unecht, b) Ätzkalk (Straßenschmutz) unecht, c) Ammoniak unecht.

Säureviolett 4BN [I. G., J], 6B, 7B, N [I. G.] Wo. blauviolett (S).

Kitonechtviolett 10B [J], Echtsäureviolett 10B [I. G.] Wo. violettblau (S). Gut alkaliecht, mäßig lichtecht; egalisiert gut.

Alpinblau [G] ist das Natriumsalz von Benzyläthyltetramethyl-pararosanilin-trisulfonsäure.

Benzylviolett 4B [J], Säureviolett 6B, 6BV [I. G.] Wo. blauviolett (S); ist ziemlich alkaliempfindlich.

Säureviolett 6B, Formylviolett S4B, 5BN, Guineaviolett S4B, Säureviolett 4BK, 4B extra, 4BC, 5B, 4BS [I. G.] Wo. und S. blauviolett (S); egalisiert gut, eignet sich für Mischtöne; auf Seide ziemlich waschecht.

Säureviolett 4B extra [I. G.] = Guineaviolett 4B [I. G.] ist die entsprechende Methylverbindung.

Eriocyanin A [G], Säureechtviolett BG, 12B [NAC]. Wo. lebhaft rotstichig blau (S).

Säureviolett 3BN [I. G., J] ist eine Sulfonsäure des Kondensationsprodukts von Tetramethyldiaminobenzophenon mit Dibenzylanilin.

Neutralviolett, Alkaliviolett 6B [I. G., J], O, LR, C, A [I. G.] Wo. in alkalischem Bade, auch saurem und neutralem Bade blauviolett.

Weitere Marken sind: Alkaliviolett R [I. G.], 4B [I. G., J]. Alkaliviolett R [I. G.] ist ein Gemisch von Blau und Violett.

Säureviolett 7BN [I. G.] Wo. und S. blauviolett (S).

Säureviolett 7B [I. G., J] Wo. und S. blauviolett (S). Egalisiert mäßig. Echtheiten: Licht 3; Schwefeln gering; Waschen mittelmäßig; Ätzkali genügend; Säure gut. Wollblau S [I. G.] ist eine Mischung von Säureviolett 7B mit Blaugrün S.

Methylalkaliblau [I. G., G, DH], Alkaliblau 6B [J, H, I. G.] Wo. in alkalischem Bade, gewaschen und gesäuert blau.

Alkaliblau (R—5R, B—5B) [I. G., G, DH, H, J], R, RR, Nr. 2, Nr. 4, Nr. 6 [I. G.] Wo. in alkalischem Bade gekocht, gewaschen und gesäuert blau. Beim Reduzieren entsteht eine Leukoverbindung, welche sich zum Farbstoff oxydiert.

Reinblau 2G, Bayrischblau DSF, Methylblau für Seide, MLB, Methylblau, MBS für S., Seidenblau [I. G.], Marineblau B [J] S. in gebrochenem Seifenbade blau.

Bayrischblau DBF, Diphenylaminblau [S], Methylblau, für BW. MLB, MBJ für BW., Methylwasserblau, Brillantbaumwollblau N extra grünlich [I. G.], Methylblau für BW. [I. G., J], Methylbaumwollblau [G], Reinblau BSJ [J], Diphenylaminblau [S], Helvetiablau [G] S. und BW. (TV) blau. Auch: Methylbaumwollblau MBJ, MLB, Baumwollblau, extra grünlich [I. G.].

Marineblau V, Opalblau bläulich, Wasserblau (versch. R- und B-Marken) [I. G., S, G, J], Wasserblau BJJ, Baumwollblau extra, Baumwollblau, Seidenblau, BTSL [I. G.], Chinablau [I. G., StD], Baumwollblau 3B [G] Wo. und S. (S). Dient auch zum Färben von gebeizter BW. und Jute.

Höchster Neublau [I. G.] Wo. neutral im verdünnten Säurebade blau; S. im sauren Seifenbad.

Pacific Blue [H] Wo. oder ungebeizte BW. grünlichblau.

Brillantdianilblau 6G, Betaminblau 3B, Isaminblau 6B, 8B, Direktblau 12B, Brillantbaumwollblau 6B, Brillantreinblau 5G [I. G.], Brillantchlorazolblau [H] S. in gebrochenem Bastseifenbade und BW. mit Alaun und Schwefelsäure blau.

Agalmagrün B [I. G.] Wo. und S. gelbgrün (S); die Färbungen sind gut alkali- und waschecht.

c) Amidooxyderivate (Amino-Hydroxy-Derivate).

Patentblau V, N, L, superfein, konz., extra, Patentblau V, Neptunblau BG, BGX, Azurblau V, Acidoblau G, Brillantsäureblau V, Säureblau G, Tetracyanol V, SF [I. G.] Wo. grünlichblau (S). Ersatz für Indigocarmin, lichtechter als letzteres. Ist im künstlichen Licht grüner als im Tageslicht.

Patentblau V neu [I. G.] heißt mit Säureviolett N gemischt Patentblau B [I. G.].

Alphazurin 2 G [NAC] zeigt ähnliche Eigenschaften wie Patentblau V.

Cyanin B [I. G.] Wo. indigoblau (S).

Patentblau A, Neptunblau B, Brillantsäureblau A, Tetracyanol A [I. G.] Wo. grünlichblau (S). Auch: Xylenblau A [S], Kitonblau N [J], Echtsäureblau A, Carminblau A [I. G.].

Xylencyanol FF [S], Cyanol extra, FF, Säureblau 6 G [I. G.] Wo. (S), S. im gebrochenen Bastseifenbade reinblau. Egalisiert gut. Gut licht-, wasch- und alkaliecht, mäßig walkecht. Verwandte Marken sind: Cyanol AB, BB, BN, BSB, C, extra H, GG, V, VN [I. G.]. Indigoblau N, GGN [I. G.] sind Mischungen von Cyanol [I. G.] mit grünen und roten Säurefarbstoffen.

Ketonblau 4BN Lösung [I. G.] Wo. und S. blau. Andre Marken: Ketonblau B, G, R [I. G.].

Säureviolett 6BN [I. G., J], Säureviolett 6BNO [J] Wo. und S. violettblau (S), blauer als Säureviolett 4BN [I. G.].

Chromviolett Teig [I. G.] Wo. (Cr) violett; wenig licht-, ziemlich walkecht.

Chrombordeaux, in Tg. 6B doppelt in Tg. [I. G.] Wo. bordeauxrot (Cr). Dient besonders für Baumwolldruck.

d) Oxyderivate (Hydroxyderivate).

Eriochromazurol B [G] Wo. bordeauxrot (S). Beim Nachchromieren walk- und pottingecht reinblau.

Chromalblau G konz., G für Druck [G] BW. im Druck mit Chromsalz rein grünlichblau.

Eriochromcyanin R [G] Wo. rot (S). Beim Nachchromieren alkaliecht violettblau; BW im Druck mit Chromsalzen violettblau.

Chromazurol S [G] Wo. bordeauxrot (S). Beim Nachchromieren alkaliecht reinblau. Färbt BW. im Druck mit Chromsalzen reinblau.

Aurin [I. G.] (freie Säure), Gelbes Corallin (Natriumsalz des Aurins), Yellow Coralline [Gr] (p-Rosolsäure, Rosolsäure). Dient zur Herstellung von Spritlacken und für photographische Zwecke (Aurin). Ferner zur Herstellung von Türkischrotlacken für Tapeten, Buntpapier usw. Azurin oder Azulin werden erhalten durch Einwirkung von Anilin auf Rosolsäure.

Eupitton, Eupittonsäure, Pittacal: tierische Faser orange (S), ammoniakalisch bläulichviolett.

Rotes Corallin, Aurin, R [Gr], Päonin [Lo]. Dient zur Herstellung von Farblacken.

Rosophenolin wird durch Einwirkung von alkoholischem Ammoniak auf Aurin in Gegenwart von Phenol oder Benzoesäure erhalten.

Chromviolett CG [DH], Chromviolett [G], Chromrubin [I. G.] BW. (Cr) seifenecht rötlichviolett.

Resaurin ist ein ähnlicher Farbstoff ohne beizenziehende Eigenschaften.

2. Diphenylnaphthylmethanfarbstoffe.

Viktoriablau R [I. G., J], Neuviktoriablau B, R [I. G.], BW. (TV), S. und Wo. blau.

Viktoriablau B [I. G., J, S, H] Wo., S. und BW. (direkt, tanniert oder mit Alaun gebeizt) blau (E).

Chinolingrün [I. G.] ist ein ähnlicher Farbstoff.

Neugrün [I. G.] im Zeugdruck für gelblichgrüne Töne.

Nachtblau [I. G., J, S] Wo. und S. (E) und BW. (TV) grünstichiger als Viktoriablau B.

Säureviolett 5BNS, 6BNS, 7BNS [S] Wo. blauviolett, ziemlich alkaliecht (S).

Echtsäureblau B, Intensivblau [I. G.] Wo. rötlichblau (S).

In diese Klasse gehören auch Wollblau N extra und Brillantwollblau B extra [I. G.].

Neupatentblau B, 4B, G [I. G.] Wo. und S. reinblau (S). Die Färbungen sind gut licht-, walk-, säure- und alkaliecht.

Naphthalingrün V [I. G., J], Eriogrün B, extra [G] Wo. und S. grün (S). Andre Bezeichnungen: Xylenechtgrün B [S], Kitonechtgrün V [J], Alkaliechtgrün V [I. G.].

Säureblau B [S], Wollblau G extra [I. G.] Wo. blau (S). Alkali- und waschecht.

Wollgrün S, BS, C [I. G., J, S], Cyanolgrün B, Wollgrün BS, BS extra, Echtlichtgrün [I. G.] Wo. und S. grün (S). Egalisiert gut. Ziemlich licht- und walkecht. Wird mit Alkali blauer. Dient für Mischtöne in der Stückfärberei.

Chromblau Teig [I. G.] Wo. blau (Cr); wenig lichtecht, ziemlich walkecht. Dient besonders für Baumwolldruck.

Xanthonfarbstoffe.

1. Amidoverbindungen (Fluorimfarbstoffe).

a) Pyronine.

Pyronin G [I. G] BW. (TV), ferner Wo. und S. carmoisinrot. Mäßig lichtecht, ziemlich seifenecht. Methylenrot [G] ist das entsprechende Thiopyronin.

Acridinrot B, BB, 3B [I. G.] BW. (TV) rosenrot, gelber als Pyronin G. Gut waschecht, mäßig lichtecht. Wird weniger für Wo. (neutral oder schwach angesäuert zu färben) und S. (gebrochenes Seifenbad) angewendet.

Acridinrot B u. 2B [I. G.] sind Mischungen.

Pyronin B [I. G.] tann. BW., S. aus neutralem Seifenbad: carmoisinrot mit roter Fluorescenz und Blaustich.

Urbin E S. und Wo. neutral (oder schwach essigsauer) rot, BW. (TV) trüber und blauer.

Urbin M ist ein ähnlicher Farbstoff.

b) Succineine.

Rhodamin S, S extra [I. G., J] ungebeizte BW., HS., Papiermasse, Holz rosa.

c) Sacchareine.

Saccharein [Mo] Wo. und S. neutral blauer als die Rhodamine, mit Alkali entfärbt.

d) Rosamine.

Rosamin, Rosindamin, Benzorhodamin [I. G.] Wo. und S. schwach sauer rosa bis dunkelbläulichrot mit gelblichroter Fluorescenz, BW. (TV) blauer.

Rhodamin 5G [I. G.] S. und BW. (TV) brillantrot bis rosa, ähnlich Rhodamin 6G.

Sulphurein [Mo] Wo. und S. neutral bläulichrot.

Sulforosacein B, B extra [I. G.], Sulforhodamin B, B extra [I. G.], Brillantkitonrot B [J], Xylenrot B [S] Wo. rein rot (S).

e) Rhodamine (Amidophthaleine).

Rhodamin B, B extra, O [I. G., J, H], Carthamin B, Rosacein B, Safranilin [I. G.], Rhodamin O, Brillantrosa B [I. G.] Wo. und S. bläulichrot mit starker Fluorescenz (N). BW. (TV) wird violettrot ohne Fluorescenz, geölte BW. mit Fluorescenz gefärbt. Einige Marken von Jutescharlach sind Mischungen von Rhodamin B und Orange II.

Rosacein G, Carthamin G [I. G.], Rhodamin G, G extra [I. G., J, S], Brillantrosa G [I. G.] Wo. und S. rot mit Fluorescenz (N), BW. (TV) ohne Fluorescenz gelbstichiger als Rhodamin B.

Rhodamin 2B [J], Rhodamin 3B, 3B extra [I. G., J], Anisoline [Mo] Wo., S. und BW. (TV) blaustichiger als Rhodamin B; auf S. schöne gelbrote Fluorescenz; auf ungebeizter BW. rotvioletter Ton.

Safranolin 5 G, Rosacein 6 G [I. G.], Rhodamin 6 G, 6 G extra [I. G., J, H], Brillantrosa 5 G [I. G.] S. und BW. (TV) leuchtend rot; ist gelbstichiger als Rhodamin G.

Rhodin 3 G [J], Rhodamin 3 G, 3 G extra, Irisamin G, G extra [I. G.] Wo., S. und BW. (TV) leuchtendrot.

Rhodin BS, Baumwollrhodin BS [J] BW. hellviolettrot (TV).

Rhodin 2 G [J] Wo., S. und tannierte BW. leuchtend rot.

Echtsäureeosin G, Echtsäurephloxin A [I. G.] Wo. lachsrot bis rosa (S).

Echtsäureviolett B, Violamin B [I. G.] Wo. und S. violett (S).

Echtsäureviolett 3RL, A2R, R, Säureviolett 4R, 4RN [I. G.], Violamin R, RR [DuP], Erioechtfuchsin BL [G] Wo. und S. rotviolett (S). Violamin R [I. G] ist eine Mischung.

Säurerosamin A, Violamin G [I. G.] Wo. und S. rotstichig rosa (S).

Echtsäureblau R, Violamin 3B [I. G.] Wo. und S. blau (S). Violamin 3 B ist eine Mischung von Grün, Violett und Rot.

Aminooxyverbindungen.

Rhodole.

Rhodin 12 GM, Rhodamin 12 GM [J] S. und tannierte BW. gelbrot.

Chromorhodin B [DH] Wo. und BW. (CrV) rot. Für Druck (mit Chromacetat).

Rhodamin 12 G extra, Rhodamin 12 GF [J] S. und tannierte BW. leuchtend gelbrot, gelbstichiger als Rhodin 12 GM. Dient besonders für Druck auf BW. und S.

2. Oxyverbindungen (Fluoronfarbstoffe).

a) Oxyphthaleine.

Phenolphthalein, Indikator für Carbonsäuren.

Aurotine [CAC] Wo. (E oder CrV) orangegelb.

Uranin [I. G., Sch, S], Fluorescein [I. G., DH, StD] Wo. und S. grünlich fluorescierend gelb (S).

Chrysolin [Mo, S, StD] S. in neutralem Bade oder besser unter Zusatz von Alaun gelb. Ist mäßig lichtecht; wird wenig verwendet.

Tetrabromfluorescein [HM], Eosin G, extra wasserlöslich, gelblich, G extra, 2 G, GGF, 3 J [I. G.] Wo. und S. (Seide mit gelbroter Fluorescenz) rot (E). Aureosin und Rubeosin sind Dichlor- bzw. Dichlordinitroderivate des Fluoresceins.

Eosin spritl. [I. G.], Methyleosine J extra, B extra [Mo], Sprit Primrose [DH], Methyleosin [J] S. bläulichrot mit ziegelroter Fluorescenz, blaustichiger und lebhafter als Eosin. Dient auch zum Färben von Spritlacken für Stanniolfärbungen usw.

Erythrin, Primrose, Eosin S, Spriteosin, Eosin spritl. [I. G.], Rose JB à l'alcool [J], Primerose à l'alcool DH [DH], Äthyleosin [BDC], Erythrine, Primrose.

S. gelblichrot mit schwacher Fluorescenz. Dient auch zum Färben von Spritlacken für Stanniolfärbungen usw. Eosin BB [Bindschedler & Busch] ist ein ähnliches Produkt.

Nopalin G [I. G.], Daphnin, Imperialrot, Eosin BN, Methyleosin, B extra, Eosinscharlach, B, Eosinscharlach BB extra, Eosin B, Eosin I bläulich, S extra bläulich [I. G.], Safrosin [J], Eosin BW, DHV [DH] Wo. und S. bläulichrot (D); weniger lebhaft als Erythrosin. Licht- und walkechter als die meisten Eosine.
Eosinscharlach BB extra [I. G.] ist eine Mischung.

Dianthin G, Jodeosin, Erythrosin extra gelblich, G, gelblich, extra gelb N [I. G.], Erythrosine R [J] BW. in lauwarmem Kochsalzbade von 4—5° Bé, Wo. in essigsaurem Alaunbade, S. in mit Essigsäure gebrochenem Seifenbade gelblichrot mit gelblichroter Fluorescenz. Pyrosin R [I. G.] und Ponceau d'Orient sind Mischungen der Alkalisalze des Di- bzw. Tetrajodfluoresceins.

Eosin bläulich J [I. G.], Dianthin B, Jodeosin B, Erythrosin, extra bläulich [I. G., DH], bläulich, D [I. G.], B [I. G., J] Wo. (E), mit Tonerde gebeizte BW. (oder in lauwarmem Kochsalzbade von 4—5° Bé), S. in mit Essigsäure gebrochenem Seifenbade bläulichrot. Dient auch zum Färben von Papier und Nahrungsmitteln, ferner in der Photographie als Sensibilisator. Erythrosin bläulich [I. G.] ist eine Mischung.

Phloxin P [I. G.], Phloxin [I. G., DH], Erythrosin BB [I. G.] Wo. bläulichrot ohne Fluorescenz (blauer als Erythrosin R) (E).

Cyclamin, Thiophloxin [Mo] Wo. und S. bläulichrot (N). Thiocyanosin [Mo] ist der Methylester des Thiophloxins.

Cyanosin spritl. [I. G., S], Cyanosin A [Mo] S. rot (SE). Dient auch, in Spritlacken gelöst, zum Färben von Stanniol.

Rose SA [I. G.], Rose Bengale [I. G., DH], N, AT, G [I. G.] Wo. (E), BW. im Kochsalzbade, S. im gebrochenen Bastseifenbade bläulichrot ohne Fluorescenz.

Phloxin, N, BB, Eosin 10B [I. G.], Cyanosin [DH] Wo. und S. (E), BW. im Kochsalzbade (4—5° Bé) rot.

Rose Bengale, B, 2B [I. G.], 3B konz. [I. G., DH] Wo. und S. (E), BW. im Kochsalzbade bläulichrot.

Cyanosin B [J] dient, in Spritlacken gelöst, zum Färben von Stanniol usw.

Gallein, Tg., A, in Tg. [I. G.] BW. (Cr), Wo. oder S. (CrV) violett. Zeugdruck. Natriumsalz: Gallein W Plv., W Tg., SW Plv. [I. G.], Alizarinviolett, Anthracenviolett.

b) Anthraoxyphthaleine.

Cörulein B, BR, BW in Tg., BWR in Plv. [I. G.] Wo. auf Chromkali-Weinstein oder Chromkali-Milchsäure-Schwefelsäure-Sud bei Gegenwart von Essigsäure etwas blauer als Cörulein.

Cörulein I, II, W in Tg., Tg. A [I. G.], in Tg. [I. G., DH]. Bisulfitverbindungen: Cörulein S in Tg, S in Plv. [I. G., DH], SW in Tg., in Plv., Teig SW, S konz. [I. G.] BW., Wo. u. S. grün [CrV]. Für Druckzwecke dienen besonders die S-Marken. (Alizaringrün, Anthracengrün.)

Ultraviridin B [S] Wo. u. BW. (CrV) dunkelgrün. Auch für Zeugdruck.

Acridinfarbstoffe.

Die Acridinfarbstoffe leiten sich von der im Steinkohlenteer vorkommenden Base Acridin:

$C_{13}H_9N$ = [Strukturformel: zwei Benzolringe, verbunden durch —N— und —C(H)—] bzw. 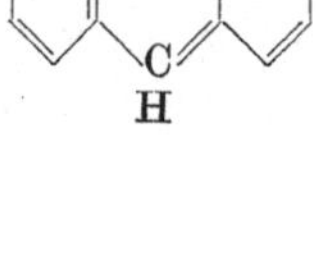 [Strukturformel: N oben, C mit H unten zwischen zwei Benzolringen]

(Schm.P. 110°, S.P. über 360°) ab, welche auch synthetisch durch Erhitzen von Diphenylamin mit Ameisensäure erhalten werden kann. Die Eigenschaft dieser Base, mit Säure Salze zu bilden, deren Lösungen Fluorescenz zeigen, kommt auch den Acridinfarbstoffen zu.

Acridingelb G, R, T [I. G.] BW. (TV) gelb, S. grünlich gelb mit grüner Fluorescenz. Dient auch zum Färben von HS., Leinen und Jute. Wird im Buntätzdruck mit Zinnsalz und Hydrosulfit NF verwendet; mit Chlorat läßt es sich weiß ätzen.

Septacrol [J] ist ein ähnlicher Farbstoff (Doppelverbindung mit Silbernitrat).

Auracine G, Aurazine G [I. G.] S. und BW. (TV) gelb.

Coriphosphin O [I. G.] Leder gelb und BW. (TV) gelblichbraun.

Rhodulinorange N, NO [I. G.], Acridinorange NO, Euchrysin 3R [I. G.] BW. (TV) orange, S. im gebrochenen Seifenbade orange mit grüner Fluorescenz. Dient auch im Baumwolldruck und zum Färben von Loden. Mäßig licht-, ziemlich seifenecht. Acridinscharlach R, 2R, 3R [I. G.] sind Mischungen von Acridinorange NO mit Pyronin [I. G.].

Andre Marken von Acridinorange sind Acridinorange N, 2G und Neuacridinorange [I. G.].

Acridinscharlach J Plv. [DH] BW. (TV) und Leder scharlachrot. Auch für Seide, Kunstseide und Zeugdruck.

Brillantphosphin G, 3G, 5G [CAC, J], Sabaphosphin G, GG [S], Patentphosphin G, GG, N, R [J], Aurophosphin 4G [I. G.] BW. orangebraun (TV). Hauptsächlich für Lederfärberei.

Acriflavin [BDC, I. G.], Trypaflavin [I. G.] BW. (TV) und Leder reingelb. Verwendung in der Medizin. Ähnliche Produkte sind: Proflavine [BDC], Euflavine [BDC].

Benzoflavin [I. G.] BW. gelb (TV); dient auch im Kattundruck. Für Wo. u. S. von geringerer Bedeutung.

Acridinorange R extra [I. G.] BW. orangerot (TV).

Phosphin N, O, extra, P, II, LB, LR, R, RX, Lederbraun, Philadelphiagelb G, Ledergelb O, Vitolingelb 5G, R, 2R [I. G.], Phosphin [NJ, MLy, I. G.], Xanthin [I. G., StD, J] BW. gelb (TV).

Die Farbstoffe dienen in der Baumwollfärberei und -druckerei als Nuancierfarben für Cremetöne und als Gelb für Buntätzen mit Hydrosulfit NF; werden auch in der Seidenfärberei verwendet, für Wo. höchstens im Druck. Ihre Hauptanwendung ist in der Lederfärberei.

Phosphin GN, 3RN [NAC] zeigen ähnliche Eigenschaften.

Alkylierte Acridinfarbstoffe (Acridiniumverbindungen) sind die Brillantphosphine G, 3G, 5G [J], Aurophosphin 4G [I. G.] und die Patentphosphine G, GG, N, R [J].

Phosphin 2G, Flavophosphin G neu, GG konz., GG neu, GGO neu, 4G neu, R neu, RO [I. G.] BW. gelb bis orange (TV), auch für Zeugdruck und Leder.

Echtphosphin NAL [CN], Rheonin A, AL, N [I. G.] BW. (TV), S. und Leder braungelb. Dient auch im Kattundruck; ist mit Hydrosulfit NF ätzbar. N liefert lebhaftere, A dunklere Töne. Gut licht-, chlor- und waschecht.

Flaveosin [I. G.], S. goldgelb (S) mit feiner grünlichgelber Fluorescenz, Wo. und BW. (TV) rötlichgelb.

Euchrysin 2G, R, RR [I. G.] BW. rein grünstichig gelb (TV); wird meist zum Färben von vegetabilisch gegerbtem Leder verwendet. Andre Marken sind: Euchrysin GDX u. RDX [I. G.], für BW.-Druck, Wolle und Seide.

Homophosphin G [I. G.] BW. feurig braunstichig orange (TV); dient auch für Leder, S., HS. und Zeugdruck.

Corioflavin G, GG, GGR, R, RR [I. G.] für Leder, im Zeugdruck für gelb oder orange.

Chinolinfarbstoffe.

Chinophthalon, Chinolingelb spritlöslich [I. G., S] färbt geschmolzenes Wachs, Paraffin, Spritlacke usw. gelb. Dient zur Herstellung von Chinolingelb.

Chinagelb [I. G.], Chinolingelb (wasserlöslich) O, extra, SS [I. G., S], Chinaldingelb [J]. Gegen Reduktionsmittel ist Chinolingelb beständig (Unterschied von Pikrinsäure und Naphtholgelb S). Wo. u. S. grünlichgelb (S). Dient als reinster grünlichgelber egalisierender Farbstoff für sich allein oder in Mischung mit Naphthalingrün oder Patentblau oder andern gut egalisierenden Farbstoffen zur Herstellung grüner Töne (z. B. Billardgrün). Mit Echtsäureeosin oder Echtsäurephloxin werden schwefelechte Creme- und Lachstöne erhalten. Wird auch für Zinkstaub-, Hydrosulfit- und Zinnsalzätzen im Kattundruck verwendet. Hierzu gehören noch: Chinolingelb N extra konz. [I. G.] (aus p-Chlorchinaldin) und Kitongelb [J] (aus β-Naphthylamin).

Chinolingelb KT extra [I. G.] Wo. u. S. grünlichgelb (S), auch für zinnbeschwerte Seide.

Flavanilin [I. G.] BW. gelb (TV), S. gelb mit moosgrüner Fluorescenz.

Flavanilin S [I. G.] Wo. grünlichgelb (S).

Chinolinrot [I. G.] BW. (TV), Wo. u. S. direkt rot, letztere mit schöner Fluorescenz. Für Zwecke der Färberei ist der Farbstoff zu lichtunecht. Dient in der Photographie zum Sensibilisieren von photographischen Platten. Die Mischung von Chinolinrot mit Chinolinblau heißt Azalin [I. G.] und dient zu demselben Zweck.

Cyanin, Äthylcyanin T [I. G.], Chinolinblau [G]. Dient in der Photographie zum Sensibilisieren von photographischen Platten; vgl. Chinolinrot.

Äthylrot, Orthochrom T, Pinaverdol, Pinachrom, Pinachromblau, Pinachromviolett, Homocol, Isocol, Pericol [I. G.], Sensitolgrün [Ilford]. In der Photographie zum Farbempfindlichmachen photographischer Platten.

Sensitolrot [Ilford], Pinacyanol [I. G.], Chinaldinblau, zum Farbempfindlichmachen photographischer Platten.

Pinacyanol, Sensitolrot und Pseudo-Dicyanin sind ähnliche Farbstoffe.

Naphthacyanol [Eastman Kodak Co.]. Sensibilisator für äußerste Rotempfindlichkeit.

Kryptocyanin [Eastman Kodak Co.]. Sensibilisator für größte Rotempfindlichkeit.

Dicyanin A [I. G.] für spektroskopische Zwecke.

Thiazole oder Thiobenzenylfarbstoffe.

Primulingelb, Sulphin A, N, Gelb PR [I. G.], Primulin A, O, V, Thiochromogen [I. G.], Carnotin [ClCo], Polychromin [G], Aureolin [DH] BW. in neutralem oder alkalischem Bade gelb (D), gibt, auf der Faser diazotiert und mit Entwicklern behandelt je nach der Natur der letzteren, Rot, Braun, Orange usw. (Ingrainfarben). Ziemlich seifenecht, ganz alkaliecht, nicht lichtecht. Es liefern: β-Naphthol (Methode N) (Rotentwickler): Ingrainrot, Primulinrot, Resorcin: Ingrainorange, Phenol: Ingraingelb, Benzylnaphthylamin, Äthyl-β-naphthylamin (Bordeauxentwickler): Ingrainbordeaux, nicht lichtecht, R-Salz: Ingrainmarron, α-Naphtholsulfosäure NW: Ingraincarmin, m-Phenylendiamin: Ingrainbraun.

Das Primulin war der erste substantive Farbstoff, welcher auf der Faser diazotiert und entwickelt wurde.

Claytongelb, G [ClCo], Thiazolgelb G, R, Naphthaminreingelb G, Oxydiamingelb TZ, Acidingelb 5 G [I. G.], Titangelb G, GP [H], Mimosa [G] ungebeizte

BW. und HS. im Seifenbade oder neutralem Bade mit 10—20% NaCl gelb (D); ferner HS. in schwachalkalischem Bade und S. in neutralem oder schwachessigsaurem Bade. Ziemlich seifenecht, nicht lichtecht, durch Alkalien braunorange, durch Säuren gerötet. Gibt ein sehr brauchbares Reagenspapier für freies Alkali, wodurch es schon in sehr verdünnter Lösung rot gefärbt wird, während Soda und Ammoniak es nicht merklich röten. Phenolalkalisalze wirken im Gegensatze zu Lackmus nicht ein. Das Thiazolpapier eignet sich daher zum Titrieren von Phenolen, Naphtholen mit Lauge.

Weitere Marken sind Thiazolgelb 3G und GL [I. G.], sie sind lichtechter als G und R.

Chloramingelb C, GG, HW, M, FF, W extra, RC, Diaminechtgelb B, C, FF, Direktechtgelb BN, Benzaminechtgelb B, Columbiagelb, Oxydianilgelb G, O, Vigoureuxgelb, Naphthamingelb N, Triazolechtgelb G, 2G [I. G.], Chloramingelb [I. G., S], Chlorophosphin V [ClCo] BW. (D), Wo. in saurem Bade, S. in gebrochenem Bastseifenbade sehr echt gelb.

Chlorophenin Y [CAC] ist ein ähnlicher Farbstoff.

Chloramingelb HW [I. G.] ist eine Mischung, die Chrysophenin enthält.

Tannoflavin T [S], Thioflavin T, Methylengelb H, Rhodulingelb T [I. G.] BW. rein grüngelb (TV), S. in gebrochenem Seifenbade gelb mit grüner Fluorescenz.

Chromin GS, Thioflavin S, Dianilreingelb HS, Rhodulingelb S [I. G.] BW. kanariengelb (D). Dient auch zum Färben von HWo. u. HS. u. im Kattundruck.

Chromin G [I. G.] ungebeizte BW. u. HS. in kochendem, schwachalkalischem Bade unter Zusatz von 2% phosphorsaurem Natron und Kochsalz oder Glaubersalz, S. in fast kochendem, mit 0,5% Natriumacetat versetztem Bade citronengelb. Ziemlich wasch- und alkaliecht, nicht lichtecht; wird von Säure gerötet. Läßt sich nicht diazotieren.

Indaminfarbstoffe.

Wichtig für die Erzeugung von Azin- und Schwefelfarbstoffen; als Farbstoffe wertlos:

Phenylenblau gibt beim Kochen mit Anilinchlorhydrat Phenosafranin.

Bindschedlers Grün gibt beim Kochen mit Anilinchlorhydrat das entsprechende Safranin.

Toluylenblau gibt beim Kochen mit Anilinchlorhydrat das entsprechende Safranin.

Indophenole.

Indophenol in Plv. oder Tg. [I. G., DH] Zinnchlorür entfärbt unter Bildung von Indophenolweiß. BW. in der Küpe indigoblau. Wurde aber nur mit Indigo zusammen (cuve mixte [DH]) verwendet (Hydrosulfitküpe).

Carbazolindophenol für Schwefelfarbstoffe und geschwefelte Küpenfarbstoffe, wie Hydronblau R [I. G.].

Äthylcarbazolindophenol für die Herstellung von geschwefelten Küpenfarbstoffen, wie Hydronblau G [I. G.].

Azinfarbstoffe.

1. Chinoxaline.

Flavindulin O, II [I. G.] BW. bräunlichgelb (TV). Besser für Druck (mit Tannin), besonders Ätzdruck, geeignet.

2. Eurhodine.

Toluylenrot, Neutralrot, extra [I. G.] BW. bläulichrot (TV). Wo. u. S. werden nicht gefärbt.

Neutralviolett, extra [I. G.] BW. wenig lichtecht rotviolett (TV). Gibt eine Küpe.

3. Aposafranine.

a) Rosinduline.

Indulinscharlach [I. G.] BW. scharlachrot (TV), für Kattundruck und besonders für Ätzdruck. Ist gut wasch- und chlorecht und ziemlich lichtecht. Dient als Katalysator beim Ätzen des auf der Faser erzeugten Naphthylamingranats. Vgl. D.R.P. 184381; Rongalit spezial, Hydrosulfit konz. spezial [I. G.] enthalten Indulinscharlach.

Rosindulin GXF [I. G.], Azocarmin G in Tg. [I. G.], Rosazin [StD] Wo. opal und echt blaurot (S). Dient auch für Mischtöne (Ersatz für Orseille).

Azocarmin B, BX, Rosindulin 2B bläulich [I. G.] Wo. rot (S) (Ersatz für Orseille; von gleicher Echtheit). Dient für Mischtöne.

b) Rosindone.

Rosindulin 2G [I. G.] Wo. u. S. orangerot (S). Ziemlich gut walk- und waschecht. Gut säure- und alkaliecht.

Rosindulin G [I. G.] Wo. u. S. scharlachrot (S). Dient besonders zum farbigen Ätzdruck auf Wo. u. S. Ziemlich walk- und waschecht; gut säure- und alkaliecht. Egalisiert gut.

c) Isorosinduline.

Neutralblau [I. G.] BW. blau (TV); nicht licht- und seifenecht.

Wollechtblau BL, GL, Wollechtviolett B [I. G.] Wo. (S) oder Wo. u. S. neutral violett.

Azingrün GB [I. G.] BW. dunkel bläulichgrün (TV); auch im Zeugdruck.

Azingrün S [I. G.] Wo. bläulichgrün (S).

Baslerblau R [DH] BW. blau (TV); wird mit Zinkstaub beim Erwärmen entfärbt. Die Lösung wird an der Luft wieder blau; eignet sich zum Übersetzen von Küpenblau.

Baslerblau BB [DH] ist ein entsprechender Farbstoff; färbt blauer und reiner aus als Baslerblau R.

Baslerblau S [DH] Wo. u. S. blau (S).

4. Safranine.

a) Benzosafranine.

Azinscharlach G [I. G.] BW. rot (TV).

Echtneutralviolett Teig [I. G.], Echtneutralviolett B [I. G.] BW. echtviolett (TV).

Aposafranin, Safranin B extra [I. G.], Phenosafranin BW. rot (TV), blauer als Safranin T.

Trypasafrol ist ein ähnlicher Farbstoff (für therapeutische Zwecke).

Safranin [I. G., G, DH, Sch], O, T, extra G, FF extra No. 0, Brillantsafranin G [I. G.], BOOO, GOOO [J] BW. rot (TV). Hat wenig Wert für Wolle, etwas mehr für Seide.

Methylenviolett BN Plv., RRN Plv., RRA Plv., 3RA extra, Safranin extra bläulich [I. G.], Fuchsia [J] BW. rotviolett (TV). Dient besonders im Kattundruck.

Safranin MN [I. G.], Clematin [G], Giroflé [DH] BW. rotviolett (TV). Dient auch für Kattundruck.

Rhodulinviolett, Rhodulinrot B, Rhodulinrot G, GD [I. G.]. BW. bläulichrot (TV). Gut licht- und waschecht.

Rhodulinrot B [I. G.] ist eine Mischung.

Rosolan O, T, Tg., R, BO, Methylheliotrop O [I. G.] S. in gebrochenem Bastseifenbade violettrosa. Dient besonders zum Weißfärben der Seide. Färbt Wo. neutral oder im Seifenbade, BW. mit Tannin- und Antimonbeize.

Perkins Violett, Anilinpurpur, Anilinviolett, Rosolane [StD], Mauvein [StD] S. rötlichviolett. Findet Anwendung zum Weißnuancieren von S. im Strang, zur Herstellung eines Lacks für englische Briefmarken, ferner, in Acetin gelöst und mit Dextrin verdickt, für Druck. Lichtbeständiger als Methylviolett. Kann auch auf ungebeizte BW. gefärbt werden. Wenig im Zeugdruck verwendet. Erster synthetischer zum Färben benutzter organischer Farbstoff (1857 Perkin and Sons, Greenford Green, London).

Amethystviolett, Heliotrop B, 2B, Irisviolett [I. G.] S. violett mit roter Fluorescenz.

Brillantrhodulinrot B, BD in Tg. [I. G.] BW. bläulichrot (TV). Gut licht- und waschecht.

Indazin M, GB, L, P [I. G.] BW. waschecht blau (TV). Sehr echt gegen Säuren und Alkalien.

Metaphenylenblau B, BB, BBR, RJ [I. G.] BW. indigoblau (TV). Gut säure-, seifen- und alkaliecht; mäßig lichtecht.

Diphenblau R, Metaphenylenblau R [I. G.] BW. rötlichblau (TV). Diphenblau B [I. G.] ist ein entsprechender Farbstoff mit ähnlichen färberischen Eigenschaften.

Giroflé [DH], Tanninheliotrop [I. G.] BW. gut licht- und waschecht rotviolett (TV); wird im Kattundruck zum Nuancieren von Alizarinviolettdruckfarben benutzt.

Säurecyanin B, BD, BF, BFL, BL, G, GD, GF, GFL [I. G.] Wo. blau (S), auch für Strickgarn.

Äthylblau BD, BF, RD [I. G.] BW. (TV) und Leinwand indigoblau, hauptsächlich für Zeugdruck.

Naphthazinblau [I. G.] Wo. blau (S). Ziemlich gut licht- und walkecht, gut säure- und alkaliecht.

Naphthazinviolett [I. G.] ist ein ähnliches Produkt.

Brillantblau [I. G.] ist eine Mischung von Naphthazinblau mit Naphtholschwarz.

b) Naphthosafranine.

Walkblau, Naphthylblau [I. G.] Wo. blau (Cr). Naphthylrot [I. G.] und Naphthylviolett [I. G.] sind ähnlich konstituierte Farbstoffe.

Echtrosa für Seide [DH], Magdalarot, Naphthylaminrosa [DH] S. in gebrochenem Seifenbade rosa mit schwacher Fluorescenz. Kommt nur für zarte Töne in Anwendung.

Rhodindin ist ein ähnlicher Farbstoff.

Paraphenylenviolett [I. G.] BW. violett (TV). Ziemlich echt gegen Licht, Wäsche, Alkali und Säure. Dient auch zum Druck.

5. Induline und Nigrosine.

Indaminblau B, R, Indamin [I. G.] BW. blauviolett (TV); wird durch Nachchromieren und Kupfern echter.

Indulin spritlösl. [I. G., BK, J], Spritindulin B, R konz., Indulinbase, 2B, B rötl., BB bläul., Solidblaubase, Azinblau spritlösl., in Paste, Indigen D, F, Indophenin extra [I. G.], Echtblau R, B spritl. [I. G., BK], Solidblau RR, B spritl. [I. G., G] — Druckblau, H, R, B, Druckindulin R, B, Acetinblau R,

R Plv., Lsg., Acetindulin R Lsg. [I. G.]. Dient zur Herstellung der durch Sulfurierung erhaltenen wasserlöslichen Farbstoffe [Indulin, Echtblau, Solidblau usw.), mit Chrysoidin gemischt für schwarze Spritlacke und Firnisse; außerdem in Acetin, Äthylweinsäure usw. gelöst für Blaudruck als Indigoersatz; ist gut licht- und seifenecht.

Indulin NN, N, 6B, L, R extra, 5R, grünlich, B extra konz. wasserlöslich, R extra konz. wasserlöslich, D extra konz., Baumwollblau VB, NVB, Solidblau Nr. 000, EL Nr. 000, S, S 000, R 000, O [I. G.], Indulin (wasserlöslich) [I. G., BK, J], Indulin R, B [I. G., H], Echtblau R [I. G., BK], Solidblau RR, B wasserlöslich [G] Wo. (Echtblau) und S. (Indulin) blau (S). Bei Wo. in Kombination mit Blausalz. Für BW. mit Tanninbeize. Wo. grünlichblau (S).

Parablau [NJ] BW. graublau (TV).

Paraphenylenblau R, Indophenin [I. G.] BW. blau (TV). Die Färbung wird durch nachfolgende Oxydation echter. Licht- und seifenecht. Paraphenylengrau [I. G.] ist ein ähnlicher Farbstoff, der tannierte BW blau bis blaugrau (trübes Blau bis bläulichgrau) anfärbt.

Toluylenblau [I. G.] ist ein ähnlicher Farbstoff.

Nigrosin spritlösl. [I. G., G, BK]. Dient zur Herstellung der durch Sulfonierung erhaltenen wasserlöslichen Nigrosine oder, mit Chrysoidin usw. gemischt, in Spritlacken usw. gelöst, als schwarze Anstrichfarbe für Lederzeug, Stanniol usw.

Nigrosin W, WL, WLR, WH, WG, DW, R, B, G, KW, Nr. 1, Nr. 3, Nr. IV, A, 3B, wasserlöslich B, 2B, Silbergrau N, Anilingrau, B, R, Stahlgrau, Echtblauschwarz O, Indulinschwarz, B [I. G.], Nigrosin wasserlöslich (versch. Marken) [I. G., BK, G, DH, Sch], Grau R, B, BB [J] Wo. u. S. grau (S).

Rubramin [NJ] BW. rotviolett (TV). — Ist auch für Kattundruck geeignet und kann ebenso für ungebeizte BW. u. S. angewendet werden.

Indamin 3R [NJ] BW. blauviolett (TV).

Indamin 6R [NJ] BW. (TV).

Wollgrau B, G, R [I. G.] Wo. rötlich- (R), bläulich- (B), gelblich- (G) grau.

Anilinschwarz (und verwandte Farbstoffe).

Anilinschwarz, in Tg. [FTM] meist durch Färbeverfahren oder Druck auf der Faser (gewöhnlich BW.) erzeugt. Aus reinem Anilin: schwarz. Verdünnte Salzsäure, Sodalösung und Alkohol sehr beständige Färbung. Mit einer Lösung von Zinnsalz in Salzsäure (1 : 1) erwärmt, färbt sich die Faser dunkelbraun; die Flüssigkeit wird braun. Außerhalb der Faser dargestelltes Anilinschwarz in Tg. wird, mit Ruß gemischt, als Körperfarbe beim Zeugdruck verwendet. Das so erhaltene Anilinschwarz bildet in trocknem Zustande ein grünschwarzes Pulver, welches in Wasser und Alkohol unlöslich ist. Die Base (Nigranilin) ist ein violettschwarzes Pulver, in Anilin mit violetter, blaubraun werdender Farbe in Phenol mit blaugrüner Farbe löslich.

Diphenylschwarz, aus der Diphenylschwarzbase P [I. G.], einem Amidodiphenylamin oder aus dem Diphenylschwarzöl [I. G.], einem Gemisch von $^1/_4$ Diphenylschwarzbase mit $^3/_4$ Anilin, auf der Faser erzeugt.

Durophenínbraun [CAC] BW. aus Na_2S-Bad dunkelviolettbraun, evtl. nachbehandelt mit Bichromat oder Kupfersulfat.

Methylengrau O, ND, NFD, NFSt, Neuechtgrau, Neugrau G, B, Seidengrau O wasserecht, Echtgrau B, R [I. G.], Nigrisine [StD] BW. (TV), ferner HS. silbergrau bis schwarzgrau. Dient für Kattundruck. Cinereine (StD) ist ein ähnlicher Farbstoff wie Nigrisine B, J, R [StD].

Nigramin [NJ] BW. blaugrau (TV).

Ursol D [I. G.], Paraphenylendiamin [I. G.], Furrein D [J], Paramin [I. G.] (= p-Phenylendiamin); ähnliche Erzeugnisse sind Ursol P [I. G.], Furrein

P [J] (= salzsaures p-Amidophenol); ferner: Fuscamin [I. G.] (= m-Amidophenol), Ursol DD [I. G.], Furrein DB [J] (= Diamidodiphenylamin); weiter: Furrol S, B, SB [I. G.], Nakofarben [I. G.] z. B.: Nakoblau R, Nakobraun P, 3R, DR, Nakogrün B, Nakoschwarz O, OP, Nakorot O [I. G.], Fantol, D, T [I. G.] durch Oxydation von p-Phenylendiamin, p-Amidophenol, Diamidodiphenylamin und ähnlichen Verbindungen, die unter verschiedenen Namen auf den Markt kommen, mit Wasserstoffsuperoxyd, Kaliumbichromat usw. auf tierischen Haaren bzw. Pelzen entstehen braune, graue bis schwarze Färbungen von ziemlicher Echtheit. Nakobraun DD [I. G.] ist eine Mischung von p-Phenylendiamin und Toluylendiamin; andre Marken enthalten p-Aminophenol.

Oxazinfarbstoffe.

Brillantblau CC [J], Capriblau GN, GON, V [I. G.] BW. grünlichblau (TV). Gut licht- und waschecht, ziemlich chlorecht; Hydrosulfit NF: beständig. Dient zum Färben von BW., Leinen, S. u. HS. und für Kattundruck. Caprigrün B, BN, G, GG, 2 GN [I. G.] sind Mischungen von Capriblau mit einem gelben Farbstoff.

Brillantblau C [J], Cresylblau 2RN, 2BS, Brillantcresylblau BB [I. G.] BW. licht- und waschecht blau (TV). Dient besonders für Tanninätzartikel, weil es ein reines Weiß gibt.

Delphinblau B [I. G., S] Wo. walk- und lichtecht indigoblau (Cr). Madrasblau B, R [SAPC] sind Mischungen von Delphinblau (Brillantdelphinblau [I. G.]) mit Blauholzextrakt.

Chromazurin E, G, GR [DH], Gallophenin GD [I. G.] Wo. blau (CrV), im Zeugdruck mit Chrombeize.

Gallophenin D (I. G.] ist ein ähnlicher Farbstoff.

Pyrogallolcyaninsulfosäuren [DH] Wo. violett bis blau (Cr).

Modernviolett N [DH], Galloviolett D [I. G.] auf Chrombeize violett; Anwendung in Färberei und Druckerei; läßt sich gut mit Chlorat ätzen.

Chromheliotrop, Modernheliotrop [DH] BW. rotviolett (CrV). Galloheliotrop BD Plv. [I. G.] ist ein ähnlicher Farbstoff.

Gallocyanin DH [DH], Gallocyanin, F in Tg, und in Plv., flüssig, Plv. [I. G.], DG, SR in Tg. und in Plv. [J], Gallocyanin [S].

Bisulfitverbindungen: Gallocyanin BS [DH, J], D in Tg. [I. G.] Wo. (Cr) im Druck u. BW. (CrV) blauviolett. Auf BW.: echt gegen Licht, Seife und Säure, weniger gegen Alkali.

Moderncyanin N, RN, V, Anthracyanin BGG Plv., S Plv., SR Plv., Chromazinblau S, Modern Königsblau [DH], Galloindigoblau BGG Plv., S Plv., SR Plv., Gallomarineblau S Plv., Neugallophenin N, V [I. G.] BW. grünblau (CrV). Anwendung hauptsächlich für Kattundruck; lassen sich mit Chlorat gut ätzen.

Gallocyanin MS Plv. [DH] Wo. (CrV) blau.

Gallogrün, DH, Modernblau [DH] BW. grün bis dunkelblau (CrV); dient besonders für Kattundruck.

Cyanazurine [DH] besonders auf Kattundruck angewendet chromgebeizte BW. grünblau.

Brillantgallocyanin [DH], Chromocyanin V, BVS in Tg. [DH], Gallochromblau B, V [I. G.], Chromoglaucin BMJ [I. G.] in Färberei und Druckerei auf Chrombeize echt violett bis grünblau. Es läßt sich gut mit Chlorat ätzen, ist dagegen gegen Rongalit und Hydrosulfit beständig.

Druckviolett R [NAC] zeigt ähnliche Eigenschaften.

Ultraviolett LGP [S] gechromte Wo. oder BW. violett.

Indalizarin R, J [DH], Galloindigoblau H, HB [I. G.]. Chromgebeizte Gewebe in Färberei und Druckerei echt blau.

Indalizaringrün [DH] chromgebeizte Wo. echt grün.

Blau 1900 TC in Plv., Tiefblau extra R, Modernviolett [DH], Chromazolviolett Paste [BDC], Ultraviolett MO [S], Gallomarineblau TC Plv., Galloblau R, Galloviolett DF Plv. [I. G.] in Färberei und Druckerei auf Chrombeize violett bis blau; läßt sich gut ätzen. Chromophenin FKN [DH] ist eine Mischung von Modernviolett und Blauholz; Ultraviolett RP [S] eine Mischung von Ultraviolett MO und Blauholz.

Galloblau E [I. G.], Parme R, Prune pure [S] BW. (TV) oder chromgebeizte Wo. oder BW. blauviolett. Dient besonders für Kattundruck. Parme B [S] ist eine Mischung von 70% Parme R [S] und 30% Delphinblau B [S].

Gallaminblau in Tg. [I. G., G] mit Chrom und Weinstein gebeizte Wo. blau. Wird für Baumwolldruck mit Chromacetat angewendet. Dient für Mischtöne in der Wollfärberei und im Kattundruck.

Aminogallaminblau [DH] auf Chrombeizen blaue Nuancen. Dient besonders für Kattundruck.

Gallanilviolett R, B [DH] Wo. blau (S), auf Metallbeizen Wo. u. S. violett. Gallanilviolett BS [DH] ist die entsprechende Bisulfitverbindung.

Gallanilblau, Gallanilindigo P [DH] BW. indigoblau (CrV); auch S. u. Wo. indigoblau (S). Gallanilindigo PS [DH] ist das Ammonsalz der Sulfonsäure von Gallanilindigo P [DH].

Echtgrün G, Gallanilgrün [DH] Wo. grün (CrV).

Modernazurine DH [DH] gechromte Fasern lebhaft blau; läßt sich gut ätzen.

Corein RR Plv. [DH], Cölestinblau B [I. G.] Wo. ziemlich licht-, walk-, säure- und alkaliecht blauviolett (CrV).

Ultracyanin B, R [S] Wo. oder BW. B blau, R violett (CrV). Andre Marken (l. l. Leukoverbindungen) sind Ultracyanin OO u. RR [S].

Gallophenin VS [I. G.], Phenocyanin V, VS, R, TC [DH] im Druck mit Chrombeize BW. echt blau.

Gallophenin TV [I. G.], Phenocyanin TV (und andre Marken) [DH], Gallophenin TV [I. G.] Wo. u. S. sauer oder mit Chrombeize und BW. mit Chrombeize foulardiert. Dient in der Druckerei, und zwar bei BW. mit Chrombeize, bei Wo. u. S. mit und ohne Beize.

Gallazin A, TC, R, S [DH], Galloblau GAW [I. G.], Lanoglaucin W [I. G.] Wo. indigoblau (CrV). Ziemlich licht-, walk-, wasch-, säure- und alkaliecht. Wird auch im Zeugdruck verwendet.

Coreine AR, AB, ABN [DH], Coelestinblau ABN [I. G.] Wo. ziemlich licht-, wasch-, walk-, säure- und alkaliecht blau (CrV); dient namentlich für Zeugdruck.

Nitrosoblau MR, Resorcinblau (auf der Faser) [I. G.] auf der Faser erzeugt BW. blau (TV). Nitrosobase M 50% [I. G.] ist salzs. para-Nitrosodimethylanilin. Tannoxydphenol [I. G.] ist eine Mischung von Tannin und Resorcin.

Resorcinblau [J], Irisblau [I. G.], Fluorescierendes Blau [J, S] S. blau mit bräunlicher Fluoreszenz.

Neublau R [I. G., G, J, BK], Neubaumwollsolidblau [J], Naphtholblau R, Echtblau R für BW. in Krystallen, Marineblau R, Echt Marineblau RM, MM, Echt Baumwollblau R, RR, Metaminblau M [I. G.], Echtblau III R [S], Baumwollblau R, RR [I. G., StD], Phenylenblau [BK], Meldolablau BW. indigoblau (TV). Vielfach als Indigoersatz.

Brauchbar zum Übersetzen von Küpenblau; eignet sich nicht für S. u. Wo. Sehr geeignet für Tanninätzartikel. Neublau BB [DH] färbt blauer als Neublau MR [DH].

Echtbaumwollblau TAJ [I. G.] ist eine Mischung von Meldolablau und Krystallviolett.

Echtindigoblau N ist eine Mischung von Neublau R und Malachitgrün.

Neublau B [I. G., J], G, Metaminblau B, G, Echtbaumwollblau B, Echtmarineblau G, BM, GM, Baumwollblau B, BB [I. G.], Echtblau B, 2B für BW. [I. G., StD, S]. Naphtholblau B [I. G.]. BW. und Leder blau.

Neumethylenblau GG [I. G.] S. und tannierte BW. grünlichblau. Lichtecht und waschecht. Gibt auf S. im heißen gebrochenen Bastseifenbade ein schönes, ziemlich lichtechtes Blau, das durch Nachbehandlung mit Tannin und Brechweinstein sehr waschecht wird.

Neuechtblau F, H, Neuindigblau F, R [I. G.] BW. säureecht und ziemlich licht-, wasch- und alkaliecht grünstichig (Marke F) oder rotstichig indigoblau (TV).

Nilblau A [I. G.]. Durch Reduktion erhält man die Leukoverbindung, die durch die Luft wieder in den Farbstoff zurückverwandelt wird. BW. blau (TV); für Wo. nicht geeignet.

Hierher gehören ferner: Nilblau B und R [I. G.]. Nilblau R [I. G.] ist eine Mischung von Nilblau A und Methylviolett 6B [I. G.].

Nilblau 2B [I. G.] tannierte BW. schön grünblau.

Campanulin [I. G.], Muscarin [DH], BW. blau (TV), mäßig echt. Dient für Kattundruck.

Echtgrün M [DH] im Zeugdruck mit Tannin für grüne Töne.

Alizaringrün G [I. G.] Wo. in schwachessigsaurem Bade ziemlich echt grün (CrV).

Alizaringrün B [I. G.] Wo. in schwachessigsaurem Bade grün (CrV).

Echtschwarz, Echtblauschwarz in Tg. [I. G.] BW. licht-, alkali-, seifen- und säureecht blauschwarz.

Thiazinfarbstoffe.

Lauth's Violett, Thionin BW. violett (TV).

Gentianin [I. G.] BW. bläulichviolett (TV).

Methylenblau B, B konz., B extra konz. zinkfrei, BB, BB konz., BB i. Plv. extra, BB extra kryst., BG, BG extra konz., Äthylenblau [I. G.] BW. blau (TV). Der zinkfreie Farbstoff dient für Baumwolldruck und medizinische Zwecke, auch für Mischfarben (z. B. mit Methylviolett als Methylviolett R konz., D2R, 3R [I. G.], Marineblau, Neumethylenblau NX [I. G.] usw.), ferner als Aufsatzblau auf Alizarinblau, Alizaringelb und Holzfarben. Auf HS. zum Nachfärben der BW. — Im Kattundruck als Tannindampffarbe, ferner in Kombination mit Alizaringelb GG in Druck- und Färbeartikeln. Zum Schönen von Indigofärbungen. Auf Jute, Cocos, Stroh, für künstliche Blumen. Methylviolett R konz., D2R, 3R [I. G.], Marineblau, Neumethylenblau NX [I. G.] sind Mischungen von Methylenblau 2B mit Methylviolett.

Methylenazur [I. G.] BW. rötlichblau (TV).

Methylengrün O, extra gelb DG, extra gelb konz., G, GG, B, G extra konz. [I. G.] BW. blaugrün (TV). Auch für S. und Halbseidendruck.

Methylengrün O ist ein Gemisch aus Methylenblau und Methylengrün.

Methylenblau T50, T extra [BDC], Toluidinblau O [I. G.] BW. blau (TV).

Thioninblau GO, O, B, R [I. G.] BW. blau (TV). Methylenblau HGG [I. G.] und Rhodulinblau GO [I. G.] besitzen ähnliche Eigenschaften.

Neumethylenblau N, NSS, NSSF, NX, GB, R, 3R, Methylenblau NN [I. G.] BW. voller und rötlicher als Methylenblau BB (TV).

Thiocarmin R [I. G.] Wo. gleichmäßig blau (S). Ist weniger lichtecht als Patentblau und Cyanol. Ziemlich walk-, säure- und alkaliecht.

Leukogallothionine DG [DH] Wo. blau bis violett (Cr).

Indochromogen S mit Chrombeizen präparierte Stoffe blau [I. G., S].

Brillantalizarinblau B, R, D, SD, 3R [I. G.], Indochromin T [I. G., S] gechromte Wo., BW. und S. echtblau. Dient auch im Kattundruck.

Uraniablau [I. G.] Wo. u. S. blau (S); reiner und grüner als Naphthazinblau. Auf S. gut wasserecht.

Schwefelfarbstoffe.

Thionalbraun B [J], Pyrogenbraun D [J], Cachou de Laval [StD], Bisulfitverbindung: Cachou de Laval S [StD], Katigenschwarzbraun N [I. G.] BW. braun (D); ziemlich gut lichtecht, vorzüglich wasch-, säure- und alkaliecht. Wird durch Nachchromieren echter. Durch Chloren und H_2O_2: Zerstörung. Pyrogenbraun M, V [J] und Kryogenbraun D [I. G.] sind ähnliche Farbstoffe.

Sulfinbraun, Cattu Italiano [LD] BW. schwarzbraun (D). Die Färbung wird mit schwachsauren Oxydationsmitteln rotbraun. Ist seifen-, säure- und lichtecht, wenig chlorecht.

Sulfanilinbraun, 4B [I. G.], sehr lichtecht braun; wird durch Nachchromieren echter.

Schwefelbraun R [AAP], Thiocatechine [StD] ungebeizte BW. im Kochsalzbad catechubraun, ziemlich lichtecht. Gut wasch-, säure- und alkaliecht. Durch Chlor zerstört. Die Färbung muß zur Fixierung oxydativ nachbehandelt werden. Thiocatechin S [StD] Bisulfitverbindung.

Eclipsbraun B [G] BW. orangebraun (D), mit Bichromat nachbehandelt. Andre Marken sind: Eclipsbraun G, 3G, N, R, V [G].

Baumwollbraun [I. G.], Sulfinbraun [NJ] ungebeizte BW. im Schwefelnatriumbad echtbraun.

Thionaldunkelbraun D [S], Immedialdunkelbraun A, Immedialbraun B [I. G.] ungebeizte BW. in kochsalzhaltigem Bad intensiv gelbbraun. Durch Nachchromierung gelber und echter. Chromierung führt zu echteren und gelberen Tönen. Teilweise reine Marke ist: Immedialbraun BR doppelt für Druck [I. G.].

Kryogenbraun A, G [I. G.] liefert mit Schwefelnatrium gelöst und auf BW. gefärbt waschechte Braungelbnuancen.

Thionalbronze G, GV, Thionalbraun G, GG, Thionaldunkelbraun M [S] ungebeizte BW. aus schwefelalkalischem Bad echt gelbbraun bzw. dunkelbraun und bronzefarben.

Kryogenbraun RB [I. G.] mit Schwefelnatrium gelöst und gefärbt auf BW. gut wasch- und lichtechte gelbbraune Töne.

Sulfogenbraun G, D [J], ungebeizte BW. im Schwefelnatrium-Kochsalzbad sehr echt gegen Licht, Wäsche, Alkalien und Säure rotbraun. D: färbt schwärzlicholivbraun.

Thionbraun G, O, R [I. G.] BW. gelblichbraun (D). Andre Marken sind: Thionbraun 3R, T [I. G.].

Immedialbronze [I. G.] BW. bronzebraun (D).

Thiophorbronze 5G [I. G.] ungebeizte BW. echt bronzefarben.

Thiophorgelbbronze G [I. G.] ungebeizte BW. echt gelbbronzefarben. Die Nuance wird an der Luft lebhaft moosgrün.

Immedialgelb D [I. G.] ungebeizte BW. gelb (D). Absolut wasch-, walk- und säureecht. Andre Bezeichnungen: Thiongelb G, GG, GN [I. G.], Sulfogengelb D [DuP], Schwefelorange G [JCA].

Immedialorange C [I. G.] BW. lebhaft orangebraune Töne (D). Oxydation der Färbung verändert die Nuance kaum. Absolut wasch- und säureecht. Ähnliche Eigenschaften zeigt: Schwefelbraun CG [NAC]. Ferner: Thiononbraun R konz., 2RD konz., Thiononcatechu R, Thionon Isabellina, Thiononorangebraun N [LBH].

Thiochemschwefelgelb R konz. [AJ] BW. aus alkalischem Bad orangegelb (D).

Eclipsgelb G, 3G, R extra konz. [G] BW. gelb (D). Ähnliche Farbstoffe sind: Thiogengelb G, GG [I. G.]. Andre Marken: Thiogengelb GGD konz., GH, GH konz., 5G, 5G konz. [I. G.].

Kryogengelb G [I. G.] mit Schwefelnatrium gelöst und gefärbt auf BW. waschechte Gelbnuancen.

Kryogengelb R [I. G.] mit Schwefelnatrium gelöst und gefärbt auf BW. waschechte Gelbnuancen.

Pyrogenolive N, Pyrogengelb M [J] ungebeizte BW. in gelben bis oliven Tönen. Andre Marken sind: Pyrogengelb G, O, OE, OR, ORR, 3R [J].

Immedialgelb GG [I. G.], Schwefelgelb G [ICA], Sulfogengelb GG [DuP] BW. grünlichgelb (D).

Pyrogendirektblau [I. G., J], Pyrogengrau G, B, R, Pyrogenblau [I. G., J] ungebeizte BW. violettblau bis schwarzblau. Oxydation in Substanz oder auf der Faser (D.R.P. 137784) führt zu wesentlich lebhafteren, echteren Nuancen.

Immedialreinblau [I. G.], ungebeizte BW. im Schwefelnatriumbad licht-, säure- und alkaliecht reinblau.

Eclipsblau B, R [G] BW. reinblau (D).

Immedialindonmarken [I. G.] (B konz., B, 3B, BF, BBF, BN, JBN, BS, R, RB, RG, R konz., RR, RR konz., R doppelt für Druck, BS konz. pat.) BW. indigoblau (D). Immedialindon B, R doppelt für Druck [I. G.] sind teilweise reine Produkte.

Kryogenreinblau R [I. G.] mit Schwefelnatrium gelöst und gefärbt auf BW. waschechte reine Blaunuancen.

Pyrogenindigo [J] ungebeizte BW. lebhaft indigoblau. Marke CL [J] verhältnismäßig chlorecht.

Thionblau B [I. G.] ungebeizte BW. in schwefelnatriumhaltigem Soda-Glaubersalzbade blaugrau. Durch Oxydieren reine Blaunüancen, gut waschecht-, säure-, kochecht, sehr gut lichtecht.

Thiophorindigo CJ [I. G.] BW. aus schwefelalkalischem Bade wasch- und lichtecht blau (D).

Kryogenblau B, G, R [I. G.] in kaltem Bade (Schwefelnatrium) blau.

Kryogenbraun A [I. G.] BW. in kaltem Bade braun (D).

Melanogenblau, B, D [I. G.] BW. waschecht graublau (D). Durch Nachbehandeln mit Kupfersulfat entstehen kräftige schwarze Nuancen.

Kryogendirektblau GO [I. G.] mit Schwefelnatrium gelöst und gefärbt auf BW. wasch- und gut lichtechte grünliche Blaunuancen.

Kryogendirektblau B [I. G.] mit Schwefelnatrium gelöst und gefärbt auf BW. wasch- und gut lichtechte rötliche Blaunuancen.

Kryogendirektblau 3B, extra [I. G.] mit Schwefelnatrium gelöst und gefärbt auf BW. wasch- und gut lichtecht rötliche Blaunuancen.

Alizonblau [BAC], Nissenvatblau R [JDC], Hydronblau R Plv., 20% Tg. [I. G.] in der Hydrosulfitküpe (gelb) BW. gut licht-, wasch-, säure- und reibecht blau. Der Farbstoff ist auch aus schwefelnatriumhaltigem Bade färbbar. Färbung ist der vom Indigo ähnlich.

Der Farbstoff verhält sich demnach nicht wie ein im Schwefelnatrium-Bade färbender Schwefelfarbstoff, sondern wie ein Küpenfarbstoff vom Charakter des Indigos usw.

Hydronviolett B, R [I. G.] ist eine Mischung von Hydronblau mit einem roten Küpenfarbstoff.

Indocarbon S, SF [I. G.] BW. aus Schwefelnatrium- oder alkal. Hydrosulfitbade bläulichschwarz.

Hydron-Blau G Plv., 20% Tg., 40% Tg. [I. G.] in der Hydrosulfitküpe (gelb) BW. gut licht-, wasch-, säure- und reibecht blau. Der Farbstoff ist auch aus schwefelnatriumhaltigem Bade färbbar. Der Farbstoff verhält sich demnach nicht wie ein im Schwefelnatrium-Bade färbender Schwefelfarbstoff, sondern wie ein Küpenfarbstoff vom Charakter des Indigos usw.

Hydronblau B Plv., 40% Tg. [I. G.] ist eine ähnliche Marke.

Hydrondunkelblau B 40% Tg., G 40% Tg. [I. G.] BW. aus Hydrosulfitküpe dunkelblau.

Bisulfitverbindung: Vidalschwarz S.

St.-Denis-Schwarz, Vidalschwarz I (ältester schwarzer Schwefelfarbstoff), Noir Vidal [StD] ungebeizte BW. graublau bis schwarz. Die Färbung muß durch Oxydationsmittel fixiert werden. Sehr echt gegen Wäsche, Licht, Säuren.

Claytonechtschwarz B konz., BM, BP, D, Claytonechtgrau D, S [CAC] BW. Schwefelnatrium grau oder schwarz, mit Bichromat nachbehandelt; auch im Zeugdruck für Echtschwarz.

Pyrol-Schwarz, verschiedene Marken [I. G.] BW. (D) Na_2S mit NaCl schwarz.

Noir St. Denis B [StD] ungebeizte BW. im Schwefelnatrium-, Kochsalz- oder Glaubersalzbade schwarz.

Thionalschwarz [Lev] ungebeizte BW. im Schwefelnatriumbade wasch-, licht- und säureecht schwarz.

Schwefelschwarz T extra, Thiogenschwarz, Immedialschwarz N, Immedialcarbon, Kryogenschwarz TGO, TGS, Katigenschwarz, Auronalschwarz [I. G.], Thiophenolschwarz T extra [J] ungebeizte BW. schwarz. Immedialcarbon B für Druck [I. G.] ist eine sehr reine Marke. Thiogenschwarz flüssig [I. G.] ist eine Lösung der Leukoverbindung.

Auronalschwarz N, Immedialschwarz N [I. G.] ungebeizte BW. in schwefelalkalischem Bade echt schwarz.

Auronaldruckschwarz Tg. 4BN extra, 6G extra, N, N5G extra [I. G.] für Zeugdruck.

Noir Autogène EEB, double [StD] ungebeizte BW. im Schwefelnatrium-, Kochsalz- oder Glaubersalzbade schwarz.

Thionalschwarz [S] BW. tiefschwarz (D).

Cross Dye Schwarz RX [H] BW. (Na_2S) violettschwarz (D).

Thiochemschwefelschwarz RS konz. [AJ], Thionolpurpur B konz. [BDC], Thiononschwarz 6R, Thionon-Prune [LBH] BW. rötlichschwarz (Na_2S) (D).

Schwefelschwarz, Thio Cotton Black [I. G.] ungebeizte BW. im Schwefelnatriumbade tiefschwarz.

Schwefelschwarz TB, RB extra [HP] BW. (Na_2S) rötlichschwarz bis schwarz (D).

Vidal Victory Schwarz B Plv., B extra, N Plv., N extra, R Plv., R extra, A liquid, B liquid, AB liquid, R liquid, 3R liquid [HP] BW. (Na_2S) schwarz (D). Vidal Victory Schwarz BN, NN, RN (HP] ähnliche konz. Produkte.

Sulfinschwarz [NJ], Immedialschwarz FF extra, G extra, NB, V extra, Immedialblau C, CB, CR [I. G.] ungebeizte BW. im Schwefelnatrium- oder Salzbade tiefblauschwarz. Säure-, walk- und lichtecht. Wird auf der Faser durch Oxydation, z. B. mit Wasserstoffsuperoxyd, indigoblau (Immedialblau). Immedialblau CB, CR [I. G.] sind ähnliche Farbstoffe.

Orthoschwarz [CR] BW. (Na_2S) grünlichschwarz bis tiefschwarz (D), evtl. Nachbehandlung mit Bichromat oder Kupfersalzen.

Auronalschwarz B, 2B [I. G.] ungebeizte BW. im Schwefelnatriumbade wasch-, licht-, säure- und alkaliecht blauschwarz. Je nach der Bildungstemperatur der Farbstoffe blau oder schwarz.

Pyrogenschwarz G, B [J] ungebeizte BW. in blaugrünen bis schwarzen Tönen je nach dem Indophenol. Oxydiert werden die Nuancen blauer.

Kryogenschwarz B, BG, C, D, GN [I. G.] BW. (Na_2S) schwarz (D).

Autogenschwarz [StD], ungebeizte BW. im Glaubersalzbad (ohne Na_2S) blauschwarz.

Baumwollschwarz [I. G.] ungebeizte BW. in schwefelalkalischem Bad echt schwarz. Nuance und Echtheiten werden durch oxydative Nachbehandlung der Färbung nicht verändert.

Sulfanilschwarz G [I. G.] BW. schwarz (D). Andre Marken sind Sulfanilschwarz B, 4B, C [I. G.].

Echtschwarz B, B Tg. [I. G.] ungebeizte BW. im alkalischen Bad echt schwarz. Durch Bichromat, Permanganat und Chlorkalk wird es sehr echt braun. Sehr echt gegen Wäsche, Alkali, Säure und Schwefel.

Echtschwarz BS, BS Tg. [I. G.] mit der fünf- bis achtfachen Menge Wasser verdünnt, vegetabilische Faser und Seide direkt in der Kälte echt tiefschwarz, wie Echtschwarz B.

Sulfoschwarz B, 2B, 4B, 6B, Direkt-Sulfoschwarz RLD, RH, RT, NM, RM, Cross Dye Schwarz (verschiedene Marken), Cross Dye Marineblau (verschiedene Marken) [H] ungebeizte BW. im alkalischen Bad licht- und waschecht schwarz. Werden durch Chromieren dunkler.

Anthrachinonschwarz [I. G.] ungebeizte BW. tiefschwarz (D).

Kryogenschwarz BNX [I. G.] mit Schwefelnatrium gelöst, gefärbt und mit Metallsalz nachbehandelt auf BW. wasch- und lichtechte Schwarznuancen.

Kyrogenschwarz TGO [I. G.] mit Schwefelnatrium gelöst und gefärbt auf BW. wasch-, licht- und säureechte Schwarznuancen.

Verde Italiano [LD], Pyrogengrün B, FB, FF, 2 G, 3 G, Pyrogendunkelgrün B, 3B [J] ungebeizte BW. mit 10% Kochsalz licht-, wasch- und alkaliecht grün. Nicht säureecht.

Schwefelolivgrün [T], Thiochemschwefelgrün B [AJ], BW. (Na_2S) dunkelgrün (D). Schwefelbraun R [T] ist ähnlicher Farbstoff.

Eclipsgrün G konz. [G] BW. (Na_2S) rein gelblichgrün (D).

Thiongrün B [I. G.] BW. (Na_2S) bläulichgrün (D), mit Bichromat blauer.

Thionalgrün B, BB, GG, Thionalbrillantgrün GG [S], Immedialgrün GG extra, BB extra, Thiogengrünmarken, Katigengrünmarken [I. G.], Pyrogengrünmarken [J] ungebeizte BW. in schwefelalkalischem Bad echt blaugrün bis rein gelbgrün. Rein: Immedialgrün BB extra, GG extra, GG doppelt für Druck [I. G.].

Thionviolett (verschiedene Marken) [I. G.], BW. (Na_2S) verschiedene Violettöne.

Thionviolett B, Thiogenviolett B, BD extra konz., V [I. G.] BW. (Na_2S) violett (D).

Thionolpurpur 2B [Lev] BW. (Na_2S) rötlichpurpur (D).

Thionviolett 3R, Thiogenpurpur O, OD extra konz. [I. G.], BW. (Na_2S) klar bordeaux (D), mit Kupfersalzen violett.

Thiogendunkelrot G, R [I. G.], BW. (Na_2S) rötlich bis gelblichbraun (D).

Immedialbordeaux G, Immedialmarron B [I. G.] ungebeizte BW. in braunen, violetten bis bordeauxroten Tönen. Andre Bezeichnungen: Thionone Brillant Claret 2 R, Thiononcorinth B konz., G konz. [LBH]. Reine Marke ist: Immedialbordeaux GF konz. [I. G.].

Hydroxyketon-, Hydroxychinon- und Hydroxylaktonfarbstoffe.

(Unter Ausschluß der Anthrachinonderivate.)

Alizaringelb C i. Tg. [I. G.] Gallacetophenon, Trioxyacetophenon, mit Tonerde gebeizte BW. gelb, mit Chromoxyd gebeizte braun. Eisenbeizen liefern ein ziemlich echtes Schwarz.

Alizaringelb A i. Tg. [I. G.] Trioxybenzophenon, mit Tonerde und Kalk gebeizte BW. echtgoldgelb, wird im Kattundruck verwendet. Alizarin W [I. G.] ist ein entsprechender Farbstoff.

Resoflavin W i. Tg. [I. G.] Wo. mit Chrom- oder Tonerdebeize echt gelb.

Alizaringelb i. Tg. [I. G.], Ellagsäure, Wo. trübe schwefelgelb (Cr).

Galloflavin, W i. Tg. [I. G.] Wo. licht- und seifenecht gelb (Cr), gibt mit Chrombeize auf BW. gedruckt einen grünlichgelben Lack.

Anthracengelb i. Tg. und Plv. [I. G.] Wo. grünlichgelb (Cr), ziemlich echt gegen Licht und Walke, wenig verwendet.

Naphthazarin, S, Alizarinschwarz WR, WX, WX extra, S, SW, SRW i. Tg., i. Plv., Alizarinblauschwarz W, WB extra, SW i. Tg., i. Plv., Brillantalizarinschwarz i. Tg. [I. G.] Wo. schwarz (Cr), gibt mit Chromoxyd auf BW. gedruckt einen schwarzen Lack; ist sehr echt. Die S-Marken sind die entsprechenden wasserlöslichen Bisulfitverbindungen und werden im Zeugdruck verwandt.

Alizarinschwarz WX, WX extra [I. G.] Wo. und S. (SE), nachchromiert schwarz, BW. auf Al-Beize an der Luft blauschwarz.

Naphthomelan SB, SR Tg. [I. G.], Naphthopurpurin Wo. orangerot (E), nachchromiert rötlichschwarz, BW. mit Chromacetat echt schwarz.

Alizarinschwarz SRA Tg. [I. G.] BW. echtschwarz (CrV), für Zeugdruck.

Alizarindunkelgrün W i. Tg. und i. Plv. [I. G.] Wo. graugrün bis grünschwarz (CrV).

Druckblau für Wolle [I. G.] ungebeizte BW. in violettblauen Tönen im Wolldruck.

Druckschwarz für Wolle [I. G.] Wo. violettschwarz bis schwarz im Wolldruck (S).

Chromotropsäure, Chromogen I [I. G.] wird von Wo. in saurem Bad (10% Glaubersalz und 4% Schwefelsäure) farblos aufgenommen. Beim Nachchromieren: echtes Braun.

Anthrachinonfarbstoffe (Säure- und Beizenfarbstoffe).

Alizarin V I, Ie, Nr. I, P [I. G.], Alizarin P [BAC], Alizarinblaustich I und Ia [RW & Co.] BW. in Gegenwart von Kalk rot (AlV). Auf Zinnbeize rosa, auf Eisenbeize (FeV) violett, auf Chrombeize (CrV) bräunlich (puce). — Dient auf mit Türkischrotöl und Tonerde gebeizter BW. in Gegenwart von Kalk zur Erzeugung von Türkischrot. Wo. wird vor dem Färben mit Tonerde oder Chromoxyd gebeizt. Im ersteren Fall wird die Wo. mit Alaun und Weinstein, im zweiten mit Kaliumbichromat und Weinstein angesotten. Alizarin = 1, 2-Dioxyanthrachinon. Auf der Faser: Adrianopelrot, Indischrot, Türkischrot, Altrot und Neurot.

Alizarin GF, GFX [I. G.] sind Mischungen von Alizarin und Purpurin

Chinizarin = 1, 4-Dioxyanthrachinon.

Anthrarufin = 1, 5-Dioxyanthrachinon.

Chrysazin = 1, 8-Dioxyanthrachinon.

Alizarinbraun, α-Nitroalizarin [I. G.] BW. auf Al-Beize orangerot, Cr orangebraun, mit Fe-Beize rötlichpurpur.

Alizaringranat R Tg. [I. G.], α-Amino-Alizarin BW. blaustichig rot (AlV). Dient für Kattundruck und zum Abtönen von Alizarin, für Baumwollfärberei und Wollfärberei.

Alizaringranat = Alizarin-Cardinal [I. G.]; letzteres wird nicht mehr fabriziert.

Alizarinorange A i. Tg., W i. Tg., SW i. Plv., N, R, P, NL i. Tg. u. Plv., G, GG, R, RD, W i. Tg. [I. G.], AO, AOP [BACo], Alizarinorange RR [DH] BW. orange (AlV und CrV). Alizarinorange G und R wurden früher mit OG und OR bezeichnet.

β-Nitroalizarin, 1, 2-Dioxy-3-Nitroanthrachinon.

Alizarincarmin [BAC], Alizarinrot S, I WS, Alizarin Plv. W, W extra [I. G.] Wo. scharlachrot (AlV), bordeaux (CrV).

Anthragallol, Anthracenbraun W, W i. Tg., WR, WG, WGG i. Tg., R, G, GG, W i. Tg., Alizarinbraun R, N, G, F, H, WR i. Tg. [I. G.], Anthracenbraun [H, BACo] BW. sehr echt braun (CrV); im Kattundruck verwendet. Auf Wo. mit Chrombeize nach dem Zweibadverfahren. Handelsprodukt enthält Rufigallussäure (rötlichbraun). Alizarinbraun 5 R extra [Z] ist ein ähnliches Produkt, das chromgebeizte Wolle rötlichbraun licht-, walk- und waschecht anfärbt.

Erweco-Alizarinsäurerot, SB [RW & Co.] mit Alaun oder Chrom gebeizte Wo. bordeaux.

Purpurin, Alizarinpurpurin 20%, Alizarin Nr. 6 [I. G.] BW. scharlachrot (AlV), mit Chromoxyd gebeizte BW. rotbraun. Alizarinrot PS [I. G.] ist Purpurinsulfonsäure. Purpurin S [I. G.] ist Nitropurpurin.

Brillantalizarinbordeaux R Tg. [I. G.] BW. auf AlV bläulichrot, CrV bläulichviolett. BW. + Al + Tannin oder Al, Fe und Tannin.

Flavopurpurin [I. G.], Alizarin GI, RG, SDG Tg., VG, XG, XGG [I. G.] BW. rot, gelber als Isopurpurin (AlV); dient besonders für Druck.

Alizarinrot RA, RR [I. G.] sind Mischungen von Flavopurpurin und Anthrapurpurin.

Alizarin SX, GD, RX, Roststich SX extra, RF, WR [I. G.], BW. scharlachrot (AlV).

Isopurpurin, Anthrapurpurin [I. G.]. Alizarinrot SS Plv., 2 SW [I. G.] ist Anthrapurpurin-3-Sulfosäure.

Alizarinmarron W in Tg. und Plv. [I. G.] BW. granatrot (AlV); nicht so echt wie die andren Alizarinfarbstoffe; liefert mit Chrombeize Marronfarben.

Alizarin-Orange G [I. G.], β-Nitroflavopurpurin, BW. und Wo. orange (AlV).

Pseudopurpurin, Purpurin-3-Carbonsäure.

Alizarinrot 3 WS, SSS [I. G.] Wo. bräunlichrot (CrV oder AlV).

Chinalizarin, Alizarinbordeaux B i. Tg., BD in Tg., Alizarincyanin 3R, Brillantalizarinbordeaux R i. Tg. [I. G.] BW. bläulichbordeaux (AlV), BW. (CrV) violettblau. Alizarincyanin 3R ist die reinste Form von Alizarinbordeaux.

Alizarinbordeaux BAR, BAY [BAC], G, GG [I. G.] sind Mischungen von Alizarinbordeaux mit Alizarin.

Anthrachrysazin, Anthrachryson.

Dinitroanthrachrysondisulfosäure [I. G.] Wo. (S) nachchromiert oder (CrV) braun, auch für Vigoureuxdruck.

Diaminoanthrachrysondisulfosäure, Säurealizarinblau GR [I. G.] Wo. violett (S), blau (CrV), violettblau (AlV).

Säurealizaringrün B, G [I. G.] Wo. grünblau (S). — Beim Nachchromieren: reines Grün.

Alizarincyanin R, 2R, RA extra, NS, WRB, WRR, WRN, NSV i. Tg. [I. G.] Wo. violett (AlV), blau (CrV).

Alizarincyanin G i. Tg., G extra, GG, RR, WRB [I. G.], Wo. blau (AlV), blaugrün (CrV).

Alizarincyanin 3G [I. G.] ist eine Polyaminohydroxylanthrachinonsulfosäure, färbt Wo. hellblau, lichtecht (S).

Rufigallol [I. G.], Rufigallussäure Wo. braun (CrV).

Alizarinsaphirol SE [I. G.], Alizarinlichtblau SE [S], Solwayblau SE [SDC], Alizarindelphinol SEN [BDC] Wo. blau (S) oder grünlichblau (CrV).

Alizarinsaphirol SEA [I. G.] ist schwächer eingestelltes Alizarinsaphirol SE [I. G.].

Andre Marken sind: Alizarinsaphirol WS, WSA [I. G.] — Mischung aus Alizarinsaphirol B und Alizarinsaphirol SE; ebenso Alizarinsaphirol FBS [I. G.]; letzteres wird hauptsächlich im Druck verwandt.

Anthracyanin 3GL [I. G.] ist eine Mischung von Alizarinsaphirol SE [I. G.] mit einem Farbstoff der Patentblauklasse.

Alizarinsaphirol B, SE, Anthrazurin B [I. G.], Alizarinlichtblau B [S], Alizarinsaphirblau B [J], Alizarindelphinol B, BDN [BDC], Durasolsäureblau B [Lev], Alizurolsaphir B [BAC], Alizarinbrillantblau B [LBH], Solwayblau B [SDC], Alizarinblau SAP [GCC] Wo. lichtecht rötlichblau (S); egalisiert gut. Beim Nachchromieren: grüner und stumpfer. Dient besonders in der Stückfärberei und Druck auf Wollstoff und Kammzug. Wird für BW.

(Tonerdebeize) in Färberei und Druck nur wenig verwendet, weil es nicht genügend waschecht ist. Alizarinsaphirol BA [I. G.] ist eine schwächere Marke von Alizarinsaphirol B [I. G.]. Alizarinsaphirol C [I. G.] ist eine Mischung von Alizarinsaphirol B [I. G.] mit einem violetten Farbstoff. Alizarinsaphir FS [NAC] zeigt ähnliche Eigenschaften.

Alizarindirektblau EB [I. G.] Wo. und S. blau (S).

Andre Marken sind: Alizarindirektblau E3B, E3BO [I. G.] — Mischungen von Alizarindirektblau EB [I. G.] mit Farbstoffen der Patentblauklasse.

Alizarinemeraldol G Tg. [I. G.] Wo. und S. bläulichgrün (S).

Brillantanthrazurol G, Alizarincoelestol R Plv. [I. G.] Wo. blau (S), grünlichblau (CrV).

Alizarinuranol BB, R [I. G.] ist ein Glied der Alizarinsaphirolgruppe, Wo. blau (S).

Anthrolblau NG Tg. [I. G.], Anthracenblau WG, WB [I. G.] mit Tonerde gebeizte Wo. rein blau; chromgebeizte blaugrün.

Anthracendunkelblau W [I. G.] ist ein unreines Anthracenblau.

Brillantalizarincyanin G, 3 G [I. G.], Anthracenblau WGG, WGG extra [I. G.] ungebeizte Wo. blauviolett, gebeizte Wo. blaugrün.

Anthracenblau WG neu [I. G.] mit Chrom gebeizte Wo. grünblau. Die Färbungen zeichnen sich durch große Walkechtheit aus.

Anthracenblau WR, Alizarincyanin WRR [I. G.], Anthrolblau NR (Tg.) [I. G.], Wo. violett (AlV), (CrV) blau.

Anthracenblau N Tg. [NAC] zeigt ähnliche Eigenschaften.

Säurealizarinblau BB, Alizarincyanin WRS, WRS extra, BBS, 3 RS, Anthracenblau SWX, SWX extra [I. G.] Wo. rot (S). Durch nachträgliches Be-. handeln der sauren Färbung mit Fluorchrom entsteht eine rein blaue Farbe

Alizarincyanin R extra, Alizarincyclamin R Tg. [I. G.], Alizarin-Hexacyanin Wo. (AlV) rötlichviolett, Wo. (CrV) blau (etwas grünlich). Im Zeugdruck mit Al- oder Cr-Beizen.

Alizarincyaninschwarz G Plv. und Tg. [I. G.], Wo. (S) und nachchromiert bläulich schwarz. Mit Cr-Fluorid grünere Töne als mit Bichromat. Auch im Zeugdruck mit Cr und Ca-Acetat für grünlichgrau, bläulichgrau oder bläulichschwarz.

Alizarinblau X, R, RR, C, WX, WR, WRR, WC, WN doppelt neu in Tg., A, F, R, RR in Tg., DNW Tg., GW, GG, R, G, BM in Tg. [I. G.], AB I [BAC] Wo., S. und BW. blau (CrV). Wird viel in der Tuchfärberei (Uniformen) verwendet.

Natriumsalz: Alizarinblau BSS [BAC], XA Tg., WA Tg., DNW Tg. [I. G.].

Alizarinblau S, SW, SR, SRW, Alizarindunkelblau SW, S [I. G.], Wo., S. und BW. blau (CrV). Echtheiten: verhält sich wie Alizarinblau.

Alizaringrün S Tg. [I. G.] mit Chromoxyd gebeizte BW. (CrV) oder chromgebeizte Wo. bläulichgrün. Wird für Druck und Mischtöne auch auf Nickelmagnesiumbeize fixiert.

Alizarinschwarz P [I. G.] Wo. violettgrau bis schwarz (Cr). Für Baumwolldruck und Wollfärberei.

Alizarinschwarz S [I. G.] Wo. oder BW. grau bis schwarz (CrV). Dient besonders für Zeugdruck.

Alizaringrün X i. Tg., Alizaringrün WX in Tg. und Plv. [I. G.] Wo. echt bläulichgrün (Cr).

Alizaringrün S, SW in Tg. und Plv. [I. G.] sind die entsprechenden Bisulfitverbindungen.

Alizarinindigblau S, SW, SMW in Tg. und in Plv. [I. G.] Wo. indigoblau (Cr). Eignet sich auch für Druck. (Pulvermarken sind die wasserlöslichen Natriumsalze.)

Chinizarinblau, Alizarinirisol D, R in Plv. und Tg. [I. G.] Wo. und S. blauviolett (S); egalisiert gut, lichtecht. Beim Nachchromieren: grünlichblau.

Anthraviolett B [I. G.], Alizarindirektviolett R, Alizarincyanolviolett R [I. G.] Wo. und S. violett (S), beim Nachchromieren blauer.

Alizarincoelestol B [BDC], Alizarinastrol B, G [I. G.] Wo. grünlichblau (S); gut lichtecht. Beim Nachchromieren: walkechter ohne Änderung der Nuance, egalisiert gut. Dient auch für Wolldruck; wird mit Rongalit gelborange geätzt; wird auch zum Färben von S., WoS. und zum Seidendruck verwendet.

Cyananthrol R [I. G.] Wo. und S. rötlich lichtecht blau (S). Cyananthrol BA [I. G.] ist eine Mischung von Cyananthrol RA mit einem Triphenylmethanfarbstoff.

Cyananthrol G [I. G.], Wo. und S. grünlich lichtecht blau (S), säure- und dekaturecht. Beim Nachchromieren walkechter. Cyananthrol BGA [I. G.] ist eine Mischung mit Wollgrün S, während Cyananthrol BGAO [I. G.] dasselbe Produkt von doppelter Stärke ist.

Alizarincyaningrün E, G extra, K in Plv. und in Tg. [I. G.], Wo. gelblich- bis bläulichgrün (S). Beim Nachchromieren walkechter. Dient auch zum Färben von Seide mittels Tonerde- und Eisenbeizen.

Alizarindirektgrün G, Alizarinbrillantgrün G [I. G.] Wo. grün (S).

Anthrachinonviolett [I. G.] Wo. und S. violett (S); die Färbungen sind gut licht- und säureecht. Beim Nachchromieren walkechter ohne Änderung der Nuance.

Anthrachinongrün GX, GXN [I. G.] Wo. und S. gelbgrün (S). Die Färbungen sind sehr gut lichtecht und gut alkaliecht. Durch Nachchromieren wird die Nuance wenig geändert, aber die Walkechtheit vergrößert.

Anthrachinonblaugrün BX Plv., BXO [I. G.] Wo. und S. blaugrün (S); die Färbungen sind sehr gut lichtecht und gut alkaliecht.

Brillantalizarinviridin F in Tg. [I. G.], BW. grün (CrV). Auch im Druck mit Chromacetat.

Alizarinviridin DG, FF [I. G.], BW., Wo. und S. grün (CrV). Hauptsächlich im Zeugdruck mit Chromacetat.

Alizarinblauschwarz B, 3B, G Salicinblauschwarz [I. G.], Wo. (CrV) und S. sehr echt grau bis blauschwarz.

Erweco-Alizarinsäureblau, R [RWCo] Wo. violettrot (S). Beim Nachchromieren sehr echt tiefblau.

Alizarindirektblau B, Alizarincyanol B [I. G.] Wo. blau (S). Alizarincyanol EF [I. G.] ähnlich.

Alizarinreinblau B [I. G.] Wo. lichtecht blau (S), egalisiert ziemlich gut. Beim Nachchromieren walkechter ohne Farbenänderung.

Alizarinreinblau 3R [I. G.] ist eine ähnliche Marke und färbt Wolle echt.

Anthrachinonblau SR, extra in Tg. und Plv. [I. G.] Wo. und S. grünblau (S). Gut licht- und walkecht. Beim Nachchromieren walkechter ohne Nuancenänderung.

Benzoingelb [I. G.], Wo. gelb (CrV).

Alizurol Ruby [BAC], Alizarinrubinol G, 3G, 5G, GW, R [I. G.], Wo. und S. (S) oder Wo. neutral bläulichrot. Benutzt für Rosa- und Salmtöne auf Kleiderstoffe, Teppiche, Vorgespinste.

Alizaringeranol B [I. G.] Wo. rötlichviolett (S), nachchromiert blauer und echter. BW. und S. Effekte aus essigsaurem Bad ungefärbt. Unempfindlich gegen Eisen, trübe durch Kupfer.

Indanthrenblau WB [I. G.] Wo. grünlichblau (S). Die Färbungen sind gut lichtecht und walkecht, beständig bei künstlichem Licht.

Anthrachinonküpenfarbstoffe.

Siriusgelb G in Tg. [I. G.] durch Mischen mit geeigneten Substraten rein grünstichig gelbe Lacke. Diese Lacke sind vollständig wasserecht, genügend ölecht, aber nicht lackecht.

Anthraflavon G [I. G.] in Hydrosulfitküpe (dunkelbraunrot) und Natronlauge gelöst BW. wasch- und chlorecht grünlichgelb. Anthraflavon GC [I. G.] konz. Marke von G.

Helindongoldorange IG [I. G.], Indanthrengoldorange G [I. G.] mit Hydrosulfit und Natronlauge gelöst BW. äußerst wasch-, licht- und chlorecht orange. Küpe heiß fuchsinrot, kalt kirschrot.

Indanthrengoldorange R Tg. [I. G.] in der Hydrosulfitküpe (rotviolett) BW. gut lichtecht orange.

Indanthrenscharlach G [I. G.] in Hydrosulfitküpe (rotviolett) BW. scharlachrot. Nur für helle Töne. Gut echt, Beuchechtheit ausgenommen.

Indanthrendunkelblau BO, BGO [I. G.], früher: Violanthren BS [B], Helindondunkelblau 10 B Tg. und Plv. [M] in Hydrosulfit und Natronlauge gelöst (Küpe rotviolett mit braunroter Fluorenscenz) BW. sehr gut wasch-, licht- und chlorecht dunkelblau.

Indanthrenviolett RT [I. G.] in Hydrosulfit und Natronlauge gelöst (Küpe blau mit brauner Fluorescenz) BW. äußerst wasch-, licht- und chlorecht violett.

Caledon-Jadegrün [SDC] BW. alkal. Hydrosulfitküpe bläulichgrün.

Anthracene Jade Green [NCW] ist wahrscheinlich ein ähnlicher Farbstoff.

Indanthrengrün B [I. G.] (früher: Viridanthren B [B]), Indanthrenschwarz B, BB Plv., BB dopp. Teig [B]. In Hydrosulfitküpe (blau mit roter Fluorescenz) BW. gut wasch- und lichtechte Grünnuancen.

Anthracengrün G [NCW] ist eine andre Marke mit ähnlichen Eigenschaften.

Indanthrenschwarz BGA Plv., BGA dopp. Teig [I. G.] ist ein ähnlicher Farbstoff; 4 Teile Teig doppelt = 1 Teil Pulver.

Durch Behandeln der grünen Färbungen auf der Faser mit oxydierenden Mitteln werden graue bis schwarze Töne erhalten (Indanthrenschwarz B). (Nachbehandlung mit Hypochlorit auf der Faser.)

Indanthrenviolett R, R extra [I. G.] (früher: Violanthren R extra [B] ist Isoviolanthron) in Hydrosulfit (Küpe violett mit braunroter Fluorescenz) BW. sehr wasch-, licht- und chlorecht violett.

Indanthrenviolett 2R extra [I. G.], Cibanonviolett R [J], Indanthrenbrillantviolett RR Plv., Tg. dopp., Tg. [I. G.] (früher: Helindonviolett J2R [M]), Indanthrenviolett RR extra Plv., RR extra Tg., RR dopp. Tg., in Hydrosulfit und Natronlauge gelöst (Küpe blau mit roter Fluorescenz) BW. äußerst wasch-, licht- und chlorecht violett. In der Apparatefärberei.

Indanthrenviolett B extra Tg. [I. G.] in der Hydrosulfitküpe (dunkelblau) BW. gut licht-, chlor- und waschecht violett.

Indanthrenblau R [I. G.] (früher: Indanthren X [B]) in der Hydrosulfitküpe (dunkelblau) BW. licht- und waschecht, aber nicht chlorecht blau.

Indanthrenblau RS [I. G.] (früher: Indanthren S Tg. [B]) in alkalischem Bad BW. reinblau.

Indanthrenblau ist durch Verküpung gereinigtes Indanthrenblau R.

Leukoindanthrenblau, Küpe von Indanthrenblau R.

Algolblau K [By] in der Hydrosulfitküpe (dunkelbraun) BW. kalk-, wasch-, koch- und lichtecht blau. Neue Bezeichnung: Indanthrenblau RK Plv., RK Teig [I. G.].

Indanthrenblau 3G [I. G.] in Hydrosulfit und Natronlauge gelöst (Küpe blau) BW. lebhaft grünstichigblau; ist wasch- und lichtecht.

Indanthrenblau 2GS [I. G.] in Hydrosulfit und Natronlauge gelöst BW. sehr gut wasch- und lichtecht blau.

Indanthrenblau 5G Teig, 5G Plv. [I. G.], früher: Algolblau 3G Teig, 3G Plv. [By]; Küpenblau 6B [Gr-E], in der Hydrosulfitküpe (blau) BW. wasch- und lichtecht blau; wird mit Alkali grüner; Essigsäure stellt die ursprüngliche Färbung wieder her.

Indanthrenblau CE [I. G.] BW. in der Hydrosulfitküpe blau; auch für Zeugdruck.

Indanthrenblau CD, GCD [I. G.] in Hydrosulfitküpe und Natronlauge BW. sehr wasch-, licht- und gut chlorecht blau. Der grünliche Ton der gechlorten Färbung verschwindet durch Nachbehandeln mit Hydrosulfit.

Duranthrenblau CC [BDC], Caledonblau RC [SDC], Ponsolblau BCS Plv. [DuP], Indanthrenblau BCS [I. G.] BW. in alkalischer Hydrosulfitküpe 50^{0} blau.

Indanthrenblau GC [I. G.] mit Hydrosulfit und Natronlauge gelöst BW. wasch-, licht- und gut chlorecht blau. Der grünliche Ton der gechlorten Färbung verschwindet durch Nachbehandlung mit Hydrosulfit.

Alte Bezeichnung: Algolblau C [By], Indanthrenblau GC [B], Küpenblau CG [Gr-E].

Caledonblau RR [SDC] und Indanthrenblau RC Tg. dopp., RC Plv. [B] sind Mischungen von Indanthrenblau GC [B] und Indanthrenviolett R [B]. Indanthren C [B] ist eine Mischung von Di- und Tribromderivaten von Indanthrenblau R [B].

Küpengrün BB [Gr-E], Algolgrün B Tg., Plv. [By] in der Hydrosulfitküpe (blaugrün) BW. echtgrünblau; ist nicht chlorecht. Neue Bezeichnung: Indanthrengrün BB Tg. und Plv. [I. G.].

Indanthrendunkelblau BT [I. G.] (früher: Cyananthren, B [B]), in Hydrosulfit- und Natronlauge gelöst (Küpe violettblau mit braunroter Fluorescenz) BW. äußerst wasch-, licht- und chlorecht dunkelblau.

Indanthrengelb G Tg., R [I. G.] (früher: Flavanthren, G, R [B]), Algolgelb GBA [By], Thioindongelb R [K], Helindongelb JG [M]. — Indanthrengelb GK Tg. [I. G.] (früher: Indanthrengelb R Tg. [B]) ist besonders reines Produkt. In der Hydrosulfitküpe (dunkelblauviolett) BW. blau; die Färbung geht beim Waschen an der Luft in Gelb über. Äußerst licht- und waschecht.

Alizanthrenorange [BAC] BW. in alkalischer Hydrosulfitküpe blau, an der Luft orangegelb; auch im Zeugdruck verwendet.

Indanthrenbraun B [B] in der Hydrosulfitküpe (violettbraun) BW. gut wasch- und lichtecht braun; verküpt sich auch mit Schwefelnatrium.

Indanthrenbraun RR [B] BW. in alkalischer Hydrosulfitküpe (bläulichrot) sehr echt rein braun.

Leukoldunkelgrün B Tg. [I. G.] in der Hydrosulfitküpe (rotviolett) BW. mattgrün.

Pyrazolanthrongelb BW. in der Hydrosulfitküpe blau, sauer gewaschen goldgelb.

Indanthrengrau B Tg. [I. G.] in der Hydrosulfitküpe (bräunlich) BW. äußerst wasch- und lichtecht grau. Frühere Bezeichnung: Melanthren [B].

Caledongrau KT [SDC] in der Hydrosulfitküpe, alkalisch (olivbraun) BW. gut licht-, aber nicht wasch- oder chlorecht grau.

Indanthrenmarron R [I. G.], in Hydrosulfit und Natronlauge gelöst (Küpe braunrot) BW. gut wasch- und lichtecht braun. Früher: Fuscanthren B [B].

Algolgelb WG Tg., Leukolgelb G Tg. [I. G.] in der Hydrosulfitküpe (rot) BW. gelb. Für Seide (D. R. P. 226940).

Helioechtgelb 6GL [I. G.] in der alkalischen Hydrosulfitküpe (gelblichrot) BW. grünlichgelb. Analoge Marken: Helioechtgelb GL, 5GL, RL [I. G.].

Küpenrosa [I. G.], Algolrosa R Tg. und Plv. [I. G.] in der Hydrosulfitküpe (gelbrot) BW. blaustichig, lebhaft lichtecht rosa. Seifenechtheit ist mäßig.

Küpenscharlach R [I. G.], Algolscharlach G [I. G.], in der Hydrosulfitküpe (gelbrot) BW. scharlachrot; im Kattundruck; für licht- und wasserechte Rot auf S. und Kunstseide.

Algolviolett B Tg., Plv. [I. G.] in kalter Hydrosulfitküpe (braunrot) BW. klar violett. Auch für S. Ist licht-, wasch- und chlorecht. Färbungen mit Rongalit CL ätzbar.

Küpenrot RR [I. G.], Algolrot 5 G Tg. [I. G.] in der Hydrosulfitküpe (violett) BW. licht- und waschecht gelbstichig rosa. Auch für S. (D.R.P. 226940). Jetzt: Indanthrenrot 5 GK Plv. und Tg. [I. G.].

Küpengelb RG Plv. [I. G.], Algolgelb R Tg. [I. G.], jetzt: Indanthrengelb GK Plv. [I. G.], in der Hydrosulfitküpe (violett) BW.; auch für Wo.

Küpenrot 3 BR [I. G.], Algolrot R extra Tg., Algolbrillantrot 2 B in Tg., Plv., Algolrot FF [I. G.] in der Hydrosulfitküpe (rot) BW. wasch- und lichtecht rot.

Küpenviolett 3 B [I. G.], Algolbrillantviolett 2 B Tg., Plv., Algolblau 3 R [I. G.], jetzt: Indanthrenbrillantviolett BBK [I. G.] in der kalten oder warmen Hydrosulfitküpe (braun) BW., Leinen oder S. violett; im Klotzartikel; im Kattundruck. Färbungen mit Rongalit CL ätzbar. Für zarte Flieder- und blaustichige Violettöne von guter Lichtechtheit. Egalisierungsvermögen sehr gut. Alkaliechtheit: Nuance etwas blauer; Waschechtheit: sehr gut; Kochechtheit: gut neben weiß, Nuance etwas blauer; Säure- und Überfärbeechtheit: sehr gut; Bügelechtheit: gut, Nuance wenig röter; Chlorechtheit: gut, Nuance etwas heller; Wasserstoffsuperoxydbleiche: sehr gut; Lichtechtheit: sehr gut. Analog: Algolblau 3 R, Küpenblau R [I. G.].

Küpenviolett BR [I. G.], Algolbrillantviolett R Tg., jetzt: Indanthrenbrillantviolett RK [I. G.], in der kalten Hydrosulfitküpe (braunrot) BW., Leinen und S. violett; im Klotzartikel; im Kattundruck. Färbungen mit Rongalit CL ätzbar. Gut licht-, säure- und waschecht.

Küpenorange R [Gr-E], Algolbrillantorange FR in Tg., Plv. [By], jetzt: Indanthrenorange RRK [I. G.] in der kalten Hydrosulfitküpe (rotorange) BW., Leinen und S. orange; im Klotzartikel; im Kattundruck. Färbungen mit Rongalit CL ätzbar. Klares Orange von guter Licht- und Chlorechtheit. Alkaliechtheit: sehr gut; Waschechtheit: sehr gut; Kochechtheit: gut; Säureechtheit: sehr gut; Überfärbeechtheit: sehr gut; Bügelechtheit: gut; Chlorechtheit: gut; Lichtechtheit: sehr gut.

Küpenorange RB [Gr-E], Algolorange R [By], jetzt: Indanthrenorange 6 RTK [I. G.] in der Hydrosulfitküpe (rot) BW. echt rot. Mit Algolrot B für Türkischrot-Imitationen.

Thioindongelb 3 G [K], Helindongelb 3 GN [I. G.] in der Hydrosulfitküpe (orangebraun) BW. gelb (D. R. P. 232276).

Küpengelb 5 G [Gr-E], Algolgelb 3 G Tg. [I. G.] in der Hydrosulfitküpe (gelbrot) BW. und S. (D.R.P. 226940) gelbrot.

Indanthrenrot G Tg., Plv. [I. G.] in Hydrosulfit und Natronlauge gelöst (Küpe rot) BW. äußerst wasch-, licht- und chlorecht rot.

Küpenbordeaux B [Gr-E], Algolbordeaux 3 B Tg., Plv. [I. G.] in kalter Hydrosulfitküpe (braunrot) BW., Leinen, S., Kunstseide licht-, wasch-, chlorecht bordeauxrot.

Indanthrenrot BN extra, R, R Tg. [I. G.] in Hydrosulfit und Natronlauge gelöst BW. sehr wasch-, licht- und chlorecht rot.

Indanthrenbordeaux B extra, B [B] in Hydrosulfit und Natronlauge gelöst BW. rot. Neue Bezeichnung: Anthrabordeaux R [I. G.].

Küpencorinth BB [Gr-E], Algolcorinth R Tg., Plv. [By] in der kalten Hydrosulfitküpe (braunrot) BW., Leinen, Halbleinen und S. corinthfarben. Dient auch im Kattundruck. Neue Bezeichnung: Indanthrencorinth RK Tg., Plv. [I. G.].

Küpengrau BR [Gr-E], Algolgrau B Tg., Plv., 2B Tg., Plv. [By], jetzt: Indanthrengrau K Tg., Plv., GK Tg., Plv. [I. G.] in der Hydrosulfitküpe (rotbraun) BW. wasch- und lichtecht grau.

Indanthrenbordeaux B [I. G.] in Hydrosulfit und Natronlauge gelöst (Küpe gelbrot) BW. äußerst wasch-, licht- und chlorecht bordeauxrot. Für Apparatenfärberei nicht geeignet.

Helindonorange GRN [I. G.] in der kalten Hydrosulfitküpe (braunrot) BW. wasch-, chlor- und beuchecht orange. In der Apparatenfärberei; im Kattundruck in hellen Tönen ätzbar. Verküpbarkeit und Löslichkeit; sehr gut; Egalisieren: sehr gut; Reibechtheit: gut; Lichtechtheit: sehr gut; Waschechtheit: sehr gut; Säureechtheit: sehr gut; Überfärbeechtheit: sehr gut; Beuchechtheit: sehr gut; Chlorechtheit: sehr gut; Bügelechtheit: sehr gut.

Helindonbraun 3 GN Tg. [I. G.], in der Hydrosulfitküpe (rotbraun) BW. braun. Verküpbarkeit und Löslichkeit: sehr gut; Egalisieren: gut; Reiben: sehr gut; Licht: sehr gut; Waschechtheit: sehr gut; Wasserkochechtheit: sehr gut; Säureechtheit: sehr gut; Überfärbeechtheit: sehr gut; Beuchechtheit: gut; Chlorechtheit: gut; Bügelechtheit: sehr gut.

Helindonbraun AN Plv., Tg. [M], jetzt: Indanthrenbraun GR Tg., Plv. [I. G.]. Verküpbarkeit: sehr gut; Egalisieren: sehr gut; Reibechtheit: gut; Lichtechtheit: sehr gut; Waschechtheit: gut; Wasserechtheit: sehr gut; Säureechtheit: sehr gut; Überfärbeechtheit: sehr gut; Beuchechtheit: sehr gut; Chlorechtheit: sehr gut.

Küpenoliv B [Gr-E], Algololiv R Plv., Tg. [By], jetzt: Indanthrenolive R [I. G.] in der kalten und warmen Hydrosulfitküpe (dunkelbraun mit violetter Blume) BW., Leinen und S. oliv; im Klotzartikel; im Kattundruck. Färbungen mit Rongalit CL ätzbar. Gute Echtheit. Egalisierungsvermögen: sehr gut; Alkaliechtheit: sehr gut; Wasch- und Kochechtheit: vorzüglich; Säure- und Überfärbeechtheit: vorzüglich; Bügelechtheit: gut, Nuance wird vorübergehend verändert; Chlorechtheit: gut, Nuance wird vorübergehend verändert; Wasserstoffsuperoxydbleiche: vorzüglich; Lichtechtheit: vorzüglich.

Caledonbraun R [SDC], Algolbraun R Tg., Plv. [By], Küpenbraun BR [Gr-E], jetzt: Indanthrenbraun R Tg., Plv. [I. G.], BW., Leinen, S. alkal. Hydrosulfitküpe (purpurbraun) kalt oder bei 60° rötlichbraun; auch für Zeugdruck.

Algolbraun G Tg., Plv. [By], jetzt: Indanthrenbraun G Tg., Plv. [I. G.], BW. in orangebrauner Hydrosulfitküpe braun.

Caledonbraun G [SDC] ist ein ähnlicher Farbstoff.

Caledonbraun KT [SDC], BW. und Wo. in Hydrosulfitküpe (grünlichschwarz) braun.

Leukolbraun B Tg. [I. G.] in der Hydrosulfitküpe (braunviolett) BW. braun.

Küpenrot BT, Algolrot BTg. [I. G.] in der Hydrosulfitküpe (gelbrot) BW. rosa.

Indanthrenkupfer R [I. G.] in Hydrosulfit und Natronlauge (Küpe rotbraun) BW. wasch-, licht- und chlorecht in Kupfernuancen.

Indanthrenorange RT Tg. [I. G.] in Hydrosulfit und Natronlauge (Küpe braunorange) BW. chlor-, wasch- und gut lichtecht orange.

Aceanthrengrün; in der Hydrosulfitküpe (cherryrot) BW. violettrot; an der Luft emeraldingrün werdend.

Hydrongelb G 20% Tg. [I. G.], in alkalischer brauner Hydrosulfitküpe BW. gelb.

Erwecogelb [RW] in alkalischer, bräunlichroter Hydrosulfitküpe BW. gelb.

Alizarindirektblau EB, Alizarincyanol EF [I. G.] in der kalten Hydrosulfitküpe (rotviolett) BW. violett. Sehr gute Lichtechtheit. Beuchechtheit gering.

Früher: Indanthrenrotviolett RRN Tg., RRN Plv. [B], jetzt: Indanthrenrotviolett RRK Tg., KKK Plv. [I. G.].

Indanthrenrot BN extra Tg. [B] in der Hydrosulfitküpe (blaurot) BW. rot; in der Apparatenfärberei; im Klotzartikel; im Kattundruck, besonders für hellere Töne. Mit Rongalit CL ätzbar. Vorzüglich lichtecht. Neue Bezeichnung: Indanthrenrot RK Tg. und Plv. [I. G.].

Indanthrengelb GN [I. G.].

Indanthrengoldorange RN [I. G].

Indanthrenviolett RN extra Tg. [I. G.] in der Hydrosulfitküpe (dunkelviolettblau, ohne Fluorescenz) BW. violett; in der Apparatenfärberei; im Kattundruck; im Klotzartikel. Gute Licht- und Chlorechtheit; wird beim Betupfen mit Wasser nicht rot; bügel- und wasserecht.

Indanthrenviolett BN Tg. und Plv. ist konzentriertere Marke [I. G.].

Indanthrengoldorange GN [I. G.] in alkalischer Hydrosulfitküpe (violett) BW. orangegelb; auch für Zeugdruck (gelbe Töne).

Indanthrengelb GN extra Tg. [I. G.], in der alkalischen Hydrosulfitküpe (violett) BW. goldgelb; für maschinelle Färbung und im Zeugdruck.

Algolbraun B Tg. [I. G.], in der Hydrosulfitküpe (violettbraun) BW. gelbbraun. Ziemlich chlorecht. Echtheiten: Wasch- und Kochechtheit gegen Weiß: vorzüglich; Säureechtheit: vorzüglich; Überfärbeechtheit: vorzüglich; Bügelechtheit: vorzüglich; Lichtechtheit: vorzüglich.

Indanthrenolive G Plv., Tg. [I. G.] (früher: Olivanthren in Plv. [B]) in der Hydrosulfitküpe (schwärzlichviolett) BW. gut wasch- und lichtechte Olivnuancen.

Hydronoliv B Plv., G Tg., Hydronolivgrün B Plv., G Tg. [I. G.] in der alkalischen Hydrosulfitküpe (bordeaux bzw. violettblau) BW. oliv.

Hydronbraun OB, OG [I. G.] sind Farbstoffe mit ähnlichen Eigenschaften.

Cibanonorange R [J] in der Hydrosulfitküpe (rotbraun) BW. gut echt lebhaft orange.

Cibanongelb R Tg. [J] in der Hydrosulfitküpe (braun) BW. gut licht-, wasch- und chlorecht gelb. In der Apparatefärberei; auch für Kunstseide. Löslichkeit, Egalisieren, Alkaliechtheit, Wasch-, Chlor-, Bügel-, Reib- und Lichtechtheit sehr gut.

Cibanonbraun B, V [J], in der Hydrosulfitküpe (braunviolett) BW. licht- und waschecht braun. Egalisieren: sehr gut; Wäsche und Walke: sehr gut; Überfärbeechtheit: vorzüglich; Dekatieren: gut; Chloren: gut; Alkalien: vorzüglich; Schweiß: sehr gut; Reibechtheit: sehr gut; Mercerisieren: vorzüglich; Lichtechtheit: sehr gut; Ätzbarkeit: nicht ätzbar.

Cibanonschwarz B [J] BW. in der Hydrosulfitküpe (schwärzlichviolett mit braunroter Fluorescenz) schwarz.

In dieselbe Klasse gehören: Cibanonschwarz 2B [J] und 2G [J].

Cibanonblau 3G [J] in der Hydrosulfitküpe (dunkelblauviolett) BW. gut waschecht blau.

Durch Behandeln mit Cibanonblau 3G [J] mit Salpetersäure entsteht Cibanongrün B [J]; mit Braunstein wird Cibanonoliv B [J] erhalten.

Cibanongrün B Tg. und Plv. [J] BW. in Hydrosulfitküpe (violett) grün; auch für Zeugdruck.

Cibanongrün G Tg. und Plv. [J] ist eine ähnliche Marke.

Cibanonolive B Tg. und Plv. [J] BW. in der Hydrosulfitküpe (grünlichblau) oliv.

Cibanonoliv G Tg. und Plv. [J] ist eine ähnliche Marke.

Arylidochinonküpenfarbstoffe.

(Andre als Anthrachinonderivate.)

Helindonbraun CM Tg., CR Tg., Thioindigogelb GW Tg., Helindongelb CG Tg., CG Küpe [I. G.], Wo. und BW. in der Hydrosulfitküpe (bräunlichgelb) braun; für Wollfärbung und Zeugdruck (Helindonbraun CR); BW. in der Hydrosulfitküpe (gelb) bräunlichgelb; auch für Zeugdruck (Helindongelb CG-Küpe).

Indigoide Farbstoffe.

Indigo (Indigblau), natürlicher Indigo BW. in der Hydrosulfitküpe (gelb) und Wo. in warmen Küpen blau. Die Anwendung von Kontaktsubstanzen ist unnötig, weil sie im natürlichen Indigo bereits enthalten sind.

Künstlicher Indigo. Indigo rein BASF Plv./L, Tg. 20%, S Tg., Indigo MLB Plv., MLB/OE, MLB Tg. 20% [I. G.], Indigo [Rathjen], Indigo [v. Heyden] in der Küpe (gelb)[1] BW., Leinen, Wo., S. usw. blau. Dient auch im Kattundruck und der Apparatefärberei. Kontaktsubstanzen, wie Oxyanthrachinon, wirken günstig.

Indophor [B] ist Indoxylcarbonsäure, früher benutzt zur Erzeugung von Indigo auf der Faser beim Zeugdruck.

Propiolsäure [B, M], Teig, früher benutzt zur Erzeugung von Indigo auf der Faser beim Druck mit Natriumxanthogenat und Borax.

Indigo BASF/S Tg. [B] ist fein verteilter Indigo bei 30° mit Schwefelsäure (sp. G. = 1,71) umgelöst, abgesaugt und säurefrei gewaschen.

Indigo MLB/OE ist kolloidaler Indigo, erhalten durch Oxydation von Indigoweiß an der Luft bei Gegenwart aromat. Sulfosäuren.

Indigo MLB Küpe I 20%, Küpe II 20%, MLB/W, Indigweiß BASF, Indigolösung BASF, Indigoküpe BASF [I. G.], in der Küpe unter Zusatz von geringen Mengen reduzierender Mittel und Alkali Wo., BW. und S. ohne Beize blau.

Indigosol DH [DH] Plv., jetzt: Indigosol O Plv. [I. G.] Na-Salz des Leukoindigo-di-Schwefelsäureesters. Durch Oxydation, am besten mit Eisenchlorid, in saurer Lösung wird aus den Metallsalzen der gesamte Indigo wiedergewonnen. Frühere Bezeichnung Blausalz (Blue Salt) [DH]; Verwendung im Zeugdruck.

Indigosalz, T [I. G.] dient für Blaudruck nach vorheriger Überführung in die Bisulfitverbindung und Passage der bedruckten Ware durch heiße Natronlauge.

Indigotine Ia in Plv., CA neu, Indigocarmin D Tg. [I. G.], Indigocarmin, Indigoextrakt (freie Säure), Sächsischblau Wo. blau (S). Indigoextrakt ist die freie Sulfosäure. Indigocarmin ist das Natriumsalz der Indigotin-5,5'-Disulfosäure.

Indigotine P [I. G.] Wo. blauviolett (S) ist das Natriumsalz der Indigotin-5,7,5',7'-Tetrasulfosäure.

Bromindigo [Rathjen], Indigo MLB/R, R Plv., MLB/RR, Indigo rein BASF/R, BASF/RR [I. G.] in der Hydrosulfitküpe (goldgelb), BW. und Wo. rotstichig blau, röter als Indigo. Tyrischer Purpur ist nach FRIEDLAENDER ein isomeres 6,6'-Dibromindigotin.

Helindonblau BB Tg., Indigo rein BASF/RB, RBN, Indigo MLB/2B [I. G.], Cibablau B, Indigo 2R Ciba [J] in der Küpe (goldgelb) BW. und Wo. rötlichblau. Dient auch im Druck. Färbung durch konz. Salpetersäure entfärbt.

Cibablau B [J] 5,7,5'-Tribromindigo (reines Produkt).

[1] Auf Baumwolle: Eisenvitriolkalkküpe, Zinkkalkküpe, Hydrosulfitküpe, Gärungsküpe. Auf Wolle: warme Gärungsküpe, Hydrosulfitküpe.

Dianthrenblau 2B [J], Indigo MLB/4B, Indigo KB, Brillantindigo BASF/4B, Bromindigo FB, Plv., Tg. [I. G.], Cibablau 2BD, 2B [J] in der Hydrosulfitküpe (goldgelb) sämtliche Fasern lebhaft blau, reiner, blauer und echter als Indigo.

Indigo MLB/5B, Indigo K2B [I. G.], Cibablau G [J] in der Hydrosulfitküpe (goldgelb) alle Fasern blau; ist im künstlichen Licht grüner.

Indigo MLB/6B, Indigo KG [I. G.] in der Hydrosulfitküpe (goldgelb) BW. grünstichig blau; im Kattundruck. Färbung gegen konz. Salpetersäure beständig.

Cibabraun R Tg. [J] BW. und Wo. in der Hydrosulfitküpe (gelblichbraun) schokoladebraun; auch für Zeugdruck.

Brillantindigo BASF/2B, BASF Tg. BB [I. G.] in der Hydrosulfitküpe (gelb) BW. blau; wird auch im Kattundruck verwendet.

Brillantindigo BASF/4G [I. G.] in der Hydrosulfitküpe (dunkelgelb) BW. grünstichig blau; ist die grünstichigste Indigoblaumarke.

Brillantindigo BASF/B [I. G.] in der Hydrosulfitküpe (gelb) BW. lebhaft blau. Die Färbungen sind reiner als solche mit gewöhnlichem Indigo und echter. Auch für Wo. und S. anwendbar.

Brillantindigo BASF/G [I. G.] in der Hydrosulfitküpe (dunkelgelb) BW. grünblau. Im Kattundruck; Färbung gegen Salpetersäure empfindlich.

Indigo MLB/T, Indigo rein BASF/G [I. G.] in der Küpe (gelb) BW. und Wo. grünstichiger und chlorechter als Indigo.

Methylindigo R [Mo] BW. und Wo. in der Hydrosulfitküpe (gelb) blau, röter als Indigo.

Indigogelb 3G Ciba in Tg. [J] in der Hydrosulfitküpe (blaurot) BW., Wo. und S. sehr echt gelb.

Indigogelb G Ciba, Cibagelb G in Tg. [J] in der Hydrosulfitküpe (blaurot) BW. Wo. und S. wasch-, licht- und chlorecht rein gelb.

Cibagelb 5R [J] in der Hydrosulfitküpe (hochrot) BW. gelb. Cibagelb 2R [J] ist ein ähnlicher Farbstoff.

Thioindongrün G [I. G.], Cibagrün G Tg. [J] in der Hydrosulfitküpe (braungelb) BW. gut wasch- und chlorecht lebhaft grün; im Kattundruck.

Helindongrün G Tg., Thioindongrün G, G Tg. [I. G.] in der Hydrosulfitküpe (braungelb) BW. lebhaft grün. Walk-, Wasch- und Kochechtheit gut; Lichtechtheit mittelmäßig.

Thioindonreinblau R [I. G.], Alizarinindigo 3R Tg. [I. G.] in der Hydrosulfitküpe (hellgelb) BW. chlor- und seifenecht blau. Andre Marken mit ähnlichen Eigenschaften sind: Alizarinindigo 5R, 7R Teig [I. G.].

Alizarinindigo B [I. G.] in der Hydrosulfitküpe (braungelb) BW. chlor- und seifenecht blau.

Alizarinindigo G in Plv. [I. G.] in der Hydrosulfitküpe (braungelb) BW. chlorecht blau. Im Kattundruck. Färbung gegen Salpetersäure beständig.

Thioindigoblau 2G, Helindonblau 3GN [I. G.] in der Hydrosulfitküpe (gelbbraun) BW. blau.

Indirubin (auch im Naturindigo), Indigorot, Indipurpurin. Auf Wo. als Disulfosäure (sauer) rot. Wo. und BW. in der Küpe (hochrot) blau. Wertlos als Küpenfarbstoff, aber Indirubindisulfosäure (Wo. rot S), ist lichtechter als Indigocarmin (Indigodisulfosäure).

Cibaheliotrop B [J] in der Hydrosulfitküpe (gelboliv) alle Fasern heliotrop; im Kattundruck für echtfarbige Ware als Ersatz für Eisenlila.

Helindonviolett D Tg. [I. G.] in der Hydrosulfitküpe (gelb) alle Fasern gut wasch- und lichtecht, mittelmäßig chlorecht.

Cibarosa B [J], Thioindigorot B Tg., Küpenrot B [I. G.], jetzt: Anthrarot B [I. G.], in der Hydrosulfitküpe (gelb) BW. oder tierische Faser blaustichig rot. Im Schwefelnatriumbade für BW. Wird auch in der Druckerei verwendet.

Cibabordeaux B [J] in der Hydrosulfitküpe (gelborange) BW. bordeauxrot.

Helindonrot B, Thioindigorot BG [I. G.] in der Hydrosulfitküpe (gelboliv) BW. Wo. und S. In der Apparatenfärberei; allein oder in Mischung mit Orange, Braun und Blau für Misch- und Modefarben.

Cibarot B [J] in der Hydrosulfitküpe (gelb) BW., Wo. und S. echtrot.

Helindonrosa BN Tg., Thioindigorosa BN, AN [I. G.] in der Hydrosulfitküpe (bläulichgelb) BW. gut echt rosa. Helindonrosa AN [I. G.] ist ein ähnlicher Farbstoff.

Helindonrot 3B Plv., 3B Tg., Thioindigorot 3B, jetzt: Indanthrenrotviolett RH Teig, RH Plv. [I. G.], in der Hydrosulfitküpe (gelboliv) BW., Wo. und S. licht-, wasch- und chlorecht. Im Kattundruck; allein oder mit Indigomarken für Violett und Heliotrop.

Helindongrau 2B Tg., Thioindigograu 2B Tg. [I. G.], in der Hydrosulfitküpe (gelb) alle Fasern lichtecht, aber wenig chlorecht; im Kattundruck; in der Apparatenfärberei. Jetzt: Indanthrengrau 6B Tg. und Plv. [I. G.].

Helindongrau BR [I. G.] Wo. und S. in der Hydrosulfitküpe (gelb) stahlblau bis schwärzlichblau. Echter als Helindongrau 2B. [I. G.].

Helindonorange D Tg. [I. G.] in der Hydrosulfitküpe (dunkelgelb) alle Fasern wasch-, licht- und chlorecht. Im Kattundruck; in der Apparatenfärberei.

Helindonscharlach S, Thioindigoscharlach S [I. G.] in der Hydrosulfitküpe (gelborange) BW. scharlachrot; wenig lichtecht; ziemlich farbstark.

Helindonorange R Tg., Thioindigoorange R [I. G.] in der Hydrosulfitküpe (orange) BW., Wo. und S. gut licht-, wasch- und chlorecht orange.

Helindonechtscharlach R Tg. [I. G.] in der Hydrosulfitküpe (grünlichgelb) alle Fasern. Dient im Kattundruck, in der Apparatenfärberei; für Buntwebeartikel, Strickgarn, Möbelstoffe usw.

Helindonviolett BB Tg., B Tg., R Tg., Thioindigoviolett 2B [I. G.] in der Hydrosulfitküpe (gelboliv) alle Fasern gut wasser-, wasch- und chlorecht blaustichig violett; in der Apparatenfärberei, im Kattundruck.

Cibagrau G [J] in der Hydrosulfitküpe (gelb) BW. gut licht-, wasch- und chlorecht grau; wird auch zum Färben von Wo. und S., im Kattundruck und in der Apparatenfärberei benutzt.

Cibagrau B [J] ist ein analoger Farbstoff.

Cibaviolett 3B [J] in der Hydrosulfitküpe (orange) BW., Wo., S. und Kunstseide blaustichig violett. Gut wasch-, licht- und chlorecht. Im Kattundruck. Zur Klasse dieser Farbstoffe gehört: Thioindigoviolett K [I. G.].

Cibaviolett B [J] in der Hydrosulfitküpe (orange) BW., Wo. und S. echt violett. Für Buntwebereigarne und Hemdenartikel im Kattundruck. Gut wasch-, licht- und chlorecht.

Cibaviolett R [J] ähnlicher Farbstoff wie Marke B.

Helindonbraun 2R Tg., Thioindigobraun R [I. G.] in der Hydrosulfitküpe (dunkelgelb) BW. gut wasch-, wasser- und säureecht braun.

Helindonbraun 5R Tg., Thioindigobraun 3R [I. G.] in der Hydrosulfitküpe (dunkelgelb) BW. ziemlich echt braun.

Thioindigoscharlach R Tg. [I. G.] in der Hydrosulfitküpe (schwach gelb) alle Fasern gut licht-, walk- und chlorecht scharlachrot. Im Kattundruck.

Thioindigoscharlach G [I. G.], Cibarot G [J] in der Hydrosulfitküpe (hellgelb) alle Fasern rot.

Helindonbraun G Tg., Thioindigobraun G Tg. [I. G.] in der Hydrosulfitküpe (gelbbraun) alle Fasern licht-, wasch- und chlorecht braun. Dient im Kattundruck, in der Apparatenfärberei und für Modefarben.

Cibascharlach G [J], Thioindigoscharlach 2 G, Helindonechtscharlach C, Anthrascharlach 2 G [I. G.], in der Hydrosulfitküpe (trüb bordeauxrot) alle Fasern echt scharlachrot. Kann auch im Schwefelnatriumbad gefärbt werden. Im Kattundruck; in der Apparatenfärberei.

Cibarot R Tg. [J] in der Hydrosulfitküpe (trüb bordeauxrot) alle Fasern.

Cibaorange G Tg. [J] in der Hydrosulfitküpe (braunviolett) BW., Wo. und S., echt orange.

Zusammenstellung der Indanthrenfarbstoffe der I. G. Farbenindustrie Aktiengesellschaft (1929).

Indanthrenblau BCD (nur für Druck).
„ RC, RK, SR, SRN, BCS, GC, GCN, GCD, GCDN, 3G, 3GT, 5G, GT, 8GK.
Indanthrenblaugrün B.
Indanthrenbraun R, 3R, RRD, FFR, RT, BR, G, GG, GR.
Indanthrenbrillantblau R, 3 G.
Indanthrenbrillantgrün B, GG, 4G.
Indanthrenbrillantorange GK, RK.
Indanthrenbrillantrosa B, R (nur für Färbungen und Drucke in Stärke von 1 % Teig und darüber, auch in Mischungen mit anderen Indanthrenfarbstoffen).
Indanthrenbrillantviolett 4R, RR, RK, BBK, 3B.
Indanthrendirektschwarz RB Teig.
Indanthrendunkelblau BO, BOA, BGO, GBE mit Indophor A behandelt.
Indanthrendruckbraun GN, R, 3R (nur für Druck).
Indanthrendruckrot B, G (nur für Druck).
Indanthrendruckschwarz BR (nur für Druck).
„ B (nur für Schwarztöne im Druck).
Indanthrendruckviolett BF, BBF, RF (nur für Druck).
Indanthrengelb G, GF, 3GF, GK, 5GK, RK, FFRK, 3RT.
Indanthrengelbbraun 3G.
Indanthrengoldgelb GK.
Indanthrengoldorange G, 3G.
Indanthrengrau BTR, RRH, K, GK, 3B, 6B.
Indanthrengrün G, GG, GT, BB.
Indanthrenkhaki GG.
Indanthrencorinth RK.
Indanthrenmarineblau G, R.
„ RRD (nur für Druck).
Indanthrenoliv GN, R.
Indanthrenorange RRK, RRT, 3R, 4R, 6RTK.
Indanthrenrosa B.
Indanthrenrot 5GK, RK, GG, BK.
Indanthrenrotbraun R, 5RF.
Indanthrenrotviolett RH, RRK, RRN.
Indanthrenrubin R.
Indanthrenscharlach B, R.
Indanthrenschwarz BGA, BB.
Indanthrenviolett B, BN.

Indigosole der I. G. Farbenindustrie A. G. und Durand & Huguenin A. G., Basel (vgl. Melliands Textilberichte **1924**).

Umfassen Vertreter aller Küpenfarbstoffklassen und stellen esterifizierte Leukoderivate dar. Um die Abstammung sofort zu erkennen, wurde gemeinsam mit der B.A.S.F., Friedr. Bayer & Co. und den Höchster Farbwerken beschlossen, den verschiedenen Derivaten eine spezielle Bezeichnung zu verleihen. Aus diesem Grunde wurde der bis 1924 von der Durand & Hugenin A. G. verwandte Name Indigosol DH Plv. in Indigosol O Plv. umgewandelt, indem die Bezeichnung O für Indigo und seine Derivate, A für die Algolfarben, H für die Helindone, I für die Indanthrene, T für Thioindigo und seine Derivate bestimmt wurde. Die Musterkarte Sol. K. 7 der [I. G./DH] (erschienen Ende 1928) verzeichnet folgende Farbstoffe:

Indigosol O, Indigosol OR, Indigosol O4B.

Indigosolviolett AZB, Indigosol AZG.

Indigosol HB, Indigosolscharlach HB, Indigosolgelb HCG, Indigosolorange HR, Indigosolrot HR.

Indigosolgrün IB, Indigosolschwarz IB, Indigosolrosa IR extra.

Untersuchung der Farbstoffe in Substanz und auf der Faser.

Von P. HEERMANN.

Literatur: s. u. Prüfungswesen.

Untersuchung der Farbstoffe in Substanz.

Vorprüfung. Man prüft in der Regel auf Wasserlöslichkeit und Verhalten zu verschiedenen pflanzlichen und tierischen Fasern (Faseraffinität) in naturreinem, gebeiztem usw. Zustande. Die Art der Anfärbung richtet sich nach den in der Praxis üblichen Arbeitsverfahren (s. Färberei).

Prüfung auf Einheitlichkeit. a) Blasprobe. Man bläst eine kleine Messerspitze feinsten Farbstoffpulvers auf ein mit Wasser, Alkohol od. ä. befeuchtetes Stück Filtrierpapier oder auf eine mit konz. Schwefelsäure befeuchtete Porzellanschale leicht auf und beobachtet das etwaige Auftreten verschieden gefärbter Farbstoffstippen (Punkte, Flecke, Streifen). Nur der positive Ausfall dieser Blasprobe ist für das Vorhandensein eines Farbstoffgemisches beweisend.

b) Capillaritätsprobe. Man läßt einen Tropfen der Farbstofflösung auf trockenes Filtrierpapier fallen und beobachtet das etwaige Auftreten verschieden gefärbter Zonen am Rande und im Kern des Tropffleckes. Oder man hängt nach GOPPELSRÖDER lange Streifen trocknen Filtrierpapieres mit dem einen Ende in die stark verdünnte Farbstofflösung und beobachtet innerhalb 1 Std. das etwaige Auftreten verschiedenfarbiger Zonen in der aufgestiegenen Farbstofflösung. Auch hier ist nur der positive Ausfall der Prüfung eindeutig.

c) Fraktionierte Lösung. Bisweilen gelingt die Trennung von Farbstoffgemischen, wenn man das Farbstoffpulver hintereinander mit verschiedenen Lösungsmitteln (Alkohol, Alkohol-Chloroform, Äther, Benzol, Schwefelsäure-Alkohol u. dgl.) behandelt bzw. extrahiert und so fraktioniert löst.

d) Fraktionierte Färbung. Manche Farbstoffgemische zeigen verschiedene Affinität zur Faser, so daß mit mehreren Fasersträngchen hintereinander ausgeführtes kurzes Anfärben verschiedene Nuancen ergibt, was sich besonders beim Vergleich der ersten und letzten Ausfärbung zu erkennen gibt.

e) Fraktionierte Adsorption. Man schüttelt die etwa 0,1—0,02proz. Farbstofflösung mit Kaolinpulver. Manche Farbstoffe (z. B. die basischen) werden schnell adsorbiert, während andre (z. B. saure) weniger oder gar nicht adsorbiert werden und in der Lösung zurückbleiben.

f) Spektroskopische Methode. Nach dem von FORMÁNEK[1] ausgebauten spektroskopischen Verfahren lassen sich nicht nur bestimmte Farbstoffindividua sicher erkennen, sondern auch Mischungen von Farbstoffen. Das Verfahren liefert aber nur in der Hand des Geübten sichere Ergebnisse.

Prüfung auf indifferente Zusätze (Verdünnungs-, Verschnitt-, Füllmittel). Die meisten technischen Farbstoffe werden mit bestimmten Zusätzen (Dextrin, Kochsalz, Glaubersalz, Phosphat u. dgl.) auf Typ, d. h. auf eine bestimmte Markenstärke eingestellt. Dieses Verschneiden ist — entgegen der vielfach herrschenden Ansicht — keinesfalls als Verfälschung anzusehen und für den Farbstoffverbraucher von ganz unerheblicher Bedeutung, da dieser lediglich Anspruch auf eine bestimmte Typstärke hat. Der Nachweis der Zusätze gelingt meist durch geeignetes Herauslösen des reinen Farbstoffs mit Lösungsmitteln (Anilin, Pyridin, Chinolin, Alkohol u. ä.) und Prüfung des Rückstands auf üblichem Wege. Oder man fällt das Verdünnungsmittel bzw. den Farbstoff in geeigneter Weise (z. B. mit viel Alkohol bzw. mit Kochsalz, Glaubersalz u. dgl.) aus einer konzentrierten

---

[1] FORMÁNEK und KNOP: Spektralanalytischer Nachweis künstlicher organischer Farbstoffe.

wäßrigen Lösung und untersucht den farbstofffreien Teil (Fällung oder Filtrat). Die Beurteilung nach dem unmittelbar erhaltenen Aschengehalt des Farbstoffs ist unzulässig.

Probefärbung. Die wichtigste und für die Praxis fast immer ausschlaggebende Farbstoffuntersuchung gründet sich auf die Probefärbung. Durch diese wird die Farbstärke oder Ausgiebigkeit eines Farbstoffs ermittelt. Da man die Farbstärke im Vergleich zur Stammprobe oder zum Typ setzt, nennt man die Probefärbung auch Vergleichsfärbung. Neben der Farbstärke können nebenbei auch andre wichtige färberische Eigenschaften des Farbstoffs mit der Probefärbung ermittelt werden (Nuance, Egalisierungsvermögen, Art des Aufziehens, Ausziehen, Farbechtheit, s. d., u. a. m.).

Zum Probefärben stellt man sich zunächst eine Stammlösung (z. B. eine 0,1proz. Lösung) her, wägt das gut vorbereitete Fasergut ab (z. B. Strängchen von je etwa 5 g) und stellt nun je nach Verhältnissen und unter Beobachtung der üblichen Färbeverfahren eine Skala von z. B. 0,9—1,0—1,1proz. usw. Ausfärbungen mit dem zu prüfenden Farbstoff her. In gleicher Weise wird eine 1proz. Ausfärbung der Stammprobe hergestellt. Fällt nun letztere nicht genau mit einer bestimmten Ausfärbung der Skala in Farbtiefe zusammen, so kann die Differenz, wenn sie nicht groß ist, geschätzt werden; oder man stellt weitere Zwischenstufen mit der Probe her, bis die 1proz. Typfärbung genau erreicht ist. Bei gleicher Farbtiefe zweier gefärbter Muster ist die Farbstärke oder Prozentigkeit umgekehrt proportional dem Farbstoffverbrauch. Unterschiedlich hiervon bewertet die I. G. Farbenindustrie die Farbstoffe, indem sie aus dem Farbstoffverbrauch nicht erst die Farbstärke im umgekehrten Verhältnis umrechnet, sondern unmittelbar den Farbstoffverbrauch des Musters angibt und den Typ = 100 setzt. Entsprechen also 70 T. des Musters = 100 T. Typ, so wird der untersuchte Farbstoff als „70:100“ bezeichnet. Ist das Muster schwächer, entsprechen z. B. 140 T. desselben 100 T. Typ, so wird es als „140:100“ bezeichnet. Hier wird also der Begriff der Farbstärke gleich subsumiert, und Farbstärke und Farbverbrauch stehen hier im geraden Verhältnis zueinander. Zur Vermeidung von Mißverständnissen ist deshalb auf diese verschiedenen Ausdrucksarten zu achten. Auch kann bei bekannten Preisen zugleich das Preisverhältnis berechnet werden. Bisweilen werden auch Preisfärbungen hergestellt, indem unmittelbar solche Farbstoffmengen angewandt werden, die gleich viel kosten.

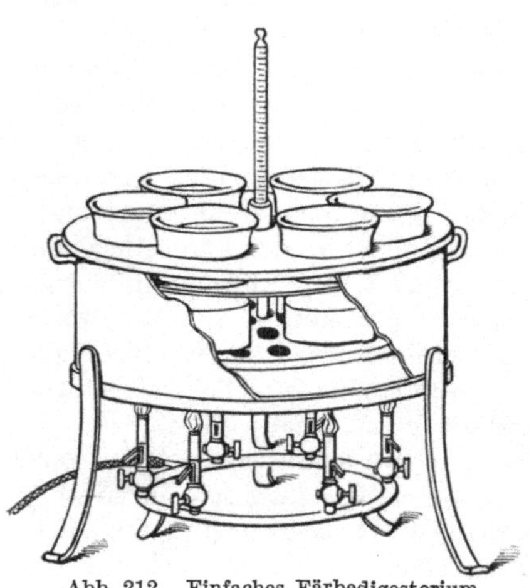

Abb. 212. Einfaches Färbedigestorium.

Man benutzt mit Vorliebe zum Ausfärben Hartglas- oder Porzellanbecher und bedient sich in der Regel besondrer Färbedigestorien, die es gestatten, mehrere, meist sechs Ausfärbungen gleichzeitig und unter gleichen Bedingungen herzustellen. Abb. 212 zeigt einen einfachen Kasten aus Eisenblech, der zur Aufnahme von sechs Färbebechern bestimmt ist. Der Kasten kann mit Gas oder Wasserdampf geheizt werden; auch gibt es Vorrichtungen zum Heizen mit Chlorcalciumlösungen, Glycerin usw.

Colorimetrische Bestimmungen. Diese bestehen in der Messung der Farbtiefe sehr verdünnter Farbstofflösungen im Kolorimeter oder in genau gleichen Glaszylindern, sind aber für die praktische Farbstoffanalyse ohne Bedeutung.

Man bedient sich dieses Verfahrens mehr bei der Bestimmung völliger Typkonformität, kleiner Farbreste oder Farbspuren sowie im übrigen bei kleinen Mengen oder Spuren von Eisen, Ammoniak u. ä. (s. z. B. unter Wasser).

Titrationsmethoden. Für einige Farbstoffe sind auch Titrationsverfahren (z. B. mit Titantrichlorid nach KNECHT und HIBBERT, mit Hydrosulfit u. a.) ausgearbeitet worden. Sie sind aber nicht allgemein anwendbar und werden in Färbereilaboratorien nur selten ausgeführt. Am gebräuchlichsten ist die Indigotitrationsmethode mit Permanganat. Man löst z. B. 1 g fein gepulverten Indigo mit 7 cm³ Schwefelsäure 66° Bé, $^1/_2$ Std. im Dampfbade bei 95°, läßt erkalten, füllt (evtl. unter Filtration) zu einem Liter auf und titriert 20 cm³ dieser Lösung (mit 300 cm³ Wasser weiterverdünnt) mit einer Kaliumpermanganatlösung (0,5 g im Liter) bis zum Verschwinden des Blaustichs. In gleicher Weise wird ein Blindversuch mit einem Indigo von bekanntem Gehalt ausgeführt und der Gehalt der Probe durch Proportionsrechnung ermittelt.

Untersuchungsverfahren für Farbstoffe auf der Faser.

a) Einzelreaktionen. Früher benutzte man für die Identifizierung von Farbstoffen auf der Faser hauptsächlich Einzelreaktionen mit Säuren, Alkalien, Reduktionsmitteln usw. und bediente sich hierzu besonders für diesen Zweck ausgearbeiteter Tabellen, die zeitweise ergänzt wurden[1]. Mit dem Anwachsen der Zahl der künstlichen Farbstoffe wurde dieses Verfahren aber, besonders wenn es sich um Kombinationen verschiedener Farbstoffe handelte, immer unsicherer.

b) Spektroskopischer Nachweis. Wissenschaftlich exakter arbeitet man nach dem spektroskopischen Verfahren von FORMÁNEK[2]. Diese Methode verlangt aber ein besondres Studium und wird in Textillaboratorien nur selten angewandt.

c) Gruppenreaktionen. Der Nachweis der Farbstoffe auf der Faser mit Hilfe von Gruppenreaktionen trägt den praktischen Anforderungen mehr Rechnung, zumal es in der Regel weniger auf den Nachweis bestimmter Farbstoffmarken als auf denjenigen bestimmter Farbstoffgruppen, den Charakter der Farbstoffe und die Färbeart ankommt. Am verbreitetsten sind die von GREEN[3] ausgearbeiteten Tabellen zum Nachweis von Farbstoffen auf pflanzlicher und tierischer Faser. Aber auch diese Tabellen versagten im Laufe der Teerfarbenentwicklung immer mehr, so daß es heute sehr schwierig ist, die Farbstoffe auf der Faser mit Sicherheit zu identifizieren, zumal bei Farbenkombinationen. Als wichtigstes Gruppenreagens bleibt das Hydrosulfit, mit dessen Hilfe man auch heute noch vielfach den Charakter einer Färbung schnell erkennen kann. Nach GREEN verhalten sich verschiedene Farbstoffgruppen auf tierischer Faser, wie folgt.

Durch Hydrosulfit: Entfärbung.	Keine Entfärbung.	Braunfärbung.
Die Färbung wird bei Lufteinwirkung wiederhergestellt: Azine, Oxazine, Thiazine, Indigo. Die Färbung wird nicht an der Luft, aber durch Persulfat wiederhergestellt: Triphenylmethanfarbstoffe. Die Färbung wird weder an der Luft noch durch Persulfat wiederhergestellt: Nitro-, Nitroso-, Azogruppen.	Pyron-, Acridin-, Chinolin-, Thiazolgruppen; einige Farbstoffe der Anthracengruppe.	Färbung durch Persulfat wiederhergestellt: Die meisten Farbstoffe der Anthracengruppe.

[1] S. z. B. GNEHM-MURALT: Taschenbuch für die Färberei. 2. Aufl. Berlin: Julius Springer 1924. — BUDE: Mell. Text. **1924**, 604. — VAJS: Identifizierung von Küpenfarbstoffen auf der Baumwollfaser. Mell. Text. **1927**, 611.

[2] S. Fußnote S. 543.

[3] GREEN: J. Soc. Dy & Col. **1905**, 203; **1908**; Ztschr. Farb. Ind. **1905**, 510; **1908**, 73. — S. a. HEERMANN: Färberei- und textilchemische Untersuchungen. 5. Aufl. Berlin: Julius Springer 1929.

In neuerer Zeit haben ZÄNKER und RETTBERG[1] ein Schema zur Bestimmung von Farbstoffen auf der Faser herausgebracht. Bei diesem werden die verschiedenen Farbstoffgruppen mit Hilfe der Koch-, Paraffin-, Säure-, Alkali-, Chlor- und Reibeprobe ermittelt.

Gespinstfasern.

Von ALOIS HERZOG[2].

Literatur (nur die wichtigsten selbständigen Schriften sind berücksichtigt): BERGMANN: Handbuch der Sipnnerei. Berlin 1923. — BOUCHE und GROTHE: Ramie, Rhea, Chinagras und Nesselfasern, 2. Aufl. Berlin 1884. — BRÜGGEMANN: Die Spinnerei, ihre Rohstoffe, Entwicklung und heutige Bedeutung. Leipzig 1901. — DELDEN: Studien über die indische Juteindustrie. Dissert., München 1915. — DIELS: Die Ersatzstoffe aus dem Pflanzenreich. Stuttgart 1918. — ERDMANN—KÖNIG: Grundriß der allgemeinen Warenkunde, 15. Aufl. Leipzig 1915. — ETRICH: Der Flachsbau in seiner Beziehung zur Flachsbaufrage. Trautenau 1895. — FAUST: Kunstseide. Dresden und Leipzig 1928. — GARDNER: Die Mercerisation der Baumwolle und die Appretur der baumwollnen Gewebe. Berlin 1912. — GLAFEY: Die Rohstoffe der Textilindustrie. Leipzig 1921. — HEERMANN: Technologie der Textilveredlung, 2. Aufl. Berlin 1926. — HERZOG, A.: Was muß der Flachskäufer vom Flachsstengel wissen? Sorau 1918. — Mikrophotographischer Atlas der technisch wichtigen Faserstoffe. München 1908. — Die mikroskopische Untersuchung der Seide und der Kunstseide. Berlin 1924. — Die Unterscheidung der Flachs- und Hanffaser. Berlin 1926. — HERZOG, R. O.: Technologie der Textilfasern. Im Erscheinen. — HESS, K.: Die Chemie der Cellulose und ihrer Begleiter. Leipzig 1928. — HEUSER, E.: Lehrbuch der Cellulosechemie, 3. Aufl. Berlin 1928. — HEUSER, O.: Der deutsche Hanf. Leipzig 1924. — HÖHNEL, FR. v.: Die Mikroskopie der technisch verwendeten Faserstoffe. Wien und Leipzig 1905. — HOTTENROTH: Die Kunstseide. Leipzig 1926. — KRAIS: Werkstoffe. Leipzig 1921. — Textilindustrie. Dresden 1924. — KUHNERT: Der Flachs und seine Verarbeitung, 3. Aufl. Berlin 1920. — LANGER: Flachsbau und Flachsbereitung. Wien 1893. — MARK: Beiträge zur Kenntnis der Wolle und ihrer Bearbeitung. Berlin 1925. — MARQUART: Der Hanfbau. Berlin 1919. — MATTHEWS-ANDERAU, J. M.: Die Textilfasern. Berlin 1928. — MÜLLER, E.: Handbuch der Spinnerei. Berlin 1902. — NIESS: Handbuch der Baumwollspinnerei, 3. Aufl., bearbeitet von JOHANNSEN. Leipzig 1902. — OPPEL: Die Baumwolle. Leipzig 1902. — PFUHL: Die Jute und ihre Verarbeitung. Berlin 1888. — REINTHALER: Die Kunstseide. Berlin 1926. — ROHN: Neue mechanische Technologie der Textilindustrie. Im Erscheinen. — RUSCHMANN: Grundlagen der Röste. Leipzig 1923. — SCHILLING: Die Faserstoffe des Pflanzenreichs. Leipzig 1924. — SCHWALBE: Chemie der Cellulose. Berlin. Neuauflage in Vorbereitung. — SILBERMANN: Geschichte, Gewinnung und Verarbeitung der Seide. Dresden 1897. — STEUCKART: Die Baumwolle. Leipzig 1914. — STIRM: Chemische Technologie der Gespinstfasern. Berlin 1913. Neuauflage in Vorbereitung. — SÜVERN: Die künstliche Seide, 5. Aufl. Berlin 1926. — TOBLER: Der Flachs. Berlin 1928. — WEISS: Textiltechnik und Textilhandel, 2. Aufl. Leipzig 1907. — WIESNER: Rohstoffe des Pflanzenreichs, 4. Aufl., Leipzig 1927, 1928.

Wichtigere Zeitschriften: Faserforschung, Leipzig. — Kunstseide, Berlin. — Kunststoffe, München (z. Z. mit der vorangeführten Zeitschrift vereinigt). — Leipziger Monatschrift für Textilindustrie, Leipzig. — Melliand Textilberichte, Heidelberg. — Seide, Krefeld. — Tropenpflanzer, Berlin.

Einteilung der Faserstoffe.

I. 1. Textilfasern (z. B. Baumwolle, Flachs, Schafwolle, Seide).
2. Seilerfasern (z. B. Flachs, Hanf, Sisal, Manila).
3. Papierfasern (z. B. Flachs, Hanf, Baumwolle, Holzschliff, Holzzellstoff).
4. Stopf- und Polstermaterialien (z. B. Kapok, Akon).
5. Bürstenstoffe (z. B. Cocos, Piassave, Reiswurzel, Sisal, Schweinsborsten).
6. Baste zu technischen Zwecken (z. B. Lindenbast, Ulmenbast).
7. Flecht- und Sparteriestoffe (z. B. Holz, Bambus, Stroh).

[1] ZÄNKER und RETTBERG: Erkennung und Prüfung von Färbungen. 1925.

[2] Der Abschnitt dieses Kapitels „Chemische Analyse" ist von P. HEERMANN, der Abschnitt „Seide" von H. LEY bearbeitet worden.

II. Textilfasern:

1. Natürliche			2. Künstliche
a) Pflanzliche	b) Tierische	c) Mineralische	(aus pflanzlichen, tierischen oder mineralischen Rohstoffen hergestellt)
	Wollen und Haare	Seide	
z. B.	z. B.	z. B.	z. B.
Baumwolle	Schafwolle	echte Seide	Kunstseide
Flachs	Kamelwolle	wilde Seide	Kunstroßhaar
Hanf	Ziegenhaar	Nesterseide	Kunstbändchen
Jute	Pelzhaare	Spinnenseide	Glaswolle
Nesselfasern	Schweinsborsten	Muschelseide	Schlackenwolle
	Roßhaar		feine Metallfäden bzw. Drähte

III. Pflanzenfasern:

Weichfasern { Samen- und Fruchthaare, z. B. Baumwolle. / Stengelfasern, z. B. Flachs, Jute.

Hartfasern { Blattfasern, z. B. Sisal, Phormium. / Fruchtfasern, z. B. Cocos.

oder:

a) Haarbildungen, einzellige und mehrzellige (Baumwolle, Rohrkolbenwolle, Wollgrashaare).
b) Dicotyle Bastfasern und dicotyle Baste (Flachs, Hanf, Lindenbast).
c) Monocotyle Faserbeläge von Gefäßbündeln (Manila, Sisal, Phormium).
d) Monocotyle Gefäßbündel mit Faserbelägen (Piassave, Cocos).
e) Monocotyle Oberhäute mit anhängenden Faserbündeln (Raphiabast).
f) Holz von dicotylen Bäumen, teils in Streifen gespalten (zu Flechtwerk) oder in Form von feinen Hobelspänen, teils mechanisch, teils chemisch weitgehend zerlegt (Holzschliff, Holzzellstoff).
g) Grundgewebe und Gefäßbündel monocotyler Pflanzen (Papyrus).
h) Ganze Pflanzenteile, in der Regel gespalten:
   α) Wurzeln (Reiswurzeln).
   β) Stengel (Tillandsiafaser).
   γ) Blütenstandachsen (Sorghum).
   δ) Blätter (Panamafaser, Espartogras).
i) Vertorfte Pflanzen (Torffaser).
k) Ganze Pflanzen (echtes und unechtes Seegras).

IV. Verwendung des Holzes in den Faserstoffgewerben:

Geflechte (Sparterie).
Holzschliff (durch Schleifen zerlegtes Holz zu Papierzwecken).
Braunschliff (durch Dämpfen und nachheriges Schleifen zerlegtes Holz zu Papierzwecken).
Holzfasern (durch mechanische Zerlegung von entsprechend chemisch vorbereitetem Holz erhaltene Fasern zu groben Gespinsten).
Holzzellstoff (durch chemische Einwirkung isolierte Holzzellen).

a) Weiterverarbeitung auf mechanischem Wege:
   Papier,
   Zellstoffgarne:
      aus geschnittenen Papierstreifen hergestellt:
         Gedreht (Rundgarne)
            ohne Vliesauflage (Sylvalin, Xylolin usw.),
            mit Vliesauflage (Textilose).
         Unmittelbar oder nach entsprechender Faltung zum Weben benutzt (Flachgarne, Textilin).
      Aus einem Zwischenstadium der Papiererzeugung stammende, nicht geschnittene Papierstreifen, zusammengedreht (Cellulon).
      Mit andren Fasern unmittelbar, also ohne vorherige Umwandlung in Papier bzw. Streifen versponnener Zellstoff (Neogarne).
   Füll- und Umhüllungs- bzw. Isoliermaterial für Kabel.
b) Weiterverarbeitung auf chemischem bzw. chemisch-mechanischem Wege (verschiedene Erzeugnisse der Kunstseidenindustrie, wie Fäden, Bändchen, Filme usw.).

V. Seide im weiteren Sinne des Wortes. Sie umfaßt zahlreiche natürliche und künstliche Faserstoffe, die in erster Linie durch einen schönen Glanz ausgezeichnet sind.

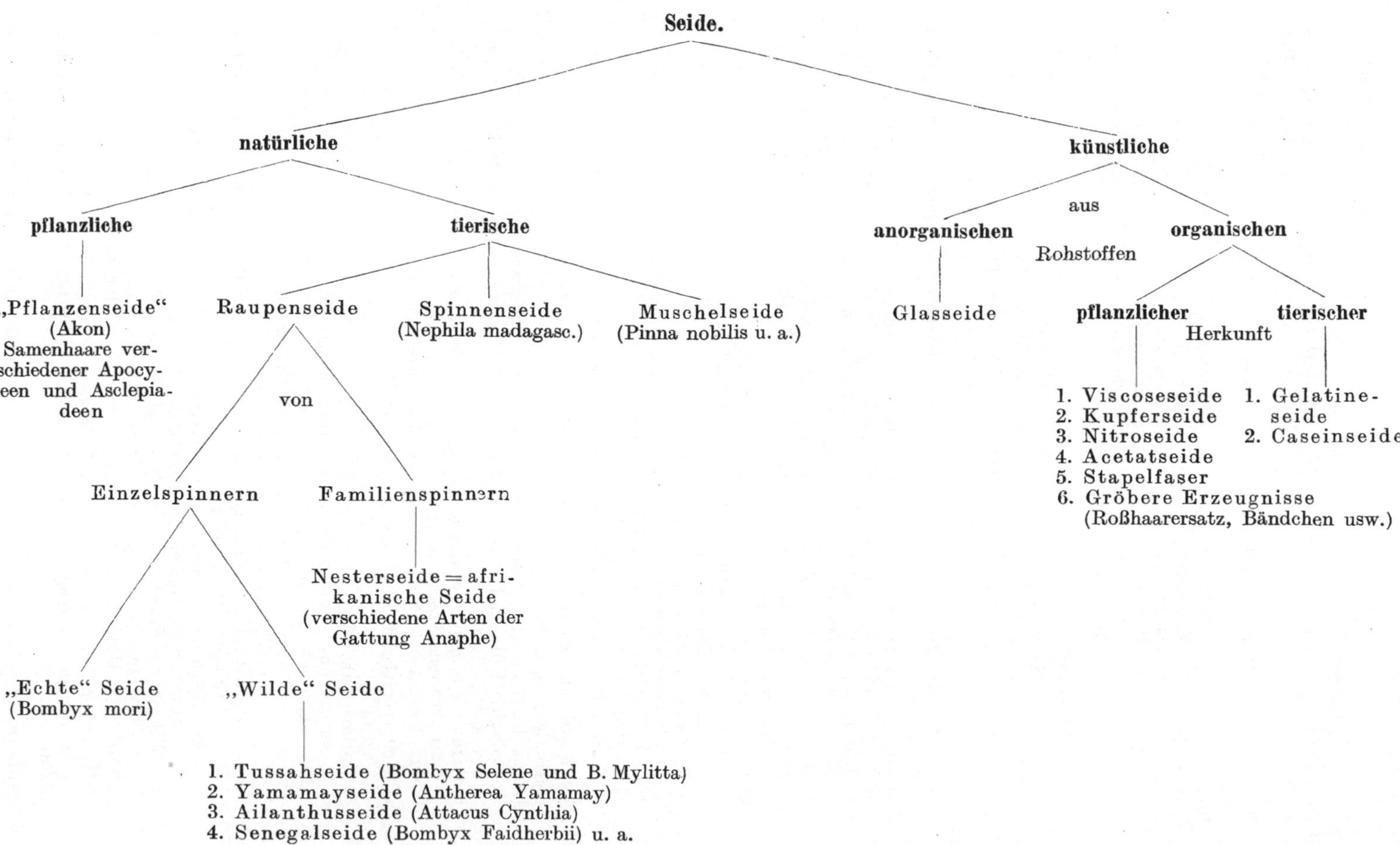
Seide.
natürliche
künstliche
pflanzliche
tierische
aus
anorganischen
organischen
Rohstoffen
„Pflanzenseide" (Akon) Samenhaare verschiedener Apocyneen und Asclepiadeen
Raupenseide
Spinnenseide (Nephila madagasc.)
Muschelseide (Pinna nobilis u. a.)
Glasseide
pflanzlicher
tierischer
Herkunft
1. Viscoseseide
2. Kupferseide
3. Nitroseide
4. Acetatseide
5. Stapelfaser
6. Gröbere Erzeugnisse (Roßhaarersatz, Bändchen usw.)
1. Gelatineseide
2. Caseinseide
von
Einzelspinnern
Familienspinnern
Nesterseide = afrikanische Seide (verschiedene Arten der Gattung Anaphe)
„Echte" Seide (Bombyx mori)
„Wilde" Seide
1. Tussahseide (Bombyx Selene und B. Mylitta)
2. Yamamayseide (Antherea Yamamay)
3. Ailanthusseide (Attacus Cynthia)
4. Senegalseide (Bombyx Faidherbii) u. a.

Allgemeine Eigenschaften der Gespinstfasern.

Chemische Zusammensetzung

Pflanzenfasern.

Cellulose. Die Grundsubstanz der Pflanzenfasern ist die Cellulose im weiteren Sinne des Wortes, die, wie DÖRR[1] zusammenfassend sagt, als ein Alkohol komplexer Art aufzufassen ist. Nach CROSS und BEVAN[2] ist die Cellulose in den pflanzlichen Zellmembranen nicht als solche, sondern in esterartigen Verbindungen mit Lignin-, Pektin-, Fett- und Cutinstoffen enthalten. Die gereinigte Baumwollfaser enthält fast nur Glucocellulose (α-Cellulose im Sinne von CROSS und BEVAN); sie bildet auch bei den übrigen Faserstoffen den Hauptbestandteil; daneben kommen hier auch noch verschiedene andre, chemisch weniger widerstandsfähige Cellulosen vor (β-Cellulose im Sinne von CROSS und BEVAN). Über den chemischen Aufbau der Cellulose gehen die Ansichten noch auseinander. Die empirische Formel ist $(C_6H_{10}O_5)n$. Nach den röntgenspektrographischen Untersuchungen von R. O. Herzog und Janke[3] wiederholt sich im Krystallgitter der Baumwollcellulose die Gruppe $(C_6H_{10}O_5)_4$ regelmäßig wieder; hieraus wurde unter Berücksichtigung der beträchtlichen Spaltung der Cellulose zu Cellobiose mit Hilfe der Acetolysen geschlossen, daß das Cellulosemolekül aus einer Anzahl von Cellobioseresten aufgebaut ist. Über die von verschiedener Seite aufgestellten Strukturformeln muß auf die einschlägige Literatur verwiesen werden (s. a. w. u.).

Die Cellulose zeigt bei gewöhnlicher Temperatur eine sehr große Widerstandsfähigkeit gegen Wasser, Luft und Licht. Sie ist löslich in konzentrierter Schwefelsäure, konzentriertem Chlorzink und in Kupferoxydammoniak, wobei jedoch stets ein chemischer Abbau der Cellulose stattfindet. Am weitesten geht der Abbau beim Lösen in Schwefelsäure, am wenigsten bei der Lösung in Kupferoxydammoniak. Nur nach dem zuerst von P. P. WEIMARN[4] angegebenen Verfahren (Behandeln der Cellulose mit stark hydratisierten, konzentrierten Salzlösungen, wie Rhodancalcium, Lithiumchlorid u. a.) scheint eine Lösung ohne chemische Veränderung möglich zu sein. Alle Lösungen zeigen einen kolloiden Charakter. Mineralische Säuren wirken zerstörend auf die Cellulose ein. So wird diese schon von kalter verdünnter Salzsäure merklich angegriffen; Schwefelsäure wirkt unter gleichen Verhältnissen bedeutend schwächer ein. Stärkere Schwefelsäure (etwa 70%) übt schon nach wenigen Sekunden eine stark quellende Wirkung aus (Herstellung von vegetabilischem Pergament, Glasbattist nach dem HEBERLEIN-Verfahren usw.). Besonders empfindlich ist die Cellulose gegen eintrocknende Säuren, die sie in brüchige, leicht zerreibliche Hydrocellulose umwandeln (Bleichfehler, Carbonisation in der Kunstwollfabrikation behufs Entfernung der pflanzlichen Beimengungen der Schafwolle). Letztere ist nicht zu verwechseln mit der aus den Celluloselösungen durch chemische Mittel wieder ausgefällten Cellulose, die als Cellulosehydrat oder Hydratcellulose bezeichnet wird. SCHWALBE[5] hat für dieselbe den Namen „quellbare Cellulose“ vorgeschlagen. Ein eigenartiges Verhalten zeigt die Cellulose infolge ihres Alkoholcharakters gegen verschiedene Säuren, mit denen sie Ester bildet. Die bekanntesten sind die Salpetersäureester und die Essigsäureester (Cellulosenitrate und -acetate) der Cellulose, die eine weitgehende Anwendung in den Faserstoffgewerben (Kunstseide) finden. Eine besondre praktische Bedeutung hat ferner die Lösung des Natriumsalzes des Celluloseesters der Dithiocarbonsäure in Wasser bzw. verdünnter Natronlauge erlangt (Viscose). Dieser Ester wird häufiger als Cellulosexanthogensäure bezeichnet. Verdünnte kalte Salpetersäure und andre Oxydations-

---

[1] DÖRR: Ztschr. ang. Ch. **1923**, 399. [2] CROSS und BEVAN: Cellulose. 1903.
[3] HERZOG und JANKE: Berl. Ber. **1923**, 53. [4] WEIMARN: Kolloid-Ztschr. **1912**, 41.
[5] SCHWALBE: Ullmanns Enzyklopädie der technischen Chemie. 1916.

mittel wandeln die Cellulose in Oxycellulose um, eine Substanz, die chemisch nicht einheitlich zusammengesetzt ist. Sie ist ebenso wie die Hydrocellulose stark brüchig und besitzt reduzierende Eigenschaften. Über den chemischen Nachweis beider (s. chem. Analyse der Gespinstfasern u. u. Bleicherei der Baumwolle).

Sehr widerstandsfähig ist die Cellulose gegen Alkalien (Anwendung beim Beuchen pflanzlicher Fasern). Durch Einwirkung von kalter Natronlauge von etwa 30° Bé tritt starke Quellung mit bleibender Strukturänderung und Schrumpfung in der Längsrichtung ein; gleichzeitig findet eine beträchtliche Steigerung des Glanzes, der Festigkeit und des Farbstoffaufnahmevermögens statt (Mercerisieren). Es bildet sich hierbei Alkalicellulose, die durch Wasser in Hydratcellulose und Natronlauge zerfällt. Eine Steigerung des Glanzes findet jedoch nur statt, wenn der Längsschrumpfung durch starke Anspannung des Gespinstes oder Gewebes entgegengearbeitet wird. Gegen Salze, die durch Bindung einer starken Säure mit einer schwachen Base gebildet sind (Aluminiumsulfat, Magnesiumchlorid usw.), ist die Cellulose, namentlich bei höherer Temperatur, sehr empfindlich (Bildung von Hydrocellulose; praktische Anwendung beim Carbonisieren in der Ätzspitzenfabrikation).

Außer Cellulose sind an der Zusammensetzung der pflanzlichen Faserstoffe noch beteiligt: Ligninstoffe, Pektinstoffe, Lipoide, Gerbstoffe, stickstoffhaltige Verbindungen, Farbstoffe, Mineralstoffe und Wasser. Im Hinblick auf die bei verschiedenen Fasern herrschenden beträchtlichen Unterschiede in der Menge und Verteilung dieser Stoffe soll auf deren praktische Bedeutung und ihren Nachweis erst in den speziellen Teilen dieses Werkes näher eingegangen werden.

Tierische Wollen und Haare.

Die Grundsubstanz der tierischen Wollen und Haare ist das Keratin (Hornsubstanz). UNNA[1] unterscheidet mit Hilfe der rauchenden Salpetersäure vorläufig 3 Keratine.

1. Keratin A, unverdaulich in Pepsinsalzsäure und rauchender Salpetersäure, keine Xanthoproteingelbfärbung. Es ist das widerstandsfähigste aller Hornprodukte und widersteht in der Kälte lange Zeit den stärksten Alkalien und Säuren. Durch anhaltendes Kochen mit denselben wird es schließlich unter völliger Zersetzung gelöst.

2. Keratin B ist schon mit verdünnten Alkalien in der Kälte löslich und aus dieser Lösung durch Säuren ohne Veränderung wieder fällbar. Ebenso lösen es stark konzentrierte Säuren, und es wird aus ihnen mit Wasser wieder niedergeschlagen. Es ist unlöslich in Pepsinsalzsäure, zeigt aber sonst alle Eiweißreaktionen.

3. Keratin C ist noch weniger einheitlich gebaut als Keratin B und ist verdaulich in rauchender Salpetersäure.

Durchschnittlich enthält:

	C	H	S	N	Asche
Keratin A	53,0 %	7,0 %	1,75 %	14,0 %	0,6 %
Keratin B	47,3 %	7,8 %	2,17 %	15,7 %	0,6 %

Die Epidermiszellen der tierischen Wollen und Haare bestehen nur aus Keratin A; im Mark und in der Rindenschicht ist Keratin C enthalten. In den Rindenzellen sind noch bedeutende Kernreste und im Mark Trichohyalin enthalten. Keratin B fehlt.

Der Träger des Schwefels ist das Cystin, welches neben Tyrosin und Tryptophan die Leitkörper der Verhornung bildet.

[1] UNNA und GOLODETZ: Neue Studien über die Hornsubstanz. Mh. Dermat. **1907—09**. — UNNA: Biochemie der Haut. 1913.

Die folgende Zusammenstellung gibt eine Übersicht der von BRUNSWIK[1] an Schafwolle durchgeführten mikrochemischen Reaktionen.

Reaktion	Ergebnis	Lokalisation	Damit am Wollkeratin nachgewiesen
Biuret-Reaktion	positiv	diffus im Haar	allgemeine Eiweißnatur
RASPAILsche Probe	,,	,, ,, ,,	,, ,,
Xanthoproteinreaktion	,,	—	aromatische Komplexe, also Tyrosin und Tryptophan, nicht aber Phenylalanin
MILLONsche Probe	positiv in der Faserschicht, negativ in der Epidermis	—	Tyrosin in Keratin C, kein Tyrosin anscheinend in Keratin A
Reaktion von VOISENET-KRETZ	positiv	diffus	Tryptophan
Diazoreaktion von PAULY	a) intakte Wolle: negativ b) 5 Min. mit 2,5 % KHO behandelt: positiv	— —	Tyrosin nur in der Faserschicht Keratin C nicht in der Epidermis
Diazoreaktion nach vorangegangener Nitrierung	negativ	—	(Histidin fehlt in nachweisbaren Mengen)
Schwefelbleireaktion	positiv	—	Cystin bzw. Cysterin

Die in den naturgefärbten Wollen und Haaren enthaltenen Pigmente von verschiedenem Dipersitätsgrade bestehen aus chemisch noch wenig erforschten Melaninen. Nach SAMUELY kommen als Chromogene für die Melaninbildung skatolbildende, tyrosingebende, pyrrolbildende und pyridingebende Gruppen in Betracht. Nach ROSS AIKEN GORTNER sind die tierischen Pigmente das Resultat der Einwirkung von Tyrosinase auf oxydierbare Chromogene. Nach FEIN[2] ist die Stickstoffverteilung in schwarzer und weißer Schafwolle wesentlich verschieden:

	Ammoniak-N	Humin-N	Arginin-N	Lysin-N	Histidin-N	Cystin-N	Amino-N im Filtrat der Basen	Nicht-amino-N im Filtrat der Basen
Weiße Wolle	9,32	1,20	17,46	3,90	7,00	2,70	54,54	2,76
Schwarze Wolle . .	9,46	4,74	16,81	3,97	7,04	3,90	52,01	2,13

Der Gesamtstickstoff beträgt bei:

Weißer Wolle . . . . 16,27 %
Schwarzer Wolle . . . 15,11 %

Der niedrigere Stickstoffgehalt der schwarzen Wolle ist nach dem Genannten nur durch die Gegenwart eines fremden Körpers (Melanin) mit einem geringeren Stickstoffgehalt als er der Keratinstruktur zukommt, erklärbar oder aber durch Oxydation des gesamten oder eines Teils des N der Keratinstruktur bei der Pigmentbildung. Von andrer Seite wurde darauf hingewiesen, daß das Melaninmolekül vielleicht ein Polyoxyindigo sei.

[1] BRUNSWIK, V.: Die chemischen Eigenschaften und die Mikrochemie des Wollhaares. In H. MARK: Beiträge zur Kenntnis der Wolle und ihrer Bearbeitung. Berlin 1925.

[2] FEIN: Beiträge zur Kenntnis des Einflusses des Äscherns auf die Eigenschaften der Rinderhaare. Dissert., Dresden 1923.

Nach FRIEDMANN und ERLENMEYER jr. ist das Cystin als Di-β-thio-α-aminopropionsäure anzusprechen. Der durch das Cystin im Keratin bedingte große Gehalt an Schwefel schwankt beträchtlich und beträgt in Prozent bei:

Menschenhaaren	3,7—7,9 (von BIBRA)
	5,0—5,3 (von MOHR)
Kaninchenhaaren	4,01
Kälberhaaren	4,35
Kuhhaaren (weiß)	5,40
Pferdehaaren (Schweif, dunkelbraun)	3,56
Schweinehaaren (weiß)	3,59
Gemsenhaaren	5,04
Schafwolle (weiß)	3,68

Die Totalanalyse (E. FISCHER) ergibt in Prozent der Trockensubstanz vom Keratin der:

	Roßhaare	Schafwolle		Roßhaare	Schafwolle
Glykokoll	4,7	0,6	Cystin	7,9	7,3
Alanin	1,5	4,4	Lysin	1,1	—
Aminovaleriansäure	0,9	2,8	Arginin	4,5	—
Leucin	7,1	11,5	Tyrosin	3,2	2,9
Glutaminsäure	3,7	12,9	α-Prolin	3,4	4,4
Asparaginsäure	0,3	2,3	Tryptophan	1,2	1,2
Serin	0,6	0,1	Histidin	0,6	—

Über die in den rohen tierischen Wollen und Haaren teils imprägnierenden, teils aufgelagerten Wollfette und Salze (Schweiß) s. Schafwolle u. Abb. 213 u. 214.

Spezielle mikrochemische Reaktionen: Zu den bei der Qualitätsprüfung von Schafwolle häufig ausgeführten Reaktionen gehören vorzugsweise die von ALLWÖRDEN und von PAULY angegebenen. Nach ALLWÖRDEN[1] zeigt Schafwolle nach Einwirkung von Chlorwasser unter dem Mikroskop ein perlschnurartiges Abheben der Oberhaut (Abb. 215). Näheres hierüber s. w. u.

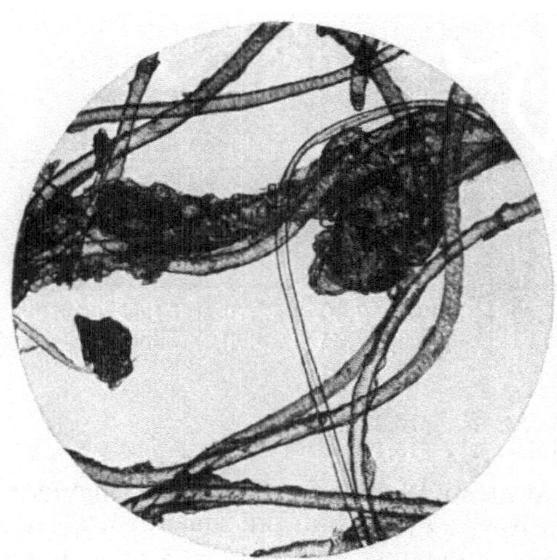

Abb. 213. Rohe Schafwolle mit anhängendem Fettschweiß. Vergr. 100.

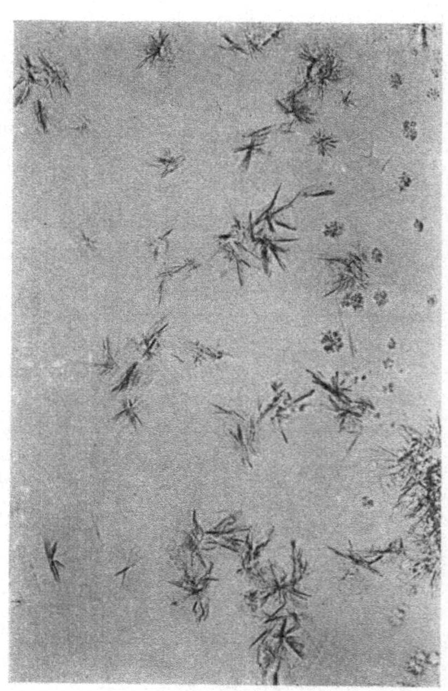

Abb. 214. Mikrochemischer Nachweis von Cholesterin in der Schafwolle (Reaktion mit Digitonin). Vergr. 150.

[1] ALLWÖRDEN, v.: Ztschr. ang. Ch. **1916**, 77.

Bei der Diazoreaktion von PAULY[1], die bis zu einem gewissen Grade auch quantitative Schätzungen von Wollbeschädigungen zuläßt, wird das frisch bereitete Reagens[2] auf die Fasern einwirken gelassen und die Beobachtung unter dem Mikroskop vorgenommen. Da das Reagens nur auf die Rindenschicht der Fasern einwirkt (Rotfärbung), nicht aber auf die Epidermis und durch sie hindurch, so kann die Reaktion nur an solchen Haarstellen positiv wirken, wo die Kittung der Epidermiszellen aus mechanischen oder chemischen Gründen gelockert ist. Sie ist der ALLWÖRDENschen Reaktion an Empfindlichkeit und Klarheit weit überlegen.

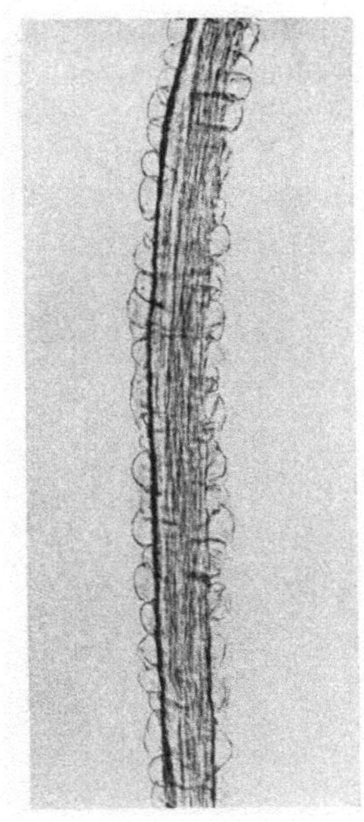

Abb. 215. Reaktion nach ALLWÖRDEN. Vergr. 140.

Verhalten gegen verschiedene, in der Technik angewandte Reagenzien. Tierische Wollen und Haare werden sehr stark durch Alkalien, insbesondre durch die Hydroxyde der Alkalien angegriffen, wobei jedoch die Zeitdauer der Einwirkung, die Konzentration und die Temperatur der Lauge eine große Rolle spielen (s. Abb. 216). Verdünntes Ammoniak und sehr verdünnte kohlensaure Alkalien sind in der Kälte ohne nennenswerte Einwirkung. Als wenig einwirkende Alkalien kommen auch phosphorsaure und borsaure in Betracht. Gegen Säuren ist das tierische Haar viel weniger empfindlich als die Pflanzenfaser, indessen bleibt zu beachten, daß jenes schon beim Kochen mit verdünnten Säuren eine Zersetzung erleidet. Kalte konzentrierte Mineralsäuren führen in der Kälte erst bei längerer Einwirkung, in der Wärme jedoch sehr rasch eine Zerstörung und Lösung herbei. GELMO und SUIDA haben gezeigt, daß durch warme Be-

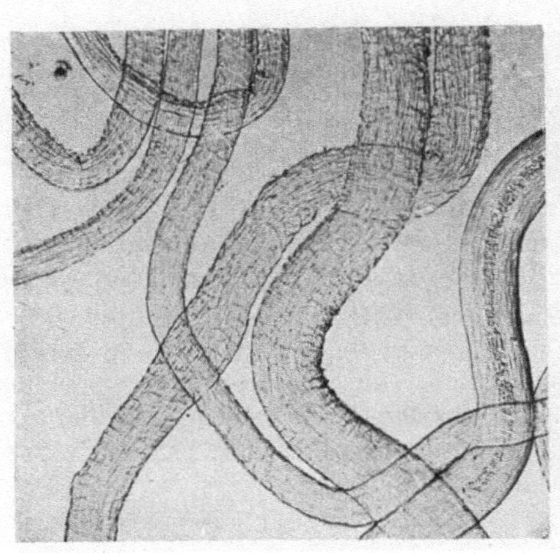

Abb. 216. Schafwolle nach Einwirkung von kochender Kalilauge. Vor der Auflösung wird die Faser glasig durchsichtig; starke Quellung; Oberhautschuppen deutlich abstehend. Vergr. 100.

Abb. 217. Schafwolle nach Einwirkung von starker Salpetersäure. Die Faser rollt sich stark zusammen und löst sich nach einiger Zeit; starke Gelbfärbung. Vergr. 80.

[1] PAULY: Ztschr. Farb. u. Text. Ind. **3** (1904).

[2] Bereitung: 2 g Sulfanilsäure aufgeschwemmt in 3 cm^3 Wasser + 2 cm^3 konz. Salzsäure. Vorsichtig portionenweise versetzt mit einer Lösung von 1 g Natriumnitrit in 2 cm^3 Wasser. Die hierbei entstehende Diazobenzolsulfosäure wird unter wenigem Waschen auf dem Filter gesammelt und in 10proz. Sodalösung gelöst.

handlung von Schafwolle mit verdünnter Schwefel- und Salzsäure das Anfärbevermögen für basische Farbstoffe stark vermindert, für saure Farbstoffe in neutraler Lösung dagegen wesentlich erhöht wird. Salpetersäure (konz.) färbt gelb und löst (s. Abb. 217). Verdünnte Salpetersäure wirkt nur wenig ein, und wird deshalb zum Abziehen von Farbstoffen in der Kunstwollfabrikation vielfach gebraucht. Über das Verhalten gegen Salze, insbesondre Beizen, s. Abschn. Färberei der Wolle.

Ein eigentümliches Verhalten zeigt die Schafwolle gegen gasförmiges, in Wasser gelöstes oder in Form von unterchlorigsauren Salzen vorliegendes Chlor.

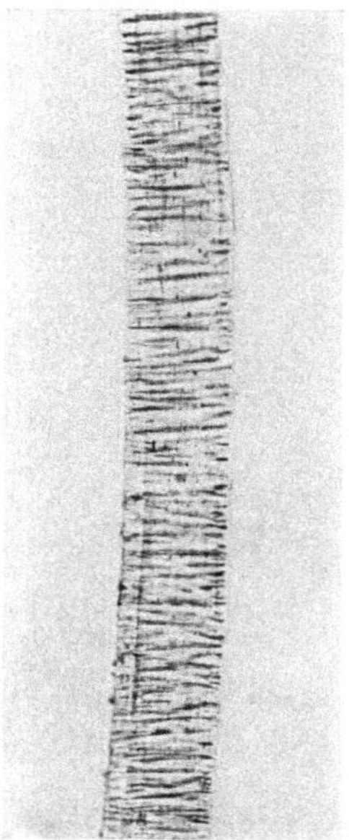

Abb. 218. Gechlorte Schafwolle in Canadabalsam mit zahlreichen Querrissen. Vergr. 320.

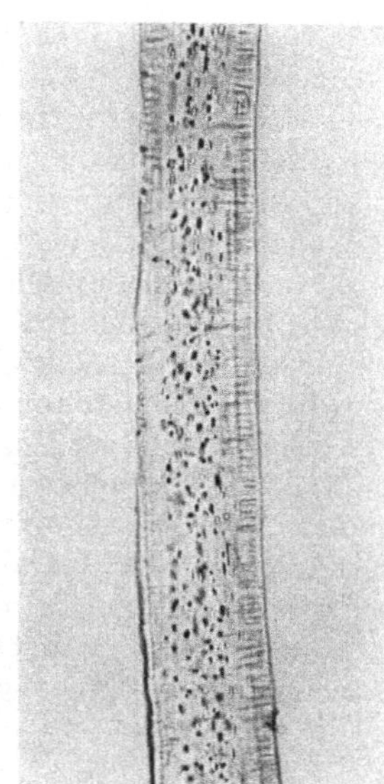

Abb. 219. Gechlorte Schafwolle in Canadabalsam mit zahlreichen Poren in der inneren Faserschicht. Vergr. 320.

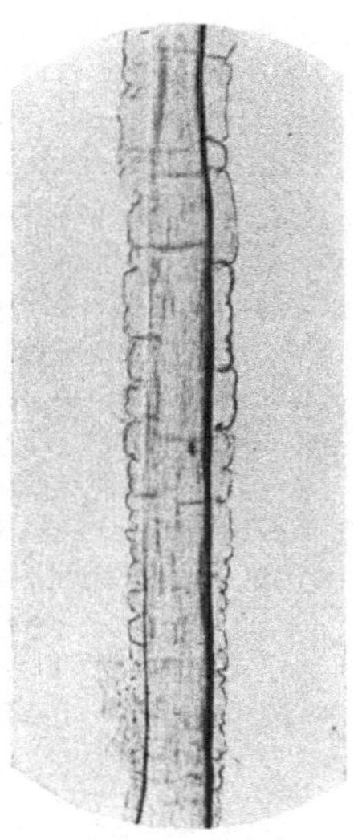

Abb. 220. Gechlorte Schafwolle in Chloralhydrat. Vergr. 140.

Die Veränderungen der Faser betreffen die Filzfähigkeit, den Glanz, das Farbstoffaufnahmevermögen, den Griff und die Netzfähigkeit. In chemischer Hinsicht ist zu bemerken, daß beim Chloren das Keratin C in Chlorkeratin umgewandelt wird, während das in der Epidermis enthaltene Keratin A nicht beeinflußt wird. Nach P. Krais[1] ist die Behandlung sauer vorbehandelter Schafwolle in einem Chlorkalkbade die einzige kräftige Reaktion, die man mit der Wolle technisch vornimmt, ohne die Faser zu schädigen. Über die sichtbaren Veränderungen der Schafwolle nach Behandlung mit sauren Chlorkalkbädern hat A. Herzog[2] kürzlich berichtet (s. die folgende Zusammenstellung).

Tierische Seide.

Die echte Seide besteht aus dem den eigentlichen Faden zusammensetzenden Fibroin und einer Hüllsubstanz, dem Sericin. Nach den Untersuchungen von Fischer und Skita liefert das zu den faserigen Albuminoiden gehörende Fibroin bei seiner chemischen Aufspaltung verschiedene Amidosäuren (Gly-

[1] Krais, P.: Textilindustrie. Dresden und Leipzig 1924.

[2] Herzog, A.: Mell. Text. **1928**, 33.

Reagens	Gechlortes Wollhaar		
	Epidermis (gechlort)	äußere (gechlorte)	innere (nichtgechlorte)
		Rindenschicht	
Wasser, Glycerin, Canadabalsam	stärker lichtbrechend		schwächer lichtbrechend Poren in der Faserschicht (Abb. 219)
	zackige Vorsprünge der Epidermiszellen fehlen, etwa 0,8 μ dick	beim Dehnen oder Zerreißen starke Querzerklüftung (Abb. 218)	
Methylenblau	dunkelblau		schwach hellblau
Safranin	dunkelrot		schwach rötlich
Rutheniumrot	kräftig karmoisinrot		fast farblos
Chloralhydrat, Kupferoxydammoniak, Ammoniak konz., Soda 10proz., Eisessig	ungelöst, stark gekräuselter bzw. gefälteter Schlauch (Abb. 220)	Abnahme der Lichtbrechung, rasch gelöst	ungelöst, Faserspalten sehr deutlich
Schwefelsäure	wie vorstehend	zuerst opak, Querfalten deutlich, sodann gelöst	Lichtbrechung von außen nach innen abnehmend (besonders auf Querschnitten sehr klar!), Faserspalten deutlich
Osmiumsäure 1proz.	stärker gebräunt		schwächer gebräunt
		schaumig	
Chlorzinkjod	dunkelgelb, schaumig, völlig desorganisiert		hellgelb
Konz. **Glycerin,** heiß	Abnahme der Lichtbrechung, keine Lösung, klaffende Querspalten, im optischen Längsschnitt auffallende Kerbung der Faser		Faserspalten, Poren
	manchmal feine, sich kreuzende Liniensysteme	—	

Die wichtigeren Reagenzien sind durch fetten Druck hervorgehoben.

kokoll, Alanin, Tyrosin, Leucin, Phenylalanin, Serin usw.). E. ABDERHALDEN[1] hat durch Abbau des Fibroins zehn verschiedene Mono- und Diaminosäuren festgestellt, darunter hauptsächlich Glykokoll, α-Alanin und l-Tyrosin. R. O. HERZOG ist der Ansicht, daß das Fibroin höchstwahrscheinlich eine sehr einfache Zusammensetzung aufweist. Von der Schafwolle unterscheidet sich die Seide hauptsächlich durch die Abwesenheit von Schwefel. VIGNON[2] gibt für einige Arten die chemische Zusammensetzung wie folgt an.

	Weiße Seide		Gelbe Seide	
	Kokon	Grège	Kokon	Grège
Fibroin	73,59	76,26	70,08	72,35
Sericin	22,28	22,01	24,29	23,13
Mineralsalze des Fibroins	0,09	0,09	0,16	0,16
Wachs und Fett	3,02	1,36	3,46	2,75
Salze	1,06	0,30	1,92	1,60

SCHÜTZENBERGER schlug für das Fibroin die empirische Formel: $(C_{15}H_{23}N_5O_6)x$ vor; für das ähnlich zusammengesetzte Sericin die Formel: $(C_{15}H_{25}N_5O_8)x$. Letzteres unterscheidet sich vom Fibroin hauptsächlich durch seine größere Löslichkeit, besonders gegen verdünnte Alkalien und Seifen.

[1] ABDERHALDEN, E.: Ztschr. physiol. Ch. **1922**, 207.
[2] VIGNON: La soie. Paris 1890.

Gegen Säuren verhält sich die Seide ungefähr so wie die Schafwolle, nur ist sie beträchtlich empfindlicher; konzentrierte Mineralsäuren lösen schon in der Kälte rasch auf. Durch kurze Zeit in Salpetersäure von 17° Bé getaucht, wird die Seide intensiv gelb gefärbt („Mandarinage"). Alkalien wirken im allgemeinen ungünstig auf die Faser ein; bei längerem Erhitzen tritt sogar Lösung ein. Ammoniak und Erdalkalien sind auf das Fibroin ohne Einwirkung; sie beeinträchtigen jedoch den Glanz und die Dehnung. Über das Verhalten der Seide gegen Beiz- und Erschwerungsmittel vgl. Färberei der Seide.

Einige chemische Reaktionen, die besonders bei mikroskopischen Arbeiten Verwendung finden, enthält die folgende Zusammenstellung.

		Verhalten bei der Verbrennung			Chlorzinkjod	Kalte konzentrierte Schwefelsäure	Eisessig
		Rückstand	Verbrennungsgase				
			Geruch	Reaktion gegen Lackmuspapier			
1	Echte Seide	blasig-kohlig	auffallend unangenehm (n. verbrannten Federn)	alkalisch	gelb	rasch gelöst	kalt und warm ohne Einwirkung
2	Wilde Seide	dgl.	dgl.	dgl.	dgl.	dgl.	dgl.
3	Muschelseide	dgl.	dgl.	dgl.	dgl.	dgl.	schwache Quellung
4	Spinnenseide	dgl.	dgl.	dgl.	dgl.	dgl.	kalt: starke Quellung, Längsschrumpfung und Kräuselung; warm: teilweise Lösung

Die übrigen tierischen Seiden (wilde Seide, Spinnenseide) zeigen im allgemeinen ein analoges chemisches Verhalten. So haben die ausgezeichneten Untersuchungen E. Fischers[1] gelehrt, daß der Spinnenfaden (Nephila madagascariensis) makrochemisch sehr große Ähnlichkeit mit dem Fibroin der echten Seide aufweist; er enthält auch die annähernd gleiche Menge an Glykokoll, Alanin, Tyrosin und Leucin. Etwas größer ist die Menge des Prolins und der Diaminosäuren. E. Fischer hebt als besondren Bestandteil der Spinnenseide die Glutaminsäure hervor, die bisher im Fibroin von Bombyx mori nicht nachgewiesen werden konnte. Ein weiterer Unterschied besteht in dem Gehalt an Serin, das einen beträchtlichen Teil des Seidenfibroins ausmacht, aber in der Spinnenseide nahezu fehlt.

Feinbau der Faserstoffe.

Unsre heutige Einsicht in den chemischen und strukturellen Aufbau der pflanzlichen Zellmembranen ist in vieler Hinsicht noch sehr mangelhaft. Wie schon erwähnt, sind hinsichtlich der Größe und Struktur des Cellulose-

[1] Fischer, E.: Sitzgsber. Akad. Wiss. Berlin **24** (1907).

moleküls noch mannigfache Unklarheiten vorhanden, die z. T. in den von verschiedenen Seiten aufgestellten, recht unterschiedlichen und nicht restlos befriedigenden Cellulosestrukturformeln zum Ausdruck kommen. Auch über die in technischer Hinsicht so wichtigen Abkömmlinge der Cellulose (Oxy-, Hydro-, Hydratcellulose) ist man noch sehr im unklaren und behilft sich in der Technik mit der Ausführung von quantitativen Reaktionen (Kupferzahl, Permanganatzahl usw.), die aber naturgemäß nur einen rohen Notbehelf darstellen. Dazu kommt noch, daß in der pflanzlichen Zellmembran neben verschiedenen Cellulosen von zweifellos unterschiedlicher Widerstandsfähigkeit auch zahlreiche Nichtcellulosen aus den Protoplasten abgeschieden werden, über deren gegen-

Halbgesättigte Chromsäure	40 proz. Kalilauge (heiß)	Kupferoxyd-ammoniak (kalt)	Nickeloxyd-ammoniak	Alkalisches Kupfer-Glycerin
in der Wärme rasch gelöst	rasch gelöst	Fibroin rasch gelöst; Serizin stark quergefaltet, ungelöst	in der Kälte rasch gelöst, Färbung hellbräunlich. Sericin ungelöst	in der Kälte Fibroin gelöst, Sericin ungelöst. Flüssigkeit violett gefärbt
in der Wärme sehr langsam gelöst. Fibrillen sehr deutlich	erst nach längerem Kochen Zerfall und teilweise Lösung	wie bei 1, jedoch langsamer, Quetschstellen zuerst gelöst. Fibrillen sehr deutlich	erst beim Erwärmen starke Quellung u. teilweise Lösung, Farbe der Lösung hellbräunlich	kalt: ohne Einwirkung, heiß: Zerklüftung und Lösung; Flüssigkeit violett gefärbt
deutliche Längsstreifung, in der Wärme vollständige Lösung	wie bei 2, deutliche Längsstreifung	starke Quellung ohne Lösung	kalt und warm starke Quellung ohne Lösung. Längsstreifung	kalt und warm: schwache Quellung ohne Lösung
in der Kälte starke Verkürzung, in der Wärme nach einiger Zeit gelöst	Trübung der Faser und langsame Lösung	rasch gelöst, stellenweise längsgestreift	starke Kräuselung u. Quellung, schließlich Lösung. Braunfärbung wie bei 1	wie bei 1, jedoch starke Kräuselung

seitige Anordnung und chemische Bindung die Ansichten noch weit auseinandergehen. Der Zellstoffchemiker behilft sich damit, die widerstandsfähigere Cellulose als α-Cellulose, die weniger resistente als β-Cellulose zu bezeichnen. Erfahrungsgemäß ist ihm bekannt, daß sich Zellmembranen mit hohem α-Cellulosegehalt zu vielen Zwecken, insbesondre zur Herstellung einer brauchbaren Kunstseide, gut eignen.

Etwas günstiger liegen die Verhältnisse hinsichtlich des strukturellen Aufbaues der pflanzlichen Zellmembran. Schon 1893 gelang es GILSON[1], mikroskopisch sichtbare Cellulosekrystalle zu erhalten, aber erst später wurde es, dank den röntgenspektrographischen Untersuchungen von DEBYE und SCHERRER[2], R. O. HERZOG[3], KATZ[4] u. a., möglich, den kryptokrystallinischen Aufbau der Cellulose, den man bis dahin infolge der Doppelbrechung der pflanzlichen Zellmembranen nur vermutet hatte, experimentell zu bestätigen. Das erste Stadium beginnt mit der Feststellung, daß die Cellulose überhaupt ein Röntgendiagramm

[1] GILSON: La Cellule 9 (1893).
[2] DEBYE und SCHERRER in ZSIGMONDY: Kolloidchemie, 3. Aufl.
[3] HERZOG, R. O.: Berl. Ber. **1920**, **53**; Ztschr. Physik **1920**, 3.
[4] KATZ: Ztschr. Elektroch. **1926**, 32.

liefert. In das Verdienst dieser Erkenntnis teilen sich SCHERRER und R. O. HERZOG. Die Cellulosefaser kann im Sinne dieser Forschung als ein Komplex von Anhydrocellobiosen mit 24 Kohlenstoffatomen aufgefaßt werden. Nach den letzten Forschungsergebnissen von WEISSENBERG war die Erkenntnis so weit geführt, daß nur noch a) die unendlich langen Hauptvalenzen als eine Möglichkeit und b) Gruppen von ein oder zwei Zuckerresten (Glucosane oder Cellobiosane) als die andre Möglichkeit übrigblieben. In der letzten Zeit hat sich durch die Arbeiten von K. H. MEYER und H. MARK[1] eine bedeutsame Veränderung vollzogen. Diese Forscher haben gezeigt, daß sich die Vorstellung der unendlich langen Ketten ohne Widerspruch halten läßt, wodurch die bisherige Vorstellung über den Aufbau der Cellulose aus einzelnen, nebenvalenzmäßig verknüpften kleinen Cellobiosanmolekülen stark erschüttert worden ist. Die DEBYE-SCHERRER-Diagramme können nach dem heutigen Stande nicht mehr als ausreichend gelten, und die neuen Darlegungen von K. H. MEYER und H. MARK lassen nach HABER[2] die Wage zur Zeit wieder stärker nach der Seite der langen Ketten ausschlagen.

K. H. MEYER und H. MARK (a. a. O.) halten es nach ihren Untersuchungen für einwandfrei bewiesen, daß etwa 40 Glucosereste in ihrer 1,5-Ringform miteinander durch β-glucosidische Bindungen in 1,4-Stellung zu einer gerade gestreckten Hauptvalenzkette vereinigt und daß je 40—60 solcher Hauptvalenzketten parallel zueinander gelagert sind und durch Micellarkräfte zu einem Celluloseteilchen zusammengehalten werden, so daß im ganzen je 1500—2000 Glucosen zu einem Teilchen vereinigt sind.

Auch die Ultramikroskopie hat zweifellos wertvolle Beiträge geliefert und vor allem den Beweis über die Diskontinuität der Cellulose in den Zellmembranen erbracht; eine glänzende Bestätigung der schon von NÄGELI[3] aufgestellten Micellarhypothese. Nach dem Ergebnis dieser Arbeiten müssen wir annehmen, daß die im Protoplasma der lebenden Zelle erzeugten und der Zellwand teils aufgelagerten, teils eingelagerten Cellulosemoleküle zunächst zu außerordentlich kleinen krystallinischen Aggregaten (Krystallite) zusammentreten und diese sich wieder zu Einheiten höherer Ordnung, den schon von NÄGELI vermuteten, ultramikroskopisch bereits sichtbar zu machenden Micellen vereinigen. Aus diesen setzen sich nun die bereits mikroskopisch sichtbaren Fibrillen bzw. Spiralfäserchen der Zellwände zusammen. Nach dem ultramikroskopischen Bilde hat es den Anschein, als ob die Micelle der chemisch widerstandsfähigeren Cellulose, die durch eine besondre Lichtstärke ausgezeichnet sind, größer seien als die lichtschwachen oder optisch leeren der weniger resistenten Cellulose, die gewissermaßen den Mörtel, also die Bindesubstanz jener Gerüststoffe darstellt. Nimmt man an, daß den Micellen beider Cellulosen die Fähigkeit zukommt, sich bei der Einwirkung von Wasser mit einer Wasserhülle zu umgeben, so muß bei der an sich zweifellos nicht sehr verschiedenartigen Lichtbrechung der verschiedene optische Effekt auf Unterschiede in der Größe der Micelle zurückgeführt werden. Nach genügend langer vorsichtiger Einwirkung von Quellungsmitteln (z. B. Kupferoxydammoniak) gelingt es nach Ausübung eines leichten Drucks auf das Deckglas die aus chemisch widerstandsfähigerer Cellulose bestehenden Spiralfäserchen in Form eines sehr zarten Netzes zu erhalten; die als Interfibrillärsubstanz zu bezeichnende β-Cellulose wird hierbei gelöst. Aus den genannten Spiralstreifen setzen sich in weiterer Folge die schon dickeren Spiralbänder zusammen, die die mikroskopisch leicht sichtbare Parallel- oder Spiralstreifung der Zellwände bewirken. Sehr schön läßt sich die Spiralstreifung z. B. bei der Flachfaser beobachten (von rechts unten nach links oben ansteigend, also rechtsläufig im Sinne der Botanik). Ebenso

[1] MEYER, K. H. und H. MARK: Berl. Ber. **1928**, 613.

[2] Vgl. hierzu Vortrag von H. MARK und Zusammenfassung von F. HABER: Ztschr. ang. Ch. **1929**, 52.

[3] NÄGELI: Bot. Mitt. **2**; Sitzgsber. bayer. Akad. Wiss. **1864**.

sind Hanf-, Brennessel- und Ramiefasern gute Beobachtungsobjekte. Auch beim Nadelholzzellstoff, der mehrere Stunden mit Mercerisierlauge behandelt und nach dem Abpressen 60 Tage in einem verschlossenen Gefäß aufbewahrt war, konnte ich eine prächtige Spiralstreifung feststellen. Es genügte hier schon ein leichter Druck, um die Spiralstreifen zum Auseinanderweichen zu bringen. Der Cellulosegehalt betrug bei diesem Zellstoff nach WAENTIG rund 50%. Es gelang nicht, ihn durch noch längere Einwirkung von Lauge unter diese Zahl herunterzudrücken. Die Spiralbänder bzw. die von ihnen gebildeten Lamellen bilden in weiterer Folge die Zellwandschichten, aus denen sich die Zellwände der Elementarfasern zusammensetzen. Bei den Bastfasern treten die letzteren zu Bündeln zusammen, wobei eine je zwei benachbarten Zellen gemeinschaftliche Platte, die sog. Mittellamelle, die Verbindung herstellt. Bei der technischen Gewinnung der Bastfasern werden diese Bündel ihrer Länge nach z. T. aufgespalten, so daß die technische Faser in der Regel feiner ist als das noch im Organ befindliche Bündel. Eine weitere Verfeinerung findet vor dem Verspinnen durch einen Kämmprozeß statt (Hecheln); vgl. hierzu die folgende Übersicht.

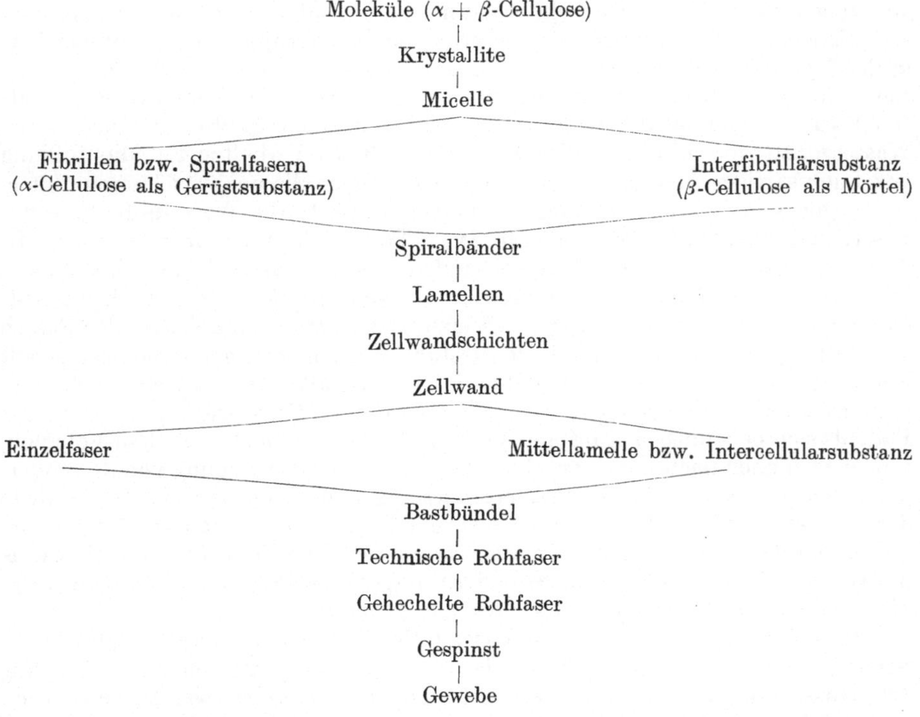

Hinsichtlich des Feinbaus der tierischen und künstlichen Fasern haben die nach der Methode von DEBYE und SCHERRER hauptsächlich von R. O. HERZOG, W. JANKE, M. POLANYI, K. BECKER, K. WEISSENBERG und R. KATZ ausgeführten Untersuchungen[1] gezeigt, daß das tierische Haar, die echte Seide, die Viscosekunstseide und die denitrierte Nitroseide die für Krystalle charakteristischen Interferenzbilder ergeben, so daß über ihren kryptokrystallinischen Aufbau kein Zweifel obwalten kann. Die weitere Vereinigung dieser Krystallite zu ultramikroskopisch bereits sichtbaren Micellen ist die gleiche wie bei den pflanzlichen Faserstoffen. Aus solchen Micellen bauen sich letzten Endes die Zellen bzw. Einzelfäserchen auf. Zu den tierischen Fasern ist noch zu bemerken,

[1] Zusammengestellt in Gesammelte Abhandlungen des Kaiser-Wilhelm-Instituts für Faserstoffchemie **1920—22**.

daß sie ungleich verwickelter zusammengesetzte Gebilde darstellen als die Pflanzenfasern, da sie aus außerordentlich zahlreichen Einzelzellen bestehen, die in ihrer Gesamtheit die später noch eingehend zu betrachtenden drei Gewebe in anatomischem Sinne bilden: Die Oberhaut, die Rindenschicht und das Mark. Viel einfacher liegen die Verhältnisse bei den natürlichen und künstlichen Seidenprodukten, die lediglich durch Formgebung, Koagulation und Härtung einer schleimigen Substanz entstanden sind.

Hygroskopizität und Quellung.

Alle Faserstoffe zeigen in hohem Grade die Fähigkeit, dampfförmiges Wasser aus der Luft aufzunehmen und festzuhalten (Hygroskopizität). Zweifelsohne handelt es sich hierbei um einen physikalischen Vorgang (Adsorption), bei welchem das Wasser an der Oberfläche und in den Zwischenräumen der Moleküle bzw. der Molekülgruppen (Micelle) der Faser verdichtet wird. Die Menge des jeweilig aufgenommenen Wassers hängt ab 1. von der Natur bzw. chemischen Zusammensetzung der Faser und 2. vom Wasserdampfgehalt der umgebenden Luft. Tierische Fasern sind im allgemeinen hygroskopischer als pflanzliche. Auch innerhalb der einzelnen Stoffgruppen sind Unterschiede in der Hygroskopizität vorhanden. So zeigt die stark verholzte Jutefaser unter sonst gleichen Umständen ein wesentlich höheres Wasseraufnahmevermögen als Baumwolle. Auch das Alter der Fasern ist bis zu einem gewissen Grade auf den Wassergehalt von Einfluß. WIESNER[1] führt dieses Verhalten auf die Bildung von humusartigen Körpern zurück. Wie namentlich die ausgezeichneten Untersuchungen von E. MÜLLER[2] dargetan haben, verläuft die Wasseraufnahme der Fasern nahezu parallel mit der relativen Feuchtigkeit der umgebenden Luft. Abweichungen sind nur insofern vorhanden, als die Fasersubstanz das Wasser nicht so rasch aufnimmt bzw. abgibt wie die umgebende Luft. Durch die Aufnahme von Wasser findet naturgemäß eine Gewichtsvermehrung der Fasern statt, die äußerlich, etwa durch das Gefühl, auch nicht annähernd festgestellt werden kann. Es erweist sich daher in vielen Fällen die experimentelle Bestimmung des vorhandenen Wassers als unerläßlich. Es ist dies um so mehr der Fall, als sich bekanntlich Kauf und Verkauf der Fasern nicht nach dem Volumen, sondern lediglich nach dem Gewicht vollziehen. Die Überzeugung von der außerordentlichen Wichtigkeit der Wasserermittlung brach sich bereits um die Mitte des 18. Jahrhunderts Bahn. Aber erst seit den vierziger Jahren des vorigen Jahrhunderts,. als ein ungeheurer Aufschwung der Textilindustrie eintrat, wurde die Wassergehaltsermittlung in besondern, unparteiischen Prüfungsämtern (Konditionieranstalten) allgemein. Näheres s. u. Konditionierung.

In Wasser gelegt, zeigen die Faserstoffe eine ausgesprochene Quellung. Schon WIESNER hat nachgewiesen, daß diese Quellung mit einer Verdichtung des Wassers in der Substanz der Zellwand verbunden ist, was zu einer Temperaturerhöhung führt. Über die Quellung der Faserstoffe liegen zahlreiche Arbeiten vor (LUDWIG, NÄGELI, BÜTSCHLI, H. DE VRIES, REINKE, V. HÖHNEL, SCHWENDENER, A. HERZOG, KATZ, WELTZIEN u. a.). Sie führten im allgemeinen zu dem Ergebnis, daß das Quellungsvermögen in verschiedenen Richtungen der Faser verschieden ist. Tierische Wollen und Haare quellen langsamer und weniger stark an als Pflanzenfasern. Theorien über die Quellung haben bereits v. HÖHNEL und SCHWENDENER aufgestellt, indessen ist bis heute noch keine allgemein befriedigende Erklärung des Quellungsvorgangs bekannt. Die von A. HERZOG mit Kunstseide ausgeführten Untersuchungen über die Quellung führten zu folgenden Ergebnissen:

---

[1] WIESNER, V.: Die Rohstoffe des Pflanzenreichs, 4. Aufl. Leipzig 1927 u. 1928.
[2] MÜLLER, E.: Civilingenieur. 1887.

1. Beim Einlegen in Wasser tritt stets eine deutlich nachweisbare Quellung (auch bei Acetatseide) ein. Diese kommt äußerlich in einer Zunahme der Breite, Dicke und Länge der Faser zum Ausdruck.

2. Untereinander verglichen, zeigen die Kunstseiden, je nach dem zu ihrer Herstellung benutzten Ausgangsmaterial und der Art seiner technischen Verarbeitung erhebliche Unterschiede in ihrem Quellungsvermögen. Es gilt dies sowohl von der linearen als auch von der quadratischen und kubischen Quellung.

3. Verhältnismäßig gering ist die Quellung in der Längsrichtung; 0,14% (Acetatseide) bis 7,4% (Viscoseseide). Die Kunstseiden verhalten sich also ähnlich den ungedrehten Fasern von Flachs, Hanf, Jute usw., nur beträgt die Längenzunahme der Pflanzenfasern nach v. Höhnel viel weniger (0,05—0,1%). Auch die tierische Faser verlängert sich stets beim Benetzen mit Wasser (0,1—0,5%).

4. Ungleich beträchtlicher ist die Zunahme in der Breite und in der Dicke der Kunstseide bei der Quellung in Wasser. Sie schwankt zwischen 5,7% (Acetatseide) und 356,1% (Gelatineseide) s. Abb. 221 u. 222.

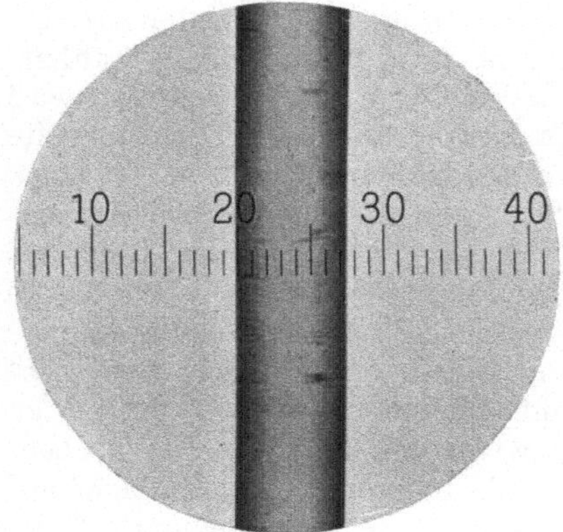

Abb. 221. Gelatineseide in Luft. Vergr. 300.

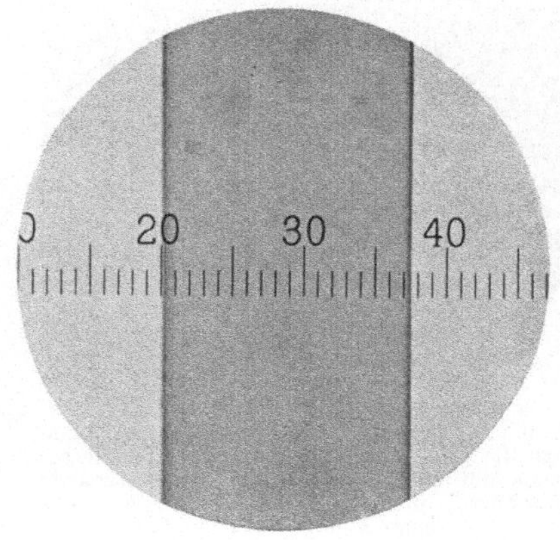

Abb. 222. Gelatineseide in Wasser. Die Quellung beträgt gegenüber dem Faserstück in Abb. 221: 133%. Vergr. 300.

5. Unterschiede hinsichtlich der Quellung in der Breite und in der Dicke der Fasern sind nicht mit Sicherheit festzustellen.

6. Die kubische Quellungsgröße, d. h. die räumliche Zunahme der Faser beim Einlegen in Wasser, weicht nur wenig von der quadratischen ab, so daß im allgemeinen die letztere ein ausreichendes Bild über die bei der Quellung eintretende Änderung der Faser bietet.

7. Alle Kunstseiden erleiden bei der Benetzung mit Wasser eine namhafte Festigkeitsverminderung, die zur Größe der stattfindenden Quellung in gewisser Beziehung steht. Annähernd verläuft die Festigkeitsabnahme parallel zur quadratischen Quellung.

8. Beim Austrocknen wird der ursprüngliche Zustand der Faser wiederhergestellt.

Starke Quellungsmittel, wie konzentrierte Natron- oder Kalilauge, starke Schwefelsäure, Kupferoxydammoniak, bewirken außer starker Quellung, die stets mit einer auffallenden Längsverkürzung verbunden ist, eine bleibende Strukturänderung (Mercerisieren, Pergamentieren); je nach der chemischen Natur der Faser tritt auch Lösung ein (unverholzte Pflanzenfasern in Kupferoxydammoniak, Schafwolle in Natronlauge usw.).

Die Schrägstreifung vieler Bastfasern, die auf dem Wechsel von nebeneinander liegenden wasserärmeren und wasserreicheren Streifen beruht, ist die

Ursache, daß die Fasern beim Anfeuchten infolge der eintretenden Quellung Drehungserscheinungen zeigen. Dieses Verhalten wurde von einem Zollbeamten beobachtet und in der zollamtlichen Praxis dazu benutzt, Hanf, Flachs und andre Bastfasern auch im Garn zu unterscheiden. Von den auf diese Weise untersuchten Fasern zeigen nach SONTAG[1] Linksdrehung: Flachs, Brennessel und Ramie; Rechtsdrehung: Hanf, Jute, Manila, Phormium und Sisal. SCHWEDE[2] geht so vor, daß er 6 cm lange, möglichst dünne Probestücke, deren Durchmesser je nach der Faserart etwa 0,07 bis 0,14 mm beträgt, an dem einen Ende mit einem Streifen von weißem Karton beklebt und mit dem andern Ende in einer Klammer befestigt. Dann wird die Faser mit einem in Wasser getauchten Pinsel durch je viermaliges Bestreichen auf ihrer Vorder- und Hinterseite befeuchtet (s. Abb. 223). Um die Zählung der Umdrehungen zu erleichtern, wird der Papierstreifen auf der einen Seite mit der Bezeichnung der Probe versehen. Nach SCHWEDE zeigt die Flachsfaser ziemlich zahlreiche und schnelle Linksdrehungen, dann nach kurzer Zeit 6—10 ziemlich schnelle Rechtsdrehungen. Die Drehung des Hanfes ist nach seiner Angabe unbestimmt; bei zwei Sorten traten zuerst zwei Rechtsdrehungen, dann ebensoviel Linksdrehungen ein, bei einer andern zuerst etwas Linksdrehung. Auch SONTAG bezeichnet die Drehung des Hanfes als unsicher, meist aber als rechtsläufig; stets ist sie nur gering. NODDER[3] hat die Drehungserscheinungen der Fasern beim Wiederaustrocknen (also entgegengesetzt dem früheren Vorgang), weil angeblich sicherer, diagnostisch verwertet.

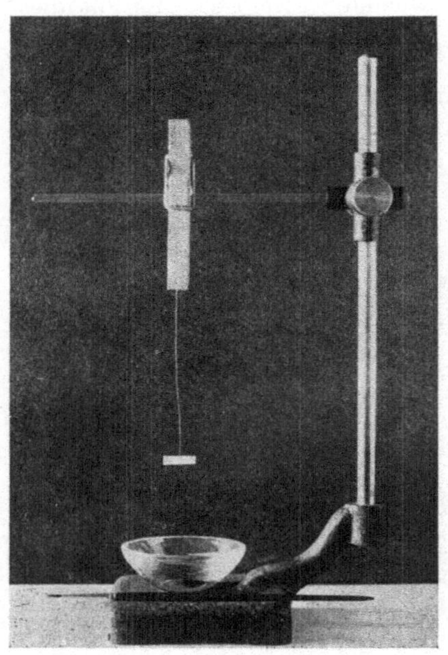

Abb. 223. Torsionsprobe. Eine Wäscheklammer hält die auf Torsion zu prüfende, an ihrem unteren Ende mit einem leichten Papierstreifen beklebte Faser fest. Unten eine Schale mit Wasser und ein feiner Pinsel. Verkleinert.

Festigkeit.

Die technisch wichtigen Faserstoffe sind durch eine bemerkenswerte Festigkeit ausgezeichnet, d. h. sie setzen der Trennung ihrer Teilchen bei Beanspruchungen auf Zug, Biegung, Drehung usw. einen großen Widerstand entgegen. Für die Bastfasern hat SCHWENDENER gezeigt, daß sie in der lebenden Pflanze neben dem Holz- und Kollenchymgewebe vorwiegend mechanische Funktionen auszuüben haben und dementsprechend sehr widerstandsfähig gebaut sein müssen. Sie stellen gewissermaßen das Skelett der Pflanze dar, welches die übrigen, der Assimilation, Nährstoffleitung, Fortpflanzung und andern Zwecken dienenden Gewebe zu tragen und gegen äußere Einflüsse zu schützen hat. Letztere bestehen vorzugsweise in Beanspruchungen der Pflanze durch Regen und Wind. In der Regel sind es biegende Einflüsse, die hierbei in Frage kommen, daneben aber auch drehende, drückende und ziehende. Wie nun die genannten Untersuchungen SCHWENDENERS gelehrt haben, bedient sich die Pflanze je nach der

[1] SONTAG: Jahr.ber. Ver. ang. Bot. **9** (1911); Ber. dtsch. bot. Ges. **29** (1911).
[2] SCHWEDE: Text. Forsch. **1921**, 3.
[3] NODDER: J. Text. Inst. Manchester **13** (1922).

Art der hauptsächlich in Betracht kommenden Beanspruchung des bezüglichen Organs bestimmter Konstruktionstypen, die bei geringstem Materialaufwand eine möglichst hohe Festigkeit gewährleisten (so z. B. Doppel-T-Träger bzw. hohle Säule und Träger von gleichem Widerstand bei möglichst biegungsfest sein sollenden Organen). Auch die tierische Seide (Raupen-, Spinnen-, Muschelseide) ist durch große Festigkeit ausgezeichnet, da sie in erster Linie zum mechanischen Schutze des betreffenden Tieres bestimmt ist (Bildung eines Kokons behufs ungestörter Entwicklung der Puppe und des Schmetterlings, Halteleine bei Luftwanderungen der Spinnen, Fangnetze für Tiere, Haftfäden bei der Steckmuschel usw.). Tierische Wollen und Haare zeigen bei gleichem Querschnitt eine beträchtlich geringere Zugfestigkeit als die Pflanzenfasern; es ist dies auch begreiflich, da jene der Hauptsache nach andre physiologische Funktionen auszuüben haben (Wärmeschutz) als diese.

Bei den Textilfasern und Erzeugnissen aus solchen kommt in erster Linie die Zug- oder Zerreißfestigkeit in Betracht, da von ihr die Haltbarkeit im Gebrauche wesentlich abhängt. Die Zugfestigkeit wird in der Regel nicht in Kilogramm für 1 mm^2 Querschnitt angegeben, sondern als Reißlänge. Diese stellt jene Faser- oder Fadenlänge dar, bei welcher durch das Eigengewicht des freihängenden Materials das Abreißen in der Nähe der Aufhängestelle erfolgt. Sie ist vom Querschnitt des Fadens unabhängig und wird zumeist in Kilometern ausgedrückt. Über die praktische Bestimmung der Zugfestigkeit bzw. der Reißlänge s. u. Festigkeit.

Über die absoluten Werte der Substanzfestigkeit verschiedener Faserstoffe gehen die Ansichten heute noch weit auseinander. Es liegt dies nicht allein an den von verschiedenen Autoren gewählten experimentellen Bestimmungsverfahren, sondern auch an den Fasern selbst. Es ist ja ohne weiteres einzusehen, daß selbst bei ein und demselben Faserstoff je nach seiner Qualität außerordentliche Unterschiede in der Festigkeit vorkommen können. So zeigt guter schlesischer Flachs nach A. Herzog[1] eine Reißlänge von 90 km, während durchschnittlich nur mit einer solchen von 40—60 km gerechnet werden kann. Flachssorten von nur 20 km und darunter gehören gleichfalls nicht zu den Seltenheiten. Unter solchen Verhältnissen hätte es natürlich keinen Zweck, an dieser Stelle Mittelwerte für die einzelnen Faserstoffe anzuführen. Es wäre aber eine dankenswerte Aufgabe, verschiedene Qualitäten der wichtigsten Handelsmarken der für die Textilindustrie hauptsächlich in Frage kommenden Faserstoffe einer eingehenden vergleichenden Festigkeitsprüfung zu unterziehen, um endlich einmal Klarheit zu schaffen.

Die Reißlänge von Gespinsten ist aus verschiedenen, hier nicht weiter zu erörternden Gründen wesentlich geringer als die Substanzfestigkeit der unverarbeiteten Faser. So zeigen z. B. Ia Kettgarne aus Flachs eine Reißlänge von nur 23 km.

Optische Eigenschaften.

Glanz.

Hinsichtlich des Glanzes lassen sich die Fasern in die umstehend angegebenen, hinreichend abgegrenzten Stoffklassen einreihen.

Der Glanz beruht auf der regelmäßigen Zurückwerfung des auffallenden Lichts; er hängt also vornehmlich von der Oberflächenbeschaffenheit der Einzelfaser ab. Daneben spielt aber auch die Gleichmäßigkeit des inneren Gefüges und insbesondre die Durchsichtigkeit der Fasermasse eine bedeutende Rolle. In nicht zu verkennender Weise ist der Glanz einer Faser auch von der Feinheit der Einzelfasern abhängig, und zwar in dem Sinne, daß unter

[1] Herzog, A.: Was muß der Flachskäufer vom Flachsstengel wissen? Sorau 1918.

Stoff-gruppe	Allgemeines Aussehen	Vertreter
I	matt	ostindische Baumwolle
II	schwach glänzend	Flachs, Ramie, Sea-Island- und Makobaumwolle
III	deutlich glänzend	Rohseide, gewisse tierische Wollen und Haare, Pflanzendaunen, künstliches Perückenhaar, Viszellingarn (Roßhaarersatz), mercerisierte Baumwolle
IV	stark glänzend	gekochte natürliche Seide, Pflanzenseide, Kunstseide nach dem Streckspinnverfahren hergestellt
V	hoch glänzend	Kunstseide, verschiedene Kunstroßhaare (Meteor, Sirius, Pan, Helios usw.)

sonst gleichen Verhältnissen der gröberen Faser der höhere Glanz zukommt. Auch die künstliche Färbung übt auf den Glanz einen beträchtlichen Einfluß aus. Schwarze oder dunkel gefärbte Stoffe reflektieren nur wenig, während weiße oder hell gefärbte einen großen Teil des auffallenden Lichts zurückwerfen. Im ersteren Falle betrifft die Dämpfung hauptsächlich das zerstreute Licht, denn die regelmäßig reflektierenden Flächen erscheinen nach wie vor glänzend hell (Glanzlichter auf schwarzem Samt). In einzelnen Fällen kann sogar durch die Färbung eine wesentliche Änderung des Glanzcharakters Platz greifen (Viszellingarn). Die ultramikroskopische Struktur der Faser übt auf den Glanz keinen Einfluß aus. Veränderungen des Glanzes bei Gespinsten und Geweben werden in der Technik vielfach vorgenommen (Mercerisieren der Baumwolle, Chloren der Schafwolle, Sengen, Pressen, Mangeln, Kalandern, Appretieren, Plätten, Einprägen von Furchen, schrägen Pyramidenstumpfen und Mustern). Ein Herabsetzen des Glanzes findet, wenn auch nicht unmittelbar beabsichtigt, beim Appretieren der in Zentral- und Ostasien hergestellten Seidengewebe statt, um den aus ihnen hergestellten Geweben den bevorzugten steifen Faltenwurf zu verleihen. Auch in der Kunstseidenausrüstung und Zeugdruckerei findet ein örtliches Mattieren der Gewebeoberfläche statt. So werden von Haus aus glänzende Gewebe durch örtlichen Aufdruck von matt auftrocknenden Stoffen (z. B. Zinkoxyd) derart verändert, daß Damastwirkungen vorgetäuscht werden.

Zur Vornahme von Glanzmessungen wird am besten das PULFRICHsche Stufenphotometer benutzt (s. a. u. Glanz und Glanzmessung).

Lichtbrechung.

Die mittlere Lichtbrechung der Fasern ist beträchtlich; sie beträgt etwa 1,55, bezogen auf die Na-Linie des Lichts. Entsprechend der doppelbrechenden Natur aller natürlichen und künstlichen Faserstoffe ist die Lichtbrechung in verschiedenen Richtungen verschieden.

Die Differenz der Hauptlichtbrechungsexponenten stellt ein Maß für die Stärke der Doppelbrechung dar (spezifische Doppelbrechung, Index der Doppelbrechung). Acetatseide ist sehr schwach, echte Seide sehr stark doppelbrechend. Die Prüfung auf Doppelbrechung erfolgt mittels des Polarisationsmikroskops. In der Regel werden die ungefärbten, in Canadabalsam eingebetteten Fasern zwischen gekreuzten Nicols untersucht. Die vorhandene Doppelbrechung verrät sich durch eine Aufhellung bzw. Färbung der auf fast völlig schwarzem Untergrund erscheinenden Fasern (Maximum der Aufhellung in der Diagonalstellung, d. h. wenn die Faserlängsachse mit der Schwingungsrichtung des Polarisators oder Analysators einen Winkel von 45° einschließt). Die Höhe der zwischen gekreuzten Nicols auftretenden Interferenzfarben einer in der Diagonalstellung befindlichen Faser ist naturgemäß abhängig von der spezifischen Doppelbrechung der Fasersubstanz und von der optischen

Lichtbrechungsexponenten der Fasern (nach A. HERZOG).

	Lichtbrechung (n_D) Faserlängsachse ⊥ zur Polarisationsebene	Lichtbrechung (n_D) Faserlängsachse ∥ zur Polarisationsebene	Mittlere Lichtbrechung	Differenz der Lichtbrechung
Flachs	1,595	1,528	1,562	+ 0,067
Baumwolle	1,580	1,533	1,557	+ 0,047
Echte Seide	1,595	1,538	1,567	+ 0,057
Spinnenseide	1,581	1,542	1,562	+ 0,039
Nitroseide, Lehner	1,549	1,515	1,532	+ 0,034
„ Chardonnet	1,548	1,515	1,532	+ 0,033
Kupferseide	1,548	1,527	1,538	+ 0,021
Viscoseseide	1,548	1,524	1,536	+ 0,024
Gelatineseide	1,540	1,539	1,540	+ 0,001
Acetatseide, alt (1910)	1,474	1,479	1,477	— 0,005
„ neu (1927)	1,476	1,470	1,473	+ 0,006
Schafwolle, Kapwolle	1,554	1,546	1,550	+ 0,008
„ ostpreußische	1,554	1,546	1,550	+ 0,008
„ australische	1,554	1,546	1,550	+ 0,008
„ englische, Crossbred	1,554	1,547	1,551	+ 0,007
„ ungarische, Zigaya	1,555	1,548	1,552	+ 0,007
„ gechlort	—	—	—	+ 0,012
Schweinsborsten, deutsche Landrasse	1,556	1,547	1,552	+ 0,009
Roßhaar, chinesisches	1,557	1,548	1,553	+ 0,009
Ziegenhaar, Angora	1,552	1,544	1,549	+ 0,008

Dicke. Fällt die Längsrichtung der Faser mit der Schwingungsrichtung eines der polarisierenden Nicols zusammen (Orthogonalstellungen 0 und 90°), so tritt in vielen Fällen (Naturseide, Kunstseide usw.) keine Aufhellung der Faser ein; es ist dies ein Zeichen, daß eine der Achsen der wirksamen Elastizitätsellipse

Verhalten der Fasern beim Drehen zwischen gekreuzten Nicols.

<table>
<tr><th>I</th><th>II</th><th>III</th><th>IV</th></tr>
<tr><td colspan="4">Beim Drehen in der Tischebene des Mikroskops wird die zwischen gekreuzten Nicols eingestellte Faser</td></tr>
<tr><td rowspan="2">viermal fast vollständig dunkel (0°, 90°, 180°, 270°)</td><td colspan="2">in vielen Fällen auch in den Lagen 0 bzw. 180° und 90° bzw. 270° nicht vollständig dunkel, sondern erscheint nach Einschaltung eines unter +45° orientierten Gipsplättchens Rot I teils in Additions-, teils in Subtraktionsfarben</td><td rowspan="2">auch in den Orthogonalstellungen stets deutlich hell. Bei ein und derselben Faser geht die Alternativstellung plötzlich in die Konsekutivstellung über</td></tr>
<tr><td>0° Subtraktionsfarben (Alternativstellung) 90° Additionsfarben (Konsekutivstellung)</td><td>0° Additionsfarben (Konsekutivstellung) 90° Subtraktionsfarben (Alternativstellung)</td></tr>
<tr><td>Tierische Wollen und Haare, Naturseide, Kunstseide,</td><td>Jute, Hanf, Sunnhanf, Weide, Maulbeerfaser, Besenginster, Hopfen</td><td>Brennessel, Ramie, Flachs[1], Kartoffel, Malve</td><td>Baumwolle</td></tr>
</table>

(Winkelbezeichnung im Sinne DIPPELS.)

[1] Sehr ausgeprägt bei den Bastfasern aus der unteren Stengelzone und aus dem Hypocotyl.

mit der Faserlängsrichtung zusammenfällt. In vielen Fällen wird jedoch auch in den Orthogonalstellungen eine in der Regel nur schwache Aufhellung beobachtet. Je nach dem Charakter der auftretenden Interferenzfarben (Addition- oder Subtraktionsfarben) läßt sich hieraus bei der Unterscheidung der Fasern Vorteil ziehen (s. umstehende Zusammenstellung). Zur Vornahme derartiger Untersuchungen, d. h. zur Bestimmung der Lage und relativen Größe der optischen Elastizitätsellipsenachsen ist ein Gipsplättchen Rot I erforderlich. Es dient gleichzeitig zum Nachweis von sehr schwachen Doppelbrechungen (tote Baumwolle). Näheres hierüber s. A. HERZOG: Die mikroskopische Untersuchung der Seide und der

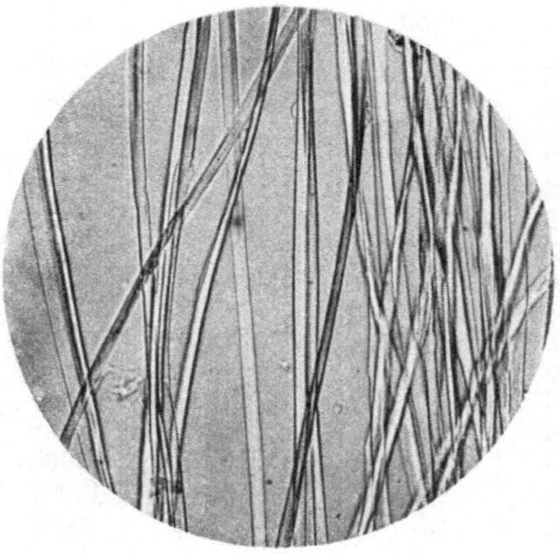

Abb. 224. Echte Seide in Anilin nach Einschaltung eines Polarisators. Polarisationsebene parallel zur Faserlängsrichtung. Vergr. 100.

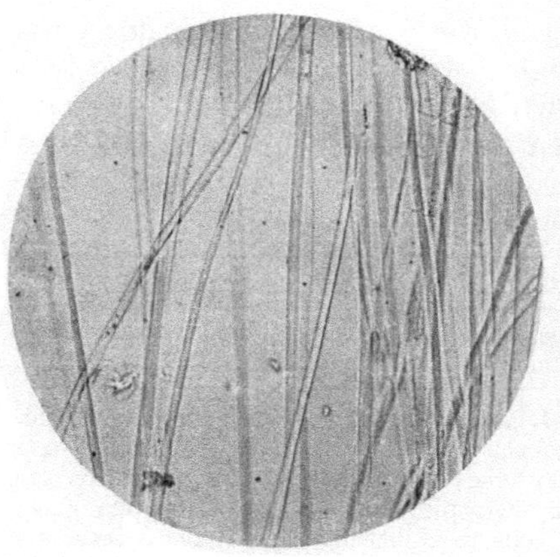

Abb. 225. Dasselbe Präparat wie in Abb. 224, jedoch Polarisationsebene senkrecht zur Faserlängsrichtung. Vergr. 100.

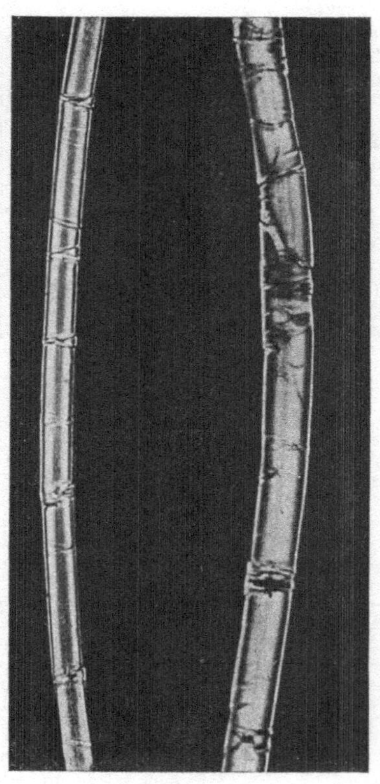

Abb. 226. Zwei Flachsfasern zwischen gekreuzten Nicols. Starke Doppelbrechung. Deutliches Hervortreten der mechanischen Beschädigungen (Verschiebungen, Quer- und Schrägrisse). Vergr. 380.

Kunstseide, Berlin 1924. Anfängern auf dem Gebiete optischer Untersuchungen sei insbesondre das Werk von AMBRONN und FREY: Das Polarisationsmikroskop, Leipzig 1926, empfohlen.

Mit bestimmten Farbstoffen gefärbte Fasern zeigen manchmal einen ausgeprägten Pleochroismus. Auch mit Chlorzinkjod kann der Pleochroismus bei unverholzten pflanzlichen Zellmembranen nachgewiesen werden (AMBRONN). Beim Hin- und Herdrehen der gefärbten Fasern im Polarisationsmikroskop (nur mit dem Polarisator arbeiten) äußert sich etwa vorhandener Pleochroismus in einer Änderung der Intensität oder des Charakters der Färbung. Mit Kongorot gefärbt, zeigen starken Dichroismus: Flachs, Hanf, Nesselfasern; Nitro-, Viscose-

und Kupferseide, ohne Pleochroismus sind: Schafwolle und echte Seide. Über den eigenartigen Pleochroismus der Baumwollfaser hat A. HERZOG berichtet.

Anhang: Praktische Anwendungen der Lichtbrechung bzw. Doppelbrechung von Fasern.

1. Unterscheidung der echten Seide und der Kunstseide (Einbettung in Anilin nach A. HERZOG) (s. Abb. 224 u. 225).

2. Unterscheidung der Acetatseide von der übrigen Kunstseide (Einbettung in Ricinus- oder Citronenöl).

3. Örtliches Durchscheinendmachen von Papier („Fensterbriefumschläge“).

4. Durchscheinendmachen von verschlossenen Briefen mit Xylol behufs Entzifferung des Inhalts.

5. Fettfleckphotometer von BUNSEN.

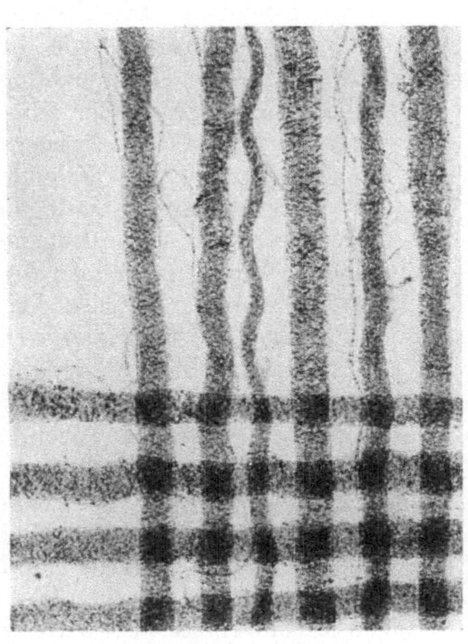

Abb. 227. Leinenbatist in Canadabalsam. Vergr. 15.

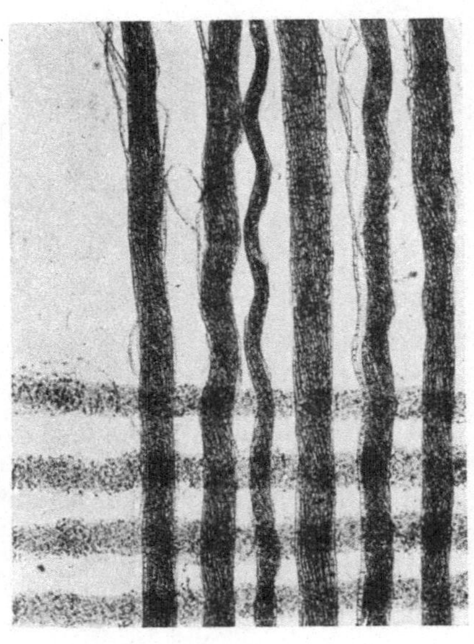

Abb. 228. Dieselbe Stelle wie in Abb. 227, jedoch nach Einschaltung eines Polarisators. Polarisationsebene des Nicols von links nach rechts verlaufend. Vergr. 15.

6. Quantitative Analyse von melierten Papieren (Präparation in Canadabalsam).

7. Ölprobe zur Erkennung von Halbleinen. Ölprobe bei der Prüfung von Fehlern in gefärbten Waren (Kunstseide).

8. Bestimmung der Faserstoffe auf Grund ihrer unterschiedlichen spezifischen Doppelbrechung (s. Abb. 226).

9. Prüfung auf Gleichmäßigkeit im Längsverlauf der Fasern („wilde“ Seide, Kunstseide, Schafwolle) mit Hilfe des Polarisationsmikroskops.

10. Annähernde Feststellung des Nitrierungsgrades von Baumwolle im Polarisationsmikroskop (AMBRONN).

11. Sichtbarmachung spontaner chemischer Zersetzungen von Acetatseide im Polarisationsmikroskop.

12. Mikrophotographie ungefärbter Fasern (s. Abb. 227 und 228).

Natürliche Färbung.

In ihrer natürlichen Färbung zeigen die pflanzlichen und tierischen Fasern alle Übergänge in der Grauskala unter Beimengung bunter Farbentöne (italienischer Hanf und Agavefasern weißlichgelb, Makobaumwolle und Manilahan fausgesprochen rotstichig, Jute, Kamelwolle und Tussahseide hellbraun, Cocosfaser rotbraun, Flachs und Hanf je nach den bei ihrer Gewinnung angewandten Methoden schmutziggrau, gelbgrünlich, schwärzlichblau usw.). Durch Bleichen können die natürlichen Farbstoffe beseitigt werden (aber nicht immer, wie z. B. bei den tierischen Wollen und Haaren), so daß die Fasern dem Auge des Beschauers weiß erscheinen. Die Ursache dieses Aussehens ist, wie die mikroskopische Untersuchung lehrt, nicht etwa in der Einlagerung von weißem Pigment zu suchen, sondern lediglich eine Folge der unregelmäßigen Zerstreuung des auf und in die feinen Fäserchen gelangenden weißen Lichts. An sich sind die Fasern, wie mikroskopisch leicht festgestellt werden kann, glasig durchsichtig. In der Verteilung der natürlichen Farbstoffe in der Fasersubstanz lassen sich folgende Gruppen bilden:

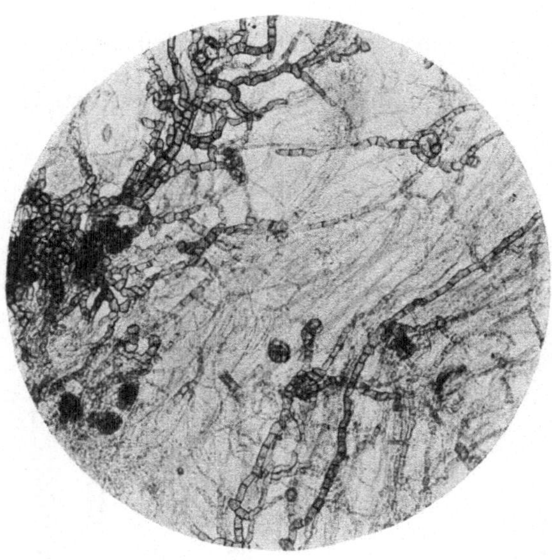

Abb. 229. Pilzgeflecht unter der Oberhaut eines taugerösteten Flachses. Vergr. 200.

1. Einlagerung von hell- bis dunkelbraun gefärbten Pigmentkörperchen in der farblosen oder nur schwach diffus gefärbten Rinden- und Markschicht der tierischen Wollen und Haare. Die Verteilung der mikroskopisch kleinen Farbstoffteilchen ist selbst bei ein und demselben Haare stark wechselnd und namentlich in der Rindenschicht sehr ungleichmäßig (regellos zerstreut, zu kurzen Längsreihen angeordnet, klumpig zusammengeballt oder traubig vereinigt usw.). Auch in der Form sind beträchtliche Unterschiede vorhanden (kugelig, ellipsoidisch, tropfenförmig, stäbchenförmig, nierenartig, hornartig gedreht usw.). Reinschwarze Pigmente kommen nach meiner Beobachtung nicht vor. In der Größe der Pigmentkörperchen sind auffallende Unterschiede vorhanden (submikroskopisch bis mikroskopisch). Sehr grobe Pigmente enthalten u. a. die Grannen- und Wollhaare des Hamsters und der Bisamratte. Häufig ist die

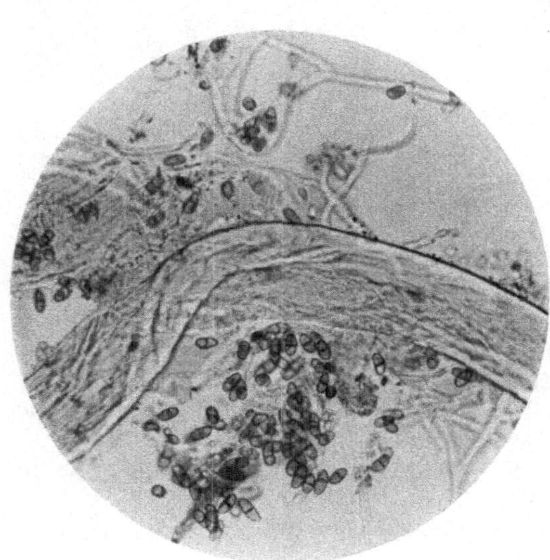

Abb. 230. Stockig gewordene Baumwollfaser in Chloralhydrat. Vergr. 400.

Grundmasse der Haare rötlichbraun gefärbt (diffus), ohne daß es gelänge, die einzelnen Farbstoffteilchen optisch sichtbar zu machen.

2. Die Fasern sind gleichmäßig (diffus) gefärbt. In vielen Fällen (Bastfasern) entwikkelt sich die Färbung unter Mitwirkung verschiedener Enzyme (A. HERZOG).

3. Es sind gefärbte Fremdstoffe den Fasern aufgelagert (braun bis olivgrün gefärbte Sporen und Mycelien verschiedener Fadenpilze beim taugerösteten Flachs, Sericin der Rohseide usw.) (s. Abb. 229—232).

Es versteht sich von selbst, daß in manchen Fällen auch zwei oder drei der genannten Ursachen an der natürlichen Färbung der Fasern beteiligt sein können.

Abb. 231. Zwei stockfleckige Baumwollfasern in Chloralhydrat. Vergr. 400.

Ultramikroskopie.

Ultramikroskopische Untersuchungen der Faserstoffe des Handels liegen von J. SCHNEIDER[1], N. GAIDUKOV[2] und A. HERZOG[3] vor. GAIDUKOV bringt die im Ultramikroskop wahrnehmbaren Strukturen in wohlbegründeter Weise mit den Micellen NÄGELIS und den Mikrosomen WIESNERS in Zusammenhang. Bei der nicht immer leichten Beurteilung des ultramikroskopischen Bildes kommen zwei Hauptmomente in Frage: die Struktur und die Lichtstärke. In bezug auf ihre Struktur lassen sich die Fasern wie folgt einteilen:

1. Optisch leer oder mit außerordentlich lichtschwachen Netzstrukturen ausgestattet (Glaswolle, Gelatineseide).

2. Fasern mit ausgeprägter Parallelstruktur (Flachs, echte Seide, wilde Seide).

3. Fasern mit ausgeprägter Netzstruktur (Baumwolle, Kupferseide) (s. Abb. 233).

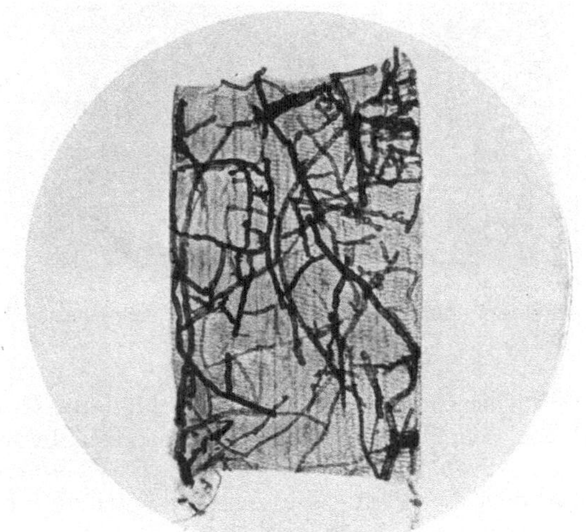

Abb. 232. Gefäß aus dem Schaft eines Bambus mit zahlreichen dunkel gefärbten Pilzsporen. Vergr. 200.

In manchen Fällen läßt sich, wie der Verfasser gezeigt hat, die ultramikroskopische Struktur der Fasern auch diagnostisch verwerten (s. Kupferseide und Viscoseseide).

[1] SCHNEIDER, J.: Ztschr. wiss. Mikrosk. **23**, H. 4.
[2] GAIDUKOV, N.: Ber. dtsch. bot. Ges. **1906**, 24.
[3] HERZOG, A.: Unterscheidung der natürlichen und künstlichen Seide. Dresden 1910.

Verhalten im ultravioletten Licht.

Über die Einwirkung des ultravioletten Lichts auf Faserstoffe liegen Arbeiten von KERTESZ[1], TURNER[2], ENTAT[3], VIGNON[4], WAENTIG[5], DEVALLAND[6], CUNLIFFE[7], HEERMANN[8], KAUFFMANN[9] und ZIERHOLD[10] vor. Nach KERTESZ verliert ein rohweißer Wollstoff nach achtmonatiger Bewetterung 35% seiner ursprünglichen Festigkeit. Er stellte weiter fest, daß Farbstoffe in gewisser Beziehung einen Lichtschutz ausüben können, vor allem soll das Chromieren einen wirksamen Lichtschutz darstellen. Nach TURNER üben Lichtstrahlen mit Wellenlängen von mehr als 366 $\mu\mu$ keine zerstörende Wirkung auf Fasern aus. Das Sonnenlicht übt besonders in den Monaten Mai, Juni und Juli einen schädigenden Einfluß auf Textilien aus. Ein von ihm untersuchtes Leinen verlor im Juni allein 20% seiner Festigkeit. Innerhalb von 5 Monaten (März bis August) war die Festigkeit auf 28% zurückgegangen. Nach VIGNON erleidet Leinen stärkste Schädigung, im Gegensatz zu echter Seide, die nicht so stark geschädigt wird, in dunkler, feuchter Atmosphäre. Nach 24 std. Belichtung verliert Seide 20%, Leinen 68% der ursprünglichen Festigkeit. Nach WAENTIG erweist sich der Wollschweiß als wirksamer Lichtschutz der Schafwolle. Als lichtempfindlichste unter den Pflanzenfasern bezeichnet er die Baumwolle. Viscose-, Nitro- und Kupferseide sind nach ihm, im Gegensatz zu Acetatseide, die etwa dem Flachse gleichkommt, wenig empfindlich. HEERMANN und SOMMER gruppieren die geprüften Fasern nach ihrer Lichtempfindlichkeit wie folgt: die mineralisch beschwerten, entbasteten und Rohseiden, die Jute, die rohe und gebleichte Baumwolle, die Rohwolle, die mercerisierte Baumwolle, die Nitro- und Viscoseseide, chromierte Wolle, gebleichter Flachs, Glanzstoff, rohes Flachsgarn und schließlich die Monopolschwarzseide. KAUFFMANN führt die bei der Belichtung eintretenden Faserschädigungen bei Baumwolle auf die Bildung einer Substanz, die er Photocellulose nennt, zurück. Nach seiner Auffassung ähnelt die Photocellulose sehr stark der Oxycellulose, mit der sie aber nicht identisch sein soll.

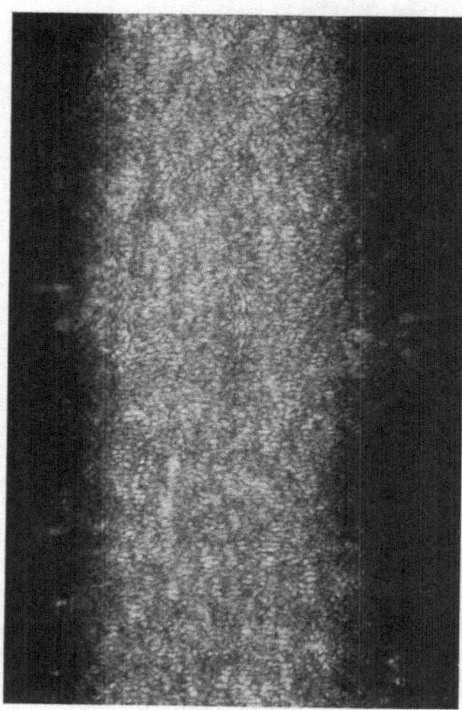

Abb. 233. Ultramikroskopisches Bild der Kupferseide. Vergr. 2000.

ZIERHOLD faßt das Ergebnis seiner besonders eingehenden Untersuchungen über die Einwirkung von Uviollicht auf Baumwolle wie folgt zusammen: Eine sorgfältig ausgebildete Versuchsapparatur, die gestattet, gewisse Versuchsbedingungen, wie Luftfeuchtigkeit und Temperatur, während der Einwirkung

[1] KERTESZ: Text. Forsch. **1919**, 3. [2] TURNER: J. Soc. Dy & Col. **1920**.
[3] ENTAT: Rev. gén. mat. col. **1920**. [4] VIGNON: Compt. rend. Acad. Sci. Paris **170** (1920).
[5] WAENTIG: Text. Forsch. **1921**, 1. [6] DEVALLAND: Rev. Text. Chim. Col. **1922**.
[7] CUNLIFFE: J. Text. Inst. **1923**, 9. [8] HEERMANN u. SOMMER: Leipz. Mon. Text. **1925**, 95.
[9] KAUFFMANN: Mell. Text. **1926**, 617. [10] ZIERHOLD: Dissert., Dresden 1928.

der ultravioletten Strahlen zu messen und zu regeln, erweist sich als unerläßlich. Die Baumwolle, die sich als eine sehr lichtempfindliche Faser erweist, wird mit zunehmender Belichtungszeit geschädigt. Die Schädigungen werden gemessen durch die Abnahme der Festigkeit und Dehnung, sowie durch die Zunahme des Reduktionsvermögens gegenüber GÖTZEscher Silberlösung. Die Zunahme der Schädigung verläuft nicht proportional der Belichtungszeit, sondern ist bei geringeren Belichtungszeiten stärker als bei höheren, indem die auf der Faser entstandenen Zerfallsprodukte eine gewisse Schutzwirkung gegen weiter eindringende Uviolstrahlen ausüben. Verschiedenartig vorbehandelte Baumwolle, wie rohe, gebleichte, roh mercerisierte und mercerisiert gebleichte, zeigen eine verschiedene Lichtempfindlichkeit. Es erweist sich die gebleichte Baumwolle am empfindlichsten, die roh mercerisierte am unempfindlichsten. Zwischen beiden liegt, was die Lichtempfindlichkeit anbetrifft, die rohe sowie die mercerisiert gebleichte Baumwolle. Einen wesentlichen Einfluß auf die Zerfallsvorgänge durch das Licht übt die Feuchtigkeit der Luft aus. Dabei geben besonders niedrige Feuchtigkeiten die Faser in erhöhtem Maße der zerstörenden Wirkung des Uviollichts preis, während mittlere bis höhere Feuchtigkeiten einen wirksamen Schutz darstellen. Im dunklen Uviollicht fluorescieren die verschiedenartig vorbehandelten Baumwollen in verschiedener Weise. Je reiner die Baumwolle, desto dunkler ist die Fluorescenzfarbe. Die Rohbaumwolle fluoresciert infolge des natürlichen Fettgehalts am hellsten, ihr folgen die roh mercerisierte und schließlich die beiden gebleichten Baumwollen.

Spezifisches Gewicht.

Angaben über das spezifische Gewicht verschiedener Faserstoffe liegen in der Literatur in großer Menge vor. Besonders gründliche und kritische Untersuchungen über diesen Gegenstand hat H. S. SCHWEITZER[1] ausgeführt und es mögen daher die Ergebnisse seiner Arbeiten hier kurz zusammengefaßt werden.

Das spezifische Gewicht der reinen Substanz von Faserstoffen in ihrer Eigenschaft als quellbare Gele, d. h. poröse Körper, ist fehlerfrei nur in einer Flüssigkeit zu ermitteln, die alle Poren restlos ausfüllt, und dies ist vorzugsweise jene Flüssigkeit, welche Dispersionsmittel des betreffenden Kolloids gewesen ist, also für die vorliegenden Fälle Wasser. Quellungfördernde Mittel (wie z. B. stark verdünnte Natronlauge) beschleunigen den Vorgang; es muß jedoch hierbei Vorsicht geübt werden, da bei zu starker Quellung eine kolloide Auflösung der Substanz und ein Übergang in einen höheren Dispersitätsgrad eintreten muß. Immersionsmittel, die keine Quellung ausüben, füllen die Poren der Faser nur bis zu einem gewissen Grade aus und ergeben deshalb für jede solche Flüssigkeit, je nach der Permeabilität der Zellwände ein niedrigeres spezifisches Gewicht, das seinen Höchstwert nach verschieden langer Tränkzeit erreicht. Die so ermittelten spezifischen Gewichte haben deshalb eigentlich nur Vergleichswert. Die Wahl eines andern Immersionsmittels als des Wassers kann etwa aus dem Grunde erfolgen, weil dieses eine Veränderung der Faser hervorrufen könnte, wie etwa bei gefärbten, beschwerten oder geschlichteten Fasern oder gestrichenen Papieren, oder wenn man Qualitäten von Fasern feststellen will, die sich durch ein verschieden entwickeltes Lumen unterscheiden, man also dessen Erfüllung vermeiden will, was allerdings mit Sicherheit kaum zu erreichen ist. Unbedingt ist eine Quellung zu vermeiden bei der Ermittlung des Porositätsgrades; allerdings muß man sich in diesem Fall mit einem Näherungswert begnügen, da jede Flüssigkeit die Fasern bis zu einem gewissen Grad tränkt. Von den außer Wasser benutzten Flüssigkeiten wurde das spezifische Gewichtsmaximum, und somit die größtmögliche Füllung der Faser, am schnellsten in Alkohol

[1] SCHWEITZER, H. S.: Dissert. Dresden 1922.

(nach etwa 6 Std.) und sodann in Benzol erreicht. Diesen beiden Flüssigkeiten dürfte also der Vorzug zu geben sein, wenn es sich um schnelle Bestimmungen handelt, da bei ihnen auch die Entlüftung rasch vor sich geht. Besonders gleichmäßige Resultate ergeben verschiedene pflanzliche Öle, z. B. Olivenöl, die aber eine längere Tränkzeit erfordern (etwa 3 Tage). Die Quecksilbermethode ist als fehlerhaft zu verwerfen.

Die nachfolgende Tabelle enthält Angaben über die spezifischen Gewichte der wichtigsten Faserstoffe.

	Spez. Gew. in g (18° C)
Baumwolle	1,470—1,503
Flachs	1,438—1,456
Brennessel, gebl.	1,500
Ramie, gebl.	1,500
Jute	1,436
Schafwolle	1,320
Echte Seide, entb.	1,370[1]
Kunstseide (Nitro-, Kupfer-, Viscose-)	1,520 (1,501—1,610)
Kunstseide (Acetat-)	1,333

Das scheinbare spezifische Gewicht, das bei der gefühlsmäßigen Prüfung von Fasern und Erzeugnissen aus solchen auf ihre Schwere oder bei der Beurteilung des Porositätsgrads von Gespinsten, Geweben und Papieren allein in Frage kommt, ist unmittelbar abhängig von der gegenseitigen Lage der technischen Fasern bzw. von der Größe der zwischen ihnen vorhandenen lufterfüllten Hohlräume. So sind Leinengewebe luftärmer (Luftgehalt etwa 44%) als Baumwollgewebe (Luftgehalt etwa 54%) und deshalb bei gleichem Volumen etwa 17% schwerer. Der von den Leinenspinnern als griffiger und kerniger bevorzugte schwerere Rohflachs zeigt dem leichteren gegenüber ein beträchtlich höheres scheinbares spezifisches Gewicht (142 : 100), während die bezüglichen Unterschiede im wirklichen spezifischen Gewicht nicht nennenswert sind (101 : 100) (vgl. die beigefügte Tabelle).

		Leichter	Schwerer
		Flachs	
	Wirkliches spez. Gew. der Fasersubstanz in g	1,438	1,459
	Scheinbares spez. Gew. des Schwingflaches in g	0,090	0,128
	Luftgehalt des Schwingflachses in Vol.-%	93,7	91,2
	Metrische Nummer der Bastzelle	3060	3394
	Von der Gesamtquerschnittsfläche der Bastzelle entfallen % auf die Wandung	93,0	96,4
	Von der Gesamtquerschnittsfläche der Bastzelle entfallen % auf das Lumen	7,0	3,6
	Allgemeine Form des Querschnitts der Bastzelle	tangential gestr., Lumen z. T. linienförmig	polygonal, Lumen kreisförmig
Bastbündel d. Schwingflaches	Verhältnis: $\frac{\text{Breite}}{\text{Dicke}}$	4,0	1,9
	Geschmeidigkeit	gering	sehr gut
	Verholzung (Lignin in %)	4,52	1,83
	Teilbarkeit im allgemeinen	schlecht	sehr gut
	Teilbarkeit im besonderen (vorherrschende Sortier-Nr. des Hechelflachses)	2,0	4,5
	Verunreinigungen	viel	wenig
	Natürliche Färbung	schmutzig graugrün	schmutzig gelb
	Festigkeit (Reißlänge in km), Einspannlänge 70 mm	28,1	39,6

Ein gutes Löschpapier ergab bei der Prüfung auf seinen Porositätsgrad folgende Werte:

[1] Über die spez. Gew. erschwerter Seiden s. HEERMANN: Mell. Text. **1928**, 217.

Rohstoff:	Reiner Nadelholzzellstoff
Quadratmetergewicht in g	223,6
Mittlere Papierdicke in mm	0,478
Wassergehalt in %	8,3
Scheinbares spez. Gew. in g	0,468
Wirkliches spez. Gew. in g	1,500
Luftgehalt des Papiers in Vol.-%	68,8

Bei der Beurteilung der Schwimmfähigkeit von Fasern auf Wasser kommt in erster Linie die Kenntnis des scheinbaren spezifischen Gewichts der Faserzelle in Betracht. Es beträgt bei:

Kapok	0,279 g
Acon	0,347 g
Holz	0,37—0,62 g

Das scheinbare spezifische Gewicht der neuerdings hergestellten Viskoseluftseide (Kunstseide mit Lumen) beträgt 1,37 g, während das wirkliche spezifische Gewicht nach der obigen Angabe 1,52 g ausmacht. Da nun das spezifische Gewicht der echten Seide gleichfalls 1,37 g beträgt, verhält sich also der Einzelfaden der Luftseide im fertigen Gespinst dem Gewichte nach gleich wie der der echten Seide. Von Interesse sind auch die folgenden Angaben, die sich auf die scheinbaren spezifischen Gewichte von Viscosekunstseide und Viscosebändchen beziehen; man beachte auch die in der nachstehende Zahlentafel gemachten allgemeinen Bemerkungen.

	Mittlere Faser- Breite in μ	Mittlere Faser- Dicke in μ	Verhältnis von Breite u. Dicke der Faser	Wirkliches spezifisches Gewicht der Fasern in g	Scheinbares spezifisches Gewicht der Fasern in g	Verhältniszahlen des scheinb. spez. Gew.	Luftgehalt der Fasern in Vol.-%	Allgemeine Bemerkungen
Kunstseide aus Viscose	40	23	1,7	1,528	0,172	100	88,8	sehr weich u. geschmeidig, auffallend schwer
Schlichtes Kunstband aus Viscose	970	30	32,3	1,528	0,111	65	92,7	hart und leicht
Geknittertes Kunstband aus Viscose	2860	18	158,9	1,527	0,041	24	97,3	auffallend strohiger Griff und sehr leicht

Das scheinbare spezifische Gewicht kommt auch bei der Gewinnung der Faserstoffe wesentlich in Betracht (Verfrachtung, Speicheranlagen, Ausnützung der Röst- und Trockeneinrichtungen). Beim Flachsstengel liegen die Verhältnisse wie folgt:

1. Der gesamten Flachsstengelmasse kommt ein wirkliches spezifisches Gewicht von 1,51 g zu.

2. Der Flachsstengel als solcher, also einschließlich der in seinem Innern befindlichen lufterfüllten Hohlräume, weist ein scheinbares spezifisches Gewicht von 0,395 g auf.

3. Im gebündelten und aufgeschichteten Zustand beträgt das scheinbare spezifische Gewicht des Flachstrohes 0,083 g.

4. Gebündeltes und im Röstbehälter untergebrachtes Flachsstroh weist ein scheinbares spezifisches Gewicht von 0,060 g auf.

5. Die bei der mechanischen Ausarbeitung des gerösteten Strohs in großer Menge als Abfall entstehenden Holzteile (Schäben) zeigen ein scheinbares spezifisches Gewicht von 0,102 g, also wiegt 1 m³ durchschnittlich nur 102 kg.

Interessant ist auch die folgende Zusammenstellung, die sich auf die Zunahme des scheinbaren spezifischen Gewichts der Flachsfaser während ihrer Gewinnung und Verarbeitung bezieht.

Laufd. Nr.		Scheinbares spezifisches Gewicht in g	Verhältniszahlen d. spez. Gewichts (Laufende Nr. 1 = 1 gesetzt)
1	Faser im gebündelten Stroh	0,017	1,0
2	„ „ einzelnen Halm	0,080	4,7
3	„ „ Schwingflachs	0,109	6,4
4	„ „ rohen Ia Leinenkettgarn (Einzelfaden) . .	1,076	63,3
5	Einzelne Faserzelle	1,370	80,6
6	Faserwandung	1,450[1]	85,3

Teilbarkeit der technischen Bastfasern.

Die technischen Bastfasern der Dicotylen und die Bastbeläge und einfachen Faserstränge der Monocotylen bestehen aus mehr oder weniger zahlreichen, untereinander fest verbundenen Zellen von spindelförmiger Gestalt (s. Abb. 234). Infolge der chemischen und mechanischen Einwirkungen bei der Gewinnung und späteren Verarbeitung tritt eine teilweise Aufspaltung der Zellbündel ein; indessen lehrt die Erfahrung, daß selbst die feinste technische Bastfasern immer noch aus mehreren Einzelzellen besteht. Es ist dies auch erklärlich, da die Fasern so kurz sind, daß zum Aufbau eines gewöhnlichen Stranges stets zahlreiche Elemente der gleichen Art erforderlich sind. Die Bindesubstanz der Zellen besteht hauptsächlich aus Pektin- und Ligninstoffen. Nach MANGIN herrscht unter den ersteren der metapektinsaure Kalk vor. Durch die Röste der Gespinstpflanzen wird dieses Bindemittel, insbesondre der verholzte Anteil, nur unvollständig beseitigt, so daß also nur eine Auflockerung der Bündel stattfindet. Eine völlige Beseitigung wäre auch ungünstig, da sonst ein gänzlicher Zerfall der Bündel in kurze Einzelzellen einträte. Nur in Ausnahmefällen (Kotonisieren des Flachses) werden die Bindesubstanzen vollkommen entfernt. Für die weitere Verarbeitung der Faserstoffe ist es nun von größter Wichtigkeit, daß die technisch gewonnenen Faserstränge eine nachträgliche Verfeinerung auf mechanischem

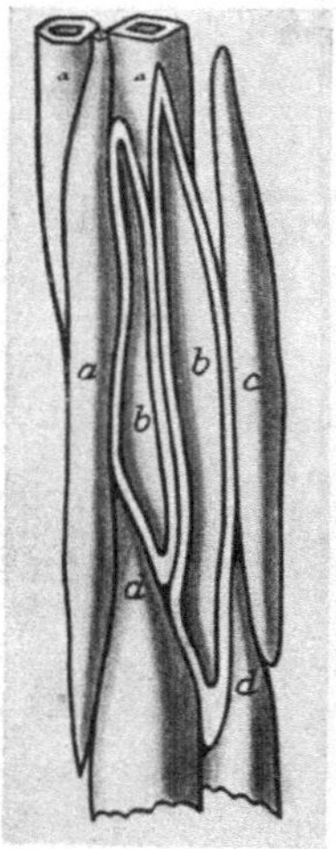

Abb. 234. Schematische Darstellung der Bastzellen in der „technischen“ Faser. Die Bastzellen sind in der Länge nur wenig, in der Breite aber stark vergrößert gezeichnet. Einzelne Zellen sind quer-, andere längsdurchschnitten dargestellt.

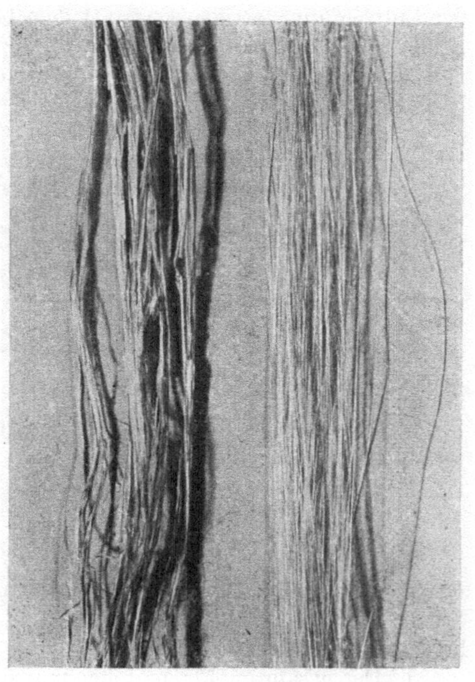

Abb. 235. Geschwungener und gehechelter Flachs. Vergr. 2.

[1] Entspricht dem wirklichen spez. Gew. der Faser.

Wege vertragen (Hecheln, Kämmen), weil davon die Feinheit der herzustellenden Gespinste in erster Linie abhängt. Allerdings darf bei der Teilung keine Beschädigung der gegen mechanische Eingriffe ziemlich empfindlichen Zellen eintreten (s. Abb. 235). Die technisch wichtigen Bastfasern verhalten sich hinsichtlich ihrer Teilbarkeit sehr verschieden. Die Flachsfaser ist so weitgehend teilbar, daß auf den Querschnitt der gehechelten Faser häufig nur wenige Zellen entfallen; dagegen setzen die monocotylen Fasern (Manila, Sisal, Aloe, Phormium usw.) der Teilung einen sehr großen Widerstand entgegen. Pflanzen, deren Bastsystem einen ausgesprochen netzartig durchbrochenen Hohlzylinder darstellt, liefern Fasern, die sich auf mechanischem Wege kaum verfeinern lassen (Lagetta-, Lindenbast). Ohne große Faserverluste und Schädigung der Festigkeit ist eine Teilung nur dort zu erreichen, wo die Baststränge im Organ der Pflanze einen angenähert parallelen Verlauf zeigen. In besonders hohem Maße wird die Teilbarkeit von der gegenseitigen Verbindung der Einzelzellen und von der chemischen Zusammensetzung der Zellwände beeinflußt. Bei der Flachsfaser ist die Mittellamelle, die die Verbindung zwischen den Zellen herstellt, so zart, daß zu ihrer Sichtbarmachung besondre knifflige Färbungen vorgenommen werden müssen. Die Mittellamelle des Hanfs ist schon etwas gröber, aber immer noch wesentlich feiner als die der monocotylen Fasern. Die Mächtigkeit in der Ausbildung der Mittellamelle ist oft bei ein und derselben Pflanze großen Schwankungen unterworfen. So läßt sich z. B. feststellen, daß die Verholzung der Mittellamelle des Flachses mit fortschreitendem Reifegrad der Pflanze rasch anwächst und demgemäß die Teilbarkeit der technischen Fasern abnimmt.

Reifegrad der Flachspflanze	Methylzahl der bei 100° getrockneten Bastfaser	Die technische Faser eignet sich zur Herstellung von
Grünreif	0,31	feinsten Garnen bzw. Battisten, Spitzen usw.
Gelbreif	1,04	feinen Garnen bzw. gewöhnlichen Leinenwaren
Vollreif	2,15	gröberen Garnen bzw. gröberen Leinenwaren

Auch örtlich verschieden gelegene Teile des Bastes desselben Stengel zeigen solche Unterschiede. Naturgemäß liefern Pflanzen, die ohne vorherige Röste unmittelbar auf mechanischem Wege, z. B. auf Raspadoren oder auf den bekannten Maschinen der Flachs- und Hanfbereitung, verarbeitet werden, nur schlecht teilbare Fasern, die lediglich zur Herstellung von groben Gespinsten (Seilerwaren) geeignet sind. Ungleich teilungsfähiger sind solche Faserstränge, die vor der mechanischen Ausarbeitung einen Röstprozeß durchgemacht haben (Flachs, Hanf, Jute). In dem Maße, als die Zersetzung der vorgenannten Bindestoffe fortschreitet, nimmt auch die Teilbarkeit zu (vgl. die folgende Zahlentafel). Bei wesentlicher Überröste tritt schließlich ein gänzlicher Zerfall der Stränge ein. In der Bleiche der verarbeiteten Bastfasern tritt gleichfalls eine völlige Zerlegung der Bündel ein; der Zusammenhang bzw. die Festigkeit des Fadens ist in diesem Fall bedingt durch die beim Spinnen gegebene Drehung und den dadurch hervorgerufenen Reibungswiderstand.

Durch Quetschen oder Pressen des Röstguts findet ein teilweises Auseinanderweichen der Elementarfasern in den Bündeln statt; die Folge davon ist eine beträchtlich gesteigerte Teilungsmöglichkeit beim Hecheln.

Die geringe Teilbarkeit der monocotylen Fasern ist aber nicht allein auf die kräftigere Ausbildung der Mittellamelle und die Art der Fasergewinnung zurückzuführen, sondern auf die starke Verholzung der Zellwandungen. Die Verholzung der sekundären Verdickungsschichten, die auch auf die Steifheit der technischen Fasern von großem Einfluß ist, läßt bei den verschiedenen Faserarten große Unterschiede erkennen.

Einfluß der Röstdauer auf die Quantität und Qualität des Flachses.

1	2	3	4	5	6	7	8	9	10	11	12	13	14	15
1	fließend	2,0	630	524	16,8	106	16,8	38	6,0	78	73,6	2,0	12,4	71,4
2	stehend	,,	455	386	15,2	75	16,5	41	9,0	55	73,3	2,5	12,1	75,1
3	fließend	3,0	600	480	20,0	98	16,3	48	8,0	70	71,4	3,0	11,7	82,9
4	stehend	,,	500	416	16,8	71	14,2	53	10,6	58	81,7	2,5	11,6	71,9
5	fließend	3,5	675	533	21,0	99	14,7	47	7,0	77	77,8	3,0—3,5	11,4	83,4
6	stehend	,,	740	595	19,6	118	16,0	30	4,1	79	66,9	3,5—4,0	10,7	89,9
7	fließend	4,0	680	545	21,0	119	17,5	47	6,9	83	69,8	4,0—4,5	12,2	100,0
8	stehend	,,	720	586	18,6	102	14,2	57	7,9	71	69,6	3,0—3,5	9,9	72,4
9	fließend	4,5	665	520	21,8	124	18,7	39	5,9	84	67,7	3,5—4,0	12,6	97,6
10	stehend	,,	675	540	20,0	95	14,1	37	5,5	67	70,5	3,0	9,9	70,2
11	fließend	5	605	480	20,7	81	13,4	54	8,9	61	75,3	3,5—4,0	10,1	78,3
12	stehend	,,	695	559	19,6	103	14,8	48	6,9	69	67,0	3,5	9,9	74,5
13	fließend	5,5	630	493	21,8	97	15,4	40	6,3	62	63,9	4,0—4,5	9,8	80,3
14	stehend	,,	740	595	19,6	111	15,0	47	6,3	72	64,8	3,5	9,7	73,1
15	fließend	6	600	465	22,5	90	15,0	41	6,8	59	65,6	4,5	9,8	82,5
16	stehend	,,	580	460	20,7	91	15,7	40	6,9	61	67,0	3,5	10,5	79,1
17	fließend	6,5	620	485	21,8	92	14,8	41	6,6	54	58,7	5,0	8,7	77,1
18	stehend	,,	680	543	20,2	79	11,6	51	7,5	57	72,1	3,5	8,4	63,3
19	fließend	7	490	380	22,5	74	15,1	30	6,1	44	59,5	5,0	9,0	79,8
20	stehend	,,	565	465	17,9	76	13,4	40	7,1	50	65,7	3,0	8,9	63,1
21	fließend	10	710	545	23,2	89	12,5	52	7,3	51	57,3	5,5	7,2	70,2
22	stehend	,,	660	545	17,5	80	12,1	65	9,9	52	65,0	3,5—4,0	7,9	61,2
23	fließend	14	795	603	24,2	100	12,6	60	7,6	59	59,0	5,0	7,4	65,6
24	stehend	,,	610	474	22,3	70	11,5	70	11,5	45	64,3	3,5	7,4	55,7

1. Laufende Versuchsnummer.
2. Durchführung der Warmwasserröste.
3. Röstdauer in Tagen.
4. Gewicht des Flachsstrohes vor dem Rösten in g.
5. ,, ,, ,, nach dem Rösten in g.
6. Röstverlust in % des ursprünglichen Strohgewichts.
7. Schwingflachs in g.
8. ,, ,, % des Strohgewichts.
9. Schwingwerg ,, g.
10. ,, ,, % des Strohgewichts.
11. Hechelflachs ,, g.
12. ,, ,, % des Schwingflachses (Hechelausbeute).
13. Sortiernummer des Hechelflachses.
14. Hechelflachs in % des Strohgewichts.
15. Relativer Wert des Flachses; Nr. 7 = 100 gesetzt. Berücksichtigt Qualität und Quantität der Faser.

Auf die Teilbarkeit übt auch die äußere Begrenzung bzw. die Querschnittsform der Einzelfaser einen beträchtlichen Einfluß aus, insofern als

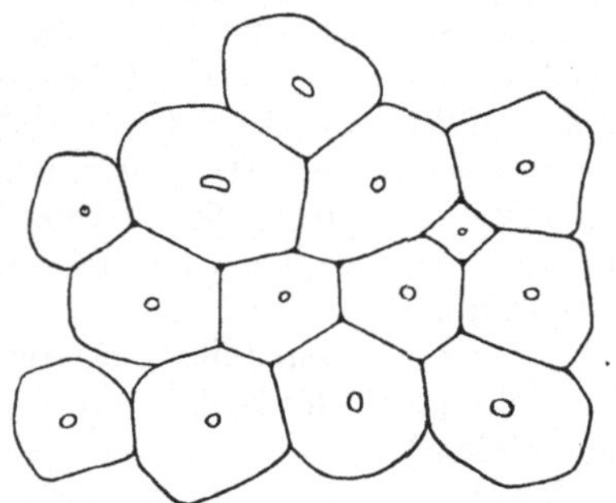

Abb. 236. Querschnitt durch ein Flachsbündel (Schema).

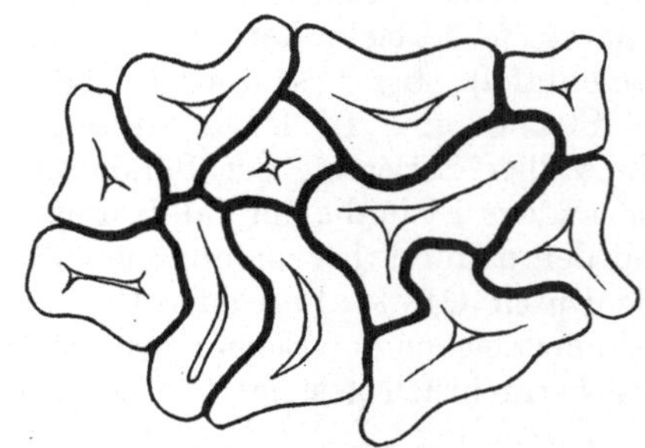

Abb. 237. Querschnitt durch ein Hanffaserbündel (Schema).

Fasern mit ebenen Begrenzungsflächen leichter voneinanderzutrennen sind als solche, deren Querschnitte unregelmäßige, mit einspringenden Winkeln versehene Formen aufweisen (Flachs gegenüber Hanf) (s. Abb. 236 u. 237).

Mikroskopische Untersuchung[1].

Die mikroskopische Untersuchung der Faserstoffe hat die Aufgabe, die qualitative und quantitative[2] Zusammensetzung einer vorliegenden Materialprobe zu bestimmen. Im Bedarfsfalle hat sie auch die Ermittlung folgender Punkte zum Gegenstand:

Dimensionen der Fasern.
Querschnittsverhältnisse (insbesondre bei Kunstfasern).
Titer (Nummer).
Quellung.
Zählung der in einem Gespinstquerschnitt vorhandenen Einzelfasern.
Drehung von Gespinsten.
Dicke, Einstellung und Bindung von Geweben.
Fehlerursachen bei Gespinsten und Geweben.

Erfordernisse. Die folgende Zusammenstellung gibt eine kurze Übersicht der zu den vorgenannten Untersuchungen nötigen Erfordernisse.

1. Mikroskopstativ mit ABBEschem Beleuchtungsapparat und Polarisationseinrichtung.

2. Achromatische Objektive.

	Objektive			
Zeiss, Jena	A (3) (97)	F (90) (900)	a* (1,2—2,4) (10—22)	C (30) (225)
Winkel, Göttingen	2 (104)	8 (840)	G (12—40)	4 (250)
Leitz, Wetzlar	3 (103)	9 (852)	1a (20—31)	5 (333)
Reichert, Wien	3 (95)	9 (800)	1b (24—30)	5 (310)

Die eingeklammerten Zahlen geben die Vergrößerung mit Huygensokular 4 an.

3. Universalokular nach A. HERZOG (Zeiss).
4. Zeichenapparat nach ABBE (Zeiss).
5. Helldunkelfeldkondensor (Zeiss).
6. Objektmikrometer (Zeiss).
7. Beleuchtungsvorrichtung für Querschnittsbetrachtungen (Reichert).
8. Planimeter.
9. Wünschenswert ein Okular mit besonders weitem Gesichtsfeld (Zeiss).
10. Objektträger, Deckgläschen, Stiftfläschchen, Pinzetten, Nadeln, Scheren, Filterpapier usw.

An Reagenzien sind unbedingt erforderlich:

1. Chlorzinkjod. Nach HERZBERG löst man: a) 20 g trocknes Chlorzink in 10 g Wasser; b) 2,1 g Jodkalium und 0,1 g Jod in 5 g Wasser. a und b

[1] Vgl. hierzu: HANAUSEK, T. F.: Technische Mikroskopie. Stuttgart 1902. — HEERMANN, P.: Mechanisch- und physikalisch-technische Textiluntersuchungen, 2. Aufl. Berlin: Julius Springer 1923. — HERZOG, A.: Mikrophotographischer Atlas der technisch wichtigen Faserstoffe. München 1908. — Mikroskopische Untersuchung der Seide und der Kunstseide. Berlin: Julius Springer 1924. — Die Unterscheidung von Flachs und Hanf. Berlin: Julius Springer 1926. — HÖHNEL, F. v.: Die Mikroskopie der technisch wichtigen Faserstoffe, 2. Aufl. Leipzig und Wien 1905. — WIESNER, J. v.: Die Rohstoffe des Pflanzenreichs, 4. Aufl. Leipzig 1927 und 1928.

[2] Auf die quantitativen Untersuchungsverfahren konnte im Rahmen dieses Werkes nicht eingegangen werden.

werden gemengt, der Niederschlag wird absitzen gelassen, die überstehende klare Flüssigkeit abgezogen und noch mit einem Splitter Jod versetzt (vor Licht zu schützen!).

2. Kupferoxydammoniak (Kupferdrehspäne werden so lange mit konzentriertem Ammoniak behandelt, bis die entstandene blaue Flüssigkeit Baumwolle rasch auflöst; jedesmal frisch herstellen!).

Die sonst noch erforderlichen Reagenzien sind im speziellen Teil angegeben.

Qualitative Untersuchung.

Im folgenden sind nur die technisch wichtigsten Fasern berücksichtigt (Baumwolle, Flachs, Hanf, Nesselfasern, Jute, Schafwolle, tierische Seide, Kunstseide).

Allgemeines Verhalten der rohen Fasern gegen Kupferoxydammoniak und Chlorzinkjod.

	Chlorzinkjod	Kupferoxydammoniak
Baumwolle	rotviolett	größtenteils gelöst
Flachs	,,	,, ,,
Hanf	rotviolett, daneben unreine Mischfarben	,, ,,
Brennessel	rotviolett	,, ,,
Ramie	,,	,, ,,
Jute	gelb-gelbbraun	ungelöst
Manila	gelb	,,
Sisal	,,	,,
Phormium	,,	,,
Schafwolle	,,	,,
Tierische Seide (Bombyx mori)	,,	gelöst
Kunstseide, Nitro-	rotviolett	,,
,, Kupfer-	,,	,,
,, Viscose-	,,	,,
,, Acetat-	gelb	ungelöst

Baumwolle.

Je nach der örtlichen Lage der Haare auf dem Samen und der verschiedenartigen Ausbildung und Mächtigkeit der Zellwand, unterscheidet man folgende, leicht zu kennzeichnende Gruppen:

a) Vollausgereifte Langhaare;

b) halbreife Langhaare mit unvollständig ausgebildeten Verdickungsschichten;

c) unreife Langhaare mit auffallend dünnen Wandungen;

d) tote, d. h. vorzeitig abgestorbene, pathologisch veränderte Haare;

e) anomal gestaltete Langhaare (ungleichmäßig verdickt, ausgebaucht, verästelt usw.);

f) Kurzhaare (Samenfilz);

g) Bartfasern (Kurzhaare vom Schmalende des Samens).

Zu a. Das Haar ist bandartig flach und häufig um seine Längsachse gedreht (s. Abb. 238). Die Drehungen sind aber niemals gleichmäßig über die ganze Länge des Haares verteilt, sondern es wechseln gedrehte Stellen mit solchen ohne jede Drehung ab. Die Art der Drehung ist außerordentlich mannigfaltig: steile und flache Schraubenlinien folgen oft unmittelbar aufeinander, ja in manchen Fällen ist das Haar schraubig zusammengerollt, so daß von einer eigentlichen Drehung nicht mehr gesprochen werden kann. Sehr häufig ist auch das Haar an den Rändern rinnenartig aufgebogen. Unvollständige Drehungen und insbesondre Faltungen sind regelmäßig festzustellen. Sie sind in erster Linie an der schon makroskopisch sichtbaren Kräuselung des Haares beteiligt. Die Drehungsrichtung des Haares ist wechselnd und ändert sich häufig bei ein und demselben Haar. Die Drehung, der wechselnde Drehungssinn und die Kräuselung bedingen in erster Linie die vorzügliche „Spinnstruktur“ der Baumwolle; sie hängen mit dem spiraligen Aufbau der Zellwand zusammen. Wie A. HERZOG gefunden hat, richtet sich der Drehungssinn in allen Fällen nach dem der Spiralstreifen der äußeren Verdickungsschichten der Zellwand. Der feinere Aufbau der Faserwand läßt sich am besten nach Einwirkung von Kupferoxydammoniak

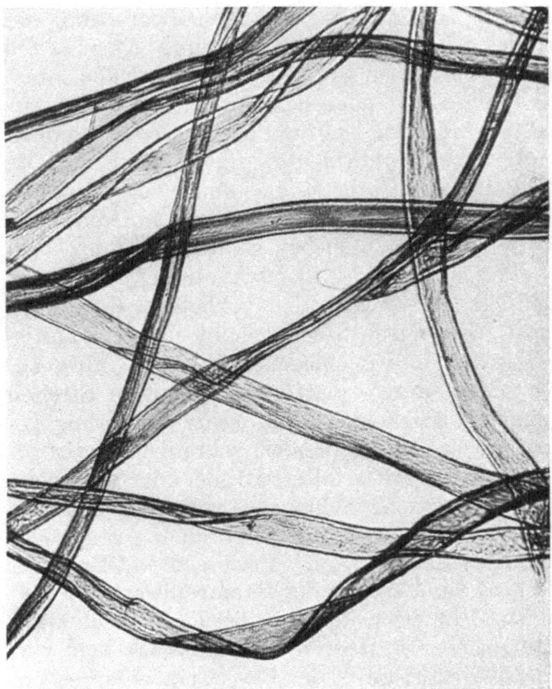

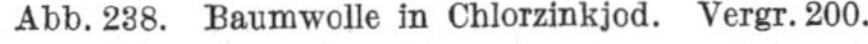

Abb. 238. Baumwolle in Chlorzinkjod. Vergr. 200.

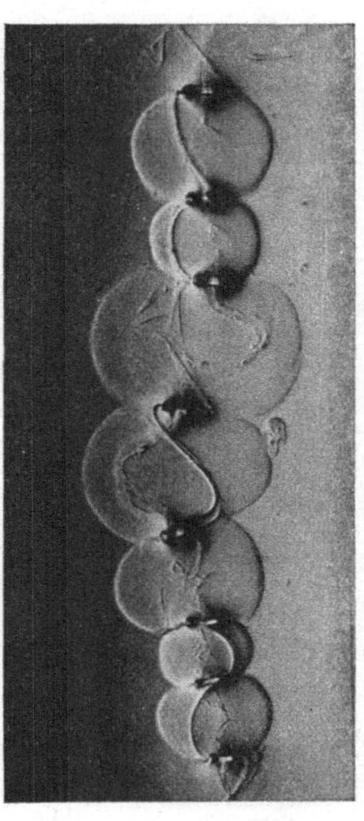

Abb. 239. Ungebleichte Baumwolle in Kupferoxydammoniak. Vergr. 100.

(Kuoxam) verfolgen (s. Abb. 239). Nach außen wird das Haar von einer feinen, etwa 0,5 μ dicken Außenhaut (Cuticula) begrenzt, die, wie die Entwicklungsgeschichte des Haares lehrt, aus den äußersten Zellwandschichten durch chemische Umbildung entsteht. An diese, die gesamte Faser als geschlossene Haut bedeckende Schicht schließt sich die eigentliche, aus nahezu reiner Cellulose bestehende, stark verdickte Zellwand an, die nach dem Zellkanal von einer dünnen, mit Eiweißstoffen stark durchsetzten Innenhaut begrenzt wird. Der Zellkanal ist z. T. mit protoplasmatischen Resten und natürlichen Farbstoffen erfüllt. In Kuoxam geprüft, lassen sich die verschiedenen Stadien der Quellung bzw. Lösung im allgemeinen und das Verhalten der einzelnen Bestandteile der Zellwand im besondern sehr deutlich verfolgen. Der allgemeine Verlauf der Quellung ist der folgende: Rasches Aufdrehen und starke Verkürzung des Haares, Querfältelung der Cuticula, Platzen der letzteren an zahlreichen Stellen, Zusammenschieben der nicht geplatzten Teile zu faltigen Ringen, Querfältelung der etwas widerstandsfähigeren inneren Zellwandteile, Entstehen von Cellulosebäuchen, die zwischen den Cuticularringen hervortreten, vollständiges Zerfließen der Cellulosewand und des Innenhäutchens; als Rückstände: Cuticula und protoplasmatische Reste. Die rohe, in Wasser liegende Baumwollfaser zeigt weder in der Quer- noch in der Längsansicht irgendeine nennenswerte Schichtung der Zellwand. In der Längsansicht hat es manchmal den Anschein, als bestünde die Zellwand aus zwei, ungefähr gleich dicken Schichten; bei genauerem Zusehen läßt sich aber feststellen, daß es sich hier nur um die Trennungslinie der durch das Lumen voneinander geschiedenen, nach oben hin aufgebogenen Zellwandhälften handelt (s. Abb. 240). Eine deutliche Schichtung kommt erst nach Einwirkung stark quellender Mittel zum Vorschein. So läßt Kupferoxydammoniak eine prachtvolle Spiralstreifung der äußeren Wandschichten hervortreten. Die Richtung der Streifen wechselt selbst bei ein und derselben Faser häufig (vgl. oben). Die dem Innenhäutchen zunächst liegenden Wandteile zeigen eine zur äußeren Begrenzung des Haares parallel gehende Längsstreifung. Nicht selten ist auch eine sehr flache Spiralstreifung zu beobachten, die jedoch ihrem Sinne nach der äußeren Streifung entgegengesetzt ist. Mit der letzteren hängt augenscheinlich auch die bei roher Baumwolle häufig zu beobachtende spiralige Ablösung der Cuticula zusammen. Die äußeren Wandteile quellen erheblich rascher als die inneren. Die Innenhaut, die sich an manchen Stellen als doppelkonturiert zu erkennen gibt, widersteht infolge ihrer Inkrusten ziemlich lange, wird aber schließlich auch vollständig gelöst. Die Cuticula erscheint bei der Einwirkung von Kuoxam in verschiedenen Formen (faltig zusammengeschobene Ringe, glatte oder gefaltete Streifen von unregelmäßig länglicher Form, schraubenförmig gedrehte, gleichmäßig breite Bänder, schraubenförmig gedrehte, in der Breite stark gefaltete Bänder oder Teilstücke von solchen, cylindrische Schläuche von verschiedener, z. T. sehr ansehnlicher Länge mit kreisrunden, ovalen oder rissigen Öffnungen in der Wand). Poren, d. h. Öffnungen in anatomischem Sinn, sind in der Baumwollwandung niemals zu finden. Dagegen kommen bei mechanisch stark beanspruchten dickeren Haaren zerklüftete Stellen vor, die den „Verschiebungen" der Bastfasern entsprechen. Die Cuticula zeigt einen ausgesprochen gelblichen oder rötlichgelben Farbenton; sie ist mithin für die natürliche Färbung der Rohbaumwolle mitverantwortlich zu machen. Die Cuticula und ebenso die Verdickungsschichten der Baumwolle sind mit Fettstoffen infiltriert, so daß das rohe Haar schwer netzbar ist. Die Cuticula der Baumwolle ist nicht doppelbrechend und erscheint bei der Betrachtung im Ultramikroskop optisch leer. Die nach Einwirkung von Kuoxam zurückbleibenden protoplasmatischen Bestandteile des Haares zeigen folgende Formen: gleichmäßig zusammenhängende faltige Schläuche, die den ursprünglichen Wandbelag des Innenhäutchens darstellen, unregelmäßig zusammenhängende, mehr oder weniger netzförmig durchbrochene Schläuche, unregelmäßig körnige oder brockige Teile und je nach der Form des ursprünglichen Lumens faden- oder plattenförmige Stücke; erstere wie bei der Flachsfaser mannigfach gewellt, letztere häufig gefaltet und gebogen. Stellenweise ist das Haar völlig frei von Inhaltsbestandteilen. Die Eiweißstoffe sind in der Regel deutlich gelblichbraun gefärbt (namentlich bei der ägyptischen Makobaumwolle). Die Inhaltsstoffe des Haares sind demzufolge in erster Linie an der natürlichen Färbung der Rohbaumwolle beteiligt. Nur in selteneren Fällen zeigt auch die Wandung eine ausgeprägte

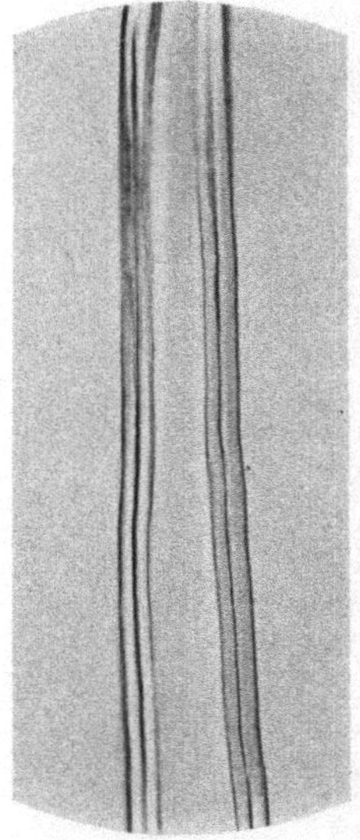

Abb. 240. Rinnenartig aufgebogene Baumwollfaser in Glycerin. Scheinbare Grobschichtung der Zellwand. Vergr. 300.

Färbung (Nankingbaumwolle). Im Polarisationsmikroskop geprüft, erweisen sich die Inhaltsbestandteile des Haares als einfachbrechend.

Gebleichte Baumwolle. Von den Formbestandteilen des Haares wird die Cuticula durch die Bleiche am meisten beeinflußt. Von den in der Bleiche angewandten Flüssigkeiten üben kochende Alkalien die stärkste Wirkung auf die Cuticula aus, namentlich bei Kochungen unter Druck. Baumwolle, die ohne Vorkochungen mit Alkalien ein vereinfachtes Bleichverfahren durchgemacht hat, zeigt nach der Behandlung mit Kuoxam beträchtliche Cuticularmengen. Ab und zu beobachtet man auch die für die rohe Baumwolle charakteristischen blasigen Auftreibungen der Zellwand mit den zugehörigen Cuticularringen usw. Mit Alkalien vorgekochte, gebleichte Baumwolle zeigt nur in seltenen Fällen blasige Auftreibungen der Zellwand. Von der Cuticula sind fast stets nur geringe, stark zermürbte Reste in Form von unregelmäßig kleinen, schuppenförmigen Stücken an der Oberfläche der gleichmäßig aufquellenden und in Lösung übergehenden Zellwand zu finden. Die Tatsache, daß die unter Verwendung kochender Alkalien gebleichte Baumwolle keinen höheren Glanz aufweist, ist ein Fingerzeig dafür, daß die Cuticula an dem matten Aussehen der Faser nur in einem untergeordneten Maße beteiligt sein kann. Sie ist auch zweifellos belanglos für die absolute Festigkeit des Haares, denn abgesehen davon, daß ein in seiner Dicke an der Grenze der mikroskopischen Sichtbarkeit liegendes Häutchen an der Rißfestigkeit keinen nennenswerten Anteil nehmen kann, lehrt auch die praktische Erfahrung, daß die Festigkeit der gebleichten, also nahezu cuticulafreien Baumwolle durchaus nicht geringer ist als die der rohen Faser. Die im rohen Zustand in der Faser vorhandenen Farbstoffe der Inhaltsreste sind in der gebleichten Faser verschwunden. Die protoplasmatischen Anteile gehören aber zweifellos zu den durch die Bleiche nur unvollständig entfernbaren Stoffen. Die Wandung des Haares ist für den sichtbaren Teil des Spektrums fast vollständig durchlässig. Über die Hauptlichtbrechungsexponenten s. u. Lichtbrechung. Die Faser ist als stark doppelbrechend anzusprechen. Sie weist zwar zwischen gekreuzten Nicols in der Regel nur die mittleren Farben der ersten Ordnung auf (Weißgelb I), indessen liegt dies lediglich an der relativ geringen optischen Dicke der Faser. An den Drehstellen, d. h. dort, wo sie ihre Schmalseite nach oben kehrt, treten denn auch höhere Interferenzfarben der ersten und zweiten Farbenordnung auf (s. Abb. 241). Dreht man die in Canadabalsam oder in Chloralhydrat eingebettete Baumwollfaser zwischen gekreuzten Nicols in der Objekttischebene hin und her, so zeigt sich, daß auch in jenen Lagen, in welchen ihre Längsrichtung mit der Schwingungsrichtung des Analysators oder Polarisators zusammenfällt (Orthogonalstellungen), keine vollständige Auslöschung des Lichts stattfindet. Dieses Verhalten spricht dafür, daß die längere Achse der wirksamen Indexellipse nicht in die Längsrichtung der Faser fällt, sondern mit ihr einen gewissen Winkel einschließt. Mit Hilfe eines unter $+45^0$ orientierten Gipsplättchens läßt sich feststellen, daß in der Diagonalstellung unter $+45^0$ Additionsfarben, unter

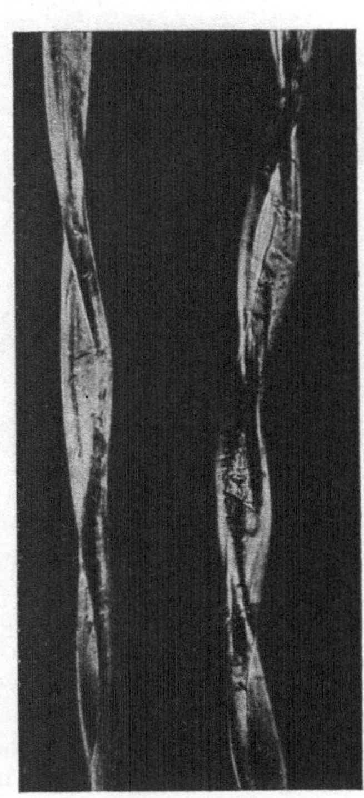

Abb. 241. Zwei Baumwollhaare zwischen gekreuzten Nicols. Vergr. 380.

—45° Subtraktionsfarben auftreten; in den Orthogonalstellungen werden bald Additionsfarben, bald Subtraktionsfarben festzustellen sein. Im allgemeinen zeigt dieses Verhalten, daß die längere Achse der in der Faserlängsrichtung zur Wirkung kommenden Indexellipse mit der

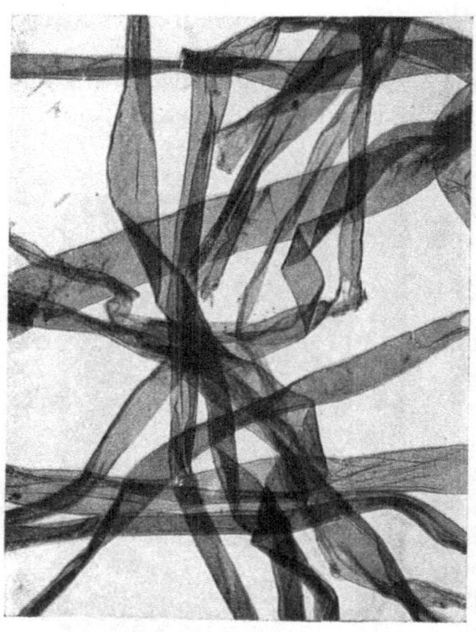

Abb. 242. Tote Baumwolle in Chlorzinkjod. Vergr. 200 (s. S. 585).

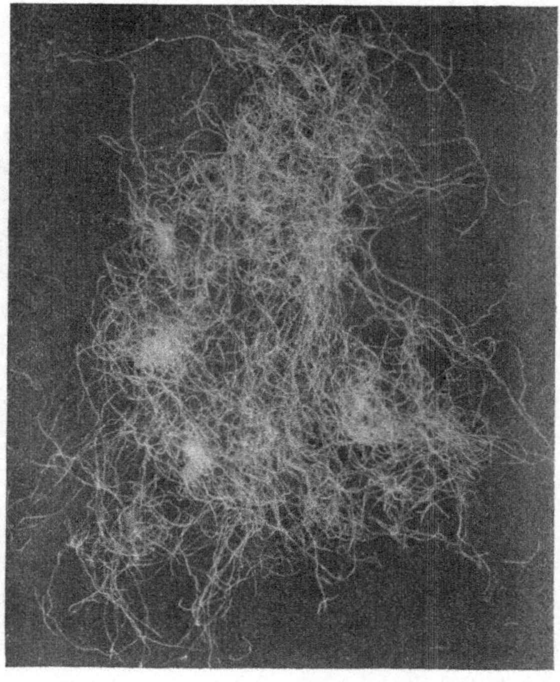

Abb. 243. Tote Baumwolle. Knötchenbildung. Vergr. 5 (s. S. 586).

Faserlängsrichtung einen zwischen 0 und 45° liegenden Winkel einschließt, und ferner, daß ihre Lage bald links-, bald rechtsläufig ist. Was das geschilderte optische Verhalten der Baumwolle besonders bemerkenswert macht, liegt darin, daß die wirksame Elastizitätsellipse ihre Lage sehr häufig sprunghaft ändert, in der Weise, daß die linksläufige Richtung durch eine ganz kurze neutrale Stelle ohne weiteres in die entgegengesetzte Richtung umschlägt, ohne daß aber der Neigungswinkel der Spirale, die den geometrischen Ort aller Längsachsen der bezüglichen Indexellipsen darstellt, nach der einen oder andern Seite über 45° zur Faserlängsrichtung hinausginge (A. Herzog). Die neutralen Stellen messen etwa 15—30 μ in der Länge. Besonders charakteristische Polarisationsbilder werden dann erhalten, wenn ein Gipsplättchen Rot I eingeschaltet wird. Viele Fasern zeigen hierbei

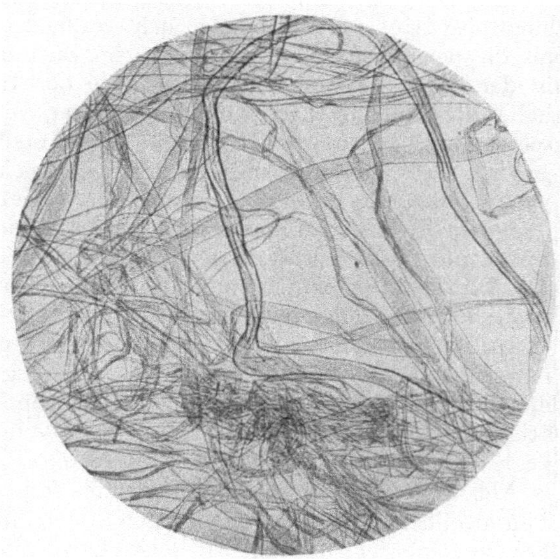

Abb. 244. Tote, halbreife und reife Baumwollhaare. Vergr. 100 (s. S. 586).

unmittelbar aufeinanderfolgende Stellen mit Additions- und Subtraktionsfarben. Nicht selten betreffen diese Anomalien ganz kurze Stellen (etwa 50 μ lang), die sich dann natürlich besonders scharf von dem roten Gipsgrund abheben. Mit

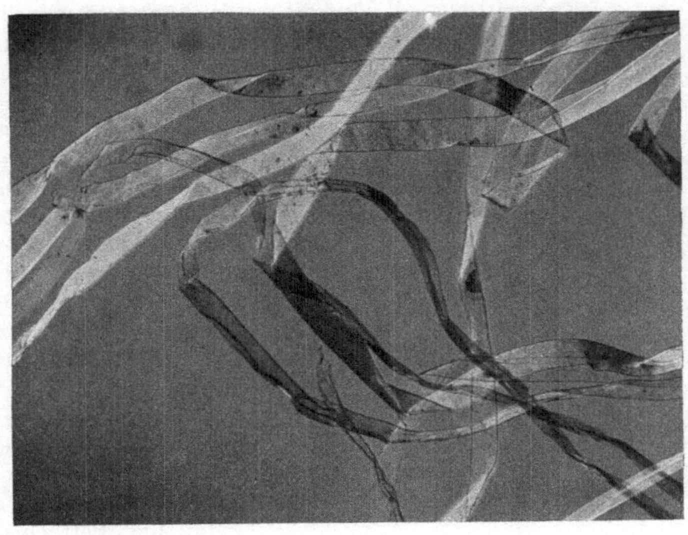

Abb. 245. Tote Baumwolle in polarisiertem Licht. Nicols gekreuzt, Glimmerplatte $^1/_8\,\lambda$. Vergr. 200 (s. S. 586).

diesem Verhalten hängt nicht allein die Spiralstreifung der Zellwand, sondern auch der wechselnde Drehungssinn innig zusammen. Nitrierte Baumwolle

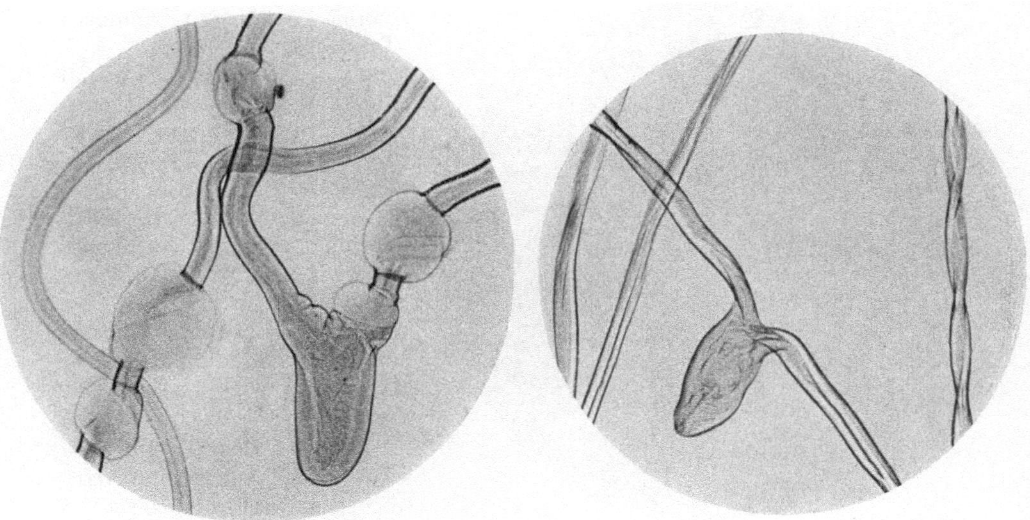

Abb. 246. Baumwolle in Kupferoxydammoniak-Rutheniumrot. Eine Faser mit grober Aussackung. Vergr. 200 (s. S. 587).

Abb. 247. Baumwolle. Aussackung eines Haares. Vergr. 200 (s. S. 587).

ist zwar schwächer doppelbrechend als die reine Baumwolle, besitzt aber noch denselben optischen Charakter, während die stark nitrierte Baumwolle den umgekehrten Charakter der Doppelbrechung zeigt. Aus den Untersuchungen von H. AMBRONN[1] geht im besondern hervor: Bei steigendem Stickstoffgehalt sinkt die Doppelbrechung der Faser, geht durch Null hindurch und steigt dann wieder. Bei niedrigem Stickstoffgehalt ist sie in bezug auf die Längsrichtung der Faser optisch positiv, bei hohem negativ. Die Änderung im Charakter der Doppelbrechung findet bei etwa 11,8 % Stickstoff statt.

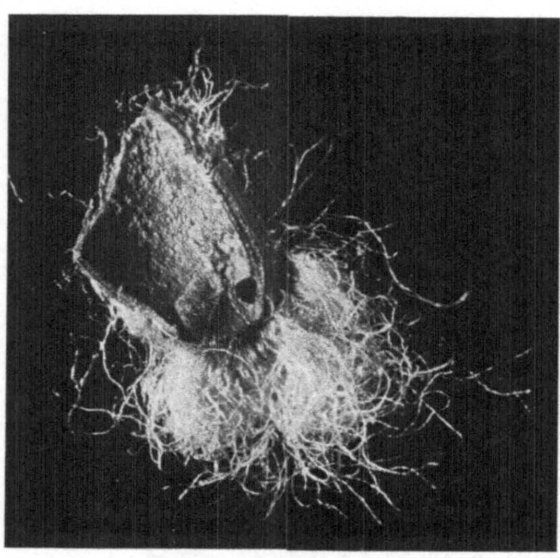

Abb. 248. Stück einer Baumwollsamenschale mit anhängenden „Bartfasern". Vergr. 10 (s. S. 587).

Pleochroismus. Der Pleochroismus, den die Baumwollfaser nach Färbung mit einigen Teerfarbstoffen (Congorot, Benzoazurin usw.) zeigt, ist nicht besonders auffallend. Hierbei ist jedoch festzustellen, daß der Pleochroismus selbst bei ein und derselben Faser großen Schwankungen unterworfen ist. Besonders auffallende Gegensätze werden mit Chlorzinkjod erhalten, wenn die Betrachtung zwischen gekreuzten Nicols stattfindet, wobei man zweckmäßig das Gesichtsfeld durch eine kleine Drehung des einen Nicols etwas aufhellt. Der so auftretende Gegensatz in der Färbung der diagonal gestellten Faser ist so scharf ausgeprägt, daß er nicht übersehen werden kann. Auch mit manchen Teerfarbstoffen lassen sich ähnliche Wirkungen wie mit Chlorzinkjod erzielen (Dianilblau, Diaminechtblau). Näheres enthält eine Arbeit des Verfassers[2].

Abb. 249. Baumwollblattstück in Choralhydrat. Vergr. 80 (s. S. 590).

Ultramikroskopisch geprüft, zeigt das Baumwollhaar eine sehr lichtstarke Netzstruktur.

Zu b. Halbreife Baumwolle. Sie stimmt in der Form und im optischen Verhalten mit der vollreifen Baumwolle überein. Die Zellwände sind jedoch dünnwandiger, so daß die seitlichen Begrenzungen des Haares nur mäßig oder gar nicht wulstig erscheinen.

Zu c. Unreife (grüne) Baumwolle. Die Wandung mißt etwa 1 μ, ist also auffallend gering. Die seitlichen Begrenzungen des Lumens sind schon bei

[1] AMBRONN, H.: Dissert. Jena 1914. [2] HERZOG, A.: Leipz. Mon. Text. **1924**, 409.

schwachen Vergrößerungen wahrzunehmen. Die Cuticula ist nur sehr schwach entwickelt. Dagegen ist das Innere der Faser sehr reich an protoplasmatischen Resten. Eine Schichtung der Zellwand ist nicht zu beobachten. Auch nach Einwirkung von Kuoxam ist keine Differenzierung der Zellwand wahrzunehmen. Infolge des hohen Eiweißgehalts zeigt die Faser beim Färben mit substantiven Farbstoffen eine ungleich stärkere Färbung als die reife Faser. Mit Beizen vorbehandelte und mit basischen Farbstoffen gefärbte Fasern nehmen im Gegensatz zur reifen Faser nur helle Farbentöne an (Ursache: geringe Wandstärke). In der Breite stimmt das Haar mit der vollreifen Faser nahezu überein. Es ist fast gar nicht gedreht. Kuoxam löst; häufig hinterbleibt die Cuticula als außerordentlich dünnwandiger Schlauch, wie dies u. a. auch bei mittelreifer Baumwolle beobachtet werden kann. Entsprechend der sehr geringen Wandstärke zeigt das Haar zwischen gekreuzten Nicols nur graue Farbentöne (Grau I). In den beiden Orthogonalstellungen tritt, im Gegensatz zu den voll- und halbreifen Haaren, keine Aufhellung ein.

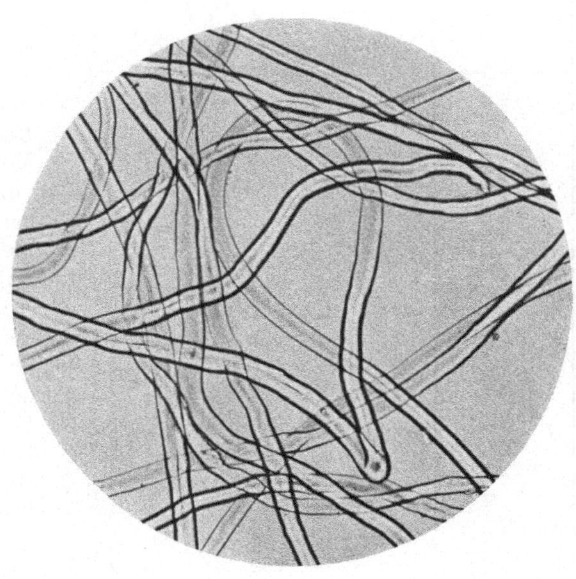

Abb. 250. Gut mercerisierfähige Baumwolle (nach dem Mercerisieren). Vergr. 150 (s. S. 590).

Zu d. Tote Baumwolle. Das Einzelhaar ist so stark zusammengedrückt, daß die gegenüberliegenden Zellwände sich innig berühren; in der Längsansicht ist es häufig unregelmäßig gefältelt (s. Abb. 242). Die Zellwand ist vollkommen durchsichtig und außerordentlich dünn (0,5—0,6 μ). Die Haarbreite ist größer als bei der halb- und vollausgereiften Faser. Massive Haare kommen, entgegen vielfachen Angaben der Literatur, nicht vor. Nur die Haarenden sind häufig stark verdickt oder massiv; sie sind jedoch so brüchig, daß sie in verarbeiteter Baumwolle nur sehr selten vorkommen. Die Zellwand zeigt eine außerordentlich zarte, etwa unter 45° verlaufende Schrägstreifung. Infolge

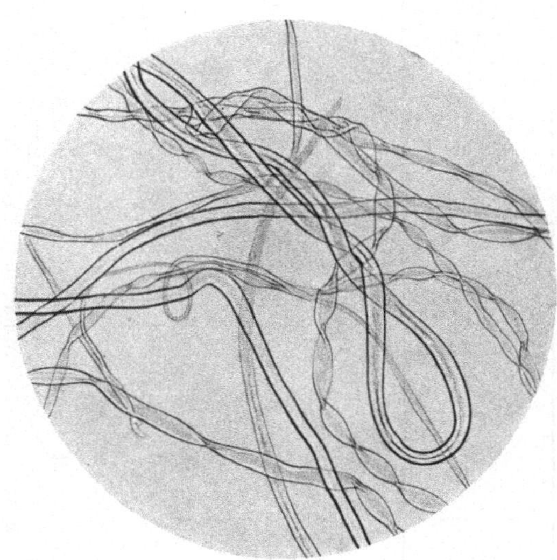

Abb. 251. Schlecht mercerisierfähige Baumwolle (nach dem Mercerisieren). Vergr. 100 (s. S. 590).

	Entwicklungszustand des Haares	Wandverdickung	Form des Haares nach Einwirkung von kalter konzentrierter Natron- oder Kalilauge	Zwischen gekreuzten Nicols: vorherrschende Interferenzfarben auf der Breitseite des Haares (Diagonalstellung)	Zwischen gekreuzten Nicols: in beiden Orthogonalstellungen	Protoplasmatische[1] Inhaltsreste im Innern der Faser	Lichtstärke[2] der ultramikroskopischen Netzstruktur	Anmerkung
1	Vollreif . . .	auffallend kräftig, wulstig	bei nicht zu groben Sorten auffallend walzenförmig, sonst bandartig	Weiß bis Gelb I	hell	reichlich vertreten	auffallend groß	—
2	Halbreif . .	mäßig oder gar nicht wulstig	bandartig	Weiß I	,,	,, ,,	groß	—
3	Unreif (grün)	sehr gering (etwa 1 μ)	,,	Grau I	dunkel	besonders reichlich vertreten	gering	Wandung gefärbter Haare auffallend hell gegenüber 1 und 2
4	Tot	außerordentlich gering (etwa 0,5—0,6 μ)	,,	Dunkelgrau I bis Schwarz[3]	,,	fast fehlend	sehr gering, da optisch nahezu leer	

[1] Am raschesten nach Einwirkung von nicht zu konz. Kupferoxydammoniak-Rutheniumrot festzustellen.
[2] Nach dem vereinfachten Verfahren von A. HERZOG oder mit dem Paraboloidkondensor zu prüfen.
[3] Nach Einschaltung eines Glimmerplättchens $^1/_8\,\lambda$ erscheint die Faser unter $+45^0$ weiß, unter -45^0 schwarz.

der abnorm dünnen Zellwand schimmert die Streifung der unteren Wandhälfte durch die obere hindurch, so daß beide Streifensysteme gleichzeitig im Mikroskop scharf erscheinen. Die Cuticula ist von außerordentlicher Feinheit. Protoplasmatische Reste sind nur in sehr geringer Menge vertreten. Kuoxam löst vollständig. Blasige Auftreibungen der Zellwand kommen hierbei niemals vor. Im Ultramikroskop zeigt die Wandung nur sehr lichtschwache Strukturen, die einer zur Längsrichtung des Haares parallelen Anordnung der Micelle entsprechen. Tote Haare färben sich viel schlechter an als voll- und halbreife. Im fertigen Gespinst bildet die tote Faser häufig Knötchen, die auch mikroskopisch nur schwer zu entwirren sind (s. Abb. 243 u. 244). Die Faser ist doppelbrechend. Da nur die niedersten Farbentöne der ersten Ordnung auftreten (Eisengrau I), empfiehlt sich zum Nachweis der Doppelbrechung die Einschaltung eines Gipsplättchens Rot I. Unter $+45^0$ treten Additions-, unter -45^0 Subtraktionsfarben auf. Zum raschen Nachweis der toten Baumwolle erweist sich ein Glimmerplättchen $^1/_8\,\lambda$ als besonders geeignet. Auf dem durch den Glimmer bedingten grauen Untergrund (Grau I) heben sich die toten Haare zwischen gekreuzten Nicols je nach ihrer Lage zu den Schwingungsrichtungen des Analysators oder Polarisators schwarz oder weiß ab. Die hierbei zu erzielenden Gegensätze werden von keiner andern Prüfungsmethode übertroffen (s. Abb. 245).

In den beiden Orthogonalstellungen tritt keine Aufhellung der Faser ein. Es fällt also die längere Achse der optischen Indexellipse mit der Faserlängsrichtung zusammen (vgl. das oben über den Charakter der Doppelbrechung

Gesagte). Bei der toten Baumwolle handelt es sich um *entartete* oder aus andern Gründen *abgestorbene* Fasern.

	Entwicklungszustand des Haares	Querschnittsfläche des Haares			Mittlere metrische Nummer des Einzelhaares (abgerundet)	Mittlere Wanddicke in μ	Mittlere Haarbreite in μ
		Mittel in μ^2	Verhältnis				
			Nr. 4 = 1 gesetzt	Mittel von Nr. 3 u. 4 = 1 gesetzt			
1	Vollreif . . .	150	6,0	4,6	4400	3,5	22
2	Halbreif . .	105	4,2	3,2	6400	2,6	21
3	Unreif (grün)	40	1,6	} 1,0	16700	1,0	20
4	Tot.	25	1,0		26700	0,6	25

Zu e. *Anomal gestaltete Langhaare.* Sie sind mikroskopisch leicht kenntlich, da sie durch auffallend *ungleichmäßige Wandverdickungen, Ausbauchungen, Verzweigungen* usw. gekennzeichnet sind. In guten Baumwollmarken sollen sie nicht vertreten sein (s. Abb. 246 u. 247).

Zu f. *Kurzhaare* (Samenfilz). In ihrem Aufbau und optischen Verhalten stimmen sie mit den reifen Langhaaren überein; sie unterscheiden sich jedoch von diesen durch eine wesentlich geringere *Länge* (nur wenige Millimeter) und eine beträchtlich *schwächere* Ausbildung der Zellwand.

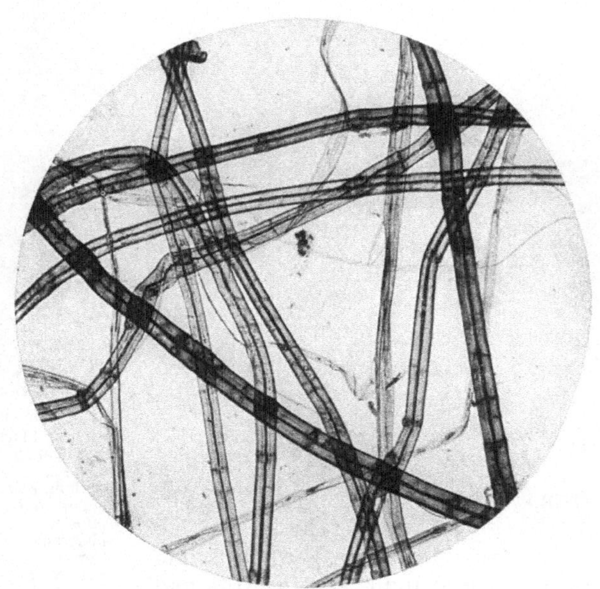

Abb. 252. Flachsfasern in Chlorzinkjod (Übersicht). Vergr. 120 (s. S. 592).

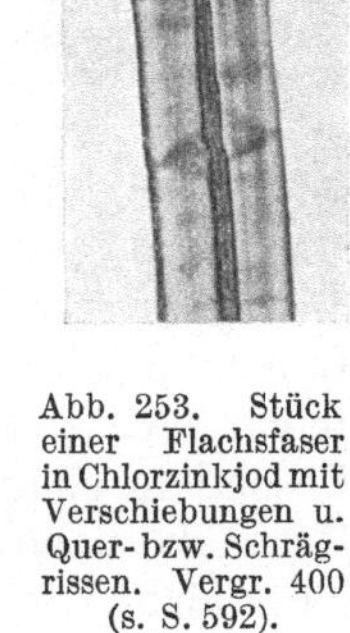

Abb. 253. Stück einer Flachsfaser in Chlorzinkjod mit Verschiebungen u. Quer- bzw. Schrägrissen. Vergr. 400 (s. S. 592).

Zu g. *Bartfasern.* Diese vom Schmalende des Samens stammenden Haare sind durch ihre geringe *Länge*, auffallende *Breite* und *Steifheit* gekennzeichnet (s. Abb. 248). A. Herzog[1] bildet 3 Gruppen von Barthaaren. Die Gruppe 1 entspricht den meisten Baumwollen: Die Haare sind in der Regel nur schwer vom Samen zu trennen und stark *braun* oder *grünlichbraun* gefärbt. Die Breite ist sehr beträchtlich (bis 70 μ); tiefgehende *Gabe*-

[1] Herzog, A.: Chem. Ztg. **1914**, 114—117.

lungen des Haares sind häufig zu finden. Im Innern sind tiefbraungefärbte protoplasmatische Reste zu finden; die Wandung ist schwach gelb gefärbt, nur die dem Lumen unmittelbar benachbarten Teile der Zellwand sind ausgesprochen braun. Die Cuticula ist nur schwach entwickelt. Bei der Quellung in konz. Kalilauge tritt eine prächtige Schichtung der mittleren und innersten Zellwandteile zutage. Außen ist eine ziemlich dicke, ungeschichtete Zone wahrzunehmen. Besonders charakteristisch ist das Verhalten gegen Kuoxam. Die Quellung verläuft erheblich langsamer als bei den Langfasern. Oft ist erst nach mehreren Stunden eine deutliche Aufquellung der inneren Verdickungsschichten wahrzunehmen. Unmittelbar nach der Einwirkung des Reagens werden unter Sprengung der Cuticula nur die äußeren Zellwandteile gelöst. Die mittleren und inneren Anteile zeigen nach und nach eine prachtvolle Schichtung wie sie bei Langfasern niemals beobachtet werden kann (bis 28 Schichten). Die im Inneren sitzenden Inhaltsbestandteile treten durch ihre braune Färbung in wechselnder Form auf (Brocken, Platten, Fäden). Die Fasern sind sehr fettreich. Gruppe 2: Die Fasern dieser Gruppe kommen nur

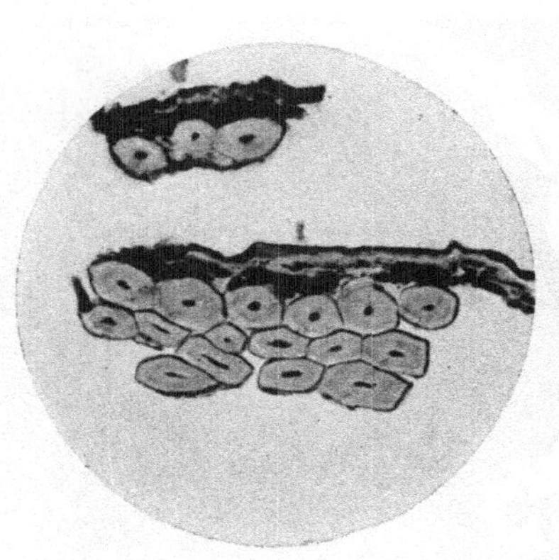

Abb. 254. Querschnitt eines Flachsfaserbündels. Vergr. 330 (s. S. 592).

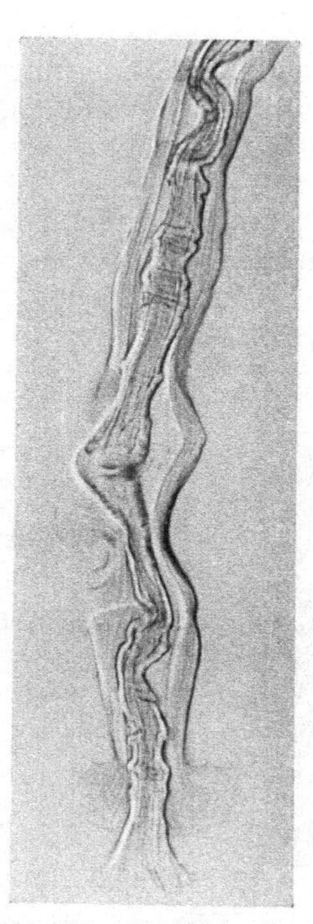

Abb. 255. Flachsfaser in Kupferoxydammoniak. Beginn der Quellung. Vergr. 200 (s. S. 592).

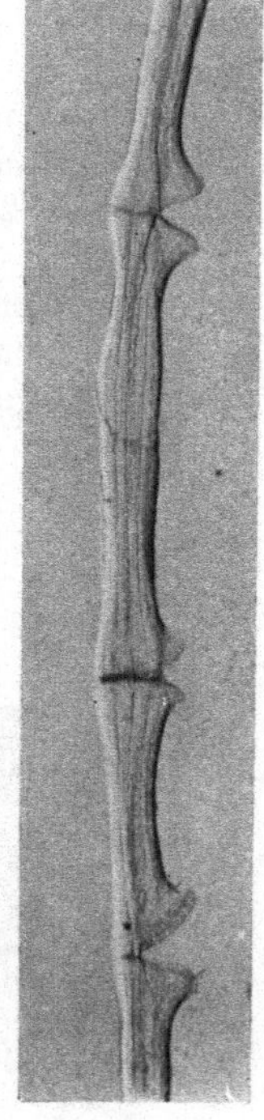

Abb. 256. Gebleichte Flachsfaser in Kupferoxydammoniak. Die Quellung setzt besonders an den mechanisch weniger widerstandsfähigen Verschiebungen ein. Vergr. 200 (s. S. 592).

selten vor. Sie sind bandartig flach, auffallend breit und häufig gefaltet. Auch Drehstellen sind nicht selten zu beobachten. Die Wandung ist im Verhältnis zum Lumen nur schwach entwickelt. Die Wandung ist farblos und zeigt auch nach Einwirkung von Kuoxam keine Schichtung. Besonders charakteristisch sind die im Innern sitzenden protoplasmatischen Reste, die einen intensiv braunen Farbstoff enthalten. Nach Einwirkung von Kalilauge färbt sich derselbe dunkelrotbraun; zugleich hebt sich das im Wandbelag vorhandene Protoplasma deutlich gezackt von der Zellwand ab. Diese Reste finden sich hauptsächlich in der Nähe der Haarbasis, wo sie das Innere vollständig ausfüllen. Gruppe 3: Haare dieser Gruppe kommen besonders bei wilden und entarteten Baumwollen vor. In der Breite stimmen sie in der Regel mit den Langfasern überein. In vielen Fällen sind die sekundären Verdickungsschichten noch unvollständig als spiralig verlaufende Leisten ausgebildet. Die Spiralen sind teils rechts-, teils linksläufig. Daneben sind auch sprunghafte Änderungen in der

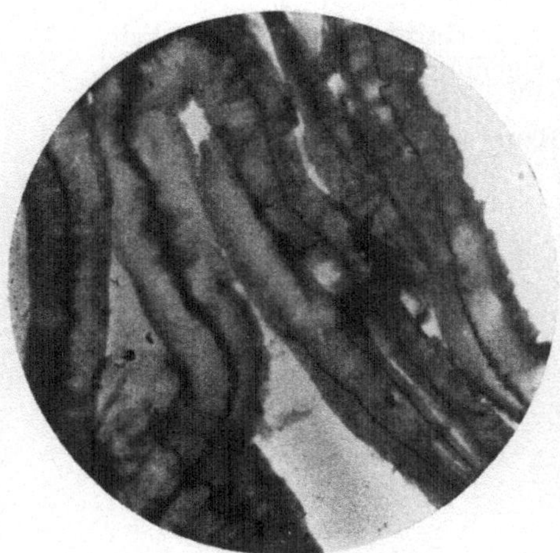

Abb. 257. Flachsfasern in Jod und Quellschwefelsäure. Vergr. 90 (s. S. 592).

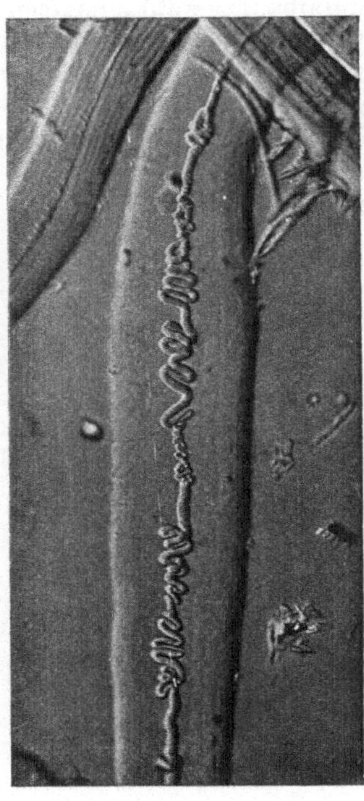

Abb. 258. Ungebleichte Flachsfaser in Kupferoxydammoniak. Die im Innern befindlichen protoplasmatischen Reste schlangenartig gewunden. Vergr. 100 (s. S. 592).

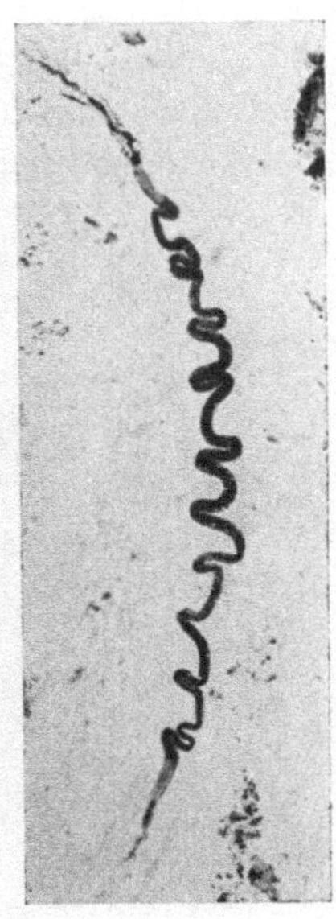

Abb. 259. Protoplasmafaden nach Einwirkung von Kupferoxydammoniak-Rutheniumrot auf die gebleichte Flachsfaser. Vergr. 200 (s. S. 592).

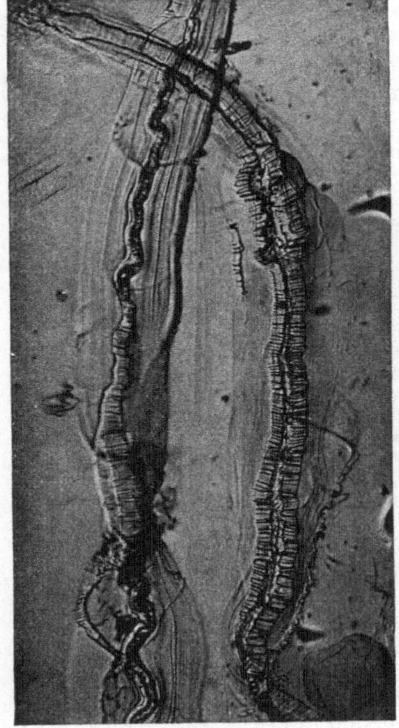

Abb. 260. Zwei ungebleichte Hanffasern in Kupferoxydammoniak. Vergr. 100 (s. S. 592).

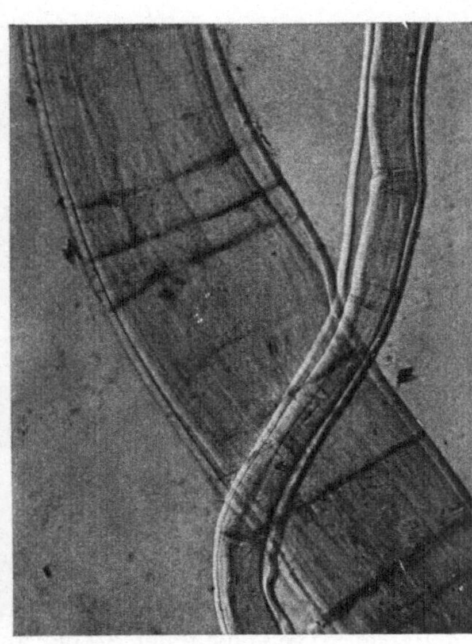

Abb. 261. Zwei gebleichte Hanffasern in Kupferoxydammoniak mit stellenweise abgetrennter primärer Zellwand. Vergr. 200 (s. S. 592).

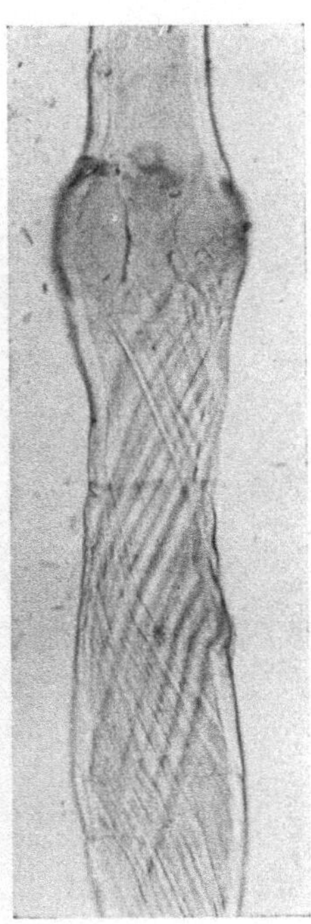

Abb. 262. Gebleichte Flachsfaser in Kupferoxydammoniak mit Verschlußstelle und Schrägstreifung. Vergr. 200 (s. S. 592).

Richtung der Spiralbänder wahrzunehmen. Die nur schwach gelblich gefärbten Haare sind sehr arm an Inhaltsresten; ihre Cuticula ist schwach entwickelt. In Kuoxam löst sich die Faser, ohne besondre Quellungs- oder Lösungserscheinungen zu zeigen.

Verunreinigungen. In der rohen Baumwolle sind häufig zellige Verunreinigungen in Form von Blattresten und Teilstücken der Kapselwand mit anhängenden Bartfasern nachzuweisen (s. Abb. 249).

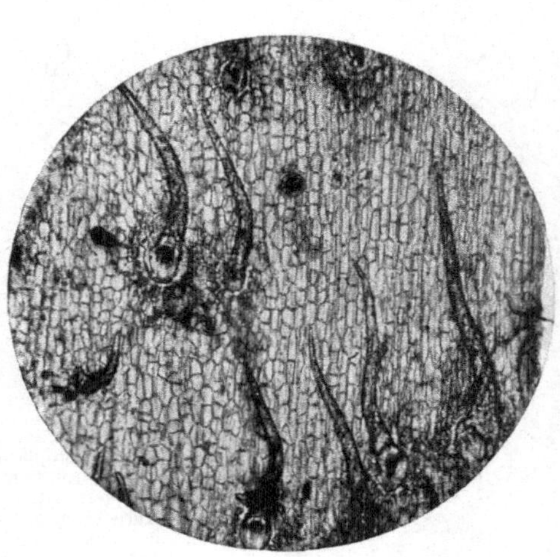

Abb. 263. Hanfstengeloberhaut mit Haaren. Vergr. 100 (s. S. 593).

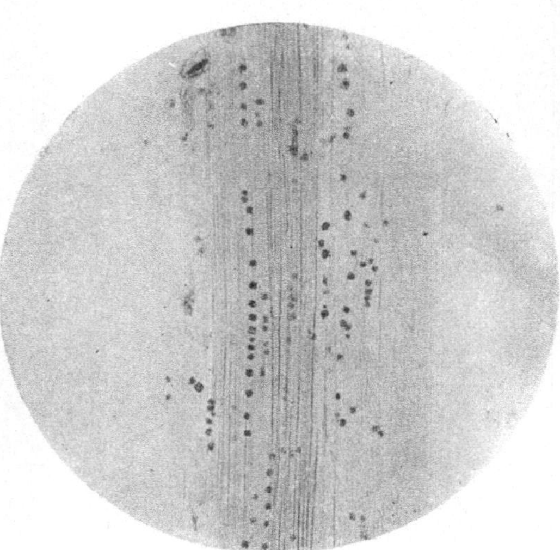

Abb. 264. Krystalldrusen von Calciumoxalat aus der Rinde des Hanfstengels. Vergr. 100 (s. S. 593).

Mercerisierte Baumwolle. Diese färbt sich nach Einwirkung von Chlorzinkjod auffallend dunkelrotviolett bis schwarz, also wesentlich stärker als die gewöhnliche Baumwolle. Durch die beim Mercerisieren entstehende bleibende Quellung erscheint die Faser straff und walzenförmig glatt (s. Abb. 250 u. 251). Das Lumen zeigt an verschiedenen Stellen auffallende Verjüngungen und Erweiterungen. Das Innere der Faser enthält häufig protoplasmatische Reste. Die roh mercerisierte ungebleichte Faser löst sich in Kuoxam unter Hinterlassung der Cuticula und der Inhaltsreste vollständig auf. Sehr häufig löst sich

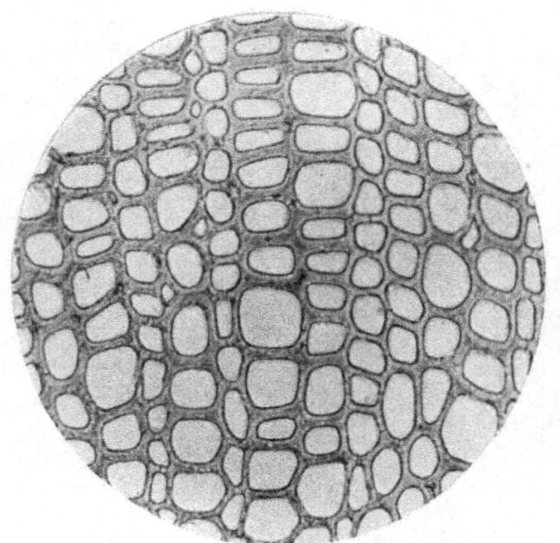

Abb. 265. Querschnitt durch den Holzkörper des Flachsstengels. Vergr. 270 (s. S. 593).

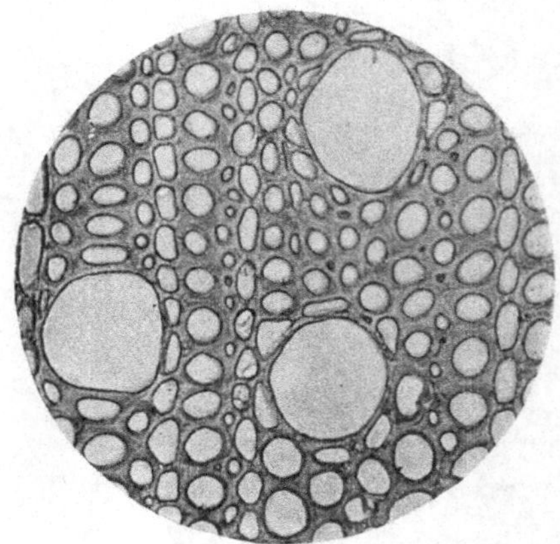

Abb. 266. Querschnitt durch den Holzkörper des Hanfstengels. Vergr. 270 (s. S. 593).

die Cuticula in Form von Spiralbändern und querzerklüfteten Stücken von der Faser ab. Blasige Auftreibungen der Zellwand sind hier und da, aber bedeutend seltener zu beobachten als bei der gewöhnlichen Baumwolle. Ein wesentlich andres Verhalten zeigt die gebleichte mercerisierte Faser, gleichgültig, ob die Bleiche vor oder nach dem Mercerisieren vorgenommen wurde. Von der Cuticula sind fast stets nur geringfügige Reste vorhanden, nicht selten ist sie ganz verschwunden. Die Wandung zeigt in vielen Fällen eine sehr schöne äußere Spiralstreifung und eine innere Parallelstreifung, oft ist sie an mehreren Stellen in deutlich voneinander abgesetzte, durch klaffende Spalten getrennte Zonen gegliedert. Die zurückbleibenden Inhaltsreste sind von verschiedener Form (körnig, plattenförmig, fädig).

Seidenfinish. Der schöne seidenartige Glanz, der Baumwollgeweben (fast ausschließlich nur den mercerisierten) durch den Seidenfinish verliehen wird, ist unter der Lupe leicht festzustellen (Preßfurchen, eingeprägte schräge Pyramidenstumpfe usw.) (s. Abb. 26). Das Mikroskop erübrigt sich bei dieser Prüfung.

Flachs und Hanf.

Beide Fasern sind mikroskopisch sehr ähnlich gebaut; sie unterscheiden sich jedoch wesentlich durch ihr Verhalten gegen starke Quellungsmittel (insbeson-

Unterscheidung von gebleichten Flachs- und Hanffasern.

<table>
<tr><th colspan="2"></th><th>Flachs</th><th>Hanf</th></tr>
<tr><td colspan="2">Form der Zellenden</td><td>vorwiegend scharf spitz, daneben aber auch abgerundet (für Unterscheidungszwecke kaum brauchbar)</td><td>abgerundet, z. T. gegabelt (für Hanf nur dann beweisend, wenn alle Fasern abgerundete Enden zeigen)</td></tr>
<tr><td rowspan="3">Faser in Kupferoxydammoniak-Rutheniumrot</td><td>Inhaltsreste</td><td>Plasmafaden in vielen Fasern noch nachzuweisen (karmoisinrot gefärbt) (s. Abb. 259)</td><td>kaum noch Spuren vorhanden</td></tr>
<tr><td>Schichtung der Zellwand</td><td>zu Beginn der Quellung sehr deutlich, später wenig auffallend</td><td>gröber wie beim Flachse, äußere Schicht häufig z. T. abgetrennt; Innenschlauch gut sichtbar (s. Abb. 261)</td></tr>
<tr><td>Streifung der äußeren Wandschichten</td><td>an den meisten Fasern gut sichtbar (linksläufige Spirale), häufig Spalten und Ablösen in Form spiraliger Bänder</td><td>schwer nachzuweisen und dann rechtsläufig</td></tr>
<tr><td colspan="2">Leitelemente</td><td>in der Regel nur noch der cuticulare Anteil der Oberhaut vorhanden, der aber die ursprüngliche Form der Zellen noch deutlich erkennen läßt</td><td>Oberhautreste selten und dann häufig bis zur Unkenntlichkeit verändert</td></tr>
<tr><td colspan="2">Verhalten zwischen gekreuzten Nicols nach Einschaltung von Gips Rot I unter 45° (nur die Orthogonalstellungen der Faser sind zu berücksichtigen)</td><td>0° . . . Additionsfarben (Konsekutivstellung)
90° . . . Subtraktionsfarben (Alternativstellung)
ein Teil der Fasern verhält sich neutral</td><td>0° . . . Subtraktionsfarben
90° . . . Additionsfarben
Gegensätze im allgemeinen weniger stark wie bei Flachs; ein Teil der Fasern verhält sich neutral</td></tr>
<tr><td colspan="2">Verhalten der Faser beim Befeuchten mit Wasser</td><td>stark linksdrehend</td><td>Drehungsrichtung wechselnd, aber immer nur schwach</td></tr>
</table>

Unterscheidung von ungebleichten Flachs- und Hanffasern.

Reaktion		Zu beachten:	Flachs	Hanf
Längsansicht	der Fasern in Chlorzinkjod	Enden	vorwiegend scharf spitz, daneben aber auch abgerundet (für Unterscheidungszwecke kaum brauchbar)	abgerundet, z. T. gegabelt (für Hanf nur dann beweisend, wenn fast alle Fasern abgerundete Enden zeigen)
		Wandung	rotviolett; Lumen scharf abgesetzt (s. Abb. 252 u. 253)	schmutzig rotviolett, auch grünlich; Lumen häufig undeutlich begrenzt
		Inhaltsreste	gelb, fadenförmig, fast in jeder Faser vorhanden	gelb, meist körnig oder brockig, selten
Querschnitt		Wandung	rotviolett, nur einzelne Fasern gelb umrandet oder ganz gelb; manchmal gelbe Knoten in den Kantenecken	rotviolett, alle Fasern deutlich gelb umrandet
		Inhaltsreste	gelb, meist als Punkt im Faserinnern sichtbar, bei gröberen Fasern das Lumen nur z. T. ausfüllend (s. Abb. 254)	gelb, meist körnig oder brockig, selten
Fasern in Kupferoxydammoniak		im allgemeinen	rasche Quellung und Lösung, wenig Rückstände (s. Abb. 255—257)	langsame Quellung und Lösung, viel Rückstände
		Inhaltsreste	die meisten Fasern zeigen im Innern einen feinen gewellten Plasmafaden (s. Abb. 258 u. 259)	nur wenige Fasern zeigen Plasmareste in körniger oder schuppiger Form
		Mittellamelle	wenig auffallende Reste	höchst charakteristische Reste in Form von zahlreichen Querfalten an der Oberfläche der Fasern (s. Abb. 260)
		Schichtung	zu Beginn der Quellung sehr deutlich, später wenig sichtbar	gröber wie beim Flachse, äußere Schicht häufig z. T. abgetrennt; Innenschlauch gut sichtbar (s. Abb. 261)
		Streifung (äußere)	an den meisten Fasern gut sichtbar (linksläufige Spirale), häufig Spalten und Ablösung in Form spiraliger Bänder	schwer nachzuweisen und dann rechtsläufig
		Verschlußstellen u. Plasmaknoten	an einzelnen Fasern stets mit Sicherheit nachzuweisen (s. Abb. 262)	fehlen
Fasern in Chromsäure		Wandung	wenig geschichtet; rasch gelöst	stark geschichtet, plastisches Hervortreten des Innenhäutchens als gerade Röhre; langsam gelöst
		Inhaltsreste	wie bei Kupferoxydammoniak	wie bei Kupferoxydammoniak

Reaktion	Zu beachten:		Flachs	Hanf
Staub beim Reiben der Fasern: Leitelemente (natürliche Verunreinigungen) in Kupferoxydammoniak	Oberhaut	Zellen	langgestreckt, meist gut erhalten	kurz, dazwischen große Haarnarben
	Oberhaut	Spaltöffnungen	in großer Zahl vorhanden, mit je 4 Nebenzellen	fast fehlend, mit je 2 Nebenzellen
	Oberhaut	Haare	fehlen	stets vorhanden, an der Oberfläche feinwarzig (s. Abb. 263)
	Sekretschläuche mit rotbraunem Inhalt		fehlen	häufig in großer Menge vorhanden (Bruchstücke)
	Rindenparenchym		krystallfrei	krystallführend (Drusen von Calciumoxalat) (s. Abb. 264)
	Holzgefäße		beiderseits offen, eng, von den Holzfasern in der Weite kaum verschieden. Hoftüpfeldurchmesser etwa $2\,\mu$ (s. Abb. 265)	beiderseits offen, weit, von den Holzfasern in der Weite auffallend verschieden. Hoftüpfeldurchmesser etwa $5\,\mu$ (s. Abb. 266)
Verhalten der Faser beim Befeuchten mit Wasser (makroskopische Probe)			stark linksdrehend	Drehungsrichtung wechselnd, aber immer nur schwach
Verhalten zwischen gekreuzten Nicols (nur die Orthogonalstellungen der Faser kommen hier in Betracht)			0^0... Additionsfarben (Konsekutivstellung) 90^0... Subtraktionsfarben (Alternativstellung)	0^0... Subtraktionsfarben (Alternativstellung) 90^0... Additionsfarben (Konsekutivstellung)

dre Kuoxam) und durch die an ihrer Oberfläche vorhandenen zelligen Verunreinigungen (Leitelemente). Zur Vermeidung von Wiederholungen sind die wichtigsten Unterscheidungsmerkmale in den beigefügten Tabellen übersichtlich zusammengestellt. Hinsichtlich besondrer Einzelheiten wird auf die Schrift von A. Herzog: Die Unterscheidung der Flachs- und Hanffaser, Berlin 1926, verwiesen.

Abb. 267. Gebleichte Brennesselfaser in Kupferoxydammoniak mit deutlicher Schichtung der Zellwand. Vergr. 200.

Nesselfasern (Brennessel und Ramie).

a) Brennessel. Im ausgereiften Zustand zeigen die Querschnitte der Bastzelle ovalplattgedrückte, zum Teil nierenartige Formen, daneben kommen auch der Kreisform angenäherte, flachsähnliche Schnitte vor. Der im allgemeinen bandartige Charakter der Bastzelle geht auch aus dem Verhältnis von Breite und Dicke deutlich hervor. Die Ungleichmäßigkeiten in der Breite der Faser sind sehr beträchtlich. Auch im Längsverlauf kommen große Ungleichmäßigkeiten selbst bei ein und derselben Faser vor. Sie äußern sich in der Weise, daß die bandartige Faser an manchen Stellen fast plötzlich gedrungen wird (nicht

	Hanf				Flachs			
	Mittellamelle	äußere Wandteile	innere Wandteile	Innenhaut	Mittellamelle	äußere Wandteile	innere Wandteile	Innenhaut
Phloroglucin + Salzsäure	violettrot	hell-violettrot	ungefärbt		violettrot (schwierig nachzuweisen)	manchmal stellenweise schwach-violettrot	ungefärbt	
Anilinsulfat	gelb	hellgelb	ungefärbt		schwachgelb (schwierig nachzuweisen)	schwachgelb (stellenweise)	ungefärbt	
Mäules Reagens	rot	zartrosa	ungefärbt		rot (schwierig nachzuweisen)	rot (stellenweise)	ungefärbt	ungefärbt, manchmal schwachrot
Chlorzinkjod	gelb bis gelbbraun		rotviolett häufig geschichtet	—	gelb (schwierig nachzuweisen)	rotviolett (ab und zu gelb)	rotviolett häufig geschichtet	—
Rutheniumrot	dunkel-karmoisinrot	karmoisinrot	ziemlich gleichmäßig hellkarmoisinrot		dunkel-karmoisinrot (auf sehr dünnen Schnitten)	hell-karmoisinrot	hell-karmoisinrot häufig geschichtet	dunkleres Karmoisinrot
Phenosafranin	violettrot		orangerot		violettrot (schwierig nachzuweisen)	orangerot, stellenweise violettrot	orangerot	orangerot

mit den ab und zu vorkommenden Drehstellen zu verwechseln). Verschlußstellen sind vorhanden, aber lange nicht so häufig und ausgeprägt wie beim Flachs. Die Zellwand ist geschichtet und schräggestreift, was besonders nach Einwirkung von Kuoxam leicht festgestellt werden kann (s. Abb. 267). Die Streifung verläuft auf der dem Beschauer zugekehrten Seite von rechts unten nach links oben. Der Neigungswinkel der Spiralen wechselt, beträgt aber selten mehr als 20°. Die einzelnen Spiralstreifen lassen oft zwischen sich schmale klaffende Spalten erkennen. Zwischen gekreuzten Nicols tritt auch in den Orthogonalstellungen keine vollständige Verdunklung ein. Mit einem Gipsplättchen Rot I läßt sich weiter feststellen, daß die Faser in der einen Lage (0°) ausgeprägte Additionsfarben, in der andren (90°) Subtraktionsfarben liefert. In der Diagonalstellung zeigt die Bastfaser infolge ihrer beträchtlichen Dicke und hohen spezifischen Doppelbrechung sehr lebhafte Interferenzfarben, die der 1. und 2. Ordnung angehören. Gleichzeitig treten hierbei alle Störungen im Gefüge der Zellwand (Spalten, Schräg- und Querrisse, knotige Verschiebungen) sehr deutlich hervor.

Mit der rechtsläufigen Spiraldrehung der Wandung geht auch das

Verhalten der Faser beim Benetzen mit Wasser Hand in Hand. Vgl. Abschnitt 3 (Hygroskopizität usw.).

Die Enden der Bastzelle sind spitz zulaufend, jedoch stets deutlich abgerundet. Auch verzweigte Enden sind häufig anzutreffen. Die Zellwand weist zahlreiche Verschiebungen auf; an solchen Stellen tritt vielfach der fibrillöse

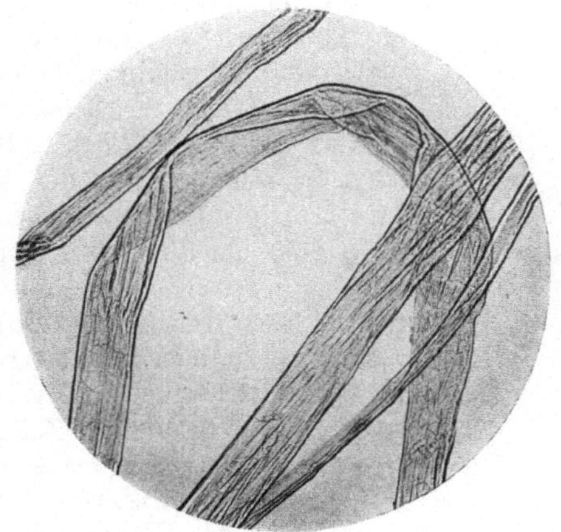

Abb. 268. Ramiefasern. Übersicht. Vergr. 100.

Abb. 269. Ramiefasern. Eine Faser zeigt Quetschstellen mit deutlicher Fibrillärstruktur. Vergr. 100.

Charakter der Faser deutlich hervor. Die gänzlich unverholzte rohe Faser zeigt in Kupferoxydammoniak folgendes Verhalten. Die Mittellamelle der rohen Faser schiebt sich hanfähnlich zusammen, auch tonnenartige Anschwellungen der Wand sind häufig wahrzunehmen. Anders verhält sich die gebleichte Faser,

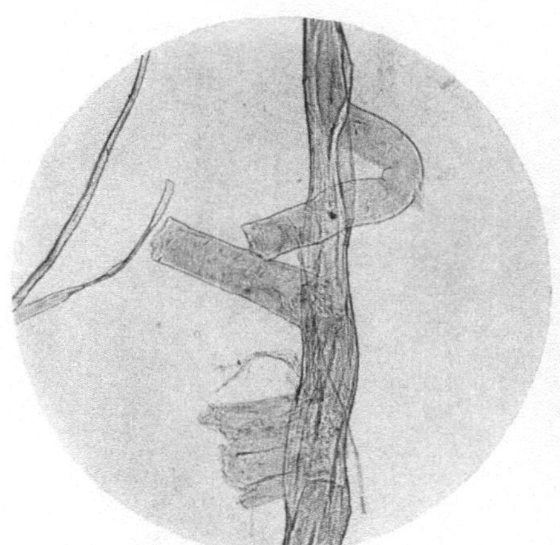

Abb. 270. Ramiefaser in Chloralhydrat mit hervorquellendem Plasmaband. Vergr. 100.

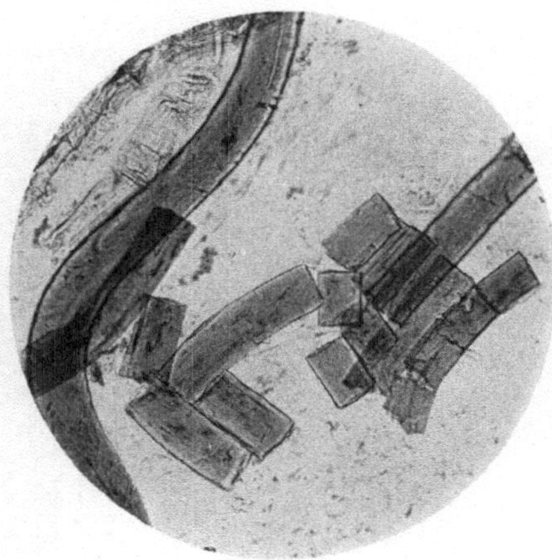

Abb. 271. Nach der Behandlung der rohen Ramiefaser mit Kupferoxydammoniak zurückbleibende Plasmafadenstücke. Vergr. 100.

namentlich hinsichtlich der im Innern vorhandenen protoplasmatischen Reste und der Struktur der Zellwand. Infolge des Fehlens der Mittellamelle treten die Inhaltsreste besonders gut in die Erscheinung. An sich, d. h. im Verhältnis zur Weite des Lumens, ist die Menge dieser Stoffe nur gering, charakteristisch ist aber ihre auffallend spröde Beschaffenheit. Infolgedessen tritt bei der während der Quellung stattfindenden starken Verkürzung der Zelle eine weitgehende Zerklüftung der Inhaltsstoffe ein. Diese ist oft so stark, daß es den Anschein hat, als ob im Zellinnern mehr oder weniger nadelförmig ausgebildete Krystalle vorhanden wären. Dort, wo das Protoplasma das Lumen vollständig, also in der Regel plattenförmig erfüllt hat, erscheinen nach der Einwirkung von Kuoxam querzerklüftete, breitsplitterige Teile. In der Nähe der Zellenden sind häufig kurze, fadenförmige Plasmafäden zu beobachten. Auch körnige und feinbrockige Reste werden in allen Teilen der Faser gefunden. Bei nicht zu weit vorgeschrittener Quellung läßt sich bei den meisten Fasern auch eine sehr deutliche Schichtung und Schrägstreifung erkennen. In der rohen Faser sind Drusen von Calciumoxalat, die in besondern Zellkammern sitzen, leicht nachzuweisen (besonders gut im polarisierten Licht). Bei der kotonisierten Faser sind sie ungleich seltener und auch dann bis zur Unkenntlichkeit verändert (knäuelartig zusammengeballt). Die der rohen Faser anhängenden parenchymatischen Zellen bieten diagnostisch nichts Bemerkenswertes. Wertvoller sind die Oberhautzellen mit den ihnen eigentümlichen Haaren (längere Brennhaare und kürzere Haare ohne besondren Inhalt). Brennhaare kommen in ungebleichten Gespinsten nur sehr selten und auch dann nur in Form von kleinen Teilstücken vor,

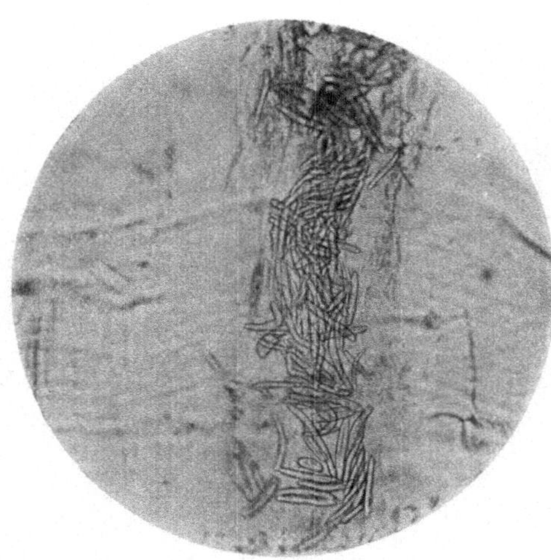

Abb. 272. Nach der Behandlung der rohen Ramiefaser mit Kupferoxydammoniak zurückbleibende pilzsporenartige Plasmastücke. Vergr. 100.

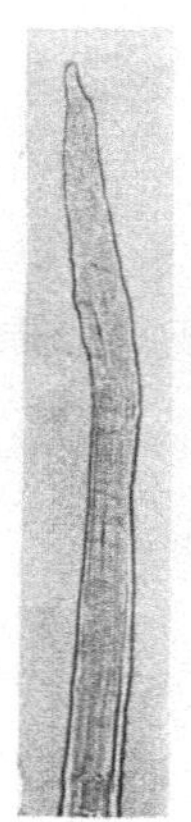

Abb. 273. Ramiefaser, Ende. Vergr. 100.

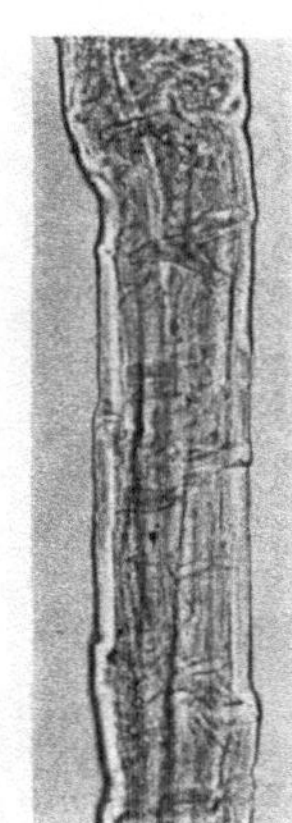

Abb. 274. Ramiefaser mit knotigen Anschwellungen (Verschiebungen). Vergr. 100.

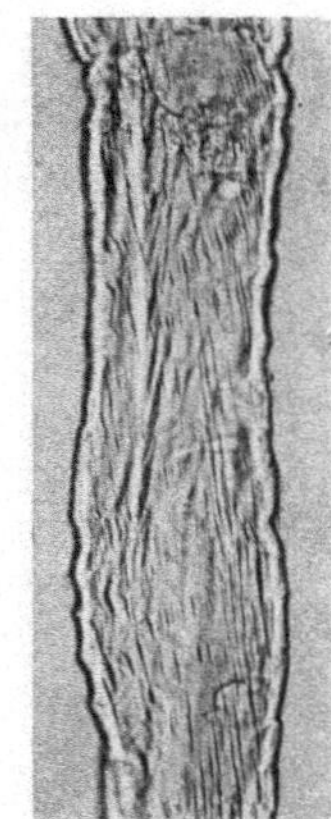

Abb. 275. Ramiefaser, mechanisch stark deformiert. Zahlreiche Längsspalten und Streifungen vorhanden. Vergr. 100.

dagegen sind Kurzhaare häufiger und besser erhalten. Sie ähneln den genarbten Haaren des Hanf- und Ramiestengels. Oberhautstücke mit Haarnarben sind in ungebleichten Gespinsten jederzeit zu finden. Holzsplitter treten nur selten auf. Nach Maceration mit Chromsäure-Schwefelsäure erscheinen die charakteristischen

Tüpfelgefäße des mittleren und äußeren Holzkörpers als breite, beiderseits offene Glieder von verhältnismäßig geringer Länge. Die Holzfasern und Markstrahlzellen bieten nichts Bemerkenswertes.

b) Ramie (Chinagras). Diese Bastfaser ist der vorgenannten sehr ähnlich gebaut (s. Abb. 268). Die Zellen sind jedoch wesentlich länger und gröber (Zelllänge 60—260, meist 120—150 mm, Zellbreite 40—80, meist 50—60 μ). Läßt man nicht zu starkes Kuoxam einwirken, so tritt eine starke Quellung ein, ohne daß aber eine sofortige Lösung einträte. Übt man nun einen kräftigen Druck auf das Deckglas aus, so zeigen sich an den Quetschstellen der Fasern, namentlich dort, wo sich zwei Fasern kreuzen, zahlreiche Fibrillen, aus denen sich die Zellwände zusammensetzen (s. Abb. 269). Sie sind durch die Quetschung auseinandergerückt und heben sich infolgedessen sehr gut im Präparat ab. Die Interfibrillärsubstanz ist durch die Quellung stark erweicht oder gelöst, so daß sie dem Auseinanderweichen der widerstandsfähigeren Fibrillen keinen Widerstand entgegensetzt. Manche Fasern sind relativ dünnwandig und mit gelbbraungefärbten Inhaltsstoffen erfüllt; es gilt dies in erster Linie von den rohen Fasern. Die Inhaltstoffe sind häufig stark zerklüftet. In Chloralhydrat quellen sie stark an, so daß sie die an einzelnen Stellen durch die Gewinnung mechanisch beschädigte Wand der Zelle sprengen und teilweise in Form von Wülsten hervortreten (s. Abb. 270). Besonders schöne Bilder liefert Kuoxam. Infolge der starken Verkürzung der Faser verbiegt sich der bandartige protoplasmatische Inhaltskörper wellig, z. T. faltet er sich und zerfällt nach und nach in kurze Stücke (s. Abb. 271). Im Abbeschen Farbenbilde erscheinen die Inhaltsstoffe deutlich violett. Eigenartige Gebilde dieser Art von länglicher, pilzsporenähnlicher oder kugeliger Form sind gleichfalls häufig zu finden (s. Abb. 272). Manche Fasern sind nahezu inhaltslos. Die Zellenden variieren sehr stark: Von spitz zulaufenden, jedoch abgerundeten Enden bis zu grob abgerundeten finden sich alle Übergänge vor (s. Abb. 273). Die feineren Enden sind z. T. gegabelt (knorrig), z. T. sogar tiefverzweigt. Alle Fasern sind mechanisch stark deformiert (Verschiebungen, Schräg- und Querrisse), stellenweise sogar geöffnet. Die äußere Begrenzung ist bei solchen Zellen nicht selten deutlich gezähnt. Ebenso sind klaffende Spalten und porenartige Öffnungen häufig wahrzunehmen (s. Abb. 274 u. 275). Optisch verhält sich die Ramiefaser wie die Brennesselfaser, nur sind die Farbenerscheinungen in den beiden Orthogonalstellungen nicht so ausgeprägt wie bei dieser (s. Abb. 276). Leitelemente haften den rohen Fasern in Form von Oberhautfetzen (mit narbigen Haaren) und Rindenzellen mit Krystalldrusen von Calciumoxalat an. In den gebleichten bzw. kotonisierten Fasern fehlen sie fast vollständig.

Abb. 276. Ramiefaser zwischen gekreuzten Nicols. Verschiebungen und Längszerklüftungen der Zellwand treten deutlich hervor. Vergr. 200.

Jute.

Die aus den Stengeln verschiedener Corchorusarten gewonnenen Bastfasern der Jute sind stets zu groben Bündeln vereinigt. Sie sind sehr stark, und zwar gleichmäßig verholzt und schwer voneinander zu trennen. Die Wandung ist auffallend unregelmäßig verdickt; infolgedessen erscheint der Zellkanal bald erweitert, bald verjüngt; stellenweise ist er sogar unterbrochen (s. Abb. 277). Die Zellenden sind verschieden stark verdickt. Die Zellänge schwankt zwischen 0,8—4,1 mm (meist 2 mm), die Zelldicke zwischen 10—32 μ (meist 18 μ). Mit

Chlorzinkjod färbt sich die Faser intensiv gelb bis gelbbraun; die Ungleichmäßigkeiten in der Wanddicke treten hierbei besonders deutlich in die Erscheinung. Verschiebungen und Querrisse sind nur hier und da nachzuweisen. Kupferoxydammoniak bewirkt eine starke Quellung, ohne jedoch aufzulösen. Hierbei ist eine Streifung der Wand (auf der oberen Wandhälfte von links unten nach rechts oben verlaufend) festzustellen. Im Innern der Fasern treten viel protoplasmatische Reste von körniger oder fädiger Form auf. Zwischen gekreuzten Nicols zeigen die Fasern Interferenzfarben, die zumeist der 1. Ordnung angehören. Vorherrschend ist Weiß-Gelb I. Hierbei treten auch die Ungleichmäßigkeiten in der Wandverdickung sehr deutlich in die Erscheinung. In den Orthogonalstellungen verhält sich die Jute wie die Hanffaser, nur sind die Interferenzfarben viel lebhafter (0° ... Alternativstellung, 90° ... Konsekutivstellung). Mit den oben besprochenen Bastfasern ist die Jute mikroskopisch niemals zu verwechseln.

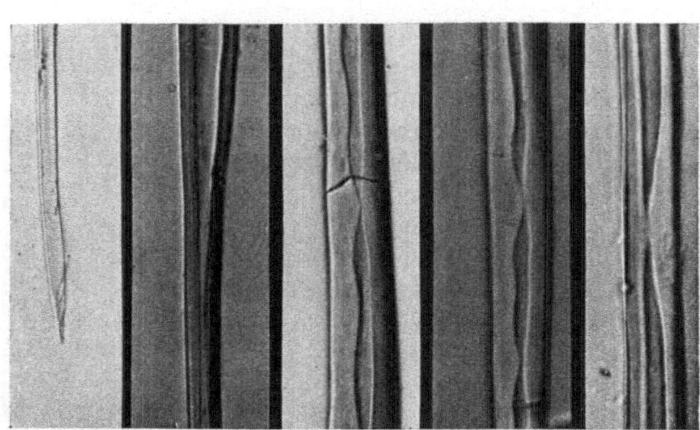

Abb. 277. Fünf Jutefasern in Chlorzinkjod. Auffallend ungleichmäßige Verdickung der Zellwand. Vergr. 300.

Tierische Seide.

Wie aus der in der Einleitung gegebenen Übersicht hervorgeht, umfaßt die Gruppe der tierischen Seide zahlreiche Faserrohstoffe, von denen hier nur die echte Seide von Bombyx mori nähere Betrachtung finden soll. Im Bedarfsfall wird auf das Werk von A. Herzog: Die mikroskopische Prüfung der Seide und der Kunstseide, Berlin 1924, verwiesen.

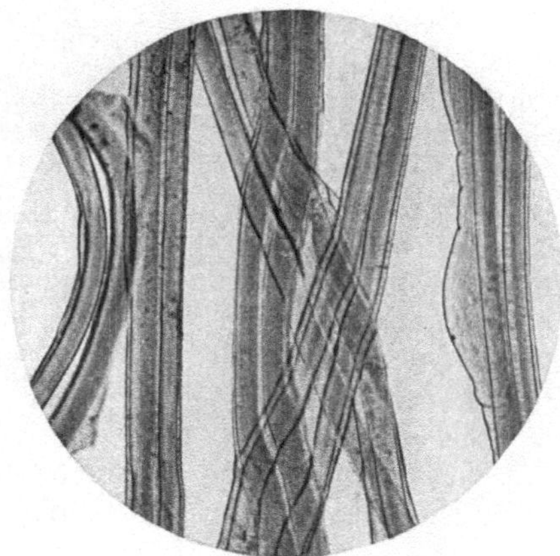

Abb. 278. Rohseide von Bombyx mori. Vergr. 160.

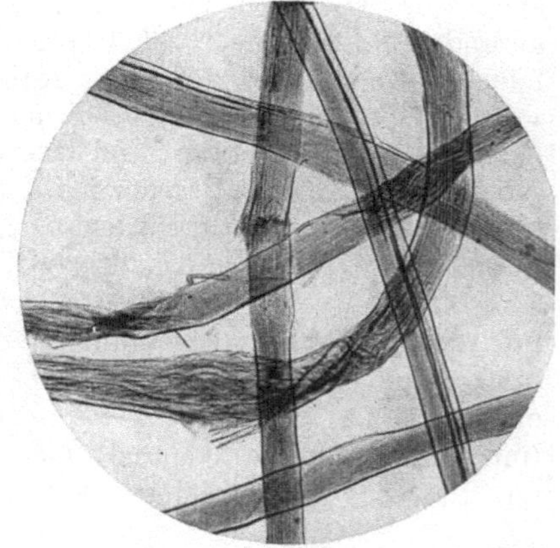

Abb. 279. Tussahseide von Bombyx Selene in Chromsäure. Die Fibrillärstruktur der Faser tritt deutlich hervor. Vergr. 100.

a) Rohseide. Diese besteht aus zwei, von einer gemeinschaftlichen Hülle (Sericin, Leim, Bast) umgebenen Einzelfasern (Fibroinfäden) (s. Abb. 278). Die Hüllsubstanz ist spröde; infolgedessen sind die Fibroinfäden stellenweise bloßgelegt oder nur noch mit Resten des Sericins bedeckt. Läßt man Kuoxam auf den Rohseidenfaden einwirken, so verkürzt sich derselbe stark unter beträchtlicher Verdickung der Fibroinfäden, die nach und nach in Lösung übergehen. Die Hüllsubstanz wird nicht sichtbar verändert; sie gibt naturgemäß der Verkürzung des Fadens nach und bildet hierbei zahlreiche querverlaufende Falten. Nach vollständiger Lösung des Fibroins bleibt das Sericin in Form von leeren Schläuchen, allerdings stark verbogen, zurück. Zum Nachweis geringer Mengen von Seidenleim empfiehlt es sich, dem Kuoxam etwas Rutheniumrot zuzusetzen Auch die von WAGNER empfohlene Methode mit Pikrocarmin ist hierfür gut brauchbar.

b) Gekochte Seide (degummierte, entbastete, entleimte). Sie besteht aus Einzelfäden von großer Feinheit (etwa 15 μ dick), die an der Oberfläche vollständig glatt sind. Von einer besonderen Struktur ist, abgesehen von hier und da vorkommenden feinen Längsstreifen, nichts wahrzunehmen. Die Querschnittsform des Fadens ist rundlich, aber niemals kreisförmig, sondern zumeist an drei Stellen deutlich abgekantet. Im Ultramikroskop zeigt die in Wasser liegende Faser eine lichtschwache Parallelstruktur. Zwischen gekreuzten Nicols werden trotz der großen Feinheit der Faser lebhafte Interferenzfarben wahrgenommen (gleichmäßig bläuliche oder gelblichweiße, seltener rote oder violette Farbentöne der 1. und 2. Ordnung). In den Orthogonalstellungen bleibt die Faser dunkel. Es ist zu beachten, daß die Seide je nach der örtlichen Lage im Kokon oder aus andren Gründen (z. B. Störungen der Raupe beim Spinngeschäft, Krankheit der Raupe usw.) Abweichungen in ihren Querschnittsformen aufweist, die jedoch für den vorliegenden Fall belanglos sind. Über das physikalische Verhalten der Seide von Bombyx mori und andrer Seidenarten ist die umstehende Zusammenstellung einzusehen (s. a. Abb. 279).

Kunstseide.

(Eingehendes hierüber vgl. das unter „tierische Seide" angeführte Spezialwerk.)

Zur Zeit kommen praktisch die folgenden Kunstseidearten in Betracht:

a) Die Nitroseide.

b) Die Kupferseide.

c) Die Viscoseseide.

d) Die Acetatseide.

Über das chemische und physikalische Verhalten dieser Kunststoffe vgl. die bezüglichen Zusammenstellungen a. S. 600 und 601.

a) Nitroseide ist von unregelmäßigem, meist sternförmigem Querschnitt und etwa 30—40 μ breit. Indessen sind auch sehr feine Fasern von nur 0,6 Deniers (!) herstellbar, die naturgemäß einen sehr geringen, unter 10 μ liegenden Durchmesser aufweisen. Verunreinigungen fester und gasförmiger Natur (Blasen) sind stets vorhanden. Die Doppelbrechung ist stark; die Interferenzfarben treten bei Fasern mit ausgesprochen unregelmäßigen Querschnittsformen in zur Längsrichtung der Faser scharf abgesetzten parallelen Bändern auf, so daß der Einzelfaden aus lauter bunten Streifen zusamengesetzt erscheint. Die aufeinander folgenden Farben stehen lediglich zur optischen Dicke der betreffenden Faserstelle in Beziehung. Die auftretenden Farben gehören der 1. und 2. Farbenordnung an. Hinsichtlich der optischen und Formverhältnisse ist die Nitroseide von der Viscoseseide nicht zu unterscheiden. Dagegen zeigt jene infolge der in ihr enthaltenen Salpetersäurereste eine ausgesprochene Blauschwarzfärbung nach der Behandlung mit Diphenylamin und Schwefelsäure.

b) und c) Viscose- und Kupferseide. Die Längsansicht reicht zur sicheren Unterscheidung beider Fasern bei weitem nicht aus, dagegen liefert die Querschnittsform in manchen Fällen entscheidende Anhaltspunkte insofern als bei der Kupferseide stets runde Formen beobachtet werden, während bei der Viscose-

Physikalisches Verhalten der Seiden, soweit (Nach eigenen Unter-

		Form des Querschnitts der Einzelfaser	Aussehen der künstlichen Rißenden	Quellung in Wasser	Zugfestigkeit in kg für den mm² (rund)	Mittleres spezifisches Gewicht in g	Mittlere Lichtbrechung (n_D)
1	Echte Seide . .	rundlich	fast gar nicht zerfasert	schwach (unter 20 %)	40	1,37	1,57
2	Wilde Seide . .	schmal dreieckig	häufig stark zerschlitzt	dgl.	—	—	—
3	Muschelseide . .	elliptisch bis zweieckig	glatt	dgl.	—	—	—
4	Spinnenseide . .	rund	„	stark (etwa 40 %)	38	1,28	1,56
5	Nitroseide . . .	unregelmäßig, z. T. gelappt	gezackt	stark (über 30 %)	4	1,52	1,53
6	Kupferseide . .	rund	„	dgl.	4	1,52	1,54
7	Viscoseseide . .	teils rund, teils unregelmäßig und gelappt	„	dgl.	6	1,52	1,54
8	Acetatseide . . .	dgl.	glatt oder gezackt	sehr schwach (unter 5 %)	6	1,25	1,48
9	Gelatineseide . .	kreisrund	glatt	sehr stark (über 80 %)	0,2	1,36	1,54

Chemisches Verhalten

	Verhalten bei der Verbrennung			Chlorzinkjod	Kalte konzentrierte Schwefelsäure	Eisessig
	Rückstand	Verbrennungsgase: Geruch	Verbrennungsgase: Reaktion gegen Lackmuspapier			
Nitroseide	sehr wenig Asche	wenig ausgeprägt (wie bei Baumwolle)	sauer	rotviolett	löst	kalt und warm ohne Einwirkung
Kupferseide	dgl.	dgl.	dgl.	dgl.	etwas langsamer gelöst; anfangs deutliche Längsstreifung	dgl.
Viscoseseide	dgl.	dgl.	dgl.	dgl.	rasch gelöst	dgl.
Acetatseide	blasig-kohlig	auffallend unangenehm, sauer	dgl.	gelb	langsam gelöst	in der Kälte rasch gelöst
Gelatineseide	dgl.	dgl. alkalisch	alkalisch	gelbbraun	sehr langsam gelöst	kalt: starke Querzerklüftung; nach längerem Kochen Lösung

es für analytische Zwecke in Betracht kommt.
suchungen des Verfassers.)

Doppelbrechung				Ultramikroskopisches Verhalten		Anmerkung
im allgemeinen	spezifische	vorherrschende Interferenzfarbe zwischen gekreuzten Nicols	Pleochroismus (Congorot)	Lichtstärke	Art der Struktur	
sehr stark	+ 0,057	Weiß I bis Indigo II	fehlt	—	schwache Parallelstruktur	—
„ „	—	dgl. jedoch stark wechselnd	„	+	sehr auffallende Parallelstruktur	braune Naturfärbung
schwach	—	—	„	—	wie bei 1	braune bis olivgrüne Naturfärbung
sehr stark	+ 0,039	Weiß I bis Gelb I	„	—	dgl.	—
stark	+ 0,031	Farben 1. u. 2. Ordnung, parallel abgesetzt	stark	±	Netzstruktur, Maschen längsgestreckt	—
„	+ 0,021	Weiß I bis Gelbbraun I	„	+	Netzstruktur, Maschen quergestreckt	—
„	+ 0,024	wie bei 5 od. 6 (je nach der Querschnittsform)	„	±	wie bei 5	—
schwach	+ 0,006	Grau I	fehlt	—	dgl.	—
außerord. schwach	+ 0,001	Dunkelgrau I	„	—	optisch leer	—

der Kunstseiden.

Halbgesättigte Chromsäure	40 proz. Kalilauge (heiß)	Kupferoxydammoniak (kalt)	Nickeloxydammoniak	Alkalisches Kupfer-Glycerin	Diphenylamin und Schwefelsäure
kalt: allmähliche Lösung; warm: rasche Lösung	starke Quellung ohne Lösung	starke Quellung und langsame Lösung	Quellung, jedoch keine Längsstreifung	auch nach längerem Kochen ungelöst	intensiv blau
dgl.	dgl.	dgl.	starke Quellung ohne Lösung, manchmal Längsstreifung	dgl.	ohne charakt. Färbung
dgl.	dgl.	dgl.	wie bei Nitroseide	dgl.	dgl.
kalt und warm: starke Quellung ohne Lösung	mäßige Quellung ohne Lösung	starke Quellung ohne Lösung	kalt und warm: schwache Quellung ohne Lösung	dgl.	dgl.
in der Wärme rasch gelöst	rasch gelöst	blauviolett gefärbt, ungelöst	starke Kräuselung u. Bräunung ohne Lösung	in der Wärme rasch gelöst	dgl.

seide in der Regel unregelmäßig sternförmige, daneben aber auch runde Querschnitte vorkommen (s Abb. 280). Das Ergebnis der mikroskopischen Prüfung der Querschnittsverhältnisse kann daher nur dann eindeutig sein, wenn auffallend unregelmäßige, d. h. gelappte oder gekerbte Formen vorliegen; in diesem Falle ist man berechtigt auf Viscoseseide zu schließen, sofern die Vorprüfung die Abwesenheit von Nitro- und Acetatseide ergeben hat. Das gleiche gilt von der

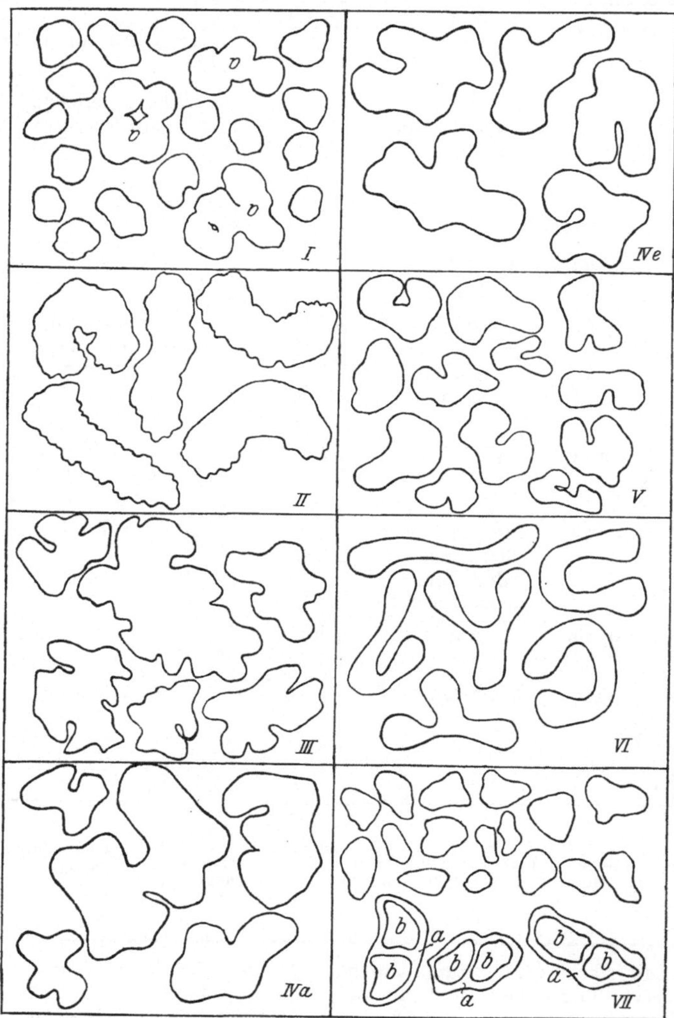

Abb. 280. Querschnittsformen von I. Kupferseide 1,4 den. II. Viscoseseide 5,3 den. III. Viscoseseide 6,6 den. IVa. Nitroseide 8,2 den. IVe 5,9 den. V. Nitroseide 3,0 den. VI. Acetatseide 5,0 den. VII. oben: entbastete Naturseide von 1,27 den. unten: rohe Seide (*a* Sericinschicht, *b* Fibroinfaden).

Prüfung zwischen gekreuzten Nicols. Nur dann sind positive Anzeichen für das Vorliegen von Viscoseseide vorhanden, wenn die Interferenzfarben in deutlich voneinander abgesetzten, zur Faserlängsrichtung parallelen Streifen auftreten. Auch hier ist vorher die Abwesenheit von Nitro- und Acetatseide festzustellen (am einfachsten auf chemischem Wege). Von großer diagnostischer Bedeutung ist das ultramikroskopische Verhalten beider Seiden; es gilt dies in gleicher Weise für die grob- wie für die feinfädigen Seiden. Im besondren sei hierüber angeführt:

Kupferseide. Die Ultrastruktur der feinfädigen Kupferseide stimmt in allen Punkten mit der der früher benutzten grobfädigen überein. In der Lichtstärke sind allerdings Unterschiede insofern vorhanden, als die feinfädige Seide beträchtlich lichtschwächer ist. Durch entsprechendes Drehen der Fasern in der Ebene des Objekttisches gelingt es aber in allen Fällen eine Lage zu finden, in welcher die am Rande befindlichen, sehr hellen Diffraktionssäume, welche sonst die feine Ultrastruktur überstrahlen, am wenigsten stören. Schon bei schwächeren Vergrößerungen zeigt sich, daß die Faser deutlich milchig getrübt ist, aber erst stärkere Objektive (z. B. Immersionsapochromate) lösen die Ultrastruktur vollständig auf (Netzstruktur mit annähernd quergestellten Maschen). Abgesehen von hier und da auftretenden Verunreinigungen, die bei diesem Verfahren sofort stark leuchtend hervortreten, und daher mit der eigentlichen Ultrastruktur der Faser nicht verwechselt werden können, ist die Masse des Fadens außerordentlich rein und gleichmäßig.

Viscoseseide. Die grob- und feinfädige Viscoseseide ist optisch nahezu leer; nur selten, namentlich bei der feinfädigen, gelingt es, Anzeichen einer der vorherigen ähnlichen Struktur zu erhalten. Unter allen Umständen ist diese wesentlich lichtschwächer als bei der Kupferseide. Sehr bemerkenswert ist ferner der Umstand, daß die Grundmasse der Viscoseseide auffallend viele körnige und feinsplitterige Teilchen eingebettet enthält, die bei der ultramikroskopischen Betrachtung stark leuchtend hervortreten; mit der eigentlichen Ultrastruktur haben diese Einlagerungen jedoch nichts zu tun. Es ist notwendig. hierauf besonders hinzuweisen, da sonst bei nicht genügender Erfahrung leicht Verwechslungen vorkommen können. Es ist nach dem Gesagten sogar möglich, daß das Innere der Viscoseseide stärker aufleuchtet als dies bei der Kupferseide der Fall ist.

Gegenwärtig wird zur Unterscheidung beider Seiden mit großem Vorteil das von ZART angegebene Färbeverfahren mit GÜNTHER WAGNER-Tinte Nr. 4001 und Eosin extra (I. G.) herangezogen (Kupferseide blau, Viscoseseide rosa; gilt jedoch nur für feinfädige Kupferseide).

d) Acetatseide. Eingehende Untersuchungen über die Mikroskopie der Acetatseide hat A. HERZOG[1] kürzlich veröffentlicht.

Bei der in Deutschland hergestellten Acetatseide kommen auffallend flachbiskuitförmige Querschnitte vor, die z. T. rinnenartig eingerollt sind. Seltener kommen auch drei- oder mehrfach gelappte Formen vor. Infolgedessen erscheinen die Fasern in der Längsansicht als breite Bänder mit wulstigen Rändern. Da auch Drehungen um die Längsachse vorkommen, erinnert das mikroskopische Bild an Baumwolle.

Fasern, die an den Rändern etwas eingerollt sind, haben in der Längsansicht das Aussehen von relativ dünnwandigen Bastzellen (Scheinlumenbildung).

Englische Acetatseide zeigt große Ähnlichkeit mit der deutschen, jedoch herrschen im allgemeinen unregelmäßig sternartige bzw. mehrfach gelappte Formen vor.

Schweizer Acetatseide weist flachbiskuitförmige, *v*- und *s*-förmige und mehrstrahlige Formen auf.

Belgische Acetatseide zeigt verhältnismäßig gedrungene Querschnitte, die stark gelappt sind. Völlig flachgestreckte, bandartige Formen treten nur sehr selten auf.

Die Feinheit der technischen Fasern schwankt zwischen 3 und 6 Deniers Das spezifische Gewicht beträgt 1,33 g (18° C). Das elektrische Leitungsvermögen der trocknen Faser ist außerordentlich gering. Die Quellung beim Einlegen in Wasser ist nicht auffallend.

---

[1] HERZOG, A.: Die Kunstseide **1927**, 1, 2.

Chlorzinkjod färbt unter starker Quellung gelb bis gelbbraun. Nach einiger Zeit zerfließt die Faser unter Zurücklassung dünner häutiger Reste. Eisessig und Chloralhydrat lösen sehr rasch, ebenso Aceton; Kupferoxydammoniak bewirkt keine Lösung. Beim Erhitzen auf 200—300° erweicht die Acetatseide und verliert dabei vollständig ihre Festigkeit. Schließlich entsteht eine von Blasen reichlich durchsetzte braune, nach dem Erkalten spröde Masse. Beim Ansengen eines Fadens schmilzt das angebrannte Ende blasig-kohlig zusammen. Die zurückbleibende Kohle ist ziemlich schwer zu veraschen. Die Lichtbrechung der Acetatseide ist verhältnismäßig gering (1,473). Zwischen gekreuzten Nicols leuchtet die Faser infolge ihrer geringen spezifischen Doppelbrechung nur schwach auf (Dunkelgrau-Hellgraublau I, seltener Weiß I). Bei Verwendung eines Gipsplättchens Rot I läßt sich feststellen, daß unter +45° Additionsfarben, unter —45° Subtraktionsfarben auftreten. Die neue Acetatseide verhält sich also ebenso wie alle übrigen Kunstseiden. Die entsprechend vorgefärbte Faser (Congorot, Curcumin usw.) zeigt bloß schwache Andeutungen von Pleochroismus.

Ultramikroskopisch erweist sich die Acetatseide als optisch fast leer, nur bei intensivster Beleuchtung tritt ein lichtschwaches Netz mit annähernd längsgestreckten Maschen hervor.

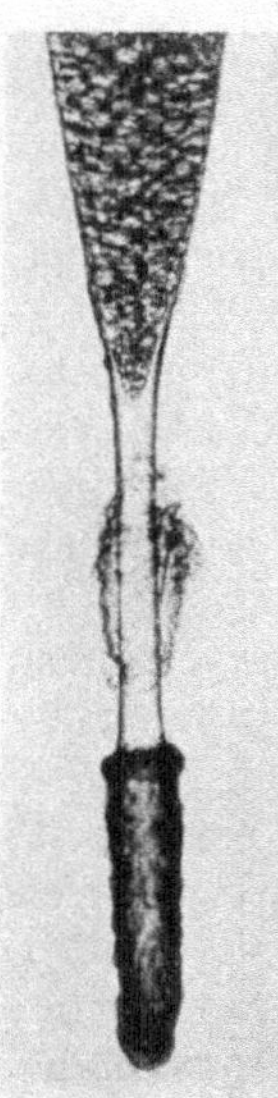

Abb. 281. Renntierhaar (unterer Teil). Vergr. 100.

Schafwolle.

Hinsichtlich seiner äußeren Gestalt besteht das tierische Haar aus einer an der Basis eiförmigen Anschwellung (Haarzwiebel), über dieser aus einem meist stark verengten Teil (Hals) und nach oben zu aus dem eigentlichen, verbreiterten Haar (Haarschaft) (s. Abb. 281).

Nach der Art der Haare unterscheidet man: 1. Stichelhaare (gerade, straff, kurz, spröde, markhaltig); sie sind entweder Spür-

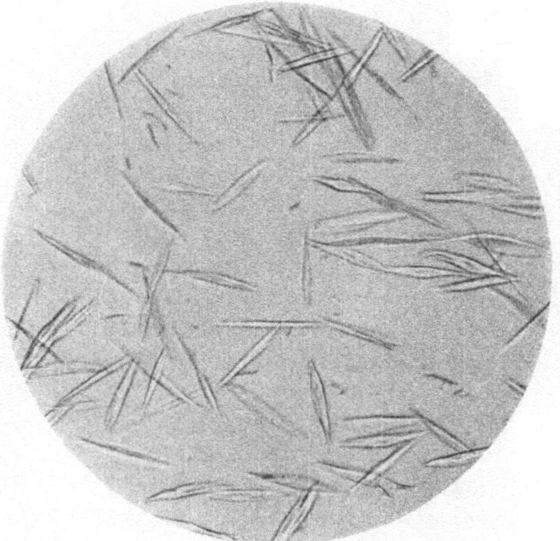

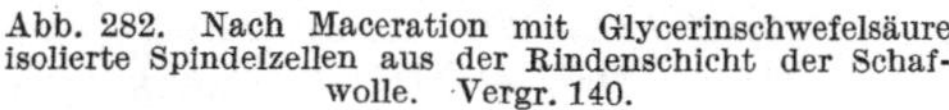

Abb. 282. Nach Maceration mit Glycerinschwefelsäure isolierte Spindelzellen aus der Rindenschicht der Schafwolle. Vergr. 140.

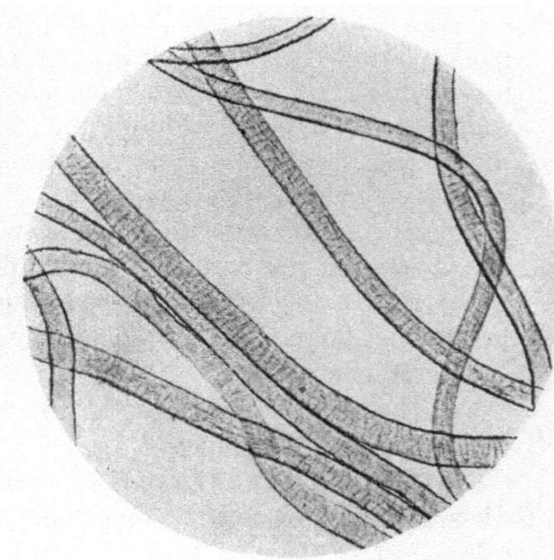

Abb. 283. Schafwollfasern (ohne Markschicht). Vergr. 100.

haare, oder sie bilden das Haarkleid (Pferd, Raubtiere); 2. Grannenhaare (länger als Stichelhaare, meist schlicht und markführend); 3. Flaum- oder Wollhaare (gekräuselt, meist markfrei, stets büschelweise auf der Haut angeordnet).

Bei vollkommen typischer Zusammensetzung zeigt jedes Haar drei wesentlich voneinander verschiedene Gewebearten: 1. Die Epidermis oder Cuticularschicht, 2. die Faserschicht und 3. die Markschicht (s. Abb. 281—283).

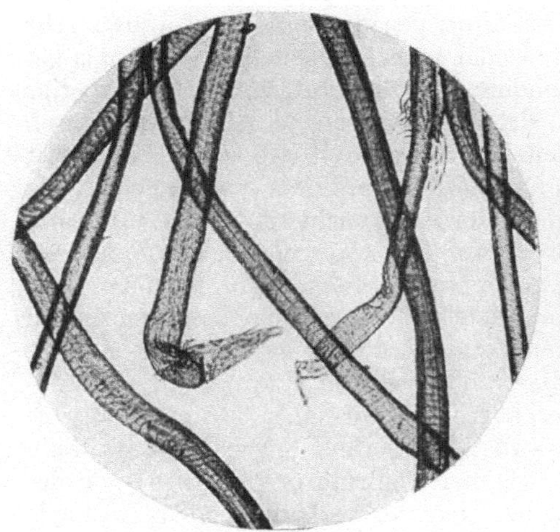

Abb. 284. Gerberwolle mit zwei Haarzwiebeln. Vergr. 100.

Abb. 285. Abdrücke von Schafwolle in KRÖNIGschem Deckglaskitt. Vergr. 100.

Die Schafwolle des Handels besteht 1. aus reinen Wollhaaren (Merino, Elektoralwolle, Negretti, Hampshiredown, Southdown usw.), 2. aus reinen Grannenhaaren (Newleicesterrasse) oder 3. aus einem Gemenge von Grannen- und Wollhaaren. Die der 1. Gruppe angehörenden Wollen sind charakterisiert durch einen geringen Faserdurchmesser und durch die sich deutlich dachziegelartig deckenden Oberhautzellen (jede Zelle ist cylindrisch oder halbcylindrisch). Mark ist nicht vorhanden; Fasern dieser Art erscheinen am Rande gezackt oder gesägt. Der wertvollste Teil der Wolle, die Faserschicht, ist hier sehr kräftig entwickelt und längsgestreift. Schafwollen der 2. Gruppe bestehen aus gleichmäßig feinen Grannenhaaren (30—60 μ) von beträchtlicher Länge (10—20 cm). Die Spitze ist markfrei, in der Mitte sind Markinseln und an der Basis ist ein Markcylinder vorhanden. Die Schuppen sind derbwandig, zackig und dachziegelartig angeordnet. Feinere Sorten ähneln den Merinowollen; sie sind aber länger und gröber als diese. Grobe Sorten nähern sich in ihren mikroskopischen Eigenschaften den gemeinen Landwollen. Zu den Wollen der Gruppe 3, die aus Woll- und Grannenhaaren bestehen, gehören die Haare der gewöhnlichen Landrassen (deutsches Schaf, osteuropäische, australische, südamerikanische Rassen usw.). Die Grannenhaare der ungarischen Landwolle sind lang (10—15 cm), etwa 80 μ dick, steif (borstenartig) und schlicht. Sie besitzen einen breiten zusammenhängenden Markkörper. Die Wollhaare sind nur 5—7 cm lang und etwa 30 μ dick. Sie sind markfrei und grobbogig. Ungleichmäßigkeiten im Längsverlauf der gröberen Haare, wie sie den obengenannten feineren Sorten stets eigentümlich sind, fehlen fast vollständig. Die Oberhautzellen sind auffallend länglich und decken sich entweder dachziegelförmig, oder sie sind muschelig konkav und stoßen plattenförmig aneinander. Die oberen Teile der zumeist fettarmen Haare zeigen oft keine Epidermis (abgerieben). Die Wollhaare sind sehr gleichmäßig stielrund, fast nicht gezähnt und ohne regelmäßige Kräuselung. Das Mark fehlt vollständig. Ähnlich sind auch die übrigen Landwollen gebaut.

Bei Schafwollen der ersten Schur (Lammwollen) sind häufig die natürlichen Haarspitzen zu finden (Lammspitzen); sie sind markfrei und deutlich gestreift. Die Gerberwolle, die beim Enthaaren der vorher chemisch behandelten Felle gewonnen wird, und die Rauf- und die Sterblingswolle, die von abgezogenen Fellen und von umgestandenen Tieren durch Ausraufen gewonnen wird, zeigen regelmäßig Haarzwiebeln, die an ihrer Gestalt leicht zu erkennen sind (s. Abb. 284). Die Schafwolle ist fast stets weiß, selten grau, braun bis schwarz. Diese Naturfarbe ist, wie schon früher erwähnt, gegen chemische Einflüsse sehr widerstandsfähig. Bei stark pigmentierten oder markhaltigen Haaren ist das genauere mikroskopische Studium, insbesondere der Oberhaut, ziemlich schwierig; in solchen Fällen erweist sich das von A. HERZOG[1] angegebene Abdruckverfahren als nützlich. Zu diesem Behuf werden die trocknen Haare gegen einen mit KRÖNIGschen Deckglaskitt überzogenen Objektträger mit dem Zeigefinger kräftig angedrückt und dann wieder abgezogen. In der Kittschicht sind nun Abdrücke der Fasern vorhanden, die ohne weiteres zum mikroskopischen Studium der Anordnung und Form der Oberhaut herangezogen werden können (s. Abb. 285 u. 286). Die Zellen treten hierbei viel schöner und schärfer hervor als bei den eigentlichen Fasern selbst. Arbeitet man mit starken Vergrößerungen, so empfiehlt es sich, auf die Harzabdrücke einen Tropfen Wasser zu geben und dann mit einem Deckglase zu bedecken. Die Zahl der Oberhautzellen, auf eine bestimmte Länge des Haares bezogen, soll nach T. F. HANAUSEK[2] innerhalb enger Grenzen für ein und dieselbe Haarart konstant sein. Nach meiner Erfahrung ist dies auch der Fall, aber die zwischen Haaren verschiedener Tierarten vorhandenen Unterschiede sind in der Regel zu geringfügig, als daß sie diagnostisch Verwendung finden könnten.

Die spezifische Doppelbrechung der Schafwolle ist gering (+ 0,007 bis 0,010); dementsprechend treten zwischen gekreuzten Nicols in der Diagonalstellung nur graue oder weiße Farben der 1. Ordnung auf. Erst bei einer Dicke des Haares von etwa 70—80 μ tritt das Übergangsrot I auf. In den beiden Orthogonalstellungen wird keine Aufhellung des Gesichtsfeldes beobachtet. In Verbindung mit einem Gipsplättchen Rot I erscheinen unter + 45° Additions-, unter — 45° Subtraktionsfarben.

Die mittlere Lichtbrechung der Schafwolle beträgt 1,55.

Chlorzinkjod färbt die Schafwolle gelb; Kupferoxydammoniak bewirkt Anquellung, aber keine Lösung.

b) Kunstwolle (Shoddy, Mungo, Tibet usw.). Die Prüfung der Kunstwolle gehört zu den schwierigsten Aufgaben der technischen Mikroskopie, da nicht ein Merkmal genügt, um Kunstwolle in einem Stoffe zu erkennen, sondern nur der Zusammenhalt vieler. In Betracht kommen hierbei:

1. Fremde Fasern. Gute Schafwollstoffe setzen sich nur aus einheitlichen Wollfasern zusammen. Wenn also in einem Stoffe neben zweifellosen Merinofasern auch Landwolle vorliegt, so ist dies zum mindesten verdächtig. Allerdings muß dabei beachtet werden, daß die Feinheit der Haare als solche noch keinen absoluten Anhaltspunkt für die Reinheit und Güte einer Wolle darstellt, da nach CRAMER die Dicke der Haare bei ein und demselben Tiere von 12—85 μ wechseln kann. Pflanzliche Fasern (z. B. Baumwolle) können in geringen Mengen auch in der reinen Schafwolle vorkommen, ebenso wie beliebige andre pflanzliche Stoffe, mit denen das Tier in zufällige Berührung gekommen ist. Da die pflanzlichen Stoffe der Kunstwolle in der Regel durch Carbonisieren beseitigt werden, ist das Fehlen von solchen noch kein Kennzeichen für die Abwesenheit von Kunstwolle. Nur wenn ein Stoff größere Mengen von gefärbten Pflanzenfasern aufweist, ist dies ein Anzeichen für das Vorliegen von Kunstwolle.

2. Die Länge der Fasern. Selbstverständlich wird die Schafwolle durch die Wiederverarbeitung kürzer, allein die Schwankungen in der Faserlänge der ur-

[1] HERZOG, A.: Mell. Text. **1927**, 341.
[2] HANAUSEK, T. F.: Technische Mikroskopie. Stuttgart 1902.

sprünglichen Wollen sind so beträchtlich, daß die Längenbestimmung der Einzelfasern nur in seltenen Fällen zur Feststellung von Kunstwolle ausreichen wird.

3. Aussehen der Fasern. Im Gebrauch abgenutzte, wiederverarbeitete Schafwolle entbehrt an einzelnen Stellen der Epidermis; allerdings ist zu beachten, daß viele Landwollen von sonst guter Beschaffenheit dieselbe Eigentümlichkeit zeigen können (vgl. oben). Auch sonstige angebliche Kennzeichen der Kunstwolle sind nicht eindeutig (Ungleichmäßigkeiten in der Dicke, Verdünnungen usw.).

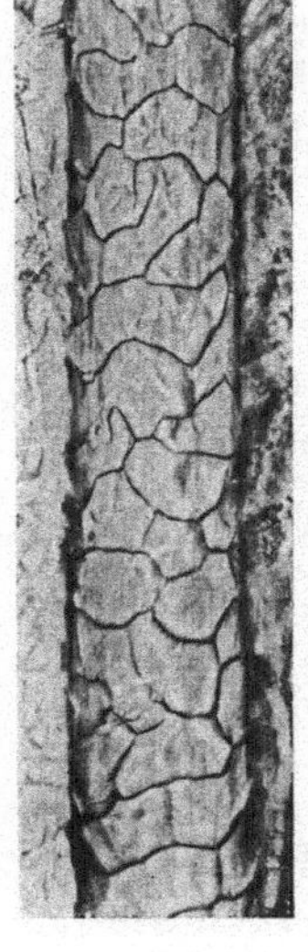

Abb. 286. Abdruck eines Schafwollhaares in KÖNIGschem Deckglaskitt. Die Anordnung der Oberhautzellen ist gut sichtbar. Vergr. 300.

Abb. 287. Schafwolle, Rißenden. Aus einem Kunstwollpräparat. Vergr. 250.

Abb. 288. Schafwolle, Rißenden. Aus einem Kunstwollpräparat. Vergr. 250.

4. Enden. Infolge der starken mechanischen Beanspruchung der Wolle bei der Wiederverarbeitung erscheinen die Fasern vielfach zerrissen. Die Faserenden solcher Fasern sehen ausgesprochen pinselartig aus. Bei Gegenwart zahlreicher Pinselenden ist der Schluß auf Kunstwolle berechtigt (s. Abb. 287 u. 288). Dabei ist zu beachten, daß ein großer Teil der Fasern auch in seinen mittleren Teilen Zerschlitzungen und sonstige mechanische Deformationen aufweist (s. Abb. 289).

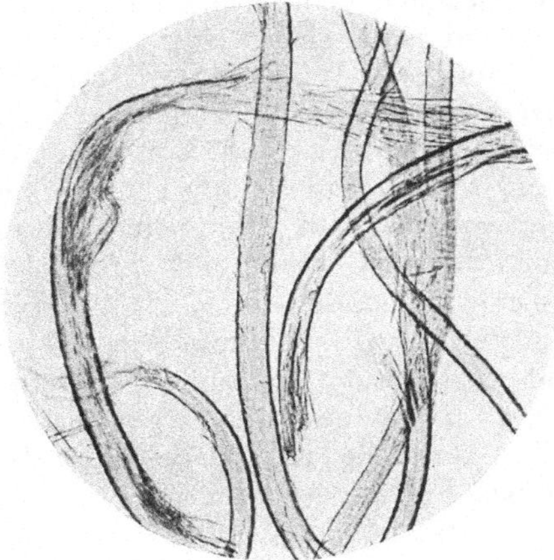

Abb. 289. Schafwolle, stark beschädigt. Aus einem Kunstwollpräparat. Vergr. 100.

5. Die Färbung der Fasern. Nur wenige Kunstwollen zeigen eine einheitliche künstliche Färbung.

Wenn ein Gespinst oder ein Gewebe eine unbestimmte graue, braune oder schwarze Farbe aufweist und dabei aus Fasern von verschiedenen Farben zusammengesetzt ist, so ist es entweder ganz oder der Hauptsache nach aus Kunstwolle bestehend. Zweckmäßig geht man bei dieser Prüfung so vor, daß die Fasern in verdünnte Salzsäure eingelegt und mikroskopisch betrachtet werden.

Unter allen Umständen ist die Untersuchung auf Kunstwolle mit großen Schwierigkeiten verknüpft; noch mehr gilt dies von der quantitativen Prüfung, die auf eine Auszählung der als Kunstwolle erkannten Fasern unter dem Mikroskop hinausläuft.

Chemische Analyse der Gespinstfasern und Fasererzeugnisse.

Von P. HEERMANN.

Die Gespinstfaseranalyse bezweckt die chemische Bestimmung I. von Gespinstfasern und ihrer Anteile in einem Gemisch (Fasertrennungen), II. von Faserbegleitstoffen oder Fremdstoffen, III. von Faserschädigungen.

Faserbestimmungen.

Qualitative Reaktionen.

Pflanzliche und tierische Fasern unterscheidet man sofort durch den Geruch beim Verbrennen: Tierische Faser riecht beim Verbrennen nach brennenden Haaren oder Federn, pflanzliche nach brennendem Papier. Tierische Fasern (außer Tussahseide) lösen sich ferner beim Kochen in 3—5proz. Natronlauge auf, pflanzliche nicht (Kunstseide zu etwa 5—8%). Tussahseide zerfällt bei längerem Kochen in Lauge zu einem Fibrillenbrei, löst sich aber nicht vollkommen auf. Mit Chlorzinklösung von 45° Bé (1 Min. gekocht) oder in kalter, halbgesättigter Chromsäurelösung wird Seide gelöst, Tussahseide nicht. In kalter, konzentrierter Schwefelsäure (80—90%) lösen sich alle Fasern außer Wolle und Tierhaaren allmählich auf. Wolle und Tierhaare werden ferner durch alkalische Natriumplumbatlösung (2 g Bleiacetat, in 50 cm³ Wasser gelöst, mit etwa 2 g Ätznatron, in 30 cm³ Wasser gelöst, bis zum Wiederauflösen des Bleiniederschlags versetzt) gebräunt bis geschwärzt (Seide nicht). Phloroglucinsalzsäure färbt verholzte, ligninhaltige Fasern (wie Jute) rot, bei geringem Holzgehalt rosa. Nitrokunstseide wird mit Diphenylaminschwefelsäure blau gefärbt, andre Kunstseiden nicht. Acetatseide löst sich in Aceton, andre Kunstseiden nicht. Viscoseseide kann auch durch ihren Schwefelgehalt, Kupferseide durch ihren Kupfergehalt nachgewiesen werden. Saure Farbstoffe (wie Pikrinsäure, Säurefuchsin usw.) färben tierische Faser (Aufkochen in schwefelsaurer Lösung und gründliches Spülen) deutlich an, Pflanzenfasern werden höchstens schwach angeschmutzt. Exakte Unterscheidungen der Pflanzenfasern untereinander, der Wolle von der Kunstwolle und anderen Tierhaaren, der verschiedenen Kunstseiden usw. sollten im allgemeinen nur mit Hilfe des Mikroskops vorgenommen werden, da die vielfach angegebenen Farbenreaktionen oft versagen. W. WAGNER[1] empfiehlt für die Unterscheidung verschiedener Fasern insbesondere Pikrocarmin S (Grübler u. Co., Leipzig). Es wird hergestellt, indem 2 g reine Carminsäure in Wasser gelöst, mit Ammoniak im Überschuß versetzt und bis zum Verschwinden des Ammoniakgeruchs gekocht werden. Alsdann gibt man 15 cm³ einer 3proz., mit Ammoniak neutralisierten Pikrinsäurelösung zu, säuert mit verdünnter Salzsäure an und füllt mit Wasser auf 100 cm³ auf (diese Lösung wirkt ähnlich wie das analoge Pikrocarmin K). Nach WAGNER färbt Pikrocarmin S die Viscoseseide schwach rosa an, während Kupferseide tiefblaurot angefärbt wird. Man färbt 1—2 Min. kalt und spült nach dem Färben in mit Salzsäure angesäuertem Wasser. Acetatseide wird hierbei grüngelb, Baumwolle mehr oder weniger stark rosa, Rohseide (bzw. basthaltige Seide, Souple, Ecru u. ä.) wird je nach dem Bastgehalt bis tiefbraunrot, entbastete Seide (bzw. bastfreie Seide) dagegen nur orange gefärbt. Gefärbte Proben sind vorher zu entfärben, oder es ist bei solchen die Farbtonkomponente zu berücksichtigen.

Quantitative Fasertrennungen.

Annähernd quantitativ voneinander trennbar und mengenmäßig bestimmbar sind u. a.: 1. Tierische und pflanzliche Fasern, 2. Wolle und alle andern orga-

[1] WAGNER, W.: Mell. Text. **1927**, 246, 367.

nischen Gespinstfasern. Die verschiedenen pflanzlichen Fasern (einschließlich der Kunstseiden) untereinander, Wollen und Tierhaare, verschiedene Seiden (wilde Seiden) usw. sind auf chemischem Wege nicht exakt voneinander trennbar.

Tierische und pflanzliche Faser. a) Ätznatronverfahren. Ein gut entappretiertes, entschlichtetes und sonst vorgereinigtes Fasergemisch wird mit einem Überschuß von 2—5proz. Natronlauge 15 Min. gekocht, der Rest, bestehend aus pflanzlichen Fasern (und evtl. Tussahseide) wird auf einem Sieb von feinem Kupfergewebe gesammelt, gut gespült, ausgepreßt (evtl. mit Alkoholnachspülung entwässert) und im aufgelockerten Zustande bei gewöhnlicher Temperatur trocknen gelassen. Dem so erhaltenen Gewicht werden für Abkochverlust 3,5% zugeschlagen. Bei Gegenwart von Kunstseide, die 5—8% durch Abkochen verlieren kann, ist das Ergebnis ungenauer (s. w. u.). Man kann auch den Rückstand der Natronabkochung bei 100—110° bis zur Konstanz trocknen und den legalen Feuchtigkeitszuschlag (s. Konditionierung) hinzurechnen.

b) Schwefelsäureverfahren. Wenn nur sehr wenig Wolle (bzw. Tierhaare) in dem Fasergemisch vorhanden ist, die besonders bestimmt werden soll, so genügt das Natronverfahren nicht. Man arbeitet dann zweckmäßig nach dem Schwefelsäureverfahren von Heermann[1], indem man das Material mit der 20- bis 50fachen Volumenmenge kalter, 80proz. Schwefelsäure unter häufigem Durchkneten mit Pistill oder Glasstab mehrere Stunden behandelt, das Lösungsgemisch in einen Überschuß kalten Wassers gießt, den ungelösten Wollanteil durch Filtration auf einem Kupfersieb sammelt, gründlich auswäscht, trocknet und wägt. Nach diesem Verfahren werden sämtliche Fasern außer Wolle (und Asbest) in Lösung gebracht und die Wolle direkt bestimmt.

c) Kupferoxydammoniakverfahren (Kuoxamverfahren). Wolle neben Kunstseide. Da Ätznatron Kunstseide bis zu 5—8% löst, ist das Natronverfahren (a) ungenau. Nach Krais und Biltz[2] löst man die Kunstseide mit Kupferoxydammoniak heraus und wägt die ungelöste Wolle zurück. 0,2 bis 0,5 g der Probe werden in einer Porzellanschale mit frisch hergestelltem Kuoxam (Kupferoxydammoniak), 1% Kupferoxyd enthaltend, übergossen und 30 Min. mit dem Porzellanpistill durchgeknetet. Die Lösung wird abgegossen und der ungelöste Teil nochmals mit frischer Kuoxamlösung 30 Min. bearbeitet. Dann wird mit 10proz. Ammoniak und schließlich mehrmals mit Wasser ausgespült, 1 Std. in 10proz. Salzsäure behandelt, mit solcher nachgewaschen, dann mit kaltem und warmem Wasser neutral gespült, zwischen Fließpapier abgedrückt, bei 110° getrocknet und die Wolle gewogen. Wegen kleiner Wollverluste kann eine Korrektur von 0,2—0,4% eingesetzt werden.

d) Es ist auch versucht worden, den Wollgehalt in Halbwollwaren aus dem Stickstoffgehalt der Probe zu errechnen. Dieses Verfahren ist aber umständlich; außerdem sind die bisherigen Versuchsergebnisse unstimmig, insofern Ruszkowski und Schmidt[3] für Wolle den durchschnittlichen Stickstoffgehalt von 14% fanden, während ihn Waentig[4] immer über 16% ermittelte.

Faserbegleitstoffe.

Man kann hier unterscheiden zwischen 1. den von jeweiligen Veredlungsverfahren (Beizen, Färben, Drucken, Erschweren, Appretieren, Schlichten usw.) herrührenden konstituierenden Bestandteilen der Faser und 2. Rückständen in der Faser aus den Arbeitsverfahren.

Allgemeine Begleitstoffe und Rückstände auf der Faser.

Der Fettgehalt wird durch Extraktion im Soxhletapparat (oder einem ähnlichen) mit Äther, Benzin oder einem andern Fettlöser (s. d.) bestimmt. Außer

[1] Heermann: Chem. Ztg. **1913**, 1257. [2] Krais und Biltz: Text. Forsch. **1920**, 24.
[3] Ruszkowski und Schmidt: Chem. Ztg. **1909**, 948.
[4] Waentig: Text. Forsch. **1920**, 49.

dem eigentlichen Fett werden je nach dem Extraktionsmittel auch Wachse, Harze, Kalkseifen u. ä. mit ausgezogen. Die besten Lösungsmittel für Kalkseifen (am besten im BESSON-Kolben zu extrahieren) sind Benzol, Tetrachlorkohlenstoff[1] und vor allem Pyridin, während in Aceton die Kalkseifen (außer Ricinusfettkalkseife) am schwersten löslich sind.

Zinkseifen lassen sich bei größeren Mengen nach dem allgemeinen analytischen Gang nachweisen. Spuren (bis zu 0,0014 g in 100 cm³ Lösung oder 0,014 mg Zinkoxyd im Zinkseifenfleck) weist man nach KEHREN[2] am sichersten und einfachsten nach, indem man den Zinkseifenfleck nacheinander erst a) mit Diphenylaminlösung (1 g Diphenylamin, 60—80 cm³ 96proz. Alkohol, 20—40 cm³ 10proz. Essigsäure) und dann b) mit 0,5proz. Ferricyankaliumlösung betupft. Bei Gegenwart von Zink tritt sofort eine violette bis schwarze Färbung oder eine entsprechend gefärbte Umrandung des Fleckes auf.

Seife wird mit heißem, destilliertem Wasser gelöst und nach der Zersetzung mit Säure als Fettsäure bestimmt. Der Säure- und Alkaligehalt auf der Faser wird durch Auslaugen oder Auskochen mit dest. Wasser und (evtl. nach Konzentration auf dem Wasserbade) durch Indikatorpapier oder Titration bestimmt. Geringe Mengen oder Spuren von Säure und Alkali lassen sich wegen der Adsorption durch die Faser nicht ausziehen, müssen vielmehr auf schwach angefeuchteter Faser durch Aufpressen von Indicatorpapier (Lackmus-, Kongorotpapier od. ä.) nachgewiesen werden. Aktives Chlor oder aktiver Sauerstoff wird durch Aufdrücken von Jodkaliumstärkepapier auf die mineralsauer gemachte Probe (besonders Nähte oder Doppellagen bei Wäsche) oder durch Einlegen von Ausschnitten in mineralsaure Jodzinkstärkelösung nachgewiesen. Mitunter gelingt der Nachweis auch mit Diphenylaminschwefelsäure. Sulfide werden durch Wickelversuche (Einbetten der angedämpften Probe zwischen zwei Stücke Blattsilber und zwei Glasplatten, bewahrt im gut schließenden Exsiccator, Beobachtungsdauer bis zu acht Tagen, Sulfide färben das Silber braun), bei geschädigter Wollfaser auch mit Hilfe der BECKEschen Reaktion (s. w. u.) nachgewiesen. Größere Mengen Sulfide werden auch durch Erwärmen der Probe im Reagensglas mit verdünnter Salzsäure und Prüfung der entweichenden Gase mit Bleipapier (Braunfärbung) erkannt. Hierbei werden mitunter (regelmäßig bei Zusatz von Zinnchlorür) auch Schwefelfarbstoffe auf der Faser angezeigt. Beizen auf der Faser (Eisen-, Chrom-, Tonerde-, Antimon-, Kupfer-, Zinn-, Kieselsäureverbindungen usw., s. a. Seidenerschwerung) werden in üblicher analytischer Weise in der Asche der Probe nachgewiesen. Berlinerblau auf der (evtl. mit verdünnter Salzsäure vom Farbstoffüberschuß befreiten) Faser wird mit verdünnter Natronlauge zersetzt, die abgegossene Lauge mit Salzsäure angesäuert und die Lösung mit einem Tropfen Eisenoxydsalz versetzt. Hierbei findet Rückbildung von Berlinerblau im Reagensglas statt. Schwieriger ist mitunter der Nachweis von holzessigsaurem Eisenoxydul auf Seidenschwarz. RISTENPART[3] erhitzt die Probe mit einer 0,5proz. wäßrigen oder alkoholischen Salzsäure im Reagensglas zum Kochen, kühlt ab, verdünnt auf die fünffache Menge mit Wasser und gibt einen Tropfen Ferrocyankaliumlösung zu. Tritt dann Grün- bis Blaufärbung ein, so rührt dies von holzessigsaurem Eisen her, wenn die Faser gleichzeitig Berlinerblau enthält. Spuren Arsen werden durch den bekannten Arsenspiegel nachgewiesen. Der Nachweis von Tannin und andern Gerbstoffen gestaltet sich mitunter schwierig. Auslaugen mit dest. Wasser und Versetzen mit Ferrisalz führen bisweilen zum Ziel. Sonst behandelt man vorsichtig mit verdünnter Salzsäure, extrahiert dann mit Äther und prüft den Ätherrückstand mit Ferrisalz (Schwarz- bis Dunkelfärbung). HALLER[4] benutzt die Orangefärbung des Titantannats zum

---

[1] SALM und PRAGER: Chem. Ztg. **1918**, 463. [2] KEHREN: Mell. Text. **1928**, 687.
[3] RISTENPART: Färb. Ztg. **1909**, 45. [4] HALLER: Chem. Ztg. **1917**, 859.

Nachweis von Tannin. Versetzt und erhitzt man z. B. eine mit reduzierbaren (z. B. basischen) Farbstoffen mit Hilfe von Tannin gefärbte oder bedruckte Probe mit verdünnter Titanchloridlösung zum Kochen, so wird der Farbstoff rasch reduziert, und an Stelle der früheren Färbung tritt die orangefarbene des Titantannats ein; bei schwer oder nicht ätzbaren Farben (z. B. Phthaleinen u. ä.) ist die Anwesenheit von Tannin durch die sich nach Orange verändernde Nuance der Färbung zu erkennen.

Appretur und Schlichte auf der Faser.

Da fast alle Appreturen und Schlichten stärkehaltig sind, erkennt man sie meist durch Betupfung einer genetzten Stelle der Probe mit verdünnter Jodlösung (Blaufärbung). Appretur im Gewebe verrät sich dabei durch gleichförmige Blaufärbung von Kette und Schuß, Kettschlichtung dagegen nur durch Anfärbung der Kette. Blaufärbung auf Jodzusatz wird auch mit einer wäßrigen, abgekühlten Abkochung der Probe erhalten. Zur Bestimmung des Appretur- oder Schlichtegehalts wird eine bei 65% Luftfeuchtigkeit ausgelegte und gewogene Probe (nach evtl. Entfettung) entschlichtet oder entappretiert (am besten unter Zusatz von Diastasepräparat, s. d.), gut gewaschen, ausgekocht, evtl. ausgerieben (wasserunlösliche Beschwerungsstoffe), bei normaler Luftfeuchtigkeit trocknen gelassen und wiedergewogen. Der Gewichtsverlust entspricht dem Appretur- bzw. Schlichtegehalt. Die Bestimmung der Einzelbestandteile bzw. die Zusammensetzung der Appretur oder Schlichte geschieht entweder mit Hilfe von Einzelreaktionen oder nach einem systematischen Analysengang[1]. Das Auffinden sämtlicher Bestandteile der Appretur, insbesondre auch ihrer Mengenverhältnisse, gehört zu den schwierigsten textilchemischen Untersuchungen und ist bestenfalls nur für jemanden durchführbar, der die fragliche Technik beherrscht. Die wichtigsten Appreturmittel sind u. a.: Verschiedene Stärkearten (s. d.) und Aufschlußprodukte derselben, Dextrine, Glucose, verschiedene Gummis, Tragantgummi, Pflanzenschleime, Leime, Fette und Öle, Seifen, Mineralstoffe usw.

Seidenerschwerung.

Höchste analytische Genauigkeit bei der Bestimmung der Seidenerschwerung ist nicht möglich, da mit einem oder zwei variabeln Umrechnungsfaktoren (Abkochverlust der Seide und — bei dem Stickstoffverfahren — Stickstoffgehalt des vorliegenden Fibroins im reinen Zustande) operiert wird. Resultate mit einer Genauigkeit von 5% sind als gut, von 5—10% als ausreichend zu bezeichnen. Man unterscheidet folgende Verfahren, von denen a am subtilsten und heute entbehrlich ist, während b und c einfach durchführbar sind und sich gegenseitig kontrollieren.

a) Stickstoffverfahren. Für alle Färbungen. Der Stickstoffgehalt des reinen Fibroins liefert die Grundlage für diese Methode. Nach älteren Untersuchungen von Grünberg und Steiger beträgt der Stickstoffgehalt von Fibroin im Mittel 18,33 %, nach Sisley 18,41 %. Neuere Untersuchungen von Weltzien[2], besonders unter Hinzuziehung von Kreppseiden, ergaben einen Mittelwert von 17,7 %. Den Untersuchungen (von Cuitseiden) ist ein bestimmter Abkochverlust (Seidenbastgehalt) zugrunde zu legen, den Weltzien im Mittel zu 30 % fand. Da diese Faktoren aber schwanken, in den meisten praktischen Fällen auch nicht nachgeprüft werden können, so ist mit einer Abweichung der Ergebnisse vom wirklichen Wert mindestens um mehrere Prozent zu rechnen. Man arbeitet entweder nach dem Halbmikro-Kjeldahl-Verfahren[3] mit Mengen von 0,05—0,07 g Substanz oder in der Regel nach dem gewöhnlichen Kjeldahlverfahren mit etwa 1 g Substanz. Etwaige stickstoffhaltige Fremdkörper (Farbstoffe, Leim, Berlinerblau, Seidenbast u. a.) müssen vorher schonend abgezogen und der Feuchtigkeitsgehalt der erschwerten Seide (bei der Stickstoffmethode) be-

---

[1] Massot, W.: Appretur und Schlichteanalyse. — Herbig: Mell. Text. **1928**, 59.
[2] Weltzien: Mitt. Text. Forsch. Krefeld **3**, 1. Januar 1927; Seide **1927**, 28.
[3] Fodor und Abderhalden: Handbuch der biologischen Arbeitsmethoden, Abt. 1, T. 3, S. 423. 1921.

stimmt we rden. Zum Aufschließen von 1 g Seide verwendet man nach SISLEY am vorteilhaftesten 20 g konzentrierte Schwefelsäure, 10 g Kaliumsulfat und etwa 0,5 g entwässertes Kupfersulfat. Man erhitzt erst langsam über freier Flamme im Kjeldahlkolben, dann schneller bis zum Kochen unter dem Abzuge, bis die Lösung hellgelb geworden ist. Nach etwa 30 Min. ist der Prozeß beendet; man läßt abkühlen, überträgt gegebenenfalls in einen mit 300—400 cm³ Wasser versehenen Destillationskolben von etwa 1 l Inhalt, setzt 10 cm³ einer 4proz. Kaliumsulfidlösung zu, übersättigt dann mit etwa 50 cm³ einer konzentrierten Natronlauge und destilliert in eine mit 25 cm n. Schwefelsäure beschickte Vorlage in 1 Std. etwa 50—100 cm³ ab, bis kein Ammoniak im Destillat mehr nachweisbar ist. Schließlich titriert man den Rest der Säure in der Vorlage zurück. Je 1 cm³ verbrauchte n. Schwefelsäure = 0,014 g Stickstoff = 0,07643 g wasserfreies Fibroin (bei Annahme von 18,3 % N in reinem Fibroin) bzw. = 0,07915 g (bei Einsetzung von 17,7 % N). Dem wasserfreien Fibroin wird der mutmaßliche Bastgehalt der Seide (z. B. 25—30 %) zugerechnet (70—75 T. Fibroin = 100 T. Rohseide). Der trockenen Rohseide werden zuletzt noch 11 % Feuchtigkeit zugeschlagen (100 T. trockne Rohseide = 111 T. lufttrockene Rohseide). Aus diesem so errechneten Wert für lufttrockene Rohseide wird die Erschwerung oder Charge nach der Formel berechnet:

$$\text{Erschwerung} = \frac{\text{lufttr., erschw. Seide} - \text{lufttr. Rohseide} \times 100}{\text{lufttr. Rohseide}}.$$

Positive Zahlen bedeuten Erschwerung über, negative Zahlen unter pari.

b) Abziehverfahren. Man zieht von der erschwerten Seide die Erschwerung ab (entschwert), trocknet bei 110⁰ und erhält so das trockne Fibroin. Die Bestimmung der Faserfeuchtigkeit ist unnötig; man legt die Probe vorher nur bei normaler Luftfeuchtigkeit aus. Die Berechnung erfolgt wie bei a.

Couleur-Abziehverfahren. Man arbeitet mit kalter (MÜLLER und ZELL[1]) oder warmer (HEERMANN und FREDERKING[2]), etwa 2proz. Flußsäure. Nach letzterem Verfahren werden etwa 1—2 g couleurerschwerte (rein mineralisch, z. B. nach dem Zinnphosphatsilikatverfahren, erschwert) Seide in einer Platin-, Kupfer- oder Hartgummischale mit etwa 50 cm³ 2proz. Flußsäure übergossen und unter Rühren auf dem kochenden Wasserbade 15 Min. behandelt, dann nochmals kurze Zeit mit gleicher, frischer Flußsäure behandelt, gut gespült, bei 105 bis 110⁰ getrocknet und gewogen (= wasserfreies Fibroin). Zur Kontrolle der vollständigen Entschwerung wird das so erhaltene Fibroin verascht, die Aschenmenge mit 1,2 multipliziert und dieser Betrag von dem Gewicht des erhaltenen, trockenen Fibroins in Abzug gebracht. Liegt basthaltige Seide vor (Souple, Ecru), so wird noch nach der Flußsäurebehandlung 15 Min. mit 3proz. Seifenlösung abgekocht oder nach RISTENPART 5 Min. in kalter n. Kalilauge entbastet, gut gespült und schwach abgesäuert.

Schwarz-Abziehverfahren. Man arbeitet nach RISTENPART[3], indem man 1—2 g schwarz gefärbte Seide 1 Std. in kalter 10proz. Salzsäure behandelt, gut spült, dann 5 Min. in kalte n. Kalilauge einlegt, spült und diese Operationen (Salzsäure, Kalilauge) nach Bedarf mehrmals wiederholt, bis die Abziehbäder fast farblos sind. Zuletzt wird nach dem Spülen schwach abgesäuert und bei 105 bis 110⁰ getrocknet und gewogen (= trockenes Fibroin). Zur Sicherheit wird das Fibroin wie bei Couleuren verascht und die Aschenmenge, mit 1,2 multipliziert, vom Gewicht des trocknen Fibroins abgezogen. Um Verluste an Seide zu vermeiden, wird die Faser bei allen diesen Arbeiten immer auf feinem Kupfersieb gesammelt und gespült.

c) Veraschungsmethode (für Couleurerschwerungen). Nach WELTZIEN[4] liefert auch die Veraschungsmethode brauchbare, mit den Verfahren a und b gut übereinstimmende Werte, sofern die Seide reinweiße Asche ergibt. Eine abgewogene Menge lufttrockner Seide (E) wird verascht und die Aschenmenge (A) mit 1,2 multipliziert. Die Einwage enthält dann = (E — 1,2 A) g reines

[1] MÜLLER und ZELL: Text. u. Färb. Ztg **1903**, 131, 197, 203.
[2] HEERMANN und FREDERKING: Chem. Ztg. **1915**, 149.
[3] RISTENPART: Färb. Ztg. **1907**, 273; 294, **1908**, 34, 53; **1909**, 126.
[4] WELTZIEN: s. Fußnote auf S. 611. Hier auch Zusammenstellung der Literatur.

Fibroin. Die Berechnung erfolgt wie bei a und b. Die direkte Schätzung der Erschwerung aus dem Aschengehalt ist unzulässig.

d) Einzelne Erschwerungsbestandteile. Diese werden nach allgemeinen chemisch-analytischen Verfahren ermittelt. In Frage kommen bei Couleuren: Zinnoxyd, Tonerde, Kieselsäure, Phosphorsäure u. a.; bei Schwarzfärbungen außerdem: Eisen, Berlinerblau, Gerbstoffe, Blauholz, holzsaures Eisen u. a. Das einfachste und sicherste Aufschließverfahren für die Mineralcharge ist Natriumsuperoxyd, mit dem die Seide direkt im Eisentiegel geschmolzen und etwa 10 Min. in gelindem Fluß gehalten wird. Nach dem Erkalten des Tiegels wird die Schmelze in Wasser gelöst. Nach dem Ansäuern mit Salzsäure kann das Zinn mit Schwefelwasserstoff gefällt und in bekannter Weise bestimmt werden. Im Filtrat befinden sich Phosphorsäure usw.

Faserschädigungen.

Diese werden in der Regel durch den Rückgang dynamischer Güteeigenschaften (Festigkeit, Dehnung, Elastizität) oder sonstiger spezifischer Güteeigenschaften (Glanz, Griff, Weichheit usw.) nachgewiesen. Nur in selteneren Fällen können Faserschädigungen auch auf koloristischem (durch abweichende Anfärbung) oder auf chemischem Wege nachgewiesen werden (Oxycellulose, Wollschädigungen, Kunstseidensäurefraß u. a.).

Oxycellulose, Hydrocellulose in Baumwolle.

a) Qualitativer Nachweis. Hauptsächlich im Bleichereibetrieb auftretende Oxycellulose, die mit Hydrocellulose ähnliche Reaktionen liefert, wird in der Textiltechnik durch eine Reihe von Reaktionen erkannt, von denen die wichtigsten folgende sind (s. a. u. Bleicherei der Baumwolle).

Kochen mit 3proz. Natronlauge während 3 Min. Gelbfärbung deutet auf Vorhandensein von Oxy- bzw. Hydrocellulose; bei Bastfasern auch auf Pektinstoffe u. ä. Begleitstoffe der Faser. Stark oxycellulosehaltiger Baumwollstoff färbt sich auch beim Erhitzen auf 108^0 oder bei Dämpfen gelb (Freiberger).

Fehlingsche Lösung. Wird Baumwollstoff od. ä. 3—5 Min. in mit der doppelten Menge Wasser verdünnter Fehlingscher Lösung gekocht und dann gespült, so wird die Faser bei erheblichen Mengen von Oxycellulose rot bis rosa gefärbt (Niederschlag von Kupferoxydul auf der Faser). Hydrocellulose gibt die gleiche Reaktion.

Herstellung der Fehlingschen Lösung. Lösung I: 34,64 g kryst. Kupfersulfat zu 500 cm^3 Wasser gelöst; Lösung II: 173 g Seigenettesalz (weinsaures Kalium-Natrium) und 50 g festes Ätznatron zu 500 cm^3 Wasser gelöst. I und II werden getrennt aufbewahrt und vor dem Gebrauch zu gleichen Raumteilen gemischt.

Nesslers Reagens. Durch Einlegen der Probe in das Reagens oder durch Betupfen mit demselben tritt bei Gegenwart von Oxycellulose Gelb-, Grau- bis Orangefärbung auf (Vergleich mit Normalware). Die Reaktion dient hauptsächlich zur Beurteilung der Dämpf- und Bügelbeständigkeit.

Herstellung von Nesslers Reagens. 13 g Quecksilberchlorid werden in 800 cm^3 Wasser gelöst und langsam mit einer Lösung von 35 g Jodkalium versetzt, bis der anfangs auftretende Niederschlag wieder gelöst ist; alsdann gibt man tropfenweise Quecksilberchloridlösung bis zum bleibenden Niederschlag zu, löst 160 g Ätzkali darin auf, füllt auf 1000 cm^3 auf, läßt absitzen und zieht die klare Lösung zum Gebrauch ab.

Ammoniakalische Silberlösung. Die Probe wird unter Lichtabschluß in der Kälte in die Lösung eingelegt. Gelbbraunfärbung deutet auf Oxy- bzw. Hydrocellulose (Vergleich mit Normalware). Stark geschädigte Ware gibt in kurzer Zeit (innerhalb 10 Min.) Gelb- bis Braunfärbung, normale Ware hält sich über 1 Std. ungefärbt.

Herstellung der ammoniakalischen Silberlösung. 10 cm³ n/10 Silbernitratlösung werden mit 5 cm³ 10proz. Natronlauge und dann mit 5 cm³ Ammoniak (25proz.) versetzt (GÖTZE).

Anfärbemethoden. Basische Farbstoffe (z. B. Methylenblau) färben die oxycellulosehaltige Ware ohne Vorbeize kräftiger, substantive Farbstoffe dagegen weniger kräftig an als die reine Cellulose. Diese koloristische Methode ist nicht immer eindeutig, zumal die Gegenwart von Fremdstoffen (z. B. beizenartig wirkenden) das Ergebnis beeinflussen können.

b) Quantitative Bestimmung der Oxycellulose. Man hat auch versucht, den Oxy- bzw. Hydrocellulosegehalt einer Faser quantitativ zu bestimmen, ohne daß bisher eine völlig befriedigende und zugleich einfach durchführbare Methode gefunden worden ist. Am bekanntesten ist die Methode der SCHWALBEschen Kupferzahl mit ihren verschiedenen Abänderungen (BRAIDY u. a.). KAUFFMANN empfiehlt seine Permanganatmethode, RISTENPART hat eine Methylenblaumethode für diesen Zweck ausgearbeitet.

SCHWALBES Kupferzahl. Unter der „Kupferzahl" einer Cellulosefaser versteht man diejenige Menge met. Kupfer, die, auf 100 g Probe berechnet, durch Reduktion von Kupfersulfat als Kupferoxydul abgeschieden wird. Nach der Originalmethode von SCHWALBE[1] verwendet man Fehlingsche Lösung und kocht die Probe mit dieser in einem mit Rührer versehenen Rundkolben $^1/_4$ Std., saugt den Faserbrei ab, wäscht gut aus, bestimmt das in der Faser abgeschiedene Kupferoxydul elektrolytisch oder anders und berechnet die erhaltene Kupfermenge auf 100 g Probematerial (= „unkorrigierte Kupferzahl") als metallisches Kupfer. Von diesem Wert wird die durch einen Blindversuch ermittelte Kupfermenge (Hydratkupfer) in Abzug gebracht (= „korrigierte Kupferzahl"), indem die Probe in gleicher Weise, jedoch ohne zu kochen, nur durch kaltes Einlegen, behandelt wird. Das Verfahren ist heikel und umständlich. Nach HÄGGLUNDS[2] Modifikation wird das abgeschiedene Kupferoxydul mit Ferrisulfat zu Ferrosulfat umgesetzt und letzteres mit Permanganat titriert. Nach diesem Verfahren fällt die Korrektur und der Blindversuch fort, auch wird die Kupferbestimmung vereinfacht. BRAIDY[3] benutzt statt der Fehlingschen Lösung eine soda-bicarbonathaltige Kupfersulfatlösung. Er arbeitet ohne Rührwerk und erhitzt nur 3 Std. im kochenden Wasserbad. Das Kupferoxydul wird nach HÄGGLUND (s. o.) bestimmt. Kupferzahlen sind nur dann untereinander vergleichbar, wenn nach dem gleichen Verfahren gearbeitet worden ist. Eine Einheitsmethode ist noch nicht festgelegt, wird aber angestrebt.

KNECHTS Eisenzahl[4]. Nach KNECHT gelangt man einfacher zum Ziel, wenn man die Faser in saurer Ferrisalzlösung löst, wobei Oxycellulose äquivalente Mengen Ferrisalz reduziert, und man das so gebildete Ferrosalz mit Permanganat titriert.

KAUFFMANNS Permanganatzahl[5]. Das Material wird erst von Fett, Schlichte, Appretur und sonstigen auf Permanganat einwirkenden Fremdstoffen befreit. 1 g der Probe wird dann mit 150 cm³ Natronlauge von 5° Bé 30 Min. gekocht, abfiltriert und gewaschen. Man füllt das Filtrat auf 500 cm³ auf, säuert 100 cm³ desselben mit 25 cm³ 10proz. Schwefelsäure an, versetzt mit überschüssiger, gemessener Oxalsäurelösung und titriert diese Lösung mit Permanganat zurück. Die so behandelte Probe wird nun weiter mehrmals in gleicher Weise behandelt (Natronlauge, Permanganattitration), bis der immer geringer

---

[1] SCHWALBE: Ztschr. ang. Ch. **1910**, 924; **1914**, 567; Papierfabrikant **1927**, 157. — SCHWALBE und SIEBER: Die chemische Betriebskontrolle in der Zellstoff- und Papierindustrie.

[2] HÄGGLUND: Papierfabrikant **1919**, 301.

[3] BRAIDY: Rev. gén. mat. col. **1921**, 35. — CLIBBENS und GEAKE: J. Text. Inst. **1924**, 27 — S. a. KORTE: Mell. Text. **1925**, 663.

[4] KNECHT: Chem. Zbl. **4**, 734 (1920).

[5] KAUFFMANN: Mell. Text. **1923**, 333, 385.

werdende Permanganatverbrauch unverändert bleibt. Diesen konstant bleibenden Wert nennt KAUFFMANN den „Grundwert", der vom Gesamtpermanganatverbrauch in Abzug gebracht wird. Beispiel: 1. Abkochung = 37,8 cm³ n/10 Permanganat, 2. Auskochung = 15,6 cm³, 3. Auskochung = 7,5 cm³, 4. Auskochung = 7,5 cm³ n/10 Chamäleonlösung. Der Grundwert ist 7,5 und überall in Abzug zu bringen. Die Summe des verbrauchten Permanganats ist also = 37,8 — 7,5 + 15,6 — 7,5 = 38,4 cm³ n/10-Permanganat. Die Permanganatzahl = 38,4. Gute Handelsware soll Werte unter 10, beste Ware = Null ergeben, während schlecht gebleichte Stoffe nach KAUFFMANN Werte bis zu 233,8 ergeben haben. Die Hydrocellulose wird bei diesem Verfahren mitgemessen.

RISTENPARTS Methylenblauzahl[1] wird von KIND[2] und von KAUFFMANN[3] abgelehnt und von SCHWALBE[4] nicht als allgemein anwendbar erachtet.

CROSS und BEVAN kochen die Baumwolle 5 bzw. 60 Min. mit 1 proz. Natronlauge ab und bestimmen den Gewichtsverlust (in den Vereinigten Staaten noch immer geübtes Verfahren).

Zu erwähnen ist schließlich noch GÖTZES Silberzahl[5], über die bisher aber keine ausreichenden Erfahrungen vorliegen.

Wollschädigungen.

a) Biuretreaktion. BECKE[6] prüft das Arbeitsbad, in dem die Wolle bearbeitet worden ist (z. B. beim Chromsud der Wolle), auf Abbauprodukte der Wolle nach der Biuretreaktion, indem er in 200 cm³ Bad die Chromsäure mit Bleiacetat ausfällt, filtriert, im Filtrat das überschüssige Blei fällt, filtriert, im Filtrat das Chromoxyd kochend mit Ammoniak fällt, wieder filtriert und dieses Filtrat auf 30 cm³ eindampft. Hiervon werden 5 cm³ mit 5 cm³ n. Natronlauge und 1 cm³ n/20 Kupfersulfatlösung versetzt und umgeschüttelt. Nach 1 Std. Stehen vergleicht man die Tiefe der etwaigen Violettfärbung (= Biuretreaktion) der überstehenden kalten Flüssigkeit kolorimetrisch mit einer Wollösung von bestimmtem Gehalt. Je tiefer die Färbung, desto mehr Wollsubstanz ist in Lösung gegangen. KERTESZ[7] untersucht das etwa geschädigte Wollmaterial direkt, indem er ein Stoffmuster von etwa 10—15 cm² nach gutem Netzen im Reagensglas mit 10 cm³ Sodalösung (1 : 100) übergießt, bei 60—65° 1 Std. stehenläßt, die Sodalösung möglichst vollständig abgießt und mit 10 cm³ n. Natronlauge und 2 cm³ Kupfersulfatlösung versetzt. Bei schadhaften Wollen zeigt sich eine violette Färbung, die skalenmäßig verglichen werden kann. Auch bei Seide tritt die Reaktion auf. Außerdem wird nach KERTESZ geschädigte Wolle in essigsaurem Bade bei 50° mit Methylenblau viel stärker angefärbt als gesunde Wolle.

b) BECKES Zinnsalzreaktion[8]. Geschädigte Wolle färbt sich nach BECKE (wegen der Lockerung der Schwefelgruppe im Wollkeratin) im Zinnsalz-Essigsäure-Bad um so deutlicher braun an (Zinnsulfürbildung), je stärker die Wolle (z. B. durch Alkalien) angegriffen ist (Bleiacetat wirkt ähnlich, aber weniger eindeutig). Eine gewisse Lokalisation der Anfärbung kann auch mikroskopisch festgestellt werden. Etwa 5 g der Wollprobe werden in 200 cm³ Bad, das 10% Essigsäure und 5—10% Zinnchlorür vom Gewicht der Wolle enthält, bei 90 bis 95° auf dem Wasserbade 30—45 Min. behandelt. Die Braunfärbung tritt auch bei Wollen auf, die nach der schädigenden Behandlung gespült und selbst

---

[1] RISTENPART: Leipz. Mon. Text. **1923**, 84; Mell. Text. **1926**, 372.

[2] KIND: Mell. Text. **1926**, 172. [3] KAUFFMANN: Mell. Text. **1925**, 591.

[4] SCHWALBE: Papierfabrikant **1927**, 157; Chem. Ztg. **1927**, 314.

[5] GÖTZE: Mitt. Forsch. Krefeld **1925**, 37; **1926**, 85; Seide **1926**, 429, 470; Mell. Text. **1927**, 624, 696.

[6] BECKE: Färb. Ztg. **1912**, 45, 305. [7] KERTESS: Ztschr. ang. Ch. **1919**, 169.

[8] BECKE: Färb. Ztg. **1919**, 101, 116, 128.

sauer gekocht sind; aber nicht bei jeder Art von Wollschädigung, da je nach der Art des Eingriffs in die Wollsubstanz verschiedene Molekülgruppen angegriffen werden können. Positive Reaktion deutet aber immer auf Schädigung des Cystinmoleküls der Wolle.

c) ALLWÖRDENsche Reaktion[1]. Bringt man intakte Wollhaare in frisch bereitetes Chlorwasser zwischen Objektträger und Deckglas, so tritt die sog. ALLWÖRDENsche oder Elastikumreaktion ein (s. u. Mikroskopie), indem sich nach wenigen Minuten eine eigenartige Quellungserscheinung unter Bildung von Bläschen, Perlen oder ganzen Perlenschnüren an der Wollfaser zeigt. Bis zu einem gewissen Grade alkalisch geschädigte Wolle zeigt diese Reaktion nicht mehr. v. ALLWÖRDEN führte diese Reaktion auf einen von ihm „Elastikum" genannten Anteil der Wollsubstanz zurück. Nach heutiger Auffassung ist die Reaktion auf das Keratin C zurückzuführen, das chlorempfindlich, während das Keratin A verhältnismäßig chlorfest ist. Die chlorfeste Schuppenschicht der Wolle (aus Keratin A) liegt der Fasermasse wie ein Panzer an. Das bei der Chloreinwirkung im Innern der Faser aus dem Keratin C sich bildende Chlorkeratin ist auch in wäßriger Lösung stark quellungsfähig und durchbricht, wenn die Schuppenschicht noch intakt ist, mit dem Quellungsdruck diese Zelllage am Orte des geringsten Widerstands, an den Kittungen, in Form der bläschenförmigen Ausstülpungen. Ist durch die Alkalieinwirkung die Kittsubstanz (das Elastikum) bereits gelöst oder gelockert, so erfolgt eine allseitige, gleichmäßige, nahezu unmerkliche Verquellung des gebildeten Chlorkeratins, da in keiner Richtung mehr Widerstand vorhanden ist, und die Reaktion bleibt aus. Nach KRAIS und WAENTIG geben auch andre Tierhaare (nicht aber Federn) obige Reaktion (s. a. u. Mikroskopie).

d) Die Diazoreaktion von PAULY[2] zeigt sowohl Alkali- und Säureschädigung als auch lokale mechanische Verletzungen des Wollhaars an, indem das freigelegte Tyrosin des entfetteten Wollhaares mit sodaalkalischer Diazobenzolsulfosäure rot reagiert. 2 g Sulfanilsäure (in 3 cm^3 Wasser und 2 cm^3 konz. Salzsäure suspendiert) werden mit 1 g Natriumnitrit (in 2 cm^3 Wasser gelöst) vorsichtig diazotiert. Die dabei entstehende Diazobenzosulfosäure wird leicht gewaschen, auf dem Filter gesammelt und in 10proz. Sodalösung gelöst. Die Diazolösung ist leicht zersetzlich und muß jedesmal frisch hergestellt werden.

e) Nach SIEBER[3] liefert auch Baumwollrot 10B (Benzopurpurin) nur an den verletzten Stellen des Wollhaars rote bis rosa Färbung. Man färbt die entfettete Wolle ohne weiteren Zusatz wenige Minuten kochend und kocht den nichtfixierten Farbstoff wiederholt mit Wasser aus. Nur die verletzten Stellen (Schnittenden, Knicke, Risse, Säure- und Alkalischädigungen usw.) zeigen Rosa- bis Rottöne.

Kunstseidensäurefraß.

Eine Faserschädigung, die auf die Herstellung der Kunstseide zurückzuführen ist, wird mitunter bei Nitrokunstseide beobachtet. Die betreffende Nitroseide zersetzt sich bisweilen auf dem Lager (besonders in den Tropen, Ausfuhrware) oder bei weiterer Verarbeitung, wird glanzlos, morsch, enthält freie Schwefelsäure und bräunt sich beim Erhitzen auf 120—140°. Nach HEERMANN[4] ist diese Erscheinung auf an Cellulose labil gebundene Schwefelsäure zurückzuführen, die sich unter besondern Bedingungen abspaltet und die Faser schädigt

[1] ALLWÖRDEN, v.: Ztschr. ang. Ch. **1916**, 77; **1917**, 125, 297. — NAUMANN: Ebenda **1917**, 135, 297, 305; Leipz. Mon. Text. **1918**, 124. — KRAIS und WAENTIG: Ztschr. ang. Ch. **1920**, 65. — MARK: Beiträge zur Kenntnis der Wolle und ihrer Verarbeitung, S. 49.

[2] PAULY: Ztschr. Farb. u. Text. Ind. **1904**, 373.

[3] SIEBER: Mell. Text. **1928**, 326.

[4] HEERMANN: Mitt. Mat.prüf. **1910**, H. 4, Färb. Ztg. **1913**, H. 1.

bzw. unbrauchbar machen kann. HEERMANN erkennt solche zu Säurefraß neigende Nitroseide nach der Stabilitätsprobe, indem eine neutral gespülte und sulfatfreie Probe im Trockenschrank 1 Std. bei 135—140° erhitzt und dann geprüft wird: 1. auf saure bzw. mineralsaure Reaktion, 2. auf Schwefelsäureabspaltung, 3. auf Bräunung (Carbonisation). Gute Nitroseide gibt in bezug auf alle drei Punkte negative Reaktion. RISTENPART[1] empfiehlt die verschärfte Stabilitätsprobe, dadurch gekennzeichnet, daß die Probe, zunächst mit 1proz. Essigsäure getränkt, mindestens 24 Std. an der Luft bei gewöhnlicher Temperatur hängen gelassen und dann erst der einstündigen Erhitzung auf 135—140° unterworfen wird. Demgegenüber bezeichnet STADLINGER[2] die verschärfte Prüfung als zu weitgehend und erhitzt nach der Vorbehandlung mit Essigsäure (10proz., wie RISTENPART) nur $^1/_4$ Std. auf 127°. Die Nachprüfungen durch KRAIS[3] haben keine Klärung der Frage herbeigeführt und gezeigt, daß auch Viscoseseiden durch die Stabilitätsproben in der Festigkeit und Dehnung erheblich leiden können.

Die wichtigsten Rohstoffe der Textilindustrie.

Von ALOIS HERZOG.

Baumwolle.

Geschichtliches. Die Anfänge der Baumwollkultur sind noch in tiefes Dunkel gehüllt. Es steht nur fest, daß die Baumwolle der alten Welt indischen Ursprungs ist; sichere Nachrichten hierüber gehen jedoch nicht über die Zeit von 500—600 v. Chr. hinaus. Ebenso ist durch materielle Untersuchung von in alten peruanischen Gräbern gemachten Textilfunden sichergestellt, daß die Baumwollkultur in Südamerika hohen Alters ist. Auch den Azteken im alten Mexiko war die Baumwolle als Spinn- und Webstoff allgemein bekannt. Noch im 18. Jahrhundert kannte man in Europa fast nur indische Gewebe aus Baumwolle; eine Verarbeitung der Faser in Europa fand bis dahin fast gar nicht statt. Durch die noch zu besprechende Arbeit des Entkörnens mit freier Hand oder einfachen Hilfsgeräten wurde die Baumwolle so verteuert, daß noch gegen 1785 in Österreich Baumwollgewebe so teuer waren, daß sie Kaiser Josef II. in einem besondren Edikt wegen ihrer Kostspieligkeit verbot. Erst seit der Erfindung der Sägenegrainiermaschine durch ELY WITHNEY im Jahre 1792 beginnt der geradezu einzig dastehende Siegeslauf der Baumwolle, und heute ist sie nicht allein die wichtigste Faser, sondern auch der wichtigste Welthandelsartikel überhaupt.

Herkunft. Die Baumwolle stellt die Samenhaare verschiedener zur Gattung Gossypium gehörenden Arten dar. In der systematischen Botanik sind die Ansichten über den Artwert der kultivierten und wilden Baumwolle noch nicht geklärt. Es hängt dies damit zusammen, daß die Pflanzen sich in der Kultur verändern und verbastardieren, wodurch die Grenzen zwischen den Arten rasch und beständig verschoben und verwischt werden. Auch durch Züchtung und Kultur auf andern Böden werden immer wieder neue Abarten hervorgebracht, die freilich auch bald wieder degenerieren und in Vergessenheit geraten (die noch vor 20 Jahren so wichtige ägyptische Baumwollsorte „Mitafifi" ist heute bereits so entartet, daß sie auf dem Markte so gut wie fehlt). Nachfolgend sei die von WATT 1907 aufgestellte Systematik der Gossypiumarten wiedergegeben:

I. Samen mit Grundwolle ohne Langhaare (wegen des Fehlens der Langhaare für textile Zwecke belanglos).

II. Samen mit Grundwolle und Langhaaren, Hüllblätter verwachsen.
   1. Gossypium arboreum L.
   2. „ Nanking M.
   3. „ obtusifolium R.
   4. „ herbaceum L.

[1] RISTENPART: Mell. Text. **1926**, 774, 950.
[2] STADLINGER: Mell. Text. **1926**, 685, 770, 861, 935.
[3] KRAIS: Leipz. Mon. Text. **1928**, 114, 257.

III. Samen mit Grundwolle und Langhaaren, Hüllblätter frei. Aufgestellt 10 Arten, darunter technisch wichtig:
  1. Gossypium hirsutum L.
  2. „ peruvianum C.

IV. Samen ohne Grundwolle mit Langhaaren, Hüllblätter frei. Aufgestellt 5 Arten, darunter technisch wichtig:
  1. Gossypium taitense P.
  2. „ barbadense L.

V. Samen ohne Grundwolle und Langhaare (für textile Zwecke belanglos).

Anbau usw. In der Praxis werden die verschiedenen Gossypiumarten nicht scharf auseinandergehalten, dagegen spricht man von krautartigen, strauchartigen und baumartigen Baumwollen. Ferner unterscheidet der Praktiker die Baumwollen auch nach dem Aussehen der Samen (nackt, filzig). Die verschiedenen Baumwollarten eignen sich nicht zum Anbau in allen Klimaten. Die krautigen Arten gehen weiter nach Norden als alle übrigen. In Amerika wird Baumwolle bis zum 36. Grad nördlicher und südlicher Breite gebaut, in Europa (Rußland) bis zum 45. Grad nördlicher Breite. Die Baumwollpflanze beansprucht eine gleichmäßig hohe Luft- und Bodenwärme; Küstenländer sind zum Baumwollbau besonders geeignet.

Der Boden soll feinsandig, locker und reich an Nährstoffen sein. Die meist mit Hilfe von Maschinen bewirkte Aussaat beginnt auf der nördlichen Halbkugel im Frühjahr, die Ernte je nach Klima und Witterung im Herbst. Nicht alle Kapseln reifen zur gleichen Zeit, weshalb die Ernte langwierig und kostspielig ist. Die Ernte geschieht entweder mit der Hand oder mit besondern Pflückmaschinen; in der Regel ist das erstere Verfahren üblich. Es wird so ausgeführt, daß die Arbeiter mit umgehängten Säcken zwischen den reihig gepflanzten Baumwollstauden hindurchschreiten und die ganz reife Baumwolle mit einem geübten Griff, jedoch ohne Beschädigung der Kapsel oder Deckblätter, abnehmen. Reine Ernte ist von besondrer Bedeutung, denn unreine, mit Kapselstücken, Blattresten usw. verunreinigte Baumwolle ist minderwertig. Nach der Ernte wird die Baumwolle getrocknet, von gröberen Verunreinigungen befreit und sodann entkörnt. Das rohe nichtentkörnte Produkt heißt Samenwolle im Gegensatz zur entkörnten Lintwolle. Dem Gewicht nach setzt sich die Ernte aus etwa zwei Drittel Samen und einem Drittel Lintwolle zusammen. Die Mehrzahl der langen Haare findet sich am breiten, die der kürzeren am Schmalende des Samens.

Das Entkörnen oder Egrainieren mit der Hand ist eine sehr anstrengende und kostspielige Arbeit; ein Arbeiter vermag täglich kaum mehr als $^1/_2$ kg Lintwolle herzustellen. Zur Erleichterung dieser Arbeit hat man schon frühzeitig in Indien sehr einfache Hilfsgeräte benutzt (Churka), die auch in Nordamerika noch um das Jahr 1780 angewandt wurden. Aber erst durch die Erfindung einer sehr einfachen Maschine, der Sawgin (gin = engine), durch Ely Withney im Jahre 1792 wurde das Problem der Entkörnung praktisch gelöst und dadurch die Baumwolle mit einem Schlage die billigste Pflanzenfaser. Von einem Arbeiter in Bewegung gesetzt, leistet sie etwa 360mal soviel als eine Churka. Die Sawgin besteht im wesentlichen aus einer Anzahl von Kreissägen, die parallel zueinander auf einer gemeinschaftlichen Welle aufgekeilt sind und mit ihren Sägezähnen in einen Behälter hineinragen, der mit der Samenwolle gefüllt ist und dessen eine Wand aus lauter Gitterstäben besteht, die soweit voneinander entfernt sind, daß zwar die Wolle hindurchgezogen werden kann, die Kerne aber zurückbleiben müssen. Bei der Rotation der Sägen erfassen die Sägezähne die Haare und reißen sie durch das Gitter hinaus, während die Kerne im Behälter zurückbleiben. Durch eine Bürstenwalze wird die Lintwolle abgestreift und in einem Haufen gesammelt. Naturgemäß werden bei dieser Behandlung viele Haare stark beschädigt und zerrissen, so daß man für die höherwertigen langstapeligen Wollen besondre Maschinen gebaut hat, die zwar langsamer arbeiten, dafür aber die Haare mehr schonen (Walzengins). Die ostindischen Baumwollen sind zum Teil nach Art und Stärke des Entkörnens unterteilt (z. B. „fully good machine ginned").

Nach dem Entkörnen wird die Baumwolle zu Ballen von verschiedener Größe und Form maschinell gepreßt, in grobe Gewebe verpackt und mit Reifen oder starkem Draht gebunden. Das Gewicht der Ballen ist in den einzelnen Produktionsländern verschieden (für amerikanische Baumwolle durchschnittlich 524 Pfund, für ägyptische Baumwolle 740 Pfund, für indische und afrikanische Baumwolle 400 Pfund). Die Form der Ballen ist entweder vierseitig prismatisch oder kreiszylindrisch. Bei Baumwollen, deren Samen mit einer dichten Grundwolle bedeckt sind, wird der Faserflaum vor der weiteren Verarbeitung der Samen auf Öl durch eine besondre Maschine (Linter-gin) für sich gewonnen und als Linter oder Virgo in der Textil- und Papierindustrie verwertet. 100 kg Samen liefern etwa 10 kg kurze Fasern, 39% Schalen, 36% Ölkuchen und 15% Öl.

Über die Morphologie und Feinstruktur der Baumwollhaare vgl. Baumwolle im Abschnitt „Mikroskopie".

Handelsübliche Klassierung. Man unterscheidet zwischen Benennung nach der Herkunft (Länder, Orte, Ausfuhrhäfen) und Klassierung nach den Standards. In erster Hinsicht spricht man von einer nordamerikanischen, südamerikanischen, indischen und ägyptischen Baumwolle. Bei verschiedenen indischen Sorten (Bombay, Audh, Dollerah, Dharwar usw.) handelt es sich teils um indische Orts-, teils um Distriktsbezeichnungen. Der Weltmarkt wird der Hauptsache nach fast ganz von der nordamerikanischen Baumwolle beherrscht ($^{6}/_{10}$ der Welterzeugung). Die beiden andern Hauptlieferanten für Baumwolle sind Ostindien und Ägypten. Die ägyptische Baumwolle ist im allgemeinen sehr hochwertig (z. B. Makobaumwolle); die aus ihr hergestellten Gespinste eignen sich in besonderm Maße zum Mercerisieren.

Die Standards ziehen die Qualität der Fasern in Betracht. An den verschiedenen Baumwollbörsen (z. B. Bremen, Liverpool, Neuyork) befinden sich beeidete Makler und amtliche Mustersammlungen zur genauen Feststellung der Güte gehandelter Muster. Die offiziellen amerikanischen Standards vom 1. April 1915 ziehen bloß zwei Eigenarten der Baumwolle in Betracht: die Farbe und die Menge der Verunreinigungen (z. B. 4% bei „middling fair" bis 11% bei „good ordinary"). Sie nahmen damals also noch keine Rücksicht auf Faserlänge, Festigkeit, Feinheit usw. (s. a. u. Stapel). In Nordamerika klassiert man nach folgenden Klassen:

1. ordinary, 2. good ordinary, 3. low middling, 4. middling, 5. good middling, 6. middling fair und 7. fair.

Klassen 2—7 werden noch in halbe und viertel Grade eingeteilt. Die halben Klassen bezeichnet man mit „strict", die viertel Klassen mit „barely" und „fully". Diese Einteilung bezieht sich nur auf reinweiße, also gutfarbige Baumwolle, im Gegensatz zu den mißfarbigen, die durch Regen und Frost gelitten haben. Diese gelblich bis rotgelb gefärbten bekommen außer der Gradeinteilung noch die Bezeichnungen „tinged" bei geringer Färbung, „high color" bei stark gelblich oder rötlicher Färbung und „stained", wenn sie fleckig bzw. rotfleckig sind. Bei Termingeschäften benutzt man 5 Klassen, die auf die Farbe Bezug nehmen: good, fair, tinged, high color und stained. Die Bezeichnung der amerikanischen Baumwollen ist je nach den Handelsplätzen verschieden. Liverpool teilt die nordamerikanischen Baumwollen in 5 Gebiete ein: 1. Sea-Island, Florida Sea-Island, Upland, Texas und New-Orleans. Die Sea-Island klassiert man nach dem Aussehen in 1. dogs, 2. fine, 3. extra fine, 4. extra choice und 5. fancy. Die übrigen 4 Sorten werden nach der oben angeführten

Einteilung klassiert. In ähnlicher Weise wird die Klassierung der übrigen Baumwollen vorgenommen. Man strebt natürlich ein einheitliches internationales Standard an.

Pflanzenhaare (außer Baumwolle, s. d.).

Die Samen- und Fruchthaare verschiedener Bombaceen, Asclepiadaceen und Apocyneen sind im Handel als Pflanzendunen und Pflanzenseiden bekannt. Erstere werden auch als Kapok, letztere als Akon bezeichnet. Beide werden seit langem als Ersatz für tierische Dunen und als Füllmaterial für Schwimm- und Rettungsgürtel verwendet. Für textile Zwecke kommen sie trotz vielfacher Bemühungen und unbeschadet ihres bestechenden Äußeren, kaum in Frage, da sie zu glatt und zu wenig fest sind, um einem nur einigermaßen feineren Faden genügenden Halt zu geben. Wie die Erfahrung gezeigt hat, eignen sie sich auch sehr wenig zur gleichzeitigen Verarbeitung mit Baumwolle, weil sie aus den hergestellten Mischgespinsten und Geweben schon bei schwachen mechanischen oder chemischen Beanspruchungen herausfallen. Eine lesenswerte Studie über alle einschlägigen Fragen hat H. MEITZEN[1] bereits im Jahre 1862 veröffentlicht. Mit Recht bemerkt auch WIESNER in seinem Werk: „Die Versuche mit diesem Rohstoff (Pflanzenseide) ziehen sich mehr als ein Jahrhundert hindurch. Obschon die Unbrauchbarkeit dieser Faser schon vor längerer Zeit erwiesen wurde, ist man wieder auf sie zurückgekommen, und es hat den Anschein, als würde die Sache noch immer nicht abgetan sein, da man bei den neuen Experimenten auf die schon gemachten Erfahrungen keine Rücksicht nimmt, und diejenigen, welche die neuen Versuche anstellen, sich gewöhnlich von ihren sanguinischen Hoffnungen nicht trennen können."

Im folgenden seien nur zwei, von A. HERZOG näher geprüfte Proben berücksichtigt. Die Kapokprobe stammte von Ceiba pentandra (= Eriodendron anfractuosum D. C.), die Akonprobe von Calotropis procera R. Br. Beide Fasern setzen sich im unverarbeiteten Zustand aus nahezu kreisrunden, dünnwandigen Röhren zusammen, die stark verholzt sind. Akon ist etwas leichter knickbar und steifer als Kapok.

			Kapok	Akon
Mittlere Faserlänge in cm			3,5	4,0
„ Faserdicke in μ			20,0	24,0
„ Wandstärke in μ			1,0	1,6
Gesamtquerschnittsfläche einer Faser in μ^2			30,06	445,0
Von der Gesamtquerschnittsfläche entfallen auf	die Wandung	μ^2	57,0	111,0
		%	18,6	24,9
	das Lumen	μ^2	249,0	334,0
		%	81,4(!)	75,1 (!)
Scheinbares spez. Gew. in g			0,27	0,37

In noch höherem Maße gilt das oben Gesagte für die einheimischen Pflanzenwollhaare (Rohrkolbenwolle, Wollgras, Pappel- und Weidenwolle usw.), so daß sich weitere Angaben erübrigen. Abbildungen von Pflanzendunen, Pflanzenseiden und einheimischen Wollhaaren finden sich in: A. HERZOG: Mikrophotographischer Atlas der technisch wichtigen Faserstoffe, München 1908, und in den einschlägigen Werken von WIESNER und HÖHNEL.

Flachs (Lein).

Geschichtliches. Schon in der jüngeren Steinzeit bekannt (Pfahlbautenfunde aus den Schweizer- und oberösterreichischen Seen), gelangten der Anbau und die Verarbeitung des Flachses in geschichtlicher Zeit bei vielen Völkern des Altertums zu außerordentlicher

[1] MEITZEN, H.: Dissert. Göttingen 1862.

Bedeutung (Ägypter, Babylonier, Phönizier, Juden usw.). Insbesondre sind die aus Altägypten auf uns gekommenen zahlreichen Gewebereste, die bildlichen, z. T. sogar plastischen Darstellungen des Flachsanbaus und der Flachsbereitung und die Gerätschaften zum Verspinnen und Verweben ein beredtes Zeugnis für die außerordentliche volkswirtschaftliche Bedeutung dieser Gespinstpflanze im Altertum. So wie von Asien und Afrika, erhalten wir seit Beginn der geschichtlichen Überlieferung Kunde von der großen Wichtigkeit des Leinens auch aus Europa (Griechenland, Rom usw.). Nach den Angaben altrömischer Schriftsteller waren der Anbau und die Verarbeitung des Flachses auch den alten Germanen bekannt. Das ganze Mittelalter hindurch bildeten die Leinengewerbe und der Flachshandel in Deutschland die Quelle des Wohlstandes eines großen Teils seiner Bevölkerung. Mit dem 30 jährigen Kriege beginnt der Niedergang des Flachses. Auch der 7 jährige Krieg und insbesondre die napoleonischen Kriege schlugen ihm nie vollständig verheilte Wunden. Ein weiterer Verfall wurde durch den mit dem Ende des 18. Jahrhunderts einsetzenden beispiellosen Siegeslauf der Baumwolle herbeigeführt.

Herkunft und Kultur. Der zur Faser- und Ölgewinnung gezogene Flachs stammt von Linum usitatissimum L.; wildwachsend kommt diese Art nicht vor. Sie erscheint in zwei Unterarten, und zwar als Dresch- oder Schließlein (Linum u. α vulgare Bönningh.) und als Klang- oder Springlein (Linum u. β humile Pers.). Von Linum u. vulgare ist noch eine biologische Unterform zu nennen, die länger als 1 Jahr ausdauert: der Winterflachs (L. bienne L.).

Bei der Kultur des Flachses sind besonders zu beachten: Das Saatgut soll möglichst rein und unkrautfrei sein (Reinheit 99%); von besondrer Wichtigkeit ist die Abwesenheit von Samen der Leinseide (Cuscuta epilinum W.). Die Keimfähigkeit betrage mindestens 95%. Die Saatmenge, die von der jeweiligen Nachfrage nach gröberen oder feineren Faserflächen abhängt, ist verschieden; durchschnittlich rechnet man mit einer solchen von 150 kg für den Hektar. Hinsichtlich der Aussaatzeit unterscheidet man eine Frühsaat (sobald die Witterungsverhältnisse den Anbau gestatten) und eine Spätsaat (etwa bis 15. Juni); erstere ist vorteilhafter. Der für den Lein bestimmte Acker muß sorgfältig, beinahe gartenmäßig vorbereitet sein (Schälfurche gleich nach der Ernte der Vorfrucht und tiefe Herbstfurche). Sandiger Lehmboden sagt dem Flachs besonders zu. Felder, die neben reicher Bodenkraft auch geringe Neigung zur Verunkrautung zeigen, eignen sich in erster Linie zur Kultur des Flachses. Die Erfahrung lehrt, daß Flachs nicht hintereinander gebaut werden darf, da sonst Entartung der Pflanzen infolge von „Bodenmüdigkeit" eintritt. Als Vorfrüchte eignen sich alle Grünfutterpflanzen sowie alle Halm- und Hackfrüchte. Infolge der kurzen Vegetationszeit der Pflanze (etwa 100 Tage) muß der Boden nährstoffreich sein. Stalldüngung ist nicht ratsam wegen der zu üppigen äußeren Entwicklung der Pflanzen (Lagergefahr, ungünstige Ausbildung des Bastes). Auch Chilesalpeter ist in größeren Mengen zu vermeiden. Dagegen bewähren sich die kali- und phosphorhaltigen Kunstdünger (Kainit, Superphosphate). Kalkdüngung macht den Flachs hart, ist also nicht zu empfehlen. Vor der Aussaat soll der Boden durch wiederholtes Eggen vorbereitet sein. Die Aussaat erfolgt bei möglichst windstillem Wetter entweder mit der Hand oder mit Drillmaschinen. Die Unterbringung der Saat erfolgt durch leichtes Eineggen; nachher ist einzuwalzen. Der Flachs hat viel unter pflanzlichen und tierischen Schädlingen zu leiden (z. B. Cuscuta, Pleospora, Melampsora, Phoma, Fusarium, Thripiden usw.). Eine zusammenfassende Darstellung der Krankheiten und Beschädigungen des Flachses hat E. Schilling[1] gegeben. Über die Beschädigungen des Flachsstrohes s. auch A. Herzog: „Was muß der Flachskäufer vom Flachsstengel wissen?" Das früher vorgenommene Jäten der Flachsfelder wird heute wegen zu hoher Kosten kaum noch geübt. Die Ernte wird vorgenommen, wenn die Blätter von unten abzufallen beginnen und die Samenkapseln sich gelblich verfärben (Gelbreife); sie erfolgt durch Ausziehen (Raufen) einzelner Handvoll. Nachher sind die Pflanzen auf

[1] Enthalten in Tobler: Der Flachs. Berlin 1928.

dem Felde zu trocknen; die zweckmäßigste Art ist das Aufstellen in „Kapellen" (satteldachartige Aufstellung der Pflanzen), weil das Trocknen gleichmäßig vonstatten geht und gleichzeitig eine vorteilhafte Nachreife des Samens Platz greift. Nach dem Trocknen wird der Flachs gebunden und entweder auf dem Felde gegen Regen geschützt aufbewahrt (große Kapellen mit Strohdach versehen, Mieten) oder eingefahren und weiterverarbeitet.

Die Abtrennung der Kapseln erfolgt am zweckmäßigsten mit dem Riffelkamm; das vielfach übliche Dreschen ist verwerflich, weil der Stengel stark zerschlagen wird, was eine ungleiche Röste zur Folge hat.

Das zur Gewinnung der Fasern vorliegende Flachsstroh (Strohflachs) besteht hinsichtlich des Einzelhalmes aus dem eigentlichen, nur wenig verästelten und verzweigten Stengel (Epikotyl), der Keimblattachse (Hypokotyl) und aus namhaften Resten der kräftig entwickelten Pfahlwurzel. Die äußere Gestalt ist im allgemeinen kegelförmig. Die Dicke der Halme hängt hauptsächlich von der Saatdichte ab; sie soll gleichmäßig und nicht zu stark sein. Die Hauptmasse des Stengels ist glatt, nur die untersten Teile sind mit einem stark geschrumpften Korkgewebe bedeckt. An der Oberfläche befindliche dreieckige Narben entsprechen den Ansatzstellen der Blätter. Richtig geerntete und getrocknete Pflanzen liefern Stroh von gleichmäßig gelber Farbe. Beregnete und angeröstete Stengel sind ungleichmäßig fleckig und mißfarbig. Beim Biegen brechen die Wurzel- und Keimblattanteile des Halmes meist vollständig glatt durch, dagegen ist es oberhalb der Ansatzstellen und der übrigen Halmzonen nicht möglich, einen vollständigen Bruch zu erzielen, weil hier viel mechanisch widerstandsfähige Bastzellen vorhanden sind. Ähnliche Beobachtungen macht man beim Reiben. Der Wassergehalt beträgt nach dem Riffeln meist 11—13%. Der Durchschnittsertrag für 1 ha ist wie folgt:

Stroh	3500 kg
Samen	500 „
Spreu und sonstiger Abfall	700 „
Summe	4700 kg

Technische Verarbeitung des Flachstrohes bzw. Gewinnung der Bastfasern (Bereitung, Aufbereitung). Die dem Siebteil der Gefäßbündel des Stengels angegliederten Baststränge, die nach der Bereitung des Strohes die technische Flachsfaser liefern, setzen sich aus nicht zu zahlreichen, im Querschnitt nebeneinander liegenden Bastzellen zusammen (etwa 1—25). Diese sind untereinander anders verbunden als mit den angrenzenden Zellen der Rinde. Schon der Umstand, daß der Zellverband des Bastes nach der Röste und mechanischen Bereitung nahezu der gleiche ist wie im rohen Stengel, deutet darauf hin. Zahlreiche Untersuchungen haben gelehrt, daß die Mittellamelle der Bastzellen aus Pektin- und Ligninstoffen besteht, während die der angrenzenden Rindenzellen fast nur aus Pektinstoffen aufgebaut ist. Die Mittellamelle der an die Rindenzellen grenzenden Bastfasern ist nun so differenziert, daß der nach innen gelegene Anteil aus Pektin- und Ligninverbindungen, der äußere dagegen nur aus Pektinstoffen zusammengesetzt ist. Während der Röste werden diese größtenteils entfernt, während die Ligninstoffe infolge ihrer beträchtlicheren Widerstandsfähigkeit nahezu unverändert zurückbleiben. Das gesamte Bastsystem besteht aus zahlreichen, auf dem Querschnitt des Stengels in einem Kreise angeordneten Bündeln, die ihrer Länge nach schwach tangential verlaufen und nur wenig seitliche Verbindungen aufweisen. Nach Tognini[1] durchläuft ein Bastbündel etwa 22 Blattinternodien im Stengel. Die einzelnen Bastzellen sind je nach der Stengelzone in der Form und chemischen Zusammensetzung beträchtlichen Schwankungen unterworfen. Insbesondre sind die in den unteren Halmteilen

[1] Tognini: Atti del Istituto Bot. di Pavia 2 (1890).

und in der Keimblattzone enthaltenen Fasern so unregelmäßig gebaut, daß sie mit den Bastzellen aus den mittleren Stengelteilen wenig Ähnlichkeit aufweisen. Näheres s. A. HERZOG: Die Unterscheidung der Flachs- und Hanffaser, Berlin 1926. Auch die im Abschnitt „Mikroskopie" unter Flachs gemachten Angaben mögen hier verglichen werden.

Die Bereitung des Flachsstrohes hat die besondre Aufgabe, die im Innern des Halmes sitzenden Bastbündel möglichst schonend zu isolieren. Sie zerfällt in zwei Hauptteile: die Röste und die mechanische Ausarbeitung. Versuche, den Flachs unter Umgehung der kostspieligen und viel Erfahrung voraussetzenden Röste lediglich auf mechanischem Wege zu verarbeiten, sind schon vor mehr als 100 Jahren unternommen worden; sie haben sich jedoch im Hinblick auf die schlechte Beschaffenheit der gewonnenen Fasern für textile Zwecke nicht bewährt.

Röste. Sie ist der schwierigste Teil der Flachsbereitung. Je nach der Art ihrer Durchführung unterscheidet man biologische und chemische Aufschließverfahren. Bei den biologischen Verfahren wird die Loslösung der die Bastbündel des Stengels mit den umgebenden Zellgeweben verkittenden Bindestoffe unter Mitarbeit von Mikroorganismen und von ihnen erzeugten chemischen Stoffen (Enzyme) bewirkt, während bei den chemischen Verfahren hierfür rein chemische Vorgänge maßgebend sind.

Biologische Rösten.

Es ist grundsätzlich zu unterscheiden zwischen Wasserrösten und Landrösten, da jene hauptsächlich von Bakterien, diese überwiegend von Pilzen bewirkt werden.

Landrösten: Die Landröste kann zu allen Jahreszeiten ausgeübt werden; besonders günstig sind jedoch Frühjahr und Herbst (Tau-, Rasen-, Winter-, Sommerröste). Bei richtiger Ausführung liefert sie ein schönes und sogar hochwertiges Fasergut. Die Stengel werden auf geeigneten Flächen (Weideland, Stoppelacker usw.) in dünner Schicht ausgebreitet und der Einwirkung der Atmosphärilien ausgesetzt. Als Mikroorganismen kommen verschiedene Faden- oder Schimmelpilze in Frage; insbesondre ist Cladosporium herbarum hervorragend beteiligt. Die Tauröste stellt das einfachste und billigste Röstverfahren für Flachs dar; sie verlangt keine besonders geschulten Arbeiter, da es sich im allgemeinen nur um ein Aufbreiten und zeitweiliges Wenden des Strohes handelt. Die Gefahr einer Überröste ist wegen der längeren Röstdauer geringer als bei der Wasserröste; die mechanische Ausarbeitung des Röstflachses geht sehr leicht vonstatten; auch ist der taugeröstete Stengel gegen höhere Temperaturen bei der künstlichen Trocknung weniger empfindlich als der wassergeröstete. Als Nachteile sind anzuführen die Verzögerung in der herbstlichen Feldbestellung, die Verunkrautung der Felder, der Bedarf an großen Röstflächen und die lange Röstdauer (etwa drei Wochen).

Wasserrösten. RUSCHMANN teilt die Wasserrösten wie folgt ein:

1. Anaerobe Rösten:

a) Warmwasserbassinröste,

b) Kanalröste,

c) Carboneröste,

d) Kaltwasserröste.

2. Aerobe Röste:

Rossiröste.

Je nach dem Sauerstoffgehalt des Röstwassers sind es teils anaerobe (luftscheue), teils aerobe (luftliebende) Bakterien, die an der Wasserröste des Flachses beteiligt sind. Ausführliche Angaben hierüber s. G. RUSCHMANN: Grundlagen der Röste. Leipzig 1923.

Zu 1a: Bei der Warmwasserbassinröste lassen sich nach Ruschmann drei Phasen unterscheiden. Die erste ist das Auslaugen der Pflanzenmasse; eine Gärung setzt während der ersten Stunden nicht ein, die Flüssigkeit ist goldgelb und klar. Die zweite ist die biologische Vorphase; das Röstwasser trübt sich und nimmt einen unangenehmen Geruch an, starke Gasentwicklung (Kohlensäure, Wasserstoff), Bildung einer Kahmhaut. Die in dieser Stufe zur Entwicklung gelangenden Bakterien verschiedenster Art sind für die eigentliche Pektingärung, als die sich die Röste darstellt, belanglos. Die dritte ist die biologische Hauptstufe; infolge der zur vollen Entwicklung gelangten Röstbakterien findet eine lebhafte Zersetzung der Pektinlamellen statt, der unangenehme Geruch verstärkt sich. Als Haupterreger der Warmwasserbassinröste kommt der Bacillus amylobacter B. in Frage; sein Temperaturoptimum liegt bei etwa 30° C. Je reiner die Röste verläuft und je geringer die Zahl der Nebenorganismen ist, desto besser und rascher arbeitet sie (Wassererneuerung bei verschiedenen technischen Verfahren). Bei zu langer Einwirkung der Pektingärungserreger bzw. ihrer Enzyme wird auch die Cellulose der Bastfasern in Mitleidenschaft gezogen (Überröste).

Zu 1b: Die Kanalröste von H. Schneider unterscheidet sich in biologischer Hinsicht kaum von der vorgenannten. Wichtig ist, daß im entgegengesetzten Sinne der Bewegung der Röstkästen eine Wasserdurchströmung der Kanäle erfolgt. Der Wasserdurchfluß muß allerdings reichlich sein und für die Reinhaltung der Kanäle ist unter allen Umständen Sorge zu tragen. Nach gleichen Grundsätzen arbeitet auch die schon vor Schneider in Frankreich bekannt gewesene Feuillettesche Röste.

Zu 1c: Bei der Carboneröste wird eine Impfung des Röstwassers mit einem besondren Rösterreger, dem Bacillus felsineus, vorgenommen. Nach Ruschmann bewirkt dieser Erreger einen besonders weitgehenden Zerfall der parenchymatischen Gewebe des Flachsstengels, wodurch eine leichte Ausarbeitung der Fasern gewährleistet wird.

Zu 1d: Die Kaltwasserröste wird entweder in fließendem oder in stehendem Wasser vorgenommen. Bei Temperaturen unter 15° C ist diese Röste nicht anwendbar. Flache Gewässer sind geeigneter als tiefe. Das zur Verwendung gelangende Wasser soll weich und rein sein; in letzterer Hinsicht ist allerdings zu beachten, daß gerade das in der belgischen Lys vorhandene Wasser starke Verunreinigungen aus dem nordfranzösischen Industriegebiet mit sich führt; trotzdem gehören die dort gerösteten Flächse zu den besten Handelsmarken. Selbst in salzhaltigem Meerwasser wird die Röste vorgenommen (Zealand). Die Röste in stehendem Gewässer wird häufig (gewisse Teile von Belgien und Holland) in Gruben oder Gräben ausgeführt, in denen der eingesetzte Flachs mit Schlamm oder Erde bedeckt wird (Schlammröste). Als Rösterreger kommt bei den Kaltwasserrösten hauptsächlich der schon obenerwähnte Bacillus amylobacter B. in Frage. Die Dauer der Kaltwasserröste ist natürlich von verschiedenen äußeren Umständen, namentlich von der Temperatur des Röstwassers, abhängig; man rechnet mit etwa 14 Tagen, im Gegensatz zu den obenerwähnten Rösten, die etwa 3—5 Tage in Anspruch nehmen.

Zu 2: Die von Rossi erfundene aerobe Röste ist eine Warmwasserröste, bei welcher dauernd ein Luftstrom durch die gesamte Wasser-Flachsmasse geschickt wird, um die besonders hinzugesetzten sauerstoffbedürftigen Pektinzehrer zur starken Entwicklung zu bringen. Als Impfstoffe kommen in Frage: Bacillus Comesii oder Mischungen von Bacillus Comesii und Bacillus Kramerii. Nach Rossi soll die nur schwach und nicht unangenehm riechende Röste in 2—3 Tagen beendet sein. Auch soll die Gefahr der Überröste weitgehend vermindert sein.

Die Feststellung der Röstreife ist namentlich bei der Wasserröste höchst wichtig, aber auch schwierig. Eine einfache Handprobe ist die folgende: Man nimmt einige Halme aus dem Röstbehälter, bricht sie an der Wurzel ab und versucht, den Bast bis oben abzulösen. Zerreißt er nicht und löst er sich leicht ab, ohne an dem Stengel zu kleben, so ist der Flachs genug geröstet. A. Herzog empfiehlt, den zu prüfenden Flachs völlig auszutrocknen (100—105°) und dann in der Hand zu reiben. Bei richtiger Röstreife soll die Beseitigung der holzigen und sonstigen nichtfaserigen Anteile des Stengels vollständig und mühelos vor sich gehen.

Chemische Aufschließungsverfahren. Zur Abkürzung der Röstdauer war man bestrebt, an Stelle der biologischen Röstverfahren chemische Aufschließungen zu setzen, die sich aber, wie vorweg bemerkt sein möge, praktisch nicht bewährt haben. Insbesondre sind hier zu nennen:

1. Die Heißwasser- und Dampfrösten (Röste hier und im folgenden im allgemeinen Sinne des Wortes gebraucht).
2. Die Baursche Röste.
3. Die Rousseau-Röste.
4. Die Petroleumröste von Peufaillit.

Zu 1: Watt versuchte schon im Jahre 1852 die Röste des Flachses mit heißem Wasser und Wasserdampf zu bewirken. Ihm folgten alsbald Buchanan, Serive, Terwagne, Burton, Pye, Reuter u. a. Im Jahre 1886 ließ sich Parsy in Lille ein Verfahren schützen, bei welchem das Flachsstroh abwechselnd der Einwirkung von Heißwasser und Wasserdampf von bestimmter Temperatur ausgesetzt wird. Später nahm van Steenkiste in Menin ein Patent auf eine ähnliche Erfindung. All diese Vorschläge haben sich aus den nachstehend angegebenen Gründen praktisch nicht bewährt: Die Aufschließung setzt vorzüglich sortiertes Stengelmaterial voraus; sie verlangt mindestens Temperaturen von 135—145° C. Die Faserausbeute läßt in quantitativer und qualitativer Hinsicht sehr viel zu wünschen übrig. Bei manchen Verfahren (Parsy) ist auch die Farbe des Fasermaterials ungünstig (rostbraun) und durch Bleichen nur schwierig zu beseitigen.

Zu 2: Baursche Röste. Der zu röstende Flachs wird in im Innern verbleite Kessel eingesetzt und durch etwa 1 Std. mit verdünnter Schwefelsäure auf 90° C im Vakuum erhitzt. Nach Waschen mit Wasser wird der Flachs in demselben Kessel der Einwirkung von verdünnter Sodalösung bei 90° im Vakuum unterworfen. Nach etwa 1 Std. wird der Flachs gewaschen, aus dem Kessel herausgenommen und getrocknet. Theoretisch liegt diesem Verfahren ein richtiger Kern zugrunde. Im ersten Teil wird das nach den Untersuchungen von Mangin in den Mittellamellen hauptsächlich vorhandene Calciummetapektinat in Calciumsulfat (in der heißen Säure gelöst) und in unlösliche Pektinsäure umgebildet. Im zweiten Teil erfolgt die Bildung von in Wasser löslichem Natriumpektinat. Auch dieses Verfahren konnte sich auf die Dauer nicht erhalten (kostspielige und ungleichmäßig verlaufende, kaum zu überwachende rasche Röste).

Zu 3: Bei dem Rousseauschen Verfahren wird der Flachs durch 24 std. Einwirkung des Stengels in folgendem Bade aufgeschlossen: Auf 5 l Wasser kommen 1 l Glycerin und 500 g Chlorkalk. Danach wird entwässert gespült und 4 Std. mit einer Lauge behandelt, in der auf 5 l Wasser 700 g Ätznatron, 5 l Salzsäure und 2,8 kg Chlorkalk enthalten sind. Nachher wird wieder gespült und bei 35° getrocknet. Für Flachs kommt auch dieses Verfahren, ganz abgesehen von seiner Kostspieligkeit, nicht in Frage.

Zu 4: Die Petroleumröste von Peufaillit ist eine Heißwasserröste, bei welcher dem in einem geschlossenen Kessel befindlichen Wasser ein Zusatz von 4% Petroleum gegeben wird. Die Kochung erfolgt durch 6 Std. bei 2 at

Druck. Hinsichtlich der guten Erhaltung der Langfasern soll das Verfahren Vorteile bieten; dagegen scheint die Festigkeit des Faserguts beeinträchtigt zu werden.

Nach beendeter Röste werden die Stengel entweder im Freien aufgestellt (in „Puppen") oder in besondren Trocknungsanlagen getrocknet. Bei der Wasserröste ist für je 100 kg lufttrocknen Röstflachs mit einer Menge von 360 kg durch Verdampfung zu entfernendem Wasser zu rechnen. Theoretisch können auf mechanischem Wege günstigstenfalls nur $^2/_3$ dieser Wassermenge beseitigt werden; die praktisch entfernbare Menge bleibt aber hinter der theoretischen weit zurück (Zentrifugieren, Quetschen, Pressen).

Mechanische Ausarbeitung der Fasern. Sie hat die Aufgabe, die im gerösteten Stengel befindlichen Baststränge von den gelockerten und mürbe gewordenen Oberhaut-, Rinden-, Holz- und Markteilen auf mechanischem Wege zu befreien. Als Vorbereitung dient das Knicken (mit einfachen Geräten oder mit besondern Knickmaschinen). Es besteht in einem Hindurchschicken der Stengel zwischen geriffelten Walzen, wobei infolge der starken Querbeanspruchung ein beträchtlicher Teil der spröde gewordenen Gewebe entfernt wird (Schäben). Der zurückbleibende, in seiner Längsrichtung stark gewellte Knickflachs wird nun weiter entweder auf dem Wege des Brechens oder des Schwingens gereinigt. In beiden Fällen kann die Verarbeitung entweder mit einfachen Geräten (Handbreche, Handschwinge) oder mit besondern Maschinen (Brechmaschinen, Schwingmaschinen) vorgenommen werden. Man hat auch versucht, die Arbeit des Knickens mit der des Brechens und Schwingens zu vereinigen (Helsing, Swynghedauw, Etrich, van Steenkiste usw.). Ein Teil der Baststränge wird bei den sehr heftigen mechanischen Beanspruchungen der Langfasergewinnung abgeschlagen und gelangt in den Faserabfall (Brech- und Schwingwerg). Die Handbreche besteht aus 2—3 parallelen Holzschienen, die, an den Enden fest miteinander verbunden, einen Zwischenraum von etwa 25 cm Breite zwischen sich lassen. Mit dieser ,,Lade" ist an dem einen Ende ein einarmiger Hebel drehbar verbunden, der gleichfalls aus ein oder zwei, durch einen langen Griff miteinander verbundenen Schienen besteht, die genau in die Zwischenräume der Lade eintreten. Wird nun senkrecht zur Lade gerösteter trockner Strohflachs aufgelegt und der Hebel auf- und abwärts bewegt, so wird der nichtfasrige Anteil des Stengels beseitigt; hierbei ist ein öfterer Wechsel in der Stellung des Knickflachses erforderlich. Die Handschwinge besteht aus einem vertikal angeordneten dicken Schwingbrett, das einen seitlichen Einschnitt in seinem oberen Teile besitzt, und dem mit einem Griff versehenen hölzernen Schwingmesser. Die Arbeit wird so ausgeführt, daß eine Handvoll des geknickten Flachses in den Einschnitt des Schwingbretts eingelegt wird, daß etwas mehr als die Hälfte seiner Länge über die Kante frei herabhängt. Durch kräftige, mit dem Schwingmesser in der Längsrichtung des Knickflachses ausgeführte Schläge wird eine Beseitigung der Fremdanteile bewirkt. Nach demselben Prinzip arbeiten die mechanisch angetriebenen Schwingräder, nur daß mehrere Messer sich an einem rasch rotierenden Rad befinden. Zu jedem Schwingstand gehört ein Rad und ein Schwingbrett. Das Schwingen wirkt auf die Faser stärker veredelnd ein als das Brechen, ist aber infolge der stärkeren mechanischen Beanspruchung des Fasergutes nur für kräftiges Material geeignet.

Güteeigenschaften. Als wertbestimmende Eigenschaften der Flachsfaser sind zu nennen: Festigkeit, Teilbarkeit, Feinheit, Farbe, Glanz, Weichheit bzw. Geschmeidigkeit, Länge und Hygroskopizität.

Die Festigkeit der technischen Faser ist je nach der Beschaffenheit der verwendeten Stengel und der Sorgfältigkeit in der Durchführung der Bereitung sehr wechselnd. Gute Fasern sollen eine Reißlänge von etwa 40—60 km aufweisen. Der Vollständigkeit wegen sei noch bemerkt, daß die Festigkeit der

Bastfaserstränge je nach der örtlichen Lage im Halme beträchtlichen Schwankungen unterliegt. (Vgl. die folgende Zahlentafel.)

Festigkeit des Flachsstengels und seiner Bastfasern.

	Wurzel und Hypokotyl	0–10	10–20	20–30	30–40	40–50	50–60	60–70
		Zentimeter über den Keimblattnarben						
Mittlere Zugfestigkeit des Stengels in kg	Einwandfrei nicht zu ermitteln	9,32	15,97	15,62	13,74	13,16	9,69	4,60
Ungleichmäßigkeitsgrad in %		23,8	6,0	9,5	10,8	12,7	25,4	34,8
Reißlänge des Stengels in km		9,8	19,6	22,2	22,0	24,4	20,1	13,9
Reißlänge des Bastes in km		**55,4**	**76,8**	**81,0**	**79,6**	**89,8**	**84,1**	**73,2**
Reißfestigkeit einer Zelle in g		26,0	20,5	18,0	14,9	14,2	13,6	13,6
Knickfestigkeit des Stengels in g		383,6	333,1	286,6	247,2	138,8	122,2	106,9
Ungleichmäßigkeitsgrad in %		16,2	27,2	25,9	17,5	25,6	22,0	20,7

Die technischen Fasern sollen durch Hecheln weitgehend teilbar sein. Vgl. Abschnitt „Teilbarkeit".

Die Farbe der Faser ist wesentlich abhängig von dem zur Anwendung gebrachten Röstverfahren. Taugeröstete Flächse sind in der Regel grau und ungleichmäßig gescheckt; das gleiche gilt von wassergerösteten Fasern, die aus stark beregneten und angerösteten Stengeln gewonnen sind. Sonst ist die Farbe der wassergerösteten Flächse lichtblond bis gleichmäßig grau. Schlammgeröstete Fasern sind ziemlich dunkelblaugrau, dampfgeröstete vielfach rostigbraun usw. Die natürliche Farbe soll durch Bleichen leicht entfernbar sein.

Der Glanz des Flachses übertrifft den der Baumwolle; durch unsachgemäße Röste und künstliche Trocknung kann der Glanz ungünstig beeinflußt werden. Letzteres gilt auch von der Weichheit bzw. Geschmeidigkeit. Manche Flachssorten des Handels (Friesländer) sind durch eine eigentümliche Steifheit bei großer Festigkeit ausgezeichnet; sie werden bei der Herstellung gewisser Gespinste (Schustergarne und -zwirne) bevorzugt.

Die Länge der technischen Flachsfaser schwankt je nach dem Ausgangsmaterial und seiner Zubereitung. Gute Langfasern haben eine Länge von etwa 50—90 cm. Nähere Angaben s. I. Etrich: Der Flachsbau in seiner Beziehung zur Flachsbaufrage, Trautenau 1896.

Hygroskopizität. Der Wassergehalt der ausgearbeiteten Flachsfaser schwankt zwischen 5,0 und 15,9%. Bei künstlich genäßtem Flachse kann die obere Grenze einen noch viel höheren Wert annehmen. Die am häufigsten auftretenden Wassergehalte liegen zwischen 7 und 11%. Der taugeröstete Flachs ist etwas hygroskopischer als der wassergeröstete (durchschnittlich 9—10% gegenüber 8—9%).

Handelsmarken. Standardtypen, wie sie im Baumwollhandel bestehen, gibt es, obwohl angestrebt, im Flachshandel nicht. Nach ihrer Länge und Gewinnung werden die Fasern eingeteilt in Langfasern oder Flachs im engeren Sinne des Wortes (zur Herstellung von Line- oder Flachsgarnen verwendet) und in Kurzfasern oder Werg (zur Herstellung von Werg- oder Towgarnen verwendet). Beide Gruppen werden weiter nach der Herkunft, dem angewandten Röstverfahren oder nach dem Bearbeitungsgrad unterschieden. So spricht man von einem belgischen, deutschen, irischen, russischen, böhmischen u. a. Flachs, von tau-, wasser- oder künstlich geröstetem Flachs, von Brechflachs, Schwingflachs, Brech-, Schwing- und Hechelwerg. Innerhalb jeder Sorte haben sich im Verlauf der Zeit noch zahlreiche Qualitätsmarken herausgebildet.

Hauptplätze für den Flachshandel sind: Landeshut, Bielefeld, Trautenau, Belfast, Lille, Courtray, Gent, Riga, Moskau, Archangelsk, Pskow, Leningrad, Dünaburg.

Hanf.

Herkunft, Kultur u. a. m. Der Hanf gehört zur Familie der Cannabinaceae, Ordnung Urticinae. Die einzige Art ist Cannabis sativa L., von der aber zahlreiche Kulturformen bekannt sind, die sich schon äußerlich wesentlich voneinander unterscheiden (Gegensätze in der Höhe zwischen dem in nördlichen Gegenden gebauten „russischen Hanf“ und dem in südlichen Ländern gezogenen „italienischen Hanf“!). Der Hanf ist eine einjährige, zweihäusige Pflanze (männliche und weibliche Pflanzen, daneben kommen auch einhäusige vor). Landwirtschaftlich ist dies insofern von Interesse, als die männlichen Pflanzen etwa 2—3 Wochen früher reifen als die weiblichen. Eine Beeinflussung des Geschlechts (Beizung des Saatguts, Kulturmaßregeln usw.) ist bisher nicht gelungen. Der Hanf paßt sich den klimatischen Verhältnissen eines Landes sehr leicht an. Sein Wärmebedürfnis entspricht im allgemeinen dem unsrer bekannten Kulturpflanzen. Zur Kultur eignen sich am besten Niederungsmoore, daneben sind auch reine Mineralböden durchaus brauchbar. Nach HEUSER[1] gehört der Hanf zu den anspruchvollsten Pflanzen unter unsern Feldfrüchten. Er führt dies auf das große Nährstoffbedürfnis und auf das geringe Vermögen, die Nährstoffe aus dem Boden zu entnehmen, zurück. Aus diesem Grunde sind schon längere Zeit in Kultur befindliche Böden für den Hanfanbau vorzuziehen. Auf Mineralböden ist der Hanf eine gute Vorfrucht für sämtliche Feldfrüchte; auf Moorböden stellt er eine wertvolle Ergänzung für den Kartoffelbau dar. Im Gegensatz zum Flachs ist der Hanf mit sich verträglich, d. h. man kann ihn hintereinander auf demselben Felde anbauen, ohne Entartungserscheinungen fürchten zu müssen. Die Hanfpflanze besitzt eine sehr tiefgehende Pfahlwurzel (mehr als 2 m) mit nicht zuviel Seitenwurzeln, so daß das Wurzelsystem als nur schwach entwickelt zu bezeichnen ist. Wesentlich kürzer und gedrungener ist die Ausbildung desselben beim Anbau auf Moorböden. Im ersteren Falle setzt dies eine besonders gründliche und tiefgehende Bodenbearbeitung voraus, wenn befriedigende Ernten erzielt werden sollen. Nach den Berechnungen von HEUSER entzieht eine mittlere Hanfernte dem Boden für den Hektar 75,2 kg Stickstoff, 42,4 kg Kaliumoxyd und 29,5 kg Phosphorsäure. Das Stickstoffbedürfnis ist demnach sehr hoch und besonders bei Mineralböden zu beachten. Die Form, in welcher der Stickstoff bei etwaiger Düngung gegeben wird, scheint nicht ausschlaggebend zu sein. Auch der Kalkbedarf ist beträchtlich (117,2 kg Calciumoxyd für den ha). Unter Berücksichtigung des geringen Nährstoffaufnahmevermögens und der relativ kurzen Wachstumsdauer (etwa 150 Tage) ist also im allgemeinen auf eine reichliche Düngung Bedacht zu nehmen; die Faserausbeute wird dadurch qualitativ und quantitativ verbessert. Die Vorbereitung des Bodens erfolgt wie beim Flachs. Die Frühsaat ist der Spätsaat vorzuziehen. Die Aussaat erfolgt entweder mit der Hand oder besser mit Drillmaschinen, wobei eine Saattiefe von 4—5 cm angewandt werden kann. Beim Drillen ist eine möglichst enge Reihenentfernung zu wählen. Nach den Versuchen von HEUSER ist eine Saatmenge von 40 Pfund für den Morgen auf Moor- und 30 Pfund auf Mineralböden zu empfehlen.

Der Hanf hat in unsern Gegenden nur wenig unter tierischen und pflanzlichen Schädlingen zu leiden. LEMCKE führt u. a. an: Cuscuta europaea (Seide), Orobanche ramosa L. (Hanfwürger oder Hanftod), Phytium de Baryanum H. (Wurzelbrand), Peziza Kaufmaniana (Hanfkrebs), Bacillus cubonianus M. (Bakteriose), Peronospora cannabina O. (falscher Mehltau), Phyllosticta cannabis S., Septoria cannabis S. und Septoria cannabina P. (verschiedene Blattfleckenkrankheiten). Von tierischen Schädlingen kommen Engerlinge, Gamma-

[1] HEUSER: Der deutsche Hanf. Bücherei der Faserforschung. 1924.

eulen, Flohkrauteulen, Erdflöhe und Erdraupen in Frage. Samenhanf wird auch gern von körnerfressenden Vögeln heimgesucht.

Die Ernte wird zweckmäßig im Zustand der Vollreife ausgeführt.

Im Hinblick auf die verschiedene Reife der männlichen und weiblichen Pflanzen hat man in früherer Zeit die männlichen Pflanzen zuerst abgeerntet (Femeln, nur im Kleinbetrieb möglich). Die Ernte erfolgt im Großbetrieb ausschließlich mit Mähmaschinen (der italienische Hanf wird wegen seiner bedeutenden Höhe gesichelt); sehr wenig ist das Raufen oder Ziehen üblich. Die geschnittenen Pflanzen werden auf dem Felde getrocknet, gebunden und entweder eingemietet oder in Scheuern untergebracht. Die Samengewinnung erfolgt zweckmäßig durch Riffeln von Hand oder maschinell. Dreschen ist wegen der unvermeidlichen Beschädigungen des Stengels bzw. seiner Fasern verwerflich. Bei lediglich mechanischer Verarbeitung der Stengel auf Fasern erfolgt gleichzeitig auch die Gewinnung der Samen.

Der Hanfstengel zeigt im allgemeinen die gleichen anatomischen Verhältnisse wie der Flachs, nur ist bei seinem beträchtlich größeren Querschnitt die Anzahl der in einem Kreis angeordneten kollateralen Gefäßbündel wesentlich größer (nach Heuser 32—94). Die Bastfasern sind innerhalb eines zu einem Gefäßbündel gehörenden Stranges in der Regel in größeren oder kleineren Gruppen und auch vereinzelt angeordnet. Die später ausgebildeten Bastfasern (sekundärer Bast) sind beträchtlich kleiner und auch stärker verholzt als die nach außen hin gelegenen Bastzellen (primärer Bast). Die Stengellänge ist natürlich je nach dem Ernteausfall und der gebauten Hanfform sehr verschieden (italienischer, türkischer, belgischer, serbischer, russischer Hanf, der letzte nur etwa 0,8—1 m, der erste dagegen 3 m und darüber). Nach Heuser eignet sich für deutsche Verhältnisse nur ein Hanf, dessen Ernte sich maschinell bewältigen läßt (1,6—2 m Höhe) und der genügend Samen ergibt, um den Bedarf an Saatgut sicherzustellen. Züchtungsversuche sind noch im Gange. Zur richtigen Zeit geerntete männliche Pflanzen liefern Stengel mit mehr und feineren Bastfasern als weibliche Pflanzen. Die Unterschiede gleichen sich jedoch bei gleichzeitiger Ernte beider Geschlechter im reifen Zustand wieder aus. 100 kg Rohhanfstengel enthalten nach Glafey etwa 7 kg Schwinghanf, 7 kg Schwingwerg und 3 kg Knickwerg.

Bereitung. Für die Bereitung der Stengel kommen im allgemeinen die gleichen Vorgänge wie beim Flachs in Frage (Röste und mechanische Ausarbeitung). Als weiteres, wegen seiner Einfachheit und Billigkeit immer mehr in Aufnahme kommendes Verfahren ist das mechanische zu nennen. Bis zu einem gewissen Grad bietet auch die Kotonisierung der Faser eine Bereitungsmöglichkeit des Hanfes.

In praktischer Hinsicht kommen nur die biologischen Rösten und unter diesen die Wasserrösten in Betracht. Die ursprünglich angewandte Kaltwasserröste erfordert beträchtlich längere Zeit als beim Flachs (20—30 Tage); für den Fabrikbetrieb kommt heute nur die Warmwasserröste mit strömendem Wasser in Frage (Röstdauer etwa 3—4 Tage, Wassertemperatur etwa 28° C). Auch die durch aerobe und anaerobe Bakterien bewirkten Rösten von Rossi und Carbone (s. Flachs) sind bei Hanf gut brauchbar. Die Tauröste liefert weniger gute Ergebnisse (Schwarzhanf). Nach erfolgter Röste wird der Hanf entweder im Freien oder in besondern Dörrkammern getrocknet und sodann mechanisch ausgearbeitet. Ab und zu wird die Faser auch mit der Hand abgezogen (Schleißhanf). Bei der mechanischen Ausarbeitung durch Knicken und Brechen bzw. Schwingen der gerösteten Stengel werden im allgemeinen die gleichen Einrichtungen wie bei der Flachsbereitung benutzt, nur daß sie mit Rücksicht auf die wesentlich größere Dicke der Hanfstengel beträchtlich kräftiger gebaut sein müssen. Ab und zu wird ein Teil des Holzes schon vor dem Rösten durch Knicken der Stengel beseitigt. Trotz der dadurch möglichen beßren

Ausnutzung des Röstraumes hat sich dieses Verfahren wegen der ungleichmäßig verlaufenden Röste nur wenig bewährt. Dagegen gewinnt die ausschließlich mechanische Bereitung des Hanfes, die landwirtschaftlichen und industriellen Interessen gleichmäßig entgegenkommt, immer mehr an Bedeutung. Diese nur mit Hilfe von Knickmaschinen gewonnenen Fasern sind natürlich gröber und unreiner als die durch Rösten erzielten Langfasern; sie sind aber nach Beimengung von Röstfasern zur Herstellung vieler Erzeugnisse brauchbar (Bindegarn, Bindfaden, Kordel usw.). Über die Kotonisierung des Hanfes s. Abschnitt „Kotonisierung“.

Güteeigenschaften. Zu den wertbestimmenden Eigenschaften der Hanffaser gehören: Die Festigkeit, die Länge, die Feinheit, die Farbe, der Glanz und die Teilbarkeit. Nach Ansicht der Praktiker ist die Hanffaser fester als die Flachsfaser; zahlenmäßige Angaben über die Festigkeitsverhältnisse sind jedoch nur vereinzelt zu finden und außerdem sehr auseinandergehend. Letzteres ist begreiflich, da die Festigkeit der Hanffaser nicht allein von der gezogenen Kulturform der Pflanze, sondern auch wesentlich von der Art der Bereitung der Stengel abhängt. HEUSER gibt eine zwischen 46 und 72 km liegende Reißlänge an. Die Länge der technischen Faser ist für sich allein nicht ausschlaggebend, da bei langen Sorten vor der eigentlichen Verarbeitung zu Gespinsten ohnehin eine Kürzung durch „Stoßen“ oder „Schneiden“ stattfindet. Die gewöhnliche Länge beträgt 1—2 m, sie kann aber bei manchen Sorten (namentlich beim italienischen Hanf) mehr als 2 m erreichen, beim Riesenhanf von Boufarik (Algier) sogar 3 m. Die Feinheit bzw. Teilbarkeit der technischen Faser ist geringer als beim Flachs (vgl. Abschnitt „Teilbarkeit“). Die Farbe ist bei der Beurteilung der Qualität mitausschlaggebend insofern, als die gleichmäßig weißlichgelben und grauen Sorten als die besten angesehen werden; ihnen folgen die grünlichen und schließlich die mattgelblichen und dunkel gefärbten Fasern. Hinsichtlich des Glanzes steht der italienische Hanf (insbesondre der Bologneser) allen andern voran. Die Hanffaser ist wesentlich schwerer bleichbar als die Flachsfaser.

Handelssorten. Der Hanf wird im Handel gewöhnlich nach seiner Herkunft bezeichnet. Der schönste, feinste und hellste Hanf ist der italienische. Er wird zur Herstellung von Ia-Bindfäden verwendet und kann durch keine andre Sorte ersetzt werden (für die Hanfkultur kommen in Italien zwei getrennte Gebiete in Betracht: Bologna, Neapel). Die italienischen Markenbezeichnungen sind in den internationalen Verkehr übergegangen. So führt z. B. die am meisten gehandelte Sorte die Bezeichnung Ital. Hanf P.C. (primo cordaggio); ausgesuchte Marken dieses Hanfes werden noch mit der Bezeichnung „extra“ versehen. Der ungarische Hanf ist bis auf seine graue Farbe dem italienischen an Güte gleich. Die einzelnen Handelsmarken sind hier nicht so scharf ausgeprägt wie bei dem vorigen. Es gibt z. B. Bauernrohhanf, Schwunghanf, Hechelhanf, Börtel, Brechwerg, Börtelwerg, Bauernwerg, Hanfabriß, Strappatura usw. Der galizische, serbische und türkische Hanf kommen für deutsche Verhältnisse nur wenig in Frage. Der russische Hanf findet vorwiegend zur Herstellung grober Bindfäden Anwendung; er ist grobfaserig und von dunkler Farbe. Hinsichtlich des deutschen Hanfes wäre zu erwähnen: Vor dem Kriege betrug die Einfuhr

an Langhanf . . . . 55000 to im Werte von 38 Mill. M.
„ Hanfwerg . . . . 14000 „ „ „ „ 8 „ „

demgegenüber stand eine eigene Erzeugung von nur 250 to Langhanf und 250 to Hanfwerg, entsprechend einer Anbaufläche von etwa 400 ha. Zeitweilig (1918) wurde die Anbaufläche bis auf 5000 ha gesteigert, was einer Menge von 2000 to Langhanf und 2000 to Hanfwerg entspricht. Zur vollständigen Deckung des deutschen Hanfbedarfs wäre eine Anbaufläche von rund 150000 ha erforderlich. Die Qualität des deutschen Hanfes entspricht mittleren Anforderungen.

Jute.

Herkunft, Kultur u. a. m. Die Bastfasern der Jute stammen von verschiedenen Corchorusarten, insbesondre kommen C. capsularis und C. olitorius in Frage. Die erstere Art ist in Indien, das eine Monopolstellung in der Lieferung dieser wichtigen Textilfaser einnimmt, besonders verbreitet und geschätzt; sie ist auch widerstandsfähiger gegen die Unbilden des Klimas, besonders aber nicht so empfindlich gegen Überschwemmungen. Sie liefert auch eine beßre reine Faser von heller Farbe. Die Corchoruspflanze wird in tropischen und subtropischen Ländern auch als Gemüse und Heilmittel angebaut. Für den Anbau der Jute sind besonders die Bodenverhältnisse Bengalens geeignet, das vorzugsweise aus neuem Alluvialboden besteht. Zum Gedeihen bedarf die Pflanze unbedingt einer feuchtheißen Atmosphäre, ferner braucht sie kurz vor und während der Ernte viel Regen. Durch wiederholtes Pflügen des Bodens mit einer dornartig geformten Pflugschar wird der Boden in der zweiten Hälfte des Februar vorbereitet; eine Düngung wird nur in seltenen Fällen vorgenommen. Die Saatzeit ist Ende Februar bis Ende Mai. Das Säen erfolgt mit der Hand, breitwürfig; auf 1 acre (40,46 a) kommen ungefähr 10 Pfund (4,54 kg) Saatgut bei C. capsularis und 8 Pfund bei C. olitorius. Nach der Aussaat wird der Samen eingeeggt. Haben die Pflanzen eine Höhe von etwa 10 cm erreicht, wird gejätet und diese Arbeit später noch einige Male wiederholt. Sobald die Pflanzen 30 cm hoch sind, werden sie auf 15—20 cm Abstand verzogen. Die Qualität der Faser ist am besten, wenn die Pflanzen zu blühen beginnen; später wird sie infolge der stark fortschreitenden Verholzung immer schlechter. Die Ernte erfolgt durch Schneiden; nur solche Pflanzen, die in Wasser stehen und geringwertige Fasern liefern, werden gerauft. Die meiste Jute stammt aus Bengalen, daneben kommen noch die Provinzen Orissa, Bihar und Assam in Betracht; geringere Mengen liefern Nepal, Oberindien und Madras. In Bengalen werden fünf Hauptanbaugebiete unterschieden: Narayanganj, Serajganj, Uttarya oder Northern, Dowrah und Daisee. Versuche, die Jutepflanze auch in andern tropischen Ländern zum Zwecke der Fasergewinnung zu ziehen, sind fast alle gescheitert, da, trotz reichen Ertrages und guter Faserqualität, die billigen Arbeitskräfte, wie sie Bengalen zur Verfügung stehen, anderswo nicht vorhanden sind (Südstaaten der Vereinigten Staaten von Nordamerika, Kongostaat, Goldküste, Indochina, Britisch-Hinterindien). Nur die Chinesen (Tientsin) und die Japaner (Formosa) haben Erfolge zu verzeichnen. Der Ertrag des Bodens an Jute übersteigt den des Flachses um das 2—5fache, nach einigen Angaben sogar um das 10fache. Es ist dies in der Höhe (3—4 m) und im Bastreichtum der Pflanze begründet.

Aufbereitung. Vor der Ausarbeitung der Fasern muß der Stengel einen Röstprozeß durchmachen. Auf dem höheren Lande (Bengalen), das während der Regenzeit nicht vollständig unter Wasser gesetzt wird, ist eine mit einer kurzen Tauröste verbundene Wasserröste üblich, sonst nur die Wasserröste. Wie VAN DELDEN[1] angibt, werden bei dem ersten Verfahren die gebündelten Pflanzen einige Tage auf freiem Felde liegengelassen, nachdem man zuvor die Blätter abgestreift hat. Dann werden die Pflanzen ganz in Wasser versenkt und beschwert. Bei dem zweiten Verfahren werden die Blätter nicht entfernt und die Pflanzenbündel gleich nach dem Schneiden schräg übereinander ins Wasser gelegt, so daß nur die Spitzen der Pflanzen herausragen. Stehendes Gewässer, das die Festigkeit der Fasern am wenigsten beeinflußt, eignet sich besser als fließendes, dafür liefert aber letzteres hellere Fasern. Dauer der Röste 6—20 Tage, bei fließendem Wasser etwa 30 Tage. Nach erreichter Röstreife erfolgt sofort das Abziehen der Faser. Es sind drei Verfahren üblich: 1. Von

[1] DELDEN, W. VAN: Studien über die indische Juteindustrie. München und Leipzig 1915.

jeder einzelnen Pflanze wird der Bast abgeschält (umständlich und daher wenig angewandt); 2. eine Handvoll Pflanzen wird so lange auf die Oberfläche des Wassers geschlagen, bis sich der Bast etwas ablöst, dann wird auf dem Felde getrocknet, und hernach werden die Stengel gebrochen (nur in der Provinz Orissa angewandt); 3. das einfachste, billigste und die Fasern am wenigsten schädigende Verfahren besteht in folgendem: Ein im Wasser stehender Arbeiter schlägt mit einem Holzbeil so lange gegen die Wurzelenden einer Handvoll Stengel, bis sich die Fasern abzulösen beginnen, dann bricht er die Stengel durch einige Schläge etwa 40 cm von der Wurzel durch, so daß die kurzen Stengelenden aus dem Bast herausfallen. Sodann erfaßt er den Bast und zieht ihn mit einigen kräftigen Schwingungen ganz vom Stamme ab. Zum Schluß werden die Fasern gewaschen und getrocknet.

Handel. Etwa die Hälfte der in Indien erzeugten Jute wird von der Industrie im eigenen Lande verarbeitet; die andre Hälfte wandert größtenteils nach Europa und Amerika. Nach van Delden ist der Inlandshandel der Jute infolge des reichlichen und nicht immer lauteren Zwischenhandels außerordentlch verwickelt. Man unterscheidet zwischen dem Einkauf im „Bazaar" in Kalkutta, dem Hauptstapelplatz für Jute, und dem Einkauf in den Anbaudistrikten durch Agenturen verschiedener Kalkuttaer Großfirmen. Die für den Export bestimmte Jute wird in Ballen gepreßt (Puccaballen 182 kg), nachdem sie vorher sortiert und mit einem Beile von ihren Wurzelenden befreit wurde, und sodann verschifft. Die Juteballen sind mit „Qualitätsmarken" versehen, die alljährlich von der Juteassociation in Kalkutta aufgestellt werden. Als Standardqualitäten gelten: Serajgunge, Nerajgunge, Dacca, Daisee, Nowrah, Rejections und Cuttings. Die erste Marke ist die beste, weil feinfaserigste und hellste. Rejections sind Abfallfasern; am geringwertigsten sind die Cuttings (abgehackte Wurzelenden der Rohfasern). Innerhalb der einzelnen Qualitätsbezeichnungen sind noch Unterklassen vorhanden („common first", „ordinary first", „good first", „fine first" und „superior fine first"). Hauptplätze für den Jutehandel sind: Kalkutta, London, Dundee und Hamburg.

Güteeigenschaften. Die Jutefaser hat meist eine Länge von 1,5—2,5 m; die Feinheit bzw. Breite der einzelnen Faserstränge wechselt je nach der Sorte; durchschnittlich beträgt sie etwa 80 μ. Die Teilbarkeit der technischen Faser durch Hecheln ist im Vergleich zum Flachs nur gering; Jute ist infolgedessen nur zur Herstellung gröberer Gespinste geeignet. Die ursprünglich gelblichweiße Farbe der rohen Faser geht unter dem Einfluß der Atmosphärilien und des Lichts in ein lichtes Braun über (die Wurzelenden oft tiefbraun gefärbt). Der Glanz ist beträchtlich stärker als beim Flachs und Hanf, er stellt geradezu einen Wertmesser dar. Die Rohfaser zeigt keinen ausgeprägten Geruch, dagegen riechen Jutegespinste und -gewebe stets nach Tran, der den Fasern ihrer beßren Verarbeitung wegen beim „Batschen" einverleibt wird. Als Batschmittel wird vielfach auch Petroleum benutzt. Die Jutefaser ist stark hygroskopisch (in Luft von 100% relativer Feuchtigkeit kann die Faser nach Pfuhl 34% Wasser aufnehmen). Die Festigkeit schwankt außerordentlich; die größte Reißlänge gibt Pfuhl zu 34,5 km an (Einspannlänge 0). Infolge ihrer starken Verholzung vergilbt die Faser im Licht und büßt dabei einen Teil ihrer Festigkeit ein. Die Bleichbarkeit ist gering, so daß Juteerzeugnisse fast immer ungebleicht zur Verwendung gelangen; dagegen läßt sich die Faser sehr leicht färben und bedrucken. Bedruckte Gewebe täuschen solche aus Schafwolle vor.

Verwendung. Aus gröberer Jute hergestellte Gewebe werden hauptsächlich auf Säcke und Packmaterial verarbeitet; feinere Gewebe dienen als Dekorationsstoffe, Wandbespannungen, Teppiche, Vorhänge usw. Rohe Jute wird auch als Putz- und Polstermaterial und nach antiseptischer Vorbehandlung als Verbandmittel verwertet. Für die Papierfabrikation kommen hauptsächlich Juteabfälle und im Gebrauch abgenutzte Fasern in Betracht.

Ramiefaser (Chinagras).

Herkunft, Kultur. Eine der wertvollsten Bastfasern stellt die Ramie oder das Chinagras dar. WIESNER[1] betrachtet Boehmeria nivea Hooker und Arnott als die zugehörige Stammpflanze, von welcher zwei Rassen zu unterscheiden sind: 1. B. nivea forma chinensis und 2. B. nivea forma indica. Beide Rassen sind in Ostasien verbreitet und stehen insbesondre in China seit alter Zeit in Kultur. Anbauversuche wurden in großer Zahl im tropischen, subtropischen und gemäßigten Gebiete zum Teile mit großem Erfolge unternommen, so daß das heutige Verbreitungsgebiet der Ramie ein außerordentlich weites ist. Näheres über die Produktionsgebiete s. F. MICHOTTE: Traité scientifique et industriel des plantes textiles: Ramie, 2. Aufl., Paris 1925. Zur Anpflanzung werden beide Rassen herangezogen; die weiße oder chinesische Rasse soll insbesondre für die gemäßigten und subtropischen Gebiete geeignet sein, während die grüne oder indische Rasse hauptsächlich für das tropische Gebiet in Frage kommt. Feuchtes Klima und nährstoffreicher, tiefgründiger Boden sind unerläßliche Vorbedingungen für eine erfolgreiche Kultur auf Fasern. Die Anpflanzung erfolgt hauptsächlich durch Wurzelschößlinge von etwa 3—4jährigen Pflanzen oder durch Stecklinge, die von ausgereiften Stengeln herrühren. Weniger zweckmäßig ist die Samenkultur, da sie erst nach etwa 3 Jahren schnittreife Stengel liefert. Bei gutem, kräftig gedüngten Boden bleiben die Ramiepflanzen 20—25 Jahre hindurch ertragreich. Die etwa 2—3 m hohen, in der Nähe der Basis fingerdicken Stengel sind gegen das Ende der Blütezeit schnittreif. Unter günstigen Umständen können jährlich bis zu sechs Ernten gemacht werden. Dementsprechend ist auch der Ertrag an Fasern sehr verschieden. Für China gibt MICHOTTE bei drei Ernten das Jahresergebnis für 1 ha zu etwa 1000 kg Fasern an.

Gewinnung. Die Gewinnung der rohen Bastfasern erfolgt entweder nach der ursprünglichen chinesischen Methode durch Abschälen der Rinde von Hand und nachherigem Schaben behufs Reinigung des Bastes von den anhängenden Nebenbestandteilen, oder es werden die vorher entblätterten Stengel einer Vorbehandlung mit warmem Wasser, Wasserdampf oder Aschenlauge unterzogen und sodann der Bast durch Schleißen gewonnen. Auch maschinelle Verfahren sind im Gebrauch; insbesondre soll der H. J. BOCKENsche Ramieentholzer „Aquiles" allen Anforderungen entsprechen. Der so erhaltene rohe Bast ist von sehr hoher Festigkeit und kann ohne weiteres zur Herstellung von vorzüglichen groben Seilerwaren Verwendung finden. Zu textilen Zwecken ist er aber wegen seiner noch unvollständigen Zerlegung nicht unmittelbar verwendbar. Erst nach Vornahme eines chemischen Aufschließungsprozesses, der im wesentlichen auf eine Kotonisierung hinausläuft, wird eine brauchbare Spinnfaser erhalten. Letztere besteht aus den einzelnen Bastzellen von beispielloser Länge (bis 26 cm) oder kleinen Gruppen von solchen und ist reinweiß, fein und seidenglänzend. Über die technische Ausführung der Kotonisierung ist nichts Näheres bekannt, da die Verfahren geheimgehalten werden; sie sind teils chemischer, teils biologischer Art. Die reinweiße Farbe der Faser wird erst durch einen nachträglichen Bleichvorgang erzielt. Die Rohramie (Chinagras) gelangt nach Europa unter dem Namen „Strippen" oder „lanières" und wird entweder zur Herstellung feiner Seilerwaren oder nach vorgenommener Kotonisierung in der Textilindustrie verwendet (Gespinste, Gewebe der verschiedensten Art, Gasglühlichtstrümpfe usw.).

Eigenschaften. Die Rohramie ist außerordentlich zugfest (etwa 2—3mal fester als russischer Hanf), dagegen ist ihre Drehungsfestigkeit verhältnismäßig

[1] WIESNER, V.: Die Rohstoffe des Pflanzenreichs.

gering (etwa $^1/_4$ der von Baumwolle). Die kotonisierte und versponnene Ramiefaser zeigt im günstigsten Falle eine Reißlänge, die der von guten Leinengespinsten entspricht. Über die gestaltlichen Verhältnisse und den Feinbau der Bastzellen vgl. Abschnitt: „Mikroskopie“. Über die Fasern der heimischen Brennessel s. „Ersatzfasern“ und „Mikroskopie“.

Tierische Wollen und Haare.

Das Tierreich liefert eine Menge von Haargebilden, von denen aber nur wenige in der Spinnerei und Weberei Anwendung finden. In erster Linie sind hier die Haare der Schafe (Schafwolle) zu nennen, die an Bedeutung alle andern weit überragen. In geringerem Maße verarbeitete Tierhaare sind:

Das feinwollige Flaumhaar der persischen oder tibetanischen Kaschmirziege (Capra hircus laniger), die Kaschmirwolle und Tibetwolle.

Das feine, in der Regel weiße Haar der Angoraziege oder Kämelziege (Capra hircus angorensis), die Mohair- oder Angorawolle.

Das in der Regel bräunlich gefärbte Haarkleid des Kamels (Camelus Dromedarius und bactrianus), das als Kamelwolle im Handel erscheint.

Die Vicognewolle, von dem in Amerika heimischen Vicunna (Auchenia Vicunna), ein sehr feinwolliges Haar von rötlichbräunlicher Farbe.

Das Pakoshaar oder die Alpakawolle (Auchenia Pako).

Das Kalbs- und Kuhhaar (Bos Taurus).

Das Pferdehaar (Equus Caballus).

Das Kaninchenhaar (Lepus cuniculus).

Das Hasenhaar (Lepus timidus).

Von sehr untergeordneter Bedeutung sind die gewöhnlichen Ziegenhaare, die, ebenso wie Pudelhaare, zu groben Fußdecken verarbeitet werden.

Schafwolle.

Unter Schafwolle oder „Wolle“ schlechtweg versteht man das Haarkleid der zur Gattung Ovis der Wiederkäuer gehörenden Tiere. Die Arten dieser weitverzweigten Gattung zeigen in der Form und Feinheit der Haare beträchtliche Verschiedenheiten, die teils ursprünglich, teils in der Kultur erworben sind. Das Haarkleid verschiedener Schafrassen besteht aus folgenden Haararten, die entweder einzeln oder gemischt auftreten: Flaum- oder Wollhaare (dünn, weich, meist gekräuselt, markfrei), Grannenhaare (lang, bald markhaltig, bald markfrei, steifer und straffer als die Wollhaare, gröber) und Stichelhaare (kurz, straff, stets markhaltig, die Bekleidung der Beine und des Gesichts, seltener auch des Rumpfes bildend).

Alle heutigen Schafrassen, die wertvolle Wolle liefern, lassen sich auf das spanische Merinoschaf zurückführen (entweder rein weitergezüchtet, wie z. B. in Sachsen, Preußen, Argentinien und in der Kapkolonie, oder durch Kreuzung mit heimischen Rassen vermehrte Tiere mit erheblich verbesserter Wolle, wie z. B. in England und Australien). Die australischen, argentinischen und die Kapwollen beherrschen heute den Markt. Die durch Kreuzung verbesserten Wollen werden im Handel auch als Crossbredwollen bezeichnet. Das Haar entwickelt sich im Haarbalge von der Haarwurzel aus. Im unteren Teile des Haarbalges sitzt es auf einer Papille und folgt dann dem Laufe des Haarbalges und tritt in verhärteter, verhornter Form aus der Haut hervor. An seiner Oberfläche ist es zum Schutze gegen äußere Einflüsse von dem sog. Fettschweiß umgeben, das aus besondern, in der Haut gelagerten Talgdrüsen abgesondert wird. Die Haarwurzeln (-Zwiebeln) liegen in der Regel in Nestern zusammen, seltener sind sie gleichmäßig verteilt. Wenn nun die Haare aus solchen Nestern in den Haarbälgen entsprechenden Windungen austreten, kleben die Spitzen durch den Fettschweiß zusammen und bilden Strähnchen, die gemeinschaftlich weiterwachsen. Die äußere Form dieser Strähnchen ist cylindrisch oder konisch, spitz, trichter- oder keulenförmig. Die vollkommenste ist die cylindrische. Mehrere Strähnchen bilden auf der Haut eine nahe zusammenstehende Gruppe, die als Stäpelchen bezeichnet wird. Mehrere solcher treten wieder zu einer Gruppe noch höherer Ordnung zusammen (Stapel). Die Gesamtheit der Stapel bildet die Stapelung oder das Vlies. Das Vlies ist um so wertvoller, je gleichmäßiger und ausgeglichener die es zusammensetzenden Stapel in ihrer Form sind. Die feinste Wolle stammt von den Schulterblättern, den oberen Seitenbrustwänden und den Seiten des Bauches. Es folgt die Wolle von den beiden Seiten des Halses, dann die des Rückens und der Keulen. Von geringerer Beschaffenheit ist die Wolle von Nacken und Kehle, Brust und Bauch, Beinen und Schwanz. Über den chemischen, morphologischen und strukturellen Aufbau des Wollhaares s. Abschnitte: „Chemische Zusammensetzung der tierischen Wolle und Haare" und „Mikroskopie".

Wollgewinnung. Die Wolle wird vom lebenden Tiere ausschließlich durch Abscheren gewonnen (alte Handschere, Handkammschere, maschinell betriebene Kammschere). Diese Arbeit verlangt große Erfahrung, da das Vlies ohne Verletzung möglichst zusammenhängend bleiben soll. Die Entfernung des Fettschweißes, der der späteren Verarbeitung der Wolle hinderlich ist, kann hinsichtlich des wasserlöslichen Anteils, schon auf dem Rücken des Tieres, also vor der Schur erfolgen (Rückenwäsche), oder es kann das geschorene Vlies vor dem Verkauf gewaschen werden (Vlieswäsche). Letztere Wollen bezeichnet man auch als „scoured"-Wollen. Die Beseitigung des wasserunlöslichen Anteils wird regelmäßig erst vor der Verarbeitung der Schafwolle oder in besonders dazu eingerichteten Anstalten vorgenommen (Fabrikwäsche). Häufig werden auch beide Arbeitsvorgänge miteinander vereinigt (Fabrikwäsche). Eine vor dem Scheren nicht gewaschene Wolle wird als Schweiß- oder Schmutzwolle bezeichnet. Die Schur wird in der Regel nur einmal im Jahre vorgenommen (Einschurwolle), bei raschwüchsigen Wollen auch zweimal (Zweischurwolle). Das zum erstenmal geschorene, noch nicht 1 Jahr alte Tier liefert weiche, aber weniger feste Wolle (Lammwolle). Über 1 Jahr alte, zum erstenmal geschorene Tiere liefern sog. Erstlingswolle. Eine große Menge von Wolle wird auch von den Fellen toter Schafe gewonnen. Bei umgestandenen bzw. krepierten Tieren spricht man von Sterblingswolle, während die von den Fellen geschlachteter Tiere stammende Wolle als Gerber-, Haut- und Raufwolle bezeichnet wird. In der Regel sind beide Gruppen von Haaren geringwertiger als die Schurwolle. Eingehende Untersuchungen über Hautwollen haben S. v. KAPFF und E. MUNDORF[1] veröffentlicht. Eine vorzügliche Arbeit über die Gerberhaare, insbesondre was den Einfluß des „Äscherns" auf die physikalischen und chemischen Eigenschaften der Rinderhaare anbetrifft, verdanken wir F. FEIN[2]. Die neueren Verfahren zur Gewinnung von Hautwolle (Schwitzverfahren, Abscheren wie vom lebenden Tier, elektrisches Absengen) liefern eine der Schurwolle ebenbürtige Faser.

Nach GLAFEY liefert ein Tier etwa 1—2 kg rückengewaschene Wolle. Die Vliese werden entweder einzeln zusammengerollt, oder man legt mehrere übereinander und bindet sie zu einem Ballen. Einzelne Stücke werden dabei in das Innere der Vliese gelegt oder für sich verpackt.

Verunreinigungen der Wolle. Die Wolle wird entweder vom Wollhändler oder bei direktem Bezuge vom Spinner sortiert („akkommodiert"). Sodann wird sie von den noch anhaftenden Verunreinigungen befreit (Wollschweiß und Fremdstoffe, wie Staub, Sand, Kot, Pflanzenteile). Bei den Schweiß- oder

---

[1] MUNDORF, E.: Dtsch. Woll.Gew., **1904**, 36. [2] FEIN, F.: Dissert. Dresden 1923.

Schmutzwollen liegen noch sämtliche Verunreinigungen vor, bei den rücken- oder pelzgewaschenen und den vliesgewaschenen (scoured-Wollen) sind bereits die wasserlöslichen Anteile entfernt. Die Menge der Verunreinigungen schwankt naturgemäß beträchtlich. Als „Rendement“ bezeichnet man den in 100 kg einer Schweißwolle enthaltenen Anteil an konditionierter reiner Wolle. Zur Beseitigung des Wollschweißes wird warmes Wasser in Verbindung mit Alkalien und Seifen benutzt (Einweichen, Waschen und Spülen). Diese Arbeiten werden häufig in einer einzigen Maschine (Leviathan) vorgenommen. Neben der mechanischen Wäsche hat man auch verschiedene chemische und elektrolytische in Vorschlag gebracht. Nach der Befreiung von dem Wollschweiß wird die Wolle in warmer Luft getrocknet und schwach eingeölt, um sie für die spätere Verarbeitung geschmeidiger zu machen. Der Wollschweiß besteht aus Salzen und dem Wollfett. Erstere setzen sich vorzugsweise aus Kaliumsalzen verschiedener organischer und anorganischer Säuren zusammen; daneben sind noch Ammonium-, Natrium-, Calcium-, Magnesium- und Aluminiumverbindungen enthalten. Nach MÄRKER und SCHULZE[1] ist die Wollschweißasche wie folgt zusammengesetzt:

	I	II		I	II
Kali	58,94	63,45	Chlor	4,25	3,83
Natron	2,76	Spuren	Schwefelsäure .	3,13	3,20
Kalk	2,44	2,19	Phosphorsäure .	0,73	0,70
Magnesia . . .	1,07	0,85	Kieselsäure . .	1,39	1,07
Eisenoxyd . . .	Spuren	Spuren	Kohlensäure . .	25,79	23,34

Wegen ihres hohen Kaliumgehalts werden die Wollschweißwässer vielfach auf Pottasche verarbeitet. Das Wollfett besteht aus einem Gemenge von freien Fettsäuren mit höheren einwertigen Alkoholen und unverseifbaren Anteilen (Cholesterin, Isocholesterin, Cetylalkohol usw.). Durch Reinigung wird aus ihm das reine Wollfett (Lanolin) gewonnen, das für die Kosmetik von großer Bedeutung ist (s. a. u. Wollwäsche).

Zu den Verunreinigungen der Schafwolle gehören auch die pflanzlichen Fremdstoffe (Kletten, Schneckenklee, Stroh, Holz- und Futterstücke usw.), deren Entfernung besondre mechanische oder chemische Maßnahmen erfordert (Klopf- oder Klettenwolf, Carbonisation).

Güteeigenschaften der Schafwolle. Feinheit. Nach ihrer Feinheit, d. h. nach dem Durchmesser des Haares, werden die Wollen in verschiedene Klassen eingeteilt, wobei aber zu beachten ist, daß selbst ein und dasselbe Tier Haare von sehr verschiedener Feinheit liefert. Eingehende Untersuchungen über die sehr schwierige Wollfeinheitsmessung hat kürzlich G. KRAUTER[2] veröffentlicht, wo auch die umfangsreiche Literatur einzusehen ist. Nach HANAUSEK[3] zeigen verschiedene Handelsmarken von Streichwollen folgende Abmessungen:

Superelekta	15—17 μ	Sekunda	23—27 μ
Elekta	17—20 μ	Tertia	27—33 μ
Prima	20—23 μ	Quarta	33—40 μ

PINAGEL gibt für Kammwollen an:

Elekta AAA	15—25 μ	Sekunda A	20—40 μ
Prima AA	20—30 μ	Tertia B	30—50 μ

Die Kräuselung des Haares geht bis zu einem gewissen Grade mit der Feinheit Hand in Hand, so daß in der Praxis aus der Zahl der Bögen auf die Längeneinheit ein Schluß auf die Feinheit gezogen wird. Je nach der Stärke der Kräuselung unterscheidet man normalbogige, gedrängtbogige, hochbogige, überbogige, flachbogige, gedehntbogige und schlichte Haare. Schlichte oder nur

[1] MÄRKER und SCHULZE: J. prakt. Ch. **108**.
[2] KRAUTER, G.: Dissert. Dresden 1928.
[3] HANAUSEK, T. F.: Techn. Mikrosk. Stuttgart 1902.

mit gedehnten Kräuselungen versehene Haare werden in der Kammgarnspinnerei verarbeitet, während die stark gekräuselten Wollen in der Streichgarnspinnerei Verwendung finden. Die Kräuselung der Wolle bedingt auch die beträchtliche Porosität der aus ihr hergestellten Gewebe. Nach HANAUSEK sind bei Superelekta über 11, bei Elekta 9—10, bei Prima 7—9, bei Sekunda 6—7, bei Tertia 5—6 und bei Quarta 5—6 Kräuselungsbogen auf 1 cm Haarlänge vorhanden. Die Länge des ausgestreckten Wollhaares schwankt bedeutend; sie ist für die Art der Verarbeitung von ausschlaggebender Bedeutung. Feine, stark gekräuselte Wollen sind etwa 2—5 cm lang, während die gröberen, mehr schlichten Wollen eine Länge von 10—25 cm aufweisen. Die Festigkeit (Trag- oder Reißkraft) unterliegt großen Schwankungen (2—50 g). Die Dehnbarkeit und Elastizität sind beträchtlich. Eingehende Untersuchungen hierüber verdanken wir RONA, M. EGGERT und I. EGGERT[1]. Als Geschmeidigkeit oder Milde bezeichnet man die Eigenschaft, daß zusammengedrückte Wolle nach dem Aufhören des Druckes wieder die frühere Gestalt annimmt. Bei 100° ist die Wolle formbar; es ist dies eine besondre Eigenschaft des Keratins. Die Walk- oder Filzfähigkeit, d. h. die Eigenschaft der Wollhaare, sich bei mechanischen Einwirkungen untereinander fest zu verbinden, hängt mit dem schuppigen Bau der Oberfläche, der Kräuselung, der Formbarkeit und dem besondern Verhalten des Keratins der Faser zusammen. Eine allgemein befriedigende Erklärung des Vorgangs beim Filzen ist noch nicht gefunden. Als Treue bezeichnet man die Gleichmäßigkeit des Haarquerschnittes in seinen verschiedenen Teilen. Auffallende Verdickungen oder Verdünnungen lassen auf ein anomales Wachstum schließen. Die Farbe ist in der Regel weiß, hauptsächlich bei den Merinowollen; es kommen jedoch auch braune und nahezu schwarz aussehende Wollen in den Handel. Der Glanz der reingewaschenen Wollen schwankt je nach der Sorte; lebhaft glänzende Wollen werden als Glanzwollen bezeichnet. Der Glanz bedingt auch die Schönheit und Lebhaftigkeit der Farben. Glanzlose Wollen werden als trübe oder baumwollig bezeichnet. Glasiger Glanz wird als Fehler betrachtet. Die Schafwolle ist sehr hygroskopisch. Der beim Konditionieren bei reingewaschener unverarbeiteter Wolle zu machende Zuschlag zum Trockengewicht beträgt 17%.

Handel. Der Verkauf der Wollen vollzieht sich entweder unmittelbar zwischen Erzeuger und Verbraucher oder durch Vermittlung von Kommissionsfirmen oder im Wege der Versteigerung. London ist der wichtigste Schafwollmarkt der Welt. Für Deutschland sind die bedeutendsten Wollmärkte: Berlin, Leipzig, Breslau, Forst, Posen, Lübeck und Stettin.

Kunstwolle.

Es ist hierunter die durch Wiederverarbeitung von im Gebrauch ausgenützten Wollgeweben und von Spinnerei-, Weberei-, und Wirkereiabfällen gewonnene, auch als „Rückfaser" bezeichnete Schafwolle zu verstehen. Die vorliegenden Lumpen werden zunächst sortiert in reinwollne und halbwollne, weiter in gewalkte und nichtgewalkte; auch die Farbe, die Reinheit und der Erhaltungszustand der Fasern werden hierbei berücksichtigt. Gleichzeitig werden etwa vorhandene Knöpfe, Haken, Nähte usw. herausgeschnitten und größere Stücke in kleinere zerlegt. Anschließend folgt eine Reinigung entweder auf trocknem oder feuchtem Wege. Erstere geschieht durch Klopfen und Schlagen bzw. Entstäuben in einem „Shaker", letztere in einer Gabelwaschmaschine. Halbwollumpen werden behufs Entfernung der Pflanzenfasern noch einer Carbonisation unterworfen, d. h. die Cellulose wird durch Einwirkung von eintrocknender Säure in brüchige Hydrocellulose umgewandelt, so daß sie durch eine

[1] In H. MARK: Beiträge zur Kenntnis der Wolle. Berlin 1925.

nachträgliche mechanische Einwirkung beseitigt werden kann. Als Carbonisationsmittel diente früher allgemein verdünnte Schwefelsäure (4—5° Bé). Nach dem Abtropfen und Abschleudern der überschüssigen Säure wurden die Lumpen in einem Trockenofen auf ungefähr 100° erhitzt. Gegenwärtig wird überwiegend mit gasförmiger Salzsäure gearbeitet, die auf die Lumpen in besondern Carbonisationstrommeln (SCHIRPsche Carbonisationstrommel) einwirkt. Nach erolgter Neutralisation werden die carbonisierten Lumpen gewaschen und getrocknet, gegebenenfalls auch gefärbt und einer nochmaligen sorgfältigen Sortierung unterworfen. In den reinwollnen oder durch Carbonisation von ihren pflanzlichen Beimengungen befreiten Lumpen wird sodann der Zusammenhang der Gewebe bzw. Gespinste auf mechanischem Wege gelöst (Reißwolf oder Lumpenreißer), erforderlichenfalls unter Mitbenutzung eines sog. Endenreißers oder Fadenöffners, der die harten Fadenenden aufteilt. Das Endergebnis ist die Kunstwolle, die entweder für sich allein oder in Mischung mit reiner Wolle bzw. andern Fasern nach den in der Streichgarnspinnerei üblichen Verfahren weiterverarbeitet wird.

Die Kunstwolle unterscheidet man im allgemeinen in Tybet[1] (aus ungewalkten Lumpen), Shoddy (gestrickte Wollumpen) und in Mungo (aus Tuchlumpen). Eine andre Einteilung ist die folgende: Shoddy (aus ungewalkten Wollstoffen), Alpakka oder Extrakt (aus den Abfällen, die jedoch auch Pflanzenfasern enthalten) und Mungo (aus tuchartigen gewalkten Stoffen). Auch weitere Unterteilungen sind je nach dem Ausgangsmaterial in Verwendung. Über die Erkennung der verarbeiteten Kunstwolle s. Abschnitt: „Mikroskopie".

Asbest.

Der Asbest, ein Calcium-Magnesium-Silicat, findet sich als Verwitterungsprodukt des Serpentins und der Hornblende in der Natur vor. Der aus sehr feinen, parallel angeordneten Nadeln bestehende Serpentinasbest (Chrysotil) ist durch große Geschmeidigkeit ausgezeichnet, aber nicht besonders säurefest (Canada, Neufundland und Kapland). Der langfaserige Asbest ist etwa 15—30 cm lang. Der Hornblende- oder sibirische Asbest ist kurzfaseriger, aber gegen Säuren sehr widerstandsfähig, so daß er ein vorzügliches Filtermaterial für diese Stoffe darstellt. Auch zu Asbestpappen wird er, ebenso wie der italienische und böhmische, vielfach verarbeitet. Der langfaserige Asbest wird zuerst in Kollergängen zerquetscht bzw. aufgelockert, gesiebt und sodann in einem besondern Öffner in feine Fäserchen zerlegt. Die Verspinnung erfolgt auf Maschinen, die den in der Streichgarnspinnerei angewandten nachgebildet sind. Zwecks beßrer Verarbeitung wird der Asbest vielfach mit Baumwoll- oder Seidenabfällen vermischt. Die Asbestfaser ist unverbrennlich und ein sehr gutes Wärme- und Kälteisoliermittel; hieraus ergeben sich auch ihre technischen Anwendungen (Anzüge und Handschuhe für Feuerwehrleute und Arbeiter in Gießereien, Walzwerken usw., feuersichere Theaterdekorationen, Packungen und Dichtungen von Maschinenteilen, Wärmeplatten usw.).

Ersatzfasern.

Versuche, neue brauchbare Textilfasern neben Baumwolle, Flachs, Hanf, Jute, Seide und Schafwolle der Industrie zuzuführen und dadurch eine größere Unabhängigkeit vom Auslande zu erreichen, liegen schon weit zurück. Eine besondre Bedeutung erlangten sie im Hinblick auf die allgemeine Faserstoffknappheit während des Weltkriegs. Allerdings war es nicht immer das edle

[1] Auch „Thybet" und „Thibet" geschrieben. Nicht zu verwechseln mit der „Tibetwolle", die von der Tibetziege bzw. tibetanischen Kaschmirziege stammt.

Bestreben allein, dem Vaterland in seiner schweren Not zu helfen und es hinsichtlich seines Faserbedarfs vom Ausland soviel als möglich unabhängig zu machen: in vielen Fällen überwog die krankhafte Sucht, mühelos Geld und Gut zu erwerben, alle andern Gefühle. Es war daher nicht immer leicht, die Spreu vom Weizen zu sondern, um so weniger, als die reichen Erfahrungen des 19. Jahrhunderts auf dem Gebiete der Gewinnung von Faserstoffen aus heimischen Pflanzen bei weitem nicht die Bedeutung gefunden haben, die sie tatsächlich verdient hätten. Unzählige Pflanzen wurden zur Fasergewinnung vorgeschlagen, dabei sollte die Ausbeute an Fasern sehr hoch, die Eigenschaften geradezu unübertrefflich und die Gewinnung über alle Maßen einfach sein. Damit soll natürlich nicht geleugnet werden, daß einzelne der gemachten Vorschläge und Verbeßrungen bleibenden Wert besitzen werden; auch steht zu erwarten, daß selbst die zahlreichen negativen Ergebnisse auf dem Gebiete der Faserstoffgewinnung bei späteren Arbeiten Beachtung finden werden. Besondre Verdienste um die Erprobung der bei uns gemachten Vorschläge hat sich die Kriegskommission zur Gewinnung neuer Spinnfasern erworben; auch die Bemühungen der Nesselfaser-Verwertungsgesellschaft sind hier lobend hervorzuheben. Für die Brauchbarkeit bzw. Verwendungsmöglichkeit als Spinnfaser sind von der genannten Kommission folgende Punkte als unbedingt erforderlich vorausgesetzt worden. 1. Es muß sich um Pflanzen handeln, die in großer Menge vorkommen und für andre wichtige Zwecke nicht verwendet werden. 2. Der Fasergehalt der Pflanzen muß so hoch sein, daß eine industrielle Gewinnung wenigstens während des Krieges aussichtsvoll erscheint. 3. Die Gewinnung der Fasern aus den Pflanzen muß fabrikatorisch durchführbar sein, und zwar zu einem Preise, der eine Verwertungsmöglichkeit wenigstens während der Kriegszeit erlaubt. Daß die Erfüllung dieser Bedingungen notwendig war, ergibt sich von selbst.

Die folgende Zusammenstellung gibt eine kurze Übersicht der gemachten wichtigsten Vorschläge.

Adlerfarn (Pteris aquilina). Zur Fasergewinnung unbrauchbar.

Akazienwurzeln (Robinia pseudacacia L.). Trotz des hohen Fasergehalts dieser Wurzeln sind sie jedoch in nicht genügender Menge erhältlich gewesen, auch war kein maschinelles Bereitungsverfahren vorhanden, so daß weitere Versuche nicht gemacht wurden.

Algen und Tange. Die an den deutschen Meeresküsten in großer Menge vorkommenden Seetange sind wegen ihrer zu geringen Festigkeit und Elastizität für textile Zwecke nicht brauchbar. Dasselbe gilt von den getrockneten Süßwasseralgen (z. B. Cladophoraarten).

Bohnenfaser (Phaseolus vulgaris L.). Die Bastfasern der Bohnenranke besitzen eine gute Festigkeit, sie sind jedoch zu hart und strohig. Auch die Ausbeute ist niedrig.

Brennessel (Urtica dioica). Der Stengel der Brennessel ist verhältnismäßig arm an Bastfasern. Schon die mikroskopische Untersuchung eines feinen Stengelquerschnittes zeigt, daß von der Gesamtquerschnittsfläche nur ein sehr kleiner Flächenanteil auf die Bastfasern entfällt. Röst- und Ausarbeitungsversuche bzw. quantitative Bestimmungen des Fasergehalts der großen Nessel, die der Verfasser als Mitglied der obigen Kriegskommission angestellt hat, lieferten eine durchschnittliche Reinfaserausbeute von nur 5,3 %, bezogen auf den lufttrocknen Stengel. Bezieht man auf das Gewicht der ursprünglichen, d. h. nur oberflächlich abgewelkten Pflanzen, so ergibt sich ein Reinfasergehalt von nur 0,8 %. Unter solchen Umständen ist es begreiflich, daß eine technische Verarbeitung der Nesselpflanze unwirtschaftlich ist und daher gegenwärtig nicht in Frage kommt, um so weniger, als auch die mit großen Hoffnungen unternommenen Versuche, die Nessel feldmäßig zu bauen, aus Gründen, deren Erörterung hier zu weit führen würde, so ziemlich fehlgeschlagen sind. An sich sind die Bastfasern der Brennesseln in ihren Struktur- und Festigkeitseigentümlichkeiten zweifellos ein sehr wertvoller Spinnstoff, wenngleich zugegeben werden muß, daß die aus ihnen hergestellten Gespinste in ihrer technischen Güte ganz erheblich unter der von Ia-Flachsgarnen zurückbleiben. Näheres hierüber s. A. Herzog: Eigenschaften und Garne aus Brennesseln, Mell. Text. 1927, Lieferungen 1—3.

Distel, Kardendistel (Dipsacus fullonum). Hat sich als unbrauchbar erwiesen.

Drahtgras, Binsen. Zur Fasergewinnung ungeeignet, jedoch zur Herstellung von Korbwaren, Matten, Decken u. dgl. brauchbar.

Erbsenstroh, Platterbse (Lathyrus sativus). Nach den üblichen Verfahren ist eine brauchbare Faser nicht zu gewinnen.

Flatterbinse (Juncus effusus). Auf diese Pflanze ist verschiedentlich hingewiesen worden; Bereitungsverfahren wurden jedoch nicht angegeben. Die auf Veranlassung von Höring, Berlin, in Sorau ausgeführten Aufschließungsversuche mit Ätznatron ergaben qualitativ und quantitativ ein sehr ungünstiges Ergebnis.

Ginster (Sarothamnus scoparius). Versuche, den Stengel verschiedener Ginsterarten zur Fasergewinnung heranzuziehen, sind schon in früherer Zeit, insbesondre während der Kontinentalsperre Napoleons, vielfach unternommen worden. Fast alle Schriftsteller des 19. Jahrhunderts, die sich mit der Schilderung von Faserpflanzen beschäftigen, heben auch den faserreichen Ginster hervor und bemerken, daß dessen Bast ehedem in Südfrankreich, Italien und Dalmatien zur Herstellung von Geweben und Netzen Verwendung gefunden habe. Zu einer allgemeineren Verwendung dieser Faser scheint es allerdings niemals gekommen zu sein, denn fast alle Bemühungen scheiterten an der sehr schwierigen Bearbeitung der harten und holzreichen Stengel. Auch die Zähigkeit der den Stengel nach außen begrenzenden Oberhaut und nicht minder die sehr innige Verkittung der Bastbündel mit den umgebenden Geweben der Rinde standen der Fasergewinnung hindernd im Wege. Während des Krieges sind verschiedene chemische Bereitungsverfahren (fast alle arbeiteten mit heißem Alkali, teils mit, teils ohne Druck) bekanntgeworden, die die genannten Schwierigkeiten beseitigt haben. Von einer Wirtschaftlichkeit kann indessen keine Rede sein, da die gewonnene Faser wesentlich gröber als Flachs ist. Verschiedene vom Verfasser ausgeführte Bestimmungen ergaben für den vollkommen getrockneten Ginsterstengel einen Gesamtbastgehalt von 19%. Die rohe Faser setzt sich aus stark gelockerten Bastbändern zusammen, deren Breite 20 bis 195, im Mittel 100 μ beträgt. Der Gleichmäßigkeitsgrad ist im allgemeinen befriedigend. Erheblich größere Schwankungen sind in der Länge der technischen Fasern zu beobachten. Sie betragen 4—27 cm, in der Regel 5—12 cm. Die Faser ist hellgelblich, weich und geschmeidig, zugig und in ihrer Festigkeit befriedigend. Die spitz verlaufenden Enden der technischen Fasern machen sie spinnig. Die stets vorhandenen zelligen Verunreinigungen (insbesondre Oberhäute der Stengel) sind, weil schwer zu entfernen, der Qualität der Fasern sehr abträglich. Sie beeinträchtigen vor allem die Gesetzmäßigkeit des Verzugs beim Verspinnen, so daß das Gespinst ungleichmäßig ausfällt. Zahlreiche vom Verfasser geprüfte Ginstergespinste zeigten eine Reißlänge von durchschnittlich 5 km. Ginsterfasern lassen sich auch gleichzeitig mit Flachswerg gut verarbeiten.

Helianthus (H. tuberosus). Wegen zu geringen Fasergehalts und großer Aufbereitungsschwierigkeiten nicht zu empfehlen.

Holunder (Sambucus nigra). Der Gesamtbastgehalt der vollkommen getrockneten Ruten beträgt nach den Feststellungen des Verfassers nur durchschnittlich 5%. Die Bastfasern sind stark verholzt und wenig fest und elastisch.

Da auch die Gewinnung große Schwierigkeiten verursacht, ist der Holunder als Faserpflanze bedeutungslos.

Holz verschiedener Laub- und Nadelbäume (vgl. Übersicht auf S. 547).

Honigklee (Melilotus albus). Die mittleren Stengelanteile enthalten etwa 13%, die unteren etwa 11% Gesamtbastfasern. Die Rinde läßt sich in feuchtem Zustande leicht in zusammenhängenden langen Streifen vom Holzkörper abziehen. Die Bastfasern sind ziemlich gleichmäßig im Längsverlauf und beträchtlich fest. Da die Pflanzen stark verästelt sind, wäre durch Anbauversuche zu prüfen, ob bei möglichst dichter Saat hochstämmigere und weniger verästelte Pflanzen gewonnen werden können.

Hopfen (Humulus lupulus). Die Versuche, aus dem Stengel des wilden und feldmäßig gebauten Hopfens ein spinnfähiges Fasergut zu gewinnen, reichen etwa 170 Jahre zurück. Die bekannten Verfahren der biologischen Aufschließung führen beim Hopfen zu keinem brauchbaren Ergebnis, dagegen sind Kochungen mit Alkali brauchbar. Nach Reinhardt liefert der Hopfenstengel rund 9% reines Fasergut. Die ausgeführten Spinnversuche haben den Beweis erbracht, daß die Hopfenfaser ein spinnfähiges Erzeugnis darstellt, und zwar dürfte die Verarbeitung des langen Materials vorteilhaft auf solchen Jutespinnmaschinen erfolgen, die für kurze Jutefasern eingerichtet sind, während für das kürzere Fasergut das Streichgarnspinnverfahren geeignet ist. Die tiefbraune Färbung der Faser läßt sich durch Bleichen angeblich gut entfernen. Bei der Ungleichmäßigkeit des Materials ist naturgemäß nur eine Verarbeitung auf grobe Gespinstnummern möglich. Benninghoven hat vorgeschlagen, die Hopfenranken auf Zellstoff zu verarbeiten. Nach den Feststellungen des Verfassers entspricht dieser qualitativ dem von Nadelholzzellstoff.

Huflattich (Tussilago farfara). Als Faserpflanze bedeutungslos, da zu wasserreich und die Fasern qualitativ und quantitativ nicht befriedigend.

Isländisches Moos (Cetraria islandica). Für textile Zwecke gänzlich ungeeignet.

Kiefernadeln (Pinus silvestris). Schon früher hat man die beiden das Blatt seiner Länge nach durchziehenden Zentralcylinder (Gefäßbündel) mit den anhängenden Sclerenchymfaserbündeln durch Kochen mit Alkali technisch gewonnen und als Waldwolle verwertet. Der Faserstoff enthält stets auch namhafte Mengen der Oberhaut und der derbwandigen Unterhaut (Hypoderma). Eine besondre Bedeutung kommt dieser nur etwa 1—2 mm langen Faser kaum zu.

Korbweide (verschiedene Arten der Gattung Salix). Die Weide bietet fasertechnologisch in dreifacher Hinsicht Interesse, insofern sie Samenhaare, Bastfasern und Holzfasern liefert. Bei dem Reichtum der Rinde an Bastfasern (er schwankt je nach der Art und dem Alter der Pflanze zwischen 6 und 17% vom Gewicht der lufttrocknen Rinde) und der Möglichkeit ihrer einfachen Gewinnung verdienen daher die Bestrebungen der letzten Jahre, die Kultur der Weide in Deutschland auszudehnen, alle Förderung. Eine bereits zur Gewinnung von Gerbstoff ausgenutzte Rinde kommt für die Faserbereitung nicht in Betracht, da die Fasern hinsichtlich Festigkeit und Elastizität viel eingebüßt haben.

Lindenbast (verschiedene Arten der Gattung Tilia). Der Bast verschiedener Lindenarten wird seit langem in Rußland gewonnen und zur Herstellung von Matten verwendet. Er findet aber auch zum Binden, namentlich in der Gärtnerei, ausgedehnte Anwendung, ferner zur Herstellung von Stricken, Brunnenseilen, Trockenschnüren, in der Papierfabrikation usw. Zur Herstellung von Matten und verschiedenartigen Seilerwaren wird auch der Bast der amerikanischen Linden, insbesondre der T. americana, herangezogen. Bei uns wird der Lindenbast nur im Kleinbetrieb gewonnen. Die technische Faser ist stark verholzt, wenig teilbar und kann nur zur Herstellung grober Gespinste gebraucht werden, an deren Festigkeit und Zähigkeit keine besondern Ansprüche gestellt werden.

Lupinenfaser (verschiedene Arten der Gattung Lupinus). Vorschläge zur Verwertung des Lupinenstrohs zur Fasergewinnung sind während des Weltkriegs mehrfach gemacht worden. Das Verfahren von WICHT besteht darin, daß die Stengel, ähnlich wie bei der Flachs- und Hanfgewinnung, einer biologischen Röste unterworfen oder aber nur einfach mechanisch gequetscht und dann ausgewaschen werden. Nachher muß der Faserstoff noch einer chemischen Behandlung mit Alkali unterworfen werden. Der Gesamtfasergehalt beträgt nach den Feststellungen des Verfassers etwa 9% vom trocknen Stengel. Die praktischen Aufschließungsversuche mit verschiedenen Lupinenarten lehrten, daß der gewonnene Faserstoff von minderwertiger Beschaffenheit ist und sich im günstigsten Falle nur zur Herstellung von groben Gespinsten und Geweben eignet. Er ist sehr ungleichmäßig in der Länge und Feinheit und läßt auch in der Festigkeit sehr viel zu wünschen übrig (Reißlänge 4—6 km). Im Gemenge mit andern Fasern (z. B. Flachswerg) liefert die Lupinenfaser kein beßres Ergebnis.

Malve (verschiedene Arten der Gattung Malva). Vom textiltechnischen Standpunkt kommen nur die Bastfasern des Stengels, der Wurzel und gegebenenfalls auch der Blattstiele in Betracht. Der Gesamtfasergehalt beträgt bei Malva crispa:

Wurzel	16,9 %
Unterer Stengelteil	8,1 %
Mittlerer Stengelteil	8,2 %
Oberer Stengelteil	8,0 %
Seitenachsen	6,9 %

Durch Kochen mit Alkali gelingt es leicht, die Bastfaserstränge von den umgebenden Gewebeanteilen des Stengels zu trennen. Die technischen Fasern sind hellgelblich und von beträchtlicher Länge und Festigkeit. In ihrer Feinheit lassen sie jedoch vieles zu wünschen übrig, auch sind sie nur schwer durch Hecheln zu teilen, so daß sie nur zur Herstellung gröberer Gespinste in Frage kommen.

Maulbeerbaum (Morus alba u. a.). Eine geschmeidige, nach den Methoden der Baumwoll- und Schafwollspinnerei leicht zu verarbeitende Faser kann erhalten werden, wenn die Zweige des Maulbeerbaumes bzw. deren Rindenteile einem kombinierten Aufschließungsverfahren unterworfen werden (biologische Röste und nachherige Einwirkung von kochender 2proz. Natronlauge). Hierbei wird ein helles und gut geteiltes Fasergut erhalten, das sich auf den üblichen Reißvorrichtungen ohne Schwierigkeit öffnen läßt. Praktische Bedeutung für die Industrie hat dieses Fasermaterial schon im Hinblick auf den Mangel an genügenden Maulbeerbäumen nicht gewonnen.

Meerrettich (Cochlearia armoracia). Die Blattstengel sind ziemlich faserreich (10%), die Fasern jedoch grob und von nicht sehr hoher Festigkeit. Zur Anfertigung grober Gespinste, an welche keine besondern Festigkeitsansprüche gestellt werden, ist die Meerrettichfaser zweifellos geeignet, ebenso zur gleichzeitigen Verarbeitung mit Flachswerg.

Pappelwolle (Samenhaare verschiedener Populusarten). Die Sprödigkeit und starke Verholzung der Haare hat man schon frühzeitig erkannt, ebenso die bei der schwachen Wandverdickung nur sehr geringe Festigkeit, so daß eine Verwendung in der Textilindustrie ausgeschlossen ist. Allenfalls kommen sie als Polster- und Stopfmaterial in Betracht.

Pferdebohnenstroh (Vicia faba). Die Bastfasern sind minderwertig und lohnen die kostspielige Gewinnung in keiner Weise.

Reis- und Rapsstroh. Nach dem zur Gewinnung von Stranfafaser bekannten Verfahren zu verarbeiten, jedoch unter allen Umständen sehr minderwertig und daher zur Zeit aussichtslos.

Rhabarber (Rheumarten). Die Gewinnung der in den Blattstielen dieser Gemüsepflanze vorhandenen Bastfasern ist wirtschaftlich aussichtslos.

Rohrkolbenschilf (Typha latifolia und angustifolia). Das Stranggewebe der Blätter setzt sich aus Gefäßbündeln und einfachen Baststrängen zusammen. Die Gewinnung erfolgt der Hauptsache nach durch Behandlung mit heißem Alkali, teils mit, teils ohne Druck. In ihren allgemeinen Eigenschaften hält die Rohrkolbenfaser (Typhafaser) die Mitte zwischen den Weich- und Hartfasern. Infolge ihrer nur mäßigen Verholzung kommt ihr eine ziemliche Widerstandsfähigkeit gegen die Einwirkung der Atmosphärilien zu. Die technische Faser setzt sich aus zahlreichen miteinander innig verketteten Bastzellen zusammen. Eine weitgehende Trennung der Bastbündel auf mechanischem Wege ist nur auf Kosten der Festigkeit, des Aussehens und der Länge möglich. Ein rationelles Verspinnen gelingt auf Spezialmaschinen, die im allgemeinen denen der Bastfaser-Werggarnspinnerei entsprechen, in ihren Einzelheiten aber den Eigentümlichkeiten der Typhafaser angepaßt sind. Durch vorheriges Batschen wird die Verspinnung wesentlich erleichtert. Die Gespinste sind in der Regel nur zur Herstellung von gröberen Geweben verwendbar. Infolge ihrer Widerstandsfähigkeit gegen äußere Einflüsse, wie Licht, Luft und Wasser, eignen sich die Typhagarne in besonderm Maße zur Herstellung von Sackleinen, Gurten und ähnlichen Geweben. Von der Verwendung zu Seilerartikeln, bei denen sehr hohe Festigkeit vorausgesetzt wird, ist abzuraten. Die Typhafaser läßt sich auch gleichzeitig mit andern Bastfasern (z. B. Flachswerg) vorteilhaft verarbeiten. Um die Aufschließung und Einführung der Typhafaser haben sich besonders HÖRING, Berlin, und CLAVIEZ, Adorf, große Verdienste erworben.

Schilfrohr (Phragmites communis). Die an Sclerenchymfasern reichen Stengel des Schilfrohres sind nur durch kräftige chemische Aufschließung zu bereiten. Die technischen Fasern sind auffallend grob, hart und schlecht teilungsfähig.

Seegras (Zostera marina). Die durch chemische Aufschließung gewonnenen Fasern sind haltlos und daher für textile Zwecke unbrauchbar.

Sonnenblume (Helianthus annuus). Die stark verholzte Bastfaser ist nur in geringer Menge im Stengel vertreten (etwa 5%), so daß eine Ausarbeitung auf chemischem Wege nicht lohnt.

Stranfa. Zu Gespinstzwecken aufgeschlossenes Roggen- und Weizenlangstroh als Ersatz für Jute. Besonders sorgfältig aufgeschlossene Spitzenteile der Halme liefern eine feinere Faser („Halma"), die sich zur Verarbeitung mit Kunstwolle eignet.

Syrische Seidenpflanze (Asclepias syriaca). In ihrem Charakter ähneln die Bastfasern aus dem Stengel dieser Pflanze dem Hanf, sie sind jedoch wesentlich kürzer und spröder. Zur gleichzeitigen Verarbeitung mit Flachswerg ist die Faser gut geeignet. Praktisch kommt sie jedoch schon im Hinblick auf die Seltenheit des Pflanzenmaterials für die deutsche Industrie nicht in Frage. Auch die an der Oberfläche der Früchtchen sitzende Wolle (Pflanzenseide) hat man für Spinnzwecke zu verwerten versucht, jedoch wegen der Sprödigkeit und geringen Festigkeit ohne Erfolg. Auch die gleichzeitige Verarbeitung mit Baumwolle hat ein durchaus negatives Ergebnis geliefert.

Teichsimse, Storchsimse (Scirpus lacustris). Das Stranggewebe des Stengels setzt sich aus einfachen Baststrängen und Gefäßbündeln zusammen. Der Gesamtbastgehalt des Stengels beträgt rund 24%. Gewinnung und Verarbeitung wie beim Kolbenschilf.

Torffaser (vertorfte Blattscheiden von Eriophorumarten). Die aus böhmischem und irischem Fasertorf abgeschiedenen Fasern sind tiefbraun und von geringer Festigkeit. Sie sind nur zur Herstellung von ganz groben Gespinsten geeignet, an die keine Festigkeitsansprüche gestellt werden. Auch die aus Fasertorf angefertigten Papiere sind minderwertig.

Ulmenbast (Ulmus campestris). Die Faser entspricht ungefähr dem Lindenbast. Sie ist für die Textilindustrie bedeutungslos.

Weidenröschen (Epilobium hirsutum und angustifolium). Auf die Bastfaser des Weidenröschens wurden schon zu Beginn des Weltkriegs bei uns große Hoffnungen gesetzt, die sich aber in keiner Weise erfüllt haben; aus diesem Grunde wurde die weitere Fasergewinnung schon im Jahre 1915 aufgegeben.

Weinreben (Vitis vinifera). Abgesehen davon, daß das für die Fasergewinnung anfallende Rohmaterial nicht bedeutend genug ist, ist auch die Faserausbeute sehr gering (etwa 6 %) und die Entfaserung sehr schwierig. Besser sollen die Weinstengel zur Herstellung von Zellstoff für die Papierfabrikation geeignet sein. Verschiedene französische Papierfabriken sollen eine große Menge von Weinstengeln mit einem Zusatz von Pappel- oder Fichtenholz zu einem brauchbaren Papier verarbeiten. Bei dem zur Anwendung gelangenden Verfahren werden die Weinranken mit Sulfitlauge verarbeitet.

Wollgras (Eriophorum latifolium, angustifolium, vaginatum usw.). Von verschiedenen Stellen wurde auf die Samenhaare der Wollgräser hingewiesen; sie sind jedoch zu wenig fest, als daß sie für die textile Verarbeitung tauglich wären.

Yucca (verschiedene Arten der Gattung Yucca). Die besonders nach dem Kriege von verschiedener Seite aufgenommenen Versuche zum Anbau und zur Verarbeitung der Yucca lassen bisher kein abschließendes Urteil über die Wirtschaftlichkeit dieses Vorhabens zu. Die Blattfaser der Yucca ist hart und verhältnismäßig wenig teilbar; sie ist der Hauptsache nach nur zur Herstellung von Seilerwaren geeignet.

Von tierischen Ersatzfasern wären hier die Sehnenfasern und die Haare des Silberkaninchens zu erwähnen, die jedoch qualitativ und quantitativ für die Textilindustrie bedeutungslos sind.

Über die zu den Kunststoffen gehörende, mit großen Hoffnungen begrüßte Stapelfaser s. Abschnitt Kunstseide (s. a. u. Kunstseiden-Herstellung u. Stapel).

Seide (Naturseide, tierische Seide).

Von H. LEY.

Entstehung der Seide.

Geschichtliches. Die Seide entstammt einer der ältesten Kulturepochen, nämlich derjenigen der Chinesen. Wir haben sichere Nachricht über das Vorkommen der Seide aus dem Jahre 2698 v. Chr., zu welcher Zeit die Kaiserin Lihing-Chi und ihr Gemahl, der Kaiser Hoang-Tu, bereits die Aufzucht und Gewinnung der Seide ihren Untertanen zur Pflicht machten. Erst bedeutend später sehen wir die allmähliche Verbreitung der Seidenzucht nach Indien, Indochina, Persien, Turkestan usw. In Europa sehen wir sie erst im Jahre 552 n. Chr. unter der Regierung Justinians auftauchen. Der Sage folgend, wurden die Eier des Seidenwurms durch christliche Pilger in der Weise aus China eingeschmuggelt, daß sie die Raupeneier im Innern der Pilgerstöcke verborgen hatten. Von Byzanz aus gelangte die Seidenzucht nach Kleinasien und zu den Arabern, von hier aus nach Afrika und im 8. Jahrhundert nach Spanien. Erst 1130 begegnet uns die Seidenzucht in Italien, besonders im Süden. Von hier breitet sie sich dann nach Frankreich, der Schweiz und Deutschland usw. aus.

Die Seidenraupe. Die Seidenraupe entsteht aus den Eiern eines kleinen grauweißen Schmetterlings, Bombyx mori. Der weibliche Schmetterling legt nach der Befruchtung kleine, grauweiße Eier ab, und zwar geschieht dieses in den Züchtereien auf kleinen, besonders für diese Zwecke hergestellten Düten aus weißem Papier. Die abgelegten Eier werden zuerst mikroskopisch untersucht, fehlerhaftes Material ausgesondert und die vollkommen einwandfreien Eier in besonders abgekühlten Räumen von etwa 8—10° C aufbewahrt, um ein Ausschlüpfen der Raupen zu verhindern.

Sobald die warme Witterung einsetzt und genügend Futter für die Raupen in Gestalt von Blättern des Maulbeerbaums, Morus nigra, zur Verfügung steht, bringt man die Eier, die vorher nochmals einer sorgfältigen Durchsicht unterzogen werden, in Räume, in denen die Temperatur allmählich pro Tag etwa um $^1/_2{}^0$ gesteigert wird, bis sie 22—24° C erreicht hat. Nach weiteren etwa 10 Tagen sehen wir die Eier allmählich heller werden, und es beginnen kleine, etwa 1—2 mm lange Räupchen auszuschlüpfen. Diese Raupen werden dann vorsichtig auf Maulbeerblätter gebracht, die auf großen Hürden ausgebreitet sind. Hier entwickeln sich die Raupen dann in einer Zeitspanne von etwa 30 Tagen zu einer Länge von 8—9 cm und entfalten hierbei eine sich täglich steigernde Freßlust, der zu genügen (ständiges Zubringen von frischem Futter, Entfernen der alten Futterreste, der Exkremente, kranker Tiere usw.) eine große Ausdauer und fleißige Überwachung von seiten des Pflegepersonals erheischt. Während dieser Zeit häutet sich die Raupe viermal. Diesen Vorgängen muß von seiten der Züchter die größte Aufmerksamkeit geschenkt werden, da nur gesunde Raupen imstande sind, ein einwandfreies Material zu liefern. Die Raupen sind sehr empfindlich und daher vielen Krankheiten ausgesetzt, die teils durch Schmarotzer, teils durch Bakterientätigkeit hervorgerufen werden. Diese Krankheiten treten zeitweise derart verheerend auf, daß die ganze Ernte vollkommen vernichtet werden kann. Die hauptsächlichsten Krankheiten der Seidenraupe sind: die Schlafkrankheit, die Fleckenkrankheit, die Kalksucht, die Fettsucht, Durchfall, Wassersucht usw. Da die Krankheiten durchweg übertragbar sind, müssen nicht nur die kranken Tiere vernichtet, sondern auch die Räume desinfiziert werden.

Nach der letzten Häutung vergehen dann nochmals etwa 8 Tage; alsdann beginnt die Raupe unruhig zu werden, sie hört auf zu fressen und bewegt den Kopf hin und her, ein Zeichen für den Züchter, daß die Raupe sich einspinnen will. Inzwischen hat man sog. Spinnhütten aus laubenförmig angebrachten Reisigbesen oder Strohbündeln hergestellt. In diese Spinnhütten werden jetzt die Raupen gebracht, und alsbald beginnt die Raupe durch Austretenlassen eines Spinnfadens von Zweig zu Zweig ein netzartiges Gewirr von Fäden zu erzeugen, das ihr als Stützpunkt für die herzustellenden Kokons dienen soll (die sog. Wattseide oder Blaze).

Verpuppung der Raupe. Der Spinnfaden ist ein Sekret, das sich in einer Spinndrüse befindet, die den Hauptteil des Körpers der Seidenraupe einnimmt. Das flüssige Sekret dieser Drüse tritt durch zwei Kanäle in den sog. Spinnrüssel, der sich an der Unterseite des Kopfes befindet, als doppelter Faden ins Freie. In Berührung mit der Luft erhärtet der Spinnfaden sofort und erhält hierdurch die entsprechende Festigkeit und Beschaffenheit, um als Einhüllungsmaterial für die aus der Raupe entstehende Schmetterlingspuppe dienen zu können.

Die Raupe beginnt durch Hin- und Herbiegen des Kopfes den Faden in schleifenförmigen Windungen abzulagern. Sobald aber diese äußere unregelmäßige und lockere Hülle, die sog. Flockseide oder Spelaja, hergestellt ist, wird sie in mehr regelmäßiger Form mit kleinen Häufchen oder Paketen des Seidenfadens ausgelegt. Diese Schicht, nach deren Fertigstellung die Seidenraupe unsichtbar wird, stellt diejenige Strecke des Spinnfadens dar, die uns das eigentliche Seidenmaterial liefert. Nach Fertigstellung dieser Schicht spinnt die Raupe dann noch ein festeres, widerstandsfähigeres Geflecht, das eigentliche Bett der Puppe, die sog. Telette, und hierauf schreitet sie zur Verpuppung.

Das ganze Gebilde, das die Raupe erzeugt hat, bezeichnet man als einen Seidenkokon. Die Spinnhütten sind von Tausenden dieser Kokons erfüllt.

Diese Kokons, die sich ihrer Gestalt nach in männliche und weibliche Kokons unterscheiden lassen, werden sofort nach ihrer Fertigstellung vorsichtig aus dem Reisig herausgelöst und in Körben gesammelt. Der größere Teil wird nach Abtötung der Puppe zur Gewinnung des Seidenfadens verwandt, ein kleinerer zur Weiterzucht. Die richtige Auswahl dieser letzteren Kokons ist nur auf Grund praktischer Erfahrung möglich.

Der Schmetterling. Die ausgewählten Kokons können ebenso wie Schmetterlingseier durch Aufbewahrung in entsprechend abgekühlten Räumen konserviert werden. Meistens läßt man jedoch aus den zur Zucht bestimmten Kokons die Schmetterlinge direkt ausschlüpfen, indem man die Kokons bei der geeigneten Temperatur von etwa 25° C beläßt. Etwa 15 Tage nach beendeter Verpuppung ist der Schmetterling entwickelt, man sieht den Kokon an einer Stelle sich gelbbraun färben, veranlaßt durch ein vom Schmetterling abgeschiedenes Sekret. Hierdurch wird die Kokonwandung erweicht, so daß der Schmetterling imstande ist, die Kokonfäden auseinanderzuschieben und durch diese Öffnung auszuschlüpfen.

Sobald die Schmetterlinge ihre volle Bewegungsfreiheit erlangt haben, beginnen sie sich zu paaren. Das Männchen, kleiner und mit buschigen Fühlern ausgerüstet, stirbt alsbald nach der Begattung. Das Weibchen, größer und mit fadenförmigen Fühlern, beginnt nach Verlauf eines Tages mit dem Ablegen der Eier, etwa 300—500 Stück, um dann hiernach ebenfalls abzusterben.

Geschieht die Gewinnung der Eier im großen, in sog. Eierzuchtanstalten (Grainierungsanstalten), dann lassen sich auch mit Leichtigkeit die verschiedenartigsten Kreuzungen durchführen. Die Vorteile dieses Verfahrens, erhöhte Widerstandsfähigkeit der Raupe, einwandfreie Beschaffenheit des Spinnfadens, Ergiebigkeit des abhaspelbaren Spinnfadens usw., haben dazu geführt, daß dieses Verfahren sich auch in den Ursprungsländern der Seidenzucht, wie China und Japan, immer mehr eingeführt hat. Der Handel mit Seidenraupeneiern hat demgemäß einen sehr großen Umfang angenommen.

In den modernen Zuchtanstalten ist man bestrebt, möglichst hochwertige und gleichmäßige Kokons zu erzeugen. Diese Bestrebungen werden behördlich unterstützt durch Einrichtung von Prüfungsanstalten, Unterrichtskurse und umfangreiche Aufklärungsarbeiten.

Die wilden Seidenspinner. Nach Art der Schmetterlinge unterscheiden wir den echten Seidenspinner und die wilden Seidenspinner. Beide Arten gehören zur großen Gruppe der Nachtschmetterlinge, Lepidoptera nocturna.

Während als echter Seidenspinner nur die Gattung Bombyx mori in Frage kommt, zählen zu den wilden Seidenspinnern hauptsächlich folgende: Antheraea Mylitta (der indische Tussahspinner), Antheraea Yamamay (der japanische Yamamayspinner), Antheraea Pernyi (der chinesische Eichenspinner), Attacus Cynthia (der Aylanthusspinner), Attacus Ricini (der Eriaspinner). Zu den wilden Seiden zählen ferner die namentlich in Afrika einheimischen Familienspinner der Gattung Anaphe.

Unterscheiden sich die wilden Seidenspinner schon durch die Gestalt und Größe sowohl des Schmetterlings wie des Kokons von dem echten Seidenspinner, so ist das gleiche der Fall in bezug auf die Beschaffenheit des Spinnfadens. Das Spinnprodukt der wilden Seidenspinner ist keineswegs so wertvoll wie die echte oder edle Seide, aber trotzdem spielt die Zucht der genannten wilden Seiden in den asiatischen Ländern eine sehr große Rolle. Versuche, die wilden Seiden in Europa zur Aufzucht zu bringen, sind einstweilen als aussichtslos aufgegeben worden. Die Zucht der wilden Seiden ist natürlich im Grundsatz dieselbe wie diejenige der echten Seide, nur ist das Futtermaterial ein andres, und die Auswahl der Eier ist nicht eine derart scharfe und vorsichtige wie bei der echten Seide.

Der Seidenkokon.

Der Kokon ist die Hülle der Puppe der Seidenspinner. Er wird gebildet aus dem Spinnfaden der Seidenraupe, den dieselbe in Schleifenform ablagert. Da das Spinnen von der Raupe in Zeitabschnitten von etwa 3 Std. mit dazwischenliegenden Ruhepausen durchgeführt wird, besteht der Kokon aus einzelnen Schichten, deren Anzahl je nach der Ausbildung des Kokons zwischen 10 und 30 schwankt. Nach der Ausbildung des Fadens unterscheidet man hauptsächlich drei Schichten, nämlich:

1. die äußere Schicht, die sog. Flock- oder Flaumseide, die, unregelmäßig gesponnen, das Nest für den eigentlichen Kokon bildet;
2. die mittlere Schicht, die sog. Bave, oder die eigentliche abhaspelbare Seide;
3. die innerste Schicht, ein dichter, feinmaschiger Sack, das eigentliche Bett der Puppe, die sog. Telette.

Abtötung der Puppe. Ist die Ernte des Kokons beendigt, so werden die Kokons einer Durchsicht unterzogen und diejenigen ausgewählt, die zu Zuchtzwecken weiterverwendet werden sollen. Die übrigbleibenden Kokons werden zur Gewinnung der Seide gebraucht. Zu diesem Zweck muß die Puppe (s. Abb. 290) zuerst abgetötet werden, da die Schmetterlinge sonst nach einiger Zeit ausschlüpfen und den Kokon für Haspelzwecke unbrauchbar machen würden, indem der Spinnfaden beschädigt wird.

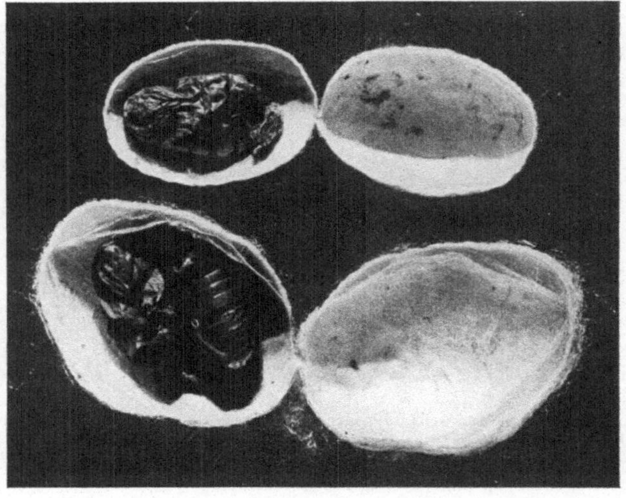

Abb. 290. Geöffnete Kokons mit Puppe (nach LEY-RAEMISCH). Oben: Einzelkokon, unten: Doppelkokon, natürliche Größe.

Das früher vielfach in China übliche Abhaspeln der lebenden Kokons zählt heute zu den Seltenheiten. Das in heißen Ländern vielfach noch übliche Abtöten der Puppe mittels der Sonnenhitze ist durchweg durch die künstliche Erhitzung verdrängt worden. Diese einfachste Form der Abtötung geschieht z. B. in China in der Weise daß man die Kokons in Körben über Kohlenfeuer erhitzt. In der Neuzeit bedient man sich fahrbarer für diese Zwecke konstruierter Öfen, in denen die frische Ernte auf Hürden ausgebreitet und erhitzt wird.

Man kann jedoch die Puppe auch durch Einwirkung von Chemikalien, wie schweflige Säure Blausäure, Kohlensäure, Ammoniak, Alkohol, Sublimatlösung usw., abtöten. Diese Verfahren haben sich nicht eingebürgert, da die Schädigungen des Spinnfadens zu groß waren. Durch starkes Abkühlen unter 0^0 die Puppe abzutöten, hat sich ebenfalls nicht einzubürgern vermocht, obwohl der Spinnfaden hierbei sehr geschont wird.

Austrocknen der Kokons. Außer dem Abtöten der Puppe ist es erforderlich, dem Kokon jegliche Feuchtigkeit zu entziehen. Hierzu ist eine Reihe von Apparaten konstruiert worden, die beide Operationen miteinander vereinigen. Von diesen mögen nur folgende Erwähnung finden.

Der gebräuchlichste Apparat ist wohl derjenige von DUBINI. Derselbe besteht aus einem großen runden Kessel, in dem sich eine in 4 Kammern geteilte und um eine Mittelachse drehbare Trommel befindet. An dem allseitig geschlossenen Kessel befindet sich eine Vorrichtung zum Einblasen heißer Luft, sowie mehrere Öffnungen zum Entfernen der trocknen Kokons.

Das Einfüllen der Kokons geschieht von oben. Das Austrocknen geschieht mittels eines Heißluftstromes von 80—100° C, und zwar in der Weise, daß dieser Luftstrom 4 Stunden durch die erste Kammer strömt, um dann nacheinander durch die drei weiteren Kammern zu streichen. Jetzt wird die Trommel um ein Viertel ihres Umfanges gedreht, so daß die zweite Kammer den direkten Heißluftstrom erhält. Die erste Kammer wird dann entleert und mit frischen Kokons gefüllt. Diese erste Kammer tritt dann nach Ablauf von 12 Stunden wieder in Funktion. Nach Verlauf von je 4 Stunden erhält man also die ausgetrockneten Kokons und kann wieder frische einfüllen. Durch die 4stündige Einwirkung der heißen Luft wird die Puppe sicher abgetötet, auf der andern Seite wird durch das langsame Vortrocknen mit feuchter Luft den Kokons so langsam ihre Feuchtigkeit entzogen, daß die dynamometrischen Eigenschaften des Spinnfadens nicht leiden. Die Arbeitsleistung der Apparate ist natürlich abhängig von ihrer Größe und schwankt zwischen 1—2500 kg pro Tag. Durch Erhöhung der Temperatur des Heißluftstromes läßt sich der Apparat auch zum Konservieren oder Abtöten von Pilzen und Ungeziefer verwenden.

Ein andrer auch vielfach üblicher Apparat ist derjenige nach CHIESA. Er besteht aus einer wagerecht gelagerten drehbaren Trommel, die mit 6—12 Fächern im Innern versehen ist. Auch hier wird mit Heißluft gearbeitet, und das Austrocknen erstreckt sich über einen Zeitraum von 10 Std.

Aufbewahrung der Kokons. Nach dem Austrocknen der Kokons nach einem der oben beschriebenen Verfahren werden die Kokons an der Luft ausgebreitet

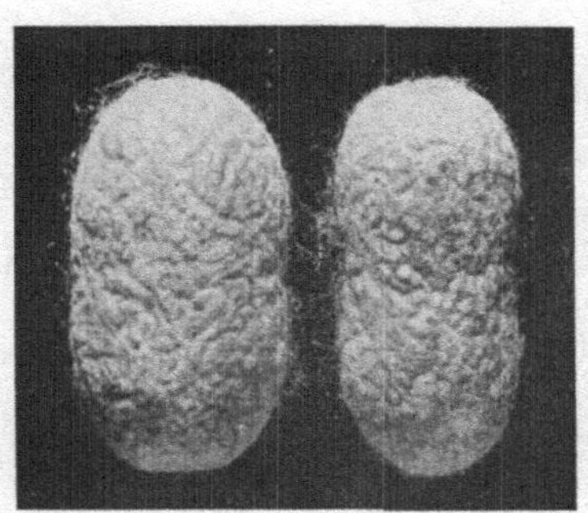

Abb. 291. Kokons, weiße Japaner. Links weiblicher, rechts männlicher Kokon, natürliche Größe (nach LEY-RAEMISCH).

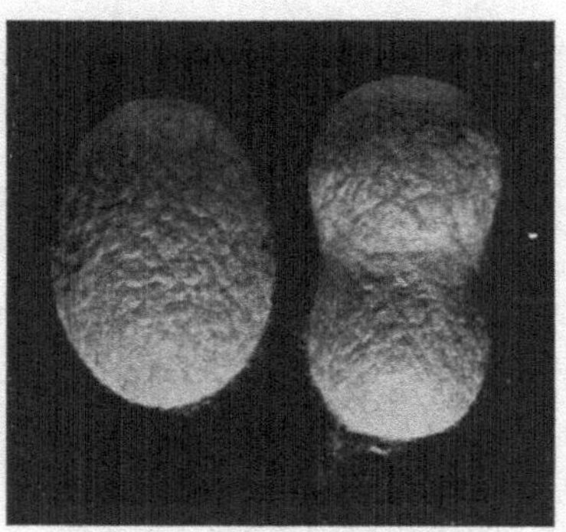

Abb. 292. Kokons, gelbe Italiener. Links weiblicher, rechts männlicher Kokon, natürliche Größe (nach LEY-RAEMISCH).

und dann in Säcke gefüllt und so gelagert. Diese Lagerung erfordert trockne und gut gelüftete Räume sowie eine ständige Kontrolle, damit kein Verschimmeln oder Beschädigen der Kokons durch Insekten oder Ungeziefer eintritt. Kommt dieses dennoch vor, so muß nochmals erhitzt oder die Schädlinge müssen mit schwefliger Säure, Naphthalin, Kampfer u. dgl. bekämpft werden.

Größe, Gestalt und Farbe der Kokons. Diese werden durch die Rasse und das Geschlecht bedingt.

Die Größe schwankt in der Länge zwischen 3—$3^1/_2$ cm, in der Breite zwischen 1,75—2,5 cm. Die Gestalt kann länglich oder mehr rundlich sein, je nach der Rasse. Das Geschlecht der Kokons erkennt man oft an der z. T. mehr oder weniger stark hervortretenden Einschnürung, die die männlichen Kokons zeigen, während die weiblichen Kokons mehr abgerundet erscheinen (s. Abb. 291 u. 292). Die Oberfläche der Kokons ist feinkörnig und mattglänzend. Die Farbe der Kokons ist entweder „silberweiß", so namentlich bei den japanischen und chinesischen, oder „grauweiß" bei den levantinischen und kleinasiatischen Sorten, oder „grünweiß" und „grün" bei einzelnen japanischen Seiden und schließlich „gelb", wie bei den meisten europäischen Kokons. Außerdem findet man auch „hellblaue" und „rosafarbige" Kokons, meistens chinesischen oder japanischen Ursprungs. Schließlich sind noch Farbenunterschiede, namentlich bei den gelben Rassen, vorhanden, z. B. kennt man rotgelbe, goldgelbe, messinggelbe Kokons usw.

Gewicht der Kokons. Das Gewicht der Kokons wird durch ihre Größe stark beeinflußt, z. B. gehen von europäischen gelben Kokons etwa 1200 Stück auf 1 kg, dagegen von den kleinen chinesischen Woozies etwa 3000 Stück.

Diese Verhältnisse werden treffend charakterisiert durch eine Übersicht von Colombo, Mailand (Sunto delle Lezioni di Merceologia e Tecnologia dei bozzoli e della Seta, Mailand 1917).

Rasse	Herkunft	Mittleres Gewicht des Einzelkokons	Zahl der Kokons in 1 kg
Weißliche	Kutais, Turkestan, Persien	0,563—0,636 g	1571—1776
Weiße	Woozies, Shaoshing, Dong-Ding	0,298—0,493 g	3350
Gelbe	chinesische Kreuzung, Griechenland, Italien, Balkan usw.	0,500—0,739 g	1997
Goldgelbe	chinesische	0,453 g	2206

Gehalt des Kokons an abhaspelbarer Seide. Die Gesamtlänge des von der Seidenraupe in Kokons abgelagerten Spinnfadens beträgt etwa 3500 m. Der eigentliche für die Gewinnung der Seide in Frage kommende Teil beträgt jedoch durchschnittlich nur 500—750 m. Es wechselt dies je nach dem Geschlecht, der Herkunft, der Rasse und den Aufzuchtverhältnissen. Männliche Kokons übertreffen in dieser Hinsicht die weiblichen, bei denen die Puppe größer ist; ebenso übertreffen die europäischen Rassen viele asiatische.

Rasse der Kokons. Die Rasse der Kokons wird bestimmt nach ihrer Farbe. Man unterscheidet in der Hauptsache vier Rassen: 1. gelbe Kokons. Hierzu gehören die meisten europäischen Kokons, also die italienischen, französischen, spanischen, ungarischen u. a. m., ferner die goldgelben asiatischen Rassen von China, Kleinasien, Indien und Japan und schließlich die Kreuzungen entweder zwischen zwei gelben Rassen oder zwischen gelben und weißen Rassen. 2. weiße Kokons. Hierzu zählen die Kokons von China, Japan und der Levante, sowie die Kreuzungen zwischen zwei weißen Rassen. 3. weißliche Kokons (Biancastri). Hierzu gehört die Hauptmenge der Kokons aus der Levante, Persien und Kaukasien. 4. grüne Kokons. Es kommen hier nur japanische Kokons in Frage, vereinzelt auch chinesische und levantinische.

Herkunft der Kokons. Nach der Herkunft teilt man die Kokons in drei große Gruppen, nämlich in europäische, levantinische und asiatische Seiden. Diese Hauptgruppen teilt man dann noch nach den einzelnen Erzeugungsländern in Untergruppen ein:

1. Europäische Seiden. Die hauptsächlichsten Arten sind folgende: a) italienische, b) französische, c) spanische, d) ungarische, e) schweizerische Seiden.

2. Levantinische Seiden. a) Seiden von Persien, b) von Kaukasien und Turkestan, c) von den Balkanländern, d) aus der asiatischen Türkei.

3. Asiatische Seiden. Man unterscheidet: a) chinesische, b) japanische, c) indische und indochinesische Seiden.

Qualitäten der Kokons. Die Güte einer Kokonernte richtet sich einmal nach der äußeren Beschaffenheit und dem Gewicht des einzelnen Kokons, dann auch hauptsächlich nach dem Durchschnittsgehalt an abhaspelbarer Seide. Was die äußere Beschaffenheit anbelangt, so ist dieselbe abhängig vom Gehalt an anormalen (kleinen, mißgestalteten, beschmutzten und beschädigten) Kokons. Das Gewicht muß dagegen mit dem Gehalt an haspelfähiger Seide in einem gewissen Zusammenhang stehen. Die Qualitätseinteilungen sind meistens verschieden. Italien z. B. kennt im Kokonhandel vier Qualitäten: 1. realissimo = sehr gute Ware, 2. reale = gute Ware, 3. realino = weniger gute Ware, 4. scarto = Ausschuß oder fehlerhafte Ware.

Fehlerhafte Kokons. Die Kokons der gleichen Ernte fallen keineswegs gleichmäßig aus, sondern je nach Rasse, Art der Aufzucht, Witterungsverhältnissen, auftretenden Krankheiten unter den Raupen, Transport und Lagerung, weicht ein gewisser Prozentsatz der Kokons von der normalen Beschaffenheit ab. Die hauptsächlichsten Arten dieser fehlerhaften Kokons sind folgende:

1. Nicht fertig ausgebildete Kokons; 2. schwache Kokons; 3. taube Kokons; 4. kleine oder halbe Kokons von anormaler Größe; 5. mißgestaltete Kokons; 6. Doppelkokons, entstanden durch Einspinnen mehrerer Raupen in einem Kokon, kenntlich an ihrer bedeutend größeren Gestalt; 7. zweifelhafte Kokons, d. h. einfache Kokons, jedoch groß wie Doppelkokons; 8. aufgetriebene Kokons; 9. schwache Kokons, veranlaßt durch eine Krankheit der Puppe; 10. rostige Kokons, mit kleinen bräunlichen Flecken; 11. beschmutzte Kokons, durch Fäulnis der Puppe oder äußerliche Anschmutzung entstanden; 12. verkalkte und verschimmelte Kokons, die mit Pilzwucherungen durchsetzt sind; 13. von Käfern und Ungeziefer durchbohrte und angefressene Kokons (s. Abb. 293); 14. Kokons, aus denen der Schmetterling bereits ausgeschlüpft ist.

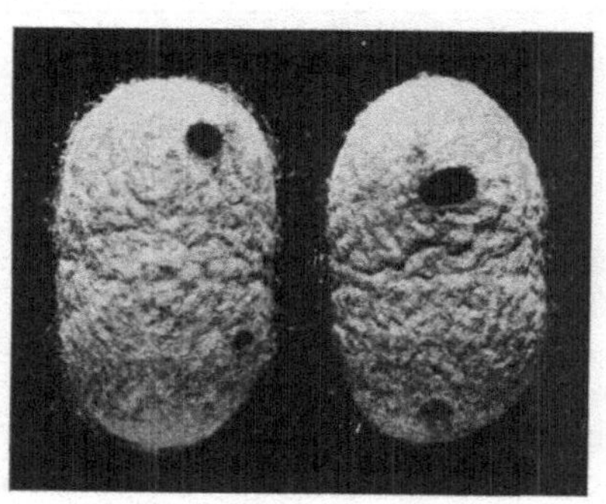

Abb. 293. Von Käfern angefressene Kokons, natürliche Größe (nach LEY-RAEMISCH).

Kokons der wilden Seiden. Diese Kokons, in der Hauptsache von Bombyx Mylitta, Antheraea, Pernyi und Yamamay stammend, sind bekannt unter dem Namen „Tussah". Sie unterscheiden sich von den Kokons des echten Seidenspinners durch ihre bedeutendere Größe und ihre hellgraue bis kaffeebraune Farbe. Nur die Yamamaykokons sind teils heller bis grünlichweiß. Die Entstehung und schichtförmige Anlage ist die gleiche wie die der echten Seidenkokons.

Gewinnung des Seidenfadens.

Der Spinnfaden des echten Seidenspinners. a) Beschaffenheit. Der Spinnfaden der Seidenraupe ist das Erzeugnis aus dem Sekret, das die Raupe im Körper ablagert und durch den Spinnrüssel ins Freie treten läßt. Da dieses Sekret aus zwei Drüsen, den sog. PHILIPPIschen Drüsen in den Spinnrüssel eintritt, so besteht der Seidenfaden eigentlich aus zwei aneinandergeklebten Fäden. Dieselben erscheinen in der Aufsicht als runder, glatter Faden, haben aber, nach dem Querschnitt zu urteilen, z. T. eine dreieckige Gestalt.

Die ersten Fadenstrecken, die von der Seidenraupe abgesondert werden, die sog. Flockseide, ist sehr unregelmäßig, mit Knoten durchsetzt und weist gröbere und feinere Einzelfäden auf. Der eigentliche abhaspelbare Rohseidenfaden ist dagegen durchweg von gleichmäßiger Beschaffenheit. Da jedoch das Sekret nicht immer gleichmäßig aus den Drüsen herausgedrückt wird, so ist auch dieser eigentliche Rohseidenfaden nicht von völlig gleichmäßiger, einheitlicher Beschaffenheit; vielmehr setzt er sich streckenweise aus kleinen Einzelfäden, den sog. Elementar- oder Sekundärfäden, zusammen. Dieselben lösen sich nach dem Entbasten von der Hauptmenge des Fadens ab und sind dann Anlaß der sog. Seidenläuse oder des „Duvets".

b) Zusammensetzung. Der einzelne Faden besteht aus zwei Schichten, dem eigentlichen Seidenfaden, dem Fibroin und dem diesen Faden umgebenden

Bast oder Seidenleim, dem Sericin (s. Abb. 294 u. 295). Während der eigentliche Seidenfaden wasserunlöslich und ungefärbt ist, enthält das Sericin verschiedene Farbstoffe und läßt sich in Wasser aufquellen bzw. auflösen. Beide Schichten sind ihrer chemischen Zusammensetzung nach als Eiweißkörper anzusprechen, durchlagert von Mineralsalzen und Fett, welch letztere, ebenso wie der Farbstoff, hauptsächlich im Bast enthalten sind. Durchschnittlich enthält die Seide:

72,0—81,0 %	Fibroin
19,0—28,0 %	Sericin
0,5— 1,0 %	Fett
1,0— 1,5 %	Farbstoff und Mineralstoffe.

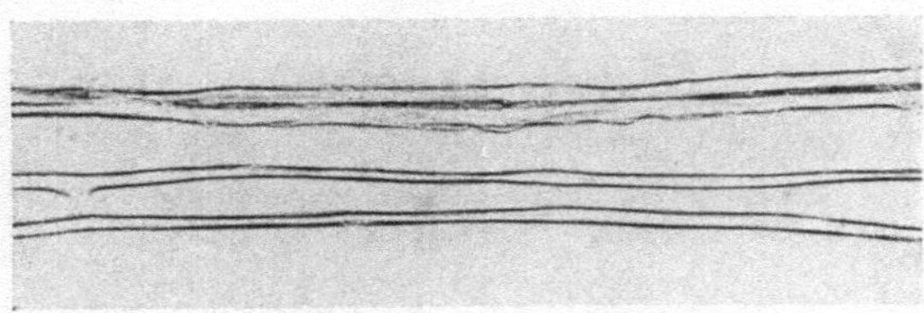

Abb. 294. Spinnfaden. Oben roh, unten abgekocht. Vergr. 95 (nach LEY-RAEMISCH).

Das Verhältnis zwischen dem Gehalt an Fibroin und Sericin schwankt sehr, je nach Rasse, Herkunft sowie Aufzuchtverhältnissen, auch im einzelnen Kokon selbst. Während die äußersten Schichten der Kokons nahezu etwa 50 % Fibroin und Sericin aufweisen, enthalten die folgenden Fadenstrecken etwa 70 % Fibroin und 30 % Bast usw. bis 71—74 % Fibroin und 26—29 % Sericin.

c) Dicke des Fadens. Von einer sehr großen Bedeutung ist die Dicke bzw. das Gewicht des Spinnfadens oder Kokonfadens. Man bezeichnet dieses als den sog. Titer der Seiden (s. Garnnumerierung). Der Durchschnittstiter des einzelnen Kokonfadens (Rohseidenfadens, also zweier Fibroinfäden, einschließlich Bast) liegt zwischen zwei und drei Denier (den). Aber auch hier schwankt der Titer im einzelnen Faden; die Anfangs- und Endstrecken sind von feinerem Titer als die mittleren Strecken.

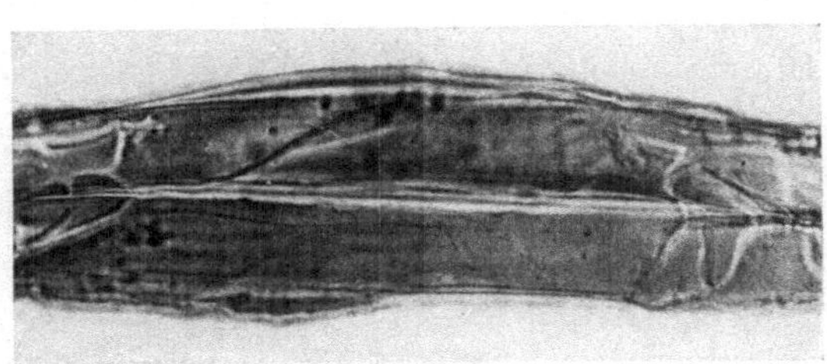

Abb. 295. Spinnfaden, roh. Vergr. 450 (nach LEY-RAEMISCH).

d) Dynamometrische Eigenschaften. Ein weiteres Moment, das für die Beurteilung des Seidenfadens von großer Bedeutung ist, sind die dynamometrischen Eigenschaften desselben. Die Reißfestigkeit und die Bruchdehnung sowie die Elastizität sind Eigenschaften des Seidenfadens, die der Seide als Textilmaterial ihre überragende Bedeutung verleihen (s. u. Festigkeit).

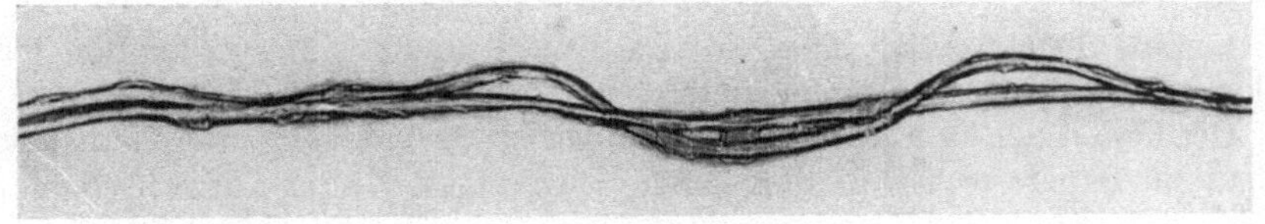

Abb. 296. Spinnfaden, ungleichmäßig verklebt. Vergr. 95 (nach LEY-RAEMISCH).

e) Fehler. Wie bereits ausgeführt, besteht der Kokonfaden aus zwei aneinandergeklebten Einzelfäden. Hier kommt es nun vor, daß diese Verklebung teilweise nicht erfolgt ist, so daß die Einzelfäden lose liegen oder spiralig umeinander gedreht sind (s. Abb. 296). Ferner finden sich auch fehlerhafte, knotenförmige Verdickungen. Der häufigste Fehler, der sich bei einzelnen Rassen in sehr unangenehmer Weise bemerkbar macht, ist die Anwesenheit der bereits obenerwähnten Sekundärfädchen, die zur Erscheinung der Seidenläuse oder des Duvet

Anlaß geben (s. Abb. 297 u. 298). Diese Erscheinung ist durch die Arbeiten von R. WAGNER[1] restlos aufgeklärt worden.

Der Spinnfaden der wilden Seiden. Das als Tussahseide bekannte Gespinst der wilden Seidenspinner weicht von demjenigen der echten oder edlen Seide sehr erheblich ab. Der Faden der wilden Spinner (mit Ausnahme der Familienspinner) ist von bedeutenderem Durchmesser. Die Einzelfäden sind durchweg nicht verklebt und äußerlich daran kenntlich, daß sie auf der Oberfläche breite, schräge Querriegel aufweisen (s. Abb. 299 u. 300). Der Einzelfaden ist auf dem Querschnitt ebenfalls wohl von dreieckiger Form, aber mehr platt zusammengedrückt (s. Abb. 301 u. 302). Außerdem ist er nicht weiß oder gelb gefärbt, sondern braun.

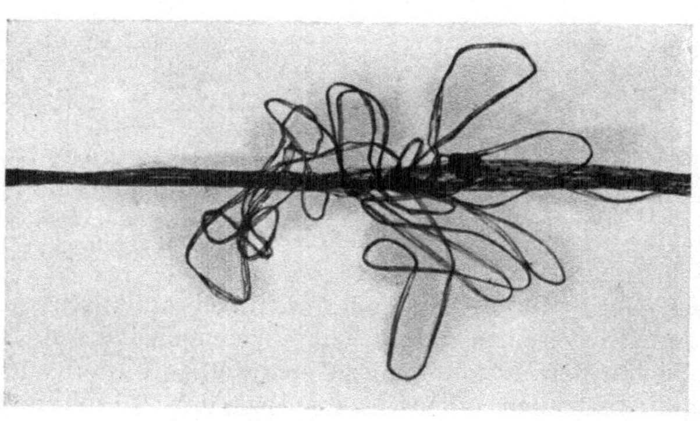

Abb. 297. Duvet in der Organzin. Vergr. 25 (nach LEY-RAEMISCH).

Hauptsächlich unterscheidet sich der Tussahfaden von dem der echten Seide dadurch, daß eine nicht so scharfe Abgrenzung zwischen dem Fibroin und dem Sericin vorhanden ist. Bei der Tussah ist die Anordnung des Bastes vollkommen unregelmäßig. Er dringt teilweise tief in das Innere des Fibroins ein. Es erklärt sich hieraus auch die Tatsache, daß die Entfernung des Bastes bei den Tussahseiden sehr große Schwierigkeiten bietet.

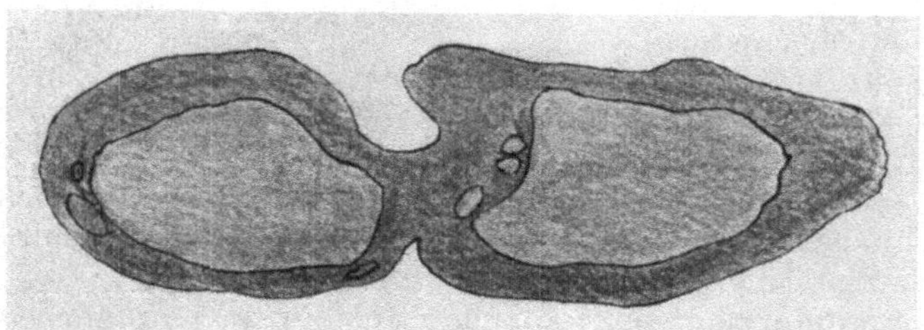

Abb. 298. Querschnitt eines Rohseidenfadens mit eingelagerten, zu Seidenläusen führenden Sekundärfädchen (nach WAGNER).

Der Faden der Familienspinner, namentlich der Gattung Anaphe, ist wieder bedeutend feiner; er ist an den feinen Querringen, die er aufweist, kenntlich.

Das Abhaspeln des Spinnfadens. Das Abhaspeln der Seidenkokons erfolgt in den sog. Filanden oder Seidenspinnereien. Wenngleich es sich nur um ein Abhaspeln des Spinnfadens handelt, so spricht man doch von einem Spinnprozeß, da unter der Bezeichnung „Haspeln" auch andre Arbeitsvorgänge verstanden werden als gerade das Abhaspeln der Seiden. In Japan und China findet man noch vielfach, daß der Züchter gleichzeitig Spinner

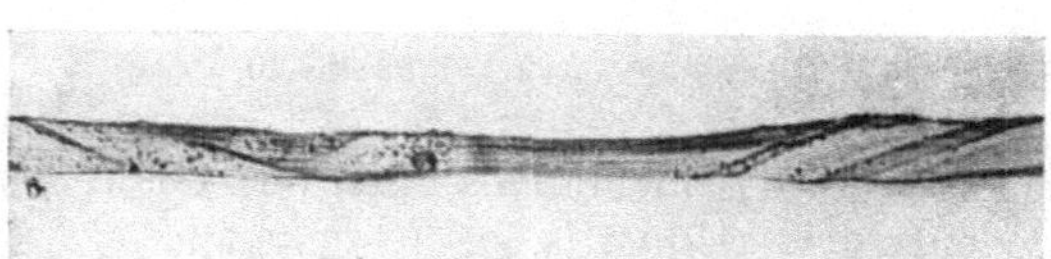

Abb. 299. Tussahspinnfaden, roh. Vergr. 95 (nach LEY-RAEMISCH).

[1] WAGNER, R.: Mitt. Forsch. Krefeld **1924**.

ist. Dieses Hausgespinst, sog. „Natives", wird aber durch die Erzeugnisse der nach europäischem Muster eingerichteten Filanden allmählich verdrängt. Der Arbeitsgang in einer Spinnerei gestaltet sich wie folgt:

1. Das Sortieren der Kokons. Die von den kleinen Züchtern oder den Händlern gekauften, bereits getrockneten Kokons werden zuerst von Unreinigkeiten befreit und nach der Größe sortiert.

2. Das Einweichen und Schlagen der Kokons. Der Spinnsaft der Raupe besitzt klebende Eigenschaften und erhärtet an der Luft. Mithin besteht

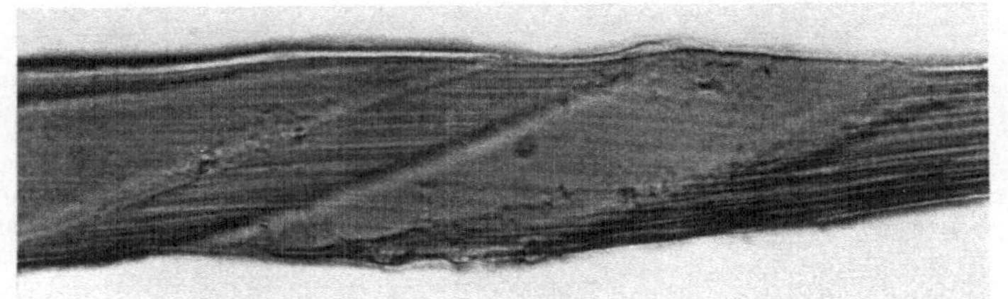

Abb. 300. Tussahspinnfaden, roh. Vergr. 450 (nach LEY-RAEMISCH).

die Kokonhülle aus einem Gewirr oder aus Schichten von aneinandergeklebten Spinnfädenstrecken. Diesen Spinnfaden so ohne Vorbereitung vom Kokon abzuziehen, ist unmöglich. Erst nachdem man den ganzen Kokon durch Eintauchen in Wasser gequollen und die Fäden gelöst hat, kann der Faden abgezogen werden. Dieses Einweichen hat für den Spinnprozeß eine sehr große Bedeutung. Sowohl die chemische Zusammensetzung des Wassers als auch irgendwelche Zusätze, vor allem aber auch die Temperatur des Einweichwassers spielen eine sehr große Rolle für die Erzielung eines einwandfreien Seidenfadens. Durchschnittlich bedient man sich zum Einweichen eines mittelharten Wassers ohne Zusätze von 80—90° C. Das Einweichen geschieht in Einweichbecken, die so konstruiert sind, daß das Wasser durch von unten eintretenden Dampf erhitzt wird. In dieses heiße Wasser wirft man eine bestimmte Menge Kokons und drückt mit einem Sieb die Kokons einige Minuten unter Wasser. Sind die Kokons eingeweicht, dann werden sie aus dem Wasser herausgenommen und nun geschlagen oder gebürstet. Durch das Bürsten werden die Fadenenden des abhaspelbaren Seidenfadens freigelegt. Diese Fadenenden werden ergriffen und die Kokons der Hasplerin ausgehändigt.

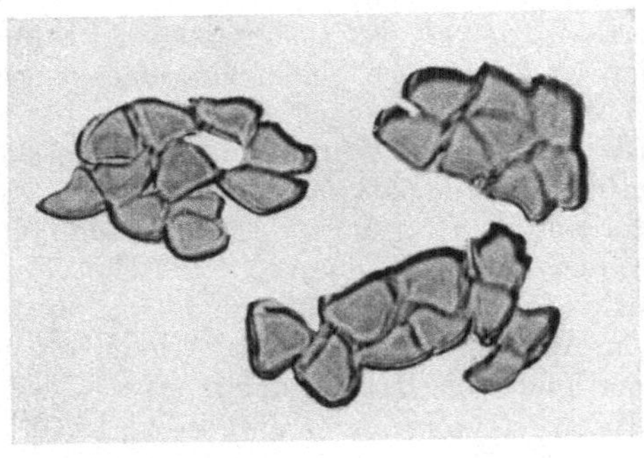

Abb. 301. Natürliche Seide, Querschnitt. Vergr. 450 (nach LEY-RAEMISCH).

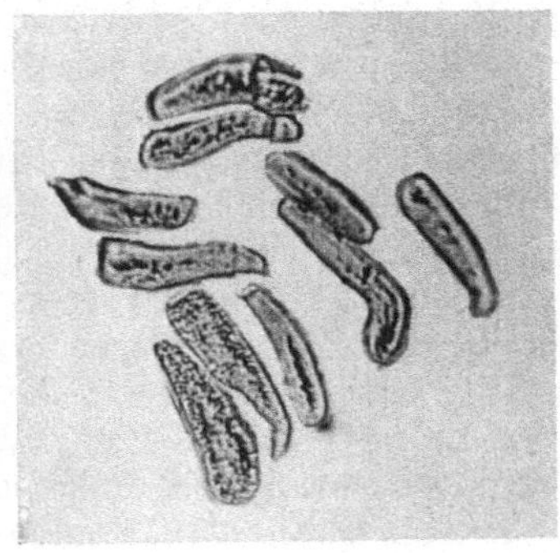

Abb. 302. Tussahseide, Querschnitt. Vergr. 450 (nach LEY-RAEMISCH).

3. Das Haspeln oder Spinnen des Seidenfadens. Dieser Arbeitsgang spielt sich an einem sog. Spinntisch mit einem darauf befindlichen Spinnbecken ab. Die

Hasplerin ergreift von den vor ihr im Spinnbecken befindlichen Kokons 3—4 Stück, führt die Fadenenden durch ein Glasauge über mehrere Röllchen zu dem hinter ihr befindlichen Haspel, der, in drehender Bewegung befindlich, den Faden aufwickelt. Der Haspel befindet sich in einem heizbaren Kasten, um den Seidenfaden auszutrocknen. Der so hergestellte Faden wird als Grège (s. Abb. 303) bezeichnet.

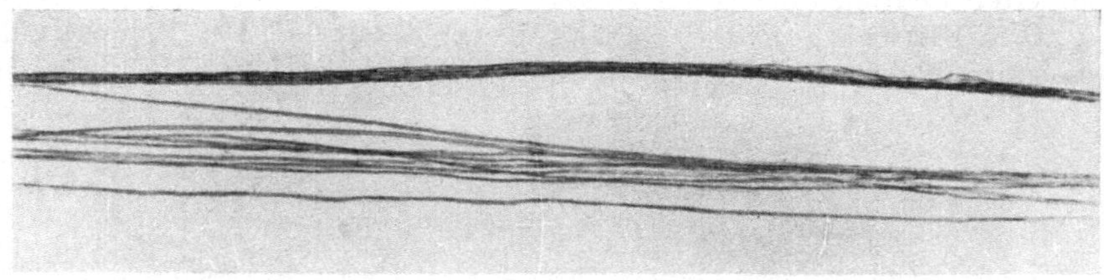

Abb. 303. Grègefaden. Oben roh, unten abgekocht. Vergr. 25 (nach LEY-RAEMISCH).

4. Die Schlußbehandlung der Grège. Der auf dem Haspel fertig aufgewundene Grègestrang wird vom Haspel abgenommen und jetzt nochmals umgehaspelt, und zwar auf den sog. Kreuzhaspel. Hierbei wird die Seide dann gleich auf eine bestimmte Länge gehaspelt und im Kreuz unterbunden. Gleichzeitig wird hierbei der Seidenfaden einer eingehenden Prüfung auf Beschaffenheit unterworfen.

Handelssorten der Grège.

Die Handelsbezeichnungen der Grègen richten sich nicht nur nach dem Rohmaterial oder der Herkunft, sondern auch nach der Herstellungsart, Aufmachung und dem Verwendungszweck.

Bezeichnungen nach dem Rohmaterial. Die von normalen Kokons gehaspelte Seide wird schlechtweg als Grège bezeichnet. Die Seide, die aus Doppelkokons gewonnen wird, heißt Doppigrège (seta doppionata). Die aus den verschiedenen wilden Seidenspinnern gewonnene Seide wird dagegen mit dem Sammelbegriff „Tussahgrège" bezeichnet.

Bezeichnungen nach der Herkunft. Nach der Herkunft unterscheidet man drei Sorten: 1. europäische, 2. levantinische, 3. asiatische Grègen.

1. Europäische Grègen: a) Italienische Grègen, wie Turiner, Mailänder usw.; b) französische Grègen, wie Cevennes, Ardêche usw.; c) spanische Grègen wie Valencia, Murcia usw.; d) Schweizer Grègen von Tessin und Graubünden.

2. Levantinische Grègen: Broussagrègen von Anatolien, Armenien usw., Syriegrègen von Syrien, Palästina, aber auch von Balkanländern usw.

3. Asiatische Grègen: a) Indische Grègen von Vorder- und Hinterindien, besonders auch Indochina; b) chinesische Grègen: Nankings- oder weiße Grègen, Kantongrègen (grauweiße Grègen), Shantungs Minchews (gelbe Grègen), Tussahgrègen von wilden Seiden; c) Japanische Grègen: Oshiugrègen, Joshiugrègen, Sinshiugrègen, Tussahgrègen.

Bezeichnung nach der Herstellungsart. Die Herstellung der europäischen Seiden geschieht heute nur in den großen Filanden, also fabrikmäßig. In Asien dagegen haben wir noch sehr viele Hauserzeugnisse; dieselben sind unter der Bezeichnung Natives oder Indigènes bekannt. Werden die Natives geputzt und umgehaspelt, so kommen sie als rereeled oder rédevidées in den Handel. Nach europäischem Vorbild hergestellte Seiden werden als filature oder steamfilature bezeichnet.

Während die Grègen nach ihrem Titer gehandelt werden, ist dieses bei den Doppi- und Tussahgrègen nicht der Fall, sie können nach Titer oder als telquel-Ware gehandelt werden.

Bezeichnung nach dem Verwendungszweck. Diese Bezeichnungsart, die sich erst in den letzten 20 Jahren eingeführt hat, ist wohl die für den Handel wichtigste. Man unterscheidet hier nur zwei Gruppen.

1. Zwirngrègen, d. h. Grègen, die zum Verzwirnen bestimmt sind und die durchweg von guter Qualität sein müssen.

2. Webgrègen, d. h. solche, die verwebt werden. Die Verwendung zum Verweben hat diejenige zum Verzwirnen heute weit übertroffen. Da Grège sich im fertigen Gewebe einwandfrei veredeln läßt, ist man in der Lage, die verschiedenartigsten Gewebe, die man früher nur unter Verwendung von Organzin und Trame erzielte, herzustellen. Heute wird mehr Grège zur Herstellung von Seidengeweben verwandt als gezwirnte Seide.

Aufmachung und Verpackung der Grègen. Die einzelnen Grègestränge werden entweder zu einem Strang oder „Masten" geflochten oder, wie z. B. bei einzelnen chinesischen Grègen, einfach ihrer Länge nach gelegt und gebündelt. Bei europäischen Grègen werden die einzelnen Masten durchweg in einen Sack getan und so ballenweise in Mengen von 100 kg in den Handel gebracht. Bei den asiatischen Grègen werden die Masten jedoch zuerst in Paketen von etwa 2 kg Gewicht in Papier oder feines Gespinst verpackt und dann dreißig dieser Pakete zu einem Ballen von etwa 60 kg vereinigt. Zum Schutz werden die Säcke vielfach mit Ölpapier ausgelegt; bei den asiatischen Seiden wird der Ballen zuerst in ein Mattengeflecht eingeschlossen, bevor er in den eigentlichen Ballensack gelegt wird.

Eigenschaften der Grège.

Wie schon unter Gewinnung der Grège kurz ausgeführt, ist es Aufgabe der Hasplerin, einen Seidenfaden von größtmöglichster Gleichmäßigkeit und einer vorgeschriebenen Dicke oder einem Titer herzustellen. Zu dem Zweck arbeitet die Hasplerin durchweg mit 3—4, oft auch mit 5 Kokonfäden, die sie verschiedenen Kokons entnimmt. Auf Grund ihrer Erfahrung beurteilt sie, wieviel Fäden bzw. welche Fadendicken sie benötigt, um einen gleichmäßigen Faden herzustellen.

Äußere Beschaffenheit. Die Grège soll eine für die betreffende Seidenrasse typische und gleichmäßig reine Farbe aufweisen. Der Glanz der Seide soll ein guter sein, der Griff muß voll und seidig sein. Die Beurteilung dieser Eigenschaften ist für den Fachmann Gefühlssache. Diese Beurteilung ist aber unbedingt erforderlich, da gerade bei der Rohseide betrügerische Manipulationen keine Seltenheit sind. Künstlich aufgefärbte, durch Einfetten glänzend gemachte, durch Behandlung mit Säuren griffig gemachte Seiden, kommen hin und wieder vor. Ferner ist bei den Grègemasten darauf zu achten, daß nicht zuviel Verklebungen (gommures) vorhanden sind, oder daß diese sich gegebenenfalls durch leichtes Anschlagen lösen lassen. Namentlich die asiatischen Grègen, besonders Chinagrègen, sind häufig wegen der Verklebungen nicht zu verarbeiten.

Titer der Grège (s. Garnnumerierung). Der Titer bzw. die Dicke des Seidenfadens soll nur geringen Schwankungen unterworfen sein. Um sich von der verschiedenen Dicke des Fadens auch ein tatsächliches Bild machen zu können, gibt es verschiedene Apparate, bei denen man durch Vorübergleitenlassen des Fadens über einer dunklen Rückwand deutlich die Unebenheiten desselben erkennen kann.

Festigkeit und Dehnbarkeit des Grègefadens. Ebenso wichtig wie die Gleichmäßigkeit des Fadens sind für die spätere Verarbeitung seine dynamometrischen Eigenschaften. Diese Eigenschaften sind jedoch nicht lediglich abhängig von der Beschaffenheit des Materials, sondern von drei Faktoren, nämlich dem Feuchtigkeitsgehalt, dem Titer und der Anzahl der vorhandenen Kokonfäden.

Windbarkeit des Grègefadens. Wenn auch die dynamometrischen Eigenschaften für die spätere Verarbeitung des Seidenfadens von ausschlaggebender

Bedeutung sein können, so sind sie es doch nicht allein. Vielmehr spielen noch andre Faktoren mit, wie Unreinigkeiten, Verklebungen usw. Deshalb wird in der Praxis auch noch die sog. Windbarkeit der Seide festgestellt, indem man die Brüche zählt, die der Faden beim Ablaufen mit einer bestimmten Geschwindigkeit in einer Zeiteinheit erleidet.

Fehler der Grège. Hierunter sind die Unebenheiten zu zählen, die man im Grègefaden mit dem bloßen Auge wahrnimmt. Die Ursache dieser Unebenheiten ist mannigfach: schlecht hergestellte oder nicht genügend geputzte Knoten, Fadenstrecken, bei denen einzelne Kokonfäden sich spiralig aufgedreht haben, bzw. ganz fehlen, Verdickungen, hervorgerufen durch lose aufeinandergeschobene Kokonfäden, ungenügend verklebte Kokonfäden und schließlich die bereits erwähnten Seidenläuse.

Güte der Grège. Auf Grund der obigen Ergebnisse gelangt man zu einem Urteil über die Güte der Grège. Jeder moderne Spinner wird diese Feststellungen treffen, um sich über den Verkaufswert seines Erzeugnisses einen Überblick zu verschaffen. An den hauptsächlichsten Handelsplätzen für Seide erledigen diese Prüfung, die sog. „Klassifikation", gewählte oder behördlich eingesetzte Kommissionen. Namentlich in den asiatischen Ländern wird nicht, wie in Europa, direkt vom Spinner an den Verbraucher verkauft, sondern die Seiden werden an eine Zentralstelle eingesandt, wo sie zu Stapeln oder „Chops" zusammengestellt und dann von der Kommission klassifiziert werden. Die Bezeichnung der Qualität einer Grège oder Seide ist demgemäß auch in den verschiedenen Ländern eine abweichende. So hat man z. B. in Mailand folgende Qualitäten: 1. Extra (Marques), 2. klassische (classiques), 3. Sublimi (première Qualité), 4. belle Correnti (deuxième Qualité), 5. buone Correnti (troisième Qualité). In China und Japan klassifiziert man dagegen nach Zahlen, also: 1, $1^1/_2$, 2, $2^1/_2$—$5^1/_2$, vielfach auch mit Zusätzen wie „extra, grand extra, best extra, double extra, triple extra". Früher hatte man hier besondre Markenbezeichnungen, die aber als Qualitätsbezeichnungen heute nicht mehr in Frage kommen. In Deutschland und in der Schweiz hat man nur drei Qualitätsbezeichnungen, nämlich: 1. Exquis, 2. extra, 3. genügend. Diese Klassifikation gründet sich, außer auf die äußere Beschaffenheit, auch auf die dynamometrischen Eigenschaften. Der Wert für Festigkeit soll etwa dreimal so groß sein wie der Titer, während die Dehnbarkeit bei „genügend" zwischen 18—20%, bei „extra" zwischen 20—24% und bei „exquis" über 24% liegen soll.

Gezwirnte Seiden.

Die Feinheit des Grègefadens und die Unmöglichkeit, ihn als solchen auszurüsten, also abzukochen, zu erschweren und zu färben, veranlaßt durch den geringen Zusammenhang der einzelnen Kokonfäden in der Grège, haben dazu geführt, mehrere Grègefäden miteinander zu vereinigen, indem man ihnen durch eine leichte Drehung einen Zusammenhang verleiht. Diesen Arbeitsvorgang bezeichnet man als Zwirnen oder Moulinieren. Das Erzeugnis sind die sog. gezwirnten Seiden oder Ouvrées. Wie bereits ausgeführt, werden die Grègen heute entweder als Zwirngrègen oder als Webgrègen hergestellt, da die Erfahrung gezeigt hat, daß Seiden bestimmter Rassen oder Herkunft sich besser zum Verzwirnen als zum Verweben und umgekehrt eignen. Das Zwirnen der Seiden zerfällt in vier Einzelvorgänge, nämlich das Spulen und Putzen der Grègen, das Drehen der Grègefäden, das Vereinigen mehrerer gedrehter Grègefäden und schließlich das Drehen dieser vereinigten Grègefäden.

Spulen und Reinigen der Grègen. Das Spulen und Putzen der Grègen, auch als purgiage oder dévidage bezeichnet, besteht in einem mehrmaligen Überspulen auf verschiedene Bobinen unter gleichzeitiger Entfernung aller Unebenheiten oder Fehler des Fadens. Das Putzen des Seidenfadens erfordert, ähnlich wie das Haspeln, große Geschicklichkeit, aber auch große Zuverlässigkeit, zumal wenn es sich um sehr unreine Grège handelt, z. B. asiatische Natives.

Filieren der Grège. Ist der Grègefaden geputzt, so wird ihm durch Drehung ein größerer Zusammenhang verliehen. Dieses „Filieren", auch Vordrehung oder Filato genannt, ist das Verleihen einer schraubenförmigen Drehung des Fadens. Die schraubenförmigen Windungen verlaufen entweder von links nach rechts oder von rechts nach links. Das Filieren geschieht auf der sog. Filiermaschine.

Da die Elastizität der einzelnen Kokonfäden bei dem Drehen sehr beansprucht wird, ist es erforderlich, der Seide nach dem Filieren wieder einen hohen Feuchtigkeitsgehalt zu verleihen. Zu diesem Zweck werden die Spulen künstlich angefeuchtet oder gedämpft.

Dublieren der Grège. Das Vereinigen mehrerer mit Filato versehener Grègefäden bezeichnet man als Dublieren. Es brauchen aber nicht immer filierte Fäden zu sein; vielfach werden auch nur geputzte Grègen dubliert, wie z. B. bei der Herstellung der Tramen. Eine Drehung erhalten die Fäden bei diesem Vorgange nicht.

Zwirnen der Seide. Das Zwirnen, auch als Moulinieren oder Tortage bezeichnet, ist in gewisser Hinsicht das gleiche wie das Filieren. Gab man hier dem einzelnen Grègefaden eine Drehung von links nach rechts oder umgekehrt, so geschieht beim Zwirnen das gleiche mit den dublierten Grègefäden. Man bezeichnet deshalb das Zwirnen auch als Nachdrehen (gegenüber dem Vordrehen des Filierens) und spricht von Vordrehung oder Filato und Nachdrehung oder Torto. Das Zwirnen geschieht auf der Zwirnmaschine, auch Zwirnmühle, Moulin à soie, genannt. Diese gleicht der Filiermaschine, die in verschiedensten Konstruktionen gebaut wird.

Die Nachdrehung muß natürlich der Vordrehung entgegengesetzt laufen, um nicht den vorgedrehten Faden wieder aufzudrehen. Bei sehr starker Drehung, z. B. bei Crêpes, findet man auch, daß durch eine gewisse Appretur die Wiederaufdrehung oder das Kringeln verhindert wird. Zu erwähnen ist noch, daß nach dem Zwirnen die Seide wieder auf Kreuzhaspel läuft, um sie in Strangform in den Handel bringen zu können. Nur die stark gedrehten Crêpe- oder Kreppseiden kommen, auf Papphülsen aufgespindelt, in den Handel.

Arten der gezwirnten Seiden. Man unterscheidet unter gezwirnten Seiden die sog. Ouvrées, wie Organzin und Trame, und die sog. Retorseseiden, das sind die stärker gedrehten Seiden höheren Titers, wie sie für Nähseiden, Schnüre und Cordonnets in Frage kommen. Die letzteren werden durch Vereinigung mehrerer moulinierter Seidenfäden mit und ohne Filato hergestellt. Außerdem kennt man noch Seiden ebenfalls gröberen Titers, aber ohne starke Drehung, wie sie zur Herstellung von Strick- und Wirkwaren (Strümpfen, Spitzen usw.) Verwendung finden. Man rechnet die letzteren aber durchweg zu den Ouvrées.

Organzins. Von dieser meistens aus zwei, auch aus drei Grègefäden hergestellten Seide, die mit Linksdrehung filiert und mit Rechtsdrehung gezwirnt ist, unterscheidet man vier Sorten:

a) Organzin strafilato (Apprêt ordinair), aus zwei Fäden bestehend, Vordrehung von rechts nach links mit 550—650 Umdrehungen pro Meter. Nachdrehung von links nach rechts mit 450—525 Touren.

b) Organzin stratorto (fort apprêt), aus zwei oder mehreren Fäden bestehend, Filato oder Torto, je bis zu 1000 Drehungen.

c) Organzin moyen apprêt, aus zwei Fäden bestehend, die bei Filato 375—450 Touren, bei Torto 250—350 Touren Drehung erhalten haben.

d) Grenadine besteht aus 2, 3, 4 oder 6 Fäden, stark links filiert und bis 2000 Touren nach rechts gezwirnt. Mi-Grenade ist ähnlich, jedoch aus gröberer Grège hergestellt.

Die Organzins werden durchweg nach der Herkunft der verwendeten Seiden als China-, Italiener- und Broussaorganzins bezeichnet. Verwendung finden sie meistens als Kettseiden, aber auch für Wirkwaren (Spitzen).

Tramen. Die als Trame oder Trama bezeichneten Seiden werden aus 3 bis 4 Grègefäden hergestellt, und zwar in der Weise, daß die Fäden keine Vordrehung, sondern nur eine leichte Rechtsnachdrehung mit 80—130 Umdrehungen erhalten. Da der Faden wesentlich offener ist als bei Organzin und demgemäß besser füllt, wird die Trame durchweg als Schußseide verwendet. Unterschiede in der Drehung (wie bei Organzin) kennt man bei der Trame nicht. Eine sehr grobe Trame wird auch als Tramette oder Ovale bezeichnet. Die Trame wird auch zur Herstellung von Wirkwaren (Strümpfen) verwendet. Die Bezeichnungen der Trameseiden richten sich nach der Herkunft der Grègen (Japantrame, Chinatrame, Kantontrame usw.).

Crêpe- oder Kreppseiden. Sie bestehen aus zwei oder mehreren Tramefäden, die stark mit 2—4000 Touren pro Meter, und zwar entweder nach links oder nach rechts gedreht werden. Wegen der starken Drehung müssen diese Seiden gleich auf Bobinen gespult werden. Die Drehungsrichtung macht man dadurch kenntlich, daß man den Kreppfaden grün und rosa oder gelb und blau färbt. Da die Kreppseiden im Gewebe als Schuß abwechselnd einmal mit Linksdrehung, einmal mit Rechtsdrehung eingeschlagen werden müssen, um im fertig ausgerüsteten Gewebe einen Kreppeffekt zu erzielen, ist diese unterschiedliche Färbung verständlich. In der Anlage der Kreppseide wird natürlich auch verschiedentlich gewechselt, um einen besonders groben Faden zu erhalten, z. B. bei Crêpe Marocain usw.

Poil ist ein einfacher Grègefaden mit Tortodrehung.

Tors sans fil ist eine Seide, die aus zwei Grègefäden ohne Vordrehung gezwirnt wird, also gewissermaßen eine etwas stärker gedrehte Trame.

Stickseide oder Plattseide besteht aus 1—25 Grègefäden ohne Vordrehung mit einer ganz leichten Zwirnung nach links, 30—40 Umdrehungen pro Meter.

Filet floches oder Mi-Perles-Seiden bestehen aus zwei Grègen sehr dicken Titers mit leichter Rechts- und Linksdrehung.

Soie ondée ist aus sechs Grègefäden zusammengesetzt und mit 3000 Touren gedreht. Außer diesem dicken Faden ist noch ein einfacher Grègefaden mit geringerer entgegengesetzter Drehung vorhanden. Beide Fäden werden leicht zusammengezwirnt, wobei sich der dicke Faden um den dünnen herumschlingt, so daß der dünnere gewissermaßen die Seele des ganzen Gespinstes darstellt.

Nähseide wird entweder aus Doppigrègen oder Tussahgrègen, also Grègen sehr groben Titers hergestellt.

Die Zwirnung kann eine verschiedene sein: 1. Zwei grobe Grègefäden mit Linksfilato werden mit Rechtsdrehung zusammengezwirnt. 2. Zwei Grègen ohne Filato werden links gezwirnt und zwei solcher links gezwirnten Fäden mit Rechtsdrehung zusammengezwirnt. 3. Zwei Grègen mit Rechtsvordrehung werden links gezwirnt und zwei solcher Fäden nochmals mit Rechtsdrehung zusammengezwirnt.

Strickseiden werden durchweg wie Nähseiden hergestellt, jedoch mit bedeutend geringerer Tourenzahl bei der Drehung.

Cordonnetseiden werden aus 4—8 vorgedrehten Grègefäden gezwirnt, worauf zwei solcher Fäden nochmals mit Linksdrehung gezwirnt werden.

Während bei den Strickseiden vielfach Seiden dünnen Titers, den Tramen entsprechend, verwendet werden, besteht das Material der Cordonnetseiden meistens aus Doppi- und Tussahgrègen.

Beurteilung der gezwirnten Seiden. Für die Beurteilung der gezwirnten Seiden gelten durchweg die gleichen Gesichtspunkte wie bei den Grègen. Es kommen also in Frage: Der Titer, die Festigkeit und Dehnbarkeit, etwaige Fehler und schließlich die Drehungsverhältnisse.

Handelsvorschriften und Prüfung der Seide.

Wie bei andern Textilien haben sich auch bei der Seide im Laufe der Zeit bestimmte Handelsnormen herausgebildet, die namentlich, was die Prüfungsvorschriften anbelangt, internationale Gültigkeit erlangt haben. Die Prüfung der Seiden liegt mit wenigen Ausnahmen in den Händen von sog. Seidentrocknungsanstalten oder Seidenkonditionierungsanstalten, Instituten, die an den Hauptumschlagsplätzen für Seide entstanden sind und vielfach amtlichen Charakter tragen. Die Normen, also die zulässigen Grenzen legen dagegen die Handelskommissionen der einzelnen Hauptumschlagsplätze für Seide fest. Diese sog. Usancen sind für die einzelnen Plätze verschieden. So gibt es Usancen von Mailand, Lyon, Zürich, Neuyork, Yokohama usw. In Deutschland bedient man sich der Usancen von Zürich.

Die für den Seidenhandel in Frage kommenden Normen und Vorschriften beschäftigen sich mit dem Handelsgewicht, dem Titer, der Windbarkeit, der Festigkeit und Dehnbarkeit, der Drehung und besondern Fehlern, worauf hier nicht näher eingegangen werden kann (s. auch Konditionieren, Festigkeit, Drehung usw.).

Der Seidenabfall und seine Verarbeitung.

Gespinste, die aus Seidenabfall hergestellt werden, wie Schappegarne und Bourettegarne sind ein Handelsartikel, der dem Umfang nach demjenigen der echten gehaspelten Seide nicht nachsteht. Es ist dies dadurch erklärlich, daß der sich bei der Gewinnung des gehaspelten Seidenfadens ergebende Abfall ein Vielfaches des direkt verwertbaren Spinnfadens ist. Als Ausgangsmaterial für die Schappefabrikation dienen: a) der ganze Seidenkokon, abzüglich der rund 500 m abhaspelbaren Seidenfadens.

b) Ein großer Teil der Doppis und der Kokons der unechten wilden Seidenspinner sowie neuerdings auch die Nester der Familienspinner (Anaphe).

Das Rohmaterial. Im Handel unterscheidet man drei Sorten Seidenabfall: 1. Kokonausschuß, wie Doppelkokons und irgendwie zum Haspeln nicht geeignete Kokons. 2. Spinnabfall, wie Flockseide, die Telette und verwirrte Seidenfäden. 3. Zwirnabfall, der beim Zwirnen entsteht, wozu auch der Abfall zählt, der in Seidenwebereien usw. anfällt.

Die Abfälle bezeichnet man auch als Florette und spricht daher auch von einer Florettespinnerei, von Florettegarnen usw.

Das Reinigen des Abfalles. Das Reinigen des Abfalles geschieht in zweifacher Richtung. Einmal wird die eigentliche Seidenfaser durch das sog. Desintegrieren freigelegt. Sodann werden alle Fremdkörper durch eine mechanische Reinigung entfernt.

a) Desintegrieren. Dasselbe geschieht durch Faulenlassen des Bastes oder durch enzymatische Einwirkung wie bei der Lederherstellung. Daran schließt sich ein Abkochen mit Soda und Seifenlauge sowie entsprechendes Waschen des Gutes.

b) Mechanische Reinigung. Der gewaschene und getrocknete Abfall (oder gegebenenfalls das Rohmaterial) wird zerrissen und mechanisch so lange ausgeklopft, bis die Fremdstoffe vollständig entfernt sind. Chemische, dem Carbonisieren ähnliche Verfahren haben sich nicht einzuführen vermocht.

Weiterverarbeitung der Seidenabfallerzeugnisse. Das so chemisch und mechanisch gereinigte Florettematerial ist jetzt zum Verspinnen fertig. Die sich hier abspielenden Vorgänge, das Kämmen, das Herstellen einer Decke, das Strecken und schließlich das Verspinnen selbst sind die gleichen wie bei sämtlichen andern Spinnprozessen. Die Abfälle der Florette, z. B. beim Auskämmen, werden nochmals gesponnen und zu den sog. Bourettegarnen verarbeitet. Die

Prozesse sind durchweg die gleichen wie bei der Herstellung der Schappe, höchstens werden sie mit weniger Schonung des Materials durchgeführt.

Handelsbräuche. Zum Unterschied von der Seide wird bei Schappe und Bourette der Feinheitsgrad nicht durch den Titer, sondern wie auch bei den andern Garnen, durch die Garnnummer bestimmt (s. Garnnumerierung). Üblich sind bei

einfachen Garnen	die Nummern	70—170
zweifachen Garnen	„ „	2/50—2/300
Fantasiecordonnets	„ „	20—120.

Der durchschnittliche Haspelumfang der Schappegarne beträgt 1,25 m. Eine Fadenlänge von 400 à 1,25 m = 500 m bezeichnet man als ein Gebinde. 4 Gebinde à 500 m geben einen Strang. Die Stränge kommen in Bündeln zu 5 kg in den Handel. Bei den Bourettegarnen gilt bezüglich Numerierung und Verpackung das gleiche wie bei den Schappegarnen. Als Abkochverlust rechnet man durchschnittlich bei Schappe 3—5 %, bei Bourette 6—7 %.

Glanz und Glanzbestimmung.

Von A. Klughardt.

Glanzerscheinung.

Der Eindruck des Glanzes bei Betrachtung mit beiden Augen kommt nach Helmholtz[1] dann zustande, wenn die zusammengehörigen Netzhautbilder des gleichen Gegenstandes in den beiden Augen des Beschauers zu gleicher Zeit starke Verschiedenheiten in Farbe und Helligkeit zeigen. Bei einäugiger Betrachtung tritt der Glanz dann auf, wenn sich die Helligkeit eines Gegenstandes bei Bewegungen des Betrachters gegenüber dem Gegenstand schnell ändert. Diese Verschiedenheiten in der Helligkeit haben ihren Grund darin, daß das von den Oberflächen der Körper zurückgeworfene Licht teils diffus und teils regelmäßig reflektiert ist. Der diffus reflektierte Anteil macht den Körper dem Auge wahrnehmbar, der regelmäßig zurückgeworfene Anteil bewirkt die charakteristischen Helligkeitsänderungen.

Für das Auftreten der Glanzerscheinungen sind maßgebend: die Struktur, das Reflexions- und Absorptionsvermögen der Oberflächen und die spektrale Zusammensetzung des auffallenden Lichtes. Für die Oberflächenbeschaffenheit gibt es zwei Grenzfälle, zwischen denen alle reellen Flächen liegen: die ideal diffus und die ideal regelmäßig reflektierende Fläche. Während die letztere in den hochglanzpolierten Metallspiegeln oder ebensolchen Glasflächen in sehr guter Annäherung verwirklicht ist, macht die Herstellung einer ideal diffus reflektierenden Fläche Schwierigkeiten. Am besten erscheinen mit Magnesiumoxyd berußte Flächen, Gipsflächen oder Barytweißplatten, die aus einem Aufguß von in Gelatine suspendiertem Bariumsulfat bestehen, der nach dem Trocknen auf einer Carborundumscheibe plangeschliffen wird. Diese Barytweißplatten haben dabei noch eine sehr hohe Albedo, sie dienen deshalb bei der Farbmessung unter dem Namen „Normalweiß" als Bezugsflächen mit der Helligkeit 1,0.

Über die Reflexion des Lichtes an reellen Flächen, besonders über die Aufstellung einer Gleichung, welche die zurückgeworfene Gesamtintensität und die darin enthaltenen Anteile an diffus und an regelmäßig reflektiertem Licht zu berechnen gestattet, ist von verschiedenen Seiten gearbeitet worden.

[1] Helmholtz: Handbuch der physiologischen Optik 3, 417ff., 438 (1911).

PROKOWSKI[1] stellt eine Gleichung in Summenform auf, deren beide Summanden aus dem diffus und dem regelmäßig reflektierten Anteil des zurückgeworfenen Lichtes bestehen und in Abhängigkeit vom Reflexionswinkel gesetzt werden, während die Richtung des einfallenden Lichtes senkrecht zur Oberfläche angenommen wird. Ferner wird dabei vorausgesetzt, daß die regelmäßig reflektierenden Elemente in der Oberfläche so verteilt sind, daß die Möglichkeit der Reflexion in gegebener Richtung für alle Richtungen gleich ist. Das regelmäßige Reflexionsvermögen der Fläche ist dann nur abhängig von dem Einfallswinkel des Lichtes an den betreffenden Elementen und von dem Brechungsindex derselben. Die auf Grund dieser Gleichung berechneten Helligkeitswerte stimmen z. T. mit den an gleichen Flächen beobachteten Werten gut überein, es treten aber auch große Differenzen auf, besonders bei Oberflächen mit sehr feiner Struktur. Infolgedessen werden die Reflexions- und Glanzerscheinungen durch die Gleichung von PROKOWSKI nicht restlos erfaßt und gedeutet.

H. SCHULZ[2] verbessert die obige Gleichung durch Annahme einer weiteren Komponente im zurückgeworfenen Licht, und zwar so, daß dasselbe außer dem Anteil an diffus reflektierten Strahlen und einem an spiegelnden Elementen der Oberfläche reflektierten Anteil noch einen weiteren enthält, der durch Reflexion an dem Einbettungsmedium der Spiegelelemente zustande kommt. Auf diese Weise wird Übereinstimmung zwischen Berechnung und Beobachtung für Gips und Mattglas erzielt. Aber auch die Gleichung von SCHULZ hat keine universelle Gültigkeit.

In diesem Zusammenhange mag noch eine Arbeit von ZOCHER und REINICKE[3] über die Entstehung des Glanzeindruckes erwähnt werden, in welcher der Glanz als quantitativ und qualitativ unvollkommene reguläre Reflexion gekennzeichnet wird, und in der das Entstehen des Glanzeindruckes durch den „Eindruck von Flächen mit durch sie erzeugten Spiegelbildern" erklärt wird. Es werden dann noch einige Fälle von Glanztäuschungen besprochen.

Eine theoretische Lösung des Glanzproblems für alle möglichen Flächenarten ist bisher nicht gelungen, und sie wird kaum gefunden werden, da die Vorgänge bei der Remission mannigfacher Art und nicht einfach zu erfassen sind. Denn die Rückstrahlung des Lichtes an reellen Flächen kann, wie vorstehende Arbeiten zeigen, nicht durch Annahme einer einfachen Überlagerung von ideal diffuser Strahlung und regelmäßiger Rückwerfung erklärt werden. Möglicherweise kommen auch Beugungserscheinungen dazu. Außerdem ist das von einer Fläche regelmäßig reflektierte Licht polarisiert, während das diffus reflektierte als unpolarisiert zu betrachten ist.

Glanzmessung.

Für die praktische Bestimmung des Glanzes kommen auch so komplizierte Formeln nicht in Frage. Hier wird man vielmehr Wert darauf legen, Glanzzahlen auf möglichst schnellem experimentellem Wege zu erhalten, die den Grad des Glanzes von Oberflächen in möglichst guter Übereinstimmung mit der Wahrnehmung angeben, d. h. durch Zahlen, die bei stumpfen Flächen klein und bei stark glänzenden Flächen groß sind.

Auf diesen vereinfachten Grundlagen sind denn auch die Methoden und Apparate der praktischen Glanzmessung aufgebaut. Die Apparate von KIESER[4] und INGERSOLL, die in der Konstruktion nur wenig voneinander abweichen, beruhen auf der Messung des polarisierten Lichtes, das der regelmäßigen Reflexion entstammt, im Vergleich zu dem unpolarisierten der diffusen Reflexion. Dabei wird der Quotient der in und senkrecht zur Einfallsebene schwingenden Komponente gebildet, der um so mehr von 1,0 abweicht, je stärker die Fläche glänzt. Der Glanzmesser besteht aus einer Beleuchtungsvorrichtung, mit deren Hilfe paralleles Licht unter dem Einfallswinkel von 56^0, dem Polarisationswinkel für Papiere, auf die Fläche geworfen wird, und dem Photometerkopf, dessen optische Achse mit der Flächennormalen ebenfalls einen Winkel von 56^0

[1] PROKOWSKI, G. I.: Ztschr. Physik **30**, 66 (1924).
[2] SCHULZ, H.: Ztschr. Physik **31**, 496 (1925).
[3] ZOCHER, H., und F. REINICKE: Ztschr. Physik **33**, 12 (1927).
[4] KIESER, K.: Photograph. Korresp. **56**, 273 (1919).

bildet. Durch Drehen des Analysators wird auf gleiche Helligkeit der beiden Gesichtsfeldhälften eingestellt.

Bei den weiter zu beschreibenden Geräten wird der Glanz nach dem Überschuß des regelmäßig reflektierenden Lichtes in der Reflexionsrichtung gegenüber einer andern möglichst wenig mit solchem Licht behafteten Richtung beurteilt.

In dem Glanzmesser von H. SCHULZ[1], früher von Görz und jetzt von den Askaniawerken geliefert, wird die zu prüfende Fläche von einem parallelen Lichtbündel (Glühlampe mit Kondensorlinse) unter einem Einfallswinkel von 60° beleuchtet. Die in Richtung der regelmäßig reflektierten Strahlen zurückgeworfene Lichtstrahlung wird durch ein Prisma der einen Fläche des Photometerwürfels zugeleitet. Die in einer andern, senkrecht zum Reflexionsstrahl stehenden Richtung von der Fläche ausgehende Strahlung wird ebenfalls durch ein Prisma der zweiten Fläche des Photometerwürfels zugeleitet, dessen Trennungslinie durch ein Okular beobachtet wird. Auf gleiche Helligkeit der beiden Gesichtsfeldhälften wird durch einen Graukeil eingestellt. An der Skala werden Zahlen abgelesen, die mit Hilfe einer Tabelle in Verhältniszahlen des regelmäßig zu dem diffus reflektierten Lichtes umgewandelt werden können. Für die Glanzmessung an farbigen Flächen können Filter in den Strahlengang eingeschaltet werden. Bei den neuen Apparaten besteht noch eine Verstellungsmöglichkeit der Beleuchtungs- und Beobachtungsvorrichtungen, so daß der Glanz unter den verschiedensten Richtungen gegen die Fläche beobachtet werden kann.

Nach der Methode von WI. OSTWALD[2] wird der Glanz mit Hilfe des Halbschattenphotometers (Janke & Kunkel, Köln) auf folgende Weise gemessen. Unter dem Photometer mit senkrechter Beobachtungsrichtung wird der Prüfling einmal in wagerechter Lage, das andre Mal in Kippstellung (22,5° gegen die Horizontale nach dem Licht zu) gegen Normalweiß gemessen. Die in dieser Kippstellung gemessene Helligkeit H' vermindert um die Helligkeit H_0, welche in wagerechter Lage ermittelt wurde, ergibt die Glanzzahl $G = H' - H_0$. Als Lichtquelle diente das Tageslicht des Nordhimmels. Das Halbschattenphotometer kann auch durch das Stufenphotometer nach PULFRICH[3] (CARL ZEISS, Jena) ersetzt werden, wodurch größere Genauigkeit erzielt wird. Dieses Instrument hat auch in der Praxis der Farbmessung weiteste Verbreitung gefunden.

Die Meßergebnisse von SCHULZ und OSTWALD sind untereinander nicht vergleichbar, da ihnen ganz verschiedene Skalen zugrunde liegen, und da außerdem die Beobachtungs- und Beleuchtungsvorrichtungen sowie die Beleuchtungsarten selbst ganz verschieden sind. So gut die OSTWALDsche Idee an sich ist, so haften der Durchführung der Methode prinzipielle Mängel an, welche das Bild vom Glanz einer Fläche ungünstig beeinflussen. Zunächst gibt die Bestimmung des Glanzes für einen einzigen Kippwinkel keine hinreichende Charakteristik einer Fläche. Ferner bringt die Verwendung von Tageslicht verschieden Unstimmigkeiten mit sich insofern, als die Messungen an ein und derselben Fläche bis zu 20% und mehr voneinander abweichen, je nachdem, ob bei klarem Wetter oder bei bedecktem Himmel beobachtet wird. Endlich ist in den OSTWALDschen Glanzzahlen noch eine Komponente enthalten, die mit Glanz durchaus nichts zu tun hat und diese Zahlen daher stark verzerrt.

Die von KLUGHARDT[4] vorgeschlagene Methode der Glanzmessung mit dem Stufenphotometer beseitigt diese Mängel dadurch, daß die Glanzzahlen für

---

[1] SCHULZ, H.: Dtsch. opt. Wschr. **1924**, 157; Mell. Text. 5, 25 (1924). — SCHULZ, H., und W. EWALD: Zellstoff u. Papier **1926**, 427.

[2] OSTWALD, Wi.: Farbkunde, S. 149. Leipzig 1923. — DOUGLAS, W.: Mell. Text. 2, 411 (1921). — ZART: Ebenda 4 (1923). — LAGORIO, v.: Text. Forsch. **1922**, 137.

[3] PULFRICH, C.: Ztschr. Instrumentenkde **45**, 33ff. (1925).

[4] KLUGHARDT, A.: Ztschr. techn. Physik 8, 109ff. (1927); Leipz. Mon. Text. **1927**, 221; Seide **32**, 233ff. (1927).

Kippwinkel des Prüflings von 0° bis 70° (von 5° zu 5° oder 10° zu 10°) ermittelt und als Kurven dargestellt werden, weiter durch Verwendung eines Beleuchtungsgerätes, bestehend aus einer Halbwattprojektionslampe mit Kondensorlinse zur Parallelrichtung der Lichtstrahlen und mit einem Weißlichtfilter, das die Strahlenzusammensetzung der des mittleren Tageslichtes angleichen soll. Die Beleuchtung von Prüfling und Bezugsfläche (Normalweiß) geschieht unter 45° gegen die Senkrechte. Schließlich wird die bei OSTWALD fälschlich mitgemessene Komponente rechnerisch eliminiert, wie im folgenden dargelegt wird.

Der Gang der Messung und Berechnung der Glanzzahlen nach dieser Methode ist folgender: Zuerst wird die Helligkeit des Prüflings in der Grundstellung (wagerecht) gegen das ebenfalls wagerecht liegende Normalweiß unter dem Stufenphotometer gemessen. Bei einer Kippung des Prüflings allein gegen das einfallende Licht zu tritt eine Aufhellung seiner Fläche ein, die eine Folge der bei der Kippung zunehmenden regelmäßigen Reflexion an den Elementen derselben und außerdem, was OSTWALD unberücksichtigt ließ, eine Folge der Zunahme der in der Kippstellung auffallenden Lichtmenge ist. Die letztgenannte Aufhellung, welche als photometrische bezeichnet werden mag, hat mit der Glanzeigenschaft der Fläche nichts zu tun, sondern für den Glanz kommt nur die erstere Aufhellung in Frage. Bei der Bestimmung des Glanzes muß daher die photometrische Aufhellung ausgeschaltet werden. Dies geschieht näherungsweise dadurch, daß neben dem Prüfling in Grundstellung eine ideal diffus reflektierende Fläche angenommen wird, welche in dieser Stellung die gleiche Helligkeit wie der Prüfling besitzt. Für diese Idealfläche können nun nach dem LAMBERTschen Gesetz die Helligkeiten in den Kippstellungen ausgerechnet werden, wobei die Aufhellung lediglich eine photometrische ist. Diese ist eine trigonometrische Funktion des Kippwinkels δ und wird mit R bezeichnet. Wird der Prüfling in den entsprechenden Kippstellungen beobachtet, so erhält man bis etwa 45° höhere Werte. Der Überschuß an beobachteter Helligkeit macht sich dem Auge in erster Linie als Glanz bemerkbar. Daher dient dieser Überschuß zur Bestimmung der Glanzzahl γ, bei welcher derselbe noch zu der Grundhelligkeit H_0 des Prüflings in Beziehung gesetzt wird. Als Grundhelligkeit dient die niedrigste Helligkeit des wagerecht liegenden Prüflings, sie kann sich mit verschiedenen Lagen des Prüflings ändern (Einfluß der Faserrichtung u. ä.). Auf Grund dieser Überlegungen erhält man als Glanzzahl

$$\gamma = \frac{H'}{H_0} - R,$$

wo H' die in der Kippstellung gemessene Helligkeit, H_0 die Grundhelligkeit des Prüflings gegen Normalweiß und R die aus dem LAMBERTschen Gesetz folgende trigonometrische Funktion des Kippwinkels ist; ihre Werte sind in der Tabelle aufgeführt. Abb. 304 zeigt den Verlauf der Glanzzahlen an mattem und glänzendem Papier in Kurvenform. Während das Mattpapier einen breiteren Kurvenverlauf mit viel kleinerem Maximum zeigt, weist die Kurve für das Glanzpapier ein hohes Maximum bei sehr schmalem Verlauf auf. Das Emporschnellen der Kurve ist für den Spiegelglanz charakteristisch, und man sieht an der Glanzpapierkurve, daß es in seiner Glanzwirkung dem Spiegel ähnlich ist. Zur kürzeren Kennzeichnung der Glanzeigenschaft einer Fläche genügt die Angabe 1. der Grundhelligkeit, 2. des Kippwinkels δ, bei dem das Maximum des Glanzes auftritt und der an dieser Stelle vorhandenen Glanzzahl γ, 3. des Kippwinkels, bei dem die Kurve die Abszissenachse schneidet, d. i. jene Kippstellung, in der der Prüfling die gleiche Helligkeit wie ein ideal matter Körper von gleicher Grundhelligkeit aufweist.

Diese Methode der Glanzmessung kann noch vereinfacht werden[1] dadurch, daß man bei den Messungen außer dem Prüfling auch das Normalweiß

[1] RICHTER, M.: Centr.-Z. Optik u. Mech. **49**, 287 (1928).

in dem gleichen Maße mitkippt. Wenn Prüfling und Normalweiß ideal matte Flächen wären, würde sich das Helligkeitsverhältnis zwischen beiden, das in der Grundstellung bestimmt worden ist, durch das gleichzeitige Kippen beider

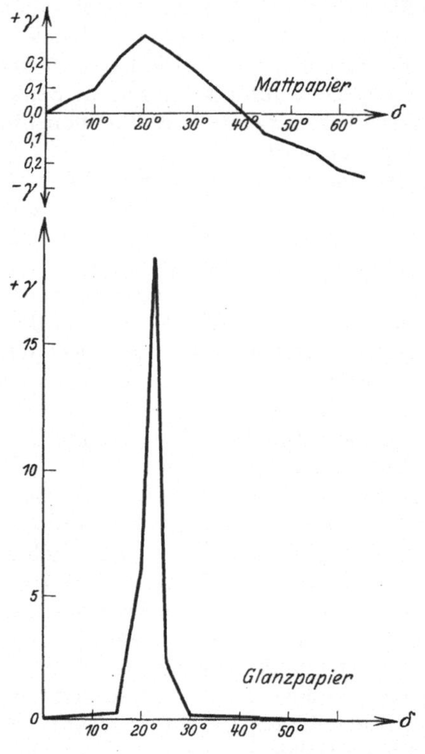

Abb. 304. Glanzkurven zweier Papiere.

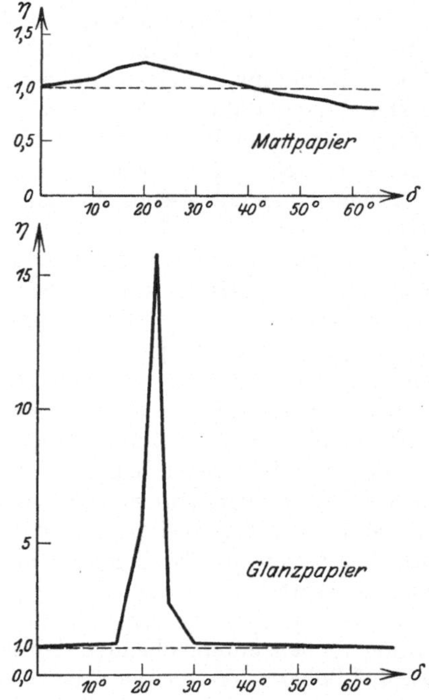

Abb. 305. Glanzkurven der gleichen Proben wie in Abb. 304, jedoch statt in γ in η ausgedrückt.

nicht ändern, da die photometrische Aufhellung bei beiden prozentual gleich ist. Tritt aber doch eine Störung dieses Verhältnisses auf, so muß dies dem Glanz des Prüflings oder des Normalweiß zugeschrieben werden, und der Grad der Störung kann daher als ein Maß für den Glanz Verwendung finden. Auf diese Weise gelangt man zu einer Glanzzahl

$$\eta = \frac{H'}{H_0} \cdot r .$$

Tabelle.

δ	R	r
0	1,000	1,000
5	1,083	1,043
10	1,158	1,046
15	1,224	1,041
20	1,282	1,040
22,5	1,307	1,038
25	1,329	1,036
30	1,366	1,031
35	1,393	1,024
40	1,409	1,007
45	1,414	0,996
50	1,409	0,982
55	1,393	0,970
60	1,366	0,967
65	1,329	0,959
70	1,282	0,940
75	1,224	0,918

In dieser Formel bedeutet H_0 wieder die Grundhelligkeit des Prüflings, H' ist hier dagegen die Helligkeit des gekippten Prüflings gegen das um den gleichen Winkel gekippte Normalweiß, r stellt einen Korrektionsfaktor dar, der sich aus dem Glanz des Normalweiß selbst berechnet und der für die verschiedenen Kippwinkel in der Tabelle angegeben ist. Diese Glanzzahl η sagt aus, wievielmal heller ein Prüfling in einer bestimmten Kippstellung ist infolge seines Glanzes, als ein ideal diffus reflektierender Prüfling von gleicher Grundhelligkeit in gleicher Stellung sein würde.

Die beiden Glanzzahlen γ und η sind miteinander durch die Formel

$$R + \gamma = R \cdot \eta$$

verbunden. In Abb. 305 sind die η-Kurven für dieselben Prüflinge wie in Abb. 304 angegeben. Die vorstehenden Ausführungen gelten für neutralgraue oder kaum merklich farbige Oberflächen.

Bei bunten Oberflächen[1] läßt sich infolge der Verschiedenfarbigkeit der Gesichtsfeldhälften im Photometer der Glanz nicht so einfach gegen Normalweiß bestimmen wie bei unbunten Flächen. Hier wählt man am besten den Ausweg, daß man die Helligkeiten unter Anwendung der Paß- und Sperrfilter mißt, wie sie von OSTWALD angegeben und im Stufenphotometer angebracht sind. Man beobachtet dabei sozusagen die Beeinflussung des Weiß- und Schwarzgehaltes bzw. der Bezugshelligkeit durch das Glanzlicht, nimmt also bei jeder bunten Fläche zwei verschiedene Kurven der Glanzzahlen auf, die im übrigen genau wie oben, nur eben unter Anwendung der entsprechenden Filter, ermittelt werden. In Abb. 306 sind die η-Glanzkurven für eine gelbe, rauhe Papierfläche aufgezeichnet. Die mit dem Sperrfilter erhaltenen Werte sind bis zur Erreichung der Linie $\eta = 1{,}0$ bedeutend größer als die mit dem Paßfilter gemessenen. Das weist darauf hin, daß durch das Glanzlicht der Weißgehalt in stärkerem Maße zunimmt als die Bezugshelligkeit. Der Farbeindruck des Prüflings in den Kippstellungen ist daher weißlicher als in der Grundstellung. Bei sehr stark glänzenden Oberflächen kann es sogar vorkommen, daß in gewissen Kippstellungen überhaupt jede Farbigkeit verschwindet und der Prüfling rein weiß (grau) erscheint, z. B. bei Glanzpapier und bei Kunstseidenwicklungen.

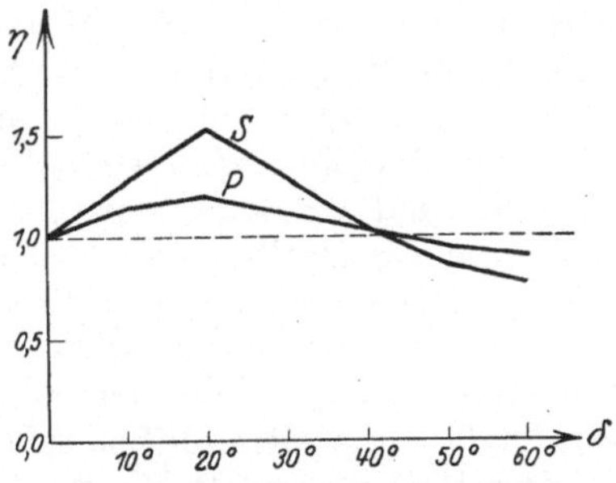

Abb. 306. Glanzkurven eines gelben Papiers. Kurve S unter dem Sperrfilter und Kurve P unter dem Paßfilter gewonnen.

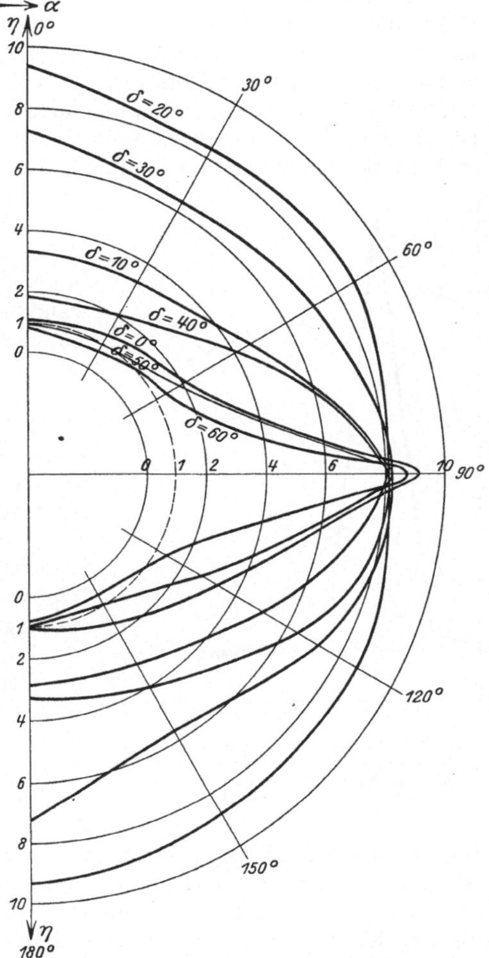

Abb. 307. Glanzkurven für eine Crêpe de chine-Probe. Die Richtung α gibt die Lage der Schußfäden zur Lichtrichtung an.

Diese Methode muß weiter noch etwas abgewandelt werden, wenn es sich um Oberflächen handelt, die eine Struktur zeigen, wie z. B. Gewebe[2]. Bei solchen Flächen ist der Glanz noch von der Lage des Prüflings abhängig (Kette und Schuß). Hier muß der Prüfling während der Messung noch in seiner Ebene

[1] KLUGHARDT, A.: Mell. Text. **9**, 2 (1928); Seide **33**, 120ff. (1928).

[2] NAUMANN, H.: Ztschr. techn. Physik **8**, 239ff. (1927). — KLUGHARDT, A.: Seide **33**, 17ff. (1928).

gedreht werden. Als Anfangsrichtung ist dabei die Stellung zu wählen, in der bei Papieren die Walzrichtung, bei Geweben die Kettenfäden auf die Lichtquelle hin gerichtet sind. Die Meßergebnisse stellen sich am anschaulichsten in Polarkoordinaten dar. In Abb. 307 (Glanzverlauf bei Seidengewebe) bedeuten die Winkel α die Drehstellungen des Prüflings in seiner Ebene. In dieses Schema sind die Kurven der η-Glanzzahlen für verschiedene Kippwinkel δ eingetragen. Zur kürzeren Charakteristik genügen die Kurven der Ketten- und Schußrichtung.

Bei der Glanzmessung von Fasern und Fäden wickelt man dieselben dicht aneinander und in mehreren Lagen übereinander auf ein kleines Pappkärtchen auf und mißt nach den obigen Vorschriften in den zwei Hauptlagen: einmal Fäden nach der Lichtquelle zu („Fadenlage I"), das andre Mal die Fäden senkrecht zur Richtung des einfallenden Lichtes („Fadenlage II"). In Abb. 308 ist auf diese Weise die graphische Darstellung des Glanzes einer weißen Kunstseidenwicklung zustande gekommen. In Fadenlage I entsteht eine dem Spiegelglanz ähnliche Kurve, während in Fadenlage II die Schwankungen im Glanz sehr gering sind. Dabei zeigt die Wicklung in Fadenlage II schon in der Grundstellung einen sehr starken Glanz, während sie in Lage I sehr dunkel und somit glanzlos erscheint. Infolge ihrer Struktur reflektiert die Kunstseide das Licht ziemlich regelmäßig. Daher geht in Lage I das meiste Licht, dem Reflexionsgesetz gehorchend, wie bei einem Planspiegel an der Öffnung des Stufenphotometers vorbei und trifft sie nur bei einem bestimmten Winkel, bei Lage II bilden dagegen die Kunstseidenfäden kleine nebeneinanderliegende erhabene Zylinderspiegel, die in jeder Kippstellung und auch schon in der Grundstellung Licht in das Stufenphotometer werfen.

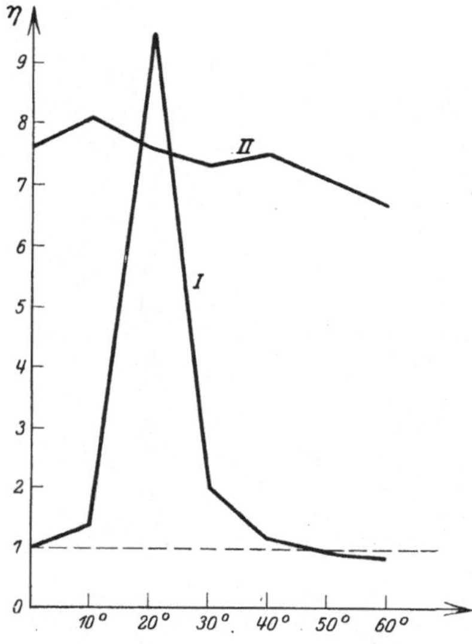

Abb. 308. Glanzkurven einer Kunstseidenfadenwicklung. Fadenlage I: Fäden auf die Lichtquelle hin gerichtet. Fadenlage II: Fäden quer zur Lichtrichtung.

Wenn in diesem Abschnitt die Darstellung der Glanzmessung mit dem Stufenphotometer den breitesten Raum einnimmt, so hat das seinen Grund darin, daß sowohl das Stufenphotometer in der Textilindustrie weite Verbreitung gefunden hat als auch darin, daß die Meßmethode mit demselben die anschaulichsten und natürlichsten Werte gibt. Diese Methode ist sowohl in der Industrie als auch in der Forschung mit gutem Erfolg bisher angewendet worden.

Gegenüber den eben geschilderten Glanzmeßmethoden, welche den Glanz als ein Kontrastphänomen zwischen dem regelmäßig und dem diffus reflektierten Licht einer Fläche auffassen, ist eine andere Methode von R. Kempf und J. Flügge[1] ausgearbeitet worden. Hierbei soll rein physikalisch aus dem wirklich regelmäßig reflektierten Anteil der zurückgeworfenen Lichtmenge und dessen Streuung auf die Struktur der Fläche geschlossen werden, d. h. es soll der Grad der Glätte bzw. Rauhigkeit der Fläche messend festgestellt werden. Dies wird dadurch zu erreichen versucht, daß man die durch die verschieden starke Rauhigkeit der Fläche in verschiedenem Maße hervorgerufene Streuung des regelmäßig reflektierten Lichtes aus der eigentlichen Reflexionsrichtung einer Messung unterzieht, wobei der diffus reflektierte Anteil des Lichts ausgeschaltet bleibt. Ein auf dieser Grundlage beruhender Glanzmesser befindet sich im Bau. Versuche an einem Modellapparat sollen befriedigende Ergebnisse gezeitigt haben.

[1] Kempf, R., u. J. Flügge: Ztschr. Instrumentenkde **49**, 1 (1929). — Flügge, J.: Licht u. Lampe **18**, 328 (1929).

Gummieren von Textilstoffen.

Von R. Weil.

Literatur: Austerweil: Die angewandte Chemie der Luftfahrt. 1914. — Gottlob, K.: Technologie der Kautschukwaren. 1925. — Hinrichsen u. Memmler: Der Kautschuk und seine Prüfung. — Kirchhof, F.: Fortschritte in der Kautschuktechnologie. 1927. — Luff, B. D. W. (deutsch von Fr. C. Schmelkes): Die Chemie des Kautschuks. 1925. — Pearson, H. (übersetzt von P. Krais): Fortschritte der chemischen Technologie in Einzeldarstellungen 18; Das Wasserdichtmachen von Textilien. 1928. — Weber, L.: The Chemistry of Rubber Manufacture. Charles Griffin & Co. 1926.

Zeitschriften: Gummizeitung. Verlag: Union, Berlin. — India Rubber Journal. Verlag: 37/38 Shoe Lane, Fleet Street, London, E. C. 4. — India Rubber World. Verlag: 420 Lexington Ave, Graybar Building, New York N. Y., U. S. A. — Kautschuk. Verlag: Gustav Braunbeck G. m. b. H., Berlin SW 68, Markgrafenstr. 55. — Le Caoutchouc et la Gutta Percha. Verlag: 49, Rue des Vinaigriers, Paris.

Der Kautschuk.

Zum Gummieren der Gewebe zwecks Wasserdicht- und Luftdichtmachung verwendet man Kautschuk, einen Kohlenwasserstoff, der in Form von Kautschukmilch, genannt Latex, in der Rinde vieler tropischer Bäume vorkommt.

Vorkommen des Kautschuks. Das klassische Heimatland des Kautschuks ist Brasilien. Andre Erzeugungsländer von Kautschuk sind Afrika und Asien, insbesondre der Malaische Archipel und Ceylon. Die in den Urwäldern gewonnenen Wildsorten, wovon in erster Linie der Para- und Perukautschuk Südamerikas, der Kongokautschuk Afrikas und der Fikuskautschuk Asiens genannt seien, sind im starken Schwinden begriffen, nachdem es den Engländern gelang (1876), Samen der Hevea brasiliensis aus der Klasse der Euphorbiaceen vom Amazonenstrom nach anfänglichen Fehlschlägen mit Erfolg in Ceylon anzupflanzen. Im Jahre 1927 sind 600000 to Plantagenkautschuk gewonnen worden. Die größten Plantagen, die sich auf Ceylon, Sumatra und Java befinden, sind hauptsächlich von Engländern ($^4/_5$ aller Plantagen) und Holländern angelegt worden. Sie liefern heute mehr als 95 % des Gesamtkautschukbedarfes.

Preisbewegung und Handel des Rohkautschuks. Die Preisbewegung für Rohkautschuk ersieht man am besten aus nachfolgender Tabelle der Gummizeitung. Man sieht daraus, daß auf dem Weltmarkt der Kautschuk in englischen Pfunden gehandelt wird. Es sei übrigens auf die Hausse des Kautschuks im Jahre 1911 hingewiesen, in dem er den Preis von 28 M. pro Kilogramm erreichte.

Annähernde Kautschukhöchstpreise an der Londoner Börse für 1 lb Standard Crêpe:

	sh/d		sh/d		sh/d
1914	2/8	1924	1/8	1927	1/8
1922	1/2	1925	4/7	1928	1/7
1923	1/6	1926	4/6	Ende 1928	0/9

Die Einfuhr nach Deutschland sieht man aus nachstehender Tabelle. Sie hat die Einfuhr der Vorkriegszeit nicht nur erreicht, sondern schon überschritten.

Einfuhr nach Deutschland.

	Gewicht in t	Wert in Mill. M.		Gewicht in t	Wert in Mill. M.
1913	18832	119	1927	42560	167
1925	36100	176	1928	42390	108
1926	25000	121			

(Gummiztg. Nr. 36, 2038 **1929.**)

Die Welterzeugung von Kautschuk betrug:

1905.	62000 t	1914.	120000 t	1919.	327000 t
1913.	108000 t	1917.	266000 t	1923.	400000 t
				1928.	650000 t

Eigenschaft und Zusammensetzung der Kautschukmilch (Latex). Die Kautschukmilch (Latex), die durch Anritzen der Baumrinde nach den verschiedensten Verfahren gewonnen wird, stellt im frischen Zustande ein der Kuhmilch äußerlich ähnliches Produkt dar. Neben Wasser, Eiweiß, Harzen und Salzen enthält der flüssige Latex ca. 30 % Kautschuksubstanz.

Gewinnung des Kautschuks aus Latex. Auf den Plantagen bringt man durch Zusatz von verdünnter Essigsäure und neuerdings Ameisensäure den Latex zum Gerinnen. Dieser Vorgang hat viel Ähnlichkeit mit dem Ausscheiden des Rahms von tierischer Milch, wie denn überhaupt die Kautschukteilchen des Latex mit den Fetttröpfchen in der Milch vergleichbar sind.

Handelsprodukte des Plantagenkautschuks. Der geronnene Kautschuk kommt je nach der Herstellungsart unter der Bezeichnung „Crepe" oder „smoked sheets" in den Handel; seine Farbe ist gewöhnlich weißlichgelb bis dunkelbraun.

Eigenschaften des Kautschuks. Der Kautschuk ist in Wasser, Alkohol, Aceton unlöslich, dagegen löslich in Benzin, Benzol, Äther, Tetrachlorkohlenstoff, Chloroform usw.

Der Kautschukkohlenwasserstoff ist eine sog. ungesättigte, hochmolekulare Verbindung, über die in der letzten Zeit von Gelehrten, wie STAUDINGER, PUMMERER, K. H. MEYER, H. MARK, KATZ, HAUSER, Theorien diskutiert werden, die darauf hinauslaufen, daß die Moleküle stäbchenartig in mehr oder weniger großen Längen aneinander gelagert sind und dadurch das Phänomen der Krystallstruktur, das beim Dehnen durch röntgenologische Untersuchungen beobachtet wird, am besten erklärt. Eine restlose Klärung, wie die Elastizität des Kautschuks, seine hervorragendste Eigenschaft, in dem molekularen Aufbau begründet ist, ist noch nicht gefunden.

Es ist bekannt, daß während des Krieges, als ein großer Mangel dieses Naturproduktes auftrat, der Kautschuk synthetisch hergestellt worden ist. Jedoch war das damalig hergestellte Material dem Naturprodukt nicht völlig ähnlich. Der „Kriegskautschuk" war sog. Methylkautschuk, der in zwei Formationen, und zwar Methylkautschuk W für Weichgummi und Methylkautschuk H für Hartgummi, hergestellt wurde, und zwar während des Krieges insgesamt etwa 2350 t. Sein Ausgangsprodukt war der Kohlenwasserstoff Dimethylbutadien, während die Muttersubstanz des natürlichen Kautschuks Methylkautschuk (Isopren) ist. Das Ausgangsprodukt dieses Kohlenwasserstoffes war das bekannte Aceton.

Über die Preisgestaltung dieses synthetischen Kautschuks lassen sich eigentlich keine rechten Schlüsse ziehen, da im Kriege der Preis des natürlichen Kautschuks künstlich niedergehalten war. Immerhin betrug er damals etwa das Vierfache des natürlichen Kautschuks. Er war in seinen Eigenschaften, besonders in seiner Verarbeitung, dem natürlichen Kautschuk nicht ebenbürtig, konnte aber für eine Reihe von Artikeln, insbesondere für Hartgummi, mit Erfolg verwandt werden. Der Hauptnachteil des synthetischen Kautschuks während des Krieges war der Mangel an Elastizität.

Der in kleineren Mengen, aber nie aus den Laboratoriumsarbeiten herausgekommene künstliche Kautschuk aus Isopren war dem Naturkautschuk wesentlich ähnlicher. Jedenfalls ist die Synthese des Kautschuks während des Krieges als eine Großtat allerersten Ranges zu bezeichnen. Die Erfinder des künstlichen Kautschuks sind FRITZ HOFMANN und COUTELLE.

Verarbeitung des Kautschuks. Der Rohkautschuk ist elastisch und wird durch Kneten mittels Walzen bei geringer Wärme plastisch. Infolge dieser Eigenschaft ist man in der Lage, dem plastisch gewordenen Material pulverförmige Stoffe beizufügen, die für die Vulkanisation, zum Füllen und zum Färben und zur Verbeßrung der Eigenschaften des fertigen Produktes von Wichtigkeit sind.

Vulkanisation des Kautschuks. Man unterscheidet zwei Arten von Kautschukvulkanisation: die „Warmvulkanisation" und die „Kaltvulkanisation".

Die Warmvulkanisation besteht darin, daß man Kautschuk mit Schwefel mischt und die aus solchen Mischungen hergestellten Fabrikate nach der Formgebung eine gewisse Zeit einer Temperatur von etwa 140—160° aussetzt.

Die Kaltvulkanisation wird dadurch herbeigeführt, daß man die vorher nicht geschwefelte Gummisubstanz mit Chlorschwefel behandelt. Der Chlorschwefel (1—6 %) ist in Schwefelkohlenstoff oder Benzin gelöst. Die Vulkanisation erfolgt durch kurzes Eintauchen der Waren in die Lösung, jedoch ist auch eine Vulkanisation durch Einwirkung von Chlorschwefeldämpfen zu erreichen.

Bei den gummierten Stoffen wird die Kaltvulkanisation bevorzugt. Die Vulkanisation der Stoffe selbst erfolgt in der Weise, daß die gummierte Seite dieser Stoffe in Berührung mit der Chlorschwefellösung gebracht wird (s. Abb. 309).

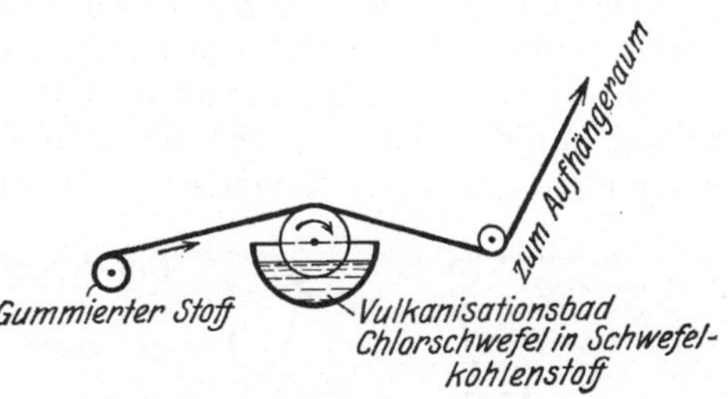

Abb. 309. Kaltvulkanisation von gummierten Geweben.

Die Theorie der Vulkanisation ist noch nicht genügend geklärt. Vermutlich handelt es sich zunächst um kolloidchemische Vorgänge, wobei chemische Reaktionen nebenherlaufen.

Eigenschaften des vulkanisierten Kautschuks. Die Vulkanisation verändert den Kautschuk wesentlich. Er ist nicht mehr löslich in den genannten Lösungsmitteln. Das „Vulkanisat" wird beständiger gegen Licht, Luft und Wärme. Dabei gewinnt es eine weit höhere Elastizität als Kautschuk im Rohzustande besitzt.

Gummierungsmethoden.

Bei der Gummierung von Geweben muß man drei Methoden auseinanderhalten:

I. Die Anwendung von Latex.

II. Die Anwendung von Kautschukmischung in Lösungen von Benzin, Benzol od. dgl.

III. Das Aufbringen der trocknen Gummimischung durch den Kalander.

Einzelne Anwendungsgebiete der Stoffgummierung. Wichtigste Stoffe, die gummiert werden und deren Verwendung. Bei der Gummierung von Geweben unterscheidet man: a) Halbfabrikate und b) Fertigfabrikate. Die Halbfabrikate sind Stoffe, die zur Herstellung von Gummifabrikaten benutzt werden. Es werden z. B. gummiert die Gewebe für Auto- und Fahrradreifen, Schläuche mit „Einlagen" aller Art, für Transportbänder, Fußmatten, Treibriemen. Die wichtigsten gummierten Fertigfabrikate sind Ballonstoffe, Bettstoffe, Verbandstoffe, Kopierblätterstoffe, Schweißblätter, Bekleidungsstoffe, und zwar für Gummimäntel und technische gummierte Anzüge für die Industrie (Bergmannsanzüge), Faltbootstoffe, Harmoniumstoffe, Kratzentücher für die Spinnerei.

Gummierungsmethoden mit Latex.

1. Die Anwendung von Latex als solchen. Die Verwendungsmöglichkeit des Latex in der Gummiindustrie ist schon lange bekannt, aber erst in neuerer Zeit gewinnt die Anwendung steigende Bedeutung.

In Amerika behandeln heute große Gummifabriken ihre Baumwollgewebe für Bereifung (Kordstoffe und Kordgewebe) mit Latex, und zwar derart, daß sie diese Gewebe mit Latex tränken und nachher trocknen und weiterverarbeiten. Man glaubt, daß diese Latexbehandlung dem Fabrikat besonders hochwertige Eigenschaften verleiht, weil der Gummi nicht geknetet, d. h. in geschontem Zustand mit dem Gewebe verbunden wird.

2. Gummierungsmethode mit Revertex nach HAUSER. Einen Fortschritt in der Verwendung von Latex bedeutet der sog. Revertex, d. i. ein nach dem Verfahren von HAUSER „eingedickter Latex".

Revertex kann mit Wasser beliebig verdünnt und ohne Schwierigkeiten mit allen möglichen Füllstoffen versehen werden. Sowohl im Tauchverfahren als auch auf der Streichmaschine können Gewebe mit Revertex behandelt werden (s. Abb. **310** u. **311**).

Die mit Revertex behandelten Stoffe können auch, wenn der Mischung vorher Schwefel zugesetzt wurde, ohne weiteres warm vulkanisiert werden.

3. Gummierungsmethode mit Vultex und Revultex. Es ist auch gelungen, die im Latex vorhandenen Kautschukteilchen sowohl im gewöhnlichen Zustand als auch im Revertex, d. h. also im eingedampften Zustande, durch Zusetzen von Schwefel und geeigneten Vulkanisationsmitteln, zu vulkanisieren, wodurch man ein flüssiges vulkanisiertes wässeriges Material gewinnt. Diese Produkte nennt man je nach dem Ausgangsprodukt Vultex oder Revultex.

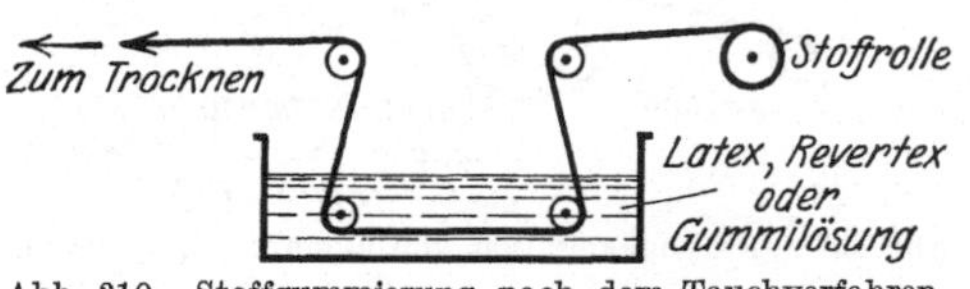

Abb. 310. Stoffgummierung nach dem Tauchverfahren.

4. Gummierungsmethode nach dem Anodeverfahren von KLEIN. Neuerdings ist es auch möglich, nach dem Verfahren von KLEIN durch das sog. Anodeverfahren auch in elektrophoretischer Weise Kautschuk aus dem Latex direkt auf Stoffe niederzuschlagen. Die im Latex enthaltenen Kautschukteilchen haben negative Ladung und wandern im elektrischen Felde an die Anode, wodurch sie koagulieren. Stellt man das so zu gummierende Gewebe in entsprechender Weise dem elektrolytischen Strömungsvorgang in den Weg, so scheidet sich der Kautschuk auf dem Stoff ab. Auch hierbei gelingt es, Schwefel und die nötigen Füllstoffe in den Latex aufzunehmen und diese Stoffe mit Kautschuk zum Niederschlagen zu bringen. Das Trocknen und die Vulkanisation geschieht in der bekannten Weise. Technische Bedeutung hat dieses Verfahren noch nicht gewonnen.

Gummierungsmethode mit Kautschuklösungen.

Der mastizierte Kautschuk wird in den erwähnten Lösungsmitteln, insbesondre aber mit Benzin oder Benzol, in Rührwerken aufgelöst. Je nach dem Verwendungszweck wird die Lösung bald dicker oder dünner gehalten. Soll der Gummiüberzug nachträglich warm vulkanisiert werden, so wird vorher natürlich Schwefel zugesetzt; andre Zusätze richten sich nach den Eigenschaften, die das fertige Fabrikat haben soll.

Füllstoffe für Kautschukmischungen. Die wesentlichsten Füllstoffe sind Zinkweiß, Lithopone, Kreide, Magnesiumcarbonat, Magnesiumoxyd, Ruß u. dgl., sowie organische und anorganische Farbstoffe. Vielfach setzt man auch sog. Weichmacher hinzu, wie Öl, Harz, Bitumen. Auch Regenerat, d. h. wiedergewonnenes Altgummi, wird gegebenenfalls zugesetzt. Ein beliebter Füllstoff und Weichmacher zum Gummieren von Stoffen ist der sog. „Faktis“, d. h. mit Schwefel oder Chlorschwefel behandelte ungesättigte Öle, wie Rüböl, Leinöl usw.

Bei der Warmvulkanisation bedient man sich noch der sog. Vulkanisationsbeschleuniger, d. s. anorganische Verbindungen, wie Calciumoxyd, Bleiglätte, Magnesiumoxyd oder organische Stoffe, nämlich stickstoffhaltige Verbindungen, wie aliphatische oder organische Amine oder deren Verbindungen mit Aldehyd oder Schwefelkohlenstoff oder stickstofffreie Verbindungen, wie z. B. Xanthogenate. Die wichtigsten dieser Stoffe sind: Thiocarbanilid, Hexamethylentetramin, Diphenylguanidin, Mercaptobenzthiazol.

Die chemische oder kolloidchemische Rolle dieser Beschleuniger ist ebenso wie das Verhalten der Füllstoffe in der Kautschukmischung eine immer noch offene Frage. Jedenfalls bedeutet aber die Anwendung namentlich der organischen Beschleuniger eine wesentliche Verbeßrung des Vulkanisates, insbesondre auch in bezug auf die Alterung des Kautschuks.

Kautschuklösungen können nun auf verschiedene Weise in Anwendung kommen. Meistens bedient man sich zur Verarbeitung der sog. Streichmaschine (s. Abb. 311).

Bei dieser Art der Gummierung wird der Stoff unter einem Streichmesser hindurch über eine sich drehende Walze geführt. Die Lösung wird vor dem Streichmesser auf den Stoff gebracht. Je nach der Stellung des Streichmessers nimmt der Stoff bei jeder Passage eine mehr oder weniger dicke Gummischicht auf. Der Stoff wird dann über heiße Platten geführt, deren Temperatur so geregelt ist, daß beim Wiederaufwickeln das Lösungsmittel verdunstet ist. Je nach dem Verwendungszweck des Fabrikates wird dieser Vorgang 5—100mal wiederholt. Die Gummiaufnahme wird durch zeitweiliges Wiegen kontrolliert.

Bei einer andern Art der Gummierung führt man die Stoffe in einen Trog, der die Lösung enthält (s. Abb. 310). Hierbei werden gleich beide Seiten des Stoffes mit Gummi überzogen.

Auch des Kalanders kann man sich zum Gummieren von Stoffen mit Hilfe von Gummilösungen bedienen. Hierbei wird der Stoff zwischen zwei Kalanderwalzen hindurchgeführt, und die verhältnismäßig dickflüssigen Lösungen werden durch den Druck der Walzen in das Gewebe hineingepreßt. Dieses Verfahren wird bei dickeren Geweben bevorzugt, die gut mit Gummi durchsetzt werden sollen.

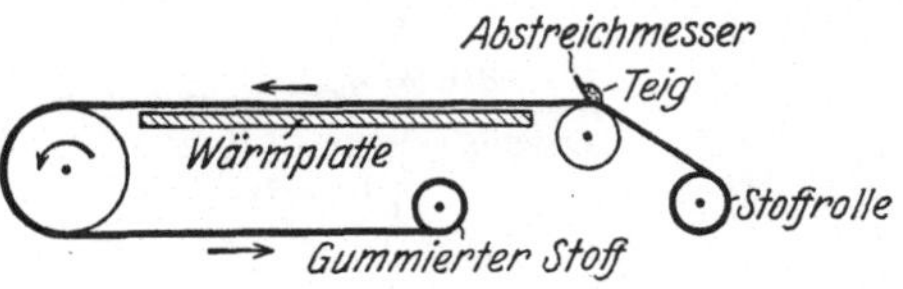

Abb. 311.
Stoffgummierung mit Hilfe der Streichmaschine.

Das Trocknen der gummierten Stoffe geschieht bei den zuletzt genannten beiden Verfahren in der Regel dadurch, daß man den Stoff über von innen geheizte Walzen oder Trommeln leitet. Das verdunstete Lösungsmittel kann bis 80% und mehr wieder gewonnen werden.

Gummieren von Einzelfäden nebeneinander. Man gummiert nicht nur fertige Gewebe, sondern man kann auch Einzelfäden mit Gummi überziehen. Dabei bedient man sich besonders des Troges oder des Kalanders oder einer geeigneten Vereinigung beider Apparate. Die von einem Kettenbaum oder vom Spulengatter (Creel) abgezogenen Fäden kleben dabei aneinander und stellen dann ein fertiges Gewebe dar, bei dem der klebende Gummi gewissermaßen die Rolle des Schusses übernommen hat. Die so hergestellten Gewebe finden besonders Verwendung als sog. „Cord“ in der Reifenfabrikation.

Anwendungsgebiet. Im allgemeinen kann man sagen, daß man zur Herstellung von Fertigfabrikaten, wie Bettstoffen, Ballonstoffen, Stoffen für Gummimäntel, Eisbeutelstoffen, Wagenverdeckstoffen, Taucher- und Bergmannsanzugstoffen, Faltbootstoffen usw. sich der Streichmaschine bedient, da dieses Verfahren den Stoffen den besten „finish“ gibt. Das Tauchverfahren und die Kalandermethoden benutzt man dagegen mehr zur Erzeugung von Halbfabrikaten, die noch weiterverarbeitet werden, wie beispielsweise Schlaucheinlagen, Reifeneinlagen usw. In all diesen Fällen handelt es sich zum größten Teil um Baumwollstoffe.

Für Gummimäntel und für einige besondre Zwecke wird vielfach aber auch Seide, Kunstseide, Wolle benutzt, ebenso finden auch Leinen, Hanf und Jute Verwendung.

Die Vulkanisation dieser Stoffe geschieht, wenn es sich um Warmvulkanisation handelt, meistens dadurch, daß man die Stoffe auf Trommeln wickelt und in Dampfkessel unter Druck erhitzt. Dieser Vulkanisationsprozeß kann aber nur bei vegetabilen Fasern oder Faserstoffen benutzt werden. Tierische Fasern verlieren bei der Warmvulkanisation an Festigkeit, deshalb zieht man hier die Kaltvulkanisation vor. Neuerdings wendet man auch vielfach „Luftheizung“ an.

Gummierungsmethode mit dem Kalander.

Hierbei verwendet man die geknetete Gummimischung, die mit allen Vulkanisier-, Füll- und Farbstoffen bereits versehen ist. Man unterscheidet a) einerseits das Friktionieren, b) andrerseits das Skimmen, Coaten oder Plattieren.

Man benutzt zu diesem Verfahren einen Zwei-, Drei- oder Vierwalzenkalander. Beim a) Friktionieren haben die Walzen, durch die man den Stoff hindurchführt, verschiedene Umlaufzeiten, d. h. Friktion. Durch die Friktion der Walzen erreicht man, daß die Gummimassen in das Gewebe hinein-

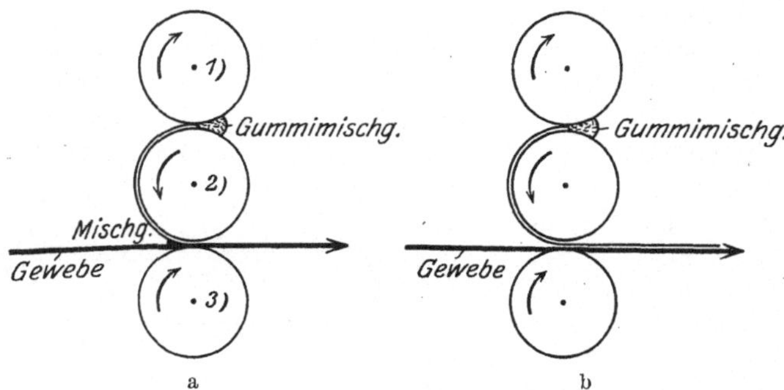

Abb. 312. Gummieren mit dem Kalander.
a) Friktionierung. b) Plattieren (coaten oder skimmen).

gedrückt bzw. hineingerieben werden. Bei diesem Vorgang werden die Walzen erwärmt. Haben die Walzen die gleiche Geschwindigkeit, so wird die Gummimasse nicht hineingepreßt, sondern b) die auf einer Walze aufliegende Kautschukhaut wird als Platte abgehoben und von dem durchlaufenden Stoff mitgenommen. Dieses Verfahren nennt man Skimmen, Coaten oder Plattieren (s. Abb. 312 a u. b).

Anwendungsgebiet. Diese beiden Verfahren werden in den seltensten Fällen für Fertigfabrikate benutzt, aber fast immer als Zwischenfabrikation zur Herstellung von Geweben, die als Einlage zu den verschiedensten Gummifabrikaten Verwendung finden, insbesondre für Bereifungen, Schläuche, Riemen, Transportbänder. Aber nicht nur Gewebe im üblichen Sinne werden auf diese Weise gummiert, sondern neuerdings auch Kordstoffe, d. h. schußlose bzw. schußarme Gewebe, wie sie zur Reifenfabrikation heute allgemein Verwendung finden. Die Kordfäden werden dabei in den Gummi eingebettet und gewissermaßen zu einem Gewebe verbunden, das dann dem Reifen eine besondre Elastizität gibt. Ganz neuerdings gummiert man auf diese Weise auch die einzelnen Kordfäden, die dabei vom Spulengatter (Creel) abgezogen werden.

Betriebskontrolle.

Wichtig ist, darauf hinzuweisen, daß heute die modernen Gummifabriken besonders gut eingerichtete Gewebelaboratorien haben, deren Hauptaufgabe darin besteht, die Rohstoffe sorgfältig auszuwählen und für richtige Konstruktion der

Gewebe zu sorgen. Die Untersuchung der Gewebe und des Rohmaterials darf sich nicht nur beschränken auf die Herkunft und Art des Materials, Bestimmung des Stapels, sondern muß sich auch auf die Vulkanisationsfähigkeit des Materials erstrecken. Ganz besondres Augenmerk muß gerichtet werden auf Festigkeit, Dehnung, Gewicht und Dicke der Gewebe, da die genaue Einhaltung dieser Eigenschaften in der Bereifungs- und Riemenfabrikation von allergrößter Bedeutung ist. Es muß ferner festgestellt werden, ob die Stoffe den Zusätzen der Mischungen während der Vulkanisation standhalten und ob andrerseits die Gewebe selbst nicht Stoffe wie Kupfer, Säure, Mangan oder ähnliche Verbindungen enthalten. Es hat sich herausgestellt, daß insbesondre Kupfer und Mangan, manchmal auch Eisenverbindungen die Gummimischung in kürzester Zeit verderben. Auch die gefärbten Stoffe müssen fortlaufend daraufhin untersucht werden, ob die Farbstoffe den gestellten Bedingungen entsprechen.

Es besteht heute eine innige Zusammenarbeit zwischen Spinner, Weber und der die Gewebe verarbeitenden Gummiindustrie, eine Gemeinschaft, die schon bedeutende Vorteile für beide Teile gebracht hat.

Prüfmethoden. Offizielle Prüfmethoden für gummierte Stoffe sind noch nicht eingeführt. Man prüft jedoch in der Regel die Wasserdichtigkeit der Stoffe so, daß man den zu prüfenden Stoff an 4 Punkten aufhängt, so daß er eine Mulde bildet. In diese Mulde füllt man Wasser so hinein, daß die tiefste Stelle etwa 7 cm ist. Wenn nach 24 Stunden keine Wasserdurchlässigkeit beobachtet wird, gilt der Stoff als dicht (s. a. u. Imprägnierung, Prüfung). Eine bessere Methode besteht darin, daß man ein rundes Stück des zu prüfenden Stoffes in Ringe einspannt und unter dem Druck Wasser einer bestimmten Wassersäule hindurch zu drücken versucht, wobei sich herausgestellt hat, daß wasserdichte Stoffe eine Wassersäule von 500—750 mm Druck aushalten müssen, ohne daß eine Durchperlung des Wassers eintritt.

Die Messung der Gasdichtigkeit der Stoffe ist besonders wichtig für Ballonstoffe und für Membranstoffe. Man prüft diese Stoffe in minder wichtigen Fällen auf Luftdichtigkeit, indem man sie demselben Verfahren unterwirft, wie oben geschildert, nur daß man an den Stoff kein Wasser herantreten läßt, sondern eine Luftschicht, die man mit Hilfe einer Wassersäule zusammendrückt. Durch Auffüllen von Wasser bzw. Seifenwasser auf den zu prüfenden Stoff stellt man dann fest, bei welchem Wasserdruck die ersten Luftblasen kommen.

Die Dichtigkeit gegen Wasserstoff wird jetzt allgemein mit einem Apparat nach WURTZEL ermittelt. Das Verfahren besteht darin, daß man einen Gasraum nach der einen Seite hin mit dem zu prüfenden gummierten Stoff abschließt und nach der andern Seite mit einer Quecksilbersäule. Die Quecksilbersäule kann dauernd durch eine mechanische Einrichtung so bewegt werden, daß immer derselbe Druck von 30 mm während der ganzen Prüfung eingehalten wird. Bei dichten Stoffen wird diese mechanische Regulierung sich wenig bewegen, die Kurve wird „flach" bleiben, während bei einem undichten Stoff die automatische Regulierung fortgesetzt ansteigt und dadurch die Kurve „steil" wird. Man verlangt heute, daß ein guter Ballonstoff innerhalb 24 Stunden pro Quadratmeter höchstens 10 l Wasserstoff durchläßt.

Man prüft ferner die gummierten Stoffe auch auf ihre Lichtbeständigkeit, indem man sie entweder dem Sonnenlicht oder dem Licht der ultravioletten Lampe aussetzt.

Eine immer wichtiger werdende Untersuchung ist die Bestimmung der Alterung der gummierten Stoffe. Man prüft sie entweder nach GEER, indem man die Stoffe 9 Tage einer Wärme von 70° aussetzt, oder nach BIERER, indem man sie 2 Tage lang in Sauerstoff einem Druck von 20 Atm. aussetzt. Man beobachtet das Verhalten vor und nach dieser Beanspruchung.

Hochveredlung der Baumwolle.

Von A. Bodmer.

Literatur: Dieses Gebiet ist bisher kaum im Zusammenhange behandelt worden. Einzelne Angaben sind, meist auf Patentschriften fußend, in Handbüchern und Zeitschriften zu finden. Buchwerke mit nennenswerten Hinweisen sind: Gaumnitz in Handbuch des Zeugdrucks. 1928. — Haller: Chemische Technologie der Baumwolle. In Herzog: Technologie der Textilfasern **4**. 1928. — Heermann: Technologie der Textilveredlung. 1926. — Herzinger: Die Veredlung der Baumwollfaser. 1926. — Krais: Textilindustrie. 1924. Techn. Fortschrittsber. **3**. — Lehne: Textilchemische Erfindungen, 1927ff. — Matthews-Anderau: Die Textilfasern. 1928. — Sedlaczek: Die Mercerisierungsverfahren. 1928.

Abhandlungen in Zeitschriften: Beil: Eine neue Veredlung der Baumwolle. Ztschr. ang. Ch. **1924**, 689. — Bodmer: Beiträge zur Geschichte der Entwicklung der Hochveredlungsverfahren (mit Stoffmustern). Mell. Text. **1926**, 232. — Kertesz: Über einige Neuerungen auf dem Gebiete der Textilindustrie. Ebenda **1923**, 477. — Kind: Das Verwollen von Baumwollgeweben. Ebenda **1925**, 661. — Krais: Verwandlungen der Baumwolle. Textil-Echo **1925**, 165. — Marschall: Die Appretur der Glasbatiste. Mell. Text. **1923**, 32, 81. — Melliand: Gminder Linnen, Opal, Glasbatist, Philana. Ebenda **1925**, 340. — Philana, A. G.: Das Verwollen von Baumwollgeweben. Ebenda **1925**, 662. — Tagliani: Über einige Analogien zwischen alten und neuen chemischen Vorbehandlungen der Baumwolle. Ebenda **1924**, 177. — Tagliani: Neue chemische Veränderungen der Baumwolle. Ebenda **1925**, 425.

Allgemeines.

Verfolgt man die Entwicklung der Baumwollindustrie im 19. Jahrhundert, so ist zu beobachten, daß sich das Bedürfnis nach höherer Veredlung schon früh geltend machte. Man gab sich nicht mehr damit zufrieden, die rohen Garne und Gewebe nur zu reinigen, zu bleichen, zu färben und zu bedrucken, sondern man versuchte diese Produkte mit mehr oder weniger Erfolg noch durch die Appretur für den Verkauf besonders zurechtzumachen, wofür die mannigfaltigsten Behandlungsweisen zur Anwendung gelangten. Mittels Stärkeappretur sollte Dichte, Griff und Geschlossenheit erreicht, durch Pressen, Glätten, Rauhen u. dgl. die Oberfläche der Fasergebilde verändert werden. Die Vervollkommnung der Maschinen und Arbeitsmethoden hatte denn auch die Ausrüstung auf eine hohe Stufe gebracht. Jedoch waren diese auf mechanische Weise erzielten Appretureffekte von recht geringer Haltbarkeit, so daß oft ein vorteilhaft aussehender Stoff durch eine einzige Wäsche wieder ganz unansehnlich wurde.

Die Bemühungen, die Baumwolle durch Veredlung den wertvolleren Fasern bleibend ähnlich zu gestalten, fanden ihren ersten Erfolg in der Mercerisation (s. d.). Die Erzeugung des haltbaren Seidenglanzes auf dem Wege des Mercerisierens war eine epochemachende Neuerung und gab weiterhin Anregungen, die Baumwolle auf chemischem Wege von Grund aus zu verändern. Wenn dabei auch in erster Linie die edleren natürlichen Fasern, nämlich die Seide, die Wolle oder das Leinen, als Ideal vorschwebten, so führte die weitere Entwicklung sogar zu völlig neuartigen, bis dahin unbekannten Produkten.

Aus der Grundlage der Mercerisierungsverfahren heraus hat sich die Bildung der heute einen beträchtlichen Industriezweig umfassenden neuen Veredlungsverfahren vollzogen, für welche vor einigen Jahren der treffende Ausdruck „Hochveredlung" geprägt worden ist. Kennzeichnend für „hochveredelte" Ware ist vor allem (neben der Erzielung eines gefälligen Effekts) ihre durch die chemisch-physikalische Veränderung der Faser bedingte Widerstandsfähigkeit gegen Wäsche, also die Permanenz des Veredlungseffekts. Da sich diese neuartigen Verfahren selbständig entwickelt haben, rechtfertigt es sich auch, wenn sich die technische Terminologie auch den veränderten Verhältnissen anpaßt. Es geht heute nicht mehr an (wie dies in Lehrbüchern noch zu finden ist), von einer „Säuremercerisation" zu sprechen, sondern es ist im Interesse einer klaren und reinlichen Unterscheidung zu verlangen, daß als Mercerisation künftig nur die Erzeugung des Seidenglanzes auf Baumwolle durch die übliche Behandlung des Materials mit Alkalien unter Spannung zu verstehen ist, wie dies bereits im Textilhandel im Laufe des letzten Jahrzehnts allgemeinüblich geworden ist.

Säureveredlung.

Schon MERCER hat in seinem klassischen Patent[1] aus dem Jahre 1850 vorgeschlagen, die durch Natronlauge erzielbare Verdichtung der Baumwolle durch Schwefelsäure zu bewirken. Auch später begegnet man vereinzelten schüchternen Versuchen, die als zu gefährlich für pflanzliche Fasern bekannten, verhältnismäßig konzentrierten anorganischen Säuren zur Veredlung zu empfehlen[2]. Doch war damals an eine praktische Verwendung dieser Mittel nicht zu denken, und solche Vorschläge dienten mehr dazu, entweder bestehende Patente vor Umgehungen zu schützen oder aber solche selbst zu umgehen. Es scheint aber, daß THOMAS und PREVOST, Krefeld, die Pioniere der Mercerisation, bei ihren weiteren Forschungen doch eine Ahnung von neuen Dingen gehabt hätten, denn in ihrem Patent im Jahre 1900[3] dringt schon die Erkenntnis durch, daß mittels Säure und andern Quellungsmitteln eine haltbare Appretur zu erzeugen sei. Praktisch scheint jedoch dieses Verfahren niemals ausgeübt worden zu sein, denn solchermaßen veredelte Gewebe sind nicht auf den Markt gelangt. Später kam die Firma Heberlein & Co., Wattwil, auf den Gedanken, die schon längst bekannte Pergamentierung des Papiers auf Baumwollgewebe zu übertragen. Nach vielen langwierigen und kostspieligen Versuchen gelang es ihr schließlich, im Jahre 1909 feine Baumwollgewebe (Batist und Musselin) ohne Schaden mittels konzentrierter Schwefelsäure zu veredeln und damit den heute unter dem Namen „Transparent“ bekannten Artikel auf den Markt zu bringen.

Transparent, Glasbatist, Swiss Finish oder Permanentfinish.

Die Firma HEBERLEIN & Co. machte bald die Beobachtung, daß die Versteifung und Pergamentierung der Baumwolle nur mittels der Kombination von Schwefelsäureeinwirkung mit alkalischer Mercerisation zu besonders guten und, was namentlich wichtig war, durch ihre Klarheit und Durchsichtigkeit ausgezeichneten Stoffen führte. Die Transparentgewebe wurden vom Handel begierig aufgegriffen und haben eine dauernde Verwendung für Besatzartikel an Damenkleidern als Kragen, Manschetten usw. gefunden. Die Mode verlangte zeitweilig auch ganze Kleider aus dem durchsichtigen Gewebe, so daß in manchen Jahren enorme Mengen feiner Baumwollbatiste nach diesem Verfahren veredelt worden sind. Die Fabrikation des Artikels ist durch Patente[4] geschützt und wird wie folgt ausgeführt:

Mercerisierte und zweckmäßig gebleichte Gewebe läßt man während einiger (3—20) Sekunden durch einen Trog mit Schwefelsäure von 51—60° Bé passieren und trägt dafür Sorge, daß danach ein gleichmäßiges und rasches Waschen stattfindet. Die Temperatur des Säurebads ist tunlichst niedrig zu halten, damit ein schädlicher Abbau der Cellulose vermieden wird. Nach dem Auswaschen wird das Gewebe nochmals mercerisiert und nach wiederholtem Waschen auf besondern Spannmaschinen getrocknet, wobei durch Bewegung der Leisten während des Austrocknens eine gewisse Elastizität und Schmiegsamkeit trotz der natürlichen Steifheit des Griffs der Ware gewährleistet wird.

---

[1] E.P. 13296/1850 (1850) MERCER.
[2] D.R.P. 21380 (1882) LIGHTOLLER; D.R.P. 30966 (1884), D.R.P. 37658 (1885) DEPOULLY; D.R.P. 109607 (1896) SCHEULEN; D.R.P. 85564 (1895) THOMAS & PREVOST.
[3] D.R.P. 129883 (1900) THOMAS & PREVOST.
[4] D.R.P. 280134 (1913), D.R.P. 295816 (1915) HEBERLEIN.

Dieser Artikel kann auf verschiedenste Art gefärbt und bedruckt werden, jedoch unter gewissen Vorsichtsmaßregeln, da die Affinität der transparenten Fäden zu Farbstoffen sehr groß ist. Die ganze Prozedur erfordert, was leicht verständlich ist, ein peinlich genaues Arbeiten, wenn gleichmäßige Resultate erzielt werden sollen, da die Hauptbehandlung sich innerhalb weniger Sekunden abspielt. Dieses patentierte Verfahren wird auch von einer Reihe von Firmen lizenzweise ausgeübt. Auch haben sich minderwertige Nachahmungen wie überall, wo Neues hergestellt wird, bemerkbar gemacht.

Die großen Erfolge, welche der Firma Heberlein & Co. durch die Schaffung des genannten Artikels und auch andrer noch zu erwähnender neuer Verfahren beschieden waren, mußten in der Fachwelt Aufsehen erregen und auch zu weiterer Forschung anreizen. So fanden HEBERLEIN & Co.[1] im Pyridin und ähnlichen Basen ein Mittel, um die manchmal schwer zu kontrollierende Säurewirkung zu stabilisieren. Denselben Zweck versucht ein französischer Erfinder, LEFEBVRE-HORENT[2], mittels Glycerin zu erreichen, jedoch hat Glycerin den Nachteil der leichten Zersetzlichkeit. Neuerdings sind Formaldehyd durch TOOTAL BROADHURST LEE Co. Ltd.[3] und Ammonsalze durch Textilwerk HORN[4] als Zusätze zur Säure vorgeschlagen worden. Eine Verbeßrung will A. G. CILANDER[5] durch Abkühlung der Säure erzielen. FORSTER[6] stellt eine Verfahrenskombination, bestehend in der Anwendung schwacher und starker Säure mit Mercerisation, unter Schutz. Mittels Mischungen von Schwefelsäure mit Salpetersäure erzeugt A. G. SEERIET[7] Transparenteffekte.

Schrumpfeffekte.

Während bei den vorstehend beschriebenen Verfahren die durch die Quellung bewirkte Veränderung der Faser unter kaum merkbarer Schrumpfung sich vollzieht, bezwecken die nachfolgend zu erwähnenden Arbeitsmethoden eine Verdichtung des Fasergebildes durch die eintretende Kontraktion. Auch hierbei zeigt sich entwicklungsgeschichtlich eine Parallele zu den obengenannten Pergamentierungsverfahren, indem die Grundlage, obwohl längst bekannt, erst in neuester Zeit zur Auswertung gelangte. Wohl erregte zu Zeiten MERCERS die durch Natronlauge bewirkte Schrumpfung und die dabei erzielte Verdichtung großes Aufsehen, jedoch wußte der Praktiker nicht viel damit anzufangen. Wenn etwa die Färbbarkeit einer Ware zu wünschen übrig ließ, so versuchte der Färber durch mäßig konzentrierte Natronlauge ein gelindes Eingehen und damit erfahrungsgemäß ein beßres Egalisieren im Färbebade zu erzwingen. MERCER ist bei seinen Versuchen zur Ansicht gelangt, daß konzentrierte Säure eine analoge Wirkung wie Alkalilauge auf die Faser ausübe. Noch heute findet man diese Auffassung in der Fachliteratur vertreten. Bei genauer Beobachtung kann man aber feststellen, daß Schwefel-, Phosphor- und Salpetersäure die Baumwolle in andrer Weise als Natronlauge beeinflussen. Richtig ist, daß in allen diesen Fällen primär eine Quellung einsetzt, diese aber nicht nur zeitlich, sondern auch in sekundärer Auswirkung, je nach Art des angewandten Mittels, sehr verschieden verläuft. Sich selbst überlassen gelangt die durch Lauge bewirkte Quellung rasch zu einem natürlichen Stillstand. Die Säurequellung jedoch geht, je nach Art des Quellungsmittels, rasch oder langsam in hydrolytische und veresternde Reaktionen über, welche, im geeigneten Moment unterbrochen, eigenartige Wirkungen auszulösen imstande sind. Auch auf diesem Gebiete

[1] D.R.P. 433180 (1922) HEBERLEIN. [2] F.P. 519745 (1919) LEFEBVRE-HORENT.
[3] E.P. 200881 (1922) TOOTAL BROADHURST LEE.
[4] E.P. 195620 (1923) TEXTILWERK HORN. [5] F.P. 482282 (1916) A. G. CILANDER.
[6] D.R.P. 360326 (1920) FORSTER (übertragen auf HEBERLEIN).
[7] Am.P. 1395472 (1920) A. G. SEERIET (übertragen auf HEBERLEIN).

hatten Heberlein & Co. durch systematische Versuche den entscheidenden ersten Schritt getan und damit den heute in der Damenkonfektions- und Wäschebranche beliebten „Opalartikel" geschaffen.

Opal.

Heberlein & Co. beobachteten, daß Schwefelsäure von Konzentrationen unter 51° Bé auf die Baumwolle nicht pergamentierend, sondern schrumpfend wirkt und dabei in Kombination mit vorausgehender oder nachfolgender Mercerisation bei Anwendung geeigneter lockerer Gewebekonstruktionen einen neuen, bisher unbekannten technischen Effekt von eigenartiger Schönheit erzeugt[1]. Eine leicht kreppartige Beschaffenheit, verbunden mit weichem Griff der Ware, ein milchiges, halb durchscheinendes Aussehen (daher der Name Opal), wozu eine bei sonstigen Veredlungsverfahren nicht gekannte Hebung der Gleichmäßigkeit der Textur hinzukommt, sicherten dem neuen Artikel rasche Aufnahme im Handel. Die Ausübung dieses Veredlungsverfahrens ist von der Erfinderin ebenfalls einer Reihe andrer Firmen lizenzweise überlassen worden.

In der Praxis gestaltet sich die Fabrikation dieses Artikels recht umständlich. Was oben bei Besprechung des Transparentartikels über die peinlich exakte Durchführung des Arbeitsgangs gesagt worden ist, trifft hier noch in weit höherem Maße zu. Tadellose Vorbleiche und Mercerisation sind zur Erlangung richtigen Ausfalls unumgänglich erforderlich. Die Säurebehandlung selbst mit Schwefelsäure von 49—51° Bé während mehrerer Minuten erfordert eine ständige Kontrolle bezüglich Konzentration, Temperatur und Zeit, welche Faktoren jeweils der Art der zu behandelnden Ware anzupassen sind. Ein wichtiger Umstand ist auch darin zu erblicken, daß maschinell dafür gesorgt werden muß, die Schrumpfung nicht durch Zug und Druck ungünstig zu beeinflussen. Daß der korrodierenden Wirkung der Säure hier wie auch beim Transparentverfahren durch besondre Auswahl der Apparatebaustoffe Rechnung getragen werden muß, erscheint selbstverständlich. Es finden daher Blei, Glas, Hartgummi u. dgl. Verwendung in der Apparatur.

Auch diese Veredlungsart ist durch eine bedeutende Erhöhung der Affinität der Faser zu Farbstoffen gekennzeichnet; es gilt hier ebenfalls das für das Färben unter Transparent Gesagte. Läßt man an Stelle der vorausgehenden Mercerisation die Mercerisation der Säurebehandlung nachfolgen, so erhält man ähnliche Effekte[2]. Ebenso läßt sich die Schwefelsäure durch andre Quellungsmittel ersetzen; hierfür sind Phosphorsäure, Salzsäure, Salpetersäure, ferner Lösungen von Kupferoxydammoniak oder Chlorzink vorgeschlagen worden[3]. Durch abwechslungsweise wiederholte Mercerisation und Säurebehandlung gelang es der Firma Heberlein & Co., ein Mittelding zwischen Transparent- und Opaleffekt zu erhalten, ein kreppartiges, steifes Gewebe, dessen Gewebestruktur dermaßen ausgeglichen erscheint, daß die einzelnen Fäden kaum mehr zu erkennen sind[4].

Verwollung.

Vor einigen Jahren wurde die Fachwelt auf eine Reihe von Patenten von Ch. Schwartz aufmerksam gemacht[5]. Es sollte mittels dieser unter dem Namen „Philanierung" eingeführten Verfahren gelingen, Baumwolle durch Behandlung mit Lösungen von Cellulose, Stärke oder andern Kohlenhydraten, auch Proteinen, in Salpetersäure in eine der tierischen Wolle in allen Eigenschaften täuschend ähnliches Produkt überzuführen. Aus verschiedenen Publikationen

---

[1] D.R.P. 290444 (1913) Heberlein. [2] D.R.P. 294571 (1914) Heberlein.
[3] D.R.P. 292213 (1914) Heberlein. [4] D.R.P. 295816 (1915) Heberlein.
[5] D.R.P. 389547 (1918), D.R.P. 392122 (1919), D.R.P. 392655 (1919) Schwartz; F.P. 512644 (1919) Gillet.

konnte man später herauslesen, daß das wirksame Agens die Salpetersäure sei[1]. Nun war aber die schrumpfende Wirkung von mäßig konzentrierter Salpetersäure schon längst bekannt: HEBERLEIN & Co. fanden schon im Jahre 1914, daß man mittels Salpetersäure von 43—46° Bé in Kombination mit Mercerisation wollähnliche Effekte zu erzeugen imstande sei[2]. Diese Firma hatte wohlweislich mit der Ausübung dieses Verfahrens zurückgehalten, weil das ungleich leichter durchführbare Schwefelsäureverfahren technisch wichtiger erschien. Als dann die neugegründete Philana A.-G. mit einem beträchtlichen Aufwand an Reklame auf den Plan trat, fanden es HEBERLEIN & Co. begreiflicherweise für richtig, aus der bisherigen Reserve herauszutreten und ihr Produkt unter der Bezeichnung „Hecolan" auf den Markt zu bringen. Tatsächlich zeigt ein geeignetes, nicht zu dicht gestelltes, mercerisiertes und mit Salpetersäure behandeltes Gewebe einen bisher unerreichten wollartigen Charakter, sowohl in bezug auf elastischen wolligen Griff als auch auf geringes Wärmeleitungsvermögen und weist zudem eine nicht nur durch die Schrumpfung bedingte Festigkeitszunahme auf. Leider hat die Verwollung mit Salpetersäure die auf sie gesetzten Hoffnungen nicht erfüllt, indem auch nach Überwindung außergewöhnlicher technischer Schwierigkeiten das Produkt gewisse unerwünschte Eigenschaften zeigte, nämlich eine ausgeprägte Alkaliempfindlichkeit und unegales Anfärben infolge der überaus großen Affinität zu Farbstoffen. Wenn auch der durch die starke Schrumpfung bedingte Längen- und Breiteneingang (bis 15% bzw. bis 30%) der Gewebe durch sachgemäß gewählte Gewebekonstruktion ausgeglichen werden konnte, so blieb das Verfahren doch so kostspielig, daß die Preisspanne zwischen Wollgeweben und verwollten Baumwollstoffen sich zu klein gestaltete, um besondre Handelserfolge zu erhoffen. Die Philana A.-G. sah sich veranlaßt, die in Gemeinschaft mit den Höchster Farbwerken betriebene Fabrikation einzustellen. Später ist es HEBERLEIN & Co. gelungen[3], durch Denitrieren der immer eine gewisse Menge gebundenen Stickstoff enthaltenden Gewebe die obenerwähnten ungünstigen Eigenschaften der veredelten Ware zu verbessern. Über die Theorie der Salpetersäureverwollung ist in den verschiedenen Fachzeitschriften berichtet worden (s. Literaturverzeichnis). Zweifellos hat die labile Esterbildung, die von KNECHT[4] zuerst nachgewiesen wurde, eine besondre Bedeutung und ist wohl die Ursache, daß der hydrolytische Abbau der Cellulose bei Einwirkung der Salpetersäure viel geringer ist als bei Anwendung von Schwefelsäure.

Salzveredlung.

Die in einer Reihe von Patenten vorgeschlagenen salzartigen Quellungsmittel, wie Chlorzink, Rhodancalcium, Kupferoxydammoniak, besitzen größtenteils nur ein theoretisches Interesse[5]; auch waren patentrechtliche Gründe oft maßgebend für deren Aufführung. Man erreicht mit diesen Mitteln nur die schon bekannten Veredlungseffekte entsprechend dem Transparent- und Opaleffekt. Einzig Kupferoxydammoniak scheint vielleicht berufen zu sein, eine gewisse Rolle in der Veredlungstechnik zu spielen.

An dieser Stelle sind ebenfalls die schon lange bekannten Verfahren der oberflächlichen Viscosierung (s. a. u. Imprägnierung) der Baumwolle zu

---

[1] F.P. 506403 (1919) GILLET. [2] D.R.P. 292213 (1914) HEBERLEIN.

[3] D.R.P. 444189 (1925) HEBERLEIN.

[4] SCHWALBE: Chemie der Cellulose, S. 65, 66. 1911.

[5] D.R.P. 292213 (1914), D.R.P. 295816 (1915) HEBERLEIN; D.R.P. 129883 (1900) THOMAS & PREVOST; E.P. 225680 (1923) CHEETHAM; D.R.P. 405517 (1923) CALICO PRINTERS ASSOCIATION; Am.P. 682494 (1900) REICHMANN & LAGERQUIST; D.R.P. 441526 (1924) HÜBNER.

nennen, welche in neuester Zeit wiederum Gegenstand von Patenten LILIENFELDS geworden sind[1]. Jedoch scheinen bis heute noch keine praktischen Erfolge damit erzielt worden zu sein.

Laugenveredlung.

Eine ausführlichere Betrachtung verdienen die durch konzentrierte Alkalilaugen erzielbaren Veredlungen, wobei vorausgeschickt sei, daß die altbekannte Mercerisation (s. d.), die Erzeugung des Seidenglanzes, welche in einem andern Kapitel eingehend besprochen ist, hier übergangen wird.

Eine alte Erfahrung des praktischen Merceriseurs war die Tatsache, daß ein guter Glanzeffekt besonders vorteilhaft mit (etwas unter Zimmertemperatur) gekühlter Natronlauge zu erreichen sei. Sowohl die Wirkungen tiefgekühlter als auch erhitzter konzentrierter Laugen hat man jedoch früher nicht erkannt; erst in neuester Zeit sind diese extremen Bedingungen durch die Forschung erfaßt und technischer Verwertung zugeführt worden.

Kalt-Mercerisation.

Man hatte schon früher beobachtet, daß verdünnte Natronlauge bei starker Abkühlung eine ähnliche mercerisierende Wirkung wie eine stärker konzentrierte Lauge bei gewöhnlicher Temperatur auszuüben imstande ist. Es ist dementsprechend vorgeschlagen worden, zwecks Laugenersparnis mit verdünnten Alkalien bei niedriger Temperatur zu arbeiten[2]. Im Jahre 1916 machten HEBERLEIN & Co. die Entdeckung, daß Natronlauge von zu Mercerisationszwecken üblicher Konzentration, also von etwa 30° Bé, bei Temperaturen unter 0° die pflanzliche Faser weit über das bekannte Maß zu quellen vermag[3]. Feine Baumwollgarne bzw. Gewebe, auf diese Weise unter Spannung behandelt, zeigen nicht die bekannten Mercerisationserscheinungen, sondern nehmen einen nur mäßigen Glanz an, werden glasartig transparent und erlangen eine gewisse Steifheit, ähnlich dem mittels konzentrierter Schwefelsäure erzielbaren Transparenteffekt. Je nach der Art des Gewebes hat man es in der Hand, durch Bemessen der Reaktionszeit, Temperatur und Konzentration alle gewünschten Grade des Effekts zu erreichen. Namentlich feine Baumwollgewebe (wie Batist, Musselin, Voile) können derart veredelt werden. Beispielsweise imprägniert man die Gewebe mit Natronlauge 30° Bé bei —10°, läßt während 1 Min. unter Spannung einwirken, wäscht und säuert in üblicher Weise ab. Arbeitet man ohne Spannung, so erhält man Effekte, ähnlich denjenigen, welche unter Opal, durch abwechslungsweise Behandlung von Lauge und Säure, beschrieben sind. Auch durch die Kaltmercerisation, in Verbindung mit Säurebehandlung ausgeübt, sind Effekte von erhöhter Transparenz erzielbar. Nach einer weiteren patentierten Erfindung von HEBERLEIN & Co.[4] können auch grobe, dichte Baumwollgewebe und -garne, zweckmäßig der englischen Garnnummer unter 80, auf dem Wege der Kaltmercerisation veredelt werden, und zwar gewinnen sie hierdurch anstatt des transparenten Charakters eine leinenartige Beschaffenheit, welche auch nach der Wäsche nicht verschwindet. Die Patentschrift gibt eine interessante Aufklärung für das Zustandekommen dieses neuen technischen Effekts. Dieses Ausrüstungsverfahren hat eine erhebliche Bedeutung gewonnen, es ist derart veredelte Ware unter der Bezeichnung „Hecowa“ in den Handel eingeführt worden.

---

[1] D.R.P. 129883 (1900) THOMAS & PREVOST; E.P. 189968 (1921) STEVENSON; D.R.P. 425330 (1924), Österr.P. 101300 (1925) LILIENFELD.
[2] D.R.P. 112773 (1896) BEMBERG.
[3] D.R.P. 340824 (1916), D.R.P. 389428 (1921) HEBERLEIN.
[4] D.R.P. 391490 (1921) HEBERLEIN.

Heiß-Mercerisation.

In allerneuester Zeit macht ein Verfahren von sich reden, dessen Rechte im Besitze der Meliana A.-G. (genannt nach dem Erfinder M. MELLIAND) sind. Nach den diesbezüglichen Patenten[1] können sowohl Verwollungs- als auch Leineneffekte durch die Einwirkung heißer, hochkonzentrierter Alkalilaugen auf Baumwollgewebe erzeugt werden. Ob diesem Verfahren eine Zukunft beschieden ist, kann heute noch nicht gesagt werden. Auch HEBERLEIN & Co. haben auf diesem Gebiete Fortschritte zu verzeichnen, indem sie feststellten, daß ein besonders ausgeprägter Wolleffekt durch Einwirkung heißer Laugen auf rohe Gewebe zustande kommt[2]. Offenbar ist den natürlichen Inkrustationen der rohen Baumwolle ein gewisser Einfluß auf den Veredlungseffekt zuzuschreiben, da nämlich auch andre Quellungsmittel als Natronlauge sich unter diesen Bedingungen in besondrer Weise auswirken[3].

Laugenschrumpfung.

Selbst das uralte Verfahren MERCERS zur Verdichtung der Baumwollgewebe durch loses Einlegen in konzentrierte Natronlauge wird neuerdings hier und da angewandt. Feine Gewebe, auf diese Weise veredelt, werden als Opalimitate bezeichnet. Je nach Einwirkung und angewandter Konzentration der Lauge wird ein geringerer oder höherer Grad von Schrumpfung erzielt, ohne jedoch damit die Ausgeglichenheit des Gewebecharakters der wahren Opalausrüstung (s. o.) zu erreichen.

Zu den Laugenschrumpfungsverfahren zählen auch die schon lange bekannten Methoden zur Erzeugung von Krepp- oder Kräuseleffekten, auf welche weiter unten noch einzugehen ist.

Gemusterte Effekte.

Im Anschluß an die oben erläuterten Verfahren, welche die Veränderung der gesamten Oberfläche des Fasergebildes erstreben, sei hier noch eine Reihe interessanter Anwendungen derselben aufgeführt, durch welche nur örtlich eine chemisch-physikalische Veränderung der Faser bezweckt wird und sich dadurch Musterungen bilden. Je nach Art des Verfahrens sind solche gemusterten Effekte entweder ohne weiteres auf der Faser sichtbar oder sie kommen erst durch nachfolgendes Färben zum Vorschein, hervorgerufen durch das unterschiedliche färberische Verhalten veränderter und ursprünglicher Faser. Wenn auch diese Musterungen unter Zuhilfenahme des Druckes bewerkstelligt werden, so ist doch der erzielte Effekt in erster Linie durch die Veränderung der Faser bedingt. Es wird dadurch in der Regel die Textur eines an sich glatten Gewebes derjenigen eines durch Weberei oder Stickerei gebildeten Brokat- oder Jacquardstoffs ähnlich.

Krepon- oder Kräuseleffekte.

Wohl das bekannteste derartige Verfahren ist die im Abschnitt Mercerisation (s. d.) erwähnte Methode zur Herstellung der Krepp- oder Kräuseleffekte, auch „Krepon" genannt. Es wird bezüglich Einzelheiten dorthin verwiesen. Bemerkt sei an dieser Stelle nur noch, daß schon MERCER derartige Versuche unternommen hatte, die merkwürdigerweise in Vergessenheit geraten sind und von DEPOULLY später nochmals „erfunden" wurden[4]. DOSNE hat ein auf diesem Prinzip aufgebautes Verfahren in Kombination mit Farbendruck sich patentieren lassen; es waren derartige Effekte vor Jahren auf dem Markt[5] zu sehen. Von

---

[1] F.P. 618170 (1926) DUBAC; E.P. 273327 (1927) MELLIAND.
[2] E.P. 284686 (1927) HEBERLEIN. [3] E.P. 276352 (1927) HEBERLEIN.
[4] D.R.P. 30966 (1884), D.R.P. 37658 (1885) DEPOULLY. [5] D.R.P. 95482 (1897) DOSNE.

Zeit zu Zeit findet der Kreponartikel in der Mode Anklang, namentlich infolge weiterer Variationen von Reserven, welche zugleich eine Druckfarbe oder Ätze enthalten oder dadurch, daß der Reservedruck auf bereits vormercerisiertes Gewebe stattfindet, wodurch die gekräuselten Partien sich lebhaft glänzend von den kontrahierten matten Stellen abheben. Das für diesen Artikel gebräuchliche Reservageverfahren (Aufdruck einer Stärke- oder Gummiverdickung und nachherige Einwirkung starker Natronlauge auf das in losem Zustand befindliche Gewebe) läßt sich ebenfalls nach dem Prinzip der Mercerisation unter Spannung anwenden, wodurch beim nachträglichen Färben hübsche Ton-in-Ton-Effekte erzielt werden[1].

Imago-Transparent und Imago-Opal.

Sehr markante Effekte von großer Schönheit werden durch Anwendung des oben beschriebenen Transparentverfahrens in Verbindung mit Reservagedruck erhalten[2]. Durch die schützende Wirkung der aufgedruckten Reserve kann die Schwefelsäure nur auf die freiliegenden Partien des Gewebes einwirken, dabei wird das mercerisierte Grundgewebe dort vor der Einwirkung der Schwefelsäure bewahrt, wodurch sich glänzende, undurchsichtige Figuren von dem glanzlosen transparierten Grunde abheben. Durch nachheriges Einfärben wird die Kontrastwirkung noch erhöht. Solche Effekte sind unter der Bezeichnung „Imago-Transparent" durch Heberlein & Co. auf den Markt gebracht worden.

Auch nach dem Opalverfahren können gemusterte Effekte („Imago-Opal") erzeugt werden, welche durch den Kontrast von glänzenden mit völlig matten Stellen entstehen, wobei allerdings je nach Art des Druckdessins sich mehr oder weniger gekräuselte Effekte infolge der Schrumpfwirkung durch die Säure bilden[3].

Gaufrageeffekte.

Ähnliche, durch stellenweise Pergamentierung bedingte, gemusterte Effekte können anstatt mit Hilfe des Reservagedrucks auch durch örtliche Pressung des Gewebes unter hohem Druck sowie bei hohen Temperaturen und nachfolgende Säurequellung erzielt werden. In einigen neuen Patenten sind derartige Verfahren niedergelegt[4]. Durch die örtliche Pressung unter besondern Bedingungen (Temperatur und Druck) wird die Cellulose physikalisch derart verändert, daß sie nicht mehr bzw. nur noch oberflächlich von den Quellungsmitteln beeinflußt wird, während die nicht gepreßten Partien in bekannter Weise die Pergamentierung erfahren.

Hetex-Effekte.

Webereiähnliche, sog. à-jour-Effekte, hatte man schon seit langer Zeit dadurch erzeugt, daß man pflanzliche mit tierischen Gespinsten zusammen verwebte und hierauf stellenweise die eine Faserart durch Ätzen bzw. Carbonisation entfernte, wodurch beliebige Musterungen erzielbar waren. Nach einem Verfahren von Giesler[5] können derartige webereiähnliche Effekte unter Verwendung nur pflanzlichen Materials hergestellt werden. Sie sind unter der Bezeichnung „Hetex" in den Textilhandel eingeführt worden. Man verwebt gewöhnliches Baumwollgarn mit Fäden, welche mit einer Lösung eines Carbonisationsmittels imprägniert und vorsichtig getrocknet wurden. Hierauf wird eine alkalische Farbe aufgedruckt, welche bei nachträglicher Carbonisation örtlich

[1] E.P. 12455/1908 (1908) Hübner; D.R.P. 228168 (1908) Kleinewefers.
[2] D.R.P. 280134 (1913), D.R.P. 295816 (1915) Heberlein.
[3] D.R.P. 290444 (1913) Heberlein.
[4] E.P. 268389 (1927) Heberlein; E.P. 200881 (1922) Tootal.
[5] D.R.P. 282351 (1914) Giesler (übertragen auf Heberlein).

das Carbonisiermittel neutralisiert, wodurch an diesen Stellen eine Zerstörung der Faser verhindert wird. Da, wo sich keine alkalische Reserve befindet, vollzieht sich die Carbonisation in üblicher Weise, so daß das fertige Gewebe dichte Partien, ähnlich Jacquardeffekten auf lockerem Grunde, aufweist. Eine Verbeßrung dieses Verfahrens ist HEBERLEIN & Co. patentiert worden[1]. Es ist nämlich gelungen, die mit Nachteilen verbundene Carbonisation durch einen Naßprozeß zu ersetzen, indem schwach nitriertes Baumwollgarn als Füllmaterial einem Grund von normalen Baumwollfäden einverleibt wird und hierauf die nitrierten Fasern stellenweise durch Alkali herausgeätzt werden.

Immunisierung.

Auch diese in den letzten Jahren bekannt gewordenen Verfahren, durch welche die Baumwolle veränderte Färbeeigenschaften gewinnt, sind zu den Hochveredlungsmethoden zu zählen, da eine bleibende chemische Veränderung der Cellulose die Grundlage derselben bildet. Es sind bis heute fünf voneinander verschiedene derartige Verfahren zur Umwandlung von Baumwolle bekannt geworden. Das 1. derartige, als „Immungarn" in den Handel gebrachte Produkt wurde nach dem Verfahren von ZIMMERMANN[2] hergestellt (Patente von Textilwerk HORN A.-G. und Chemische Fabrik vorm. SANDOZ). Durch Einwirkung von Paratoluolsulfochlorid auf Alkalicellulose entsteht wahrscheinlich Toluolsulfocellulose. Diese oberflächlich gebildete Schicht besitzt die Eigenschaft, bei gewisser Anpassung des Färbeverfahrens substantive Farbstoffe nicht mehr aufzuziehen, dagegen „immun" zu sein. Werden solche Immungarne mit gewöhnlichem Baumwollgarn verwebt und nachher ausgefärbt, so erhält man weiße Effekte auf farbigem Grund. 2. Auch durch oberflächliche Acetylierung (Chemische Fabrik vorm. SANDOZ[3]) und 3. Benzoylierung (Leopold CASSELLA & Co.[4]) kann man Baumwollgarnen ähnliche veränderte färberische Eigenschaften verleihen. 4. Mittels Phosphorhalogeniden (HEBERLEIN & Co. A.-G.[5]) gelingt es ebenfalls, eine Veränderung der Cellulose zu erzielen und dadurch ein Reservieren gegen substantive Farbstoffe zu bewirken. 5. Behandelt man die durch organische Sulfogruppen esterifizierte Baumwolle mit Pyridin, so wird ein ausgesprochenes Anfärbevermögen für saure Farbstoffe erzielt (KARRERS „Amingarn")[6].

Imprägnierung.

Von G. DURST.

Literatur: KOLLER: Die Imprägnierungstechnik. Wien. — MIERZINSKI: Herstellung wasserdichter Stoffe und Gewebe. Berlin 1897. — PEARSON (übersetzt von KRAIS): Das Wasserdichtmachen von Textilien. 1928. — POLLEYN: Die Appreturmittel und ihre Verwendung. Wien.

Wasserdichte Imprägnierung.

Man unterscheidet: 1. porös-wasserdichte Gewebe, die luftdurchlässig, aber wasserundurchlässig sind und 2. luft- und wasserdichte Gewebe (die vollkommen geschlossen sind und weder Luft noch Wasser durchlassen). Die meisten eigentlich imprägnierten Gewebe sind porös-wasserdicht; luftundurch-

---

[1] D.R.P. 454361 (1925) HEBERLEIN.
[2] D.R.P. 396926 (1922) TEXTILWERK HORN; E.P. 233704 (1925) SANDOZ.
[3] E.P. 280493 (1927) SANDOZ. [4] D.R.P. 346883 (1919) CASSELLA.
[5] E.P. 255453 (1925), E.P. 261793 (1925) HEBERLEIN.
[6] Am.P. 1673627 (1926) KARRER.

lässig sind gummierte Stoffe (s. d.) und Gewebe, die ähnlich wie Ledertuch (s. d.), Kunstleder (s. d.) u. dgl. mit dicken Aufstrichen von Gummi, Firnis, Celluloidmassen u. a. m. versehen sind. Über Appreturimprägnierungen mit Stärke u. ä. s. u. „Stärken und Füllen".

Zu den porös-imprägnierten Geweben gehören u. a.:

I. Stoffe für Bekleidungszwecke u. ä. a) aus Seide: Regenmantelstoffe, Schirmstoffe; b) aus Schafwolle: vor allem Loden und Mantelstoffe; c) aus Baumwolle: Windjackenstoffe, leichte Zeltstoffe, Rucksackstoffe u. a. m.

II. Stoffe für wasserdichte Decken aus Baumwolle, Leinen, Hanf, Jute und Mischgeweben aus diesen Fasern.

III. Stoffe für große Zelte aus Baumwolle, Leinen, Hanf. Letztere sollen wasserdicht, lichtdurchlässig und porös sein, um ein Schwitzen im Innern des Zeltes zu vermeiden.

In Gruppe I und II finden auch nichtporöse gummierte (kautschukierte) Stoffe u. a. m. Verwendung (s. u. Gummierung).

Ton-Seifenimprägnierung.

Als wichtigstes Verfahren ist wohl die Imprägnierung durch Tonerdeseifen, die in der Faser niedergeschlagen werden, anzusehen. In seiner Grundform wird nach diesem Verfahren das Gewebe mit essigsaurer Tonerde getränkt und getrocknet und dann durch eine Seifenlösung genommen, um die von der Faser gebundene Tonerde in wasserabstoßende Tonerdeseife überzuführen. Man kann auch — wenngleich im allgemeinen weniger wirksam — umgekehrt verfahren, indem man zuerst mit Seifen- und dann mit Tonerdelösung behandelt (Seife-Tonerde-Imprägnierung, s. a. u. Cellappret).

Die Herstellung der essigsauren Tonerde wird meist vom Verbraucher selbst nach einem der folgenden Verfahren vorgenommen:

a) Umsetzung der schwefelsauren Tonerde des Handels mit Bleizucker.

b) Umsetzung der schwefelsauren Tonerde mit essigsaurem Kalk (der vom Verbraucher selbst aus kohlensaurem Kalk und Essigsäure erzeugt werden kann).

c) Umsetzung von schwefelsaurer Tonerde mit essigsaurem Baryt.

d) Ausfällen von Tonerdehydrat (durch Zusatz von Soda zu schwefelsaurer Tonerde) und Auflösen des gefällten Tonerdehydrates in Essigsäure.

Nach den Verfahren a—c) wird die Essigsäure in Form eines Metallsalzes zugesetzt, dessen Sulfat in Wasser schwer löslich ist, so daß das Sulfat auf Zusatz der schwefelsauren Tonerde ausfällt.

Man stellt die entsprechenden Lösungen einzeln her, mischt sie dann und filtriert die ausgefällten Niederschläge ab. Bei Verwendung von Bleizucker kann von einem Abfiltrieren abgesehen werden, da das ausfallende Bleisulfat sehr schwer ist und sich leicht absetzt. Bei geringeren Anforderungen an die Reinheit der Lösungen lassen sich auch die andern Niederschläge durch Absetzenlassen von der Flüssigkeit trennen; diese Arbeitsart braucht jedoch ziemliche Zeit und eignet sich daher nur für den Kleinbetrieb. Die ganze Anlage besteht aus zwei Bottichen zum Auflösen, z. B. von Bleizucker und schwefelsaurer Tonerde, und einem großen Mischbottich, aus dem die klare Flüssigkeit nach dem Absitzenlassen durch Zapfstellen, die verschieden hoch angebracht sind, abgelassen werden kann. Arbeitet man nach Verfahren d, so wird die Beize durch Natriumsulfat, das sich bei der Umsetzung bildet, verunreinigt.

In größeren moderneren Betrieben verwendet man Filterpressen zur Abscheidung des Niederschlages. Am besten geeignet sind Rahmenfilterpressen. Die Anlage besteht dann aus den Auflösebottichen, den Mischbottichen, der Filterpresse und den Vorratsgefäßen. Selbstverständlich müssen die Rückstände in der Filterpresse ausgelaugt und die so erhaltenen schwachen Lösungen bei der Herstellung frischer Beize wieder verwendet werden.

Von den ausfallenden Sulfaten findet nur das ausgefällte Bleisulfat in Farbenfabriken Verwendung, so daß die Rückstände gesammelt und verkauft werden. Auch Bariumsulfat ließe sich bei entsprechender Reinheit verwenden.

Die Mischungsverhältnisse werden verschieden angegeben. Mierzinski gibt beispielsweise folgende Mengenverhältnisse an: 36 T. 30proz. Essigsäure, 13 T. Schlämmkreide, 20 T. Wasser Zu dieser Lösung von essigsaurem Kalk wird die Lösung von 30 T. schwefelsaurer Tonerde in 80 T. Wasser zugemischt. Man soll dabei kalt arbeiten, da essigsaure Tonerde bei höherer Temperatur Fällungen von basischen Salzen gibt.

Bei Bleizucker soll das Verhältnis der trocknen Substrate ungefähr 1:1 betragen.

Als Ersatz für essigsaure Tonerde verwendet man auch ameisensaure Tonerde, die den Vorteil der Geruchlosigkeit bietet. Die Umsetzungen verlaufen im Grundsatze wie bei der Herstellung der essigsauren Tonerde. Nachfolgend eine Vorschrift nach Verfahren d: 50 kg schwefelsaure Tonerde (in 250 l Wasser gelöst) versetzt man mit einer Lösung von 25 kg calc. Soda, trennt den Niederschlag durch Absitzenlassen von der Flüssigkeit, wäscht den Niederschlag nochmals mit Wasser aus, läßt absitzen und löst in 30 kg 80proz. Ameisensäure.

Eine essigsaure Tonerde, die nach obigem Verfahren hergestellt ist, entspricht ungefähr der Formel: $Al_2(SO_4)(C_2H_3O_2)_3(OH)$; sie enthält also noch $^1/_3$ der ursprünglich in der schwefelsauren Tonerde enthaltenen Schwefelsäure. Die klare Lösung der essigsauren Tonerde trübt sich beim Erwärmen. Die Baumwollfaser ist nicht imstande, aus der Lösung viel Tonerde primär zu fixieren; sie bindet die Tonerde nur, wenn sie mit der Beize getrocknet wird. Eine Beize obiger Zusammenstellung ist nach dem Trocknen zu 98 % fixiert.

Die ameisensaure und essigsaure Tonerde wird meist in einer Stärke von 3—6° Bé verwendet, ausnahmsweise auch von 10—12° Bé.

Im Handel sind auch Lösungen von essigsaurer und ameisensaurer Tonerde (die nahezu schwefelsäurefrei sind) fertig zu haben; ihr Bezug kommt aber nur bei frachtlich günstiger Lage oder bei geringem Bedarf in Betracht.

Arbeitsgang. Die meisten Verfahren bestehen aus mehreren Passagen durch verschiedene Bäder mit Trocknung nach jedem Durchgang. Im Großbetrieb hat man hierfür Continueanlagen geschaffen, bei denen die Ware in einem Arbeitsgang fertiggestellt wird[1].

a) Mehrbadverfahren. Die zu imprägnierende Ware wird nach Bedarf durch Auskochen, meist mit Soda, gereinigt, wozu bei leichten Waren Kochkessel (Beuchkessel), bei schweren Waren Jigger oder Breitseifmaschinen Verwendung finden. Nach dem Auskochen wird die Ware getrocknet und mit Tonerdelösung gebeizt.

Das Beizen der Ware erfolgte früher mit dem Stern durch Eintauchen in große Bassins. In neuerer Zeit verwendet man den Jigger, den Foulard oder die Breitwaschmaschine. Der Jigger, aus der Stückfärberei bekannt, ermöglicht gründliche Durchtränkung, die andern Maschinen große Produktion.

Nach gründlicher Durchtränkung wird das Gewebe zwecks Fixierung der Tonerde bei höherer Temperatur getrocknet. Man verwendet dazu Trockenhängen oder Trockenapparate, wie sie von verschiedenen Firmen gebaut werden (s. u. Entwässern und Trocknen).

Die Trockenhängen gestatten, das Gewebe in Falten von 3—6 m Länge in großen geheizten und ventilierten Räumen unterzubringen. Die Aufhängung der Ware erfolgt von Hand oder durch automatische Hängeeinrichtungen, die wenig Bedienung erfordern. Die Trockenapparate arbeiten meist als Kanaltrockner, in denen die Ware, automatisch in Falten gehängt, auf Laufketten einen geheizten Kanal passiert. Wichtig ist geringer Arbeits- und Dampfverbrauch.

Um vollkommene Wasserdichtigkeit zu erzielen, muß die durch Trocknen lose fixierte Tonerde auf der Faser in Tonerdeseife übergeführt werden. Man nimmt zu diesem Zweck die Ware durch eine 5proz. Seifenlösung durch, indem man die Seife in weichem Wasser durch Aufkochen löst, die gebeizte trockne Ware auf einem Foulard durch die Seifenlösung durchnimmt und wieder trocknet.

Die Seifenlösung hat die Eigenschaft, viele in Wasser unlösliche Stoffe in Emulsionen zu verwandeln, vor allem alle Fettstoffe, wie Ricinusöl, Rüböl, Talg, Kokosfett usw., ferner Harze, Kolophonium, Wachsarten (wie Bienenwachs, Carnaubawachs, Japanwachs), Paraffin, Ceresin, Montanwachs u. a. m. Zur Erhöhung der Wasserdichtigkeit werden deshalb der Seifenlösung oft derartige Stoffe zugesetzt. Da Kautschuk sich in Fettstoffen löst, kann auch Kautschuk emulgiert und mitverwendet werden. Man verwendet z. B. auf 100 l Wasser 5 kg Kernseife, 1 kg Paraffin und 1 kg Talg.

[1] Vgl. Jäger: Die Herstellung wasserdichter Gewebe. Mell. Text. **1926**, 149.

Das Passieren durch die Seifenlösung erfolgt auf einer Abpreßmaschine; hinterher wird wieder in der Hänge getrocknet.

Für manche Warengattungen wird nach dem Seifen eine Appretur vorgeschrieben, um die Ware geschlossener und griffiger zu machen. Eine Vorschrift lautet: 2 kg Talg, 2 kg Japanwachs, 5 kg Stearin, 5 kg Lithopone, 10 kg Knochenleim und 6 kg Kartoffelmehl auf 100 l. Es wird auf dem Foulard durchgenommen und getrocknet. Stärke, Dextrinpräparate, Leim u. dgl. verringern die Wasserdichtigkeit der Ware. Das neue Präparat Cellappret (s. d.) beeinflußt dagegen den Wasserdichtigkeitsgrad nicht.

Die fertige Ware wird noch kalandriert, um eine gleichmäßige, glatte Oberfläche zu erzielen und um die Dichtigkeit der Ware zu verbessern. Zur Verwendung kommen schwere, mehrwalzige Universalkalander, die abwechselnd mit Papierwalzen und heizbaren, geschliffenen Stahlwalzen versehen sind. Mitunter werden auch Kalander vorgezogen, die nur mit Stahlwalzen ausgerüstet sind.

Außer Tonerdesalzen sind auch noch andre Metallsalze in Vorschlag gebracht worden, z. B. Zink-, Kalk-, Kupfersalze u. a. m., die sich auf der Faser ebenfalls als unlösliche Metallseifen abscheiden lassen. Sie bieten jedoch gegenüber der Tonerde keine Vorteile und konnten sich nicht einführen, mit Ausnahme der Kupferseife, die zwar keine Verbeßrung der Wasserdichtigkeit, wohl aber eine Verbeßrung der Fäulniswidrigkeit der Stoffe bedingt.

Ein interessantes Verfahren zur Imprägnierung mit Kupferseife beruht auf der Beobachtung, daß sich die unlösliche Kupferseife durch Salmiakgeist leicht in wasserlösliche Emulsionen überführen läßt. Eine derartige Emulsion kann nach folgender Vorschrift hergestellt werden:

500 l	Wasser	50 kg	Seife	12,5 kg	Stearin
		50 ,,	Kupfervitriol	190,0 ,,	Salmiakgeist.

Man passiert auf einem Foulard und trocknet am Trockenzylinder oder in der Continuehänge. Das Verfahren kann mit der vorher beschriebenen chemischen Imprägnierung kombiniert werden.

Zu erwähnen sind noch weitere chemische Verfahren, die darin bestehen, daß Schwermetallsalze mit Gerbsäuren, Harzsäuren u. a. m. auf der Faser ausgefällt werden. Eine besondre Bedeutung kommt diesen Verfahren heute aber nicht mehr zu. In früherer Zeit wurden solche Verfahren besonders zur gleichzeitigen Färbung benutzt (Catechubraun u. ä., s. d.).

b) Einbadverfahren. Auch bei dem Continueverfahren stellen sich die Kosten der Imprägnierung für manche Zwecke noch zu hoch. Man verwendet dann die allerdings weniger wirksamen Einbadverfahren.

Das erste Verfahren dieser Art war dasjenige mit dem Blumerschen Imprägnierfett, einer Emulsion, die, in Wasser aufgekocht und einer Lösung von ameisensaurer Tonerde zugesetzt, eine feine, nichtkörnige Milch gibt. Durch einfache Tränkung und Trocknung wird das Gewebe wasserabstoßend. In neuerer Zeit hat die I. G. Farbenindustrie mit ihrem Nekal AEM (s. d.) ein Mittel an die Hand gegeben, Paraffin, Wachs und Fette aller Art leicht in wäßrige Emulsionen überzuführen. Auch diese Emulsionen gestatten den Zusatz von ameisensaurer oder essigsaurer Tonerde, ohne daß dabei grobe Fällungen entstehen. Derartige Emulsionen bringt die I. G. unter dem Namen Ramasit (s. d.) in den Handel.

Kupferoxydammoniakimprägnierung.

Nimmt man ein Baumwollgewebe durch eine Kupferoxydammoniaklösung durch, so wird die Oberfläche des Gewebes aufgelöst und nach dem Trocknen scheidet sich die gelöste Cellulose als lackartiger Überzug auf dem Gewebe ab. Dadurch wird dem Gewebe eine gute Wasserdichtigkeit verliehen.

Lösend wirkt nur die reine ammoniakalische Kupferoxydlösung, in geringerem Maße auch die ammoniakalische Lösung von Kupfercarbonat. Ein Gehalt an Salzen von stärkeren Säuren macht die Lösung jedoch wirkungslos. Zur Herstellung der Kupfercarbonatlösung werden 20 kg reines kohlensaures Kupfer mit 50 l kaltem Wasser angerührt und in etwa 200 kg technischem Salmiakgeist vom sp. G. 0,910 unter Rühren gelöst. Kupferoxydammoniak wird in eisernen Türmen hergestellt, die mit Kupferspänen gefüllt sind. Man pumpt Salmiakgeist (sp. G. 0,910) darüber, während gleichzeitig Luft eingeblasen wird. In kurzer Zeit hat sich eine genügende Menge Kupfer gelöst. Die Lösung soll $1^1/_2$—2 % gelöstes Kupfer enthalten.

Die Ware, die auch vorgefärbt sein kann, passiert einen mit Kupferoxydammoniak beschickten Foulard mit Quetschwalzen aus Gummi, dann eine Heißluftvortrocknung von 60—70° C und wird auf einer Zylindertrockenmaschine fertiggetrocknet. Großanlagen in England und Amerika arbeiten mit Heizkörpern, die in hotflueartige Trockenkammern eingebaut sind. Die Abgase werden dabei abgesaugt und das Ammoniak zurückgewonnen. Da das Ammoniak einen wesentlichen Teil der Fabrikationskosten bildet, so sind nur die mit Rückgewinnung arbeitenden Anlagen rationell. Nach der Imprägnierung läßt sich das Kupfer aus den Geweben durch Säuren auslaugen oder durch Rhodansalze und schweflige Säuren entfärben.

Die kupferoxydammoniakimprägnierte Ware ist hervorragend fäulniswidrig und wird deshalb besonders für Artikel, die in den Tropen Verwendung finden, angewandt. Außerdem werden auch Filterstoffe, die fäulniswidrig sein sollen, mit Kupferoxydammoniak imprägniert.

Imprägnierung mit Lösungen von Paraffin, Ceresin, Wachs u. dgl. in Benzin u. a.

Oft wird dieses Verfahren mit einem der vorgenannten kombiniert. Nach amerikanischen Untersuchungen geben reines Bienenwachs und ölsaures Blei, auch als Zusatz, die beste Wasserdichtigkeit und einen kräftigen Griff.

Die Imprägnierung kann erfolgen: a) durch Tränkung mit einer Lösung der Wachs- und Fettstoffe in Benzin oder Benzol; b) durch Auftrag der geschmolzenen Masse mit Walzen oder durch Aufspritzen der zerstäubten flüssigen Masse; c) durch Tränken des Gewebes mit einer wäßrigen Emulsion (bereits erwähnt unter Einbadverfahren), z. B. mit Ramasit (s. d.).

a) Das Verfahren kann auf einem gewöhnlichen Foulard ausgeführt werden; hinterher wird die Ware in der Hänge getrocknet. Ohne besondre Rückgewinnungseinrichtungen ist das Arbeiten durch die freiwerdenden Benzindämpfe gesundheitsschädlich, feuergefährlich und teuer. Rückgewinnung des Benzins ist möglich.

b) Auftragmaschinen bestehen aus einer großen heizbaren Auftragwalze, die gegen einen festen Block von Paraffin od. ä. gepreßt wird oder in einen Trog mit geschmolzener Masse eintaucht. Die Walze nimmt eine dünne Schicht des geschmolzenen Materials auf und überträgt es auf die Ware, die durch eine Gegenwalze oder durch eine heizbare Mulde an die Auftragwalze angepreßt wird, so daß das Paraffin fest in die Ware eingewalzt wird. Oft werden an der Auftragwalze auch Rakel angebracht, einmal, um etwaige an der Walze sich bildende Paraffinfäden abzustreifen, dann auch, um den Auftrag des geschmolzenen Paraffins besser zu regeln. Zum Zerstäuben finden den bekannten Düseneinsprengmaschinen ähnliche Maschinen Verwendung. Sie saugen aus einer ganzen Reihe kleiner Tauchröhren das geschmolzene Paraffin an und zerstäuben es. Während die Einsprengmaschinen aber mit Druckluft als Zerstäubungsmittel arbeiten, verwenden die Paraffiniermaschinen hochgespannten Dampf. Die Maschine erzeugt so einen Paraffinregen, den man in einer geheizten Kammer auf die Ware auffallen läßt.

c) Bei Anwendung von schnellaufenden Rotationspumpen können die Zusätze zur Emulgierung auf ein Minimum heruntergesetzt werden. Eine geeignete Maschine, die aus einer Rotationspumpe besteht, welche aus einem Spritzrohr die Emulsion in voller Breite auf die Ware spritzt, worauf die Ware durch eine gewöhnliche Abpreßmaschine läuft, wird von PEARSON[1] beschrieben. In neuerer Zeit verwendet man immer mehr das Ramasit WD konz. (s. d.).

Asphaltimprägnierung.

Man arbeitet mit Benzinlösung oder mit Auftragmaschinen, ähnlich wie mit Paraffin (s. 3b).

Von der amerikanischen Armee wurde folgende Imprägnierung vorgeschrieben:

Trinidadasphalt	6 kg
Holzteer	24 „
Paraffin	12 „
Benzin	58 „
	100 kg.

Ferner verwendet man Steinkohlenteer (auch im geschwefelten Zustand), Stearinpech, Peche aller Art, Mineralöle, Harzöl usw. Beim Überwiegen von Holzteer oder Steinkohlenteer in den Mischungen spricht man von Teertüchern, die ziemlich haltbar und in der Herstellung billig sind. Der Teer kann von Hand mit Pinseln, beidseitig mit Foulards oder einseitig mit Streichmaschinen aufgetragen werden. Steinkohlenteer wird vorher gekocht, um die leicht flüchtigen Stoffe zu entfernen. Meist erfolgt eine Zumischung von Fetten, um die Stoffe geschmeidig zu erhalten. Nach der Tränkung wird in Hängen getrocknet, um die leicht flüchtigen Stoffe zu entfernen, gleichzeitig auch den Geruch zu verbessern und durch Oxydation die Ware zu trocknen. Nicht ausgetrocknete Ware neigt zur Selbstentzündung.

Kautschukierte[2] oder Ölstoffe.

Über die Grundlagen dieser Fabrikation s. u. Ledertuch (Wachstuch). Die ursprüngliche Arbeitsweise für Segeltuche bestand in einem Auftragen der Farbmassen von Hand mit Pinsel, Bürste oder Messer. Heute ist man zur Maschinenarbeit übergegangen und arbeitet durch Tauchen und Abpressen der Stoffe auf dem Foulard oder durch Streichen auf Wachstuchstreichmaschinen. Mit reinem Firnis erhält man transparente Gewebe, mit durch Erdfarben gefärbten Massen schwarze, braune, gelbe Deckenstoffe usw. Die Massen schließen die Poren des Gewebes vollständig und liefern luftundurchlässige Stoffe von hoher Wasserdichtigkeit, wie sie besonders auf der See nötig sind, um Sturm und Regengüssen zu widerstehen.

Beispiel für schwarze Stoffe:

40 kg	Leinölfirnis	2 kg	Sikkativ
15 „	Rebenschwarz	5 „	Benzin.

Der Stoff wird durch diese Masse am Foulard durchgenommen und in der Hänge getrocknet. Die Trocknung dauert viel länger als bei andren Imprägnierungen und ist abhängig vom verwendeten Sikkativ, der Trockentemperatur, Luftfeuchtigkeit und der Menge der aufgenommenen Masse. Nach dem Trocknen kann auf der Streichmaschine ein weiterer Strich mit der gleichen Masse gegeben werden, worauf wieder in der Hänge getrocknet wird.

---

[1] PEARSON: Das Wasserdichtmachen von Textilien, S. 19. Th. Steinkopff 1928.

[2] Die Bezeichnung „kautschukierte" Stoffe ist nicht ganz folgerichtig, da Kautschuk für die Herstellung nicht verwendet wird. Die Bezeichnung rührt daher, daß die Ausrüstung „kautschukartig" ist (s. a. u. Gummierung).

Die Firnisanstriche haben die Neigung, beim Liegen im zusammengelegten Zustande klebrig zu werden. Bei richtiger Behandlung zeigen sie jedoch gute Haltbarkeit.

Imprägnieren mit Nitrocellulosemassen.

Das Verfahren schließt sich der Kunstlederfabrikation (s. d.) an. Auch Nitrocellulosemassen oder Celluloidlösungen geben, auf schwere Gewebe aufgetragen, wasserabstoßende, elastische Überzüge oder Füllungen. Man erzielt auf diesem Wege luftundurchlässige Gewebe von hoher Wasserdichtigkeit, die keine Neigung zum Kleben haben. Der Auftrag kann wie bei Öltuchen durch Tauchen oder Streichen erfolgen. Die Mischungen sind ähnlich wie unter Kunstleder beschrieben.

Bestimmung der Wasserdichtigkeit eines Gewebes. Bei staatlichen und militärischen Lieferungen sind die Anforderungen an Wasserdichtigkeit festgelegt.

Die einfachste Versuchsanordnung ist die Muldenprobe. Ein Gewebeabschnitt von z. B. 50 × 50 cm wird so eingespannt, daß eine Mulde entsteht, die vorsichtig mit Wasser bis zu einer vorgeschriebenen Höhe von z. B. 10 cm angefüllt wird. Beim ruhigen Stehen während 24 Std. darf kein Tropfen durchdringen.

Stehen keine ausreichenden Versuchsproben zur Verfügung, so begnügt man sich mitunter mit einem einfachen Trichterversuch. Man faltet die Probe wie ein Papierfilter zusammen, bringt sie in einen Glastrichter und belastet das Filter z. B. mit 300 cm^3 Wasser. Wasserdichte Stoffe dürfen während 24 Stunden nicht durchnäßt sein und kein Wasser durchsickern lassen.

Ist die Wasserdichtigkeit verschiedener Gewebe zu vergleichen, so verwendet man die Wasserdruckprobe. Bei derselben wird ein meist kreisförmiger Gewebeabschnitt mit einem Flansch als Boden eines zylindrischen Gefäßes festgeschraubt und nun durch langsames Zufließenlassen von Wasser oder Heben einer Wassersäule ein Wasserdruck ausgeübt, der z. B. in 5 oder 10 Sek. um je 1 cm erhöht wird. Man fährt so lange fort, bis der erste Tropfen durchdringt. So erhält man eine Zahl (z. B. 31 cm Wassersäule), bei der der erste Tropfen durchdringt und hat so ein Maß für die Wasserdichtigkeit, das durch weitere Beobachtungen ergänzt werden kann. Beispielsweise bestimmt man weiter, welche Wassermengen in $^1/_4$ Std. durchlaufen, das Verhalten der Probe nach 24 Std. usw., wobei man durch geeignete Einrichtungen die Höhe der Wassersäule konstant halten kann. Auf einem solchen Apparat kann natürlich auch bei im voraus festgelegtem Wasserdruck von 10, 20 cm Wassersäule usw. geprüft werden.

Ein Prüfverfahren, das dem praktischen Gebrauche im Regen angepaßt ist, ist die Berieselungsprobe. Man spannt einen Quadratmeter Stoff in einen Rahmen ein und läßt aus einer Brause künstlichen Regen aus 1—3 m Höhe auf den Stoff fallen. Ferner bestimmt man die Benetzbarkeit durch Feststellung der Gewichtszunahme des Gewebes und die Dichtigkeit durch Unterlegen von Filtrierpapier, das nicht naß werden darf. Bei allen Erprobungsarten ist reines, weiches Wasser von Normaltemperatur zu verwenden. Um die Dauerhaftigkeit der Imprägnierung zu bestimmen, ist manchmal ein mehrmaliges Einweichen in weichem Wasser während 24 Std. mit nachfolgender Trocknung oder mehrfaches Zusammendrücken (Knüllen) vorgeschrieben, das erkennen läßt, ob die Imprägnierung wasserlöslich ist oder zum Ausbröckeln neigt[1].

Flammensichere Imprägnierung.

Die Imprägnierung soll ein Gewebe od. dgl. aus verbrennlichen Fasern flammensicher, aber nicht feuersicher machen. Man sucht durch die flammensichere Imprägnierung weniger das einzelne Gewebestück zu schützen, als die Entstehung von Brandunfällen zu verhüten. Sind z. B. in einem hölzernen Bau für Ausstellungszwecke die Wände mit leicht entflammbaren Stoffen bekleidet, so genügt die kleinste Brandstelle, um mit größter Schnelligkeit ein schwer zu bewältigendes Großfeuer zu erzeugen, das zu unübersehbarem Personen- und Sachschaden führen kann. Die flammensichere Imprägnierung soll nun Brandunfälle verhüten, indem die Faser so schwer entzündlich gemacht wird, daß eine erzeugte Flamme nicht weiter um sich greifen kann.

---

[1] S. a. HEERMANN: Mechanisch- und physikalisch-technische Textiluntersuchungen, S. 235—243. 1923. — DURST: Bestimmung der Wasserdichtigkeit. Mell. Text. **1924**, 473, 547.

Prüfung auf Entflammbarkeit. Hält man einen Streifen eines flammensicher imprägnierten Stoffes in die Flamme eines Bunsenbrenners, so bemerkt man bald eine Bräunung und Verkohlung des Stoffes; es entwickeln sich brennbare Gase, die mit leuchtender Flamme verbrennen. Nimmt man den Stoff aus der Flamme wieder heraus, so soll das Brennen des Stoffes sofort aufhören; es darf weder eine Flamme noch ein Fortglimmen des verkohlten Gewebes zu beobachten sein. Läßt sich im Bunsenbrenner eine Flamme erzeugen, die beim Entfernen des Brenners weiterbestehen bleibt, so ist der Stoff schlecht imprägniert und wird nur geringen Ansprüchen genügen.

Anwendungsgebiet. Die flammensichere Imprägnierung kommt vor allem für alle Stoffe zur Verwendung, die in Theatern, Festsälen, Ausstellungshallen od. dgl. zur Ausschmückung dienen. Es kommen gefärbte, bedruckte, bemalte Stoffe leichter und schwerer Art aus fast allen Faserarten, besonders aber aus Pflanzenfasern, in Frage. Kleidungsstoffe für Arbeiter, die in der Nähe von freiem Feuer Beschäftigung finden, sind gewöhnlich Baumwollgewebe. In Ländern mit offenem Holzfeuer (Kaminen), wie in England, kommen auch Kleiderstoffe, besonders für Kinder (Barchente), in Frage.

Geschichtliches. Schon den alten Römern war die Verwendung von Ton und Essig zum Flammenschutz von Holz bekannt; später wurde Alaun verwendet. Vom Jahre 1821 ab kam durch die Untersuchungen französischer Forscher die Verwendung der wirkungsvolleren neueren Flammenschutzmittel, wie diejenige der Ammonsalze u. dgl., auf.

Verfahrensarten.

Man unterscheidet: 1. Anstrichverfahren, bei denen das Gewebe vollkommen gedeckt wird und die vor allem für Theaterkulissen Verwendung finden und 2. eigentliche Imprägnierungen, die das Gewebe für das Auge unverändert erscheinen lassen. Den Anstrichverfahren kann zur Erhöhung des Flammenschutzes eine Imprägnierung vorangehen oder es können auch Imprägniermittel der Anstrichmasse beigemischt werden.

1. Anstriche. Charakteristisch für die eigentlichen Anstriche ist die Verwendung von unverbrennlichen Füllmitteln, wie Asbest, Kieselgur, Ton, Kreide, Graphit, Ocker, Gips, Schwerspat u. a. m., die in dickerer Schicht als schlechte Wärmeleiter die Erhitzung des Gewebes erschweren und vor allem gleichzeitig der Flammenbildung durch Abschluß der Luft ein gewisses Hindernis bieten. Ihre Wirkung ist eine beschränkte, besonders wenn brennbare Bindemittel, wie Leinölfirnis, Verwendung finden. Die Wirkung kann durch Verwendung von Wasserglas als Bindemittel verstärkt werden. Das Wasserglas hält Feuchtigkeit fest, die bei niedrigen Temperaturen die Entflammung hindert; es schmilzt bei niedriger Temperatur, wodurch die Flammenbildung erschwert wird und ein Fortglimmen des verkohlten Stoffes unmöglich wird.

2. Eigentliche Imprägnierungen sind weit wirksamer als die Anstriche. Man unterscheidet:

a) Mechanisch wirksame Beschwerungsmittel. Hierher gehört die Imprägnierung mit Metalloxyden und Salzen, z. B. mit Zinnoxyd, Stannaten, Titansalzen, Kieselsäure in ausgefällter Form u. a. Stoffen mehr, deren chemische Wirkung nicht klar ist.

b) Salze, die bei niedriger Temperatur Krystallwasser abspalten und hierdurch die Flammenbildung erschweren. Z. T. sind dies hygroskopische Stoffe, wie Alaun, Bittersalz, Magnesiumchlorid, Chlorcalcium, essigsaurer Kalk u. a. m. Die Wirkung dieser Stoffe ist nach Abgabe des Krystallwassers auch nur mechanisch; ihre große Masse bindet Wärme und vermindert dadurch die Weiterleitung der Wärme und starke Flammenentwicklung.

c) Wichtige Schutzmittel sind diejenigen, die bei niedriger Temperatur schmelzen und dadurch im Brandfalle den Stoff vollständig von der Luft abschließen. Die wichtigsten hierher gehörenden Salze sind das wolframsaure Natron und der Borax. Beide Salze schmelzen im Krystallwasser bei sehr niedriger Temperatur; sie verlieren dabei Krystallwasser, das Wärme verbraucht und durch Dampfbildung den Luftzutritt verhindert. Das geschmolzene Salz bildet eine weitere Schutzschicht, die auch das Weiterglimmen von verkohlten Fasern unmöglich macht. Eine gute Imprägnierung soll z. B. eine Lösung von:

95 g wolframsaurem Natron
5 g phosphorsaurem Natron in 1 l Wasser geben.

Für stärkere Wirkungen wird eine konzentrierte Lösung von wolframsaurem Natron empfohlen.

d) Die Hauptgruppe bilden Salze, die in der Wärme nichtbrennbare Dämpfe entwickeln. Hierher gehören die Ammonsalze, die sich unter Abspaltung von Ammoniakgas zersetzen, dadurch den Zutritt von Sauerstoff verhindern und die Flamme ersticken. Die Spaltung der Salze verläuft schon bei niedriger Temperatur und verbraucht Wärme. In der Faser bleiben schwer flüchtige Säuren zurück, die zwar die Faser zerstören, was aber ohne Bedeutung ist, da nur die Brandausbreitung verhindert werden soll. Von Ammonsalzen verwendet man besonders das billige schwefelsaure Ammoniak und das phosphorsaure Ammoniak, welches als das wirksamste Ammonsalz gilt. Auch Salmiak und kohlensaures Ammoniak finden Verwendung. Eine Substanz, die teils flüchtig, teils schmelzbar ist, ist die Borsäure; ihr hoher Preis steht aber einer ausgedehnten Verwendung entgegen. Schwefelsaures Ammoniak kommt je nach Schwere des Gewebes in 10—20proz. Lösungen zur Anwendung. Meist arbeitet man mit einer Lösung von verschiedenen Substanzen, z. B. mit einer solchen von:

8,0 kg schwefelsaurem Ammoniak	3,0 kg Borsäure	2,0 kg Kartoffelmehl in 100 l.
2,5 „ kohlensaurem Ammoniak	2,0 „ Borax	

Technische Ausführung. Die Salze werden in der Wärme gelöst, und die Ware wird am Jigger oder Foulard mit der Lösung getränkt, abgepreßt und getrocknet.

Ein großer Nachteil haftet allen oben beschriebenen Verfahren dadurch an, daß die Salze sämtlich wasserlöslich sind und die Imprägnierung leicht auswaschbar ist. Im Regen, im Wasserstrahl der Feuerwehr, bei der Wäsche usw. geht der Flammenschutz deshalb verloren. Für eine wasserfeste flammensichere Imprägnierung ist also nach wie vor ein großes Bedürfnis vorhanden. Ein Verfahren, das eine wasserfeste flammensichere Imprägnierung liefern soll, stammt von Perkin und besteht im Tränken des Stoffes mit einer Lösung von zinnsaurem Natron von 28° Bé, Trocknen und Fällen des Zinnoxydes durch eine 10proz. Ammonsulfatlösung. Diese Stoffe sollen auch nach der Wäsche ihre Flammensicherheit behalten und kommen unter dem Namen „Nonflam“ in den Handel.

Fäulniswidrige Imprägnierung.

Gewebe haben die Neigung, beim Lagern an dunklen, feuchten Stellen Schimmelpilzen, deren Sporen überall vorhanden sind, als Nährboden zu dienen, wodurch die Gewebe örtlich zerstört werden und in ihrer Festigkeit leiden. Ein schwachsaures Substrat (Essigsäure, Weinsäure u. dgl.) ist für die Entwicklung von Schimmelpilzen besonders günstig.

Die Schimmelpilzkolonien treten in Form von schwarzen, braunen, roten oder gelben Flecken auf. Der Anfangszustand ist bei verschmutzten Geweben schwer zu erkennen, weil die nadelkopfgroßen Kolonien als Schmutz erscheinen; erst wenn die Schimmelpilzkolonien die Größe von einigen Millimetern erreicht haben, werden sie deutlich sichtbar.

Durch Tränkung mit Stoffen, die die Entwicklung von Schimmelpilzen verhindern, läßt sich das Gewebe fäulniswidrig imprägnieren. Meist wird diese Imprägnierung in Verbindung mit der wasserdichten Imprägnierung vorgenommen. In diesem Falle finden besonders unlösliche, auf der Faser abgeschiedene Kupferverbindungen oder mit Gerbsäure fixierte Metallsalze Verwendung. Zur fäulniswidrigen Imprägnierung allein kommen lösliche Kupfersalze, z. B. Kupfervitriol, in Frage. Der Schutz gegen Fäulnis ist an sich gut, doch ist die Imprägnierung durch Regen auswaschbar. Nach andren Verfahren verwendet man Holzteer, Kreosotöle oder Carbolineum, die (in geeigneten Lösungsmitteln gelöst) zur Tränkung der Stoffe dienen. Technisch ausgeführt werden die Imprägnierungen wie das Wasserdichtmachen (s. o.). S. a. Konservierungsmittel.

Mottensichere Imprägnierung.

S. u. Eulan (Chemische Hilfsstoffe).

Kunstleder.

Von G. Durst.

Literatur: Aufsätze in den Zeitschriften: Kunststoffe, Mell. Text. usw.

Kunstleder kommt auch unter den Namen Pegamoid, Granitol, Dermatoid, Pluviusin, Glorid usw. in den Handel.

Es ersetzt das echte Leder in seinen Oberflächeneigenschaften vollständig, ist in jeder Farbe mit schönem Glanz, in ausdrucksvoller Narbe herstellbar, hervorragend wasser- und wetterbeständig, in Oberflächenhärte so gut wie Leder, in Gesamtfestigkeit schlechter. Da echtes Leder nur in Form der ungleichmäßigen Häute lieferbar ist, verdrängt das in gleichmäßiger Breite und gleichmäßiger Qualität lieferbare Kunstprodukt das echte Leder überall, wo nicht die Gesamtfestigkeit unzureichend ist.

Kunstleder besteht aus einem Baumwollgewebe, das mit einer harten elastischen Deckschicht aus Celluloid oder Nitrocellulose, Weichmachungsmittel und Erdfarbe überzogen wird. Nitrocellulose hat die Eigenschaft, mit Campher eine harte plastische Masse, das Celluloid zu geben. Ursprünglich arbeitete man nur mit Celluloid; da aber beim Trocknen des Auftrages ein großer Teil des Camphers in die Luft geht, kann man ebensogut geeignete Nitrocellulosen zur Herstellung der Deckschicht verwenden. Celluloidabfälle sind das billigste Material.

Als Weichmachungsmittel dient in der Hauptsache Ricinusöl; neuerlich hat man auch synthetische hochsiedende Ester, wie Amyl-, Butyl-oxalat -phthalat, Trikresylphosphat usw. als Weichmachungsmittel vorgeschlagen. Der Siedepunkt dieser Ester liegt bei 250—350° C; die Ester sind zugleich Lösungsmittel für Nitrocellulose, während Ricinusöl nur mechanisch gebunden wird und durch Druck und Hitze zum Ausschwitzen gebracht werden kann. Andre Zusätze, wie Wachse, Harze usw. werden nur in Ausnahmefällen gemacht.

An Erdfarben sind alle verwendbar, nur ist bei der Mischung das spezifische Gewicht zu berücksichtigen und bei geschönten Erdfarben auf Unlöslichkeit der zum Schönen benutzten Anilinfarbe zu achten.

Die Mischungen werden in Form dickteigiger Massen aufgetragen, daher muß die Nitrocellulose zunächst gelöst werden. Als Hauptlösungsmittel dient Essigester oder die Lösungsmittelgemische, die von der I. G. Farbenindustrie, der Holzverkohlungsgesellschaft usw. in den Handel gebracht werden. Um an teurem Lösungsmittel zu sparen, braucht man meist Verdünnungsmittel, wie Alkohol, Benzin usw., die selbst nicht lösend wirken, aber die Lösung dünnflüssiger machen, ohne die Nitrocellulose auszufällen.

Die verwendete Rohware ist leichter Kattun bis schwerster Moleskin, je nach dem Verwendungszweck des Kunstleders. Für leichte Taschnerwaren (Galanterieartikel) genügen leichte Qualitäten, während für Polstersitze, Autoverdecke schwere haltbare Gewebe gewählt werden müssen. Die Warenbreite für Autoverdecke wird bis 180 cm verlangt.

Ganz leichte Qualitäten würden viel Material allein zum Schließen des Gewebes brauchen; man bringt deshalb durch Vorappretieren mit Stärkemischungen die Ware zum Schließen (s. Buchbinderleinen) und streicht dann mit den Nitrocellulosemassen.

Die Anzahl der Striche, die nötig sind, um gute Ware zu erzielen, schwankt etwa zwischen 3—12 Strichen. Schwere Rohware braucht mehr Striche, um gute Elastizität der Schicht zu sichern.

Die Lösung der Nitrocellulose oder Celluloidabfälle erfolgt in großen stehenden oder liegenden Rührgefäßen, auch der Zusatz der Verdünnungsmittel und eines Teils des Ricinusöls, da dieser Zusatz die Lösung beständiger gegen Feuchtigkeitsaufnahme macht. Man stellt die Lösung so dick als möglich her, da das Lösungsmittel vollständig in die Luft geht, die Rückgewinnung unvollständig ist und Kosten verursacht. Gewöhnlich enthalten die Lösungen 20—30% Nitrocellulose. Die dicke Lösung wird im Vakuum durch feine Messingsiebe filtriert.

Die Erdfarben werden mit dem Ricinusöl auf Walzenstühlen feingerieben, und diese Ölfarbe wird mit der Nitrocelluloselösung auf Trichtermühlen oder in Mischmaschinen fertiggemischt. Das Mischungsverhältnis im Rückstand zwischen Nitrocellulose, Ricinusöl und Erdfarbe war ursprünglich 1 : 1 : 1. Will man die Ware verbessern, so erhöht man die Nitrocellulosemenge, will man besonders weiche Ware erhalten, so erhöht man die Menge Ricinusöl oder Weichmachungsmittel.

Die zu streichende Rohware wird geputzt, gefärbt (meist mit unechten substantiven Farbstoffen, da an die Rückseite keine Echtheitsansprüche gestellt werden) und kantengleich auf Holzhülsen aufgerollt. Zum Streichen verwendet man Rakelmaschinen (s. Ledertuch) oder Wachstuchstreichmaschinen, die aus einem allseitig verstellbaren Messer bestehen, unter dem die Ware bei entsprechender Spannung durchgezogen wird. Die Masse liegt vor dem Messer und wird gleichmäßig abgestrichen. Getrocknet wurde früher in Hängen, heute meist in kanalförmigen langen Trockenräumen, die auf 70—90° C angeheizt sind. Die Ware läuft mit der linken Seite um einen oder um mehrere Haspel und in der Nähe des Einlaufes aus dem Trockenraum heraus. Derartige Anlagen sind günstiger für die Rückgewinnung des Lösungsmittels, die heute eine unbedingte Notwendigkeit ist. Man braucht an Lösungs- und Verdünnungsmittel etwa das Dreifache der Nitrocellulosemenge.

Die Rückgewinnung kann erfolgen durch Kondensation der Dämpfe an Kühlflächen, die im Trockenraum untergebracht sind, oder durch Adsorption der Dämpfe mittels aktiver Kohle oder durch Kresol. Aus dem Kresol wird dann durch Destillation das Lösungsmittel zurückerhalten. Unter günstigsten Umständen ist es möglich, 90% des verwendeten Lösungsmittels zurückzugewinnen.

Der erste Strich wird meist mit einer dünnen Lösung gegeben, um ein gutes Haften des Überzuges zu sichern; die Hauptstriche sind so dick wie möglich; zu oberst folgen oft klare Lackstriche, um einen Glanz der Ware zu erzielen.

Nach Fertigstellung wird die Ware mit lederähnlichen oder Phantasienarben gepreßt oder gaufriert.

Die Gaufrierkalander für schwere Ware sind schwere hydraulische Kalander für hohen Druck, bestehend aus einer heizbaren Stahlwalze und einer Papierwalze von größerem Durchmesser. Die Stahlwalze enthält das Muster negativ eingepreßt. Läßt man nun die Papierwalze naß mit der Stahlwalze zusammenlaufen, so nimmt die Papierwalze das Muster genau als Positiv an. Nimmt man die Ware durch den angeheizten Kalander durch, so wird die Celluloidschicht in der Wärme geschmeidig und nimmt die Narbe unter dem hohen Druck schön und geschmeidig an. Ist richtig warm gepreßt, so bleibt die Narbe im kalten Zustand auch beim Ausrecken und Verarbeiten des Kunstleders schön erhalten.

Nach dem Pressen wird das Kunstleder mit Nitrocelluloselacken oder mit Schellack lackiert.

Färbt man diesen Lack andersfarbig (meist mit spritlöslichen Anilinfarben), so kann man zweifarbige Effekte erzielen, und zwar kann man mit Streichmaschinen die vertieften Stellen der Narbe anfärben, durch Druckmaschinen die hohen Stellen. Man erzielt so das sog. Antikleder.

Das Kunstleder kann auch durch Maschinendruck, Spritzdruck oder Handmalerei verziert werden, doch macht man bei der schönen Oberfläche hiervon wenig Gebrauch.

Erkennung. Der Fachmann erkennt die Ware an dem Geruch: Celluloidabfälle halten immer etwas Campher zurück. Bei Nitrocellulosemassen ist der Geruch durch das Ricinusöl bedingt und kann durch Birkenteeröl verdeckt werden. In Essigester oder Aceton löst sich die Deckschicht und kann so leicht erkannt werden. Hauptfehler der Fabrikation sind Brüchigkeit, die bei mehrfachem Falten unter Druck auftritt, und das Abschälen der Deckschicht vom Gewebe.

Kunstseiden-Herstellung.

Von W. Weltzien.

Literatur: 1. Zeitschriften: Cellulosechemie, Wissenschaftliche Beilage zum „Papierfabrikant". — Faserstoffe und Spinnpflanzen. — Journal of the Cellulose Institute, Tokyo. — Journal of the Society of Dyers and Colourists. — Journal of the Textile Institute. — Die Kunstseide. — Leipziger Monatschrift für Textilindustrie. — Melliand Textilberichte. — Mitteilungen der Textilforschungsanstalt Krefeld e. V. — Revue générale des matières Colorantes. — Seide. — Silk Journal. — Textile Forschung. — Zeitschrift für die gesamte Textilindustrie. — **2. Bücher:** (Es sind nur neuere Werke berücksichtigt.) Avram, M. H.: The Rayon Industry. New York 1927. — Clement, L., u. C. Rivière: Matières Plastiques, Soies Artificielles. Paris 1926, deutsche Bearbeitung von K. Bratring: Die Celluloseverbindungen und ihre technische Anwendung. Berlin 1923. — Cross, Fr.: Researches on Cellulose. — Eggert, J.: Die Herstellung und Verarbeitung der Viscose. Berlin 1926. — Faust, O.: Kunstseide, 2. u. 3. Aufl. Dresden u. Leipzig 1928; Artificial Silk, translated by E. Fyleman, London 1929. — Foltzer, J.: Artificial Silk and its Manufacture. London 1926. — Herzog, R. O.: Technologie der Textilfasern. Bd. 7: Kunstseide. — Hess, K.: Die Chemie der Cellulose und ihrer Begleiter. Leipzig 1928. — Heuser, E.: Lehrbuch der Cellulosechemie, 3. Aufl. Berlin 1927. — Hottenroth, F.: Die Kunstseide, 2. Aufl. Leipzig 1929; Artificial Silk, Translated by E. Fyleman. London 1928. — Jentgen, H.: Laboratoriumsbuch für die Kunstseiden- und Ersatzfaserstoffindustrie. Halle 1923. — Karrer, P.: Polymere Kohlenhydrate. Leipzig 1925. — Mossner, C. u. J.: Handbuch der Internationalen Kunstseideindustrie. Berlin 1929. — Reinthaler, F.: Die Kunstseide und andere seidenglänzende Fasern. Berlin 1926. — Reinthaler, F., u. F. M. Rowe: Artificial Silk. London 1928. — Schwalbe, C. G.: Die Chemie der Cellulose. Berlin 1911. — Stadlinger, H.: Das Kunstseiden-Taschenbuch. Berlin 1929. — Süvern, K.: Die künstliche Seide, 5. Aufl. Berlin 1926. — Weltzien, W.: Chemische und physikalische Technologie der Kunstseiden. Leipzig 1930. — Wheeler, E.: The Manufacture of Artificial Silk, London. — Wurtz, E.: Die Viscosekunstseidefabrik, ihre Maschinen und Apparate. Leipzig 1927.

Geschichtliches.

Die ersten Vorschläge, Fasern auf künstlichem Wege zu erzeugen, stammen von Hooke (1655) und Reaumur (1734), das erste diesbezügliche Patent erhielt Audemars (1855) in England; es blieb jedoch ohne praktische Bedeutung. Der erste, der künstliche Fasern herstellte, dürfte Swan in England gewesen sein, der 1883 Patente erhielt, jedoch nur Fäden für die Verwendung in elektrischen Glühlampen erzeugte; seine Versuche auf textilem Gebiet waren ohne Erfolg. Fast gleichzeitig mit SWAN arbeitete in Frankreich Graf Hilaire de CHARDONNET, der sein Verfahren im Jahre 1884 niederlegte und, da er von vornherein auf die Erzeugung einer Textilfaser ausging und hierin auch grundlegende Ergebnisse erzielte, mit Recht als der Begründer der Kunstseidenindustrie gilt; er erzeugte die Kunstseide auf dem Wege über Cellulosenitrate (Nitroseide). 1857 entdeckte SCHWEIZER die Löslichkeit von Cellulose in Kupferoxydammoniaklösung; Versuche von WESTON (1882) und DESPAISSIS (1890), diese Tatsache zur Erzeugung künstlicher Fäden nutzbar zu machen, führten nicht zur praktischen Verwendung. Erst die planmäßigen Arbeiten von FREMERY und URBAN führten unter dem Decknamen PAULY (1897) zum grundlegenden Patent für die Gewinnung der sog. Kupferseide. Weiterhin gelangten CROSS, BEVAN und BEADLE 1891 zur grundlegenden Entdeckung der Einwirkungsprodukte von Schwefelkohlenstoff auf Alkalicellulose und begründeten damit das heute vorherrschende Viscoseverfahren. Endlich erhielten CROSS und BEVAN 1894 die ersten, technisch freilich undurchführbaren Patente auf die Herstellung von Celluloseacetaten. Die ersten praktisch brauchbaren Patente auf letztere stammen von LEDERER (1899) und den Elberfelder Farbenfabriken vorm. Friedr. BAYER & Co. (1901). Sie sowie die späteren Herstellungspatente von MILES (1904) und den Elberfelder Farbenfabriken vorm. Friedr. BAYER & Co. (EICHENGRÜN und BECKER, 1905) bilden in Verbindung mit den Spinnpatenten von WAGNER (1902) und MORK, LITTLE, WALKER (1902) die Grundlagen für die zu immer größerer Bedeutung gelangende Acetatseide.

Die Entwicklung der genannten vier Herstellungsverfahren zu ihrer heutigen Bedeutung war jedoch nur möglich durch eine große Anzahl grundlegender Verbeßrungen, den Resultaten mühsamer Laboratoriumsarbeiten. Hierhin gehört vor allem die Erfindung des sog. Streckspinnverfahrens durch LEHNER (1890) (für Nitroseide), dessen Ausbau für Kupferseide durch THIELE von 1901 ab erfolgte; ihm allein verdankt die Kupferseide ihre heutige Bedeutung. Für die Viscoseseide war von ähnlicher Bedeutung die Erfindung des sauren Fällbades unter Salzzusätzen (MÜLLER, KOPPE, 1905). Endlich wäre auch der Erfindung der Spinnzentrifugen und andrer spezieller Spinnapparate durch TOPHAM zu gedenken. In der neusten Zeit ist das Verspinnen sog. unreifer Viscose (Köln-Rottweil A.-G.) sowie der Verwendung sehr starker Säure als Fällbad (LILIENFELD) von Bedeutung.

Trotz der großen Zahl andrer Möglichkeiten haben technische Bedeutung heutzutage nur die vier genannten Herstellungsverfahren. Ob in Zukunft andre Cellulosederivate, z. B. die Äthyl- bzw. Methylcellulose (Ätherseide, LILIENFELD) sich durchsetzen werden, muß vorläufig dahingestellt bleiben.

Die Entstehung der heute so mächtigen Kunstseidenindustrie geht auf den Grafen CHARDONNET sowie die Erfinder der andern genannten Verfahren zurück. CHARDONNET gründete zunächst mit wechselndem Erfolg Fabriken in Besançon sowie Spreitenbach (Schweiz). In Deutschland arbeiteten nach seinem Verfahren die Vereinigten Kunstseidenfabriken A.-G. in Frankfurt a. M. Aus der Rheinischen Glühlampenfabrik Fremery & Co. in Oberbruch bildete sich 1899 die „Vereinigte Glanzstoffabriken A.-G.“, die zunächst Kupferseide herstellte, sich dann 1911 auf das Viscoseverfahren umstellte, indem sie die deutschen Inhaber der Viscosepatente von CROSS, die Fürst Guido DONNERSMARCKschen Kunstseiden- und Acetatwerke in Sydowsaue, übernahmen. Die Kupferseidengewinnung auf den von THIELE geschaffenen Grundlagen betreibt heute die J. P. Bemberg A.-G. in Barmen. In England wurden etwa um die Jahrhundertwende die CROSSschen Patente von der Firma S. Courtaulds übernommen. Aus den genannten Unternehmungen entstanden ausländische

Tochtergesellschaften, teils vor, teils nach dem Kriege. Dazu kam eine Unzahl von Neugründungen, die es teilweise ebenfalls zu großer Bedeutung brachten, so daß heute die international stark verknüpfte Kunstseidenindustrie einen sehr erheblichen Wirtschaftsfaktor darstellt[1].

Allgemeines über die Herstellungsverfahren.

Alle Verfahren beruhen darauf, daß die natürliche gewachsene Cellulose, die nach Bedarf durch besondre Behandlung aufgeschlossen und reaktionsfähiger gemacht wird, möglichst unversehrt in Lösung gebracht, dann versponnen und hernach wieder ausgefällt wird. Ohne die von der Natur gebildete sog. Micellarstruktur der gewachsenen Cellulose wäre die heutige Kunstseidenfabrikation unmöglich. In Lösung kann, wenigstens vorläufig, die Cellulose nur durch Vermittlung ihrer löslichen chemischen Verbindungen gebracht werden, so daß die Grundlage jedes Spinnverfahrens ein oder mehrere chemische Umsetzungen bilden. Daneben sind jedoch für die späteren Eigenschaften der betreffenden Kunstfaser die kolloidchemischen Dispergierungs- und Koagulationsvorgänge von überragender Bedeutung. Bei allen Spinnlösungen für die Kunstseidenherstellung handelt es sich nämlich um kolloide Systeme, in denen die kleinsten Teilchen nicht wie bei echten Lösungen die Moleküle, sondern größere Molekülverbände, „Micellen" (Nägeli) oder „Krystallite" genannt, sind. Eine Eigentümlichkeit der Cellulose (wie auch andrer ähnlicher Systeme) liegt nun darin, daß quantitative chemische Umsetzungen nicht nur unter Erhaltung der „Micellenform", sondern in bestimmten Fällen sogar unter vollkommener Beibehaltung der Faserform möglich sind (besonders wichtig bei Gewinnung der Cellulosenitrate). Praktisch kommt es darauf an, daß trotz der Notwendigkeit, die Lösung eines Cellulosederivates herzustellen, die Micellarverbände bei diesen Vorgängen möglichst wenig angegriffen werden, da andernfalls ganz erhebliche Schädigungen der Qualität der Kunstfasern die Folge sind. Die Lösungen selbst unterliegen häufig chemischen wie kolloidchemischen Veränderungen (z.B. Reifevorgängen), weshalb ihr Zustand vor dem Verspinnen genau untersucht werden muß.

Eine sehr wichtige Rolle spielt der Ablauf des Spinnvorgangs; es wird entweder das Cellulosederivat unter Rückbildung der Cellulose (regenerierte, denaturierte bzw. Hydratcellulose) auf chemischem Wege zersetzt, oder aber man verspinnt die Celluloseverbindung selbst zur Faser. Der erste Fall gilt für die Kupfer- und Viscoseseidengewinnung, während die Nitro- und Acetatseiden nach der zweiten Gewinnungsart erhalten werden. Die Koagulation der durch enge Düsen gepreßten Spinnlösung kann entweder durch Einspritzen in sog. Fällbäder erfolgen (Naßspinnverfahren) oder man bringt nur das Lösungsmittel zum Verdunsten (Trockenspinnverfahren). Eine ganz besondere Bedeutung kommt der Ausübung eines mechanischen Zuges auf den halberstarrten, noch bildsamen Faden zu: bei starker Verfeinerung des Titers tritt eine erhebliche Verbeßrung der mechanischen Eigenschaften ein (Streckspinnverfahren).

Der frisch gesponnene Faden muß oft noch eine große Reihe von Nachbehandlungen durchmachen, ehe er seinen endgültigen Zustand (Aussehen, Griff usw.) erlangt hat.

Kupferseide.

Reaktionsverlauf. Die Grundlage bildet die Löslichkeit von Cellulose in einer Lösung von sog. Kupferoxydammoniak (Schweizer, 1857). Kupfer-2-Hydroxyd löst sich in konzentriertem Ammoniak nach folgender Gleichung:

$$Cu(OH)_2 + 4\,NH_4OH \rightleftarrows [Cu(NH_3)_4](OH)_2 + H_2O\,.$$

[1] Vgl. hierzu das Buch: Die Internationale Kunstseidenindustrie, Berlin: Finanzverlag 1929, sowie zahlreiche Aufsätze, besonders in den Jahrgängen **1927**, **1928** und **1929** der Zeitschriften Seide, Krefeld, und Die Kunstseide, Berlin-Lichterfelde.

Diese Verbindung ist das Cupri-tetrammin-hydroxyd, eine Base, die zur Salzbildung befähigt ist. Da es sich in obiger Gleichung um eine Gleichgewichtsreaktion handelt, so ist stets ein erheblicher Ammoniaküberschuß notwendig, andernfalls die komplexe Base wieder zerfällt. Wie TRAUBE gefunden hat, gehen bestimmte organische Diamine, z. B. Äthylendiamin, ganz ähnliche Komplexverbindungen mit Kupferhydroxyd ein.

Die Löslichkeit von Cellulose in derartigen Lösungen steht in enger Analogie zum Verhalten einfacherer organischer Polyhydroxylverbindungen; so hat z. B. BULLNHEIMER ein Natriumkupferglycerat $[C_3H_5O_3Cu]Na$ hergestellt und TRAUBE konnte unter Ersatz des Natriums durch die obengenannte Cupri-äthylendiaminbase eine Verbindung $[(C_3H_6O_3)_2Cu]$ [Cu(Äthylendiamin)$_2$] gewinnen. Diese hat sowohl ein komplexes Anion wie ein ebensolches Kation und zeigt deutlich, welcher Art die in der SCHWEIZERschen Lösung zu erwartenden Celluloseverbindungen sein dürften. Für die SCHWEIZERschen Lösungen ist dies in der Tat durch HESS und MESSMER einwandfrei gezeigt worden, und man kann daher formulieren:

$$[Cu(NH_3)_4](OH)_2 + [C_6H_9O_5]^- \rightleftharpoons [C_6H_7O_5Cu]^- + 4NH_3 + 2H_2O\,.$$

Das komplexe Kupfer-Cellulose-Anion bildet dann zunächst mit der Kupferamminbase die Verbindung: $[C_6H_7O_5Cu]_2\,[Cu(NH_3)_4]$. Durch Zusatz von etwas Natronlauge kann man die Kupferamminbase als Kation verdrängen und das in ihr vorhandene Kupfer ebenfalls zur Bindung weiterer Cellulose verwenden:

$$[C_6H_7O_5Cu]_2[Cu(NH_3)_4] + C_6H_{10}O_5 + 3\,NaOH \rightleftharpoons 3\,[C_6H_7O_5Cu]Na + 4\,NH_3 + 3\,H_2O\,.$$

Diese Kupfer-Cellulose-Alkali-Verbindung dürfte in den endgültigen Spinnlösungen vorhanden sein. Durch diese Deutung der Vorgänge beim Lösen von Cellulose in Kupferoxydammoniak kann man drei Folgerungen ziehen, die durchweg in Übereinstimmung mit den praktischen Erfahrungen stehen:

a) Beim Auflösen der Cellulose wird Ammoniak frei, was von LINKMEYER (F.P. 346722) schon vor längerer Zeit festgestellt wurde. Eine solche Lösung kann dann natürlich wieder weiteres Kupferhydroxyd aufnehmen (LANGHANS, D.R.P. 140347).

b) Durch Zugabe von Alkalilauge in mäßiger Menge wird weiteres Kupfer für die Aufnahme von Cellulose verfügbar, es kann also mehr Cellulose gelöst werden.

c) Ist alles Kupfer als Celluloseverbindung in Anion festgelegt, so ist das Ammoniak größtenteils überflüssig, da es nur zum Lösen des Kupferhydroxyds benötigt wurde. Es wird in der Praxis schon vor dem Verspinnen durch Evakuieren der Lösung zum erheblichen Teil abgesaugt, wodurch seine Wiedergewinnung sehr vereinfacht ist.

Was die Fällungsprozesse anlangt, so kam hier früher die Fällung in sauren Bädern zur Verwendung; hierbei wird die Kupfercelluloseverbindung vollkommen zersetzt und freie Cellulose ausgefällt. Für die heute allein in Frage kommenden Streckspinnverfahren verwendet man dagegen alkalische Fällbäder oder auch reines Wasser von etwa 50°. Gibt man zur SCHWEIZERschen Celluloselösung viel Natronlauge, so fällt die von NORMANN entdeckte unlösliche Kupfer-Cellulose-Alkali-Verbindung $[(C_6H_8O_5)_2Cu]Na_2$ aus. Sie unterscheidet sich gegenüber der oben in Lösung angenommenen durch das Äquivalenzverhältnis Cellulose : Kupfer = 2 : 1, während dieses Verhältnis in Lösung nach MESSMER 1 : 1 ist. Mit diesem höheren Cellulosegehalt hängt wohl die Unlöslichkeit zusammen, und allgemein dürfte der Fällungsprozeß in alkalischen Bädern auf Verarmung des löslichen Komplexes an Kupfer beruhen. Es fällt also nicht etwa Cellulose oder Alkalicellulose aus, sondern es bilden sich blau gefärbte, unlösliche Cellulose-Kupfer-Alkali-Verbindungen, die erst bei der Behandlung des gefällten Fadens mit Säuren unter Freiwerden von Cellulose zersetzt werden.

Technische Ausführung des Verfahrens.

Als Ausgangsmaterial dienen fast ausschließlich Baumwollinters, die vorher alkalisch abgekocht (gebeucht) und gebleicht werden. Weitere chemische Vorbehandlungen, die bei älteren Verfahren in großer Zahl vorgeschlagen worden sind, um die Löslichkeit der Baumwolle zu erhöhen, kommen heute nicht mehr in Frage, seit die oben angeführten Zusammenhänge über die Vorgänge beim Lösen der Cellulose bekannt sind. Das gebleichte Material wird lediglich in einem sog. Holländer einer Mahlung unterworfen, indem es in Form eines Faserbreies zwischen der Messerwalze und den Grundmessern durchgepreßt wird; hierbei erfolgt ein gewisser mechanischer Aufschluß, durch den das Quellungsvermögen vergrößert und die gleichmäßige Lösefähigkeit begünstigt wird.

Die früher übliche Methode, die Cellulose in die fertige Kupferoxyd-Ammoniak-Lösung einzutragen, was zunächst naheliegt, ist nach den oben gegebenen allgemeinen Darlegungen unpraktisch, da auf diesem Wege nur verhältnismäßig niedrige Konzentrationen erreichbar sind. Setzt man dagegen abwechselnd Kupferhydroxyd und Cellulose zu konzentriertem Ammoniak, so kommt man zu viel höheren Konzentrationen. So entfallen heute auch die früher gebräuchlichen Methoden, nach denen eine Kupferoxyd-Ammoniak-Lösung durch Einblasen von Luft in wäßriges Ammoniak, in dem Kupferspäne fein verteilt waren, hergestellt wurde. Große Schwierigkeiten verursachte lange Zeit die Herstellung eines reinen Kupferhydroxyds, da dieses, wenn es verunreinigt ist, starke Neigung zum Schwarzwerden an der Luft zeigt. Man behalf sich mit Zwischenlösungen, indem man z. B. basisches Kupfersulfat aus Kupfervitriol fällte und ersteres dann weiterzersetzte. Heute ist festgestellt, daß besonders metallische Verunreinigungen (Eisen) durch Oxydation das Schwarzwerden verursachen, weshalb man aus reinem Kupfersulfat unter Zusatz von Oxydationsverzögerern (z. B. Zucker) durch Ausfällen mit Natronlauge ein hellblaues Kupferhydroxyd darstellt. Die Reaktion wird bei Gegenwart der (wie oben geschildert) vorbereiteten Baumwollinters im Holländer durchgeführt und das innige Gemisch von Cellulose und Kupferhydroxyd zunächst filtriert und dann in hydraulischen Pressen unter starkem Druck von den Resten der natriumsulfathaltigen Mutterlauge befreit. Die Preßkuchen werden sodann in Rührkesseln, deren doppelte Wände zur Verhinderung einer Erwärmung der Reaktionsmasse mit kaltem Wasser durchströmt werden, mit konzentriertem wäßrigem Ammoniak aufs gründlichste durchgearbeitet, bis eine homogene, tiefdunkelblaue, hochviscose Lösung erzielt ist. Ihr gibt man die früher erwähnte geringe Menge Natronlauge zu, wodurch Stabilität und Spinnfähigkeit günstig beeinflußt werden. Weitere Zusätze von Glucose, Weinsäure und andern Polyhydroxylverbindungen wirken ebenfalls günstig und sind heute stets im Gebrauch. Sie verhindern die Aufnahme von Sauerstoff durch die äußerst leicht oxydierbare Spinnlösung, haben aber vielleicht auch außerdem heute noch nicht aufgeklärte Wirkungen.

Nun wird die Viscosität der Lösung gemessen und letztere dann durch Verdünnen auf die gewünschte Zähigkeit gebracht. Es folgt das Filtrieren der Lösung durch feinste Nickeldrahtnetze und hiernach das Evakuieren. Bei allen Spinnlösungen haben etwa festgehaltene geringe Mengen von Luft die unangenehmsten Folgen, da sie beim Spinnen die gleichmäßige Fadenbildung stören und damit Anlaß zu Brüchen und Unegalitäten usw. geben. Dem Entfernen dieser letzten anhaftenden Luft dient daher das Evakuieren, das unter schwachem Rühren durchgeführt wird. Ein zweiter Zweck ist das früher erwähnte Absaugen des überschüssigen Ammoniaks, mit dessen Entfernung die Viscosität der Lösung steigt. Man hat dadurch ein letztes Mittel in der Hand, um die Zähigkeit der Spinnlösung einzustellen, indem man mehr oder weniger intensiv das Ammoniak entfernt.

Wie oben erwähnt, fand früher das Spinnen unter Austritt der Spinnlösung in saure Bäder statt. Dieses Verfahren war das alte „Glanzstoffverfahren" (vgl. unter „Geschichtliches"), dessen besondre Bedeutung neben der Verbeßrung des Löseprozesses in der Konstruktion der Spinnmaschine bestand. Die Lösung wurde in eine größere Anzahl von nebeneinander liegenden Einzeldüsen, den sog. Spinnkamm, aus Glaskapillaren bestehend, gepreßt, die von oben in das Fällbad eintraten. Sie waren jedoch im Fällbad U-förmig gebogen, so daß der Austritt der Spinnmasse von unten nach oben erfolgte. Die koagulierten Einzelfäden wurden durch einen Fadenführer vereinigt und weiter oberhalb auf eine Glaswalze aufgewickelt.

Infolge der Verwendung teurer Materialien und deren unvollständiger Rückgewinnung war das in der beschriebenen Weise ausgebaute Spinnverfahren dem der neu aufkommenden Viscoseseide wirtschaftlich unterlegen. Hier brachte Thiele die umwälzende Neuerung, indem er die Gedanken, die ursprünglich Lehner bei der Nitroseide angewendet hatte, in durchaus origineller Weise auf das Spinnverfahren der Kupferseide übertrug. Läßt man nämlich durch Verwendung schwachalkalischer Fällbäder die Koagulation langsam vor sich gehen, so kann man den Faden während des Spinnens verstrecken und damit die Feinheit des Titers wie die Festigkeit ganz erheblich verbessern. Die endgültige Lösung ergab sich durch die Benutzung eines mit steigender Geschwindigkeit durch einen Trichter strömenden Fällbades, das die aus der oben gelegenen sog. „Brausedüse" mit verhältnismäßig weiten Löchern (ca. 0,8 mm) austretenden Fäden mitnimmt und noch im plastischen Zustand stark verstreckt. Wichtig ist dabei die Schaffung einer vollkommen wirbelfreien Zone mit schwacher Strömung am Austritt der Spinnlösung aus der Brause, da andernfalls häufige Fadenbrüche vorkommen. Grundlegend wurde hierfür das von der J. P. Bemberg A.-G. in Barmen im Jahre 1907 genommene D.R.P. 220051. Sehr wichtig ist ferner die vollkommene Entlüftung des Fällbades sowie aller mit dem Fällbade in Berührung kommenden Teile[1]. Der aus dem Spinnzylinder unten austretende Faden wird sodann über eine Rinne geführt, auf der er mit Säure in Berührung kommt und endlich auf einem in verdünnter Säure laufenden Haspel aufgewickelt. Das Aufwickeln auf Spulen ist wegen der schwierigen Nachbehandlung nicht üblich; neuerdings hat das Zentrifugenspinnverfahren (s. Viscoseseide) Bedeutung gewonnen.

Das Spinnen auf Haspel hat zwar den Vorteil, daß die Seide sofort in Strangform erhalten wird, jedoch hat das so gewonnene Garn keine Drehung und muß daher, falls letztere notwendig ist, auf einer Windemaschine auf Bobinen gewunden und von diesen auf einer Zwirnmaschine gezwirnt werden. Da jedoch die äußerst feinfädige Kupferstreckseide gegenwärtig in erheblichem Ausmaße, besonders in der Kette an Stelle der natürlichen Grègeseide ohne Drehung verarbeitet wird, so ist dieser Nachteil nicht so schwerwiegend. In Zukunft dürfte gerade für die Produktion von gedrehter Kupferseide das Zentrifugenverfahren von Wichtigkeit sein.

Die von der Spinnmaschine kommende Kupferseide macht noch eine schwache Bleiche und besonders eine sehr sorgfältige Wäsche durch und erhält schließlich für die Verwendung in der Wirkerei eine Präparation, während sie für Webereizwecke meist nur griffig gemacht wird. Zum Schluß erfolgt das Trocknen der Stränge in einem Kanaltrockner. Dann wird die Kunstseide sortiert und verpackt.

Viscoseseide.

Reaktionsverlauf. Das Verfahren benutzt die Tatsache, daß die sog. Alkalicellulose beim Behandeln mit Schwefelkohlenstoff eine wasser-

[1] J. P. Bemberg A.-G., D.R.P. 303047, 1916.

lösliche Verbindung liefert, die sich zur Herstellung von Spinnlösungen eignet; aus dieser läßt sich die Cellulose durch Säure wieder regenerieren. Die erste Reaktion ist die zwischen Cellulose und Natronlauge von 17,5 bis ca. 20 Volumprozent, die allgemein als „Mercerisation" bezeichnet wird; ihr auffallendstes chemisches Merkmal ist die Tatsache, daß die Cellulose unter Herabsetzung der Konzentration der Ausgangslauge Natriumhydroxyd aufnimmt, und zwar gerade so viel, wie etwa dem Äquivalenzverhältnis $2 C_6H_{10}O_5 : 1 NaOH$ entspricht. Dieses zum erstenmal von Vieweg beobachtete Ergebnis findet neuerdings auch in röntgenographischen Befunden von Katz und Mark eine Stütze, so daß die Bildung einer chemischen Verbindung sehr wahrscheinlich ist. Dazu kommt eine sehr starke Quellung, die zur Festhaltung erheblicher Mengen von Natronlauge auf der Faser führt, selbst wenn man den Überschuß herauspreßt. Man erhält so eine sich feucht anfühlende Masse, die „Alkalicellulose", die in diesem Zustande recht empfindlich ist. Sie nimmt beim Stehen Sauerstoff aus der Luft auf, der zur Oxydation von Cellulose verbraucht wird, und verändert sich weiterhin auch kolloidchemisch: alle diese Vorgänge bezeichnet man als „Vorreife" oder „Maische" und verwendet sie je nach Bedarf bei der Herstellung der Spinnlösung, da sie die Dispersion der Cellulose erleichtern. Die Alkalicellulose nimmt, wie schon erwähnt, Schwefelkohlenstoff unter Erwärmung und starker Quellung auf. In Analogie zu der bekannten Bildung von sog. Xanthogensäuren, den Estern von Alkoholen mit der Dithiokohlensäure bei Einwirkung von Schwefelkohlenstoff auf alkalische Alkalilauge, nimmt man bei der Cellulose wohl mit Recht die Entstehung einer Cellulose-Xanthogen-Säure bzw. ihres Natriumsalzes an:

$$CS_2 + NaOH + C_2H_5OH \rightleftarrows C\begin{matrix} \diagup OC_2H_5 \\ =S \\ \diagdown SNa \end{matrix} + H_2O$$

Natrium-Äthyl-Xanthogenat

$$CS_2 + NaOH + C_6H_{10}O_5 \rightleftarrows C\begin{matrix} \diagup C_6H_9O_5 \\ =S \\ \diagdown SNa \end{matrix} + H_2O$$

Natrium-Cellulose-Xanthogenat

Die Äquivalenzverhältnisse sind trotz zahlreicher Arbeiten bis heute nicht völlig geklärt; während Cross und Bevan die oben angeführte Formel mit dem Zusatz vertraten, daß der $(C_6H_{10}O_5)$-Rest noch ein weiteres NaOH gebunden enthalte, das Verhältnis $C_6H_{10}O_5 : Na$ demnach 1 : 2 sei, konnten andrerseits Heuser und Schuster wasserlösliche Xanthogenate der ungefähren Zusammensetzung $NaS \cdot CS \cdot (C_6H_{10}O_5)_2$ darstellen, worin demnach $C_6H_{10}O_5 : NaOH = 2 : 1$ ist. Nach der Cross und Bevanschen Ansicht sollte man zur Umsetzung von 1 Äquivalent $C_6H_{10}O_5$ 1 Äquivalent Schwefelkohlenstoff verbrauchen, d. h. auf 100 g Cellulose ca. 47 g Schwefelkohlenstoff, während man in Wirklichkeit mit ca. 30 g auskommt; auch das Verhältnis Cellulose : Schwefelkohlenstoff ist daher unbestimmt.

Die unklaren und schwankenden Äquivalenzverhältnisse in Verbindung mit den äußerst labilen Eigenschaften der Cellulose-Xanthogenat-Lösungen sind Gründe dafür, daß hier die kolloiden Zustandsveränderungen viel mehr in den Vordergrund treten als beispielsweise bei den Kupferamminlösungen. Immerhin liegt kein Anlaß vor, die chemischen Vorgänge überhaupt zu leugnen, wenn auch andrerseits zuzugeben ist, daß allein auf Grund der rein chemischen Tatsachen die Erklärung der zahlreichen Zusammenhänge unvollständig bleibt.

Das eben Gesagte gilt besonders für das Verhalten der fertigen Cellulose-Xanthogenat-Lösung, der sog. Viscose. Sie ist äußerst wenig stabil und unterliegt beim Stehen der sog. „Reife", die nach längerer Zeit dazu führt, daß die

Lösung zu einem Gel erstarrt, das bei noch weiterem Lagern unter Synhärese-erscheinungen und Abscheidung von Cellulose zerfällt. Es erscheint heute sehr wahrscheinlich, daß als Grundlage dieser vieldiskutierten Vorgänge die allmähliche Zersetzung der freien Cellulose-Xanthogen-Säure, die eine äußerst schwache Säure ist, zu gelten hat. Im Sinne der folgenden Gleichungen ist es klar, daß trotz alkalischer Reaktion der Viscose eine Hydrolyse eintritt und die vorhandenen geringen Mengen freier Cellulose-Xanthogen-Säure sich nicht umkehrbar unter Bildung von Cellulose und Schwefelkohlenstoff zersetzen. Der letztere wird von dem Alkali unter Bildung von z. B. Natriumdithionat und -trithionat aufgenommen und wird somit ebenfalls dauernd der Reaktion entzogen, so daß, wenn auch langsam, der chemische Zersetzungsprozeß des Natrium-Cellulose-Xanthogenates immer weiter fortschreitet:

$$NaS \cdot CS \cdot C_6H_9O_5 + H_2O \rightleftarrows HS \cdot CS \cdot C_6H_9O_5 + NaOH$$
$$HS \cdot CS \cdot C_6H_9O_5 \longrightarrow CS_2 + C_6H_{10}O_5 \downarrow$$
$$3CS_2 + 6NaOH \longrightarrow Na_2CO_3 + \underset{\text{Natriumtrithionat}}{2Na_2CS_3} + 3H_2O.$$

Es ist auch nicht zu vergessen, daß die direkte Umsetzung des Natrium-Cellulose-Xanthogenates mit Natronlauge zu Natriumdithionat und Cellulose möglich ist:

$$NaS \cdot CS \cdot C_6H_9O_5 + NaOH \longrightarrow \underset{\text{Natriumdithionat}}{NaS \cdot CS \cdot ONa} + C_6H_{10}O_5 .$$

Man kann die Stabilität ein Viscoselösung leicht danach beurteilen, wie lange sie braucht, um zu erstarren; hier läßt sich in der Tat eine erhebliche stabilisierende Wirkung mit steigender NaOH-Konzentration nachweisen; bei 8 Vol.-Proz. wird ein Maximum durchschritten (Heuser und Schuster), bei höheren Konzentrationen sinkt die Haltbarkeit wieder rasch.

Man kann die fortschreitende Zersetzung des Xanthogenates zu einer chemischen Bestimmung des Reifegrades benutzen, indem man nach Cross und Bevan das Cellulosexanthogenat mit Jod umsetzt:

$$2(C_6H_{10}O_5)_x \cdot CS_2 \cdot SNa + 2J \longrightarrow (C_6H_{10}O_5)_x \cdot CS \cdot S \cdot S \cdot CS \cdot (C_6H_{10}O_5)_x + 2NaJ .$$

Es entsteht das sog. Dixanthogen. Die Reaktion ist durch Jentgen sowie Faust, Graumann und Fischer quantitativ ausgearbeitet worden. Kennt man außerdem den Cellulosegehalt der Lösung, so läßt sich ohne weiteres das Verhältnis Na (gebunden) : $C_6H_{10}O_5$ bestimmen. Die Tatsache, daß während der Reife ganz allgemein die Menge Cellulose im Verhältnis zum gebundenen Na wächst, wurde zuerst von Cross und Bevan rein strukturchemisch als eine dauernde Kondensation, eine Vergrößerung des Cellulosemoleküls aufgefaßt, während in dieser Änderung natürlich nur der langsam zunehmende Zersetzungsprozeß zum Ausdruck kommt. Rein empirisch ermittelt man dann wohl folgende Zusammensetzungen von Xanthogenaten:

$NaS \cdot CS \cdot OC_6H_9O_4$ nach dem Lösen
$NaS \cdot CS \cdot OC_{12}H_{19}O_9$ „ 24 Std.
$NaS \cdot CS \cdot OC_{24}H_{39}O_{19}$ „ 6—7 Tagen.

Demgemäß spricht man auch von einem C_{24}-Xanthogenat usw. Wesentlich charakteristischer für den Reifevorgang ist der Wechsel der Zähigkeit oder Viscosität der Lösung mit der Zeit. Es läßt sich zunächst ein Absinken und dann ein Anstieg erkennen, der bis zur Gelatinierung führt. Entsprechend nimmt auch mit zunehmender Reife die Leichtigkeit zu, mit der die Viscose durch Zusatz von Salzlösungen zum Ausflocken gebracht werden kann. Nach Hottenroth setzt man zu 20 g Viscose 30 cm³ Wasser und läßt dazu aus einer Bürette 10 proz. Ammoniumchloridlösung bis zur Ausflockung laufen. Die Zahl der verbrauchten Kubikzentimeter gibt den „Reifegrad“ an. Eine Modifikation hat neuerdings Mukoyama angegeben.

Für die Praxis sind die Reifevorgänge besonders deshalb wichtig, weil die hier stattfindende langsame Koagulation den Spinnvorgang selbst vorbereitet, und weil ferner die Eigenschaften der gesponnenen Fäden je nach der Reife wechseln. Hiervon wird besonders die Bruchdehnung betroffen (R. O. HERZOG). Interessant ist in diesem Zusammenhang, daß „spinnreife" Lösungen (etwa 5—6 Reifetage) bestimmte Elastizitätseigenschaften zeigen, die wahrscheinlich auf einer Strukturbildung beruhen (R. O. HERZOG und GÄBEL).

Endlich ist daran zu erinnern, daß Schwefelkohlenstoff und Alkali auch allein unter Bildung von Di- und Trithionaten (RAGG) miteinander reagieren. Bei der Zersetzung derselben durch Säuren entsteht u. a. auch Schwefelwasserstoff. Da diese Reaktionsprodukte außerdem die Viscose stark verunreinigen, so muß man ihre Bildung möglichst zurückdrängen; dies gelingt besonders durch Anwendung von geringeren Mengen Schwefelkohlenstoff (s. oben) sowie durch Vermeidung einer zu hohen Alkalikonzentration.

Die Fällungsprozesse sind, wie oben erwähnt, im allgemeinen durch die vorangegangene Reife vorbereitet; normalerweise wird durch Säuren direkt die Cellulose regeneriert. Nach einem jetzt kaum mehr ausgeübten sog. Zweibadverfahren wird zuerst in einem Bad von Ammoniumsulfat ein Xanthogenatfaden gefällt und dieser dann in einem Bad durch Säure zersetzt. Alkalische Fällbäder sind nicht in Verwendung.

Sehr wichtig ist bei der Viscoseseide die Entfernung des beim Fällen sich niederschlagenden Schwefels, der dem Faden ein mattes und unschönes Aussehen verleiht. Es folgt daher vor der Bleiche eine Behandlung mit Natriumhydrosulfid, das den Schwefel herauslöst.

Technische Ausführung des Verfahrens.

Als Ausgangsmaterial dient weitaus überwiegend Holzzellstoff, der nach dem Sulfitverfahren (Spezialverfahren) aus Fichtenholz gewonnen wird. Natronzellstoffe sowie Zellstoffe aus Kiefernholz sind nicht verwendbar. Die Verwendung von Baumwolle bietet angeblich keine Vorteile.

Zur „Mercerisation" werden die Zellstofftafeln in Körbe eingesetzt und diese in die Lauge getaucht, wobei die Bildung der Alkalicellulsoe erfolgt. Hierbei geht ein Teil des Zellstoffs (die sog. Hemicellulosen) in Lösung; der resistente Anteil wird als α-Cellulose bezeichnet; der Gehalt eines Zellstoffs an α-Cellulose ist maßgebend für die Beurteilung seiner Qualität; die Bestimmung erfolgt im Laboratorium nach der Methode von JENTGEN.

Nach Beendigung des Tauchens, das mehrere Stunden in Anspruch nimmt, werden die Tafeln herausgenommen und in hydraulischen Pressen auf etwa das dreifache Gewicht des Ausgangsmaterials abgepreßt. Neuerdings verwendet man auch eine Vorrichtung, die Wanne und Presse vereinigt, wobei nach erfolgter Tauchung die Lauge abgelassen und die Platten durch einen von der Seite her vordringenden Stempel ausgepreßt werden; hierauf sind sie direkt zur Weiterverarbeitung bereit.

Der folgende Arbeitsgang ist der des Zerfaserns in Knetmaschinen, deren Arme mit Zähnen versehen sind; dabei werden die alkalischen Zellstofftafeln zerkleinert und die einzelnen Fasern weitgehend freigelegt. Die zerfaserte Alkalicellulose stellt eine gleichmäßig lockere Masse dar, die nunmehr in zylinderförmige verschließbare Blechgefäße gefüllt und zur Vorreife in besonders temperaturkonstante Räume gestellt wird. Je nach der Dauer der Vorreife tritt eine mehr oder minder große Erniedrigung der Viscosität der Spinnlösungen ein, so daß man hier ein Mittel hat, um verschiedene Ausgangsmaterialien dem Fabrikationsprozeß anzupassen. In bestimmten Fällen verkürzt man die Vorreife oder läßt sie überhaupt wegfallen.

Die zerfaserte und vorgereifte Alkalicellulose gelangt nunmehr in die Sulfidiertrommeln; in diese wird zunächst die abgewogene Menge Alkalicellulose gefüllt und sodann nach absolut dichtem Verschluß die Trommel in langsame Rotation um ihre Längsachse gesetzt. Aus dem seitlich angebrachten Meßgefäß läßt man sodann den Schwefelkohlenstoff langsam zulaufen, wobei durch ein in der Achse gelegenes, mit zahlreichen feinen Löchern versehenes Rohr eine möglichst feine Verteilung bewirkt wird.

Durch kaltes Wasser, das die doppelten Wände durchströmt, wird die entstehende Reaktionswärme abgeführt. Es tritt starke Quellung, jedoch ohne Verschmieren, ein, das fertig sulfidierte Produkt ist krümelig und von orangegelber Farbe. Es gelangt direkt in die Auflöser, in denen das Cellulosexanthogenat, kurz als „Xanthat“ bezeichnet, in verdünnter Natronlauge aufgelöst wird. Um Klumpenbildung zu vermeiden, wird lebhaft gerührt, häufig wohl auch die Masse durch größere Zahnradpumpen oder sog. Zerreiber getrieben.

Die nunmehr fertige Viscose wird zuerst in Filterpressen gereinigt, sodann werden in großen Mischern mehrere Chargen homogenisiert und diese dann in den Reifekesseln zur Reife gestellt, die, wie schon erwähnt, mehrere Tage dauert. Während dieser Zeit wird auch durch Evakuieren eine Entlüftung vorgenommen. Nach beendeter Reife wird unter nochmaligem Filtrieren in die Arbeitskessel gedrückt, aus denen dann die Spinnmaschinen gespeist werden.

Das Spinnen erfolgt aus Brausedüsen, deren Löcher etwa 0,1 mm Durchmesser besitzen. Es wird von unten nach oben gesponnen, ein U-förmig gebogenes Glasrohr taucht in das Füllbad; an einem Ende ist die Spinndüse aufgeschraubt. Die Zufuhr der Spinnflüssigkeit wird durch sog. Titerpumpen geregelt, die, von der Achse der Maschine getrieben, pro Zeiteinheit ein genau festgelegtes Quantum Spinnlösung fördern. An den Arm, der das Glasrohr mit der Spinndüse trägt, ist ferner noch ein sog. Kerzenfilter angebracht. Der Faden wird in etwa 1 m Höhe über der Spinndüse von einem Fadenführer erfaßt, von einer rotierenden Spule aufgenommen und bei Spulenspinnmaschinen auch auf dieser aufgewickelt. Beim Zentrifugen- oder Topfspinnverfahren erfolgt der Abzug durch Walzen, die etwa an Stelle der Spulen sitzen; der Faden läuft jedoch auf der andren Seite senkrecht von oben nach unten in einem mit mehreren 1000 Touren pro Minute rotierenden Zentrifugentopf; durch einen periodisch auf- und abgehenden Trichter geführt, wird er in Kreuzwicklung an die Wand der Zentrifuge geschleudert, und nach etwa 2—3stündigem Laufen hat sich der sog. Spinnkuchen gebildet, der entfernt wird. Der Nachteil des Spulenverfahrens ist demgegenüber die wesentlich geringere Leistung einer Spule, die mindestens alle Stunden erneuert werden muß. Der frühere Übelstand, daß mit zunehmender Dicke der Bewicklung bei gleicher Umdrehungszahl die Abzugsgeschwindigkeit wuchs und entsprechend der Titer abnahm, ist heute durch Verwendung sog. Konusantriebe ziemlich vollständig überwunden. Im allgemeinen geht die Tendenz heute etwa dahin, die Titer von 100 den. aufwärts sowohl auf der Topf- wie auf der Spulenspinnmaschine herzustellen, während für die feineren Titer fast ausschließlich die Spulenmaschine verwendet werden dürfte.

Von besondrer Bedeutung ist die Zusammensetzung des Fällbades. Das früher häufiger gebrauchte sog. Zweibadverfahren, bei dem in einer Lösung von Ammonsulfat ein Faden aus Cellulosexanthogenat erzeugt wurde, den man dann in einem zweiten Bad mit Schwefelsäure zersetzte, ist heute verlassen. Dem fast ausschließlich benutzten sog. „Müllerbad“ (Müller u. Koppe, 1905) liegt die Entdeckung zugrunde, daß ein schöner Faden beim Spinnen in einem schwefelsauren Bad erhalten wird, das außerdem Salze gelöst enthält; die günstigste Zusammensetzung ist eine Natriumsulfatlösung mit so viel Schwefelsäure, daß etwa dieselbe Wasserstoffionenkonzentration wie in einer Bisulfatlösung vorhanden ist; außerdem werden häufig andre Salze, z. B. Zinksulfat, Magnesiumsulfat usw., verwendet, und endlich gibt man auch Zusätze, wie Glucose, Pflanzenschleime u. a. m. In diesen Fällbädern erfolgt die Rückbildung der Cellulose rasch, weshalb die Strecke, die im Fällbad zurückgelegt wird, nur kurz zu sein braucht. Von großer praktischer Bedeutung ist ferner das Verspinnen von ungereifter Viscose (z. B. Travisseide der Agfa). Aus den Schwefelverbindungen wird außerdem fein verteilter Schwefel im Faden niedergeschlagen, so daß der rohe Faden ein mattes und unscheinbares Aussehen erhält.

Nunmehr werden beim Spulenverfahren die Fäden auf der Spule sorgfältig säurefrei gewaschen, dann getrocknet und wieder schwach angefeuchtet; sie kommen dann auf die Zwirnmaschine, wo sie von den Spinnspulen auf Kreuzspulen unter Erteilung einer Drehung gewickelt werden; von den letzteren werden sie auf der Haspelmaschine in Strangform gebracht. Zentrifugenseide wird sofort aus dem Spinntopf auf eine Haspelmaschine gebracht und in nassem Zustande in Strangform gehaspelt, worauf man sie wäscht und unter Spannung trocknet. Es folgt nunmehr das Entschwefeln, das in Natriumhydrosulfidbädern bei schwach erhöhter Temperatur erfolgt; hierbei wird der Schwefel herausgelöst. Es folgen eine schwache Bleiche und endlich das Absäuern und Waschen der Stränge, an das sich die letzte Trocknung anschließt. Die Viscoseseide hat nunmehr ihr charakteristisches glänzendes Aussehen erhalten. Neuerdings wird intensiv an der Verbilligung des Viscoseverfahrens gearbeitet, indem die gesamte Nachbehandlung nicht im Strang, sondern direkt auf den Spinnspulen angestrebt wird; es sind schon nennenswerte Erfolge in dieser Richtung zu verzeichnen.

Nitroseide.

Reaktionsverlauf. Die Cellulose wird in die Form eines Nitrates übergeführt nach folgendem allgemeinen Reaktionsschema:

$$C_6H_{10}O_5 + 2HNO_3 \rightleftarrows (C_6H_8O_3)(NO_3)_2 + 2H_2O .$$

Da die Cellulose drei Hydroxylgruppen besitzt, könnte sie theoretisch auch drei NO_3-Gruppen aufnehmen; dies ist praktisch nicht durchführbar, aus Gründen der Löslichkeit aber auch nicht erwünscht, weshalb man für die Nitroseidengewinnung bei der Stufe etwa des Dinitrates (ca. 11% N), der sog. „Kollodiumwolle", stehenbleibt, deren Lösung in Alkohol-Äther man allgemein als Kollodium bezeichnet. Als Katalysator wird Schwefelsäure verwendet, so daß praktisch mit einem Gemisch von ziemlich konzentrierter Salpeterschwefelsäure, dem sog. Nitriergemisch, gearbeitet wird. Zu jedem Nitriergemisch gehört dabei, wie Berl u. Klaye fanden, ein Nitrat bestimmter Zusammensetzung. Man nitriert etwa 2 Std. bei möglichst niedriger Temperatur, wobei das Fasermaterial nicht in Lösung geht, sondern in festem Zustande durchreagiert. Besonders wichtig ist die richtige Durchführung der Reaktion aus dem Grunde, weil die Behandlung der Cellulose mit derart starken Säuren und zugleich Oxydationsmitteln zu tiefgehenden chemischen Veränderungen führen kann, so daß Schädigungen der fertigen Nitroseide die Folge sind.

Die Herstellung der Lösung geschieht einfach durch Auflösen in Äther-Alkohol, wobei chemische Veränderungen im Gegensatz zu den bisher besprochenen Verfahren nicht auftreten. Dagegen zwingt nach dem Spinnen die Explosivität der Cellulosenitrate dazu, die Nitrogruppen wieder vollständig zu entfernen; dies geschieht bei der sog. Denitrierung, die heutzutage nur mit Natriumsulfid oder -hydrosulfid vorgenommen wird.

Der denitrierte Faden wird gebleicht, abgesäuert und gewaschen. Seine besondre Charakteristik besteht darin, daß er vollständig in 10 proz.

Natronlauge löslich ist, wodurch sich die erhebliche Alkaliempfindlichkeit der Nitroseiden erklärt.

Technische Ausführung des Verfahrens.

Als Ausgangsmaterial dienen fast ausschließlich Baumwoll-Linters, die alkalisch abgekocht und gebleicht sind. Um die Viscosität der Kollodiumlösung herabzusetzen, ist als Vorbehandlung trocknes Erhitzen auf ca. 140°, nach BERL in einem inerten Gas, vorgeschlagen worden. Die Nitrierung selbst ist eine Reaktion, die besonders für die Sprengstoffherstellung so wichtig ist, daß hierüber allein eine umfangreiche Literatur besteht, die sich freilich nur zum kleinsten Teil mit der Gewinnung eines für Kunstseidenzwecke brauchbaren Nitrates beschäftigt. Hier ist besonders zu betonen, daß es weniger auf einen bestimmten Stickstoffgehalt als darauf ankommt, daß die Kollodiumwolle günstige Löslichkeitseigenschaften und richtige Viscosität ihrer Lösungen aufweist. Das Nitrieren erfolgt für die Kunstseidenindustrie meist von Hand in sog. Nitriertöpfen, in denen das Nitriergemisch mit der Baumwolle verrührt wird; die Töpfe stehen häufig auf Drehscheiben, so daß mehrere nacheinander von einem Arbeiter bedient werden können. Nach erfolgter Nitrierung wird in Zentrifugen abgeschleudert und sodann mit viel Wasser in die Waschbehälter geschwemmt, wo das Waschen bis zur neutralen Reaktion fortgesetzt wird, worauf man wieder abschleudert.

Zur Herstellung der Lösung ist es wichtig, daß die Kollodiumwolle, wie schon CHARDONNET beobachtete, in feuchtem Zustande im Alkohol-Äther-Gemisch besonders gut löslich ist; daher wird das abgeschleuderte Cellulosenitrat direkt zum Lösen verwendet. In Frage kommt etwa ein Gemisch von 40 Teilen Äther und 60 Teilen Alkohol. Man erhält eine sehr viscose Lösung, die mehrmals durch Baumwolle filtriert wird. Es folgt eine Lagerung, die ebenfalls als Reife bezeichnet wird, da auch hier charakteristische Viscositätsänderungen auftreten.

Das Spinnen erfolgt noch in Maschinen, die der von CHARDONNET gegebenen Konstruktion entsprechen; man spinnt aus einem Spinnkamm mit zahlreichen, dicht nebeneinander angeordneten Glascapillaren von unten nach oben, wobei diese direkt auf dem Zuleitungsrohr der Spinnlösung sitzen. Die einzelnen Fäden werden über kleine Stifte nach oben so lange getrennt geführt, bis sie eben erstarrt sind und werden von einem Fadenführer vereinigt und aufgespult. Das Trockenspinnverfahren hat heute, wo die Lösungsmittelrückgewinnung auch aus starker Verdünnung mit Luft möglich ist, allein noch Bedeutung; wichtig ist die Notwendigkeit, mit sehr hohen Drucken zu arbeiten, da die feinen Einzelfäden der Nitroseide nicht durch sehr starkes Strecken, sondern hauptsächlich durch die Verwendung enger Spinncapillaren erhalten werden. Da ferner die Explosionsgefahr erheblich ist, wird zweckmäßig unter dem Druck eines nicht brennbaren Gases gearbeitet. Spinnpumpen usw. werden nicht benutzt. Die gesponnene Nitratseide wird auf den Spulen zur Verringerung der Explosionsgefahr feucht gehalten und in diesem Zustande gezwirnt und gehaspelt.

Danach gelangen die Stränge in das Denitrierbad, das aus einer Lösung von Schwefelnatrium besteht, und in dem die Nitrogruppen bis auf minimale Reste entfernt werden. An dem Auftreten starker optischer Doppelbrechung wird die Bildung der denitrierten Cellulose erkannt; immerhin erfordert die Denitrierung große Sorgfalt; ihr wirtschaftlicher Nachteil ist, daß ein großer Gewichtsverlust der Seide eintritt. Es ist jedoch nicht gelungen, der nicht denitrierten Seide durch irgendwelche andre Behandlungen oder Zusätze ihre Explosivität zu nehmen. Ferner leidet auch die Qualität des Fadens, der im nitrierten Zustand in Wasser viel weniger quillt. Nach der Denitrierung wird gebleicht, hierauf abgesäuert, gewaschen und getrocknet.

Acetatseide.

Reaktionsverlauf. Anstatt der Salpetersäureester finden hier die Essigsäureester Verwendung, die nach folgenden Reaktionen gewonnen werden:

$$2C_6H_{10}O_5 + 3CH_3 \cdot CO \cdot O \cdot CO \cdot CH_3 \longrightarrow \underset{\text{Primäracetat}}{2(C_6H_7O_5)(COCH_3)_3} + 3H_2O$$

$$(C_6H_7O_5)(COCH_3)_3 + H_2O \longrightarrow \underset{\text{Sekundäracetat}}{(C_6H_8O_5)(COCH_3)_2} + CH_3 \cdot COOH.$$

Man erkennt, daß im Gegensatz zur Nitrierung zunächst ein Triacetat erzeugt wird. Dieses isoliert man jedoch nicht, sondern setzt dem Reaktionsgemisch nach dem Vorgange von Miles unter Verdünnung Säure zu, wobei durch weitere Reaktion teilweise Verseifung, verbunden mit wichtigen kolloidchemischen Veränderungen, eintritt, so daß das sog. „acetonlösliche" Sekundäracetat entsteht. Als Katalysator für die erste, eigentliche Acetylierungsreaktion dient ausschließlich ein Zusatz von Schwefelsäure, der jedoch keine Hydrolyse bewirkt; die ganze Reaktion muß äußerst schonend durchgeführt werden. Wichtig ist, daß die Herstellung des Sekundäracetates bis jetzt nur auf dem Umwege über das Primäracetat gelingt. Hierbei geht, ebenfalls im Gegensatz zur Nitroseidengewinnung, die Faser vollkommen in Lösung. Die ebenfalls mögliche Umsetzung unter Erhaltung der Faserstruktur (Badische Anilin- und Sodafabrik) hat praktisch keine Bedeutung.

Die Gründe für die Verwendung des Sekundäracetates zum Herstellen der Lösung liegen in den besondern Eigenschaften, insbesondre der Acetonlöslichkeit, während das Triacetat sich nur in Chloroform u. ä. schwer zu handhabenden und teuren Mitteln löst. Das Spinnen erfolgt aus der Acetonlösung, und der fertige Faden ist ohne weitere umständliche Nachbehandlung verwendungsbereit.

Technische Ausführung des Verfahrens.

Durch kräftiges Durchkneten von Baumwollinters mit Essigsäureanhydrid und einem Gemisch von Essigsäure und konzentrierter Schwefelsäure wird bei möglichst geringer Temperaturerhöhung die Reaktion durchgeführt; man erhält eine schwer fließende Masse, zu der nunmehr eine Mischung von Essigsäure und Schwefelsäure gefügt wird, worauf man so lange stehenläßt, bis die Acetonlöslichkeit an einer Probe festgestellt wird. Nun gießt man das Reaktionsgemisch in Wasser ein, filtriert das ausgefallene Sekundäracetat ab, wäscht aus und trocknet. Das trockne Acetat wird gelöst, wofür, wie gesagt, in erster Linie Aceton benutzt wird, ferner auch Alkohol-Benzol u. a. m. Meist wird nach dem Trockenspinnverfahren gearbeitet, indem man die Spinnlösung in erwärmte Räume eintreten läßt, in denen das Lösungsmittel mehr oder weniger rasch verdunstet. Man spinnt sowohl von oben nach unten, wie auch umgekehrt. Eine große Zahl von Patenten beschreibt die stufenweise Einwirkung verschiedener Temperaturen auf den Faden, um, ähnlich wie beim Streckspinnen der Kupferseide (s. oben), verschiedene Zonen zu erhalten und unter langsamem Erstarren den Faden zu strecken. Das Naßspinnen ist zwar auch in zahlreichen Patenten durchprobiert, doch dürfte ihm vorläufig, ähnlich wie bei der Nitroseide, nicht die große Bedeutung zukommen, die man zeitweise erwartete. Auch hier spielt die beim Trockenspinnen unschwer erreichbare Wiedergewinnung des Lösungsmittels eine ausschlaggebende Rolle.

Von wirtschaftlicher Bedeutung für die Acetatseidengewinnung ist der Umstand, daß von dem verwendeten Essigsäureanhydrid ein erheblicher Teil vom Faden in Form von gewichtserhöhenden Acetylgruppen aufgenommen wird, daß also gerade der umgekehrte Fall wie bei der Nitroseide eintritt. Es wurde schon erwähnt, daß eine Nachbehandlung nicht erfolgt, so daß in diesem Punkte die

Gewinnung sehr einfach ist und die Entstehung von Abfall dadurch weitgehend verhindert wird. Gegen die Einwirkung alkalischer Bäder, besonders in der Hitze, ist Acetatseide sehr empfindlich, da hierdurch oberflächliche Anätzung bzw. Verseifung unter starkem Mattwerden eintritt; oft wird dieser Effekt in beschränktem Maß absichtlich hervorgerufen. Die textile Bedeutung der Acetatseide konnte sich erst auswirken, nachdem die Färbereifrage, besonders durch die Arbeiten von GREEN und CLAVEL, gelöst war.

Spezielle Verfahren.

Es gibt einige Herstellungsverfahren, die die Gewinnung von besondern Arten von Kunstfasern zu speziellen Verwendungszwecken gestatten; ihnen kommt zwar vorläufig nicht die große Bedeutung zu wie den zuerst besprochenen Arbeitsweisen, sie sind aber trotzdem wichtig, weil sie Versuche darstellen, die textilen Eigenschaften der Kunstfasern in verschiedenen Richtungen zu modifizieren und neue Verwendungsmöglichkeiten zu erschließen.

Stapelfaser.

Während die gewöhnlichen Kunstseiden als Langfasern in verarbeitungsfähigem Zustand in den Handel kommen, versucht man schon lange Jahre, auch auf künstlichem Wege Spinnfasern, der Baumwolle, Wolle oder Schappeseide ähnlich, zu erzeugen. Ein Hauptbedarf für derartiges Material ergab sich im Kriege, als Mangel an natürlichen Spinnfasern sowie Seidenabfällen eintrat. Es lag nahe, Kunstseide auf die jeweils gewünschte Stapellänge zu zerschneiden und für sich allein oder mit andern Fasern gemischt zu verspinnen. Während die Qualität der allein aus Kunstfasern gesponnenen Garne lange Zeit zu wünschen übrigließ, hatte die Verarbeitung im Gemisch beßre Ergebnisse, doch haftete diesen Produkten im Gegensatz zu den Kunstseiden immer noch der Charakter von Ersatzstoffen an; die Garne waren hart im Griff und von geringer Naßfestigkeit usw. Besonders durch erhebliche Verfeinerung des Einzeltiters hat man die Fehler teilweise behoben, so daß heute schon wesentlich beßre Garne in den Handel kommen. Wichtige Marken sind die „Vistra"-Faser der Agfa, die „Sniafil"-Faser der Snia (Italien) sowie „Fibro" von Courtaulds Ltd.

Die Herstellung der Stapelfaser unterscheidet sich dadurch von derjenigen der Kunstseide, daß man sehr viele Einzelfäden (mehrere hundert) aus entsprechenden Düsen gleichzeitig spinnt und nicht auf Spulen oder in Zentrifugen, sondern auf Haspeln aufwickelt; hierdurch wird eine erhebliche Produktion pro Spinnstelle ermöglicht. Die Stränge werden von den Haspeln genommen, entschwefelt, gebleicht und getrocknet und darauf auf die gewünschte Stapellänge zerschnitten. Im allgemeinen wird heute Stapelfaser nur nach dem Viscoseverfahren gewonnen.

Luft- oder Röhrchenseide.

Kunstseidne Waren fühlen sich bei der Berührung mit der Haut kühl an, was insbesondre bei Wäsche nicht erwünscht ist. Die Versuche, Kunstfasern in Röhrenform, also mit einem der Baumwolle ähnlichen „Lumen" zu erzeugen, sind daher schon alt; man wollte dadurch das Wärmeisolationsvermögen erhöhen, dabei aber auch das Deckungsvermögen erhöhen usw. Die Zahl der Patente auf diesem Gebiet ist trotz ihres meist geringen Alters erheblich. Sie beruhen im allgemeinen auf der Feststellung, daß es durch Einschluß oder Entwicklung von Gasen möglich ist, die früher ängstlich vermiedene Bildung größerer Hohlräume in der Faser zu fördern. Dies wird teils durch Einpumpen von Gasen unter Druck in die Spinnlösung erreicht, die bei der

Druckentlastung im Spinnbad freiwerden[1]; nach andern Verfahren wird Emulgierung von Luft in der Spinnlösung vorgeschlagen[2]; wieder andre Methoden erzeugen Gasentwicklung in der Spinnlösung, z. B. durch Beimischung von Natriumcarbonat, das bei Berührung mit dem Fällbad Kohlensäure entstehen läßt[3]. Zahlreiche Patentstreitigkeiten können hier nicht berücksichtigt werden. Wichtig für die Herstellung der Luftseide ist die Tatsache, daß es gelungen ist, große Gasblasen zu erzeugen, die dem Faden zunächst Röhrenform mit zahlreichen Querwänden erteilen. Diese Form behält der Faden jedoch nicht bei, sondern die Wände fallen zusammen und haften bei der neuesten Produktion so eng aneinander, daß größere Gaseinschlüsse nur selten zu erkennen sind; der Querschnitt ist der eines flachen Bändchens. Das Material ist infolgedessen sehr weich und besitzt bei großem Deckungsvermögen (Samt) fast keine Biegungssteifheit.

Auf die Acetatseidenspinnerei ist eine ähnliche Methode angewandt worden, indem man beim Trockenspinnen die Lösung in eine Zone von erheblich über dem Siedepunkt des Lösungsmittels liegender Temperatur austreten läßt; die entstehenden Dampfblasen sollen die Bildung eines Hohlfadens bewirken[4].

Künstliches Roßhaar, Bändchen u. dgl.

Sog. künstliches Roßhaar, ein dem Naturprodukt an Steifheit sehr ähnliches Produkt, wurde schon frühzeitig von den Vereinigten Glanzstoffabriken A.-G. Elberfeld nach dem Kupferverfahren hergestellt, wird aber heute nur noch nach dem Viscoseverfahren unter Verwendung spezieller Arbeitsmethoden gewonnen. Ihm ähnlich sind sog. Kunststroh sowie Viscaband, die sich ebenfalls steif anfühlen und hauptsächlich für geflochtene Waren zu Putzzwecken Verwendung finden.

Bezeichnung der Kunstseiden.

Allgemeines. Während in den ersten Jahrzehnten nach Erfindung der Kunstseiden niemand an der Bezeichnung „künstliche Seide“ bzw. „Kunstseide“ einen Anstoß nahm, wurde dies mit zunehmender Verbreitung und besonders auch Verbeßrung des neuen Fasermaterials anders. An sich scheint gegen den Namen „Kunstseide“ sachlich kaum mehr Einwand zu erheben zu sein als z. B. gegen die Bezeichnung „Baumwolle“. So haben sich auch die großen Organisationen der deutschen Kunstseideerzeuger und -verarbeiter sowie deutsche Gerichte bis jetzt auf den Standpunkt gestellt, daß unter dem Sammelbegriff „Seide“ die beiden großen Gruppen „Naturseide“ und „Kunstseide“ zu verstehen seien; wobei jedoch im allgemeinen die Bezeichnung „reine Seide“ für die Naturseide reserviert bleiben sollte. In Deutschland dürfen z. B. Bemberg-Kupferseide und Agfa-Viscoseseide unter den Namen „Bembergseide“ bzw. „Agfaseide“ gehandelt werden.

In fast allen andern Ländern stößt jedoch diese, unsres Ermessens durchaus begründete Ansicht, auf Widerspruch und es wird, in erster Linie wohl von den mit dem Naturseidenhandel besonders stark verbundenen Ländern, die Einführung eines besondern Namens für die bisher unter dem Namen „Kunstseide“ gehandelten Fasern verlangt. Während es einige Zeit schien, als ob der englische Name „Rayon“ wenigstens in den englisch sprechenden Ländern Aussicht auf allgemeine Annahme hätte, ist dies neuerdings wieder unwahrscheinlich geworden, ohne daß deshalb andre Vorschläge Anklang gefunden hätten. In Frankreich hat man zeitweise „Chardonne“, in Deutschland „Silva“ vorgeschlagen, doch ist die Einführung dieser Namen nicht zu erwarten. Schwierigkeiten für eine einheitliche

[1] Rousset: D.R.P. 370471, 1921. [2] Drut: D.R.P. 346830, 1920.
[3] Schw.P. 119679, 1925. — Courtaulds: E.P. 273506, 1926.
[4] Rhodiaseta, Schw.P. 123891, 1925.

Bezeichnung bestehen häufig auch durch die Zolltarife, die z. B. Acetatseide bei der Einfuhr nach Amerika nicht als „Rayon", sondern als „Celluloseacetat" erfassen und besteuern. Im allgemeinen ist es in außerdeutschen Ländern notwendig, die Kunstfasern ausdrücklich als „Kunstseiden" bzw. „Artificial Silk" zu bezeichnen, sogar die Abkürzung „Artsilk" ist z. B. in Australien bei der Einfuhr nicht zulässig.

Die wichtigsten Kunstseidefabriken der Welt.

Deutschland.

Vereinigte Glanzstoff-Fabriken A.-G., Elberfeld (Viscoseseide), Fabriken in Sydowsaue b. Stettin, Kelsterbach a. M., Obernburg a. M. (Bayrische Glanzstoff-Fabriken). — Konzerngesellschaften: Glanzfäden A.-G., Petersdorf. Deutsche Celta A.-G., Elberfeld, Vereinigte Glanzstoff-Fabriken A.-G. Verkaufskontor, Komm.-Ges., Elberfeld. Wichtige Beteiligungen in Deutschland: Glanzstoff-Courtaulds G. m. b. H., Elberfeld; Neue Glanzstoffwerke A.-G., Breslau; Spinnfaser A.-G., Elsterberg i. Vogtl.; J. P. Bemberg A.-G., Barmen-Rittershausen; Aceta G. m. b. H., Berlin-Lichtenberg. — J. P. Bemberg A.-G., Barmen-Rittershausen (Kupferstreckspinnseide). Wichtige Beteiligungen in Deutschland: Vereinigte Glanzstoff-Fabriken A.-G., Elberfeld; Hölkenseide G. m. b. H., Barmen. — I. G. Farbenindustrie A.-G., Frankfurt a. M. (Viscoseseide und Kupferstreckspinnseide), Fabriken in Wolffen (Kr. Bitterfeld), Premnitz a. d. H., Bobingen (Wttbg.), Rottweil a. N., Dormagen a. Rh. Wichtige Beteiligungen in Deutschland: Aceta G. m. b. H., Berlin-Lichtenberg; Hölkenseide G. m. b. H., Barmen. — Aceta G. m. b. H., Berlin-Lichtenberg (Acetatseide). — Hölkenseide G. m. b. H., Barmen-Rittershausen (Kupferstreckspinnseide). — Fr. Küttner A.-G., Sehma i. Sa. (Viscoseseide, Kupferstreckspinnseide). — Spinnfaser A.-G., Elsterberg i. Vogtl. (Viscoseseide). — Borvisk Kunstseiden A.-G., Herzberg a. Harz (Viscoseseide). — Spinnstoffabrik Zehlendorf G.m.b.H., Zehlendorf (Viscoseseide). — Herminghaus & Co., G. m. b. H., Elberfeld (Viscoseseide). — Neue Baumwollenspinnerei, Bayreuth (Viscoseseide). — Spinnstoffwerk Glauchau A.-G., Glauchau (Viscoseseide). — Viscose A.-G., Arnstadt i. Thür. (Viscoseseide). — Deutsche Acetatkunstseiden A.-G. Rhodiaseta, Freiburg i. Br. (Acetatseide).

Amerika.

The Viscose Company, Marcushook, Penns. (Viscoseseide), Courtaulds-Konzern. — Du Pont Rayon Company, New York (Viscoseseide, Acetatseide). — American Glanzstoff Corporation, Elisabethton, Tennessee (Viscoseseide), Glanzstoff-Konzern. — American Bemberg Corporation, New York (Kupferstreckspinnseide), Bemberg-Glanzstoff-Konzern. — America Enka Corporation, Asheville, Nordkarolina (Acetatseide und Viscoseseide), Enka-Konzern. — America Chatillon-Corporation, New York (Viscoseseide), Chatillon-Konzern. — The Amoskeag Manufacturing Company, Boston (Viscoseseide). — Acme Rayon Corporation, Cleveland (Viscoseseide). — Belamose Corporation, Rockyhill, Connecticut (Viscoseseide). — Celanese Corporation of America, New York (Acetatseide), Celanese-Konzern. — Delaware Rayon Company, Newcastle, Delaware (Viscoseseide). — Furness Corporation, Gloucester, New Jersey (Kupferstreckspinnseide). — Industrial Rayon Corporation, Cleveland (Viscoseseide). — Skenandoah Rayon Corporation, New York (Viscoseseide). — Tubize Artificial Silk Company of America, New York (Nitroseide), Du Pont-Konzern. — Canadian Celanese Company, Montreal, Canada (Acetatseide), Celanese-Konzern. — Courtaulds-Ltd., Ontario, Canada (Viscoseseide), Courtaulds-Konzern.

Belgien.

Fabriques de soie artificielle d'Obourg, Obourg-les-Mons (Viscoseseide, Nitroseide). — La soie artificielle de Tubize, Brüssel (Viscoseseide, Acetatseide, Nitroseide). — La soie de Valenciennes, Brüssel (Viscoseseide), Breda-Konzern. — Société générale de soie artificielle par le procédé viscose, Brüssel (Viscoseseide, Celta- (Luft-) Seide). — Société anversoise de soie artificielle, Antwerpen (Viscoseseide), Konzern: Soc. générale de viscose. — La seta, Brüssel (Viscoseseide), Konzern: Soc. générale de viscose. — S. A. de soieries de Maransard, Brüssel (Viscoseseide). — Société financiaire de laine, Brüssel (Viscoseseide), Lampose-Konzern. — Soieries de Ninove, Brüssel (Viscoseseide), Lampose-Konzern.

Danzig.

Borvisk, Danzig-Polnische Kunstseide A.-G., Danzig (Viscoseseide), Borvisk-Konzern.

England.

Courtaulds Ltd., London (Viscoseseide, Acetatseide). — British Celanese Ltd., London (Acetatseide). — Branston Artificial Silk Company, London (Viscoseseide). — Harben's Viscose Silk Manufacturers Ltd., Golborne (Viscoseseide). — British Acetate Silk Corporation Ltd., London (Viscoseseide, Acetatseide), Nachfolgerin der Bulmer Rayon Co. — British Bemberg Company, London (Kupferstreckspinnseide), Bemberg-Konzern. — British Breda Silk Company, London (Viscoseseide, Acetatseide beabsichtigt), Breda-Konzern. — Breda-Visada, Littleborough (Viscoseseide), Breda-Konzern). — British Enka Artificial Silk Company, London (Viscoseseide), Enka-Konzern. — Brysilka Ltd. Apperley Bridge (Kupferstreckspinnseide). — Cellulose-Acetate Silk Company, London (Acetatseide). — Kemil Ltd. Manchester (Viscoseseide, Luftseide [Celtaverfahren]). — Kirklees Ltd., London (Viscoseseide). — Scottish Artificial Silk Ltd., Glasgow (Viscoseseide). — Western Viscose Silk Mills Ltd., Bristol (Viscoseseide). — Atlas Artificial Silk Process Ltd., Littleborough (Viscoseseide nach dem angeblich billiger arbeitenden, vorläufig noch umstrittenen Brandwoodverfahren). — Scottish Amalgamated Silks Ltd., Alexandria, Dumbartonshire (Viscoseseide).

Frankreich.

La soie artificielle, Givet-Ardenne (Viscoseseide), Konzern: Comptoir des textiles artificielles. — Société de la soie artificielle d'Izieux, Lyon (Viscoseseide), Konzern: Comptoir des textiles artificielles. — Société Ardêchoise de la viscose, Vals-les-Bains (Viscoseseide), Konzern: Comptoir des textiles artificielles. — Société française de la viscose, Paris (Viscoseseide), Konzern: Comptoir des textiles artificielles. — Société pour la fabrication de la soie Rhodiaseta, Paris (Acetatseide), Konzern: Société des usines chimiques du Rhône und Comptoir des textiles artificielles. — Société de la soie artificielle de Besancon, Besançon (Viscoseseide), Konzern: Comptoir des textiles artificielles. — Société Albigeoise de la viscose, Paris (Viscoseseide), Konzern: Comptoir des textiles artificielles. — Société nouvelle de soie artificielle, Paris (Viscoseseide), Konzern: Comptoir des textiles artificielles.— La soie artificielle de Gauchy, Paris (Viscoseseide und Celta- [Luft-]Seide), Konzern: Comptoir des textiles artificielles. — La soie artificielle du Sud-est, Paris (Viscoseseide), Konzern: Comptoir des textiles artificielles. — La soie artificielle d'Alsace, Kolmar (Viscoseseide), Konzern: Comptoir des textiles artificielles. — Société nationale de la viscose, Paris (Viscoseseide), Konzern: Comptoir des textiles artificielles. — La soie de St. Chamond, St. Chamond (Viscoseseide), Konzern: Comptoir des textiles artificielles. — La soie d'Argenteuil, Argenteuil (Viscoseseide). — Allaigre, Mondon & Cie., Paris (Viscoseseide). — Société Lyonnaise de Soie artificielle, Lyon (Viscoseseide). — Le cuprotextile, Roanne (Kupferstreckspinn- (Bemberg-) Seide). — Soieries de Strasbourg, Straßburg (Viscoseseide), Lamposekonzern. — Société française de Tubize, Lyon (Acetatseide), Tubizekonzern. — La soie artificielle de Calais, Calais (Viscoseseide), Courtaulds-Konzern. — La soie de Vauban, Paris (Viscoseseide). — La soie de textile chimique du centre, Paris (Viscoseseide), Kuhlmannkonzern. — La nouvelle soie d'Aubenton, Aubenton (Viscoseseide), Konzern: International artificial silk Company. — La soie artificielle d'Amiens, Paris (Nitroseide). — La soie de Lille, Paris (Nitroseide). — La Soie artificielle de Vichy, Vichy (Kupferseide).

Holland.

N. V. Nederlandsche Kunstzijdefabriek „Enka", Arnhem (Viscoseseide). — N. V. Hollandsche Kunstzijdeindustrie, Breda (Viscoseseide). — N. V. Drya, Arnhem (Acetatseide), Enka-Konzern.

Japan.

Asahi Kenshoku Kabushiki Kaisha, Osaka (Viscoseseide), Glanzstoff-Konzern. — Dai-Nippon Boseki Kabushiki Kaisha, Osaka (Viscoseseide). — Nippon Rayon Co., Osaka (Viscoseseide), Dai Nippon Konzern. — Miye Artificial Co. (Viscoseseide). — Teikoku Jinzo Kenshi Kaisha, Osaka (Viscoseseide). — Toyo Rayon Kaisha, Tokio (Viscoseseide). — Japan Bemberg Corporation, Osaka (Kupferstreckspinn- (Bemberg-) Seide), Bemberg-Konzern.

Italien.

Societa nazionale Industria applicazioni viscosa „Snia-Viscosa", Turin (Viscoseseide). — Seta artifiziale varedo, Turin (Viscoseseide), Sniakonzern. — La soie de Chatillon, Mailand (Viscoseseide, Acetatseide). — Societa generale Italiana della viscosa, Rom (Viscoseseide), Konzern: Comptoir des textiles artificielles. — Manufattura seta artifiziale, Mailand (Viscoseseide). — La setyl italiana, Mailand (Acetatseide). — Seta Bemberg, Mailand (Kupferstreckspinn- (Bemberg-) Seide). — Italo-olandese Enka, Mailand (Viscoseseide), Enkakonzern. — Societa meridionale della seta artifiziale (Viscoseseide), Konzern: Soc. generale italiana. — Societa supertessile, Rom (Viscoseseide), Konzern: Soc. generale italiana. — Societa applicazioni seta artifiziale, Rom (Viscoseseide), Konzern: Soc. generale italiana. — Societa Rhodiaseta italiana, Mailand (Acetatseide).

Österreich.

Erste Österreichische Glanzstoffabrik A.-G., St. Pölten (Viscoseseide), Glanzstoffkonzern.

Polen.

Fabrique de soie artificielle de Tomaszow, Warschau (Viscoseseide, Nitroseide), Tubizekonzern.

Schweiz.

Société de la Viscose Suisse, Emmenbrücke und Heerbrugg/Widnau (Viscoseseide), Konzern: Comptoir des textiles artificielles. — Viskose A.-G. Rheinfelden (Viscoseseide), Chatillonkonzern. — Feldmühle A.-G., Rorschach (Viscoseseide). — Steckborn Kunstseide A.-G., Steckborn (Viscoseseide), Konzern: Société de la Viscose Suisse. — Syntheta A.-G., Zürich (Acetatseide).

Spanien.

La Seda de Barcelona, Barcelona, Bredakonzern.

Tschechoslowakei.

Böhmische Glanzstoffabrik System Elberfeld, Lobositz (Viscoseseide), Glanzstoffkonzern. — Erste Böhmische Kunstseidefabrik A.-G., Arnau a. d. Elbe (Viscoseseide). — Kunstfaserfabrik A.-G., Bratislava (Viscoseseide). — Gebr. Bader, Mähr.-Chrostau (Viscoseseide).

Ungarn.

Magyarovarer Kunstseidefabrik A.-G., Magyarovar (Nitroseide). — Sarvarer Kunstseidefabrik, Sarvar (Viscoseseide), Tubize-Konzern.

Markennamen.

(Veraltete Markennamen sind nicht aufgenommen.)

Viscoseseiden:

Agfa, Agfa-Feinseide, Agfa-Travis, Agfa-Vistrafaser; Amplum, Arnum (Enka); Argentina (Soieries de Strasbourg); **B**orvisk Unica, Unica S (Mattseide), Nova, Nova S, Polycolor (Borvisk); Brenka, Britenka (Enka); Brückenmarke (Société de la Viscose Suisse); Bulmer Rayon (Viscoseseide, British Acetate Silk Corp.); **C**alextra, Calfine, Calmatte (La Soie Artificielle de Calais); Celta (Luftseide); Chatillaine (Kunstwolle Chatillon); Courgain, Courgette, Courlyn, Courto (Courtaulds); **D**elray (Delaware Rayon); Dentella (Société Française des Textiles Néo-Soie); Discrella (Enka); Dulenca, Dulesco (Courtaulds); **E**glavis (Neue Glanzstoffwerke Breslau); Electra (Société Française des Textiles Néo-Soie); Escorto (Courtaulds); **F**ibro (Stapelfaser Courtaulds); Fil de Lyon (Société Lyonnaise); Fortrex (Enka); **G**. C. (Glanzstoff-Courtaulds); Glamatt (Mattseide, Glanzstoff); Gloray (Spinnstoffwerke Glauchau); **I**ris (Glanzstoff); **K**asema (Küttner); Kirksyl (Kirklees Ltd.); Kondor (Kunstfaser Bratislava); **L**aina, Lugduna (Société Française des Textiles Néo-Soie); Lampose (Soieries de Strasbourg); Lustreyarn (United States Rayon Corp.); **M**atrix (Harben's Ltd.); Melva (Breda-Visada); Morofil (Roßhaar, Courtaulds); M. V. S. (Mez, Vater und Söhne); **N**éo-Laine, Néo-Soie (Société Française des Textiles Néo-Soie); Novotextil (La Nouvelle Soie d'Aubenton); **O**siris (Glanzstoff); **P**aramatt (Steckborn-Kunstseide); **R**adia (Société Française des Textiles Néo-Soie); **S**arfa, Sastiga (Feldmühle A.-G.); S. A. V. A. (Société Generale de Soie Artificielle); Sniafil (Stapelfaser Snia); Sumum (Enka); Superba-Paramatt (Steckborn-Kunstseide); Supersnia (Feinfädig Snia); Synceta (Celanese Co.); Sirius (Roßhaar, Glanzstoff); **T**heres (Erste Böhmische Kunstseidenfabrik); Tudenza (Courtaulds); Tubisoie (Tubize); **V**isada (Breda-Visada Ltd.); Visca (Glanzstoff, Bändchen); Visceta (Herminghaus); **W**escosyl (Western Viscosesilk); **Z**ehla (Spinnstofffabrik Zehlendorf).

Kupferseiden:

Adler (Bemberg); **F**esta, Fortofil (Bemberg); **S**ynthesia (Bemberg); **Z**ellvag (Küttner).

Nitroseide:

Celloray (Magyarovar).

Acetatseiden:

Acele (Dupont Rayon Co.); Actylo (Acetatseide Courtaulds); **C**elfect, Celastoid, Cellastine (Celanese Co.); Charçelone (American Chatillon); **M**ilaknit, Minadena, Minadenya, Mylaknit, Mylanit (Celanese Co.); **R**ayceta (British Acetatesilk Corp.); **S**etilose (Tubize).

Küpen- und Indanthrenfärberei[1].

Von R. Rüsch.

Literatur: s. u. Färberei, Zeugdruck, Farbstoffe.

Entwicklung. Der älteste und gleichzeitig wichtigste aller Farbstoffe ist der Indigo, er ist der Vater und Ahne aller späteren Küpenfarbstoffe und war durch seine einzig mögliche Anwendungsweise begriffsbestimmend für die Küpe. Freilich wußten die Alten bis zu unsern Groß- und Urgroßeltern hinauf von dem Chemismus des Indigofärbevorganges noch soviel wie nichts, man wußte nur, daß durch bestimmte Zusätze, wie Soda, Kleie oder ähnliche Substanzen aus dem blauen Naturprodukt bei Einhaltung gewisser Bedingungen eine schöne gelbe Lösung zu erhalten war, die man Küpe nannte, daß ferner diese Küpe die Textilfaser anzufärben vermochte und daß aus dieser Färbung dann wieder durch Lufteinwirkung langsam über Grün die schöne und echte Blaufärbung zu erzielen war. Dieser Färbevorgang wurde sowohl auf Baumwolle als auch auf Wolle geübt und umfaßte, man kann wohl sagen, 50 % der ganzen Färberei. Licht und Klarheit in diese Vorgänge brachte erst Adolf v. Baeyer durch seine 1880 aufgefundene Indigosynthese, vor allem aber die Badische Anilin- und Sodafabrik und die Höchster Farbwerke durch ihre Ausgestaltung der Indigosynthese und großzügige Überführung derselben in die Praxis. Damit wurde bekanntlich dem Naturindigo das Grab gegraben, und der deutsche synthetische Indigo nahm seinen Siegeslauf durch die ganze Welt.

Der Indigo blieb nun die ganze Zeit hindurch der einzige Farbstoff dieser Art, bis um die Jahrhundertwende, im Jahre 1901, René Bohn das erste Indanthrenblau, das N-Dihydrodianthrachinon-azin entdeckte, den Farbstoff, der heute unter dem Namen Indanthrenblau RS im Handel ist. Diese Entdeckung war bahnbrechend für die ganze Farbstoff- und Färbereichemie, und es folgte diesem in Schönheit und vor allem in Echtheit dem alten Indigo noch weit überlegenen Farbstoff bald eine große Anzahl weiterer bunter Farbstoffe, die heute in den verschiedenen Küpenfarbstoffsortimenten zusammengefaßt sind. Besonders sei hier das Indanthrensortiment erwähnt, welches eine Auswahl der echtesten Küpenfarbstoffe auf Baumwolle, Leinen und Kunstseide und z. T. auch für reale Seide enthält, ferner das Algolfarbstoffsortiment der I. G. Farbenindustrie, die Ciba- und Cibanonfarbstoffe der Gesellschaft für chemische Industrie, Basel, u. a. m. Für Wolle hat man ein besondres Sortiment, die Helindonfarbstoffe, geschaffen.

Wenn also, wie eingangs bereits erwähnt, der Begriff der Küpe schon alt ist, so ist die Küpenfärberei als solche eigentlich noch sehr jung und hat den großen Aufschwung und die große Bedeutung erst mit Beginn unsres Jahrhunderts genommen. Wer den Veredlungsbetrieb in der Textilindustrie noch vor 3 Jahrzehnten gekannt hat und ihn mit dem heutigen vergleicht, der wird die ganz enorme Bedeutung der Küpenfarbstoffe erkennen, die, bedingt durch ihre hervorragenden Echtheitseigenschaften, zu einem großen Teil dazu beigetragen haben, die Qualität der Textilfabrikate gewaltig zu heben. Mehr denn je ist heute das Bedürfnis für echte, dauerhafte Textilien vorhanden, und es werden auch vom Käufer mit Recht vom Textilfabrikanten in allen Fällen echt gefärbte Textilien verlangt, wo es auf Dauer und Haltbarkeit derselben ankommt.

Baumwollfärberei.

Die Baumwolle nimmt naturgemäß von allen Faserstoffen, einschließlich der Wolle, den wichtigsten Platz ein; der weitaus größte Prozentsatz aller Textilien besteht aus dieser Faser, und es ist deshalb die Baumwollküpenfärbung, ganz besonders was die Indanthrenfarbstoffe anbelangt, heute ein Begriff geworden, gleichbedeutend mit der echten Baumwollfärbung.

Färben im Strang. Das Färben der Baumwolle mit Küpenfarbstoffen wird heute immer noch zu einem großen Teil im Fertiggespinst, also im Strang durchgeführt, in erster Linie natürlich in Lohnfärbereien, dann aber auch in solchen Fabrikationsbetrieben, wo sich das Färben im Vorgespinst oder in der Spulenform, sei es wegen geringerer Produktion, nicht lohnt, oder wo es sich in

[1] Im Rahmen dieses Aufsatzes soll nicht auf die eigentliche Farbgebung näher eingegangen werden; darüber wurde bereits in den allgemeinen Kapiteln über Färberei und Zeugdruck gesprochen (s. d.). Der Zweck dieses Kapitels ist vielmehr der, in großen Zügen die Anwendung der Küpenfarbstoffe auf alle dafür in Betracht kommenden Textilgattungen zu beschreiben und die gebräuchlichsten Arbeitsweisen der heutigen modernen Technik, die Echtheitseigenschaften u. dgl. zusammenhängend zu schildern.

der Hauptsache um die Herstellung von hochwertigen Artikeln aus fein gesponnenen, mercerisierten Garnen handelt.

Färben auf der Kufe. Der gebräuchlichste und einfachste Färbeapparat für Garne ist die *Kufe*, die bei sachgemäßer Arbeitsweise und bei richtiger Auswahl der Produkte die beste Gewähr für egale Indanthrenfärbungen bietet. Als oberste Grundsätze gelten dabei: gut vorbehandelte Garne, gutes Umziehen in der ersten Viertelzeit und besondres Augenmerk auf eine gut stehende Küpe. Die Angaben in den Musterkarten bzw. Verfahren der Farbenfabriken geben genügende Anhaltspunkte; Hilfsmittel, wie das Indanthrengelb-Reagenspapier sind vorzüglich geeignet, den guten Stand des Färbebades bis zum Schluß zu verfolgen. Man färbt auf gewöhnlichen geraden Stöcken *über der Flotte*, lediglich bei ganz satten Tönen, wie z. B. Dunkelblau oder besonders Schwarz, sind ┐_┌förmig gebogene Stöcke, also ein Färben *unter der Flotte*, ratsam. In letzterem Falle ist ferner eine gute Abquetschvorrichtung im Interesse einer befriedigenden Wasch- und besonders Reibechtheit unbedingt erforderlich. Ganz besonders sei noch auf eine gründliche kochende Nachbehandlung mit Seife oder Soda hingewiesen, wodurch erst die normale Echtheit und Nuance der Indanthrenfärbung erzielt wird.

Färben auf Strangfärbeapparaten. Vielfach ist man heute in der Strangfärberei dazu übergegangen, auf *Apparaten* zu färben, und zwar in solchen Fällen, wo laufend größere Posten derselben Nuancen in Frage kommen. Der große Vorteil dieser Art des Färbens liegt also in der erheblich größeren Produktion gegenüber der Kufenfärberei, der Einsparung an Arbeitskräften und, damit verbunden, einem rationelleren Betrieb. Es kommen für diesen Zweck in erster Linie die in der Wollfärberei bereits längst bekannten Stranghängefärbemaschinen in Betracht, wie sie die Maschinenfabriken *Krantz* (Aachen), *Lindner* (Crimmitschau), *Obermaier* (Neustadt a. d. H.) und *Schlumpf* (Zofingen) bauen. Die Garnstränge werden in den kastenförmigen Apparaten aufgestockt und in zirkulierender Flotte ausgefärbt. Das Fertigstellen der Färbungen, also das Spülen, Oxydieren, Säuern und Seifen, erfolgt im selben Apparat, so daß ein Umpacken nicht erforderlich ist. Während man auf der Kufe vorteilhaft nicht über 100 Pfund engl. färbt, können die Stranghängeapparate mit bis zu 200 engl. Pfund beschickt werden.

Von *Stranggarnfärbemaschinen* sind schließlich noch die *Gerber*schen bzw. *Taschner*schen Apparaturen zu erwähnen, die infolge ihrer geringeren Produktionsmöglichkeit mehr für Lohnfärbereien in Frage kommen und durch eine sehr schonende Behandlung des Färbegutes gekennzeichnet sind. Aus letzterem Grunde sind diese Maschinen auch hauptsächlich in der Seide- und Kunstseidefärberei gebräuchlich und werden auf Baumwollgarn nicht allzuviel angetroffen. Auf diesen Apparaten sind erhöhte Hydrosulfitzusätze erforderlich, was durch die vielen Luftgänge der bewegten Garne bedingt ist.

Packsystem. Das Färben von Strang im *Packapparat*, wie es für substantive Farben und besonders Schwefelschwarz vielfach üblich ist, hat entschieden die größte Produktionsmöglichkeit, erfordert aber beim Arbeiten mit Indanthrenfarbstoffen eine große Vorsicht und Erfahrung. Die Hauptschwierigkeiten bestehen in einem sachgemäßen Packen der Garne, um der Bildung von Kanälen und dadurch unegalen Partien vorzubeugen. Es hat deshalb diese Art des Färbens bei bunten Indanthren- und Küpenfarbstoffen wenig Eingang gefunden.

Mercerisierte Perlgarne. Eine besondre Wichtigkeit kommt den Indanthrenfarbstoffen auf dem Gebiete der *mercerisierten* Stickgarne (*Perlgarne*) zu. An diese Garne werden heute große Ansprüche an Licht- und Waschechtheit gestellt, welche Bedingungen durch die Küpen- und besonders Indanthrenfarbstoffe weitgehendst erfüllt werden. Auch der natürliche Glanz der Garne wird durch die Indanthrenfärbung in keiner Weise beeinträchtigt. Ein schwieriges und lange ungelöstes Problem beim Färben dieser Garne mit Küpenfarbstoffen war ein befriedigendes Durchfärben; heute ist man aber, dank der fortgeschrittenen Färbereitechnik so weit, daß bei Einhaltung geeigneter Färbemethoden vollkommen zufriedenstellende Ergebnisse erzielt werden können. Die beste Methode ist die, daß man das Material mit den Indanthrenteig-Feinmarken bzw. Indanthrenpulver-Feinmarken + Prästabitö IV imprägniert, am vorteilhaftesten auf der Passiermaschine, und nachträglich auf blinder Küpe ausfärbt; des näheren sei verwiesen auf die genaueren Angaben betr. Durchfärben schwergeschlagener Baumwollstückware (S. 716).

Kreuzspulen- und Kettbaumfärberei. Während man früher in Buntwebereien mit eigenem Färbereibetrieb das Garn ausschließlich im Strang auf der Kufe färbte, sind heute beinahe alle Betriebe, speziell die leistungsfähigen, dazu übergegangen, dasselbe in Form von Spulen, sei es Kopsen, Kreuzspulen oder im Kettbaum zu färben. Diese Färbeweise gestattet ein erheblich rationelleres und produktiveres Arbeiten bei voller Garantie bezüglich gleichmäßig egalem Ausfall der Webketten bzw. Schußgarne. Welche Art der Wickelfärbung man bevorzugt, hängt ganz von dem einzelnen Webereibetrieb und von den zu erzeugenden Artikeln ab. Ein Betrieb, der eine große Anzahl von Dessins herstellt, vor allem verschiedene Stoffgattungen, wird es vorziehen, lediglich in der Kreuzspule zu färben, also sowohl seinen Bedarf an Kettgarn als auch an Schußgarn; es würde sich in solchen Fällen, in Anbetracht der jeweils benötigten kurzen Ketten kaum lohnen, dieselben im Baum zu färben. Ein andrer Betrieb dagegen, der seine Hauptproduktion auf Stapelartikel verlegt hat, wie z. B. Schürzenstoffe oder Bauernzephire usw., wird unbedingt am rationellsten die kombinierte Kettbaum-Kreuzspulen-Färberei in Betracht ziehen. Zu erwähnen ist noch, daß das Färben der Kopse heute aus spulereitechnischen Gründen beinahe vollkommen durch die Kreuzspulenfärberei verdrängt worden ist.

Ursprünglich gab es beim Färben der Indanthrenfarbstoffe auf Apparaten noch manche Schwierigkeiten, die in vielen Fällen oft unüberwindlich schienen; dies lag einerseits an der Unvollkommenheit der Apparaturen und andrerseits an der Beschaffenheit der Küpenfarbstoffe. Seit geraumer Zeit sind aber alle diese Mängel geschwunden. Die einschlägigen Maschinenfabriken liefern heute ihre Apparate in einer Vollendung, die einwandfreie Resultate gewährleisten. Ob man offene oder geschlossene Apparate anwendet, das ist Geschmacksache, jedenfalls hat der geschlossene Apparat aber seine Vorzüge gegenüber dem offenen, die in erster Linie darin bestehen, daß unter Ausschluß von Luft gefärbt werden kann. Ganz besonders trifft dies für die Kettbaumfärbeapparate zu, die man heute beinahe nur noch als geschlossene Typen antrifft. Von letzteren werden vielfach wieder die stehenden den liegenden vorgezogen, einerseits, weil schon die Raumfrage bei stehenden Apparaturen günstiger zu lösen ist als bei liegenden und weil andrerseits tatsächlich färbereitechnische Vorteile damit verbunden sind.

Daß diese Art der Apparatefärberei den größten Aufschwung genommen hat, daran haben aber auch die Farbenfabriken einen wesentlichen Anteil. Die Küpenfarbstoffe und im besondern die Indanthrenfarbstoffe werden heute infolge des gesteigerten Verlangens der Anwendungsmöglichkeit auf Apparaten in einer äußerst feinen Verteilung und restlosen Verküpbarkeit geliefert, die ein anstandsloses Färben auf den Spulen und Kettbäumen, die an und für sich gewissermaßen als Filter wirken, gewährleisten. Von den Indanthrenfarbstoffen sind mit wenigen Ausnahmen, die in den Indanthrenmusterkarten verzeichnet sind, sämtliche für die Apparatefärberei geeignet.

Allgemein eingeführte und für die Indanthrenfärberei gut bewährte Kreuzspulen- und Kettbaumfärbeapparate bauen die Maschinenfabriken Krantz (Aachen), Obermaier (Neustadt a. d. H.), Pornitz (Chemnitz), Thies (Coesfeld) und die Zittauer Maschinenfabrik, in den U. S. A. sind außerdem die Franklinschen Apparate stark eingeführt. Von nicht zu unterschätzender Bedeutung für einen guten Ausfall der Kettbaumfärbungen ist die Wicklung der Bäume. Ungleichmäßig gewickelte, zu hart oder zu locker gewickelte Bäume ergeben immer unzuverlässige Resultate. Man wird daher nur moderne

Zettelmaschinen in Anwendung nehmen, wie sie z. B. von der Firma Schlafhorst (M.-Gladbach) geliefert werden.

Anwendung in der Buntbleiche. Ein Gebiet, das in diesem Rahmen noch besondre Erwähnung finden soll, ist die Buntbleiche. Noch vor 3 Jahrzehnten kannte man den Zephirartikel nicht, was naturgemäß damit zusammenhing, daß es an für diesen Artikel genügend waschechten Farben fehlte. Außer Alizarinrot, Indigoblau und Anilinschwarz gab es nichts, es fehlte daher die echte Vielfarbigkeit; gestreifte Hemdenzephire oder Taschentücher, ferner farbprächtige gestreifte Waschblusen usw. kannte man nicht, es wurde für diesen Artikel beinahe ausnahmlos Weißware verwandt. Erst durch die Einführung der Küpenfarbstoffe konnte dieser Artikel geschaffen werden. Es bedeutet nun für die Fabrikation solcher Zephire einen gewaltigen Fortschritt, daß dieselben auf dem Wege der Buntbleiche erzeugt werden können. Bedingt ist diese Möglichkeit dadurch, daß die meisten Küpen- und besonders Indanthrenfarbstoffe die für den Buntbleichprozeß erforderlichen Echtheitseigenschaften, das sind die Sodakoch-, Chlor- und Superoxydechtheit, in weitestgehendem Maße aufweisen. Die küpengefärbten Garne werden mit Rohweiß verwebt und im Stück gebleicht, eine Arbeitsweise, die die Herstellung dieses Artikels wesentlich vereinfacht und rationeller gestaltet. Die Art und Weise der Durchführung des Bleichprozesses ist in den einzelnen Betrieben mehr oder weniger verschieden, grundlegend werden aber zwei Hauptmethoden unterschieden. Einmal a) die sog. Kochbleiche, bei welcher die Ware nach gründlichem Entschlichten einem Kochen mit Soda unter Zusatz von Ludigol unterworfen wird, um anschließend daran gechlort zu werden. Der Kochprozeß stellt naturgemäß an die Farbstoffe hohe Anforderungen bezüglich Sodakochechtheit, der anschließende Bleichprozeß verlangt dagegen eine gute Chlorechtheit. Das Kochen darf auf keinen Fall unter Druck erfolgen, da unter solchen Umständen selbst die echtesten Indanthrenfarbstoffe im alkalischen Bade zum Auslaufen gebracht werden können. Diese Buntbleichmethode besitzt den Nachteil, daß nur eine bestimmte Auswahl von Küpenfarbstoffen dafür herangezogen werden kann, und erfordert ferner große Vorsicht. Sie wird vorteilhaft bei kleinerer Produktion gehandhabt und bedingt ein Arbeiten auf der Haspelkufe oder auf dem Jigger. Im Kessel, wo allein nur eine große Produktion möglich ist, besteht dagegen immer die Gefahr des Auslaufens, da dabei immer mit etwas Überdruck gerechnet werden muß. — Aus diesem Grund ist man heute immer mehr zu der zweiten Art der Buntbleichmethoden, zu den b) modernen kombinierten Chlor-Sauerstoff-Bleichmethoden übergegangen. Diese Methoden bestehen im Wesen darin, daß die entschlichtete Ware zuerst gechlort und dann einer Wasserstoff- bzw. Natriumsuperoxydbehandlung unterworfen wird; letztere, und das ist der wesentlichste Vorteil, nur bei Temperaturen, die 70° C nicht zu übersteigen brauchen. Diese Bleichmethoden fordern von den Farbstoffen also keine ausgesprochene Sodakochechtheit mehr, sondern lediglich eine Chlor- und Superoxydechtheit. Dementsprechend ist für diese kombinierten Methoden auch eine erheblich größere Anzahl von Küpenfarbstoffen geeignet, als für die alten Kochmethoden. Der Bleicheffekt des mitverwebten Weiß ist mindestens gleichwertig. Diese Kombinationsbleichen sind also für die einzelnen Farbstoffe erheblich milder, und man sagt ihnen auch nach, daß sehr viele Farben leuchtender und voller aus der Bleiche kommen als bei der Kochbleiche. Die Farbenfabriken geben in ihren Verfahren bzw. Färbevorschriften alle diejenigen Küpenfarbstoffe bekannt, welche für verschiedene Buntbleichprozesse geeignet sind, es bleibt aber jeweils Aufgabe der einzelnen Bleichereibetriebe, sich durch eigene Prüfung zu überzeugen, ob diese Farbstoffe auch den in ihrem Betriebe gestellten Anforderungen bezüglich Chlor-, Sodakoch- oder Superoxydechtheit genügen.

Färben loser Baumwolle. Was das Färben der losen Baumwolle, sei es in der Flocke oder im Kardenband anbelangt, so haben sich auch hier die Indanthrenfarbstoffe schon ein großes Feld erobert. Die Vorteile dieser Färbeweise sind bekannt und bestehen vor allem in der Erzielung vollkommen durchgefärbter und im Ausfall vollkommen gleichmäßiger Stoffe. Für gerauhte Waren, bei welchen die einzelnen Fäserchen an der Oberfläche zum Vorschein kommen, ferner für melierte Garne, wird man diese Färbeweise daher bevorzugen, ferner auch für glattfarbige Stoffe, die einer starken Beanspruchung im Gebrauch standhalten müssen, wie z. B. Militärdrilliche usw. Technische Schwierigkeiten bestehen beim Färben von Vorgespinsten mit Indanthrenfarbstoffen nicht mehr, und es hängt der gute Ausfall auch hier wieder von der Apparatur und der sachgemäßen Arbeitsweise ab. Der bekannte Obermaier-Standard-Packapparat gibt Gewähr für einwandfreie Resultate. Zu berücksichtigen ist nur, daß der Farbstoffverbrauch beim Färben im Vorgespinst natürlich ein etwas höherer ist als beim Färben von Garn: der Mehrverbrauch beträgt etwa 10—20%. Die Arbeitsweise ist analog derjenigen in der übrigen Apparatefärberei; ein Schleudern nach beendetem Färben ist in den allermeisten Fällen nicht nötig, man wird vielmehr am besten nach dem Färben und Hochziehen der Flotte, falls Weiterfärben auf alten Bädern in Frage kommt, sofort spülen, oxydieren und fertigstellen. Dem letzten Spülbad gibt man vorteilhaft geringe Mengen Kochsalz zu, zwecks Verbeßrung der Spinnfähigkeit des Materials.

Färben von Baumwollstück. Auf dem Gebiete der Baumwollstückfärberei haben die Küpen- und besonders die Indanthrenfarbstoffe allgemein Eingang gefunden, und wenn es anfänglich nur möglich war, die einfachen glatten Stoffgattungen zu färben, so ist man heute dank der wesentlichen Fortschritte der Färbereitechnik in der Lage, alle Stoffgattungen mit Indanthrenfarbstoffen und damit auch in der bestmöglichen Echtheit auszurüsten. Von den wichtigsten Artikeln, an welche Anforderungen an Dauerhaftigkeit der Farbe bei gleichzeitiger Schönheit der Nuance gestellt werden, seien genannt: Fahnen- und Vorhangstoffe, Militärkhakistoffe und Arbeiteranzüge, ferner die wertvollen Samte, Plüsche, Velvetstoffe usw. Zu Beginn bereitete das egale Anfärben der Stoffe manche Schwierigkeiten, und man war lange der Ansicht, daß nur der Unterflottenjigger dazu berufen sei, einwandfrei egale Färbungen zu gewährleisten. Heute ist man aber, dank den vervollkommneten Apparaturen der Maschinenfabriken und der fortgeschrittenen Färbereitechnik in der Lage, auf dem gewöhnlichen Oberflottenjigger ebenfalls einwandfreie Resultate zu erzielen. Das Färben auf dem Unter- bzw. Halbflottenjigger wird man heute vorteilhaft nur noch bei satten Tönen durchführen, zwecks Erzielung einer bestmöglichen Wasch- und Reibechtheit. Man wird natürlich keine Oberflottenjigger für die Küpenfärberei heranziehen, wie sie für die substantive Färbeweise üblich sind, d. h. man wird am besten eiserne Jigger mit nicht zu hoch gelagerten Auflaufwalzen verwenden; Quetschwalzen und Breithaltervorrichtungen sind sehr von Vorteil. Firmen, wie die Zittauer Maschinenfabrik (Zittau), Haubold (Chemnitz), die Waggon- und Maschinenbau A.-G. (Görlitz), Benninger (Uzwil), Fischer (Nordhausen) und andre mehr, bauen die nach heutigem Stande modernsten und besten Jigger. Beim Färben größerer Partien sind, dem gebräuchlichen kurzen Flottenverhältnis Rechnung tragend, entsprechend erhöhte Laugen- und Hydrosulfitmengen anzuwenden, ferner ist auf einen guten Stand der Küpe bis zum Schlusse der Färbedauer zu achten. Ein ganz hervorragendes Hilfsmittel beim Arbeiten auf dem Oberflottenjigger ist das bekannte Netzmittel Nekal BX trocken. Ein Zusatz von $^1/_2$—1 g dieses Produktes pro Liter Flotte bewirkt eine vollkommene Veränderung des Küpenschaumes an der Oberfläche des Bades, so daß die sonst vielfach auftretenden und gefürchteten Schaumflecke vermieden werden.

Reibechtheit. Eine wichtige Echtheitseigenschaft, die man von Küpenfärbungen auf Stückware verlangt, ist eine befriedigende Reibechtheit, die für gewisse Artikel eine große Rolle spielt. Es liegt nun in der Natur der Küpenfärbung, daß in satten Tönen die Reibechtheit nicht so vollkommen zu erzielen ist wie bei hellen und mittleren Nuancen; bedingt ist dies dadurch, daß die Faser an und für sich nicht imstande ist, über eine bestimmte Menge Farbstoff in sich aufzunehmen, und daß daher bei satten Tönen ein gewisser Prozentsatz überschüssigen Farbstoffes mechanisch auf der Oberfläche des Stoffes abgelagert wird. Ein typisches Beispiel ist hier der Indigo, demgegenüber sich jedoch alle anderen Küpenfarbstoffe erheblich besser verhalten. Um die Reibechtheit befriedigend zu gestalten, wird man daher entsprechend gute Nachbehandlungen einhalten müssen, wodurch der mechanisch abgelagerte Farbstoff weitestgehend entfernt wird. Es geschieht dies vor allem durch ein gründliches kochendes Seifen, das man zur Erhöhung der Wirkung, in Fällen, wo es die Stoffgattung erlaubt, im Strang auf der Waschmaschine vornehmen wird, wodurch neben der Seifenwirkung auch noch die mechanische Wirkung zur Geltung kommt. In hartnäckigen Fällen oder bei Stoffen, die nur in gespanntem Zustande nachbehandelt werden können, haben sich die sog. Bürstenjigger vorzüglich bewährt. Es sind dies gewöhnliche Spüljigger, die mit Bürstenwalzenpaaren versehen sind, und auf welchen die Stücke nach voraufgehendem normalen Seifen noch einige Touren gebürstet werden.

Durchfärbevermögen. Ein besonders in der letzten Zeit sehr aktuelles Thema ist das Durchfärben von schwergeschlagener Baumwollstückware oder insbesondre Leinenware, wobei es in vielen Fällen auf dem gewöhnlichen Wege der Küpenfärbung nicht möglich ist, auch bei Einhaltung aller Vorsichtsmaßregeln, einwandfreie Resultate zu erzielen. Man wird in solchen Fällen, es seien nur schwere Ripsware für Möbelstoffe, ferner die bekannten blauen Schlierseeleinen erwähnt, zu andern Färbemöglichkeiten greifen müssen. Ganz ausgezeichnete Resultate, in den meisten Fällen sogar vollkommene Durchfärbeeffekte, erzielt man durch die Einhaltung folgender Arbeitsweise: Man klotzt den gut ausgekochten evtl. vorher vorgebleichten trockenen Stoff auf einer Klotzmaschine mit den Indanthrenteigfein- bzw. Pulver-Feinmarken (wenn solche nicht greifbar sind, nimmt man die gewöhnlichen Teigmarken, nicht aber die gewöhnliche Pulverware), die man vorher mit 20—30 cm^3 Prästabitöl V pro Liter Klotzflotte anteigt und mit Wasser auf das nötige Volumen eingestellt hat. Die Ware wird evtl. mehrmals geklotzt, aufgerollt und, ohne zu trocknen, auf einem für Küpenfärberei geeigneten Jigger in blinder Flotte entwickelt; das Ansetzen des Entwicklungsbades erfolgt mit den für die Verfahren IN, IW und IK notwendigen Lauge- und Hydrosulfitmengen; die Entwicklungsdauer beträgt ungefähr $^3/_4$ Std. Am Schlusse wird wie üblich fertiggestellt.

In vielen Fällen hat sich zur Erzielung guter Durchfärberesultate auch das Färben bei erhöhter Temperatur (nahe der Kochtemperatur) bewährt. Da verschiedene Farbstoffe aber in Reinheit der Nuance dadurch etwas leiden, wird man dieses Verfahren nicht so sehr für klare Nuancen anwenden, als vielmehr für gedecktere Töne, wie z. B. Khaki-, Braun-, Eisen-, Oliv- oder Dunkelblaufärbungen. Man setzt zu diesem Zwecke die normale Färbeküpe an, geht mit der Ware bei hellen Tönen bei normaler Färbetemperatur ein, um dann in der zweiten Halbzeit das Bad bis nahe der Kochtemperatur zu steigern. Bei satten Tönen geht man direkt in das heiße Bad ein. Nach dieser Methode sind jedoch nicht alle Indanthrenfarbstoffe gleich gut geeignet, da verschiedene Farbstoffküpen durch die Kochtemperatur mehr oder weniger Schaden leiden. Im großen und ganzen können alle IN- und IW-Farbstoffe Anwendung finden, die IK-Farbstoffe dagegen nicht. Als besonders gut brauchbar haben sich erwiesen: Die Indanthrengelbmarken G und GF, die Indanthrenorangemarken RRT, 3 R, Indanthrengoldorange G, 3 G und Indanthrenviolett BN; ferner die Indanthrendunkelblaumarken BO, BGO und BOA und die Indanthrenbrillantviolettmarken RR, 4 R und 3 B, Indanthrenblaugrün B, Indanthrenbrillantgrün B, Indanthrenrotviolett RH, RRN und die

Indanthrenbrillantrosamarken, Indanthrenrot GG und Indanthrenscharlach R. Ein besondres Augenmerk ist bei dieser Arbeitsweise auf die gut stehende Küpe zu legen, wobei zu berücksichtigen ist, daß wesentliche Hydrosulfitüberschüsse (etwa die doppelten Normalmengen) angewandt werden müssen, da bei hoher Temperatur erheblich mehr Hydrosulfit verbraucht wird. Man kann dem vorzeitigen Verbrauch des Hydrosulfits aber auch dadurch auf sehr elegante Art vorbeugen, daß man den zuvor mit den normalen Laugen- und Hydrosulfitmengen angesetzten Küpen etwa 2 cm³ Formaldehyd bzw. Aceton pro Liter zusetzt. Diese treten mit dem überschüssigen Hydrosulfit in chemische Reaktion unter Bildung von Aldehyd- bzw. Keton-Hydrosulfit-Verbindungen, die dann bei ca. 90° C langsam Hydrosulfit abspalten. Dadurch wird die Küpe bis zum Schluß intakt gehalten. Zusätze von Glucose oder Dekol wirken in vielen Fällen gut, besonders bei den Indanthrenblaumarken, die, falls ohne Formaldehyd oder Aceton gefärbt wird, bei hoher Färbetemperatur mehr oder weniger stark in der Nuance getrübt werden.

Färben leichter Gewebe. Leichte Stoffarten, wie z. B. Tüll- oder Voilegewebe, die also in breitem Zustande nicht mehr gut behandelt werden können, ferner Kreppgewebe aus Baumwolle oder Baumwolle-Kunstseide, die sich auf dem Jigger leicht verziehen und ganz besonders Trikotschlauchware, färbt man am besten auf der Haspelkufe. Eine besondre Apparatur ist hierbei nicht erforderlich, man wird lediglich darauf sehen, daß der Haspel nicht zu hoch über der Flotte gelagert ist. Einige praktische Erfahrung und Übung ist für einen guten Ausfall solcher Färbungen erforderlich. Die Indanthrenfarbstoffe haben sich für solche Artikel, wie z. B. Vorhangtülle oder Kleidervoile, an welche hohe Lichtanforderungen gestellt werden, oder besonders für unifarbige Sport- und Badetrikots, von welchen ausgezeichnete Wasch- und Lichtechtheit gefordert wird, sehr gut eingeführt.

Kontinuierliche Färbemethode. Im allgemeinen wird die Jiggerfärberei den an moderne Betriebe gestellten Produktionsanforderungen gerecht, und man wird daher in Stückfärbereien, besonders solchen, die in Lohn färben, kaum gezwungen sein, zu kontinuierlichen Färbemethoden zu greifen. Es soll deshalb im Rahmen dieses Aufsatzes auch nicht näher auf diese Methoden eingegangen werden, zumal dieselben als Klotzverfahren schon mehr in das Gebiet der Druckerei gehören. Es sei lediglich auf ein Verfahren hingewiesen, das auch in Ermanglung eines Dämpfers ausgeführt werden kann. Man klotzt den mit Lauge- und Hydrosulfit gelösten und mit Leim als Verdickungsmittel versetzten Farbstoffteig bei gewöhnlicher Temperatur auf, verlüftet, spült und behandelt im Strang kochend heiß mit Seife nach. Zu empfehlen ist dieses Verfahren allerdings nur für hellere Töne, für sattere Töne würde die Waschechtheit nicht mehr genügen.

Färben von Leinenimitaten.

Besondre Erwähnung verdienen in diesem Zusammenhange noch die in den letzten Jahren als Leinenimitat in den Handel gebrachten Gminderleinen und Hecowastoffe. Es sind dies Stoffgattungen, deren Herstellung durch einen besondren chemischen Veredlungsprozeß aus Baumwolle den beiden Firmen Ulrich Gminder, Reutlingen, und Heberlein & Co., Wattwill, patentrechtlich geschützt ist. Da diese Gewebe in beträchtlichem Maße für Waschkleiderstoffe Verwendung finden, hat sich das Bedürfnis für eine wasch- und lichtechte Färbung eingestellt, wofür die Indanthrenfarbstoffe die beste Gewähr leisten. Gefärbt werden diese Stoffe gleich wie Baumwoll- bzw. Leinenstückware ohne besondre Schwierigkeiten auf dem gewöhnlichen Oberflottenjigger, wobei nur durch vorsichtige Arbeitsweise den erhöhten Affinitätseigenschaften der Stoffe Rechnung zu tragen ist.

Kunstseidenfärberei.

Die Kunstseide, die in den letzten Jahren bekanntlich einen bedeutenden Aufschwung genommen hat und in vielen Fällen die teure Naturseide verdrängen konnte, hat sich auch für Artikel Eingang verschafft, an welche hohe Echtheitsanforderungen gestellt werden, so z. B. für streifige oder blumige Effekte in mercerisierten Baumwollgeweben für Dekorationsstoffe, dann besonders für Stickereizwecke, ferner in Mischgeweben mit Baumwolle als Waschseide, Kunstseidentrikots für Unterwäsche usw. Die Küpen- und besonders Indanthrenfärbung hat sich aus diesem Grunde auch für diese Artikel allgemein eingeführt. Die Färbemethoden für Kunstseide sind im großen und ganzen die gleichen wie für Baumwolle, es muß lediglich den erhöhten Affinitätseigenschaften dieser Faser Rechnung getragen werden, die diejenigen der mercerisierten Baumwolle noch um ein Erhebliches übertreffen. Man wird aus diesem Grunde unter Einhaltung aller denkbar möglichen Vorsichtsmaßregeln färben. Zusätze von farbstoffzurückhaltenden Mitteln, wie Dekol, gereinigte Sulfitablaugen oder Leim, sind unbedingt erforderlich, ferner wird man bei Produkten, die nach Verfahren IN gefärbt werden, kalte Anfangsfärbetemperatur und umgekehrt bei IW- bzw. IK-Farbstoffen erhöhte Anfangstemperatur wählen; auch erhöhte Laugemengen bis zu 12 cm³ pro Liter ergeben bei den letzteren zwei Farbstoffgruppen gute Resultate.

Kunstseidenstrang. Kunstseidenstranggarn wird gewöhnlich auf der Kufe oder evtl. auf Taschnerschen bzw. Gerberschen Maschinen gefärbt. Es ist zweckmäßig, die Garne zwecks Oxydation nicht zu verhängen, wie dies für Baumwollgarn vielfach üblich ist, da die anhaftende Laugenflüssigkeit die Kunstseide in unliebsamer Weise verklebt; man spült deshalb vorteilhaft gleich nach beendetem Färben, möglichst unter Zuhilfenahme eines Oxydationsmittels, wie Chromkali-Schwefelsäure oder Perborat. Ein heißes Seifen ist auch bei der Kunstseide zur Erzielung der normalen Nuance und Echtheit unerläßlich, doch genügt dabei eine Temperatur von etwa 70° C; höhere Temperaturen wendet man naturgemäß wegen der Schonung der Faser nicht gerne an. Eine Ausnahme bildet Indanthrenrubin R, welcher Farbstoff, infolge seines vollen Rottones sehr geschätzt, unbedingt eine höhere Abseiftemperatur (80—90° C) erfordert.

Kunstseidenstück Bei Stückware kommt es ganz auf die Stoffgattung an, ob vorteilhafter auf dem Jigger oder auf der Haspelkufe gefärbt wird; hier gelten dieselben Gesichtspunkte wie bei Baumwollgeweben. Krepp-Mischgewebe, ferner Trikotagen werden auf der Haspelkufe, Gewebe, die eine Behandlung in breitem Zustande vertragen, werden dagegen auf dem Jigger gefärbt. Bei Baumwolle-Kunstseide-Mischgeweben ist noch auf eine besondre Farbstoffauswahl zu achten, da nicht alle Küpenfarbstoffe in gleichem Maße die Eigenschaft besitzen, beide Fasern gleichmäßig zu decken. Es sei hier auf die näheren Angaben der Farbenfabriken verwiesen, die in ihren Broschüren die geeignetsten Produkte beschreiben. Besonders sei aber erwähnt, daß ein gleiches Decken von Baumwolle-Kunstseide nur in hellen bis mittleren Tönen möglich ist, während in dunklen Nuancen die Kunstseide immer mehr oder weniger stärker angefärbt wird; die Verhältnisse liegen hier ganz ähnlich wie bei substantiven Farbstoffen.

Schließlich sei noch erwähnt, daß die Kunstseide auch in losem Zustande küpenfarbig hergestellt werden kann, für Spezialzwecke, wenn es sich z. B. darum handelt, wasch- und lichtechte Kunstseideeffekte, evtl. mit Wolle zusammen versponnen, für Damenkleiderstoffe usw. herzustellen.

Seidenfärberei.

Im Anschluß an die Kunstseide soll hier auch noch die Naturseide besprochen werden, soweit die Anwendung der Küpen- und insbesondre der Indanthrenfarbstoffe auf dieser edelsten Faser in Frage kommt und was die verschiedenen Artikel anbelangt, die eine mit den höchsten Echtheitseigenschaften ausgezeichnete Färbung dieser Faser rechtfertigen. Es sei vorausgeschickt, daß die Küpenfarbstoffe gegenüber Naturseide im allgemeinen nicht dieselben ausgesprochen starken Affinitätseigenschaften aufweisen, wie gegenüber den vegetabilischen Faserstoffen, besonders der Kunstseide, und es ist deshalb auch in vielen Fällen nicht möglich, die Farbtiefe und vor allem die Fülle zu erzielen wie mit sauren oder basischen Farbstoffen. Das Verlangen nach küpenfarbiger Seide geht nun aber auch keineswegs danach, diese überaus leuchtenden mehr oder weniger unechteren Farben zu ersetzen, es richtet sich vielmehr auf Artikel, die dem täglichen Gebrauch ausgesetzt sind und daher auch erheblich höhere Echtheit beanspruchen. Aus diesem Grunde gewinnt die Seidenküpenfärberei auch immer mehr an Bedeutung. Es sei hier in erster Linie der bekannte Seidenzephirartikel erwähnt, der in der Weise erzeugt wird, daß entbastete Seide mit Küpenfarbstoffen im Strang gefärbt und mit Rohseide verwebt wird, um dann als Rohgewebe entbastet und gebleicht zu werden. Diese Arbeitsweise stellt also an die Färbungen so ziemlich die höchsten Echtheitsanforderungen, und es gibt heute außer den Küpenfarbstoffen keine Produkte, die diesem Abkoch- und Bleichprozeß genügend widerstehen. Es sei noch bemerkt, daß nicht alle Küpenfarbstoffe diese Echtheitseigenschaften erfüllen, wohl aber der allergrößte Teil, so daß also eine entsprechende Auswahl getroffen werden muß.

Strangseide. Zum Färben von Strangseide gelten im allgemeinen dieselben Vorschriften wie für vegetabilische Fasern, man wird lediglich, der animalischen Faser Rechnung tragend, nicht zu hohe Laugemengen verwenden und vor allem auch keine zu hohe Färbetemperaturen einhalten; 50 °C soll in keinem Falle überschritten werden. Aus diesem Grunde sind Farbstoffe, die nach Verfahren IW und IK gefärbt werden, vorzuziehen, soweit es der in Frage kommende Farbton zuläßt. Aber auch die für das Verfahren IN geltenden Laugemengen, d. h. 10 cm^3 pro Liter Flotte, schaden der Seidenfaser noch keinesfalls. Ein Zusatz von Schutzmitteln, wie Protektol I, ist unter Umständen nützlich, aber nicht unbedingt notwendig und speziell dann nicht besonders empfehlenswert, wenn satte Töne gefärbt werden sollen, da allen diesen Mitteln neben der faserschützenden Wirkung auch farbstoffzurückhaltende Eigenschaften zukommen.

Stückseide. Auch für Seidenstückware haben sich die Küpenfarbstoffe schon einen recht schönen Platz erobert. Crêpe de Chine, Schappe- und Tussahseidenstoffe bevorzugt die Mode in der letzten Zeit gerne für Waschkleiderstoffe u.ä., von welchen Artikeln doch eine längere Lebensdauer und daher Wasch- und Lichtechtheit gefordert wird. Das Färben dieser Stoffe erfolgt am vorteilhaftesten auf dem Jigger nach den für Baumwolle bekannten Richtlinien. Es sei noch erwähnt, daß es empfehlenswert ist, nur unerschwerte Seide zu färben, weil durch den alkalischen Färbeprozeß die Erschwerung wieder zum größten Teil abgelöst wird. Indanthrenfarbige erschwerte Seide kann man nur so herstellen, daß man die unerschwerte Seide färbt und nachträglich erschwert (z. B. Crêpe de Chine-Artikel). Die meisten Indanthrenfarbstoffe halten dem Erschwerungsprozeß stand. Es muß jedoch davor gewarnt werden, indanthrenfarbige Seide hoch zu erschweren, da einer solchen Seide bekanntlich an und für sich keine lange Lebensdauer zukommt und es von vornherein widersinnig erscheint, für solche Artikel Farbstoffe zu verwenden, die eine erheblich längere Lebensdauer aufweisen, als die Faser selbst. Indanthrenfarbige Seide sollte höchstens 20—30% über pari erschwert werden; andernfalls sind Reklamationen unausbleiblich.

Nachstehend sei eine größere Anzahl derjenigen Indanthren- bzw. Algolfarbstoffe genannt, welche auf Seide sehr gut aufziehen, eine gute Entbastungs- und Wasserstoffsuperoxydechtheit sowie sehr gute Licht- und Waschechtheit besitzen: Algolgelb GC; Indanthrengoldorange G, 3G Indanthrenorange RRT, 4R; Indanthrenrotbraun 5RF; Algolscharlach RB, 3B; Indanthrenbrillantrosa R, B; Indanthrenrotviolett RH, RRN; Indanthrenbrillantviolett 4R, 3B, RK, BBK; Indanthrendruckviolett RF, BBF; Indanthrendunkelblau BOA; Brillantindigo B; Algolblau G, 7G; Indanthrenblaugrün B; Indanthrenbrillantgrün B, GG; Algolbraun RN; Algolgrau BG; Indanthrengrau 3 B; Indanthrenschwarz BGA.

Eine etwas weniger gute Affinität besitzen folgende, besonders für hellere und mittlere Nuancen geeignete Produkte: Indanthrenbrillantorange RK; Indanthrenblau GCD, 5G; Indanthrengelbbraun 3G; Indanthrenbraun GG, FFR, G; Indanthrenoliv R.

Wollfärberei.

Das Problem der Wollküpenfärberei ist lange Zeit Gegenstand eingehender Studien der Färbereichemie gewesen, besonders von dem Zeitpunkte an, wo die Indanthrenfarbstoffe und die andern Küpenfarbstoffgruppen auf dem Markt erschienen sind. Man war ursprünglich zu der Annahme berechtigt, daß diese Farbstoffe, ähnlich dem Indigo, der seit alters her in großem Maßstabe auch auf Wolle gefärbt wurde und auf dieser Faser im Gegensatz zu Baumwolle bekanntlich eine sehr echte Färbung ergab, anzuwenden seien. Man mußte aber bald erkennen, daß dies nicht möglich war, und zwar deshalb, weil diese Farbstoffe einerseits keine genügende Affinität zur Wolle besaßen und andrerseits als Hauptursache, weil sie, besonders die echtesten Anthrachinonabkömmlinge, so große Laugemengen für eine einwandfreie Lösung benötigten, daß sie für die Wolle unbedingt zu schweren Faserschädigungen führen mußten. Man suchte daher für Wolle besonders geeignete Küpenfarbstoffe und ganz besonders auch geeignete Färbemethoden, die ein Färben der Wolle bei absoluter Schonung der Faser gewährleisteten. Die Farbenindustrie hat in Erkenntnis dieser Schwierigkeiten vor allem eine Anzahl von Wollküpenfarbstoffen in reduzierter Form in den Handel gebracht, ebenso wie dies beim Indigo schon längere Zeit zuvor als Indigolösung bzw. Indigoküpe der Fall war. Dadurch wird das Arbeiten mit diesen Farbstoffen außerordentlich erleichtert und der Gefahr einer Schädigung der Wolle durch die Verwendung von zuviel Alkali vorgebeugt. Diese löslichen Küpenfarbstoffe haben sich wegen der größeren Handlichkeit sehr gut eingeführt und wurden auch deshalb den unlöslichen Küpenfarbstoffen vorgezogen, weil bei der Bereitung der Stammküpe mögliche Fehler durch Wahl zu hoher Alkalimengen beseitigt werden konnten. Eine besonders für die Praxis vorteilhafte Form der löslichen Farbstoffe stellen die Küpenpulvermarken dar. Das Färben der nicht in löslicher Form im Handel befindlichen Wollküpenfarbstoffe erfolgt im allgemeinen nach den für die Hydrosulfit-Natron-Küpe für Indigo geltenden Regeln. Es kann in diesem Zusammenhange nicht näher auf die Färbevorschriften im einzelnen eingegangen werden, und es sei auf die diesbezüglichen genauen Vorschriften der Farbenfabriken verwiesen. Besonders zu erwähnen ist, daß die Färbetemperatur im allgemeinen etwa 50° C beträgt; nur einige Vertreter benötigen höhere Temperaturen, 60—65° C, ferner etwas mehr Alkali.

Die hauptsächlichste Anwendung finden die Wollküpenfarbstoffe, insonderheit die Helindonfarbstoffe der I. G. Farbenindustrie zum Färben von losem Material, besonders loser Wolle, dann Kammzug, Kunstwolle usw. Man färbt lose Wolle im allgemeinen in Behältern mit Siebkorbeinsatz oder in andern üblichen Küpengefäßen, ferner auf der Zirkulationsküpe, wie sie die Firma Obermaier & Co., Neustadt a. d. H., liefert. Dabei ist es zur Erzielung einer bestmöglichen Reibechtheit und ferner auch um einen Verlust an Farbstoff auf ein Minimum herabzudrücken, notwendig, unmittelbar nach dem Färben abzuquetschen; man wird zu diesem Zwecke die Quetschwalzen direkt am Färbeapparat anbringen.

Helle und mittlere Töne färbt man vielfach auf den gewöhnlichen Apparaten, die zum Färben von loser Wolle mit sauren oder Chromierfarben üblich sind, eine zu starke Flottenbewegung ist wegen der Gefahr des zu schnellen Hydrosulfitverbrauchs zu vermeiden. Vorteilhaft setzt man den Bädern, nachdem der Farbstoff im wesentlichen auf die Wolle gezogen ist, noch geringe Mengen eines schwachsauren Salzes, wie Ammonsulfat, nach, wodurch eine fast vollkommene Ausnützung des Farbstoffs erreicht wird. Ein Abquetschen des Materials ist in solchen Fällen also nicht mehr notwendig. Auf diese Weise läßt sich auch verhältnismäßig leicht nach Muster färben, was bei der Zirkulationsküpe nur sehr schwierig ist.

Dunkle Nuancen können allgemein nur für schwere Walkartikel gefärbt werden, weil ohne nachfolgende energische Behandlung mit Seifen der nichtfixierte Farbstoff nicht heruntergeholt werden könnte und eine schlechte Reibechtheit resultieren würde.

Eigenschaften der Wollküpenfärbungen. Als Vorteile der Küpenfarbstoffe seien genannt: Schonung des Materials und damit Verbeßrung der Spinnfähigkeit, des Rendements und der Reiß- und Tragfestigkeit; dies trifft besonders bei geringen und besten Wollsorten zu. In Erkenntnis dieser Vorteile haben sich denn auch die Militärbehörden fast aller Kulturstaaten dazu verstanden, diese Farbstoffe vorzuschreiben. Als Nachteile der Küpenfarbstoffe muß vor allem der höhere Preis erwähnt werden, der allerdings durch die genannten Vorteile mehr als ausgeglichen wird, ferner die nur mäßige Reibechtheit in dunklen Tönen und ein nicht so leichtes Färben nach Muster, wie bei sauren bzw. Chromierfarbstoffen.

Die Lichtechtheit, worin die Küpenfarbstoffe alle andern Wollfarbstoffe übertreffen, ist am höchsten, wenn nach dem Färben mit Schwefelsäure gesäuert wird.

Für das Färben von Teppichgarnen sind die Wollküpenfarbstoffe infolge ihrer ruhigen und wenig aufdringlichen Farbtöne, die den Naturfarbstoffen naheliegen, sehr gut geeignet und finden deshalb neben den Chromierfarbstoffen bereits vielfach Anwendung.

Indigoküpenführung.

Am Schlusse sei noch einiges über die moderne Indigoküpenführung gesagt. Durch die große Anzahl der Baumwoll- und Wollküpenfarbstoffe hat der Indigo naturgemäß viel an Bedeutung und in seiner Anwendung eingebüßt. Ausgenommen sind die Überseeländer mit noch nicht hochentwickelter Kultur, wie z. B. China oder ähnliche Länder, wo auch heute noch der Indigo infolge seiner einfachen und billigen Anwendungsweise auf kalter Gärungsküpe od. dgl. die größte Rolle spielt.

Wolle. Auf Wolle wurde der Indigo für viele Verwendungszwecke, so in der Hauptsache für Herrenstoffe und Damentuche, durch die sauren und besonders Chromierblaus verdrängt. Ein sehr nennenswertes Gebiet konnte sich jedoch der Indigo noch für die echtesten Blaufärbungen retten, und zwar für Militär und besonders Marineblautuche, und zwar deshalb, weil die Indigofärbung auch heute immer noch die licht- und wetterechteste Blaufärbung darstellt; in diesem Sinne hat auch die Behörde diese Färbung für die Marine als einzig zulässig vorgeschrieben. Ein besondrer Vorteil der indigoblaugefärbten Tuche ist ferner der, daß dieselben bei künstlichem Licht die schöne blaue Nuance nicht verändern, im Gegensatz zu den sauren und Chromierblaus, bei welchen der Ton im künstlichen Licht mehr oder weniger umschlägt.

Baumwolle. Weit verbreitet ist die Anwendung des Indigos noch in der Baumwollfärberei für den bekannten Glattblau- und Blaudruckartikel. Diese Artikel haben sich infolge ihrer Billigkeit und rationellen Arbeitsweise noch ein reiches Feld behauptet. Glattblau wird sowohl auf der Rouletteküpe als auch auf dem Unterflottenjigger gefärbt, der Pappdruckartikel wird dagegen beinahe ausnahmslos auf der Tauchküpe hergestellt. Auf das große Anwendungsgebiet, den Weiß- und Buntätzartikel, dessen Fond ebenfalls auf der Rouletteküpe gefärbt wird, kann im Rahmen dieses Aufsatzes nicht näher eingegangen werden, es sei auf das Kapitel der Druckerei verwiesen. Der Sternreifen, der früher beinahe ausschließlich für das Färben von Stückware angewandt wurde, ist beinahe ganz verschwunden. — Die früher sehr viel und auch heute noch öfters in Anwendung stehende Zinkkalk- und Eisenvitriolküpe wurde in den meisten Fällen durch die Hydrosulfitküpe verdrängt, mit Ausnahme des Pappdruckartikels, für den hauptsächlich noch die Zinkkalkküpe in Frage kommt. Die Vorteile der neuen Küpenführung sind einleuchtend und bestehen in erster Linie in den klaren beständigen Küpen gegenüber dem lästigen, sich immer mehr ansammelnden Bodensatz der Zinkkalkküpe.

Die Kettbaum- und Kreuzspulenfärberei kommt für Indigo praktisch nicht mehr in Frage. Seitdem Hydronblau für dunkle und Indanthrenblau für helle bzw. mittlere Nuancen allgemein eingeführt wurden, hat der Indigo die Bedeutung für die Apparatefärberei beinahe gänzlich verloren. Lediglich die Warpsfärberei wird noch mancherorts durchgeführt, in Amerika sogar noch in großem Umfange zur Herstellung der Arbeiteranzüge, die aus indigoblauer Kette und weißem Schuß bestehen, dem sog. Denimartikel. Die Warpsfärbemaschine ist eine Art Rouletteküpe und gestattet ein kontinuierliches und sehr produktives Arbeiten.

Ledertuch (Wachstuch).

Von G. Durst.

Literatur: Esslinger: Die Fabrikation des Wachstuchs.

Das Ledertuch oder Wachstuch wird durch eine besondre Gewebeausrüstung unter Verwendung trocknender Öle und Lacke erzeugt. Bei demselben ist die Kenntnis der chemischen Eigenschaften dieser Öle und ihrer Trocknungsvorgänge wichtiger als die der chemischen Eigenschaften der Textilfasern selbst, so daß das Gebiet dem Textilchemiker ferner liegt, etwa wie die Kunstledererzeugung. Die Erzeugung des Ledertuches besteht im Wesen darin, daß ein Gewebe einseitig oder beidseitig mit einer elastischen, wasserfesten Schicht von Firnissen (Linoxyn) gedeckt wird.

Haupterzeugnisse: Eigentliches Ledertuch in allen Farben, matt oder glänzend, genarbt oder ungepreßt. Auf leichtester Ware ist dies Musselin, auf feinem dichten Gewebe Kinderwagenledertuch (für Verdecke von Kinderwagen auf gefärbter Rohware), die schwersten Qualitäten sind Duck und Moleskin.

Ähnliche Artikel, weiß, farbig, bedruckt, dienen als Tischdecken, Schutzläufer auf Tischtüchern, Lätzchen für Kinder. In Dunkelblau, Weiß, bedruckt dienen ledertuchartige Stoffe als Schürzenstoffe. An alle diese Artikel werden die höchsten Ansprüche in bezug auf Haltbarkeit, Geschmeidigkeit und Nähfestigkeit gestellt. Geringere Haltbarkeit, dagegen schönstes Aussehen durch Druck, wird von Wandtapeten verlangt.

Doppelseitig gestrichene ledertuchartige Stoffe sind: Thermalkabinettstoffe (für die bekannten Schwitzkabinen), Gürtelleder (in allen Farben für billige Gürtel), Markttaschenstoffe. Leichte billige Ware sind noch Hutfutterstoffe (Ersatz der Ledereinlagen bei Herrenhüten), Packkoton (billiger wasserdichter Packstoff), Zentimeterstoffe zur Herstellung von Maßbändern, Schachbrettstoffe u. dgl. m.

Waren auf rückseitig gerauhtem Baumwollgewebe sind die Barchente. Man unterscheidet Marmorbarchent, Holzbarchent in verschiedenen Mustern, dann Mosaikbarchent mit kachelartigen Mustern, alle lackiert. Sie dienen zum Schutz von Wänden, Tischen usw. in Küchen und Badezimmern.

Leinen- und Hanfgewebe sowie schwere Baumwollsegel werden unter Verwendung von Wachstuchstrichen wasserdicht imprägniert. Hessians, einseitig bestrichen und bedruckt, werden als Wagenzwilche verwendet; unbedruckt als Packstoff, Wettertuch u. a. m.

Beidseitig gestrichene und bedruckte Jutegewebe dienen als Linoleumersatz.

Eine Sonderstellung nehmen Billrothbattiste, Isolierstoffe, Froschhaut u. ä. Touristenmantelstoffe ein. Es werden feinfädige dichte Baumwoll- oder Seidengewebe, roh oder gefärbt, mit Firnis getränkt und so wasserdicht gemacht.

Herstellung der Firnisse. Jede größere Fabrik kocht sich die Firnisse selbst. Das Firniskochen besteht in einem Erhitzen des Leinöls auf 150 bis 300° unter Zusatz von verschiedenen Trockenstoffen, vor allem von Metalloxyden, Linoleaten, Resinaten, Boraten u. a. m., von Blei, Mangan, Kobalt, Zink. Man erhitzt bei kleinen Anlagen in Eisenkesseln über offenem Feuer, bei größeren Anlagen in Frederkingapparaten mit überhitztem Wasser, mit Ölbädern od. dgl. Die Herstellung erfordert eine genaue Analyse des Leinöls, sorgfältige Einhaltung von Temperatur und Kochdauer, um ein gleichmäßiges Produkt zu gewährleisten. Überhitzung führt leicht zur Entzündung des Kocherinhaltes. Man braucht helle, dünnflüssige Firnisse und dickste Firnisse von der Zähflüssigkeit des Standöles. Für Spezialzwecke werden geblasene Firnisse, die durch Lufteinblasen bei erhöhter Temperatur gewonnen werden, verwendet. Nach dem Kochen werden die Firnisse und Lacke filtriert und bei höherer Temperatur gelagert, was ihre Qualität verbessert.

Lacke. Auch die Lacke werden vom Verbraucher selbst hergestellt. Man schmilzt Kopal in einem Aluminiumkessel und löst den geschmolzenen Kopal in einem geeigneten Firnis oder in Leinöl und verkocht diesen Sud mit Trockenstoffen. Der fertige Sud wird mit Terpentinöl oder Benzin verdünnt, und der fertige Lack wird filtriert. Für billige Lacke finden Hartharze (mit Kalk gehärtetes Kolophonium), Harzester (Kolophonium mit Glycerin verestert) Verwendung. Zur Erhöhung der Wasser- und Wetterechtheit wird ein Teil des Leinöles im Lack durch chinesisches Holzöl ersetzt, doch bedingt die Verwendung dieses Materials besondre Vorsichtsmaßregeln.

Füllmittel. Abgesehen von den Erdfarben (für die gewünschte Oberflächenfarbe) werden für die unteren Striche Füllmittel gebraucht. Kaolin, China-clay, Pfeifenton (s. d.) (Aluminiumsilicate von verschiedener Feinheit und Farbe) geben sehr geschmeidige Gründe. Kreide, kohlensaurer Kalk, gemahlen, geschlämmt, gestaubt oder gefällter kohlensaurer Kalk geben härtere Gründe. Ruß wird als Flammruß verwendet; er ist sehr fein und geschmeidig und ergibt die haltbarsten Gründe.

Als Farben dienen: Lithopone, Ruß, Ocker, Eisenrot, Zinnober, Chromgelb, Chromgrün, Ultramarin, Berlinerblau u. a. m.

Zum Verdünnen der Massen dient Benzin vom spez. Gew. 0,735—0,745.

Das Anreiben der Farben erfolgt auf Trichtermühlen oder Walzenstühlen; das Einmischen von Füllmitteln, Benzin usw. in Misch- oder Knetmaschinen.

Arbeitsgang.

Die Rohware wird geputzt, kalandriert und kantengleich auf Holzhülsen gerollt. Zum Streichen verwendet man Wachstuchstreichmaschinen, die aus einem endlosen Gummituch bestehen, das über zwei Eisenwalzen gespannt ist, von denen eine angetrieben wird. Das Messer, allseitig verstellbar, wird gegen dieses Lauftuch gepreßt. Die Ware wird zwischen Lauftuch und Messer durchgezogen; die zu streichende Masse kommt vor das Messer, das eine gleichmäßige dünne Schicht auf die Ware streicht. Bremsbare Abwickelvorrichtung, Leitriegel und Walzen sowie eine angetriebene Abzugsvorrichtung für die Ware hinter dem Messer, ergänzen die Maschine. Das Trocknen solcher Firnisstriche benötigt bei 60—90° C etwa 6—10 Std. Man muß die Ware nach dem Streichen in Hängen trocknen, ohne die gestrichene Seite mit einer Walze in Berührung zu bringen.

Die Streichmaschinen sind, auf Schienen verschiebbar, vor den Trockenhängen angeordnet. Ursprünglich war die Streichmaschine ein Stockwerk höher aufgestellt, und man bediente die Hängen von Hand. Heute werden automatische Beschickungsanlagen für die Hängen gebaut, die die Maschine vor die Hänge zu stellen gestatten und an Löhnen erheblich sparen.

Man beschickt sämtliche Trockenhängen, die bei großen Unternehmen 20—50000 m pro Tag und mehr fassen, auf einmal und trocknet über Nacht durch Dampfheizung. Ventilation ist nur in geringem Maße nötig, um die bei der Oxydation des Firnis entstehenden übelriechenden Dämpfe (Acrolein usw.) abzuleiten. Durch die Benzindämpfe ist die Fabrikation explosionsgefährlich; um Funkenbildung zu vermeiden, werden die Gummitücher der Streichmaschinen mit Elektrizitätsableitern versehen.

Die trockne Ware wird aus den Hängen mit auf Schienen laufenden Aufrollmaschinen herausgezogen.

Um die nötige Glätte der Oberfläche zu erreichen, folgt nun ein Schleifen und Kalandern der Ware. Die Schleifmaschine besteht aus 1—2 Tambouren von 40—80 cm Durchmesser, die am Umfang mit Bimsstein besetzt sind. Eine bremsbare Abwicklung, Aufwicklung und verschiedene Leitrollen (um die Ware um die Tamboure zu führen) ergänzen die Maschine. Durch die Bremsung liegt das Gewebe fest auf den schnellaufenden Tambouren, so daß die Bimssteine alle Unebenheiten abschleifen. Geschliffen wird trocken, doch wird die Ware vorher mit Talkum eingestaubt.

Zum Kalandern dienen gewöhnliche Rollkalander, man arbeitet dabei mit kalter Stahlwalze.

Dieses Streichen mit Zwischenbehandlung wird etwa 3—8mal wiederholt, wobei die unteren Striche die Füllung der oft undichten Ware ergeben, während die oberen Striche so zusammengesetzt werden, daß Farbe und Glanz oder Mattstrich nach Wunsch erzeugt werden.

Die fertige Ledertuchware wird gepreßt, um eine lederähnliche Narbung zu erzielen. Man preßt kalt unter höchstem Druck: Es kommen daher Preßkalander mit zwei Papierwalzen und einer Stahlwalze für starren Schraubendruck oder hydraulische Kalander in Frage. Der Kalander wird eingewaschen, damit die Papierwalze das als Negativ in der Stahlwalze enthaltene Muster als Positiv annimmt. Die Linoxynschicht ist wenig schmiegsam. Die Narbung ist daher flach, nicht so ausdrucksvoll und gibt nicht jede Feinheit der Prägung wieder wie bei Kunstleder.

Die fertige Ware wird auf Schneidemaschinen an den Seiten beschnitten, da die Streichmaschine nicht bis zur äußersten Kante streicht; ebenso muß mit einem Abfall an den Stückenden gerechnet werden. Gerollt werden kurze Stücke von 10—20 m Länge.

Die bedruckten Artikel werden meist nicht gepreßt, sondern durch Handdruck, Maschinendruck, Spritzdruck oder Handmalerei verziert.

Der Handdruck erfolgt mit Modeln aus Holz unter Verwendung von Ölfarbe, die auf einem („Chassis“ genannten) Kissen von Hand gleichmäßig aufgetragen wird. Der Drucktisch erhält eine elastische Unterlage aus Filz. Der

Drucker legt den eingefärbten Model auf und preßt ihn mit einer elastischen Druckschraube fest. Nach dem Druck wird ausgehängt, da die Ölfarbe einige Stunden zum Trocknen braucht. Es können auch mehrere Farben mit verschiedenen Modeln gleich hintereinander gedruckt werden.

Beim Maschinendruck unterscheidet man den Kupferdruck oder Tiefdruck, bei dem die gleiche Maschine benutzt wird wie beim Kattundruck. Er eignet sich für feinste Muster und leichte geschmeidige Waren. Gedruckt wird mit Ölfarbe, worauf in die Hänge gebracht wird.

Für grobe Waren verwendet man den Oberflächendruck. Die Druckwalze enthält hier das Muster erhaben und wird durch eine Gelatinewalze eingefärbt, die im Chassis mit Druckfarbe läuft. Der Druck ähnelt in seiner Technik und in Dessin und Farbenauftrag dem Handdruck.

Um die Mittelteile von Decken drucken zu können, kann die Maschine eine Intermittingeinrichtung erhalten, derart, daß das Muster, immer einstellbar, 1—3 m gedruckt wird und dazwischen eine einstellbare unbedruckte Fläche bleibt. Um das maschinengedruckte Mittelstück wird die Bordüre mit Hand gedruckt.

Die Spritzdrucktechnik ist bekannt; durch die feine Schattierung werden Effekte herausgeholt, die sonst schwer erzielbar sind.

Einzelne Artikel, wie Barchent, werden nach dem Druck mit Kopallack lackiert, der mit der Streichmaschine oder mit der Druckmaschine aufgetragen wird.

Zentimetermaße, Spindborden usw. werden nach dem Druck mit Maschinen ausgeschnitten.

Erkennung von Ledertuch. Linoxyn ist durch Natronlauge in der Wärme leicht verseifbar. Kocht man mit Natronlauge, so löst sich die ganze Deckschicht auf.

Mercerisation.

Von W. SCHRAMEK.

Literatur: GARDNER, P.: Die Mercerisation der Baumwolle und die Appretur der mercerisierten Gewebe, 1912. — HERZINGER, E.: Die Veredlung der Baumwolle durch Mercerisation. — SEDLACZEK, E.: Die Mercerisierungsverfahren, 1928. — WEGSCHEIDER: Mercerisation der Baumwolle. — Ferner allgemeine Literatur über Textilveredlung (s. u. Färberei).

Allgemeines.

Die Mercerisation der Baumwolle ist ein Veredlungsvorgang, bei welchem durch Imprägnieren mit starker Natronlauge unter gleichzeitigem Strecken des Garns oder des Gewebes ein hoher Glanz auf der Faser erzielt wird. Die Mercerisation ist der bedeutendste Veredlungsprozeß der Baumwolle, da neben der Glanzerzeugung zugleich eine Erhöhung der Reißfestigkeit der Faser und der Farbstoffaufnahme erzielt wird.

Nicht alle Baumwollsorten eignen sich in gleichem Maße für die Glanzerzeugung, da der Faden in sich einen stärkeren Halt haben muß, um dem bei der Streckung auf ihn ausgeübten Zug Widerstand zu leisten, deshalb tritt die höchste Glanzerzeugung bei langstapeligen Baumwollen, wie z. B. bei der ägyptischen Makobaumwolle, ein.

Ein der Laugenmercerisation ähnlicher Effekt kann auch durch Behandlung mit starken Säuren erzielt werden, z. B. mit Salpetersäure oder Schwefelsäure; doch kommen diese Spezialverfahren nur für gewisse Gewebe in Frage (s. u. Hochveredlung der Baumwolle).

Geschichtliches. Die Behandlung baumwollner Garne oder Gewebe mit starker Natronlauge zur Erzielung der oben geschilderten grundlegenden Veränderungen der Faser ist auf eine Beobachtung von John MERCER zurückzuführen, daß beim Filtrieren starker Natronlauge durch Baumwollfilter diese stark schrumpften, ein lederartiges Aussehen bekamen und zugleich dichter und fester wurden. Später beobachtete MERCER auch, daß die mit Natronlauge behandelten baumwollnen Gewebe eine erhöhte Farbstoffaufnahmefähigkeit zeigten. Die wertvollste Wirkung der Natronlaugenbehandlung, die Erzielung des Glanzes, erkannte MERCER, nach dem auch bis auf den heutigen Tag das Verfahren benannt ist, indessen nicht; ebenso ist die Möglichkeit der Glanzerzeugung dem Nürnberger Professor LEYKAUF entgangen, der ein Verfahren zur Erzielung einer hohen Farbstoffaufnahmefähigkeit im Jahre 1847 veröffentlichte. Die Industrie bediente sich dieses Verfahrens in der ersten Zeit lediglich zur Erzeugung von Kreppeffekten entweder durch Aufdruck von Natronlauge oder durch Imprägnieren von Geweben, die mit einer Reserve bedruckt waren, mit Natronlauge. Die Firma Garnier & Depoully, die hierfür mehrere Patente erhielt (E.P. 28696; E.P. 8642; D.R.P. 30966) (1884), hat dieses Verfahren längere Zeit ausgeübt. Das Verfahren wurde der Firma Thomas & Prévost im Jahre 1894 zum Kauf angeboten, die aber die Erwerbung des Patents wegen des hohen Preises ablehnte.

Zugleich wurde bei Versuchen, die im Zusammenhang mit der Prüfung dieses Verfahrens angestellt wurden, die Aufmerksamkeit erneut auf die erhöhte Farbstoffaufnahmefähigkeit der Baumwolle gelenkt. Thomas & Prévost, Krefeld, unterwarfen halbseidne Gewebe zur Erzielung besondrer Farbeffekte der Natronlaugenbehandlung, und um das hierbei auftretende Schrumpfen der Baumwolle zu verhindern, spannten sie das Gewebe während des Imprägnierungsvorganges auf einen Rahmen. Hierbei wurde die überraschende Beobachtung gemacht, daß die baumwollne Rückseite des halbseidnen Gewebes einen hohen Glanz erhielt.

Auf ihre Veranlassung baute die Firma Gebr. Wansleben, Krefeld, eine Streckmaschine für Baumwollgarne. Diese Entdeckung wurde durch das E.P. 18040 und das D.R.P. 85564 geschützt. Das englische Patent wurde wegen des an H. A. LOWE im Jahre 1890 für die gleiche Entdeckung erteilten E.P. 4452 nichtig erklärt. Diese Patente betreffen allerdings noch lediglich die Streckung des Baumwollfadens zur Verhinderung der Schrumpfung der Baumwolle bei der Behandlung mit Natronlauge zwecks Erzielung besondrer Farbeneffekte. Erst im Jahre 1896, nachdem auch das deutsche Patent auf Grund des LOWEschen Patentes nichtig erklärt wurde, wurde der Firma Thomas & Prévost mit dem D.R.P. 97664 die Erzeugung von Seidenglanz durch Behandlung von Baumwolle mit Natrnlauge im gestreckten Zustand geschützt. Aber auch dieses Patent wurde später wieder nichtig erklärt, da in dem LOWEschen Patent bereits das glänzende Aussehen der so behandelten Baumwollfaser erwähnt war.

Durch diese Folge von Patentstreitigkeiten war das Behandeln von Baumwolle mit Natronlauge im gestreckten Zustand jedem frei zugänglich, und sowohl MERCER, der als erster das Augenmerk auf diesen Veredlungsvorgang richtete, als auch Thomas & Prévost, die das Verdienst haben, die industrielle Ausnutzung dieses Verfahrens in die Wege geleitet zu haben, sind auf diese Weise um die Früchte ihrer Arbeit gebracht worden. Erfindungen, die im Zusammenhang hiermit in späteren Jahren gemacht wurden, liegen nur noch auf maschinellem Gebiete.

Chemische Vorgänge bei der Mercerisation.

Sowohl die bei der technischen Mercerisation gemachten Beobachtungen als auch die Forschungsarbeiten über die Einwirkung von Natronlauge auf Cellulose deuten mit ziemlicher Sicherheit darauf hin, daß der Mercerisationsprozeß ein chemischer Vorgang ist, der unter gewissen Bedingungen von bedeutenden physikalischen Veränderungen der Cellulosefaser begleitet ist. Die Cellulose nimmt aus Ätznatronlaugen aller Konzentrationen Ätznatron auf.

Während GLADSTONE und MERCER die Bildung einer Natroncellulose von der einfachen Formel $(C_6H_{10}O_5)_2 \cdot Na_2O$ annehmen, hat VIEWEG nachgewiesen, daß die Cellulose aus Natronlauge verschiedener Konzentrationen ganz verschiedene Mengen Natron aufzunehmen vermag, die in einem bestimmten Verhältnis zur Laugenkonzentration stehen. Er nimmt die Bildung einer Verbindung $(C_6H_{10}O_5)_2 \cdot NaOH$ bzw. $(C_6H_{10}O_5)_2 \cdot 2NaOH$ an. Ein Widerspruch mit der Bildung einer Natroncellulose kann in der Feststellung von VIEWEG nicht gefunden werden, da die Natroncellulose hydrolytisch leicht spaltbar und ihre Bildung deswegen abhängig von der Konzentration der Lauge ist. Durch diese Auffassung läßt sich auch die Tatsache begründen, daß heiße Ätznatronlaugen nicht die gleiche Wirksamkeit haben wie kalte Laugen, was besonders bei stark verdünnten Natronlaugen auffällig wird. Kalte verdünnte Laugen bewirken zwar keine Schrumpfung, wohl aber eine Erhöhung des Aufnahmevermögens der Faser gegenüber substantiven Farbstoffen, was durch Behandeln der Cellulose mit heißen verdünnten Laugen nicht der Fall ist. Aus diesem Grunde wird durch den Beuchprozeß das Farbstoffaufnahmevermögen der Cellulose nicht gesteigert, sondern lediglich die Befreiung der Cellulosefaser von den der Baumwolle eigentümlichen Verunreinigungen und Inkrusten bewirkt.

Die Natroncellulose stellt eine gequollene, durchscheinende, gallertartige, plastische Masse dar, die dem osmotischen Druck der sie umgebenden hochkonzentrierten Natronlauge unterliegt und infolgedessen die kleinste Oberfläche bei größtem Volumen annimmt. Die hierbei erfolgte Schrumpfung bringt eine Erhöhung der Kohäsion innerhalb der Faser mit sich und erklärt so auf einfache Weise die Festigkeitszunahme der mercerisierten Baumwolle. Neuere Forschungen auf diesem Gebiete suchen auf Grund der röntgenographischen Strukturanalyse (R. O. HERZOG, K. H. MEYER, H. MARK) den Grund für die Festigkeitszunahme der gestreckten, mercerisierten Cellulose in der Veränderung der Orientierung der durch glucosidische Sauerstoffbrücken aus mehreren Celluloseresten gebildeten Cellulosehauptvalenzketten, welche die strukturelle Grundlage des Cellulosemicells bilden. Wieweit dieser Veränderung des Gefüges der Faser die vermehrte Farbstoffaufnahmefähigkeit zugeschrieben werden kann, ist nicht mit Sicherheit nachgewiesen, da die Beziehungen zwischen der Teilchengröße substantiver Farbstoffe, die bekanntlich kolloidalen Charakter haben, und den sog. Micellarinterstitien des Fasergefüges der Baumwolle nicht genügend erforscht sind. Auch hier haben die röntgenographischen Forschungen, besonders die Arbeiten von K. H. MEYER, Licht in die Beziehungen zwischen Struktur der Faser und Aufnahmefähigkeit für Farbstoffe gebracht. Die plastische Eigenschaft der Natroncellulose gestattet es, die geschrumpfte Faser zu strecken und so eine glatte zylinderförmige Faser zu bilden, wodurch der wertvolle Seidenglanz entsteht. Durch den auf die Natronlaugenbehandlung folgenden Waschprozeß wird die Natroncellulose hydrolytisch gespalten, und es entsteht ein Celluloseabkömmling von vollständig veränderter Eigenschaft, eine Verbindung, die als ein Cellulosehydrat oder eine Hydratcellulose bezeichnet werden kann. Sie hat neben den bereits geschilderten wertvollen Eigenschaften eine erhöhte Hygroskopizität, ist empfindlich gegen hohe Temperaturen und bildet eine blaue Jodverbindung, die gegen Waschen sehr beständig ist. Der Querschnitt der vor dem Mercerisieren bandförmigen, korkzieherartig gewundenen Baumwollfaser ist oval bis kreisförmig, das unregelmäßige Lumen fast vollständig verschwunden und von schlitzartigem Aussehen. Die Oberfläche der Faser ist glatt und zylinderförmig (s. u. Mikroskopie). Auch das Aufnahmevermögen für Ätznatron ist bei der so veränderten Cellulose erhöht.

Untersuchung der mercerisierten Baumwollfaser.

Weder die mikroskopische noch die chemische Untersuchung gibt immer einwandfreien Aufschluß darüber, ob eine mercerisierte Faser vorliegt. Die mikroskopische Untersuchung ist deswegen unsicher, weil die Art der technischen Ausführung der Mercerisation nicht alle Fasern gleichmäßig dem Mercerisiereffekt unterwirft und neben glatten Gebilden auch noch fast unveränderte Cellulosefaser vorhanden sein kann. Andrerseits aber findet sich mitunter in nichtmercerisierter Baumwolle Fasermaterial vor, das einen Mercerisiereffekt vorzutäuschen vermag, die sog. unreife Baumwolle.

Zur Erkennung mercerisierter Fasern werden verschiedene Methoden der chemischen Untersuchung vorgeschlagen. So bestimmt VIEWEG den Mercerisationsgrad durch die Steigerung der Aufnahmefähigkeit für Ätznatron[1], H. LANGE durch die Chlorzinkjodreaktion[2] und HUEBNER durch eine ähnliche Einwirkung von Chlorzinkjodlösung[3]. KNECHT benutzt die gesteigerte Farbstoffaufnahmefähigkeit mercerisierter Fasern zur Feststellung des Mercerisationsgrades, SCHWALBE ermittelt die Kupferzahl, wobei er die Steigerung der Hydrolysiergeschwindigkeit der Cellulose durch den Mercerisationsprozeß benutzt (s. a. Faseranalyse).

Keine dieser Untersuchungen allein genügt zur sicheren Feststellung des Mercerisationsgrades. Auch die Tatsache, daß unter dem Mikroskop die Baumwollfaser bei Behandlung mit Kupferoxydammoniak nicht mehr die charakteristischen Einschnürungen der gequollenen rohen Faser zeigt, ist kein eindeutiger Hinweis auf eine erfolgte Mercerisation, da auch die gebeuchte Faser diese Erscheinung vermissen läßt.

Technische Durchführung der Mercerisation.

Die Möglichkeit, der Baumwollfaser durch den Mercerisierprozeß einen höheren, seidenartigen Glanz zu geben, hat in erster Linie die Veranlassung zu der technischen Durchbildung dieses Verfahrens gegeben. Alle Arbeitsbedingungen, wie auch die Ausgestaltung der hierzu notwendigen Maschinen, sind unter Berücksichtigung der Erzielung eines möglichst hohen Glanzeffekts gewählt. Die Erreichung eines hohen Glanzes ist abhängig von der Konzentration der Natronlauge, von der Reinheit und Art der Baumwolle, von der Einwirkungsdauer der Natronlauge und vom Streckungsgrad der Faser.

Nicht alle Baumwollsorten nehmen durch den Mercerisationsprozeß in gleichem Maß Glanz an. Wenn auch die Länge des Stapels der Einzelfaser einen Einfluß auf die Mercerisation dadurch ausübt, daß der Faden an sich größeren Halt hat und der Streckung einen größeren Widerstand entgegensetzt, so ist doch auch die Herkunft der Baumwolle von größter Bedeutung.

Der geringste Glanzeffekt wird erzielt auf ostindischer Baumwolle, nicht viel größer ist der Effekt auf amerikanischen Baumwollsorten. Die beste Glanzerzeugung wird erreicht auf ägyptischer Baumwolle, der sog. Makoqualität. Auch auf Sea-Island-Baumwolle läßt sich ein hoher Glanz, ähnlich dem der Makobaumwolle, erzeugen.

Nicht unwesentlich ist die Beschaffenheit des zur Mercerisation gelangenden Garns. Stark gedrehte Garne geben einen geringeren Glanz als Garne mit geringerer Drehung.

Bei der Mercerisation von Stückware soll nach Möglichkeit die Schlichte vor der Mercerisation aus den Geweben entfernt werden, da durch die beim Mercerisierprozeß aus der Schlichte (Stärke) sich bildende Apparatine der Glanz

[1] VIEWEG: Berl. Ber. **40**, 3876. [2] LANGE, H.: Chem. Ztg. **1903**, 735.
[3] HUEBNER: Chem. Ztg. **1908**, 220.

nicht unerheblich beeinträchtigt wird. Auch ist es zweckmäßig, die Ware vor der Mercerisation zu sengen, da die aus dem Gespinst herausragenden Fäden, die bei der Entlaugung keiner Spannung unterworfen werden können, matt bleiben und die Glanzwirkung herabsetzen können.

Von besondrer Wichtigkeit ist die Einwirkungsdauer der Natronlauge auf die Baumwolle. Die meisten gebräuchlichen Arbeitsweisen bei der Mercerisation von Stückware gestatten nur eine verhältnismäßig kurze Einwirkungsdauer der Imprägnierflüssigkeit auf die Faser. Da in sehr vielen Fällen Rohware dem Mercerisationsprozeß unterworfen wird, gelingt es nicht in der kurzen Zeit des Durchgangs der Ware durch die Imprägnierungslauge, der Baumwolle die für die Beendigung des Mercerisationsprozesses notwendige Ätznatronmenge dem schwer benetzbaren Gewebe zuzuführen. Auch ein längeres Lagern der imprägnierten Gewebe, die zur Verhinderung ungleichmäßiger Laugeneinwirkung sehr gut abgequetscht sein müssen, vermag hierin wenig zu ändern.

Nach neueren Untersuchungen braucht das Gewebe zur vollständigen Durchtränkung mit Natronlauge eine Zeit von 20—30 Sek.

Diese Einwirkungsdauer wird bei den gebräuchlichen Mercerisationsmaschinen für Garne im allgemeinen erreicht, während bei der Stückmercerisation im Interesse der Produktion wesentlich kürzere Imprägnierungszeiten angewandt werden. Aus diesem Grunde wird beim Mercerisieren von Garnen ein wesentlich höherer Glanz erzielt als in der Stückmercerisation. Dasselbe gilt von der Spannung, der die Baumwolle bei der Entlaugung unterworfen wird. Je größer die Spannung ist, der die Baumwolle bei der Ausführung des Mercerisationsprozesses ausgesetzt ist, desto höher ist der erzielte Glanz, eine Arbeitsbedingung, der man bei der Garnmercerisation viel besser gerecht werden kann als bei der Mercerisation im Stück.

Die günstigste Konzentration der für den Mercerisationsprozeß gebräuchlichen Natronlauge liegt im allgemeinen bei 22—24% Ätznatron oder bei einem spezifischen Gewicht von 1,25—1,27 = 30° Bé. Wenn auch durch Ätznatronlaugen von 36° Bé noch ein höherer Effekt erzielt werden kann, so ist doch der Unterschied nicht mehr so groß, als daß der wesentlich stärkere Laugenverbrauch zu rechtfertigen wäre. Man wendet daher auch diese stärkeren Laugen nur dort an, wo mit feuchten Garnen oder feuchten Geweben in die Mercerisierlauge eingegangen wird, wobei durch die mitgebrachte Feuchtigkeit die Lauge verdünnt wird. Die Entlaugung wird im Augenblick der höchsten Spannung der Garne oder Gewebe durchgeführt und muß so vollkommen sein, daß ein nachträgliches Schrumpfen unmöglich ist, da hierdurch der erzielte Glanz stark gemindert werden kann.

Mercerisation von Garnen und die hierzu gebrauchten Maschinen.

Die der Mercerisation zugeführten Garne werden zunächst sorgfältig abgekocht. Man verwendet hierzu die in der Bleiche üblichen Garnkocher (s. d.). Da es außerordentlich wichtig ist, daß die Garne in durchaus gleichmäßigem Zustand in die Mercerisation kommen, müssen sie während des Abkochens gleichmäßig genetzt werden. Deshalb ist die Anwendung eines Netzmittels (wie z. B. Nekal, s. d.) sehr vorteilhaft. Nach Beendigung des unter Zusatz von Soda ausgeführten Kochprozesses werden die Garne sorgfältig gespült und so weitgehend wie möglich ausgeschleudert, da ein Überschuß an Feuchtigkeit zu einem ungleichmäßigen Ausfall der Mercerisation führen kann. Aus demselben Grunde muß auch vermieden werden, die Garne nach dem Ausschleudern längere Zeit zu lagern, um ein teilweises Trocknen der Garnbündel zu verhindern. Garne, bei denen diese Vorsichtsmaßregeln nicht angewendet wurden, geben eine ungleichmäßige Mercerisation, welche nicht so sehr durch einen ungleichen Ausfall des Glanzes bemerkbar wird, als vielmehr durch Fleckenbildung bei der auf den Mercerisationsprozeß folgenden Färbung der Garne.

Die gekochten und ausgeschleuderten Garne werden also in gleichmäßig feuchtem Zustand sofort der Imprägnierung unterworfen. Nach einer heute verlassenen Arbeitsweise hat man die Garne in ungespanntem Zustand mit Natronlauge imprägniert, nach Beseitigung des Laugenüberschusses ausgereckt und in diesem Zustand entlaugt. Die hierbei häufig vorkommenden Fadenbrüche führten dazu, die Ware bereits in gespanntem Zustand mit der Mercerisationslauge zu behandeln und dann zu entlaugen. Die erstere Arbeitsweise, die auch häufig ein ungleiches Spannen der einzelnen Fäden zur Folge hatte, was zu einer Ungleichmäßigkeit der nach der Mercerisation folgenden Färbung führte, wurde auf der von Thomas & Prévost bzw. Wansleben konstruierten und später auch von C. G. Haubold A.-G., Chemnitz i. Sa., gebauten Garnstreckmaschine ausgeführt. Abb. 313 und 314 zeigen je eine Bauart solcher Mercerisiermaschine.

Abb. 313. Automatische Garnmercerisiermaschine von Gerber-Wansleben, Krefeld.

Die in losem Zustande mit Natronlauge imprägnierten Garnbündel wurden den einander genäherten Walzen dieses Apparates aufgelegt und durch Entfernen der oberen Streckwalzen von den entsprechenden unteren Walzen ausgereckt und ausgewaschen. Die obenerwähnten Fehler führten dazu, die Arbeitsweise dahingehend zu verbessern, daß die Garne vor der Imprägnation mit Natronlauge auf dem Streckapparat ausgespannt und unter langsamem Drehen der Walzen in ein mit Natronlauge gefülltes Bassin getaucht wurden. Aber auch dieses führte noch nicht zu der erwünschten Gleichmäßigkeit der Garne, da die stark gestreckten Garnstränge infolge des Schrumpfens der zuerst eingetauchten Teile eine so hohe Spannung bekamen, daß die später benetzten Teile nicht mehr in derselben Weise von der Lauge durchdrungen wurden und sich so heller anfärbten. Diesem Übelstande tragen die neueren Maschineneinrichtungen Rechnung, welche die Garne beim Eintauchen in die Lauge nicht gleich der vollen Spannung unterwerfen, sondern bei anfänglich mäßiger Spannung allmählich durch langsames Auseinanderbewegen der waagerecht angeord-

Abb. 314. Selbsttätig arbeitende hydraulische Garnmercerisiermaschine, Bauart Gh von C. G. Haubold A.-G., Chemnitz.

neten Streckwalzen mittels hydraulischen Drucks während der Imprägnation die höchste Spannung des Garns erzeugen. Hierbei kann durch aufgelegte Gummiquetschwalzen das Eindringen der Lauge in den Faden günstig beeinflußt werden. Wichtig ist, daß die Garnstränge gleichmäßig verteilt auf die Streckwalzen aufgebracht werden, da sonst ungleichmäßige Durchtränkung und auch ungleichmäßige Streckung zu einer fehlerhaften Mercerisation führen können. Auch die Erzeugung der Spannung durch hydraulischen Druck wurde später verlassen, um durch an Hebeln wirkende Gewichte ersetzt zu werden, die so bemessen waren, daß eine zu starke Spannung des Garns verhindert und eine elastische Zugwirkung ausgeübt wurde.

Eine Maschine dieser Art baut die Firma C. G. Haubold A.-G., in welcher 1—4 horizontal wirkende Walzenpaare so angeordnet sind, daß die Arbeitsvorgänge des Auflegens des Garns, des Imprägnierens und Abpressens, des Ausreckens und des Auswaschens sich auf den einzelnen Walzenpaaren nacheinander abspielen, so daß der die Maschine bedienende Arbeiter auch nacheinander die Walzenpaare beschicken kann. Die verschiedenen Arbeitsvorgänge folgen durch die Einrichtung der Maschine automatisch aufeinander. Eine ähnliche automatisch arbeitende Stranggarnmercerisiermaschine wird von der Niederlahnsteiner Maschinenfabrik nach einem Patent von Paul HAHN gebaut. Eine bedeutende Verbeßrung stellt das Revolversystem der Firma Joh. Kleinewefers Söhne, Krefeld, dar, bei welchem die Walzenpaare (6 bis 8 Paar) karussellartig angeordnet sind. Diese Maschine gestattet das Auflegen der Garnbündel auf die um den Revolverkopf im achtfachen Rhythmus herumlaufenden Walzenpaare von einer Stelle, wobei in der ersten Stellung das Garn aufgelegt, in der zweiten gelaugt und gespannt, in der dritten gespült und abgequetscht wird, ferner noch heiß gespült, gesäuert, wieder gewaschen, entspannt und abgehängt werden kann.

Mercerisation von Baumwollstückware.

Entsprechend dem technischen Vorgang, der sich bei der Mercerisation von Baumwollgeweben abspielt, besteht die Stückmercerisiermaschine aus drei Teilen: der Imprägniervorrichtung, der Breitspannmaschine und der Entlaugungsvorrichtung.

Die Imprägniermaschine ist ein Foulard oder eine Klotzmaschine, in welcher die Stückware durch die in einem eisernen Trog befindliche Natronlauge

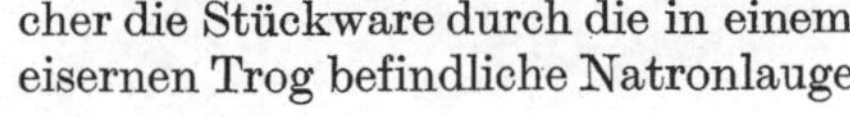

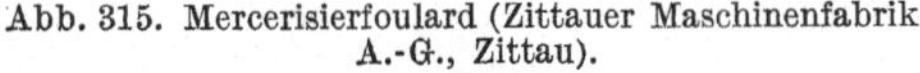

Abb. 315. Mercerisierfoulard (Zittauer Maschinenfabrik A.-G., Zittau).

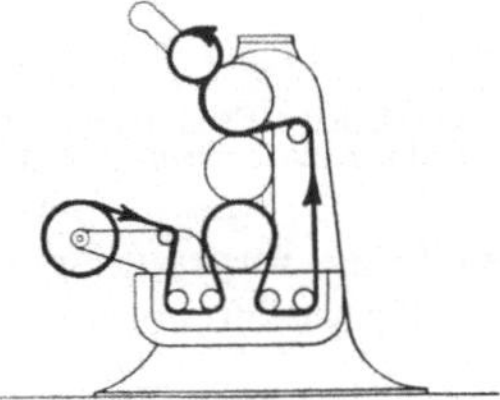

Abb. 316. Schema zum Mercerisierfoulard.

unter Spannung geleitet und zwischen zwei meist unter hydraulischem Druck arbeitenden Quetschwalzen abgequetscht wird. Nach dem Abquetschen kann die Stückware entweder aufgewickelt oder direkt der Breitspannmaschine zugeführt werden. Dieser Imprägnierungsvorgang kann bei Anwendung eines sog. Drei-Walzen-Foulards in einem Arbeitsgang zweimal ausgeführt werden, um ein beßres Durchdringen der Ware mit Natronlauge zu erreichen (s. Abb. 315 u. 316).

Man kann die Ware, um der Lauge ein beßres Eindringen in die Faser zu ermöglichen, mehrere Stunden liegenlassen und dann erst, entweder nach nochmaliger Imprägnierung oder unmittelbar, der Breitspannvorrichtung zuführen.

Abb. 317. Gewebemercerisiermachine mit 2 Imprägnierfoulards, Überführungstrommeln und Streckrahmen (Zittauer Maschinenfabrik A.-G., Zittau).

Bei modernen Maschinen wird der gesamte Arbeitsprozeß des Imprägnierens, Breitspannens und Entlaugens in einer Operation durchgeführt, wobei zweck-

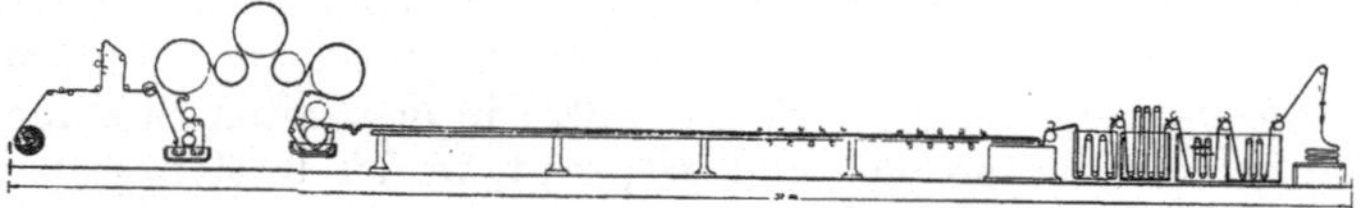

Abb. 318. Schema zur Gewebemercerisiermaschine mit 2 Imprägnierfoulards, Überführungstrommeln und Streckrahmen.

mäßig 2—3 Imprägnierfoulards der Breitspann- und Entlaugungsvorrichtung vorgeschaltet sind und zwischen den Imprägniermaschinen größere Trommeln angebracht sein können, auf welchen der Ware Gelegenheit gegeben werden soll, die Imprägnierungslauge aufzusaugen.

Abb. 319. Gewebemercerisiermaschine (Tauchrahmen) (Zittauer Maschinenfabrik A.-G., Zittau).

Die Breitspannvorrichtung ältesten Systems, welche auch heute noch in größtem Umfang im Gebrauch ist, besteht aus einem Streckrahmen bzw. zwei horizontal laufenden endlosen Kluppenketten (früher waren auch Nadelketten gebräuchlich), welche die imprägnierte Ware an den Leisten erfassen und, indem sie sich im Laufe allmählich voneinander entfernen, die Ware auf die gewünschte Breite

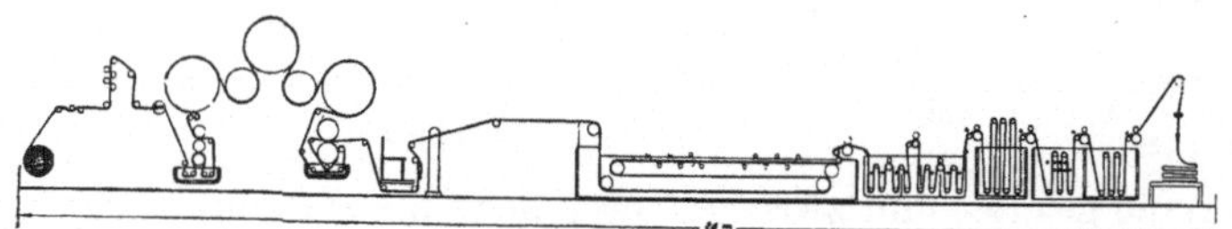

Abb. 320. Schema zur Gewebemercerisiermaschine (Tauchrahmen).

ausrecken (s. Abb. 317 u. 318). Im Zustand der größten Breitspannung erfolgt ein Verdünnen der Imprägnierflüsigkeit entweder durch Aufspritzen von warmem Wasser oder warmer verdünnter Ablauge aus der Entlaugungsmaschine oder aber durch Eintauchen der durch die Kluppen breit gehaltenen Ware in ein Tauchbassin, den sog. „Tauchrahmen" (s. Abb. 319 u. 320). Die Ware soll die Spannkette erst dann verlassen, wenn die Imprägnierungslauge bis ins Innerste der Faser so weit verdünnt ist, daß ein Schrumpfen der Ware beim Verlassen der Kette nicht mehr eintreten kann. Ganz wird dieser Zustand allerdings nie erreicht, da die Zeit, während welcher sich die Ware in der Spannkette befindet, aus Gründen der Produktivität der Mercerisiermaschine nicht ausreicht, um ein vollständiges Eindringen des die Verdünnung bewirkenden Wassers in das Innere der Faser zu gestatten.

Seit einigen Jahren findet der Gebrauch von kettenlosen Mercerisiermaschinen (s. Abb. 321 u. 322) eine immer weitere Ausdehnung. Auf diesen Maschinen wird die Breitspannung der Ware nicht mehr durch Kluppenketten, sondern durch einen Strangöffner oder Rollenausbreiter (s. Abb. 100), z. B. System Mycock, bewirkt. Dieser Rollenausbreiter besteht aus mehreren stark gekrümmten, eigentümlich geformten Walzen, welche die Ware bei ihrem Lauf über diese Walzen über die ganze Breite gleichmäßig in der Weise ausrecken, daß von jeder einzelnen Walze nur ein Teil der zu leistenden Arbeit übernommen wird. Auch hier findet die Aufhebung der Konzentration der Natronlauge durch Aufspritzen von Wasser oder verdünnter Lauge oder durch Eintauchen in ein wassergefülltes Bassin statt. Nachdem die in der Ware befindliche Natronlauge so weit verdünnt ist, daß eine nennenswerte Schrumpfung der Ware beim Verlassen der Breitspannvorrichtung nicht mehr eintritt, wird eine völlige Entlaugung der die Spannkette verlassenden Ware in einem System von Waschmaschinen herbeigeführt.

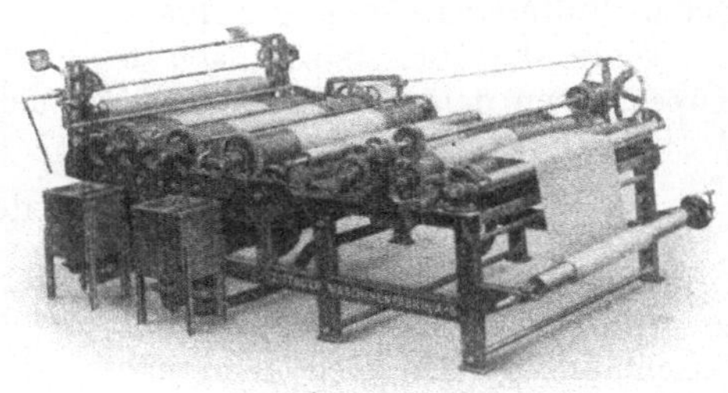

Abb. 321. Kettenlose Mercerisiermaschine (Zittauer Maschinenfabrik A.-G., Zittau).

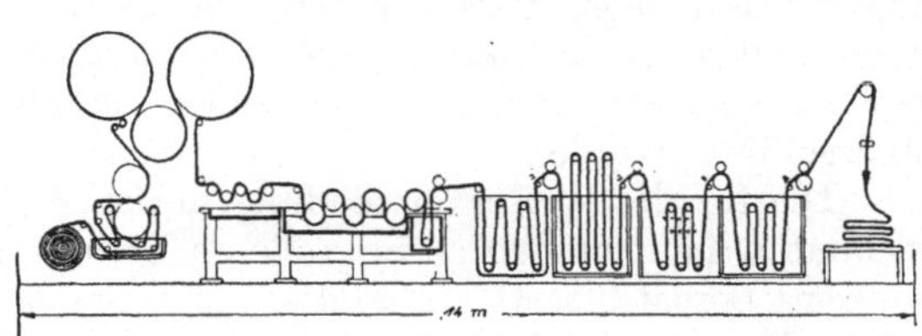

Abb. 322. Schema zur kettenlosen Mercerisiermaschine.

Die gebräuchlichste Art derartiger Waschvorrichtungen ist die Breitwaschmaschine (s. Abb. 166/167), in welcher die Ware durch mehrere Waschkästen geführt wird, in welchen sie im Gegenstromprinzip mit immer wieder erneuertem Waschwasser zusammengebracht und in mehreren hintereinander angeordneten Quetschwerken abgequetscht wird. Zuerst wird möglichst in kochendem Zustande gewaschen und abgequetscht, dann wird kalt gespült, und nachdem unter nochmaligem Abquetschen fast alle Natronlauge aus der Ware herausgewaschen ist, kann sie durch Säuern von den letzten Resten der Natronlauge befreit werden. Die gesäuerte Ware muß, ganz besonders dann, wenn sie unmittelbar nach der Mercerisation getrocknet werden soll, nochmals gut ausgewaschen werden, wobei man durch eine sehr schwache Soda- oder Ammoniaklösung die letzten noch schädlich wirkenden Spuren von Säure in der Ware neutralisieren kann. Eine besonders intensiv wirkende Entlaugungsvorrichtung ist der sog. Mathersche Entlaugungsapparat. Er besteht aus einem geschlossenen Kasten, in welchem die Ware, ähnlich wie in einer Rollenkufe, durch kaskadenartig angeordnete niedrige Breitwaschkästen geführt wird, in welchen das durch Dampfzuleitung zum Sieden erhitzte Waschwasser der durchlaufenden Ware entgegenfließt. Die über die Flüssigkeit herausragenden Gewebebänder werden durch Abstreichwalzen von der überschüssigen Waschflüssigkeit befreit. Da der Waschkasten geschlossen ist, befindet sich oberhalb der Waschflüssigkeit ein Dampfraum, in welchem der auf die Ware einwirkende Dampf die Entlaugung weitgehend befördert.

Dieser Apparat hat den Vorzug, mit außerordentlich wenig Wasser eine sehr weitgehende Entlaugung zu bewirken und eine hochkonzentrierte Ablauge zu liefern (s. Laugenrückgewinnung).

Auch hier wird das Säuern und Spülen in Breitwaschmaschinen mit Quetschwerken durchgeführt.

Bei der Entlaugung ohne den Matherschen Entlaugungsapparat findet man sieben, mitunter sogar auch neun Quetschwerke mit den entsprechenden Waschkästen hintereinander angeordnet.

Ware, die unmittelbar nach der Mercerisation mit direkten, Schwefel- oder Küpenfarben gefärbt werden soll, braucht nicht vollständig entlaugt zu sein.

Rückgewinnung der Natronlauge.

Der im kontinuierlichen Mercerisierbetrieb eintretende starke Verbrauch an Ätznatron (bis ungefähr 1000 kg in einer Achtstundenschicht auf einer Maschine) legt den Gedanken nahe, die großen Mengen anfallender Ablauge wieder zu verwenden. Hierzu ergeben sich drei Möglichkeiten. Einmal kann diese Lauge in der Mercerisation zum Auflösen von Ätznatron wieder verwendet werden, sie kann der Bleiche als Beuchlauge zugeführt werden oder auch in der Färberei als Zusatz zu Färbeflotten verbraucht werden. Man kann sie ferner in der Mercerisation vollständig wieder verwenden, indem sie durch entsprechendes Eindampfen auf die Konzentration der Imprägnierungsflüssigkeit gebracht wird.

Während die Ablauge für Zwecke der Färberei ohne weiteres gebrauchsfähig ist, muß sie für die beiden andern Verwendungsgebiete gereinigt und regeneriert werden, da sie aus der Baumwollware durch Faserteile und auch Schlammrückstände verunreinigt und bei der Berührung mit der atmosphärischen Luft zu einem erheblichen Teil in Natriumcarbonat übergeführt wurde.

Die für die Weiterverwendung in der Bleiche oder in der Mercerisation bestimmten Laugen werden in größeren Bassins gesammelt und dort mit Ätzkalk versetzt (kaustifiziert), wobei die Lauge zweckmäßig auf Siedetemperatur erhitzt wird. Das sich bildende Calciumcarbonat wird entweder absitzen gelassen oder durch geeignete Filtriervorrichtungen aus der Lauge entfernt (Filterpresse, Trommelfilter R. Wolf, Magdeburg, Zellenfilter, Saugtrockner). Durch den Kalkzusatz wird außerdem ein Teil der in der Mercerisationsablauge gelösten Schlichte ausgefällt, doch setzt man zweckmäßig zur beßren Entfernung der Schlichte Bariumhydroxyd der Lauge zu. Die so gereinigte Lauge kann direkt der Bleiche zugeführt und in der Mercerisation zum Auflösen von Ätznatron verwendet werden. Doch wird gewöhnlich nur ein kleiner Teil der Ablauge auf diese Weise Verwendung finden können.

Will man den übrigen Teil der Ablauge ebenfalls verwenden, so ist ein Eindampfen bis auf die in der Mercerisation gebräuchliche Konzentration notwendig (30—36° Bé). Da selbst bei Anwendung hochrationeller Konzentrationsanlagen (Vakuumverdampfer) der Einengungsprozeß sehr kostspielig ist, muß zunächst darauf geachtet werden, daß die Ablauge bereits in einer höheren Konzentration anfällt. Bei Verwendung einer Matherschen Entlaugungsvorrichtung gelingt es, Ablaugenkonzentrationen von ungefähr 10° Bé zu erzielen. Günstig für die Gewinnung hochkonzentrierter Ablaugen wirken die Scottschen Entlaugungsapparate, bei welchen die in der Spannvorrichtung auf die Ware gespritzten Wassermengen vermittels Saugkästen durch die Ware hindurchgesaugt werden und so bei geringem Wasserverbrauch eine gute Entlaugung bewirken.

Einseitige Mercerisation von Geweben.

Ein Verfahren, welches sich die erhöhte Aufnahmefähigkeit mercerisierter Gewebe für Farbstoffe nutzbar macht, ist die einseitige Mercerisation von Baumwollgeweben nach dem Patent TAGLIANI (D.R.P. 107916). Die Lauge wird hierbei auf das trockne Gewebe mittels einer gravierten stählernen Walze (pikotierte Walze) aufgetragen, von der die überschüssige Lauge durch ein hin- und hergehendes Rakelmesser abgestreift worden ist. Durch eine mit Gummi überzogene Preßwalze wird das Gewebe auf die Auftragwalze gedrückt. Um ein Durchdringen der Natronlauge auf die andre Seite des Gewebes zu verhindern, wird die Lauge zweckmäßig mit Dextrin oder Britischgummi verdickt. Die so einseitig imprägnierte Ware wird getrocknet und, wenn notwendig, ausgewaschen. Wird das Gewebe mit Indigo, andern Küpenfarbstoffen oder substantiven Farbstoffen gefärbt, so kann das Auswaschen unterbleiben. Die auf diese Weise behandelten Gewebe färben sich auf der imprägnierten Seite wesentlich dunkler an.

Kräusel- oder Kreppeffekte auf Baumwollwaren durch örtliche Mercerisation.

Die Ware wird zu diesem Zweck mit einer starken Verdickung, meist in Form von Streifen, bedruckt und nach gutem Trocknen durch eine Natronlauge von 30° Bé ohne Spannung passiert, gespült und getrocknet. Der durch die Schrumpfung der nicht reservierten Stellen entstehende Spannungsunterschied im Gewebe führt zu einer Kräuselung, dem sog. Kreppeffekt. Der Reserve können substantive Farben oder Indanthrene mit den entsprechenden Reduktionsmitteln oder auch eine Anilinschwarzfarbe zugefügt werden. Hierbei muß selbstverständlich nach dem Trocknen zur Entwicklung und Fixierung der Farbstoffe gedämpft werden.

Nach einem andern Verfahren wird das Gewebe zur Erzielung dieser Kräusel- oder Kreppeffekte mit einer stark alkalischen Verdickung der Farbstoffe bedruckt, gut getrocknet, zur Fixierung des Farbstoffs gedämpft und ebenfalls ohne Spannung ausgewaschen. Man benutzt auch die Erhöhung des Färbevermögens, indem lediglich alkalische Verdickung aufgedruckt und nach dem Trocknen und Waschen mit substantiven Farben gefärbt wird. Die bedruckten Stellen, die die Farbe stark annehmen, färben sich hierbei dunkler an.

Mercerisation von Ketten.

Vielfach sind Versuche gemacht worden, um Ketten zu mercerisieren. Doch sind die Schwierigkeiten, die sich durch ungleichmäßige Spannung der einzelnen Kettfäden ergeben, das häufige Platzen von Kettfäden, so groß, daß diese Verfahren keine nennenswerte Verbreitung gefunden haben, zumal der Glanz der mercerisierten Ketten viel geringer ist als durch Mercerisation der Kettgarne im Strang.

Die Anordnung der für diesen Zweck fast ausschließlich in England und Amerika gebräuchlichen Maschinen entspricht der einer Breitwaschmaschine, in welcher in zwei hintereinander geschalteten gut abquetschenden Imprägniermaschinen die Kette mit Lauge getränkt und in den darauffolgenden Waschkästen mehrfach gespült, gesäuert und wieder gespült wird.

Naphthol AS-Färberei[1].

(s. a. u. Baumwollfärberei.)

Von W. Christ.

Literatur: s. u. Färberei.

Entwicklung.

Als nach der Erfindung der ersten substantiven Baumwollfarbstoffe die *Azofarben* ihren Siegeszug auch in der Baumwollfärberei hielten, wurden die Anforderungen höher, die man in bezug auf Echtheit zu stellen hatte. Durch eine geeignete Auswahl der Azo- und Diazokomponente konnte man die *Verbesserung* einer Reihe von *Echtheitseigenschaften*, wie z. B. Licht-, Säure- und Alkaliechtheit, erreichen. Es war jedoch nicht möglich, in einfacher Weise die für einen Baumwollfarbstoff wichtigsten Echtheitseigenschaften, die Wasch- und Sodakochechtheit, in ausreichendem Maße zu erlangen. Das Fehlen dieser Echtheitseigenschaften liegt in der Natur der substantiven Azofarbstoffe begründet; die dem Farbstoff die *Löslichkeit* gebende Sulfogruppe setzt dem Widerstand der Färbung gegen Waschen und Kochen engste Grenzen. Versuche, die Löslichkeit des Farbstoffes, nachdem er auf die Faser aufgebracht ist, zu verringern oder aufzuheben, führten zur Entdeckung der *Nachbehandlungsfarbstoffe*, die auch tatsächlich beßre Wasser- und Waschechtheit aufweisen, ohne jedoch kochecht zu sein. Häufig erleiden aber durch die Nachbehandlung die Farbstoffe eine Einbuße in der Lichtechtheit.

Der Gedanke, die schönen leuchtenden Azofarbstoffe mit weit beßren Echtheitseigenschaften für die Baumwolle verwenden zu können, führte daher zu dem Problem, den *Azofarbstoff* als solchen in unlöslicher *Form auf der Faser zu erzeugen*. Die ersten Schritte, die in dieser Richtung unternommen wurden, gehen auf ein im Jahre 1880 R. Holliday erteiltes Patent zurück. Das dort beschriebene Verfahren wurde in der Folgezeit in den deutschen Farbenfabriken wesentlich verbessert und ausgebaut, so daß es sich alsdann rasch in der Praxis einführen konnte. Als Azokomponente kam *Betanaphthol* in Frage, während als Diazokomponenten die damals leicht zugänglichen *Nitraniline* und *Naphthylamine* zur Verfügung standen. Man imprägnierte die Baumwolle mit Betanaphthol, trocknete das imprägnierte Material und brachte es in die Diazolösung einer der obengenannten Basen, wobei sich sofort der Farbstoff bildete. Je nach der Wahl der Base wurden Orange-, Rot- oder Bordeauxfärbungen erhalten, die nach den damaligen Begriffen gute Echtheitseigenschaften aufwiesen. Sie waren wasserecht, waschecht, chlorecht und kamen etwa dem Indigo — damals dem König der Farbstoffe — in der Lichtechtheit gleich (s. u. Baumwollfärberei). Da man bei der Herstellung der Diazolösungen Eis benötigte und der Färbeprozeß in der Kälte vor sich ging, bürgerte sich für die nach diesem Verfahren erzielten Färbungen der Name „*Eisfarben*“ (s. d.) ein.

Die Kombination, welche die größte Bedeutung erlangt hat, ist Betanaphthol-Paranitranilin, kurz *Pararot* (s. d.) genannt,

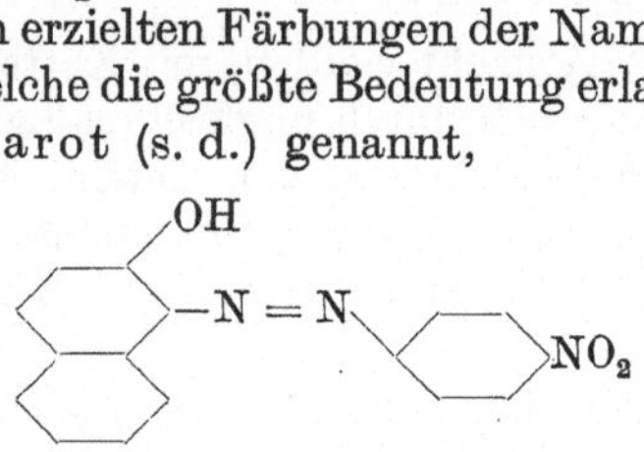

$$OH$$
$$-N=N-\quad NO_2$$

[1] Im Rahmen dieses Aufsatzes soll nicht die eigentliche Technik der Farbgebung näher besprochen werden. Diese ist bereits unter „Färberei der Baumwolle“ geschildert (s. d.). Hier sollen nur in großen Zügen die Anwendungsgebiete, Echtheitseigenschaften, die Apparatur usw. zusammenfassend kurz umrissen werden.

ein roter Farbstoff, der in der Stückfärberei und insbesondere wegen seiner Ätzbarkeit in den Druckereien sich großer Beliebtheit erfreute und heute noch angewandt wird.

Für die Garnfärberei und für die gesamte Apparatfärberei waren die Eisfarben wenig geeignet, da das Verfahren dort auf Schwierigkeiten stieß, die durch die große Empfindlichkeit der Imprägnierung beim Trocknen und durch die Umständlichkeit des Trocknens an sich bedingt sind.

Hier konnte erst Abhilfe geschaffen werden, als es im Jahre 1911 der Chemischen Fabrik Griesheim-Elektron, Werk Offenbach a. M., gelang, in dem Anilid der *Beta-Oxynaphthoësäure*

OH
CO = HN

eine Azokomponente in den Handel zu bringen, die sich von Betanaphthol dadurch wesentlich unterschied, daß sie *substantive Eigenschaften zur Faser besitzt*, wodurch sich zwischen Grundierung und Entwicklung eine *Trocknung erübrigt* und die Entwicklung der noch feuchten Grundierungen möglich wird.

Die neue Azokomponente kam unter dem Namen „*Naphthol AS*" in den Handel. Da Naphthol AS den Grundstein zu einer neuen Klasse der auf der Faser erzeugten Azofarbstoffe gelegt hat, ist dieser Name Gattungsname geworden, und unter *Naphthol AS-Färbungen* versteht man heute ganz allgemein solche Eisfarben, die eine substantive Azokomponente enthalten.

Daß man bei der Ähnlichkeit der Verfahren bei dem Erscheinen von Naphthol AS sich eng an die Vorschriften, nach welchen man die Eisfarben färbte, hielt, lag nahe. Man löste Naphthol AS in der gleichen Weise wie Betanaphthol in Natronlauge und Türkischrotöl und hantierte das Material in dieser alkalischen Lösung. Es zeigte sich jedoch bald, daß das neue Produkt wesentlich andere färberischen Eigenschaften hatte. An Stelle der Zwischentrocknung, die bei Betanaphthol eine Notwendigkeit war, genügt bei den Naphtholgrundierungen eine starke Entwässerung des grundierten Materials durch Schleudern, Abquetschen u. dgl.

Beim Schleudern und insbesondere beim Liegenlassen des imprägnierten Materials vor dem Entwickeln trat eine Erscheinung auf, die den neuen Kombinationen für die Garnfärberei zunächst große Schwierigkeiten bereitete. Es traten streifige Färbungen auf, die auf streifige Grundierungen zurückzuführen waren. Die Ursache dieser Erscheinungen ist folgendermaßen zu erklären. Beim Auflösen von Naphthol AS in Natronlauge bildet sich das Natriumsalz. Dieses Salz ist jedoch nicht sehr stabil, denn bereits aus alkalischen Lösungen fällt das weiß gefärbte Naphthol neben gelb gefärbtem Natriumsalz aus, ein Zeichen dafür, daß das Natriumsalz eine sehr starke Neigung zur Hydrolyse besitzt. Diese Hydrolyse tritt auch auf, wenn das imprägnierte Material längere Zeit liegenbleibt. Das auf der Faser sitzende Natriumsalz zerfällt z. T. in freies Naphthol und in Natronlauge. Das freie Naphthol hat jedoch gegenüber seinem Natriumsalz eine außerordentlich geringe Kupplungsenergie, so daß beim späteren Eintauchen der imprägnierten Garne in die Diazolösung an jenen Stellen, wo das Naphtholat gespalten ist, eine nur mangelhafte Auskupplung stattfindet und dadurch streifige Färbungen entstehen. Es gelang jedoch den Erfindern sehr bald, diese Hydrolyse zu meistern, und ehe das Produkt im Handel erschien, hatte man im *Formaldehyd* ein Reagens gefunden, welches das grundierte Material lager- und luftbeständig machte. Es ist viel über die Einwirkung des Formaldehyds auf Naphthol AS gearbeitet worden. Da sich das Einwirkungsprodukt jedoch nicht für eine Analyse isolieren läßt, ist der Schleier, der über dieser geheimnisvollen

Reaktion liegt, noch nicht gelüftet. So viel läßt sich sagen, daß alle färberischen Erscheinungen darauf deuten, daß es sich um eine monomolekulare Reaktion handelt.

Ebenso wichtig wie der Formaldehyd für die Grundierungsbäder sind die Alkalibindemittel für die Entwicklungsbäder. Unter Alkalibindemittel sind jene Zusätze zu verstehen, die den Diazolösungen zugesetzt werden, um die Natronlauge, die das grundierte Material in das Entwicklungsbad bringt, unschädlich zu machen. Freie Natronlauge wirkt auf fast alle Diazolösungen zerstörend ein, und ohne Alkalibindemittel wäre ein Arbeiten auf laufendem Bad unmöglich. Die Auswahl der Alkalibindemittel hat der Kupplungsenergie der Diazoverbindung Rechnung zu tragen. Bei Diazokörpern mit großer Kupplungsenergie eignen sich schwach lackmussaure Alkalibindemittel, bei Diazoverbindungen, die schlecht kuppeln, sind möglichst neutrale Alkalibindemittel auszuwählen. Die meist gebräuchlichsten Alkalibindemittel sind: Essigsäure, Aluminiumsulfat und Zinksulfat.

Im Laufe der Zeit sind 12 Naphthole der AS-Reihe im Handel erschienen, die sich alle mit Ausnahme von Naphthol AS-G von der Beta-Oxynaphthoësäure ableiten. Diese Naphthole unterscheiden sich untereinander dadurch, daß sie eine verschiedene Löslichkeit und Substantivität besitzen und mit den einzelnen Basen Farbtöne verschiedener Nuance und Echtheit liefern. Die Verschiedenheit der Farbtöne wird jedoch weniger durch das Naphthol — der Azokomponente — als vielmehr durch die Base — der Diazokomponente — bedingt. Die einfachsten Basen liefern Orange- bis Scharlachfärbungen, während im allgemeinen mit steigendem Molekulargewicht der Farbton über Rot, Bordeaux, Blau, Violett nach Schwarz verschoben wird.

Orange	liefert z. B.	m-Chloranilin
Scharlach	,, ,,	2,5-Dichloranilin
Rot	,, ,,	p-chlor-o-nitranilin
Bordeaux	,, ,,	p-nitro-o-anisidin
Granat	,, ,,	Amidoazotoluol
Blau	,, ,,	Dianisidin
Schwarz	,, ,,	Diamidodiphenylamin

Eine Ausnahme machen die Kombinationen mit Naphthol AS-G, die mit fast allen Basen Gelbnuancen in den verschiedensten Abtönungen liefern.

Echtheit.

Da der Farblack in wasserunlöslicher Form auf der Faser erzeugt wird, zeichnen sich fast alle Naphthol AS-Färbungen durch eine vorzügliche Wasser- und Waschechtheit aus. Die Sodakochechtheit der meisten Kombinationen ist hervorragend. Eine Reihe von Färbungen, wie z. B. die Kombinationen:

Naphthol AS-TR-Echtrot TR-Base und
Naphthol AS-SW-Echtrot KB-Base

vertragen ein längeres Kochen im offenen Kessel mit Natronlauge. Neuerdings gibt es sogar eine Rotkombination, und zwar:

Naphthol AS-SW-Echtrot RBE-Base,

die in der Beuchechtheit mit einem Türkisch-Altrot etwa gleichzustellen ist. Durch eine ganz besonders gute Beuchechtheit zeichnen sich alle Gelbfärbungen mit Naphthol AS-G aus. Die Chlorechtheit ist im Durchschnitt als sehr gut zu bezeichnen. Die gute Kochechtheit, verbunden mit guter Chlorechtheit befähigt die Naphthol AS-Farbstoffklasse in ganz hervorragendem Maße für die Zwecke der Buntbleicherei. Gegenüber der Peroxydbleiche sind die Rotkombinationen weniger beständig. Die Gelb-, Blau- und Schwarzfärbungen halten jedoch auch diese Bleichmethode aus. Säuren und Alkalien verändern die Farbtöne nicht oder nur wenig, so daß die Naphthol AS-Färbungen in ihrer Gesamtheit als überfärbe-, mercerisier- und schweißecht zu bezeichnen sind. Bügel- und Kalanderechtheit sind mit Ausnahme einiger Kombinationen vorzüglich.

Die einzelnen Naphthol AS-Kombinationen weisen in ihrer Lichtechtheit größere Unterschiede auf. Die in der Praxis gebräuchlichen Kombinationen bewegen sich in der Lichtechtheitsskala zwischen gut bis sehr gut (5—7), so daß bei richtiger Auswahl der Kombinationen für alle Verwendungsgebiete mit Rücksicht auf die Lichtechtheit der Färbung die Naphthol AS-Farbstoffe herangezogen werden können. Die Lichtechtheit der Naphthol AS-Färbungen wird sowohl von der zugehörigen Base als auch von dem zur Farbstoffbildung verwandten Naphthol bestimmt. Die lichtechteste Rotkombination ist Naphthol AS-RL-Echtrot RL-Base.

Die Reibechtheit der Naphthol AS-Färbungen verdient eine besondere Betrachtung, denn sie wurde beim Erscheinen der ersten Naphthol AS-Produkte bemängelt. Der Farblack, der sich beim Färbeprozeß oberflächlich auf der Faser bildet, geht leicht von der Faser herunter und bedingt eine mehr oder minder große Reibunechtheit. Man muß daher bestrebt bleiben, die Menge unfixierten Farbstoffs auf ein Minimum zu beschränken oder ganz auszuschalten. Durch starkes Entwässern des grundierten Materials gelingt es, das nur mechanisch auf der Faser sitzende Naphthol weitgehendst zu entfernen und so einer Bildung von nur lose auf dem Material fixiertem Farblack vorzubeugen. Da man zur Erzielung einer bestimmten Stärke bei Verwendung der wenig substantiven Naphthole in Bädern mit höherer Naphtholkonzentration grundieren muß als bei Verwendung von stärker substantiven Naphtholen, ist der Anteil Naphthol, der nur mechanisch auf der Faser sitzt, im ersten Fall größer als im letzteren, und es wird nach dem früher Gesagten offensichtlich, daß mit wachsender Substantivität des Naphthols eine bessere Reibechtheit erreicht wird. Die stark substantiven Naphthole AS-SW und AS-BR erlauben sogar eine Zwischenspülung in schwach alkalischen Kochsalzlösungen, wodurch eine weitere Verringerung der unfixierten Naphtholmenge erreicht wird. Um nun in allen Fällen zu einer vollkommenen Reibechtheit zu gelangen, unterwirft man die Färbungen einer Seifennachbehandlung unter möglichst mechanischer Bearbeitung des Materials. Durch die mechanische Behandlung wird der lose auf der Faser liegende Farbstoff vollständig gelockert, in der Seifenflotte emulgiert und abgelöst. Diese Nachbehandlung kann von Hand auf Wannen oder auch auf Maschinen ausgeführt werden. Es sind für die Zwecke der Nachbehandlung alle Maschinen brauchbar, die ein Passieren des Materials durch eine Seifenlösung — möglichst kochend — unter gleichzeitiger mechanischer Bearbeitung zwischen Walzen oder Bürsten zulassen. In der Garnfärberei benutzt man vielfach die bekannten Passiermaschinen oder die Spezialwasch- und Seifmaschine der Firma Tillmann Gerber, in der Stückfärberei den Bürstjigger der Zittauer Maschinenfabrik und alle Breit- und Strangstückwaschmaschinen. In Fällen, wo eine mechanische Nachbehandlung unmittelbar nach dem Färben nicht möglich ist, z. B. beim Färben von Kettbaum, Kreuzspule oder im losen Material führt man zweckmäßig die Nachbehandlung erst nach dem Verweben der Garne aus. Diese Methode hat sich vielfach in der Inlettfabrikation eingebürgert.

Die Nachbehandlung in einer heißen Seifenlösung erfüllt noch einen andern Zweck. Der Farbton erleidet nämlich bei den meisten Kombinationen unter Einwirkung der kochenden Flotte eine merkliche Veränderung; im allgemeinen wird die Färbung klarer blauer. Da nach einer heißen Nachbehandlung eine weitere Verschiebung der Nuance nicht mehr eintritt, wird erst durch sie der richtige Farbton entwickelt. Diese Nuancenveränderung ist mit einer Zusammenlagerung der Farbstoffteilchen im Innern der Faser verbunden, wodurch die Färbung in vielen Fällen eine wesentlich bessere Licht- und Chlorechtheit erhält.

Erschöpfung der Bäder.

Die Affinität der Naphthole zur Faser ist selbst bei den stärker substantiven Produkten nicht so groß, daß man mit einer völligen Erschöpfung eines Bades rechnen kann. Da die Entwicklungsbäder zur Erzielung einer raschen und gleichmäßigen Kupplung stets mit einem großen Überschuß an Diazoverbindung anzusetzen sind, wird auch bei ihnen keine Erschöpfung des Bades erreicht. Um daher wirtschaftlich zu arbeiten, kommt sowohl für die Grundierung als auch für die Entwicklung ein Arbeiten auf laufenden Bädern in Frage. Man grundiert und entwickelt in einem Ansatzbad und benutzt nach Auffrischung mit einer stärkeren Nachsatzlösung das gleiche Bad weiter.

Apparatur und Anwendungsgebiet.

Das Aufziehen des Naphthols erfolgt sehr rasch, ebenso die Auskupplung im Diazobad. Es lassen sich daher die beiden Operationen auf der Terrine ausführen, wobei man zweipfundweise etwa $^1/_2$ Min. grundiert und ebensolange entwickelt. Maschinell wird diese Arbeitsweise auf den Garnpassiermaschinen (s. d.) im großen Maßstab ausgeführt. Natürlich kann man auch auf Wannen grundieren und entwickeln, wobei der Größe der Partie entsprechend die Grundierungs- und Entwicklungsdauer 10—30 Min. betragen kann. Eine sehr vorteilhafte Methode für das Färben von Bündelgarn ist das Grundieren im Packapparat (s. d.) und Entwickeln auf einer Passiermaschine.

Die Naphtholfärbungen werden vor allem auf Baumwolle hergestellt und lassen sich auf allen in der Baumwollfärberei gebräuchlichen Färbeapparaten ausführen. Vorteilhaft sind solche Systeme, die bei kleinem Flottenverhältnis arbeiten, um mit einem möglichst kleinen Ansatzbad auszukommen. Die Löslichkeit der Naphthole und der Diazoverbindung reicht für die kleinsten Flottenverhältnisse aus. Bietet das System noch die Möglichkeit einer gründlichen Entwässerung, dann kann man sagen, daß es für die Zwecke der Naphthol AS-Färberei besonders geeignet ist. Für das Entwässern von Kettbäumen haben sich die in den letzten Jahren von verschiedenen Firmen herausgebrachten Kettbaumschleudern (s. d.) bewährt.

Für die Entwicklung von Kettbäumen steht eine besondre Maschine, der Umbäumapparat der Firma Suckert, Grünberg i. Schlesien, zur Verfügung. Der grundierte und entwässerte Kettbaum wird auf einen zweiten Materialträger umgebäumt, wobei die Kette in voller Breite einen Trog mit Diazolösung passiert.

Auch für das Färben von Kreuzspulen ist eine Spezialmaschine von der Zittauer Maschinenfabrik konstruiert und unter dem Namen „Zittauer Naphthol-Kontinue-Apparat“ bekanntgeworden. Die Kreuzspulen werden bei diesem System auf eine rotierende Walze aufgesteckt, passieren die Entwicklungslösung, werden beim Verlassen der Entwicklungsflotte abgesaugt, abgenommen, und in kontinuierlicher Arbeitsweise werden frische Spulen aufgesteckt. Der Apparat ist im Prinzip die Übertragung der Terrinenfärberei auf das Färben von Kreuzspulen.

Da Grundierung und Entwicklung außerordentlich rasch erfolgen, eignen sich die Naphthol AS-Farbstoffe wie keine andre Farbstoffklasse für das Färben auf Warps-Continue-Maschinen, eine Arbeitsweise, die besonders in England und Nordamerika angetroffen wird. Die Warpsketten durchlaufen 2—3 Kasten im Grundierungsbad, etwa 2 Kasten im Entwicklungsbad und passieren alsdann Spül- und Seifenbäder. Zwischen den einzelnen Kasten und insbesondere vor dem Beginn einer neuen Operation werden die Warpsketten stark gequetscht.

Analog dem Färben von Warpsketten eignen sich die Naphthol AS-Farben in der Stückfärberei für das Arbeiten auf Foulards (s. d.), Paddingmaschinen (s. d.) und Rollenkufen (s. d.). Um in der Stückfärberei von Haus aus reibechte Färbungen zu bekommen, macht man sehr gerne von einer Zwischentrocknung Gebrauch. Die Zwischentrocknung kann in Hotflues (s. d.), auf Zylindertrockentrommeln (s. d.), auf Nadelspannrahmen usw. erfolgen. Es ist dabei darauf zu achten, daß das grundierte Material rasch und möglichst gleichmäßig an allen Stellen des Stücks trocknet. Grundierung, Zwischentrocknung, Entwicklung und Nachbehandlung lassen sich in kontinuierlicher Anordnung von Grundierungsfoulard, Hotflue od. dgl., Entwicklungsfoulard und Breitstückseifmaschine in einem Zuge ausführen. Selbstverständlich können Grundierung und Entwicklung der Naphthol AS-Färbungen auch auf Jiggern (s. d.) ausgeführt werden, wobei man entweder zwischen den beiden Operationen eine Zwischentrocknung einschalten kann oder auch mit dem grundierten Material nach gutem Abquetschen in feuchtem Zustand in das Entwicklungsbad eingeht. Stückware, die nicht in breiter Form gefärbt werden kann, wie z. B. Trikot oder Kunstseidemischgewebe, wird auf der Haspelkufe (s. d.) grundiert und entwickelt. Die Entwässerung nach dem Grundieren erfolgt in diesem Falle mittels Schleudern (s. d.).

Ein großes Anwendungsgebiet haben die Naphthol AS-Färbungen in der Druckerei gefunden. Fast alle Naphthol AS-Kombinationen, mit Ausnahme der Gelbfärbungen aus Naphthol AS-G, sind leicht weiß- und buntätzbar. Neben dem Ätzdruckartikel werden Naphthol AS-Farbstoffe im Basenaufdruck verwandt. Die Möglichkeit, auf allen Naphtholgrundierungen Orange-, Rot-, Granat-, Blau-, Violett- und Schwarzdrucke herzustellen, hat die Erzeugung gewisser Druckmuster wesentlich vereinfacht. Man kann auch in der Weise verfahren, daß man auf der gleichen Naphtholgrundierung Weißeffekte oder Buntdrucke mit Diazolösungen reserviert und am Schluß das ganze Stück ausfärbt. Dieses Verfahren gestattet unter Verwendung von Variaminblau B die Herstellung des bekannten Blau-Weiß-Rot-Artikels in einfacher Weise.

Die Möglichkeiten, die Naphthol AS-Farbstoffe in der Druckerei anzuwenden, sind so groß, daß hier nur ein kurzer Hinweis gegeben werden kann. Es soll aber nicht versäumt werden, die Rapidechtfarben zu erwähnen, die eine Mischung von Naphtholaten mit Nitrosaminen darstellen und die aufgedruckt und nach dem Trocknen und Dämpfen in einem schwach sauren Bade entwickelt werden. Grundierung und Entwicklung der Naphthol AS-Farbstoffe werden bei niederer Temperatur ausgeführt. Sie eignen sich aus diesem Grunde hervorragend für die Wachsbatikerei. In Java, der Heimat der Batikkunst (s. d.), haben daher die Naphthole eine gute Aufnahme gefunden. Sie haben dort mit der Möglichkeit, eine Serie von Farbnuancen für diesen Zweig der Färberei benutzen zu können, ganz neue Moden geschaffen. Der gewachste Sarong wird in Naphthol eingetaucht, abtropfen gelassen, in einer Diazolösung entwickelt und das Wachs nach dem Färben abgekocht.

Kunstseide. In der gleichen Weise, in der Naphthol AS Anwendung für die Baumwolle findet, wird es auch für Kunstseide verwandt. Die Affinität der Naphthole zur Kunstseide ist erheblich größer als zur Baumwolle. Die Färbungen auf Kunstseide zeichnen sich daher durch eine gute Reibechtheit aus. Um in Mischgeweben von Baumwolle und Kunstseide ein möglichst gleichstarkes Anfärben der beiden Fasern zu erreichen, wird die Grundierung etwa bei Kochtemperatur ausgeführt. Die Naphthole sind in ihrem Aufziehvermögen wenig empfindlich gegen Kunstseide verschiedener Reife, so daß mit dieser Farbstoffklasse auf Kunstseidegeweben eine gute Gleichmäßigkeit zu erzielen ist.

Naturseide. Auch Naturseide wird heute dort, wo man wasch- und kochechte Färbungen verlangt, erfolgreich mit Naphthol AS gefärbt. Die Naphthole ziehen sehr gut auf die Seide auf, die Substantivität geht etwa parallel der Substantivität zur Baumwolle. Beim Entwickeln der Seide ist zu bemerken, daß die Seide selbst mit Diazoverbindungen reagiert und eine Gelbfärbung liefert. Dieses Kuppeln zwischen Seide und Diazoverbindung muß möglichst verhindert werden, um den klaren Naphthol AS-Farbstoff zu erhalten. Man erreicht dies, indem man der Diazolösung eine größere Menge Essigsäure zusetzt. Die Naphthol AS-Färbungen auf Seide zeichnen sich durch eine hohe Lichtechtheit, verbunden mit guter Kochechtheit, aus.

Prüfungs- und Untersuchungswesen.

Von P. HEERMANN.

Allgemeine Literatur: (s. a. Spezialliteratur unter Fetten und Ölen, Gerbstoffen usw. sowie technologische Handbücher): BRASS: Praktikum der Färberei und Druckerei. — FORMÁNEK und KNOP: Spektralanalytischer Nachweis künstlicher organischer Farbstoffe. — HEERMANN: Färberei- und textilchemische Untersuchungen. — Mechanisch- und physikalisch-technische Textiluntersuchungen. — HERZFELD: Die Prüfung der Garne und Gewebe. — KRAIS: Werkstoffe. — LUNGE-BERL: Chemisch-technische Untersuchungsmethoden. — MARSCHIK: Moderne Methoden und Instrumente zur Prüfung von Textilprodukten. — Untersuchung von Gespinsten und Geweben. — MASSOT: Appretur- und Schlichteanalyse. — MÖHLAU und BUCHERER: Farbenchemisches Praktikum. — RISTENPART: Die chemischen Hilfsmittel zur Veredlung der Gespinstfasern. — RUGGLI: Praktikum der Färberei und Farbstoffanalyse. — TREADWELL: Lehrbuch der analytischen Chemie. — ULLMANN: Enzyklopädie der technischen Chemie. — ZÄNKER und RETTBERG: Erkennung und Prüfung von Färbungen.

Allgemeines.

Das Prüfungs- und Untersuchungswesen bezweckt letzten Endes die tiefere Kenntnis und damit die Verbeßrung von Werk- und Hilfsstoffen sowie von Fertigfabrikaten und so letzten Endes den Fortschritt in der Herstellung der Fertigerzeugnisse, gekennzeichnet durch Sicherstellung und Hebung ihrer Güteeigenschaften. Man hat zu unterscheiden zwischen der physikalischen bzw. mechanischen Prüfung von Textilrohstoffen, Halb- und Fertigerzeugnissen, d. i. der eigentlichen „Textilprüfung", und der chemischen Prüfung, die man in der Regel mit „Analyse" oder „chemischer Untersuchung" bezeichnet. Der Analyse werden nicht nur chemische Hilfs- und Werkstoffe unterzogen, sondern auch Textilien, sofern die Prüfung auf chemischem Wege erfolgt. Man spricht also von einer Faseranalyse (Bestimmung auf chemischem Wege), von der Seidenerschwerungsanalyse (Bestimmung der Erschwerung auf chemischem Wege) usw., aber von der Garnprüfung oder Gewebeprüfung, wenn man den Versuchskörper physikalisch-mechanisch (z. B. auf Festigkeit, Dehnung usw.) untersucht, und von einer mikroskopischen Untersuchung, wenn man die Untersuchung mit Hilfe des Mikroskopes ausführt. Die Bezeichnung „Untersuchung" ist für alle Gattungen von Prüfungen anwendbar.

Die Textilprüfungen sind mehr genereller Art, d. h. sie werden bei analogen Prüfungen nach gleichen Grundsätzen ausgeführt, z. B. Messungen a) mit dem Meterstab, b) mit Lupe und Millimeterstab, c) mit Mikroskop und Okularmikrometer. Im einzelnen haben sich natürlich Konstruktion und Anordnung der Prüfgeräte dem Versuchsmaterial und der gestellten Aufgabe anzupassen. Die Analysen sind dagegen mehr spezieller Art, d. h. sie sind weniger schematisch, vielmehr für jeden Einzelwerkstoff und jede Aufgabe artmäßig. Aus diesem Grunde konnten die physikalischen Prüfungen im vorliegenden Werk zusammenfassend und generell abgehandelt werden, während die chemischen Untersuchungen bei den einzelnen Werkstoffen erwähnt sind.

Textilprüfungen. Die wichtigsten allgemeinen Textilprüfungen sind außer zahlreichen, hier nicht berücksichtigten Spezialprüfungen und den mikroskopischen Untersuchungen (s. u. Gespinstfasern) folgende: die Konditionierung, die Garnnummerbestimmung, das Messen, das Wägen, die Bestimmung der Drehung, der Gleichmäßigkeit, der Festigkeit und Dehnung, der dynamischen Eigenschaften, der Abreibungsfestigkeit, der Zerplatz- und Berstfestigkeit, der Wasserdichtigkeit, der Luft- und Lichtdurchlässigkeit, des spezifischen Gewichts usw.

Chemische und koloristische Untersuchungen. Hierher fallen u. a.: 1. die Untersuchung von chemischen Hilfsstoffen der Färberei, Bleicherei, Druckerei, Appretur usw. auf a) spezifische Wirkung der Materialgattung (technische Wertigkeit), b) Gehalt des Materials an wirksamen Bestandteilen (Gehaltswertigkeit), c) Reinheit und schädliche Verunreinigungen (Reinheitswertigkeit); 2. die koloristische Untersuchung von Farbstoffen auf a) Gehalt, b) Farbton, c) Einheitlichkeit und Zusätze, d) Farbstoffcharakter, e) Echtheit usw.; 3. die Faseranalyse auf Art und Zusammensetzung der Fasern; 4. die Untersuchung auf Faserschädigungen, Rohstoff- und Ausrüstungsfehler; 5. die Untersuchung auf Herstellungsart des Versuchsmaterials (Art der Färbung, des Drucks, der Bleichung, Appretur, Erschwerung und sonstiger Ausrüstung).

Nachstehend werden die wichtigsten Textilprüfungen in alphabetischer Reihenfolge kurz umrissen.

Abreibungsfestigkeit (Scheuerfestigkeit).

Die Praxis hat gezeigt, daß Tuche mitunter hohe Zugfestigkeit aufweisen, sich beim Tragen aber dennoch sehr ungünstig verhalten, und daß überhaupt die praktische Haltbarkeit der Tuche im Gebrauch nicht immer im Verhältnis zu ihrer Reißfestigkeit (s. u. Festigkeit) steht. Dieser Mangel der dynamometrischen Prüfung gab Veranlassung, auch noch die Prüfung auf Abreibung oder Scheuerung (Abscheuern) auszubilden. Die zu diesem Zweck gebauten Abreibe-, Scheuer- oder Schabmaschinen arbeiteten zunächst mit rotierenden Schmirgelwalzen (holländische Militärverwaltung). Später kamen Schabmesser (HASLER-Apparat, v. KAPFFscher[1] Apparat) zur Anwendung. KERTESS[2] arbeitete mit Carborundumwalzen und unterwarf das Versuchsmaterial einer chemischen Vorbehandlung. Bei dem verbesserten v. KAPFFschen und dem E. MÜLLERschen Scheuerapparat wird Tuch gegen Tuch gerieben und jeder Metallschaber ausgeschaltet[3]. Die Zahl der Umdrehungen wird bei diesen Apparaten durch einen Zähler registriert. Die Reibbelastung kann variiert und die Scheuervorrichtung um 90° gedreht werden. Bei erfolgtem Riß wird das Zählwerk automatisch ausgeschaltet und der Belastungskörper abgehoben. Man prüft entweder bis zum erfolgenden Riß oder unterwirft das Material einer bestimmten Zahl von Scheuerungen, um dann die Zug- oder Berstfestigkeit an der Probe zu ermitteln. Auch kann die Abnützung des Materials bestimmt werden. Diese Verfahren haben bisher nur Vergleichswert erlangt, sich aber als Grundprüfungen nicht eingebürgert. Feste Beziehungen zwischen Reißfestigkeit und Abreibungsfestigkeit haben nicht ermittelt werden können.

Atmosphärische Einflüsse.

Die Atmosphäre kann je nach Lichtstrahlung, Temperatur und Bestandteilen (Wasserdampf, Wasserstoff, Rauchgase, wie schweflige Säure, gewerbliche und Wohnstättengase) auf Farbstoff- und Faserstoffsysteme sehr verschiedenartig

---

[1] KAPFF, v.: Färb. Ztg. **1908**, 49, 69; Chem. Ztg. **1917**, 111.

[2] KERTESS: Färb. Ztg. **1908**, 213; **1909**, 137; **1911**, 117; Ztschr. ang. Ch. **1914**, 501; Chem. Ztg. **1914**, 752.

[3] MÜLLER, E.: Text. Forsch. **1922**, 95. — VOLLPRECHT: Ebenda **1926**, 3.

und verschiedengradig einwirken. Am wichtigsten sind die Wirkungen des Sonnenlichts bzw. Tageslichts und der erhöhten Temperatur.

Sonnenlicht. Das Sonnenspektrum umfaßt die Wellenlängen von 200 bis 4000 Mikromy ($\mu\mu$) oder von 2000—40000 Ångströmeinheiten (1 Ångströmeinheit = 1 ÅE = ein zehnmilliontel Millimeter oder ein zehntausendstel Mikromillimeter (μ) = $10^{-4}\mu$). Hiervon sind nur die Lichtstrahlen der Wellenlängen von 4000—8000 ÅE für das menschliche Auge direkt sichtbar. Die Strahlen unter 4000 ÅE nennt man ultraviolette oder kurzwellige, diejenigen über 8000 ÅE ultrarote oder langwellige Strahlen. Die photochemisch wirksamsten Strahlen, die auch die Zerstörung von Farbstoff und Faser verursachen, sind im allgemeinen die kurzwelligen. Die langwelligen Strahlen spielen zwar im Haushalt der Natur eine wichtige Rolle (z. B. für die Assimilation im Pflanzenwachstum), wirken aber im allgemeinen nicht destruktiv. Der Anteil des Sonnenlichts an ultravioletten Strahlen beträgt im Mittel nur etwa 1% der Gesamtstrahlung; doch hängt dies wesentlich von der Jahreszeit, dem Sonnenstand, der Höhenlage des Beobachtungsorts und den übrigen meteorologischen Verhältnissen ab. Die extrem kurzwelligen Strahlen (2—3000 ÅE) sind z. B. in den Niederungen nur ausnahmsweise im Sonnenlicht vorhanden, da Wasserdampf, Kohlensäure, die Staubteilchen der atmosphärischen Luftschicht usw. die kurzwelligen Strahlen stark absorbieren[1]. Da normales Fensterglas nur Strahlen über 3500 ÅE durchläßt, so ist die photochemische Wirkung des Sonnenlichts unter oder hinter Glas (Schaufenster) geringer als diejenige des direkten Sonnenlichts. Andrerseits nimmt die photochemische Wirkung der Sonnenstrahlen mit zunehmender Wellenlänge im allgemeinen nur stufenweise ab, so daß das Sonnenlicht auch beim Hindurchgehen durch Glas eine bestimmte aktive Wirkung behält.

Künstliche Höhensonne. Da die Sonne je nach den Verhältnissen qualitativ (Anteil an aktiven Strahlen) und quantitativ (Zahl der Sonnenscheinstunden) sehr verschieden strahlt, ist ihre Verwendung für die Versuchstechnik zeitraubend, wenig bequem und nicht vergleichszuverlässig. Nachdem man in den ultravioletten Strahlen der Sonne die zerstörenden Elemente des Sonnenlichts erkannt hat, suchte man für die Versuchstechnik künstliche Lichtquellen heranzuziehen, die von gleichmäßiger Strahlung und reicher an ultravioletten Strahlen waren, um auf diese Weise schneller und zu stets vergleichbaren (kontrollierbaren und reproduzierbaren) Werten zu gelangen. Von der Uviollampe ging man zu dem Quecksilber-Niederdruckdampflicht und von diesem seit 1905 zu dem heute allgemein eingeführten Quecksilber-Hochdruckdampflicht über. Die heutige Quecksilberdampflampe (Quarzlampen-Gesellschaft, Hanau, und W. C. Heraeus, Hanau), auch künstliche Höhensonne genannt, sendet durch glühenden Quecksilberdampf ein Licht aus, dessen Gesamtstrahlung zu etwa 25—30% aus ultravioletten Strahlen besteht, im übrigen aber nur die Breite von 1800—6000 ÅE umfaßt. Wenn nun aber diese Lampe als Experimentierkunstsonne die erwähnten Vorzüge vor der natürlichen Sonne aufweist, so haben auf der andern Seite eingehende Versuche ergeben, daß ihre Wirkung auf Farbstoffsysteme wegen der verschiedenen Strahlenzusammensetzung nicht immer mit derjenigen des natürlichen Sonnenlichts übereinstimmt.

Lichtwirkung auf Farbstoffsysteme

(s. a. u. Echtheit und Echtheitsprüfung).

Das Licht wirkt je nach der Widerstandsfähigkeit der Färbungen (Lichtechtheit) einen mehr oder weniger zerstörenden Einfluß auf die Färbungen bzw.

---

[1] So lag z. B. bei den Messungen von Miethe und Lehmann (Preuß. Akad. Wiss. **1909**, 268) in der Nähe von Assuan (Oberägypten) in reiner staubfreier Atmosphäre das ultraviolette Ende des Sonnenspektrums bei 291 $\mu\mu$. Die Bräunung und Entzündung der Haut hat ihr Optimum bei 297 $\mu\mu$.

Farbstoffsysteme aus, die Färbungen „verschießen“ mehr oder weniger. Während K. GEBHARD[1] die Ansicht vertritt, daß es sich hierbei ausschließlich um Oxydationsvorgänge mit z. T. intermediärer Bildung von Farbstoffsuperoxyden handelt, vertritt HARRISON[2] den Standpunkt, daß auch Reduktionsvorgänge mit im Spiele sein können, z. T. unter Mitwirkung der Faser selbst als Reduktionsmittel. HARRISONS Ansicht dürfte besonders dann zutreffen, wenn reduzierende Bestandteile in der Atmosphäre vorhanden sind und es sich auch um leicht reduzierbare Farbstoffe handelt. Nach neueren Versuchen von SCHARWIN und PAKSCHWER[3] bildet sich bei der Zerstörung von Farbstoffen im Licht auch Kohlensäure. Farbstoffe, wie Anilinschwarz, manche Küpenfärbungen und Berlinerblau, auf der Faser wurden in wasserstoffhaltiger Atmosphäre, teils in reversibler Reaktion, reduziert. In trocknem Stickstoff trat nach den Versuchen der letztgenannten Autoren keine Entfärbung der Muster im Licht ein.

Wie HEERMANN und SOMMER[4] durch eingehende Belichtungsversuche mit künstlicher Höhensonne gezeigt haben, weicht die Wirkung der künstlichen Höhensonne von derjenigen der natürlichen Sonne teilweise ab. Hiermit waren die früheren Feststellungen von WALTHER, GEBHARD, STRAUB u. a. bestätigt. Auch in bezug auf das Fasermaterial sind Unterschiede beobachtet worden, insofern als sich Wollfärbungen vielfach lichtechter erwiesen als Baumwollfärbungen. Einen vollständigen Ersatz für das Sonnenlicht bietet die Quecksilberlampe demnach nicht, wenn letztere auch in den meisten Fällen einen ungefähren Anhalt für die Lichtwiderstandsfähigkeit der Färbungen bieten mag.

Im einzelnen haben HEERMANN und SOMMER nachgewiesen, daß man je nach der Empfindlichkeit der Färbungen für extrem kurzwellige, kurzwellige und längere Lichtstrahlen verschiedene Kategorien von Farbstoffsystemen unterscheiden kann: 1. „mikrotrope“ Systeme (besonders empfindlich für extrem kurzwellige Strahlen), 2. „homotrope“ Systeme (kurzwellige und extrem kurzwellige Strahlen wirken annähernd gleich), 3. „mesotrope“ Systeme (die extrem kurzwelligen scheinen etwas weniger zu wirken als die kurzwelligen), 4. ganz ausnahmsweise kommen Typen vor, die als „makrotrope“ Systeme bezeichnet werden können (längere Lichtstrahlen haben größere Wirkung als kurz- und extrem kurzwellige Strahlen; als einziges Beispiel ist das Auramin ermittelt).

Lichtwirkung auf Faserstoffsysteme.

Die Lichtstrahlen haben nur eine geringe Tiefenwirkung und lösen gewissermaßen nur Oberflächenreaktionen aus. Verteilung und Schichtdicke des Materials spielen bei der Bestrahlung deshalb eine wichtige Rolle. Dieser Umstand erklärt es, daß die von verschiedenen Forschern ausgeführten Untersuchungen Widersprüche aufweisen. Immerhin herrscht u. a. in folgenden Punkten grundsätzliche Übereinstimmung: 1. Die kurzwelligen Strahlen (besonders unter 3500 ÅE) zerstören in kurzer Zeit sämtliche bekannten pflanzlichen und tierischen Faserstoffe. 2. Die Wirkung ist eine spezifische photochemische und nicht auf anwesenden Sauerstoff oder Ozon zurückzuführen. 3. Der Einfluß der Luftfeuchtigkeit sowie etwaiger Schlichte, Appretur usw. im Versuchsmaterial ist von untergeordneter Bedeutung. 4. Die Färbung des Fasermaterials übt oft ausgesprochene Schutzwirkung aus[5]. Wichtig ist noch die von SCHARWIN und PAKSCHWER gemachte Beobachtung[6], daß bei der Bestrahlung von Cellulose-

---

[1] GEBHARD, K.: Chem. Ztg. **1913**, 601, 622, 638, 662, 767 usw.

[2] HARRISON, WM.: J. Soc. Dy & Col. **1912**, 225. — S. a. HALLER: Mell. Text. **1924**, 541.

[3] SCHARWIN und PAKSCHWER: Ztschr. ang. Ch. **1927**, 1008.

[4] HEERMANN und SOMMER: Leipz. Mon. Text. **1925**, 161, 207.

[5] BERGEN, v.: Mell. Text. **1925**, 745. — TURNER, A. J.: J. Soc. Dy & Col. **1920**, 165. — ENTAT, M.: Rev. gén. mat. col. **1920**, 149. — VIGNON, L.: Compt. rend. **1920**, 1322. — WAENTIG, P.: Text. Forsch. **1921**, 15; Ztschr. ang. Ch. **1923**, 357. — HEERMANN und SOMMER: Leipz. Mon. Text. **1925**, 161, 207. — Literaturzusammenstellung: SOMMER: Leipz. Mon. Text. **1927**, 35, 96, 158, 206. — KRAIS: Text. Forsch. **1925**, 57.

[6] SCHARWIN und PAKSCHWER: Ztschr. ang. Ch. **1927**, 1008. — S. a. DITZ: Ebenda **1927**, 1476.

fasern (Baumwolle, Filtrierpapier usw.) neben deutlich nachweisbarer Oxycellulosebildung auch Kohlensäure als Zerfallprodukt auftritt, und zwar bei ungefärbtem Stoff in höherem Grade als bei gefärbtem. KAUFFMANN[1] bezeichnet die durch Licht veränderte Cellulose als „Photocellulose", die durch Erhitzen entstehende Cellulose als „Pyrocellulose". Auch die Quellungserscheinungen von Baumwolle und Flachs in Kupferoxydammoniak sind gegenüber der unbestrahlten Faser abweichende. Bei Bestrahlung von Wolle wurden von verschiedenen Forschern Abbauprodukte des Keratins nachgewiesen (saure Reaktion, Biuretreaktion, BECKEsche Zinnsalzreaktion, Schwarzfärbung mit alkalischer Silberlösung, Gewichtsabnahme, Bruchstücke der Wollsubstanz usw.). Färbungen äußern in der Regel einen nachweisbaren Lichtschutz; gekupferte, mehr noch auf Chromsud hergestellte Färbungen wirken noch erheblich stärker lichtschützend. Das gleiche gilt von mit Gerbstoffen und Blauholzfarbstoffen beladenen Seiden. Hand in Hand mit diesen Reaktionsprodukten gehen auch die mechanischen Güteeigenschaften (Festigkeit, Dehnbarkeit) sämtlicher Fasern durch die Bestrahlung schnell zurück, wobei für die verschiedenen Belichtungsperioden ungleiche Faserzerstörungen ermittelt werden konnten.

Nach TURNER, ENTAT, HEERMANN und SOMMER ist die entbastete und die mineralisch erschwerte Naturseide (edle Seide des Bombyx mori) die lichtempfindlichste Faser. Reine entbastete Seide verlor nach TURNERS Versuchen bei 100tägiger Bewetterung in den Tropen 95 % ihrer ursprünglichen Festigkeit, nach HEERMANN und SOMMER bei zwei- bis zweieinhalbstündiger Bestrahlung mit einer Quecksilberlampe (von 1500 Kerzen bei 16 cm Abstand und 40—45° C) etwa 50 % der ursprünglichen Festigkeit. Nach letzteren Autoren ist mit Blauholz und Gerbstoff beladene Seide (Monopolschwarz) erheblich lichtwiderstandsfähiger. Baumwolle, Flachs und Glanzstoff scheinen am lichtwiderstandsfähigsten zu sein. Dagegen fanden VIGNON und WAENTIG die Wolle am widerstandsfähigsten gegen Licht. KERTESS[2] hat als erster nachgewiesen, daß die feinen Rauhhaare der Wolltuche durch längere Lichteinwirkung zerstört werden, eine Beobachtung, die von HEERMANN und SOMMER[3] bestätigt werden konnte. Nach ENTAT wirkt das Quecksilberdampflicht (bei 13 cm Abstand) etwa 200mal so stark faserzerstörend als das Sonnenlicht; doch ist dies nicht allgemein gültig, da, wie ausgeführt, das Sonnenlicht sehr verschiedene Wirkung äußern kann.

Nachfolgende Tabelle gibt an, welche Zahl a) von Stunden Quecksilberlicht, b) von Sonnenscheinstunden bei der natürlichen Bewetterung erforderlich war, um die ursprüngliche Festigkeit von Fasern bzw. Fasererzeugnissen auf etwa die Hälfte herabzusetzen. Bei a wurden feine Garne (Baumwolle, Kunstseide, Flachs, Seide), Faserbündel (Jute) und Einzelhaare (Wollhaare aus Kammzug) auf Kartons parallel in einer Schicht angeordnet, so daß jedes Fadenstück oder jede Faser der Bestrahlung gleichmäßig ausgesetzt war (HEERMANN und SOMMER). Bei b wurden Gewebe ohne Berücksichtigung ihrer Dicke in der Natur bewettert (SOMMER). Die Widersprüche erklären sich zum Teil aus dieser verschiedenen Versuchsanordnung und der geringen Tiefenwirkung der kurzwelligen Strahlen.

Art der Faser	a) Quecksilberlicht, 1500 Kerzen, 16 cm Abstand. Anzahl der Stunden bis zum 50 proz. Festigkeitsrückgang	b) Natürliche Bewetterung. Anzahl der Sonnenscheinstunden bis zum 50 proz. Festigkeitsrückgang
Baumwolle	9 Std.	940 Std.
Flachs	30 „	990 „
Jute	12 „	400 „
Hanf	—	1100 „
Kunstseide	25 „	900 „
Wolle, roh	12 „	1120 „
„ chromiert	24 „	1900 „
Seide, Organzin, roh	6 „	—
„ entbastet	2 „	unter 200 „

[1] KAUFFMANN: Mell. Text. **1926**, 617.

[2] KERTESS: Ztschr. ang. Ch. **1919**, 168; Chem. Ztg. **1919**, 606; **1926**, 661; Text. Forsch. **1919**, 63; Färb. Ztg. **1920**, 1; Mell. Text. **1926**, 928. — Hierzu s. a. v. KAPFF: Mell. Text. **1923**, 181, 237.

[3] HEERMANN und SOMMER: Leipz. Mon. Text. **1925**, 161, 207.

Nach den Versuchen von KRAIS[1] ist die Wirkung der ultravioletten Strahlen auf Faserstoffe (wie auch bei den Farbstoffen schon ausgeführt) mit derjenigen der Sonnenbelichtung nicht zu identifizieren. KRAIS fand nach 100 „Bleichstunden" (= volle Sonnenscheinstunden, gemessen mit dem Blaupapier) keine merkliche Festigkeitseinbuße bei Wollkammzug, wohl aber in der Bruchdehnung. Indigo- und Chromfärbungen üben nach diesen Versuchen in gleicher Weise erhebliche Schutzwirkung aus.

Auch die Durchlässigkeit von Kleiderstoffen für ultraviolette Strahlung ist vom hygienischen Standpunkt aus verschiedentlich untersucht worden, und zwar sowohl auf chemischem als auch auf biologischem Wege[2]. Hierbei hat sich aber übereinstimmend herausgestellt, daß kein bestimmtes Textilmaterial nennenswert größere Durchlässigkeit zeigt als andres, daß also die Tiefenwirkung (s. a. oben) für U-Strahlen bei allen Textilien an sich fast gleich ist. Sämtliche Forscher sind zu dem Ergebnis gekommen, daß die kleinen Unterschiede in der Durchlässigkeit gegenüber der Struktur der Fasergebilde, vor allem der Porosität, höchstens eine ganz untergeordnete Rolle spielen.

Prüfungen mit Hilfe der Ultraviolettlichtlampe.

In neuerer Zeit hat man auch versucht, die Ultralampe Prüfungszwecken dienstbar zu machen. Man hat beobachtet, daß Gespinstfasern, Färbungen, Öle, Gerbstoffe, Mineralien usw., dann auch besonders verschieden behandelte Textilien, fleckige Stoffe u. a. m. unter der Ultralampe besondre Luminescenz zeigen, die mit der Art des Materials bzw. der Behandlung od. dgl. mehr oder weniger wechselt. Die bisherigen Feststellungen reichen jedoch für eine systematische Untersuchung noch nicht aus und ersetzen nicht die bisherigen (chemischen, mikroskopischen und mechanischen) Prüfungsmethoden, wenngleich stellenweise sehr charakteristische Unterschiede und Merkmale auftreten[3], insbesondre wenn für bestimmte Zwecke geeignete Lichtfilter verwendet werden.

An Stelle der erwähnten Quecksilberdampflampe (s. o.) kann auch die neuere Analysen-Ultra-Lampe „Original Dr. F. W. Müller" verwendet werden. Diese Lampe benutzt als Lichtquelle den Lichtbogen zwischen eisen- und wolframhaltigen Spezialkohlen. Dieser liefert eine Strahlung von ganz außerordentlicher Intensität des Ultravioletts. Das Spektrum ist hierbei, im Gegensatz zu der bekannten Quarzlampe, die ein Linienspektrum mit großen Lücken liefert, ein nahezu kontinuierliches. Die Fluorescenzbreite soll hier also eine erheblich größere sein.

Drehung (Drall, Draht, Torsion).

Die Garne und Zwirne werden entweder mit Rechtsdrehung, -draht, -drall, -torsion oder mit Linksdrehung versehen. Scharfe Drehung nennt man „Hartdraht" (Drosselwater), lose oder weiche Drehung „Weichdraht". Bei a) Rechtsdraht, der in der Spinnerei vorwaltet, laufen die Windungen der dem Beobachter zugewandten Seite des senkrecht gehaltenen Gespinstes von links unten nach rechts oben, also wie beim Korkenzieher und der rechtsläufigen normalen Schraube. Bei b) Linksdraht laufen die Windungen umgekehrt von

---

[1] KRAIS: Text. Forsch. **1925**, 57.

[2] S. z. B. Bureau of Standards, Washington: Techn. News Bull. **1927**; Bureau of Standards J. Res. **1928**, 105. — HIRST, KING und LAMBERT: J. Soc. Dy & Col. **1928**, 109. — MORGAN: Amer. J. Physiol. **1928**, 32. — DOZIER und MORGAN: Ebenda **1928**, 603.

[3] Näheres s. z. B. BELANI: Leipz. Mon. Text. **1928**, 161, 209. — DANCKWORTT: Luminescenzanalyse im filtrierten ultravioletten Licht. — Ferner: GERNGROSS, BÁN und SÁNDOR: Ztschr. ang. Ch. **1926**, 696, 1028 u. a. — CRONER: Ebenda **1926**, 1032. — NOPITSCH: Mell. Text. **1928**, 136, 241, 330. — SIEBER und KASCHE: Ebenda **1928**, 234. — KUMMERER: Ebenda **1928**, 415. — SOMMER: Ebenda **1928**, 753; Leipz. Mon. Text. **1928**, 433, 479. — WELTZIEN: Seide **1928**, 316.

rechts unten nach links oben (s. Abb. 323). Die gleiche Bezeichnung gilt auch für die Zwirndrehung. Rechtsdrähtige Garne werden linksdrähtig, linksdrähtige Garne rechtsdrähtig verzwirnt.

a b

Abb. 323. a = Rechtsdraht, b = Linksdraht.

Grad der Drehung. Den Grad der *D.* drückt man durch die Zahl der Windungen aus, welche der Faden in der Längeneinheit aufweist, und zwar wird sie in der Technik und im Baumwollhandel meist nach englischem Gebrauch auf eine Längeneinheit von 1 Zoll engl. = 25,4 mm, in Untersuchungsämtern vielfach nach dem metrischen System auf je 10 cm angegeben. Die Drahtzahl oder der „Steigungswinkel" richtet sich nach Garnnummer und Bestimmung des Garns. Die Anzahl *D.* pro Zoll engl. für Garn Nr. 1 heißt die „Drehungskonstante" oder der „Drehungskoeffizient" und liegt bei Baumwolle im allgemeinen zwischen 2 und 4 (bei Bastfasern meist zwischen 1,5 und 2,8). Die *D.* (T) berechnet sich bei der englischen Nummer N aus dem Drehungskoeffizienten α pro Zoll engl. nach der Formel: $T = \alpha\sqrt{N}$ oder auf 1 cm: $T = \frac{\alpha}{25,4}\sqrt{N}$, auf 1 m: $T = \frac{\alpha \times 100}{25,4}\sqrt{N}$. Nach JOHANNSEN betragen die Drehungskoeffizienten α für 1 Zoll engl. und für die englische Baumwollnummer etwa:

Bei Ketten- und Zettelgarnen, hart gesponnen (Watertwist) Nr. 50—60 = 4,0
„ „ „ „ (Muletwist) für alle Nummern . . . . . = 3,75
„ Schuß- oder Einschlaggarnen (Wefttwist) für alle Nummern . . . . = 3,25
„ Garnen für Strickerei und Zwirnerei . . . . = 2,75
„ Strumpf- und Trikotgarnen (bis Nr. 100) . . . . = 2,5
„ Docht- und weichen Abfallgarnen, äußerst weich gesponnen . . . . = 2,0

Diese Werte für α deuten auch an, in welchem Verhältnis die Güte der Festigkeit (soweit vom Drall abhängig) bei verschiedenen Gespinsten steht. Man bezeichnet deshalb den Drehungskoeffizienten α nach JOHANNSEN auch als „Güteverhältnis". Bei verschiedenen Nummern verhalten sich die *D.* zweier Garne wie die Quadratwurzeln ihrer Nummern. Hat z. B. Garn Nr. 36 auf 1 Zoll engl. 24 *D.*, so sind für Garn Nr. 100 etwa 40 *D.* anzunehmen ($24 : x = \sqrt{36} : \sqrt{100}$; $x = 40$). Die *D.* des Gespinstes erhöht bis zu einem bestimmten Grenzpunkt die Festigkeit, vom „kritischen Drehungsgrade" ab beginnt die Festigkeit wieder abzunehmen.

Bestimmung des Drehungsgrades. Man bedient sich hierzu meist des Drehungsprüfers, Drallapparates oder Torsiometers. Abb. 324 zeigt einen eingeführten Drallapparat von L. SCHOPPER. Die linke, nicht drehbare Klemme ist auf einem Schlitten angebracht und kann von der unverschiebbaren, aber durch Kurbel drehbaren rechten Klemme in Entfernungen von 0—30 cm eingestellt werden. Man stellt das Zählwerk auf Null ein, befestigt den Faden in der rechten Klemme, legt das andre Ende lose in die linke, offene

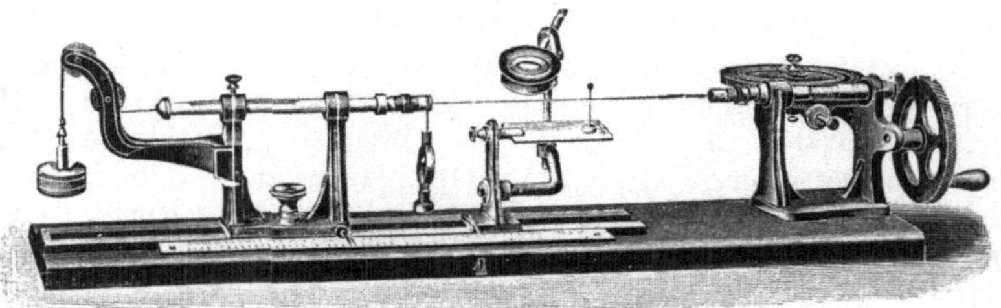

Abb. 324. Drehungsprüfer mit Dehnungsmesser und konstanter Fadenspannung (Louis Schopper, Leipzig).

Klemme ein, belastet das aus der linken Klemme heraushängende Fadenende mit einem Gewicht (entsprechend dem Gewicht von 100 m des Versuchsfadens) und schließt nun die linke Klemme. Durch Drehung der Kurbel wird nun der Faden so lange aufgedreht, bis die Fasern annähernd parallel liegen. Dann sticht man mit einer Nadel unmittelbar an der linken Klemme in das Gespinst ein und sucht es, nach rechtshin fahrend (wenn nötig unter der Beobachtung mit der Lupe) und unter Fortsetzung des Aufdrehens, aufzuteilen. Ist man so an der rechten Klemme angelangt und der Faden in seiner ganzen Länge aufgedreht, so liest man am Zeiger die Anzahl *D.* ab. Man führt 10—20 Einzelversuche aus, bildet das Mittel und berechnet den Drall auf 1 Zoll engl., 1 m od. ä.

Festigkeit und Dehnung.

Literatur: Bach: Elastizitäts- und Festigkeitslehre. — Krais und Wiedmann: Handbuch der Werkkräfte, Bd. 3. Elastizität und Festigkeit von Ernst König. — Martens-Heyn: Handbuch der Materialienkunde. — S. a. u. Prüfungs- und Untersuchungswesen.

In der Textilprüfung spielt die Bruch-, Reiß-, Zerreiß- oder Zugfestigkeit (auch Bruch-, Reißbelastung genannt) unter sonstigen Arten von Festigkeit die Hauptrolle. Spricht man von „Festigkeit" schlechtweg, so ist immer die Bruchfestigkeit gemeint. Man versteht darunter allgemein den Widerstand oder die Kraft, die sich der Trennung der einzelnen Teile eines Versuchsmaterials beim Auseinanderziehen oder -reißen entgegensetzt. Gegenüber dieser Bruch- oder Reißfestigkeit sind Biege-, Drehungs- oder Torsions-, Einreiß-, Falz- oder Knitterungs-, Haft-, Durchdrück-, Zerplatz- oder Berstfestigkeit usw. bei der Beurteilung von Textilerzeugnissen im allgemeinen von untergeordneter Bedeutung. Außer der Bruchfestigkeit eines Materials schlechtweg kennt man auch noch die Substanz- oder Materialfestigkeit. Unter der Festigkeit schlechtweg versteht man die Festigkeit des Probematerials in seinem jeweiligen Fertigungszustand (z. B. als Faser, als Garn, als Gewebe usw.); unter Substanzfestigkeit versteht man dagegen die aus der Festigkeit der Einzelelemente errechnete theoretische Festigkeit (z. B. Summe der Einzelfestigkeiten der Fasern im Garn, der Garne im Zwirn, der Garne oder Zwirne im Gewebe usw.). Wird nur von Festigkeit gesprochen, so versteht man darunter immer die praktische Festigkeit des Versuchsmaterials in seinem jeweiligen Fertigungszustande.

Maß der Festigkeit. Als Maß der Festigkeit gilt meist die in Gewichten ausgedrückte Kraft oder Zugbeanspruchung, unter deren Einwirkung ein Körper zerreißt oder bricht. Im Grundsatz erfolgt ihre Feststellung derart, daß das Versuchsmaterial an einem Ende in geeigneter Weise durch Festklemmen oder Festbinden gehalten und am andern Ende so lange durch Gewichtsbelastung (oder Federzug) beansprucht wird, bis der Bruch erfolgt. Diese absolute Festigkeit wird in Grammen oder in einer andern Gewichtseinheit (Kilogrammen od. a.) angegeben. Eine andre Ausdrucksform für die Festigkeit ist die Reißlänge. Man versteht unter Reißlänge diejenige Länge eines Probestücks, unter deren Zuglast der Körper zerreißt oder bricht. Die Reißlänge ist also vom Querschnitt unabhängig, wohl aber bis zu einem gewissen Grad von der Fertigung (Drall usw.), und wird in Metern oder Kilometern angegeben. Die Reißlängen einiger Materialien betragen z. B. bei Bleidraht = 2 km, Schmiedeeisen = 5,5, Gußstahldraht = 13—15, Baumwolle = 23, Leinen = 24, Jute = 20, Hanf = 30, Chinagras = 20, Pflanzenseide = 24,5, Kokosfaser = 18, Manilahanf = 32, Schafwolle = 8—9, Seide (roh) = 30—35, Kunstseide = 8—10 km. Doch schwanken diese in der Literatur angegebenen Werte oft sehr erheblich je nach Art der Fertigung, der Güte des Materials usw., so daß sie nur als Annäherungswerte betrachtet werden können.

Ableitung des Wertes für die Reißlänge. Zur Berechnung der Reißlänge ist die Kenntnis der Festigkeit und des Einheitsgewichts (des Metergrammgewichts, der grammetrischen Nummer bei Garnen od. ä.) erforderlich, und zwar entspricht die Reißlänge in Kilometern (R) = dem Produkt von grammetrischer Nummer (N) und Bruchfestigkeit in Kilogrammen (P), also $R = N \times P$. Oder die Reißlänge in Metern (R_{m}) entspricht dem Quotienten aus Bruchfestigkeit in Grammen (P_{g}) und Metergrammgewicht (G_{m}): $R_{\mathrm{m}} = \frac{P_{\mathrm{g}}}{G_{\mathrm{m}}}$.

Spezifische Festigkeit. Eine dritte Ausdrucksform für die Festigkeit eines Materials ist die spezifische Festigkeit (σ), d. i. die Festigkeit in Kilogrammen auf 1 mm² Durchmesser (kg/mm²). Die spezifische Festigkeit steht mit der

Reißlänge in Kilometern in enger Beziehung und entspricht dem Produkt von Reißlänge in Kilometern und spezifischem Gewicht des Materials (s):

$$\text{spezifische Festigkeit } \sigma = R_{\text{km}} \times s.$$

Maß der Dehnung. Als Maß der Dehnung oder Dehnbarkeit (Bruchdehnung) gilt die in Prozenten der Anfangslänge des Versuchskörpers ausgedrückte, bei Zugbeanspruchung bis zum Bruch eintretende Längung des Versuchskörpers. Wird ein Faden von 50 cm Länge bis zum eintretenden Bruch belastet und erreicht er beim Bruch eine Länge von 55 cm, so hat er sich bis zum Bruch um 5 cm gedehnt, die Dehnung beträgt also 10%. Dieser Wert gibt bis zu einem gewissen Grade die Zähigkeit des Materials wieder und ist praktisch von größter Wichtigkeit.

Abb. 325. Festigkeitsprüfer, Bauart Schopper.

Elastizität oder elastische Dehnung. Außer der Bruchdehnung ist auch noch die elastische Dehnung (Elastizität) eines Materials von Wichtigkeit. Als Maß dieser elastischen Dehnung gilt das nach voraufgegangener Belastung (bis nahe zum Bruch) in Prozenten der Anfangslänge ausgedrückte, bei Entlastung des Versuchskörpers stattfindende Sichwiederzusammenziehen des Materials. Wird ein Faden bei Zugbeanspruchung (bis nahe zum Bruch) um 10% gedehnt und zieht er sich nach der Entlastung wieder um 5% zusammen, so zeigt er eine elastische Dehnung von 5% und eine bleibende Dehnung von 5%. Elastische Dehnung + bleibende Dehnung = Gesamtdehnung.

Auf die aus Festigkeit, Dehnung, Elastizität und Kraftdehnungslinie abgeleiteten dynamischen Begriffe, wie Zerreißarbeit, Zähigkeit, Elastizitätsgrenze, Zerreißdiagramm, Arbeitsdiagramm, Elastizitätsdiagramm, Arbeitsmodul usw. kann hier nicht näher eingegangen werden.

Festigkeitsprüfer oder Dynamometer. Man unterscheidet Apparate mit Feder- und mit Hebelbelastung (Gewichtsbelastung). Letztere, besonders die automatischen Apparate, sind die vollkommeneren. Sie werden mit Wasserantrieb, elektrischem Antrieb, Hand- und Schwerkraftantrieb usw. gebaut. Der Kraftbetrieb der Maschinen soll der Bruchlast des Versuchsmaterials angemessen sein. Neben den Apparaten von Amsler & Co., Baer & Co., Goodbrand & Co., Guggenheim, Keil, Kohler, Krais (Einzelfaserprüfmaschine), Leuner, Tarnogrocki usw. und neben den gewöhnlichen Serimetern (Seidenprüfern) haben sich in Deutschland für Präzisionsmessungen besonders die Universalprüfmaschinen von L. Schopper, Leipzig, am besten eingeführt.

Schoppers Festigkeitsprüfer (s. Abb. 325). Diese werden in verschiedenen Größen hergestellt, damit die schwächsten Einzelfasern wie auch die stärksten Gewebe geprüft werden können. Die hauptsächlichsten Teile sind: Der Kraft- und Dehnungsmesser, der Antrieb und das verbindende Gestell. Als Kraftmesser wird überall die Neigungswaage verwendet. Sie hat den Vorzug, einfach und übersichtlich zu sein und ermöglicht eine sehr genaue Kraftmessung. Die Neigungswaage besteht aus einem Gewichtshebel, der in Kugellagern spielt und oben ein Segment trägt. Mit dem Gewichtshebelkopf ist durch eine Kette, die auf dem Segment aufliegt, die obere Einspannklemme verbunden. Je nach Größe der Zugkraft, die auf den Probekörper ausgeübt und durch die Einspannvorrichtung übertragen wird, erfährt der

Krafthebel eine Ablenkung aus seiner senkrechten Lage. Die Größe des Ausschlages und damit die Größe der Zugkraft kann auf einer Bogenskala abgelesen werden. Um möglichst genaue Messungen durchführen zu können, sind die Schopper-Festigkeitsprüfer im allgemeinen mit zwei Kraftmeßbereichen ausgestattet, wobei der gewöhnlich fünffach größere Meßbereich durch Anstecken eines Zusatzgewichtes eingestellt werden kann. Damit bei plötzlichem Bruch der Krafthebel nicht zurückschlägt, ist ein Zahnbogen vorgesehen, in dem Sperrklinken, die am Krafthebel befestigt sind, eingreifen. Es ist damit gleichzeitig der Vorteil verbunden, daß die erreichte Höchstzugkraft nach dem Bruch des Probekörpers noch abgelesen werden kann.

Die Dehnung wird in der Weise bestimmt, daß die Änderung der Einspannklemmen während des Versuchs gemessen wird. Die Einspannlänge kann dabei, je nach der Apparattype, zwischen 0 und 1000 mm beliebig gewählt werden. Die Größe der Dehnung wird entweder auf einem Lineal durch einen Nonius oder auf einer Bogenskala durch einen Zeiger angezeigt. Sobald die Probe bricht, wird die Dehnungsmeßvorrichtung automatisch ausgekuppelt, so daß falsche Messungen nicht möglich sind, auch wenn der Antrieb weitergeht.

Zum Aufzeichnen der Kräfte und Dehnungen werden die Schopper-Festigkeitsprüfer, die einen größeren Meßbereich als 500 g haben, auf Wunsch mit einem Schaulinienzeichner ausgestattet.

Der Antrieb erfolgt entweder durch Handrad, mechanisch durch Transmission oder durch Elektromotor. Es kann aber auch Druckwasser dazu verwendet werden, oder bei kleineren Apparaten die Schwerkraft ausgenutzt werden. Sobald die untere Einspannklemme ihre obere oder untere Endstellung erreicht hat, wird der Antrieb durch eine besondre Vorrichtung selbsttätig ausgeschaltet. Das Gestell ist bei allen diesen Typen sehr kräftig ausgeführt, so daß Schwingungen nicht auftreten können und ein genaues Arbeiten gewährleistet ist.

Allgemeines über Festigkeitsprüfungen. Je nach Gleichmäßigkeit (s. d.) des Materials ist eine geringere oder größere Zahl von Einzelversuchen auszuführen und das Mittel aus den Einzelwerten zu berechnen. Die Einspannlänge ist variabel; bei Garnen wählt man mit Vorliebe eine solche von 50 cm. Die Zerreißgeschwindigkeit ist in mäßigen Grenzen und stets gleichmäßig zu halten. Große Beachtung ist der jeweiligen Luftfeuchtigkeit (s. d.) zu schenken, da die Textilien in ihren Eigenschaften durch diese stark beeinflußt werden. Man arbeitet meist bei 60—65% relativer Feuchtigkeit und läßt das Versuchsmaterial mehrere Stunden bis 24 Std. bei dieser Luftfeuchtigkeit ausgebreitet liegen.

Garnnummerbestimmung.

Die Bestimmung der Garnnummer erfolgt durch Wägung einer bestimmten Länge und Berechnung oder (bei Garnsortierwaagen, s. w. u.) durch direkte Ablesung. Stehen nur geringe Fadenlängen zur Verfügung, so werden diese von Hand gemessen, indem die Fäden vorsichtig gerade gelegt und ohne Überspannung gemessen (s. u. Messen) werden. Stehen größere Mengen von Gespinsten zur Verfügung, so bedient man sich zur Feststellung der Längen besondrer mechanischer Apparate, der Weifen oder Haspel. Hierbei mißt man entweder eine bestimmte Länge und wägt diese, oder man mißt so lange, bis ein bestimmtes Gewicht erfüllt ist. Das einfachste und in der Praxis meistgehandhabte Verfahren, zu „sortieren“ oder zu „titrieren“, ist das erstere, indem man eine stets gleiche Fadenlänge (z. B. 100, 250, 500 m oder Yards, bei Seide 450 m oder ein Mehrfaches davon) abhaspelt und auf einer die Garnnummer bzw. den Titer (bei Seide) sofort anzeigenden Waage (Garnsortierwaage) (s. Abb. 326) wägt. Um einen guten Durchschnittswert zu erhalten (s. Gleichmäßigkeit), mißt man grundsätzlich eine möglichst große Fadenlänge ab. Zur Ausschaltung individueller Fehler benutzt man zum Abmessen gern die sog. Präzisionsweifen mit selbständigen Fadenspannvorrichtungen (s. Abb. 327).

Weifen, Haspel oder Winden sind sechs- oder achtarmige Kronen von verschiedenem Umfange (s. w. u.). Der Faden wird vom Strähn aus unter mäßiger Spannung nach der Krone geleitet und hier befestigt. Durch eine Kurbel wird die Weife in Drehungen versetzt, und diese werden durch ein Zählwerk mit Zifferblatt registriert. Nach einer bestimmten Zahl von Umdrehungen (z. B. 50 oder 100 m oder 80 Yards = 1 Gebinde) wird durch das Zählwerk eine Glocke zum Ertönen gebracht.

Garnsortierwaagen (Sektor-, Quadrantenwaagen) zeigen beim Anhängen der abgemessenen Fadenlänge die Garnnummer unmittelbar an; ohne daß man erst eine Wägung mit Hilfe von Waage und Gewichtssätzen und eine Umrechnung vorzunehmen braucht. Sie haben eine für die meisten Zwecke ausreichende Genauigkeit und sind in der Praxis allgemein eingeführt. Statt der Wägeschale, wie bei gewöhnlichen Balkenwaagen, haben sie zur Aufnahme des Garnes einen Haken und statt der Gewichtsschale ein mit dem Zeigerhebel starr verbundenes Gegengewicht. Durch Belastung des Garnhakens schlägt der Zeiger

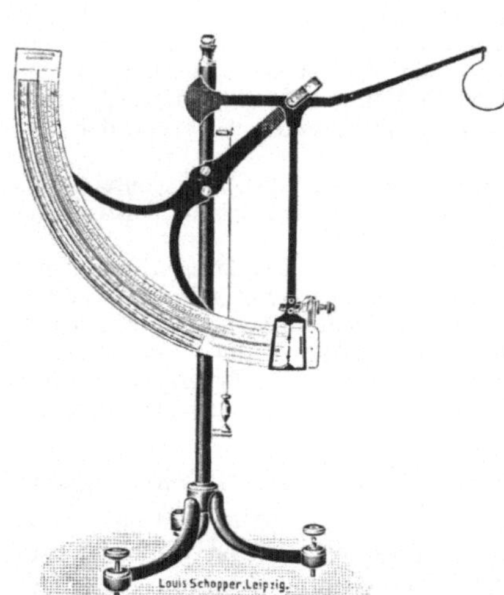

Abb. 326. Universal-Garn-Sortierwaage (L. Schopper, Leipzig).

Abb. 327. Präzisionsweife (L. Schopper, Leipzig).

aus und zeigt das Gewicht bzw. die statt des Gewichtes auf der Skala verzeichnete, entsprechende Garnnummer unmittelbar an. Die Genauigkeit der Waage ist von der Größe des Gradbogens und vom Meßbereich (Nummernumfang) abhängig; deshalb richtet man die Waagen für eine bestimmte Gruppe von Garnnummern ein und verwendet verschiedene Spezialwaagen. Auch sind die Waagen mit verschiedenen Skalen gebaut, so daß gleichzeitig verschiedene Nummersysteme angezeigt werden

Garnnummersysteme.

Die Nummer, der Feinheitsgrad und (bei Seiden) der Titer der Garne werden nach verschiedenen Systemen zum Ausdruck gebracht. Man unterscheidet zwei Grundsysteme: a) die Längennumerierung, bei der die Anzahl bestimmter Längeneinheiten angegeben wird, die auf eine Gewichtseinheit gehen (z. B. Anzahl Meter auf 1 g), und b) die Gewichtsnumerierung, bei der die Anzahl bestimmter Gewichtseinheiten angegeben wird, die auf eine Längeneinheit gehen (z. B. Anzahl Gramm auf 9000 m). Bei a wird demnach die niedrigere Nummer dem gröberen, bei b die niedrigere Nummer dem feineren Gespinst entsprechen und umgekehrt. Je nach den zugrundegelegten Maß- und Gewichtseinheiten ergibt sich eine ganze Reihe von besondren Numerierungssystemen, die recht zahlreich und wenig einheitlich sind und je nach Material (Faserart) und Ortsübung sehr verschieden gehandhabt werden. Auch die Aufmachung und die Haspelumfänge (Weifen) der Strähngarne sind sehr verschieden und richten sich nach Material und Ortsbrauch.

Nachfolgend werden nur die wichtigsten Numerierungssysteme sowie Haspel- und Weifensysteme tabellenförmig wiedergegeben.

A. Längennumerierungssysteme.

Angewandt für	Bezeichnung	Längeneinheit	Gewichtseinheit
Baumwollgarn, Leinengarn, Ramiegarn, Vigogne- oder Imitatgarn, Kammgarn, Streichgarn, Kunstwollgarn, Schappegarn	metrische Nr. oder grammmetrische Nr.	{ 1000 m / 1 m	{ 1000 g / 1 g
		Die Anzahl Meter Garn, die auf 1 g geht, gibt die metrische Nr. an. Wiegen z. B. 1000 m = 20 g, so ist die metr. Nr. = 50.	
Baumwollgarn	engl. Nr.	840 Yd. (= 768 m)	1 engl. Pfd. (= 453,59 g)
	franz. Nr. (oder halbgrammmetrische Nr.)	1000 m	500 g
Leinengarn	engl., franz., irische, auch deutsche Nr.	300 Yd. (= 274,32 m)	1 engl. Pfd.
Jutegarn, Ramiegarn, Eisengarn	engl. Nr.	300 Yd. (= 274,32 m)	1 engl. Pfd.
Kammgarn, weiches und hartes, Cheviotgarn, Weft, Mohair, Alpaka	versch. engl. Nrn.	meist: 560 Yd. (= 512 m)	1 engl. Pfd.
Streichgarn	engl. Nr.	560 Yd. (= 512 m)	1 engl. Pfd.
	sächs. Nr.	800 sächs. Ellen (= 453 m)	500 g
	deutsche oder preuß. Nr.	550 Berliner Ellen (= 366,85 m)	500 g
	Berliner Nr.	2240 Berliner Ellen (= 1494 m)	500 g
	Sedaner Nr.	1256 Pariser Ellen oder aunes (= 1492 m)	500 g
	Elboefer Nr.	3000 Pariser Ellen oder aunes (= 3600 m)	500 g
Kunstwollgarn	sächs. Nr.	760 sächs. Ellen (= 430 m)	500 g
Vigogne- oder Imitatgarn	sächs. Nr.	740 sächs. Ellen (= 420 m)	500 g
Glanzgarnzwirne	2fach engl. Nr.	420 Yd. (= 384 m)	1 engl. Pfd.

B. Gewichtsnumerierungssysteme.

Angewandt für	Bezeichnung	Längeneinheit	Gewichtseinheit
Gehaspelte Naturseide (echte und wilde Seide), Kunstseide	legaler oder internationaler Titer, Deniertiter	{ 450 m / 9000 m	{ 1 Denier (= 0,05 g) / oder 1 g
		Das Grammgewicht von 9000 m Garn gibt den Titer an. Wiegen z. B. 9000 m Garn = 20 g, so hat das Garn den Titer 20 den.	
Jutegarn	schottische oder Belfaster Nr.	14400 Yd.	1 engl. Pfd.
		Das Gewicht von 14400 Yards in engl. Pfd. gibt die schottische oder Belfaster Nr. an.	

Gleichmäßigkeit (Gleichförmigkeit).

Man beobachtet bei Festigkeitsbestimmungen (s. d.) unter den Einzelwerten immer geringere oder größere Abweichungen. Je geringer diese Abweichungen der Zahl und dem Grade nach sind, desto größer ist die „Gleichmäßigkeit“ des Versuchsmaterials. Der Grad derselben kann in verschiedener Weise zahlenmäßig zum Ausdruck gelangen.

C. Haspel- oder Weifensysteme.

Art des Garnes	Haspelumfang oder Weife
Baumwollgarn	verschieden, z. B. 1; 1,25; 1,43 m; 1,5 Yd. (= 1,37 m).
Leinengarn, Hanfgarn .	„ „ „ 2,5 m; 2,5 Yd. (= 2,286 m); 3 Wiener Ellen (= 2,33 m).
Jutegarn	2,5 Yd. (= 2,286 m).
Ramiegarn, Eisengarn, Glanzgarnzwirn . .	1,5 Yd. (= 1,37 m).
Kammgarn	verschieden, z. B. 1,44 m; 1,428 m; 1 Yd. (= 0,9144 m); 1,5 Yd. (= 1,37 m); 2 Yd. (= 1,8288 m) u. a. m.
Streichgarn	„ „ „ 1,5 m; 1,6675 m; 1 Yd. (= 0,9144 m); 1,5 Yd. (= 1,37 m).
Kunstwollgarn	„ „ „ 1,343 m; 1,5 Yd. (= 1,37 m).
Seide, Kunstseide . . .	„ „ „ 1,125 m; 1,5 m.
Schappegarn, Florette-, Bourettegarn . . .	z. B. 1,25 m; 1,37 m.

1. Früher wurde die Gleichmäßigkeit allgemein durch das Verhältnis des Untermittels zum Gesamtmittel ausgedrückt:

$$\text{Gleichmäßigkeit} = \frac{\text{Untermittel}}{\text{Gesamtmittel}} \times 100 .$$

Dabei versteht man unter Untermittel den Mittelwert der erhaltenen Einzelwerte, die unter dem Gesamtmittel liegen. Beträgt der Gesamtmittelwert z. B. = 4,917 und das Untermittel = 4,536, so wäre der Gleichmäßigkeitsgrad $= \frac{4,536}{74,91} \times 100$ = 92,25. Die Komplementäre zu 100, in diesem Falle also 7,75, würde dann als Ungleichmäßigkeit zu bezeichnen sein.

2. In neuerer Zeit wird die Ungleichmäßigkeit, technologisch richtiger, als mittlere Abweichung des Einzelversuches vom Gesamtmittel in Prozenten des letzteren ausgedrückt. Dieser Wert berücksichtigt nicht nur das Mittel und Untermittel, sondern auch die über dem Mittel liegenden Werte. Außer dem Gesamtmittel und dem Untermittel ist hierbei nur noch zu berücksichtigen, wie viele Einzelversuche Untermittelwerte ergeben haben. Die Ungleichmäßigkeit berechnet sich dann nach der Formel von SOMMER[1]:

$$\frac{2 \times \text{Zahl der Untermittelversuche (Mittel — Untermittel)} \times 100}{\text{Gesamtzahl der Versuche} \times \text{Gesamtmittel}}$$

Beispiel: Mittel aus 10 Versuchen = 3,1492; Untermittel = 3,0480; 4 Versuche ergaben Untermittelwerte. Die Ungleichmäßigkeit ist dann

$$\frac{2 \times 4 \times (3,1492 - 3,0480) \times 100}{10 \times 3,1492} = 2,57\,\% .$$

Eine feste Norm für die Auslegung der Ergebniswerte existiert nicht. Man bezeichnet, je nach Material, eine Ungleichmäßigkeit der Baumwollgarne von 5 bis 10 % als sehr gering (das Garn also als sehr gleichmäßig), von 8—15 % als normal, über 15 % (manchmal auch über 12 %) als groß und die Garne entsprechend als sehr gleichmäßig, ausreichend gleichmäßig, ungleichmäßig usw.

Konditionierung.

Literatur: HÖNIG: Beiträge zur Kenntnis der hydroskopischen Eigenschaften der Textilfasern unter Berücksichtigung der Entwicklung der Trocknungsapparate, -verfahren und -anstalten. Forschungshefte 3—5, 1918 des Dresdner Forschungsinstitutes. — MÜLLER, E.: Über den Wassergehalt der Faserstoffe in seiner Abhängigkeit von dem Feuchtigkeitsgehalt der Atmosphäre. Text. Forsch. **1920**, 1. — PINAGEL: Die Entwicklung der Konditionieranstalten. — Statut und Bestimmung der öffentlichen Seidentrocknungs-

[1] SOMMER: Leipz. Mon. Text. **1924**, 37, 72.

anstalt Krefeld; Satzungen und Bestimmungen der Elberfeld-Barmer Seidentrocknungsanstalt; Vorschriften über die Konditionierung und Nummerbestimmung von Kammgarnen, vereinbart zwischen den Verbänden sächs.-thüring. Webereien usw. und dem Verein deutscher Wollkämmer und Kammgarnspinner.

Unter „Konditionierung" versteht man im Textilhandel die Bestimmung des „legalen Handelsgewichtes" von Garnen auf Grund einer Trockengehaltsbestimmung. Hiermit befassen sich vor allem die amtlichen „Konditionieranstalten", auch „Seidentrocknungsanstalten" genannt. Handelsgesetzlich geregelt ist lediglich die Konditionierung von Gespinsten (nicht aber von Rohstoffen und Geweben). Regelmäßig ausgeführt wird sie nur bei Seide, weil dies eine besonders wertvolle Gespinstfaser ist und überfeuchtete Seide besonders große Verluste verursachen kann. Dann folgen Wollgespinste und Kunstseide, während Baumwollgespinste nur in Ausnahmefällen konditioniert zu werden pflegen.

Dem Grundsatze nach wird die Konditionierung in der Weise ausgeführt, daß eine größere Anzahl sachgemäß gezogener Durchschnittsproben einer Lieferung (oder Teillieferung) in besondern Trockenöfen, den sog. „Konditionierapparaten" oder „Trockengehaltsprüfern", bis zum gleichbleibenden Gewicht (je nach Vorschrift bei 105—140°) getrocknet, das Trockengewicht der Proben ermittelt und auf Grund desselben das Trockengewicht der ganzen Partie (oder Teilpartie) berechnet wird. Dem Trockengewicht wird schließlich der „legaleFeuchtigkeitszuschlag" („Reprise" oder „regain") hinzugerechnet. Trockengehalt + legaler Feuchtigkeitszuschlag ergeben dann das legale Handelsgewicht, das für die Berechnung als maßgebend gilt. Zu beachten ist, daß bei der Konditionierung also nicht der Feuchtigkeitsgehalt der Ware (Wassergehalt in 100 T. lufttrockner Faser), sondern der Trockengehalt direkt bestimmt wird.

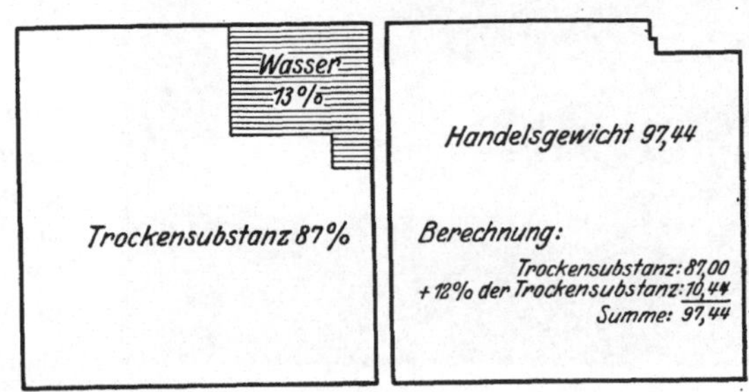

Abb. 328. Berechnung des Handelsgewichtes aus der Trockensubstanz.

Der legale Feuchtigkeitszuschlag ist dem durchschnittlichen Feuchtigkeitsgehalt der einzelnen Gespinstarten angepaßt und beträgt z. B. für:

Seiden- und Kunstseidengespinste	= 11 %
Streichgarn und Kunstwollgarn	= 17 %
Wolle, Kämmlinge, Plöcke in gewaschenem Zustande .	= 17 %
Alle andern wollnen Garne (einschließlich Mohair, Genappe, Alpaka, Kammgarn und Kammzug)	= 18¼ %
Baumwollgarn (Imitatgarn)	= 8½ %
Leinen-, Ramie- und Hanfgespinst	= 12 %
Jutegarn	= 13¾ %
Mischgarne aus Baumwolle und Wolle	= 10 %
Mischgarne aus Wolle und Seide	= 16 %
Papiergarne	= 15 %

Beispiel der Berechnung des „Handelsgewichtes" von Leinengarn aus der Trockensubstanz: Das Garn mag 87 % Trockensubstanz und 13 % Wasser enthalten. Der Trockensubstanz von 87 % wird der legale Feuchtigkeitszuschlag für Leinengarne von 12 % (s. o.) zugerechnet. Die ermittelte Trockensubstanz von 87 % mit der legalen Feuchtigkeit (10,44 %) ergibt zusammen das normalfeuchte Garn oder das „Handelsgewicht" von 97,44 %. Es war also 97,44 % des effektiven Gewichtes (Ist-Gewichtes) als Handelsgewicht (Soll-Gewicht) in Rechnung zu setzen (s. Abb. 328).

Die Konditionierapparate oder Trockengehaltsprüfer unterscheiden sich grundsätzlich dadurch voneinander, daß das zu prüfende Material entweder a) durch in einem besonderen „Calorifère“ auf z. B. 120 oder 140° C vorerwärmte Luft getrocknet wird oder b) daß die Luft in dem Apparat selbst vermittels Gas, Wasserdampf, Elektrizität od. ä. auf einen bestimmten Wärmegrad erhitzt wird. Erstere Vorrichtungen finden sich in kontinuierlichen Trockenbetrieben; letztere hauptsächlich nur dort, wo kein kontinuierlicher Trockenbetrieb vorhanden ist. Von den Großapparaten der ersteren Art hat sich u. a. der nach dem System CORTI vielfach eingebürgert. Die Apparate sind mit eingebauten Waagen versehen, so daß das jeweilige Gewicht direkt festgestellt werden kann, ohne daß die Ware aus dem Ofen genommen zu werden braucht. Abb. 329 zeigt einen Trokkenapparat der Elberfelder Trocknungsanstalt, der mit allem erforderlichen Zubehör (Thermometer, Waage, Ventilator zum Durchdrücken von Luft durch das Trockengut) versehen ist.

Abb. 329. Konditionierungs- oder Trocknungsapparat für Seide (nach LEY-RAEMISCH).

Nach umfassenden Versuchen von OBERMILLER[1] berechnen sich nach den gefundenen Feuchtigkeitsgehalten im Mittel die Konditionierzuschläge zu den verschiedenen Fasern (bei 20° und 65 % Luftfeuchtigkeit) wie folgt:

Baumwolle	Wolle	Rohseide
9,5 %	16,5—17 %	13,5 %

Seide entbastet	Kupfer- u. Viscoseseide
11,5—12 %	15 %

Diese Werte weichen von den mitgeteilten offiziellen Konditionierzuschlägen etwas ab.

Bei verschiedenen Luftfeuchtigkeiten betragen die Feuchtigkeitsgehalte der Fasern nach OBERMILLER:

Faserart	Relative Luftfeuchtigkeit bei 20° C von						
	2,5 %	35 %	55 %	75 %	92 %	97 %	100 %
Baumwolle	1,3%	5,5%	8,0%	11,0%	16,5%	22,0%	> 26%
Wolle	1,8 „	11,0 „	15,0 „	18,5 „	25,0 „	29,0 „	> 32 „
Seide, roh	2,0 „	8,0 „	11,5 „	15,5 „	23,0 „	32,0 „	> 35 „
Seide, entbastet	1,8 „	7,3 „	10,0 „	13,5 „	21,0 „	29,0 „	> 35 „
Kunstseide	2,5 „	8,5 „	12,5 „	17,5 „	28,0 „	38,0 „	> 40 „

Die relativen Naßfestigkeiten (Festigkeit in normalfeuchter Luft = 100 gesetzt) betragen nach OBERMILLER[2]:

Baumwolle	Wolle	Seide	Kupferseide	Viscoseseide	Nitroseide	Acetatseide
110—120 %	80—90 %	75—85 %	50—60 %	45—55 %	30—40 %	65—70 %

[1] OBERMILLER: Die Abhängigkeit des Feuchtigkeitsgehaltes der Textilfasern von der herrschenden Luftfeuchtigkeit. Mell. Text. **1926**, 71: Ztschr. ang. Ch. **1926**, 46. — S. auch HEERMANN: Mechanisch und physikalisch-technische Textiluntersuchungen.

[2] OBERMILLER: Untersuchungen über die Reißfestigkeit von Textilfasern im trocknen und nassen Zustande. Mell. Text. **1926**, 163, 245.

Luftfeuchtigkeit.

Literatur: BONGARDS: Feuchtigkeitsmessung. — JELINEK: Psychrometertabellen nach WILDS Tafeln. — S. a. u. Konditionierung.

Je nach der herrschenden Temperatur vermag die atmosphärische Luft einen bestimmten Höchstgehalt an Wasserdampf pro Kubikmeter aufzunehmen (z. B. bei 10° = 9,4, bei 15° = 12,8, bei 20° = 17,2 g Wasser usw.). Diesen Wassergehalt (g/cbm) bezeichnet man als absoluten Feuchtigkeitsgehalt der Luft. Enthält die Luft diesen Höchstgehalt an Wasserdampf, so ist sie mit Wasserdampf „gesättigt", und über diesen Höchstgehalt hinaus, den sog. „Taupunkt", schlägt sich die Feuchtigkeit der Atmosphäre als Tau, Nebel oder Regen nieder.

Abb. 330 zeigt den maximalen Wassergehalt (in Gramm) von 1 m³ Luft bei den Temperaturen von 0—100° C. Wenn wir beispielsweise gesättigte Luft von gewöhnlicher Temperatur (20°) auf 75° erwärmen, so ziehen wir von dem Kurvenpunkt 17,177 die Waagerechte bis zur Ordinate AB; die Differenz $A'B$ ist das Sättigungsdefizit (Fehlbetrag zu 100). Wollen wir die Trocknungsluft nur mit 75 % Feuchtigkeit beladen, so ergibt die Kurve $A'C$ die Wassermenge, die von der Luft aufgenommen werden darf. Ziehen wir von C die Waagerechte bis zur Kurve, so ergibt der Schnittpunkt D die maximale Wassermenge für die zugehörige Temperatur oder den sog. Taupunkt (τ), den man durch Projektion von D auf die Abszissenachse findet. Dieser Punkt τ ist also 68,5° C. In der Abb. 330 ist der gleiche Linienzug auch für 50° C eingezeichnet.

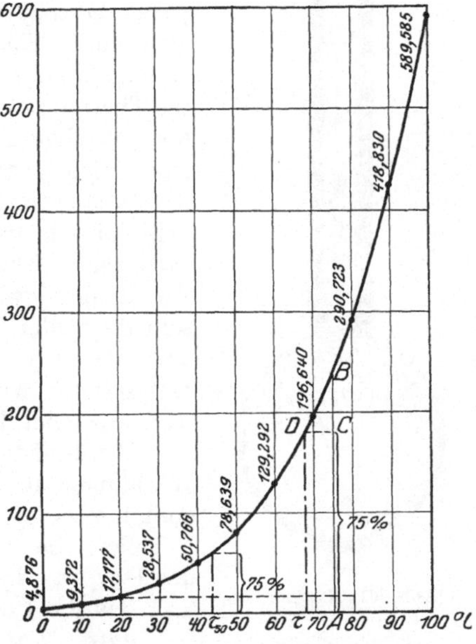

Abb. 330. Maximaler Wassergehalt der Luft (g/l) bei verschiedenen Temperaturen (nach BERGMANN-MARSCHIK).

Den jeweiligen Wassergehalt der Luft drückt man aber in der Praxis nicht als absoluten, sondern als „relativen Feuchtigkeitsgehalt" oder als „relative Feuchtigkeit" aus. Es ist dies das Verhältnis des jeweiligen absoluten Wassergehaltes zu dem bei der betreffenden Temperatur möglichen Höchstwassergehalt in Prozenten des letzteren.

$$\text{Relative Feuchtigkeit} = \frac{\text{absol. Wassergehalt g/m}^3}{\text{Höchstwassergehalt g/m}^3} \times 100.$$

Ist beispielsweise der Feuchtigkeitsgehalt bei 18° = 10 g im Kubikmeter und der mögliche Höchstwassergehalt bei dieser Temperatur = 15,3 g, so beträgt die relative Feuchtigkeit $= \frac{10 \times 100}{15,3} = 65,36\,\%$ und das Sättigungsdefizit 34,64. Diese relative Feuchtigkeit ist bei Beurteilung der Luftfeuchtigkeit (Spinnerei, Ausrüstung, Textilprüfung) ausschlaggebend, weil die Luft ihr Wasser unabhängig von der Temperatur um so leichter an hydroskopische Gegenstände abgibt, je mehr sie sich dem Sättigungspunkte nähert. Die Messung und Regulierung der Luftfeuchtigkeit ist deshalb für bestimmte Betriebe und Laboratorien von großer Wichtigkeit (s. a. Konditionierung).

Zum Messen der Luftfeuchtigkeit bedient man sich der Feuchtigkeitsmesser oder Hygrometer (z. B. nach LAMBRECHT, KOPPE u. a.). Es sind dies verschieden konstruierte Apparate (s. Abb. 331), die auf der Eigenschaft der Haare beruhen, sich bei zunehmender Luftfeuchtigkeit auszudehnen, bei abnehmender zu verkürzen. Man verwendet für die Apparate entweder ein einzelnes Haar oder ein Haarbündel, das bei der Verkürzung oder Verlängerung einen Zeiger über einer Skala bewegt, welche die jeweilige Feuchtigkeit direkt anzeigt. Abarten dieser Hygrometer und Polymeter sind auch selbstregistrierende Vorrichtungen, die mit einem Schreibzeug versehen sind und die jeweilige Luftfeuchtigkeit in Gestalt einer Kurve aufzeichnen. Da die Hygrometer nicht dauernd zuverlässig sind, müssen sie von Zeit zu Zeit kontrolliert und justiert werden. Es geschieht dies entweder empirisch durch Kontrolle und Einstellung der Hygrometer bei Luftfeuchtigkeit von bekannter Größe (z. B. gesättigte Luft von 100 % Wassergehalt usw.) oder besser auf physikalischem Wege, z. B. mit Hilfe des Aspirationspsychrometers, z. B. nach AUGUST oder ASSMANN[1]. Der AUGUSTsche Apparat besteht im wesentlichen aus zwei nebeneinander angeordneten Thermometern, von denen das eine am Quecksilbergefäß mit einem feuchten Läppchen umgeben ist („feuchtes Thermometer"). Während nun das trockne Thermometer die jeweilige Arbeitstemperatur angibt, zeigt das feuchte einen niedrigeren Stand, und zwar um so mehr, je schneller die Wasserverdunstung an der Quecksilberkugel vor sich geht, also je trockner die Luft ist. In mit Wasserdampf gesättigter Luft zeigen beide Thermometer den gleichen Stand. Aus a) der jeweiligen Zimmertemperatur und b) dem Unterschiede beider Thermometeranzeigen („psychrometrische Differenz"), bei genauen Bestimmungen auch noch aus Barometerstand, wird die rel. Feuchtigkeit der Luft berechnet oder aus einer Tabelle abgelesen.

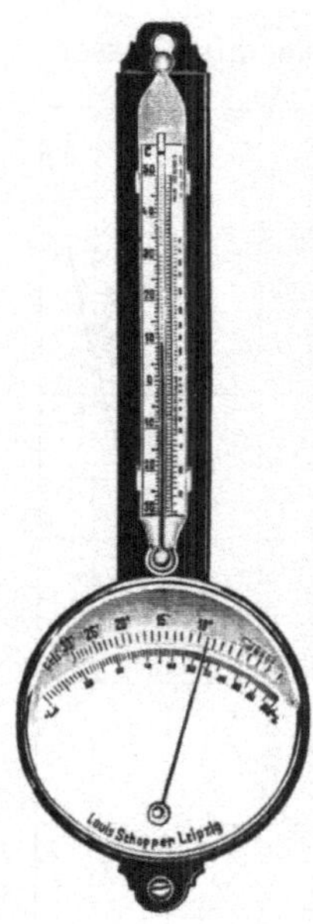

Abb. 331. Hygrometer nach LAMBRECHT.

Erwähnt seien noch das Draka-Hygrometer (Dr. KATZ, Waiblingen in Württemberg), das im wesentlichen die Vereinigung eines Psychrometers mit den psychrometrischen Tabellen, die in Kurven umgearbeitet sind, darstellt; ferner das Daqua-Hygrometer (Dannenberg & Quandt, Berlin), das die Rechenarbeit durch eine Rechenscheibe erspart. In letzter Zeit sind auch Hygrometer mit elektrischer Fernanzeige konstruiert worden (Siemens & Halske, Hartmann & Braun, Lambrecht).

Die Regulierung der Luftfeuchtigkeit geschieht durch Anfeuchtung mit Wasserzerstäubern (Gebr. Körting, Hannover; Hurling & Biedermann, Zittau; Dannenberg & Quandt, Berlin, u. a.), ferner durch Zufuhr feuchter Außenluft, durch direkten Dampf u. ä. Zur Austrocknung der Luft wird entweder trockne Außenluft eingeführt oder der Raum wird geheizt; in kleineren Räumen können auch wasseranziehende Stoffe ausgehängt oder aufgestellt werden.

Maße und Gewichte.

Metrisches System.

Gewichte. 1 Tonne (to) = 20 Zentner (à 50 kg oder 100 Pfd.) = 1000 Kilogramm (kg). 1 kg = 2 metr. Pfund (Pfd. à 30 Lot) = 1000 Gramm (g). 1 g = 10 Dezigramm (dg) = 100 Zentigramm (cg) = 1000 Milligramm (mg).

Längenmaße. 1 Kilometer (km) = 1000 Meter (m). 1 m = 10 Dezimeter (dm) = 100 Zentimeter (cm) = 1000 Millimeter (mm). 1 mm = 1000 Mikromillimeter (mmm, Mikron, My oder μ). 1 μ = 1000 Mikromy (à 1 Milliontel Millimeter).

Flächenmaße. 1 Hektar (ha) = 4 Morgen = 100 Ar (a) = 10000 m^2

Raummaße. 1 Kubikmeter (m^3) = 1000 Liter (l). 1 l = 1000 Kubikzentimeter (cm^3).

[1] EBERT, H.: Das Aspirationspsychrometer. Ztschr. Physik **1926**, 689; **1927**, 335; **1928**, 420. — WELTZIEN: Verwendung und Einstellung von Haarhygrometern. Seide **1927**, 175.

Englisches System.

Gewichte. 1 ton (to) = 20 hundredweight (cwt) = 2240 pounds (lbs) = 1016 kg. 1 hundredweight (cwt) = 112 pounds oder lbs = 50,8 kg. 1 engl. Pfund (pound, lb) = 16 Unzen (ounces, ozs.) = 7000 grains (gr) = 453,59 g. 1 grain = 0,0648 g. 1 Unze = 28,350 g.

Längenmaße. 1 yard (Yd. oder y.) = 3 Fuß oder feet (1 foot = 30,48 cm) = 36 engl. Zoll oder inches (à 2,54 cm) = 0,9144 m.

Flächenmaße. 1 square yard (□ y, qy) = 9 square feet = 0,836 qm.

Raummaße. 1 cub yard = 27 cub feet = 0,7645 m^3 (764,5 l). 1 gallon (Gallone) = 2 pottles = 4 quarts = 8 pints = 32 gills = 4,5436 l. 1 gallon (U. S. A.) = 3,7853 l. In U. S. A. bezeichnet man demgegenüber die englische Gallone als Imperialgallon.

Russisches System.

1 Pud = 40 russ. Pfund = 16,3805 kg. 1 russ. Pfund = 96 Solotnik (à 96 Doli) = 409,5 g.

1 Werst = 1500 Arschin = 1,067 km. 1 Arschin = 16 Werschok = 0,7112 m.

Japanisches System.

1 Kwan = 1000 Momme = 3,75 kg. 1 Momme = 3,75 g.

Zollmaße. 1 preuß. Zoll (″) = 2,615 cm. 1 sächs. Zoll (″) = 2,36 cm. 1 engl. Zoll (″) = 2,54 cm. 1 franz. Zoll (″) = 2,707 cm. 1 Fuß (′) = 12 Zoll (″). 1 Zoll (″) = 12 Linien (‴).

Ellenmaße. 1 preuß. oder Berliner Elle = 66,693 cm. 1 sächs. oder Leipziger Elle = 56,630 cm. 1 Wiener Elle = 77,921 cm. 1 franz. Elle (= 1 aune) = 118,45 cm.

Messen.

Das Messen von 1. Fasern, 2. Gespinsten und 3. Geweben in a) Länge, b) Breite und c) Dicke geschieht je nach dem Versuchsmaterial makro-, mikroskopisch oder maschinenmäßig.

1. Fasern werden a) in der Länge, wenn kurz, vermittels eines mit Okularmikrometer ausgestatteten Mikroskopes gemessen. Die gereinigte, erforderlichenfalls angefärbte und macerierte (in Einzelfasern getrennte Faserbündel) Faser wird trocken oder unter einem nicht quellenden Mittel (wie Öl) auf einen Objektträger in geradegestreckten (nicht überstreckten) Zustand gebracht und bei durchfallendem Lichte, zweckmäßig bei schwacher (etwa 30—50facher) Vergrößerung, evtl. stückweise, gemessen. Längere Fasern werden durch Auflegen auf eine Glasplatte mit darunterbefindlichem Maßstab mit Millimeterteilung, mit oder ohne Zuhilfenahme einer Lupe, ausgemessen. Stapelmessungen (s. d.) werden nach besondern technischen Verfahren, auch mit Hilfe eines Stapellängenmessers, ausgeführt. Auch die Bestimmung der Haarlänge von Kammgarnen wird, z. B. bei den „harten Kammgarnen“, nach besondern, zollamtlich vorgeschriebenen Verfahren ausgeführt. b) Die Dicke der Fasern wird am sichersten mit Hilfe von Mikroskop und Okularmikrometer ermittelt, vielfach an verschiedenen Stellen (bei Haaren an der Wurzel, Spitze und in der Mitte). c) Bei zylindrischen Fasergebilden (z. B. der Wolle) fällt der Wert für die Dicke und Breite zusammen; bei flachgeformten, bandartigen u. ä. Fasern unterscheidet man die Breite von der Dicke, die am besten an Hand von Querschnitten ermittelt werden. Auch wird hier mitunter die Querschnittsfläche und der Völligkeitswert festgestellt. Besondre Ausbildung hat die Wollklassifikation nach der Faserdicke erhalten (s. u. Wolle). Zur Messung der Wollfaserdicke dienen auch technische Spezialapparate, z. B. das Dollondsche Eriometer, der Wollklassifikator von Sorge u. a. m.

2. Gespinste in geringen a) Längen werden von Hand, in größeren Längen mit Hilfe von Haspeln, Weifen, Präzisionsweifen gemessen (s. u. Garnnummerbestimmung), wobei wieder eine Überstreckung zu vermeiden ist. b) Die Dicke von feinen Gespinsten wird mikroskopisch, von dicken Garnen auch mit der Schublehre, mit dem Schraubenmikrometer und besondern Garndickenmessern bestimmt.

3. Gewebelängen und -breiten werden bei kürzeren Abmessungen von Hand, bei größeren Längen und ganzen Stücken mit besondern Meßmaschinen ermittelt und hier meist mit dem Legen der Stücke vereinigt. Für die Dickenbestimmung der Gewebe dient der Dickenmesser (z. B. der „Automatik" von Schopper) oder das Schraubenmikrometer.

Spezifisches Gewicht.

Unter „spezifischem Gewicht" oder „Volumengewicht" versteht man das Gewicht der Volumeneinheit. Da als Volumeneinheit 1 cm^3, d. i. der Raumteil von 1 g Wasser im Dichtemaximum von $+ 4^0$ C festgelegt ist, so kann das spezifische Gewicht auch als Gewicht eines Kubikzentimeters definiert werden. Ist M die Masse oder das Gewicht eines Körpers in g und V sein Volumen in Kubikzentimetern, so ist das spezifische Gewicht $s = \frac{M}{V}$. Dem Zahlenwert nach ist die Dichte oder Dichtigkeit dem spezifischen Gewicht gleich und bedeutet das Verhältnis von Masse zu Volumen. Bei porösen Stoffen, wie Garnen und Geweben, unterscheidet man außer dem wahren oder wirklichen spezifischen Gewicht auch noch das scheinbare spezifische Gewicht, d. i. das spezifische Gewicht einschließlich der Lufteinschlüsse zwischen und in den Fasern.

Bestimmung des spezifischen Gewichtes. Diese geschieht bei Flüssigkeiten für rohere Zwecke mit Hilfe des Aräometers oder der Spindel (bzw. Senkwaage) und wird vielfach auch in Graden Baumé (^{0}Bé), Graden Twaddel u. a. ausgedrückt (s. w. u. Tabelle der Bé-Grade). Aräometer sind hohle, mit Quecksilber oder Schrotkörnern beschwerte zylindrische Glaskörper, welche in der Flüssigkeit, die „gespindelt" werden soll, aufrecht schwimmen und durch ihren Tiefgang das spezifische Gewicht erkennen lassen. Man hat Aräometer für schwerere und leichtere Flüssigkeiten als Wasser. Die Angaben der Aräometer, die an der Skala unmittelbar abzulesen sind (als spezifisches Gewicht oder ^{0} Bé) beziehen sich meist auf die Temperatur von 15^0 C. Für feinere Messungen bedient man sich der Pyknometer. Pyknometer sind besondre, feine Meßgefäße von meist konstantem Volumen und eingeschliffenem Thermometer. Man bestimmt erst mit Wasser das Volumen des Pyknometers (V) und dann das Gewicht der Versuchsflüssigkeit vom gleichen Volumen. Spezifisches Gewicht = dann M/V.

Bei wasserunlöslichen Stoffen (Fasern u.ä.) wird das spezifische Gewicht mit Hilfe des Pyknometers nach der Verdrängungsmethode bestimmt. Als Immersionsflüssigkeit benutzt man bei Faserstoffen Flüssigkeiten, welche die Fasern nicht zum Quellen bringen, wie Benzol, Xylol, Petroleum, Terpentinöl u. a. m. In der Regel werden die Faserstoffe in absolut trocknem und möglichst vollkommen entlüftetem Zustande untersucht. Auf diesen Zustand beziehen sich auch die meisten in der Literatur für Faserstoffe angegebenen Werte für die spezifischen Gewichte. Die Angaben lassen jedoch eine Einheitlichkeit vermissen.

Die spezifischen Gewichte der wichtigsten Faserstoffe sind etwa folgende: Baumwolle = 1,5; Flachs, rein, gebleicht = 1,46; Hanf = 1,48; Jute = 1,44; Wolle = 1,30; Rohseide = 1,37; Entbastete Seide = 1,37; Kunstseide = 1,52 usw.

Bestimmung des spezifischen Gewichts von Fasern. Das Prinzip des Verdrängungsverfahrens mit dem Pyknometer von konstantem Volumen ist folgendes. Beträgt das Gewicht des absolut trocknen Versuchskörpers = a, das Gewicht des Pyknometers von konstantem Volumen + Immersionsflüssigkeit = b und das Gewicht des Probekörpers

+ Pyknometer + Immersionsflüssigkeit (bis zum konstanten Volumen) = c g, so hat der Körper von a g Gewicht = $(a + b - c)$ g Versuchsflüssigkeit verdrängt, also bei einem spez. Gew. 1 der Immersionsflüssigkeit = $(a + b - c)$ cm³ verdrängt. Das Volumen der Probe von a g besitzt also das Volumen $(a + b - c)$ cm³, und das spezifische Gewicht ist demnach $\frac{a}{a + b - c}$. Ist das spezifische Gewicht der Immersionsflüssigkeit ein andres als 1, z. B. = s, so beträgt das spezifische Gewicht der Probe = $\frac{a \times s}{a + b - c}$. Da sich das Gewicht der Immersionsflüssigkeit im Pyknometer vom konstanten Volumen mit der Temperatur ändert, muß der Ausdehnungskoeffizient der Flüssigkeit bekannt sein und in Rechnung gesetzt werden.

Im Quecksilberdensimeter werden mit Fasern niedrigere Werte erhalten als bei Immersionsflüssigkeiten (Vignon, Silbermann), weil Quecksilber die Faser weder netzt noch tränkt und die in den Fasern enthaltenen Poren nicht verdrängt. Auch bei der Volumenbestimmung der Fasern (Seide) durch mikroskopische Messungen in Luft werden nach neueren Untersuchungen (Heermann) niedrigere Werte für das spezifische Gewicht erhalten als bei Verwendung von netzenden Flüssigkeiten. Die „Porosität“ der Faser scheint auch hier, wie im Quecksilberpyknometer, eine Rolle zu spielen.

Umwandlung der Baumégrade in die spezifischen Gewichte.

Grade Bé	Spez. Gew.	Grade Bé	Spez. Gew.	Grade Bé	Spez. Gew.	Grade Bé	Spez. Gew.
a) Für schwerere Flüssigkeiten als Wasser.							
0	1,000	17	1,134	34	1,308	51	1,540
1	1,007	18	1,142	35	1,320	52	1,563
2	1,014	19	1,152	36	1,332	53	1,580
3	1,022	20	1,162	37	1,345	54	1,597
4	1,029	21	1,171	38	1,357	55	1,615
5	1,037	22	1,180	39	1,370	56	1,634
6	1,045	23	1,190	40	1,383	57	1,652
7	1,052	24	1,200	41	1,397	58	1,672
8	1,060	25	1,210	42	1,410	59	1,691
9	1,067	26	1,220	43	1,424	60	1,711
10	1,075	27	1,231	44	1,438	61	1,732
11	1,083	28	1,241	45	1,453	62	1,753
12	1,091	29	1,252	46	1,468	63	1,774
13	1,100	30	1,263	47	1,483	64	1,796
14	1,108	31	1,274	48	1,498	65	1,819
15	1,116	32	1,285	49	1,514	66	1,842
16	1,125	33	1,297	50	1,530		
b) Für leichtere Flüssigkeiten als Wasser.							
10	1,000	23	0,918	36	0,849	49	0,789
11	0,993	24	0,913	37	0,844	50	0,785
12	0,987	25	0,907	38	0,839	51	0,781
13	0,980	26	0,901	39	0,834	52	0,777
14	0,973	27	0,896	40	0,830	53	0,773
15	0,967	28	0,890	41	0,825	54	0,768
16	0,961	29	0,885	42	0,820	55	0,764
17	0,951	30	0,880	43	0,816	56	0,760
18	0,948	31	0,874	44	0,811	57	0,757
19	0,942	32	0,869	45	0,807	58	0,753
20	0,936	33	0,864	46	0,802	59	0,749
21	0,930	34	0,859	47	0,798	60	0,745
22	0,924	35	0,854	48	0,794	61	0,741

Stapel.

Unter „Stapel“ oder der „Stapellänge“ einer Faser versteht man die bei verschiedenen Fasern (Baumwolle, Wolle usw.) geschätzte Güteeigenschaft der handelstechnischen Faserlänge. Sie entspricht nicht der wirklichen, durchschnittlichen Faserlänge, sondern mehr der „Durchschnittslänge der längeren Fasern“ (Frenzel) oder der „annähernden Höchstlänge der Fasern“ (Kuhn). Frenzel gibt noch zwei nähere Definitionen für diesen Begriff: 1. Die Stapellänge des Handels ist diejenige Faserlänge, welche ungefähr von 10% aller Fasern überschritten wird. 2. Die Handelsstapellänge ist diejenige den Mittelwert überschreitende Faserlänge, welche in einer Menge vertreten ist, die halb so groß ist wie diejenige der am häufigsten vorkommenden Faserlänge. Eine durchaus exakte Begriffsbestimmung für Handelsstapellänge ist also nicht gegeben.

Bestimmung der Stapellänge. Sie wird ausgeführt: 1. Empirisch nach dem Handmeßverfahren (z. B. an der Baumwollbörse); 2. nach dem Kämmverfahren von JOHANNSEN aus dem erhaltenen Stapeldiagramm, dem Stapelbild oder dem Faserschaubild; 3. nach dem Faserbartverfahren von E. MÜLLER; 4. nach dem Einzelauszählverfahren; 5. mit der Stapelmaschine von E. MÜLLER.

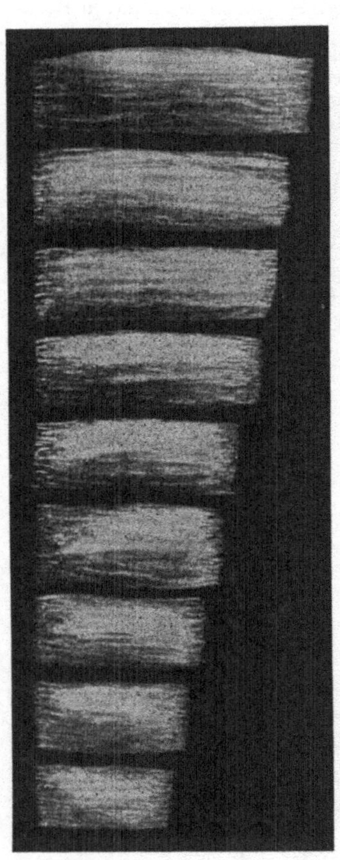

Abb. 332. Offizielle Baumwollstandards der USA. in Zoll (von oben nach unten: $1^3/_4$, $1^5/_8$, $1^1/_2$, $1^3/_8$, $1^1/_4$, $1^1/_8$, 1, $^7/_8$ und $^3/_4$ Zoll). Nach KUHN.

Amerikanische Stapelstandards für Baumwolle. Diese stufen sich um je $^1/_8$ Zoll engl. (= 3,17 mm) voneinander ab. Solche Standards sind: $1^3/_4$, $1^5/_8$, $1^1/_2$, $1^3/_8$, $1^1/_4$, $1^1/_8$, 1, $^7/_8$, $^3/_4$ Zoll; (1 Zoll = 25,4 mm) (s. Abb. 332).

Nach den verschiedenen Eigenschaften werden die Handelsbezeichnungen vorgenommen (s. u. Baumwolle). In der Textilprüfung unterscheidet man auch vielfach drei Grundlängenklassen der Baumwolle: 1. Klasse = über 26 mm Länge, 2. Klasse = 18—26 mm Länge, 3. Klasse = 12 bis 18 mm Länge.

Die in Gespinsten ermittelte Stapellänge oder durchschnittliche Faserlänge ist mit der Stapellänge des Rohmaterials schon deshalb nicht identisch, weil die ursprüngliche Stapellänge des Rohmaterials bei der Verarbeitung stets eine Verkürzung erfährt. Im Durchschnitt soll die mittlere Länge der Baumwollfasern bis zum Selfaktorgarn insgesamt um rund 5% verkürzt werden, die am häufigsten vorkommende Faserlänge sogar um rund 12,5%.

Stapelfaser. Unter „Stapelfaser" ganz allgemein kann man eine Faser, z. B. Baumwolle, mit besonders langer, kräftiger Faser verstehen. Fasern, wie Wolle und Baumwolle, die nach Stapellängen klassifiziert werden, könnte man nach KUHN also auch unter dem Sammelnamen „Stapelfasern" zusammenfassen. Damit nicht zu verwechseln ist die seinerzeit aus Kunstseide hergestellte „Stapelfaser", die sich von Kunstseide nur dadurch unterschied, daß sie in bestimmte Stapellängen (z. B. Baumwollstapellänge von 4—8 cm, Wollstapellänge von 10—15 cm usw.) geschnitten und dann regelrecht versponnen wurde. Man erhielt so Kunstseidengespinste nach Art der Schappeseide. Diese Stapelfasergespinste spielten während der Kriegszeit eine gewisse Rolle als Wollersatz u. ä. Sie wurden gelegentlich auch als „Neuschappe" oder „Wollseide" bezeichnet.

Thermometerskalen.

Zur Umrechnung von (C = Celsius, R = Réaumur, F = Fahrenheit):

°C in °R multipliziert man mit 4 und dividiert durch 5;
°C in °F multipliziert man mit 9, dividiert durch 5 und addiert 32;
°R in °C multipliziert man mit 5 und dividiert durch 4;

^{0}R in ^{0}F multipliziert man mit 9, dividiert durch 4 und addiert 32;
^{0}F in ^{0}C subtrahiert man 32, multipliziert mit 5 und dividiert durch 9;
^{0}F in ^{0}R subtrahiert man 32, multipliziert mit 4 und dividiert durch 9.

„Fundamentalpunkte".

a) Temperatur des schmelzenden Eises: 0^0 C, 0^0 R, 32^0 F.

b) Temperatur des unter dem Druck von 760 mm Quecksilber siedenden Wassers: 100^0 C, 80^0 R, 212^0 F.

Wägen.

Das Wägen von Fasern, Gespinsten und Geweben geschieht mit Hilfe von Waagen, deren Meßbereich dem jeweiligen Gewicht angepaßt ist. Fasern in geringen Mengen werden mit Hilfe der analytischen bzw. chemischen Waage gewogen. In neuerer Zeit ist eine noch feinere Waage, die sog. Torsions- oder Mikrowaage (z. B. von Hartmann & Braun, Frankfurt a. M.) gebaut worden. Sie dient zur raschen Bestimmung (daher auch „Schnellwaage" genannt) kleiner und kleinster Gewichte (daher „Mikro"waage) und zeichnet sich neben großer Genauigkeit besonders durch sofortige, fast schwingungsfreie Einstellung des Waagebalkens, die unmittelbare Ablesbarkeit des gesuchten Gewichtes an einer Skala und damit durch eine sonst unerreichte Schnelligkeit des Wägens aus. Sie ist besonders dort am Platze, wo Massenwägungen oder wenigstens häufige Wägungen der gleichen Gewichtsbereiche auszuführen sind. Deshalb wird die Waage mit Skalen von verhältnismäßig nur begrenzten Meßbereichen (z. B. von 0—100 mg) ausgeführt. Besondre Waagen sind noch die Garnsortierwaagen (s. u. Garnnummerbestimmung). Das Wägen der Konditionierstränge geschieht mit Hilfe von in die Apparate eingebauten Waagen (s. Konditionierung). Gespinste und Gewebe werden in gleicher Weise gewogen. Technischen Zwecken dienen die technischen Waagen. Diese teilen sich ein in solche mit Gewichtssätzen und in Federwaagen.

Abb. 333. Zerplatz- oder Berstapparat Schopper-Dalèn.

Zerplatzfestigkeit (Berstfestigkeit).

Dem Bedürfnis des Luftschiffbaues Rechnung tragend, werden Ballonstoffe außer auf Zugfestigkeit auch noch auf Zerplatz- oder Berstfestigkeit geprüft. Man bedient sich hierzu eines Zerplatzapparates (Berstapparates) (s. Abb. 333), dessen Wirkungsweise im wesentlichen folgende ist. Man spannt ein kreisförmiges Stück (Scheibe) des zu prüfenden Stoffes luftdicht in den Apparat ein und bläst dann von einem Behälter aus oder unmittelbar mit der Luftpumpe die Stoffscheibe bis zum Zerplatzen auf. Der zum Zerplatzen erforderliche Luftdruck wird am Manometer abgelesen, und zugleich wird die bis zum Zerplatzen eingetretene Wölbhöhe in der Mitte der Stoffscheibe gemessen. Der Zerplatzdruck ist bei Benutzung der gleichen Stoffbahnen abhängig von der Größe des Ringdurchmessers (freie Versuchsfläche). Man benutzt Ringdurchmesser verschiedener Größe; kann auch neben der Kreisform Ellipsen oder Rechtecke benutzen. Eine feste Gesetzmäßigkeit zwischen Reiß- und Zerplatzfestigkeit hat sich bisher noch nicht ergeben. Versuche, an Stelle von Stoffscheiben kleine zylindrische Ballons herzustellen und zum Zerplatzen zu bringen, sowie an einem wirklichen Ballonmodell die Berstfestigkeit des Stoffes zu ermitteln, scheinen wenig Aussicht zu bieten, die Ballonfestigkeit einfacher und klarer zu gestalten.

Außer für Ballonstoffe wird die Berstmaschine auch für Wirkwaren (ferner für Filme und Papiere) verwendet.

Rationalisierung in der Textilveredlungsindustrie.

Von Alfred Schmidt.

Über den Begriff der Rationalisierung industrieller Betriebe herrschen noch weitverbreitete Unklarheiten. Sehr viele halten die Durchführung von technischen Verbeßrungen schon für die Rationalisierung. Nun hat man aber an manchen Stellen mit dieser Art der Rationalisierung Mißerfolg erlitten und daraus den Schluß gezogen, daß diese Maßnahme vielleicht für amerikanische Verhältnisse passe, für Deutschland aber ungeeignet sei.

Es wäre nun aber sonderbar, wenn die Rationalisierung keinen Erfolg mit sich brächte, da sie doch der Bedeutung des Worts entsprechend eine durch die Vernunft geleitete Arbeit sein soll und eine beßre Richtschnur als die Vernunft einfach nicht gedacht werden kann. Es müssen daher bei der vermeintlichen Rationalisierung schwere Fehler begangen worden sein, und sie liegen eben darin, daß man die vernünftige Arbeit lediglich auf die technische Seite der industriellen Tätigkeit erstreckt, auf den andern Seiten aber nach andern Methoden weitergearbeitet hat. Vielfach handelt man nach Gefühl, läßt sich von dem berühmten Fingerspitzengefühl leiten, und das deckt sich häufig durchaus nicht immer mit der Vernunft.

Die richtige Rationalisierung besteht daher darin, daß in einem Unternehmen die gesamte Tätigkeit in allen Zweigen gründlich und vollständig nach den Regeln der Vernunft durchgeführt wird. Man muß daher nicht nur die technische und technologische Arbeit, sondern auch die sog. kaufmännische und organisatorische vernunftgemäß durchbilden, da sie sich alle durchdringen und gegenseitig beeinflussen und da durch Fehler an der einen Stelle die andern Stellen in Mitleidenschaft gezogen werden.

Der Zweck der Rationalisierung besteht darin, die beste Ware mit den geringsten Kosten herzustellen; ein industrieller Betrieb bleibt nur dann dauernd lebensfähig, wenn er diese Aufgabe voll erfüllt. Da hierbei die Kosten eine maßgebende Rolle spielen, so ist es nötig, eine richtige und vollständige Aufzeichnung der Kosten vorzunehmen. Dazu ist eine gut eingerichtete Betriebsbuchhaltung unentbehrlich, die in Übereinstimmung mit der kaufmännischen Buchhaltung geführt und mit ihr laufend abgestimmt wird. Man darf aber hier nicht übersehen, daß die kaufmännische Buchhaltung, so wie sie jetzt wohl fast ausnahmslos in industriellen Betrieben gebräuchlich ist, als rationell nicht bezeichnet werden kann. Man hat leider schon von Anfang an für industrielle Unternehmungen die Buchhaltung sklavisch von den Handels- und Bankbetrieben, wo sie entstanden ist, übernommen, und Maßnahmen, die dort berechtigt waren, unbedenklich auch auf die doch ganz anders gearteten industriellen Verhältnisse übertragen. So hat man z. B. die industriellen Anlagen genau ebenso behandelt wie Waren, die zum Weiterverkauf bestimmt sind, hat die darin angelegten Kapitalien nicht in ihrer vollen Höhe eingesetzt, sondern geglaubt, mit den sog. stillen Reserven besonders klug gehandelt zu haben; man hat dabei aber übersehen, daß dadurch der Eindruck einer viel zu günstigen Ertragsfähigkeit, die den Tatsachen gar nicht entspricht, erweckt wurde und hat sich schließlich selbst getäuscht und eine verkehrte Industriepolitik verfolgt, die sich gegenwärtig schwer rächt. Ferner hat man auf die zu niedrig eingesetzten Anlagen ungenügende Abschreibungen vorgenommen und dadurch unzulänglich für den Ersatz gesorgt, andrerseits aber Rückstellungen versteuern müssen, die eigentlich echte Abschreibungen und daher steuerfrei waren.

Diese Fehler hat man sonderbarerweise erst seit kurzem erkannt. Es unterliegt aber keinem Zweifel, daß man ein Unternehmen nur dann rationalisieren kann, wenn diese Fehler völlig beseitigt sind und wenn die Bilanzen wirklich der Wahrheit entsprechende Ausweise sind. Nur dann wird man vor falschen Urteilen über ein Unternehmen bewahrt bleiben und die zuverlässigen Unterlagen gewinnen, die notwendig sind, um es richtig zu leiten. Die große wirtschaftliche Not, in der sich heute der größte Teil der deutschen Industrie befindet, ist nicht zum wenigsten eine Folge der hier geschilderten Fehler, die verhinderten, daß man die Lage klar übersah und rechtzeitig die notwendigen Maßnahmen ergriff.

Eine weitere Aufgabe kaufmännischer Art besteht darin, sich vor allen Dingen erst einmal ein klares Bild von der Marktlage und den Absatzmöglichkeiten für die Erzeugnisse zu verschaffen. Das hat man vielfach versäumt: man begann zuerst mit technischen Verbeßrungen, die nicht nur beßre und billigere Arbeit ergaben, sondern auch noch mit einer Erhöhung der Leistungsfähigkeit verbunden waren, und stellte dann fest, daß man zur wirtschaftlichen Ausnutzung der neugeschaffenen Anlagen keine Gelegenheit hatte, weil der Absatz für die Erzeugnisse gar nicht vorhanden war. Der von der Rationalisierung erhoffte Erfolg verkehrte sich ins Gegenteil, und da war man schnell bei der Hand, die Rationalisierung als für deutsche Verhältnisse unangebracht zu erklären. Man wollte aber nicht sehen, daß man verkehrt vorgegangen war.

Eine genaue Untersuchung der Marktverhältnisse der deutschen Industrie wird ergeben, daß wir auf den meisten Gebieten stark überindustrialisiert sind: die Leistungsfähigkeit der vorhandenen Anlagen steht in einem viel zu krassen Gegensatz zur Absatzmöglichkeit der Erzeugnisse. Da aber in der Mehrzahl der Fälle die billige Herstellung der besten Erzeugnisse nur bei voller Ausnutzung leistungsfähiger Anlagen, also bei Massenfertigung, möglich ist, so bleibt nur der Ausweg, die besten Betriebe auszuwählen und die übrigen stillzulegen. Wollte man das durch einen Kampf der Betriebe untereinander auf Leben und Tod herbeiführen, so würde ein gewaltiger Aufwand an Geld, Kraft und Zeit notwendig sein, ohne daß man die Gewähr hat, zum gesteckten Ziel zu kommen. Viel zweckmäßiger ist der Weg der Verständigung und des Zusammenschlusses, auf dem man gewöhnlich leichter, schneller und billiger den erwarteten Erfolg erringt. Daher ist der Zusammenschluß der einzelnen Industriezweige, die Auswahl der günstigsten Betriebe und die Stillegung der kranken oder ungünstig gelegenen auch für die Textilveredlungsindustrie ein Teil der Rationalisierung. Es muß aber hierbei betont werden, daß bei dieser Maßnahme nun nicht ohne weiteres sämtliche kleinen Betriebe stillgelegt und nur noch wenige große aufrechterhalten werden müssen. Nicht jeder große Betrieb arbeitet unbedingt schon an und für sich am besten und wirtschaftlichsten, und mancher kleine Betrieb, der sich auf wenige Artikel spezialisiert und gut eingerichtet hat, ist auch unter den heutigen Verhältnissen noch durchaus lebensfähig, wenn er richtig geleitet wird. Man muß daher die Frage der Stillegung von Betrieben nur auf Grund sehr sorgfältiger Untersuchungen lösen, und aus verschiedenen Gründen dürfte es vorzuziehen sein, die Beschäftigung auf eine größere Zahl von Unternehmungen zu verteilen.

Die richtige Verteilung der Arbeit auf die am besten dafür geeigneten Betriebe ist eine Voraussetzung für die wirkliche Rationalisierung. Unter den heutigen Verhältnissen wird, vor allem in der Lohnveredlungsindustrie, diese Verteilung leider sehr häufig ganz unzweckmäßig vorgenommen, da sie ja in den Händen der Kunden liegt, die gar kein genügendes Verständnis dafür besitzen. Daher kommt es, daß ein gut Teil Arbeit recht mangelhaft und unwirtschaftlich ausgeführt wird. Ist erst einmal der Zusammenschluß erfolgt, so läßt sich die Verteilung durch die Sachverständigen selbst, die Veredler, bewirken.

Daß der Zusammenschluß noch weitere Vorteile mit sich bringt, die der Rationalisierung ebenfalls zugute kommen, darf nicht übersehen werden. Die Kapitalkraft wird erhöht, die Erfahrungen werden ausgetauscht und die Macht der Industrie der Kundschaft gegenüber gestärkt, so daß unberechtigte Zumutungen leichter zurückgewiesen werden können. Vor allem wird durch den Zusammenschluß der Weg zur unentbehrlichen Spezialisierung der Betriebe freigegeben. Ist sie durchgeführt, so braucht nicht mehr jeder Betrieb, wie bisher, alles zu machen, sondern für jede Arbeit wird derjenige bestimmt, der darauf am besten eingerichtet wird oder ist. Nur in einem spezialisierten Betrieb ist man imstande, die einzelnen Stufen der Bearbeitung und die erforderlichen Maschinen und Einrichtungen bis ins kleinste durchzuarbeiten und zu vervollkommnen, und das ist für die Herstellung der besten Ware auf die billigste Weise die unbedingte Voraussetzung.

Mit der Spezialisierung sind wir zu der technischen Seite der Rationalisierung, die, wie oben erwähnt, meist schon allein als Rationalisierung angesehen wird, gelangt. Man ist dabei vielfach so vorgegangen, daß man eine bestimmte Organisation geschaffen, die Arbeitsvorbereitung und Terminkontrolle eingerichtet, Zeitstudien angestellt und, wo es ging, Fließarbeit durchgeführt hat. Das ist alles sehr nützlich und für andre Industrien, z. B. den Maschinenbau, auch zweckmäßig gewesen. Für die Veredlungsindustrie halte ich einen andern Weg für besser: zunächst müßten die Arbeitsverfahren und Arbeitsmaschinen einmal technologisch und technisch durchgearbeitet werden, um das bestgeeignete zu finden. Dann wird es sich zeigen, daß vieles, was man nach der vorher angedeuteten Weise eingerichtet hat, überflüssig oder falsch ist.

Die Arbeitsverfahren der Textilveredlungsindustrie sind so gut wie alle aus dem Handwerk heraus entwickelt worden und haben viele Mängel behalten, die für einen industriell betriebenen Arbeitsgang ungünstig sind und dem Zweck der Rationalisierung zuwiderlaufen. Es ist höchste Zeit, die Verfahren, Maschinen und Hilfsmittel mit wissenschaftlichen Methoden zu untersuchen, etwa in der Art, wie es schon vor Jahrzehnten Fred. W. TAYLOR auf dem Gebiet des Maschinenbaus usw. in mustergültiger Weise durchgeführt hat. Würde man in dieser Weise vorgehen, so könnte man ganz gewaltige Fortschritte machen und die Veredlung sehr wesentlich abändern und verbessern. Erst nachdem man diese vorbereitenden Arbeiten erledigt hat, wird man in der Lage sein, die passende Organisation zu schaffen, Zeitstudien anzustellen, die Arbeit richtig vorzubereiten und zu überwachen sowie Eignungsprüfungen vorzunehmen, Fließarbeit einzurichten usw. Das Arbeitsgebiet, das hier nur in ganz kurzen Strichen angedeutet werden kann, ist ungeheuer groß. Eine einzelne Firma, auch wenn sie recht groß ist, ist gar nicht imstande, dabei mit Aussicht auf genügend schnellen Erfolg zu wirken, noch dazu, wenn sie, wie es heute noch üblich ist, sehr viele Artikel veredelt. Dagegen bietet auch hier wieder der Zusammenschluß die beste Möglichkeit durch Gemeinschaftsarbeit, indem man die Untersuchungen und Arbeiten auf die einzelnen Mitglieder verteilt, die Erfahrungen, wie schon oben erwähnt, austauscht und die Ergebnisse allen Mitgliedern zugänglich macht. Damit würde eine mehrfache Arbeit auf dem gleichen Gebiet vermieden, bedeutend an Zeit und Geld gespart und durch den Gedankenaustausch Gelegenheit zu weiteren Fortschritten gegeben. Die Befürchtung, daß durch den Zusammenschluß eine Erstarrung und ein Rückschritt herbeigeführt würden, ist ganz unnötig. Ein Erfolg der Arbeiten ist nur möglich, wenn zu ihrer Leitung Personen mit umfangreichen wissenschaftlichen Kenntnissen und reichen praktischen Erfahrungen berufen werden, und solche werden nie stillstehen und verknöchern, weil ihnen der Drang zum Forschen und Fortschritt untrennbar innewohnt.

Selbstverständlich muß man, um zu rationalisieren, auch die Normung und Typung mitverwenden (s. u. Textilnormung und -typung) und alle die Errungenschaften der Technik voll ausnützen, die auf dem Gebiet des allgemeinen technischen Fabrikbetriebs (Wärme- und Krafterzeugung, -verteilung und -verwendung, Beleuchtung, Heizung, Lüftung, Wassergewinnung, -aufbereitung und -beseitigung, Förderwesen usw.) erzielt worden sind.

Auf die hier kurz geschilderte Weise betrachtet, stellt sich die Rationalisierung dar als eine vollständige Umbildung der gesamten Tätigkeit der Veredlungsindustrie von Grund auf, und zwar mit Hilfe der wissenschaftlichen Kenntnisse und Methoden der Gegenwart. Die auf der bloßen Erfahrung beruhenden, vielfach nur vom Gefühl eingegebenen und ohne wissenschaftliche Kenntnisse gefundenen Arbeitsmethoden sind zum guten Teil veraltet, überholt und unbrauchbar geworden, und nur diejenigen Unternehmungen werden sich in dem großen und raschen Umbildungsprozeß, der sich gegenwärtig abspielt, weiter behaupten können, die die Rationalisierung richtig und vollkommen so schnell wie möglich durchführen.

Reinigerei.

Von E. Wulff.

Literatur: Just, D. G.: Über Benzinbrände, Z. Elektrochemie **1904**, H. 13. — Richter, M. M.: Die Benzinbrände in chemischen Wäschereien. Berlin 1893. — Die Benzinbrände in chemischen Wäschereien. Dtsch. Färb.-Zg. **1902**, H. 1—5. — Spindler, W.: Jubiläumsschrift. 1907. — Wulff, Ernst: Chemische Wäscherei. Dtsch. Färb.-Zg. **1903**, H. 34.

Im Jahre 1907 wurde die Bezeichnung „Reinigerei" in die Gewerbestatistik des Deutschen Reiches aufgenommen, um das Gewerbe der chemischen Reinigung und der Färberei getragener Oberkleider abzugrenzen gegen die Dampfwaschanstalten einerseits und gegen die Strang- und Stückfärbereien andrerseits. Das Wort Reinigerei ist aber nicht volkstümlich geworden. Die wenigsten Reinigereibetriebe benutzen es; infolgedessen ist es auch beim Publikum nicht eingeführt.

Chemische Reinigung.

Die Firma W. Spindler in Berlin wählte bei der Einführung der Reinigung von getragenen Kleidungsstücken durch Kohlenwasserstoffe in Deutschland im Jahre 1854 dafür die Bezeichnung „Chemische Reinigung", obgleich ein chemischer Vorgang sich bei diesem Reinigungsprozeß nicht abspielt. Mit größerem Recht könnte man von einem chemischen Vorgang bei der Naßwäsche mit Alkalien reden, wobei Fette verseift, d. h. chemisch verändert werden, während das Benzin und ähnliche Flüssigkeiten lediglich die in den Kleidungsstücken vorhandenen Fette unverändert lösen und gleichzeitig die mit dem Fett an das Gewebe befestigten sonstigen Verunreinigungen entfernen. Der Ausdruck „Chemische Reinigung" ist nun aber einmal eingebürgert und dahin definiert, daß die zu reinigenden Gegenstände in eine Flüssigkeit getaucht werden, die Fette löst, ohne sie zu verseifen oder zu emulgieren. Bei anderen Völkern heißt diese Art der Reinigung wegen der Abwesenheit von Wasser „Trockenreinigung" (dry cleaning, nettoyage à sec), trotzdem große Mengen Flüssigkeit zur Verwendung gelangen. Vor der Naßwäsche hat die chemische Reinigung den Vorteil, daß Faser, Farbe und Appretur nicht verändert werden.

Waschflüssigkeit. Als Waschflüssigkeit diente zunächst Benzol (Steinkohlenbenzin), später Benzin (Petroleumbenzin). Von letzterem Produkt wurde bis zum Ende des 19. Jahrhunderts Ware gebraucht, die bei der Reinigung des amerikanischen Petroleums zwischen 80 und 110⁰ destillierte. Sie hatte das spez. Gew. 0,700—0,710. Das Benzin war billig, weil man gerade für diese Fraktionen damals wenig andere Verwendung hatte. Inzwischen ist die Motorenindustrie hochgekommen und kann jedes Benzin gebrauchen. Die genannten Fraktionen sind jetzt sehr teuer. Als „Waschbenzin" bezeichnet man gegenwärtig ein Produkt, das zwischen 90 und 130⁰ siedet. Die bei tieferen Temperaturen übergehenden Anteile verdunsten zu leicht beim Gebrauch. Die höheren Fraktionen erschweren die Wiedergewinnung des gebrauchten Benzins durch Destillation mit indirektem Dampf. Auch bewirken sie, daß die gereinigte Ware längere Zeit einen Benzingeruch behält. Das spez. Gew. beträgt 0,740—0,750. Schwerer darf es nicht sein, weil es dann nicht mehr als „leichtes Mineralöl" gilt und nicht zollfrei auf Erlaubnisschein einzuführen ist. Seitdem außer dem amerikanischen Benzin Ware aus Rumänien, Galizien, Niederländisch-Indien und aus Rußland auf den Markt kommt, kann das spezifische Gewicht nicht mehr wie

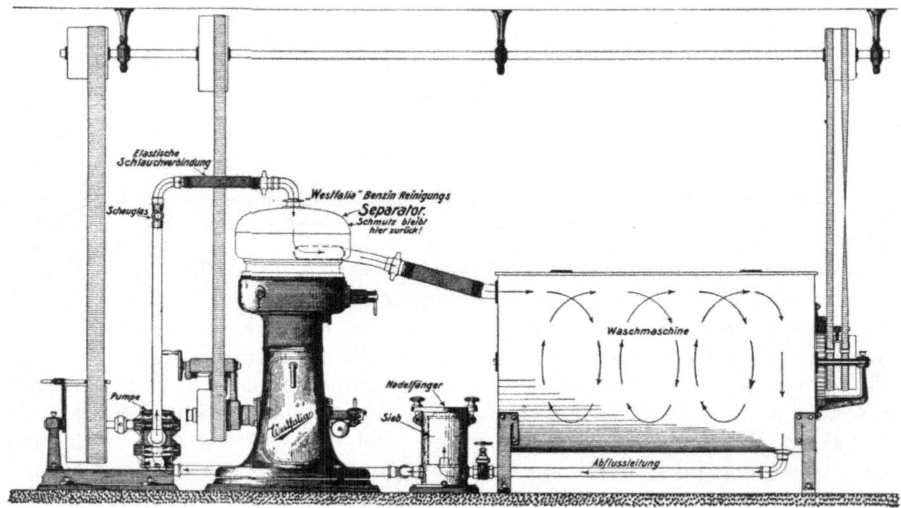

Abb. 334. Benzinreinigungsapparat.

früher als Funktion der Siedepunkte angesehen werden, denn die in manchen Benzinsorten enthaltenen cyclischen Verbindungen erhöhen das spezifische Gewicht bei niedrigen Siedepunkten (Benzol siedet z. B. bei 80⁰ und hat das spez. Gew. 0,879).

Behandlungsweise. Die chemische Reinigung geschieht durch Behandeln der zu reinigenden Gegenstände (Oberkleidung, Handschuhe, Portieren, Teppiche usw.) in Benzin oder einer ähnlichen Flüssigkeit. Damit dieses besser in die Faserstoffe eindringt, wird vielfach eine Benzinseife zugesetzt, d. h. eine Seife, die überschüssige Fettsäure enthält und dadurch in Benzin löslich ist. Sie entzieht dem Gewebe Feuchtigkeit und erhöht auch die Viskosität des Benzins. Nachdem die Ware mit Benzin und Benzinseife angebürstet ist (was freilich nicht bei allen zu reinigenden Gegenständen geschieht), wird sie in einer Waschmaschine bewegt, die mit Benzin gefüllt ist, vielfach unter Seifenzusatz. Nach einiger Zeit wird die Flüssigkeit abgelassen und durch frisches Benzin ersetzt, in dem die Ware gespült wird. Dann wird in einer Zentrifuge das Benzin zum größten Teil ausgeschleudert. Der Rest verdunstet an der Luft. Das gebrauchte Benzin wird durch Destillation mit direktem oder mit indirektem Dampf gereinigt und dann wieder verwendet.

Dieser einfache Vorgang hat mit der Zeit verschiedene Verbeßrungen erfahren. So wird das Benzin während des Waschvorganges von mechanischen Beimengungen (Staub, Fasern u. dgl.) befreit durch Zirkulation zwischen Waschmaschine und Benzinreinigungsapparat. Letzterer besteht entweder aus einer Zentrifuge, die die festen Bestandteile durch die Fliehkraft von der Flüssigkeit trennt oder aus einer Filterpresse, die durch Filtration denselben Erfolg erzielt (vgl. Abb. 334).

Eine weitere Verbeßrung besteht in Maschinen mit Rückgewinnung des gebrauchten Benzins, wie sie u. a. von der Firma Moritz Jahr A.-G., Gera, gebaut werden. Sie sind hermetisch geschlossen. Daher kann man das Benzin während des Waschvorganges erwärmen, ohne daß Benzindämpfe ins Freie gelangen. Dadurch wird die Lösungsfähigkeit für Fette erhöht. In diesen Apparaten wird die Ware mit Benzin gewaschen, gespült, geschleudert und getrocknet. Das Trocknen wird bewirkt durch Luft oder besser durch ein Gas, das die Verbrennung nicht unterhält, Kohlensäure oder Stickstoff. Es wird

Abb. 335. Benzinwaschmaschine mit Rückgewinnung.

durch die erhitzte Maschine gesogen und dann durch einen Kühler, in dem sich das verdampfte Benzin kondensiert. Gleichzeitig wird die Ware entstaubt (Abb. 335).

Außer durch Destillation kann Benzin auch gereinigt werden durch Behandlung mit Natronlauge, wodurch die Fette entfernt werden, soweit sie verseifbar sind (s. Abb. 336).

Feuergefährlichkeit. Ein großer Übelstand haftet dem Benzin an: die Feuergefährlichkeit, die noch dadurch erhöht wird, daß Benzin durch Reibung mit Wolle elektrisch erregbar ist und so zur sog. „Selbstentzündung" neigt, wodurch schon manches Schadenfeuer entstanden ist, namentlich bei trockner Luft. Um die elektrische Erregung zu verhindern, erhöht man die Leitfähigkeit des Benzins, indem man Elektrolyten darin auflöst. Ein solcher Elektrolyt ist z. B. die Benzinseife, die aber durch Wasseraufnahme aus der Lösung ausfällt und auch dem Spülbenzin nicht zugesetzt wird. Besser und zuverlässiger wirkt wasserfreie ölsaure Magnesia, die unter dem Namen „Richterol" im Handel bekannt ist (nach M. Richter so genannt, der die „Selbstentzündung" des Benzins zuerst auf elektrische Erregung zurückführte und dann auch die ölsaure Magnesia als Gegenmittel vorschlug).

Außer Benzin und Benzol lassen sich auch chlorierte Kohlenwasserstoffe als Reinigungsflüssigkeit verwenden, beispielsweise Trichloräthylen. Dieses ist zwar schwerer und teurer als Benzin, hat aber den großen Vorteil, daß es nicht feuergefährlich ist. Von den in Frage kommenden Reinigungsflüssigkeiten übt Benzin die geringste physiologische Wirkung aus. Benzol und die chlorierten Kohlenwasserstoffe wirken schädlicher auf die Gesundheit des Menschen. Am besten wird, soweit es angängig ist, in geschlossenen Apparaten gearbeitet, aus denen möglichst wenig Gase in die Luft dringen. Wo das nicht angängig ist, muß gut ventiliert werden, und zwar werden die Dämpfe unten abgesogen, da sie schwerer als Luft sind. Durch gute Ventilation wird auch die Feuersgefahr der brennbaren Flüssigkeiten herabgesetzt. Der Explosionsbereich des Benzins liegt zwischen 1,1 und 4,8%, d. h. ein Gemenge von Luft und Benzindampf kann nur explodieren, wenn es mindestens 1,1 und höchstens 4,8% Benzindampf enthält.

Abb. 336. Benzinreinigung mit Natronlauge.

Desinfektion. Durch die chemische Reinigung wird lediglich Fett aufgelöst und aus den Waren entfernt. Dieses Fett, das auch in die Oberkleidung, zur Hauptsache aus dem Körper des Trägers, gelangt ist (namentlich an den Stellen, wo sie häufig mit der Hand berührt wird, ferner am Kragen u. dgl.), hat Staub, Ruß, Fasern und sonstige Verunreinigungen an den Stoff gebunden, die mit dem Fett entfernt werden. Dabei werden auch gleichzeitig zahlreiche Bakterien entfernt, die in dem Fett und Schmutz ihren Nährboden fanden. Eine nennenswerte, Bakterien unmittelbar tötende (desinfizierende) Wirkung kommt dem Benzin nicht zu.

Fleckenputzerei. Sonstige Verunreinigungen, die nicht durch Fett an das Gewebe gebunden sind, werden auch nicht durch Benzin entfernt. Namentlich Flecke, die durch wäßrige Lösungen entstanden sind, können nur durch Wasser oder durch wäßrige Lösungen von Chemikalien entfernt werden. Häufig vorkommende Flecke werden erzeugt durch Fruchtsaft, Wein, Bier, Likör, Kaffee, Tee, Schokolade, Parfüm, Tinte, Säuren, Laugen u. dgl. Zu ihrer Entfernung dienen zur Hauptsache Wasser oder Lösungen von Seife, von verdünnten Säuren, verdünnten Laugen, Bleichmitteln, die reduzierend oder oxydierend wirken können. Verharzte Öle, Teer u. dgl. werden durch Benzin nicht gelöst. Zu ihrer Entfernung nimmt man Äther, Aceton, chlorierte Kohlenwasserstoffe. Ein Universal-Entfleckungsmittel für alle Flecke kann es ebensowenig geben, wie ein Universal-Heilmittel für alle Krankheiten. Ebenso wie der Arzt sich überzeugen muß, ob das von ihm gewählte Heilmittel nicht irgendwelchen Schaden am Körper des Patienten anrichtet, muß auch der Fleckenputzer prüfen, ob die von ihm ausgewählten Chemikalien nicht den Stoff oder die Farbe beschädigen.

Unechte Farben verlaufen häufig mit reinem Wasser oder werden durch Chemikalien verändert. Manche Faser ist gegen gewisse Chemikalien empfindlich (beispielsweise Azetatseide gegen manche organische Säure, gegen Azeton, Chloroform und manche andre Flüssigkeit). Vor allen Dingen soll der Fleckenputzer oder „Detacheur", wie er sich in Deutschland mit Vorliebe nennt, den Gegenstand nicht beschädigen, lieber soll er den Fleck darin lassen.

Naßwaschen. Ist ein Kleidungsstück nach der Benzinreinigung noch sehr fleckig, so wird es am besten ganz und gar naß gewaschen. Namentlich wird bei Herrenanzügen aus dem Futter vielfach Schweiß und Schmutz nur durch Naßwäsche entfernt. Ebenfalls Gegenstände, die nicht durch Fett verunreinigt sind, wie Gardinen, Portieren u. dgl., werden nur durch Naßwäsche mit Seife und Soda gereinigt. Häufig wird der Seife noch ein organisches Fettlösungsmittel hinzugesetzt, etwa Kohlenwasserstoffe oder chlorierte Kohlenwasserstoffe. Monopolseife (s. d.) bewirkt eine dauernde Mischung dieser organischen Fettlösungsmittel mit Wasser. Das Waschen geschieht teilweise durch Bürsten mit der Hand, teilweise in Waschmaschinen. Nach sorgfältigem Spülen, vielfach auch noch nach Säuern, wird das Wasser zum größten Teil durch Ausschleudern in den Zentrifugen aus der Ware herausgebracht, der Rest durch Trocknen in geheizten Räumen.

Weiße Stoffe. Weiße Stoffe werden gebleicht, teilweise durch Oxydation, teilweise durch Reduktion. Oxydationsmittel sind namentlich Hypochlorite, also Chlorkalk oder unterchlorigsaures Natron (für Pflanzenfaser) und Perborat. Reduktionsmittel sind u. a. schweflige Säure, Natriumbisulfit und Verbindungen der hydroschwefligen Säure, im Handel unter Bezeichnungen wie Blankit, Burmol, Decrolin u. dgl. (s. d.). Häufig wird tierische Faser (Wolle, Seide) auch mit Kaliumpermanganat oxydiert. Der im Gewebe niedergeschlagene Braunstein wird hinterher entweder durch Wasserstoffsuperoxyd oder durch schweflige Säure reduziert und dann durch Wasser entfernt.

Kleiderfärberei.

Färben. In der Kleider- oder Lappenfärberei sind in der Regel gebrauchte Kleidungsstücke, Möbelstoffe, Portieren u. dgl. zu färben. Daher muß jedes Stück individuell behandelt werden, im Gegensatz zur Lohnfärberei, wo neue Garne oder Gewebestoffe gefärbt werden. Während letztere Betriebe maschinell färben, bewegt man in der Kleiderfärberei das Farbgut ausschließlich mit der Hand. Fortwährende Bewegung ist in der Färberei unerläßlich, um gleichmäßige Färbungen zu erzielen. Auch sonst ist das Färben von Kleidern schwieriger als in der Strang- und Stückfärberei, da die vorhandene Farbe des Gewebes zu berücksichtigen ist, das auch vielfach durch den Gebrauch, durch Licht und Luft, durch Flecke verschieden abgenutzt ist. Ferner besteht ein Gegenstand häufig aus verschiedenen Faserstoffen: Wolle, Seide, Baumwolle, Kunstseide, Acetatseide, die teilweise nicht mit denselben Farbstoffen gleichmäßig zu färben sind.

Hat man nur tierische Faser, also Wolle und Seide, so verwendet man im allgemeinen Säurefarbstoffe unter Zusatz von Schwefelsäure und von Glaubersalz. Letzteres dient dazu, das Aufziehen der Farbstoffe zu verlangsamen und dadurch gleichmäßiger zu gestalten. Pflanzenfaser (Baumwolle, Leinen, Jute, Kunstseide) färbt man in der Kleiderfärberei vorzugsweise mit substantiven Farbstoffen, denen ebenfalls Salz zugesetzt wird. Dieses hat hier den Zweck, die Löslichkeit des Farbstoffs in Wasser zu vermindern und ihr Aufziehen auf die Faser zu bewirken. Für Acetatseide ist eine Reihe von besonderen Farbstoffen im Gebrauch (s. u. Färberei der Faserstoffe).

Zuweilen färbt man die verschiedenen Fasersorten hintereinander in mehreren Bädern, doch werden in der Regel tierische und pflanzliche Fasern in einem Bade gefärbt, das mit sog. Halbwollfarbstoffen beschickt ist.

Basische Farbstoffe werden teilweise auf mit Tannin und Brechweinstein oder mit Katanol gebeizte Baumwolle gefärbt, teilweise dienen sie zum Abtönen.

Auch die Indanthrenfärberei hat vereinzelt in Kleiderfärbereien Eingang gefunden, wird aber namentlich für Vorhänge u. dgl. angewandt. Baumwollene Gegenstände, bei denen es auf Wasch- und Reibechtheit ankommt, werden vielfach mit Schwefelfarbstoffen gefärbt, auch werden Farbstoffe auf der Faser diazotiert und entwickelt. Zum Färben von Fellen bedient man sich der sog. Ursolfarben. Das sind chemische Verbindungen, z. B. Para-Phenylendiamin und verwandte Verbindungen, die mit Wasserstoffsuperoxyd braune, graue oder schwarze Färbungen erzeugen.

Die Farbstoffe werden nach Gutdünken zugesetzt, selten nach Gewicht, wie bei der Färberei neuer Waren. Dabei muß die Grundfarbe, die Art des Gewebes und die gewünschte Färbung berücksichtigt werden. Es gehört dazu weit mehr Kunstfertigkeit als zu der Tätigkeit des Strang- und Stückfärbers. Zuweilen muß die Grundfarbe durch Bleichmittel abgezogen werden, die entweder oxydierend oder reduzierend wirken (vgl. die Bleichmittel in der Naßwäscherei).

Nachbehandlung. Nach Beendigung des Reinigens oder des Färbens müssen die Gegenstände noch in die richtige Form gebracht werden, um wieder gebrauchsfertig zu werden. Dazu dienen Appretur und Bügelei nebst anderen Nebenarbeiten. Stoffe werden vielfach mit Stärke oder mit Leim versehen, um Griff zu erzeugen, dann durch Appreturmaschinen durchgelassen. Das sind mit Dampf geheizte Walzen, um die der Stoff mittels eines endlosen Filzes herumgeführt wird.

Bügeln. Das Bügeln geschieht entweder mit der Hand oder mit Maschinen. Die mit der Hand geführten Bügeleisen werden entweder durch Aufsetzen auf Feuer heiß gemacht oder sie werden von innen mittels eines Glühstoffs, mittels Gasflammen oder mittels Elektrizität erhitzt. Die Bügelmaschinen werden mit Dampf geheizt und glätten die Gegenstände durch Druck. Außerdem werden mit Dampf geheizte Kolben verwandt, über die die zu glättenden Gegenstände hinweggezogen werden. Vorhänge, Gardinen, Bettdecken u. dgl. werden auf besondere Rahmen oder auf große mit Dampf geheizte Trommeln gespannt. Deckchen mit Spitzen werden in feuchtem Zustand mit Nadeln auf Kissen aufgespannt, damit sie die ursprüngliche Form wiedererlangen.

Entstauben u. a. Abgesehen von den bisher geschilderten Tätigkeiten gibt es noch verschiedene für den Betrieb wichtige Arbeiten, z. B. das Entstauben von Anzügen, Möbelstoffen, Portieren, Teppichen. Das geschieht durch Klopfen, durch Absaugen, durch Blasen oder durch Schütteln in großen Trommeln. Zu einem Reinigereibetrieb gehört auch eine Dampfkesselanlage, die den Dampf zum Erwärmen der Farb- und Waschflüssigkeiten erzeugt, zum Destillieren des Benzins, zum Heizen der Trocken- und Arbeitsräume, sowie in der Regel zum Betrieb der Kraftmaschinen. Vorteilhaft ist es auch, wenn das Betriebswasser rein und weich ist. Soweit solches Wasser nicht zur Verfügung steht, wird es zweckmäßigerweise filtriert bzw. weich gemacht. Vielfach ist auch das Abwasser zu reinigen, bevor es in Wasserläufe entlassen wird (s. u. Wasser).

Bedeutung der Reinigerei.

Durch die Wiederherstellung gebrauchter Gewebestoffe, die unansehnlich geworden sind und sonst fortgeworfen würden, wird ein großer Teil des Volksvermögens erhalten. Freilich ist es nicht immer möglich, alte Sachen „wie neu" herzurichten. Abgetragene Wolle kann nicht ergänzt werden. Fasern, die durch Abnutzung, durch Licht und Luft, durch Motten und durch andere Einflüsse gelitten haben, zerreißen zuweilen auch bei sorgfältigster Bearbeitung. Namentlich mit Zinnverbindungen erschwerte Seidenstoffe sind oft so mürbe, daß sie bei der mit dem Färben und dem Reinigen stets verbundenen Bewegung zerreißen.

Wichtig ist die Reinigerei auch in hygienischer Beziehung. Durch Färben in der Kochhitze sowie auch beim Dämpfen und Bügeln werden die meisten Krankheitserreger vernichtet. Durch die Entfettung in Benzin wird ihnen der

Nährboden entzogen. Durch die Entfettung werden die Kleidungsstücke auch wieder durchlässig für den Gasaustausch, der für die Gesundheit und für das Wohlbefinden so wichtig ist. Das Reinigereigewerbe umfaßt in Deutschland etwa 1500 selbständige Betriebe der verschiedensten Größe, in denen viele tausend Arbeitnehmer ihr Brot finden.

Textilfachschulwesen.

Von **W. Keiper.**

Literatur: Franzen, O.: Die deutschen Textilfachschulen und ihre wirtschaftliche Bedeutung. Dissertation. Köln 1925. Berichte der einzelnen Schulen. — Malcomes, C.: Die Fachschulen für Textilindustrie. Heppenheim 1927. — Verwaltungsberichte des Preußischen Landesgewerbeamtes.

Innerhalb des heutigen deutschen Reichsgebiets gibt es 44 öffentliche Textilschulen, wobei einige Gemeinde- und Privatschulen kleinsten Umfangs wegen ihrer geringen Bedeutung nicht eingerechnet sind. Die amtliche Benennung dieser Schulen ist nicht ganz einheitlich, im allgemeinen werden jedoch Schulen mit Kursen für Fabrikanten bzw. Fabrikleiter als „Höhere Fachschulen", die übrigen dagegen als „Fachschulen" bezeichnet. In ihrem Lehrplane und ihrem Umfange weisen aber die Schulen innerhalb derselben Gruppe große Verschiedenheit auf.

„Höhere Fachschulen" sind in Aachen, Barmen, Berlin, Chemnitz (4 Schulen), M.-Gladbach, Glauchau, Greiz, Kottbus, Krefeld (2 Schulen), Lambrecht (Pfalz), Limbach, Münchberg (Oberfr.), Plauen, Reichenbach i. V., Reutlingen, Sorau und Zittau, während sich die „Fachschulen" auf die andern Textilstädte verteilen. Die Schulen sind durchweg Spezialschulen für denjenigen Zweig der Textilindustrie, der in dem betreffenden Bezirke vorherrscht, so daß man aus der örtlichen Lage der Schule im allgemeinen auf die Einstellung ihres Lehrplans schließen kann. Vielfach umfassen sie nicht nur Abteilungen für Spinnerei und Weberei, sondern auch solche für Färberei, Appretur, Musterzeichnen, Konfektion, Wäscheanfertigung u. dgl., auch sind an den meisten Schulen zur Ausbildung der tagsüber berufstätigen Kräfte Abendkurse eingerichtet. Sonderschulen für Wirkerei bestehen in Chemnitz (Höhere Schule) und Limbach, für Bekleidungsindustrie in Berlin, für allgemeine Textiltechnik in Chemnitz (Staatliche Gewerbeakademie) und Reutlingen (Technikum für Textilindustrie), für die gesamte Faserveredlung und Textilchemie in Chemnitz (Staatliche Färbereischule) und Krefeld (Färberei- und Appreturschule). An allen Schulen sind technische Betriebe eingerichtet, die bei den größeren Anstalten zu Fabrik- bzw. Lohnbetrieben ausgebaut sind.

Die Aufnahmebedingungen der höheren Schulen schreiben ausreichende Schulbildung vor, die gewöhnlich durch das Zeugnis der mittleren Reife gegeben ist, sowie mindestens das erreichte 17. Lebensjahr und vielfach auch vorherige praktische Tätigkeit. Bei Ausländern ist ferner in jedem Einzelfalle eine besondre Genehmigung zum Eintritt erforderlich. Die Kurse, deren Dauer je nach Schule und Fachrichtung zwischen 1 und 3 Jahren schwankt, finden meistens in einer besondern Abgangsprüfung ihren Abschluß.

Die Aufsicht über die Schulen wird von dem zuständigen Ministerium ausgeübt, während die Verwaltung durchweg in den Händen eines Schulvorstandes liegt, in den die einzelnen Schulträger (Staat, Gemeindeverwaltung, Handelskammer, Industrieverbände, Schulvereine) ihre Vertreter entsenden. Hierdurch ist auf der einen Seite eine Einheitlichkeit in wichtigen Organisationsfragen gesichert, auf der andern Seite aber auch die unbedingt erforderliche Verbindung mit den einschlägigen Industriezweigen geschaffen.

Textilforschungswesen.

Von W. WELTZIEN.

Allgemeines. Die hauptsächliche Entwicklung des Forschungswesens auf dem Textilgebiet datiert aus der Kriegszeit, wo die Rohstoffnot zur Ausnutzung aller Hilfsquellen drang. Es wäre jedoch falsch, anzunehmen, daß vor Schaffung der Forschungsinstitute keine ähnliche Tätigkeit vorhanden gewesen sei. Es waren im Gegenteil auf den verschiedensten Gebieten namhafte Forscher schon lange an der Arbeit, und die Gründung der Institute bezweckte zunächst mehr eine organisatorische Zusammenfassung und Regelung dieser Arbeiten als eine Schaffung vollkommen neuer Arbeitsgebiete. Weiterhin hat dann freilich die fortschreitende Entwicklung die Inangriffnahme neuer Aufgaben ermöglicht und die Einführung wissenschaftlicher Methoden in großem Umfang nach sich gezogen. So hat heute die Forschungstätigkeit auf dem Textilgebiet eine bedeutende Selbständigkeit gewonnen, was besonders aus den zahlreichen wissenschaftlichen und textilen Veröffentlichungen hervorgeht.

Deutschland: Hier bestehen folgende wichtigere Forschungsinstitute (in alphabetischer Ordnung):

1. Deutsches Forschungsinstitut für Textilindustrie zu Dresden, gegründet 1918. Verbindung mit der Technischen Hochschule zu Dresden. Arbeitsgebiete: chemische und mechanische Technologie aller Fasern.

2. Deutsches Forschungsinstitut für Textilindustrie zu M.-Gladbach, gegründet 1918. Engste Verbindung mit der Höheren Textilfachschule in M.-Gladbach. Arbeiten speziell über Untersuchungsmethoden.

3. Deutsches Forschungsinstitut für Textilindustrie zu Reutlingen, gegründet 1918. Enge Verbindung mit der Technischen Hochschule in Stuttgart sowie der Höheren Textilfachschule zu Reutlingen. Arbeitsgebiete: chemische und mechanische Technologie aller Fasern; wichtige Arbeiten speziell auf dem Gebiet der Baumwolle, Stapelfaser usw.

4. Deutsches Forschungsinstitut für Textilstoffe zu Karlsruhe in Baden, gegründet 1917. Arbeiten auf verschiedenen Gebieten.

5. Deutsche Werkstelle für Farbkunde in Dresden, gegründet 1920. Arbeiten auf dem Gebiet der Farbnormung nach OSTWALD, der Glanzmessung usw.

6. Forschungsinstitut des Verbandes deutscher Leinenindustrieller zu Sorau, gegründet 1917. Arbeiten auf dem Gebiet der Bast- und Hartfasern.

7. Kaiser-Wilhelm-Institut für Faserstoffchemie zu Berlin-Dahlem, gegründet 1921. Arbeitsgebiete: in erster Linie wissenschaftliche Erforschung des Faseraufbaus und der Fasereigenschaften; Röntgenspektroskopie, Quellung usw. Technologische Arbeiten bisher besonders über Wolle.

8. Textilforschungsanstalt Krefeld e. V., gegründet 1920. Arbeitsgebiete: wissenschaftliche und technologische Arbeiten auf den Gebieten der Naturseide, Kunstseide und Baumwolle.

Amerika: Hier liegen die Verhältnisse wesentlich anders als in Europa, da hier häufig auch Enqueten auf wirtschaftlichem Gebiet, z. B. die Erschließung neuer Absatzgebiete usw., die in Europa den wirtschaftlichen Verbänden zufallen, in den Begriff „Research“ eingeschlossen werden. Das Hauptinteresse scheint sich der Standardisierung zuzuwenden, wobei das staatliche Bureau of Standards eine führende Stellung einnimmt.

England: Hier ist das Forschungswesen sehr systematisch ausgebaut. Die oberste Organisation bildet das Textile Institute zu Manchester, das keine eigenen Forschungslaboratorien besitzt, sondern lediglich die Vereinigung aller auf diesem Gebiet interessierten Gruppen und Einzelpersonen darstellt. Es ist durch königliche Verfügung autorisiert, Prüfungen abzuhalten und Diplome zu verleihen. Als Spezialinstitute bestimmter Interessengruppen sind die folgenden zu nennen:

British Cotton Industry Research Association (Shirley Institute) zu Didsbury bei Manchester;

British Research Association for the Woollen and Worsted Industries zu Nottingham;

Linen Industry Research Association;

British Silk Research Association zu Leeds;

British Launderers Research Association.

Frankreich: Die Existenz besondrer Forschungsinstitute ist bis jetzt nicht bekannt geworden. Ein wichtiges Zentrum für den Fortschritt auf dem Gebiet der Textilindustrie stellt hier die Société industrielle de Mulhouse dar.

Tschechoslowakei: Forschungsinstitut für Textilindustrie zu Reichenberg in Böhmen.

Textilnormung und -typung in der deutschen Textilveredlungsindustrie.

Von Alfred Schmidt.

Allgemeines. Die Normung und Typung sollen in Industrie und Handel und darüber hinaus in der gesamten Wirtschaft wesentliche Verbesserungen und Verbilligung herbeiführen, indem sie an Hand von gewissen Regeln in die ungeheure Zahl der Waren eine systematische Gliederung, eine Beschränkung und Vereinfachung und damit Ordnung und Übersicht bringen. Je größer der Kreis der an bestimmten Waren beteiligten Personen ist, desto wirksamer sind Normung und Typung.

In der Textilveredlungsindustrie kommen Normung und Typung in Frage einmal bei den Maschinen, Geräten und Hilfsmitteln, die sie verwendet, das andre Mal bei den Erzeugnissen der Veredlungsindustrie, also den Textilwaren und ihren Ausrüstungen. Eine planvolle Arbeit ist bisher in dieser Hinsicht auf beiden Gebieten noch so gut wie gar nicht aufgenommen worden; nur bei der Wäsche für Krankenhausbedarf ist man schon zur Normung übergegangen. Es läßt sich aber an einzelnen Stellen eine gewisse unbewußte, selbsttätige Normung und Typung erkennen, die sich auch im Handelsgebrauch durchgesetzt hat, ohne freilich damit zu ganz festen und anerkannten Typen und Normen geführt zu haben. Darauf wird weiterhin an geeigneter Stelle hingewiesen werden.

Maschinen und Geräte. Betrachten wir zunächst das Gebiet der Maschinen, technischen Einrichtungen und Geräte. Es leuchtet ohne weiteres ein, daß hier die Normung und Typung große Vorteile mit sich bringen. Die Lager, die man von den Einzelteilen halten muß, werden wesentlich verkleinert, der Austausch und der Aus- und Einbau werden erleichtert und beschleunigt, und damit werden nach verschiedenen Richtungen hin erhebliche Ersparnisse herbeigeführt.

Selbstverständlich empfiehlt es sich, die DIN-Normen in den Veredlungsbetrieben überall dort anzuwenden, wo es nur irgend geht. Sie erstrecken sich auf einen großen Teil des Maschinenzubehörs, wie Gewinde, Schrauben, Muttern und Schraubenschlüssel, Triebwerksteile, Rohrleitungen, Armaturen usw., und ihr Gebrauch ist nicht nur bei den allgemein technischen Anlagen, sondern auch bei den eigentlichen Veredlungsmaschinen von größtem Nutzen. Deshalb sollten sie bei jeder Bestellung unbedingt vorgeschrieben und bei Änderungen und Auswechslungen soweit wie irgend möglich eingeführt werden.

Darüber hinaus ist es notwendig, auch noch Fachnormen für die Veredlungsmaschinen auszuarbeiten, wozu die Gemeinschaftsarbeit zwischen Maschinenfabrikanten und Veredlungsfachleuten notwendig ist. Verschiedene Maschinenfabriken haben wohl schon seit Jahren ihre Werksnormen aufgestellt; das ist aber unzureichend, denn wenn eine möglichst vollkommene Austauschbarkeit herbeigeführt werden soll, so müssen die Werksnormen durch allgemeingültige Fachnormen ersetzt werden. Zunächst wäre es notwendig, eine kleine Zahl von Maschinenbreiten festzulegen. Jetzt werden die Maschinen, Apparate und Zubehörteile in allen möglichen Breiten angefertigt, so daß ein Austausch nur zufällig vorgenommen werden kann. Außerdem muß man für alle Breiten ihre eigenen Ersatz- oder Vorratsteile auf Lager halten, wenn man schnell arbeiten will, oder erst besonders anfertigen lassen, was natürlich stets mit Zeitverlust verbunden ist. Es ist behauptet worden, daß man die Maschinenbreiten nicht eher normen könnte, als bis Normen für die Warenbreiten festgelegt worden wären. Dieser Einwand ist aber nicht stichhaltig, denn auch jetzt schon verwendet man doch nicht für die vielen vorkommenden Gewebebreiten jedesmal eine Maschine von bestimmter Breite, sondern man bearbeitet gewöhnlich eine ganze Anzahl verschieden breiter Gewebe auf ein und derselben Maschine.

Weiter könnte man die Normung gewisser Einzelteile vornehmen, die an vielen Maschinen immer wiederkehren, zunächst um eine recht weitgehende Austauschbarkeit zu erzielen, dann aber auch, um den Ersatz zu erleichtern und zu beschleunigen und die Lagerhaltung zu verkleinern und zu verbilligen. Es handelt sich hier z. B. um Leitwalzen, Ausbreitschienen und -walzen, Walzen für Kalander, Stärk-, Klotz-, Wasch-, Imprägnier-, Ausquetschmaschinen und vieles mehr. Im Verlauf der Normungsarbeiten werden sich dann noch viele weitere Normungsaufgaben einstellen. Nach einigen vergeblichen Anläufen scheint jetzt die Normung der Textilveredlungsmaschinen in Fluß zu kommen.

Eine Typung von Veredlungsmaschinen ist, wenn auch ohne einen bestimmten Plan, so doch im einzelnen wenigstens bis zu einem gewissen Grade schon lange vorhanden. So gibt es Maschinentypen, die nicht nur im Inlande, sondern auch im Auslande von den verschiedenen Maschinenfabriken fast ganz gleich hergestellt werden, z. B. Kalander der verschiedenen Arten, Klotz-, Stärkmaschinen, Wasch-, Spann-, Mercerisier-, Rauh-, Legmaschinen und viele andre. Allerdings kann man nicht behaupten, daß diese Typen nun auch die zweckmäßigste Ausführungsform der einzelnen Maschinen darstellten. Im Gegenteil, die meisten lassen noch viel zu wünschen übrig. Um hier durchgreifende Beßrung herbeizuführen, müßten die Maschinen alle, wie sie jetzt verwendet werden, am besten natürlich in Gemeinschaftsarbeit, an der sich die Technologen der einzelnen Veredlungsgruppen und die Ingenieure der Maschinenfabriken beteiligen sollten, einmal einzeln vorgenommen werden. Es wäre der Zweck, dem sie dienen, genau zu bestimmen, und dann wären die Bedingungen festzulegen, unter denen die beste, sicherste und billigste Leistung erzielt werden könnte. Für diese Verfahren hat Fred. W. Taylor schon vor Jahrzehnten mustergültige Vorbilder geliefert. Leider sind wir in der Veredlungsindustrie hier noch sehr arg im Rückstande und werden es wohl auch noch lange bleiben, denn die Einbildung, daß man nur allein gut zu arbeiten verstände und die Geheimniskrämerei sind, wie es scheint, gerade in der Veredlungsindustrie unausrottbar.

Auch bei den verschiedenen in der Veredlungsindustrie verwandten Geräten würde eine Normung und Typung von Vorteil sein, auch wenn damit nur eine Verbilligung verbunden wäre. Jedenfalls sollten sich die Veredler alles das zunutze machen, was auf diesem Gebiete schon geschehen ist und noch geschieht.

Hilfsstoffe. Sehr im argen liegen die Verhältnisse noch auf dem Gebiet der Hilfsstoffe für die Veredlungsindustrie. Bei verschiedenen Chemikalien haben sich handelsübliche Typen schon seit langem durchgesetzt, z. B. bei Säuren, Alkalien, Chlorprodukten, Superoxyden usw. Bei vielen andren kann man freilich von einer Typung nicht sprechen, was leicht zu einer Schädigung der Veredler führt.

Eine umfangreiche Normung und Typung und dadurch bedingte Vereinfachung mit allen ihren günstigen Folgen würde bei den Farbstoffen zu begrüßen sein, deren Zahl noch immer ganz wesentlich viel zu groß ist, wenn auch seit der Bildung der I. G. Farbenindustrie einiges besser geworden ist. Eine wertvolle Arbeitsweise, um hier methodisch vorzugehen, hat schon vor Jahren F. LINKE gezeigt. Er färbt die Farbstoffe in einer Anzahl verschieden starker Lösungen aus (Verdünnungsreihen), mißt die dabei erhaltenen Färbungen nach OSTWALD und stellt die Veränderungen fest, die der Farbton beim Färben in diesen verschiedenen Stärken ergibt. Aus der Zahl gleich oder ähnlich färbender Farbstoffe wählt er dann den für sich aus, der die meisten übrigen Eigenschaften, wie Echtheitseigenschaften, Löslichkeit, Egalisierungsfähigkeit, Preis usw., im günstigsten Maße besitzt. Auf diese systematische Weise konnte er die Anzahl der Farbstoffe, die er verwendet, ganz erheblich einschränken. Das führte außer zu Ersparnissen vor allem zu einer beträchtlichen Vereinfachung und beßren Übersicht, wodurch die Arbeit sehr erleichtert wurde. Nach diesem Vorbilde könnte man für die verschiedenen Zwecke die Farbstoffe durcharbeiten und die bestgeeigneten auswählen.

Ganz schlimm sieht es bei den Hilfsmitteln für die Bleicherei, Färberei, Druckerei und Appretur aus, z. B. bei den Netzmitteln, Fettlösern, Dispergatoren, Ölen, Seifen, Verdickungs-, Appreturmitteln usw. Sie werden im größten Umfange feilgeboten mit Behauptungen über ihre Eigenschaften, die oft an Betrug grenzen und gegen das Gesetz gegen den unlautern Wettbewerb verstoßen. Den Fabrikanten und Händlern wird dieses Treiben ermöglicht durch die beschämend große Unkenntnis, den Mangel an Beobachtungsfähigkeit und Kritik und den Wunderglauben vieler Veredler. Hier Abhilfe zu schaffen, ist mit erheblichen Schwierigkeiten verbunden. Zunächst müßte einmal darüber Klarheit herbeigeführt werden, welche Bedingungen Substanzen zu erfüllen haben, um für einen bestimmten Zweck angewandt werden zu können. Dann wären geeignete, auch im Fabriklaboratorium durchzuführende Prüfungsvorschriften auszuarbeiten, mit deren Hilfe es möglich sein würde, die brauchbaren von den unbrauchbaren Mitteln zu scheiden. Diese Arbeiten wären am zweckmäßigsten ebenfalls in Gemeinschaftsarbeit durchzuführen. Eine große Zahl von Aufsätzen, die sich mit den aufgezählten Mitteln beschäftigen, ist leider nicht ernst zu nehmen, wenn sie auch bisweilen noch mit dem Deckmantel der Wissenschaft geschmückt sind, da sie nur auf Werbung abgestimmt sind. Ohne eine wesentliche Hebung der technologischen Kenntnisse der Veredler und ohne Abschaffung der Schmiergelder ist auf eine durchgreifende Beßrung nicht zu rechnen.

Textilwaren und Ausrüstung. Von allergrößtem Nutzen für die deutsche Volkswirtschaft im ganzen und auch für die Textilindustrie im besondern wäre eine Normung und Typung der Textilwaren und Ausrüstungen. Hier herrscht noch eine unübersehbare Fülle und ein vollständiger Wirrwarr. Gliederung und Übersicht mit Hilfe der Normung herbeizuführen täte dringend not. Der Arbeit stehen ohne Zweifel viele und große Schwierigkeiten entgegen; trotzdem ist sie gut durchführbar, und alle Einwände, die dagegen erhoben worden sind, erweisen sich als hinfällig, sobald man tiefer in das Wesen der Normung eindringt.

Zunächst sollte man die in der Textilindustrie verwandten Begriffe und Bezeichnungen eindeutig festlegen, damit nicht mehr so verschiedene Anschauungen wie jetzt zutage treten. Das beginnt bereits bei den Rohstoffen. Es sei nur erinnert an die verschiedene Auslegung der Bezeichnung „reinwollen“ oder an die Anwendung des Wortes „Seide“ schlechthin nicht nur auf Naturseide, sondern immer mehr auch auf Kunstseide[1].

Eine Normung der Garnnummern und der Gewebe nach Fadenstellung und Garnnummern würde auch dem Veredler Vorteile bringen, wenn sie auch zunächst Sache der Spinner und Weber ist. Auch der Volkswirtschaft würde sie Nutzen bringen, selbst wenn man zuerst nur die Stapelartikel herausgriffe und die Modenwaren einmal beiseite ließe. Dann könnte man Typen schaffen und weiter für die einzelnen Artikel gewisse Eigenschaften festlegen.

Einen unmittelbaren Vorteil brächte dem Veredler die Normung der Warenbreiten. Jetzt werden Gewebe in einer großen Zahl von Breiten hergestellt, die immer nur um geringe Beträge gegeneinander abgestuft sind. Eine Berechtigung hat diese Vielheit ganz und gar nicht; sie entspringt lediglich händlerischen Rücksichten. Der Veredler leidet aber darunter, weil dadurch die Arbeit erschwert, verzögert und verteuert wird. Noch besonders wachsen die Schwierigkeiten und werden Verluste verursacht, wenn die Rohbreiten nicht im richtigen Verhältnis zur Fertigbreite stehen. Eine gewisse Normung der Warenbreiten besteht zwar seit langer Zeit bei Baumwollgeweben, bei denen man, z. B. für 80 und 160 cm fertiger Breite Rohbreiten von 88 und 176 cm anfertigt. Im unlautern Wettbewerb ist aber die Rohbreite beispielsweise für 80 cm fertige Breite von 88 auf 86 und selbst auf 84 cm herabgegangen. Natürlich muß dann die Ware stärker in die Breite gespannt werden, sie wird mehr angestrengt, leichter beschädigt, und der Veredler wird dann für den Schaden haftbar gemacht. Außerdem werden auf diese Weise auch noch die Verbraucher der aus solcher Ware gefertigten Sachen geschädigt, weil zu stark gespannte Ware in der Wäsche übermäßig schrumpft, so daß die Sachen nicht mehr passen, und weil der übermäßig gespannte Stoff schneller zerreißt.

Mit der Normung und Typung der Gewebe könnte auch eine solche der Ausrüstungen durchgeführt werden. Bei Baumwollgeweben besteht sie in gewissem Grade eigentlich schon lange, wenn auch eine klare und übersichtliche Bestimmung der Eigenschaften noch nicht vorhanden ist. Die Fachleute kennen recht genau z. B. die Hemdentuch-, Shirting-, Chiffon-, Linonausrüstung, den Silkfinish und viele andre Ausrüstungen, die überall in den Hauptzügen übereinstimmen. Daneben sind aber auch noch Sondereigenschaften vorhanden, die für den einen oder andern Veredler charakteristisch sind. Es soll aber nicht verschwiegen werden, daß es nicht ganz leicht sein wird, klare und feste Regeln für die Eigenschaften der verschiedenen Ausrüstungen zu finden.

Es wäre an der Zeit, die Maße und Gewichte in der Textilindustrie zu vereinheitlichen, denn auch heute noch findet man in Deutschland eine große Zahl von Maßeinheiten und wenigstens zwei Arten von Gewichten. Es ist nicht einzusehen, warum nicht endgültig das Meter und das Kilogramm durchgesetzt werden sollten. Warum rechnen wir die Fadenstellung fast ausschließlich noch immer nach dem französischen Zoll, während die Franzosen das Quadratzentimeter gebrauchen, und warum müssen wir neben dem Kilogramm noch immer das englische Pfund und warum die englische Garnnumerierung für Baumwolle aufrechterhalten?

---

[1] So ist z. B. noch auf der letzten Tagung der internationalen Seidenvereinigung in Barcelona 1929, keine Einigung in bezug auf die Begriffsbestimmung des Wortes „Seide“ erzielt worden. Allerdings war hier die deutsche Delegation die einzige, die nicht zu bewegen war, die Bezeichnung „Seide“ ausschließlich den Erzeugnissen der Seidenraupe vorzubehalten und die in dieser Bezeichnung einen Oberbegriff erblickt, unter den Natur- und Kunstseide fallen.

Recht nötig würde es weiter sein, Normen für das Messen der Waren aufzustellen. Die verschiedenen Maßergebnisse führen recht häufig zu Streitigkeiten, und es ist schwer, immer richtig zu entscheiden, da allgemein anerkannte Regeln für das Messen noch fehlen.

Prüfung. Es ließen sich ferner Normen für die Prüfung wenigstens von baumwollner Bleichware aufstellen. Durch falsche Arbeitsverfahren werden große Mengen von Ware geschädigt und in ihrer Haltbarkeit beeinträchtigt. Die Normen würden ohne Zweifel zu einer beßren Überwachung der Bleichverfahren und damit zu einer Hebung der Warenbeschaffenheit beitragen. Es unterliegt wohl keinem Zweifel, daß nach dieser Richtung hin auf den verschiedenen Gebieten der Textilveredlungsindustrie noch recht viel Nutzen geschafft werden könnte.

Eine Normung, die seit einigen Jahren langsam in Gang gekommen ist, ist die der Färbungen. Über diese Arbeiten trifft man selbst unter den Veredlern auf die verkehrtesten Anschauungen. Auch der Zweck der Farbnormung läuft darauf hinaus, in die schier unendlich große Zahl der Färbungen, die man herzustellen in der Lage ist, Ordnung und Übersicht zu bringen und daraus eine beschränkte, aber unter sich gut abgestufte Reihe von Färbungen auszuwählen. Durch die OSTWALDsche Farbenlehre sind wir in den Stand gesetzt, die Färbungen eindeutig zu messen und zahlenmäßig festzulegen, und sie gibt uns auch die Mittel in die Hand, nach festen Regeln Abstufungen zu schaffen, die für unser Auge gleiche Abstände voneinander besitzen. Der Einwand, daß durch die Festlegung von Farbnormen das künstlerische Schaffen gehemmt würde, ist hinfällig, denn es leidet ja auch auf musikalischem Gebiete nicht durch die Regeln der Tonlehre. Im Gegenteil, die Normen erleichtern die Musterung und führen gerade zu einer Vielseitigkeit durch die gute Abstufung der Töne. Bei einer Nachprüfung der in der Praxis verwandten Färbungen hat sich herausgestellt, daß sich die gebräuchlichsten Töne bei weitem nicht über den ganzen OSTWALDschen Farbendoppelkegel erstrecken, sondern sich vor allem in bestimmten Gebieten zusammendrängen. Aus andern Gebieten des Farbkörpers werden meist nur vereinzelte Färbungen verwandt. Darum sind die Farbnormenkarten reicher als die gebräuchlichen Farbenkarten, und sie lassen im Gegensatz zur landläufigen Meinung eine größere Mannigfaltigkeit zu.

Bis jetzt hat man Farbnormenkarten für Wolle und Baumwollstück herausgebracht. Ein weiterer Schritt wäre die Normung der Färbungen, die für bestimmte Artikel in Frage kommen. So soll jetzt die Normung der Futterstoffarben in Angriff genommen werden. Man könnte dann für weitere Artikel, z. B. für baumwollne Kleiderstoffe, eine Normung der Farben vornehmen; man kann die Färbungen auf Garn für Buntgewebe normen usw.

Die Färbereien hätten zunächst große Vorteile von einer solchen Normung. Zuerst wäre die große Sicherheit zu nennen, die die Farbnormung nach OSTWALD schafft: jede Färbung hat ihre genaue Bezeichnung, die ganz allgemein gilt und nach der sie genau gemessen und wiedergefunden werden kann. Die Verwendung von Farbvorlagen wird durch die eindeutige Bezeichnung unnötig, und durch Festlegung von Toleranzen könnten Streitigkeiten über Abweichungen leichter geregelt werden. Die Beschränkung in der Zahl der Färbungen bringt viel größere Übersicht und erleichtert die Arbeit des Färbers wesentlich. Dabei sei nochmals auf die oben bei der Normung der Farbstoffe erwähnte Arbeitsweise von LINKE verwiesen, durch die die Vorteile noch vermehrt werden können.

Der gedrängte Überblick sollte zeigen, wie viele Vorteile der Textilveredlungsindustrie die Normung und Typung zu bringen vermögen. Sie bieten eine nicht zu unterschätzende Gelegenheit zur Förderung der Industrie selbst wie der sie berührenden Wirtschaftszweige und sollten daher mit Tatkraft und Schnelligkeit in Angriff genommen und durchgeführt werden.

Textilwirtschaft der Welt.

Von Ernst SCHULTZE.

Literatur: ACKERMANN, H.: Die Organisation des europäischen Übersee-Schafwollhandels, 1915. — Annuaire internationale de statistique agricole (Jahrb., herausg. v. Institut international d'agriculture, Rom). — Artificial silk (Sonderhefte zu „Times Trade und Engineering Supplement", London). — BEAUQUIS, A.: Histoire économique de la soie, Paris 1910. — Cotton production in the United States (Jahresber., herausg. v. Department of Commerce, Washington). — DECHESNE, L.: L'évolution économique et sociale de l'industrie de la laine, Paris 1900. — DELDEN, W. van: Studien über die indische Juteindustrie, 1915. — HÖLKEN, M.: Die Kunstseide a. d. Weltmarkte, 1926. — GRÖTER, C.: Die deutsche Juteindustrie, 1912. — International Federation of Master Cotton Spinners and Manufacturers Association, Manchester (Laufende Berichte). — KERTESS, A.: Die Textilindustrie sämtlicher Staaten, 1917. — KÖNIG, P.: Der Baumwollweltmarkt, 1920. — KUHNERT, R.: Flachsbau und -verarbeitung, Berlin, Thaer-Bibliothek. — MARQUART, B.: Der Hanfbau, 1919 (Thaer-Bibliothek). — Maschinenindustrie der Welt (herausg. v. Ver. dt. Maschinenbauanstalten), 1926. — Mitteilungen d. Vereinig. d. Wollhandels, Leipzig. — PIETSCH, M.: Wolle und Wollenhandel, 1920. — ROSE, E.: Die Wolle a. d. Weltmarkt, 1919. — SCHMIDT, Arno: Die Baumwollkultur in Ägypten, Manchester 1912. — WHEELER, L. A.: International Trade in Raw Silk (U. S. Dept. of Commerce, Trade Information Bulletin, Nr. 283). — WOLFF, R.: Die Jute, 1913. — Ferner: Laufende Berichte in Faser-, Textil- und technischen Zeitschriften.

Baumwolle.

Produktion.

Heute beträgt die jährliche Weltproduktion an Baumwolle rund $4^1/_2$ Milld. kg, während der Weltbedarf über diese Ziffer etwas hinauszugehen pflegt. Der Wert der jährlich hergestellten Baumwollfabrikate, für deren Erzeugung 15 Mill. Menschen nötig sind, von denen ihrerseits weitere 25 Mill. abhängen, wird auf rund 9 Milld. RM. geschätzt.

Produktion und Verarbeitung der Baumwolle haben weltwirtschaftlich hohe Bedeutung gewonnen. Jede Störung des einmal erreichten Gleichgewichts pflegt Erschütterungen hervorzurufen, die verderbliche Folgen nach sich ziehen können. So hat die Baumwollnot, die durch den amerikanischen Bürgerkrieg 1861—65 entstand, über die Textilindustrie von Lancashire eine Katastrophe verhängt und gleichzeitig den Baumwollanbau in Ägypten, Britisch-Indien und andern Ländern eingebürgert oder gesteigert.

Einer empfindlichen Baumwollnot scheint die Welt jetzt wieder zuzusteuern: die Produktionsmenge will sich nicht heben, während der Bedarf zumal infolge der Ausbreitung der überseeischen Baumwollindustrie steigt. Die Folge ist eine Dauerkrisis der englischen und eine allgemeine Erschwerung der Lage der europäischen Baumwollindustrie. Die Baumwolle hat den Flachs stark zurückgedrängt. Auch werden mancherlei Dinge, die früher aus Wolle, Kautschuk oder andern Stoffen hergestellt wurden, jetzt aus Baumwolle fabriziert.

Die Baumwollproduktion der Welt ist seit dem Ende des 18. Jahrhunderts auf beinahe die 20fache Menge gestiegen:

Weltproduktion von Baumwolle (in je 1000 Ballen zu rund 500 lbs.).

Jahres-durchschnitt	USA.	Sonstige Länder	Ins-gesamt	Anteil der USA. in Proz.	Jahres-durchschnitt	USA.	Sonstige Länder	Ins-gesamt	Anteil der USA. in Proz.
1800—1810	140	920	1060	13,2	1876—1880	5036	2776	7812	64,5
1811—1820	231	941	1172	19,7	1881—1885	5867	3337	9224	63,6
1821—1830	566	975	1541	36,7	1886—1890	7232	3770	11002	65,7
1831—1840	1123	1194	2317	48,5	1891—1895	8041	4108	12149	66,2
1841—1850	1953	739	2692	72,5	1896—1900	10081	5081	15162	66,5
1851—1860	3242	974	4216	76,9	1901—1905	10801	7269	18070	59,8
1861—1870	2186	2841	5027	43,5	1906—1910	11847	9108	20956	56,5
1871—1875	3623	3187	6810	53,2	1911—1920	13051	10128	23179	56,3

Entwicklung der Baumwollpreise.

Schon vor dem Weltkriege war ein Anziehen der Preise zu beobachten. Seit 1895 stiegen sie unaufhörlich. So kostete American Middling in England:

1895—1899 . . .	3,76 d. das engl. Pfund	1905—1909 . . .	5,87 d. das engl. Pfund
1900—1904 . . .	5,44 d. „ „ „	1910—1914 . . .	7,16 d. „ „ „

In Neuyork stellte sich der Baumwollpreis 1913 auf etwa $12^1/_2$ Cents, im Juli 1914 auf $13^1/_2$. Allmählich stieg er bis zum August 1919 auf $31^1/_2$, zwei Monate später sogar auf $38^1/_2$, im April 1920 auf 42 Cents. Erst nach Erreichung dieser Höhe bröckelten die Preise unaufhaltsam ab. Seit dem Herbst 1920 geriet der Absatz der Textilindustrie fast aller Länder ins Stocken und versetzte dadurch den Rohstoffpreisen einen Stoß. Die Zerrüttung der Weltwirtschaft griff um sich. Im August 1920 stellte sich Baumwolle auf 28,15, zwei Monate später auf 20,5, im November sogar auf 16 Cents. Die Südstaaten der USA. wurden infolgedessen von einer gefährlichen Bewegung heimgesucht. Zugleich machte die nordamerikanische Baumwollvereinigung für eine Einschränkung der Anbaufläche um 50 % lebhafte Propaganda.

Infolge des starken Weltbedarfs an Baumwolle, der nur vorübergehend sank, um alsdann in unverminderter Stärke der in der Regel unzureichenden Produktion gegenüberzutreten, stieg der Baumwollpreis indessen schon 1922 wieder auf beträchtliche Höhe und ging im nächsten Jahre noch weiter herauf. Dann erst erfolgte ein Rückgang infolge Produktionszunahme.

Baumwolljahr (August – Juli)	Welternte in je 1000 Ballen	Preis für American Middling New York (in RM=100 kg)	Baumwolljahr (August – Juli)	Welternte in je 1000 Ballen	Preis für American Middling New York (in RM=100 kg)
1920/21	21782	166,02	1924/25	24800	229,73
1921/22	16918	174,72	1925/26	28863	189,91
1922/23	19050	242,87	1926/27[1]	30000	138,60[2]
1923/24	19300	287,87			

Baumwollhandel.

Der Gesamtumsatz der Baumwolle beziffert sich auf mehrere Milliarden Mark, mengenmäßig auf nicht viel weniger als 50 Mill. dz (5 Mill. to).

Baumwollhandelsbilanz der wichtigsten Länder in Doppelzentnern[3].

Länder		1909–1913 Jahresdurchschnitt	1925	1926
Europa: Deutschland		— 4390919	— 3677156	— 2918674
Österreich		— 1938032	— 360561	— 293942
Belgien		— 501023	— 715877	— 768296
Spanien		— 827394	— 859537	— 824097
Frankreich		— 2435348	— 3173983	— 3439888
Großbritannien mit Irland		— 9027658	— 8021918	— 7263817
Ungarn		— 145673	— 41677	— 48294
Italien		— 1941646	— 2362596	— 2392980
Niederlande		— 285102	— 338000	— 361320
Polen		—	— 508567	— 578713
Portugal		— 169571	— 144637	—
Schweden		— 200648	— 202917	— 232595
Schweiz		— 245317	— 311595	— 282869
Tschechoslowakei		—	— 1402467	— 1025517
Türkei		+ 175743	—	—
USSR.		— 1921446	— 1162357	—
Nord- und Mittelamerika:				
Kanada		— 339394	— 569192	— 657712
Vereinigte Staaten		+19554705	+19203824	+20484509
Mexiko		— 47982	+ 139577	—
Südamerika: Argentinien		+ 989	+ 108365	+ 224916
Brasilien		+ 178610	+ 306102	+ 166795
Peru		+ 188895	+ 417204	+ 489315
Asien: China		+ 426720	— 608531	—
Britisch-Indien		+ 4126819	+ 7435950	+ 6035147
Niederländisch-Indien	a[4]	+ 100816	+ 14423	—
Japan	a	— 121382	— 31291	— 24616
„	b	— 2976812	— 6148599	— 6507243
Persien	b	+ 227345	+ 180942	—
Afrika: Ägypten		+ 3132614	+ 2886145	+ 3070991
Uganda		+ 49445	+ 355683	+ 328144
Engl.-ägypt. Sudan	b	+ 17586	+ 77520	+ 221590

[1] Vorläufige Angaben. [2] Durchschnitt August—Dezember 1926.
[3] Nach dem Annuaire International de Statistique Agricole **1926/27,** 373. Rom 1927.
[4] a = nichtegrenierte, b = egrenierte Baumwolle.

Baumwollverbrauch der Welt nach Ländern. Nach „International Cotton Bulletin“, Manchester.

Länder	Gesamtjahresverbrauch der Baumwolle			Hierunter amerikanische			ostindische			ägyptische			brasilianische u. a.		
	im Jahr endend am														
	31. Aug. 1913	31. Juli 1925	31. Juli 1926	31. Aug. 1913	31. Juli 1925	31. Juli 1926	31. Aug. 1913	31. Juli 1925	31. Juli 1926	31. Aug. 1913	31. Juli 1925	31. Juli 1926	31. Aug. 1913	31. Juli 1925	31. Juli 1926
	1000 Ballen[1]														
Europa	**12621**	**9756**	**10232**	**8420**	**6355**	**6287**	**881**	**1291**	**1231**	**787**	**786**	**725**	**2533**	**1324**	**1989**
Deutsches Reich	1728	1211	1148	1312	916	884	231	214	204	109	57	43	76	24	17
Belgien	257	305	353	171	149	177	82	145	156	1	2	3	3	9	17
Dänemark	25	18	21	24	17	20	—	1	1	—	—	—	1	—	—
Finnland	34	28	39	34	28	39	—	—	—	—	—	—	—	—	—
Frankreich	1010	1122	1179	806	806	835	95	160	163	80	107	106	29	49	75
Großbritannien	4274	3235	3022	3667	2343	2093	53	183	168	393	431	391	161	278	370
Italien	789	1002	1037	570	639	712	175	288	254	19	55	50	25	20	21
Niederlande	86	136	152	68	107	118	12	27	30	—	—	—	6	2	4
Norwegen	11	10	6	9	9	6	1	1	—	—	—	—	1	—	—
Österreich	837[3]	136	159	627[3]	85	104	154[3]	46	48	33[3]	3	2	23[3]	2	5
Polen	414	209	190	125	164	158	15	26	22	15	7	5	259	12	5
Portugal	75	75	85	60	46	59	1	—	—	1	1	—	13	28	26
Rußland	2509[2]	1242	1752	487[2]	312	273	21[2]	—	1	87[2]	44	47	1914[2]	886	1430
Schweden	115	83	91	110	79	88	3	3	2	—	1	1	2	—	—
Schweiz	99	108	114	65	60	66	4	9	10	29	38	36	1	1	2
Spanien	358	352	407	285	253	302	34	71	73	20	21	21	19	7	11
Tschechoslowakei	.	484	477	.	342	353	.	117	99	.	19	20	.	6	5
Asien	**3765**[4]	**6238**	**6635**	**519**[4]	**756**	**1012**	**3073**[4]	**4079**	**4273**	**17**[4]	**49**	**42**	**156**[4]	**1354**	**1308**
China	.	1339	1755	.	55	120	.	254	488	.	—	1	.	1030	1146
Indien	2177	2440	2064	94	12	10	2081	2347	2015	1	10	6	1	71	33
Japan	1588	2459	2816	425	689	882	992	1478	1770	16	39	35	155	253	129
Amerika	**6565**	**7001**	**7610**	**5677**	**6050**	**6381**	**212**	**32**	**30**	**136**	**129**	**141**	**540**	**790**	**1058**
Brasilien	508	533	782	—	—	—	—	—	—	—	1	—	508	532	782
Canada	113	148	211	113	147	207	—	1	—	—	—	4	—	—	—
Mexiko	158	193	222	11	—	4	145	—	—	2	1	—	—	192	218
Verein. Staaten von Amerika[5]	5786	6127	6395	5553	5903	6170	67	31	30	134	127	137	32	66	58
Übrige Gebiete	.	173	204	.	68	50	.	33	38	.	11	13	.	61	103
Insgesamt	**22951**[4]	**23168**	**24681**	**14616**[4]	**13229**	**13730**	**4166**[4]	**5435**	**5572**	**940**[4]	**975**	**921**	**3229**[4]	**3529**	**4458**

[1] Ohne Rücksicht auf das Gewicht. — Das Reingewicht eines Ballens beträgt bei amerikanischer Baumwolle ungefähr 230 kg, bei indischer 180 kg, bei ägyptischer 340 kg und bei den übrigen Sorten 135 kg. — [2] Rußland ausschließlich Polen und Finnland. — [3] Österreich einschließlich Tschechoslowakei. — [4] Ohne China. — [5] Ausschließlich Linters; an Linters wurden 1912/13 303000, 1923/24 537000, 1924/25 659000, 1925/26 804000 Ballen verbraucht.

Baumwollindustrie.

Anzahl der Baumwollspindeln in Millionen:

Jahr	Insgesamt	Großbritannien	Übersee	davon USA.
1834	20,98	15,00	1,40	1,40
1883	78,86	42,00	12,00	12,00
1927	164,60	57,32	61,00	

Von der letzteren Ziffer entfallen u. a. auf:

1927	Amerika 41,31 Millionen, und zwar:	USA.	36,73
		Brasilien	2,59
	Asien 18,23 Millionen, und zwar:	Indien	8,71
		Japan	5,95
		China	3,57

Großbritannien. Großbritannien hat seine ursprüngliche Monopolstellung in wenigen Jahrzehnten wieder verloren. 1834 besaß es von sämtlichen Baumwollspindeln der Welt rund vier Fünftel, 1883 immerhin noch beinahe die Hälfte, 1927 nur noch den dritten Teil. Die Ausdehnung seiner Baumwollindustrie ist in dem ersten Zeitraum sehr schnell, im zweiten bedeutend langsamer erfolgt: zwischen 1834 und 1883 stieg die Zahl seiner Spindeln von 15 auf 42 Mill., zwischen 1883 und 1926 nur von 42 auf 57,3 Mill. Gleichzeitig aber haben die Vereinigten Staaten ihre Baumwollspindeln von 1,40 auf 12 und alsdann auf 36,73 Mill. gebracht, während Asien, das 1834 überhaupt noch keine Baumwollspindeln besaß, heute deren 18,23 Mill. aufweist.

Die bedeutsamsten Verschiebungen sind erst durch den Weltkrieg entstanden. Im Erntejahr 1909/10 wurden bei einem Weltverbrauch von 19,2 Mill. Ballen Baumwolle von Europa 54%, von den Vereinigten Staaten 24%, von den übrigen Ländern 22% verarbeitet. Bis 1913/14 hatte sich dieses Verhältnis nicht wesentlich verschoben. 1918/19 entfielen bei einem Weltverbrauch von 16,7 Mill. Ballen

auf Europa	36 %,
die Vereinigten Staaten	35 %
und die übrigen Länder	29 %
	100 %.

Es ist den europäischen Ländern allmählich gelungen, ihren Anteil wieder zu steigern: 1925/26 betrug er bei einem Weltverbrauch von 23,9 Mill. Ballen 42 %, während die Vereinigten Staaten nur mehr 27 % verarbeiteten, die übrigen Länder (der Zuwachs entfällt vor allem auf Asien) ihren Anteil auf 31 % steigerten.

Spindelzahl. Die Weltspindelzahl hat sich von 1913—1927 von 143 Mill. auf 164 Mill., also um 21 Mill. oder 14,7% vermehrt.

Die sechs bedeutendsten Baumwollspinnereiländer Europas (Großbritannien, Deutschland, Frankreich, Rußland, Italien, Tschechoslowakei) verfügten am 31. Juli 1927 zusammen über 93352000 Spindeln oder rund 90 % der europäischen und rund 57 % der Weltspindelzahl. 1913 war ihre Spindelzahl fast dieselbe gewesen (90402000) und hatte 90 % der europäischen, dagegen fast 63 % der Weltspindelzahl betragen.

Nach wie vor an der Spitze steht Großbritannien, dessen Spindelzahl sich sogar noch um 3 % oder in absoluter Ziffer um 1,7 Mill. Stück (auf rund 57 Mill.) erhöht hat, das aber 1927 nur noch 3010000 Ballen verarbeitete gegen 4274000 im Jahre 1913.

Nicht ganz so arg ist Deutschland betroffen, dessen Baumwollindustrie jedoch ebenfalls ein Mißverhältnis zwischen Leistungsmöglichkeit und Verbrauch aufweist. Wenn die Spindelzahl Deutschlands 1927 um 3,5 % niedriger ist als 1913 (10,8 statt 11,2 Mill.), so ist das bekanntlich auf die Abtretung Elsaß-Lothringens zurückzuführen. Der Baumwollverbrauch Deutschlands ist von 1728000 auf 1478000 gesunken, steht also noch um 15 % hinter dem Vorkriegsverbrauch zurück.

Die französische Baumwollindustrie ist sowohl durch die Annexion Elsaß-Lothringens wie durch die mittels Reparationslieferungen erfolgte Erneuerung eines beträchtlichen Teils ihres Produktionsapparates von 7,4 auf 9,6 Mill. Spindeln, d. h. um 29,3 % gestiegen, während der Baumwollverbrauch kaum um 12 % zugenommen hat.

Ganz traurig liegen die Verhältnisse in Rußland: Abnahme der Spindelzahl um 9,4 %, Rückgang des Baumwollverbrauchs aber um 40 %. Also: mangelnde Ausnutzung des Produktionsapparates, Unwirtschaftlichkeit in höchster Potenz.

Von sämtlichen europäischen Ländern bieten ein günstiges Bild allein Italien, das eine Zunahme der Spindelzahl um 10,6 %, eine Verbrauchszunahme jedoch um beinahe 19 % erfahren hat, sowie Holland mit seiner alle andern europäischen Länder gewaltig überragenden Ausdehnung der Baumwollindustrie. Das gleiche gilt von Belgien, dessen Spindelzahl innerhalb Europas nächst Holland die stärkste Vermehrung aufweist.

In Verhältnisziffern wird jedoch der Aufschwung sowohl der holländischen wie der belgischen Baumwollindustrie weit in den Schatten gestellt von Japan, China und Brasilien. Die Ziffern führen eine schlagende Sprache: die Produktionskapazität dieser Länder hat weitaus am stärksten zugenommen.

Die Zahl der in der Baumwollindustrie beschäftigten Personen dürfte nahezu 4 Mill. betragen, eine genaue Statistik darüber gibt es nicht. Ich gebe daher nur einige Stichproben[1]:

Länder	Jahr	Zahl der beschäftigten Personen
Europa:		
Rußland	1917	370000
Deutschland	1920	375000
Großbritannien . .	1920	700000
Frankreich	1920	160570
Italien	1920	220000
Asien:		
China	1920	nicht zu schätzen
Japan	1919	132674
Britisch-Indien . .	1919	293277
Amerika:		
Vereinigte Staaten .	1919/20	700000

Der Lohnkostenfaktor. Arno S. PEARSE, der Sekretär der International Federation of Cotton Spinners and Manufacturers Association, hat Ende 1927 bis Anfang 1928 eine dreimonatige Reise durch die Baumwollindustrien der hauptsächlichsten Länder unternommen, um die Produktionskosten der europäischen Baumwollindustrien zu untersuchen. Sichere vergleichbare Unterlagen hat er dafür nicht beschaffen können. Indessen bezeichnet er es als sicher, daß die Produktionskosten für dieselben Garne sich in jedem Werke anders stellen. Die Unterschiede liegen in der verschiedenartigen Bewertung der Rohstoffkosten, der Abschreibungen, der Besteuerung, des Maschinenparkes.

Dagegen hat PEARSE ein ziemlich genaues Bild der Lohnkosten erhalten, obwohl die Löhne teils reine Arbeiterlöhne waren, teils auch die Bezüge der Angestellten und der Vorarbeiter sowie die Überstundenzuschläge enthielten. PEARSE hat versucht, die reinen Durchschnittslöhne zu ermitteln. Bei einer Berechnung des Lohnanteils für 1 lb. 20er Ringgarn kommt er zu folgendem Ergebnis:

Spanien	2,06 d.
Schweiz	2,0 d.
Deutschland	1,9—2,0 d.
England	1,5 d.
Holland	1,18 d.
Tschechoslowakei	0,80—1,19 d.
Italien . . . . etwas über	1 d.
Belgien	0,931 d.

Indessen sind diese rohen Ziffern noch nicht entscheidend. Vielmehr kommt es auf die wöchentlich gezahlten Durchschnittslöhne an. Diese stellen sich nun in England höher als in den übrigen europäischen Ländern. Auf englische

[1] Nach Wl. WOYTINSKY: Die Welt in Zahlen, 4. Buch, S. 296f. Berlin 1926.

Währung umgerechnet, ergeben sich für die übrigen Länder folgende wöchentliche Durchschnittslöhne:

	sh.	d.
England	65	
Holland	50	
Spanien	44	10
Schweiz	42	9
Deutschland	40—44	
Belgien	28	
Frankreich	28	
Italien	27	
Österreich	25	3
Tschechoslowakei . . .	24—25	

Alle Länder, die von Pearse besucht worden sind, haben die 48-Stunden-Woche durchgeführt, alle arbeiten nötigenfalls in 2—3 Schichten und mit regelmäßigen Überstunden. Die vernünftigste Arbeitszeitgesetzgebung hat Pearse in der Schweiz gefunden. Dieses Land hat die 48-Stunden-Woche eingeführt, jedoch mit der einschränkenden Bestimmung, daß die 52-Stunden-Woche durchgeführt werden soll, sobald die Industrie unter der Konkurrenz eines andern Landes leidet. Das ist nun der Fall besonders gegen England und Frankreich. Die Schweiz hat daher die wöchentliche Arbeitszeit allgemein auf 52 Stunden festgelegt. Lohnzuschläge für Überstunden werden erst nach Ablauf dieser Zeit gezahlt.

Die Baumwollindustrie einzelner Länder.

Großbritannien. An der Spitze der Spindelzahl steht noch immer England, das etwa den dritten Teil der Baumwollspindeln der Welt besitzt. Sein Baumwollverbrauch liegt 20% unter der Vorkriegsziffer und betrug beispielsweise für das Baumwolljahr 1925/26 nur 3 Mill. Ballen von einem Weltverbrauch von 24,7 Mill. Es besitzt den dritten Teil der Weltspindelzahl (57,3 von 163,7 Mill.), hat dagegen nur den achten Teil des Rohstoffverbrauchs. Hingegen verbrauchte England um die Mitte des 19. Jahrhunderts zwei Drittel aller Baumwolle der Welt und war im Baumwollwarenexport unbedingt führend.

Mengenmäßig betrug die Ausfuhr englischer Baumwollgarne 1926 nur 168 gegen 210 Mill. Pfund im Jahre 1913. 1927 trat eine Erhöhung auf 200 Mill. ein.

Deutschland.

Baumwollverbrauch Deutschlands in Kilogramm:

	Insgesamt	Auf den Kopf der Bevölkerung
1836—40 (Jahresdurchschnitt)	8920	0,34
1909	447560	6,98

1914 gab es

	im ganzen Deutschen Reich	davon im Elsaß	es verblieben mithin nach der Abtrennung Elsaß-Lothringens
Baumwollspinnereien	185	16	169
Baumwollspindeln	11223968	1391450	9332518
Baumwollspinnereien und -webereien	160	36	124
Baumwollwebereien	739	49	690
Baumwollwebstühle	286003	45258	240745

Der Krieg mit seinen Folgeerscheinungen hat den deutschen Export sowohl von Baumwollgarnen wie von Baumwollgeweben stark zurückgeworfen. Unsre Baumwollgarnausfuhr hat einen Rückgang von mehr als 50% erfahren, und zwar für sämtliche Garnsorten. An Baumwollgeweben errechne ich die folgende Außenhandelsbilanz:

Deutschlands Außenhandel und Handelsbilanz in Baumwollgeweben.

a) Mengen in Tonnen:

	1913	1925	1926
Ausfuhr	70568	33091	34422
Einfuhr	10153	25775	9008
Ausfuhrüberschuß	60415	7316	25414

b) Werte in Millionen Reichsmark:

	1913	1925	1926
Ausfuhr	446,50	440,20	424,00
Einfuhr	71,62	219,82	77,93
Ausfuhrüberschuß	374,88	220,38	346,07

Flachs.

Die statistischen Angaben über Flachsproduktion und Flachsverarbeitung in der Weltwirtschaft sind weit unvollkommener als die für Baumwolle, Jute und Hanf.

Produktion von Flachs.

Länder	Anbaufläche in 1000 ha		Ernteerträge in 1000 dz Gespinstfasern	
	1926	Jahres-durchschnitt 1909/13	1926	Jahres-durchschnitt 1909/13
Europa:				
Belgien	24	20	349	235
Estland	34	42	93	169
Finnland[1]	6	—	.	19
Frankreich	22	25	102	184
Irland: Nord-Irland	12	17	61	87
Irland: Freistaat Irland	3	4	12	21
Italien[2]	22	17	25	29
Jugoslawien	12	2	86	7
Lettland[1]	64	70	250	302
Litauen[1]	81	55	387	242
Niederlande	14	13	68	78
Österreich	4	5	29	32
Polen	109	80	596	410
Rumänien	21	21	.	22
Rußland[3]	1574	1235	.	4901
Spanien	1	3	7	9
Tschechoslowakei	22	—	110	—
Ungarn	.	3	.	29
Amerika:				
Argentinien	2700	1665	—	—
Canada	330	419	—	13
Uruguay	76	51	—	—
Vereinigte Staaten	1172	1008	—	—
Asien:				
Britisch-Indien	1446	1545	—	—
Japan	18	5	55	23
Afrika:				
Ägypten	.	2	.	33
Marokko	20	7	—	—
Tunis	2	2	—	—
Australien:				
Neuseeland	.	1	—	—

[1] Flachs und Hanf zusammen. [2] Hauptsächlich zur Fasergewinnung.

[3] Europäisches und asiatisches Gebiet ohne Transkaukasien, Turkestan und den Fernen Osten.

Vor dem Kriege wurde der Weltmarkt vor allem von Rußland mit Flachs beliefert, etwa vier Fünftel der gesamten Erzeugung. Die überseeischen Länder, wie Argentinien, die Vereinigten Staaten und Britisch-Indien, die ebenfalls eine große, an Rußland heranreichende Leinpflanzenkultur hatten, kamen für den Flachshandel nicht in Frage, da der Flachs dort zu Leinsaat und Leinöl verarbeitet wurde. Nach dem Kriege ist Rußland als Lieferant zunächst fast ganz ausgefallen und hat dann erheblich geringere Mengen Flachs geliefert als früher. Heute sieht sich daher die europäische Leinenindustrie in einer schweren Rohstoffkrisis.

Schon gegen Ende des 19. Jahrhunderts exportierte Rußland jährlich etwa 198 Mill. kg Flachs, ferner 25 Mill. Hede, zusammen also 223 Mill. kg, die bei einem Durchschnittspreis von 45 M. für 100 kg einen Wert von etwa 100 Mill. M. darstellten. Dazu trat der Verbrauch im eigenen Lande, den man auf etwa 110 Mill. kg im Werte von etwa 50 Mill. M. schätzte.

Die Wirren des Krieges nahmen auch den Flachsanbau empfindlich mit. Als vollends die Sowjetregierung den Einzelhandel untersagte und den Bauern zu niedrige Preise bot, ging der russische Flachsbau zugunsten des lohnenderen Getreidebaus so rasch zurück, daß er kaum noch den einheimischen Bedarf deckt.

Deutschland bezog vor dem Kriege in der Regel jährlich 72000 to Flachs im Werte von 54 Mill. M., und davon entfielen auf Rußland allein 43 Mill. M. Erst sehr weit dahinter folgten Österreich-Ungarn mit nur 7, die Niederlande mit 2 und Belgien ebenfalls mit 2 Mill. M. Einfuhrwert. Andre Länder kamen für uns damals so gut wie gar nicht in Betracht.

In der russischen Ausfuhr stand der Flachs an dritter Stelle, hinter Getreide und Holz. Die Preise, die damals für den russischen Flachs erzielt wurden, waren am Weltmarkt meist 20—25 % höher als am russischen Innenmarkt. Die wertvollsten Sorten wurden in London mit 40—45 Pfd. St. bezahlt, im Durchschnitt erbrachte der Flachs dort in den Jahren 1910—1914 43 Pfd. St. Diese Preise waren auch für den deutschen Großhandel maßgebend.

Weltanbaufläche für Flachs (in Hektar).

1925	1961502
1926	2078344
1927	2082154

Trotz Steigerung der Anbaufläche sank aber die Produktionsmenge:

Welt-Flachsproduktion (in englischen Tonnen).

Länder	1925	1926	1927[1]
Westeuropäische Länder	93946	89814	88700
Baltische Staaten[2]	50666	65244	69000
Sowjetunion[2]	65000	37000	28000
Andre Länder	24987	19239	19500
Europa insgesamt	234599	211297	205200
Amerika, Asien, Afrika	2515	2250	2100
Konsum in der Sowjetunion und den baltischen Staaten	333387	317748	321000
Zusammen	570501	531295	528300

Die west- und mitteleuropäischen Länder haben demnach seit 1925 einen sinkenden Ernteertrag erzielt, gleichzeitig gingen die Zufuhren aus Rußland wesentlich zurück.

[1] Ziffern für 1927 geschätzt.
[2] Ausfuhr der Sowjetunion und der baltischen Staaten.

50*

Rußlands Flachswirtschaft in englischen Tonnen.

	1925/26	1926/27	1927/28[1]
Bedarf der sowjetrussischen Leinenindustrie .	120000	125000	135000
Ausfuhr	65000	37000	28000
Bedarf der russischen Landwirtschaft	121500	127460	127000
Insgesamt	306500	289460	290000

Der sinkenden Weltproduktion steht ein wachsender Bedarf gegenüber:

Welt-Flachsbedarf in englischen Tonnen.

Länder	1925/26	1926/27	1927/28[1]
Deutschland	25855	40700	55000
England	46125	50435	55000
Frankreich	66855	58095	50000
Belgien	40500	57000	55000
Tschechoslowakei . . .	25000	40000	45000
Insgesamt	210335	245230	260000
Andre Länder	10000	10000	10000
Europäische Exporte .	5000	5000	5000
Zusammen	225335	260230	275000

Die Bilanz des Angebots und der Nachfrage wurde schon 1927 folgendermaßen geschätzt (in englischen Tonnen):

	1925/26	1926/27	1927/28
Überschuß aus dem Vorjahr	30000	44265	—
Ernteangebot	234600	211300	205200
Verbrauch	220335	260230	275000
Saldo	+ 44265	— 4665	— 69800

Die Folge mußte eine wesentliche Preiserhöhung und jene Einschränkung der Flachsverarbeitung sein, die dann wirklich, wie wir sahen, eintrat. Während im Dezember 1926 der cif-Preis Basis R für die Standardmarke Livonian etwa 59 Pfd. St. betrug, stellte sich der Preis Anfang Juli 1927 auf 120 Pfd. St. Somit ist eine Preissteigerung von über 100 % eingetreten. Im August 1928 wurden 97 Pfd. St. notiert, nachdem vorübergehend 118 Pfd. St. erreicht waren.

Der Weltflachsmangel hat in Lettland die Möglichkeit zur Einführung des staatlichen Flachsmonopols gegeben.

Der wichtigste Faktor in der Weltbelieferung mit Flachs bleibt trotzdem nach wie vor Rußland. Dort hat der Oberste Volkswirtschaftsrat im Herbst 1928 den vom Allrussischen Textilsyndikat ausgearbeiteten Plan über die Entwicklung der russischen Flachswirtschaft genehmigt. Diesem Plane zufolge wird beabsichtigt, die russische Flachsanbaufläche allmählich so zu steigern, daß sie gegen Ende 1933 einen Umfang von $1^1/_2$ Mill. ha erreicht, mithin die Vorkriegsanbaufläche um 12% übersteigt.

Eine Produktionssteigerung ist vielleicht auch in Nordamerika zu erwarten. Dort hat der Flachsanbau in Oregon, einem der nordwestlichsten Staaten der USA., einen ungeahnten Aufschwung genommen. Der Flachs wird dort neuerdings selbst versponnen und bis zum fertigen Gewebe verarbeitet.

Flachshandel.

Die Welthandelsbewegung in Flachs ergibt sich aus der folgenden Tabelle in die ich nur diejenigen Länder einbeziehe, die in einem der genannten Zeiträume mehr als 100000 dz aus- oder eingeführt haben[2]:

[1] Geschätzt.
[2] a = Flachs, b = Flachswerg, c = Rohflachs, d = gekämmter Flachs.

Länder		1909—1913 Jahresdurchschnitt	1926
Europa:			
Deutschland	a	— 358723	— 83513
„	b	— 135219	— 16811
Österreich	a	— 427011	— 5467
Belgien	a	—1153906	—1454827
„	b	— 23104	+ 175515
Estland		—	+ 103265
Frankreich	c	+ 596802	+1103443
„	d	— 805978	— 505553
„	b	— 13648	— 110010
Großbritannien und Irland	a	— 693583	— 373122
„ „ „	b	— 181263	— 42206
Lettland		—	+ 250019
Litauen		—	+ 196387
Niederlande	c	+ 291624	+ 299990
Polen		—	+ 107133
Tschechoslowakei	a	—	— 172526
USSR.		+2821106	—
Nord- und Mittelamerika:			
Vereinigte Staaten		— 150841	— 68878
Südamerika		—	—
Asien:			
Japan		— 26951	— 120143
Afrika		—	—
Ozeanien		—	—

Leinwandindustrie.

Die wichtigsten Produktionszentren der Flachsindustrie liegen heute in Großbritannien (England und vor allem Irland), Frankreich und Deutschland. Die britische Flachsindustrie beschäftigt rund 100000, die deutsche mindestens 17000 Personen.

Flachs- und Zwirnspindeln.

Länder	Industriegebiet	Spindelzahl
England	Belfast	1140000
Frankreich	Lille	570000
Rußland	—	400000
Belgien	Gent	315000
Deutschland	Schlesien, Bielefeld	300000
Tschechoslowakei	Trautenau	288000

Großbritannien und Irland. In Großbritannien und Irland zählte man 1875 erst 45000 Kraftstühle, 1890 deren 65000. Nach dem Weltkriege hat die Leinenindustrie Großbritanniens einen Rückgang erlitten, der sie wesentlich unter die Vorkriegsziffern gedrückt hat. Gegenwärtig beschäftigt sie 30000 männliche und 71000 weibliche Arbeiter. Die Zahl der in Betrieb befindlichen Garnspindeln beträgt 1141000, die Zahl der Webstühle 37200. Den Hauptanteil hieran hat Irland, das allein mit 941000 Spindeln beteiligt ist und 70000 Arbeiter in der Flachsindustrie zählt. Auf Schottland entfallen nur 150000 Flachsspindeln und auf England und Wales sogar nur 50000.

Der Ausfuhrkoeffizient der britischen Flachsindustrie ist beträchtlich. So hat sie 1924 110793000 Quadratyards im Werte von 8444799 Pfd. St. ausgeführt. Hauptabnehmer sind die Vereinigten Staaten von Nordamerika, die ungefähr die Hälfte des ausgeführten Leinengewebes erhalten.

Leinenwarenausfuhr Großbritanniens.

	1913	1925	1926	1927
Stückware in Quadratyards . .	193696000	83691000	72282000	73911000
Tüchel in Dutzend.	—	3128000	4069000	5061000
Damaste und Tischzeuge in Pfd. St.	—	1285000	1338000	1464000

Die britische Leinenwarenausfuhr hatte ihren Hauptmarkt in den Vereinigten Staaten. Noch heute gehen 50% der Ausfuhr dorthin. Während aber von Großbritannien 1912 in die USA. 147679646 Quadratyards exportiert worden waren, betrug die Vergleichsziffer 1927 nur 32115100 Quadratyards, also etwa nur ein Fünftel.

Leinenwareneinfuhr Großbritanniens (in Pfd. St.).

1923	693305
1925	1140636
1926	1099063
1927	1174421

Deutschland. In Deutschland sind nach der Berufs- und Gewerbezählung des Jahres 1925 in der Flachs- und Flachswergspinnerei sowie der Zwirnerei von Leinengarn berufsgenossenschaftlich im Jahresdurchschnitt rund 17000 Personen versichert. Als wichtigste Standorte der Flachsspinnerei wurden Schlesien (Riesengebirge), der Freistaat Sachsen (Erzgebirge und Vogtland) und die Rheinprovinz festgestellt. Von insgesamt 56 Betrieben waren 32 reine Spinnereien, 17 reine Zwirnereien und 7 gemischte Betriebe. Ende 1925 waren vorhanden: 285003 Spindeln zum Spinnen von Flachs und Flachswerg (davon 266405 zum Naßspinnen und 18598 zum Trockenspinnen) und 45759 Zwirnspindeln. Die Flachs- und Flachswergspinnereien bearbeiteten im Jahre 1925 insgesamt 32,6 Mill. kg Faserstoffe, davon 20,2 Mill. kg (64%) Rohflachs und 11,5 Mill. kg (36%) hinzugekauften gehechelten Flachs und hinzugekauftes Flachswerg. Der Rohflachs wurde zur Hälfte aus dem Auslande bezogen. Das Spinnergebnis der Spinnereien an eindrähtigem Garn stellte sich auf insgesamt 21,3 Mill. kg.

Interessant ist, daß der Verbrauch der Spinnereien an ausländischem Rohflachs von 36,1 Mill. kg im Jahre 1909 auf 10,7 Mill. kg im Jahre 1925 zurückgegangen ist, während der Verbrauch von deutschem Rohflachs von 3,5 Mill. kg auf 9,5 Mill. kg stieg. Die Jahresproduktion von Leinengarn ist gegen das Jahr 1909 um 36% zurückgegangen. Dieser Rückgang wird damit erklärt, daß sich der Konsum in starkem Maße den billigen Waren aus Baumwolle und Kunstseide zugewandt hat.

Hanf.

Vor dem Kriege zerfiel die Produktion von Hanf in vier Arten dieses Hartfaserstoffes. In runden Ziffern betrug die überseeische Produktion 1912

	to
Manilahanf	180000
Mexikohanf (Sisalhanf)	150000
Deutsch-Ostafrikanischer Sisalhanf	25000
	355000

In Europa wird Hanf in nennenswerten Mengen nur in Rußland und in Italien erzeugt; die russische Produktion ist drei- bis viermal so groß wie die italienische. Deutschland führte in den Jahren 1909—1913 durchschnittlich rund 340000, in den Jahren 1925—1926 rund 225000 dz ein.

Jute.

Produktion.

Die schnelle Steigerung des Jutebedarfs hat ihre Produktion in den letzten Jahrzehnten rasch in die Höhe getrieben. Es wurden erzeugt:

	Millionen Ballen (je 400 engl. Pfd.)		Millionen Ballen (je 400 engl. Pfd.)
1874	1,5	1914	9,5
1884	3,5	1924	8,8
1894	5,5	1926	12,2
1904	7,5		

Die Ziffern umfassen nur die Juteproduktion Britisch-Indiens, da die aller andern Erdgebiete einstweilen ganz unerheblich ist.

In Britisch-Indien wird die Jute hauptsächlich in Bengalen gebaut.

Rohjuteausfuhr Britisch-Indiens (in Ballen von je 400 Pfund).

Fiskaljahr April bis März	Insgesamt	Nach den wichtigsten Einfuhrländern: Großbritannien und Irland	Deutschland	USA.
1913/14 . .	4303326	1626066	886928	659366
1918/19 . .	2229618	1255078	—	342882
1919/20 . .	3314158	1739752	20210	434834
1920/21 . .	2645518	761729	403581	616028
1921/22 . .	2619036	508676	806473	371963
1922/23 . .	3236548	874597	792232	501710
1923/24 . .	3695793	877156	908863	488236
1924/25 . .	3897600	967456	1059929	331968
1925/26 . .	3624062	976662	809956	387783

Jutehandel der wichtigsten Länder.

Der Handelsverkehr in Rohjute geht ganz einseitig vor sich: sie kommt nur aus Britisch-Indien (und Nepal) und geht von dort aus in alle Weltteile.

Jutehandel der wichtigsten Länder (in Doppelzentnern)[1].

Länder	1909—1913 Jahresdurchschnitt	1925	1926
Europa:			
Deutschland	—1461532	—1332468	— 871223
Österreich	— 561165	— 85899	— 48404
Belgien	— 216818	— 260091	— 233277
Spanien	— 262768	— 333927	— 360528
Frankreich	—1009293	— 887592	—1182580
Großbritannien und Irland. .	—1285523	—1877330	—1169409
Ungarn	— 166496	— 79142	— 55979
Italien	— 369735	— 499190	— 430995
Polen	—	— 124834	— 125699
Tschechoslowakei	—	— 333732	— 255858
USSR.	— 418629	— 90584	— 109870
Nord- und Mittelamerika:			
Vereinigte Staaten	—1029446	— 647294	— 693818
Südamerika:			
Brasilien	— 84761	— 151481	— 136160
Asien:			
Britisch-Indien	+7762420	+7036420	+6281355
„ „	— 138275	— 85824	— 73260
Nepal	+ 138845	+ 85824	—
Afrika	—	—	—
Ozeanien	—	—	—

[1] Annuaire International de Statistique Agricole **1926/27**, 378. Rom 1927. Dort sind die Vorzeichen umgekehrt angegeben wie hier. Berücksichtigt sind nur solche Länder, in denen der Ausfuhr- oder Einfuhrüberschuß sich auf mehr als 100000 dz belaufen hat.

Juteindustrie.

Juteverbrauch in je 1000 Ballen.

	1874	1884	1894	1904	1910
Indische Spinnereien	460	900	1500	2900	4300
Örtlicher Verbrauch Indiens .	500	500	500	500	500
Großbritannien	1000	1200	1200	1200	1245
Europäisches Festland	300	650	1100	1800	2315
Nordamerika	300	500	500	500	600
Zusammen	2560	3750	4800	6900	8960

Die indische Juteindustrie hat ihren Mittelpunkt, genau wie die Juteerzeugung, in Bengalen. Ihr Wachstum ergibt sich aus folgenden Ziffern:

Juteindustrie Britisch-Indiens.

Jahresdurchschnitt	Fabriken	Kapital in Rupien	Angestellte	Webstühle	Spindeln
1879—1884. .	21	26347230	38800	5500	88000
1884—1889. .	24	33277929	52700	7000	138400
1890—1894. .	26	39385058	64300	8300	172600
1895—1899. .	31	50966004	86700	11700	244800
1899—1904. .	36	66184398	114200	16200	334600
1904—1909. .	46	93436800	165000	54800	510500
1909—1914. .	60	116976000	208400	33500	691800
1914—1915. .	70	135707220	238300	38400	795500
1915—1916. .	70	128728656	254100	39900	812400
1916—1917. .	74	135884016	262600	39700	824300

Die Leistungsfähigkeit der indischen Jutefabriken ist noch schneller gestiegen.

Produktion der indischen Jutefabriken.

Jahresdurchschn.	Jutesäcke Stück	Jutegarne Yards	Jahresdurchschn.	Jutesäcke Stück	Jutegarne Yards
1879—1884	54900000	4400000	1904—1909	257800000	698000000
1884—1889	77000000	15400000	1909—1914	339100000	970000000
1889—1894	111500000	41000000	1914—1915	397600000	1057300000
1895—1899	171200000	182000000	1915—1916	794100000	1192300000
1899—1904	206500000	427200000	1916—1917	805000000	1230100000

Die Zahl der deutschen Jutespindeln ist ungefähr dieselbe geblieben: 1911 betrug sie 180204, 1926 188442.

Allerdings hat die Rohjuteeinfuhr Deutschlands die Vorkriegsziffern noch nicht erreicht.

Rohjuteeinfuhr Deutschlands (in Tonnen).

1913	154241	1924	109934
1922	100573	1926	87473

Handelsbilanz Deutschlands in Juteerzeugnissen (in Doppelzentnern).

	Einfuhr	Ausfuhr	+ Ausfuhrüberschuß bzw. — Einfuhrüberschuß
1913.	86606	77755	— 8851
1925.	26121	206686	+ 180565
1926.	19876	270369	+ 250493

Das **Jutesyndikat**, in welchem zwei Drittel der deutschen Juteindustrie zusammengeschlossen waren, kam infolge des scharfen Wettbewerbs auf dem deutschen Markt, der einem Fallen des Jutepreises und einer starken Verringerung der Nachfrage im Frühjahr 1926 folgte, zur Auflösung. Doch bildete sich wenige Monate darauf die „**Interessengemeinschaft deutscher Juteindustrieller**“, die anfangs als loser Verband gedacht war, inzwischen aber ein regelrechtes Produktions- und Absatzkartell geworden ist. Daneben besteht aus der Vorkriegszeit noch der „**Verband deutscher Juteindustrieller**“, dem fast sämtliche Firmen angehören und der ihre gemeinschaftlichen Interessen vertritt.

Kunstseide.

Produktion.

Weltproduktion an Kunstseide (in Millionen Kilogramm).

	1927	1926	1925	1913
Vereinigte Staaten .	33,5	28,8	23,5	0,7
Deutschland	16,5	12	11,8	2
Großbritannien . .	17	11,3	12,7	3
Italien	18,5	15	13	0,1
Frankreich	11	8	7	2
Niederlande	7,5	6	4,1	—
Belgien	6	5,5	5	1,3
Japan	4	2,5	1,2	—
Schweiz	3,5	3	2,7	0,1
Übrige Länder . .	5,3	4,5	4,6	1,5
Welterzeugung . . .	122,8	96,6	85,6	10,7

1928 ist die Welterzeugung von Kunstseide auf etwa 169 Mill. kg gestiegen, hat also abermals einen gewaltigen Sprung aufwärts gemacht.

Seit 1913 ist die Weltkunstseidenproduktion beinahe auf das 12fache gestiegen. Zugleich aber sind in dieser Zeit starke Verschiebungen eingetreten: 1913 standen an der Spitze der Produktion Großbritannien mit 3, Deutschland und Frankreich mit je 2 Mill. kg, während 1927 die Vereinigten Staaten mit 33,5 Mill. kg die Produktion aller andern Länder weit hinter sich gelassen haben. An zweiter Stelle sehen wir jetzt Italien mit 18,5, während seine Ausgangsziffer 1913 nur 0,1 Mill. kg betrug, an dritter und vierter Stelle Großbritannien mit 17 und Deutschland mit 16,5 Mill., erst an fünfter Stelle Frankreich mit 11 Mill.

Im Vergleich zu Naturseide beträgt die Kunstseidenproduktion in Millionen Kilogramm:

	Kunstseide	Rohseide		Kunstseide	Rohseide
1896	0,6	.	1922	36,0	31,9
1901	1,5	19,2	1923	44,0	30,5
1907	2,9	.	1924	63,8	32,9
1909	7,5	24,5	1925	77,5	39,1
1913	11,8	27,3	1926	99,0	44,1

Weitaus an der Spitze der Kunstseiden-Konzerne marschiert die englisch-deutsche Courtaulds-Glanzstoffgruppe. Sie verfügt nicht nur über Werke von großer Produktionskapazität, sondern übt durch ihre Tochtergesellschaften und Beteiligungen fast auf allen Märkten einen maßgebenden Einfluß aus. An der Snia Viscosa, dem führenden italienischen Kunstseidenunternehmen, ist die englisch-deutsche Gruppe gemeinschaftlich beteiligt. Als die italienische Gesellschaft infolge der Stabilisierungskrise in Schwierigkeiten geriet, wurde die Sanierung von der englisch-deutschen Gruppe vorgenommen. Mannigfache Beziehungen verflechten sie weiterhin mit den führenden nordamerikanischen Unternehmungen: der American Viscose Corp. und der American Glanzstoff Corp. Ferner kontrolliert der Glanzstoffkonzern die J. P. Bemberg A.-G. in Elberfeld und damit auch die American Bemberg Corp. Dem Glanzstoffkonzern gehören weiter die Österreichischen Glanzstoffwerke, die Böhmischen Glanzstoffwerke und die Neuen Glanzstoffwerke A.-G. in Breslau, in welch letzterer die Kunstseideninteressen des Giesche-Konzerns aufgegangen sind. Enge Beziehungen bestehen zwischen dem Glanzstoff-Bemberg-Konzern und dem französischen „Comptoir des Textiles artificiels“ und dem „Cupro-Textil“, während Courtaulds mit den Gesellschaften „Les Soieries de Strasbourg“ und „La soie artificiel de Calais“ stark zusammenhängen. Der englisch-deutsche Konzern greift also in seiner Interessengemeinschaftskonzentrationspolitik weit hinaus in die ganze Welt. Außerdem besitzt er noch Fabriken und Beteiligungen in andern Ländern, so in Spanien und in Japan. Man darf vielleicht annehmen, daß mehr als zwei Drittel der Weltproduktion an Kunstseide direkt oder indirekt unter der Glanzstoff-Courtaulds-Gruppe stehen (s. a. Kunstseiden-Herstellung).

Indessen ist die Kunstseidenindustrie international noch keineswegs ganz vertrustet. Vielmehr gibt es immer noch eine Reihe bedeutsamer Außenseiter: so in Deutschland die Kunstseideninteressen der I. G. Farbenindustrie, die sich mit Köln-Rottweil fusioniert hat. Von noch größerer Bedeutung sind die niederländischen Gesellschaften, vor allem die N. V. Nederlandsche Kunstzijdeindustrie (Enka) und die N. V. Hollandsche Kunstzijdeindustrie in Breda.

Im übrigen ist die gegenseitige Verflechtung der Kunstseidenkonzerne schwer übersehbar, ganz besonders soweit der belgische Bankier LÖWENSTEIN daran beteiligt war. Außerhalb der genannten Gruppen steht ferner die British Celanese Co. Sie scheint Vorbereitungen zu einem Kampfe um die Märkte zu treffen, der sich trotz der gegenseitigen Verflechtung der Kunstseidenkonzerne aus andern Gründen einmal ergeben dürfte.

Zwischen 1922 und 1927 hat sich die Weltproduktion an Kunstseide von ungefähr 38 auf 135 Mill. kg gehoben. Im ersten Halbjahr 1928 ist der Fortschritt weiterhin geradezu stürmisch gewesen. Immer größere Kapitalien werden in dieser Industrie investiert, immer höher wächst die Leistungsfähigkeit der einzelnen Werke. So stürmisch ist die Entwicklung, daß von vielen Seiten eine Überproduktion und eine entsprechende Krisis befürchtet wird.

Dividenden der führenden deutsch-englisch-italienischen Kunstseidenkonzerne:

	Kapital	Dividende in %	
		1925	1926
Vereinigte Glanzstoff .	42 Mill. RM.	15	15
Bemberg	12 Mill. RM.	8	8
Courtauld	12 Mill. Pfd. St.	25	22,5
Snia Viscosa	1 Milliarde Lire	12,5	10

Kommt es zu einem scharfen Wettkampf in der Kunstseidenweltwirtschaft, so dürften die Gestehungskosten in den verschiedenen Ländern eine Bedeutung gewinnen. Lehrreiche Ziffern über die Produktionskosten der Kunstseidenindustrie in den verschiedenen Ländern hat das Department of Commerce in den Vereinigten Staaten Mitte 1926 veröffentlicht und daneben den Marktpreis einschließlich Zoll in den USA. gestellt (in Dollars):

	Gestehungskosten	Amerikanischer Marktpreis
Belgien	0,68	1,13
Italien	0,70	1,15
Tschechoslowakei .	0,75	1,20
Frankreich	0,77	1,22
Österreich	0,94	1,39
Deutschland	0,97	1,42
Holland	1,—	1,45
Schweiz	1,20	1,74
Polen und Danzig .	1,25	1,81
England	2,32	3,38
Durchschnittlich	0,93	1,38

Das verhältnismäßige Zurückbleiben Deutschlands in der Kunstseidenherstellung war vor allem eine Folge des Krieges einerseits, der Zwangswirtschaft andrerseits.

Die Wiederumstellung der deutschen Kunstseidenwerke nach dem Waffenstillstand auf ihre alte Produktion war aufs äußerste erschwert. Monatelang dauerte der Rohstoffmangel. Keine Industrie hat zudem unter den schematischen Bestimmungen der Zwangswirtschaft so zu leiden gehabt: der Kunstseidenpreis wurde behördlich festgesetzt, während die Rohstoffe (Baumwolle und Zellstoff) zu Weltmarktspreisen gekauft werden mußten. Immer leichtere, d. h. gestreckte Kunstseide mußte daher zu geringwertigen Trikotagen verwandt werden, und diese billigen gewirkten Kleider haben die Kunstseide mit Unrecht in Verruf gebracht. Endlich traten die Hochschutzzölle der Länder hinzu, die früher aus Deutschland Kunstseide bezogen hatten: England erhebt einen Wertzoll von 32%, die USA. 45%, Frankreich bis 52%, Japan 14% usw. Demgegenüber ist der deutsche Kunstseidenzoll von 3,1 M. mehr als bescheiden. In dem Handelsvertrag mit Italien haben wir der dortigen Kunstseide noch besondre Vorteile eingeräumt. Deutschland steht daher unter den Kunstseide exportierenden Ländern heute nur mehr an dritter oder vierter Stelle.

Kunstseidenausfuhr der wichtigsten Länder.

	1926		1925	
	1000 kg	1000 RM.	1000 kg	1000 RM.
Italien	9791,1	88554	7259,9	95898
Holland	5544,1	36822	3042,0	24861
Frankreich	1127,0	10234	711,4	9286
Deutschland	3661,4	32764	3797,0	39675
England	2650,8	34458	3270,0	46551
Belgien	3229,6	28496	3333,7	36979
Schweiz	2954,3	28350	1871,3	25308
Zusammen	28958,3	259678	23285,3	278558

An dem Beispiel Deutschlands sei endlich gezeigt, wie die Ausfuhr der Kunstseide, deren Produktion in verhältnismäßig wenigen Ländern konzentriert ist, auf zahlreiche Richtungsländer ausstrahlt:

Richtungsländer der deutschen Kunstseidenausfuhr.

	1926		1925		1913	
	1000 kg	1000 RM.	1000 kg	1000 RM.	1000 kg	1000 RM.
Vereinigte Staaten	1139,1	10480	941,4	8922	192,3	2456
Tschechoslowakei	477,6	4370	309,1	3714	.	.
Schweiz	587,2	4526	835,0	8234	93,7	675
Spanien	66,1	570	13,9	168	3,4	42
Österreich	213,6	2097	124,5	1619	.	.
Argentinien	110,9	1435	75,0	974	1,0	18
Polen	50,7	562	21,1	294	.	.
Canada	114,1	922	33,9	382	1,7	23
England	64,6	673	799,0	8154	50,6	654
Rumänien	33,2	340	—	104	0,4	6
Dänemark	30,8	322	—	75	2,3	37
Schweden	63,9	769	55,5	913	4,0	66
China	230,8	1390	283,8	2610	0,3	4
Brasilien	17,9	241	12,3	206	6,5	99
Niederlande	64,7	605	85,1	992	2,0	24
Estland	21,1	249	—	106	.	.
Japan	80,8	546	—	30	25,4	266
Italien	21,5	205	57,2	752	75,7	832
Belgien	26,3	88	23,9	232	11,7	130
Übrige Länder	10,8	2374	126,3	1194	326,1	4552
Zusammen	3661,4	32764	3797,0	39675	797,1	9884

Die Kunstseidenausfuhr Deutschlands zeigt die offensichtliche Tendenz, vorzugsweise die Hauptverbrauchsländer ohne eigene Kunstseidenindustrie zu beliefern, während die Ausfuhr nach den Ländern mit bedeutender eigener Kunstseidenherstellung allmählich zurückgeht. Die Ziffern für die 12 wichtigsten Absatzmärkte mögen dies dartun.

Kunstseidenausfuhr Deutschlands nach den 12 wichtigsten Absatzländern in Doppelzentnern:

	1926	1927	1928
Ver. Staaten	10574	8707	8824
Tschechoslowakei	4652	3914	5400
Polen	407	2009	4238
Argentinien	984	2172	3751
Spanien	537	2600	3722
China	1815	689	3541
Schweiz	5518	3793	2943
Rumänien	300	1124	2371
Österreich	1915	2364	2312
Brasilien	155	553	2104
Britisch-Indien	336	605	1831
Kanada	1019	1444	1812

Diese Verschiebung der Ausfuhrrichtungen ist nicht nur durch den starken Wettbewerb der Kunstseide produzierenden Länder bedingt, sondern (mindestens teilweise) durch die zunehmende internationale Verflechtung dieser Industrie.

Die deutsche Kunstseidenausfuhr in die Länder, die selbst eine nennenswerte Produktion von Kunstseidengarn besitzen, ist zwischen 1926 und 1928 von etwa 60% auf beinahe 25% gesunken. Nur die Vereinigten Staaten machen eine Ausnahme, obwohl sie unter allen Ländern die größte Kunstseidenindustrie haben. Aber der Verbrauch ist dort so gewaltig gestiegen, daß sie trotzdem noch vom Ausland beziehen mußten, so daß sie die wichtigsten Abnehmer Deutschlands waren. Mit Sicherheit läßt sich jedoch annehmen, daß die heimische Produktion dort so stark ausgebaut werden wird, daß Deutschland diesen wichtigen Abnehmer alsbald größtenteils verlieren wird, um so mehr, als die deutsche Kunstseidenindustrie sich, um Zölle zu sparen, eigne Betriebe in den Vereinigten Staaten geschaffen hat oder sich an der Begründung neuer Fabriken dort beteiligte.

Auch im übrigen ist damit zu rechnen, daß dort, wo ein starker Kunstseidenverbrauch herrscht, der Anreiz zu eigener Produktion gegeben ist. So ist dies für Polen zu beobachten, wo die bedeutende Kunstseideneinfuhr zahlreiche eigne Gründungen und Gründungsprojekte ausländischer Konzerne herbeigeführt hat.

Das in der Welt-Kunstseidenindustrie investierte Kapital wächst außerordentlich rasch. Vom Januar 1928 bis April 1929 ist es um wenigstens ein Drittel gestiegen.

Kapital der Welt-Kunstseidenindustrie in Pfd. Sterl.[1].

	April 1929	Januar 1928	Zunahme
Ver. Staaten und Kanada	63000	45350	17650
England	46000	17500	28500
Italien	22300	20900	1400
Deutschland	11400	9900	1500
Frankreich	11350	8150	3200
Niederlande	7700	4600	3100
Belgien	2550	2100	450
Schweiz	1450	1350	100
Japan	4400	3100	1300
Verschiedene Länder	2600	1700	900
	172500	114650	52100

Die bedeutende Zunahme in so kurzer Zeit beruht in der Hauptsache auf den Kapitalserhöhungen der Courtaulds-, der Glanzstoff-, der Bemberg- und der Rhodiaseta-Gruppe.

Die wirklichen Machtverhältnisse der Kunstseidenindustrien der einzelnen Länder ergeben sich freilich aus der Höhe ihres Gesellschaftskapitals noch nicht allein, vielmehr ist dazu auch ein Blick auf die internationalen Kapitalverflechtungen und besonders auf die Kapitalanlagen im Auslande erforderlich. So verfügt die Kunstseidenindustrie der Vereinigten Staaten (und Kanada, das stets dazu gezählt wird) in der ausländischen Kunstseidenindustrie über Kapitalanlagen von 2 Millionen Pfd. Sterl.:

450000	Pfd.	Sterl.	in Deutschland
1000000	„	„	in Frankreich
300000	„	„	in Japan
250000	„	„	in den Niederlanden
2000000	Pfd.	Sterl.	

[1] Nach „Manchester Guardian Commercial".

Andrerseits besitzt die englische Firma Courtaulds 85 % des Aktienkapitals der American Viscose Corporation, und die nordamerikanischen Tochterunternehmungen der Glanzstoff (Bemberg, Enka sowie der Associated Rayon) sind ebenfalls bedeutsam. Insgesamt haben die europäischen Kunstseidenindustrien in Nordamerika 35 Millionen Pfd. Sterl. investiert.

Eine Aufstellung der tatsächlichen Kapitalverhältnisse der verschiedenen Länder in der Kunstseidenindustrie ergibt folgende Reihenfolge:

	in je 1000 Pfd. Sterl.
England	69250
Amerika	30750
Deutschland	28900
Italien	13100
Niederlande	11950
Frankreich	8400
Belgien	4950
Japan	3150
Schweiz	1700
Verschiedene Länder	600
	172750

Seide.

Produktion.

Rohseidenerzeugung der Welt (in je 1000 kg)[1].

Jahresdurchschnitt	Europa	Levante und Mittelasien	Ostasien	Zusammen
1871—1875	3676	676	5194	9546
1876—1880	2475	639	5740	8854
1881—1885	3630	700	5108	9438
1886—1890	4340	738	6522	11600
1891—1895	5518	1107	8670	15295
1896—1900	5220	1552	10281	17053
1901—1905	5312	2304	11476	19092
1906—1910	5459	2836	14917	23212
1911—1914	4599	2323	18346	25268
1915—1919	3186	1040	21263	26086
1920—1923	1087	700	23233	28021
1924—1926	4870	1113	34422	40405

1854 belief sich die Rohseidenproduktion Europas auf $7^1/_4$ Mill. kg. Dann aber wurde sie durch die Seidenraupenkrankheit, die schnell um sich griff, arg mitgenommen. Schon 1856 betrug die europäische Erzeugung nur noch $3^1/_3$ Mill. kg. Den Tiefpunkt erreichte sie Ende der 70er Jahre. Fortan überstieg die Seidenproduktion Ostasiens, die zwar immer ihren Vorrang behalten hatte und nur um die Mitte des 19. Jahrhunderts von derjenigen Europas eingeholt worden war, die europäische in immer größerem Umfang. Der Anteil Europas an der Weltseidenproduktion sank schon vor dem Weltkriege auf ungefähr den 6. Teil und hat nach dem Kriege nicht einmal diesen Bruchteil wieder erreichen können.

Eine der wichtigsten Ursachen für den allmählichen Rückgang des europäischen Seidenbaus gegenüber dem ostasiatischen ist in den Unterschieden der Lohnhöhe zu sehen. Weder in Frankreich noch in Italien kann man so billige Arbeitskräfte finden wie in Ostasien. Aus dem gleichen Grunde wäre auch eine Wiederaufnahme des Seidenbaus in Deutschland, von der während des Krieges viel die Rede war, unzweckmäßig, ganz abgesehen von der Ungunst unseres Klimas. Es muß also damit gerechnet werden, daß der europäische Seidenbau weiter zurückgeht, weil er größtenteils auf entlohnter Arbeit beruht, während er in Japan im Familienbetrieb erfolgt. Der weltwirtschaftliche Schwerpunkt des Seidenbaus verschiebt sich daher wiederum nach Ostasien, wo er früher bereits mehr als drei Jahrtausende gelegen hat.

[1] Für Ostasien sind nur die Ausfuhrziffern gegeben, da sich die für den eigenen Verbrauch verwendete Erzeugung nicht schätzen läßt.

Seidenhandel.

Mehr als 100000 dz haben in den letzten Jahren in sämtlichen Ländern der Welt nur Japan und die Vereinigten Staaten abgegeben oder angezogen. Japan war unverändert der gebende, die Vereinigten Staaten unverändert der nehmende Teil.

Seidenhandel (+ Ausfuhrüberschuß bzw. — Einfuhrüberschuß) in Doppelzentnern[1].

	1909—1913 Jahresdurchschnitt	1925	1926
Europa	—	—	—
Nordamerika:			
Vereinigte Staaten	— 106076	— 286241	— 297923
Asien:			
Japan	+ 94197	+ 262234	+ 263760

Nach dem Internationalen Landwirtschaftsinstitut gebe ich auch die

Seidenhandelsbilanz der Welt nach Erdteilen (in Doppelzentnern) (+ Ausfuhrüberschuß bzw. — Einfuhrüberschuß)[2].

	1909—1913 Jahresdurchschnitt	1925	1926
Europa	— 60000	— 27000	— 35000
Nordamerika	— 107000	— 228000	— 301000
Asien	+ 163000	+ 363000	+ 349000
Afrika	0	0	0
Ozeanien	0	0	0
	— 4000	+ 108000	+ 13000

Seidenindustrie.

Zahl der Webstühle in der Seidenverarbeitung. (A = Kraftstühle, B = Handstühle.)

	1889		1900		1913		1924	
	A	B	A	B	A	B	A	B
Ver. Staaten	14866	413	36989	173	73504	—	94172	—
Frankreich	20000	65—70000	30638	60000	44525	17270	47172	5413
Österreich-Ungarn	4000	7000	9000	35000	15873	—	—	—
Deutschland	—	—	—	—	32382	2142	28443	791
Italien	2535	22414	8490	11000	14000	5000	17500	—
Schweiz	6476	23046	13326	19544	15—16000	3000	14000	500
Großbritannien	—	—	—	—	—	—	7—8000	—

Mit unwiderstehlicher Gewalt haben die Vereinigten Staaten die Seidenindustrie erobert. Noch vor einem Menschenalter bezogen sie den weitaus größten Teil ihres Seidenwarenbedarfs aus Europa. Aber schon in der letzten Vorkriegszeit war der Sieg der USA. auf seidenindustriellem Gebiete entschieden.

Bereits 1896—1910 stieg der Seidenverbrauch der USA. auf mehr als das Fünffache: von 1,9 auf 10,1 Mill. kg. Während des Krieges hat, zumal infolge der Verkehrshemmungen, die die Zufuhr von Fabrikaten nach den Vereinigten Staaten erschwerten, die dortige Seidenindustrie einen weiteren bedeutenden Aufschwung erfahren, der sich in erster Linie auf dem Gebiete der Qualitätsfabrikate geltend machte. Die us-amerikanische Seidenindustrie hat während des Krieges einen riesigen Aufschwung genommen. In der Union werden heute bedeutend mehr Seidenwaren hergestellt als in irgendeinem anderen Lande der Welt. Der Erzeugungswert der dortigen Seidenfabriken betrug 1914 254 Mill., dagegen 1917 bereits rund 400 Mill. Dollars. Die Produktionszunahme führte auch zu gesteigerter Ausfuhr von Seidenwaren.

[1] Nach dem Annuaire International de Statistique Agricole **1926/27**, 407. Rom 1927. Dort sind die Vorzeichen umgekehrt angegeben als hier.
[2] Ebenda S. 447.

Außenhandel der Vereinigten Staaten in Rohseide und Seidenstoffen.
Rohseideneinfuhr.

Jahresdurchschnitt	Mengen in je 1000 Pfd.	Wert in je 1000 Doll.	Durchschnittlicher Preis für das Pfd. in Doll.	Jahresdurchschnitt	Mengen in je 1000 Pfd.	Wert in je 1000 Doll.	Durchschnittlicher Preis für das Pfd. in Doll.
1871—1880	1340	6390	4,77	1906—1910	20281	67415	3,32
1881—1890	5304	16775	3,16	1911—1915	30190	82703	2,74
1891—1900	9259	26843	2,90	1916—1920	45641	235332	5,16
1901—1905	15798	45968	2,91	1921—1925	62030	356287	5,74

Seidenstoffaußenhandel (in je 1000 Dollar).

Jahresdurchschnitt	Einfuhr in je 1000 Doll.	Ausfuhr in je 1000 Doll.	Jahresdurchschnitt	Einfuhr in je 1000 Doll.	Ausfuhr in je 1000 Doll.
1871—1880	26867	297	1906—1910	33723	835
1881—1890	33841	259	1911—1915	28301	2210
1891—1900	29585	268	1916—1920	47109	16735
1901—1905	32215	425	1921—1925	40941	12992

Dieses reiche Volk hat also seine Rohseideneinfuhr so gewaltig gesteigert, daß es für sie letzthin im Jahresdurchschnitt 356 gegen nur 6 Mill. Doll. im Jahresdurchschnitt 1871—1880 bezahlt hat. Nicht minder bedeutsam ist, daß die Seidenstoffeinfuhr, die 1871—1880 sich auf mehr als den vierfachen Wert der Rohseideneinfuhr bezifferte, bereits im ersten Jahrfünft des 20. Jahrhunderts von der Rohseideneinfuhr um fast 50 % übertroffen wurde und im letzten Jahrfünft mit 41 Mill. Doll. nur noch weniger als den 8. Teil der sich auf 356 Mill. Doll. bewertenden Rohseideneinfuhr ausmacht. Zugleich ist die Ausfuhr von Seidenstoffen sprunghaft gestiegen, vor allem freilich in den Kriegsjahren, um nachträglich einen kleinen Rückschlag zu erleben.

Textilmaschinen.

Textilmaschinenausfuhr der wichtigsten Länder.

Länder	1926		1913	
	to	RM.	to	M.
Großbritannien	101 000	203 122 800	178 000	168 952 800
Deutschland	52 860	146 600 000	73 795	107 590 000
Vereinigte Staaten	—	43 680 000	—	6 766 220
Frankreich	14 920	16 099 701	1 973	1 829 790
Schweiz	12 119	28 888 680	10 241	11 876 794
Tschechoslowakei	—	—	—	—
Belgien	977	2 159 625	—	—
Niederlande	749	1 969 298	—	—

Textilmaschineneinfuhr Deutschlands
(in Millionen Reichsmark).

	1926	1925	1913
Großbritannien	12,12	20,53	13,69
Vereinigte Staaten	3,00	1,83	—
Schweiz	4,62	5,56	2,12
Frankreich	1,17	0,97	0,85
Elsaß-Lothringen	0,74	1,71	—
Saargebiet	0,02	0,08	—
Verschiedene	1,57	0,33	4,33
Zusammen	23,24	33,01	20,99

Textilmaschineneinfuhr Großbritanniens
(in Pfund Sterling).

	1925	1924	1913
Vereinigte Staaten	557326	509494	144133
Deutschland	156424	139147	140408
Schweiz	132187	143421	15520
Frankreich	41454	43868	50089
Andre	103052	96226	16318
Zusammen	990443	932156	366468

Großbritannien. Die britische (vor allem die englische) Textilmaschinenindustrie ist als älteste der Welt lange Zeit auch die erfolgreichste geblieben. Seit der im letzten Menschenalter des 18. Jahrhunderts in England erfolgten „industriellen Revolution" sind die damals und später erfundenen Textilmaschinen, die eine gewaltige Arbeitsersparnis mit sich brachten, ein Eckpfeiler für die Vorherrschaft Englands als Industriemacht für ungefähr ein Jahrhundert gewesen.

Ursprünglich war die Ausfuhr (wie die aller andern englischen Maschinen) verboten. Allein das generelle Maschinenausfuhrverbot mußte von England aufgehoben werden, da auch andre Länder (zumal Frankreich und Belgien) im Maschinenbau Fortschritte machten und zu Lieferungen ins Ausland gern bereit waren. Sehr bald stellte sich die englische Handelspolitik völlig um, indem sie nunmehr die Ausfuhr von Maschinen, d. h. zunächst vor allem von Textilmaschinen, nach Kräften förderte.

Deutschland war damals in der fabrikmäßigen Ausgestaltung des Textilgewerbes noch zurück. Es bedurfte vielmehr der englischen Textilmaschinen und führte sie in die deutschen Lande, aber auch ins Ausland ein.

Die Ausfuhrquote der britischen Textilmaschinenindustrie war 1924 ganz außerordentlich hoch:

	Spinnereimaschinen Pfd. St.	Webereimaschinen Pfd. Std.
Gesamtproduktion	8438000	2200000
Ausfuhr	8360000	1754000
Mithin verblieben für das Inland	78000	446000

Deutschland. Es ist Deutschland gelungen, den gewaltigen Vorsprung Englands nicht nur in der Textilindustrie selbst, sondern auch im Textilmaschinenbau mehr und mehr einzuholen. Schon lange vor dem Kriege nahm es unter den Textilmaschinenausfuhrländern den zweiten Platz ein. Nicht einmal die Erschütterungen des Weltkrieges und der Inflation haben ihm diese Stellung dauernd rauben können. Vielmehr hat sich die deutsche Textilmaschinenausfuhr dem Stand der Vorkriegszeit erfolgreich wieder genähert, verhältnismäßig sogar stärker als England, das 1926 erst 80% seiner Textilmaschinenausfuhr vom Jahre 1913 erzielte, während die Ziffer für Deutschland 90% betrug. Wenn das Jahr 1927 letzterem einen kleinen Rückschritt brachte, so dürfte er hauptsächlich auf die Übersteigerung der geborgten Einfuhr zurückzuführen sein; die gesamte Konjunkturlage der deutschen Wirtschaft stand ja 1927 unter dem Zeichen der riesenhaften Auslandkredite.

Textilmaschinenaußenhandel Deutschlands.

	1913	1925	1926	1927	Veränderungen in % gegenüber 1913	Veränderungen in % gegenüber 1926
			A. In Mengen (in Zentnern):			
Einfuhr	255155	190636	151078	261141	+ 2	+ 73
Ausfuhr	737948	535522	528570	596563	— 19	+ 13
Gesamtumsatz . .	993103	726158	679648	857704	— 14	+ 26
Ausfuhrüberschuß .	482793	344886	377492	335422	— 31	— 11
			B. In Werten (in 1000 RM.):			
Einfuhr	20993	33106	23243	43562	+108	+ 87
Ausfuhr	107592	133748	141642	161000	+ 50	+ 14
Gesamtumsatz . .	128585	166854	164885	204562	+ 59	+ 24
Ausfuhrüberschuß .	86599	100642	118399	117438	+ 36	— 1

Die Vereinigten Staaten haben es verstanden, fast in sämtlichen Zweigen des Maschinenbaus den Automatismus des Produktionsvorganges immer weiter auszubilden, weil die Fabrikarbeit dort infolge des Arbeitermangels an Löhnen sparen muß und daher gezwungen ist, ihren Produktionsapparat so weit wie möglich zu mechanisieren. Die selbsttätig arbeitende Textilmaschine ist also in den USA. planmäßig entwickelt und die Textilmaschinenausfuhr dadurch beträchtlich gefördert worden.

Von der Schweiz ist bereits die Rede gewesen, ihre Textilmaschinenfabriken exportieren besonders Webstühle. Die Textilmaschinenhandelsbilanz der Schweiz ist aktiv.

In Frankreich hingegen übertrifft die Ausfuhr von Textilmaschinen nur vorübergehend etwas die Einfuhr. Während der Inflation konnte die Bilanz aktiv gestaltet werden. Damals gingen französische Textilmaschinen sogar nach England. Sonst beschränkt sich die französische Ausfuhr jedoch fast ganz auf Belgien, erst in den letzten Jahren hat sie auch in Italien und einigen andern Ländern Fuß gefaßt.

Eine passive Textilmaschinenhandelsbilanz hat sowohl Belgien wie Holland und die Tschechoslowakei. Indessen exportieren auch sie sämtlich Textilmaschinen. Überhaupt versucht man überall, wo die Textilindustrie weiter um sich greift, auch eine Textilmaschinenindustrie zu schaffen.

Heute beobachten wir, daß selbst Rußland mit dem Bau von Textilmaschinen beginnt. Bisher deckte es seinen Bedarf hauptsächlich in England und Deutschland. Um aber die Einfuhr von Textilmaschinen aus dem Ausland einzuschränken, bemüht sich die Sowjetregierung, deren Herstellung im Inlande zu erzielen. Vom Obersten Volkswirtschaftsrat ist 1928 ein Plan ausgearbeitet worden, wonach die Erzeugung von Textilmaschinen derart gefördert werden soll, daß sie sich innerhalb der nächsten fünf Jahre gegenüber der jetzigen Erzeugung um 180 % erhöhen soll.

Die japanische Maschinenindustrie, die in den letzten Jahren erhebliche Fortschritte gemacht hat, liefert den einheimischen Fabriken heute bereits etwa 60 % ihres Maschinenbedarfs.

Wolle.

Produktion.

Schafbestände (Schätzungen) der für die Wollproduktion wichtigsten Länder.

	Jahr der Aufnahme, die dem Jahre 1880 am nächsten liegt	Schafzahl	Jahr der letzten Viehzählung	Schafzahl
A. Europa:				
Deutsches Reich	1883	19189715	1924	5717200
Frankreich	1882	23809433	1924	10171500
Großbritannien und Nordirland	1880	30240722	1924	22238600
Rußland	1872	48585000	1923	46967600
Spanien	1891	13359473	1924	18459600
Ungarn	1880	11180841	1922	1352400
Italien	1881	8596108	1918	11753900
Rumänien[1]	1884	4654776	1923	12481000
B. Amerika:				
Argentinien	1888	66701097	1922	36209000
Uruguay	1882	11844274	1923	17510000
Vereinigte Staaten	1880	35192074	1925	39134000
C. Asien:				
Asiatisches Rußland	1872	15894000	1923	9591800
D. Afrika	—	—	1922	68023000
E. Australien:				
Australien (mit Tasmanien)	1880	62186702	1922	78803300
Neuseeland	1881	12985085	1924	23584800
Alle Erdteile zusammen		383618034		521461700

Die Welterzeugung von Rohwolle ist mit einiger Sicherheit für das 20. Jahrhundert nur abzuschätzen; auch hier liegen trotz aller Handelsstatistik völlig genaue Zahlen nicht vor. Immerhin dürften die Schätzungen der Wirklichkeit näher kommen als die der Schafe, von der wir im großen und ganzen nicht wissen, ob sie mehr auf Fleisch oder auf Wolle gezüchtet worden sind.

[1] Rumänien zählte 1900 erst 5655444 Schafe. Die starke Zunahme bis 1923 ist zum nicht geringen Teil durch die Angliederung fremdstaatlicher Gebiete durch die „Friedensschlüsse" von 1919 zu erklären. Man beachte als Gegenbild die ungemein starke Abnahme in Ungarn.

Welterzeugung von Rohwolle (Schweißwolle) in je 1000 Pfund[1].

	Jahresdurchschnitt 1909—1913	1925	1926
A. Länder, aus denen ziemlich genaue Angaben zur Verfügung stehen:			
Nordamerika	332320000	312444000	333331000
Australien	705146000	732807000	768000000
Neuseeland	198474000	199731000	207801000
Südamerika	578026000	493017000	502694000
Europa	542347000	546395000	558605000
Afrika	219694000	269137000	263349000
Zusammen	2576007000	2553531000	2633780000
B. Produktionsländer, deren Mengenangaben auf privater Berechnung beruhen und daher unsicher sind			
	672470000	429030000	426950000
Welterzeugung insgesamt	3248477000	2982561000	3060730000

Auch der Schafbestand der Welt steht hinter der Vorkriegsziffer noch zurück:

Schafbestand der Welt (in Millionen Stück):

1913	607,2
1925	596,6
1925 weniger als 1913	10,6

Welt-Rohwollerzeugung (in Tonnen):

1913	1466000
1926	1388300
1926 weniger als 1913	77700

Am stärksten ist trotz Vermehrung des Schafbestandes die Rohwollerzeugung Europas gesunken: von 431100 auf 341800 to. Namentlich Großbritannien, Deutschland, Frankreich und Rußland produzieren heute weniger Eigenwolle. Aber auch die amerikanische Produktion geht zurück. Es ist bedeutsam, daß vor allem in Argentinien, aber auch in Uruguay in den letzten Jahren der Schafbestand in beschleunigtem Tempo gesunken ist. Die Ursache liegt in Beschlüssen der Viehzüchter, mehr Schafe zum Abschlachten zu verkaufen als der natürliche Zuwachs der Herden beträgt, und zwar weil sie jahrelang für Wolle nur sehr niedrige Preise erzielten, während sie für Gefrierfleisch gute Preise erhielten. Nun ist inzwischen Rohwolle wieder über den Friedenspreis gestiegen; eine entsprechende Umstellung jedoch hat bei den südamerikanischen Viehzüchtern nicht stattgefunden. So hat denn die Wollproduktion in Argentinien und Uruguay 1926 nur 383900 gegenüber 417700 to im Jahresdurchschnitt 1909—1913 betragen. Auch die asiatische Erzeugung hat (von 96200 auf 89300 to) abgenommen. Allein Afrika und Australien haben ihre Wollproduktion gesteigert: Afrika von 105200 auf 123900 to, Australien von 409900 auf 442600 to.

Das Schwergewicht der Weltwollproduktion liegt in Australien und Neuseeland: ungefähr der dritte Teil der Gesamterzeugung entfällt auf diese beiden Länder. Im übrigen sind wesentliche Verschiebungen gegenüber der Vorkriegszeit nicht zu beobachten. Die Überschußgebiete sind noch heute dieselben, keines von ihnen ist ausgeschieden, andrerseits kein neues hinzugekommen. Die wichtigsten sind:

Wollausfuhrüberschußländer (in Tonnen).

	Jahresdurchschnitt 1909—1913	1925
Argentinien	144600	127600
China	16900	29300
Afrika	65700	94600
Australien	437700	453100

[1] Nach den Schätzungen des Department of Commerce, Washington.

Unter den Einfuhrländern dagegen sind Veränderungen eingetreten, deren bedeutsamste die folgenden sind:

Wolleinfuhrüberschußländer (in Tonnen).

Vereinigte Staaten .	92400	146000
Japan	4500	31600

Wollhandel.

Die Lage vor und nach dem Weltkrieg weist scharfe Kontraste auf. Vorher bestand eine Unterproduktion. Im Kriege trat an ihre Stelle, zumal infolge der Blockade der Mittelmächte und der Schiffsraumnot, die die englische Wollausfuhr behinderte, eine Überproduktion, so daß die Zerrüttung der Weltwirtschaft, die der Hochkonjunktur der Kriegs- und Nachkriegszeit folgte, auf wenigen Wirtschaftszweigen empfindlicher lastete als auf der Wollerzeugung. In den letzten Jahren endlich war das Verhältnis zwischen Weltproduktion und Weltverbrauch einigermaßen ungeklärt.

Für die Jahre vor dem Kriege werden Wollerzeugung und Wollverbrauch der Weltwirtschaft nach englischen Quellen folgendermaßen angegeben:

Jahresdurchschnitt 1909—1913 (in je 1000 englischen Pfund)[1].

	Ausfuhrländer	Einfuhrländer	Insgesamt
Produktion	2210393	1162073	3372466
Nettoausfuhr bzw. -einfuhr	1757783	1958783	—
Verbrauch	452610	3120639	3573249

Diese Ziffern weisen einen über die Erzeugung hinausgehenden Verbrauch von 200 Millionen Pfund auf, für 5 Jahre also einen Mehrverbrauch von 1 Milliarde Pfund. Die Vorräte schmolzen demnach zusammen. Zudem stieg der Bedarf langsam, aber stetig, während die Produktion kein Wachstum zeigte.

Der Krieg änderte diese Lage grundsätzlich. Die Ausschaltung der Mittelmächte vom Wollbezug der überseeischen Länder einerseits, die empfindliche Schiffsraumnot, die zumal die weit abgelegenen Erdgebiete an dem Abtransport ihrer Erzeugnisse hinderte, andrerseits verursachten die Anhäufung gewaltiger Wollvorräte in Übersee. Besonders schwer wurde davon Australien betroffen, das 1913 an Deutschland geliefert hatte:

Merinowolle im Schweiße für	129037000 M.
„ nach der Schur gewaschen für . . .	5111000 „
Kreuzzuchtwolle im Schweiße für	31356000 „

Infolge des Ausfalles dieses guten Käufers, für den sich ein vollwertiger Ersatz nirgends auf dem Erdball finden ließ, sowie angesichts des Mangels an Schiffen stauten sich die Wollvorräte in Australien. Allerdings verbürgte die englische Regierung den australischen Wollproduzenten, um sie bei guter Laune zu erhalten, schon im zweiten Kriegsjahre die Abnahme der Gesamterzeugung des Landes an den wichtigsten Ausfuhrprodukten für die ganze Dauer des Krieges zu festen Preisen, die den Produzenten einen guten Verdienst sichern sollten.

Als der Krieg zu Ende ging, glaubte die britische Regierung, mit einer jahrelangen Wollknappheit rechnen zu dürfen, da der Wollverbrauch für die Zivilbevölkerung in allen Ländern während der letzten Jahre zurückgehalten worden war, da ferner Länder, die bisher wenig Wollverbrauch hatten (wie Ostasien, zumal Japan, und andre überseeische Gebiete), ihren Wollverbrauch steigerten und da die Schafbestände in aller Welt zurückgingen. So hoffte die englische Regierung, ihre Monopolstellung auf dem Wollmarkte lange aufrechterhalten zu können. Im Februar 1919 stellte sie in Großbritannien den freien Verkehr in Wolle und Kammzug wieder her, und im April 1919 eröffnete sie in London Wollauktionen aus Regierungsbeständen, zu denen im August die neutralen Länder, im September auch die Mittelmächte zugelassen wurden.

Indessen war die vorausgesetzte Wollknappheit ein Irrtum, der zunächst nur deshalb noch nicht als solcher zutage trat, weil die Frachtraumnot noch weiterbestand.

[1] Näheres s. in meinem Buch: Die Zerrüttung der Weltwirtschaft, 2. Aufl., 1923, S. 181 ff.

So konnte der Preis für Kreuzzuchtwolle im Dezember 1919 den Gipfelpunkt mit etwa der dreifachen Vorkriegshöhe erklimmen, Merinowollen im März 1920 mit der 4—5fachen Vorkriegshöhe.

Die gewaltigen Vorräte der britischen Regierung, die sich Ende 1919 auf beinahe das Doppelte einer australischen Jahresschur beliefen, mußten einen Preissturz herbeiführen, der selbst den des Jahres 1900 weit übertraf.

Die Zerrüttung der Weltwirtschaft, die im Frühjahr 1920 begann und allenthalben die Preise senkte, den Kaufwillen aber lähmte, ließ die Wollvorräte darum noch weiteranschwellen. Im Jahre 1920 stand einer Weltproduktionsziffer von 2,809 Millionen lbs. an Wolle nur ein Verbrauch von etwa 1,900 Millionen lbs. gegenüber, so daß die Überproduktion sich auf mehr als 50 % des Verbrauches belief. Dabei herrschte 1920 noch größtenteils die Hochkonjunktur. Es betrug (nach Schätzung des „Bureau of Markets") der Wollverbrauch 1920:

in Westeuropa	1200 Mill. lbs
in Nordamerika	600 „ „
auf der südlichen Halbkugel	100 „ „
Zusammen	1900 Mill. lbs.

Nach einigen Jahren hob sich der Weltverbrauch wieder schnell, während die Wollproduktion langsamer anstieg.

Vor dem Weltkrieg war die Preisentwicklung für Rohwolle hauptsächlich von Bradford, dem Zentrum der englischen Wollindustrie, abhängig. Hinzu trat der Einfluß Londons, das man für jene Zeit als den Clearing-Markt der Rohwolle bezeichnen könnte: die europäischen Verbrauchsländer bezogen ihre Rohwolle vorwiegend über London. In den letzten Jahren hat nun sowohl Bradford wie London im Wollhandel wesentlich an Bedeutung eingebüßt. Bradford ist nicht mehr der preisbestimmende Faktor, da sich die Eigenproduktion früherer wichtiger Bezugsländer wesentlich gehoben hat.

Wollindustrie.

Für die englische Wollindustrie mögen folgende Ziffern sprechen:

Rohwollkäufe der britischen Wollindustrie (in Mill. lbs).

	Zugeführte Wollen	Einheimische Wollen	Zusammen
1913	494	95	589
1924	401	53	454
1925	388	56	444
1926	473	61	534
1927	476	57	533

Die wichtigsten Ausfuhrziffern der englischen Wollindustrie sind die folgenden:

Ausfuhr der englischen Wollindustrie (in lbs).

	1927	1926	1925
A. Kammzug:			
Insgesamt	41952000	33622000	32041000
Davon nach Deutschland	11529000	6759000	8250000
B. Kammgarn:			
Insgesamt	45316000	31806000	38756000
Davon nach Deutschland	23309000	12308000	20293000
C. Wollwaren (in Quadratyards):			
Insgesamt	130916000	119357000	132174000
Davon nach Deutschland	4716000	2159000	2632000
D. Kammgarnwaren (in Quadratyards):			
Insgesamt	39980000	42950000	47302000
Davon nach Deutschland	236000	70000	109000

Deutschland. Der mechanische Betrieb hat sich in der Wollspinnerei viel später eingebürgert als in der Baumwollspinnerei. Die preußischen Wollspinnereien, die sich meist im Besitz kleiner Gewerbetreibender befanden, zählten 1861 durchschnittlich nur 500—600 Spindeln. Die Kammgarnspinnerei wurde ja erst 1848—1850 erfunden. 1895 betrug die durchschnittliche Spindelzahl der deutschen Wollweberei 1400—1500 Spindeln. Erst im letzten Viertel des 19. Jahrhunderts siegte das Maschinensystem in der deutschen Wollindustrie. Die Lausitzer große Tuch- und Wollindustrie hatte 1860 erst 37 Kraftstühle, 1890 deren 3000.

Mehr und mehr hat sich die deutsche Wollwarenindustrie auf einen starken Export eingestellt. Der Krieg hat ihr große Absatzmärkte geraubt. Trotzdem ist es ihr gelungen, zwar nicht in den englischen Kolonien, wo britische Waren Vorzugszölle genießen, wohl aber in den asiatischen Ländern (China, Japan, selbst Indien) erfolgreich vorzudringen, vor allem aber auch in Südamerika (besonders Argentinien) neuen Boden zu fassen. Argentinien führte 1919 aus Deutschland überhaupt keine Wollstoffe, 1923 bereits wieder solche im Gewicht von 194000 kg ein.

Italien.

Zahl der Spindeln der italienischen Wollindustrie.

Jahr	Woll-spindeln	Kammgarn-spindeln	Insgesamt	Jahr	Woll-spindeln	Kammgarn-spindeln	Insgesamt
1867	260000	8500	268500	1918	520000	377538	898333
1894	251322	94228	345550	1923	550000	500000	1050000
1907	230000	259796	489796	1926	600000	600000	1200000

Zahl der Webstühle der italienischen Wollindustrie
(außerdem etwa 2000 Handwebstühle in Hausbetrieben).

1876	2364	1918	17029
1894	6507	1923	18000
1907	10567	1926	21000

Die italienische Wollspinnerei beschäftigt mindestens 15000 bis 20000 Arbeiter, die Wollweberei etwa 40000.

Unter den Industrien Italiens steht die Wollindustrie (nach der Zahl der beschäftigten Personen) an vierter Stelle. Sie wird nur übertroffen von der Seiden-, der Baumwoll- und der Eisenindustrie. Die letzte amtliche Erhebung, die sich auf das Jahr 1918 bezieht, bezifferte die Zahl der Arbeiter in der Wollindustrie auf 65000, gegenüber einem normalen Beschäftigungsgrad von 75000.

Zahl der Arbeitskräfte in der italienischen Wollindustrie.

1876	25000	1907	38000
1894	30000	1918	65000

Es gibt 1100 Wollindustrieunternehmungen in Italien mit etwa 1200 Fabriken, die eine Energie von 50000—70000 PS verwerten.

Rohstoffeinfuhr der italienischen Wollindustrie (in je 1000 Meterzentnern).

	Jahres-durchschnitt 1909—1913	1923	1925
Rohwolle	84,7	294,8	302,4
Gewaschene Wolle	52,0	55,3	46,8
Kammwolle, gekrempelte Wolle .	71,4	43,5	23,7
Wollgarne	4,8	8,1	7,5
Abfälle und Flocken	40,7	28,4	43,5

Italien verbraucht zudem beträchtliche Mengen eigenerzeugter Wolle. Ist es doch eines der wenigen Länder Europas, in denen sich die Zahl der Schafe in den letzten Jahren erheblich vermehrt hat. 1881 zählte man dort $8^1/_2$ Mill. Schafe, deren Wollerzeugung auf rund 140000 mztr. geschätzt wurde. 1925 war die Schafzahl auf $12^1/_2$ Mill. gestiegen mit einer Wollerzeugung von etwa 260000 mztr., von denen 150000 mztr. in der Industrie Verwendung fanden, während 110000 mztr. zum einen Teil ausgeführt, zum andern für häusliche Zwecke oder für die Wohnungseinrichtungsgewerbe verwendet wurden. Die Wollwarenausfuhr Italiens hat sich sehr stark entwickelt, sie beträgt heute ein Mehrfaches der Vorkriegsziffern.

Frankreich. Die französische Wollindustrie ist mit ungefähr einem Drittel ihrer Erzeugung auf die Ausfuhr angewiesen.

Der Rohstoff wird von der eigenen Landwirtschaft nur z. T. geliefert: 1913 gab es in Frankreich etwa 16 Millionen Schafe, 1919 nur noch 9 Millionen. Seither hat sich die Zahl auf etwa 9,8 Millionen vermehrt. Die Wollproduktion steht aber zu der Schafzahl in recht ungünstigem Verhältnis.

Schafzucht und Wollerzeugung der französischen Kolonien.

Gebiete	Stückzahl der Schafe	Wollertrag in to	Gebiete	Stückzahl der Schafe	Wollertrag in to
Algerien. . . .	10000000	15000	Ostafrika . . .	2000000	1000
Tunis	2000000	2000	Madagaskar . .	300000	400
Marokko . . .	7000000	10000	Syrien	1500000	2000

In Frankreich bestanden am 1. Januar 1923 33 Wollkämmereien mit 1757 Kämmaschinen, 191 Kammgarnspinnereien mit 2292409 Spindeln, 154 Spinnereien mit 679130 Spindeln für kardierte Garne, 405 mechanische Webereien mit 55409 Stühlen, 10000 Handwebstühle und 1400 Teppich- und Tapestrystühle für Wollwaren.

Die französische Wollindustrie hat ihren Standort zum großen Teil in und um Roubaix-Tourcoing. Es folgen Fourmies, Cambrai und die Picardie.

Die französische Wollwarenausfuhr ist in den letzten Jahren durch das Sinken des Franken gefördert worden. Sie stützt sich im übrigen auf eine große Vielseitigkeit der Produktion und auf eine bedeutende Anpassungsfähigkeit an die Schwankungen und Launen der Mode. Sehr häufig werden die Webstühle umgebaut zur Erzeugung dieser oder jener Anklang versprechenden neuen Ware.

Australien. Verhältnismäßig wenig entwickelt ist die Wollwarenindustrie in Australien, obwohl es in der Wollproduktion eine so bedeutsame Rolle spielt.

Wollindustrie Australiens.

	1905	1913	1919/20	1922/23
Anzahl der Betriebe	21	22	29	40
Anzahl der Beschäftigten	2055	3090	5029	6928
PS	2636	4358	8705	12347

Argentinien.

Argentiniens Wollindustrie.

	1913	1920	Zunahme in %
Anzahl der Beschäftigten	2876	5787	101,2
Anzahl der Spindeln	26520	49950	88,3

Die drei großen Wollerzeugungsgebiete: Australien, Argentinien-Uruguay und Südafrika, haben sämtlich das Bestreben, den einheimischen Rohstoff wenigstens in einem Umfang zu verarbeiten, der dem Bedarf an Wollwaren des Inlandmarktes entspricht. Zu diesem Zwecke bedient man sich der Schutzzölle. Außerdem ist man bestrebt, durch Wollwäschereien und Wollkämmereien den Rohstoff wenigstens zu Halbzeug zu verarbeiten.

Theorie der Färbung.

Von R. HALLER.

Literatur: PELET-JOLIVET, L.: Die Theorie des Färbeprozesses, 1910. — SCHWALBE, C.: Neuere Färbetheorien, 1907. — ZACHARIAS, P.: Die Theorie der Färbevorgänge, 1908.

Trotzdem die Färberei eine uralte Kunst ist (s. Geschichte der Färberei) und die Färbeprozesse, insbesondere in Venetien, weitgehend ausgebildet wurden, erfahren wir von theoretischen Erwägungen hinsichtlich der Färbevorgänge lange nichts. Es scheint sich niemand um diese eigenartigen Prozesse gekümmert zu haben, und auch das Handbuch von ROSETTI (s. S. 297) enthält nicht einmal andeutungsweise etwas über das Zustandekommen der Färbung.

Chemische und physikalische Theorien. Erst viel später, im Jahre 1737 etwa, beginnt der auch heute noch nicht ausgetragene Widerstreit der Meinungen, ob der Färbeprozeß auf physikalischen oder chemischen Wirkungen beruhe. DUFAY war der erste, der die Färbung auf eine chemische Reaktion zwischen Faser und Pigment zurückführt[1]. HELLOT[2] glaubt, daß sich im heißen Färbebade die Poren der Wolle öffneten, um das Pigment einzuschließen, dasselbe beim Erkalten durch Schließen der hypothetischen Poren festhaltend. Auch diese Porentheorie, die übrigens bis in die neueste Zeit noch ihre Vertreter besaß, hat LE PILLEUR D'APLIGNY die Färbung der Fasern in der Weise erklärt, daß Wolle die größten, Seide kleinere und Baumwolle zur Färbung ungeeignete Poren besitze. MACQUER[3] wiederum neigt mehr zur chemischen Auffassung des Färbevorgangs, ebenso CHEVREUL, der 1834 als Ursache der Färbung Salzbildung annahm, ähnlich wie etwas später der geniale RUNGE die der Färbung ähnliche Beizung als die Bildung von „baumwollsaurer Tonerde“ ansah[4]. CRUM[5] untersuchte erstmalig gefärbte Baumwollfasern unter dem Mikroskop und machte die Beobachtung, daß die Beize im Zellinnern abgelagert wird, eine Feststellung, die sich in der Folge als unrichtig erwies, die aber doch eine gewisse Zeit dem Faserlumen Bedeutung für den Färbeprozeß zusprach. Richtiger urteilte PERSOZ[6], als er die Färbung (er sagt nicht welche, aber es kann sich nur um Färbungen mit Beizenfarbstoffen oder Indigo handeln) als Ablagerung des Pigmentes an der Oberfläche der Faser kennzeichnet, entgegen der Anschauung von SCHÜTZENBERGER, der an der chemischen Bindung festhält. Bis jetzt war die Färberei beschränkt auf die Verwendung pflanzlicher und animalischer Pigmente; um 1860 herum begannen jedoch am Markte schon künstliche Farbstoffe aufzutauchen, welches Ereignis auf die Erklärung der Vorgänge beim Färben von einschneidender Bedeutung insofern war, als durch die außerordentliche Leichtigkeit, mit der sich besonders die Wolle in den ersten auf dem Markte erschienenen Teerfarben (den sauren und basischen Farbstoffen) färbte, der chemischen Theorie naturgemäß eine große Anzahl Anhänger zugeführt wurde. Die Beobachtung von JACQUEMIN[7] schien besonders überzeugend in dieser Richtung zu deuten, daß sich nämlich Wolle in ammoniakalischer, farbloser Fuchsinlösung tiefrot färbte. Diese Meinung wurde ferner kräftig unterstützt durch die Feststellung von KNECHT[8], daß beim Färben von basischen Farbstoffen die Säure quantitativ im Bade bleibt. Salzbildung zwischen Faser und Farbbase scheint also zweifel-

---

[1] DUFAY: Observations physiques sur le mélange de quelques Couleurs dans la teinture. Mémoires de l'académie royale **1737**.

[2] HELLOT: L'act de la teinture des laines etc. Paris 1786.

[3] MACQUER: Dictionnaire de chimie 1778. [4] RUNGE: Farbenchemie **1842**, 4.

[5] CRUM: Bull. Mulh. **1864**, 34.

[6] PERSOZ, SCHÜTZENBERGER: Traité des matières colorantes. Paris 1867.

[7] JACQUEMIN: Compt. rend. **1876**, 82, 261.

[8] KNECHT: Berl. Ber. **1888**, 1556—1558.

los zu sein, was auch eingehende Versuche von GNEHM und RÖTHELI[1] bekräftigen.

Verschiedene Fasern. Bisher wurde wenig Rücksicht auf die Eigenart der einzelnen Fasern genommen, worauf zweifellos auch die außerordentlichen Diskrepanzen in den Anschauungen hinsichtlich des Färbeprozesses zurückzuführen sind. Erst GNEHM wies darauf hin, daß man die Vorgänge des Färbens für die einzelnen Fasern gesondert studieren müsse; diese Gesichtspunkte lagen auch der angezogenen Arbeit des genannten Forschers mit RÖTHELI zugrunde. Sie kommen zu folgenden Resultaten: 1. Baumwollfärbungen auf gebeizter Faser sind Lacke zwischen dem Farbstoff und dem mechanischen Präzipitat der Beize auf der Baumwolle. 2. Pigmentfarben und auf der Faser erzeugte Azofarben sind als rein mechanische Präzipitate auf der Faser aufzufassen. 3. Indigo, basische und substantive Baumwollfarbstoffe befestigen sich durch Adsorption auf der Faser. 4. Direkte Baumwollfärbungen mit Benzidinfarben sind Lösungen der Farbstoffe im Zellsaft, ermöglicht durch ihre geringe Diffusionsgeschwindigkeit. 5. Färbungen von Wolle und Seide in gebeiztem Zustand sind Lacke der Farbstoffe mit der z. T. in chemischer, z. T. in mechanischer Weise fixierten Beize. 6. Substantive Färbungen auf tierischer Faser sind Gemische von chemischen Verbindungen mit mechanisch adsorbiertem Farbstoff.

Adsorption. Den Begriff der Adsorption zum erstenmal auf die Färbungen angewendet zu haben, muß GEORGIEVICS zugesprochen werden. Er hat den Vorgang der Adsorption experimentell besonders für die Färbevorgänge festgelegt und nimmt an, daß dieser Vorgang eine Stufe sei, die zwischen Lösung und chemischer Verbindung liege, daß es daher nicht ausgeschlossen sei, daß die Adsorption gewissermaßen als Vorläufer der chemischen Verbindung aufzufassen sei. Es muß allerdings betont werden, daß insbesondere auf dem Gebiet der Färberei der Baumwolle zunächst kein Fall bekannt ist, wo aus einer Adsorptionsverbindung eine chemische Verbindung entstanden ist. Vielfache, von HALLER untersuchte Fälle haben stets die Möglichkeit ergeben, mit Hilfe vollkommen indifferenter Lösungsmittel, Farbstoff und Faser so zu trennen, daß auch die Trennungsprodukte von den einzelnen Komponenten in keiner Richtung verschieden waren.

Starre Lösung. Einen Schritt rückwärts auf dem eingeschlagenen Wege machte WITT[2] mit der Auffassung der Färbung als starrer Lösung insofern, als er generell sämtliche Fasern diesem Gesichtspunkte unterordnete.

Bisher war der erste, welcher das gefärbte Individuum, die Fasern, einer gesonderten Untersuchung unterzog, W. CRUM, dessen mikroskopische Untersuchungen aber, wohl infolge der Unzulänglichkeit der verwendeten Instrumente, ungenaue Resultate ergaben. HALLER nahm dann im Jahre 1906 die Untersuchungen in der von CRUM angeregten Weise wieder auf und gelangte zu bemerkenswerten Ergebnissen. Zunächst fand sich bei der Untersuchung von Querschnitten in substantiven Farbstoffen gefärbter Baumwollfasern, daß der Farbstoff keineswegs gleichmäßig den Querschnitt der Faser durchdrungen hatte, wie das nach der WITTschen Theorie der starren Lösung eigentlich zu erwarten gewesen wäre. Er fand, daß ein intensiv gefärbter Ring den Querschnitt umschloß, die Färbung jedoch die Querschnittsfläche selbst nur sehr blaß gefärbt gelassen hatte. Im Lumen selbst fand sich in den seltensten Fällen Farbstoff. Ähnliche Resultate ergaben die Untersuchungen von in Indigo, Alizarinrot, dann in mineralischen Pigmenten gefärbten Fasern. In den ersten zwei Fällen war eine Pigmentablagerung im Lumen der Faser überhaupt nicht festzustellen[3].

---

[1] GNEHM und RÖTHELI: Dissertation. Zürich 1898.
[2] WITT: Berl. Ber. **1890/91**, 4.
[3] HALLER: Primulinfärbung. Färb. Ztg. **1914**, H. 15, 16.

Dispersität. Die Erklärung für diese auffallenden Erscheinungen gab die Untersuchung der Farbstofflösungen selbst. Die inzwischen außerordentlich vervollkommnete Ultramikroskopie ergab nämlich, daß die Lösungen substantiver Farbstoffe in den allermeisten Fällen deutlich dispersoidchemischen Charakter hatten. Im allgemeinen waren es Polydispersoide, welche den Farbstoff in Teilchen verschiedenen Zerteilungsgrades enthielten, so daß wohl, wie die oft nicht unbeträchtliche Dialyse von Pigment schließen ließ, molekulare Zerteilung mit sämtlichen Übergängen bis zur kolloiden Dispersität vorhanden waren. Dieselben Verhältnisse ergaben sich bei den Küpenfarbstoffen, während es bei den Beizenfarbstoffen die Metallhydroxyde waren, die in der Beizlösung in kolloider Zerteilung anwesend sind. Es war damit erwiesen, daß der Verteilungsgrad von Farbstoff bzw. Metallhydroxyd eine wohl nicht unwichtige Rolle beim Färbevorgang spielen muß.

Ultramikroskop. Nun ergaben die Untersuchungen gefärbter Fasern unter dem Ultramikroskop, ganz besonders wenn (zunächst handelt es sich hier ausschließlich um Baumwollfärbungen) die Faser mit einem Lösungsmittel behandelt wurde, wichtige Anhaltspunkte für das Verständnis der Färbevorgänge. Am Paranitranilinrot beispielsweise zeigte sich beim Lösen der Faser in Kupferoxydammoniak ein Zerfall der aufgelagerten, scheinbar in homogener Schicht vorhandenen Pigmentmassen in Submikronen hoher Dispersität, außerdem zeigte sich, daß auch das Lumen gewisse Anteile des roten Farbstoffs enthielt, das ebenfalls dieselbe Zerteilung beim Zerfall des Substrates zeigte[1]. Dieselbe Erscheinung konnte man bei substantiven Baumwollfärbungen beobachten, ebenso am Indigo, in der Zinkstaub-Kalk-Küpe gefärbt.

Ein weiteres wichtiges Moment ergab sich, als Mischfärbungen von Baumwollfasern mit einem hydrosulfitbeständigen und einem durch Reduktionsmittel zerstörbaren Farbstoff der Einwirkung von Hydrosulfit unterworfen wurden. Würde man chemische Bindung voraussetzen, so sollte der zurückbleibende Farbstoff sich in einer bestimmten Schicht der Faser vorfinden, da ja kaum dieselbe Schicht Cellulose mit zwei ähnlichen Produkten reagieren würde. Die Untersuchung des Querschnittes der mit Hydrosulfit behandelten Faser ergab nun aber, daß das Primulin, der hydrosulfitbeständige Anteil der Mischfärbung, auch dort zu finden war, wo vorher die grüne Mischfärbung beobachtet worden war. Eine schichtenweise Ablagerung des gelben und blauen Farbstoffs konnte vor der Hydrosulfitbehandlung auch nicht festgestellt werden, so daß die Mischfärbung offenbar durch Nebeneinanderlagerung der Pigmentteilchen und nicht durch Übereinanderlagerung zustande kommt[2].

Micellentheorie. Eine Erklärung für diese komplizierten Verhältnisse gab eine schon von Nägeli für den Aufbau der organisierten Substanzen aufgestellte Hypothese, die gut auf die Gespinstfasern als Vertreter dieser Gebilde übertragen werden kann und sich in der Folge für die Forschung auf dem färbetheoretischen Gebiet als äußerst fruchtbare Arbeitshypothese erwiesen hat[3].

Quellbarkeit. Die Gespinstfasern als organisierte Gebilde zeigen die Eigenschaft geringerer und stärkerer Quellbarkeit. Die Baumwolle ist weniger quellungsfähig als die Wolle. Unter Quellungsfähigkeit bezeichnet man die Aufnahme von Flüssigkeiten unter Volumvergrößerung der quellenden Substanz. Nägeli faßt nun den Aufbau der organisierten Substanz ähnlich einem Backsteinmauerwerk auf, wobei als Aufbauelemente größere oder kleinere Molekülkomplexe fungieren, die er Micellen nannte. Beim Quellungsvorgang tritt die Flüssigkeit zwischen die Micellen, dieselben auseinanderdrängend und so das Volumen der quellenden Substanz vergrößernd. Naturgemäß wird beim Ent-

[1] Haller: Paranitranilinrot. Färb. Ztg. **1913**, 227.
[2] Haller: Primulinfärbung, a. a. O. [3] Haller: Koll. Ztschr. **1917**, 127.

fernen des Quellungsmittels, z. B. durch Verdunstung, die alte gegenseitige Lagerung der Micellen wieder hergestellt. Mit dem Quellungsmittel können molekular in demselben gelöste Substanzen, Salze u. dgl., zwischen die Micellen treten, wobei aber beim Verdunsten des Lösungsmittels die gelöste Substanz in den Micellarzwischenräumen abgelagert bleibt und die Wiederherstellung des ursprünglichen Lagerungszustandes verhindert. Die Quellungsfähigkeit, mit andern Worten das Ausmaß des Auseinanderrückens der Micellen, ist für jede Faser eine spezifische; Baumwollmicellen werden nicht so weit auseinanderrücken wie Wollmicellen; bei Flachs und Hanf ist die Beweglichkeit, wie BARTUNEK[1] gezeigt hat, noch geringer als bei Baumwolle.

Kolloidcharakter der Farbstoffe. Nun brauchen es aber nicht ausschließlich molekulare Substanzen zu sein, welche mit dem Dispersionsmittel in die Micellarinterstitien hineinwandern, sondern auch kolloide Substanzen von bestimmtem Zerteilungsgrad, der naturgemäß nicht niedriger sein darf, als durch das Optimum des Auseinanderrückens der Micellen gegeben ist. Solche disperse Systeme sind nun die Farbstoffe.

Fassen wir den Fall einer Lösung eines substantiven Farbstoffs ins Auge, so wissen wir, daß neben molekularer Verteilung auch amikronische sowie kolloide Verteilung nebeneinander vorhanden sein wird. Die molekularen Farbstoffteilchen werden nun ohne weiteres mit dem Wasser als Dispersionsmittel in die Faser hineinwandern, dieselbe wohl, ohne im Innern der Faser festgehalten zu werden, passieren, wie dies bis zu einem gewissen Grade beim Vorgang der Dialyse stattfindet. Der Farbstoff in amikronischer Verteilung wird nun wahrscheinlich zwar mit dem Wasser in die Faser dringen, dort aber an der Gesamtoberfläche der Micellarkomplexe, der „absoluten Oberfläche", absorbiert bleiben und so die blasse Färbung der Querschnittsfläche bewirken. Der in submikroskopischer Verteilung anwesende Farbstoff wird jedoch in die Micellarinterstitien nicht eindringen können, sondern wird an der eigentlichen Oberfläche der Faser, der „relativen Oberfläche", adsorbiert werden.

Ein Versuch mit der Lösung eines sog. „bügelunechten" Farbstoffs soll die Verhältnisse weiter klären. Diese Art von Farbstoffen existiert in Lösungen vorzugsweise in zwei ziemlich streng getrennten Dispersitäten, einer niedrig dispersen und einer hoch dispersen. Schüttelt man eine solche Lösung mit Bariumsulfat in Pulver, das verschiedene Körnung aufweist, so wird man beobachten, daß die niedere Dispersität mehr an den gröberen Teilchen des Substrats adsorbiert wird, die höhere Dispersität dagegen an den feineren Teilchen des Substrats. Oberfläche des Substrats und Adsorbierfähigkeit müssen also in gewisser Beziehung stehen, und es zeigt sich, daß das größte Ausmaß der Adsorption einer kolloiden Substanz mit einer ganz bestimmten Oberflächengröße zusammenhängt.

Die Färberei zeigt dieselben Verhältnisse; ein substantiver Baumwollfarbstoff wird die optimale Adsorption, also die intensivste Färbung, dann zeigen, wenn Faseroberfläche und Dispersität des Farbstoffs in Lösung in einem bestimmten Verhältnis stehen. Die Faseroberfläche können wir, ohne deren wertvolle Eigenschaften zu schädigen, kaum verändern, wohl aber die Verteilung der Farbstoffe in Lösung. Bei substantiven Baumwollfarbstoffen geschieht dies durch Erwärmen der Lösung oder aber durch Zusatz von Elektrolyten.

Man kann also sagen, daß zur Auslösung des günstigsten Färbeeffekts eine spezifische, die „optimale Dispersität" des Pigments erforderlich ist.

Wenn wir beim Beispiel der substantiven Färbung der Baumwollfaser bleiben wollen, so werden wir bemerken, daß, wenn die Faser einige Zeit im Färbebade verweilt hat, die Intensität der Färbung nicht mehr zunimmt. Es sind also

---

[1] BARTUNEK: Dissertation. Dresden 1923.

sämtliche in optimaler Dispersion anwesenden Pigmentteilchen an die Faser durch Adsorption gebunden. Im Färbebade ist aber nur ein bestimmtes Quantum Farbstoff. Um dasselbe weiter auszunutzen, erinnern wir uns, daß ein Teil in einer höheren Zerteilung anwesend ist. Zusatz von Elektrolyten nun veranlaßt die hochdispersen Teilchen zur Agglutination in solche von niederen, darunter wohl in einem Anteil an optimaler Dispersität, und wir werden diesem Zusatz eine Intensitätszunahme der Färbung zu verdanken haben. Die Anteile allerdings, welche jenseits der optimalen Dispersität in Lösung waren, werden ebenfalls zu so großen Komplexen agglutiniert, daß sie z. T. ausfallen und die Ursache des in solchen Färbebädern stets vorhandenen Bodensatzes sind. Weitere Zusätze von Elektrolyten lösen den soeben geschilderten Vorgang wieder aus. Ein Teil des Farbstoffs, die Größe desselben ist eine Funktion des angewendeten Produkts, bleibt im Färbebad zurück, „das Bad zieht nicht aus".

Im Prinzip beruht nun das gesamte Baumwollfärben auf einer Adsorption von Pigmentteilchen, wie auch der Vorgang der Pigmentierung der Faser auch sei.

Basische Farbstoffe. Wenn wir die basischen Farbstoffe[1] betrachten, so handelt es sich hier um die Einlagerung von Tannin bzw. Antimonyltannat zwischen die Micellarinterstitien, welche Substanz dann im Färbebade wohl eine Art chemischer Verbindung mit dem Farbstoff eingeht. Die Intensität der Pigmentierung hängt hier naturgemäß von der Menge der in der Faser abgelagerten Gerbstoffe ab.

Im Falle der Fixation mit Katanol ist der Fall genau der Färbung der substantiven Baumwollfärbung entsprechend, insofern als Katanol als nahezu farbloser substantiver Farbstoff anzusprechen ist, der sich genau so wie die gewöhnlichen direkten Baumwollfarben auf der Faser fixieren läßt. Von der Menge des auf der Faser adsorbierten Katanols ist auch die Intensität der Färbung mit dem basischen Farbstoff abhängig.

Beizenfarbstoffe. Etwas abweichend davon ist die Färbung mit Beizenfarbstoffen[2]. Hier sind es vorzugsweise die Mittelssubstanzen der Färbung, die Beizen, welche Interesse erwecken. Die Farbstoffe selbst sind im allgemeinen Suspensionen, vielfach als solche in Wasser nur in geringen Mengen löslich, welche Löslichkeit aber möglicherweise genügt, um die Färbung in der verhältnismäßig langen Zeit, welche zu dieser Operation erforderlich ist, zu vermitteln.

Beizen. Die sog. „Beizen" sind vorzugsweise Salze der dreiwertigen Metalle, und zwar nahezu ausschließlich Aluminium-, Chrom- und Eisensalze. Am geeignetsten sind Salze schwacher Säuren, essigsaure, oxalsaure, auch wohl weinsaure Salze, die in wäßrigen Lösungen hydrolytisch gespalten sind. Ultramikroskopische Untersuchungen derartiger Lösungen, ebenso derer der basisch-mineralsauren Salze, die auch als Beizen Verwendung finden, haben ergeben, daß sie kolloide Eigenschaften haben und daher befähigt sind, gewisse Mengen Metallhydroxyde an die Faser abzugeben. Beim Trocknen der mit diesen Salzen imprägnierten Textilien lagert sich das Metallhydroxyd in eigenartiger Form auf der Faser ab, welche allein die Färbung zu vermitteln vermag. Liechti und Suida suchten vergeblich z. B. Aluminiumhydroxyd und Alizarin als solche zum Alizarat zu vereinigen. Haller gelang diese Alizaratbildung bei gewöhnlicher Temperatur bei Verwendung von Alizarin mit kolloider Tonerde. Das rote Alizarat bildet sich in der Kälte langsam, rasch in der Wärme. Diese Beobachtung bildete die Grundlage zur Erklärung der Bildung des Alizarinrots. Die mit kolloidem Metallhydroxyd beladene Faser färbt sich schon in der Kälte in einer Suspension von Alizarin rot, analog der Reaktion im Reagensglas. Bei langsamem Erwärmen wird die Färbung intensiver, um in etwa 1 Std.

[1] Haller: Koll. Ztschr. **1918**, 100. [2] Haller: Koll. Ztschr. **1913**, 255.

vollendet zu sein. Die Faser ist dann rotbraun gefärbt und enthält wohl das Aluminium-Calcium-Alizarat. Um die schöne, lebhafte Nuance zu erhalten, muß die Ware mit Ölpräparaten behandelt werden, wenn man nicht vorzieht, diese Operation vor der Färbung vorzunehmen. Das Endresultat ist in dem und jenem Fall annähernd dasselbe (s. a. u. Türkischrotfärberei).

Bezüglich dieser Ölbehandlung (verwendet wurden früher ranzige Olivenöle, sog. Tournantöle, heute Natriumsalze sulfonierter Ricinolsäuren, welche auf der Faser in Fettsäure, welche rasch polymerisiert, und in Sulfat gespalten werden) war man früher der Meinung, daß der Ricinolsäurerest ein Konstitutionselement des Alizarinrotlackes bilde. HALLER zeigte aber, daß das nicht der Fall ist, daß das auf der Faser liegende Öl in der für die Erzeugung der gewünschten Lebhaftigkeit unumgänglichen Dämpfoperation bei 105° schmilzt und das Aluminium-Calcium-Alizarat in feinere Verteilung überführt. Die mikroskopische Untersuchung gedämpfter und ungedämpfter Fasern zeigen die Wirkung deutlich[1].

Entwicklungsfärbungen. Die Entwicklungsfärbungen, also die Bildung von unlöslichen Azofarbstoffen, dann auch von Anilinschwarz, sind als einfache Niederschlagsbildungen in und auf der Faser aufzufassen. Da die zu diesen Pigmentierungen verwendeten Komponenten im ersten Falle sowohl β-Naphthol als auch die entsprechende Diazolösung molekulardisperse Körper darstellen, so werden wir den Farbstoffniederschlag nicht allein auf der Oberfläche der Faser, sondern auch in den Zellwänden und vor allem im Lumen der Baumwollfaser finden.

Appositions- und Intussusceptionsfärbungen. Es wurde in der Folge eine Bezeichnung für die Art der Ablagerung des Farbstoffs verwendet, welche zwar der botanischen Terminologie entnommen, im vorliegenden Fall aber vollkommen am Platz ist. Bei Pigmenten, die vorzugsweise durch Adsorption auf der Faseroberfläche festgehalten werden, spricht man von „Appositionsfärbungen“, solche, wo man den Farbstoff auch in der Zellwand selbst finden kann, nennt man „Intussusceptionsfärbungen“. Von typischen Appositionsfärbungen sei vor allen Dingen der Indigo und das Alizarinrot genannt. Intussusceptionsfärbungen sind unter Umständen basische Färbungen, stets aber Färbungen von Anilinschwarz. Die substantiven Baumwollfärbungen sind Mischfärbungen, bei denen sowohl Apposition als auch Intussusception nachzuweisen ist.

Es wurde schon die Färbung auf Baumwolle als Adsorptionsverbindung erkannt, und zwar für alle auf vegetabilischer Faser ausführbaren Färbungen, wobei die absolute und relative Oberfläche eine ausschlaggebende Rolle spielt. Obwohl diese Anschauung sich im Gegensatz zur chemischen Erklärung der Färbung allmählich durchgesetzt hat, hört man noch vielfach von der Möglichkeit der späteren Bildung einer chemischen Verbindung zwischen Pigment und Fasersubstanz sprechen, so daß die Adsorption gewissermaßen der Vorläufer der chemischen Vereinigung wäre.

In neuester Zeit sind aber Beobachtungen gemacht worden, welche auch gegen die spätere chemische Vereinigung von Farbstoff und Faser sprechen.

HALLER und RUPERTI[2] haben vor kurzer Zeit feststellen können, daß die Verbindung Pigment—Farbstoff unter gewissen Bedingungen und unter rein physikalischen Einflüssen eine labile genannt werden muß. Es zeigte sich nämlich, daß beim Erhitzen einer gefärbten Faser in Wasser schon, bei vielen Färbungen erst bei dieser Einwirkung unter Druck, die Farbstoffablagerung auf der Faser eigentümliche Modifikationen zeigt, welche sich vor allem in einem Inhomogener-Werden der Pigmentierung, bei längerer Einwirkung auch in einer ausgesprochenen Krystallbildung des Pigments zeigt. Außerdem ist auffallend,

---

[1] Vgl. KORNFELD: Chem. Ztg. **1911**, 29; Koll. Ztschr. **1913**, 260, 262.
[2] HALLER und RUPERTI: Cellulosechemie **6**, 189.

daß bei vielen ausgesprochenen Appositionsfärbungen ein großer Teil des Pigments nach der gekennzeichneten Operation im Lumen in Form von wohl ausgebildeten Krystallen gefunden wird, wie dies beispielsweise beim Indigo und vielen unlöslichen Azofarbstoffen der Fall ist. Es findet also eine Wanderung der Farbstoffteilchen durch die Zellwand der Faser ins Innere statt.

Diese Feststellung spricht in kaum widerlegbarer Weise für die rein physikalische Bindung von Faser mit dem Farbstoff.

In allerneuester Zeit wurde ein ebenso beweiskräftiges Argument für die physikalische Auffassung des Färbevorgangs von HALLER gemeinsam mit HACKL und FRANKFURT[1] erbracht. Bei der Untersuchung von sog. „bügelunechten", polydispersen Farbstoffen mit hervortretenden zwei Phasen bestimmter Dispersitäten zeigte sich beim Eintauchen von Filtrierpapier als Elektroden in die von Elektrolyten durch Dialyse befreiten Farbstofflösungen (Congorubin) im Stromschluß (600 Volt), daß die niedrig disperse blaue Phase rein anodische Wanderung zeigte. Die Kathode blieb in der Tauchzone weiß. Änderung der Stromrichtung veranlaßte das blaue Pigment, langsam von der Elektrode abzuwandern und die zweite Elektrode blau anzufärben. Wir können also wohl erklären, daß nach den bisherigen Untersuchungen mit Hilfe der uns heute zur Verfügung stehenden Mittel die Färbung auf vegetabilischer Faser auf physikalischen Vorgängen beruht.

Dieselben Verhältnisse wie bei der Baumwollfaser werden wir im Prinzip bei sämtlichen Gespinstfasern vegetabilischen Ursprungs haben. Zu beachten ist, daß die Baumwolle das einzige Samenhaar darstellt, alle andern pflanzlichen Fasern sind Bastfasern, aufgebaut aus Zellen, welche miteinander durch die sog. Intercellularsubstanz, welche eine von der Cellulose verschiedene chemische Zusammensetzung und wohl auch einen andern strukturellen Aufbau zeigt. Da sich zwar nicht die Verhältnisse der relativen, wohl aber diejenigen der absoluten Oberfläche gegenüber der Baumwolle nicht unwesentlich verschieben werden, verhält sich sowohl Flachs als auch Hanffaser von der Baumwolle nicht im Prinzip, wohl aber graduell verschieden in der Farbstoffaufnahmefähigkeit, wie BARTUNEK[2] gefunden hat. Die Quellungsfähigkeit der Bastfasern ist eine geringere als diejenige der Baumwolle, daher verschieben sich auch die Verhältnisse im Färbebade hinsichtlich der Adsorption gegenüber den Phasen verschiedener Dispersität der substantiven Farbstoffe.

Zeugdruck. Wir haben uns in ausführlicher Weise mit den Vorgängen beim Färben der vegetabilischen Gespinstfasern beschäftigt, und es soll nun auch noch auf die Verhältnisse im Zeugdruck eingegangen werden.

Da man gewöhnt ist, den Zeugdruck als örtliche Färbung anzusehen, so sollte man a priori annehmen können, daß das, was oben über die Färbevorgänge gesagt wurde, ohne weiteres auf die Verhältnisse beim Zeugdruck übertragen werden könnte. Im Prinzip darf das als richtig angesehen werden, aber in sehr vielen Fällen wird man auf Methoden und Arbeitsweisen stoßen, welche von denen in der Färberei doch wesentlich abweichen. Basische Farbstoffe, welche man in der Färberei der Baumwolle ohne Farbstoffverluste nur so färben kann, daß man die Faser erst mit Tannin bzw. Katanol imprägniert und dann damit den Farbstoff auf der Faser befestigt, werden im Druck gemeinsam mit dem Fixierungsmittel auf das Substrat gebracht. Beim Druck von Alizarinrot wiederum kann ebenso Beize und Farbstoff, sogar das unentbehrliche Öl gemeinsam in der Verdickung untergebracht werden; ein Einbadverfahren ohne erhebliche Farbstoffverluste ist in der Färberei in diesem Fall unmöglich.

Verdickungen. Die Mittelssubstanz, welche die Übertragung der Farbstoffe oder der farbbildenden Substanzen auf die Faser bewirkt, nennt man die Ver-

[1] HALLER, HACKL u. FRANKFURT: Koll. Ztschr. **1928**, 83. [2] BARTUNEK: a. a. O.

dickung. Dieselbe besteht aus viscosen Substanzen, Gummilösungen, Stärkekleister, Tragant oder Mischungen derselben (vgl. Zeugdruck). Der Verdickung kommt die Rolle zu, vor allem als Transportmittel für die Farberzeuger zu dienen, dann die Capillarität des Gewebes zu paralysieren und dadurch das Fließen zu verhindern, ferner die gleichmäßige Verteilung von Farbstoffen oder Beizen an den Stellen, wo örtliche Färbung beabsichtigt ist, zu vermitteln. Mit diesen Feststellungen hat man sich in Druckerkreisen im allgemeinen begnügt. Immerhin muß man sich fragen, auf welche Ursache einzelne Funktionen der Verdickung zurückzuführen sind. Die Wirkung als Transportmittel ist ohne weiteres klar; sie liegt begründet in der Anwendung viscoser Substanzen ohne eigentliches Haftvermögen auf metallischen Unterlagen, wie sie die Druckwalzen darstellen. Weniger offensichtlich ist die Paralysierung der Capillarität der Faser, ebensowenig die gleichmäßige Verteilung des Pigments auf oft recht großen Flächen des Gewebes.

Als sog. Verdickungen werden wohl in den allermeisten Fällen nur drei pflanzliche Rohstoffe Verwendung finden: die verschiedenen Stärkesorten, vorwiegend aber Weizenstärke, dann der Gummi und der Tragant. In geringerem Ausmaße werden Stärkeabkömmlinge, z. B. der sog. British-gum, durch Hitzewirkung mehr oder weniger veränderte Maisstärke, dann Verdickungsmittel animalischer Herkunft, z. B. das Albumin, verwendet.

Neuere von HALLER[1] durchgeführte Untersuchungen haben nun ergeben, daß insbesondere den Stärkekleistern, dann den Lösungen von Gummi und Tragant eine Mikrostruktur zukommt, die am besten mit dem Aufbau eines Schwammes verglichen werden kann, also eine capillare Struktur. Durch dieselbe kann nun auch die Wirkung ordnungsgemäß aufgebauter Druckfarben erklärt werden, den capillaren Kräften des Gewebes kräftigere gleicher Art entgegenzustellen, so daß ein Fließen verhindert und die farbbildenden Substanzen genau in den Grenzen auf dem Gewebe festgehalten werden, wie sie vom Muster zunächst, dann von der Gravur der Druckwalze festgelegt sind.

Die dritte Eigenschaft der Verdickung, gleichmäßige Verteilung des Pigments auf dem Gewebe zu vermitteln, haben wir dem Umstand zu verdanken, daß in jeder Verdickungsmasse die Bildung von Membranen ziemlich festen Zusammenhangs festgestellt werden konnte, welche immer dann entstehen, wenn in einer derartigen kolloiden Masse Niederschlagsbildungen auftreten, was mit ganz wenigen Ausnahmen bei allen Druckfarben der Fall sein wird.

Wir können also für die Wirkung der Druckverdickungen hinsichtlich ihrer Wirkung beim Zustandekommen der örtlichen Färbung drei wesentliche Momente hervorheben:

1. die Viscosität derselben, welche den Übertritt der farbbildenden Substanzen aus der Gravur der Walzen auf die Gewebe vermittelt;

2. die Paralysierung der Gewebecapillarität durch den capillaren inneren Aufbau der Verdickungsmasse selbst;

3. das ausgesprochene Membranbildungsvermögen bei der Bildung von Niederschlägen im Innern der Verdickungsmasse.

Hervorzuheben ist ferner die zweifellos auch durch innere Strukturverhältnisse bedingte verzögernde Wirkung auf gewisse chemische Umsetzungen, insbesondre bei Beizenfarbstoffen, die gemeinsam mit den lackbildenden Metallsalzen der Verdickung inkorporiert werden können, ohne daß vorzeitige Lackbildung zu befürchten ist, was für den Fall außerordentliche Bedeutung besitzt, daß Reste von Druckfarben längere Zeit, ohne unverwendbar zu werden, aufbewahrt und wieder verwendet werden können.

---

[1] HALLER: Mell. Text. **1928**, 586, 771, 850, 931, 997.

Tierische Faser. Was die Vorgänge beim Färben von tierischen Fasern anbelangt, so sind dieselben noch nicht soweit geklärt wie bei den vegetabilischen Faserstoffen. Während man bei den letzteren heute hinsichtlich des Zustandekommens der Färbung klar sieht, ist auf dem Gebiet der Wollfärbung noch verhältnismäßig wenig in dieser Richtung gearbeitet worden.

Man legt heute dem amphoteren Verhalten der Wolle noch großen Einfluß auf die Färbung bei und ist noch geneigt, die Färbung selbst als Salzbildung aufzufassen, trotzdem eine Anzahl von Argumenten dagegen spricht. Man hat das Verhalten vieler dieser amphoteren Verbindungen studiert und aus gewissen Analogien geschlossen, daß auch Wolle als amphotere Verbindung sich gleich verhalten müsse. Man vergißt aber stets, daß man es bei der Wolle, nicht wie bei der gebleichten Baumwolle, mit einer nicht einheitlich zusammengesetzten Substanz zu tun hat, da sowohl Schuppensubstanz, Rindensubstanz als auch das Mark Substanzen von zweifellos verschiedenem chemischem und strukturellem Aufbau darstellen. Nun wird aber bei den Färbeversuchen dieser zweifellos verschiedene Aufbau des Wollhaars niemals berücksichtigt. Bedauerlicherweise verfügen wir heute noch über kein Reagens, das, ohne die Färbung zu beeinflussen, das Wollhaar in seine Aufbauelemente zerlegen ließe, und damit ist vorderhand die Möglichkeit noch nicht gegeben, das Resultat der Färbung an den Wollfaserkomponenten, im anatomischen Sinne, zu studieren.

Es sind unzweifelhaft gewisse Argumente, welche für chemische Vorgänge beim Färbeprozeß sprechen, insbesondre die Beobachtung von KNECHT, daß Wolle, in basischen Farbstoffen gefärbt, die ganze Säure im Färbebade zurückläßt.

Die bekannte Rotfärbung der Wolle in mit Ammoniak entfärbter Fuchsinlösung ist auch in der Richtung gedeutet worden, obwohl es nicht ohne weiteres verständlich ist, wie gerade die Fuchsinbase mit der sauren Gruppe der Wolle reagieren soll und nicht das im Überschuß anwesende Ammoniak.

Türkischrotfärberei.

Von JUL. MARX.

Literatur: s. u. Färberei.

Allgemeines.

Türkischrot bedeutet nicht eine bestimmte Farbtönung, sondern eine streng bestimmte, sehr engbegrenzte Färbeweise. Wegen der Einzigartigkeit, Schönheit und Echtheit des echten „Türkischrot" wird diese Bezeichnung aber vielfach mißbraucht und Färbungen beigelegt, die gar kein Türkischrot sind. Um solchen Mißständen zu begegnen, sollte man im Handel wirkliches Türkischrot als „echtes" Türkischrot bezeichnen.

Außer „Türkischrot" kommen noch die auf Herkunft und Ursprung zurückführenden Bezeichnungen „Adrianopelrot" und „Indischrot" vor.

Nach LIECHTI und SUIDA ist das Türkischrot ein komplexer Kalk-Tonerde-Lack des Alizarins od. dgl., in welchen u. U. noch Zinn als beabsichtigter und Eisen oder Mangan als unerwünschter Begleiter eintreten. Die genaue Untersuchung dieses Lackes ist noch nicht durchgeführt. Es ist daher auch unmöglich, Türkischrot nach einer festen „Vorschrift" oder einem „Rezept" zu färben.

Vorbedingung für gutes Türkischrot ist geeignetes Wasser und geeignete Zuführung solchen Wassers bis zur Verbrauchsstelle. Beispielsweise darf das zur Erzeugung von Türkischrot benutzte Wasser kein Mangan und kein Eisen enthalten. Diese Metalle sind jedoch so weit verbreitet, daß man sich sehr oft mit einem Höchstgehalt von 0,2 mg im Liter begnügen muß. In geringem Grade läßt sich die schädliche Eisenwirkung einigermaßen durch einen Überschuß an Färbezutaten, insbesondre an Öl, vermindern. Da der Eisenalizarinlack weniger beständig ist als der Tonerdelack, so läßt er sich beim Klären und Seifen ein wenig abziehen. Doch ist dies nur ein Notbehelf, und die Möglichkeit hierfür besteht nur in engen Grenzen, nur unter günstigen örtlichen Verhältnissen.

Schädlich oder unvorteilhaft ist ferner die Anwesenheit von Magnesia sowie unzureichender Kalkgehalt. Der Kalkmangel läßt sich zwar durch künstlichen Kalkzusatz leicht beheben, doch entstehen dann meistens „rußende" bzw. abschmutzende Färbungen. Der Zusatz von Kalk verlangt daher stets zugleich Gegenmaßnahmen, welche örtlich verschieden und den jeweiligen Verhältnissen anzupassen sind, um zu „reibechter" Ware zu gelangen.

Bei der Empfindlichkeit des Türkischrot sollten die zum Färben dienenden Stoffe niemals ununtersucht zur Verwendung gelangen. Vor allem sollen alle Hilfsstoffe möglichst völlig eisenfrei sein. Eisen wird als „Todfeind" des Türkischrot bezeichnet. In erster Reihe gilt dies für das Wasser. Man tut gut, sich von vornherein eine wissenschaftlich genaue Untersuchung des Betriebswassers machen zu lassen; für den Betrieb selber dagegen handelt es sich darum, so rasch wie möglich etwaige Veränderungen des Wassers zu erkennen. Man bedient sich deshalb zweckmäßig der sog. „Schnellanalyse", die Tag um Tag in genau gleicher Art ausgeführt wird (s. u. Wasser).

Schon im Jahre 1795 ist von der Steinischen Buchhandlung, Nürnberg, ein Büchlein von einem ungenannten Verfasser herausgegeben worden „Anweisung ... echt türkischrot ... zu färben," in dem in staunenswerter Klarheit manche Arbeitsbedingungen für die Herstellung von Türkischrot niedergelegt sind, die heute noch vorbildlich sein könnten. Der Verfasser legte schon damals das größte Gewicht auf ein geeignetes Gebrauchswasser. Eisen weist er mit Hilfe von Galläpfeln oder Eichenlaub nach, ferner auch „mit einem reinen Ei oder Eierweiß, welches außenherum gelb wird". Er kennt bereits die gute Wirkung von „Fischfetten", deren unangenehmen Trangeruch er nur störend findet. Ferner kennt er schon die „Umwandlung des Öles": „Die grobe Fettigkeit darf nicht beim Garn bleiben ..., denn nur der sauersalzige Teil des Öles ist es eigentlich, der das Garn durchdringen und öffnen und zur Festhaltung der Farbe geschickt machen muß." In gleicher Weise legt der Verfasser dar — und das ein Menschenalter vor CHEVREULS großen Arbeiten über die Zusammensetzung der Fette —, daß in den Ölen eine „saure Substanz" sein müsse.

Chemische Hilfsmittel der Türkischrotfärberei.

Fettbeizen.

Ein spezifischer und besonders wichtiger Arbeitsvorgang der Türkischrotfärberei ist die Fettbeizung oder Öltränkung. Man verwendet hierfür die sog. „Fettbeizen", und zwar Tournantöl, Türkischrotöl oder Tran. Tran wird in bestimmten Gebieten Rußlands gebraucht und soll angeblich sehr schöne Töne liefern. Anders hergestelltes Rot wird von der dortigen Bevölkerung als unecht zurückgewiesen, weil es „nicht nach Türkischrot" riecht. In ähnlicher Weise begegnet man hin und wieder Schwierigkeiten, durchgefärbtes Türkischrot zu verkaufen, weil es bisweilen als untrügliches Kennzeichen des echten Türkischrot angesehen wird, wenn der aufgedrehte Faden innen weiß ist.

Im übrigen dürfte aber wohl nur noch Olivenöl und Türkischrotöl zur Fettbeizung im Gebrauch sein, und zwar Olivenöl in der Form von Tournantöl, d. i. ein in bestimmter Art ranzig gewordenes oder ranzig gemachtes Olivenöl. Auch überhitztes oder mittels Schwefelsäure etwas verseiftes Olivenöl sowie ähnlich behandelte andre Öle scheinen als Zusätze von manchen Tournantölfabrikanten mitverwendet zu werden, denn die Tournantöle geben manchmal ganz eigentümliche Kennzahlen, aber dennoch brauchbare Farben. Es wird z. B. sicherlich viel Erdnußöl in das „Olivenöl" eingemischt, aber die Fabrikanten geben es nicht zu, sondern hüten ängstlich ihre „Geheimnisse". Deshalb wird man stets gut tun, Tournantöle zurückzuweisen, welche durch ihre Kennzahlen zu sehr von den bei dem betreffenden Fabrikanten üblichen abweichen.

Es gibt eine praktische Probe, aber nur für den erfahrenen Fachmann, nämlich das Tournantöl mit Pottaschelauge gründlich zu schütteln und stehenzulassen. Man nimmt am besten möglichst gleichartige geteilte Reagensgläser und Pottaschelauge von z. B. 38^0 Bé, 15^0 Bé, 5^0 Bé, 1^0 Bé und läßt die Proben stehen; es bildet sich dann allmählich eine weiße Emulsion oben auf der sich klärenden Lauge. Aus der Zeitdauer bis zur Absonderung, aus der Höhe und dem Aussehen dieser Schicht ersieht der erfahrene Rotfärber eher als aus der Analyse, wieweit das Öl für ihn taugt. Die vier Gläser zeigen oft sehr große Unterschiede, und in der schwächsten Lauge soll sich das Tournantöl womöglich erst nach Tagen absondern. Man führt die Reaktion aus, indem man eine bestimmte Anzahl Tropfen Tournantöl in jedes Glas fallen läßt und die 4—10fache Menge Pottaschelauge zusetzt. Die Gläser müssen erschütterungsfrei und kühl stehen. Auch Öl und Laugen müssen vor dem Mischen etwa Zimmerwärme haben.

Während das Tournantöl von den Türkischrotfärbereien fertig bezogen wird, stellen wohl die meisten Verbraucher ihr „Rotöl“ selber her (s. a. u. Türkischrotöl).

Tonbeizen.

Früher wurde lediglich der Kalialaun verwendet, seit langem aber wohl nur noch die schwefelsaure Tonerde, bei einigen wenig verwendeten Verfahren auch Tonerdenatron. Die schwefelsaure Tonerde (s. u. Aluminiumsalzen) wird heute fast eisenfrei geliefert. Sie wird vom Rotfärber auch schlechtweg „Alaun“ genannt. Das Beizen mit diesem nennt der Rotfärber auch „Alaunen“ Das Aluminiumsulfat wird aber nicht als solches unmittelbar verwendet, sondern erst in basisches Sulfacetat umgesetzt.

Es gibt auch Türkischrotverfahren mit essigsaurer Tonerde, insbesondre zum Drucken. Für die Färberei sind sie nicht zu empfehlen; sie geben weder schöne noch reibechte Farben, nur „Neurot“. Die Öl- und Tonbeizen nennt der alte Türkischrotfärber auch „Farbstoffe“.

Farbstoffe.

Der natürliche Krapp (s. d.) war bis 1868 das einzige Färbemittel für Türkischrot. Das künstliche Alizarin (s. d.) hat ihn im Inlande seitdem verdrängt.

Künstliches Alizarin. Das künstliche Alizarin wird von den Fabriken als Alizarin V und Alizarin G geliefert. Jede der beiden Marken kommt in verschiedenen Sorten vor.

Alizarin V enthält hauptsächlich Alizarin; Alizarin G enthält viel Iso- und Flavopurpurin neben mehr oder weniger Alizarin.

Alizarin V gibt viel echtere und blaustichige Töne, Alizarin G gibt gelbstichige Töne, und diese sind nicht ganz so echt wie aus Alizarin V.

Das künstliche Alizarin wird in Fässern in Form einer breiflüssigen Paste geliefert, welche 20% Farbstoff enthält; jedoch wird der Frachtkostenersparnis halber auch 40proz. Ware geliefert, sogar trockne, wenn es sich um große Entfernungen handelt. Die 40proz. Ware sollte aber erst wieder auf 20proz. äußerst sorgfältig verrührt werden, weil es sonst sehr schwierig ist, den dicken Brei zu gleichmäßiger Verteilung zu bringen. Noch schwieriger ist es, trockne Ware richtig zu verteilen. Vor der Entnahme von Farbstoff aus dem Faß ist dieses gründlich durchzuschütteln.

Weitere Zusätze.

Im alten Krappverfahren hat Kuhkot oder Schafskot eine große Rolle gespielt; heutzutage sind diese Zusätze wohl überall verlassen. Ein andrer Zusatz war Rinderblut. Statt dessen wird mitunter phosphorsaures Natron oder Ammonium zugesetzt, oft auch Blutalbumin. Die verwendeten Mengen sind wohl in jedem Betrieb andre und werden ängstlich als große Geheimnisse gehütet. Nach meiner Ansicht sind diese Zusätze nicht ausschlaggebend, denn Versuche „mit und ohne" zeigen wechselnde Ergebnisse. Jedoch schaden sie nicht, und bei Blutalbuminzusatz hat man wirklich oft den Eindruck, als ob die Farbe „glatter", lichtechter und chlorechter sei.

Ein andrer Zusatz ist Gerbstoff. Es wird jetzt wohl nur noch Sumach verwendet, sei es als Blättersumach oder als Extrakt. Guter Sumach, nicht zu lange und nicht zu kurz abgekocht, gibt reinere Farbtöne. Die Art des Abkochens muß für jeden Betrieb erst ausfindig gemacht werden, und dies nimmt Monate in Anspruch. Sumachextrakt gibt nicht so reine Tönung wie Blättersumach selber im besten Fall, dafür aber (wenn von zuverlässiger Fabrik bezogen) einander mehr gleichende Farbtöne. Die alten Färber haben mir oft beteuert, Galläpfel hätten ein „viel" schöneres Rot ergeben als das „Schmackrot". Ich habe es aber nie finden können.

Ein sehr wichtiger Zusatz ist das Zinn, welches das Rot klarer und glänzender macht. Es wird als Zinnsalz (s. d.) und als Zinnsoda verwendet. Beim Zinnsalz kann außer der lackbildenden Wirkung auch noch die reduzierende Wirkung in Betracht kommen, indem etwaiges Eisenoxyd in Eisenoxydul verwandelt wird, welches keine Beizeneigenschaften mehr hat und eher als solches beim Abklären abziehbar ist. Die Zinnsoda kann als alkalisches Salz der alkalischen Fettbeize wie den alkalischen Kochbrühen zum Klären und Schönen beigefügt werden, ohne die Alkalität zu mindern.

Allgemeiner Gang der Garnbehandlung.

Türkischrot wird zum allergrößten Teil auf Garn gefärbt, und zwar in Lohnfärbereien. Das hierfür bestimmte Garn soll hochwertig sein, vor allem möglichst gleichmäßige Drehung haben, es darf nicht aus verschiedenen Garnsorten bestehen u. dgl. m.

Man unterscheidet das wertvollere „Altrot" und das billigere und weniger wertvolle „Neurot". Neurot ist weniger echt und leichter bzw. schneller zu färben als Altrot, welches große Erfahrungen voraussetzt und peinlichste Kontrolle der Arbeitsgänge erfordert. Infolgedessen wird ein Altrot nur für gute Ware verwendet. Bei geringeren Ansprüchen begnügt man sich mit Neurot, insbesondre dürfte alles stückgefärbte und gedruckte Türkischrot Neurot sein. Das STEINERsche Verfahren scheint eine Art Mischrot zu sein, d. h. eine Mischfärbung von Alt- und Neurot.

Nachfolgend wird der allgemeine Gang für die Erzeugung des echten Altrot, des richtigen Türkischrot beschrieben. Durch mancherlei Abänderungen, z. B. durch Ersatz des Kochens und Senkens (s. w. u.) durch bloßes Dämpfen, durch Verringerung der Zahl der Schmierzüge, durch weniger häufiges und sorgfältiges Waschen, Trocknen u. dgl. m. wird das weniger echte Neurot erhalten. Auch an vielen der erwähnten Handhabungen wird gespart und gekürzt, was dann ein weniger echtes Rot zur Folge hat. Das Färbeverfahren wird indessen in den verschiedenen Betrieben sehr verschiedenartig ausgeführt, so daß nachstehendes Schema mehr den allgemeinen Gang als feste Normen wiedergibt.

Bleichen. Für zarte Töne, wie Rosa, ist das Garn vor dem Färben zu bleichen. Man verwendet heute hierzu meist das unterchlorigsaure Natron (Natronbleichlauge). Näheres s. u. Baumwollbleicherei.

Schlichten. Oft wird verlangt, daß das gefärbte Garn in fertiggeschlichtetem Zustande geliefert wird. Man benutzt hierfür auch die Passiermaschinen. Die Schlichte wird aus Dextrin oder Stärke, vorwiegend löslicher Stärke, bereitet, der man nach Bedarf auch Seife, Wachs u. dgl. zusetzt.

Beschweren. Für den nahen und fernen Osten wird vielfach ein Türkischrotgarn verlangt, das sich feucht anfühlt. Man behandelt in solchen Fällen das fertiggefärbte Garn mit fetthaltigen oder hydroskopischen Stoffen, z. B. mit Palmöl, Glycerin, Traubenzucker, Chlorcalcium, Chlormagnesium u. dgl.

Fitzen oder Unterbinden der Garne. Das Fitzen oder Unterbinden geschieht durch Fitzmädchen, indem die einzelnen Strangteile (Zahlen) eines ganzen Stranges oder Strähnes (Pfundes) mittels einer Schnur einzeln oder paarweise voneinander geschieden werden, wobei man die Schnur nur durchzieht, an den beiden Enden verknotet und an einem Ende die Färberzeichen einknotet. Ein so „gefitztes" und „unterbundenes" Garn kann, wenn es verwirrt ist, immer wieder leicht in Ordnung gebracht werden. Alsdann wird jedes Pfund „geknudelt", d.h. jedes Pfund wird in sich selbst zu einem „Knudel" verschlungen. Statt dessen werden auch je zwei Pfundstränge miteinander verschlungen oder „geschleift". Der Zweck hiervon ist auch hier, Verwirrungen des Garnes möglichst zu vermeiden.

Abkochen. In den meisten Betrieben werden 600—700 Pfund (englische Pfund zu 453 g) zu einer „Partie" vereinigt. Die Kessel sind entweder ganz ohne Umlauf oder mit natürlichem oder mit künstlichem Umlauf durch Pumpe oder Injektor eingerichtet. Die Erhitzung geschah früher durch direktes Feuer, heute wohl überall durch Dampf. Der Kochkessel soll einen falschen gelochten Boden haben, welcher verhindert, daß das Kochgut unmittelbar auf der Heizfläche aufliegt. Ferner soll die Ware durch ein gelochtes Blech od. dgl. bedeckt sein.

Das Beschicken des Kessels mit dem Garn hat durch erfahrene Arbeiter gleichmäßig zu geschehen, damit keine Lücken oder Kanäle entstehen, durch die die Kochlauge strömt. Naturgemäß sollen die Kessel stets sauber, vor allem rostfrei sein. In manchen Betrieben werden die Kessel mit dünnem Kalkbrei oder auch mit Kreidebrei bestrichen und dann mit Rupfen (Packleinen) behängt.

In der Regel verwendet man zum Abkochen Soda (4—5 % calc. Soda) oder Natronlauge (2—3 % Lauge, 40° Bé) oder ein Gemisch beider, evtl. unter Zusatz von Beuchöl. Wasserglas ist nicht zu empfehlen, da es die Faser hart macht und die Gefahr erhöht, daß das Garn „weißwollig" wird, d. h. mit freistehenden ungefärbt erscheinenden Härchen besät ist. Außerdem vermehrt Wasserglas die Überkrustung des Kochkessels und der Heizschlangen. Man kocht oder beucht zwar manchmal ohne Druck, fast immer aber bei einem Druck von $^1/_2$—2 at, wenige bis 8 Std. Ich empfehle zunächst mindestens $^1/_2$ Std. bei offenem Kessel zu kochen, dann bei etwa 1 at nicht unter 4 Std.

Waschen. Das gekochte Garn wird auf geeignete Transportwagen ausgeworfen, nach genügender Abkühlung aufgeknudelt bzw. aufgeschlungen, oberflächlich glattgelegt und jedes Pfund mit einem „Kopf" versehen. Das so „beköpfte" Garn wird zur Waschmaschine gefahren, dort gewaschen und dann geschleudert.

Schmieren. Zum „Schmieren" (Ölen oder Fettbeizung) bedient man sich der sog. Passiermaschinen (s. u. Baumwollfärberei). Es kann dabei in Eisen gearbeitet werden. Man findet auch Terrinen, die mit Kupferblech ausgeschlagen sind, was bei ammoniakhaltigen Brühen nachteilig wirken kann. Auch Nickel wird angewandt. Es ist wichtig, daß die Schmierbrühe während des Passierens ihre Zusammensetzung nicht ändert. Die übrigbleibende Brühe nannten die alten Färber „Schwänze", heute nennt man sie „Avancen" oder „Restanten" und setzt sie dem Frischbad wieder zu.

Man „passiert" bei 30—35°, meistens 2 Pfund gleichzeitig und nur einmal, in besondern Fällen mehrmals.

Nach dem Passieren werden die Garne wieder glattgelegt, mit „Köpfen" versehen, mäßig geschleudert, gleichmäßig auf Haufen gesetzt und stehengelassen, damit sie sich untereinander ausgleichen.

Trocknen. Die passierten Garne werden Pfund für Pfund auf den Windepfahl gehängt und gleichmäßig ausgebreitet, dann wird der Stock oder Stecken, auf welchem sie getrocknet werden sollen, eingeschoben. Man nennt dies „Aufstocken" auch „Anschütten". Nun wird das Garn in dem Trockenraum aufgehängt. Die Trocknungstemperatur soll bis etwa 60° C gesteigert und bis zum Schluß hierbei belassen werden, der Rotfärber sagt: „bis der Schmier sich durch und durch umgewandelt" hat.

Während der Trocknung findet eine Festigkeitsabnahme der Garne statt. Zur Kontrolle dieses Vorgangs werden die Garne deshalb oft schon im Rohzustande und dann im fertigen Zustande auf Reißfestigkeit geprüft.

Die Trockenanlage muß so sein, daß strahlende Wärme die Garne nicht treffen kann; andernfalls werden die Garne an bestimmten Stellen „faul“, d. h. morsch. Dies kommt auch vor, wenn die Garne in zu nassem Zustande zum Trocknen kommen. In manchen Betrieben werden die geschmierten Garne erst an der Luft getrocknet und dann erst in der Trockenkammer. In der Lufthänge sollten die Garne aber vor Sonnenstrahlen geschützt sein, weil ultraviolette Strahlen geschmiertes Garn besonders schwächen (s. u. Atmosphärische Einflüsse).

Schmierzug. Passieren, Anschütten und Trocknen geben zusammen einen „Schmierzug“. Je mehr solcher Züge gegeben werden, desto echter wird die Färbung. In manchen Betrieben sollen bis zu fünf solcher Züge gegeben werden. M. E. genügt eine dreimalige Behandlung auch für hohe Ansprüche vollauf, vorausgesetzt, daß sonst richtig gearbeitet wird.

Einweichen (Auslaugen). Hat das Garn die bestimmte Anzahl Schmierzüge und Trocknungen durchgemacht, so wird es „eingeweicht“ oder „ausgelaugt“. Man läßt das Garn dabei in einem Behälter mit 30—40° warmem Wasser untersinken, mehrere Stunden darin liegen, nimmt dann heraus und schleudert möglichst trocken. Mitunter verwendet man für das erste Einweichen eine Pottaschelösung von $^1/_4{}^0$ Bé, für das zweite Einweichen nur Wasser.

Alaunen. Hierauf wird das Garn mit Tonerde gebeizt oder „alaunt“. Man zieht das feuchte Garn in der Beizlösung um, windet ab, versieht es mit Kopf und legt es für mehrere Stunden oder über Nacht wieder ein.

Man kann von Hand in Barken oder auf der Passiermaschine arbeiten. Die Apparatur muß aus Holz, Kupfer, Bronze, Porzellan od. dgl. bestehen. Schließlich wird das Garn ausgewunden und möglichst trockengeschleudert.

Schmacken. Das gebeizte Garn wird nun mit Gerbsäure (Sumachabkochung oder Sumachextrakt) „geschmackt“. Man verfährt wie beim Beizen, nur pflegt man für kürzere Zeit einzulegen. Auch hier kann man die Passiermaschine verwenden, nur ist wieder die Berührung der Gerblösung mit Eisen zu vermeiden. In manchen Betrieben wird zuerst geschmackt und dann erst alaunt.

Krappen. Das so behandelte Garn wird stark ausgeschleudert, auf Stöcke gebracht bzw. „angeschüttet“ und in Barken oder Wannen eingehängt, in welchen sich die Färbeflüssigkeit befindet, die sog. „Flotte“. Diesen Färbevorgang nennt der Rotfärber „Krappen“. Nach dem Krappen wird das Garn aufgehängt, abtropfen gelassen, „beköpft“, gut abgeschleudert und gewaschen.

Klären und Schönen. Das gründlich gewaschene Garn wird nun in einem alkalischen Seifenbade unter Druck gekocht oder „geklärt“, wieder gewaschen und nochmals in ähnlicher Weise unter Zusatz von Zinnsalz oder Zinnsoda „geschönt“ oder „aviviert“.

In manchen Betrieben wird das Garn nach dem Krappen in eine Zinnsalzlösung eingelegt, ähnlich wie für das Einweichen beschrieben und danach gewaschen oder wenigstens gut abgeschleudert. In diesem Falle wird zum Schönen nur Zinnsoda zugegeben oder auch jeder Zinnzusatz unterlassen. Auch setzt man das Zinn mitunter schon dem Krappbade zu, mitunter auch etwas „Restante“ oder etwas gut vermilchtes (emulgiertes) Rotöl oder Rotöl mit etwas Tournantöl. Das geschönte Garn wird nun gut gewaschen, getrocknet und, wo angängig, in die Lufthänge gehängt, damit es seine natürliche Feuchtigkeit wieder aufnimmt. Es bekommt dann viel ansprechenderen Lüster. Überhaupt nimmt die Schönheit der Farbe guten Altrots, also echten Türkischrots beim Lagern zu, und die Packungen entwickeln beim Wiederöffnen einen ganz eigenartigen, nicht unangenehmen Geruch, der bei Neurot fehlt und schon in den Zwischenstufen ein ganz andrer ist. Die Päcke werden sehr sorgfältig hergestellt, unter Nachhilfe von Maschinen, z. B. von „Schlagmaschinen“, welche die fertigen Pfunde besonders schön glätten.

Bereitung, Zusammensetzung und Anwendung der Arbeitsbäder.

Schmierbrühe. Man bereitet sich z. B. eine Schmierbrühe aus

5 kg Tournantöl und
10—15 kg Rotöl 50 proz.,

stellt auf 100 l ein, passiert, behandelt und trocknet wie vorbeschrieben. In gleicher Weise gibt man den 2., 3. usw. Schmierzug; in manchen Betrieben bis zum 5. Schmierzug.

Man benützt die Restanten jedes Zuges für den nächsten derselben Art. Diese Behandlungen sind in jedem Betrieb für das jeweils gewünschte Rot auszuproben. Für wohlfeilere Rot werden z. B. nur zwei Züge gegeben.

Schmacken. Die Sumachlösung stellt man auf $^1/_2$—2° Bé ein, je nach Betriebsart und behandelt mehrere bis 6 Std. bei 35—40° C, dann wird ausgeschleudert und gebeizt.

Tonbeizen. Die Lösung der schwefelsauren Tonerde soll basisch sein. Man löst 100 kg Tonerdesulfat (mit 18% Al_2O_3) in kochendem Wasser in einer Holzbütte mit kupferner Heizschlange und rührt eine Sodalösung von 12—13 kg eisenfreier calc. Soda unter ständigem Rühren ein, so daß kein bleibender Niederschlag entsteht. Nach dem Erkalten stellt man die Lösung auf einen bestimmten Grad ein, z. B. auf 6° Bé. Die Lösung gibt immer geringe Abscheidungen, so daß der Ablaßhahn etwas oberhalb des Bodens sein muß.

Man kann diese Lösung unmittelbar zum Beizen gebrauchen, verwendet aber auch gern schwächere, z. B. solche von 3° Bé bis $^1/_2$° Bé.

Manchmal wird auch ganz oder teilweise mit Kreide abgestumpft, was den Nachteil sehr starker Niederschläge hat, aber bei kalkarmem Wasser Berechtigung haben wird.

Krappen. Das Krappen wird auf Barken von Hand oder mit Maschinen ausgeführt. Die Barken für Handfärberei sind fast immer für 100 Pfund Garn eingerichtet, allenfalls hat man eine oder zwei für kleinere Partien. Es werden meistens zwei Pfund auf einen Stock oder Stecken gebracht und fünfzig solcher Stecken „aufgesetzt", d. h. über die Barke gelegt, sobald man mit dem „Ansatz" fertig ist.

Der Farbansatz wird in der Barke bereitet, die man mit Wasser bis zur bestimmten Höhe füllt, etwa 1000 l oder auch mehr.

Zunächst gibt man die etwaigen Zusätze, z. B. (bei zu weichem Wasser) essigsauren Kalk als Lösung oder auch Kreide (als feinen aufgeschlämmten Brei). Die Menge dieser Zusätze kann nur an Ort und Stelle bestimmt werden. Bei Kreide tritt während des Krappens ein immer unangenehmer werdendes Schäumen auf, jedoch soll Kreide weniger leicht rußende Farben geben als essigsaurer Kalk. Andre Zusätze sind gelöstes Blutalbumin und Sumach in Lösung. Von beiden kommen nur geringe Mengen in Anwendung. Soll Rotöl oder Restante zugesetzt werden, so geschieht dies mit gut vermilchter Flotte zuletzt, nach der Beschickung mit Alizarin.

Die Alizarinpaste wird in einem Holzeimer oder Papiereimer abgewogen, mit etwas Wasser verdünnt, gut verrührt und dann unter sehr gutem Rühren über die Wanne verteilt. Alsdann geht man mit dem Garn ein und zieht sofort einmal um. Weiterhin zieht man 15—30 Min. ohne Dampfzulaß um und steigert dann die Temperatur in 100 Min. bis zum Sieden. Nun wird das Garn „gesenkt", d. h. in das kochende Wasser eingelegt und das Bad weitere 10—60 Min. im Kochen erhalten.

Das Garn darf weder die Heizflächen berühren noch beim Kochen aus der Flotte herausragen, sonst gibt es „Kochflecke", es muß also oben und unten ein falscher Boden sein. Nach dem Kochen wird das Garn herausgenommen, abtropfen gelassen und gewaschen. (Wie erwähnt, wird das gekrappte Garn in manchen Betrieben in eine Zinnsalz enthaltende Flotte eingelegt. In diesem Falle muß natürlich nach der Zinnbehandlung nochmals gewaschen werden.)

Die Menge des Alizarinzusatzes richtet sich nach der Tiefe der zu erzielenden Färbung und wechselt zwischen 0,25% des Garngewichts oder vielleicht noch weniger bei sehr lichten Rosafärbungen bis zu 5 und 6%. Der Bequemlichkeit halber rechnet man das englische Garnpfund (453 g) als volles metrisches Pfund (500 g).

Die Alizarinmarke richtet sich nach der Tönung (Nuance) der zu erzielenden Farbe. Man verwendet hierfür Alizarin V und G, jedes in verschiedenen Marken. Die V-Sorten geben die blaustichigen, die G-Sorten die gelbstichigen Rot. Die V-Sorten sind noch echter als die G-Sorten.

Klären. Man geht vielfach bis auf 1 at, doch dürfte $^1/_2$ at ausreichen. Die Seifen- und Sodamengen schwanken von 4—12 g Seife und 2—4 g calc. Soda für 1 l Kochbrühe. Es hängt dies natürlich auch zu einem großen Teil von der Farbtiefe ab, jedoch macht man m. W. in den Betrieben hauptsächlich einen Unterschied zwischen Altrot mit stärkeren und Neurot mit schwächeren Brühen, dann zwischen „Rot" und „Rosa"; selbstverständlich erhält letzteres die schwächeren Kochbrühen.

Auch die Kochdauer ist in den verschiedenen Betrieben verschieden, doch wird man kaum unter 4 Std. gehen; 8 Std. dürften überall voll genügen.

Schönen. In manchen Betrieben wird das Garn dann gewaschen, in andern nur gut abtropfen gelassen und zur zweiten Kochung dem „Schönen" oder „Avivieren" gegeben. Diese Kochung geschieht wie die erste, nur mit geringeren Mengen. Man nennt auch beide Kochungen „Avivieren", oder auch die erste „Avivieren" und die zweite „Rosieren". Der zweiten Kochung wird wohl auch Zinnsalz beigegeben. Man nimmt auch Zinnsoda oder Gemische von Zinnsalz und Zinnsoda. M. E. ist Zinnsalz vorzuziehen, weil es reduzierend wirkt und so etwaiges Eisenoxyd in Oxydul umsetzt, wodurch etwaiger Eisenalizarinlack angegriffen und damit wenigstens teilweise durch Seifen entfernt werden kann. Man verwendet 500—1500 g Zinnsalz, je nach den vorhergegangenen Behandlungen.

Zinnsalz ist ein vorzügliches Hilfsmittel für Türkischrot, trotzdem kann es nur leichte Schäden wieder gutmachen. Türkischrotlacke mit sehr geringem Zinngehalt sind feuriger als zinnfreie und sollen auch echter sein; bei weiterem Zinngehalt wird die Färbung aber sehr bald unechter.

Neurotverfahren[1].

Man ölt nur mit Rotöl, trocknet, ölt noch einmal und trocknet wieder. Hierauf beizt man mit basischschwefelsaurer oder essigsaurer Tonerde und kreidet oder „kreidelt" die getrocknete Ware. Dann wäscht man gut aus und krappt, geht jedoch nicht über 70° C, auch steigert man gern rascher die Temperatur, statt binnen $1^1/_2$ schon in 1 Std. oder gar noch schneller.

Das gekrappte Garn wird dann nach dem Schleudern ungewaschen oder auch gewaschen „gedämpft", d. h. trocknem Dampf ausgesetzt. Man dämpft unter leichtem Druck ($^1/_2$—$^3/_4$ at) oder ohne Druck; im ersteren Falle genügt 1 Std., auch noch weniger, im letzteren reichen 2 Std. manchmal noch nicht. Das „Kreideln" geschieht durch Umziehen in mit Schlämmkreide verrührter Flotte.

Neurotgarne werden oft nur geseift und auch diese ohne Druck. Schon beim „Beuchen" müssen Neurotgarne viel gelinder behandelt werden, möglichst nicht einmal gebeucht, sondern ohne Druck mit oft recht schwachen Kochbrühen nur abgesotten werden.

---

[1] S. a. Leitfaden der Badischen Anilin- und Sodafabrik.

Einbadverfahren.

Das Verfahren von R. OTT[1] besteht darin, daß es die Tonerdebeize und die Alizarinbehandlung, somit die Farblackentwicklung in einem Vorgang vereinigt. Die Patentschrift empfiehlt z. B. für 100 Pfund Garn (oder Stoff)

1200 l Wasser,
5 kg Alizarin (20 proz.),
30 kg Kochsalz,
3 kg Aluminiumsulfat,
4 kg essigsauren Kalk 16° Bé

als Flotte. Man geht kalt ein, zieht $^1/_2$ Std. um, steigert die Temperatur in etwa $^1/_2$ Std. allmählich bis zum Sieden und kocht nach dem Senken $^1/_2$—1 Std.

Im übrigen kann die Vorbereitung der Ware ganz wie sonst geschehen, ebenso die Nachbehandlung. Selbstverständlich muß die Härte des Wassers bzw. des Kalkzusatzes berücksichtigt werden. Auch kann statt Kochsalz ein andres Salz, z. B. Glaubersalz, benutzt werden. Man darf mit der Salzbeigabe bis auf 1 proz. Lösungen herabgehen, jedoch nicht darunter. Bei stärker alkalischem Garn soll zum Abstumpfen dieser Alkalität etwa $^1/_2$ l konz. Ameisensäure beigefügt werden. Das Verfahren soll sich auch für die andern Alizarinfarben, z. B. auch für Blau, eignen.

An sich ist das Färben in stark salzhaltigen Flotten schon vorher bekannt gewesen (Bayer, Leverkusen), ebenso auch ein Verfahren mit Zusatz von Sulfiten, namentlich Natriumpyrosulfit (Meister Lucius & Brüning, Höchst a. M.).

Bei allen diesen Verfahren findet mehr oder weniger ein Durchfärben statt, so daß der Alizarinzusatz etwa 10% größer sein soll. Die Neurot- und Einbadverfahren erreichen nicht annähernd die Echtheit und Schönheit des Altrots.

Maschinen.

Die Maschinen haben sich bei dem alten Türkischrotfärber erst nach hartem Kampf durchgesetzt. Sogar die Einführung des Dampfes zu Koch- oder Heizzwecken konnte sich nur stückweise einführen; völlig gelang dies erst in der Umwandlung des handwerkmäßigen Betriebes in den fabrikmäßigen. Erst recht wollte man nicht der Maschine die Arbeit des Ölschmierens anvertrauen. Heute ist die Passiermaschine für die Türkischrotfärberei unersetzlich geworden, die z. B. von den Firmen C. G. Haubold A.-G., Chemnitz, und Zittauer Maschinenfabrik, Zittau, ganz vorzüglich gebaut werden (s. Abb. 158, 159). Eine neuere Anordnung ist der Passier- oder Imprägniermaschine von Jos. Timmer, Coesfeld i. W., gegeben.

Diese Passiermaschinen arbeiten im Prinzip derart, daß zwei der Walzen sich so naherücken, daß der Garnstrang über sie so aufgezogen werden kann, daß er in die Brühe der Terrine hineinhängt. Die Walzen drehen sich dann und ziehen hierdurch den Strang durch den Terrineninhalt hindurch, während die dritte Walze angepreßt wird, so daß vom Strang die überschüssige Brühe ständig wieder in die Terrine zurückfließt. Haben die Walzen die bestimmte Zahl Umdrehungen gemacht, so rücken sie auseinander, spannen das Garn stark an und winden es durch senkrechte Drehung der einen Walze regelrecht aus. Der Vorgang des Passierens kann beliebig wiederholt und geregelt werden.

Die Zentrifugen oder Schleudern (s. Abb. 12, 13 usw.) werden von vielen Maschinenfabriken gebaut, besonders leisten die Firmen Gebr. Heine (Viersen), Gessner (Aue), C. G. Haubold A.-G., u. a. m. darin Vorzügliches.

Für den Bau von Färbemaschinen hat es vieler Anstrengungen bedurft. Doch sind die Kinderkrankheiten schon längere Zeit vollständig überwunden. So ersetzt z. B. die Färbemaschine der Niederlahnsteiner Maschinenfabrik, Niederlahnstein, die Handarbeit in vollkommener Weise, sobald es sich um große Mengen handelt.

---

[1] D.R.P. 229457.

Zum Spülen und Waschen des Garnes gibt es ebenfalls eine Reihe von Maschinen (s. u. Baumwollfärberei). Zu erwähnen sind hier Konstruktionen der Zittauer Maschinenfabrik und von Haubold, sowohl für größere als auch für kleinere Partien (s. Abb. 337, 338).

Das Trocknen geschieht noch vielfach auf Kammern, jedoch bauen z. B. Friedr. Haas, Lennep (Rhld.), und die Zittauer Maschinenfabrik auch zum Trocknen vielgebrauchte mechanische Anlagen, welche erheblich an Arbeitskraft und wohl auch an Betriebskosten sparen. Zeitersparnis dürfte (ausgenommen etwas an der Vorarbeit und Nacharbeit) nicht sehr viel damit verbunden sein, denn Türkischrot verlangt eine bestimmte Dauer für seine Trocknung, danach noch eine bestimmte Dauer des Trockenhängens. Bei manchem Rot kann Beschleunigung sehr leicht schaden.

Abb. 337. Garnspülmaschine (Zittauer Maschinenfabrik A.-G., Zittau).

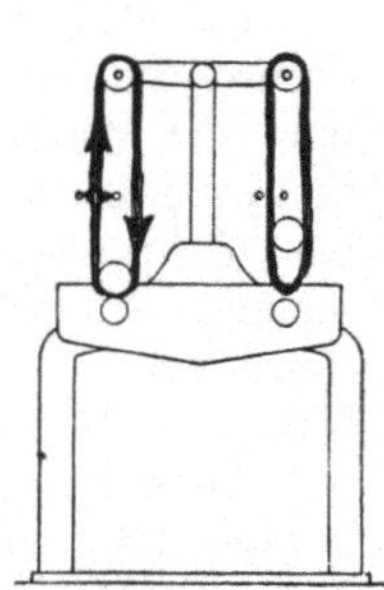

Abb. 338. Schema zur Garnspülmaschine.

Bei den Kanaltrockeneinrichtungen der Zittauer Maschinenfabrik (s. Abb. 49ff.) bestehen die Anlagen aus mehreren hintereinander angeordneten Abteilen, welche nach dem Gegenstromprinzip arbeiten. Sie sind so eingerichtet, daß die der Türkischrotentwicklung schädliche strahlende Wärme nicht zur Wirkung kommt (s. a. Trockenanlagen).

Friedr. Haas, Lennep (Rhld.), baut ebenfalls mechanische Trockenanlagen, die gelobt werden.

Seine „Turboautomaten“ sind mehr für kleinere Betriebe geeignet. Es werden 2—3 Kammern nebeneinander geschaltet. Während die eine Kammer trocknet, wird die andre beschickt, die hierfür jeweils nötige Umschaltung wird selbsttätig ausgeführt. Die Trocknung erfolgt mit erwärmter Luft im Gegenstrom, wobei jede Trockenzelle ihr eigenes Heizrohrgestell und Windrad hat. Ein Arbeiter soll für die Bedienung genügen.

Abb. 339. Garnschlagmaschine (Zittauer Maschinenfabrik A.-G., Zittau).

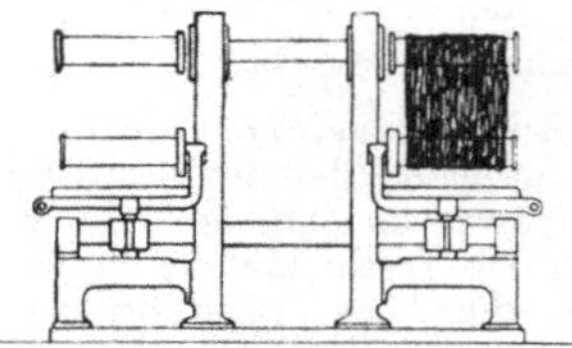

Abb. 340. Schema zur Garnschlagmaschine.

Für den Großbetrieb baut die gleiche Firma auch Kanaltrockner in einfacher und paarweiser Ausführung mit hängend oder auflaufend fahrbaren Wagen. Die Heizeinrichtung ist bei jedem Trockenabteil gegenüber dem vorherigen bzw. dem folgenden versetzt eingebaut, welche Anordnung neben der Wirkung des Gegenstroms eine angeblich besonders wirksame Kreisel- oder Wirbelbewegung der Trockenluft erzeugen soll. Das Verhältnis zwischen Kreis- und Frischluft ist durch eine verstellbare Ausströmungsöffnung nach Belieben zu regeln.

Wie bereits erwähnt, sucht man dem fertigen Garn möglichst schönes Aussehen zu geben. Hierfür bringt die Zittauer Maschinenfabrik eine Garnschlagmaschine mit zwei auf- und niedergehenden Tischplatten und zwei Paar besonders wirksamen Garnspulen, von welchen die unteren als Schlagwalzen arbeiten (s. Abb. 339, 340).

Auch ein Festigkeitsprüfer (s. u. Festigkeit, Abb. 325) sollte in keiner Türkischrotfärberei fehlen. Es ist sehr wichtig, wenn der Färber in der Lage ist, seinen Betrieb unter scharfer Aufsicht zu halten und Betriebsfehler und -schäden zu vermeiden bzw. aufzuklären.

Die vorstehenden Ausführungen stellen nur allgemeine Richtlinien und Arbeitsmethoden dar. Zum praktischen Türkischrotfärben gehört aber auch noch eine langjährige Erfahrung.

Verbandswesen in der deutschen Textilveredlungsindustrie.

Von Alfred Schmidt.

In der deutschen Textilveredlungsindustrie findet man eine große Zahl wirtschaftlicher Verbände. Sie befassen sich zum allergrößten Teile nur mit der Lohnveredlung, wenn auch unter ihren Mitgliedern einige Eigen- und Betriebsveredler zu finden sind. Das Arbeitsgebiet der einzelnen Verbände beschränkt sich meist auf eine einzige Gespinstfaser und auf bestimmte, daraus hergestellte Waren; allerdings ist eine ganz scharfe Trennung vielfach nicht möglich. Eine Ausnahme macht die Kunstseide, die von vielen Verbänden gleichzeitig bearbeitet wird.

Die Lohnveredlungsindustrie ist aus dem Handwerk hervorgegangen und zu einem guten Teile darin steckengeblieben. In sehr vielen Werken herrscht noch mehr oder weniger die Meisterwirtschaft, und die Führung des Betriebes nach wissenschaftlichen und wirtschaftlichen Gesichtspunkten fehlt noch an vielen Stellen. Industrien dieser Art sind im allgemeinen für eine gemeinsame Arbeit, die die Grundlage für eine Verbandstätigkeit ist, sehr wenig geeignet. Wenn nun trotzdem in der Lohnveredlungsindustrie die Verbandsbildung in besonders starkem Maße eingetreten ist, so müssen dafür ganz besonders schwerwiegende Gründe mitgewirkt haben: das waren solche wirtschaftlicher Art.

In den früheren Zeiten der freien Konkurrenz, des von vielen hochgepriesenen freien Spiels der Kräfte, war für die Veredlungsarbeiten eine Preisbildung eingerissen, die jeder wirtschaftlichen Vernunft ins Gesicht schlug. Nicht eine sorgfältige Berechnung der Selbstkosten bildete die Grundlage für die Preise, sondern man richtete sich bei ihrer Bemessung nach den wirklichen oder vermeintlichen Preisen der Konkurrenten und unterbot sie noch etwas. Damit war man nach und nach auf einem Preistiefstand angelangt, bei dem es unmöglich war, auch nur noch die wichtigsten Kostenarten voll zu decken. Meist blieb für die Abschreibungen und die Verzinsung des Eigenkapitals nichts mehr übrig. Die natürliche Folge war ein schwerer Notstand in der Veredlungsindustrie. Schließlich gingen einsichtige Unternehmer dazu über, eine Verständigung unter den beteiligten Veredlungsanstalten herbeizuführen. Das war allerdings mit den größten Schwierigkeiten verbunden, denn ein jeder sah in den andern seine schlimmsten Gegner und begegnete ihnen mit dem größten Mißtrauen. Mit viel Mühe und Geduld gelang es schließlich doch, den Zusammenschluß in Verbänden herbeizuführen, um den sich gewisse, besonders gut geeignete Persönlichkeiten in hohem Maße verdient gemacht haben, wie Gustav Holthausen (Krefeld), Direktor Franke (Greiz), Direktor Specht (Augsburg), Rechtsanwalt Dr. Zehme (Leipzig), Direktor Teufer (Chemnitz), Dr. Plöttner (Plauen) u. a.

Die Aufgaben, denen sich die neugegründeten Verbände widmeten, wichen je nach den Eigentümlichkeiten der einzelnen Industriezweige und den örtlichen Verhältnissen voneinander ab, und auch die Wege, auf denen man vorging, waren verschieden. In der Hauptsache aber galt es, den Preissturz aufzuhalten, geordnete Zahlungs- und Lieferungsbedingungen einzuführen, das Vertrauen der Mitglieder untereinander zu heben und damit nach und nach eine gedeihliche Zusammenarbeit zu schaffen, vor allem aber auch die Preise allmählich wieder auf einen Stand zu bringen, bei dem es möglich war, wieder einen Verdienst herauszuwirtschaften. Diese Bestrebungen hatten natürlich recht verschiedenen Erfolg, der von den Eigenschaften und Fähigkeiten einzelner maßgebender Mitglieder und vor allem auch der Geschäftsführer, die oft den Verbänden ihren Stempel aufdrückten, abhängig war.

Untereinander hatten die Verbände entweder gar keine oder nur eine lockere Fühlung. Das machte sich in ganz besonders störender Weise geltend, als der Krieg ausbrach, wo der Veredlungsindustrie im ganzen eine geeignete Vertretung fehlte, die den Verkehr mit den bürgerlichen und vor allem den militärischen Behörden hätte vermitteln können. Der zu diesem Zwecke schnell ins Leben gerufene Kriegslohnveredlungsverband hatte alle Mängel einer überhastet geschaffenen Organisation an sich, weil kein organisch gewachsener Zusammenhang unter den einzelnen Gliedern vorhanden war. Dank dem Geschick einiger führender Persönlichkeiten aus verschiedenen Verbänden wurden aber die vielen Reibungen und Schwierigkeiten überwunden und die Aufgaben immerhin in ziemlich befriedigender Weise gelöst.

Die Lehren des Krieges waren an der Veredlungsindustrie nicht ungehört vorübergegangen. Unter dem frischen Eindruck der Erfahrungen schuf man die noch fehlende Spitzenvertretung der ganzen Industrie und gründete im Jahre 1919 den Gesamtverband der deutschen Textilveredlungs-Industrie e. V. in Berlin. Seine Aufgabe bestand zunächst darin, alle die Fragen zu bearbeiten, die nicht nur einen Einzelverband, sondern alle oder mehrere Verbände gleichmäßig berührten, damit ein und dieselbe Arbeit nicht mehrere Male geleistet werden mußte. Weiter aber sollte er die gesamte Textilveredlungsindustrie den verschiedenen Behörden, vor allem den Reichsbehörden gegenüber vertreten und alle ihre Angelegenheiten im Reichsverbande der deutschen Industrie und bei Verhandlungen mit andern wirtschaftlichen Verbänden wahrnehmen. Diesen Bestrebungen wurden anfangs nicht geringe Hindernisse in den Weg gelegt, aber es gelang dem unermüdlichen Eifer und der Ausdauer einer Anzahl Vertreter aus den Verbänden, sie zu überwinden. Der fähigen und geschickten Geschäftsführung des Gesamtverbandes war es dann möglich, im Verlaufe von zehn Jahren nicht nur die immer größer werdenden Aufgaben erfolgreich zu erledigen, sondern auch das Ansehen der Textilveredlungsindustrie nach jeder Richtung hin zu heben und zu wahren und ihr einen starken Rückhalt zu verschaffen. Heute umschließt der Gesamtverband der deutschen Textilveredlungsindustrie folgende 36 Einzelverbände:

1. Verband der Deutschen Veredlungsanstalten für baumwollene Gewebe E. V, Leipzig.
2. Vereinigung Westdeutscher Leinengarnbleicher, Neersen.
3. Verband Vogtländischer Ausrüstungsanstalten E. V., Plauen i. V.
4. Stückfärberei-Vereinigung des Wuppertales, Barmen.
5. Stoffappretur-Vereinigung Krefeld.
6. Färberei-Vereinigung von Chemnitz und Umgegend G. m. b. H., Chemnitz.
7. Konvention Sächsisch-Thüringischer Färbereien, Greiz.
8. Verband Oberlausitzer Lohnveredlungsanstalten E. V., Zittau i. Sa.
9. Verband Deutscher Veredlungsanstalten für Leinengewebe E. V., Lauban i. Schles.
10. Vereinigung der Stückfärbereien ganz- und halbseidener Gewebe, Krefeld.
11. Vereinigung der Stückfärber von ganz- und halbseidenen Schirmstoffen, Krefeld.
12. Vereinigung für Ausrüstung asiatischer Seidenstoffe, Krefeld.
13. Verband der Ausrüster am Stück erschwerter Bänder, Krefeld.
14. Verband der Seidenfärbereien, Krefeld.
15. Vereinigung der Ausrüster ganz- und halbseidener Bänder, Krefeld.
16. Samtappretur-Vereinigung, Krefeld.
17. Vereinigung Schlesisch-Sächsischer Leinengarnbleicher E. V., Lauban i. Schles.

18. Vereinigte Garnfärbereien und Appreturanstalten Meerane-Glauchau und Umgegend, [Meerane i. Sa.
19. Baumwollfärber-Verband, Krefeld.
20. Vereinigung der Färbereibesitzer von Aachen und Umgebung E. V., Aachen.
21. Färberei-Vereinigung im oberen Erzgebirge G. m. b. H., Annaberg i. Erzgeb.
22. Druckerei-Vereinigung, Krefeld.
23. Presserei-Vereinigung, Krefeld.
24. Verband Rheinisch-Westfälischer Blau-Stück-Färbereien, M.-Gladbach.
25. Interessengemeinschaft der Genua-Cord-Ausrüster, M.-Gladbach.
26. Verband Westdeutscher Stoffdruckereien und Stückfärbereien, M.-Gladbach.
27. Bergischer Färber- und Bleicher-Verband E. V., Barmen.
28. Vereinigte Lohnfärbereien von Forst, Cottbus und Umgegend E. V., Forst i. d. Lausitz.
29. Konvention der Walker und Appreteure E. V., Forst i. d. Lausitz.
30. Färbereivereinigung Mühlhausen i. Thüringen, G. m. b. H., Mühlhausen i. Thüringen.
31. Verband der Süddeutschen Garnveredlungsindustrie E. V., Reutlingen-Schopfheim, [Stuttgart.
32. Verband der Textillohnveredlungsindustrie Oberfrankens E. V., Hof.
33. Verband Westdeutscher Veredlungsanstalten für Leinengewebe, Bielefeld.
34. Verband Münsterländer Ausrüster, Borghorst i. Westfalen.
35. Verband der Deutschen Kaliko-Fabrikanten E. V., Leipzig.
36. Verband Deutscher Wachstuch-, Ledertuch- und Kunstlederfabriken E. V., Leipzig.

Außerhalb des Gesamtverbandes stehen nur noch vier kleine, locker gefügte Lohnveredlungsverbände. Die unter 35 und 36 genannten Verbände befassen sich nicht mit der Lohnveredlung, sondern ihre Mitglieder rüsten ihre eignen Waren aus und bringen sie selbst auf den Markt. Das gleiche tun die Mitglieder der folgenden Veredlungsverbände, die ebenfalls dem Gesamtverbande nicht angeschlossen sind:

1. Vereinigung Deutscher Stoffdruckereien E. V., Charlottenburg.
2. Vereinigung Deutscher Blaudrucker E. V., Charlottenburg.
3. Verband Sächsisch-Schlesischer Blaudrucker und Färber, Bretnig i. Sa.
4. Verband Deutscher Kettendruckereien, Chemnitz.

Die Erfahrungen des Krieges wurden auch von vielen Einzelverbänden für ihre eigne Organisation ausgenutzt, die weiter durchgebildet wurde. Vielfach führte man einheitliche Lieferungs- und Zahlungsbedingungen und einheitliche Preise ein, rief Abrechnungsstellen ins Leben, die den gesamten Rechnungs- und Geldverkehr mit der Kundschaft in die Hand nahmen, richtete Kontrollstellen ein, die die Einhaltung der Abmachungen überwachten u. dgl. m. So gelang es wenigstens stellenweise, die Preise den Gestehungskosten besser anzupassen, den Verkehr mit der Kundschaft in geordnete Bahnen zu lenken, den Eingang der Zahlungen zu regeln, viele Verluste zu vermeiden, Schadenersatzansprüche auf das berechtigte Maß zurückzuführen usw. Den Mitgliedern erwuchsen daraus natürlich mancherlei Vorteile.

Diese durchaus gerechtfertigten Maßnahmen riefen vor allem bei der Kundschaft, die früher ihre Vormachtstellung den einzelnen Veredlern gegenüber in einer oft rücksichtslosen Weise ausgenützt hatte, scharfen Widerstand hervor und führten zu oft sehr erbitterten Anfeindungen, die besonders von der industriefeindlichen Presse aufgegriffen wurden. Die Vorwürfe gipfelten in der Hauptsache darin, daß die Verbände die durch den festeren Zusammenschluß der Mitglieder gewonnene Macht dazu mißbrauchten, die Kunden zu bedrücken und Preiswucher zu treiben. Die Beseitigung von Mißbräuchen, die durch das wirtschaftliche Übergewicht der Kunden eingerissen waren, war indessen durchaus berechtigt, und die Erhöhung der Preise war eine dringende wirtschaftliche Notwendigkeit. Schon die Rücksicht auf die Außenseiter verhinderte eine zu weitgehende Erhöhung der Preise, die vielfach nicht einmal den erforderlichen Stand erreichten, weil eine geordnete Selbstkostenberechnung fehlte. Eine sachverständige und unparteiische Untersuchung würde die gegen die Veredlerverbände erhobenen Vorwürfe in den allermeisten Fällen als vollständig unbegründet erkannt haben.

Die verhängnisvollen Wirkungen des Krieges und Umsturzes, des Diktats von Versailles und der Inflation auf die deutsche Wirtschaft haben selbstverständlich auch die meisten Zweige der deutschen Textilveredlungsindustrie nicht verschont. Einige Jahre lang fanden zwar die Anstalten noch gute Beschäftigung, als es sich zunächst darum handelte, den lange zurückgehaltenen gewaltigen Bedarf an Textilwaren zu befriedigen. Dann aber setzten unaufhörliche, rasch wiederkehrende Krisen ein, und die Anlagen konnten immer nur während kurzer Perioden einigermaßen ausgenutzt werden. Die Folge davon war, daß nicht wenige Betriebe trotz aller Verbandsmaßnahmen wieder in Not gerieten. Bei dem Bestreben, unter allen Umständen Beschäftigung zu erlangen, wurden von einzelnen Veredlern auch Mittel angewandt, die mit den Verbandsbestimmungen mehr oder weniger in Widerspruch standen, und das führte stellenweise zu einer bedenklichen Lockerung und Gefährdung der Verbände, ohne daß natürlich auch nur die geringste Beßrung der Lage erreicht worden wäre. Wie bei den meisten Industrien in Deutschland, so liegt auch bei der Textilveredlungsindustrie eine starke Überindustrialisierung vor, und es kann gar kein Zweifel darüber bestehen, daß die Zahl der Veredlungsanstalten und ihre Leistungsfähigkeit im Verhältnis zu dem laufenden Bedarf viel zu groß ist. Daher ist vielfach auf eine ausreichende, wirtschaftlich günstige Ausnutzung aller Anlagen auf die Dauer nicht mehr zu rechnen, um so weniger, als durch technische Verbeßrungen und Rationalisierung, die schon mit Rücksicht auf den Wettbewerb mit dem Auslande nicht vermieden werden können, die Leistungsfähigkeit der Betriebe noch weitergesteigert werden wird. Infolge der kurz geschilderten Umstände wird die Not vieler Mitglieder zu einer dauernden. Die Verbände sind den daraus entspringenden Gefahren in ihrer gegenwärtigen Verfassung nicht gewachsen, denn in Zeiten dauernder Not lassen sich Abmachungen und Bestimmungen nicht mehr aufrechterhalten. In der Textilveredlungsindustrie ist es unmöglich, Preise festzusetzen, die solchen Mitgliedern noch ein genügendes Auskommen gewähren, welche zu teuer arbeiten, sei es infolge von Rückständigkeit oder von ungünstigen Arbeitsbedingungen, die vielfach gar nicht von ihnen selbst verschuldet sind, sondern häufig den Kunden zur Last fallen. Es kann aber auch auf die Dauer kein Verband längere Zeit bestehen, wenn bei den von ihm festgesetzten Preisen Mitglieder notleidend werden. In vereinzelten Fällen kann ein Verband solche Betriebe aufkaufen und stillegen; wird aber die Zahl derartiger Anstalten zu groß, so versagt das Mittel meist. In diesem Falle dürfte der kapitalistische Zusammenschluß der Mitgliedsbetriebe in irgendeiner genügend festen Form, etwa nach dem Vorbilde der Unternehmungen in der englischen Textilveredlungsindustrie (Bradford Dyers' Association, Bleachers' Association, Calico-Printers' Association usw.), einen zweckentsprechenden Ausweg ergeben, weil jedes einzelne Mitglied nicht mehr auf sich allein gestellt ist, sondern am Ganzen teilhat, das mit allen Kräften zu fördern in seinem eigensten Vorteil liegt. Nur in einem großen Unternehmen, das einen Zweig einer bestimmten Industrie möglichst vollständig umschließt, ist es möglich, eine planvolle Wirtschaft durchzuführen und alle die Arbeitsmethoden anzuwenden, die heutzutage allein noch Aussicht auf Erfolg bieten, wie Spezialisierung, Massenfabrikation, Gemeinschaftsarbeit usw.

Mit der Tätigkeit, die die Verbände bis jetzt ausgeübt haben, sind ja ihre Aufgaben noch lange nicht erfüllt: eine der vornehmsten wäre es, die Industrie nach den verschiedenen Richtungen hin kräftig weiterzuentwickeln. Dem steht aber, wie bereits gesagt, ihre Organisation hindernd im Wege, während die ebenerwähnte Vereinigung der Betriebe eine geeignete Grundlage böte, sie auf die Höhe zu bringen, die dem heutigen Stande der Technik entspricht. Der einzelne Betrieb, selbst wenn er noch so groß ist, wäre nicht in der Lage, alle die Aufgaben zu erfüllen, die die Gegenwart stellt. Nur durch eine Gemeinschaftsarbeit wird die Industrie in den Stand gesetzt, die beste Arbeit zum niedrigsten Preise und in der kürzesten Zeit zu vollführen und damit sowohl privat- wie volkswirtschaftlich Erfolge zu erzielen und das Höchste zu leisten.

Wasser.

Von K. BRAUNGARD.

Literatur: ADAM, G.: Der gegenwärtige Stand der Abwasserfrage, 1905. — BLACHER: Das Wasser in der Dampf- und Wärmetechnik, 1925. — DUNBAR: Leitfaden der Abwasserreinigung, 1907. — FISCHER, F.: Das Wasser, seine Gewinnung, Verwendung und Beseitigung, 1914. — HEIDEPRIEM (Neubearbeitung von BRACHT und HAUSDORFF): Die Reinigung des Speisewassers, 1909. — HEILMANN, A.: Wasserversorgung, 1927. — KLUT, H.: Untersuchung des Wassers an Ort und Stelle, 1927. — KLUT, H.: Trink- und Brauchwasser, 1924. — OHLMÜLLER und SPITTA: Die Untersuchung des Wassers und Abwassers, 1921. — OLSZEWSKI, W.: Chemische Technologie des Wassers, 1925. — PENGEL, W.: Der praktische Brunnenbauer, 1922. — RISTENPART, E.: Das Wasser in der Textilindustrie, 1911. — RISTENPART, E.: Abwässer- und Entnebelungsfrage in der Textilindustrie, 1912. — SCHIELE, A.: Abwasserbeseitigung von Gewerben und gewerbereichen Städten usw., 1909. — TILLMANNS: Die chemische Untersuchung von Wasser und Abwasser, 1915. — Vereinigung der Großkesselbesitzer, Charlottenburg: Speisewasserpflege, Vortr. u. Verhandl. a. d. wiss. Tagung d. Ausschusses f. Speisewasserpflege (im Selbstverlag), 1926. — Vereinigung der Großkesselbesitzer, Charlottenburg: Kesselbetrieb, 1927. — WEHRENPFENNIG: Über die Untersuchung und das Weichmachen des Kesselspeisewassers, 1910. — Zeitschrift: Wasser und Abwasser.

Allgemeines.

Das Wasser ist eines der wichtigsten Betriebsmedien für die Textilveredlungsindustrie.

Reines Wasser ist in dünner Schicht farblos, in dickerer Schicht erscheint es blau. Je nach dem Grade der Verunreinigungen, verursacht durch organische Substanzen, variiert die Farbe des Wassers zwischen blau, grün, gelblichgrün, gelbbraun bis braun.

Für reines Wasser gibt es drei bemerkenswerte Temperaturen:

1. Den Gefrierpunkt 0° C,
2. den Punkt der größten Dichtigkeit 4° C,
3. den Siedepunkt 100° C.

Das Gewicht eines Kubikmeters Wasser beträgt bei 0° C 998 kg, bei 4° C 1000 kg, bei 100° C 955 kg.

Die kritische Temperatur des Wassers ist +370°, der kritische Druck 195,5 at, d. h. bei 370° beträgt die Spannkraft seiner Dämpfe 195,5 at, während es oberhalb dieser Temperatur nicht mehr als Flüssigkeit, sondern nur als Gas bestehen kann. Nebenstehend einige Notizen über die Eigenschaften gesättigten Wasserdampfes unter verschiedenen Druckverhältnissen.

Druck in at abs.	Temperatur in ° C	Gewicht 1 m³ in kg	Volumen 1 kg in m³
1	100,0	0,589	1,698
5	152,2	2,674	0,374
10	180,3	5,122	0,195
15	198,8	7,000	0,142
20	213,0	8,780	0,114
25	224,7	10,750	0,093

Chemische Beschaffenheit.

Das Wasser steht nur selten in einer Zusammensetzung zur Verfügung, die es ohne weiteres für einen bestimmten Gebrauchszweck geeignet erscheinen läßt. Es hat sich bei seiner Wanderung durch die Atmosphäre und die Erdschichten, bei der es in alle drei Aggregatzustände umgesetzt wird, mehr oder weniger mit Gasen und Salzen beladen, deren Anwesenheit das Wasser sowohl für Kesselspeisezwecke als auch für Fabrikationszwecke in der Textilindustrie weniger brauchbar macht. Die im Wasser für gewöhnlich vorkommenden Stoffe sind folgende: Suspendierte Bestandteile, organischer und anorganischer Natur, Eisenoxyd, Mangan, Sand usw.; Gase: Sauerstoff, Stickstoff, Kohlensäure, Schwefelwasserstoff; Salze: Natriumchlorid, Erdalkalien als doppelkohlensaure

Salze und Neutralsalze (Gips, Magnesiumchlorid, Calciumchlorid und Nitrat) gelöst; außerdem Kieselsäure, Eisen- und Manganoxydulsalze, Tonerde, Ammoniak, salpetrige und Salpetersäure sowie gelöste organische Substanz.

Je nachdem ob Oberflächenwasser oder Grundwasser zur Verfügung steht, wird die eine oder andre Art der Wasserverunreinigung mehr hervortreten. Oberflächenwässer werden naturgemäß meist reicher an suspendierten Stoffen und gelöster organischer Substanz sein. Bei Grundwässern wird mehr der Gehalt an Erdalkalien, Gasen, Eisen- und Manganverbindungen überwiegen.

Das Wasser besitzt ein großes Lösungsvermögen.

Gelöste Kohlensäure ist ein gutes Lösungsmittel für viele Mineralien, hauptsächlich werden die Erdalkalimonocarbonate in beträchtlichen Mengen durch Kohlensäure aus dem Gestein herausgelöst, auch Eisen findet sich meist als Eisenoxydulcarbonat gelöst im Rohwasser vor. Kalkverbindungen sind in kaltem Wasser leichter löslich als in heißem. In gefrorenem oder verdampftem Zustande scheidet das Wasser fast sämtliche aufgelösten Substanzen aus. Calciumcarbonat ist in reinem Wasser schwer löslich. Bei 0° lösen erst 62500 T. Wasser 1 T. Calciumcarbonat. Von kohlensäurehaltigem Wasser genügen jedoch schon 150 T. in der Kälte zur Auflösung von 1 T. Calciummonocarbonat. Schwefelsaurer Kalk erfordert bei 0° zum Lösen nur 500 T. reinen Wassers. Kohlensaure Magnesia ist in 5500 T. reinen Wassers und in 150 T. kohlensäurehaltigen Wassers löslich. Calciumsilicat ist bis zu 240 mg/l löslich[1].

Sauerstoff und Kohlensäure werden in folgenden Mengen je nach der Temperatur vom Wasser aufgenommen.

	Sauerstoff		Kohlensäure
bei 0°	14,56 mg/l	bei 0°	3343 mg/l
„ 5°	12,73 „	„ 10°	2316 „
„ 10°	11,25 „	„ 20°	1680 „
„ 15°	10,06 „	„ 40°	973 „
„ 20°	9,09 „	„ 100°	0 „

Wasseruntersuchung.

Die genaue Bestimmung der einzelnen im Wasser gelösten Bestandteile ist für die Beurteilung, ob es sich um geeignetes oder ungeeignetes Fabrikations- bzw. Kesselspeisewasser handelt, von ausschlaggebender Bedeutung.

Härte des Wassers.

Die Härte wird dem Wasser durch die in ihm gelösten Erdalkalien verliehen. Je nach ihrer Bindung an Kohlensäure oder an Schwefelsäure, Salzsäure, Salpetersäure bedingen die Erdalkalien die sog. Carbonathärte, häufig noch fälschlich vorübergehende Härte genannt, oder die Nichtcarbonathärte. Die Carbonathärte wird also durch die im Wasser gelösten Erdalkalibicarbonate gebildet, die Nichtcarbonathärte, öfter noch nicht ganz folgerichtig auch Sulfathärte oder bleibende Härte genannt, setzt sich aus der Summe der im Wasser gelösten Erdalkalineutralsalze (Sulfate, Chloride, Nitrate) zusammen.

1° deutscher Härte (1 d°) entspricht 1 T. Kalk in 100000 T. Wasser.

1° französischer Härte entspricht 1 T. Calciumcarbonat in 100000 T. Wasser.

1° englischer Härte entspricht 1 T. Calciumcarbonat in 70000 T. Wasser oder 1 grain (= 0,0648 g) pro gallon (eine Gallone = 4,543 l Wasser).

1° deutsch = 1,25° englisch = 1,79° französisch.

1° französisch = 0,56° deutsch = 0,7° englisch.

1° englisch = 1,43° französisch = 0,8° deutsch.

Die Summe beider genannter Härtegrade wird als Gesamthärte bezeichnet.

[1] Ztschr. ang. Ch. **1927**, 1313.

Als Schema der Darstellung von Analysenbefunden für Kesselspeisewässer sei nachfolgende Analysentafel wiedergegeben, die von der Vereinigung der Großkesselbesitzer entworfen und den öffentlichen Laboratorien im Interesse einheitlicher Analysenwiedergabe empfohlen worden ist[1].

Für die Fabrikationswässer kommen natürlich nur die Rubriken Rohwasser und enthärtetes Wasser in Betracht. Außerdem ist die Analyse dieser Wässer durch Angabe von Eisen und Manganwerten als Fe und Mn zu ergänzen.

Darstellung der Analysenergebnisse von Wasseruntersuchungen nach S. 53 des Buches Speisewasserpflege[1].

	Rohwasser	Kondensat	Enthärtetes Rohwasser	Speisewasser	Kesselinhalt
a) Gefunden:					
Ges. Härte (d^0) nach WARTHA	?	—	—	—	—
Perm. Härte (d^0) nach WARTHA	?	—	—	—	—
Temp. Härte (d^0) nach WARTHA	?	—	—	—	—
Ges. Härte (d^0) nach BLACHER	—	?	?	?	?
CaO . . . mg/l	?	?	?	?	?
MgO . . . ,,	?	?	?	?	?
Cl . . . ,,	?	?	?	?	?
SO_3 . . . ,,	?	?	?	?	?
SiO_2 . . . ,,	?	—	?	?	?
CO_2 frei . . . ,,	?	?	?	?	—
Abdampfrückstand . . . ,,	?	?	?	?	?
Glührückstand . . . ,,	?	?	?	?	?
Öl . . . ,,	? +	? +	? +	? +	? +
P[2]	?	?	?	?	?
M[2]	?	?	?	?	?
O_2	? +	? +	? +	? +	—
$KMnO_4$-verbrauch	?	—	?	?	?
N_2O_5(N_2O_3 und NH_3 qual.) +[2]	?	?	?	?	?
b) Berechnet (aus vorstehenden Werten):					
Ges. Härte, dtsch. Grade aus CaO, MgO	?	?	?	?	?
NaOH	—	?	?	?	?
Na_2CO_3	—	?	?	?	?
Na_2SO_4	—	?	?	?	?
Ges. $NaCO_3 : Na_2SO_4$	—	—	—	?	?
c) Ferner anzugeben:					
Aussehen des Wassers	?	?	?	?	?
Art der Wasserreinigung	—	—	?	—	—
Temperatur im Reiniger	—	—	?	—	—
Wassermenge des ganzen Betriebes in m^3/Std.	?	?	?	?	—
Desgl. in %	?	?	?	?	—
Kesseltype, aus der die Kesselwasserprobe entnommen wurde	—	—	—	—	?
Kesselbaujahr	—	—	—	—	?
Sind Nietlochrisse gefunden worden?	—	—	—	—	?
Sind Korrosionen im Kessel vorhanden?	—	—	—	—	?
Kesseldruck	—	—	—	—	?
Kesselleistung kg H_2O pro m^2/stdl.	—	—	—	—	?
Kesselheizfläche m^2	—	—	—	—	?
Wird ein Kesselsteinmittel verwendet?	—	—	—	—	?
Wenn ja, welches?	—	—	—	—	?

[1] Speisewasserpflege, S. 53. Vortr. u. Verh. a. d. wiss. Tagung f. Speisewasserpflege d. Vereinig. d. Großkesselbesitzer am 18. und 19. Sept. 1925 in der Techn. Hochschule zu Darmstadt. Herausg. (im Selbstverlag) v. d. Vereinig. d. Großkesselbesitzer, Berlin-Charlottenburg 1926.

[2] Die mit + bezeichneten Daten sind nur bei besondern Proben zu bestimmen. P, M = cm^3 n/10 HCl, die zur Titration von 100 cm^3 Wasser erst mit Phenolphthalein (P) bis zum Farbumschlag und dann mit diesem zusammen nach folgendem Zusatz von Methylorange (M) bis zum zweiten Farbumschlag verbraucht werden.

Abdampfrückstand, Glührückstand und Glühverlust.

Eine Platin- oder Quarzglasschale wird geglüht und nach dem Erkalten im Exsiccator gewogen. 100 cm³ des zu untersuchenden Wassers werden in die Schale gebracht und auf dem Wasserbade zur Trockne verdampft. Hierauf wird die Schale 2 Std. bei 110° im Trockenschrank getrocknet und nach dem Erkalten im Exsiccator gewogen. Das Gewicht des Rückstandes wird in mg/l angegeben.

Zuletzt wird die Schale noch bis zur Rotglut erhitzt, wobei beim Fehlen von organischer Substanz der Belag reinweiß bleibt; bei geringem Gehalt von organischer Substanz bräunt sich der Inhalt vorübergehend, um bei weiterem Glühen einer reinweißen Farbe Platz zu machen. Viel organische Substanz gibt sich durch vorübergehende Schwärzung des Schaleninhalts zu erkennen.

Die Differenz zwischen Abdampfrückstand und Glührückstand wird als Glühverlust gebucht.

Organische Substanz.

Als gebräuchlichste Methode wird die Oxydation mittels Kaliumpermanganat in schwefelsaurer Lösung nach KUBEL-TIEMANN heute noch in den meisten Laboratorien angewendet.

Der Prozeß verläuft nach folgender Formel:

$$2KMnO_4 + 3H_2SO_4 = 2MnSO_4 + K_2SO_4 + 3H_2O + 5O.$$

Zur Ausführung der Methode löst man 0,4—0,42 g $KMnO_4$ in 1 l Wasser. Diese Lösung gibt pro Kubikzentimeter annähernd 0,1 mg Sauerstoff ab. Die Menge des gelieferten Sauerstoffs wird genau durch eine Oxalsäuremenge von bestimmtem Gehalt ermittelt, wobei Oxalsäure in Kohlensäure und Wasser nach der Gleichung zersetzt wird:

$$C_2H_2O_4 + O = 2CO_2 + H_2O.$$

Die Oxalsäure krystallisiert mit 2 Mol. Wasser, ihr Mol. Gew. = 126 · $KMnO_4$ = 157,8.

Nach oben angeführter Gleichung muß eine Oxalsäurelösung, welche pro Kubikzentimeter 0,1 mg Sauerstoff verbrauchen soll, 0,7875 g/l enthalten ($16 : 126 = 0,1 : x; x = 0,7875$).

Eine der Oxalsäure äquivalente Lösung von $KMnO_4$ durch genaues Abwägen desselben herzustellen, ist nicht angängig, da geringe Staubmengen den Wirkungsgrad der Lösung vermindern. Erst nach mehrtägigem Stehen erhält die Lösung einen leidlich konstanten Wert, der durch zweckmäßige Aufbewahrung in dunkelbraunen Flaschen längere Zeit konstant bleibt.

Titerstellung der Permanganatlösung. Eine Porzellanschale (weniger gut ein Erlenmeyerkolben) von etwa 200 cm³ Inhalt wird mit Salzsäure gut gereinigt und mit destilliertem Wasser sorgfältig nachgespült. Ein ebenso gereinigter Glasstab wird in die Schale gelegt. Es werden 100 cm³ dest. Wasser und 5 cm³ Schwefelsäure 1 : 3 in die Schale gefüllt und etwa 8 cm³ Kaliumpermanganatlösung (von rd. 0,4 g im Liter) hinzugefügt. Alsdann wird 10 Min. gekocht, worauf 10 cm³ Oxalsäurelösung mittels Pipette schnell zugesetzt werden und nun schnell mit Kaliumpermanganat bis zur Rosafärbung titriert wird. Die 10 cm³ Oxalsäurelösung verbrauchten z. B. 9,4 cm³ $KMnO_4$, 9,4 cm³ = 1 mg Sauerstoff, Titer = 9,4.

Zur Wasseruntersuchung gießt man den Inhalt der Schale aus, ohne nachzuspülen, und bringt nun 100 cm³ des zu untersuchenden Wassers mit 5 cm³ Schwefelsäure 1 : 3 hinein. Beim Beginn des Siedens gibt man 6—8 cm³ Kaliumpermanganatlösung hinzu, hält 10 Min. im Kochen und fügt alsdann wieder 10 cm³ Oxalsäurelösung hinzu; darauf wird mit Kaliumpermanganat schnell bis zum Wiedereintreten der Rosafärbung titriert und der Kaliumpermanganatverbrauch abgelesen. Gesamtverbrauch: 16,7 cm³ $KMnO_4$. Da die vorgelegten 10 cm³ Oxalsäure = 9,4 cm³ Permanganatlösung entsprechen, so verbrauchten die 100 cm³ Wasser = 16,7 — 9,4 = 7,3 cm³ Permanganat. Da nun weiter 9,4 cm³ Permanganatlösung (s. o. Einstellung) = 1 mg Sauerstoff entsprechen, so entsprechen die verbrauchten 7,3 cm³ Permanganat = 0,777 mg Sauerstoff, d. h. 100 cm³ des Wassers verbrauchen 0,777 oder 1 l 7,77 mg Sauerstoff.

Soll der Verbrauch in Milligramm Kaliumpermanganat angegeben werden, so ist der ermittelte Sauerstoffverbrauch mit 4 zu multiplizieren.

Es können auch n/100 Lösungen zu dieser Bestimmung benutzt werden.

Durch Multiplikation der für die organische Substanz verbrauchten Kubikzentimeter n/100 $KMnO_4$ mit 0,316 erhält man den Verbrauch an Kaliumpermanganat in Milligrammen, durch Multiplikation mit 0,08 die verbrauchte Menge Sauerstoff in Milligrammen. Zur selben Zahl gelangt man, wenn man den Kaliumpermanganatverbrauch durch 4 dividiert.

Chlorbestimmung.

Diese wird zweckmäßig maßanalytisch nach Mohr vorgenommen. Man versetzt 100 cm³ des zu prüfenden Wassers mit einigen Tropfen Kaliumchromatlösung (1 : 10) und fügt unter Umrühren mit einem Glasstabe so lange n/10 Silbernitratlösung hinzu, bis die durch Silberchromat entstehende braunrote Farbe bestehen bleibt. Die verbrauchten Anzahl Kubikzentimeter Silbernitratlösung mit 0,00355 multipliziert, geben die Menge Chlor in der angewandten Wassermenge wieder. Ausführung der Probe wieder in Porzellanschale.

Saure Wässer müssen vorher durch Natronlauge unter Anwendung von Methylorange neutralisiert werden. Alkalische Wässer werden mittels Schwefelsäure mit Phenolphthalein als Indicator neutralisiert. Durch hohen Eisengehalt getrübte Wässer werden nach Angaben von Klut und Horn mit einem Löffel chlorfreiem Zink versetzt, umgeschüttelt und filtriert.

Sulfatbestimmung.

Am zweckmäßigsten bestimmt man die Sulfate gravimetrisch. 200 cm³ Wasser werden mit Salzsäure angesäuert, im Becherglas zum Sieden erhitzt und darauf siedende Bariumchloridlösung (1 : 10) hinzugefügt, bis die Sulfatfällung vollendet ist. Durch die Fällung im Sieden werden gut filtrierbare Niederschläge erhalten.

Der Niederschlag wird abfiltriert, mit heißem Wasser bis zum Verschwinden der Chlorreaktion gewaschen und alsdann das Filter im Platin- oder Porzellantiegel nach vorherigem Trocknen im Trockenschrank verascht. Das Gewicht von Bariumsulfat, mit 0,3434 multipliziert, ergibt den Schwefelsäuregehalt der angewandten Wassermenge.

Titrimetrische Schwefelsäurebestimmung. Sind laufend Schwefelsäurebestimmungen auszuführen, so eignet sich das Schnellverfahren von Barth, das nach meinen Vergleichsuntersuchungen sehr gute Werte liefert.

Ausführung. 100 cm³ des mit Permutit völlig enthärteten Wassers werden mit n/10 Salzsäure gegen Methylorange neutralisiert und dann noch ein weiteres Kubikzentimeter Säure hinzugegeben. Alsdann wird wie bei der gravimetrischen Bestimmung die Schwefelsäure mit Bariumchlorid gefällt. Die Bariumchloridlösung enthält in 10 cm³ 41,68 mg, in 5 cm³ 20,84 mg $BaCl_2$.

Nach der Fällung läßt man erkalten, neutralisiert, wie bei der Blacherschen Härtebestimmung, mit Ätzkali, bis schwachrosa, gießt die gesamte Flüssigkeit in einen 200-cm³-Glaszylinder mit eingeschliffenem Glasstopfen und titriert nach Blacher den Überschuß an Chlorbarium.

$$1\ \text{cm}^3\ 1/20\text{n Blacher} = 5{,}21\ \text{mg}\ BaCl_2;\ 1\ \text{mg}\ BaCl_2 = 0{,}3839\ \text{mg}\ SO_3.$$

Vorbedingung für die Erzielung einwandfreier Resultate ist die restlose Enthärtung des zur Untersuchung kommenden Wassers mittels Permutit nach Folin. Die Apparatur hierfür ist sehr einfach. Sie besteht aus einem am Dreifuß befestigten unten verjüngten Glasrohr mit Hahn. Auf einer Kiesschicht ruhen 10 g des Enthärtungsmaterials. Am verjüngten Ende des Glaszylinders ist ein Steigrohr mittels Gummischlauchverbindung angebracht, aus dessen Öffnung das enthärtete Wasser ausfließt. Das zur Untersuchung zu verwendende Wasser wird nach einem Vorlauf von 40 cm³ entnommen. Es ist dann völlig härtefrei.

Gebundene Kohlensäure.

Diese wird ermittelt durch Titration von 100 cm³ Wasser in mit Methylorange versetztem Wasser mittels n/10 Salzsäure bis zum Umschlag der gelben Lösung in Orange. Die verbrauchte Anzahl Kubikzentimeter Salzsäure, multipliziert mit 2,2, ergibt die vorhandene Menge gebundener Kohlensäure.

Diese Titration dient zugleich zur Ermittlung der Carbonathärte. Verbrauchte Anzahl Kubikzentimeter Salzsäure × 2,8 = Carbonathärte in deutschen Graden. Anzahl Kubikzentimeter Säure × 5 = Carbonathärte in französischen Graden.

Freie Kohlensäure.

Diese Bestimmung wird am besten an Ort und Stelle ausgeführt, wobei man das Wasser erst 15 Min. ablaufen läßt. Entnahme durch Schlauch, den man bis zum Boden der Flasche führt. Wasser langsam zufließen lassen.

In einem mit Marke bei 100 cm^3 versehenen Standzylinder mit eingeschliffenem Glasstopfen versetzt man das zu prüfende Wasser mit 1 cm^3 alkoholischer Phenolphthaleinlösung und, um Störung durch Eisenoxydul und Härtebildner zu vermeiden, nach KLUT mit etwas Seignettesalzlösung. Nach vorsichtiger Zugabe von n/20 Natronlauge schließt man die Flasche und schwenkt vorsichtig um. Die Titration ist beendet, wenn die Rosafärbung einige Zeit bestehen bleibt.

Zur Sicherheit nimmt man nach der ersten Bestimmung noch eine zweite vor, bei der man fast die gesamte zuerst ermittelte Menge Natronlauge auf einmal zufügt und dann vorsichtig zu Ende titriert. Die verbrauchte Anzahl n/20 Natronlauge × 2,2 ergibt die Menge freier Kohlensäure in Milligrammen.

Aus der gebundenen und freien Kohlensäure vermag man mittels der Tabelle von TILLMANS und HEUBLEIN die sog. aggressive Kohlensäure zu ermitteln.

Sauerstoffgehalt.

Zur Sauerstoffbestimmung bedient man sich am zweckmäßigsten der Methode von WINKLER. Es werden Flaschen von bestimmtem Inhalt mit eingeschliffenem Stopfen gebraucht. Inhalt und Nummer der Flasche sind auf ihr eingeätzt. Die Nummer auch nochmals auf dem Glasstopfen. Außerdem findet sich noch eine matte Stelle auf der Flasche für Bleistiftnotizen, Ort und Zeitder Entnahme, Temperatur u. dgl.

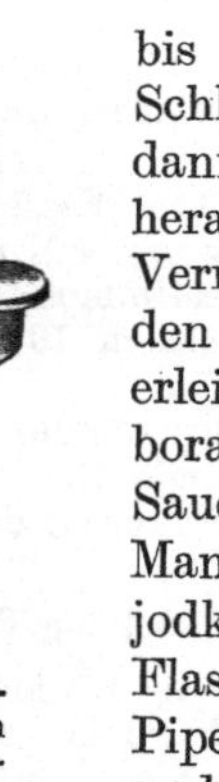

Abb. 341. Sauerstoffflasche nach WINKLER (P. Altmann, Berlin).

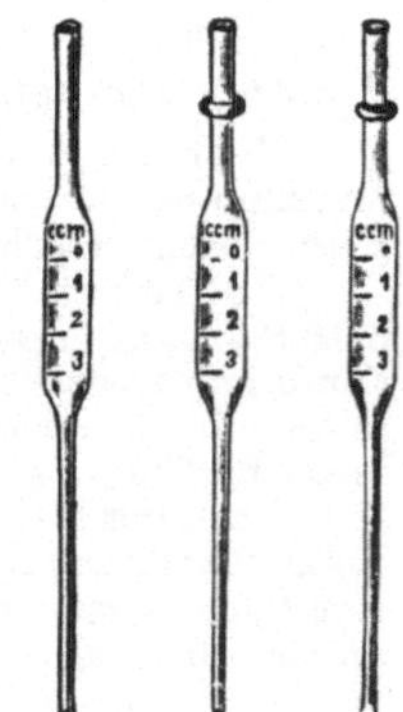
Abb. 342. Sauerstoffpipetten nach WINKLER (P. Altmann, Berlin).

Das Wasser läßt man mittels eines bis zum Boden der Flasche geführten Schlauches 3—5 Min. lang einfließen. Alsdann zieht man vorsichtig den Schlauch heraus und verschließt die Flasche unter Vermeidung von Lufteinschluß, was durch den abgeschrägten Glasstopfen wesentlich erleichtert wird (s. Abb. 341). Im Laboratorium läßt man mittels besondrer Sauerstoffpipetten (s. Abb. 342) 3 cm^3 Manganchlorürlösung und darauf 3 cm^3 jodkaliumhaltige Natronlauge zu dem Flascheninhalt fließen, indem man die Pipette bis fast auf den Boden einbringt und dann, ohne auf das überfließende Wasser zu achten, ausfließen läßt. Die Pipetten sind zur Vermeidung von Verwechslung mit roten bzw. blauen Ringmarken versehen.

Nach vorsichtigem Schließen der Flasche mischt man das Wasser und die zugegebenen Chemikalien sorgsam durch. Es entsteht in Abwesenheit von Sauerstoff ein weißer, bei Sauerstoffanwesenheit, je nach der Menge desselben, ein hell- bis dunkelbraun gefärbter Niederschlag. Mittels einer von ALTMANN zu beziehenden Farbenskala kann man den Sauerstoffgehalt ohne weiteres einigermaßen schätzen.

Bei genauen Bestimmungen titriert man nach Zugabe von Salzsäure die frei werdende, dem gebundenen Sauerstoff äquivalente Menge Jod mit Natriumthiosulfat. Durch 5 cm³ Salzsäure, die man dem Flascheninhalt beifügt (nachdem dieser etwa $^1/_4$ Std. unter Lichtabschluß gestanden hat), löst man das entstandene Manganoxydhydrat auf, bringt den Flascheninhalt sodann in einen weithalsigen Erlenmeyer und titriert unter Hinzufügung von etwas Jodzinkstärkelösung mittels n/100 Natriumthiosulfat. 1 cm³ n/100 Natriumthiosulfat = 0,08 mg Sauerstoff.

Bezeichnet man die verbrauchte Anzahl Kubikzentimeter n/100 Thiosulfatlösung mit n, den Inhalt der Flasche nach Abzug der 6 cm³ für die zugesetzten Reagenzien mit V, so ist der Sauerstoffgehalt, ausgedrückt in Milligramm pro Liter

$$\frac{n \cdot 0{,}08 \cdot 1000}{V} \text{ oder } \frac{80 \cdot n}{V}.$$

Eisen.

Eisen kommt in natürlichen Wässern und in solchen, die durch industrielle Abwässer verunreinigt sind, in Form von Ferri- und Ferroeisen löslich, kolloid oder unlöslich vor. In Grundwässern liegt Eisen meist in Form gelösten Ferrobicarbonats vor, das bei Belüftung in unlösliches Ferrihydroxyd übergeht.

Die colorimetrischen Methoden zur Bestimmung von Ferri- und Ferroeisen sind vor allem bei Wässern mit geringem Eisengehalt anwendbar. Bei Wasser mit hohem Eisengehalt kommen gravimetrische oder volumetrische Methoden in Betracht.

Das Gesamteisen wird in unfiltrierten Proben bestimmt. Der Gehalt an Ferrieisen ist gleich der Differenz zwischen Gesamteisen und Ferroeisen. Das Wasser ist vor der Bestimmung gründlich durchzuschütteln. Unter Umständen muß das sich an den Wandungen evtl. festgesetzte Eisenhydroxyd mit einem Gummifähnchen abgerieben werden, oder es ist die Gesamtprobe für Eisen mit etwas Salzsäure vor dem Umschütteln zu versetzen.

Qualitativer Nachweis des Eisens.

Die Ferroverbindungen werden nach Klut mittels Natriumsulfid nachgewiesen, von dem 2—3 Tropfen einer 10proz. Lösung zu 100 cm³ Wasser hinzugegeben werden. Eine mehr oder minder starke Grünlichfärbung, die auch nach Zusatz verdünnter Salzsäure bestehen bleibt, zeigt Ferroverbindungen an. Bei Anwesenheit von Ferriverbindungen tritt Trübung durch Ausscheidung von Schwefel auf.

Ferriverbindungen weist man am besten durch Rhodankalium nach. 50 cm³ versetzt man mit 1 cm³ verdünnter Salzsäure und 3 cm³ 10proz. Rhodankaliumlösung. Bei Vorhandensein von Ferriverbindungen färbt sich die Lösung rosa bis tief braunrot. Man kann so bis 0,05 mg Eisen im Liter erkennen. Der in der Praxis für gewöhnlich geforderte Enteisenungsgrad ist 0,1 mg/l.

Quantitative Bestimmung des Eisens.

Für quantitative Bestimmungen verwendet man für gewöhnlich das colorimetrische Verfahren mittels Rhodankalium.

200 cm³ des gut durchgeschüttelten Wassers werden mit konz. Salpetersäure angesäuert. Nach dem Eindampfen auf die Hälfte des Volumens wird die Flüssigkeit mit Ammoniak alkalisch gemacht, nach etwa 15 Min. langem Stehen filtriert und mit heißem Wasser gewaschen. Den auf dem Filter befindlichen feuchten Eisenhydroxydniederschlag löst man mit 3 cm³ verdünnter, eisenfreier Salzsäure in einen 100-cm³-Meßzylinder und wäscht mit heißem, destilliertem Wasser nach. Die erkaltete Lösung füllt man nach Zusatz von 3 cm³ 10proz. Rhodankaliumlösung mit destilliertem Wasser zu 100 cm³ auf und schüttelt durch. Gleichzeitig setzt man nach Bedarf Vergleichslösungen, entsprechend 0,02, 0,05, 0,1, 0,3, 0,5, 0,7, 0,9 und 1 mg Fe in 100 cm³, am bequemsten in Meßzylindern an. Zur Ersparung einer umständlichen Rechnung wählt man die Ferrisalzlösung so stark, daß

$1 cm^3$ derselben 0,1 mg Fe entspricht. 0,898 g reiner Eisenalaun werden kalt in 1 l Wasser gelöst. Hierzu setzt man einige Tropfen konz. Schwefelsäure, damit die Lösung klar bleibt. $1 cm^3$ dieser Lösung enthält 0,1 mg Fe.

Zu den Vergleichslösungen fügt man je $3 cm^3$ verdünnte eisenfreie Salzsäure und $3 cm^3$ 10proz. Rhodankaliumlösung, füllt mit dest. Wasser auf $100 cm^3$ auf und schüttelt um. Hierauf vergleicht man die Untersuchungslösung mit der am ähnlichsten gefärbten Vergleichslösung in $100\text{-}cm^3$-Hehnerzylindern, indem man von oben gegen eine weiße Unterlage hineinschaut. Von der dunkler gefärbten Lösung wird so viel abgelassen, bis beide Vergleichsflüssigkeiten gleich gefärbt sind. Ist die zu untersuchende Flüssigkeit so stark gefärbt, daß der Vergleich mit 1 mg Eisen nicht durchführbar ist, so kann man die Untersuchungslösung auf die Hälfte verdünnen und dann vergleichen. Weitere Verdünnung ist nicht angebracht.

Abb. 343. Colorimeter für Eisenbestimmung nach MEINCK-HORN.

Beispiel. Man hat z. B. die Vergleichslösung, 0,2 mg Fe entsprechend, verglichen und auf $75 cm^3$ abgelassen, so enthalten $200 cm^3$ des zu untersuchenden Wassers $\frac{0,2 \cdot 100}{75} = 0,267$ mg Fe oder 1 l enthält 1,335 mg Fe[1].

Mit praktisch ausreichender Genauigkeit kann Eisen auf folgende Weise bestimmt werden[2].

Die im angesäuerten Wasser vorhandenen Ferroverbindungen werden mit Wasserstoffsuperoxyd oxydiert und die Lösung nach dem Zusatz von Rhodankalium im Schaurohr des Colorimeters nach MEINCK-HORN (s. Abb. 343) mit den Farben einer Skalentrommel zum Vergleich gebracht. Die Farben entsprechen einem Eisengehalt von 0,1; 0,3; 0,5; 0,7; 1,0 und 2,0 mg Fe/l.

Die Ergebnisse der Eisenuntersuchung werden von den Chemikern vielfach in verschiedener Weise angegeben, teils als Eisenoxydul, teils als Eisenoxyd u. dgl. Zweckmäßig ist die gleichmäßige Angabe als metallisches Eisen.

Umrechnungstabelle.

	Eisen	Ferrooxyd	Ferrioxyd
1 T. Eisen, metallisch =	1,0	1,266	1,429
1 T. Ferrooxyd =	0,778	1,0	1,11
1 T. Ferrioxyd =	0,7	0,9	1,0

Manganbestimmung.

In stark eisenhaltigen Wässern wird sehr häufig Mangan gefunden. Etwa $50 cm^3$ des zu prüfenden Wassers werden mit etwa 10 Tropfen reiner 25proz. Salpetersäure angesäuert und darauf vorsichtig mit 5proz. Silbernitratlösung versetzt, bis alle Chloride gefällt sind und ein geringer Überschuß im Wasser vorhanden ist; alsdann fügt man eine Messerspitze Ammoniumpersulfat hinzu und erhitzt vorsichtig, am besten auf dem Sandbade. Vorhandene Mangansalze zeigen sich durch Rosa- bis Rotfärbung des Wassers an. Bei hohen Gehalten scheidet sich zuweilen ein Teil des Mangans auch als braunes Manganperhydroxyd ab.

Bisweilen zeigt sich anfangs auch während des Erhitzens eine Braunfärbung, die jedoch meist wieder verschwindet, und die mit der Färbung durch die entstehende Übermangansäure nicht verwechselt werden darf (KLUT). Sie tritt dann auf, wenn zuviel Salpetersäure oder Silbernitrat verwendet wurde. Man führt sie darauf zurück, daß Silberperoxyd in Salpetersäure in brauner Farbe löslich ist. Empfindlichkeit der von MARSHALL stammenden Manganprüfung 0,1—0,05 mg/l.

[1] Verfahren der Landesanstalt für Wasser-, Boden- und Lufthygiene.

[2] KLUT: Trink- und Brauchwasser. 1927.

Quantitative Bestimmung. Das wie oben vorbereitete Wasser wird in einen Hehnerzylinder gefüllt und bis zur Marke 100 aufgefüllt. Der Zylinder muß absolut rein sein, da Staub und andre reduzierende Substanzen, auch Salzsäure, die Farbe zerstören, was zu erheblichen Fehlern Veranlassung geben kann. Als Vergleichslösung verwendet man n/100 Kaliumpermanganatlösung, von der 1 cm³ 0,11 mg Mangan entspricht.

Beispiel. Angewandt wurden 100 cm³ Wasser. Die erzeugte Färbung war gleich der von 0,5 cm³ n/100 Kaliumpermanganat. $0,5 \cdot 0,11 \cdot 10 = 0,55$ mg/l.

Umrechnungstabelle nach Klut.

1 T. MnO = 0,77 T. Mn
1 T. $MnCO_3$ = 0,48 T. Mn
1 T. $MnSO_4$ = 0,36 T. Mn
1 T. Mn = 1,29 T. MnO

Wasserstoffionenkonzentration.

Zur genaueren Bestimmung der Reaktion dient das Verfahren der Wasserstoffionenkonzentration. Für die Konzentration der Wasserstoffionen, die die Reaktion einer Flüssigkeit bestimmt, hat man das Zeichen p_H gewählt.

Eine neutral reagierende Flüssigkeit besitzt den p_H-Wert = 7,0. Je kleiner diese Zahl ist, desto stärker sauer reagiert das Wasser. Je mehr sie über 7 liegt, desto stärker ist seine Alkalität. Also

$p_H < 7$ = saure Reaktion
$p_H > 7$ = alkalische Reaktion
$p_H = 7$ = neutrale Reaktion,

und zwar derart, daß eine Änderung dieses Wertes um eine ganze Einheit einer Änderung der Wasserstoffionenkonzentration um eine Zehnerpotenz entspricht.

Eine Lösung mit dem p_H-Wert 1 besitzt also dieselbe Wasserstoffionenkonzentration, wie eine n/10 Säure, eine solche mit dem p_H-Wert 2 entspricht einer n/100-Säure. Eine Lösung mit dem p_H-Wert 13,0 verhält sich wie eine n/10 Lauge, eine solche mit dem p_H-Wert 12,0 wie eine n/100-Lauge usw.

Die Bestimmungsverfahren gliedern sich in

a) colorimetrische oder Indicatormethoden,

b) elektrometrische Methoden.

Die ersteren sind zwar leichter und billiger ausführbar, die letzteren haben aber den Vorteil größerer Genauigkeit[1].

Zur näheren Orientierung über diese Bestimmungen sei auf folgende Literaturstellen verwiesen:

Egger: Die colorimetrische Bestimmung der Wasserstoffionenkonzentration in der Wasseranalyse. Süddtsch. Apothekerztg. **1926**, Nr. 28. — Klut: Trink- und Brauchwasser. 1927. — Kolthoff: Der Gebrauch von Farbstoffindicatoren. — Die Maßanalyse. — Michaelis: Die Wasserstoffionenkonzentration. — Praktikum der physikalischen Chemie. — Ostwald-Lutter: Physikochemische Messungen. — Thiesing: Die Wasserstoffionenkonzentration, ihr Wesen und ihre Bedeutung. Gas- u. Wasserfach **70**, H. 7 (1927).

Freies Chlor.

Nachweis mit Jodkaliumstärke nach Klut. Bereitung der Lösung: 10 g lösliche Stärke werden mit 50 cm³ Wasser gleichmäßig verrieben. Nach etwa 1 std. Stehen wird das Gemisch in etwa 900 cm³ kochenden Wassers eingegossen und 10 Min. lang im Sieden erhalten. Man läßt die Flüssigkeit nun etwas abkühlen und setzt darauf 10 g Kaliumjodid und zur beßren Haltbarmachung noch 0,3 g Quecksilberjodid hinzu. Nach dem Erkalten bringt man die Flüssigkeit auf 1 l, läßt 24 Std. lang verschlossen und vor Licht geschützt stehen und filtriert sodann die Lösung. Diese hält sich in braunen Glasstöpselflaschen gut.

[1] Klut: Das Wasser. 1927.

Zum Nachweis von wirksamem Chlor und von Hypochloriten versetzt man 100 cm³ des zu prüfenden Wassers ohne vorheriges Ansäuern mit 3 cm³ Reagens. Blaufärbung innerhalb 5 Min. zeigt die Gegenwart von wirksamem Chlor an. Empfindlichkeitsgrenze noch unter 0,1 mg/l, je nach der Beschaffenheit des gechlorten Wassers. Die Chlorreaktion wird wesentlich beeinflußt durch einen hohen Gehalt des Wassers an organischen Stoffen. Man vermeide bei dieser Prüfung den Zutritt des Sonnenlichts, das störend wirkt.

Die vielfach für diese Zwecke verwendete Jodzinkstärkelösung des D.A.B., 6. Ausgabe, S. 765 ist, wie besonders WEBER festgestellt hat, zu jodid- und stärkeschwach und infolgedessen nicht so empfindlich.

Außerdem kann das freie Chlor noch mit o-Tolidin nach WEBER, mit Dimethylparaphenylendiamin nach KOLTHOFF und mit Benzidin nach OLSZEWSKI nachgewiesen werden.

Quantitative Bestimmung.

Bei größeren Mengen Chlor ist das maßanalytische Verfahren, Titration mit n/100-Thiosulfat, am besten geeignet. Die colorimetrischen Verfahren kommen nur bei Spuren in Betracht. Die Haltbarkeit des Thiosulfats wird nach KOLTHOFF durch Zugabe von 200 mg Soda wesentlich erhöht.

Von den colorimetrischen Verfahren hat sich nach den Erfahrungen der Landesanstalt für Wasser-, Boden- und Lufthygiene die Bestimmung mit o-Tolidin bewährt.

Nach RACE sind folgende Lösungen erforderlich:

1. o-Tolidinlösung. 1 g reines, aus Alkohol umkrystallisiertes o-Tolidin wird mit einer verdünnten Salzsäure, die 10 % konz. Salzsäure (spez. Gew. 1,19) im Liter enthält, zu 1 l Flüssigkeit gelöst und in braunen Glasstöpselflaschen aufbewahrt.

2. 1,5 g kryst. Kupfersulfat und 1 cm³ konz. Schwefelsäure löst man in Wasser und verdünnt auf 100 cm³.

3. Kaliumbichromatlösung. Man löst 0,025 g Kaliumbichromat und 0,1 cm³ konz. Schwefelsäure in Wasser und verdünnt die Lösung auf 100 cm³.

Zur Bestimmung wird eine Reihe von Vergleichslösungen aus Kupfersulfat und Kaliumbichromat hergestellt.

Es entsprechen:

Chlor im Liter	cm³ Kupfersulfatlösung	cm³ Bichromatlösung
0,03	0,0	3,2
0,04	0,0	4,3
0,05	0,4	5,5
0,06	0,8	6,6
0,07	1,2	7,5
0,08	1,5	8,7
0,09	1,7	9,0
0,10	1,8	10,0
0,20	1,9	20,0
0,30	1,9	30,0

Die aus nebenstehender Tabelle ersichtlichen Kubikzentimeter Mischlösung werden zur Herstellung der Vergleichsflüssigkeiten auf 100 cm³ aufgefüllt.

Nach Zugabe von 1 cm³ o-Tolidinlösung zu 100 cm³ des zu untersuchenden Wassers ist die Farbbestimmung mit der Kupfersulfat-Bichromat-Lösung nach Verlauf von spätestens 5 Min. vorzunehmen, da sonst die Bestimmung leicht durch Nachfärbungen der Tolidinlösung ungenau werden kann.

Maßanalytisches Verfahren. Vermischt man das zu untersuchende Wasser mit einer Lösung von Kaliumjodid, so wird Jod ausgeschieden, und zwar ist die Menge des ausgeschiedenen Jods äquivalent dem wirksamen Chlor. Bestimmt man das ausgeschiedene Jod mittels Natriumthiosulfat, so kann man die Menge des wirksamen Chlors berechnen. Maßflüssigkeit n/100 Natriumthiosulfat (2,48 g kryst. Salz im Liter), 100 cm³ dieser Lösung entsprechen 0,127 g Jod bzw. 0,0355 g Chlor.

Kieselsäure.

Für gewöhnlich wird man die Kieselsäurebestimmung in der Weise vornehmen, daß man 200 cm³ Wasser in einer Quarzschale zur Trockne verdampft, zweimal mit starker Salzsäure abraucht, mit Wasser heiß aufnimmt, filtriert, mit heißem, dest. Wasser (bei Anwesenheit von viel Eisen abwechselnd mit Wasser und verdünnter Salzsäure) wäscht, nach dem Trocknen bei 110° glüht und schließlich schnell wägt.

Nach HAUPT sind folgende Punkte bei der Kieselsäurebestimmung zu beachten. Bei stark alkalischen Kesselwässern kann sehr leicht eine Auflösung von Kieselsäure aus den Quarzschalen zu hohe Resultate ergeben. Das alkalische Wasser ist daher vor dem Eindampfen mit Salzsäure anzusäuern. Keinesfalls darf eine Erhitzung des Trockenrückstands, solange dieser alkalisch ist, stattfinden. Die hohen Salzmengen, wie sie im Kesselwasser vorliegen, stören nicht. Das nach dem Ansäuern des alkalischen Wassers entstandene Natriumchlorid neigt beim Verjagen der letzten Wasserreste sehr zum Verspritzen. Bei Vorhandensein sehr großer Salzmengen ist daher das Verjagen der letzten Flüssigkeitsreste stets auf dem Wasserbade und nicht auf offener Flamme vorzunehmen. Vergleichende Versuche haben gezeigt, daß eine Abänderung der üblichen Methode nicht erforderlich ist, wenn große Salzmengen vorhanden sind. Es ist lediglich darauf zu achten, daß durch alkalisches Wasser keine Auflösung von Kieselsäure beim Eindampfen des Wassers und Erhitzen des Rückstandes erfolgt und Spratzen durch Wasserbadeintrocknung vermieden wird.

Die Benutzung von Platinschalen an Stelle der Quarzschalen hat sich als nicht zweckmäßig herausgestellt. Es treten stets mehr oder weniger große Platinverluste ein (Angreifen des Platins durch konz. Salzsäure), was ohne weiteres durch die Nitratgehalte der Verdampfungsrückstände erklärlich ist. Die Verluste an Platin können 25—50 mg betragen, wenn das Kesselwasser in der Platinschale mit Salzsäure angesäuert und dann zur Trockne eingedampft wird.

Wird in alkalischen Wässern der Alkaligehalt bestimmt, so entsteht leicht ein Fehler, wenn man auf den Gehalt an kieselsaurem Natron im Wasser keine Rücksicht nimmt. Bei der Annahme, daß in einem mit Soda versetzten Wasser die darin enthaltene Kieselsäure als kieselsaures Natrium vorhanden ist, muß man, um den richtigen Gehalt an Soda zu finden, von der ermittelten Alkalität einen dem Natriumsilicat entsprechenden Wert abziehen. Für je 10 mg Kieselsäure sind also von der gefundenen Sodamenge 17,8 mg in Abzug zu bringen.

Colorimetrische Bestimmung. Diese Bestimmung ergibt nach BRAUNGARD (Vortrag im Speisewasserausschuß der Großkesselbesitzer Deutschlands. 1928) bei mittleren Gehalten gute Resultate. 100 cm^3 des zu untersuchenden Wassers werden mit 1 g Ammoniummolybdat und 5 cm^3 Salpetersäure versetzt, dann wird die Flüssigkeit umgeschwenkt, bis völlige Lösung des Molybdats erfolgt ist. In den Vergleichszylinder, der 100 cm^3 des zu untersuchenden Wassers enthält, wird nun so viel Kaliumchromatlösung tropfenweise zugegeben, bis der Farbton der Flüssigkeit mit dem der molybdän- und kieselsäurehaltigen Flüssigkeit übereinstimmt. Die hierzu verbrauchten Kubikzentimeter Kaliumchromatlösung, mit 10 multipliziert, geben die im Liter enthaltene Menge Kieselsäure in Milligramm an. Kaliumchromatlösung: 5,3 g im Liter Wasser. Die Probe ist auch brauchbar bei Gegenwart großer Mengen Natriumchlorid.

Nach den Erfahrungen des Verfassers gibt die Methode bei folgender Abänderung bessere Werte. Statt des festen Ammoniummolybdats stellt man sich eine Lösung von 10 g des Salzes in 100 cm^3 her und nimmt davon zu jeder Bestimmung 10 cm^3. Die Reaktion tritt schneller und deutlicher ein als bei Verwendung des festen Salzes, außerdem spart man das jedesmalige Abwägen. Als Vergleichslösung nimmt man eine Lösung von 1,325 g/l Kaliumchromat und führt die Probe mit 50 cm^3 Wasser aus. Der Vergleichston ist besser und genauer als mit der konz. Kaliumchromatlösung. Die verbrauchte Anzahl Kubikzentimeter Kaliumchromat, mit 5 multipliziert, ergibt die Milligramme SiO_2 im Liter.

Salpetersäure.

In eine kleine Porzellanschale bringt man einige Krystalle Diphenylamin und fügt einige Tropfen konz. Schwefelsäure hinzu. Ist die Schwefelsäure nicht rein, so tritt jetzt schon unter Umständen Blaufärbung ein. Bleibt das Gemisch reinweiß, so gießt man das zu untersuchende Wasser in ein Reagensglas, kippt es wieder aus und läßt die letzten Tropfen vorsichtig am Rande der Schale herunterlaufen. Salpetersäure gibt sich durch mehr oder weniger starke Blaufärbung zu erkennen. Bei Gegenwart von salpetriger Säure muß diese erst durch Harnstoff zersetzt werden.

Brucin kann ebenfalls zur Reaktion auf Salpetersäure benutzt werden. Es hat nach KLUT den Vorzug, daß salpetrige Säure dabei nicht störend wirkt. Bei Anwesenheit von Salpetersäure tritt Rotfärbung ein.

Salpetrige Säure.

Nachweis mit Jodzinkstärkelösung (D. A. B. 5, 1910, S. 584). Ein Reagensglas wird bis zu drei Viertel mit dem zu untersuchenden Wasser gefüllt. Zum Freimachen der salpetrigen Säure aus ihren Salzen werden 3—5 Tropfen 25proz. Phosphorsäure (KLUT) und alsdann 12—15 Tropfen Jodzinkstärkelösung hinzugefügt. Bei Anwesenheit von salpetriger Säure tritt Blaufärbung ein.

Ammoniak.

Nachweis mittels NESSLERS Reagens. Beim Hinzufügen von 1—2 Tropfen NESSLERS Reagens zum Wasser tritt bei Gegenwart von Ammoniak Gelb- bis Braunfärbung ein, je nach Menge des vorhandenen Ammoniaks.

Falls das Wasser hart und eisenhaltig ist, sind die Härtebildner bzw. Eisenverbindungen vorher durch ein Gemisch von Soda-Natron-Lauge zu fällen und ist die überstehende klare Flüssigkeit nach einer Stunde vorsichtig abzugießen.

Härtebestimmung.

Gesamthärte.

a) Nach BLACHER. 100 cm³ Wasser werden mit einigen Tropfen Methylorange versetzt und mit n/10 Salzsäure (bei stark alkalischen Rein- oder Kesselwässern evtl. mit n Salzsäure) bis zum Farbumschlag titriert. Darauf führt man bis zur Vertreibung der frei gemachten Kohlensäure 1—2 Min. Luft hindurch und setzt, falls sich hierbei die hellgelbe Färbung zurückbildet, nochmals Salzsäure bis zum Farbumschlag hinzu.

Hierauf gibt man etwa 10 Tropfen Phenolphthaleinlösung und so viel n/10 Natronlauge zur Flüssigkeit, bis eben die Färbung über hellgelb in ganz schwach rosa umschlägt und titriert dann sofort mit n/10 Kaliumpalmitat bis zur bleibenden carminroten Färbung. Übertitrieren bis zum Eintritt rotvioletten Farbtons ist zu vermeiden. 1 cm³ n/10 Palmitatlösung = 2,8° deutsch.

Häufig benutzt man im Betriebslaboratorium das Wasser nach der Bestimmung der freien Kohlensäure nach Wegnahme der Rötung mit n/100-Säure direkt zur Härtebestimmung nach BLACHER.

b) Nach BOUTRON und BOUDET. Die Bestimmung beruht auf der Titration eines gewissen Quantums Wasser mit alkoholischer Seifenlösung von bestimmtem Gehalt. 40 cm³ Wasser werden in eine mit Ringmarken bei 10, 20, 30 und 40 cm³ versehene Glasstöpselflasche gebracht. Dann gibt man aus dem sog. Hydrotimeter (einer mit Holzfuß versehenen kleinen Standbürette) das man bis zur Marke über dem Teilstrich 0 mit Seifenlösung gefüllt hat, so lange unter kräftigem Schütteln Seifenlösung zu dem Wasser, bis ein dichter, bleibender Schaum entsteht. Der Raum, welchen 2,4 cm³ Seifenlösung in dem Hydrotimeter einnehmen, ist in 23 Teile geteilt, von denen jeder einem französischen Grad entspricht. Die Teilung ist nach unten bis 32 fortgesetzt.

Bei harten Wässern sind nur aliquote Teile von 40 zu verwenden und der Rest ist durch destilliertes Wasser zu ersetzen. Die Verdünnung muß natürlich bei der Härteablesung berücksichtigt werden. KOLB hat die Methode auch für direkte Ablesung in deutschen Härtegraden umgestaltet.

Bruchteile von Härtegraden lassen sich in sehr weichen Wässern mit genügender Genauigkeit nicht durch Verdünnung der Seifenlösung unter Anwendung der üblichen 40 cm³ Wasser, sondern durch Vermehrung des zu titrierenden Wasserquantums auf 400 cm³ unter Verwendung der eingestellten Seifenlösung ermitteln[1].

---

[1] Mitteilung MORAWE: Sitzung des Speisewasserausschusses der Vereinigung der Großkesselbesitzer, Bad Nauheim **1928**.

Dieses Verfahren soll ebenso gute Resultate liefern wie die quantitative Härtebestimmung durch Ermittlung von Kalk und Magnesia aus mehreren Litern eingedampften Wassers. Da sich die Gesamthärte eines Wassers aus dem im Wasser gelösten Kalk + der dem Kalk äquivalenten Menge Magnesia (MgO · 1,4) zusammensetzt, so kann man zur Härteermittlung auch Kalk und Magnesia bestimmen.

Kalkbestimmung.

200 cm^3 Wasser werden im Becherglas unter Zusatz von etwas Salzsäure zum Sieden erhitzt und alsdann Ammoniak bis zur alkalischen Reaktion hinzugefügt. Ein evtl. entstehender Niederschlag ist abzufiltrieren. Das Filtrat wird unter Zusatz von Ammoniumoxalatlösung gekocht, bis sich die Flüssigkeit klar vom Niederschlag abgeschieden hat. Alsdann wird abfiltriert, der Niederschlag mit siedendem Wasser bis zum Verschwinden der Chlorreaktion gewaschen, getrocknet und im Platintiegel geglüht, zuletzt (zur Umwandlung des ausgefällten Calciumoxalats in Calciumoxyd) vor dem Gebläse, das direkt gewogen wird.

Maßanalytische Bestimmung des Kalks. Bis zur Filtration des abgeschiedenen Calciumoxalatniederschlags laufen die gravimetrische und maßanalytische Methode parallel. Von da ab wird folgendermaßen verfahren. Das Calciumoxalat wird durch Schwefelsäure zersetzt, wobei nach der Gleichung $Ca(COOH)_2 + H_2SO_4 = CaSO_4 + (COOH)_2$ freie Oxalsäure entsteht.

Diese enthält einen oxydierbaren Bestandteil, das CO, welches durch die zur Titration benutzte Kaliumpermanganatlösung zu CO_2 oxydiert wird. 2 Mol. $KMnO_4$ geben 5 Atome Sauerstoff ab.

Da nun die Oxalsäure nach der Gleichung $H_2C_2O_4 = CO + CO_2 + H_2O$ zerfällt, also je Molekül 1 Mol. CO abgibt, das zu CO_2 oxydierbar ist, können 2 Mol. Kaliumpermanganat 5 Mol. Oxalsäure in saurer Lösung oxydieren. Die Gleichung verläuft folgendermaßen:

$$2KMnO_4 + 3H_2SO_4 + 5(COOH)_2 = K_2SO_4 + 2MnSO_4 + 10CO_2 + 8H_2O.$$

Das bei der Reaktion entstehende Mangansulfat ist in den zur Ausführung der Titration in Frage kommenden Mengen farblos. Sobald die gesamte Oxalsäure verbraucht ist und nur 1 Tropfen überschüssiger Kaliumpermanganatlösung in die Reaktionslösung gelangt, wird schwache Violettfärbung sichtbar, die den Endpunkt der Reaktion anzeigt[1].

1 cm^3 n/20 Kaliumpermanganatlösung entspricht 1,4 mg Kalk. Für die Untersuchung sehr weicher Wässer ist n/50-Lösung geeignet (1 cm^3 = 0,56 mg CaO).

Ausführung. Der Trichter mit dem das Calciumoxalat enthaltenden Filter wird auf einen etwa 400 cm^3 fassenden Erlenmeyer gesetzt, das Filter mit einem dünnen Glasstabe durchstoßen, dann der Niederschlag mit heißem Wasser und verdünnter Schwefelsäure in den Kolben gespült. Darauf gibt man noch 20 cm^3 Schwefelsäure 1 : 1 hinzu, wodurch das Calciumoxalat gelöst wird, füllt auf etwa 300 cm^3 mit heißem Wasser auf und titriert mit n/20 Kaliumpermanganat bis zur Rosafärbung. 1 cm^3 = 1,4 mg Kalk. Die Methode ist der gewichtsanalytischen überlegen und hauptsächlich für weiche Wässer zu empfehlen.

Kalk- und Magnesiatrennung und titrimetrische Bestimmung.

Man kann die langwierige gewichtsanalytische Bestimmung des Magnesiumoxyds ebenfalls vermeiden, indem man die Magnesia im Filtrat vom Calciumoxalatniederschlag nach Blacher titriert, wobei ausreichend genaue Resultate erzielt werden. Jedenfalls ist die Bestimmung als Kontrolle des bei der Berechnung aus Gesamthärte und Kalkbestimmung gefundenen MgO-Gehalts sehr erwünscht.

Bei der Fällung des Calciumoxalats ist eine geringe Abweichung von dem sonst üblichen Verfahren vorzunehmen, und zwar sind bei diesem Verfahren Ammon-

[1] Schmidt: Kleine Mitteilungen der Landesanstalt **26**, Nr. 11/12, 244.

salze auszuschließen, weil diese den Farbumschlag des Phenolphthaleins verhindern[1]. Auch die Fällung mit Natrium- oder Kaliumoxalat führt nicht zum Ziel, weil sie etwas zu niedrige Kalkwerte ergibt.

Die Bestimmung wird folgendermaßen ausgeführt: 100 cm³ Wasser werden zum Sieden erhitzt und nach Zusatz von 2 Tropfen Methylorange bei neutraler Reaktion allmählich mit 5 cm³ 10proz. Oxalsäurelösung versetzt; bei saurer Reaktion wird vorher mit einigen Tropfen Kalilauge neutralisiert, wobei jedoch keine Trübung eintreten darf. Bei hoher Kalkhärte scheidet sich schon bei Zusatz der Oxalsäure das Calciumoxalat teilweise aus, bei geringer Härte bleibt die Lösung klar. Man hält weiter im Sieden und fügt allmählich 20 cm³ 10proz. Natriumacetatlösung hinzu. Die Wasserstoffionenkonzentration wird dadurch vermindert, die Lösung färbt sich gelb, und das Calciumoxalat fällt vollständig aus. Nach dem Erkalten filtriert man ab und verfährt mit dem Niederschlag wie oben beschrieben.

Im Filtrat mit dem Waschwasser wird dann die Magnesia bestimmt, indem man mit einigen Tropfen Salzsäure schwach ansäuert, dann Luft hindurchsaugt und schließlich, nach Zusatz von Phenolphthalein, nach Blacher titriert.

Zweckmäßig ist hierbei eine n/20 Lösung zu verwenden. Es ist zu beachten, daß bei der Magnesiatitration nach Blacher die Rotfärbung nicht so intensiv wie bei der Gesamthärtebestimmung ist, jedoch titriert man auch hier so lange, bis die Färbung durch 3 Tropfen n/10 Salzsäure wieder beseitigt ist. 1 cm³ n/50 Lösung entspricht 0,4 mg MgO.

Magnesiabestimmung (gewichtsanalytisch).

Das bei der Kalkbestimmung erhaltene Filtrat wird mit einer Lösung von Natriumphosphat versetzt, darauf ein Drittel des Volumens an Ammoniak hinzugesetzt und nach tüchtigem Umrühren 12 Std. stehengelassen. Es scheidet sich die Magnesia als Ammoniummagnesiumphosphat aus. Man filtriert, wäscht den Niederschlag mit 3 T. Wasser und 1 T. Ammoniak, trocknet und verascht im Porzellan- oder Platintiegel und wägt das so erhaltene Magnesiumpyrophosphat. Die Auswage, mit 0,3602 multipliziert, ergibt den im angewandten Wasserquantum vorhandenen MgO-Gehalt.

Härteberechnung aus Calcium- und Magnesiumoxyd.

Die ermittelten Gewichtsteile an MgO sind in die äquivalente Menge von Kalk umzurechnen und der Menge des Kalks zuzurechnen. Da 40 T. MgO = 56 T. CaO entsprechen, so liefern die Milligramme Magnesia, mit 1,4 multipliziert, die dem Kalk entsprechende Menge Magnesia. Enthält beispielsweise ein Wasser 106,7 mg Kalk und 36,5 mg Magnesia im Liter, so entspricht die Kalk-Magnesia-Summe $= 106{,}7 + 51{,}1 = 157{,}8$ mg Kalk. Das Wasser hätte also eine Gesamthärte von 15,8 deutschen Härtegraden.

Carbonathärte.

Da die an Kohlensäure gebundenen Anteile von Kalk und Magnesia die sog. Carbonathärte bedingen, so hat man die bei der Alkalitätsbestimmung verbrauchten Kubikzentimeter n/10 Salzsäure nur mit 2,8 zu multiplizieren, um die Carbonathärte in deutschen Graden zu erhalten.

Nichtcarbonathärte.

Die Nichtcarbonathärte ermittelt man durch Abzug der Carbonathärte von der Gesamthärte. Häufig kann man den ungefähren Wert der Nichtcarbonathärte aus dem Schwefelsäuregehalt des Wassers ermitteln. Man berechnet aus der Schwefelsäure den Gipsgehalt ($80 : 136 = 1 : x$; $x = 1{,}7$). Von dem gefundenen Gipswert zieht man den Wert der gefundenen SO_3 ab und hat sodann

---

[1] Zink und Hollandt: Ztschr. ang. Ch. **1914**, 437.

bei normalen Wässern häufig den ungefähren Gehalt an Nichtcarbonathärte. Fällt der Wert bedeutend höher aus als der durch Differenzrechnung ermittelte Wert, so weiß man, daß noch gewisse Mengen von Alkalisulfaten im Wasser sind. Liegt der Rechnungswert wesentlich unter dem durch Differenzrechnung ermittelten Härtewert, so ist das ein Zeichen dafür, daß die Nichtcarbonathärte auch noch durch andre Salze als Gips verursacht wird.

Wasserreinigung.

Die Textilindustrie benötigt nicht nur große Mengen von Fabrikations- und Kesselspeisewasser, sondern sie verlangt auch im allgemeinen, daß dieses Wasser möglichst weich und rein ist.

Die natürlichen Wasservorkommen zeigen diese erforderlichen Eigenschaften nur an einzelnen Punkten der Erde. Hierdurch waren die Textilbetriebe gezwungen, sich an diesen Orten anzusiedeln. So finden wir bei uns die Textilfabriken vorwiegend in Sachsen gelegen. In England konzentriert sich z. B. die Wollindustrie in Yorkshire mit der Hauptstadt Bradford. Die Baumwollindustrie konzentriert sich in ähnlicher Weise um Manchester. Die Seidenindustrie Frankreichs hat ihre Hauptsitze in Lille und Lyon, und in Amerika ist lange Neu-England von der Textilindustrie bevorzugt worden.

In allen genannten Distrikten finden sich sehr weiche Wässer, die den Hauptgrund für die Konzentration bestimmter Industriezweige an den besagten Punkten gebildet haben.

Mit dem Fortschreiten der Technik und der Entwicklung zweckmäßiger Wasserreinigungsmethoden fallen diese zwangsläufigen Ansiedlungen von Textilbetrieben an Orten mit weichem Wasservorkommen fort, und die Errichtung der Betriebe kann mehr unter Berücksichtigung verkehrstechnischer sowie wirtschaftspolitischer Momente vorgenommen werden.

Schädliche Stoffe. Man unterscheidet die im Wasser suspendierten Bestandteile sowie kolloidal gelöste organische Substanzen, die das Wasser färben, Öl und die in Lösung befindlichen Mineralien, Kalk- und Magnesiaverbindungen, Eisen, Mangan sowie Gase, Stickstoff, Sauerstoff, Kohlensäure und Schwefelwasserstoff.

Wasserklärung durch Filtration und Sedimentation.

Zur Beseitigung der Suspensa bedient man sich in der Industrie der sog. Schnellfilter, die für gewöhnlich mit einer Filtrationsgeschwindigkeit von 3—6 m in der Stunde arbeiten. Die Schnellfilter werden in runder oder rechteckiger Form, offen und geschlossen, aus Eisen oder Beton ausgeführt. Die runden Aggregate überschreiten für gewöhnlich nicht den Durchmesser von 3 m, die rechteckigen werden bis zu rund 20—30 m^2 Filterfläche pro Element gebaut. Alle Filter müssen mit einer Rückspülvorrichtung versehen werden, damit der das Filter mit der Zeit bis zur Undurchlässigkeit verstopfende Schlamm entfernt werden kann. Die Rückspülzeiten bewegen sich bei den einzelnen Konstruktionen zwischen rund 1—10 Min. Der Verbrauch an Spülwasser schwankt in der Praxis recht bedeutend. Für gewöhnlich sollen 2—3 % zur guten Spülung genügen. Nach Gärtner[1] sind zuweilen sogar schon 20 % des Reinwassers zum Spülen verbraucht worden. Im Wasserwerk Neiße kommt man nach Klut mit 1 % aus.

Die Füllung der Filter besteht aus gewaschenem Quarzkies. Korngröße und Höhe der Filterschicht richten sich nach der Art des zu reinigenden Wassers und dem geforderten Reinheitsgrad. Bei runden Filtern wird häufig zur Aufwühlung des Kieses beim Waschen ein Rührwerk eingebaut, während die Rückspülung der rechteckigen Filter mit Wasser und Druckluft vorgenommen wird. Zweckmäßige Anordnung von Luft- und Spülwassereintritt ist für die Spülwirkung von Wichtigkeit.

Abb. 344 und 345 zeigen im Schnitt runde, unter Druck arbeitende Kiesfilter der Permutitgesellschaft mit Rührwerkvorrichtung.

---

[1] Gärtner: Hygiene des Wassers. 1915.

Häufig werden zwecks Raumersparnis Etagenfilter gebaut, deren Vorteil für besondere Verhältnisse gegenüber den einfachen Filtern unverkennbar ist.

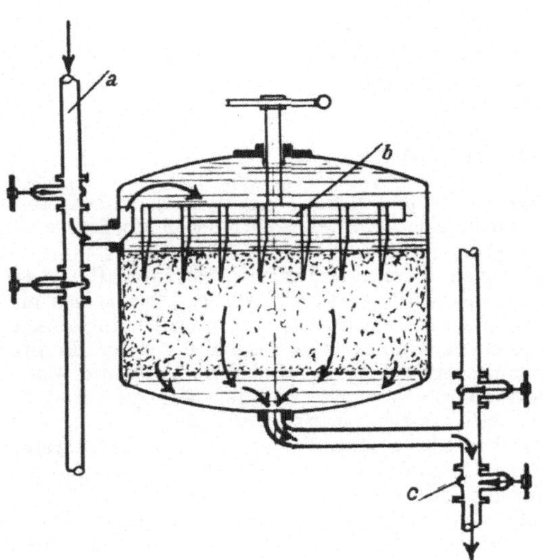

Abb. 344. Kiesfilter im Betrieb (System Permutit A.-G.). a = Rohwasser-Eintritt; b = Rührwerk; c = Reinwasser-Austritt.

Jedes Filter bedarf zur Bildung der wirksamen Filterhaut längerer Einarbeitung. Häufig wird die Bildung der Filterhaut durch Chemikalienzuschlag beschleunigt.

Tragen fein zertrümmerte Mineralbestandteilchen Schuld an der Trübung, wie man dies häufig in Gebirgsgegenden bei starken Regengüssen beobachten kann, oder sollen die durch kolloidal gelöste organische Substanz verursachten Färbungen aus dem Wasser entfernt werden, so ist Vorklärung desselben mittels eines Koagulans, am besten Aluminiumsulfat, in Becken mit 4—8 std. Reaktions- und Klärzeit vorzunehmen.

Der für die beschleunigte Flokkenbildung benötigte Kalk findet sich für gewöhnlich im Wasser in Form von Carbonathärtebildnern vor. Mit Calciumbicarbonat setzt sich Aluminiumsulfat zu Tonerdehydrat und Gips um.

Die Zuschläge schwanken zwischen 10 und 200 mg/l Aluminiumsulfat. Die zweckmäßigste Menge wird durch Vorversuche ermittelt. Verfasser kam in den meisten Fällen in Deutschland mit Zuschlägen von 40—75 mg/l aus.

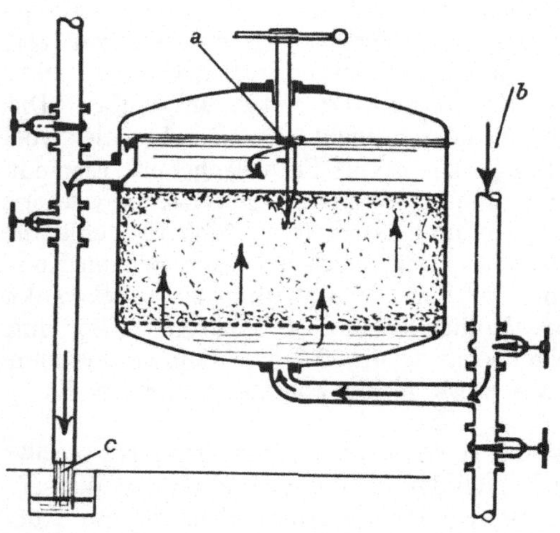

Abb. 345. Kiesfilter-Rückspülung (System Permutit A.-G.). a = Rührwerk; b = Spülwasser-Zufluß; c = Spülwasser-Abfluß.

Wichtig ist die Wasserführung in den Klärbecken und die Art der Dosierung zur Erzielung einer völligen Ausreaktion zwischen Wasser und Koagulans. Durch Umrühren erzielt man im Laboratorium schnellere und bessere Ausflockung des Aluminiumhydroxyds als beim ruhigen Stehenlassen der Probe. Diese Beobachtung ließe sich vielleicht in geeigneter Weise durch Anbringen entsprechender Rührwerke beim Zusammenfluß von Wasser und Koagulans auf den Großbetrieb übertragen. Es wäre damit u. U. eine Verkleinerung der Reaktions- und Klärbecken, wenn nicht gar eine Chemikalienersparnis zu erreichen.

Nach amerikanischen Erfahrungen soll die Klärwirkung bei einer p_H-Konzentration von 5,7 ganz besonders günstig sein. Eine Verallgemeinerung dieser Erfahrung halte ich nicht für zweckmäßig. Es dürfte hier die Beschaffenheit der organischen Substanz eine Rolle spielen. Nach meinen Erfahrungen läßt sich eine Zersetzung derselben bald durch Säure-, bald durch Ätzalkalizuschlag erzielen. Eine Herabsetzung der p_H-Konzentration könnte also zuweilen die entgegengesetzte Wirkung haben. Außerdem wird die Reinigung durch Anwendung zweier Zuschlagschemikalien, Säure und Aluminiumsulfat, immer kompliziert. Eine wesentliche Ersparnis an Chemikalienkosten dürfte kaum zu erwarten sein.

Enthärtung des Wassers.

Hierfür sind drei Arten von Wasserreinigungsverfahren in die Praxis eingeführt.

1. Das Niederschlagsverfahren, Kalk-Soda-Verfahren mit Abarten.
2. Das Austauschverfahren, Permutitverfahren.
3. Das Destillationsverfahren.

1. Niederschlagsverfahren.

Diese streben die Entfernung der Stein-, Schlamm- und Korrosionsbildner, der Seifenfresser und der die Faserbeschwerung und -zermürbung sowie andere Übelstände auslösenden Erdalkalien im Fabrikationswasser, also von Gips, Erdalkalibicarbonat, Magnesiumchlorid aus dem Wasser durch Verwendung entsprechender Fällungschemikalien (für gewöhnlich Kalk und Soda) an.

Die sich hierbei abspielenden Vorgänge können folgendermaßen formuliert werden:

a) $CaH_2(CO_3)_2 + Ca(OH)_2 = 2CaCO_3 + 2H_2O.$
Calciumbicarbonat — Kalk — Calciumcarbonat — Wasser

b) $MgH_2(CO_3)_2 + 2Ca(OH)_2 = Mg(OH)_2 + 2CaCO_3 + 2H_2O.$
Magnesiumbicarbonat — Kalk — Magnesiumhydroxyd — Calciumcarbonat — Wasser

c) $CaSO_4 + Na_2CO_3 = CaCO_3 + Na_2SO_4.$
Gips — Soda — Calciumcarbonat — Glaubersalz

d) $Ca(OH)_2 + Na_2CO_3 = 2NaOH + CaCO_3.$
Kalk — Soda — Ätznatron — Calciumcarbonat

e) $MgCl_2 + 2NaOH = Mg(OH)_2 + 2NaCl.$
Magnesiumchlorid — Ätznatron — Magnesiumhydroxyd — Kochsalz

Die Gleichungen a und b zeigen die Einwirkung von Ätzkalk auf Carbonathärtebildner. Gleichung c gibt die Gipsfällung wieder. In Gleichung d wird die Wechselwirkung zwischen den beiden Zuschlagschemikalien Kalk und Soda erläutert, wobei Ätznatron entsteht, das, wie Gleichung e zeigt, wieder fällend auf Magnesiumchlorid einwirkt.

Stets erhalten wir also bei der Reaktion zwischen Fällungschemikalien und Härtebildnern Calciumcarbonat und Magnesiumhydroxyd als unlösliche Endprodukte.

Es ist an Hand dieser Gleichungen bei Kenntnis der Zusammensetzung des Rohwassers ein leichtes, die Zuschlagsmengen an Kalk und Soda zu errechnen. Hierzu sei jedoch erwähnt, daß nicht die theoretisch errechneten Zuschlagsmengen, sondern die durch den praktischen Reinigungsversuch als ökonomisch günstigst festgestellten Chemikalienmengen für die Reinigung des Wassers im Großbetriebe maßgebend sind.

Einen Anhalt für die ungefähren Zusatzmengen an Kalk und Soda geben bei vorliegender Rohwasseranalyse folgende Formeln:

$$\text{Zusatz an Kalk} = 10{,}0\,Ht + 1{,}4\,\text{MgO}$$
$$\text{„ „ Soda} = 18{,}9\,Hp,$$

wobei Ht die temporäre Härte in deutschen Graden, Hp die Nichtcarbonathärte in deutschen Graden bedeutet.

Eine völlige Enthärtung des Rohwassers mit Hilfe dieser Niederschlagsverfahren läßt sich nicht erzielen, da die hierbei entstehenden Umsetzungsprodukte nicht ganz wasserunlöslich sind, und die Klärbehälter zur Ersparung von Kosten und Raum eine begrenzte Größe erhalten.

Die Löslichkeit der bei der Wechselwirkung zwischen Zuschlagschemikalien und Härtebildnern entstehenden Salze, Calciumcarbonat und Magnesiumhydroxyd, richtet sich nach der Menge der andern im Wasser noch gelösten Salze, der angewandten Reinigungstemperatur, der Reaktionsdauer sowie nach dem Überschuß an Fällungschemikalien und entspricht bei gut gereinigten Wässern noch 3—4 Härtegraden.

Ein nach dem Niederschlagsverfahren arbeitender Reinigungsapparat besteht für gewöhnlich aus folgenden Teilen: Einem Reaktions- und Klärbehälter mit eingebautem Mischrohr, einem Kalksättiger zur Bereitung des gesättigten

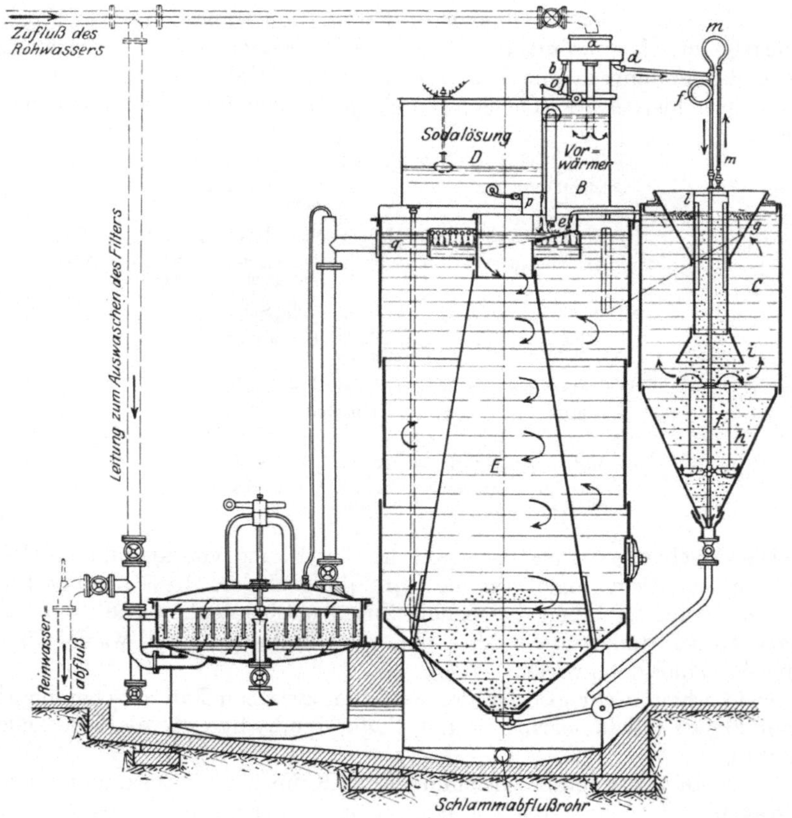

Abb. 346. Kalk-Sodaenthärtung „System Steinmüller".

Kalkwassers, dem Lösungs- und Vorratsbehälter für Soda, den Dosierungseinrichtungen für die Fällungschemikalien und das Rohwasser, sowie einem Vorwärmer zur Erhitzung des zu reinigenden Wassers. Außerdem gehört zu einer solchen Anlage noch als sehr wichtiger Bestandteil ein rückspülbares Feinkiesfilter, das nicht nur die Aufgabe hat, evtl. suspendierte Umsetzungsprodukte zurückzuhalten, sondern auch eine katalytische Wirkung ausübt, indem es einen Teil der mit den Zuschlagschemikalien in labilem Gleichgewichtszustand befindlichen Härtebildner in den stabilen und abfiltrierbaren Zustand überführt.

Bei an und für sich richtig gereinigtem Wasser wird die Gefahr der Nachreaktionen in Rohrleitungen, Reinwasserbehältern, Vorwärmern und vor allem auch auf dem Fabrikationsgut selbst herabgesetzt, wenn auch nicht ganz verhindert. Die Stromverteilung erfolgt bei solchen Apparaten für gewöhnlich durch verstellbare Zungenschieber, die Sodadosierung mittels Becher mit Auslaufschlauch, der durch eine Kippschale betätigt wird.

Der Teilstrom für die Bereitung des gesättigten Kalkwassers wird nicht über den Vorwärmer geleitet, da zur Gewinnung gesättigten Kalkwassers kaltes Wasser erforderlich ist.

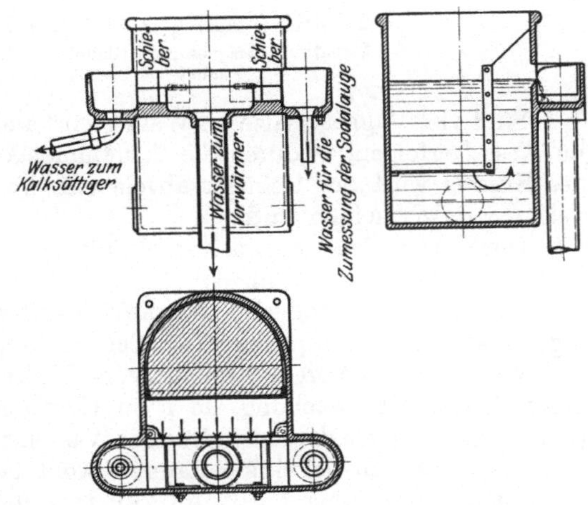

Abb. 347. Wasserverteiler zum Steinmüller-Apparat.

Regenerativverfahren.

Eine Abart des mit Kalk-Soda arbeitenden Niederschlagsreinigers ist der nur mit Soda arbeitende Reiniger, der von **Reisert**, **Reichling** und **Philipp Müller**, Stuttgart, gebaut wird. Letztgenannte Konstruktion ist unter dem Namen „Neckarverfahren" bekannt.

Durch ständige Rückführung des Kesselschlammwassers in den Reiniger wird einmal eine Entschlammung der Kessel angestrebt, des weiteren soll aber auch die im Kesselwasser vorhandene Alkalität für die Fällung der Härtebildner im Reiniger mit nutzbar gemacht werden. Bei 200° im Kesselwasser werden 80% der in den Kessel gelangenden Soda in Ätznatron und Kohlensäure gespalten: $Na_2CO_3 + H_2O = 2NaOH + CO_2$, so daß hier in Wirklichkeit ebenfalls mit zwei Fällungschemikalien, Ätznatron und Soda, gearbeitet wird.

Die im Kesselwasser gelösten Ätznatron- und Sodaüberschüsse treten im Reiniger mit den Härtebildnern in Reaktion, indem sich aus den Erdalkalibicarbonaten unter Abscheidung von unlöslichem Calciumcarbonat und Magnesiumhydroxyd lösliches Natriumbicarbonat und Natriumcarbonat bilden. Während die Soda zur Ausscheidung des Gipses im Reiniger weiter wirksam wird, wird das Natriumbicarbonat mit dem Reinwasser wieder in die Kessel geführt und dort in Soda und Ätznatron zerlegt.

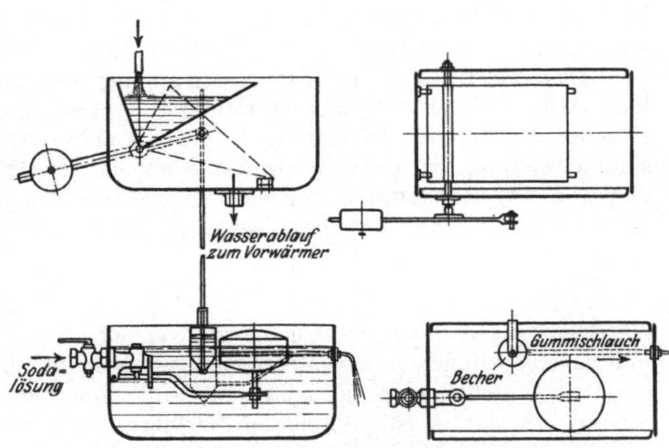

Abb. 348. Kippkasten und Sodalaugenbehälter mit Meßvorrichtung zum Steinmüller-Apparat.

Die chemischen Vorgänge lassen sich folgendermaßen formulieren.

a) $\underset{\text{Soda}}{Na_2CO_3} + \underset{\text{Calcium-bicarbonat}}{CaH_2(CO_3)_2} = \underset{\text{Natrium-bicarbonat}}{2NaHCO_3} + \underset{\text{Calcium-carbonat}}{CaCO_3}.$

b) $\underset{\text{Ätznatron}}{2NaOH} + \underset{\text{Calcium-bicarbonat}}{CaH_2(CO_3)_2} = \underset{\text{Soda}}{Na_2CO_3} + \underset{\text{Calcium-carbonat}}{CaCO_3} + \underset{\text{Wasser}}{2H_2O}.$

c) $MgH_2(CO_3)_2 + 4NaOH = 2Na_2CO_3 + Mg(OH)_2 + 2H_2O.$
Magnesiumbicarbonat — Ätznatron — Soda — Magnesiumhydroxyd — Wasser

d) $CaSO_4 + Na_2CO_3 = CaCO_3 + Na_2SO_4.$
Gips — Soda — Kohlensaurer Kalk — Glaubersalz

e) $2NaOH + MgSO_4 = Na_2SO_4 + Mg(OH)_2.$
Ätznatron — Magnesiumsulfat — Glaubersalz — Magnesiumhydroxyd

Sind viel Magnesiasalze im Wasser vorhanden, so wird deren Ausfällung erst im Kessel erfolgen, wodurch die Schlammenge im Kessel erhöht wird. Anstatt des Kessels wird der Reiniger abgelassen, wodurch weder Wärme- noch Sodaverluste zu vermeiden sind.

Durch die Schlammwasserrückführung wird die Speisewassermenge sehr erheblich erhöht, u. U. um 60%[1].

Es sind daher größere Speisevorrichtungen erforderlich, und auch die Reinigungsanlage ist entsprechend größer zu dimensionieren.

Vor allem verlangt die Anlage vom Sicherheitsstandpunkt aus besonders aufmerksame Überwachung, da beim Eintreten von nicht beachteten Zufällen (z. B. beim Versagen der den Zufluß des Wassers regelnden Schwimmer) der Wasserstand im Kessel zu tief sinken kann, obwohl die Speisepumpe dauernd läuft.

Auch Klagen über Undichtigkeiten und Verstopfungen in den Rückführleitungen und Hähnen werden nach H. Knodel häufig geführt.

Die Schlammrückführung ist minimal, und der Schlamm ist besser direkt aus dem Kessel durch Abschlämmventil unter Rückgewinnung der Wärme zu beseitigen.

Auffallend ist auch die statistisch nachgewiesene starke Beteiligung der nach dem Rückführverfahren gereinigten Kesselspeisewässer am Schäumen und Spucken des Kesselinhaltes. Der Grund hierfür liegt in der Schlammanreicherung, hauptsächlich bei magnesiareichen Wässern im Kessel, ferner in der Anreicherung an organischer Substanz infolge Verwendung von Holzwollfiltern.

Auch die unzuverlässige Bedienung muß Erwähnung finden. Es ist klar, daß selbst bei ursprünglich richtiger Bemessung der Sodamenge durch das ständig wechselnde Alkaligemisch des Kesselwassers eine gleichmäßige Zusammensetzung des Reinwassers kaum erzielt werden kann. Deshalb muß der Apparat, wie überhaupt jede nach dem Niederschlagsprinzip arbeitende Anlage, unter strenger Kontrolle eines Chemikers gehalten werden.

Harkoverfahren (Reisert).

Reisert hat bei dieser Konstruktion der ersten Bedingung für eine kontinuierlich arbeitende Anlage Rechnung getragen, nämlich der, daß genaue Dosierung der Zuschläge zur Erzielung eines gleichmäßig zusammengesetzten Reinwassers erforderlich ist. Bei diesem Verfahren wird das Wasser erst in einer richtigen Kalk-Soda-Anlage gereinigt. Alsdann fließt das Reinwasser in einen Zwischenbehälter, den sog. Nachreaktionsbehälter, in den das Kesselwasser zurückgeführt wird. Bei dieser Einrichtung wird versucht, die Nachreaktion aus dem Kessel in den Zwischenbehälter zu verlegen, wobei durch die Alkalität des Kesselwassers und die gleichzeitig eintretende Temperaturerhöhung das durch die Kalk-Soda-Anlage vorenthärtete Wasser noch weiter enthärtet werden soll. Durch dieses Verfahren können die Nachteile der einfachen Reinigung mittels Kalk-Soda und auch die der Sodareinigung mit Rückführung nach Möglichkeit vermieden werden (s. Abb. 349).

---

[1] Speisewasserpflege (s. Fußnote 1 auf S. 831) **1926**, S. 20. — Die Wärme **1925**, Nr. 25.

Aber auch hier ist Voraussetzung, daß aufmerksame Bedienung des Reinigers, möglichst unter Kontrolle eines Chemikers, erfolgt. Auch die beweglichen Dosierungseinrichtungen dürfen nicht versagen. Der Zwischenbehälter ist für eine mehrstündige Reaktionszeit zu bemessen, und die Temperatur in ihm ist möglichst hoch zu halten.

Bedingungen für gute Reinigung: Bei Anwendung eines Niederschlagsverfahrens ist zur Erlangung eines günstigen Reinigungseffektes zu fordern:

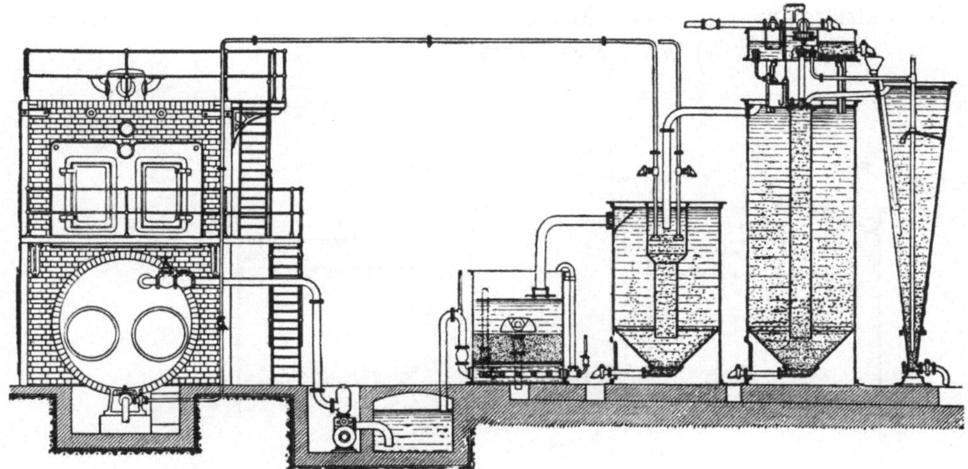

Abb. 349. Harko-Verfahren „Reisert".

1. Strikte Einhaltung der vom Chemiker durch praktischen Vorversuch für ein bestimmtes Wasser ermittelten Zuschlagsmengen an Fällungschemikalien[1].
2. Möglichst hohe Vorwärmung des zur Reinigung gelangenden Rohwassers.
3. Genügend lange Reaktions- und Klärzeit, bei Warmreinigung mindestens 2 Std.
4. Filtration des gereinigten Wassers über ein richtig konstruiertes rückspülbares Kiesfilter.
5. Strenge Kontrolle der Reinigungsresultate durch den Betriebschemiker, die sich auch auf evtl. Veränderung des Rohwassers und sofortige Anpassung der notwendigen neuen Zuschlagsmengen zu erstrecken hat[2].

2. Permutitverfahren.

Es ist ein chemisches Verfahren, das schon bei kalter Reinigung härtefreies Wasser, und zwar unabhängig von wechselndem Rohwasserzufluß und schwankender Rohwasserhärte stets nullgrädiges Wasser liefert.

Die Wirkung beruht auf der Austauschfähigkeit des Natriumradikals im Permutit (einem künstlich hergestellten Zeolith) gegen die Kalkmagnesiaradikale des Rohwassers (s. Abb. 350). Folgende Formeln mögen den Reinigungsvorgang, der durch Filtration über Permutit erzielt wird, veranschaulichen. Der komplizierte Permutitrest sei dabei mit P bezeichnet.

$$\text{a)}\ \underset{\text{Natrium-permutit}}{Na_2P} + \underset{\text{Calcium-bicarbonat}}{CaH_2(CO_3)_2} = \underset{\text{Calcium-permutit}}{PCa} + \underset{\text{Natrium-bicarbonat}}{2\,NaHCO_3}.$$

[1] Braungard: Zbl. d. Hütten- u. Walzwerke **1928**, Nr. 6.

[2] Knodel: Vortrag. Vereinigung der Großkesselbesitzer 1927. — Ristenpart: Grundsätze der Wasserreinigung für die Textilindustrie. Leipz. Mon. Text. **1909**, Nr. 6.

$$\text{b) } Na_2P + MgH_2(CO_3)_2 = PMg + 2NaHCO_3.$$

Natrium-permutit	Magnesium-bicarbonat	Magnesium-permutit	Natrium-bicarbonat

$$\text{c) } Na_2P + CaSO_4 = PCa + Na_2SO_4.$$

Natrium-permutit	Gips	Calcium-permutit	Glauber-salz

$$\text{d) } Na_2P + MgCl_2 = PMg + 2NaCl.$$

Natrium-permutit	Magne-siumchlorid	Magne-sium-permutit	Kochsalz

Ist das Filter erschöpft, d. h. sind sämtliche Alkaliradikale des Permutits gegen die Erdalkaliradikale der Härtebildner ausgetauscht, so wird mittels einer Kochsalzlösung regeneriert. Der Prozeß verläuft dann in umgekehrter Weise:

$$\text{e) } PCa + 2NaCl = PNa_2 + CaCl_2.$$

Calcium-permutit	Kochsalz	Natrium-permutit	Calcium-chlorid

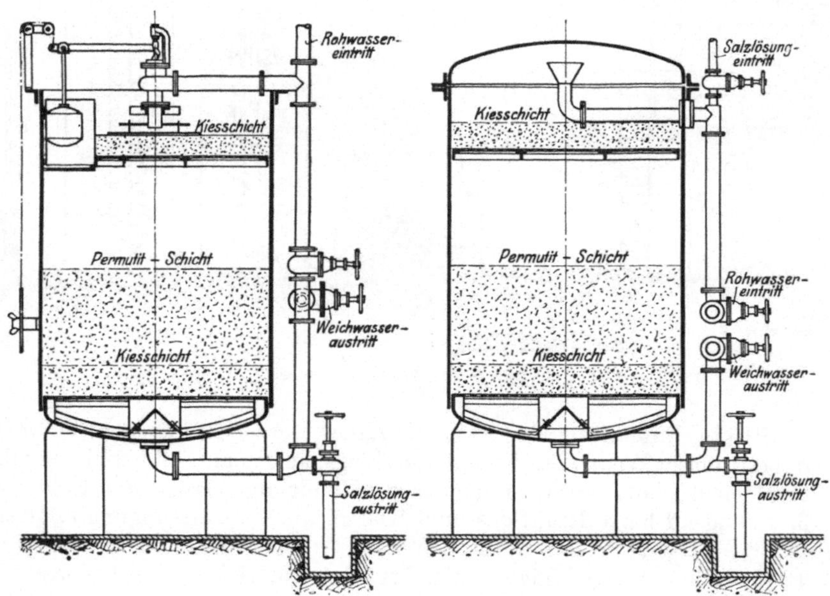

Abb. 350. Permutitanlage der Permutit-Aktiengesellschaft, Berlin.

Das Permutitverfahren hat vor den alten mit Zuschlagschemikalien arbeitenden Niederschlagsverfahren folgende Vorzüge:

1. Die Enthärtung des Wassers geht bei kalter Reinigung bis auf 0°, was, speziell für einzelne Industrien, die Textilindustrie, Wäschereien, Färbereien usw. erwünscht ist[1].

2. Keine dauernde chemische Kontrolle infolge Wegfalls jeglicher Dosierung; Schwankungen in der Härte des Wassers werden durch den Permutitapparat automatisch bewältigt, während beim Niederschlagsverfahren stets Neudosierung entsprechend der analytischen Feststellung der Wasserveränderung erforderlich ist[2].

3. Kein Schlammanfall.

4. Keine Nachreaktion, infolgedessen Schlammfreiheit der Kessel und volle Ausnutzung der Seife bei den verschiedenen Veredlungsprozessen in der Textilindustrie.

[1] Gärtner: Hygiene des Wassers, 1915.

[2] Gärtner: Hygiene des Wassers. — Die Wärme. Neuere Erfahrungen bei der Aufbereitung von Kesselspeisewasser, Nr. 37. 1925.

5. Keine Bildung von fettsauren Erdalkalien und Vermeidung aller hierdurch bei den einzelnen Prozessen in der Textilindustrie hervorgerufenen Übelstände[1].

Für Fabrikationszwecke kommen die mit Vorwärmung nach dem Niederschlagsverfahren arbeitenden Anlagen nicht oder nur selten in Betracht, da man aus wärmewirtschaftlichen Gründen das Wasser zur Erzielung eines guten Reinigungseffekts nicht erst erhitzen und nachher wieder abkühlen lassen kann.

Bei Prozessen aber, die warmes Wasser gut verwenden könnten, stört meist die ätz- oder sodaalkalische Reaktion des Reinwassers, die auch bei einwandfreier Bedienung der Niederschlagsanlage nicht zu vermeiden ist, da zur Erzielung einer niedrigen Resthärte, die für die Textilindustrie noch als Grenzwert gelten könnte (1—2°) mit beträchtlichen Überschüssen an Enthärtungschemikalien, Kalk und Soda, gearbeitet werden müßte[2].

Auch die mit überschüssigen Zuschlagschemikalien im labilen Gleichgewichtszustand verbleibenden Resthärtebildner werden sich beim Auftreffen auf das Fabrikationsgut noch in den stabilen, also unlöslichen Zustand umwandeln können und Inkrustierungen der Faser mit den daraus resultierenden Übelständen auslösen können[3].

Dies trifft natürlich bei der Kaltreinigung mittels Niederschlagsverfahrens, die nach obigem nur zum Vergleich mit dem Permutitverfahren herangezogen werden darf, in erhöhtem Maße zu, so daß die Überlegenheit des Permutitverfahrens, sowohl hinsichtlich Effekt als auch Sicherheit für dauernd gleich gute Enthärtung und Einfachheit der Bedienung, besonders für Fabrikationszwecke in der Textilindustrie, gegenüber einem nach dem Niederschlagsverfahren kalt gereinigten Wasser unbestritten feststeht.

Für kleinere Betriebe dienen die sog. Permutitkleinfilter. Diese Kleinfilter werden in 15 Größen von 125 mm Querschnitt bei 1 m Höhe bis zu 200 mm Querschnitt und 2 m Höhe hergestellt, und es beträgt die Weichwassererzeugung des kleinsten Apparats bei 10° Härte etwa 30 l, die des größten 4 m^3 stündlich.

Abb. 351. Neopermutitfilter der Permutit A.-G.

Neopermutit.

Das **Neopermutit** wirkt im Prinzip ebenso wie das Natriumpermutit, es findet also hier wie dort ein Basenaustausch bei Berührung der Masse mit hartem Wasser statt. Nur ist die Reaktionsfähigkeit des neuen Materials bedeutend stärker als beim Natriumpermutit. Dies führt dazu, daß die Regeneration des Neopermutitfilters in einer $1/_2$ bis 1 Std. einschließlich Vorspülen und Nachwaschen völlig beendigt ist (s. Abb. 351).

Das ist ein nicht zu unterschätzender Vorteil gegenüber dem Natriumpermutit, da bei einem Natriumpermutitfilter immerhin etwa 6 Std. für die Regeneration gebraucht werden, wodurch man gezwungen war, bei Dauerbetrieb ein Reservefilter für die Zeit der Regenerationsdauer bereitzustellen, oder bei intermittierendem Betrieb das Filter so groß zu gestalten, daß es für eine Tagesleistung ausreicht, damit es nachts bei Stillstand regeneriert werden konnte.

Ein Neopermutitverlust beim Vorspülen vor der Regeneration entsteht wegen des doppelt so hohen spez. Gew. des Materials fast gar nicht, wohingegen man bei Natriumpermutitfiltern immerhin mit einem jährlichen Spülverlust bis zu 5% rechnen mußte.

Der an sich geringe Platzverbrauch bei Erstellung einer Permutitanlage wird durch Anwendung von Neopermutit noch wesentlich herabgesetzt.

---

[1] BRAUNGARD: Vortrag. Hauptversammlung des Vereins Deutscher Chemiker 1928, Ref. Chem. Ztg. 1928, Nr. 45.

[2] Speisewasserpflege (s. Fußnote [1] S. 831), S. 18.

[3] Die Wärme **1925**, Nr. 37.

Nicht nur die Filtergröße reduziert sich bei Verwendung des Neopermutits, sondern auch die bisher ziemlich umfangreichen Salzlösegefäße schrumpfen auf ein Minimum zusammen und sind nur noch so groß bemessen, daß sie gerade die für die Regeneration erforderliche Salzmenge aufzunehmen vermögen.

Die starke Reaktionsfähigkeit des Neopermutits bedingt auch eine völlige Unempfindlichkeit des Filters gegenüber starken Belastungsschwankungen, während man beim Natriumpermutit immerhin an die Einhaltung der vorgeschriebenen Durchflußmenge gebunden war, wenn auch Veränderungen in der Menge und Gruppierung der Härtebildner des Wassers von diesem ebenfalls automatisch ausgeglichen wurden.

Das Neopermutit ist auch unempfindlich gegen Temperaturen bis zu etwa 45° und widerstandsfähig gegen freie Kohlensäure im Rohwasser sowie gegen mäßige Verschmutzungen und geringen Eisengehalt des Wassers, so daß die Marmoreinlage und auch meist die Vorreinigung, die beim Natriumpermutitfilter erforderlich waren, wegfallen oder nur in besonders schweren Fällen in Frage kommen.

Die infolge der starken Reaktionsfähigkeit des Neopermutits an sich erzielte Kochsalzersparnis ist ganz erheblich und setzt die Betriebskosten gegenüber dem früheren Natriumpermutit noch erheblich herab.

Durch Verwendung des sog. Sparverfahrens bei der Regeneration wird eine weitere Betriebskostenersparnis erzielt. Das Sparverfahren beruht im Prinzip darauf, daß die Regeneration in eine Vor- und Nachregeneration zerlegt wird.

Man führt die zur ersten Regeneration verwendete Salzlösung in einen Hochbehälter oberhalb des Neopermutitfilters und verwendet diese noch salzreiche Lösung zusammen mit dem Auswaschwasser zur Rückspülung. Es wird also eine Ableitung noch wirksamen Salzes in die Kanalisation durch dieses Sparverfahren vermieden.

3. Destillationsverfahren.

Betriebe, die nur wenig Zusatzwasser benötigen, benutzen teilweise das Destillationsverfahren. Die Anlagen sind ziemlich kompliziert und sehr umfangreich. Das Wasser ist zweckmäßig vor der Verdampfung einer chemischen Reinigung zu unterziehen, weil sonst eine starke Verkrustung der Rohre eintreten würde, die die Leistung der Anlage um 50 % herabdrücken kann[1]. 30—50 % des zu enthärtenden Wassers müssen als Lauge abgelassen werden, gehen somit zu Lasten der Erzeugungskosten. Die Reinigungskosten sind heute noch mit etwa 50 Pf. pro Kubikmeter zu rechnen.

Meines Erachtens müßten Destillate einen Alkalizuschlag erhalten, damit im Kessel bald der zur Verhütung von Korrosionen erforderliche Alkalischwellenwert erreicht oder überschritten würde. Durch einen solchen Zuschlag wäre dann auch die Gefahr der Bildung eines feinen, aber festen Belags durch die aus den undichten Kondensatoren stammenden Härtebildner behoben, da diese durch das Alkali in die schlammbildende Form umgesetzt würden. Meist führt das Wasser aus der letzten Stufe auch noch eine geringe Resthärte.

4. Elektrische Wasserreinigung, Cumberlandverfahren, Stromlosverfahren, Verfahren nach Patent Dr. Weerth D.R.P. 334715.

Infolge noch recht wechselnder Resultate wird diese Frage von der Vereinigung der Großkesselbesitzer nachgeprüft. Einen Hinweis, daß die Wasserreinigung mittels Anwendung elektrischer Verfahren eine Rolle spielen könnte, gab schon Braungard[2]. Fuchs hat Krystallisationsvorgänge mit und ohne Strom experimentell verfolgt und gefunden, daß diese beeinflußbar sind.

Nach Ansicht des Verfassers wird bei dem Verfahren gegen den obersten Grundsatz des Wasserreinigungsfachmanns, die Entfernung der schädlichen Erdalkalien außerhalb des Kessels vorzunehmen, verstoßen. Selbst den günstigsten Fall angenommen, wir könnten die Krystallisationsvorgänge immer so mit Sicherheit beeinflussen, daß alle Stein- und Korrosionsbildner in Schlammbildner umgesetzt würden, so fände sich doch immer die gesamte Menge des der Härte entsprechenden Schlamms im Kessel, der bei unsern im Betriebe befindlichen Hochleistungskesseln zu unangenehmen Folgeerscheinungen Veranlassung geben muß. Aber, wie gesagt, die Möglichkeit der sicheren Krystallisationsbeeinflussung an allen Stellen des Kessels bei jeweilig anders zusammengesetztem Wasser liegt scheinbar noch in weitem Felde. Für Fabrikationswasser der Textilindustrie kommt dieses Verfahren überhaupt nicht in Frage.

Entgasung des Wassers.

Die Entgasung kommt mehr für Kesselspeisewässer als für Fabrikationswässer in Betracht. Gefährliche, pockennarbige Anfressungen am Kesselblech usw. werden z. B. nach Heyn und Bauer durch Sauerstoff bewirkt[3]. Daher ist

[1] Knodel: Vortrag. Vereinigung der Großkesselbesitzer 1927.

[2] Braungard: Chem. Ztg. 1912. [3] Braungard: Die Wärme 1925, Nr. 37.

der Sauerstoff für die Beurteilung der Korrosionsfrage ungleich wichtiger als die Kohlensäure. Diese Ansicht hat sich heute in der Wissenschaft und Praxis überall durchgesetzt, so daß jetzt für Kesselwässer durchweg eine Sauerstoffgrenzzahl von etwa 0,1 cm^3 pro 1 l verlangt wird. Es müssen fast durchgehend das Zusatzwasser und das Kondensat entgast werden, um die Grenzzahl für Sauerstoff einhalten zu können.

Als Entgaser kommen mechanisch wirkende und chemisch arbeitende Verfahren in Betracht.

Die chemische Bindung des Sauerstoffs kann durch Natriumsulfit oder aber durch schweflige Säure bewirkt werden. Auch durch starkes Erhitzen des Wassers gelangt man zum Austreiben der Gase, weil sich dann deren spezifische Löslichkeit vermindert. Gute Wirkung tritt jedoch nur bei starker Umwälzung des Wassers oder feiner Zerteilung desselben ein. Auch Eisenspanfilter, deren Wirkungsdauer aber zeitlich sehr beschränkt ist, können zur Entfernung des Sauerstoffs eingebaut werden.

Ein zu hoch erhitztes Wasser besitzt in gewissen Fällen Nachteile, weil die Rauchgasvorwärmer unter Umständen nicht weit genug ausgenutzt werden können. Es muß eine Entgasung bei niedriger Temperatur, etwa bei 50°, angestrebt werden.

Es sind Vakuumentgasungsapparate ausgeführt worden, die gut arbeiten. Bei diesen Apparaten wird darauf geachtet, daß das Speisewasser der Pumpe unter Druck zufließt, um einen vollen Effekt zu gewährleisten.

Entölung des Wassers.

Ölhaltige Kondensate bieten wegen ihres Ölgehaltes ein Verwendungshindernis sowohl für Kesselspeise- als auch für Fabrikationszwecke, obwohl ihre große Weichheit sie sonst als Gebrauchswasser sehr geeignet erscheinen läßt.

Man kann eine Ausflokkung des Öls mittels Chemikalien erreichen. Mit Aluminiumsulfat allein würde man jedoch kein Resultat erzielen können, da z. B. im Oberflächenkondensat keine Carbonathärte vorhanden ist, mit der sich Aluminiumsulfat ausflocken könnte, weil der Ausflockungsfaktor das sich bildende Aluminiumhydroxyd ist, welches das Öl einschließt und zu Boden reißt.

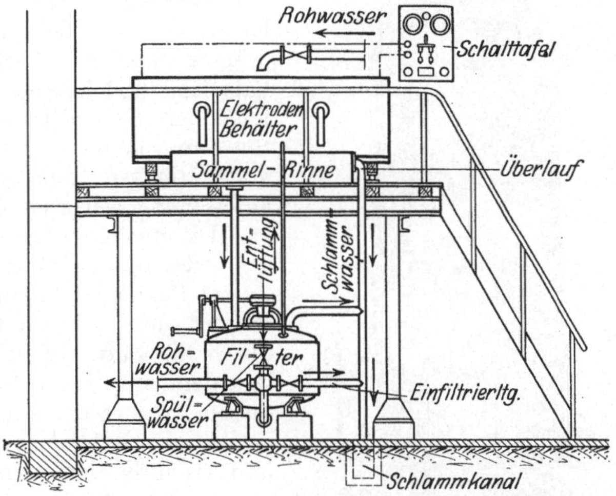

Abb. 352a. Elektrolytische Kondenswasser-Entölungsanlage (System Breda). Stdl. Leistung 1—100 cbm.

Für 40 mg Aluminiumsulfat ist 1° temporäre Härte erforderlich. In der Praxis verfährt man so, daß man neben Aluminiumsulfat Soda oder Ätznatron verwendet, um die Ausflockung zu erzielen. Auf 40 g handelsübliches Aluminiumsulfat pro m^3 Wasser rechnet man 20 g calcinierte oder 15 g kaustische Soda (Ätznatron).

Derartige Anlagen arbeiten mit und ohne Vorklärbecken. Sie sind in der Industrie sehr verbreitet und haben sich für den genannten Zweck gut bewährt.

Die Halvor Breda A.-G. bringt eine elektrolytische Entölung auf den Markt. Das Verfahren beruht auf der Eigenschaft des durch das Wasser geleiteten Stroms, die Ölemulsionen zu zerstören und das Öl zu schaumigen Flocken zusammenzuballen, so daß diese gewissermaßen mechanisch von dem Wasser getrennt werden. Die sich dabei von den Elektroden abspaltenden Eisenteilchen sollen die Ölflöckchen einhüllen und gut abfiltrierbar machen. Der Apparat besteht aus einem isolierten hölzernen Wasserbehälter, in den eine Anzahl schmiedeeiserner Platten eingebaut ist. Das ölhaltige Wasser wird an diesen vorbeigeführt. Der elektrische Strom durchdringt hierbei die Wasserschicht und trennt das Öl vom Wasser, das durch den Eisenschlamm in gut abfiltrierbare Form übergeführt wird. Der größte Teil des so erzeugten schwimmenden Schlamms wird in bestimmten Intervallen während des Betriebs aus den Behältern entfernt, der Rest wird durch Kiesfilter zurückgehalten.

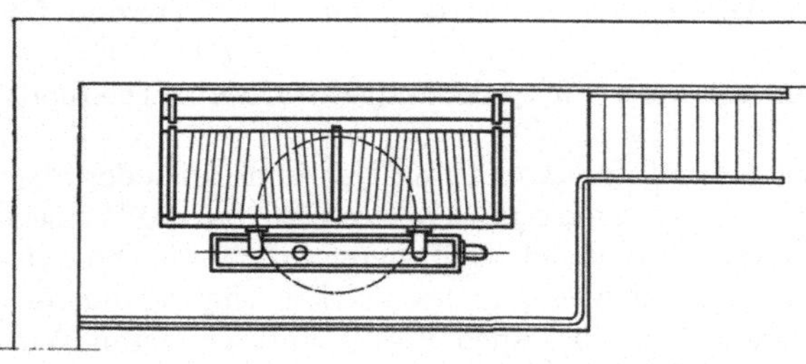
Abb. 352 b. Schnitt durch den Elektrodenbehälter.

Enteisenung des Wassers.

Enteisenungsanlagen werden nach offenem und geschlossenem System gebaut. Das Prinzip der Enteisenung beruht auf der Eigenschaft des für gewöhnlich als Ferrobicarbonat im Wasser gelösten Eisens, beim Mischen mit Luft sich zu unlöslichem, abfiltrierbarem Ferrihydroxyd zu oxydieren. Diese Abscheidung vollzieht sich mehr oder weniger leicht, je nach der Beschaffenheit des Wassers. Wässer mit hoher Carbonathärte lassen sich verhältnismäßig leicht enteisenen. Weiche Wässer mit fehlender Schwefelsäure und hoher organischer Substanz können zuweilen unter Zuhilfenahme von Fällungsmitteln oder einer Manganpermutitenteisenung weitgehend enteisent werden.

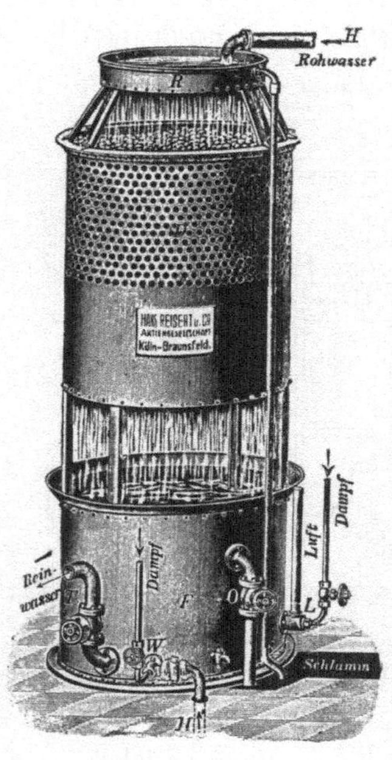

Abb. 353. Offene Enteisenung (Reisert).

Die offenen Anlagen arbeiten nach dem a) Riesel- oder b) Spritzdüsensystem.

a) Bei dem Rieselverfahren läßt man das Wasser durch Rinnen fein verteilt mehrere Meter durch die Luft auf ein Prellblech herunterfallen, von dem es in einen Sammelbehälter fließt. Aus diesem tritt es dann auf das Filter über, in dem es das ausgeschiedene Eisen zurückläßt, um klar und eisenfrei den verschiedenen Gebrauchstellen zuzufließen. Häufig läßt man das Wasser auch über Koks und Lavakrotzen, die in einem perforierten Turm lagern, rieseln und von da aus auf ein rückspülbares Kiesfilter laufen.

b) Das Spritzdüsenverfahren bedient sich der Horndüsen, die auf einem Rohrsystem angeordnet werden. Die Düsen haben zwei unter je 45^0 gegen das Lot stehende Schenkel (ähnlich den bekannten Acetylenbrennern), die eine passende Bohrung besitzen. Es treffen so zwei Wasserstrahlen beim Austritt aus der Düse unter einem Winkel von 90^0 aufeinander, durchdringen sich und werden hochgeschleudert.

Das so fein verstaubte Wasser fällt nun als Regen auf die Prellbleche oder wie oben in einen Sammelbehälter, um dann dem Filter zuzufließen (s. Abb. 353).

Die Enteisenung im offenen System wird gemeinhin in den Fällen gewählt, wo neben Eisen noch freie aggressive Kohlensäure oder andre Gase, wie z. B. Schwefelwasserstoff, der häufig bei eisenhaltigen Grundwässern infolge Reduktion der Sulfate entsteht, vorhanden sind.

Die geschlossene Enteisenung hat den Vorzug, daß sie schwierige Wässer, sehr weiche, eisenhaltige Wässer mit ziemlich viel organischer Substanz und Mangan zuweilen ohne Zuhilfenahme von Chemikalien gut bewältigt.

In vielen Fällen wird sich eine Verbindung beider Systeme empfehlen, derart, daß das Wasser in offenen Rieselanlagen belüftet und sodann in geschlossenen Apparaten filtriert wird. Der Vorzug der Kombination besteht darin, daß eine Übersättigung des zu reinigenden Wassers mit Luft (was ein Milchigwerden zur Folge haben kann) ausgeschlossen ist, und daß sich weiter in dem nachgeschalteten geschlossenen Filter die Spülung infolge Wahl kleinerer Filterflächen leichter durchgreifend vornehmen läßt.

Die Belüftung geschieht bei den geschlossenen Anlagen im Mischkessel mittels Kompressors oder aber durch Schnüffelventil.

Zur Oxydation von 1 mg Eisen sind theoretisch rund 0,1 cm^3 Sauerstoff erforderlich, entsprechend 0,48 cm^3 Luft.

Organisch gebundenes Eisen, daß nicht durch Belüftung und Filtration aus dem Wasser entfernt werden kann, wird für gewöhnlich durch Ausflockung mittels Aluminiumsulfats oder durch Filtration über Manganpermutitfilter beseitigt. Eisensulfat wird am besten durch Kalkwasser gefällt.

Über die Menge der zuzuführenden Luft bestehen heute noch Widersprüche. Einige halten die Lüftung durch Schnüffelventil für ausreichend, andre geben großen Luftüberschuß hinzu (D.R.P. 180687). Der Nachteil bei Schnüffelventillüftung liegt in der schlechten Entfernung der Gase aus dem Wasser, während Luftüberschuß durch die gesteigerte Kompressorarbeit die Betriebskosten erhöht. D.R.P. 236703 vermeidet diese Fehler, indem nach diesem Verfahren die nicht verbrauchte Luft, noch unter Druck stehend, vom Kompressor wieder angesaugt wird. Nach meiner Ansicht muß für verschiedene Wässer die Luftmenge verschieden groß sein, je nach der vorliegenden chemischen Bindung des Eisens und der andern die Ausscheidung erschwerenden Faktoren.

Entmanganung des Wassers.

Da Mangan fast immer in geringer Menge in Eisenerzen vorkommt und in der Natur zu 0,08 % in der uns bekannten Erdoberfläche vorhanden ist, so finden wir es häufig als Begleiter eisenhaltiger Wässer.

Es verursacht im ganzen ähnliche Erscheinungen wie das Eisen, färbt schon bei einem Gehalt von 0,2 mg im Liter die Faser dunkel an, und durch manganspeichernde Bakterien können Leitungsrohre, ähnlich wie beim Eisen, mit der Zeit verstopft werden. Zuweilen tritt auch bei ungenügender Entmanganung eine schwarze Brühe aus den Zapfhähnen heraus.

Oft ist die Entfernung des Mangangehalts mit der Enteisenungsanlage zu erreichen, hauptsächlich bei Wässern mit hoher Carbonathärte. Häufig müssen jedoch Enteisenung und Entmanganung getrennt werden, und es muß zur Entmanganung des vorher enteisenten Wassers eine besondre Filterbatterie, die mit imprägnierten Lavakrotzen und Kies beschickt ist (oder aber besser ein Manganpermutitfilter), Verwendung finden.

Das Wesen der Entmanganung beruht nach Tillmans auf einer Zerlegung der im Wasser vorhandenen Manganverbindungen, wobei das Manganoxydul von dem braunsteinhaltigen Filtermaterial unter Bildung von Mangano-Manganit aufgenommen wird.

Die Entmanganung mittels Manganoxydpermutits (D.R.P. 211118) beruht auf der Eigenschaft der höheren Manganoxyde, beim Hindurchfiltrieren von Wasser einen Teil ihres Sauerstoffs an das Manganoxydul des Wassers abzugeben und dieses entweder als unlösliches Oxyd oder aber in Form eines Manganomanganits niederzuschlagen.

Auch mit Kalkwasser kann das Mangan zur Abscheidung gebracht werden. Bei Verwendung von künstlich imprägnierten Lavakrotzen und auch von Manganoxydpermutit muß natürlich nach Erschöpfung des Sauerstoffgehalts dieser dem Filtermaterial durch Regeneration wieder zugeführt werden. Dies kann mittels Kaliumpermanganatlösung oder Calciumpermanganatlösung intermittierend oder kontinuierlich geschehen. Verfasser machte in Holland die Erfahrung, daß sich nach der Enteisenung eine gute Entmanganung nur durch kontinuierliche Regeneration der Masse, also durch ständigen Zuschlag geringer Mengen Kaliumpermanganat, erreichen ließ.

Wasserkontrolle im Betrieb.

In Betracht kommt die Prüfung des gereinigten Fabrikationswassers und, falls dieses auch als Kesselspeisezusatzwasser benutzt wird, noch die Untersuchung des Kesselwassers. Beim Basenaustausch bzw. Permutitverfahren ist nur die Härte des Reinwassers kurz vor der notwendig werdenden Regeneration (wofür der Zeitpunkt im Betrieb festliegt) nach der Seifenmethode zu kontrollieren, da Enthärtungschemikalien und deren Dosierung ja nicht in Betracht kommen.

Beim Niederschlagsverfahren müssen Härte und Alkalitäten festgestellt werden, da das Fabrikationswasser möglichst weit enthärtet sein soll und dabei der Überschuß an kohlensaurem und Ätzalkali im Rahmen des Erlaubten liegen soll. Die Härte im Betrieb wird nach der bewährten Seifenschüttelmethode, wie unter Analyse beschrieben, gemessen.

Kontrolle der Alkalität. 100 cm³ des zu untersuchenden Wassers werden mit Phenolphthalein versetzt und dann mit n/10 Säure bis zur Entfärbung der roten Flüssigkeit titriert. Alsdann fügt man einige Tropfen Methylorange hinzu und titriert bis zum Umschlag der gelben Flüssigkeit in Orange. Die zuletzt verbrauchten Kubikzentimeter, vermehrt um die mit Phenolphthalein verbrauchten Kubikzentimeter n/10 Säure, geben die Methylorangealkalität (M) an, während die erste Titration den Phenolphthaleinwert (P) wiedergibt.

Entsteht mit Phenolphthalein keine Rotfärbung, so sind sowohl Kalk als auch Soda in zu geringen Mengen für die Reinigung verwendet worden. Bei eintretender Rotfärbung stellt man zur Feststellung der Art und Menge der vorhandenen Überschüsse an Alkali folgende Untersuchungen an. Man läßt aus einer Bürette so lange n/10 Säure zu 100 cm³ des gereinigten, mit Phenolphthalein versetzten, Wassers zufließen, bis Entfärbung eintritt. Für 100 cm³ sind mindestens 1 cm³, höchstens 2 cm³ zulässig.

H (= Härte), P und M sind in ein bestimmtes Verhältnis zueinander zu bringen, das durch Vorversuche im Laboratorium ermittelt worden ist.

Im allgemeinen soll $P = 1$, aber nicht höher als 2 sein, M soll mehr als das Doppelte von P, aber nicht über $3\,P$ betragen, und H soll kleiner als M sein:

$$P = 1;\ M > 2P,\ \text{aber}\ < 3P;\ H < M.$$

Da Bicarbonate durch Phenolphthalein kaum angezeigt werden, Carbonate auf diesen Indicator nur zur Hälfte reagieren, und Ätzalkalien auf P im ganzen Umfange einwirken, während Methylorange alle Alkalitäten anzeigt, so ist die Gruppierung der einzelnen Alkalien im Wasser leicht zu erkennen.

Die im Reinwasser vorhandene Alkalität kann bedingt sein durch a) unzersetzt gebliebene Bicarbonate, b) durch die noch als Resthärte in Lösung bleibenden Monocarbonate, c) durch überschüssigen Ätzkalk, d) durch überschüssige Soda.

Nehmen wir an, daß das labile Gleichgewicht zwischen Härtebildnern und Zuschlagschemikalien durch Verwendung großer Reaktions- und Klärräume und infolge Passierens des Wassers über ein zweckmäßig konstruiertes Kiesfilter möglichst weitgehend gestört worden ist, so schließt die Anwesenheit von Bicarbonaten die Gegenwart von freiem Ätzkalk aus[1].

Der Gehalt an Monocarbonat, das bei gut gereinigtem Wasser noch als Resthärte wegen der nicht völligen Unlöslichkeit der bei der Fällung mit Kalk-Soda entstehenden Endprodukte verbleibt, beträgt theoretisch $1{,}68^0$ deutsch, der darüber hinausgehende Alkalibetrag kann also nur herrühren entweder von Bicarbonat und Soda oder aber der Summe von überschüssigem Ätzkalk und überschüssiger Soda[2].

Da, wie wir oben gesehen haben, Phenolphthalein gegen Bicarbonat nicht, gegen Carbonate nur zur Hälfte und gegen Ätzalkali ganz reagiert, Methylorange aber alle Alkalien anzeigt, so ersehen wir ohne weiteres, daß, wenn gleichzeitig der Fall a und d zutrifft, die Phenolphthaleinzahl kleiner sein muß als die Hälfte der Methylorangezahl. Wenn gleichzeitig Fall c und d zutrifft, so muß aus den angeführten Gründen die Phenolphthaleinzahl größer sein als die Hälfte der Methylorangezahl.

Folgende Formeln ermöglichen die Ermittlung der im Reinwasser vorhandenen Alkalien:

$$P - (M - P) \cdot 40 = (2P - M) \cdot 40 = \mathrm{NaOH}$$
$$(M - P) \cdot 2{,}53 = (M - P) \cdot 106 = \mathrm{Na_2CO_3}.$$

Ist M größer als $2\,P$, so ersieht man daraus, daß im Wasser kein Ätzalkali vorhanden sein kann, sondern daß man noch Bicarbonat im Wasser hat. In diesem Fall kann neben dem Bicarbonat höchstens noch Soda vorhanden sein.

Kontrolle des Kalkzusatzes. Zu 100 cm³ des gereinigten Wassers werden 10 cm³ einer Bariumchloridlösung (1 : 10) hinzugegeben. Die mit Phenolphthalein entstehende Rötung muß dabei bestehen bleiben. Ist dies nicht der Fall, so ist das ein Zeichen für zu geringen Kalkzusatz. Die Rötung wird nun durch Titration mit n/10 Säure weggenommen. Hierbei sollten 0,5—1,0 cm³ n/10 Säure verbraucht werden. Werden weniger als 0,5 cm³ Säure verbraucht, so muß der Kalkzusatz erhöht werden, bei mehr als 1 cm³ n/10 Säure ist der Kalkwasserzufluß zu drosseln, jedoch nur, sofern die im Vorversuch ermittelte Resthärte erreicht ist.

Kontrolle des Sodazusatzes. Man zieht von dem Wert, der durch Säuretitration ohne Bariumchloridzusatz gewonnen wurde, denjenigen nach Zusatz von Bariumchlorid erhaltenen Säurewert ab. Die Differenz soll mindestens 0,5 betragen. Ist der Wert geringer als 0,5, so ist der Sodazusatz zu erhöhen; ist die Differenz größer als 1, so kann der Sodazusatz vermindert werden. Dies ist aber nicht immer notwendig, weil bei Prozessen in der Textilveredlung Sodaüberschuß zuweilen erwünscht ist.

Ist bei falschem Befund der Kalkwasserzufluß oder die Sodadosierung geändert worden, so ist die Prüfung des Reinwassers nach 2 Std. zu wiederholen, da man nach dieser Zeit annehmen darf, daß die neuen Zuschläge zur Auswirkung gelangt sind.

Kontrolle des Kalkwassers. Das Kalkwasser muß des öfteren auf seine Sättigung hin untersucht werden. Es kann sehr wohl vorkommen, daß anfangs der Kalkwasserzufluß genügte, während sich später ein Mangel an Kalkgehalt ergab. Dies kann daran liegen, daß der Kalk durch längere Lagerung

---

[1] Vgl. a und b der Fällungsgleichungen bei der Kalk-Soda-Reinigung auf S. 845.

[2] Ristenpart: s. Fußnote [2], S. 849.

an der Luft an seinem Gehalt Einbuße erlitten hat. Es ist in diesem Falle für Beschickung des Kalksättigers mit frischem Ätzkalk zu sorgen.

Für 10 cm³ Kalkwasser sollen bei 15° rund 4,5 cm³ n/10 Säure zur Entfärbung des mit Phenolphthalein rot gefärbten Kalkwassers verbraucht werden.

Kontrolle des Kesselwassers. Erforderliche Grenzwerte zur Verhütung von Korrosionen und Kieselsäureausscheidungen: Alkalität mindestens 0,4 g/l NaOH bzw. 1,85 g/l Soda. Höchstgrenze nach SPLITTGERBER[1] Soda 3 g, Natronlauge 2 g/l.

Die Alkalien können sich im Verhältnis 0,4: 1,85 oder rund 1 : 4,5 ersetzen, so daß z. B. auch eine Alkalität von 0,3 g/l NaOH + 0,45 g/l Soda ausreichen würde.

Die Natronzahl ist die Summe der Milligramm Natronlauge im Liter, vermehrt um die durch 4,5 dividierte Sodamenge im Liter Kesselwasser. Die Härte des Kesselwassers soll unter 2° liegen.

Dichte des Kesselwassers[2]:

Nach Speisewasserausschuß der Vereinigung der Großkesselbesitzer	2° Bé.
„ HAUPT	1,25° Bé.
„ MORAWE	1° Bé.

Nach Mitteilungen aus amerikanischen Fachkreisen an den Verfasser geht man dort für gewöhnlich nicht über 0,5° Bé.

Die Alkalität ist zu ermitteln durch Titration von P und M nach gegebener Vorschrift. Die Härte mittels Seifenlösung nach Neutralisation des Kesselwassers oder nach BLACHER.

Die Dichte ist mit der Beaumèspindel bei 15° zu messen.

Umrechnungstabelle für Bé-Grade und spezifische Gewichte:

Bé	Spez. Gew.	Bé	Spez. Gew.	Bé	Spez. Gew.	Bé	Spez. Gew.	Bé	Spez. Gew.
0°	1,000	1°	1,007	2°	1,014	3°	1,021	4°	1,028
	1		8		15		22		29
	2		9		16		23		1,030
	3		1,010		17		24		
	4		11		18		25		
	5		12		19		26		
	6		13		20		27		

Abwasserreinigung und -beseitigung.

Die Abwässer der Textilveredlungsindustrie gehören im allgemeinen nicht zu den schlimmsten. Sie würden in der Praxis sicher nicht von den Unterliegern und auch von den Behörden so stark beachtet werden, wenn sie nicht meist durch die Färbung unliebsam auffallen würden. Daß diese Färbung meist schon durch sehr geringe Mengen von organischen Farbstoffen entstehen kann, zeigt der Umstand, daß z. B. Indigo noch in 20000000facher Verdünnung erkennbar ist[3].

Im allgemeinen können Textilabwässer unter Beachtung einer gewissen niedrigen Temperatur und nach Entfernung der das Rohrmaterial schädigenden Bestandteile, wie Säuren und Laugen, sowie brennbarer Stoffe ohne weiteres in die Kanalisation abgelassen werden.

Wichtig ist, daß die Entstehung epidemischer Krankheiten bisher durch Textilabwässer nicht nachgewiesen ist. Hieraus ergibt sich, daß diese unbedenk-

---

[1] SPLITTGERBER: Speisewasserpflege (s. Fußnote S. 831).

[2] BRAUNGARD: Vortrag, Speisewasserausschuß, Vereinigung der Großkesselbesitzer **1928**. — Die Wärme **1929**, Nr. 15.

[3] ADAM: Der gegenwärtige Stand der Abwasserfrage, 1905.

lich den Vorflutern zugeführt werden können, wenn nur stinkende Fäulnis ausgeschlossen ist.

Die Menge der fäulnisfähigen Abwässer der Textilindustrie ist aber relativ gering. Abwässer aus Wäschereien werden durch den von der Seife aufgenommenen Schmutz leicht in Fäulnis geraten, während Seife enthaltende Abwässer in Abwesenheit von Schmutzstoffen viel harmloser und weniger fäulnisfähig sein werden. Eine ganze Reihe von Abwässern aus der Textilindustrie hat sogar fäulniswidrige Eigenschaften. Deshalb müssen die Abwässer der Textilindustrie, mit einigen Ausnahmen bezüglich stinkender Fäulnis, vielfach als günstig angesprochen werden.

Immer zu empfehlen ist die Anlage eines Aufhaltebeckens innerhalb des Betriebs, in das alle anfallenden Abwässer, außer den zur Verdünnung dienenden Kondenswässern, zusammengeleitet werden[1]. Durch diese Maßnahme wird einmal verhütet, daß die zu manchen Zeiten besonders verschmutzten Abwässer plötzlich in den Vorfluter entlassen werden, des weiteren findet eine Mischung dieser mit zuweilen weniger verschmutztem Abwasser statt, und außerdem wird die Gesamtmenge dann langsam in stets gleichmäßiger Quantität und Qualität dem Vorfluter zugeführt, wodurch die Selbstreinigung desselben wesentlich begünstigt wird. Ferner werden sich beim Zusammenleiten aller anfallenden Abwässer die verschiedenen Substanzen, wie Farbstoffe, Gerbstoffe, Seifen, Metallsalze, Soda, Natron, Kalk, Säuren u. dgl., am besten gegenseitig ausfällen. Die entstehenden Niederschläge reißen noch viel Schwebestoffe und auch gelöste Stoffe mit sich, so daß diese Behandlungsart zuweilen genügen wird, um das Abwasser ohne Schädigung für den Vorfluter abzulassen.

Neben der Unschädlichmachung der störenden Abfallstoffe wird sich stets das Bestreben zeigen, diese Abfallstoffe teilweise wieder zurückzugewinnen, um die Kosten der Abwasserreinigung etwas zu verringern. In der Textilindustrie handelt es sich hauptsächlich um Faser- und Fettrückgewinnung, die vielfach mit Erfolg durchgeführt wird.

Reichle und Zahn beschreiben ein Trommelfilter von A. und A. Lehmann, das sehr geeignet ist, die Faserstoffe aus den Abwässern wiederzugewinnen. Der Apparat besteht aus einer beweglichen Trommel, die mit Messingdrahtnetz von 1 mm Maschenweite überzogen ist. Das Abwasser strömt durch die Trommel und läßt die Fasern im Innern zurück. Von der betreffenden Fabrik wurden in $^3/_4$ Jahren 22000 kg Wollabfälle abgefangen.

Die öl- und seifenhaltigen Abwässer werden durch Abscheidung der Fettbestandteile, die seifenhaltigen nach Zusatz von Schwefelsäure gereinigt.

Die Wiedergewinnung von Fettstoffen aus Abwässern der Tuchfabriken, Wollwäschereien, Appreturanstalten usw. wird wegen der hohen Unkosten und der für die anfallenden Fette erzielten geringen Preise nur wenig ausgeübt. Das gewonnene „Walkfett" ist von schwankender Zusammensetzung und besteht aus Gemischen von Seifen und Fettsäuren. Es kann a) auf chemischem oder b) mechanischem Wege gewonnen werden. a) Die Seifen können durch Fällung mit Säuren oder Kalk- bzw. Magnesiasalzen als Fettsäuren bzw. als Kalk- oder Magnesiaseifen gefällt werden. Der Fettschlamm wird getrocknet und das Fett in geeigneter Weise extrahiert. b) Bei der mechanischen Wiedergewinnung der Fettstoffe bedient man sich vorzugsweise des Schäumungsverfahrens, einer Art von Flotation, und der Entfettung durch Separatoren. Bei der Schäumung wird Luft eingeblasen und in dem erzeugten Schaum eine Anreicherung an Fett erzielt[2]. Die Ausbeute beträgt maximal 60—70%. Die Fettgewinnung aus dem Schaum ist schwierig. Die Aufrahmung des Wassers kann durch Zentrifugieren beschleunigt werden. Man arbeitet entweder mit der

[1] Adam: a. a. O. — Tillmans: Wasserreinigung und Abwasserbeseitigung.
[2] Möllering: Ztschr. ang. Ch. **1929**, 426.

Tellerzentrifuge von G. de Laval mit 6000 oder mit Sharples Superzentrifuge mit 15000 Umdrehungen in der Minute.

Nach Schiele gewinnt die Kläranlage in Bradford, die sehr fettreiche Abwässer der Wollwäscherei verarbeitet, einen Teil des Fettes aus dem Klärschlamm in folgender Weise. Nach dem Zusatz von Schwefelsäure wird der Schlamm auf 100° erhitzt und in heizbaren Filterpressen gepreßt. Hierbei wird er vom größten Teil des Wassers und Fettes befreit. Die Preßkuchen enthalten noch 30—40 % Wasser und 25 % Fett. Aus dem Filtrat scheidet sich das Fett oben ab und wird nach dem Waschen und Desodorieren verkauft. Die Fettkuchen werden unter Beimischung von $^1/_8$ Kohle verbrannt.

Sonst bedient man sich zur Abwasserreinigung in der Textilindustrie noch aller auch für die Sielwasserreinigung bekannter Verfahren, also der Reinigung in Klärbecken, Klärbrunnen und Klärtürmen mit und ohne Chemikalienzusatz, der biologischen Klärung in Füll- und Tropfkörpern (wobei der Farbstoff teilweise mit beseitigt wird und klare, fäulnisfreie Abläufe erzielt werden), des Kohlebreiverfahrens unter Zuschlag von Chemikalien, Aluminiumsulfat u. a. m., unter Verwendung von Klärbecken, auch teilweise der Rieselung, wobei aber darauf zu achten ist, daß man das Grundwasser und die in der Nähe befindlichen Brunnen nicht verunreinigt.

Teilweise werden die vorbehandelten Wässer auch über Grobfilter aus Lava, Kesselschlacke, Holzwolle, Torf u. dgl. geschickt, wobei die organischen Füllmittel den Vorteil besitzen, daß sie nach der Erschöpfung noch als Brennmaterial dienen können.

Ein sehr beliebtes Klärmittel ist der Ätzkalk. Seine Dosierung darf aber nur unter strenger chemischer Kontrolle vorgenommen werden, weil ein Überschuß für den Vorfluter sehr gefährlich werden kann, nicht nur, daß Fischsterben einsetzt, sondern auch, weil der überschüssige Kalk viele organische Substanzen in Lösung hält. Der Kalk scheidet sich im Flußwasser als Monocarbonat ab, wirkt dann also stark schlammbildend. In diesem Moment verliert er auch seine fäulnishemmende Kraft, und die Fäulniserreger gelangen bei der eintretenden neutralen Reaktion erst recht zur Wirkung. So erlebt man, daß der Vorfluter zuweilen, weit von der Auslaßstelle des Abwassers entfernt, zu starken Geruchsbelästigungen und den andern Folgen überschüssigen fäulnisfähigen Abwassers Veranlassung gibt.

Die Anwendung von Geheimmitteln als Fällungsmittel ist zu verwerfen. Man kann meist annehmen, daß in diesen Mitteln nicht etwa besonders wirksame Substanzen enthalten sind, sondern die Geheimhaltung geschieht, damit der Fabrikant gezwungen ist, das Mittel von einer bestimmten Firma zu beziehen und dadurch von derselben abhängig gemacht wird oder weil der Materialwert in keinem Verhältnis zu dem geforderten Preis steht. Man sollte diesen Unfug, der bei der Verhütung von Kesselstein in Dampfkesseln trotz aller Belehrung[1] immer wieder neue Blüten treibt, nicht erst aufkommen lassen, denn die Gewerbetreibenden schädigen sich selbst durch Zulassung von solchem Geheimmittelwesen am meisten. Ein Universalmittel für jede Art von Abwasser gibt es natürlich nicht[2].

Eine große Rolle in der Textilindustrie spielen die Schwefelfarbstoffe, die wegen ihrer Billigkeit, der bemerkenswerten Echtheit und des einfachen Färbeverfahrens fast allgemein eingeführt sind. Die Beseitigung der Farbstoffreste bietet, wie schon oben gesagt, große Schwierigkeiten, da sie auch in sehr starker Verdünnung noch in Erscheinung treten. Gefährlich für die Vorfluter sind aber weniger die Farbstoffreste als ihre Lösungsmittel, die z. T. unverändert in das Abwasser gelangen, z. B. das Schwefelnatrium. Dieses setzt sich mit

[1] Braungard: Chem. Ztg. **1912**; **1920**, Nr. 53 u. a. O. — Frederking: Brennstoff und Wärmewirtschaft **1923**, H. 27. — Eckermann: Berichte über Geheimmittel, S. 19.

[2] Adam: Der gegenwärtige Stand der Abwasserfrage.

der in fast allen Wässern vorhandenen Kohlensäure und den Eisenverbindungen um unter Bildung von übelriechendem, sauerstoffzehrendem, giftigem Schwefelwasserstoff bzw. von schwarzem Schwefeleisen. Dabei ersticken die Lebewesen und die Bachläufe verschlammen.

Zur Verhütung derartiger Übelstände führt man bisher in Klärteichen, also vor der Einleitung in öffentliche Gewässer, die erwähnten chemischen Umsetzungen künstlich herbei, z. B. durch Beigabe von Eisenvitriol. Hierbei werden meistens auch die Farbstoffreste mit erfaßt und niedergeschlagen; es entstehen aber so große Mengen wasserreicher Schlammassen, daß, abgesehen von den Kosten und dem Platzbedarf entsprechend großer Anlagen, die gründliche chemische Behandlung nur in seltenen Fällen auf die Dauer tragbar ist.

Die bekannte biologische Behandlung in Körpern aus Braunkohlenschlacke u. dgl. gibt, wie DUNBAR nachgewiesen hat, nur zeitweise gute Resultate, teils durch die allmähliche Erschöpfung der Tropf- und Füllkörper, teils durch die Giftwirkung der Schwefelverbindungen.

Ohne chemische Behandlung ist nun weder den Farbstoffen noch den Lösungsmitteln beizukommen. Ein Weg bietet sich dadurch, daß man anstatt der chemischen Fällung die störenden Abwasserbestandteile durch eine ohne Ausfällung vor sich gehende Umsetzung in unschädliche Stoffe überführt.

Die Farbstoffe sind allerdings in der großen Verdünnung auf diese Weise unangreifbar, dagegen reagieren in dem gewünschten Sinne die gebräuchlichen Lösungsmittel für Schwefelfarben, z. B. auf Oxydationsmittel, wobei hauptsächlich unschädliches Kochsalz entsteht. Auch gehen nach der Zerstörung des Lösungsmittels die Farbstoffreste durch Sauerstoffaufnahme in ihre unlösliche Form über und können dann zusammen mit den Stoffasern in verhältnismäßig kleinen Kläranlagen als Schlamm ausgeschieden werden. Das so behandelte Farbabwasser ist also geklärt, entfärbt und entgiftet.

Als besonders schwieriges Abwasser sei noch dasjenige der Flachsröstereien erwähnt, das ein äußerst bedenkliches, der stinkenden Fäulnis in hohem Maß zugängliches Abwasser darstellt[1]. Nach Privatmitteilungen an den Verfasser beseitigt ein Industrieller das erwähnte Abwasser durch Versickern im Sand mit bestem Erfolg. Ein Versuch, das Wasser durch Bassins mit zur Hälfte gefüllter, festgestampfter Holzwolle reinigen zu wollen, schlug dagegen fehl.

Nach MÜLLER (Sorau) haben wir bei dem Abwasser der Röste stark zu unterscheiden, ob es sich um solche aus einer aeroben oder anaeroben Röste handelt[2]. Der hohe Säuregehalt der anaeroben Röstabwässer hemmt eine rasche biologische Reinigung. Den sich auf natürliche Weise bildenden organischen Säuren kommt eine gewisse konservierende Wirkung zu. Darauf beruhen die Mißerfolge, unmittelbar zum Abfluß kommende Röstwässer in biologischen Tropf- oder Füllkörpern zu reinigen, obwohl die zu zersetzenden Stoffe hier auf Sand, Kies, Schlacken oder Kohle bei möglichst großer Oberfläche der Luft ausgesetzt werden. Die bei der anaeroben Röste entstehenden Wässer haben zur Weiterzersetzung der von ihnen mitgeführten gelösten und ungelösten Stoffe durch aerobe Organismen viel Sauerstoff nötig.

In den biologischen Tropf- und Füllkörpern geht aber die Entwicklung der aeroben Mikroflora unter dem Einfluß der Säuren nur langsam vonstatten. Außerdem sind die Mengen Abwässer so groß, daß jene Maßnahmen zu ihrer Beseitigung kaum in Frage kommen. Durch richtiges Abstumpfen der Säuren mit Kalk läßt sich aber ein gutes Resultat erzielen.

Die Vorbedingungen für die Fäulnisfähigkeit der Abwässer aerober Rösten sind von vornherein gegeben. Die dauernde Sauerstoffzufuhr hat die Zersetzungs-

[1] BACH: Chem. Ztg. **1925**, Nr. 33. [2] Private Mitteilung an den Verfasser.

vorgänge viel weiter gebracht als bei der anaeroben Röste. Es liegen also verhältnismäßig weniger Stoffe vor, die der Fäulnis und Verwesung bedürfen. Auch die übriggebliebenen Stoffwechselprodukte der Mikroben sind an der Luft leichter dem weiteren Abbau zugänglich. Säuren sind nur in geringer Menge vorhanden oder fehlen ganz. Das Abwasser enthält noch genügend Sauerstoff, dessen es aber auch nicht mehr in dem Maße bedarf wie das der anaeroben Röste, die eine Menge stark Sauerstoff absorbierender Substanzen bildet. Die Reinigung neutral reagierender Abwässer in Tropf- oder Füllkörpern ist ein Leichtes.

Man hat auch versucht, die sauren Abwässer mit den Abwässern der Kloaken, die meist neutral reagieren, zusammenzuführen. Der Erfolg war gut, aber der Anfall der beiden Abwässer ist hinsichtlich der Menge sehr verschieden.

Eine besondre Verwendungsart der Abfallstoffe von Rösten ist die zu Düngezwecken. Säurehaltige Abwässer müssen zwar erst durch Kalk neutralisiert werden, da das zarte Wurzelwerk oder die empfindlichen Wurzelfasern sonst geschädigt werden. Ferner sind landwirtschaftlich-bakteriologische Gesichtspunkte bei der Verabreichung leichtzersetzlichen Düngers in Betracht zu ziehen.

Eine Reinigung mit Chemikalien fällt bei den Röstwässern vollkommen weg.

Aus den obigen kurzen Andeutungen über Abwasserreinigung mag die Vielseitigkeit der hierbei auftauchenden Probleme ersehen werden. Es ist kaum möglich, allgemeine Richtlinien für die Reinigung aufzustellen, sondern jeder einzelne Fall muß individuell nach genauem Studium der örtlichen Verhältnisse und längerer Überwachung der in sehr verschiedener Zusammensetzung anfallenden Abwässer sowie mit Berücksichtigung der Größe und Wasserbewegung des Vorfluters vom Fachmann geklärt werden.

Die Ausführung der Anlage ist nach Klarstellung der Reinigungsart durch den Fachchemiker einer bewährten Spezialfirma zu übertragen, die das nötige Verständnis für die Vorschriften des Fachchemikers bei der Ausführung der Anlage aufzubringen vermag.

Die Abwasserreinigung G.m.b.H., Neustadt an der Haardt, kann als Spezialfirma für Textilabwasserreinigung empfohlen werden.

Neben den Staatsinstituten, die sich mit Wasserfragen beschäftigen, wird auch von der Vereinigung der Großkesselbesitzer eine Reihe von Fachchemikern empfohlen, deren jahrzehntelange Beschäftigung mit Wasserreinigungsfragen die Gewähr für Zuverlässigkeit bietet.

Zeugdruck.

Von R. Haller.

Literatur: Ältere Literatur: v. Kurrer: Die Druck- und Färbekunst, Wien 1850. — Persoz: Traité d'Impression, Paris 1846. — Schützenberger: Traité des Matières Colorantes, Paris 1867. — Neuere Literatur: Dépierre: Traité de la Teinture et de l'Impression, Paris 1891. — Georgievics, Haller und Lichtenstein: Handbuch des Zeugdrucks, 1928. — Haller und Glafey: Chemische Technologie der Gespinstfasern, 1928. — Lauber: Handbuch des Zeugdrucks, 1902. — Ferner: Die umfangreiche Literatur der Farbenfabriken und allgemeine Schriften über Textilveredlung.

Allgemeines.

Während die Färberei von Geweben in der Weise arbeitet, daß sie die Gesamtheit der Gewebebahn mit der in wäßriger Lösung befindlichen färbenden oder farbvermittelnden Substanz in Berührung bringt, wird beim Zeugdruck das Pigment nur an örtlich beschränkten Stellen des Substrats aufgebracht.

Während ferner bei der Färbung die Capillarität des Gewebes unberücksichtigt bleibt, ja sogar durch besondre Vorbereitungen in Rücksicht auf den gleichmäßigen Ausfall der Färbung gefördert wird, spielt bei der örtlichen Färbung diese Eigenschaft eine ganz besondre Rolle insofern, als durch bestimmte Farbstoffüberträger, die sog. Verdickungen, das Ausbreiten des Pigments über die beabsichtigten Grenzen verhindert wird.

Die Anordnung der örtlichen Färbung wird durch eine besondre Zeichnung mit meistens scharfen Begrenzungen, das sog. „Muster", bestimmt. Die einfachsten Muster sind mehr oder weniger breite Streifen oder dann Kreisflächen, die sog. „Tupfen". Man kann naturgemäß zwei Streifen in gleicher oder verschiedener Breite kombinieren, ebenso zwei Tupfen von gleichem oder verschiedenem Flächeninhalt, wobei in diesem Fall meistens der Zweck verfolgt wird, zwei Farben nebeneinander erscheinen zu lassen; man spricht dann von einem zweifarbigen Muster im Gegensatz zum ersterwähnten Fall, dem einfarbigen Muster.

Die einfachste Methode, eine örtliche Färbung entstehen zu lassen, wäre die, auf das Gewebe einfach eine Farblösung auftropfen zu lassen oder aufzustreichen. Man würde dann aber nicht imstande sein, die Pigmentablagerung auf scharf umrissene Stellen zu beschränken, man würde vielmehr beobachten, daß dieselbe auch außerhalb der gewünschten Grenzen erfolgt. Diese Erscheinung ist eine Folge der capillaren Kräfte des Gewebes, welche bestrebt sind, die Farbstofflösung möglichst weit auf dem Gewebe auszubreiten. Der Druckprozeß, d. h. die genaue örtliche Beschränkung einer Färbung, kann daher nur erfolgen, wenn den capillaren Kräften des Gewebes wirksamere entgegengestellt werden. Dieses erfolgt durch die sog. Verdickungen, Gallerten bzw. viscosen Massen, in welche die Farbstofflösung eingerührt wird und welche mit Hilfe bestimmter mechanischer Prozeduren im genauen Ausmaß des beabsichtigten Musters auf das Gewebe gebracht werden.

Diese Verdickungsmassen, von denen in der Folge eingehender die Rede sein wird, zeigen einen capillaren Aufbau viel feinerer Art, als ihn die Gewebemaschen aufweisen, so daß auch die capillaren Kräfte weitaus stärker sind. Dadurch gelingt es, die Capillarität des Gewebes zu paralysieren und das Ausbreiten der Farbstofflösung über die ihr vom Muster angewiesenen Grenzen zu verhindern[1]. Die Struktur dieser Verdickungsmassen, welche durch bestimmte Methoden sichtbar gemacht werden kann, ist am besten der eines Badeschwamms zu vergleichen. Wie bei diesem darf die Verdickung nicht mit zu großen Mengen Flüssigkeit beladen werden, will man nicht Gefahr laufen, daß die Capillaren die Lösung des Farbstoffs nicht mehr zu halten vermögen, was beim Aufbringen auf das Gewebe wiederum ein Fließen, d. h. ein Übertreten der Farbstofflösung über die ihr vom Muster angewiesenen Grenzen zur Folge hätte.

Man erkennt aus dem Vorausgegangenen, daß den Verdickungen, d. h. den Substanzen, welche zur Herstellung dieser Transportmittel dienen, außerordentliche Bedeutung zukommt.

Als Verdickungssubstanzen kommen fast ausnahmslos pflanzliche Produkte in Frage, in erster Linie die Stärke, dann das Gummi und der Tragant (s. d.). Als solche sind es lauter feste Substanzen, welche erst beim Zusatz von Wasser und darauffolgendem Erhitzen in diejenige Form übergehen, welche sie für den Druckprozeß geeignet macht. Einzig das Gummi gibt mit Wasser bei gewöhnlicher Temperatur eine zähflüssige Lösung, welche sich vorzüglich zum Verdicken von Druckfarben eignet. Die wertvollste Eigenschaft, die Viscosität dieser gelösten Substanzen, bewirkt nicht allein die Paralysierung der Gewebecapillarität, sondern erleichtert das Verbleiben der Druckfarben in den ver-

---

[1] HALLER: Mell. Text. **1928**, 586, 771, 850, 931, 997.

tieften Stellen der Druckwalze, der Gravur, bzw. auf den erhabenen Partien des Handdruckmodels, oder der Model, bzw. Walzen der intermittierenden resp. rotierenden Perrotine oder Reliefdruckmaschine. Es wird diesbezüglich auf die Behandlung des maschinellen Teils dieser Abteilung verwiesen.

Die Stärke (s. a. u. Stärke). Die am meisten für den Zeugdruck verwendete Stärke ist die Weizenstärke, dann folgen die Mais- und Reisstärke, während die Kartoffelstärke nur selten verarbeitet wird, da dieselbe vor allen Dingen weniger steife Kleister liefert, dann wegen der geringen Haltbarkeit der damit hergestellten Verdickungen. Maisstärke gibt den steifsten Kleister und eignet sich gut zur Herstellung von alkalischen Druckfarben.

Die Verkleisterung der Stärke erfolgt durch Anrühren derselben mit Wasser, langsames Erwärmen unter stetigem Umrühren bis zur beginnenden Verkleisterung bei ca. 60—70° C und weiteres Erwärmen unter Ersatz des verdunstenden Wassers, bis die Masse vollkommen glasig geworden ist und eine viscose Beschaffenheit angenommen hat. Man verwendet hierzu mit Vorliebe die mechanischen Appretkocher oder Farbenkochbattereien (s. Abb. 354/355). Beim Erkalten geht die Viscosität wiederum verloren und es entsteht eine ausgesprochene Gallerte, die für den Druckprozeß als solche ungeeignet ist.

Längeres Stehen dieser Gallerte löst Alterserscheinungen aus, welche darin bestehen, daß sich Wasser bzw. kolloide Stärkelösungen auszuscheiden beginnen. Man bezeichnet diesen Prozeß als Synäresis, und es ist darauf beim Aufbewahren von Stärkeverdickungen Rücksicht zu nehmen. Eingetrockneter Stärkekleister ist durch einfache Zugabe von Wasser nicht mehr in den ursprünglichen Zustand überzuführen, ebensowenig gefrorener Stärkekleister.

Der Eintritt der Verkleisterung kann durch Zusatz von Metallsalzen weitgehendst beeinflußt werden[1]. Quellungsfördernd sind vor allen Dingen Acetate und in besonders hohem Grad Bromide, Jodide und Rhodanide. Säuren führen die Stärke, besonders bei erhöhter Temperatur, in Glucose über; dies bewirkt schon Essigsäure bei über 100° C, rascher und gründlicher Weinsäure und Citronensäure, worauf bei der Herstellung der Druckfarben die nötige Rücksicht zu nehmen ist. Dieser Umwandlung der Stärke kommt besondere Bedeutung zu beim Dämpfen stärkehaltiger Druckfarben bei höherem Druck, wie das bei vielen Druckprozessen erforderlich ist[2].

Oxydationsmittel führen die Stärke in sog. „lösliche Stärken" (s. d.) über. Einzelne dieser löslichen Stärken, insbesondre die mit Aktivin (s. d.) hergestellten, können auch zum Verdicken von Druckfarben Verwendung finden.

Über das Verhalten zu Wasser, insbesondre unter Temperaturerhöhung, wurde das Erforderliche oben erwähnt. Nach A. Meyer[3] handelt es sich hier nicht um eine Lösung von Stärke in Wasser, sondern umgekehrt um eine Lösung von Wasser in Stärke, es entsteht die sog. amylosige Wasserlösung.

Die amylolytischen Enzyme (s. Diastasepräparate) führen Stärke in Maltose über.

Ein eigenartiges Verhalten zeigt Stärke zu vielen Metallsalzen, insbesondre zu denen der dreiwertigen Metalle Aluminium, Chrom, Eisen. Es bilden sich noch nicht näher untersuchte Verbindungen, auf deren Entstehen bei der Herstellung von Druckfarben Rücksicht zu nehmen ist. Da die bekannten Beizen essigsaure, salpetersaure oder weinsaure Salze obengenannter Metalle darstellen, so bilden sich diese Verbindungen als schwer wieder entfernbare Massen beim Trocknen der Druckfarben auf dem Gewebe.

Als der Stärke nahestehende Verdickungssubstanz ist auch noch das ab und zu für gewisse Druckfarben (Diazolösungen) verwendete Weizenmehl

[1] Sameč: Kolloidchem. Beih. 3, H. 3—4 (1911).
[2] Haller: Kolloidchem. Beih. 8 (1916).
[3] Meyer, A.: Untersuchungen über die Stärkekörner. Jena 1895.

(s. a. Mehle) zu erwähnen, das im Gegensatz zur Stärke infolge seines Klebergehalts beim Verkochen mit Wasser eine gute Verdickung von bleibender Viscosität ergibt.

Ein außerordentlich wertvoller Rohstoff zur Herstellung von Verdickungen ist auch das Gummi (s. d.). Die verschiedenen Provenienzen verhalten sich durchaus nicht in gleicher Weise. Viele derselben, vor allem die indischen Sorten (Madras), dann die große Mehrzahl der arabischen, lösen sich in Wasser nach einiger Zeit bei gewöhnlicher Temperatur zu sehr viscosen Massen, die als solche ohne weiteres verwendet werden können. Einzelne Kordofangummi aber geben mit Wasser zunächst gallertige Massen, welche erst durch Erwärmen die erforderliche viscose Beschaffenheit erlangen. Wieder andre bleiben gallertig und sind befähigt, zwar große Mengen von Wasser aufzunehmen, als Verdickungsmaterial sind sie aber als solche nicht zu brauchen. Erhitzen mit Wasser führt dieselben (sog. Geddhagummi, Gattigummi) in lösliche Substanzen über, die nach dieser Behandlung sehr verwendbare Verdickungen ergeben (Industriegummi, Gomme Labiche). Derartiges Verhalten zeigt auch unser einheimischer Kirschgummi. Eine Untersuchung der verschiedenen Gummi in der gekennzeichneten Richtung ist daher vor dem Ankauf stets vorzunehmen. Auch auf die Farbe der verschiedenen Gummisorten ist hinsichtlich ihrer Verwendung Rücksicht zu nehmen; dunkelgefärbte Gummi (Madrasgummi) sind mehr für dunkle Farbtöne oder aber zur Verdickung von Druckfarben, welche als Reserven, z. B. im Indigoartikel, Verwendung finden sollen, geeignet. Für klare, helle Farbtöne sind die farblosen Gummi zu verwenden.

Das Verhalten gegen Salze ist auch hier sehr wichtig. Ferrisalze pflegen die Gummilösungen zu koagulieren und unverwendbar zu machen; Ferrosalze verändern sie merkwürdigerweise nicht. Aluminiumsalze erhöhen die Viscosität von Gummilösungen; Chromsalze, insbesondre die leicht dissoziierbaren essigsauren Salze, scheinen mit dem Gummi schwerlösliche Verbindungen einzugehen, so daß solche Druckfarben schwer wieder aus dem Gewebe auswaschbar sind. Viele Gummisorten werden von Bichromaten nach längerer oder kürzerer Zeit koaguliert, andre wieder bleiben unbeeinflußt. Vor Verwendung sind dieselben in dieser Richtung zu prüfen. Natriumstannate und Natriumplumbate als solche lassen sich mit Gummi ohne Gefahr der Koagulation nicht verdicken. Borax erhöht die Viscosität der Gummilösungen bedeutend.

Dem Gummi nahestehend in seiner chemischen Zusammensetzung ist der Tragant (s. d.). Auch dieser kommt in sehr verschiedener Reinheit in den Handel. Neuerdings werden, wie auch beim Gummi, dunkle Sorten, um sie hochwertiger zu machen, mit schwefliger Säure gebleicht, was dann einen Gehalt an Schwefelsäure zur Folge haben kann. Der Tragant besteht aus zwei Gummisorten; er ist als ein Gemisch von Bassorin, das nur quellbar ist, mit einem arabinartigen, löslichen Gummi aufzufassen[1]. Neuerdings wird der Tragant den Pflanzenschleimen zugerechnet. Die meisten Tragantarten enthalten geringere oder größere Mengen Stärke (Jodreaktion). Metallsalzen gegenüber zeigt Tragant ein vom Gummi abweichendes Verhalten; Ferrisalze koagulieren nicht, dagegen fällt im Gegensatz zu Gummi Bleizuckerlösung. Natronlauge färbt Tragantlösungen intensiv gelb.

Tragantlösungen als solche werden nur für gewisse Zwecke als Verdickung verwendet, ihre Suspendierungsfähigkeit ist viel geringer als die von Gummi. Ihr Hauptverwendungsgebiet ist die Herstellung von Verdickungen in Kombination mit Stärke; Stärke-Tragant-Verdickungen sind die am meisten verwendeten.

[1] Flückiger: Pharmakognosie der Pflanzenkunde **1867**, 12. — Vgl. auch Wiesner: Rohstoffe des Pflanzenreichs. 4. Aufl. II. **1927**.

Neben diesen drei hauptsächlichsten, dem Pflanzenreich entstammenden Rohstoffen zur Herstellung von Verdickungen kommt eine nur beschränkte Anzahl in Betracht, welche animalischen Ursprungs sind. Es sind dies das Albumin (s. u. Eiweißstoffe) und das Casein. Beide haben durch Veränderungen in der Technik des Zeugdrucks an Bedeutung außerordentlich eingebüßt und finden nur dort noch Verwendung, wo es darauf ankommt, unlösliche Substanzen, Pigmente, Metallpulver u. dgl., auf dem Gewebe zu befestigen. Im ersten Fall wird von der Eigenschaft des Albumins Gebrauch gemacht, über 100° C, im Dampf, ferner auch bei der Einwirkung z. B. von Formaldehyd, zu koagulieren. Das Casein wird kaum mehr zum selben Zweck verwendet; es ist in schwach ammoniakalischer Lösung löslich und verliert diese Löslichkeit beim Verdunsten des Ammoniaks. Es koaguliert wie Albumin mit Formaldehyd. In vielen Fällen wird Leim (s. d.) an Stelle von Albumin verwendet.

Eine große Bedeutung als Verdickungsmittel haben verschiedene Substanzen, welche wir von den Stärkesorten ableiten, aber schon chemische Modifikationen dieser Rohstoffe darstellen, vor allem der British-Gum (s. u. Stärke), der durch Erhitzen von Maisstärke oder durch Behandeln derselben mit wenig Säure in der Hitze als weiße oder gelbliche Pulver erhalten werden. Je nach der Herstellung entstehen Körper von geringerer oder höherer Verdickungskraft. Diese British-Gums sind für alle Zwecke verwendbar und verhalten sich gegen Metallsalze und, was besonders wertvoll ist, gegen starke Alkalien indifferent, so daß sie vorzugsweise zur Herstellung von stark alkalischen Druckfarben Verwendung finden. Gebrannte Stärken, von oft dunkelbrauner Farbe, dienen demselben Zweck, haben aber einen großen Teil der Verdickungsfähigkeit eingebüßt. Dextrine werden als solche ihres geringen Verdickungsvermögens wegen kaum verwendet, stets in Kombination mit Stärke. Neuerdings gelangen Präparate aus Johannisbrotkernen, z. B. Diagum (s. d.), zur Bedeutung.

Die Verdickungen.

Um aus den obengenannten Rohstoffen Träger für die farbbildenden Substanzen zu konstruieren, wird man nur selten einen derselben für sich allein verwenden. Dies ist nur der Fall für Gummi, der in seiner wäßrigen Lösung zum Verdicken der verschiedensten Körper dient. Gummi ist aber keineswegs überall angebracht, man muß vielmehr je nach der Art der zu verdickenden Substanzen die geeignetste Verdickung auswählen. Bedauerlicherweise beruhen die Kenntnisse, ob eine Verdickung für diesen oder jenen Zweck anwendbar ist, nur auf Erfahrung. Ganz allgemein kann gesagt werden, daß zum Verdicken saurer Körper vorzugsweise Stärke-Tragant-Gemische am geeignetsten sind, zum Drucken von starken Alkalien kommt kaum etwas andres als British-Gum in Frage. Ist die Druckfarbe ihrer ganzen Zusammensetzung nach neutral, so ist wiederum auf das Verhalten der Salze auf die verdickenden Substanzen Rücksicht zu nehmen. Druckfarben, welche bedeutende Mengen unlöslicher Körper in suspenso zu halten haben, können am besten mit Gummi verdickt werden. Stärke eignet sich dazu weniger, Tragant gar nicht. In letzterem Fall muß man dafür sorgen, daß diese unlöslichen Substanzen (Kaolin, Bariumsulfat, Zinkstaub, Chromgelb) nicht in der Gravur der Druckwalzen zurückbleiben, und das ist nur mit Gummi möglich.

Was nun die Mengen der zur Herstellung der Verdickung erforderlichen Verdickungsmittel als solche anbelangt, so gilt im allgemeinen, daß Tragant am besten verdickt, d. h. am wenigsten Substanz braucht, um eine Masse von geeigneter Viscosität zu liefern, etwa 60—65 g per Liter. Es folgt dann die Stärke, von der man durchschnittlich 80—100 g per Liter braucht, um einen Kleister von genügender Steifheit zu erhalten, am meisten Material braucht man vom Gummi, um den gewünschten Effekt zu erhalten, nämlich 1000 g auf 1 l Wasser.

Die am meisten verwendete Stärke-Tragant-Verdickung wird nicht etwa in der Weise hergestellt, daß man Stärke für sich verkleistert und mit Tragant, für sich gelöst, mischt, sondern indem man Stärke mit kaltem Wasser anrührt, in die Suspension den vorher 60 : 1000 gelösten Tragant gibt und die Mischung verkocht, so daß die Stärke gewissermaßen in einer Tragantlösung verkleistert wird. Eine Verdickungsmasse besteht in den seltensten Fällen beispielsweise aus Stärke und Tragant allein, fast immer gibt man etwas Öl zu, um die Verdickung geschmeidig zu machen. Ein Beispiel für eine solche Verdickung ist durch das folgende Rezept gekennzeichnet:

10 kg Weizenstärke
10 l Wasser
25 kg Tragant 65 : 1000
3 kg Olivenöl
52 kg Wasser
100 kg

Sehr zweckmäßig ist es, das Öl vor der Mischung mit der Stärkesuspension in den Tragant einzurühren[1]. Man sieht, daß das Gesamtgewicht der Verdickung auf 100 kg eingestellt ist, was gestattet, den Prozentgehalt der Masse sofort zu erkennen, was aber nicht immer durchführbar ist.

Eine saure Verdickung, wie sie zum Druck basischer Farbstoffe erforderlich ist, zeigt folgende Zusammenstellung:

10 kg Weizenstärke
10 kg Wasser
25 kg Tragant 65 : 1000.
3 kg Olivenöl
42 l Wasser
10 kg Essigsäure 7° Bé
100 kg

Eine alkalische Verdickung stellt man am besten mit British-Gum nach folgender Vorschrift her:

4 kg British-Gum
5 kg Wasser
36 kg Natronlauge 40° Bé
45 kg

Man erwärmt die Masse, bis sie homogen geworden ist, und läßt erkalten.

Andre Verdickungen zu besondren Zwecken werden bei der Behandlung der einzelnen Rohstoffgruppen erwähnt werden.

Es wurde eingangs auf die Wirkung der Verdickungen neben ihrer Aufgabe als Transportmittel für die farbbildenden Substanzen, auf deren Eigenschaft, die Capillarität des Gewebes zu paralysieren, hingewiesen. Neuere Untersuchungen haben nun ergeben, daß dieselbe auf feinerem capillaren Bau der Verdickungsmassen beruht. HALLER[2] fand bei der mikroskopischen Untersuchung in verdickenden Massen hervorgerufener Niederschlagsbildungen die freien Teilchen der ausgeschiedenen Substanz, Turnbulls Blau, Berlinerblau usw., in charakteristisch netzförmiger Anordnung, so daß man sich deren Wirkung beim Zeugdruck zwanglos erklären kann.

Die Druckfarben.

Unter „Farbe" bezeichnet man beim Stoffdruck jede Druckmasse, welche bestimmt ist, gewisse Substanzen örtlich auf das Gewebe zu übertragen. Daher ist es vollkommen gleichgültig, ob dieselben wirklich Farbstoffe oder farbbildende Substanzen inkorporiert enthält, oder ob sie Stoffe enthält, welche lediglich bestimmt sind, mechanische, chemische oder eine Kombination beider Wir-

[1] HALLER, Mell. Text. a. a. O. [2] HALLER: Mell. Text. 1928 a. a. O.

kungen auf dem Gewebe als Substrat auszuüben. Druckfarben sind daher in vielen Fällen ungefärbt.

Je nach der Aufgabe, welche eine Druckfarbe zu erfüllen hat, enthält sie

1. für den direkten Aufdruck Farbstoffe mit oder ohne entsprechende Fixierungsmittel, welch letztere man als Beizen zu bezeichnen pflegt;

2. zum Zweck von sog. Ätzdruck auf vorgefärbtem Gewebe die notwendigen farbspaltenden Reagenzien, im allgemeinen Oxydationsmittel einerseits und Reduktionsmittel andrerseits. Es kann außerdem der Zweck verfolgt werden, an Stelle des zerstörten Farbstoffs einen andern, im Farbton von der Färbung verschiedenen, zu setzen (Buntätzdruck). In letzterem Fall enthält die Druckfarbe neben den farbzerstörenden Ingredienzien den dem Einfluß derselben widerstehenden Farbstoff, oft vereinigt mit den zur Fixierung des letzteren erforderlichen Substanzen;

3. chemisch oder mechanisch wirksame Körper, welche, auf das ungefärbte Gewebe gedruckt, örtlich die Färbung verhindern sollen (Reserven). In der Regel sind mechanisch und chemisch wirksame Körper zu einer Reserve kombiniert. Enthält dieselbe außerdem Farbstoffe oder farbbildende Substanzen, welche geeignet sind, an den reservierten Stellen bunte, vom nachzufärbenden Fonds verschiedene Farbtöne zu erzeugen, so spricht man von „Buntreserven“.

Abb. 354. Farbkochkesselbatterie (Franz Zimmers Erben, Zittau i. Sa. und Warnsdorf, CSR.).

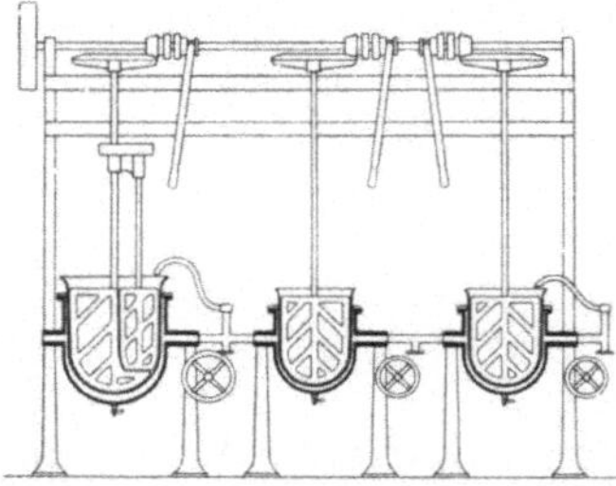

Abb. 355. Schema zur Farbkochkesselbatterie (Franz Zimmers Erben).

Bei der Verwendung der Verdickungen macht man die Erfahrung, daß zwar im Prinzip die Grundsätze der Färberei auch für die örtliche Färberei, den Zeugdruck, Geltung besitzen, daß aber eine Anzahl von Prozessen, welche in der Färberei zu ungünstigen Ergebnissen führen würden, durch Vermittlung der Verdickung im Zeugdruck praktisch verwendbare Resultate liefern; es sei hier nur an das in der Färberei noch nicht gelöste Problem des einbadigen Alizarinrots erinnert, das im Zeugdruck längst befriedigend gelöst ist.

Wie schon erwähnt, sind allgemeingültige Regeln zur Anwendung der verschiedenen Verdickungen in diesem und jenem Anwendungsgebiet nicht zu geben. Hier sprechen vor der Hand lediglich die Erfahrungen. Allgemeine Richtlinien wurden weiter oben gekennzeichnet. Auch die Konsistenz der Verdickungsmassen bzw. der damit hergestellten Druckfarben richtet sich nach dem beabsichtigten Effekt. Eine bestimmte Viscositätsgrenze darf aber nicht überschritten werden, da sonst unscharfe und fließende Drucke die Folge sind. Hier entscheidet in allen Fällen der Versuch auch über die Art der anzuwendenden Verdickung. Zum direkten Druck werden in den meisten Fällen Stärke-Tragant-Verdickungen gebraucht, auch wohl Gummilösungen; für Reservedruck wohl in den meisten Fällen die letzteren; Mehlverdickungen und Tragant zum Verdicken von Diazoverbindungen, wozu British-Gum durchaus ungeeignet ist. Zur Bereitung der Druckfarben und Verdickungen bedient man sich in der Praxis mit Vorliebe besonderer Kochapparate, die auch zu ganzen Batterien vereinigt sein können (s. Abb. 354 und 355).

Wichtig ist vor allen Dingen, daß die Druckfarbe restlos aus der Gravur der Druckwalze auf das Substrat übergeht. Bleiben gewisse Anteile in den Vertiefungen der Druckwalze sitzen, so wird weniger Druckfarbe auf das Gewebe übertragen, was farbenschwächere Effekte zur Folge hat. Geht dieser Vorgang so weit, daß die ganze Gravur verstopft ist, so wird gar keine Farbe mehr übertragen und es erscheint überhaupt kein Druck auf der Ware. Man bezeichnet diese Erscheinung mit „Einsitzen" der Druckfarbe, und dies ist eine Folge der Anwendung einer unzweckmäßigen Verdickung, unrichtiger Zusammensetzung der Druckfarbe oder ungenügender Homogenität derselben. Gewisse Druckfarben, insbesondre solche mit großen Mengen unlöslicher Körper, z. B. Zinkstaub, neigen zum Einsitzen. Man druckt dieselben dann zweckmäßig mit Bürstenwalzen als Farbauftragwalzen (s. u. im maschinellen Teil).

Absolute Sauberkeit der Druckfarbe ist Bedingung für scharfen Druck. Feste Bestandteile müssen vorher durch gutes Sieben der Druckfarbe entfernt werden. Das kann von Hand geschehen oder aber vermittels maschineller Hilfsmittel (Farbpassiermaschinen von Zimmers Erben in Warnsdorf, s. Abb. 356/357).

Abb. 356. Farbensiebmaschine (Franz Zimmers Erben, Zittau i. Sa. und Warnsdorf, CSR.).

Abb. 357. Schema zur Farbensiebmaschine (Franz Zimmers Erben).

Man hat bei der Herstellung von Druckfarben darauf Rücksicht zu nehmen, daß die Verdickungsmassen vor dem Fixieren des Farbstoffs leicht von der Ware durch Waschoperationen entfernbar sind. Chrombeizen kombiniere man daher, wo nicht andre Gründe dagegen sprechen, mit Stärke-Tragant-Verdickungen, nicht mit Gummi, besonders dann nicht, wenn große Flächen, sog. „Decker", gedruckt werden sollen.

Schäumen der Druckfarben (was dieselben Unannehmlichkeiten zur Folge hat wie das Einsitzen) vermeidet man am besten durch Zusatz von Terpentinöl oder Tetralin.

Einige Beispiele von Druckfarben unter Verwendung verschiedener Farbstoffgruppen sind die im folgenden niedergelegten. Auf die Einzelheiten der Druckfarbenzusammensetzungen soll bei der Behandlung der verschiedenen Farbstoffklassen zurückgekommen werden.

Basische Farbstoffe werden in folgender Weise in Druckfarben verwendet:

20 g Farbstoff
100 g Acetin
50 g Glycerin
60 g Essigsäure 7° Bé
650 g essigs. Stärke-Tragant-Verdickung
120 g essigs. Tannin 1 : 1
1000 g

Der Farbstoff wird in dem für solche Zwecke sehr geeigneten Acetin gelöst. Es muß großer Wert auf ausgezeichnete Lösung des Farbstoffs gelegt werden. Schlecht gelöster Farbstoff gibt unegale, „stippige" Drucke. Die Farbstofflösung wird in die essigsaure Stärke-Tragant-Verdickung eingerührt und zuletzt die Lösung von Tannin in Essigsäure zugesetzt.

Für Beizenfarbstoffe arbeitet man z. B. folgendermaßen:

200 g Alizarinblau in Teig
750 g Stärke-Tragant-Verdickung
50 g essigs. Chrom 20° Bé
1000 g

Küpenfarbstoffe werden z. B. nach der allgemeinen Formel gedruckt:

{300 g Küpenfarbstoff in Teig
{ 80 g Glycerin
350 g Stärke-Tragant-Verdickung oder British-Gum-Verdickung
120 g Pottasche
150 g Rongalit C 1 : 1 (in Wasser)
1000 g

Hier ist großer Wert auf feine Verteilung des Farbstoffs zu legen, man rührt daher den Farbstoffteig mit Glycerin an.

Eine Reserve für Indigo, auch für Indanthrenartikel, ist die folgende:

{{100 g Kupfervitriol
{{200 g Wasser
{ 300 g Kaolin
{100 g Bleinitrat
{100 g Bleizucker
{200 g Gummi 1 : 1
100 g Rüböl
1000 g

Das Kupfervitriol wird, in Wasser gelöst, mit dem Kaolin angeteigt; dann löst man separat die Bleisalze im Gummi auf, mischt beide Lösungen und gibt zuletzt das Öl zu. Die etwa 100 g Wasser, welche bei der Lösung verdunsten, werden durch die 100 g Öl ersetzt.

Eine Ätzfarbe mit Sulfoxylat-Formaldehyd zeigt in ihrer einfachsten Form, wie sie zum Ätzen von Paranitranilinrot Verwendung findet, folgende Zusammensetzung:

3,5 kg Rongalit C
3,5 kg neutrale Verdickung (Stärke-Tragant)
3 kg Gummi 1 : 1
10 kg

Wo durchführbar, trachtet man danach, die Druckfarbe in ihrer Gesamtheit auf 1 kg, 10 kg, 100 kg einzustellen, um sofort den Prozentgehalt an den einzelnen Komponenten erkennen zu können.

Vielfach muß man aus einer einmal angesetzten Stammfarbe eine entweder in der Farbwirkung schwächere Farbe herstellen oder man bezweckt eine Abschwächung einer Ätzwirkung. Man wird dann im Prinzip die Stammfarbe mit der für dieselbe verwendeten Verdickung abschwächen, „coupieren" oder „verschneiden", wie man sich ausdrückt. Bei Ätzfarben, wo es lediglich auf Herabsetzung der Ätzwirkung ankommt, wird dies genügen. Für „Coupüren" oder „Verschnitte" von bunten Farben zum direkten Aufdruck oder bei Buntätzen wird man, wo das erforderlich, der verschnittenen Farbe noch bestimmte Anteile Beizen bzw. Fixierungsmittel zusetzen müssen, und zwar gilt ganz allgemein die Regel, daß die Coupüre das Fixierungsmittel (die Beize) in derselben Konzentration enthalten soll wie die Stammfarbe.

Die Druckfarben werden, es ist dies in jedem Betrieb verschieden, mit besondren Bezeichnungen versehen, Buchstaben und Zahlen, die ihrerseits die verwendeten Farbstoffe oder Beizen anzeigen, andrerseits erkennen lassen, welche Konzentration an farbbildenden Komponenten angewandt wurde.

Ätzfarben und Reserven, die ab und zu vollkommen farblos sind, pflegt man durch Zusätze von leicht zerstörbaren oder sich nicht fixierenden Farbstoffen zu „blenden". Man verfolgt damit den Zweck, die Farbe auf dem Untergrund sichtbar zu machen und dadurch sich bildende Rakelstreifen rasch zu erkennen.

Mechanische Hilfsmittel für den Zeugdruck.

Geschichtliches. Die ältesten Zeugdruckverfahren sind orientalischen Ursprungs. Insbesondre in Indien, auf Java und Sumatra war ein Illuminationsverfahren schon seit undenklichen Zeiten gebräuchlich, das man heute unter der Bezeichnung „Batikdruck" (s. a. u. Batik) kennt. Es beruhte auf der Anwendung von wachsartigen Substanzen, welche im geschmolzenen Zustande örtlich auf das Gewebe gebracht wurden. Beim folgenden Färben, meistens in Indigo, schützten diese Substanzen das Gewebe vor dem Einfärben, und man erhielt infolge der in der Schutzschicht entstandenen Sprünge die für den Batik charakteristische Äderung. Auch andre Farben, insbesondre Catechu, fanden in Kombination mit Indigo Verwendung.

Plinius berichtet uns ferner, daß die Griechen nach den Kriegen Alexanders mit den Indern die ersten bedruckten und gefärbten Leinwandgewebe zu Gesicht bekamen. Herodot berichtet weiter, daß am Kaspischen Meere Gewebe hergestellt wurden, bei denen Tierfiguren mit Pflanzenfarben eingemalt waren, die offenbar sehr echt gewesen waren.

In China soll schon lange, bevor in Europa die Kunst des Zeugdrucks bekannt war, mit kleinen hölzernen Modeln gedruckt worden sein. Auch in Japan scheint diese Kunst, dort mit Hilfe von Schablonen ausgeführt, schon sehr alt zu sein.

Nachdem der Zeugdruck aus Indien von den Holländern nach Europa gebracht worden war, dann, als die Kunst des Buchdrucks in Deutschland auf das zunächst nur Schwarzbedrucken von Geweben Anwendung gefunden hatte, bediente man sich ausschließlich des Handdrucks mit Holzmodeln, welche das Muster in Reliefs zeigten, oder aber des Druckes mit Schablonen.

1825 erfanden die Engländer eine mechanische Vorrichtung zum Bedrucken von Geweben, den Plancheplattendruck, der in verbesserter Form wohl auch heute noch in der Schweiz Verwendung findet. Diese Platten bestanden aus Kupfer, in welche das Muster vertieft graviert war. Im Jahre 1785 soll zum erstenmal in einer englischen Druckerei das Muster auf Kupferwalzen graviert worden sein. Diese Walzen wurden mechanisch angetrieben, und damit war der Anfang des Walzen- oder Rouleauxdrucks gelegt, der heute noch durch nichts Beßres ersetzt worden ist. 1823 nahm Church in England ein Patent auf eine Walzendruckmaschine, mit der 3 Farben gleichzeitig gedruckt werden konnten. Seitdem hat man Maschinen bis zu 14 Farben konstruiert.

Erst später wurde von Perrot in Rouen die nach ihm benannte Perrotine, eine geniale Maschine, welche in sinnvoller Weise den Handdruck nachahmte, erfunden; mit derselben gelang es, 4 Farben gleichzeitig, aber intermittierend, zu drucken. In neuester Zeit ist von Oswin Walther in Kötzschenbroda bei Dresden eine rotierende Perrotine konstruiert worden und von der Firma Fischer in Nordhausen eine Mehrfarben-Reliefdruckmaschine.

Rouleaux- oder Walzendruckmaschine. Etwa 80% der erzeugten Druckartikel werden heute auf der Walzendruckmaschine hergestellt, so daß an dieser Stelle nur die mit derselben erzielte Wirkung näher behandelt werden soll.

Der Druck erfolgt hier mit vertieft gravierten Kupferwalzen, die meistens einen Umfang von 500—600 mm und eine Länge von etwa 1 m haben. Die Kupferzylinder sind hohl und werden, um in die Maschine eingelegt zu werden, auf einen Kern aus Stahl getrieben (die sog. „Spindel"), welcher auch dazu dient, das Zahnrad aufzunehmen, das in die Zähne des Antriebsrades paßt und so die Druckwalze in Rotation versetzt.

Die Herstellung des Musters auf der Walze geschieht heute kaum mehr von Hand, sondern mit der Molette oder dem Pantographen. Die erstere Methode überträgt den Rapport der Originalzeichnung (d. h. diejenige Partie der Zeichnung, die sich immer wiederholt) auf einen kleinen Zylinder aus weichem Stahl. Diese Zeichnung wird von Hand in diesen Zylinder graviert, man nennt den gravierten Zylinder die „Molette" oder „Mutter". Um diese Vertiefungen in Relief zu übertragen, wird die Molette im Feuer gehärtet, dann unter stets gesteigertem rollendem Druck gegen einen gleichen Stahlzylinder aus weichem Stahl gepreßt. Man erhält dann das Relief, mit welchem die Zeichnung auf dem Molettierstuhl, ebenfalls unter rollendem Druck, in die Kupferwalze eingepreßt wird. Die Arbeit muß sehr sorgfältig vorgenommen werden, damit die notwendig werdenden Absätze des Reliefs nicht sichtbar werden und das Muster auf der Ware ein geschlossenes Bild zeigt. Der Molettierstuhl ist eine

Präzisionsmaschine, die gestattet, mit dem Relief, das ja immer nur Teile des Musters aufträgt, feine Verschiebungen vorzunehmen. Unegalitäten, welche nach dem Übertragen der Muster auf den Kupferwalzen auftreten, werden durch Überpinseln der zu tiefen Stellen mit Asphalt, Ätzen mit Salpetersäure und schließliches Schleifen und Polieren der Walze beseitigt.

Mit dem Pantographen wird das Muster, statt wie vorher auf indirektem Wege, auf direktem Wege auf die Walze übertragen. Zu dem Zweck wird die ganze Walze mit einer dünnen Schicht Asphaltlack überzogen und das Muster durch Ritzen dieser Asphaltschicht mit Diamanten, welche durch eine storchschnabelartige Vorrichtung in Bewegung gebracht werden, auf die Walze übertragen. Ätzen mit Säure ergibt dann an den geritzten Stellen der Schutzschicht das Muster in vertiefter Form.

Wie schon oben bemerkt, wird die als Hohlzylinder ausgebildete Druckwalze auf eine Spindel aufgezogen, welche entweder durch ihre etwas konische Bauart in die Höhlung der Walze eingepreßt wird, oder die Walze selbst ist mit einer Nut versehen, in welche ein langer Keil auf der Spindel paßt. In dieser Weise wird der Möglichkeit vorgebeugt, daß während des Drucks die Walze auf der Spindel sich lockert. Bei nutlosen Walzen wird durch Umhüllung der Spindel mit geöltem Papier dem Drehen der Walze auf der Spindel vorgebeugt. Das „Aufspindeln“ selbst wird entweder mittels einer Handpresse oder sicherer und leichter mittels der elektrischen Aufspindelmaschine von Franz Zimmers Erben in Warnsdorf besorgt.

Abb. 358. Einfarben-Musterdruckmaschine (Franz Zimmers Erben, Zittau i. Sa. und Warnsdorf, CSR.).

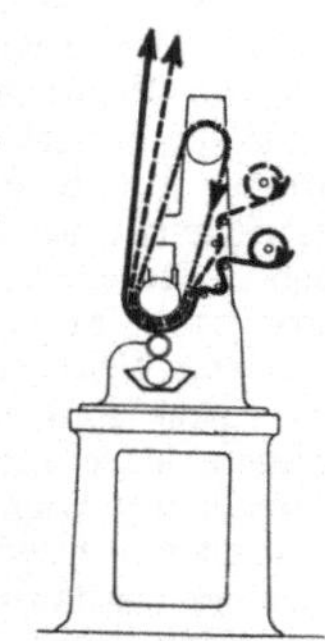

Abb. 359. Schema zur Einfarben-Musterdruckmaschine (Franz Zimmers Erben).

Die Walze ist so zum Einlegen in die Maschine bereitgemacht. Die Druckmaschine selbst besteht aus einem eisernen Gestell, in welchem der schwere eiserne „Presseur“ einer eisernen Walze in einer Art Gabel im Maschinengestell lagert und durch Schrauben mit dazugehörigen Rädern auf- und abbewegt werden kann. Der Presseur wird mit dünneren oder dickeren Schichten Stoff umwickelt, dem sog. Lapping oder der Bombage, aus einem aus Wolle und Ramie hergestellten Gewebe bestehend. Diese Umwicklung dient dazu, beim Druck die erforderliche elastische Unterlage zu geben. Unter dem Presseur wird die aufgespindelte Druckwalze eingelegt, und der Presseur wird nun mittels der Gewindeschrauben gegen die Druckwalze gepreßt. Zwischen Walze und Presseur läuft das endlose Drucktuch aus gummiertem Stoff, Baumwolle, oft auch aus Wolle bestehend. Dasselbe dient als Unterlage für die Druckwalze und erhöht die Elastizität der Pression. Auf dem Drucktuch ist, ebenfalls endlos, der Mitläufer eingezogen, welcher als unmittelbare Unterlage für die zu bedruckende Ware dient und eigentlich lediglich das Drucktuch vor der Wirkung der Druckfarbe zu schützen hat, welche links und rechts von der schmaleren Druckware das kostspielige Drucktuch beschmutzen und bald unbrauchbar machen würde. Der Unterläufer selbst kann je nach der Stärke der Muster seltener oder häufiger aus der Druckmaschine entfernt werden, um durch Waschen von der darauf abgelagerten Druckfarbe gereinigt zu werden.

Unter der Druckwalze gelagert ist der muldenförmige Druckfarbenbehälter aus Kupfer, das „Chassis“ genannt. Die Druckwalze selbst rotiert keineswegs unmittelbar in der Farbe, vielmehr ist auf dem Chassis eine hölzerne Auftragwalze gelagert, welche, meistens mit Stoff bombagiert, in die Druckfarbe taucht und diese Druckfarbe dann an die Druckwalze abgibt. Das Chassis kann mit

Schrauben gegen die Druckwalze bewegt werden, so lange, bis die Auftragwalze die Druckwalze berührt und durch die Rotation (Druckwalzenspindel und Farbauftragwalze tragen ineinandergreifende Zahnräder) die ganze Walze mit Farbe belegt. Nun soll aber die Druckfarbe nur in den Gravuren der Walze sitzenbleiben, und das wird durch ein hin und her auf der Walze sich bewegendes Messer, die „Rakel", bewirkt, welche auf der Rückseite der Walze mit Ge-

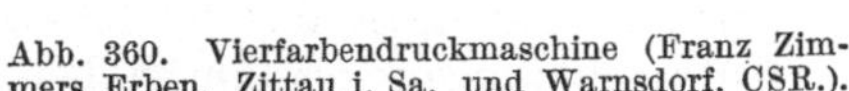

Abb. 360. Vierfarbendruckmaschine (Franz Zimmers Erben, Zittau i. Sa. und Warnsdorf, ČSR.).

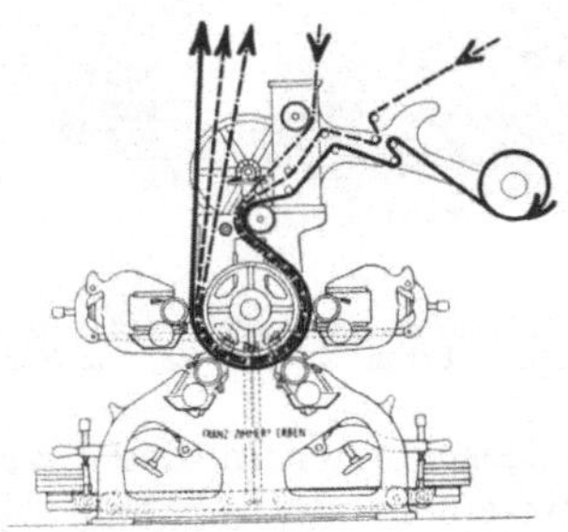

Abb. 361. Schema zur Vierfarbendruckmaschine (Franz Zimmers Erben).

wichten gegen die Walze gepreßt wird und die Druckfarbe überall dort abstreicht, wo ungravierte Stellen sind. Die Rakel muß scharf sein, das Schleifen derselben ist daher eine für den Ausfall des Drucks wichtige Vorbereitung, ebenso wie die richtige Stellung der Rakel an der Druckwalze. Letztere richtet sich sehr nach der Art der Gravur; sind beispielsweise horizontale Streifen zu drucken, so muß die Rakel schief gestellt werden, damit sie nicht in die horizontalen Partien der Gravur hineinfällt und dadurch unscharfe Drucke verursacht.

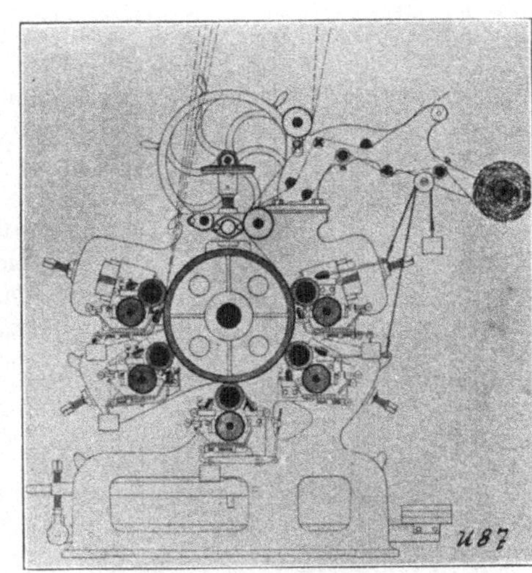

Abb. 362. Fünffarbendruckmaschine (Franz Zimmers Erben).

Kommen Sandkörnchen zwischen die Rakel und die Druckwalze, so kann erstere einen Augenblick gehoben werden und läßt dann Farbe durch, wo keine hingehört. Es entstehen so die „Schnepper" oder „Schnauzen". Wird dabei, was oft vorkommt, die Schärfe der Rakel selbst beschädigt, so entstehen schlangenförmige feine Streifen auf der Ware, eine Erscheinung, welche auch eintritt, wenn durch saure Druckfarben die Schärfe der Rakel angegriffen wird. Abzuhelfen ist in solchen Fällen nur durch Schleifen.

Nun kann auf einer Maschine nicht nur eine Farbe gedruckt (s. Abb. 358 bis 359) werden (es gibt zwar Druckmaschinen, welche nur für Einfarbendruck eingerichtet sind), sondern mehrere, bis zu 12 und 16 Farben (s. Abb. 360, 361, 362). Sämtliche Spindeln werden dann durch je ein Zahnrad angetrieben, die meistens in ein Zahnrad eingreifen, das auf dem Presseur aufgekeilt ist. Auch ist nun erforderlich, daß, beispielsweise bei einem vierfarbigen Muster, sämtliche Komponenten des Musters (jede Farbe braucht eine eigene Walze) auf der Ware so ineinandergepaßt, in „Rapport gebracht“ werden müssen, daß das Originalmuster auf das Gewebe übertragen ist. Dazu müssen die Walzen nicht nur um ihre eigene Achse verschiebbar sein, sondern auch in der Längsrichtung, damit es gelingt, die einzelnen Partien in Rapport zu bringen. Es ist dazu große Geschicklichkeit erforderlich, da das „Einrapportieren“ bei in Gang gesetzter Maschine vorgenommen werden muß. Die Zahnräder, mit denen jede Druckwalze angetrieben ist, besitzen nun als sog. Rapporträder Vorrichtungen, welche die genannten Verschiebungen gestatten.

Abb. 363. Achtfarbendruckmaschine mit Heißluftmansarde (Franz Zimmers Erben, Zittau i. Sa. und Warnsdorf, CSR.).

Die Maschine ist in dieser Weise druckfertig. Es sei angenommen, daß dieselbe mit einem regulierbaren Motor auf elektrischem Wege angetrieben ist, wie das heutzutage alle modernen Unternehmungen eingeführt haben. Das Drucktuch selbst, das als endloses Band um den Presseur liegt, dient gleichzeitig zum Antrieb einzelner Leitwalzen im Trockenraum, der „Mansarde“ (siehe Abb. 363/364). Die bedruckte Ware muß nämlich getrocknet werden und durchläuft im Mäandergang einen mit Dampfplatten oder mit Kalorifer geheizten Raum, bis die bedruckte Seite trocken ist. Dieselbe darf vorher die Leitwalzen nicht berühren. Ware und Mitläufer werden in getrennten Abteilungen der Mansarde getrocknet und vielfach auch an getrennten Orten abgelegt.

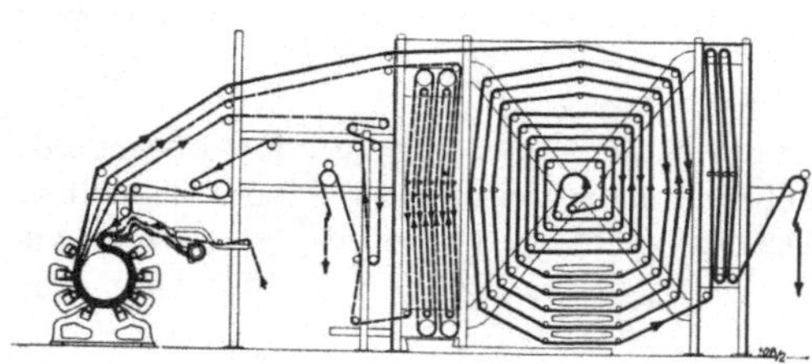

Abb. 364. Schema zur Achtfarbendruckmaschine mit Heißluftmansarde (Franz Zimmers Erben).

Der Gang der Maschine und damit auch die Produktion derselben richtet sich nach der Art des Musters; feine einfarbige Streifen, welche rasch trocknen, wird man rascher drucken als mehrfarbige, stark deckende Partien.

Abb. 365. Zweifarben-Duplexdruckmaschine (Franz Zimmers Erben, Zittau i. Sa. und Warnsdorf, CSR.).

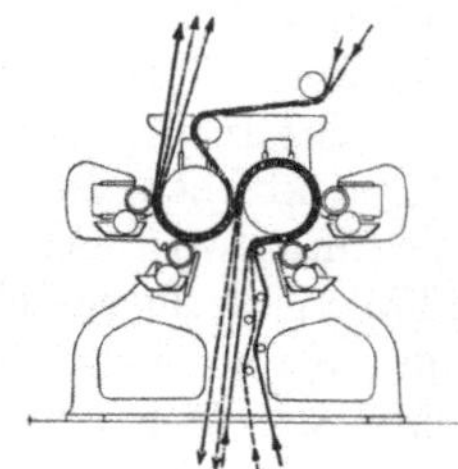

Abb. 366. Schema zur Zweifarben-Duplexdruckmaschine (Franz Zimmers Erben).

Bei mehrfarbigen Maschinen wird die Bauart um so schwerer, je mehr Farben die Maschine drucken muß, da auf das Gewicht der Walzen und der dazugehörigen Spindeln die nötige Rücksicht zu nehmen ist. Besonders massiv konstruiert sind Maschinen, auf welchen Tüchel gedruckt werden, schon deshalb, weil der Walzenumfang hier bis zu 2 m betragen kann, wobei zu berücksichtigen ist, daß dieselben statt auf Spindeln auf eiserne Zylinder aufgezogen werden.

Der Antrieb der Druckmaschinen erfolgte früher unmittelbar von der Transmission aus durch Riemenantrieb, wobei die Geschwindigkeitsregulierung durch Konusvorgelege bewirkt wurde. Diese Anordnung wurde bald verlassen, und man verband das Vorgelege mit einer Zwillingsdampfmaschine. Dieser Antrieb läßt natürlich eine beßre Regulierung der Geschwindigkeit zu, ist aber unwirtschaftlich, weil diese Art Maschinen viel zuviel Dampf brauchen. Der Abdampf derselben diente zum Heizen des Trockenraums. Heute wird man am besten elektrischen Antrieb mit regulierbaren Motoren verwenden, welche ein leichtes Anlaufenlassen erlauben und außerdem vollkommen stoßfrei arbeiten.

Abb. 367. Zweifarben-Reliefdruckmaschine (Franz Zimmers Erben, Zittau i. Sa. und Warnsdorf CSR.).

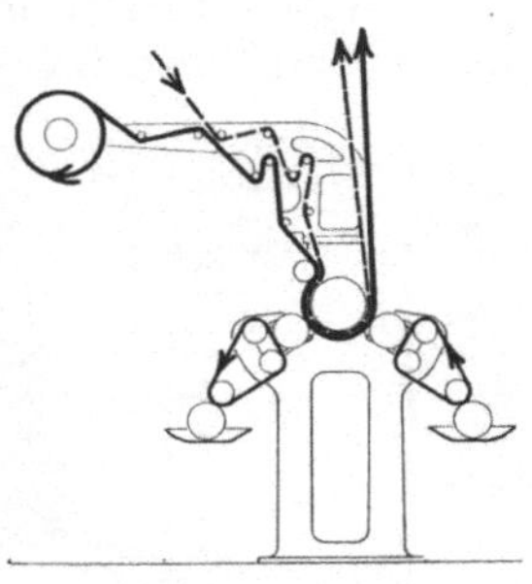

Abb. 368. Schema zur Zweifarben-Reliefdruckmaschine (Franz Zimmers Erben).

Die Walzendruckmaschinen können auch zum doppelseitigen Druck der Ware, als sog. Duplexmaschinen (s. Abb. 365/366) ausgebildet sein und sind viel schwerer konstruiert, da sie statt des einen zwei Presseure zu tragen haben. Die Ware läuft durch eine Gruppe von Walzen und bedruckt die Vorderseite, um sich dann durch eine eigene Warenführung zu wenden und mit der zweiten Walzengruppe die Rückseite bedrucken zu lassen.

Der Übertritt der Farbe aus der Gravur der Walze auf die Ware geschieht nicht etwa, wie vielfach angenommen wird, in der Weise, daß die Farbe auf

Abb. 369. Dämpfkessel (Zittauer Maschinenfabrik A.-G., Zittau).

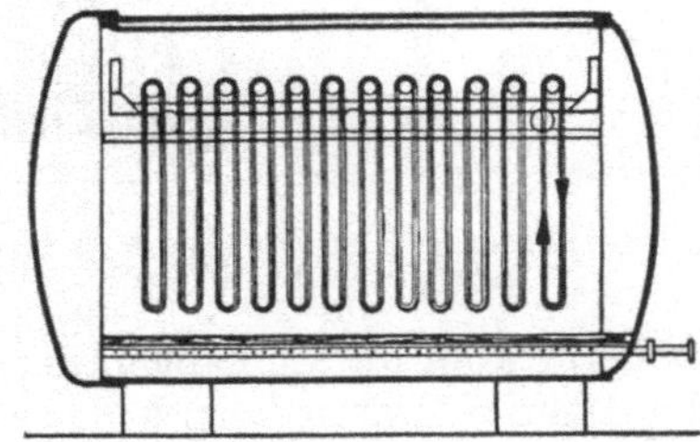

Abb. 370. Schema zum Dämpfkessel (Zittauer Maschinenfabrik).

die Ware aufgepreßt wird, sondern so, daß die Ware durch die elastische Unterlage des Presseurs in die Gravur hineingepreßt wird und dann beim Nachlassen der Pression infolge der Viscosität der Farbe letztere mit herauszieht.

Reliefdruckmaschine. Die eingangs (S. 871) erwähnten Perrotinen werden nur noch in beschränktem Maße verwendet, da ihre Produktion nur eine geringe ist. Es sind dies geniale Imitationen des Handdrucks, die dementsprechend auch intermittierend arbeiten. Die Model tragen, wie beim Handdruck, das Muster erhaben und sind bis zu vier auf einer Maschine angeordnet.

Die auf demselben Prinzip aufgebauten Reliefdruckmaschinen arbeiten gleichfalls mit erhabenen, d. h. Reliefmustern. Diese sind aber auf Walzen gearbeitet, so daß die Reliefdruckmaschinen, im Gegensatz zum Handdruck und zu der Perrotine, kontinuierlich arbeiten (s. Abb. 367/368).

Der mit der Reliefdruckmaschine erreichbare Effekt ist der gleiche wie bei der Perrotine. Die Menge der Druckfarbe, welche auf die Ware gebracht werden kann, ist größer als bei der üblichen Rouleaux-Druckmaschine. Man wird daher die Reliefdruckmaschine überall dort anwenden, wo man Reserveeffekte anstrebt, also vorzugsweise im Indigo-Pappdruck, zur Herstellung der erwähnten verschiedenen Pappdrucke, „Blaudrucke" genannt, oder auch in den heute zu besonderer Bedeutung gelangten Reservedrucken unter anthrachinoiden Küpenfärbungen, unter Indanthrenblau RS und ähnlichen Farbstoffen. Gegenüber der Perrotine besteht der große Vorteil dieser Maschinen in der Möglichkeit erheblich höherer Produktion. Während die Perrotine im günstigsten Falle 5 Stück Ware zu je 120 m in 8 Arbeitsstunden fertigstellt, produziert die Reliefdruckmaschine in der gleichen Zeit 25—30 Stück. Einen Nachteil besitzt allerdings letztere gegenüber der älteren Perrotine, und zwar den, daß es mit der Perrotine gelingt, an ein und derselben Stelle der Ware zweimal Farbe abzulagern (da sie intermittierend arbeitet), während diese Möglichkeit bei der (der Walzendruckmaschine ähnlich) kontinuierlich arbeitenden Reliefdruckmaschine nicht besteht. Derartige Reliefdruckmaschinen für ein- und doppelseitigen Druck stellt u. a. auch die Firma Oswin Walther, Kötschenbroda bei Dresden, her.

Abb. 371. Schnelldämpfer (Mather Platt). (Zittauer Maschinenfabrik A.-G., Zittau.)

Dämpfen. Eine außerordentlich wichtige und bedeutungsvolle Rolle spielt beim Zeugdruck das Dämpfen der bedruckten Waren, da dieser Operation wohl vier Fünftel der gesamten Druckartikel zur Befestigung des Farbstoffs oder zur Entwicklung der örtlichen Färbung unterworfen werden müssen.

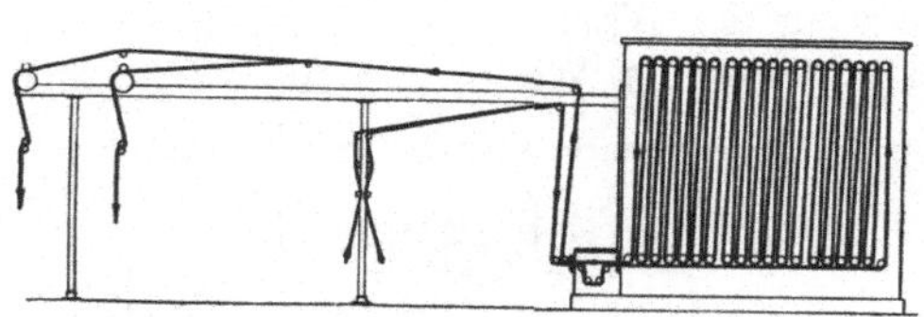

Abb. 372. Schema zum Schnelldämpfer (Mather Platt). (Zittauer Maschinenfabrik.)

Das Dämpfen (das erstmalig merkwürdigerweise nicht beim Kattundruck, sondern im Wolldruck Anwendung fand) besteht in seiner einfachsten Form wohl im Einhängen der bedruckten Ware in einen Dampfraum. Die ersten Dämpfer waren daher hölzerne Kammern, in die man die Waren aufhing und dann Dampf längere oder kürzere Zeit einströmen ließ. Später wurde diese Operation in geschlossenen eisernen Dampfkesseln (s. Abb. 369/370), den sog. Runddämpfern, vollzogen, welche es später auch gestatteten, einen gewissen Überdruck anzuwenden. Um die Ware allseitig der Wirkung des Dampfes auszusetzen, konnten die vierkantigen Stäbe, über welche die Warensäcke gelegt waren, gedreht werden. In dieser Form sind diese Runddämpfer für gewisse Zwecke auch heute noch im Gebrauch.

Bald erkannte man jedoch, daß für die meisten auf der Faser vor sich gehenden chemischen Umsetzungen eine lange Dämpfdauer nicht vonnöten, daß außerdem eine kurze Dämpfdauer, als Einleitung einer länger dauernden Dämpfoperation, zweckmäßig sei. Ferner begann man, als das Bedürfnis nach größeren Produktionen fühlbar wurde, die intermittierende Art des Dämpfens hinderlich zu empfinden, und aus diesen Überlegungen heraus konstruierte die Firma Mather-Platt einen Dämpfkasten, der kontinuierliches Dämpfen gestattete. Der erste solche Kasten bestand aus Holz, bald aber ersetzte man ihn durch eine eiserne Konstruktion (s. Abb. 371/372), wobei man zur Verhinderung von Kondensationwassertropfen den Deckel als mit Dampf geheizte Hohlplatte ausbildete. Auch bei Austritt des Dampfes, der bei dieser Art von Dämpfern oben als Schlitz angebracht war, mußten kupferne heizbare Röhren die Bildung von Wassertropfen verhindern. Anfangs war der Inhalt solcher Kasten nur klein, bei vollem Einzug aller im Kasten eingebauten drehbaren Leitwalzen hatten etwa 50—60 m Ware Platz; später wurden größere konstruiert, die ein ganzes Stück von 120 m fassen konnten. Heute sind diese Kasten, obwohl das Prinzip dasselbe geblieben ist, für mindestens 120 m Inhalt eingerichtet, der Dampfaustrittsschlitz ist nicht mehr oben, sondern unten angebracht. Der Dampfeintritt im Innern des Kastens erfolgt durch zwei an den oberen Wänden befindliche kupferne Röhren, so daß, indem der Dampf von oben nach unten arbeitet, Luftfreiheit des Kastens erreicht werden kann, was im Hinblick auf die heute im Ätzdruck vielfach verwendeten Hydrosulfitpräparate unbedingt erforderlich ist. Man hat im Innern des Kastens, meistens längs des Bodens, Heizröhren angebracht, welche gestatten, die Temperatur des Dampfes zu erhöhen; andrerseits gestatten besondre Einrichtungen, den Dampf anzufeuchten, wie es für bestimmte Prozesse notwendig ist. Einzelne Leitwalzen sind gesondert angetrieben, um die Spannung der Ware im Kasten selbst nicht allzu stark werden zu lassen und Reißen der Ware im Apparat zu verhindern. Zur Erzeugung besonders hoher Dampftemperaturen kennt man Konstruktionen, wo nicht allein die Deckelplatte, sondern auch die Seitenwände als Dampfplatten ausgebildet sind (System Simon-Weckerlin).

Das Dämpfen wird zum Auslösen von verschiedenen chemischen Reaktionen auf dem Gewebe vorgenommen und spielt ungefähr die Rolle des Bunsenbrenners beim Erhitzen einer Mischung im Reagensglas zwecks Auslösung einer chemischen Reaktion durch Wärmezufuhr. Außerdem ist die Notwendigkeit der Anwesenheit von Wasserdampf für die allermeisten textilchemischen Reaktionen, welche auf dem Gewebe als Substrat verlaufen, längst erkannt. Mit trockner, reiner Luft wird man in den wenigsten Fällen Erfolg haben. Vermutlich wird durch den Eintritt der kalten Ware in die Dampfatmosphäre eine kräftige Kondensation von Wasser auf dem Gewebe, naturgemäß ohne Tropfenbildung, bewirkt, wobei die Umsetzungen bis zu einem gewissen Grade in wäßriger Lösung vor sich gehen.

Nach dem Dämpfen spielen die Waschoperationen eine wichtige Rolle. In der Mehrzahl der Fälle wird es sich darum handeln, das durch die Dämpfoperation auf der Faser befestigte Pigment von allen entstandenen Nebenprodukten, dann auch von den Verdickungsmassen zu befreien. Man wird daher trachten, die Ware in breitem Zustand (s. Abb. 161) zu waschen, um möglichst die gesamte Warenfläche der Wirkung der Waschflüssigkeiten auszusetzen. Waschmaschinen mit rotierenden Schlägern bewirken ein kräftiges Durchdringen der Ware mit der Waschflüssigkeit. Gewisse Operationen, insbesondre in der Bleiche, wo die zu entfernenden Substanzen ohnehin noch im gelösten Zustand in der Ware enthalten sind, wird man im Strang waschen (s. Abb. 85—87).

Die Tendenz geht allerdings dahin, wo es die Fabrikation und die Artikel erlauben, die Ware in breitem Zustand von allen Salzen und Verdickungsmitteln zu befreien, auch die reinigenden Seifenoperationen, allenfalls auch bestimmte Entwicklungsbäder (Bichromat beispielsweise bei Anilinschwarz) in breitem Zustande der Ware zu vollenden. Zu dem Ende sind Maschinen konstruiert worden mit einer Anzahl von Rollenkasten mit zwischen je zwei Kasten eingeschalteten Quetschwalzenpaaren, so daß eine Menge Operationen kontinuierlich erfolgen (s. Abb. 166, 167). Ja, man geht, um das beim Ablegen nasser Ware ab und zu auftretende Abflecken der bedruckten Stellen zu vermeiden, unmittelbar vor den Waschoperationen mittels zwischengeschalteter Ausbreitvorrichtungen auf die Trockenmaschine, so daß man in einem Zuge zu appreturfertiger Ware gelangt und dadurch eine große Zahl von Gefahrenmomenten beseitigt.

Die Schlußoperationen, denen die bedruckte Ware unterworfen wird, sind diejenigen der Appretur. Die Appretur (zu welcher eigentlich auch bestimmte Vorbereitungen der Ware gehören, z. B. das Sengen [s. d.] als erste Behandlung der Gewebe vor dem Bleichen) bezweckt in erster Linie neben der Absicht, die Stoffe in verkaufsfertigen Zustand überzuführen, die natürlichen Vorzüge der Ware zu heben, insbesondre den Glanz und die Geschmeidigkeit, auch wohl (wie bei Winterwaren) einen Pelz zu erzeugen, der die Ware zu dem bestimmten Zweck geeignet macht. Es sind dies Operationen, welche durchaus im Rahmen des Zulässigen bleiben. Anders ist es, wenn man gewissen minderwertigen Geweben durch Appreturen den Charakter von vollwertigen Geweben zu geben trachtet. Diese Tendenz ist als offensichtliche Täuschung des Käufers unbedingt zu verwerfen, ganz abgesehen von der durch solche Operationen absolut unwirtschaftlichen Verwendung von wertvollen Rohmaterialien, besonders von Kartoffelstärke.

Spezieller Teil.

Druck von Geweben aus Baumwolle (Kattundruck).

Zum Bedrucken von baumwollnen Geweben finden nahezu alle gangbaren Gewebearten Verwendung. Vor allen Dingen werden bedruckt sog. Nesselgewebe aus 16/16, 20/20; 14/14, 20/20; 14/12, 20/20; dann die sog. Kattune.

Für Möbelstoffe kommen Spezialgewebe in Anwendung, ebenso für die verschiedenen Rauhartikel von gröberer Einstellung als die vorerwähnten. Hochwertige Gewebe sind die sog. Zanellas, Kettsatins oder Schußsatins, Gewebe, welche vielfach aus hochwertigen Baumwollsorten, z. B. Makobaumwolle, hergestellt sind und dort Verwendung finden, wo die fertige Ware einen edlen Glanz erhalten soll. Sie werden vielfach in mercerisiertem Zustand verarbeitet.

Für den Kattundruck finden Verwendung vor allem die direkten Farbstoffe, die basischen Farben, die Beizenfarbstoffe, heute in besonderm Maß die Küpenfarbstoffe und die Entwicklungsfarbstoffe auf Basis von Naphtholen und entsprechenden diazotierten Basen, dann das Anilinschwarz als Selbstfarbe oder als Fondfarbe und neuestens die Indigosole. Die Anwendungsarten der einzelnen Farbstoffgruppen weichen voneinander nicht hinsichtlich der mechanischen Aufdruckmethoden, wohl aber hinsichtlich der zum Fixieren derselben erforderlichen chemischen bzw. physikalisch-chemischen Methoden ab.

Druck mit direkten Baumwollfarbstoffen.

Die direkten Baumwollfarbstoffe, vielfach Derivate des Benzidins, sind meistens Polyazofarbstoffe, besitzen als solche ein großes Molekül und daher in Lösung kolloiden Charakter. Ihre Verbindung mit der Baumwollfaser ist eine labile, der Fixierungsprozeß kann unter bestimmten Bedingungen, und zwar gerade unter solchen, denen sie als Drucke unterworfen sind, rückläufig werden. Mit diesen Produkten bedruckte Gewebe werden ohne bestimmte Vorsichtsmaßregeln beim nassen Aufeinanderliegen auf die weißen Stellen des Gewebes abflecken, wenn sie im direkten Druck auf weißer Ware Verwendung finden. In einem solchen Fall bleibt nur übrig, in elektrolythaltigen Waschwässern zu waschen, um so den rücklaufenden Fixierungsprozeß hintanzuhalten.

Man wird in Rücksicht auf diese Unannehmlichkeiten dieser Produkte auf ihre Verwendung im direkten Druck wohl meistens verzichten.

Zur Befestigung der substantiven Farbstoffe im direkten Druck ist feuchter Dampf erforderlich; man befördert die Aufnahme von Feuchtigkeit durch Zusatz des hygroskopischen Glycerins zur Druckfarbe, das aber ein Maximum von 100 g per Kilogramm Druckfarbe nicht überschreiten soll, um nicht geflossene Drucke zu erzeugen. Neben Glycerin wird man der Druckfarbe die von der Färberei her bekannten Elektrolyte zusetzen, besonders phosphorsaures Natron. Eine Druckfarbe für substantive Farbstoffe zeigt die folgende Zusammensetzung:

{ 20—30 g Farbstoff
{ 295—305 g Wasser
350 g Tragant 60 : 1000
25 g phosphors. Natron
100 g Blutalbuminlösung 1 : 1

Man tut gut, Blutalbumin zuzusetzen, um die Befestigung des Farbstoffs auf der Ware zu verbessern.

Man dämpft nach dem Druck im Mather-Platt, und zwar wiederholt, oder $^3/_4$ Std. im Kessel bei $^1/_2$ at Überdruck. Dann nimmt man durch kochsalzhaltiges Wasser, kurz durch heiße Seife und trocknet, wenn möglich, unmittelbar hinter der Waschoperation.

Für den direkten Aufdruck sucht man sich die lichtechtesten substantiven Farbstoffe aus, z. B. die Chlorantinlichtfarben der Ges. f. chem. Ind., Basel, oder die Siriusfarben der I. G. Farbenindustrie.

Wie bemerkt, ist der Direktdruck nicht das Hauptanwendungsgebiet des direkten Baumwollfarbstoffs. Dasselbe liegt im Ätzartikel, d. h. im Erzeugen von weißen oder bunten Mustern durch Ätzung der mit substantiven Färbungen hergestellten Färbungen. Durch zweckmäßige Auswahl (man sucht sich die lichtechtesten Produkte aus, die Waschechtheit der Färbungen ist in hellen Farbtönen im allgemeinen gut) läßt sich eine Anzahl hübscher Artikel schaffen, die sogar Anspruch auf nicht zu hoch gespannte Anforderungen an Lichtechtheit befriedigen.

Vor 25 Jahren war man zum örtlichen Zerstören von substantiven Färbungen auf die Anwendung von Zinnpräparaten, insbesondre Zinnchlorür und essigsaurem Zinn, angewiesen. Mit oxydativen Ätzen ist nur eine geringe Anzahl beeinflußbar. Heute verwendet man die haltbaren Doppelverbindungen von Hydrosulfit (s. d.) in Formaldehyd, welche unter dem Namen Rongalit C, Hydrosulfit R konz. Ciba u. a. m. im Handel sind und gleichwertige Präparate darstellen. Diese Produkte spalten sich im Dampf in Hydrosulfit und Formaldehyd, und ersteres spaltet die auf der Faser befindlichen Farbstoffe auf. Eine Schwächung der Faser ist bei dieser Reaktion ausgeschlossen.

Eine solche Weißätze auf substantiver Vorfärbung hat folgende Zusammensetzung:

{ { 150—250 g Rongalit C
{ { 350—250 g Wasser
{ 500—500 g neutrale Stärkeverdickung

Einfache Passage in der Dauer von 5 Min. im Mather-Platt bei 105—110° C spaltet den Farbstoff rasch auf, und einfaches Waschen, am besten in salzhaltigem Wasser, ergibt reinweiße Effekte auf farbigem Grund.

Vielfach kommt eine Buntätze in Frage, d. h. man zerstört mit einer Weißätze, der man durch Reduktionsmittel unbeeinflußbare Farbstoffe mit oder ohne Fixierungsmittel zusetzt, und setzt an Stelle des örtlich geätzten

Grundes den „Illuminationsfarbstoff“. Meistens wird man zu dem Zweck basische Farbstoffe verwenden. Da dieselben aber mit Tannin zu fixieren sind, muß dieses entweder der Ätzfarbe gemeinsam mit dem Illuminationsfarbstoff zugesetzt werden, oder man präpariert die vorgefärbte Ware in Tannin, fixiert mit Brechweinstein und druckt eine Ätze auf, die neben dem Reduktionsmittel den Farbstoff in gelöster Form enthält. Letztere Methode ist umständlich, gibt aber die beßren Resultate. Erstere Methode verlangt einen Zusatz von Anilin, Phenol oder Alkohol, um den Lack (Tannin — basischer Farbstoff) in Lösung zu erhalten. Die für diesen Zweck für den direkten Druck der basischen Farbstoffe gebräuchliche Essigsäure kann in diesem Fall wegen ihrer zersetzenden Wirkung auf die Sulfoxylate nicht angewandt werden. Letztere Ätzfarben sind wenig haltbar und drucken sich schlecht. Eine solche Ätzfarbe hat folgende Zusammensetzung:

20— 30 g	basischer Farbstoff in
50— 50 g	Glycerin
470—390 g	Wasser, lösen, mit
200—200 g	British-Gum, erhitzen auf 70° C
100—150 g	Rongalit C und
80— 80 g	Anilinöl zusetzen und kalt
80—100 g	Tannin-Alkohol 1 : 1

Als die Farbwerke Leverkusen einen gewissermaßen ungefärbten substantiven Farbstoff, das Katanol O, in Handel brachten, der kräftig fällende Eigenschaften für basische Farbstoffe zeigte, glaubte man einen Tanninersatz gefunden zu haben. Leider läßt sich aber das Katanol seiner stark fällenden Eigenschaften wegen als Zusatz zur Druckfarbe bis heute nicht verwenden; man muß vielmehr die vorgefärbte Ware damit imprägnieren und auf die so vorbereitete Ware eine Sulfoxylatätze gemeinsam mit dem basischen Farbstoff drucken. Man erspart immerhin die Operation der Passage in Brechweinstein, und die Effekte, welche so erhalten werden, sind einwandfrei. Eine solche Katanolpräparation besteht aus:

20 g	Katanol O
2 g	Soda
5 g	Türkischrotöl 50 proz., einstellen auf
1000 cm³	mit Wasser

Man bedruckt dann mit folgender Ätzfarbe:

20— 40 g	basischer Farbstoff
220—200 cm³	Wasser
60 g	Glycerin
600 g	neutrale Verdickung
100 g	Rongalit C
1000 g	

Man druckt auf, dämpft 4—5 Min. im luftfreien Mather-Platt, wäscht und trocknet gleich.

Zu diesem Zweck sind nur verhältnismäßig wenige Farbstoffe als hydrosulfitbeständig verwendbar, z. B. die Rhodamine, Methylenblau, Thioflavin und verschiedene Phosphine.

Für schwieriger zu ätzende Fonds setzt man der Sulfoxylatätze Leukotrop W mit oder ohne Anthrachinon 30 proz. zu.

Vielfach werden heute auch Küpenfarbstoffe zum Illuminieren von direkten Fonds verwendet; allerdings sollte eine solche Kombination nur mit den echtesten direkten Färbungen vorgenommen werden, z. B. mit den lichtechten Chlorantinlichtfarbstoffen (Ciba) oder aber mit Färbungen, welche diazotiert und entwickelt worden sind. Als Ätzfarben können ohne weiteres die Küpendruckfarben, welche für direkten Druck Anwendung finden, verwendet werden, und es sei diesbezüglich auf das Kapitel der Küpenfarben verwiesen.

Im Handdruck wird vielfach noch eine Zinkstaubätze von folgender Zusammensetzung gebraucht:

336 g Gummilösung 1 : 2
330 g Natriumbisulfit 38° Bé
334 g Zinkstaub
1000 g

Rongalitätzen sind, ganz allgemein gesprochen, im Handdruck deshalb unzweckmäßig, weil das Produkt sich an der Luft zu rasch zersetzt und unwirksam wird. Im Handdruck macht sich dieser Übelstand besonders störend bemerkbar, da die Produktion verhältnismäßig gering ist und die Ware zu lange vor dem Dämpfen liegenbleibt. Die bedruckte Ware muß etwas länger gedämpft werden, als es die Rongalitätzen erfordern; man verwendet dazu am besten den VON DER WEHLschen Indanthrendämpfer und dämpft $^1/_4$—$^1/_2$ Std. Waschen, nachher nach Bedarf Passage in Bichromatlösung vollendet die Operation.

Druck mit basischen Farbstoffen.

Der einfache, direkte Aufdruck dieser Produkte geschieht mit Hilfe von Tannin als Fixierungsmittel; das oben angeführte Katanol kann zunächst im direkten Druck noch keine Verwendung finden. Man hat in der Druckfarbe dafür zu sorgen, daß sich der Tanninlack in Lösung erhält, und man bewirkt dieses durch Anwendung von stark essigsauren Druckfarben, die außerdem noch Acetin, vielfach auch Glycerin, enthalten. Pro 1 T. Farbstoff verwendet man zum Druck etwa 3—5 T. Tannin.

10— 20 g basischer Farbstoff werden in
100—100 g Essigsäure und
230—180 g Wasser gelöst, man gibt
600—600 g essigs. Stärke-Tragant-Verdickung und vor dem Erkalten noch
60—100 g Tannin-Essigsäure 1 : 1 zu
1000 g

Für dunklere Farbtöne mit höherer Farbstoffkonzentration setzt man zweckmäßig noch Acetin zu, oft auch eine Lösung von Weinsäure 1 : 1.

Nach dem Aufdruck dämpft man 4 Min. im Mather-Platt, dann noch 1 Std. im Kessel bei $^1/_2$ atü. Die gedämpfte Ware passiert dann ein heißes Bad von Brechweinstein oder ein gleichwertiges andres Antimonpräparat, 5—10 g auf 1 l, wobei man dem Fixierbad zweckmäßig etwas Kreide zusetzt; man wäscht gut, nimmt allenfalls noch durch Diastafor, wäscht und trocknet. Man gibt dann noch ein Trockenchlor zur Verbeßrung des Weiß, das hinsichtlich seiner Konzentration von der größeren oder geringeren Chlorbeständigkeit des angewandten Farbstoffs abhängt.

Die Drucke mit basischen Farbstoffen können durch Anwendung von antimonsalzhaltigen Reserven reserviert oder „abgeworfen“ werden; auch Zinksalze eignen sich hierzu. Man druckt für derartige Artikel auf die weiße Ware eine Reserve

250 g British-Gum 1 : 1
100 g Wasser
250 g Kaolin
400 g Natriumbrechweinstein 1° Bé

vor, überdruckt mit der Druckfarbe für direkten Druck und vollendet die Operationen wie für den oben gekennzeichneten direkten Druck. An den Überfallstellen erhält man weiße Effekte. Zusatz von geeigneten direkten Farbstoffen zur Reserve führt zur Erzeugung von bunten Effekten unter dem basischen Überdruck.

Die Illumination basischer Fonds kann in verschiedener Weise erfolgen. Man kann geeignete Färbungen, z. B. Viktoriablau, mit Chloratätzen bedrucken, hat aber nicht zu starke Farben zu verwenden, da leicht Bildung von weißen Aureolen erfolgt. Einige Farbstoffe lassen sich auch mit Sulfoxylatätzen weiß ätzen. Natürlich lassen sich durch Inkorporieren von chlorat- bzw. sulfoxylatbeständigen Farbstoffen, entweder direkten oder aber auch basischen, Buntätzen herstellen; doch werden alle diese Verfahren nur in besondren Fällen angewendet. Die allgemeinübliche Art der Illumination von basischen Fonds ist der sog. Tanninätzartikel, so genannt, weil nicht die fertige Färbung, sondern das als Beize zunächst auf die Ware gebrachte Tannin örtlich verändert wird, so daß es beim späteren Färben dort nicht mehr als Beize für den basischen Farbstoff zu wirken vermag.

Die gebleichte Ware wird in Tanninlösung, je nach dem zu erzielenden Fond von 10—60 g auf 1 l, bei 60° C imprägniert und auf der Hotflue getrocknet. Dann fixiert man im Antimonbad von 10—20 g Brechweinstein auf 1 l, trocknet wieder in der Hotflue und bedruckt mit der Ätzfarbe, welche als wesentlichen Bestandteil Ätznatron enthält:

230 g	gebrannte Stärke
150 g	heißes Wasser
450 g	Natronlauge 40° Bé kalt
170 g	Natriumbisulfit 36° Bé
1000 g	

Man dämpft kurz, etwa 2 Min., im Mather-Platt, wäscht gut in Wasser aus, das etwas essigsauren Brechweinstein enthält, wäscht und seift und geht erst dann in das Färbebad, am besten in die Haspelkufe. Diese Waschoperationen vor dem Dämpfen sind neben der zweckmäßigen Auswahl des Farbstoffs die wesentlichen Punkte, welche zu beachten sind, soll das Weiß gut ausfallen.

Man färbt im basischen Farbstoff erst kalt unter Zusatz von etwas Leim und etwas Brechweinstein, läßt $^1/_2$ Std. kalt laufen und erwärmt dann das Bad langsam zum Kochen, kocht etwa 20 Min. bis $^1/_2$ Std. und wäscht dann gründlich. Man seift dann gut im Strang und gibt ein Trockenchlor.

Infolge der alkalischen Beschaffenheit der Ätzfarbe wird ein Überdruck von Anilinschwarz vor dem Abziehen und Färben der bedruckten Tanninpräparation abgeworfen, was zu verschiedenen Varianten führt.

Zweckmäßige Auswahl der Farbstoffe zum Färben der tannierten Ware ist, wie erwähnt, Bedingung für die Erzeugung eines guten Weiß. Neumethylenblau N, dann die Nilblaumarken, ebenso wie Echtbaumwollblau PAI, geben die besten Resultate.

Druck mit Beizenfarbstoffen.

Diese Kategorie von Farbstoffen hat für den Zeugdruck mit dem Ausbau der Küpenfarbstoffe an Bedeutung eingebüßt; auch die mit den neuen Naphtholen erzielbaren Effekte haben diesen Produkten erheblich Abbruch getan. Immerhin bleibt die Verwendung dieser im allgemeinen Effekte von hoher Echtheit liefernden Farbstoffe nach wie vor interessant und hat dieselbe für vielerlei Artikel, z. B. für Möbelstoffe, noch Bedeutung. Was in der Färberei nicht ohne große Farbstoffverluste durchzuführen ist, die Erzeugung von Einbadfärbungen mit Beizenfarbstoffen, ist im Zeugdruck bis zu den letzten Konsequenzen durchgeführt. Beizen, Farbstoff, sogar das unentbehrliche Öl können in der Druckfarbe untergebracht werden.

Direkter Druck mit Beizenfarbstoffen. Man unterscheidet diejenigen Verfahren, welche die Druckfarbe auf die in Ölpräparaten vorbereitete Ware drucken, und solche, bei denen auch das Öl, in modifizierter Form, in der Druckfarbe untergebracht ist. Das erstere Verfahren liefert immer noch die lebhaftesten Töne, abgesehen davon, daß für das zweite nur spezielle Farbstoffeinstellungen Anwendung finden können.

Im ersten Fall wird das gut gebleichte Gewebe in einer Lösung von 10—15 g Türkischrotöl 60 proz. pro Liter am Foulard imprägniert, dann an der Hotflue getrocknet. Die Stücke sollen rasch zum Druck kommen, da die Ware sonst einen gelben Stich annimmt, der oft auch energischen Reinigungsoperationen widersteht.

Man bedruckt nun mit folgender Druckfarbe:

150 g Alizarin in Teig 20 proz.
630 g essigs. Stärke-Tragant-Verdickung
100 g Rhodantonerde 12° Bé
75 g essigs. Kalk 15° Bé
25 g Olivenöl
20 g oxals. Zinn 16° Bé

1000 g

Man dämpft nun im Vordämpfer, dann 1 Std. bei $^1/_2$ atü. Bei Verwendung von Rhodantonerde, welche sehr gute Resultate gibt, sollen nicht zu viel Stücke im Kessel untergebracht werden, da sonst durch die hohe Konzentration des Dampfes an Rhodanwasserstoffsäure das Gewebe leicht angegriffen werden kann.

Will man Rhodantonerde vermeiden, so verwendet man eine Druckfarbe von folgender Zusammensetzung:

150 g Alizarin 20 proz. Teig
600 g essigs. Stärke-Tragant-Verdickung
60 g Ricinusöl
30 g essigs. Tonerde 15° Bé
30 g salpeters. Tonerde 12° Bé
28 g oxals. Zinn 16° Bé
28 g essigs. Kalk 15° Bé
64 g Wasser

1000 g

Ein sehr lebhaftes Rosa erhält man mit folgender Druckfarbe:

40 g Alizarinrot V 1 neu 20 proz.
40 g essigs. Kalk 15° Bé
50 g Wasser
600 g essigs. Stärke-Tragant-Verdickung
100 g Rhondantonerde 15° Bé
30 g oxals. Zinn 16° Bé
130 g Wasser
10 g Olivenöl

1000 g

Die verschiedenen Rottöne lassen sich durch Mischen der einzelnen Alizarinmarken variieren.

Das Dämpfen erfolgt in derselben Weise wie oben erwähnt. Die gedämpfte Ware wird nun in einem warmen Bade von 20—40 g Schlämmkreide auf 1 l durchgenommen, gut gewaschen, allenfalls diastaforiert und dann gut geseift. Letztere Operation dient zur Belebung des Rots oder Rosa und wird am besten im Strang vorgenommen.

Auf ungeölter Ware verwendet man die folgende Druckfarbe:

567 g essigs. Stärke-Tragant-Verdickung
150 g Alizarin D 2 NG Teig 20 proz.
135 g Rhodantonerde 12° Bé
45 g essigs. Tonerde 12° Bé
3 g Weinsäure
50 g essigs. Kalk 18° Bé
10 g oxals. Zinn 16° Bé
40 g Lizarol D konz.

1000 g

Das Lizarol D (s. d.) ist ein Kondensationsprodukt von Ricinolsäure und Formaldehyd. Das Dämpfen und die Nachbehandlung der bedruckten Ware entspricht den vorgekennzeichneten Verfahren. Auch Rosatöne lassen sich durch Verwendung von Lizarol D in ganz ähnlicher Weise wie Rottöne bei Verwendung von Alizarin-Blaustich erhalten.

Mit Eisensalzen erhält man bei Verwendung von Alzarin-Blaustich außerordentlich echte Lilatöne:

10 g Alizarin V 1 neu 20 proz.
500 g essigs. Stärke-Tragant-Verdickung
398 g Wasser
2 g Ferrocyankalium
80 g Essigsäure 6° Bé
10 g essigs. Kalk 18° Bé

1000 g

Die Nachbehandlung der auf geölte Ware gedruckten Farbe entspricht der der Rottöne. An Stelle von Ferrocyankalium kann man auch Ferricyankalium oder salpetersaures Eisen verwenden.

Viele andere Farbstoffe, darunter verschiedene Abkömmlinge des Alizarins, dann die Gallofarbstoffe, die Chromechtdruckfarben der Ges. f. chem. Industrie werden nahezu ausschließlich mit essigsaurem Chrom als Beize zum Druck verwendet. In diesem Falle ist fast ohne Ausnahme ein Vorbehandeln der Ware mit Türkischrotöl unnötig, ja oft von Nachteil. Ebenso setzt man der Druckfarbe keinerlei Ölpräparate zu.

Eine allgemeingültige Vorschrift zum Druck dieser Klasse von Farbstoffen ist die folgende:

30 g Chromfarbstoff i. Pv. werden in
240 g Wasser gelöst und in
600 g essigs. Stärke-Tragant-Verdickung eingerührt.
Man setzt dann noch zu
30 g Essigsäure 6° Bé und
100 g essigs. Chrom 20° Bé

1000 g

Bei der Verwendung von Gallofarbstoffen und Echtdruckviolett arbeitet man zweckmäßig mit einem kleinen Zusatz an Sulfoxylat-Formaldehyd, da die Leukoverbindung dieser Körper leichter fixierbar ist als der Farbstoff selbst. Man arbeitet mit folgender Druckfarbe:

30 g Chromdruckviolett i. Pv.
200 g Wasser
30 g Ameisensäure 90 proz.
30 g Essigsäure 6° Bé
600 g essigs. Stärke-Tragant-Verdickung
10 g Sulfoxylat-Formaldehyd
100 g essigs. Chrom 20° Bé

1000 g

Die Nachbehandlung dieser Drucke entspricht vollkommen der der Alizarinfarben wie sie oben gekennzeichnet wurde. Für gewisse Farbstoffe, z. B. Alizarinblau oder gewisse beizenziehende Nitrofarbstoffe, verwendet man mit Vorteil auch Nickel- und Kobaltsalze als Beizen in derselben Weise wie essigsaures Chrom. Auch Eisenbeizen geben, insbesondere mit Soliddruckgrün gute Resultate. Auch bestimmte Rhodaminmarken sowie Viktoriablau können mit Chrombeizen gedruckt und mehr oder weniger lebhaft und echt fixiert werden. Eigentümlicherweise sind auch bestimmte Küpenfarbstoffe, z. B. Alizarinindigomarken befähigt, mit Chrombeizen Lacke zu bilden.

Um die Beizenfarbstoffe im illuminierten Färbeartikel zu verwenden, gibt es eine Anzahl von Verfahren, die allerdings heute an Bedeutung durch die viel einfachere Verwendung der Küpenfarbstoffe in dieser Richtung stark eingebüßt haben.

Man arbeitete zunächst so, daß man die verdickte Beize, z. B. hier Alizarinrot und essigsaure Tonerde, auf die weiße Ware aufdruckte, verhängte, um die Dissoziation der Beize zu vollenden und dann in einem Schlämmkreidebade abzog. Man färbte dann nach gutem Waschen am Haspel in Alizarin. Man setzt dem Färbebade etwas Leim zu, um das Einfärben des Weiß hintanzuhalten. Diese Methode wurde besonders zum Herstellen von Fahnenstoffen, wo große Flächen farbig erscheinen sollten, verwendet.

Wo kleinere weiße Effekte erzielt werden sollten, wurde die weiße Ware auf dem Foulard mit der Beize (meistens ein Gemisch von essigsaurer Tonerde und essigsaurem Kalk) imprägniert, getrocknet, verhängt und nun mit folgender Ätze bedruckt:

100—200 g Citronensäure
670—570 g Wasser
230—230 g British-Gum
1000 g

Man verhängt 24 Std. warm oder dämpft kurz, wobei Tonerde und Kalkoxydhydrate in citronensaure, lösliche Salze übergehen, wäscht und kreidet die Ware mit 5—10 g Schlämmkreide pro 1 l und färbt im Alizarinfärbebade unter Zusatz von Leim.

Ähnlich werden Chrombeizenpräparationen geätzt, welche nachher ebenso wie oben mit Chromfarbstoffen gefärbt werden sollen.

Diese Arbeit des Ätzens von gebeizter Ware und nachträglichem Ausfärben wurde früher vielfach ausgeführt, ist heute aber wohl nur noch vereinzelt und zur Herstellung von Spezialartikeln anzutreffen.

Man arbeitet heute, nachdem die Verfahren gründlich ausgearbeitet worden sind, in der Weise, daß man die fertigen Färbungen mit Beizenfarbstoffen ätzt.

Das alte klassische Verfahren zum Ätzen von Türkischrot, die „Cuve décolorante", welche so arbeitete, daß die gefärbte Ware nach dem Bedrucken mit verdickten organischen Säuren in einer Chlorkalklösung passiert wurde, wird wohl der Vergangenheit angehören.

Man fand im alkalischen Ätzverfahren auf Alizarinrot ein Mittel, sicherer und ohne jede Faserschwächung zu arbeiten. Man färbt nach gewöhnlichen Verfahren. Zum alkalischen Ätzen von Alizarinrot eignen sich am besten Waren, welche mit den Gelbstichmarken gefärbt sind, Blaustich ist schwieriger ätzbar. Durch das konzentrierte Alkali wird der Tonerdekalklack gespalten und die entstehenden Alizarate sind nun in schwach alkalischer Flüssigkeit löslich. Die dazu verwendete Ätzfarbe wird folgendermaßen hergestellt:

1300 g Senegalgummi 1 : 1
500 g Dextrin
500 g Wasser
500 g Zinkoxyd
1000 g Zinnoxydul in Teig 50 proz.
2000 g Glycerin. Unter Kühlung wird in kleinen Anteilen
11000 g Natronlauge 50° Bé zugesetzt. Ebenfalls unter Kühlung u. beständigem Rühren
5000 g Wasserglas 38° Bé
200 g Terpentinöl

Steigt die Temperatur bei der Bereitung der Druckfarbe zu hoch, so wird das Zinnoxydul zu schwarzem Metall reduziert und die Farbe wird in ihrer Ätzwirkung bedeutend geschwächt. Die bedruckte Ware wird im Mather-Platt 5 Min. gedämpft; es sollen die Ätzstellen lebhaft blaurot aussehen. Man zieht dann auf einer Rollenkufe in kochender Wasserglaslösung von 10—15 g Wasserglas 38° Bé pro 1 l ab, wäscht gut und seift im Strang $^1/_2$ Std. kochend.

Ein Zusatz von Sulfoxylat-Formaldehyd, allenfalls auch von Natriumbisulfit, wirkt hinsichtlich der Ätzeffekte sehr günstig.

An Stelle von Zinnoxydulteig kann man Bleihydroxyd verwenden; man erhält dann nach dem Ätzen und Abziehen in Wasserglas durch eine nachträgliche Chromatpassage ein Gelb. Mischung von Bleihydroxydteig und Indigo (20 proz.) gibt, in derselben Weise behandelt, ein Grün, wobei man der Ätzfarbe zur Reduktion des Indigos noch Glucose zusetzt.

Der Artikel, der in Rußland zu seltener Vollkommenheit ausgebildet wurde[1], erfordert, um regelmäßige Resultate zu geben, große Aufmerksamkeit und dauernde Überwachung der Fabrikation.

Zum Buntätzen von Alizarinrot können auch mit gutem Erfolg die Küpenfarben, insbesondere die Indanthren-, Ciba- und Cibanonfarbstoffe in stark alkalischem Medium herangezogen werden.

Eine eigne Gruppe von Beizenfarbstoffen, welche aber das zur Fixierung notwendige Metalloxyd in vermutlich adsorptiver Form mit dem Farbstoffmolekül verbunden enthalten, sind die Ergan- und Erganonfarbstoffe. Die Fixierung dieser Farbstoffe auf der Faser geschieht ohne Vermittlung einer Beize durch einfaches Verdicken der Lösung des Farbstoffes mit saurer Verdickung wie folgt:

100—300 g	Farbstoff i. Teig
370—135 g	heißes Wasser
20— 40 g	Ameisensäure 90 proz.
500—500 g	essigs. Stärke-Tragant-Verdickung
10— 25 g	Rhodanammonium
1000 g	

Man dämpft die bedruckte Ware 5 Min. im Vordämpfer, spült und seift.

Durch Anwendung einer Klotzfarbe wie die folgende:

150—100 g	Ergan- oder Erganonfarbstoff i. Teig
20— 40 g	Ameisensäure 90 proz.
680—710 g	Wasser
150—150 g	essigs. Stärke-Tragant-Verdickung

können mit diesen Farbstoffen auch die verschiedensten Modetöne erzeugt werden, welche sowohl mit Chlorat- als auch mit Sulfoxylatätzen weiß illuminiert werden können. Man bedruckt die geklotzte und bei niederer Temperatur getrocknete Ware mit der einen oder anderen der angeführten Ätzen, dämpft 5 Min. im Mather-Platt, geht dann in kochende Wasserglaslösung, 5—10 g Wasserglas 38° Bé pro 1 l, spült und seift.

Die Licht- und Seifenechtheit der mit diesen Farbstoffen hergestellten Artikel ist außerordentlich befriedigend.

Zu den Beizenfarbstoffen kann man noch einige wenige aus Pflanzenfarbstoffen hergestellte Druckpräparate zählen, welche heute noch zu gewissen Zwecken in nennenswerten Quantitäten verarbeitet werden. Es soll hier besonders das Noir réduit genannt werden, welches hergestellt wird durch oxydative Behandlung von Blauholzextrakt. Dieses Produkt bildet einen dünnen, schwärzlichen Teig und geht, mit Chrombeizen gedruckt, bei längerem Dämpfen in ein intensives Schwarz über. Folgende Druckfarbe wird verwendet:

360 g	essigs. Stärke-Tragant-Verdickung
500 g	Noir réduit Teig
20 g	Rhodanammonium
20 g	Kreuzbeerenextrakt
100 g	essigs. Chrom 20° Bé
1000 g	

[1] Triapkin: Rongeage du rouge turc par la methode alcaline. Paris 1899.

Man dämpft im Mather-Platt 5 Min., evtl. noch 1 Std. bei $^1/_2$ at. Die Farbe wird mit Vorliebe in Kombination mit länger zu dämpfenden Beizenfarbstoffen gebraucht, da Anilinschwarz in solchen Fällen infolge seiner destruktiven Wirkung auf die Faser keine Anwendung finden kann.

Druck mit Küpenfarbstoffen.

Lange Jahre kannte man nur einen Repräsentanten der Klasse der Küpenfarbstoffe, den Indigo. In den letzten 30 Jahren nun ist diese Klasse mächtig ausgebaut worden, und zwar wurde zunächst eine ganze Anzahl Abkömmlinge des Indigos von wertvollen Eigenschaften dargestellt, die man als indigoide Küpenfarbstoffe zu bezeichnen pflegt, im Gegensatz zu den Repräsentanten der im allgemeinen mit den höchsten heute bekannten Echtheitseigenschaften ausgezeichneten Farbstoffe, der anthrachinoiden Küpenfarbstoffe. Der Indigo selbst hat durch das Auffinden von wesentlich echteren blauen Küpenfarbstoffen heute an Bedeutung nicht unbeträchtlich eingebüßt.

Der Indigo ist dasjenige Produkt, an welches sich die ersten uns bekannten Überlieferungen über die Technik des Zeugdruckes knüpfen. Er wurde auf Java zu den auch heute noch hergestellten Batikartikeln verwendet; mit ihm wurden die Tafeldruckblauartikel mittels des mit Schwefelarsen und Ätzkali reduzierten Farbstoffs hergestellt. In ähnlicher Weise wurde das Solidblau, aus Indigo hergestellt, mit dem Pinsel auf Gewebe aufgetragen. Später wurde die Reduktion des Pigments mit Eisenvitriol und Kalk bekannt und diente zur Herstellung des Fayence- oder Englischblaus.

Im Laufe der Jahre vervollkommnete sich die Anwendung des schönen, blauen Farbstoffs immer mehr, man fand zweckmäßigere Applikationsverfahren in dem Maße, als auch die Apparaturen und chemischen Applikationsverfahren vervollkommnet wurden.

Direkter Aufdruck von Indigo. Wie soeben hervorgehoben, war der direkte Aufdruck von Indigo eines der ältesten Druckverfahren, aber lange Zeit waren die angewandten Methoden für die Erzeugung größerer Produktionen nicht brauchbar. Erst als die Firma Schlieper & Baum in Elberfeld ein Verfahren ausarbeitete, das die Reduktion des Indigos in alkalischem Medium mit Glucose bewirkte, gelang die Großproduktion von Indigoartikeln. Das Glucose-Alkali-Verfahren war allerdings aufgebaut auf einer alten Methode, welche Kandiszucker in alkalischem Medium zur Reduktion des Farbstoffs verwandte. Eine Druckfarbe, welche Pigment, Reduktionsmittel und Alkali enthält, ist eine im Druck wenig beliebte Kombination, da sich rasch eine Küpe inmitten der Druckfarbe bildet, die das Drucken der Farbe außerordentlich erschwert. Schlieper & Baum machten den großen Fortschritt, indem sie die, die Reduktion vermittelnden Agenzien trennten, Pigment und Alkali einerseits in der Druckfarbe unterbrachten, die Glucose aber durch Imprägnation auf das Gewebe brachten. Für das Gelingen des Verfahrens ist eine hohe Konzentration an Alkali in der Druckfarbe Voraussetzung, da, um satte Drucke zu erhalten, örtliche Mercerisation Bedingung ist.

Die weiße Ware wird präpariert in 7—8° Bé starker Glucoselösung und rasch und stark auf der Hotflue getrocknet. Der Hygroskopizität einer solchen Ware wegen muß dieselbe rasch weiter verarbeitet werden. Man bedruckt daher mit:

750 g alkalische Verdickung
100 g Natronlauge 22° Bé
150 g Indigoteig 20 proz.

Alkalische Verdickung:
25 g Weizenstärke
55 g British-Gum
120 g Wasser
800 g Natronlauge 45° Bé

Man trocknet die bedruckte Ware und geht in einen Dämpfer eigner Konstruktion zur Produktion von vollkommen feuchtem Dampf. Die Passage hat nicht länger als 1—2 Min. zu dauern; der Druck soll den Dämpfer olivefarben verlassen. Man wäscht mit sehr viel Wasser oder in etwas Bichromatlösung, um die Reoxydation zu beschleunigen.

Seit der Einführung der haltbaren Hydrosulfit-Formaldehyddoppelverbindungen hat das Verfahren wohl selten mehr Anwendung gefunden, da die neue Arbeitsweise eine angenehmere und sicherere Fabrikation gestattet.

Man bedruckt heute, soweit noch Indigo in Frage kommt, mit:

650 g	alkalische Verdickung
50 g	Natronlauge 22° Bé
150 g	Sulfoxylat-Formaldehyd 1 : 1
150 g	Indigo 20 proz.
1000 g	

Man dämpft im luftfreien Dämpfer 4—5 Min. und wäscht unter denselben, oben angeführten Vorsichtsmaßregeln gegen das Ausbluten.

Zum Abwerfen bzw. Reservieren von Indigodrucken dient eine Vordruckreserve, wie sie schon bei Anwendung des Schlieper-Baumschen Verfahrens gebräuchlich war:

240 g	fein gefällter Schwefel
240 g	Gummiwasser 1 : 1
480 g	Tonerdesulfat 1 : 1
40 g	essigs. Natron
1000 g	

Man überdruckt mit obiger Indigodruckfarbe und dämpft wie angegeben. Man erhält nach dem Auswaschen weiße Partien unter dem blauen Überdruck.

Die übrigen sich vom Indigo ableitenden Farbstoffe, die sog. indigoiden Farbstoffe, werden im direkten Druck etwas anders verwendet als die Muttersubstanz. Sie erfordern im allgemeinen schwächere Alkalien zur Verküpung, und man wird in den meisten Fällen mit Pottasche als Alkali auskommen. Die verschiedenen Halogenindigo, die Cibablaumarken, Brillantindigo, Bromindigo, dann aber auch die andern vom Thioindigo sich ableitenden Produkte, Cibascharlach, Cibaviolett, Cibabordeaux, dann die verschiedenen Helindonfarbstoffe kann man mit einer folgenden Farbe drucken:

300 g	Farbstoff i. Teig
80 g	Glycerin
350 g	Stärke-Tragant-Verdickung
120 g	Pottasche
150 g	Sulfoxylat-Formaldehyd
1000 g	

Bei bestimmten Farbstoffen empfiehlt es sich, die Reduktion derselben durch Zusatz von Hydrosulfit Plv. zu der Druckfarbe vorzunehmen. Vielfach wird noch ein Zusatz von Solutionssalz gemacht, der beim Indigo selbst nicht erforderlich ist. Das Fertigstellen erfolgt entsprechend den Indigodrucken.

Illuminierung küpenblauer Fonds. Die alten Indigoilluminationsverfahren waren alle auf der Anwendung von Reserven aufgebaut. Es sei erinnert an den uralten Batikartikel mit reiner Wachsreserve; später wurden diese alten Verfahren auch in Europa nachgeahmt. Dann bildete sich das sog. Pappverfahren aus[1]. Die Pappe bestanden aus verdickten Lösungen von anfangs ausschließlich Blei- und Kupfersalzen. Nach diesem Verfahren konnten, kombiniert mit Färbeoperationen, die verschiedenartigsten Artikel hergestellt werden, die man unter dem Namen „Blaudrucke“ zusammenfaßte. Wurden solche Pappe auf ungefärbte Ware gedruckt, dann gefärbt, und zwar in der Senkküpe am Sternreifen,

[1] Persoz: Traité d'impression IV.

so erhielt man nach dem Absäuern der Ware weiße Effekte auf blauem Grunde. Wurden hellblau vorgefärbte Gewebe mit bleihaltigen Pappen bedruckt, dann in der Küpe dunkel gefärbt, so erhielt man nach dem Absäuern hellblaue Figuren, auf denen Bleisalze abgelagert waren. Ein darauffolgendes Durchnehmen der Stücke in Chromatlösung führte das Bleisalz in gelbes Chromat über, welches in Superposition mit dem Hellblau der Vorfärbung ein Grün ergab. Grün-hellblaue Effekte erhielt man durch Nebeneinanderdrucken einer bleihaltigen Reserve und einer solchen, welche lediglich Kupfersalze enthielt. In dieser Weise konnten die verschiedenartigsten Artikel hergestellt werden[1]. Ein Beispiel eines solchen nur Kupfersalze enthaltenden Papps ist das folgende:

30 kg Kaolin
35 kg Gummilösung 1 : 1
10 kg Kupfervitriol pulv.
5 kg Kupfernitrat
30 l Wasser

Eine bleihaltige Reserve war die folgende:

I { 9 l Wasser, 17 kg Bleizucker, 3,5 kg Mennige } werden gekocht, bis die Mennige gelöst ist
II { 7 l Wasser, 14,0 kg Kupfersulfat, 16,8 kg Bleinitrat }
III { 15 kg Bleisulfat pulv., 2 l Wasser }

Man gießt I + II auf III, mischt gut durch und verdickt mit:

4,7 kg Gummi arab. pulv.
4,2 kg dunkelgebrannte Stärke
2,0 kg Kaolin
1,7 kg Schweinefett

Aufdrucken des bleihaltigen Papps auf weiße Ware mit darauffolgender Küpung, Absäuern und Passieren in einer heißen Lösung von neutralem Chromat gibt Orangeeffekte; Aufdruck desselben Papps auf hellblau vorgefärbte Ware, Dunkelfärben, Säuern und neutral Chromieren gibt Olive-Illuminationen.

Der sehr beliebte Rot-Blau-Artikel war seinerzeit nur unter Verwendung von tonerdehaltigen Reserven und späterem Ausfärben der blau gefärbten Ware mit Alizarin zu erhalten. Die neueren Verfahren arbeiten in der Weise, daß die ungefärbte Ware mit β-Naphthol-Natriumlösung imprägniert, getrocknet, darauf mit einer Zink-Blei-Reserve folgender Zusammensetzung bedruckt wird:

{ 28 l Stammfarbe
{ { 3600 g Azophorrot PN
{ 2500 g Wasser
1120 g Natriumbichromat

Stammfarbe:
16,8 kg Gummilösung 1 : 1
32,0 kg Zinksulfat
16,8 kg Bleizucker
20,7 kg Bleinitrat

Das Azophorrot kuppelt mit dem Beta-Naphthol und die Reserve schützt beim folgenden Färben in der Continueküpe das entstandene Paranitranilinrot vor dem Einfärben. Säuern und Waschen beendet die Operation. Mit gewöhnlicher bichromatfreier Blei-Kupferreserve läßt sich Weiß neben Rot erhalten.

Ein andres Verfahren arbeitet in der Weise, daß auf die in β-Naphthol-Lösung imprägnierte Ware eine Farbe aufgedruckt wird, welche neben Manganchlorür und Azophorrot PN noch Bichromat enthält. Der auf der Faser über dem Paranitranilinrot sich bildende Balanchebister (Manganichromat, das vermutlich noch adsorbiertes Chrom enthält) übt in der Küpe die reservierende Wirkung aus.

[1] Tagliani: Färb. Ztg. **1912**, 280.

Der Indigoätzdruck. Lange Jahre waren die Reserven die einzigen Mittel, küpenblaue Ware zu mustern. Man wußte zwar schon lange, daß es mit gewissen Substanzen gelinge, den Indigo örtlich zu zerstören (der „Indigotest" war ein altbekanntes Mittel, mit Salpetersäure Indigofärbungen zu identifizieren), aber erst in jüngster Zeit gelang es, auf demselben aufgebaut, ein Indigoätzverfahren auszuarbeiten.

THOMPSON baute im Jahre 1825 ein Verfahren zum Ätzen von Indigofärbungen auf der Beobachtung auf, daß Chromsäure das Pigment in eine gelbe, leicht in alkalischen Flüssigkeiten lösliche Substanz (Isatin) überführt. Das Chromatätzverfahren war das erste praktisch ausgeübte Indigoätzverfahren, und nach verschiedenen Versuchen arbeitete man in der Weise, daß man verdicktes Bichromat auf küpenblaue Ware aufdruckte und dieselbe dann in ein heißes Bad von 50 g Schwefelsäure und 50 g Oxalsäure auf 1 l bei etwa 60—70° passierte. An den bedruckten Stellen bildete sich Isatin, das man in warmen Lauge- oder Sodabädern abziehen und so weiße Effekte erhalten konnte. Das Verfahren ist heute wohl verlassen; es hatte den Nachteil, daß sich an den Ätzstellen trotz aller möglichen Vorsichtsmaßregeln Oxycellulose bildete. Buntätzen wurden nach diesem Verfahren durch Kombination von Pigmentfarben mit der Chromatätze, nebst Albumin als Fixierungsmittel, erzeugt. Das Verfahren hatte insofern für die Entwicklung der Buntätzen auf Indigo ein historisches Interesse, als ELBERS[1] der erste war, der mit β-Naphthol präparierte küpenblaue Ware mit einer Chromatätze bedruckte, welche die Diazolösung eines organischen Amins enthielt. Er erhielt in dieser Weise rote Effekte nach dem Absäuern, erzielte also zum ersten Male den Rot-Blau-Artikel auf Indigo auf dem Ätzwege.

Die Ferricyankaliumätze auf Indigo war schon von MERCER im Jahre 1845 nach folgendem Vorgang:

$$2\,K_3FeCy_6 + 2\,KOH = 2\,K_4FeCy_6 + H_2O + O$$

verwendet worden. Später baute sie v. GALLOIS weiter aus, indem er Ferricyankalium auf indigoblaue Ware aufdruckte und dann in verdünnter Natronlauge die Oxydation des Pigments an den bedruckten Stellen zu Isatin auslöste. Diese Ätze vermochte aber nur helle Töne zu zerstören und hatte daher nur beschränkte Anwendungsmöglichkeit.

Anders war es mit der Chloratätze. JEANMAIRE machte die Beobachtung, daß Chlorat in Kombination mit Ferricyaniden kräftig oxydierende Wirkungen ausübt und erhielt mit einer Druckfarbe:

75 g Chinaclay
75 g Wasser
277 g Stärke-Tragant-Verdickung
200 g Chlorsaures Natron,

das Gemisch erwärmen, bis alles gelöst, kalt zusetzen:

23 g Ferricyankalium
50 g Wasser
150 g Weinsäure
150 g Wasser,

nach dem Aufdrucken und Dämpfen im Schnelldämpfer erfolgt völlige Überführung des Indigos in Isatin. Passage in warmer Wasserglaslösung von 15 g Wasserglas pro 1 l Wasser genügte, um das Oxydationsprodukt von den Ätzstellen zu entfernen. Buntätzen konnten auf dieser Grundlage durch Zusatz von chloratbeständigen, substantiven Farbstoffen erzielt werden, doch waren derartige Effekte stets wenig lebhaft. Dagegen gelang es, den Rot-Blau-Artikel in dieser Weise gut herzustellen. Die blaue Ware wurde zu dem Zweck in einer

[1] ELBERS: D.R.P. 55779, 1890.

Lösung von 10—15 g β-Naphthol pro 1 l imprägniert und mit einer Ätze folgender Zusammensetzung bedruckt:

775 g Stammätze
32 g Stärke-Tragant-Verdickung
40 g Weinsäure
133 g Diazolösung 10 proz.
20 g essigs. Natron.

Stammätze:

580 g Stärke-Tragant-Verdickung
387 g chlorsaures Natron
33 g Ferricyankalium

Diazolösung:

100 g p-Nitro-o-Anisidin
300 g heißes Wasser
222 g Salzsäure 19° Bé
300 g Eis
43 g Natriumnitrit
135 g Eiswasser

Dämpfen, abziehen und trocknen ergab rote Effekte auf blauem Grunde. Ein Weiß war neben Rot mit Chloratätze nicht zu erzielen, da das Naphthol in braune Körper überging, die nicht mehr von der Faser entfernt werden konnten. Echtere und weniger chloratempfindliche Rots (daher in der Fabrikation sicherer zu erzielen) ergab die Verwendung von Naphthol-AS an Stelle von β-Naphthol und von diazotierter Echtscharlach-G-Base an Stelle von p-Nitro-o-Anisidin mit derselben Behandlung, wie soeben gekennzeichnet. Auch Bromate werden für besondere Zwecke statt der Chlorate zum Ätzen von Indigo verwendet[1].

Ein interessantes Verfahren zum Ätzen von Indigo erfand FREIBERGER mit seinem Nitratätzverfahren[2]. Die bekannte Umwandlung von Indigo in Isatin durch Einwirkung von Salpetersäure veranlaßte FREIBERGER, diese Säure örtlich entstehen zu lassen, indem er Nitrate aufdruckte und in Schwefelsäure von 40° Bé bei einer Temperatur von 70—80° rasch durchnahm. Der Indigo wurde dabei glatt geätzt. Das Verfahren war außerordentlich billig, arbeitete bei Anwendung geeigneter Apparaturen glatt, machte aber nur insofern Schwierigkeiten, als die beim Auswaschen der Ware verhältnismäßig großen Mengen anfallender verdünnter Säure entweder im eigenen Betriebe restlos verbraucht werden oder aber konzentriert werden mußten.

Mit der Erfindung der stabilen Hydrosulfite, ferner durch die später erfolgte Entdeckung der Sulfoxylat-Formaldehyd-Doppelverbindungen, bekannt unter den Namen Hydrosulfit NF conc., Rongalit C und Hyraldit, begann für den Indigoätzartikel ebenso wie in vielen andern Gebieten des Zeugdrucks eine neue Periode der Entwicklung.

Zwar waren schon vordem Versuche unternommen worden, mit Reduktionsmitteln Indigo zu ätzen, wohl aus dem Bestreben heraus, die bei Anwendung von Oxydantien infolge Bildung von größeren oder geringeren Mengen von Oxycellulose stets eintretende Faserschwächung zu vermeiden; die Versuche ergaben aber keine befriedigenden Resultate[3].

Mit den neuen Hydrosulfit-Formaldehyd-Doppelverbindungen, welche sich bei kurzem Dämpfen schon in die Komponenten spalteten, schien das Problem der Reduktionsätzen der Verwirklichung näher gerückt.

Das erste Verfahren, das sich dieses reinen Körpers in der genannten Richtung bediente, verwandte eine Mischung von Rongalit C und Schmierseife[4]. Nach dem Dämpfen und Abziehen in Wasser gelang es, das gebildete Indigoweiß restlos von der Faser zu entfernen, und der erste auf dem Ätzwege mit Reduktionsmitteln einwandfrei hergestellte Artikel war geschaffen.

---

[1] „Indigorein". Broschüre der B.A.S.F. S. 101—103 (Erstausgabe).
[2] FREIBERGER: Färb. Ztg. **1913**, 23.
[3] B.A.S.F. D.R.P. 97593. — POMERANZ: D.R.P. 253155. — RIBBERT: D.R.P. 267408.
[4] HALLER: D.R.P. 194878.

Es zeigte sich nun aber, daß mit derartigen Druckfarben bedruckte Indigoware nach dem Dämpfen ohne Gefahr der Reoxydation nicht liegenbleiben konnte, was das Verfahren wenig produktiv gestaltete. In der Folge wurde eine ganze Anzahl ähnlicher Verfahren bekannt[1], welche aber am selben Übelstand litten.

Erst als es gelang, das Indigoweiß, das durch die Wirkung des im Dampfe regenerierten Hydrosulfits entstand, in eine Verbindung überzuführen, welche sich nicht mehr reoxydieren konnte, war das Problem befriedigend gelöst. Es war die B.A.S.F. (Dr. REINKING), welche im Leukotrop O

$$C_6H_5-\overset{CH_3\ \ CH_3}{\underset{Cl}{N}}-CH_2-C_6H_5$$

einen Körper fand, welcher im Dampf das Indigoweiß benzylierte und so eine stabile, orange gefärbte Verbindung bildete, welche leider unlöslich war. Durch Sulfurieren desselben gelang es, im Leukotrop W[2]:

$$C_6H_5-\overset{CH_3\ \ CH_3}{\underset{Cl}{N}}-CH_2-C_6H_4\cdot SO_3\cdot \frac{Ca}{2}$$

diejenige Verbindung zu finden, welche mit Indigoweiß unter Eintritt des sulfurierten Benzylrestes einen zwar auch orangerot gefärbten, aber in verdünnten Alkalien leichtlöslichen Körper bildete. Damit waren auch die letzten Schwierigkeiten beseitigt.

Die in diesem Falle anzuwendende Ätzfarbe war die folgende:

36 kg Gummi-Stärke-Verdickung
8 kg Rongalit CL (Rongalit C mit Zusatz von Leukotrop W)
1 kg Rongalit C
4 kg Zinkoxyd
2 kg Anthrachinon 30 proz.
5 l Wasser

Man dämpft nun im luftfreien Mather-Platt und bewirkt so die Reduktion des Pigments zu Leukoindigo und die Benzylierung dieser Substanz unter Bildung der in schwach alkalischen Bädern löslichen orangefarbigen Verbindung. Zum ungehinderten Verlauf dieses Vorgangs ist die richtige Zusammensetzung des Dampfes von ausschlaggebender Bedeutung.

Buntätzverfahren auf küpenblauer Ware. Nachdem man versucht hatte, derartige Effekte durch Anwendung von sulfoxylatbeständigen basischen Farbstoffen zu erzielen, gelang es HALLER durch Kombination des normalen Sulfoxylat-Leukotrop W-Verfahrens mit dem JEANMAIREschen Verfahren der Fixierung von anthrachinoiden Farbstoffen[3] diese Effekte in besondrer Echtheit auf Indigofonds zu erzielen. Man verwendet folgende Buntätzfarbe und Weißätze:

Buntätzfarbe:	Weißätze:
20000 g Weißätze	4000 g Rongalit CL
1000 g Eisenvitriol	2000 g Rongalit C
250 g Zinnsalz	2000 g Wasser
500 g Indanthrenblau RS Teig	1600 g Zinkoxyd
500 g Indanthrenblau GCD Teig	11200 g Gummilösung
500 g Wasser	

[1] Höchster Farbwerke, D.R.P. 213583. — CASSELLA: D.R.P. 116783.
[2] REINKING: Färb. Ztg. 1910, 250. — D.R.P. 235879, 235880.
[3] HALLER: D.R.P. 263647.

Man dämpft vor dem Aufdruck im luftfreien Schnelldämpfer, passiert dann 18—20 Sek. in heißer Natronlauge von 20° Bé, wäscht, säuert, wäscht und trocknet. Für Illuminationen nach diesem Verfahren sind alle sulfoxylatbeständigen Küpenfarbstoffe geeignet.

Der beliebte Rot-Weiß-Blau-Artikel kann in einfacher Weise durch Anwendung der früher erwähnten Chloratätze auf Naphthol-AS-Präparation auf indigoblauer Ware, in Kombination mit dem oben auch angeführten Sulfoxylat-Leukotrop W-Ätzweiß, erzeugt werden.

Auch die Ätzungen auf Färbungen von indigoiden Farbstoffen, Cibablau 2 B, Cibagrün, Cibaviolett, Cibaorange, dann die verschiedenen Bromindigo, Brillantindigo, lassen sich in ähnlicher Weise herstellen. Man setzt aber zweckmäßig der Sulfoxylat-Leukotrop W-Ätze etwa 40 g Schlämmkreide auf 1 kg zu und dämpft zweimal im luftfreien Schnelldämpfer. Auch die Thioindigorots lassen sich auf gleiche Weise ätzen.

Die anthrachinoiden Farbstoffe.

Zu diesen Farbstoffen gehören die Indanthrene der I. G. Farbenindustrie, dann die Cibanonfarbstoffe der Gesellschaft für chemische Industrie in Basel. Der direkte Aufdruck dieser durch außerordentliche Echtheit ausgezeichneten Farbstoffe bereitete unmittelbar nach deren Entdeckung gewisse Schwierigkeiten. Jeanmaire[1] ermöglichte es dann, nach folgendem Verfahren diese Farbstoffe auch im Druck zu verwenden. Man bedruckte die weiße Ware mit verdicktem Farbstoff unter Zusatz von Eisenvitriol und Zinnsalz. Die bedruckte Ware wird dann in heißer, konz. Lauge kurze Zeit passiert, gewaschen, gesäuert, gespült und getrocknet. Das Verfahren ist heute noch da und dort, insbesondre im Handdruck, in Verwendung und ergibt unzweifelhaft die lebhaftesten und sattesten Töne. Im Großbetrieb allerdings wird man allgemein das Siebersche Rongalit-Pottasche-Verfahren[2] anwenden, das mit folgender Druckfarbe arbeitet:

500 g	Stärke-British-Gum-Verdickung
100 g	anthrachinoider Farbstoff i. Teig
100 g	Glycerin
150 g	Pottasche
100 g	Wasser
50 g	Rongalit C
1000 g	

Man dämpft dann nach dem Aufdrucken kurz im Schnelldämpfer und wäscht, wobei sich die Färbung entwickelt. Einzelne Farbstoffe dieser Klasse geben beßre Resultate, wenn sie als Leukoverbindungen aufgedruckt werden. Man setzt der auf 60° C erwärmten Druckfarbe etwa 40 g Hydrosulfit konz. Plv. auf 1 kg zu, muß aber dann nach dem Abkühlen noch etwas Rongalit C zusetzen.

Auch Druckfarben mit Zusatz von starken Alkalien sind gebräuchlich, wobei die örtliche Mercerisation eine erhöhte Intensität des Farbtons auslöst.

Will man Überdrucke mit derartigen Druckfarben abwerfen, so verwendet man einen Vordruck von verdicktem Ludigol.

Ätzen von Färbungen anthrachinoider Farbstoffe. Eine Anzahl der genannten Farbstoffe ist mit Hilfe von Sulfoxylat-Leukotrop W ätzbar, besonders in hellen Tönen. Bei tieferen Tönen verwendet man zweckmäßig eine stark alkalische Druckfarbe von folgender Zusammensetzung:

---

[1] Jeanmaire: D.R.P. 132402.

[2] Sieber: Indanthrendampfdruckfarben. Mell. Text. **1926**, 141/145.

200 g Bariumsulfat Teig
50 g Anthrachinon 30 proz.
125 g British-Gum-Dextrinverdickung
300 g Rongalit CL
100 g Leukotrop W
175 g Natronlauge 40° Bé
50 g Wasser

1000 g

Man dämpft luftfrei 4—5 Min. bei 105° C und zieht in kochendem Wasserglas, 10 g im Liter, ab.

Die meisten anthrachinoiden Färbungen können aber erst geätzt werden, wenn man sie vorher in 200 g Leukotrop W im Liter Wasser präpariert hat.

Einzelne dieser Farbstoffe, insbesondre Indanthrenblau RS, Indanthrengrün G u. a. m. sind auch unter diesen Bedingungen nicht einwandfrei ätzbar. Man ist daher zur Illumination dieser Färbungen vorläufig noch auf die Reserven angewiesen.

Außer den alten Blei-Kupfer-Pappen, welche aber für die Hydrosulfitküpe weniger gut anwendbar sind, kommen zu dem Zweck Reserven von folgender Zusammensetzung zur Anwendung:

600 g British-Gum
500 g Wasser
600 g Zinkchlorid fest
300 g Manganchlorid
300 g Kaolin
50 g Pikrinsäure[1]

Die am besten vorgeölte, mit der Reserve bedruckte Ware wird in einem 500 l fassenden Rollenkasten in folgender Färbeflotte bei 70—80° C in continue gefärbt:

{ { 30 kg Indanthrenblau RS Teig, dopp.
37 l Glucose 1 : 1
100 l heißes Wasser }
350 l heißes Wasser 75—80° }
30 l Natronlauge 40° Bé
1,75 kg Hydrosulfit conc. Plv., einstellen auf

500 l

Man setzt nach jeder Webe (= 120 m) etwa 12 l Flotte zu, die auf 1 l 200 g Indanthrenblau RS dopp. Teig enthält, neben den entsprechenden Mengen Natronlauge und Hydrosulfit in Pulver. Nach der Passage in der Färbeflotte wird gewaschen, gesäuert und wieder gewaschen. Ein $^1/_2$std. Seifen im Strang vollendet die Operation und ist zur Herstellung lebhafter Töne unentbehrlich.

Buntreserven unter anthrachinoiden Färbungen bauen sich auf demselben Prinzip auf. Man präpariert die zu bedruckende Ware in einem der neueren Naphthole; β-Naphthol ist ungeeignet, da die so entstehenden Azofarbstoffe gegenüber Hydrosulfit zu empfindlich sind. Man bedruckt dann mit der oben genannten Mangan-Zink-Reserve, in welcher die Pikrinsäure weggelassen ist, der jedoch die Diazolösung irgendeiner geeigneten Base inkorporiert ist. Eine geeignete Kombination für Rot ist beispielsweise Naphthol-AS-BS und Echtscharlach-GL-Base. Man erhält so den beliebten Rot-Blau-Artikel, den man natürlich mit Weiß kombinieren kann.

Die Farbstoffe der Hydronblaugruppe, welche den Übergang bilden zu den reinen Schwefelfarbstoffen, werden im direkten Druck wenig angewendet und lassen sich im allgemeinen nach der schwach alkalischen Methode auf weiße Gewebe applizieren, wie dies bei den anthrachinoiden Farbstoffen

[1] Pikrinsäure hat sich als vorzügliches Reservemittel unter Küpenfärbungen erwiesen (Haller, Pli cacheté, Bull. Mulh. Nr. 1768 v. 28. 9. 1907).

eingehender angegeben wurde. Bedingung für gutes und ausgiebiges Drucken ist der Zusatz von Solutionssalz zur Druckfarbe[1]. Man wird zweckmäßig die Druckfarbe mit etwas Hydrosulfit conc. Plv. versetzen, um den Farbstoff in der Druckfarbe selbst zu reduzieren.

Das Ätzen von Hydronblaufärbungen bietet gewisse Schwierigkeiten, und es sind absolut einwandfreie Resultate (besonders auf mittleren und dunkleren Tönen) nicht zu erhalten. Man ist daher zur Illumination von Hydronblaufärbungen auf das Reserveverfahren angewiesen. Die weiße Ware wird bedruckt mit:

280 g British-Gum
220 g Wasser
200 g Kaolinteig 1 : 1
300 g Chlorzink

1000 g

Eine Rotreserve erhält man auf naphtholierter Ware mit einer analogen Reserve, der man eine geeignete Diazolösung inkorporiert hat.

Man färbt dann in continue in einem Bad von:

35 g Hydronblau R 30 proz.
20 g Schwefelnatrium
30 g Natronlauge 40° Bé
2 g Türkischrotöl 50 proz.
10 g Hydrosulfit konz. Plv.

auf 1 l Flotte, welche auf 70° C gehalten wird. Die Zulaufflotte enthält 80 g Farbstoff Teig auf 1 l und die entsprechenden Zusätze. Der Färbetrog soll etwa 500—600 l enthalten, die Passage 30—40 Sek. dauern. Nach dem Färben wird gut gewaschen, gesäuert, gewaschen und evtl. durch eine Lösung von 10 g Perborat auf 1 l genommen.

Schwefelfarbstoffe.

Die Schwefelfarbstoffe werden im Zeugdruck heute kaum angewendet, da das Problem ihrer Fixierung im Druck bis heute noch nicht völlig befriedigend gelöst ist, besonders soweit es ihre Anwendung im direkten Druck anbetrifft. Auch im Ätzdruck werden sie kaum angewendet, da dazu im allgemeinen sehr kräftige Chloratätzen erforderlich sind, so daß Oxycellulosebildung kaum zu vermeiden ist.

Die früher in Rußland, dann auch im übrigen Europa vielfach angewendete Methode der Illumination von Schwefelfärbungen mittels zinkchloridhaltiger Reserven hat heute, wo man in den Küpenfarbstoffen vollwertigen und echteren Ersatz gefunden hat, keine Bedeutung mehr und kann hier übergangen werden. Diese Klasse von Farbstoffen wird heute in ausgedehntem Maße nur noch in der Färberei vegetabilischer Fasern verwendet.

Erzeugung von Azofarbstoffen auf der Faser.

Eine vollkommen andersgeartete Farbstoffgruppe, welche heute in den verschiedenen Richtungen des Zeugdrucks große Bedeutung erlangt hat, ist diejenige der auf der Faser erzeugten, unlöslichen Azofarbstoffe.

Man erzeugt dieselben auf der Faser durch Auslösung der Kupplung eines Naphthols mit der Diazolösung einer organischen Base, wobei die Faser als Substrat fungiert. Der Prototyp dieser Pigmente ist das Paranitranilinrot. Seine einwandfreie Entwicklung auf Baumwollgeweben hat längere Versuche nötig gemacht, so daß die endgültige Anordnung der Operationen zur Erzeugung dieses Rots nur nach und nach festgelegt werden konnte.

---

[1] Vgl. LICHTENSTEIN: Färb. Ztg. **1912/13**. — HALLER: Färb. Ztg. **1914**, 8.

Die ursprüngliche Anwendung von β-Naphthol allein ergab wegen der geringen Wasserlöslichkeit der Produkte nur magere, gelbrote Färbungen und Drucke. Erst nach Anwendung von β-Naphthol-Natrium erhielt man brauchbarere Töne, die dann nach Zusatz von Türkischrotöl zur Imprägnierungsflotte den beliebten Blaustich zeigten. Die endgültige Präparation hatte folgende Zusammensetzung:

15—25 g β-Naphthol
15—25 g Natronlauge 40° Bé
100 cm³ heißes Kondenswasser
50 g Türkischrotöl 50 proz.
250 g heißes Wasser. Einstellen auf
1000 cm³

Die gebleichte Ware wird mit der Lösung imprägniert und auf der Hotflue bei möglichst niederer Temperatur getrocknet. Dann entwickelt man in der folgenden Diazolösung:

28 g Paranitranilin
120 cm³ kochendes Wasser
44 cm³ Salzsäure 22° Bé. Zusetzen:
100 cm³ kaltes Wasser
100 g Eis
52 cm³ Natriumnitritlösung (290 g im Liter)
60 g Natriumacetat. Mit Eiswasser einstellen auf
1000 cm³

Nach dem Durchnehmen durch die Diazolösung an der Klotzmaschine wird ein kurzer Luftgang eingeschaltet, dann gewaschen und am besten auf der Hotflue getrocknet, da auf den kupfernen Zylindern der Trockenmaschine das Rot einen gelblichen Stich annimmt, der allerdings bei längerem Lagern wieder einem Blaustich Platz macht.

In sehr ähnlicher Weise wird das Rot auf naphtholierter Ware auf dem Druckwege erzeugt. Man kann dieselbe β-Naphthol-Lösung verwenden und bedruckt dann einfach die präparierte Ware mit einer durch Tragant verdickten Diazolösung ähnlicher Zusammensetzung wie die soeben angeführte.

Pararot wird in direktem Druck wohl heute kaum mehr erzeugt, da man einfachere Verfahren besitzt und echtere Töne herstellen kann.

Statt Paranitranilin kann eine ganze Anzahl von andern organischen aromatischen Basen verwendet werden, p-Nitro-o-Anisidin für ein Scharlachrot und Rosa, Naphthylamin für Bordeaux, wobei in der Präparation das Türkischrotöl weggelassen werden muß, dann Dianisidin für Blau, welch letzteres zur richtigen Entwicklung eines Zusatzes von Kupferchlorid bedarf. Pararot wird im Gegensatz dazu von Kupfersalzen gebräunt.

Im Naphthol AS-Rot, aus dem β-Oxy-Naphthoësäure-Anilid, ist dem Paranitranilinrot ein hinsichtlich Echtheit überlegener Konkurrent erwachsen. Während das β-Naphthol keine substantiven Eigenschaften Baumwolle gegenüber besitzt, zeigt Naphthol AS, und noch kräftiger eine Anzahl seiner Homologen, Naphthol AS-BS und Naphthol AS-SW, diese Eigenschaft in hohem Maße, so daß sich diese Naphthole auch zum Färben von Rot im Strang und auf Apparaten eignen.

Zum direkten Druck verwendet man folgende Naphthollösung:

6—24 g Naphthol AS bzw. AS-BS
9,5—38 cm³ Natronlauge 36° Bé
15—30 g Türkischrotöl 50 proz. auf
1000 cm³ mit heißem Wasser einstellen.

Man imprägniert damit die zu bedruckenden Gewebe, nimmt hinsichtlich des Zusatzes Rücksicht auf die Substantivität des Produkts und trocknet auf der Hotflue bei 60° C. Man bedruckt die gelb gefärbte Ware mit:

{ 150 g Echtscharlach RC-Base (4-Nitro-2-Aminoanisol)
{ 230 g Salzsäure 22° Bé
{ 1565 g kochendes Wasser. Setzt dann zu:
1600 g Eis
375 g Natriumnitritlösung 1 : 4 und schüttet nach $^1/_2$std. Stehen in
4580 g Stärke-Tragant-Verdickung
1000 g schwefels. Tonerde 1 : 1
500 g essigs. Natron

10000 g

Man druckt, trocknet, wäscht und seift gründlich.

Man erhält durch Variation der verschiedenen Naphthole und der jeweiligen Basen eine Anzahl Töne, welche sich im allgemeinen durch hervorragende Echtheit auszeichnen. In ganz ähnlicher Weise lassen sich die jeweiligen Färbungen erzeugen.

Im Ciba-Naphthol RP der Ges. f. chem. Ind., Basel, besitzt man wiederum ein Produkt, dessen hervorragendste Eigenschaft die außerordentliche Dämpfechtheit ist. Man kann eine in Ciba-Naphthol RP präparierte Ware nicht nur in Mather-Platt, sondern sogar 1 Std. unter Druck dämpfen, ohne daß beim darauffolgenden Entwickeln in den Diazolösungen eine Verringerung der Intensität der Färbung erfolgt. Hervorzuheben ist auch die leichte Auswaschbarkeit des Produkts, welche Eigenschaft besonders für den direkten Druck auf Kunstseiden Bedeutung besitzt, in welchem Fall es kaum gelingt, die Naphthol-AS-Derivate von den weiß zu bleibenden Stellen zu entfernen.

Besondre Bedeutung haben alle diese Produkte im Ätzdruck erlangt, da sie alle mit größerer oder geringerer Leichtigkeit durch Sulfoxylate ätzbar sind. Pararot und die ähnlichen Produkte sind mit

{ 200—300 g Rongalit C
{ 300—200 g Wasser
500 g British-Gum 1 : 1

1000 g

(kurze Passage in Dampf von 105—108° C) glatt spaltbar, und man erhält nach dem Auswaschen und Seifen reinweiße Effekte. Schwieriger ätzbar sind die auf Basis von Naphthol AS hergestellten Färbungen; hier ist, ebenso wie bei denen auf Grund von Ciba-Naphthol RP hergestellten, Zusatz von Anthrachinon erforderlich, während Färbungen auf Basis von Naphthol AS-D und Naphthol AS-BR in Kombination mit Echtscharlach-TR-Base, sowie Echtrot-TR-Base der Anwendung stark alkalischer, anthrachinonhaltiger Druckfarben folgender Zusammensetzung bedürfen:

275 g British-Gum pulv.
325 g Wasser
250 g Rongalit C (1 : 3)
50 g Anthrachinon 30 proz.
100 g Natronlauge 40° Bé

1000 g

Buntätzungen auf Färbungen mit den unlöslichen Azofarbstoffen lassen sich in verhältnismäßig einfacher Weise mit indigoiden, auch anthrachinoiden Küpenfarbstoffen erzielen. Die so erhaltenen Effekte sind sehr echt. Besonders für diesen Zweck geeignet sind die verschiedenen Bromindigomarken, z. B. Cibablau 2BD, welche mit Hilfe von alkalischen, sulfoxylathaltigen Druckfarben verwendet werden. Für Reoxydation nach dem Dämpfen muß durch eine Passage in Aktivinlösung, 3 g im Liter, gesorgt werden.

Rapidfarben. Durch Überführung der Diazoverbindungen der verschiedenen Basen in ihre Nitrosamine und Mischungen derselben mit den verschiedenen Naphtholen, insbesondre denen der Naphthol-AS-Reihe, erhält man Produkte, welche als „Rapidfarben" oder „Rapidechtfarben" bezeichnet werden. Sie eignen sich vorzugsweise zur Herstellung von Rot-, auch Blaueffekten auf weißer Ware und lassen viel einfachere Verwendung zu als bei Anwendung der Naphthole als Präparation und Aufdruck von verdickten Diazoverbindungen. Die Rapidfarben sind teigförmige Produkte von heute guter Haltbarkeit, welche nur verdickt zu werden brauchen, um als solche oder mit einem Zusatz von neutralem Chromat aufgedruckt werden zu können. Im ersten Fall verhängt man an der Luft etwa 24 Std., im zweiten Fall bewirkt man die Entwicklung durch Passage im Schnelldämpfer. Ersteres Verfahren gibt sattere Farben als das zweite. Eine Druckfarbe mit neutralem Chromat ist die folgende:

100—150 g Rapidechtrot 3 GL Teig
30— 40 g Monopolbrillantöl
150—200 g neutrales Chromat 1 : 4
500 g neutrale Stärke-Tragant-Verdickung
220—110 g kaltes Wasser
1000 g

Aufdrucken, Dämpfen 4—5 Min. im Mather-Platt, waschen und seifen.

Anilinschwarz und seine Abkömmlinge.

Erster Beobachter der Bildung des Anilinschwarz auf dem Wege des Zeugdrucks war RUNGE im Jahre 1834. Aber erst LIGHTFOOT gelangte 1863 zu einem in der Praxis brauchbaren Verfahren zum direkten Aufdruck von Anilinschwarz auf Gewebe. Die erste dieser Druckfarben besaß folgende Zusammensetzung:

1 l Stärkeverdickung
25 g Kaliumchlorat
50 g Anilin
50 g Salzsäure
126 g Essigsäure
50 g Kupferchlorid
25 g Chlorammonium

Eine solche Farbe griff aber nicht allein die Stahlrakeln an, sondern zeigte auch geringe Haltbarkeit, und was das Schlimmste war, sie griff auch die Ware an. Durch Ersatz des Kupferchlorids, durch Schwefelkupfer vermochte LAUTH 1864 eine wesentliche Verringerung der Gefahrenmomente herbeizuführen. WITZ führte 1876 als Sauerstoffüberträger die Vanadiumsalze ein und SCHMIDLIN im Jahre 1879 das Bichromatschwarz, welch letzteres wohl sämtliche dem ersten Druckschwarz anhaftenden Mängel beseitigte.

Heutzutage verwendet man mit Vorliebe ein Ferrocyansalz als Katalysator und baut ein Anilindruckschwarz in folgender Weise auf:

92 g Anilinsalz
500 g Stärke-Tragant-Verdickung
8 g Anilinöl
30 g Natriumchlorat, gelöst in
150 g Wasser
55 g Ferrocyannatrium, gelöst in
165 g Wasser
1000 g

Auch Ferricyankalium kann in folgender Weise als Katalysator verwendet werden:

5000 g Weizenstärke mit
19500 cm³ Wasser und
19500 g Tragantschleim verkochen, lauwarm zusetzen:
3600 g Natriumchlorat
8500 g Anilinsalz
2250 g Anilinöl
6750 g Essigsäure 6⁰ Bé., kalt zusetzen:
5300 g Ferricyankalium
7800 g Wasser

Man entwickelt das Schwarz mit den beiden letzten Farben durch eine einfache kurze Dampfpassage im Schnelldämpfer. Zum Illuminieren anilinschwarzer Fonds wurden im Anfang der Anilinschwarzfabrikation verschiedene mehr oder weniger umständliche Verfahren angewandt. Insbesondre machte die Herstellung der Fonds Schwierigkeiten; KOECHLIN benützte eine zunächst mit Manganbister grundierte Ware, die mit Zinnsalz bedruckt wurde. Nachträglich wurde dann noch mit Anilinsulfat geklotzt. Das Zinnsalz diente sowohl dazu, den Bisterfond zu zerstören als auch das Schwarz zu reservieren.

Erst PRUD'HOMME zeigte im Jahre 1884 den richtigen Weg durch Imprägnierung der Ware in folgender Klotzlösung:

I	5400 g	Natriumchlorat
	58 l	Wasser
II	10800 g	Ferrocyankalium
	58 l	Wasser
III	16800 g	Anilinsalz
	58 l	Wasser

Die drei Lösungen werden vor dem Gebrauch kalt gemischt und die Ware damit auf dem Foulard imprägniert. Man trocknet dann auf der Hotflue, aber bei so niederer Temperatur, daß das Gewebe den Trockenapparat resedagrün verläßt.

Auf diese Ware, die möglichst bald weiterverarbeitet, jedenfalls aber rasch bedruckt werden muß, wird nun die Reserve gedruckt, welche die Entwicklung des Schwarz örtlich verhindern soll. Im Prinzip sind hierzu alle alkalischen Substanzen, dann alle reduzierenden Körper geeignet. Erstere spalten an den bedruckten Stellen das Anilinsalz in die freie Base und ein Chlorid, letztere paralysieren die Wirkung der oxydierenden Chlorate. Zu dem Zweck eignen sich zunächst Ätzalkalien, Carbonate, Oxyde, Acetate, Rhodanide, Thiosulfate, dann Zinnsalz, Sulfite und Bisulfite, Formiate, Nitrite. Eine solche Reserve hat beispielsweise folgende Zusammensetzung:

15 kg British-Gum
5 kg Natronlauge 40° Bé
2 kg Natriumbisulfit 38° Bé.

Eine andre Reserve besitzt eine abweichende Zusammensetzung:

200 g Zinkoxyd
50 g Glycerin
150 g British-Gum mit
250 g Wasser gut anrühren. Dann weiter
250 g Wasser zusetzen und verkochen; zuletzt
100 g essigs. Natron zugeben.

Eine dritte Reserve enthält:

300 g Kaliumsulfit 45° Bé
150 g Natriumacetat
2 g Ultramarin
548 g Stärke-Tragant-Verdickung.

Man druckt die Reserve auf nach obiger Vorschrift präparierte Ware, dämpft kurz, passiert in heißer, verdünnter Natriumbichromatlösung, wäscht, seift und trocknet.

In England ist ein andres Verfahren üblich. Man bedruckt die unpräparierte Ware mit Reserven, welche vorzugsweise Zinkoxyd und essigsaures Natron, auch Sulfite enthalten und nimmt dann erst durch die Anilinschwarzflotte, so, daß die Klotzbrühe durch eine Walze auf die Ware übertragen wird. Die Ware selbst wird nicht durch die Flotte genommen. Getrocknet wird auf den Trockentrommeln, und zwar soll der Imprägnierfoulard möglichst nahe an dem Trockenzylinder liegen, so daß der Weg von der Imprägniermaschine zu diesem möglichst kurz ist.

Buntreserven unter Anilinschwarz. Früher verwendete man zum Buntreservieren Pigmentfarben, welche man mit Albumin unter Zusatz von essigsaurem Natron auf die in Anilinschwarzklotzbrühe vorbereitete Ware druckte, dämpfte und fertigmachte.

Man inkorporierte auch Tannin der Anilinschwarzflotte und präparierte damit das Gewebe, um dasselbe mit basischen Farbstoffen unter Zusatz von essigsaurem Natron zu bedrucken.

Auch das Ferrocyankalium der Anilinschwarzpräparation mußte mit Hilfe von Zinkacetat in der Druckfarbe helfen, den basischen Farbstoff zu fixieren. Heute ist man wohl von diesen Verfahren größtenteils abgekommen, imprägniert die weiße Ware zunächst mit einer Katanol-O-Lösung:

10 g Katanol O
5 g Türkischrotöl
1 g Soda
1 l heißes Wasser,

trocknet auf der Trockenmaschine und nimmt dann durch die Anilinschwarzflotte:

I	79 g	Anilinsalz
	280 g	heißes Wasser
II	54 g	Ferrocyankalium
	278 g	heißes Wasser
III	31 g	Natriumchlorat
	275 g	heißes Wasser

I + II + III kalt mischen und auf 1000 cm³ stellen.

Man trocknet auf der Hotflue und bedruckt nun mit folgender Druckfarbe:

10— 40 g	basischer Farbstoff
270—240 g	British-Gum
300 g	essigs. Zink 10° Bé
50 g	Glycerin
234 g	Kaliumsulfit 45° Bé
66 g	Zinkoxyd
70 g	Olivenöl
1000 g	

Man dämpft normal im Schnelldämpfer, chromiert, wäscht, seift und trocknet.

Heute neigt man bei den zunehmenden Echtheitsanforderungen dahin, den bunten Anilinschwarzartikel mit Hilfe von Küpenfarben herzustellen und arbeitet dann aber zweckmäßig nach dem englischen Verfahren mit Vordruckreserven, weil beim Aufdrucken von reservierten Küpenfarben auf vorpräpariertes Anilinschwarz die Bildung von Höfen kaum zu vermeiden ist.

Eine solche Küpenfarbenvordruckreserve besteht in:

Druckfarbe:		Stammreserve:	
50 g	Cibascharlach G extra	1600 g	British-Gum
50 g	Solutionssalz	600 g	Kaliumsulfit 38° Bé
100 g	Wasser	100 g	Glycerin
600 g	Stammreserve	40 g	Olivenöl
100 g	Rongalit C	200 g	Rongalit C
100 g	Wasser	300 g	Industriegummi 1 : 1
160 g	Calciumcarbonat	1400 g	Wasser

Man dämpft die weiße, bedruckte Ware, nimmt dann nicht durch die Anilinschwarzflotte, sondern zwischen zwei Walzen, von denen die untere in die Klotzbrühe taucht und dieselbe auf die Ware, den Druck nach oben, überträgt. Rasches Trocknen auf angeschlossener Trockenmaschine ist für gutes Gelingen ausschlaggebend.

Diphenylschwarz. Für feine Gewebe, bei denen es besonders wichtig ist, daß die Gefahr der Faserschwächung völlig ausgeschaltet ist, verwendet man in ähnlicher Weise statt des Anilins das p-Amidodiphenylamin; das entstehende Schwarz nennt man das Diphenylschwarz[1]. Dasselbe wird im Zeugdruck in folgender Weise verwendet:

1100 g	Weizenstärke
4500 g	Wasser
1080 g	Essigsäure 6° Bé
200 g	Olivenöl, 1/2 Std. verkochen, warm einrühren:
300 g	Natriumchlorat
350 g	Diphenylschwarzbase I (p-Amidodiphenylamin)
1300 g	Essigsäure 6° Bé
450 g	Milchsäure 50 proz.
180 g	Aluminiumchlorid 30° Bé
100 g	Schwefelkupferteig
300 g	Wasser
140 g	Cerchlorid 45° Bé
10000 g	

Man dämpft die trockne Ware im Schnelldämpfer 4—5 Min., wäscht und seift. Chromieren ist überflüssig.

Das Schwarz ist, im Gegensatz zum Anilinschwarz, auch in Kombination mit basischen Farbstoffen sowie Beizenfarbstoffen zu verwenden, da 1std. Dämpfen die Festigkeit der Faser nicht beeinträchtigt.

Illuminierung von Diphenylschwarzfärbungen ist nur durch Anwendung von Reserven möglich, welche analoge Zusammensetzung wie die beim Prud'homme-Schwarz angewendeten haben, aber stets auf die weiße Ware gedruckt werden müssen, worauf erst die Präparation in der Diphenylschwarzflotte erfolgt. Die Präparation oxydiert sich nämlich auch bei vorsichtigstem Trocknen so stark, daß nachgedruckte Reserven kein einwandfreies Weiß mehr ergeben würden.

Paraminbraun. In dem Anilinschwarzdruck ähnlicher Weise findet auch p-Phenylendiamin, das „Paramin", zur Erzeugung dunkler Brauntöne unter der Bezeichnung Paraminbraun Anwendung. Man druckt:

25 g	Paramin	50 cm³	Wasser
187 g	Wasser heiß	25 g	Chlorammonium
634 g	Stärke-Tragant-Verdickung	50 cm³	Wasser
2 g	Natriumchlorat	20 cm³	Ammonvanadat 1 : 1000

Man dämpft im Schnelldämpfer, wäscht und seift.

Fuscamin. Für gelbolive Töne findet in derselben Weise m-Amidophenol (Fuscamin) Verwendung.

Analog dem Prud'homme-Artikel mit Anilinschwarz kann auch Paramin zur Herstellung eines Reserveartikels dienen. Die Reserven zeigen denen der auf Anilinschwarz angewendeten entsprechende Zusammensetzung. Als Klotzbrühe kommt die folgende Lösung in Anwendung:

15 g	Paramin
300 g	heißes Wasser, abkühlen mit:
300 g	kaltes Wasser
1,5 g	Rongalit C
8,5 g	Wasser
20 g	Natriumchlorat
80 g	Wasser
25 g	Ammonnitrat
80 g	Wasser
30 g	Brechweinstein-Glycerin-Lösung
120 g	kaltes Wasser
20 g	Ammonvanadatlösung 1 : 1000
1000 g	

Brechweinstein-Glycerin-Lösung:

40 g	Brechweinstein
620 g	heißes Wasser
340 g	Glycerin

[1] D.R.P. 134559 (Ullrich u. Fussgänger, Farbwerke Höchst).

Man dämpft und stellt fertig wie bei dem Prud'homme-Artikel, unterläßt aber das Chromieren.

Pigmentfarbendruck.

Die Anwendung von Pigmenten zum Illuminieren von Geweben war früher weitaus bedeutungsvoller als heute. Jetzt trifft man nur ausnahmsweise und nur auf ganz speziellen Anwendungsgebieten Pigmentfarben an. In den Uranfängen der Zeugdrucktechnik spielten Farben dieser Art eine bedeutende Rolle. Mangelnde Lebhaftigkeit und geringe Echtheit der Effekte waren die Ursachen, warum man diese Fabrikation verließ. Pigmente wurden mit Albumin nach folgendem Rezept gedruckt.

300 g	Pigmentfarbe in Teig
30 g	Glycerin
370 g	British-Gum 1 : 1
300 g	Albuminlösung 1 : 1
1000 g	

Zum Unlöslichmachen des Albumins wurde gedämpft, dann gewaschen und getrocknet.

Statt der mineralischen Pigmente, Chromgelb, Guignetgrün, Zinnober u. dgl. kann man naturgemäß auch Lacke aus synthetischen Farbstoffen verwenden, welche man nach folgendem Beispiel herstellt:

80 g	Methylenblau M
2000 g	Wasser, zufügen
80 g	Brechweinstein in
550 g	Wasser gelöst, darauf gibt man
128 g	Tannin in
650 g	Wasser gelöst zu.

Man rührt gut durch, läßt absitzen, dekantiert einige Male und nutscht ab.

Solche Lacke werden vielfach in Kombination mit Sulfiten und Albumin zur Illumination von Anilinschwarz verwendet.

In neuster Zeit hat man auch Acetylcellulose „Serikose LC extra" (s. d.) als Ersatz für Albumin in den Handel gebracht. Diese Acetylcellulose wurde zwar, gelöst in geeigneten Lösungsmitteln, an sich zum Erzeugen von matten Effekten auf feinen Geweben verwendet. Eine Pigmentfarbe, mit Serikose hergestellt, ist beispielsweise die folgende:

400 g	Bariumsulfat in Teig
100 g	Serikosol A
500 g	Serikoselösung werden verrührt.

Serikosol A ist ein Lösungsmittel für Serikose. Für bestimmte Effekte, veranlaßt durch gewisse Moderichtungen, verwendete man auch Metallpulver zum Aufdruck auf Gewebe, insbesondre zur Imitation von Brokaten. Derartige Metallpulver, Bronzepulver, werden heute in besonders feiner Verteilung hergestellt. Zum Fixieren dieser Pulver diente die schon oben erwähnte Serikose; doch gibt es eine ganze Anzahl von Verfahren, welche auf andern Fixierungsmitteln fußen. Beispielsweise werden Kautschuklösungen zu diesem Zwecke verwendet, andrerseits dienten auch die bekannten Phenol-Aldehyd-Kondensationsprodukte, die Bakelite, zur Fixierung von diesen Pulvern. Auch Zaponlacke (Lösungen von Nitrocellulose in Amylacetat) wurden angewendet.

Einen eigenartigen Artikel stellte man durch Aufdruck von verdickter Ätznatronlauge auf Baumwollgewebe her, den Kreponartikel. Durch die örtliche Applikation von Lauge wurde an den bedruckten Stellen Mercerisation hervorgerufen und damit Schrumpfung der betroffenen Stellen erzeugt. Das

Gewebe zeigte dadurch eine eigenartige Kräuselung. Der alkalischen Druckfarbe konnten substantive Baumwollfarbstoffe inkorporiert werden, so daß die gekräuselten Stellen dann farbig erschienen. Durch Vordruck von gewissen Substanzen, Zinksalzen u. dgl., konnten beim nachherigen Überdruck interessante Reserveeffekte erzielt werden.

Eine andere Herstellung der Kreponartikels erfolgte in der Weise, daß man nach Vordruck von bestimmten Substanzen, welche die Wirkung der Lauge paralysierten, das bedruckte Gewebe in einer Mercerisierlauge passierte.

Für den Artikel eignen sich im allgemeinen nur leicht eingestellte Gewebe; die schönsten Effekte erreicht man auf Batisten und Kattunen.

Die Indigosole im Zeugdruck.

Die wasserlöslichen Salze der Schwefelsäureester[1] der Küpenfarbstoffleukoverbindungen, die Indigosole, ermöglichen das Aufdrucken von Küpenfarbstoffen in einer von der normalen vollkommen abweichenden Art. Aus diesen Verbindungen gelingt es, nicht allein die Leukoverbindung durch Verseifung des Esters auf der Faser zu regenerieren, sondern dieselbe auch weiter zum Pigment zu oxydieren. Die Oxydation kann zunächst nach Perndanner durch Anwendung von Nitrit erfolgen, man zieht aber in neuerer Zeit vor, ein der Bildung von Anilinschwarz auf der Faser nachgebildetes Verfahren zu verwenden. Man bedruckt die weiße Ware mit:

80 g	Indigosol 04 B
250 g	heißes Wasser
450 g	Stärke-Tragant-Verdickung
50 g	chlorsaures Natron 1 : 3
25 g	neutrales oxals. Ammon
100 g	Vanadinlösung 1 : 1000
1000 g	

Die Verseifung des Esters unter gleichzeitiger Oxydation der Leukoverbindung wird durch ein kurzes Dämpfen bewirkt. Man wäscht darauf und seift kochend.

In verhältnismäßig einfacher Weise läßt sich z. B. mit Indigosol 04 B der bekannte Blau-Rot-Artikel herstellen. Man imprägniert die Ware mit:

40 g	Indigosol 04 B
650 g	heißes Wasser
50 g	Tragantschleim 65 : 1000
30 g	neutrales oxalsaures Ammon
40 g	chlorsaures Natron 1 : 3
100 g	Vanadinlösung 1 : 1000 auf
1000 cm^3	stellen.

Auf diese präparierte, in der Hotflue getrocknete Ware wird gedruckt:

450 g	Stärke-Tragant-Verdickung
100 g	Natrium-Thiosulfat
170 g	Rapidechtrot 3 GL
35 g	Natronlauge 25° Bé
245 g	Wasser
1000 g	

Das Natriumthiosulfat reserviert die Indigosolpräparation, und es wird durch einen kurzen Dämpfprozeß nicht allein das Blau entwickelt, sondern auch an den bedruckten Stellen das Rot. In dieser Weise lassen sich naturgemäß unter Anwendung anderer Indigosole die mannigfaltigsten Kombinationen schaffen.

[1] Bader: Chimie et Industrie 1924. Paris.

Mit Rapidechtfarben lassen sich die Indigosole ebenfalls zu den verschiedensten Mischnüancen kombinieren. Man erhält beispielsweise ein Violett mit einer Mischung von:

6 % Rapidechtbordeaux B i. Teig
1 % Indigosol,

ein Braun mit:

13,5 % Rapidogen G i. Teig
2,4 % Naphthol AS-RL
2,5 % Indigosol

Interessante Kombinationen lassen sich mit Hilfe der obenerwähnten Rapidfarben und der Indigosole erzielen. Man erhält beispielsweise mit:

6 % Rapidechtbordeaux B i. Teig und
1 % Indigosol 04 B

ein lebhaftes Violett von sehr guter Wasch- und Reibechtheit. Hinsichtlich der Ausführung des Verfahrens sei auf das Zirkular[1] der I. G. Farbenindustrie verwiesen.

Druck von Geweben aus Wolle.

In der Wolldruckerei kommen genau dieselben maschinellen Einrichtungen zur Verwendung, welche anläßlich der Behandlung der Baumwollstückdruckerei bereits oben beschrieben worden sind. Es erübrigt sich daher, hier darauf einzugehen.

Beim Druck von Wolle, speziell von Wollstückware, muß, will man einwandfreie Illuminationen erhalten, große Sorgfalt auf die Bleiche und Vorbereitung der Gewebe für den Druck gelegt werden.

Da die Wolle gegen die Wirkung von Alkalien und alkalischen Salzen außerordentlich empfindlich ist, müssen die Operationen der Reinigung der Ware vollkommen andre sein, als bei Baumwolle üblich.

Die Voroperationen sind zum Teil die gleichen, wie sie bei den Baumwollgeweben angewendet werden, vor allem ein Sengen in derselben Apparatur wie für den Kattundruck. Nach dem dadurch erfolgten Absengen der feinen Härchen pflegt man die Ware in warmem Wasser in breitem Zustande zu benetzen und aufgerollt 1—2 Std. liegenzulassen.

Für Stückware kommt die Schwefelbleiche, wie sie für Garne noch vielfach angewendet wird, kaum in Betracht.

Die Wollstückbleiche geschieht vielfach mittels Natriumbisulfit in der Weise, daß man die nasse Ware in einem Bade von Natriumbisulfit von 14—15° Bé klotzt und 24 Std. aufgerollt liegenläßt. Die Rollen werden mit feuchten Tüchern zugedeckt, um einer Konzentrationsänderung der Bisulfitlösung durch Verdunsten vorzubeugen. Man passiert dann nach dieser Zeit in einem Bade von 5—7 g Schwefelsäure 60° Bé pro Liter kalt, wäscht gut, quetscht aus und nimmt dann möglichst bald durch das Chlorbad.

Chloren der Wollstückware. Diese Operation ist für den Wolldruck von besondrer Bedeutung deshalb, weil durch diese Behandlung die Aufnahmefähigkeit des Gewebes für Farbstoffe nicht allein in kräftiger Weise gefördert wird, sondern weil auch die Lebhaftigkeit der Effekte weitaus höher wird als auf ungechlortem Material.

Die zur Anwendung gelangenden Bäder von Chlorkalk oder Chlorsoda erfordern eine genaue Kontrolle ihres Gehaltes an aktivem Chlor und sind zu diesem Zwecke häufig durch Titration nach einer der bekannten Chlorbestimmungsmethoden zu untersuchen. Ein Wollgewebe von 7—$7^1/_2$ kg Gewicht, das für

[1] RITTNER u. GMELIN: Mell. Text. **1927**, 530. — Vgl. Zirkular Nr. 91. I. G. Farbenindustrie A.-G. 1925.

starke Druckpartien vorbereitet werden soll, soll etwa 120—160 g an aktivem Chlor, schwache Muster sollen 40—50 g aufnehmen.

Das Chloren erfolgt auf einer mit Abzug versehenen Rollenkufe in breitem Zustande, wobei die Ware etwa 30—40 Sek. in der Flotte verweilen soll.

Als Anhaltspunkte für das Ansetzen dieser Chlorbäder diene, daß z. B. gewöhnliche Wollmusseline, wie sie im allgemeinen zum Druck verwendet werden, behandelt werden mit:

2200 l Salzsäure 2,5° Bé
30 l Chlorkalklösung 8° Bé

Zum Nachsetzen fügt man für jedes Stück à 120 m zu:

5 l Salzsäure 2,5° Bé
5 l Chlorkalklösung 8° Bé

Man regelt die Geschwindigkeit für die oben angeführte Qualität Wollgewebe so, daß etwa 2400 m in 1 Std. die Kufe passieren.

Man kann in bestimmten Fällen die Ware zweimal durch den Apparat nehmen. Für gründliche Ableitung der sich aus der Apparatur entwickelnden Chlordämpfe ist durch Abzüge und Ventilation zu sorgen. Nach dem Chloren erfolgt ein gründliches Waschen.

Die oben angeführte Behandlung in Natriumbisulfit kann auch nach der Operation des Chlorierens erfolgen. Man läßt derselben dann am besten eine Passage in einer Wasserstoffsuperoxydlösung von

24 l Wasserstoffsuperoxyd 10 Vol.-proz.
6 l Wasserglas 20° Bé in
70 l Wasser

folgen. Es sei darauf aufmerksam gemacht, daß an die Wollbleiche hinsichtlich des Weißgehalts der Ware keineswegs die Anforderungen gestellt werden dürfen wie bei der Baumwollbleiche. Die Gewebe werden stets einen gelblichen Ton behalten.

Nach der Bleiche und dem Chlorieren wird die Wollware ab und zu noch einer Präparation in zinnsaurem Natron unterzogen. Diese Zinnpräparation ist besonders angebracht, wenn es sich um den Druck von Eosinen, Phloxinen und ähnlichen Farbstoffen handelt. Das Zinnbad besteht in einer Lösung von zinnsaurem Natron von 5—8° Bé und einem darauffolgenden Säurebad von Schwefelsäure 1—2° Bé, worauf gründlich gewaschen wird. Derartig mit Zinn behandelte Gewebe gilben beim Dämpfen kaum nach.

Das Drucken der Wollgewebe bietet weiter keine besonders zu erwähnenden Unterschiede im Vergleich mit dem Druck baumwollener Stücke. Etwas verschieden erfolgt jedoch das Dämpfen, insofern, als dazu ganz allgemein ein höherer Feuchtigkeitsgehalt des Dampfes erforderlich ist, als er normalerweise beim Baumwollzeugdruck angewendet wird. Man wird vielfach die Wollgewebe von der Druckmaschine weg in feuchte Tücher einrollen, deren Feuchtigkeitsgehalt durch Wägen bestimmt wurde, oder aber man feuchtet die Ware nach dem Trocknen in der Mansarde wieder leicht an. Die in die feuchten Tücher eingewickelten bedruckten Stoffe werden als Säcke in den Dampfkessel eingehängt. Man dämpft im allgemeinen ohne Druck in vorher angefeuchtetem Dampf. Je feuchter der Dampf, um so lebhafter der Ausfall der Farben. Bei viel Boden und nur zerstreuten Effekten wird man die Dampfdauer möglichst abkürzen, um Vergilbung hintanzuhalten.

Die basischen Farbstoffe werden im direkten Druck in schwach essigsaurer Lösung verwendet. Zusatz von Tannin ist nicht unbedingt erforderlich, erhöht aber die Waschechtheit und auch die Lichtechtheit der Drucke nicht unwesentlich. Man druckt mit folgender Druckfarbe:

20 g Farbstoff
500 g Wasser
80 g Essigsäure 7° Bé
300 g British-Gum pulv.
20 g Weinsäure
80 g essigsaure Tanninlösung 1 : 1
———
1000 g

Man dämpft normal und wäscht vorsichtig.

Zum Verdicken der Druckfarben wird, wo angängig, am besten British-Gum oder Tragant deshalb verwendet, weil diese Verdickungsmittel im Gegensatz zur Stärke leicht auswaschbar sind. Beim Wolldruck ist die Anwendung dieser Verdickungen deshalb durchgängig möglich, weil ja nur lösliche Farbstoffe zur Anwendung gelangen.

Die sauren Farbstoffe. Man verwendet dieselben in saurem Medium, und zwar kommt zum Ansäuern der Druckfarbe vorzugsweise Essigsäure, dann Weinsäure und Oxalsäure, seltener Schwefelsäure oder Bisulfat zur Anwendung. Eine Druckvorschrift für diese Farbstoffe ist die folgende:

30— 60 g Farbstoff
250—250 g Wasser
40— 40 g Essigsäure 40proz.
20— 20 g Glycerin
120—120 g Wasser
40— 40 g Ammonsulfat
20— 20 g Citronensäure
480—450 g British-Gum 1 : 1
———
1000 g

Nach dieser Vorschrift können wohl alle sauren Farbstoffe gedruckt werden. Bei schwer löslichen Farbstoffen verwendet man neutrale Salze, welche erst im Dampf die Säure abgeben. Oxalsaures Ammon ist in solchen Fällen empfehlenswert.

Die Beizenfarbstoffe finden überall da Anwendung, wo es sich darum handelt, vor allem lichtechte Drucke herzustellen. Die Farben werden sauer gedruckt, und es finden vorzugsweise Essigsäure, Ameisensäure und Oxalsäure Anwendung. Als Metallbeizen kommen je nach dem Charakter des Farbstoffs essigsaures Chrom, Tonerdebeizen und Zinnbeizen zur Anwendung. Gummi als Verdickung zu verwenden, ist besonders bei Verwendung von Chrombeizen nicht zu empfehlen, da dieses Verdickungsmittel mit Chrom unlösliche Verbindungen eingeht, welche der Ware einen harten Griff verleihen und nur schwer entfernbar sind. Nach dem Druck fixiert man die Farbstoffe durch 1—2stündiges Dämpfen. Man druckt nach folgender Vorschrift:

{ 10— 30 g Farbstoff pulv.
{ 100—100 g Wasser
{ 600—540 g British-Gum 1 : 1
40— 40 g Ameisensäure
{ 25— 25 g Oxalsäure
{ 80— 80 g Wasser
{ 5— 5 g Natriumchlorat
{ 10— 10 g Wasser
20— 60 g essigsaures Chrom 19° Bé
110—110 g Wasser
———
1000 g

Eine besondre Kategorie von Beizenfarbstoffen stellen die Neolanfarbstoffe der Gesellschaft für chemische Industrie in Basel dar, welche zwar in ähnlicher Weise wie die Beizenfarbstoffe verwendet werden, aber zu ihrer Fixierung auf der Wollfaser nur geringe Mengen Chrom brauchen, da diese Produkte metallorganische Verbindungen darstellen und Chrom als Konstitutionselement im Molekül enthalten. Man druckt auf Wollstückware:

10— 30 g Farbstoff 370—310 g Wasser	kochend lösen:
550—580 g British-Gum 1 : 1	
50— 50 cm³ Glycerin	
20— 60 cm³ essigsaures Chrom 20⁰ Bé	
1000 g	

Man dämpft 1 Std. mit feuchtem Dampf, wäscht und trocknet. Die so erhaltenen Effekte zeigen eine hervorragende Licht- und Waschechtheit.

Die substantiven Baumwollfarbstoffe besitzen zur Wolle zwar Affinität, ihre Anwendung ist aber trotz befriedigender Wasch- und Lichtechtheit infolge der wenig lebhaften Töne nur beschränkt. Man druckt sie auf Wolle in folgender Weise:

30— 50 g Farbstoff
620—580 g Wasser
300 g British-Gum
30 g Glycerin
20— 30 g Natriumphosphat
1000 g

In normaler Weise dämpfen und fertigmachen.

Von besonderer Bedeutung ist neben dem direkten Druck die Herstellung weiß und bunt geätzter Fonds. Die Wolle wird zu diesem Zweck mit geeigneten Farbstoffen vorgefärbt, und zwar wird man sich in den meisten Fällen auf das Färben in saurem Bade beschränken. Färben auf Vorbeize mit Chromsalzen kommt für den Druckartikel kaum in Frage, da ein gutes Weiß und in vielen Fällen klare Farben auf so vorbehandelter Ware nicht erzielt werden. Dagegen hat sich auch hier die Anwendung der Neolanfarbstoffe infolge ihrer großen Echtheit und zum Teil vorzüglichen Ätzbarkeit als sehr geeignet erwiesen.

Die zum Färben bestimmten Wollstücke müssen gechlort sein, da die Farbstoffe auf gechlorte Ware rascher ziehen als auf ungechlorte. Es darf allerdings nicht verschwiegen werden, daß gechlorte Ware weniger gut waschechte Färbungen gibt.

Das Färben in saurem Bade. Das Färbebad wird mit 4 % Schwefelsäure und 10% Glaubersalz angesetzt. Man geht mit der Ware ein, treibt langsam zum Kochen und kocht dann etwa 1 Std. Der Farbstoff wird dem Färbebade in gut gelöster Form portionenweise zugesetzt; beim Beginn des Kochens soll aller Farbstoff dem Färbebade zugesetzt sein. Für bestimmte Farbstoffe, beispielsweise Eosin, Erythrosin, Phloxin, Rose bengal usw., färbt man in essigsaurem Bade unter Zusatz von essigsaurem Natron.

Basische Farbstoffe färbt man in neutralem Bade oder unter einem nur geringen Zusatz von Essigsäure.

Ätzdruck von gefärbter Wollstückware. Das Ätzen gefärbter Wolle erfolgt nahezu ausschließlich mit Reduktionsmitteln. Früher verwendete man zu diesem Zweck Zinnchlorür, Zinnoxydul, evtl. auch Zinnacetat. Im Gegensatz zur Baumwolle schadet deren saurer Charakter der Wolle in keiner Weise; man kann daher unbedenklich auch kräftigere Säuren mit den Zinnsalzen zur Erhöhung der Ätzkraft kombinieren. Ein großer Nachteil der Zinnsalzätzen ist darin zu erblicken, daß an den Ätzstellen unlösliche Zinnverbindungen zurückbleiben, welche entweder von vornherein, je nach dem angewandten Farbstoff, ein gelbes oder graues Aussehen der Ätzungen hervorrufen, oder aber die geätzten Stellen vergilben beim Lagern. Nur für bestimmte Artikel pflegt man auch heute noch mit Zinnsalzätzen zu arbeiten.

Auch die Zinkstaubätzen sind nahezu vollkommen durch die weitaus angenehmer zu handhabenden Sulfoxylatätzen ersetzt worden.

Heute werden wohl allgemein die Hydrosulfitätzen zum Illuminieren von Wollfärbungen verwendet. Auch dieselben hinterlassen nach dem Ätzen oft an den Ätzstellen bräunliche Färbungen, hervorgerufen vermutlich durch schwer entfernbare Spaltungsprodukte der Farbstoffe, vielleicht auch zurückzuführen auf Umwandlungsprodukte der Wolle. Um daher trotzdem ein verwendbares Weiß zu erzielen, mischt man der Ätzfarbe Zinkweiß oder andre weiße Pigmente bei, welche jedoch durch einen Zusatz von Albumin an den Ätzstellen fixiert werden müssen. Das Albumin selbst wird durch die Dämpfoperation, dann auch durch die sich aus dem Sulfoxylat-Formaldehyd entwickelnden Formaldehyddämpfe zur Koagulation gebracht.

Eine Weißätze, welche für Wolle Anwendung findet, ist die folgende:

200—300 g	Sulfoxylat-Formaldehyd und
100—100 g	Zinkoxyd werden mit
600—500 g	neutraler Stärke-Tragant-Verdickung angeteigt, 20 Min. auf 70° erwärmt und kalt gerührt. Kalt setzt man zu:
75— 75 g	Albuminlösung 1 : 1 und
2 g	Ultramarin in
23 g	Wasser aufgeschlämmt
1000 g	

Man dämpft die Ware nicht allzu trocken mit feuchtem Dampf.

Für Buntätzen kommen naturgemäß nur solche Farbstoffe in Betracht, welche der Wirkung der reduzierenden Agenzien widerstehen; von basischen Farbstoffen sind hier Thioflavin T, Methylenblau und die verschiedenen Rhodamine zu nennen. Man druckt mit:

20— 50 g	Farbstoff in
580—550 g	Wasser gelöst und mit
200 g	British-Gum verkocht. Man setzt dann vor dem völligen Erkalten noch
200 g	Sulfoxylat-Formaldehyd zu.
1000 g	

Man dämpft einige Minuten, wäscht und trocknet.

Die Küpenfarben, zum Buntätzen von Wollfärbungen zu verwenden, bieten gewisse Schwierigkeiten deshalb, weil die alkalischen Druckfarben, auch nur pottaschehaltige, beim unumgänglichen Dämpfen die Faser mehr oder weniger schwächen. Immerhin kann man mit Hilfe von Küpenfarbstoffen verhältnismäßig ungefährliche Druckfarben herstellen, wenn man die Vorsicht anwendet, der pottaschehaltigen Ätzfarbe etwas Natriumbicarbonat zuzugeben laut nachstehender Vorschrift:

100 g	Farbstoff
80 g	Wasser
700 g	Verdickung
120 g	Rongalit C
1000 g	

Verdickung:	100 g	Maisstärke	verkochen, dann zugeben:
	150 g	Wasser	
	300 g	British-Gum fest	
	100 g	Glycerin	
	75 g	Pottasche	
	75 g	Natriumbicarbonat	
	200 g	Wasser	
	1000 g		

Man dämpft dann kurz im Schnelldämpfer, wäscht und entwickelt allenfalls durch eine kurze Passage in Aktivinlösung oder Wasserstoffsuperoxyd.

Außerordentlich wichtig sind die Ätzungen auf schwarzen Fonds; letztere lassen sich am besten durch Färben in dem leicht weiß und bunt ätzbaren Neolanschwarz B ausführen. Für satte Fonds wird man die verschiedenen Ponceaumarken verwenden. Für den wichtigen Blau-Rot-Artikel verwendet man noch Zinnsalz zum Ätzen der am besten in einem Ponceau gefärbten Ware. Man bedruckt dieselbe dann mit:

30—50 g Formylblau B in
250 g heißem Wasser gelöst und mit
100 g British-Gum kochen. Kalt zusetzen:
600 g essigsaure Zinnätze { 760 g essigsaures Zinn 18° Bé, 185 g Weizenstärke, 55 g Dextrin }

1000 g

Statt des beispielsweise angeführten Formylblau B läßt sich ebenso Echtblau O verwenden.

Im allgemeinen muß darauf aufmerksam gemacht werden, daß die basischen Farbstoffe in ihrer Verwendung zum Buntätzen von Wollfärbungen keine besonders reibechten Illuminationen ergeben. Man verwendet daher zu diesem Zweck vorteilhafter die sauren Farbstoffe, welche in dieser Hinsicht einwandfreiere Resultate ergeben.

Die Appretur bedruckter Gewebe.

Unter Appretur versteht man vielfach diejenigen Operationen, welche bestimmt sind, der Ware denjenigen Aspekt und Griff zu geben, deren sie als verkaufsfähige Ware bedürfen. Abgesehen davon, wird man die Gewebe noch deshalb appretieren, um ihnen den nach den Operationen des Färbens und des Drucks lappigen Zustand zu nehmen und sie für die weitere Bearbeitung, das „Konfektionieren“, geeigneter zu machen.

Es gehören aber zur Appretur der Gewebe auch alle diejenigen Operationen, welche eine Reinigung des Materials darstellen, insbesondere das Sengen, welches der Ware eine glattere Oberfläche verleiht, dann das Schmirgeln, ein rein mechanischer Vorgang zum Zweck der Entfernung von Noppen und eines Teils der Schalen, aus dem Rohmaterial stammend. Man kann in gewissem Sinne auch das Entschlichten, dann das Mercerisieren als Appretieren bezeichnen, sicherlich jedoch den ebenfalls rein mechanischen Vorgang des Rauhens, durch welchen das Gewebe eine wollartige Beschaffenheit annimmt (Näheres s. u. Appretur).

Es sind dies Behandlungen, welchen die Ware vor der eigentlichen Veredlung, dem Färben und Drucken unterworfen werden; man bezeichnet dieselben demgemäß vielfach als Vorappretur im Gegensatz zur Nachappretur, welche nach Vollendung von Färberei und Druck erfolgt und die der Engländer außerordentlich charakteristisch als „finish“ bezeichnet. In dieser Bezeichnung faßt der Engländer alle diejenigen Operationen zusammen, welche die Ware nach den Hauptveredlungen, Färberei und Druck, in verkaufsfertigen Zustand überführen.

An sich sind diese Operationen einwandfrei, auch wirtschaftlich absolut berechtigt; auch die sog. chemische Appretur (der Ausdruck ist nicht vollkommen berechtigt), d. h. das Imprägnieren der Gewebe mit Versteifungsmitteln, um denselben besseren Halt, volleren Griff und daher bessere Verarbeitungsfähigkeit zu geben, ist an sich unbedenklich. Bedenklich im wirtschaftlichen Sinne werden diese Behandlungen erst dann, wenn man an sich minderwertigen Stoffen durch die Appretur das Aussehen von qualitativ hochwertigem Material zu geben versucht. Solche Behandlungen sind als bewußte Täuschungen des konsumierenden Publikums zu bezeichnen und daher verwerflich.

Über die sog. Vorappretur, vor allem das Sengen, wurde das Erforderliche anläßlich der Behandlung der Bleiche gesagt. Das Absengen des feinen Flaums durch die Gasflamme der Sengmaschine, ebenso wie das Scheren auf der Schermaschine bezwecken wohl vor allem eine Reinigung der Ware zur Erleichterung der Druckoperation, dienen aber andererseits gleichzeitig dazu, den Geweben eine glattere Oberfläche zu geben und den Charakter derselben schärfer hervortreten zu lassen. Eine Hilfsoperation ist das Bürsten insofern, als dasselbe in vielen Fällen lediglich dem Zwecke dient, die durch vorangehende Operationen mechanisch verunreinigte Ware zu säubern. In allen Fällen ist das Bürsten jedoch ein wichtiger Teil der Nachappretur und besitzt besondere Bedeutung bei der Verarbeitung gerauhter Waren. Das Rauhen selbst muß als reine Appretur angesehen werden, obwohl diese Behandlung ebenso häufig vor als nach der Hauptveredlung vorgenommen wird.

Die Imprägnierung der Gewebe mit bestimmten Substanzen bezweckt den Stoffen vollen Griff und Halt für das spätere Verarbeiten zu geben, dann aber auch die Ware für bestimmte Effekte (hervorgerufen durch spätere mechanische Behandlungen, Kalander u. dgl.) vorzubereiten. Zur Imprägnierung werden in erster Linie Stärke oder Stärkepräparate (Dextrine, lösliche Stärke) verwendet.

Die Stärke kommt in Form von mehr oder weniger konsistenten Kleistern, sehr selten allein, fast immer gemischt mit anderen Substanzen, Ölen, Fetten, Seifen, auch wohl mineralischen Zusätzen, wie Kaolin, in Anwendung.

Außerordentlich bedeutungsvoll sind die löslichen Stärken (s. d.) geworden, die flüssige, klare Lösungen ergeben im Gegensatz zu den steifen Kleistern der reinen Stärke. Man verkocht die Stärke z. B. zum Löslichmachen mit Wasser zu einem Kleister und setzt dann 1% vom Stärkegewicht an Aktivin noch in der Hitze zu. Sehr rasch wird die Stärke verflüssigt werden. Vielfach ist dem Vorgang ein Zusatz von ganz wenig Soda oder auch einigen Tropfen Kupfervitriollösung förderlich.

Als Mittel, welche der Ware einen weichen Griff geben sollen, sind Öle, Fette (Talg, Japanwachs), dann auch Seifen zu verwenden. Dextrinlösungen geben den Geweben vollen, tuchartigen Griff. Kaolin pflegt man dann zuzugeben, wenn man die Maschen, meistens schwach eingestellter Gewebe, füllen will, um ihnen den Aspekt von gut eingestellten Stoffen zu geben. Zum Verdicken des Kaolins wird wohl meistens Stärke allein genommen.

Um der Ware besonders beim Lagern einen feuchten, leinenartigen Griff zu verleihen, wird man der Appreturware einen Zusatz von Glycerin machen.

Das Auftragen der Appreturen auf oder in die Gewebe kann in verschiedener Weise geschehen. Man kann die Ware durch die Appreturflotte selbst führen, sie also völlig damit benetzen, dann den Überschuß der Flotte mit Quetschwalzen abpressen. In vielen Fällen wird man aber vorziehen, nur eine Seite der Ware mit der Imprägnierflotte in Berührung zu bringen; in einem solchen Fall, der sog. „Linksappretur“ wird die Appretur von einer Walze auf das Gewebe übertragen, während letzteres nicht in die Flotte selbst taucht. Bei ganz dicken Appreturen, insbesondere bei kaolinhaltigen „Füllappreturen“, überträgt eine mit einer Gravur versehene Messing- oder Kupferwalze den Appret auf eine Seite der Ware. Der Appretüberschuß wird von der Walze, wie in der Druckerei, von einer Rackel abgestrichen. Man nennt eine solche Operation entsprechend „Rakelappretur“.

Die Anwendung der einen oder anderen Methode hängt stets von der Art des Gewebes, dann von derjenigen der zu erzielenden Effekte ab. Ein und dieselbe Appreturmasse, mit dem einen oder anderen Verfahren auf die Ware gebracht, gibt vollkommen verschiedene Resultate hinsichtlich des Griffs und des Aussehens. Es soll hier hervorgehoben werden, daß die Appretur der Gewebe heute noch vollkommen auf empirischer Grundlage beruht und daß es vorderhand auf besondere physiologische Fähigkeiten, feines Gefühl, ankommt, wenn es sich darum handelt, einen bestimmten Griff der Ware zu erzielen. Gute Appreteure müssen über ein besonders fein ausgebildetes Empfinden in den Fingerspitzen verfügen, um sofort zu erkennen, was zur Erzielung eines bestimmten Griffes an Ingredienzien der Appretur, dann an beschließenden Operationen erforderlich ist.

In der Folge sollen einige Beispiele derartiger Appreturen gegeben werden, wobei aber hingewiesen sei, daß es sich lediglich darum handelt, Anhaltspunkte mitzuteilen, wie derartige Appreturen im großen zusammengesetzt sind. Die Kompositionen und Nachbehandlungen wechseln mit der Qualität der Gewebe, und was für eines gilt, gilt keineswegs für alle.

Für Druckwaren kommen folgende Appreturen in Frage:

25 kg	Kartoffelstärke	10 Min. kochen
250 g	Aktivin	
160 g	Wasser	
5 g	Kupfervitriol gelöst	
10 l	Marseillerseife 1 : 10	
2 l	Appreturöl.	

Gibt für weißbödige, aus $^{20}/_{20}$-Garn hergestellte Gewebe gute Resultate. Je nach dem Gewebe kann die Appretur mit Wasser verdünnt werden.

Für schwach eingestellte Druckkattune verwendet man:

100 l	Wasser
13 kg	Weizenstärke
36 kg	Kaolin.

Das Gemisch wird zu einem steifen Kleister verkocht, gut durchgesiebt und entweder auf der Rakelmaschine auf das Gewebe gebracht oder aber auf Spezialmaschinen, welche eigens für derartig steife Appreturen konstruiert sind, verarbeitet. Man trocknet dann auf Trockentrommeln und gibt noch eine zweite, aus einer mit Öl versetzten Dextrinlösung bestehende Appreturlösung darüber, bevor die Ware einem leichten Kalandern unterworfen wird.

Indigodruckwaren werden mit folgender Appretur behandelt:

20 kg	Kartoffelstärke	verkochen, bis verflüssigt, dann zugeben:
300 g	Aktivin	
150 l	Wasser	
5 g	Kupfervitriol	
12 l	Kartoffelstärkesirup	
2 l	Appreturöl	
1 l	Glycerin	
2 l	grüne Seife 1 : 10. Auf	
200 l	stellen.	

Fein bedruckte Zanella (Satingewebe) werden nur leicht mit folgender Flotte appretiert:

10 kg	Dextrin
80 l	Wasser
5 kg	Leim, eingeweicht und gelöst
40 l	Marseillerseife 1 : 10. Auf
200 l	stellen.

Diese wenigen Vorschriften sollen ein Bild geben von der Art und Zusammensetzung von Appreturen für Druckartikel. Die Zahl der angewandten Zusammensetzungen ist Legion und wechselt nicht allein mit der Einstellung und dem Charakter der tausenderlei Gewebe, sondern muß in vielen Fällen noch den besonderen Wünschen der Kundschaft angepaßt werden, so daß vielfach nicht einmal für qualitativ vollkommen gleichmäßige Gewebe einheitliche Appreturen angetroffen werden. Das Trocknen der appretierten Waren geschieht auf eigens für den Zweck gebauten Maschinen, den sog. „Spannrahmen". Der Name rührt davon her, daß die Ware auf diesen Apparaturen in gespanntem

Zustande getrocknet wird. Da die zu veredelnden Gewebe in der Folge der verschiedenen Operationen meistens an Länge und dann besonders an Breite einbüßen, muß die Ware auf diesen Maschinen wieder auf die handelsübliche Breite von 70, 80, 110 und 130 cm gebracht werden. Diese Streckung besorgt eine endlose Kette, welche beidseitig mittels Nadelleisten (neuerdings wohl ausschließlich mit Kluppen) die Seiten der Ware erfaßt, dieselbe durch eigene Vorrichtungen auf die erforderliche Breite spannt und durch die Trockenräume führt. Die Maschine wird mit warmer Luft geheizt, welche am besten mittels eines Junkerschen Lamellen-Calorifer erzeugt und der die Maschine durchlaufenden Ware entgegengeblasen wird.

Man kann bei bestimmten Waren auch die gewöhnliche Zylindertrockenmaschine zum Trocknen der appretierten Ware verwenden, wird aber bei dieser Arbeit im allgemeinen eine einheitliche Breite der appretierten Stücke nicht leicht erzielen.

Zu kräftig ausgefallene Ware kann auf besonderen Appretbrechmaschinen „gebrochen", d. h. weicher gemacht werden.

Um der Ware einen geschmeidigeren Griff zu geben, wird wohl in den meisten Fällen noch eine Operation vorgenommen, welche man nach der verwendeten Maschine als das „Kalandern" oder „Mangeln" bezeichnet. Der Kalander besteht aus übereinander gelagerten mit Pressionsschrauben gegeneinander preßbaren, schweren Zylindern, welche, aus einem Eisenkern bestehend, einen Körper von Papier oder Jutemasse tragen. Die Oberfläche dieser Zylinder ist glatt poliert, und die appretierte Ware wird unter größerem oder geringerem Druck zwischen zwei oder mehreren derartigen Zylindern durchgeführt. Der Griff der Ware wird durch diese Operation stark verändert, die Oberfläche des Gewebes wird glatter, der Griff geschmeidiger. Diese Kalander besitzen meistens zwischen zwei aus Papier hergestellten schweren Walzen einen mit Dampf- oder direkter Gasheizung heizbaren hohlen Stahlzylinder, über welchen die Ware geführt wird, wenn ein hoher Glanz des fertigen Gewebes verlangt wird.

Ein bestimmter Feuchtigkeitsgrad ist zum Erzielen guter Effekte durch Kalanderen erforderlich. Man pflegt daher Waren, welche diesen Operationen unterworfen sind, besonders anzufeuchten und bedient sich zu diesem Zweck der Einsprengmaschine, die fein zerstäubtes Wasser auf der Gewebeoberfläche ablagert. Die Stücke werden dann aufgerollt am besten über Nacht sich selbst überlassen, damit das Wasser sich im ganzen Gewebe gleichmäßig verteilen kann.

Eine besondere Bauart von Kalandern sind die sog. Finish-Kalander. Dieselben tragen neben einer großen Papierwalze einen mit direkter Gasheizung versehenen hohlen Stahlzylinder, welcher an seiner Oberfläche eine feine Riffelung trägt, nach der diese Maschine auch „Riffelkalander" genannt wird. Die im Innern des Hohlzylinders brennende Glasfamme heizt denselben auf 110 bis 140° C, und man läßt dann die zum Riffeln bestimmte Ware zwischen Stahlzylinder und Papierwalze unter hohem Druck durchlaufen. Die Rillen der Hohlwalze, 1 mm zeigt oft 8—12 Rillen, pressen sich dann in die Warenoberfläche ein und erzeugen eine große Anzahl von nebeneinander gelagerten reflektierenden Flächenelementen, und damit erhält die Gesamtoberfläche des Gewebes einen hohen Glanz. Derartige Operationen nimmt man aber im allgemeinen nur bei hochwertigen Geweben mit besonderer Bindung vor (Satingewebe), und nur ausnahmsweise werden gewöhnliche Nesselgewebe dem Riffeln unterworfen. Eine besondere Appretur der für Hochglanz auszurüstenden Ware ist nicht erforderlich; im allgemeinen werden die dazu bestimmten Gewebe nur leicht mit Dextrinlösungen vorbehandelt.

Die beschließende Operation der Appretur ist das Messen und Legen der Stücke, die sog. Adjustierung, welche das Gewebe zu verkaufs- und transportfertigen Waren macht.

Handdruck.

Allgemeines. Der Handdruck, welcher die primitive, nicht die primitivste Art des Zeugdrucks darstellt, wurde nach Einführung des Maschinendrucks mehr und mehr in den Hintergrund gedrängt, ohne jedoch jemals vollkommen zu verschwinden. Die Ursache, daß er sich trotz geringer Produktion halten konnte, war die Eigenartigkeit der damit zu erzielenden Effekte, welche wohl in der individuellen Art der Druckoperation einerseits, ferner wohl sicherlich in der Sattheit der Farben und wohl vor allem in der absoluten Klarheit der farbigen Muster zu suchen ist. Letzeres wird erreicht, weil hier nicht, wie auch bei sorgfältigster Anordnung der einzelnen Walzen beim Walzendruck, eine Farbe durch Übertragen in die nächstfolgende letztere stets bis zu einem gewissen Grade trübt oder verändert; beim Handdruck wird vielmehr jede Farbe für sich von Hand mit dem Model zum Muster kombiniert.

Zusammensetzung der Farben. Im Prinzip sind die Farben für den Handdruck gleich zusammengesetzt wie für den Walzendruck, obgleich man wohl meistens die Konsistenz der Druckfarben merklich dünner halten wird, also zum Verdicken vorzugsweise zu Tragant und Britishgummi greifen wird, um vor allem Substanzen auf das Gewebe zu bringen, welche leicht wieder löslich sind. Man wird deshalb seltener Stärkeverdickungen verwenden, da ja (besonders bei Beizenfarbstoffdrucken) Stärkeverdickungen schwer lösliche Verbindungen mit den jeweiligen Beizen, besonders Chromsalzen geben, welche das Gewebe an den bedruckten Stellen hart machen. Da man nun im Handdruck meistens größere Flächen druckt, und, abgesehen davon, auch die Mengen aufgedruckter Farbe diejenigen der beim Walzendruck konsumierten weitaus übersteigen, wird man auf die intensiveren der mit Stärke erzielbaren Drucke verzichten und lieber den Übelstand des Hartwerdens der Gewebe zu vermeiden trachten.

Über die Zusammensetzung der Druckfarben der substantiven Farbstoffe, der basischen Farbstoffe und der Beizenfarben ist nach den Hinweisen, welche oben hinsichtlich der Art der Verdickung gemacht wurden, kaum etwas zu sagen.

Was die Verwendung der Küpenfarben anbelangt, so ist an sich auch hier der Aufbau der Druckfarben derselbe wie im Walzendruck. Ein Übelstand macht sich hier nun aber bemerkbar, und das ist die verhältnismäßig geringe Haltbarkeit der mit Sulfoxylat-Formaldehyd (Rongalit C, Hydrosulfit R konz., Hydrosulfit NF konz.) hergestellten Drucke. Das Reduktionsmittel zersetzt sich nämlich verhältnismäßig rasch, besonders bei etwas feuchter Atmosphäre. Bei der geringen Produktion des Handdrucks läßt man größere Mengen bedruckter Waren zusammenkommen, um sie dann gemeinsam zu dämpfen. Die Stücke, welche am längsten liegen, können nun bei ungünstigen Verhältnissen wesentlich hellere Drucke liefern als die zuletzt gedruckten, da ein Teil der Reduktionsmittel beim Lagern zersetzt wurde. Wenn man diesen Übelstand vermeiden will, muß man sich dazu bequemen, die Tagesproduktion jeweilig aufzuarbeiten, was besonders kleineren Betrieben Schwierigkeiten bereitet.

Man hat daher gern zu einem neuen Verfahren seine Zuflucht genommen, das zwar keine Vereinfachung, eher eine Erweiterung der bisherigen Arbeit bedeutete, dafür aber die Garantie gab, daß die Drucke auch beim längeren Lagern durch das nachträgliche Fixieren keinerlei Veränderungen erlitten; es ist dies das der I. G. Farbenindustrie A.-G. geschützte Colloresinverfahren. Das Colloresin, eine in Wasser lösliche Methylcellulose, gibt eine vorzügliche Verdickung, welche insbesondere zum Drucken von Küpenfarben in Teig geeignet ist. Erst durch die dem Druck folgende Passage in alkalischer Sulfoxylatlösung wird die Cellulose regeneriert und fixiert den Farbstoff zunächst als Pigment auf dem Gewebe. Eine nachfolgende Dämpfoperation bewirkt normalerweise die Verküpung und beim Waschen die Reoxydation der Leukoverbindung und damit die ordnungsgemäße Fixierung des Farbstoffs. Die Verdickung, soweit aus Cellulose bestehend, ist unauswaschbar mit dem Gewebe verbunden, ohne daß dies unangenehme Folgen für den Griff der Ware hat.

Man druckt beispielsweise auf die weiße Ware:

240 g Indanthrenbrillantgrün B Teig
300 g Colloresinverdickung
50 g Glycerin
200 g Stärkeverdickung
210 g Wasser.

Colloresinverdickung:

500 g Colloresin D
500 g kaltes Wasser

1000 g, nachdem über Nacht gestanden.

Stärkeverdickung:

150 g Weizenstärke
850 g Wasser

1000 g.

Man nimmt dann die trockne, bedruckte Ware durch ein Bad von:

100 g Sulfoxylat-Formaldehyd
500 g Wasser
120 g Pottasche
15 g Solutionssalz
75 g Glycerin

1000 g

dämpft 5 Min. im Mather-Platt, wäscht und seift kochend.

Dieselbe Unannehmlichkeit zeigt die Herstellung von Ätzdrucken auf Basis von Sulfoxylatätzfarben. Auch hier beobachtet man bei längerem Liegen ein deutliches Nachlassen der Ätzeffekte, so daß man im Handdruck vorzieht, sich der Zinkstaubätzen zu bedienen. Eine Ätzfarbe, welche im Handdruck vielfach verwendet wird, zeigt folgende Zusammensetzung:

300 g Zinkstaub
390 g Gummi 1 : 1
85 g Glycerin
150 g Natriumbisulfit 38° Bé
75 g Ammoniak

1000 g.

Eine solche Ätze wirkt durch ihren Gehalt an Sulfit; je größer derselbe, desto energischer ist die Reduktionswirkung der Ätzpaste. Ein Mangel dieser Farbe ist ihre geringe Haltbarkeit, und man tut gut, derselben etwas Formaldehyd zuzusetzen. Schon vor Erfindung des Sulfoxylat-Formaldehyds wurde dieser Zusatz zum Haltbarwerden der Farbe gemacht, allerdings ohne sich bewußt zu sein, die genannte Substanz dadurch erzeugt zu haben. Nach dem Druck wird $^1/_2$ Std. ohne Druck gedämpft und die Ware dann mit 20 g konz. Salzsäure pro Liter abgesäuert.

Im Handdruck werden wohl alle Farbstoffgruppen angewendet. Im Möbelgenre herrschen wohl heute noch die Beizenfarbstoffe vor, als Produkte mit guten Echtheitseigenschaften, die hinsichtlich ihrer Fixierung, sofern die notwendigen Dämpfvorrichtungen zur Verfügung stehen, keinerlei Schwierigkeiten bereiten. Doch findet man für denselben Artikel ab und zu die Anwendung auch der direkten Baumwollfarbstoffe, wo man sich allerdings nur auf die lichtechtesten Produkte, welche in der Chlorantinlichtfarbenserie (Ciba) und in der Siriusfarbenserie (I. G.) zusammengefaßt sind, beschränken wird. Nach dem Dämpfverfahren wird man aber in letztem Falle, bei Anwendung geeigneter Verdickungen, vielfach das Auswaschen der gedämpften Ware völlig unterlassen oder aber in salzhaltigem

Wasser spülen, um das sonst unvermeidliche Bluten dieser Art Farbstoffe zu vermeiden.

Für viele Artikel, insbesondere den Tischdeckenartikel, wird man sich in den meisten Fällen der heutigen Küpenfarben, und zwar je nachdem der indigoiden oder anthrachinoiden bedienen. Während man sich früher vielfach des JEANMAIREschen Verfahrens bediente und die Farbstoffe, vorzugsweise die anthrachinoiden, mit Hilfe von Ferrosulfat und Zinnchlorür aufdruckte und durch eine Passage in heißer, 20^0 Bé starker Lauge entwickelte, bedient man sich heute wohl ausschließlich der Fixierungsmethode mit Pottasche und Sulfoxylat-Formaldehyd nach SIEBER mit angeschlossenem Dämpfprozeß. Zur Ausführung des letzteren ist der allerdings intermittierend arbeitende VON DER WEHLsche Indanthrendämpfer eine Vorrichtung, welche sich vorzüglich bewährt hat. Die Druckfarben zeigen dieselbe Zusammensetzung wie diejenigen, welche im Walzendruck auf Baumwolle gebräuchlich sind.

Allerdings zeigen sich auch hier wie beim Ätzdruck die Nachteile der raschen Zersetzlichkeit der Sulfoxylatdruckfarben. Die Intensität im Ausfall der Drucke kann unter ungünstigen Verhältnissen rasch abnehmen.

Wegen ihrer einfachen Fixierungsweise und der Annehmlichkeit, gut mit anderen Farbstoffgruppen kombiniert werden zu können, haben sich auch die Rapidfarben rasch in der Handdruckpraxis eingebürgert. Auch hier zeigt die Druckfarbe außer ihrer dünnen Konsistenz keinerlei Abweichungen in der Zusammensetzung von der im Maschinendruck auf Baumwolle gebräuchlichen.

Ausgebreitete Anwendung findet heute der Handdruck neuerdings auf Wolle und Seide, dann auch auf Halbwolle und auf Kunstwollstoffen (bei welch letzteren die Kette aus Baumwolle und der Schuß aus Kunstwollgarn besteht, welches die verschiedenste Provenienz haben kann). Auch Wollplüsche, dann Mohairplüsche werden heute von Hand bedruckt; letztere werden vielfach zu Pelzimitationen ausgerüstet und dabei nur die Spitzen des Pelzes bedruckt, während der Grund unverändert gelassen wird. Dieses „Spitzen" geschieht vielfach auf Manganbisterfärbung, welches Pigment dann entweder von Hand, oft auch maschinell, mit einer Druckfarbe, welche Natriumbisulfit oder Zinnsalz enthält, nur an den Spitzen zerstört wird.

Dämpfen. Für den Handdruck kommen die kontinuierlichen Dämpfapparate, die im Maschinendruck eine besondere Rolle spielen, nicht in Frage; man wird sich hier vielmehr des Sterndämpfers bedienen; die Ware wird mit einem Mitläufer auf einen Stern spiralig an Haken aufgewickelt und dann damit in einen stehenden, schmiedeeisernen Kessel versenkt, welcher unten eine Dampfeinlaßvorrichtung besitzt. Der Kessel wird geschlossen, aber für Wolle und viele andere Artikel wird lediglich strömender Dampf ohne Überdruck angewendet.

Auch die liegenden Runddämpfer können verwendet werden, wobei die Stücke mit einem Mitläufer zu einem Sack aufgerollt werden, die dann in dem Runddämpfer, an Stäben aufgehängt, dem strömenden Dampf ausgesetzt sind. Auch hier vermeidet man bei Wolle im allgemeinen die Anwendung von Überdruck. Um insbesondere beim Wolldruck die zur Fixierung notwendige Feuchtigkeit zu beschaffen, werden die Mitläufer bis 20% von ihrem Gehalt durch Einsprengen mit Wasser beladen.

Apparatur. Was die zum Handdruck erforderlichen Apparaturen anbelangt, so sind dieselben verhältnismäßig einfacher Art. Ein wesentlicher Bestandteil bildet der Druckmodel, der die zu übertragende Zeichnung im Relief trägt. Jeder Model, der ja immer nur einen Teil, bei vielfarbigen Sachen nur einen Teil einer Farbe des Musters übertragen muß, trägt außerdem ein bis zwei Stifte, die Rapportstifte, durch die dem Drucker angezeigt wird, wo er beim nächsten Farbabschlag den Model hinzusetzen hat, damit die übertragene Farbe im Rapport ist, d. h. damit die Probe sich organisch in das auszuführende Muster einpaßt.

Um die Farbe auf den Model zu übertragen, benutzt man das sog. „Chassis“, einen viereckigen Holzrahmen, welcher unten durch einen Filz abgeschlossen ist. Über dem Filz, auf der Außenseite des Rahmens, ist außerdem noch ein Wachstuch gezogen. Dieser Rahmen enthält die Farbe. Damit dieselbe vollkommen gleichmäßig vom Model aufgenommen werden kann, wird dieselbe aus einem nebenher geführten Gefäß mit einer Bürste auf den Filz gestrichen. Der Model wird dann auf den Filz gedrückt und so mit Farbe beladen, welche dann auf das Gewebe übertragen wird.

Um möglichst gleichmäßige Übertragung zu erzielen, ist vor allem eine vollkommen horizontale Lage des Chassis Bedingung. Dasselbe schwimmt, um dies zu erreichen, in einem weiteren Holzkasten, welcher eine dünne Gummilösung enthält. Die Chassis sind Gefäße, welche die Druckfarben enthalten, dieselben sind vielfach auf eigenen fahrbaren Tischchen befestigt oder aber auf einem über der zu bedruckenden Ware auf Schienen laufenden Wagen.

Batikdruck.

Der Batikdruck ist orientalischen Ursprungs und wohl in Java zu Hause (s. u. Batik). Schon in sehr frühen Zeiten wurden dort künstlerisch außerordentlich hochstehende Textildrucke hergestellt, welche vorzugsweise auf Basis der Verwendung von Indigo aufgebaut waren. Später wurden gewisse Kombinationen mit Catechu und mit Alizarinrot erzeugt, und die Mannigfaltigkeit der mit derartig primitiven Mitteln erzeugten Effekte ist bewunderungswürdig.

Der Batikdruck hat erst in neuster Zeit mit den eigentlichen Druckverfahren gewisse Berührungspunkte erhalten; ursprünglich hatte die Batiktechnik mit allem, was wir heute als „Druck“ bezeichnen, nichts zu tun.

Der Batikartikel wird mit Hilfe eines reinen Reserveverfahrens erzeugt. Als Reserveverfahren bezeichnet man bekanntlich ein Illuminationsverfahren auf Geweben, das darin besteht, daß man bestimmte Substanzen chemisch oder mechanisch (oder durch Kombinationen beider Möglichkeiten) auf das Gewebe bringt, wobei diese Substanzen beim späteren Färben die Aufnahme des Pigments durch das Gewebe zu verhindern haben. Als solche reservierende Substanzen verwendet man im Batikdruck ausschließlich das rein mechanisch wirkende Wachs, das in geschmolzenem Zustande in größeren oder kleineren Flächen oder Figuren auf das Gewebe mittels besonderer Vorrichtungen aufgegossen wird (s. u. Batik). Das Wachs erstarrt rasch und bildet einen zusammenhängenden Belag auf den betroffenen Stellen. Insbesondere bei größeren Flächen bilden sich in der Wachsschicht leicht Sprünge, so daß beim darauffolgenden Färben die Farbstofflösung in diese Sprünge eindringen kann, und auf den reservierten Stellen wird dann eine eigenartige netzartige Zeichnung zu sehen sein, welche für den echten Batikartikel charakteristisch ist, da sie auf künstlichem Wege, mit Hilfe des Walzendrucks beispielsweise, kaum in der Feinheit erzeugt werden kann. Die Bildung dieser Sprünge wird vielfach auch in der Weise gefördert, daß man die auf das Gewebe gebrachte Wachsschicht absichtlich durch Zerknittern der bedruckten Gewebe unter Wasser bricht.

Auf die Wahl des zum Reservieren verwendeten Wachses muß große Sorgfalt gelegt werden. Das Wachs muß wasserfrei sein, was man durch Erhitzen auf 150° C erreicht. Vielfach werden Mischungen von Bienenwachs mit Japanwachs, Carnaubawachs, Ceresin u. a. angewendet. Sehr günstige Resultate sollen auch Mischungen von Bienenwachs mit Kolophonium ergeben. Die Mischung soll aber in jedem Fall so beschaffen sein, daß sie nicht vom Gewebe abspringt, sondern fest haften bleibt. Das Wachs soll beim Auftragen nicht heißer als 100° C sein, damit es nicht allzu schnell erstarrt.

Das Wachs wird in Indien mittels eines kupfernen Kännchens mit langem Schnabel, Tjanting genannt, das erhitzt werden kann, um das Wachs stets flüssig zu erhalten, auf das Gewebe gegossen. Man kann damit nicht allein Flächen erzeugen, sondern auch ganz feine Zeichnungen. In Europa, wo sich die Batiktechnik ebenfalls einbürgerte, hat man in neuster Zeit vervollkommnete Vorrichtungen getroffen, um das Wachs auf das Gewebe zu bringen. Man verwendet insbesondere bleistiftähnliche Apparate, welche einen Wachsstift enthalten, der dann durch Erwärmen nach Bedarf abgeschmolzen werden kann[1].

Es ist selbstverständlich, daß das Färben der mit Wachs vorbereiteten Gewebe nur in solchen Färbebädern vorgenommen werden kann, welche entweder kalt färben oder wenigstens bei einer Temperatur, welche unter dem Schmelzpunkt der Reserve bleibt. Man hat zwar auch hier einen gewissen Spielraum, da man das Wachs mit Paraffin mischen kann, welches im Schmelzpunkt in ziemlich weiten Grenzen variiert.

Der beliebteste Batikartikel, der auch heute im Orient der gangbarste ist, ist die Kombination von Indigo mit Catechu. Man färbt den mit Wachs ein- oder zweiseitig bedruckten Stoff in der Indigoküpe. Nach dem Abziehen des Wachses mit heißem Wasser, oft unter Zusatz von etwas Soda (man kann auch Benzin und Benzol zum Entfernen der Reserve verwenden), wird mit Catechu überdruckt und dieses Pigment dann durch Behandlung in Bichromat fixiert. Man erhält in dieser Weise eigenartige Effekte dadurch, daß der Überfall von Braun auf das Blau ein Schwarz erzeugt. Man hat dann ein mehrfarbiges Muster, gebildet aus Indigoblau, Catechubraun, der Kombination beider (Schwarz) und ferner das Weiß der mit Wachs geschützten Gewebefläche.

Man kann natürlich auch auf schon mit bestimmten Farben vorgedrucktem Gewebe Wachsreserven drucken und dieselben dann unter der Indigofärbung erscheinen lassen. Es lassen sich in dieser Weise die mannigfaltigsten Effekte herstellen. Alizarinrot vorgedruckt, wurde in Java schon sehr lange angewendet.

In neuster Zeit hat sich das Kunstgewerbe der Batiktechnik zugewendet und ist die Kolorierung mit Hilfe der großen Auswahl an künstlichen Farbstoffen naturgemäß eine viel reichere geworden. Insbesondere war es möglich, mit Hilfe der neuen Küpenfarbstoffe, von denen eine ganze Anzahl in der Kälte schon oder doch bei verhältnismäßig niederen Temperaturen verküpt werden kann, auch in den Fonds zu mannigfaltigen Variationen zu gelangen, welche den Artikel dadurch außerordentlich wirksam in den Effekten gestalteten.

Bedauerlicherweise hat man aber auch die basischen Farbstoffe zur Herstellung der Batikarbeit herangezogen und so Ware geschaffen, welche keineswegs den für den echten Batikartikel charakteristischen Grad von Echtheit hatte.

In Holland hat man zum Export in die Kolonien den Batikartikel auf maschinellem Wege, mit Hilfe der Druckmaschine herzustellen begonnen. Die so erzielten Effekte sind wohl originell und farbenfreudig, können aber in keiner Weise mit dem echten Batikartikel in Wettbewerb treten.

Derjenige, der auf dem Gebiete des Kattundrucks Bescheid weiß, wird noch eine ganz große Zahl von Variationen der Batiktechnik erreichen können, dadurch, daß er bestimmte Ätzverfahren anwendet. Insbesondere lassen sich hübsche Effekte durch Anwendung von ätzbaren und nicht ätzbaren Farbstoffen erzielen.

---

[1] Batikstift von Albert Reimann, Berlin W. 50.

Sachverzeichnisse.

Die in der systematischen Zusammenstellung der wichtigsten Teerfarbstoffe (S. 474 bis 542) aufgeführten Teerfarbstoffe sind in das nachstehende allgemeine Verzeichnis nicht aufgenommen, vielmehr in dem weiter folgenden Sonderverzeichnis zusammengestellt.

Salze sind nach ihrer Base geordnet, also als „Natriumsulfat", „Kupfersulfat" usw. zu finden. Daneben sind auch die Vulgärnamen, also „Glaubersalz", „Blaustein" usw. eingetragen. Dagegen sind diese Salze nicht unter „schwefelsaures Natrium" bzw. „schwefelsaures Kupfer" zu finden.

Zugrunde gelegt ist die sog. „gelehrte Schreibung" nach Hub. Jansen (s. Hubert Jansen, Rechtschreibung der naturwissenschaftlichen und technischen Fremdwörter. Unter Mitwirkung von Fachmännern herausgegeben vom Verein Deutscher Ingenieure). Man suche deshalb Wörter mit K und Z auch unter C (z. B. calciniert, Capillarität, Carbonat, Carbonisation, Casein, Cellulose, Ceresin, Citronensäure, Colorimeter usw.). Das gleiche gilt für das Teerfarbenverzeichnis (z. B. Carmin, Congo, Corinth usw.).

Für „Farbstoffe" bzw. . . . „farbstoffe" ist vielfach die Abkürzung „Frb." bzw. . . . „frb." gesetzt. Für „Baumwolle" und „Wolle" sind die bereits auf S. 474 eingeführten Abkürzungen „BW." und „Wo." gesetzt.

Allgemeines Sachverzeichnis (außer Teerfarbstoffen).

Bearbeitet von P. Heermann.

Teerfarbstoffverzeichnis.

Bearbeitet von R. HOFMANN.

Nachträge.

(Während des Drucks erschienene wichtigere Neuerungen.)

Neuerdings kommen sowohl Algol- als auch Indanthrenfarbstoffe als hochdisperse Pulvermarken unter der Bezeichnung Pulver-Fein-Marken in den Handel [I. G.], z. B. als „Pulver fein für Färbung", „Pulver fein für Druck" usw. Diese Pulver-Fein-Marken sind den Teigmarken in bezug auf feine Verteilung gleichzustellen, ohne mit letzteren die Nachteile des Absetzens, Eintrocknens und Einfrierens zu teilen (s. a. S. 716).

Als neue Färbebasen und Färbesalze für die Naphthol AS-Färberei kommen neuerdings außer den auf S. 333 genannten in den Handel: Echtblau-BB-Base, Echtviolettsalz B, Variaminentwickler A (zum schnelleren Entwickeln von Färbungen mit Variaminblau B an Stelle von Schwefelnatrium).

Neue Rapidechtfarbe: Rapidechtscharlach LH Teig (s. a. S. 335 und 898).

Rapidechtfarben in Pulverform (1 T. Pulver = 2 T. der früheren Teigmarken): Rapidechtorange RH Plv., Rapidechtscharlach LH Plv., Rapidechtrot GZH Plv., Rapidechtrot RH Plv. Rapidechtrot GL Plv., Rapidechtblau B Plv. (s. a. S. 335 und 898).

Neue Katanolmarke: Katanol ON. Dient als Beize wie Katanol O, läßt aber die Faser beim Beizen fast ungefärbt und ungetrübt, so daß mit Hilfe der neuen Marke ON besonders lebhafte und leuchtende Töne hergestellt werden können (s. a. S. 199).

Druck von C. G. Röder G. m. b. H., Leipzig.

Die Unterscheidung der Flachs- und Hanffaser. Von Professor Dr. **Alois Herzog,** Dresden. Mit 106 Abbildungen im Text und auf 1 farbigen Tafel. VII, 109 Seiten. 1926. RM 12.—; gebunden RM 13.20

Taschenbuch für die Färberei mit Berücksichtigung der Druckerei. Von **R. Gnehm.** Zweite Auflage, vollständig umgearbeitet und herausgegeben von Dr. **R. v. Muralt,** dipl. Ing.-Chemiker, Zürich. Mit 50 Abbildungen im Text und auf 16 Tafeln. VII, 220 Seiten. 1924. Gebunden RM 13.50

Die neuzeitliche Seidenfärberei. Handbuch für Seidenfärbereien, Färbereischulen und Färbereilaboratorien. Von Dr. **Hermann Ley,** Färbereichemiker. Mit 13 Textabbildungen. VI, 160 Seiten. 1921. RM 6.—

Betriebspraxis der Baumwollstrangfärberei. Eine Einführung von Chemiker **Fr. Eppendahl.** Mit 8 Textfiguren. VIII, 117 Seiten. 1920. RM 4.—

Praktikum der Färberei und Druckerei für die chemisch-technischen Laboratorien der technischen Hochschulen und Universitäten, für die chemischen Laboratorien höherer Textil-Fachschulen und zum Gebrauch im Hörsaal bei Ausführung von Vorlesungsversuchen. Von Professor Dr. **Kurt Braß,** Prag. Zweite, verbesserte Auflage. Mit 5 Textabbildungen. VIII, 104 Seiten. 1929. RM 5.25

Die Mercerisation der Baumwolle und die Appretur der mercerisierten Gewebe. Von **Paul Gardner,** Technischer Chemiker. Zweite, völlig umgearbeitete Auflage. Mit 28 Textfiguren. IV, 196 Seiten. 1912. Gebunden RM 9.—

Handbuch der Appretur. Von Ingenieur **Josef Bergmann †,** o. ö. Professor an der Technischen Hochschule in Brünn. Nach dem Tode des Verfassers ergänzt und herausgegeben von Professor Dr.-Ing. **Chr. Marschik,** Leipzig. Mit 286 Textabbildungen. VI, 321 Seiten. 1928. Gebunden RM 36.—

Kenntnis der Wasch-, Bleich- und Appreturmittel. Ein Lehr- und Hilfsbuch für technische Lehranstalten und die Praxis. Von Ing.-Chemiker **Heinrich Walland,** Professor an der Technisch-Gewerblichen Bundeslehranstalt, Wien I. Zweite, verbesserte Auflage. Mit 59 Textabbildungen. X, 337 Seiten. 1925. Gebunden RM 16.50

Die Getriebe der Textiltechnik. Ein Beitrag zur Kinematik für Maschineningenieure, Textiltechniker, Fabrikanten und Studierende der Textilindustrie. Von Professor Dr.-Ing. **Oscar Thiering,** Budapest. Mit 258 Textabbildungen. IV, 134 Seiten. 1926. RM 12.—; gebunden RM 13.50

Fortschritte der Teerfarbenfabrikation und verwandter Industriezweige. Dargestellt an Hand der systematisch geordneten und mit kritischen Anmerkungen versehenen Deutschen Reichs-Patente. Begründet von **P. Friedlaender.** Fortgeführt von Dr. **Hans Ed. Fierz-David,** Professor an der Eidgenössischen Technischen Hochschule in Zürich. Pharmazeutischer Teil, bearbeitet von Dr. **Max Dohrn,** Charlottenburg.

Erster Teil: 1877—1887. X, 614 Seiten. 1888.
Unveränderter Neudruck 1920. RM 73.—
Zweiter Teil: 1887—1890. VIII, 583 Seiten. 1891.
Unveränderter Neudruck 1921. RM 73.—
Dritter Teil: 1890—1894. X, 1043 Seiten. 1896.
Unveränderter Neudruck 1920. RM 121.—
Vierter Teil: 1894—1897. VIII, 1379 Seiten. 1899.
Unveränderter Neudruck 1920. RM 161.—
Fünfter Teil: 1897—1900. VI, 1000 Seiten. 1901.
Unveränderter Neudruck 1922. RM 147.—
Sechster Teil: 1900—1902. VI, 1376 Seiten. 1904.
Unveränderter Neudruck 1920. RM 161.—
Siebenter Teil: 1902—1904. VI, 834 Seiten. 1905.
Unveränderter Neudruck 1921. RM 100.—
Achter Teil: 1905—1907. VIII, 1444 Seiten. 1908.
Unveränderter Neudruck 1921. RM 161.—
Neunter Teil: 1908—1910. VIII, 1270 Seiten. 1911.
Unveränderter Neudruck 1921. RM 161.—
Zehnter Teil: 1910—1912. VIII, 1422 Seiten. 1913.
Unveränderter Neudruck 1921. RM 161.—
Elfter Teil: 1912—1914. VIII, 1284 Seiten. 1915.
Unveränderter Neudruck 1921. RM 161.—
Zwölfter Teil: 1914—1916. VIII, 986 Seiten. 1917.
Unveränderter Neudruck 1922. RM 140.—
Dreizehnter Teil: 1916—1. Juli 1921. VIII, 1177 Seiten. 1923. RM 150.—

Vierzehnter Teil: 1. Juli 1921—31. Januar 1925.
XXVI, 1556 Seiten. 1926. RM 196.—
Fünfzehnter Teil: 1. Februar 1925—30. Juni 1927.
XVII, 1882 Seiten. 1928. RM 258.—

Grundlegende Operationen der Farbenchemie. Von Dr. **Hans Eduard Fierz-David,** Professor an der Eidgenössischen Technischen Hochschule in Zürich. Dritte, verbesserte Auflage. Mit 46 Textabbildungen und 1 Tafel. XIII, 270 Seiten. 1924. Gebunden RM 16.—

Chemie der organischen Farbstoffe. Von Dr. **Fritz Mayer,** a. o. Honorarprofessor an der Universität Frankfurt a. M. Zweite, verbesserte Auflage. Mit 5 Textabbildungen. VII, 265 Seiten. 1924. Gebunden RM 13.—

Enzyklopädie der Küpenfarbstoffe. Ihre Literatur, Darstellungsweisen, Zusammensetzung, Eigenschaften in Substanz und auf der Faser. Von Dr.-Ing. **Hans Truttwin,** Wien. Unter Mitwirkung von Dr. R. Hauschka, Wien. XX, 868 Seiten. 1920. RM 42.—

Analyse der Azofarbstoffe. Von Dr. sc. techn. **Albert Brunner,** dipl. Ing.-Chem. Mit 5 Textabbildungen und 3 Tafeln. V, 124 Seiten. 1929.
RM 10.—; gebunden RM 11.50

Praktikum der Färberei und Farbstoffanalyse für Studierende. Von Professor Dr. **Paul Ruggli** in Basel. Mit 16 Abbildungen im Text. IX, 197 Seiten. 1925. Gebunden RM 12.—